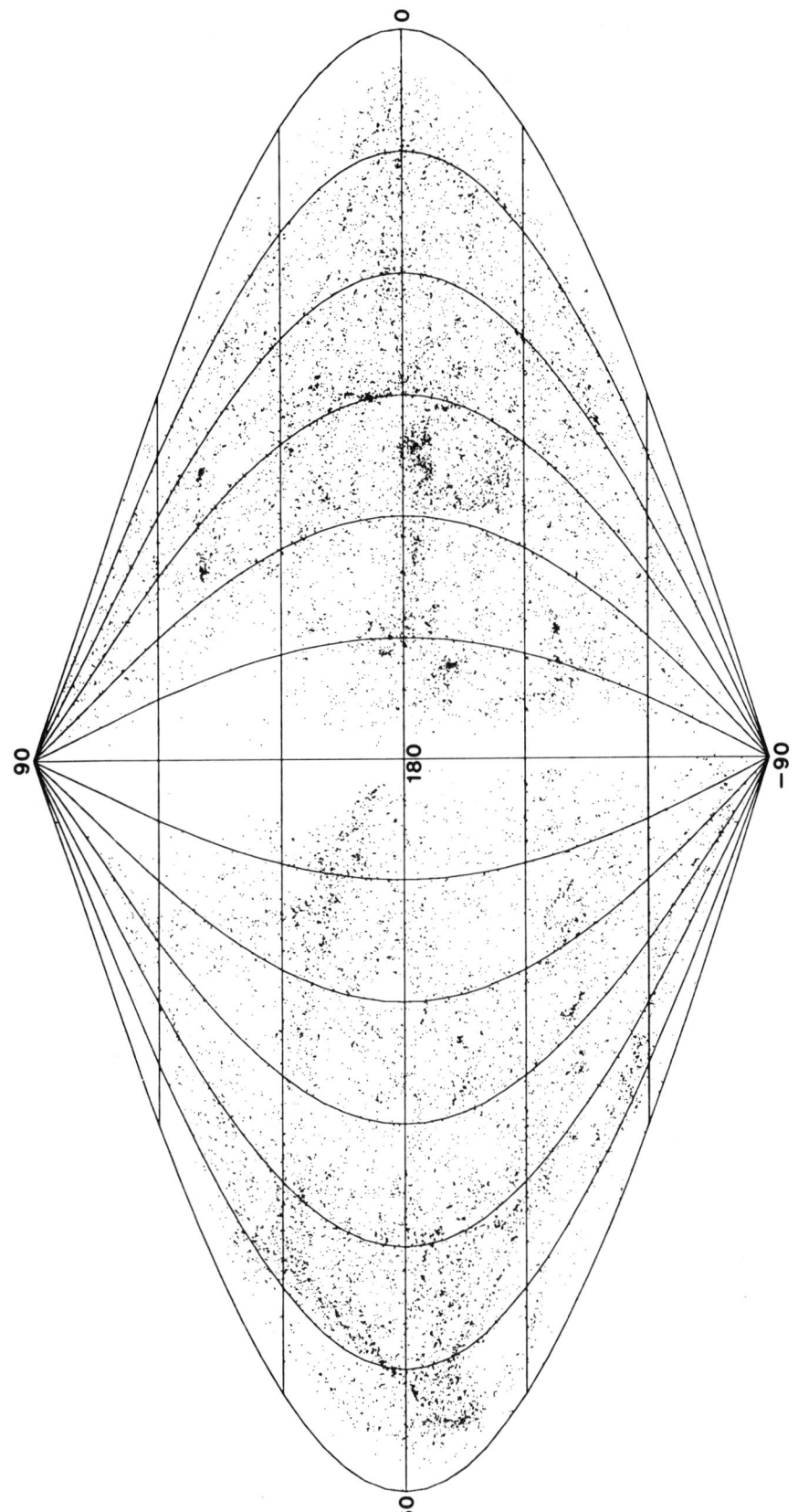

Third Reference Catalogue
of Bright Galaxies

Gérard de Vaucouleurs   Antoinette de Vaucouleurs
Harold G. Corwin, Jr.   Ronald J. Buta
Georges Paturel   Pascal Fouqué

Third Reference Catalogue of Bright Galaxies

Volume I

Springer-Verlag
New York Berlin Heidelberg London
Paris Tokyo Hong Kong Barcelona

Gérard de Vaucouleurs
Department of Astronomy
University of Texas
Austin, TX 78712-1083
USA

Antoinette de Vaucouleurs (deceased)
Department of Astronomy
University of Texas
Austin, TX 78712-1083
USA

Harold G. Corwin, Jr.
Department of Astronomy
University of Texas
Austin, TX 78712-1083
USA

Ronald J. Buta
Department of Astronomy
University of Texas
Austin, TX 78712-1083
USA

Georges Paturel
Observatoire de Lyon
69230 Saint-Genis Laval
France

Pascal Fouqué
Observatoire d'Astrophysique
92195 Meudon
France

Library of Congress Cataloging-in-Publication Data
Third reference catalogue of bright galaxies / Gérard de Vaucouleurs . . . [et al.].
    p.   cm.
    Includes bibliographical references.
    Contents: v. 1. Introduction, references, notes, and appendices —
v. 2. Data for galaxies between 0^h and 12^h — v. 3. Data for
galaxies between 12^h and 24^h.
    ISBN 0-387-97549-7 (v. 1). — ISBN 0-387-97550-0 (v. 2). — ISBN
0-387-97551-9 (v. 3)
    1. Galaxies—Catalogs.   I. Vaucouleurs, Gérard Henri de. 1918–.
QB857.T47   1991
523.1′12′0216—dc20   91-9186

With seven figures.

frontispiece: Flamsteed equal area projection of 23,024 RC3 galaxies in supergalactic coordinates.

Printed on acid-free paper.

© 1991 Springer-Verlag New York, Inc.
All rights reserved. This work may not be translated or copied in whole or in part without the written permission of the publisher (Springer-Verlag New York, Inc., 175 Fifth Avenue, New York, NY 10010, USA), except for brief excerpts in connection with reviews or scholarly analysis. Use in connection with any form of information storage and retrieval, electronic adaptation, computer software, or by similar or dissimilar methodology now known or hereafter developed is forbidden.
The use of general descriptive names, trade names, trademarks, etc., in this publication, even if the former are not especially identified, is not to be taken as a sign that such names, as understood by the Trade Marks and Merchandise Marks Act, may accordingly be used freely by anyone.

Camera-ready copy provided by the authors.
Printed and bound by Edwards Brothers, Inc., Ann Arbor, MI.
Printed in the United States of America.

9 8 7 6 5 4 3 2 1

ISBN 0-387-97549-7 Springer-Verlag New York Berlin Heidelberg
ISBN 3-540-97549-7 Springer-Verlag Berlin Heidelberg New York
ISBN 0-387-97552-7 three volume set
ISBN 3-540-97552-7 three volume set

Contents

1. Introduction 1
2. The Catalogue 7
3. Explanation of sources and reduction of data to standard systems 11
   1. Positions 11
      a. Equatorial coordinates 11
      b. Galactic coordinates 11
      c. Supergalactic coordinates 12
   2. Names 12
      a. NGC and IC identifications and named galaxies 12
      b. Other designations 12
   3. Morphological types and luminosity classes 13
      a. Mean revised morphological types 13
      b. Sources of mean revised types and luminosity classes 13
      c. Mean numerical Hubble stage index, and mean error 16
      d. Mean numerical DDO (van den Bergh) luminosity class, and its mean error ... 18
   4. Isophotal diameters and axis ratios, effective apertures 21
      a. Isophotal diameter D_{25} 21
      b. Isophotal axis ratio R_{25} 26
      c. Effective aperture A_e 28
      d. Corrected isophotal diameter $\log D_o$ 29
   5. Position angle, Galactic and internal extinction 30
      a. Position angle p.a. 30
      b. Galactic extinction A_g 30
      c. Internal extinction A_i 31
      d. H I line self-absorption A_{21} 32
   6. Optical and infrared magnitudes 32
      a. Photoelectric total magnitude B_T 32
         1. Total magnitudes from aperture photometry 32
         2. Total magnitudes from surface photometry 37
      b. Total magnitude from photographic photometry m_B 37
         1a. S-A magnitudes 38
         1b. Ames magnitudes 39
         2. CGCG magnitudes 39
         3. ESO-LV magnitudes 42
         4. Weighted mean m_B magnitudes 43
      c. Far-infrared magnitude m_{FIR} 43
      d. Corrected total magnitude B_T^o 44
   7. Total color indices and corrected color indices 45
      a. Total and effective color indices $(B-V)_T$, $(U-B)_T$, $(B-V)_e$, and $(U-B)_e$ 45
      b. Corrected "face-on" total color indices, $(B-V)_T^o$, $(U-B)_T^o$ 47
   8. Surface brightness parameters m'_e and m'_{25} 49

VI

    a. Mean effective surface brightness m'_e 49
    b. Mean surface brightness within the 25th B-m/ss isophote m'_{25} 50
  9. Neutral hydrogen magnitude, linewidths and *HI* index 50
    a. H I line magnitude m_{21} 51
    b. H I linewidths W_{20}, W_{50} 51
    c. Corrected H I index *HI* 52
  10. Radial velocities 52
    a. H I line radial velocity V_{21} 52
    b. Optical radial velocity V_{opt} 53
    c. Radial velocity corrected to the Galactic Center V_{GSR} 54
    d. Radial velocities corrected to the reference frame of the background
       radiation V_{3K} 55

4. Explanation of References, Notes, and Appendices 55
Acknowledgments 62
References 64
  Reference Categories and Codes 74
  Code – Reference Cross Index 75
  References –
    NGC galaxies 195
    IC galaxies 305
    "Anonymous" galaxies 317
      PGC identifications for "A" galaxies with references 318
      References for "A" galaxies 352
RC1 Notes 429
RC2 Notes 473
RC3 Notes 529
Appendices 535
  Appendix 1: "Dusty elliptical" galaxies 536
  Appendix 2: "Elliptical" galaxies with shells 537
  Appendix 3: Selected galaxies with special outer ring subclassifications 538
  Appendix 4. Bright Seyfert galaxies 540
  Appendix 5. Parent galaxies of supernovae 541
    Table 1. Chronological order 541
    Table 2. Right ascension order 546
  Appendix 6. Identifications in the NGC 4341,2,3 field 551
  Appendix 7. References to sources of photographs 552
  Appendix 8. Finding lists for named galaxies 553
  Appendix 9. Corrected revised types for RC3 galaxies 554
  Appendix 10. Cross-identification tables for catalogued galaxies 561
  Appendix 11. Cumulative frequency functions of diameters and magnitudes 713

Introduction

The original Harvard *Survey of the External Galaxies brighter than the 13th magnitude*, by H. Shapley and A. Ames (1932), included just 1,249 objects (of which five were not galaxies), with estimated photographic magnitudes and diameters from heterogeneous sources.

The first *Reference Catalogue of Bright Galaxies* (RC1) (G. and A. de Vaucouleurs 1964), prepared between 1949 and 1963, included 2,599 objects (six are not galaxies),[1] over twice the number in the original Shapley-Ames catalogue. In addition to diameters, magnitudes, colors, and redshifts in relatively homogeneous systems, it gave revised classifications and detailed literature references from 1913 to 1963.

The *Second Reference Catalogue* (RC2) (G. and A. de Vaucouleurs, and H. G. Corwin 1976), prepared between 1971 and 1975, included 4,364 objects (two are not galaxies),[2] for which it gave improved isophotal diameters and axis ratios in the D_{25} system, newly determined total magnitudes and colors in the UBV system, continuum and 21-cm radio magnitudes, *HI* index, and redshifts, as well as references to published photographs and a bibliography for the years 1964 to 1975.

The present, much enlarged *Third Reference Catalogue of Bright Galaxies* (RC3) was made necessary by the explosive growth of extragalactic astronomy since 1976. Its scope is also more ambitious. RC1 and RC2 included only those galaxies that had useful literature references, without any attempt at completeness beyond the Shapley-Ames limit. The present catalogue attempts to be reasonably complete for galaxies having apparent diameters larger than 1 arcmin at the D_{25} isophotal level and total B-band magnitudes B_T brighter than about 15.5, with a redshift not in excess of 15,000 km s^{-1}.[3] The number of RC3 objects meeting these conditions is 11,897. Additional objects meeting only the diameter or the magnitude condition, and objects of interest smaller than 1.'0, fainter than 15.5, or with redshifts $> 15,000$ km s^{-1}, bring the total to 23,024. These were extracted from the database of 73,197 galaxies maintained by G. Paturel at Lyons Observatory (Paturel *et al.* 1989a,b). Data published prior to mid-1990 are included in the main RC3 table and appendices.

It should be noted that the completeness limit of this catalogue depends on surface brightness, objects of low surface brightness being underrepresented at all diameters and/or magnitudes (de Vaucouleurs 1956, 1957). As discussed herein, diameter appears to be inclination invariant for spirals and irregulars, while magnitude is inclination invariant for ellipticals and lenticulars. In a magnitude-limited sample extracted from the catalogue, spirals and irregulars will be increasingly undersampled with decreasing axis ratio (increasing

---

[1] NGC 8 is a double star; NGC 4361 is a planetary nebula; NGC 5396 is nonexistent, probably = NGC 5375; IC 1308 is a H II region in NGC 6822; IC 3917 is nonexistent, probably a plate defect (M. Wolf 1905); and A2144 = Palomar 12 is a globular cluster.

[2] A0733+02 = DDO 45 is a planetary nebula; A2143-21 = Palomar 12 is a globular cluster.

[3] Objects of special interest, such as compact galaxies smaller than 1 arcmin or fainter than magnitude 15.5, and those already in RC2, are also included.

log R). In a diameter-limited sample, ellipticals and lenticulars will be similarly affected. This selection, which affects most source catalogues, is difficult to avoid.

The completeness limit will also depend on the declination zones covered by the source catalogues. In particular, the south-equatorial zone between $\sim -3°$ and $\sim -17°$ – covered by the *Morphological Catalogue of Galaxies* (MCG, Vorontsov-Velyaminov et al. 1962–1974) and by the *Extension to the Southern Galaxy Catalogue* (ESGC, Corwin and Skiff, in preparation) – has not been thoroughly surveyed at $B \gtrsim 14$ and $D_{25} \lesssim 1.5$ arcmin. The lower surface density of catalogued galaxies in this zone is, therefore, not an indication of reduced space density, but a measure of greater incompleteness in present bright galaxy catalogues.

Special efforts were made to weed out all known errors of identification, coordinates, etc., and to include all previously known corrections that we had accumulated in our copies of RC1 and RC2 or received from other observers. This is an endless task going back to the NGC and its lists of corrections, as explained in RC1. It is disappointing that too many modern studies and machine-made "databases" perpetuate old errors that had already been pointed out and corrected in RC1 and RC2, or in separate correction lists.

In order to meet the needs for increased accuracy in galaxian positions – which are still often good only to 1–3 arcmin in source catalogues – precise coordinates were remeasured for several thousand galaxies, especially in the southern hemisphere. For galaxies having well-defined centers, the coordinates have mean errors of less than $6''$, with many having mean errors smaller than $3''$. Even so, 6,043 galaxies, 26.2% of the RC3 objects, still have only approximate ($1'-3'$) coordinates. The precision is indicated by the number of digits given in the catalogue.

The morphological types in the revised Hubble classification system (de Vaucouleurs 1959a, 1963) coded as in RC2, Table 2a (see also Table 2 here), are given for 17,557 galaxies. In addition, we include in Appendices 1 and 2 those galaxies in the present catalogue called "dusty ellipticals" by Ebneter and Balick (1985) and "shell ellipticals" by Malin and Carter (1983) and Prieur (1988). In the revised Hubble system, many of these objects are classified as S0 (*i.e.*, lenticulars L). Many more of these unusual objects will be found in the future when refined analog or digital image processing techniques are applied to large numbers of the fainter galaxies. No doubt they will be found to be a heterogeneous collection of oddities requiring further refinements of the classification system. At any rate, the objects listed in Appendices 1 and 2 deserve further detailed individual study. In the same spirit, we give in Appendix 3 a list of ringed barred galaxies with the refined subclassification of the ring patterns by R. Buta (1986).[4]

---

[4]We do not repeat the nuclear classes given in RC2 on the Byurakan and BGC (RC1) systems which have not found wide application. It has been shown (de Vaucouleurs 1977a) that both scales are correlated with morphological type and, in general, are nothing more than crude estimates of the bulge strength, except for Seyfert galaxies. Neither do we repeat the Yerkes types and color classes listed in RC2 which are only loosely correlated with the revised Hubble type and the color index (de Vaucouleurs 1963), nor the old Hubble types already given in RC2 after Holmberg, van den Bergh, and others for the Shapley-Ames galaxies.

The numerical scales used in RC2 for the revised Hubble morphological type, T, and for the van den Bergh luminosity class, L, have proven to be very useful in many applications, since they correlate well with various measured physical parameters, such as color, H I content, bulge-to-disk ratio (de Vaucouleurs 1977a, Simien and de Vaucouleurs 1986, de Vaucouleurs and Mitra 1991) and, in combination, as the luminosity index, $\Lambda = (T + L)/10$, with the absolute magnitude (de Vaucouleurs 1977a, 1979). We have, therefore, reduced to uniform systems the T and L parameters extracted from a number of independent catalogues, including several unpublished surveys (by H. Corwin, R. Buta, and B. Skiff) and derived mean weighted T and L values for, respectively, 20,073 (17,557 listed here) and 4,926 (4,637 listed here) galaxies. These compilations and reductions were made, respectively, by S. Mitra, with revisions and additions by R. Buta, and by S. Odewahn in Austin. The mean errors of both $<T>$ and $<L>$ are usually less than one unit, often about 0.5 when averaged from several sources.

Extensive studies were made to check and strengthen the calibration of the isophotal diameters, D_{25}, and to improve their uniformity between the two celestial hemispheres. Except, perhaps, for small galaxies of low surface brightness, the diameters, D_{25}, and axis ratios, R_{25}, correspond statistically to the 25th B-m/ss (25.0 B-magnitude per square arcsecond) to within 0.1 mag or better (Fouqué and Paturel 1983, 1985, Paturel *et al.* 1987). In particular, there is now excellent statistical agreement among the D_{25} values derived from visual measurements on photographs, from surface photometry, and from aperture photometry (Paturel *et al.* 1990). This will help the calculation of inclinations of disk galaxies.

Total magnitudes and colors in the UBV system were derived[5] with revised standard curves for 3,489 galaxies from some 22,500 aperture photometry measurements, including previously unpublished values from Siding Spring and McDonald observatories (Longo and A. de Vaucouleurs 1983, 1985, updated to the end of 1987 by R. Buta). Total magnitudes derived from detailed surface photometry (photographic and/or CCD) for 1,170 galaxies were also used to check the reliability of the extrapolated values from aperture photometry. Systematic differences are within 0.01–0.02 magnitudes. External errors are usually less than 0.15 mag. From the standard curves, B(A), effective apertures, A_e, and mean effective surface brightnesses, m'_e, were derived for, respectively, 2,702 and 2,652 galaxies, with internal mean errors usually less than 0.2 in m'_e, and effective colors with internal mean errors usually less than 0.05 mag.

For the majority of galaxies, total magnitudes of lower precision were derived from previous reductions of the photographic magnitudes in the Shapley-Ames catalogue (de Vaucouleurs and Bollinger 1977a) and for the northern hemisphere from an unpublished reduction of the Zwicky *et al.* (CGCG) catalogue to the B_T system by Corwin and G. de Vaucouleurs (1977–1983) (see also de Vaucouleurs and Pence 1979a,b). After detailed screening of identification errors, confusion of close pairs, etc., this reduction yielded low-precision ($m.e. \sim 0.3$ mag) magnitudes, m_B, for 25,989 galaxies north of $\delta = -3°$ (11,434 are in RC3). For the southern hemisphere (south of $-17° 30'$), we are indebted to A. Lauberts and E.

---

[5] Originally by G. Longo and, after addition of much new data and extensive checking, by R. Buta.

A. Valentijn for the communication in advance of publication of the total magnitudes of 15,467 galaxies (5,738 are in RC3) derived from their photographic surface photometry of the ESO-B Survey (Lauberts 1982, Lauberts and Valentijn 1989). Their external $m.e.$ is about 0.2 mag. There remains a zone of serious photometric incompleteness beyond the Shapley-Ames limit in the south-equatorial declination belt $-17° < \delta < -3°$, that is, south of the UGC/CGCG catalogues and north of the ESO-B/ESO-LV surveys. Filling this gap is an urgent need.

Far-infrared magnitudes, m_{FIR}, derived from the IR fluxes measured in the IRAS 60- and 100-μm bands, are given for 5,321 galaxies listed in the *IRAS Point Source Catalog* (1987). In general, the identifications with optically observed galaxies are the same as in the second version of *Cataloged Galaxies and Quasars Observed in the IRAS Survey* (Lonsdale *et al.* 1989). Where the optical positions are poor, however, there remains the possibility that some galaxies are incorrectly identified with IRAS sources. The magnitudes are defined by $m_{FIR} = -20 - 2.5 \log(\text{FIR})$, where the far-infrared flux parameter, FIR, is defined as in Helou *et al.* (1988), and are listed here only if the dominant contributions of the 60- and 100-μm fluxes are given in the IRAS catalogue.[6] For 76 larger galaxies resolved by the IRAS beam, we have used the integrated fluxes given by Rice *et al.* (1988). We have also used the carefully integrated fluxes given by Helou *et al.* (1988) for 133 galaxies in the Virgo Cluster in preference to the values listed in the *Point Source Catalog*. Note that the m_{FIR} listed for somewhat smaller galaxies partly resolved by the IRAS beam may fall short of being truly total magnitudes by various amounts depending on axis ratio and orientation (Burstein and Lebofsky 1986; Harmon 1988).

Radial velocities from optical and radio observations were compiled and reduced anew to uniform systems by, respectively, P. Fouqué at Meudon and G. Paturel at Lyons.[7] In general, the transformations derived in RC2 were confirmed, but the large increase in redshift determinations since 1975 allowed more rigorous comparisons. A total of 25,561 optical and 12,077 radio published redshifts pertaining to, respectively, 9,457 and 6,428 galaxies (2,622 are in common) were collected and reduced to a mean system.[8] Their weighted means and calculated mean errors are listed separately for 10,657 optical and 8,658 radio velocities (published and unpublished) of 16,693 galaxies. The H I line radio determinations are usually much more precise than the optical observations (except for the few derived from Fabry-Perot interferometry). Under the observed heliocentric values of $V = c\delta\lambda/\lambda_o$, are listed

---

[6] We have not attempted to produce near-infrared total magnitudes reduced to homogeneous scales, but refer the interested reader to the *Catalogue of Visual and Infrared Photometry of Galaxies from 0.5 to 10 microns (1961-1985)*, compiled by A. de Vaucouleurs and G. Longo (1988), which gives all VRIJHKLMN fluxes, published before the end of 1985 (11,300 measurements for 1,500 galaxies), converted to magnitudes with a uniform zero point.

[7] Details can be found in Bottinelli *et al.* (1990) or will be published elsewhere (Fouqué *et al.*, in preparation).

[8] In addition, 3,430 unpublished velocities (2,230 radio and 1,200 optical) kindly communicated in advance of publication by R. Giovanelli and M. Haynes, A. T. Fairall, J. Huchra and M. Geller, P. Chamaraux, T. X. Thuan and S. E. Schneider, G. D. Bothun, P. S. Pellegrini and L. N. da Costa, D. Proust, and P. Hickson are included. These are given without formal mean error.

the weighted mean galactocentric velocity, V_{GSR}, corrected for solar motion and galactic rotation; and the velocity, V_{3K}, reduced to the reference frame of the 3°K background radiation. We did not consider it useful to include the reduction to the ill-defined velocity centroid of the Local Group. If such reduction is needed, we do not recommend using the old IAU formula (Equation 50 in RC2, p. 49), but suggest using instead "solution B" of de Vaucouleurs et al. (1977b), that is, a solar velocity of $V_s = 336$ km s^{-1} toward SGL = 338°, SGB = +27°($l = 107°$, $b = -16°$).

The 21-cm H I line fluxes, expressed as magnitudes, m_{21}, velocities, and linewidths, W_{20} and W_{50}, compiled and reduced to uniform scales by G. Paturel at Lyons, were derived for, respectively, 6,094 (m_{21}), 4,204 (W_{20}), and 5,233 (W_{50}) galaxies. The "hydrogen index," $HI = m_{21}^o - B_T^o$, defined as in RC2, except for different extinction corrections, is also listed for 4,357 galaxies. It is a convenient measure, independent of the distance scale, of the ratio of 21-cm line emission to total B-band luminosity. Since the apparent HI is immediately derived from the tabulated observed values of m_{21} and B_T, we give only the index corrected for self-absorption and inclination effects based on our analysis of RC3 data. These newly derived tilt corrections differ greatly from the RC2 recipes and are, at best, only tentative.

We have not attempted to derive, as in RC2, radio-continuum magnitudes, m_r, and spectral indices, because compiling and deriving these quantities on uniform scales required an enormous effort, out of proportion with what little use was made of them (de Vaucouleurs 1977a). These quantities also reflect, more often than not, a transient activity of the nucleus rather than a stable global property of the galaxy.

Considerable efforts were devoted, in collaboration with D. Burstein, to the vexatious problems of galactic and internal extinction corrections to the optical diameters and total magnitudes. There are large systematic differences between the all-sky formula used in RC2 (based on bright galaxy colors and faint galaxy counts) and the Burstein-Heiles (1978a,b, 1982, 1984) high-resolution maps (based on local H I column density and faint galaxy counts) used to calculate galactic extinction. After much discussion and testing, we have accepted the Burstein-Heiles values for galactic extinction,[9] except that in the formula $A_B = (\mathbf{R} + 1) E(B-V)$, we took $<\mathbf{R} + 1> = 4.3$, instead of 4, as is more appropriate for mean galaxy colors.[10] Because most galaxies still lack measured colors, we have neglected the refinement of including the dependence of $\mathbf{R}$ on color and extinction. See Section 3.5.b for details.

We have applied the total and differential K corrections for redshift to the magnitudes, surface brightness and colors as in RC2 (Equation 34, p. 37). Such corrections are small (< 0.15 mag) in the redshift range of the catalogue ($cz \leq 15,000$ km s^{-1}).

The contentious inclination correction to diameters to reduce them to the face-on orientation (i = 0°) was the subject of lengthy discussions and extensive tests. If the disks

---

[9] We note, however, that while galaxy magnitude and color residuals support the BH model, faint galaxy and cluster counts are in better agreement with the RC2 model. The evidence will be reported elsewhere.

[10] For 1,286 galaxies without BH value, we used the RC2 value reduced to the BH scale.

of spirals are optically thick at the 25.0 B-m/ss isophote level, as suggested by Burstein and Lebofsky (1986), Haynes and Giovanelli (1984), and Valentijn (1990), their apparent diameters should be independent of inclination, such as that of a solid opaque disk. If, on the other hand, they are optically thin, they should vary with inclination as discussed by Heidmann et al. (H^2V 1971) and in RC2 (see also Tully and Fouqué 1985, Staveley-Smith and Davies 1987, 1988). Dr. Burstein suggested to us that the dependence of $\log D$ on $\log R$ noted in these last references was the result of a bias against edge-on galaxies near the limit of a magnitude-limited catalogue. After extensive tests (to be reported elsewhere), we have come to the conclusion that only negative types (E and L) behave as optically thin systems, but positive types (S) are substantially optically thick at the 25th B-m/ss isophote level. Accordingly, diameters were reduced to the face-on orientation, $\log D(0) = \log D - C \log R$, with $C = 0.3$ for ellipticals (T = -6 to -4), 0.15 for lenticulars (T = -3 to -1), 0.05 for T = 0, and $C = 0$ for all T ≥ 1. The smaller correction for the effect of galactic extinction on diameters was calculated substantially as in RC2, since its coefficient was confirmed by Tully and Fouqué (1985), but with the Burstein-Heiles extinction rather than the RC2 values. See Section 3.4.d for details.

The corrections to reduce observed magnitudes and 21-cm fluxes to face on proved even more difficult to establish because of the undefined nature of the selection biases in the databases, which are neither diameter- nor magnitude-limited. After many statistical studies (to be reported elsewhere), we have not been able to reach a consensus. Tentative results based on H I flux and B-band total magnitudes are as follows:

H I flux: The French team concluded, in agreement with H^2V (1971) and Staveley-Smith and Davies (1987, 1988), that 21-cm self-absorption is negligible at all inclinations, while the Texas group came to the conclusion that, for T ≥ 1, there is evidence for such absorption amounting to about 0.4–0.5 mag for edge-on spirals, in general agreement with Haynes and Giovanelli (1984). We have adopted the second viewpoint which is consistent with the B-band solutions.

B-band: Extensive tests made in Austin suggest that the optical extinction in edge-on spirals varies with type. The maximum coefficient of $\log R$ is at least 1.2 mag, in agreement with previous results of Holmberg (1958) and Haynes and Giovanelli (1984), and perhaps as much as 1.8 mag (more than double the coefficient of Equation 24 used in RC2) at intermediate types (Sb-Sc).[11] We have, therefore, adopted a maximum $\log R$ coefficient of 1.5 for the intermediate type spirals. This is consistent with the results of our tests which are dominated by selection biases (de Vaucouleurs et al. 1991, in preparation). No corrections were applied to negative types which are hydrogen-poor and optically thin. See Sections 3.5.c and 3.5.d for details.

The large increase in the number of objects has required some major changes in the layout to the catalogue: Volume 1 includes the explanation and references, and Volumes 2 and 3 the main catalogue from 0^h to 12^h and from 12^h to 24^h. The data for each galaxy are

---

[11]D. Burstein pointed out to us that, according to Bruzual et al. (1988), in the presence of scattering by dust, an optically thick disk will have an edge-on extinction of 1.8 mag.

now given on four lines, all on the same page, separated by horizontal lines. Vertical lines separating columns have been suppressed. The galaxies are listed in order of right ascension for the year 2000 (first column, line 1), but the still commonly used 1950 coordinates are given on line 4, making it easy to calculate the 100-year precession which is no longer listed separately. Column 2 gives some of the more common names and designations of each object in several catalogues. A more detailed description of the other entries is given in the following section.

Because of the sheer bulk of the literature references, we could not continue the simple scheme used in RC1 and RC2, where detailed references were given explicitly for each galaxy.[12] Instead, we used a two-step scheme, devised by A. de Vaucouleurs, whereby numbered references coded by category (*e.g.*, Dimensions, Description, Photography, Photometry, etc.; see Section 4.1) are listed for each galaxy in the main reference table and a similarly coded "Reference Cross Index" gives the actual literature reference (*i.e.*, journal or publication, volume, page, year). Over 6,500 references for 4,334 galaxies are given for the period 1976 to 1987 inclusive (with a few for 1975 not given in RC2). The literature search was done by A. de Vaucouleurs to the end of 1986, and completed to the end of 1987 by R. Buta who checked all the partial listings for duplication before compiling the final tables. More recent references can be found in the NASA/IPAC Extragalactic Database (Helou *et al.* 1990). References marked with an asterisk in the Cross Index include long tables of data which are not repeated in the primary reference table to individual galaxies. For example, if the radial velocity of M 87 appears among many others in a redshift catalogue, no reference to that catalogue is given in the list of individual references for M 87. These references are simply given as major sources of data in each category. Most of these sources were used in our compilations of diameters, magnitudes, optical and radio redshifts, etc., several of which have been or will be published in the University of Texas *Monographs in Astronomy*, or in the *Monographies de la Base de Données Extragalactiques* (Observatoire de Lyon), and to which the interested reader may refer as needed.

2. The Catalogue

The data for each galaxy are found on four successive lines on a single page. The entries are as follows:

Column 1: Positions

> **Line 1: RA** and **DEC** = right ascension and declination for the equinox 2000.0, precessed from the 1950.0 position in Column 1, Line 4, given to 0.1 second of time and 1 arcsec when available, and to 0.1 minute of time and 1 arcmin otherwise (Section 3.1.a).
>
> **Line 2: l** and **b** = galactic longitude and latitude in the IAU 1958 system (Blaauw *et al.* 1960), both to $0°.01$.

---

[12] At the request of some users, we reproduce in this volume the Notes and References of RC1 and RC2 – corrected when necessary – to regroup all references to each galaxy in a single volume.

Line 3: SGL and **SGB** = supergalactic longitude and latitude in the RC2 system (Section 3.1.b), both to $0°.01$.

Line 4: RA and **DEC** = right ascension and declination for the equinox 1950.0 (Section 3.1.a).

Column 2: Names = commonly used designations for the galaxies (Section 3.2).

Line 1: Names (*e.g.*, LMC, SMC) or NGC and IC designations.

Line 2: UGC (Nilson 1973), ESO (Lauberts 1982), MCG (Vorontsov-Velyaminov *et al.* 1962–1974), UGCA (Nilson 1974), and CGCG (Zwicky *et al.* 1961–1968) designations, given in that order of preference. MCG designations not listed here are given in UGC and ESO.

Line 3: Other common designations (see Table 1 for a complete list).

Line 4: PGC (Paturel *et al.* 1989a,b) designation. For cross identifications of various catalogues with PGC, see Appendix 10.

Column 3: Types and Luminosity Classes

Line 1: Type = mean revised morphological type in the RC2 system, coded as in RC2 (Section 3.3.a).

Line 2: S_T and **n_L** = sources of revised type estimates and number of luminosity class estimates.

Line 3: T = mean numerical index of stage along the Hubble sequence in RC2 system, coded as explained in Section 3.3.c, and its mean error.

Line 4: L = mean numerical luminosity class in RC2 system, coded as explained in Section 3.3.d, and its mean error.

Column 4: Optical Diameters and Axis Ratios

Line 1: $\log D_{25}$ = mean decimal logarithm of the apparent major *isophotal* diameter measured at or reduced to surface brightness level $\mu_B = 25.0$ B-m/ss, and its mean error, as explained in Section 3.4.a. Unit of D is 0.1 arcmin to avoid negative entries.

Line 2: $\log R_{25}$ = mean decimal logarithm of the ratio of the major isophotal diameter, D_{25}, to the minor isophotal diameter, d_{25}, measured at or reduced to the surface brightness level $\mu_B = 25.0$ B-m/ss, and its mean error, as explained in Section 3.4.b.

Line 3: $\log A_e$ = decimal logarithm of the apparent diameter (in 0.1 arcmin) of the "effective aperture," the circle centered on the nucleus within which one-half of the total B-band flux is emitted, and its mean error, both derived as explained in Section 3.4.c.

Line 4: $\log D_o$ = decimal logarithm of the isophotal major diameter corrected to "face-on" (i = 0°), and corrected for galactic extinction to $A_g = 0$, but not for redshift, as explained in Section 3.4.d.

Column 5: Major Axis Position Angle, Galactic and Internal Extinctions

Line 1: p.a. = position angle, measured in degrees from north through east (all < 180°), taken when available from UGC, ESO, and ESGC (and in a few cases from H I data) (Section 3.5.a).

Line 2: A_g = Galactic extinction in B-band magnitudes, calculated following Burstein and Heiles (1978a,b, 1982, 1984), as explained in Section 3.5.b.

Line 3: A_i = internal extinction in B-band magnitudes (for correction to face-on), calculated from $\log R$ and T, as explained in Section 3.5.c.

Line 4: A_{21} = H I line self-absorption in magnitudes (for correction to face-on), calculated from $\log R$ and $T \geq 1$, as explained in Section 3.5.d.

Column 6: Optical and Infrared Magnitudes

Line 1: $\mathbf{B}_T$ = total (asymptotic) magnitude in the B system, and its mean error, derived by extrapolation from photoelectric aperture-magnitude data, B_T^A, and from surface photometry with photoelectric zero point, B_T^S, as explained in Section 3.6.a. The magnitude is followed by an "M" when it is the weighted mean of B_T^A and B_T^S, by a "V" when it is a V-band magnitude rather than a B-band magnitude, and by a "v" when the nucleus of the galaxy is variable. The magnitude is replaced by an asterisk (*) when deriving B_T^A would have required an extrapolation in excess of 0.75 mag.

Line 2: m_B = photographic magnitude and its mean error from Ames (1930), Shapley and Ames (1932), CGCG, Buta and Corwin (1986), and/or Lauberts and Valentijn (1989) reduced to the B_T system, as explained in Section 3.6.b.

Line 3: m_{FIR} = far-infrared magnitude calculated from $m_{FIR} = -20.0 - 2.5 \log FIR$, where FIR is the far infrared continuum flux measured at 60 and 100 microns as listed in the *IRAS Point Source Catalog* (1987). For galaxies larger than 8' in RC2 and for the Virgo cluster area, resolved by the IRAS beam, integrated fluxes are taken from Rice *et al.* (1988) or Helou *et al.* (1988). See Section 3.6.c for details.

Line 4: $\mathbf{B}_T^o$ = total "face-on" magnitude corrected for Galactic and internal extinction, and for redshift, as explained in Section 3.6.d.

Column 7: Total Color Indices

Line 1: $(\mathbf{B-V})_T$ = total (asymptotic) color index in the Johnson B−V system, and its mean error, derived by extrapolation from photoelectric color-aperture data, and/or from surface photometry with photoelectric zero point, as explained in Section 3.7.a.

Line 2: $(U-B)_T$ = total (asymptotic) color index in the Johnson $U-B$ system, and its mean error, derived by extrapolation from photoelectric color-aperture data, and/or from surface photometry with photoelectric zero point, as explained in Section 3.7.a.

Line 3: $(B-V)_T^o$ = total $B-V$ color index corrected for Galactic and internal extinction, and for redshift, as explained in Section 3.7.b.

Line 4: $(U-B)_T^o$ = total $U-B$ color index corrected for Galactic and internal extinction, and for redshift, as explained in Section 3.7.b.

Column 8: Effective Color Indices and B-band Surface Brightness

Line 1: $(B-V)_e$ = mean $B-V$ color index, and its mean error, within the effective aperture A_e, derived by interpolation from photoelectric color-aperture data, as explained in Section 3.7.a.

Line 2: $(U-B)_e$ = mean $U-B$ color index, and its mean error, within the effective aperture A_e, derived by interpolation from photoelectric color-aperture data, as explained in Section 3.7.a.

Line 3: m'_e = mean B-band surface brightness in magnitudes per square arcmin (B-m/sm) within the effective aperture A_e, and its mean error, calculated by the relation $m'_e = B_T + 0.75 + 5 \log A_e - 5.26$. This m'_e is statistically related to the effective mean surface brightness, μ'_e (RC2, p. 31; Olson and de Vaucouleurs 1981), with which it coincides when $\log R = 0$ ($i = 0°$) (Section 3.8.a).

Line 4: m'_{25} = the mean surface brightness in magnitudes per square arcmin (B-m/sm) within the $\mu_B = 25.0$ B-m/ss elliptical isophote of major axis $\log D_{25}$ and axis ratio $\log R_{25}$, defined as in RC2 (Equation 21) by:

$$m'_{25} = B_T + \Delta m_{25} + 5 \log D_{25} - 2.5 \log R_{25} - 5.26,$$

where $\Delta m_{25} = 2.5 \log L_T / L_{25} = B_{25} - B_T$ is the magnitude increment contributed by the outer regions of a galaxy fainter than $\mu_B = 25.0$ B-m/ss. For details, see Section 3.8.b.

Column 9: 21-cm Magnitude and Linewidths, Hydrogen Index

Line 1: m_{21} = 21-cm emission line magnitude, and its mean error, defined by $m_{21} = 21.6 - 2.5 \log S_H$, where S_H is the measured neutral hydrogen flux density in units of 10^{-24} W m^{-2}. For details, see Section 3.9.a.

Line 2: W_{20} = neutral hydrogen line full width (in km s^{-1}) measured at the 20% level (I_{20}/I_{max}), and its mean error, as explained in Section 3.9.b.

Line 3: W_{50} = neutral hydrogen line full width (in km s^{-1}) measured at the 50% level (I_{50}/I_{max}), and its mean error, as explained in Section 3.9.b.

Line 4: HI = corrected neutral hydrogen index, which is the difference $m^o_{21} - B^o_T$ between the corrected (face-on) 21-cm emission line magnitude and the similarly corrected magnitude in the B_T system. Details are given in Section 3.9.c.[13]

Column 10: Radial Velocities

Line 1: $V_{21} = cz$ is the mean heliocentric radial velocity, and its mean error, in km s^{-1} derived from neutral hydrogen observations, as explained in Section 3.10.a.

Line 2: $V_{opt} = cz$ is the mean heliocentric radial velocity, and its mean error, in km s^{-1} derived from optical observations, as explained in Section 3.10.b.

Line 3: V_{GSR} = the weighted mean of the neutral hydrogen and optical velocities, corrected to the "Galactic standard of rest," as explained in Section 3.10.c.

Line 4: V_{3K} = the weighted mean velocity corrected to the reference frame defined by the 3°K microwave background radiation, as explained in Section 3.10.d.

3. Explanation of sources and reduction of data to standard systems

This section gives detailed information on the catalogue entries that are not self-explanatory.

3.1. Positions

a. Equatorial coordinates (Column 1, Lines 1 and 4)

Equatorial coordinates for the equinoxes of 1950.0 and 2000.0 are given to $0^s.1$ and $1''$ when precise positions are available.[14] These coordinates typically have mean errors of $\pm 5''$–$10''$, although some (*e.g.*, for the nuclei of M 31 and M 33 from de Vaucouleurs and Leach 1981) are much more precise. Most of the measurements of these precise coordinates were referred to SAO stars, so that the coordinates are nominally on the FK4 system. However, 6,043 galaxies listed here do not yet have precise coordinates. For these, the equatorial coordinates are given to $0^m.1$ and $1'$ and are taken from (in order of preference) CGCG, UGC, MCG, or the publication from which additional data for the galaxy were taken. All known corrections to published positions were taken into account. The catalogue is ordered by the equinox 2000.0 positions which were precessed from the 1950.0 positions using the 1976 IAU constants (see, *e.g.*, the *Supplement* to *The Astronomical Almanac* for 1984).

b. Galactic coordinates (Column 1, Line 2)

Galactic coordinates, l and b, given to $0°.01$, are calculated following the IAU 1958 prescription (Blaauw *et al.* 1960) with the North Galactic Pole at $\alpha = 12^h49^m$, $\delta = +27°24'$ (1950), and the origin at $\alpha = 17^h\ 42^m.4$, $\delta = -28°55'$ (1950).

---

[13] Since m_{21} and B_T are listed separately in columns 6 and 9, line 1, there is no need to print the uncorrected index.

[14] Paturel *et al.* (1989a,b) give a complete list of references for the precise equatorial coordinates used here.

c. Supergalactic coordinates (Column 1, Line 3)

Supergalactic coordinates (SGL, SGB), given to $0°.01$, are calculated with a north pole at $l = 47°.37$, $b = +6°.32$, and an origin at $l = 137°.37$ (note the correction to RC2),[15] $b = 0°$.

3.2. Names

a. NGC and IC identifications and named galaxies (Column 2, Lines 1 and 2)

Named galaxies and NGC and IC identifications in the northern hemisphere are taken primarily from RC2, CGCG, and UGC, although some MCG identifications were used (Table 1). In a few of the many cases of conflict, we attempted to determine the correct identification using the original source of the NGC entry, but more often simply adopted the CGCG identification. The CGCG designation is of the form FFF-nnn, where nnn is the number of the galaxy (in order of right ascension) in CGCG field FFF. In the south, we used the NGC identifications from RC2, SGC, and ESGC, with identifications in the latter two catalogues having already been corrected, where necessary, by reference to the original sources. IC identifications in the south are from the ESO/Uppsala Survey with some corrections from SGC and ESGC, again by reference to the original sources when necessary. In the Hercules Cluster (Abell 2151) area, we adopted the identifications of Buta and Corwin (1986).

In most cases, our adopted identifications agree with those of *The Revised New General Catalogue of Nonstellar Astronomical Objects* (Sulentic and Tifft 1973), and with *NGC 2000.0* (Sinnott 1988), but many discrepancies remain. We strongly urge investigators to use equatorial coordinates as well as these traditional NGC and IC designations when referring to specific galaxies. In addition, the number in the new *Principal Galaxy Catalogue* (PGC) (Paturel *et al.* 1989a,b) can be used in case of ambiguity.

In the problematic area including NGC 4341,42,43 (see RC1, Figure 8, page 18; RC2, page 7; and CGCG, Volume III, page 391), we have once again adopted the identifications proposed by Herzog (1967, and in CGCG III). We also briefly discuss in Section 4 the origins and history of the problem, and give a table in Appendix 6 of the various identifications adopted by several authors.

b. Other designations (Column 2, Lines 3 and 4)

Other designations encountered in the literature are given following the abbreviations listed in Table 1, which also lists the sources. Again, we strongly urge the use of equatorial coordinates for reference to specific galaxies, in addition to any other unequivocal designation, such as the PGC number. Finding lists of PGC numbers for RC3 objects having other designations are given in Appendix 10 in this volume. These lists will facilitate locating objects with traditional designations that have 2000 coordinates greatly different from their 1950

---

[15] In RC2, p. 8, the origin was incorrectly given as $l = 137°.29$, although the correct value was used to calculate SGL. We are indebted to Dr. L. Staveley-Smith for calling our attention to this oversight.

3.3. Morphological types and luminosity classes

a. Mean revised morphological types (Column 3, Line 1)

The revised morphological type on the *Handbuch der Physik* system (de Vaucouleurs 1959a, 1963) is coded (Table 2) as in RC1 and RC2.[16] The coded type stage along the Hubble sequence is a mean value from all available sources, determined as described in Section 3.3.b below, and rounded off from the numerical type index T. If a galaxy does not have a revised type estimate in any of the sources in Table 3, but does have a type (usually in UGC or in ESO) in the Hubble, Hubble-Sandage, Hubble-Holmberg, or Hubble-DDO (van den Bergh) systems, that type has been converted to the revised Hubble system using the conversion tables in RC1 (Tables 2, 4, and 5) and RC2 (Tables 2b, 3, T1, and T2).

The *family* (barred or non-barred) and *variety* (ringed or non-ringed) codes are also weighted means from the sources based on the sky survey plates/prints/films. When a high-weight family or variety is available from RC2 (usually based on large-scale reflector plates), it is used in place of the mean from the survey sources.

Where the coded type from a survey catalogue included an overall uncertainty symbol (*e.g.*, .SAR4?.), both family and variety were assigned the same reduced weight (0.5 if the uncertainty symbol is ":" or "*", and 0.25 if it is "?", "::", or "$"). If the uncertainty symbol was attached to only the family or the variety, lower weight was given only to the appropriate parameter. The same procedure was applied to the outer ring estimates. The final coded uncertainty symbol (* or ?) is a mean of the individual uncertainty symbols of the input data. For example, if the individual types for a galaxy from two different sources were SAB?(r)bc and SB(rs)bc, the coded mean type given in the catalogue would be ".SBT4*." If the input types were SAB?(r)bc and SB(rs:)bc, the listed type would be ".SBT4?." Doubtful types, such as "S ..." in UGC or ESO, or those derived from the MCG descriptions, entered in the Lyons database, but not used in the Austin mean type catalogue, appear as ".S?...." Excluding those, alphanumeric types are given for 17,775 objects or 77.2% of the 23,024 galaxies listed in the catalogue. After Volumes 2 and 3 of RC3 were printed, we found several galaxies with incorrect or missing types. The correct types are listed in Appendix 9, and in the corrected tape version (RC3.8) of the catalogue.

b. Sources of mean revised morphological types and luminosity classes (Column 3, Line 2)

Sources of the mean revised types and luminosity classes are coded as shown in Table 3. Additional sources of luminosity classes are given in Section 3.3.d below.

---

[16]We have retained the RC2 designation I0 for the non-Magellanic irregulars, also called "chaotic" (Hubble), "amorphous" (Sandage), Irr II (Holmberg), and of which the original example is M 82 = NGC 3034. However, we have assigned to it the numerical type 90 (off scale) rather than the T = 0 used in RC2, which is contradicted by some of their properties (*e.g.*, H I content).

Table 1. Abbreviations and sources of names.

Abbreviation	Title, Name, or Type of Galaxy	Source
A	"Anonymous" galaxies listed in RC2	de Vaucouleurs et al. (1976)
ARAK	High surface brightness galaxies	Arakelian (1975)
ARP	Peculiar galaxies	Arp (1966)
CGCG	Catalogue of Galaxies ...	Zwicky et al. (1961 – 1968)
DCL	Centaurus cluster	Dickens et al. (1986)
DDO	"Dwarf" galaxies	van den Bergh (1959, 1966)
ESO	ESO/Uppsala Survey ...	Lauberts (1982, and references therein)
FAIR	Compact and bright nucleus galaxies	Fairall (1977 – 1988)
HICK	Galaxies in compact groups	Hickson (1982, 1989; see also Williams and Rood 1987)
IC	Index Catalogues ...	Dreyer (1895, 1908)
IRAS	Galaxies detected by IRAS	*IRAS Point Source Catalog* (1987) (see also Lonsdale et al. 1989)
KARA	Isolated galaxies	Karachentseva (1973)
KAZ	Emission line galaxies	Kazaryan (1979 – 1983)
KUG	Kiso UV excess galaxies	Takase and Miyauchi-Isobe (1984 – 1989)
M	Messier galaxies	Messier 1781 (see also Flammarion 1917; Glyn Jones 1968, 1975)
MCG	Morphological Galaxy Catalogue	Vorontsov-Velyaminov et al. (1962 – 1974)
MK	Galaxies with an ultraviolet continuum	Markarian et al. 1989 (see also Mazzarella and Balzano 1986)
NGC	New General Catalogue ...	Dreyer (1888)
POX	Emission line galaxies	Kunth et al. (1981)
RB	Coma cluster	Rood and Baum (1967)
SBS	Second Byurakan Survey of galaxies with UV continuum	Markarian et al. (1983 – 1985)
TOL	Tololo lists of emission line galaxies	Smith et al. (1976)
UGC	Uppsala General Catalogue of Galaxies	Nilson (1973)
UGCA	Catalogue of Selected Non-UGC Galaxies	Nilson (1974)
UM	University of Michigan lists of emission-line galaxies	McAlpine et al. (1977 – 1981)
VCC	Virgo Cluster Catalog	Binggeli et al. (1985)
VV	Interacting galaxies	Vorontsov-Velyaminov (1959, 1977)
WEIN	Galaxies near the Galactic plane	Weinberger (1980)
nSZ	Compact galaxies in the southern hemisphere (n = list number)	Rodgers et al. (1978)
nZW	Compact galaxies (n = list number)	Eight lists collected in Zwicky (1971); see also Zwicky et al. (1975)

Table 2. Coding of revised morphological types.

Classes	Families	Varieties	Stages	T	Type	Code
Ellipticals		Compact		−6	cE	cE...
			Ellipt. (0–6)	−5	E0	.E.0.
			Intermediate	−5	E0–1	.E.0+
		"cD"		−4	E+	.E+..
Lenticulars					S0	.L
	Non-barred				SA0	.LA
	Barred				SB0	.LB
	Mixed				SAB0	.LX
		Inner ring			S(r)0	.L.R
		S-shaped			S(s)0	.L.S
		Mixed			S(rs)0	.L.T
			Early	−3	S0⁻	.L..−
			Intermediate	−2	S0°	.L..0
			Late	−1	S0⁺	.L..+
Spirals	Non-barred				SA	.SA
	Barred				SB	.SB
	Mixed				SAB	.SX
		Inner ring			S(r)	.S.R
		S-shaped			S(s)	.S.S
		Mixed			S(rs)	.S.T
			0/a	0	S0/a	.S..0
			a	1	Sa	.S..1
			ab	2	Sab	.S..2
			b	3	Sb	.S..3
			bc	4	Sbc	.S..4
			c	5	Sc	.S..5
			cd	6	Scd	.S..6
			d	7	Sd	.S..7
			dm	8	Sdm	.S..8
			m	9	Sm	.S..9
Irregulars	Non-barred				IA	.IA
	Barred				IB	.IB
	Mixed				IAB	.IX
		S-shaped			I(s)	.I.S
			Non-Magellanic	90	I0	.I.0
			Magellanic	10	Im	.I..9
		Compact		11	cI	cI
Peculiars				99	Pec	.P
Peculiarities			Peculiarity		pec	.....P
(All types)			Uncertain		:	....*
			Doubtful		?	....?
			Spindle		sp	...../
			Outer ring		(R)	R......
			Pseudo-outer R		(R′)	P......

Table 3. Sources of revised types.

Code	Source	Reference
B	—	Buta (1978) on PSS Whiteoak extension prints
C	—	Corwin (1968, 1970) not in RC2
E	ESGC	Corwin and Skiff (in preparation) on PSS copy plates
F	—	Skiff (private communication) on Palomar Schmidt IIIa-J plates taken near the plane of the ecliptic
H	—	Buta and Corwin (1986), KPNO 4-m copy films, Hercules Cluster
P	RC2 PSS	Usually from Corwin (1968, 1970) on PSS and Whiteoak extension prints
R	RC2 *not* PSS	de Vaucouleurs, de Vaucouleurs, and Corwin (1976) high weight types from reflector plates
r	CSRG	Buta, Catalogue of Southern Ringed Galaxies (in preparation) on UK IIIa-J and ESO B copy films
S	SGC	Corwin, de Vaucouleurs, and de Vaucouleurs (1985) on UK Schmidt IIIa-J plates, copy plates, and films
U	UGC, UGCA	Nilson (1973, 1974) on PSS prints

c. Mean numerical Hubble stage index, and mean error (Column 3, Line 3)

The mean numerical Hubble stage index was determined in two main steps.

(1) A preliminary reduction of the revised types to a mean system was made at Austin in 1985 by S. Mitra, who collected types from RC2, SGC, Buta (1978), Corwin (1968, 1970), and UGC. The UGC types in the Hubble, Hubble-Holmberg, and revised Hubble systems were assigned numerical Hubble stage indices by Corwin following RC2 Tables 2b (p. 15) and T2 (p. 383). Revised Hubble types were used when possible; otherwise, the UGC type assigned is a weighted mean of the Hubble and Hubble-Holmberg types, with weights of 0.5 given to those types marked ":", and 0.25 to those types marked "?". Those UGC galaxies classified simply "S ..." or "SB ...," were not used in the determination of mean types.

The weighted mean type in this first analysis was given by

$$<T> = \Sigma(w \cdot T)/\Sigma w, \qquad (1)$$

with its mean error, $m.e. <T> = 1/\sqrt{\Sigma w}$, where T is the numerical type index from each source, and

$$w = w' \cdot w'', \qquad (2)$$

if w' and w'' are, respectively, the external and internal weights. Here, w' is the inverse square of the mean error given by

$$(m.e.)' = \sigma'[1 - 0.2(2\log D_{25} - \log R_{25} - 2.89)/\sigma']. \qquad (3)$$

The constants in Equation 3 were determined from least-squares solutions of the form

$$\Delta T_{ij} = |T_i - T_j| = a + b(2\log D_{25} - \log R_{25} - <2\log D_{25} - \log R_{25}>), \quad (4)$$

where $<2\log D_{25} - \log R_{25}> = 2.89$, and i and j represent any two of the catalogues under analysis. Galaxies with $\Delta T \geq 5$ were rejected. The σ' were found through 2 x 2 triangular comparisons (de Vaucouleurs and Head 1978) of the catalogues:

$$\sigma_i^2 + \sigma_j^2 = \sigma_{ij}^2, \quad (5)$$

with

$$\sigma_{ij}^2 = \Sigma(T_i - T_j)^2/(N_{ij} - 1). \quad (6)$$

The resulting external mean errors (for unit internal weight) are:

$$\sigma_R = 0.30,\ \sigma_B = 0.45,\ \sigma_{C,P} = 0.65,\ \sigma_S = 1.00,\ \text{and}\ \sigma_U = 0.50,$$

where the subscripts are the source codes from Table 3.

(2) In 1988, after ESGC, CSRG, Skiff's ecliptic plane survey, and Buta and Corwin's Hercules Supercluster survey had become available, the types from these lists were collected by Buta and compared with the mean types from the first step. The ESGC and Skiff samples were further split, according to the uncertainty symbols attached to the Hubble stages, into three subsamples: those with no uncertainty symbol, those marked ":" (uncertain Hubble stage), and those marked "?" (doubtful Hubble stage). Because of a lack of overlap with the first mean type catalogue, the Buta-Corwin Hercules Supercluster sample was compared with types given by Dressler (1980).

Initial solutions of the form $T_i = b \cdot <T>$, where T_i is the type in one of the samples or subsamples, and $<T>$ is the first approximation mean type, showed no significant departures from unit slope, except for the Buta CSRG sample. Here, the slope, $b = 0.87 \pm 0.02$ indicated a slight compression of the Hubble stage scale. The CSRG sample was, therefore, corrected by means of the relation

$$T_r^c = 2.36 + 1.15\,(T_r - 2.15). \quad (7)$$

No significant zero-point differences, $<T_i - <T>>$, were found for any of the other samples.

External mean errors for the new sources were then found using Equation 3. These mean errors are: σ_E (no uncertainty symbol) = 0.92, σ_E (uncertainty symbol ":") = 1.31, σ_E (uncertainty symbol "?") = 1.54, σ_F (no uncertainty symbol) = 0.84, σ_F (uncertainty symbols ":" and "?") = 0.95, σ_r (all) = 0.74. In general, these mean errors are larger than those derived above for the catalogues used in the first analysis, in spite of the fact that the photographic material was generally better for the later type surveys.

Therefore, we adopted the following procedure to calculate the final weighted mean types:

1. RC2 types having weights greater than 2.6 and *not* coming from the Palomar Sky Survey or from sources S030V or S030C were assigned $\sigma_R = 0.30$.

2. Hercules Supercluster types from the copy films of 4-m plates were assigned $\sigma_H = 0.35$.

3. *All* other sources were assigned $\sigma = 0.70$.

4. Weights, calculated from these mean errors as $w' = (1/\sigma')^2$, were multiplied by the internal weights $w'' = 0.5$ if the Hubble stage was marked ":", and by $w'' = 0.25$ if the stage was marked "?" in any of the catalogues except SGC.

5. SGC gives internal weights calculated in a similar fashion, except that the sum of the weights for types from more than one plate/film is tabulated. These weights $w_S = \Sigma w$ were adopted directly from SGC.

6. Equation 3 was used to find the dependence of the mean error on image area. For galaxies with unknown diameters and axis ratios, $\log D_{25} = 1.0$ and $\log R_{25} = 0.2$ were assumed.

7. The final weight for the type is given by Equation 2.

8. Equation 1 and its mean error are used to find the final weighted mean type for the galaxy. If the final mean error was less than 0.3, it was set at 0.3.

Revised mean numerical types were calculated in this manner for 20,073 galaxies, 17,557 of which are in RC3. Of these, 14,435 are from a single source, 2617 from two sources, 417 from three sources, and 88 from four or more sources. The mean errors range from 0.3 to 2.0, with an average of 0.89. As noted above, lower weight types (generally from UGC or ESO) are listed in Column 3, Line 1, but no mean numerical stage index is listed on Line 3 for these very uncertain types. Preliminary statistics indicate a certainly fallacious excess of T = 3, 4 (Sb, Sbc) among the smaller galaxies, arising mainly from UGC.

d. Mean numerical DDO (van den Bergh) luminosity class, and its mean error (Column 3, Line 4)

The DDO luminosity classes $\mathcal{L}$ (van den Bergh 1960a, b, c, 1966) are given (where known) for spiral galaxies of type Sab and later ($T \geq 2$) on a numerical scale as follows:

$\mathcal{L}$	I	I-II	II	II-III	III	III-IV	IV	IV-V	V	(V-VI)	(VI)
L	1	2	3	4	5	6	7	8	9	(10)	(11)

Van den Bergh stopped his original scale at $\mathcal{L}$ = V (L = 9), but Corwin extended it to $\mathcal{L}$ = VI to encompass the very low surface brightness galaxies visible on the deep sky-limited IIIa-J plates used for the SGC.

The mean values listed in the catalogue were calculated at Austin by S. C. Odewahn through a two-step reduction process in much the same way as for the mean numerical Hubble stage. The sources of the luminosity class estimates for the first reduction step were

1. van den Bergh (1960c) for the Shapley-Ames galaxies visible on the Palomar Sky Survey prints (taken from RC2),[17]

2. Sandage's estimates as given in the *Revised Shapley-Ames Catalog* (RSA) (Sandage and Tammann 1981, 1987),[18] and

3. the SGC for large galaxies south of $-16°45'$.

After a mean scale was established with these three large catalogues, the following smaller lists were reduced to that mean scale during the second reduction step:

4. Stenning and Hartwick (1980) for a sample of Sb galaxies,

5. van den Bergh and Maza (1976) for parent galaxies of supernovae,

6. Rubin *et al.* (1976) for a sample of Sc galaxies,

7. the ESGC for large galaxies in the south-equatorial zone between $-21°$ and $+3°$, and

8. the Skiff ecliptic plane survey (Table 3).

In the first reduction step, initial solutions were made using equations of the form

$$L_i - <L_i> = a_{ij}(L_j - <L_j>) + b_{ij}, \qquad (8)$$

where L_i and L_j refer to any two of the three main catalogues (RC2, RSA, and SGC). If an uncertainty symbol was attached to a luminosity class in RC2 or RSA, a weight of 0.5 was assigned to the luminosity class. Otherwise, the weight was 1.0. For SGC where many galaxies had several L estimates, weighted mean values of L were computed with weights equal to the number of independent L estimates.

In every case, the adopted transformation came from an impartial least-squares solution after one cycle of two sigma rejection of discordant points. The aberrant points from each of these solutions were examined. In the L_{RC2}, L_{RSA} comparison, it was found that most of the aberrant points belonged to the RC2 (van den Bergh) data set for objects at southern declinations; furthermore, 19 of 23 residuals were in the sense that L_{RC2} was larger. The SGC luminosity class estimates usually agreed with RSA, suggesting that van den Bergh's

---

[17] With the addition of four galaxies (LMC: 6, SMC: 7.5, NGC 300: 6, NGC 7793: 6.5; van den Bergh 1963) inadvertently omitted from RC2.

[18] Dressler and Sandage (1978) introduced decimal subdivisions for the luminosity classes that have been used by Sandage in RSA. (For example, NGC 337 has $\mathcal{L}_{RSA} = $ II.2, NGC 1087 has $\mathcal{L}_{RSA} = $ III.3, and NGC 3147 has $\mathcal{L}_{RSA} = $ I.8.) These subdivisions indicate decimal intervals between the *single* roman numeral luminosity class; *i.e.*, $\mathcal{L} = $ II.2 is two tenths of the interval between $\mathcal{L} = $ II and $\mathcal{L} = $ III. Therefore, we converted the RSA luminosity class estimates with decimal subclasses to the numerical L scale using $L = L_{RSA} + 2.0(x/10)$, where L_{RSA} is the usual luminosity class code, and x is the decimal portion of the luminosity class estimate. Thus, $\mathcal{L}_{RSA} = $ II.2 corresponds to $L = 3.4$ on the numerical L scale.

Table 4. Transformation coefficients of L= $aL_i + b$.

Source	a	b	N_1	N_2	σ_1	N
van den Bergh (RC2)	1.00	–	428	401	0.95	683
RSA	1.14	–	118	113	0.80	635
SGC	1.11	–	183	174	0.75	2285
Stenning and Hartwick	1.00	−0.5	37	35	1.00	625
van den Bergh and Maza	(1.0)	–	–	–	(0.95)	71
Rubin et al.	1.11	–	37	36	0.75	184
ESGC	1.12	−0.3	414	406	0.81	1321
Skiff	1.00	+0.6	90	89	0.98	350

estimates in RC2 were incorrect for these southern objects.[19] Similarly, images of all galaxies with large residuals in any solution were examined independently by de Vaucouleurs and Corwin. In nearly all cases, they confirmed the suggestion (via intercomparison of the three sources) of incorrect estimates in one source or another. These estimates were flagged as discordant and were not used in the calculation of the final mean values. The three large data sets, RC2, RSA, and SGC, were combined using the transformation coefficients listed in Table 4 to form a preliminary set of weighted mean luminosity classes on the scale of van den Bergh's original system.

In the second main step in the reduction process, we reduced the remaining sources to the scale defined by the preliminary mean catalogue, except for van den Bergh and Maza (1976), for which there were too few objects in common for a meaningful comparison. For this set, we made the reasonable assumption that these estimates are on the same mean system as van den Bergh's much larger (RC2) set. A process similar to that of the first step was used to find the final transformation coefficients. These are listed in Table 4, along with N_1 and N_2, the number of points used in the solutions before and after rejection of discordant values, and N, the total number of L values in each catalogue.

After reducing the catalogues of luminosity classes to a common system, the residuals $\Delta L_{ij} = L_i - L_j$ were plotted against the unweighted mean values $<L> = (L_i + L_j)/2$. No indication of correlation between $<L>$ and ΔL was found in these plots, showing that the transformations introduced no systematic errors.

The residuals were also used to find the standard deviations of each of the three main data sets (RC2, RSA, and SGC) via the usual equation:

$$\sigma_{ij}^2 = \frac{\sum (L_i - L_j)^2}{N - 1}. \qquad (9)$$

---

[19]Van den Bergh made these classifications on the PSS paper prints. Since the PSS plates are known to be relatively underexposed at southern declinations, we searched for a declination dependence in van den Bergh's estimates, but found none.

As was the case for the Hubble types T, the L class residuals increase with increasing log R_{25} and decreasing log D_{25}. An expression similar to that used for the types was adopted to represent the dependence of the accidental errors on diameter and axis ratio:

$$\Delta L_{ij} = |L_i - L_j| = a + b[1 + 0.3(\log R_{25} - 0.20) - 0.4(\log D_{25} - 1.5)]. \tag{10}$$

Galaxies with $\log R_{25} > 0.9$ and $\log D_{25} > 2.0$ were not used in this analysis. The mean errors for each data set were then determined by triangular comparison of the σ_{ij}^2. The mean error for *unit* weight in each set was found through the equation $\sigma_{i,1} = \sqrt{w''}\sigma_{i,x}$, where w'' is the mean internal weight of L_i.

The estimated errors and the mean L values for the three primary sets were used as a single set for similar derivation of the secondary sets (excepting van den Bergh and Maza's data, which again were assumed to be on the same system as van den Bergh's primary set). The final mean errors for unit internal weight, σ_1, are given in Table 4.

Mean L values are listed for 4,637 galaxies (or 32.1% of those galaxies in the catalogue with $T \geq 2$), of which 3,846 are from a single source (SGC, which gives L for 2,285 galaxies, is dominant), 585 are from two sources, 188 are from three sources, and only 18 are from four sources. The mean errors range from 0.3 to 2.0, with an average of 0.93, for the L values from a single source and 0.3 to 1.0, with an average of 0.57, for the L values depending on two or more sources. In our experience, it is not difficult to learn the DDO $\mathcal{L}$-class system, and there is a great need for more estimates of this type.[20]

3.4. Isophotal diameters and axis ratios, effective apertures

a. Isophotal diameter D_{25} (Column 4, Line 1)

The decimal logarithm of the isophotal major diameter, D_{25}, at the 25.0 B-m/ss level, and its mean error, is substantially on the RC2 system, but with a better calibration and a much improved homogeneity between the two celestial hemispheres. This was made possible by the large increase since 1975 in the number of galaxies usable as standards and by improved reduction formulae avoiding some biases not properly treated in previous analyses. As in RC1 and RC2, the unit of D_{25} is 0.1 arcmin to avoid negative logarithms.

The three primary sources of standard D_{25} diameters (STD1) are:

(a) Diameters of 407 galaxies (from a total sample of 608), D(a), derived from photoelectrically calibrated photographic and/or CCD surface photometry (de Vaucouleurs 1977b; Fouqué and Paturel 1983; Davies and Kinman 1984; Michard 1985; Pence and de Vaucouleurs 1985; Buta and Corwin 1986; Capaccioli *et al.* 1986; Cornell *et al.* 1987).

---

[20]The $\mathcal{L}$ estimate depends largely on the strength and contrast of the spiral pattern (and surface brightness among the late morphological types, $T \geq 8$). In consequence, it is affected by both the inclination of the disk to the line-of-sight (de Vaucouleurs *et al.* 1978) and by the number of resolution elements in the image of the galaxy, that is, its apparent diameter for a given plate scale (often 1 mm = 1.12 arcmin, as on the PSS, ESO, and UKST plates/prints/films). The L values given here are *not* corrected for these effects; how to allow properly for these two effects is a complex question that will be discussed elsewhere.

Sources known to be affected by large systematic or accidental errors were not used. We also rejected 201 objects included in multiple systems, with long tidal tails, etc.

(b) Diameters of 652 galaxies (from a total sample of 733 objects), D(b), directly derived by R. Buta from the photoelectric "growth curves," B(A), by interpolation near the 25.0 B-m/ss determined by numerical differentiation (Section 3.6.a.1). By comparison with sets (a) and (c), the relation between the major diameter, D_{25}, and that of the circular aperture, A_{25}, derived from the growth curves was empirically determined to depend on the axis ratio, $R_{25} = D_{25}/d_{25}$, as follows:

$$\log D_{25} = \log A_{25} + (0.485 \pm 0.040) \log R_{25} \quad (n = 146). \tag{11}$$

The slope coefficient is very close to that (0.5) which could be derived simply from (to first order) $A = \sqrt{Dd} = D\sqrt{d/D} = D\sqrt{R^{-1}}$, that is, $\log(D/A) = 0.5 \log R$.

(c) Diameters of 11,876 southern galaxies ($\delta \leq -17°$) derived from photoelectrically calibrated photographic surface photometry by Lauberts and Valentijn (ESO-LV) (1989) of 15,467 galaxies in the ESO/Uppsala survey. This huge database reverses the photometric imbalance between the two hemispheres. We checked and confirmed the LV conclusion that their limiting isophote coincides with the 25.0 B-m/ss level within statistical errors. The LV data could, therefore, be directly added to the primary set of standards with appropriate weights.

Because three more or less independent[21] sets of data on the same system are now available, 2 x 2 triangular comparisons (de Vaucouleurs and Head 1978) could be performed to calculate objectively their respective standard errors with the following results:

$$\begin{aligned}
\sigma[\log D(a) - \log D(c)] &= 0.085 & (n_{a,c} = 43), \\
\sigma[\log D(a) - \log D(b)] &= 0.060 & (n_{a,b} = 112), \\
\sigma[\log D(c) - \log D(b)] &= 0.076 & (n_{c,b} = 141),
\end{aligned} \tag{12}$$

from which follows $\sigma(a) = 0.05$, $\sigma(b) = 0.04$, $\sigma(c) = 0.07$. The weighted mean $\log D$ from sources a, b, and c with weights $\propto \sigma^{-2}$ was adopted as our primary standard (STD1) system of diameters (12,630 galaxies).

Because of the dominance of the southern hemisphere, we enlarged the collection of northern standards by reducing to the STD1 system the visually estimated diameters included in the UGC (Nilson 1973). This catalogue is known for its precision and homogeneity (see RC2 and Paturel 1975). The reduced UGC diameters define for the northern hemisphere ($\delta \geq -2.5°$) a second standard system STD2, which is presumed – and will be verified – to be homogeneous with STD1 (see below comparison with ESGC).

Restricting the comparison to $\log D$ (UGC) ≥ 1.00, the known completeness limit of UGC, and to the corresponding limits (see below) of $\log D$(STD1) (≥ 0.97 for $T \geq 0$, 0.99 for T

---

[21]More or less, because all depend for their zero-point calibration on available aperture photometry in the UBV system; see G. Longo and A. de Vaucouleurs (1983, 1985).

Table 5. Sources of diameters.

Code	Source	Reference
ESGC	Extension to the SGC	Corwin and Skiff (in preparation)
ESO-B	ESO/Uppsala Catalogue ...	Lauberts 1982
ESO-LV	Surface Photometry of the ESO/Uppsala Catalogue ...	Lauberts and Valentijn 1989
HOLM	Surface Photometry of Galaxies ...	Holmberg 1958
KARA	Isolated Galaxies	Karachentseva 1973
KUG	Kiso Survey of Galaxies with Ultraviolet Excess	Takase and Miyauchi-Isobe 1984-89
MCG	Morphological Galaxy Catalogue	Vorontsov-Velyaminov et al. 1962-8
RC1	Reference Catalogue of Bright Galaxies	G. & A. de Vaucouleurs 1964
SGC	Southern Galaxy Catalogue	Corwin et al. 1985
UGC	Uppsala General Catalogue ...	Nilson 1973
UGCA	Selected Non-UGC Galaxies	Nilson 1974
VCC	Virgo Cluster Catalogue	Binggeli et al. 1985

< 0), impartial line solutions for linear regressions $y(x)$ and $x(y)$, assuming equal weights in x and y, had slopes not significantly different from unity. The adopted transformations were simply zero-point corrections of -0.038 ± 0.004 ($\sigma = 0.086$, n = 411) for $T \geq 0$, and $+0.006 \pm 0.008$ ($\sigma = 0.098$, n = 159) for $T < 0$ (Table 6).

The consistency of the northern and southern D_{25} scales was checked by means of the ESGC (Corwin and Skiff, in preparation), which has a 6° overlap with UGC in the north and a 4° overlap with ESO-LV in the south. Reducing diameters of galaxies in the southern overlap to STD1 and in the northern overlap to STD2 gave essentially identical zero-point differences for $T \geq 0$, $\log D(STD1) - \log D(ESGC) = -0.184 \pm 0.006 (\sigma = 0.088$, n = 214), and $\log D(STD2) - \log D(ESGC) = -0.189 \pm 0.004 (\sigma = 0.084$, n = 405). For the smaller sample of $T < 0$, the systematic difference, amounting to $0.03 \pm 0.014 (-0.142 \pm 0.010$, $\sigma = 0.086$, n = 71 w.r.t. STD1, -0.172 ± 0.010, $\sigma = 0.100$, n = 96 w.r.t. STD2) is barely significant. Thus, within statistical errors, there is no systematic difference between the D_{25} standard systems in the north and south celestial hemispheres.

The transformation coefficients of several other large catalogues of diameters (Table 5) to the combined STD1 + STD2 system were then obtained as shown in Table 6, where $\log D(lim)$ indicates the cutoff diameter of each catalogue matching the 1ʹ.0 limit of UGC and ESO-B. The slope coefficient, a, was 1.0 in all cases, except for SGC and HOLM, whose limiting isophotes are much fainter than 25.0 B-m/ss and introduce second-order terms in the transformation (Paturel et al. 1990). The visual diameters from ESO-B (Lauberts 1982)[22] were first corrected for a time dependence (Paturel et al. 1987) given by $-0.010(LN - 5)$,

---
[22]Not to be confused with the photometric D_{25} from ESO-LV (Lauberts and Valentijn 1989).

Table 6. Transformation coefficients of $\log D_{25} = a \log D_i + b$.

Source	Types	a	b	n	σ_1	$\log D(\text{lim})$
ESO-B*	$T \geq 0$	1	-0.080 ± 0.001	6017	0.078	1.0
	$T < 0$	1	-0.032 ± 0.002	1406	0.084	1.0
ESGC	$T \geq 0$	1	-0.187 ± 0.005	619	0.085	1.3
	$T < 0$	1	-0.157 ± 0.007	167	0.093	1.3
HOLM	any T	1.11 ± 0.02	-0.35 ± 0.04	190	0.059	1.6
KARA	any T	1	-0.005 ± 0.004	372	0.070	1.0
KUG	any T	1	$+0.021 \pm 0.006$	130	0.063	1.2
MCG	$T \geq 0$	1	$+0.037 \pm 0.001$	5064	0.075	1.0
	$T < 0$	1	$+0.116 \pm 0.005$	393	0.092	1.0
SGC	any T	1.06 ± 0.01	-0.380 ± 0.020	2312	0.083	1.4
UGC	$T \geq 0$	1	-0.038 ± 0.004	411	0.086	1.0
	$T < 0$	1	$+0.006 \pm 0.008$	159	0.098	1.0
UGCA	any T	1	$+0.000 \pm 0.001$	129	0.084	1.3
VCC	any T	1	-0.147 ± 0.004	280	0.077	(1.4)

*After correction for time dependence; see the text.

where LN is the list number of the original publication (Lauberts et al. 1981 = List 9, and references therein).

The diameter data from the 26 sources used in RC1 (Table 3, p. 12), including many from original large-scale reflector plates (de Vaucouleurs 1959b,c, 1963), were not available at Lyons and could not be entered directly into the database. Instead, we compared (with the assistance of S. Odewahn) the RC1 diameters with the totality of the preliminary RC3 diameters reduced through the equations of Table 6 in order to derive new transformations for the RC1 diameters. The coefficients and mean values in the transformation equation,

$$\log D_{25} = a(\log D_{RC1} - <\log D_{RC1}>) + <\log D_{25}> \qquad (13)$$

(where $\log D_{25}$ is the preliminary RC3 diameter), are collected in Table 7. I0 galaxies were reduced as T = 0, and the mean error for unit weight was taken (from RC1) to be $\sigma_1 = 0.10$. The newly reduced RC1 diameters for 2,277 galaxies were then combined with the weighted means from the previous sources with weights taken directly from RC1. This increases the precision of the $\log D_{25}$ values for these generally large galaxies without changing the system.

When calculating the weighted mean values from three or more sources, discrepant values were rejected using an $n\sigma$ rejection rule, where n was between 1.7 and 3 depending on the number of sources.

Plots of $\log D_i$ vs. $\log D_j$ show that the scatter increases with decreasing diameters (see Paturel et al. 1990 for details). A standard curve giving the normalized relation between $\sigma(\log D_{25})$ and $\log D_{25}$ was established from several catalogues (Figure 1); it is

Table 7. Reduction constants for RC1 diameters to log D_{25} (Equation 13).

<T>	a	< log D_{RC1} >	<log D_{25}>
T < 0	1.15 − 0.02 (T + 5)	—	—
0 ≤ T ≤ 2	1.05	—	—
T ≥ 3	1.03	—	—
−5 ≤ T ≤ 7.5	—	1.30 + 0.03 (T + 2)	—
T > 7.5	—	1.58 − 0.05 (T − 7.5)	—
−6.5 < T ≤ −3.5	—	—	1.53
−3.5 < T ≤ −0.5	—	—	1.45
−0.5 < T ≤ 7.5	—	—	1.46 + 0.02 T
T > 7.5	—	—	1.61 − 0.03 (T − 7.5)

Table 8. K(T) in Equation 14.

Source	T ≥ 0	T < 0
UGC	0.07	0.09
UGCA	0.09	0.09
ESO-B	0.09	0.11
SGC	0.09	0.11
ESGC	0.09	0.12
MCG	0.09	0.14
HOLM	0.07	0.07
KUG	0.05	0.05
VCC	0.09	0.09
KARA	0.07	0.07

well-represented by

$$\log \sigma = \log K(T) - 0.65 (\log D_{25} - 1), \tag{14}$$

where K(T) is a constant characteristic of the intrinsic precision of each catalogue for a given type. K depends on type because the diameters of early-type galaxies are more difficult to measure precisely than those of spirals. This is due to the difference in their luminosity gradients near the 25.0 B-m/ss isophote (de Vaucouleurs 1959b,c; see also RC1, p. 10 and RC2, Table 6b). Adopted values of K are given in Table 8, but to avoid unrealistically small values of σ at large diameters, an asymptotic dispersion $\sigma_o = 0.02$ was added quadratically, that is, $\sigma_{eff} = \sqrt{\sigma^2 + (0.02)^2}$. In the case of diameters from RC1, the formula used there (Equation 2, p. 10) is very nearly equivalent to Equation 14 above (slope 0.5 instead of 0.65).

Altogether, 21,620 values of log D_{25} are listed for 93.9% of the catalogued objects; the average mean error is 0.068 (range 0.008 to 0.411). The 4,437 values of log D_{25} having $m.e.$ in excess of 0.10, generally depending on a single determination, should be regarded as

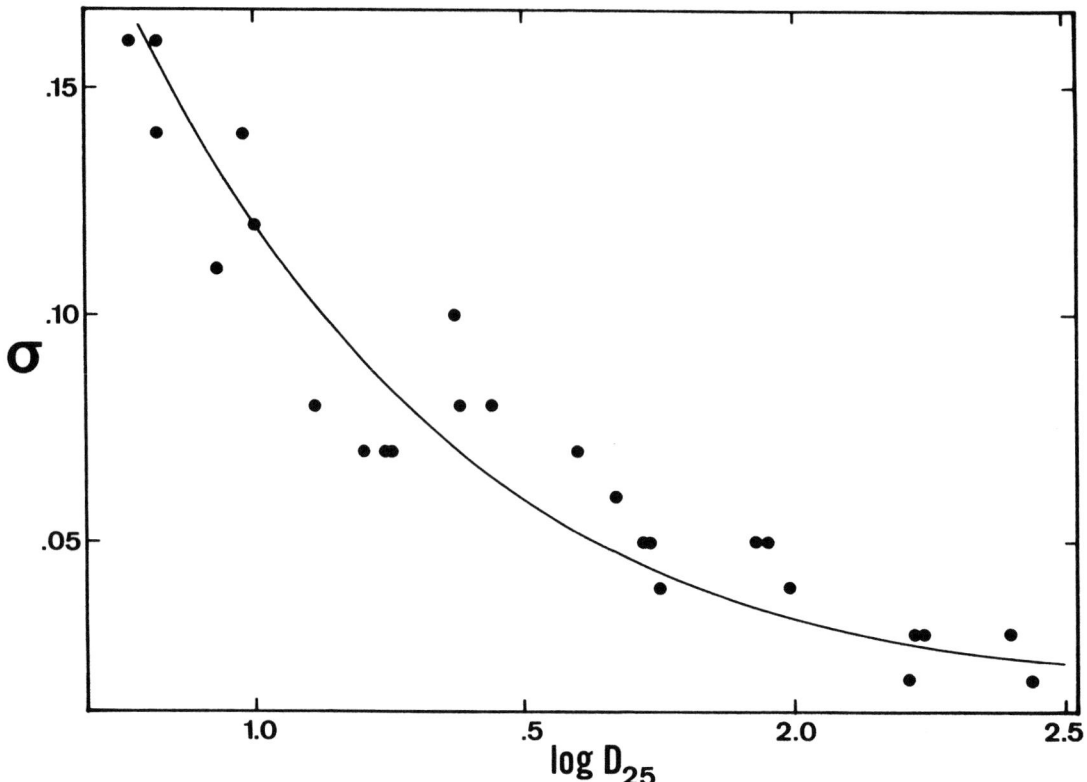

Figure 1. $\sigma(\log D_{25})$ (normalized) vs. $\log D_{25}$. Individual points are determined from $\log D_{25}$ (cat.) vs. $\log D_{25}$ (std.) plots for the different catalogues. The solid line represents Equation 14.

tentative only.

b. Isophotal axis ratio R_{25} (Column 4, Line 2)

The decimal logarithm of the isophotal axis ratio, $R_{25} = (D/d)_{25}$, measured at the 25.0 B-m/ss level, is substantially on the RC2 system, but again with a better calibration and much larger material. There is, however, only one source of primary standards of axis ratio which is the all-sky sample of 608 galaxies with detailed surface photometry (Section 3.4.a) after rejection of low-quality data and of sources that do not go to faint enough isophotal levels to reliably derive D_{25} and d_{25}.[23]

As in the case of the diameters, a secondary set of standards STD2 was created by reducing to the STD1 system the axis ratios corresponding to the values of D and d given in the UGC. Following the same procedures as in the diameter reductions and using the same type of relation as in RC2,

$$\log R_{25} = A(T) \log R, \qquad (15)$$

impartial line solutions gave after one cycle of 2σ rejection

$$A(T < 0) = 0.95 \pm 0.04 \quad (\sigma = 0.06, n = 72),$$
$$A(T \geq 0) = 0.98 \pm 0.03 \quad (\sigma = 0.08, n = 177)$$

---

[23]Unfortunately, the ESO-LV catalogue gives two estimates of the axis ratio, b/a, neither of which pertains precisely to the standard isophote. It would be useful to derive $\log R_{25}$ from the detailed ESO files.

Table 9. Transformation coefficient of $\log R_{25} = A(T) \log R$.

Source	Types	$A(T)$	σ	n
UGC	$T \geq 0$	0.98 ± 0.03	0.06	177
	$T < 0$	0.95 ± 0.04	0.04	72
UGCA	any T	1.04 ± 0.02	0.09	276
ESO-B*	$T \geq 0$	1.04 ± 0.07	0.07	48
	$T < 0$	0.99 ± 0.06	0.04	99
SGC	$T \geq 0$	1.41 ± 0.01	0.08	3116
	$T < 0$	1.42 ± 0.03	0.08	1146
ESGC	$T \geq 0$	1.26 ± 0.02	0.08	624
	$T < 0$	1.11 ± 0.06	0.07	191
MCG	$T \geq 0$	0.949 ± 0.004	0.07	8499
	$T < 0$	0.91 ± 0.01	0.07	1159
HOLM	any T	1.21 ± 0.03	0.08	209
KUG	any T	0.88 ± 0.02	0.12	403
VCC	any T	0.89 ± 0.02	0.08	303
KARA	any T	0.80 ± 0.02	0.10	448

*After correction for time dependence; see the text.

(compare with 0.95, 0.894 in RC2, Table 7).

Reduction of other catalogues following the same procedures gave the coefficients listed in Table 9, together with their standard errors derived from triangular comparisons. As for the RC1 diameters (Section 3.4.a, above), the axis ratios taken out of RC1 for 2,282 objects were reduced with the newly determined coefficients (derived with the assistance of S. Odewahn) of the equation,

$$\log R_{25} = A(T) \log R_{RC1} + B(T), \qquad (16)$$

given in Table 10.[24] In the solution for the new coefficients, $\log R_{25}$ is the preliminary RC3 axis ratio. The reduced RC1 axis ratios were combined with the weighted means from other sources, using weights from RC1 and adopting a mean error for unit weight of $\sigma_1 = 0.10$.

As with the diameters, the axis ratios in the ESO-B survey (Lauberts 1982) were first corrected for their time dependence: $\Delta \log R = +0.004(LN-5)$, where LN is again the original ESO list number (Paturel et al. 1990). Axis ratios from small lists of low precision were not used, and, when three or more sources were available, aberrant values were rejected.

A total of 21,612 values of $\log R_{25}$ are listed for 93.9% of the catalogued objects; the average mean error is 0.052 (range 0.009 to 0.200). For 883 objects, $\log R_{25}$ has a $m.e.$ in excess of 0.10 (usually from a single source) and should be regarded as tentative only.

---

[24] In RC1, p. 11, left-hand column, Equation 4 applies to type E (not "other types") and Equation 3 to "other types" (not type E). Corrections applied to the original sources are listed in Table 7, p. 11 of RC1.

Table 10. Reduction constants for RC1 axis ratios to log R_{25}.

Types	A	B
T ≤ 1	1.01 − 0.032 (T − 1)	—
T > 1	1.01	—
T < −3.5, T = 1, 10	—	−0.01
−3.5 ≤ T ≤ −0.5	—	−0.04
T = 0	—	−0.02
T = 2, 9	—	0.00
T = 3	—	+0.005
T = 4, 5, 7, 8	—	+0.01
T = 6	—	+0.015

c. Effective aperture A_e (Column 4, Line 3)

When the light flux from a galaxy has been measured through several circular field apertures (diameter A = 2r), an integrated magnitude – aperture curve (or "growth curve"), m(log A), can be drawn (Figure 2). From it, we can derive by extrapolation the total (or asymptotic) magnitude m_T (Section 3.6.a), and by interpolation the diameter A_e of the "effective" aperture, which transmits one-half the total flux from the galaxy. For a smooth E0 galaxy with circular isophotes, A_e is, by definition, identical with the effective diameter D_e. If the isophotes depart from circles, A_e differs from the "equivalent" effective diameter, $D_e^* = 2r_e^* = 2(S_e/\pi)^{1/2}$, where S_e is the total area (including detached "islands," if any) of the effective isophote, the degree of departure depending on the ellipticity and irregularity of the isophotes.[25]

For the two extreme types of luminosity distribution laws, the $r^{1/4}$ law applicable to elliptical galaxies (T = −5) and the exponential law applicable to magellanic irregular galaxies (T = 10) (de Vaucouleurs 1959c, 1977a), it can be shown (Olson and de Vaucouleurs 1981) that

$$\log D_e^* = \log A_e - C(T) (\log R_{25})^2, \qquad (17)$$

where $C(T) = 0.27$ for T = −5, and 0.25 for T = 10. The coefficients differ so little that $C = 0.26$ could be used for all types with negligible error, except possibly for absorption effects.[26]

Values of $\log A_e$, where A_e is in units of 0″.1 to avoid negative logarithms, were determined by Buta from the total magnitudes and appropriate standard curves B(A) (Section 3.6.a.1). The mean error of $\log A_e$ was not calculated as in RC2 (Equation 12), but simply from the *internal* mean error in B_T^A (Equation 29) multiplied by the reciprocal $S = \delta(\log A)/\delta m$ of the slope of the magnitude-aperture curves near $A = A_e$. When an extrapolation > 0.1 in

---

[25] For further details on photometric parameters, see de Vaucouleurs (1948, 1962, 1977a).

[26] This calculated coefficient should be more precise than the empirical value (0.55) found in RC2, Equation 11, from a sample of 66 galaxies of all types.

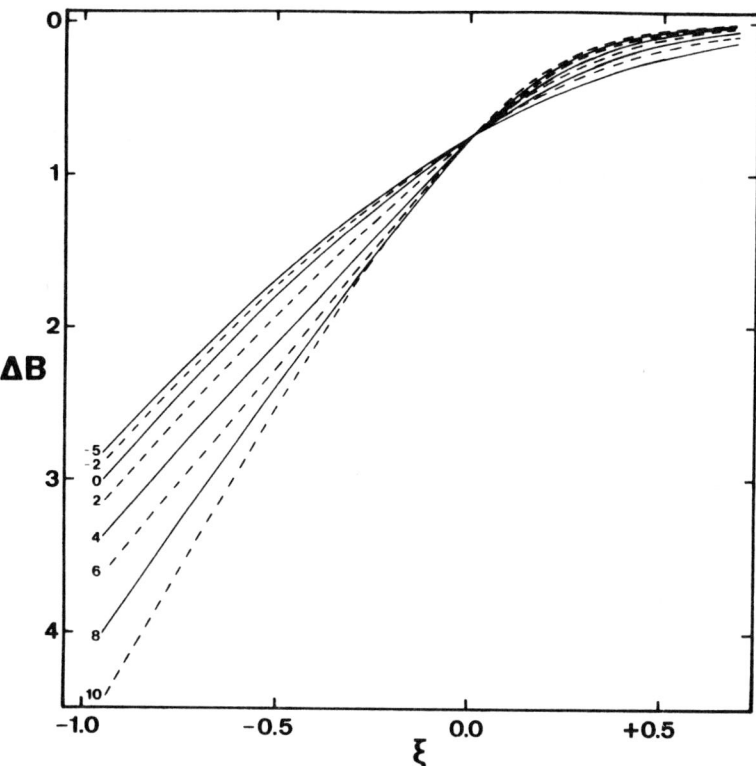

Figure 2. Integrated magnitude–aperture curves for different galaxy types (Table 11).

log A was required, $\log A_e$ was not calculated. Effective apertures are, therefore, listed for only 2,702 objects or 11.7% of the catalogue, with an average internal mean error of 0.037 (range 0.01 to 0.29). For 143 objects having mean error > 0.1, the values of $\log A_e$ should be regarded as tentative only.

d. Corrected isophotal diameter $\log D_o$ (Column 4, Line 4)

Apparent diameters of galaxies can be affected by galactic extinction and inclination. Galactic extinction reduces the isophotal diameter in a predictable manner (H²V et al. 1971, p. 107; Tully and Fouqué 1985). If A_g is the B-band extinction in magnitudes (Column 5, Line 2) and $G_{25}^{-1} = \delta(\log D_{25})/\delta\mu$ is the inverse logarithmic gradient of the major axis luminosity profile $\mu(r)$ near $\mu_B = 25.0$ B-m/ss, then to first order,

$$\log D_o = \log D(0)_{25} + A_g\, G_{25}^{-1}, \tag{18}$$

as in RC2, Equation 6, but with slightly different coefficients. Here, A_g (Column 5, Line 2) is after Burstein and Heiles (1982) and $G_{25}^{-1} = 0.081 - 0.016\,T$ for $T < 0$, and 0.094 for $T \geq 0$, is after Fouqué (1982) and Fouqué and Paturel (1985). This relatively small correction ranges from 0.00 where $A_g = 0.00$ to about 0.1 for $T > 0$ where $A_g = 1$. When $A_g > 1$, Equation 18, neglecting higher order terms, is no longer valid and the correction is increasingly uncertain, the more so that A_g is itself uncertain, but very few galaxies are in this range. In such cases, it is advisable to obtain detailed surface photometry and a more direct determination of A_g.

The corrections for inclination effects are entirely different from those adopted in RC2 after H²V (1971), where galaxies of all types were treated as optically thin oblate spheroids that become brighter and apparently larger when the inclination increases from the face-on view (i = 0°) to edge-on (i = 90°). After considerable statistical study, we have adopted the view that at least spirals (0 < T < 10) are substantially optically thick at the 25.0 B-m/ss isophote level, and behave essentially as opaque disks. That is, they have apparent isophotal diameters independent of inclination. The evidence will be reported elsewhere (see also Valentijn 1990). Hence, no inclination-dependent correction needs to be applied to $\log D_{25}$ for spirals (T > 0). For T < 0, which are certainly optically thin at the 25.0 B-m/ss level, the situation is complicated because of the probable prolateness or triaxiality of at least some of the elliptical galaxies and related types (some I0 types), while lenticulars are generally disk systems, but are not dust-free. We have, therefore, adopted the following values of the coefficient of $\log R_{25}$ in the equation,

$$\log D(0)_{25} = \log D_{25} - C \log R_{25}, \qquad (19)$$

with $C = 0.3$ for the E class ($-6 \leq T \leq -4$), 0.15 for the L class ($-3 \leq T \leq -1$), 0.05 for T = 0, and $C = 0.0$ for all T > 0, although there is some evidence that $C > 0$ for T = 10.

3.5. Position angle, Galactic and internal extinction

a. Position angle p.a. (Column 5, Line 1)

The position angle, p.a. < 180°, of the major axis measured in degrees from North eastward for the 1950.0 equinox is taken from UGC, ESO-B, and ESGC, in that order of preference. The mean error is unknown, but increases when log R decreases. Generally, no value is given when $\log R_{25} \lesssim 0.10$. Altogether, position angles are listed for 15,293 objects or 66.4% of the catalogue.

b. Galactic extinction A_g (Column 5, Line 2)

The Galactic extinction in the B-band, $A_g(B)$, expressed in magnitudes, is calculated from the value of E(B−V) predicted by the method of Burstein and Heiles (BH; 1978a,b, 1982, 1984). The values adopted here were calculated by D. Burstein as described in the last reference. This model predicts reddening for Galactic latitudes $|b| > 10°$ using a combination of local (Galactic) H I column density and faint galaxy counts north of $\delta = -23°$, the southern limit of the Lick counts (Shane and Wirtanen 1967), and H I column density only south of −23°. There is some evidence (Burstein et al. 1987) that the BH H I-based extinction prediction is a factor of 2 overestimate in the region $230° < l < 310°$, $-20° < b < +20°$.

The B-band extinction was calculated as $A_g(B) = 4.3\,E(B-V)$, where the coefficient is appropriate for the mean color index of galaxies. For those galaxies that have directly measured colors, a more accurate value of the coefficient would be $R + 1 = 4.25 + 0.25\,(B-V)_o + 0.05\,E(B-V)$ (Olson 1975). Except for a few heavily obscured galaxies, the difference would be less than the uncertainty in the BH values, estimated at 0.06 mag for $A_g \leq 0.6$ mag, and 0.10 A_g for $A_g > 0.6$ mag. It was assumed that $A_g = 0$, where $E(B-V) \leq 0.00$.

Many galaxies do not have reddenings listed in the BH tables, either because they lie below $|b| = 10°$, or they are in regions where there are no H I data (*e.g.*, within a few degrees of the South Galactic Pole). For 622 of these galaxies, Dr. Burstein kindly estimated reddenings for us by extrapolating or interpolating values from nearby regions with H I data. For the remaining galaxies – all within $9°.4$ of the galactic plane, or at $b \leq -63°.8$ – we used a mean relation to convert RC2 absorption estimates[27] into the BH system:

$$\log A_g(\text{BH})/A_g(\text{RC2}) = -0.0146(|b| - 11), \qquad \sigma = 0.10. \qquad (20)$$

The mean precision of the BH absorptions predicted by this formula is about 20%. We searched for, but did not find, any significant differences between the northern and southern Galactic hemispheres in this conversion formula.

Values of A_g are listed for 23,015 galaxies or 99.96% of the catalogue, but values for 757 objects in excess of 1 mag should be regarded as tentative only, except for a few heavily obscured galaxies for which direct estimates of A_g were used instead of the BH values as follows: Circinus: 2.3 (Freeman *et al.* 1977, RC2), Maffei I: 6.6 (Buta and McCall 1983), Maffei II: 8.1 (Spinrad *et al.* 1973, Buta and McCall 1983), IC 10: 3.5 (de Vaucouleurs and Ables 1965), and IC 342: 3.5 (McCall 1989). For M 31, the value for M 32 was adopted, following Burstein and Heiles (1984).

c. Internal extinction A_i (Column 5, Line 3)

The dimming of the B-band apparent luminosity by internal dust in a disk galaxy, A_i, expressed in magnitudes, is a function of inclination, which can be conveniently expressed as a linear function of $\log R_{25}$ (see H^{2}V 1971, p. 101 and RC2, Equation 24, p. 33)

$$A_i = \alpha(\text{T}) \log R_{25}. \qquad (21)$$

The extinction coefficient $\alpha(\text{T})$ depends on type, but its exact value is uncertain because of biases in the galaxies selected for photometry. After extensive statistical analyses (to be reported elsewhere), the following interpolation formula was adopted:

$$\begin{aligned}\alpha(\text{T}) &= 1.5 - 0.03(\text{T} - 5)^2 &\text{for } \text{T} \geq 0, \\ \alpha(\text{T}) &= 0 &\text{for } \text{T} < 0.\end{aligned} \qquad (22)$$

This correction is about double that used in RC2 and larger than that advocated by Haynes and Giovanelli (1984). When $\log R_{25} > 1$, it was assumed to be $= 1.0$ to avoid excessively large corrections. Note that in the absence of scattering by dust, and if the surface brightness of galaxies were exactly constant and independent of inclination, the coefficient should be 2.5. However, forward scattering by dust will cause this coefficient to decrease, with current estimates predicting it to be ≈ 1.8 (Bruzual *et al.* 1988). Values of A_i (range 0.0 to 1.5) are listed for 21,116 galaxies with an average of 0.33 mag and estimated mean errors of 10% or up to 0.15 mag, except for T = 0 and 10, where it could reach 30% or up to 0.3 mag.

---

[27]The formulae printed in RC2 have incorrect coefficients for the longitude dependent terms. However, the correct formulae, given by de Vaucouleurs and Buta (1983, Appendix C), were used to calculate the A_B values printed in the main catalogue.

d. H I line self-absorption A_{21} (Column 5, Line 4)

Fits vs. $\log R_{25}$ of the residuals of the correlation of $y = m_{21}$ and $x = 5\log D_{25}$, calculated from the impartial regression line $<y(x)>$, that is, $y(x)- <y(x)> = a + b\log R_{25}$, in the range $11 < m_{21} < 17$, give consistently positive values, which, within errors, are independent of type. In the mean, for all $T \geq 1$, $b = 0.50 \pm 0.08$ (n = 3631 residuals). If $\log D_{25}$ is independent of inclination for these types, this result indicates substantial internal self-absorption in the 21-cm line, up to 0.5 mag in edge-on galaxies ($\log R = 1$), far in excess of our expectation (see H²V, p. 96 and RC2, p. 41), but in agreement with Haynes and Giovanelli (1984). The 21-cm line self-absorption, computed as $A_{21} = 0.5\log R_{25}$, is listed for 15,691 galaxies of types $T \geq 1$, or 99.5% of all galaxies of these types in the catalogue. To avoid excessive corrections, values of $\log R_{25} \geq 1$ were treated as $= 1$. Thus, the maximum correction is 0.5 mag and the average 0.15 mag. No correction was applied to galaxies of types $T < 1$, because in early-type galaxies, the H I emission is not so closely confined to an equatorial plane and is usually very weak, suggesting that self-absorption may be negligible.

3.6. Optical and infrared magnitudes

a. Photoelectric total magnitude B_T (Column 6, Line 1)

The total (or asymptotic) B-band magnitudes can be derived by two methods:

1. Extrapolation of photoelectric aperture photometry by means of standard curves (B_T^A)

2. Extrapolation of photoelectrically calibrated surface photometry (pg or CCD) (B_T^S).

1. Total magnitudes from aperture photometry Values of B_T^A were derived by R. Buta for 3,489 galaxies from 22,475 B-band observations contained in the Revised UBV Catalogue (RUBV).[28] The RUBV, prepared by R. Buta, includes all the photometry in the compilation of Longo and A. de Vaucouleurs (1983), and its supplement (1985), plus all post-supplement sources to the end of 1986 (collected by A. de Vaucouleurs) to which were added about 2,000 measurements by Burstein *et al.* (1987) and 1,500 unpublished measurements made at the McDonald Observatory by R. Buta, H. Corwin, M. Frueh, J. Higdon, S. Mitra, and S. Odewahn. The full RUBV includes 5,051 galaxies and contains 25,747 B, 25,962 V, 24,862 B−V, and 16,781 U−B measurements. For 1,562 galaxies, the available photoelectric data were inadequate to determine B_T^A. However, if a B_T^S is available for any of these objects, it is given instead.

The mean B-band standard curves, compiled in Table 11 and shown in Figure 2, are post-RC2 revisions (de Vaucouleurs and Corwin 1977, unpublished). The main change from the RC2 curves (RC2, Figure 5, p. 24) is that the large gap between the standard curves for elliptical and lenticular galaxies has been greatly reduced, in agreement with most recent studies indicating more continuity between these two classes. In addition, standard curves

---
[28]The photographic observations of Holmberg (1958), previously reduced to the B system (de Vaucouleurs *et al.* 1977a), were used also at the nominal aperture $A = \sqrt{ab}$, where a,b are the major and minor diameters measured by Holmberg.

Table 11. Revised B-band standard aperture-magnitude curves.

ξ	T −5	−3	−2	−1	0	1	2	3	4	5	6	7	8	9	10
−1.0	2.97	3.00	3.04	3.09	3.15	3.22	3.31	3.41	3.52	3.65	3.81	3.99	4.19	4.43	4.72
−0.9	2.69	2.72	2.77	2.82	2.88	2.95	3.03	3.13	3.22	3.35	3.48	3.63	3.81	4.01	4.26
−0.8	2.42	2.45	2.50	2.55	2.61	2.68	2.76	2.84	2.93	3.04	3.16	3.29	3.44	3.61	3.81
−0.7	2.16	2.19	2.22	2.26	2.31	2.38	2.46	2.55	2.66	2.77	2.88	2.99	3.11	3.23	3.37
−0.6	1.91	1.94	1.97	2.00	2.05	2.11	2.20	2.30	2.40	2.50	2.60	2.70	2.80	2.88	2.94
−0.5	1.68	1.70	1.73	1.76	1.81	1.87	1.95	2.03	2.11	2.19	2.27	2.34	2.41	2.46	2.52
−0.4	1.47	1.48	1.50	1.53	1.56	1.61	1.67	1.75	1.83	1.90	1.96	2.01	2.06	2.10	2.12
−0.3	1.26	1.28	1.30	1.32	1.35	1.39	1.44	1.50	1.55	1.60	1.64	1.68	1.70	1.73	1.74
−0.2	1.08	1.09	1.10	1.12	1.15	1.18	1.21	1.24	1.27	1.30	1.33	1.35	1.36	1.37	1.38
−0.1	0.91	0.91	0.92	0.93	0.94	0.96	0.97	0.99	1.00	1.02	1.03	1.04	1.04	1.05	1.05
0.0	0.75	0.75	0.75	0.75	0.75	0.75	0.75	0.75	0.75	0.75	0.75	0.75	0.75	0.75	0.75
0.1	0.61	0.60	0.59	0.59	0.58	0.57	0.56	0.55	0.54	0.53	0.52	0.51	0.51	0.50	0.50
0.2	0.49	0.47	0.46	0.44	0.42	0.40	0.38	0.37	0.36	0.35	0.34	0.33	0.32	0.31	0.31
0.3	0.39	0.36	0.35	0.33	0.31	0.29	0.27	0.25	0.23	0.22	0.21	0.21	0.20	0.19	0.18
0.4	0.30	0.27	0.25	0.23	0.21	0.19	0.17	0.15	0.13	0.12	0.11	0.10	0.10	0.09	0.09
0.5	0.23	0.20	0.17	0.15	0.13	0.12	0.11	0.09	0.08	0.07	0.07	0.06	0.06	0.05	0.05
0.6	0.17	0.14	0.11	0.09	0.07	0.06	0.05	0.04	0.04	0.03	0.03	0.03	0.02	0.02	0.02
0.7	0.13	0.09	0.08	0.07	0.06	0.05	0.04	0.03	0.03	0.02	0.02	0.01	0.01	0.01	0.01
0.8	0.09	0.06	0.05	0.04	0.04	0.03	0.03	0.02	0.02	0.01	0.01	0.01	0.01	0.00	
0.9	0.06	0.04	0.03	0.02	0.02	0.01	0.01	0.01	0.00						
1.0	0.04	0.03	0.02	0.01	0.01	0.00									
1.1	0.03	0.02	0.01	0.00											
1.2	0.02	0.01	0.00												
1.3	0.01	0.00													
1.4	0.00														

for V-band observations were produced by combining the B−V standard curves (Section 3.7) and the B-band curves in order to be able to calculate total V magnitudes for a few galaxies (mainly from Persson et al. 1979, Griersmith 1980, and Sadler 1982), where the critical large aperture observations were made in the V band, and not B. Note that, since the adopted V-band standard curves had for their argument $\xi = \log A/A_e$ based on the B-band curves, then the fits to the V-band growth curves gave $\log A_e(B)$, not $\log A_e(V)$.

The standard curves were fitted interactively to the observations,[29] large residuals rejected as needed, and relative weights of each UBV source were calculated in several successive approximations after detailed study of the residuals from the standard curves. This procedure also led to the discovery of identification errors and other mistakes in the input data, which were corrected where possible. If $n(B) \geq 3$, a sliding fit in $B(A)$ and $\log A$ was made in an iterative way; the full range of standard curves for types $-5 \leq T \leq 10$ was fitted to each galaxy, and the standard curve giving the best fit to the observations was adopted to calculate the final B_T. In this way, a "photometric" type T_B could be determined for many well-observed galaxies. In the mean, this objectively determined type correlates very well with the mean type from visual estimates (Figure 3), and provides a reconfirmation of the validity of the adopted standard curves for each type. Another important parameter derived from the fits, but which is not tabulated in the catalogue, is the amount of extrapolation, ΔB (or ΔV), from the largest available aperture to the total magnitude from the fit. Values of B_T^A are listed with two decimals only for the 2,399 objects having $\Delta B \leq 0.50$ mag, while values of V_T^A are listed with two decimals only for the 120 objects having $\Delta V \leq 0.50$ mag.

---

[29]Initially by G. Longo and, in the second and third iterations, by R. Buta.

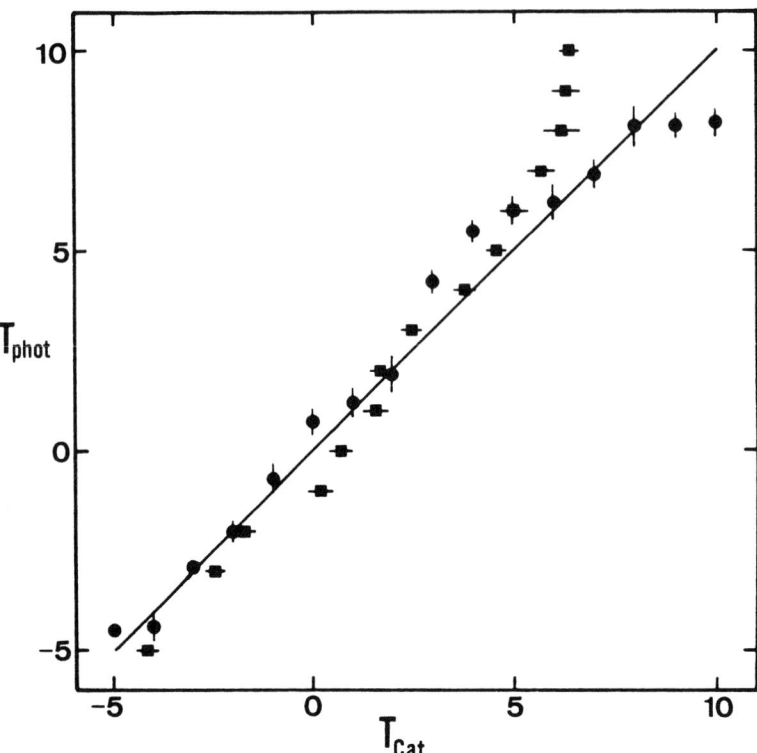

Figure 3. Photometric type from best-fitting standard curves vs. mean type.

The B_T^A magnitudes for 911 objects and the V_T^A magnitudes for 33 objects having $0.50 < \Delta \leq 0.75$ mag are rounded to 0.1 mag, indicating a lack of sufficiently large apertures. If $\Delta > 0.75$ mag, the magnitude is too uncertain, and an asterisk (*) is given in place of B_T^A in the catalogue (except for Maffei 1, where little improvement is possible).

For poorly observed galaxies, with n(B) = 1, the standard curve appropriate to the estimated morphological type was used and a sliding fit made with the mean value of $\log \rho^* = \log[D(0)/A_e]$ given by Equations 17a and 17b of RC2 (pp. 26 and 27). The same procedure was applied if n(B) = 2, but if the two available apertures were more than a factor of 2 in diameter apart, a rough two-dimensional fit was made using the catalog type. For the 911 cases where n(B) $\leq$ 2 and $\Delta B \leq 0.50$ mag, the values of B_T^A are rounded to 0.1 mag, and a minimum mean error of 0.2 mag is assigned. Such magnitudes must be regarded as provisional.

The relative weights used in the sliding fits were derived using an empirically determined error function. From first principles, it is expected that the mean error of an observation obeys a general error function depending on magnitude, B(A), mean surface brightness within the aperture, m'(A), and telescope aperture (determining the photon count for a given magnitude). This error function is then multiplied by a relative weight characteristic of each given source. The form of the general error function was determined from a study of the residuals of two large homogeneous sources, the McDonald N and NB series (sets N01–N36 and N01B–N19B in Longo and de Vaucouleurs 1983, 1985), which comprises galaxies over a wide range of magnitude and surface brightness (including DDO dwarf galaxies), both made mainly with the 36-inch (0.91-m) reflector over many years (1961–1981). By trial and error, the following functions were adopted to reduce the average deviation $\alpha(B)$ of B-band magnitudes from the standard curves to constant magnitude, surface brightness m' (magnitude per square minute, B-m/sm) and telescope aperture D (in meters):

$$\alpha_o(B) = \alpha(B) - 0.11(f_B - 0.15) - 0.25(f_{m'} - 0.15), \qquad (23)$$

where

$$\begin{aligned} f_{m'} &= [20 - m'(A)]^{-1}, \\ f_B &= [20 + 5\log(D/0.91) - B(A)]^{-1}. \end{aligned} \qquad (24)$$

The vast majority of observations in RUBV were made with telescopes of apertures 1.0 ±0.5 m, so that the limiting surface brightness term could be set to 20.0 B-m/sm for all telescopes. The absolute size of the error at constant B, m', and A varies with the particular conditions of each source (number of galaxy and sky settings, length of integration time, quality of sky conditions, skill of observer, etc.). This scale factor was determined from galaxies having four or more sources of photometry. The reduced relative weight of a source was defined as

$$w_o = (\alpha_{o,1}/\alpha_o)^2, \qquad (25)$$

where $\alpha_{o,1}$ is the median reduced average deviation over all sources. The maximum reduced weight was set at 2.0, corresponding to a mean error of 0.03 mag for the best observations with the 0.91-m reflector under optimum conditions, that is, $B(A) \simeq 13.5$, $m'(A) \simeq 13.5$ B-m/sm (= 22.4 B-m/ss). For sources with insufficient overlap with others, a default value $w_o = 0.5$ was used. The adopted reduced average deviation of unit weight was $\alpha_{o,1} = 0.037$ mag. The weight for a given observation i from source j was then derived from

$$w_{ij} = w_{oj}(1 + f_i\sqrt{w_{oj}}/\alpha_{o,1})^{-2}, \qquad (26)$$

where

$$f_i(B) = 0.11(f_B - 0.15) + 0.25(f_{m'} - 0.15). \qquad (27)$$

A maximum $w_i = 4.0$ was allowed for the best observations from the best sources of the brightest galaxies having the highest surface brightness.

In addition, a good B_T can be calculated only if the observations cover the upper region of the standard curve where curvature is sufficiently marked. This fact was taken into account by multiplying the weights from Equation 25 by

$$w_s(\xi) = [1 + s(\xi)]^{-1}, \qquad (28)$$

where $s(\xi)$ is the slope of the standard curve at the given value of log A. The absolute values of the residuals were also checked for any zero-point error, which was taken into account if the mean zero-point residual exceeded its mean error. The largest zero-point residual (among sources having nonzero weight) was found for Hodge's (1963) data, where the B magnitudes are too faint by 0.19 mag. Most others are less than ±0.03 mag. The agreement of the mean system so defined with the original Johnson B system can be judged from the two sources that may best represent a true Johnson UBV system, de Vaucouleurs's (1959d) set based on observations with the original Johnson photometer attached to the 53-cm reflector at Lowell Observatory, and the Burstein *et al.* (1987) elliptical sample based on a variety of observers and telescopes. In both cases, the mean systematic differences are under 0.02 mag with negligible color equation. A few individual sources appeared to have significant color equations. Details will be reported elsewhere.

With the final weighting scheme, zero points, and color corrections, the photometric parameters of all galaxies having enough data in RUBV were interactively recomputed with rejection of aberrant points. Judgment was applied, as needed, to handle the many cases that did not fit the standard curves and to avoid wild fits when the data showed insufficient curvature to reliably determine the asymptotic magnitude.

The *internal* mean error of the final B_T^A magnitudes was computed as

$$m.e.(B_T) = 0.043(1 + \Delta B)^2/\sqrt{\Sigma w}, \tag{29}$$

where Σw is the total weight of all B measurements in the interval $-0.5 \leq X = \log D(0)/A \leq +0.5$ (cf. RC2, Equation 9). Comparisons with independently determined total magnitudes, from surface photometry, B_T^S and B_T^{LV}, show that the *external* mean error is, approximately, $1.25\sqrt{(m.e.)^2 + (0.10)^2}$, except for a few unusually well-determined cases. Details will be reported elsewhere (Buta, Corwin, and de Vaucouleurs, in preparation). The *m.e.* attached to the catalogued values of B_T^A is the *external* mean error.

The derived RC3 values of B_T^A were compared with the corrected RC2 values, B_T^w, derived in *Contributions to Galaxy Photometry* (CGP) I – IX (de Vaucouleurs *et al.* 1977–1979) for four intervals of the calculated *m.e.* of RC2 and RC3. Solutions of the form

$$B_T(RC3) - <B_T(RC3)> = a(B_T^w - <B_T^w>) \tag{30}$$

show a negligible zero-point difference of $<B_T(RC3)> - <B_T^w> = -0.01$ to -0.02, and a mean slope, a, not appreciably different from unity.

Solutions of the form

$$B_T(RC3) - B_T^w = a + b(\log R_{25} - 0.2) \tag{31}$$

again show a barely significant zero-point difference of $a = -0.020 \pm 0.007$ mag, and an insignificant slope of $b = -0.03 \pm 0.04$.[30]

Solutions including a surface brightness term suggest a possibly significant systematic difference,

$$-0.010 \pm 0.006 - (0.012 \pm 0.035)(\log R_{25} - 0.2) - (0.027 \pm 0.007)(m'_e - 12.6), \tag{32}$$

but it could be a regression artifact, since the surface brightness is by definition a function of magnitude.

---

[30]This also shows that the systematic error depending on $\log R_{25}$ found in the original RC2 magnitudes (see CGP I–III) is not present in the RC3 data.

2. Total magnitudes from surface photometry. Values of B_T^S were compiled by R. Buta for 1,170 galaxies from all sources of surface photometry (excluding Holmberg when already used to calculate B_T^A, as noted above) published before the end of 1987, with the addition of some papers published in 1988 or in preprint form. Every source of B_T^S was compared with B_T^A using the procedure applied in the CGP series (papers I–VIII), that is, the comparisons included terms for scale, surface brightness, and axis ratio, and both direct and inverse regressions were calculated. Where possible, a 3 x 3 comparison was made to estimate preliminary external errors in B_T^S, particularly in the Virgo Cluster where several sources were available.

Because B_T^A is the most homogeneous all-sky source of total magnitudes currently available, our adopted transformation relations reduce the original B_T^S values to the B_T^A system. Thus, B_T^S as given in the catalogue will refer in general to these reduced magnitudes. A comparison between B_T^A and B_T^S for 393 objects of both hemispheres gave a nonsignificant zero-point difference, $< B_T^A - B_T^S > = +0.013 \pm 0.012$, with no scale error and a standard deviation of 0.229 mag.

For multiply observed galaxies, the weighted mean values of B_T^S, or from aperture as well as surface photometry, are listed in Column 6, Line 1, followed by S or M, as the case may be. Unlabeled magnitudes are from aperture photometry alone. Thus, $B_T = 4.36M \pm 0.02$ for NGC 224 is the weighted mean of $B_T^S = 4.36 \pm 0.02$ from three values from surface photometry (after rejection of two aberrant values) and $B_T^A = 4.34 \pm 0.14$ from aperture photometry. $B_T = 8.73S \pm 0.05$ for NGC 300 is the mean of three values from surface photometry only. For those objects where only V_T^A could be obtained, the magnitude is followed by the letter V. For 12 Seyfert galaxies, the nucleus was sufficiently variable as to make the determination of B_T^A by extrapolation of standard curves very uncertain. For such galaxies, the letter v (lower case) for "variable" follows the magnitude given to one decimal place only.[31] Finally, when the mean error in B_T exceeds 0.2 mag, or when the extrapolation ΔB is in the range 0.5 to 0.75 mag, B_T is rounded to the nearest 0.1 mag (*e.g.*, NGC 7805 with $B_T = 14.2 \pm 0.3$.)

Altogether, total magnitudes derived from photoelectric aperture photometry or from surface photometry reduced to the same scale are listed for 3,996 galaxies or 17.7% of the catalogue with an average mean error of 0.16 (range 0.02 to 0.6 mag). In addition, 5,738 galaxies south of $\delta = -17°30'$ have photoelectrically calibrated total magnitudes from ESO-LV with an average *external* m.e. of 0.24 mag. These are listed in Column 6, Line 2 with other magnitudes from photographic photometry (see below).

b. Total magnitude from photographic photometry m_B (Column 6, Line 2)

For the majority of galaxies, we must still rely on magnitudes derived by photographic photometry. Three main techniques and sources are available:

---

[31] The total B magnitudes of the brighter Seyfert galaxies corrected for their variable nuclei are given in Appendix 4, after de Vaucouleurs and de Vaucouleurs (1973).

1. In-focus, small-scale images from short focal length survey cameras, as used in the original Shapley-Ames catalogue (S-A; 1932) and in the Ames catalogue (1930) of the Virgo region.

2. Out-of-focus smeared square images (imitating the jiggle-camera) with the 18-inch (45-cm) Palomar Schmidt camera, as used by Zwicky *et al.* in the CGCG (north of $\delta = -3°$).

3. Surface photometry of in-focus images with the ESO 1-m Schmidt telescope, as used by Lauberts and Valentijn (1989) for the ESO-LV catalogue (south of $\delta = -17°$).

The first two catalogues require elaborate corrections for reduction to the B_T system. The total magnitudes listed in the last catalogue agree closely with the standard system, and require only small zero-point and scale corrections (see below).

In addition to these sources, magnitudes from in-focus automatic surface photometry based on the COSMOS measuring machine (Stobie *et al.* 1979; Dodd *et al.* 1979; MacGillivray and Stobie 1984) are available for 110 galaxies in the field of the Hercules Supercluster (Buta and Corwin 1986). These magnitudes, as reduced by Buta and Corwin, were compared with our new B_T^A values, and no significant scale error, surface brightness, or log R terms were found. However, to bring the COSMOS magnitudes into agreement with the B_T^A system required a zero-point correction of -0.10 mag. We have applied this correction in the main catalogue and assigned the COSMOS magnitudes a mean error of 0.14 mag, based on the error analysis of Buta and Corwin.

1a. S-A magnitudes. The reduction of the Harvard magnitudes, m_H, to the B_T system has been discussed at length in CGP IV (de Vaucouleurs and Bollinger 1977a), where the following correction equations were derived:

$$B_T^S - m_H^c = -0.02 + 0.20 \log R_{25}, \tag{33}$$

where

$$m_H^c = m_H + a + b(m_H - 12.0) + c(m_H' - \mu') + d(\log R_{25})^2 \tag{34}$$

and

$$m_H' = m_H + 5\log D_{25} - 2.5\log R_{25} - 5.26. \tag{35}$$

The coefficients a–d and μ' depend on type as shown in Table 12.

The mean error for unit weight of the corrected magnitudes is calculated as:

$$\sigma_1(m_H^c) = 0.19 - 0.09 \log R_{25} + 0.009\,T, \tag{36}$$

for spirals ($T \geq 0$). The last term is set equal to zero for $T < 0$. Only a few residuals exceed ± 0.6 mag. The 48 uncertain magnitudes, marked (:) in the S-A catalogue, were rejected (see CGP IV for a discussion).

Because the correction equations derived in CGP IV depended on RC2 parameters, their use with RC3 parameters leads to a small systematic error. Comparison with B_T^A and

Table 12. Reduction coefficients for m_H^c.

a:	-0.39	for	$T \leq -3$	-0.29	for	$T > -3,$
b:	$+0.12$	for	$T \leq +5$	$+0.12 - 0.02(T-5)$	for	$T > +5,$
c:	-0.46	for	$T \leq +5$	$-0.46 + 0.06(T-5)$	for	$T > +5,$
d:	-2.50	for	$T \leq -4$	$-0.50 + 0.05T$	for	$T > -4,$
μ':	14.05	for	$T < 0$	14.25	for	$T \geq 0.$

B_T^S gives the required zero-point correction of -0.04 mag, which was applied to the m_H^c calculated with the coefficients of CGP IV. The zero points of Table 12 have been changed to reflect the correction. Comparison with other sources also shows that the true *external* mean error of m_H^c is 20% larger than that given by Equation 36.

1b. Ames magnitudes The reduction of the Ames magnitudes, m_t, to the B_T system has been discussed at length in CGP VIII (de Vaucouleurs and Pence 1979a), where the following transformation equations were derived for $m_t < 16.0$:

$$m_t^c = 11.41 + 1.20(m_t - 12.0) - 0.50(m_t' - 14.3) \quad \text{for } m_t < 13.0, \tag{37}$$

and

$$m_t^c = 13.25 + 1.03(m_t - 14.0) - 0.50(m_t' - 14.8) + 0.35(\log R - 0.26) \quad \text{for } m_t \geq 13.0, \tag{38}$$

where

$$m_t' = m_t + 5\log D_{25} - 2.5\log R_{25} - 5.26$$

is a measure of the average surface brightness.

The mean error of the corrected Ames magnitudes is 0.11 for $m_t < 13.0$ and 0.18 for $m_t \geq 13.0$. No residual systematic dependence on magnitude, color, type, or ellipticity is indicated. As with the Shapley-Ames magnitudes, comparison with B_T^A and B_T^S shows that a small zero-point correction of -0.07 mag is required. Equations 37 and 38 have been changed from CGP VIII to reflect this correction.[32] Of the 2,778 galaxies in Ames's list, 332 with corrected magnitudes are included in RC3. Of these 332 galaxies, 317 also have corrected CGCG magnitudes, and 90 (87 also in CGCG) have corrected Shapley-Ames magnitudes as well.

2. CGCG magnitudes. The transformation of the CGCG magnitudes, m_p, to the B_T system follows the general principles outlined in CGP VIII (de Vaucouleurs and Pence 1979a). These have been demonstrated in CGP IX (de Vaucouleurs and Pence 1979b), where a catalogue of corrected magnitudes, m_p^c, of 1,180 galaxies in the 18° x 18° Virgo field (CGCG

---

[32]Note that most of the galaxies, to which only a mean zero-point correction could be applied in CGP IX (de Vaucouleurs and Pence 1979b) because they lacked D and R data in RC2, have the necessary data in RC3.

fields 41, 42, 43, 69, 70, 71, 98, 99, 100) was published. The transformation equations used there were:
$$m_p^c = 12.25 + 1.08(m_p + \delta - 12.7) - 0.50(m_p' + \delta - 14.4), \qquad (39)$$
where $\delta = +0.30$, 0.00, and -0.05 in the declination zones $+18°$, $+12°$, and $+6°$. The mean error of the corrected magnitudes is 0.12 for $T \leq 0$, and $0.12 + 0.15T$ for $T > 0$.[33] This mean error is applicable only to the Virgo area, which had more standard stars and was, perhaps, worked on more thoroughly than the rest of CGCG.

For the present catalogue, the reduction of CGCG was performed (de Vaucouleurs and Corwin, unpublished) using 1,078 standard total magnitudes, B_T^w, in the revised RC2 system (de Vaucouleurs and Bollinger 1977c; CGP VI). These standard magnitudes covered the range $7.86 \leq B_T^w \leq 16.16$, with a mean value of 12.82.

The general form of the transformation equations included zero point, scale, and surface brightness terms:
$$B_T^w = a + b(m_p - <m_p>) + c(m_p' - <m_p'>), \qquad (40)$$
where the surface brightness is
$$m_p' = m_p + 5 \log D_{25} - 2.5 \log R_{25} - 5.26. \qquad (41)$$
Since both B_T^w and m_p have errors, equations of the form
$$m_p = a' + b'(B_T^w - <B_T^w>) + c'(B_T^{w\prime} - <B_T^{w\prime}>) \qquad (42)$$
were solved, then inverted to convert the primed coefficients (a', b', and c') in order to take mean values. After many trials and tests, transformation equations of the form
$$m_p^c = a + b(m_p^* - <m_p^*>) + c(m_p^{*\prime} - <m_p^{*\prime}>) + \Delta(\csc b) \qquad (43)$$
were adopted. In these equations,
$$m_p^* = m_p + 0.03\,T \qquad (44)$$
for all $T < 0$ outside the Virgo Cluster fields. The surface brightness was also calculated using this type-corrected magnitude. The constants depend on the volume of the CGCG from which m_p is taken,[34] and are listed in Table 13. The residuals $\Delta a = a - <a>$ depend on galactic latitude as follows:
$$\begin{aligned}\Delta(\csc b) &= 0 &\text{for } |\csc b| \leq 3.5, \\ &= -0.35(|\csc b| - 3.5) &\text{for } |\csc b| > 3.5.\end{aligned}$$

The final term in Equation 43 reflects this dependence.

---

[33]In CGP VIII, a larger error (0.37 mag) was quoted for the magnitudes of 508 objects (generally fainter than m = 13.0) lacking diameter data in RC2 and corrected for zero point only. Most of these objects now have diameter data in RC3.

[34]Volumes I and II were further subdivided into "Virgo" and "Non-Virgo" areas following de Vaucouleurs and Pence (1979a,b).

Table 13. Transformation constants for CGCG magnitudes m_p to B_T^w.

Constant	I(VE)*	I(V)†	II(VE)*	II(V)†	III	IV	V	VI
a	12.12	12.51	12.16	13.16	12.52	12.29	13.18	13.11
b	1.00	1.09	1.00	1.00	1.00	1.00	1.00	1.00
$<m_p^*>$	12.51	12.98	12.35	13.31	12.61	12.36	13.48	13.31
c	−0.50	−0.50	−0.50	−0.25	−0.25	−0.25	−0.25	−0.25
$<m_p^{*\prime}>$	14.35	14.37	14.19	14.17	14.05	14.14	14.41	14.38
ZP_{Vol}	−0.36	−0.36	−0.27	−0.12	−0.06	−0.04	−0.27	−0.14
$\sigma_{No\ K}$	0.55	0.35	0.35	0.35	0.35	0.35	0.35	0.40

*Virgo area excluded.
†Virgo area alone.

Standard errors in the reduced magnitudes were found by comparison of the standard deviation of the residuals $\Delta a = a - <a>$ with the previously derived $\sigma(B_T^w)$. Various tests showed that the errors are strongly correlated only with surface brightness, galaxy type, and area of the sky. The final error attached to a corrected magnitude derived through Equation 43 is

$$\sigma = \sigma_o \left[1 + 0.25\,(m_p^{*\prime} - 14)^2\right], \tag{45}$$

where σ_o is given by

Type	Virgo Area	Outside Virgo
< 0	0.10	0.15
≥ 0	0.12	0.175

This transformation procedure could be applied only to those galaxies with known types, $\log D_{25}$, and $\log R_{25}$. For galaxies with known diameters and axis ratios, but unknown types, the default value T = 0 was assumed.

For those CGCG galaxies without known types, diameters, and axis ratios, but with a notation concerning the appearance of the galaxy (*e.g.*, "compact," "diffuse," etc.), the mean surface brightness was estimated through the following empirical relation:

$$m_p'(k) = 14.3 + 0.7\,(k+1), \tag{46}$$

where k is given by

k	CGCG Note	k	CGCG Note
−3	Extremely compact	+1	Diffuse
−2	Very compact	+2	Very diffuse
−1	Compact	+3	Extremely diffuse

This estimate of surface brightness was used in Equation 43 to find a preliminary corrected magnitude $m_p^c(1)$. This was further corrected using the procedure described in the next paragraph for those CGCG galaxies with no known information other than m_p. The errors for those galaxies with appearance notes are calculated from Equation 45, again using $m_p'(k)$ for an estimate of the mean surface brightness, and using σ_o for $T \geq 0$.

In order to provide a preliminary reduction for the remaining CGCG galaxies with no data other than m_p, the mean residuals $ZP_{Vol} = a - <a>$ were adopted as mean zero-point corrections for each volume. These are listed in Table 13 along with mean errors that apply to these galaxies whose magnitudes are transformed without surface brightness information. This transformation also included a small scale correction:

$$m_p^c = m_p + ZP_{Vol} + 0.07(m_p - 13). \tag{47}$$

Finally, a comparison with the adopted B_T^S and B_T^A magnitudes in the final RC3 system showed a residual zero-point error of $+0.03$ mag. This is again due to the use of RC3 diameters and axis ratios for the final reductions, rather than RC2 diameters and axis ratios with which the reduction formulae were originally derived. The zero points in Table 13 have, therefore, been corrected by -0.03.

After elimination of duplicate entries in CGCG, unresolved pairs or multiplets to which the transformation equations cannot be applied, and those galaxies known to have stars superposed, a total of 25,989 corrected magnitudes were obtained with an average mean error of ± 0.32. Of these, 11,434 are in RC3, and 681 also have corrected Shapley-Ames magnitudes.

3. ESO-LV magnitudes. The total magnitudes, B_T^{LV}, of 15,467 galaxies south of declination $-17°$ derived by surface photometry of the ESO-B survey (Lauberts and Valentijn 1989) are substantially on the RC2-RC3 B_T system. A comparison with our B_T standards generally confirms the 0.12–0.18 mag zero-point difference noted by LV from a much smaller sample of standards. We find also a small, but significant, scale error. For 1,125 objects having $\Delta B \leq 0.50$ mag, the impartial regression line is

$$B_T^A = 13.237 + (0.983 \pm 0.008)[B_T^{LV} - 13.318], \tag{48}$$

with a standard deviation of 0.340 mag and a significant zero-point difference of 0.081 mag. This is after selective rejection of 68 objects, mostly cases where B_T^A involved an uncertain extrapolation or where there is a possible identification problem. Other aberrant values, e.g., when B_T^{LV} is fainter than a measured photoelectric B(A), or when the LV magnitude includes that of an unresolved companion, were also rejected.

Tests were also made of the dependence of the error in the LV magnitudes on surface brightness and axis ratio, using LV diameters. No significant dependence on $\log R$ was found, but a small dependence on surface brightness may be present. We have applied no correction for the effect, since it may, in part, be due to a regression effect.

A total of 5,738 corrected LV magnitudes are included for 86.5% of the catalogued objects south of $-17°30'$. Where the galaxy also has a corrected Harvard magnitude from the Shapley-Ames catalogue (1932) (408 of south of $-17°30'$), we have adopted a weighted mean value (Section 3.6.b.4). There can be no confusion with the corrected CGCG magnitudes given in the same column, since there is no overlap in declination and the mean errors are different.

4. Weighted mean m_B magnitudes For those galaxies having more than one source of total photographic magnitude, Column 6, Line 2 of the catalogue gives a weighted mean. The adopted weights of the different sources are based on an external error analysis of the magnitudes for Shapley-Ames galaxies using the least-squares technique described by de Vaucouleurs and Head (1978). This analysis (to be described in more detail elsewhere) indicated that the true external errors of the corrected Shapley-Ames magnitudes m_H^{cc} are about 1.2 times the formal errors computed from Equation 36. The true external errors for the corrected CGCG magnitudes m_p^c appear to be closer to the formal errors, about 1.03 times the values computed from Equation 45. The external mean error of the corrected LV magnitudes was found to be 0.24 mag, more than twice as large as the figure quoted by Lauberts and Valentijn (1989). A weighted average of the corrected S-A and LV magnitudes is given for 408 southern objects (the SMC, NGC 3571 and NGC 5967 do not have data in the ESO-LV list. The ESO-LV data for the LMC are erroneous and have been rejected).

The final weighted means for the northern galaxies include not only the corrected CGCG magnitudes and the corrected Shapley-Ames magnitudes, but the Ames magnitudes and, for objects in the Hercules Supercluster region, the corrected COSMOS magnitudes of Buta and Corwin (1986) as well. Although the external error analysis was based only on the Shapley-Ames galaxies, we used the same adjusted weights for non-Shapley-Ames galaxies as well (except in the Hercules Supercluster region where we adopted Buta and Corwin's mean error, ±0.14 mag).

c. Far-infrared magnitude m_{FIR} (Column 6, Line 3)

The far-infrared magnitude is defined as

$$m_{FIR} = -20 - 2.5 \log(FIR), \qquad (49)$$

where the far-infrared flux parameter,

$$FIR = 1.26\,[2.58\,f_\nu(60) + f_\nu(100)] \times 10^{-14}, \qquad (50)$$

in $W\,m^{-2}$ is taken from the *IRAS Point Source Catalog* (1987), unless the galaxy is listed in Rice et al. (1988), or in Helou et al. (1988). $f_\nu(60)$ and $f_\nu(100)$ are the "total" flux densities in janskys in the IRAS 60 and 100 μm bands.

For galaxies smaller than 8 arcmin, the value of FIR approximates the flux density (not corrected for color effects) in a band-pass with uniform response 80 μm wide centered at 82.5 μm. This is a reasonable measure of a galaxy's far-infrared flux which – if the flux is dominated by thermal emission – normally peaks between 50 and 100 μm (see Helou *et al.* 1988 for further discussion). Note that many galaxies well-detected in the IRAS 60 and 100 μm bands are not detected, or have only upper limit "detections," in the 12 and 25 μm bands. Thus, other formulations of m$_{FIR}$ (*e.g.*, that of Martin *et al.* 1989) may overestimate the far-infrared flux compared with the values listed in the IRAS catalogue, which were adopted here.

Galaxies larger than 8 arcmin are well-resolved by the IRAS "beams" (FWHM $\sim 2'$ for the *Point Source Catalog*, and $\sim 8'$ for the *Small Scale Structure Catalog*), so FIR for 76 optically large objects (selected from RC2) is taken from Rice *et al.* (1988; called "F_{IR}" by them and listed in their Table 4, Column 5). Helou *et al.* (1988) have also listed FIR for 133 galaxies in the area of the Virgo Cluster. Both Rice *et al.* and Helou *et al.* have used *all* available IRAS data for these galaxies, not just the all-sky scans reduced for the *Point Source* and *Small Scale Structure Catalogs*. This has at least doubled the IRAS sensitivity for these 205 objects,[35] so that m$_{FIR}$ for them will have smaller errors (up to about 10% $\simeq$ 0.1 mag) than m$_{FIR}$ taken from the *Point Source Catalog* (errors can be up to 50% $\simeq$ 0.75 mag).

Altogether, m$_{FIR}$ is listed for 5,321 galaxies, or 23.1% of the catalogue.

d. Corrected total magnitude B_T^o (Column 6, Line 4)

The total "face-on" magnitude B_T^o corrected for galactic and internal absorption, and for redshift, is given, as in RC2, by:

$$B_T^o = B_T(A_g = 0, A_i = 0, z = 0) = B_T - A_g - A_i - K_B z, \tag{51}$$

but with different extinction corrections. The galactic extinction is from Column 5, line 2, and the internal differential extinction from Column 5, line 3 (Section 3.5.c).

As in RC2, the K correction for redshift ($z < 0.05$) is given by

$$K_B(z, T) = K_B(T) \cdot z = K_B'(T) \cdot cz, \tag{52}$$

where cz is the observed heliocentric velocity (Column 10, Line 1 or 2) in km s^{-1} and

$$\begin{aligned}
10^4 \cdot K_B'(T) &= 0.15 & \text{for } T \leq 0, \\
&= 0.15 - 0.025T & \text{for } 0 \leq T \leq 3, \\
&= 0.075 - 0.010(T - 3) & \text{for } T \geq 3,
\end{aligned} \tag{53}$$

after Pence (1976). The maximum correction for $cz = 1.5 \cdot 10^4$ km s^{-1} is 0.2 mag for $T \leq 0$ and 0.1 mag for $T > 3$. Corrected total magnitudes are listed for 12,487 galaxies or 54.2% of the catalogue. No mean errors are given, but could be readily calculated from the listed mean errors in B_T or m_B, T, log R_{25}, and the estimated errors in A_g and A_i. The errors in cz and in the K corrections are comparatively negligible.

---

[35] Four objects – NGC 4192, NGC 4216, NGC 4438, and NGC 4569 – are in both lists. The mean difference, $\Delta m_{FIR} = m_{FIR}(H) - m_{FIR}(R) = -0.08 \pm 0.08$ (m.e.; $\sigma = 0.15$) is not significant.

3.7. Total color indices and corrected color indices

a. Total and effective color indices $(B-V)_T$, $(U-B)_T$ (Column 7, Lines 1 and 2) and $(B-V)_e$, $(U-B)_e$ (Column 8, Lines 1 and 2)

The standard color-aperture curves of RC2 (pp. 34-35) were used again to calculate the total (or asymptotic) color indices $(B-V)_T$ and $(U-B)_T$. The value of A_e (Section 3.4.c) fixes the scale of abscissae, $\xi = \log A/A_e$, and a sliding fit, in the ordinate only, with the standard curve appropriate for the morphological type T, gives the asymptotic color, as explained in RC2. The full range of types was used and the type providing the best fit (not necessarily that of Column 3, line 3) was adopted. In general, points with $\xi < -0.5$ (and often $\xi \leq 0$) were not used to calculate the asymptotic colors. Very often, the RC2 standard curves worked very well for all $\xi \geq -0.5$, but the color gradients were occasionally steeper than those implied by the RC2 curves. Sometimes an inverse color gradient was observed; that is, the galaxy was bluer near the center, often as a result of line emission in the nucleus. Occasionally, only the very largest aperture could be used to determine $(B-V)_T$ and $(U-B)_T$ when the gradients were abnormally large.

For the effective colors, that is, those corresponding to the effective aperture, $(B-V)_e$ and $(U-B)_e$, two approaches were used. The first approach was to read the effective color derived from the best-fitting RC2 curve at $\xi = 0$. This value was adopted if the data actually well-fit this standard curve, even for $\xi < 0$. If not, a second approach was used consisting in making a linear least-squares fit to all the aperture-color measurements in the interval $-0.5 \leq \xi \leq +0.5$. The intercept at $\xi = 0$ was the adopted value if the integrated color gradient near $\xi = 0$ was unusually steep (positive or negative). Judgment was used in every case as to which approach would be adopted.

The mean errors were calculated in a way generally similar to that used to calculate the internal mean errors of B_T (Section 3.6.a) using residuals from the standard curves for the galaxies in the McDonald N and NB series having at least three measurements.

The following relations giving the relative error as a function of magnitude, surface brightness, and telescope aperture were adopted:

$$\begin{aligned} \alpha_o(B-V) &= \alpha(B-V) - 0.10(f_B - 0.2) - 0.24(f_{m'} - 0.2), \\ \alpha_o(U-B) &= \alpha(U-B) - 0.21(f_B - 0.2) - 0.21(f_{m'} - 0.2), \end{aligned} \quad (54)$$

with

$$\begin{aligned} f_{m'} &= [18.5 - m'(A)]^{-1}, \\ f_B &= [18.5 + 5\log(D/0.91) - B(A)]^{-1}. \end{aligned} \quad (55)$$

The external error analysis and final reduced weights used the above functions, but were based only on galaxies having at least four or more sources of photometry. This was done in two successive approximations: the first iteration assumed equal weights for all sources; then after the first approximation relative weights were determined, revised fits of the standard curves with appropriate relative weights were made. Then, a second iteration of the error analysis was made and final weights were determined.

To calculate the reduced relative weights of the sources, the quantity α_o was computed for all sources having at least ten measurements (used in the analysis). Then, for each color index the reduced relative weight was derived as

$$w_o = (\alpha_{o,1}/\alpha_o)^2, \qquad (56)$$

where the numerator is the median reduced average deviation over all sources ($\alpha_{o,1} = 0.030$ in B−V, 0.043 in U−B). To avoid assigning excessive weights, possibly due to statistical fluctuations, a maximum weight of 2.0 was allowed, which corresponds to mean errors of 0.02 in B−V and 0.04 in U−B for the best observations with the 0.91-m reflector.[36] For the many sources having too few associated measurements, and to which a proper weight could not be assigned, a default value of 0.5 was assumed.

Then, the weight assigned to a given observation i from source j was derived, as for the B magnitudes, through Equation 26 (Section 3.6.a), with

$$\begin{aligned} f_i(\text{B}-\text{V}) &= 0.10(f_\text{B} - 0.2) + 0.24(f_{\text{m}'} - 0.2), \\ f_i(\text{U}-\text{B}) &= 0.21(f_\text{B} - 0.2) + 0.21(f_{\text{m}'} - 0.2). \end{aligned} \qquad (57)$$

Finally, the residuals were examined to detect possible zero-point and color equation errors. In general, if the mean zero-point residual of a given source was larger than its calculated mean error, it was accepted as significant and corrected. Analyses of the two sources that may best approximate the original UBV system (de Vaucouleurs 1959d and Burstein *et al.* 1987) give no indication of color equation and nonsignificant zero-point residuals ($< \pm 0.01$ mag). Appreciable color equations were found for only four sources in B−V and six sources in U−B, the largest being for low-weight sources such as Stebbins and Whitford (1937), Bigay *et al.* (1953), Bigay and Dumont (1954), and Lasker (1970) and the McDonald sources N006, 007, 010, and 013 (de Vaucouleurs and de Vaucouleurs 1972). Details will be reported elsewhere.

Having all the necessary weights and corrections, the final photometric parameters were interactively redetermined, using considerable judgment to reject aberrant points. The mean errors of $(\text{B}-\text{V})_T$ and $(\text{U}-\text{B})_T$ were computed as $const./\sqrt{\Sigma w}$, with $const. = 0.033$ and 0.053, respectively, where Σw is the sum of the weights of all measurements having $\xi \geq 0$. The same formula and constants were used to calculate the mean errors of $(\text{B}-\text{V})_e$ and $(\text{U}-\text{B})_e$, but with the sum of the weights for all measurements in the range $-0.5 \leq \xi \leq +0.5$. Because the effective colors are calculated by interpolation, rather than by extrapolation, they are often more precise than the total (asymptotic) colors.

Comparison of the color systems of RC3 and RC2 shows, as expected, very close agreement (better than 0.01 mag in the mean), but also a possibly significant small scale difference

---

[36] As noted in Section 3.6.a, this is for a magnitude $B(A) \lesssim 13.5$ and a surface brightness $m'(A) \lesssim 13.5$ B-m/sm, or 22.4 B-m/ss, roughly equal to that of the night sky.

in B−V (both total and effective) in the sense that the RC3 scale is more expanded by 1.6%. The U−B scales are in nearly perfect agreement, with the RC3 scale more compressed by an insignificant 0.5%. The standard deviations between RC2 and RC3 colors are 0.032 and 0.025 for total and effective B−V, and 0.045 and 0.039 for total and effective U−B.

Values of $(B-V)_T$ and $(U-B)_T$ derived from photoelectric aperture photometry are listed for 3,446 and 2,566 objects, respectively, or 15.0% and 11.1% of the catalogue; values of $(B-V)_e$ and $(U-B)_e$ are listed for 2,694 and 2,030 objects, respectively. In addition, a few total colors derived from photoelectrically calibrated surface photometry, or from Holmberg's (1958) surface photometry reduced to the B−V system (CGP III) were used when no other source was available.[37]

b. Corrected "face-on" total color indices, $(B-V)_T^o$, $(U-B)_T^o$ (Column 7, Lines 3 and 4)

The total color indices $(B-V)_T^o$ and $(U-B)_T^o$ are corrected for differential galactic and internal extinction (to "face-on") and redshift between the U, B, and V bands.

1. The differential galactic extinction in B−V, *i.e.*, the color excess E, was taken directly from the Burstein-Heiles tables (1978a,b, 1982, 1984), or calculated as

$$E(B-V) = A_g(B)/(\mathbf{R}+1), \tag{58}$$

where

$$\mathbf{R} = A_g(V)/E(B-V) = [3.1 + 0.3(B-V)]/(1 - 0.02A_g), \tag{59}$$

after Blanco (1956), as in RC2.[38] Negative values of E(B−V) were taken to indicate no reddening, following Burstein and Heiles (1984). For the normal range of galaxy colors (0.3 ≤ (B−V) ≤ 1.0) at small z in absorption-free zones, the extinction ratio is in the range 3.2 ≤ **R** ≤ 3.4; nearer to the galactic plane, **R** increases by ∼0.1 for each magnitude of galactic extinction in the B band.

The differential extinction in U−B was calculated from E(B−V) as

$$E(U-B) = \mathbf{X}E(B-V), \tag{60}$$

where

$$\begin{aligned}\mathbf{X} &= 0.72 &\text{for } (B-V)_o \leq 0.60, \\ \mathbf{X} &= (B-V)_o + 0.12 &\text{for } (B-V)_o \geq 0.60,\end{aligned} \tag{61}$$

with

$$(B-V)_o = (B-V) - E(B-V), \tag{62}$$

---

[37] We have not attempted to reduce to the B−V system the total and effective B−R colors in the ESO-LV catalogue. Although a statistical relation certainly exists, the variable effect of Hα emission may cause individual large departures.

[38] The corrected colors in Column 7 could be used to calculate a second approximation with $\mathbf{R} = A_g(V)/E(B-V) = 3.25 + 0.25(B-V)_o + 0.05E(B-V)$, after Olson (1975), but the difference will be negligible in most cases.

following the precepts of Racine (1973), as in RC2. For the normal range of galaxy colors, $0.3 \leq (B-V) \leq 1.0$, **X** is in the range $0.72 \leq \mathbf{X} \leq 1.12$, that is, always larger than the canonical value, 0.72, but in agreement with the empirical average value, $<\mathbf{X}> = 1.1$ (de Vaucouleurs 1961).

Except near the galactic plane, the estimated mean error of E(B−V) is the larger of 0.015 mag or 10%. Uncertain estimates in the BH tables have mean errors of the larger of 0.02 or 15%.

2. The differential internal extinction, $A_i(B-V)$, was not derived, as in RC2, from the B-band extinction by application of the **R** ratio, but by a direct determination of the mean relation between total color and $\log R_{25}$ for each morphological type. This is a preferable method in the case of an optically thick disk, where the detailed distributions of dust and luminosity are not precisely known. The **R** ratio is no longer a constant as in the case of a foreground absorbing screen and it can be much larger than the canonical value.[39] After an extensive study by R. Buta of the dependence of colors on $\log R_{25}$ for each type, the following relations (applicable to both the total and effective colors) were adopted:

$$(B-V)(T, A_g = 0, z = 0) = C(T) + \alpha(T) \log R_{25}, \tag{63}$$

with

$$\begin{aligned} \alpha(T) &= 0.35 - 0.022(T-3)^2 & \text{for } -1 \leq T \leq 7, \\ \alpha(T) &= 0 & \text{for } T \leq -1, \text{ and } T \geq 7. \end{aligned} \tag{64}$$

Similarly, for U−B, the coefficients of α were 0.40 and −0.025. The slope agrees with that for B−V within errors, and the zero points imply $<\mathbf{X}> = 1.1 \pm 0.2$, in agreement with the empirical average quoted above. The inclination correction for U−B was, consequently, derived from that for B−V, with the values of **X** given above and in RC2 (Equations 33a and 33b).

3. The effect of redshift on the integrated color indices has been computed by Pence (1976). For small z, the linear approximations adopted in RC2 (Equations 34, p. 37) were used again:

$$\begin{aligned} K_{(B-V)}(T, z) &= K_{(B-V)}(T) \cdot z \cong K'_{(B-V)}(T) \cdot cz, \\ K_{(U-B)}(T, z) &= K_{(U-B)}(T) \cdot z \cong K'_{(U-B)}(T) \cdot cz, \end{aligned} \tag{65}$$

where cz is the observed (heliocentric) radial velocity (in km s^{-1}), and the K' are functions of type as follows:

Type	$10^4 K'_{(B-V)}(T)$	$10^4 K'_{(U-B)}(T)$
$T \leq 0$	0.095	−0.055
$0 \leq T \leq 3$	$0.095 - 0.010T$	$-0.055 + 0.033\,T$
$T \geq 3$	0.065	+0.045

---

[39] We are indebted to Dr. Burstein for calling our attention to this fact.

The maximum corrections for $cz = 15{,}000$ km s^{-1} are less than 0.15 mag for T ≤ 0 and $\sim$0.10 mag for T ≥ 3. Note that the effect of redshift on early-type galaxies is to *decrease* the U−B color index.

Then, the corrected face-on total color indices of a galaxy are calculated as

$$(B-V)_T^o = (B-V)_T - E_T(B-V) - K'_{(B-V)}(T) \cdot cz \qquad (66)$$

and

$$(U-B)_T^o = (U-B)_T - XE_T(B-V) - K'_{(U-B)}(T) \cdot cz, \qquad (67)$$

with

$$E_T(B-V) = \alpha(T) \log R_{25} + A_g/(\mathbf{R}+1), \qquad (68)$$

where A_g is from Column 5, Line 2, $\mathbf{R}$ is from Equation 59, and $\alpha(T)$ from Equation 64.

Corrected face-on color indices are listed for 3,067 galaxies in B−V and 2,326 galaxies in U−B, or 13.3% and 10.1% of the catalogue. Corrected colors could not be calculated for 388 and 244 objects which have total colors, but no A_g or redshift data. For all practical purposes, the differences between corrected and observed total color indices can be applied to the observed effective colors (Column 8, Lines 1 and 2) to calculate the corresponding corrected colors.

3.8. Surface brightness parameters m'_e and m'_{25}

As noted in RC2, the average surface brightness within the effective isophote enclosing one-half the total flux (equivalent diameter D_e^*),

$$\mu'_e = (m_T + 0.753) + 5\log D_e^* - 5.26, \qquad (69)$$

is probably the most rational measure of projected luminosity density (specific intensity) in the image of a galaxy. However, this quantity can be derived only from detailed surface photometry and is currently available for only a fraction of the galaxies on which surface photometry has been performed (essentially the B_T^S and ESO-LV galaxies).

Two related parameters are more easily derived

a. the mean effective surface brightness, m'_e, within the effective aperture, A_e, and

b. the mean surface brightness, m'_{25}, within the ellipse of major axis, D_{25}, and axis ratio, R_{25}.

a. Mean effective surface brightness m'_e (Column 8, Line 3)

The mean surface brightness within the effective aperture A_e (Column 4, Line 3) is defined as

$$m'_e = \mu'(A_e) = (m_T + 0.75) + 5\log A_e - 5.26, \qquad (70)$$

where m'_e is expressed in magnitude per square arcminute (m/sm) when A_e is in *tenths* of arcminutes and $m_T = B_T$ (Column 6, Line 1). The theoretical relation between m'_e and μ'_e is, to first order,

$$\mu'_e = m'_e - 1.3(\log R_{25})^2, \qquad (71)$$

where the coefficient is a close enough average of the exact values (1.35 and 1.26) for the $r^{1/4}$ and exponential laws of luminosity distribution (Olson and de Vaucouleurs 1981).

Values of m'_e were computed for 2,595 galaxies having B_T and A_e values, or 11.3% of the catalogue. The mean error was not calculated by propagating the errors in B_T and $\log A_e$, because these quantities are correlated. The catalogue gives an error (average 0.11 B-m/ss) based on the range of m'_e implied by the internal errors in B_T^A and $\log A_e$.

b. Mean surface brightness within the 25th B-m/ss isophote m'_{25} (Column 8, Line 4)

The mean surface brightness in magnitudes per square arcminute (B-m/sm), within the μ_B = 25.0 B-m/ss elliptical isophote of major axis D_{25} and axis ratio R_{25}, is defined as in RC2 (Equation 21) by

$$m'_{25} = B_T + \Delta m_{25} + 5\log D_{25} - 2.5\log R_{25} - 5.26, \qquad (72)$$

where

$$\Delta m_{25} = 2.5\log L_T/L_{25} = B_{25} - B_T \qquad (73)$$

is the magnitude increment contributed by the outer regions of a galaxy fainter than μ_B = 25.0 B-m/ss. The average values derived in RC2 from the standard curves and mean $\log \rho(0)$ for each class, $\Delta B_{25} = 0.25$ (E), 0.13 (L) and 0.11 (T $\geq$ 0), were adopted for consistency. It is clear that there is no constant relation between m'_{25} and m'_e or μ'_e, since the ratio between an isophotal diameter, such as D_{25}, and metric diameters, such as D^*_e or A_e, will vary not only with type, but also with the surface brightness itself. However, m'_{25} is a useful index of surface brightness that can be calculated for a larger fraction of the catalogued objects than either m'_e or μ'_e. Values of m'_{25} are given with an average mean error of 0.33 magnitude (range 0.067 to 1.73) for 3,638 galaxies, or 15.8% of the catalogued objects. For galaxies having both m'_{25} and m'_e, there is a loose correlation between the two surface brightness parameters with a dispersion of about 0.5 magnitude in m'_e at a given m'_{25}. A detailed discussion will be presented elsewhere.

3.9. Neutral hydrogen magnitude, linewidths and HI index

The 21-cm line fluxes S_H and widths at the 20% and 50% levels, W_{20} and W_{50}, are extracted from the recent catalogue of weighted mean H I data by Bottinelli *et al.* (1990, BGFP) incorporated in the extragalactic data base maintained at Lyons by G. Paturel. The reader is referred to this publication for details of procedures, corrections, and error estimates.

a. H I line magnitude m_{21} (Column 9, Line 1)

The H I line magnitude m_{21} is defined as

$$m_{21} = 16.6 - 2.5 \log S_H \qquad (74)$$

where S_H is in units of $10^{-22}\,\mathrm{W\,m^{-2}}$, as in RC2.[40] The relation between S_H in units of $10^{-22}\,\mathrm{W\,m^{-2}}$ and the line integral $\int S\,dV$ in $\mathrm{Jy\,km\,s^{-1}}$ is

$$\log \int S\,dV = \log S_H + 0.3244 + \log(1+z), \qquad (75)$$

where the last term is the redshift correction (≤ 0.021 for $cz \leq 15{,}000\,\mathrm{km\,s^{-1}}$). The corresponding hydrogen mass factor F_H in units of $10^6 \mathcal{M}_\odot\,\mathrm{Mpc}^{-2}$ is

$$F_H = 0.497(1+z)S_H, \qquad (76)$$

and the apparent H I mass of a galaxy is given in solar mass units by

$$\log(\mathcal{M}_H/\mathcal{M}_\odot) = \log F_H + 2\log\Delta + 6 = \log S_H + \log(1+z) + 2\log\Delta + 5.696, \qquad (77)$$

if the distance Δ is in Megaparsecs. The true H I mass, corrected for self-absorption A_{21}, is derived as explained in Section 3.9.c.

Then, the logarithm of the ratio of neutral hydrogen mass to B-band luminosity, both in solar units, is given by

$$\log(\mathcal{M}_H/L_B^o)_\odot = 0.4\,HI + 0.4\,[M_B(\odot) - 5.46], \qquad (78)$$

where HI is the hydrogen index (Section 3.9.c), and $M_B(\odot)$ is the B-band absolute magnitude of the Sun.[41]

Weighted mean H I line magnitudes corrected for beam-filling and reduced to a homogeneous system (see BGFP for details) are listed here for 6,094 galaxies or 26.5% of the catalogue with an average mean error of 0.21 magnitude (range 0.035 – 0.70).

b. H I linewidths W_{20}, W_{50} (Column 9, Lines 2, 3)

The weighted mean H I linewidths at (or reduced to) the 20% and 50% levels, W_{20} and W_{50}, in $\mathrm{km\,s^{-1}}$, corrected for bandwidth, but not for redshift; and their mean errors are taken from the BGFP catalogue, where details of the elaborate reduction procedure are given. The average mean errors are 10.4 and 8.3 $\mathrm{km\,s^{-1}}$ (ranges 2 to 49 and 2 to 37) for 4,204 and 5,233 galaxies (18.3% and 22.7% of the catalogue) generally having redshifts $< 15{,}000\,\mathrm{km\,s^{-1}}$.

---

[40] The exponent -28 on p. 41 of RC2 was an error traceable to omission of a factor 10^6 in H^2V (1971, p. 97). Note that in BGFP, the flux S is in units of $10^{-24}\,\mathrm{W\,m^{-2}}$, but the constant in the defining equation is 21.6, resulting in the same magnitude as in RC2 and RC3.

[41] The second term of Equation 78 was -0.02 (de Vaucouleurs 1977a, p.68) when the adopted absolute magnitude of the Sun was $+5.41$. It is $+0.03$ for the more recent "best value" of $+5.52$, corresponding to an apparent magnitude $V_\odot = -26.74$, and color $(B-V)_\odot = +0.69$ (Tüg and Schmidt-Kaler 1982).

c. Corrected H I index *HI* (Column 9, Line 4)

The hydrogen index, *HI*, is defined, as in RC2 (Equation 47, p. 42), by analogy with a color index, as the difference

$$HI = m_{21}^\circ - B_T^\circ, \qquad (79)$$

between the H I line and B-band magnitudes, both corrected for redshift and internal extinction (and galactic extinction for B_T). The correction of the H I line flux for self-absorption is uncertain and controversial: a small, semitheoretical correction was applied in RC2 (Equation 45); no correction is favored by many, perhaps most radio astronomers, while others find evidence for a substantial dependence of H I flux on inclination (*i.e.*, axis ratio). Selection and regression effects, Malmquist bias, and other ill-defined biases in the H I line database prevent a definitive solution at the present time. From studies of the dependence on log R of the H I mass (or absolute magnitude M_{21}) in flux-limited samples, preliminary statistics of the RC3 data suggest that significant self-absorption is present at all S stages (T > 0), amounting to ≈ 0.5 mag in edge-on objects (Section 3.5.d). The m_{21}° magnitude, corrected for self-absorption, is, therefore, defined as

$$m_{21}^\circ = m_{21} - A_{21} = m_{21} - 0.5 \log R_{25}, \qquad (80)$$

for all T ≥ 1, with log R_{25} set to 1.00 for all log R_{25} ≥ 1.00. The correction A_{21}, expressed in magnitudes, is given in Column 5, Line 4.[42] No correction was applied to types T ≤ 0, which are hydrogen-poor.

Values of *HI* are listed for 4,357 galaxies or 18.9% of the catalogue. The mean errors are not given because of the uncertain extinction corrections, both radio and optical, but may be on the order of 0.3 or 0.4 mag depending on the errors of the input magnitudes and extinction corrections.[43] The mean and median values of *HI* show a smooth trend with morphological type from ≈ 2 at T = 1 to ≈ 0 at T = 10.

3.10. Radial velocities (Column 10, Lines 1 to 4)

a. H I line radial velocity V_{21} (Column 10, Line 1)

The heliocentric radial velocity cz in km s^{-1}, calculated with the optical convention, $z = (\lambda - \lambda_\circ)/\lambda_\circ$, derived from the 21-cm line profile, was also taken from BGFP. It is a weighted mean of all nonrejected determinations with its external mean error, calculated as explained in BGFP. Where two or more determinations exist, and one is wildly discrepant, the faulty value was identified, as far as possible, by reference to the optical velocity (Line 2) and rejected.

H I line radial velocities, usually not in excess of 15,000 km s^{-1}, are listed for 6,428 galaxies, or 27.9% of the catalogue. The average mean error is 8.5 (range 2 – 22) km s^{-1}.

---

[42] Note that in RC2, A_{21} was the correction to log S_H, not to m_{21}.

[43] Users who believe that 21-cm self-absorption is negligible need only to add back the quantity A_{21} to the corrected *HI* index.

b. **Optical radial velocity V_{opt} (Column 10, Line 2)**

The optical heliocentric radial velocity, V_{opt}, is taken from a new catalogue of mean radial velocities compiled by Fouqué at Meudon Observatory.[44] The starting point was the *Catalogue of Radial Velocities of Galaxies* of Palumbo et al. (CRVG; 1983), which contains 11,134 measurements of 7,744 galaxies published before 1981. Many corrections were made as necessary, and some overlooked sources were added. More than 15,000 new measurements from some 200 additional sources published from 1981 to the end of 1988 were added and entered in the Extragalactic Data Base maintained at Lyons Observatory. More than 8,000 redshifts had to be attributed to individual galaxies "by hand," because the original paper (or the CRVG) gives only a position, without name identifier.

A list of known spurious measurements was compiled from the literature and the corresponding redshifts marked for rejection. When two discrepant measurements exist for a given galaxy, the more precise of the two was adopted, unless the discrepancy can be resolved by reference to the 21-cm line velocity. Measurements referring to particular objects (H II regions, etc.) outside the nucleus were excluded.

As was done in RC2, sources were grouped according to instrumentation. A few new groups were added to those listed in RC2 (Table 13, p. 44). Because instrumentation is more often revised than in the past, and redshift lists are often larger, some sources were split to better correspond to changes of telescope and/or spectrograph. A preliminary list of mean velocities of multiply observed galaxies was then prepared, and for each source or group of sources, mean zero-point corrections and external mean errors were calculated by means of the INTERCOMP program (Bottinelli *et al.* 1982). These were considered reliable for sources having, respectively, at least ten and three objects in common, and the correction judged significant at the 95% level by a t test.

The relation between weight and external mean error was determined for the sources or groups of sources having at least 100 objects in common with the provisional mean catalogue. The adopted weights are calculated as $w = (\sigma_1/\sigma)^2$, where $\sigma_1 = 60$ km s^{-1} is the mean error for unit weight. Weights were constrained to be in the interval $0.01 \leq w \leq 100$, when estimated from more than ten residuals, and $0.1 \leq w \leq 10$ from three to nine residuals. Sources having less than three residuals were assigned unit weight.

The procedure was then repeated in several successive approximations, using at each iteration the weights and significant zero-point corrections derived from the previous iteration. After a few iterations, every source or group of sources was in the mean system and had a stable mean error estimate. As usual, these external mean errors tend to be considerably larger than the published internal errors. The adopted zero-point corrections and mean errors for sources having more than 100 objects in common with the catalogue of multiply observed galaxies or having significant corrections are listed in Table 14.

This table is based on 3,617 galaxies having at least two independent measurements, and on 318 sources or groups of sources, with at least three multiply observed galaxies. Note

---

[44]To be published in the *Monographies de la Base de Données Extragalactiques*.

Table 14. Zero-point corrections and mean errors of radial velocities.

Source	ZPC	n	σ	Source	ZPC	n	σ
RC1, Source A	22	32	49	Feldman et al. 1982	-54	86	72
RC1, Source B	0	422	56	Tifft 1982	0	401	80
RC1, Source C	-33	208	58	Denisyuk and Lipovetski 1983	33	40	61
RC2, Source K3	12	177	72	Huchra et al. 1983	0	472	50
RC2, Source S5	22	39	66	Schechter 1983	-14	29	14
RC2, Source Z1	0	171	110	Shectman et al. 1983 (Las Campanas)	7	98	25
RC2, Source Z2	-15	115	46	Shectman et al. 1983 (Mt. Hopkins)	-14	25	19
Shobbrook 1966	35	14	66	White et al. 1983	0	216	56
Doroshenko and Terebizh 1975	59	17	63	Beers et al. 1984	-40	28	58
Karachentsev et al. 1975, 1976	-25	59	82	Chincarini et al. 1984	-33	32	88
de Vaucouleurs, G. & A. 1976	47	37	73	da Costa et al. 1984	0	130	34
Turner 1976	24	82	98	Dennefeld and Sèvre 1984	-26	37	76
Kirshner 1977	26	28	48	Markarian et al. 1984	21	28	52
Penston et al. 1977	-46	12	53	Richter 1984	46	10	61
Bergvall et al. 1978	-35	21	63	Dahari 1985	17	68	65
Eastmond and Abell 1978	18	101	96	Elston et al. 1985	46	12	46
Sandage 1978	0	419	66	Keel et al. 1985	0	117	60
Stoke et al. 1978	-24	63	68	Osterbrock and De Robertis 1985	35	20	49
de Vaucouleurs et al. 1979	0	123	63	Bushouse 1986	34	30	97
Kunth and Sargent 1979	54	16	82	Dickens et al. 1986	45	76	59
Schild and Davis 1979	68	10	55	Davies et al. 1987	8	168	37
Karachentsev 1980	0	344	57	Maehara et al. 1987	46	33	33
Markarian et al. 1980a, b	98	40	97	Maia et al. 1987	-17	32	24
Schechter 1980	-14	31	18	Osterbrock and Pogge 1987	-116	23	61
Arp 1981	26	38	69	Smith et al. 1987	-14	55	37
Gregory et al. 1981	-16	70	52	Hill et al. 1988	-61	22	114
Tonry and Davis 1981	0	243	31	Moorwood and Oliva 1988	46	25	96
Tonry 1981	-27	12	20	Menzies et al. 1989	0	135	52
West et al. 1981	-30	37	86				

that the accuracy of optical spectrographic redshifts has not improved very much over the years, except for special high-dispersion (or interferometric) studies of a few objects. The progress in recent years has been more in the direction of mass production of redshifts than of improving their precision.

Optical redshifts of 9,457 galaxies (or 41.1% of the catalogue) are listed with an average mean error of 55.2 (range 7 – 190) km s^{-1}.

c. Radial velocity corrected to the Galactic Center V_{GSR} (Column 10, Line 3)

The weighted mean radial velocity of the radio and optical redshifts was corrected to the Galactic Standard of Rest, that is, the Galactic Center, by application of corrections for the motions of the Sun relative to the Local Standard of Rest (LSR), and of the latter, relative to the Galactic Center. The sum of these two corrections define the Galactic Standard of Rest (GSR).

The adopted galactocentric velocity components of the V(LSR) of the Sun are X = 9, Y = 12, Z = 7 km s^{-1} (Delhaye 1965), corresponding to a solar velocity of 16.5 km s^{-1} toward an apex at $l = 53°$, $b = +25°$.

The adopted galactic rotation of the LSR, as recommended by the IAU in 1985 (see also de Vaucouleurs 1983), is Y = 220 km s^{-1} (X = 0, Z = 0) toward $l = 90°$, $b = 0°$. The total solar velocity vector is thus X = 9, Y = 232, Z = 7 km s^{-1} or 232.3 km s^{-1} toward $l = 87°\!.8$, $b = +1°\!.7$, and the corrected radial velocity of a galaxy is

$$V_{GSR} = <V> + 9\cos l \cos b + 232 \sin l \cos b + 7 \sin b, \tag{81}$$

where $<V>$ is the weighted mean of V_{21} and V_{opt}. If the radio and optical velocities differ by more than 1,000 km s^{-1}, and there is no way of resolving the disagreement, V_{GSR} is not calculated. Its absence indicates that new observations are needed.

Velocities reduced to the Galactic Standard of Rest are listed for 16,659 galaxies or 72.4% of the catalogue. No mean error is attached, but it could be readily calculated from the sum of the weights of V_{21} and V_{opt}.[45]

d. Radial velocities corrected to the reference frame of the background radiation V_{3K} (Column 10, Line 4)

The mean velocity $<V>$ is reduced to the reference frame defined by the background radiation, assuming a total solar motion of 360 ± 25 km s^{-1} toward $\alpha = 11^h 15^m \pm 9^m, \delta = -5°\!.6 \pm 2°\!.0$ (1950), after Lubin and Villela (1986).[46] Thus,

$$V_{3K} = <V> - 351 \cos\alpha \cos\delta + 70 \sin\alpha \cos\delta - 35 \sin\delta. \tag{82}$$

4. Explanation of References, Notes, and Appendices

4.1. References

As explained in the Introduction, the vastly larger number of extragalactic literature references demanded a new scheme for their presentation. Unlike RC1 and RC2, the Notes and References have been separated (the Notes are described in the next section).

Locating a particular reference for a particular galaxy is now a two-step procedure: (1) Find the desired galaxy in the NGC, IC, or A tables, which list reference numbers within a particular category (*e.g.*, "Redshifts, optical," "Interstellar Medium," etc.), then (2) locate the reference(s) by category and number in the Reference Cross Index. The categories are listed in Table 15 and, for convenience, at the beginning of the Reference section.

We also give, before the A table, a list of cross identifications of new A ("anonymous") designations and the corresponding PGC numbers (the RC2 A galaxies are identified by PGC number in Appendix 10). In many cases, especially those where radio and x-ray sources are identified with faint galaxies, the object is clearly not in PGC, and, therefore, is not in the main RC3 table. We have, nevertheless, retained the reference to the object for the sake of completeness. In many other cases, we could not determine the PGC number for a galaxy

---

[45] We do not list the velocity V_o reduced to the ill-defined frame of the Local Group (see RC2, p. 49).

[46] Note that the amplitude of the velocity vector depends not only on the measured amplitude of the dipole term $\Delta T/T = (1.207 \pm 0.085) \cdot 10^{-3}$, but also on the assumed value for the best-fitting blackbody temperature, T = 2.7°K.

Table 15. Reference categories and codes.

Reference Table	Category	Category Code	Reference Format
1a.	Dimensions (diam., nuclei, jets)	Dim	(1a) 1, ...
1b.	Description, morphology, structure	Des	(1b) 1, ...
2a.	Photographs (optical, near IRed)	Pho	(2a) 1, ...
2b.	Imaging (other)	Ima	(2b) 1, ...
3a.	Integrated Photometry (pe, pg), UV	PtmU	(3a) 1, ...
3b.	Ditto, UBVRI	PtmO	(3b) 1, ...
3c.	Ditto, IRed	PtmI	(3c) 1, ...
3d.	Narrow band ptm (visible, near IRed)	PtmN	(3d) 1, ...
4a.	Surface photometry, isophotes, luminosity profiles. Optical and near IRed <1.0 mm	SPtm	(4a) 1, ...
4b.	Surface photometry (other)	SPIR	(4b) 1, ...
5a.	Stellar photometry, sequences, variable stars	Star	(5a) 1, ...
5b.	Globular clusters	Sclu	(5b) 1, ...
5c.	Star counts	Scts	(5c) 1, ...
6a.	Redshifts, optical	Zopt	(6a) 1, ...
6b.	Redshifts, Radio: 21cm, mol. lines	Zrad	(6b) 1, ...
7a.	Velocity dispersion	Vdis	(7a) 1, ...
7b.	Dynamics, mass, M/L from vel. dispersion	Vdyn	(7b) 1, ...
8a.	Spectroscopy, Spectrophotometry, Line Indices, UV	SpUV	(8a) 1, ...
8b.	Ditto, Optical	Spop	(8b) 1, ...
8c.	Ditto, IRed	SpIR	(8c) 1, ...
8d.	Ditto, Abundances, Population Analysis	Span	(8d) 1, ...
9a.	Rotation, velocity fields, kinematics (optical)	Mkin	(9a) 1, ...
9b.	Dynamics, mass, M/L from rotation	Mdyn	(9b) 1, ...
10a.	Polarization, optical, IRed	Popt	(10a) 1, ...
10b.	Polarization, radio	Prad	(10b) 1, ...
11.	Optical Interferometry	FPop	(11) 1, ...
12a.	HII regions	HIIr	(12a) 1, ...
12b.	Planetaries	Plan	(12b) 1, ...
12c.	Interstellar medium	Imed	(12c) 1, ...
13a.	21 cm, Fluxes, line widths	HIw	(13a) 1, ...
13b.	21 cm, mapping, rotation, mass	HIm	(13b) 1, ...
14a.	Molecular lines	Mol	(14a) 1, ...
14b.	Radio Recombination lines	Rcl	(14b) 1, ...
15a.	Radio continuum, fluxes, mapping	Radc	(15a) 1, ...
15b.	Radio continuum, interferometry	Radif	(15b) 1, ...
16.	X-rays, Gamma-rays	Xg	(16) 1, ...
17a.	Supernovae	SN	(17a) 1, ...
17b.	Supernova Remnants	SNR	(17b) 1, ...
18.	Distances	Dis	(18) 1, ...
19.	Pairs, Groups and cluster membership	Grp	(19) 1, ...

because of a lack of sufficient identifying information (positions, names, etc.) in the cited reference. In still other cases, the listed PGC number is uncertain (":" appended) or questionable ("?" appended) for the same reason. When identifying data are given in the cited reference, we have included these data as identification aids. Thus, the 1950 positions listed are often *not* those in the main table (Column 1, Line 4) of RC3. Similarly, the names and notes (which include alternate names if given) are taken from the cited reference. We have corrected errors whenever we found them, but many incorrect identifications undoubtedly remain.

Many reference codes in the Reference Cross Index table are followed by an asterisk. This indicates a paper with extensive tables of data for many objects. Not all of the objects in these references are listed individually in the NGC, IC, or A tables. The References also include many galaxies that do not otherwise appear in RC3.

4.2. Notes

In order to facilitate finding older references, corrected versions of the RC1 and RC2 Notes are included here (corrections and additions are enclosed in square brackets [ ]). We are grateful to Dr. G. Longo and his colleagues at Osservatorio Astronomico di Capodimonte, Naples, for entering the RC1 and RC2 Notes into the computer files reproduced here. The Notes to RC3 are mostly corrections to earlier catalogues, RC2 and SGC in particular.

4.3. Appendices

Appendix 1: "Dusty elliptical" galaxies

Ebneter and Balick (1985) have culled from the literature a list of about one hundred early-type galaxies with large amounts of dust, usually in a dust lane along an optical axis. Of these, 82, listed in Appendix 1, are included in RC3. The Appendix gives the name of the object from Ebneter and Balick's Tables 1 and 2, and the PGC number.

While some of these galaxies are indeed classified as ellipticals (*e.g.*, NGC 1052 = PGC 10175) in the revised Hubble system used here, many more are classified as lenticulars with peculiarities (*e.g.*, NGC 1316 = PGC 12651 and NGC 5128 = PGC 46957), or as I0s (*e.g.*, NGC 4753 = PGC 43671). It is clear that these dusty galaxies form a heterogeneous class with several different physical mechanisms contributing to their dustiness. Ebneter and Balick have a more extended discussion as well as a comprehensive list of references.

Appendix 2: "Elliptical" galaxies with shells

As with the "dusty ellipticals" listed in Appendix 1, many of the "elliptical" galaxies with shells, found by Malin and Carter (1983) and by Prieur (1988), are classified as peculiar lenticulars in the revised Hubble system. Several galaxies are included in both lists (*e.g.*, NGC 5018 = PGC 45908 and NGC 5128 = PGC 46957).

Of the total number of 156 shell galaxies identified by Malin and Carter or by Prieur, 106 galaxies are in RC3. These are listed in Appendix 2. Malin and Carter's positions (measured on the Southern Sky Survey IIIa-J films) occasionally contain large errors, so none of their positions have been used in RC3. In particular, we have been unable to identify with certainty their galaxy 0333−553; there are three candidates in the area of their position (RA = 3^h 33^m 51^s, Dec = $-55°$ $23'$ $09''$, equinox 1950), the brightest of which is PGC 13258.

These objects appear to form a more homogeneous class than do the dusty galaxies, and may be the result of a low-energy collision of an early-type galaxy with a "cold" disk system. Prieur and Malin and Carter have more details.

Appendix 3: Classification of outer rings and pseudorings

In the original revised Hubble system (de Vaucouleurs 1959a), outer rings and pseudorings are denoted by the symbols (R) and (R'), respectively, preceding the main part of the type. Schwarz (1981) suggested that these rings and pseudorings could be linked to the outer Lindblad resonance (OLR), and from n-body numerical simulations predicted that there might exist two possible outer ring types having slightly different morphologies: a Type I pseudoring elongated perpendicular to the bar, where the arms intersect each other near the bar axis, and a Type II pseudoring elongated parallel to the bar, where the arms intersect each other 90° to the bar axis. These ring types were searched for on the SRC–J Sky Survey charts by Buta (1986) as part of the *Catalogue of Southern Ringed Galaxies* (CSRG, in preparation). Many possible examples of both types were found, in addition to a mixed type (not predicted by Schwarz) showing characteristics of both morphologies. To recognize the differences, Buta suggested the following symbols as modifications to the standard revised Hubble system: any outer pseudoring formed by two arms, each of which emerges from near one end of the bar and winds approximately 180° to intersect the other arm, will be denoted as R'_1, while any outer pseudoring formed by two arms, each of which emerges from near one end of the bar and winds approximately 270° to intersect the other arm, will be denoted as R'_2. The first type most closely resembles the Type I Schwarz OLR pattern, while the second most closely resembles the Type II pattern. In those galaxies where aspects of both morphologies are recognizable, a combined symbol, $R_1R'_2$, is used. Sometimes more closed ring patterns resemble one of the two main outer pseudoring types, and these are denoted as R_1 and R_2. Figure 4 illustrates the main pseudoring types.

Appendix 3 gives information on some of the best examples of the above subtypes that have thus far been recognized. The classifications were made by Buta and are based on a variety of sources of images, which are referenced in the last column of the Appendix; many are from the CSRG. We emphasize that not all outer rings and pseudorings can be placed into the special categories, and also, that while the above ring types were predicted by theory and searched for after the fact, in no individual case has it been proven that the rings are in fact linked to the OLR. The classification currently is purely morphological and its significance is only beginning to be assessed. Note that, for some of the galaxies in the list, inner lenses are distinguished from inner rings using a notation such as (l), (rl), etc., following Kormendy (1979). Nuclear rings, where prominent, are denoted (nr).

The Appendix is arranged as follows: column 1, PGC number (in parentheses if the

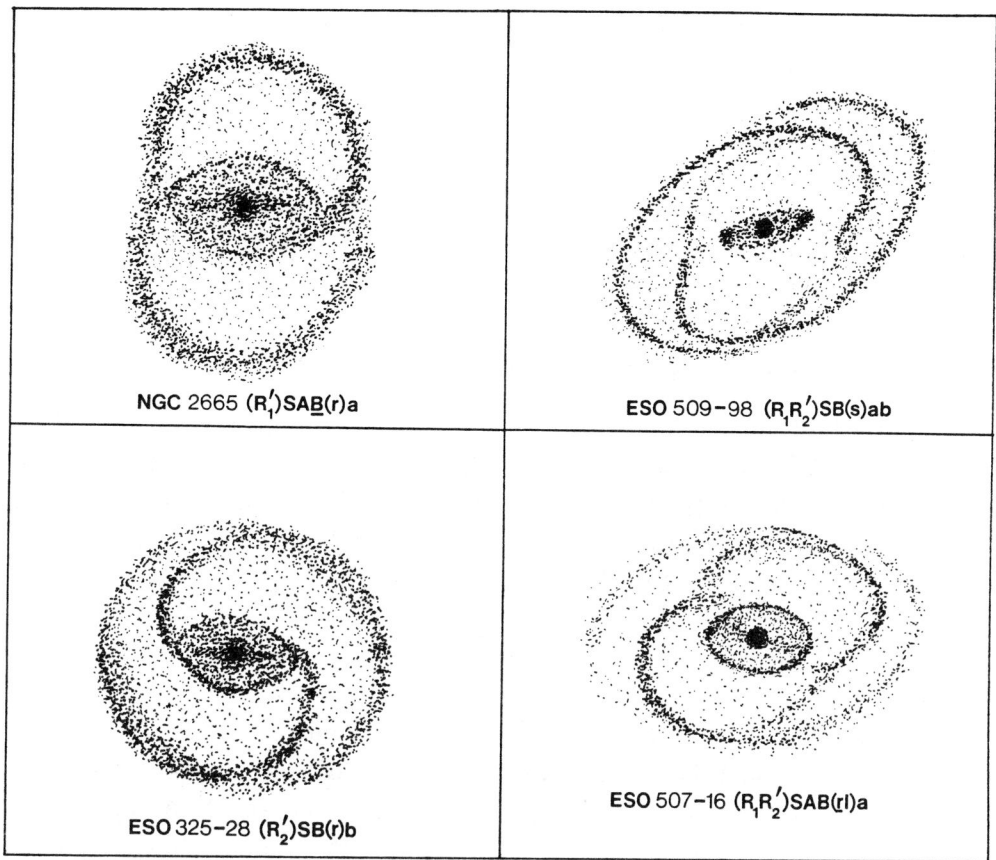

Figure 4. Outer ring and pseudoring classifications.

galaxy is not included in RC3); column 2, right ascension and declination (1950); column 3, other catalogue name; column 4, apparent diameter of outer ring (arcminutes); column 5, feature to which the diameter refers, mainly for R_1R_2' cases; column 6, full classification using refined outer ring notation; column 7, source of image used for classification.

Appendix 4. Bright Seyfert galaxies

De Vaucouleurs (1973, Appendix B) and de Vaucouleurs and de Vaucouleurs (1973) have presented a photometric model of Seyfert galaxies consisting of a (sometimes variable) quasi-stellar nucleus embedded in an $r^{1/4}$ bulge with an additional contribution from an exponential disk. Nine objects studied extensively are listed in Appendix 4, with photometric parameters given for both the quasistellar nucleus and the underlying stellar system.

Appendix 5. Parent galaxies of supernovae

We have based Appendix 5 on the 1989 version of the *Asiago Supernova Catalogue* (Barbon *et al.* 1989), updated to mid-1989 by D. Branch and D. Miller at the University of Oklahoma. Of the 621 parent galaxies listed there, 405 are in RC3. They are listed in Appendix 5, Table

1, in chronological order (supernova name); and in Appendix 5, Table 2, in order of Right Ascension (PGC number).

We also call attention to the *Visual Supernova Search Charts and Handbook* by Thompson and Bryan (1989). This presents charts for those galaxies with $m_B \leq 11.5$ in RNGC (Sulentic and Tifft 1973), and collects V-magnitude comparison star sequences as well as references to previous supernovae for the same sample. A few of the brighter and larger IC objects (*e.g.*, IC 342) are included as well.

Appendix 6. Identifications in the NGC 4341,2,3 field

The troublesome problem of the NGC/IC identifications for five galaxies in the NGC 4341,2,3 field arose as follows: W. Herschel (1786) saw three objects here, gave them three entries in his catalogue, but recorded only one position for them. We assume that Herschel's objects are the three brightest (these also have the highest surface brightnesses): PGC 40251 = A (in the notation used in CGCG III, p. 391, and in Herzog 1967), PGC 40252 = B, and PGC 40280 = D. John Herschel (1833) apparently saw and measured only one object (A) that he called "H III. 94," which is the first of his father's numbers. When he prepared the GC (J. Herschel 1864), he used his own measured position for this object (A = GC 2907), and his father's position for the other two (B = GC 2905 and D = GC 2906). Dreyer (1888) used a mean of J. Herschel's (1833) and H. d'Arrest's (1867) positions for A (= NGC 4343), but had no positions besides W. Herschel's for the other two. The confusion, therefore, stems from the fact that brightest of the galaxies (A) has the smallest right ascension on the sky, but the largest right ascension (of the three) in the NGC.

Bigourdan (1912) made (in 1895 and 1907) micrometric measurements of the positions of all five galaxies here, and Schwassmann (1902) provided positions for four of them measured on photographic plates taken at Heidelberg (the fifth that he did not measure, B, probably appeared stellar on the plate). These positions are precise (they agree to within a few arcseconds with the best modern positions from the *Guide Star Catalogue*; Jenkner *et al.* 1989), and were used in the *Second Index Catalogue* (Dreyer 1908) for galaxies B–D. This has led to Herzog's (1967 and CGCG) preference for using the IC numbers for these four galaxies. Since the NGC position for the remaining object is close to the modern value, Herzog has adopted that number – NGC 4343 – as well.

As in RC2, we have used Herzog's suggested names for these five objects. Appendix 6 collects the various names used for these galaxies in other catalogues and lists.

Appendix 7. References to sources of photographs

Several major collections of photographs of galaxies have been published since 1976. Appendix 7 is updated from the table of references to sources of photographs published in RC1 (Table 13, page 17) and RC2 (Table P1, page 369).

Appendix 8. Finding lists for named galaxies

Appendix 8 is an expanded and corrected version of Table 16b of RC2, galaxies that are often referred to in the literature by traditional names. These are listed alphabetically. The list of Messier galaxies is included in Appendix 10. Note, however, that the PGC and RC2 identification of M 102 with NGC 5866 is incorrect. M 102 is simply a reobservation of M 101 (Hogg 1947).

Appendix 9. Corrected revised types for RC3 galaxies

After Volumes 2 and 3 of the catalogue were printed, we found that several mean revised morphological types (Section 3.3.a.) and mean numerical Hubble stages (Section 3.3.c.) had not been assigned to the proper galaxies. In most cases, these problems were traced to imprecise identifications and positions for galaxies in close pairs, compact groups, and clusters. In a few other cases, the mean type was mistakenly calculated for a galaxy without including all of the data for the object from the source catalogues.

Appendix 9 lists the corrected mean types. These should be used in preference to those listed in Volumes 2 and 3 of the catalogue. The sources in the last column are the same as those given in the main catalogue (see Table 3 for a list of sources and references). The type for NGC 3928 is a mean value of estimates by Buta and Corwin from a published CFHT photograph (van den Bergh 1980). These corrected types have been included in the magnetic tape version of RC3.

Appendix 10. Cross-identification tables for catalogued galaxies

The finding lists in Appendix 10 follow the general form "Name = PGC number," where "Name" is a catalogue abbreviation (Table 1) and a number within that catalogue. Appendix 10 is arranged (more or less) alphabetically by catalogue, then (more or less) numerically within catalogues. Multiple objects with a single name in a catalogue, but more than one PGC number, are listed with the names in parentheses. An example is Arp 319 (Stephan's Quintet); the five galaxies (PGC 69256, 60, 63, 69, and 70) are all listed as "(ARP 319)."

Acknowledgments

The compilation, analysis, and reduction of the data appearing in RC3 were carried out from 1983 to 1990. The present version is RC3.7, that is, the eighth approximation of the catalogue; it was prepared at Lyons Observatory in July 1990 after repeated revisions and corrections of seven preliminary unpublished versions beginning with RC3.0 in 1986. The magnetic tape version will be RC3.8, where errors discovered since the printing of RC3.7 will be corrected. This work was supported mainly by the National Science Foundation under Grants No. AST-82-11735 and No. AST-85-13821 to the University of Texas (Principal Investigator: G. de Vaucouleurs). We especially thank Dr. James P. Wright, the longtime Program Director for galactic and extragalactic astronomy at NSF, for his unfailing support of the project during all these years.

We also thank the successive chairmen of the University of Texas Astronomy Department, Professors Frank Bash, J. Craig Wheeler, and Gregory Shields, who provided departmental support to supplement NSF funding. The Department of Physics and Astronomy of the University of Alabama, Tuscaloosa, also provided support for the project during the spring semester of 1989. During this time, most of the final preparation of the References and the surface photometry was carried out in Tuscaloosa.

A project of this magnitude could not have been accomplished without the help of many people. In particular, we are grateful to Professor David Burstein, Arizona State University, Tempe, for his continuing interest and searching questions, which forced us to make extensive tests of the effects of galactic and internal extinction on the magnitudes and diameters of spirals. The correction formulae adopted here are greatly at variance with those adopted in RC2 and generally in agreement with Dr. Burstein's views. We are also indebted to Dr. Burstein for the communication of his galactic extinction tables in a form suitable for machine calculation.

We also acknowledge with thanks the help of Mr. Brian Skiff, who measured precise positions for over 3,000 ESGC galaxies on Lowell 13-inch astrograph plates. Dr. Jay Gallagher, formerly director of Lowell Observatory, generously made the facilities of the Observatory available for this work. We are similarly grateful to Ms. Kathleen Spellman, and Drs. Barry Madore and George Helou of the Infrared Processing and Analysis Center (IPAC) at Caltech who sent us, in advance of publication, their measurements of the 373 SGC galaxies without precise coordinates from the ESO/Uppsala Survey. We are also indebted to Dr. Helou and Ms. Linda Fullmer at IPAC for a tape version of the IRAS extragalactic catalogue. We are pleased to thank Dr. Linda Dressel of Rice University who sent a tape copy of the Dressel and Condon precise positions for the brighter UGC galaxies. Drs. Andris Lauberts and Edwin Valentijn at ESO kindly communicated a tape copy of their ESO-LV catalogue, which greatly strengthens the all-sky uniformity of the D_{25} system. Drs. Michael Pierce, Dominion Astrophysical Observatory, Massimo Capaccioli and Nicola Caon, Osservatorio Astronomico di Padova, and Paul Hickson University of British Columbia, sent surface photometry in advance of publication, and Dr. Emmanuel Davoust, Observatoire de Toulouse, provided an especially useful compilation of published surface photometry.

The computer version of the supernova catalogue was provided by Dr. Roberto Barbon, Padua Observatory, and Dr. David Branch and Mr. Douglas Miller, University of Oklahoma. Dr. Giuseppe Longo and his colleagues at Capodimonte Observatory, Naples, provided magnetic tape copies of the Notes to RC1 and RC2; we thank them for undertaking this onerous task, which will enhance the usefulness of RC3. We are also grateful to Dr. Deborah A. Crocker for her expert assistance on some of the programming needed for the reduction and analysis of the photoelectric magnitudes and colors. Dr. Shyamal Mitra, then a graduate student at the University of Texas, carried out the first reduction of the revised Hubble types to a common system. Dr. Stephen Odewahn, also during his graduate studies at the University of Texas, not only reduced the luminosity classes to a common system, but provided invaluable assistance in all phases of the extensive tests of the inclination and absorption corrections. He also provided help with the RC1 diameter reductions and with many other chores, large and small, involved in the production of RC3.

Those who entered long data files into the computers and helped in various ways with the numerical work include Mr. Brian Cuthbertson and Mmes. Annalisa Palacios, Joyce Snodgrass, and Virginia Turrubiarte at Austin; Mme. N. Durand at Meudon, who helped with the radial velocity and H I data analysis and reduction; and Mmes. C. Petit, M. Marthinet, and A. M. Garcia, who helped produce the database for the PGC at Lyons.

The staff at Springer-Verlag has been remarkably patient and helpful in guiding us through the publication process. We especially appreciate the professional skill that they have brought to the project; it has helped to make RC3 a useful set of books.

References

Ames, A. 1930, *Ann. Harvard Coll. Obs.* **88**, No. 1.
Arakelian, M. A. 1975, *Soob. Byurakan Obs.* **47**, 1.
Arp, H. C. 1966, *Ap. J. Suppl.* **141**, 1 (No. 123).
Arp, H. C. 1981, *Ap. J. Suppl.* **46**, 75.
d'Arrest, H. L. 1867, *Siderum Nebulosorum*, Copenhagen: Roy. Danish Soc. Sci.
Barbon, R., Cappellaro, E., and Turatto, M. 1989, *A. & A. Suppl.* **81**, 421.
Beers, T. C., Geller, M. J., Huchra, J. P., Latham, D. W., and Davis, R. J. 1984, *Ap. J.* **283**, 33.
van den Bergh, S. 1959, *Publ. D. Dunlap Obs.* **II**, No. 5, 147.
van den Bergh, S. 1960a, *Ap. J.* **131**, 215.
van den Bergh, S. 1960b, *Ap. J.* **131**, 558.
van den Bergh, S. 1960c, *Publ. D. Dunlap Obs.* **II**, No. 6, 159.
van den Bergh, S. 1963, *Observatory* **83**, 257.
van den Bergh, S. 1966, *A. J.* **71**, 922.
van den Bergh, S. 1980, *P. A. S. P.* **92**, 409.
van den Bergh, S. and Maza, J. 1976, *Ap. J.* **204**, 519.
Bergvall, N. A. S., Ekman, A. B. G., Lauberts, A., Westerlund, B. E., Borchkhadze, T. M., Breysacher, J., Laustsen, S., Muller, A. B., Schuster, H.-E., Surdej, J., and West, R. M. 1978, *A. & A. Suppl.* **33**, 243.
Bigay, J. H. and Dumont, R. 1954, *Ann. d'Ap.* **17**, 78.
Bigay, J. H., Dumont, R., Lenouvel, F., and Lussel, M. 1953, *Ann. d'Ap.* **16**, 133.
Bigourdan, G. 1912, *Observations de Neb. et d'Amas* **III**, Part 2, Paris: Gauthier-Villars.
Binggeli, B., Sandage, A., and Tammann, G. A. 1985, *A. J.* **90**, 1681 (VCC).
Binggeli, B., Sandage, A., and Tarenghi, M. 1984, *A. J.* **89**, 64.
Blaauw, A., Gum, C. S., Pawsey, J. L., Westerhout, G. 1960, *M. N. R. A. S.* **121**, 123.
Blanco, V. M. 1956, *Ap. J.* **123**, 64.
Bottinelli, L., Gouguenheim, L., Fouqué, P., and Paturel, G. 1990, *A. & A. Suppl.* **82**, 391 (BGFP).
Bottinelli, L., Gouguenheim, L., and Paturel, G. 1982, *A. & A. Suppl.* **47**, 171.
Bruzual, G., Magris, G., and Calvet, N. 1988, *Ap. J.* **333**, 673.
Burstein, D., Davies, R. L., Dressler, A., Faber, S. M., Stone, R. P. S., Lynden-Bell, D., Terlevich, R. J., and Wegner, G. 1987, *Ap. J. Suppl.* **64**, 601.
Burstein, D. and Heiles, C. 1978a, *Astrophysical Letters* **19**, 69.
Burstein, D. and Heiles, C. 1978b, *Ap. J.* **225**, 40.
Burstein, D. and Heiles, C. 1982, *A. J.* **87**, 1165.
Burstein, D. and Heiles, C. 1984, *Ap. J. Suppl.* **54**, 33.
Burstein, D. and Lebofsky, M. E. 1986, *Ap. J.* **301**, 683.
Bushouse, H. A. 1986, *A. J.* **91**, 255.
Buta, R. J. 1978, *Revised Classifications for 412 NGC and IC Galaxies in the Declination Zone $-33°$ to $-45°$*, Univ. Texas Publ. in Astron. No. **12**.
Buta, R. J. 1986, *Ap. J. Suppl.* **61**, 609.

Buta, R. J. and Corwin, H. G. 1986, *Ap. J. Suppl.* **62**, 255.
Buta, R. J. and McCall, M. L. 1983, *M. N. R. A. S.* **205**, 131.
Capaccioli, M., Lorenz, H., and Afanasjew, W. L. 1986, *A. & A.* **169**, 54.
Carlson, D. 1940, *Ap. J.* **91**, 155.
Chincarini, G., Tarenghi, M., Sol, H., Crane, P., Manousoyannaki, I., and Materne, J. 1984, *A. & A. Suppl.* **57**, 1.
Cornell, M. E., Aaronson, M., Bothun, B., and Mould, J. 1987, *Ap. J. Suppl.* **64**, 507.
Corwin, H. G. 1968, *Classifications for Bright Galaxies in the Zone $-20°$ to $-45°$*, Publ. Dept. Astron. Univ. Texas, Ser. **II**, Vol. **II**, No. 12.
Corwin, H. G. 1970, *Revised Classifications for 1200 Bright Galaxies*, Publ. Dept. Astron. Univ. Texas, Ser. **II**, Vol. **III**, No. 5 (= Univ. Texas Publ. in Astron. No. **4**.).
Corwin, H. G., de Vaucouleurs, A., and de Vaucouleurs, G. 1985, *Southern Galaxy Catalogue*, Univ. Texas Monographs in Astron. No. 4, Austin: Astron. Dept., Univ. of Texas (SGC).
da Costa, L. N., Pellegrini, P. S., Nunes, M. A., Willmer, C., and Latham, D. W. 1984, *A. J.* **89**, 1310.
Dahari, O. 1985, *Ap. J. Suppl.* **57**, 643 (erratum in *Ap. J. Suppl.* **60**, 601).
Davies, R. D. and Kinman, T. D. 1984, *M. N. R. A. S.* **207**, 173.
Davies, R. L., Burstein, D., Dressler, A., Faber, S. M., Lynden-Bell, D., Terlevich, R. J., and Wegner, G. 1987, *Ap. J. Suppl.* **64**, 581.
Delhaye, J. 1965, in *Galactic Structure (Stars and Stellar Systems, Vol. V)*, ed. A. Blaauw and M. Schmidt, Chicago: Univ. of Chicago Press, p. 61.
Denisyuk, E. K. and Lipovetski, V. A. 1983, *Astrofiz.* **19**, 229 (English, p. 134).
Dennefeld, M. and Sèvre, F. 1984 *A. & A. Suppl.* **57**, 253.
Dickens, R. J., Currie, M. J., and Lucey, J. R. 1986, *M. N. R. A. S.* **220**, 679.
Dodd, R. J., MacGillivray, H. T., Smith, G. M., and Ellery, L. A. 1979, in *Image Processing in Astronomy*, ed. G. Sedmak, M. Capaccioli, and R. J. Allen, Trieste: Osserv. Astron., p. 360.
Doroshenko, V. T. and Terebizh, V. Yu. 1975, *Astrofiz.* **11**, 631 (English, p. 422).
Dressel, L. L. and Condon, J. J. 1976, *Ap. J. Suppl.* **31**, 187.
Dressler, A. 1980, *Ap. J. Suppl.* **42**, 565.
Dressler, A. and Sandage, A. 1978, *P. A. S. P.* **90**, 5.
Dreyer, J. L. E. 1888, *Mem. R. A. S.* **49**, 1 (NGC).
Dreyer, J. L. E. 1895, *Mem. R. A. S.* **51**, 185 (IC).
Dreyer, J. L. E. 1908, *Mem. R. A. S.* **59**, 105 (IC).
Eastmond, T. S. and Abell, G. O. 1978, *P. A. S. P.* **90**, 367.
Ebneter, K. and Balick, B. 1985, *A. J.* **90**, 183.
Elston, R., Cornell, M. E., and Lebovsky, M. E. 1985, *Ap. J.* **296**, 106.
Fairall, A. P. 1977–1988, *M. N. R. A. S.* **180**, 391; **188**, 349; **192**, 389; **196**, 417; **203**, 47; **210**, 69; **233**, 691.
Feldman, F. R., Weedman, D. W., Balzano, V. A., and Ramsey, L. W. 1982, *Ap. J.* **256**, 427.
Fisher, J. R. and Tully, R. B. 1975, *A. & A.* **44**, 151.

Flammarion, C. 1917, *L'Astronomie* **30**, 385.
Fouqué, P. 1991, to be published in *Monographie de la Base de Données Extragalactiques*, Obs. de Lyon.
Fouqué, P. and Paturel, G. 1983, *A. & A. Suppl.* **53**, 351.
Fouqué, P. and Paturel, G. 1985, *A. A.* **150**, 192.
Freeman, K. C., Karlsson, B., Lyngå, G., Burrell, J. F., van Woerden, H., Goss, W. M., and Mebold, U. 1977, *A. & A.* **55**, 445.
Gallouët, L. and Heidmann, N. 1971, *A. & A. Suppl.* **3**, 325.
Glyn Jones, K. 1968, *Messier's Nebulae and Star Clusters*, New York: American Elsevier.
Glyn Jones, K. 1975, *The Search for the Nebulae*, Chalfont St. Giles: Alpha Academic.
Gregory, S. A., Thompson, L. A., and Tifft, W. G. 1981, *Ap. J.* **243**, 411.
Griersmith, D. 1980, *A. J.* **85**, 789.
Harmon, R. T. 1988, *The Infrared Sky*, Ph. D. thesis, Univ. of Cambridge, U. K.
Haynes, M. and Giovanelli, R. 1984, *A. J.* **89**, 758.
Heidmann, J., Heidmann, N., and de Vaucouleurs, G. 1971, *Mem. R. A. S.* **75**, 85 (H^2V).
Helou, G., Khan, I. R., Malek, L., and Boehmer, L. 1988, *Ap. J. Suppl.* **68**, 151.
Helou, G., Madore, B. F., Bicay, M. D., Schmidtz, M., and Liang, J. 1990, in *Windows on Galaxies*, ed. G. Fabbiano, J. S. Gallagher, and A. Renzini, Dordrecht: Kluwer Academic, p. 109.
Helou, G. and Walker, D. W. 1988, *IRAS Small Scale Structure Catalog, IRAS Catalogs and Atlases*, Vol. **7**, Washington, D. C.: NASA.
Herschel, J. 1833, *Phil. Trans. Roy. Soc. London* **123**, 359.
Herschel, J. 1864, *Phil. Trans. Roy. Soc. London* **154**, 1 (GC).
Herschel, W. 1786, *Phil. Trans. Roy. Soc. London* **76**, 457.
Herzog, E. R. 1967, *P. A. S. P.* **79**, 627.
Hickson, P. 1982, *Ap. J.* **255**, 382.
Hickson, P., Kindl, E., and Auman, J. R. 1989, *Ap. J. Suppl.* **70**, 687.
Hill, G. J., Heasley, J. N., Becklin, E. E., and Wynn-Williams, C. G. 1988, *A. J.* **95**, 1031.
Hodge, P. 1963, *A. J.* **68**, 237.
Hogg, H. S. 1947, *J. R. A. S. Canada* **41**, 265 = *Comm. D. Dunlap Obs.* **1**, No. 14.
Holmberg, E. 1958, *Medd. Lund Obs.* **II**, No. 136.
Huchra, J., Davis, M., Latham, D., and Tonry, J. 1983, *Ap. J. Suppl.* **52**, 89.
Huchtmeier, W. K. and Richter, O.-G. 1989, *A General Catalog of HI Observations of Galaxies*, New York: Springer-Verlag.
IRAS Point Source Catalog. 1988, *IRAS Catalogs and Atlases*, Vols. **2–6**, Washington, D. C.: NASA (IRAS).
Jenkner, H., Lasker, B. M., McLean, B. J., Russell, J. L., Shara, M. M., and Sturch, C. R. 1989, *The Guide Star Catalog*, Baltimore: Space Telescope Sci. Inst. (GSC).
Karachentsev, I. D. 1980, *Ap. J. Suppl.* **44**, 137.
Karachentsev, I. D., Pronik, V. I., and Chuvaev, K. K. 1975, 1976, *A. & A.* **41**, 375 and **51**, 185.
Karachentseva, V. E. 1973, *Soob. Spets. Astrofiz. Obs.* No. 8.
Kazaryan, M. A. 1979, *Astrofiz.* **15**, 5 (English, p. 1).

Kazaryan, M. A. 1979, *Astrofiz.* **15**, 193 (English, p. 117).
Kazaryan, M. A. and Kazarayan, É. S. 1980, *Astrofiz.* **16**, 17 (English, p. 7).
Kazaryan, M. A. and Kazarayan, É. S. 1982, *Astrofiz.* **18**, 512 (English, p. 285).
Kazaryan, M. A. and Kazarayan, É. S. 1983, *Astrofiz.* **19**, 213 (English, p. 119).
Keel, W. C., Kennicutt, R. C., Hummel, E., and van der Hulst, J. M. 1985, *A. J.* **90**, 708.
Kirshner, R. P. 1977, *Ap. J.* **212**, 319.
Kobold, H. 1909, *Ann. Strassburg* **III**, 1.
Kormendy, J. 1979, *Ap. J.* **227**, 714.
Kunth, D. and Sargent, W. L. W. 1979, *A. & A. Suppl.* **36**, 259.
Kunth, D., Sargent, W. L. W., and Kowal, C. T. 1981, *A. & A. Suppl.* **44**, 229.
Lasker, B. M. 1970, *A. J.* **75**, 21.
Lauberts, A. 1982, *The ESO/Uppsala Survey of the ESO (B) Atlas*, Garching-bei-München: European Southern Obs. (ESO).
Lauberts, A., Holmberg, E., Schuster, H.-E., and West, R. M. 1981, *A. & A. Suppl.* **46**, 311.
Lauberts, A. and Valentijn, E. A. 1989, *The Surface Photometry Catalogue of the ESO-Uppsala Galaxies*, Garching-bei-München: European Southern Obs. (ESO-LV).
Liller, M. H. 1966, *Ap. J.* **146**, 28.
Longo, G. and de Vaucouleurs, A. 1983, 1985, *A General Catalogue of Photoelectric Magnitudes and Colors in the U,B,V system of 3,578 Galaxies Brighter Than the 16-th V-Magnitude (1936-1982)*, Univ. Texas Monograph in Astron. No. **3** and *Supplement to the General Catalogue ...*, Univ. Texas Monograph in Astron. No. **3A**, Austin: Astron. Dept., Univ. of Texas.
Lonsdale, C. J., Helou, G., Good, J. C., Rice, W., and Fullmer, L. 1989, *Cataloged Galaxies and Quasars Observed in the IRAS Survey*, 2nd version, Pasadena: JPL.
Lubin, P. and Villela, T. 1986, in *Galaxy Distances and Deviations from Universal Expansion*, ed. B. F. Madore and R. B. Tully, Dordrecht: Reidel, p. 169.
MacGillivray, H. T. and Stobie, R. S. 1984, *Vistas in Astron.* **27**, 433.
Maehara, H., Noguchi, T., Takase, B., and Handa, T. 1987, *P. A. S. Japan*, **39**, 393.
Maia, M. A. G., da Costa, L. N., Willmer, C., Pellegrini, P. S., and Rité, C. 1987, *A. J.* **93**, 546.
Malin, D. F. and Carter, D. 1983, *Ap. J.* **274**, 534.
Markarian, B. E., Lipovetsky, V. A., and Stepanian, J. A. 1980a, *Astrofiz.* **16**, 5 (English, p. 1).
Markarian, B. E., Lipovetsky, V. A., and Stepanian, J. A. 1980b, *Astrofiz.* **16**, 609 (English, p. 353).
Markarian, B. E., Lipovetsky, V. A., and Stepanian, J. A. 1984, *Astrofiz.* **21**, 419 (English, p. 581).
Markarian, B. E., Lipovetsky, V. A., Stepanian, D. A., Erastova, L. K., and Shapovalova, A. I. 1989, *Soob. Spets. Astrofiz. Obs.* No. 62.
Markarian, B. E. and Stepanian, D. A. 1985a, *Astrofiz.* **19**, 639 (English, p. 354).
Markarian, B. E. and Stepanian, D. A. 1985b, *Astrofiz.* **20**, 21 (English, p. 10).
Markarian, B. E. and Stepanian, D. A. 1985c, *Astrofiz.* **20**, 513 (English, p. 278).

Markarian, B. E., Stepanian, D. A., and Erastova, L. K. 1985, *Astrofiz.* **23**, 439 (English, p. 623).

Martin, J.-M., Bottinelli, L., Dennefeld, M., Gouguenheim, L., Le Squeren, A.-M., and Paturel, G. 1989, *C. R. Acad. Sci. Paris* **308**, Ser. II, 287.

Mathewson, D. S., Ford, V. L., and Murray, J. D. 1975, *Observatory* **95**, 176.

Mazzarella, J. M. and Balzano, V. A. 1986, *Ap. J. Suppl.* **62**, 751.

McAlpine, G. M. and Lewis, D. W. 1978, *Ap. J. Suppl.* **36**, 587.

McAlpine, G. M., Lewis, D. W., and Smith, S. B. 1977, *Ap. J. Suppl.* **35**, 203.

McAlpine, G. M., Smith, S. B., and Lewis, D. W. 1977, *Ap. J. Suppl.* **34**, 95 and **35**, 197.

McAlpine, G. M. and Williams, G. A. 1981, *Ap. J. Suppl.* **45**, 113.

McCall, M. L. 1989, *A. J.* **97**, 1341.

Menzies, J. W., Coulson, I. M., and Sargent, W. L. W. 1989, *A. J.* **97**, 1576.

Messier, C. 1781, in *Connaissance des Temps pour 1784*, p. 227.

Michard, R. 1985, *A. & A. Suppl.* **59**, 205.

Morgan, W. H. 1958, *P. A. S. P.* **70**, 364.

Morgan, W. H. 1959, *P. A. S. P.* **71**, 394.

Moorwood, A. F. M. and Oliva, E. 1988, *A. & A.* **203**, 278.

Nilson, P. 1973, *Uppsala General Catalogue of Galaxies*, Uppsala: Roy. Soc. Sci. Uppsala (UGC).

Nilson, P. 1974, *Catalogue of Selected non-UGC Galaxies*, Uppsala Astron. Obs., Report No. **5** (UGCA).

Odewahn, S. C. 1989, Ph.D. thesis, Univ. of Texas at Austin.

Olson, B. I. 1975, *P. A. S. P.* **87**, 349.

Olson, D. W. and de Vaucouleurs, G. 1981, *Ap. J.* **249**, 68.

Osterbrock, D. E. and De Robertis, M. M. 1985, *P. A. S. P.* **97**, 1129.

Osterbrock, D. E. and Pogge, R. W. 1987, *Ap. J.* **323**, 108.

Palumbo, G. G. C., Tanzella-Nitti, G., and Vettolani, G. 1983, *Catalogue of Radial Velocities of Galaxies*, New York: Gordon and Breach.

Paturel, G. 1975, *A. & A.* **40**, 133.

Paturel, G., Fouqué, P., Bottinelli, L., and Gouguenheim, L. 1989a, *Catalogue of Principal Galaxies* (= *Monographies de la Base de Données Extragalactiques*, No. 1), Lyon: Obs. de Lyon (PGC).

Paturel, G., Fouqué, P., Bottinelli, L., and Gouguenheim, L. 1989b, *A. & A. Suppl.* **80**, 299.

Paturel, G., Fouqué, P., Buta, R., and Garcia, A. M. 1990, *A. & A.* submitted.

Paturel, G., Fouqué, P., Lauberts, A., Valentijn, A. E., Corwin, H. G., and de Vaucouleurs, G. 1987, *A. & A.* **184**, 86.

Pence, W. D. 1976, *Ap. J.* **203**, 39.

Pence, W. D. and de Vaucouleurs, G. 1985, *Ap. J.* **298**, 560.

Penston, M. V., Fosbury, R. A. E., Ward, M. J., and Wilson, A. S. 1977, *M. N. R. A. S.* **180**, 19.

Persson, S. E., Frogel, J. A., and Aaronson, M. 1979, *Ap. J. Suppl.* **39**, 61.

Prieur, J.-L. 1988, Ph.D. thesis, Univ. Paul Sabatier de Toulouse.

Racine, R. 1973, *A. J.* **78**, 180.

Reinmuth, K. 1926, *Veröff. Stern. Heidelberg* **IX**.
Reiz, A. 1941, *Ann. Lund Obs.* **9**, 65.
Rice, W., Lonsdale, C. J., Soifer, B. T., Neugebauer, G., Kopan, E. L., Lloyd, L. A., de Jong, T., and Habing, H. J. 1988, *Ap. J. Suppl.* **68**, 91.
Richter, O.-G. 1984, *A. & A. Suppl.* **58**, 131.
Rodgers, A. W., Peterson, B. A., and Harding, P. 1978, *Ap. J.* **225**, 768.
Rood, H. J. and Baum, W. A. 1967, *A. J.* **72**, 398.
Rubin, V. C., Ford, W. K., Thonnard, N., Roberts, M. S., and Graham, J. A. 1976, *A. J.* **81**, 687.
Sadler, E. 1982, Ph.D. thesis, Australian National Univ., Canberra.
Sandage, A. 1978, *A. J.* **83**, 904.
Sandage, A. and Tammann, G. A. 1981, 1987, *The Revised Shapley-Ames Catalog*, Carnegie Inst. Washington, Publ. No. 635.
Schild, R. and Davis, M. 1979, *A. J.* **84**, 311.
Schechter, P. L. 1980, *A. J.* **85**, 801.
Schechter, P. L. 1983, *Ap. J. Suppl.* **52**, 425.
Schwarz, M. P. 1981, *Ap. J.* **247**, 77.
Schwassmann, A. 1902, *Publ. Astrophys. Inst. Königstuhl-Heidelberg* **I**, 17.
Shane, C. D. and Wirtanen, C. A. 1967, *Publ. Lick. Obs.* Vol. **XXII**, Part 1.
Shapley, H. and Ames, A. 1932, *Ann. Harvard Coll. Obs.* **88**, No. 2 (SA).
Shectman, S. A., Stefanik, R. P., and Latham, D. W. 1983, *A. J.* **88**, 477.
Shobbrook, R. R. 1966, *M. N. R. A. S.* **131**, 293.
Simien, F. and de Vaucouleurs, G. 1986, *Ap. J.* **302**, 564.
Sinnott, R. W. 1988, *NGC 2000.0*, Cambridge, Mass.: Sky Publ. Corp.
Smith, B. J., Kleinmann, S. G., Huchra, J. P., and Low, F. J. 1987, *Ap. J.* **318**, 161.
Smith, M. G., Aguirre, C., and Zemelman, M. 1976, *Ap. J. Suppl.* **32**, 217.
Spellman, K., Madore, B., and Helou, G. 1989, *Publ. Astron. Soc. Pac.* **101**, 360.
Spinrad, H., Bahcall, J., Becklin, E. E., Gunn, J. E., Kristian, J., Neugebauer, G., Sargent, W. L. W., and Smith, H. 1973, *Ap. J.* **180**, 351.
Staveley-Smith, L. and Davies, R. D. 1987, *M. N. R. A. S.* **224**, 953.
Staveley-Smith, L. and Davies, R. D. 1988, *M. N. R. A. S.* **231**, 833.
Stebbins, J. and Whitford, A. E. 1937, *Ap. J.* **86**, 247.
Stenning, M. and Hartwick, F. D. A. 1980, *A. J.* **85**, 101.
Stobie, R. S., Smith, G. M., Lutz, R. K., and Martin, R. 1979, in *Image Processing in Astronomy*, ed. G. Sedmak, M. Capaccioli, and R. J. Allen, Trieste: Osserv. Astron., p. 48.
Stoke, J. T., Tifft, W. G., and Kaftan-Kassim, M. A. 1978, *A. J.* **83**, 322.
Sulentic, J. W. and Tifft, W. G. 1973, *The Revised New General Catalogue of Nonstellar Astronomical Objects*, Tucson: Univ. of Arizona Press (RNGC).
Takase, B. and Miyauchi-Isobe, N. 1984-1989, *Annals Tokyo Astron. Obs.* **19**, No. 4; **20**, Nos. 3 and 4; **21**, Nos. 1-4; **22**, No. 1; *Publ. Nat. Astron. Obs. Japan* **1**, 11.
Thompson, G. D. and Bryan, J. T. 1989, *Visual Supernova Search Charts and Handbook*, Cambridge: Cambridge Univ. Press.

Tifft, W. G. 1982, *Ap. J. Suppl.* **50**, 319.
Tonry, J. L. 1981, *Ap. J. Lett.* **251**, L1.
Tonry, J. L. and Davis, M. 1981, *Ap. J.* **246**, 666.
Tüg, H. and Schmidt-Kaler, T. 1982, *A. & A.* **105**, 400.
Tully, R. B. 1988, *Nearby Galaxies Catalog*, Cambridge: Cambridge Univ. Press.
Tully, R. B. and Fouqué, P. 1985, *Ap. J. Suppl.* **58**, 67.
Turner, E. L. 1976, *Ap. J.* **208**, 20.
Valentijn, E. A. 1990, *Nature* **346**, 153.
de Vaucouleurs, A. and Longo, G. 1988, *Catalogue of Visual and Infrared Photometry of Galaxies from 0.5 to 10 microns (1961-1985)*, Univ. of Texas Monograph in Astron. No. 5, Austin: Astron. Dept., Univ. of Texas.
de Vaucouleurs, G. 1948, *Ann. d'Ap.* **11**, 247.
de Vaucouleurs, G. 1956, *A. J.* **61**, 430.
de Vaucouleurs, G. 1957, *Ann. Obs. Houga* **2**, Part 1, 39.
de Vaucouleurs, G. 1959a, *Handbuch der Physik* **53**, 275.
de Vaucouleurs, G. 1959b, *A. J.* **64**, 397.
de Vaucouleurs, G. 1959c, *Ann. Obs. Houga* **II**, Part 2.
de Vaucouleurs, G. 1959d, *Lowell Obs. Bull.* **4**, Nos. 97 and 98.
de Vaucouleurs, G. 1961, *Ap. J. Suppl.* **5**, 233 (No. 48).
de Vaucouleurs, G. 1962, in *Problems of Extragalactic Research*, IAU Symp. No. 15, ed. G. C. McVittie New York: MacMillan, p. 3.
de Vaucouleurs, G. 1963, *Ap. J. Suppl.* **8**, 31 (No. 74).
de Vaucouleurs, G. 1973, *Ap. J.* **181**, 31.
de Vaucouleurs, G. 1977a, in *The Evolution of Galaxies and Stellar Populations*, ed. B. Tinsley and R. Larson, New Haven: Yale Univ. Obs., p. 43.
de Vaucouleurs, G. 1977b, *Ap. J. Suppl.* **33**, 211 (CGP I).
de Vaucouleurs, G. 1979, *Ap. J.* **227**, 380.
de Vaucouleurs, G. 1983, *Ap. J.* **268**, 451.
de Vaucouleurs, G. and Ables, H. D. 1965, *P. A. S. P.* **77**, 272.
de Vaucouleurs, G. and Bollinger, G. 1977a, *Ap. J. Suppl.* **33**, 241 (CGP IV).
de Vaucouleurs, G. and Bollinger, G. 1977b, *Ap. J. Suppl.* **33**, 247 (CGP V).
de Vaucouleurs, G. and Bollinger, G. 1977c, *Ap. J. Suppl.* **34**, 469 (CGP VI).
de Vaucouleurs, G. and Buta, R. J. 1983, *A. J.* **88**, 939.
de Vaucouleurs, G. and Corwin, H. G. 1977, *Ap. J. Suppl.* **33**, 219 (CGP II).
de Vaucouleurs, G. and Head, C. 1978, *Ap. J. Suppl.* **36**, 439 (CGP VII).
de Vaucouleurs, G. and Leach, R. W. 1981, **93**, 190.
de Vaucouleurs, G. and Mitra, S. 1991, *A. J.*, in press.
de Vaucouleurs, G. and Pence, W. D. 1979a, *Ap. J. Suppl.* **39**, 49 (CGP VIII).
de Vaucouleurs, G. and Pence, W. D. 1979b, *Ap. J. Suppl.* **40**, 425 (CGP IX).
de Vaucouleurs, G. and de Vaucouleurs, A. 1964, *Reference Catalogue of Bright Galaxies*, Austin: Univ. of Texas Press (RC1).
de Vaucouleurs, G. and de Vaucouleurs, A. 1972, *Mem. R. A. S.* **77**, 1.

de Vaucouleurs, G. and de Vaucouleurs, A. 1973, *Atti ... Conv. Sci. Osserv. Cima Ekar, Padova-Asiago*, p. 101.

de Vaucouleurs, G. and de Vaucouleurs, A. 1976, *A. J.* **81**, 595.

de Vaucouleurs, G., Corwin, H. G., and Bollinger, G. 1977a, *Ap. J. Suppl.* **33**, 229 (CGP III).

de Vaucouleurs, G., Peters, W. L., and Corwin, H. G. 1977b, *Ap. J.* **211**, 319.

de Vaucouleurs, G., de Vaucouleurs, A., and Corwin, H. G. 1976, *Second Reference Catalogue of Bright Galaxies*, Austin: Univ. of Texas Press (RC2).

de Vaucouleurs, G., de Vaucouleurs, A., and Corwin, H. G. 1978, *A. J.* **83**, 1356.

de Vaucouleurs, G., de Vaucouleurs, A., and Nieto, J.-L. 1979, *A. J.* **84**, 1811.

Vorontsov-Velyaminov, B. A. 1959, *Atlas and Catalogue of Interacting Galaxies*, Moscow: Moscow St. Univ.

Vorontsov-Velyaminov, B. A. 1977, *A. & A. Suppl.* **28**, 1.

Vorontsov-Velyaminov, B. A., Archipova, V. P., and Krasnogorskaja, A. A. 1962, 1963, 1964, 1968, 1974 *Morphological Catalogue of Galaxies*, in five volumes Moscow: Moscow State Univ. (MCG).

Weinberger, R. 1980, *A. & A. Suppl.* **40**, 123.

West, R. M., Surdej, J., Schuster, H.-E., Muller, A. B., Laustsen, S., and Borchkhadze, T. M. 1981, *A. & A. Suppl.* **46**, 57.

White, S. D. M., Huchra, J., Latham, D., and Davis, M. 1983, *M. N. R. A. S.* **203**, 701.

Williams, B. A. and Rood, H. J. 1987, *Ap. J. Suppl.* **63**, 265.

Wolf, M. 1905, *Publ. Astrophys. Inst. Königstuhl-Heidelberg* **2**, 89.

Zwicky, F. 1971, *Catalogue of Selected Compact Galaxies and of Post-Eruptive Galaxies*, Guemlingen: F. Zwicky.

Zwicky, F., Herzog, E., Kowal, C. T., Wild, P., and Karpowicz, M. 1961, 1963, 1965, 1966, 1968a,b, *Catalogue of Galaxies and of Clusters of Galaxies*, in six volumes, Pasadena: Calif. Inst. Tech.

Zwicky, F., Sargent, W. L. W., and Kowal, C. T. 1975, *A. J.* **80**, 545.

References

Reference Categories and Codes

Reference Table	Category	Category Code	Reference Format
1a.	Dimensions (diam., nuclei, jets)	Dim	(1a) 1, ...
1b.	Description, morphology, structure	Des	(1b) 1, ...
2a.	Photographs (optical, near IRed)	Pho	(2a) 1, ...
2b.	Imaging (other)	Ima	(2b) 1, ...
3a.	Integrated Photometry (pe, pg), UV	PtmU	(3a) 1, ...
3b.	Ditto, UBVRI	PtmO	(3b) 1, ...
3c.	Ditto, IRed	PtmI	(3c) 1, ...
3d.	Narrow band ptm (visible, near IRed)	PtmN	(3d) 1, ...
4a.	Surface photometry, isophotes, luminosity profiles. Optical and near IRed <1.0 mm	SPtm	(4a) 1, ...
4b.	Surface photometry (other)	SPIR	(4b) 1, ...
5a.	Stellar photometry, sequences, variable stars	Star	(5a) 1, ...
5b.	Globular clusters	Sclu	(5b) 1, ...
5c.	Star counts	Scts	(5c) 1, ...
6a.	Redshifts, optical	Zopt	(6a) 1, ...
6b.	Redshifts, Radio: 21cm, mol. lines	Zrad	(6b) 1, ...
7a.	Velocity dispersion	Vdis	(7a) 1, ...
7b.	Dynamics, mass, M/L from vel. dispersion	Vdyn	(7b) 1, ...
8a.	Spectroscopy, Spectrophotometry, Line Indices, UV	SpUV	(8a) 1, ...
8b.	Ditto, Optical	Spop	(8b) 1, ...
8c.	Ditto, IRed	SpIR	(8c) 1, ...
8d.	Ditto, Abundances, Population Analysis	Span	(8d) 1, ...
9a.	Rotation, velocity fields, kinematics (optical)	Mkin	(9a) 1, ...
9b.	Dynamics, mass, M/L from rotation	Mdyn	(9b) 1, ...
10a.	Polarization, optical, IRed	Popt	(10a) 1, ...
10b.	Polarization, radio	Prad	(10b) 1, ...
11.	Optical Interferometry	FPop	(11) 1, ...
12a.	HII regions	HIIr	(12a) 1, ...
12b.	Planetaries	Plan	(12b) 1, ...
12c.	Interstellar medium	Imed	(12c) 1, ...
13a.	21 cm, Fluxes, line widths	HIw	(13a) 1, ...
13b.	21 cm, mapping, rotation, mass	HIm	(13b) 1, ...
14a.	Molecular lines	Mol	(14a) 1, ...
14b.	Radio Recombination lines	Rcl	(14b) 1, ...
15a.	Radio continuum, fluxes, mapping	Radc	(15a) 1, ...
15b.	Radio continuum, interferometry	Radif	(15b) 1, ...
16.	X-rays, Gamma-rays	Xg	(16) 1, ...
17a.	Supernovae	SN	(17a) 1, ...
17b.	Supernova Remnants	SNR	(17b) 1, ...
18.	Distances	Dis	(18) 1, ...
19.	Pairs, Groups and cluster membership	Grp	(19) 1, ...

Code - Reference Cross Index

1a.1*	Ap. J., 197, 265, 1975		1b.2	Ap. J. Lett., 198, L93, 1975
1a.2	Ap. J. Lett., 199, L137, 1975		1b.3	Ap. J., 199, 39, 1975
1a.3*	Astr. Ap., 40, 133, 1975		1b.4	Ap. J. Lett., 199, L1, 1975
1a.4*	Astr. Ap., 45, 173, 1975		1b.5	Ap. J., 199, 545, 1975
1a.5	Astrophysics, 11, 425, 1975		1b.6	Ap. J., 200, 567, 1975
1a.6	Ap. J. Lett., 206, L15, 1976		1b.7	Ap. J. Suppl., 29, 193, 1975
1a.7*	A. J., 81, 687, 1976		1b.8	Ap. J. Lett., 199, L9, 1975
1a.8	Astr. Ap., 48, 327, 1976		1b.9	P.A.S.P., 87, 545, 1975
1a.9	I.A.U. Coll. No.40. Applications de Detecteurs d'Images a reponse lineaire. Edit. M. Duchesne et G. Lelievre, Paris-Meudon, p.12-1, 1977		1b.10	B.A.A.S., 7, 414, 1975
			1b.11	M.N.R.A.S., 173, 51P, 1975
			1b.12	Astr. Ap., 38, 315, 1975
			1b.13	Astr. Ap., 40, 339, 1975
1a.10*	Ap. J., 223, 410, 1978		1b.14	Astr. Ap., 39, 341, 1975
1a.11*	A. N., 299, 109, 1978		1b.15	Astr. Ap., 45, 43, 1975
1a.12	Nature, 272, 131, 1978		1b.16	Sov. Ast. Lett., 1, 23, 1975
1a.13	I.A.U. Circ. No.3305, 1978		1b.17	Sov. Ast., 19, 299, 1975
1a.14*	Ap. J., 227, 714, 1979		1b.18	Sov. Ast., 19, 422, 1975
1a.15	Ap. J., 233, 23, 1979		1b.19	Coll. C.N.R.S. No. 241, p. 275, 1975
1a.16*	A. J., 84, 735, 1979		1b.20*	Astrophysics, 11, 249, 1975
1a.17	P.A.S.P., 91, 632, 1979		1b.21*	Ap. J., 204, 519, 1976
1a.18	Ap. J., 235, 749, 1980		1b.22*	Ap. J., 206, 883, 1976
1a.19*	Ap. J., 239, 12, 1980		1b.23	Ap. J. Lett., 207, L11, L21, 1976
1a.20*	A. J., 85, 637, 1980		1b.24	Ap. J. Lett., 207, L147, 1976
1a.21*	Astr. Ap. Suppl., 42, 69, 1980		1b.25	Ap. J., 208, 650, 1976
1a.22*	Ap. J., 243, 411, 1981		1b.26	Ap. J., 209, 382, 1976
1a.23	Ap. J., Suppl., 45, 541, 1981		1b.27*	Ap. J. Suppl., 32, 171, 1976
1a.24	Ap. J., 263, 101, 1982		1b.28	A. J., 81, 582, 1976
1a.25*	M.N.R.A.S., 200, 325, 1982		1b.29*	A. J., 81, 687, 1976
1a.26*	Astr. Ap. Suppl., 47, 467, 1982		1b.30	B.A.A.S., 8, 313, 1976
1a.27	Nature, 296, 331, 1982		1b.31	B.A.A.S., 8, 497, 1976
1a.28	Ap. J. Lett., 266, L17, 1983		1b.32	B.A.A.S., 8, 530, 1976
1a.29	Ap. J. Suppl., 53, 105, 1983		1b.33	Observatory, 96, 216, 1976
1a.30*	Astr. Ap. Suppl., 53, 351, 1983		1b.34	Astr. Ap., Suppl., 24, 473, 1976
1a.31*	Astr. Ap. Suppl., 55, 55, 1984		1b.35	Sov. Ast. Lett., 2, 201, 1976
1a.32*	Ap. J., 290, 462, 1985		1b.36	Ap. Iss. Spec. Ap. Obs., 8, 47, 1976
1a.33*	A. J., 90, 163, 1985		1b.37	Ap. J., 211, 309, 1977
1a.34*	Astr. Ap. Suppl., 61, 503, 1985		1b.38*	Ap. J., 211, 684, 1977
1a.35*	Ap. J. Suppl., 62, 255, 1986		1b.39	Ap. J., 211, 707, 1977
1a.36*	Ap. Space Sci., 122, 63, 1986		1b.40	A. J., 82, 315, 1977
1a.37*	A. N. 306, 301, 1986		1b.41	A. J., 82, 879, 1977
1a.38*	A. N. 307, 27, 1986		1b.42	P.A.S.P., 89, 489, 1977
1a.39*	Ap. J., 317, 1, 1987		1b.43	P.A.S.P., 89, 746, 1977
1a.40*	Ap. J., 320, 122, 1987		1b.44	B.A.A.S., 9, 322, 1977
1a.41	Astr. Ap., 174, 28, 1987		1b.45	B.A.A.S., 9, 361, 1977
1a.42*	Astr. Ap., 184, 43, 1987		1b.46	B.A.A.S., 9, 586, 1977
1a.43*	Ap. J. Suppl., 64, 417, 1987		1b.47	B.A.A.S., 9, 619, 1977
1a.44*	Ap. J. Suppl., 64, 507, 1987		1b.48	B.A.A.S., 9, 647, 1977
1a.45*	Ap. J. Suppl., 64, 601, 1987		1b.49*	M.N.R.A.S., 180, 391, 1977
			1b.50	M.N.R.A.S., 180, 81P, 1977
1b.1	Ap. J., 195, 23, 1975		1b.51*	Ap. J. Suppl., 33, 19, 1977

1b.52	Astr. Ap., 56, 293,1977	1b.102	Sov. Ast. Lett., 5, 235, 301, 1979
1b.53	Astrophysics, 13, 234, 1977	1b.103	Sov. Ast. Lett., 5, 266, 1979
1b.54	Astrophysics, 13, 358, 1977	1b.104	Sov. Ast. Lett., 5, 335, 1979
1b.55	Pub. A. S. Japan, 29,795,1977	1b.105	Sov. Ast. Lett., 5, 337, 1979
1b.56	A. N., 298,285,1977	1b.106	Sov. Ast. Lett., 5, 63, 1979
1b.57	Ap. J., 223, 386, 1978	1b.107	Ap. Space Sci., 62, 211, 1979
1b.58*	Ap. J., 223, 730, 1978	1b.108	Astrophysics, 15, 27, 36, 1979
1b.59	Ap. J. Lett., 226, L73, 1978	1b.109	P.A.S. Japan, 31, 431,1979
1b.60	Ap. J. Lett., 226, L115, 1978	1b.110	Ap. Letters, 20, 15, 1979
1b.61*	A. J., 83, 1, 1978	1b.111	Astr. Ap., 78, L5, 1979
1b.62	Astr. Ap., 67, 73, 1978	1b.112	J. British Ast. Soc., 89, 586, 1979
1b.63	Astr. Ap. Suppl., 34, 91, 1978	1b.113	Nature, 277, 279, 1979
1b.64*	M.N.R.A.S., 184, 611, 1978	1b.114	Bull. Crim. Ap. Obs., 59, 136, 1979
1b.65*	P.A.S.P., 90, 5, 1978	1b.115	I.A.U. Circ. No. 3385, 3411, 1979
1b.66*	P.A.S.P., 90, 241, 1978	1b.116	Ap. J., 235, 37, 1980
1b.67	B.A.A.S., 10, 450, 1978	1b.117	Ap. J., 237, 303, 1980
1b.68	Observatory, 98, 169, 1978	1b.118*	Ap. J., 237, 404, 1980
1b.69	Sov. Ast. Lett., 4, 266, 1978	1b.119	Ap. J. Lett., 236, L1, 1980
1b.70*	Astrophysics, 14, 36, 1978	1b.120	Ap. J. Lett., 236, L17, 1980
1b.71	Pub. A. S. Japan, 30, 315, 1978	1b.121*	Ap. J., 238, 17, 1980
1b.72	Nature, 272, 430, 1978	1b.122	Ap. J., 240, 442, 1980
1b.73	I.A.U. Circ. No.3305, 1978	1b.123*	Ap. J. Lett., 238, L1, 1980
1b.74	Ap. J., 227, 56, 1979	1b.124	Ap. J., 241, 969, 1980
1b.75*	Ap. J., 227, 714, 1979	1b.125*	Ap. J., 242, 469, 1980
1b.76	Ap. J., 229, 91, 1979	1b.126	Ap. J., 242, 511, 1980
1b.77	Ap. J., 231, 354, 1979	1b.127	Ap. J., 242, 528, 1980
1b.78	Ap. J., 232, 60, 1979	1b.128*	Ap. J., 242, 903, 1980
1b.79	Ap. J. Suppl., 39, 439, 1979	1b.129*	Ap. J. Suppl., 42, 565, 1980
1b.80	Ap. J. Suppl., 41, 209, 1979	1b.130	Ap. J. Suppl., 43, 37, 1980
1b.81*	A. J., 84, 472, 1979	1b.131	Ap. J. Suppl., 44, 319, 1980
1b.82	A. J., 84, 744, 1979	1b.132*	A. J., 85, 101, 1980
1b.83	A. J., 84, 1281, 1979	1b.133*	A. J., 85, 198, 1980
1b.84	P.A.S.P., 91, 632, 1979	1b.134	A. J., 85, 376, 1980
1b.85	M.N.R.A.S., 186, 343, 1979	1b.135	A. J., 85, 1587, 1980
1b.86	M.N.R.A.S., 186, 701, 1979	1b.136	P.A.S.P., 92, 38, 1980
1b.87	M.N.R.A.S., 186, 717, 1979	1b.137	P.A.S.P., 92, 409, 1980
1b.88	M.N.R.A.S., 187, 509, 1979	1b.138	B.A.A.S., 12, 490, 1980
1b.89	M.N.R.A.S., 188, 285, 1979	1b.139	B.A.A.S., 12, 838, 1980
1b.90	Observatory, 99, 215, 1979	1b.140	Astr. Ap., 84, 85, 1980
1b.91	Astr. Ap., 71, 131, 1979	1b.141	Astr. Ap., 88, 52, 1980
1b.92	Astr. Ap., 73, L1, 1979	1b.142	Astr. Ap., 88, 94, 1980
1b.93	Astr. Ap., 74, 110, 1979	1b.143	Astr. Ap., 88, 149, 159, 1980
1b.94	Astr. Ap., 74, 123, 1979	1b.144	Astr. Ap., 88, 248, 1980
1b.95	Astr. Ap., 75, 311, 1979	1b.145	Astr. Ap., 90, 123, 1980
1b.96	Astr. Ap., 76, L7, 1979	1b.146	Sov. Ast. Lett., 6, 152, 184, 1980
1b.97	Astr. Ap., 76, 230, 1979	1b.147	Ap. Space Sci., 68, 519, 1980
1b.98	Astr. Ap., 79, L22, 1979	1b.148	A. N., 301, 217, 1980
1b.99	Astr. Ap. Suppl., 37, 541, 1979	1b.149	Nature, 285, 643, 1980
1b.100	Astr. Ap. Suppl., 37, 559, 1979	1b.150	J. Ap. Ast., 1, 177, 1980
1b.101	Sov. Ast. Lett., 5, 6, 1979	1b.151*	J. Ap. Ast., 1, 129, 1980

1b.152	Photometry, Kinematics and Dynamics of Galaxies. Proc. Conf. Univ. of Texas at Austin, edit. D.S. Evans, p. 407, 1979	1b.196*	P.A.S.P., 94, 774, 1982
1b.153	Photometry, Kinematics and Dynamics of Galaxies. Proc. Conf. Univ. of Texas at Austin, edit. D.S. Evans, p. 421, 1979	1b.197	M.N.R.A.S., 199, 451, 1982
1b.154	Photometry, Kinematics and Dynamics of Galaxies. Proc. Conf. Univ. of Texas at Austin, edit. D.S. Evans, p. 480, 1979	1b.198	M.N.R.A.S., 200, 361, 1982

- 1b.152 Photometry, Kinematics and Dynamics of Galaxies. Proc. Conf. Univ. of Texas at Austin, edit. D.S. Evans, p. 407, 1979
- 1b.153 Photometry, Kinematics and Dynamics of Galaxies. Proc. Conf. Univ. of Texas at Austin, edit. D.S. Evans, p. 421, 1979
- 1b.154 Photometry, Kinematics and Dynamics of Galaxies. Proc. Conf. Univ. of Texas at Austin, edit. D.S. Evans, p. 480, 1979
- 1b.155* Ap. J., 243, 411, 1981
- 1b.156 Ap. J., 243, 716, 1981
- 1b.157 Ap. J. Lett., 246, L65, 1981
- 1b.158 Ap. J., 247, 32, 1981
- 1b.159 Ap. J., 247, 464, 1981
- 1b.160 Ap. J., 247, 813, 1981
- 1b.161 Ap. J., 250, 534, 1981
- 1b.162 Ap. J. Lett., 250, L9, 1981
- 1b.163* Ap. J. Suppl., 47, 229, 1981
- 1b.164 A. J., 86, 344, 1981
- 1b.165* A. J., 86, 1847, 1981
- 1b.166 P.A.S.P., 93, 179, 1981
- 1b.167 P.A.S.P., 93, 552, 1981
- 1b.168 B.A.A.S., 13, 531, 1981
- 1b.169 B.A.A.S., 13, 797, 1981
- 1b.170 M.N.R.A.S., 196, 35P, 1981
- 1b.171* M.N.R.A.S., 196, 747, 1981
- 1b.172 Observatory, 101, 3, 1981
- 1b.173 Astr. Ap., 95, 5, 1981
- 1b.174 Astr. Ap., 95, 59, 1981
- 1b.175 Astr. Ap., 96, 271, 1981
- 1b.176 Astr. Ap., 97, L7, 1981
- 1b.177 Astr. Ap., 97, 63, 1981
- 1b.178 Astr. Ap., 101, 187, 1981
- 1b.179 Astr. Ap., 102, L17, 1981
- 1b.180 Astrophysics, 17, 121, 1981
- 1b.181 Mitt. Ast. Gesell., No. 52, p. 55, 1981
- 1b.182 M.N.R.A.S., 195, 325, 1981
- 1b.183 Ap. Space Sci., 77, 235, 1981
- 1b.184 A. N., 302, 259, 1981
- 1b.185 Pub. A. S. Japan, 33, 47, 1981
- 1b.186 Pub. A. S. Japan, 33, 449, 665, 1981
- 1b.187 Ap. J., 252, 92, 1982
- 1b.188 Ap. J., 253, 101, 1982
- 1b.189 Ap. J., 254, 515, 1982
- 1b.190 Ap. J., 255, 408, 1982
- 1b.191 Ap. J., 256, 103, 1982
- 1b.192 Ap. J., 259, 133, 1982
- 1b.193 Ap. J. Lett., 258, L63, 1982
- 1b.194 Ap. J., 262, 529, 1982
- 1b.195* A. J., 87, 256, 1982
- 1b.196* P.A.S.P., 94, 774, 1982
- 1b.197 M.N.R.A.S., 199, 451, 1982
- 1b.198 M.N.R.A.S., 200, 361, 1982
- 1b.199 M.N.R.A.S., 201, 17P, 1982
- 1b.200* M.N.R.A.S., 201, 1021, 1035, 1982
- 1b.201 Astr. Ap., 109, 95, 1982
- 1b.202* Astr. Ap., 109, 336, 1982
- 1b.203 Astr. Ap., 113, 7, 1982
- 1b.204 Sov. Ast., 26, 639, 1982
- 1b.205* Astrophysics, 18, 9, 1982
- 1b.206 A. J., 87, 203, 1982
- 1b.207 Nature, 296, 331, 1982
- 1b.208 "Optical Jets in Galaxies" ESO/ESA Workshop, Munich-ESA-SP-162, p.49, 1981
- 1b.209 Nature, 298, 728, 1982
- 1b.210 Pub. A.S. Japan, 34, 189, 199, 1982
- 1b.211 Ap. Space Sci., 86, 215, 1982
- 1b.212 Mitt. Ast. Gesell., No.55, p.98, 1982
- 1b.213 Ap. J., 267, 52, 1983
- 1b.214 Ap. J., 268, 102, 1983
- 1b.215 Ap. J., 268, 632, 1983
- 1b.216* Ap. J., 274, 534, 1983
- 1b.217* Ap. J., 274, 541, 1983
- 1b.218 Ap. J. Lett., 272, L5, 1983
- 1b.219 A. J., 88, 909, 1983
- 1b.220 P.A.S.P., 95, 293, 1983
- 1b.221 P.A.S.P., 95, 675, 1983
- 1b.222 B.A.A.S., 15, 659, 1983
- 1b.223 B.A.A.S., 15, 675, 1983
- 1b.224 B.A.A.S., 15, 932, 1983
- 1b.225 B.A.A.S., 15, 934, 944, 1983
- 1b.226 B.A.A.S., 15, 975, 1983
- 1b.227 M.N.R.A.S., 203, 39P, 1983
- 1b.228 Astr. Ap., 127, 395, 1983
- 1b.229 Astr. Ap., 128, 405, 1983
- 1b.230 Astrophysics, 19, 231, 1983
- 1b.231 Astrophysics, 19, 345, 1983
- 1b.232 Mitt. Ast. Gesell., No. 58, 108, 1983
- 1b.233* Ann. Tokyo Ast. Obs., 2nd series, 19, No. 3, p. 440, 1983
- 1b.234 IAU Symp. No. 100,"Internal Kinematics and Dynamics of Galaxies", E. Athanassoula, ed. p. 65, 67, 125, 1983
- 1b.235* Ap. J., 278, 61, 1984
- 1b.236 Ap. J., 278, 96, 1984
- 1b.237 Ap. J., 287, 108, 1984
- 1b.238 Ap. J., 287, 577, 1984
- 1b.239 Ap. J. Lett., 279, L47, 1984

1b.240	Ap. J. Lett., 285, L5, 1984		1b.290	"The Virgo Cluster" ESO Workshop, ESO Proc. No. 20, p. 77, 1985
1b.241	A. J., 89, 618, 1984		1b.291	Astrophys. Investigations, Bulg. Acad. Sci., 4, 106, 1985
1b.242*	A. J., 89, 919, 1984		1b.292	Astrophysics, 22, 135, 1985
1b.243	A. J., 89, 1514, 1984		1b.293	Astrophysics, 22, 259, 1985
1b.244	P.A.S.P., 96, 216, 1984		1b.294	A. J., 91, 58, 1986
1b.245	B.A.A.S., 16, 957, 1984		1b.295	A. J., 91, 65, 1986
1b.246	B.A.A.S., 16, 962, 1984		1b.296	A. J., 92, 700, 1986
1b.247	B.A.A.S., 16, 990, 1984		1b.297	A. J., 92, 1048, 1986
1b.248	B.A.A.S., 16, 1009, 1984		1b.298	P.A.S.P., 98, 81, 1986
1b.249	M.N.R.A.S., 207, 47, 1984		1b.299	P.A.S.P., 98, 629, 1986
1b.250	M.N.R.A.S., 209, 503, 1984		1b.300	M.N.R.A.S., 218, 297, 1986
1b.251	M.N.R.A.S., 210, 183, 1984		1b.301	M.N.R.A.S., 219, 373, 1986
1b.252	M.N.R.A.S., 210, 399, 1984		1b.302	M.N.R.A.S., 219, 759, 1986
1b.253	M.N.R.A.S., 211, 707, 1984		1b.303	M.N.R.A.S., 220, 453, 1986
1b.254	Astr. Ap., 130, 424, 1984		1b.304	M.N.R.A.S., 220, 949, 1986
1b.255	Astr. Ap., 131, 291, 1984		1b.305	M.N.R.A.S., 221, 393, 1986
1b.256	Astr. Ap., 133, 341, 1984		1b.306*	M.N.R.A.S., 222, 673, 1986
1b.257	Astr. Ap., 135, 190, 1984		1b.307	Ap. J., 300, 132, 1986
1b.258	Astr. Ap., 138, 49, 1984		1b.308	Ap. J., 301, 50, 1986
1b.259	Astr. Ap., 140, 288, 1984		1b.309	Ap. J., 304, 82, 96, 111, 1986
1b.260	Astr. Ap., 140, 470, 1984		1b.310	Ap. J., 305, 109, 1986
1b.261	Astr. Ap., 141, 61, 1984		1b.311	Ap. J., 305, 204, 1986
1b.262	Astr. Ap., 141, 195, 1984		1b.312	Ap. J., 306, 110, 1986
1b.263*	Astr. Ap. Suppl., 57, 1, 1984		1b.313	Ap. J., 307, 415, 1986
1b.264	Astrophysics, 20, 376, 1984		1b.314	Ap. J., 308, 571, 1986
1b.265	Astrophysics, 20, 380, 1984		1b.315	Ap. J., 308, 600, 1986
1b.266	Astrophysics, 20, 470, 1984		1b.316	Ap. J., 309, 59, 1986
1b.267	Astrophysics, 20, 484, 1984		1b.317	Ap. J., 310, 621, 1986
1b.268	Proc. Ast. Soc. Austr., 5, 474, 1984		1b.318	Ap. J., 311, 34, 1986
1b.269	Pub. A. S. Japan, 36, 477, 1984		1b.319	Ap. J., 311, 58, 1986
1b.270	Ap. J., 288, 201, 1985		1b.320	Ap. J., 311, 526, 1986
1b.271	Ap. J., 288, 252, 1985		1b.321	Ap. J. Lett., 300, L5, 1986
1b.272	Ap. J., 288, 535, 1985		1b.322	Ap. J. Lett., 303, L45, 1986
1b.273*	A. J., 90, 183, 1985		1b.323	Ap. J. Lett., 308, L55, 1986
1b.274	A. J., 90, 197, 1985		1b.324	Ap. J. Lett., 311, L7, 1986
1b.275*	A. J., 90, 395, 1985		1b.325	Ap. J. Suppl., 61, 631, 1986
1b.276	A. J., 90, 469, 1985		1b.326*	Ap. J. Suppl., 62, 255, 1986
1b.277*	A. J., 90, 1681, 1985		1b.327*	Ap. J. Suppl., 62, 703, 1986
1b.278*	A. J., 90, 1992, 1985		1b.328	Astr. Ap., 154, 219, 1986
1b.279*	A. J., 90, 2001, 1985		1b.329	Astr. Ap., 155, 151, 1986
1b.280*	A. J., 90, 2006, 1985		1b.330	Astr. Ap., 155, 161, 1986
1b.281	B.A.A.S., 17, 586, 1985		1b.331	Astr. Ap., 161, 206, 1986
1b.282	B.A.A.S., 17, 861, 1985		1b.332	Astr. Ap., 167, 223, 1986
1b.283*	M.N.R.A.S., 214, 177, 1985		1b.333	Astr. Ap., 168, 253, 1986
1b.284*	M.N.R.A.S., 217, 87, 1985		1b.334	Astr. Ap., 169, 71, 1986
1b.285	Astr. Ap., 153, 218, 1985		1b.335	Ap. Space Sci., 118, 529, 1986
1b.286*	Astr. Ap. Suppl., 60, 213, 1985		1b.336*	Ap. Space Sci., 122, 63, 1986
1b.287*	Astr. Ap. Suppl., 61, 503, 1985		1b.337	Sov. Ast., 30, 11, 1986
1b.288	Sov. Ast. Lett., 11, 1, 1985			
1b.289	Pub. A. S. Japan, 37, 669, 1985			

1b.338	Dokl. Bolg. Akad. Nauk. 39, 9, 1986	1b.380*	Astr. Ap., 184, 43, 1987
1b.339	Proc. Sec. Asian-Pacific Reg. Meeting on Ast., B. Hiyadat and M. W. Feast, eds., p. 304, 1986	1b.381	Astr. Ap., 184, 93, 1987
		1b.382*	Ap. J. Suppl., 63, 265, 1987
1b.340	Proc. Sec. Asian-Pacific Reg. Meeting on Ast., B. Hiyadat and M. W. Feast, eds., p. 523, 1986	1b.383	Ap. J. Suppl., 64, 1, 1987 + B.A.A.S., 18, 916, 1986.
		1b.384	Ap. J. Suppl., 64, 383, 1987
1b.341	Struc. and Evol. of Active Galactic Nuclei, G. Guiricin, F. Mardirossian, M. Mezzetti, and M. Ramella, eds., p. 579, 1986	1b.385*	Ap. J. Suppl., 64, 417, 1987
		1b.386*	Astr. Ap. Suppl., 67, 57, 1987
		1b.387	Astr. Ap. Suppl., 67, 395, 1987
		1b.388	Astr. Ap. Suppl., 68, 33, 1987
		1b.389*	Astr. Ap. Suppl., 70, 465, 1987
1b.342	B.A.A.S., 18, 689, 1986	1b.390	Astr. Ap. Suppl., 71, 465, 1987
1b.343	Ast. Tsirk., No. 1387, p. 4, 1986	1b.391	M.N.R.A.S., 225, 531, 1987
1b.344	Mitt. Ast. Ges., 67, 417, 1986	1b.392	M.N.R.A.S., 228, 521, 1987
1b.345	B.A.A.S., 18, 903, 1986	1b.393	B.A.A.S., 19, 681, 1987
1b.346	B.A.A.S., 18, 904, 1986	1b.394	B.A.A.S., 19, 683, 1987
1b.347	B.A.A.S., 18, 905, 1986	1b.395	B.A.A.S., 19, 698, 1987
1b.348	B.A.A.S., 18, 1001, 1986	1b.396	B.A.A.S., 19, 699, 1987
1b.349	B.A.A.S., 18, 1002, 1986	1b.397	B.A.A.S., 19, 712, 1987
1b.350	B.A.A.S., 18, 1005, 1986	1b.398	B.A.A.S., 19, 718, 1987
1b.351	B.A.A.S., 18, 1006, 1986	1b.399	B.A.A.S., 19, 731, 1987
1b.352	B.A.A.S., 18, 1021, 1986	1b.400	B.A.A.S., 19, 1031, 1987
1b.353	B.A.A.S., 18, 1041, 1986	1b.401	B.A.A.S., 19, 1032, 1987
1b.354	Ap. J., 312, 1, 1987	1b.402	B.A.A.S., 19, 1046, 1987
1b.355	Ap. J., 312, 17, 1987	1b.403	B.A.A.S., 19, 1048, 1987
1b.356	Ap. J., 314, 439, 1987	1b.404	B.A.A.S., 19, 1062, 1987
1b.357	Ap. J., 314, 457, 1987	1b.405	B.A.A.S., 19, 1063, 1987
1b.358*	Ap. J., 314, 3, 1987	1b.406	B.A.A.S., 19, 1068, 1987
1b.359	Ap. J., 315, 480, 1987	1b.407	B.A.A.S., 19, 1105, 1987
1b.360	Ap. J., 315, 492, 1987	1b.408	Ap. Lett. and Commun., 25, 187, 1987
1b.361	Ap. J., 316, 132, 1987	1b.409	I.A.U. Symp. No. 115, Star Forming Regions, M. Peimbert and J. Jukagu, eds., p. 599, 1987
1b.362*	Ap. J., 318, 161, 1987		
1b.363	Ap. J., 319, 671, 1987		
1b.364	Ap. J., 319, 687, 1987	1b.410	I.A.U. Symp. No. 127, Structure and Dynamics of Elliptical Galaxies, T. de Zeeuw, ed, p. 423, 1987
1b.365*	Ap. J., 320, 122, 1987		
1b.366	Ap. J. Lett., 315, L23, 1987		
1b.367	A. J., 93, 14, 1987	1b.411	Sov. A. J. Lett., 13, 148, 1987
1b.368*	A. J., 93, 291, 1987	1b.412	Messenger, 49, 12, 1987
1b.369*	A. J., 93, 788, 1987	1b.413	Messenger, 49, 20, 1987
1b.370	A. J., 94, 1, 1987	1b.414*	Astrophysics, 26, 249, 1987
1b.371	A. J., 94, 23, 1987	1b.415	Astr. Ap., 173, 219, 1987
1b.372	A. J., 94, 30, 1987		
1b.373*	A. J., 94, 563, 1987	2a.1	Ap. J., 195, 293, 1975
1b.374*	A. J., 94, 571, 1987	2a.2	Ap. J., 195, 611, 1975
1b.375	Univ. Texas Publ. No. 23, 1984 + Ap. J. Suppl. 66, 233, 1988	2a.3	Ap. J., 196, 381, 1975
		2a.4	Ap. J. Lett., 196, L95, 1975
1b.376*	A. J., 94, 587, 1987	2a.5	Ap. J., 197, 17, 1975
1b.377	A. J., 94,1143, 1987	2a.6	Ap. J. Lett., 197, L1, 1975
1b.378	Astr. Ap., 171, 25, 1987	2a.7	Ap. J., 197, 291, 1975
1b.379	Astr. Ap., 174, 28, 1987	2a.8	Ap. J., 197, 317, 1975

2a.9	Ap. J., Lett., 198, L3, 1975	2a.58	Coll. C.N.R.S. No. 241, p. 425, 1975
2a.10	Ap. J., Lett., 198, L63, 1975	2a.59	Coll. C.N.R.S. No. 241, p. 446, 1975
2a.11	Ap. J., 199, 31, 1975	2a.60	Coll. C.N.R.S. No. 241, p. 484, 1975
2a.12	Ap. J., 199, 39, 1975	2a.61	Coll. C.N.R.S. No. 241, p. 184, 1975
2a.13	Ap. J., 199, 545, 1975	2a.62	Coll. C.N.R.S. No. 241, p. 520, 1975
2a.14	Ap. J., 199, 565, 1975	2a.63	Astrophysics, 11, 1, 1975
2a.15	Ap. J., 199, 591, 1975	2a.64	Astrophysics, 11, 414, 1975
2a.16	Ap. J. Lett., 199, L137, 1975	2a.65	Ap. Space Sci., 33, 173, 1975
2a.17	Ap. J., 200, 430, 1975	2a.66	Comm. Byurakan Obser. No. 46, 144, 1975
2a.18	Ap. J., 200, 446, 1975	2a.67	IAU Symp. No. 69, Dynamics of Stellar Systems, edit. A. Hayli, p. 370, 1975
2a.19	Ap. J., 200, 567, 1975		
2a.20	Ap. J., 201, 556, 1975	2a.68	Ap. J., 204, 251, 1976
2a.21	Ap. J., 202, 365, 1975	2a.69	Ap. J., 204, 341, 1976
2a.22	Ap. J., 202, 619, 1975	2a.70	Ap. J., 204. 365, 1976
2a.23	A. J., 80, 253, 1975	2a.71	Ap. J., 204, 703, 1976
2a.24	A. J., 80, 541, 1975	2a.72	Ap. J. Lett., 205, L1, 1976
2a.25	Ap. J. Suppl., 29, 193, 1975	2a.73	Ap. J., 205, 709, 1976
2a.26	P.A.S.P., 87, 401, 1975	2a.74	Ap. J., 205, 728, 1976
2a.27	P.A.S.P., 87, 545, 1975	2a.75	Ap. J. Lett., 206, L11, 1976
2a.28	P.A.S.P., 87, 625, 1975	2a.76	Ap. J., 206, 359, 1976
2a.29	P.A.S.P., 87, 863, 1975	2a.77	Ap. J., 206, 883, 1976
2a.30	M.N.R.A.S., 170, 121, 1975	2a.78	Ap. J., 206, 888, 1976
2a.31	M.N.R.A.S., 172, 1, 1975	2a.79	Ap. J., 207, 44, 1976
2a.32	M.N.R.A.S., 173, 51P, 1975	2a.80	Ap. J. Lett., 207, L13, L21, 1976
2a.33	Observatory, 95, 17, 1975	2a.81	Ap. J., 207, 725, 1976
2a.34	Observatory, 95, 176, 1975	2a.82	Ap. J. Lett., 207, L147, 1976
2a.35	Astr. Ap., 40, 221, 1975	2a.83	Ap. J., 208, 650, 1976
2a.36	Astr. Ap., 40, 339, 1975	2a.84	Ap. J., 208, 662, 1976
2a.37	Astr. Ap., 40, 421, 1975	2a.85	Ap. J., 208, 673, 1976
2a.38	Astr. Ap., 41, 91, 1975	2a.86	Ap. J., 209, 372, 1976
2a.39	Astr. Ap., 41, 115, 1975	2a.87	Ap. J., 209, 382, 1976
2a.40	Astr. Ap., 41, 477, 1975	2a.88	Ap. J., 209, 389, 1976
2a.41	Astr. Ap., 42, 103, 1975	2a.89	Ap. J., 210, 33, 1976
2a.42	Astr. Ap., 42, 221, 1975	2a.90	Ap. J., 210, 7, 1976
2a.43	Astr. Ap., 44, 479, 1975	2a.91	Ap. J., 210, 58, 1976
2a.44	Astr. Ap., 45, 25, 1975	2a.92	Ap. J. Lett., 210, L59, 1976
2a.45	Astr. Ap., 45, 223, 1975	2a.93	Ap. J. Lett., 210, L63, 1976
2a.46	Astr. Ap. Suppl., 21, 137, 1975	2a.94	Ap. J. Suppl., 31, 313, 1976
2a.47	Sov. Ast. Lett., 1, 23, 1975	2a.95	A. J., 81, 25, 1976
2a.48	Sov. Ast. Lett., 1, 215, 1975	2a.96	A. J., 81, 89, 1976
2a.49	Sov. Ast., 19, 299, 1975	2a.97	A. J., 81, 500, 1976
2a.50	Sov. Ast., 19, 422, 1975	2a.98	A. J., 81, 743, 1976
2a.51	Astr. Ap., 38, 363, 1975	2a.99	A. J., 81, 795, 1976
2a.52	Coll. C.N.R.S. No. 241, p. 190, 201, 214, 1975	2a.100	A. J., 81, 797, 1976
2a.53	Coll. C.N.R.S. No. 241, p. 217, 1975	2a.101	A. J., 81, 799, 1976
2a.54	Coll. C.N.R.S. No. 241, p. 273, 1975	2a.102	P.A.S.P., 88, 521, 1976
2a.55	Coll. C.N.R.S. No. 241, p. 291, 1975	2a.103	M.N.R.A.S., 175, 602, 1976
2a.56	Coll. C.N.R.S. No. 241, p. 297, 1975	2a.104	M.N.R.A.S., 176, 1P, 1976
2a.57	Coll. C.N.R.S. No. 241, p. 348, 1975	2a.105	M.N.R.A.S., 177, 96, 1976

2a.106	M.N.R.A.S., 177, 466, 1976	2a.150	Ap. J. Suppl., 34, 245, 1977
2a.107	M.N.R.A.S., 177, 673, 1976	2a.151	A. J., 82, 879, 1977
2a.108	M.N.R.A.S., 177, 121P, 1976	2a.152	A. J., 82, 1045, 1977
2a.109	Astr. Ap., 46, 327, 1976	2a.153	P.A.S.P., 89, 113, 1977
2a.110	Astr. Ap., 48, 327, 1976	2a.154	P.A.S.P., 89, 485, 1977
2a.111	Astr. Ap., 48, 373, 1976	2a.155	P.A.S.P., 89, 488, 1977
2a.112	Astr. Ap., 48, 413, 1976	2a.156	P.A.S.P., 89, 746, 1977
2a.113	Astr. Ap., 48, 421, 1976	2a.157	M.N.R.A.S., 178, 15, 1977
2a.114	Astr. Ap., 48, 437, 1976	2a.158	M.N.R.A.S., 178, 137, 1977
2a.115	Astr. Ap., 49, 161, 1976	2a.159	M.N.R.A.S., 178, 473, 1977
2a.116	Astr. Ap., 49, 425, 1976	2a.160	M.N.R.A.S., 178, 581, 1977
2a.117	Astr. Ap., 49, 431, 1976	2a.161	M.N.R.A.S., 179, 89, 1977
2a.118	Astr. Ap., 50, 127, 1976	2a.162	M.N.R.A.S., 179, 41P, 1977
2a.119	Astr. Ap., 51, 25, 1976	2a.163	M.N.R.A.S., 180, 465, 1977
2a.120	Astr. Ap., 51, 347, 1976	2a.164	M.N.R.A.S., 180, 81P, 1977
2a.121	Astr. Ap., 52, 85, 1976	2a.165	M.N.R.A.S., 181, 211, 1977
2a.122	Astr. Ap., 52, 167, 1976	2a.166	Mem.R.A.S., 84, 60, 1977
2a.123	Astr. Ap., 53, 141, 1976	2a.167	Astr. Ap., 54, 305, 1977
2a.124	Astr. Ap., 53, 159, 1976	2a.168	Astr. Ap., 54, 491, 1977
2a.125	Astr. Ap., 53, 435, 1976	2a.169	Astr. Ap., 54, 639, 1977
2a.126	Astr. Ap. Suppl., 24, 473, 1976	2a.170	Astr. Ap., 54, 703, 1977
2a.127	Sov. Ast. Lett., 2, 201, 1976	2a.171	Astr. Ap., 55, 163, 1977
2a.128	Ap. Letters, 17, 141, 1976	2a.172	Astr. Ap., 55, 203, 1977
2a.129	Proc. 3rd European Ast. Meeting, Tbilisi, E.K. Kharadze, ed., p.187, 1976	2a.173	Astr. Ap., 55, 261, 1977
		2a.174	Astr. Ap., 55, 421, 1977
		2a.175	Astr. Ap., 55, 445, 1977
2a.130	Proc. 3rd European Ast. Meeting, Tbilisi, E.K. Kharadze, ed., p.393, 1976	2a.176	Astr. Ap., 56, 59, 1977
		2a.177	Astr. Ap., 56, 71, 1977
		2a.178	Astr. Ap., 56, 293, 1977
2a.131	Proc. 3rd European Ast. Meeting, Tbilisi, E.K. Kharadze, ed., p.428, 1976	2a.179	Astr. Ap., 57, 97, 1977
		2a.180	Astr. Ap., 57, 353, 1977
		2a.181	Astr. Ap., 57, 373, 1977
2a.132	Astrophysics, 12, 15, 1976	2a.182	Astr. Ap., 58, 221, 1977
2a.133	Ap. Space Sci., 39, 201, 1976	2a.183	Astr. Ap., 59, 19, 1977
2a.134	Ap. Space Sci., 39, 477, 1976	2a.184	Astr. Ap., 59, 181, 1977
2a.135	Ap. Space Sci., 41, 275, 1976	2a.185	Astr. Ap., 60, 43, 1977
2a.136	Ap. J., 211, 47, 1977	2a.186	Astr. Ap., 61, L31, 1977
2a.137	Ap. J., 211, 309, 1977	2a.187	Astr. Ap. Suppl., 27, 73, 1977
2a.138	Ap. J., 211, 324, 1977	2a.188	Astr. Ap. Suppl., 28, 211, 1977
2a.139	Ap. J., 211, 693, 1977	2a.189	Astr. Ap. Suppl., 30, 35, 1977
2a.140	Ap. J., 211, 697, 1977	2a.190	Astrophysics, 13, 125, 1977
2a.141	Ap. J., 212, 335, 1977	2a.191	Astrophysics, 13, 234, 1977
2a.142	Ap. J. Lett., 212, L57, 1977	2a.192	Astrophysics, 13, 358, 1977
2a.143	Ap. J., 213, 18, 1977	2a.193	Nature, 265, 32, 1977
2a.144	Ap. J., 213, 361, 1977	2a.194	Proc. Ast. Soc. Australia, 3, 68, 1976
2a.145	Ap. J., 214, 21, 1977	2a.195	Vistas in Ast., 21, 55, 1977
2a.146	Ap. J., 214, 359, 1977	2a.196	R. Greenwich Obs. Bull. No. 182, 102, 1976
2a.147	Ap. J., 218, 58, 1977		
2a.148	Ap. J., 218, 70, 1977	2a.197	The Evolution of Galaxies and Stellar Populations, edit. B. M. Tinsley and
2a.149	Ap. J. Lett., 217, L1, 1977		

	R. B. Larson, Yale Univ. Observ., p. 40, 1977	2a.242	Astr. Ap., 62, L13, 1978
2a.198	Topics in Interstellar Matter, edit. H. van Woerden, Ap. Space Sci. Lib., 70, 255, 1977	2a.243	Astr. Ap., 62, 397, 1978
2a.199	Topics in Interstellar Matter, edit. H. van Woerden, Ap. Space Sci. Lib., 70, 261, 1977	2a.244	Astr. Ap., 63, 29, 1978
2a.200	Ap. Space Sci., 48, 421, 1977	2a.245	Astr. Ap., 63, 37, 1978
2a.201	Ap. Space Sci., 47, 397, 1977	2a.246	Astr. Ap., 63, 49, 1978
2a.202	Ap. Space Sci., 48, 103, 1977	2a.247	Astr. Ap., 63, 199, 1978
2a.203	Pub. A. S. Japan, 29, 11, 1977	2a.248	Astr. Ap., 63, 363, 1978
2a.204	Pub. A. S. Japan, 29, 1, 1977	2a.249	Astr. Ap., 63, 411, 1978
2a.205	Pub. A. S. Japan, 29, 567, 1977	2a.250	Astr. Ap., 63, 415, 1978
2a.206	Pub. A. S. Japan, 29, 583, 1977	2a.251	Astr. Ap., 65, 151, 1978
2a.207	Pub. A. S. Japan, 29, 795, 1977	2a.252	Astr. Ap., 65, 165, 1978
2a.208	Astrophysics, 14, 148, 1978	2a.253	Astr. Ap., 65, 233, 1978
2a.209	Ap. J., 219, 31, 1978	2a.254	Astr. Ap., 67, L13, 1978
2a.210	Ap. J., 219, 367. 1978	2a.255	Astr. Ap., 67, 47, 1978
2a.211	Ap. J., 219, 424, 1978	2a.256	Astr. Ap., 67, L21, 1978
2a.212	Ap. J. Lett., 219, L7, 1978	2a.257	Astr. Ap., 69, 263, 1978
2a.213	Ap. J. Lett., 219, L81, 1978	2a.258	Astr. Ap., 69, L21, 1978
2a.214	Ap. J., 220, 47, 1978	2a.259	Astr. Ap., 70, 63, 1978
2a.215	Ap. J., 220, 62, 1978	2a.260	Astr. Ap., 70, L79, 1978
2a.216	Ap. J., 220, 98, 1978	2a.261	Astr. Ap. Suppl., 34, 91, 1978
2a.217	Ap. J., 220, 401, 1978	2a.262	Astr. Ap. Suppl., 34, 259, 1978
2a.218	Ap. J., 221, 34, 1978	2a.263	Astr. Ap. Suppl., 31, 55, 1978
2a.219	Ap. J., 221, 62, 1978	2a.264	Astr. Ap. Suppl., 31, 427, 1978
2a.220	Ap. J., 222, 435, 1978	2a.265	Astr. Ap. Suppl., 31, 439, 1978
2a.221	Ap. J., 222, 815, 1978	2a.266	Astr. Ap. Suppl., 33, 237, 1978
2a.222	Ap. J. Lett., 222, L99, 1978	2a.267	Astr. Ap. Suppl., 33, 243, 1978
2a.223	Ap. J., 223, 82, 1978	2a.268	Astr. Ap. Suppl., 33, 411, 1978
2a.224	Ap. J., 223, 386, 1978	2a.269	Astr. Ap. Suppl., 34, 387, 1978
2a.225	Ap. J., 224, 782, 1978	2a.270	M.N.R.A.S., 183, 459, 1978
2a.226	Ap. J., 224, 796, 1978	2a.271	M.N.R.A.S., 183, 97P, 1978
2a.227	Ap. J. Lett., 224, L103, 1978	2a.272	M.N.R.A.S., 184, 15P, 1978
2a.228	Ap. J., 225, 67, 1978	2a.273	M.N.R.A.S., 184, 397, 1978
2a.229	Ap. J., 226, 770, 1978	2a.274	M.N.R.A.S., 185, 31, 1978
2a.230	Ap. J. Lett., 226, L69, 1978	2a.275	M.N.R.A.S., 185, 277, 1978
2a.231	Ap. J. Lett., 226, L73, 1978	2a.276	M.N.R.A.S., 185, 527, 1978
2a.232	Ap. J. Lett., 226, L111, 1978	2a.277	P.A.S.P., 90, 5, 1978
2a.233	Ap. J. Lett., 226, L115, 1978	2a.278	P.A.S.P., 90, 14, 1978
2a.234	Ap. J. Suppl., 37, 145, 1978	2a.279	P.A.S.P., 90, 28, 1978
2a.235	Ap. J. Suppl., 38, 147, 1978	2a.280	P.A.S.P., 90, 237, 1978
2a.236	A. J., 83, 1, 1978	2a.281	P.A.S.P., 90, 393, 1978
2a.237	A. J., 83, 139, 1978	2a.282	P.A.S.P., 90, 565, 1978
2a.238	A. J., 83, 219, 1978	2a.283	Observatory, 98, 83, 1978
2a.239	A. J., 83, 228, 1978	2a.284	Observatory, 98, 135, 1978
2a.240	A. J., 83, 322, 1978	2a.285	Sov. Ast. Lett., 4, 261, 1978
2a.241	A. J., 83, 764, 1978	2a.286	Nature, 275, 198, 1978
		2a.287	Pub. A. S. Japan, 30, 91, 1978
		2a.288	Pub. A. S. Japan, 30, 315, 1978
		2a.289	Nature, 274, 37, 1978
		2a.290	I.A.U. Symp. No. 77, Structure and Properties of Nearby Galaxies, edit.

	E. Berkhuijsen and R. Wielebinski, p. 5, 1978	2a.320	a: Ap. J. Suppl., 39, 439, 1979; b: Ap. J. Suppl., 40, 699, 1979
2a.291	I.A.U. Symp. No. 77, Structure and Properties of Nearby Galaxies, edit. E. Berkhuijsen and R. Wielebinski, p. 21, 1978	2a.321	Ap. J. Suppl., 41, 147, 1979
		2a.322	Ap. J. Suppl., 41, 435, 1979
		2a.323	Ap. J. Suppl., 41, 701, 1979
		2a.324	A. J., 84, 56, 1979
2a.292	I.A.U. Symp. No. 77, Structure and Properties of Nearby Galaxies, edit. E. Berkhuijsen and R. Wielebinski, p. 69, 1978	2a.325	A. J., 84, 62, 1979
		2a.326	A. J., 84, 284, 1979
		2a.327	A. J., 84, 472, 1979
		2a.328	A. J., 84, 604, 1979
2a.293	I.A.U. Symp. No. 77, Structure and Properties of Nearby Galaxies, edit. E. Berkhuijsen and R. Wielebinski, p. 260, 1978	2a.329	A. J., 84, 1281, 1979
		2a.330	A. J., 84, 1830, 1979
		2a.331	P.A.S.P., 91, 280, 1979
		2a.332	P.A.S.P., 91, 632, 1979
2a.294	I.A.U. Symp. No. 77, Structure and Properties of Nearby Galaxies, edit. E. Berkhuijsen and R. Wielebinski, p. 279, 1978	2a.333	P.A.S.P., 91, 761, 1979
		2a.334	M.N.R.A.S., 186, 31, 1979
		2a.335	M.N.R.A.S., 186, 343, 1979
		2a.336	M.N.R.A.S., 186, 495, 1979
2a.295	Ast. Papers dedicated to B. Stromgren, eds. A. Reiz and T. Andersen. Copenhagen Univ. Observ., p. 403, 1978	2a.337	M.N.R.A.S., 186, 701, 1979
		2a.338	M.N.R.A.S., 186, 717, 1979
		2a.339	M.N.R.A.S., 187, 520, 1979
2a.296	Quasars and Active Nuclei of Galaxies. Physica Scripta, 17, No. 3, p. 159, 1978	2a.340	M.N.R.A.S., 187, 525, 1979
		2a.341	M.N.R.A.S., 187, 537, 1979
2a.297	Ap. Space Sci., 55, 49, 1978	2a.342	M.N.R.A.S., 188, 96, 1979
2a.298	I.A.U. Symp. No. 79, The Large Scale Structure of the Universe, edit. M.S. Longair and J. Einasto, p. 3, 1978	2a.343	M.N.R.A.S., 188, 285, 1979
		2a.344	M.N.R.A.S., 188, 371, 1979
		2a.345	M.N.R.A.S., 188, 415, 1979
2a.299	I.A.U. Symp. No. 79, The Large Scale Structure of the Universe, edit. M.S. Longair and J. Einasto, p. 109, 1978	2a.346	M.N.R.A.S., 188, 765, 1979
		2a.347	M.N.R.A.S., 189, 79, 1979
		2a.348	M.N.R.A.S., 189, 95, 1979
2a.300	Ap. J., 227, 714, 1979	2a.349	Observatory, 99, 150, 1979
2a.301	Ap. J., 227, 756, 1979	2a.350	Observatory, 99, 215, 1979
2a.302	Ap. J., 229, 83, 1979	2a.351	Astr. Ap., 71, 131, 1979
2a.303	Ap. J., 229, 91, 1979	2a.352	Astr. Ap., 71, 262, 1979
2a.304	Ap. J., 229, 489, 496, 1979	2a.353	Astr. Ap., 73, 196, 1979
2a.305	Ap. J., 229, 509, 1979	2a.354	Astr. Ap., 73, 216, 1979
2a.306	Ap. J. Lett., 227, L121, 1979	2a.355	Astr. Ap., 73, 247, 1979
2a.307	Ap. J. Lett., 227, L125, 1979	2a.356	Astr. Ap., 73, 354, 1979
2a.308	Ap. J., 230, 35, 1979	2a.357	Astr. Ap., 74, 73, 1979
2a.309	Ap. J., 230, 95, 1979	2a.358	Astr. Ap., 74, 100, 1979
2a.310	Ap. J., 230, 667, 1979	2a.359	Astr. Ap., 74, 110, 1979
2a.311	Ap. J. Lett., 230, L73, 1979	2a.360	Astr. Ap., 74, 123, 1979
2a.312	Ap. J., 231, 10, 1979	2a.361	Astr. Ap., 74, 156, 1979
2a.313	Ap. J., 232, 60, 1979	2a.362	Astr. Ap., 75, 97, 1979
2a.314	Ap. J., 233, 44, 1979	2a.363	Astr. Ap., 76, 50, 1979
2a.315	Ap. J., 233, 56, 1979	2a.364	Astr. Ap., 76, L7, 1979
2a.316	Ap. J., 233, 539, 1979	2a.365	Astr. Ap., 76, 230, 1979
2a.317	Ap. J., 234, 829, 1979	2a.366	Astr. Ap., 77, 25, 1979
2a.318	Ap. J., 234, 842, 1979	2a.367	Astr. Ap., 77, 141, 1979
2a.319	Ap. J. Lett., 234, L27, 1979	2a.368	Astr. Ap., 78, 217, 1979

2a.369	Astr. Ap., 79, L22, 1979	2a.415	Ap. J., 239, 469, 1980
2a.370	Astr. Ap., 80, 212, 1979	2a.416	Ap. J., 239, 783, 1980
2a.371	Astr. Ap., 80, 255, 1979	2a.417	Ap. J., 240, 415, 1980
2a.372	Astr. Ap. Suppl., 35, 55, 1979	2a.418	Ap. J. Lett., 238, L11, 1980
2a.373	Astr. Ap. Suppl., 36, 135, 1979	2a.419	Ap. J. Lett., 240, L115, 1980
2a.374	Astr. Ap. Suppl., 37, 529, 1979	2a.420	Ap. J., 241, 567, 1980
2a.375	Astr. Ap. Suppl., 37, 541, 1979	2a.421	Ap. J., 241, 573, 1980
2a.376	Astr. Ap. Suppl., 37, 559, 1979	2a.422	Ap. J., 241, 969, 1980
2a.377	Sov. Ast. Lett., 5, 6, 1979	2a.423	Ap. J., 242, 30, 1980
2a.378	Sov. Ast. Lett., 5, 66, 1979	2a.424	Ap. J., 242, 63, 1980
2a.379	Sov. Ast. Lett., 5, 90, 126, 1979	2a.425	Ap. J., 242, 469, 1980
2a.380	Ap. Space Sci., 62, 211, 1979	2a.426	Ap. J., 242, 528, 1980
2a.381	Astrophysics, 15, 36, 1979	2a.427	Ap. J., 242, 913, 1980
2a.382	Astrophysics, 15, 142, 1979	2a.428	Ap. J. Lett., 242, L145, 1980
2a.383	Astrophysics, 15, 376, 1979	2a.429	Ap. J. Suppl., 43, 37, 1980
2a.384	Astrophysics, 15, 388, 1979	2a.430	Ap. J. Suppl., 43, 365, 1980
2a.385	P.A.S. Japan, 31, 329, 1979	2a.431	Ap. J. Suppl., 44, 319, 1980
2a.386	P.A.S. Japan, 31, 431, 1979	2a.432	Ap. J. Suppl., 44, 451, 1980
2a.387	P.A.S. Japan, 31, 451, 1979	2a.433	A. J., 85, 1, 1980
2a.388	P.A.S. Japan, 31, 635, 1979	2a.434	A. J., 85, 215, 1980
2a.389	P.A.S. Japan, 31, 647, 1979	2a.435	A. J., 85, 824, 1980
2a.390	Pittsburgh Conf. on BL Lac Objects, A.M. Wolfe, edit., Univ. of Pittsburgh, p. 192, 1978	2a.436	P.A.S.P., 92, 38, 1980
		2a.437	P.A.S.P., 92, 122, 1980
		2a.438	P.A.S.P., 92, 397, 1980
2a.391	Nature, 277, 279, 1979	2a.439	P.A.S.P., 92, 409, 1980
2a.392	Nature, 279, 140, 1979	2a.440	M.N.R.A.S., 190, 459, 1980
2a.393	Bull. Crimean Ap. Obs., 59, 141, 1979	2a.441	M.N.R.A.S., 191, 123, 1980
2a.394	Star and Star Systems, B.E. Westerlund, ed., Ap. Space Sci. Lib., 75, 107, 1979	2a.442	M.N.R.A.S., 191, 169, 615, 1980
		2a.443	M.N.R.A.S., 191, 269, 1980
2a.395	Bull. Crimean Ap. Obs., 60, 52, 1979	2a.444	M.N.R.A.S., 191, 349, 1980
2a.396	Ann. de Physique, 4, No. 2, 139, 1979	2a.445	M.N.R.A.S., 192, 297, 1980
2a.397	C.R. Acad. Sci. Paris, 289, ser. B, 29, 1979	2a.446	M.N.R.A.S., 192, 861, 1980
		2a.447	M.N.R.A.S., 193, 219, 1980
2a.398	Ap. J., 235, 37, 1980	2a.448	M.N.R.A.S., 193, 563, 1980
2a.399	Ap. J., 235, 22, 1980	2a.449	Astr. Ap., 81, 54, 1980
2a.400	Ap. J., 235, 749, 1980	2a.450	Astr. Ap., 82, 207, 1980
2a.401	Ap. J., 235, 761, 1980	2a.451	Astr. Ap., 82, 314, 1980
2a.402	Ap. J., 235, 783, 1980	2a.452	Astr. Ap., 84, 181, 1980
2a.403	Ap. J., 236, 119, 1980	2a.453	Astr. Ap., 84, 354, 1980
2a.404	Ap. J., 236, 388, 1980	2a.454	Astr. Ap., 85, 101, 1980
2a.405	Ap. J., 237, 303, 1980	2a.455	Astr. Ap., 87, 245, 1980
2a.406	Ap. J., 237, 404, 1980	2a.456	Astr. Ap., 88, 94, 1980
2a.407	Ap. J. Lett., 236, L1, 1980	2a.457	Astr. Ap., 88, 149, 1980
2a.408	Ap. J. Lett., 236, L17, 1980	2a.458	Astr. Ap., 89, 95, 1980
2a.409	Ap. J. Lett., 236, L45, 1980	2a.459	Astr. Ap., 89, 345, 1980
2a.410	Ap. J., 238, 17, 1980	2a.460	Astr. Ap., 90, 123, 1980
2a.411	Ap. J., 238, 471, 1980	2a.461	Astr. Ap., 91, 335, 1980
2a.412	Ap. J., 238, 808, 1980	2a.462	Astr. Ap., 92, 189, 1980
2a.413	Ap. J., 239, 50, 1980	2a.463	Astr. Ap. Suppl., 39, 97, 1980
2a.414	Ap. J., 239, 54, 1980	2a.464	Astr. Ap. Suppl., 40, 67, 1980

2a.465	Astrophysics, 16, 233, 1980	2a.499	Ap. J., 250, 518, 1981
2a.466	Sov. Ast. Lett., 6, 109, 1980	2a.500	Ap. J., 251, 35, 530, 1981
2a.467	Sov. Ast. Lett., 6, 110, 1980	2a.501	Ap. J. Lett., 250, L15, 1981
2a.468	Sov. Ast. Lett., 6, 217, 1980	2a.502	Ap. J. Suppl., 46, 75, 1981
2a.469	Sov. Ast. Lett., 6, 220, 1980	2a.503	Ap. J. Suppl., 47, 229, 1981
2a.470	Ap. Space Sci., 68, 519, 1980	2a.504	A. J., 86, 24, 1981
2a.471	A. N., 301, 217, 1980	2a.505	A. J., 86, 178, 1981
2a.472	Pub. A. S. Japan, 32, 197, 1980	2a.506	A. J., 86, 344, 1981
2a.473	Pub. A. S. Japan, 32, 389, 1980	2a.507	A. J., 86, 523, 1981
2a.474	Nature, 285, 643, 1980	2a.508	A. J., 86, 932, 1981
2a.475	First Latin Amer. Reg. Ast. Meet., Univ. of Chile, Dept. Ast. Publ. vol. 3, p. 55, 1979	2a.509	A. J., 86, 998, 1981
		2a.510	A. J., 86, 1289, 1981
		2a.511	A. J., 86, 1627, 1981
2a.476	Abastumani Ap. Obs. Bull. No. 52, p. 15, 1980	2a.512	A. J., 86, 1775, 1981
		2a.513	A. J., 86, 1781, 1981
2a.477	J. Ap. Ast., 1, 177, 1980	2a.514	A. J., 86, 1791, 1981
2a.478	Xray Astronomy, Proc. NATO Advanced Study Inst., Italy 1979, edit. R. Giacconi, G. Setti, p. 273, 1980	2a.515	A. J., 86, 1847, 1981
		2a.516	P.A.S.P., 93, 36, 1981
		2a.517	P.A.S.P., 93, 176, 1981
2a.479	Photometry, Kinematics and Dynamics of Galaxies. Proc. Conf. Univ. of Texas at Austin, ed. D.S. Evans, p. 197, 1979	2a.518	P.A.S.P., 93, 179, 1981
		2a.519	P.A.S.P., 93, 181, 1981
		2a.520	P.A.S.P., 93, 239, 1981
2a.480	Photometry, Kinematics and Dynamics of Galaxies. Proc. Conf. Univ. of Texas at Austin, ed. D.S. Evans, p. 318, 333, 1979	2a.521	P.A.S.P., 93, 273, 1981
		2a.522	P.A.S.P., 93, 405, 1981
		2a.523	P.A.S.P., 93, 552, 1981
		2a.524	P.A.S.P., 93, 560, 1981
2a.481	Photometry, Kinematics and Dynamics of Galaxies. Proc. Conf. Univ. of Texas at Austin, ed. D.S. Evans, p. 323, 1979	2a.525	M.N.R.A.S., 194, 669, 1981
		2a.526	M.N.R.A.S., 195, 39, 1981
		2a.527	M.N.R.A.S., 195, 353, 1981
2a.482	Photometry, Kinematics and Dynamics of Galaxies. Proc. Conf. Univ. of Texas at Austin, ed. D.S. Evans, p. 353, 1979	2a.528	M.N.R.A.S., 195, 451, 1981
		2a.529	M.N.R.A.S., 196, 175, 1981
		2a.530	M.N.R.A.S., 196, 1P, 1981
2a.483	Photometry, Kinematics and Dynamics of Galaxies. Proc. Conf. Univ. of Texas at Austin, ed. D.S. Evans, p. 439, 1979	2a.531	M.N.R.A.S., 196, 11P, 1981
		2a.532	M.N.R.A.S., 196, 35P, 1981
		2a.533	M.N.R.A.S., 196, 65P, 1981
2a.484	Ap. J., 243, 89, 1981	2a.534	M.N.R.A.S., 196, 747, 1981
2a.485	Ap. J., 243, 716, 1981	2a.535	M.N.R.A.S., 196, 845, 1981
2a.486	Ap. J., 244, 447, 1981	2a.536	M.N.R.A.S., 197, 659, 1981
2a.487	Ap. J., 245, 416, 1981	2a.537	Astr. Ap., 93, 53, 1981
2a.488	Ap. J., 246, 38, 1981	2a.538	Astr. Ap., 93, 106, 1981
2a.489	Ap. J., 246, 708, 1981	2a.539	Astr. Ap., 93, 248, 1981
2a.490	Ap. J. Lett., 244, L3, 1981	2a.540	Astr. Ap., 95, 59, 1981
2a.491	Ap. J., 247, 9, 1981	2a.541	Astr. Ap., 95, 266, 1981
2a.492	Ap. J., 247, 32, 1981	2a.542	Astr. Ap., 96, 271, 1981
2a.493	Ap. J., 247, 42, 1981	2a.543	Astr. Ap., 96, 393, 1981
2a.494	Ap. J., 247, 484, 1981	2a.544	Astr. Ap., 97, L7, 1981
2a.495	Ap. J., 247, 497, 1981	2a.545	Astr. Ap., 97, 56, 1981
2a.496	Ap. J., 247, 813, 1981	2a.546	Astr. Ap., 97, 201, 1981
2a.497	Ap. J., 248, 105, 1981	2a.547	Astr. Ap., 97, 302, 1981
2a.498	Ap. J., 250, 31, 1981	2a.548	Astr. Ap., 98, 223, 1981

2a.549	Astr. Ap., 98, 352, 1981	2a.592	Ap. J., 258, 77, 1982
2a.550	Astr. Ap., 101, 187, 1981	2a.593	Ap. J., 258, 439, 1982
2a.551	Astr. Ap., 101, 377, 1981	2a.594	Ap. J., 258, 467, 1982
2a.552	Astr. Ap., 102, 230, 1981	2a.595	Ap. J., 259, 482, 1982
2a.553	Astr. Ap., 102, L17, 1981	2a.596	Ap. J., 260, 81, 1982
2a.554	Astr. Ap., 103, 319, 1981	2a.597	Ap. J., 260, 437, 1982
2a.555	Astr. Ap. Suppl., 44, 441, 1981	2a.598	Ap. J., 260, 488, 1982
2a.556*	Astr. Ap. Suppl., 46, 57, 1981	2a.599	Ap. J., 261, 70, 1982
2a.557	Sov. Ast. Lett., 7, 73, 1981	2a.600	Ap. J., 261, 439, 1982
2a.558	Sov. Ast. Lett., 7, 153, 1981	2a.601	Ap. J. Lett., 257, L63, 1982
2a.559	Sov. Ast. Lett., 7, 298, 1981	2a.602	Ap. J., 263, 54, 1982
2a.560	Sov. Ast. Lett., 7, 359, 1981	2a.603	Ap. J., 263, 101, 1982
2a.561	Astrophysics, 17, 1, 1981	2a.604	Ap. J. Lett., 260, L11, 1982
2a.562	Astrophysics, 17, 8, 1981	2a.605	Ap. J. Lett., 260, L37, 1982
2a.563	Astrophysics, 17, 121, 1981	2a.606	Ap. J. Lett., 263, L13, 1982
2a.564	Astrophysics, 17, 233, 1981	2a.607	Ap. J. Suppl., 49, 515, 1982
2a.565	Astrophysics, 17, 333, 1981	2a.608	Ap. J. Suppl., 50, 1, 1982
2a.566	Second European IUE Conf., Tubingen, Germany - ESA - Paris,, p. XXVII, 1980	2a.609	Ap. J. Suppl, 50, 421, 1982
2a.567	M.N.R.A.S., 195, 325, 1981	2a.610	A. J., 87, 76, 1982
2a.568	Proc. Ast. Soc. Austr., 4, 177, 1981	2a.611	A. J., 87, 477, 1982
2a.569	Dwarf Galaxies, ESO/ESA Workshop, Geneva, May 1980, edit.: M. Tarenghi, K. Kjar, p. 50, 1980	2a.612	A. J., 87, 602, 1982
		2a.613	A. J., 87, 751, 1982
		2a.614	A. J., 87, 980, 1982
2a.570	Dwarf Galaxies, ESO/ESA Workshop, Geneva, May 1980, edit.: M. Tarenghi, K. Kjar, p. 155, 1980	2a.615	A. J., 87, 1098, 1982
		2a.616	A. J., 87, 1341, 1982
		2a.617	A. J., 87, 1438, 1982
2a.571	IAU Asian - South Pacific Reg. meet., New Zealand J. Sci., 22, 325, 1979	2a.618	A. J., 87, 1538, 1982
		2a.619	A. J., 87, 1621, 1982
2a.572	IAU Asian - South Pacific Reg. meet., New Zealand J. Sci., 22, 315, 1979	2a.620	P.A.S.P., 94, 409, 1982
		2a.621	P.A.S.P., 94, 444, 1982
2a.573	Pub. A. S. Japan, 33, 643, 1981	2a.622	P.A.S.P., 94, 459, 1982
2a.574	Ap. J., 252, 92, 1982	2a.623	P.A.S.P., 94, 578, 1982
2a.575	Ap. J., 252, 133, 1982	2a.624	P.A.S.P., 94, 765, 1982
2a.576	Ap. J., 252, 439, 1982	2a.625	P.A.S.P., 94, 828, 1982
2a.577	Ap. J., 252, 455, 1982	2a.626	M.N.R.A.S., 198, 193, 1982
2a.578	Ap. J., 252, 474, 1982	2a.627	M.N.R.A.S., 198, 303, 1982
2a.579	Ap. J. Lett., 253, L13, 1982	2a.628	M.N.R.A.S., 198, 517, 1982
2a.580	Ap. J., 254, 38, 1982	2a.629	M.N.R.A.S., 198, 535, 1982
2a.581	Ap. J., 254, 483, 1982	2a.630	M.N.R.A.S., 199, 451, 1982
2a.582	Ap. J., 254, 500, 1982	2a.631	M.N.R.A.S., 199, 633, 1982
2a.583	Ap. J., 254, 507, 1982	2a.632	M.N.R.A.S., 199, 905, 1982
2a.584	Ap. J., 254, 515, 1982	2a.633	M.N.R.A.S., 200, 153, 1982
2a.585	Ap. J., 255, 458, 1982	2a.634	M.N.R.A.S., 200, 325, 1982
2a.586	Ap. J., 256, 54, 1982	2a.635	M.N.R.A.S., 200, 407, 1982
2a.587	Ap. J., 256, 103, 1982	2a.636	M.N.R.A.S., 200, 61P, 1982
2a.588	Ap. J., 256, 120, 1982	2a.637	M.N.R.A.S., 201, 17P, 1982
2a.589	Ap. J., 256, 460, 1982	2a.638	M.N.R.A.S., 201, 991, 1982
2a.590	Ap. J., 256, 481, 1982	2a.639	M.N.R.A.S., 201, 69P, 1982
2a.591	Ap. J., 257, 75, 1982	2a.640	Astr. Ap., 105, 76, 1982
		2a.641	Astr. Ap., 105, 351, 1982

2a.642	Astr. Ap., 105, 369, 1982		2a.684	Ap. J., 265, 166, 1983
2a.643	Astr. Ap., 106, 112, 1982		2a.685	Ap. J., 265, 610, 1983
2a.644	Astr. Ap., 107, 66, 1982		2a.686	Ap. J., 265, 643, 1983
2a.645	Astr. Ap., 108, 95, 1982		2a.687	Ap. J., 265, 664, 1983
2a.646	Astr. Ap., 108, 130, 1982		2a.688	Ap. J., 265, 711, 1983
2a.647	Astr. Ap., 108, 134, 1982		2a.689	Ap. J., 268, 102, 1983
2a.648	Astr. Ap., 108, 176, 1982		2a.690	Ap. J., 268, 632, 1983
2a.649	Astr. Ap., 109, 95, 1982		2a.691	Ap. J., 269, 136, 1983
2a.650	Astr. Ap., 109, 336, 1982		2a.692	Ap. J., 269, 440, 1983
2a.651	Astr. Ap., 110, 61, 1982		2a.693	Ap. J., 270, 443, 1983
2a.652	Astr. Ap., 110, 79, 1982		2a.694	Ap. J., 270, 471, 1983
2a.653	Astr. Ap., 110, 336, 1982		2a.695	Ap. J., 270, 485, 1983
2a.654	Astr. Ap., 111, 193, 1982		2a.696	Ap. J., 271, 65, 123, 1983
2a.655	Astr. Ap., 113, 46, 1982		2a.697	Ap. J., 271, 461, 1983
2a.656	Astr. Ap., 113, 344, 1982		2a.698	Ap. J., 271, 479, 1983
2a.657	Astr. Ap., 114, 1, 1982		2a.699	Ap. J., 271, 556, 1983
2a.658	Astr. Ap., 114, 7, 1982		2a.700	Ap. J., 272, 92, 1983
2a.659	Astr. Ap., 115, 263, 1982		2a.701	Ap. J., 272, 456, 1983
2a.660	Astr. Ap., 115, 293, 1982		2a.702	Ap. J., 273, 128, 154, 1983
2a.661	Astr. Ap., 115, 388, 1982		2a.703	Ap. J., 273, 167, 1983
2a.662	Astr. Ap., 116, 164, 1982		2a.704	Ap. J., 274, 534, 1983
2a.663	Astr. Ap., 116, 237, 1982		2a.705	Ap. J., 274, 558, 1983
2a.664	Astr. Ap. Suppl., 47, 237, 1982		2a.706	Ap. J., 274, 577, 1983
2a.665	Astr. Ap. Suppl., 50, 491, 1982		2a.707	Ap. J., 275, 61, 1983
2a.666	Sov. Ast. Lett., 8, 277, 1982		2a.708	Ap. J., 275, 529, 1983
2a.667	Astrophysics, 18, 116, 1982		2a.709	Ap. J., 275, 549, 1983
2a.668	Astrophysics, 18, 209, 1982		2a.710	Ap. J. Lett., 265, L49, 1983
2a.669	A. J. 87, 203, 1982		2a.711	Ap. J. Lett., 267, L5, 1983
2a.670	Nature, 295, 126, 1982		2a.712	Ap. J. Lett., 267, L15, 1983
2a.671	Nature, 297, 179, 1982		2a.713	Ap. J. Lett., 269, L47, 1983
2a.672	Nature, 297, 38, 1982		2a.714	Ap. J. Lett., 272, L5, 1983
2a.673	"Optical Jets in Galaxies", ESO/ESA Workshop, Munich - ESA-SP-162, pp. 29, 43, 145, 1981		2a.715	Ap. J. Lett., 273, L7, 1983
2a.674	"Optical Jets in Galaxies", ESO/ESA Workshop, Munich - ESA-SP-162, pp. 29, 53, 115, 1981		2a.716	Ap. J. Lett., 275, L27, 1983
			2a.717	Ap. J. Suppl., 53, 17, 1983
			2a.718	A. J., 88, 55, 1983
			2a.719	A. J., 88, 296, 1983
2a.675	"Optical Jets in Galaxies", ESO/ESA Workshop, Munich - ESA-SP-162, p. 45, 1981		2a.720	A. J., 88, 483, 1983
			2a.721	A. J., 88, 489, 1983
			2a.722	A. J., 88, 602, 1983
			2a.723	A. J., 88, 909, 1983
2a.676	"Optical Jets in Galaxies", ESO/ESA Workshop, Munich - ESA-SP-162, pp. 29, 53, 83, 1981		2a.724	A. J., 88, 1108, 1983
			2a.725	A. J., 88, 1323, 1983
			2a.726	A. J., 88, 1569, 1983
2a.677	Ap. Space Sci., 82, 105, 1982		2a.727	A. J., 88, 1579, 1983
2a.678	Mitt. Ast. Gesell., No.55, p.98, 1982		2a.728	P.A.S.P., 95, 12, 1983
2a.679	Ap. J., 264, 53, 1983		2a.729	P.A.S.P., 95, 72, 1983
2a.680	Ap. J., 264, 114, 1983		2a.730	P.A.S.P., 95, 293, 1983
2a.681	Ap. J., 265, 107, 1983		2a.731	P.A.S.P., 95, 607, 1983
2a.682	Ap. J., 265, 132, 1983		2a.732	P.A.S.P., 95, 675, 1983
2a.683	Ap. J., 265, 148, 1983		2a.733	M.N.R.A.S., 202, 37, 1983

2a.734	M.N.R.A.S., 202, 379, 1983		Athanassoula, ed., p. 244, 254, 266, 1983
2a.735	M.N.R.A.S., 202, 1001, 1983	2a.777	IAU Symp. No. 100, "Internal Kinematics and Dynamics of Galaxies", E. Athanassoula, ed., p. 320, 1983
2a.736	M.N.R.A.S., 203, 31, 1983		
2a.737	M.N.R.A.S., 203, 533, 1983		
2a.738	M.N.R.A.S., 203, 667, 1983		
2a.739	M.N.R.A.S., 203, 759, 1983	2a.778	IAU Symp. No. 100, "Internal Kinematics and Dynamics of Galaxies", E. Athanassoula, ed., p. 335, 367, 1983
2a.740	M.N.R.A.S., 204, 743, 1983		
2a.741	M.N.R.A.S., 205, 67, 1983		
2a.742	M.N.R.A.S., 205, 377, 1983	2a.779	Quasars and Gravitational Lenses, Proc. 24th Liege Intern. Ap. Coll., p. 360, 1983
2a.743	M.N.R.A.S., 205, 643, 1983		
2a.744	M.N.R.A.S., 205, 819, 1983		
2a.745	Astr. Ap., 118, 166, 1983	2a.780	"Kinematics, Dynamics and Structure of the Milky Way", Ap. Space Sci. Lib., vol. 100, 379, 1983
2a.746	Astr. Ap., 120, 36, 1983		
2a.747	Astr. Ap., 121, 150, 1983		
2a.748	Astr. Ap., 121, 297, 1983	2a.781	Ap. J., 276, 491, 1984
2a.749	Astr. Ap., 122, 111, 1983	2a.782	Ap. J., 277, 82, 1984
2a.750	Astr. Ap., 122, 267, 1983	2a.783	Ap. J., 277, 513, 1984
2a.751	Astr. Ap., 122, 301, 1983	2a.784	Ap. J., 277, 526, 1984
2a.752	Astr. Ap., 127, 177, 1983	2a.785	Ap. J., 278, 96, 1984
2a.753	Astr. Ap., 128, 140, 1983	2a.786	Ap. J., 280, 547, 1984
2a.754	Astr. Ap. Suppl., 51, 331, 1983	2a.787	Ap. J., 282, 427, 1984
2a.755	Astr. Ap. Suppl., 51, 429, 1983	2a.788	Ap. J., 283, 59, 1984
2a.756	Astr. Ap. Suppl., 53, 97, 1983	2a.789	Ap. J., 285, 44, 1984
2a.757	Astr. Ap. Suppl., 54, 387, 1983	2a.790	Ap. J., 285, 567, 1984
2a.758	Sov. Ast., 27, 13, 1983	2a.791	Ap. J., 286, 116, 1984
2a.759	Sov. Ast. Lett., 9, 206, 1983	2a.792	Ap. J., 286, 132, 1984
2a.760	Sov. Ast. Lett., 9, 337, 1983	2a.793	Ap. J., 286, 159, 1984
2a.761	Proc. Ast. Soc. Austr., 5, 236, 1983	2a.794	Ap. J., 286, 471, 1984
2a.762	Proc. Ast. Soc. Austr., 5, 242, 1983	2a.795	Ap. J., 286, 491, 1984
2a.763	Proc. Ast. Soc. Austr., 5, 252, 1983	2a.796	Ap. J., 287, 148, 1984
2a.764	Astrophysics, 19, 138, 1983	2a.797	Ap. J., 287, 153, 1984
2a.765	Astrophysics, 19, 227, 1983	2a.798	Ap. J. Lett., 279, L47, 1984
2a.766	Astrophysics, 19, 231, 1983	2a.799	Ap. J. Lett., 282, L55, 1984
2a.767	Astrofizika, 19, 575, 1983	2a.800	Ap. J. Lett., 282, L59, 1984
2a.768	Astrophysics, 19, 325, 1983	2a.801	Ap. J. Lett., 283, L1, 1984
2a.769	Astrophysics, 19, 345, 1983	2a.802	Ap. J. Lett., 284, L29, 1984
2a.770	A. N., 304, 21, 1983	2a.803	Ap. J. Suppl., 54, 127, 1984
2a.771	Mitt. Ast. Gesell., No. 60, 438, 1983	2a.804	P.A.S.P., 96, 24, 1984
2a.772	"Astrophysical Jets", Ap. Space Sci. Lib., vol. 103, p. 135, 1983	2a.805	P.A.S.P., 96, 216, 1984
		2a.806	A. J., 89, 183, 1984
2a.773	"Astrophysical Jets", Ap. Space Sci. Lib., vol. 103, p. 143, 1983	2a.807	A. J., 89, 350, 1984
		2a.808	A. J., 89, 618, 1984
2a.774	"Astrophysical Jets", Ap. Space Sci. Lib., vol. 103, p. 149, 1983	2a.809	A. J., 89, 622, 1984
		2a.810	A. J., 89, 630, 1984
2a.775	IAU Symp. No. 100, "Internal Kinematics and Dynamics of Galaxies", E. Athanassoula, ed., p. 125, 153, 193, 221, 1983	2a.811	A. J., 89, 814, 1984
		2a.812	A. J., 89, 919, 1984
		2a.813	A. J., 89, 1160, 1984
		2a.814	A. J., 89, 1279, 1984
2a.776	IAU Symp. No. 100, "Internal Kinematics and Dynamics of Galaxies", E.	2a.815	A. J., 89, 1293, 1984
		2a.816	A. J., 89, 1319, 1984

2a.817	A. J., 89, 1514, 1984
2a.818	M.N.R.A.S., 206, 285, 1984
2a.819	M.N.R.A.S., 207, 9, 1984
2a.820	M.N.R.A.S., 207, 47, 1984
2a.821	M.N.R.A.S., 207, 173, 1984
2a.822	M.N.R.A.S., 207, 679, 1984
2a.823	M.N.R.A.S., 207, 889, 1984
2a.824	M.N.R.A.S., 208, 15, 1984
2a.825	M.N.R.A.S., 208, 111, 1984
2a.826	M.N.R.A.S., 208, 589, 1984
2a.827	M.N.R.A.S., 208, 601, 1984
2a.828	M.N.R.A.S., 209, 503, 1984
2a.829	M.N.R.A.S., 210, 13, 1984
2a.830	M.N.R.A.S., 210, 399, 1984
2a.831	M.N.R.A.S., 210, 497, 1984
2a.832	M.N.R.A.S., 210, 547, 1984
2a.833	M.N.R.A.S., 211, 637, 1984
2a.834	M.N.R.A.S., 211, 783, 1984
2a.835	Astr. Ap., 130, 162, 1984
2a.836	Astr. Ap., 130, 424, 1984
2a.837	Astr. Ap., 131, 1, 1984
2a.838	Astr. Ap., 131, 291, 1984
2a.839	Astr. Ap., 132, 20, 1984
2a.840	Astr. Ap., 132, 342, 1984
2a.841	Astr. Ap., 133, 1, 1984
2a.842	Astr. Ap., 133, 19, 1984
2a.843	Astr. Ap., 133, 127, 1984
2a.844	Astr. Ap., 133, 209, 1984
2a.845	Astr. Ap., 133, 341, 1984
2a.846	Astr. Ap., 135, 89, 1984
2a.847	Astr. Ap., 135, 213, 1984
2a.848	Astr. Ap., 136, L11, 1984
2a.849	Astr. Ap., 136, 17, 1984
2a.850	Astr. Ap., 137, 138, 1984
2a.851	Astr. Ap., 137, 166, 1984
2a.852	Astr. Ap., 137, 223, 1984
2a.853	Astr. Ap., 137, 327, 1984
2a.854	Astr. Ap., 138, 49, 1984
2a.855	Astr. Ap., 138, 179, 1984
2a.856	Astr. Ap., 138, 385, 1984
2a.857	Astr. Ap., 139, 240, 1984
2a.858	Astr. Ap., 139, 455, 1984
2a.859	Astr. Ap., 140, 125, 1984
2a.860	Astr. Ap. Suppl., 57, 1, 1984
2a.861	Astr. Ap. Suppl., 58, 131, 1984
2a.862	Astr. Ap. Suppl., 58, 351, 1984
2a.863	Sov. Ast. Lett., 10, 169, 1984
2a.864	Sov. Ast. Lett., 10, 205, 1984
2a.865	Sov. Ast. Lett., 10, 340, 1984
2a.866	Astrophysics, 20, 24, 1984
2a.867	Astrophysics, 20, 30, 1984
2a.868	Astrophysics, 20, 35, 1984
2a.869	Astrophysics, 20, 376, 1984
2a.870	Astrophysics, 20, 380, 1984
2a.871	Astrophysics, 20, 470, 1984
2a.872	Astrophysics, 20, 484, 1984
2a.873	Astrophysics, 20, 588, 1984
2a.874	Proc. Ast. Soc. Austr., 5, 472, 1984
2a.875	Ap. Space Sci., 106, 371, 1984
2a.876	Ap. Letters, 24, 85, 1984
2a.877	IAU Symp. No. 110 "VLBI and Compact Radio Sources", ed. R. Fanti et al., p. 147, 1984
2a.878	IAU Coll. No. 78 "Astronomy with Schmidt-type Telescopes", Ap. Space Lib., vol. 110, p. 61, 1984
2a.879	IAU Coll. No. 78 "Astronomy with Schmidt-type Telescopes", Ap. Space Lib., vol. 110, p. 3, 1984
2a.880	IAU Coll. No. 78 "Astronomy with Schmidt-type Telescopes", Ap. Space Lib., vol. 110, p. 105, 1984
2a.881	IAU Coll. No. 78 "Astronomy with Schmidt-type Telescopes", Ap. Space Lib., vol. 110, pp. 379, 389, 393, 1984
2a.882	IAU Coll. No. 78 "Astronomy with Schmidt-type Telescopes", Ap. Space Lib., vol. 110, p. 409, 1984
2a.883	IAU Coll. No. 78 "Astronomy with Schmidt-type Telescopes", Ap. Space Lib., vol. 110, p. 427, 1984
2a.884	IAU Coll. No. 78 "Astronomy with Schmidt-type Telescopes", Ap. Space Lib., vol. 110, p. 438, 1984
2a.885	A. N., 305, 53, 1984
2a.886	A. N., 305, 157, 1984
2a.887	Pub. A. S. Japan, 36, 477, 1984
2a.888	Fourth Europ. I.U.E. Conf., Rome, ESA-SP-218, p. 101, 1984
2a.889	"Clusters and Groups of Galaxies", Ap. Space Sci. Lib. No. 111, p. 251, 1984
2a.890	"Very Hot Astrophysical Plasmas", Europ. Workshop, Nice 1982 Physica Scripta vol. 77, p. 134, 1984
2a.891	Ap. J., 288, 201, 1985
2a.892	Ap. J., 289, 129, 1985
2a.893	Ap. J., 290, 96, 1985
2a.894	Ap. J., 290, 108, 1985

2a.895	Ap. J., 290, 136, 140, 1985	2a.945	P.A.S.P., 97, 908, 1985
2a.896	Ap. J., 290, 602, 1985	2a.946	P.A.S.P., 97, 1065, 1985
2a.897	Ap. J., 290, 462, 1985	2a.947	P.A.S.P., 97, 1149, 1985
2a.898	Ap. J., 291, 63, 1985	2a.948	M.N.R.A.S., 212, 301, 1985
2a.899	Ap. J., 291, 80, 1985	2a.949	M.N.R.A.S., 214, 87, 1985
2a.900	Ap. J., 291, 147, 1985	2a.950	M.N.R.A.S., 216, 193, 1985
2a.901	Ap. J., 291, 627, 1985	2a.951	M.N.R.A.S., 216, 632, 1985
2a.902	Ap. J., 291, 685, 1985	2a.952	M.N.R.A.S., 217, 731, 1985
2a.903	Ap. J., 291, 693, 1985	2a.953	Astr. Ap., 142, 273, 1985
2a.904	Ap. J., 293, 83, 1985	2a.954	Astr. Ap., 143, 399, 1985
2a.905	Ap. J., 293, 94, 1985	2a.955	Astr. Ap., 144, 202, 1985
2a.906	Ap. J., 293, 132, 1985	2a.956	Astr. Ap., 144, 388, 1985
2a.907	Ap. J., 293, 148, 1985	2a.957	Astr. Ap., 144, 496, 1985
2a.908	Ap. J., 293, 400, 1985	2a.958	Astr. Ap., 146, 213, 1985
2a.909	Ap. J., 295, 305, 1985	2a.959	Astr. Ap., 146, 269, 1985
2a.910	Ap. J., 297, 90, 1985	2a.960	Astr. Ap., 146, 297, 1985
2a.911	Ap. J., 297, 98, 1985	2a.961	Astr. Ap., 147, 273, 1985
2a.912	Ap. J., 297, 564, 1985	2a.962	Astr. Ap., 149, L24, 1985
2a.913	Ap. J., 297, 572, 1985	2a.963	Astr. Ap., 151, 144, 1985
2a.914	Ap. J., 298, 560, 1985	2a.964	Astr. Ap., 152, 237, 1985
2a.915	Ap. J., 299, 41, 1985	2a.965	Astr. Ap., 152, 291, 1985
2a.916	Ap. J., 299, 59, 1985	2a.966	Astr. Ap., 153, 199, 1985
2a.917	Ap. J., 299, 852, 1985	2a.967	Astr. Ap. Suppl., 60, 213, 1985
2a.918	Ap. J., 299, 896, 1985	2a.968	Proc. Ast. Soc. Austr., 6, 108, 1985
2a.919	Ap. J. Lett., 297, L29, 1985	2a.969	"New Aspects of Galaxy Photometry", Proc. Toulouse, France, 1984. Lecture Notes in Phys., 232, pp. 7, 29, 31, 1985
2a.920	Ap. J. Lett., 298, L21, 1985		
2a.921	Ap. J. Suppl., 58, 107, 1985		
2a.922	Ap. J. Suppl., 58, 533, 1985		
2a.923	A. J., 90, 183, 1985	2a.970	"New Aspects of Galaxy Photometry", Proc. Toulouse, France, 1984. Lecture Notes in Phys., 232, pp. 135, 146-149, 1985
2a.924	A. J., 90, 192, 1985		
2a.925	A. J., 90, 395, 1985		
2a.926	A. J., 90, 469, 1985		
2a.927	A. J., 90, 522, 1985	2a.971	"New Aspects of Galaxy Photometry", Proc. Toulouse, France, 1984. Lecture Notes in Phys., 232, pp. 162, 164, 1985
2a.928	A. J., 90, 600, 1985		
2a.929	A. J., 90, 708, 1985		
2a.930	A. J., 90, 697, 1985		
2a.931	A. J., 90, 1019, 1985	2a.972	"The Virgo Cluster", ESO Workshop, ESO Proc. 20, 253, 1985
2a.932	A. J., 90, 1163, 1985		
2a.933	A. J., 90, 1449, 1985	2a.973	"The Virgo Cluster", ESO Workshop, ESO Proc. 20, 313, 1985
2a.934	A. J., 90, 1464, 1985		
2a.935	A. J., 90, 1474, 1985	2a.974	IAU Symp. No. 106 "The Milky Way Galaxy" ed. H. van Woerden, p. 264, 1985
2a.936	A. J., 90, 1967, 1985		
2a.937	A. J., 90, 1992, 1985		
2a.938	A. J., 90, 2001, 1985	2a.975*	"An Atlas of Selected Galaxies", edit. B. Takase, K. Kodaira, S. Okamura, Univ. of Tokyo Press, Japan; VNU Science Press, Utrecht, 1984
2a.939	A. J., 90, 2006, 1985		
2a.940	A. J., 90, 2207, 1985		
2a.941	A. J., 90, 2495, 1985		
2a.942	P.A.S.P., 97, 32, 1985	2a.976	Astrofizika, 21, No. 3, 641, 1984
2a.943	P.A.S.P., 97, 104, 1985	2a.977	Astrophys. Investigations, Bulg. Acad. Sci, 4, 106, 1985
2a.944	P.A.S.P., 97, 110, 1985		

2a.978	Astrophysics, 22, 135, 1985	2a.1028	Ap. J. Lett., 303, L45, 1986
2a.979	Astrophysics, 22, 253, 1985	2a.1029	Ap. J. Lett., 303, L51, 1986
2a.980	A. J., 91, 65, 1986	2a.1030	Ap. J. Lett., 305, L45, 1986
2a.981	A. J., 91, 70, 1986	2a.1031	Ap. J. Lett., 311, L47, 1986
2a.982	A. J., 91, 271, 1986	2a.1032	Ap. J. Suppl., 60, 507, 1986
2a.983	A. J., 91, 496, 1986	2a.1033	Ap. J. Suppl., 61, 609, 1986
2a.984	A. J., 91, 507, 1986	2a.1034	Ap. J. Suppl., 61, 631, 1986
2a.985	A. J., 91, 522, 1986	2a.1035	Astr. Ap., 154, 8, 1986
2a.986	A. J., 91, 691, 1986	2a.1036	Astr. Ap., 154, 352, 1986
2a.987	A. J., 91, 777, 1986	2a.1037	Astr. Ap., 155, 151, 1986
2a.988	A. J., 91, 791, 1986	2a.1038	Astr. Ap., 155, 161, 1986
2a.989	A. J., 91, 1058, 1986	2a.1039*	Astr. Ap., 160, 39, 1986
2a.990	A. J., 91, 1086, 1986	2a.1040	Astr. Ap., 161, 206, 1986
2a.991	A. J., 91, 1295, 1986	2a.1041	Astr. Ap., 165, 189, 1986
2a.992	A. J., 92, 700, 1986	2a.1042	Astr. Ap., 166, 92, 1986
2a.993	A. J., 92, 1303, 1986	2a.1043	Astr. Ap., 167, 34, 1986
2a.994	A. J., 92, 1341, 1986	2a.1044	Astr. Ap., 167, 223, 1986
2a.995	P.A.S.P., 98, 5, 1986	2a.1045	Astr. Ap., 168, 253, 1986
2a.996	P.A.S.P., 98, 81, 1986	2a.1046	Astr. Ap., 169, 54, 1986
2a.997	P.A.S.P., 98, 732, 1986	2a.1047*	Astr. Ap. Suppl., 64, 469, 1986
2a.998	M.N.R.A.S., 218, 297, 1986	2a.1048	Astr. Ap. Suppl., 66, 149, 1986
2a.999	M.N.R.A.S., 219, 759, 1986	2a.1049	Ap. Space Sci., 118, 529, 1986
2a.1000	M.N.R.A.S., 221, 1, 1986	2a.1050	Ap. Space Sci., 124, 407, 1986
2a.1001*	M.N.R.A.S., 222, 673, 1986	2a.1051	Ap. Space Sci., 127, 327, 1986
2a.1002	M.N.R.A.S., 223, 39, 1986	2a.1052	Sov. Ast., 30, 11, 1986
2a.1003	Ap. J., 300, 132, 1986	2a.1053	Astrophysics, 24, 1, 1986
2a.1004	Ap. J., 301, 57, 1986	2a.1054	Astrophysics, 24, 204, 1986
2a.1005	Ap. J., 302, 234, 1986	2a.1055	"Quasars", I.A.U. Symposium No. 119, G. Swarup and V. K. Kapahi, eds., p. 59, 1986
2a.1006	Ap. J., 302, 245, 1986		
2a.1007	Ap. J., 302, 296, 1986		
2a.1008	Ap. J., 302, 306, 1986	2a.1056	Ap. J., 312, 542, 1987
2a.1009	Ap. J., 303, 66, 1986	2a.1057	Ap. J., 313, 69, 1987
2a.1010	Ap. J., 303, 171, 1986	2a.1058	Ap. J., 313, 89, 1987
2a.1011	Ap. J., 303, 556, 1986	2a.1059	Ap. J., 314, 439, 1987
2a.1012	Ap. J., 304, 305, 1986	2a.1060	Ap. J., 314, 457, 1987
2a.1013	Ap. J., 304, 599, 1986	2a.1061	Ap. J., 314, 57, 1987
2a.1014	Ap. J., 304, 617, 1986	2a.1062	Ap. J., 316, 132, 1987
2a.1015	Ap. J., 305, 136, 1986	2a.1063	Ap. J., 317, 1, 1987
2a.1016	Ap. J., 307, 110, 1986	2a.1064	Ap. J., 317, 180, 1987
2a.1017	Ap. J., 307, 453, 1986	2a.1065	Ap. J., 318, 531, 1987
2a.1018	Ap. J., 308, 36, 1986	2a.1066	Ap. J., 319, 671, 1987
2a.1019	Ap. J., 308, 571, 1986	2a.1067	Ap. J., 319, 687, 1987
2a.1020	Ap. J., 309, 564, 1986	2a.1068	Ap. J., 320, 49, 1987
2a.1021	Ap. J., 310, 86, 1986	2a.1069	Ap. J., 320, 454, 1987
2a.1022	Ap. J., 310, 597, 1986	2a.1070	Ap. J., 321, 211, 1987
2a.1023	Ap. J., 310, 605, 1986	2a.1071	Ap. J., 323, 79, 1987
2a.1024	Ap. J., 311, 34, 1986	2a.1072	Ap. J. Lett., 312, L5, 1987
2a.1025	Ap. J., 311, 58, 1986	2a.1073	Ap. J. Lett., 312, L35, 1987
2a.1026	Ap. J., 311, 526, 1986	2a.1074	Ap. J. Lett., 312, L39, 1987
2a.1027	Ap. J. Lett., 301, L7, 1986	2a.1075	Ap. J. Lett., 315, L23, 1987

2a.1076	Ap. J. Lett., 315, L29, 1987	2a.1126	Astr. Ap. Suppl., 69, 263, 1987
2a.1077	Ap. J. Lett., 315, L35, 1987	2a.1127*	Astr. Ap. Suppl., 70, 95, 1987
2a.1078	Ap. J. Lett., 321, L29, 1987	2a.1128	Astr. Ap. Suppl., 70, 465, 1987
2a.1079	Ap. J. Lett., 322, L73, 1987	2a.1129	Astr. Ap. Suppl., 71, 465, 1987
2a.1080	Ap. J. Lett., 323, L113, 1987	2a.1130	Univ. Texas Publ. No. 23, 1984 + Ap. J. Suppl. 66, 233, 1988
2a.1081*	A. J., 93, 291, 1987	2a.1131	P.A.S.P., 99, 375, 1987
2a.1082	A. J., 93, 301, 1987	2a.1132	P.A.S.P., 99, 461, 1987
2a.1083	A. J., 93, 805, 1987	2a.1133	M.N.R.A.S., 224, 895, 1987
2a.1084	A. J., 93,1011, 1987	2a.1134	M.N.R.A.S., 225, 939, 1987
2a.1085	A. J., 93,1045, 1987	2a.1135	M.N.R.A.S., 226, 513, 1987
2a.1086	A. J., 93,1055, 1987	2a.1136	M.N.R.A.S., 226, 979, 1987
2a.1087*	A. J., 93,1350, 1987	2a.1137	M.N.R.A.S., 228, 883, 1987
2a.1088	A. J., 93,1381, 1987	2a.1138*	M.N.R.A.S., 229, 423, 1987
2a.1089	A. J., 94, 23, 1987	2a.1139	M.N.R.A.S., 229, 691, 1987
2a.1090	A. J., 94, 30, 1987	2a.1140	P.A.S.J., 39, 547, 1987
2a.1091	A. J., 94, 43, 1987	2a.1141	Obs., 107, 63, 1987
2a.1092	A. J., 94, 301, 1987	2a.1142	I.A.U. Symp. No. 115, Star Forming Regions, M. Peimbert and J. Jukagu, eds., p. 599, 1987
2a.1093	A. J., 94, 587, 1987		
2a.1094	A. J., 94, 847, 1987	2a.1143	I.A.U. Symp. No. 127, Structure and Dynamics of Elliptical Galaxies, T. de Zeeuw, ed, p. 37, 1987
2a.1095*	A. J., 94,1126, 1987		
2a.1096	Astr. Ap., 171, 25, 1987		
2a.1097	Astr. Ap., 171, 66, 1987	2a.1144	I.A.U. Symp. No. 127, Structure and Dynamics of Elliptical Galaxies, T. de Zeeuw, ed, p. 109,413, 1987
2a.1098	Astr. Ap., 172, 32, 1987		
2a.1099	Astr. Ap., 172, 43, 1987		
2a.1100	Astr. Ap., 172, 51, 1987	2a.1145	I.A.U. Symp. No. 127, Structure and Dynamics of Elliptical Galaxies, T. de Zeeuw, ed, p. 135, 1987
2a.1101	Astr. Ap., 173, 49, 1987		
2a.1102	Astr. Ap., 174, 28, 1987		
2a.1103	Astr. Ap., 174, 57, 1987	2a.1146	I.A.U. Symp. No. 127, Structure and Dynamics of Elliptical Galaxies, T. de Zeeuw, ed, p. 405, 1987
2a.1104	Astr. Ap., 175, 8, 1987		
2a.1105	Astr. Ap., 178, 51, 1987		
2a.1106	Astr. Ap., 178, 77, 1987	2a.1147	I.A.U. Symp. No. 127, Structure and Dynamics of Elliptical Galaxies, T. de Zeeuw, ed, p. 407, 1987
2a.1107	Astr. Ap., 178, 91, 1987		
2a.1108	Astr. Ap., 179, 101, 1987		
2a.1109	Astr. Ap., 179, 108, 1987	2a.1148	I.A.U. Symp. No. 127, Structure and Dynamics of Elliptical Galaxies, T. de Zeeuw, ed, p. 419, 1987
2a.1110	Astr. Ap., 180, 1, 1987		
2a.1111	Astr. Ap., 180, 27, 1987		
2a.1112	Astr. Ap., 181, 225, 1987	2a.1149	I.A.U. Symp. No. 127, Structure and Dynamics of Elliptical Galaxies, T. de Zeeuw, ed, p. 425, 1987
2a.1113	Astr. Ap., 181, 265, 1987		
2a.1114	Astr. Ap., 182, 179, 1987		
2a.1115	Astr. Ap., 183, 9, 1987	2a.1150	I.A.U. Symp. No. 127, Structure and Dynamics of Elliptical Galaxies, T. de Zeeuw, ed, p. 465, 1987
2a.1116	Astr. Ap., 183, 13, 1987		
2a.1117	Astr. Ap., 183, 16, 1987		
2a.1118	Astr. Ap., 183, 21, 1987	2a.1151	I.A.U. Symp. No. 117, Dark Matter in the Universe, J. Kormendy and G. R. Knapp, eds., p. 51, 1987
2a.1119*	Astr. Ap., 184, 63, 1987		
2a.1120	Astr. Ap., 184, 71, 1987		
2a.1121	Ap. J. Suppl., 64, 1, 1987	2a.1152	I.A.U. Symp. No. 117, Dark Matter in the Universe, J. Kormendy and G. R. Knapp, eds., p. 216, 1987
2a.1122	Ap. J. Suppl., 64, 383, 1987		
2a.1123	Ap. J. Suppl., 64, 507, 1987		
2a.1124*	Ap. J. Suppl., 65, 485, 1987		
2a.1125*	Ap. J. Suppl., 65, 543, 1987		

2a.1153 I.A.U. Symp. No. 121, Observational Evidence of Activity in Galaxies, E. Y. Khachikian, K. J. Fricke, and J. Melnick, eds., p. 255, 1987
2a.1154 I.A.U. Symp. No. 121, Observational Evidence of Activity in Galaxies, E. Y. Khachikian, K. J. Fricke, and J. Melnick, eds., p. 461, 1987
2a.1155 I.A.U. Symp. No. 121, Observational Evidence of Activity in Galaxies, E. Y. Khachikian, K. J. Fricke, and J. Melnick, eds., p. 483, 1987
2a.1156 I.A.U. Symp. No. 121, Observational Evidence of Activity in Galaxies, E. Y. Khachikian, K. J. Fricke, and J. Melnick, eds., p. 545, 1987
2a.1157 Nature, 326, 268, 1987
2a.1158 Science, 235, 1367, 1987
2a.1159 NASA Conf. Publ., NASA CP-2466, ed. C. J. Lonsdale Persson, p. 227, 1987
2a.1160 Rev. Mex. Ast. Astrofis., 14, 108, 1987
2a.1161 Rev. Mex. Ast. Astrofis., 14, 149, 1987
2a.1162 Infrared Astronomy with Arrays, eds. C. G. Wynn-Williams, E. E. Becklin, and L. H. Good, p. 326, 1987
2a.1163 Infrared Astronomy with Arrays, eds. C. G. Wynn-Williams, E. E. Becklin, and L. H. Good, p. 337, 1987
2a.1164 Infrared Astronomy with Arrays, eds. C. G. Wynn-Williams, E. E. Becklin, and L. H. Good, p. 345, 1987
2a.1165 Infrared Astronomy with Arrays, eds. C. G. Wynn-Williams, E. E. Becklin, and L. H. Good, p. 355, 1987
2a.1166 Infrared Astronomy with Arrays, eds. C. G. Wynn-Williams, E. E. Becklin, and L. H. Good, p. 360, 1987
2a.1167 NASA Conf. Publ., NASA CP-2466, ed. C. J. Lonsdale Persson, p. 517, 1987
2a.1168 Infrared Astronomy with Arrays, eds. C. G. Wynn-Williams, E. E. Becklin, and L. H. Good, p. 330, 1987

2b.1 B.A.A.S., 9, 320, 1977
2b.2 Ap. J., 225, 346, 1978
2b.3 Ap. J. Lett., 234, L45, 1979
2b.4 Astr. Ap., 88, 52, 1980
2b.5 Astr. Ap., 97, L7, 1981
2b.6 The Phases of Interstellar Medium, NRAO Workshop, edit.: J.M. Dickey, p. 145, 1981
2b.7 Ann. Physique, Ser. 15, 6, 9, 1981
2b.8 Ap. J. Lett., 255, L99, 1982
2b.9 Ap. J. Lett., 274, L53, 1983
2b.10 Ap. J. Suppl., 53, 623, 1983
2b.11 B.A.A.S., 15, 683, 1983
2b.12 Ap. J., 276, 79, 1984
2b.13 Ap. J., 277, 487, 1984
2b.14 Ap. J., 277, 542, 1984
2b.15 Ap. J., 281, 579, 1984
2b.16 Ap. J., 282, 75, 1984
2b.17 Ap. J., 285, 527, 1984
2b.18 Ap. J., 286, 144, 1984
2b.19 Ap. J. Lett., 278, L59, 1984
2b.20 Ap. J. Lett., 282, L55, 1984
2b.21 Ap. J. Lett., 285, L35, 1984
2b.22 A. J., 89, 1279, 1984
2b.23 M.N.R.A.S., 210, 183, 1984
2b.24 M.N.R.A.S., 210, 701, 1984
2b.25 Astr. Ap., 130, 167, 1984
2b.26 Astr. Ap., 136, L11, 1984
2b.27 Astr. Ap., 137, 235, 1984
2b.28 Astr. Ap., 141, 49, 1984
2b.29 Ap. J., 289, 150, 1985
2b.30 Ap. J., 290, 136, 1985
2b.31 Ap. J., 293, 132, 1985
2b.32 Ap. J., Lett.,298, L37, 1985
2b.33 Ap. J., Suppl., 58, 533, 1985
2b.34 A. J., 90, 80, 1985
2b.35 A. J., 90, 197, 1985
2b.36 A. J., 90, 441, 1985
2b.37 A. J., 90, 469, 1985
2b.38 A. J., 90, 577, 1985
2b.39 A. J., 90, 691, 1985
2b.40 P.A.S.P., 97, 32,1985
2b.41 P.A.S.P., 97, 197, 1985
2b.42 B.A.A.S., 17, 845, 1985
2b.43 M.N.R.A.S., 217, 87, 1985
2b.44 Astr. Ap., 145, 425, 1985
2b.45 Astr. Ap., 146, 38, 1985
     + Astr. Ap. Suppl., 58, 39, 1984
2b.46 Astr. Ap., 146, 269, 1985
2b.47 Astr. Ap., 147, 178, 1985
2b.48 Astr. Ap., 148, 443, 1985
2b.49 Astr. Ap., 149, 184, 1985
2b.50 Astr. Ap., 149, 442, 1985
2b.51 Astr. Ap., 149, 475, 1985
2b.52 Astr. Ap., 150, 62, 1985
2b.53 Astr. Ap., 153, 218, 1985
2b.54 Proc. Ast. Soc. Austr. 6, 56, 1985

2b.55	"The Virgo Cluster", ESO Workshop, ESO Proc. 20, 308, 316, 1985	3a.8	Astr. Ap., 88, 52, 1980
2b.56	IAU Symp. No. 106, "The Milky Way Galaxy" edit. H. van Woerden et al., p. 8, 451, 1985	3a.9	IAU Circ. No. 3560, 1981
		3a.10	Ap. J., 256, 1, 1982
		3a.11*	Ap. J., 261, 1, 1982
		3a.12	A. J., 87, 849, 1982
2b.57	"Active Galactic Nuclei", Proc. Workshop, Manchester, April 84, p. 189, 1985	3a.13	Ap. J., Suppl., 53, 623, 1983
		3a.14	Ap. J., 278, 521, 1984
		3a.15	M.N.R.A.S., 216, 121, 1985
2b.58	"Active Galactic Nuclei", Proc. Workshop, Manchester, April 84, p. 102, 1985	3a.16	B.A.A.S., 17, 860, 1985
		3a.17	Astr. Ap. Suppl., 66, 117, 1986
		3a.18	Ap. J., 313, 662, 1987
2b.59	Nature, 318, 43, 1985	3a.19*	Astr. Ap., 180, 12, 1987
2b.60	B.A.A.S., 17, 865, 1985	3a.20*	Astr. Ap. Suppl., 70, 115, 1987
2b.61	A. J., 91, 1286, 1986		
2b.62	A. J., 92, 285, 1986	3b.1	Ap. J. Lett., 197, L1, 1975
2b.63	M.N.R.A.S., 221, 1, 1986	3b.2	Ap. J., 198, 261, 1975
2b.64	M.N.R.A.S., 222, 189, 1986	3b.3	Ap. J. Lett., 201, L109, 1975
2b.65	M.N.R.A.S., 223, 39, 1986	3b.4	Ap. J. Suppl., 29, 193, 1975
2b.66	Ap. J., 302, 234, 1986	3b.5	A. J., 80, 492, 1975
2b.67	Ap. J., 302, 245, 1986	3b.6	A. J., 80, 895, 1975
2b.68	Ap. J., 302, 296, 1986	3b.7	P.A.S.P., 87, 853, 1975
2b.69	Ap. J., 305, 157, 1986	3b.8	B.A.A.S., 7, 421, 1975
2b.70	Ap. J., 305, 204, 1986	3b.9	M.N.R.A.S., 170, 15, 1975
2b.71	Ap. J., 306, 110, 1986	3b.10	M.N.R.A.S., 171, 135, 1975
2b.72	Ap. J., 308, 571, 1986	3b.11	M.N.R.A.S., 173, 57P, 1975
2b.73	Ap. J. Lett., 311, L7, 1986	3b.12	Astr. Ap., 39, 281, 1975
2b.74	Astr. Ap., 154, 219, 1986	3b.13	Sov. Ast., 18, 444, 1975
2b.75	Astr. Ap., 156, 51, 1986	3b.14	Sov. Ast., 19, 174, 1975
2b.76	Astr. Ap., 163, 31, 1986	3b.15	Astrophysics, 11, 242, 1975
2b.77	Ap. J., 315, 480, 1987	3b.16	Inf. Bull. Var. Stars, No. 970, 1975
2b.78	Ap. J., 316, 597, 1987	3b.17	Inf. Bull. Var. Stars, No. 973, 1975
2b.79	Ap. J., 317, 152, 1987	3b.18	IAU Symp. No. 67, Var. Stars and Stellar Evolution, edit V. Sherwood, L., p. 611, 1975
2b.80	Ap. J., 320, 609, 1987		
2b.81	Ap. J. Lett., 312, L39, 1987		
2b.82	A. J., 93, 14, 1987	3b.19*	Comm. Byurakan Obser., No. 46, 62, 1975
2b.83	A. J., 93, 255, 1987		
2b.84	A. J., 93, 264, 1987	3b.20	Trudy Astr. Obser. Leningrad, 31, 100, 1975
2b.85	A. J., 93,1307, 1987		
2b.86	A. J., 93,1318, 1987	3b.21*	Ap. J., 203, 6, 1976.
2b.87	Astr. Ap., 172, 32, 1987	3b.22	Ap. J., 203, 291, 1976.
2b.88	Nature, 325, 504, 1987	3b.23	Ap. J., 204, 684, 1976.
2b.89	Science, 235, 1367, 1987	3b.24	Ap. J., 205, 1, 1976.
		3b.25	Ap. J., 207, 359, 1976.
3a.1	M.N.R.A.S., 172, 27P, 1975	3b.26	Ap. J., 208, 650, 1976.
3a.2	Astr. Ap., 50, 371, 1976	3b.27	Ap. J., 208, 673, 1976.
3a.3	Ap. J., 223, 798, 1978	3b.28	Ap. J., 209, 389, 1976.
3a.4	Ap. J., 225, 346, 1978	3b.29	Ap. J. Lett., 210, L63, 1976.
3a.5	M.N.R.A.S., 189, 763, 1979	3b.30	A. J., 81, 7, 1976.
3a.6	Ap. J., 237, 290, 1980	3b.31*	A. J., 81, 681, 1976.
3a.7	Ap. J. Suppl., 43, 393, 1980	3b.32	A. J., 81, 795, 1976.

3b.33	A. J., 81, 797, 1976.		3b.79	Inf. Bull. Var. Stars No. 1344, 1977
3b.34	P.A.S.P., 88, 367, 1976.		3b.80	Ap. Space Sci., 50, 421, 1977
3b.35	P.A.S.P., 88, 824, 1976.		3b.81	Ap. J., 219, 387, 1978
3b.36*	Observatory, 96, 61, 1976.		3b.82	Ap. J., 219, 818, 1978
3b.37	Astr. Ap. Suppl., 25, 287, 1976		3b.83	Ap. J., 220, 19, 1978
3b.38*	Astr. Ap. Suppl., 26, 261, 1976		3b.84	Ap. J., 220, 62, 1978
3b.39	Sov. Ast. Lett., 2, 125, 1976		3b.85*	Ap. J., 223, 707, 1978
3b.40	Rev. Mexicana Ast. Ap., 2, 23, 1976		3b.86	Ap. J., 224, 22, 1978
3b.41	Ast. Tsirk., No. 902, 1, 1976		3b.87	Ap. J., 224, 782, 1978
3b.42	Ast. Tsirk., No. 902, 4, 1976		3b.88	Ap. J., 224, 796, 1978
3b.43	Astrophysics, 12, 283, 1976		3b.89*	Ap. J., 225, 742, 1978
3b.44	Ap. Space Sci., 39, 477, 1976		3b.90	Ap. J., 225, 776, 1978
3b.45	Trudy Ast. Obs. Leningrad, 32, 52, 1976		3b.91	Ap. J., 226, 75, 1978
3b.46	Ap. J., 212, 34, 1977		3b.92*	Ap. J. Suppl., 36, 439, 1978
3b.47	Ap. J., 212, 317, 1977		3b.93	Ap. J. Suppl., 38, 267, 1978
3b.48	Ap. J. Lett., 212, L53, 1977		3b.94*	A. J., 83, 1, 1978
3b.49*	Ap. J., 213, 327, 1977		3b.95*	A. J., 83, 73, 1978
3b.50	Ap. J., 214, 359, 1977		3b.96*	A. J., 83, 732, 1978
3b.51	Ap. J., 215, 759, 1977		3b.97	A. J., 83, 1021, 1978
3b.52	Ap. J., 217, 382, 1977		3b.98*	A. J., 83, 1293, 1978
3b.53	Ap. J. Suppl., 34, 245, 1977		3b.99*	A. J., 83, 1331, 1978
3b.54*	Ap. J. Suppl., 35, 171, 1977		3b.100*	A. J., 83, 1549, 1978
3b.55	A. J., 82, 674, 1977		3b.101	Astr. Ap., 62, L13, 1978
3b.56	A. J., 82, 879, 1977		3b.102	Astr. Ap., 65, 151, 1978
3b.57	P.A.S.P., 89, 13, 1977		3b.103	Astr. Ap. Suppl., 31, 383, 1978
3b.58	P.A.S.P., 89, 639, 1977		3b.104	M.N.R.A.S., 184, 15P, 1978
3b.59	P.A.S.P., 89, 746, 1977		3b.105	P.A.S.P., 90, 393, 1978
3b.60*	Observatory, 97, 238, 1977		3b.106	P.A.S.P., 90, 644, 1978
3b.61	Astr. Ap., 54, 639, 1977		3b.107	P.A.S.P., 90, 652, 1978
3b.62	Astr. Ap., 54, 723, 1977		3b.108	P.A.S.P., 90, 661, 1978
3b.63	Astr. Ap., 55, 445, 1977		3b.109*	Observatory, 98, 166, 1978
3b.64	Astr. Ap., 59, 19, 1977		3b.110	Sov. Ast., 22, 261, 1978
3b.65*	Astr. Ap., 59, 317, 1977		3b.111	Sov. Ast., 22, 536, 1978
3b.66	Astr. Ap., 59, 419, 1977		3b.112	Sov. Ast. Lett., 4, 267, 1978
3b.67	Astr. Ap., 60, 43, 1977		3b.113	I.A.U. Circ. No.3197, 1978
3b.68	Astr. Ap., 60, 425, 1977		3b.114	Ast. Tsirk. No.984, 1, 1978
3b.69*	Astr. Ap., 61, 493, 1977		3b.115	Ap. J., 227, 52, 1979
3b.70*	Astr. Ap. Suppl., 30, 35, 1977		3b.116	Ap. J. Lett., 227, L59, 1979
3b.71	Sov. Ast., 21, 655, 1977		3b.117	Ap. J., 231, 320, 1979
3b.72	Astrophysics, 13, 11, 1977		3b.118*	Ap. J. Suppl., 39, 49, 1979
3b.73	Soob. Byurakan Obs., 49, 3, 1976		3b.119	Ap. J. Suppl., 39, 61, 1979
3b.74	I.A.U. Coll. No. 40 - Applications de Detecteurs d'Images a reponse lineaire, edit. M. Duchesne et G. Lelievre, Paris-Meudon, p. 12-1, 1977		3b.120*	Ap. J. Suppl., 40, 425, 1979
			3b.121*	A. J., 84, 311, 1979
			3b.122	A. J., 84, 1281, 1979
			3b.123	A. J., 84, 1537, 1979
			3b.124	A. J., 84, 1658, 1979
3b.75	Acta Ast., 27, 195, 1977		3b.125	P.A.S.P., 91, 161, 1979
3b.76	Acta Ast., 27, 319, 1977		3b.126	P.A.S.P., 91, 163, 1979
3b.77	Tr. Ast. Obs. Leningrad, 33, 15, 1977		3b.127	P.A.S.P., 91, 619, 1979
3b.78	I.A.U. Cir. Nos. 3134, 3143, 1977		3b.128	P.A.S.P., 91, 624, 1979

3b.129	M.N.R.A.S., 186, 297, 1979	3b.178	A. J., 86, 523, 1981
3b.130	Astr. Ap., 72, 277, 1979	3b.179	A. J., 86, 981, 1981
3b.131	Astr. Ap., 73, 247, 1979	3b.180*	A. J., 86, 1429, 1981
3b.132	Astr. Ap., 79, 329, 1979	3b.181*	A. J., 86, 1585, 1981
3b.133	Astr. Ap. Suppl., 35, 55, 1979	3b.182	P.A.S.P., 93, 20, 1981
3b.134	Astr. Ap. Suppl., 35, 387, 1979	3b.183*	P.A.S.P., 93, 25, 1981
3b.135*	Astr. Ap. Suppl., 37, 519, 1979	3b.184*	P.A.S.P., 93, 281, 1981
3b.136*	Sov. Ast., 23, 535, 1979	3b.185*	P.A.S.P., 93, 405, 1981
3b.137	Sov. Ast., 23, 518, 1979	3b.186	M.N.R.A.S., 195, 149, 1981
3b.138	Sov. Ast. Lett., 5, 90, 1979	3b.187	M.N.R.A.S., 196, 175, 1981
3b.139*	Sov. Ast. Lett., 5, 305, 1979	3b.188	Astr. Ap., 95, 266, 1981
3b.140*	Ap. Space Sci., 60, 15, 1979	3b.189	Astr. Ap., 96, 78, 1981
3b.141	P.A.S. Japan, 31, 451, 1979	3b.190*	Astr. Ap., 96, 106, 1981
3b.142	P.A.S. Japan, 31, 647, 1979	3b.191*	Astr. Ap., 98, 223, 1981
3b.143	Bull. Crim. Ap. Obs., 59, 136, 1979	3b.192*	Astr. Ap., 100, L20, 1981
3b.144	Star and Star Systems, Uppsala Ast. Obs. Report No. 12, A11, 1978	3b.193	Astr. Ap., 102, 116, 1981
3b.145	Ast. Tsirk. No. 1017, 1, 1978	3b.194	Astr. Ap., 103, 342, 1981
3b.146	I.A.U. Circ. No. 3415, 1979	3b.195*	Astr. Ap. Suppl., 46, 57, 1981
3b.147	Ap. J., 235, 347, 1980	3b.196*	Sov. Ast., 25, 528, 1981
3b.148	Ap. J., 235, 743, 1980	3b.197	Sov. Ast. Lett., 7, 252, 1981
3b.149	Ap. J., 235, 749, 1980	3b.198*	Sov. Ast. Lett., 7 295, 1981
3b.150	Ap. J., 237, 303, 1980	3b.199	Sov. Ast. Lett., 7, 364, 1981
3b.151	Ap. J., 237, 331, 1980	3b.200	Astrophysics, 17, 17, 1981
3b.152	Ap. J. Lett., 238, L11, 1980	3b.201*	Astrophysics, 17, 358, 1981
3b.153	Ap. J., 241, 74, 1980	3b.202*	Soobshch. Byurakan Obs., 52, 3, 1980
3b.154*	Ap. J., 241, 486, 1980	3b.203	J. Ap. Ast., 2, 67, 1981
3b.155	Ap. J., 241, 567, 1980	3b.204	IAU Circ. No. 3593, 1981
3b.156*	A. J., 85, 780, 1135, 1980	3b.205	IAU Circ. No. 3648, 1981
3b.157	A. J., 85, 1442, 1980	3b.206	Ast. Tsirk. No. 1128, p. 3, 1980
3b.158	P.A.S.P., 92, 255, 1980	3b.207	Ast. Tsirk. No. 1157, p. 8, 1981
3b.159*	M.N.R.A.S., 190, 631, 1980	3b.208	Ap. J., 252, 455, 1982
3b.160*	M.N.R.A.S., 191, 1, 1980	3b.209	Ap. J., 253, 19, 1982
3b.161*	M.N.R.A.S., 191, 685, 1980	3b.210*	Ap. J., 253, 526, 1982
3b.162	M.N.R.A.S., 193, 549, 1980	3b.211	Ap. J., 257, 40, 1982
3b.163	Astr. Ap. Suppl., 39, 395, 1980	3b.212	Ap. J., 258, 77, 1982
3b.164*	Astr. Ap. Suppl., 42, 69, 1980	3b.213	Ap. J., 259, 482, 1982
3b.165	Sov. Ast., 24, 259, 1980	3b.214	Ap. J., 260, 81, 1982
3b.166	Sov. Ast. Lett., 6, 122, 1980	3b.215	Ap. J., 261, 51, 1982
3b.167	Nature, 284, 410, 1980	3b.216	Ap. J. Lett., 260, L37, 1982
3b.168	Perem. Zvezdy, Tom. 21, 71, 1978	3b.217	Ap. J. Suppl., 48, 395, 1982
3b.169	Ap. J., 243, 127, 1981	3b.218	Ap. J. Suppl., 49, 53, 1982
3b.170	Ap. J. Lett., 243, L5, 1981	3b.219	Ap. J. Suppl., 50, 421, 1982
3b.171	Ap. J., 247, 42, 1981	3b.220	A. J., 87, 76, 1982
3b.172*	Ap. J., 248, 439, 1981	3b.221*	A. J., 87, 462, 1982
3b.173	Ap. J. Lett., 248, L61, 1981	3b.222	A. J., 87, 616, 1982
3b.174	Ap. J. 250, 87, 1981	3b.223*	A. J., 87, 1106, 1982
3b.175*	Ap. J. Suppl., 46, 177, 1981	3b.224*	P.A.S.P., 94, 404, 1982
3b.176	A. J., 86, 16, 1981	3b.225	M.N.R.A.S., 199, 633, 1982
3b.177	A. J., 86, 344, 1981	3b.226*	M.N.R.A.S., 200, 733, 1982
		3b.227	M.N.R.A.S., 201, 991, 1982

3b.228	Astr. Ap., 105, 284, 1982		104, 1982
3b.229	Astr. Ap., 105, 369, 1982	3b.276*	Ap. J., 278, 51, 1984
3b.230*	Astr. Ap., 113, 46, 1982	3b.277*	Ap. J., 278, 475, 1984
3b.231*	Astr. Ap. Suppl., 49, 591, 1982	3b.278	Ap. J., 278, 521, 1984
3b.232*	Sov. Ast., 26, 129, 1982	3b.279	Ap. J., 283, 495, 1984
3b.233	Astrophysics, 18, 116, 1982	3b.280	Ap. J., 285, 571, 1984
3b.234	Ast. Tsirk. No. 1168, p.2, 1981	3b.281	Ap. J., 287, 555, 1984
3b.235	Ast. Tsirk. No. 1171, p.4, 1981	3b.282	Ap. J. Suppl., 54, 495, 1984
3b.236	Adv. in UV Ast. 4 Years of IUE Res. NASA Conf. Publ. 2238, p. 151, 1982	3b.283*	A. J., 89, 34, 1984
		3b.284*	A. J., 89, 1288, 1984
		3b.285	P.A.S.P., 96, 24, 1984
3b.237	Ast. Tsirk. No. 1178, p.3, 1981	3b.286	P.A.S.P., 96, 699, 1984
3b.238	IAU Circ. No. 3723, 1982	3b.287	M.N.R.A.S., 207, 173, 1984
3b.239*	A. N., 303, 237, 1982	3b.288*	M.N.R.A.S., 207, 445, 1984
3b.240	Soob. Byurakan Obs.,53, 99, 1982	3b.289	M.N.R.A.S., 208, 91, 1984
3b.241	Ap. J., 264, 337, 1983	3b.290	M.N.R.A.S., 209, 697, 1984
3b.242	Ap. J., 265, 643, 1983	3b.291	M.N.R.A.S., 211, 31, 1984
3b.243	Ap. J., 268, 68, 1983	3b.292	M.N.R.A.S., 211, 637, 1984
3b.244*	Ap. J., 268, 90, 1983	3b.293	Astr. Ap., 135, 122, 1984
3b.245	Ap. J., 269, 102, 1983	3b.294	Astr. Ap., 137, 327, 1984
3b.246	Ap. J., 269, 352, 1983	3b.295	Astr. Ap., 139, 455, 1984
3b.247	Ap. J., 271, 123, 1983	3b.296*	Astr. Ap. Suppl., 57, 1, 1984
3b.248	Ap. J., 272, 11, 1983	3b.297*	Astr. Ap. Suppl., 58, 249, 1984
3b.249	Ap. J., 274, 125, 1983	3b.298*	Astr. Ap. Suppl., 58, 665, 1984
3b.250*	Ap. J., 275, 430, 1983	3b.299*	Sov. Ast., 28, 1, 1984
3b.251	Ap. J. Lett., 267, L15, 1983	3b.300	Sov. Ast. Lett., 10, 335, 1984
3b.252	Ap. J. Lett., 270, L1, 1983	3b.301*	Astrophysics, 20, 363, 1984
3b.253*	Ap. J. Suppl., 52, 341, 1983	3b.302	Trud. Ast. Obs. Leningrad, 39, 43, 1984
3b.254*	Ap. J. Suppl., 53, 105, 1983		
3b.255	A. J., 88, 55, 1983	3b.303*	A. J., 84, 466, 1984
3b.256	A. J., 88, 171, 1983	3b.304	A. N., 305, 157, 1984
3b.257*	A. J., 88, 804, 1983	3b.305*	Ast. Tsirk. No. 1296, pp. 1-4, 1983
3b.258	A. J., 88, 926, 1983	3b.306*	Dokl. Bulg. Acad. Sci., 37, pp. 415, 419, 1984
3b.259*	A. J., 88, 1285, 1983		
3b.260	A. J., 88, 1579, 1983	3b.307	Ap. J., 292, 164, 1985
3b.261	P.A.S.P., 95, 724, 1983	3b.308	Ap. J., 296, 423, 1985
3b.262	M.N.R.A.S., 202, 53, 1983	3b.309	Ap. J., 297, 652, 1985
3b.263*	M.N.R.A.S., 202, 113, 1983	3b.310	Ap. J., 298, 528, 1985
3b.264*	M.N.R.A.S., 202, 1127, 1983	3b.311*	Ap. J. Suppl., 57, 423, 1985
3b.265*	M.N.R.A.S., 204, 909, 1983	3b.312*	Ap. J. Suppl., 57, 665, 1985
3b.266	M.N.R.A.S., 205, 131, 1983	3b.313	Ap. J. Suppl., 58, 255, 1985
3b.267	Astr. Ap., 117, 109, 1983	3b.314*	Ap. J. Suppl., 58, 533, 1985
3b.268	Astr. Ap., 122, 301, 1983	3b.315	Ap. J. Suppl., 59, 23, 1985
3b.269	Sov. Ast., 27, 1, 1983	3b.316	A. J., 90, 985, 1985
3b.270*	Astrophysics, 19, 1, 1983	3b.317*	A. J., 90, 1648, 1985
3b.271*	Astrophysics, 19, 101, 1983	3b.318	M.N.R.A.S., 213, 899, 1985
3b.272	Astrophysics, 19, 111, 1983	3b.319	Astr. Ap., 143, 46, 1985
3b.273	Ap. Space Sci., 91, 79, 1983	3b.320	Astr. Ap., 145, 135, 1985
3b.274	Ap. Letters, 23, 225, 1983	3b.321*	Astr. Ap., 145, 433, 1985
3b.275	Trudy Ast. Obs. Leningrad, 38,	3b.322	Astr. Ap., 146, 38, 1985

3b.323	Astr. Ap., 146, 269, 1985	3b.371*	Ap. J., 320, 122, 1987
3b.324	Astr. Ap., 149, 475, 1985	3b.372*	Ap. J., 321, 94, 1987
3b.325	Astr. Ap., 152, 271, 1985	3b.373	Ap. J., 321, 211, 1987
3b.326	Astr. Ap., 153, 199, 1985	3b.374*	Ap. J. Lett., 315, L11, 1987
3b.327	Astr. Ap. Suppl., 61, 225, 1985	3b.375	Ap. J. Lett., 315, L23, 1987
3b.328	Proc. Ast. Soc. Austr., 6, 147, 1985	3b.376	Ap. J. Lett., 316, L11, 1987
3b.329	"Active Galactic Nuclei", Proc. Workshop, Manchester, April 84. p. 184, 1985	3b.377	Ap. J. Lett., 317, L7, 1987
		3b.378	Ap. J. Lett., 318, L39, 1987
		3b.379	A. J., 93, 33, 1987
3b.330*	A. J., 91, 530, 1986	3b.380	A. J., 93, 301, 1987
3b.331	A. J., 91, 751, 1986	3b.381*	A. J., 93, 788, 1987
3b.332	A. J., 91, 777, 1986	3b.382	A. J., 93, 805, 1987
3b.333	A. J., 91, 1286, 1986	3b.383*	A. J., 94, 43, 1987
3b.334*	A. J., 92, 523, 1986	3b.384*	A. J., 94, 831, 1987
3b.335*	A. J., 92, 557, 1986	3b.385	A. J., 94, 847, 1987
3b.336*	A. J., 92, 1007, 1986	3b.386*	A. J., 94, 854, 1987
3b.337*	A. J., 92, 1238, 1986	3b.387*	A. J., 94,1116, 1987
3b.338*	P.A.S.P., 98, 486, 1986	3b.388*	A. J., 94,1126, 1987
3b.339	M.N.R.A.S., 218, 453, 1986	3b.389	A. J., 94,1143, 1987
3b.340	M.N.R.A.S., 219, 5P, 1986	3b.390	Astr. Ap., 171, 25, 1987
3b.341*	M.N.R.A.S., 220, 679, 1986	3b.391*	Astr. Ap., 172, L14, 1987
3b.342*	P.A.S.P., 98, 1273, 1986	3b.392	Astr. Ap., 173, 49, 1987
3b.343	Ap. J., 301, 675, 1986	3b.393	Astr. Ap., 174, 57, 1987
3b.344	Ap. J., 301, 742, 1986	3b.394*	Astr. Ap., 179, 108, 1987
3b.345	Ap. J., 302, 245, 1986	3b.395	Astr. Ap., 182, 179, 1987
3b.346	Ap. J., 302, 296, 1986	3b.396*	Astr. Ap., 182, 189, 1987
3b.347	Ap. J., 307, 110, 1986	3b.397	Astr. Ap., 183, 13, 1987
3b.348	Ap. J., 307, 486, 1986	3b.398	Astr. Ap., 183, 16, 1987
3b.349*	Ap. J., 308, 10, 1986	3b.399	Astr. Ap., 184, L7, 1987
3b.350*	Ap. J., 308, 530, 1986	3b.400*	Astr. Ap., 186, 77, 1987
3b.351	Ap. J., 309, 45, 1986	3b.401	Ap. J. Suppl., 64, 1, 1987 + B.A.A.S., 18, 916, 1986.
3b.352	Ap. J. Suppl., 61, 631, 1986		
3b.353*	Ap. J. Suppl., 62, 255, 1986	3b.402	Ap. J. Suppl., 64, 1, 1987
3b.354	Astr. Ap., 163, 321, 1986	3b.403	Ap. J. Suppl., 64, 383, 1987
3b.355	Astr. Ap., 166, 92, 1986	3b.404*	Ap. J. Suppl., 64, 417, 1987
3b.356	Astr. Ap., 168, 371, 1986	3b.405	Ap. J. Suppl., 64, 459, 1987
3b.357*	Astr. Ap. Suppl., 63, 59, 1986	3b.406*	Ap. J. Suppl., 64, 507, 1987
3b.358*	Astr. Ap. Suppl., 64, 225, 1986	3b.407*	Ap. J. Suppl., 64, 601, 1987
3b.359*	Astr. Ap. Suppl., 64, 469, 1986	3b.408	Astr. Ap. Suppl., 68, 33, 1987
3b.360	Ap. Space Sci., 119, 177, 1986	3b.409*	Astr. Ap. Suppl., 68, 215, 1987
3b.361	Ap. Space Sci., 121, 147, 1986	3b.410*	Astr. Ap. Suppl., 68, 383, 1987
3b.362	Astrophysics, 24, 241, 1986	3b.411	Astr. Ap. Suppl., 69, 311, 1987
3b.363	Pub. A. S. Japan, 38, 619, 1986	3b.412	M.N.R.A.S., 224, 1013, 1987
3b.364*	A. N. 307, 27, 1986	3b.413*	M.N.R.A.S., 225, 531, 1987
3b.365*	Ap. J., 313, 42, 1987	3b.414*	M.N.R.A.S., 225, 581, 1987
3b.366	Ap. J., 313, 662, 1987	3b.415*	M.N.R.A.S., 229, 423, 1987
3b.367*	Ap. J., 316, 70, 1987	3b.416*	M.N.R.A.S., 229, 573, 1987
3b.368*	Ap. J., 317, 1, 1987	3b.417	P.A.S.J., 39, 237, 1987
3b.369	Ap. J., 318, 175, 1987	3b.418	I.A.U. Symp. No. 124, Observational Cosmology, A. Hewitt, G. Burbidge,
3b.370*	Ap. J., 320, 49, 1987		

	and L. Z. Fang, eds., p. 531, 1987	3c.42	Ap. J., 227, 710, 1979
3b.419	Nature, 325, 504, 1987	3c.43*	Ap. J., 229, 1, 1979
3b.420*	Soobshch. Spets. Astrofiz. Obs., 51, 5, 1986	3c.44*	Ap. J., 229, 111, 1979
3b.421*	Astrophysics, 24, 241, 1986	3c.45	Ap. J. Lett., 227, L59, 1979
3b.422	Science, 235, 1367, 1987	3c.46*	Ap. J., 234, 471, 1979
3b.423	Univ. Texas Publ. No. 23, 1984 + Ap. J. Suppl. 66, 233, 1988	3c.47	Ap. J. Suppl., 39, 61, 1979
		3c.48	B.A.A.S., 11, 718, 1979
3c.1	Ap. J., 195, 605, 1975	3c.49	M.N.R.A.S., 186, 23P, 1979
3c.2	Ap. J., 197, 17, 1975	3c.50*	M.N.R.A.S., 186, 29P, 1979
3c.3	Ap. J., 198, 261, 1975	3c.51	Astr. Ap., 76, L14, 1979
3c.4	Ap. J. Lett., 199, L13, 1975	3c.52	Ap. J., 235, 392, 1980
3c.5	Ap. J. Lett., 200, L67, 1975	3c.53	Ap. J., 235, 761, 1980
3c.6	P.A.S.P., 87, 683, 1975	3c.54	Ap. J., 236, 441, 1980
3c.7	P.A.S.P., 87, 853, 1975	3c.55	Ap. J., 237, 331, 1980
3c.8	B.A.A.S., 7, 436, 1975	3c.56	Ap. J., 237, 655, 1980
3c.9	B.A.A.S., 7, 436, 1975	3c.57	Ap. J., 238, 24, 1980
3c.10	M.N.R.A.S., 172, 19P, 1975	3c.58*	Ap. J., 238, 458, 1980
3c.11	Ap. J. Lett., 203, L53, 1976.	3c.59*	Ap. J., 239, 12, 1980
3c.12	Ap. J., 204, 684, 1976.	3c.60	Ap. J., 240, 779, 1980
3c.13	Ap. J., 205, 29, 1976.	3c.61	Ap. J. Lett., 241, L69, 1980
3c.14*	Ap. J., 205, 44, 1976.	3c.62	Ap. J. Lett., 241, L141, 1980
3c.15	Ap. J. Lett., 206, L15, 1976.	3c.63	B.A.A.S., 12, 750, 1980
3c.16	Ap. J., 207, 367, 1976.	3c.64	B.A.A.S., 12, 845, 1980
3c.17	Ap. J., 208, 317, 1976.	3c.65	Mitt. Ast. Gesell., No. 50, 109, 1980
3c.18	Ap. J. Lett., 210, L5, 1976.	3c.66	Nature, 284, 410, 1980
3c.19	P.A.S.P., 88, 870, 1976.	3c.67	Photometry, Kinematics and Dynamics of Galaxies. Proc. Conf. Univ. of Texas at Austin, edit. D.S. Evans, p. 325, 1979
3c.20*	M.N.R.A.S., 175, 191, 1976.		
3c.21	M.N.R.A.S., 177, 91, 1976.		
3c.22	Ap. J. Lett, 215, L107, 1977		
3c.23	Ap. J., 216, 698, 1977	3c.68	Ap. J., 243, 690, 1981
3c.24	Ap. J. Lett., 218, L37, 1977	3c.69*	Ap. J., 243, 756, 1981
3c.25	A. J., 82, 674, 1977	3c.70*	Ap. J., 245, 18, 1981
3c.26	Ap. J., 219, 818, 1978	3c.71	Ap. J., 245, 818, 1981
3c.27	Ap. J., 220, 62, 1978	3c.72	Ap. J., 246, 38, 1981
3c.28*	Ap. J., 220, 75, 1978	3c.73	Ap. J. Lett., 245, L59, 1981
3c.29	Ap. J. Lett., 222, L133, 1978	3c.74	Ap. J., 247, 48, 1981
3c.30	Ap. J., 224, 22, 1978	3c.75	Ap. J., 249, 76, 1981
3c.31*	Ap. J., 226, 550, 1978	3c.76	Ap. J. Lett., 247, L11, 1981
3c.32	Ap. J. Lett., 226, L125, 1978	3c.77	Ap. J., 250, 87, 1981
3c.33	Ap. J. Suppl., 38, 267, 1978	3c.78	Ap. J., 251, 530, 1981
3c.34*	A. J., 83, 73, 1978	3c.79	Ap. J. Lett., 250, L15, 1981
3c.35	M.N.R.A.S., 183, 85P, 1978	3c.80	A. J., 86, 16, 1981
3c.36	M.N.R.A.S., 184, 15P, 1978	3c.81*	P.A.S.P., 93, 25, 1981
3c.37	P.A.S.P., 90, 28, 1978	3c.82	B.A.A.S., 13, 892, 1981
3c.38	P.A.S.P., 90, 652, 1978	3c.83	M.N.R.A.S., 194, 795, 1981
3c.39	B.A.A.S., 10, 422, 1978	3c.84	M.N.R.A.S., 195, 149, 1981
3c.40	B.A.A.S., 10, 422, 1978	3c.85*	M.N.R.A.S., 195, 1P, 1981
3c.41	I.A.U. Circ. No.3274, 1978	3c.86	M.N.R.A.S., 197, 627, 1981
		3c.87*	M.N.R.A.S., 197, 1067, 1981
		3c.88*	Astr. Ap., 100, L20, 1981

3c.89*	J. Ap. Ast., 2, 67, 1981	3c.135	Ap. J. Suppl., 53, 105, 1983
3c.90	Nature, 294, 319, 1981	3c.136	P.A.S.P., 95, 724, 1983
3c.91	Ap. J. Lett., 252, L53, 1982	3c.137*	M.N.R.A.S., 202, 397, 1983
3c.92	Ap. J., 253, 19, 1982	3c.138	M.N.R.A.S., 204, 1263, 1983
3c.93	Ap. J., 257, 570, 1982	3c.139	M.N.R.A.S., 205, 793, 1983
3c.94	Ap. J., 260, 70, 1982	3c.140	M.N.R.A.S., 205, 819, 1983
3c.95	Ap. J., 261, 463, 1982	3c.141	Astr. Ap., 117, 109, 1983
3c.96	Ap. J., 262, 451, 1982	3c.142*	Ap. J., 278, 475, 1984
3c.97	Ap. J., 262, 460, 1982	3c.143	Ap. J., 278, 521, 1984
3c.98	Ap. J., 263, 101, 1982	3c.144	Ap. J., 280, 126, 1984
3c.99	Ap. J., 263, 624, 1982	3c.145	Ap. J., 280, 521, 1984
3c.100	Ap. J. Lett., 263, L13, 1982	3c.146*	Ap. J., 280, 528, 1984
3c.101*	Ap. J. Suppl., 50, 241, 1982	3c.147	Ap. J., 280, 574, 1984
3c.102*	A. J., 87, 598, 1982	3c.148	Ap. J., 282, 427, 1984
3c.103*	A. J., 87, 1106, 1982	3c.149	Ap. J., 284, 557, 1984
3c.104	A. J., 87, 1639, 1982	3c.150*	Ap. J., 287, 95, 1984
3c.105*	M.N.R.A.S., 199, 953, 1982	3c.151	Ap. J., 287, 566, 1984
3c.106*	M.N.R.A.S., 199, 969, 1982	3c.152	Ap. J. Lett., 278, L59, 1984
3c.107*	M.N.R.A.S., 199, 1053, 1982	3c.153	Ap. J. Lett., 278, L79, 1984
3c.108*	M.N.R.A.S., 200, 19, 1982	3c.154	Ap. J. Lett., 283, L1, 1984
3c.109*	M.N.R.A.S., 200, 509, 1982	3c.155	A. J., 89, 441, 1984
3c.110*	M.N.R.A.S., 201, 111, 1982	3c.156*	A. J., 89, 1300, 1984
3c.111	M.N.R.A.S., 201, 223, 1982	3c.157	A. J., 89, 1520, 1984
3c.112	M.N.R.A.S., 201, 991, 1982	3c.158	P.A.S.P., 96, 143, 1984
3c.113	Observatory, 102, 78, 1982	3c.159	P.A.S.P., 96, 398, 1984
3c.114*	Astr. Ap., 107, 276, 1982	3c.160	P.A.S.P., 96, 699, 1984
3c.115*	Astr. Ap., 113, 231, 1982	3c.161	P.A.S.P., 96, 973, 1984
3c.116	Astr. Ap., 115, 84, 1982	3c.162	B.A.A.S., 16, 470, 471, 1984
3c.117	"Extragalactic Molecules"-NRAO Workshop, edit. L. Blitz and M. L. Kutner, p. 121, 1981	3c.163	M.N.R.A.S., 208, 15, 1984
		3c.164	M.N.R.A.S., 209, 59, 1984
		3c.165	M.N.R.A.S., 209, 111, 1984
3c.118	Nature, 299, 234, 1982	3c.166	M.N.R.A.S., 209, 245, 1984
3c.119	Adv. in UV Ast. 4 Years of IUE Res. NASA Conf. Publ. 2238, p. 151, 1982	3c.167	M.N.R.A.S., 209, 373, 1984
		3c.168	M.N.R.A.S., 210, 25P, 1984
		3c.169*	M.N.R.A.S., 211, 461, 1984
3c.120	Ap. J., 265, 643, 1983	3c.170	M.N.R.A.S., 211, 543, 1984
3c.121	Ap. J., 266, 69, 1983	3c.171*	M.N.R.A.S., 211, 833, 1984
3c.122	Ap. J., 267, 551, 1983	3c.172	Observatory, 104, 231, 1984
3c.123*	Ap. J., 268, 602, 1983	3c.173	Astr. Ap., 131, 72, 1984
3c.124*	Ap. J., 268, 667, 1983	3c.174	Astr. Ap., 135, 281, 1984
3c.125	Ap. J., 269, 444, 1983	3c.175*	Ap. Space Sci., 103, 61, 1984
3c.126*	Ap. J., 271, 512, 1983	3c.176	Nature, 309, 430, 1984
3c.127*	Ap. J., 272, 400, 1983	3c.177	Fourth Europ. I.U.E. Conf., Rome, ESA-SP-218, p. 107, 1984
3c.128*	Ap. J., 274, 39, 1983		
3c.129	Ap. J., 274, 125, 1983	3c.178	Nature, 311, 237, 1984
3c.130	Ap. J., 274, 571, 1983	3c.179	Nature, 310, 213, 1984
3c.131	Ap. J., 275, 477, 1983	3c.180	Ap. J., 289, 129, 1985
3c.132	Ap. J. Lett., 267, L69, 1983	3c.181	Ap. J., 290, 116, 1985
3c.133	Ap. J. Lett., 268, L7, 1983	3c.182	Ap. J., 291, 117, 1985
3c.134*	Ap. J. Suppl., 52, 341, 1983	3c.183	Ap. J., 293, 148, 1985

3c.184*	Ap. J., 296, 90, 1985		3c.231	Ap. J., 307, 116, 1986
3c.185	Ap. J., 296, 106, 1985		3c.232	Ap. J., 307, 486, 1986
3c.186	Ap. J., 296, 423, 1985		3c.233	Ap. J., 308, 59, 1986
3c.187	Ap. J., 297, 652, 1985		3c.234	Ap. J., 308, 78, 1986
3c.188	Ap. J., 298, 275, 1985		3c.235	Ap. J., 308, 620, 1986
3c.189	Ap. J., 298, 528, 1985		3c.236	Ap. J., 309, 45, 1986
3c.190	Ap. J., 298, 614, 1985		3c.237*	Ap. J., 309, 572, 1986
3c.191*	Ap. J., 299, 443, 1985		3c.238*	Ap. J., 310, 86, 1986
3c.192*	Ap. J., 299, 881, 1985		3c.239*	Ap. J., 311, 98, 1986
3c.193	Ap. J., 299, 896, 1985		3c.240	Ap. J., 311, 623, 1986
3c.194*	Ap. J. Suppl., 57, 423, 1985		3c.241	Ap. J. Lett., 310, L11, 1986
3c.195*	A. J., 90, 697, 1985		3c.242	Astr. Ap., 154, 373, 1986
3c.196*	A. J., 90, 731, 1985		3c.243*	Astr. Ap., 155, 193, 1986
3c.197*	A. J., 90, 1457, 1985		3c.244	Astr. Ap., 156, 51, 1986
3c.198*	M.N.R.A.S., 213, 51P, 1985		3c.245*	Astr. Ap., 160, 39, 1986
3c.199*	M.N.R.A.S., 213, 67P, 1985		3c.246	Astr. Ap., 163, 31, 1986
3c.200	M.N.R.A.S., 213, 794, 1985		3c.247	Astr. Ap., 166, 4, 1986
3c.201	M.N.R.A.S., 214, 87, 1985		3c.248	Astr. Ap., 166, 92, 1986
3c.202*	M.N.R.A.S., 214, 109, 1985		3c.249	Astr. Ap., 168, 32, 1986
3c.203*	M.N.R.A.S., 214, 429, 1985		3c.250*	Astr. Ap. Suppl., 64, 469, 1986
3c.204	M.N.R.A.S., 215, 37, 1985		3c.251*	Extragalactic Infrared Astronomy, RAL report 85-086, P. M. Gondhalekar, ed., p. 60, 1985
3c.205	M.N.R.A.S., 216, 121, 1985			
3c.206	M.N.R.A.S., 216, 701, 1985			
3c.207	M.N.R.A.S., 217, 281, 1985		3c.252	Ap. J., 312, 91, 1987
3c.208	Astr. Ap., 143, 46, 1985		3c.253*	Ap. J., 312, 529, 1987
3c.209	Astr. Ap., 149, 351, 1985		3c.254*	Ap. J., 312, 555, 1987
3c.210	Astr. Ap., 149, 475, 1985		3c.255*	Ap. J., 312, 566, 1987
3c.211	Astr. Ap., 153, 55, 1985		3c.256	Ap. J., 313, 662, 1987
3c.212*	M.N.A.S.S.A., 44, 60, 1985		3c.257*	Ap. J., 314, 513, 1987
3c.213*	"The Virgo Cluster", ESO Workshop, ESO Proc. No. 20, 135, 1985		3c.258*	Ap. J., 315, 74, 1987
			3c.259*	Ap. J., 316, 70, 1987
3c.214	"Active Galactic Nuclei", Proc. Workshop, Manchester, April 84, p. 247, 1985		3c.260	Ap. J., 317, 180, 1987
			3c.261*	Ap. J., 318, 161, 1987
			3c.262	Ap. J., 318, 175, 1987
3c.215*	Rev. Mex. Ast. Af., 11, 91, 1985		3c.263*	Ap. J., 320, 49, 1987
3c.216	A. J., 91, 751, 1986		3c.264*	Ap. J., 320, 238, 1987
3c.217	A. J., 91, 758, 1986		3c.265*	Ap. J., 321, 233, 1987
3c.218*	A. J., 92, 1007, 1986		3c.266*	Ap. J., 321, 645, 1987
3c.219*	A. J., 92, 1254, 1986		3c.267	Ap. J., 321, 755, 1987
3c.220*	M.N.R.A.S., 218, 429, 1986		3c.268*	Ap. J., 322, 681, 1987
3c.221	M.N.R.A.S., 219, 5P, 1986		3c.269*	Ap. J., 323, 91, 1987
3c.222	M.N.R.A.S., 219, 505, 1986		3c.270*	Ap. J., 323, 516, 1987
3c.223	M.N.R.A.S., 220, 453, 1986		3c.271*	Ap. J. Lett., 312, L11, 1987
3c.224*	M.N.R.A.S., 223, 11, 1986		3c.272	Ap. J. Lett., 313, L53, 1987
3c.225*	Ap. J., 300, 151, 1986		3c.273	Ap. J. Lett., 315, L23, 1987
3c.226	Ap. J., 301, 675, 1986		3c.274	Ap. J. Lett., 316, L11, 1987
3c.227	Ap. J., 303, 171, 1986		3c.275*	Ap. J. Lett., 319, L63, 1987
3c.228	Ap. J., 304, 646, 1986		3c.276*	Ap. J. Lett., 321, L35, 1987
3c.229	Ap. J., 304, 651, 1986		3c.277	Ap. J. Lett., 321, L103, 1987
3c.230*	Ap. J., 306, 483, 1986		3c.278*	Ap. J. Lett., 322, L9, 1987

3c.279	A. J., 93, 1011, 1987	3d.22*	A. J., 89, 1279, 1984
3c.280	A. J., 93, 1057, 1987	3d.23	Ap. J., 290, 136, 1985
3c.281*	A. J., 94, 54, 1987	3d.24	Ap. J., 294, 134, 1985
3c.282*	A. J., 94, 636, 1987	3d.25	Astr. Ap., 159, 336, 1986
3c.283*	A. J., 94, 831, 1987	3d.26	Sov. Ast. Lett., 12, 223, 1986
3c.284	A. J., 94, 847, 1987	3d.27	Rev. Mex. Ast. Af., 12, 137, 1986
3c.285	Astr. Ap., 171, 41, 1987	3d.28	Ast. Tsirk., No. 1415, p. 3, 1986
3c.286	Astr. Ap., 177, 51, 1987	3d.29*	Ap. J., 314, 513, 1987
3c.287	Astr. Ap., 182, 179, 1987	3d.30	Ap. J., 315, 460, 1987
3c.288*	Astr. Ap., 184, 63, 1987	3d.31	Ap. J. Lett., 317, L7, 1987
3c.289*	Ap. J. Suppl., 63, 803, 1987	3d.32	A. J., 93, 1011, 1987
3c.290	Ap. J. Suppl., 64, 459, 1987	3d.33	A. J., 93, 1055, 1987
3c.291*	Astr. Ap. Suppl., 69, 487, 1987	3d.34*	A. J., 94, 43, 1987
3c.292	M.N.R.A.S., 224, 1013, 1987	3d.35	Astr. Ap., 173, 219, 1987
3c.293*	M.N.R.A.S., 225, 257, 1987		
3c.294	M.N.R.A.S., 226, 137, 1987	4a.1	Ap. J., 197, 17, 1975
3c.295*	M.N.R.A.S., 227, 563, 1987	4a.2	Ap. J., 197, 317, 1975
3c.296*	M.N.R.A.S., 228, 933, 1987	4a.3	Ap. J. Lett., 198, L93, 1975
3c.297*	M.N.R.A.S., 229, 573, 1987	4a.4	Ap. J., 199, 565, 1975
3c.298	B.A.A.S., 19, 712, 1987	4a.5	Ap. J., 200, 439, 1975
3c.299*	NASA Conf. Publ., NASA CP-2466, ed. C. J. Lonsdale Persson, p. 601, 1987	4a.6	Ap. J., 200, 567, 1975
		4a.7	Ap. J. Suppl., 29, 193, 1975
3c.300	Infrared Astronomy with Arrays, eds. C. G. Wynn-Williams, E. E. Becklin, and L. H. Good, p. 326, 1987	4a.8	A. J., 80, 188, 1975
		4a.9	A. J., 80, 415, 1975
		4a.10	A. J., 80, 492, 1975
3c.301	NASA Conf. Publ., NASA CP-2466, ed. C. J. Lonsdale Persson, p. 643, 1987	4a.11	B.A.A.S., 7, 396, 1975
		4a.12	B.A.A.S., 7, 441, 1975
		4a.13	B.A.A.S., 7, 500, 1975
3d.1	Izv. Crimean Obs., 56, 52, 1977	4a.14	B.A.A.S., 7, 500, 1975
3d.2	Ap. J., 232, 74, 1979	4a.15	B.A.A.S., 7, 506, 1975
3d.3	Bull. Crimean Ap. Obs., 59, 136, 1979	4a.16	B.A.A.S., 7, 539, 1975
3d.4	Bull. Crimean Ap. Obs., 59, 141, 1979	4a.17	M.N.R.A.S., 173, 51P, 1975
3d.5	Bull. Crimean Ap. Obs., 59, 146, 1979	4a.18	Astr. Ap., 38, 315, 1975
3d.6	Trud. Kazan Ast. Obs., No. 42-43, 192, 1978	4a.19	Astr. Ap., 41, 91, 1975
3d.7	Bull. Crimean Ap. Obs., 60, 52, 1979	4a.20	Astr. Ap., 42, 103, 1975
3d.8	Bull. Crimean Ap. Obs., 61, 116, 1980	4a.21	Astr. Ap., 42, 221, 1975
3d.9	Bull. Crimean Ap. Obs., 64, 98, 1981	4a.22	Coll. C.N.R.S. No. 241, p. 337, 1975
3d.10	Ap. J. Lett., 261, L23, 1982	4a.23	Astrophysics, 11, 1, 1975
3d.11	Ap. J. Suppl., 49, 53, 1982	4a.24	Astrophysics, 11, 242, 1975
3d.12*	Ap. J. Suppl., 50, 517, 1982	4a.25	Astrophysics, 11, 414, 1975
3d.13	A. J., 87, 849, 1982	4a.26	Ap. Space Sci., 33, 173, 1975
3d.14*	Astr. Ap. Suppl., 49, 109, 1982; 50, 283, 1982	4a.27	Comm. Special Ap. Obser., No. 13, 32, 1975
3d.15	Astr. Ap. Suppl., 50, 491, 1982	4a.28	Comm. Byurakan Obser., No. 46, 144, 1975
3d.16	Ap. J., 264, 14, 1983		
3d.17*	A. J., 88, 1094, 1983	4a.29	Iss. Special Ap. Obser., 7, 65, 1975
3d.18	Astrophysics, 19, 1, 1983	4a.30	Iss. Special Ap. Obser., 7, 41, 1975
3d.19	Ap. Space Sci., 91, 79, 1983	4a.31	Iss. Special Ap. Obser., 7, 58, 1975
3d.20	Ap. J., 278, 564, 1984	4a.32	IAU Symp. No. 69, Dynamics of Stellar Systems, edit. A. Hayli, p. 370, 1975
3d.21	Ap. J., 284, 544, 1984		

4a.33	Ap. J., 204, 251, 1976	4a.79	A. J., 82, 315, 1977
4a.34	Ap. J. Lett., 206, L11, 1976	4a.80	B.A.A.S., 9, 287, 1977
4a.35	Ap. J., 206, 359, 1976	4a.81	B.A.A.S., 9, 319, 1977
4a.36	Ap. J., 206, 888, 1976	4a.82	B.A.A.S., 9, 319, 1977
4a.37	Ap. J., 209, 372, 1976	4a.83	B.A.A.S., 9, 323, 1977
4a.38	Ap. J., 209, 389, 1976	4a.84	B.A.A.S., 9, 619, 1977
4a.39*	Ap. J., 209, 693, 1976	4a.85	B.A.A.S., 9, 629, 1977
4a.40	Ap. J. Suppl., 31, 313, 1976	4a.86	B.A.A.S., 9, 648, 1977
4a.41	A. J., 81, 20, 1976	4a.87	M.N.R.A.S., 178, 137, 1977
4a.42	A. J., 81, 25, 1976	4a.88	M.N.R.A.S., 178, 451, 1977
4a.43	A. J., 81, 89, 1976	4a.89	M.N.R.A.S., 181, 211, 1977
4a.44	A. J., 81, 500, 1976	4a.90*	M.N.R.A.S., 181, 323, 1977
4a.45	A. J., 81, 799, 1976	4a.91	Astr. Ap., 55, 445, 1977
4a.46	P.A.S.P., 88, 608, 1976	4a.92	Astr. Ap., 56, 71, 1977
4a.47	P.A.S.P., 88, 656, 1976	4a.93	Astr. Ap., 60, 43, 1977
4a.48	P.A.S.P., 88, 824, 1976	4a.94*	Astr. Ap. Suppl., 29, 161, 1977
4a.49	B.A.A.S., 8, 314, 1976	4a.95	Astrophysics, 13, 125, 1977
4a.50	B.A.A.S., 8, 538, 1976	4a.96	Ap. Space Sci., 48, 421, 1977
4a.51	B.A.A.S., 8, 567, 1976	4a.97	I.A.U. Coll. No. 40, Applications de Detecteurs d'Images a reponse lineaire, edit. M. Duchesne et G. Lelievre, Paris-Meudon, p. 46-l, 1977
4a.52	B.A.A.S., 8, 568, 1976		
4a.53	Observatory, 96, 216, 1976		
4a.54	Astr. Ap., 50, 127, 1976		
4a.55	Astr. Ap., 51, 25, 1976		
4a.56	Astr. Ap., 51, 347, 1976	4a.98	I.A.U. Coll. No. 40, Applications de Detecteurs d'Images a reponse lineaire, edit. M. Duchesne et G. Lelievre, Paris-Meudon, p. 50-l, 1977
4a.57	Astr. Ap., 53, 141, 1976		
4a.58	Ap. Iss. Special Ap. Observ., 8, 41, 1976		
4a.59	Astrophysics, ll, No.4, 1976	4a.99	I.A.U. Coll. No. 40, Applications de Detecteurs d'Images a reponse lineaire, edit. M. Duchesne et G. Lelievre, Paris-Meudon, p. 54-l, 1977
4a.60	Ap. Iss. Special Ap. Observ., 8, 47, 1976		
4a.61	P.A.S. Japan, 28, 329, 1976		
4a.62	Proc. 3rd European Ast. Meeting, Tbilisi, E.K. Kharadze, edit., p. 425, 1976	4a.100	B. Abastumani Ap. Obs., No. 48, 147, 161, 1977
		4a.101	Ann. Tokyo Obs., 2nd ser., 16, 122, 1977
4a.63	Izv. Crimean Obs., 55, 188, 1976	4a.102	Pub. A.S. Japan, 29, 567, 1977
4a.64	Astrophysics, 12, 10, 1976	4a.103	Pub. A.S. Japan, 29, 583, 1977
4a.65	Ap. Space Sci., 39, 201, 1976	4a.104	Pub. A.S. Japan, 29, 795, 1977
4a.66	Ap. Space Sci., 39, 477, 1976	4a.105	Ap. J., 220, 62, 1978
4a.67	Ap. Space Sci, 41, 275, 1976	4a.106	Ap. J., 220, 401, 1978
4a.68	A. N., 297, 279, 1976	4a.107	Ap. J., 220, 449, 1978
4a.69	A. N., 297, 323, 1976	4a.108	Ap. J., 221, 721, 1978
4a.70	Ap. J., 211, 697, 1977	4a.109	Ap. J., 222, 1, 1978
4a.71	Ap. J., 212, 335, 1977	4a.110	Ap. J., 222, 435, 1978
4a.72	Ap. J., 214, 359, 1977	4a.111	Ap. J. Lett., 222, L99, 1978
4a.73	Ap. J., 217, 406, 1977	4a.112	Ap. J. Lett., 223, L63, 1978
4a.74	Ap. J., 218, 58, 1977	4a.113	Ap. J., 224, 782, 1978
4a.75	Ap. J. Lett., 218, L7, 1977	4a.114	Ap. J., 224, 796, 1978
4a.76	Ap. J. Suppl., 33, 69, 1977	4a.115	Ap. J., 225, 56, 1978
4a.77	Ap. J. Suppl., 34, 245, 1977	4a.116	Ap. J. Lett., 226, L73, 1978
4a.78	A. J., 82, 32, 1977	4a.117	Ap. J. Lett., 226, L115, 1978

4a.118	Ap. J. Suppl., 37, 145, 1978		4a.166*	M.N.R.A.S., 186, 897, 1979
4a.119	Ap. J. Suppl., 37, 429, 1978		4a.167	M.N.R.A.S., 188, 93, 1979
4a.120	Ap. J. Suppl., 38, 147, 1978		4a.168*	M.N.R.A.S., 188, 579, 1979
4a.121*	A. J., 83, 73, 1978		4a.169	M.N.R.A.S., 189, 751, 1979
4a.122	A. J., 83, 574, 1978		4a.170	Astr. Ap., 72, 111, 1979
4a.123*	A. J., 83, 732, 1978		4a.171	Astr. Ap., 72, 277, 1979
4a.124	A. J., 83, 764, 1978		4a.172	Astr. Ap., 73, 216, 1979
4a.125*	A. J., 83, 1293, 1978		4a.173	Astr. Ap., 74, 186, 1979
4a.126	Astr. Ap., 62, L17, 1978		4a.174	Astr. Ap., 77, 363, 1979
4a.127	Astr. Ap., 65, 165, 1978		4a.175*	Astr. Ap., 79, 70, 1979
4a.128	Astr. Ap., 70, 63, 1978		4a.176	Astr. Ap., 79, 329, 1979
4a.129*	M.N.R.A.S., 182, 797, 1978		4a.177	Astr. Ap., 80, 255, 1979
4a.130	B.A.A.S., 10, 422, 1978		4a.178*	Astr. Ap. Suppl., 37, 591, 1979
4a.131	B.A.A.S., 10, 422, 1978		4a.179	Astr. Ap. Suppl., 38, 15, 1979
4a.132	B.A.A.S., 10, 423, 1978		4a.180	Sov. Ast. Lett., 5, 6, 1979
4a.133	B.A.A.S., 10, 450, 1978		4a.181	Sov. Ast. Lett., 5, 66, 1979
4a.134	B.A.A.S., 10, 629, 1978		4a.182	P.A.S. Japan, 31, 431, 1979
4a.135	B.A.A.S., 10, 693, 1978		4a.183	Pittsburgh Conf. on BL Lac Objects, A.M. Wolfe, edit., Univ. of Pittsburgh, p. 82, 1978
4a.136	Sov. Ast., 22, 7, 1978			
4a.137	Pub. A. S. Japan, 30, 91, 1978			
4a.138	Ast. Papers dedicated to B. Stromgren, edit. A. Reiz and T. Andersen. Copenhagen Univ. Observ., p. 397, 1978		4a.184	Bull. Crimean Ap. Obs., 59, 141, 1979
			4a.185	Bull. Crimean Ap. Obs., 59, 146, 1979
			4a.186	Trud. Kazan Ast. Obs., No. 42-43, 192, 1978
4a.139	Mem. Soc. Ast. Italiana, 48, 713, 1978			
4a.140	Ap. J., 227, 56, 1979		4a.187	Bull. Crimean Ap. Obs., 60, 52, 1979
4a.141	Ap. J., 229, 91, 1979		4a.188	Ann. de Physique, 4, No. 2, 139, 1979
4a.142	Ap. J., 230, 697, 1979		4a.189	J.R.A.S. Canada, 73, 301, 1979
4a.143	Ap. J., 231, 10, 1979		4a.190	Ap. J., 237, 303, 1980
4a.144	Ap. J., 231, 354, 1979		4a.191	Ap. J., 239, 54, 1980
4a.145	Ap. J., 231, 364, 1979		4a.192	Ap. J., 239, 783, 1980
4a.146	Ap. J., 231, 673, 1979		4a.193*	Ap. J., 241, 493, 1980
4a.147	Ap. J., 233, 23, 1979		4a.194	Ap. J., 242, 63, 1980
4a.148	Ap. J., 233, 44, 1979		4a.195	Ap. J. Suppl., 43, 365, 1980
4a.149	Ap. J., 233, 504, 1979		4a.196	A. J., 85, 131, 1980
4a.150	Ap. J., 234, 76, 1979		4a.197	A. J., 85, 513, 1980
4a.151	Ap. J., 234, 435, 1979		4a.198	A. J., 85, 1582, 1980
4a.152	Ap. J., 234, 829, 1979		4a.199	B.A.A.S., 12, 490, 1980
4a.153	Ap. J., 234, 842, 1979		4a.200	B.A.A.S., 12, 492, 1980
4a.154	Ap. J. Suppl., 40, 699, 1979		4a.201	B.A.A.S., 12, 462, 1980
4a.155	Ap. J. Suppl., 41, 209, 1979		4a.202	M.N.R.A.S., 190, 459, 1980
4a.156	Ap. J. Suppl., 41, 435, 1979		4a.203	M.N.R.A.S., 191, 69, 1980
4a.157	A. J., 84, 284, 1979		4a.204	M.N.R.A.S., 191, 123, 1980
4a.158	A. J., 84, 497, 1979		4a.205	Astr. Ap., 84, 317, 1980
4a.159*	A. J., 84, 735, 1979		4a.206	Astr. Ap., 85, 101, 1980
4a.160*	A. J., 84, 1091, 1979		4a.207	Astr. Ap., 89, 345, 1980
4a.161	A. J., 84, 1281, 1979		4a.208	Sov. Ast., 24, 259, 1980
4a.162	B.A.A.S., 11, 429, 1979		4a.209	Ap. Space Sci., 68, 519, 1980
4a.163	B.A.A.S., 11, 718, 1979		4a.210	A. N., 301, 217, 1980
4a.164	M.N.R.A.S., 186, 701, 1979		4a.211	Pub. A. S. Japan, 32, 185, 1980
4a.165	M.N.R.A.S., 186, 717, 1979		4a.212	Pub. A. S. Japan, 32, 197, 1980

4a.213	Bull. Crimean Ap. Obs., 61, 116, 1980
4a.214	Image Processing in Astronomy, edit. G. Sedmak, M. Capaccioli, R. J. Allen, Trieste, p. 377, 1979
4a.215	Image Processing in Astronomy, edit. G. Sedmak, M. Capaccioli, R. J. Allen, Trieste, p. 386, 1979
4a.216	Soob. Spec. Ap. Obs., No. 26, p. 33, 1979
4a.217	Abastumani Ap. Obs. Bull. No. 52, p. 15, 1980
4a.218	Abastumani Ap. Obs. Bull. No. 52, p. 59, 1980
4a.219*	J. Ap. Ast., 1, 129, 1980
4a.220	Photometry, Kinematics and Dynamics of Galaxies. Proc. Conf. Univ. of Texas at Austin, ed. D.S. Evans, p. 31, 1979
4a.221	Photometry, Kinematics and Dynamics of Galaxies. Proc. Conf. Univ. of Texas at Austin, ed. D.S. Evans, p. 75, 1979
4a.222	Photometry, Kinematics and Dynamics of Galaxies. Proc. Conf. Univ. of Texas at Austin, ed. D.S. Evans, p. 97, 1979
4a.223	Photometry, Kinematics and Dynamics of Galaxies. Proc. Conf. Univ. of Texas at Austin, ed. D.S. Evans, p. 109, 1979
4a.224	Photometry, Kinematics and Dynamics of Galaxies. Proc. Conf. Univ. of Texas at Austin, ed. D.S. Evans, p. 113, 119, 1979
4a.225	Photometry, Kinematics and Dynamics of Galaxies. Proc. Conf. Univ. of Texas at Austin, ed. D.S. Evans, p. 143, 1979
4a.226	Photometry, Kinematics and Dynamics of Galaxies. Proc. Conf. Univ. of Texas at Austin, ed. D.S. Evans, p. 307, 1979
4a.227	Ap. J., 243, 716, 1981
4a.228	Ap. J., 244, 447, 1981
4a.229	Ap. J., 244, 458, 1981
4a.230	Ap. J., 246, 722, 1981
4a.231	Ap. J. Lett., 245, L9, 1981
4a.232	Ap. J., 247, 32, 1981
4a.233	Ap. J., 248, 439, 1981
4a.234*	Ap. J., 248, 485, 1981
4a.235	Ap. J., 249, 3, 1981
4a.236*	Ap. J. Suppl., 46, 177, 1981
4a.237	A. J., 86, 178, 1981
4a.238	A. J., 86, 523, 1981
4a.239	A. J., 86, 826, 1981
4a.240	A. J., 86, 981, 1981
4a.241	A. J., 86, 1323, 1981
4a.242	A. J., 86, 1415, 1981
4a.243	B.A.A.S., 13, 894, 1981
4a.244	Astr. Ap., 95, 105, 1981
4a.245	Astr. Ap., 95, 116, 1981
4a.246	Astr. Ap., 95, 266, 1981
4a.247	Astr. Ap., 96, 215, 1981
4a.248	Astr. Ap., 98, 352, 1981
4a.249	Astr. Ap., 102, 119, 1981
4a.250	Astr. Ap., 102, 230, 1981
4a.251	Astr. Ap., 102, L17, 1981
4a.252	Astr. Ap. Suppl., 43, 231, 1981
4a.253	Sov. Ast. Lett., 7, 717, 1981
4a.254	Astrophysics, 17, 17, 1981
4a.255	Astrophysics, 17, 121, 1981
4a.256	Astrophysics, 17, 233, 1981
4a.257	Mitt. Ast. Gesell. No. 52, p. 55, 1981
4a.258	M.N.R.A.S., 195, 325, 1981
4a.259	IAU Asian - South Pacific Reg. meet., New Zealand J. Sci., 22, 333, 1979
4a.260	Pub. A. S. Japan, 33, 643, 1981
4a.261	Ap. J., 252, 455, 1982
4a.262	Ap. J., 257, 40, 1982
4a.263	Ap. J., 258, 53, 1982
4a.264	Ap. J., 258, 77, 1982
4a.265	Ap. J., 262, 48, 1982
4a.266	Ap. J., 262, 529, 1982
4a.267	Ap. J., 263, 14, 1982
4a.268	Ap. J. Lett., 260, L37, 1982
4a.269	Ap. J. Lett., 261, L23, 1982
4a.270	Ap. J. Suppl., 50, 1, 1982
4a.271	Ap. J. Suppl., 50, 421, 1982
4a.272	A. J., 87, 76, 1982
4a.273	A. J., 87, 264, 1982
4a.274	A. J., 87, 500, 1982
4a.275	A. J., 87, 1648, 1982
4a.276	A. J., 87, 1668, 1982
4a.277	B.A.A.S., 14, 959, 1982
4a.278	B.A.A.S., 14, 972, 1982
4a.279	M.N.R.A.S., 200, 1, 1982
4a.280	M.N.R.A.S., 200, 153, 1982
4a.281	M.N.R.A.S., 200, 407, 1982
4a.282	M.N.R.A.S., 201, 975, 1982
4a.283	Astr. Ap., 105, 76, 1982
4a.284	Astr. Ap., 105, 351, 1982
4a.285	Astr. Ap., 106, 53, 1982
4a.286	Astr. Ap., 106, 112, 1982
4a.287	Astr. Ap., 108, 334, 1982
4a.288	Astr. Ap., 110, 61, 1982
4a.289	Astr. Ap., 110, 79, 1982

4a.290	Astr. Ap., 112, 235, 1982
4a.291	Astr. Ap., 115, 388, 1982
4a.292	Astr. Ap. Suppl., 50, 491, 1982
4a.293	Sov. Ast. Lett., 8, 75, 1982
4a.294	Sov. Ast. Lett., 8, 145, 1982
4a.295	Sov. Ast. Lett., 8, 311, 1982
4a.296	Nature, 295, 126, 1982
4a.297	Ann. Tokyo Ast. Obs., 18, 191, 1982
4a.298	IAU Symp. No. 97 "Extragalactic Radio Sources", eds. D. Heeschen and C. Wade, p. 377, 1982
4a.299	Scien. Importance of High Ang. Res. at IR and Opt. - ESO Conf., M. H. Ulrich, K. Kjar, edit. p. 115, 1981
4a.300	"Optical Jets in Galaxies", Proc. ESO/ESA Workshop, Munich - ESA-SP-162 pp. 25, 29, 43, 145, 1981
4a.301	"Optical Jets in Galaxies", Proc. ESO/ESA Workshop, Munich - ESA-SP-162 p. 29, 1981
4a.302	"Optical Jets in Galaxies", Proc. ESO/ESA Workshop, Munich - ESA-SP-162 p. 39, 1981
4a.303	Pub. A.S. Japan, 34, 423, 1982
4a.304	Ap. Space Sci., 83, 239, 1982
4a.305	A. N., 303, 97, 1982
4a.306	A. N.,303, 287, 1982
4a.307	J. Korean Ast. Soc., 14, 1, 1981
4a.308	"Cosmology and Particles" 16th Moriond Ap. Meet., edit. J. Audouze et. al., p. 321, 1982
4a.309	Ap. J., 266, 562, 1983
4a.310	Ap. J., 270, 465, 1983
4a.311	Ap. J., 271, 123, 1983
4a.312	Ap. J., 272, 29, 1983
4a.313	Ap. J., 272, 473, 1983
4a.314	Ap. J., 273, 167, 1983
4a.315*	Ap. J., 274, 39, 1983
4a.316	Ap. J., 274, 502, 1983
4a.317	Ap. J., 274, 558, 1983
4a.318	Ap. J., 275, 477, 1983
4a.319	Ap. J., 275, 529, 1983
4a.320	Ap. J., 275, 559, 1983
4a.321	Ap. J. Lett., 265, L49, 1983
4a.322	Ap. J. Suppl., 52, 465, 1983
4a.323	Ap. J. Suppl., 53, 105, 1983
4a.324	A. J., 88, 55, 1983
4a.325	A. J., 88, 171, 1983
4a.326	A. J., 88, 602, 1983
4a.327	A. J., 88, 789, 1983
4a.328*	A. J., 88, 804, 1983
4a.329	A. J., 88, 909, 1983
4a.330	A. J., 88, 1579, 1983
4a.331	A. J., 88, 1707, 1983
4a.332	B.A.A.S., 15, 657, 1983
4a.333	M.N.R.A.S., 202, 379, 1983
4a.334*	M.N.R.A.S., 202, 1127, 1983
4a.335	M.N.R.A.S., 205, 377, 1983
4a.336	M.N.R.A.S., 205, 889, 1983
4a.337	Astr. Ap., 117, 109, 1983
4a.338	Astr. Ap., 118, 123, 1983
4a.339	Astr. Ap., 118, 166, 1983
4a.340	Astr. Ap., 120, 36, 1983
4a.341	Astr. Ap., 121, 297, 1983
4a.342	Astr. Ap., 122, 111, 1983
4a.343	Astr. Ap., 122, 301, 1983
4a.344	Astr. Ap. Suppl., 53, 247, 383, 1983
4a.345	Sov. Ast., 27, 1, 1983
4a.346	Astrofizika, 19, 171, 1983
4a.347	Astrophysics, 19, 215, 1983
4a.348	Astrophysics, 19, 222, 1983
4a.349	Astrophysics, 19, 325, 1983
4a.350	A. N., 304, 21, 1983
4a.351	Pub. A. S., Japan, 35, 413, 1983
4a.352	Mitt. Ast. Gesell., No. 58, 105, 1983
4a.353*	Ann. Tokyo Ast. Obs., 2nd series, 19, No. 2, 121, 1983
4a.354	"Astrophysical Jets", Ap. Space Sci. Lib., vol. 103, p. 135, 1983
4a.355	"Astrophysical Jets", Ap. Space Sci. Lib., vol. 103, p. 149, 1983
4a.356	IAU Symp. No. 100, Internal Kinematics and Dynamics of Galaxies, E. Athanassoula, ed., p. 153, 1983
4a.357	IAU Symp. No. 100, Internal Kinematics and Dynamics of Galaxies, E. Athanassoula, ed., p. 229, 237, 1983
4a.358	Quasars and Gravitational Lenses, Proc. 24th Liege Intern. Ap. Coll., p. 360, 1983
4a.359	Soob. Special Ap. Obs., No 33, 5, 1982
4a.360	Ap. J., 277, 487, 1984
4a.361	Ap. J., 277, 501, 1984
4a.362	Ap. J., 278, 11, 1984
4a.363	Ap. J., 278, 96, 1984
4a.364*	Ap. J., 280, 7, 1984
4a.365	Ap. J., 280, 41, 1984 see also Ap. J. Suppl., 55, 319, 1984
4a.366	Ap. J., 280, 66, 1984
4a.367*	Ap. J., 282, 85, 1984
4a.368*	Ap. J., 286, 106, 1984
4a.369	Ap. J., 286, 116, 1984

4a.370	Ap. J., 286, 132, 1984	4a.416	Ap. J., 291, 627, 1985
4a.371	Ap. J., 287, 148, 1984	4a.417*	Ap. J., 292, 104, 1985, see also Ap. J. Suppl., 57, 473, 1985
4a.372	Ap. J., 287, 555, 1984	4a.418	Ap. J., 293, 94, 1985
4a.373	Ap. J., 287, 577, 1984	4a.419	Ap. J., 295, 324, 1985
4a.374	Ap. J. Lett., 283, L27, 1984	4a.420	Ap. J., 297, 90, 1985
4a.375	Ap. J. Suppl., 54, 127, 1984	4a.421	Ap. J., 297, 652, 1985
4a.376*	Ap. J. Suppl., 56, 105, 1984	4a.422	Ap. J., 298, 560, 1985
4a.377	Ap. J. Suppl., 56, 283, 1984	4a.423	Ap. J., 299, 59, 1985
4a.378*	A. J., 89, 64, 1984	4a.424	Ap. J., 299, 303, 1985
4a.379	A. J., 89, 180, 1984	4a.425	Ap. J. Suppl., 58, 107, 1985
4a.380	P.A.S.P., 96, 216, 1984	4a.426*	Ap. J. Suppl., 59, 115, 1985
4a.381	B.A.A.S., 16, 956, 1984	4a.427	A. J., 90, 169, 1985
4a.382	M.N.R.A.S., 208, 91, 1984	4a.428	A. J., 90, 183, 1985
4a.383	M.N.R.A.S., 209, 401, 1984	4a.429	A. J., 90, 441, 1985
4a.384	M.N.R.A.S., 209, 21P, 1984	4a.430	A. J., 90, 451, 1985
4a.385	M.N.R.A.S., 209, 503, 1984	4a.431	(A. J., 90, 690, 1985)
4a.386	M.N.R.A.S., 210, 415, 1984	4a.432	P.A.S.P., 97, 110, 1985
4a.387	M.N.R.A.S., 211, 707, 1984	4a.433	B.A.A.S., 17, 611, 1985
4a.388	Astr. Ap., 131, 291, 1984	4a.434	M.N.R.A.S., 212, 471, 1985
4a.389	Astr. Ap., 132, 20, 1984	4a.435	M.N.R.A.S., 213, 111, 1985
4a.390	Astr. Ap., 132, 342, 1984	4a.436	M.N.R.A.S., 214, 177, 1985
4a.391	Astr. Ap., 133, 341, 1984	4a.437	M.N.R.A.S., 216, 429, 1985
4a.392	Astr. Ap., 134, 99, 1984	4a.438	M.N.R.A.S., 217, 87, 1985
4a.393	Astr. Ap., 135, 89, 1984	4a.439	Astr. Ap., 143, 399, 1985
4a.394	Astr. Ap., 135, 190, 1984	4a.440	Astr. Ap., 144, 496, 1985
4a.395	Astr. Ap., 137, 166, 1984	4a.441	Astr. Ap., 146, 269, 1985
4a.396	Astr. Ap., 137, 327, 1984	4a.442	Astr. Ap., 147, 178, 1985
4a.397	Astr. Ap., 139, L9, 1984	4a.443	Astr. Ap., 149, 475, 1985
4a.398	Astr. Ap., 140, 174, 1984	4a.444	Astr. Ap., 149, 449, 1985
4a.399	Astr. Ap., 140, 288, 1984	4a.445	Astr. Ap., 150, 62, 1985
4a.400	Sov. Ast. Lett., 10, 340, 1984	4a.446	Astr. Ap., 153, 199, 1985
4a.401	Astrophysics, 20, 30, 1984	4a.447*	Astr. Ap. Suppl., 59, 205, 1985
4a.402	Astrophysics, 20, 396, 1984	4a.448	Astr. Ap. Suppl., 59, 497, 1985
4a.403	Astrophysics, 20, 470, 1984	4a.449*	Astr. Ap. Suppl., 60, 261, 1985
4a.404	Ap. Letters, 24, 85, 1984	4a.450	Astr. Ap. Suppl., 61, 141, 1985
4a.405	IAU Coll. No. 78 "Astronomy with Schmidt-type Telescopes", Ap. Space Sci. Lib., vol. 110, p, 379, 1984	4a.451	Sov. Ast. Lett., 11, 73, 1985
		4a.452	Ap. Space Sci., 110, 351, 1985
		4a.453	Ap. Space Sci., 116, 299, 1985
4a.406	IAU Coll. No. 78 "Astronomy with Schmidt-type Telescopes", Ap. Space Sci. Lib., vol. 110, p. 385, 1984	4a.454*	A. N., 306, 107, 1985
		4a.455	A. N., 306, 257, 1985
		4a.456*	Ap. J. Lett., 292, L9, 1985
4a.407	Nature, 309, 600, 1984	4a.457	"New Aspects of Galaxy Photometry", Proc., Toulouse, France, 1984. Lect. Notes in Phys., 232, p. 161, 1985
4a.408	A. N., 305, 59, 1984		
4a.409	J. Korean Ast. Soc., 17, 23, 1984		
4a.410	A. N., 305, 157, 1984	4a.458	"New Aspects of Galaxy Photometry", Proc., Toulouse, France, 1984. Lect. Notes in Phys., 232, p. 245, 1985
4a.411	Trud. Ast. Obs. Leningrad, 39, 73, 1984		
4a.412	Pub. A. S. Japan, 36, 477, 1984		
4a.413	Ap. J., 288, 438, 1985	4a.459	"New Aspects of Galaxy Photometry", Proc., Toulouse, France, 1984. Lect.
4a.414	Ap. J., 289, 124, 1985		
4a.415*	Ap. J., 291, 8, 1985		

	Notes in Phys., 232, p. 265, 1985
4a.460	"New Aspects of Galaxy Photometry", Proc., Toulouse, France, 1984. Lect. Notes in Phys., 232, p. 269, 1985
4a.461	"New Aspects of Galaxy Photometry", Proc., Toulouse, France, 1984. Lect. Notes in Phys., 232, p. 339, 1985
4a.462	"The Virgo Cluster", ESO Workshop, ESO Proc. 20, 298, 1985
4a.463	Bull. Special Caucasus Ap. Obs., 20, 68, 1985
4a.464	Soob. Byurakan Obs., 54, 80, 1983
4a.465*	"An Atlas of Selected Galaxies", ed. B. Takase, K. Kodaira, S. Okamura, Univ. of Tokyo Press, Japan; VNU Science Press, Utrecht, 1984
4a.466	Rev. Mex. Ast. Af., 10, Special Issue, p. 81, 1985
4a.467	Astrophysics, 23, 634, 1985
4a.468	B.A.A.S., 17, 845, 1985
4a.469	B.A.A.S., 17, 861, 1985
4a.470	Bull. Spec. Ast. Obs., 20, 70, 1985
4a.471	A. J., 91, 70, 1986
4a.472	A. J., 91, 507, 1986
4a.473	A. J., 91, 777, 1986
4a.474*	A. J., 91, 1301, 1986
4a.475	A. J., 92, 285, 1986
4a.476*	A. J., 92, 1007, 1986
4a.477	A. J., 92, 1039, 1986
4a.478	A. J., 92, 1048, 1986
4a.479	P.A.S.P., 98, 56, 1986
4a.480	P.A.S.P., 98, 732, 1986
4a.481	M.N.R.A.S., 218, 289, 1986
4a.482	Ap. J., 300, 132, 1986
4a.483	Ap. J., 301, 57, 1986
4a.484	Ap. J., 301, 83, 1986
4a.485	Ap. J., 302, 234, 1986
4a.486	Ap. J., 302, 245, 1986
4a.487	Ap. J., 303, 66, 1986
4a.488	Ap. J., 304, 82, 96, 1986
4a.489	Ap. J., 304, 305, 1986
4a.490	Ap. J., 305, 136, 1986
4a.491	Ap. J., 305, 204, 1986
4a.492	Ap. J., 306, 64, 1986
4a.493	Ap. J., 306, 110, 1986
4a.494	Ap. J., 307, 110, 1986
4a.495	Ap. J., 308, 36, 1986
4a.496	Ap. J., 308, 611, 1986
4a.497	Ap. J., 309, 45, 1986
4a.498	Ap. J., 309, 59, 1986
4a.499	Ap. J., 309, 100, 1986
4a.500	Ap. J., 310, 597, 1986
4a.501	Ap. J., 311, 34, 1986
4a.502	Ap. J., 311, 526, 1986
4a.503	Ap. J. Lett., 300, L5, 1986
4a.504*	Ap. J. Suppl., 60, 475, 1986
4a.505*	Ap. J. Suppl., 60, 603, 1986
4a.506	Ap. J. Suppl., 61, 631, 1986
4a.507*	Ap. J. Suppl., 62, 703, 1986
4a.508	Astr. Ap., 157, 49, 1986
4a.509	Astr. Ap., 161, 70, 1986
4a.510	Astr. Ap., 161, 237, 1986
4a.511	Astr. Ap., 165, 45, 1986
4a.512	Astr. Ap., 165, 189, 1986
4a.513	Astr. Ap., 167, 11, 1986
4a.514	Astr. Ap., 167, L21, 1986
4a.515	Astr. Ap., 169, 54, 1986
4a.516	Astr. Ap. Suppl., 66, 505, 1986
4a.517	Ap. Space Sci., 124, 345, 1986
4a.518	Astrophysics, 23, 1986
4a.519	Astrophysics, 24, 194, 1986
4a.520	Proc. Sec. Asian-Pacific Reg. Meeting on Ast., B. Hiyadat and M. W. Feast, eds., p. 551, 1986
4a.521	Rev. Mex. Ast. Af., 12, 133, 1986
4a.522	Star Forming Dwarf Galaxies, D. Kunth, T. X. Thuan, and J. Tran Thanh Van, eds., p. 73, 1986
4a.523	Luminous Stars and Associations in Nearby Galaxies, C. W. H. de Loore, A. J. Willis, and P. Laskerides, eds., p. 395, 1986
4a.524	Struc. and Evol. of Active Galactic Nuclei, G. Guiricin, F. Mardirossian, M. Mezzetti, and M. Ramella, eds., p. 633, 1986
4a.525*	J. Korean A. S., 19, 69, 1986
4a.526	Ap. J., 312, 514, 1987
4a.527*	Ap. J., 313, 59, 1987
4a.528	Ap. J., 313, 69, 1987
4a.529	Ap. J., 313, 89, 1987
4a.530*	Ap. J., 313, 629, 1987
4a.531	Ap. J., 314, 439, 1987
4a.532	Ap. J., 314, 57, 1987
4a.533	Ap. J., 315, 460, 1987
4a.534	Ap. J., 315, 480, 1987
4a.535	Ap. J., 318, 531, 1987
4a.536	Ap. J., 318, 585, 1987
4a.537*	Ap. J., 320, 122, 1987
4a.538	Ap. J., 320, 454, 1987

4a.539	Ap. J., 320, 586, 1987	4a.588	M.N.R.A.S., 224, 367, 1987
4a.540	Ap. J., 321, 211, 1987	4a.589*	M.N.R.A.S., 226, 747, 1987
4a.541	Ap. J. Lett., 317, L7, 1987	4a.590	M.N.R.A.S., 229, 15, 1987
4a.542*	Ap. J. Lett., 318, L33, 1987	4a.591*	P.A.S.J., 39, 221, 1987
4a.543*	Ap. J. Lett., 321, L29, 1987	4a.592	P.A.S.J., 39, 411, 1987
4a.544	Ap. J. Lett., 323, L113, 1987	4a.593	P.A.S.J., 39, 849, 1987
4a.545	A. J., 93, 14, 1987	4a.594	B.A.A.S., 18, 902, 1986
4a.546	A. J., 93, 29, 1987	4a.595	B.A.A.S., 18, 917, 1986
4a.547	A. J., 93, 33, 1987	4a.596	B.A.A.S., 19, 684, 1987
4a.548	A. J., 93, 60, 1987	4a.597	B.A.A.S., 19, 1063 1987
4a.549	A. J., 93, 301, 1987	4a.598	I.A.U. Symp. No. 115, Star Forming Regions, M. Peimbert and J. Jukagu, eds., p. 642, 1987
4a.550	A. J., 93, 816, 1987		
4a.551	A. J., 93,1063, 1987		
4a.552	A. J., 94, 23, 1987	4a.599	I.A.U. Symp. No. 115, Star Forming Regions, M. Peimbert and J. Jukagu, eds., p. 648, 1987
4a.553	A. J., 94, 30, 1987		
4a.554	A. J., 94, 297, 1987		
4a.555	A. J., 94, 301, 1987	4a.600	I.A.U. Symp. No. 127, Structure and Dynamics of Elliptical Galaxies, T. de Zeeuw, ed, p. 413, 1987
4a.556	A. J., 94, 306, 1987		
4a.557*	A. J., 94, 831, 1987		
4a.558	A. J., 94, 847, 1987	4a.601	I.A.U. Symp. No. 121, Observational Evidence of Activity in Galaxies, E. Y. Khachikian, K. J. Fricke, and J. Melnick, eds., p. 349, 1987
4a.559*	A. J., 94,1126, 1987		
4a.560	A. J., 94,1143, 1987		
4a.561	A. J., 94,1480, 1987		
4a.562	A. J., 94,1508, 1987	4a.602	I.A.U. Symp. No. 121, Observational Evidence of Activity in Galaxies, E. Y. Khachikian, K. J. Fricke, and J. Melnick, eds., p. 399, 1987
4a.563	A. J., 94, 1519, 1987		
4a.564	Astr. Ap., 171, 66, 1987		
4a.565	Astr. Ap., 172, 32, 1987		
4a.566	Astr. Ap., 173, 49, 1987	4a.603	Astrofizica, 26, 29, 1987
4a.567*	Astr. Ap., 173, 59, 1987	4a.604	NASA Conf. Publ., NASA CP-2466, ed. C. J. Lonsdale Persson, p. 235, 1987
4a.568	Astr. Ap., 173, 219, 1987		
4a.569	Astr. Ap., 174, 57, 1987	4a.605	Ap. Space Sci. 135, 301, 1987
4a.570	Astr. Ap., 174, 63, 1987	4a.606	Astron. Nacht. 308, 246, 1987
4a.571	Astr. Ap., 177, 63, 1987	4a.607	Astrophysics, 27, No. 1, 1987
4a.572	Astr. Ap., 177, 71, 1987	4a.608*	Ann. Tokyo Astron. Obs., Series 2, Vol.21, No. 4, p. 437, 1987
4a.573	Astr. Ap., 183, 9, 1987		
4a.574	Astr. Ap., 185, 77, 1987	4a.609	Rev. Mex. Astron. Af., 14, 134, 1987
4a.575	Astr. Ap., 186, 39, 1987	4a.610	Infrared Astronomy with Arrays, eds. C. G. Wynn-Williams, E. E. Becklin, and L. H. Good, p. 337, 1987
4a.576	Astr. Ap., 188, 5, 1987		
4a.577	Ap. J. Suppl., 64, 1, 1987 + B.A.A.S., 18, 916, 1986.		
		4a.611	Infrared Astronomy with Arrays, eds. C. G. Wynn-Williams, E. E. Becklin, and L. H. Good, p. 345, 1987
4a.578	Ap. J. Suppl., 64, 1, 1987		
4a.579	Ap. J. Suppl., 64, 383, 1987		
4a.580*	Ap. J. Suppl., 64, 507, 1987	4a.612	Infrared Astronomy with Arrays, eds. C. G. Wynn-Williams, E. E. Becklin, and L. H. Good, p. 355, 1987
4a.581*	Ap. J. Suppl., 64, 643, 1987		
4a.582	Astr. Ap. Suppl., 68, 33, 1987		
4a.583	Astr. Ap. Suppl., 69, 311, 1987	4a.613	Infrared Astronomy with Arrays, eds. C. G. Wynn-Williams, E. E. Becklin, and L. H. Good, p. 360, 1987
4a.584*	Astr. Ap. Suppl., 71, 449, 1987		
4a.585	Astr. Ap. Suppl., 71, 465, 1987		
4a.586	P.A.S.P., 99, 375, 1987	4a.614*	J. Korean Astron. Soc., 20, 49, 1987
4a.587	P.A.S.P., 99, 1167, 1987	4a.615	NASA Conf. Publ., NASA CP-2466, ed.

C. J. Lonsdale Persson, p. 517, 1987

4b.1	Ap.J., 197, 17, 1975.
4b.2	Pub. A. S. Japan, 28, 27, 1976
4b.3	Pub. A. S. Japan, 29, 583, 1977
4b.4	Ap. J., 225, 346, 1978
4b.5	Ap. J., 233, 504, 1979
4b.6	M.N.R.A.S., 186, 23P, 1979
4b.7	Ap. J., 236, 441, 1980
4b.8	Ap. J. Lett., 237, L65, 1980
4b.9	Ap. J., 238, 24, 1980
4b.10	Ap. J., 243, 453, 1981
4b.11	Ap. J., 244, 476, 1981
4b.12	Ap. J., 251, 530, 1981
4b.13	Ap. J. Lett., 250, L15, 1981 + B.A.A.S., 13, 506, 1981
4b.14	B.A.A.S., 13, 892, 1981
4b.15	B.A.A.S., 13, 894, 1981
4b.16	Second European IUE Conf., Tubingen, Germany. ESA, Paris, p. 253, 1980
4b.17	Ap. J., 259, 77, 1982
4b.18	Ap. J., 261, 463, 1982
4b.19	B.A.A.S., 14, 643, 1982
4b.20	Observatory, 102, 78, 1982
4b.21	Astr. Ap., 106, 16, 1982
4b.22	Nature, 295, 126, 1982
4b.23	"Extragalactic Molecules" NRAO Workshop, edit. L. Blitz and M. L. Kutner p. 121, 1981
4b.24	Ap. J., 265, 643, 1983
4b.25	Ap. J., 267, 551, 1983
4b.26	Ap. J. Lett., 265, L55, 1983
4b.27	B.A.A.S., 15, 914, 1983
4b.28	M.N.R.A.S., 202, 241, 1983
4b.29	Pub. A. S. Japan, 35, 413, 1983
4b.30	Ap. J., 277, 542, 1984
4b.31	Ap. J., 282, 427, 1984
4b.32	Ap. J. Lett., 278, L59, 1984
4b.33	Ap. J. Lett., 285, L31, 1984
4b.34	B.A.A.S., 16, 977, 1984
4b.35	B.A.A.S., 16, 987, 1984
4b.36	Pub. A. S. Japan, 36, 477, 1984
4b.37	Nature, 310, 213, 1984
4b.38	Ap. J., 289, 129, 1985
4b.39	Ap. J., 290, 108, 1985
4b.40	Ap. J., 291, 72, 1985
4b.41	Ap. J., 297, 652, 1985
4b.42	Ap. J., 299, 303, 1985
4b.43	Ap. J., 299, 896, 1985
4b.44	Ap. J. Lett., 298, L37, 1985
4b.45	B.A.A.S., 17, 845, 1985
4b.46	M.N.R.A.S., 216, 701, 1985
4b.47	Astr. Ap., 146, 297, 1985
4b.48	A. J., 91, 758, 1986
4b.49	M.N.R.A.S., 218, 615, 1986
4b.50	M.N.R.A.S., 219, 22P, 1986
4b.51	Ap. J., 302, 632, 1986
4b.52	Ap. J., 303, 171, 1986
4b.53	Ap. J., 304, 651, 1986
4b.54	Ap. J., 310, 637, 1986
4b.55	Ap. J. Lett., 303, L37, 1986
4b.56	B.A.A.S., 18, 1033, 1986
4b.57	NASA Conf. Pub., NASA CP-2353, H. A. Thronson and E. F. Erickson, eds., p. 277, 1986
4b.58	A. J., 93, 1057, 1987
4b.59	Astr. Ap., 180, 27, 1987
4b.60	Astr. Ap., 181, 225, 1987
4b.61	NASA Conf. Publ., NASA CP-2466, ed. C. J. Lonsdale Persson, p. 297, 1987
4b.62	NASA Conf. Publ., NASA CP-2466, ed. C. J. Lonsdale Persson, p. 497, 1987
4b.63	NASA Conf. Publ., NASA CP-2466, ed. C. J. Lonsdale Persson, p. 717, 1987
5a.1	Ap. J., 197, 39, 1975
5a.2	Ap. J., 200, 426, 1975
5a.3	Ap. J. Lett., 200, L63, 1975
5a.4	Ap. J., 202, 335, 1975
5a.5	Ap. J., 202, 346, 1975
5a.6	Ap. J. Suppl., 29, 303, 1975
5a.7	B.A.A.S., 7, 411, 1975
5a.8	B.A.A.S., 7, 412, 1975
5a.9	B.A.A.S., 7, 414, 1975
5a.10	M.N.R.A.S. 172, 59P, 1975
5a.11	Astr. Ap., 42, 289, 1975
5a.12	Sov. Ast. Lett., 1, 30, 1975
5a.13	B.A.A.S., 7, 238, 1975
5a.14	Coll. C.N.R.S. No. 241, p. 371, 1975
5a.15	Ap. J., 208, 673, 1976.
5a.16	Ap. J., 209, 734, 1976.
5a.17	A. J., 81, 743, 1976.
5a.18	M.N.R.A.S., 177, 157, 1976.
5a.19	A. N., 297, 269, 1976
5a.20	Ap. J. Lett., 212, L57, 1977
5a.21	Ap. J., 214, 21, 1977
5a.22	B.A.A.S., 9, 586, 1977
5a.23	M.N.R.A.S., 180, 15P, 1977
5a.24	Astr. Ap., 54, 639, 1977
5a.25	Astr. Ap., 61, L31, 1977

5a.26	Ap. J., 219, 445, 1978	5a.74	B.A.A.S., 13, 545, 1981
5a.27	Ap. J. Lett., 219, L119, 1978	5a.75	B.A.A.S., 13, 797, 1981
5a.28	Ap. J., 220, 453, 1978	5a.76	B.A.A.S., 13, 842, 1981
5a.29	Ap. J., 221, 512, 1978	5a.77	B.A.A.S., 13, 892, 1981
5a.30	Ap. J. Lett., 221, L73, 1978	5a.78	M.N.R.A.S., 196, 1P, 1981
5a.31	Ap. J., 225, 790, 1978	5a.79	Ap. J. Lett., 249, L55, 1981
5a.32	Ap. J. Lett., 225, L49, 1978	5a.80	Astr. Ap., 97, 201, 1981
5a.33	Ap. J. Lett., 226, L79, 1978	5a.81	Astr. Ap., 103, 319, 1981
5a.34	A. J., 83, 228, 1978	5a.82	Sov. Ast. Lett., 7, 143, 1981
5a.35	Astr. Ap., 67, 291, 1978	5a.83	Physical Processes in Red Giants, Ap. Space Sci. Lib., No. 88, 71, 1981
5a.36	Observatory, 98, 169, 1978		
5a.37	I.A.U. Symp. No.80, The HR Diagram, edit. A.G.D. Phillip and D.S. Hayes, p.269, 1978	5a.84	IAU Circ. No. 3643, 1981
		5a.85	Ap. J., 252, 133, 1982
		5a.86	Ap. J., 252, 474, 1982
5a.38	Pub. D. Dunlap Obs.,3, 203, 1978	5a.87	Ap. J., 254, 38, 1982
5a.39	Ap. J., 232, 84, 1979	5a.88	Ap. J., 254, 500, 1982
5a.40	Ap. J., 234, 854, 1979	5a.89	Ap. J., 254, 507, 1982
5a.41	A. J., 84, 62, 1979	5a.90	Ap. J., 256, 339, 1982
5a.42	A. J., 84, 601, 1979	5a.91	Ap. J., 258, 439, 1982
5a.43	A. J., 84, 604, 1979	5a.92	P.A.S.P., 94, 444, 1982
5a.44	A. J., 84, 1149, 1167, 1979	5a.93	P.A.S.P., 94, 828, 1982
5a.45	P.A.S.P., 91, 761, 1979	5a.94	B.A.A.S., 14, 643, 1982
5a.46	B.A.A.S., 11, 418, 1979	5a.95	M.N.R.A.S., 198, 193, 1982
5a.47	B.A.A.S., 11, 694, 1979	5a.96	Astr. Ap., 105, 410, 1982
5a.48	B.A.A.S., 11, 719, 1979	5a.97	Astr. Ap., 113, 328, 1982
5a.49	Astr. Ap., 76, 240, 1979	5a.98	Astr. Ap., 114, 165, 1982
5a.50	Ap. Space Sci., 66, 39, 1979	5a.99	Sov. Ast. Lett., 8, 281, 1982
5a.51	Mem. Soc. Ast. Italiana, 50, 145, 1979	5a.100	Sov. Ast. Lett., 8, 314, 1982
5a.52	Ap. J., 238, 65, 1980	5a.101	IAU Symp. No. 99, "Wolf-Rayet Stars" eds. C. W. H. DeLoore and A. J. Willis, p. 531, 1982
5a.53	Ap. J., 240, 804, 1980		
5a.54	Ap. J., 241, 111, 1980		
5a.55	Ap. J., 241, 125, 1980	5a.102	Ap. Space Sci., 86, 117, 1982
5a.56	Ap. J., 241, 587, 1980	5a.103	"The Most Massive Stars" ESO Workshop, Munich 1981, p. 245, 1982
5a.57	Ap. J., 241, 598, 1980		
5a.58	Ap. J., 242, 63, 1980	5a.104	"The Most Massive Stars" ESO Workshop, Munich 1981, p. 191, 1982
5a.59	Ap. J. Suppl., 44, 319, 1980		
5a.60	A. J., 85, 398, 1980	5a.105	Ap. J., 264, 114, 1983
5a.61	A. J., 85, 415, 1980	5a.106	Ap. J., 264, 458, 1983
5a.62	B.A.A.S., 12, 827, 1980	5a.107	Ap. J., 269, 335, 1983
5a.63	B.A.A.S., 12, 846, 1980	5a.108	Ap. J., 270, 471, 1983
5a.64	Astr. Ap., 84, 354, 1980	5a.109	Ap. J., 271, 65, 123, 1983
5a.65	Sov. Ast. Lett., 6, 152, 184, 1980	5a.110	Ap. J., 271, 113, 1983
5a.66	Ap. J. Lett., 244, L3, 1981	5a.111	Ap. J., 272, 92, 1983
5a.67	Ap. J., 249, 83, 1981	5a.112	Ap. J., 273, 530, 1983
5a.68	Ap. J., 249, 471, 1981	5a.113	Ap. J., 273, 539, 1983
5a.69	Ap. J., 251, 52, 1981	5a.114	Ap. J., 273, 544, 1983
5a.70	A. J., 86, 87, 1981	5a.115	Ap. J., 273, 576, 1983
5a.71	P.A.S.P., 93, 29, 1981	5a.116	Ap. J., 274, 577, 1983
5a.72	P.A.S.P., 93, 291, 1981	5a.117	Ap. J. Lett., 266, L11, 1983
5a.73	B.A.A.S., 13, 506, 1981	5a.118	Ap. J. Lett., 267, L25, 1983

5a.119	A. J., 88, 329, 1983	5a.165	Ap. J., 289, 141, 1985
5a.120	A. J., 88, 935, 1983	5a.166	Ap. J., 290, 191, 1985
5a.121	A. J., 88, 1108, 1983	5a.167	Ap. J., 290, 542, 1985
5a.122	A. J., 88, 1569, 1983	5a.168	Ap. J., 291, 685, 1985
5a.123	B.A.A.S., 15, 617, 1983	5a.169	Ap. J., 294, 560, 1985
5a.124	B.A.A.S., 15, 669, 1983	5a.170	Ap. J. Lett., 291, L41, 1985
5a.125	B.A.A.S., 15, 906, 1983	5a.171	Ap. J., 298, 240, 1985
5a.126	B.A.A.S., 15, 907, 1983	5a.172	Ap. J. Lett., 296, L7, 1985
5a.127	M.N.R.A.S., 204, 87P, 1983	5a.173	Ap. J. Lett., 298, L13, 1985
5a.128	Astr. Ap., 118, L5, 1983	5a.174	A. J. 90, 80, 1985
5a.129	Astr. Ap., 123, 159, 1983	5a.175	A. J., 90, 101, 1985
5a.130	Astr. Ap. Suppl., 53, 97, 1983	5a.176	A. J., 90, 204, 1985
5a.131	Sov. Ast. Lett., 9, 340, 1983	5a.177	A. J., 90, 600, 1985
5a.132	Ast. Tsirk. No. 1216, p. 5, 1982	5a.178	A. J., 90, 1019, 1985
5a.133	Ap. J., 276, 487, 1984	5a.179	A. J., 90, 1163, 1985
5a.134	Ap. J., 278, 124, 1984	5a.180	A. J., 90, 1464, 1985
5a.135	Ap. J., 278, 575, 1984	5a.181	A. J., 90, 1796, 1985
5a.136	Ap. J., 282, 101, 1984	5a.182	A. J., 90, 1967, 1985
5a.137	Ap. J., 284, 663, 1984	5a.183	A. J., 90, 2221, 1985
5a.138	Ap. J., 285, 483, 1984	5a.184	A. J., 90, 2239, 1985
5a.139	Ap. J., 286, 159, 1984	5a.185	A. J., 90, 2499, 1985
5a.140	Ap. J., 287, 138, 1984	5a.186	P.A.S.P., 97, 219, 1985
5a.141	Ap. J. Lett., 277, L9, 1984	5a.187	P.A.S.P., 97, 908, 1985
5a.142	A. J., 89, 621, 1984	5a.188	B.A.A.S., 17, 872, 1985
5a.143	A. J., 89, 630, 1984	5a.189	B.A.A.S., 17, 883, 1985
5a.144	A. J., 89, 801, 1984	5a.190	Astr. Ap., 144, 388, 1985
5a.145	A. J., 89, 814, 1984	5a.191	Astr. Ap., 152, 65, 1985
5a.146	A. J., 89, 1155, 1984	5a.192	I.A.U. Circ. No. 4132, 1985
5a.147	A. J., 89, 1160, 1984	5a.193	Ap. Space Sci., 110, 357, 1985
5a.148	A. J., 89, 1332, 1984	5a.194	Ap. Space Sci., 115, 409, 1985
5a.149	P.A.S.P., 96, 128, 1984	5a.195	"Cool Stars with Excess Heavy Elements", Proc. Strasbourg Coll. Ap. Space Sci. Lib. vol. 114, p. 175, 1985
5a.150	P.A.S.P., 96, 869, 1984		
5a.151	B.A.A.S., 16, 880, 1984		
5a.152	B.A.A.S., 16, 890, 1984	5a.196	"Cool Stars with Excess Heavy Elements", Proc. Strasbourg Coll. Ap. Space Sci. Lib. vol 114, p. 171, 1985
5a.153	B.A.A.S., 16, 947, 1984		
5a.154	B.A.A.S., 16, 948, 1984		
5a.155	B.A.A.S., 16, 970, 1984	5a.197	"Production and Distribution of C,N,O Elements", ESO Conf. Proc. No. 21, p. 83, 1985
5a.156	B.A.A.S., 16, 977, 1984		
5a.157	B.A.A.S., 16, 989, 1984		
5a.158	M.N.R.A.S., 207, 801, 1984	5a.198	A. J., 91, 496, 1986
5a.159	M.N.R.A.S., 209, 169, 1984	5a.199	A. J., 91, 522, 1986
5a.160	I.A.U. Circ. No. 3974, 1984	5a.200	A. J., 91, 808, 1986
5a.161	"Wolf-Rayet Stars: Progenitors of Supernovae?" Workshop Paris-Meudon p. V.3, V.15, 1983	5a.201	A. J., 91, 1091, 1986
		5a.202	A. J., 92, 23, 1986
		5a.203	A. J., 92, 43, 1986
5a.162	IAU Symp. No. 105, "Observational Tests of Stellar Evolution Theory, p. 465, 1984	5a.204	A. J., 92, 292, 1986
		5a.205	A. J., 92, 302, 1986
		5a.206	A. J., 92, 328, 1986
5a.163	Inf. Bull. Var. Stars, No. 2532, 1984	5a.207	A. J., 92, 766, 1986
5a.164	Ap. J. Lett., 288, L41, 1985	5a.208	A. J., 92, 777, 1986

5a.209	A. J., 92, 1303, 1986	5a.256	I.A.U. Symp. No. 124, Observational Cosmology, A. Hewitt, G. Burbidge, and L. Z. Fang, eds., p. 197, 1987
5a.210	P.A.S.P., 98, 110, 1986		
5a.211	P.A.S.P., 98, 732, 1986		
5a.212	P.A.S.P., 98, 1282, 1986	5a.257	ESO Conf. Workshop Proceedings No. 27, eds. M. Azzopardi and F. Matteucci, p. 281, 1987
5a.213	Ap. J., 305, 583, 1986		
5a.214	Ap. J., 305, 591, 1986		
5a.215	Ap. J., 305, 634, 1986	5a.258	Star Clusters and Associations, eds. B. A. Balazs and G. Szecsenyi, p. 83, 1986
5a.216	Ap. J. Lett., 301, L45, 1986		
5a.217	Ap. J. Suppl., 60, 507, 1986		
5a.218	Astr. Ap., 155, 72, 1986		
5a.219	Ap. Space Sci., 122, 235, 1986	5b.1	B.A.A.S., 7, 534, 1975
5a.220	Ap. Space Sci., 127, 327, 1986	5b.2	Sov. Ast. Lett., 1, 69, 1975
5a.221	Luminous Stars and Associations in Nearby Galaxies, C. W. H. de Loore, A. J. Willis, and P. Laskerides, eds., p. 103, 1986	5b.3	Ap. J., 205, 709, 1976
		5b.4	Ap. J., 207, 1036, 1976
		5b.5	B.A.A.S., 8, 568, 1976
		5b.6	Astr. Ap., 50, 127, 1976
5a.222	Mem. Soc. Ast. Ital. 57, 573, 1986	5b.7	Sov. Ast. Lett., 2, 128, 1976
5a.223	B.A.A.S., 18, 915, 1986	5b.8	Ap. J., 212, 335, 1977
5a.224	B.A.A.S., 18, 958, 1986	5b.9	Ap. J., 213, 18, 1977
5a.225	Ap. J., 316, 517, 1987	5b.10	Ap. J. Suppl., 33, 69, 1977
5a.226*	Ap. J., 318, 507, 1987	5b.11	A. J., 82, 798, 1977
5a.227	Ap. J., 318, 520, 1987	5b.12	A. J., 82, 947, 1977
5a.228	Ap. J., 320, 26, 1987	5b.13	P.A.S.P., 89, 267, 1977
5a.229	Ap. J., 321, 162, 1987	5b.14	M.N.R.A.S., 180, 309, 1977
5a.230	Ap. J., 323, 79, 1987	5b.15	Mem. R.A.S., 84, 45, 1977
5a.231	Ap. J. Lett., 318, L69, 1987	5b.16	Astr. Ap., 61, 229, 1977
5a.232	A. J., 93, 310, 1987	5b.17	Sov. Ast., 21, 158, 1977
5a.233	A. J., 93, 557, 1987	5b.18	Sov. Ast. Lett., 3, 207, 1977
5a.234	A. J., 93, 833, 1987	5b.19	Ap. J., 221, 62, 1978
5a.235	A. J., 93,1381, 1987	5b.20	Ap. J., 223, 82, 1978
5a.236	A. J., 94, 315, 1987	5b.21	Ap. J., 223, 88, 1978
5a.237	A. J., 94,1156, 1987	5b.22	Ap. J. Suppl., 37, 235, 1978
5a.238	A. J., 94, 1556, 1987	5b.23	A. J., 83, 1383, 1978
5a.239	A. J., 94, 1564, 1987	5b.24	Astr. Ap. Suppl., 34, 249, 1978
5a.240	Astr. Ap., 178, 25, 1987	5b.25	Sov. Ast. Lett., 4, 163, 1978
5a.241	Astr. Ap., 178, 41, 1987	5b.26	Trudy Sternberg Ast. Inst., 47, 16, 1976
5a.242	Astr. Ap., 188, 5, 1987		
5a.243	Astr. Ap. Suppl., 71, 297, 1987	5b.27	Ap. J., 230, 95, 1979
5a.244	P.A.S.P., 99, 380, 1987	5b.28	Ap. J. Lett., 231, L57, 1979
5a.245	P.A.S.P., 99, 816, 1987	5b.29	A. J., 84, 604, 1979
5a.246	P.A.S.P., 99, 854, 1987	5b.30	A. J., 84, 744, 1979
5a.247	P.A.S.P., 99, 1127, 1987	5b.31	A. J., 84, 1694, 1979
5a.248	M.N.R.A.S., 224, 935, 1987	5b.32	P.A.S.P., 91, 639, 1979
5a.249	M.N.R.A.S., 225, 947, 1987	5b.33	B.A.A.S., 11, 431, 1979
5a.250	M.N.R.A.S., 226, 943, 1987	5b.34	B.A.A.S., 11, 632, 1979
5a.251	B.A.A.S., 19, 683, 1987	5b.35	Sov. Ast. Lett., 5, 308, 1979
5a.252	B.A.A.S., 19, 1036, 1987	5b.36	J.R.A.S. Canada, 73, 301, 1979
5a.253	B.A.A.S., 19, 1052, 1987	5b.37	Ap. J., 237, 303, 1980
5a.254	B.A.A.S., 19, 1061, 1987	5b.38	Ap. J., 240, 785, 1980
5a.255	Ap. Space Sci., 129, 39, 1987	5b.39	Ap. J. Lett., 239, L97, 1980

5b.40	Ap. J. Lett., 240, L93, 1980	5b.82	B.A.A.S., 15, 666, 1983
5b.41	Ap. J., 241, 125, 1980	5b.83	Sov. Ast., 27, 390, 475, 1983
5b.42	Ap. J. Lett., 241, L41, 1980	5b.84	Sov. Ast. Lett., 9, 208, 1983
5b.43	P.A.S.P., 92, 122, 1980	5b.85	Ap. Space Sci., 90, 371, 1983
5b.44	Astr. Ap. Suppl., 42, 357, 1980	5b.86	IAU Symp. No. 100, Internal Kinematics and Dynamics of Galaxies, E. Athanassoula, ed., p. 365, 1983
5b.45	Sov. Ast. Lett., 6, 299, 1980		
5b.46	Globular Clusters, NATO Advanced Study Inst., Cambridge, England, edit. D. Hanes, B. Madore, p. 159, 1980		
		5b.87	Ap. J., 276, 491, 1984
5b.47	Ap. J., 245, 416, 1981	5b.88	Ap. J., 278, 119, 1984
5b.48	Ap. J. Lett., 245, L9, 1981	5b.89	Ap. J., 281, 141, 1984
5b.49	Ap. J., 247, 849, 1981	5b.90	Ap. J., 284, 663, 1984
5b.50	A. J., 86, 24, 1981	5b.91	Ap. J., 286, 209, 1984
5b.51	A. J., 86, 357, 1981	5b.92	Ap. J., 287, 175, 185, 1984
5b.52	A. J., 86, 1627, 1981	5b.93	Ap. J., 287, 586, 1984
5b.53	B.A.A.S., 13, 893, 1981	5b.94	A. J., 89, 216, 1984
5b.54	Sov. Ast. Lett., 7, 147, 1981	5b.95	P.A.S.P., 96, 804, 1984
5b.55	Sov. Ast. Lett., 7, 367, 1981	5b.96	B.A.A.S., 16, 967, 1984
5b.56	Ap. J., 253, 86. 1982	5b.97	Astr. Ap., 130, 162, 1984
5b.57	Ap. J., 261, 70, 1982	5b.98	Sov. Ast., 28, 143, 1984
5b.58	Ap. J., 261, 77, 1982	5b.99	Sov. Ast. Lett., 10, 115, 1984
5b.59	Ap. J. Lett., 259, L57, 1982	5b.100	Sov. Ast. Lett., 10, 243, 1984
5b.60	Ap. J. Lett., 260, L45, 1982	5b.101	Sov. Ast. Lett., 10, 273, 1984
5b.61	Ap. J. Suppl., 49, 405, 1982	5b.102	Ap. J., 288, 494, 1985
5b.62	A. J., 87, 264, 1982	5b.103	Ap. J., 290, 140, 1985
5b.63	A. J., 87, 494, 1982	5b.104	Ap. J., 291, 147, 1985
5b.64	A. J., 87, 1465, 1982	5b.105	A. J., 90, 595, 1985
5b.65	P.A.S.P., 94, 754, 1982	5b.106	A. J., 90, 1163, 1985
5b.66	B.A.A.S., 14, 876, 1982	5b.107	A. J., 90, 1967, 1985
5b.67	Astr. Ap., 113, 39, 1982	5b.108	A. J., 90, 2027, 1985
5b.68	Astr. Ap. Suppl., 47, 451, 1982	5b.109	A. J., 90, 2495, 1985
5b.69	Sov. Ast. Lett., 8, 243, 1982	5b.110	P.A.S.P., 97, 110, 1985
5b.70	IAU Coll. No. 68 "Astrophys. Parameters for Globular Clusters", eds. A. G. D. Phillip and D. S. Hayes, p. 467, 1981	5b.111	B.A.A.S., 17, 861, 1985
		5b.112	Astr. Ap., 144, 471, 1985
		5b.113	Astr. Ap., 149, L24, 1985
5b.71	M.N.R.A.S., 200, 509, 1982	5b.114	Astr. Ap., 152, 65, 1985
5b.72	Third Europ. IUE Conf. ESA-SP-176 p.525, 1982	5b.115	Sov. Ast. Lett., 11, 248, 375, 1985
		5b.116	A. J., 91, 507, 1986
5b.73	IAU Coll. No. 68 "Astrophys. Parameters for Globular Clusters", ed. A. G. D. Phillip and D. S. Hayes, pp. 441, 461, 1981	5b.117	A. J., 91, 822, 1986
		5b.118	A. J., 91, 1328, 1986
		5b.119	A. J., 92, 80, 1986
		5b.120	Ap. J., 300, 279, 1986
5b.74	Ap. J., 264, 53, 1983	5b.121	Ap. J., 304, 599, 1986
5b.75	Ap. J., 265, 166, 1983	5b.122	Ap. J., 309, 564, 1986
5b.76	Ap. J., 272, 456, 1983	5b.123	Ap. J. Lett., 303, L1, 1986
5b.77	Ap. J., 275, 92, 1983	5b.124	Ap. J. Lett., 303, L51, 1986
5b.78	Ap. J., 275, 559, 1983	5b.125	Astr. Ap., 154, 321, 1986
5b.79	Ap. J. Lett., 270, L41, 1983	5b.126	Sov. Ast., 30, 371, 1986
5b.80	P.A.S.P., 95, 21, 1983	5b.127	Ast. Her., 79, 112, 1986
5b.81	P.A.S.P., 95, 461, 1983	5b.128	Ap. J. Lett., 315, L29, 1987
		5b.129	Ap. J. Lett., 315, L35, 1987

5b.130	Ap. J. Lett., 322, L91, 1987	6a.4	Ap. J. Lett., 197, L1, 1975
5b.131	A. J., 93, 53, 1987	6a.5	Ap. J., 197, 291, 1975
5b.132	A. J., 93, 779, 1987	6a.6	Ap. J. Lett., 197, L95, 1975
5b.133	A. J., 93, 1368, 1987	6a.7	Ap. J., 198, 261, 1975
5b.134	Astr. Ap., 185, 25, 1987	6a.8	Ap. J., 199, 16, 1975
5b.135	Ap. J. Suppl., 64, 83, 1987	6a.9	Ap. J., 199, 31, 1975
5b.136	Astr. Ap. Suppl., 67, 447, 1987	6a.10	Ap. J., 199, 39, 1975
5b.137	B.A.A.S., 18, 902, 1986	6a.11	Ap. J. Lett., 199, L1, 1975
5b.138	B.A.A.S., 19, 1064, 1987	6a.12	Ap. J. Lett., 199, L9, 1975
5b.139	I.A.U. Symp. No. 115, Star Forming Regions, M. Peimbert and J. Jukagu, eds., p. 642, 1987	6a.13	Ap. J., 199, 586, 1975
		6a.14	Ap. J. Lett., 199, L137, 1975
		6a.15	Ap. J., 200, 439, 1975
5b.140	Rev. Mex. Ast. Af., 14, 172, 1987	6a.16	Ap. J. Lett., 200, L55, 1975
		6a.17	P.A.S.P., 87, 625, 1975
5c.1	Ap. J. Suppl., 33, 69, 1977	6a.18	P.A.S.P., 87, 863, 1975
5c.2	Ap. J. Suppl., 37, 235, 1978	6a.19	B.A.A.S., 7, 500, 1975
5c.3	A. J., 85, 1587, 1980	6a.20	Observatory, 95, 176, 1975
5c.4	A. J., 86, 24, 1981	6a.21	Observatory, 95, 178, 1975
5c.5	A. J., 86, 1627, 1981	6a.22	Observatory, 95, 179, 1975
5c.6	P.A.S.P., 93, 35, 1981	6a.23	Astr. Ap., 38, 15, 1975
5c.7	Astr. Ap., 104, 15, 1981	6a.24*	Astr. Ap., 40, 337, 1975
5c.8	Astr. Ap., 112, 369, 1982	6a.25	Astr. Ap., 40, 339, 1975
5c.9	Sov. Ast. Lett., 8, 184, 1982	6a.26	Astr. Ap., 41, 61, 1975
5c.10	A. J., 88, 329, 1980	6a.27	Astr. Ap., 41, 91, 1975
5c.11	P. A. S. P., 95, 354, 1983	6a.28	Astr. Ap., 42, 145, 1975
5c.12	Ap. J., 276, 491, 1984	6a.29	Sov. Ast. Lett., 1, 220, 1975
5c.13	Ap. J., 287, 175, 1984	6a.30	Sov. Ast., 18, 444, 1975
5c.14	A. J., 89, 216, 1984	6a.31*	Ap. J. Lett., 196, L95, 1975
5c.15	Ap. J., 291, 147, 1985	6a.32	A. N., 296, 233, 1975
5c.16	Ap. J., 299, 74, 1985	6a.33	Ap. J., 204, 251, 1976.
5c.17	A. J., 90, 2221, 1985	6a.34	Ap. J., 205, 356, 1976.
5c.18	A. J., 90, 2495, 1985	6a.35	Ap. J., 206, 359, 1976.
5c.19	P.A.S.P., 97, 110, 1985	6a.36	Ap. J. Lett., 207, L5, 1976.
5c.20	I.A.U. Symp. No. 113, Dynamics of Star Clusters, eds. J. Goodman and P. Hut, p.77, 1985	6a.37	Ap. J. Lett., 207, L17, 1976.
		6a.38	Ap. J., 208, 37, 1976.
		6a.39	Ap. J., 208, 267, 1976.
5c.21	A. J., 92, 23, 1986	6a.40	Ap. J., 208, 650, 1976.
5c.22	A. J., 92, 292, 1986	6a.41	Ap. J., 209, 382, 1976.
5c.23	Ap. J., 304, 599, 1986	6a.42*	A. J., 81, 687, 1976.
5c.24	Ap. J., 309, 564, 1986	6a.43	P.A.S.P., 88, 367, 1976.
5c.25	Astr. Ap., 161, 232, 1986	6a.44*	M.N.R.A.S., 174, 47, 1976.
5c.26	Spectral Evolution of Galaxies, C. Chiosi and A. Renzini, eds., p. 171, 1986	6a.45*	M.N.R.A.S., 175, 633, 1976.
		6a.46	M.N.R.A.S., 177, 91, 1976.
		6a.47	M.N.R.A.S., 177, 77P, 1976.
5c.27	A. N. 307, 379, 1986	6a.48	Astr. Ap., 46, 327, 1976
5c.28	Ap. J., 320, 266, 1987	6a.49*	Astr. Ap., 51, 185, 1976
		6a.50	Astr. Ap., 51, 323, 1976
6a.1	Ap. J., 195, 293, 1975	6a.51	Astr. Ap., 52, 107, 1976
6a.2	Ap. J., 195, 611, 1975	6a.52	Astr. Ap., 53, 435, 1976
6a.3	Ap. J., 196, 335, 1975	6a.53*	Sov. Ast., 20, 521, 1976

6a.54*	P.A.S.P., 88, 388, 1976		6a.104	Ap. J., 225, 780, 1978
6a.55	Nature, 262, 476, 1976		6a.105	Ap. J., 226, 770, 1978
6a.56	Ap. Space Sci., 39, 477, 1976		6a.106	Ap. J. Lett., 226, L1, 1978
6a.57	A. N., 297, 287, 1976		6a.107	Ap. J. Lett., 226, L111, 1978
6a.58	Mitt Ast. Gesell., 38, 102, 1976		6a.108*	A. J., 83, 478, 1978
6a.59	Ap. J., 211, 697, 1977		6a.109*	A. J., 83, 904, 1978
6a.60	Ap. J. Lett., 211, L115, 1977		6a.110*	A. J., 83, 1160, 1978
6a.61	Ap. J. Lett., 212, L105, 1977		6a.111*	A. J., 83, 1549, 1978
6a.62	Ap. J., 214, 359, 1977		6a.112	Astr. Ap., 62, L13, 1978
6a.63	Ap. J., 218, 70, 1977		6a.113	Astr. Ap., 63, 411, 1978
6a.64	A. J., 82, 674, 1977		6a.114	Astr. Ap., 65, 151, 1978
6a.65	A. J., 82, 879, 1977		6a.115	Astr. Ap., 70, L79, 1978
6a.66	P.A.S.P., 89, 113, 1977		6a.116	I.A.U. Circ. No.3202, 1978
6a.67	P.A.S.P., 89, 485, 1977		6a.117	Astr. Ap. Suppl., 34, 341, 1978
6a.68	B.A.A.S., 9, 295, 1977		6a.118	M.N.R.A.S., l84, 15P, 1978
6a.69	B.A.A.S., 9, 619, 1977		6a.119*	M.N.R.A.S., 184, 303, 1978
6a.70	B.A.A.S., 9, 647, 1977		6a.120	M.N.R.A.S., 184, 341, 1978
6a.71	M.N.R.A.S., 178, 15, 1977		6a.121	M.N.R.A.S., 185, 31, 1978
6a.72	M.N.R.A.S., 178, 473, 1977		6a.122	M.N.R.A.S., 185, 53P, 1978
6a.73*	M.N.R.A.S., 178, 675, 1977		6a.123	P.A.S.P., 90, 14, 1978
6a.74*	M.N.R.A.S., 178, 701, 1977		6a.124	P.A.S.P., 90, 20, 1978
6a.75	M.N.R.A.S., 179, 89, 1977		6a.125	P.A.S.P., 90, 237, 1978
6a.76*	M.N.R.A.S., 180, 19, 1977		6a.126	P.A.S.P., 90, 244, 1978
6a.77*	M.N.R.A.S., 180, 465, 1977		6a.127	P.A.S.P., 90, 386, 1978
6a.78*	Observatory, 97, 241, 1977		6a.128	P.A.S.P., 90, 393, 1978
6a.79	Astr. Ap., 55, 445, 1977		6a.129	P.A.S.P., 90, 644, 1978
6a.80	Astr. Ap., 59, 19, 1977		6a.130	Observatory, 98, 63, 1978
6a.81*	Astr. Ap., 59, 23, 1977		6a.131	Sov. Ast. Lett., 4, 261, 1978
6a.82	Astr. Ap., 59, L19, 1977		6a.132	I.A.U. Circ. No. 3293, 1978
6a.83	Astr. Ap., 60, 43, 1977		6a.133	Ap. J., 231, 320, 1979
6a.84*	Astr. Ap. Suppl., 27, 73, 1977		6a.134	Ap. J., 232, 389, 1979
6a.85*	Astr. Ap. Suppl., 30, 35, 1977		6a.135*	Ap. J., 234, 793, 1979
6a.86	Sov. Ast. Lett., 3, 30, 1977.		6a.136	Ap. J. Suppl., 41, 701, 1979
6a.87	Sov. Ast. Lett., 3, 3, 1977		6a.137*	A. J., 84, 311, 1979
6a.88	Ast. Tsirk No. 931, 7, 1976		6a.138	A. J., 84, 1511, 1979
6a.89	Ap. Space Sci., 48, 421, 1977		6a.139*	A. J., 84, 1811, 1979
6a.90	Ap. Space Sci., 47, 397, 1977		6a.140*	M.N.R.A.S., 188, 343, 1979
6a.91	Ap. J., 219, 31, 1978		6a.141*	M.N.R.A.S., 188, 349, 1979
6a.92	Ap. J., 219, 400, 1978		6a.142*	Astr. Ap. Suppl., 36, 129, 1979
6a.93	Ap. J. Lett., 219, L1, 1978		6a.143*	Astr. Ap. Suppl., 36, 259, 1979
6a.94	Ap. J. Lett., 219, L97, 1978		6a.144	Sov. Ast. Lett., 5, 144, 1979
6a.95	Ap. J., 220, 42, 1978		6a.145	Sov. Ast. Lett., 5, 269, 1979
6a.96	Ap. J., 220, 401, 1978		6a.146*	Astrophysics, 15, 1, 1979
6a.97*	Ap. J., 221, 34, 1978		6a.147*	Astrophysics, 15, 16, 1979
6a.98	Ap. J., 221, 422, 1978		6a.148*	Astrophysics, 15, 19, 1979
6a.99	Ap. J., 221, 512, 1978		6a.149*	Astrophysics, 15, 119, 1979
6a.100*	Ap. J., 222, 54, 1978		6a.150*	Astrophysics, 15, 396, 1979
6a.101	Ap. J., 223, 788, 1978		6a.151	A. N., 300, 37, 1979
6a.102	Ap. J. Lett., 224, L43, 1978		6a.152	A. N., 300, 77, 1979
6a.103*	Ap. J., 225, 768, 1978		6a.153	P.A.S. Japan, 31, 647, 1979

6a.154	Nature, 279, 140, 1979	6a.201	Astr. Ap., 102, 53, 1981
6a.155	Kodaikanal Obs. Bull., Ser. A., 2, 105, 1978	6a.202*	Astr. Ap. Suppl., 43, 121, 1981
6a.156*	Ap. J., 235, 347, 1980	6a.203*	Astr. Ap. Suppl., 44, 87, 1981
6a.157	Ap. J., 236, 63, 1980	6a.204*	Astr. Ap. Suppl., 44, 229, 1981
6a.158	Ap. J., 239, 469, 1980	6a.205*	Astr. Ap. Suppl., 44, 329, 1981
6a.159*	Ap. J., 240, 415, 1980	6a.206*	Astr. Ap. Suppl., 46, 57, 1981
6a.160*	Ap. J. Lett., 238, L53, 1980	6a.207	Sov. Ast., 25, 277, 1981
6a.161*	Ap. J., 241, 67, 1980	6a.208	Sov. Ast., 25, 664, 1981
6a.162	Ap. J. Lett., 242, L145, 1980	6a.209*	Sov. Ast. Lett., 7, 1, 1981
6a.163*	Ap. J. Suppl., 44, 137, 1980	6a.210*	Sov. Ast. Lett., 7, 41, 1981
6a.164*	A. J., 85, 89, 1980	6a.211*	Sov. Ast. Lett., 7, 108, 1981
6a.165	M.N.R.A.S., 190, 459, 1980	6a.212*	Sov. Ast. Lett., 7, 148, 1981
6a.166*	M.N.R.A.S., 191, 391, 1980	6a.213	Sov. Ast. Lett., 7, 153, 1981
6a.167*	M.N.R.A.S., 191, 685, 1980	6a.214*	Sov. Ast. Lett., 7, 285, 1981
6a.168*	M.N.R.A.S., 192, 389, 1980	6a.215*	Astrophysics, 17, 1, 1981
6a.169	Astr. Ap., 88, 94, 1980	6a.216*	Astrophysics, 17, 129, 1981
6a.170*	Astr. Ap., 91, 302, 1980	6a.217	Astrophysics, 17, 221, 1981
6a.171*	Astrophysics, 16, 1, 119, 1980	6a.218	Proc. Ast. Soc. Austr., 4, 77, 1980
6a.172	Astrophysics, 16, 233, 1980	6a.219	Ast. Tsirk. No. 1132, p. 7, 1980
6a.173	Astrophysics, 16, 353, 1980	6a.220	Ast. Tsirk. No. 1154, p. 6, 1981
6a.174	Sov. Ast. Lett., 6, 109, 1980	6a.221	Ap. J. Lett., 253, L13, 1982
6a.175	Sov. Ast. Lett., 6, 144, 1980	6a.222*	Ap. J., 255, 373, 1982
6a.176	Sov. Ast. Lett., 6, 288, 1980	6a.223	Ap. J., 259, 482, 1982
6a.177*	First Latin Amer. Reg. Ast. Meet., Univ. of Chile, Dept. Ast. Publ. vol. 3, p. 105, 1979	6a.224	Ap. J., 260, 437, 1982
6a.178	Ap. J., 227, 756, 1979	6a.225	Ap. J., 260, 488, 1982
6a.179*	Ap. J., 243, 411, 1981	6a.226	Ap. J., 263, 14, 1982
6a.180	Ap. J., 245, 799, 1981	6a.227	Ap. J., 263, 54, 1982
6a.181	Ap. J. Lett., 243, L5, 1981	6a.228	Ap. J., 263, 101, 1982
6a.182*	Ap. J. Suppl., 46, 75, 1981	6a.229	Ap. J. Suppl., 49, 515, 1982
6a.183	A. J., 86, 19, 1981	6a.230*	Ap. J. Suppl., 50, 319, 1982
6a.184	A. J., 86, 1289, 1981	6a.231*	A. J., 87, 252, 1982
6a.185*	A. J., 86, 1567, 1981	6a.232*	A. J., 87, 945, 1982
6a.186*	P.A.S.P., 93, 405, 1981	6a.233	A. J., 87, 980, 1982
6a.187	B.A.A.S., 13, 545, 1981	6a.234	A. J., 87, 1438, 1982
6a.188	M.N.R.A.S., 194, 669, 1981	6a.235*	A. J., 87, 1628, 1982
6a.189*	M.N.R.A.S., 195, 325, 1981	6a.236*	A. J., 87, 1658, 1982
6a.190	M.N.R.A.S., 195, 15P, 1981	6a.237*	P.A.S.P., 94, 16, 1982
6a.191	M.N.R.A.S., 195, 787, 1981	6a.238	B.A.A.S., 14, 949, 1982
6a.192	M.N.R.A.S., 196, 11P, 1981	6a.239	M.N.R.A.S., 198, 13P, 1982
6a.193*	M.N.R.A.S., 196, 417, 1981	6a.240	M.N.R.A.S., 200, 153, 1982
6a.194*	M.N.R.A.S., 196, 695, 1981	6a.241	M.N.R.A.S., 200, 263, 1982
6a.195*	Astr. Ap., 95, 1, 1981	6a.242	M.N.R.A.S., 200, 407, 1982
6a.196	Astr. Ap., 95, 266, 1981	6a.243*	M.N.R.A.S., 200, 621, 1982
6a.197*	Astr. Ap., 96, 106, 1981	6a.244	M.N.R.A.S., 201, 957, 1982
6a.198	Astr. Ap., 97, 56, 1981	6a.245	M.N.R.A.S., 201, 69P, 1982
6a.199	Astr. Ap., 97, 302, 1981	6a.246*	Astr. Ap., 105, 200, 1982
6a.200	Astr. Ap., 98, 223, 1981	6a.247	Astr. Ap., 105, 369, 1982
		6a.248	Astr. Ap., 106, 53, 1982
		6a.249	Astr. Ap., 108, 95, 1982
		6a.250*	Astr. Ap., 109, 238, 1982

6a.251*	Astr. Ap., 111, 193, 1982		6a.301	Astr. Ap., 122, 111, 1983
6a.252*	Astr. Ap., 113, 15, 1982		6a.302*	Astr. Ap., 124, L13, 1983
6a.253*	Astr. Ap. Suppl., 48, 453, 1982		6a.303	Astr. Ap., 125, 276, 1983
6a.254*	Astr. Ap. Suppl., 49, 73, 1982		6a.304	Astr. Ap., 127, 29, 1983
6a.255	Sov. Ast. Lett., 8, 75, 1982		6a.305	Astr. Ap., 127, 322, 1983
6a.256*	Sov. Ast. Lett., 8, 104, 1982		6a.306	Astr. Ap., 128, 140, 1983
6a.257	Sov. Ast. Lett., 8, 245, 1982		6a.307*	Astr. Ap. Suppl., 51, 179, 1983
6a.258	Sov. Ast. Lett., 8, 277, 1982		6a.308	Astr. Ap. Suppl., 51, 429, 1983
6a.259*	Sov. Ast. Lett., 8, 280, 1982		6a.309	Sov. Ast., 27, 13, 1983
6a.260*	Astrophysics, 18, 297, 303, 1982		6a.310*	Sov. Ast. Lett., 9, 36, 1983
6a.261	Ast. Tsirk. No. 1168, p. 2, 1981		6a.311*	Sov. Ast. Lett., 9, 205, 1983
6a.262	Ap. J., 264, 114, 1983		6a.312	Sov. Ast. Lett., 9, 337, 1983
6a.263	Ap. J., 264, 337, 1983		6a.313	Astrophysics, 19, 14, 1983
6a.264	Ap. J., 264, 356, 1983		6a.314*	Astrophysics, 19, 129, 1983
6a.265	Ap. J., 265, 610, 1983		6a.315*	Astrophysics, 19, 134, 1983
6a.266	Ap. J., 265, 664, 1983		6a.316	Astrophysics, 19, 227, 1983
6a.267	Ap. J., 266, 41, 1983		6a.317	Astrofizika, 19, 575, 1983
6a.268*	Ap. J., 268, 47, 1983		6a.318*	Astrophysics, 19, 334, 1983
6a.269	Ap. J., 268, 540, 1983		6a.319*	Astrophysics, 19, 354, 1983
6a.270*	Ap. J., 269, 352, 1983		6a.320	Mitt. Ast. Gesell., No. 60, 452, 1983
6a.271	Ap. J., 269, 416, 1983		6a.321	Ast. Tsirk. No. 1231, p. 3, 1982
6a.272	Ap. J., 271, 479, 1983		6a.322	Ast. Tsirk. No. 1233, p. 1, 1982
6a.273	Ap. J., 271, 556, 1983		6a.323	Ap. J., 277, 513, 1984
6a.274*	Ap. J., 272, 68, 1983		6a.324	Ap. J., 278, 96, 1984
6a.275*	Ap. J., 273, 24, 1983		6a.325	Ap. J., 280, 532, 1984
6a.276	Ap. J., 273, 167, 1983		6a.326	Ap. J., 281, 570, 1984
6a.277	Ap. J., 273, 458, 1983		6a.327	Ap. J., 282, 75, 1984
6a.278*	Ap. J., 273, 478, 1983		6a.328*	Ap. J., 283, 33, 1984
6a.279	Ap. J. Lett., 266, L11, 1983		6a.329	Ap. J., 283, 495, 1984
6a.280	Ap. J. Lett., 267, L15, 1983		6a.330	Ap. J., 286, 97, 1984
6a.281	Ap. J. Lett., 270, L41, 1983		6a.331*	Ap. J., 286, 422, 1984
6a.282*	Ap. J. Suppl., 52, 89, 1983		6a.332	Ap. J., 287, 66, 1984
6a.283*	Ap. J. Suppl., 52, 425, 1983		6a.333*	A. J., 89, 23, 1984
6a.284*	A. J., 88, 477, 1983		6a.334*	A. J., 89, 319, 1984
6a.285*	A. J., 88, 697, 1983		6a.335	A. J., 89, 958, 1984
6a.286	A. J., 88, 909, 1983		6a.336*	A. J., 89, 1310, 1984
6a.287*	A. J., 88, 1285, 1983		6a.337	P.A.S.P., 96, 24, 1984
6a.288	A. J., 88, 1479, 1983		6a.338	P.A.S.P., 96, 128, 1984
6a.289	P.A.S.P., 95, 368, 1983		6a.339	P.A.S.P., 96, 273, 1984
6a.290	M.N.R.A.S., 202, 37, 1983		6a.340	B.A.A.S., 16, 1005, 1984
6a.291	M.N.R.A.S., 202, 53, 1983		6a.341*	M.N.R.A.S., 206, 285, 1984
6a.292	M.N.R.A.S., 202, 125, 1983		6a.342	M.N.R.A.S., 207, 9, 1984
6a.293*	M.N.R.A.S., 202, 703, 1983		6a.343	M.N.R.A.S., 207, 173, 1984
6a.294*	M.N.R.A.S., 203, 47, 1983		6a.344*	M.N.R.A.S., 207, 445, 1984
6a.295*	M.N.R.A.S., 203, 545, 1983		6a.345	M.N.R.A.S., 208, 15, 1984
6a.296*	M.N.R.A.S., 203, 701, 1983		6a.346	M.N.R.A.S., 208, 589, 1984
6a.297*	M.N.R.A.S., 204, 691, 1983		6a.347	M.N.R.A.S., 208, 601, 1984
6a.298	M.N.R.A.S., 204, 1279, 1983		6a.348*	M.N.R.A.S., 210, 69, 1984
6a.299	M.N.R.A.S., 204, 87P, 1983		6a.349*	M.N.R.A.S., 210, 373, 1984
6a.300	M.N.R.A.S., 205, 819, 1983		6a.350	M.N.R.A.S., 210, 547, 1984

6a.351	M.N.R.A.S., 210, 873, 1984	6a.397	Ap. J. Suppl., 59, 447, 1985
6a.352	Astr. Ap., 131, 186, 1984	6a.398*	A. J., 90, 410, 1985
6a.353	Astr. Ap., 137, 235, 1984	6a.399	A. J., 90, 522, 1985
6a.354	Astr. Ap., 137, 327, 1984	6a.400	A. J., 90, 691, 1985
6a.355	Astr. Ap., 139, 455, 1984	6a.401*	A. J., 90, 708, 1985
6a.356*	Astr. Ap. Suppl., 57, 1, 1984	6a.402*	A. J., 90, 1772, 1985
6a.357*	Astr. Ap. Suppl., 57, 253, 1984	6a.403*	A. J., 90, 2207, 1985
6a.358*	Astr. Ap. Suppl., 58, 131, 1984	6a.404*	A. J., 90, 2431, 1985
6a.359	Astr. Ap. Suppl, 58, 351, 1984	6a.405	P.A.S.P., 97, 25, 1985
6a.360*	Sov. Ast. Lett., 10, 72, 1984	6a.406	P.A.S.P., 97, 104, 1985
6a.361	Sov. Ast. Lett., 10, 169, 1984	6a.407*	P.A.S.P., 97, 1129, 1985
6a.362*	Sov. Ast. Lett., 10, 105, 1984	6a.408*	M.N.R.A.S., 213, 1, 1985
6a.363*	Sov. Ast. Lett., 10, 235, 1984	6a.409*	M.N.R.A.S., 213, 67P, 1985
6a.364*	Astrophysics, 20, 10, 1984	6a.410	M.N.R.A.S., 216, 41P, 1985
6a.365	Astrophysics, 20, 24, 1984	6a.411*	M.N.R.A.S., 216, 71P, 1985
6a.366*	Astrophysics, 20, 113, 1984	6a.412	M.N.R.A.S., 216, 1043, 1985
6a.367*	Astrophysics, 20, 278, 1984	6a.413	M.N.R.A.S., 217, 731, 1985
6a.368*	Astrophysics, 20, 290, 1984	6a.414	Astr. Ap., 143, 393, 1985
6a.369*	Astrophysics, 20, 371, 1984	6a.415	Astr. Ap., 146, 38, 1985
6a.370*	Astrophysics, 20, 478, 1984	6a.416	Astr. Ap., 146, 269, 1985
6a.371*	Astrophysics, 20, 581, 1984	6a.417	Astr. Ap., 147, 273, 1985
6a.372	Astrophysics, 20, 588, 1984	6a.418*	Astr. Ap., 148, 359, 1985
6a.373*	Astrophysics, 20, 596, 1984	6a.419	Astr. Ap., 148, 443, 1985
6a.374	A. N., 305, 53, 1984	6a.420	Astr. Ap., 149, 475, 1985
6a.375	Nature, 309, 600, 1984	6a.421	Astr. Ap., 150, L5, 1985
6a.376	Fourth Europ. I.U.E. Conf., Rome, ESA-SP-218, p. 101, 1984	6a.422	Astr. Ap., 151, 144, 1985
6a.377	"X-ray and UV Emission from AGN", Proc. Max Planck Inst. Extraterrestial Phys., MPE Rep. 184, p. 28, 1985	6a.423	Astr. Ap., 152, L14, 1985
		6a.424*	Astr. Ap. Suppl., 59, 433, 1985
		6a.425*	Astr. Ap. Suppl., 61, 93, 1985
		6a.426	I.A.U. Circ. No. 4059, 1985
6a.378*	Ap. J., 288, 481, 1985	6a.427	Proc. Ast. Soc. Austr., 6, 147, 1985
6a.379	Ap. J., 289, 81, 1985	6a.428*	Proc. Ast. Soc. Austr., 6, 151, 1985
6a.380	Ap. J., 289, 124, 1985	6a.429*	Nature, 314, 240, 1985
6a.381	Ap. J., 290, 116, 1985	6a.430*	IAU Coll. No. 88, "Stellar Radial Velocities", eds. A.G.D. Phillip and D.W. Latham, p. 397, 1985
6a.382*	Ap. J., 291, 8, 1985		
6a.383*	Ap. J., 291, 88, 1985		
6a.384	Ap. J., 291, 611, 1985	6a.431	Astrofizika, 21, No. 3, 645, 1984
6a.385	Ap. J., 293, 94, 1985	6a.432*	Astrophysics, 22, 127, 1985
6a.386	Ap. J., 293, 148, 1985	6a.433*	Astrophysics, 23, 386, 1985
6a.387	Ap. J., 294, 106, 1985	6a.434*	Astrophysics, 23, 493, 1985
6a.388	Ap. J., 294, 134, 1985	6a.435*	Astrophysics, 23, 623, 1985
6a.389	Ap. J., 296, 106, 1985	6a.436*	A. J., 91, 6, 1986
6a.390	Ap. J., 297, 90, 1985	6a.437*	A. J., 91, 255, 1986
6a.391	Ap. J., 297, 371, 1985	6a.438	A. J., 91, 751, 1986
6a.392	Ap. J., 297, 572, 1985	6a.439*	A. J., 91, 761, 1986
6a.393*	Ap. J., 299, 5, 1985	6a.440	A. J., 91, 1019, 1986
6a.394*	Ap. J. Suppl., 57, 643, 1985	6a.441	A. J., 91, 1058, 1986
6a.395	Ap. J. Suppl., 58, 321, 1985	6a.442	A. J., 91, 1086, 1986
6a.396	Ap. J. Suppl., 59, 23, 1985	6a.443	A. J., 91, 1091, 1986
		6a.444	A. J., 92, 580, 1986

6a.445	A. J., 92, 700, 1986		6a.495*	A. J., 93, 1338, 1987
6a.446	A. J., 92, 777, 1986		6a.496*	A. J., 93, 1350, 1987
6a.447*	A. J., 92, 1238, 1986		6a.497*	A. J., 94, 563, 1987
6a.448	P.A.S.P., 98, 629, 1986		6a.498*	A. J., 94, 571, 1987
6a.449	Observatory, 106, 19, 1986		6a.499	Univ. Texas Publ. No. 23, 1984 + Ap. J. Suppl. 66, 233, 1988
6a.450	M.N.R.A.S., 218, 198, 1986		6a.500*	A. J., 94, 636, 1987
6a.451	M.N.R.A.S., 218, 297, 1986		6a.501*	A. J., 94, 831, 1987
6a.452	M.N.R.A.S., 218, 453, 1986		6a.502*	A. J., 94, 854, 1987
6a.453	M.N.R.A.S., 220, 351, 1986		6a.503	Astr. Ap., 173, 49, 1987
6a.454*	M.N.R.A.S., 220, 679, 1986		6a.504	Astr. Ap., 177, 63, 1987
6a.455*	M.N.R.A.S., 220, 901, 1986		6a.505	Astr. Ap., 178, 77, 1987
6a.456	M.N.R.A.S., 221, 1, 1986		6a.506*	Astr. Ap., 179, 108, 1987
6a.457*	M.N.R.A.S., 221, 233, 1986		6a.507	Astr. Ap., 182, 179, 1987
6a.458	M.N.R.A.S., 221, 727, 1986		6a.508	Astr. Ap., 183, 9, 1987
6a.459	M.N.R.A.S., 222, 787, 1986		6a.509	Astr. Ap., 184, L7, 1987
6a.460*	P.A.S.P., 98, 1273, 1986		6a.510*	Astr. Ap., 184, 63, 1987
6a.461	Ap. J., 301, 742, 1986		6a.511*	Astr. Ap., 185, 4, 1987
6a.462	Ap. J., 302, 245, 1986		6a.512	Astr. Ap., 185, 77, 1987
6a.463	Ap. J., 302, 296, 1986		6a.513	Astr. Ap., 186, 39, 1987
6a.464	Ap. J., 305, 136, 1986		6a.514	Astr. Ap., 186, 84, 1987
6a.465	Ap. J., 306, 411, 1986		6a.515*	Ap. J. Suppl., 63, 543, 1987
6a.466*	Ap. J., 308, 10, 1986		6a.516	Ap. J. Suppl., 64, 1, 1987 + B.A.A.S., 18, 916, 1986.
6a.467	Ap. J., 308, 36, 1986		6a.517	Ap. J. Suppl., 64, 383, 1987
6a.468*	Ap. J., 308, 530, 1986		6a.518*	Ap. J. Suppl., 64, 411, 1987
6a.469*	Ap. J., 310, 75, 1986		6a.519*	Ap. J. Suppl., 64, 581, 1987
6a.470	Ap. J., 310, 121, 1986		6a.520*	Astr. Ap. Suppl., 67, 57, 1987
6a.471*	Ap. J., 310, 518, 1986		6a.521*	Astr. Ap. Suppl., 67, 237, 1987
6a.472*	Ap. J., 310, 605, 1986		6a.522*	Astr. Ap. Suppl., 67, 261, 1987
6a.473*	Ap. J., 311, 637, 1986		6a.523*	Astr. Ap. Suppl., 69, 333, 1987
6a.474*	Ap. J. Lett., 305, L39, 1986		6a.524	P.A.S.P., 99, 512, 1987
6a.475*	Astr. Ap., 157, 159, 1986		6a.525	P.A.S.P., 99, 809, 1987
6a.476	Astr. Ap., 160, 199, 1986		6a.526*	P.A.S.P., 99, 1261, 1987
6a.477*	Astr. Ap., 161, 217, 1986		6a.527*	M.N.R.A.S., 224, 75, 1987
6a.478	Astr. Ap., 168, 253, 1986		6a.528*	M.N.R.A.S., 224, 453, 1987
6a.479	Astr. Ap., 170, 31, 1986		6a.529*	M.N.R.A.S., 225, 581, 1987
6a.480*	Astr. Ap. Suppl., 64, 503, 1986		6a.530*	M.N.R.A.S., 229, 423, 1987
6a.481	Ap. J., 314, 457, 1987		6a.531*	P.A.S.J., 39, 393, 1987
6a.482*	Ap. J., 314, 493, 1987		6a.532	Sov. A. J. Lett., 13, 148, 1987
6a.483	Ap. J., 316, 132, 1987		6a.533	Sov. A. J. Lett., 13, 186, 1987
6a.484*	Ap. J., 318, 161, 1987		6a.534	B.A.A.S., 19, 1074, 1987
6a.485	Ap. J., 319, 671, 1987		6a.535	B.A.A.S., 19, 684, 1987
6a.486	Ap. J., 320, 586, 1987		6a.536	I.A.U. Symp. No. 115, Star Forming Regions, M. Peimbert and J. Jukagu, eds., p. 654, 1987
6a.487*	Ap. J. Lett., 314, L33, 1987			
6a.488*	Ap. J. Lett., 315, L11, 1987			
6a.489	Ap. J. Lett., 315, L23, 1987		6a.537	I.A.U. Symp. No. 124, Observational Cosmology, A. Hewitt, G. Burbidge, and L. Z. Fang, eds., p. 531, 1987
6a.490	Ap. J. Lett., 316, L67, 1987			
6a.491*	Ap. J. Lett., 318, L33, 1987			
6a.492	Ap. J. Lett., 318, L39, 1987			
6a.493*	Ap. J. Lett., 321, L29, 1987			
6a.494*	A. J., 93, 6, 1987		6a.538	Sov. A. J., 31, No. 6, 1987

6b.1	Ap. J., 195, 23, 1975	6b.50*	Ap. J. Suppl., 40, 527, 1979
6b.2	Ap. J. Lett., 195, L97, 1975	6b.51	J.R.A.S. Canada, 73, 215, 1972
6b.3*	Ap. J., 198, 527, 1975	6b.52*	Ap. J., 237, 390, 1980
6b.4	Ap. J. Lett., 199, L75, 1975	6b.53*	Ap. J., 240, 415, 1980
6b.5	Ap. J. Lett., 199, L79, 1975	6b.54*	First Latin Amer. Reg. Ast. Meet., Univ. of Chile, Dept. Ast. Publ. vol. 3, p. 64, 1979
6b.6	Ap. J. Lett., 200, L137, 1975		
6b.7	M.N.R.A.S., 172, 1, 1975		
6b.8	M.N.R.A.S., 173, 77P, 1975	6b.55*	Ap. J., 247, 383, 1981
6b.9	Observatory, 95, 177, 1975	6b.56*	Ap. J., 247, 823, 1981
6b.10	Astr. Ap., 39, 341, 1975	6b.57*	Ap. J. Suppl., 46, 267, 1981
6b.11	Astr. Ap., 41, 61, 1975	6b.58*	Ap. J. Suppl., 47, 139, 1981
6b.12	Astr. Ap., 41, 477, 1975	6b.59*	A. J., 86, 161, 1981
6b.13*	Astr. Ap., 44, 151, 1975	6b.60	A. J., 86, 340, 1981
6b.14	Astr. Ap., 44, 479, 1975	6b.61	A. J., 86, 344, 1981
6b.15	Astr. Ap., 45, 43, 1975	6b.62*	A. J., 86, 919, 1981
6b.16	Coll. C.N.R.S. No. 241, p. 273, 1975	6b.63*	A. J., 86, 943, 1981
6b.17*	A. J., 81, 687, 1976.	6b.64*	A. J., 86, 953, 1981
6b.18*	Ap. J., 205, 346, 1976	6b.65*	A. J., 86, 1126, 1981
6b.19	Nature, 262, 369, 1976	6b.66	A. J., 86, 1781, 1981
6b.20	A. J., 82, 879, 1977	6b.67*	M.N.R.A.S., 195, 1P, 1981
6b.21	B.A.A.S., 9, 619, 1977	6b.68*	Astr. Ap., 97, 223, 1981
6b.22	M.N.R.A.S., 179, 89, 1977	6b.69*	Astr. Ap. Suppl., 43, 121, 1981
6b.23	Astr. Ap., 55, 445, 1977	6b.70*	Astr. Ap. Suppl., 44, 217, 1981
6b.24	Astr. Ap., 59, L5, 1977	6b.71	Ap. J., 257, 40, 1982
6b.25	Astr. Ap., 59, 19, 1977	6b.72	Ap. J., 258, 77, 1982
6b.26	Astr. Ap., 61, L31, 1977	6b.73	Ap. J., 259, 544, 1982
6b.27*	Aust. J. Phys., 30, 187, 1977	6b.74	Ap. J., 260, 65, 1982
6b.28	Proc. Ast. Soc. Aust., 3, 72, 1976	6b.75	Ap. J., 260, 75, 1982
6b.29	Ap. J., 219, 31, 1978	6b.76*	Ap. J., 262, 442, 1982
6b.30	Ap. J., 222, 95, 1978	6b.77	Ap. J., 263, 94, 1982
6b.31	Ap. J. Lett., 222, L7, 1978	6b.78	Ap. J. Lett., 260, L37, 1982
6b.32*	Ap. J., 223, 390, 1978	6b.79	Ap. J. Lett., 260, L49, 1982
6b.33*	Ap. J., 224, 745, 1978	6b.80	Ap. J. Suppl., 50, 431, 1981
6b.34	Ap. J. Lett., 224, L99, 1978	6b.81*	A. J., 87, 725, 1982
6b.35	Ap. J., 226, 770, 1978	6b.82*	A. J., 87, 1355, 1982
6b.36	A. J., 83, 11, 1978	6b.83	A. J., 87, 1368, 1982
6b.37	A. J., 83, 139, 1978	6b.84*	A. J., 87, 1443, 1982
6b.38	Astr. Ap., 63, 37, 1978	6b.85	M.N.R.A.S., 199, 425, 1982
6b.39	Astr. Ap., 63, 363, 1978	6b.86*	M.N.R.A.S., 200, 325, 1982
6b.40	Astr. Ap., 64, 23, 1978	6b.87*	M.N.R.A.S., 201, 1073, 1982
6b.41	Astr. Ap., 64, 359, 1978	6b.88	Astr. Ap., 107, 66, 1982
6b.42	Astr. Ap., 65, 153, 1978	6b.89*	Astr. Ap., 109, 155, 1982
6b.43	Astr. Ap., 67, L1, 1978	6b.90	Astr. Ap., 109, 331, 1982
6b.44	Astr. Ap., 67, L13, 1978	6b.91*	Astr. Ap., 110, 121, 1982
6b.45	M.N.R.A.S., 183, 549, 1978	6b.92*	Astr. Ap., 113, 61, 1982 + Astr. Ap. Suppl, 47, 171, 1982
6b.46	M.N.R.A.S., 183, 97P, 1978		
6b.47	M.N.R.A.S., 184, 397, 1978	6b.93	Astr. Ap., 115, 293, 1982
6b.48*	Ap. J., 231, 327, 1979	6b.94	Astr. Ap., 116, 237, 1982
6b.49	Ap. J. Lett., 232, L11, 1979	6b.95*	Astr. Ap. Suppl., 50, 451, 1982
		6b.96	Ap. J., 265, 711, 1983

6b.97	Ap. J., 267, 511, 1983		6b.145	Ap. Letters, 24, 139, 1984
6b.98*	Ap. J., 269, 13, 1983		6b.146*	Ap. J., 290, 462, 1985
6b.99	Ap. J., 269, 444, 1983		6b.147*	Ap. J., 292, 404, 1985
6b.100	Ap. J., 271, 461, 1983		6b.148*	Ap. J., 292, 426, 1985
6b.101	Ap. J. Lett., 267, L15, 1983		6b.149	Ap. J., 292, 451, 1985
6b.102	Ap. J. Lett., 270, L35, 1983		6b.150	Ap. J., 293, 394, 1985
6b.103*	Ap. J. Suppl., 53, 269, 1983		6b.151	Ap. J., 299, 59, 1985
6b.104	A. J., 88, 55, 1983		6b.152	Ap. J. Lett., 298, L31, 1985
6b.105	A. J., 88, 161, 1983		6b.153*	Ap. J. Suppl., 57, 423, 1985
6b.106	A. J., 88, 260, 1983		6b.154*	Ap. J. Suppl., 58, 623, 1985
6b.107*	A. J., 88, 272, 1983		6b.155*	Ap. J. Suppl., 59, 161, 1985
6b.108*	A. J., 88, 489, 1983		6b.156*	A. J., 90, 697, 1985
6b.109	A. J., 88, 583, 1983		6b.157	A. J., 90, 1175, 1985
6b.110*	A. J., 88, 881, 1983		6b.158	A. J., 90, 1642, 1985
6b.111*	A. J., 88, 966, 1983		6b.159*	A. J., 90, 1783, 1985
6b.112	A. J., 88, 1089, 1983		6b.160*	A. J., 90, 1789, 1985
6b.113*	A. J., 88, 1695, 1983		6b.161*	A. J., 90, 2445, 1985
6b.114*	A. J., 88, 1719, 1983		6b.162*	A. J., 90, 2487, 1985
6b.115	A. J., 88, 1749, 1983		6b.163	M.N.R.A.S., 215, 555, 1985
6b.116*	Astr. Ap., 125, 187, 1983		6b.164	M.N.R.A.S., 217, 779, 1985
6b.117*	Astr. Ap. Suppl., 51, 331, 1983		6b.165	Astr. Ap., 142, 1, 1985
6b.118	Astr. Ap. Suppl., 53, 271, 1983		6b.166	Astr. Ap., 142, 273, 1985
6b.119	Astr. Ap. Suppl., 54, 1, 1983		6b.167*	Astr. Ap., 143, 216, 1985
6b.120	Astr. Ap. Suppl., 54, 19, 1983		6b.168	Astr. Ap., 144, 202, 1985
6b.121	IAU Symp. No. 100, Internal Kinematics and Dynamics of Galaxies, E. Athanassoula, ed. p. 97, 1983		6b.169	Astr. Ap., 146, 213, 1985
			6b.170	Astr. Ap., 149, 118, 1985
			6b.171	Astr. Ap., 151, L7, 1985
6b.122*	Ap. J., 277, 92, 1984		6b.172*	Astr. Ap. Suppl., 62, 147, 1985
6b.123*	Ap. J., 278, 475, 1984		6b.173*	A. J., 91, 705, 733, 1986
6b.124	Ap. J., 280, 107, 1984		6b.174	A. J., 91, 791, 1986
6b.125	Ap. J., 285, 453, 1984		6b.175*	A. J., 92, 250, 1986
6b.126	Ap. J., 286, 471, 1984		6b.176*	A. J., 92, 742, 1986
6b.127*	Ap. J. Suppl., 55, 433, 1984		6b.177	A. J., 92, 1048, 1986
6b.128	A. J., 89, 224, 1984		6b.178	A. J., 92, 1291, 1986
6b.129*	A. J., 89, 758, 1984		6b.179	M.N.R.A.S., 219, 759, 1986
6b.130	A. J., 89, 1293, 1984		6b.180	M.N.R.A.S., 221, 393, 1986
6b.131	A. J., 89, 1319, 1984		6b.181	M.N.R.A.S., 221, 537, 1986
6b.132	M.N.R.A.S., 207, 9, 1984		6b.182	M.N.R.A.S., 221, 51P, 1986
6b.133	M.N.R.A.S., 207, 173, 1984		6b.183	Ap. J., 300, 613, 1986
6b.134	M.N.R.A.S., 208, 111, 1984		6b.184*	Ap. J., 306, 466, 1986
6b.135	M.N.R.A.S., 210, 497, 1984		6b.185	Ap. J., 307, 453, 1986
6b.136	M.N.R.A.S., 210, 547, 1984		6b.186*	Ap. J., 310, 660, 1986
6b.137	Astr. Ap., 132, 20, 1984		6b.187*	Ap. J., 311, 25, 1986
6b.138	Astr. Ap., 133, 127, 1984		6b.188	Ap. J. Lett., 305, L45, 1986
6b.139	Astr. Ap., 134, 258, 1984		6b.189	Astr. Ap., 155, 193, 1986
6b.140	Astr. Ap., 138, 77, 1984		6b.190	Astr. Ap., 167, 34, 1986
6b.141*	Astr. Ap., 138, 85, 1984		6b.191*	Astr. Ap. Suppl., 63, 323, 1986
6b.142	Astr. Ap., 139, 15, 1984		6b.192*	Astr. Ap. Suppl., 64, 111, 1986
6b.143	Astr. Ap., 140, 125, 1984		6b.193*	Ap. J., 320, 96, 1987
6b.144	Astr. Ap., 141, 309, 1984		6b.194	Ap. J. Lett., 315, L39, 1987

6b.195*	Ap. J. Lett., 315, L93, 1987		7a.31	Ap. J., 246, 722, 1981
6b.196*	Ap. J. Lett., 320, L99, 1987		7a.32*	Ap. J., 250, 43, 1981
6b.197	Ap. J. Lett., 321, L103, 1987		7a.33*	Ap. J., 251, 508, 1981
6b.198*	A. J., 93, 6, 1987		7a.34*	Ap. J. Lett., 251, L1, 1981
6b.199	A. J., 93, 785, 1987		7a.35	P.A.S.P., 93, 554, 1981
6b.200*	A. J., 93,1326, 1987		7a.36	M.N.R.A.S., 194, 879, 1981
6b.201*	Astr. Ap., 184, 43, 1987		7a.37	M.N.R.A.S., 195, 15P, 1981
6b.202*	Ap. J. Suppl., 63, 247, 1987		7a.38	M.N.R.A.S., 196, 987, 1981
6b.203*	Ap. J. Suppl., 63, 265, 1987		7a.39	M.N.R.A.S., 197, 1049, 1981
6b.204*	Ap. J. Suppl., 63, 515, 1987		7a.40	IAU Symp. No. 96, Infrared Astronomy, edit.: C. G. Wynn-Williams, D.P. Cruikshank, p. 320, 1981
6b.205	Astr. Ap. Suppl., 67, 509, 1987			
6b.206*	Astr. Ap. Suppl., 68, 427, 1987			
6b.207*	Astr. Ap. Suppl., 69, 263, 1987		7a.41	Ap. J., 256, 460, 1982
6b.208*	M.N.R.A.S., 224, 953, 1987		7a.42	Ap. J., 256, 481, 1982
6b.209	Obs., 107, 201, 1987		7a.43	Ap. J., 257, 75, 1982
			7a.44	Ap. J., 263, 101, 1982
7a.1	Ap. J., 201, 289, 1975		7a.45	B.A.A.S., 14, 643, 1982
7a.2	B.A.A.S., 7, 414, 1975		7a.46	M.N.R.A.S., 201, 975, 1982
7a.3	B.A.A.S., 7, 538, 1975		7a.47	M.N.R.A.S., 201, 69P, 1982
7a.4	Ap. J., 204, 668, 1976		7a.48	Astr. Ap., 106, 214, 1982
7a.5	Ap. J., 205, 63, 1976		7a.49	Ap. J., 265, 664, 1983
7a.6	Ap. J., 212, 13, 1977		7a.50	Ap. J., 266, 41, 1983
7a.7	Ap. J., 212, 326, 1977		7a.51	Ap. J., 265, 516, 1983
7a.8	Ap. J., 214, 685, 1977		7a.52	Ap. J., 270, 485, 1983
7a.9	B.A.A.S., 9, 630, 1977		7a.53	Ap. J., 273, 562, 1983
7a.10	Ap. J., 221, 507, 1978		7a.54	Ap. J., 275, 529, 1983
7a.11	Ap. J., 221, 731, 1978		7a.55	Ap. J. Suppl., 52, 425, 1983
7a.12	Ap. J., 222, 450, 1978		7a.56	A. J., 88, 909, 1983
7a.13	B.A.A.S., 10, 692, 1978		7a.57	M.N.R.A.S., 202, 37, 1983
7a.14	Ap. J., 229, 472, 1979		7a.58	M.N.R.A.S., 202, 1001, 1983
7a.15	Ap. J., 234, 68, 1979		7a.59*	M.N.R.A.S., 203, 701, 1983
7a.16	Astr. Ap., 72, 12, 1979		7a.60	Astr. Ap., 117, 257, 1983
7a.17	Ap. J., 235, 30, 1980		7a.61	Ap. J., 277, 526, 1984
7a.18	Ap. J. Lett., 240, L11, 1980		7a.62	Ap. J., 278, 81, 1984
7a.19	Ap. J., 242, 53, 1980		7a.63	Ap. J., 278, 96, 1984
7a.20	A. J., 85, 801, 1980		7a.64	Ap. J., 279, 13, 1984
7a.21	P.A.S.P., 92, 149, 1980		7a.65*	Ap. J., 281, 512, 1984
7a.22	B.A.A.S., 12, 492, 1980		7a.66	Ap. J., 286, 97, 1984
7a.23	M.N.R.A.S., 192, 595, 1980		7a.67	Ap. J., 286, 116, 1984
7a.24	M.N.R.A.S., 192, 41P, 1980		7a.68	Ap. J., 286, 132, 1984
7a.25	M.N.R.A.S., 193, 931, 1980		7a.69	Ap. J., 287, 66, 1984
7a.26	Photometry, Kinematics and Dynamics of Galaxies. Proc. Conf. Univ. of Texas at Austin, ed. D.S. Evans, p. 187, 1979		7a.70	Ap. J. Lett., 283, L27, 1984
			7a.71	A. J., 89, 356, 1984
			7a.72	B.A.A.S., 16, 410, 1984
7a.27	Photometry, Kinematics and Dynamics of Galaxies. Proc. Conf. Univ. of Texas at Austin, ed. D.S. Evans, p. 369, 1979		7a.73	B.A.A.S., 16, 881, 1984
			7a.74	Ann. Fisica (Madrid), Ser. B, 80, 67, 1985
7a.28	Ap. J., 244, 458, 1981		7a.75*	Ap. J., 291, 8, 1985
7a.29	Ap. J., 246, 20, 1981		7a.76	Ap. J., 293, 94, 1985
7a.30*	Ap. J., 246, 666, 1981		7a.77	Ap. J., 294, 134, 1985

7a.78	Ap. J. Lett., 292, L51, 1985		7b.11	A. J., 85, 801, 1980
7a.79	Ap. J., 299, 41, 1985		7b.12	M.N.R.A.S., 192, 41P, 1980
7a.80	A. J., 90, 1796, 1985		7b.13	M.N.R.A.S., 193, 931, 1980
7a.81	A. J., 90, 2431, 1985		7b.14*	Astr. Ap., 91, 122, 1980
7a.82	B.A.A.S., 17, 866, 1985		7b.15	Ap. J., 245, 845, 1981
7a.83	M.N.R.A.S., 212, 301, 1985		7b.16*	Ap. J., 246, 666, 680, 1981
7a.84	M.N.R.A.S., 212, 471, 1985		7b.17	Ap. J., 246, 722, 1981
7a.85	Astr. Ap., 152, L14, 1985		7b.18	Astr. Ap., 102, 175, 1981
7a.86	M.N.R.A.S., 218, 297, 1986		7b.19	M.N.R.A.S., 194, 195, 1981
7a.87	Ap. J., 302, 208, 1986		7b.20	Ap. J., 263, 101, 1982
7a.88	Ap. J., 302, 245, 1986		7b.21	M.N.R.A.S., 201, 975, 1982
7a.89	Ap. J., 303, 556, 1986		7b.22	Ap. J. Lett., 266, L11, 1983
7a.90	Ap. J., 305, 136, 1986		7b.23	B.A.A.S., 15, 921, 1983
7a.91	Ap. J., 308, 36, 1986		7b.24	Ap. J., 278, 81, 1984
7a.92	Ap. J., 309, 45, 1986		7b.25	Ap. J., 279, 13, 1984
7a.93	Ap. J., 310, 605, 1986		7b.26	Ap. J., 286, 97, 1984
7a.94	Ap. J., 311, 637, 1986		7b.27	Ap. J., 286, 116, 1984
7a.95	Astr. Ap., 154, 219, 1986		7b.28	Ap. J., 286, 132, 1984
7a.96*	Ap. J., 313, 42, 1987		7b.29	A. J., 90, 1796, 1985
7a.97*	Ap. J., 313, 59, 1987		7b.30	Astr. Ap., 143, 84, 1985
7a.98	Ap. J., 313, 69, 1987		7b.31*	Astr. Ap., 152, 315, 1985
7a.99	Ap. J., 314, 439, 1987		7b.32	A. J., 91, 1058, 1986
7a.100*	Ap. J., 317, 1, 1987		7b.33	A. J., 92, 777, 1986
7a.101	Ap. J., 320, 454, 1987		7b.34	Ap. J., 303, 556, 1986
7a.102	Ap. J., 322, 632, 1987		7b.35	Ap. J., 305, 136, 1986
7a.103	Astr. Ap., 173, 49, 1987		7b.36*	Ap. J., 312, 529, 1987
7a.104	Astr. Ap., 178, 77, 1987		7b.37	Ap. J., 322, 632, 1987
7a.105	Astr. Ap., 186, 84, 1987			
7a.106*	Ap. J. Suppl., 64, 581, 1987		8a.1	B.A.A.S., 7, 54, 1975
7a.107*	M.N.R.A.S., 224, 453, 1987		8a.2	B.A.A.S., 7, 527, 1975
7a.108	M.N.R.A.S., 229, 7P, 1987		8a.3	M.N.R.A.S., 172, 27P, 1975
7a.109	B.A.A.S., 19, 684, 1987		8a.4	M.N.R.A.S., 177, 127P, 1976.
7a.110	I.A.U. Symp. No. 127, Structure and Dynamics of Elliptical Galaxies, T. de Zeeuw, ed, p. 17, 1987		8a.5	Astr. Ap., 48, 373, 1976
			8a.6	Ap. J., 223, 798, 1978
			8a.7	B.A.A.S., 10, 402, 402, 1978
7a.111	A. J., 94, 30, 1987		8a.8	Nature, 275, 404, 1978
			8a.9	I.A.U. Circ. No.3173, 1978.
7b.1	Ap. J., 201, 289, 1975		8a.10	Ap. J., 228, 95, 1979
7b.2	Ap. J., 204, 668, 1976.		8a.11	Ap. J., 228, 419, 1979
7b.3	Ap. J., 212, 326, 1977		8a.12	Ap. J. Lett., 230, L137, 1979
7b.4	Ap. J., 214, 685, 1977		8a.13	Ap. J. Lett., 231, L13, 1979
7b.5	Sov. Ast. Lett., 3, 1, 1977		8a.14	M.N.R.A.S., 187, 65P, 1979
7b.6	Ap. J., 221, 731, 1978		8a.15	M.N.R.A.S., 189, 45P, 1979
7b.7	Ap. J., 222, 450, 1978		8a.16	M.N.R.A.S., 189, 873, 1979
7b.8	I.A.U. Symp. No.77, Structure and Properties of Nearby Galaxies, eds. E. Berkhuijsen and R. Wielebinski, p.159, 1978.		8a.17	Pittsburgh Conf. on BLlac Objects, A.M. Wolfe, ed., Univ. of Pittsburgh, p. 160, 1978
			8a.18	Nature, 282, 272, 1979
7b.9	Ap. J., 229, 472, 1979		8a.19	Xray Astronomy, COSPAR 21st meet., W.A. Baity and L.E. Peterson, edit.,
7b.10	Astr. Ap., 72, 12, 1979			

	Pergamon Press, p. 377, 1979
8a.20	Ap. J., 237, 290, 1980
8a.21	Ap. J. Lett., 237, L65, 1980
8a.22	Ap. J., 238, 502, 1980
8a.23	Ap. J., 240, 447, 1980
8a.24	Ap. J., 242, 14, 1980
8a.25	Ap. J. Suppl., 43, 393, 1980
8a.26	B.A.A.S., 12, 495, 1980
8a.27	B.A.A.S., 12, 846, 1980
8a.28	M.N.R.A.S., 192, 769, 1980
8a.29	Astr. Ap., 85, L21, 1980
8a.30	Ap. J., 243, 445, 1981
8a.31	Ap. J., 243, 453, 1981
8a.32	Ap. J., 243, 690, 1981
8a.33	Ap. J., 245, 845, 1981
8a.34	Ap. J. Lett., 243, L65, 1981
8a.35	Ap. J. Lett., 246, L109, 1981
8a.36	Ap. J., 247, 449, 1981
8a.37	Ap. J., 248, 105, 1981
8a.38	Ap. J., 249, 76, 1981
8a.39	M.N.R.A.S., 197, 235, 1981
8a.40	Astr. Ap., 93, 290, 1981
8a.41	Astr. Ap., 97, 94, 1981
8a.42	Astr. Ap., 102, L23, 1981
8a.43	Astr. Ap., 103, 305, 1981
8a.44	Astr. Ap., 104, 198, 1981
8a.45	Mitt. Ast. Gesell., No. 52, p. 62, 1981
8a.46	Second European IUE Conf., Tubingen, Germany - ESA, Paris, p. LXVII, 1980
8a.47	Second European IUE Conf., Tubingen, Germany - ESA, Paris, p. 131, 1980
8a.48	Second European IUE Conf., Tubingen, Germany - ESA, Paris, p. 133, 1980
8a.49	Second European IUE Conf., Tubingen, Germany - ESA, Paris, p. 271, 1980
8a.50	Second European IUE Conf., Tubingen, Germany - ESA, Paris, p. 279, 1980
8a.51	Second European IUE Conf., Tubingen, Germany - ESA, Paris, p. 289, 1980
8a.52	The Universe at UV - NASA Conf. Publ. No. 2171, p. 725, 1981
8a.53	The Universe at UV - NASA Conf. Publ. No. 2171, p. 729, 1981
8a.54	The Universe at UV - NASA Conf. Publ. No. 2171, p. 731, 1981
8a.55	The Universe at UV - NASA Conf. Publ. No. 2171, p. 743, 1981
8a.56	The Universe at UV - NASA Conf. Publ. No. 2171, p. 751, 1981
8a.57	The Universe at UV - NASA Conf. Publ. No. 2171, p. 757, 1981
8a.58	M.N.R.A.S., 196, 857, 1981
8a.59	Dwarf Galaxies, ESO/ESA Workshop, Geneva, May 1980, eds.: M. Tarenghi and K. Kjar, p. 103, 1980
8a.60	Dwarf Galaxies, ESO/ESA Workshop, Geneva, May 1980, eds.: M. Tarenghi and K. Kjar, p. 113, 1980
8a.61	Dwarf Galaxies, ESO/ESA Workshop, Geneva, May 1980, eds.: M. Tarenghi and K. Kjar, p. 161, 1980
8a.62	Proc. 5th Gottingen-Jerusalem Symp. on Ap., eds.: K.J. Fricke, J. Shaham. Akad. Gottingen, p. 89, 1981
8a.63	Ap. J., 253, 19, 1982
8a.64	Ap. J., 254, 22, 1982
8a.65	Ap. J., 254, 494, 1982
8a.66	Ap. J., 255, 467, 1982
8a.67	Ap. J., 256, 75, 1982
8a.68	Ap. J., 259, 77, 1982
8a.69	Ap. J., 260, 495, 1982
8a.70	Ap. J., 261, 30, 1982
8a.71	M.N.R.A.S., 198, 825, 1982
8a.72	M.N.R.A.S., 200, 293, 1982
8a.73	M.N.R.A.S., 201, 223, 1982
8a.74	M.N.R.A.S., 201, 991, 1982
8a.75	Astr. Ap., 105, 229, 1982
8a.76	Astr. Ap., 106, 16, 1982
8a.77	Astr. Ap. Suppl., 50, 247, 1982
8a.78	Adv. in UV Ast. 4 Years of IUE Res. NASA Conf. Publ. 2238, p. 145, 1982
8a.79	Adv. in UV Ast. 4 Years of IUE Res. NASA Conf. Publ. 2238, p. 150, 1982
8a.80	Adv. in UV Ast. 4 Years of IUE Res. NASA Conf. Publ. 2238, p. 151, 1982
8a.81	Adv. in UV Ast. 4 Years of IUE Res. NASA Conf. Publ. 2238, p. 156, 1982
8a.82	Adv. in UV Ast. 4 Years of IUE Res. NASA Conf. Publ. 2238, p. 165, 169, 170, 174, 181, 1982
8a.83	Adv. in UV Ast. 4 Years of IUE Res. NASA Conf. Publ. 2238, p. 185, 197, 1982
8a.84	Nature, 300, 336, 1982
8a.85	Third Europ. IUE Conf. ESA-SP-176, p. 59, 1982
8a.86	Third Europ. IUE Conf. ESA-SP-176, pp. 515, 517, 1982
8a.87	Third Europ. IUE Conf. ESA-SP-176, p. 525, 1982

8a.88	Third Europ. IUE Conf. ESA-SP-176, pp. 529, 533, 537,543, 551, 1982	8a.135	Astr. Ap., 135, 171, 1984
8a.89	Third Europ. IUE Conf. ESA-SP-176, pp. 559, 565, 569,581, 589, 1982	8a.136	Astr. Ap., 135, 330, 1984
8a.90	Ap. J., 265, 92, 1983	8a.137	Astr. Ap., 137, 223, 1984
8a.91	Ap. J., 266, 28, 1983	8a.138	Astr. Ap., 140, 325, 1984
8a.92	Ap. J., 266, 568, 1983	8a.139	Astr. Ap. Suppl., 57, 361, 1984
8a.93	Ap. J., 267, 515, 1983	8a.140	Mem. Ast. Soc. Ital., 55, 429, 1984
8a.94	Ap. J., 268, 598, 1983	8a.141	Fourth Europ. I.U.E. Conf. Rome, ESA-SP-218, p. 65, 1984
8a.95	Ap. J., 274, 125, 1983	8a.142	Fourth Europ. I.U.E. Conf. Rome, ESA-SP-218, p. 69, 73, 1984
8a.96	Ap. J., 275, 578, 1983	8a.143	Fourth Europ. I.U.E. Conf. Rome, ESA-SP-218, p. 77, 81, 93, 1984
8a.97	Ap. J. Lett., 274, L53, 1983	8a.144	Fourth Europ. I.U.E. Conf. Rome, ESA-SP-218, p. 91, 97, 101, 1984
8a.98	B.A.A.S., 15, 676, 1983	8a.145	Fourth Europ. I.U.E. Conf. Rome, ESA-SP-218, p. 107, 111, 1984
8a.99	B.A.A.S., 15, 913, 1983	8a.146	"X-ray and UV Emission from AGN", Proc. Max Planck Inst. Extra-terrestrial Phys., MPE Rep. 184, pp. 21, 35, 1984
8a.100	B.A.A.S., 15, 921, 1983		
8a.101	B.A.A.S., 15, 935, 1983		
8a.102	M.N.R.A.S., 202, 85, 1983		
8a.103	M.N.R.A.S., 202, 125, 1983	8a.147	"Clusters and Groups of Galaxies", Ap. Space Sci. Lib. No. 111, p. 347, 1984
8a.104	M.N.R.A.S., 202, 453, 1983		
8a.105	M.N.R.A.S., 203, 201, 1983		
8a.106	M.N.R.A.S., 203, 157, 1983	8a.148	"Very Hot Astrophysical Plasmas", Europ. Workshop, Nice 1982. Physica Scripta, vol. 77, 170, 174, 1984
8a.107	M.N.R.A.S., 203, 565, 1983		
8a.108	M.N.R.A.S., 204, 189, 1983		
8a.109	Astr. Ap., 125, 276, 1983	8a.149	Ap. J. Lett., 288, L29, 1985
8a.110	Adv. Space Res., 2, No. 9, p. 163, 1983	8a.150	Ap. J., 289, 105, 1985
8a.111	Rev. Mex. Ast. Af., 8, 29, 1983	8a.151	Ap. J., 290, 116, 1985
8a.112	Ap. J., 276, 92, 1984	8a.152	Ap. J., 291, 63, 1985
8a.113	Ap. J., 276, 403, 1984	8a.153	Ap. J., 291, 72, 1985
8a.114	Ap. J., 276, 466, 1984	8a.154	Ap. J., 292, 143, 1985
8a.115	Ap. J., 278, 521, 1984	8a.155	Ap. J., 294, 147, 1985
8a.116	Ap. J., 280, 615, 1984	8a.156	Ap. J. Lett., 292, L45, 1985
8a.117	Ap. J., 281, 126, 1984	8a.157	Ap. J., 297, 151, 1985
8a.118	Ap. J., 285, 69, 1984	8a.158	Ap. J., 297, 611, 1985
8a.119	Ap. J., 285, 571, 1984	8a.159	A. J., 90, 1, 1985
8a.120	Ap. J., 287, 487, 1984	8a.160	B.A.A.S., 17, 578, 1985
8a.121	A. J., 89, 350, 1984	8a.161	B.A.A.S., 17, 846, 1985
8a.122	P.A.S.P., 96, 398, 1984	8a.162	B.A.A.S., 17, 860, 1985
8a.123	P.A.S.P., 96, 699, 1984	8a.163	M.N.R.A.S., 215, 1, 1985
8a.124	B.A.A.S., 16, 440, 1984	8a.164	Astr. Ap., 143, 347, 1985
8a.125	B.A.A.S., 16, 731, 1984	8a.165	Astr. Ap., 145, 296, 1985
8a.126	B.A.A.S., 16, 949, 1984	8a.166	Astr. Ap., 146, 269, 1985
8a.127	B.A.A.S., 16, 988, 1984	8a.167	Astr. Ap., 147, 273, 1985
8a.128	M.N.R.A.S., 206, 221, 1984	8a.168	Astr. Ap., 150, 317, 1985
8a.129	M.N.R.A.S., 207, 867, 1984	8a.169	I.A.U. Circ. No. 4081
8a.130	M.N.R.A.S., 208, 179, 1984	8a.170	Nature, 313, 747, 1985
8a.131	Astr. Ap., 131, 87, 1984	8a.171	Future of UV Astronomy. Six years of IUE Res. NASA CP2349, p. 127,
8a.132	Astr. Ap., 132, 136, 1984		
8a.133	Astr. Ap., 132, 1, 1984		
8a.134	Astr. Ap., 135, L3, 1984		

	139, 1985		Rolfe, ed., p. 633, 1986
8a.172	Future of UV Astronomy. Six years of IUE Res. NASA CP2349, p. 111, 1985	8a.203	ESA Spec. Pub., ESA SP-263, E. J. Rolfe, ed., p. 645, 1986
8a.173	Future of UV Astronomy. Six years of IUE Res. NASA CP2349, p. 115, 148, 1985	8a.204	ESA Spec. Pub., ESA SP-263, E. J. Rolfe, ed., p. 697, 1986
8a.174	Future of UV Astronomy. Six years of IUE Res. NASA CP2349, p. 129, 1985	8a.205	ESA Spec. Pub., ESA SP-263, E. J. Rolfe, ed., p. 701, 1986
8a.175	"Active Galactic Nuclei", Proc. Workshop, Manchester, April 84, p. 247, 1985	8a.206	ESA Spec. Pub., ESA SP-263, E. J. Rolfe, ed., p. 705, 1986
8a.176	M.N.R.A.S., 218, 541, 1986	8a.207	Ap. J., 316, 573, 1987
8a.177	M.N.R.A.S., 219, 555, 1986	8a.208	Ap. J., 318, 145, 1987
8a.178	M.N.R.A.S., 220, 453, 1986	8a.209	Ap. J., 318, 175, 1987
8a.179	M.N.R.A.S., 222, 549, 1986	8a.210	Ap. J., 321, 251, 1987
8a.180	Ap. J., 300, 658, 1986	8a.211	Ap. J. Lett., 319, L39, 1987
8a.181	Ap. J., 303, 624, 1986	8a.212	Ap. J. Lett., 320, L9, 1987
8a.182	Ap. J., 305, 148, 1986	8a.213	A. J., 93, 14, 1987
8a.183	Ap. J., 305, 167, 1986	8a.214	A. J., 94, 644, 1987
8a.184	Ap. J., 305, 175, 1986	8a.215	Astr. Ap., 172, 43, 1987
8a.185	Ap. J., 306, 508, 1986	8a.216	Astr. Ap., 175, 15, 1987
8a.186	Ap. J., 307, 478, 1986	8a.217	Astr. Ap., 186, 64, 1987
8a.187	Ap. J., 307, 486, 1986	8a.218	M.N.R.A.S., 225, 837, 1987
8a.188	Ap. J., 310, 291, 1986	8a.219	B.A.A.S., 19, 699, 1987
8a.189	Ap. J., 310, 317, 1986	8a.220	B.A.A.S., 19, 1049, 1987
8a.190	Ap. J., 311, 135, 1986	8b.1	Ap. J., 195, 255, 1975
8a.191	Ap. J., 311, 623, 1986	8b.2	Ap. J., 197, 5, 1975
8a.192	Ap. J. Lett., 303, L37, 1986	8b.3	Ap. J., 197, 293, 1975
8a.193	Astr. Ap., 154, 119, 1986	8b.4	Ap. J., Lett., 197, L41, 1975
8a.194	Astr. Ap., 156, 51, 1986	8b.5	Ap. J., 197, 535, 1975
8a.195	Astr. Ap., 168, 32, 1986	8b.6	Ap. J., 198, 63, 1975
8a.196	Struc. and Evol. of Active Galactic Nuclei, G. Guiricin, F. Mardirossian, M. Mezzetti, and M. Ramella, eds., p. 275, 1986	8b.7	Ap. J., 199, 19, 1975
		8b.8	Ap. J., 199, 31, 1975
		8b.9	Ap. J. Lett., 199, L1, 1975
		8b.10	Ap. J. Lett., 199, L85, 1975
		8b.11	Ap. J., 199, 591, 1975
8a.197	Struc. and Evol. of Active Galactic Nuclei, G. Guiricin, F. Mardirossian, M. Mezzetti, and M. Ramella, eds., p. 525, 1986	8b.12	Ap. J. 200, 446, 1975
		8b.13	Ap. J. Lett., 200, L55, 1975
		8b.14	Ap. J. Lett., 200, L63, 1975
		8b.15	Ap. J., 200, 567, 1975
8a.198	"Quasars", I.A.U. Symposium No. 119, G. Swarup and V. K. Kapahi, eds., p. 59, 1986	8b.16	Ap. J., 200, 582, 1975
		8b.17	Ap. J., 201, 289, 1975
		8b.18	Ap. J., 201, 563, 1975
8a.199	ESA Spec. Pub., ESA SP-263, E. J. Rolfe, ed., p. 597, 1986	8b.19	Ap. J., 202, 7, 1975
		8b.20	Ap. J. Suppl., 29, 193, 1975
8a.200	ESA Spec. Pub., ESA SP-263, E. J. Rolfe, ed., p. 605, 1986	8b.21	P.A.S.P., 87, 507, 1975
		8b.22	P.A.S.P., 87, 879, 1975
8a.201	ESA Spec. Pub., ESA SP-263, E. J. Rolfe, ed., p. 613, 1986	8b.23	P.A.S.P., 87, 949, 1975
		8b.24	P.A.S.P., 87, 965, 1975
8a.202	ESA Spec. Pub., ESA SP-263, E. J.	8b.25	B.A.A.S., 7, 268, 1975
		8b.26	B.A.A.S., 7, 414, 1975

8b.27	B.A.A.S., 7, 422, 1975		8b.77	M.N.R.A.S., 177, 673, 1976
8b.28	B.A.A.S., 7, 452, 1975		8b.78	M.N.R.A.S., 177, 77P, 1976
8b.29	B.A.A.S., 7, 453, 1975		8b.79	M.N.R.A.S., 177, 121P, 1976
8b.30	B.A.A.S., 7, 516, 1975		8b.80	Astr. Ap., 46, 327, 1976
8b.31	M.N.R.A.S., 173, 381, 1975		8b.81	Astr. Ap., 48, 437, 1976
8b.32	Astr. Ap., 38, 15, 1975		8b.82	Astr. Ap., 49, 251, 1976
8b.33	Astr. Ap., 39, 197, 1975		8b.83	Astr. Ap., 50, 279, 1976
8b.34	Astr. Ap., 43, 419, 1975		8b.84	Astr. Ap., 51, 323, 1976
8b.35	Sov. Ast., 18, 717, 1975		8b.85	Astr. Ap., 53, 141, 1976
8b.36	Sov. Ast., 19, 293, 1975		8b.86	Astr. Ap., 53, 435, 1976
8b.37	Ap. Space Sci., 33, 173, 1975		8b.87	Sov. Ast., 20, 142, 1976
8b.38	Mitt. Ast. Ges., 36, 91, 1975		8b.88	Proc. 3rd European Ast. Meeting, Tbilisi, E.K. Karadze, edit., p. 186, 1976
8b.39	Ap. J. Lett., 203, L1, 1976			
8b.40	Ap. J., 203, 329, 1976			
8b.41	Ap. J., 203, 335, 1976		8b.89	Proc. 3rd European Ast. Meeting, Tbilisi, E.K. Karadze, edit., p. 202, 1976
8b.42	Ap. J. Lett., 203, L49, 1976			
8b.43	Ap. J., 203, 587, 1976			
8b.44	Ap. J., 203, 764, 1976		8b.90	Astrophysics, 12, 275, 1976
8b.45	Ap. J., 204, 251, 1976		8b.91	Ap. Space Sci., 39, 201, 1976
8b.46	Ap. J., 205, 29, 1976		8b.92	A. N., 297, 291, 1976
8b.47	Ap. J., 205, 356, 1976		8b.93	Mitt Ast. Gesell., 38, 102, 1976
8b.48	Ap. J., 205, 360, 1976		8b.94	Ap. J., 211, 62, 1977
8b.49	Ap. J., 206, 370, 1976		8b.95	Ap. J., 211, 675, 1977
8b.50	Ap. J., 206, 898, 1976		8b.96	Ap. J., 211, 693, 1977
8b.51	Ap. J. Lett., 207, L5, 1976		8b.97	Ap. J., 212, 37, 1977
8b.52	Ap. J. Lett., 207, L17, 1976		8b.98	Ap. J. Lett., 212, L9, 1977
8b.53	Ap. J., 207, 367, 1976		8b.99	Ap. J. Lett., 212, L105, 1977
8b.54	Ap. J., 207, 713, 1976		8b.100	Ap. J., 215, 733, 1977
8b.55	Ap. J., 208, 30, 1976		8b.101	Ap. J., 215, 746, 1977
8b.56	Ap. J., 208, 37, 1976		8b.102	Ap. J., 215, 759, 1977
8b.57	Ap. J., 208, 267, 1976		8b.103	Ap. J., 217, 45, 1977
8b.58	Ap. J., 209, 716, 1976		8b.104	Ap. J., 217, 420, 1977
8b.59	Ap. J., 209, 748, 1976		8b.105	Ap. J. Suppl., 35, 397, 1977
8b.60	Ap. J., 210, 27, 1976		8b.106	P.A.S.P., 89, 251, 1977
8b.61	Ap. J., 210, 33, 1976		8b.107	Ap.J. 211, 527, 1977
8b.62	Ap. J. Lett., 210, L117, 1976		8b.108	B.A.A.S., 9, 619, 1977
8b.63	P.A.S.P., 88, 591, 1976		8b.109	B.A.A.S., 9, 647, 1977
8b.64	P.A.S.P., 88, 604, 1976		8b.110	B.A.A.S., 9, 648, 1977
8b.65	P.A.S.P., 88, 612, 1976		8b.111	M.N.R.A.S., 178, 451, 1977
8b.66	P.A.S.P., 88, 615, 1976		8b.112	M.N.R.A.S., 178, 473, 1977
8b.67	B.A.A.S., 8, 290, 1976		8b.113	M.N.R.A.S., 179, 89, 1977
8b.68	B.A.A.S., 8, 297, 1976		8b.114	M.N.R.A.S., 179, 41P, 1977
8b.69	B.A.A.S., 8, 313, 1976		8b.115	M.N.R.A.S., 179, 569, 1977
8b.70	B.A.A.S., 8, 314, 1976		8b.116	M.N.R.A.S., 180, 19, 1977
8b.71	B.A.A.S., 8, 365, 1976		8b.117	M.N.R.A.S., 180, 15P, 1977
8b.72	B.A.A.S., 8, 539, 1976		8b.118	A. J., 82, 674, 1977
8b.73	B.A.A.S., 8, 566, 1976		8b.119	Astr. Ap., 55, 261, 1977
8b.74	M.N.R.A.S., 174, 319, 1976		8b.120	Astr. Ap., 57, 353, 1977
8b.75	M.N.R.A.S., 176, 61P, 1976		8b.121	Astr. Ap., 59, L19, 1977
8b.76	M.N.R.A.S., 177, 91, 1976		8b.122	Astr. Ap., 60, 43, 1977

8b.123	Astr. Ap., 61, 171, 1977	8b.173	M.N.R.A.S., 184, 341, 1978
8b.124	Sov. Ast., 21, 655, 1977	8b.174	P.A.S.P., 90, 14, 1978
8b.125	Sov. Ast. Lett., 3, 30, 1977	8b.175	P.A.S.P., 90, 20, 1978
8b.126	Sov. Ast. Lett., 3, 3, 1977	8b.176	P.A.S.P., 90, 244, 1978
8b.127	Astrophysics, 13, 234, 1977	8b.177	B.A.A.S., 10, 424, 1978
8b.128	Astrophysics, 13, 358, 1977	8b.178	B.A.A.S., 10, 388, 1978
8b.129	Ap. Letters, 18, 151, 1977	8b.179	B.A.A.S., 10, 422, 1978
8b.130	Ap. J., 219, 400, 1978	8b.180	B.A.A.S., 10, 627, 1978
8b.131	Ap. J. Lett., 219, L7, 1978	8b.181	B.A.A.S., 10, 692, 1978
8b.132	Ap. J. Lett., 219, L97, 1978	8b.182	B.A.A.S., 10, 693, 1978
8b.133	Ap. J., 220, 42, 1978	8b.183	Observatory, 98, 63, 1978
8b.134	Ap. J., 220, 98, 1978	8b.184	Sov. Ast., 22, 261, 1978
8b.135	Ap. J., 220, 401, 1978	8b.185	Sov. Ast., 22, 536, 1978
8b.136	Ap. J., 220, 783, 1978	8b.186	Sov. Ast., 22, 660, 1978
8b.137	Ap. J., 221, 62, 1978	8b.187	Sov. Ast. Lett., 4, 138, 1978
8b.138	Ap. J., 221, 486, 1978	8b.188	Sov. Ast. Lett., 4, 261, 1978
8b.139	Ap. J., 221, 501, 1978	8b.189	Astrophysics, 14, 148, 1978
8b.140	Ap. J., 221, 788, 1978	8b.190	Astrophysics, 14, 338, 1978
8b.141	Ap. J. Lett.., 221, Ll, 1978	8b.191	C.R. Acad. Sci. Paris, 286, B, 339, 1978
8b.142	Ap. J. Lett., 222, L3, 1978	8b.192	Izv. Crimean Ap. Obs., 58, 104, 1978
8b.143	Ap. J. Lett., 222, L55, 1978	8b.193	Nature, 274, 37, 1978
8b.144	Ap. J., 222, 821, 1978	8b.194	Ast. Papers dedicated to B. Stromgren, edit. A. Reiz and T. Andersen. Copenhagen Univ. Observ., p. 403, 1978
8b.145	Ap. J., 223, 56, 1978		
8b.146	Ap. J., 223, 788, 1978		
8b.147	Ap. J. Lett., 224, L43, 1978		
8b.148	Ap. J. Lett., 224, L55, 1978		
8b.149*	Ap. J., 225, 768, 1978	8b.195	Ast. Tsirk. No.990, p. 1, 1978
8b.150	Ap. J., 225, 776, 1978	8b.196	I.A.U. Circ. No. 3256, 1978
8b.151	Ap. J., 225, 780, 1978	8b.197	I.A.U. Circ. No. 3293, 1978
8b.152	Ap. J., 226, 753, 1978	8b.198	Ap. J., 227, 391, 1979
8b.153	Ap. J., 226, 777, 1978	8b.199	Ap. J., 228, 405, 1979
8b.154	Ap. J. Lett., 226, L1, 1978	8b.200	Ap. J. Lett., 227, L121, 1979
8b.155	Ap. J. Lett., 225, L7, 1978	8b.201	Ap. J. Lett., 228, L59, 1979
8b.156	Ap. J. Lett., 226, Lll, 1978	8b.202	Ap. J., 230, 79, 1979
8b.157	Ap. J. Lett., 226, L111, 1978	8b.203	Ap. J., 230, 360, 1979
8b.158	Ap. J. Suppl., 37, 101, 1978	8b.204	Ap. J. Lett., 230, L73, 1979
8b.159	Ap. J. Suppl., 38, 187, 1978	8b.205	Ap. J. Lett., 230, L141, 1979
8b.160	A. J., 83, 1021, 1978	8b.206	Ap. J. Lett., 231, L13, 1979
8b.161	A. J., 83, 1257, 1978	8b.207	Ap. J. Lett., 231, L51, 1979
8b.162	A. J., 83, 1377, 1978	8b.208	Ap. J., 231, 673, 1979
8b.163	Astr. Ap., 62, L13, 1978	8b.209	Ap. J., 232, 60, 1979
8b.164	Astr. Ap., 63, 363, 1978	8b.210	Ap. J., 232, 74, 1979
8b.165	Astr. Ap., 63, 415, 1978	8b.211	Ap. J., 232, 389, 1979
8b.166	Astr. Ap., 70, 141, 1978	8b.212	Ap. J., 233, 44, 1979
8b.167	Astr. Ap., 70, L79, 1978	8b.213	Ap. J., 233, 809, 1979
8b.168	Astr. Ap. Suppl., 31, 427, 1978	8b.214	Ap. J., 234, 56, 1979
8b.169	M.N.R.A.S., 183, 479, 1978	8b.215	Ap. J., 234, 837, 1979
8b.170	M.N.R.A.S., 183, 549, 1978	8b.216	Ap. J. Suppl., 39, 439, 1979
8b.171	M.N.R.A.S., 184, 15P, 1978	8b.217	Ap. J. Suppl., 41, 147, 1979
8b.172	M.N.R.A.S., 184, 303, 1978	8b.218	A. J., 84, 56, 1979
		8b.219	A. J., 84, 284, 1979

8b.220	A. J., 84, 302, 1979	8b.270	P.A.S. Japan, 31, 635, 1979
8b.221	A. J., 84, 311, 1979	8b.271	P.A.S. Japan, 31, 647, 1979
8b.222	A. J., 84, 1537, 1979	8b.272	Mitt. Ast. Gesell., 45, 80, 1979
8b.223	P.A.S.P., 91, 257, 1979	8b.273	Astrophysics, 15, 166, 1979
8b.224	P.A.S.P., 91, 619, 1979	8b.274	Pittsburgh Conf. on BL Lac Objects, A.M. Wolfe, ed., Univ. of Pittsburgh, p. 179, 1978
8b.225	Ap. Space Sci., 65, 423, 1979		
8b.226	Nature, 276, 480, 1978		
8b.227	P.A.S.P., 91, 746, 1979	8b.275	Pittsburgh Conf. on BL Lac Objects, A.M. Wolfe, ed., Univ. of Pittsburgh, p. 204, 1978
8b.228	P.A.S.P., 91, 749, 1979		
8b.229	B.A.A.S., 11, 427, 1979		
8b.230	B.A.A.S., 11, 637, 1979	8b.276	Nature, 279, 140, 1979
8b.231	B.A.A.S., 11, 668, 1979	8b.277	Bull. Crim. Ap. Obs., 59, 146, 1979
8b.232	B.A.A.S., 11, 675, 1979	8b.278	Trud. Kazan Ast. Obs., No. 42-43, 192, 1978
8b.233	B.A.A.S., 11, 719, 1979		
8b.234	M.N.R.A.S., 186, 93, 1979	8b.279	Star and Star Systems, B.E. Westerlund, ed., Ap. Space Sci. Lib., 75, 107, 1979
8b.235	M.N.R.A.S., 186, 495, 1979		
8b.236	M.N.R.A.S., 188, 285, 1979	8b.280	Xray Astronomy, COSPAR 21st meet., W.A. Baity and L.E. Peterson, eds., Pergamon Press, p. 281, 1979
8b.237*	M.N.R.A.S., 188, 349, 1979		
8b.238	M.N.R.A.S., 188, 415, 1979		
8b.239	M.N.R.A.S., 189, 79, 1979		
8b.240	M.N.R.A.S., 189, 95, 1979	8b.281	Ast. Tsirk. No. 1020, 1, 1978
8b.241	Astr. Ap., 71, 262, 1979	8b.282	I.A.U. Circ. No. 3415, 1979
8b.242	Astr. Ap., 71, 335, 1979	8b.283	Ap. J., 235, 22, 1980
8b.243	Astr. Ap., 73, 216, 1979	8b.284	Ap. J., 235, 405, 1980
8b.244	Astr. Ap., 74, 123, 1979	8b.285	Ap. J., 235, 755, 1980
8b.245	Astr. Ap., 76, 50, 1979	8b.286	Ap. J., 235, 761, 1980
8b.246	Astr. Ap., 76, L14, 1979	8b.287	Ap. J., 235, 783, 1980
8b.247	Astr. Ap., 78, L5, 1979	8b.288	Ap. J., 236, 112, 1980
8b.248	Astr. Ap., 79, 329, 1979	8b.289	Ap. J., 236, 119, 1980
8b.249	Astr. Ap., 80, 155, 1979	8b.290	Ap. J., 236, 135, 1980
8b.250	Astr. Ap. Suppl., 35, 55, 1979	8b.291	Ap. J., 236, 388, 1980
8b.251*	Astr. Ap. Suppl., 36, 259, 1979	8b.292	Ap. J., 236, 430, 1980
8b.252	Sov. Ast. Lett., 5, 90, 126, 1979	8b.293	Ap. J., 236, 628, 1980
8b.253	Sov. Ast. Lett., 5, 63, 1979	8b.294	Ap. J., 237, 303, 1980
8b.254	Sov. Ast. Lett., 5, 141, 1979	8b.295	Ap. J., 237, 414, 1980
8b.255	Sov. Ast. Lett., 5, 144, 1979	8b.296	Ap. J. Lett., 236, L45, 1980
8b.256	Sov. Ast. Lett., 5, 256, 1979	8b.297	Ap. J., 238, 10, 1980
8b.257	Sov. Ast. Lett., 5, 269, 1979	8b.298	Ap. J., 238, 45, 1980
8b.258	Astrophysics, 15, 16, 1979	8b.299	Ap. J., 239, 475, 1980
8b.259	Astrophysics, 15, 27, 36, 1979	8b.300	Ap. J., 240, 32, 1980
8b.260	Astrophysics, 15, 40, 1979	8b.301	Ap. J., 240, 41, 1980
8b.261	Astrophysics, 15, 142, 1979	8b.302	Ap. J., 240, 759, 1980
8b.262	Astrophysics, 15, 250, 1979	8b.303	Ap. J., 240, 768, 1980
8b.263	Astrophysics, 15, 257, 1979	8b.304	Ap. J. Lett., 240, L11, 1980
8b.264	Astrophysics, 15, 376, 1979	8b.305	Ap. J. Suppl., 43, 393, 1980
8b.265	Astrophysics, 15, 388, 1979	8b.306	A. J., 85, 415, 1980
8b.266	A. N., 300, 37, 1979	8b.307	P.A.S.P., 92, 134, 1980
8b.267	A. N., 300, 77, 1979	8b.308	P.A.S.P., 92, 753, 758, 1980
8b.268	P.A.S. Japan, 31, 329, 1979	8b.309	B.A.A.S., 12, 438, 1980
8b.269	P.A.S. Japan, 31, 451, 1979	8b.310	B.A.A.S., 12, 491, 1980
		8b.311	B.A.A.S., 12, 810, 1980

8b.312	M.N.R.A.S., 190, 51P, 1980	8b.357	Ap. J., 244, 447, 1981
8b.313	M.N.R.A.S., 191, 665, 1980	8b.358	Ap. J., 245, 845, 1981
8b.314	M.N.R.A.S., 193, 219, 1980	8b.359	Ap. J., 246, 20, 1981
8b.315	M.N.R.A.S., 193, 549, 1980	8b.360	Ap. J., 246, 38, 1981
8b.316	M.N.R.A.S., 193, 563, 1980	8b.361	Ap. J., 246, 696, 1981
8b.317	Observatory, 100, 33, 1980	8b.362	Ap. J., 246, 722, 1981
8b.318	Astr. Ap., 81, 54, 1980	8b.363	Ap. J., 247, 42, 1981
8b.319	Astr. Ap., 81, 172, 1980	8b.364	Ap. J., 247, 403, 1981
8b.320	Astr. Ap., 83, 100, 1980	8b.365	Ap. J., 247, 813, 1981
8b.321*	Astr. Ap., 87, 142, 152, 1980 + Astr. Ap. Suppl., 40, 295, 1980	8b.366	Ap. J., 247, 879, 1981
8b.322	Astr. Ap., 87, 245, 1980	8b.367	Ap. J., 248, 105, 1981
8b.323	Astr. Ap., 88, 94, 1980	8b.368	Ap. J., 248, 468, 1981
8b.324	Astr. Ap., 89, L11, 1980	8b.369	Ap. J., 248, 472, 1981
8b.325	Astr. Ap., 90, 8, 1980	8b.370	Ap. J., 249, 48, 1981
8b.326	Astr. Ap., 92, 189, 1980	8b.371	Ap. J., 249, 462, 1981
8b.327	Astrophysics, 16, 33, 1980	8b.372	Ap. J., 250, 55, 1981
8b.328	Astrophysics, 16, 119, 1980	8b.373	Ap. J., 250, 79, 1981
8b.329	Astrophysics, 16, 127, 1980	8b.374	Ap. J., 250, 508, 1981
8b.330	Astrophysics, 16, 233, 1980	8b.375	Ap. J., 241, 4, 1981
8b.331	Astrophysics, 16, 239, 1980	8b.376	Ap. J., 251, 10, 1981
8b.332	Astrophysics, 16, 353, 1980	8b.377	Ap. J., 251, 52, 1981
8b.333	Astrophysics, 16, 363, 1980	8b.378	Ap. J., 251, 451, 1981
8b.334	Sov. Ast. Lett., 6, 110, 1980	8b.379	Ap. J., 251, 501, 1981
8b.335	Sov. Ast. Lett., 6, 144, 1980	8b.380	Ap. J. Lett., 250, L59, 1981
8b.336	Sov. Ast. Lett., 6, 178, 1980	8b.381	A. J., 86, 19, 1981
8b.337	Sov. Ast. Lett., 6, 217, 1980	8b.382	A. J., 86, 178, 1981
8b.338	Sov. Ast. Lett., 6, 288, 1980	8b.383	A. J., 86, 344, 1981
8b.339	Sov. Ast. Lett., 6, 290, 1980	8b.384	A. J., 86, 1289, 1981
8b.340	Sov. Ast. Lett., 6, 363, 1980	8b.385	A. J., 86, 1595, 1981
8b.341	Ap. Space Sci., 67, 417, 1980	8b.386	Mitt. Ast. Gesell., No. 52, p. 62, 1981 see also Second European IUE Conf., Tubingen, Germany - ESA, Paris, p. 271, 1980
8b.342	Ap. Space Sci., 70, 251, 1980		
8b.343	Pub. A. S. Japan, 32, 185, 1980		
8b.344	Pub. A. S. Japan, 32, 389, 1980		
8b.345	Bull. Crimean Ap. Obs., 61, 105, 1980	8b.387	P.A.S.P., 93, 273, 1981
8b.346*	Izv. Glav. Ast. Obs. Pulkovo, No. 196, p. 62, 1979	8b.388	P.A.S.P., 93, 560, 1981
		8b.389	B.A.A.S., 13, 789, 1981
8b.347	M. N. Ast. Soc. S. Africa, 39, 11, 1980	8b.390	B.A.A.S., 13, 790, 1981
8b.348	J. Ap. Ast., 1, 177, 1980	8b.391	B.A.A.S., 13, 824, 1981
8b.349	Highlights of Ast., Joint IAU discussion, No. 8, p. 631, 1980	8b.392	M.N.R.A.S., 194, 669, 1981
		8b.393	M.N.R.A.S., 195, 39, 1981
8b.350	Photometry, Kinematics and Dynamics of Galaxies. Proc. Conf. Univ. of Texas at Austin, ed. D.S. Evans, p. 325, 1979	8b.394	M.N.R.A.S., 195, 353, 1981
		8b.395	M.N.R.A.S., 195, 787, 1981
		8b.396	M.N.R.A.S., 195, 939, 1981
		8b.397	M.N.R.A.S., 196, 11P, 1981
8b.351	Ap. J., 243, 81, 1981	8b.398	M.N.R.A.S., 196, 417, 1981
8b.352	Ap. J., 243, 127, 1981	8b.399	M.N.R.A.S., 196, 669, 1981
8b.353	Ap. J., 243, 445, 1981	8b.400	M.N.R.A.S., 196, 845, 1981
8b.354	Ap. J., 243, 690, 1981	8b.401	M.N.R.A.S., 196, 101P, 1981
8b.355	Ap. J., 244, 12, 1981	8b.402	M.N.R.A.S., 197, 659, 1981
8b.356	Ap. J., 244, 27, 1981	8b.403	Astr. Ap., 95, 266, 1981

8b.404	Astr. Ap., 97, 71, 1981	8b.451	Ap. J., 261, 51, 1982
8b.405	Astr. Ap., 98, 34, 1981	8b.452	Ap. J., 261, 64, 1982
8b.406	Astr. Ap., 99, 341, 1981	8b.453	Ap. J., 262, 66, 1982
8b.407	Astr. Ap., 100, 12, 1981	8b.454	Ap. J., 262, 529, 1982
8b.408	Astr. Ap., 101, L5, 1981	8b.455	Ap. J., 262, 564, 1982
8b.409	Astr. Ap., 101, 377, 1981	8b.456	Ap. J., 263, 1, 1982
8b.410	Astr. Ap., 102, 116, 1981	8b.457	Ap. J., 263, 32, 1982
8b.411	Astr. Ap., 102, 230, 1981	8b.458	Ap. J., 263, 54, 1982
8b.412	Astr. Ap., 102, L23, 1981	8b.459	Ap. J., 263, 101, 1982
8b.413	Astr. Ap., 103, L1, 1981	8b.460	Ap. J. Suppl., 49, 53, 1982
8b.414	Astr. Ap., 103, 216, 1981	8b.461	Ap. J. Suppl., 49, 469, 1982
8b.415	Astr. Ap., 104, 198, 1981	8b.462*	Ap. J. Suppl., 50, 517, 1982
8b.416	Astr. Ap. Suppl., 43, 231, 1981	8b.463	A. J., 87, 1438, 1982
8b.417	Astr. Ap. Suppl., 44, 229, 1981	8b.464	A. J., 87, 1621, 1982
8b.418	Sov. Ast. Lett., 7, 42, 1981	8b.465	A. J., 87, 1628, 1982
8b.419	Sov. Ast. Lett., 7, 153, 1981	8b.466	P.A.S.P., 94, 36, 1982
8b.420	Astrophysics, 17, 8, 1981	8b.467	P.A.S.P., 94, 634, 1982
8b.421	Astrophysics, 17, 22, 1981	8b.468	P.A.S.P., 94, 765, 1982
8b.422	Astrophysics, 17, 233, 1981	8b.469	B.A.A.S., 14, 644, 1982
8b.423	Astrophysics, 17, 333, 1981	8b.470	B.A.A.S., 14, 778, 1982
8b.424	Astrophysics, 17, 342, 1981	8b.471	B.A.A.S., 14, 947, 1982
8b.425	IAU Asian-South Pacific Reg. meet., New Zealand J. Sci., 22, 315, 1979	8b.472	B.A.A.S., 14, 958, 1982
8b.426	Physical Processes in Red Giants, Ap. Space Sci. lib., No. 88, 71, 1981	8b.473	M.N.R.A.S., 198, 535, 1982
		8b.474	M.N.R.A.S., 198, 589, 1982
8b.427	IAU Circ. No. 3567, 1981	8b.475	M.N.R.A.S., 198, 1089, 1982
8b.428	Pub. A. S. Japan, 33, 653, 1981	8b.476	M.N.R.A.S., 198, 13P, 1982
8b.429	Ast. Tsirk. No. 1143, p. 1, 1980	8b.477	M.N.R.A.S., 199, 633, 1982
8b.430	Ast. Tsirk. No. 1154, p. 6, 1981	8b.478	M.N.R.A.S., 199, 905, 1982
8b.431	Dokl. Bulg. Acad. Sci., 33, 1033, 1980	8b.479	M.N.R.A.S., 200, 1, 1982
8b.432	Dokl. Bulg. Acad. Sci., 33, 1297, 1980	8b.480	M.N.R.A.S., 200, 153, 1982
8b.433	Dokl. Bulg. Acad. Sci., 34, 461, 1981	8b.481	M.N.R.A.S., 201, 223, 1982
8b.434	Ap. J., 252, 487, 1982	8b.482	M.N.R.A.S., 201, 17P, 1982
8b.435	Ap. J., 253, 556, 1982	8b.483	M.N.R.A.S., 201, 49P, 1982
8b.436	Ap. J., 254, 22, 1982	8b.484	M.N.R.A.S., 201, 991, 1982
8b.437	Ap. J., 254, 507, 1982	8b.485	Astr. Ap., 105, 335, 1982
8b.438	Ap. J., 255, 1, 1982	8b.486	Astr. Ap., 106, 53, 1982
8b.439	Ap. J. Lett., 253, L13, 1982	8b.487	Astr. Ap., 108, 95, 1982
8b.440	Ap. J., 256, 75, 1982	8b.488	Astr. Ap., 112, 257, 1982
8b.441*	Ap. J., 256, 427, 1982	8b.489	Astr. Ap., 113, 46, 1982
8b.442	Ap. J., 257, 40, 1982	8b.490	Astr. Ap., 115, 209, 1982
8b.443	Ap. J., 257, 559, 1982	8b.491	Astr. Ap. Suppl., 47, 237, 1982
8b.444	Ap. J., 258, 48, 1982 (see also Ap.J. Suppl.49, 149, 182)	8b.492	Sov. Ast. Lett., 8, 111, 1982
		8b.493	Sov. Ast. Lett., 8, 145, 1982
8b.445	Ap. J., 259, 482, 1982	8b.494	Sov. Ast. Lett., 8, 181, 1982
8b.446	Ap. J., 260, 56, 1982	8b.495	Sov. Ast. Lett., 8, 245, 1982
8b.447	Ap. J., 260, 81, 1982	8b.496	Astrophysics, 18, 17, 1982
8b.448	Ap. J., 260, 437, 1982	8b.497	Astrophysics, 18, 116, 1982
8b.449	Ap. J., 260, 488, 1982	8b.498	Astrophysics, 18, 122, 1982
8b.450	Ap. J., 261, 35, 1982	8b.499	Astrophysics, 18, 201, 1982
		8b.500	Astrophysics, 18, 308, 1982

8b.501	Ap. J. Suppl., 49, 149, 1982	8b.538	Ap. J., 273, 458, 1983
8b.502	Ap. J. 252, 594, 1982	8b.539	Ap. J., 273, 478, 1983
8b.503	IAU Symp. No. 97, "Extragalactic Radio Sources", eds. D. Heeschen and C. Wade, p. 61, 1982	8b.540	Ap. J., 273, 489, 1983
		8b.541	Ap. J., 274, 141, 1983
		8b.542	Ap. J., 274, 558, 1983
8b.504	IAU Symp. No. 97, "Extragalactic Radio Sources", eds. D. Heeschen and C. Wade, p. 65, 1982	8b.543	Ap. J., 275, 61, 1983
		8b.544	Ap. J., 275, 477, 1983
		8b.545	Ap. J., 275, 493, 1983
8b.505	IAU Symp. No. 97, "Extragalactic Radio Sources", eds. D. Heeschen and C. Wade, p. 377, 1982	8b.546	Ap. J. Lett., 264, L1, 1983
		8b.547	Ap. J. Lett., 264, L7, 1983
		8b.548	Ap. J. Lett., 265, L1, 1983
8b.506	Scien. Importance of High Ang. Res. at IR and Opt., ESO Conf., M. H. Ulrich and K. Kjar, eds., p. 411, 1981	8b.549	Ap. J. Lett., 266, L89, 1983
		8b.550	Ap. J. Lett., 267, L15, 1983
		8b.551	Ap. J. Lett., 273, L31, 1983
8b.507	Ast. Tsirk. No. 1169, p. 1, 1981	8b.552*	Ap. J. Suppl., 52, 229, 1983
8b.508	"Optical Jets in Galaxies" Proc. ESO/ESA Workshop, Munich ESA-SP-162, p. 39, 145, 1981	8b.553	Ap. J. Suppl., 53, 105, 1983
		8b.554	A. J., 88, 253, 1983
		8b.555	A. J., 88, 583, 1983
8b.509	Adv. in UV Ast. 4 Years of IUE Res. NASA Conf. Publ. 2238, p. 151, 1982	8b.556	A. J., 88, 926, 1983
		8b.557	A. J., 88, 1077, 1983
8b.510	IAU Symp. No. 99, "Wolf-Rayet Stars..." eds. C. W. H. DeLoore and A. J. Willis, 1982	8b.558*	A. J., 88, 1094, 1983
		8b.559	A. J., 88, 1702, 1983
		8b.560	A. J., 88, 1749, 1983
8b.511	Ast. Tsirk. No. 1202, p. 4, 1981	8b.561	P.A.S.P., 95, 12, 1983
8b.512	Ap. Space Sci., 82, 105, 1982	8b.562	P.A.S.P., 95, 986, 1983
8b.513	Mitt. Ast. Gesell., No. 55, p. 95, 1982	8b.563	B.A.A.S., 15, 654, 1983
8b.514	Mitt. Ast. Gesell., No. 55, p. 94, 1982	8b.564	B.A.A.S., 15, 988, 1983
8b.515	Dokl. Bulg. Acad. Sci., 35, 137, 1982	8b.565	M.N.R.A.S., 202, 53, 1983
8b.516	Dokl. Bulg. Acad. Sci., 34, 1629, 1981	8b.566	M.N.R.A.S., 202, 85, 1983
8b.517	Ap. J., 264, 14, 1983	8b.567	M.N.R.A.S., 202, 125, 1983
8b.518	Ap. J., 264, 105, 1983	8b.568	M.N.R.A.S., 202, 703, 1983
8b.519	Ap. J., 264, 114, 1983	8b.569	M.N.R.A.S., 202, 1001, 1983
8b.520	Ap. J., 265, 85, 1983	8b.570	M.N.R.A.S., 203, 1P, 1983
8b.521	Ap. J., 266, 485, 1983	8b.571	M.N.R.A.S., 203, 157, 1983
8b.522	Ap. J., 266, 531, 1983	8b.572	M.N.R.A.S., 203, 759, 1983
8b.523	Ap. J., 267, 80, 1983	8b.573	M.N.R.A.S., 204, 743, 1983
8b.524	Ap. J., 267, 551, 1983	8b.574	M.N.R.A.S., 204, 1231, 1983
8b.525*	Ap. J., 268, 90, 1983	8b.575	M.N.R.A.S., 205, 643, 1983
8b.526	Ap. J., 268, 102, 1983	8b.576	M.N.R.A.S., 205, 819, 1983
8b.527*	Ap. J., 268, 602, 1983	8b.577	Astr. Ap., 117, 109, 1983
8b.528	Ap. J., 269, 102, 1983	8b.578	Astr. Ap., 118, 166, 1983
8b.529	Ap. J., 269, 416, 1983	8b.579	Astr. Ap., 119, 80, 1983
8b.530	Ap. J., 269, 444, 1983	8b.580	Astr. Ap., 121, 297, 1983
8b.531	Ap. J., 269, 466, 1983	8b.581	Astr. Ap., 122, 111, 1983
8b.532	Ap. J., 270, 465, 1983	8b.582	Astr. Ap., 123, 101, 1983
8b.533	Ap. J., 271, 564, 1983	8b.583	Astr. Ap., 125, 276, 1983
8b.534	Ap. J., 272, 29, 1983	8b.584	Astr. Ap., 127, 322, 1983
8b.535*	Ap. J., 272, 54, 1983	8b.585	Astr. Ap. Suppl., 51, 429, 1983
8b.536	Ap. J., 272, 68, 1983	8b.586	Astr. Ap. Suppl., 53, 97, 1983
8b.537	Ap. J., 273, 81, 1983	8b.587	Sov. Ast. Lett., 9, 337, 1983

8b.588	Astrophysics, 19, 1, 1983	8b.637	Ap. J., 286, 464, 1984
8b.589	Astrophysics, 19, 7, 1983	8b.638	Ap. J., 287, 131, 1984
8b.590	Astrophysics, 19, 14, 1983	8b.639	Ap. J., 287, 487, 1984
8b.591	Astrophysics, 19, 26, 1983	8b.640	Ap. J. Lett., 276, L35, 1984
8b.592	Astrofizika, 19, 171, 1983	8b.641	Ap. J. Lett., 281, L21(Pl.L1), 1984
8b.593	Astrophysics, 19, 138, 1983	8b.642	A. J., 89, 350, 1984
8b.594	Astrophysics, 19, 141, 1983	8b.643	A. J., 89, 1514, 1984
8b.595	Astrophysics, 19, 215, 1983	8b.644	A. J., 89, 1702, 1984
8b.596	Astrophysics, 19, 227, 1983	8b.645	P.A.S.P., 96, 24, 1984
8b.597	Astrofizika, 19, 575, 1983	8b.646	P.A.S.P., 96, 128, 1984
8b.598	Astrofizika, 19, 823, 1983	8b.647	P.A.S.P., 96, 273, 1984
8b.599	Mitt. Ast. Gesell., No. 58, 105, 1983	8b.648*	P.A.S.P., 96, 287, 1984
8b.600	Mitt. Ast. Gesell., No. 60, 441, 1983	8b.649	P.A.S.P., 96, 398, 1984
8b.601	Mitt. Ast. Gesell., No. 60, 444, 1983	8b.650	P.A.S.P., 96, 583, 1984
8b.602	Mitt. Ast. Gesell., No. 60, 452, 1983	8b.651	P.A.S.P., 96, 699, 1984
8b.603	IAU Circ. No. 3813, 1983	8b.652	B.A.A.S., 16, 441, 1984
8b.604	Ast. Tsirk., No. 1228, p. 1, 1982	8b.653	B.A.A.S., 16, 459, 1984
8b.605	Ast. Tsirk., No. 1209, p. 1, 1982	8b.654	B.A.A.S., 16, 954, 1984
8b.606	Ast. Tsirk., No. 1225, p. 7, 1982	8b.655	B.A.A.S., 16, 957, 1984
8b.607	Nature, 304, 241, 1983	8b.656	B.A.A.S., 16, 987, 1984
8b.608	Ast. Tsirk., No. 1233, p. 1, 1982	8b.657	B.A.A.S., 16, 989, 1984
8b.609	Chinese Ast. Circ. No. 17, 1983	8b.658	M.N.R.A.S., 207, 9, 1984
8b.610	Dokl. Bulg. Acad. Sci., 36, 713, 1983	8b.659	M.N.R.A.S., 207, 867, 1984
8b.611	Dokl. Bulg. Acad. Sci., 35, 725, 1983	8b.660	M.N.R.A.S., 208, 15, 1984
8b.612	"Astrophysical Jets", Ap. Space Sci. Lib., vol. 103, p. 149, 1985	8b.661	M.N.R.A.S., 208, 347, 1984
8b.613	Ap. J., 276, 79, 1984	8b.662	M.N.R.A.S., 208, 589, 1984
8b.614	Ap. J., 277, 82, 1984	8b.663	M.N.R.A.S., 208, 955, 1984
8b.615	Ap. J., 277, 487, 1984	8b.664	M.N.R.A.S., 210, 547, 1984
8b.616	Ap. J., 277, 501, 1984	8b.665	M.N.R.A.S., 210, 701, 1984
8b.617	Ap. J., 277, 513, 1984	8b.666	M.N.R.A.S., 210, 873, 1984
8b.618	Ap. J., 277, 526, 1984	8b.667	M.N.R.A.S., 211, 33P, 1984
8b.619	Ap. J., 279, 529, 1984	8b.668	M.N.R.A.S., 211, 507, 1984
8b.620	Ap. J., 279, 550, 1984	8b.669	Astr. Ap., 131, 1, 1984
8b.621	Ap. J., 280, 491, 1984	8b.670	Astr. Ap., 131, 186, 1984
8b.622	Ap. J., 280, 528, 1984	8b.671	Astr. Ap., 132, 342, 1984
8b.623	Ap. J., 280, 580, 1984	8b.672	Astr. Ap., 133, 209, 1984
8b.624	Ap. J., 281, 112, 1984	8b.673	Astr. Ap., 135, 171, 1984
8b.625*	Ap. J., 281, 512, 1984	8b.674	Astr. Ap., 136, L11, 1984
8b.626	Ap. J., 281, 525, 1984	8b.675	Astr. Ap., 137, 327, 1984
8b.627	Ap. J., 281, 570, 1984	8b.676	Astr. Ap. Suppl., 58, 507, 1984
8b.628	Ap. J., 282, 75, 1984	8b.677	Sov. Ast. Lett., 10, 169, 1984
8b.629	Ap. J., 283, 33, 1984	8b.678	Sov. Ast. Lett., 10, 239, 1984
8b.630	Ap. J., 284, 23, 1984	8b.679	Sov. Ast. Lett., 10, 335, 1984
8b.631	Ap. J., 285, 55, 1984	8b.680	Astrophysics, 20, 24, 1984
8b.632	Ap. J., 285, 458, 475, 1984	8b.681	Astrophysics, 20, 355, 1984
8b.633	Ap. J., 285, 527, 1984	8b.682	Astrophysics, 20, 396, 1984
8b.634	Ap. J., 285, 567, 1984	8b.683	Astrophysics, 20, 588, 1984
8b.635	Ap. J., 286, 97, 1984	8b.684	Proc. Ast. Soc. Austr., 5, 514, 1984
8b.636	Ap. J., 286, 171, 1984	8b.685	Astr. Ap., 130, 46, 1984
		8b.686	IAU Coll. No. 78 "Astronomy with

8b.687	Schmidt-type Telescopes", Ap. Space Sci. Lib., vol. 110, p. 427, 1984
8b.687	IAU Coll. No. 78 "Astronomy with Schmidt-type Telescopes", Ap. Space Sci. Lib., vol. 110, p. 409, 1984
8b.688	Nature, 309, 600, 1984
8b.689	Bull. Crimean Ap. Obs., 68, 93, 1983
8b.690	Bull. Crimean Ap. Obs., 68, 81, 1983
8b.691	Ast. Tsirk. No. 1266, p. 1, 1983
8b.692	Ast. Tsirk. No. 1277, p. 2, 1983
8b.693	Ast. Tsirk. No. 1277, p. 5, 1983
8b.694	Fourth Europ. I.U.E. Conf., Rome, ESA-SP-218, p. 101, 1984
8b.695	"X-ray and UV Emission from AGN", Proc. Max Planck Inst. Extraterrestrial Phys., MPE, Rep. 184, p. 21, 28, 1984
8b.696	"X-ray and UV Emission from AGN", Proc. Max Planck Inst. Extraterrestrial Phys., MPE, Rep. 184, p. 32, 55, 1984
8b.697	Ast. Tsirk. No. 1285, p. 1, 1983
8b.698	Stockholm Obs. Report No. 24, 1984
8b.699	Trudy Gos. Ast. Inst. Sternberg, 55, 64, 1983
8b.700	"Very Hot Astrophysical Plasmas", Europ. Workshop, Nice 1982. Physica Scripta, vol. 77, 174, 1984
8b.701	Ap. J., 288, 132, 1985
8b.702	Ap. J., 288, 175, 1985
8b.703	Ap. J., 288, 205, 1985
8b.704	Ap. J., 288, 481, 1985
8b.705	Ap. J., 288, 531, 1985
8b.706	Ap. J. Lett., 288, L29, 1985
8b.707	Ap. J., 289, 67, 1985
8b.708	Ap. J., 289, 105, 1985
8b.709	Ap. J., 289, 475, 1985
8b.710	Ap. J., 290, 116, 1985
8b.711	Ap. J., 290, 125, 1985
8b.712	Ap. J., 290, 449, 1985
8b.713	Ap. J., 290, 517, 1985
8b.714	Ap. J., 291, 627, 1985
8b.715	Ap. J., 291, 677, 1985
8b.716	Ap. J., 292, 143, 1985
8b.717	Ap. J., 292, 164, 1985
8b.718	Ap. J., 292, 447, 1985
8b.719	Ap. J., 293, 83, 1985
8b.720	Ap. J., 293, 132, 1985
8b.721	Ap. J., 293, 148, 1985
8b.722	Ap. J., 294, 106, 1985
8b.723	Ap. J., 294, 134, 1985
8b.724	Ap. J., 294, 147, 1985
8b.725	Ap. J. Lett., 293, L59, 1985
8b.726	Ap. J., 296, 106, 1985
8b.727	Ap. J., 297, 98, 1985
8b.728	Ap. J., 297, 166, 1985
8b.729	Ap. J., 297, 371, 1985
8b.730	Ap. J., 297, 572, 1985
8b.731	Ap. J., 297, 621, 1985
8b.732	Ap. J., 298, 283, 1985
8b.733	Ap. J., 299, 852, 1985
8b.734	Ap. J., 299, 865, 1985
8b.735	Ap. J. Lett., 295, L33, 1985
8b.736	Ap. J. Suppl., 57, 1, 1985
8b.737*	Ap. J. Suppl., 57, 503, 1985
8b.738*	Ap. J. Suppl., 57, 643, 1985
8b.739	Ap. J. Suppl., 58, 321, 1985
8b.740	Ap. J. Suppl., 58, 533, 1985
8b.741	Ap. J. Suppl., 59, 447, 1985
8b.742	A. J., 90, 1, 1985
8b.743	A. J., 90, 80, 1985
8b.744	A. J., 90, 192, 1985
8b.745	A. J., 90, 197, 1985
8b.746	A. J., 90, 522, 1985
8b.747	A. J., 90, 577, 1985
8b.748	A. J., 90, 697, 1985
8b.749	A. J., 90, 691, 1985
8b.750*	A. J., 90, 708, 1985
8b.751	A. J., 90, 1163, 1985
8b.752	A. J., 90, 1449, 1985
8b.753*	A. J., 90, 1772, 1985
8b.754	A. J., 90, 1927, 1985
8b.755	A. J., 90, 2207, 1985
8b.756	P.A.S.P., 97, 215, 1985
8b.757*	P.A.S.P., 97, 734, 1985
8b.758*	P.A.S.P., 97, 1129, 1985
8b.759	B.A.A.S., 17, 581, 1985
8b.760	B.A.A.S., 17, 587, 1985
8b.761	B.A.A.S., 17, 846, 1985
8b.762	B.A.A.S., 17, 859, 1985
8b.763	B.A.A.S., 17, 865, 1985
8b.764	M.N.R.A.S., 212, 385, 1985
8b.765*	M.N.R.A.S., 213, 1, 1985
8b.766	M.N.R.A.S., 214, 41P, 1985
8b.767	M.N.R.A.S., 215, 37P, 1985
8b.768	M.N.R.A.S., 215, 57P, 1985
8b.769	M.N.R.A.S., 215, 481, 1985
8b.770	M.N.R.A.S., 216, 439, 1985
8b.771	M.N.R.A.S., 216, 41P, 1985
8b.772	M.N.R.A.S., 216, 701, 1985

8b.773	M.N.R.A.S., 216, 817, 1985	8b.817	A. J., 91, 1286, 1986
8b.774*	Observatory, 105, 129, 1985	8b.818	A. J., 92, 552, 1986
8b.775*	Astr. Ap., 142, 411, 1985	8b.819	P.A.S.P., 98, 185, 1986
8b.776	Astr. Ap., 143, 347, 1985	8b.820	P.A.S.P., 98, 629, 1986
8b.777	Astr. Ap., 143, 393, 1985	8b.821	P.A.S.P., 98, 1032, 1986
8b.778	Astr. Ap., 145, 425, 1985	8b.822	M.N.R.A.S., 218, 19P, 1986
8b.779	Astr. Ap., 146, L11, 1985	8b.823	M.N.R.A.S., 218, 453, 1986
8b.780	Astr. Ap., 146, 17, 1985	8b.824	M.N.R.A.S., 219, 555, 1986
8b.781	Astr. Ap., 146, 269, 1985	8b.825	M.N.R.A.S., 220, 453, 1986
8b.782	Astr. Ap., 147, 273, 1985	8b.826	M.N.R.A.S., 221, 727, 1986
8b.783	Astr. Ap., 148, 443, 1985	8b.827	M.N.R.A.S., 222, 189, 1986
8b.784	Astr. Ap., 149, L24, 1985	8b.828	M.N.R.A.S., 223, 39, 1986
8b.785	Astr. Ap., 149, 442, 1985	8b.829*	M.N.R.A.S., 223, 811, 1986
8b.786	Astr. Ap., 149, 475, 1985	8b.830	P.A.S.P., 98, 1291, 1986
8b.787	Astr. Ap., 150, L5, 1985	8b.831	Ap. J., 300, 658, 1986
8b.788	Astr. Ap., 151, 137, 1985	8b.832	Ap. J., 301, 57, 1986
8b.789	Astr. Ap., 152, L14, 1985	8b.833	Ap. J., 301, 83, 1986
8b.790	Astr. Ap., 153, 199, 1985	8b.834	Ap. J., 301, 98, 1986
8b.791	I.A.U. Circ. No. 4036, 1985	8b.835	Ap. J., 301, 727, 1986
8b.792	I.A.U. Circ. No. 4050, 1985	8b.836	Ap. J., 301, 742, 1986
8b.793	I.A.U. Circ. No. 4068, 4073, 1985	8b.837	Ap. J., 301, 753, 1986
8b.794	Ap. Space Sci., 116, 333, 1985	8b.838	Ap. J., 302, 296, 1986
8b.795	Ap. Space Sci., 117, 271, 1985	8b.839	Ap. J., 303, 624, 1986
8b.796	M.N.R.A.S., 212, 737, 1985	8b.840	Ap. J., 305, 157, 1986
8b.797	"The Virgo Cluster", ESO Workshop, ESO Proc. 20, 308, 1985	8b.841	Ap. J., 305, 167, 1986
8b.798	Bull. Crimean Ap. Obs., 71, 160, 1985	8b.842	Ap. J., 305, 175, 1986
8b.799	Future of UV Astronomy. Six Years of IUE Res. NASA CP2349, p. 129, 1985	8b.843	Ap. J., 305, 204, 1986
8b.800	Sov. Ast. Lett., 11, 341, 1985	8b.844	Ap. J., 306, 411, 1986
8b.801	Ast. Tsirk No. 1368, p. 1, 1985	8b.845	Ap. J., 307, 478, 1986
8b.802	Dok. Bulg. Acad. Sci., 37, No. 10, 1287, 1984	8b.846	Ap. J., 308, 23, 1986
8b.803	"Active Galactic Nuclei", Proc. Workshop, Manchester, April 84, p. 184, 1985	8b.847	Ap. J., 308, 59, 1986
		8b.848	Ap. J., 308, 78, 1986
		8b.849	Ap. J., 309, 100, 1986
8b.804	Nature, 318, 43, 1985	8b.850	Ap. J., 310, 121, 1986
8b.805	Astroph. Investigations Bulg. Acad. Sci., 4, 95, 1985	8b.851	Ap. J., 310, 291, 1986
		8b.852	Ap. J., 310, 597, 1986
8b.806	Astrophysics, 22, 135, 1985	8b.853	Ap. J., 310, 679, 1986
8b.807	Astrophysics, 22, 142, 1985	8b.854	Ap. J., 311, 45, 1986
8b.808	Astrophysics, 22, 253, 1985	8b.855	Ap. J., 311, 58, 1986
8b.809	Astrophysics, 22, 259, 1985	8b.856	Ap. J., 311, 85, 1986
8b.810*	A. J., 91, 255, 1986	8b.857	Ap. J., 311, 135, 1986
8b.811	A. J., 91, 751, 1986	8b.858	Ap. J., 311, 637, 1986
8b.812*	A. J., 91, 761, 1986	8b.859	Ap. J. Lett., 302, L7, 1986
8b.813	A. J., 91, 1019, 1986	8b.860	Ap. J. Lett., 305, L35, 1986
8b.814	A. J., 91, 1027, 1986	8b.861	Ap. J. Lett., 309, L9, 1986
8b.815*	A. J., 91, 1062, 1986	8b.862	Ap. J. Lett., 310, L15, 1986
8b.816	A. J., 91, 1091, 1986	8b.863	Ap. J. Suppl., 62, 821, 1986
		8b.864	Astr. Ap., 154, 352, 1986
		8b.865	Astr. Ap., 156, 51, 1986
		8b.866	Astr. Ap., 157, 49, 1986

8b.867	Astr. Ap., 159, 336, 1986	8b.910	Ap. J., 318, 145, 1987
8b.868*	Astr. Ap., 160, 39, 1986	8b.911*	Ap. J., 318, 161, 1987
8b.869	Astr. Ap., 161, 55, 1986	8b.912	A. J., 94, 30, 1987
8b.870	Astr. Ap., 163, 31, 1986	8b.913	Ap. J., 318, 577, 1987
8b.871	Astr. Ap., 166, 92, 1986	8b.914	Ap. J., 319, 84, 1987
8b.872*	Astr. Ap., 167, 223, 1986	8b.915	Ap. J., 319, 662, 1987
8b.873	Astr. Ap., 168, 32, 1986	8b.916	Ap. J., 319, 693, 1987
8b.874	Astr. Ap., 168, 253, 1986	8b.917*	Ap. J., 320, 49, 1987
8b.875	Astr. Ap., 169, 54, 1986	8b.918	Ap. J., 320, 85, 1987
8b.876	Astr. Ap., 169, 71, 1986	8b.919	Ap. J., 320, 454, 1987
8b.877	Astr. Ap., 170, 20, 1986	8b.920	Ap. J., 321, 211, 1987
8b.878	Astr. Ap., 170, 27, 1986	8b.921	Ap. J., 322, 632, 1987
8b.879*	Astr. Ap. Suppl., 64, 469, 1986	8b.922*	Ap. J., 323, 108, 1987
8b.880*	Astr. Ap. Suppl., 66, 335, 1986	8b.923*	Ap. J., 323, 473, 1987
8b.881	Ap. Space Sci., 118, 523, 1986	8b.924	Ap. J. Lett., 312, L1, 1987 + B.A.A.S., 18, 1001, 1986
8b.882	Ap. Space Sci., 121, 147, 1986	8b.925	Ap. J. Lett., 313, L53, 1987
8b.883	Astrophysics, 24, 1, 1986	8b.926*	Ap. J. Lett., 314, L33, 1987
8b.884	Astrophysics, 24, 9, 1986	8b.927	Ap. J. Lett., 315, L23, 1987
8b.885	Astrophysics, 24, 204, 1986	8b.928	Ap. J. Lett., 315, L103, 1987
8b.886	Astrophysics, 24, 249, 1986	8b.929	Ap. J. Lett., 316, L11, 1987
8b.887	Astrophysics, 25, 648, 1986	8b.930	Ap. J. Lett., 317, L57, 1987
8b.888	Astrofizika, 25, 425, 1986	8b.931*	Ap. J. Lett., 318, L33, 1987
8b.889	Rev. Mex. Ast. Af., 12, 119, 1986	8b.932	Ap. J. Lett., 318, L39, 1987
8b.890	Rev. Mex. Ast. Af., 13, 65, 1986	8b.933	Ap. J. Lett., 319, L39, 1987
8b.891	Star Forming Dwarf Galaxies, D. Kunth, T. X. Thuan, and J. Tran Thanh Van, eds., p. 217, 1986	8b.934	Ap. J. Lett., 319, L57, 1987
8b.892	Nature, 324, 345, 1986	8b.935	A. J., 93, 14, 1987
8b.893	Struc. and Evol. of Active Galactic Nuclei, G. Guiricin, F. Mardirossian, M. Mezzetti, and M. Ramella, eds., p. 689, 1986	8b.936	A. J., 93, 29, 1987
		8b.937	A. J., 93, 264, 1987
		8b.938*	A. J., 93, 276, 1987
		8b.939	A. J., 93, 529, 1987
8b.894	Can. J. Phys., 64, 369, 1986	8b.940*	A. J., 93, 546, 1987
8b.895	ESA Spec. Pub., ESA SP-263, E. J. Rolfe, ed., p. 705, 1986	8b.941	A. J., 93, 785, 1987
		8b.942	A. J., 93,1055, 1987
8b.896*	Ann. Tokyo Ast. Obs., Sec. Ser., 21, 85, 1986	8b.943	A. J., 93,1063, 1987
		8b.944	A. J., 93,1307, 1987
8b.897	Mitt. Ast. Ges., 67, 357, 1986	8b.945	A. J., 93,1318, 1987
8b.898	Mitt. Ast. Ges., 67, 396, 1986	8b.946	A. J., 94, 7, 1987
8b.899	Ap. J., 312, 79, 1987	8b.947	A. J., 94, 23, 1987
8b.900	Ap. J., 312, 91, 1987	8b.948	A. J., 94, 657, 1987
8b.901*	Ap. J., 313, 42, 1987	8b.949	A. J., 94, 847, 1987
8b.902	Ap. J., 313, 89, 1987	8b.950	A. J., 94,1143, 1987
8b.903	Ap. J., 314, 439, 1987	8b.951	A. J., 94,1480, 1987
8b.904	Ap. J., 314, 57, 1987	8b.952	Astr. Ap., 171, 41, 1987
8b.905	Ap. J., 315, 480, 1987	8b.953	Astr. Ap., 172, L14, 1987
8b.906	Ap. J., 316, 132, 1987	8b.954	Astr. Ap., 172, 32, 1987
8b.907	Ap. J., 316, 597, 1987	8b.955	Astr. Ap., 172, 43, 1987
8b.908*	Ap. J., 317, 1, 1987	8b.956	Astr. Ap., 172, 51, 1987
8b.909	Ap. J., 317, 82, 1987	8b.957	Astr. Ap., 173, 49, 1987
		8b.958	Astr. Ap., 178, 7, 1987

8b.959	Astr. Ap., 178, 51, 1987			Cosmology, A. Hewitt, G. Burbidge, and L. Z. Fang, eds., p. 761, 1987
8b.960	Astr. Ap., 178, 77, 1987		8b.1004	I.A.U. Symp. No. 121, Observational Evidence of Activity in Galaxies, E. Y. Khachikian, K. J. Fricke, and J. Melnick, eds., p. 399, 1987
8b.961	Astr. Ap., 179, 108, 1987			
8b.962	Astr. Ap., 180, 1, 1987			
8b.963	Astr. Ap., 181, 265, 1987			
8b.964	Astr. Ap., 182, 9, 1987		8b.1005	I.A.U. Symp. No. 121, Observational Evidence of Activity in Galaxies, E. Y. Khachikian, K. J. Fricke, and J. Melnick, eds., p. 451, 1987
8b.965	Astr. Ap., 182, 179, 1987			
8b.966	Astr. Ap., 183, 9, 1987			
8b.967	Astr. Ap., 183, 21, 1987			
8b.968	Astr. Ap., 184, L7, 1987		8b.1006	I.A.U. Symp. No. 121, Observational Evidence of Activity Bin Galaxies, E. Y. Khachikian, K. J. Fricke, and J. Melnick, eds., p. 483, 1987
8b.969*	Astr. Ap., 184, 63, 1987			
8b.970	Astr. Ap., 184, 93, 1987			
8b.971*	Astr. Ap., 185, 4, 1987			
8b.972	Astr. Ap., 185, 77, 1987		8b.1007	Nature, 325, 504, 1987
8b.973	Astr. Ap., 186, 25, 1987		8b.1008*	Astrophysics, 26, No.1, 1987
8b.974	Astr. Ap., 186, 39, 1987		8b.1009*	Astron. Tsirk. No. 1428, 7, 1986
8b.975*	Astr. Ap., 186, 49, 1987		8b.1010	Astrophysics, 24, 271, 1986
8b.976	Astr. Ap., 186, 64, 1987		8b.1011	Rev. Mex. Ast. Af., 14, 144, 1987
8b.977	Astr. Ap., 186, 84, 1987		8b.1012	Rev. Mex. Ast. Af., 14, 149, 1987
8b.978	Astr. Ap., 186, 103, 1987		8b.1013	Astrophysics, 26, 241, 1987
8b.979*	Ap. J. Suppl., 63, 295, 1987		8b.1014	Bull. Crimean Ap. Obs., 76, 1987
8b.980	Ap. J. Suppl., 64, 1, 1987 + B.A.A.S., 18, 916, 1986.		8b.1015	Astrophysics, 27, No. 2, 1987
8b.981	Ap. J. Suppl., 64, 383, 1987		8b.1016	Univ. Texas Publ. No. 23, 1984 + Ap. J. Suppl. 66, 233, 1988
8b.982*	Ap. J. Suppl., 64, 581, 1987			
8b.983*	Astr. Ap. Suppl., 70, 281, 1987		8c.1	Ap. J. Lett., 195, L15, 1975
8b.984	P.A.S.P., 99, 467, 1987		8c.2	Ap. J., 197, 297, 1975
8b.985	P.A.S.P., 99, 512, 1987		8c.3	Ap. J. Lett., 198, L65, 1975
8b.986	P.A.S.P., 99, 809, 1987		8c.4	Ap. J. Lett., 199, L13, 1975
8b.987*	M.N.R.A.S., 224, 75, 1987		8c.5	P.A.S.P., 87, 5, 1975
8b.988*	M.N.R.A.S., 225, 581, 1987		8c.6	B.A.A.S., 7, 399, 1975
8b.989	M.N.R.A.S., 225, 761, 1987		8c.7	B.A.A.S., 7, 436, 1975
8b.990	M.N.R.A.S., 228, 671, 1987		8c.8	Ap. J., 208, 42, 1976.
8b.991*	M.N.R.A.S., 229, 423, 1987		8c.9	Ap. J., 208, 317, 1976.
8b.992*	P.A.S.J., 39, 393, 1987		8c.10	Ap. J. Lett., 210, L5, 1976.
8b.993	Sov. A. J., 31, 120, 1987		8c.11	B.A.A.S., 8, 290, 1976.
8b.994	Sov. A. J. Lett., 13, 184, 1987		8c.12	B.A.A.S., 8, 569, 1976.
8b.995	I.A.U. Circ. No. 4482, 1987		8c.13	Ap. J., 212, 52, 1977
8b.996	B.A.A.S., 18, 903, 1986		8c.14	Ap. J. Lett., 217, L121, 1977
8b.997	B.A.A.S., 18, 904, 1986		8c.15	B.A.A.S., 9, 309, 1977
8b.998	B.A.A.S., 18, 1005, 1986		8c.16	B.A.A.S., 9, 629, 1977
8b.999	B.A.A.S., 19, 1048, 1987		8c.17	Ap. J., 220, 75, 1978
8b.1000	B.A.A.S., 19, 1109, 1987		8c.18	Ap. J., 220, 442, 1978
8b.1001	I.A.U. Symp. No. 115, Star Forming Regions, M. Peimbert and J. Jukagu, eds., p. 599, 1987		8c.19	Ap. J. Lett., 222, L49, 1978
			8c.20	Ap. J., 226, 545, 1978
			8c.21	Ap. J., 227, 64, 1979
8b.1002	I.A.U. Symp. No. 124, Observational Cosmology, A. Hewitt, G. Burbidge, and L. Z. Fang, eds., p. 531, 1987		8c.22	Ap. J., 230, 79, 1979
			8c.23	Ap. J., 231, 28, 1979
8b.1003	I.A.U. Symp. No. 124, Observational		8c.24	M.N.R.A.S., 189, 163, 1979

8c.25	Ap. J., 238, 24, 1980	8c.73	M.N.R.A.S., 213, 777, 1985
8c.26	Ap. J., 240, 779, 1980	8c.74	M.N.R.A.S., 213, 789, 1985
8c.27	Ap. J., 240, 799, 1980	8c.75	M.N.R.A.S., 218, 19P, 1986
8c.28	Ap. J. Lett., 242, L65, 1980	8c.76	M.N.R.A.S., 220, 759, 1986
8c.29	Mitt. Ast. Gesell., No. 50, 69, 1980	8c.77	Ap. J., 301, 105, 1986
8c.30	Ap. J., 245, 818, 1981	8c.78	Ap. J., 302, 280, 1986
8c.31	Ap. J., 248, 898, 1981	8c.79	Ap. J., 305, 157, 1986
8c.32	Ap. J., 250, 87, 98, 1981	8c.80	Ap. J., 307, 110, 1986
8c.33	M.N.R.A.S., 196, 101P, 1981	8c.81	Ap. J., 307, 116, 1986
8c.34	Astr. Ap., 100, L16, 1981	8c.82	Ap. J., 307, 478, 1986
8c.35	IAU Symp. No. 96, Infrared Astronomy, C.G. Wynn-Williams and D.P. Cruikshank, eds., p. 317, 1981	8c.83	Ap. J., 309, 70, 1986
		8c.84	Ap. J., 310, 291, 1986
		8c.85	Ap. J. Lett., 311, L51, 1986
8c.36	Ap. J., 254, 22, 1982	8c.86	Astr. Ap., 166, 4, 1986
8c.37	Ap. J., 256, 75, 1982	8c.87	NASA Conf. Pub., NASA CP-2353, H. A. Thronson and E. F. Erickson, eds., p. 298, 1986
8c.38	Ap. J., 257, 570, 1982		
8c.39	Ap. J. Lett., 256, L1, 1982		
8c.40	Ap. J. Lett., 257, L7, 1982	8c.88	Extragalactic Infrared Astronomy, RAL report 85-086, P. M. Gondhalekar, ed., p. 52, 1985
8c.41	B.A.A.S., 14, 603, 1982		
8c.42	B.A.A.S., 14, 611, 1982		
8c.43	M.N.R.A.S., 199, 31P, 1982	8c.89	Ap. J., 312, 592, 1987
8c.44	Nature, 295, 214, 1982	8c.90	Ap. J., 313, 644, 1987
8c.45	Ap. J. Lett., 267, L69, 1983	8c.91	Ap. J., 315, 68, 1987
8c.46	Ap. J. Lett., 273, L27, 1983	8c.92	Ap. J., 315, 480, 1987
8c.47	B.A.A.S., 15, 935, 1983	8c.93	Ap. J., 316, 138, 1987
8c.48	M.N.R.A.S., 205, 21P, 1983	8c.94	Ap. J., 317, 180, 1987
8c.49	Astr. Ap., 127, 322, 1983	8c.95*	Ap. J., 321, 233, 1987
8c.50	Ap. J., 279, 563, 1984	8c.96	Ap. J. Lett., 315, L103, 1987
8c.51	Ap. J., 280, 102, 1084	8c.97	Ap. J. Lett., 316, L63, 1987
8c.52	Ap. J., 280, 521, 1984	8c.98*	Ap. J. Lett., 321, L35, 1987
8c.53	Ap. J., 285, 580, 1984	8c.99	A. J., 93, 284, 1987
8c.54	Ap. J., 287, 566, 1984	8c.100	Irish A. J., 17, 443, 1987
8c.55	Ap. J. Lett., 279, L1, 1984	8c.101	NASA Conf. Publ., NASA CP-2466, ed. C. J. Lonsdale Persson, p. 363, 1987
8c.56	Ap. J. Lett., 281, L17, 1984		
8c.57	Ap. J. Lett., 285, L31, 1984	8c.102	NASA Conf. Publ., NASA CP-2466, ed. C. J. Lonsdale Persson, p. 517, 1987
8c.58	Ap. J. Lett., 287, L11, 1984		
8c.59	P.A.S.P., 96, 692, 1984	8c.103	Infrared Astronomy with Arrays, eds. C. G. Wynn-Williams, E. E. Becklin, and L. H. Good, p. 426, 1987
8c.60	B.A.A.S., 16, 458, 1984		
8c.61	B.A.A.S., 16, 976, 1984		
8c.62	M.N.R.A.S., 207, 25, 1984		
8c.63	M.N.R.A.S., 207, 35, 1984	8d.1	Ap. J., 197, 5, 1975
8c.64	M.N.R.A.S., 207, 671, 1984	8d.2	Ap. J., 197, 293, 1975
8c.65	Astr. Ap., 135, 281, 1984	8d.3	Ap. J., 197, 535, 1975
8c.66	Nature, 309, 430, 1984	8d.4	Ap. J. Lett., 198, L65, 1975
8c.67	Nature, 310, 660, 1984	8d.5	Ap. J. Lett., 199, L9, 1975
8c.68	Nature, 311, 132, 1984	8d.6	Ap. J., 201, 563, 1975
8c.69	Ap. J., 291, 755, 1985	8d.7	P.A.S.P., 87, 879, 1975
8c.70	Ap. J., 298, 528, 1985	8d.8	P.A.S.P., 87, 949, 1975
8c.71	P.A.S.P., 97, 616, 1985	8d.9	M.N.R.A.S., 173, 381, 1975
8c.72	B.A.A.S., 17, 846, 1985	8d.10	Astr. Ap., 38, 197, 1975

8d.11	Sov. Ast., 18, 717, 1975		8d.60	Ap. J., 238, 24, 1980
8d.12	Sov. Ast., 19, 293, 1975		8d.61	Ap. J., 238, 45, 1980
8d.13	Ap. Space Sci., 33, 173, 1975		8d.62	Ap. J., 238, 79, 1980
8d.14	Ap. J., 203, 66, 1976.		8d.63	Ap. J., 240, 41, 1980
8d.15	Ap. J., 203, 329, 1976.		8d.64	Ap. J., 240, 768, 1980
8d.16	Ap. J. Lett., 203, L49, 1976.		8d.65	A. J., 85, 1468, 1980
8d.17	Ap. J., 205, 29, 1976.		8d.66	P.A.S.P., 92, 134, 1980
8d.18	Ap. J., 206, 370, 1976.		8d.67*	Astr. Ap., 87, 142, 1980
8d.19	Ap. J., 206, 898, 1976.		8d.68	Astrophysics, 16, 363, 1980
8d.20	Ap. J., 207, 713, 1976.		8d.69	Ap. Space Sci., 67, 417, 1980
8d.21	Ap. J., 209, 716, 1976.		8d.70	Ap. J., 243, 127, 1981
8d.22	Ap. J., 210, 33, 1976.		8d.71	Ap. J., 246, 38, 1981
8d.23	M.N.R.A.S., 177, 673, 1976.		8d.72	Ap. J., 248, 468, 1981
8d.24	Astr. Ap., 49, 251, 1976		8d.73	Ap. J., 249, 48, 1981
8d.25	Astr. Ap., 50, 279, 1976		8d.74	Ap. J., 86, 344, 1981
8d.26	Sov. Ast., 20, 142, 1976		8d.75	Astr. Ap., 93, 290, 1981
8d.27	Sov. Ast. Lett., 2, 126, 1976		8d.76	Astr. Ap., 101, 377, 1981
8d.28	Ap. J., 211, 62, 1977		8d.77	Pub. A. S. Japan, 33, 653, 1981
8d.29	Ap. J., 212, 37, 1977		8d.78	Ap. J., 252, 487, 1982
8d.30	Ap. J., 217, 420, 1977		8d.79	Ap. J., 253, 556, 1982
8d.31	Ap. J. Suppl., 35, 397, 1977		8d.80	Ap. J., 254, 50, 1982
8d.32	M.N.R.A.S., 178, 451, 1977		8d.81	Ap. J., 255, 1, 1982
8d.33	M.N.R.A.S., 178, 473, 1977		8d.82	Ap. J., 260, 488, 1982
8d.34	Astr. Ap., 60, 43, 1977		8d.83	Ap. J., 263, 1, 1982
8d.35	Astrophysics, 13, 234, 1977		8d.84	Ap. J. Suppl., 49, 53, 1982
8d.36	Ap. J., 224, 417, 1978		8d.85	B.A.A.S., 14, 778, 1982
8d.37	Sp. J. Suppl., 37, 101, 1978		8d.86	B.A.A.S., 14, 947, 1982
8d.38	P.A.S.P., 90, 244, 1978		8d.87	B.A.A.S., 14, 971, 1982
8d.39	B.A.A.S., 10, 692, 1978		8d.88	M.N.R.A.S., 201, 223, 1982
8d.40	Ap. J., 228, 405, 1979		8d.89	Astr. Ap., 110, 54, 1982
8d.41	Ap. J. Suppl., 41, 147, 1979		8d.90	Astr. Ap., 112, 257, 1982
8d.42	A. J., 84, 284, 1979		8d.91	Astr. Ap., 113, 155, 1982
8d.43	B.A.A.S., 11, 674, 1979		8d.92	Astr. Ap., 115, 84, 1982
8d.44	M.N.R.A.S., 189, 95, 1979		8d.93	Astr. Ap., 115, 373, 1982
8d.45	Astr. Ap., 71, 335, 1979		8d.94	Astr. Ap. Suppl., 50, 491, 1982
8d.46	Astr. Ap., 76, 50, 1979		8d.95	Astrophysics, 18, 116, 1982
8d.47	Astr. Ap., 78, 200, 1979		8d.96	Ap. J., 267, 80, 1983
8d.48	Astr. Ap., 80, 155, 1979		8d.97	Ap. J., 267, 551, 1983
8d.49	Sov. Ast. Lett., 5, 141, 1979		8d.98	Ap. J., 273, 81, 1983
8d.50	P.A.S. Japan, 31, 329, 1979		8d.99	Ap. J., 269, 102, 1983
8d.51	P.A.S. Japan, 31, 635, 1979		8d.100	Ap. J., 269, 444, 1983
8d.52	Trud. Kazan Ast. Obs., No. 42-43, 192, 1978		8d.101	M.N.R.A.S., 204, 743, 1983
			8d.102	Astrophysics, 19, 26, 1983
8d.53	Ap. J., 235, 22, 1980		8d.103	Ap. J., 278, 564, 1984
8d.54	Ap. J., 235, 405, 1980		8d.104	Ap. J., 284, 544, 1984
8d.55	Ap. J., 235, 755, 1980		8d.105	A. J., 89, 801, 1984
8d.56	Ap. J., 236, 119, 1980		8d.106	P.A.S.P., 96, 273, 1984
8d.57	Ap. J., 236, 430, 1980		8d.107	M.N.R.A.S., 207, 671, 1984
8d.58	Ap. J., 236, 628, 1980		8d.108	M.N.R.A.S., 208, 365, 1984
8d.59	Ap. J., 237, 290, 1980		8d.109	M.N.R.A.S., 211, 507, 1984

8d.110	Astr. Ap., 131, 159, 1984	8d.154*	Astr. Ap., 167, 223, 1986
8d.111	Astr. Ap., 137, 223, 1984	8d.155	Astr. Ap., 170, 31, 1986
8d.112	Astr. Ap., 137, 327, 1984	8d.156	Ap. Space Sci., 121, 403, 1986
8d.113	Astr. Ap., 140, 325, 1984	8d.157	Astrophysics, 24, 9, 1986
8d.114	Sov. Ast., 28, 372, 1984	8d.158	Astrophysics, 24, 204, 1986
8d.115	Sov. Ast. Lett., 10, 7, 1984	8d.159	Spectral Evolution of Galaxies, C. Chiosi and A. Renzini, eds., p. 345, 1986
8d.116	Astrophysics, 20, 588, 1984		
8d.117	"X-ray and UV Emission from AGN", Proc. Max Planck Inst. Extraterrestrial Phys., MPE, Rep. 184, p. 35, 1984	8d.160	Spectral Evolution of Galaxies, C. Chiosi and A. Renzini, eds., p. 357, 1986
8d.118	Mem. Soc. Ast. Ital., 54, 747, 1984	8d.161	Ap. J., 313, 89, 1987
8d.119	Ap. J., 289, 582, 1985	8d.162	Ap. J., 317, 82, 1987
8d.120	Ap. J., 293, 132, 1985	8d.163	Ap. J., 319, 662, 1987
8d.121	Ap. J., 296, 340, 1985	8d.164	Ap. J. Lett., 319, L57, 1987
8d.122	Ap. J. Suppl., 57, 1, 1985	8d.165	Astr. Ap., 176, 210, 1987
8d.123	Ap. J. Suppl., 58, 321, 1985	8d.166	Astr. Ap., 186, 64, 1987
8d.124	Ap. J. Suppl., 58, 533, 1985	8d.167	B.A.A.S., 18, 927, 1986
8d.125	M.N.R.A.S., 217, 571, 1985	8d.168	I.A.U. Symp. No. 115, Star Forming Regions, M. Peimbert and J. Jukagu, eds., p. 635, 1987
8d.126*	Astr. Ap., 142, 411, 1985		
8d.127	Astr. Ap., 143, 46, 1985		
8d.128	Astr. Ap., 145, 296, 1985	8d.169	I.A.U. Symp. No. 121, Observational Evidence of Activity in Galaxies, E. Y. Khachikian, K. J. Fricke, and J. Melnick, eds., p. 587, 1987
8d.129	Astr. Ap., 146, 269, 1985		
8d.130	Ap. Space Sci., 117, 271, 1985		
8d.131	Future of UV Astronomy. Six Years of IUE Res. NASA CP2349, p. 111, 1985		
8d.132	"Production and Distribution of C, N, O Elements", ESO Conf. Proc. No. 21, p. 83, 1985	9a.1	Ap. J., 195, 23, 1975
		9a.2	Ap. J., 195, 293, 1975
		9a.3	Ap. J., 195, 611, 1975
8d.133*	P.A.S.P., 98, 1005, 1986	9a.4	Ap. J., 196, 381, 1975
8d.134	P.A.S.P., 98, 1025, 1986	9a.5	Ap. J., 199, 31, 1975
8d.135	P.A.S.P., 98, 1032, 1986	9a.6	Ap. J., 199, 39, 1975
8d.136	P.A.S.P., 98, 1041, 1986	9a.7	Ap. J., 199, 586, 1975
8d.137	M.N.R.A.S., 219, 505, 1986	9a.8	Ap. J., 200, 439, 1975
8d.138	M.N.R.A.S., 220, 453, 1986	9a.9	Ap. J., 200, 567, 1975
8d.139	M.N.R.A.S., 220, 759, 1986	9a.10	P.A.S.P., 87, 965, 1975
8d.140	M.N.R.A.S., 223, 39, 1986	9a.11	B.A.A.S., 7, 254, 1975
8d.141	P.A.S.P., 98, 1291, 1986	9a.12	B.A.A.S., 7, 254, 1975
8d.142	Ap. J., 300, 496, 1986	9a.13	B.A.A.S., 7, 395, 1975
8d.143	Ap. J., 301, 753, 1986	9a.14	B.A.A.S., 7, 528, 1975
8d.144	Ap. J., 303, 171, 1986	9a.15	B.A.A.S., 7, 538, 1975
8d.145	Ap. J., 303, 624, 1986	9a.16	Astr. Ap., 38, 15, 1975
8d.146	Ap. J., 304, 443, 1986	9a.17	Astr. Ap., 41, 91, 1975
8d.147	Ap. J., 304, 490, 1986	9a.18	Astr. Ap., 41, 221, 1975
8d.148	Ap. J., 307, 478, 1986	9a.19	Sov. Ast. Lett., 1, 220, 1975
8d.149	Ap. J., 309, 544, 1986	9a.20	Coll. C.N.R.S. No. 241, p. 439, 1975
8d.150	Ap. J., 311, 45, 1986	9a.21	Mitt. Ast. Ges., 36, 91, 1975.
8d.151	Ap. J. Lett., 310, L15, 1986	9a.22	Ap. J., 204, 341, 1976.
8d.152	Astr. Ap., 160, 199, 1986	9a.23	Ap. J., 208, 650, 1976.
8d.153	Astr. Ap., 163, 31, 1986	9a.24	Ap. J., 208, 662, 1976.

9a.25	Ap. J. Suppl., 32, 89, 1976.
9a.26	B.A.A.S., 8, 297, 1976.
9a.27	B.A.A.S., 8, 313, 1976.
9a.28	B.A.A.S., 8, 568, 1976.
9a.29	Astr. Ap., 48, 437, 1976
9a.30	Astr. Ap., 49, 125, 1976
9a.31	Astr. Ap., 49, 161, 1976
9a.32	Astr. Ap., 49, 425, 1976
9a.33	Astr. Ap., 49, 431, 1976
9a.34	Astr. Ap., 50, 421, 1976
9a.35	Astr. Ap., 52, 85, 1976
9a.36	Astr. Ap., 53, 141, 1976
9a.37	Astr. Ap. Suppl., 25, 527, 1976
9a.38	Ap. Letters, 17, 191, 1976
9a.39	Proc. 3rd European Ast. Meeting, Tbilisi, E.K. Kharadze, edit., p. 393, 1976
9a.40	Ap. Space Sci., 39, 201, 1976
9a.41	Ap. Space Sci., 39, 477, 1976
9a.42	Ap. J., 211, 324, 1977
9a.43	Ap. J., 211, 693, 1977
9a.44	Ap. J., 211, 697, 1977
9a.45	Ap. J., 214, 383, 1977
9a.46	Ap. J., 217, 45, 1977
9a.47	Ap. J. Lett., 217, L1, 1977
9a.48	Ap. J. Lett., 218, L43, 1977
9a.49	B.A.A.S., 9, 336, 1977
9a.50	B.A.A.S., 9, 587, 1977
9a.51	B.A.A.S., 9, 630, 1977
9a.52	B.A.A.S., 9, 649, 1977
9a.53	M.N.R.A.S., 178, 15, 1977
9a.54	Astr. Ap., 55, 261, 1977
9a.55	Astr. Ap., 58, L1, 1977
9a.56	Astr. Ap., 61, 171, 1977
9a.57	Ap. Space Sci., 46, 23, 1977
9a.58	Ap. Space Sci., 47, 397, 1977
9a.59	Ap. Space Sci., 48, 103, 1977
9a.60	Ap. J., 219, 31, 1978
9a.61	Ap. J., 219, 404, 1978
9a.62	Ap. J., 219, 424, 1978
9a.63	Ap. J., 220, 98, 1978
9a.64	Ap. J., 221, 62, 1978
9a.65	Ap. J., 221, 80, 1978
9a.66	Ap. J., 221, 731, 1978
9a.67	Ap. J., 222, 84, 1978
9a.68	Ap. J., 222, 450, 1978
9a.69	Ap. J. Lett., 224, L55, 1978
9a.70	Ap. J., 224, 782, 1978
9a.71	Ap. J., 225, 67, 1978
9a.72	Ap. J., 226, 75, 1978
9a.73	Ap. J., 226, 545, 1978
9a.74	Ap. J., 226, 770, 1978
9a.75	Ap. J. Lett., 226, L115, 1978
9a.76	Ap. J. Suppl., 37, 235, 1978
9a.77	A. J., 83, 1360, 1978
9a.78	Astr. Ap., 63, 363, 1978
9a.79	Astr. Ap., 63, 415, 1978
9a.80	Astr. Ap. Suppl., 34, 259, 1978
9a.81	M.N.R.A.S., 185, 31, 1978
9a.82	B.A.A.S., 10, 628, 1978
9a.83	B.Ast.Inst. Czechoslovakia, 29, 244, 1978
9a.84	Ap. J., 230, 35, 1979
9a.85	Ap. J., 231, 28, 1979
9a.86	Ap. J., 232, 60, 1979
9a.87	Ap. J., 234, 56, 1974
9a.88	Ap. J. Suppl., 39, 439, 1979
9a.89	B.A.A.S., 11, 717, 1979
9a.90	Observatory, 99, 150, 1979
9a.91	Astr. Ap. Suppl., 37, 529, 1979
9a.92	Sov. Ast. Lett., 5, 66, 1979
9a.93	Ast. Tsirk., No. 1020, 1, 1979
9a.94	Ap. J., 235, 37, 1980
9a.95	Ap. J., 235, 803, 1980
9a.96	Ap. J., 236, 388, 1980
9a.97	Ap. J. Lett., 236, L17, 1980
9a.98	Ap. J., 238, 45, 1980
9a.99	Ap. J., 238, 471, 1980
9a.100	Ap. J., 238, 808, 1980
9a.101	Ap. J., 239, 50, 1980
9a.102	Ap. J., 242, 913, 1980
9a.103	A. J., 85, 226, 1980
9a.104	P.A.S.P., 92, 397, 1980
9a.105	B.A.A.S., 12, 491, 1980
9a.106	M.N.R.A.S., 190, 459, 1980
9a.107	M.N.R.A.S., 190, 23P, 1980
9a.108	M.N.R.A.S., 191, 123, 1980
9a.109	M.N.R.A.S., 192, 595, 1980
9a.110	M.N.R.A.S., 192, 41P, 1980
9a.111	M.N.R.A.S., 193, 931, 1980
9a.112	Astr. Ap., 81, 54, 1980
9a.113	Astr. Ap., 89, L11, 1980
9a.114	Astr. Ap., 92, 189, 1980
9a.115	Astrophysics, 16, 360, 1980
9a.116	Sov. Ast. Lett., 6, 110, 1980
9a.117	Sov. Ast. Lett., 6, 181, 1980
9a.118	Sov. Ast. Lett., 6, 220, 1980
9a.119	Sov. Ast. Lett., 6, 361, 1980
9a.120	Pub. A. S. Japan, 32, 389, 1980
9a.121	First Latin Amer. Reg. Ast. Meet.,

	Univ. of Chile, Dept. of Ast. Pub. vol. 3, p.70, 1979
9a.122	J. Ap. Ast., 1, 177, 1980
9a.123	Photometry, Kinematics and Dynamics of Galaxies. Proc. Conf. Univ. of Texas at Austin, ed. D.S. Evans, p. 187, 1979
9a.124	Photometry, Kinematics and Dynamics of Galaxies. Proc. Conf. Univ. of Texas at Austin, ed. D.S. Evans, p. 197, 1979
9a.125	Photometry, Kinematics and Dynamics of Galaxies. Proc. Conf. Univ. of Texas at Austin, ed. D.S. Evans, p. 453, 1979
9a.126	Ap. J., 244, 447, 1981
9a.127	Ap. J., 244, 458, 1981
9a.128	Ap. J., 247, 32, 1981
9a.129	Ap. J., 247, 813, 1981
9a.130	Ap. J., 250, 79, 1981
9a.131	B.A.A.S., 13, 801, 1981
9a.132	M.N.R.A.S., 194, 879, 1981
9a.133	M.N.R.A.S., 195, 39, 1981
9a.134	M.N.R.A.S., 195, 15P, 1981
9a.135	M.N.R.A.S., 195, 451, 1981
9a.136	M.N.R.A.S., 196, 845, 1981
9a.137	M.N.R.A.S., 196, 987, 1981
9a.138	M.N.R.A.S., 197, 659, 1981
9a.139	M.N.R.A.S., 197, 1049, 1981
9a.140	Astr. Ap., 93, 248, 1981
9a.141	Astr. Ap., 95, 59, 1981
9a.142	Astr. Ap., 97, 56, 1981
9a.143	Astr. Ap., 97, 63, 1981
9a.144	Astr. Ap., 98, 352, 1981
9a.145	Astr. Ap., 102, 230, 1981
9a.146	Sov. Ast., 25, 277, 1981
9a.147	Sov. Ast., 25, 664, 1981
9a.148	Sov. Ast. Lett., 7, 73, 1981
9a.149	Sov. Ast. Lett., 7, 149, 1981
9a.150	Sov. Ast. Lett., 7, 151, 1981
9a.151	Sov. Ast. Lett., 7, 215, 1981
9a.152	Sov. Ast. Lett., 7, 298, 1981
9a.153	Astrophysics, 17, 221, 1981
9a.154	IAU Asian-South Pacific Reg. meet., New Zealand J. Sci., 22, 325, 1979
9a.155	Ap. Space Sci., 76, 477, 1981
9a.156	Ap. J., 252, 75, 1982
9a.157	Ap. J., 252, 455, 1982
9a.158	Ap. J., 253, 556, 1982
9a.159	Ap. J., 256, 460, 1982
9a.160	Ap. J., 256, 481, 1982
9a.161	Ap. J., 257, 75, 1982
9a.162	Ap. J., 258, 77, 1982
9a.163	Ap. J., 261, 439, 1982
9a.164	A. J., 87, 477, 1982
9a.165	P.A.S.P., 94, 409, 1982
9a.166	B.A.A.S., 14, 643, 1982
9a.167	B.A.A.S., 14, 949, 1982
9a.168	B.A.A.S., 14, 958, 1982
9a.169	M.N.R.A.S., 198, 517, 1982
9a.170	M.N.R.A.S., 198, 535, 1982
9a.171	M.N.R.A.S., 199, 633, 1982
9a.172	M.N.R.A.S., 200, 1, 1982
9a.173	M.N.R.A.S., 200, 407, 1982
9a.174	M.N.R.A.S., 201, 975, 1982
9a.175	M.N.R.A.S., 201, 991, 1982
9a.176	Astr. Ap., 106, 214, 1982
9a.177	Astr. Ap., 108, 130, 1982
9a.178	Astr. Ap., 111, 193, 1982
9a.179	Astr. Ap., 112, 257, 1982
9a.180	Astr. Ap., 112, 361, 1982
9a.181	Astr. Ap., 115, 209, 1982
9a.182	Astr. Ap. Suppl., 47, 237, 1982
9a.183	Sov. Ast. Lett., 8, 277, 1982
9a.184	Astrophysics, 18, 337, 1982
9a.185	Mitt. Ast. Gesell., No. 55, p. 95, 1982
9a.186	Ap. J., 265, 85, 1983
9a.187	Ap. J., 265, 664, 1983
9a.188	Ap. J., 266, 41, 1983
9a.189	Ap. J., 266, 516, 1983
9a.190	Ap. J., 270, 485, 1983
9a.191	Ap. J., 271, 556, 1983
9a.192	Ap. J., 274, 558, 1983
9a.193	Ap. J., 275, 493, 1983
9a.194	Ap. J., 275, 529, 1983
9a.195	A. J., 88, 909, 1983
9a.196	B.A.A.S., 15, 933, 1983
9a.197	B.A.A.S., 15, 934, 1983
9a.198	B.A.A.S., 15, 988, 1983
9a.199	M.N.R.A.S., 202, 37, 1983
9a.200	M.N.R.A.S., 202, 125, 1983
9a.201	M.N.R.A.S., 202, 1001, 1983
9a.202	M.N.R.A.S., 203, 759, 1983
9a.203	Astr. Ap., 117, 257, 1983
9a.204	Astr. Ap., 121, 297, 1983
9a.205	Astr. Ap., 122, 111, 1983
9a.206	Astr. Ap., 127, 322, 1983
9a.207	Astr. Ap., Suppl., 51, 429, 1983
9a.208	Sov. Ast., 27, 13, 1983
9a.209	Sov. Ast. Lett., 9, 181, 1983
9a.210	Sov. Ast. Lett., 9, 206, 1983
9a.211	Proc. Ast. Soc. Astr., 5, 251, 1983

9a.212 Astrophysics, 19, 7, 1983
9a.213 Astrophysics, 19, 215, 1983
9a.214 Dokl. Bulg. Acad. Sci., 35, 1181, 1983
9a.215 Dokl. Bulg. Acad. Sci., 36, 717, 1983
9a.216 IAU Symp. No. 100, Internal Kinematics and Dynamics of Galaxies, E. Athanassoula, ed., p. 231, 237, 311, 1983
9a.217 IAU Symp. No. 100, Internal Kinematics and Dynamics of Galaxies, E. Athanassoula, ed., p. 313, 365, 1983
9a.218 "Kinematics, Dynamics and Structure of the Milky Way", Ap. Space Sci. Lib., vol 100, p. 379, 1983
9a.219 Ap. J., 276, 79, 1984
9a.220 Ap. J., 277, 82, 1984
9a.221 Ap. J., 277, 526, 1984
9a.222 Ap. J., 278, 96, 1984
9a.223 Ap. J., 285, 527, 1984
9a.224 Ap. J., 286, 97, 1984
9a.225 Ap. J., 286, 116, 1984
9a.226 Ap. J., 286, 132, 1984
9a.227 Ap. J., 287, 66, 1984
9a.228 Ap. J., 287, 131, 1984
9a.229 Ap. J. Lett., 283, L27, 1984
9a.230 A. J., 89, 350, 1984
9a.231 A. J., 89, 356, 1984
9a.232 A. J., 89, 1514, 1984
9a.233 B.A.A.S., 16, 410, 1984
9a.234 B.A.A.S., 16, 540, 1984
9a.235 B.A.A.S., 16, 956, 1984
9a.236 B.A.A.S., 16, 988, 1984
9a.237 M.N.R.A.S., 207, 9, 1984
9a.238 M.N.R.A.S., 208, 589, 1984
9a.239 M.N.R.A.S., 208, 955, 1984
9a.240 M.N.R.A.S., 210, 547, 1984
9a.241 Astr. Ap., 130, 46, 1984
9a.242 Astr. Ap., 131, 1, 1984
9a.243 Astr. Ap., 137, 235, 1984
9a.244 Astr. Ap., 140, 288, 1984
9a.245 Astr. Ap. Suppl., 58, 351, 1984
9a.246 Astr. Ap. Suppl., 58, 507, 1984
9a.247 Sov. Ast. Lett., 10, 105, 1984
9a.248 Sov. Ast. Lett., 10, 235, 1984
9a.249 Astrophysics, 20, 24, 1984
9a.250 Astrophysics, 20, 588, 1984
9a.251 Pub. A. S. Japan, 36, 305, 1984
9a.252 The Comparative HI Content of Normal Galaxies, Green Bank Workshop, p. 34, 1982
9a.253 Ap. J., 289, 81, 1985
9a.254 Ap. J., 289, 124, 1985
9a.255 Ap. J., 291, 627, 1985
9a.256 Ap. J. Lett., 292, L51, 1985
9a.257 Ap. J., 297, 90, 1985
9a.258 Ap. J., 297, 98, 1985
9a.259 Ap. J., 299, 41, 1985
9a.260 A. J., 90, 192, 1985
9a.261 A. J., 90, 469, 1985
9a.262 A. J., 90, 1038, 1985
9a.263 A. J., 90, 1449, 1985
9a.264 A. J., 90, 2431, 1985
9a.265 P.A.S.P., 97, 104, 1985
9a.266 M.N.R.A.S., 212, 301, 1985
9a.267 M.N.R.A.S., 212, 471, 1985
9a.268 Astr. Ap., 143, 29, 1985
9a.269 Astr. Ap., 145, 425, 1985
9a.270 Astr. Ap., 146, 269, 1985
9a.271 Astr. Ap., 147, 273, 1985
9a.272 Astr. Ap., 153, 218, 1985
9a.273 Astr. Ap. Suppl., 61, 141, 1985
9a.274 B.A.A.S., 17, 859, 1985
9a.275 "New Aspects of Galaxy Photometry", Proc. Toulouse, France. Lect. Notes in Phys., 232, p.287, 1985
9a.276 "The Virgo Cluster", ESO Workshop, ESO Proc. No. 20, p. 71, 1984
9a.277 Sov. Ast. Lett., 11, 344, 1985
9a.278 Dok. Bulg. Acad. Sci., 38, No. 3, 1985
9a.279 A. J., 91, 1019, 1986
9a.280* A. J., 91, 1062, 1986
9a.281 A. J., 91, 1086, 1986
9a.282 A. J., 92, 1278, 1986
9a.283 M.N.R.A.S., 218, 297, 1986
9a.284 Ap. J., 302, 208, 1986
9a.285 Ap. J., 302, 234, 1986
9a.286 Ap. J., 303, 556, 1986
9a.287 Ap. J., 305, 136, 1986
9a.288 Ap. J., 305, 204, 1986
9a.289 Ap. J., 308, 36, 1986
9a.290 Ap. J., 309, 45, 1986
9a.291 Ap. J., 310, 121, 1986
9a.292 Ap. J., 311, 58, 1986
9a.293 Ap. J. Lett., 301, L7, 1986
9a.294 Ap. J. Lett., 303, L45, 1986
9a.295 Astr. Ap., 154, 219, 1986
9a.296 Astr. Ap., 157, 49, 1986
9a.297 Astr. Ap., 161, 55, 1986
9a.298 Ap. Space Sci., 119, 181, 1986
9a.299 Sov. Ast. Lett., 11, 344, 1985
9a.300 Sov. Ast., 30, 11, 1986

9a.301	Struc. and Evol. of Active Galactic Nuclei, G. Guiricin, F. Mardirossian, M. Mezzetti, and M. Ramella, eds., p. 705, 1986	9b.7	A. J., 80, 175, 1975
		9b.8	B.A.A.S., 7, 506, 1975
		9b.9	Astr. Ap., 38, 15, 1975
		9b.10	Astr. Ap., 41, 91, 1975
9a.302	B.A.A.S., 18, 689, 1986	9b.11	Astr. Ap., 41, 221, 1975
9a.303	Ap. J., 313, 69, 1987	9b.12	Ap. J., 196, 381, 1975
9a.304	Ap. J., 314, 439, 1987	9b.13	Southern Stars, 26, 54, 1975
9a.305	Ap. J., 318, 531, 1987	9b.14	IAU Symp. No. 69, Dynamics of Stellar Systems, edit. A. Hayli, p. 375, 1975
9a.306	Ap. J. Lett., 316, L67, 1987		
9a.307	A. J., 94, 640, 1987	9b.15	Ap. J., 205, 52, 1976
9a.308	Astr. Ap., 172, 51, 1987	9b.16	Ap. J., 207, 382, 1976
9a.309	Astr. Ap., 178, 51, 1987	9b.17	Ap. J., 208, 662, 1976
9a.310	Astr. Ap., 178, 77, 1987	9b.18	Ap. J., 208, 688, 1976
9a.311	Astr. Ap., 179, 101, 1987	9b.19	Ap. J., 209, 382, 1976
9a.312	Astr. Ap., 183, 21, 1987	9b.20	Ap. J., 209, 748, 1976
9a.313	Astr. Ap., 184, 93, 1987	9b.21	B.A.A.S., 8, 314, 1976
9a.314	Astr. Ap., 186, 39, 1987	9b.22	M.N.R.A.S., 174, 462, 1976
9a.315	Astr. Ap., 186, 84, 1987	9b.23	Astr. Ap., 48, 437, 1976
9a.316	Ap. J. Suppl., 64, 1, 1987 + B.A.A.S., 18, 916, 1986.	9b.24	Astr. Ap., 49, 425, 1976
		9b.25	Astr. Ap., 49, 431, 1976
		9b.26*	Pub. A. S. Japan, 28, 397, 1976
9a.317	Ap. J. Suppl., 64, 383, 1987	9b.27	Ap. J., 211, 324, 1977
9a.318	M.N.R.A.S., 226, 513, 1987	9b.28	Ap. J., 214, 383, 1977
9a.319	Sov. A. J., 31, 120, 1987	9b.29	B.A.A.S., 9, 628, 1977
9a.320	Sov. A. J. Lett., 13, 186, 1987	9b.30	M.N.R.A.S., 178, 15, 1977
9a.321	B.A.A.S., 18, 1001, 1986	9b.31	M.N.R.A.S., 178, 473, 1977
9a.322	B.A.A.S., 19, 684, 1987	9b.32	Astr. Ap., 55, 261, 1977
9a.323	B.A.A.S., 19, 1061, 1987	9b.33	Astr. Ap., 56, 293, 1977
9a.324	I.A.U. Symp. No. 127, Structure and Dynamics of Elliptical Galaxies, T. de Zeeuw, ed, p. 17, 1987	9b.34	B. Ast. Inst. Czechoslovakia, 28, 144, 1977
		9b.35	Ap. Space Sci., 46, 23, 1977
		9b.36	Ap. Space Sci., 48, 103, 1977
9a.325	I.A.U. Symp. No. 127, Structure and Dynamics of Elliptical Galaxies, T. de Zeeuw, ed, p. 413, 1987	9b.37	Ap. J., 219, 31, 1978
		9b.38	Ap. J., 219, 413, 1978
		9b.39	Ap. J., 219, 424, 1978
9a.326	I.A.U. Symp. No. 117, Dark Matter in the Universe, J. Kormendy and G. R. Knapp, eds., p. 51, 1987	9b.40	Ap. J., 220, 98, 1978
		9b.41	Ap. J., 221, 481, 1978
		9b.42	Ap. J., 222, 84, 1978
9a.327	I.A.U. Symp. No. 121, Observational Evidence of Activity in Galaxies, E. Y. Khachikian, K. J. Fricke, and J. Melnick, eds., p. 461, 1987	9b.43	Ap. J. Lett., 224, L55, 1978
		9b.44	Ap. J., 224, 782, 1978
		9b.45	Ap. J., 225, 56, 1978
		9b.46	Ap. J., 225, 67, 1978
		9b.47	Ap. J. Lett., 225, L101, 1978
9a.328	Sov. A. J., 31, No. 6, 1987	9b.48	Ap. J. Lett., 225, L107, 1978
9a.329	Univ. Texas Publ. No. 23, 1984 + Ap. J. Suppl. 66, 233, 1988	9b.49	Ap.J., 226, 70, 1978
		9b.50	Ap. J., 226, 75, 1978
		9b.51	Ap. J., 226, 770, 1978
9b.1	Ap. J., 195, 23, 1975	9b.52	Astr. Ap. Suppl., 33, 237, 1978
9b.2	Ap. J., 195, 611, 1975	9b.53	Astr. Ap. Suppl., 33, 411, 1978
9b.3	Ap. J., 196, 407, 1975	9b.54	M.N.R.A.S., 185, 527, 1978
9b.4	Ap. J., 197, 291, 1975		
9b.5	Ap. J., 199, 586, 1975		
9b.6	Ap. J., 200, 439, 1975		

9b.55	Ap. J., 230, 655, 1979	9b.100	Ap. J., 261, 439, 1982
9b.56	Ap. J., 231, 32, 1979	9b.101	M.N.R.A.S., 198, 517, 1982
9b.57	Ap. J., 231, 320, 1979	9b.102	M.N.R.A.S., 200, 407, 1982
9b.58	M.N.R.A.S., 186, 701, 1979	9b.103	Ast. Tsirk., No. 1179, p. 1, 1981
9b.59	M.N.R.A.S., 186, 717, 1979	9b.104	"Cosmology and Particles" 16th Moriond Ap. Meet., edit. J. Audouze et. al., p. 321, 1982
9b.60	M.N.R.A.S., 188, 93, 1979		
9b.61	Astr. Ap., 74, 42, 1979		
9b.62	Astr. Ap., 74, 123, 1979	9b.105	Ap. J., 267, 52, 1983
9b.63	Astr. Ap., 79, 281, 1979	9b.106	Ap. J., 270, 485, 1983
9b.64	Astr. Ap. Suppl., 37, 529, 1979	9b.107	Ap. J., 275, 529, 1983
9b.65	Sov. Ast., 23, 138, 1979	9b.108	B.A.A.S., 15, 921, 1983
9b.66	Ap. Space Sci., 65, 423, 1979	9b.109	M.N.R.A.S., 203, 735, 1983
9b.67	Ap. J., 235, 821, 1980	9b.110	Astr. Ap., 121, 297, 1983
9b.68	Ap. J. Lett., 237, L27, 1980	9b.111	Ap. Space Sci., 91, 461, 1983
9b.69	Ap. J., 238, 808, 1980	9b.112	IAU Symp. No. 100, Internal Kinematics and Dynamics of Galaxies, E. Athanassoula, ed., p. 63, 77, 1983
9b.70	Ap. J., 241, 969, 1980		
9b.71	M.N.R.A.S., 190, 421, 1980		
9b.72	M.N.R.A.S., 191, 767, 1980	9b.113	Ap. J., 276, 491, 1984
9b.73	M.N.R.A.S., 193, 313, 1980	9b.114	Ap. J., 277, 526, 1984
9b.74	Astr. Ap., 87, 175, 1980	9b.115	Ap. J., 287, 108, 1984
9b.75	Astr. Ap., 88, 149, 1980	9b.116	Ap. J. Lett., 279, L19, 1984
9b.76	Astr. Ap., 92, 189, 1980	9b.117	Ap. J. Lett., 284, L35, 1984
9b.77	Astrophysics, 16, 360, 1980	9b.118	B.A.A.S., 16, 881, 1984
9b.78	Sov. Ast. Lett., 6, 75, 1980	9b.119	M.N.R.A.S., 207, 9, 1984
9b.79	Sov. Ast. Lett., 6, 181, 1980	9b.120	M.N.R.A.S., 208, 91, 1984
9b.80	Ap. Space Sci., 67, 31, 1980	9b.121	Astr. Ap., 139, 464, 1984
9b.81*	Ap. Space Sci., 67, 147, 1980	9b.122	Pub. A. S. Japan, 36, 17, 1984
9b.82	Ap. Space Sci., 73, 193, 1980	9b.123	Mem. Ast. Soc. Ital., 55, 443, 1984
9b.83	Ap. Space Sci., 73, 395, 1980	9b.124	"X-ray and UV Emission from AGN", Proc. Max Planck Inst. Extraterrestrial Phys., MPE Rep. 184, p. 18, 1984
9b.84	Pub. A. S. Japan, 32, 41, 1980		
9b.85	B. Ast. Inst. Czechoslovakia, 31,160, 1980		
9b.86	Photometry, Kinematics and Dynamics of Galaxies. Proc. Conf. Univ. of Texas at Austin, ed. D.S. Evans, p. 271, 1979		
		9b.125	Ap. J., 288, 196, 1985
		9b.126	Ap. J., 289, 58, 1985
9b.87	Photometry, Kinematics and Dynamics of Galaxies. Proc. Conf. Univ. of Texas at Austin, ed. D.S. Evans, p. 453, 1979	9b.127	Ap. J., 289, 129, 1985
		9b.128	Ap. J., 294, 494, 1985
		9b.129	Ap. J., 295, 305, 1985
9b.88	Ap.J., 244, 805, 1981	9b.130	Ap. J., 295, 324, 1985
9b.89	Ap. J., 247, 473, 1981	9b.131	Ap. J., 295, 349, 1985
9b.90	Ap. J., 247, 488, 1981	9b.132	Ap. J., 296, 331, 1985
9b.91*	A. J., 96, 1825, 1981	9b.133	Ap. J., 296, 370, 1985
9b.92	P.A.S.P., 93, 428, 1981	9b.134*	Ap. J., 297, 423, 1985
9b.93	M.N.R.A.S., 194, 195, 1981	9b.135	Ap. J., 299, 59, 1985
9b.94	Astr. Ap., 102, 119, 1981	9b.136	M.N.R.A.S., 212, 471, 1985
9b.95	Ap. Space Sci., 76, 477, 1981	9b.137	Astr. Ap., 145, 135, 1985
9b.96	Ap. J., 253, 70, 1982	9b.138	Astr. Ap., 147, L16, 1985
9b.97	Ap. J., 256, 435, 1982	9b.139	Astr. Ap., 153, 218, 1985
9b.98	Ap. J., 256, 481, 1982	9b.140	Astr. Ap. Suppl., 61, 141, 1985
9b.99	Ap. J., 258, 467, 1982	9b.141	Sov. Ast. Lett., 11, 307, 1985
		9b.142*	Sov. Ast., 29, 243, 1985

9b.143	"New Aspects of Galaxy Photometry", Proc. Toulouse, France. Lect. Notes in Phys., 232, p. 322, 1985	10a.20	B.A.A.S., 9, 608, 1977
		10a.21	Astr. Ap., 54, 627, 1977
		10a.22	Nature, 265, 32, 1977
9b.144*	A. J., 91, 1301, 1986	10a.23	Acta. Ast., 27, 319, 1977
9b.145	A. J., 92, 1048, 1986	10a.24	Ap. J. Lett., 220, L31, 1978
9b.146	M.N.R.A.S., 219, 373, 1986	10a.25	Ap. J., 221, 95, 1978
9b.147	M.N.R.A.S., 220, 759, 1986	10a.26	Ap. J., 222, 435, 1978
9b.148	M.N.R.A.S., 221, 1049, 1986	10a.27	Ap. J., 224, 368, 1978
9b.149	Ap. J., 300, 613, 1986	10a.28	Astr. Ap., 65, 233, 1978
9b.150	Ap. J., 302, 208, 1986	10a.29	M.N.R.A.S., 182, 179, 1978
9b.151	Ap. J., 302, 234, 1986	10a.30	B.A.A.S., 10, 389, 1978
9b.152	Ap. J., 305, 600, 1986	10a.31	Ap. Letters, 19, 113, 1978
9b.153	Ap. J., 308, 10, 1986	10a.32	Pub. A.S. Japan, 30, 315, 1978
9b.154	Ap. J., 308, 36, 1986	10a.33	Ap. Space Sci., 55, 49, 1978
9b.155	Astr. Ap., 157, 49, 1986	10a.34	Ap. J., 229, 909, 1979
9b.156	Sov. Ast., 30, 11, 1986	10a.35	Ap. J. Lett., 231, L57, 1979
9b.157	Dokl. Bolg. Akad. Nauk. 38, 699, 1985	10a.36	B.A.A.S., 11, 638, 1979
9b.158	Rev. Mex. Ast. Af., 12, 89, 1986	10a.37	Sov. Ast. Lett., 5, 4, 1979
9b.159	Ap. J., 314, 439, 1987	10a.38	Pittsburgh Conf. on BL Lac Objects, A.M. Wolfe, ed., Univ. of Pittsburgh, p. 117, 1978
9b.160	A. J., 93, 816, 1987		
9b.161	Astr. Ap., 178, 77, 1987		
9b.162*	Astr. Ap., 179, 23, 1987	10a.39	Ap. J., 237, 331, 1980
9b.163	Astr. Ap., 179, 101, 1987	10a.40	Ap. J., 240, 759, 1980
9b.164	Astr. Ap., 183, 21, 1987	10a.41	A. J., 85, 1555, 1980
9b.165	Ap. J. Suppl., 64, 1, 1987 + B.A.A.S., 18, 916, 1986	10a.42	M.N.R.A.S., 191, 349, 1980
		10a.43	M.N.R.A.S., 192, 53, 1980
9b.166	Ap. J. Suppl., 64, 383, 1987	10a.44	M.N.R.A.S., 197, 627, 1981
9b.167	Sov. A. J., 31, 120, 1987	10a.45	Astrophysics, 17, 17, 1981
9b.168	Univ. Texas Publ. No. 23, 1984 + Ap. J. Suppl. 66, 233, 1988	10a.46	Proc. Ast. Soc. Austr., 4, 177, 1981
		10a.47	A. N., 302, 259, 1981
		10a.48	Ap. J. Lett., 252, L53, 1982
10a.1	Ap. J., 197, 309, 1975	10a.49	Ap. J., 253, 53, 1982
10a.2	Ap. J., 198, 261, 1975	10a.50	Ap. J., 253, 86, 1982
10a.3	Ap. J. Lett., 200, L55, 1975	10a.51	Ap. J., 255, 65, 1982
10a.4	B.A.A.S., 7, 422, 1975	10a.52	Ap. J., 258, 59, 1982
10a.5	B.A.A.S., 7, 453, 1975	10a.53	M.N.R.A.S., 200, 19, 1982
10a.6	B.A.A.S., 7, 506, 1975	10a.54	Ap. J., 266, 470, 1983
10a.7	Astrophysics, 11, 259, 1975	10a.55	Ap. J., 271, 59, 1983
10a.8	Ap. J., 205, 1, 1976.	10a.56	Ap. J., Lett., 271, L7, 1983
10a.9	Ap. J. Lett., 206, L5, 1976.	10a.57	B.A.A.S., 15, 976, 1983
10a.10	Ap. J., 206, 888, 1976.	10a.58	M.N.R.A.S., 203, 339, 1983
10a.11	Ap. J. Lett., 209, L21, 1976.	10a.59	Astrophysics, 19, 111, 1983
10a.12	B.A.A.S., 8, 290, 1976.	10a.60	Nature, 304, 609, 1983
10a.13	B.A.A.S., 8, 495, 1976.	10a.61	Ap. J., 278, 499, 1984
10a.14	B.A.A.S., 8, 568, 1976.	10a.62	Ap. J., 279, 485, 1984
10a.15	Observatory, 96, 128, 1976.	10a.63	M.N.R.A.S., 209, 245, 1984
10a.16	Observatory, 96, 218, 1976.	10a.64	M.N.R.A.S., 209, 663, 1984
10a.17	Nature, 259, 463, 1976	10a.65	M.N.R.A.S., 210, 415, 1984
10a.18	Ap. J. Lett., 215, L107, 1977	10a.66	Nature, 310, 660, 1984
10a.19	Ap. J. Lett., 218, L37, 1977	10a.67	Ap. J., 290, 517, 1985

10a.68	Ap. J., 297, 621, 1985	10b.27	Astr. Ap., 68, L27, 1978
10a.69	Ap. J. Suppl., 59, 323, 1985	10b.28	Astr. Ap., 68, 367, 1978
10a.70	P.A.S.P., 97, 32, 1985	10b.29	Mitt. Ast. Gesell., 43, 110, 1978
10a.71	A. N., 306, 273, 1985	10b.30	Ap. J., 228, 64, 1979
10a.72	A. J., 91, 751, 1986	10b.31	Ap. J. Lett., 228, L9, 1979
10a.73	M.N.R.A.S., 220, 485, 1986	10b.32	Ap. J., 230, 687, 1979
10a.74	M.N.R.A.S., 221, 739, 1986	10b.33	A. J., 84, 725, 1979
10a.75	Nature, 319, 459, 1986	10b.34	B.A.A.S., 11, 426, 1979
10a.76	Nature, 322, 150, 1986	10b.35	B.A.A.S., 11, 427, 1979
10a.77	Ap. J., 314, 176, 1987	10b.36	B.A.A.S., 11, 656, 1979
10a.78	Ap. J., 316, 611, 1987	10b.37	M.N.R.A.S., 186, 293, 519, 1979
10a.79	Astr. Ap., 177, 51, 1987	10b.38	M.N.R.A.S., 187, 187, 1979
10a.80	Ap. J. Suppl., 64, 459, 1987	10b.39	M.N.R.A.S., 189, 867, 1979
10a.81	M.N.R.A.S., 224, 299, 1987	10b.40	Astr. Ap., 72, 229, 1979
10a.82	M.N.R.A.S., 224, 1013, 1987	10b.41	Astr. Ap., 74, 93, 1979
10a.83	M.N.R.A.S., 227, 1P, 1987	10b.42	Astr. Ap., 77, 183, 1979
10a.84	P.A.S.J., 39, 237, 1987	10b.43	Astr. Ap., 78, 362, 1979
10a.85	B.A.A.S., 18, 1001, 1986	10b.44	Astr. Ap. Suppl., 36, 347, 1979
10a.86	B.A.A.S., 18, 1005, 1986	10b.45	P.A.S. Japan, 31, 619, 1979
10a.87	B.A.A.S., 19, 695, 1987	10b.46	Mitt. Ast. Gesell., 45, 19, 1979
10a.88	Interstellar Magnetic Fields. Observation and Theory, R. Beck and R. Grave, eds., p. 71, 1987	10b.47	Ap. J., 236, 761, 1980
		10b.48	Ap. J., 237, 418, 1980
10b.1	Ap. J., 200, 430, 1975	10b.49	Ap. J. Lett., 239, L11, 1980
10b.2	A. J., 80, 271, 1975	10b.50	M.N.R.A.S., 190, 205, 1980
10b.3	A. J., 80, 559, 1975	10b.51	M.N.R.A.S., 190, 261, 1980
10b.4	B.A.A.S., 7, 262, 1975	10b.52	Astr. Ap., 81, 265, 1980
10b.5	B.A.A.S., 7, 528, 1975	10b.53	Astr. Ap., 81, 275, 1980
10b.6	M.N.R.A.S., 173, 37, 1975	10b.54	Astr. Ap., 88, 248, 1980
10b.7	M.N.R.A.S., 173, 553, 1975	10b.55	Astr. Ap., 90, 283, 1980
10b.8	Astr. Ap., 38, 381, 1975	10b.56	Astr. Ap., 91, 41, 1980
10b.9	Astr. Ap., 44, 173, 1975	10b.57	Astr. Ap., 91, 335, 1980
10b.10	Nature, 255, 467, 1975	10b.58*	Astr. Ap. Suppl., 39, 379, 1980
10b.11	Ap. J., 207, 29, 1976.	10b.59	Astr. Ap. Suppl., 40, 319, 1980
10b.12	A. J., 81, 738, 1976.	10b.60	Mitt. Ast. Gesell., No. 50, 18, 1980
10b.13	Mem. R.A.S., 82, Part 1, 1976	10b.61	Nature, 283, 272, 1980
10b.14	Astr. Ap., 52, 397, 1976	10b.62	Ap. J., 246, 647, 1981
10b.15	Nature, 259, 451, 1976	10b.63*	Ap. J. Suppl., 45, 97, 1981
10b.16	Nature, 264, 222, 1976	10b.64*	Ap. J. Suppl., 46, 239, 1981
10b.17	Ap. J., 211, 669, 1977	10b.65	A. J., 86, 833, 1981
10b.18	A. J., 82, 688, 1977	10b.66	A. J., 86, 1294, 1981
10b.19	Astr. Ap., 58, 17, 1977	10b.67	B.A.A.S., 13, 528, 1981
10b.20	Astr. Ap., 58, 79, 1977	10b.68	M.N.R.A.S., 195, 261, 1981
10b.21	Ap. J. Lett., 221, L3, 1978	10b.69	M.N.R.A.S., 196, 567, 1981
10b.22	Ap. J., 223, 373, 1978	10b.70	M.N.R.A.S., 197, 253, 1981
10b.23	A. J., 83, 1368, 1978	10b.71	M.N.R.A.S., 197, 921, 1981
10b.24	A. J., 83, 1374, 1978	10b.72	Astr. Ap., 93, 113, 1981
10b.25	Astr. Ap., 66, L1, 1978	10b.73	Astr. Ap., 94, 61, 1981
10b.26	Astr. Ap., 68, 307, 1978	10b.74	Astr. Ap., 95, 250, 1981
		10b.75*	Astr. Ap., 96, 412, 1981
		10b.76	Astr. Ap. Suppl., 43, 19, 1981

10b.77	Sov. Ast. Lett., 7, 361, 1981	10b.120	M.N.R.A.S., 211, 775, 1984
10b.78	Pub. A. S. Japan, 33, 47, 1981	10b.121	Astr. Ap., 138, 385, 1984
10b.79	Ap. J., 262, 529, 1982	10b.122	Ap. J., 293, 83, 1985
10b.80	A. J., 87, 486, 1982	10b.123	Ap. J. Lett., 293, L59, 1985
10b.81	A. J., 87, 859, 1982	10b.124	Ap. J. Suppl., 57, 693, 1985
10b.82	M.N.R.A.S., 198, 747, 1982	10b.125	Ap. J. Suppl., 59, 513, 1985
10b.83	M.N.R.A.S., 200, 377, 1982	10b.126	B.A.A.S., 17, 756, 1985
10b.84	Astr. Ap., 106, 121, 1982	10b.127	B.A.A.S., 17, 830, 1985
10b.85	Astr. Ap., 108, 176, 1982	10b.128	B.A.A.S., 17, 892, 1985
10b.86	Astr. Ap., 110, 169, 1982	10b.129	M.N.R.A.S., 215, 773, 1985
10b.87	Astr. Ap., 110, 225, 1982	10b.130	Astr. Ap., 144, 257, 1985
10b.88	Astr. Ap., 110, 336, 1982	10b.131	Astr. Ap., 147, 321, 1985
10b.89	Astr. Ap., 115, 263, 1982	10b.132	Astr. Ap., 152, 237, 1985
10b.90	Astr. Ap. Suppl., 49, 529, 1982	10b.133	IAU Symp. No. 106 "The Milky Way Galaxy", ed. H. van Woerden et al., p. 247, 1985
10b.91	IAU Symp. No. 97, "Extragalactic Radio Sources" edit. D. Heeschen and C. Wade, p.331, 1982		
10b.92	IAU Symp. No. 97, "Extragalactic Radio Sources" edit. D. Heeschen and C. Wade, p. 335, 1982	10b.134	IAU Symp. No. 106 "The Milky Way Galaxy", ed. H. van Woerden et al., p. 147, 1985
10b.93	Ast. Tsirk. No. 1170, p. 2, 1981	10b.135	A. J., 91, 1011, 1986
10b.94	"Optical Jets in Galaxies", Proc. ESO/ESA Workshop, Munich ESA-SP-162, p. 91, 1981	10b.136	M.N.R.A.S., 219, 545, 1986
		10b.137	M.N.R.A.S., 220, 351, 1986
		10b.138	M.N.R.A.S., 222, 753, 1986
10b.95	Mitt. Ast. Gesell., No. 55, p. 113, 1982	10b.139	Ap. J., 301, 841, 1986
		10b.140	Ap. J., 302, 296, 1986
10b.96	Ap. J., 266, 18, 1983	10b.141	Ap. J., 302, 306, 1986
10b.97	Ap. J., Lett., 273, L11, 1983	10b.142	Ap. J., 310, 621, 1986
10b.98	A. J., 88, 518, 1983	10b.143	Ap. J., 311, 58, 1986
10b.99	B.A.A.S., 15, 943, 1983	10b.144	Ap. J. Lett., 300, L41, 1986
10b.100	M.N.R.A.S., 202, 813, 1983	10b.145	Astr. Ap., 156, 234, 1986
10b.101	M.N.R.A.S., 203, 147, 1983	10b.146	Astr. Ap., 169, 63, 1986
10b.102	M.N.R.A.S., 204, 1285, 1983	10b.147	Ap. J., 312, 101, 1987
10b.103	M.N.R.A.S., 205, 1267, 1983	10b.148	Astr. Ap., 183, 203, 1987
10b.104	Astr. Ap., 122, 305, 1983	10b.149	Astr. Ap., 184, 71, 1987
10b.105	Astr. Ap., 127, 177, 1983	10b.150	Astr. Ap., 186, 95, 1987
10b.106	Astr. Ap., Suppl., 51, 127, 1983	10b.151	Astr. Ap. Suppl., 67, 395, 1987
10b.107	Astr. Ap., Suppl., 52, 317, 1983	10b.152	Astr. Ap. Suppl., 68, 171, 1987
10b.108	Ap. J., 276, 79, 1984	10b.153	Astr. Ap. Suppl., 71, 75, 1987
10b.109	Ap. J., 278, 37, 1984	10b.154	M.N.R.A.S., 224, 53, 1987
10b.110	Ap. J., 279, 60, 1984	10b.155*	M.N.R.A.S., 224, 379, 1987
10b.111	Ap. J., 280, 532, 1984	10b.156	M.N.R.A.S., 228, 557, 1987
10b.112	Ap. J., 282, 402, 1984	10b.157	B.A.A.S., 18, 1005, 1986
10b.113	Ap. J., 284, 531, 1984	10b.158	B.A.A.S., 19, 732, 1987
10b.114	Ap. J., 287, 41, 1984	10b.159	B.A.A.S., 19, 1046, 1987
10b.115	Ap. J. Lett., 282, L55, 1984	10b.160	Interstellar Magnetic Fields. Observation and Theory, R. Beck and R. Grave, eds., p. 38, 1987
10b.116	Ap. J. Suppl., 54, 291, 1984		
10b.117	A. J., 89, 1478, 1984		
10b.118	M.N.R.A.S., 208, 323, 1984	10b.161	Interstellar Magnetic Fields. Observation and Theory, R. Beck and R. Grave, eds., p. 42, 1987
10b.119	M.N.R.A.S., 208, 409, 1984		

10b.162	Interstellar Magnetic Fields. Observation and Theory, R. Beck and R. Grave, eds., p. 47, 1987
10b.163	Interstellar Magnetic Fields. Observation and Theory, R. Beck and R. Grave, eds., p. 52, 1987
10b.164	Interstellar Magnetic Fields. Observation and Theory, R. Beck and R. Grave, eds., p. 54, 1987
10b.165	Interstellar Magnetic Fields. Observation and Theory, R. Beck and R. Grave, eds., p. 57, 1987
10b.166	Interstellar Magnetic Fields. Observation and Theory, R. Beck and R. Grave, eds., p. 61, 1987
10b.167	Interstellar Magnetic Fields. Observation and Theory, R. Beck and R. Grave, eds., p. 76, 1987
10b.168	Rev. Mex. Ast. Af., 14, 167, 1987
10b.169	Superluminal Radio Sources, eds. J. A. Zensus and T. J. Pearson, p. 186, 1987
11.1	Observatory, 95, 179, 1975
11.2	Astr. Ap., 38, 15, 1975
11.3	Astr. Ap. Suppl. 19, 351, 1975
11.4	Ap. Letters, 17, 141, 1976
11.5	B.A.A.S., 9, 649, 1977
11.6	Astr. Ap., 58, L1, 1977
11.7	Topics in Interstellar Matter, edit., H. van Woerden, Ap. Space Sci. Lib., 70, 209, 1977
11.8	Ap. Space Sci., 46, 23, 1977
11.9	Ap. Space Sci., 47, 397, 1977
11.10	Astr. Ap., 72, 73, 1979
11.11	C.R. Acad. Sci. Paris, 289, ser. B, 29, 1979
11.12	Ap. J., 242, 30, 1980
11.13	M.N.R.A.S., 191, 675, 1980
11.14	Photometry, Kinematics and Dynamics of Galaxies. Proc. Conf. Univ. of Texas at Austin, ed. D.S. Evans, p. 249, 255, 1979
11.15	Photometry, Kinematics and Dynamics of Galaxies. Proc. Conf. Univ. of Texas at Austin, ed. D.S. Evans, p. 307, 1979
11.16	Ap.J., 247, 473, 1981
11.17	Astr. Ap., 95, 59, 1981
11.18	Astr. Ap., 104, 15, 1981
11.19	Astr. Ap. Suppl., 44, 441, 1981
11.20	Ap. J. Suppl., 49, 515, 1982
11.21	Astr. Ap., 105, 76, 1982
11.22	Astr. Ap., 108, 134, 1982
11.23	Astr. Ap., 114, 1, 1982
11.24	Astr. Ap., 114, 7, 1982
11.25	Nature, 297, 38, 1982
11.26	Ap. J. Lett., 275, L27, 1983
11.27	Ap. J. Suppl., 53, 17, 1983
11.28	Observatory, 103, 257, 1983
11.29	Astr. Ap., 128, 140, 1983
11.30	IAU Symp. No. 100, Internal Kinematics and Dynamics of Galaxies, E. Athanassoula, ed., p. 147, 151, 331, 335, 1983
11.31	Ap. J., 281, 579, 1984
11.32	B.A.A.S., 16, 916, 1984
11.33	B.A.A.S., 16, 950, 1984
11.34	M.N.R.A.S., 208, 601, 1984
11.35	Nature, 310, 554, 1984
11.36	M.N.R.A.S., 216, 193, 1985
11.37	M.N.R.A.S., 216, 17P, 1985
11.38	Astr. Ap., 151, 144, 1985
11.39	I.A.U. Symp. No. 106, "The Milky Way Galaxy", ed. H. van Woerden et al., p. 275, 1985
11.40	"Birth and Evol. of Massive Stars and Stellar Groups", Ap. Space Sci. Lib., vol. 120, p. 243, 1985
11.41	"Active Galactic Nuclei", Proc. Workshop, Manchester, April 84, p. 178, 1985
11.42	A. J., 91, 1295, 1986
11.43	M.N.R.A.S., 221, 1, 1986
11.44	Ap. J. Suppl., 61, 631, 1986
11.45	Astr. Ap., 178, 91, 1987
11.46	Astr. Ap., 179, 101, 1987
11.47	Ap. J. Suppl., 64, 1, 1987 + B.A.A.S., 18, 916, 1986.
11.48	M.N.R.A.S., 226, 513, 1987
11.49	M.N.R.A.S., 228, 595, 1987
11.50	B.A.A.S., 19, 1061, 1987
11.51	B.A.A.S., 19, 1063 1987
11.52	B.A.A.S., 19, 1130, 1987
11.53	I.A.U. Symp. No. 127, Structure and Dynamics of Elliptical Galaxies, T. de Zeeuw, ed, p. 415, 1987
11.54	I.A.U. Symp. No. 127, Structure and Dynamics of Elliptical Galaxies, T. de Zeeuw, ed, p. 417, 1987
11.55	Univ. Texas Publ. No. 23, 1984 + Ap. J. Suppl. 66, 233, 1988

12a.1	Ap. J. Lett., 198, L63, 1975	12a.45	Astr. Ap., 62, 51, 1978
12a.2	Ap. J., 199, 591, 1975	12a.46	Astr. Ap., 63, 199, 1978
12a.3	Ap. J., 201, 556, 1975	12a.47	Astr. Ap., 64, L21, 1978
12a.4	Ap. J., 202, 619, 1975	12a.48	Astr. Ap., 70, 157, 1978
12a.5	B.A.A.S., 7, 414, 1975	12a.49	Astr. Ap. Suppl., 31, 439, 1978
12a.6	Coll. C.N.R.S. No. 241, p. 279, 1975	12a.50	B.A.A.S., 10, 693, 1978
12a.7	Coll. C.N.R.S. No. 241, p. 371, 1975	12a.51	Sov. Ast., 22, 660, 1978
12a.8	Ap. J., 205, 29, 1976.	12a.52	Sov. Ast. Lett., 4, 133, 1978
12a.9	Ap. J., 205, 728, 1976.	12a.53	Sov. Ast. Lett., 4, 138, 1978
12a.10	Ap. J., 207, 36, 1976.	12a.54	Ap. J., 228, 112, 1979
12a.11	Ap. J., 208, 323, 1976.	12a.55*	Ap. J., 228, 394, 696, 704, 1979
12a.12	Ap. J., 208, 683, 1976.	12a.56	Ap. J., 230, 386, 1979
12a.13	A. J., 81, 795, 1976.	12a.57	Ap. J., 230, 667, 1979
12a.14	P.A.S.P., 88, 323, 1976.	12a.58	Ap. J., 232, 60, 1979
12a.15	B.A.A.S., 8, 301, 1976.	12a.59	A. J., 84, 284, 1979
12a.16	B.A.A.S., 8, 365, 1976.	12a.60*	A. J., 84, 472, 1979
12a.17	B.A.A.S., 8, 568, 1976.	12a.61	P.A.S.P., 91, 280, 1979
12a.18	Observatory, 96, 216, 1976.	12a.62	P.A.S.P., 91, 749, 1979
12a.19	Astr. Ap., 48, 253, 1976	12a.63	B.A.A.S., 11, 632, 1979
12a.20	Izv. Crimean Ap. Obs., 54, 171, 1976	12a.64	B.A.A.S., 11, 718, 1979
12a.21	Rev. Mexicana Ast. Ap., 2, 3, 1976	12a.65	M.N.R.A.S., 189, 95, 1979
12a.22	Proc. 3rd European Ast. Meeting, Tbilisi, E.K. Kharadze, edit, p.341, 1976	12a.66	Astr. Ap., 77, 141, 1979
		12a.67	Astr. Ap., 80, 155, 1979
		12a.68	Sov. Ast. Lett., 5, 309, 1979
12a.23	Lecture Notes in Physics, T.L. Wilson and D. Downes, eds., 42, 288, 1975	12a.69	Ap. Space Sci., 62, 211, 1979
		12a.70	Ap. Space Sci., 65, 423, 1979
12a.24	Ap. J., 213, 15, 1977	12a.71	Ap. Space Sci., 66, 39, 1979
12a.25	Ap. J., 213, 361, 1977	12a.72	P.A.S. Japan, 31, 635, 1979
12a.26	Ap. J., 217, 420, 1977	12a.73	Mitt. Ast. Gesell., 45, 86, 1979
12a.27	B.A.A.S., 9, 629, 1977	12a.74*	Astr. Ap. Suppl., 37, 361, 1979
12a.28	B.A.A.S., 9, 648, 1977	12a.75	Bull. Crim. Ap. Obs., 59, 141, 1979
12a.29	Astr. Ap., 55, 421, 1977	12a.76	Bull. Crim. Ap. Obs., 60, 52, 1979
12a.30	Astr. Ap., 57, 9, 1977	12a.77*	Ap. J., 235, 1, 1980
12a.31	Astr. Ap., 59, 359, 1977	12a.78	Ap. J., 235, 783, 1980
12a.32	Astr. Ap., 61, 523, 1977	12a.79	Ap. J., 236, 119, 1980
12a.33	Topics in Interstellar Matter, H. van Woerden, ed., Ap. Space Sci. Lib., 70, 209, 1977	12a.80	Ap. J., 236, 135, 1980
		12a.81	Ap. J., 236, 388, 1980
		12a.82	Ap. J. Lett., 236, L17, 1980
12a.34	Ap. Space Sci., 48, 421, 1977	12a.83*	Ap. J., 238, 17, 1980
12a.35	Ap. Space Sci., 47, 397, 1977	12a.84	Ap. J., 239, 774, 1980
12a.36	Ap. Space Sci., 48, 103, 1977	12a.85	Ap. J., 240, 47, 1980
12a.37	Ap. J., 220, 98, 1978	12a.86	Ap. J., 241, 573, 1980
12a.38	Ap. J., 221, 62, 1978	12a.87	Ap. J., 241, 30, 1980
12a.39	Ap. J., 222, 821, 1978	12a.88	Ap. J. Suppl., 44, 319, 1980
12a.40	Ap. J. Lett., 222, L133, 1978	12a.89*	A. J., 85, 1, 1980
12a.41	Ap. J., 224, 417, 1978	12a.90	A. J., 85, 1325, 1980
12a.42	Ap. J. Lett., 226, L5, 1978	12a.91	P.A.S.P., 92, 38, 1980
12a.43	Ap. J. Lett., 226, L79, 1978	12a.92	P.A.S.P., 92, 134, 1980
12a.44	Ap. J. Lett., 226, L125, 1978	12a.93	B.A.A.S., 12, 493, 1980
		12a.94	M.N.R.A.S., 193, 219, 1980

12a.95	Observatory, 100, 32, 1980	12a.140	Proc. Nat. Acad. Sci., 78, 1994, 1981
12a.96	Astr. Ap., 82, 207, 1980	12a.141	Ap. J. Lett., 253, L73, 1982
12a.97	Astr. Ap., 83, 100, 1980	12a.142	Ap. J., 254, 50, 1982
12a.98	Astr. Ap., 85, L21, 1980	12a.143	Ap. J., 255, 1, 1982
12a.99	Astr. Ap., 86, 304, 1980	12a.144	Ap. J. Lett., 255, L29, 1982
12a.100*	Astr. Ap., 87, 142, 1980	12a.145	Ap. J. Lett., 255, L99, 1982
12a.101	Astr. Ap., 88, 52, 1980	12a.146	Ap. J., 260, 81, 1982
12a.102	Astr. Ap., 90, 246, 1980	12a.147	Ap. J. Suppl., 49, 515, 1982
12a.103	Astr. Ap., 91, 259, 1980	12a.148	A. J., 87, 76, 1982
12a.104	Astr. Ap., 91, 269, 1980	12a.149*	A. J., 87, 255, 1982
12a.105	Astr. Ap. Suppl., 39, 97, 1980	12a.150*	A. J., 87, 1341, 1982
12a.106	Ap. Letters, 21, 1, 1980	12a.151	P.A.S.P., 94, 444, 1982
12a.107	Sov. Ast. Lett., 6, 109, 1980	12a.152	P.A.S.P., 94, 634, 1982
12a.108	Sov. Ast. Lett., 6, 110, 1980	12a.153	P.A.S.P., 94, 765, 1982
12a.109	Sov. Ast. Lett., 6, 184, 1980	12a.154	B.A.A.S., 14, 644, 1982
12a.110	First Latin Amer. Reg. Ast. Meet., Univ. of Chile, Dept. Ast. Publ. vol. 3, p. 55, 1979	12a.155	B.A.A.S., 14, 649, 1982
		12a.156	B.A.A.S., 14, 933, 1982
		12a.157	B.A.A.S., 14, 971, 1982
12a.111	Abastumani Ap. Obs. Bull. No. 52, p. 15, 1980	12a.158	M.N.R.A.S., 198, 1089, 1982
		12a.159	M.N.R.A.S., 199, 31P, 1982
12a.112*	Ap. J., 247, 9, 1981	12a.160	M.N.R.A.S., 200, 1, 1982
12a.113	Ap. J., 249, 76, 1981	12a.161	Astr. Ap., 105, 229, 1982
12a.114	Ap. J., 249, 471, 1981 + B.A.A.S., 13, 532, 1981	12a.162	Astr. Ap., 105, 410, 1982
		12a.163	Astr. Ap., 108, 339, 1982
12a.115	A. J., 86, 989, 1981	12a.164	Astr. Ap., 111, 28, 1982
12a.116	A. J., 86, 1464, 1981	12a.165	Astr. Ap., 113, 344, 1982
12a.117	P.A.S.P., 93, 273, 1981	12a.166	Astr. Ap., 114, 7, 1982
12a.118	B.A.A.S., 13, 518, 1981	12a.167	Astr. Ap., 115, 373, 1982
12a.119	B.A.A.S., 13, 797, 1981	12a.168	Sov. Ast. Lett., 8, 314, 1982
12a.120	B.A.A.S., 13, 894, 1981	12a.169	Astrophysics, 18, 116, 1982
12a.121	M.N.R.A.S., 195, 353, 1981	12a.170	Ap. J., 252, 594, 1982
12a.122*	M.N.R.A.S., 195, 839, 1981	12a.171	IAU Symp. No. 97 "Extragalactic Radio Sources", eds. D. Heeschen and C. Wade, p. 115, 1982
12a.123	M.N.R.A.S., 195, 939, 1981		
12a.124	M.N.R.A.S., 197, 659, 1981		
12a.125	Astr. Ap., 93, 248, 1981	12a.172	Astr. Ap., Suppl., 50, 491, 1982
12a.126	Astr. Ap., 95, L1, 1981	12a.173	IAU Symp. No. 99, "Wolf-Rayet Stars...", eds. C. W. H. DeLoore and A. J. Willis, pp. 555, 557, 1982
12a.127	Astr. Ap., 95, 59, 1981		
12a.128	Astr. Ap., 98, 223, 1981		
12a.129	Astr. Ap., 99, 341, 1981	12a.174	Pub. A. S. Japan, 34, 199, 1982
12a.130	Astr. Ap., 101, 187, 1981	12a.175	Ap. J., 265, 132, 1983
12a.131	Astr. Ap., 101, 377, 1981	12a.176	Ap. J., 267, 563, 1983
12a.132	Astr. Ap., 103, 305, 1981	12a.177	Ap. J., 269, 440, 1983
12a.133	Astr. Ap., 104, 15, 1981	12a.178	Ap. J., 272, 84, 1983
12a.134	Astr. Ap., 104, 127, 1981	12a.179	Ap. J., 273, 154, 1983
12a.135	Astr. Ap. Suppl., 43, 231, 1981	12a.180	Ap. J., 274, 141, 1983
12a.136	Sov. Ast. Lett., 7, 298, 1981	12a.181	Ap. J., 274, 611, 1983
12a.137	Astrophysics, 17, 233, 1981	12a.182	Ap. J., 275, 578, 1983
12a.138	Second European IUE Conf., Tubingen, Germany - ESA, Paris, p. 131, 1980	12a.183	Ap. J. Lett., 268, L79, 1983
		12a.184	Ap. J. Suppl., 53, 105, 1983
12a.139	A. N., 302, 251, 1981	12a.185	A. J., 88, 296, 1983

12a.186	A. J., 88, 1323, 1983
12a.187	A. J., 88, 1579, 1983
12a.188	P.A.S.P., 95, 986, 1983
12a.189	M.N.R.A.S., 203, 31, 1983
12a.190	M.N.R.A.S., 203, 157, 1983
12a.191	M.N.R.A.S., 204, 743, 1983
12a.192	M.N.R.A.S., 205, 643, 1983
12a.193	Astr. Ap., 119, 185, 1983
12a.194	Astr. Ap., 122, 111, 1983
12a.195	Astr. Ap. Suppl., 51, 353, 1983
12a.196	Astr. Ap. Suppl., 53, 97, 1983
12a.197	Astrophysics, 19, 337, 1983
12a.198	Adv. Space Res., vol 2, No. 9, p. 163, 1983
12a.199	Mitt. Ast. Gesell., No. 60, 384, 1983
12a.200	Mitt. Ast. Gesell., No. 60, 438, 1983
12a.201	J. Korean Ast. Soc., 16, 1, 1983
12a.202	IAU Symp. No. 100, Internal Kinematics and Dynamics of Galaxies, E. Athanassoula, ed., p. 151, 1983
12a.203	Ap. J., 277, 542, 1984
12a.204	Ap. J., 279, 708, 1984
12a.205	Ap. J., 280, 580, 1984
12a.206	Ap. J., 283, 158, 1984
12a.207	Ap. J., 287, 116, 1984
12a.208	Ap. J. Lett., 276, L35, 1984
12a.209	Ap. J. Lett., 281, L63, 1984
12a.210	A. J., 89, 1702, 1984
12a.211	B.A.A.S., 16, 976, 1984
12a.212	M.N.R.A.S., 207, 801, 1984
12a.213	M.N.R.A.S., 209, 59, 1984
12a.214	M.N.R.A.S., 211, 507, 1984
12a.215	Observatory, 104, 61, 1984
12a.216	Astr. Ap., 130, 29, 1984
12a.217	Astr. Ap., 131, 1, 1984
12a.218	Astr. Ap., 133, 341, 1984
12a.219	Astr. Ap., 141, 49, 1984
12a.220	Astr. Ap. Suppl., 57, 361, 1984
12a.221	Astrophysics, 20, 24, 1984
12a.222	Astrophysics, 20, 30, 1984
12a.223	Astrophysics, 20, 35, 1984
12a.224	Astrophysics, 20, 396, 1984
12a.225	Ap. Space Sci., 106, 371, 1984
12a.226	Pub. A. S. Japan, 36, 313, 1984
12a.227	Fourth Europ. I.U.E. Conf. Rome, ESA-SP-218, p. 73, 1984
12a.228	Ap. J., 288, 175, 1985
12a.229	Ap. J., 290, 449, 1985
12a.230	Ap. J., 293, 400, 1985
12a.231	Ap. J., 294, 546, 1985
12a.232	Ap. J., 296, 481, 1985
12a.233	Ap. J. Suppl., 57, 1, 1985
12a.234	Ap. J. Suppl., 58, 533, 1985
12a.235	A. J., 90, 80, 1985
12a.236	A. J., 90, 414, 1985
12a.237	A. J., 90, 600, 1985
12a.238	A. J., 90, 1457, 1985
12a.239	P.A.S.P., 97, 32, 1985
12a.240	P.A.S.P., 97, 688, 1985
12a.241	P.A.S.P., 97, 1065, 1985
12a.242	B.A.A.S., 17, 861, 1985
12a.243	B.A.A.S., 17, 884, 1985
12a.244	Astr. Ap., 143, 29, 1985
12a.245	Astr. Ap., 143, 347, 1985
12a.246*	Astr. Ap., 144, 215, 1985
12a.247	Astr. Ap., 149, L24, 1985
12a.248*	Astr. Ap., 152, 427, 1985
12a.249	Sov. Ast. Lett., 11, 69, 311, 1985
12a.250	Ap. Space Sci., 113, 317, 1985
12a.251	Ap. Space Sci., 116, 341, 1985
12a.252	Future of UV Astronomy. Six Years of IUE Reseach. NASA CP2349, p. 111, 1985
12a.253*	Rev. Mex. Ast. Af., 11, 91, 1985
12a.254	Astrophysics, 22, 259, 1985
12a.255	A. J., 91, 507, 1986
12a.256	A. J., 91, 1027, 1986
12a.257	A. J., 91, 1295, 1986
12a.258	A. J., 92, 567, 1986
12a.259	A. J., 92, 1278, 1986
12a.260	P.A.S.P., 98, 1032, 1986
12a.261	M.N.R.A.S., 218, 13P, 1986
12a.262	Ap. J., 300, 624, 1986
12a.263	Ap. J., 302, 640, 1986
12a.264	Ap. J., 304, 490, 1986
12a.265	Ap. J., 309, 544, 1986
12a.266	Ap. J., 311, 45, 1986
12a.267	Ap. J., 311, 85, 1986
12a.268	Ap. J. Lett., 310, L15, 1986
12a.269	Astr. Ap., 154, 352, 1986
12a.270	Astr. Ap., 154, 357, 1986
12a.271	Astr. Ap., 155, 297, 1986
12a.272	Astr. Ap. Suppl., 64, 237, 1986
12a.273	Astr. Ap. Suppl., 66, 149, 1986
12a.274	Ap. J., 317, 82, 1987
12a.275	Ap. J., 319, 61, 1987
12a.276	Ap. J., 319, 662, 1987
12a.277	Ap. J. Lett., 319, L57, 1987
12a.278	Astr. Ap. Suppl., 67, 169, 1987
12a.279*	P.A.S.P., 99, 915, 1987

12a.280	M.N.R.A.S., 226, 19, 1987		12b.31	Ap. J., 320, 178, 1987
12a.281	M.N.R.A.S., 226, 493, 1987		12b.32	Ap. J. Lett., 315, L107, 1987
12a.282	M.N.R.A.S., 226, 849, 1987		12b.33	Astr. Ap. Suppl., 67, 169, 1987
12a.283	M.N.R.A.S., 228, 883, 1987		12b.34	B.A.A.S., 19, 712, 1987
12a.284	Obs., 107, 63, 1987			
12a.285	B.A.A.S., 18, 916, 1986		12c.1	Astr. Ap., 48, 317, 1976
12a.286	I.A.U. Symp. No. 115, Star Forming Regions, M. Peimbert and J. Jukagu, eds., p. 635, 1987		12c.2	Astr. Ap., 52, 313, 1976
			12c.3	Rev. Mexicana Ast. Ap., 2, 3, 1976
			12c.4	Ap. Letters, 17, 141, 1976
12a.287	NASA Conf. Publ., NASA CP-2466, ed. C. J. Lonsdale Persson, p. 227, 1987		12c.5	Lectures Notes in Physics, T.L. Wilson and D. Downes, edit., 42, 322, 1975
12a.288	NASA Conf. Publ., NASA CP-2466, ed. C. J. Lonsdale Persson, p. 235, 1987		12c.6	Astr. Ap., 61, 229, 1977
			12c.7	Ap. J., 223, 386, 1978
12a.289	Rev. Mex. Ast. Af., 14, 165, 1987		12c.8	Ap. J. Lett., 226, L73, 1978
12a.290	Rev. Mex. Ast. Af., 14, 178, 1987		12c.9	Ap. J., 229, 485, 1979
12a.291	Univ. Texas Publ. No. 23, 1984 + Ap. J. Suppl. 66, 233, 1988		12c.10	Ap. J., 230, 667, 1979
			12c.11	Ap. J. Suppl., 41, 147, 1979
12b.1	Ap. J., 202, 365, 1975		12c.12	P.A.S.P., 91, 158, 1979
12b.2	B.A.A.S., 7, 411, 1975		12c.13	B.A.A.S., 11, 718, 1979
12b.3	B.A.A.S., 8, 567, 1976.		12c.14	Astr. Ap., 73, 247, 1979
12b.4	Ap. J., 213, 18, 1977		12c.15	Ap. J., 235, 821, 1980
12b.5	Ap. J., 219, 437, 1978		12c.16	Ap. J. Suppl., 43, 37, 1980
12b.6	Ap. J., 220, 458, 1978		12c.17	A. J., 85, 376, 1980
12b.7	Ap. J., 223, 94, 1978		12c.18	A. N., 301, 177, 1980
12b.8	Ap. J. Suppl., 38, 351, 1978		12c.19	A. J., 86, 1312, 1981
12b.9	B.A.A.S., 10, 665, 1978		12c.20	B.A.A.S., 13, 894, 1981
12b.10	Ap. J., 227, 391, 1979		12c.21	Astr. Ap., 95, L1, 1981
12b.11	Ap. J., 234, 477, 1979		12c.22	Ap. J. Lett., 253, L73, 1982
12b.12	B.A.A.S., 11, 431, 1979		12c.23	Ap. J. Lett., 255, L99, 1982
12b.13	B.A.A.S., 11, 634, 1979		12c.24	Ap. J., 258, 59, 1982
12b.14	Ap. J., 235, 22, 1980		12c.25	Ap. J., 260, 81, 1982
12b.15	A. J., 86, 185, 1981		12c.26	Ap. J., 261, 463, 1982
12b.16	Ap. J., 256, 120, 1982		12c.27	Ap. J. Lett., 260, L45, 1982
12b.17	P.A.S.P., 94, 444, 1982		12c.28	Ap. J. Lett., 263, L13, 1982
12b.18	Ap. J., 273, 562, 1983		12c.29	A. J., 87, 264, 1982
12b.19	B.A.A.S., 15, 907, 1983		12c.30	Astr. Ap., 113, 344, 1982
12b.20	B.A.A.S., 15, 921, 1983		12c.31	Sov. Ast. Lett., 8, 281, 1982
12b.21	M.N.R.A.S., 204, 87P, 1983		12c.32	"Extragalactic Molecules", NRAO Workshop, eds. L. Blitz and M. L. Kutner, p. 121, 1981
12b.22	IAU Symp. No. 103, Planetary Nebulae, D. R. Flower, edit., p. 443, 1983			
12b.23	IAU Symp. No. 103, Planetary Nebulae, D. R. Flower, edit., p. 544, 1983		12c.33	A. N., 303, 127, 1982
			12c.34*	A. N., 303, 245, 1982
12b.24	Ap. J., 280, 615, 1984		12c.35	A. N., 303, 329, 1982
12b.25	B.A.A.S., 16, 456, 1984		12c.36	Ap. J., 270, 485, 1983
12b.26	Observatory, 106, 19, 1986		12c.37	Ap. J., 275, 559, 1983
12b.27	Ap. J., 304, 490, 1986		12c.38	A. J., 88, 1579, 1983
12b.28	Ap. J., 305, 600, 1986		12c.39	M.N.R.A.S., 205, 889, 1983
12b.29	Ap. J., 317, 62, 1987		12c.40	Ap. J., 281, 585, 1984
12b.30	Ap. J., 320, 159, 1987		12c.41	A. N., 305, 157, 1984

12c.42	Pub. A. S. Japan, 36, 477, 1984		13a.12	Astr. Ap., 42, 119, 1975
12c.43	Ap. J., 289, 58, 1985		13a.13	Astr. Ap., 42, 205, 1975
12c.44	Ap. J., 297, 652, 1985		13a.14	Astr. Ap., 42, 433, 1975
12c.45	B.A.A.S., 17, 613, 1985		13a.15	Astr. Ap., 43, 297, 1975
12c.46	M.N.R.A.S., 214, 177, 1985		13a.16	Astr. Ap., 44, 147, 1975
12c.47	M.N.R.A.S., 216, 429, 1985		13a.17*	Astr. Ap., 44, 151, 1975
12c.48	M.N.R.A.S., 217, 87, 1985		13a.18	Astr. Ap., 44, 479, 1975
12c.49	Astr. Ap., 143, 399, 1985		13a.19	Astr. Ap., 45, 25, 43, 1975
12c.50	Astr. Ap., 144, 471, 1985		13a.20	Astr. Ap., 45, 259, 1975
12c.51	Astr. Ap., 149, 442, 1985		13a.21	Coll. C.N.R.S. No. 241, p. 483, 1975
12c.52	Sov. Ast. Lett., 11, 313, 1985		13a.22*	Ap. J., 205, 346, 1976.
12c.53	"New Aspects of Galaxy Photometry", Proc. Toulouse, France, 1984, Lect. Notes in Phys., 232, p. 249, 1985		13a.23	Ap. J. Lett., 209, L7, 1976.
			13a.24	Ap. J., 208, 662, 1976.
			13a.25	Ap. J., 209, 710, 1976.
12c.54	B.A.A.S., 17, 893, 1985		13a.26*	A. J., 81, 687, 1976.
12c.55	P.A.S.P., 98, 81, 1986		13a.27	B.A.A.S., 8, 298, 1976.
12c.56	M.N.R.A.S., 218, 297, 1986		13a.28	B.A.A.S., 8, 395, 1976.
12c.57	M.N.R.A.S., 222, 655, 1986		13a.29	B.A.A.S., 8, 496, 1976.
12c.58	Ap. J., 302, 234, 1986		13a.30	M.N.R.A.S., 177, 91, 1976.
12c.59	Ap. J., 303, 171, 1986		13a.31*	Astr. Ap., 46, 381, 1976
12c.60	Ap. J., 304, 657, 1986		13a.32*	Astr. Ap., 47, 381, 1976
12c.61*	Ap. J., 306, 483, 1986		13a.33	Astr. Ap., 48, 405, 1976
12c.62	Ap. J., 307, 478, 1986		13a.34	Nature, 262, 369, 1976
12c.63	Ap. J. Lett., 311, L51, 1986		13a.35	Ap. J., 211, 47, 1977
12c.64	Astr. Ap., 154, 119, 1986		13a.36	Ap. J., 214, 383, 1977
12c.65	Ap. Space Sci., 121, 403, 1986		13a.37	Ap. J., 215, 463, 1977
12c.66	Ap. J., 318, 645, 1987		13a.38	Ap. J., 217, 883, 1977
12c.67	Ap. J., 319, 84, 1987		13a.39	A. J., 82, 106, 1977
12c.68	Ap. J., 320, 597, 1987		13a.40	A. J., 82, 879, 1977
12c.69*	Ap. J. Lett., 312, L11, 1987		13a.41	B.A.A.S., 9, 361, 1977
12c.70	Ap. J. Lett., 313, L53, 1987		13a.42	B.A.A.S., 9, 362, 1977
12c.71	Ap. J. Lett., 315, L39, 1987		13a.43	B.A.A.S., 9, 619, 1977
12c.72	Ap. J. Lett., 317, L57, 1987		13a.44	M.N.R.A.S., 179, 89, 1977
12c.73	Ap. J. Lett., 322, L73, 1987		13a.45	M.N.R.A.S., 180, 11P, 1977
12c.74	Astr. Ap., 180, 1, 1987		13a.46	Astr. Ap., 54, 641, 1977
12c.75	Astr. Ap., 182, L59, 1987		13a.47*	Astr. Ap., 54, 661, 1977
12c.76	P.A.S.P., 99, 467, 1987		13a.48	Astr. Ap., 57, 97, 1977
12c.77	M.N.R.A.S., 227, 1P, 1987		13a.49	Astr. Ap., 57, 313, 1977
			13a.50	Astr. Ap., 59, L5, 1977
13a.1	Ap. J., 195, 23, 1975		13a.51*	Astr. Ap., 60, 67, 1977
13a.2	Ap. J. Lett., 195, L97, 1975		13a.52	Astr. Ap., 60, L23, 1977
13a.3*	Ap. J., 198, 527, 1975		13a.53*	Astr. Ap., 60, 361, 1977
13a.4	Ap. J. Lett., 200, L137, 1975		13a.54*	Aust. J. Phys., 30, 187, 1977
13a.5	Ap. J. 201, 327, 1975		13a.55	Proc. Ast. Soc. Aust., 3, 63, 1976
13a.6	Ap. J., 202, 7, 1975		13a.56*	Proc. Ast. Soc. Aust., 3, 68, 1976
13a.7*	M.N.R.A.S., 170, 503, 1975		13a.57	Topics in Interstellar Matter, edit. H. van Woerden, Ap. Space Sci. Lib., 70, 261, 1977
13a.8	Observatory, 95, 176, 1975			
13a.9	Astr. Ap., 39, 341, 1975			
13a.10	Astr. Ap., 41, 61, 1975		13a.58	Ap. J., 219, 31, 1978
13a.11	Astr. Ap., 41, 477, 1975		13a.59	Ap. J. Lett., 222, L7, 1978

13a.60	Ap. J., 222, 800, 1978		13a.109	Ap. J., 239, 774, 1980
13a.61*	Ap. J., 223, 391, 1978		13a.110	Ap. J. Lett., 240, L87, 1980
13a.62*	Ap. J., 224, 745, 1978		13a.111	Ap. J. Lett., 240, L115, 1980
13a.63	Ap. J. Lett., 224, L99, 1978		13a.112	Ap. J. Lett., 241, L1, 1980
13a.64	Ap. J., 225, 343, 1978		13a.113	A. J., 85, 139, 1980
13a.65*	Ap. J., 225, 751, 1978		13a.114	A. J., 85, 1003, 1980
13a.66	Ap. J., 226, 770, 1978		13a.115	A. J., 85, 1155, 1980
13a.67	Ap. J. Lett., 226, L11, 1978		13a.116*	A. J., 85, 1312, 1980
13a.68	A. J., 83, 11, 1978		13a.117	M.N.R.A.S., 190, 571, 1980
13a.69	A. J., 83, 139, 1978		13a.118	Astr. Ap., 81, 167, 1980
13a.70	A. J., 83, 219, 1978		13a.119	Astr. Ap., 83, 38, 1980
13a.71	A. J., 83, 360, 1978		13a.120*	Astr. Ap., 88, 32, 1980
13a.72	A. J., 83, 1026, 1978			+ Astr. Ap. Suppl., 40, 355, 1980
13a.73	Astr. Ap., 64, L3, 1978		13a.121	Astr. Ap., 89, L3, 1980
13a.74	Astr. Ap., 64, 23, 1978		13a.122	Astr. Ap., 91, 341, 1980
13a.75	Astr. Ap., 64, 359, 1978		13a.123*	First Latin American Reg. Ast. Meet.,
13a.76	Astr. Ap., 65, 153, 1978			Univ. of Chile, Dept. Ast. Publ.
13a.77	Astr. Ap., 67, L1, 1978			vol. 3, p. 64, 1979
13a.78*	Astr. Ap., 68, 321, 1978		13a.124	Photometry, Kinematics and Dynamics
13a.79	Astr. Ap., 70, L41, 1978			of Galaxies. Proc. Conf. Univ. of
13a.80	M.N.R.A.S., 183, 549, 1978			Texas at Austin, ed. D.S. Evans,
13a.81	M.N.R.A.S., 183, 97P, 1978			p. 325, 1979
13a.82	M.N.R.A.S., 185, 277, 1978		13a.125	Ap. J., 246, 38, 1981
13a.83	Mitt. Ast. Gesell., 43, 113, 1978		13a.126	Ap. J. Lett., 243, L143, 1981
13a.84	Ap. J., 227, 756, 1979		13a.127	Ap. J. Lett., 246, L105, 1981
13a.85	Ap. J., 227, 767, 1979		13a.128	Ap. J., 247, 42, 1981
13a.86*	Ap. J., 227, 776, 1979		13a.129*	Ap. J., 247, 383, 1981
13a.87*	Ap. J. Lett., 228, L1, 1979		13a.130*	Ap. J., 247, 823, 1981
13a.88	Ap. J., 230, 35, 1979		13a.131*	Ap. J. Suppl., 46, 267, 1981
13a.89*	Ap. J., 231, 327, 1979		13a.132*	Ap. J. Suppl., 47, 139, 1981
13a.90	Ap. J., 234, 448, 1979		13a.133*	A. J., 86, 161, 1981
13a.91	Ap. J. Lett., 232, L11, 1979		13a.134	A. J., 86, 340, 1981
13a.92	A. J., 84, 1138, 1979		13a.135	A. J., 86, 344, 1981
13a.93*	A. J., 84, 1500, 1979		13a.136*	A. J., 86, 919, 1981
13a.94	M.N.R.A.S., 186, 31, 1979		13a.137*	A. J., 86, 943, 1981
13a.95	M.N.R.A.S., 188, 285, 1979		13a.138*	A. J., 86, 953, 1981
13a.96	Astr. Ap., 73, 216, 1979		13a.139	A. J., 86, 1120, 1981
13a.97	Astr. Ap., 74, 100, 1979		13a.140*	A. J., 86, 1126, 1981
13a.98	Astr. Ap., 74, 172, 1979		13a.141	A. J., 86, 1781, 1981
13a.99	Astr. Ap., 75, 7, 1979		13a.142	B.A.A.S., 13, 848, 1981
13a.100	Astr. Ap., 75, 19, 1979		13a.143*	M.N.R.A.S., 195, 1P, 1981
13a.101	Astr. Ap., 76, 127, 1979		13a.144	M.N.R.A.S., 196, 175, 1981
13a.102	Astr. Ap., 76, 176, 1979		13a.145	M.N.R.A.S., 196, 845, 1981
13a.103	Astr. Ap., 78, 190, 1979		13a.146*	Astr. Ap., 97, 223, 1981
13a.104	Astr. Ap. Suppl., 35, 163, 1979		13a.147*	Astr. Ap., 102, 134, 1981
13a.105	Ap. Letters, 20, 9, 1979		13a.148*	Astr. Ap., 102, L21, 1981
13a.106	J.R.A.S. Canada, 73, 215, 1979		13a.149*	Dwarf Galaxies, ESO/ESA Workshop,
13a.107	Ap. J., 238, 510, 1980			Geneva, May 1980, M. Tarenghi and
13a.108*	a: Ap.J., 237, 390, 1980;			K. Kjar, eds., p. 65, 1980
	b: Ap. J., 239, 12, 1980		13a.150	Ap. J., 252, 125, 1982

13a.151	Ap. J., 257, 40, 1982	13a.196	A. J., 88, 583, 1983
13a.152	Ap. J., 258, 77, 1982	13a.197*	A. J., 88, 881, 1983
13a.153	Ap. J., 259, 55, 1982	13a.198*	A. J., 88, 962, 1983
13a.154	Ap. J., 259, 544, 1982	13a.199	A. J., 88, 1088, 1983
13a.155	Ap. J., 260, 65, 1982	13a.200*	A. J., 88, 1695, 1983
13a.156	Ap. J., 260, 75, 1982	13a.201*	A. J., 88, 1719, 1983
13a.157	Ap. J., 262, 81, 1982	13a.202	A. J., 88, 1749, 1983
13a.158*	Ap. J., 262, 442, 1982	13a.203	B.A.A.S., 15, 657, 1983
13a.159	Ap. J., 263, 87, 1982	13a.204	M.N.R.A.S., 203, 533, 1983
13a.160	Ap. J., 263, 94, 1982	13a.205	M.N.R.A.S., 205, 1321, 1983
13a.161	Ap. J. Lett., 260, L37, 1982	13a.206	Astr. Ap., 119, L3, 1983
13a.162	Ap. J. Suppl., 49, 53, 1982	13a.207*	Astr. Ap., 125, 187, 1983
13a.163*	Ap. J. Suppl., 50, 241, 1982	13a.208*	Astr. Ap. Suppl., 51, 331, 1983
13a.164	Ap. J. Suppl., 50, 421, 1982	13a.209	IAU Symp. No. 100, Internal Kinematics and Dynamics of Galaxies, E. Athanassoula, ed., p. 94, 1983
13a.165	A. J., 87, 477, 1982		
13a.166	A. J., 87, 1368, 1982		
13a.167*	A. J., 87, 1443, 1982	13a.210	IAU Symp. No. 100, Internal Kinematics and Dynamics of Galaxies, E. Athanassoula, ed., p. 105, 1983
13a.168	A. J., 87, 1621, 1982		
13a.169	A. J., 87, 1634, 1982		
13a.170	B.A.A.S., 14, 957, 1982	13a.211*	Ap. J., 277, 92, 1984
13a.171*	M.N.R.A.S., 200, 325, 1982	13a.212*	Ap. J., 278, 475, 1984
13a.172*	M.N.R.A.S., 201, 1073, 1982	13a.213	Ap. J., 280, 107, 1984
13a.173*	Astr. Ap., 109, 155, 1982	13a.214	Ap. J., 285, 453, 1984
13a.174	Astr. Ap., 109, 331, 1982	13a.215*	Ap. J. Suppl., 55, 433, 1984
13a.175*	Astr. Ap., 110, 121, 1982	13a.216*	A. J., 89, 758, 1984
13a.176*	Astr. Ap., 113, 61, 1982 + Astr. Ap. Suppl., 47, 171, 1982	13a.217	A. J., 89, 1293, 1984
		13a.218	A. J., 89, 1319, 1984
13a.177*	Astr. Ap. Suppl., 50, 101, 1982	13a.219	B.A.A.S., 16, 410, 1984
13a.178*	Astr. Ap. Suppl., 50, 451, 1982	13a.220	M.N.R.A.S., 207, 173, 1984
13a.179	IAU Symp. No. 97, "Extragalactic Radio Sources", eds. D. Heeschen and C. Wade, p. 307, 1982	13a.221	M.N.R.A.S., 207, 193, 1984
		13a.222	M.N.R.A.S., 210, 547, 1984
		13a.223*	Astr. Ap., 132, 253, 1984
13a.180	IAU Symp. No. 97, "Extragalactic Radio Sources", ed. D. Heeschen and C. Wade, p. 309, 1982	13a.224*	Astr. Ap., 138, 85, 1984
		13a.225	Astr. Ap., 139, 15, 1984
		13a.226	The Comparative HI Content of Normal Galaxies, Green Bank Workshop, p. 78, 1982
13a.181	Ap. J., 267, 511, 1983		
13a.182*	Ap. J., 269, 13, 1983		
13a.183	Ap. J., 271, 461, 1983	13a.227	The Comparative HI Content of Normal Galaxies, Green Bank Workshop, p. 38, 1982
13a.184	Ap. J. Lett., 266, L97, 1983		
13a.185	Ap. J. Lett., 267, L15, 1983		
13a.186	Ap. J. Lett., 269, L43, 1983	13a.228	The Comparative HI Content of Normal Galaxies, Green Bank Workshop, p. 34, 1982
13a.187	Ap. J. Lett., 270, L35, 1983		
13a.188	Ap. J. Lett., 273, L1, 1983		
13a.189*	Ap. J. Suppl., 53, 269, 1983	13a.229	The Comparative HI Content of Normal Galaxies, Green Bank Workshop, p. 65, 1982
13a.190	A. J., 88, 55, 1983		
13a.191	A. J., 88, 161, 1983		
13a.192	A. J., 88, 260, 1983	13a.230	Ap. J. Lett., 288, L33, 1985
13a.193	A. J., 88, 267, 1983	13a.231*	Ap. J., 290, 462, 1985
13a.194*	A. J., 88, 272, 1983	13a.232*	Ap. J., 292, 404, 1985
13a.195*	A. J., 88, 489, 1983	13a.233	Ap. J., 292, 451, 1985

13a.234	Ap. J., 293, 394, 1985	13a.284	Astr. Ap., 178, 16, 1987
13a.235	Ap. J., 299, 59, 1985	13a.285	Astr. Ap., 178, 77, 1987
13a.236*	Ap. J. Suppl., 57, 423, 1985	13a.286*	Astr. Ap., 184, 43, 1987
13a.237*	Ap. J. Suppl., 58, 623, 1985	13a.287	Astr. Ap., 185, 61, 1987
13a.238*	Ap. J. Suppl., 59, 161, 1985	13a.288*	Ap. J. Suppl., 63, 247, 1987
13a.239*	A. J., 90, 697, 1985	13a.289*	Ap. J. Suppl., 63, 265, 1987
13a.240	A. J., 90, 1642, 1985	13a.290*	Ap. J. Suppl., 63, 515, 1987
13a.241*	A. J., 90, 1783, 1985	13a.291*	Astr. Ap. Suppl., 68, 427, 1987
13a.242*	A. J., 90, 1789, 1985	13a.292*	Astr. Ap. Suppl., 69, 263, 1987
13a.243*	A. J., 90, 2445, 1985	13a.293*	M.N.R.A.S., 224, 953, 1987
13a.244	B.A.A.S., 17, 602, 1985	13a.294	M.N.R.A.S., 226, 157, 1987
13a.245	M.N.R.A.S., 217, 779, 1985	13a.295	Obs., 107, 201, 1987
13a.246*	Astr. Ap., 143, 216, 1985	13a.296	B.A.A.S., 18, 916, 1986
13a.247	Astr. Ap., 151, L7, 1985	13a.297	B.A.A.S., 18, 998, 1986
13a.248	Astr. Ap. Suppl., 62, 147, 1985	13a.298	B.A.A.S., 19, 681, 1987
13a.249	I.A.U. Circ. No. 4106, 1985	13a.299	I.A.U. Symp. No. 115, Star Forming Regions, M. Peimbert and J. Jukagu, eds., p. 634, 1987
13a.250*	A. J., 91, 705, 733, 1986		
13a.251*	A. J., 92, 250, 1986		
13a.252*	A. J., 92, 742, 1986	13a.300	I.A.U. Symp. No. 115, Star Forming Regions, M. Peimbert and J. Jukagu, eds., p. 636, 1987
13a.253	A. J., 92, 1291, 1986		
13a.254	M.N.R.A.S., 221, 537, 1986		
13a.255	M.N.R.A.S., 221, 51P, 1986	13a.301	I.A.U. Symp. No. 115, Star Forming Regions, M. Peimbert and J. Jukagu, eds., p. 638, 1987
13a.256	Ap. J., 300, 190, 1986		
13a.257*	Ap. J., 306, 466, 1986		
13a.258*	Ap. J., 311, 25, 1986	13a.302	Science, 235, 1367, 1987
13a.259	Ap. J. Lett., 301, L7, 1986		
13a.260	Astr. Ap., 165, 45, 1986	13b.1	Ap. J., 195, 23, 1975
13a.261	Astr. Ap., 167, 34, 1986	13b.2	Ap. J., 201, 327, 1975
13a.262*	Astr. Ap. Suppl., 63, 323, 1986	13b.3	B.A.A.S., 7, 506, 1975
13a.263*	Astr. Ap. Suppl., 64, 111, 1986	13b.4	B.A.A.S., 7, 506, 1975
13a.264	Astr. Ap. Suppl., 66, 505, 1986	13b.5	B.A.A.S., 7, 550, 1975
13a.265	Ap. J., 313, 69, 1987	13b.6	M.N.R.A.S., 172, 1, 1975
13a.266	Ap. J., 314, 457, 1987	13b.7	Astr. Ap., 41, 477, 1975
13a.267*	Ap. J., 320, 49, 1987	13b.8	Astr. Ap., 42, 433, 1975
13a.268*	Ap. J., 320, 96, 1987	13b.9	Astr. Ap., 45, 43, 1975
13a.269	Ap. J., 320, 154, 1987	13b.10	Astr. Ap., 45, 259, 1975
13a.270	Ap. J., 320, 454, 1987	13b.11	Coll. C.N.R.S. No. 241, p. 201, 1975
13a.271*	Ap. J., 322, 88, 1987	13b.12	Coll. C.N.R.S. No. 241, p. 217, 1975
13a.272	Ap. J., 322, 688, 1987	13b.13	Coll. C.N.R.S. No. 241, p. 243, 1975
13a.273	Ap. J. Lett., 315, L39, 1987	13b.14	Coll. C.N.R.S. No. 241, p. 257, 1975
13a.274*	Ap. J. Lett., 320, L99, 1987	13b.15	Coll. C.N.R.S. No. 241, p. 263, 1975
13a.275*	A. J., 93, 6, 1987	13b.16	Coll. C.N.R.S. No. 241, p. 292, 1975
13a.276*	A. J., 93, 531, 1987	13b.17	Coll. C.N.R.S. No. 241, p. 295, 1975
13a.277*	A. J., 93,1326, 1987	13b.18	Coll. C.N.R.S. No. 241, p. 413, 1975
13a.278	A. J., 94, 23, 1987	13b.19	Coll. C.N.R.S. No. 241, p. 425, 1975
13a.279*	A. J., 94, 54, 1987	13b.20	Coll. C.N.R.S. No. 241, p. 174, 1975
13a.280*	A. J., 94, 883, 1987	13b.21	Coll. C.N.R.S. No. 241, p. 185, 1975
13a.281	Astr. Ap., 171, 41, 1987	13b.22	IAU Symp. No. 69, Dynamics of Stellar Systems, edit. A. Hayli, p. 336, 1975
13a.282	Astr. Ap., 175, 8, 1987		
13a.283	Astr. Ap., 177, 63, 1987	13b.23	Ap. J., 204, 699, 1976

13b.24	Ap. J., 204, 703, 1976
13b.25	M.N.R.A.S., 174, 455, 1976
13b.26	M.N.R.A.S., 176, 321, 1976
13b.27	M.N.R.A.S., 177, 463, 1976
13b.28	Astr. Ap., 53, 159, 1976
13b.29	Astr. Ap., 53, 397, 1976
13b.30	Ap. J., 211, 47, 1977
13b.31	B.A.A.S., 9, 362, 1977
13b.32	B.A.A.S., 9, 362, 1977
13b.33	M.N.R.A.S., 178, 577, 1977
13b.34	M.N.R.A.S., 181, 573, 1977
13b.35	Astr. Ap., 55, 445, 1977
13b.36	Astr. Ap., 56, 465, 1977
13b.37	Astr. Ap., 57, 97, 1977
13b.38	Astr. Ap., 57, 373, 1977
13b.39	Astr. Ap., 59, 181, 1977
13b.40	Astr. Ap., 61, 297, 1977
13b.41	Astr. Ap., 61, 523, 1977
13b.42	Aust. J. Phys., 30, 187, 1977
13b.43	Proc. Ast. Soc. Aust., 3, 71, 1976
13b.44	Proc. Ast. Soc. Aust., 3, 72, 1976
13b.45	Topics in Interstellar Matter, edit. H. van Woerden, Ap. Space Sci. Lib., 70, 255, 1977
13b.46	Ap. J., 224, 745, 1978
13b.47	Ap. J., 224, 808, 1978
13b.48	Ap. J., 225, 784, 1978
13b.49	A. J., 83, 219, 1978
13b.50	A. J., 83, 938, 1978
13b.51	Astr. Ap., 63, 37, 1978
13b.52	Astr. Ap., 63, L29, 1978
13b.53	Astr. Ap., 63, 363, 1978
13b.54	Astr. Ap., 65, 37, 47, 1978
13b.55	Astr. Ap., 69, 263, 1978
13b.56	M.N.R.A.S., 182, 793, 1978
13b.57	M.N.R.A.S., 184, 397, 1978
13b.58	M.N.R.A.S., 185, 277, 1978
13b.59	B.A.A.S., 10, 428, 1978
13b.60	I.A.U. Symp. No. 77, Structure and Properties of Nearby Galaxies, eds. E. Berkhuijsen and R. Wielebinski, p. 105, 1978
13b.61	I.A.U. Symp. No. 77, Structure and Properties of Nearby Galaxies, eds. E. Berkhuijsen and R. Wielebinski, p. 169, 175, 183, 1978.
13b.62	I.A.U. Symp. No. 77, Structure and Properties of Nearby Galaxies, eds. E. Berkhuijsen and R. Wielebinski, p. 191, 1978
13b.63	I.A.U. Symp. No. 77, Structure and Properties of Nearby Galaxies, eds. E. Berkhuijsen and R. Wielebinski, p. 197, 1978
13b.64	I.A.U. Symp. No. 77, Structure and Properties of Nearby Galaxies, eds. E. Berkhuijsen and R. Wielebinski, p. 269, 1978
13b.65	Ap. J., 228, 64, 1979
13b.66	Ap. J., 229, 83, 1979
13b.67	Ap. J., 229, 509, 1979
13b.68	Ap. J. Lett., 227, L125, 1979
13b.69	Ap. J., 230, 35, 1979
13b.70	Ap. J., 233, 35, 1979
13b.71	A. J., 84, 1138, 1979
13b.72	A. J., 84, 1830, 1979
13b.73	B.A.A.S., 11, 430, 1979
13b.74	B.A.A.S., 11, 429, 1979
13b.75	B.A.A.S., 11, 459, 1979
13b.76	M.N.R.A.S., 186, 343, 1979
13b.77	M.N.R.A.S., 187, 509, 1979
13b.78	M.N.R.A.S., 187, 525, 1979
13b.79	M.N.R.A.S., 187, 537, 1979
13b.80	M.N.R.A.S., 187, 839, 1979
13b.81	M.N.R.A.S., 188, 219, 1979
13b.82	M.N.R.A.S., 188, 371, 1979
13b.83	M.N.R.A.S., 188, 765, 1979
13b.84	Astr. Ap., 71, 131, 1979
13b.85	Astr. Ap., 74, 73, 1979
13b.86	Astr. Ap., 74, 138, 1979
13b.87	Astr. Ap., 75, 97, 1979
13b.88	Astr. Ap., 75, 170, 1979
13b.89	Astr. Ap., 76, 230, 1979
13b.90	Astr. Ap., 78, 82, 1979
13b.91	Astr. Ap., 78, 217, 1979
13b.92	Astr. Ap., 80, 255, 1979
13b.93	Astr. Ap. Suppl., 36, 135, 1979
13b.94	Ap. J., 238, 510, 1980
13b.95	Ap. J. Lett., 238, L7, 1980
13b.96	A. J., 85, 824, 1980
13b.97	B.A.A.S., 12, 803, 1980
13b.98	M.N.R.A.S., 190, 551, 1980
13b.99	M.N.R.A.S., 190, 689, 1980
13b.100	M.N.R.A.S., 191, 169, 615, 1980
13b.101	M.N.R.A.S., 191, 253, 1980
13b.102	M.N.R.A.S., 191, 269, 1980
13b.103	M.N.R.A.S., 192, 243, 1980
13b.104	M.N.R.A.S., 192, 297, 1980
13b.105	Astr. Ap., 82, 207, 1980
13b.106	Astr. Ap., 82, 314, 1980

13b.107	Astr. Ap., 84, 85, 1980	13b.148	Pub. A. S. Japan, 34, 189, 1982
13b.108	Astr. Ap., 84, 181, 1980	13b.149	Ap. J., 265, 711, 1983
13b.109	Astr. Ap., 88, 108, 1980	13b.150	Ap. J., 267, 528, 1983
13b.110	Astr. Ap., 88, 159, 1980	13b.151	Ap. J., 269, 444, 1983
13b.111	Astr. Ap., 89, 95, 1980	13b.152	Ap. J., 275, 549, 1983
13b.112	Astr. Ap., 89, 345, 1980	13b.153	Ap. J. Lett., 264, L37, 1983
13b.113	Astr. Ap., 90, 123, 1980 + Astr. Ap. Suppl., 39, 283, 1980	13b.154	A. J., 88, 260, 1983
		13b.155*	A. J., 88, 272, 1983
13b.114	Astr. Ap., 91, 269, 1980	13b.156*	A. J., 88, 881, 1983
13b.115	Astr. Ap., 91, 341, 1980	13b.157	B.A.A.S., 15, 933, 1983
13b.116	Astr. Ap. Suppl., 40, 215, 1980	13b.158	B.A.A.S., 15, 934, 1983
13b.117*	Astr. Ap. Suppl., 41, 189, 1980	13b.159	M.N.R.A.S., 203, 533, 1983
13b.118	Sov. Ast., 24, 647, 1980	13b.160	M.N.R.A.S., 203, 735, 1983
13b.119	Photometry, Kinematics and Dynamics of Galaxies. Proc. Conf. Univ. of Texas at Austin, ed. D.S. Evans, p. 277, 1979	13b.161	M.N.R.A.S., 205, 773, 787, 1983
		13b.162	Astr. Ap. Suppl., 53, 271, 1983
		13b.163	Astr. Ap. Suppl., 54, 1, 1983
		13b.164	Astr. Ap. Suppl., 54, 19, 1983
13b.120	Photometry, Kinematics and Dynamics of Galaxies. Proc. Conf. Univ. of Texas at Austin, ed. D.S. Evans, p. 301, 1979	13b.165	IAU Symp. No. 100, Internal Kinematics and Dynamics of Galaxies, E. Athanassoula, ed., p. 23, 27, 139, 1983
		13b.166	IAU Symp. No. 100, Internal Kinematics and Dynamics of Galaxies, E. Athanassoula, ed., p. 33, 93, 97, 1983
13b.121	Ap. J., 246, 708, 1981		
13b.122	Ap. J., 250, 517, 1981		
13b.123*	Ap. J. Suppl., 46, 267, 1981		
13b.124	A. J., 86, 1791, 1981		
13b.125	B.A.A.S., 13, 893, 1981	13b.167	IAU Symp. No. 100, Internal Kinematics and Dynamics of Galaxies, E. Athanassoula, ed., p. 99, 105, 1983
13b.126	M.N.R.A.S., 195, 327, 1981		
13b.127	Astr. Ap., 93, 106, 1981		
13b.128	Astr. Ap., 95, L1, 1981		
13b.129	Astr. Ap., 96, 393, 1981	13b.168	IAU Symp. No. 100, Internal Kinematics and Dynamics of Galaxies, E. Athanassoula, ed., p. 233, 235, 306, 1983
13b.130	Astr. Ap., 99, 298, 1981		
13b.131	Astr. Ap., 100, 72, 1981		
13b.132	Astr. Ap., 102, 134, 1981		
13b.133	Astr. Ap., 104, 127, 1981	13b.169	"Surveys of the Southern Galaxy", Ap. Space Sci. Lib., vol. 105, p. 239, 243, 247, 1983
13b.134	Dwarf Galaxies, ESO/ESA Workshop, Geneva, May 1980, M. Tarenghi and K. Kjar, p. 67, 1980		
		13b.170	Ap. J., 286, 471, 1984
13b.135	Pub. A. S. Japan, 33, 449, 665, 1981	13b.171	A. J., 89, 1319, 1984
13b.136	Ap. J., 259, 544, 1982	13b.172	B.A.A.S., 16, 455, 1984
13b.137	Ap. J., 260, 65, 1982	13b.173	B.A.A.S., 16, 539, 1984
13b.138	A. J., 87, 751, 1982	13b.174	B.A.A.S., 16, 950, 1984
13b.139	A. J., 87, 1098, 1982	13b.175	B.A.A.S., 16, 961 1984
13b.140	A. J., 87, 1443, 1982	13b.176	M.N.R.A.S., 208, 111, 1984
13b.141	M.N.R.A.S., 199, 425, 1982	13b.177	M.N.R.A.S., 210, 497, 1984
13b.142	Astr. Ap., 105, 351, 1982	13b.178	Astr. Ap., 132, 20, 1984
13b.143	Astr. Ap., 107, 66, 1982	13b.179	Astr. Ap., 133, 127, 1984
13b.144	Astr. Ap., 110, 79, 1982	13b.180	Astr. Ap., 134, 258, 1984
13b.145	Astr. Ap., 115, 293, 1982	13b.181	Astr. Ap., 137, 335, 1984
13b.146	Astr. Ap., 116, 237, 1982	13b.182	Astr. Ap., 138, 77, 1984
13b.147	Astr. Ap. Suppl., 49, 745, 1982	13b.183	Astr. Ap., 139, 15, 1984

13b.184	Astr. Ap., 140, 125, 1984		Lib., vol. 120, p. 253, 1985
13b.185	Astr. Ap., 141, 195, 1984	13b.213	A. J., 91, 13, 1986
	+ Astr. Ap. Suppl., 55, 179, 1984	13b.214	A. J., 91, 791, 1986
13b.186	Astr. Ap., 141, 309, 1984	13b.215*	A. J., 92, 742, 1986
13b.187	Ap. Letters, 24, 139, 1984	13b.216	A. J., 92, 1048, 1986
13b.188	The Comparative HI Content of Normal Galaxies, Green Bank Workshop, p. 30, 1982	13b.217	M.N.R.A.S., 219, 759, 1986
		13b.218	M.N.R.A.S., 221, 393, 1986
		13b.219	Ap. J., 300, 613, 1986
13b.189	The Comparative HI Content of Normal Galaxies, Green Bank Workshop, p. 109, 1982	13b.220	Ap. J., 307, 453, 1986
		13b.221	Ap. J., 308, 600, 1986
		13b.222	Astr. Ap., 165, 45, 1986
13b.190	The Comparative HI Content of Normal Galaxies, Green Bank Workshop, p. 54, 1982	13b.223	Astr. Ap., 166, 97, 1986
		13b.224	Astr. Ap., 167, 34, 1986
		13b.225	Astr. Ap., 169, 14, 1986
13b.191	"Clusters and Groups of Galaxies", Ap. Space Sci. Lib., No. 111, p. 251, 1984	13b.226	Astr. Ap. Suppl., 66, 505, 1986
		13b.227	Cosmical Gas Dynamics, F. D. Kahn, ed., p. 205, 1986
13b.192	"Clusters and Groups of Galaxies", Ap. Space Sci. Lib., No. 111, p. 261, 1984	13b.228	Star Forming Dwarf Galaxies, D. Kunth, T. X. Thuan, and J. Tran Thanh Van, eds., p. 263, 1986
13b.193	"Clusters and Groups of Galaxies", Ap. Space Sci. Lib., No. 111, p. 389, 1984		
		13b.229	Star Forming Dwarf Galaxies, D. Kunth, T. X. Thuan, and J. Tran Thanh Van, eds., p. 273, 1986
13b.194	Ap. J., 289, 574, 1985		
13b.195*	Ap. J., 292, 426, 1985		
13b.196*	Ap. J. Suppl., 58, 623, 1985	13b.230	Nature, 319, 296, 1986
13b.197	A. J., 90, 1038, 1985	13b.231	Light on Dark Matter, F. P. Israel, ed., p. 445, 1986
13b.198	B.A.A.S., 17, 612, 1985		
13b.199	M.N.R.A.S., 215, 555, 1985	13b.232	B.A.A.S., 18, 708, 1986
13b.200	Astr. Ap., 142, 1, 1985	13b.233	Ap. J., 313, 102, 1987
13b.201	Astr. Ap., 142, 273, 1985	13b.234	Ap. J., 314, 457, 1987
13b.202	Astr. Ap., 144, 202, 1985	13b.235	Ap. J., 314, 57, 1987
13b.203	Astr. Ap., 146, 213, 1985	13b.236	Ap. J., 315, 492, 1987
13b.204	Astr. Ap., 149, 118, 1985	13b.237	Astr. Ap., 175, 8, 1987
13b.205	Mitt. Ast. Gesell., 63, 168, 1985	13b.238	Astr. Ap., 177, 63, 1987
13b.206	"New Aspects of Galaxy Photometry", Proc. Toulouse, France 1984. Lect. Notes in Phys., 232, p. 303, 1985	13b.239	Astr. Ap., 178, 77, 1987
		13b.240	Astr. Ap., 185, 61, 1987
		13b.241	Astr. Ap. Suppl., 67, 509, 1987
13b.207	"The Virgo Cluster", ESO Workshop, ESO Proc. No. 20, p. 53, 63, 1985	13b.242	M.N.R.A.S., 226, 157, 1987
		13b.243	B.A.A.S., 18, 998, 1986
13b.208	"The Virgo Cluster", ESO Workshop, ESO Proc. No. 20, p. 91, 1985	13b.244	B.A.A.S., 19, 681, 1987
		13b.245	B.A.A.S., 19, 684, 1987
13b.209	IAU Symp. No. 106, "The Milky Way Galaxy", ed. H. van Woerden, p. 275, 1985	13b.246	Science, 235, 1367, 1987
		13b.247	NASA Conf. Publ., NASA CP-2466, ed. C. J. Lonsdale Persson, p. 227, 1987
13b.210	IAU Symp. No. 106, "The Milky Way Galaxy", ed. H. van Woerden, p. 437, 1985	13b.248	NASA Conf. Publ., NASA CP-2466, ed. C. J. Lonsdale Persson, p. 491, 1987
		13b.249	Nature, 328, 401, 1987
13b.211	"Birth and Evol. of Massive Stars and Stellar Groups", Ap. Space Sci. Lib., vol. 120, p. 243, 1985		
		14a.1	Ap. J. Lett., 195, L81, 1975
13b.212	"Birth and Evol. of Massive Stars and Stellar Groups", Ap. Space Sci.	14a.2	Ap. J. Lett., 199, L75, 1975
		14a.3	Ap. J. Lett., 199, L79, 1975

14a.4   B.A.A.S., 7, 529, 1975
14a.5   M.N.R.A.S., 170, 29P, 1975
14a.6   M.N.R.A.S., 173, 77P, 1975
14a.7   Astr. Ap., 39, 421, 1975
14a.8   Ap. J. Lett., 195, L15, 1975
14a.9   B.A.A.S., 8, 568, 1976
14a.10 M.N.R.A.S., 175, 9P, 1976
14a.11 Astr. Ap., 52, 467, 1976
14a.12 Ap. J., 213, 635, 1977
14a.13 Ap. J., 214, 390, 1977
14a.14 Ap. J. Lett., 218, L51, 1977
14a.15 Astr. Ap., 54, 969, 1977
14a.16 Astr. Ap., 55, 311, 1977
14a.17 Astr. Ap., 61, L7, 1977
14a.18 Proc. Ast. Soc. Aust., 3, 63, 1976
14a.19 Proc. Ast. Soc. Aust., 3, 71, 1976
14a.20 Nature, 270, 501, 1977
14a.21 Ap. J. Lett., 222, L49, 1977
14a.22 Ap. J., 223, 803, 1978
14a.23 Astr. Ap., 63, 303, 1978
14a.24 Astr. Ap., 63, L29, 1978
14a.25 Astr. Ap., 64, L21, 1978
14a.26 Astr. Ap., 67, L13, 1978
14a.27 Astr. Ap., 70, L69, 1978
14a.28 B.A.A.S., 10, 627, 1978
14a.29 I.A.U. Symp. No. 77, Structure and Properties of Nearby Galaxies, eds. E. Berkhuijsen and R. Wielebinski, p. 131, 1978
14a.30 I.A.U. Circ. No.3279, 1978
14a.31 Ap. J., 229, 118, 1979
14a.32 Ap. J., 233, 39, 1979
14a.33 B.A.A.S., 11, 719, 1979
14a.34 M.N.R.A.S., 187, 35P, 1979
14a.35 M.N.R.A.S., 189, 51P, 1979
14a.36 Astr. Ap., 74, L7, 1979
14a.37 Astr. Ap., 78, L1, 1979
14a.38 Nature, 278, 34, 1979
14a.39 Ap. J., 240, 60, 1980
14a.40 Ap. J., 240, 455, 1980
14a.41 B.A.A.S., 12, 503, 1980
14a.42 B.A.A.S., 12, 845, 1980
14a.43 B.A.A.S., 12, 859, 1980
14a.44 M.N.R.A.S., 190, 17P, 1980
14a.45 Astr. Ap., 82, 381, 1980
14a.46 Astr. Ap., 91, 259, 1980
14a.47 I.A.U. Symp. No. 87, Interstellar Molecules, ed. B. H. Andrew, p. 599, 1980
14a.48 Photometry, Kinematics and Dynamics of Galaxies. Proc. Conf. Univ. of Texas at Austin, ed. D.S. Evans, p. 57, 1979
14a.49 Ap. J., 243, 765, 1981
14a.50 Ap. J., 247, 443, 1981
14a.51 Ap. J., 249, 76, 1981
14a.52 B.A.A.S., 13, 535, 1981
14a.53 B.A.A.S., 13, 538, 1981
14a.54 B.A.A.S., 13, 863, 1981
14a.55 Astr. Ap., 93, L1, 1981
14a.56 Astr. Ap., 102, L13, 1981
14a.57 Ap. J., 252, 147, 1982
14a.58 Ap. J., 258, 467, 1982
14a.59 Ap. J. Lett., 260, L11, 1982
14a.60 Ap. J. Lett., 260, L41, 1982
14a.61 Ap. J. Lett., 260, L49, 1982
14a.62 A. J., 87, 626, 1982
14a.63 B.A.A.S., 14, 617, 1982
14a.64 B.A.A.S., 14, 661, 1982
14a.65 B.A.A.S., 14, 948, 1982
14a.66 B.A.A.S., 14, 957, 1982
14a.67 M.N.R.A.S., 200, 19P, 1982
14a.68 M.N.R.A.S., 201, 13P, 1982
14a.69 Astr. Ap., 113, 155, 1982
14a.70 P.A.S.P., 94, 26, 1982
14a.71 Nature, 296, 632, 1982
14a.72 "Extragalactic Molecules", NRAO Workshop, eds. L. Blitz and M. L. Kutner, p. 8, 13, 19, 111, 115, 1981
14a.73 "Extragalactic Molecules", NRAO Workshop, eds. L. Blitz and M. L. Kutner, p. 13, 1981
14a.74 "Extragalactic Molecules", NRAO Workshop, eds. L. Blitz and M. L. Kutner, p. 41, 51, 61, 1981
14a.75 "Extragalactic Molecules", NRAO Workshop, eds. L. Blitz and M. L. Kutner, p. 57, 73, 1981
14a.76 "Extragalactic Molecules", NRAO Workshop, eds. L. Blitz and M. L. Kutner, p. 77, 1981
14a.77 "Extragalactic Molecules", NRAO Workshop, eds. L. Blitz and M. L. Kutner, p. 87, 93, 1981
14a.78 "Scientific Importance of Submillimetric Observations" - ESA-SP-189, p. 142, 143, 1982
14a.79 Ap. J., 265, 148, 1983
14a.80 Ap. J., 269, 136, 1983
14a.81 Ap. J., 270, 443, 1983
14a.82 Ap. J., 272, 484, 1983

14a.83	Ap. J. Lett., 266, L103, 1983	14a.126	B.A.A.S., 17, 548, 1985
14a.84	Ap. J. Lett., 275, L49, 1983	14a.127	B.A.A.S., 17, 549, 1985
14a.85	B.A.A.S., 15, 666, 1983	14a.128	B.A.A.S., 17, 607, 1985
14a.86	B.A.A.S., 15, 667, 1983	14a.129	B.A.A.S., 17, 612, 1985
14a.87	B.A.A.S., 15, 675, 1983	14a.130	B.A.A.S., 17, 892, 1985
14a.88	B.A.A.S., 15, 915, 1983	14a.131	M.N.R.A.S., 213, 821, 1985
14a.89	M.N.R.A.S., 205, 131, 1983	14a.132	Astr. Ap., 144, 282, 1985
14a.90	Ast. Tsirk., No. 1210, p. 1, 1982	14a.133	Astr. Ap., 150, L25, 1985
14a.91	IAU Symp. No. 100., Internal Kinematics and Dynamics of Galaxies, E. Athanassoula, edit., p. 49, 53, 1983	14a.134	Astr. Ap., 151, L7, 1985
		14a.135	Astr. Ap., 152, L9, 1985
		14a.136	I.A.U. Circ. No. 4037, 1985
		14a.137	I.A.U. Circ. No. 4074, 1985
14a.92	Kinematics, Dynamics and Structure of the Milky Way, Ap. Space Sci. Lib., vol 100, p. 367, 1983	14a.138	I.A.U. Circ. No. 4106, 1985
		14a.139	Pub. A.S. Japan, 37, 439, 1985
		14a.140	"New Aspects of Galaxy Photometry", Proc. Toulouse, France 1984, Lect. Notes in Phys., 232, p. 253, 1985
14a.93	Ap. J., 276, 476, 1984		
14a.94	Ap. J., 279, 122, 1984		
14a.95	Ap. J., 279, 541, 1984	14a.141*	"The Virgo Cluster", ESO Workshop, ESO Proc. No. 20, 151, 1985
14a.96	Ap. J., 287, 153, 1984		
14a.97	Ap. J. Lett., 282, L59, 1984	14a.142	"The Virgo Cluster", ESO Workshop, ESO Proc. No. 20, 165, 1985
14a.98	Ap. J. Lett., 287, L65, 1984		
14a.99	B.A.A.S., 16, 456, 1984	14a.143	IAU Symp. 106, "The Milky Way Galaxy", ed. H. van Woerden et al., p. 187, 1985
14a.100	B.A.A.S., 16, 538, 1984		
14a.101	B.A.A.S., 16, 936, 1984		
14a.102	B.A.A.S., 16, 955, 1984	14a.144	IAU Symp. 106, "The Milky Way Galaxy", ed. H. van Woerden et al., p. 195, 1985
14a.103	B.A.A.S., 16, 977, 1984		
14a.104	Astr. Ap., 136, 17, 1984		
14a.105	Astr. Ap., 137, 335, 1984	14a.145	IAU Symp. 106, "The Milky Way Galaxy", ed. H. van Woerden et al., p. 445, 1985
14a.106	Astr. Ap., 140, L5, 1984		
14a.107	Astr. Ap., 141, L1, 1984		
14a.108	Proc. Ast. Soc. Aust., 5, 514, 1984	14a.146	Nature, 315, 26, 1985
14a.109	I.A.U. Circ. No. 3983, 1984	14a.147	Nature, 314, 144, 1985
14a.110	I.A.U. Circ. No. 3993, 1984	14a.148	"Submillimeter Astronomy" ESO-IRAM-Onsaka Workshop- ESO Conf. and Proc. No. 22, p. 191, 197, 1985
14a.111	The Comparative HI Content of Normal Galaxies, Green Bank Workshop, p. 18, 1982		
		14a.149	A. J., 91, 517, 1986
14a.112	Nature, 310, 298, 1984	14a.150	A. J., 92, 1291, 1986
14a.113	Nature, 311, 132, 1984	14a.151	M.N.R.A.S., 218, 13P, 1986
14a.114	Ap. J., 288, 487, 1985	14a.152	M.N.R.A.S., 220, 1P, 1986
14a.115	Ap. J., 289, 129, 1985	14a.153	M.N.R.A.S., 221, 537, 1986
14a.116	Ap. J., 289, 150, 1985	14a.154	M.N.R.A.S., 221, 51P, 1986
14a.117	Ap. J., 290, 602, 1985	14a.155	M.N.R.A.S., 222, 513, 1986
14a.118	Ap. J., 293, 394, 1985	14a.156	Ap. J., 302, 680, 1986
14a.119	Ap. J., 296, 481, 1985	14a.157	Ap. J., 304, 490, 1986
14a.120	Ap. J., 298, 281, 1985	14a.158	Ap. J., 305, 157, 1986
14a.121	Ap. J., 299, 312, 1985	14a.159	Ap. J., 305, 823, 1986
14a.122	Ap. J. Lett., 298, L21, 1985	14a.160	Ap. J., 305, 830, 1986
14a.123	Ap. J. Lett., 298, L31, 1985	14a.161	Ap. J., 307, 116, 1986
14a.124	Ap. J. Lett., 298, L51, 1985	14a.162	Ap. J., 308, 592, 1986
14a.125	A. J., 90, 1175, 1985	14a.163	Ap. J., 310, 86, 1986

14a.164*	Ap. J., 310, 660, 1986		14a.213	I.A.U. Circ. No. 4379, 1987
14a.165	Ap. J., 311, 142, 1986		14a.214	I.A.U. Circ. No. 4455, 1987
14a.166*	Ap. J. Lett., 301, L13, 1986		14a.215	B.A.A.S., 18, 916, 1986
14a.167	Ap. J. Lett., 303, L67, 1986		14a.216	B.A.A.S., 18, 957, 1986
14a.168	Ap. J. Lett., 305, L45, 1986		14a.217	B.A.A.S., 18, 1047, 1986
14a.169	Ap. J. Lett., 308, L7, 1986		14a.218	B.A.A.S., 19, 711, 1987
14a.170	Ap. J. Lett., 311, L17, 1986		14a.219	B.A.A.S., 19, 712, 1987
14a.171	Ap. J. Lett., 311, L47, 1986		14a.220	B.A.A.S., 19, 759, 1987
14a.172	Astr. Ap., 154, 8, 1986		14a.221	B.A.A.S., 19, 760, 1987
14a.173	Astr. Ap., 155, 193, 1986		14a.222	I.A.U. Symp. No. 115, Star Forming Regions, M. Peimbert and J. Jukagu, eds., p. 535, 1987
14a.174	Astr. Ap., 164, L22, 1986			
14a.175	Astr. Ap., 168, 369, 1986			
14a.176	Astr. Ap., 168, L13, 1986		14a.223	I.A.U. Symp. No. 115, Star Forming Regions, M. Peimbert and J. Jukagu, eds., p. 614, 1987
14a.177	I.A.U. Circ., Nos. 4180, 4185, 1986			
14a.178	Pub. A. S. Japan, 38, 161, 1986			
14a.179	Pub. A. S. Japan, 38, 603, 1986		14a.224	I.A.U. Symp. No. 115, Star Forming Regions, M. Peimbert and J. Jukagu, eds., p. 628, 1987
14a.180	B.A.A.S., 18, 689, 1986			
14a.181	Masers, Molecules, and Mass Outflows, A. Haschick, ed., p. 249, 1986			
			14a.225	I.A.U. Symp. No. 115, Star Forming Regions, M. Peimbert and J. Jukagu, eds., p. 631,660, 1987
14a.182	Ap. J., 312, 574, 1987			
14a.183	Ap. J., 317, 180, 1987			
14a.184	Ap. J., 318, 139, 1987		14a.226	I.A.U. Symp. No. 115, Star Forming Regions, M. Peimbert and J. Jukagu, eds., p. 636, 1987
14a.185	Ap. J., 318, 645, 1987			
14a.186	Ap. J., 320, 145, 1987			
14a.187	Ap. J., 320, 154, 1987		14a.227	I.A.U. Symp. No. 115, Star Forming Regions, M. Peimbert and J. Jukagu, eds., p. 638, 1987
14a.188	Ap. J., 320, 663, 1987			
14a.189	Ap. J., 320, 667, 1987			
14a.190	Ap. J., 321, 225, 1987		14a.228	I.A.U. Symp. No. 115, Star Forming Regions, M. Peimbert and J. Jukagu, eds., p. 659, 1987
14a.191*	Ap. J., 322, 64, 1987			
14a.192*	Ap. J., 322, 88, 1987			
14a.193*	Ap. J., 322, 681, 1987		14a.229	NASA Conf. Publ., NASA CP-2466, ed. C. J. Lonsdale Persson, p. 179, 1987
14a.194	Ap. J., 322, 688, 1987			
14a.195	Ap. J. Lett., 312, L5, 1987		14a.230	NASA Conf. Publ., NASA CP-2466, ed. C. J. Lonsdale Persson, p. 303, 1987
14a.196	Ap. J. Lett., 312, L35, 1987			
14a.197	Ap. J. Lett., 312, L39, 1987		14a.231	NASA Conf. Publ., NASA CP-2466, ed. C. J. Lonsdale Persson, p. 315, 1987
14a.198	Ap. J. Lett., 317, L63, 1987			
14a.199	Ap. J. Lett., 321, L103, 1987		14a.232	NASA Conf. Publ., NASA CP-2466, ed. C. J. Lonsdale Persson, p. 331, 1987
14a.200	Ap. J. Lett., 321, L145, 1987			
14a.201	Ap. J. Lett., 322, L67, 1987		14a.233	NASA Conf. Publ., NASA CP-2466, ed. C. J. Lonsdale Persson, p. 383, 1987
14a.202	Ap. J. Lett., 322, L73, 1987			
14a.203*	A. J., 94, 54, 1987		14a.234	NASA Conf. Publ., NASA CP-2466, ed. C. J. Lonsdale Persson, p. 491, 1987
14a.204	A. J., 94,1476, 1987			
14a.205	Astr. Ap., 173, 43, 1987		14a.235	Rev. Mex. Ast. Af., 14, 188, 1987
14a.206	Astr. Ap., 173, 229, 1987		14a.236	NASA Conf. Publ., NASA CP-2466, ed. C. J. Lonsdale Persson, p. 367, 1987
14a.207	Astr. Ap., 185, 14, 1987			
14a.208	Astr. Ap., 188, L1, 1987		14a.237	NASA Conf. Publ., NASA CP-2466, ed. C. J. Lonsdale Persson, p. 471, 1987
14a.209*	Ap. J. Suppl., 65, 555, 1987			
14a.210	P.A.S.J., 39, 47, 1987			
14a.211	P.A.S.J., 39, 57, 1987		14b.1	Ap. J. Lett., 214, L111, 1977
14a.212	P.A.S.J., 39, 685, 1987		14b.2	Astr. Ap., 55, 435, 1977

14b.3	Astr. Ap., 56, 461, 1977	15a.36	Astr. Ap., 44, 173, 1975
14b.4	Astr. Ap., 60, L1, 1977	15a.37	Astr. Ap., 45, 223, 1975
14b.5	Ap. J., 223, 378, 1978	15a.38	Astr. Ap. Suppl., 21, 137, 1975
14b.6	Astr. Ap., 64, 1, 1978	15a.39	Sov. Ast. Lett., 1, 7, 1975
14b.7	Astr. Ap., 77, 316, 1979	15a.40	Sov. Ast. Lett., 1, 234, 1975
14b.8	Ap. J., 238, 41, 1980	15a.41	Coll. C.N.R.S. No. 241, p. 295, 1975
14b.9	Astr. Ap., 82, 272, 1980	15a.42	Coll. C.N.R.S. No. 241, p. 182, 1975
14b.10	B.A.A.S., 13, 807, 1981	15a.43	Astrophysics, 11, 102, 1975
14b.11	"Extragalactic Molecules" NRAO Workshop, eds. L. Blitz, and M. L. Kutner, p. 121, 1981	15a.44	Astrophysics, 11, 425, 1975
		15a.45	Ap. Space Sci., 32, L25, 1975
14b.12	Astr. Ap., 130, 1, 1984	15a.46	Nature, 255, 467, 1975
14b.13	Ap. J., 294, 546, 1985	15a.47	Nature, 258, 584, 1975
14b.14	Ap. J., 320, 667, 1987	15a.48	Ap. J., 203, 323, 1976
		15a.49	Ap. J. Lett., 203, L107, 1976
		15a.50	Ap. J. Lett., 203, L113, 1976
15a.1	Ap. J., 196, 13, 1975	15a.51	Ap. J., 204, 352, 1976
15a.2	Ap. J., 196, 339, 1975	15a.52	Ap. J. Lett., 205, L1, 1976
15a.3	Ap. J., 196, 347, 1975	15a.53	Ap. J., 205, 721, 1976
15a.4	Ap. J., 196, 363, 1975	15a.54	Ap. J. Lett., 209, L17, 1976
15a.5	Ap. J. Lett., 198, L13, 1975	15a.55*	Ap. J. Suppl., 32, 171, 1976
15a.6	Ap. J., 198, 261, 1975	15a.56	Ap. J. Lett., 206, L19, 1976
15a.7	Ap. J., 200, 430, 1975	15a.57	A. J., 81, 582, 1976
15a.8	Ap. J., 202, L59, 1975	15a.58	A. J., 81, 738, 1976
15a.9	A. J., 80, 83, 1975	15a.59	A. J., 81, 913, 1976
15a.10	A. J., 80, 559, 1975	15a.60	A. J., 81, 1078, 1976
15a.11*	A. J., 80, 673, 1975	15a.61	P.A.S.P., 88, 870, 1976
15a.12	A. J., 80, 753, 1975	15a.62	M.N.R.A.S., 174, 259, 1976
15a.13*	A. J., 80, 771, 1975	15a.63	M.N.R.A.S., 176, 571, 1976
15a.14	A. J., 80, 923, 1975	15a.64	M.N.R.A.S., 177, 91, 1976
15a.15	P.A.S.P., 87, 83, 1975	15a.65	M.N.R.A.S., 177, 441, 1976
15a.16	P.A.S.P., 87, 683, 1975	15a.66	Astr. Ap., 46, 243, 1976
15a.17	B.A.A.S., 7, 414, 1975	15a.67	Astr. Ap., 46, 275, 1976
15a.18	B.A.A.S., 7, 437, 1975	15a.68	Astr. Ap., 47, 345, 1976
15a.19	B.A.A.S., 7, 528, 1975	15a.69	Astr. Ap., 48, 155, 1976
15a.20	M.N.R.A.S., 170, 53, 1975	15a.70	Astr. Ap., 48, 253, 1976
15a.21	M.N.R.A.S., 170, 115, 1975	15a.71	Astr. Ap., 48, 373, 1976
15a.22	M.N.R.A.S., 170, 281, 1975	15a.72	Astr. Ap., 48, 405, 1976
15a.23	M.N.R.A.S., 171, 475, 1975	15a.73	Astr. Ap., 48, 413, 1976
15a.24	M.N.R.A.S., 172, 1, 1975	15a.74	Astr. Ap., 48, 421, 1976
15a.25	M.N.R.A.S., 172, 603, 1975	15a.75	Astr. Ap., 49, 179, 1976
15a.26	M.N.R.A.S., 173, 37, 1975	15a.76	Astr. Ap., 52, 107, 1976
15a.27	M.N.R.A.S., 173, 57P, 1975	15a.77	Astr. Ap., 52, 167, 1976
15a.28*	Mem. R.A.S., 79, Part 1, 1975	15a.78	Astr. Ap., 52, 313, 1976
15a.29*	Mem. R.A.S., 80, Part 1, 1975	15a.79	Astr. Ap., 52, 471, 1976
15a.30*	Astr. Ap., 38, 209, 1975	15a.80*	Astr. Ap., 53, 93, 1976
15a.31	Astr. Ap., 38, 381, 1975	15a.81	Sov. Ast. Lett., 2, 144, 1976
15a.32	Astr. Ap., 40, 221, 1975	15a.82	Ap. Letters, 17, 11, 1976
15a.33	Astr. Ap., 40, 421, 1975	15a.83	Nature, 259, 451, 1976
15a.34	Astr. Ap., 41, 115, 1975	15a.84	Nature, 262, 179, 1976
15a.35*	Astr. Ap., 44, 101, 1975	15a.85	Astrophysics, 12, 364, 1976

15a.86*	A. N., 297, 283, 1976		15a.136	Astr. Ap., 63, 49, 1978
15a.87*	Mitt Ast. Gesell., 38, 87, 1976		15a.137	Astr. Ap., 67, 293, 1978
15a.88	Ap. J. Lett., 218, L51, 1977		15a.138	Astr. Ap., 68, 307, 1978
15a.89	A. J., 82, 855, 1977		15a.139	Astr. Ap. Suppl., 31, 99, 1978
15a.90	P.A.S.P., 89, 119, 1977		15a.140	B.A.A.S., 10, 388, 1978
15a.91	B.A.A.S., 9, 323, 1977		15a.141	Sov. Ast. Lett., 4, 3, 1978
15a.92	M.N.R.A.S., 178, 525, 1977		15a.142	Astrophysics, 14, 53, 1978
15a.93	M.N.R.A.S., 179, 89, 1977		15a.143	Astrophysics, 14, 352, 1978
15a.94	M.N.R.A.S., 179, 153, 1977		15a.144	Mitt. Ast. Gesell., 43, 110, 1978
15a.95*	M.N.R.A.S., 179, 235, 1977		15a.145	I.A.U. Symp. No. 77, Structure and Properties of Nearby Galaxies, eds. E. Berkhuijsen and R. Wielebinski, p. 49, 1978
15a.96	M.N.R.A.S., 180, 19, 1977			
15a.97	M.N.R.A.S., 180, 465, 1977			
15a.98	M.N.R.A.S., 181, 149, 1977			
15a.99	M.N.R.A.S., 181, 247, 1977			
15a.100	Nature, 269, 311, 1977		15a.146	Ap. J. Lett., 230, L189, 1979
15a.101	Astr. Ap., 54, 973, 1977		15a.147	A. J., 84, 1, 1979
15a.102	Astr. Ap., 55, 67, 1977		15a.148	A. J., 84, 164, 1979
15a.103	Astr. Ap., 57, 9, 1977		15a.149*	A. J., 84, 942, 1979
15a.104	Astr. Ap., 57, 337, 1977		15a.150	P.A.S.P., 91, 163, 1979
15a.105	Astr. Ap., 59, L17, 1977		15a.151	B.A.A.S., 11, 611, 1979
15a.106	Astr. Ap., 59, L19, 1977		15a.152	M.N.R.A.S., 186, 343, 1979
15a.107	Astr. Ap., 59, 261, 1977		15a.153	M.N.R.A.S., 186, 495, 1979
15a.108	Astr. Ap., 59, 359, 1977		15a.154	M.N.R.A.S., 187, 23P, 1979
15a.109*	Astr. Ap., 60, 353, 1977		15a.155	M.N.R.A.S., 187, 509, 1979
15a.110	Astr. Ap., 60, 361, 1977		15a.156	M.N.R.A.S., 189, 593, 1979
15a.111	Astr. Ap., 61, 59, 1977		15a.157	Astr. Ap., 71, 131, 1979
15a.112	Astr. Ap., 61, 523, 1977		15a.158	Astr. Ap., 72, 229, 1979
15a.113	Sov. Ast., 21, 535, 1977		15a.159	Astr. Ap., 74, 93, 1979
15a.114	Astrophysics, 13, ll, 1977		15a.160	Astr. Ap., 77, 25, 1979
15a.115	Ap. J., 219, 836, 1978		15a.161	Astr. Ap. Suppl., 36, 237, 1979
15a.116	Ap. J., 220, 25, 1978		15a.162	Astrophysics, 15, 459, 1979
15a.117	Ap. J., 220, 467, 1978		15a.163	Mitt. Ast. Gesell., 45, 168, 1979
15a.118	Ap. J. Lett., 220, L31, 1978		15a.164	Mitt. Ast. Gesell., 45, 184, 1979
15a.119	Ap. J., 224, 22, 1978		15a.165	Ap. J., 235, 18, 1980
15a.120	Ap. J., 225, 756, 1978		15a.166	Ap. J. Lett., 236, L61, 1980
15a.121*	Ap. J. Suppl., 36, 53, 1978		15a.167	Ap. J. Lett., 236, L109, 1980
15a.122	A. J., 83, 153, 1978		15a.168	Ap. J. Lett., 240, L17, 1980
15a.123	A. J., 83, 157, 1978		15a.169	Ap. J., 242, 884, 1980
15a.124*	A. J., 83, 451, 1978		15a.170	A. J., 85, 117, 1980
15a.125	A. J., 83, 475, 1975		15a.171*	A. J., 85, 191, 1980
15a.126	A. J., 83, 547, 1975		15a.172	A. J., 85, 363, 1980
15a.127	A. J., 83, 566, 1975		15a.173*	A. J., 85, 781, 1980
15a.128*	A. J., 83, 685, 1978		15a.174	A. J., 85, 1010, 1980
15a.129*	A. J., 83, 863, 1978		15a.175	A. J., 85, 1427, 1980
15a.130*	A. J., 83, 900, 1978		15a.176	A. J., 85, 1434, 1980
15a.131	A. J., 83, 1021, 1978		15a.177	A. J., 85, 1462, 1980
15a.132*	A. J., 83, 1143, 1978		15a.178*	M.N.R.A.S., 191, 607, 1980
15a.133	A. J., 83, 1374, 1978		15a.179*	M.N.R.A.S., 192, 635, 1980
15a.134	Astr. Ap., 62, 51, 1978		15a.180	Astr. Ap., 81, 235, 1980
15a.135	Astr. Ap., 62, 249, 1978		15a.181	Astr. Ap., 82, 170, 1980
			15a.182	Astr. Ap., 89, 204, 1980

15a.183	Astr. Ap., 90, 246, 1980		15a.232	IAU Symp. No. 97, "Extragalactic Radio Sources", eds. D. Heeschen and C. Wade, p. 41, 1982
15a.184	Astr. Ap., 92, 296, 1980			
15a.185	Astr. Ap. Suppl., 40, 319, 1980		15a.233	IAU Symp. No. 97, "Extragalactic Radio Sources", eds. D. Heeschen and C. Wade, p. 335, 1982
15a.186*	Astr. Ap. Suppl., 40, 351, 1980			
15a.187	Astr. Ap. Suppl., 41, 339, 1980			
15a.188	Astr. Ap. Suppl., 42, 299, 1980		15a.234	Mitt. Ast. Gesell., No. 55, p. 97, 1982
15a.189	Astrophysics, 16, 28, 1980			
15a.190	Astrophysics, 16, 252, 1980		15a.235*	Aust. J. of Phys., 35, 321, 1982
15a.191	Sov. Ast. Lett., 6, 143, 1980		15a.236	Ap. J., 266, 485, 1983
15a.192	Sov. Ast. Lett., 6, 188, 1980		15a.237	Ap. J., 268, 68, 1983
15a.193	Sov. Ast. Lett., 6, 260, 1980		15a.238	Ap. J. Lett., 267, L11, 1983
15a.194	Sov. Ast. Lett., 6, 322, 1980		15a.239	A. J., 88, 16, 1983
15a.195	Ap. J., 243, 690, 1981		15a.240	A. J., 88, 1126, 1983
15a.196	Ap. J. Lett., 244, L61, L65, 1981		15a.241*	A. J., 88, 1737, 1983
15a.197*	A. J., 86, 643, 1981		15a.242	P.A.S.P., 95, 842, 1983
15a.198	A. J., 86, 806, 1981		15a.243	M.N.R.A.S., 204, 1285, 1983
15a.199	A. J., 86, 848, 1981		15a.244	Astr. Ap., 117, 141, 1983
15a.200*	A. J., 86, 854, 1981		15a.245	Astr. Ap., 117, 332, 1983
15a.201*	A. J., 86, 1306, 1981		15a.246	Astr. Ap., 119, 80, 1983
15a.202*	A. J., 86, 1604, 1981		15a.247	Astr. Ap., 121, 150, 1983
15a.203	B.A.A.S., 13, 822, 1981		15a.248	Astr. Ap., 127, 395, 1983
15a.204	M.N.R.A.S., 194, 961, 1981		15a.249	Astr. Ap. Suppl., 51, 47, 1983
15a.205	Astr. Ap., 94, 29, 1981		15a.250	Proc. Ast. Soc. Aust., 5, 241, 1983
15a.206*	Astr. Ap., 95, 285, 1981		15a.251	Ap. Space Sci., 91, 35, 1983
15a.207	Astr. Ap., 95, 391, 1981		15a.252	Ap. Letters, 23, 17, 1982
15a.208	Astr. Ap., 98, 260, 1981		15a.253	Nature, 306, 41, 1983
15a.209	Astr. Ap., 100, 189, 1981		15a.254	Ap. J., 278, 89, 1984
15a.210	Astr. Ap., 100, 220, 1981		15a.255	Ap. J., 278, 521, 1984
15a.211	Astr. Ap. Suppl., 43, 155, 1981		15a.256	Ap. J., 280, 102, 1984
15a.212*	Astr. Ap. Suppl., 43, 195, 1981		15a.257	Ap. J., 282, 402, 1984
15a.213*	Aust. J. Phys., 34, 407, 1981		15a.258	Ap. J., 285, 571, 1984
15a.214*	Aust. J. Phys., 34, 471, 1981		15a.259	Ap. J. Suppl., 54, 211, 1984
15a.215	Mitt. Ast. Gesell., No. 52, p. 150, 1981		15a.260*	A. J., 89, 53, 1986
15a.216	Ap. J., 253, 19, 1982		15a.261	A. J., 89, 224, 1984
15a.217	Ap. J., 262, 81, 1982		15a.262	A. J., 89, 1111, 1984
15a.218	A. J., 87, 387, 1982		15a.263	A. J., 89, 1695, 1984
15a.219	A. J., 87, 449, 1982		15a.264	P.A.S.P., 96, 398, 1984
15a.220	A. J., 87, 532, 1982		15a.265	B.A.A.S., 16, 520, 1984
15a.221	A. J., 87, 763, 1982		15a.266*	M.N.R.A.S., 207, 445, 1984
15a.222	A. J., 87, 1132, 1982		15a.267	M.N.R.A.S., 208, 409, 1984
15a.223*	M.N.R.A.S., 200, 705, 1982		15a.268	M.N.R.A.S., 209, 373, 1984
15a.224	M.N.R.A.S., 200, 971, 1982		15a.269	M.N.R.A.S., 211, 215, 1984
15a.225	Astr. Ap., 105, 188, 1982		15a.270	M.N.R.A.S., 211, 543, 1984
15a.226	Astr. Ap., 108, 176, 1982		15a.271	Astr. Ap., 133, 19, 1984
15a.227*	Astr. Ap., 116, 164, 1982		15a.272	Astr. Ap., 135, L17, 1984
15a.228	Astrofizika, 18, 324, 1982		15a.273	Astr. Ap., 135, 213, 1984
15a.229	Astrophysics, 18, 209, 1982		15a.274	Astr. Ap., 137, 117, 1984
15a.230	Astrofizika, 18, 651, 1982		15a.275	Astr. Ap., 138, 385, 1984
15a.231	Astrofizika, 18, 657, 1982		15a.276	Astr. Ap., 140, 277, 1984

15a.277	Astr. Ap., 141, 241, 1984	15a.319	Astr. Ap. Suppl., 67, 63, 1987
15a.278	Astr. Ap. Suppl., 58, 317, 1984	15a.320	Astr. Ap. Suppl., 68, 171, 1987
15a.279	Sov. Ast., 28, 375, 1984	15a.321*	Astr. Ap. Suppl., 69, 487, 1987
15a.280	Proc. Ast. Soc. Aust., 5, 510, 1984	15a.322*	Astr. Ap. Suppl., 71, 25, 1987
15a.281	Bull. Crim. Ap. Obs., 64, 99, 1981; + 68, 95, 1983	15a.323	Astr. Ap. Suppl., 71, 75, 1987
15a.282	Bull. Crim. Ap. Obs., 69, 74, 1984	15a.324*	Astr. Ap. Suppl., 71, 125, 1987
15a.283	Fourth Europ. I.U.E. Conf., Rome, ESA-SP-218, p. 107, 1984	15a.325	B.A.A.S., 18, 1005, 1986
15a.284	"Clusters and Groups of Galaxies", Ap. Space Sci. Lib., No. 111, p. 287, 1984	15a.326	NRAO Workshop No. 10, Low Frequency Radio Astronomy, W. Erickson and H. Cane, eds., p. 15.
15a.285	Ap. J. Suppl., 59, 513, 1985	15b.1	Ap. J., 196, 13, 1975
15a.286	M.N.R.A.S., 217, 281, 1985	15b.2	Ap. J., 197, 31, 1975
15a.287	Astr. Ap., 149, 351, 1985	15b.3	Ap. J. Lett., 197, L109, 1975
15a.288	Astr. Ap., 152, 237, 1985	15b.4	Ap. J. Lett., 197, L113, 1975
15a.289	Astr. Ap., 152, 291, 1985	15b.5	Ap. J., 200, 430, 1975
15a.290	Astr. Ap., 153, 55, 1985	15b.6	Ap. J., 201, 263, 1975
15a.291	Astr. Ap. Suppl., 61, 1, 1985	15b.7*	A. J., 80, 673, 1975
15a.292	Ap. Space Sci., 111, 1, 1985	15b.8	A. J., 80, 753, 1975
15a.293	Pub. A. S. Japan, 37, 451, 1985	15b.9	A. J., 80, 923, 1975
15a.294	"New Aspects of Galaxy Photometry", Proc. Toulouse, France 1984, Lect. Notes in Phys., 232, p.283, 1985	15b.10	B.A.A.S., 7, 437, 1975
		15b.11	M.N.R.A.S., 170, 281, 1975
		15b.12	M.N.R.A.S., 173, 37, 1975
15a.295	19th Int. Cosmic Ray Conf. NASA Publ. CP-2376, pp. 366, 370, 1985	15b.13	M.N.R.A.S., 173, 93P, 1975
		15b.14	Mem. R.A.S., 80, Part 3, 1975
15a.296	A. J., 91, 751, 1986	15b.15	Astr. Ap., 40, 421, 1975
15a.297*	M.N.R.A.S., 219, 575, 1986	15b.16	Astr. Ap., 45, 223, 1975
15a.298	M.N.R.A.S., 221, 537, 1986	15b.17	Nature, 253, 176, 1975
15a.299	Ap. J. Lett., 309, L69, 1986	15b.18	Nature, 258, 584, 1975
15a.300	Astr. Ap., 159, 22, 1986	15b.19	Mitt. Ast. Ges., 36, 107, 1975
15a.301	Sov. Ast. Lett., 12, 309, 1986	15b.20	Ap. J. Lett., 203, L107, 1976
15a.302*	Ap. J., 312, 111, 1987	15b.21	Ap. J., 206, 359, 1976
15a.303*	Ap. J., 313, 651, 1987	15b.22	Ap. J., 207, 29, 1976
15a.304	Ap. J., 314, 57, 1987	15b.23	Ap. J., 207, 725, 1976
15a.305*	Ap. J., 317, 102, 1987	15b.24	Ap. J. Lett., 207, L155, 1976
15a.306	Ap. J., 318, 645, 1987	15b.25	Ap. J., 208, 296, 1976
15a.307	Ap. J., 319, 61, 1987	15b.26	Ap. J. Lett., 210, L121, 1976
15a.308*	Ap. J., 321, 94, 1987	15b.27	A. J., 81, 1, 1976
15a.309	Ap. J., 321, 225, 1987	15b.28	A. J., 81, 946, 1976
15a.310	Ap. J. Lett., 313, L91, 1987 + B.A.A.S., 18, 1047	15b.29	B.A.A.S., 88, 395, 1976
		15b.30	B.A.A.S., 88, 530, 1976
15a.311	A. J., 93, 805, 1987	15b.31	M.N.R.A.S., 174, 5P, 1976
15a.312	A. J., 93,1356, 1987	15b.32	M.N.R.A.S., 175, 481, 1976
15a.313	A. J., 94, 867, 1987	15b.33	M.R.A.S.S., 177, 307, 1976
15a.314	Astr. Ap., 176, 25, 1987	15b.34	Mem. R.A.S., 82, Part 1, 1976
15a.315*	Astr. Ap., 177, 22, 1987	15b.35	Astr. Ap., 46, 243, 1976
15a.316	Astr. Ap., 178, 62, 1987	15b.36	Astr. Ap., 48, 413, 1976
15a.317*	Astr. Ap., 182, 21, 1987	15b.37	Astr. Ap., 48, 421, 1976
15a.318	Astr. Ap., 186, 95, 1987	15b.38	Astr. Ap., 52, 167, 1976
		15b.39	Astr. Ap., 52, 471, 1976

15b.40	Sov. Ast. Lett., 2, 144, 1976	15b.85	Astr. Ap., 63, 29, 1978
15b.41	a: Nature, 259, 17, 1976;	15b.86	Astr. Ap., 63, 199, 1978
	b: Nature, 259, 451, 1976	15b.87	Astr. Ap., 65, L1, 1978
15b.42	Nature, 262, 179, 1976	15b.88	Astr. Ap., 65, 205, 1978
15b.43	Lectures Notes in Physics, T. L. Wilson and D. Downes, eds., 42, 288, 1975	15b.89	Astr. Ap., 67, 47, 1978
		15b.90	Astr. Ap., 67, L21, 1978
		15b.91	Astr. Ap., 68, 367, 1978
15b.44	Astrophysics, 12, 15, 1976	15b.92	Astr. Ap., 68, 449, 1978
15b.45	Astrophysics, 12, 461, 1976	15b.93	Astr. Ap., 69, 253, 1978
15b.46	Ap. J., 211, 658, 1977	15b.94	Astr. Ap., 69, 263, 1978
15b.47	Ap. J. Lett., 215, L5, 1977	15b.95	Astr. Ap., 69, L21, 1978
15b.48	Ap. J. Lett., 215, L13, 1977	15b.96	Astr. Ap., 69, 335, 1978
15b.49	Ap. J., 216, 212, 1977	15b.97	Astr. Ap. Suppl., 31, 409, 1978
15b.50	B.A.A.S., 9, 585, 1977	15b.98	Astr. Ap. Suppl., 34, 117, 1978
15b.51	B.A.A.S., 9, 586, 1977	15b.99	Astr. Ap. Suppl., 34, 341, 1978
15b.52	M.N.R.A.S., 178, 265, 1977	15b.100	M.N.R.A.S., 184, 341, 1978
15b.53	M.N.R.A.S., 181, l83, 1977	15b.101	M.N.R.A.S., 184, 387, 1978
15b.54	M.N.R.A.S., 181, 465, 1977	15b.102	M.N.R.A.S., 185, 579, 1978
15b.55	M.N.R.A.S., 181, 599, 1977	15b.103	M.N.R.A.S., 185, 51P, 1978
15b.56	Astr. Ap., 54, 297, 1977	15b.104	M.N.R.A.S., 185, 63P, 1978
15b.57	Astr. Ap., 54, 491, 1977	15b.105	M.N.R.A.S., 185, 67P, 1978
15b.58	Astr. Ap., 54, 703, 1977	15b.106	B.A.A.S., 10, 433, 1978
15b.59	Astr. Ap., 55, 163, 1977	15b.107	B.A.A.S., 10, 659, 1978
15b.60	Astr. Ap., 55, 203, 1977	15b.108	Observatory, 98, 132, 1978
15b.61	Astr. Ap., 55, 421, 1977	15b.109	Observatory, 98, 135, 1978
15b.62	Astr. Ap., 58, 79, 1977	15b.110	Sov. Ast. Lett., 4, 32, 1978
15b.63	Astr. Ap., 58, 221, 1977	15b.111	Sov. Ast. Lett., 4, 266, 1978
15b.64	Astr. Ap., 61, L23, 1977	15b.112	Mitt. Ast. Gesell., 43, 233, 1978
15b.65*	a: Astr. Ap. Suppl., 29, 279, 1977; b: Mem. R.A.S.,84, 1, 1977; c: Mem. R.A.S.,84, 61, 1977	15b.113	Nature, 272, 131, 1978
		15b.114	I.A.U. Symp. No. 77, Structure and Properties of Nearby Galaxies, eds. E. Berkhuijsen and R. Wielebinski, p. 149, 1978
15b.66	Astrophysics, 13, 367, 1977		
15b.67	Ap. J., 219, 367, 1978		
15b.68	Ap. J., 221, 456, 1978	15b.115	Quasars and Active Nuclei of Galaxies. Physica Scripta, 17, No. 3, p. 243, 1978
15b.69	Ap. J. Lett., 221, L3, 1978		
15b.70	Ap. J. Lett., 223, L9, 1978		
15b.71	Ap. J. Lett., 224, L51, 1978	15b.116	Nature, 276, 588, 1978
15b.72	Ap. J., 224, 808, 1978	15b.117	Ap. J., 228, 64, 1979
15b.73	Ap. J. Lett., 226, L1, 1978	15b.118	Ap. J., 229, 53, 1979
15b.74	Ap. J. Lett., 226, L111, 1978	15b.119	Ap. J. Lett., 228, L9, 1979
15b.75	Ap. J. Lett., 226, L1119, 1978	15b.120	Ap. J. Lett., 229, L59, 1979
15b.76*	A. J., 83, 322, 1978	15b.121	Ap. J., 230, 687, 1979
15b.77	A. J., 83, 560, 1978	15b.122	Ap. J., 231, 293, 299, 1979
15b.78	A. J., 83, 704, 1978	15b.123	Ap. J., 232, 365, 1979
15b.79	A. J., 83, 725, 1978	15b.124	Ap. J. Lett., 233, L101, 1979
15b.80	A. J., 83, 1021, 1978	15b.125	Ap. J. Lett., 233, L105, 1979
15b.81	A. J., 83, 1036, 1978	15b.126	Ap. J. Suppl., 41, 131, 1979
15b.82	A. J., 83, 1047, 1978	15b.127	A. J., 84, 56, 1979
15b.83	A. J., 83, 1363, 1978	15b.128	A. J., 84, 281, 1979
15b.84	Astr. Ap., 62, 397, 1978	15b.129*	A. J., 84, 437, 1979

15b.130	A. J., 84, 1247, 1979	15b.180	P.A.S.P., 92, 134, 1980
15b.131	A. J., 84, 1478, 1979	15b.181	B.A.A.S., 12, 494, 1980
15b.132	B.A.A.S., 11, 427, 1979	15b.182	B.A.A.S., 12, 804, 1980
15b.133	B.A.A.S., 11, 429, 1979	15b.183	M.N.R.A.S., 190, 261, 1980
15b.134	B.A.A.S., 11, 631, 1979	15b.184	M.N.R.A.S., 190, 269, 1980
15b.135	M.N.R.A.S., 186, 99, 1979	15b.185	M.N.R.A.S., 190, 793, 1980
15b.136	M.N.R.A.S., 186, 293, 519, 1979	15b.186	M.N.R.A.S., 191, 581, 1980
15b.137	M.N.R.A.S., 186, 343, 1979	15b.187	M.N.R.A.S., 191, 615, 1980
15b.138	M.N.R.A.S., 187, 187, 1979	15b.188	M.N.R.A.S., 192, 297, 1980
15b.139	M.N.R.A.S., 187, 253, 1979	15b.189	M.N.R.A.S., 192, 931, 1980
15b.140	M.N.R.A.S., 187, 525, 1979	15b.190	M.N.R.A.S., 193, 285, 1980
15b.141	M.N.R.A.S., 187, 537, 1979	15b.191	M.N.R.A.S., 193, 427, 1980
15b.142	M.N.R.A.S., 188, 415, 1979	15b.192	M.N.R.A.S., 193, 549, 1980
15b.143	M.N.R.A.S., 188, 637, 1979	15b.193	M.N.R.A.S., 193, 563, 1980
15b.144	M.N.R.A.S., 188, 765, 1979	15b.194	Astr. Ap., 81, 265, 1980
15b.145	M.N.R.A.S., 189, 79, 1979	15b.195	Astr. Ap., 81, 275, 1980
15b.146	Astr. Ap., 72, 1, 1979	15b.196	Astr. Ap., 82, 207, 1980
15b.147	Astr. Ap., 73, 54, 1979	15b.197	Astr. Ap., 83, 245, 1980
15b.148	Astr. Ap., 73, 196, 1979	15b.198	Astr. Ap., 84, 228, 1980
15b.149	Astr. Ap., 73, 354, 1979	15b.199	Astr. Ap., 84, 245, 1980
15b.150	Astr. Ap., 74, L11, 1979	15b.200*	Astr. Ap., 87, 152, 1980
15b.151	Astr. Ap., 74, 156, 1979		+ Astr. Ap. Suppl., 40, 295, 1980
15b.152	Astr. Ap., 76, 109, 1979	15b.201	Astr. Ap., 88, 248, 1980
15b.153	Astr. Ap., 76, L21, 1979	15b.202	Astr. Ap., 89, 345, 1980
15b.154	Astr. Ap., 77, 183, 1979	15b.203	Astr. Ap., 90, 283, 1980
15b.155	Astr. Ap., 78, 362, 1979	15b.204	Astr. Ap., 91, 41, 1980
15b.156	Astr. Ap., 79, 268, 1979	15b.205	Astr. Ap., 91, 269, 1980
15b.157	Astr. Ap., 79, 360, 1979	15b.206	Astr. Ap. Suppl., 39, 215, 1980
15b.158	Astr. Ap., 80, 201, 1979	15b.207	Astr. Ap. Suppl., 39, 283, 1980
15b.159	Astr. Ap. Suppl., 36, 173, 1979	15b.208*	Astr. Ap. Suppl., 41, 151, 1980
15b.160	Astr. Ap. Suppl., 37, 397, 1979	15b.209*	Astr. Ap. Suppl., 41, 329, 1980
15b.161	Astr. Ap. Suppl., 38, 319, 1979	15b.210*	Astr. Ap. Suppl., 41, 421, 1980
15b.162	Ap. J., 236, 441, 1980	15b.211	Astr. Ap. Suppl., 42, 319, 1980
15b.163	Ap. J., 237, 418, 1980	15b.212	Sov. Ast. Lett., 6, 42, 1980
15b.164	Ap. J. Lett., 237, L61, 1980	15b.213	Ap. J., 243, 89, 1981
15b.165	Ap. J., 238, 54, 1980	15b.214	Ap. J., 243, 97, 1981
15b.166	Ap. J., 239, 774, 1980	15b.215	Ap. J., 244, 436, 1981
15b.167	Ap. J., 240, 429, 1980	15b.216*	Ap. J., 246, 28, 1981
15b.168	Ap. J. Lett., 239, L11, 1980	15b.217	Ap. J., 246, 647, 1981
15b.169	Ap. J. Lett., 240, L7, 1980	15b.218	Ap. J., 246, 751, 1981
15b.170	Ap. J., 241, 561, 1980	15b.219	Ap. J. Lett., 244, L57, 1981
15b.171	Ap. J., 242, 502, 1980	15b.220	Ap. J. Lett., 246, L69, 1981
15b.172	Ap. J., 242, 511, 1980	15b.221	Ap. J., 247, 419, 1981
15b.173	Ap. J., 242, 894, 1980	15b.222	Ap. J., 247, 458, 1981
15b.174	Ap. J. Lett., 241, L145, 1980	15b.223	Ap. J., 248, 61, 1981
15b.175	A. J., 85, 215, 1980	15b.224	Ap. J., 248, 105, 1981
15b.176*	A. J., 85, 351, 1980	15b.225	Ap. J., 249, 3, 1981
15b.177	A. J., 85, 649, 1980	15b.226	Ap. J. Lett., 247, L57, 1981
15b.178	A. J., 85, 659, 1980	15b.227	Ap. J., 250, 66, 1981
15b.179*	A. J., 85, 981, 1980	15b.228	Ap. J., 251, 523, 1981

15b.229	Ap. J. Lett., 250, L49, 1981	15b.279	Ap. J., 255, 392, 1982
15b.230	A. J., 86, 1, 1981	15b.280	Ap. J., 255, 408, 1982
15b.231	A. J., 86, 371, 1981	15b.281	Ap. J. Lett., 255, L91, 1982
15b.232	A. J., 86, 833, 1981	15b.282	Ap. J., 256, 83, 1982
15b.233*	A. J., 86, 1010, 1981	15b.283	Ap. J., 257, 56, 1982
15b.234	A. J., 86, 1165, 1981	15b.284	Ap. J., 258, 31, 1982
15b.235*	A. J., 86, 1175, 1981	15b.285	Ap. J., 260, 56, 1982
15b.236	A. J., 86, 1294, 1981	15b.286	Ap. J., 261, 422, 1982
15b.237	A. J., 86, 1775, 1981	15b.287	Ap. J. Lett., 257, L13, 1982
15b.238	B.A.A.S., 13, 521, 1981	15b.288	Ap. J., 262, 48, 1982
15b.239	B.A.A.S., 13, 528, 1981	15b.289	Ap. J., 262, 61, 1982
15b.240	B.A.A.S., 13, 529, 1981	15b.290	Ap. J., 262, 529, 1982
15b.241	B.A.A.S., 13, 844, 1981	15b.291	Ap. J., 262, 556, 1982
15b.242	B.A.A.S., 13, 897, 1981	15b.292	Ap. J., 263, 576, 1982
15b.243	B.A.A.S., 13, 898, 1981	15b.293	Ap. J., 263, 615, 1982
15b.244*	M.N.R.A.S., 194, 331, 1981	15b.294	Ap. J. Lett., 261, L59, 1982
15b.245*	M.N.R.A.S., 194, 693, 1981	15b.295	A. J., 87, 219, 1982
15b.246	M.N.R.A.S., 195, 245, 1981	15b.296	A. J., 87, 242, 1982
15b.247	M.N.R.A.S., 195, 261, 1981	15b.297	A. J., 87, 486, 1982
15b.248	M.N.R.A.S., 196, 669, 1981	15b.298	A. J., 87, 859, 1982
15b.249*	M.N.R.A.S., 196, 695, 1981	15b.299	A. J., 87, 980, 1982
15b.250	M.N.R.A.S., 196, 845, 1981	15b.300	A. J., 87, 1150, 1982
15b.251	M.N.R.A.S., 197, 253, 1981	15b.301	A. J., 87, 1245, 1982
15b.252	M.N.R.A.S., 197, 287, 1981	15b.302	A. J., 87, 1438, 1982
15b.253	M.N.R.A.S., 197, 593, 1981	15b.303	A. J., 87, 1671, 1982
15b.254	M.N.R.A.S., 197, 921, 1981	15b.304	B.A.A.S., 14, 659, 1982
15b.255	Astr. Ap., 93, 113, 1981	15b.305	B.A.A.S., 14, 933, 1982
15b.256	Astr. Ap., 95, 250, 1981	15b.306	B.A.A.S., 14, 934, 1982
15b.257*	Astr. Ap., 96, 111, 1981	15b.307	B.A.A.S., 14, 935, 1982
15b.258	Astr. Ap., 96, 271, 1981	15b.308	B.A.A.S., 14, 948, 1982
15b.259*	Astr. Ap., 96, 310, 1981	15b.309	B.A.A.S., 14, 962, 1982
15b.260	Astr. Ap., 96, 316, 1981	15b.310	B.A.A.S., 14, 963, 1982
15b.261	Astr. Ap., 97, L1, 1981	15b.311	M.N.R.A.S., 198, 673, 1982
15b.262	Astr. Ap., 97, 388, 1981	15b.312	M.N.R.A.S., 198, 747, 1982
15b.263	Astr. Ap., 100, 220, 1981	15b.313	M.N.R.A.S., 198, 843, 1982
15b.264	Astr. Ap., 101, 194, 1981	15b.314	M.N.R.A.S., 198, 941, 1982
15b.265	Astr. Ap., 102, 53, 1981	15b.315	M.N.R.A.S., 199, 229, 1982
15b.266	Astr. Ap., 103, 35, 1981	15b.316	M.N.R.A.S., 199, 611, 1982
15b.267	Astr. Ap. Suppl., 43, 381, 1981	15b.317	M.N.R.A.S., 200, 377, 1982
15b.268	Astr. Ap. Suppl., 44, 241, 1981	15b.318	M.N.R.A.S., 200, 705, 1982
15b.269	Astr. Ap. Suppl., 45, 99, 1981	15b.319	M.N.R.A.S., 200, 747, 1982
15b.270	Astr. Ap. Suppl., 46, 473, 1981	15b.320	M.N.R.A.S., 200, 933, 1982
15b.271	Sov. Ast., 25, 397, 1981	15b.321	M.N.R.A.S., 201, 991, 1982
15b.272*	Sov. Ast., 25, 412, 1981	15b.322	Observatory, 102, 130, 1982
15b.273*	Sov. Ast. Lett., 7, 116, 1981	15b.323	Astr. Ap., 105, 192, 1982
15b.274	Astrophysics, 17, 132, 1981	15b.324	Astr. Ap., 105, 200, 1982
15b.275	Ap. J., 252, 102, 1982	15b.325	Astr. Ap., 105, 229, 1982
15b.276	Ap. J., 254, 465, 1982	15b.326	Astr. Ap., 106, 183, 1982
15b.277	Ap. J., 254, 483, 1982	15b.327	Astr. Ap., 110, 169, 1982
15b.278	Ap. J., 255, 39, 1982	15b.328	Astr. Ap., 110, 225, 1982

15b.329	Astr. Ap., 110, 336, 1982	15b.356	IAU Symp. No. 97, "Extragalactic Radio Sources", eds. D. Heeschen and C. Wade, p. 193, 1982
15b.330	Astr. Ap., 111, 50, 1982		
15b.331	Astr. Ap., 114, 400, 1982		
15b.332	Astr. Ap., 115, 263, 1982	15b.357	IAU Symp. No. 97, "Extragalactic Radio Sources", eds. D. Heeschen and C. Wade, p. 291, 1982
15b.333	Astr. Ap., 115, 293, 1982		
15b.334	Astr. Ap. Suppl., 47, 601, 1982		
15b.335	Astr. Ap. Suppl., 49, 529, 1982	15b.358	IAU Symp. No. 97, "Extragalactic Radio Sources", eds. D. Heeschen and C. Wade, p. 293, 387, 1982
15b.336	Astr. Ap. Suppl., 50, 217, 1982		
15b.337	Sov. Ast., 26, 401, 1982		
15b.338	Sov. Ast., 26, 651, 1982	15b.359	IAU Symp. No. 97, "Extragalactic Radio Sources", eds. D. Heeschen and C. Wade, p. 345, 1982
15b.339	Sov. Ast. Lett., 8, 77, 1982		
15b.340	Sov. Ast. Lett., 8, 108, 1982		
15b.341	Astrophysics, 18, 107, 1982	15b.360	"Optical Jets in Galaxies", Proc. ESO/ESA Workshop, Munich - ESA-SP-162, pp. 39, 49, 91, 1981
15b.342	Astrophysics, 18, 130, 1982		
15b.343*	Proc. Ast. Soc. Aust., 4, 278, 1982		
15b.344	Rep. Obs. Lund. No. 18, p. 26, 1982	15b.361	"Optical Jets in Galaxies", Proc. ESO/ESA Workshop, Munich - ESA-SP-162, p. 71, 1981
15b.345	IAU Symp. No. 97, "Extragalactic Radio Sources", eds. D. Heeschen and C. Wade, p. 27, 29, 1982		
		15b.362	"Optical Jets in Galaxies", Proc. ESO/ESA Workshop, Munich - ESA-SP-162, p. 83, 87, 1981
15b.346	IAU Symp. No. 97, "Extragalactic Radio Sources", eds. D. Heeschen and C. Wade, p. 53, 1982		
		15b.363	"Optical Jets in Galaxies", Proc. ESO/ESA Workshop, Munich - ESA-SP-162, p. 125, 1981
15b.347	IAU Symp. No. 97, "Extragalactic Radio Sources", eds. D. Heeschen and C. Wade, p. 89, 1982		
		15b.364	Ap. J., 265, 85, 1983
		15b.365	Ap. J., 265, 107, 1983
15b.348	IAU Symp. No. 97, "Extragalactic Radio Sources", eds. D. Heeschen and C. Wade, p. 93, 1982	15b.366	Ap. J., 266, 18, 1983
		15b.367	Ap. J., 267, 551, 1983
		15b.368	Ap. J., 268, 68, 1983
15b.349	IAU Symp. No. 97, "Extragalactic Radio Sources", eds. D. Heeschen and C. Wade, p. 95, 1982	15b.369	Ap. J., 269, 387, 1983
		15b.370	Ap. J., 269, 444, 1983
		15b.371	Ap. J., 270, 140, 1983
15b.350	IAU Symp. No. 97, "Extragalactic Radio Sources", eds. D. Heeschen and C. Wade, p. 107, 119, 1982	15b.372	Ap. J., 271, 524, 1983
		15b.373	Ap. J., 271, 575, 1983
		15b.374	Ap. J., 273, 128, 1983
15b.351	IAU Symp. No. 97, "Extragalactic Radio Sources", eds. D. Heeschen and C. Wade, p. 139, 1982	15b.375	Ap. J., 275, 8, 1983
		15b.376	Ap. J., 275, 61, 1983
		15b.377	Ap. J. Lett., 264, L7, 1983
15b.352	IAU Symp. No. 97, "Extragalactic Radio Sources", eds. D. Heeschen and C. Wade, p. 141, 1982	15b.378	Ap. J. Lett., 266, L93, 1983
		15b.379	Ap. J. Lett., 267, L5, 1983
		15b.380	Ap. J. Lett., 267, L73, 1983
15b.353	IAU Symp. No. 97, "Extragalactic Radio Sources", eds. D. Heeschen and C. Wade, p. 145, 1982	15b.381	Ap. J. Lett., 268, L79, 1983
		15b.382	Ap. J. Lett., 269, L47, 1983
		15b.383	Ap. J. Lett., 270, L1, 1983
15b.354	IAU Symp. No. 97, "Extragalactic Radio Sources", eds. D. Heeschen and C. Wade, p. 177, 1982	15b.384	Ap. J. Lett., 273, L11, 1983
		15b.385	Ap. J. Lett., 274, L27, 1983
		15b.386	Ap. J. Suppl., 53, 459, 1983
15b.355	IAU Symp. No. 97, "Extragalactic Radio Sources", eds. D. Heeschen and C. Wade, p. 179, 191, 195, 189, 1982	15b.387	A. J., 88, 20, 1983
		15b.388	A. J., 88, 143, 1983
		15b.389	A. J., 88, 518, 1983

15b.390	A. J., 88, 1088, 1983		Lib., vol. 103., p. 57, 1983
15b.391	A. J., 88, 1591, 1983	15b.437	Ap. J., 276, 79, 1984
15b.392	A. J., 88, 1749, 1983	15b.438	Ap. J., 276, 480, 1984
15b.393	A. J., 88, 1757, 1983	15b.439	Ap. J., 277, 82, 1984
15b.394	B.A.A.S., 15, 658, 1983	15b.440	Ap. J., 277, 501, 1984
15b.395	B.A.A.S., 15, 660, 1983	15b.441	Ap. J., 278, 37, 1984
15b.396	B.A.A.S., 15, 915, 1983	15b.442	Ap. J., 278, 544, 1984
15b.397	B.A.A.S., 15, 933, 1983	15b.443	Ap. J., 279, 60, 1984
15b.398	B.A.A.S., 15, 976, 1983	15b.444	Ap. J., 279, 93, 1984
15b.399	M.N.R.A.S., 202, 647, 1983	15b.445	Ap. J., 279, 541, 1984
15b.400	M.N.R.A.S., 202, 703, 1983	15b.446	Ap. J., 280, 532, 1984
15b.401	M.N.R.A.S., 202, 813, 1983	15b.447	Ap. J., 281, 135, 1984
15b.402	M.N.R.A.S., 203, 147, 1983	15b.448*	Ap. J., 284, 461, 1984
15b.403	M.N.R.A.S., 203, 667, 1983	15b.449	Ap. J., 284, 519, 1984
15b.404	M.N.R.A.S., 204, 180, 1983	15b.450	Ap. J., 284, 531, 1984
15b.405	M.N.R.A.S., 204, 783, 1983	15b.451	Ap. J., 285, 439, 1984
15b.406	M.N.R.A.S., 205, 1267, 1983	15b.452	Ap. J., 286, 471, 1984
15b.407	Astr. Ap., 118, 171, 1983	15b.453	Ap. J., 287, 33, 1984
15b.408	Astr. Ap., 119, 185, 1983	15b.454	Ap. J., 287, 41, 1984
15b.409	Astr. Ap., 120, 297, 1983	15b.455	Ap. J., 287, 153, 1984
15b.410	Astr. Ap., 122, 267, 1983	15b.456	Ap. J. Lett., 282, L55, 1984
15b.411	Astr. Ap., 122, 305, 1983	15b.457	Ap. J. Lett., 285, L35, 1984
15b.412	Astr. Ap., 125, 217, 1983	15b.458	Ap. J. Suppl., 54, 291, 1984
15b.413	Astr. Ap., 126, 311, 1983	15b.459	A. J., 89, 5, 1984
15b.414	Astr. Ap., 126, 412, 1983	15b.460	A. J., 89, 189, 1984
15b.415	Astr. Ap., 127, 177, 1983	15b.461	A. J., 89, 203, 1984
15b.416	Astr. Ap., 127, 235, 1983	15b.462	A. J., 89, 323, 1984
15b.417	Astr. Ap., 127, 361, 1983	15b.463	A. J., 89, 350, 1984
15b.418	Astr. Ap., 128, 318, 1983	15b.464	A. J., 89, 336, 1984
15b.419	Astr. Ap. Suppl., 51, 179, 1983	15b.465	A. J., 89, 1478, 1984
15b.420*	Astr. Ap. Suppl., 51, 321, 1983	15b.466	A. J., 89, 1650, 1984
15b.421	Astr. Ap. Suppl., 54, 387, 1983	15b.467	A. J., 89, 1658, 1984
15b.422	Sov. Ast. Lett., 9, 47, 1983	15b.468	B.A.A.S., 16, 410, 1984
15b.423	Sov. Ast. Lett., 9, 305, 1983	15b.469	B.A.A.S., 16, 412, 519, 1984
15b.424*	Proc. Ast. Soc. Aust., 5, 114, 1983	15b.470	B.A.A.S., 16, 440, 1984
15b.425	Proc. Ast. Soc. Aust., 5, 235, 1983	15b.471	B.A.A.S., 16, 458, 1984
15b.426	Proc. Ast. Soc. Aust., 5, 247, 1983	15b.472	B.A.A.S., 16, 956, 1984
15b.427	Proc. Ast. Soc. Aust., 5, 251, 1983	15b.473	B.A.A.S., 16, 1008, 1984
15b.428	Astr. Ap., 127, 205, 1983	15b.474	B.A.A.S., 16, 1009, 1984
15b.429	Astrophysics, 19, 239, 1983	15b.475	M.N.R.A.S., 207, 193, 1984
15b.430	Astrophysics, 19, 369, 1983	15b.476	M.N.R.A.S., 207, 679, 1984
15b.431	Nature, 306, 566, 1983	15b.477	M.N.R.A.S., 207, 889, 1984
15b.432	IAU Symp. No. 101, SNR and their X-ray Emission, J. Danziger, L. Gorenstein, ed., p. 583, 1983	15b.478	M.N.R.A.S., 208, 323, 1984
		15b.479	M.N.R.A.S., 208, 589, 1984
		15b.480	M.N.R.A.S., 209, 15P, 1984
15b.433	Ap. Iss. Special Ap. Obs., 17, p. 59, 1983	15b.481	M.N.R.A.S., 209, 665, 1984
		15b.482	M.N.R.A.S., 209, 851, 1984
15b.434	Ast. Tsirk, No. 1247, 1982	15b.483	M.N.R.A.S., 210, 13, 1984
15b.435	Acta Ast. Sinica, 24, 19, 1983	15b.484	M.N.R.A.S., 210, 183, 1984
15b.436	"Astrophysical Jets", Ap. Space Sci.	15b.485	M.N.R.A.S., 210, 929, 1984

15b.486	M.N.R.A.S., 211, 593, 1984	15b.523	Ap. J., 293, 83, 1985
15b.487	M.N.R.A.S., 211, 775, 1984	15b.524	Ap. J., 293, 132, 1985
15b.488	M.N.R.A.S., 211, 783, 1984	15b.525	Ap. J., 293, 400, 1985
15b.489	Astr. Ap., 132, 80, 1984	15b.526	Ap. J., 294, 158, 1985
15b.490	Astr. Ap., 133, 1, 1984	15b.527	Ap. J., 294, 546, 1985
15b.491	Astr. Ap., 133, 27, 1984	15b.528	Ap. J. Lett., 293, L59, 1985
15b.492	Astr. Ap., 133, 127, 1984	15b.529	Ap. J. Lett., 294, L85, 1985
15b.493	Astr. Ap., 133, 192, 1984	15b.530	Ap. J., 295, 463, 1985
15b.494	Astr. Ap., 134, 207, 1984	15b.531	Ap. J., 296, 60, 1985
15b.495	Astr. Ap., 135, 289, 1984	15b.532	Ap. J., 296, 458, 1985
15b.496	Astr. Ap., 137, 138, 1984	15b.533	Ap. J., 297, 607, 1985
15b.497	Astr. Ap., 137, 235, 1984	15b.534	Ap. J., 298, 619, 1985
15b.498	Astr. Ap., 137, 335, 1984	15b.535	Ap. J., 299, 312, 1985
15b.499	Astr. Ap., 137, 362, 1984	15b.536	Ap. J. Lett., 299, L77, 1985
15b.500	Astr. Ap., 141, 309, 1984	15b.537	Ap. J. Suppl., 59, 499, 1985
15b.501	Astr. Ap. Suppl., 56, 245, 1984	15b.538	A. J., 90, 5, 1985
15b.502	Sov. Ast. Lett., 10, 35, 1985	15b.539	A. J., 90, 405, 1985
15b.503	Astrofizika, 20, 182, 1984	15b.540	A. J., 90, 414, 1985
15b.504	Proc. Ast. Soc. Austr., 5, 516, 1984	15b.541	A. J., 90, 577, 1985
15b.505	Ap. Space Sci., 102, 155, 1984	15b.542	A. J., 90, 738, 1985
15b.506	IAU Symp. No. 110 "VLBI and Compact Radio Sources", ed. R. Fanti et al., pp. 9, 127, 1984	15b.543	A. J., 90, 927, 1985
		15b.544	A. J., 90, 1437, 1985
		15b.545	A. J., 90, 1453, 1985
15b.507	IAU Symp. No. 110 "VLBI and Compact Radio Sources", ed. R. Fanti et al., pp. 67, 137, 145, 259, 1984	15b.546	A. J., 90, 1474, 1985
		15b.547*	A. J., 90, 1599, 1985
		15b.548	A. J., 90, 2207, 1985
15b.508	IAU Symp. No. 110 "VLBI and Compact Radio Sources", ed. R. Fanti et al., pp. 121, 125, 165, 183, 261, 1984	15b.549	B.A.A.S., 17, 757, 1985
		15b.550	B.A.A.S., 17, 830, 1985
		15b.551	B.A.A.S., 17, 831, 1985
15b.509	IAU Symp. No. 110 "VLBI and Compact Radio Sources", ed. R. Fanti et al., pp. 9, 131, 187, 1984	15b.552	B.A.A.S., 17, 865, 1985
		15b.553	B.A.A.S., 17, 893, 1985
		15b.554	M.N.R.A.S., 212, 367, 1985
15b.510	IAU Symp. No. 110 "VLBI and Compact Radio Sources", ed. R. Fanti et al., pp. 261, 263, 1984	15b.555	M.N.R.A.S., 212, 601, 1985
		15b.556	M.N.R.A.S., 213, 743, 1985
		15b.557	M.N.R.A.S., 213, 823, 1985
15b.511	Chinese Ast. Ap., 8, 140, 1984 (Acta Ast. Sinica, 24, 375, 1983)	15b.558	M.N.R.A.S., 215, 247, 1985
		15b.559	M.N.R.A.S., 215, 437, 1985
15b.512	J. Ap. Ast., 5, 139, 1984	15b.560	M.N.R.A.S., 215, 773, 1985
15b.513	Sci. Sinica, ser. A., 27, 750, 1984	15b.561	M.N.R.A.S., 216, 121, 1985
15b.514	"Very Hot Astrophysical Plasmas", Europ. Workshop, Nice, 1982, Physica Scripta, Vol. 77, p. 179, 1984	15b.562	M.N.R.A.S., 216, 193, 1985
		15b.563	Astr. Ap., 142, 1, 1985
		15b.564	Astr. Ap., 144, 496, 1985
15b.515	Ap. J., 289, 120, 1985	15b.565	Astr. Ap., 144, 502, 1985
15b.516	Ap. J., 289, 574, 1985	15b.566	Astr. Ap., 145, 475, 1985
15b.517	Ap. J., 289, 598, 1985	15b.567	Astr. Ap., 146, 213, 1985
15b.518	Ap. J., 290, 108, 1985	15b.568	Astr. Ap., 147, L13, 1985
15b.519	Ap. J., 290, 449, 1985	15b.569	Astr. Ap., 147, 191, 1985
15b.520	Ap. J., 291, 32, 1985	15b.570	Astr. Ap., 147, 321, 1985
15b.521	Ap. J., 291, 52, 1985	15b.571	Astr. Ap., 148, 323, 1985
15b.522	Ap. J., 291, 693, 1985	15b.572	Astr. Ap., 150, L1, 1985

15b.573	Astr. Ap., 150, L7, 1985		15b.602	M.N.R.A.S., 218, 775, 1986
15b.574	Astr. Ap., 150, 302, 1985		15b.603	M.N.R.A.S., 219, 387, 1986
15b.575	Astr. Ap., 153, 281, 1985		15b.604	M.N.R.A.S., 219, 545, 1986
15b.576	Astr. Ap., 153, 9, 1985		15b.605*	M.N.R.A.S., 219, 575, 1986
15b.577	Astr. Ap. Suppl., 59, 511, 1985		15b.606	M.N.R.A.S., 219, 719, 1986
15b.578*	Astr. Ap. Suppl., 60, 293, 1985		15b.607	M.N.R.A.S., 220, 351, 1986
15b.579	Astr. Ap. Suppl., 61, 451, 1985		15b.608	M.N.R.A.S., 220, 363, 1986
15b.580	Sov. Ast. Lett., 11, 171, 1985		15b.609	M.N.R.A.S., 222, 189, 1986
15b.581	Sov. Ast. Lett., 11, 173, 1985		15b.610	Ap. J., 301, 834, 1986
15b.582	"SNe as Distance Indicators", Proc. Cambridge, MA, 1984, Lecture Notes in Physics, 224, p. 88, 1985		15b.611	Ap. J., 301, 841, 1986
			15b.612	Ap. J., 302, 296, 1986
			15b.613	Ap. J., 302, 306, 1986
15b.583	Proc. Ast. Soc. Aust., 6, 171, 1985		15b.614	Ap. J., 302, 640, 1986
15b.584	"New Aspects of Galaxy Photometry", Toulouse, France 1984, Lecture Notes in Phys., 232, p. 293, 1985		15b.615	Ap. J., 304, 82, 96, 1986
			15b.616	Ap. J., 304, 617, 1986
			15b.617	Ap. J., 305, 109, 1986
15b.585	"New Aspects of Galaxy Photometry", Toulouse, France 1984, Lecture Notes in Phys., 232, p. 337, 1985		15b.618	Ap. J., 305, 157, 1986
			15b.619	Ap. J., 305, 684, 1986
			15b.620	Ap. J., 308, 36, 1986
15b.586	"The Virgo Cluster", ESO Workshop, ESO Proc. No. 20, p. 13, 1985		15b.621	Ap. J., 308, 78, 1986
			15b.622	Ap. J., 308, 620, 1986
15b.587	IAU Symp. No. 106, "The Milky Way Galaxy", H. van Woerden et al., eds., p. 241, 281, 1985		15b.623*	Ap. J., 309, 572, 1986
			15b.624	Ap. J., 309, 593, 1986
			15b.625*	Ap. J., 310, 53, 1986
15b.588	IAU Symp. No. 106, "The Milky Way Galaxy", H. van Woerden et al., eds., p. 435, 1985		15b.626	Ap. J., 310, 136, 1986
			15b.627	Ap. J., 310, 621, 1986
			15b.628	Ap. J., 311, 58, 1986
15b.589	Physics of Energy Transport in Extrag. Rad. Sources. NRAO Workshop No. 9, p. 255, 1985		15b.629	Ap. J. Lett., 300, L41, 1986
			15b.630	Ap. J. Lett., 309, L5, 1986
			15b.631*	Ap. J. Suppl., 61, 105, 1986
15b.590	Physics of Energy Transport in Extrag. Rad. Sources. NRAO Workshop No. 9, p. 39, 57, 1985		15b.632	Astr. Ap., 155, 151, 1986
			15b.633	Astr. Ap., 155, 161, 1986
			15b.634	Astr. Ap., 155, L3, 1986
15b.591	Physics of Energy Transport in Extrag. Rad. Sources. NRAO Workshop No. 9, p. 20, 1985		15b.635	Astr. Ap., 156, 234, 1986
			15b.636	Astr. Ap., 161, 155, 1986
			15b.637	Astr. Ap., 163, 31, 1986
15b.592	"Submillimeter Astronomy", ESO-IRAM-Onsala Workshop, ESO Conf. Proc. No. 22, p. 157, 1985		15b.638	Astr. Ap., 166, 97, 1986
			15b.639	Astr. Ap., 166, 107, 1986
			15b.640*	Astr. Ap., 168, 65, 1986
15b.593	"Active Galactic Nuclei", Proc. Workshop, Manchester, April 84, p. 79, 1985		15b.641	Astr. Ap., 169, 63, 1986
			15b.642	Astr. Ap., 170, 20, 1986
			15b.643	Astr. Ap., 170, 27, 1986
15b.594	Sci. Sinica, Ser. A, 28, 1090, 1985		15b.644*	Astr. Ap. Suppl., 64, 135, 1986
15b.595*	Astrophysics, 23, 391, 496, 1985		15b.645	Astr. Ap. Suppl., 64, 237, 1986
15b.596	A. J., 91, 58, 1986		15b.646*	Astr. Ap. Suppl., 65, 111, 1986
15b.597*	A. J., 91, 199, 204, 1986		15b.647*	Astr. Ap. Suppl., 65, 145, 1986
15b.598	A. J., 91, 1011, 1986		15b.648	Proc. Ast. Soc. Aust., 6, 171, 1986
15b.599	A. J., 92, 6, 1986		15b.649	Proc. Ast. Soc. Aust., 6, 325, 1986
15b.600	M.N.R.A.S., 218, 31, 1986		15b.650	Star Forming Dwarf Galaxies, D. Kunth, T. X. Thuan, and J. Tran
15b.601	M.N.R.A.S., 218, 711, 1986			

	Thanh Van, eds., p. 281, 1986
15b.651	Nature, 319, 471, 1986
15b.652	Nature, 321, 753, 1986
15b.653	Can. J. Phys., 64, 378, 1986
15b.654	Can. J. Phys., 64, 452, 1986
15b.655	Can. J. Phys., 64, 531, 1986
15b.656	Stellar Activities and Obs. Techniques, K. Sadakane and A. Yamasaki, eds., p. 141, 1986
15b.657	Ap. J., 312, 101, 1987
15b.658	Ap. J., 313, 102, 1987
15b.659	Ap. J., 316, 546, 1987
15b.660	Ap. J., 317, 121, 1987
15b.661	Ap. J., 318, 175, 1987
15b.662	Ap. J., 319, 105, 1987
15b.663	Ap. J., 319, 671, 1987
15b.664	Ap. J., 322, 74, 1987
15b.665	Ap. J., 323, 505, 1987
15b.666	Ap. J. Lett., 313, L43, 1987
15b.667	Ap. J. Lett., 316, L11, 1987
15b.668	Ap. J. Lett., 319, L39, 1987
15b.669	A. J., 93, 22, 1987
15b.670	A. J., 93, 255, 1987
15b.671	A. J., 93, 1045, 1987
15b.672	A. J., 93, 1318, 1987
15b.673	A. J., 94, 1, 1987
15b.674*	A. J., 94, 587, 1987
15b.675	Astr. Ap., 171, 41, 1987
15b.676	Astr. Ap., 172, 32, 1987
15b.677	Astr. Ap., 172, 51, 1987
15b.678	Astr. Ap., 173, 12, 1987
15b.679	Astr. Ap., 176, 171, 1987
15b.680*	Astr. Ap., 179, 41, 1987
15b.681*	Astr. Ap., 181, 244, 1987
15b.682	Astr. Ap., 182, 15, 1987
15b.683	Astr. Ap., 183, 203, 1987
15b.684	Astr. Ap., 184, 71, 1987
15b.685	Astr. Ap., 186, L1, 1987
15b.686*	Ap. J. Suppl., 63, 771, 1987
15b.687	Ap. J. Suppl., 65, 319, 1987
15b.688*	Ap. J. Suppl., 65, 485, 1987
15b.689*	Ap. J. Suppl., 65, 543, 1987
15b.690	Astr. Ap. Suppl., 67, 395, 1987
15b.691	Astr. Ap. Suppl., 68, 109, 1987
15b.692*	Astr. Ap. Suppl., 69, 57, 1987
15b.693*	Astr. Ap. Suppl., 69, 91, 1987
15b.694	Astr. Ap. Suppl., 69, 171, 1987
15b.695*	Astr. Ap. Suppl., 70, 517, 1987
15b.696	Astr. Ap. Suppl., 71, 603, 1987
15b.697	M.N.R.A.S., 224, 53, 1987
15b.698*	M.N.R.A.S., 224, 895, 1987
15b.699*	M.N.R.A.S., 225, 1, 1987
15b.700*	M.N.R.A.S., 225, 297, 1987
15b.701	M.N.R.A.S., 226, 157, 1987
15b.702	M.N.R.A.S., 226, 979, 1987
15b.703	M.N.R.A.S., 227, 695, 1987
15b.704*	M.N.R.A.S., 227, 887, 1987
15b.705*	M.N.R.A.S., 228, 521, 1987
15b.706	M.N.R.A.S., 228, 557, 1987
15b.707	B.A.A.S., 18, 902, 1986
15b.708	B.A.A.S., 18, 903, 1986
15b.709	B.A.A.S., 18, 909, 1986
15b.710	B.A.A.S., 19, 682, 1987
15b.711	B.A.A.S., 19, 696, 1987
15b.712	B.A.A.S., 19, 731, 1987
15b.713	B.A.A.S., 19, 1047, 1987
15b.714	I.A.U. Symp. No. 115, Star Forming Regions, M. Peimbert and J. Jukagu, eds., p. 599, 1987
15b.715	I.A.U. Symp. No. 115, Star Forming Regions, M. Peimbert and J. Jukagu, eds., p. 626, 1987
15b.716	I.A.U. Symp. No. 127, Structure and Dynamics of Elliptical Galaxies, T. de Zeeuw, ed, p. 423, 1987
15b.717	I.A.U. Symp. No. 121, Observational Evidence of Activity in Galaxies, E. Y. Khachikian, K. J. Fricke, and J. Melnick, eds., p. 399, 1987
15b.718	I.A.U. Symp. No. 121, Observational Evidence of Activity in Galaxies, E. Y. Khachikian, K. J. Fricke, and J. Melnick, eds., p. 443, 1987
15b.719	I.A.U. Symp. No. 121, Observational Evidence of Activity in Galaxies, E. Y. Khachikian, K. J. Fricke, and J. Melnick, eds., p. 521, 1987
15b.720	NASA Conf. Publ., NASA CP-2466, ed. C. J. Lonsdale Persson, p. 227, 1987
15b.721	NASA Conf. Publ., NASA CP-2466, ed. C. J. Lonsdale Persson, p. 235, 1987
15b.722	NRAO Workshop No.16, eds. C. P. O'dea and J. M. Uson, p. 113, 1987
15b.723	NRAO Workshop No.16, eds. C. P. O'dea and J. M. Uson, p. 135, 1987
15b.724	Sov. Astron. Lett., 13, 1987.
15b.725	Sci. Sin. Ser A, 30, p. 1075, 1987
15b.726	Superluminal Radio Sources, eds. J. A. Zensus and T. J. Pearson, p. 48, 1987
15b.727	Superluminal Radio Sources, eds. J. A.

	Zensus and T. J. Pearson, p. 76, 1987	16.43	M.N.R.A.S., 177, 121P. 1976
15b.728	Superluminal Radio Sources, eds. J. A. Zensus and T. J. Pearson, p. 162, 1987	16.44	Ap. J., 212, 22, 1977
		16.45	Ap. J., 214, 35, 1977
15b.729	Superluminal Radio Sources, eds. J. A. Zensus and T. J. Pearson, p. 180, 1987	16.46	Ap. J. Lett., 214, L57, 1977
		16.47	Ap. J. Lett, 215, L7, 1977
15b.730	Superluminal Radio Sources, eds. J. A. Zensus and T. J. Pearson, p. 186, 1987	16.48	Ap. J. Lett., 216, L95, 1977
		16.49	Ap. J. Lett, 218, Ll, 1977
		16.50	B.A.A.S., 9, 322, 1977
16.1	Ap. J. Lett., 196, L23, 1975	16.51	B.A.A.S., 9, 323, 1977
16.2	Ap. J., 197, 25, 1975	16.52	B.A.A.S., 9, 558, 1977
16.3	Ap. J., Lett., 197, L9, 1975	16.53	B.A.A.S., 9, 609, 1976
16.4	Ap. J., 197, L99, 1975	16.54	M.N.R.A.S., 178, 75P, 1977
16.5	Ap. J., 197, 689, 1975	16.55	M.N.R.A.S., 181, 43P, 1977
16.6	Ap. J., 198, 1, 1975	16.56	M.N.R.A.S., 181, 93P, 1977
16.7	Ap. J., 198, 163, 1975	16.57	Nature, 270, 319, 1977
16.8	Ap. J., 199, 49, 1975	16.58	Ap. J., 219, 408, 413, 1978
16.9	Ap. J. Lett., 199, L5, 1975	16.59	Ap. J., 219, 836, 1978
16.10	Ap. J. Lett., 199, L9, 1975	16.60	Ap. J. Lett., 219, L81, 1978
16.11	Ap. J., 199, 299, 1975	16.61	Ap. J., 220, 790, 1978
16.12	Ap. J. Lett., 199, L139, 1975	16.62	Ap. J. Lett., 221, L7, 1978
16.13	Ap. J. Lett., 200, L5, 1975	16.63	Ap. J. Lett., 221, L43, 1978
16.14	Ap. J., 201, 82, 1975	16.64	Ap. J., 223, 74, 1978
16.15	Ap. J. Lett., 201, L133, 1975	16.65	Ap. J., 223, 788, 1978
16.16	P.A.S.P., 87, 625, 1975	16.66	Ap. J., 224, 375, 1978
16.17	B.A.A.S., 7, 461, 1975	16.67	Ap. J., 224, 718, 1978
16.18	B.A.A.S., 7, 461, 1975	16.68	Ap. J. Lett., 224, L103, 1978
16.19	B.A.A.S., 7, 539, 1975	16.69	Ap. J. Lett., 225, L115, 1978
16.20	M.N.R.A.S., 170, 17P, 1975	16.70	Ap. J. Lett., 226, L65, 1978
16.21	M.N.R.A.S., 173, 57P, 1975	16.71	Ap. J. Lett., 226, L69, 1978
16.22	Observatory, 95, 17, 1975	16.72	Ap. J. Lett., 226, L107, 1978
16.23	Astr. Ap., 42, 145, 1975	16.73	Ap. J. Lett., 226, L111, 1978
16.24	Ap. J. Lett., 198, L7, 1975	16.74	M.N.R.A.S., 182, 23P, 1978
16.25	Ap. J. Lett., 196, L95, 1975	16.75	M.N.R.A.S., 182, 661, 1978
16.26	IAU Cir. No. 2780, 1975	16.76	M.N.R.A.S., 183, 129, 1978
16.27	Ap. J., 207, 359, 1976	16.77	M.N.R.A.S., 183, 39P, 1978
16.28	Ap. J., 207, 364, 1976	16.78	M.N.R.A.S., 185, 423, 1978
16.29	Ap. J. Lett., 207, L159, 1976	16.79	B.A.A.S., 10, 424, 1978
16.30	Ap. J., 208, 1, 1976	16.80	B.A.A.S., 10, 424, 1978
16.31	Ap. J. Lett., 209, L17, 1976	16.81	B.A.A.S., 10, 390, 1978
16.32	Ap. J., 209, 678, 1976	16.82	B.A.A.S., 10, 391, 1978
16.33	Ap. J. Lett., 209, L111, 1976	16.83	B.A.A.S., 10, 403, 1978
16.34	Ap. J. Lett., 210, L23, 1976	16.84	B.A.A.S., 10, 403, 1978
16.35	Ap. J., 210, 631, 1976	16.85	B.A.A.S., 10, 501, 1978
16.36	P.A.S.P., 88, 610, 1976	16.86	B.A.A.S., 10, 503, 1978
16.37	B.A.A.S., 8, 355, 1976	16.87	B.A.A.S., 10, 628, 1978
16.38	B.A.A.S., 8, 446, 1976	16.88	B.A.A.S., 10, 674, 1978
16.39	B.A.A.S., 8, 553, 554, 1976	16.89	Sov. Ast. Lett., 4, 267, 1978
16.40	M.N.R.A.S., 174, 35P, 1976	16.90	Ap. Space Sci., 53, 231, 1978
16.41	M.N.R.A.S., 175, 29P, 1976	16.91	Nature, 271, 334, 1978
16.42	M.N.R.A.S., 177, 7P, 1976	16.92	Quasars and Active Nuclei of

	Galaxies. Physica Scripta, 17, No. 3, p. 159, 1978	16.137	Nature, 282, 484, 1979
16.93	I.A.U. Circ. No. 3161, 1978	16.138	Nature, 281, 462, 1979
16.94	I.A.U. Circ. Nos. 3190, 3202, 1978	16.139	Bull. Crimean Ap. Obs., 60, 63, 1979
16.95	I.A.U. Circ. No. 3202, 1978	16.140	Xray Astronomy COSPAR 21st meet., W.A. Baity and L.E. Peterson, edit., Pergamon Press, p. 97, 1979
16.96	I.A.U. Circ. Nos. 3212,3221,3224, 1978		
16.97	Nature, 275, 624, 1978	16.141	Xray Astronomy COSPAR 21st meet., W.A. Baity and L.E. Peterson, edit., Pergamon Press, p. 281, 1979
16.98	Nature, 275, 719, 1978		
16.99	Ap. J. Lett., 227, L63, 1979		
16.100	Ap. J. Lett., 227, L67, 1979	16.142	Xray Astronomy COSPAR 21st meet., W.A. Baity and L.E. Peterson, edit., Pergamon Press, p. 365, 369, 373, 1979
16.101	Ap. J. Lett., 229, L53, 1979		
16.102	Ap. J. Lett., 230, L21, 1979		
16.103	Ap. J. Lett., 230, L63, 1979	16.143	Xray Astronomy COSPAR 21st meet., W.A. Baity and L.E. Peterson, edit., Pergamon Press, p. 411, 417, 1979
16.104	Ap. J., 233, B510, 1979		
16.105	Ap. J., 234, 477, 1979		
16.106	Ap. J. Lett., 232, L17, 1979	16.144	Proc. R.S. London, ser. A, 366, 435, 1979
16.107	Ap. J. Lett., 234, L9, 1979		
16.108	Ap. J. Lett., 234, L27, 1979	16.145	Ap. J., 235, 355, 1980
16.109	Ap. J. Lett., 234, L33, 1979	16.146	Ap. J., 235, 377, 1980
16.110	Ap. J. Lett., 234, L39, 1979	16.147	Ap. J., 236, 99, 1980
16.111	Ap. J. Lett., 234, L45, 1979	16.148	Ap. J., 237, 414, 1980
16.112	Ap. J. Suppl., 40, 657, 1979	16.149	Ap. J. Lett., 235, L61, 1980
16.113	B.A.A.S., 11, 460, 1979	16.150	Ap. J., 238, 539, 1980
16.114	B.A.A.S., 11, 465, 1979	16.151	Ap. J., 240, 421, 1980
16.115	B.A.A.S., 11, 466, 1979	16.152	Ap. J. Lett., 238, L53, 1980
16.116	B.A.A.S., 11, 655, 1979	16.153	Ap. J. Lett., 238, L59, 1980
16.117	B.A.A.S., 11, 427, 1979	16.154	Ap. J. Lett., 239, L5, 1980
16.118	B.A.A.S., 11, 426, 1979	16.155	Ap. J., 241, 74, 1980
16.119	B.A.A.S., 11, 442, 1979	16.156	Ap. J., 241, 552, 1980
16.120	B.A.A.S., 11, 633, 1979	16.157	Ap. J., 242, 492, 1980
16.121	B.A.A.S., 11, 636, 1979	16.158	Ap. J. Lett., 241, L13, 1980
16.122	B.A.A.S., 11, 791, 1979	16.159	B.A.A.S., 12, 486, 1980
16.123	B.A.A.S., 11, 693, 791, 1979	16.160	B.A.A.S., 12, 488, 1980
16.124	B.A.A.S., 11, 784, 1979	16.161	B.A.A.S., 12, 796, 1980
16.125	B.A.A.S., 11, 792, 797, 1979	16.162	B.A.A.S., 12, 802, 1980
16.126	M.N.R.A.S., 188, 1P, 1979	16.163	B.A.A.S., 12, 872, 1980
16.127	M.N.R.A.S., 188, 813, 1979	16.164	B.A.A.S., 12, 873, 1980
16.128	M.N.R.A.S., 189, 37P, 1979	16.165	B.A.A.S., 12, 874, 1980
16.129	M.N.R.A.S., 189, 873, 1979	16.166	M.N.R.A.S., 192, 83, 1980
16.130	Astr. Ap., 72, L6, 1978	16.167	M.N.R.A.S., 192, 135, 1980
16.131	Sov. Ast. Lett., 5, 168, 1978	16.168	M.N.R.A.S., 192, 1P, 1980
16.132	Ap. Space Sci., 66, 497, 1979	16.169	M.N.R.A.S., 193, 15P, 1980
16.133	Ap. Letters, 20, 63, 1979	16.170	M.N.R.A.S., 193, 549, 1980
16.134	Mitt. Ast. Gesell., 45, 80, 1979	16.171	Highlights of Ast. Joint IAU Discuss. No. 8, p. 641, 1980
16.135	Pittsburgh Conf. on BL Lac Objects, A.M. Wolfe, ed., Univ. of Pittsburgh, p. 163, 1978.		
		16.172	Highlights of Ast. Joint IAU Discuss. No. 8, p. 653, 1980
16.136	Pittsburgh Conf. on BL Lac Objects, A. M. Wolfe, ed., Univ. of Pittsburgh, p. 169, 1978.	16.173	Highlights of Ast. Joint IAU Discuss. No. 8, p. 657, 689, 741, 1980
		16.174	Highlights of Ast. Joint IAU Discuss.

	No. 8, p. 695, 1980	16.212	B.A.A.S., 13, 850, 1981
16.175	Xray Astronomy, Proc. NATO Advanced Study Inst., Erice, Italy, 1979, eds. R. Giacconi and G. Setti, p. 103, 1980	16.213	B.A.A.S., 13, 894, 1981
		16.214	M.N.R.A.S., 194, 29P, 1981
		16.215	M.N.R.A.S., 195, 241, 1981
16.176	Xray Astronomy, Proc. NATO Advanced Study Inst., Erice, Italy, 1979, eds. R. Giacconi and G. Setti, p. 181, 1980	16.216	M.N.R.A.S., 196, 35P, 1981
		16.217	M.N.R.A.S., 196, 857, 1981
		16.218	M.N.R.A.S., 197, 865, 1981
16.177	Xray Astronomy, Proc. NATO Advanced Study Inst., Erice, Italy, 1979, eds. R. Giacconi and G. Setti, p. 273, 1980	16.219	M.N.R.A.S., 197, 893, 1981
		16.220	The Universe at UV - NASA Conf. Publ. No. 2171, p. 751, 1981
16.178	Xray Astronomy, Proc. NATO Advanced Study Inst., Erice, Italy, 1979, eds. R. Giacconi and G. Setti, p. 291, 1980	16.221	Astr. Ap., 94, 234, 1981
		16.222	Astr. Ap., 100, 189, 1981
		16.223	X-ray Ast. with the Einstein Satellite, R. Giacconi, ed., Ap. Space Sci. lib., vol. 87, p. 153, 1981
16.179	Xray Astronomy, Proc. NATO Advanced Study Inst., Erice, Italy, 1979, eds. R. Giacconi and G. Setti, p. 327, 1980	16.224	X-ray Ast. with the Einstein Satellite, R. Giacconi, ed., Ap. Space Sci. lib., vol. 87, p. 173, 1981
16.180	Non-solar Gamma-rays, COSPAR Symp., Bangalore, India, 1979, edit. R. Cowsik, R.D. Wills, p. 67, 1980	16.225	X-ray Ast. with the Einstein Satellite, R. Giacconi, ed., Ap. Space Sci. lib., vol. 87, p. 187, 1981
16.181	Ap. J., 243, 690, 1981	16.226	X-ray Ast. with the Einstein Satellite, R. Giacconi, ed. Ap. Space Sci. lib., vol. 87, p. 215, 1981
16.182	Ap. J., 244, 429, 1981		
16.183	Ap. J., 245, 357, 1981	16.227	X-ray Ast. with the Einstein Satellite, R. Giacconi, ed., Ap. Space Sci. lib., vol. 87, p. 261, 1981
16.184	Ap. J., 245, 799, 1981		
16.185	Ap. J., 245, 840, 1981		
16.186	Ap. J., 246, 20, 1981	16.228	Ap. Space Sci., 79, 469, 1981
16.187	Ap. J. Lett., 243, L5, 1981	16.229	Space Sci. Rev., 30, 47, 107, 1981
16.188	Ap. J. Lett., 243, L9, L13, 1981	16.230	Space Sci. Rev., 30, 61, 1981
16.189	Ap. J. Lett., 244, L47, 1981	16.231	Space Sci. Rev., 30, 135, 311, 1981
16.190	Ap. J. Lett., 246, L11, 1981	16.232	Space Sci. Rev., 30, 143, 1981
16.191	Ap. J. Lett., 246, L61, 1981	16.233	Space Sci. Rev., 30, 119, 1981
16.192	Ap. J., 247, 458, 1981	16.234	Ap. J. Lett., 253, L17, 1982
16.193	Ap. J., 247, 464, 1981	16.235	Ap. J., 253, 19, 1982
16.194	Ap. J., 247, 484, 1981	16.236	Ap. J., 253, 485, 1982
16.195	Ap. J., 248, 47, 55, 1981	16.237	Ap. J., 253, 504, 1982
16.196	Ap. J., 248, 105, 1981	16.238	Ap. J., 256, 92, 1982
16.197	Ap. J. Lett., 247, L63, 1981	16.239	Ap. J., 256, 397, 1982
16.198	Ap. J. Lett., 248, L61, 1981	16.240	Ap. J., 257, 47, 1982
16.199	Ap. J., 250, 450, 1981	16.241	Ap. J., 259, 38, 1982
16.200	Ap. J., 250, 513, 1981	16.242	Ap. J., 261, 42, 1982
16.201	Ap. J., 251, 15, 1981	16.243	Ap. J., 261, 51, 1982
16.202	Ap. J., 251, 31, 1981	16.244	Ap. J. Lett., 256, L37, 1982
16.203	Ap. J., 251, 501, 1981	16.245	Ap. J. Lett., 257, L51, 1982
16.204	Ap. J. Lett., 250, L49, 1981	16.246	Ap. J., 262, 24, 33, 1982
16.205	A. J., 86, 1289, 1981	16.247	Ap. J., 263, 564, 1982
16.206	A. J., 86, 1585, 1981	16.248	A. J., 87, 1438, 1982
16.207	B.A.A.S., 13, 521, 1981	16.249	P.A.S.P., 94, 748, 1982
16.208	B.A.A.S., 13, 550, 1981	16.250	B.A.A.S., 14, 602, 1982
16.209	B.A.A.S., 13, 799, 1981		
16.210	B.A.A.S., 13, 822, 1981		
16.211	B.A.A.S., 13, 849, 850, 1981		

16.251	B.A.A.S., 14, 649, 1982		16.297	Astr. Ap., 122, 330, 1983
16.252	B.A.A.S., 14, 659, 1982		16.298	Sov. Ast., 27, 21, 627, 1983
16.253	B.A.A.S., 14, 932, 1982		16.299	IAU Symp. No. 101 SNR and their X-ray Emission, J. Danziger and P. Gorenstein, eds., p. 591, 1983
16.254	B.A.A.S., 14, 948, 1982			
16.255	B.A.A.S., 14, 962, 1982			
16.256	M.N.R.A.S., 198, 13P, 1982		16.300	Adv. Space Res., vol. 2, No. 9, p. 163, 1983
16.257	M.N.R.A.S., 200, 263, 1982			
16.258	M.N.R.A.S., 200, 293, 1982		16.301	"Astrophysical Jets", Ap. Space Sci. Lib., vol 103, p. 183, 1983
16.259	M.N.R.A.S., 200, 385, 1982			
16.260	M.N.R.A.S., 200, 61P, 1982		16.302	Ap. J., 276, 434, 1984
16.261	Observatory, 102, 110, 1982		16.303	Ap. J., 277, 115, 1984
16.262	Observatory, 102, 113, 1982		16.304	Ap. J., 278, 37, 1984
16.263	Observatory, 102, 115, 1982		16.305	Ap. J., 278, 112, 1984
16.264	Astr. Ap., 107, 186, 1982		16.306	Ap. J., 278, 137, 1984
16.265	Astr. Ap., 113, 73, 1982		16.307	Ap. J., 278, 521, 1984
16.266	Astr. Ap., 113, 328, 1982		16.308	Ap. J., 278, 536, 1984
16.267	M.N.R.A.S., 199, 1089, 1982		16.309	Ap. J., 279, 555, 1984
16.268	IAU Symp. No. 97, "Extragalactic Radio Sources", eds. D. Heeschen and C. Wade, pp. 107, 117, 1982		16.310	Ap. J., 280, 499, 1984
			16.311	Ap. J., 280, 532, 1984
			16.312	Ap. J., 281, 90, 1984
16.269	"Optical Jets in Galaxies", Proc. ESO/ESA Workshop, Munich - ESA-SP-162, p. 109, 115, 1981		16.313	Ap. J., 281, 570, 1984
			16.314	Ap. J., 283, 495, 1984
			16.315	Ap. J., 284, 54, 1984
16.270	Ap. J., 264, 92, 1983		16.316	Ap. J., 284, 65, 1984
16.271	Ap. J., 265, 26, 1983		16.317	Ap. J., 284, 663, 1984
16.272	Ap. J., 266, 459, 1983		16.318	Ap. J., 285, 475, 1984
16.273	Ap. J., 266, 485, 1983		16.319	Ap. J., 285, 571, 1984
16.274	Ap. J., 266, 568, 1983		16.320	Ap. J., 286, 144, 1984
16.275	Ap. J., 267, 535, 547, 1983		16.321	Ap. J., 286, 491, 1984
16.276	Ap. J., 268, 105, 1983		16.322	Ap. J., 287, 167, 1984
16.277	Ap. J., 269, 400, 1983		16.323	Ap. J. Lett., 284, L29, 1984
16.278	Ap. J., 269, 423, 1983		16.324	Ap. J. Suppl., 54, 581, 1984
16.279	Ap. J., 272, 84, 1983		16.325	P.A.S.P., 96, 388, 1984
16.280	Ap. J., 272, 439, 1983		16.326	B.A.A.S., 16, 439, 1984
16.281	Ap. J., 274, 549, 1983		16.327	B.A.A.S., 16, 537, 1984
16.282	Ap. J., 275, 467, 1983		16.328	B.A.A.S., 16, 932, 1984
16.283	Ap. J., 275, 571, 1983		16.329	B.A.A.S., 16, 933, 1984
16.284	Ap. J. Lett., 266, L5, 1983		16.330	M.N.R.A.S., 208, 15, 1984
16.285	Ap. J. Lett., 268, L69, 1983		16.331	M.N.R.A.S., 208, 185, 1984
16.286	Ap. J. Lett., 268, L31, 1983		16.332	M.N.R.A.S., 211, 981, 1984
16.287	Ap. J. Lett., 270, L1, 1983		16.333	Observatory, 104, 57, 1984
16.288	Ap. J. Lett., 273, L7, 1983		16.334	Astr. Ap., 136, L14, 1984
16.289	A. J., 88, 253, 1983		16.335	Astr. Ap. Suppl., 56, 415, 1984
16.290	A. J., 88, 1587, 1983		16.336	Mitt. Ast. Gesell., 62, 101, 1984
16.291	P.A.S.P., 95, 133, 1983		16.337	"The Comparative HI Content of Normal Galaxies", Green Bank Workshop, p. 87, 1982
16.292	B.A.A.S., 15, 913, 1983			
16.293	B.A.A.S., 15, 978, 1983			
16.294	M.N.R.A.S., 205, 67, 1983		16.338	"Positron-Electron Pairs in Astrophysics", AIP Conf. Proc. No. 101, p. 293, 338, 1983
16.295	M.N.R.A.S., 205, 875, 1983			
16.296	Astr. Ap., 119, 80, 1983			

16.339	Fourth Europ. I.U.E. Conf., Rome, ESA-SP-218, p. 111, 1984		16.373	Proc. Ast. Soc. Aust., 6, 151, 1985
16.340	"X-ray and UV Emission from AGN", Proc. Max Planck Inst. for Extraterrestrial Phys., MPE Rep. 184, pp. 88, 102, 105, 1984		16.374	"New Aspects of Galaxy Photometry", Proc. Toulouse, France, 1984, Lect. Notes in Phys., 232, p. 97, 1985
16.341	"X-ray and UV Emission from AGN", Proc. Max Planck Inst. for Extraterrestrial Phys., MPE Rep. 184, pp. 108, 114, 1984		16.375	"The Virgo Cluster", ESO Workshop, ESO Proc. 20, 323, 345, 1985
			16.376	Nature, 315, 554, 1985
16.342	"Clusters and Groups of Galaxies", Ap. Space Sci. Lib. No. 111, p. 297, 1984		16.377	18th Int. Cosmic Ray Conf., Bangalore, India, vol. 1, p. 3, 1983
			16.378	Adv. Space Res., 5, No. 3, p. 129, 133, 1985
16.343	Aust. J. Phys., 37, 91, 1984		16.379	"Active Galactic Nuclei", Proc. Workshop, Manchester, April 84, p. 238, 243, 1985
16.344	"Very Hot Astrophysical Plasmas", Europ. Workshop, Nice 1982, Physica Scripta, vol. 77, p. 169, 1984			
			16.380	Nuovo Cimento, vol. 7C Ser. 1, No. 6, p. 864, 1985
16.345	"Very Hot Astrophysical Plasmas", Europ. Workshop, Nice 1982, Physica Scripta, vol. 77, p. 129, 134, 1984		16.381	19th Int. Cosmic Ray Conf. NASA Publ. CP2376, pp. 273, 277, 1985
16.346	"Very Hot Astrophysical Plasmas", Europ. Workshop, Nice 1982, Physica Scripta, vol. 77, p. 176, 1984		16.382	19th Int. Cosmic Ray Conf. NASA Publ. CP2376, p. 264, 1985
			16.383	Space Sci. Rev., 40, No. 3/4, pp. 585, 593, 643, 1985
16.347	Ap. J., 290, 96, 1985		16.384	Space Sci. Rev., 40, No. 3/4, pp. 661, 669, 675, 1985
16.348	Ap. J., 290, 130, 1985			
16.349	Ap. J., 291, 611, 1985		16.385	Space Sci. Rev., 40, No. 3/4, pp. 597, 619, 633, 637, 647, 1985
16.350	Ap. J., 291, 621, 1985			
16.351	Ap. J., 291, 668, 1985		16.386	A. J., 91, 1019, 1986
16.352	Ap. J., 291, 693, 1985		16.387	Observatory, 106, 11, 1986
16.353	Ap. J., 293, 102, 1985		16.388	M.N.R.A.S., 218, 457, 1986
16.354	Ap. J., 296, 69, 1985		16.389	M.N.R.A.S., 218, 685, 1986
16.355*	Ap. J., 296, 430, 1985		16.390	M.N.R.A.S., 219, 39, 1986
16.356*	Ap. J., 296, 447, 1985		16.391	M.N.R.A.S., 220, 363, 1986
16.357	Ap. J., 297, 199, 1985		16.392	M.N.R.A.S., 220, 949, 1986
16.358	Ap. J., 297, 564, 1985		16.393	M.N.R.A.S., 221, 7P, 1986
16.359	Ap. J., 297, 633, 1985		16.394	M.N.R.A.S., 223, 29P, 1986
16.360	Ap. J., 298, 259, 1985		16.395	Ap. J., 300, 669, 1986
16.361	A. J., 90, 1, 1985		16.396	Ap. J., 301, 742, 1986
16.362	B.A.A.S., 17, 586, 1985		16.397	Ap. J., 304, 312, 1986
16.363	B.A.A.S., 17, 608, 1985		16.398	Ap. J., 304, 657, 1986
16.364	B.A.A.S., 17, 757, 1985		16.399	Ap. J., 305, 57, 68, 1986
16.365	M.N.R.A.S., 215, 799, 1985		16.400	Ap. J., 305, 369, 1986
16.366	M.N.R.A.S., 216, 1043, 1985		16.401	Ap. J., 306, 508, 1986
16.367	M.N.R.A.S., 217, 105, 1985		16.402	Ap. J., 307, 486, 1986
16.368	M.N.R.A.S., 217, 685, 1985		16.403	Ap. J., 308, 563, 1986
16.369	Astr. Ap., 142, 37, 1985		16.404	Ap. J., 309, 45, 1986
16.370	Astr. Ap., 147, 22, 1985		16.405	Ap. J., 310, 291, 1986
16.371	Astr. Ap., 147, L27, 1985 see also I.A.U. Circ. No. 4060, 1985		16.406	Ap. J., 310, 325, 1986
			16.407	Ap. J., 310, 637, 1986
			16.408	Ap. J., 310, 694, 1986
16.372	I.A.U. Circ. No. 4044, 1985		16.409	Ap. J., 311, 623, 1986

16.410	Ap. J. Lett., 308, L55, 1986	16.446	B.A.A.S., 18, 998, 1986
16.411	Ap. J. Lett., 308, L51, 1986	16.447	B.A.A.S., 19, 696, 1987
16.412	Ap. J. Suppl., 61, 353, 1986	16.448	B.A.A.S., 19, 733, 1987
16.413	Astr. Ap., 162, 16, 1986	16.449	B.A.A.S., 19, 1032, 1987
16.414	Ap. Space Sci., 119, 185, 1986	16.450	B.A.A.S., 19, 1080, 1987
16.415	X-ray Astronomy '84, M. Oda and R. Giacconi, eds., p. 212, 1986	16.451	Nature, 325, 694, 1987
16.416	X-ray Astronomy '84, M. Oda and R. Giacconi, eds., p. 373, 1986	16.452	Nature, 325, 696, 1987
		16.453	Adv. Space Res., 6, 1973, 1986
16.417	X-ray Astronomy '84, M. Oda and R. Giacconi, eds., p. 377, 1986	16.454	NRAO Workshop No.16, eds. C. P. O'dea and J. M. Uson, p. 113, 1987
16.418	X-ray Astronomy '84, M. Oda and R. Giacconi, eds., p. 451, 1986	16.455	Variability of Galactic and Extragalactic Radio Sources, ed. A. Treves, p. 29, 1987
16.419	X-ray Astronomy '84, M. Oda and R. Giacconi, eds., p. 479, 1986	16.456	Variability of Galactic and Extragalactic Radio Sources, ed. A. Treves, p. 43, 1987
16.420	Japan-US Seminar on Galactic and Extragalactic Compact X-ray Sources, Y. Tanaka and W. H. G. Lewin, eds., p. 261, 1986	16.457	Variability of Galactic and Extragalactic Radio Sources, ed. A. Treves, p. 47, 1987
16.421	Pub. A. S. Japan, 38, 285, 1986	16.458	Variability of Galactic and Extragalactic Radio Sources, ed. A. Treves, p. 59, 1987
16.422	Pub. A. S. Japan, 38, 685, 1986		
16.423	Ann. N. Y. Acad. Sci., 470, 386, 1986		
16.424	"Quasars", I.A.U. Symposium No. 119, G. Swarup and V. K. Kapahi, eds., p. 59, 1986	17a.1	Ap. J., 196, 121, 1975
		17a.2	Ap. J., 198, 617, 1975
		17a.3	Ap. J., 200, 574, 1975
16.425	"Quasars", I.A.U. Symposium No. 119, G. Swarup and V. K. Kapahi, eds., p. 129, 1986	17a.4	Ap. J., 201, 82, 1975
		17a.5	P.A.S.P., 87, 401, 1975
		17a.6	B.A.A.S., 7, 457, 1975
16.426	Stellar Activities and Obs. Techniques, K. Sadakane and A. Yamasaki, eds., p. 149, 1986	17a.7	B.A.A.S., 7, 555, 1975
		17a.8	Astr. Ap., 44, 267, 1975
		17a.9	Astr. Ap., 45, 429, 1975
16.427	Ap. J., 312, 91, 1987	17a.10	Ap. J., 197, 415, 1975
16.428	Ap. J., 312, 101, 1987	17a.11	Astr. Ap., 44, 431, 1975
16.429*	Ap. J., 312, 111, 1987	17a.12	Sov. Ast., 19, 685, 1975
16.430	Ap. J., 312, 134, 1987	17a.13	Ap. Space Sci., 32, 39, 1975
16.431*	Ap. J., 312, 503, 1987	17a.14	IAU Cir. No. 2755, 1975
16.432	Ap. J., 313, 662, 1987	17a.15	IAU Cir. No. 2782, 1975
16.433	Ap. J., 316, 127, 1987	17a.16	IAU Cir. No. 2789, 2790, 1975
16.434	Ap. J., 316, 132, 1987	17a.17	C.R. Acad. Sci., Paris, Ser. B, 280, 605, 1975
16.435	Ap. J., 317, 145, 1987		
16.436	Ap. J., 317, 152, 1987	17a.18	J.B. Ast. A., 85, 352, 1975
16.437	Ap. J., 318, 175, 1987	17a.19	IAU Cir. No. 2738, 2743, 2753, 1975
16.438	Ap. J., 322, 662, 1987	17a.20	IAU Cir. No. 2776, 1975
16.439*	Ap. J. Lett., 315, L11, 1987	17a.21	Ast. Tsirk. No. 878, p. 8, 1975
16.440	Ap. J. Lett., 315, L17, 1987	17a.22	M.N.A. Soc. South Africa, 34, 94, 1975
16.441	Astr. Ap., 172, 378, 1987	17a.23	Inf. Bull. Var. Stars, No. 1046, 1975
16.442	M.N.R.A.S., 224, 443, 1987	17a.24	P.A.S. Japan, 27, 571, 1975
16.443	M.N.R.A.S., 226, 9P, 1987	17a.25	Inf. Bull. Var. Stars, No. 1062, 1975
16.444	M.N.R.A.S., 227, 241, 1987	17a.26	Ast. Tsirk No. 874, p. 1, 1975
16.445	M.N.R.A.S., 227, 525, 1987		

17a.27	IAU Circ. No. 2858, 2859, 2866, 1975	17a.75	A. J., 83, 13, 1978
17a.28	IAU Circ. No. 2874, 1975	17a.76	Astr. Ap. Suppl., 34, 387, 1978
17a.29	IAU Circ. No. 2878, 1975	17a.77	P.A.S.P., 90, 565, 1978
17a.30	IAU Circ. No. 2888, 1975	17a.78	I.A.U. Circ. No. 3158, 1978
17a.31	IAU Circ. No. 2893, 1975	17a.79	I.A.U. Circ. Nos. 3221, 3224, 1978
17a.32	Ap. J., 207, 44, 1976	17a.80	I.A.U. Circ. Nos. 3242, 3244, 1978
17a.33	Ap. J., 207, 860, 1976	17a.81	I.A.U. Circ. Nos. 3254, 3255, 1978
17a.34	Ap. J., 210, 733, 1976	17a.82	I.A.U. Circ. Nos. 3297, 3299, 3302, 1978
17a.35	P.A.S.P., 88, 521, 1976	17a.83	I.A.U. Circ. Nos. 3303, 3316, 1978
17a.36	P.A.S.P., 88, 828, 1976	17a.84	I.A.U. Circ. Nos. 3305, 3316, 1978
17a.37	M.N.R.A.S., 175, 595, 1976	17a.85	I.A.U. Circ. Nos. 3309, 3316, 1978
17a.38	Astr. Ap., 48, 253, 1976	17a.86	Priroda, No. 1, 134, 1978
17a.39	Sov. Ast., 20, 666, 1976	17a.87	Nature, 275, 198, 1978
17a.40	Sov. Ast. Lett., 2, 107, 1976	17a.88	Ap. J., 230, 11, 1979
17a.41	IAU Circ. No. 2895, 1976	17a.89	A. J., 84, 502, 1979
17a.42	IAU Circ. No. 2935, 1976	17a.90	A. J., 84, 1837, 1979
17a.43	IAU Circ. No. 2959, 1976	17a.91	B.A.A.S., 11, 694, 1979
17a.44	Yamamoto Circ. No. 1831, 1976	17a.92*	Astr. Ap., 72, 287, 1979
17a.45	Ast. Tsirk. No. 907, 1, 2, 1976	17a.93	I.A.U. Circ. Nos. 3322, 3323, 1979
17a.46	IAU Circ. No. 2998, 1976	17a.94	Ast. Tsirk. No. 1035, 8, 1979
17a.47	IAU Circ. No. 3021, 1976	17a.95	I.A.U. Circ. Nos. 3340, 41, 45, 1979
17a.48	Ast. Tsirk. No. 915, 8, 1976	17a.96	I.A.U. Circ. Nos. 3348, 51, 53, 55, 59, 61, 65, 69, 71, 72, 86, 1979
17a.49	Yamamoto Circ. No. 1828, 1976	17a.97	I.A.U. Circ. No. 3395, 1979
17a.50	IAU Circ. No. 2984, 1976	17a.98	I.A.U. Circ. No. 3424, 3426, 1979
17a.51	Yamamoto Circ. No. 1836, 1976	17a.99	P.A.S.P., 92, 56, 1980
17a.52	Ast. Tsirk, No. 906, 1, 1976	17a.100	B.A.A.S., 12, 752, 798, 1980
17a.53	IAU Circ. No. 2991, 1976	17a.101	M.N.R.A.S., 190, 51P, 1980
17a.54	Proc. 3rd European Ast. Meeting, Tbilisi, E.K. Karadze, edit., p. 105, 1976	17a.102	M.N.R.A.S., 192, 861, 1980
17a.55	IAU Circ. No. 2921, 1976	17a.103	M.N.R.A.S., 193, 21P, 1980
17a.56	IAU Circ. No. 2999, 1976	17a.104	Astr. Ap., 83, 354, 1980
17a.57	IAU Circ. No. 2825, 1975	17a.105	Astr. Ap., 84, L19, 1980
17a.58	IAU Circ. No. 2883, 1975	17a.106	I.A.U. Circ. No. 3456, 1980
17a.59	Ap. J., 216, 67, 1977	17a.107	I.A.U. Circ. No. 3471, 1980
17a.60	M.N.R.A.S., 181, 677, 1977	17a.108	I.A.U. Circ. Nos. 3444, 3485, 1980
17a.61	Astr. Ap., 56, 59, 1977	17a.109	I.A.U. Circ. Nos. 3462, 3464, 1980
17a.62	Astr. Ap., 57, 73, 1977	17a.110	I.A.U. Circ. Nos. 3480, 3484, 1980
17a.63	Sov. Ast. Lett., 3, 241, 1977	17a.111	Inf. Bull. Var. Stars, No. 1774, 1980
17a.64	I.A.U. Circ. No. 3037, 1977	17a.112	Ast. Tsirk. No. 1064, p. 7, 1979
17a.65	I.A.U. Circ. No. 3029, 1977	17a.113	I.A.U. Circ. Nos. 3492, 3500, 1980
17a.66	I.A.U. Circ. No. 3035, 1977	17a.114	I.A.U. Circ. No. 3494, 1980
17a.67	I.A.U. Circ. Nos. 3053, 3081, 1977	17a.115	I.A.U. Circ. Nos. 3532, 34, 37, 42, 44, 48, 57, 1980
17a.68	I.A.U. Circ. No. 3069, 1977	17a.116	I.A.U. Circ. No. 3547, 1980
17a.69	I.A.U. Circ. Nos. 3091, 3103, 1977	17a.117	I.A.U. Circ. Nos. 3548, 3556, 1980
17a.70	Ast. Tsirk. No. 941, 1, 1977	17a.118	Mitt. Ast. Gesell., No. 50, 69, 1980
17a.71	I.A.U. Circ. No. 3122, 1977	17a.119	Ap. J., 244, 780, 1981
17a.72	I.A.U. Circ. No. 3140, 1977	17a.120	Ap. J. Lett., 243, L151, 1981
17a.73	Ap. Space Sci., 48, 421, 1977	17a.121	Ap. J. Lett., 245, L107, 1981
17a.74	Ap. J., 220, 484, 1978		

17a.122	Ap. J., 247, 484, 1981	17a.164	M.N.R.A.S., 199, 409, 1982
17a.123	Ap. J. Lett., 251, L13, 1981	17a.165	Astr. Ap., 114, 216, 1982
17a.124	A. J., 86, 998, 1981	17a.166	Astr. Ap., 116, 35, 1982
17a.125	P.A.S.P., 93, 36, 1981	17a.167	Astr. Ap., 116, 43, 1982
17a.126	P.A.S.P., 93, 176, 1981	17a.168	Sov. Ast., 26, 683, 1982
17a.127	P.A.S.P., 93, 181, 1981	17a.169	Sov. Ast. Lett., 8, 115, 1982
17a.128	P.A.S.P., 93, 239, 1981	17a.170	I.A.U. Circ. No. 3661, 1982
17a.129	P.A.S.P., 93, 294, 1981	17a.171	I.A.U. Circ. Nos. 3667,-71,-78, 1982
17a.130	B.A.A.S., 13, 795, 1981	17a.172	I.A.U. Circ. No. 3683, 1982
17a.131	M.N.R.A.S., 196, 65P, 1981	17a.173	I.A.U. Circ. No. 3681, 1982
17a.132	Astr. Ap., 93, 53, 1981	17a.174	I.A.U. Circ. Nos. 3689,-90, 1982
17a.133	Sov. Ast. Lett., 7, 300, 1981	17a.175	I.A.U. Circ. Nos. 3684, 3727, 1982
17a.134	Astr. Ap., 98, 19, 1981	17a.176	I.A.U. Circ. Nos. 3693,-96, 1982
17a.135	I.A.U. Circ. No. 3609, 1981	17a.177	I.A.U. Circ. No. 3707, 1982
17a.136	I.A.U. Circ. No. 3610, 1981	17a.178	I.A.U. Circ. No. 3708, 1982
17a.137	I.A.U. Circ. No. 3611, 1981	17a.179	I.A.U. Circ. Nos. 3717,-20, 1982
17a.138	I.A.U. Circ. No. 3614, 1981	17a.180	I.A.U. Circ. No. 3724, 1982
17a.139	I.A.U. Circ. No. 3559, 1981	17a.181	I.A.U. Circ. No. 3728, 1982
17a.140	I.A.U. Circ. Nos. 3574, 3613, 1981	17a.182	I.A.U. Circ. Nos. 3741, 3752, 1982
17a.141	I.A.U. Circ. Nos. 3578,-80,-85, 3621, 1981	17a.183	I.A.U. Circ. No. 3749, 1982
17a.142	I.A.U. Circ. Nos. 3580,-83,-84,-87, -89, 1981	17a.184	I.A.U. Circ. Nos. 3739,-49, 1982
17a.143	I.A.U. Circ. No. 3581, 1981	17a.185	I.A.U. Circ. Nos. 3745,-52, 1982
17a.144	I.A.U. Circ. Nos. 3583,-86,-89, 1981	17a.186	Ast. Tsirk. No. 1188, p. 6, 1981
17a.145	I.A.U. Circ. No. 3624, 1981	17a.187	Ast. Tsirk. No. 1180, p. 2, 1981
17a.146	I.A.U. Circ. Nos. 3627,-28, 1981	17a.188	Ast. Tsirk. No. 1200, p. 6, 1982
17a.147	Inf. Bull. Var. Stars No. 1956, 1981	17a.189	Inf. Bull. Var. Stars, No. 2065, 1982
17a.148	Inf. Bull. Var. Stars No. 2061, 1981	17a.190	Inf. Bull. Var. Stars, No. 2204, 1982
17a.149	Ast. Tsirk. No. 1143, p. 8, 1980	17a.191	I.A.U. Circ. No. 3754, 56, 1982
17a.150	Ast. Tsirk. No. 1149, p. 7, 1981	17a.192	Report Obs. Lund. No. 18, p. 105, 1982
17a.151	Type I Supernovae, Proc. Texas Workshop, J. C. Wheeler, ed., p. 13, 128, 1980	17a.193	Acta Ap. Sinica, 2, 123, 1982
17a.152	Second European IUE Conf., Tubingen, Germany, ESA - Paris, p. XXVII, 1980 (see also: Mem. Soc. Ast. Ital., 52, 87, 1981)	17a.194	I.A.U. Symp. No. 97, "Extragalactic Radio Sources", eds. D. Heeschen and C. Wade, p. 391, 1982
		17a.195	Adv. in UV Ast. Four Years of IUE Res. NASA Conf. Publ. 2238, p. 34, 1982
17a.153	Bull. Ast. Soc. India, 9, 60, 1981	17a.196	Third Europ. IUE Conf. - ESA-SP-176, p. 31, 1982
17a.154	Nauchn. Inf., Vyp. No. 43, 98, 1980	17a.197	Ap. J., 265, 719, 1983
17a.155	The Universe at UV - NASA Conf. Publ. No. 2171, p. 521, 1981	17a.198	Ap. J., 268, 718, 1983
17a.156	Ap. J. Lett., 252, L61, 1982	17a.199	Ap. J., 270, 123, 1983
17a.157	Ap. J. Lett., 253, L17, L63, 1982	17a.200	Ap. J., 274, 168, 1983
17a.158	Ap. J., 256, 339, 1982	17a.201	Ap. J., 274, 175, 1983
17a.159	Ap. J., 259, 302, 1982	17a.202	P.A.S.P., 95, 72, 1983
17a.160	Ap. J. Lett., 257, L63, 1982	17a.203	P.A.S.P., 95, 607, 1983
17a.161	A. J., 87, 1538, 1982	17a.204	B.A.A.S., 15, 614, 1983
17a.162	P.A.S.P., 94, 578, 1982	17a.205	B.A.A.S., 15, 877, 1983
17a.163	B.A.A.S., 14, 935, 1982	17a.206	B.A.A.S., 15, 954, 1983
		17a.207	B.A.A.S., 15, 966, 1983
		17a.208	Astr. Ap., 128, L3, 1983
		17a.209	IAU Circ. Nos. 3787, 3789, 1983

17a.210	IAU Circ. Nos. 3789,-91,-92,-94, 3814, 1983		17a.252	Astr. Ap., 133, 264, 1984
17a.211	IAU Circ. No. 3815, 1983		17a.253	Astr. Ap., 140, L1, 1984
17a.212	IAU Circ. No. 3827, 1983		17a.254	Astrofizika, 21, 393, 1984
17a.213	IAU Circ. No. 3759, 1983		17a.255	Ap. Space Sci., 98, 115, 1984
17a.214	IAU Circ. No. 3792, 1983		17a.256	Bull. Ast. Soc. India, 11, 240, 1983
17a.215	IAU Circ. No. 3813, 1983		17a.257	I.A.U. Circ. Nos. 3907,-08,-10,-12, -18,-24,-36, 1984
17a.216	IAU Circ. No. 3828, 1983		17a.258	I.A.U. Circ. No. 3915, 1984
17a.217	IAU Circ. No. 3803, 1983		17a.259	I.A.U. Circ. No. 3916, 1984
17a.218	IAU Circ. Nos. 3770, 3787, 1983		17a.260	I.A.U. Circ. No. 3921, 1984
17a.219	IAU Circ. No. 3777, 1983		17a.261	I.A.U. Circ. No. 3928, 1984
17a.220	IAU Circ. No. 3784, 1983		17a.262	I.A.U. Circ. No. 3930, 1984
17a.221	IAU Circ. Nos. 3764,-69, 1983		17a.263	I.A.U. Circ. Nos. 3931, 3936, 1984
17a.222	IAU Circ. Nos. 3791, 1983		17a.264	I.A.U. Circ. No. 3937, 1984
17a.223	IAU Circ. Nos. 3835,-38,-41,-42, 1983		17a.265	I.A.U. Circ. No. 3943, 1984
17a.224	IAU Circ. Nos. 3835, 3839, 1983		17a.266	I.A.U. Circ. Nos. 3944, 3946, 1984
17a.225	IAU Circ. Nos. 3841,-54, 1983		17a.267	I.A.U. Circ. No. 3951, 1984
17a.226	IAU Circ. Nos. 3877,-78,-90, 1983		17a.268	I.A.U. Circ. No. 4011, 1984
17a.227	IAU Circ. No. 3867, 1983		17a.269	I.A.U. Circ. No. 4021, 1984
17a.228	IAU Circ. Nos. 3877,-78, 1983		17a.270	I.A.U. Circ. No. 4024, 1984
17a.229	IAU Circ. Nos. 3875,-78,-84, 1983		17a.271	I.A.U. Circ. Nos. 3963,-67,-80,-89, -97, 1984
17a.230	IAU Circ. No. 3859, 1983		17a.272	I.A.U. Circ. No. 3971, 1984
17a.231	IAU Circ. Nos. 3887,-92,-99, 1983		17a.273	I.A.U. Circ. Nos. 3979,-81,-83,-85, 4001,-03,-08,-14, 1984
17a.232	IAU Circ. Nos. 3895,-97,-98, 1983		17a.274	I.A.U. Circ. Nos. 3981,-85,-89, 1984
17a.233	IAU Circ. No. 3900, 1983		17a.275	I.A.U. Circ. Nos. 3962,-94, 4013,-19, 1984
17a.234	Adv. Space Res., 2, No. 9, p. 51, 1983		17a.276	I.A.U. Circ. Nos. 4002, 4007, 1984
17a.235	Mitt. Ast. Gesell., No. 60, 358, 1983		17a.277	Ast. Tsirk. No. 1263, p. 3, 1983
17a.236	Nature, 304, 709, 1983		17a.278	Ast. Tsirk. No. 1274, p. 3, 1983
17a.237	Pub. Var. Stars R.A.S. New Zealand, No. 10, p. 53, 1982		17a.279	Ast. Tsirk. No. 1292, p. 6, 1983
17a.238	Nature, 306, 566, 1983		17a.280	Ast. Tsirk. No. 1308, p. 1, 1983
17a.239	Inf. Bull. Var. Stars, No 2382, 1983		17a.281	Ast. Tsirk. No. 1289, p. 8, 1983
17a.240	Atlas of UV Spectra of SN. ESA Publ. ESA-SP-1046, 1982		17a.282	Ast. Tsirk. No. 1321, p. 2, 1984
17a.241	Ast. Tsirk. No. 1236, p. 6, 1982		17a.283	Ann. N.Y. Acad. Sci., 422, 186, 1984
17a.242	SNe. A Survey of Current Res. Proc. NATO Adv. Study, Cambridge, UK., M. J. Rees and R. J. Stoneham, eds., Reidel p. 281, 1982		17a.284	4th Europ. I.U.E. Conference, ESA-SP-218, p. 21, 1984
17a.243	IAU Symp. No. 101, SNR and their X-ray Emission, J. Danziger and P. Gorenstein, eds., p. 171, 1983		17a.285	Ap. J., 289, 52, 1985
			17a.286	Ap. J., 293, 400, 1985
			17a.287	Ap. J. Lett., 293, L77, 1985
17a.244	Mem. Soc. Ast. Italiana, 54, 443, 1983		17a.288	Ap. J. Lett., 294, L17, 1985
17a.245	Ap. J., 281, 585, 1984		17a.289	Ap. J., 295, 287, 1985
17a.246	Ap. J. Lett., 285, L59, 1984		17a.290	Ap. J., 296, 379, 1985
17a.247	Ap. J. Lett., 287, L69, 1984		17a.291	Ap. J., 299, 852, 1985
17a.248	P.A.S.P., 96, 789, 1984		17a.292	Ap. J. Lett., L29, L33, 1985
17a.249	B.A.A.S., 16, 541, 1984		17a.293	A. J., 90, 522, 1985
17a.250	M.N.R.A.S., 210, 839, 1984		17a.294	A. J., 90, 2218, 1985
17a.251	Astr. Ap., 132, 1, 1984		17a.295	A. J., 90, 2303, 1985
			17a.296	"Very Hot Astrophysical Plasmas",

	Europ. Workshop, Nice, 1982, Physica Scripta vol. 77, p. 15, 1984
17a.297	P.A.S.P., 97, 30, 1985
17a.298	P.A.S.P., 97, 229, 1985
17a.299	B.A.A.S., 17, 565, 1985
17a.300	B.A.A.S., 17, 566, 1985
17a.301	B.A.A.S., 17, 885, 1985
17a.302	Observatory, 105, 232, 1985
17a.303	Astr. Ap., 142, 401, 1985
17a.304	Astr. Ap., 149, L7, 1985
17a.305	Astr. Ap. Suppl., 61, 365, 985
17a.306	Sov. Ast. Lett., 11, 105, 1985
17a.307	Sov. Ast. Lett., 11, 45, 1985
17a.308	Sov. Ast. Lett., 11, 148, 1985
17a.309	Sov. Ast., 29, 211, 1985
17a.310	I.A.U. Circ. Nos. 4031, 4058, 1985
17a.311	I.A.U. Circ. Nos. 4035, -38, -46, 1985
17a.312	I.A.U. Circ. No. 4038, 1985
17a.313	I.A.U. Circ. Nos. 4041, -46, 1985
17a.314	I.A.U. Circ. Nos. 4042, -48, -49, 1985
17a.315	I.A.U. Circ. Nos. 4049, -50, -52, 1985
17a.316	I.A.U. Circ. Nos. 4050, -52, -53, -58, 1985
17a.317	I.A.U. Circ. Nos. 4058, -59, 1985
17a.318	I.A.U. Circ. No. 4062, 1985
17a.319	I.A.U. Circ. Nos. 4077, -80, -84, 1985
17a.320	I.A.U. Circ. Nos. 4108, 4120, 1985
17a.321	I.A.U. Circ. Nos. 4119, -24, -38, -40, -43, 1985
17a.322	I.A.U. Circ. Nos. 4124, -43, 1985
17a.323	I.A.U. Circ. No. 4141, 1985
17a.324	Ast. Tsirk, No. 1346, p. 1, 1984
17a.325	Perem. Zwedy (Var. Stars), 22, No. 1, p. 39, 1983
17a.326	"SNe as Distance Indicators", Proc. Cambridge, MA, 1984, Lect. Notes in Physics, 224, pp. 14, 65, 107, 123, 1985
17a.327	"SNe as Distance Indicators", Proc. Cambridge, MA, 1984, Lect. Notes in Physics, 224, pp. 14, 48, 62, 75, 1985
17a.328	"SNe as Distance Indicators", Proc. Cambridge, MA, 1984, Lecture Notes in Physics, 224, pp. 14, 65, 107, 1985
17a.329	"SNe as Distance Indicators", Proc. Cambridge, MA, 1984, Lect. Notes in Physics, 224, p. 14, 1985
17a.330	"SNe as Distance Indicators", Proc. Cambridge, MA, 1984, Lecture Notes in Physics, 224, p. 35, 48, 1985
17a.331	"SNe as Distance Indicators", Proc. Cambridge, MA, 1984, Lecture Notes in Physics, 224, p. 151, 192, 1985
17a.332	Nature, 316, 407, 1985
17a.333	Bull. Ast. Soc. India, 13, 68, 1985
17a.334	Ast. Tsirk. No. 1356, p. 4, 1985
17a.335	Ast. Tsirk. No. 1374, p. 1, 1985
17a.336	Inf. Bull. Var. Stars No. 2768, 1985
17a.337	Inf. Bull. Var. Stars No. 2780, 1985
17a.338	A. J., 91, 691, 1986
17a.339	A. J., 92, 1341, 1986
17a.340	P.A.S.P., 98, 464, 1986
17a.341	M.N.R.A.S., 221, 789, 1986
17a.342	Ap. J., 301, 790, 1986
17a.343	Ap. J., 308, 225, 1986
17a.344	Ap. J., 308, 685, 1986
17a.345	B.A.A.S., 18, 916, 1986
17a.346	B.A.A.S., 18, 953, 1986
17a.347	B.A.A.S., 18, 1016, 1986
17a.348	Ap. J. Lett., 300, L51, 1986
17a.349	Ap. J. Lett., 300, L55, 1986
17a.350	Ap. J. Lett., 302, L39, 1986
17a.351	Ap. J. Lett., 306, L21, 1986
17a.352	Ap. J. Lett., 306, L77, 1986
17a.353	Ap. Space Sci., 125, 175, 1986
17a.354	Sov. Ast. Lett., 12, 120, 1986
17a.355	Sov. Ast. Lett., 12, 192, 1986
17a.356	Sov. Ast. Lett., 12, 328, 1986
17a.357	I.A.U. Circ., Nos. 4219, 4227, 1986
17a.358	Yamamoto Circ., No. 2054, 1986
17a.359	Yamamoto Circ., No. 2062, 1986
17a.360	J. Br. Ast. Assoc., 96, 102, 1986
17a.361	Messenger, 44, 1-3, 1986
17a.362	I.A.U. Circ., Nos. 4208, 4210, 4215, 4216, 4224, 4227, 4230, 1986
17a.363	Yamamoto Circ., Nos. 2059, 2064, 1986
17a.364	I.A.U. Circ., Nos. 4173, 4175, 4177, 4179, 4195, 4201, 1986
17a.365	I.A.U. Circ., Nos. 4177, 4185, 4190, 4191, 4201, 1986
17a.366	Yamamoto Circ., Nos. 2056, 2058, 1986
17a.367	I.A.U. Circ., No. 4181, 1986
17a.368	I.A.U. Circ., No. 4191, 1986
17a.369	I.A.U. Circ., No. 4197, 4202, 1986
17a.370	Yamamoto Circ., No. 2057, 1986
17a.371	I.A.U. Circ., No. 4202, 4206, 1986
17a.372	Yamamoto Circ., No. 2058, 1986
17a.373	I.A.U. Circ., No. 4213, 1986
17a.374	I.A.U. Circ., No. 4225, 1986
17a.375	Nauchn. Inf. Ast. Sov. Akad. Nauk SSR,

	No. 61, p. 148, 1986	17a.423	I.A.U. Circ. No. 4358,68,75,86, 1987
17a.376	Highlights of Ast., 7, 573, 1986	17a.424	I.A.U. Circ. No. 4370,71,75,76,79,86, 4412, 1987
17a.377	I.A.U. Circ., Nos. 4248, 4258, 4260, 4262, 4287, 1986	17a.425	I.A.U. Circ. No. 4374,81,85,4529, 1987-8
17a.378	I.A.U. Circ., Nos. 4250, 4253, 1986	17a.426	I.A.U. Circ. No. 4375, 1987
17a.379	Yamamoto Circ., No. 2068, 1986	17a.427	I.A.U. Circ. No. 4426,27,28, 1987
17a.380	I.A.U. Circ., No. 4254, 1986	17a.428	I.A.U. Circ. No. 4426,27,28,4587, 1987-8
17a.381	I.A.U. Circ., Nos. 4260-62, 4270, 4286, 1986	17a.429	I.A.U. Circ. No. 4441,45,46,47,83, 4574, 1987-88
17a.382	Yamamoto Circ., No. 2069, 1986	17a.430	I.A.U. Circ. No. 4451,59,70,4518, 1987
17a.383	I.A.U. Circ., Nos. 4282, 4284, 1986	17a.431	I.A.U. Circ. No. 4511,13,14,15,16,25, 43, 1987-8
17a.384	I.A.U. Circ., No. 4287, 1986	17a.432	I.A.U. Circ. No. 4521,23,25,29,32, 1987-8
17a.385	Astrophysics, 25, 513, 1986	17a.433	B.A.A.S., 19, 722, 1987
17a.386	Ap. J., 320, 589, 1987	17a.434	B.A.A.S., 19, 734-736, 739-740, 752, 1050-51, 1987
17a.387	Ap. J., 320, 597, 1987	17a.435	B.A.A.S., 19, 1051, 1987
17a.388	Ap. J., 320, 602, 1987	17a.436	B.A.A.S., 19, 1075, 1101-02, 1987
17a.389*	Ap. J., 323, 44, 1987	17a.437	Nauch. Inf., Vyp. 61, 148, 1986
17a.390	Ap. J. Lett., 313, L69, 1987	17a.438	Ap. Space Sci., 134, 329, 1987
17a.391	Ap. J. Lett., 316, L81, 1987	17a.439	Astron. Tsirk., No. 1429, 1, 1986
17a.392	Ap. J. Lett., 317, L73, 1987	17a.440	Astron. Tsirk., No. 1429, 7, 1986
17a.393	Ap. J. Lett., 318, L51, 1987	17a.441	Yamamoto Circ., No. 2078, 1987
17a.394	Ap. J. Lett., 318, L63, 1987	17a.442	Yamamoto Circ., No. 2081, 1987
17a.395	Ap. J. Lett., 320, L15, 1987	17a.443	Yamamoto Circ., Nos. 2082-3, 1987
17a.396	Ap. J. Lett., 320, L19, 1987	17a.444	Br. Astron. Assoc. Circ., Nos. 667-668, 1987
17a.397	Ap. J. Lett., 320, L23, 1987	17a.445	Yamamoto Circ., No.2075, 1987
17a.398	Ap. J. Lett., 320, L117, 1987	17a.446	Yamamoto Circ., No.2075, 1987
17a.399	Ap. J. Lett., 320, L121, 1987	17a.447	Astrophysics, 25, 513, 1987
17a.400	Ap. J. Lett., 321, L41, 1987	17a.448	Sov. A. J. Lett., 12, 328, 1987
17a.401	Ap. J. Lett., 321, L45, 1987	17a.449	Yamamoto Circ., No. 2087, 1987
17a.402	Ap. J. Lett., 322, L15, 1987	17a.450	Yamamoto Circ., No. 2090, 1987
17a.403	Ap. J. Lett., 322, L35, 1987	17a.451	Br. Astron. Assoc. Circ., Nos. 671, 672, 1987
17a.404	Ap. J. Lett., 322, L85, 1987	17a.452	Yămamoto Circ., No. 2092, 1987
17a.405	A. J., 93, 287, 1987	17a.453	Yamamoto Circ., No. 2088, 1987
17a.406	A. J., 93,1372, 1987	17a.454	Astron. Tsirk., No. 1460, p. 6, 1986
17a.407	A. J., 94, 61, 1987	17a.455	I.A.U. Circ. Nos. 4316-43,46-56,58-59, 61,63,65-70,74,76-78,82,87-89,91, 4394-4400,04-05,10-14,27,31-32,35, 38,40,45,47-48,50,52-53,56-57,63,66, 68,74,81-82,84-86,88,94,4500,06,10, 14-15,18,21,25-47,30,32,34-35,41, 43-44,47,50,57,60-61,64,66-68,74-76, 78,84,90,92
17a.408	A. J., 94, 651, 1987		
17a.409	P.A.S.P., 99, 112, 1987		
17a.410	P.A.S.P., 99, 173, 1987		
17a.411	P.A.S.P., 99, 374, 1987		
17a.412	P.A.S.P., 99, 592, 1987		
17a.413	P.A.S.P., 99, 905, 1987		
17a.414	P.A.S.P., 99, 1167, 1987		
17a.415	M.N.R.A.S., 227, 39P, 1987		
17a.416	M.N.R.A.S., 229, 15P, 1987		
17a.417	P.A.S.J., 39, 521, 1987		
17a.418	P.A.S.J., 39, 529, 1987		
17a.419	Sov. A. J. Lett., 13, 50, 1987		
17a.420	I.A.U. Circ. No 4292,4595, 1987-8		
17a.421	I.A.U. Circ. Nos. 4298, 4300, 1987		
17a.422	I.A.U. Circ. No. 4321,22,25,29,71,82,86,		

17b.1	P.A.S.P., 88, 323, 1976		M.J. Rees and R.J. Stoneham, eds., Reidel, p. 583, 1983
17b.2	Ap. J. Lett., 226, L5, 1978		
17b.3	Ap. J. Lett., 226, L7, 1978	17b.40	Ap. J., 279, 708, 1984
17b.4	Astr. Ap., 63, 63, 1978	17b.41	Ap. J. Lett., 281, L63, 1984
17b.5	P.A.S.P., 90, 563, 1978	17b.42	B.A.A.S., 16, 540, 1984
17b.6	Mem. Soc. Ast. Italiana, 49, 307, 1978	17b.43	B.A.A.S., 16, 925, 1984
17b.7	P.A.S.P., 91, 62, 1979	17b.44	M.N.R.A.S., 206, 351, 1984
17b.8	P.A.S.P., 91, 280, 1979	17b.45	M.N.R.A.S., 211, 783, 1984
17b.9	B.A.A.S., 11, 462, 1979	17b.46	Ap. J., 289, 582, 1985
17b.10	B.A.A.S., 11, 632, 1979	17b.47	Ap. J., 291, 693, 1985
17b.11	M.N.R.A.S., 186, 555, 1979	17b.48	Ap. J., 293, 400, 1985
17b.12	Astr. Ap., 80, 212, 1979	17b.49	Ap. J. Lett., 297, L33, 1985
17b.13	Ap. Space Sci., 66, 39, 1979	17b.50	A. J., 90, 414, 1985
17b.14	Ap. J., 236, 135, 1980	17b.51	B.A.A.S., 17, 884, 1985
17b.15	Ap. J., 236, 628, 1980	17b.52	"SNe as Distance Indicators", Proc. Cambridge, MA, 1984, Lect. Notes in Physics, 224, pp. 88, 1985
17b.16	M.N.R.A.S., 193, 901, 1980		
17b.17	Astr. Ap. Suppl., 39, 97, 1980		
17b.18	Astr. Ap. Suppl., 40, 67, 1980	17b.53	Future of UV Astronomy - Six Years of IUE Res. NASA CP2349, p. 103, 1985
17b.19	Nature, 285, 151, 1980		
17b.20	B.A.A.S., 12, 446, 1980	17b.54	J. Ap. Astr., 6, 145, 1985
17b.21	Ap. J., 247, 879, 1981 + B.A.A.S., 13, 518, 1981	17b.55	"Active Galactic Nuclei", Proc. Workshop, Manchester, April 84, pp. 73, 79, 1985
17b.22	A. J., 86, 989, 1981		
17b.23	B.A.A.S., 13, 795, 1981	17b.56	Nature, 318, 25, 1985
17b.24	Astr. Ap., 94, L25, 1981	17b.57	Ap. J., 311, 85, 1986
17b.25	Ap. J., 252, 582, 1982	17b.58	B.A.A.S., 18, 949, 1986
17b.26	Ap. J., 254, 50, 1982	17b.59	B.A.A.S., 18, 950, 1986
17b.27	Ap. J., 258, 31, 1982	17b.60	B.A.A.S., 18, 1053, 1986
17b.28	M.N.R.A.S., 198, 1059, 1982	17b.61	Highlights of Ast., 7, 665, 1986
17b.29	Astr. Ap., 114, 165, 1982	17b.62	Ap. J., 322, 80, 1987
17b.30	Sov. Ast. Lett., 8, 380, 1982	17b.63	Ap. J., 322, 673, 1987
17b.31	Ap. J., 270, 140, 1983	17b.64	M.N.R.A.S., 229, 457, 1987
17b.32	Ap. J., 272, 84, 1983	17b.65	B.A.A.S., 19, 1033, 1987
17b.33	Ap. J. Lett., 270, L7, 1983	17b.66	B.A.A.S., 19, 1089, 1987
17b.34	Astr. Ap., 119, 301, 1983		
17b.35	Astr. Ap., 120, 147, 1983	18.1*	Ap. J., 196, 313, 1975
17b.36	SNe. A Survey of Current Res. Proc., NATO Adv. Study, Cambridge, U.K., M.J. Rees and R.J. Stoneham, eds., Reidel, p.475, 1982	18.2*	Ap. J., 197, 265, 1975
		18.3	Acta Cosmologica, 2, 13, 1974/5
		18.4	Astr. Ap., 43, 297, 1975
		18.5	Ap. J., 209, 372, 1975
17b.37	SNe. A Survey of Current Res. Proc., NATO Adv. Study, Cambridge, U.K., M.J. Rees and R.J. Stoneham eds., Reidel, p. 517, 1982	18.6	Ap. J., 210, 7, 1976
		18.7	B.A.A.S., 8, 298, 1976
		18.8	M.N.R.A.S., 177, 157, 1976
		18.9	Observatory, 96, 216, 1976
17b.38	SNe. A Survey of Current Res. Proc., NATO Adv. Study, Cambridge, U.K., M.J. Rees and R.J. Stoneham, eds., Reidel, p. 579, 1983	18.10*	Astr. Ap., 51, 275, 1976
		18.11	Ap. J., 212, 335, 1977
		18.12	Ap. J. Lett., 212, L57, 1977
		18.13	A. J., 82, 879, 1977
17b.39	SNe. A Survey of Current Res. Proc., NATO Adv. Study, Cambridge, U.K.,	18.14	M.N.R.A.S., 180, 81P, 1977
		18.15	Astr. Ap., 54, 639, 1977

18.16	Astr. Ap., 54, 723, 1977		b: Ap. J., 256, 346, 1982
18.17*	Astr. Ap., 54, 661, 1977	18.66	Ap. J., 258, 439, 1982
18.18	Astr. Ap., 55, 445, 1977	18.67*	Ap. J. Suppl., 48, 219, 1982
18.19	Astr. Ap., 59, 19, 1977	18.68	P.A.S.P., 94, 578, 1982
18.20	Astr. Ap., 61, L31, 1977	18.69	M.N.R.A.S., 198, 1059, 1982
18.21	Ap. Space Sci., 48, 421, 1977	18.70	A. N., 303, 127, 1982
18.22	Ap. J., 223, 94, 1978	18.71	A. N., 303, 329, 1982
18.23	Ap. J., 223, 730, 1978	18.72	"The Most Massive Stars" ESO Workshop, Munich 1981, p. 245, 1982
18.24	Ap. J., 224, 710, 1978		
18.25	Astr. Ap., 64, 359, 1978	18.73	Ap. J., 264, 458, 1983
18.26	Astr. Ap., 70, 157, 1978	18.74*	Ap. J., 265, 1, 1983
18.27	M.N.R.A.S., 183, 97P, 1978	18.75*	Ap. J., 266, 1, 1983
18.28*	Ap. J., 227, 729, 1979	18.76*	Ap. J., 268, 451, 468, 1983
18.29*	Ap. J., 228, 696, 704, 1979	18.77	Ap. J., 269, 335, 1983
18.30	Ap. J., 230, 11, 1979	18.78	Ap. J., 270, 471, 1983
18.31	A. J., 84, 284, 1979	18.79	Ap. J., 271, 123, 1983
18.32	A. J., 84, 1270, 1979	18.80	Ap. J., 273, 539, 1983
18.33	M.N.R.A.S., 186, 31, 1979	18.81*	Ap. J., 275, 430, 1983
18.34	Astr. Ap., 78, 122, 1979	18.82	Ap. J. Lett., 267, L25, 1983
18.35	Astr. Ap., 79, 274, 1979	18.83*	Ap. J. Suppl., 51, 149, 1983
18.36	Ap. J., 231, 673, 1979	18.84*	A. J., 88, 764, 1983
18.37*	Astr. Ap. Suppl., 38, 245, 1979	18.85	A. J., 88, 1108, 1983
18.38	Ap. Letters, 20, 9, 1979	18.86	A. J., 88, 1569, 1983
18.39*	A. N., 300, 181, 1979	18.87	P.A.S.P., 95, 72, 1983
18.40	P.A.S. Japan, 31, 635, 1979	18.88	B.A.A.S., 15, 907, 1983
18.41*	Ap. J., 235, 1, 1980	18.89	M.N.R.A.S., 205, 131, 1983
18.42	Ap. J., 237, 390, 1980	18.90*	Astr. Ap., 118, 4, 1983
18.43	Ap. J., 237, 655, 1980	18.91	Ap. J., 276, 487, 1984
18.44*	Ap. J., 238, 458, 1980	18.92	Ap. J., 276, 491, 1984
18.45*	Ap. J., 239, 12, 1980	18.93*	Ap. J., 278, 475, 1984
18.46	Ap. J., 239, 783, 1980	18.94	Ap. J., 278, 575, 1984
18.47	Ap. J. Lett., 240, L93, 1980	18.95*	Ap. J., 281, 31, 1984
18.48	Ap. J., 241, 587, 1980	18.96	Ap. J., 282, 101, 1984
18.49	Ap. J., 242, 63, 1980	18.97*	Ap. J., 282, 382, 1984
18.50*	A. J., 85, 1, 1980	18.98*	Ap. J., 287, 1, 1984
18.51	Astr. Ap., 83, 354, 1980	18.99	Ap. J., 287, 138, 1984
18.52	Sov. Ast. Lett., 6, 3, 1980	18.100*	Ap. J., Suppl., 56, 91, 1984
18.53	Ap. J., 244, 780, 1981	18.101	A. J., 89, 216, 1984
18.54	A. J., 86, 185, 1981	18.102	A. J., 89, 621, 1984
18.55	A. J., 86, 357, 1981	18.103	A. J., 89, 630, 1984
18.56	P.A.S.P., 93, 36, 1981	18.104	A. J., 89, 1155, 1984
18.57	B.A.A.S., 13, 892, 1981	18.105	A. J., 89, 1160, 1984
18.58	B.A.A.S., 13, 894, 1981	18.106	A. J., 89, 1332, 1984
18.59	M.N.R.A.S., 196, 1P, 1981	18.107	B.A.A.S., 16, 880, 1984
18.60	Ap. J. Lett., 249, L55, 1981	18.108	B.A.A.S., 16, 989, 1984
18.61	Astr. Ap., 95, 5, 1981	18.109	M.N.R.A.S., 207, 801, 1984
18.62	Ap. J., 254, 1, 1982	18.110	Astr. Ap., 131, 291, 1984
18.63	Ap. J. Lett., 255, L29, 1982	18.111*	Astr. Ap. Suppl., 56, 381, 1984
18.64	Ap. J., 256, 339, 1982	18.112*	Nature, 307, 326, 1984
18.65*	a: Ap. J., 253, 520, 1982;	18.113	Ap. J., 294, 560, 1985

18.114	Ap. J., 298, 240, 1985			the Universal Expansion, B. F. Madore and R. B. Tully, eds., p. 41, 1986
18.115	Ap. J., 298, 560, 1985			
18.116	Ap. J., 299, 59, 1985		18.154	Galaxy Distances and Deviations from the Universal Expansion, B. F. Madore and R. B. Tully, eds., p. 55, 1986
18.117	Ap. J. Suppl., 58, 107, 1985			
18.118*	Ap. J. Suppl., 59, 293, 1985			
18.119	A. J., 90, 204, 1985		18.155*	Ap. J., 313, 59, 1987
18.120	A. J., 90, 595, 1985		18.156	Ap. J., 316, 517, 1987
18.121	A. J., 90, 1019, 1985		18.157*	Ap. J., 318, 507, 1987
18.122	A. J., 90, 1163, 1985		18.158	Ap. J., 320, 26, 1987
18.123	A. J., 90, 1464, 1985		18.159	Ap. J., 321, 162, 1987
18.124	A. J., 90, 1967, 1985		18.160	Ap. J., 323, 79, 1987
18.125	A. J., 90, 2027, 1985		18.161	Ap. J. Lett., 320, L23, 1987
18.126	A. J., 90, 2221, 1985		18.162	A. J., 93, 833, 1987
18.127	P.A.S.P., 97, 104, 1985		18.163	Astr. Ap., 178, 41, 1987
18.128	P.A.S.P., 97, 229, 1985		18.164	P.A.S.P., 99, 1127, 1987
18.129	B.A.A.S., 17, 861, 1985		18.165	M.N.R.A.S., 225, 947, 1987
18.130	Astr. Ap., 152, 65, 1985		18.166	M.N.R.A.S., 226, 849, 1987
18.131*	Astr. Ap. Suppl., 59, 43, 1985		18.167	B.A.A.S., 18, 915, 1986
18.132	Proc. Ast. Soc. Aust., 6, 142, 1985		18.168	B.A.A.S., 18, 958, 1986
18.133	Ap. Space Sci., 113, 317, 1985		18.169	I.A.U. Symp. No. 124, Observational Cosmology, A. Hewitt, G. Burbidge, and L. Z. Fang, eds., p. 197, 1987
18.134	"The Virgo Cluster", ESO Workshop, ESO Proc., 20, 307, 1985			
18.135	"Cepheids: Theory and Observations", IAU Coll. No. 82, eds. B.F. Madore, p. 228, 1985		18.170	Univ. Texas Publ. No. 23, 1984 + Ap. J. Suppl. 66, 233, 1988
18.136	Izv. Glav. Ast. Obs. Pulkovo, Astrom. Astrofiz., No. 201, p. 104, 1985		19.1	Ap. J. Lett., 195, L97, 1975
			19.2*	Ap. J., 196, 313, 1975
18.137	Nature, 318, 25, 1985		19.3	Ap. J., 196, 335, 1975
18.138	A. J., 91, 496, 1986		19.4	Ap. J. Lett., 196, L95, 1975
18.139	A. J., 91, 507, 1986		19.5	Ap. J., 199, 16, 1975
18.140	A. J., 91, 808, 1986		19.6*	Ap. J., 202, 563, 1975
18.141	A. J., 91, 1286, 1986		19.7*	Ap. J., 202, 610, 1975
18.142	A. J., 92, 302, 1986		19.8*	Ap. J., 202, 616, 1975
18.143	A. J., 92, 766, 1986		19.9*	A. J., 80, 77, 1975
18.144	P.A.S.P., 98, 1282, 1986		19.10	P.A.S.P., 87, 863, 1975
18.145	Ap. J., 302, 245, 1986		19.11	B.A.A.S., 7, 500, 1975
18.146	Ap. J., 305, 583, 1986		19.12	Observatory, 95, 17, 1975
18.147	Ap. J., 305, 591, 1986		19.13*	Astr. Ap., 40, 161, 1975
18.148	Ap. J. Lett., 301, L45, 1986		19.14	Astr. Ap., 41, 61, 1975
18.149*	Ap. J. Suppl., 62, 283, 1986		19.15	Astr. Ap., 41, 375, 1975
18.150	Galaxy Distances and Deviations from the Universal Expansion, B. F. Madore and R. B. Tully, eds., p. 7, 1986		19.16	Astr. Ap., 43, 297, 1975
			19.17	Astr. Ap. Suppl., 21, 137, 1975
			19.18	Sov. Ast. Lett., 1, 91, 1975
18.151	Galaxy Distances and Deviations from the Universal Expansion, B. F. Madore and R. B. Tully, eds., p. 15, 1986		19.19*	M.N.R.A.S., 170, 441, 1975
			19.20*	Ap. J. Lett., 198, L97, 1975
			19.21	Ap. J. Lett., 198, L7, 1975
18.152	Galaxy Distances and Deviations from the Universal Expansion, B. F. Madore and R. B. Tully, eds., p. 35, 1986		19.22	Ap. J. Lett., 196, L95, 1975
			19.23*	Ap. J., 203, 6, 1976
			19.24	Ap. J., 205, 709, 1976
18.153	Galaxy Distances and Deviations from		19.25	Ap. J., 206, 30, 1976

19.26*	Ap. J., 208, 20, 304, 1976		19.72*	A. J., 83, 478, 1978
19.27	Ap. J., 208, 267, 1976		19.73	A. J., 83, 1160, 1978
19.28*	Ap. J. Suppl., 32, 409, 1976		19.74*	Astr. Ap., 63, 401, 1978
19.29*	Astr. Ap., 46, 381, 1976		19.75	Astr. Ap., 69, 253, 1978
19.30	Astr. Ap., 46, 275, 1976		19.76	Astr. Ap., 69, 355, 1978
19.31	Astr. Ap., 48, 373, 1976		19.77	Astr. Ap. Suppl., 31, 99, 1978
19.32	Astr. Ap., 49, 179, 1976		19.78	Astr. Ap. Suppl., 34, 91, 1978
19.33*	Astr. Ap., 51, 185, 1976		19.79	M.N.R.A.S., 185, 51P, 1978
19.34	Astr. Ap., 52, 107, 1976		19.80	P.A.S.P., 90, 20, 1978
19.35*	Astr. Ap., 53, 35, 1976		19.81	P.A.S.P., 90, 644, 1978
19.36*	Astr. Ap., 53, 389, 1976		19.82*	Sov. Ast., 22, 148, 1978
19.37*	Astr. Ap. Suppl., 23, 109, 1976		19.83	Soob. Special Ap. Observ. No.18, p.42, 1976
19.38*	M.N.R.A.S., 174, 47, 1976		19.84	Ap. J., 227, 767, 1979
19.39*	Ap. J., 205, 716, 1976		19.85	Ap. J., 229, 83, 1979
19.40*	P.A.S.P., 88, 388, 1976		19.86*	Ap. J., 229, 470, 1979
19.41*	Ap. J. Lett., 210, L65, 1976		19.87*	Ap. J., 230, 1, 1979
19.42	Nature 262, 476, 1976		19.88	Ap. J., 230, 655, 1979
19.43*	Proc. 3rd European Ast. Meeting, Tbilisi, E.K. Kharadze, edit., p. 439, 1976		19.89	Ap. J., 231, 10, 320, 1979
			19.90*	Ap. J., 232, 20, 1979
			19.91	Ap. J., 232, 699, 1979
19.44*	Proc. 3rd European Ast. Meeting, Tbilisi, E.K. Kharadze, edit., p.481, 1976		19.92	a: Ap. J., 234, 27, 1979; b*: Ap. J., 234, 793, 1979
			19.93*	Ap. J. Suppl., 40, 527, 1979
19.45	Ap. J., 211, 309, 1977		19.94	A. J., 84, 1270, 1979
19.46*	Ap. J., 211, 319, 1977		19.95	A. J., 84, 1500, 1979
19.47*	Ap. J., 212, 319, 1977		19.96	M.N.R.A.S., 186, 31, 1979
19.48*	Ap. J., 213, 309, 1977		19.97	M.N.R.A.S., 187, 525, 1979
19.49*	Ap. J., 213, 327, 1977		19.98*	M.N.R.A.S., 188, 343, 1979
19.50*	Ap. J., 214, 351, 1977		19.99*	Astr. Ap., 74, 235, 1979
19.51*	Ap. J., 217, 903, 1977		19.100	Sov. Ast. Lett., 5, 66, 1979
19.52	B.A.A.S., 9, 360, 1977		19.101	Astrophysics, 15, 16, 1979
19.53*	M.N.R.A.S., 178, 675, 1977		19.102*	Astrophysics, 15, 19, 1979
19.54*	M.N.R.A.S., 178, 701, 1977		19.103*	Astrophysics, 15, 147, 1979
19.55*	M.N.R.A.S., 180, 305, 1977		19.104	Ap. Letters, 20, 9, 1979
19.56	M.N.R.A.S., 180, 465, 1977		19.105*	A. N., 300, 181, 1979
19.57*	M.N.R.A.S., 181, 323, 1977		19.106	Ap. J., 235, 347, 1980
19.58*	Astr. Ap., 59, 23, 1977		19.107	Ap. J., 237, 303, 1980
19.59	Pub. A. S. Japan, 29, 11, 1977		19.108	Ap. J., 237, 390, 1980
19.60	Pub. A. S. Japan, 29, 1, 1977		19.109*	Ap. J., 238, 458, 1980
19.61*	Ap. J., 220, 14, 1978		19.110*	Ap. J., 239, 12, 1980
19.62*	Ap. J., 220, 47, 1978		19.111	Ap. J. Lett., 238, L53, 1980
19.63*	Ap. J., 221, 34, 1978		19.112	Ap. J. Lett., 238, L59, 1980
19.64	Ap. J., 221, 422, 1978		19.113*	Ap. J., 241, 67, 1980
19.65*	Ap. J., 222, 54, 1978		19.114*	Ap. J., 242, 469, 1980
19.66*	Ap. J., 222, 784, 1978		19.115	Ap. J. Lett., 241, L1, 1980
19.67	Ap. J., 223, 386, 1978		19.116	Ap. J. Lett., 242, L145, 1980
19.68*	Ap. J., 223, 410, 1978		19.117	M.N.R.A.S., 191, 123, 1980
19.69*	Ap. J., 223, 426, 1978		19.118	M.N.R.A.S., 191, 253, 1980
19.70*	Ap. J., 224, 724, 1978		19.119	M.N.R.A.S., 191, 269, 1980
19.71	Ap. J., 225, 751, 1978			

19.120*	M.N.R.A.S., 191, 685, 1980	19.169*	M.N.R.A.S., 200, 733, 1982
19.121	Astr. Ap., 83, 354, 1980	19.170*	Astr. Ap., 105, 200, 1982
19.122	Astr. Ap., 84, 181, 1980	19.171*	Astr. Ap., 109, 155, 1982
19.123	Astr. Ap., 89, L3, 1980	19.172*	Astr. Ap., 109, 238, 1982
19.124	Astr. Ap., 89, 345, 1980	19.173*	Astr. Ap., 111, 193, 1982
19.125	Ap. J. Lett., 244, L47, 1981	19.174	Astr. Ap., 115, 293, 1982
19.126	Ap. J., 248, 47, 55, 1981	19.175*	Astr. Ap. Suppl., 47, 505, 1982
19.127	Ap. J., 248, 439, 1981	19.176*	Astrophysics, 18, 1, 1982
19.128	A. J., 86, 1, 1981	19.177	M.N.R.A.S., 199, 1089, 1982
19.129	A. J., 86, 806, 1981	19.178*	Ap. J., 265, 1, 1983
19.130*	A. J., 86, 919, 1981	19.179*	Ap. J., 266, 1, 1983
19.131*	A. J., 86, 943, 1981	19.180*	Ap. J., 268, 47, 1983
19.132*	A. J., 86, 953, 1981	19.181	Ap. J., 271, 461, 1983
19.133	A. J., 86, 1120, 1981	19.182*	a: Ap. J., 274, 541, 1983; b: Ap. J., 275, 430, 1983
19.134	A. J., 86, 1126, 1981	19.183	Ap. J. Lett., 273, L1, 1983
19.135*	A. J., 86, 1567, 1981	19.184	A. J., 88, 267, 1983
19.136	A. J., 86, 1775, 1981	19.185	M.N.R.A.S., 202, 21P, 1983
19.137*	P.A.S.P., 93, 25, 1981	19.186	M.N.R.A.S., 203, 533, 1983
19.138	P.A.S.P., 93, 554, 1981	19.187	Astr. Ap. Suppl., 53, 271, 1983
19.139	B.A.A.S., 13, 868, 1981	19.188	Astr. Ap. Suppl., 54, 1, 19, 1983
19.140	M.N.R.A.S., 195, 327, 1981	19.189	Sov. Ast., 27, 13, 1983
19.141*	a: M.N.R.A.S., 195, 1P, 1981; b: M.N.R.A.S., 195, 325, 1981	19.190*	M.N.R.A.S., 203, 701, 1983
19.142	M.N.R.A.S., 196, 11P, 1981	19.191*	Sov. Ast. Lett., 9, 36, 175, 1983
19.143*	Observatory, 101, 111, 1981	19.192*	Astrophysics, 19, 101, 1983
19.144*	Astr. Ap., 96, 106, 1981	19.193*	Astrophysics, 19, 334, 1983
19.145	Astr. Ap., 98, 223, 1981	19.194	Mitt. Ast. Gesell., No. 60, 443, 1983
19.146	Astr. Ap. Suppl., 43, 155, 1981	19.195	Ast. Tsirk. No. 1231, p. 3, 1982
19.147*	Astr. Ap. Suppl., 44, 87, 1981	19.196	Ap. J., 276, 79, 1984
19.148*	Astr. Ap. Suppl., 44, 329, 1981	19.197	Ap. J., 276, 491, 1984
19.149*	Sov. Ast. Lett., 7, 1, 1981	19.198	Ap. J., 278, 37, 1984
19.150*	Sov. Ast. Lett., 7, 41, 1981	19.199*	Ap. J., 278, 51, 1984
19.151	Sov. Ast. Lett., 7, 185, 1981	19.200	Ap. J., 278, 96, 1984
19.152*	Sov. Ast. Lett., 7, 285, 1981	19.201	Ap. J., 280, 532, 1984
19.153	Pub. A. S. Japan, 33, 57, 1981	19.202*	Ap. J., 284, 461, 1984
19.154	Ap. J., 252, 474, 1982	19.203	Ap. J. Lett., 279, L19, 1984
19.155*	Ap. J., 256, 54, 1982	19.204	Ap. J. Lett., 284, L29, 1984
19.156*	Ap. J., 257, 389, 1982	19.205	Ap. J. Lett., 285, L5, 1984
19.157*	Ap. J., 257, 423, 1982	19.206	M.N.R.A.S., 206, 285, 1984
19.158	Ap. J., 259, 482, 1982	19.207	M.N.R.A.S., 208, 323, 1984
19.159	Ap. J. Lett., 256, L37, 1982	19.208	M.N.R.A.S., 211, 637, 1984
19.160*	Ap. J., 262, 442, 1982	19.209	M.N.R.A.S., 211, 981, 1984
19.161	Ap. J., 263,14,1982	19.210	Astr. Ap., 139, 15, 1984
19.162*	Ap. J. Suppl., 50, 319, 1982	19.211	Astr. Ap., 139, 455, 1984
19.163*	A. J., 87, 725, 1982	19.212*	Astrophysics, 20, 363, 1984
19.164*	A. J., 87, 945, 1982	19.213*	Astrophysics, 20, 478, 1984
19.165*	A. J., 87, 1443, 1982	19.214	Proc. Ast. Soc. Austr., 5, 516, 1984
19.166*	A. J., 87, 1656, 1982	19.215	Ap. Space Sci., 102, 155, 1984
19.167	M.N.R.A.S., 200, 153, 1982	19.216	"Clusters and Groups of Galaxies", Ap. Space Sci. Lib. No. 111,
19.168	M.N.R.A.S., 200, 407, 1982		

	p. 375, 1984	19.229	A. J., 91, 1058, 1986
19.217	"Clusters and Groups of Galaxies",	19.230	A. J., 92, 742, 1986
	Ap. Space Sci. Lib. No. 111,	19.231	Ap. J., 300, 613, 1986
	p. 389, 1984	19.232	Ap. J., 304, 312, 1986
19.218	Ap. J., 288, 535, 1985	19.233	Ap. J., 310, 86, 1986
19.219	Ap. J. Lett., 288, L35, 1985	19.234	Ap. J., 311, 25, 1986
19.220	Ap. J., 290, 462, 1985	19.235*	Ap. J. Suppl., 62, 255, 283, 1986
19.221*	Ap. J., 291, 88, 1985	19.236*	Astr. Ap. Suppl., 65, 349, 1986
19.222	A. J., 90, 450, 1985	19.237	Ap. J., 317, 112, 1987
19.223	Astr. Ap., 143, 393, 1985	19.238*	Ap. J., 321, 280, 1987
19.224	Astr. Ap., 144, 496, 1985	19.239*	Ap. J., 323, 468, 1987
19.225*	Astr. Ap., 148, 359, 1985	19.240	Ap. J. Lett., 312, L35, 1987
19.226*	Astr. Ap. Suppl., 61, 93, 1985	19.241	Ap. J. Lett., 313, L91, 1987
19.227	Proc. Ast. Soc. Aust., 6, 151, 1985	19.242*	Astr. Ap., 179, 108, 1987
19.228	A. J., 91, 13, 1986	19.243*	Ap. J. Suppl., 64, 581, 1987

References – NGC galaxies

References - NGC Galaxies

N0001	Zopt	(6 a)	32
N0014	Spop	(8 b)	993
N0014	Mkin	(9 a)	319
N0014	Mdyn	(9 b)	167
N0016	Pho	(2 a)	687
N0016	Zopt	(6 a)	266
N0016	Vdis	(7 a)	49
N0016	Mkin	(9 a)	187
N0021	SPtm	(4 a)	464
N0023	Des	(1 b)	28
N0023	Pho	(2 a)	868, 1030
N0023	HIIr	(12a)	223
N0023	Mol	(14a)	168
N0023	Radc	(15a)	57, 177, 278
N0024	Pho	(2 a)	937
N0029	SPtm	(4 a)	464
N0034	SPtm	(4 a)	295, 359
N0034	Spop	(8 b)	328, 588, 738
N0034	Popt	(10a)	54
N0036	Dim	(1 a)	1
N0045	Dim	(1 a)	29
N0045	Pho	(2 a)	811, 937
N0045	SPtm	(4 a)	323
N0045	Star	(5 a)	145
N0045	Radif	(15b)	649
N0053	Pho	(2 a)	415, 502
N0053	Zopt	(6 a)	158
N0055	Pho	(2 a)	453, 578, 599, 626, 679,
N0055	Pho	(2 a)	740, 811, 937, 1071
N0055	Ima	(2 b)	10
N0055	PtmU	(3 a)	10, 13
N0055	Star	(5 a)	64, 86, 95, 145, 230
N0055	Sclu	(5 b)	57, 74
N0055	Zrad	(6 b)	2
N0055	SpUV	(8 a)	138
N0055	Spop	(8 b)	573, 795, 864
N0055	Span	(8 d)	101, 113, 130
N0055	HIIr	(12a)	141, 191, 269
N0055	Imed	(12c)	22
N0055	HIw	(13a)	2, 85
N0055	HIm	(13b)	223
N0055	Radif	(15b)	558, 638, 704
N0055	Dis	(18)	24, 160
N0055	Grp	(19)	1, 84, 154
N0076	Radif	(15b)	68
N0079	SPtm	(4 a)	327
N0080	SPtm	(4 a)	327
N0083	SPtm	(4 a)	327
N0087	Pho	(2 a)	189, 312, 548
N0087	PtmO	(3 b)	117
N0087	SPtm	(4 a)	143
N0087	Zopt	(6 a)	133, 200
N0087	Mdyn	(9 b)	57
N0087	Grp	(19)	89, 145
N0088	Pho	(2 a)	189, 312, 548
N0088	PtmO	(3 b)	117
N0088	SPtm	(4 a)	143
N0088	Zopt	(6 a)	133, 200
N0088	Mdyn	(9 b)	57
N0088	Grp	(19)	89, 145
N0089	Pho	(2 a)	189, 312, 548
N0089	PtmO	(3 b)	117
N0089	SPtm	(4 a)	143
N0089	Zopt	(6 a)	133, 200
N0089	Mdyn	(9 b)	57
N0089	Grp	(19)	89, 145
N0091	Zrad	(6 b)	83
N0091	HIw	(13a)	166
N0092	Pho	(2 a)	189, 312, 548
N0092	PtmO	(3 b)	117
N0092	SPtm	(4 a)	143
N0092	Zopt	(6 a)	133, 200
N0092	Mdyn	(9 b)	57
N0092	Grp	(19)	89, 145
N0093	Zrad	(6 b)	83
N0093	HIw	(13a)	166
N0099	Dim	(1 a)	1

N0105	Dim	(1 a)	1		N0169	Spop	(8 b)	254
					N0169	Span	(8 d)	49
N0125	Pho	(2 a)	140		N0169	HIw	(13a)	100
					N0169	Grp	(19)	15
N0126	Pho	(2 a)	140					
					N0173	Dim	(1 a)	1
N0127	Pho	(2 a)	140					
N0127	Zopt	(6 a)	59		N0178	Spop	(8 b)	641
N0128	Pho	(2 a)	140, 687		N0180	Dim	(1 a)	1
N0128	SPtm	(4 a)	70					
N0128	Zopt	(6 a)	59, 266		N0182	Dim	(1 a)	1
N0128	Vdis	(7 a)	49					
N0128	Mkin	(9 a)	44, 187		N0185	Pho	(2 a)	143, 709
					N0185	PtmO	(3 b)	309
N0130	Zopt	(6 a)	59		N0185	PtmI	(3 c)	181
					N0185	SPtm	(4 a)	241, 277, 421, 556
N0147	Pho	(2 a)	95, 143, 694		N0185	SPIR	(4 b)	41
N0147	SPtm	(4 a)	42, 556		N0185	Star	(5 a)	75
N0147	Star	(5 a)	75, 108, 238		N0185	Sclu	(5 b)	9, 80, 85, 91
N0147	Sclu	(5 b)	9, 45, 80, 85, 91		N0185	Spop	(8 b)	153, 288, 456, 801
N0147	Plan	(12b)	4		N0185	HIIr	(12a)	209
N0147	Dis	(18)	78		N0185	Plan	(12b)	4
N0147	Grp	(19)	91		N0185	Imed	(12c)	19, 44, 45
					N0185	HIm	(13b)	125, 152, 168
N0150	Pho	(2 a)	502		N0185	Mol	(14a)	41, 48, 174, 232
N0150	PtmO	(3 b)	129		N0185	SNR	(17b)	41
N0150	Spop	(8 b)	43		N0185	Grp	(19)	91
N0151	Des	(1 b)	18		N0190	Zrad	(6 b)	105
N0151	Pho	(2 a)	432, 938		N0190	HIw	(13a)	191
N0151	PtmO	(3 b)	310					
N0151	PtmI	(3 c)	189		N0193	Radc	(15a)	147
N0151	Spir	(8 c)	70					
N0151	HIIr	(12a)	52		N0200	Dim	(1 a)	1
N0153	Mol	(14a)	62		N0205	Pho	(2 a)	490, 709
					N0205	Ima	(2 b)	4
N0157	Des	(1 b)	86, 188, 215		N0205	PtmU	(3 a)	8
N0157	Pho	(2 a)	3, 316, 337, 498, 503, 557,		N0205	PtmO	(3 b)	218
N0157	Pho	(2 a)	698, 803		N0205	PtmI	(3 c)	152
N0157	PtmO	(3 b)	310		N0205	PtmN	(3 d)	11
N0157	PtmI	(3 c)	189		N0205	SPtm	(4 a)	174, 243, 320, 556
N0157	SPtm	(4 a)	138, 164, 295, 359		N0205	SPIR	(4 b)	32
N0157	Spop	(8 b)	59		N0205	Star	(5 a)	66, 75, 135, 140, 196
N0157	Spir	(8 c)	70		N0205	Sclu	(5 b)	78, 80, 85, 91
N0157	Mkin	(9 a)	4, 148		N0205	SpUV	(8 a)	77, 86
N0157	Mdyn	(9 b)	12, 20, 58, 85		N0205	Spop	(8 b)	288, 456, 754
N0157	HIIr	(12a)	176, 279		N0205	SpIR	(8 c)	17
					N0205	Plan	(12b)	5

N0205	Imed	(12c)	19, 37, 45
N0205	HIw	(13a)	117
N0205	HIm	(13b)	125, 152, 168
N0205	Xg	(16)	358
N0205	Dis	(18)	94, 99
N0205	Grp	(19)	91
N0210	Des	(1 b)	307
N0210	Pho	(2 a)	938
N0210	HIw	(13a)	72
N0221	Pho	(2 a)	21, 1166
N0221	PtmO	(3 b)	269
N0221	PtmI	(3 c)	152
N0221	PtmN	(3 d)	26
N0221	SPtm	(4 a)	139, 304, 345, 374, 556,
N0221	SPtm	(4 a)	613
N0221	SPIR	(4 b)	32
N0221	Zopt	(6 a)	138, 330
N0221	Vdis	(7 a)	2, 4, 5, 7, 8, 19, 22, 48, 55,
N0221	Vdis	(7 a)	66, 70, 102, 110
N0221	Vdyn	(7 b)	3, 4, 23, 26, 37
N0221	SpUV	(8 a)	12, 54, 77, 85, 110, 111,
N0221	SpUV	(8 a)	216
N0221	Spop	(8 b)	6, 58, 105, 107, 140, 191,
N0221	Spop	(8 b)	198, 199, 284, 288, 292,
N0221	Spop	(8 b)	456, 635, 754, 921
N0221	SpIR	(8 c)	1, 17
N0221	Span	(8 d)	21, 31, 39, 40, 43, 57, 165
N0221	Mkin	(9 a)	27, 48, 176, 224, 225, 324
N0221	Mdyn	(9 b)	56, 111, 287
N0221	HIIr	(12a)	12, 198
N0221	Plan	(12b)	1, 2, 5, 7, 10, 11, 20, 22,
N0221	Plan	(12b)	28
N0221	Imed	(12c)	19
N0221	Mol	(14a)	8
N0221	Dis	(18)	22
N0221	Grp	(19)	91
N0224	Des	(1 b)	62, 82, 134, 141, 146, 185,
N0224	Des	(1 b)	186, 189, 210, 237, 262,
N0224	Des	(1 b)	301, 405
N0224	Pho	(2 a)	118, 152, 206, 265, 584,
N0224	Pho	(2 a)	588, 695, 700, 895, 993,
N0224	Pho	(2 a)	1041, 1063, 1107, 1111
N0224	Ima	(2 b)	1, 2, 3, 4, 6, 7, 19, 30, 32,
N0224	Ima	(2 b)	56
N0224	PtmU	(3 a)	2, 4, 6, 7, 8, 12, 17
N0224	PtmO	(3 b)	165, 411
N0224	PtmI	(3 c)	52, 56, 60, 152, 229
N0224	PtmN	(3 d)	13, 23
N0224	SPtm	(4 a)	15, 54, 58, 103, 157, 205,
N0224	SPtm	(4 a)	208, 241, 253, 273, 307,
N0224	SPtm	(4 a)	309, 351, 451, 452, 458,
N0224	SPtm	(4 a)	509, 510, 512, 556, 583,
N0224	SPtm	(4 a)	596
N0224	SPIR	(4 b)	1, 3, 4, 16, 17, 21, 29, 32,
N0224	SPIR	(4 b)	33, 44, 53, 59
N0224	SPtm	(5 a)	1, 2, 11, 12, 13, 19, 22, 26,
N0224	SPtm	(5 a)	30, 40, 49, 62, 65, 67, 76,
N0224	SPtm	(5 a)	82, 84, 97, 99, 100, 101,
N0224	SPtm	(5 a)	102, 111, 114, 124, 134,
N0224	SPtm	(5 a)	137, 154, 155, 156, 161,
N0224	SPtm	(5 a)	167, 173, 184, 192, 193,
N0224	SPtm	(5 a)	194, 204, 209, 210, 213,
N0224	SPtm	(5 a)	214, 215, 223, 225, 227,
N0224	SPtm	(5 a)	232, 244, 246, 251, 254,
N0224	SPtm	(5 a)	255, 256, 258, 543
N0224	Sclu	(5 b)	2, 6, 7, 11, 12, 16, 17, 18,
N0224	Sclu	(5 b)	23, 25, 26, 28, 30, 31, 32,
N0224	Sclu	(5 b)	35, 36, 38, 45, 46, 55, 56,
N0224	Sclu	(5 b)	58, 62, 67, 68, 69, 72, 73,
N0224	Sclu	(5 b)	82, 83, 84, 85, 89, 90, 91,
N0224	Sclu	(5 b)	93, 95, 98, 99, 100, 102,
N0224	Sclu	(5 b)	103, 112, 115, 126, 127,
N0224	Sclu	(5 b)	134, 136, 138
N0224	Scts	(5 c)	9, 22, 26, 28
N0224	Zopt	(6 a)	23, 34, 139, 330
N0224	Zrad	(6 b)	5
N0224	Vdis	(7 a)	2, 4, 5, 6, 7, 8, 9, 10, 13,
N0224	Vdis	(7 a)	15, 16, 17, 19, 22, 52, 53,
N0224	Vdis	(7 a)	55, 66, 94, 110
N0224	Vdyn	(7 b)	4, 8, 10, 18, 26
N0224	SpUV	(8 a)	1, 2, 10, 12, 20, 25, 54, 68,
N0224	SpUV	(8 a)	76, 79, 85, 87, 110, 111,
N0224	SpUV	(8 a)	137
N0224	Spop	(8 b)	6, 16, 26, 32, 47, 48, 49,
N0224	Spop	(8 b)	58, 105, 107, 140, 153,
N0224	Spop	(8 b)	158, 162, 181, 199, 232,
N0224	Spop	(8 b)	284, 288, 303, 305, 366,
N0224	Spop	(8 b)	456, 635, 858, 860
N0224	Spir	(8 c)	26
N0224	Span	(8 d)	18, 21, 31, 39, 40, 54, 59,
N0224	Span	(8 d)	62, 64, 80, 108, 111, 147
N0224	Mkin	(9 a)	12, 16, 34, 65, 83, 155,
N0224	Mkin	(9 a)	190, 224, 324
N0224	Mdyn	(9 b)	3, 8, 9, 12, 13, 16, 18, 21,
N0224	Mdyn	(9 b)	49, 80, 83, 85, 88, 92, 95,
N0224	Mdyn	(9 b)	97, 103, 106, 115, 121,
N0224	Mdyn	(9 b)	126, 146, 160

N0224	Popt	(10a)	29, 35, 50
N0224	Prad	(10b)	16, 27, 46, 60, 61, 78, 84,
N0224	Prad	(10b)	160, 161, 168
N0224	FPop	(11)	2, 3, 7, 45
N0224	HIIr	(12a)	12, 13, 30, 33, 49, 52, 56,
N0224	HIIr	(12a)	68, 101, 109, 115, 116,
N0224	HIIr	(12a)	126, 139, 142, 164, 168,
N0224	HIIr	(12a)	174, 198, 207, 226, 232,
N0224	HIIr	(12a)	249, 250, 264
N0224	Plan	(12b)	2, 3, 5, 8, 12, 18, 23, 25,
N0224	Plan	(12b)	27, 29
N0224	Imed	(12c)	6, 9, 17, 19, 21, 29, 31, 35,
N0224	Imed	(12c)	36, 43, 50, 53, 60
N0224	HIw	(13a)	5
N0224	HIm	(13b)	2, 3, 13, 14, 16, 26, 34, 52,
N0224	HIm	(13b)	56, 61, 98, 103, 116, 128,
N0224	HIm	(13b)	135, 147, 148, 161, 165,
N0224	HIm	(13b)	169, 185, 210, 212, 225
N0224	Mol	(14a)	3, 16, 17, 23, 24, 34, 37,
N0224	Mol	(14a)	52, 55, 77, 78, 100, 106,
N0224	Mol	(14a)	119, 128, 139, 140, 145,
N0224	Mol	(14a)	159, 200, 205, 211, 215
N0224	Radc	(15a)	15, 69, 103, 208, 244, 279,
N0224	Radc	(15a)	326
N0224	Radif	(15b)	66, 114, 241, 287, 323,
N0224	Radif	(15b)	501, 572, 579, 588, 691
N0224	Xg	(16)	7, 79, 111, 175, 219, 266,
N0224	Xg	(16)	300, 317, 334, 382, 416,
N0224	Xg	(16)	433, 441
N0224	SN	(17a)	129, 197, 277, 289, 297,
N0224	SN	(17a)	302, 348, 376
N0224	SNR	(17b)	1, 18, 20, 21, 22, 25, 26,
N0224	SNR	(17b)	35, 36, 44
N0224	Dis	(18)	3, 23, 71, 85, 133, 136,
N0224	Dis	(18)	146, 147, 152, 153, 156,
N0224	Dis	(18)	167, 169
N0224	Grp	(19)	91, 92
N0232	Pho	(2 a)	502
N0232	Spop	(8 b)	12
N0235	Zopt	(6 a)	459
N0235/35A	Pho	(2 a)	502
N0235A	Spop	(8 b)	12
N0238	Pho	(2 a)	502
N0244	Radc	(15a)	277
N0247	Pho	(2 a)	626, 811, 921, 937
N0247	PtmU	(3 a)	10
N0247	PtmO	(3 b)	310
N0247	PtmI	(3 c)	56, 189
N0247	SPtm	(4 a)	406, 425
N0247	Star	(5 a)	95, 145
N0247	SpUV	(8 a)	138
N0247	Spir	(8 c)	70
N0247	Span	(8 d)	113
N0247	Mdyn	(9 b)	128, 160
N0247	HIm	(13b)	42
N0247	Radif	(15b)	649, 704
N0247	Dis	(18)	43, 117, 154
N0253	Des	(1 b)	2, 269
N0253	Pho	(2 a)	5, 184, 211, 366, 414, 464,
N0253	Pho	(2 a)	503, 546, 626, 643, 684,
N0253	Pho	(2 a)	740, 752, 757, 761, 795,
N0253	Pho	(2 a)	811, 850, 887, 892, 1140
N0253	Ima	(2 b)	16, 84
N0253	PtmU	(3 a)	1, 10
N0253	PtmI	(3 c)	1, 23, 52, 56, 180, 247
N0253	SPtm	(4 a)	1, 3, 115, 191, 286, 412
N0253	SPIR	(4 b)	36, 38, 50
N0253	Star	(5 a)	80, 95, 145
N0253	Sclu	(5 b)	75, 125
N0253	Zrad	(6 b)	4, 5, 8
N0253	SpUV	(8 a)	3, 138
N0253	Spop	(8 b)	489, 573, 628, 937
N0253	SpIR	(8 c)	3, 6, 15, 23, 24, 25, 64, 74,
N0253	SpIR	(8 c)	86
N0253	Span	(8 d)	4, 101, 107, 113
N0253	Mkin	(9 a)	52, 62, 85
N0253	Mdyn	(9 b)	39, 45, 83, 85, 89
N0253	Prad	(10b)	7, 105, 130, 133
N0253	FPop	(11)	5, 16
N0253	HIIr	(12a)	183, 191
N0253	Imed	(12c)	33, 42, 66
N0253	HIw	(13a)	20
N0253	HIm	(13b)	10, 23, 39, 42
N0253	Mol	(14a)	2, 3, 4, 6, 9, 12, 13, 20, 28,
N0253	Mol	(14a)	29, 31, 36, 37, 43, 44, 45,
N0253	Mol	(14a)	49, 64, 65, 100, 115, 119,
N0253	Mol	(14a)	121, 152, 185, 188, 206,
N0253	Mol	(14a)	208, 214, 216, 233
N0253	Rcl	(14b)	9
N0253	Radc	(15a)	116, 122, 160, 205, 274,
N0253	Radc	(15a)	306
N0253	Radif	(15b)	275, 381, 386, 415, 421,
N0253	Radif	(15b)	425, 496, 535, 536, 558,

N0253	Radif	(15b)	704		N0300	Pho	(2 a)	985
N0253	Xg	(16)	223, 254, 316, 321, 326,		N0300	SPtm	(4 a)	406, 425
N0253	Xg	(16)	449		N0300	Star	(5 a)	47, 71, 86, 130, 145, 148,
N0253	SNR	(17b)	18		N0300	Star	(5 a)	154, 171, 199, 221, 228
N0253	Dis	(18)	70		N0300	Scts	(5 c)	16
					N0300	Zopt	(6 a)	422
N0255	Pho	(2 a)	938		N0300	Zrad	(6 b)	2
					N0300	Spop	(8 b)	240, 573, 586
N0257	Dim	(1 a)	1		N0300	Span	(8 d)	44, 101
					N0300	Mdyn	(9 b)	128, 160
N0262	Des	(1 b)	28, 381		N0300	FPop	(11)	38
N0262	Pho	(2 a)	418, 1158		N0300	HIIr	(12a)	48, 65, 116, 139, 191, 196
N0262	Ima	(2 b)	89		N0300	Plan	(12b)	19
N0262	PtmO	(3 b)	152, 422		N0300	HIw	(13a)	2, 85
N0262	PtmI	(3 c)	19		N0300	HIm	(13b)	86
N0262	PtmN	(3 d)	28		N0300	Radif	(15b)	649, 704
N0262	SPtm	(4 a)	293, 313		N0300	SNR	(17b)	18, 37
N0262	SpUV	(8 a)	180		N0300	Dis	(18)	24, 26, 35, 88, 106, 114,
N0262	Spop	(8 b)	7, 89, 145, 161, 190, 440,		N0300	Dis	(18)	117, 132, 158
N0262	Spop	(8 b)	546, 588, 761, 831, 835,		N0300	Grp	(19)	1, 84, 154
N0262	Spop	(8 b)	853, 970					
N0262	SpIR	(8 c)	37, 63, 72		N0309	Pho	(2 a)	503, 650
N0262	Mkin	(9 a)	313		N0309	SPtm	(4 a)	375
N0262	Popt	(10a)	54, 87					
N0262	HIw	(13a)	302		N0315	Dim	(1 a)	18
N0262	HIm	(13b)	46, 95, 141, 246		N0315	Des	(1 b)	310
N0262	Radc	(15a)	2, 48, 57, 61, 127, 143,		N0315	Pho	(2 a)	1146
N0262	Radc	(15a)	162, 180, 278		N0315	PtmO	(3 b)	149
N0262	Radif	(15b)	23, 68, 128, 286, 308, 405,		N0315	Zrad	(6 b)	109
N0262	Radif	(15b)	418, 442, 453, 480, 510		N0315	Vdis	(7 a)	14
N0262	Xg	(16)	157		N0315	Vdyn	(7 b)	9
					N0315	Mdyn	(9 b)	124, 148
N0274/75	Pho	(2 a)	929		N0315	Popt	(10a)	61
					N0315	Prad	(10b)	26, 31, 48, 74, 81, 135,
N0278	Spop	(8 b)	43, 190		N0315	Prad	(10b)	153
N0278	Radif	(15b)	386, 686		N0315	Imed	(12c)	57
					N0315	HIw	(13a)	184, 196, 206
N0279	Spop	(8 b)	611		N0315	Radc	(15a)	84, 138, 147, 164, 176,
					N0315	Radc	(15a)	262, 323
N0289	Des	(1 b)	18		N0315	Radif	(15b)	28, 31, 42, 56, 78, 115,
N0289	Pho	(2 a)	502, 832, 938		N0315	Radif	(15b)	119, 163, 215, 256, 262,
N0289	Zopt	(6 a)	350		N0315	Radif	(15b)	270, 276, 298, 361, 387,
N0289	Zrad	(6 b)	136		N0315	Radif	(15b)	409, 462, 520, 598, 617
N0289	Mkin	(9 a)	240		N0315	Xg	(16)	174, 353
N0289	HIw	(13a)	222					
					N0317B	Spop	(8 b)	794
N0295	SPtm	(4 a)	548					
					N0320	Spop	(8 b)	12
N0300	Pho	(2 a)	305, 316, 464, 578, 740,					
N0300	Pho	(2 a)	756, 811, 921, 937, 963,		N0326	Pho	(2 a)	454

N0326	Popt	(10a)	61		N0404	Des	(1 b)	298
N0326	Prad	(10b)	153		N0404	Pho	(2 a)	661, 996
N0326	Radc	(15a)	323		N0404	PtmI	(3 c)	293
N0326	Radif	(15b)	116, 502		N0404	SPtm	(4 a)	291
					N0404	Spop	(8 b)	453, 456, 531
N0337	Des	(1 b)	103		N0404	SpIR	(8 c)	17
N0337	Spop	(8 b)	43		N0404	Plan	(12b)	22
					N0404	Imed	(12c)	55
N0341	Pho	(2 a)	868		N0404	HIw	(13a)	33
N0341	HIIr	(12a)	223		N0404	Radc	(15a)	72
N0354	Spop	(8 b)	254		N0414	Des	(1 b)	166
N0354	Span	(8 d)	49		N0414	Pho	(2 a)	518
N0380	Spop	(8 b)	801		N0424	Des	(1 b)	415
					N0424	Pho	(2 a)	195, 406
N0382	Spop	(8 b)	801		N0424	PtmI	(3 c)	247, 249
N0382/83	Pho	(2 a)	240, 276		N0424	PtmN	(3 d)	35
					N0424	SPtm	(4 a)	568
N0383	Dim	(1 a)	18		N0424	SpUV	(8 a)	195
N0383	Pho	(2 a)	400		N0424	Spop	(8 b)	574, 661, 773, 873
N0383	PtmO	(3 b)	149					
N0383	Spop	(8 b)	152, 624, 801, 894		N0428	Pho	(2 a)	938
N0383	Mdyn	(9 b)	54		N0428	HIIr	(12a)	176
N0383	Popt	(10a)	61		N0434/34A	Pho	(2 a)	502
N0383	Prad	(10b)	38, 40, 48, 50, 87, 90, 100,					
N0383	Prad	(10b)	104, 153		N0439	Spop	(8 b)	701
N0383	Radc	(15a)	147, 158, 184, 186, 323					
N0383	Radif	(15b)	28, 55, 78, 131, 138, 163,		N0440	Pho	(2 a)	502
N0383	Radif	(15b)	174, 246, 254, 262, 264,					
N0383	Radif	(15b)	328, 335, 361, 401, 411		N0447	Des	(1 b)	63
N0383	Xg	(16)	303		N0447	Pho	(2 a)	261
					N0447	Grp	(19)	78
N0384	Des	(1 b)	291					
N0384	Pho	(2 a)	977		N0449	Des	(1 b)	28, 63, 381
					N0449	Pho	(2 a)	261
N0385	Spop	(8 b)	801		N0449	PtmI	(3 c)	13
					N0449	SPtm	(4 a)	313
N0386	Des	(1 b)	291		N0449	Zopt	(6 a)	321, 387
N0386	Pho	(2 a)	977		N0449	Spop	(8 b)	7, 46, 89, 145, 161, 220,
					N0449	Spop	(8 b)	722, 835, 853, 970
N0388	Des	(1 b)	291		N0449	Span	(8 d)	17
N0388	Pho	(2 a)	977		N0449	Mkin	(9 a)	151
					N0449	HIw	(13a)	100, 256
N0398	Des	(1 b)	291		N0449	Radc	(15a)	2, 48, 57, 180
N0398	Pho	(2 a)	977		N0449	Radif	(15b)	23, 221, 442
					N0449	Grp	(19)	78, 195
N0399	Pho	(2 a)	419					
					N0450	Pho	(2 a)	699, 938

N0450	Zopt	(6 a)	238, 273		N0507	Zopt	(6 a)	8
N0450	Mkin	(9 a)	167, 191		N0507	Radc	(15a)	184
					N0507	Radif	(15b)	264
N0451	Pho	(2 a)	868		N0507	Grp	(19)	5
N0451	HIIr	(12a)	223					
					N0508	Zopt	(6 a)	8
N0470	Pho	(2 a)	855, 947					
N0470	HIIr	(12a)	176		N0514	Pho	(2 a)	938
N0473	Des	(1 b)	368		N0515	Zopt	(6 a)	8
N0473	Pho	(2 a)	1081					
					N0517	Zopt	(6 a)	8
N0474	Des	(1 b)	404					
N0474	Pho	(2 a)	855, 899, 947, 1092		N0520	Des	(1 b)	93, 116, 352
N0474	SPtm	(4 a)	555		N0520	Pho	(2 a)	24, 132, 359, 398, 622,
					N0520	Pho	(2 a)	947, 949
N0478	Pho	(2 a)	48		N0520	PtmO	(3 b)	5
					N0520	SPtm	(4 a)	10, 27
N0488	Des	(1 b)	215		N0520	Zrad	(6 b)	75, 150, 152
N0488	Pho	(2 a)	503		N0520	Spop	(8 b)	288, 628
N0488	SPtm	(4 a)	487, 519, 548		N0520	SpIR	(8 c)	101
N0488	Vdis	(7 a)	99		N0520	Mkin	(9 a)	94
N0488	Spop	(8 b)	531		N0520	HIIr	(12a)	3
N0488	Mkin	(9 a)	103, 304		N0520	HIw	(13a)	150, 156, 159, 234, 256
N0488	SN	(17a)	46, 54, 89, 305		N0520	Mol	(14a)	118, 123, 170
					N0520	Radc	(15a)	289, 294
N0494	Zopt	(6 a)	8		N0520	Radif	(15b)	44, 68, 173, 275
N0495	Des	(1 b)	307		N0521	Dim	(1 a)	1
N0495	Pho	(2 a)	75, 419, 1003		N0521	SN	(17a)	180
N0495	SPtm	(4 a)	34, 482					
N0495	Zopt	(6 a)	8		N0523	Zrad	(6 b)	83
					N0523	HIw	(13a)	166
N0496	Pho	(2 a)	75					
N0496	Zopt	(6 a)	8		N0524	Des	(1 b)	45
					N0524	Pho	(2 a)	900
N0497	Dim	(1 a)	1		N0524	PtmO	(3 b)	50
					N0524	SPtm	(4 a)	41, 72, 151, 291
N0498	Zopt	(6 a)	8		N0524	Sclu	(5 b)	104
					N0524	Scts	(5 c)	15
N0499	Pho	(2 a)	75		N0524	Zopt	(6 a)	62
N0499	Zopt	(6 a)	8		N0524	Radc	(15a)	302
					N0524	Xg	(16)	353, 429
N0501	Zopt	(6 a)	8					
					N0526	Xg	(16)	102, 144
N0502	Zopt	(6 a)	138					
					N0526A	PtmI	(3 c)	258
N0503	Zopt	(6 a)	8		N0526A	Zopt	(6 a)	387
					N0526A	Spop	(8 b)	722
N0504	Zopt	(6 a)	8		N0526A	Radif	(15b)	705

N0526A	Xg	(16)	219, 236, 238, 270, 354	N0584	Span	(8 d)	21
N0541	Pho	(2 a)	68	N0584	Mkin	(9 a)	187, 189
N0541	SPtm	(4 a)	13, 33	N0591	Zopt	(6 a)	145
N0541	Zopt	(6 a)	33	N0591	Spop	(8 b)	257, 835
N0541	Radif	(15b)	543	N0591	Radc	(15a)	190
N0541	Grp	(19)	11				
				N0596	SPtm	(4 a)	131, 229, 278, 526
N0541/41A	Pho	(2 a)	904	N0596	Vdis	(7 a)	7, 14, 20, 26, 28
N0541/41A	Prad	(10b)	122, 123	N0596	Vdyn	(7 b)	9
N0541/41A	Radif	(15b)	523, 528	N0596	SpIR	(8 c)	17
				N0596	Mkin	(9 a)	123, 127
N0541A	Pho	(2 a)	68				
N0541A	SPtm	(4 a)	33	N0598	Dim	(1 a)	24, 41
N0541A	Zopt	(6 a)	19, 33	N0598	Des	(1 b)	52, 68, 119, 131, 161, 177,
N0541A	Spop	(8 b)	719, 725	N0598	Des	(1 b)	178, 185, 188, 228, 252,
N0541A	Grp	(19)	11	N0598	Des	(1 b)	256, 338, 379
				N0598	Pho	(2 a)	3, 71, 128, 178, 188, 275,
N0545	PtmO	(3 b)	343	N0598	Pho	(2 a)	370, 407, 431, 463, 503,
N0545	PtmI	(3 c)	226	N0598	Pho	(2 a)	550, 603, 604, 724, 830,
N0545	Spop	(8 b)	370, 764	N0598	Pho	(2 a)	845, 852, 875, 928, 1051,
N0545	Span	(8 d)	73	N0598	Pho	(2 a)	1102
				N0598	Ima	(2 b)	6, 28, 34
N0545/47	Pho	(2 a)	68, 240	N0598	PtmU	(3 a)	5, 7, 10, 12, 17
N0545/47	SPtm	(4 a)	13	N0598	PtmI	(3 c)	29, 56, 98
N0545/47	Prad	(10b)	12	N0598	PtmN	(3 d)	13
N0545/47	Radc	(15a)	123, 147, 232, 234	N0598	SPtm	(4 a)	247, 287, 307, 375, 391,
N0545/47	Radif	(15b)	528, 537, 543	N0598	SPtm	(4 a)	556
N0545/47	Grp	(19)	11	N0598	SPIR	(4 b)	34
				N0598	Star	(5 a)	2, 6, 7, 12, 13, 14, 23, 26,
N0547	Spop	(8 b)	764	N0598	Star	(5 a)	30, 35, 36, 50, 56, 59, 62,
				N0598	Star	(5 a)	68, 98, 104, 107, 115, 118,
N0548	Radc	(15a)	187, 211	N0598	Star	(5 a)	121, 123, 124, 125, 131,
N0548	Grp	(19)	146	N0598	Star	(5 a)	134, 146, 155, 163, 167,
				N0598	Star	(5 a)	168, 174, 175, 177, 184,
N0569	Pho	(2 a)	1068	N0598	Star	(5 a)	185, 214, 215, 219, 220,
N0569	Spop	(8 b)	794	N0598	Star	(5 a)	233, 234, 236, 244, 245,
				N0598	Star	(5 a)	247, 252
N0573	Pho	(2 a)	940	N0598	Sclu	(5 b)	24, 34, 54, 61, 73, 77, 86,
				N0598	Sclu	(5 b)	89, 101
N0578	Pho	(2 a)	938	N0598	Scts	(5 c)	7, 8, 16, 26, 27
				N0598	Zopt	(6 a)	228
N0584	Des	(1 b)	80	N0598	Zrad	(6 b)	205
N0584	Pho	(2 a)	687	N0598	Vdis	(7 a)	44
N0584	SPtm	(4 a)	155, 437, 526	N0598	Vdyn	(7 b)	20
N0584	Zopt	(6 a)	266	N0598	SpUV	(8 a)	1, 29, 59, 75, 96, 106, 137,
N0584	Vdis	(7 a)	7, 8, 49, 51	N0598	SpUV	(8 a)	138, 139, 142, 172
N0584	Vdyn	(7 b)	4	N0598	Spop	(8 b)	11, 33, 44, 104, 117, 233,
N0584	Spop	(8 b)	58, 631, 754	N0598	Spop	(8 b)	293, 396, 456, 459, 523,
N0584	SpIR	(8 c)	17	N0598	Spop	(8 b)	571, 586, 736, 743, 860,

N0598	Spop	(8 b)	1000		N0613	Pho	(2 a)	528, 1100
N0598	SpIR	(8 c)	16		N0613	SPtm	(4 a)	479
N0598	Span	(8 d)	5, 10, 30, 47, 58, 83, 96,		N0613	Spop	(8 b)	12, 242, 956
N0598	Span	(8 d)	108, 113, 116, 118, 122,		N0613	Span	(8 d)	45, 47
N0598	Span	(8 d)	131		N0613	Mkin	(9 a)	135, 197, 308
N0598	Mkin	(9 a)	143, 217, 327		N0613	HIIr	(12a)	52, 189
N0598	Mdyn	(9 b)	12, 33, 86		N0613	Radif	(15b)	386, 494, 677
N0598	Prad	(10b)	46, 78, 152, 164					
N0598	FPop	(11)	4, 7, 18		N0619	Pho	(2 a)	1033
N0598	HIIr	(12a)	2, 6, 7, 11, 16, 21, 22, 24,					
N0598	HIIr	(12a)	26, 27, 33, 40, 45, 47, 54,		N0625	Pho	(2 a)	1091
N0598	HIIr	(12a)	63, 71, 85, 88, 98, 99, 103,		N0625	PtmO	(3 b)	383
N0598	HIIr	(12a)	105, 106, 114, 116, 119,		N0625	PtmN	(3 d)	34
N0598	HIIr	(12a)	123, 130, 132, 133, 139,		N0625	Spop	(8 b)	43
N0598	HIIr	(12a)	161, 163, 164, 173, 181,					
N0598	HIIr	(12a)	182, 190, 193, 196, 199,		N0628	Des	(1 b)	127, 128
N0598	HIIr	(12a)	207, 216, 218, 219, 220,		N0628	Pho	(2 a)	74, 89, 90, 421, 426, 429,
N0598	HIIr	(12a)	225, 227, 232, 233, 235,		N0628	Pho	(2 a)	503, 839, 937, 1009
N0598	HIIr	(12a)	237, 238, 248, 251, 252,		N0628	PtmU	(3 a)	10
N0598	HIIr	(12a)	258, 262, 263, 270, 272,		N0628	PtmO	(3 b)	310
N0598	HIIr	(12a)	278, 280, 282		N0628	PtmI	(3 c)	189
N0598	Plan	(12b)	33		N0628	SPtm	(4 a)	138, 247, 375, 389, 487,
N0598	Imed	(12c)	3, 4, 5, 52		N0628	SPtm	(4 a)	516
N0598	HIw	(13a)	20, 82, 113		N0628	Zrad	(6 b)	137, 163
N0598	HIm	(13b)	10, 24, 58, 62, 63, 99, 205,		N0628	Vdis	(7 a)	62, 99
N0598	HIm	(13b)	241		N0628	Vdyn	(7 b)	24
N0598	Mol	(14a)	15, 25, 46, 59, 111, 119		N0628	SpUV	(8 a)	138
N0598	Radc	(15a)	15, 134, 248, 301, 320		N0628	Spop	(8 b)	61, 456; 562, 736
N0598	Radif	(15b)	114, 325, 408, 430, 614,		N0628	Spir	(8 c)	70
N0598	Radif	(15b)	645		N0628	Span	(8 d)	22, 113, 115, 122
N0598	Xg	(16)	120, 191, 250, 283, 300,		N0628	Mkin	(9 a)	55, 304
N0598	Xg	(16)	446		N0628	Mdyn	(9 b)	149
N0598	SNR	(17b)	4, 5, 6, 7, 10, 11, 12, 13,		N0628	FPop	(11)	6
N0598	SNR	(17b)	15, 16, 17, 18, 28, 29, 35,		N0628	HIIr	(12a)	3, 9, 10, 86, 116, 188, 189,
N0598	SNR	(17b)	43, 46, 53, 54, 58, 60, 63,		N0628	HIIr	(12a)	233, 279
N0598	SNR	(17b)	65		N0628	Imed	(12c)	16
N0598	Dis	(18)	23, 35, 48, 69, 77, 82, 85,		N0628	HIw	(13a)	107, 264
N0598	Dis	(18)	104, 113, 135, 147, 162,		N0628	HIm	(13b)	94, 136, 178, 199, 226
N0598	Dis	(18)	164, 166		N0628	Xg	(16)	252, 316
N0598	Grp	(19)	91, 92		N0628	Grp	(19)	231
N0612	Des	(1 b)	92		N0636	Vdis	(7 a)	20
N0612	Pho	(2 a)	258					
N0612	PtmI	(3 c)	293		N0646	Des	(1 b)	18
N0612	Spop	(8 b)	764					
N0612	Mkin	(9 a)	107		N0658	Dim	(1 a)	1
N0612	Prad	(10b)	7					
N0612	Radc	(15a)	156		N0660	Des	(1 b)	352
N0612	Radif	(15b)	95		N0660	Pho	(2 a)	123
					N0660	Ima	(2 b)	16

N0660	PtmI	(3 c)	157	N0696	Pho	(2 a)	502
N0660	SPtm	(4 a)	57				
N0660	Zopt	(6 a)	327	N0697	HIw	(13a)	140
N0660	Zrad	(6 b)	75, 152, 157	N0697	Grp	(19)	134
N0660	Spop	(8 b)	85, 531, 628				
N0660	SpIR	(8 c)	60, 101	N0698	Pho	(2 a)	502
N0660	Mkin	(9 a)	36				
N0660	HIw	(13a)	156	N0701	Mkin	(9 a)	99
N0660	Mol	(14a)	33, 57, 75, 123, 125, 148,	N0701	Mdyn	(9 b)	96
N0660	Mol	(14a)	160				
N0660	Radif	(15b)	68, 173, 275, 386	N0703	Radif	(15b)	324
				N0705	Zopt	(6 a)	397
N0662	PtmI	(3 c)	293	N0705	Spop	(8 b)	741
N0664	Dim	(1 a)	1	N0706	Dim	(1 a)	1
N0672	Des	(1 b)	140	N0708	Des	(1 b)	92, 298
N0672	Pho	(2 a)	664, 937	N0708	Pho	(2 a)	454, 996
N0672	SPtm	(4 a)	295, 359	N0708	Ima	(2 b)	60
N0672	Spop	(8 b)	491	N0708	Zopt	(6 a)	397
N0672	Mkin	(9 a)	182	N0708	Spop	(8 b)	741, 763
N0672	HIw	(13a)	107, 140	N0708	Imed	(12c)	55
N0672	HIm	(13b)	36, 71, 107	N0708	HIw	(13a)	139
N0672	Radif	(15b)	686	N0708	Radc	(15a)	187, 211
N0672	Grp	(19)	134	N0708	Radif	(15b)	324, 552
N0673	Dim	(1 a)	1	N0708	Grp	(19)	133, 146
N0678	Pho	(2 a)	1139	N0710	Radif	(15b)	324
N0679	Pho	(2 a)	146	N0718	Des	(1 b)	307
N0679	PtmO	(3 b)	50	N0718	Pho	(2 a)	1003
N0679	SPtm	(4 a)	72, 73	N0718	SPtm	(4 a)	482
N0679	Zopt	(6 a)	62	N0718	Spop	(8 b)	43
				N0720	Pho	(2 a)	989
N0681	Des	(1 b)	104	N0720	SPtm	(4 a)	562
N0681	Mkin	(9 a)	117	N0720	SPIR	(4 b)	54
N0681	Mdyn	(9 b)	79	N0720	Zopt	(6 a)	441
				N0720	Vdis	(7 a)	7, 14, 20, 94
N0684	Radif	(15b)	430	N0720	Vdyn	(7 b)	9, 32
				N0720	Spop	(8 b)	631, 754, 858
N0685	Pho	(2 a)	502, 586, 938	N0720	Mkin	(9 a)	48
				N0720	Mdyn	(9 b)	131, 148
N0694	Des	(1 b)	368	N0720	Radc	(15a)	302
N0694	Pho	(2 a)	1081	N0720	Xg	(16)	353, 407, 429
				N0720	Grp	(19)	229
N0695	Pho	(2 a)	1030, 1050				
N0695	Mol	(14a)	168	N0736	Pho	(2 a)	146
				N0736	PtmO	(3 b)	50

N0736	SPtm	(4 a)	72, 73		N0797	PtmO	(3 b)	289
N0736	Zopt	(6 a)	62		N0797	SPtm	(4 a)	382
					N0797	Zrad	(6 b)	119
N0741	SPtm	(4 a)	170		N0797	Mdyn	(9 b)	120
N0741	Vdis	(7 a)	7, 23		N0797	HIm	(13b)	163
N0741	Vdyn	(7 b)	3		N0797	Grp	(19)	188
N0741	Spop	(8 b)	764					
N0741	Mkin	(9 a)	109		N0801	PtmO	(3 b)	289
N0741	Mdyn	(9 b)	124		N0801	SPtm	(4 a)	382
N0741	Radif	(15b)	318, 428, 520		N0801	Zrad	(6 b)	119
					N0801	Vdis	(7 a)	55
N0741/42	Radif	(15b)	230		N0801	Mkin	(9 a)	99
N0741/42	Grp	(19)	128		N0801	Mdyn	(9 b)	48, 96, 120
					N0801	HIm	(13b)	163
N0742	Des	(1 b)	376		N0801	Grp	(19)	188
N0742	Spop	(8 b)	764					
					N0807	Des	(1 b)	410
N0745	Pho	(2 a)	502		N0807	HIw	(13a)	297
					N0807	HIm	(13b)	243
N0749	Spop	(8 b)	12		N0807	Radif	(15b)	716
N0750/51	Des	(1 b)	33		N0821	SPtm	(4 a)	437
N0750/51	Pho	(2 a)	612		N0821	Vdis	(7 a)	20
N0750/51	SPtm	(4 a)	97					
					N0824	Pho	(2 a)	1033
N0753	Pho	(2 a)	411, 938					
N0753	Zopt	(6 a)	330		N0828	Pho	(2 a)	1030
N0753	Vdis	(7 a)	55, 66		N0828	Mol	(14a)	168
N0753	Mkin	(9 a)	99		N0828	Radif	(15b)	537
N0753	Mdyn	(9 b)	96					
N0753	Radif	(15b)	324		N0833	PtmI	(3 c)	165
					N0833	Xg	(16)	323
N0759	Radif	(15b)	324		N0833	Grp	(19)	204
N0770	HIw	(13a)	114		N0834	Pho	(2 a)	1030
					N0834	Mol	(14a)	168
N0772	Des	(1 b)	105, 215					
N0772	Pho	(2 a)	690, 1161		N0835	PtmI	(3 c)	165
N0772	Spop	(8 b)	531, 1012		N0835	Xg	(16)	323
N0772	HIIr	(12a)	176		N0835	Grp	(19)	204
N0772	HIw	(13a)	114					
					N0838	SPtm	(4 a)	453
N0777	Vdis	(7 a)	20		N0838	Xg	(16)	323
					N0838	Grp	(19)	204
N0780	Pho	(2 a)	940					
					N0839	Xg	(16)	323
N0784	HIm	(13b)	97		N0839	Grp	(19)	204
N0784	Dis	(18)	42					
					N0840	Dim	(1 a)	1
N0786	Spop	(8 b)	794		N0840	Zrad	(6 b)	149

N0840	HIw	(13a)	133	N0923	Radif	(15b)	324
N0863	PtmO	(3 b)	206	N0925	Des	(1 b)	188
N0863	PtmI	(3 c)	258	N0925	Pho	(2 a)	435, 503, 647, 662, 937
N0863	Zopt	(6 a)	387	N0925	PtmU	(3 a)	7
N0863	SpUV	(8 a)	159	N0925	SPtm	(4 a)	413, 516
N0863	Spop	(8 b)	100, 263, 619, 715, 722,	N0925	Spop	(8 b)	59
N0863	Spop	(8 b)	732, 780	N0925	Mdyn	(9 b)	12, 20
N0863	Radc	(15a)	230	N0925	FPop	(11)	22
N0863	Radif	(15b)	336, 442	N0925	HIIr	(12a)	106, 176
N0863	Xg	(16)	88, 112, 157, 236, 270	N0925	HIw	(13a)	264
				N0925	HIm	(13b)	36, 71, 96, 120, 226
N0864	Pho	(2 a)	938	N0925	Radc	(15a)	174
N0864	Mol	(14a)	170	N0925	Radif	(15b)	686
				N0925	Dis	(18)	42
N0877	Pho	(2 a)	1030				
N0877	Mol	(14a)	168	N0926	Dim	(1 a)	1
N0890	Zopt	(6 a)	266	N0927	Zrad	(6 b)	105
N0890	Vdis	(7 a)	49	N0927	HIw	(13a)	191
N0890	Mkin	(9 a)	187				
				N0931	Pho	(2 a)	260
N0891	Des	(1 b)	104, 213, 260, 271	N0931	PtmO	(3 b)	267
N0891	Pho	(2 a)	56, 113, 131, 188, 243,	N0931	PtmI	(3 c)	141, 258
N0891	Pho	(2 a)	357, 366, 842, 1112	N0931	SPtm	(4 a)	295, 337, 359, 464
N0891	SPtm	(4 a)	62, 245, 605	N0931	Zopt	(6 a)	115, 387
N0891	SPIR	(4 b)	60	N0931	Spop	(8 b)	167, 444, 499, 501, 551,
N0891	Sclu	(5 b)	63	N0931	Spop	(8 b)	577, 588, 636, 722, 918
N0891	Mdyn	(9 b)	73, 105, 117	N0931	Spir	(8 c)	77
N0891	HIw	(13a)	118	N0931	Mkin	(9 a)	151
N0891	HIm	(13b)	17, 85, 130	N0931	Popt	(10a)	67
N0891	Mol	(14a)	74, 100, 210, 229	N0931	Xg	(16)	119, 145, 270
N0891	Radc	(15a)	41, 74, 160, 271, 326				
N0891	Radif	(15b)	37, 84, 88, 324, 386, 584,	N0935	Pho	(2 a)	157
N0891	Radif	(15b)	686	N0935	Zopt	(6 a)	71
N0891	SN	(17a)	347, 377, 407, 420	N0935	Mkin	(9 a)	53
N0891	Dis	(18)	42	N0935	Mdyn	(9 b)	30
N0895	Pho	(2 a)	938	N0936	Des	(1 b)	45, 368
N0895	HIIr	(12a)	189	N0936	Pho	(2 a)	498, 708, 775, 792
				N0936	SPtm	(4 a)	319, 370, 551
N0908	PtmO	(3 b)	310	N0936	Vdis	(7 a)	54, 68
N0908	PtmI	(3 c)	189	N0936	Vdyn	(7 b)	28
N0908	Spir	(8 c)	70	N0936	Spop	(8 b)	456, 943
				N0936	Mkin	(9 a)	194
N0918	Xg	(16)	112	N0936	Mdyn	(9 b)	107, 141
				N0936	HIw	(13a)	25
N0922	Zopt	(6 a)	155	N0936	Radc	(15a)	302
N0922	Spop	(8 b)	43, 407	N0936	Radif	(15b)	430
				N0936	Xg	(16)	429

N0941	Pho	(2 a)	938
N0949	PtmO	(3 b)	237
N0949	SPtm	(4 a)	295, 359
N0949	Spop	(8 b)	498
N0949	Mkin	(9 a)	247
N0949	Radif	(15b)	686
N0949	Dis	(18)	42
N0959	Dis	(18)	42
N0961	Spop	(8 b)	43
N0972	Pho	(2 a)	342, 384
N0972	PtmO	(3 b)	218
N0972	PtmN	(3 d)	11
N0972	SPtm	(4 a)	167, 295, 359
N0972	Spop	(8 b)	59, 265, 460
N0972	Mdyn	(9 b)	12, 20, 60, 85
N0977	Pho	(2 a)	269
N0977	SN	(17a)	47, 76, 89, 305
N0979	Pho	(2 a)	529
N0984	Pho	(2 a)	146
N0984	PtmO	(3 b)	50
N0984	SPtm	(4 a)	72, 73
N0984	Zopt	(6 a)	62
N0984	Zrad	(6 b)	102
N0984	HIw	(13a)	187
N0984	Radif	(15b)	68
N0985	Des	(1 b)	25
N0985	Pho	(2 a)	6, 83
N0985	PtmO	(3 b)	1
N0985	PtmI	(3 c)	255
N0985	Zopt	(6 a)	4, 144
N0985	SpUV	(8 a)	24, 113
N0985	Spop	(8 b)	91, 255, 499, 732
N0985	Popt	(10a)	54
N0985	Radif	(15b)	336, 442
N0985	Xg	(16)	290
N0986	Pho	(2 a)	874
N0986	SPtm	(4 a)	479
N0986	Spop	(8 b)	43, 489
N0991	Pho	(2 a)	938
N0991	SN	(17a)	273, 288, 290, 300, 305,
N0991	SN	(17a)	330, 342, 349, 406, 435
N0992	Des	(1 b)	63
N0992	Pho	(2 a)	261
N0992	Ima	(2 b)	16
N0992	Zopt	(6 a)	327
N0992	Zrad	(6 b)	75, 152
N0992	Spop	(8 b)	628
N0992	HIw	(13a)	156
N0992	Mol	(14a)	123
N0992	Radc	(15a)	189
N0992	Radif	(15b)	173, 275
N0992	Grp	(19)	78
N1003	Pho	(2 a)	188
N1003	SN	(17a)	8
N1003	Dis	(18)	42
N1004	Radc	(15a)	59
N1004	Radif	(15b)	600
N1012	PtmO	(3 b)	218
N1012	PtmN	(3 d)	11
N1012	Spop	(8 b)	460
N1012	HIw	(13a)	162
N1019	Dim	(1 a)	1
N1019	Spop	(8 b)	407, 521
N1022	Spop	(8 b)	43
N1023	Des	(1 b)	368
N1023	Pho	(2 a)	41, 341, 443, 687, 831,
N1023	Pho	(2 a)	1046
N1023	PtmO	(3 b)	35
N1023	SPtm	(4 a)	20, 48, 515
N1023	Zopt	(6 a)	266
N1023	Zrad	(6 b)	40, 135
N1023	Vdis	(7 a)	43, 49, 55
N1023	SpUV	(8 a)	77
N1023	Spop	(8 b)	875
N1023	SpIR	(8 c)	17
N1023	Mkin	(9 a)	161, 187
N1023	HIw	(13a)	74, 103
N1023	HIm	(13b)	79, 102, 167, 177
N1023	Radif	(15b)	141
N1023	Dis	(18)	42
N1023	Grp	(19)	108, 119
N1023A	Pho	(2 a)	821, 1046

N1023A	PtmO	(3 b)	35		N1042	Pho	(2 a)	270, 938
N1023A	SPtm	(4 a)	515		N1042	Zrad	(6 b)	45, 174
N1023A	Zrad	(6 b)	133, 135		N1042	HIw	(13a)	80
N1023A	Spop	(8 b)	875		N1042	HIm	(13b)	109
N1023A	HIw	(13a)	220					
N1023A	HIm	(13b)	177		N1044	Des	(1 b)	376
N1023B	Pho	(2 a)	821		N1047	Pho	(2 a)	270
N1023B	PtmO	(3 b)	287		N1047	HIm	(13b)	109
N1023B	Zopt	(6 a)	343					
N1023B	Zrad	(6 b)	133		N1048	Pho	(2 a)	270
N1023B	HIw	(13a)	220					
					N1050	Pho	(2 a)	884
N1023C	Pho	(2 a)	821		N1050	Radc	(15a)	174
N1023C	PtmO	(3 b)	287					
N1023C	Zopt	(6 a)	343		N1052	Des	(1 b)	80, 298
N1023C	Zrad	(6 b)	133, 135		N1052	Pho	(2 a)	237, 270, 687, 742, 900,
N1023C	HIw	(13a)	220		N1052	Pho	(2 a)	988, 996, 1005
N1023C	HIm	(13b)	177		N1052	Ima	(2 b)	26, 43
N1023C	Mol	(14a)	209		N1052	PtmU	(3 a)	241
					N1052	PtmI	(3 c)	91, 99, 161, 162, 293
N1023D	Pho	(2 a)	821		N1052	SPtm	(4 a)	131, 155, 335, 427, 438,
N1023D	PtmO	(3 b)	287		N1052	SPtm	(4 a)	485, 526, 562
N1023D	Zopt	(6 a)	343		N1052	Sclu	(5 b)	104
N1023D	Zrad	(6 b)	133, 135		N1052	Scts	(5 c)	15
N1023D	HIw	(13a)	220		N1052	Zopt	(6 a)	266
N1023D	HIm	(13b)	177		N1052	Zrad	(6 b)	37, 43, 45, 174
					N1052	Vdis	(7 a)	7, 8, 14, 20, 49, 71, 94, 99
N1024	Zopt	(6 a)	379		N1052	Vdyn	(7 b)	4, 9
N1024	Vdis	(7 a)	55		N1052	SpUV	(8 a)	39, 860
N1024	Mkin	(9 a)	253		N1052	Spop	(8 b)	29, 42, 58, 170, 518, 549,
					N1052	Spop	(8 b)	626, 631, 661, 701, 766,
N1030	Zrad	(6 b)	149		N1052	Spop	(8 b)	1005
N1030	HIw	(13a)	233		N1052	Span	(8 d)	16, 21, 110
					N1052	Mkin	(9 a)	187, 231, 285, 304
N1032	SPtm	(4 a)	30		N1052	Mdyn	(9 b)	124, 151
					N1052	Popt	(10a)	48
N1035	Pho	(2 a)	270, 411		N1052	Prad	(10b)	113
N1035	Zrad	(6 b)	174		N1052	Imed	(12c)	47, 48, 55, 57, 58
N1035	Mkin	(9 a)	99		N1052	HIw	(13a)	69, 77, 80, 206
N1035	Mdyn	(9 b)	96		N1052	HIm	(13b)	109, 214
N1035	HIm	(13b)	109		N1052	Mol	(14a)	209
					N1052	Radc	(15a)	3, 238, 262
N1036	Zopt	(6 a)	26		N1052	Radif	(15b)	68, 81, 125, 409, 428, 450,
N1036	Zrad	(6 b)	11		N1052	Radif	(15b)	454, 462, 510, 520
N1036	Spop	(8 b)	254					
N1036	Span	(8 d)	49		N1055	Pho	(2 a)	1128, 1139
N1036	HIw	(13a)	10		N1055	SPtm	(4 a)	30
N1036	Radc	(15a)	277		N1055	Zrad	(6 b)	189
					N1055	Mkin	(9 a)	117, 149

N1055	Mdyn	(9 b)	79
N1055	Radc	(15a)	59
N1055	Radif	(15b)	600
N1058	Pho	(2 a)	188, 919, 938
N1058	Zrad	(6 b)	125, 139
N1058	HIw	(13a)	16, 104, 214
N1058	HIm	(13b)	180
N1058	Mol	(14a)	209
N1058	SN	(17a)	10, 34, 74, 88, 118, 134,
N1058	SN	(17a)	255, 292, 295, 299, 307,
N1058	SN	(17a)	335, 340, 419
N1058	Dis	(18)	30
N1068	Dim	(1 a)	27
N1068	Des	(1 b)	207, 274, 323, 345, 406
N1068	Pho	(2 a)	27, 253, 604, 693, 787,
N1068	Pho	(2 a)	1056, 1074, 1166
N1068	Ima	(2 b)	35, 36, 42, 81
N1068	PtmU	(3 a)	10
N1068	PtmO	(3 b)	71, 73, 93, 110, 123, 129,
N1068	PtmO	(3 b)	197, 290, 362
N1068	PtmI	(3 c)	4, 8, 10, 11, 23, 33, 48, 52,
N1068	PtmI	(3 c)	61, 64, 131, 148, 157, 247,
N1068	PtmI	(3 c)	267, 286
N1068	PtmN	(3 d)	25
N1068	SPtm	(4 a)	252, 295, 318, 359, 429,
N1068	SPtm	(4 a)	468, 519, 524, 592, 613
N1068	SPIR	(4 b)	31, 32, 40, 63
N1068	Zopt	(6 a)	330
N1068	Zrad	(6 b)	30, 112
N1068	Vdis	(7 a)	1, 66
N1068	Vdyn	(7 b)	1, 5, 26
N1068	SpUV	(8 a)	8, 17, 22, 67, 88, 91, 136,
N1068	SpUV	(8 a)	153, 179, 180
N1068	Spop	(8 b)	2, 7, 17, 30, 34, 41, 43, 60,
N1068	Spop	(8 b)	67, 108, 124, 139, 145,
N1068	Spop	(8 b)	161, 184, 220, 272, 319,
N1068	Spop	(8 b)	376, 416, 440, 461, 544,
N1068	Spop	(8 b)	545, 546, 582, 630, 635,
N1068	Spop	(8 b)	655, 661, 685, 722, 731,
N1068	Spop	(8 b)	745, 761, 831, 837, 862,
N1068	Spop	(8 b)	867, 914, 915
N1068	SpIR	(8 c)	2, 4, 5, 7, 8, 11, 13, 15, 19,
N1068	SpIR	(8 c)	28, 30, 31, 37, 40, 41, 50,
N1068	SpIR	(8 c)	63, 67, 69, 71, 93, 103
N1068	Span	(8 d)	1, 113, 143, 151, 163
N1068	Mkin	(9 a)	180, 193, 224, 321
N1068	Popt	(10a)	7, 9, 12, 14, 25, 28, 54, 56,
N1068	Popt	(10a)	57, 60, 64, 66, 79, 85, 88
N1068	FPop	(11)	37
N1068	HIIr	(12a)	135, 261, 268, 276
N1068	Imed	(12c)	66, 67
N1068	HIw	(13a)	38, 199
N1068	HIm	(13b)	46
N1068	Mol	(14a)	4, 12, 21, 32, 53, 59, 62,
N1068	Mol	(14a)	63, 73, 81, 100, 102, 107,
N1068	Mol	(14a)	111, 112, 151, 156, 162,
N1068	Mol	(14a)	165, 185, 197, 217
N1068	Radc	(15a)	122, 123, 127, 147, 172,
N1068	Radc	(15a)	230, 280, 306
N1068	Radif	(15b)	167, 178, 275, 292, 294,
N1068	Radif	(15b)	355, 363, 375, 386, 399,
N1068	Radif	(15b)	422, 429, 430, 470, 494,
N1068	Radif	(15b)	510, 533, 600, 662, 669,
N1068	Radif	(15b)	707
N1068	Xg	(16)	1, 28, 139, 410, 440
N1073	Pho	(2 a)	89, 304, 503, 938
N1073	SPtm	(4 a)	30, 81, 413
N1073	Spop	(8 b)	61, 762
N1073	Span	(8 d)	22
N1073	HIIr	(12a)	176
N1073	Radc	(15a)	59
N1073	SN	(17a)	8, 154, 304, 305, 406
N1079	Des	(1 b)	45
N1079	Pho	(2 a)	718
N1079	PtmO	(3 b)	255
N1079	SPtm	(4 a)	324
N1079	Zrad	(6 b)	104
N1079	HIw	(13a)	57, 190
N1084	Des	(1 b)	87, 188
N1084	Pho	(2 a)	338
N1084	PtmO	(3 b)	310
N1084	PtmI	(3 c)	189
N1084	SPtm	(4 a)	165
N1084	Spop	(8 b)	43, 59, 61
N1084	Spir	(8 c)	70
N1084	Span	(8 d)	22, 47, 114
N1084	Mkin	(9 a)	150
N1084	Mdyn	(9 b)	12, 20, 59, 85, 157
N1084	Radif	(15b)	386
N1084	SN	(17a)	8
N1085	Dim	(1 a)	1
N1085	Pho	(2 a)	600
N1085	Zrad	(6 b)	149
N1085	Mkin	(9 a)	163

N1085	Mdyn	(9 b)	100	N1129	Xg	(16)	87, 152, 153, 280
N1085	HIw	(13a)	233	N1129	Grp	(19)	45, 106, 111, 112, 127
N1087	Pho	(2 a)	411, 440, 938	N1130	Grp	(19)	111
N1087	SPtm	(4 a)	30, 202				
N1087	Spop	(8 b)	407	N1131	Grp	(19)	111
N1087	Mkin	(9 a)	99, 106, 252				
N1087	Mdyn	(9 b)	96	N1134	PtmI	(3 c)	165
N1087	HIIr	(12a)	3, 52				
N1087	HIw	(13a)	228	N1136	Pho	(2 a)	502
N1090	Pho	(2 a)	440	N1140	Pho	(2 a)	20, 236
N1090	SPtm	(4 a)	30, 202	N1140	PtmU	(3 a)	16
N1090	Mkin	(9 a)	106	N1140	PtmO	(3 b)	383
				N1140	PtmN	(3 d)	34
N1094	Dim	(1 a)	1	N1140	SpUV	(8 a)	162
N1094	Pho	(2 a)	440	N1140	Spop	(8 b)	864
N1094	Zopt	(6 a)	165	N1140	HIIr	(12a)	3, 186, 269
				N1140	Radc	(15a)	245
N1096	Pho	(2 a)	502				
				N1143/44	Pho	(2 a)	240, 434
N1097	Des	(1 b)	11, 24, 30, 208, 215, 253,	N1143/44	PtmI	(3 c)	255
N1097	Des	(1 b)	303	N1143/44	Radif	(15b)	175
N1097	Pho	(2 a)	32, 36, 65, 82, 222, 503,				
N1097	Pho	(2 a)	526, 528, 571, 713, 741,	N1144	Spop	(8 b)	738
N1097	Pho	(2 a)	789, 823, 1098, 1160	N1144	Radif	(15b)	133, 394
N1097	Ima	(2 b)	24, 58, 87				
N1097	PtmO	(3 b)	361	N1156	Des	(1 b)	267
N1097	PtmI	(3 c)	64, 76, 223	N1156	Pho	(2 a)	872, 937
N1097	SPtm	(4 a)	17, 26, 111, 387, 413, 565	N1156	Zrad	(6 b)	128
N1097	Zopt	(6 a)	25	N1156	Spop	(8 b)	541
N1097	SpUV	(8 a)	141, 178	N1156	HIIr	(12a)	180
N1097	Spop	(8 b)	37, 152, 393, 466, 531,	N1156	HIw	(13a)	99
N1097	Spop	(8 b)	665, 796, 825, 882, 954	N1156	Radc	(15a)	174, 261
N1097	Spir	(8 c)	50				
N1097	Span	(8 d)	13, 138	N1159	Pho	(2 a)	1050
N1097	Mkin	(9 a)	125, 133, 135, 154				
N1097	Mdyn	(9 b)	87	N1167	Zrad	(6 b)	109
N1097	HIIr	(12a)	52	N1167	HIw	(13a)	196
N1097	HIm	(13b)	168, 190	N1167	Radc	(15a)	242
N1097	Radif	(15b)	360, 382, 395, 477, 494,	N1167	Radif	(15b)	68, 98, 105
N1097	Radif	(15b)	676				
N1097	Xg	(16)	115, 294	N1172	Vdis	(7 a)	7
N1129	Des	(1 b)	37	N1175	Pho	(2 a)	687
N1129	Pho	(2 a)	137	N1175	Zopt	(6 a)	266
N1129	PtmO	(3 b)	147, 343	N1175	Vdis	(7 a)	49
N1129	PtmI	(3 c)	226	N1175	Mkin	(9 a)	187
N1129	SPtm	(4 a)	233				
N1129	Spop	(8 b)	629	N1179	Pho	(2 a)	938

N1187	Pho	(2 a)	938		N1232	Span	(8 d)	113
N1187	SN	(17a)	184, 406		N1232	HIIr	(12a)	3, 150, 176, 185, 240, 279
N1189	Pho	(2 a)	796		N1232A	Pho	(2 a)	602
N1189	Zrad	(6 b)	164					
N1189	HIw	(13a)	245		N1241	Spop	(8 b)	738
					N1241	HIw	(13a)	72
N1190	Pho	(2 a)	796					
					N1244	Pho	(2 a)	502
N1191	Pho	(2 a)	796					
					N1249	Pho	(2 a)	937
N1192	Pho	(2 a)	796					
					N1253	Pho	(2 a)	130
N1199	Des	(1 b)	173		N1253	Mkin	(9 a)	39
N1199	Pho	(2 a)	217, 537, 796, 1146					
N1199	Ima	(2 b)	43		N1255	SN	(17a)	139
N1199	SPtm	(4 a)	106, 132, 371, 461					
N1199	Zopt	(6 a)	68, 96		N1265	Pho	(2 a)	147
N1199	Vdis	(7 a)	20		N1265	SPtm	(4 a)	74, 174
N1199	Spop	(8 b)	135		N1265	Spop	(8 b)	894
N1199	Imed	(12c)	47, 48		N1265	Prad	(10b)	8, 134, 139
N1199	SN	(17a)	108, 132		N1265	Radc	(15a)	31, 224, 242, 262
					N1265	Radif	(15b)	14, 50, 75, 126, 152, 185,
N1200	Zopt	(6 a)	384		N1265	Radif	(15b)	304, 307, 611, 696
N1200	Xg	(16)	349		N1265	Xg	(16)	124
N1209	Pho	(2 a)	687		N1267	Spop	(8 b)	801
N1209	Zopt	(6 a)	266					
N1209	Vdis	(7 a)	49		N1268	Pho	(2 a)	75, 292
N1209	Mkin	(9 a)	187		N1268	SPtm	(4 a)	34
N1218	Pho	(2 a)	822		N1270	Pho	(2 a)	75
N1218	Spop	(8 b)	152		N1270	SPtm	(4 a)	123, 174
N1218	Prad	(10b)	7, 81, 136		N1270	Radif	(15b)	152
N1218	Radc	(15a)	147					
N1218	Radif	(15b)	56, 68, 226, 286, 298, 453,		N1272	Pho	(2 a)	75
N1218	Radif	(15b)	476, 604		N1272	SPtm	(4 a)	123
N1222	Radif	(15b)	614		N1275	Des	(1 b)	31, 42, 56, 69, 72, 106,
					N1275	Des	(1 b)	108, 266, 313, 407
N1229	Spop	(8 b)	521		N1275	Pho	(2 a)	45, 139, 155, 310, 381,
					N1275	Pho	(2 a)	497, 681, 716, 727, 738,
N1232	Pho	(2 a)	503, 602, 616, 650, 719,		N1275	Pho	(2 a)	871, 1166
N1232	Pho	(2 a)	938, 974		N1275	PtmO	(3 b)	71, 72, 110, 123, 126, 145,
N1232	PtmU	(3 a)	10		N1275	PtmO	(3 b)	166, 167, 197, 245, 290,
N1232	PtmO	(3 b)	310		N1275	PtmO	(3 b)	343
N1232	PtmI	(3 c)	189		N1275	PtmI	(3 c)	4, 9, 22, 23, 42, 66, 93, 96,
N1232	SPtm	(4 a)	375		N1275	PtmI	(3 c)	131, 167, 177, 207, 214,
N1232	SpUV	(8 a)	138		N1275	PtmI	(3 c)	226, 228, 270, 294
N1232	Spir	(8 c)	70		N1275	SPtm	(4 a)	63, 218, 312, 318, 403,

N1275	SPtm	(4 a)	467, 518, 544, 594, 613	N1275	Grp	(19)	125, 126, 215
N1275	Zrad	(6 b)	19	N1278	SPtm	(4 a)	174
N1275	Vdis	(7 a)	79				
N1275	Vdyn	(7 b)	5	N1281	SPtm	(4 a)	174
N1275	SpUV	(8 a)	84, 89, 130, 145, 175, 189	N1288	Pho	(2 a)	938
N1275	Spop	(8 b)	7, 22, 30, 35, 60, 63, 68,				
N1275	Spop	(8 b)	87, 90, 92, 96, 129, 161,	N1291	Des	(1 b)	7, 45
N1275	Spop	(8 b)	184, 205, 220, 222, 253,	N1291	Pho	(2 a)	25, 300, 358, 1033
N1275	Spop	(8 b)	259, 272, 331, 345, 364,	N1291	PtmO	(3 b)	4
N1275	Spop	(8 b)	380, 440, 470, 528, 534,	N1291	SPtm	(4 a)	7
N1275	Spop	(8 b)	544, 546, 588, 594, 629,	N1291	Zrad	(6 b)	125
N1275	Spop	(8 b)	689, 697, 699, 722, 761,	N1291	SpUV	(8 a)	10
N1275	Spop	(8 b)	798, 800, 1014	N1291	Spop	(8 b)	20
N1275	SpIR	(8 c)	5, 33, 37, 38, 51, 60, 72	N1291	HIw	(13a)	25, 57, 83, 97, 214
N1275	Span	(8 d)	7, 11, 26, 85, 99				
N1275	Mkin	(9 a)	43, 76, 259	N1300	Des	(1 b)	307
N1275	Popt	(10a)	7, 11, 18, 38, 49, 54, 61	N1300	Pho	(2 a)	300, 315, 427, 503, 585,
N1275	Prad	(10b)	2, 4, 13, 14, 17, 18, 22, 69,	N1300	Pho	(2 a)	775, 971
N1275	Prad	(10b)	76, 81, 82, 112, 125	N1300	SPtm	(4 a)	413, 457
N1275	FPop	(11)	26	N1300	SPIR	(4 b)	476
N1275	HIIr	(12a)	3, 57, 64, 187	N1300	Spop	(8 b)	650
N1275	Imed	(12c)	10, 13, 38	N1300	Mkin	(9 a)	89, 102, 169
N1275	HIw	(13a)	34, 157, 179	N1300	HIIr	(12a)	52, 116
N1275	HIm	(13b)	150	N1300	HIm	(13b)	18
N1275	Mol	(14a)	70, 189, 204	N1300	Radif	(15b)	468
N1275	Rcl	(14b)	14				
N1275	Radc	(15a)	1, 4, 12, 14, 25, 36, 37, 39,	N1302	Des	(1 b)	45
N1275	Radc	(15a)	85, 87, 94, 114, 116, 125,	N1302	Pho	(2 a)	300
N1275	Radc	(15a)	127, 135, 150, 163, 169,	N1302	Spop	(8 b)	43
N1275	Radc	(15a)	172, 175, 176, 182, 192,	N1302	HIw	(13a)	39, 57, 103
N1275	Radc	(15a)	194, 199, 204, 217, 219,				
N1275	Radc	(15a)	224, 237, 243, 249, 251,	N1313	Des	(1 b)	18, 107
N1275	Radc	(15a)	252, 253, 254, 256, 257,	N1313	Pho	(2 a)	34, 397, 447, 483, 528,
N1275	Radc	(15a)	262, 268, 281, 282, 285,	N1313	Pho	(2 a)	640, 937
N1275	Radc	(15a)	286, 312, 319	N1313	PtmO	(3 b)	383
N1275	Radif	(15b)	1, 2, 3, 6, 8, 9, 16, 19, 24,	N1313	PtmN	(3 d)	34
N1275	Radif	(15b)	34, 41, 48, 110, 111, 112,	N1313	SPtm	(4 a)	226, 283
N1275	Radif	(15b)	123, 126, 152, 185, 212,	N1313	Zopt	(6 a)	20, 21, 22
N1275	Radif	(15b)	223, 231, 243, 278, 282,	N1313	Zrad	(6 b)	9
N1275	Radif	(15b)	298, 312, 339, 357, 365,	N1313	SpUV	(8 a)	139, 141
N1275	Radif	(15b)	398, 403, 407, 422, 423,	N1313	Spop	(8 b)	314, 317
N1275	Radif	(15b)	433, 495, 505, 507, 510,	N1313	Mkin	(9 a)	57, 135
N1275	Radif	(15b)	514, 532, 581, 592, 664,	N1313	Mdyn	(9 b)	35
N1275	Radif	(15b)	708, 711, 723, 727	N1313	FPop	(11)	1, 8, 11, 15, 21
N1275	Xg	(16)	4, 5, 6, 19, 30, 32, 33, 36,	N1313	HIIr	(12a)	94, 95, 139
N1275	Xg	(16)	37, 41, 50, 52, 63, 67, 76,	N1313	HIw	(13a)	8
N1275	Xg	(16)	82, 85, 86, 173, 188, 189,	N1313	HIm	(13b)	198
N1275	Xg	(16)	195, 226, 262, 278, 281,	N1313	Radif	(15b)	704
N1275	Xg	(16)	303, 336, 378, 450				
N1275	Dis	(18)	52				

N1313	Xg	(16)	252, 316	N1332	Imed	(12c)	57
				N1332	HIw	(13a)	103
N1316	Des	(1 b)	92, 117, 403	N1332	Radc	(15a)	302
N1316	Pho	(2 a)	293, 405, 533, 742, 777,	N1332	Xg	(16)	353, 429
N1316	Pho	(2 a)	948, 1149	N1332	SN	(17a)	175, 204, 205, 236, 341
N1316	PtmO	(3 b)	150				
N1316	PtmI	(3 c)	293, 296	N1336	PtmN	(3 d)	24
N1316	SPtm	(4 a)	190, 230, 335	N1336	Zopt	(6 a)	388
N1316	Sclu	(5 b)	37	N1336	Spop	(8 b)	723
N1316	Vdis	(7 a)	23, 31, 83, 94	N1336	Span	(8 d)	121
N1316	Vdyn	(7 b)	17				
N1316	SpUV	(8 a)	10, 77	N1337	Pho	(2 a)	938
N1316	Spop	(8 b)	294, 362, 701, 764, 858				
N1316	Span	(8 d)	159	N1339	PtmN	(3 d)	24
N1316	Mkin	(9 a)	109, 266	N1339	Zopt	(6 a)	388
N1316	Mdyn	(9 b)	148	N1339	Spop	(8 b)	701, 723
N1316	Imed	(12c)	57	N1339	Span	(8 d)	121
N1316	Radif	(15b)	182, 417, 466, 520				
N1316	Xg	(16)	353	N1344	Des	(1 b)	149, 340, 354
N1316	SN	(17a)	117, 123, 131, 144, 145,	N1344	Pho	(2 a)	474, 529, 670, 704, 878
N1316	SN	(17a)	153, 189, 196, 198, 234,	N1344	SPtm	(4 a)	296, 526
N1316	SN	(17a)	237, 240, 244, 305, 329,	N1344	SPIR	(4 b)	22
N1316	SN	(17a)	342	N1344	Vdis	(7 a)	94
N1316	Grp	(19)	107	N1344	Spop	(8 b)	858
N1317	Des	(1 b)	117	N1345	Des	(1 b)	232
N1317	Pho	(2 a)	293, 405, 1033				
N1317	Vdis	(7 a)	94	N1347	Pho	(2 a)	602
N1317	Spop	(8 b)	858	N1347	Zopt	(6 a)	227
N1317	Grp	(19)	107	N1347	Spop	(8 b)	458
N1320	Spop	(8 b)	834	N1347A	Pho	(2 a)	602
				N1347A	Zopt	(6 a)	227
N1325	Pho	(2 a)	600	N1347A	Spop	(8 b)	458
N1325	Mkin	(9 a)	163				
N1325	Mdyn	(9 b)	100	N1349	HIw	(13a)	110
N1325	SN	(17a)	31, 60, 305				
				N1350	SPtm	(4 a)	119, 597
N1326	Des	(1 b)	45				
N1326	Pho	(2 a)	358, 432	N1351	SPtm	(4 a)	414
N1326	HIw	(13a)	25, 57, 83, 97				
				N1353	Pho	(2 a)	600
N1326A B	Pho	(2 a)	880	N1353	Vdis	(7 a)	55
				N1353	Mkin	(9 a)	163
N1332	Pho	(2 a)	687	N1353	Mdyn	(9 b)	100
N1332	Zopt	(6 a)	266				
N1332	Vdis	(7 a)	49	N1357	Pho	(2 a)	515, 1003
N1332	Spop	(8 b)	631	N1357	Zopt	(6 a)	379
N1332	Mkin	(9 a)	187	N1357	Vdis	(7 a)	55
N1332	Mdyn	(9 b)	148	N1357	Mkin	(9 a)	253

N1358	Spop	(8 b)	521		N1379	Spop	(8 b)	723
					N1379	Span	(8 d)	121
N1359	Pho	(2 a)	938		N1380	Pho	(2 a)	687, 1128
N1359	HIIr	(12a)	3, 186		N1380	PtmN	(3 d)	24
N1365	Des	(1 b)	206, 259		N1380	SPtm	(4 a)	119, 414
N1365	Pho	(2 a)	295, 348, 401, 455, 528,		N1380	Zopt	(6 a)	266, 388
N1365	Pho	(2 a)	551, 653, 669, 739, 757,		N1380	Vdis	(7 a)	49, 77, 94
N1365	Pho	(2 a)	937, 1000		N1380	Spop	(8 b)	723, 858
N1365	Ima	(2 b)	58, 63		N1380	Span	(8 d)	121
N1365	PtmI	(3 c)	53, 94, 247		N1380	Mkin	(9 a)	187
N1365	SPtm	(4 a)	119, 399, 448, 479		N1380	Xg	(16)	353
N1365	Zopt	(6 a)	456					
N1365	Vdis	(7 a)	94		N1380B	PtmN	(3 d)	24
N1365	Spop	(8 b)	194, 240, 242, 286, 322,		N1380B	SPtm	(4 a)	414
N1365	Spop	(8 b)	409, 475, 572, 676, 796,		N1380B	Zopt	(6 a)	388
N1365	Spop	(8 b)	858		N1380B	Vdis	(7 a)	77
N1365	Spir	(8 c)	63		N1380B	Spop	(8 b)	723
N1365	Span	(8 d)	44, 45, 47, 76		N1380B	Span	(8 d)	121
N1365	Mkin	(9 a)	124, 135, 202, 216, 244,		N1381	Des	(1 b)	295
N1365	Mkin	(9 a)	246, 275		N1381	Pho	(2 a)	687, 776, 980, 1097, 1128
N1365	Prad	(10b)	88		N1381	PtmN	(3 d)	24
N1365	FPop	(11)	43		N1381	SPtm	(4 a)	119, 564
N1365	HIIr	(12a)	65, 131, 158, 189		N1381	Zopt	(6 a)	266, 388
N1365	HIm	(13b)	168, 190		N1381	Vdis	(7 a)	49
N1365	Radif	(15b)	238, 329, 344, 421, 704		N1381	Spop	(8 b)	723
N1365	Xg	(16)	121, 230, 240		N1381	Span	(8 d)	121
N1365	SN	(17a)	232, 348, 390, 406		N1381	Mkin	(9 a)	187
N1374	PtmN	(3 d)	24		N1385	PtmO	(3 b)	310
N1374	SPtm	(4 a)	119, 414		N1385	PtmI	(3 c)	189
N1374	Sclu	(5 b)	122, 133		N1385	Spop	(8 b)	43
N1374	Scts	(5 c)	24		N1385	Spir	(8 c)	70
N1374	Zopt	(6 a)	388		N1385	Radif	(15b)	386
N1374	Vdis	(7 a)	77, 94					
N1374	Spop	(8 b)	701, 723, 858		N1386	Pho	(2 a)	401, 687
N1374	Span	(8 d)	121		N1386	PtmI	(3 c)	53, 247
					N1386	SPtm	(4 a)	119
N1375	PtmN	(3 d)	24		N1386	Zopt	(6 a)	266
N1375	Zopt	(6 a)	388		N1386	Vdis	(7 a)	49, 94
N1375	Vdis	(7 a)	77		N1386	Spop	(8 b)	286, 521, 858
N1375	Spop	(8 b)	723		N1386	Mkin	(9 a)	187
N1375	Span	(8 d)	121		N1386	Popt	(10a)	54
					N1386	Radc	(15a)	236
N1379	PtmN	(3 d)	24		N1386	Radif	(15b)	451
N1379	SPtm	(4 a)	119		N1386	Xg	(16)	121
N1379	Sclu	(5 b)	122, 133					
N1379	Scts	(5 c)	24		N1387	PtmN	(3 d)	24
N1379	Zopt	(6 a)	388		N1387	SPtm	(4 a)	119, 414
N1379	Vdis	(7 a)	77					

N1387	Sclu	(5 b)	122, 133		N1407	Pho	(2 a)	969
N1387	Scts	(5 c)	24		N1407	Vdis	(7 a)	20
N1387	Zopt	(6 a)	388		N1407	Radif	(15b)	428
N1387	Spop	(8 b)	701, 723		N1407	Xg	(16)	292, 351
N1387	Span	(8 d)	121		N1409	Spop	(8 b)	7, 145, 161
N1389	SPtm	(4 a)	119, 259, 414		N1410	Spop	(8 b)	794
N1395	SPIR	(4 b)	54		N1410	Radif	(15b)	336
N1395	Vdis	(7 a)	7		N1411	Pho	(2 a)	940
N1395	Vdyn	(7 b)	3		N1411	SN	(17a)	69
N1395	Mdyn	(9 b)	148					
N1395	Imed	(12c)	57		N1415	HIw	(13a)	103
N1395	Xg	(16)	331, 353, 407		N1417	Pho	(2 a)	600
N1398	PtmU	(3 a)	10		N1417	Vdis	(7 a)	55
N1398	SPtm	(4 a)	597		N1417	Spop	(8 b)	43
N1398	SpUV	(8 a)	138		N1417	Mkin	(9 a)	163
N1398	Span	(8 d)	113		N1417	Mdyn	(9 b)	100
N1399	Pho	(2 a)	626, 1020		N1419	PtmN	(3 d)	24
N1399	PtmN	(3 d)	24		N1419	Zopt	(6 a)	388
N1399	SPtm	(4 a)	119		N1419	Spop	(8 b)	723
N1399	Star	(5 a)	95		N1419	Span	(8 d)	121
N1399	Sclu	(5 b)	122, 133		N1421	Pho	(2 a)	687
N1399	Scts	(5 c)	24		N1421	PtmO	(3 b)	320
N1399	Zopt	(6 a)	388		N1421	Zopt	(6 a)	266
N1399	Vdis	(7 a)	77, 94		N1421	Vdis	(7 a)	49
N1399	Spop	(8 b)	18, 701, 723, 764, 858		N1421	Mkin	(9 a)	99, 187
N1399	Span	(8 d)	6, 121		N1421	Mdyn	(9 b)	96, 137
N1399	Prad	(10b)	50		N1425	Pho	(2 a)	938
N1399	Imed	(12c)	57		N1426	Vdis	(7 a)	7
N1399	Radif	(15b)	428, 704		N1427	PtmN	(3 d)	24
N1399	Xg	(16)	384		N1427	SPtm	(4 a)	119
N1400	Pho	(2 a)	969		N1427	Zopt	(6 a)	388
N1400	Vdis	(7 a)	20		N1427	Vdis	(7 a)	77
N1404	PtmN	(3 d)	24		N1427	Spop	(8 b)	723
N1404	SPtm	(4 a)	119		N1427	Span	(8 d)	121
N1404	Sclu	(5 b)	122		N1433	Des	(1 b)	222, 268, 325
N1404	Scts	(5 c)	24		N1433	Pho	(2 a)	267, 327, 432, 502, 874,
N1404	Zopt	(6 a)	388		N1433	Pho	(2 a)	937, 1034
N1404	Vdis	(7 a)	77, 94		N1433	PtmO	(3 b)	352
N1404	Spop	(8 b)	242, 723, 858		N1433	SPtm	(4 a)	479, 506
N1404	Span	(8 d)	45, 121		N1433	Spop	(8 b)	242, 796
N1404	Imed	(12c)	57					
N1404	Xg	(16)	384					
N1406	Pho	(2 a)	327					

N1433	Span	(8 d)	45		N1512	Des	(1 b)	97, 375
N1433	FPop	(11)	44		N1512	Pho	(2 a)	199, 241, 295, 327, 365,
N1433	Radif	(15b)	704		N1512	Pho	(2 a)	479, 502, 545, 671, 937,
N1433	SN	(17a)	321, 367		N1512	Pho	(2 a)	1130
					N1512	PtmO	(3 b)	423
N1437	Pho	(2 a)	327		N1512	Zopt	(6 a)	83, 198, 499
N1437	SPtm	(4 a)	119		N1512	Spop	(8 b)	194
					N1512	Mkin	(9 a)	124, 142, 329
N1439	Vdis	(7 a)	7		N1512	Mdyn	(9 b)	168
					N1512	Fpop	(11)	55
N1448	Pho	(2 a)	938		N1512	HIIr	(12a)	291
N1448	PtmO	(3 b)	310		N1512	HIw	(13a)	57
N1448	PtmI	(3 c)	189		N1512	HIm	(13b)	89
N1448	Spir	(8 c)	70		N1512	Dis	(18)	170
N1448	SN	(17a)	226, 331					
					N1515	Pho	(2 a)	327, 502, 600
N1452	Pho	(2 a)	327		N1515	Mkin	(9 a)	163
					N1515	Mdyn	(9 b)	100
N1453	Ima	(2 b)	43					
N1453	Imed	(12c)	48		N1517	Zopt	(6 a)	389
					N1517	Spop	(8 b)	726
N1473	Pho	(2 a)	1091					
N1473	PtmO	(3 b)	383		N1518	Pho	(2 a)	937
N1473	PtmN	(3 d)	34					
					N1522	Pho	(2 a)	860
N1487	Pho	(2 a)	372					
N1487	Spop	(8 b)	250		N1530	HIw	(13a)	72
					N1530	Mol	(14a)	98
N1493	Pho	(2 a)	327, 938					
N1493	Spop	(8 b)	43		N1531	Pho	(2 a)	502
N1494	Pho	(2 a)	938		N1531/32	Pho	(2 a)	938
N1497	Radif	(15b)	68		N1532	Pho	(2 a)	502, 655
					N1532	Spop	(8 b)	489
N1507A B	Spop	(8 b)	794		N1532	SN	(17a)	141
N1510	Des	(1 b)	97		N1533	Pho	(2 a)	33, 190, 194, 290
N1510	Pho	(2 a)	185, 199, 241, 327, 365,		N1533	HIw	(13a)	57
N1510	Pho	(2 a)	502, 545, 671, 840					
N1510	PtmO	(3 b)	67		N1536	Pho	(2 a)	33
N1510	PtmI	(3 c)	172					
N1510	SPtm	(4 a)	93, 124, 390		N1543	Pho	(2 a)	327
N1510	Zopt	(6 a)	83, 198					
N1510	Spop	(8 b)	122, 407, 671		N1546	Pho	(2 a)	33
N1510	Span	(8 d)	34		N1546	PtmI	(3 c)	293
N1510	Mkin	(9 a)	142					
N1510	HIIr	(12a)	253		N1549	Pho	(2 a)	33, 704
					N1549	Radif	(15b)	704
N1511	Pho	(2 a)	502					

N1553	Pho	(2 a)	33, 327, 432, 704, 791,	N1569	Ima	(2 b)	49
N1553	Pho	(2 a)	806	N1569	PtmO	(3 b)	218
N1553	SPtm	(4 a)	369, 379	N1569	PtmI	(3 c)	157, 227
N1553	Zopt	(6 a)	218	N1569	PtmN	(3 d)	11, 21
N1553	Vdis	(7 a)	67	N1569	Star	(5 a)	179
N1553	Vdyn	(7 b)	27	N1569	Sclu	(5 b)	106
N1553	SpUV	(8 a)	10	N1569	Spop	(8 b)	43, 447, 460, 541, 751
N1553	Spop	(8 b)	18	N1569	Span	(8 d)	84, 104, 144
N1553	Span	(8 d)	6	N1569	Popt	(10a)	15
N1553	Mkin	(9 a)	225	N1569	HIIr	(12a)	3, 102, 146, 180, 186
N1553	Mdyn	(9 b)	141	N1569	Imed	(12c)	25, 59
N1553	Radif	(15b)	704	N1569	HIw	(13a)	162
N1553	Xg	(16)	353	N1569	HIm	(13b)	104
				N1569	Mol	(14a)	93, 98
N1559	Spop	(8 b)	43	N1569	Radc	(15a)	74, 183
N1559	Radif	(15b)	704	N1569	Radif	(15b)	29, 37, 188, 386, 636
N1559	Xg	(16)	252	N1569	Xg	(16)	239
N1559	SN	(17a)	271, 305, 381, 382	N1569	Dis	(18)	24, 122
N1566	Des	(1 b)	203, 343	N1573	Vdis	(7 a)	20
N1566	Pho	(2 a)	33, 51, 402, 406, 475, 515,				
N1566	Pho	(2 a)	658, 686, 757, 829, 937,	N1574	Pho	(2 a)	33
N1566	Pho	(2 a)	1002, 1033				
N1566	Ima	(2 b)	65	N1587	SPtm	(4 a)	170
N1566	PtmU	(3 a)	3, 10	N1587	Radif	(15b)	68, 428
N1566	PtmO	(3 b)	11, 129, 189, 242, 361				
N1566	PtmI	(3 c)	120	N1587/88	Pho	(2 a)	240
N1566	SPtm	(4 a)	448, 479, 508	N1587/88	Zrad	(6 b)	66
N1566	SPIR	(4 b)	24	N1587/88	HIw	(13a)	141
N1566	Vdis	(7 a)	62				
N1566	Vdyn	(7 b)	24	N1595	Pho	(2 a)	336, 502
N1566	SpUV	(8 a)	6, 45, 49, 62, 131, 138				
N1566	Spop	(8 b)	287, 386, 407, 703, 828,	N1596	Des	(1 b)	332
N1566	Spop	(8 b)	846, 866, 882				
N1566	Span	(8 d)	113, 140	N1598	Des	(1 b)	341
N1566	Mkin	(9 a)	296, 323	N1598	Pho	(2 a)	336, 502, 940
N1566	Mdyn	(9 b)	155	N1598	Ima	(2 b)	24
N1566	Popt	(10a)	54	N1598	Spop	(8 b)	235, 665
N1566	FPop	(11)	24, 30, 50				
N1566	HIIr	(12a)	78, 110, 116, 166, 189,	N1600	Pho	(2 a)	851
N1566	HIIr	(12a)	202	N1600	SPtm	(4 a)	395, 437
N1566	Radc	(15a)	27	N1600	Vdis	(7 a)	14
N1566	Radif	(15b)	421, 483, 704	N1600	Vdyn	(7 b)	9
N1566	Xg	(16)	21, 22, 28	N1600	SpIR	(8 c)	17, 18
N1566	Grp	(19)	12	N1600	Mdyn	(9 b)	124
				N1600	Imed	(12c)	57
N1568	Pho	(2 a)	940	N1600	Radif	(15b)	428, 520
				N1600	Xg	(16)	353
N1569	Pho	(2 a)	113, 188, 445, 596, 932,				
N1569	Pho	(2 a)	937	N1602	Pho	(2 a)	33, 860, 940

N1614	Des	(1 b)	396		N1672	Radif	(15b)	704
N1614	Pho	(2 a)	236, 759, 949		N1672	Xg	(16)	115, 171, 209, 239
N1614	PtmI	(3 c)	247					
N1614	Spop	(8 b)	401		N1684	Spop	(8 b)	758
N1614	SpIR	(8 c)	33, 101					
N1614	Mkin	(9 a)	210		N1700	Vdis	(7 a)	14
N1614	Mol	(14a)	170		N1700	Vdyn	(7 b)	9
N1614	Radc	(15a)	278		N1700	SpIR	(8 c)	17, 18, 76
N1614	Radif	(15b)	275		N1700	Span	(8 d)	139
					N1700	Mkin	(9 a)	67
N1615	Radif	(15b)	102		N1700	Mdyn	(9 b)	42, 147
N1617	Pho	(2 a)	33, 327		N1705	Pho	(2 a)	898, 962
N1617	Vdis	(7 a)	94		N1705	PtmO	(3 b)	383
N1617	Spop	(8 b)	858		N1705	PtmN	(3 d)	34
N1617	Radif	(15b)	704		N1705	Sclu	(5 b)	113
					N1705	SpUV	(8 a)	100, 152
N1620	Pho	(2 a)	600		N1705	Spop	(8 b)	784
N1620	Vdis	(7 a)	55		N1705	HIIr	(12a)	247, 253
N1620	Mkin	(9 a)	163, 252					
N1620	Mdyn	(9 b)	48, 100		N1714A	Radif	(15b)	531
N1620	HIw	(13a)	228					
N1620	Mol	(14a)	98		N1726	Zopt	(6 a)	266
					N1726	Vdis	(7 a)	49
N1637	Pho	(2 a)	503, 937		N1726	Mkin	(9 a)	187
N1637	PtmO	(3 b)	310					
N1637	PtmI	(3 c)	189		N1741	Pho	(2 a)	1036
N1637	SPtm	(4 a)	375		N1741	Spop	(8 b)	864
N1637	Spop	(8 b)	43, 61		N1741	HIIr	(12a)	269
N1637	Spir	(8 c)	70		N1741	Radif	(15b)	614
N1637	Span	(8 d)	22, 47, 115					
					N1744	Pho	(2 a)	937
N1640	Spop	(8 b)	298					
					N1784	Pho	(2 a)	503, 938
N1653	Vdis	(7 a)	20		N1784	SPtm	(4 a)	413
N1667	PtmI	(3 c)	247		N1792	Pho	(2 a)	327
N1667	SpUV	(8 a)	117		N1792	PtmU	(3 a)	10
N1667	Spop	(8 b)	521		N1792	PtmO	(3 b)	310
N1667	Radc	(15a)	236		N1792	PtmI	(3 c)	189
N1667	SN	(17a)	384, 446		N1792	SpUV	(8 a)	138
					N1792	Spop	(8 b)	242
N1672	Des	(1 b)	90, 107		N1792	Spir	(8 c)	70
N1672	Pho	(2 a)	65, 350, 380, 483, 937		N1792	Span	(8 d)	45, 113
N1672	PtmI	(3 c)	247		N1792	Radif	(15b)	704
N1672	SPtm	(4 a)	26, 479					
N1672	SpUV	(8 a)	141		N1796	PtmO	(3 b)	383
N1672	Spop	(8 b)	37, 242, 405, 796		N1796	PtmN	(3 d)	34
N1672	Span	(8 d)	13, 45, 47					
N1672	HIIr	(12a)	69		N1800	Des	(1 b)	164

N1800	Pho	(2 a)	506, 898		N1961	HIm	(13b)	69, 145
N1800	PtmO	(3 b)	177, 383		N1961	Radif	(15b)	333, 386
N1800	PtmN	(3 d)	21, 34		N1961	Grp	(19)	174, 185
N1800	Zrad	(6 b)	61		N1964	PtmI	(3 c)	168
N1800	SpUV	(8 a)	100, 152					
N1800	Spop	(8 b)	383, 460		N2076	PtmI	(3 c)	293
N1800	Span	(8 d)	74, 84, 104					
N1800	HIw	(13a)	135		N2090	Pho	(2 a)	937
					N2090	PtmO	(3 b)	310
N1808	Pho	(2 a)	65, 1033		N2090	PtmI	(3 c)	189
N1808	Ima	(2 b)	44		N2090	Spir	(8 c)	70
N1808	PtmI	(3 c)	94, 247					
N1808	SPtm	(4 a)	26		N2101	Pho	(2 a)	1091
N1808	SPIR	(4 b)	62		N2101	PtmO	(3 b)	383
N1808	Spop	(8 b)	37, 242, 489, 601, 778,		N2101	PtmN	(3 d)	34
N1808	Spop	(8 b)	897					
N1808	SpIR	(8 c)	62, 86		N2110	Pho	(2 a)	232, 901
N1808	Span	(8 d)	13, 45		N2110	PtmI	(3 c)	247
N1808	Mkin	(9 a)	269		N2110	SPtm	(4 a)	414, 416
N1808	HIw	(13a)	57		N2110	Zopt	(6 a)	107, 380
					N2110	Spop	(8 b)	157, 177, 213, 300, 461,
N1809	Pho	(2 a)	352		N2110	Spop	(8 b)	547, 696, 714, 761, 835,
N1809	Spop	(8 b)	241		N2110	Spop	(8 b)	837
					N2110	Spir	(8 c)	63
N1832	Des	(1 b)	188		N2110	Span	(8 d)	143
N1832	Pho	(2 a)	503		N2110	Mkin	(9 a)	198, 254, 255
N1832	PtmI	(3 c)	168		N2110	HIw	(13a)	256
N1832	SPtm	(4 a)	413		N2110	Radif	(15b)	74, 106, 308, 377, 422,
N1832	Spop	(8 b)	43		N2110	Radif	(15b)	429, 451
N1832	Mdyn	(9 b)	12, 85		N2110	Xg	(16)	73, 80, 112, 164, 238, 270,
N1832	HIIr	(12a)	176, 279		N2110	Xg	(16)	354
N1832	Radc	(15a)	272					
					N2146	Des	(1 b)	351, 393
N1836	Des	(1 b)	295		N2146	Pho	(2 a)	38, 59, 129, 182, 484
N1836	Pho	(2 a)	980		N2146	Ima	(2 b)	16
					N2146	PtmO	(3 b)	218
N1875	Radif	(15b)	531		N2146	PtmI	(3 c)	157
					N2146	PtmN	(3 d)	11
N1947	Des	(1 b)	60, 187		N2146	SPtm	(4 a)	19
N1947	Pho	(2 a)	233, 574, 646, 1145		N2146	Zopt	(6 a)	27
N1947	PtmI	(3 c)	293		N2146	Spop	(8 b)	43, 88, 460
N1947	SPtm	(4 a)	117		N2146	Span	(8 d)	84, 146
N1947	Mkin	(9 a)	177		N2146	Mkin	(9 a)	17, 20
N1947	Imed	(12c)	46		N2146	Mdyn	(9 b)	10
					N2146	HIw	(13a)	72, 162
N1961	Pho	(2 a)	308, 503, 660		N2146	HIm	(13b)	29, 231
N1961	SPtm	(4 a)	375		N2146	Mol	(14a)	148, 157, 220
N1961	Zrad	(6 b)	93		N2146	Radc	(15a)	205
N1961	Mkin	(9 a)	84		N2146	Radif	(15b)	63, 213, 275, 386
N1961	HIw	(13a)	88					

N2146A	HIm	(13b)	29	N2276	Pho	(2 a)	965
				N2276	Spop	(8 b)	43
N2164	Spop	(8 b)	588	N2276	Span	(8 d)	146
				N2276	HIIr	(12a)	176, 279
N2188	Pho	(2 a)	465, 938, 1036, 1091	N2276	Mol	(14a)	157
N2188	PtmO	(3 b)	383	N2276	Radc	(15a)	289, 294
N2188	PtmN	(3 d)	34	N2276	Radif	(15b)	386
N2188	Zopt	(6 a)	172				
N2188	Spop	(8 b)	330, 864	N2280	Pho	(2 a)	938
N2188	HIIr	(12a)	269	N2300	Dim	(1 a)	15
N2196	Spop	(8 b)	43, 288	N2300	PtmO	(3 b)	179
N2196	HIw	(13a)	103	N2300	SPtm	(4 a)	109, 147, 214, 240, 331
N2196	Xg	(16)	265	N2300	SpIR	(8 c)	17, 18
				N2300	Mkin	(9 a)	67
N2207	Pho	(2 a)	79, 699	N2300	Mdyn	(9 b)	42
N2207	PtmO	(3 b)	310	N2300	Imed	(12c)	57
N2207	PtmI	(3 c)	189	N2300	Xg	(16)	353
N2207	Spir	(8 c)	70				
N2207	Mkin	(9 a)	191	N2310	Des	(1 b)	295
N2207	Radif	(15b)	386	N2310	Pho	(2 a)	980
N2207	SN	(17a)	6, 19, 32, 151, 305				
N2207	Dis	(18)	62	N2314	Mol	(14a)	209
				N2314	Radif	(15b)	428
N2217	Des	(1 b)	332	N2326	SpUV	(8 a)	110
N2217	Pho	(2 a)	300, 776	N2326	HIIr	(12a)	198
N2217	SPtm	(4 a)	479				
N2217	HIw	(13a)	39, 57, 103	N2329	Prad	(10b)	114, 131
N2217	Radif	(15b)	326	N2329	Radif	(15b)	68, 324, 454, 570
N2221	Pho	(2 a)	189, 267	N2332	Radif	(15b)	68, 230, 324
N2222	Pho	(2 a)	189, 267	N2332	Grp	(19)	128
N2223	Pho	(2 a)	327, 938	N2336	Pho	(2 a)	938
N2223	Spop	(8 b)	288	N2336	PtmO	(3 b)	289
				N2336	SPtm	(4 a)	382
N2227	SN	(17a)	421, 441, 444	N2336	Zrad	(6 b)	120
				N2336	Mdyn	(9 b)	120
N2268	Spop	(8 b)	43	N2336	HIm	(13b)	164
N2268	SN	(17a)	171, 196, 234, 239, 240,	N2336	SN	(17a)	429, 450, 451
N2268	SN	(17a)	244, 278, 329	N2336	Grp	(19)	188
N2273	Pho	(2 a)	420	N2339	Zrad	(6 b)	178
N2273	PtmO	(3 b)	155	N2339	Span	(8 d)	146
N2273	HIw	(13a)	72	N2339	HIw	(13a)	99, 253
N2273	HIm	(13b)	167	N2339	Mol	(14a)	150, 157
N2273	Radc	(15a)	177				
N2273	Radif	(15b)	451	N2341	Mkin	(9 a)	248

N2342	Mkin	(9 a)	248	N2403	Star	(5 a)	18, 57, 125, 136, 143, 158,
				N2403	Star	(5 a)	200, 231, 237
N2344	SPtm	(4 a)	274	N2403	Sclu	(5 b)	97
				N2403	Scts	(5 c)	16
N2363	Radc	(15a)	277	N2403	Zrad	(6 b)	189
				N2403	SpUV	(8 a)	3, 138, 139
N2366	Pho	(2 a)	59, 596, 922, 937	N2403	Spop	(8 b)	11, 59, 623, 736, 821
N2366	Ima	(2 b)	33, 34	N2403	Span	(8 d)	113, 122, 125, 135
N2366	PtmI	(3 c)	56	N2403	Mdyn	(9 b)	12, 20, 160
N2366	SPtm	(4 a)	516	N2403	HIIr	(12a)	2, 23, 24, 54, 55, 75, 102,
N2366	SpUV	(8 a)	47, 139, 172	N2403	HIIr	(12a)	106, 116, 139, 176, 185,
N2366	Spop	(8 b)	307, 373, 447, 460, 541,	N2403	HIIr	(12a)	205, 207, 212, 220, 233,
N2366	Spop	(8 b)	623, 740, 743, 887	N2403	HIIr	(12a)	238, 240, 241, 258, 260,
N2366	Span	(8 d)	66, 84, 124, 131, 168	N2403	HIIr	(12a)	262, 282
N2366	Mkin	(9 a)	20, 130	N2403	HIw	(13a)	20, 264
N2366	HIIr	(12a)	24, 54, 55, 90, 92, 132,	N2403	HIm	(13b)	10, 226
N2366	HIIr	(12a)	138, 146, 180, 186, 205,	N2403	Mol	(14a)	59, 111
N2366	HIIr	(12a)	207, 220, 234, 235, 238,	N2403	Radc	(15a)	183, 205
N2366	HIIr	(12a)	252, 258, 262, 282, 286	N2403	Radif	(15b)	43, 430
N2366	HIw	(13a)	162, 264	N2403	Xg	(16)	254, 316
N2366	HIm	(13b)	226	N2403	SNR	(17b)	18
N2366	Radc	(15a)	245	N2403	Dis	(18)	6, 8, 24, 35, 43, 96, 103,
N2366	Radif	(15b)	180, 636	N2403	Dis	(18)	109, 135, 140, 166
N2366	Dis	(18)	6, 24, 43, 166				
N2366	Grp	(19)	83	N2405	Des	(1 b)	100
				N2405	Pho	(2 a)	376
N2373	Spop	(8 b)	372				
				N2415	Zrad	(6 b)	172
N2377	Des	(1 b)	415	N2415	HIw	(13a)	248
N2377	PtmN	(3 d)	35	N2415	Radc	(15a)	189, 277
N2377	SPtm	(4 a)	568				
N2377	Spop	(8 b)	95, 136	N2418	Pho	(2 a)	1023
N2377	HIw	(13a)	38, 42, 64, 109	N2418	Vdis	(7 a)	93
N2377	Radif	(15b)	166				
				N2427	Radif	(15b)	704
N2381	PtmI	(3 c)	255				
				N2441	SPtm	(4 a)	348
N2397	Pho	(2 a)	327				
N2397	PtmO	(3 b)	383	N2442	Pho	(2 a)	327, 829
N2397	PtmN	(3 d)	34	N2442	SPtm	(4 a)	479
				N2442	Radif	(15b)	483, 704
N2403	Des	(1 b)	127, 188				
N2403	Pho	(2 a)	188, 205, 316, 393, 410,	N2444	PtmI	(3 c)	165
N2403	Pho	(2 a)	433, 464, 503, 604, 719,				
N2403	Pho	(2 a)	810, 835, 937, 946	N2444/45	Pho	(2 a)	188, 513
N2403	PtmU	(3 a)	1, 7, 10, 17	N2444/45	PtmI	(3 c)	255
N2403	PtmI	(3 c)	56	N2444/45	Zrad	(6 b)	66
N2403	PtmN	(3 d)	4	N2444/45	HIw	(13a)	141
N2403	SPtm	(4 a)	102, 184, 375, 516, 550,				
N2403	SPtm	(4 a)	609	N2445	PtmI	(3 c)	165

N2460	HIw	(13a)	103		N2535	Des	(1 b)	18
					N2535	PtmI	(3 c)	165
N2463	Spop	(8 b)	372		N2535	Zrad	(6 b)	83
					N2535	HIw	(13a)	166
N2469	Spop	(8 b)	254, 805					
N2469	Span	(8 d)	49		N2536	Des	(1 b)	18
					N2536	PtmI	(3 c)	165
N2484	Prad	(10b)	24, 44, 50, 59					
N2484	Radc	(15a)	125, 133, 185, 189, 222,		N2537	SPtm	(4 a)	50, 53, 522
N2484	Radc	(15a)	242		N2537	Spop	(8 b)	43, 70, 254
N2484	Radif	(15b)	78, 264, 313, 338, 409,		N2537	Span	(8 d)	49
N2484	Radif	(15b)	491, 537		N2537	FPop	(11)	14
					N2537	HIIr	(12a)	3, 18
N2487	Pho	(2 a)	102, 269		N2537	Radc	(15a)	277
N2487	Zrad	(6 b)	52		N2537	Dis	(18)	9
N2487	HIw	(13a)	106					
N2487	SN	(17a)	28, 35, 76		N2541	Pho	(2 a)	937
N2488	Radif	(15b)	68		N2544	Des	(1 b)	182
					N2544	Pho	(2 a)	567
N2495	Des	(1 b)	28		N2544	PtmO	(3 b)	237
N2495	Radc	(15a)	57		N2544	SPtm	(4 a)	258
					N2544	Spop	(8 b)	498
N2500	Pho	(2 a)	503, 937, 970					
N2500	SPtm	(4 a)	413, 457		N2549	Pho	(2 a)	498, 687
N2500	HIIr	(12a)	176, 279		N2549	Zopt	(6 a)	266
N2500	Mol	(14a)	209		N2549	Vdis	(7 a)	49
N2500	Radc	(15a)	174		N2549	SpIR	(8 c)	17, 18
					N2549	Mkin	(9 a)	187
N2512	Dim	(1 a)	5					
N2512	HIw	(13a)	100		N2552	Pho	(2 a)	937
N2512	Radc	(15a)	44		N2552	HIw	(13a)	162
N2514	HIw	(13a)	100		N2554	SPtm	(4 a)	548
N2521	Des	(1 b)	100, 265		N2558	SPtm	(4 a)	548
N2521	Pho	(2 a)	376, 870					
					N2559	Zrad	(6 b)	189
N2523	Pho	(2 a)	300					
N2523	SPtm	(4 a)	81		N2562	SPtm	(4 a)	548
N2525	Pho	(2 a)	628		N2563	Mdyn	(9 b)	148
N2525	SPtm	(4 a)	81		N2563	Imed	(12c)	57
N2525	Spop	(8 b)	43		N2563	Radif	(15b)	199
N2525	Mkin	(9 a)	169		N2563	Xg	(16)	353
N2532	Mol	(14a)	170		N2565	SPtm	(4 a)	242
N2532	Radc	(15a)	174		N2565	Spop	(8 b)	261
					N2565	HIw	(13a)	100
N2534	Pho	(2 a)	498					

N2570	Radif	(15b)	199		N2633	Radif	(15b)	494
N2575	SPtm	(4 a)	548		N2634	SpIR	(8 c)	17, 18
N2590	Pho	(2 a)	600		N2636	Pho	(2 a)	1050
N2590	Mkin	(9 a)	163					
N2590	Mdyn	(9 b)	48, 83, 100		N2639	Des	(1 b)	215
					N2639	Zopt	(6 a)	379, 490
N2595	SPtm	(4 a)	548		N2639	Vdis	(7 a)	55
N2595	HIw	(13a)	100		N2639	Spop	(8 b)	43, 531, 628
					N2639	Mkin	(9 a)	253, 306
N2597	SPtm	(4 a)	242		N2639	Mol	(14a)	209
					N2639	Radif	(15b)	68, 331
N2599	SPtm	(4 a)	548					
N2599	Zopt	(6 a)	58		N2642	Pho	(2 a)	874
N2599	Spop	(8 b)	93		N2642	Spop	(8 b)	288
N2599	HIw	(13a)	100					
					N2654	HIw	(13a)	72
N2608	Pho	(2 a)	188					
N2608	Mkin	(9 a)	99		N2655	Pho	(2 a)	1153
N2608	Mdyn	(9 b)	96		N2655	Zrad	(6 b)	90
N2608	HIw	(13a)	100		N2655	Vdis	(7 a)	15
N2608	Radif	(15b)	430		N2655	Spop	(8 b)	43
					N2655	SpIR	(8 c)	1, 17, 18
N2613	Pho	(2 a)	327		N2655	HIw	(13a)	174
N2613	Spop	(8 b)	288		N2655	HIm	(13b)	167
					N2655	Mol	(14a)	8
N2616	Radif	(15b)	369		N2655	Radif	(15b)	494
N2622	PtmI	(3 c)	190		N2656	Radc	(15a)	242, 292
N2622	Spop	(8 b)	332		N2656	Radif	(15b)	267
N2622	Radc	(15a)	230					
N2622	Radif	(15b)	626		N2663	Spop	(8 b)	764
					N2663	Prad	(10b)	7
N2623	Pho	(2 a)	949		N2663	Radif	(15b)	400
N2623	PtmI	(3 c)	201					
N2623	SPtm	(4 a)	534		N2672	Zopt	(6 a)	535
N2623	Zrad	(6 b)	75, 150, 152		N2672	Vdis	(7 a)	109
N2623	Spop	(8 b)	628, 905		N2672	SpIR	(8 c)	17, 18
N2623	SpIR	(8 c)	92		N2672	Radc	(15a)	184
N2623	HIw	(13a)	79, 156, 234, 256					
N2623	Mol	(14a)	118, 123, 135, 170		N2673	Zopt	(6 a)	535
N2623	Radif	(15b)	68, 173					
					N2681	Pho	(2 a)	188, 432
N2633	Des	(1 b)	18		N2681	PtmN	(3 d)	2
N2633	Pho	(2 a)	50		N2681	SPtm	(4 a)	548
N2633	PtmO	(3 b)	235		N2681	Vdis	(7 a)	55
N2633	Spop	(8 b)	498		N2681	Spop	(8 b)	43, 83, 210
N2633	Span	(8 d)	146		N2681	Span	(8 d)	25
N2633	Mol	(14a)	157					

N2683	Des	(1 b)	215		N2713	Spop	(8 b)	288
N2683	Pho	(2 a)	42, 698, 941, 1128		N2713	SN	(17a)	8
N2683	SPtm	(4 a)	9, 21, 424					
N2683	SPIR	(4 b)	42		N2715	Pho	(2 a)	262, 411, 503
N2683	Sclu	(5 b)	109		N2715	SPtm	(4 a)	375
N2683	Scts	(5 c)	18		N2715	Zrad	(6 b)	90
N2683	Mkin	(9 a)	18		N2715	Spop	(8 b)	641
N2683	Mdyn	(9 b)	11		N2715	Mkin	(9 a)	37, 80, 99
N2683	Radif	(15b)	686		N2715	Mdyn	(9 b)	96
					N2715	HIw	(13a)	174
N2684	Zrad	(6 b)	172		N2715	SN	(17a)	430, 452
N2684	SpUV	(8 a)	136					
N2684	HIw	(13a)	248		N2732	Pho	(2 a)	687
					N2732	Zopt	(6 a)	266
N2685	Des	(1 b)	101, 107, 209, 241		N2732	Vdis	(7 a)	49
N2685	Pho	(2 a)	188, 297, 300, 377, 451,		N2732	Mkin	(9 a)	187
N2685	Pho	(2 a)	687, 723, 768, 808					
N2685	SPtm	(4 a)	180, 349		N2735	HIw	(13a)	100
N2685	Zopt	(6 a)	266					
N2685	Zrad	(6 b)	40		N2738	Zrad	(6 b)	52
N2685	Vdis	(7 a)	49		N2738	HIw	(13a)	106
N2685	Spop	(8 b)	24					
N2685	Mkin	(9 a)	10, 77, 187		N2742	Pho	(2 a)	265, 433
N2685	Popt	(10a)	33, 37		N2742	Zopt	(6 a)	490
N2685	HIIr	(12a)	3		N2742	Mkin	(9 a)	99, 306
N2685	HIw	(13a)	6, 39, 74, 103		N2742	Mdyn	(9 b)	53, 96, 99
N2685	HIm	(13b)	32, 106					
N2685	Xg	(16)	353		N2744	Des	(1 b)	18, 100
					N2744	Pho	(2 a)	376
N2686/87	Des	(1 b)	100					
N2686/87	Pho	(2 a)	376		N2748	SN	(17a)	301, 310, 405
N2691	Zopt	(6 a)	26		N2749	Radif	(15b)	68, 428
N2691	Zrad	(6 b)	11					
N2691	Spop	(8 b)	161, 372		N2750	PtmO	(3 b)	235, 237
N2691	HIw	(13a)	10		N2750	Spop	(8 b)	498
N2691	Radif	(15b)	336					
					N2763	Pho	(2 a)	938
N2701	Pho	(2 a)	498		N2763	PtmO	(3 b)	383
					N2763	PtmN	(3 d)	34
N2708	Pho	(2 a)	600					
N2708	Mkin	(9 a)	163		N2764	Zrad	(6 b)	52
N2708	Mdyn	(9 b)	100		N2764	HIw	(13a)	106
N2712	Pho	(2 a)	663		N2768	Pho	(2 a)	215
N2712	Zrad	(6 b)	94, 170		N2768	PtmO	(3 b)	84
N2712	HIm	(13b)	146, 189, 204		N2768	PtmI	(3 c)	27
N2712	Radif	(15b)	489		N2768	SPtm	(4 a)	115, 331
					N2768	SPIR	(4 b)	11
N2713	Pho	(2 a)	874, 938		N2768	Zopt	(6 a)	266

N2768	Vdis	(7 a)	49		N2784	Zopt	(6 a)	266
N2768	SpIR	(8 c)	17, 18		N2784	Vdis	(7 a)	49
N2768	Mkin	(9 a)	48, 187		N2784	Mkin	(9 a)	187
N2768	Radc	(15a)	184					
N2768	Radif	(15b)	428, 520		N2787	Pho	(2 a)	1104
					N2787	HIw	(13a)	282
N2769	Vdis	(7 a)	55		N2787	HIm	(13b)	237
					N2787	Radif	(15b)	326
N2775	Pho	(2 a)	698					
N2775	SPtm	(4 a)	531		N2793	PtmI	(3 c)	255
N2775	Zopt	(6 a)	379		N2793	Zrad	(6 b)	34
N2775	Vdis	(7 a)	55		N2793	HIw	(13a)	63
N2775	Spop	(8 b)	43		N2793	HIm	(13b)	172
N2775	Mkin	(9 a)	253		N2793	Radif	(15b)	430
N2775	HIw	(13a)	140		N2793	Grp	(19)	18
N2775	Mol	(14a)	170					
N2775	Xg	(16)	239		N2798	Pho	(2 a)	188, 929
N2775	Grp	(19)	134		N2798	PtmI	(3 c)	165
					N2798	Zrad	(6 b)	172
N2776	Pho	(2 a)	374, 938		N2798	SpUV	(8 a)	199
N2776	Mkin	(9 a)	91		N2798	HIw	(13a)	248
N2776	Mdyn	(9 b)	64		N2798	Radif	(15b)	493
N2778	Zopt	(6 a)	267		N2798/99	Des	(1 b)	337
N2778	Vdis	(7 a)	50		N2798/99	Pho	(2 a)	1052
N2778	Mkin	(9 a)	188		N2798/99	Mkin	(9 a)	300
					N2798/99	Mdyn	(9 b)	156
N2781	Spop	(8 b)	288		N2798/99	Mol	(14a)	170
N2782	Pho	(2 a)	188, 698		N2799	PtmI	(3 c)	165
N2782	Ima	(2 b)	16					
N2782	PtmI	(3 c)	159		N2804	Des	(1 b)	37
N2782	Zrad	(6 b)	152		N2804	PtmO	(3 b)	121
N2782	SpUV	(8 a)	56, 122, 214		N2804	SPtm	(4 a)	233
N2782	Spop	(8 b)	43, 123, 628, 649, 696		N2804	HIw	(13a)	139
N2782	Mkin	(9 a)	56		N2804	Grp	(19)	45, 106, 127, 133
N2782	HIIr	(12a)	3					
N2782	HIw	(13a)	72, 103		N2805	Pho	(2 a)	340, 432, 459
N2782	Mol	(14a)	123		N2805	SPtm	(4 a)	207
N2782	Radc	(15a)	127, 264		N2805	HIIr	(12a)	3, 176
N2782	Radif	(15b)	167, 275, 386		N2805	HIm	(13b)	78, 112
N2782	Xg	(16)	220, 325		N2805	Grp	(19)	97, 124
N2783	Vdis	(7 a)	14		N2814	Pho	(2 a)	340, 459, 668
N2783	Vdyn	(7 b)	9		N2814	Spop	(8 b)	460, 591
N2783	Radif	(15b)	531		N2814	Span	(8 d)	102
					N2814	Mkin	(9 a)	184
N2784	Des	(1 b)	332		N2814	HIIr	(12a)	4
N2784	Pho	(2 a)	687, 770, 1044		N2814	HIm	(13b)	112
N2784	SPtm	(4 a)	350		N2814	Radif	(15b)	140, 202, 573

N2814	Grp	(19)	97, 124	N2848	Pho	(2 a)	938
				N2848	PtmO	(3 b)	383
N2815	Pho	(2 a)	600	N2848	PtmN	(3 d)	34
N2815	Mkin	(9 a)	163				
N2815	Mdyn	(9 b)	100	N2855	Pho	(2 a)	770
				N2855	SPtm	(4 a)	350, 466, 548
N2820	Pho	(2 a)	22, 340, 459				
N2820	SPtm	(4 a)	207	N2859	Pho	(2 a)	135, 417, 420
N2820	HIIr	(12a)	4	N2859	PtmO	(3 b)	155
N2820	HIm	(13b)	78, 112	N2859	SPtm	(4 a)	67, 216
N2820	Radif	(15b)	140, 202, 493, 573	N2859	Vdis	(7 a)	43
N2820	Grp	(19)	97, 124	N2859	Mkin	(9 a)	161
				N2859	HIw	(13a)	210, 280
N2831	Vdis	(7 a)	81	N2859	Radc	(15a)	302
				N2859	Xg	(16)	429
N2831/32	Radif	(15b)	334	N2859	Grp	(19)	18
N2832	Vdis	(7 a)	81	N2865	Des	(1 b)	312
N2832	Radif	(15b)	412	N2865	Pho	(2 a)	704, 969, 1023
				N2865	Ima	(2 b)	71
N2835	Pho	(2 a)	503, 937	N2865	SPtm	(4 a)	493
N2835	SPtm	(4 a)	413	N2865	Vdis	(7 a)	93
N2835	HIIr	(12a)	176				
				N2870	Mkin	(9 a)	247
N2841	Des	(1 b)	215				
N2841	Pho	(2 a)	188, 300, 316, 498, 503,	N2872	SPtm	(4 a)	170
N2841	Pho	(2 a)	514, 690, 938, 960				
N2841	PtmU	(3 a)	10	N2889	Spop	(8 b)	288
N2841	SPtm	(4 a)	179, 274, 375, 550				
N2841	SPIR	(4 b)	47	N2892	Radif	(15b)	318
N2841	Zopt	(6 a)	332				
N2841	Vdis	(7 a)	69, 87	N2893	Zopt	(6 a)	26
N2841	SpUV	(8 a)	138	N2893	Zrad	(6 b)	11
N2841	Spop	(8 b)	518, 531	N2893	HIw	(13a)	10
N2841	Span	(8 d)	113	N2893	Radc	(15a)	230, 277
N2841	Mkin	(9 a)	227, 284	N2893	Grp	(19)	18
N2841	Mdyn	(9 b)	63, 72, 73, 150, 160	N2903	Des	(1 b)	6, 147, 188
N2841	HIIr	(12a)	176	N2903	Pho	(2 a)	1, 188, 236, 470, 498, 503,
N2841	Imed	(12c)	35	N2903	Pho	(2 a)	753, 894, 937, 974, 1163
N2841	HIm	(13b)	124	N2903	PtmU	(3 a)	7
N2841	Mol	(14a)	60, 91, 92	N2903	PtmI	(3 c)	15, 40, 52, 157
N2841	Radc	(15a)	205	N2903	SPtm	(4 a)	209, 375, 516, 550, 610
N2841	Radif	(15b)	296, 686	N2903	SPIR	(4 b)	39
N2841	SN	(17a)	294, 348	N2903	Zopt	(6 a)	1, 155, 306
N2841	Dis	(18)	71	N2903	Spop	(8 b)	11, 59, 61, 254, 281, 736,
				N2903	Spop	(8 b)	762
N2844	Zopt	(6 a)	379	N2903	Spir	(8 c)	50
N2844	Vdis	(7 a)	55	N2903	Span	(8 d)	22, 47, 49, 114, 122
N2844	Mkin	(9 a)	253	N2903	Mkin	(9 a)	2, 93, 274

N2903	Mdyn	(9 b)	20, 34, 83, 85, 160
N2903	Prad	(10b)	130
N2903	FPop	(11)	29
N2903	HIIr	(12a)	2, 3, 20, 233, 258
N2903	HIw	(13a)	264
N2903	HIm	(13b)	226
N2903	Mol	(14a)	62
N2903	Radc	(15a)	174, 205, 274
N2903	Radif	(15b)	518
N2903	Xg	(16)	252, 316
N2907	Pho	(2 a)	327
N2907	PtmI	(3 c)	293
N2911	Pho	(2 a)	1126
N2911	PtmI	(3 c)	241
N2911	Zrad	(6 b)	102
N2911	Spop	(8 b)	230, 489, 518, 633
N2911	HIIr	(12a)	3
N2911	HIw	(13a)	187
N2911	Radc	(15a)	3, 170, 262
N2911	Radif	(15b)	68, 102, 128, 226, 230,
N2911	Radif	(15b)	286, 409, 414, 453, 454
N2911	Grp	(19)	128
N2914	Pho	(2 a)	1023
N2914	Vdis	(7 a)	93
N2914	Radif	(15b)	102
N2915	Pho	(2 a)	125, 183, 1091
N2915	PtmO	(3 b)	64, 383
N2915	PtmN	(3 d)	34
N2915	Zopt	(6 a)	52, 80
N2915	Zrad	(6 b)	25
N2915	Spop	(8 b)	86
N2915	Dis	(18)	19
N2916	Pho	(2 a)	498
N2919	Pho	(2 a)	1023
N2919	Vdis	(7 a)	93
N2935	Pho	(2 a)	938
N2935	Spop	(8 b)	288
N2935	HIIr	(12a)	189
N2935	SN	(17a)	15
N2936/37	PtmI	(3 c)	255
N2942	Pho	(2 a)	938
N2945	PtmI	(3 c)	296
N2950	Pho	(2 a)	8, 591
N2950	SPtm	(4 a)	2
N2950	Vdis	(7 a)	43
N2950	Mkin	(9 a)	161
N2957	Spop	(8 b)	261, 692
N2957A	Des	(1 b)	34
N2957A	Pho	(2 a)	126
N2962	HIw	(13a)	280
N2963	Des	(1 b)	34
N2963	HIIr	(12a)	197
N2964	Des	(1 b)	28, 63
N2964	Pho	(2 a)	261
N2964	Spop	(8 b)	43
N2964	HIm	(13b)	188
N2964	Radc	(15a)	2, 57, 180, 293
N2964	Grp	(19)	18, 78
N2967	Pho	(2 a)	938
N2968	Des	(1 b)	63
N2968	Pho	(2 a)	261, 767, 1126
N2968	PtmO	(3 b)	218
N2968	PtmN	(3 d)	11
N2968	Zopt	(6 a)	317
N2968	Spop	(8 b)	460, 597
N2968	HIm	(13b)	188
N2968	SN	(17a)	8
N2968	Grp	(19)	18, 78
N2970	Des	(1 b)	63
N2970	Pho	(2 a)	261
N2970	Grp	(19)	78
N2974	Des	(1 b)	400
N2974	Ima	(2 b)	17
N2974	Spop	(8 b)	633
N2974	SpIR	(8 c)	17, 18
N2974	Mkin	(9 a)	223
N2974	HIw	(13a)	98
N2974	Xg	(16)	331, 353
N2976	Pho	(2 a)	462
N2976	SPtm	(4 a)	29

N2976	Spop	(8 b)	326		N2997	PtmO	(3 b)	91, 361
N2976	Mkin	(9 a)	114		N2997	PtmI	(3 c)	223
N2976	Mdyn	(9 b)	76		N2997	SPtm	(4 a)	26, 188, 279
N2976	HIIr	(12a)	176, 279		N2997	Zopt	(6 a)	155
N2976	HIm	(13b)	126		N2997	SpUV	(8 a)	141, 178
N2976	Grp	(19)	140		N2997	Spop	(8 b)	37, 227, 479, 668, 736,
					N2997	Spop	(8 b)	882
N2977	SPtm	(4 a)	295, 359		N2997	Span	(8 d)	13, 109, 122, 138
N2977	Spop	(8 b)	588		N2997	Mkin	(9 a)	72, 141, 172
N2977	Mkin	(9 a)	247		N2997	Mdyn	(9 b)	50
					N2997	FPop	(11)	17
N2989	Spop	(8 b)	521		N2997	HIIr	(12a)	91, 116, 127, 160, 164,
					N2997	HIIr	(12a)	214, 233, 283
N2990	Radc	(15a)	189		N2997	HIm	(13b)	42
N2992	Des	(1 b)	346, 398, 415		N2998	Zopt	(6 a)	332
N2992	Pho	(2 a)	448, 1105		N2998	Vdis	(7 a)	55, 69
N2992	PtmI	(3 c)	249, 258		N2998	Mkin	(9 a)	99, 227
N2992	PtmN	(3 d)	35		N2998	Mdyn	(9 b)	48, 85, 96
N2992	SPtm	(4 a)	568					
N2992	Zopt	(6 a)	101, 387		N3001	Pho	(2 a)	938
N2992	Zrad	(6 b)	152					
N2992	SpUV	(8 a)	195		N3003	Zrad	(6 b)	52
N2992	Spop	(8 b)	146, 230, 300, 316, 322,		N3003	HIw	(13a)	106
N2992	Spop	(8 b)	364, 407, 465, 557, 628,		N3003	Radif	(15b)	489
N2992	Spop	(8 b)	722, 873, 898, 959		N3003	SN	(17a)	295
N2992	SpIR	(8 c)	73, 77, 93		N3003	Grp	(19)	18
N2992	Span	(8 d)	47					
N2992	Mkin	(9 a)	309		N3011	Grp	(19)	18
N2992	Popt	(10a)	54, 87					
N2992	Mol	(14a)	123		N3018	PtmO	(3 b)	237
N2992	Radc	(15a)	236		N3018/23	Des	(1 b)	100
N2992	Radif	(15b)	193, 275, 379, 429, 451		N3018/23	Pho	(2 a)	376
N2992	Xg	(16)	65, 86, 102, 115, 164, 171,					
N2992	Xg	(16)	219, 230, 236, 238, 240,		N3021	Zrad	(6 b)	52
N2992	Xg	(16)	270, 354, 359		N3021	HIw	(13a)	106
					N3021	Grp	(19)	18
N2993	Des	(1 b)	415					
N2993	Pho	(2 a)	448		N3023	PtmO	(3 b)	237
N2993	PtmI	(3 c)	249		N3023	Spop	(8 b)	498
N2993	PtmN	(3 d)	35					
N2993	SPtm	(4 a)	568		N3031	Des	(1 b)	15, 112, 127, 143, 154,
N2993	SpUV	(8 a)	195		N3031	Des	(1 b)	188, 192, 204, 215, 317
N2993	Spop	(8 b)	316, 465, 696, 873		N3031	Pho	(2 a)	3, 39, 44, 52, 94, 136, 172,
N2993	HIw	(13a)	227		N3031	Pho	(2 a)	188, 246, 362, 426, 457,
N2993	Radif	(15b)	193		N3031	Pho	(2 a)	495, 503, 698, 719, 809,
					N3031	Pho	(2 a)	937, 964, 1063, 1159
N2997	Des	(1 b)	90, 136, 174, 303		N3031	PtmU	(3 a)	6, 7, 10, 17
N2997	Pho	(2 a)	65, 350, 396, 436, 540,		N3031	PtmI	(3 c)	40, 56, 157
N2997	Pho	(2 a)	937, 1137					

N3031	SPtm	(4 a)	22, 29, 40, 247, 375, 496,	N3034	Pho	(2 a)	246, 289, 444, 471, 656,
N3031	SPtm	(4 a)	550	N3034	Pho	(2 a)	698, 797, 834, 849, 886,
N3031	Star	(5 a)	142, 200, 231, 237	N3034	Pho	(2 a)	903, 1162
N3031	Sclu	(5 b)	36	N3034	Ima	(2 b)	11, 15, 18, 41, 84
N3031	Scts	(5 c)	16	N3034	PtmU	(3 a)	10
N3031	Zrad	(6 b)	1, 15	N3034	PtmO	(3 b)	218, 304
N3031	Vdis	(7 a)	8, 10, 15, 48, 55	N3034	PtmI	(3 c)	39, 49, 52, 57, 157, 217,
N3031	Vdyn	(7 b)	4, 15	N3034	PtmI	(3 c)	300
N3031	SpUV	(8 a)	8, 20, 25, 33, 69, 73, 110,	N3034	PtmN	(3 d)	11
N3031	SpUV	(8 a)	138	N3034	SPtm	(4 a)	29, 31, 36, 69, 136, 169,
N3031	Spop	(8 b)	34, 58, 59, 105, 107, 133,	N3034	SPtm	(4 a)	210, 410
N3031	Spop	(8 b)	153, 199, 232, 303, 305,	N3034	SPIR	(4 b)	6, 27, 29, 33, 48
N3031	Spop	(8 b)	355, 358, 372, 456, 481,	N3034	Sclu	(5 b)	19
N3031	Spop	(8 b)	518, 644, 792, 835, 909,	N3034	Zopt	(6 a)	138, 338
N3031	Spop	(8 b)	1005	N3034	Zrad	(6 b)	4, 5
N3031	Span	(8 d)	21, 31, 40, 47, 59, 64, 88,	N3034	Vdis	(7 a)	40, 69
N3031	Span	(8 d)	113, 136, 162	N3034	SpUV	(8 a)	138
N3031	Mkin	(9 a)	1, 25, 176	N3034	Spop	(8 b)	129, 137, 193, 230, 300,
N3031	Mdyn	(9 b)	1, 12, 20, 65, 74, 75, 80,	N3034	Spop	(8 b)	496, 807, 937
N3031	Mdyn	(9 b)	83, 90, 160	N3034	SpIR	(8 c)	3, 12, 14, 15, 20, 21, 25,
N3031	Prad	(10b)	16, 57, 132, 142, 165	N3034	SpIR	(8 c)	28, 35, 42, 47, 53, 55, 57,
N3031	HIIr	(12a)	2, 176, 185, 198, 207, 210,	N3034	SpIR	(8 c)	58, 61, 69, 71, 72, 85, 87,
N3031	HIIr	(12a)	211, 240, 274, 275, 287	N3034	SpIR	(8 c)	89, 91
N3031	Plan	(12b)	9, 22, 34	N3034	Span	(8 d)	4, 47, 60, 113
N3031	Imed	(12c)	9, 18	N3034	Mkin	(9 a)	64, 73, 227, 251, 298
N3031	HIw	(13a)	1, 19	N3034	Popt	(10a)	1, 6, 10, 15, 16, 17, 42, 47,
N3031	HIm	(13b)	1, 4, 9, 11, 33, 59, 60, 64,	N3034	Popt	(10a)	71
N3031	HIm	(13b)	87, 110, 126, 232, 247	N3034	Prad	(10b)	1, 56
N3031	Mol	(14a)	4	N3034	FPop	(11)	13, 52
N3031	Radc	(15a)	18, 34, 50, 66, 136, 205,	N3034	HIIr	(12a)	38, 165, 207, 231
N3031	Radc	(15a)	288, 307	N3034	Imed	(12c)	30, 41, 63, 66
N3031	Radif	(15b)	10, 26, 35, 56, 60, 242,	N3034	HIw	(13a)	35, 38
N3031	Radif	(15b)	291, 359, 409, 507, 587,	N3034	HIm	(13b)	30, 33, 48, 126, 181
N3031	Radif	(15b)	627, 719, 720	N3034	Mol	(14a)	2, 3, 7, 9, 11, 12, 13, 16,
N3031	Xg	(16)	208, 223, 245, 254, 316,	N3034	Mol	(14a)	27, 29, 31, 39, 43, 45, 76,
N3031	Xg	(16)	336, 363, 372, 449	N3034	Mol	(14a)	78, 84, 86, 88, 90, 94, 96,
N3031	SNR	(17b)	52	N3034	Mol	(14a)	100, 104, 105, 107, 112,
N3031	Dis	(18)	6, 74, 102, 135, 140	N3034	Mol	(14a)	133, 143, 148, 152, 163,
N3031	Grp	(19)	140	N3034	Mol	(14a)	179, 182, 185, 206, 212,
				N3034	Mol	(14a)	221, 223, 229, 233, 236
N3032	Des	(1 b)	404	N3034	Rcl	(14b)	1, 2, 3, 5, 8, 10, 11, 12, 13
N3032	Pho	(2 a)	596	N3034	Radc	(15a)	7, 14, 21, 25, 116, 122,
N3032	PtmN	(3 d)	21	N3034	Radc	(15a)	136, 146, 176, 242, 306
N3032	Spop	(8 b)	447, 460	N3034	Radif	(15b)	5, 9, 47, 71, 77, 125, 170,
N3032	Span	(8 d)	104	N3034	Radif	(15b)	204, 218, 275, 386, 396,
N3032	HIIr	(12a)	146	N3034	Radif	(15b)	405, 432, 455, 486, 488,
N3032	Grp	(19)	18	N3034	Radif	(15b)	498, 522, 527, 582, 593,
				N3034	Radif	(15b)	665, 719
N3034	Des	(1 b)	39, 148, 183, 184, 234	N3034	Xg	(16)	88, 102, 164, 171, 219,
N3034	Pho	(2 a)	17, 78, 136, 160, 188, 219,	N3034	Xg	(16)	223, 236, 270, 303, 320,

N3034	Xg	(16)	336, 352, 449		N3067	Mdyn	(9 b)	100, 137
N3034	SN	(17a)	369, 370		N3067	HIw	(13a)	4, 12, 165
N3034	SNR	(17b)	30, 39, 45, 47, 52, 55, 61		N3067	Grp	(19)	18
N3034	Grp	(19)	140		N3073	Pho	(2 a)	498
N3041	Pho	(2 a)	938		N3073	Spop	(8 b)	456
N3043	PtmO	(3 b)	237		N3073	Radc	(15a)	310
N3043	Spop	(8 b)	498		N3073	Grp	(19)	241
N3043	Mkin	(9 a)	247		N3077	Des	(1 b)	282
N3044	SN	(17a)	209, 279		N3077	Pho	(2 a)	362, 952
N3049	PtmO	(3 b)	237		N3077	PtmU	(3 a)	10
N3049	Zopt	(6 a)	175		N3077	PtmO	(3 b)	218
N3049	Spop	(8 b)	335, 498, 692		N3077	PtmN	(3 d)	11
N3051	Des	(1 b)	354		N3077	SPtm	(4 a)	29, 58, 469
N3051	Pho	(2 a)	704, 1022		N3077	Zopt	(6 a)	413
N3051	SPtm	(4 a)	500		N3077	SpUV	(8 a)	34, 118
N3051	Spop	(8 b)	852		N3077	Spop	(8 b)	43
N3054	Pho	(2 a)	600, 938		N3077	Span	(8 d)	113
N3054	Mkin	(9 a)	163		N3077	Mkin	(9 a)	277, 299
N3054	Mdyn	(9 b)	100		N3077	Mdyn	(9 b)	22
N3055	Pho	(2 a)	938		N3077	HIm	(13b)	25, 64, 87
N3059	Pho	(2 a)	125		N3077	Radif	(15b)	59
N3059	Zopt	(6 a)	52		N3078	Prad	(10b)	114
N3059	Spop	(8 b)	86		N3078	Radif	(15b)	68, 428, 454
N3059	Radif	(15b)	704		N3078	Xg	(16)	351
N3065	Des	(1 b)	63		N3079	Des	(1 b)	324, 398
N3065	Pho	(2 a)	146, 261		N3079	Pho	(2 a)	129, 173, 182, 247, 498,
N3065	PtmO	(3 b)	50		N3079	Pho	(2 a)	711, 842, 938
N3065	SPtm	(4 a)	72, 73		N3079	Ima	(2 b)	73
N3065	Grp	(19)	78		N3079	Spop	(8 b)	88, 119, 453, 588, 628
N3066	Des	(1 b)	63		N3079	SpIR	(8 c)	101
N3066	Pho	(2 a)	261		N3079	Span	(8 d)	146
N3066	Spop	(8 b)	89, 554		N3079	Mkin	(9 a)	54
N3066	Grp	(19)	78		N3079	Mdyn	(9 b)	32
N3067	Pho	(2 a)	600, 611		N3079	Prad	(10b)	97
N3067	PtmO	(3 b)	320		N3079	HIm	(13b)	174
N3067	Zopt	(6 a)	95		N3079	Mol	(14a)	107, 109, 147, 157, 160,
N3067	Zrad	(6 b)	6		N3079	Mol	(14a)	180, 181, 207
N3067	Spop	(8 b)	133		N3079	Radc	(15a)	271, 310
N3067	Mkin	(9 a)	163, 164		N3079	Radif	(15b)	63, 86, 209, 275, 379, 384,
					N3079	Radif	(15b)	386, 494, 655
					N3079	Xg	(16)	239
					N3079	Grp	(19)	241
					N3080	Spop	(8 b)	332
					N3080	Popt	(10a)	54

N3081	Des	(1 b)	405
N3081	Pho	(2 a)	300, 406
N3081	Ima	(2 b)	75
N3081	PtmI	(3 c)	244, 249
N3081	SPtm	(4 a)	597
N3081	SpUV	(8 a)	146, 194, 195
N3081	Spop	(8 b)	407, 521, 661, 773, 865,
N3081	Spop	(8 b)	873
N3081	Span	(8 d)	117
N3081	Popt	(10a)	54
N3081	Radif	(15b)	336
N3081	Xg	(16)	273
N3084	Pho	(2 a)	502
N3090	Des	(1 b)	5, 43
N3090	Pho	(2 a)	13
N3090	PtmO	(3 b)	59, 121, 179
N3090	SPtm	(4 a)	240, 316
N3098	Pho	(2 a)	687
N3098	Zopt	(6 a)	266
N3098	Vdis	(7 a)	49
N3098	Mkin	(9 a)	187
N3106	SN	(17a)	211, 279
N3108	Des	(1 b)	187, 238
N3108	Pho	(2 a)	574, 785
N3108	SPtm	(4 a)	363
N3108	Zopt	(6 a)	324
N3108	Vdis	(7 a)	63
N3108	Mkin	(9 a)	222
N3108	Grp	(19)	200
N3109	Pho	(2 a)	916, 936, 937, 995
N3109	SPtm	(4 a)	423
N3109	Star	(5 a)	165, 182
N3109	Sclu	(5 b)	107
N3109	Zrad	(6 b)	151
N3109	Spop	(8 b)	740
N3109	Span	(8 d)	89, 124
N3109	Mdyn	(9 b)	12, 128, 135, 160
N3109	HIw	(13a)	20, 122, 235
N3109	HIm	(13b)	10, 115
N3109	Mol	(14a)	45
N3109	Dis	(18)	116, 124
N3115	Des	(1 b)	234, 332
N3115	Pho	(2 a)	141, 215, 318, 413, 482,
N3115	Pho	(2 a)	590, 687, 770, 775, 982,
N3115	Pho	(2 a)	1013
N3115	PtmO	(3 b)	23, 84
N3115	PtmI	(3 c)	27
N3115	SPtm	(4 a)	46, 71, 115, 153, 223, 297,
N3115	SPtm	(4 a)	303, 350, 459, 520, 563
N3115	Sclu	(5 b)	8, 121
N3115	Scts	(5 c)	23
N3115	Zopt	(6 a)	13, 266
N3115	Vdis	(7 a)	4, 8, 15, 36, 42, 49, 60, 94,
N3115	Vdis	(7 a)	110
N3115	Vdyn	(7 b)	4
N3115	SpUV	(8 a)	77, 142, 216
N3115	Spop	(8 b)	39, 58, 105, 107, 631, 754,
N3115	Spop	(8 b)	858
N3115	SpIR	(8 c)	17, 18
N3115	Span	(8 d)	21, 31, 160
N3115	Mkin	(9 a)	6, 26, 101, 132, 160, 187,
N3115	Mkin	(9 a)	203, 324
N3115	Mdyn	(9 b)	5, 48, 98, 125, 131
N3115	Dis	(18)	11
N3116	Radif	(15b)	503
N3121	Pho	(2 a)	240
N3121	Radif	(15b)	318
N3124	Pho	(2 a)	938
N3125	PtmO	(3 b)	383
N3125	PtmN	(3 d)	34
N3125	SpUV	(8 a)	139
N3125	Spop	(8 b)	116, 408, 510
N3125	HIIr	(12a)	253
N3125	Radif	(15b)	336
N3125	Xg	(16)	171, 239
N3136	Zopt	(6 a)	267
N3136	Vdis	(7 a)	50
N3136	Mkin	(9 a)	188
N3136	Radif	(15b)	704
N3145	Pho	(2 a)	600
N3145	Vdis	(7 a)	55
N3145	Spop	(8 b)	288
N3145	Mkin	(9 a)	50, 163
N3145	Mdyn	(9 b)	48, 100
N3147	Pho	(2 a)	698, 938
N3147	Span	(8 d)	146

N3147	Mol	(14a)	157		N3193	Vdis	(7 a)	20
N3156	HIw	(13a)	90		N3193	SpIR	(8 c)	17, 18
N3158	SPtm	(4 a)	170		N3198	Pho	(2 a)	59, 514, 909, 938, 990
N3158	SpIR	(8 c)	17		N3198	SPtm	(4 a)	179, 516, 550
N3162	HIw	(13a)	99		N3198	Zopt	(6 a)	442, 490
N3162	Radif	(15b)	430		N3198	Mkin	(9 a)	20, 281, 306
					N3198	Mdyn	(9 b)	63, 129, 160
N3166	Des	(1 b)	332		N3198	HIw	(13a)	264
N3166	Vdis	(7 a)	15		N3198	HIm	(13b)	124, 226
N3166	Spop	(8 b)	43		N3198	SN	(17a)	8, 54
N3166	HIw	(13a)	140					
N3166	Grp	(19)	134		N3200	Pho	(2 a)	600, 780
					N3200	Zopt	(6 a)	332
N3166/69	Radif	(15b)	430		N3200	Vdis	(7 a)	69
					N3200	Spop	(8 b)	288
N3169	Des	(1 b)	215		N3200	Mkin	(9 a)	163, 218, 227
N3169	Pho	(2 a)	690		N3200	Mdyn	(9 b)	100
N3169	Spop	(8 b)	531					
N3169	HIw	(13a)	103		N3202	Dim	(1 a)	1
N3169	SN	(17a)	247, 248, 263, 337, 346,					
N3169	SN	(17a)	409		N3203	Pho	(2 a)	1128
N3177	HIw	(13a)	99		N3206	Zrad	(6 b)	172
N3177	Radc	(15a)	117		N3206	HIw	(13a)	248
N3184	Pho	(2 a)	188, 498, 937		N3220	Zrad	(6 b)	172
N3184	PtmU	(3 a)	7		N3220	HIw	(13a)	248
N3184	Spop	(8 b)	736					
N3184	Span	(8 d)	122		N3221	Pho	(2 a)	1030
N3184	HIIr	(12a)	106, 176, 233		N3221	Mol	(14a)	168
N3184	Radif	(15b)	686					
N3184	SNR	(17b)	49		N3223	Pho	(2 a)	600, 938
					N3223	Vdis	(7 a)	55
N3185	Spop	(8 b)	453		N3223	Mkin	(9 a)	163
					N3223	Mdyn	(9 b)	100
N3188	PtmO	(3 b)	218					
N3188	PtmN	(3 d)	11		N3226	Des	(1 b)	181
					N3226	Pho	(2 a)	43, 188
N3190	Des	(1 b)	104, 215		N3226	PtmO	(3 b)	129
N3190	Pho	(2 a)	1154		N3226	PtmI	(3 c)	165
N3190	Zrad	(6 b)	124		N3226	SPtm	(4 a)	257
N3190	HIw	(13a)	213		N3226	Sclu	(5 b)	52
N3190	Radif	(15b)	531, 686		N3226	Scts	(5 c)	5
					N3226	SpIR	(8 c)	17
N3191	Dim	(1 a)	1		N3226	HIw	(13a)	60
N3191	Pho	(2 a)	214		N3226	SN	(17a)	65, 340
N3191	SN	(17a)	409		N3227	Des	(1 b)	181
					N3227	Pho	(2 a)	43, 188, 389

N3227	PtmO	(3 b)	71, 73, 110, 129, 142, 197,	N3265	HIw	(13a)	213
N3227	PtmO	(3 b)	207, 362	N3265	HIm	(13b)	235
N3227	PtmI	(3 c)	157, 165, 258	N3265	Radc	(15a)	304
N3227	SPtm	(4 a)	257, 318, 519				
N3227	Zopt	(6 a)	387	N3270	Zrad	(6 b)	149
N3227	Zrad	(6 b)	14, 75	N3270	HIw	(13a)	233
N3227	Vdyn	(7 b)	5				
N3227	Spop	(8 b)	7, 100, 161, 184, 263, 271,	N3274	Pho	(2 a)	596, 937
N3227	Spop	(8 b)	297, 364, 440, 461, 544,	N3274	PtmO	(3 b)	214
N3227	Spop	(8 b)	546, 557, 588, 605, 690,	N3274	PtmN	(3 d)	21
N3227	Spop	(8 b)	699, 707, 713, 715, 722,	N3274	Spop	(8 b)	447, 460
N3227	Spop	(8 b)	732, 761, 837	N3274	Span	(8 d)	84, 104
N3227	SpIR	(8 c)	37, 60, 93	N3274	HIIr	(12a)	146, 234
N3227	Span	(8 d)	143	N3274	HIw	(13a)	162
N3227	Popt	(10a)	12, 43, 54, 67				
N3227	HIw	(13a)	18, 100, 156	N3275	Pho	(2 a)	327
N3227	HIm	(13b)	46				
N3227	Mol	(14a)	33, 50, 57, 73, 165, 189	N3281	PtmO	(3 b)	129
N3227	Rcl	(14b)	14	N3281	PtmI	(3 c)	247, 249
N3227	Radc	(15a)	127, 230	N3281	Zopt	(6 a)	379
N3227	Radif	(15b)	68, 173, 221, 451	N3281	SpUV	(8 a)	195
N3227	Xg	(16)	28, 76, 127, 219, 236, 270,	N3281	Spop	(8 b)	407, 521, 873
N3227	Xg	(16)	354	N3281	Mkin	(9 a)	253
N3227	SN	(17a)	231, 250, 287, 290, 330,	N3281	Radc	(15a)	236
N3227	SN	(17a)	440	N3281	Xg	(16)	219
N3239	Spop	(8 b)	623	N3294	Spop	(8 b)	43
N3239	HIIr	(12a)	3, 176, 186, 205				
				N3303	Pho	(2 a)	940
N3241	Pho	(2 a)	938	N3303	Spop	(8 b)	755
				N3303	Radif	(15b)	548
N3245A	Radif	(15b)	489				
				N3305	Pho	(2 a)	4
N3256	Des	(1 b)	18	N3305	Radc	(15a)	187
N3256	Pho	(2 a)	81, 274, 327, 372, 949,				
N3256	Pho	(2 a)	1167	N3307	Pho	(2 a)	4
N3256	PtmI	(3 c)	179, 201, 247				
N3256	SPtm	(4 a)	615	N3308	Pho	(2 a)	4, 701
N3256	SPIR	(4 b)	37	N3308	PtmO	(3 b)	47
N3256	Zopt	(6 a)	121				
N3256	SpUV	(8 a)	199	N3309	Des	(1 b)	125
N3256	Spop	(8 b)	250	N3309	Pho	(2 a)	4, 73, 425, 570, 701, 957
N3256	SpIR	(8 c)	86, 102	N3309	PtmO	(3 b)	47
N3256	Mkin	(9 a)	81	N3309	SPtm	(4 a)	440
				N3309	Zopt	(6 a)	218
N3258	Xg	(16)	353	N3309	Zrad	(6 b)	31
				N3309	Radif	(15b)	564, 585
N3265	SPtm	(4 a)	532	N3309	Xg	(16)	25
N3265	Zrad	(6 b)	124	N3309	Grp	(19)	4, 22, 24, 224
N3265	Spop	(8 b)	536				

N3310	Des	(1 b)	175, 223, 225, 249, 309,		N3314A B	Zopt	(6 a)	406
N3310	Des	(1 b)	408		N3314A B	Mkin	(9 a)	265, 272
N3310	Pho	(2 a)	111, 115, 171, 188, 542,		N3314A B	Mdyn	(9 b)	139
N3310	Pho	(2 a)	773, 777, 820, 949		N3314A B	Dis	(18)	127
N3310	PtmU	(3 a)	10					
N3310	PtmO	(3 b)	218		N3316	Des	(1 b)	125
N3310	PtmI	(3 c)	149		N3316	Pho	(2 a)	4
N3310	PtmN	(3 d)	11					
N3310	SPtm	(4 a)	488		N3319	Pho	(2 a)	59, 503, 937
N3310	SpUV	(8 a)	5, 138, 141		N3319	SPtm	(4 a)	413
N3310	Spop	(8 b)	82, 320, 460, 557, 623		N3319	Mkin	(9 a)	20
N3310	Span	(8 d)	24, 47, 84, 113		N3319	HIIr	(12a)	3
N3310	Mkin	(9 a)	31, 37, 180		N3319	Radif	(15b)	686
N3310	HIIr	(12a)	3, 97, 176, 205					
N3310	HIw	(13a)	162		N3332	HIw	(13a)	226
N3310	Mol	(14a)	98, 170		N3332	Radif	(15b)	68
N3310	Radc	(15a)	71					
N3310	Radif	(15b)	59, 209, 258, 386, 430,		N3336	SN	(17a)	270
N3310	Radif	(15b)	615					
N3310	Xg	(16)	171, 239		N3338	Des	(1 b)	215
N3310	Grp	(19)	31		N3338	Pho	(2 a)	690, 938
					N3338	Spop	(8 b)	531
N3311	Des	(1 b)	125					
N3311	Pho	(2 a)	4, 73, 425, 570, 701, 957		N3340	SPtm	(4 a)	239
N3311	PtmO	(3 b)	47					
N3311	SPtm	(4 a)	440		N3344	Pho	(2 a)	432, 503, 521, 938
N3311	Sclu	(5 b)	3, 76, 117		N3344	SPtm	(4 a)	375
N3311	Zrad	(6 b)	31		N3344	Spop	(8 b)	387, 736
N3311	Radif	(15b)	564, 585		N3344	Span	(8 d)	122
N3311	Xg	(16)	25, 384		N3344	HIIr	(12a)	117, 233, 279
N3311	Grp	(19)	4, 22, 24, 224		N3344	Mol	(14a)	170
					N3344	Radc	(15a)	174
N3312	Des	(1 b)	57, 125, 215		N3344	Radif	(15b)	430
N3312	Pho	(2 a)	4, 224, 425, 690, 701					
N3312	Spop	(3 b)	47		N3346	Pho	(2 a)	432, 938
N3312	Zopt	(6 a)	218		N3346	SPtm	(4 a)	239
N3312	Spop	(8 b)	453, 531					
N3312	Mkin	(9 a)	272		N3347	Pho	(2 a)	327
N3312	Mdyn	(9 b)	139		N3347	PtmO	(3 b)	356
N3312	Imed	(12c)	7					
N3312	Grp	(19)	67		N3348	Pho	(2 a)	188
N3313	Pho	(2 a)	1033		N3351	Des	(1 b)	3, 375
					N3351	Pho	(2 a)	12, 84, 316, 432, 665, 938,
N3314	Pho	(2 a)	4, 654, 727		N3351	Pho	(2 a)	1130
N3314	PtmO	(3 b)	260		N3351	PtmU	(3 a)	10
N3314	SPtm	(4 a)	330		N3351	PtmN	(3 d)	15
N3314	Imed	(12c)	38		N3351	SPtm	(4 a)	292
					N3351	Zopt	(6 a)	10, 499
N3314A B	Pho	(2 a)	943		N3351	Vdis	(7 a)	3, 15

N3351	SpUV	(8 a)	138
N3351	Spop	(8 b)	288, 736
N3351	Span	(8 d)	47, 94, 113, 122
N3351	Mkin	(9 a)	6, 15, 24, 329
N3351	Mdyn	(9 b)	17, 168
N3351	Fpop	(11)	55
N3351	HIIr	(12a)	6, 172, 233, 291
N3351	HIw	(13a)	24
N3351	Dis	(18)	170
N3353	Pho	(2 a)	596, 1054
N3353	PtmO	(3 b)	214, 218
N3353	PtmI	(3 c)	13
N3353	PtmN	(3 d)	11, 21
N3353	Spop	(8 b)	46, 166, 447, 460, 541,
N3353	Spop	(8 b)	885
N3353	Span	(8 d)	17, 47, 84, 104, 158
N3353	HIIr	(12a)	8, 146, 180, 258
N3353	HIw	(13a)	162
N3353	Radc	(15a)	277
N3354	PtmO	(3 b)	356
N3356	Des	(1 b)	100
N3356	Pho	(2 a)	376
N3358	PtmO	(3 b)	356
N3359	Pho	(2 a)	58, 59, 188, 503, 613, 937,
N3359	Pho	(2 a)	1017
N3359	SPtm	(4 a)	413, 450
N3359	Zrad	(6 b)	185
N3359	Mkin	(9 a)	20, 273
N3359	Mdyn	(9 b)	140, 143
N3359	HIIr	(12a)	2
N3359	HIw	(13a)	220
N3359	HIm	(13b)	19, 138, 158
N3359	SN	(17a)	316, 336, 438
N3367	SPtm	(4 a)	239
N3367	Radif	(15b)	537
N3367	SN	(17a)	358, 364
N3368	Des	(1 b)	215, 240, 272
N3368	Pho	(2 a)	432, 690
N3368	PtmU	(3 a)	10
N3368	SPtm	(4 a)	430
N3368	Vdis	(7 a)	15
N3368	SpUV	(8 a)	138
N3368	Span	(8 d)	113
N3368	HIw	(13a)	188, 230, 244
N3368	Grp	(19)	183, 205, 218, 219, 222,
N3368	Grp	(19)	228
N3377	PtmO	(3 b)	23
N3377	SPtm	(4 a)	239, 526
N3377	Sclu	(5 b)	52
N3377	Scts	(5 c)	5
N3377	Vdis	(7 a)	15, 55
N3377	Spop	(8 b)	39, 631, 754
N3377	SpIR	(8 c)	17, 18
N3377	Mkin	(9 a)	48
N3377	Radc	(15a)	302
N3377	Xg	(16)	429
N3379	Des	(1 b)	229, 257
N3379	Pho	(2 a)	304, 320, 322, 878
N3379	PtmO	(3 b)	23, 50, 179
N3379	PtmN	(3 d)	2
N3379	SPtm	(4 a)	55, 72, 101, 154, 156, 170,
N3379	SPtm	(4 a)	198, 200, 239, 240, 274,
N3379	SPtm	(4 a)	275, 299, 322, 344, 384,
N3379	SPtm	(4 a)	394, 398, 427, 437, 572,
N3379	SPtm	(4 a)	589
N3379	Sclu	(5 b)	52, 108
N3379	Scts	(5 c)	5
N3379	Zopt	(6 a)	503
N3379	Vdis	(7 a)	4, 8, 15, 16, 20, 27, 36, 51,
N3379	Vdis	(7 a)	103
N3379	Vdyn	(7 b)	2, 4, 6, 11, 19
N3379	SpUV	(8 a)	31, 54, 61, 77, 85, 110,
N3379	SpUV	(8 a)	165
N3379	Spop	(8 b)	39, 58, 153, 210, 631, 754,
N3379	Spop	(8 b)	957
N3379	SpIR	(8 c)	1, 17, 18
N3379	Span	(8 d)	21, 128
N3379	Mkin	(9 a)	66, 67, 132, 189
N3379	Mdyn	(9 b)	7, 42, 68, 93
N3379	HIIr	(12a)	198
N3379	Mol	(14a)	8
N3379	Radif	(15b)	520
N3379	Dis	(18)	125
N3384	Des	(1 b)	12, 240, 250, 272
N3384	Pho	(2 a)	304, 320, 322, 828, 878
N3384	SPtm	(4 a)	18, 55, 151, 156, 239, 385,
N3384	SPtm	(4 a)	430
N3384	Zopt	(6 a)	503
N3384	Vdis	(7 a)	15, 103
N3384	SpUV	(8 a)	77

N3384	Spop	(8 b)	957
N3384	SpIR	(8 c)	1, 17, 18
N3384	HIw	(13a)	230, 244
N3384	Mol	(14a)	8
N3384	Grp	(19)	205, 218, 219, 222, 228
N3389	Pho	(2 a)	119, 304, 878
N3389	SPtm	(4 a)	55
N3389	Mdyn	(9 b)	12
N3389	HIIr	(12a)	279
N3389	HIw	(13a)	227
N3389	SN	(17a)	8, 305, 331
N3390	Des	(1 b)	295
N3390	Pho	(2 a)	980
N3393	PtmI	(3 c)	249
N3393	SpUV	(8 a)	195, 206
N3393	Spop	(8 b)	873, 895
N3395	Pho	(2 a)	240, 884
N3395	PtmI	(3 c)	165
N3395	Spop	(8 b)	254, 805
N3395	Span	(8 d)	49
N3395/96	Pho	(2 a)	929
N3395/96	Radc	(15a)	245, 293
N3396	Pho	(2 a)	240, 884
N3396	PtmI	(3 c)	165
N3396	Radc	(15a)	189
N3408	Dim	(1 a)	1
N3412	SPtm	(4 a)	239
N3412	Vdis	(7 a)	15
N3413	HIm	(13b)	140
N3414	Pho	(2 a)	687, 1023
N3414	Zopt	(6 a)	266
N3414	Vdis	(7 a)	49, 93
N3414	Mkin	(9 a)	187
N3423	Pho	(2 a)	937
N3423	Spop	(8 b)	288
N3424	HIm	(13b)	140
N3430	HIm	(13b)	140
N3432	Des	(1 b)	18, 104
N3432	Pho	(2 a)	188
N3432	Radc	(15a)	174
N3432	Radif	(15b)	686
N3433	Pho	(2 a)	938
N3437	HIw	(13a)	227
N3437	Mol	(14a)	170
N3437	Radc	(15a)	174
N3442	Zopt	(6 a)	58
N3442	Spop	(8 b)	93
N3445	Des	(1 b)	18
N3447	HIIr	(12a)	176
N3448	Des	(1 b)	88, 297
N3448	Pho	(2 a)	43, 248, 339, 807, 965,
N3448	Pho	(2 a)	1085
N3448	SPtm	(4 a)	52, 402, 478
N3448	Zrad	(6 b)	14, 39, 177
N3448	SpUV	(8 a)	121
N3448	Spop	(8 b)	164, 642, 682
N3448	Mkin	(9 a)	78, 196, 230
N3448	Mdyn	(9 b)	145
N3448	HIIr	(12a)	3, 224
N3448	HIw	(13a)	18
N3448	HIm	(13b)	77, 157, 216
N3448	Radc	(15a)	155, 289, 294
N3448	Radif	(15b)	463, 549, 671
N3448	Xg	(16)	239
N3448A	Des	(1 b)	88
N3448A	Pho	(2 a)	248, 339
N3448A	Zrad	(6 b)	39
N3448A	HIm	(13b)	53, 77
N3448A	Radc	(15a)	155
N3454	HIw	(13a)	114
N3455	HIw	(13a)	114
N3464	Pho	(2 a)	327, 938
N3470	Dim	(1 a)	1
N3475	Des	(1 b)	63
N3475	Pho	(2 a)	261

N3475	Grp	(19)	78
N3478	Pho	(2 a)	874
N3485	Pho	(2 a)	938
N3486	Pho	(2 a)	503, 937
N3486	SPtm	(4 a)	375
N3486	HIIr	(12a)	176, 240
N3486	HIm	(13b)	140
N3489	Pho	(2 a)	322, 770
N3489	PtmN	(3 d)	2
N3489	SPtm	(4 a)	151, 156, 239, 350
N3489	Vdis	(7 a)	15
N3489	Spop	(8 b)	210
N3489	Radc	(15a)	302
N3489	Xg	(16)	429
N3495	Mkin	(9 a)	99
N3495	Mdyn	(9 b)	96
N3501	HIm	(13b)	140
N3504	Des	(1 a)	6
N3504	Pho	(2 a)	316, 503, 620, 1033
N3504	PtmO	(3 b)	289
N3504	PtmI	(3 c)	15, 157
N3504	SPtm	(4 a)	382, 413
N3504	Zrad	(6 b)	119, 152, 157
N3504	SpUV	(8 a)	214
N3504	Spop	(8 b)	43, 254, 557, 628
N3504	Span	(8 d)	49
N3504	Mkin	(9 a)	131, 165
N3504	Mdyn	(9 b)	120
N3504	HIw	(13a)	256
N3504	HIm	(13b)	163
N3504	Mol	(14a)	33, 57, 75, 98, 123, 125
N3504	Radif	(15b)	221, 386, 686
N3504	Grp	(19)	188
N3506	Radif	(15b)	274
N3507	HIm	(13b)	140
N3509	Zrad	(6 b)	109
N3509	HIw	(13a)	196
N3510	Pho	(2 a)	596, 937
N3510	PtmO	(3 b)	214
N3510	PtmN	(3 d)	21
N3510	Spop	(8 b)	447, 460
N3510	Span	(8 d)	84, 104
N3510	HIIr	(12a)	146, 234
N3510	HIw	(13a)	162
N3510	HIm	(13b)	140
N3511	Pho	(2 a)	634, 938
N3512	PtmO	(3 b)	289
N3512	SPtm	(4 a)	382
N3512	Zrad	(6 b)	119
N3512	Mdyn	(9 b)	120
N3512	HIm	(13b)	163
N3512	Grp	(19)	188
N3513	Pho	(2 a)	937
N3516	PtmO	(3 b)	71, 110, 197, 206, 207,
N3516	PtmO	(3 b)	362
N3516	PtmN	(3 d)	18
N3516	SPtm	(4 a)	295, 359, 519
N3516	Zopt	(6 a)	387
N3516	Vdyn	(7 b)	5
N3516	SpUV	(8 a)	56, 67, 93, 113, 207
N3516	Spop	(8 b)	7, 34, 97, 100, 124, 159,
N3516	Spop	(8 b)	161, 184, 263, 297, 298,
N3516	Spop	(8 b)	349, 376, 440, 461, 588,
N3516	Spop	(8 b)	630, 661, 699, 707, 715,
N3516	Spop	(8 b)	722, 732, 819, 863, 990
N3516	SpIR	(8 c)	37, 100
N3516	Span	(8 d)	29, 61
N3516	Mkin	(9 a)	98, 307
N3516	Popt	(10a)	7, 43, 49, 54
N3516	Radif	(15b)	326, 451
N3516	Xg	(16)	220
N3521	Des	(1 b)	188, 215
N3521	Pho	(2 a)	316, 690, 770, 937
N3521	SPtm	(4 a)	167, 350
N3521	Zrad	(6 b)	189
N3521	Mdyn	(9 b)	12, 69, 83, 85
N3521	HIIr	(12a)	176, 240
N3521	Mol	(14a)	170
N3521	Radc	(15a)	53
N3521	Radif	(15b)	102, 430
N3522	Zrad	(6 b)	124
N3522	HIw	(13a)	213

N3526	PtmO	(3 b)	237		N3585	SPtm	(4 a)	350
N3526	Spop	(8 b)	498		N3585	Radc	(15a)	302
N3526	Mkin	(9 a)	247		N3585	Xg	(16)	353, 429
N3528	SPtm	(4 a)	428		N3593	Des	(1 b)	104
					N3593	SPtm	(4 a)	100, 239
N3550	Vdis	(7 a)	81		N3593	Zopt	(6 a)	379
N3550	Mkin	(9 a)	264		N3593	Vdis	(7 a)	15, 55
					N3593	Spop	(8 b)	59, 288
N3554	Des	(1 b)	376		N3593	Mkin	(9 a)	253
					N3593	Mdyn	(9 b)	12, 20
N3556	Pho	(2 a)	59, 188, 353, 842, 1021		N3593	HIw	(13a)	103, 162
N3556	PtmU	(3 a)	10		N3593	HIm	(13b)	65
N3556	PtmI	(3 c)	238		N3593	Radc	(15a)	110
N3556	SpUV	(8 a)	138		N3593	Radif	(15b)	318
N3556	Span	(8 d)	113		N3593	Xg	(16)	353
N3556	Mkin	(9 a)	20					
N3556	HIIr	(12a)	279		N3596	Pho	(2 a)	938
N3556	HIw	(13a)	104					
N3556	Mol	(14a)	163, 170		N3605	Zopt	(6 a)	267
N3556	Radc	(15a)	271		N3605	Vdis	(7 a)	4, 50
N3556	Radif	(15b)	148, 686		N3605	Mkin	(9 a)	188
N3556	Grp	(19)	233					
					N3607	Spop	(8 b)	39
N3557	Pho	(2 a)	846, 944		N3607	SpIR	(8 c)	1, 17, 18
N3557	SPtm	(4 a)	393, 432, 526		N3607	Mol	(14a)	8
N3557	Sclu	(5 b)	110		N3607	Radif	(15b)	566
N3557	Scts	(5 c)	19		N3607	Xg	(16)	244, 344
N3557	Vdis	(7 a)	36		N3607	Grp	(19)	159
N3557	Mkin	(9 a)	48, 132					
N3557	Radif	(15b)	520, 718		N3608	Zopt	(6 a)	267
					N3608	Zrad	(6 b)	124
N3561B	Radif	(15b)	68, 326		N3608	Vdis	(7 a)	4, 50
					N3608	SpIR	(8 c)	1, 17, 18
N3563	Pho	(2 a)	240		N3608	Mkin	(9 a)	188
N3563	Prad	(10b)	44		N3608	HIw	(13a)	213
N3563	Radif	(15b)	264		N3608	Mol	(14a)	8
N3564	Pho	(2 a)	846		N3611	HIm	(13b)	65
N3568	Pho	(2 a)	846		N3613	SpIR	(8 c)	17
N3568	HIw	(13a)	205					
					N3614	Pho	(2 a)	938
N3569	Radif	(15a)	68					
					N3619	Des	(1 b)	404
N3583	Pho	(2 a)	102, 269					
N3583	Radif	(15b)	686		N3620	Pho	(2 a)	281
N3583	SN	(17a)	29, 35, 76		N3620	PtmO	(3 b)	105
					N3620	Zopt	(6 a)	128
N3585	Pho	(2 a)	770					

N3621	Pho	(2 a)	937		N3628	Vdis	(7 a)	15
N3621	HIm	(13b)	42		N3628	HIw	(13a)	41, 70, 140, 159, 296
					N3628	HIm	(13b)	49, 66, 236
N3622	SpUV	(8 a)	136, 146		N3628	Mol	(14a)	33, 52, 57, 75, 80, 125,
N3622	Spop	(8 b)	695		N3628	Mol	(14a)	160, 186, 206, 215
					N3628	Radc	(15a)	276
N3623	Des	(1 b)	215		N3628	Radif	(15b)	275
N3623	Pho	(2 a)	238, 300, 302, 507, 691		N3628	Xg	(16)	213, 247
N3623	PtmO	(3 b)	178, 179		N3628	Grp	(19)	52, 85, 134
N3623	SPtm	(4 a)	100, 130, 238, 240, 274					
N3623	Vdis	(7 a)	15		N3629	Pho	(2 a)	938
N3623	Spop	(8 b)	531					
N3623	Popt	(10a)	33		N3631	Pho	(2 a)	144, 491, 938
N3623	HIw	(13a)	41		N3631	HIIr	(12a)	25, 116, 279
N3623	HIm	(13b)	65, 66					
N3623	Mol	(14a)	80		N3640	Pho	(2 a)	770
N3623	Grp	(19)	52, 85		N3640	SPtm	(4 a)	350
N3625	SN	(17a)	233, 330		N3642	Pho	(2 a)	188, 937
					N3642	Mol	(14a)	209
N3626	HIw	(13a)	280					
N3626	HIm	(13b)	65		N3646	Zrad	(6 b)	149
					N3646	HIIr	(12a)	3
N3627	Des	(1 b)	215		N3646	HIw	(13a)	233
N3627	Pho	(2 a)	176, 238, 302, 507, 691,					
N3627	Pho	(2 a)	965		N3651	Des	(1 b)	376
N3627	PtmU	(3 a)	10					
N3627	PtmO	(3 b)	178		N3652	Radif	(15b)	274
N3627	PtmI	(3 c)	157					
N3627	SPtm	(4 a)	100, 130, 238		N3653	Radif	(15b)	531
N3627	Zrad	(6 b)	189					
N3627	Vdis	(7 a)	15		N3655	HIw	(13a)	227
N3627	SpUV	(8 a)	138		N3655	Radc	(15a)	174
N3627	Spop	(8 b)	531					
N3627	Span	(8 d)	113		N3656	PtmI	(3 c)	293
N3627	HIIr	(12a)	52		N3656	Spop	(8 b)	254
N3627	HIw	(13a)	41, 70, 92, 140		N3656	Span	(8 d)	49
N3627	HIm	(13b)	49, 66		N3656	HIw	(13a)	162
N3627	Mol	(14a)	80		N3656	SN	(17a)	325
N3627	Radc	(15a)	117, 289, 294					
N3627	Radif	(15b)	338, 430, 503		N3660	Spop	(8 b)	579
N3627	SN	(17a)	10, 61		N3660	Radc	(15a)	246
N3627	Grp	(19)	52, 85, 134		N3660	Xg	(16)	296
N3628	Des	(1 b)	104, 360, 398		N3664	Pho	(2 a)	937
N3628	Pho	(2 a)	238, 302, 507, 691		N3664	Radc	(15a)	261
N3628	PtmO	(3 b)	178					
N3628	PtmI	(3 c)	157		N3665	Des	(1 b)	92, 187
N3628	SPtm	(4 a)	100, 130, 238		N3665	Pho	(2 a)	361, 454
N3628	Zrad	(6 b)	157, 189		N3665	PtmI	(3 c)	293

N3665	SPtm	(4 a)	428		N3690	SPIR	(4 b)	25, 43
N3665	Vdis	(7 a)	38		N3690	Zopt	(6 a)	339, 417
N3665	Mkin	(9 a)	137		N3690	Zrad	(6 b)	152
N3665	Mdyn	(9 b)	124		N3690	SpUV	(8 a)	167, 214
N3665	Radif	(15b)	151, 318, 325, 449, 520		N3690	Spop	(8 b)	129, 166, 254, 301, 433,
					N3690	Spop	(8 b)	507, 524, 557, 628, 647,
N3668	Spop	(8 b)	258		N3690	Spop	(8 b)	782, 951
N3668	Grp	(19)	101		N3690	SpIR	(8 c)	46, 83, 101
					N3690	Span	(8 d)	49, 63, 86, 97, 106
N3672	Pho	(2 a)	149		N3690	Mkin	(9 a)	271
N3672	Mkin	(9 a)	47, 50, 99		N3690	HIw	(13a)	159, 256
N3672	Mdyn	(9 b)	48, 96		N3690	Mol	(14a)	87, 110, 123, 146, 170,
					N3690	Mol	(14a)	180, 196, 207, 217, 237
N3673	Pho	(2 a)	938		N3690	Radc	(15a)	2, 48, 57, 61, 180
					N3690	Radif	(15b)	23, 77, 229, 275, 367, 686
N3675	Pho	(2 a)	2, 188, 503		N3690	Grp	(19)	240
N3675	SPtm	(4 a)	167, 375					
N3675	Zopt	(6 a)	2		N3691	Pho	(2 a)	441
N3675	Mkin	(9 a)	3		N3691	SPtm	(4 a)	204
N3675	Mdyn	(9 b)	3, 60		N3691	Mkin	(9 a)	108
N3675	Radif	(15b)	686		N3691	HIm	(13b)	140
N3675	SN	(17a)	269		N3691	Grp	(19)	117
N3681	Pho	(2 a)	441		N3694	Spop	(8 b)	254
N3681	SPtm	(4 a)	204		N3694	Span	(8 d)	49
N3681	Grp	(19)	117					
					N3697	Radif	(15b)	531
N3682	PtmO	(3 b)	237					
N3682	SpUV	(8 a)	136		N3705	Pho	(2 a)	938
N3682	Spop	(8 b)	498					
N3682	Radif	(15b)	489		N3717	Pho	(2 a)	327
N3684	Pho	(2 a)	441, 938		N3718	Des	(1 b)	85
N3684	SPtm	(4 a)	204		N3718	Pho	(2 a)	43, 188, 335, 953
N3684	Mkin	(9 a)	108		N3718	PtmO	(3 b)	200
N3684	Grp	(19)	117		N3718	PtmI	(3 c)	165
					N3718	SPtm	(4 a)	254, 411
N3686	Pho	(2 a)	441, 938		N3718	Zrad	(6 b)	14, 166
N3686	SPtm	(4 a)	204		N3718	Popt	(10a)	33, 45
N3686	Mkin	(9 a)	108		N3718	HIw	(13a)	18
N3686	Grp	(19)	117		N3718	HIm	(13b)	76, 201
					N3718	Radif	(15b)	137, 686
N3687	Pho	(2 a)	868					
N3687	HIIr	(12a)	223		N3725	Zrad	(6 b)	120
					N3725	HIm	(13b)	164
N3690	Des	(1 b)	28		N3725	Grp	(19)	101, 188
N3690	Pho	(2 a)	81, 195, 882, 918, 961,					
N3690	Pho	(2 a)	1073, 1164, 1165		N3726	Pho	(2 a)	188, 862, 937
N3690	PtmI	(3 c)	16, 19, 122, 193		N3726	SPtm	(4 a)	516
N3690	SPtm	(4 a)	561, 611, 612		N3726	Zopt	(6 a)	359

N3726	Mkin	(9 a)	245
N3726	HIw	(13a)	264
N3726	HIm	(13b)	226
N3729	Pho	(2 a)	43, 335
N3729	Zrad	(6 b)	166
N3729	HIm	(13b)	201
N3729	Radc	(15a)	37, 152
N3732	Spop	(8 b)	356
N3733	Des	(1 b)	18
N3733	SN	(17a)	109, 111, 241, 375, 437
N3735	Radif	(15b)	386
N3738	Des	(1 b)	139
N3738	Pho	(2 a)	596, 896, 995
N3738	PtmO	(3 b)	214, 218
N3738	PtmN	(3 d)	11, 21
N3738	Spop	(8 b)	447, 460, 521, 541, 640
N3738	Span	(8 d)	84, 104
N3738	HIIr	(12a)	146, 180, 208, 234
N3738	Imed	(12c)	25
N3738	HIw	(13a)	162
N3738	Mol	(14a)	100, 117
N3738	Radc	(15a)	293
N3756	Pho	(2 a)	269, 938
N3756	SN	(17a)	41, 76
N3758	Des	(1 b)	292
N3758	Pho	(2 a)	394, 978
N3758	PtmI	(3 c)	285
N3758	SPtm	(4 a)	346
N3758	Zopt	(6 a)	87
N3758	Spop	(8 b)	126, 262, 372, 518, 554,
N3758	Spop	(8 b)	592, 692, 952
N3758	HIw	(13a)	281
N3758	Radif	(15b)	269, 675
N3758	Xg	(16)	284
N3759	Des	(1 b)	63
N3759	Pho	(2 a)	261
N3759	Grp	(19)	78
N3762	Spop	(8 b)	258
N3762	Grp	(19)	101
N3769	Pho	(2 a)	22
N3769	HIIr	(12a)	4
N3769	Radif	(15b)	686
N3769A	Pho	(2 a)	22
N3769A	HIIr	(12a)	4
N3773	Spop	(8 b)	922
N3773	HIw	(13a)	90, 280
N3780	Pho	(2 a)	938
N3780	SN	(17a)	83
N3783	Pho	(2 a)	109, 327, 406, 478, 1033,
N3783	Pho	(2 a)	1082
N3783	PtmO	(3 b)	129, 361, 380
N3783	PtmI	(3 c)	94, 247, 258
N3783	SPtm	(4 a)	549
N3783	Zopt	(6 a)	191
N3783	SpUV	(8 a)	24, 51, 70, 89, 91, 104,
N3783	SpUV	(8 a)	113, 129, 156, 157
N3783	Spop	(8 b)	78, 116, 152, 395, 443,
N3783	Spop	(8 b)	570, 659, 661, 769, 882,
N3783	Spop	(8 b)	915
N3783	Span	(8 d)	163
N3783	Popt	(10a)	54
N3783	HIIr	(12a)	276
N3783	HIm	(13b)	173
N3783	Radc	(15a)	96
N3783	Radif	(15b)	451, 705
N3783	Xg	(16)	43, 64, 76, 86, 88, 92, 145,
N3783	Xg	(16)	156, 177, 179, 219, 236,
N3783	Xg	(16)	270, 278, 340, 345, 354,
N3783	Xg	(16)	378
N3786	Des	(1 b)	288
N3786	Pho	(2 a)	383, 868
N3786	PtmI	(3 c)	165
N3786	PtmN	(3 d)	18
N3786	Zopt	(6 a)	144, 217, 271
N3786	Spop	(8 b)	255, 264, 391, 465, 529,
N3786	Spop	(8 b)	588
N3786	Mkin	(9 a)	151, 153
N3786	HIIr	(12a)	223
N3786	Radif	(15b)	451
N3788	Pho	(2 a)	383
N3788	PtmI	(3 c)	165
N3788	Zopt	(6 a)	217
N3788	Mkin	(9 a)	153

N3799	Des	(1 b)	18		N3819	Pho	(2 a)	897
N3799	PtmI	(3 c)	165		N3819	Grp	(19)	220
N3800	PtmI	(3 c)	165		N3820	Pho	(2 a)	897
					N3820	Zrad	(6 b)	146
N3801	Des	(1 b)	18, 320		N3820	HIw	(13a)	231
N3801	Pho	(2 a)	1026		N3820	Grp	(19)	220
N3801	Zrad	(6 b)	109, 178					
N3801	Vdis	(7 a)	79		N3822	Pho	(2 a)	897
N3801	Mkin	(9 a)	259		N3822	Zrad	(6 b)	146
N3801	HIw	(13a)	196, 253		N3822	HIw	(13a)	231
N3801	Mol	(14a)	150		N3822	Radif	(15b)	531
N3801	Radif	(15b)	318		N3822	Grp	(19)	220
N3808A	Des	(1 b)	356		N3825	Des	(1 b)	5, 43
N3808A	Pho	(2 a)	1059		N3825	Pho	(2 a)	897
N3808A	Zrad	(6 b)	83		N3825	PtmO	(3 b)	121
N3808A	HIw	(13a)	166		N3825	SPtm	(4 a)	316
					N3825	Zrad	(6 b)	146
N3808B	Des	(1 b)	356		N3825	HIw	(13a)	231
N3808B	Pho	(2 a)	1059		N3825	Xg	(16)	280
					N3825	Grp	(19)	216, 220
N3809	Radif	(15b)	503					
					N3826	HIw	(13a)	153
N3810	Pho	(2 a)	862, 938		N3826	Radif	(15a)	68
N3810	SPtm	(4 a)	487		N3826	Radif	(15b)	128
N3810	Zopt	(6 a)	359					
N3810	Zrad	(6 b)	112		N3832	Zrad	(6 b)	149
N3810	Mkin	(9 a)	245		N3832	HIw	(13a)	233
N3810	HIw	(13a)	199					
N3810	Radif	(15b)	390		N3833	Pho	(2 a)	897
					N3833	Zrad	(6 b)	146
N3811	Pho	(2 a)	190		N3833	HIw	(13a)	231
N3811	SPtm	(4 a)	68, 95		N3833	Grp	(19)	220
N3811	HIIr	(12a)	197					
N3811	SN	(17a)	8		N3837	Pho	(2 a)	508
					N3837	Zopt	(6 a)	39
N3813	Radif	(15b)	386		N3837	Spop	(8 b)	57
N3817	Pho	(2 a)	889		N3840	Zopt	(6 a)	39
N3817	Zrad	(6 b)	146		N3840	Spop	(8 b)	57
N3817	HIw	(13a)	231		N3840	Radif	(15b)	146
N3817	Grp	(19)	220					
					N3842	Pho	(2 a)	508, 788, 857
N3818	Zopt	(6 a)	267		N3842	SPtm	(4 a)	123
N3818	Vdis	(7 a)	50		N3842	Zopt	(6 a)	39
N3818	Mkin	(9 a)	188		N3842	Spop	(8 b)	57
N3818	Radc	(15a)	302		N3842	SpIR	(8 c)	17
N3818	Xg	(16)	429		N3842	HIw	(13a)	139
					N3842	Radif	(15b)	96, 146

N3842	Grp	(19)	27, 76, 133	N3877	SPtm	(4 a)	199, 242
N3844	Pho	(2 a)	508, 857	N3883	Pho	(2 a)	814
N3844	Zopt	(6 a)	39	N3883	SPtm	(4 a)	548, 571
N3844	Spop	(8 b)	57	N3883	Zopt	(6 a)	504
				N3883	Zrad	(6 b)	149
N3851	Xg	(16)	271	N3883	HIw	(13a)	133, 283
				N3883	HIm	(13b)	238
N3855	Spop	(8 b)	536				
				N3884	Des	(1 b)	215
N3860	Pho	(2 a)	292, 419	N3884	Pho	(2 a)	597
N3860	Zopt	(6 a)	39	N3884	Zopt	(6 a)	224
N3860	Zrad	(6 b)	97	N3884	Spop	(8 b)	448
N3860	Spop	(8 b)	57				
N3860	HIw	(13a)	181	N3887	Pho	(2 a)	938
N3860	Xg	(16)	271				
				N3888	HIIr	(12a)	197
N3861	Ima	(2 b)	22				
N3861	Zopt	(6 a)	39	N3893	Pho	(2 a)	236, 755, 938
N3861	Spop	(8 b)	57	N3893	SPtm	(4 a)	242
N3861	HIw	(13a)	111	N3893	Zopt	(6 a)	308
N3861	Radif	(15b)	146	N3893	Spop	(8 b)	585
				N3893	Span	(8 d)	146
N3862	PtmO	(3 b)	318	N3893	Mkin	(9 a)	207
N3862	SPtm	(4 a)	123	N3893	Mol	(14a)	157
N3862	Zopt	(6 a)	39	N3893	Radif	(15b)	489
N3862	Vdis	(7 a)	29				
N3862	Spop	(8 b)	57, 152, 359	N3894	PtmI	(3 c)	74
N3862	Prad	(10b)	3, 7, 24, 45, 50, 100, 107,	N3894	HIw	(13a)	256
N3862	Prad	(10b)	125	N3894	Radif	(15b)	68, 149, 229, 393, 397,
N3862	Radc	(15a)	10, 14, 133, 224, 233	N3894	Radif	(15b)	454, 507, 517
N3862	Radif	(15b)	9, 13, 33, 78, 146, 266,	N3894	Xg	(16)	204
N3862	Radif	(15b)	318, 401, 598				
N3862	Xg	(16)	24, 164, 186, 271, 303,	N3895	Radif	(15b)	229
N3862	Xg	(16)	384	N3895	Xg	(16)	204
N3862	Grp	(19)	21, 27				
				N3898	Pho	(2 a)	252
N3870	Des	(1 b)	99	N3898	SPtm	(4 a)	127
N3870	Pho	(2 a)	190, 375	N3898	Zopt	(6 a)	332, 379
N3870	SPtm	(4 a)	68, 95	N3898	Vdis	(7 a)	55, 69, 87
N3870	Zopt	(6 a)	479	N3898	Mkin	(9 a)	227, 253, 284
N3870	Spop	(8 b)	254	N3898	Mdyn	(9 b)	150
N3870	Span	(8 d)	49, 155	N3898	Radif	(15b)	686
N3870	HIIr	(12a)	197				
N3870	Radc	(15a)	277	N3900	Vdis	(7 a)	4
				N3900	HIm	(13b)	167
N3873	Zopt	(6 a)	39				
N3873	Spop	(8 b)	57	N3904	Zopt	(6 a)	267
				N3904	Vdis	(7 a)	50
N3877	Des	(1 b)	138	N3904	Mkin	(9 a)	188

N3904	HIw	(13a)	52		N3938	HIIr	(12a)	176, 240, 258, 262, 279
					N3938	HIm	(13b)	119, 142, 199
N3912	PtmO	(3 b)	218		N3938	SN	(17a)	8, 304, 406
N3912	PtmN	(3 d)	11					
N3912	HIw	(13a)	162		N3941	HIw	(13a)	280
					N3941	HIm	(13b)	167
N3913	Dim	(1 a)	29					
N3913	SPtm	(4 a)	323		N3945	Pho	(2 a)	300, 420
N3913	Zrad	(6 b)	77, 125		N3945	PtmO	(3 b)	155
N3913	Spop	(8 b)	553					
N3913	HIIr	(12a)	184		N3949	Radif	(15b)	386
N3913	HIw	(13a)	160, 214					
N3913	SN	(17a)	8, 95, 112, 150, 167		N3952	Pho	(2 a)	596
					N3952	PtmO	(3 b)	214, 383
N3916	Des	(1 b)	63		N3952	PtmN	(3 d)	34
N3916	Pho	(2 a)	261		N3952	Spop	(8 b)	447, 460, 541
N3916	Grp	(19)	78		N3952	HIIr	(12a)	146, 180
					N3952	Imed	(12c)	25
N3921	Des	(1 b)	63					
N3921	Pho	(2 a)	261, 1023		N3953	Pho	(2 a)	938
N3921	Vdis	(7 a)	93		N3953	SPtm	(4 a)	242
N3921	Spop	(8 b)	453, 699					
N3921	Grp	(19)	78		N3955	PtmO	(3 b)	383
					N3955	PtmN	(3 d)	34
N3923	Des	(1 b)	149, 312, 354, 355, 412		N3955	Span	(8 d)	47
N3923	Pho	(2 a)	474, 704, 878, 1022					
N3923	Ima	(2 b)	71		N3957	Pho	(2 a)	770
N3923	SPtm	(4 a)	493, 500		N3957	SPtm	(4 a)	350
N3923	Zopt	(6 a)	267					
N3923	Vdis	(7 a)	50		N3958	PtmO	(3 b)	289
N3923	Spop	(8 b)	849		N3958	SPtm	(4 a)	382
N3923	Mkin	(9 a)	188		N3958	Zrad	(6 b)	118
N3923	Radc	(15a)	302		N3958	Mdyn	(9 b)	120
N3923	Xg	(16)	353, 429		N3958	HIm	(13b)	162
					N3958	Grp	(19)	187
N3924	Des	(1 b)	18					
					N3962	Ima	(2 b)	17
N3928	Des	(1 b)	137		N3962	Zopt	(6 a)	267
N3928	Pho	(2 a)	439, 1058		N3962	Vdis	(7 a)	50
N3928	SPtm	(4 a)	64, 68, 529		N3962	Spop	(8 b)	633
N3928	Spop	(8 b)	254, 902		N3962	Mkin	(9 a)	188, 223
N3928	Span	(8 d)	49, 161		N3962	HIw	(13a)	102
					N3962	Radif	(15b)	520
N3932	PtmN	(3 d)	21					
N3932	Span	(8 d)	104		N3963	SPtm	(4 a)	382
					N3963	Zrad	(6 b)	118
N3938	Des	(1 b)	281		N3963	Mdyn	(9 b)	120
N3938	Pho	(2 a)	641, 937, 1132		N3963	HIIr	(12a)	189
N3938	SPtm	(4 a)	284		N3963	HIm	(13b)	162
N3938	Zrad	(6 b)	163		N3963	Grp	(19)	187

N3972	SPtm	(4 a)	242
N3976	Spop	(8 b)	288
N3981	Pho	(2 a)	378
N3981	SPtm	(4 a)	181
N3981	Mkin	(9 a)	92
N3981	Grp	(19)	100
N3982	Zopt	(6 a)	291
N3982	Spop	(8 b)	43, 521, 565
N3982	Radif	(15b)	489, 686
N3986	Pho	(2 a)	1126
N3987	Pho	(2 a)	23
N3987	SPtm	(4 a)	8
N3990	Pho	(2 a)	735
N3991	Des	(1 b)	35, 100, 230
N3991	Pho	(2 a)	127, 298, 376, 766
N3991	PtmO	(3 b)	237
N3991	Spop	(8 b)	434, 498
N3991	Span	(8 d)	78
N3991	HIw	(13a)	114
N3991	Radc	(15a)	225
N3991	Xg	(16)	239
N3991/4/5	Pho	(2 a)	929
N3992	Pho	(2 a)	135, 188, 432, 503, 794,
N3992	Pho	(2 a)	938
N3992	SPtm	(4 a)	67, 242, 413
N3992	Zrad	(6 b)	74, 126
N3992	HIw	(13a)	155
N3992	HIm	(13b)	137, 166, 168, 170, 173
N3992	Radif	(15b)	452
N3992	SN	(17a)	8
N3994	Des	(1 b)	35, 100
N3994	Pho	(2 a)	127, 376
N3994	PtmO	(3 b)	237
N3994	Zopt	(6 a)	86
N3994	Spop	(8 b)	125, 254, 498, 805
N3994	Span	(8 d)	49
N3994	Radif	(15b)	503
N3995	Des	(1 b)	35
N3995	Pho	(2 a)	127, 938
N3995	PtmO	(3 b)	237
N3995	Spop	(8 b)	498
N3995	HIw	(13a)	114
N3998	Des	(1 b)	324
N3998	Pho	(2 a)	735
N3998	Ima	(2 b)	73
N3998	PtmI	(3 c)	241
N3998	Zrad	(6 b)	165
N3998	Vdis	(7 a)	58, 71
N3998	Spop	(8 b)	39, 518, 531, 569
N3998	SpIR	(8 c)	17, 18
N3998	Mkin	(9 a)	201, 231
N3998	HIm	(13b)	167, 200
N3998	Radc	(15a)	262
N3998	Radif	(15b)	68, 326, 331, 409, 454,
N3998	Radif	(15b)	494, 563
N3998	Xg	(16)	292, 351
N4004	Des	(1 b)	63
N4004	Pho	(2 a)	261
N4004	Spop	(8 b)	434
N4004	Span	(8 d)	78
N4004	Radc	(15a)	180, 225
N4004	Grp	(19)	78
N4005	Grp	(19)	234
N4008	Radc	(15a)	110
N4013	Pho	(2 a)	651, 1139
N4013	SPtm	(4 a)	242, 288
N4013	HIm	(13b)	249
N4016	SPtm	(4 a)	382
N4016	Zrad	(6 b)	120
N4016	HIm	(13b)	164
N4016	Grp	(19)	188
N4017	SPtm	(4 a)	382
N4017	Zrad	(6 b)	120
N4017	HIm	(13b)	164
N4017	Grp	(19)	188
N4026	Pho	(2 a)	687, 737
N4026	Zopt	(6 a)	266
N4026	Vdis	(7 a)	49
N4026	Mkin	(9 a)	187
N4026	Grp	(19)	186

N4027	Pho	(2 a)	914, 1036
N4027	SPtm	(4 a)	422
N4027	Spop	(8 b)	864
N4027	Mdyn	(9 b)	15
N4027	HIIr	(12a)	269, 279
N4027	Radif	(15b)	386
N4027	Dis	(18)	115
N4027A	Pho	(2 a)	914
N4027A	SPtm	(4 a)	422
N4030	Radc	(15a)	53
N4033	Pho	(2 a)	770
N4033	SPtm	(4 a)	350
N4036	Pho	(2 a)	252
N4036	SPtm	(4 a)	127
N4036	Spop	(8 b)	518
N4038	Pho	(2 a)	1068
N4038	PtmI	(3 c)	165
N4038	Zrad	(6 b)	152
N4038	Imed	(12c)	66
N4038	Mol	(14a)	123, 185
N4038	Radc	(15a)	306
N4038/39	Des	(1 b)	31, 35, 91, 329
N4038/39	Pho	(2 a)	22, 40, 127, 294, 351, 395,
N4038/39	Pho	(2 a)	476, 1037
N4038/39	PtmN	(3 d)	7
N4038/39	SPtm	(4 a)	187, 217
N4038/39	Zrad	(6 b)	12, 189
N4038/39	Spop	(8 b)	186, 498
N4038/39	HIIr	(12a)	4, 51, 76, 111, 279
N4038/39	HIw	(13a)	11
N4038/39	HIm	(13b)	7, 64, 84, 173
N4038/39	Mol	(14a)	170
N4038/39	Radc	(15a)	157
N4038/39	Radif	(15b)	348, 386, 632
N4038/39	Xg	(16)	209, 239, 284
N4039	PtmI	(3 c)	165
N4041	Pho	(2 a)	938
N4041	Radif	(15b)	386, 503
N4045	SN	(17a)	301, 311
N4045A	SN	(17a)	301, 405
N4051	Pho	(2 a)	188, 937
N4051	PtmU	(3 a)	3, 10
N4051	PtmO	(3 b)	71, 73, 110, 197, 362
N4051	PtmI	(3 c)	130, 157, 258
N4051	SPtm	(4 a)	318, 519
N4051	PtmO	(7 b)	5
N4051	SpUV	(8 a)	6, 113, 138
N4051	Spop	(8 b)	34, 108, 139, 161, 184,
N4051	Spop	(8 b)	272, 297, 364, 444, 501,
N4051	Spop	(8 b)	544, 546, 551, 588, 636,
N4051	Spop	(8 b)	661, 699, 707, 732, 853
N4051	Spir	(8 c)	73
N4051	Span	(8 d)	113
N4051	Popt	(10a)	54
N4051	Mol	(14a)	45, 50, 73, 165
N4051	Radc	(15a)	25
N4051	Radif	(15b)	451
N4051	Xg	(16)	28, 161, 286, 336, 368,
N4051	Xg	(16)	387, 420, 451, 455
N4051	SN	(17a)	215, 290, 309, 390, 406,
N4051	SN	(17a)	411
N4062	Vdis	(7 a)	69
N4062	Mkin	(9 a)	99, 227
N4062	Mdyn	(9 b)	96
N4064	PtmN	(3 d)	16
N4064	Spop	(8 b)	517
N4065	Des	(1 b)	376
N4073	Des	(1 b)	5, 43
N4073	Pho	(2 a)	13
N4073	PtmO	(3 b)	59, 121
N4073	SPtm	(4 a)	233, 316
N4073	Spop	(8 b)	629
N4073	Mdyn	(9 b)	153
N4073	Xg	(16)	280
N4073	Grp	(19)	127
N4074	Spop	(8 b)	355, 372, 699, 835
N4074	Radif	(15b)	269, 274, 338
N4085	PtmO	(3 b)	289
N4085	SPtm	(4 a)	242, 382
N4085	Zrad	(6 b)	119
N4085	Mdyn	(9 b)	120
N4085	HIm	(13b)	163
N4085	Grp	(19)	188

N4088	Des	(1 b)	18		N4111AB	HIr	(12a)	184
N4088	Pho	(2 a)	188, 250, 1021					
N4088	PtmI	(3 c)	165, 238		N4123	Pho	(2 a)	937
N4088	SPtm	(4 a)	242, 382		N4123	PtmN	(3 d)	16
N4088	Zrad	(6 b)	119, 189		N4123	Spop	(8 b)	517
N4088	Spop	(8 b)	165		N4123	HIw	(13a)	119
N4088	Mkin	(9 a)	79					
N4088	Mdyn	(9 b)	120		N4125	SPtm	(4 a)	174
N4088	HIm	(13b)	163		N4125	Vdis	(7 a)	71
N4088	Mol	(14a)	163		N4125	SpUV	(8 a)	86
N4088	Grp	(19)	188, 233		N4125	Mkin	(9 a)	216, 231
N4094	Pho	(2 a)	327		N4136	Pho	(2 a)	344, 937
					N4136	HIm	(13b)	82
N4096	Zopt	(6 a)	29					
N4096	Mkin	(9 a)	19, 30		N4137	Pho	(2 a)	50
N4100	SPtm	(4 a)	242		N4138	Des	(1 b)	368
					N4138	Pho	(2 a)	1081
N4102	Zrad	(6 b)	152, 189		N4138	Zrad	(6 b)	6
N4102	Spop	(8 b)	531, 557, 628		N4138	HIw	(13a)	4, 186
N4102	Mol	(14a)	123		N4138	HIm	(13b)	167
N4102	Radif	(15b)	68, 275, 386, 686					
N4102	SN	(17a)	20		N4144	Pho	(2 a)	344, 938
					N4144	HIm	(13b)	82
N4104	Des	(1 b)	5					
N4104	PtmO	(3 b)	121		N4145	Pho	(2 a)	937
N4104	HIw	(13a)	139		N4145	HIw	(13a)	48
N4104	Xg	(16)	280					
N4104	Grp	(19)	133		N4150	Pho	(2 a)	322
					N4150	SPtm	(4 a)	151, 156
N4105	HIw	(13a)	49, 98					
					N4151	Des	(1 b)	214, 345
N4105/06	HIw	(13a)	169		N4151	Pho	(2 a)	19, 147, 148, 179, 188,
					N4151	Pho	(2 a)	689, 890
N4106	Des	(1 b)	332		N4151	PtmU	(3 a)	3, 10
N4106	HIw	(13a)	98		N4151	PtmO	(3 b)	71, 73, 76, 80, 93, 103,
					N4151	PtmO	(3 b)	110, 112, 167, 168, 174,
N4111	Pho	(2 a)	317, 322, 430		N4151	PtmO	(3 b)	186, 197, 199, 205, 238,
N4111	PtmO	(3 b)	218		N4151	PtmO	(3 b)	274, 290, 291, 300, 329,
N4111	PtmN	(3 d)	2, 11		N4151	PtmO	(3 b)	360
N4111	SPtm	(4 a)	151, 152, 156, 195, 223		N4151	PtmI	(3 c)	5, 22, 33, 62, 66, 71, 77,
N4111	Zrad	(6 b)	172		N4151	PtmI	(3 c)	82, 84, 240, 258, 270, 294
N4111	Spop	(8 b)	210		N4151	PtmN	(3 d)	18
N4111	HIw	(13a)	248		N4151	SPtm	(4 a)	6, 74, 211, 318, 519
N4111	Radif	(15b)	566		N4151	Zopt	(6 a)	63, 387
					N4151	Vdyn	(7 b)	5
N4111AB	Dim	(1 a)	29		N4151	SpUV	(8 a)	4, 6, 7, 8, 9, 15, 17, 19, 24,
N4111AB	SPtm	(4 a)	323		N4151	SpUV	(8 a)	26, 46, 58, 64, 67, 70, 72,
N4111AB	Spop	(8 b)	531, 553		N4151	SpUV	(8 a)	82, 88, 91, 101, 118, 127,

N4151	SpUV	(8 a)	128, 143, 158, 161, 163,	N4152	Radc	(15a)	230, 278
N4151	SpUV	(8 a)	168, 170, 171, 184, 185,	N4152	Dis	(18)	6
N4151	SpUV	(8 a)	191, 196, 200, 202, 203,				
N4151	SpUV	(8 a)	210, 218, 220	N4156	Des	(1 b)	255
N4151	Spop	(8 b)	15, 31, 34, 38, 41, 74, 75,	N4156	Pho	(2 a)	148, 838
N4151	Spop	(8 b)	108, 124, 139, 161, 184,	N4156	SPtm	(4 a)	388
N4151	Spop	(8 b)	192, 195, 272, 297, 302,	N4156	Zopt	(6 a)	63
N4151	Spop	(8 b)	343, 364, 376, 436, 440,	N4156	Spop	(8 b)	359
N4151	Spop	(8 b)	455, 461, 485, 506, 526,	N4156	Xg	(16)	164, 171, 186, 237
N4151	Spop	(8 b)	533, 544, 546, 551, 557,	N4156	Dis	(18)	110
N4151	Spop	(8 b)	588, 589, 603, 604, 630,				
N4151	Spop	(8 b)	636, 653, 661, 667, 678,	N4157	Pho	(2 a)	188, 1021
N4151	Spop	(8 b)	679, 681, 699, 707, 716,	N4157	PtmI	(3 c)	238
N4151	Spop	(8 b)	722, 734, 761, 791, 803,	N4157	SPtm	(4 a)	242
N4151	Spop	(8 b)	837, 841, 958, 964, 990	N4157	Mol	(14a)	163
N4151	SpIR	(8 c)	30, 32, 36, 37, 50, 59, 60,	N4157	Radif	(15b)	386, 686
N4151	SpIR	(8 c)	73, 77, 93, 100	N4157	Grp	(19)	233
N4151	Span	(8 d)	9, 143				
N4151	Mkin	(9 a)	9, 21, 212, 268, 301	N4158	PtmI	(3 c)	281
N4151	Popt	(10a)	7, 12, 18, 23, 30, 34, 36,				
N4151	Popt	(10a)	40, 54	N4163	Zrad	(6 b)	48
N4151	HIIr	(12a)	244	N4163	HIw	(13a)	84
N4151	HIw	(13a)	119, 159, 256				
N4151	HIm	(13b)	37	N4165	SN	(17a)	23
N4151	Mol	(14a)	189				
N4151	Rcl	(14b)	14	N4169	Pho	(2 a)	721
N4151	Radc	(15a)	4, 127, 251, 291	N4169	Grp	(19)	25
N4151	Radif	(15b)	68, 221, 222, 275, 289,				
N4151	Radif	(15b)	292, 315, 355, 363, 386,	N4169 group	Pho	(2 a)	1126
N4151	Radif	(15b)	405, 422, 430, 451, 602				
N4151	Xg	(16)	2, 9, 28, 29, 42, 49, 52, 53,	N4173	Pho	(2 a)	721
N4151	Xg	(16)	55, 57, 62, 64, 66, 69, 76,				
N4151	Xg	(16)	82, 86, 87, 89, 90, 92, 93,	N4174	Pho	(2 a)	721
N4151	Xg	(16)	104, 105, 127, 131, 134,				
N4151	Xg	(16)	137, 142, 144, 146, 147,	N4175	Pho	(2 a)	721
N4151	Xg	(16)	158, 162, 166, 171, 178,	N4175	Radif	(15b)	531
N4151	Xg	(16)	180, 192, 197, 211, 215,				
N4151	Xg	(16)	217, 219, 224, 227, 228,	N4178	Pho	(2 a)	925, 939
N4151	Xg	(16)	229, 233, 236, 249, 253,	N4178	Mkin	(9 a)	156
N4151	Xg	(16)	258, 259, 263, 270, 276,	N4178	SN	(17a)	8
N4151	Xg	(16)	278, 301, 309, 315, 324,	N4178	Dis	(18)	6
N4151	Xg	(16)	338, 341, 345, 346, 370,				
N4151	Xg	(16)	376, 379, 383, 387, 389,	N4179	Pho	(2 a)	687, 770
N4151	Xg	(16)	401, 409, 415, 420, 421	N4179	PtmN	(3 d)	16
				N4179	SPtm	(4 a)	350
N4152	Pho	(2 a)	868, 925	N4179	Zopt	(6 a)	266
N4152	PtmI	(3 c)	281	N4179	Vdis	(7 a)	49
N4152	Zopt	(6 a)	144	N4179	Spop	(8 b)	517
N4152	Spop	(8 b)	255	N4179	Mkin	(9 a)	187
N4152	HIIr	(12a)	223				

N4183	SPtm	(4 a)	242		N4203	HIw	(13a)	39, 264, 280
					N4203	HIm	(13b)	74, 122, 167, 226
N4185	SN	(17a)	172, 280					
					N4206	Pho	(2 a)	925
N4186	Pho	(2 a)	812, 925		N4206	HIw	(13a)	119
N4186	HIw	(13a)	288		N4206	Dis	(18)	6
N4187	Radif	(15b)	68		N4207	Pho	(2 a)	925
N4189	Pho	(2 a)	925		N4212	Pho	(2 a)	925
N4189	PtmI	(3 c)	281		N4212	PtmI	(3 c)	281
					N4212	PtmN	(3 d)	16
N4190	Pho	(2 a)	390, 937		N4212	Spop	(8 b)	456, 517
N4190	Zrad	(6 b)	48					
N4190	HIw	(13a)	84		N4213	Des	(1 b)	37
N4190	HIm	(13b)	82		N4213	Pho	(2 a)	137
					N4213	PtmO	(3 b)	121
N4192	Des	(1 b)	215		N4213	HIw	(13a)	139
N4192	Pho	(2 a)	690, 925, 1063		N4213	Grp	(19)	45, 133
N4192	PtmI	(3 c)	281					
N4192	PtmN	(3 d)	16		N4214	Pho	(2 a)	59, 346, 596, 876, 896,
N4192	SPtm	(4 a)	9, 274		N4214	Pho	(2 a)	937
N4192	Spop	(8 b)	456, 489, 517, 531		N4214	PtmU	(3 a)	10
N4192	Mkin	(9 a)	156		N4214	PtmO	(3 b)	236
N4192	HIm	(13b)	192		N4214	PtmI	(3 c)	119, 129
N4192	Dis	(18)	6		N4214	PtmN	(3 d)	21
					N4214	SPtm	(4 a)	404
N4193	Pho	(2 a)	925		N4214	Star	(5 a)	90
N4193	PtmN	(3 d)	16		N4214	SpUV	(8 a)	80, 95, 138, 139
N4193	Spop	(8 b)	517		N4214	Spop	(8 b)	447, 460, 509, 541, 623,
					N4214	Spop	(8 b)	640
N4194	Des	(1 b)	28, 265		N4214	Span	(8 d)	84, 104, 113
N4194	Pho	(2 a)	298, 870, 949		N4214	Mkin	(9 a)	20, 282
N4194	PtmO	(3 b)	237		N4214	HIIr	(12a)	3, 106, 146, 180, 186, 205,
N4194	SPtm	(4 a)	347		N4214	HIIr	(12a)	208, 234, 258, 259, 262,
N4194	Zopt	(6 a)	479		N4214	HIIr	(12a)	282
N4194	Spop	(8 b)	129, 498, 595, 696		N4214	HIw	(13a)	162
N4194	Span	(8 d)	155		N4214	HIm	(13b)	83
N4194	Mkin	(9 a)	213		N4214	Mol	(14a)	100, 117
N4194	Mol	(14a)	170		N4214	Radif	(15b)	144
N4194	Radc	(15a)	2, 48, 57, 180, 278		N4214	SN	(17a)	8, 158, 305, 348
N4194	Radif	(15b)	68, 167, 221, 494		N4214	Dis	(18)	64, 166
N4197	Pho	(2 a)	925		N4215	Spop	(8 b)	288
N4203	Pho	(2 a)	322, 499		N4216	Des	(1 b)	215
N4203	PtmN	(3 d)	2		N4216	Pho	(2 a)	166, 297, 608, 690, 925
N4203	SPtm	(4 a)	151, 156, 516		N4216	PtmO	(3 b)	179
N4203	SPIR	(4 b)	11		N4216	PtmN	(3 d)	16
N4203	Spop	(8 b)	210		N4216	SPtm	(4 a)	9, 240, 270, 274, 297

N4216	Sclu	(5 b)	14, 15		N4244	SPtm	(4 a)	179, 240, 244, 297, 303,
N4216	Spop	(8 b)	456, 517, 531		N4244	SPtm	(4 a)	424, 520
N4216	Mkin	(9 a)	156		N4244	SPIR	(4 b)	42
N4216	Popt	(10a)	33		N4244	SpUV	(8 a)	193
					N4244	Mdyn	(9 b)	112
N4217	Pho	(2 a)	651, 1139		N4244	Imed	(12c)	64
N4217	SPtm	(4 a)	288		N4244	HIw	(13a)	20
					N4244	HIm	(13b)	10
N4218	Radc	(15a)	277		N4244	Radc	(15a)	276
					N4244	Xg	(16)	47, 213
N4220	SN	(17a)	224					
					N4246	Pho	(2 a)	102
N4222	Pho	(2 a)	925		N4246	SN	(17a)	35, 260
N4222	HIw	(13a)	119					
					N4248	HIm	(13b)	40
N4224	Spop	(8 b)	288					
					N4251	Radc	(15a)	302
N4234	Pho	(2 a)	925		N4251	Xg	(16)	353, 429
N4235	Spop	(8 b)	141, 364, 728		N4252	Pho	(2 a)	925
N4235	Radif	(15b)	336, 451					
					N4253	PtmO	(3 b)	108
N4236	Pho	(2 a)	937		N4253	Zopt	(6 a)	87
N4236	PtmI	(3 c)	56		N4253	Spop	(8 b)	126, 364, 551
N4236	SPtm	(4 a)	550		N4253	Radc	(15a)	278
N4236	SpUV	(8 a)	139		N4253	Radif	(15b)	269, 442
N4236	Spop	(8 b)	623		N4253	Xg	(16)	157, 419
N4236	Mdyn	(9 b)	12, 160					
N4236	HIIr	(12a)	24, 54, 55, 106, 205, 258,		N4254	Des	(1 b)	191
N4236	HIIr	(12a)	262, 279, 282		N4254	Pho	(2 a)	90, 94, 491, 503, 587, 719,
N4236	HIw	(13a)	20		N4254	Pho	(2 a)	889, 925
N4236	HIm	(13b)	10		N4254	PtmO	(3 b)	218
N4236	Dis	(18)	6, 24, 43, 166		N4254	PtmI	(3 c)	281
					N4254	PtmN	(3 d)	11, 16
N4237	Pho	(2 a)	925		N4254	SPtm	(4 a)	40, 375, 487
N4237	PtmI	(3 c)	281		N4254	Zrad	(6 b)	189
N4237	PtmN	(3 d)	16		N4254	Vdis	(7 a)	15
N4237	Spop	(8 b)	517		N4254	Spop	(8 b)	456, 517, 736
N4237	HIw	(13a)	119		N4254	Span	(8 d)	122
N4237	Mol	(14a)	114		N4254	Mkin	(9 a)	156, 272, 276
					N4254	Mdyn	(9 b)	139
N4242	Pho	(2 a)	937		N4254	HIIr	(12a)	185, 233, 279
N4242	SPtm	(4 a)	516		N4254	HIw	(13a)	119
N4242	HIw	(13a)	264		N4254	HIm	(13b)	191, 192
N4242	HIm	(13b)	226		N4254	Mol	(14a)	75, 99, 114, 142
N4242	Radif	(15b)	686		N4254	Radif	(15b)	386, 639
					N4254	SN	(17a)	22, 88, 357, 359, 374
N4244	Des	(1 b)	104		N4254	Dis	(18)	6
N4244	Pho	(2 a)	937					
N4244	PtmO	(3 b)	179		N4258	Des	(1 b)	145, 153

N4258	Pho	(2 a)	182, 188, 460, 659, 856,	N4268	Pho	(2 a)	925
N4258	Pho	(2 a)	937, 942				
N4258	Ima	(2 b)	40	N4270	Pho	(2 a)	322
N4258	PtmU	(3 a)	1, 10	N4270	SPtm	(4 a)	151, 156
N4258	PtmI	(3 c)	40, 111, 157				
N4258	SPtm	(4 a)	179, 274, 307, 516, 550	N4272	Radif	(15b)	68
N4258	SpUV	(8 a)	3, 73, 86, 110, 138, 139,				
N4258	SpUV	(8 a)	140	N4273	Pho	(2 a)	925
N4258	Spop	(8 b)	254, 453, 456, 481	N4273	PtmN	(3 d)	16
N4258	Span	(8 d)	49, 88, 113	N4273	Spop	(8 b)	517
N4258	Mdyn	(9 b)	61, 63, 65, 83, 85, 160	N4273	Mkin	(9 a)	156
N4258	Popt	(10a)	70	N4273	HIw	(13a)	280
N4258	Prad	(10b)	89, 121, 166	N4273	Radc	(15a)	117
N4258	HIIr	(12a)	102, 198, 239, 258, 262				
N4258	Imed	(12c)	2	N4274	Pho	(2 a)	503
N4258	HIw	(13a)	14, 264	N4274	SPtm	(4 a)	413
N4258	HIm	(13b)	8, 113, 226	N4274	Vdis	(7 a)	55
N4258	Mol	(14a)	102, 107, 112, 147, 162,	N4274	HIw	(13a)	23, 28
N4258	Mol	(14a)	181	N4274	HIm	(13b)	65
N4258	Radc	(15a)	78, 183, 205, 222, 274,	N4274	Radif	(15b)	686
N4258	Radc	(15a)	275				
N4258	Radif	(15b)	63, 207, 332, 353, 431	N4276	Pho	(2 a)	925
N4258	SN	(17a)	217, 238, 342				
				N4277	Pho	(2 a)	925
N4260	PtmN	(3 d)	16				
N4260	Spop	(8 b)	517	N4278	Des	(1 b)	324
				N4278	Pho	(2 a)	489, 511
N4261	Dim	(1 a)	15	N4278	Ima	(2 b)	17, 73
N4261	Des	(1 b)	322	N4278	PtmI	(3 c)	241
N4261	Pho	(2 a)	851, 1028, 1146	N4278	Sclu	(5 b)	52
N4261	SPtm	(4 a)	109, 147, 395, 437, 570,	N4278	Scts	(5 c)	5
N4261	SPtm	(4 a)	572	N4278	Zrad	(6 b)	40
N4261	Vdis	(7 a)	20, 38	N4278	Vdis	(7 a)	14
N4261	Vdyn	(7 b)	11	N4278	Vdyn	(7 b)	9
N4261	Spop	(8 b)	624	N4278	Spop	(8 b)	39, 518, 631, 633
N4261	SpIR	(8 c)	17	N4278	SpIR	(8 c)	1, 17, 18
N4261	Mkin	(9 a)	137, 294	N4278	Mkin	(9 a)	223
N4261	Prad	(10b)	3, 7, 50	N4278	HIw	(13a)	13, 37, 46, 60, 74, 280
N4261	Radc	(15a)	10, 36, 186, 188	N4278	HIm	(13b)	121
N4261	Radif	(15b)	4, 28, 56, 428, 453, 520	N4278	Mol	(14a)	8
N4261	Xg	(16)	277	N4278	Radc	(15a)	3, 262
				N4278	Radif	(15b)	68, 125, 221, 387, 409,
N4262	Pho	(2 a)	955	N4278	Radif	(15b)	414, 428, 453, 454, 520
N4262	Zrad	(6 b)	168				
N4262	Mkin	(9 a)	156	N4281	Pho	(2 a)	322
N4262	HIw	(13a)	23, 28, 280	N4281	SPtm	(4 a)	151, 156
N4262	HIm	(13b)	65, 167, 202	N4281	Radc	(15a)	110
N4267	SPtm	(4 a)	16	N4283	Pho	(2 a)	511
				N4283	Vdis	(7 a)	55

N4283	SpIR	(8 c)	17, 18		N4304	Pho	(2 a)	327, 938
N4288	Mdyn	(9 b)	116		N4305	Pho	(2 a)	316, 812
N4288	Grp	(19)	203		N4306	Pho	(2 a)	316, 812
N4289	Pho	(2 a)	925		N4307	Pho	(2 a)	925
N4291	Zopt	(6 a)	329		N4313	Pho	(2 a)	608, 925
N4291	Xg	(16)	314		N4313	PtmN	(3 d)	16
N4293	PtmN	(3 d)	16		N4313	SPtm	(4 a)	270
N4293	Spop	(8 b)	517		N4313	Spop	(8 b)	517
N4293	Mol	(14a)	114		N4314	Pho	(2 a)	473, 503, 585, 1160
N4294	Pho	(2 a)	925		N4314	PtmN	(3 d)	5
N4294	Zrad	(6 b)	52		N4314	SPtm	(4 a)	85, 185, 197, 413
N4294	HIw	(13a)	106, 114		N4314	Spop	(8 b)	277, 344
N4294	Dis	(18)	6		N4314	Mkin	(9 a)	120
N4298	Pho	(2 a)	491, 503, 925, 939		N4314	Prad	(10b)	128
N4298	PtmN	(3 d)	16		N4314	HIIr	(12a)	3
N4298	SPtm	(4 a)	375		N4314	Radif	(15b)	553, 686, 715
N4298	Spop	(8 b)	517		N4316	Pho	(2 a)	925
N4298	HIm	(13b)	140		N4318	Zrad	(6 b)	124
N4298	SN	(17a)	30		N4318	HIw	(13a)	213, 299
N4299	Pho	(2 a)	491, 925		N4319	Des	(1 b)	226, 270, 364
N4299	Zrad	(6 b)	52		N4319	Pho	(2 a)	14, 188, 356, 710, 779,
N4299	HIIr	(12a)	186		N4319	Pho	(2 a)	891, 1014, 1067, 1155
N4299	HIw	(13a)	106, 114, 119		N4319	SPtm	(4 a)	4, 321, 358
N4302	Pho	(2 a)	491, 503, 925		N4319	Spop	(8 b)	916, 1006
N4302	HIm	(13b)	140		N4319	Radif	(15b)	149, 550, 616
N4302	SN	(17a)	357, 371, 372		N4321	Des	(1 b)	127
N4303	Pho	(2 a)	90, 410, 432, 719, 775,		N4321	Pho	(2 a)	90, 94, 96, 446, 491, 494,
N4303	Pho	(2 a)	925, 938, 1141		N4321	Pho	(2 a)	503, 516, 566, 604, 608,
N4303	PtmO	(3 b)	362		N4321	Pho	(2 a)	682, 719, 925, 938, 939,
N4303	PtmI	(3 c)	157, 281		N4321	Pho	(2 a)	971, 974
N4303	PtmN	(3 d)	16		N4321	Ima	(2 b)	62
N4303	SPtm	(4 a)	274, 356		N4321	PtmI	(3 c)	281
N4303	Zrad	(6 b)	157, 189		N4321	PtmN	(3 d)	5, 16
N4303	Spop	(8 b)	288, 453, 517, 650		N4321	SPtm	(4 a)	40, 43, 51, 185, 270, 274,
N4303	HIIr	(12a)	176, 185, 240, 279, 284		N4321	SPtm	(4 a)	375, 457, 475
N4303	Mol	(14a)	75, 99, 114, 125		N4321	Zrad	(6 b)	189
N4303	Radif	(15b)	386		N4321	Vdis	(7 a)	55
N4303	SN	(17a)	8, 295, 325		N4321	SpUV	(8 a)	52, 133
N4303A	Pho	(2 a)	925		N4321	Spop	(8 b)	61, 277, 312, 456, 517,
					N4321	Spop	(8 b)	736, 762
					N4321	Span	(8 d)	22, 115, 122

N4321	Mkin	(9 a)	99, 156, 274
N4321	Mdyn	(9 b)	96
N4321	HIIr	(12a)	3, 106, 175, 176, 185, 233,
N4321	HIIr	(12a)	240, 258
N4321	HIw	(13a)	6, 119
N4321	Mol	(14a)	59, 62, 99, 100, 111, 114,
N4321	Mol	(14a)	156
N4321	Radif	(15b)	639
N4321	Xg	(16)	165, 194, 232
N4321	SN	(17a)	91, 96, 99, 100, 101, 102,
N4321	SN	(17a)	103, 105, 108, 119, 120,
N4321	SN	(17a)	121, 122, 125, 130, 133,
N4321	SN	(17a)	152, 155, 159, 163, 167,
N4321	SN	(17a)	192, 193, 194, 195, 201,
N4321	SN	(17a)	206, 234, 240, 242, 243,
N4321	SN	(17a)	251, 252, 305, 308, 326,
N4321	SN	(17a)	342, 343, 354
N4321	SNR	(17b)	56
N4321	Dis	(18)	6, 53, 56, 137
N4322	Pho	(2 a)	812
N4324	Pho	(2 a)	322
N4324	PtmN	(3 d)	16
N4324	SPtm	(4 a)	156
N4324	Spop	(8 b)	517
N4324	Mkin	(9 a)	156
N4324	HIw	(13a)	23
N4324	HIm	(13b)	65
N4328	PtmO	(3 b)	379
N4328	SPtm	(4 a)	547
N4328	Spir	(8 c)	27
N4330	Pho	(2 a)	925, 939
N4339	Spop	(8 b)	1005
N4340	Pho	(2 a)	166, 608, 1063
N4340	SPtm	(4 a)	270
N4340	Sclu	(5 b)	14, 15
N4340	Vdis	(7 a)	43
N4340	Mkin	(9 a)	161
N4340	SN	(17a)	66, 70, 86
N4343	Pho	(2 a)	925
N4343	PtmN	(3 d)	16
N4343	Zrad	(6 b)	52
N4343	Spop	(8 b)	517
N4343	HIw	(13a)	106
N4344	Pho	(2 a)	812
N4344	Zrad	(6 b)	202
N4344	HIw	(13a)	288
N4348	Mkin	(9 a)	247
N4350	Pho	(2 a)	166, 317, 322, 608
N4350	SPtm	(4 a)	151, 152, 156, 270, 297,
N4350	SPtm	(4 a)	303, 520
N4351	Pho	(2 a)	925
N4351	PtmN	(3 d)	16
N4351	Spop	(8 b)	517
N4351	Mkin	(9 a)	156
N4353	Pho	(2 a)	925
N4353	PtmO	(3 b)	383
N4353	PtmN	(3 d)	34
N4353	HIw	(13a)	162
N4356	Pho	(2 a)	925
N4357	Zopt	(6 a)	533
N4357	Mkin	(9 a)	320
N4365	Dim	(1 a)	15
N4365	SPtm	(4 a)	85, 109, 147, 221, 572
N4365	Vdis	(7 a)	20
N4365	Vdyn	(7 b)	11
N4365	Spop	(8 b)	39
N4365	SpIR	(8 c)	17, 18
N4365	Mkin	(9 a)	48
N4365	Xg	(16)	353
N4370	Pho	(2 a)	1145
N4370	SPtm	(4 a)	428
N4370	Zrad	(6 b)	124
N4370	HIw	(13a)	213
N4371	SPtm	(4 a)	47
N4371	Vdis	(7 a)	43
N4371	Mkin	(9 a)	161
N4374	Dim	(1 a)	15
N4374	Des	(1 b)	92, 298
N4374	Pho	(2 a)	166, 319, 509, 627, 881,
N4374	Pho	(2 a)	996
N4374	Ima	(2 b)	50
N4374	SPtm	(4 a)	47, 109, 126, 147, 221,
N4374	SPtm	(4 a)	231, 405, 572

N4374	Sclu	(5 b)	14, 15, 48		N4382	SPtm	(4 a)	109, 126, 147, 151, 156,
N4374	Vdis	(7 a)	4, 15, 20, 27, 36, 38, 79		N4382	SPtm	(4 a)	572
N4374	Vdyn	(7 b)	2, 11		N4382	SPIR	(4 b)	54
N4374	SpUV	(8 a)	86		N4382	Vdis	(7 a)	20
N4374	Spop	(8 b)	39, 49, 456, 785		N4382	Vdyn	(7 b)	11
N4374	SpIR	(8 c)	1, 17, 18		N4382	SpUV	(8 a)	77, 216
N4374	Span	(8 d)	18		N4382	Spop	(8 b)	39, 456, 517
N4374	Mkin	(9 a)	132, 137, 259		N4382	SpIR	(8 c)	17, 18
N4374	Mdyn	(9 b)	71, 132, 148		N4382	Mdyn	(9 b)	148
N4374	Popt	(10a)	61		N4382	Imed	(12c)	57
N4374	Prad	(10b)	7, 50, 156, 158		N4382	HIw	(13a)	280
N4374	Imed	(12c)	47, 51, 55, 57		N4382	Radc	(15a)	302
N4374	Mol	(14a)	8		N4382	Xg	(16)	353, 407, 429
N4374	Radc	(15a)	3, 145, 188, 259, 282		N4382	SN	(17a)	8, 305, 325
N4374	Radif	(15b)	28, 56, 172, 226, 286, 410,					
N4374	Radif	(15b)	428, 453, 520, 706		N4382A	HIw	(13a)	280
N4374	Xg	(16)	77, 108, 176, 225, 303,					
N4374	Xg	(16)	337, 342, 353, 375		N4383	Zrad	(6 b)	202
N4374	SN	(17a)	8, 113, 124, 325, 331, 348		N4383	HIw	(13a)	288
N4376	Pho	(2 a)	925		N4384	HIIr	(12a)	197
					N4384	Radc	(15a)	2
N4377	Pho	(2 a)	322, 1063					
N4377	SPtm	(4 a)	151, 156		N4385	Des	(1 b)	368
					N4385	Pho	(2 a)	1081
N4378	Pho	(2 a)	225		N4385	PtmI	(3 c)	13
N4378	PtmO	(3 b)	87		N4385	PtmN	(3 d)	16
N4378	PtmN	(3 d)	16		N4385	SpUV	(8 a)	214
N4378	SPtm	(4 a)	113, 274		N4385	Spop	(8 b)	7, 46, 129, 517, 930
N4378	Zopt	(6 a)	379		N4385	Span	(8 d)	17, 47
N4378	Spop	(8 b)	517		N4385	HIIr	(12a)	8
N4378	Mkin	(9 a)	50, 70, 156, 253		N4385	Imed	(12c)	72
N4378	Mdyn	(9 b)	44, 48		N4385	HIw	(13a)	23
N4378	HIw	(13a)	23		N4385	Radif	(15b)	614
N4378	HIm	(13b)	65					
					N4387	Pho	(2 a)	509, 1143
N4379	SPtm	(4 a)	221		N4387	SPtm	(4 a)	126
					N4387	Zopt	(6 a)	267
N4380	Pho	(2 a)	608, 925		N4387	Vdis	(7 a)	4, 50
N4380	PtmN	(3 d)	16		N4387	Vdyn	(7 b)	30
N4380	SPtm	(4 a)	270		N4387	Mkin	(9 a)	188
N4380	Spop	(8 b)	517					
N4380	Mkin	(9 a)	156		N4388	Des	(1 b)	398, 406
N4380	HIw	(13a)	119		N4388	Pho	(2 a)	319, 632, 711, 925
N4380	HIm	(13b)	65		N4388	PtmI	(3 c)	281
					N4388	PtmN	(3 d)	16
N4382	Dim	(1 a)	15		N4388	SPtm	(4 a)	47, 575
N4382	Des	(1 b)	404		N4388	Zopt	(6 a)	513
N4382	Pho	(2 a)	319, 322		N4388	SpUV	(8 a)	180
N4382	PtmN	(3 d)	16		N4388	Spop	(8 b)	453, 478, 517, 521, 557,

N4388	Spop	(8 b)	626, 831, 881, 974		N4406	Sclu	(5 b)	14, 15, 48
N4388	Mkin	(9 a)	156, 272, 276, 314		N4406	Vdis	(7 a)	4, 20, 27, 36
N4388	Mdyn	(9 b)	139		N4406	Vdyn	(7 b)	2, 11, 30
N4388	HIm	(13b)	192		N4406	SpUV	(8 a)	10
N4388	Mol	(14a)	114		N4406	Spop	(8 b)	105, 288, 456, 631, 754
N4388	Radc	(15a)	145, 236		N4406	SpIR	(8 c)	1, 17, 18
N4388	Radif	(15b)	379, 410		N4406	Span	(8 d)	31
N4388	Xg	(16)	108, 176		N4406	Mkin	(9 a)	48, 67, 132
					N4406	Mdyn	(9 b)	42, 71, 148
N4390	Pho	(2 a)	925, 939		N4406	Imed	(12c)	57
					N4406	Mol	(14a)	8
N4394	Pho	(2 a)	925, 937, 939, 1063		N4406	Xg	(16)	77, 108, 113, 167, 176,
N4394	PtmI	(3 c)	281		N4406	Xg	(16)	225, 342, 353, 375
N4394	PtmN	(3 d)	16		N4406	SN	(17a)	113, 124, 348
N4394	SPtm	(4 a)	274		N4406	SNR	(17b)	325
N4394	Spop	(8 b)	517					
N4394	Mkin	(9 a)	156		N4410a	Des	(1 b)	363
N4394	HIw	(13a)	280		N4410a	Pho	(2 a)	1066
N4394	HIm	(13b)	154		N4410a	Zopt	(6 a)	485
N4394	Dis	(18)	6					
					N4410a,b	Des	(1 b)	330
N4395	Pho	(2 a)	937		N4410a,b	Pho	(2 a)	240, 1038
N4395	SPtm	(4 a)	516		N4410a,b	Radc	(15a)	230
N4395	Star	(5 a)	90		N4410a,b	Radif	(15b)	348, 633
N4395	Spop	(8 b)	736		N4410a,b	Xg	(16)	138
N4395	Span	(8 d)	122					
N4395	HIIr	(12a)	90, 186, 233, 258, 262		N4410b	Des	(1 b)	363
N4395	HIw	(13a)	264		N4410b	Pho	(2 a)	1066
N4395	HIm	(13b)	226		N4410b	Zopt	(6 a)	485
N4395	Radif	(15b)	686					
N4395	Dis	(18)	64		N4411a	Des	(1 b)	363
					N4411a	Pho	(2 a)	925, 939, 1066
N4396	Pho	(2 a)	925, 939					
					N4411a,b	Pho	(2 a)	292
N4402	Pho	(2 a)	269, 519, 812, 925		N4411a,b	HIw	(13a)	119
N4402	PtmI	(3 c)	281					
N4402	Mkin	(9 a)	272, 276		N4411a,b	Zrad	(6 b)	77
N4402	Mdyn	(9 b)	139		N4411a,b	HIw	(13a)	160
N4402	HIm	(13b)	192					
N4402	Radc	(15a)	145		N4411b	Des	(1 b)	363
N4402	Radif	(15b)	410		N4411b	Pho	(2 a)	925, 939, 1066
N4402	SN	(17a)	42, 48, 49, 60, 76, 127,					
N4402	SN	(17a)	305, 325		N4412	Pho	(2 a)	925
					N4412	PtmN	(3 d)	16
N4405	Pho	(2 a)	925		N4412	Spop	(8 b)	517
N4406	Dim	(1 a)	15		N4413	Pho	(2 a)	925
N4406	Pho	(2 a)	166, 319, 509, 1134		N4413	Mkin	(9 a)	156
N4406	SPtm	(4 a)	47, 109, 126, 147, 200,		N4413	HIm	(13b)	65
N4406	SPtm	(4 a)	231, 405, 477, 572					

N4414	Pho	(2 a)	200, 503, 938		N4429	Pho	(2 a)	322, 608, 1063
N4414	SPtm	(4 a)	96, 375		N4429	PtmN	(3 d)	16
N4414	Zopt	(6 a)	89		N4429	SPtm	(4 a)	151, 156, 270
N4414	Zrad	(6 b)	189		N4429	Spop	(8 b)	517
N4414	Spop	(8 b)	456					
N4414	HIIr	(12a)	34		N4430	Pho	(2 a)	925, 939
N4414	Radc	(15a)	189					
N4414	Radif	(15b)	386		N4431	Pho	(2 a)	166, 812
N4414	SN	(17a)	7, 8, 17, 18, 24, 37, 62, 73		N4431	Star	(5 a)	159
N4414	Dis	(18)	21		N4431	Sclu	(5 b)	14, 15
N4415	Pho	(2 a)	812		N4432	Pho	(2 a)	925
N4416	Pho	(2 a)	925		N4433	Spop	(8 b)	265
					N4433	Span	(8 d)	47
N4417	Pho	(2 a)	608, 812, 1063		N4433	HIw	(13a)	162
N4417	SPtm	(4 a)	270		N4433	Radif	(15b)	102
N4417	Radc	(15a)	110					
					N4435	Pho	(2 a)	750
N4418	Zopt	(6 a)	448		N4435	PtmI	(3 c)	165
N4418	Spop	(8 b)	822		N4435	PtmN	(3 d)	16
N4418	Spir	(8 c)	75		N4435	SPtm	(4 a)	16, 47
N4418	Mol	(14a)	213		N4435	Spop	(8 b)	517
N4419	Des	(1 b)	215		N4436	Pho	(2 a)	166, 812
N4419	Pho	(2 a)	690		N4436	Star	(5 a)	159
N4419	PtmN	(3 d)	16					
N4419	SPtm	(4 a)	16		N4438	Des	(1 b)	225, 285, 290, 398
N4419	Zopt	(6 a)	379		N4438	Pho	(2 a)	319, 690, 715, 750
N4419	Spop	(8 b)	453, 456, 517		N4438	Ima	(2 b)	53
N4419	Mkin	(9 a)	253		N4438	PtmI	(3 c)	165, 281
N4419	HIm	(13b)	65		N4438	PtmN	(3 d)	16
N4419	SN	(17a)	257, 282, 290, 330, 342,		N4438	Zrad	(6 b)	14
N4419	SN	(17a)	385, 391, 405, 447		N4438	Spop	(8 b)	453, 456, 517, 531, 557
					N4438	Mkin	(9 a)	156, 272, 276
N4420	Pho	(2 a)	925		N4438	Mdyn	(9 b)	139
N4420	PtmN	(3 d)	16		N4438	HIw	(13a)	18
N4420	Spop	(8 b)	517		N4438	Mol	(14a)	114
					N4438	Radc	(15a)	145
N4421	PtmN	(3 d)	16		N4438	Radif	(15b)	379, 410
N4421	Spop	(8 b)	517		N4438	Xg	(16)	108, 176, 288
N4423	Pho	(2 a)	925		N4440	Pho	(2 a)	166, 812
					N4440	PtmN	(3 d)	16
N4424	Pho	(2 a)	608		N4440	SPtm	(4 a)	47
N4424	PtmN	(3 d)	16		N4440	Star	(5 a)	159
N4424	SPtm	(4 a)	270		N4440	Spop	(8 b)	517
N4424	Spop	(8 b)	517					
N4424	Xg	(16)	108, 176		N4441	Pho	(2 a)	547
					N4441	Zopt	(6 a)	199

N4442	Vdis	(7 a)	15		N4450	Mkin	(9 a)	156, 284
					N4450	Mdyn	(9 b)	150
N4448	Pho	(2 a)	600, 614, 703		N4450	HIm	(13b)	65
N4448	Zopt	(6 a)	276		N4450	Mol	(14a)	114
N4448	Vdis	(7 a)	15					
N4448	Mkin	(9 a)	163		N4451	Pho	(2 a)	925
N4448	Mdyn	(9 b)	100		N4451	SN	(17a)	315, 438
N4448	Radif	(15b)	686					
					N4454	Spop	(8 b)	288
N4449	Des	(1 b)	282					
N4449	Pho	(2 a)	60, 331, 596, 837, 896,		N4457	PtmN	(3 d)	16
N4449	Pho	(2 a)	984, 991, 995, 1010, 1064		N4457	Spop	(8 b)	517
N4449	Ima	(2 b)	34		N4457	HIm	(13b)	65
N4449	PtmU	(3 a)	7, 16					
N4449	PtmO	(3 b)	214, 218		N4458	PtmO	(3 b)	379
N4449	PtmI	(3 c)	227, 260		N4458	SPtm	(4 a)	47, 126, 547
N4449	PtmN	(3 d)	11, 21		N4458	Star	(5 a)	159
N4449	SPtm	(4 a)	469, 472		N4458	Zopt	(6 a)	267
N4449	SPIR	(4 b)	52		N4458	Vdis	(7 a)	50
N4449	Sclu	(5 b)	111, 116		N4458	Mkin	(9 a)	188
N4449	SpUV	(8 a)	43, 138, 139, 162					
N4449	Spop	(8 b)	155, 249, 290, 447, 460,		N4459	Pho	(2 a)	322
N4449	Spop	(8 b)	640, 669, 736, 743		N4459	PtmU	(3 a)	10
N4449	SpIR	(8 c)	94		N4459	SPtm	(4 a)	47, 151, 156
N4449	Span	(8 d)	47, 48, 84, 104, 113, 122,		N4459	Vdis	(7 a)	4
N4449	Span	(8 d)	144		N4459	Vdyn	(7 b)	2
N4449	Mkin	(9 a)	242, 282		N4459	Spop	(8 b)	39, 456
N4449	Prad	(10b)	167		N4459	SpIR	(8 c)	17, 18
N4449	FPop	(11)	33, 42		N4459	Mkin	(9 a)	67
N4449	HIIr	(12a)	42, 61, 67, 80, 90, 102,		N4459	Mdyn	(9 b)	42
N4449	HIIr	(12a)	106, 116, 132, 146, 178,		N4459	Radc	(15a)	302
N4449	HIIr	(12a)	186, 204, 206, 208, 217,		N4459	Xg	(16)	108, 176, 353, 429
N4449	HIIr	(12a)	220, 233, 234, 235, 242,					
N4449	HIIr	(12a)	255, 257, 258, 259, 262		N4461	PtmN	(3 d)	16
N4449	Imed	(12c)	25, 59		N4461	SPtm	(4 a)	16, 47
N4449	HIw	(13a)	21, 118		N4461	Star	(5 a)	159
N4449	Mol	(14a)	100, 117, 183		N4461	Spop	(8 b)	456, 517
N4449	Radc	(15a)	183					
N4449	Radif	(15b)	73, 371, 636		N4464	Vdis	(7 a)	4
N4449	Xg	(16)	279		N4464	SpIR	(8 c)	17
N4449	SNR	(17b)	2, 3, 8, 9, 14, 23, 24, 31,					
N4449	SNR	(17b)	32, 34, 38, 40		N4466	Pho	(2 a)	925
N4449	Dis	(18)	129, 139					
					N4467	Vdis	(7 a)	4
N4450	Des	(1 b)	215					
N4450	Pho	(2 a)	1063		N4468	Pho	(2 a)	812
N4450	PtmN	(3 d)	16		N4468	PtmO	(3 b)	379
N4450	SPtm	(4 a)	274		N4468	SPtm	(4 a)	547
N4450	Vdis	(7 a)	15, 87					
N4450	Spop	(8 b)	453, 456, 517		N4469	Pho	(2 a)	608, 1128

N4469	SPtm	(4 a)	270		N4477	PtmN	(3 d)	16
					N4477	SPtm	(4 a)	47
N4470	Pho	(2 a)	925		N4477	Spop	(8 b)	456, 517
					N4477	Xg	(16)	108, 176, 353
N4472	Dim	(1 a)	15					
N4472	Des	(1 b)	229, 304		N4478	Pho	(2 a)	1101
N4472	Pho	(2 a)	166, 255, 608		N4478	PtmO	(3 b)	392
N4472	PtmO	(3 b)	131, 148, 182, 379		N4478	SPtm	(4 a)	47, 126, 566
N4472	PtmN	(3 d)	2		N4478	Zopt	(6 a)	267
N4472	SPtm	(4 a)	109, 147, 215, 270, 477,		N4478	Vdis	(7 a)	4, 50
N4472	SPtm	(4 a)	547, 572		N4478	SpIR	(8 c)	17, 18
N4472	SPIR	(4 b)	54		N4478	Mkin	(9 a)	188
N4472	Sclu	(5 b)	14, 15, 21, 52, 117					
N4472	Scts	(5 c)	5		N4479	Pho	(2 a)	812
N4472	Zrad	(6 b)	194					
N4472	Vdis	(7 a)	4, 15, 20, 25, 27, 36, 60		N4480	Pho	(2 a)	925
N4472	Vdyn	(7 b)	2, 11, 13					
N4472	SpUV	(8 a)	31, 40, 54, 61, 77, 110,		N4485	Pho	(2 a)	450, 596, 938
N4472	SpUV	(8 a)	111, 165		N4485	Spop	(8 b)	447
N4472	Spop	(8 b)	39, 49, 107, 210, 370, 631,		N4485	HIIr	(12a)	96, 102
N4472	Spop	(8 b)	754		N4485	HIw	(13a)	118, 122
N4472	SpIR	(8 c)	1, 17, 18		N4485	HIm	(13b)	105, 115
N4472	Span	(8 d)	18, 73, 75, 128, 165		N4485	Radc	(15a)	183
N4472	Mkin	(9 a)	48, 67, 111, 132, 203		N4485	Radif	(15b)	196
N4472	Mdyn	(9 b)	42, 132, 148					
N4472	HIIr	(12a)	198		N4485/90	Pho	(2 a)	549
N4472	Imed	(12c)	57, 71		N4485/90	SPtm	(4 a)	248
N4472	HIw	(13a)	229, 273		N4485/90	Mkin	(9 a)	144
N4472	Mol	(14a)	8		N4485/90	HIm	(13b)	134
N4472	Radif	(15b)	89, 428, 520		N4485/90	Mol	(14a)	170
N4472	Xg	(16)	342, 353, 374, 375, 392,		N4485/90	Radc	(15a)	205
N4472	Xg	(16)	407					
					N4486	Dim	(1 a)	15
N4473	SPtm	(4 a)	47, 126, 221		N4486	Des	(1 b)	102, 110, 126, 159, 198,
N4473	Vdis	(7 a)	8, 12		N4486	Des	(1 b)	201, 258, 399, 402, 407
N4473	Vdyn	(7 b)	4, 7		N4486	Pho	(2 a)	91, 166, 223, 314, 321,
N4473	Spop	(8 b)	58		N4486	Pho	(2 a)	487, 568, 608, 649, 673,
N4473	Span	(8 d)	21		N4486	Pho	(2 a)	786, 854, 877, 973, 1101,
N4473	Mkin	(9 a)	68		N4486	Pho	(2 a)	1152, 1168
N4473	Xg	(16)	108, 176, 353		N4486	Ima	(2 b)	25, 55
					N4486	PtmO	(3 b)	182, 392
N4474	Pho	(2 a)	317, 322, 812		N4486	PtmI	(3 c)	1, 74, 90, 121, 144
N4474	SPtm	(4 a)	151, 152, 156		N4486	PtmN	(3 d)	16
					N4486	SPtm	(4 a)	72, 107, 108, 109, 122,
N4476	Pho	(2 a)	812, 1101		N4486	SPtm	(4 a)	126, 134, 142, 145, 147,
N4476	PtmO	(3 b)	392		N4486	SPtm	(4 a)	148, 174, 203, 221, 270,
N4476	SPtm	(4 a)	566		N4486	SPtm	(4 a)	300, 301, 331, 386, 392,
N4476	Zopt	(6 a)	503		N4486	SPtm	(4 a)	427, 433, 477, 589
N4476	Vdis	(7 a)	103		N4486	SPIR	(4 b)	8, 19, 26
N4476	Spop	(8 b)	957		N4486	Star	(5 a)	157, 160, 164

N4486	Sclu	(5 b)	1, 4, 14, 15, 20, 47, 53, 64,	N4486B	Vdis	(7 a)	4, 103
N4486	Sclu	(5 b)	105, 117, 118, 120, 123,	N4486B	Vdyn	(7 b)	2
N4486	Sclu	(5 b)	131, 132	N4486B	Spop	(8 b)	370, 957
N4486	Scts	(5 c)	21	N4486B	SpIR	(8 c)	17, 18
N4486	Vdis	(7 a)	4, 11, 18, 20, 21, 24, 27	N4486B	Span	(8 d)	73
N4486	Vdyn	(7 b)	2, 6, 11, 12	N4486B	Mdyn	(9 b)	121
N4486	SpUV	(8 a)	2, 8, 10, 21, 23, 61, 77, 85,				
N4486	SpUV	(8 a)	110, 165, 216	N4487	Pho	(2 a)	937
N4486	Spop	(8 b)	39, 73, 105, 107, 207, 212,	N4487	Spop	(8 b)	288
N4486	Spop	(8 b)	217, 304, 309, 370, 503,				
N4486	Spop	(8 b)	517, 620, 629, 746	N4489	Zopt	(6 a)	267
N4486	SpIR	(8 c)	1, 17, 18	N4489	Vdis	(7 a)	50
N4486	Span	(8 d)	31, 41, 73, 128	N4489	Mkin	(9 a)	188
N4486	Mkin	(9 a)	110				
N4486	Mdyn	(9 b)	38, 68, 78, 121, 122, 133	N4490	Des	(1 b)	211
N4486	Popt	(10a)	20, 24, 46, 65	N4490	Pho	(2 a)	247, 450, 596, 938
N4486	Prad	(10b)	3, 9, 21, 22, 29, 30, 34, 36,	N4490	PtmU	(3 a)	10
N4486	Prad	(10b)	41, 47, 49, 50, 77, 93, 102,	N4490	PtmO	(3 b)	214
N4486	Prad	(10b)	119, 125, 147, 159	N4490	Zrad	(6 b)	189
N4486	HIIr	(12a)	198	N4490	SpUV	(8 a)	138
N4486	Imed	(12c)	11	N4490	Spop	(8 b)	447
N4486	Mol	(14a)	8	N4490	Span	(8 d)	113
N4486	Radc	(15a)	1, 3, 9, 10, 12, 14, 21, 22,	N4490	HIIr	(12a)	96, 102, 146
N4486	Radc	(15a)	36, 113, 116, 135, 144,	N4490	Plan	(12b)	46
N4486	Radc	(15a)	151, 159, 167, 172, 196,	N4490	HIw	(13a)	118, 122
N4486	Radc	(15a)	204, 242, 243, 267, 284,	N4490	HIm	(13b)	105, 115
N4486	Radc	(15a)	285	N4490	Radc	(15a)	86, 183, 274
N4486	Radif	(15b)	1, 8, 9, 27, 30, 46, 69, 117,	N4490	Radif	(15b)	196, 386, 686
N4486	Radif	(15b)	165, 168, 172, 175, 191,	N4490	SN	(17a)	174, 190, 324
N4486	Radif	(15b)	197, 219, 231, 286, 293,	N4490	Grp	(19)	151
N4486	Radif	(15b)	306, 320, 322, 358, 385,				
N4486	Radif	(15b)	428, 430, 453, 507, 515,	N4490/85	Pho	(2 a)	747
N4486	Radif	(15b)	520, 586, 652, 657, 713,	N4490/85	Radc	(15a)	245, 247
N4486	Radif	(15b)	722				
N4486	Xg	(16)	2, 7, 11, 17, 32, 36, 37, 48,	N4494	SPtm	(4 a)	174
N4486	Xg	(16)	58, 72, 77, 78, 100, 109,	N4494	SpIR	(8 c)	17, 18
N4486	Xg	(16)	116, 118, 122, 132, 143,				
N4486	Xg	(16)	156, 165, 173, 176, 193,	N4496	SN	(17a)	8, 54
N4486	Xg	(16)	226, 231, 242, 246, 261,				
N4486	Xg	(16)	264, 269, 275, 303, 308,	N4496A	Pho	(2 a)	925, 939
N4486	Xg	(16)	337, 375, 384, 428, 454	N4496A	SN	(17a)	325
N4486	Dis	(18)	108, 120				
				N4496B	Pho	(2 a)	925
N4486A	Pho	(2 a)	1101	N4496B	SN	(17a)	420
N4486A	PtmO	(3 b)	392				
				N4498	Pho	(2 a)	925, 939
N4486B	Pho	(2 a)	146, 812, 972, 1101	N4498	PtmN	(3 d)	16
N4486B	PtmO	(3 b)	50, 392	N4498	Spop	(8 b)	517
N4486B	SPtm	(4 a)	72, 566				
N4486B	Zopt	(6 a)	503	N4499	PtmO	(3 b)	383

N4499	PtmN	(3 d)	34		N4517	PtmI	(3 c)	281
					N4517	HIw	(13a)	92
N4500	PtmI	(3 c)	164					
N4500	SpUV	(8 a)	214		N4517A	Dim	(1 a)	29
N4500	HIIr	(12a)	189		N4517A	SPtm	(4 a)	323
					N4517A	Zrad	(6 b)	77
N4501	Des	(1 b)	215		N4517A	Spop	(8 b)	553
N4501	Pho	(2 a)	432, 608, 690, 925, 1063		N4517A	HIIr	(12a)	184
N4501	PtmI	(3 c)	281		N4517A	HIw	(13a)	160
N4501	PtmN	(3 d)	16					
N4501	SPtm	(4 a)	270, 274		N4519	Pho	(2 a)	925, 939
N4501	Zrad	(6 b)	189		N4519	PtmN	(3 d)	16
N4501	Vdis	(7 a)	15		N4519	Spop	(8 b)	517
N4501	SpUV	(8 a)	182		N4519	HIm	(13b)	207
N4501	Spop	(8 b)	288, 453, 456, 517, 531		N4519	Dis	(18)	6
N4501	Mkin	(9 a)	156					
N4501	HIw	(13a)	92		N4522	Pho	(2 a)	925
N4501	HIm	(13b)	192		N4522	PtmN	(3 d)	16
N4501	Mol	(14a)	99, 114, 142		N4522	Spop	(8 b)	517
N4501	Radif	(15b)	639		N4522	Dis	(18)	6
N4501	Dis	(18)	6					
					N4523	Pho	(2 a)	925, 939
N4502	Pho	(2 a)	812, 939		N4523	HIw	(13a)	119
N4502	Zrad	(6 b)	202		N4523	Mol	(14a)	175
N4502	HIw	(13a)	288		N4523	Radc	(15a)	261
N4503	SPtm	(4 a)	16		N4526	Pho	(2 a)	166, 322, 608
					N4526	SPtm	(4 a)	151, 156, 270
N4504	Pho	(2 a)	937		N4526	Star	(5 a)	159
					N4526	Sclu	(5 b)	14, 15
N4507	Des	(1 b)	243		N4526	Spop	(8 b)	456
N4507	Pho	(2 a)	327, 406, 817, 1012					
N4507	PtmO	(3 b)	129, 193		N4527	Pho	(2 a)	925
N4507	PtmI	(3 c)	244, 249		N4527	PtmI	(3 c)	281
N4507	SPtm	(4 a)	466, 489		N4527	PtmN	(3 d)	16
N4507	SpUV	(8 a)	41, 146, 194, 195		N4527	SPIR	(4 b)	62
N4507	Spop	(8 b)	116, 410, 521, 643, 661,		N4527	Zrad	(6 b)	189
N4507	Spop	(8 b)	773, 865, 873, 915		N4527	Spop	(8 b)	517
N4507	Span	(8 d)	117, 163		N4527	HIw	(13a)	92
N4507	Mkin	(9 a)	232		N4527	HIm	(13b)	140
N4507	Popt	(10a)	54					
N4507	HIIr	(12a)	276		N4532	Pho	(2 a)	925
N4507	Radc	(15a)	96, 236		N4532	Zrad	(6 b)	202
N4507	Xg	(16)	157		N4532	HIw	(13a)	288
					N4532	Dis	(18)	6
N4509	Des	(1 b)	292					
N4509	Pho	(2 a)	978		N4533	Pho	(2 a)	925
N4513	SPtm	(4 a)	115		N4535	Pho	(2 a)	608, 719, 775, 925, 939
					N4535	PtmU	(3 a)	7

N4535	PtmI	(3 c)	157, 281		N4548	Mkin	(9 a)	156
N4535	PtmN	(3 d)	16		N4548	HIIr	(12a)	189
N4535	SPtm	(4 a)	81, 84, 270, 356		N4548	Mol	(14a)	114
N4535	Spop	(8 b)	456, 517		N4548	Dis	(18)	6
N4535	Mkin	(9 a)	272, 276					
N4535	Mdyn	(9 b)	139		N4551	SPtm	(4 a)	126
N4535	HIIr	(12a)	185, 189, 279		N4551	Zopt	(6 a)	267
N4535	HIm	(13b)	192		N4551	Zrad	(6 b)	124
N4535	Mol	(14a)	114		N4551	Vdis	(7 a)	50
N4535	Dis	(18)	6		N4551	Vdyn	(7 b)	30
					N4551	Mkin	(9 a)	188
N4536	Dim	(1 a)	6		N4551	HIw	(13a)	213
N4536	Pho	(2 a)	729, 925, 938, 939					
N4536	PtmI	(3 c)	15, 40, 157		N4552	Dim	(1 a)	15
N4536	PtmN	(3 d)	16		N4552	Des	(1 b)	113
N4536	SPtm	(4 a)	274		N4552	Pho	(2 a)	391, 777
N4536	SPIR	(4 b)	62		N4552	PtmO	(3 b)	379
N4536	Zrad	(6 b)	152		N4552	PtmI	(3 c)	74
N4536	Spop	(8 b)	517, 557, 628		N4552	PtmN	(3 d)	16
N4536	HIw	(13a)	92		N4552	SPtm	(4 a)	109, 126, 147, 547, 572
N4536	HIm	(13b)	140		N4552	SPIR	(4 b)	55
N4536	Mol	(14a)	123		N4552	Vdis	(7 a)	4, 20
N4536	Radif	(15b)	275		N4552	Vdyn	(7 b)	2, 11
N4536	SN	(17a)	123, 142, 147, 156, 165,		N4552	SpUV	(8 a)	124, 192
N4536	SN	(17a)	169, 188, 196, 198, 199,		N4552	Spop	(8 b)	39, 49, 517
N4536	SN	(17a)	202, 234, 240, 244, 284,		N4552	Span	(8 d)	18
N4536	SN	(17a)	290, 305, 329, 342, 351,		N4552	Radc	(15a)	3, 5, 262
N4536	SN	(17a)	391		N4552	Radif	(15b)	68, 226, 409, 428, 454
N4536	Dis	(18)	87		N4552	Xg	(16)	353
N4540	Pho	(2 a)	491, 925		N4559	Pho	(2 a)	433, 862, 937
N4540	PtmN	(3 d)	16		N4559	PtmU	(3 a)	7
N4540	Spop	(8 b)	517		N4559	Zopt	(6 a)	359
N4540	Dis	(18)	6		N4559	Mkin	(9 a)	245
					N4559	HIIr	(12a)	176, 279
N4544	Pho	(2 a)	925		N4559	HIm	(13b)	36, 71
N4544	HIm	(13b)	140		N4559	Radif	(15b)	686
					N4559	Grp	(19)	151
N4546	Pho	(2 a)	1065					
N4546	SPtm	(4 a)	535		N4561	Pho	(2 a)	491
N4546	Zrad	(6 b)	40		N4561	HIw	(13a)	119
N4546	Mkin	(9 a)	305					
N4546	HIw	(13a)	74		N4562	Zrad	(6 b)	80
N4546	Radif	(15b)	326		N4562	HIw	(13a)	164
N4548	Pho	(2 a)	101, 925, 939		N4564	Pho	(2 a)	166
N4548	PtmI	(3 c)	281		N4564	SPtm	(4 a)	126
N4548	PtmN	(3 d)	16		N4564	Star	(5 a)	159
N4548	SPtm	(4 a)	16, 45, 274		N4564	Sclu	(5 b)	14, 15
N4548	Spop	(8 b)	288, 456, 517		N4564	SN	(17a)	8, 325

N4565	Des	(1 b)	104, 215, 260		N4569	Spop	(8 b)	288, 453, 456, 489, 517,
N4565	Pho	(2 a)	70, 97, 124, 131, 458, 472,		N4569	Spop	(8 b)	531, 797, 817
N4565	Pho	(2 a)	501, 589, 609, 662, 841,		N4569	Mkin	(9 a)	156, 272, 276, 284
N4565	Pho	(2 a)	1112, 1139		N4569	Mdyn	(9 b)	139, 150
N4565	PtmO	(3 b)	179, 219		N4569	HIm	(13b)	192
N4565	PtmI	(3 c)	79		N4569	Mol	(14a)	114, 142
N4565	SPtm	(4 a)	12, 44, 62, 75, 112, 115,		N4569	Radif	(15b)	639
N4565	SPtm	(4 a)	135, 163, 173, 179, 196,		N4569	Dis	(18)	134, 141
N4565	SPtm	(4 a)	212, 223, 224, 240, 244,					
N4565	SPtm	(4 a)	271, 303, 308, 520		N4570	Pho	(2 a)	317, 322
N4565	SPIR	(4 b)	11, 13, 60		N4570	SPtm	(4 a)	151, 152, 156
N4565	Sclu	(5 b)	63					
N4565	Vdis	(7 a)	41		N4571	Pho	(2 a)	720, 925, 939
N4565	Spop	(8 b)	153, 531		N4571	SPtm	(4 a)	571
N4565	Mkin	(9 a)	159		N4571	Zopt	(6 a)	504
N4565	Mdyn	(9 b)	45, 104, 117		N4571	HIw	(13a)	283
N4565	HIm	(13b)	28, 36, 71, 111		N4571	HIm	(13b)	206, 208, 238
N4565	Mol	(14a)	149		N4571	Mol	(14a)	114
N4565	Radc	(15a)	53, 326		N4571	Dis	(18)	6
N4565	Radif	(15b)	490, 575, 686					
					N4575	Pho	(2 a)	133
N4566	SpUV	(8 a)	136		N4575	SPtm	(4 a)	65
					N4575	Spop	(8 b)	91
N4567	Pho	(2 a)	758, 925		N4575	Mkin	(9 a)	40
N4567	PtmI	(3 c)	281					
N4567	PtmN	(3 d)	16		N4578	Pho	(2 a)	322
N4567	Zopt	(6 a)	309		N4578	SPtm	(4 a)	151, 156
N4567	Spop	(8 b)	517					
N4567	Mkin	(9 a)	208		N4579	Des	(1 b)	215
N4567	HIm	(13b)	140		N4579	Pho	(2 a)	608, 690, 925
N4567	Grp	(19)	189		N4579	PtmO	(3 b)	333, 362
					N4579	PtmI	(3 c)	281
N4567/68	Pho	(2 a)	240		N4579	PtmN	(3 d)	16
N4567/68	HIw	(13a)	119		N4579	SPtm	(4 a)	270, 274, 290
					N4579	Vdis	(7 a)	15
N4568	Pho	(2 a)	758, 925		N4579	SpUV	(8 a)	182
N4568	PtmN	(3 d)	16		N4579	Spop	(8 b)	453, 456, 517, 531, 1005
N4568	Zopt	(6 a)	309		N4579	Mkin	(9 a)	156, 272, 276
N4568	Spop	(8 b)	517		N4579	Mdyn	(9 b)	139
N4568	Mkin	(9 a)	208		N4579	HIm	(13b)	192
N4568	HIm	(13b)	140		N4579	Mol	(14a)	99, 114, 142
N4568	Grp	(19)	189		N4579	SN	(17a)	408
N4569	Pho	(2 a)	166, 925		N4580	Pho	(2 a)	925
N4569	Ima	(2 b)	53, 55, 61					
N4569	PtmO	(3 b)	333		N4583	SPtm	(4 a)	428
N4569	PtmI	(3 c)	157, 281					
N4569	PtmN	(3 d)	16		N4584	Pho	(2 a)	812
N4569	Sclu	(5 b)	14, 15					
N4569	Vdis	(7 a)	87		N4586	Spop	(8 b)	288

N4589	Dim	(1 a)	15		N4594	Radif	(15b)	500
N4589	SPtm	(4 a)	109, 147		N4594	Xg	(16)	353
N4589	Vdis	(7 a)	20		N4594	Dis	(18)	101
N4589	Vdyn	(7 b)	11					
N4589	Radif	(15b)	428		N4595	Pho	(2 a)	925
N4589	Xg	(16)	351		N4595	PtmN	(3 d)	16
N4592	Pho	(2 a)	938		N4596	Pho	(2 a)	101, 166, 300, 432
					N4596	PtmN	(3 d)	16
N4593	Pho	(2 a)	938		N4596	.SPtm	(4 a)	16, 45
N4593	PtmI	(3 c)	258		N4596	Sclu	(5 b)	14, 15
N4593	Zopt	(6 a)	414		N4596	Spop	(8 b)	517
N4593	SpUV	(8 a)	88, 91, 102, 108, 113, 148,					
N4593	SpUV	(8 a)	157, 159		N4597	Pho	(2 a)	937
N4593	Spop	(8 b)	178, 227, 407, 461, 566,					
N4593	Spop	(8 b)	715, 732, 777, 819, 863		N4603	Pho	(2 a)	938
N4593	Popt	(10a)	54		N4603	SPtm	(4 a)	16
N4593	Radif	(15b)	451					
N4593	Xg	(16)	112, 119, 126, 145, 219,		N4605	PtmU	(3 a)	10
N4593	Xg	(16)	236, 354, 456		N4605	PtmO	(3 b)	320
N4593	Grp	(19)	194, 223		N4605	SpUV	(8 a)	138
					N4605	Span	(8 d)	113
N4594	Des	(1 b)	104, 215		N4605	Mkin	(9 a)	99, 252
N4594	Pho	(2 a)	100, 166, 193, 216, 225,		N4605	Mdyn	(9 b)	96, 137
N4594	Pho	(2 a)	589, 987		N4605	HIw	(13a)	228
N4594	PtmO	(3 b)	33, 179, 332		N4605	Mol	(14a)	170
N4594	PtmI	(3 c)	111					
N4594	SPtm	(4 a)	11, 14, 115, 225, 240, 297,		N4607	Pho	(2 a)	925
N4594	SPtm	(4 a)	303, 419, 473, 520					
N4594	Sclu	(5 b)	13, 14, 94		N4608	Pho	(2 a)	101
N4594	Scts	(5 c)	14		N4608	SPtm	(4 a)	45, 81
N4594	Zopt	(6 a)	379, 490					
N4594	Zrad	(6 b)	144, 149		N4612	Radc	(15a)	180
N4594	Vdis	(7 a)	8, 15, 41, 55					
N4594	Vdyn	(7 b)	4		N4615	SN	(17a)	425
N4594	SpUV	(8 a)	73, 110					
N4594	Spop	(8 b)	58, 134, 153, 481, 531,		N4618	Pho	(2 a)	937, 986, 994
N4594	Spop	(8 b)	628		N4618	SPtm	(4 a)	382, 597
N4594	Span	(8 d)	21, 88		N4618	Zrad	(6 b)	120
N4594	Mkin	(9 a)	45, 63, 117, 130, 159, 253,		N4618	Spop	(8 b)	254
N4594	Mkin	(9 a)	306		N4618	Span	(8 d)	49
N4594	Mdyn	(9 b)	28, 40, 45, 48, 79, 148,		N4618	Mdyn	(9 b)	120
N4594	Mdyn	(9 b)	158		N4618	FPop	(11)	51
N4594	Popt	(10a)	22, 52, 88		N4618	HIw	(13a)	122
N4594	HIIr	(12a)	37, 198, 285		N4618	HIm	(13b)	115, 164
N4594	Imed	(12c)	12, 24, 57		N4618	Radif	(15b)	686
N4594	HIw	(13a)	36, 233, 256		N4618	SN	(17a)	314, 332, 338, 339, 350,
N4594	HIm	(13b)	186		N4618	SN	(17a)	352, 353, 356, 406, 439,
N4594	Radc	(15a)	66		N4618	SN	(17a)	448
N4594	Radif	(15b)	35, 68, 125, 262, 409, 494,		N4618	Grp	(19)	188

N4618/25	HIm	(13b)	134		N4632	PtmN	(3 d)	16
N4621	Dim	(1 a)	15		N4632	Spop	(8 b)	517
N4621	Pho	(2 a)	166, 608		N4633	Pho	(2 a)	925, 939
N4621	SPtm	(4 a)	109, 147, 231, 270, 437,		N4633/4	HIw	(13a)	119
N4621	SPtm	(4 a)	572		N4634	Pho	(2 a)	925
N4621	Sclu	(5 b)	14, 15, 48		N4636	Dim	(1 a)	15
N4621	Vdis	(7 a)	20		N4636	Pho	(2 a)	166, 1146
N4621	Vdyn	(7 b)	11		N4636	Ima	(2 b)	17
N4621	Mkin	(9 a)	67		N4636	SPtm	(4 a)	109, 147, 572
N4621	Mdyn	(9 b)	42, 71		N4636	SPIR	(4 b)	54
N4622	Pho	(2 a)	292		N4636	Sclu	(5 b)	14, 15
					N4636	Zrad	(6 b)	36
N4622A/B	Pho	(2 a)	267		N4636	Vdis	(7 a)	20, 27, 36
N4625	SPtm	(4 a)	382		N4636	Vdyn	(7 b)	11
N4625	Zrad	(6 b)	120		N4636	SpUV	(8 a)	77
N4625	Mdyn	(9 b)	120		N4636	Mkin	(9 a)	132, 223
N4625	HIw	(13a)	122		N4636	Mdyn	(9 b)	132, 148
N4625	HIm	(13b)	115, 164		N4636	Imed	(12c)	57
N4625	Grp	(19)	188		N4636	HIw	(13a)	13, 52, 68, 73, 229
					N4636	Radc	(15a)	302
N4630	Pho	(2 a)	925		N4636	Radif	(15b)	428, 520, 608
N4631	Des	(1 b)	104, 398		N4636	Xg	(16)	353, 362, 391, 407, 417,
N4631	Pho	(2 a)	31, 59, 182, 188, 198, 279,		N4636	Xg	(16)	429
N4631	Pho	(2 a)	719, 842, 937		N4636	SN	(17a)	8
N4631	PtmU	(3 a)	7, 10					
N4631	PtmI	(3 c)	37, 157		N4638	Radc	(15a)	302
N4631	SPtm	(4 a)	11		N4638	Xg	(16)	353, 429
N4631	Zrad	(6 b)	7, 157, 189					
N4631	SpUV	(8 a)	138		N4639	Pho	(2 a)	925, 939
N4631	Spop	(8 b)	254		N4639	PtmN	(3 d)	16
N4631	Span	(8 d)	49, 113		N4639	Spop	(8 b)	517
N4631	Mkin	(9 a)	20		N4639	Mkin	(9 a)	156
N4631	Mdyn	(9 b)	12, 72		N4639	Dis	(18)	6
N4631	HIIr	(12a)	23, 102, 185, 258, 262,					
N4631	HIIr	(12a)	279		N4640	Pho	(2 a)	812
N4631	HIw	(13a)	20, 107					
N4631	HIm	(13b)	6, 10, 36, 45, 54, 71		N4641	Pho	(2 a)	812
N4631	Mol	(14a)	125		N4641	Zrad	(6 b)	202
N4631	Rcl	(14b)	7		N4641	HIw	(13a)	288
N4631	Radc	(15a)	24, 101, 105, 183, 205,					
N4631	Radc	(15a)	222, 271, 295, 326		N4643	Pho	(2 a)	878
N4631	Radif	(15b)	43, 63, 300, 303, 386, 512,		N4643	PtmN	(3 d)	16
N4631	Radif	(15b)	538, 554, 565, 587, 686		N4643	Spop	(8 b)	517
N4631	Xg	(16)	209, 239, 253, 346					
N4631	Grp	(19)	151		N4647	Pho	(2 a)	166, 925, 939
					N4647	PtmI	(3 c)	281

N4647	Sclu	(5 b)	14, 15		N4651	Mol	(14a)	114
N4647	HIw	(13a)	119		N4651	SN	(17a)	428, 453
N4647	SN	(17a)	93, 94, 133		N4651	Dis	(18)	6
N4648	SPtm	(4 a)	464		N4653	Pho	(2 a)	938
N4648	Zopt	(6 a)	257					
N4648	Spop	(8 b)	495		N4654	Pho	(2 a)	925, 939
					N4654	PtmI	(3 c)	281
N4649	Dim	(1 a)	15		N4654	PtmN	(3 d)	16
N4649	Pho	(2 a)	166, 925		N4654	Spop	(8 b)	456, 517
N4649	SPtm	(4 a)	109, 147		N4654	Mkin	(9 a)	156, 272, 276
N4649	SPIR	(4 b)	54		N4654	Mdyn	(9 b)	139
N4649	Vdis	(7 a)	4, 20		N4654	HIw	(13a)	119
N4649	Vdyn	(7 b)	2, 11		N4654	HIm	(13b)	192
N4649	SpUV	(8 a)	10, 65, 85, 110, 165		N4654	Mol	(14a)	114
N4649	Spop	(8 b)	39, 107		N4654	Radif	(15b)	386
N4649	SpIR	(8 c)	1, 17, 18		N4654	Dis	(18)	6
N4649	Span	(8 d)	115, 128, 165					
N4649	Mdyn	(9 b)	42, 148		N4656	Pho	(2 a)	31, 59, 188, 937
N4649	HIIr	(12a)	198		N4656	Zrad	(6 b)	7
N4649	Imed	(12c)	57		N4656	Mkin	(9 a)	20
N4649	Mol	(14a)	8		N4656	HIIr	(12a)	102, 258, 262
N4649	Radc	(15a)	302		N4656	HIm	(13b)	6, 36, 54, 71
N4649	Radif	(15b)	428, 520, 608		N4656	Radc	(15a)	24, 183
N4649	Xg	(16)	353, 391, 407, 417, 429		N4656	Radif	(15b)	686
					N4656	SNR	(17b)	34
N4650	Des	(1 b)	356		N4656	Grp	(19)	151
N4650	Pho	(2 a)	267, 1059					
					N4656/57	Pho	(2 a)	722
N4650A	Des	(1 b)	16, 150, 241, 356, 357		N4656/57	SPtm	(4 a)	199, 326
N4650A	Pho	(2 a)	47, 477, 784, 808, 1059,		N4656/57	HIIr	(12a)	90
N4650A	Pho	(2 a)	1060					
N4650A	SPtm	(4 a)	531		N4659	Pho	(2 a)	812
N4650A	Vdis	(7 a)	61, 99					
N4650A	Spop	(8 b)	348, 618, 903		N4660	PtmO	(3 b)	379
N4650A	Mkin	(9 a)	122, 221, 304		N4660	SPtm	(4 a)	547
N4650A	Mdyn	(9 b)	114, 159					
N4650A	FPop	(11)	53		N4665	Xg	(16)	353
N4650A	HIw	(13a)	266					
N4650A	HIm	(13b)	234		N4666	Zrad	(6 b)	189
					N4666	Radif	(15b)	386
N4650A/B	Pho	(2 a)	267					
					N4670	Des	(1 b)	368
N4651	Pho	(2 a)	938		N4670	Pho	(2 a)	596, 1081
N4651	PtmI	(3 c)	281		N4670	PtmO	(3 b)	214, 236, 249
N4651	PtmN	(3 d)	16		N4670	PtmI	(3 c)	119, 129
N4651	Zrad	(6 b)	6, 14		N4670	PtmN	(3 d)	21
N4651	Spop	(8 b)	456, 517		N4670	SpUV	(8 a)	80, 95
N4651	Mkin	(9 a)	156		N4670	Spop	(8 b)	447, 460, 509, 541
N4651	HIw	(13a)	4, 12, 18		N4670	Span	(8 d)	47, 104

N4670	HIIr	(12a)	146, 180	N4697	Dim	(1 a)	15
N4670	HIw	(13a)	25	N4697	Des	(1 b)	74
N4670	HIm	(13b)	46	N4697	Pho	(2 a)	166
N4670	Radc	(15a)	277	N4697	SPtm	(4 a)	5, 82, 109, 140, 147, 215,
				N4697	SPtm	(4 a)	526, 562
N4672	Pho	(2 a)	878	N4697	Sclu	(5 b)	14, 15
				N4697	Zopt	(6 a)	15
N4676	Zrad	(6 b)	109	N4697	Vdis	(7 a)	20, 27, 36, 60
N4676	HIw	(13a)	196	N4697	Vdyn	(7 b)	11, 30
				N4697	SpUV	(8 a)	77
N4676A B	PtmI	(3 c)	165	N4697	Mkin	(9 a)	8, 132, 203
				N4697	Mdyn	(9 b)	5, 14, 84
N4682	Mkin	(9 a)	99	N4697	Radc	(15a)	302
N4682	Mdyn	(9 b)	96	N4697	Xg	(16)	353, 429
N4684	Radif	(15b)	326	N4698	Pho	(2 a)	608
				N4698	PtmN	(3 d)	16
N4687	Spop	(8 b)	372	N4698	SPtm	(4 a)	270, 274
				N4698	Zopt	(6 a)	379
N4688	HIw	(13a)	119	N4698	Spop	(8 b)	517
N4688	SN	(17a)	325	N4698	Mkin	(9 a)	156, 253
				N4698	HIw	(13a)	23, 39
N4689	Pho	(2 a)	720, 925, 939	N4698	HIm	(13b)	65
N4689	PtmI	(3 c)	281	N4698	Mol	(14a)	114
N4689	PtmN	(3 d)	16	N4698	Xg	(16)	353
N4689	Spop	(8 b)	517	N4698	Dis	(18)	6
N4689	HIw	(13a)	119				
N4689	Mol	(14a)	114	N4699	Spop	(8 b)	288
				N4699	SN	(17a)	212, 285, 305
N4691	Span	(8 d)	47				
				N4701	PtmN	(3 d)	16
N4694	PtmO	(3 b)	383	N4701	Spop	(8 b)	517
N4694	PtmN	(3 d)	16, 34				
N4694	Zrad	(6 b)	202	N4707	Mol	(14a)	175
N4694	Spop	(8 b)	517				
N4694	HIw	(13a)	23, 99, 288	N4709	Xg	(16)	350
N4694	HIm	(13b)	65, 207				
N4694	Radc	(15a)	110	N4710	PtmO	(3 b)	179
				N4710	PtmN	(3 d)	16
N4696	Des	(1 b)	199	N4710	SPtm	(4 a)	240, 297, 303, 520
N4696	Pho	(2 a)	637, 751, 969	N4710	Spop	(8 b)	517
N4696	PtmO	(3 b)	268	N4710	Radif	(15b)	326
N4696	SPtm	(4 a)	343				
N4696	Zopt	(6 a)	218	N4716	SN	(17a)	136, 137, 305
N4696	SpUV	(8 a)	148				
N4696	Spop	(8 b)	700	N4719	Pho	(2 a)	868
N4696	Imed	(12c)	46	N4719	Spop	(8 b)	372
N4696	Radif	(15b)	704, 718	N4719	HIIr	(12a)	223
N4696	Xg	(16)	13, 54, 350				
				N4725	Des	(1 b)	375

N4725	Pho	(2 a)	188, 330, 432, 859, 937,		N4736	Mol	(14a)	99, 165, 172
N4725	Pho	(2 a)	1130		N4736	Radc	(15a)	205, 274
N4725	PtmU	(3 a)	10		N4736	Radif	(15b)	57, 686, 710
N4725	SPtm	(4 a)	516		N4736	Dis	(18)	170
N4725	Zopt	(6 a)	499					
N4725	Zrad	(6 b)	143, 172		N4738	HIw	(13a)	101
N4725	Vdis	(7 a)	15					
N4725	SpUV	(8 a)	138		N4742	Zopt	(6 a)	267
N4725	Span	(8 d)	113		N4742	Vdis	(7 a)	50
N4725	Mkin	(9 a)	329		N4742	Mkin	(9 a)	188
N4725	Mdyn	(9 b)	168					
N4725	Fpop	(11)	55		N4747	Pho	(2 a)	330, 859
N4725	HIIr	(12a)	291		N4747	Zrad	(6 b)	143, 172
N4725	HIw	(13a)	140, 248, 264		N4747	HIw	(13a)	248
N4725	HIm	(13b)	72, 73, 184, 226		N4747	HIm	(13b)	72, 73, 184
N4725	Radc	(15a)	53					
N4725	Radif	(15b)	686		N4753	Des	(1 b)	36
N4725	SN	(17a)	75		N4753	Pho	(2 a)	731
N4725	Dis	(18)	170		N4753	SPtm	(4 a)	60
N4725	Grp	(19)	134		N4753	Xg	(16)	353
					N4753	SN	(17a)	8, 203, 210, 250, 256, 290,
N4728	Radif	(15b)	286		N4753	SN	(17a)	298, 305, 309, 330, 342
					N4753	Dis	(18)	128
N4731	Pho	(2 a)	794					
N4731	Zrad	(6 b)	126		N4754	Pho	(2 a)	608
N4731	HIm	(13b)	168, 170		N4754	SPtm	(4 a)	270
N4735	Radc	(15a)	293		N4760	Radif	(15b)	102, 606
N4736	Des	(1 b)	215, 375		N4762	Pho	(2 a)	70, 317, 322, 430, 573,
N4736	Pho	(2 a)	69, 121, 168, 181, 188,		N4762	Pho	(2 a)	608
N4736	Pho	(2 a)	236, 300, 316, 432, 690,		N4762	PtmO	(3 b)	23
N4736	Pho	(2 a)	1035, 1130, 1160		N4762	PtmN	(3 d)	2, 16
N4736	PtmU	(3 a)	10		N4762	SPtm	(4 a)	80, 151, 152, 156, 195,
N4736	PtmI	(3 c)	40, 157, 200		N4762	SPtm	(4 a)	223, 260, 270, 297, 303,
N4736	SPtm	(4 a)	49, 536, 550		N4762	SPtm	(4 a)	377, 520
N4736	SPIR	(4 b)	56		N4762	SPIR	(4 b)	11
N4736	Zopt	(6 a)	499		N4762	Vdis	(7 a)	4
N4736	Zrad	(6 b)	189		N4762	Spop	(8 b)	19, 210, 288, 517
N4736	Vdis	(7 a)	15, 48, 74		N4762	Mkin	(9 a)	61
N4736	SpUV	(8 a)	138		N4762	Mdyn	(9 b)	14
N4736	Spop	(8 b)	105, 232, 303, 456, 531,		N4762	HIw	(13a)	23, 28, 229
N4736	Spop	(8 b)	736					
N4736	Spir	(8 c)	74		N4765	PtmO	(3 b)	383
N4736	Span	(8 d)	31, 64, 113, 122		N4765	PtmN	(3 d)	34
N4736	Mkin	(9 a)	22, 35, 37, 38, 176, 329					
N4736	Mdyn	(9 b)	160, 168		N4772	PtmN	(3 d)	16
N4736	Fpop	(11)	55		N4772	Spop	(8 b)	517
N4736	HIIr	(12a)	233, 291		N4772	SN	(17a)	411
N4736	HIm	(13b)	38					

N4774	Des	(1 b)	25		N4826	SpUV	(8 a)	138
N4774	Pho	(2 a)	83		N4826	Spop	(8 b)	453, 531
N4774	PtmO	(3 b)	26		N4826	Span	(8 d)	113
N4774	PtmI	(3 c)	255		N4826	Mdyn	(9 b)	75, 83
N4774	Zopt	(6 a)	40		N4826	HIw	(13a)	92
					N4826	Mol	(14a)	125
N4775	Pho	(2 a)	938		N4826	Radc	(15a)	174, 205
N4775	Radif	(15b)	102		N4826	Radif	(15b)	686
N4782/83	Vdis	(7 a)	73		N4827	Radc	(15a)	75
N4782/83	Mdyn	(9 b)	118		N4827	Radif	(15b)	318, 559
N4782/83	Prad	(10b)	7		N4827	Grp	(19)	32
N4785	Zopt	(6 a)	452		N4829	Pho	(2 a)	317
N4785	Spop	(8 b)	823					
					N4839	Pho	(2 a)	46
N4786	Radif	(15b)	102		N4839	Vdis	(7 a)	51
					N4839	Mkin	(9 a)	189
N4789	Radc	(15a)	184		N4839	Radc	(15a)	38, 67, 75
N4789	Radif	(15b)	318, 559, 574		N4839	Radif	(15b)	318, 520, 559
					N4839	Grp	(19)	17, 30, 32
N4789A	Pho	(2 a)	816					
N4789A	Zrad	(6 b)	131		N4840	SPtm	(4 a)	126
N4789A	HIw	(13a)	104, 218					
N4789A	HIm	(13b)	171, 245		N4845	Pho	(2 a)	1154
					N4845	Zopt	(6 a)	379, 490
N4800	Pho	(2 a)	600		N4845	Spop	(8 b)	288
N4800	Mkin	(9 a)	163		N4845	Mkin	(9 a)	306
N4800	Mdyn	(9 b)	100					
N4800	Radif	(15b)	686		N4848	Pho	(2 a)	46, 1004
					N4848	SPtm	(4 a)	483
N4803	Pho	(2 a)	50		N4848	Radc	(15a)	38, 67, 75
					N4848	Radif	(15b)	49, 559
N4814	Pho	(2 a)	938		N4848	Grp	(19)	17, 30, 32
N4814	Zopt	(6 a)	533					
N4814	Mkin	(9 a)	320		N4849	Radif	(15b)	559
N4814	HIIr	(12a)	189					
					N4853	Pho	(2 a)	146
N4816	Des	(1 b)	63		N4853	PtmO	(3 b)	52
N4816	Pho	(2 a)	261		N4853	SPtm	(4 a)	72
N4816	SPtm	(4 a)	126		N4853	SpUV	(8 a)	126
N4816	Grp	(19)	78		N4853	Spop	(8 b)	285
					N4853	Span	(8 d)	55
N4826	Des	(1 b)	215					
N4826	Pho	(2 a)	316, 690		N4854	Des	(1 b)	63
N4826	PtmU	(3 a)	1, 10		N4854	Pho	(2 a)	261
N4826	PtmI	(3 c)	147		N4854	Grp	(19)	78
N4826	SPtm	(4 a)	167					
N4826	Zrad	(6 b)	157, 189		N4858	Pho	(2 a)	46, 1004
N4826	Vdis	(7 a)	15		N4858	Spop	(8 b)	832

N4858	Radc	(15a)	38, 75		N4876	Pho	(2 a)	203
N4858	Grp	(19)	17, 32		N4876	SPtm	(4 a)	126
N4860	SPtm	(4 a)	126		N4881	PtmN	(3 d)	30
					N4881	SPtm	(4 a)	99, 121, 126, 533
N4861	Pho	(2 a)	725, 937					
N4861	PtmI	(3 c)	13		N4886	Pho	(2 a)	203
N4861	SpUV	(8 a)	110, 139					
N4861	Spop	(8 b)	46, 270, 301, 368, 759,		N4889	Pho	(2 a)	203, 1076
N4861	Spop	(8 b)	854, 922		N4889	SPtm	(4 a)	126, 150, 305
N4861	Span	(8 d)	17, 47, 51, 63, 72, 150		N4889	Sclu	(5 b)	128
N4861	HIIr	(12a)	8, 72, 90, 186, 198, 205,		N4889	Vdis	(7 a)	4, 51, 81
N4861	HIIr	(12a)	213, 220, 263, 266		N4889	Vdyn	(7 b)	2, 30
N4861	Radc	(15a)	277		N4889	Spop	(8 b)	370
N4861	Radif	(15b)	319, 614, 622		N4889	SpIR	(8 c)	1, 17, 18
N4861	Xg	(16)	239		N4889	Span	(8 d)	73
N4861	Dis	(18)	40		N4889	Mkin	(9 a)	67, 189
					N4889	Mdyn	(9 b)	42, 55
N4864	SPtm	(4 a)	126		N4889	Mol	(14a)	8
					N4889	Radif	(15b)	341, 520
N4865	Pho	(2 a)	46		N4889	Xg	(16)	32
N4865	SPtm	(4 a)	126		N4889	Grp	(19)	59, 88
N4865	Radc	(15a)	38, 67					
N4865	Grp	(19)	17, 30		N4891	Pho	(2 a)	938
N4866	Mkin	(9 a)	156		N4895	Mkin	(9 a)	253
N4866	HIw	(13a)	39					
					N4899	Pho	(2 a)	938
N4868	Radif	(15b)	319					
					N4902	Pho	(2 a)	520
N4869	SPtm	(4 a)	126		N4902	Spop	(8 b)	288
N4869	Radc	(15a)	38, 67, 75, 224		N4902	SN	(17a)	97, 128
N4869	Radif	(15b)	92, 341, 543, 559					
N4869	Grp	(19)	17, 30, 32		N4911	Pho	(2 a)	46, 1004
					N4911	Radc	(15a)	38, 67, 75
N4874	Pho	(2 a)	1076, 1077		N4911	Radif	(15b)	559
N4874	SPtm	(4 a)	150, 305, 484		N4911	Grp	(19)	17, 30, 32
N4874	Sclu	(5 b)	128, 129					
N4874	Spop	(8 b)	370, 833		N4921	Pho	(2 a)	77, 196
N4874	Span	(8 d)	73		N4921	HIw	(13a)	90
N4874	Mdyn	(9 b)	55		N4921	SN	(17a)	75
N4874	Radc	(15a)	38, 67, 75, 184					
N4874	Radif	(15b)	318, 341, 543, 559, 568,		N4922	Des	(1 b)	100
N4874	Radif	(15b)	682		N4922	Pho	(2 a)	376
N4874	Xg	(16)	32		N4922	Spop	(8 b)	738, 884
N4874	SN	(17a)	75, 136, 137		N4922	Span	(8 d)	157
N4874	Grp	(19)	17, 30, 32, 88		N4922	Radif	(15b)	559
N4875	Pho	(2 a)	203		N4926A	Pho	(2 a)	1004
					N4926A	SPtm	(4 a)	483

N4926A	Spop	(8 b)	832		N4974	Grp	(19)	78
N4927	Radc	(15a)	75		N4976	Zopt	(6 a)	218
N4927	Grp	(19)	32		N4976	Spop	(8 b)	153
					N4976	Mkin	(9 a)	48
N4935	HIIr	(12a)	189		N4976	Radif	(15b)	704
N4936	PtmI	(3 c)	296		N4981	Pho	(2 a)	938
N4939	Pho	(2 a)	938		N4984	Radif	(15b)	326
N4941	Spop	(8 b)	453		N4990	Spop	(8 b)	372
					N4990	Radif	(15b)	614
N4944	Pho	(2 a)	282		N5000	Des	(1 b)	18
N4944	SN	(17a)	75, 77		N5000	Pho	(2 a)	50
					N5000	HIw	(13a)	100
N4945	Pho	(2 a)	438, 757					
N4945	PtmI	(3 c)	174, 247		N5004A	SN	(17a)	55, 75
N4945	Spop	(8 b)	489		N5005	Des	(1 b)	188, 215
N4945	SpIR	(8 c)	65, 86		N5005	Pho	(2 a)	342, 503, 690
N4945	Span	(8 d)	156		N5005	SPtm	(4 a)	167, 375
N4945	Mkin	(9 a)	104		N5005	SpUV	(8 a)	182
N4945	FPop	(11)	28		N5005	Spop	(8 b)	43, 355, 372, 453, 518
N4945	Imed	(12c)	65		N5005	Span	(8 d)	146
N4945	HIw	(13a)	294		N5005	Mdyn	(9 b)	12, 34, 60, 85
N4945	HIm	(13b)	42, 43, 242		N5005	HIm	(13b)	140
N4945	Mol	(14a)	1, 19, 29, 30, 38, 44, 47,		N5005	Mol	(14a)	157
N4945	Mol	(14a)	67, 155		N5005	Radif	(15b)	97, 319
N4945	Radif	(15b)	421, 558, 583, 648, 701,		N5005	Xg	(16)	253, 346
N4945	Radif	(15b)	704					
N4945	Dis	(18)	32		N5014	Pho	(2 a)	868
N4945	Grp	(19)	94		N5014	HIIr	(12a)	223
N4947	Pho	(2 a)	938		N5018	Des	(1 b)	312, 400
					N5018	Pho	(2 a)	777, 881, 970
N4958	HIw	(13a)	39		N5018	Ima	(2 b)	71
					N5018	PtmI	(3 c)	296
N4967	Des	(1 b)	63		N5018	SPtm	(4 a)	493
N4967	Pho	(2 a)	261		N5018	Spop	(8 b)	288
N4967	Grp	(19)	78					
					N5023	Pho	(2 a)	651, 1043
N4968	Zopt	(6 a)	452		N5023	SPtm	(4 a)	288
N4968	Spop	(8 b)	823		N5023	Zrad	(6 b)	190
					N5023	HIw	(13a)	261
N4973	Des	(1 b)	63		N5023	HIm	(13b)	224
N4973	Pho	(2 a)	261					
N4973	Grp	(19)	78		N5033	Des	(1 b)	215
N4974	Des	(1 b)	63		N5033	Pho	(2 a)	262, 503, 514, 937
N4974	Pho	(2 a)	261					

N5033	SPtm	(4 a)	179, 375, 516, 550		N5077	Radc	(15a)	3
N5033	Spop	(8 b)	230, 300, 453		N5077	Radif	(15b)	68, 409, 428, 454, 537
N5033	Mkin	(9 a)	80		N5077	Xg	(16)	351
N5033	Mdyn	(9 b)	63, 160					
N5033	HIIr	(12a)	189		N5084	Des	(1 b)	302, 332
N5033	HIw	(13a)	264		N5084	Pho	(2 a)	687, 776, 999, 1044
N5033	HIm	(13b)	124, 140, 226		N5084	Zopt	(6 a)	266
N5033	Radc	(15a)	291		N5084	Zrad	(6 b)	179
N5033	Radif	(15b)	97		N5084	Vdis	(7 a)	49
N5033	Xg	(16)	112, 219		N5084	Mkin	(9 a)	187
N5033	SN	(17a)	319, 338, 347		N5084	HIw	(13a)	57
					N5084	HIm	(13b)	167, 217
N5054	Pho	(2 a)	938					
					N5085	Pho	(2 a)	938
N5055	Des	(1 b)	188					
N5055	Pho	(2 a)	188, 262, 316, 503, 514,		N5089	Spop	(8 b)	536
N5055	Pho	(2 a)	938, 971, 974					
N5055	PtmU	(3 a)	1, 10		N5090	Pho	(2 a)	267, 763, 1018
N5055	PtmI	(3 c)	157		N5090	SPtm	(4 a)	495
N5055	SPtm	(4 a)	179, 375, 457, 516, 550		N5090	Zopt	(6 a)	467
N5055	Zrad	(6 b)	5, 189		N5090	Vdis	(7 a)	91
N5055	Vdis	(7 a)	87		N5090	Mkin	(9 a)	211, 289
N5055	SpUV	(8 a)	3, 138		N5090	Mdyn	(9 b)	154
N5055	Spop	(8 b)	736		N5090	Radc	(15a)	156
N5055	Span	(8 d)	113, 122		N5090	Radif	(15b)	28, 427, 620
N5055	Mkin	(9 a)	80, 284		N5090	SN	(17a)	143
N5055	Mdyn	(9 b)	34, 63, 72, 85, 150, 160					
N5055	HIIr	(12a)	176, 233		N5091	Pho	(2 a)	267, 763, 1018
N5055	HIw	(13a)	264		N5091	SPtm	(4 a)	495
N5055	HIm	(13b)	124, 226		N5091	Zopt	(6 a)	467
N5055	Mol	(14a)	3, 103, 228		N5091	Mkin	(9 a)	211, 289
N5055	Radc	(15a)	205, 274		N5091	Mdyn	(9 b)	154
N5055	Radif	(15b)	296, 430		N5091	Radif	(15b)	620
N5055	SN	(17a)	8, 290, 305, 325, 331		N5101	Pho	(2 a)	300
					N5101	HIw	(13a)	57
N5058	Zopt	(6 a)	176		N5101	SN	(17a)	358, 365, 366
N5058	Spop	(8 b)	338, 692					
					N5102	Des	(1 b)	74, 77
N5068	Pho	(2 a)	937		N5102	Pho	(2 a)	99, 194, 355
N5068	Spop	(8 b)	736		N5102	PtmO	(3 b)	32, 131
N5068	Span	(8 d)	122		N5102	PtmI	(3 c)	172
N5068	HIIr	(12a)	3, 233		N5102	SPtm	(4 a)	82, 140, 144, 162, 189
N5068	Dis	(18)	32		N5102	Vdis	(7 a)	4
N5068	Grp	(19)	94		N5102	SpUV	(8 a)	126, 142, 216
					N5102	Spop	(8 b)	19, 456
N5074	Spop	(8 b)	536		N5102	Span	(8 d)	160
					N5102	HIIr	(12a)	13
N5077	Ima	(2 b)	17		N5102	Imed	(12c)	14
N5077	Spop	(8 b)	518, 633		N5102	HIw	(13a)	6, 57
N5077	Mkin	(9 a)	223					

N5102	Dis	(18)	32		N5128	Mkin	(9 a)	140, 233, 256, 283
N5102	Grp	(19)	94		N5128	Mdyn	(9 b)	70, 108, 113, 148
					N5128	Popt	(10a)	52, 76, 83
N5107	SPtm	(4 a)	382		N5128	Prad	(10b)	10, 144
N5107	Zrad	(6 b)	118		N5128	FPop	(11)	25, 30, 35, 49, 54
N5107	HIm	(13b)	162		N5128	HIlr	(12a)	1, 5, 43, 44, 58, 59, 66, 73,
N5107	Grp	(19)	187		N5128	HIlr	(12a)	82, 116, 124, 125, 129,
					N5128	HIlr	(12a)	155, 171, 177, 179, 220
N5112	Pho	(2 a)	498, 937		N5128	Imed	(12c)	8, 18, 24, 27, 46, 56, 73,
N5112	SPtm	(4 a)	382		N5128	Imed	(12c)	77
N5112	Zrad	(6 b)	118		N5128	HIw	(13a)	55
N5112	HIm	(13b)	162		N5128	HIm	(13b)	118, 125, 153
N5112	Grp	(19)	187		N5128	Mol	(14a)	5, 10, 18, 29, 35, 44, 167,
					N5128	Mol	(14a)	202
N5127	Prad	(10b)	86, 94		N5128	Radc	(15a)	12, 40, 46, 100, 115, 140,
N5127	Radif	(15b)	264, 318, 327, 356, 360,		N5128	Radc	(15a)	141, 154, 181, 193, 209,
N5127	Radif	(15b)	449		N5128	Radc	(15a)	220, 250, 270
					N5128	Radif	(15b)	4, 8, 28, 53, 228, 240, 350,
N5128	Des	(1 b)	10, 59, 60, 78, 92, 120,		N5128	Radif	(15b)	374, 378, 426, 474, 589,
N5128	Des	(1 b)	124, 160, 187, 208, 218,		N5128	Radif	(15b)	629
N5128	Des	(1 b)	221, 248, 261, 300		N5128	Xg	(16)	1, 3, 8, 12, 14, 15, 17, 18,
N5128	Pho	(2 a)	10, 85, 212, 213, 231, 233,		N5128	Xg	(16)	26, 35, 38, 40, 51, 56, 59,
N5128	Pho	(2 a)	291, 313, 326, 367, 396,		N5128	Xg	(16)	60, 61, 75, 81, 82, 87, 92,
N5128	Pho	(2 a)	408, 422, 449, 496, 500,		N5128	Xg	(16)	110, 117, 125, 142, 144,
N5128	Pho	(2 a)	504, 536, 539, 572, 625,		N5128	Xg	(16)	147, 150, 174, 177, 178,
N5128	Pho	(2 a)	627, 672, 675, 692, 702,		N5128	Xg	(16)	182, 185, 202, 212, 219,
N5128	Pho	(2 a)	714, 728, 732, 762, 777,		N5128	Xg	(16)	221, 222, 249, 250, 259,
N5128	Pho	(2 a)	778, 781, 998, 1028, 1079,		N5128	Xg	(16)	268, 269, 270, 298, 305,
N5128	Pho	(2 a)	1148		N5128	Xg	(16)	324, 329, 338, 340, 343,
N5128	PtmO	(3 b)	27		N5128	Xg	(16)	345, 353, 381, 395, 414,
N5128	PtmI	(3 c)	23, 32, 78, 94, 113, 170,		N5128	Xg	(16)	422, 426, 430
N5128	PtmI	(3 c)	173, 293, 296		N5128	SN	(17a)	345, 361, 362, 363, 380,
N5128	SPtm	(4 a)	83, 116, 117, 157, 188,		N5128	SN	(17a)	408, 412
N5128	SPtm	(4 a)	381, 523		N5128	Dis	(18)	31, 32, 47, 92
N5128	SPIR	(4 b)	12, 20, 28, 49		N5128	Grp	(19)	94, 197
N5128	Star	(5 a)	8, 9, 15, 33, 72, 93					
N5128	Sclu	(5 b)	32, 39, 40, 42, 50, 60, 65,		N5134	Spop	(8 b)	288
N5128	Sclu	(5 b)	70, 87, 88, 92, 96, 124,					
N5128	Sclu	(5 b)	137		N5135	SpUV	(8 a)	117
N5128	Scts	(5 c)	4, 12, 13		N5135	Spop	(8 b)	521
N5128	Zopt	(6 a)	451		N5135	Mkin	(9 a)	228
N5128	Vdis	(7 a)	72, 78, 86		N5135	Radc	(15a)	236
N5128	Vdyn	(7 b)	23		N5135	Xg	(16)	273
N5128	SpUV	(8 a)	11, 139					
N5128	Spop	(8 b)	131, 180, 209, 318, 365,		N5141	Des	(1 b)	63
N5128	Spop	(8 b)	402, 406, 425, 503, 508,		N5141	Pho	(2 a)	261
N5128	Spop	(8 b)	718		N5141	Spop	(8 b)	399
N5128	Spir	(8 c)	69		N5141	Prad	(10b)	44
N5128	Span	(8 d)	42		N5141	Radc	(15a)	222
N5128	Mkin	(9 a)	51, 86, 97, 112, 129, 138,		N5141	Radif	(15b)	78, 248, 409, 493, 502,

N5141	Radif	(15b)	538		N5194	SpUV	(8 a)	73, 110, 138
N5141	Grp	(19)	78		N5194	Spop	(8 b)	11, 33, 58, 59, 61, 105,
					N5194	Spop	(8 b)	254, 372, 435, 453, 456,
N5142	Des	(1 b)	63		N5194	Spop	(8 b)	472, 481, 498, 522, 531,
N5142	Pho	(2 a)	261		N5194	Spop	(8 b)	638, 720, 736
N5142	Grp	(19)	78		N5194	Spir	(8 c)	69, 78
					N5194	Span	(8 d)	10, 21, 22, 31, 47, 49, 79,
N5143	Des	(1 b)	63		N5194	Span	(8 d)	88, 113, 115, 120, 122,
N5143	Pho	(2 a)	261		N5194	Span	(8 d)	125, 149
N5143	Grp	(19)	78		N5194	Mkin	(9 a)	28, 158, 168, 235, 258
					N5194	Mdyn	(9 b)	12, 20
N5161	Pho	(2 a)	26, 938		N5194	Popt	(10a)	15, 81, 88
N5161	SN	(17a)	5		N5194	Prad	(10b)	16, 150
					N5194	HIIr	(12a)	2, 11, 23, 102, 106, 198,
N5169	HIm	(13b)	182		N5194	HIIr	(12a)	233, 258, 262, 265, 288
					N5194	Imed	(12c)	18, 26, 32, 66
N5170	Pho	(2 a)	1106		N5194	HIm	(13b)	12, 20, 218
N5170	Zopt	(6 a)	505		N5194	Mol	(14a)	3, 4, 12, 16, 52, 59, 74, 78,
N5170	Vdis	(7 a)	104		N5194	Mol	(14a)	91, 100, 103, 111, 119,
N5170	Spop	(8 b)	960		N5194	Mol	(14a)	129, 130, 132, 144, 156,
N5170	Mkin	(9 a)	310		N5194	Mol	(14a)	185, 188, 198, 222, 231,
N5170	Mdyn	(9 b)	161		N5194	Mol	(14a)	233
N5170	HIw	(13a)	285		N5194	Radc	(15a)	77, 108, 111, 183, 222,
N5170	HIm	(13b)	239		N5194	Radc	(15a)	273, 274, 306, 318
					N5194	Radif	(15b)	38, 43, 58, 300, 430, 471,
N5171	Des	(1 b)	5, 43		N5194	Radif	(15b)	524, 721
N5171	SPtm	(4 a)	316		N5194	Xg	(16)	383, 423
N5171	Xg	(16)	153					
N5171	Grp	(19)	112		N5194/95	Des	(1 b)	71, 79, 130, 152
					N5194/95	Pho	(2 a)	288, 299, 320, 429, 461,
N5172	HIIr	(12a)	189		N5194/95	Pho	(2 a)	480, 503, 683, 937
					N5194/95	SPtm	(4 a)	158, 249
N5173	HIm	(13b)	182		N5194/95	SPIR	(4 b)	14
					N5194/95	SpUV	(8 a)	53
N5174	PtmO	(3 b)	121		N5194/95	Spop	(8 b)	216
					N5194/95	Mkin	(9 a)	88
N5194	Des	(1 b)	16, 17, 55, 127, 188, 289,		N5194/95	Mdyn	(9 b)	94
N5194	Des	(1 b)	305, 408		N5194/95	Popt	(10a)	32
N5194	Pho	(2 a)	15, 47, 48, 49, 50, 53, 57,		N5194/95	Prad	(10b)	57
N5194	Pho	(2 a)	90, 94, 122, 138, 170, 207,		N5194/95	HIIr	(12a)	52
N5194	Pho	(2 a)	235, 604, 847, 906, 911		N5194/95	Imed	(12c)	16
N5194	Ima	(2 b)	31, 62		N5194/95	HIm	(13b)	50
N5194	PtmU	(3 a)	7, 10		N5194/95	Mol	(14a)	37, 56, 79, 130
N5194	PtmI	(3 c)	52, 63, 95, 111, 117		N5194/95	Radc	(15a)	205
N5194	SPtm	(4 a)	22, 40, 51, 61, 104, 120,		N5194/95	Radif	(15b)	386
N5194	SPtm	(4 a)	375, 475, 487, 604		N5194/95	Xg	(16)	360
N5194	SPIR	(4 b)	18, 23, 51					
N5194	Zrad	(6 b)	5, 180, 189		N5195	Dim	(1 a)	6
N5194	Vdis	(7 a)	8		N5195	Pho	(2 a)	66, 94, 122, 138, 170, 207,
N5194	Vdyn	(7 b)	4		N5195	Pho	(2 a)	235

N5195	PtmI	(3 c)	5, 15, 95, 117		N5236	SPIR	(4 b)	62
N5195	SPtm	(4 a)	28, 61, 99, 120		N5236	Star	(5 a)	93
N5195	SPIR	(4 b)	18		N5236	Zopt	(6 a)	155
N5195	Spop	(8 b)	105, 984		N5236	Zrad	(6 b)	44, 152
N5195	SpIR	(8 c)	74, 83, 101		N5236	SpUV	(8 a)	97, 141
N5195	Span	(8 d)	31		N5236	Spop	(8 b)	37, 72, 110, 289, 317, 341,
N5195	Mkin	(9 a)	42		N5236	Spop	(8 b)	342, 394, 573, 628, 733,
N5195	Mdyn	(9 b)	27		N5236	Spop	(8 b)	882
N5195	Popt	(10a)	81		N5236	SpIR	(8 c)	29, 44, 69, 74, 90, 101
N5195	Imed	(12c)	26, 32, 76		N5236	Span	(8 d)	13, 56, 69, 101, 108
N5195	Radif	(15b)	58		N5236	Mkin	(9 a)	322
N5195	Xg	(16)	383, 423		N5236	Mdyn	(9 b)	67, 82
					N5236	Prad	(10b)	149
N5204	Pho	(2 a)	59, 937		N5236	FPop	(11)	19, 27, 30, 39, 40
N5204	PtmI	(3 c)	56		N5236	HIIr	(12a)	28, 79, 95, 119, 121, 181,
N5204	Zrad	(6 b)	41		N5236	HIIr	(12a)	191, 230, 258
N5204	SpUV	(8 a)	78, 92		N5236	Imed	(12c)	15, 40
N5204	Mkin	(9 a)	20		N5236	HIm	(13b)	131, 209, 211, 230
N5204	HIIr	(12a)	55, 176, 186		N5236	Mol	(14a)	4, 12, 26, 37, 59, 100, 111,
N5204	HIw	(13a)	75		N5236	Mol	(14a)	119, 123, 130, 156, 224,
N5204	Radif	(15b)	686		N5236	Mol	(14a)	229, 230
N5204	Xg	(16)	274		N5236	Radif	(15b)	275, 284, 386, 421, 483,
N5204	Dis	(18)	6, 43		N5236	Radif	(15b)	525, 546, 684, 704
					N5236	Xg	(16)	254, 316, 327, 347, 418
N5214A	Mkin	(9 a)	248		N5236	SN	(17a)	161, 206, 208, 223, 235,
					N5236	SN	(17a)	245, 246, 249, 253, 284,
N5216/18	Des	(1 b)	267		N5236	SN	(17a)	286, 290, 291, 304, 305,
N5216/18	Pho	(2 a)	48, 298, 872		N5236	SN	(17a)	306, 327, 333, 342, 352,
					N5236	SN	(17a)	355, 401, 406
N5218	Pho	(2 a)	48		N5236	SNR	(17b)	27, 33, 42, 48
					N5236	Dis	(18)	32
N5228	Radif	(15b)	295		N5236	Grp	(19)	94
N5234	Des	(1 b)	54		N5237	Des	(1 b)	54
N5234	Pho	(2 a)	192		N5237	Pho	(2 a)	192, 531
N5234	Spop	(8 b)	128		N5237	Zopt	(6 a)	192
					N5237	Spop	(8 b)	128, 397
N5236	Dim	(1 a)	6		N5237	Grp	(19)	142
N5236	Des	(1 b)	76, 127, 156, 206, 234					
N5236	Pho	(2 a)	51, 65, 254, 303, 403, 414,		N5238	Radc	(15a)	277
N5236	Pho	(2 a)	485, 527, 555, 604, 618,					
N5236	Pho	(2 a)	625, 669, 671, 717, 740,		N5247	Pho	(2 a)	938, 1011
N5236	Pho	(2 a)	757, 829, 893, 908, 917,		N5247	Vdis	(7 a)	89
N5236	Pho	(2 a)	935, 937, 1120		N5247	Vdyn	(7 b)	34
N5236	Ima	(2 b)	9					
N5236	PtmO	(3 b)	361		N5248	Pho	(2 a)	90, 316, 503, 736, 937
N5236	PtmI	(3 c)	15, 23, 40, 52, 94, 247		N5248	SPtm	(4 a)	375
N5236	PtmN	(3 d)	27		N5248	Spop	(8 b)	43, 288, 456
N5236	SPtm	(4 a)	26, 50, 86, 141, 222, 227,		N5248	HIIr	(12a)	189
N5236	SPtm	(4 a)	588		N5248	HIw	(13a)	72

N5248	Mol	(14a)	62	N5264	HIw	(13a)	94
				N5264	Grp	(19)	96
N5249	HIw	(13a)	226				
				N5266	Des	(1 b)	187, 236, 328
N5252	Spop	(8 b)	990	N5266	Pho	(2 a)	534, 574, 785, 1023, 1057,
				N5266	Pho	(2 a)	1145
N5253	Des	(1 b)	167	N5266	Ima	(2 b)	74
N5253	Pho	(2 a)	327, 437, 523, 596, 740	N5266	PtmI	(3 c)	293
N5253	PtmO	(3 b)	214, 383	N5266	SPtm	(4 a)	363, 528
N5253	PtmI	(3 c)	5, 94, 116, 247	N5266	Zopt	(6 a)	324
N5253	PtmN	(3 d)	34	N5266	Vdis	(7 a)	63, 93, 95, 98
N5253	Sclu	(5 b)	43, 53	N5266	Mkin	(9 a)	222, 295, 303
N5253	SpUV	(8 a)	139, 204, 217	N5266	HIw	(13a)	265
N5253	Spop	(8 b)	407, 460, 573, 934, 976	N5266	Radif	(15b)	704
N5253	SpIR	(8 c)	43, 86	N5266	Grp	(19)	200
N5253	Span	(8 d)	47, 84, 92, 101, 164, 166				
N5253	HIIr	(12a)	146, 159, 191, 253, 277	N5266A	Zopt	(6 a)	324
N5253	Imed	(12c)	25				
N5253	Radc	(15a)	45	N5273	Spop	(8 b)	453
N5253	Radif	(15b)	284	N5273	Radif	(15b)	451
N5253	Xg	(16)	316				
N5253	SN	(17a)	1, 2, 3, 4, 8, 9, 11, 12, 13,	N5275	Des	(1 b)	100
N5253	SN	(17a)	33, 54, 59, 90, 151, 290,	N5275	Pho	(2 a)	376
N5253	SN	(17a)	305, 355				
N5253	SNR	(17b)	27, 49	N5278	Des	(1 b)	63
N5253	Dis	(18)	32	N5278	Pho	(2 a)	48, 261
N5253	Grp	(19)	94	N5278	PtmI	(3 c)	165
				N5278	Grp	(19)	78
N5256	Des	(1 b)	28, 396				
N5256	Pho	(2 a)	240, 394, 1030	N5278/79	Pho	(2 a)	547
N5256	Zopt	(6 a)	387	N5278/79	Zopt	(6 a)	199
N5256	SpUV	(8 a)	135, 144				
N5256	Spop	(8 b)	261, 279, 333, 500, 539,	N5279	Des	(1 b)	63
N5256	Spop	(8 b)	673, 692, 722	N5279	Pho	(2 a)	48, 261
N5256	Span	(8 d)	68	N5279	PtmI	(3 c)	165
N5256	Mkin	(9 a)	115	N5279	Grp	(19)	78
N5256	Mdyn	(9 b)	77				
N5256	Mol	(14a)	168	N5283	Zopt	(6 a)	387
N5256	Radc	(15a)	2, 48, 57, 180	N5283	SpUV	(8 a)	180
				N5283	Spop	(8 b)	145, 161, 364, 722, 831
N5257	Pho	(2 a)	1068	N5283	Radif	(15b)	442, 451
N5257	PtmI	(3 c)	165				
				N5289	PtmO	(3 b)	289
N5258	Pho	(2 a)	1068	N5289	SPtm	(4 a)	382
N5258	PtmI	(3 c)	165	N5289	Zrad	(6 b)	118
				N5289	Mdyn	(9 b)	120
N5260	HIIr	(12a)	189	N5289	HIm	(13b)	162
				N5289	Grp	(19)	187
N5264	Pho	(2 a)	334, 1091				
N5264	SPtm	(4 a)	513	N5290	Pho	(2 a)	1139

N5290	PtmO	(3 b)	289		N5312	Radif	(15b)	230
N5290	SPtm	(4 a)	382		N5312	Grp	(19)	128
N5290	Zrad	(6 b)	118					
N5290	Mdyn	(9 b)	120		N5318	Zrad	(6 b)	102
N5290	HIm	(13b)	162		N5318	HIw	(13a)	187
N5290	Grp	(19)	187		N5318	Radif	(15b)	128, 454
N5291	Des	(1 b)	89, 388		N5322	Radc	(15a)	184
N5291	Pho	(2 a)	343, 569		N5322	Radif	(15b)	428, 494, 499
N5291	PtmO	(3 b)	408					
N5291	SPtm	(4 a)	582		N5324	Spop	(8 b)	288
N5291	Spop	(8 b)	236					
N5291	HIw	(13a)	95		N5334	Pho	(2 a)	938
N5291B	Des	(1 b)	388		N5347	Mol	(14a)	209
N5291B	PtmO	(3 b)	408					
N5291B	SPtm	(4 a)	582		N5350	Pho	(2 a)	938, 1084
					N5350	PtmI	(3 c)	279
N5293	HIw	(13a)	100		N5350	PtmN	(3 d)	32
					N5350	Radif	(15b)	531
N5296	Pho	(2 a)	92					
					N5351	Pho	(2 a)	938
N5296/97	Pho	(2 a)	284					
					N5352	Des	(1 b)	251
N5297	Pho	(2 a)	92		N5352	Ima	(2 b)	23
N5297	Radif	(15b)	109		N5352	Radif	(15b)	318, 484
N5298	Des	(1 b)	388		N5353	Radif	(15b)	326, 331, 493, 494, 531
N5298	Pho	(2 a)	861					
N5298	PtmO	(3 b)	408		N5354	Radif	(15b)	326, 531
N5298	SPtm	(4 a)	582					
					N5360	Pho	(2 a)	316
N5298A	Des	(1 b)	388					
N5298A	PtmO	(3 b)	408		N5363	Des	(1 b)	36, 60, 187, 298, 339
N5298A	SPtm	(4 a)	582		N5363	Pho	(2 a)	233, 316, 733, 996
					N5363	PtmI	(3 c)	293
N5301	Pho	(2 a)	663		N5363	SPtm	(4 a)	60, 117, 428
N5301	Zrad	(6 b)	94, 170		N5363	Zrad	(6 b)	152
N5301	HIm	(13b)	146, 189, 204		N5363	Vdis	(7 a)	57
					N5363	Spop	(8 b)	43, 460
N5302	Des	(1 b)	388		N5363	Mkin	(9 a)	75, 199
N5302	Pho	(2 a)	861		N5363	Imed	(12c)	55
N5302	PtmO	(3 b)	408		N5363	HIw	(13a)	127, 150, 159, 162
N5302	SPtm	(4 a)	582		N5363	Mol	(14a)	33, 57, 123
					N5363	Radif	(15b)	45, 68, 128, 331, 494
N5303	Spop	(8 b)	494					
N5303	Mkin	(9 a)	248		N5364	Des	(1 b)	375
N5303	Radc	(15a)	189		N5364	Pho	(2 a)	94, 292, 316, 432, 515,
					N5364	Pho	(2 a)	938, 1130
N5311	Radif	(15b)	68		N5364	SPtm	(4 a)	40

N5364	Zopt	(6 a)	499		N5395	Grp	(19)	189
N5364	Spop	(8 b)	1016					
N5364	Mkin	(9 a)	13, 329		N5398	Pho	(2 a)	937
N5364	Mdyn	(9 b)	168		N5398	SpUV	(8 a)	164
N5364	Fpop	(11)	55		N5398	Spop	(8 b)	776
N5364	HIIr	(12a)	291		N5398	HIIr	(12a)	245
N5364	HIw	(13a)	99					
N5364	Dis	(18)	170		N5400	Des	(1 b)	5, 43
					N5400	Pho	(2 a)	13
N5371	Pho	(2 a)	938		N5400	PtmO	(3 b)	59, 121
N5371	SPtm	(4 a)	516		N5400	SPtm	(4 a)	233, 316
N5371	Zopt	(6 a)	533		N5400	Spop	(8 b)	221
N5371	Spop	(8 b)	518		N5400	Grp	(19)	127
N5371	Mkin	(9 a)	320					
N5371	HIw	(13a)	264		N5406	SN	(17a)	67
N5371	HIm	(13b)	226					
					N5408	Pho	(2 a)	636, 1036
N5377	Pho	(2 a)	300		N5408	PtmO	(3 b)	383
					N5408	PtmN	(3 d)	34
N5383	Pho	(2 a)	59, 202, 209, 256, 259,		N5408	Spop	(8 b)	116, 864
N5383	Pho	(2 a)	368, 503, 585, 748		N5408	HIIr	(12a)	253, 269
N5383	SPtm	(4 a)	128, 341, 357, 413		N5408	Xg	(16)	260, 333
N5383	Zopt	(6 a)	91					
N5383	Zrad	(6 b)	29		N5409	HIw	(13a)	93
N5383	Spop	(8 b)	254, 580		N5409	Grp	(19)	95
N5383	Span	(8 d)	49					
N5383	Mkin	(9 a)	20, 49, 59, 60, 95, 204		N5410	Pho	(2 a)	547
N5383	Mdyn	(9 b)	36, 37, 47, 63, 110, 143		N5410	PtmI	(3 c)	255
N5383	HIIr	(12a)	36, 197		N5410	Zopt	(6 a)	199
N5383	Imed	(12c)	14					
N5383	HIw	(13a)	58		N5411	PtmO	(3 b)	106
N5383	HIm	(13b)	91, 227		N5411	Zopt	(6 a)	129
N5383	Radc	(15a)	207		N5411	Grp	(19)	81
N5383	Radif	(15b)	90					
					N5414	Zopt	(6 a)	129
N5394	Pho	(2 a)	758, 770, 926		N5414	HIw	(13a)	93
N5394	Ima	(2 b)	37		N5414	Grp	(19)	81, 95
N5394	PtmI	(3 c)	165					
N5394	SPtm	(4 a)	350		N5416	PtmO	(3 b)	106
N5394	Zopt	(6 a)	309		N5416	Zopt	(6 a)	129
N5394	Grp	(19)	189		N5416	HIw	(13a)	93
					N5416	Grp	(19)	81, 95
N5394/95	Pho	(2 a)	240					
					N5419	SPtm	(4 a)	590
N5395	Des	(1 b)	211, 276		N5419	Radc	(15a)	102, 156
N5395	Pho	(2 a)	758, 926					
N5395	Ima	(2 b)	37		N5421	Pho	(2 a)	868, 883
N5395	PtmI	(3 c)	165		N5421	HIIr	(12a)	223
N5395	Zopt	(6 a)	309					
N5395	Mkin	(9 a)	208, 261		N5423	PtmO	(3 b)	106

N5423	Zopt	(6 a)	129	N5438	PtmO	(3 b)	106
N5423	Grp	(19)	81	N5438	Zopt	(6 a)	129
				N5438	Grp	(19)	81
N5424	Des	(1 b)	5, 43				
N5424	PtmO	(3 b)	106	N5440	Zrad	(6 b)	149
N5424	Zopt	(6 a)	129	N5440	HIw	(13a)	233
N5424	Xg	(16)	280				
N5424	Grp	(19)	81	N5444	Pho	(2 a)	104
				N5444	Radc	(15a)	3, 14, 222
N5426	Des	(1 b)	288	N5444	Radif	(15b)	9
N5426	Pho	(2 a)	635				
N5426	PtmI	(3 c)	165	N5457	Des	(1 b)	127, 130, 176, 188, 206,
N5426	SPtm	(4 a)	281	N5457	Des	(1 b)	408
N5426	Zopt	(6 a)	242	N5457	Pho	(2 a)	15, 37, 61, 90, 94, 188,
N5426	Mkin	(9 a)	50, 173	N5457	Pho	(2 a)	373, 429, 491, 503, 538,
N5426	Mdyn	(9 b)	102	N5457	Pho	(2 a)	544, 662, 726, 756, 924,
N5426	Grp	(19)	168	N5457	Pho	(2 a)	937, 1156
				N5457	Ima	(2 b)	5, 6, 8, 14
N5427	Pho	(2 a)	635, 929	N5457	PtmU	(3 a)	1, 10, 17
N5427	PtmI	(3 c)	165	N5457	PtmI	(3 c)	65, 75, 157
N5427	SPtm	(4 a)	281	N5457	SPtm	(4 a)	22, 40, 51, 61, 274, 375
N5427	Zopt	(6 a)	242	N5457	SPIR	(4 b)	15, 30, 61
N5427	Mkin	(9 a)	173	N5457	Star	(5 a)	57, 77, 103, 106, 122, 130,
N5427	Mdyn	(9 b)	102	N5457	Star	(5 a)	188, 200, 216, 231, 237
N5427	HIlr	(12a)	164	N5457	Vdis	(7 a)	15
N5427	Radif	(15b)	386	N5457	SpUV	(8 a)	3, 29, 38, 138, 139, 172
N5427	SN	(17a)	50, 51	N5457	Spop	(8 b)	11, 33, 144, 182, 187, 438,
N5427	Grp	(19)	168	N5457	Spop	(8 b)	456, 586, 623, 712, 736,
				N5457	Spop	(8 b)	744, 856
N5430	Des	(1 b)	180	N5457	Span	(8 d)	5, 10, 14, 36, 47, 81, 93,
N5430	Pho	(2 a)	563, 624, 868, 1099	N5457	Span	(8 d)	108, 113, 122, 131
N5430	Ima	(2 b)	16	N5457	Mkin	(9 a)	260
N5430	SPtm	(4 a)	255	N5457	Mdyn	(9 b)	12, 73, 88
N5430	Zopt	(6 a)	155, 176	N5457	Fpop	(11)	10
N5430	SpUV	(8 a)	214, 215	N5457	HIlr	(12a)	2, 11, 15, 19, 24, 39, 41,
N5430	Spop	(8 b)	338, 468, 557, 628, 692,	N5457	HIlr	(12a)	50, 52, 53, 54, 55, 85, 93,
N5430	Spop	(8 b)	696, 955	N5457	HIlr	(12a)	98, 106, 113, 118, 120,
N5430	HIlr	(12a)	153, 223	N5457	HIlr	(12a)	132, 134, 140, 143, 144,
N5430	Radc	(15a)	278	N5457	HIlr	(12a)	145, 167, 196, 203, 205,
				N5457	HIlr	(12a)	206, 207, 213, 215, 220,
N5431	Zopt	(6 a)	129	N5457	HIlr	(12a)	229, 233, 243, 248, 252,
N5431	Grp	(19)	81	N5457	HIlr	(12a)	258, 262, 263, 274, 282,
				N5457	HIlr	(12a)	289
N5434	Zrad	(6 b)	125	N5457	Imed	(12c)	16, 18, 20, 23
N5434	HIw	(13a)	93, 214	N5457	HIw	(13a)	20, 118
N5434	Grp	(19)	95	N5457	HIm	(13b)	10, 21, 22, 86, 93, 127,
				N5457	HIm	(13b)	133
N5436	PtmO	(3 b)	106	N5457	Mol	(14a)	51, 54, 59, 74, 83, 163
N5436	Zopt	(6 a)	129	N5457	Radc	(15a)	14, 33, 42, 70, 174, 205
N5436	Grp	(19)	81	N5457	Radif	(15b)	9, 15, 209, 519, 614, 686

N5457	Xg	(16)	300, 322, 398	N5506	Zrad	(6 b)	152
N5457	SN	(17a)	10, 26, 38, 39, 63, 74, 88,	N5506	SpUV	(8 a)	41, 195
N5457	SN	(17a)	104, 168, 242, 243, 253,	N5506	Spop	(8 b)	77, 148, 230, 300, 322,
N5457	SN	(17a)	305, 342, 354	N5506	Spop	(8 b)	407, 557, 626, 661, 714,
N5457	SNR	(17b)	51, 57	N5506	Spop	(8 b)	761, 768, 773, 835, 837,
N5457	Dis	(18)	6, 24, 25, 26, 30, 35, 43,	N5506	Spop	(8 b)	853, 873
N5457	Dis	(18)	44, 51, 57, 58, 63, 72, 73,	N5506	Spir	(8 c)	34, 63
N5457	Dis	(18)	86, 140, 148, 166	N5506	Span	(8 d)	23, 143
N5457	Grp	(19)	118, 121	N5506	Mkin	(9 a)	69, 255, 306
				N5506	Mdyn	(9 b)	43
N5468	Pho	(2 a)	938	N5506	Popt	(10a)	54
				N5506	HIw	(13a)	150, 159, 205, 256
N5471	SpUV	(8 a)	110	N5506	Mol	(14a)	123, 135
N5471	HIIr	(12a)	198	N5506	Radif	(15b)	221, 429, 451, 494, 550,
				N5506	Radif	(15b)	603, 666, 705
N5474	Pho	(2 a)	937	N5506	Xg	(16)	10, 74, 76, 84, 102, 128,
N5474	PtmU	(3 a)	10	N5506	Xg	(16)	144, 164, 177, 219, 221,
N5474	Zrad	(6 b)	41	N5506	Xg	(16)	230, 236, 238, 240, 270,
N5474	SpUV	(8 a)	138	N5506	Xg	(16)	354, 452, 458
N5474	Spop	(8 b)	460				
N5474	Span	(8 d)	113	N5507	Pho	(2 a)	107, 901
N5474	HIIr	(12a)	3, 55, 186, 189				
N5474	HIw	(13a)	75	N5514	Zrad	(6 b)	105
N5474	HIm	(13b)	86, 90, 101	N5514	HIw	(13a)	191
N5474	Dis	(18)	24				
N5474	Grp	(19)	118	N5514A/B	Pho	(2 a)	240
N5477	Pho	(2 a)	937	N5530	PtmO	(3 b)	361
N5477	Zrad	(6 b)	41	N5530	Spop	(8 b)	882
N5477	HIIr	(12a)	55				
N5477	HIw	(13a)	75	N5532	Spop	(8 b)	152
N5477	HIm	(13b)	101	N5532	Prad	(10b)	7, 23, 50, 70, 138
N5477	Grp	(19)	118	N5532	Radc	(15a)	65, 302
				N5532	Radif	(15b)	28, 83, 251
N5480	SN	(17a)	419	N5532	Xg	(16)	303, 353, 429
N5483	Pho	(2 a)	938	N5533	Zrad	(6 b)	149
				N5533	HIw	(13a)	233
N5485	SPtm	(4 a)	428				
N5485	SN	(17a)	213, 280	N5534	PtmO	(3 b)	237
				N5534	Zopt	(6 a)	207
N5490	Radif	(15b)	318	N5534	Spop	(8 b)	498
				N5534	Mkin	(9 a)	146
N5494	Pho	(2 a)	938				
				N5544	PtmI	(3 c)	165, 255
N5506	Des	(1 b)	8, 392, 398	N5544	Zrad	(6 b)	34
N5506	Pho	(2 a)	107, 901	N5544	HIIr	(12a)	3
N5506	PtmI	(3 c)	35, 247, 249, 258	N5544	HIw	(13a)	63
N5506	SPtm	(4 a)	416				
N5506	Zopt	(6 a)	12, 490	N5545	PtmI	(3 c)	165

N5545	Zrad	(6 b)	34		N5584	PtmO	(3 b)	237
N5545	HIw	(13a)	63		N5584	Spop	(8 b)	498

N5545	Zrad	(6 b)	34
N5545	HIw	(13a)	63
N5548	Des	(1 b)	404
N5548	Pho	(2 a)	406
N5548	PtmO	(3 b)	71, 73, 110, 167, 197, 362
N5548	PtmI	(3 c)	66, 157, 258
N5548	SPtm	(4 a)	519, 539
N5548	Zopt	(6 a)	387
N5548	Zrad	(6 b)	109
N5548	Vdyn	(7 b)	5
N5548	SpUV	(8 a)	24, 26, 36, 51, 64, 67, 70,
N5548	SpUV	(8 a)	82, 91, 93, 105, 113, 127,
N5548	SpUV	(8 a)	144, 158, 161, 173, 200,
N5548	SpUV	(8 a)	205
N5548	Spop	(8 b)	7, 100, 108, 139, 161, 184,
N5548	Spop	(8 b)	263, 297, 349, 364, 436,
N5548	Spop	(8 b)	440, 446, 461, 544, 546,
N5548	Spop	(8 b)	551, 557, 630, 654, 661,
N5548	Spop	(8 b)	669, 707, 715, 722, 732,
N5548	Spop	(8 b)	819, 863, 892, 899, 924
N5548	SpIR	(8 c)	36, 37, 100
N5548	Popt	(10a)	49, 54
N5548	HIw	(13a)	100, 196
N5548	Radc	(15a)	180, 230
N5548	Radif	(15b)	167, 285, 355, 363
N5548	Xg	(16)	64, 74, 76, 86, 92, 93, 119,
N5548	Xg	(16)	123, 142, 144, 145, 146,
N5548	Xg	(16)	169, 179, 214, 219, 236,
N5548	Xg	(16)	270, 278, 310, 324, 340,
N5548	Xg	(16)	345, 378, 379
N5556	Pho	(2 a)	938
N5556	SPtm	(4 a)	513
N5557	Spop	(8 b)	631, 754
N5557	Radc	(15a)	184
N5560	Zrad	(6 b)	52
N5560	HIw	(13a)	106
N5560	HIm	(13b)	140
N5566	Pho	(2 a)	432
N5566	HIm	(13b)	140
N5576	Zrad	(6 b)	124
N5576	Spop	(8 b)	631, 754
N5576	HIw	(13a)	213
N5584	Pho	(2 a)	938

N5584	PtmO	(3 b)	237
N5584	Spop	(8 b)	498
N5585	Pho	(2 a)	937
N5585	PtmI	(3 c)	56
N5585	Zrad	(6 b)	41
N5585	HIIr	(12a)	55
N5585	HIw	(13a)	75
N5585	Dis	(18)	6, 24, 43
N5591	Pho	(2 a)	868
N5591	Spop	(8 b)	691
N5591	HIIr	(12a)	223
N5597	Zopt	(6 a)	155
N5597	HIm	(13b)	140
N5597	SN	(17a)	135, 137, 138
N5600	Spop	(8 b)	494
N5600	Radif	(15b)	274
N5603	Pho	(2 a)	146
N5603	PtmO	(3 b)	50
N5603	SPtm	(4 a)	72
N5603	Zopt	(6 a)	62
N5605	Pho	(2 a)	938
N5607	Spop	(8 b)	254
N5607	Span	(8 d)	49
N5614/15	Mdyn	(9 b)	123
N5619	Zrad	(6 b)	149
N5619	HIw	(13a)	219, 233
N5626	Pho	(2 a)	733
N5626	Zopt	(6 a)	290
N5626	Vdis	(7 a)	57
N5626	Mkin	(9 a)	199
N5629	Des	(1 b)	37
N5629	Pho	(2 a)	137
N5629	PtmO	(3 b)	121
N5629	HIw	(13a)	139
N5629	Grp	(19)	45, 133
N5631	Des	(1 b)	368

N5635	Zopt	(6 a)	327		N5673	Mdyn	(9 b)	120
N5635	Zrad	(6 b)	75, 149		N5673	HIm	(13b)	162
N5635	Spop	(8 b)	628		N5673	Grp	(19)	187
N5635	HIw	(13a)	156, 233					
N5635	Radif	(15b)	68, 173, 226, 286, 453		N5675	Spop	(8 b)	628
					N5675	Radc	(15a)	148
N5636	Zrad	(6 b)	124		N5675	Radif	(15b)	68, 128, 173, 226, 286,
N5636	HIw	(13a)	213		N5675	Radif	(15b)	453
N5638	Zopt	(6 a)	267		N5676	Zopt	(6 a)	490
N5638	Vdis	(7 a)	50		N5676	Mkin	(9 a)	306
N5638	Mkin	(9 a)	188		N5676	Radif	(15b)	386
N5641	HIIr	(12a)	189		N5678	Radc	(15a)	174
					N5678	Radif	(15b)	386
N5643	Pho	(2 a)	950					
N5643	PtmO	(3 b)	129, 361		N5679A B	Pho	(2 a)	927
N5643	Zopt	(6 a)	410		N5679A B	Zopt	(6 a)	399
N5643	Spop	(8 b)	521, 773, 882		N5679A B	Spop	(8 b)	746
N5643	FPop	(11)	36, 41		N5679A B	SN	(17a)	293
N5643	Radc	(15a)	236					
N5643	Radif	(15b)	562		N5679ABC	Des	(1 b)	18
N5643	Xg	(16)	273					
					N5679B	SN	(17a)	173
N5645	SN	(17a)	357, 359, 373					
					N5682	Pho	(2 a)	8
N5660	Pho	(2 a)	938					
					N5683	Pho	(2 a)	8, 165
N5665	Des	(1 b)	18		N5683	SPtm	(4 a)	89, 313
N5665	Pho	(2 a)	50		N5683	Spop	(8 b)	89, 161
N5665	Spop	(8 b)	254		N5683	Xg	(16)	157
N5665	Span	(8 d)	49					
N5665	HIw	(13a)	162		N5689	Pho	(2 a)	8
N5666	Pho	(2 a)	1061		N5690	Mkin	(9 a)	247
N5666	Zrad	(6 b)	124					
N5666	HIw	(13a)	213		N5692	Spop	(8 b)	494
N5666	HIm	(13b)	235		N5692	Radc	(15a)	189
N5666	Radc	(15a)	304		N5692	Radif	(15b)	338
N5668	Pho	(2 a)	938		N5693	Zrad	(6 b)	172
N5668	SN	(17a)	8, 305		N5693	HIw	(13a)	248
N5669	Pho	(2 a)	938		N5695	SPtm	(4 a)	294
					N5695	Spop	(8 b)	493, 598, 761
N5672	PtmO	(3 b)	10		N5695	SpIR	(8 c)	72
N5673	PtmO	(3 b)	289		N5701	Pho	(2 a)	300, 1033
N5673	SPtm	(4 a)	382		N5701	Mol	(14a)	209
N5673	Zrad	(6 b)	118					

N5713	HIIr	(12a)	3		N5775	Zrad	(6 b)	178
N5713	Radif	(15b)	386, 430		N5775	HIw	(13a)	114, 253
N5718	Des	(1 b)	5, 43		N5778	Radif	(15b)	419
N5718	Pho	(2 a)	156, 1093					
N5718	PtmO	(3 b)	121		N5789	Spop	(8 b)	536
N5724	PtmO	(3 b)	121		N5793	Zrad	(6 b)	181
					N5793	HIw	(13a)	205, 254
N5728	Pho	(2 a)	327, 412		N5793	Mol	(14a)	153
N5728	Zopt	(6 a)	155		N5793	Radc	(15a)	298
N5728	Spop	(8 b)	407, 521					
N5728	Mkin	(9 a)	100		N5796	Zrad	(6 b)	181
N5728	Mdyn	(9 b)	69		N5796	HIw	(13a)	205
N5728	Radc	(15a)	236		N5796	Radc	(15a)	298
N5728	Xg	(16)	273		N5798	Spop	(8 b)	536
N5730	Mkin	(9 a)	248		N5799	PtmI	(3 c)	293
N5731	Mkin	(9 a)	248		N5813	Des	(1 b)	238
					N5813	SPtm	(4 a)	282, 373
N5739	Des	(1 b)	404		N5813	Sclu	(5 b)	52
N5745	Pho	(2 a)	923		N5813	Scts	(5 c)	5
N5745	PtmI	(3 c)	293		N5813	Vdis	(7 a)	25, 46
N5745	SPtm	(4 a)	428		N5813	Vdyn	(7 b)	13, 21
					N5813	Spop	(8 b)	767
N5746	Des	(1 b)	104		N5813	SpIR	(8 c)	17, 18
N5746	Pho	(2 a)	1139		N5813	Mkin	(9 a)	111, 174
N5746	PtmO	(3 b)	179		N5813	Radif	(15b)	520
N5746	PtmI	(3 c)	138					
N5746	SPtm	(4 a)	9, 240, 274, 514		N5820	Zrad	(6 b)	66
N5746	Spop	(8 b)	152		N5820	HIw	(13a)	141
N5746	SN	(17a)	225		N5829	Des	(1 b)	18
N5753	PtmI	(3 c)	165		N5829	HIw	(13a)	101
N5754	Pho	(2 a)	1084		N5831	Zopt	(6 a)	267
N5754	PtmI	(3 c)	279		N5831	Vdis	(7 a)	50
N5754	PtmN	(3 d)	32		N5831	Mkin	(9 a)	188
N5755	PtmI	(3 c)	165		N5832	Zrad	(6 b)	6, 170
					N5832	HIw	(13a)	4, 12
N5757	PtmI	(3 c)	247		N5832	HIm	(13b)	204
N5757	Spop	(8 b)	407					
					N5838	Pho	(2 a)	687
N5774	Dim	(1 a)	29		N5838	Zopt	(6 a)	266
N5774	SPtm	(4 a)	323		N5838	Vdis	(7 a)	49
N5774	Zrad	(6 b)	77		N5838	Spop	(8 b)	456
N5774	HIw	(13a)	114, 160		N5838	Mkin	(9 a)	187

N5845	SPtm	(4 a)	437		N5866	Xg	(16)	353, 429
N5845	Zopt	(6 a)	267					
N5845	Vdis	(7 a)	50		N5878	SN	(17a)	415
N5845	Mkin	(9 a)	188					
					N5879	Pho	(2 a)	937
N5846	Dim	(1 a)	15		N5879	Vdis	(7 a)	87
N5846	Ima	(2 b)	17		N5879	Spop	(8 b)	802
N5846	PtmO	(3 b)	148		N5879	Mkin	(9 a)	284
N5846	SPtm	(4 a)	109, 147		N5879	Mdyn	(9 b)	150
N5846	Sclu	(5 b)	52					
N5846	Scts	(5 c)	5		N5885	Pho	(2 a)	938
N5846	Vdis	(7 a)	4, 20					
N5846	Vdyn	(7 b)	2, 11		N5898	Ima	(2 b)	43
N5846	Spop	(8 b)	288		N5898	Imed	(12c)	48
N5846	SpIR	(8 c)	1, 17, 18		N5898	HIw	(13a)	245
N5846	Mkin	(9 a)	67, 223		N5898	Radc	(15a)	302
N5846	Mdyn	(9 b)	42		N5898	Xg	(16)	353, 429
N5846	HIw	(13a)	49, 98					
N5846	Mol	(14a)	8		N5899	Zrad	(6 b)	172
N5846	Radif	(15b)	428		N5899	Spop	(8 b)	453
N5846	Xg	(16)	285, 344		N5899	HIw	(13a)	248
N5846A	Vdis	(7 a)	4, 20		N5900	Zrad	(6 b)	172
					N5900	HIw	(13a)	248
N5850	Pho	(2 a)	938					
N5850	Spop	(8 b)	288		N5903	Ima	(2 b)	43
N5850	SN	(17a)	422, 442		N5903	HIw	(13a)	245
					N5903	Radif	(15b)	102
N5854	SN	(17a)	109					
					N5905	Pho	(2 a)	644, 938
N5859	Zrad	(6 b)	178		N5905	PtmO	(3 b)	289
N5859	HIw	(13a)	253		N5905	SPtm	(4 a)	382
					N5905	Zrad	(6 b)	88
N5860	Pho	(2 a)	394		N5905	Mdyn	(9 b)	120
N5860	Spop	(8 b)	261, 692		N5905	HIIr	(12a)	189
					N5905	HIm	(13b)	143
N5861	Pho	(2 a)	938		N5905	Mol	(14a)	209
N5864	HIw	(13a)	99		N5907	Des	(1 b)	14
					N5907	Pho	(2 a)	23, 55, 124, 188, 198, 221,
N5866	Des	(1 b)	109		N5907	Pho	(2 a)	266, 841, 1112
N5866	Pho	(2 a)	188, 386, 589		N5907	PtmU	(3 a)	10
N5866	PtmO	(3 b)	179		N5907	PtmO	(3 b)	179
N5866	SPtm	(4 a)	182, 223, 240, 303, 520		N5907	SPtm	(4 a)	8, 179, 240, 244, 288, 424,
N5866	Vdis	(7 a)	41		N5907	SPtm	(4 a)	593
N5866	SpUV	(8 a)	77		N5907	SPIR	(4 b)	42, 60
N5866	SpIR	(8 c)	17, 18		N5907	SpUV	(8 a)	138
N5866	Mkin	(9 a)	159		N5907	Span	(8 d)	113
N5866	Radc	(15a)	302		N5907	Mdyn	(9 b)	52, 72, 109, 112, 117
N5866	Radif	(15b)	326		N5907	HIw	(13a)	118

N5907	HIm	(13b)	16, 28, 45, 160		N5953	HIIr	(12a)	4
N5907	Radif	(15b)	209, 490		N5953	Radif	(15b)	440
N5907	Xg	(16)	316					
					N5953/54	Pho	(2 a)	929
N5908	Pho	(2 a)	644					
N5908	PtmO	(3 b)	289		N5954	Pho	(2 a)	22, 48
N5908	SPtm	(4 a)	382		N5954	PtmI	(3 c)	165
N5908	Zrad	(6 b)	88		N5954	HIIr	(12a)	4
N5908	Mdyn	(9 b)	120					
N5908	HIm	(13b)	143		N5962	PtmO	(3 b)	218
					N5962	PtmN	(3 d)	11
N5910A	Radif	(15b)	531					
					N5963	Pho	(2 a)	592
N5920	Des	(1 b)	5, 43		N5963	PtmO	(3 b)	212
N5920	PtmO	(3 b)	121		N5963	SPtm	(4 a)	264
N5920	Radc	(15a)	14		N5963	Zrad	(6 b)	72
N5920	Radif	(15b)	9, 230		N5963	HIw	(13a)	152
N5920	Xg	(16)	93, 149, 219, 280					
N5920	Grp	(19)	128		N5964	Zrad	(6 b)	77
					N5964	HIw	(13a)	160
N5921	Pho	(2 a)	135, 937					
N5921	SPtm	(4 a)	67		N5965	Pho	(2 a)	1139
N5926	Pho	(2 a)	868		N5975	Radif	(15b)	419
N5926	HIIr	(12a)	223					
					N5982	SpIR	(8 c)	1, 17, 18
N5929	Pho	(2 a)	870		N5982	Mol	(14a)	8
N5929	Ima	(2 b)	59, 64					
N5929	PtmI	(3 c)	165		N5985	Pho	(2 a)	938
N5929	Spop	(8 b)	254, 339, 421, 432, 804,		N5985	Zopt	(6 a)	490
N5929	Spop	(8 b)	827		N5985	Spop	(8 b)	456
N5929	Span	(8 d)	49		N5985	Mkin	(9 a)	306
N5929	HIIr	(12a)	223		N5985	Radif	(15b)	686
N5929	Radif	(15b)	68, 451, 609					
					N5992	Des	(1 b)	63
N5930	Pho	(2 a)	870		N5992	Pho	(2 a)	261, 868
N5930	Ima	(2 b)	59		N5992	PtmO	(3 b)	237
N5930	PtmI	(3 c)	165		N5992	Spop	(8 b)	498
N5930	HIIr	(12a)	223		N5992	HIIr	(12a)	223
					N5992	Grp	(19)	78
N5934	Radif	(15b)	493					
					N5993	Des	(1 b)	63
N5936	Pho	(2 a)	1030		N5993	Pho	(2 a)	261
N5936	Mol	(14a)	168		N5993	Grp	(19)	78
N5940	Spop	(8 b)	465		N5994	PtmO	(3 b)	237
					N5994	Zopt	(6 a)	339
N5953	Pho	(2 a)	22, 48		N5994	Spop	(8 b)	498, 647
N5953	SPtm	(4 a)	361		N5994	Span	(8 d)	106
N5953	Spop	(8 b)	616					

N5994/96	Pho	(2 a)	298		N6034	Pho	(2 a)	46, 244
					N6034	Radc	(15a)	38, 65, 67, 187
N5995	Zopt	(6 a)	339		N6034	Radif	(15b)	85, 143, 147, 448
N5995	Spop	(8 b)	647		N6034	Xg	(16)	297
N5995	Span	(8 d)	100		N6034	Grp	(19)	17, 30, 202
N5996	Pho	(2 a)	868, 883		N6035	Zopt	(6 a)	3
N5996	SpUV	(8 a)	214		N6035	Grp	(19)	3
N5996	HIIr	(12a)	223					
N5996	Radc	(15a)	278		N6040A	Radif	(15b)	448
					N6040A	Grp	(19)	202
N6000	Zrad	(6 b)	189					
					N6040B	Pho	(2 a)	46
N6007	Zrad	(6 b)	149		N6040B	Radc	(15a)	38, 67
N6007	HIw	(13a)	233		N6040B	Radif	(15b)	147, 160
					N6040B	Grp	(19)	17, 30
N6012	Zrad	(6 b)	172					
N6012	HIw	(13a)	248		N6041	SPtm	(4 a)	125
					N6041	Vdis	(7 a)	81
N6015	Pho	(2 a)	116, 503, 938		N6041	Mkin	(9 a)	264
N6015	SPtm	(4 a)	375					
N6015	Mkin	(9 a)	32		N6041A	Radif	(15b)	147
N6015	Mdyn	(9 b)	24					
N6015	HIIr	(12a)	176		N6041AB	Pho	(2 a)	46
					N6041AB	Radc	(15a)	38, 67
N6027	Pho	(2 a)	91, 746, 1154		N6041AB	Grp	(19)	17, 30
N6027	SPtm	(4 a)	37, 340					
N6027	Zrad	(6 b)	66		N6042	SPtm	(4 a)	125
N6027	HIw	(13a)	100, 141					
N6027	HIm	(13b)	193		N6043	SPtm	(4 a)	125
N6027	Radc	(15a)	180					
N6027	Radif	(15b)	326		N6044	SPtm	(4 a)	125
N6027	Grp	(19)	217					
					N6045	Radif	(15b)	448
N6027A	Radif	(15b)	531		N6045	Grp	(19)	202
N6027ABC	HIm	(13b)	193		N6047	Des	(1 b)	320
N6027ABC	Grp	(19)	217		N6047	SPtm	(4 a)	502
					N6047	Radc	(15a)	38, 67, 184
N6027A-E	Pho	(2 a)	91		N6047	Radif	(15b)	147, 448
N6027A-E	SPtm	(4 a)	37		N6047	Grp	(19)	17, 30, 202
N6027ABCD	Pho	(2 a)	746		N6048	Radif	(15b)	78, 267, 313
N6027ABCD	SPtm	(4 a)	340					
					N6050	Radif	(15b)	448
N6027D	SPtm	(4 a)	37		N6050	Grp	(19)	202
N6027D	Dis	(18)	5					
					N6051	Des	(1 b)	37
N6032	Zopt	(6 a)	3		N6051	Pho	(2 a)	137
N6032	Grp	(19)	3		N6051	PtmO	(3 b)	121

N6051	SPtm	(4 a)	233		N6107	Radif	(15b)	93, 493
N6051	Zopt	(6 a)	124		N6107	Grp	(19)	75
N6051	Spop	(8 b)	175					
N6051	Radc	(15a)	170, 198		N6109	Zopt	(6 a)	98
N6051	Radif	(15b)	230		N6109	Prad	(10b)	73
N6051	Xg	(16)	149, 280		N6109	Radc	(15a)	222, 242
N6051	Grp	(19)	45, 80, 127, 128, 129		N6109	Radif	(15b)	93, 120, 301, 404, 493,
					N6109	Radif	(15b)	538, 543
N6052	Des	(1 b)	28, 111, 181		N6109	Grp	(19)	64, 75
N6052	Pho	(2 a)	81, 114, 195, 1113, 1116					
N6052	PtmO	(3 b)	363, 397		N6118	Pho	(2 a)	938
N6052	PtmI	(3 c)	242		N6118	Zopt	(6 a)	359
N6052	SPtm	(4 a)	257, 598		N6118	Mkin	(9 a)	245
N6052	Sclu	(5 b)	139					
N6052	Zrad	(6 b)	105		N6126	Pho	(2 a)	146
N6052	SpUV	(8 a)	18, 81, 139		N6126	PtmO	(3 b)	50
N6052	Spop	(8 b)	81, 247, 428, 963		N6126	SPtm	(4 a)	72
N6052	Span	(8 d)	77, 169		N6126	Zopt	(6 a)	62
N6052	Mkin	(9 a)	29					
N6052	Mdyn	(9 b)	23		N6137	Zopt	(6 a)	98
N6052	HIw	(13a)	96, 100, 191		N6137	Radif	(15b)	93, 409, 413, 543, 580
N6052	Mol	(14a)	178		N6137	Grp	(19)	64, 75
N6052	Radc	(15a)	2, 48, 57, 180, 225, 277,					
N6052	Radc	(15a)	293		N6146	Pho	(2 a)	158
N6052	Radif	(15b)	23, 380, 656, 714		N6146	SPtm	(4 a)	87
					N6146	Prad	(10b)	114
N6054	Zrad	(6 b)	83		N6146	Radif	(15b)	68, 198, 454
N6054	HIw	(13a)	166					
					N6150	Radif	(15b)	198, 543
N6060	Zopt	(6 a)	3					
N6060	Grp	(19)	3		N6158	PtmO	(3 b)	148
N6061	Pho	(2 a)	46		N6160	Pho	(2 a)	158
N6061	Prad	(10b)	43		N6160	SPtm	(4 a)	87
N6061	Radc	(15a)	38, 67		N6160	Radif	(15b)	198
N6061	Radif	(15b)	147, 155, 448					
N6061	Grp	(19)	17, 30, 202		N6161	Radif	(15b)	531
N6070	Pho	(2 a)	938		N6166	Des	(1 b)	318
					N6166	Pho	(2 a)	158, 1024
N6086	Radif	(15b)	324		N6166	Ima	(2 b)	52
					N6166	PtmO	(3 b)	148
N6090	Des	(1 b)	395, 396		N6166	SPtm	(4 a)	87, 125, 312, 445, 501
N6090	Pho	(2 a)	547, 1030		N6166	Vdis	(7 a)	4, 64, 79, 81
N6090	Zopt	(6 a)	199		N6166	Vdyn	(7 b)	25
N6090	SpUV	(8 a)	99, 120		N6166	SpUV	(8 a)	181
N6090	Spop	(8 b)	261, 639, 692		N6166	Spop	(8 b)	221, 370, 534, 629, 839
N6090	Mol	(14a)	168		N6166	Span	(8 d)	73, 145
N6090	Radif	(15b)	493		N6166	Mkin	(9 a)	259, 264
					N6166	Prad	(10b)	100

N6166	Radc	(15a)	20, 38, 67, 187, 191, 222,
N6166	Radc	(15a)	224
N6166	Radif	(15b)	4, 56, 78, 198, 246, 254,
N6166	Radif	(15b)	262, 373, 401, 409, 502
N6166	Xg	(16)	277
N6166	Grp	(19)	17, 30
N6173	Pho	(2 a)	46, 158
N6173	SPtm	(4 a)	87
N6173	Radc	(15a)	38, 67
N6173	Radif	(15b)	198
N6173	Grp	(19)	17, 30
N6175	Pho	(2 a)	46
N6175	Radc	(15a)	38, 67
N6175	Radif	(15b)	198
N6175	Grp	(19)	17, 30
N6181	Pho	(2 a)	503
N6181	SPtm	(4 a)	220, 375
N6181	Spop	(8 b)	59
N6181	Mdyn	(9 b)	20
N6184	Radif	(15b)	198
N6185	Radif	(15a)	68
N6195	Pho	(2 a)	102
N6195	SN	(17a)	35
N6207	Pho	(2 a)	117
N6207	Mkin	(9 a)	33
N6207	Mdyn	(9 b)	25
N6207	Mol	(14a)	170
N6207	Radc	(15a)	174
N6211	Radif	(15b)	493
N6212	Des	(1 b)	349, 377
N6212	PtmO	(3 b)	389
N6212	SPtm	(4 a)	560
N6212	Zopt	(6 a)	440
N6212	Spop	(8 b)	793, 813, 950
N6212	Mkin	(9 a)	279
N6212	Radif	(15b)	569
N6212	Xg	(16)	160, 386
N6215	Pho	(2 a)	277
N6215	Radif	(15b)	704

N6217	Pho	(2 a)	394, 560, 938, 979
N6217	PtmO	(3 b)	362
N6217	PtmN	(3 d)	6
N6217	SPtm	(4 a)	186
N6217	Spop	(8 b)	278, 279, 808
N6217	Span	(8 d)	52
N6217	HIIr	(12a)	3
N6217	Radif	(15b)	493
N6217	SN	(17a)	215
N6221	Des	(1 b)	415
N6221	Pho	(2 a)	277, 819
N6221	PtmI	(3 c)	249
N6221	PtmN	(3 d)	35
N6221	SPtm	(4 a)	568
N6221	Zopt	(6 a)	342
N6221	Zrad	(6 b)	132
N6221	SpUV	(8 a)	195
N6221	Spop	(8 b)	200, 405, 658, 873
N6221	Mkin	(9 a)	237
N6221	Mdyn	(9 b)	119
N6221	Radif	(15b)	704
N6221	Xg	(16)	112, 270
N6238	Des	(1 b)	231
N6238	Pho	(2 a)	769
N6239	Spop	(8 b)	69
N6240	Des	(1 b)	212
N6240	Pho	(2 a)	347, 379, 678, 745, 949,
N6240	Pho	(2 a)	969, 1164
N6240	PtmO	(3 b)	138
N6240	PtmI	(3 c)	176, 181, 201, 231, 277
N6240	SPtm	(4 a)	339, 595, 611
N6240	Zopt	(6 a)	381, 423
N6240	Zrad	(6 b)	109, 152
N6240	Vdis	(7 a)	85
N6240	SpUV	(8 a)	151
N6240	Spop	(8 b)	239, 252, 555, 557, 578,
N6240	Spop	(8 b)	628, 710, 789, 1015
N6240	SpIR	(8 c)	66, 68, 81, 88
N6240	Popt	(10a)	61
N6240	HIw	(13a)	159, 196, 234
N6240	Mol	(14a)	98, 101, 107, 113, 118,
N6240	Mol	(14a)	123, 161, 170, 199, 237
N6240	Radif	(15b)	145, 275, 537
N6244	Des	(1 b)	231
N6244	Pho	(2 a)	769

N6247	Pho	(2 a)	1050		N6328	Pho	(2 a)	161
					N6328	Zopt	(6 a)	75
N6251	Dim	(1 a)	12		N6328	Zrad	(6 b)	22
N6251	Des	(1 b)	227		N6328	Spop	(8 b)	113, 637, 709
N6251	PtmO	(3 b)	318		N6328	Radc	(15a)	62, 93
N6251	SPtm	(4 a)	150					
N6251	Vdis	(7 a)	79		N6331	Zopt	(6 a)	51
N6251	Spop	(8 b)	223, 355, 372		N6331	Grp	(19)	34
N6251	Mkin	(9 a)	259					
N6251	Popt	(10a)	61		N6338	Radif	(15b)	68
N6251	Prad	(10b)	25, 26, 67, 81, 116, 153					
N6251	Radc	(15a)	138, 240, 323		N6340	SPtm	(4 a)	274, 519
N6251	Radif	(15b)	54, 87, 113, 124, 181, 252,		N6340	HIw	(13a)	25
N6251	Radif	(15b)	298, 352, 436, 458, 473,					
N6251	Radif	(15b)	551, 619, 630, 728		N6371/72	Pho	(2 a)	576
N6269	Des	(1 b)	37		N6372	HIw	(13a)	100
N6269	PtmO	(3 b)	121					
N6269	SPtm	(4 a)	233		N6376	Des	(1 b)	231
N6269	Spop	(8 b)	221		N6376	Pho	(2 a)	769
N6269	HIw	(13a)	139					
N6269	Radc	(15a)	170, 198		N6377	Des	(1 b)	231
N6269	Radif	(15b)	230		N6377	Pho	(2 a)	769
N6269	Grp	(19)	45, 106, 127, 128, 129,		N6377	Zopt	(6 a)	220
N6269	Grp	(19)	133		N6377	Spop	(8 b)	430
N6286	Pho	(2 a)	1030		N6381	HIIr	(12a)	221
N6286	Mol	(14a)	168					
					N6384	Pho	(2 a)	503, 938
N6300	Des	(1 b)	384		N6384	SPtm	(4 a)	375
N6300	Pho	(2 a)	277, 1122		N6384	Spop	(8 b)	288, 456
N6300	PtmO	(3 b)	403		N6384	SN	(17a)	8, 36, 52, 290
N6300	SPtm	(4 a)	579					
N6300	Zopt	(6 a)	517		N6412	Des	(1 b)	265
N6300	Spop	(8 b)	521, 981		N6412	Pho	(2 a)	50, 870
N6300	Mkin	(9 a)	317		N6412	Mol	(14a)	209
N6300	Mdyn	(9 b)	166					
N6300	Radc	(15a)	236		N6418	Xg	(16)	412
N6300	Radif	(15b)	704					
					N6438	SPtm	(4 a)	448
N6306	Des	(1 b)	53					
N6306	Pho	(2 a)	191, 394, 560		N6451	Pho	(2 a)	503
N6306	Spop	(8 b)	127					
N6306	Span	(8 d)	35		N6454	PtmO	(3 b)	2
					N6454	PtmI	(3 c)	3
N6307	Pho	(2 a)	191		N6454	Zopt	(6 a)	7
					N6454	Popt	(10a)	2
N6314	Zopt	(6 a)	379		N6454	Prad	(10b)	135
N6314	Mkin	(9 a)	253		N6454	Radc	(15a)	6
					N6454	Radif	(15b)	78, 409, 598

N6454	Xg	(16)	239		N6582	Radc	(15a)	54
					N6582	Xg	(16)	31, 34
N6470	Des	(1 b)	231					
N6470	Pho	(2 a)	769		N6621	Pho	(2 a)	48
					N6621	Grp	(19)	15
N6472	Des	(1 b)	231					
N6472	Pho	(2 a)	769		N6621/22	Zopt	(6 a)	339
					N6621/22	Spop	(8 b)	647
N6484	Pho	(2 a)	868, 883		N6621/22	Span	(8 d)	100
N6484	HIIr	(12a)	223					
					N6622	Pho	(2 a)	48
N6488	Spop	(8 b)	254, 805		N6622	Grp	(19)	15
N6488	Span	(8 d)	49					
					N6636	Des	(1 b)	231
N6500	Zopt	(6 a)	32, 327		N6636	Pho	(2 a)	769
N6500	Zrad	(6 b)	75, 152		N6636	Spop	(8 b)	888
N6500	Spop	(8 b)	372, 628, 794					
N6500	HIw	(13a)	156, 256		N6636A B	Pho	(2 a)	866
N6500	Mol	(14a)	123		N6636A B	Zopt	(6 a)	365
N6500	Radif	(15b)	68, 128, 173, 226, 229,		N6636A B	Spop	(8 b)	680
N6500	Radif	(15b)	286, 379, 453, 493		N6636A B	Mkin	(9 a)	249
N6500	Xg	(16)	204		N6636A B	HIIr	(12a)	221
N6501	Des	(1 b)	368		N6636AB	Grp	(19)	15
N6501	HIw	(13a)	99					
					N6643	Pho	(2 a)	503, 938
N6503	Des	(1 b)	23		N6643	SPtm	(4 a)	375
N6503	Pho	(2 a)	80, 543, 607		N6643	Zopt	(6 a)	208, 490
N6503	PtmU	(3 a)	10		N6643	Spop	(8 b)	325
N6503	SPtm	(4 a)	167, 516		N6643	Span	(8 d)	146
N6503	Zopt	(6 a)	229		N6643	Mkin	(9 a)	147, 306, 327
N6503	SpUV	(8 a)	138		N6643	Mol	(14a)	157
N6503	Spop	(8 b)	254, 325					
N6503	Span	(8 d)	59, 113		N6654	Pho	(2 a)	146
N6503	Mkin	(9 a)	150, 214, 262		N6654	PtmO	(3 b)	50
N6503	Mdyn	(9 b)	20, 60		N6654	SPtm	(4 a)	72, 73
N6503	FPop	(11)	20					
N6503	HIIr	(12a)	147		N6654A	Pho	(2 a)	558, 560
N6503	HIw	(13a)	264		N6654A	Zopt	(6 a)	213
N6503	HIm	(13b)	129, 197, 226		N6654A	Spop	(8 b)	419
N6503	Mol	(14a)	170		N6654A	HIIr	(12a)	221
N6509	Mol	(14a)	98		N6658	Spop	(8 b)	801
N6524	Radc	(15a)	174		N6661	Spop	(8 b)	801
N6574	Imed	(12c)	66		N6677	Des	(1 b)	231
N6574	Mol	(14a)	98, 185		N6677	Pho	(2 a)	760, 769
N6574	Radc	(15a)	306		N6677	Zopt	(6 a)	312
					N6677	Spop	(8 b)	587

N6677+comp	Spop	(8 b)	994
N6684	Pho	(2 a)	277
N6684	Radif	(15b)	704
N6690	Mkin	(9 a)	247
N6699	Pho	(2 a)	277
N6699	PtmO	(3 b)	361
N6699	Spop	(8 b)	882
N6701	Pho	(2 a)	1030
N6701	Mol	(14a)	168
N6702	Pho	(2 a)	881, 1147
N6702	Spop	(8 b)	801
N6702	SpIR	(8 c)	1, 17, 18
N6702	Imed	(12c)	47
N6702	Mol	(14a)	8
N6703	Dim	(1 a)	15
N6703	SPtm	(4 a)	109, 147
N6703	Vdis	(7 a)	20
N6703	Vdyn	(7 b)	11
N6708	Pho	(2 a)	278
N6708	Zopt	(6 a)	123
N6708	Spop	(8 b)	174
N6722	Des	(1 b)	295
N6722	Pho	(2 a)	980
N6722	SPtm	(4 a)	514
N6744	Pho	(2 a)	432, 671, 937
N6744	PtmO	(3 b)	310
N6744	PtmI	(3 c)	189
N6744	SPtm	(4 a)	479
N6744	Spop	(8 b)	502, 762
N6744	Spir	(8 c)	70
N6744	HIIr	(12a)	170
N6744	HIm	(13b)	42
N6744	Radif	(15b)	704
N6744	Xg	(16)	252, 316
N6745	Des	(1 b)	103
N6745	Pho	(2 a)	285
N6745	Zopt	(6 a)	131
N6745	Spop	(8 b)	188
N6753	Pho	(2 a)	277, 938, 1033
N6753	Radif	(15b)	704
N6754	Radif	(15b)	167
N6764	Pho	(2 a)	11
N6764	SPtm	(4 a)	295, 359, 519
N6764	Zopt	(6 a)	9, 490
N6764	Zrad	(6 b)	152
N6764	Spop	(8 b)	8, 145, 452, 518
N6764	Mkin	(9 a)	5, 306
N6764	Mol	(14a)	123
N6764	Radif	(15b)	221, 269, 275
N6769	Pho	(2 a)	187
N6769	SPtm	(4 a)	521
N6770	Pho	(2 a)	187
N6770	SPtm	(4 a)	521
N6771	Des	(1 b)	295
N6771	Pho	(2 a)	187, 980
N6771	SPtm	(4 a)	521
N6782	Pho	(2 a)	1033
N6782	Ima	(2 b)	54
N6788	Pho	(2 a)	502
N6805	Pho	(2 a)	267
N6810	Pho	(2 a)	277
N6810	Spop	(8 b)	489
N6812	Spop	(8 b)	234
N6814	Pho	(2 a)	938
N6814	PtmO	(3 b)	129, 362
N6814	PtmI	(3 c)	157
N6814	SPtm	(4 a)	487, 519
N6814	Zopt	(6 a)	387
N6814	Zrad	(6 b)	152
N6814	Spop	(8 b)	161, 661, 713, 722, 915
N6814	SpIR	(8 c)	100
N6814	Span	(8 d)	163
N6814	Popt	(10a)	54, 67
N6814	HIIr	(12a)	276
N6814	Mol	(14a)	73, 123, 165
N6814	Radif	(15b)	451
N6814	Xg	(16)	28, 64, 76, 86, 92, 146,
N6814	Xg	(16)	172, 178, 179, 201, 210,

N6814	Xg	(16)	219, 227, 263, 270, 278,
N6814	Xg	(16)	403
N6822	Pho	(2 a)	328, 399, 621, 902, 912,
N6822	Pho	(2 a)	1032
N6822	Ima	(2 b)	33
N6822	PtmU	(3 a)	10
N6822	SPtm	(4 a)	76
N6822	Star	(5 a)	22, 43, 52, 55, 63, 79, 92,
N6822	Star	(5 a)	107, 113, 114, 125, 129,
N6822	Star	(5 a)	141, 161, 165, 168, 170,
N6822	Star	(5 a)	215, 217, 252, 253
N6822	Sclu	(5 b)	5, 10, 29, 41
N6822	Scts	(5 c)	1, 26
N6822	SpUV	(8 a)	138
N6822	Spop	(8 b)	11, 228, 249, 283, 314,
N6822	Spop	(8 b)	740
N6822	Span	(8 d)	5, 47, 48, 53, 89, 113, 124
N6822	HIIr	(12a)	2, 17, 24, 32, 54, 55, 62,
N6822	HIIr	(12a)	67, 90, 94, 106, 116, 151,
N6822	HIIr	(12a)	186, 206, 207, 234, 236,
N6822	HIIr	(12a)	258, 262, 281, 282
N6822	Plan	(12b)	14, 17
N6822	HIm	(13b)	31, 41, 81
N6822	Radc	(15a)	112, 245
N6822	Radif	(15b)	540, 636
N6822	Xg	(16)	146
N6822	SNR	(17b)	18, 37
N6822	Dis	(18)	23, 35, 60, 77, 80, 132,
N6822	Dis	(18)	135, 166
N6824	PtmI	(3 c)	157
N6835	SN	(17a)	8
N6836	Pho	(2 a)	938
N6845AB	Pho	(2 a)	189
N6845ABCD	Pho	(2 a)	312
N6845ABCD	PtmO	(3 b)	117
N6845ABCD	SPtm	(4 a)	143
N6845ABCD	Zopt	(6 a)	133
N6845ABCD	Mdyn	(9 b)	57
N6845ABCD	Grp	(19)	89
N6850	SN	(17a)	272
N6861	PtmO	(3 b)	273
N6861	PtmN	(3 d)	19
N6861D	Spop	(8 b)	701
N6868	PtmO	(3 b)	273
N6868	PtmN	(3 d)	19
N6868	Spop	(8 b)	701
N6870	Spop	(8 b)	701
N6872	Des	(1 b)	98
N6872	Pho	(2 a)	28, 267, 369
N6872	Zopt	(6 a)	17
N6872	Xg	(16)	16
N6876	Pho	(2 a)	28, 267
N6876	Zopt	(6 a)	17
N6876	Xg	(16)	16, 331, 353
N6877	Pho	(2 a)	28, 267
N6877	Zopt	(6 a)	17
N6877	Xg	(16)	16
N6880	Pho	(2 a)	267
N6890	Spop	(8 b)	211, 407
N6890	Radc	(15a)	236
N6902	Des	(1 b)	45, 83
N6902	Pho	(2 a)	194, 199, 278, 329
N6902	PtmO	(3 b)	122
N6902	SPtm	(4 a)	161
N6902	Zopt	(6 a)	123
N6902	Spop	(8 b)	174
N6902	HIw	(13a)	25, 57
N6907	Pho	(2 a)	938
N6907	SN	(17a)	267
N6909	Ima	(2 b)	43
N6909	Vdis	(7 a)	51
N6909	Mkin	(9 a)	189
N6921	Span	(8 d)	146
N6921	Mol	(14a)	157
N6923	Pho	(2 a)	502
N6925	Pho	(2 a)	277
N6926	Des	(1 b)	100, 267
N6926	Pho	(2 a)	298, 376, 872

N6928	Zrad	(6 b)	105
N6928	HIw	(13a)	100, 191
N6946	Des	(1 b)	169, 188, 315, 353
N6946	Pho	(2 a)	174, 188, 316, 503, 594,
N6946	Pho	(2 a)	601, 604, 623, 648, 657,
N6946	Pho	(2 a)	719, 920, 937, 1048
N6946	PtmU	(3 a)	10
N6946	PtmI	(3 c)	52, 157
N6946	PtmN	(3 d)	20
N6946	SPtm	(4 a)	332, 375, 409, 487
N6946	SPIR	(4 b)	57
N6946	Zrad	(6 b)	189
N6946	SpUV	(8 a)	138
N6946	Spop	(8 b)	191, 233, 628, 702, 736,
N6946	Spop	(8 b)	869, 973, 1011
N6946	SpIR	(8 c)	62, 101
N6946	Span	(8 d)	87, 103, 113, 122, 125
N6946	Mkin	(9 a)	297
N6946	Mdyn	(9 b)	12, 99
N6946	Prad	(10b)	85, 95
N6946	FPop	(11)	23
N6946	HIIr	(12a)	2, 21, 52, 106, 157, 176,
N6946	HIIr	(12a)	183, 185, 206, 228, 233,
N6946	HIIr	(12a)	240, 258, 273
N6946	HIm	(13b)	221, 248
N6946	Mol	(14a)	22, 43, 45, 53, 56, 58, 59,
N6946	Mol	(14a)	72, 100, 111, 112, 119,
N6946	Mol	(14a)	122, 129, 156, 208, 233,
N6946	Mol	(14a)	234
N6946	Radc	(15a)	117, 205, 226
N6946	Radif	(15b)	61, 209, 381, 686
N6946	Xg	(16)	234, 239
N6946	SN	(17a)	115, 130, 140, 153, 157,
N6946	SN	(17a)	159, 160, 162, 163, 164,
N6946	SN	(17a)	165, 166, 187, 192, 194,
N6946	SN	(17a)	195, 196, 200, 201, 234,
N6946	SN	(17a)	240, 242, 243, 284, 305,
N6946	SN	(17a)	325, 328, 342, 343, 344,
N6946	SN	(17a)	360, 375, 437
N6946	SNR	(17b)	19
N6946	Dis	(18)	24, 68
N6947	Pho	(2 a)	502
N6951	Pho	(2 a)	938
N6951	SPtm	(4 a)	375, 487
N6951	Spop	(8 b)	835
N6954	SPtm	(4 a)	519

N6958	Ima	(2 b)	43
N6958	PtmI	(3 c)	296
N6964	Zrad	(6 b)	105
N6964	Spop	(8 b)	561
N6964	HIw	(13a)	191
N6970	Pho	(2 a)	267
N6998	Radif	(15b)	53
N7013	Des	(1 b)	368
N7013	Pho	(2 a)	843, 1081
N7013	Zrad	(6 b)	138
N7013	HIw	(13a)	60, 99, 103, 280
N7013	HIm	(13b)	167, 179
N7013	Radif	(15b)	492
N7020	Des	(1 b)	405
N7020	Pho	(2 a)	502
N7020	SPtm	(4 a)	597
N7029	Pho	(2 a)	1143
N7038	Pho	(2 a)	650
N7038	HIIr	(12a)	189
N7038	SN	(17a)	216, 303
N7041	PtmO	(3 b)	273
N7041	PtmN	(3 d)	19
N7049	PtmO	(3 b)	273
N7049	PtmI	(3 c)	293
N7049	PtmN	(3 d)	19
N7049	Spop	(8 b)	701
N7052	Des	(1 b)	298
N7052	Pho	(2 a)	996
N7052	PtmI	(3 c)	293
N7052	Prad	(10b)	44, 148
N7052	Imed	(12c)	55
N7052	Radif	(15b)	68, 128, 286, 318, 413,
N7052	Radif	(15b)	453, 580, 683
N7056	SPtm	(4 a)	295, 359
N7059	Pho	(2 a)	187
N7070	Pho	(2 a)	954

N7070A	Pho	(2 a)	733, 954
N7070A	SPtm	(4 a)	439
N7070A	Vdis	(7 a)	57
N7070A	Mkin	(9 a)	199
N7070A	Imed	(12c)	49
N7078	Spop	(8 b)	153
N7083	Pho	(2 a)	600
N7083	Mkin	(9 a)	163
N7083	Mdyn	(9 b)	100
N7083	SN	(17a)	214
N7089	Spop	(8 b)	153
N7090	Des	(1 b)	187
N7090	Radif	(15b)	558, 704
N7096	Pho	(2 a)	515
N7097	Pho	(2 a)	502, 1015
N7097	Ima	(2 b)	43
N7097	SPtm	(4 a)	490
N7097	Zopt	(6 a)	464
N7097	Vdis	(7 a)	90
N7097	Vdyn	(7 b)	35
N7097	Mkin	(9 a)	287
N7097	Imed	(12c)	48
N7118	Spop	(8 b)	701
N7125	Pho	(2 a)	938
N7135	Pho	(2 a)	277, 777
N7137	HIw	(13a)	99
N7144	Pho	(2 a)	1143
N7144	PtmO	(3 b)	273
N7144	PtmN	(3 d)	19
N7145	PtmO	(3 b)	273
N7145	PtmN	(3 d)	19
N7171	Pho	(2 a)	8, 600, 938
N7171	Zopt	(6 a)	330
N7171	Vdis	(7 a)	66
N7171	Mkin	(9 a)	163
N7171	Mdyn	(9 b)	100
N7172	Des	(1 b)	392
N7172	Pho	(2 a)	824
N7172	PtmI	(3 c)	163, 247, 258
N7172	Zopt	(6 a)	345
N7172	Spop	(8 b)	660
N7172	Radif	(15b)	705
N7172	Xg	(16)	112, 236, 330
N7173	PtmI	(3 c)	163
N7174	PtmI	(3 c)	163
N7176	PtmI	(3 c)	163
N7177	Des	(1 b)	215
N7177	SPtm	(4 a)	487
N7177	Spop	(8 b)	835
N7177	SN	(17a)	51, 53
N7180	Des	(1 b)	368
N7184	Pho	(2 a)	1011
N7184	SPtm	(4 a)	303
N7184	Vdis	(7 a)	89
N7184	Vdyn	(7 b)	34
N7184	Spop	(8 b)	489
N7184	Mkin	(9 a)	286
N7184	Mdyn	(9 b)	141
N7184	SN	(17a)	275, 290
N7187	SPtm	(4 a)	597
N7196	Ima	(2 b)	43
N7196	PtmI	(3 c)	293
N7196	Imed	(12c)	48
N7205	Radif	(15b)	704
N7212	Pho	(2 a)	524
N7212	Spop	(8 b)	388, 835
N7213	Pho	(2 a)	306
N7213	PtmI	(3 c)	41, 247, 258, 293
N7213	SpUV	(8 a)	91, 113, 157
N7213	Spop	(8 b)	196, 200, 471, 632
N7213	Popt	(10a)	54
N7213	Radif	(15b)	704
N7213	Xg	(16)	112, 119, 145, 219, 236,
N7213	Xg	(16)	270, 318, 354

N7214	Spop	(8 b)	738
N7217	Des	(1 b)	215
N7217	Pho	(2 a)	229, 481, 503, 600, 690,
N7217	Pho	(2 a)	938
N7217	PtmU	(3 a)	10
N7217	SPtm	(4 a)	487, 519
N7217	Zopt	(6 a)	105, 330
N7217	Zrad	(6 b)	35
N7217	Vdis	(7 a)	15, 66
N7217	SpUV	(8 a)	138
N7217	Spop	(8 b)	453, 531
N7217	Span	(8 d)	113
N7217	Mkin	(9 a)	50, 74, 163
N7217	Mdyn	(9 b)	48, 51, 83, 100
N7217	HIw	(13a)	66
N7217	Mol	(14a)	170, 209
N7217	Radif	(15b)	686
N7225	PtmI	(3 c)	293
N7232	Pho	(2 a)	264
N7232	Spop	(8 b)	168
N7233	Pho	(2 a)	264
N7233	Spop	(8 b)	168
N7236	Spop	(8 b)	764
N7236	Prad	(10b)	50
N7236/37	Des	(1 b)	246
N7236/37	Pho	(2 a)	240
N7236/37	Prad	(10b)	7, 107
N7236/37	Radc	(15a)	147
N7237	Spop	(8 b)	764
N7237	Radif	(15b)	251
N7241	HIm	(13b)	175
N7250	SpUV	(8 a)	60
N7250	Radif	(15b)	429
N7252	Pho	(2 a)	294, 577, 777, 970, 1023
N7252	PtmO	(3 b)	208
N7252	SPtm	(4 a)	261
N7252	Vdis	(7 a)	93
N7252	Mkin	(9 a)	157
N7253	SPtm	(4 a)	607
N7280	Des	(1 b)	368
N7280	Pho	(2 a)	1126
N7280	HIw	(13a)	99
N7284	PtmI	(3 c)	165
N7285	PtmI	(3 c)	165
N7292	Pho	(2 a)	596
N7292	PtmN	(3 d)	21
N7292	Spop	(8 b)	447, 460
N7292	Span	(8 d)	104
N7297/99	Xg	(16)	219
N7314	PtmI	(3 c)	258
N7314	Spop	(8 b)	453, 471, 564, 768
N7314	Radif	(15b)	705
N7314	Xg	(16)	219, 236, 443
N7315	Dis	(18)	34
N7316	Pho	(2 a)	883
N7316	PtmI	(3 c)	189
N7316	Spir	(8 c)	70
N7316	HIIr	(12a)	197
N7317	Pho	(2 a)	91, 452, 802
N7317	Vdis	(7 a)	35
N7317	Radc	(15a)	104
N7317	Xg	(16)	293, 323
N7317	Dis	(18)	34
N7317	Grp	(19)	104, 115, 122, 138, 204
N7318A	Vdis	(7 a)	35
N7318A	Radif	(15b)	237
N7318A	Grp	(19)	136, 138
N7318A B	Pho	(2 a)	802
N7318A B	PtmI	(3 c)	165
N7318A B	HIm	(13b)	183
N7318A B	Xg	(16)	323
N7318A B	Grp	(19)	204, 210
N7318AB	Pho	(2 a)	91, 452
N7318AB	HIw	(13a)	112, 121
N7318AB	Radc	(15a)	104
N7318AB	Radif	(15b)	349
N7318AB	Xg	(16)	293
N7318AB	Dis	(18)	34

N7318AB	Grp	(19)	104, 115, 122
N7318B	Vdis	(7 a)	35
N7318B	Radif	(15b)	17, 237
N7318B	Grp	(19)	136, 138
N7319	Pho	(2 a)	452, 802
N7319	PtmI	(3 c)	165
N7319	Vdis	(7 a)	35
N7319	Spop	(8 b)	465, 738
N7319	HIw	(13a)	105, 121
N7319	HIm	(13b)	75, 183
N7319	Radc	(15a)	98, 104
N7319	Radif	(15b)	17, 237, 349, 531
N7319	Xg	(16)	293, 323
N7319	Grp	(19)	104, 115, 122, 123, 136,
N7319	Grp	(19)	138, 204, 210
N7320	Pho	(2 a)	91, 452, 802
N7320	HIIr	(12a)	116
N7320	HIw	(13a)	27, 105, 193
N7320	HIm	(13b)	75, 108
N7320	Radc	(15a)	104
N7320	Radif	(15b)	349
N7320	Dis	(18)	7, 38
N7320	Grp	(19)	104, 122, 123, 136, 138,
N7320	Grp	(19)	184
N7320C	HIw	(13a)	193
N7320C	Grp	(19)	184, 210
N7329	Pho	(2 a)	938
N7331	Des	(1 b)	87, 188, 215
N7331	Pho	(2 a)	91, 188, 316, 338, 514,
N7331	Pho	(2 a)	606, 690, 842, 937, 1140
N7331	PtmO	(3 b)	218
N7331	PtmI	(3 c)	100, 157
N7331	PtmN	(3 d)	11
N7331	SPtm	(4 a)	165, 487, 550
N7331	Zrad	(6 b)	189
N7331	Vdis	(7 a)	15
N7331	Spop	(8 b)	59, 325, 456, 531
N7331	Mdyn	(9 b)	12, 20, 59, 85, 160
N7331	Popt	(10a)	73
N7331	HIIr	(12a)	176
N7331	Imed	(12c)	28, 35
N7331	HIw	(13a)	92, 118
N7331	HIm	(13b)	124
N7331	Mol	(14a)	60, 91, 111
N7331	Radc	(15a)	98, 104, 271
N7331	Radif	(15b)	209, 296
N7331	SN	(17a)	88, 305
N7331	Dis	(18)	30, 71
N7332	Pho	(2 a)	687
N7332	Zopt	(6 a)	266
N7332	Vdis	(7 a)	49
N7332	Mkin	(9 a)	187
N7332	HIw	(13a)	60, 280
N7335	Spop	(8 b)	801
N7335	Dis	(18)	34
N7339	Mkin	(9 a)	119, 278
N7339	HIw	(13a)	280
N7343	Radc	(15a)	98
N7343	SN	(17a)	62
N7361	Pho	(2 a)	938
N7371	Mol	(14a)	209
N7383	SPtm	(4 a)	327
N7385	Des	(1 b)	46
N7385	Pho	(2 a)	35, 324, 783
N7385	SPtm	(4 a)	327
N7385	Zopt	(6 a)	323
N7385	Spop	(8 b)	218, 469, 503, 617, 801
N7385	Prad	(10b)	50, 72
N7385	HIIr	(12a)	154
N7385	Radc	(15a)	32, 147, 234
N7385	Radif	(15b)	51, 127, 171, 255, 404,
N7385	Radif	(15b)	428
N7386	Pho	(2 a)	35
N7386	SPtm	(4 a)	327
N7386	Radc	(15a)	32
N7386	Radif	(15b)	160
N7387	SPtm	(4 a)	327
N7387	Xg	(16)	88
N7389	SPtm	(4 a)	327
N7412	Pho	(2 a)	938
N7412	PtmO	(3 b)	310
N7412	PtmI	(3 c)	189

N7412	Spir	(8 c)	70		N7457	Spop	(8 b)	153, 456
N7412	HIIr	(12a)	189		N7457	Mkin	(9 a)	187
N7413	Pho	(2 a)	14		N7460	Dim	(1 a)	1
N7413	SPtm	(4 a)	4					
N7413	Zrad	(6 b)	6		N7463	Des	(1 b)	63
N7413	HIw	(13a)	4		N7463	Pho	(2 a)	261
					N7463	Spop	(8 b)	421, 429
N7418	Pho	(2 a)	938		N7463	HIw	(13a)	245
N7418	PtmO	(3 b)	310		N7463	Grp	(19)	78
N7418	PtmI	(3 c)	189					
N7418	Spir	(8 c)	70		N7463/64	Pho	(2 a)	513, 884
N7418	SN	(17a)	227					
					N7463/4/5	Zrad	(6 b)	66
N7418A	Pho	(2 a)	969		N7463/4/5	HIw	(13a)	141
N7418A	Spop	(8 b)	407					
N7418A	SN	(17a)	216		N7464	Des	(1 b)	63
					N7464	Pho	(2 a)	261
N7421	Pho	(2 a)	938		N7464	HIw	(13a)	245
					N7464	Radc	(15a)	228
N7424	Pho	(2 a)	503, 527, 937		N7464	Grp	(19)	78
N7424	SPtm	(4 a)	375					
N7424	Spop	(8 b)	394, 762		N7465	Des	(1 b)	63
N7424	HIIr	(12a)	121		N7465	Pho	(2 a)	261
					N7465	Spop	(8 b)	421, 429, 922
N7428	Dim	(1 a)	1		N7465	HIw	(13a)	100, 245
					N7465	Radc	(15a)	277
N7436AB	Des	(1 b)	231		N7465	Grp	(19)	78
N7436AB	Pho	(2 a)	769					
					N7466	Zopt	(6 a)	145
N7448	Pho	(2 a)	884		N7466	Spop	(8 b)	257, 332
N7448	HIw	(13a)	140					
N7448	Radif	(15b)	386		N7468	Des	(1 b)	232
N7448	SN	(17a)	116, 149		N7468	Pho	(2 a)	564
N7448	Grp	(19)	134		N7468	SPtm	(4 a)	256
					N7468	Zopt	(6 a)	26
N7450	Zopt	(6 a)	145		N7468	Zrad	(6 b)	11
N7450	Spop	(8 b)	257, 551, 636, 728		N7468	Spop	(8 b)	261, 422, 692
N7450	Popt	(10a)	54		N7468	HIIr	(12a)	137
N7450	Radif	(15b)	451		N7468	HIw	(13a)	10
					N7468	Radc	(15a)	2, 180, 230, 277
N7454	Vdis	(7 a)	20		N7468	Radif	(15b)	650
N7456	Pho	(2 a)	937		N7469	Pho	(2 a)	180
					N7469	Ima	(2 b)	69
N7457	Pho	(2 a)	687		N7469	PtmO	(3 b)	71, 73, 110, 129, 197, 206,
N7457	PtmO	(3 b)	50		N7469	PtmO	(3 b)	362
N7457	SPtm	(4 a)	72, 73, 151		N7469	PtmI	(3 c)	93, 131, 145, 157, 258,
N7457	Zopt	(6 a)	266		N7469	PtmI	(3 c)	270
N7457	Vdis	(7 a)	49, 55		N7469	PtmN	(3 d)	18, 28

N7469	SPtm	(4 a)	295, 318, 359, 519	N7496	Spop	(8 b)	43, 404, 664
N7469	Zopt	(6 a)	32, 387, 470	N7496	Mkin	(9 a)	240
N7469	Zrad	(6 b)	75, 152, 178	N7496	HIw	(13a)	222
N7469	Vdyn	(7 b)	5				
N7469	SpUV	(8 a)	24, 26, 36, 67, 88, 91, 113,	N7499	SN	(17a)	383, 445
N7469	SpUV	(8 a)	132, 157, 161				
N7469	Spop	(8 b)	10, 25, 36, 55, 60, 100,	N7503	Des	(1 b)	376
N7469	Spop	(8 b)	120, 124, 138, 145, 161,				
N7469	Spop	(8 b)	184, 260, 263, 297, 324,	N7507	Ima	(2 b)	43
N7469	Spop	(8 b)	349, 364, 376, 407, 440,	N7507	Spop	(8 b)	43
N7469	Spop	(8 b)	461, 544, 546, 557, 588,	N7507	Imed	(12c)	48
N7469	Spop	(8 b)	610, 630, 661, 698, 699,				
N7469	Spop	(8 b)	707, 715, 722, 788, 801,	N7509	Vdis	(7 a)	7
N7469	Spop	(8 b)	814, 819, 840, 850, 863				
N7469	Spir	(8 c)	33, 37, 38, 52, 77, 79	N7518	Des	(1 b)	28, 232
N7469	Span	(8 d)	12, 146	N7518	Pho	(2 a)	615
N7469	Mkin	(9 a)	113, 151, 236, 291	N7518	Radc	(15a)	57, 177, 277
N7469	Popt	(10a)	49, 54	N7518	Radif	(15b)	650
N7469	HIIr	(12a)	256				
N7469	HIw	(13a)	100, 156, 253	N7525/25A	Pho	(2 a)	863
N7469	Mol	(14a)	123, 150, 157, 158, 237	N7525/25A	Zopt	(6 a)	361
N7469	Radc	(15a)	127	N7525/25A	Spop	(8 b)	677
N7469	Radif	(15b)	68, 173, 221, 275, 405,				
N7469	Radif	(15b)	618, 705	N7531	Des	(1 b)	383
N7469	Xg	(16)	64, 88, 92, 145, 219, 236,	N7531	Pho	(2 a)	432, 937, 1121
N7469	Xg	(16)	270, 310, 394	N7531	PtmO	(3 b)	401
				N7531	SPtm	(4 a)	577
N7479	Des	(1 b)	188, 215	N7531	Zopt	(6 a)	516
N7479	Pho	(2 a)	135, 287, 503, 610, 734,	N7531	Spop	(8 b)	980
N7479	Pho	(2 a)	938	N7531	Mkin	(9 a)	316
N7479	PtmO	(3 b)	39, 220	N7531	Mdyn	(9 b)	165
N7479	SPtm	(4 a)	67, 137, 272, 333, 413,	N7531	FPop	(11)	47
N7479	SPtm	(4 a)	450, 479, 519				
N7479	Spop	(8 b)	325, 531	N7537	Pho	(2 a)	600, 1124
N7479	Span	(8 d)	146	N7537	PtmO	(3 b)	320
N7479	Mkin	(9 a)	234, 273	N7537	Mkin	(9 a)	119, 163, 215
N7479	Mdyn	(9 b)	12, 140, 143	N7537	Mdyn	(9 b)	100, 137
N7479	HIIr	(12a)	52, 148, 176	N7537	HIw	(13a)	114
N7479	Mol	(14a)	157, 170				
N7479	Radc	(15a)	174	N7541	Pho	(2 a)	469, 1125
				N7541	Spop	(8 b)	641
N7485	Radif	(15b)	68, 128	N7541	Span	(8 d)	146
				N7541	Mkin	(9 a)	99, 118
N7495	Zrad	(6 b)	105	N7541	Mdyn	(9 b)	48, 96
N7495	HIw	(13a)	191	N7541	HIw	(13a)	114
N7495	SN	(17a)	62	N7541	Mol	(14a)	157
N7496	Pho	(2 a)	832	N7549	Radif	(15b)	531
N7496	Zopt	(6 a)	350				
N7496	Zrad	(6 b)	136	N7550	Radc	(15a)	170

N7550	Radif	(15b)	230, 531	N7590	Radif	(15b)	182
N7550	Grp	(19)	12	N7590	Xg	(16)	190
N7552	Des	(1 b)	18, 415	N7591	Zrad	(6 b)	178
N7552	Pho	(2 a)	65, 448, 502, 938	N7591	HIw	(13a)	253
N7552	PtmI	(3 c)	94, 247	N7591	HIm	(13b)	139
N7552	PtmN	(3 d)	35	N7591	Mol	(14a)	150
N7552	SPtm	(4 a)	26, 568				
N7552	SpUV	(8 a)	141	N7592	PtmO	(3 b)	235, 237
N7552	Spop	(8 b)	37, 43, 242, 316, 317, 889	N7592	Zopt	(6 a)	207
N7552	SpIR	(8 c)	62, 86	N7592	Spop	(8 b)	498, 691, 738
N7552	Span	(8 d)	13, 45	N7592	Mkin	(9 a)	146
N7552	HIIr	(12a)	95	N7592	Radc	(15a)	278
N7552	Radif	(15b)	182, 193				
N7552	Xg	(16)	190, 257	N7597	Radif	(15b)	419
N7562	Vdis	(7 a)	14	N7599	Pho	(2 a)	502
N7562	Vdyn	(7 b)	9	N7599	Radif	(15b)	182
N7569	Spop	(8 b)	30	N7600	Des	(1 b)	404
				N7600	Pho	(2 a)	687
N7578B	Radif	(15b)	419, 531	N7600	Zopt	(6 a)	266
				N7600	Vdis	(7 a)	49
N7580	Spop	(8 b)	254	N7600	Mkin	(9 a)	187
N7580	Span	(8 d)	49				
N7580	HIIr	(12a)	197	N7603	Des	(1 b)	9
N7580	HIw	(13a)	100	N7603	Pho	(2 a)	27, 298, 415, 1006
				N7603	Ima	(2 b)	67
N7582	Pho	(2 a)	406, 448, 502, 950	N7603	SPtm	(4 a)	295, 359
N7582	PtmI	(3 c)	94, 247, 258	N7603	Zopt	(6 a)	158, 361
N7582	Zopt	(6 a)	101, 410	N7603	SpUV	(8 a)	45, 49, 62, 131
N7582	SpUV	(8 a)	28	N7603	Spop	(8 b)	7, 55, 62, 66, 161, 260,
N7582	Spop	(8 b)	146, 316, 404, 661, 773	N7603	Spop	(8 b)	364, 386, 588
N7582	SpIR	(8 c)	63, 86	N7603	Radif	(15b)	336, 429, 442
N7582	Popt	(10a)	54	N7603	Xg	(16)	361
N7582	FPop	(11)	32, 36				
N7582	Radif	(15b)	182, 193, 451	N7603B	Pho	(2 a)	1006
N7582	Xg	(16)	65, 84, 86, 164, 190, 219,	N7603B	Ima	(2 b)	67
N7582	Xg	(16)	230, 236, 238, 240, 257,	N7603B	PtmO	(3 b)	345
N7582	Xg	(16)	270, 354	N7603B	SPtm	(4 a)	486
				N7603B	Zopt	(6 a)	462
N7585	Des	(1 b)	404	N7603B	Vdis	(7 a)	88
N7585	Pho	(2 a)	1023	N7603B	Dis	(18)	145
N7585	Vdis	(7 a)	93				
				N7606	Pho	(2 a)	600
N7590	Pho	(2 a)	502	N7606	Mkin	(9 a)	163
N7590	PtmO	(3 b)	310	N7606	Mdyn	(9 b)	100
N7590	PtmI	(3 c)	189	N7606	SN	(17a)	431
N7590	Spop	(8 b)	43, 796				
N7590	Spir	(8 c)	70	N7609	Pho	(2 a)	48, 434

N7617	PtmO	(3 b)	256		N7631	Pho	(2 a)	1123
N7617	SPtm	(4 a)	325		N7631	SPtm	(4 a)	580
N7619	PtmO	(3 b)	256		N7632	Pho	(2 a)	502
N7619	SPtm	(4 a)	325					
N7619	Zopt	(6 a)	6		N7634	SN	(17a)	62
N7619	Vdis	(7 a)	14, 99					
N7619	Vdyn	(7 b)	9		N7637	Pho	(2 a)	502
N7619	Spop	(8 b)	561					
N7619	SpIR	(8 c)	17, 76		N7640	Pho	(2 a)	937
N7619	Span	(8 d)	139		N7640	HIw	(13a)	118
N7619	Mkin	(9 a)	304					
N7619	Mdyn	(9 b)	147		N7648	Spop	(8 b)	421, 429
N7619	Radif	(15b)	520					
N7619	Xg	(16)	397		N7650	Pho	(2 a)	187
N7619	SN	(17a)	8, 25, 36					
N7619	Grp	(19)	232		N7653	PtmO	(3 b)	343
					N7653	PtmI	(3 c)	226
N7620	Spop	(8 b)	693					
N7620	HIIr	(12a)	197		N7660	Vdis	(7 a)	20
N7620	Radc	(15a)	180					
					N7664	Vdis	(7 a)	55
N7623	PtmO	(3 b)	256		N7664	Mkin	(9 a)	99
N7623	SPtm	(4 a)	325		N7664	Mdyn	(9 b)	48, 96
N7624	HIIr	(12a)	197		N7673	Des	(1 b)	34, 197, 254, 267
					N7673	Pho	(2 a)	126, 385, 630, 836, 872,
N7625	PtmO	(3 b)	218		N7673	Pho	(2 a)	1113, 1142
N7625	PtmI	(3 c)	293		N7673	PtmO	(3 b)	363
N7625	PtmN	(3 d)	11		N7673	PtmI	(3 c)	242
N7625	Spop	(8 b)	421, 460		N7673	SPtm	(4 a)	598
N7625	Span	(8 d)	146		N7673	Sclu	(5 b)	139
N7625	HIIr	(12a)	3		N7673	Zopt	(6 a)	26, 32
N7625	HIw	(13a)	60, 162		N7673	Zrad	(6 b)	11
N7625	Mol	(14a)	157		N7673	SpUV	(8 a)	71, 81, 139
N7625	Radc	(15a)	277		N7673	Spop	(8 b)	268, 488, 963, 1001
					N7673	Span	(8 d)	50, 90
N7626	Dim	(1 a)	15		N7673	Mkin	(9 a)	179
N7626	Pho	(2 a)	188		N7673	HIw	(13a)	10
N7626	SPtm	(4 a)	109, 147, 278		N7673	Radc	(15a)	225
N7626	Vdis	(7 a)	7, 14, 20, 23		N7673	Xg	(16)	299
N7626	Vdyn	(7 b)	3, 9, 11		N7673	Grp	(19)	14, 15
N7626	Spop	(8 b)	561, 764					
N7626	SpIR	(8 c)	17, 76		N7674	Des	(1 b)	28, 63
N7626	Span	(8 d)	139		N7674	Pho	(2 a)	261, 868
N7626	Mkin	(9 a)	109		N7674	SPtm	(4 a)	295, 359
N7626	Mdyn	(9 b)	124, 147		N7674	Zrad	(6 b)	75, 152
N7626	Radif	(15b)	318, 428, 520		N7674	Spop	(8 b)	328, 355, 372, 628, 636,
N7626	Xg	(16)	397		N7674	Spop	(8 b)	761, 853, 886, 1010
N7626	Grp	(19)	232		N7674	SpIR	(8 c)	72, 73

N7674	Mkin	(9 a)	151		N7704	SN	(17a)	186
N7674	Popt	(10a)	54, 87					
N7674	HIIr	(12a)	223		N7713	Pho	(2 a)	938
N7674	HIw	(13a)	156, 256		N7713	SN	(17a)	179, 204
N7674	Mol	(14a)	120, 123					
N7674	Radc	(15a)	57, 278		N7714	Des	(1 b)	28
N7674	Radif	(15b)	68, 173, 177, 429, 531,		N7714	Pho	(2 a)	210, 236, 666, 868
N7674	Radif	(15b)	603		N7714	PtmI	(3 c)	157, 247
N7674	Grp	(19)	78		N7714	Zopt	(6 a)	258
					N7714	Zrad	(6 b)	75
N7675	Des	(1 b)	63		N7714	SpUV	(8 a)	37, 214
N7675	Pho	(2 a)	261		N7714	Spop	(8 b)	230, 301, 367, 628, 719
N7675	Grp	(19)	78		N7714	SpIR	(8 c)	60, 62, 86, 101
					N7714	Span	(8 d)	63
N7677	Des	(1 b)	34, 267		N7714	Mkin	(9 a)	183
N7677	Pho	(2 a)	126, 872		N7714	HIIr	(12a)	223
N7677	Zopt	(6 a)	26, 32		N7714	HIw	(13a)	156
N7677	Zrad	(6 b)	11		N7714	Radc	(15a)	57, 143, 162, 229, 278
N7677	Spop	(8 b)	254		N7714	Radif	(15b)	67, 102, 173, 224, 275
N7677	Span	(8 d)	49		N7714	Xg	(16)	163, 196
N7677	HIw	(13a)	10					
N7677	Radc	(15a)	180		N7715	Pho	(2 a)	210, 666
N7677	Grp	(19)	14, 15		N7715	Radc	(15a)	229
					N7715	Radif	(15b)	67, 177
N7678	Pho	(2 a)	938					
					N7716	Radif	(15b)	430
N7679	Des	(1 b)	28, 332					
N7679	Zrad	(6 b)	121		N7720	Des	(1 b)	144
N7679	Spop	(8 b)	340, 421, 431		N7720	Pho	(2 a)	240, 1033
N7679	Span	(8 d)	47		N7720	Vdis	(7 a)	64
N7679	HIw	(13a)	25		N7720	Vdyn	(7 b)	25
N7679	HIm	(13b)	166		N7720	Mkin	(9 a)	259
N7679	Radc	(15a)	57		N7720	Prad	(10b)	50, 54, 100, 109, 118
					N7720	HIw	(13a)	139
N7682	Pho	(2 a)	1086		N7720	Radc	(15a)	20, 56, 137, 147, 161, 169,
N7682	Ima	(2 b)	38		N7720	Radc	(15a)	186
N7682	PtmN	(3 d)	33		N7720	Radif	(15b)	4, 13, 25, 56, 78, 201, 401,
N7682	Zopt	(6 a)	327		N7720	Radif	(15b)	409, 441, 478
N7682	Zrad	(6 b)	75, 121		N7720	Xg	(16)	304
N7682	Spop	(8 b)	628, 747, 942		N7720	Grp	(19)	133, 198, 207
N7682	HIw	(13a)	156					
N7682	HIm	(13b)	166		N7722	PtmI	(3 c)	293
N7682	Radif	(15b)	68, 173, 541					
					N7723	Pho	(2 a)	228
N7689	Pho	(2 a)	938		N7723	Mkin	(9 a)	11, 71
					N7723	Mdyn	(9 b)	46
N7702	Des	(1 b)	405		N7723	SN	(17a)	24, 40, 52, 60, 305, 325
N7702	Pho	(2 a)	432					
N7702	SPtm	(4 a)	597		N7727	Pho	(2 a)	1023
					N7727	Vdis	(7 a)	93

N7728	Prad	(10b)	33
N7728	Radc	(15a)	20, 68, 137, 161
N7728	Radif	(15b)	68, 128, 226, 286, 318,
N7728	Radif	(15b)	453
N7731	Grp	(19)	15
N7732	Grp	(19)	15
N7741	Pho	(2 a)	628, 937
N7741	SPtm	(4 a)	357, 450
N7741	Spop	(8 b)	762
N7741	Mkin	(9 a)	169, 216, 273
N7741	Mdyn	(9 b)	140, 143
N7741	HIIr	(12a)	55, 176
N7741	Radif	(15b)	686
N7742	Des	(1 b)	368
N7742	Pho	(2 a)	1081
N7742	HIw	(13a)	60
N7742	Mol	(14a)	209
N7743	Des	(1 b)	368
N7743	Pho	(2 a)	135, 287, 778
N7743	SPtm	(4 a)	67, 137
N7743	Vdis	(7 a)	43
N7743	Spop	(8 b)	453
N7743	Mkin	(9 a)	161
N7750	Dim	(1 a)	1
N7752	Des	(1 b)	18, 356
N7752	Pho	(2 a)	1059, 1108
N7752	PtmI	(3 c)	165
N7752	Mkin	(9 a)	39, 311
N7752	Mdyn	(9 b)	163
N7752	FPop	(11)	46
N7752	Grp	(19)	15
N7752/3	Pho	(2 a)	929
N7753	Des	(1 b)	18, 356
N7753	Pho	(2 a)	503, 1059, 1108
N7753	PtmI	(3 c)	165
N7753	Mkin	(9 a)	39, 311
N7753	Mdyn	(9 b)	163
N7753	FPop	(11)	46
N7753	Grp	(19)	15
N7755	Pho	(2 a)	502, 938

N7757	Dim	(1 a)	1
N7757	Pho	(2 a)	50
N7764	Pho	(2 a)	278
N7764	Zopt	(6 a)	123
N7764	Spop	(8 b)	43, 174
N7764A	Pho	(2 a)	189
N7769	Des	(1 b)	231
N7769	Pho	(2 a)	769, 867
N7769	SPtm	(4 a)	401
N7769	HIIr	(12a)	221, 222
N7770	Des	(1 b)	231, 395
N7770	Pho	(2 a)	769, 867, 1093
N7770	SPtm	(4 a)	401
N7771	Des	(1 b)	231, 395
N7771	Pho	(2 a)	769, 867, 1030, 1093
N7771	SPtm	(4 a)	401, 517
N7771	Mol	(14a)	168
N7780	Dim	(1 a)	1
N7782	Dim	(1 a)	1
N7785	SPtm	(4 a)	437
N7785	Zopt	(6 a)	266
N7785	Vdis	(7 a)	14, 49
N7785	Vdyn	(7 b)	9
N7785	Mkin	(9 a)	187
N7785	Mdyn	(9 b)	131
N7785	Radif	(15b)	520
N7786	Zopt	(6 a)	138
N7786	Radc	(15a)	189
N7793	Des	(1 b)	130, 252, 307
N7793	Pho	(2 a)	201, 416, 423, 429, 503,
N7793	Pho	(2 a)	626, 740, 811, 830, 921,
N7793	Pho	(2 a)	937, 1003
N7793	PtmU	(3 a)	13
N7793	PtmO	(3 b)	310
N7793	PtmI	(3 c)	189
N7793	SPtm	(4 a)	192, 375, 406, 425, 482
N7793	Star	(5 a)	95, 145
N7793	Zopt	(6 a)	90
N7793	Spop	(8 b)	225, 483, 573, 668, 736
N7793	Spir	(8 c)	70

N7793	Span	(8 d)	101, 109, 122		N7805	PtmI	(3 c)	165
N7793	Mkin	(9 a)	58					
N7793	Mdyn	(9 b)	66, 128		N7806	PtmI	(3 c)	165
N7793	FPop	(11)	9, 12, 14					
N7793	HIlr	(12a)	35, 70, 84, 87, 191, 201,		N7811	Zrad	(6 b)	105
N7793	HIlr	(12a)	214, 233		N7811	HIw	(13a)	191
N7793	Imed	(12c)	16		N7811	Radif	(15b)	336
N7793	HIm	(13b)	42					
N7793	Mol	(14a)	40		N7814	Pho	(2 a)	589, 653, 655
N7793	Radif	(15b)	649		N7814	PtmI	(3 c)	138
N7793	Dis	(18)	46, 117		N7814	SPtm	(4 a)	289, 297, 419, 520
					N7814	Vdis	(7 a)	41
N7798	HIlr	(12a)	197		N7814	Spop	(8 b)	17
N7798	Radc	(15a)	180		N7814	Span	(8 d)	6
					N7814	Mkin	(9 a)	159
N7800	Pho	(2 a)	596		N7814	Mdyn	(9 b)	130, 138, 158
N7800	PtmN	(3 d)	21		N7814	HIw	(13a)	280
N7800	Spop	(8 b)	447, 460		N7814	HIm	(13b)	144
N7800	Span	(8 d)	104					
N7800	Plan	(12a)	146		N7816	Dim	(1 a)	1
N7800	HIw	(13a)	162					
					N7817	SPtm	(4 a)	295, 359
N7803	Pho	(2 a)	1126		N7817	Mkin	(9 a)	247
N7803	Radif	(15b)	531					
					N7828-9	PtmI	(3 c)	255

References – IC galaxies

References - IC Galaxies

I0010	Des	(1 b)	172
I0010	Zrad	(6 b)	189
I0010	Spop	(8 b)	249
I0010	Span	(8 d)	48
I0010	HIIr	(12a)	67, 90
I0010	Plan	(12b)	13, 15
I0010	HIw	(13a)	118
I0010	HIm	(13b)	80, 81, 88
I0010	Mol	(14a)	45, 173
I0010	Radif	(15b)	636
I0010	Dis	(18)	24, 54
I0065	PtmO	(3 b)	289
I0065	SPtm	(4 a)	382
I0065	Mdyn	(9 b)	120
I0089	Spop	(8 b)	372
I0101	Zopt	(6 a)	138
I0102	Zopt	(6 a)	138
I0121	SN	(17a)	274
I0173	Dim	(1 a)	1
I0184	Pho	(2 a)	1115
I0184	SPtm	(4 a)	573
I0184	Zopt	(6 a)	508
I0184	Spop	(8 b)	966
I0198	Dim	(1 a)	1
I0211	Dim	(1 a)	1
I0214	Des	(1 b)	180
I0214	Pho	(2 a)	563
I0214	SPtm	(4 a)	255
I0214	Zopt	(6 a)	176
I0214	SpUV	(8 a)	144
I0214	Spop	(8 b)	338, 692, 993
I0214	Mkin	(9 a)	319
I0214	Mdyn	(9 b)	167
I0235	Pho	(2 a)	1050
I0235	Zopt	(6 a)	58
I0235	Spop	(8 b)	93
I0239	Pho	(2 a)	341
I0239	HIm	(13b)	79
I0239	Radif	(15b)	141
I0265	Grp	(19)	111
I0298	Des	(1 b)	25
I0298	PtmI	(3 c)	255
I0298	Zopt	(6 a)	40
I0298	Mkin	(9 a)	23
I0310	Radif	(15b)	56, 126, 143, 152, 185
I0310	Xg	(16)	124
I0312	SPtm	(4 a)	174
I0340	Pho	(2 a)	147
I0340	SPtm	(4 a)	74
I0342	Pho	(2 a)	129, 188, 371, 442, 503,
I0342	Pho	(2 a)	800
I0342	PtmI	(3 c)	54, 157, 277
I0342	SPtm	(4 a)	375
I0342	SPIR	(4 b)	7
I0342	Zrad	(6 b)	189
I0342	Spop	(8 b)	88, 628
I0342	Span	(8 d)	125
I0342	Mdyn	(9 b)	12, 73
I0342	Prad	(10b)	130, 162, 163
I0342	HIIr	(12a)	47, 102, 240
I0342	Imed	(12c)	66
I0342	HIw	(13a)	20
I0342	HIm	(13b)	10, 22, 62, 92, 100
I0342	Mol	(14a)	22, 25, 28, 36, 37, 39, 42,
I0342	Mol	(14a)	43, 53, 56, 97, 100, 111,
I0342	Mol	(14a)	126, 133, 156, 169, 185,
I0342	Mol	(14a)	199, 201, 206, 208, 214,
I0342	Mol	(14a)	225, 229, 233
I0342	Radc	(15a)	107, 183, 205, 306
I0342	Radif	(15b)	77, 162, 187
I0342	Xg	(16)	316
I0342	SNR	(17b)	18
I0342	Dis	(18)	24
I0356	Pho	(2 a)	188
I0392	Des	(1 b)	100
I0392	Pho	(2 a)	376
I0399	Spop	(8 b)	864
I0399	HIIr	(12a)	269

I0412/13	Des	(1 b)	100		I0694	Spop	(8 b)	951
I0412/13	Pho	(2 a)	376		I0694	Span	(8 d)	49, 106
					I0694	Mkin	(9 a)	271
I0450	Des	(1 b)	28		I0694	Mol	(14a)	196
I0450	PtmI	(3 c)	13, 270		I0694	Radc	(15a)	2, 48, 57, 180
I0450	Spop	(8 b)	7, 46, 145, 161, 260, 364,		I0694	Radif	(15b)	23
I0450	Spop	(8 b)	990		I0694	Grp	(19)	240
I0450	Spir	(8 c)	77					
I0450	Span	(8 d)	17		I0698	Grp	(19)	139, 216
I0450	Mkin	(9 a)	151					
I0450	HIw	(13a)	29, 256		I0700	Zopt	(6 a)	207
I0450	Radc	(15a)	2, 48, 57, 127, 180		I0700	Mkin	(9 a)	146
I0450	Radif	(15b)	167, 221, 442, 603					
I0450	Xg	(16)	92		I0708	Des	(1 b)	251
					I0708	Pho	(2 a)	72
I0459	Mkin	(9 a)	48		I0708	Ima	(2 b)	23
					I0708	SPtm	(4 a)	396
I0467	PtmO	(3 b)	289, 320		I0708	Zopt	(6 a)	55
I0467	SPtm	(4 a)	382		I0708	Prad	(10b)	15, 20, 42
I0467	Mkin	(9 a)	99		I0708	Radc	(15a)	52, 83, 139, 187
I0467	Mdyn	(9 b)	120, 137		I0708	Radif	(15b)	41, 62, 68, 107, 134, 154,
					I0708	Radif	(15b)	227, 696
I0475	Spop	(8 b)	372		I0708	Grp	(19)	42, 77
I0498	Des	(1 b)	267		I0709	Zopt	(6 a)	55
I0498	Pho	(2 a)	872		I0709	Grp	(19)	42
I0602	Radc	(15a)	189		I0711	Des	(1 b)	370
					I0711	Zopt	(6 a)	55
I0606	Zopt	(6 a)	175		I0711	Prad	(10b)	15, 20
I0606	Spop	(8 b)	335, 692		I0711	Radc	(15a)	83, 139, 187
					I0711	Radif	(15b)	41, 62, 673, 696
I0614	Spop	(8 b)	125		I0711	Grp	(19)	42, 77
I0630	Radif	(15b)	614		I0712	Zopt	(6 a)	55
					I0712	Radif	(15b)	62
I0651	Spop	(8 b)	254, 805		I0712	Grp	(19)	42
I0651	Span	(8 d)	49					
					I0732	Radif	(15b)	146
I0676	Zopt	(6 a)	175					
I0676	Spop	(8 b)	335, 692		I0745	Spop	(8 b)	372
I0691	Radc	(15a)	277		I0760	Des	(1 b)	295
					I0760	Pho	(2 a)	980
I0694	Pho	(2 a)	81, 882, 961, 1073					
I0694	PtmI	(3 c)	16		I0783	Pho	(2 a)	812
I0694	SPtm	(4 a)	561		I0783	PtmO	(3 b)	379
I0694	Zopt	(6 a)	88, 339, 417		I0783	SPtm	(4 a)	547
I0694	SpUV	(8 a)	167					
I0694	Spop	(8 b)	129, 254, 433, 647, 782,		I0790	Des	(1 b)	376

I0790	Zopt	(6 a)	485
I0791	Zrad	(6 b)	125
I0791	HIw	(13a)	214
I0796	Zrad	(6 b)	202
I0796	HIw	(13a)	288
I0803	PtmI	(3 c)	255
I0837	Radif	(15b)	559
I0847	Des	(1 b)	63
I0847	Pho	(2 a)	261
I0847	Grp	(19)	78
I0860	Zrad	(6 b)	178
I0860	HIw	(13a)	253
I0860	Mol	(14a)	150
I0883	Pho	(2 a)	949
I0883	Zopt	(6 a)	339
I0883	Zrad	(6 b)	178
I0883	Spop	(8 b)	647
I0883	Span	(8 d)	106
I0883	HIw	(13a)	253
I0883	Mol	(14a)	150, 170
I0900	HIw	(13a)	100
I0956	Mkin	(9 a)	247
I0989	HIw	(13a)	226
I1029	PtmO	(3 b)	289
I1029	SPtm	(4 a)	382
I1029	Mdyn	(9 b)	120
I1042	Pho	(2 a)	1093
I1065	Spop	(8 b)	152, 624
I1065	Prad	(10b)	18, 33, 68
I1065	Radc	(15a)	63
I1065	Radif	(15b)	247
I1075	Des	(1 b)	63
I1075	Pho	(2 a)	261
I1075	HIm	(13b)	188
I1075	Grp	(19)	78
I1076	Des	(1 b)	63
I1076	Pho	(2 a)	261
I1076	HIw	(13a)	100
I1076	HIm	(13b)	188
I1173	Radif	(15b)	448
I1173	Grp	(19)	202
I1181	Radif	(15b)	448
I1181	Grp	(19)	202
I1182	Pho	(2 a)	46, 493, 565
I1182	PtmO	(3 b)	171
I1182	PtmN	(3 d)	1
I1182	SPtm	(4 a)	218
I1182	Spop	(8 b)	145, 363, 364, 423
I1182	HIw	(13a)	128
I1182	Radc	(15a)	38, 67
I1182	Radif	(15b)	147, 448
I1182	Grp	(19)	17, 30, 202
I1185	Pho	(2 a)	46
I1185	Radc	(15a)	38, 67
I1185	Radif	(15b)	147, 448
I1185	Grp	(19)	17, 30, 202
I1189	Radif	(15b)	448
I1189	Grp	(19)	202
I1192	Zopt	(6 a)	445
I1193	Zopt	(6 a)	445
I1194	Des	(1 b)	296
I1194	Pho	(2 a)	992
I1194	Zopt	(6 a)	445
I1198	PtmO	(3 b)	207
I1198	Zopt	(6 a)	87
I1198	Spop	(8 b)	126
I1198	Radif	(15b)	269
I1209	Des	(1 b)	296
I1209	Pho	(2 a)	992
I1209	Zopt	(6 a)	445
I1231	SN	(17a)	43, 44
I1269	HIw	(13a)	100

I1347	Radif	(15b)	79, 464		I1613	Dis	(18)	23, 60, 91, 135
					I1613	Grp	(19)	91
I1365	Des	(1 b)	264					
I1365	Pho	(2 a)	869		I1634	PtmO	(3 b)	343
					I1634	PtmI	(3 c)	226
I1417	Pho	(2 a)	8		I1634	Radif	(15b)	412
I1459	Des	(1 b)	74		I1639	Des	(1 b)	63
I1459	Pho	(2 a)	969		I1639	Pho	(2 a)	261
I1459	Ima	(2 b)	43		I1639	Grp	(19)	78
I1459	PtmI	(3 c)	293					
I1459	SPtm	(4 a)	82, 140		I1640	Des	(1 b)	63
I1459	Imed	(12c)	48, 57		I1640	Pho	(2 a)	261
					I1640	Grp	(19)	78
I1508	Radc	(15a)	174, 263					
					I1677	Pho	(2 a)	298
I1515	Dim	(1 a)	1					
					I1687	Zopt	(6 a)	8
I1516	Dim	(1 a)	1					
					I1689	Des	(1 b)	357
I1520	Des	(1 b)	18		I1689	Pho	(2 a)	1060
I1520	Pho	(2 a)	50		I1689	Zopt	(6 a)	481
					I1689	HIw	(13a)	266
I1551	Radc	(15a)	263		I1689	HIm	(13b)	234
I1559	Spop	(8 b)	254		I1690	Zopt	(6 a)	8
I1559	Span	(8 d)	49					
I1559	HIw	(13a)	100		I1706	Dim	(1 a)	1
I1559	Grp	(19)	15					
					I1727	Des	(1 b)	140
I1561	Pho	(2 a)	502		I1727	HIIr	(12a)	3
					I1727	HIw	(13a)	140
I1562	Pho	(2 a)	502		I1727	HIm	(13b)	71, 107
					I1727	Grp	(19)	134
I1601	Spop	(8 b)	12					
					I1731	SN	(17a)	338
I1605	Pho	(2 a)	502					
					I1743	Dim	(1 a)	1
I1613	Pho	(2 a)	98, 234, 309					
I1613	SPtm	(4 a)	118		I1746	Pho	(2 a)	14
I1613	Star	(5 a)	17, 22, 52, 55, 79, 133,		I1746	SPtm	(4 a)	4
I1613	Star	(5 a)	215					
I1613	Sclu	(5 b)	27		I1801	Pho	(2 a)	157
I1613	Scts	(5 c)	26		I1801	Zopt	(6 a)	71
I1613	Spop	(8 b)	11		I1801	Mkin	(9 a)	53
I1613	HIIr	(12a)	2, 55, 207, 278		I1801	Mdyn	(9 b)	30
I1613	Plan	(12b)	33		I1801	SN	(17a)	56
I1613	HIm	(13b)	81, 132					
I1613	Radif	(15b)	636		I1809	SN	(17a)	323
I1613	SNR	(17b)	18					

I1813	Pho	(2 a)	465
I1813	Zopt	(6 a)	172
I1813	Spop	(8 b)	330
I1817A B	Spop	(8 b)	794
I1825	Radc	(15a)	263
I1854	Spop	(8 b)	7, 89, 145, 161, 273
I1854	Spir	(8 c)	77
I1854	Xg	(16)	112
I1861	HIw	(13a)	110
I1933	Pho	(2 a)	327
I2006	Pho	(2 a)	529, 1144
I2038/39	Pho	(2 a)	33
I2058	Pho	(2 a)	33
I2082	Pho	(2 a)	267, 818
I2082	SPtm	(4 a)	434
I2082	Zopt	(6 a)	190, 341
I2082	Vdis	(7 a)	37
I2082	Spop	(8 b)	764
I2082	Mkin	(9 a)	134
I2082	Prad	(10b)	50
I2082	Radc	(15a)	156
I2082	Radif	(15b)	53
I2082	Grp	(19)	206
I2085	Pho	(2 a)	33
I2153	Pho	(2 a)	853
I2153	PtmO	(3 b)	294
I2153	SPtm	(4 a)	396
I2153	Zopt	(6 a)	354
I2153	Spop	(8 b)	675
I2153	Span	(8 d)	112
I2163	Pho	(2 a)	79
I2164	PtmI	(3 c)	255
I2184	Des	(1 b)	409
I2184	Pho	(2 a)	298, 468
I2184	PtmI	(3 c)	242
I2184	SPtm	(4 a)	68
I2184	Zopt	(6 a)	26
I2184	Zrad	(6 b)	11
I2184	SpUV	(8 a)	139
I2184	Spop	(8 b)	337
I2184	HIw	(13a)	10
I2184	Mol	(14a)	178
I2184	Radif	(15b)	513, 594, 714, 725
I2184	Grp	(19)	14
I2185	Spop	(8 b)	372
I2200/2200A	Pho	(2 a)	189, 278
I2200/2200A	Zopt	(6 a)	123
I2200/2200A	Spop	(8 b)	174
I2209	Pho	(2 a)	64
I2209	PtmI	(3 c)	13
I2209	SPtm	(4 a)	25, 59, 68
I2209	Spop	(8 b)	46
I2209	Span	(8 d)	17, 47
I2209	HIIr	(12a)	8
I2229	Spop	(8 b)	794
I2233	Pho	(2 a)	88
I2233	PtmO	(3 b)	28
I2233	SPtm	(4 a)	11, 38
I2233	Spop	(8 b)	231, 373
I2233	Mkin	(9 a)	130
I2239	Zrad	(6 b)	178
I2239	HIw	(13a)	253
I2239	Mol	(14a)	150
I2308	Spop	(8 b)	355, 372, 835
I2338	Mkin	(9 a)	248
I2338/39	Radif	(15b)	199
I2339	Mkin	(9 a)	248
I2402	Spop	(8 b)	223, 399
I2402	Popt	(10a)	61
I2402	Prad	(10b)	53
I2402	Radif	(15b)	78, 195, 449
I2431	Des	(1 b)	100
I2431	Pho	(2 a)	376

I2458	Des	(1 b)	99, 293		I2597	Radc	(15a)	187
I2458	Pho	(2 a)	22, 340, 375, 459					
I2458	SPtm	(4 a)	207		I2604	Des	(1 b)	267
I2458	Spop	(8 b)	166, 809		I2604	Pho	(2 a)	872
I2458	Span	(8 d)	47					
I2458	HIIr	(12a)	4, 254, 258		I2620	PtmO	(3 b)	57
I2458	HIm	(13b)	78, 112					
I2458	Radif	(15b)	140, 202, 573		I2627	PtmO	(3 b)	383
I2458	Grp	(19)	97					
					I2637	Des	(1 b)	349
I2461	Spop	(8 b)	373		I2637	Spop	(8 b)	922
I2461	Mkin	(9 a)	130					
					I2744	SPtm	(4 a)	125
I2473	Radc	(15a)	263					
					I2943	Des	(1 b)	63
I2476	Radc	(15a)	47		I2943	Pho	(2 a)	261
I2476	Radif	(15b)	18, 264, 449, 703		I2943	Grp	(19)	78
I2510	Des	(1 b)	333		I2951	Pho	(2 a)	292
I2510	Zopt	(6 a)	478		I2951	Zopt	(6 a)	39
I2510	Spop	(8 b)	874		I2951	Spop	(8 b)	57
I2522	Pho	(2 a)	327		I2977	Pho	(2 a)	1091
					I2977	PtmO	(3 b)	383
I2524	Grp	(19)	18					
					I2980	Pho	(2 a)	267
I2531	Des	(1 b)	295					
I2531	Pho	(2 a)	980		I2982	Des	(1 b)	63
					I2982	Pho	(2 a)	261
I2537	PtmO	(3 b)	383		I2982	Grp	(19)	78
I2537	PtmN	(3 d)	34					
					I2995	Pho	(2 a)	327
I2554	Pho	(2 a)	372					
I2554	Spop	(8 b)	250		I3017	HIw	(13a)	288
I2558	PtmO	(3 b)	383		I3019	Pho	(2 a)	812
I2558	PtmN	(3 d)	34					
					I3023	SPtm	(4 a)	511
I2560	Zopt	(6 a)	452		I3023	HIw	(13a)	260
I2560	Spop	(8 b)	823		I3023	HIm	(13b)	222
I2574	PtmI	(3 c)	56		I3040	HIw	(13a)	288
I2574	SpUV	(8 a)	47, 139					
I2574	HIIr	(12a)	55, 90, 138, 258, 262, 282		I3049	Pho	(2 a)	812
I2574	HIm	(13b)	126		I3049	HIw	(13a)	288
I2574	Radif	(15b)	636					
I2574	Xg	(16)	316		I3063	Pho	(2 a)	812
I2574	Dis	(18)	6, 43, 166		I3063	Zrad	(6 b)	202
I2574	Grp	(19)	140					
					I3073	Pho	(2 a)	812

I3094	Pho	(2 a)	812		I3356	Pho	(2 a)	812
I3094	Zrad	(6 b)	202		I3356	Zrad	(6 b)	202
I3094	HIw	(13a)	288		I3356	HIw	(13a)	288
I3097	Pho	(2 a)	812		I3365	HIw	(13a)	287
					I3365	HIm	(13b)	240
I3100	Pho	(2 a)	812		I3370	Des	(1 b)	372, 413
I3105	Zopt	(6 a)	207		I3370	Pho	(2 a)	878, 970, 1023, 1090
I3105	Mkin	(9 a)	146		I3370	SPtm	(4 a)	436, 460, 553
					I3370	Vdis	(7 a)	93, 111
I3118	Pho	(2 a)	812		I3370	Spop	(8 b)	912
I3120	Zrad	(6 b)	202		I3370	Imed	(12c)	46
I3120	HIw	(13a)	288		I3374	Pho	(2 a)	812
					I3374	Zrad	(6 b)	202
I3142a	Zrad	(6 b)	202		I3374	HIw	(13a)	288
I3142a	HIw	(13a)	288		I3412	Pho	(2 a)	812
I3167	Pho	(2 a)	812		I3412	Zrad	(6 b)	202
					I3412	HIw	(13a)	288
I3199	Pho	(2 a)	812		I3413	Pho	(2 a)	812
I3205	Pho	(2 a)	812		I3416	Pho	(2 a)	812
I3239	Pho	(2 a)	812		I3416	Zrad	(6 b)	202
I3239	Zrad	(6 b)	202		I3418	Pho	(2 a)	812
I3239	HIw	(13a)	288		I3430	Zrad	(6 b)	202
I3255	SPtm	(4 a)	511		I3435	Pho	(2 a)	812
I3255	HIw	(13a)	260					
I3255	HIm	(13b)	222		I3443	Pho	(2 a)	812
I3258	PtmO	(3 b)	169		I3446	Zrad	(6 b)	202
I3258	Spop	(8 b)	352		I3446	HIw	(13a)	288
I3258	Span	(8 d)	70		I3453	Pho	(2 a)	812
I3303	Pho	(2 a)	812		I3453	PtmO	(3 b)	169
					I3453	Zrad	(6 b)	202
I3305	Pho	(2 a)	972		I3453	Spop	(8 b)	352
I3328	Pho	(2 a)	812		I3453	Span	(8 d)	70
					I3453	HIw	(13a)	288
I3331	Pho	(2 a)	812		I3457	Pho	(2 a)	812
I3355	Pho	(2 a)	812					
I3355	Zrad	(6 b)	202		I3459	Pho	(2 a)	812
I3355	HIw	(13a)	288					
I3355	HIm	(13b)	192		I3466	Zrad	(6 b)	202

I3466	HIw	(13a)	288		I3639	Spop	(8 b)	116
					I3639	Radc	(15a)	96
I3471	Zrad	(6 b)	202					
I3471	HIw	(13a)	288		I3647	Pho	(2 a)	197, 812
I3475	Pho	(2 a)	197, 812, 981		I3665	Pho	(2 a)	812
I3475	SPtm	(4 a)	471					
I3475	Zrad	(6 b)	202		I3716	Zrad	(6 b)	202
					I3716	HIw	(13a)	288
I3476	SN	(17a)	325					
					I3718	Zrad	(6 b)	202
I3483	Pho	(2 a)	812		I3718	HIw	(13a)	288
I3510	Xg	(16)	108, 176		I3720	Pho	(2 a)	812
I3518	Pho	(2 a)	812		I3723	Des	(1 b)	63
					I3723	Pho	(2 a)	261
I3521	Zrad	(6 b)	202		I3723	Grp	(19)	78
I3521	HIw	(13a)	288					
					I3726	Des	(1 b)	63
I3522	Pho	(2 a)	812		I3726	Pho	(2 a)	261
I3522	Zrad	(6 b)	202		I3726	Grp	(19)	78
I3522	HIw	(13a)	287, 288					
I3522	HIm	(13b)	240		I3773	Pho	(2 a)	812
I3540	Pho	(2 a)	812		I3808	HIIr	(12a)	223
I3562	Zrad	(6 b)	202		I3949	PtmO	(3 b)	68
I3562	HIw	(13a)	288					
					I3959	PtmO	(3 b)	68
I3567	Pho	(2 a)	812		I3959	SPtm	(4 a)	126
I3576	Xg	(16)	138		I3960	PtmO	(3 b)	68
I3581	Zrad	(6 b)	178		I3961	Pho	(2 a)	388
I3581	HIw	(13a)	253		I3961	Spop	(8 b)	270
I3581	Mol	(14a)	150		I3961	Span	(8 d)	51
					I3961	HIIr	(12a)	72
I3583	Zrad	(6 b)	202					
I3583	HIw	(13a)	288		I4040	Pho	(2 a)	46, 1004
					I4040	Spop	(8 b)	832
I3589	Pho	(2 a)	812		I4040	Radc	(15a)	38, 75
I3589	Zrad	(6 b)	202		I4040	Radif	(15b)	49, 559
I3589	HIw	(13a)	288		I4040	Grp	(19)	17, 32
I3611	Zrad	(6 b)	202		I4042	Pho	(2 a)	204
I3611	HIw	(13a)	288					
					I4045	SPtm	(4 a)	126
I3617	Zrad	(6 b)	202					
I3617	HIw	(13a)	288		I4051	SPtm	(4 a)	126

I4051	SN	(17a)	75		I4329A	Spop	(8 b)	882
					I4329A	SpIR	(8 c)	34, 63, 77
I4062	Des	(1 b)	37		I4329A	Popt	(10a)	13
I4062	PtmO	(3 b)	121		I4329A	Radif	(15b)	705
I4062	Grp	(19)	45		I4329A	Xg	(16)	64, 71, 76, 145, 219, 224,
					I4329A	Xg	(16)	310, 414
I4182	Pho	(2 a)	188, 344					
I4182	HIm	(13b)	82		I4351	Pho	(2 a)	1139
I4182	SN	(17a)	8, 45					
					I4389	SN	(17a)	276
I4248	Spop	(8 b)	116					
					I4395	SpUV	(8 a)	144
I4249	Spop	(8 b)	116		I4395	Spop	(8 b)	262, 692
I4263	Zrad	(6 b)	180		I4444	Pho	(2 a)	278
					I4444	Zopt	(6 a)	123
I4271	Spop	(8 b)	372		I4444	Spop	(8 b)	174
I4296	Pho	(2 a)	1008		I4448	PtmI	(3 c)	255
I4296	Ima	(2 b)	47					
I4296	PtmO	(3 b)	351		I4518AB	Des	(1 b)	54
I4296	PtmI	(3 c)	236		I4518AB	Pho	(2 a)	192
I4296	SPtm	(4 a)	442, 497					
I4296	Vdis	(7 a)	25, 38, 92		I4526	Des	(1 b)	18
I4296	Vdyn	(7 b)	13					
I4296	Mkin	(9 a)	111, 137, 290		I4553	Des	(1 b)	342
I4296	Prad	(10b)	140		I4553	Pho	(2 a)	801, 949, 1016, 1031
I4296	Radc	(15a)	92		I4553	Ima	(2 b)	42
I4296	Radif	(15b)	28, 512, 613		I4553	PtmO	(3 b)	347
I4296	Xg	(16)	404		I4553	PtmI	(3 c)	154, 162, 178, 206, 277,
					I4553	PtmI	(3 c)	280, 293
I4316	Pho	(2 a)	1091		I4553	SPtm	(4 a)	494
I4316	PtmO	(3 b)	383		I4553	SPIR	(4 b)	45, 46, 58
I4316	PtmN	(3 d)	34		I4553	Zopt	(6 a)	327
I4316	Spop	(8 b)	116		I4553	Spop	(8 b)	628, 684, 772
					I4553	SpIR	(8 c)	68, 80, 83, 97
I4320	Pho	(2 a)	1145		I4553	Mkin	(9 a)	302
					I4553	Imed	(12c)	66
I4329	Des	(1 b)	388		I4553	HIw	(13a)	256
I4329	Pho	(2 a)	230		I4553	HIm	(13b)	233
I4329	PtmO	(3 b)	408		I4553	Mol	(14a)	95, 98, 101, 108, 113, 127,
I4329	SPtm	(4 a)	582		I4553	Mol	(14a)	131, 146, 152, 160, 170,
					I4553	Mol	(14a)	171, 172, 176, 180, 184,
I4329A	Des	(1 b)	181, 388, 392		I4553	Mol	(14a)	185, 199, 207, 217, 218
I4329A	Pho	(2 a)	230		I4553	Radc	(15a)	306
I4329A	PtmO	(3 b)	129, 361, 408		I4553	Radif	(15b)	445, 557, 658
I4329A	PtmI	(3 c)	247, 258					
I4329A	SPtm	(4 a)	257, 582		I4553/54	Radif	(15b)	68, 229
I4329A	Zopt	(6 a)	134					
I4329A	Spop	(8 b)	211, 215, 364, 661, 881,		I4562	Pho	(2 a)	146

I4562	PtmO	(3 b)	50		I4694	Pho	(2 a)	109
I4562	SPtm	(4 a)	72		I4694	Zopt	(6 a)	48
					I4694	Spop	(8 b)	80
I4562A	Pho	(2 a)	146					
I4562A	PtmO	(3 b)	50		I4765	Pho	(2 a)	29
I4562A	SPtm	(4 a)	72		I4765	Zopt	(6 a)	18
					I4765	Grp	(19)	10
I4608	Pho	(2 a)	125					
I4608	Zopt	(6 a)	52		I4766	Pho	(2 a)	29
I4608	Spop	(8 b)	86		I4766	Grp	(19)	10
I4612	Radif	(15b)	198		I4767	Des	(1 b)	295
					I4767	Pho	(2 a)	980
I4618	Pho	(2 a)	125					
I4618	Zopt	(6 a)	52		I4769	Pho	(2 a)	29
I4618	Spop	(8 b)	86		I4769	Zopt	(6 a)	18
					I4769	Spop	(8 b)	773
I4653	Des	(1 b)	54		I4769	Grp	(19)	10
I4653	Pho	(2 a)	192					
I4653	Spop	(8 b)	128		I4797	SPtm	(4 a)	526
I4662	Pho	(2 a)	1036		I4827	Pho	(2 a)	187
I4662	SpUV	(8 a)	139					
I4662	Spop	(8 b)	356, 864		I4831	Pho	(2 a)	502
I4662	HIIr	(12a)	269					
I4662	Radif	(15b)	704		I4836	Pho	(2 a)	187
I4686	Des	(1 b)	49, 415		I4837	HIIr	(12a)	279
I4686	Pho	(2 a)	109, 272					
I4686	PtmN	(3 d)	35		I4838	Pho	(2 a)	267
I4686	SPtm	(4 a)	568					
I4686	Zopt	(6 a)	48, 118		I4842	Pho	(2 a)	187
I4686	Spop	(8 b)	80, 171					
I4686	Xg	(16)	49		I4845	Pho	(2 a)	187
I4687	Des	(1 b)	49, 415		I4870	Pho	(2 a)	263, 267
I4687	Pho	(2 a)	109, 272		I4870	Spop	(8 b)	407
I4687	PtmN	(3 d)	35					
I4687	SPtm	(4 a)	568		I4901	Pho	(2 a)	502
I4687	Zopt	(6 a)	48, 118					
I4687	Spop	(8 b)	80, 171		I4937	Des	(1 b)	295
I4687	Xg	(16)	49		I4937	Pho	(2 a)	980
					I4937	SPtm	(4 a)	514
I4689	Des	(1 b)	49, 415					
I4689	Pho	(2 a)	109		I4938	Pho	(2 a)	502, 1033
I4689	PtmN	(3 d)	35					
I4689	SPtm	(4 a)	568		I4963	SN	(17a)	449
I4689	Zopt	(6 a)	48					
I4689	Spop	(8 b)	80		I4970	Pho	(2 a)	369
I4689	Xg	(16)	49					

I4974	Pho	(2 a)	187		I5201	Radif	(15b)	704
I4976	Pho	(2 a)	187		I5201	SN	(17a)	85
I4981	Pho	(2 a)	267		I5227	Pho	(2 a)	502
I5031/32	Pho	(2 a)	189, 278		I5242	Grp	(19)	15
I5031/32	Zopt	(6 a)	123		I5243	Grp	(19)	15
I5031/32	Spop	(8 b)	174		I5250	Pho	(2 a)	267
I5052	Pho	(2 a)	51		I5264	Pho	(2 a)	969
I5063	Des	(1 b)	390		I5267	HIw	(13a)	57
I5063	Pho	(2 a)	486, 535, 552, 1129, 1130		I5283	Spop	(8 b)	801
I5063	PtmO	(3 b)	412		I5298	HIw	(13a)	272
I5063	PtmI	(3 c)	249, 292, 293		I5298	Mol	(14a)	194
I5063	SPtm	(4 a)	228, 250, 585		I5315	HIw	(13a)	110
I5063	SpUV	(8 a)	195		I5328/28A	Pho	(2 a)	502
I5063	Spop	(8 b)	310, 357, 400, 407, 411,		I5338	Radif	(15b)	571
I5063	Spop	(8 b)	661, 873		I5349	Pho	(2 a)	218
I5063	Mkin	(9 a)	105, 126, 136, 145		I5350	Pho	(2 a)	218
I5063	Popt	(10a)	82		I5353	Pho	(2 a)	163, 218
I5063	HIw	(13a)	145		I5353	Grp	(19)	56
I5063	Radif	(15b)	250		I5354	Pho	(2 a)	163, 218
I5110	Pho	(2 a)	187		I5354	Grp	(19)	56
I5135	Pho	(2 a)	277		I5358	Pho	(2 a)	163, 230
I5135	SpUV	(8 a)	117		I5358	Radc	(15a)	97
I5135	Spop	(8 b)	407, 999		I5358	Grp	(19)	56
I5152	Pho	(2 a)	277, 349					
I5152	Mkin	(9 a)	90					
I5199	Des	(1 b)	295					
I5199	Pho	(2 a)	980					
I5199	SPtm	(4 a)	514					

References – "Anonymous" galaxies

PGC identifications for "A" galaxies with references

"A" Designation	PGC		R.A. (1950) Dec		Name	Notes
A0000+0428	210		0000.6	+0428	UM 16	
A0000+0429	210:					Tololo galaxy
A0000+2140	207		0000.6	+2141	UGC 6	MK 334
A0003+1955	473		0003.7	+1956	MK 335	
A0003−3624ABC	438				ESO 349- 26	
A0003−4146	474		0003.8	−4146	ESO 293- 34	
A0003−4147	482		0003.9	−4147	MCG −7- 1- 10	
A0004−055						Same as following?
A0004−0655	509,	510	0004.2	−0655		
A0004−06A,B	509,	510				Same as preceding.
A0004−0700	586		0004.0	−0701	ARP 146	
A0004−4138	551		0004.6	−4138	ESO 293- 37	
A0005+4035	591				VV 502	
A0005−3451	621		0005.7	−3451	ESO 349- 31	Sculptor dwarf irregular galaxy
A0007+1041	737,	745,	0007.9	+1042	3ZW 2	
	746					
A0008+0224	793		0008.7	+0224	MCG 0- 1- 35	
A0008+3242	759		0008.1	+3242	NGC 21	
A0008−1223	781		0008.6	−1223	NGC 34	MK 938
A0009+2041	814				MK 337	
A0009−0022	850				UM 213	
A0013+1548	1051		0013.3	+1549	UGC 148	
A0013+1553	1088?		001349.8	+155330	54W018	
A0014+1642	1111		001416.5	+164203	PG 0014+166	
A0014−5956	1118		0014.6	−5956	FAIR 5	
A0015+2213	1153		0015.0	+2213	LGS 1	
A0015−3759	1176		0015.6	−3759	ESO 294- 2	SN 1983q parent
A0016+3013	1220		0016.2	+3013	LGS 4	
A0016−1038	1224,	1221	0016.2	−1039	ARP 256	
A0016−5755	1225		0016.4	−5755		
A0018+2135	1333		001820.0	+213526	PG 0018+216	
A0018−3942			001812.3	−394231		
A0019−0134	1434		001945.0	−013430	MCG 0- 2- 14	and MCG 0-2-15; VV 257
A0019−0153	1406		0019.3	−0153	MK 549	
A0020−4851	1452		0020.2	−485130		In NGC 87/8 group
A0020−5355	1440		002001.8	−535531	UKS 0020−539	
A0021+1424	1511		0021.2	+1425	UGC 226	MK 338
A0021−6233	1517				ESO 78- 23	
A0022+3105	1572		0022.4	+3104	UGC 238	
A0023+1322AB	1631		0023.6	+1322	UGC 249	
A0023+2527	1627		0023.4	+2527	MCG 4- 2- 18	VV 622
A0024+1118AB	1652:,	1665:				KARA pair
A0024−0904			002447	−090457		Abell 34
A0024−3049	1645:					Ring
A0024−4115	1673		0024.7	−4116	ESO 294- 16	
A0026+2741	1799		0026.8	+2741	LGS 5	
A0026+3016	1798		0026.8	+3017	MK 551	
A0026+3304	1792		0026.6	+3304	LGS 2	
A0027+1041	1832?		0027.9	+1042		Molonglo 0027+1, MC2
A0027−2859	1876?		0027.5	−2859	IRAS 275−2859	
A0028+0811	1921:				MK 552b	
A0028+0812	1914				MK 552	
A0028+1305	1869		0028.0	+1305	UGC 305	
A0028+4037			0028.8	+4037		Compact near M31
A0028−1045	1909		0028.7	−1045	KAZ 1	
A0029−4952	1923		0029.0	−4952	ESO 194- 24	SN 1982p? parent
A0031+3918	2026		0031.0	+3917	UGC 330	Compact near M31
A0031−3102	2044				DDO 224	
A0031−5653	2014:		0031.0	−5653		ESO?
A0032+3614	2121		0032.6	+3614	And III	Dwarf
A0032+4158			0032.8	+4158		Compact near M31
A0033+1222	2150		0033.4	+1221	MCG 2- 2- 22	
A0033+4524	2172:		0033.7	+4524		Zw 0033+45, Seyfert
A0034+2525	2209?,	2210?,	003426.8	+252526		B2 radio source

PGC/"A" cross-identifications (continued)

"A" Designation	PGC	R.A. (1950)	Dec	Name	Notes
A0035+0000	2243	0035.0	+0000	MCG 0- 2- 94	MK 955
A0035+3933	2244	0034.9	+3934	MCG 7- 2- 10	Compact near M31
A0035−3401	2248:, 2249, 2252	0035.3	−3400	ESO 350- 40	Cartwheel
A0035−3401A	2248:				
A0036−4321	2345			ESO 242- 22	
A0037+0607	2419	003742.2	+060714		X-ray source
A0039+0300	2545			UM 60	
A0039+4004	2506?, 2509?, 2524?			5C 3.100	
A0039−0934	2501?	0039.3	−0934		Abell 85 No. 1
A0039−7930	2450	0039.3	−7931	ESO 12- 21	Seyfert
A0040+3314					MK 958 companion
A0040+3315	2571			MK 958	
A0041+1709	3036			MK 1148	
A0041−5536	2592	0041.1	−5536	ESO 150- 20	SN 1982s parent
A0042+2710	2650			MK 346	
A0042−6102	2652	0042.9	−6102	ESO 112- 9	
A0043+3603	2720	0043.7	+3603	UGC 480	MCG 6- 2- 16, VV pec
A0043−1342	2710	004353.3	−134256	ARP 230	
A0043−1342	2710	004355.0	−134250	ARP 230	
A0043−2358		004313.9	−235804		
A0043−4224	2702	004355.0	−422413	PKS 0043−42	
A0044+1425	2768	0044.7	+1426	UGC 488	MK 1146
A0044−2438	2757			ESO 474- 26	
A0044−5219	2750	0044.8	−5219	ESO 194- 39	
A0045−2047	2796	0045.2	−2048	ESO 540- 25	Chain near NGC 247
A0045−2053	2798?	0045.2	−2053		Chain near NGC 247.
A0045−2145	2799	0045.2	−2146	ESO 540- 27	Hα
A0046+0403	2860			UM 71	
A0046+3141B					Companion to NGC 262
A0046−0239	2861			MK 557	
A0046−1259	2845	0046.1	−1259	MCG −2- 3- 19	Haro 15
A0047+3128	2928	0047.4	+3128	UGC 511	
A0047−2117	2902	0047.4	−2117	ESO 540- 31	DDO 6
A0047−5223	2926	0047.9	−5224	ESO 195- 5	
A0048+4026	3011			VV 554	
A0049+0017	3034	004915.0	+001754	UM 283	
A0049+0103	3053?				Faint Haro
A0049+1709	3036	0049.3	+1710	MK 1148	
A0049−0045	3043	004926.1	−004529	ARAK 18	Michigan III
A0049−1301	3035	0049.4	−1301	KAZ 4	
A0049−2737	3061			ESO 411- 24	
A0050+1225	3151	005057.8	+122520	UGC 545	1Zw 1
A0050+2900	3133			UGC 542	
A0050+7249	3183	0050.7	+7248	MCG 12- 2- 1	Pec "bipolar nebula"
A0051+4159	3212	0051.8	+4159	MCG 7- 3- 5	VV 566
A0051−2350	3201:	0051.9	−2349	AM 0051−234	ESO?
A0051−73	3085			SMC	
A0052−3217	3242?	0052.5	−3217		
A0052−7054		0052.1	−7054	IRAS 521−7054	
A0053+2602	3319	005322.6	+260206		Foreground of Abell 115
A0053+2604	3298	005307.5	+260412		Foreground of Abell 115
A0053+4025		0053.9	+4025		Sharov No. 50; compact near M31
A0053−0131	3342?	0053.7	−0131		Abell 119 No. 1
A0053−0132	3364, 3365?	0053.9	−0132		Abell 119
A0053−0135	3293?, 3317?			PKS 0053−01	
A0053−0136	3317?	0053.5	−0136		Abell 119 No. 24
A0053−1432	3335	0053.7	−1432	MCG −3- 3- 8	MK 1149
A0053−5327	3328	0053.9	−5327	ESO 151- 4	
A0054−0128	3400	0054.4	−0128	UGC 587	
A0055+0104	3458	005519.9	+010402	UM 293	Seyfert
A0055−0139	3444?, 3492?			3C 29	
A0055−2746	3453	0055.4	−2746	ESO 411- 34	

PGC/"A" cross-identifications (continued)

"A" Designation	PGC	R.A. (1950)	Dec	Name	Notes
A0056+0044AB	3524, 3530	005625.0	+004424	UM 295	and UM 296
A0056+4744	3528			UGC 608	
A0057+3133	3575	0057.2	+3133	MK 352	
A0057+4743	3603			UGC 622	
A0057+4746		005708.3	+474617		
A0057−33	3589	0057.8	−3358	ESO 351- 30	Sculptor System
A0058+0035	3655	0058.7	+0035	CGCG 384- 55	Emission
A0058−3112	3617			ESO 412- 2	
A0058−4025AB	3633	0058.6	−4025	AM 059−4024	
A0100+3146		0100.9	+3146		SN 1975q parent
A0100−2209	3727	0100.3	−2209	ESO 541- 13	Abell 133
A0101+2137	3792	0101.2	+2137	LGS 3	
A0102−3105		0102.5	−3105		Sanduleak-Pesch No. 6, Hα compact
A0102−5738	3839	0102.8	−5738	ESO 113- 9	lsb
A0102−6423	3827	0102.5	−6423	ESO 79- 16	
A0102−8012	3740	010158.5	−801210	PKS 0101-802	
A0104+3208	3982:	0104.7	+3208	NGC 383	UGC 688, 3C 31
A0106+1304	4088?			3C 33	
A0106+3211	4140	0106.9	+3210	MCG 5- 3- 72	
A0106+7254				3C 33.1	
A0106−3733	4101	0106.7	−3733	ESO 296- 2	
A0107+3239	4157	0107.2	+3239	MCG 5- 3- 76	SN 1975m parent
A0107+4250	4168			UGC 725	
A0107+4301	4184			UGC 728	
A0108+1723	4232	010823.1	+172310	IC 1634	CGCG 459- 14
A0108+2549	4261	010840.1	+254948	4C 25.04	
A0109+2148		010903.8	+214813		UX Psc?
A0109+4912	4310	0109.1	+4912	3C 35	0109+492
A0109−3820	4274	0109.2	−3820	NGC 424	TOL 0109−383
A0110+1513	4370?	011021.0	+151339		Abell 160
A0111+0206	4422?	011108.6	+020624	PKS 0111+021	
A0111+0731	4425	0111.2	+0731	MK 564	Radio source?
A0111+1300	4428	0111.2	+1300	UGC 774	MK 975
A0111−1506	4426	0111.4	−1506	MK 1152	
A0112−0045	4490	0112.3	−0045	UGC 793	
A0113+4629A	4598			UGC 813	
A0113+4629B	4600			UGC 816	
A0113−0107	4545			UGC 807	Companion to NGC 450
A0113−3245	4566?				
A0114+0725		011450.4	+072557	4C 07.4	PKS 0114+074
A0115+1107	4672	0115.5	+1107	UGC 833	
A0116+0157	4739	0116.6	+0157	MCG 0- 4- 80	SN 1954? parent
A0116+1208	4748	0116.7	+1208	MCG 2- 4- 22	
A0116+1211	4750	011645.3	+121103	UGC 849	VV 347, MK 984
A0116+3146	4747:	011635.0	+314641		X-ray source
A0116+3155	4768	0116.8	+3155	MCG 5- 4- 17	4C 31.04, OC 328
A0116−0116	4717	0116.3	−0116	UGC 842	1E X-ray source
A0117+0309	4801	0117.5	+0309	ARP 227	
A0117+0755	4769	0117.0	+0755	UGC 855	
A0117−2238	4803	0117.8	−2238	NGC 478	VV pec
A0117−4128	4792:	0117.7	−4128		Sersic Pec; radio source? Same galaxy as following?
A0117−4130	4792	0117.7	−4129	ESO 296- 11	Same galaxy as preceding?
A0118+1209	4913	0118.6	+1209	UGC 891	Dwarf
A0119+1919	4990	011938.9	+191937		Abell 179
A0119+2254	5010	0120.0	+2254	MK 357	
A0119+2636	5015			MK 356	
A0119−0118	4968	0119.5	−0118	MCG 0- 4- 98	2Zw 1
A0120+3256	5100	0120.9	+3256		
A0120+3315	5026	0120.0	+3315		
A0121+3151	5223			MK 992	
A0121+3154	5217			MK 991	ARAK 42
A0121+3155	5217	0121.9	+3155	UGC 959	ARAK 42, MK 991
A0121+3303	5129	0121.2	+3303	MCG 5- 4- 48	

PGC/"A" cross-identifications (continued)

"A" Designation	PGC		R.A. (1950)	Dec	Name	Notes
A0121+3319			0121.0	+3319		In cluster
A0121−5903	5106		0121.9	−5903	ESO 113- 45	
A0122+3152	5284		0122.7	+3152	UGC 987	MK 993
A0123+3121	5364		012345.1	+312113	MCG 5- 4- 59	MK 358
A0123−0137	5305?,	5313?	012314.2	−013754		
A0124+1855	5435		0124.8	+1855	UGC 1032	MK 359
A0124−0848	5434				MK 995	
A0125+6251	5503:		0125.1	+6251		Low b
A0125−5836	5409				ESO 113- 48	
A0126+1053	5555				UGC 1065	
A0126+1053A	5548		0126.5	+1053	NGC 569	Part of KARA pair
A0126+1053B	5555		0126.6	+1053		Part of KARA pair
A0127+2536	5600				UGC 1073	Dwarf
A0129+3151AB	5714		0129.4	+3150	MCG 5- 4- 66	and 67; Arp 98, VV 301, 4Zw 5
A0131+3039			013146.8	+303940		X-ray source; near M33
A0132+3447	5885		0132.1	+3447	MK 1158	
A0134−8526	5703		0134.8	−8526	ESO 3- 1	
A0135+0716	6061		0135.8	+0716	UGC 1167	
A0135−6249	5993?		0135.4	−624730	AM 0135−624?	ESO?
A0136−0801	6101		013626.0	−080124		Spindle with polar ring
A0137+1539A	6150		013700	+153905	UGC 1171	DDO 13
A0137+1539B	6174		013728	+153905	UGC 1176	
A0137+3203			0137.0	+3203		SN 1975r parent
A0137−2043	6127:		0137.0	−2043		Hα
A0137−4714	6136		0137.5	−4714	ESO 244- 49	
A0139+0652	6263				UGC 1189	
A0139−4628	6241		0139.5	−4628	ESO 245- 1	
A0140+1526	6354?					Companion of NGC 628
A0141+0205	6367		0141.4	+0205	UGC 1214	MK 573
A0141+1154	6358				MK 572	
A0141+1648	6366		0141.2	+1648	MCG 3- 5- 13	MK 360
A0141+1650	6390,	6391			3ZW 35	
A0142+1651	6408		014204.1	+165126	MK 361	
A0145+1221	6633		0145.9	+1221	UGC 1260	MK 575
A0145−12	6626				DDO 14	
A0146+2001	6645				VV 535	
A0147+3601	6807				UGC 1308	Abell 262
A0148+3549	6865				UGC 1319	Abell 262
A0148−4724	6776				ESO 245- 6	
A0149+1756	6889				DDO 16	
A0149+3615	6948		0149.6	+3615	UGC 1344	
A0149+3622	6961		0149.8	+3622	UGC 1347	
A0149−4441	6830		0149.1	−4441	ESO 245- 7	Phoenix dwarf
A0150+3615	6977		0150.0	+3615	UGC 1350	
A0150−1328	6960		015015.7	−132845		Dwarf
A0150−1349			015009.9	−134925		
A0150−1431			015021.8	−143114		Dwarf
A0151+3640	7111		015156.3	+364022	UGC 1385	Abell 262
A0151−1404			015130.4	−140457		Dwarf
A0151−1409			015139.1	−140903		Dwarf
A0151−1429	7045		015137.5	−142954		Dwarf
A0151−4948	6994				ESO 197- 10	
A0152+0621	7164		0152.8	+0622	UGC 1395	
A0152−1353	7109		015226.6	−135355		
A0155+0250	7417		0155.6	+0250	UGC 1449	Arp 126
A0155+0250A	7417		0155.6	+0250		Part of KARA pair
A0155+0250B	7415		0155.6	+0250		Part of KARA pair
A0156+2618						Pair?
A0156−5630AB	7446,	7447	0156.8	−5629	ESO 153- 4	Sersic, Arp
A0157−0716	7550				MCG −1- 6- 19	
A0157−0718	7553				MCG −1- 6- 20	
A0157−0720	7557				MCG −1- 6- 22	
A0158+0804	7649		0158.3	+0804	UGC 1498	
A0158+3805	7674		0158.4	+3305	UGC 1503	Note incorrect dec designation.

PGC/"A" cross-identifications (continued)

"A" Designation	PGC	R.A. (1950)	Dec	Name	Notes
A0159−2200	7753			ESO 544- 7	
A0159−3158	7668	0159.0	−3158	ESO 414- 22	Hα
A0201+1143	7859	0201.2	+1143	UGC 1558	SN 1977d parent
A0201+2358	7871	0201.2	+2358	UGC 1561	VV 568, 5Zw 173
A0201+2825	7888	0201.4	+2825	MK 365	
A0203−0031	8029			MK 1018	
A0203−5527	7927	0203.1	−5527	ESO 153- 16	
A0204+0152	8096	0204.8	+0152	MCG 0- 6- 33	Group
A0204−5527	8045	0204.8	−5527	ESO 153- 21	
A0205+0154	8117	0205.1	+0154	UGC 1620	Group
A0205+0155	8128	0205.3	+0155	UGC 1624	Group
A0205+0156AB	8114	0205.0	+0156	UGC 1618	Group
A0206+3533	8249	020639.2	+353341	4C 35.03	
A0206+5212		020614.9	+521232	GPX 002	Seyfert
A0207−4931	8189			ESO 197- 25	
A0208−5404	8311	0208.8	−5404	ESO 153- 27	SN 1979d parent
A0210+1651	8525	021052.4	+1651	MK 367	
A0211+0104	8523	021102.0	+010442		Ring
A0211−0722		021112	−072249		Abell 326
A0212−0059	8586	021200.4	−005957		
A0212−2504	8598			ESO 478- 15	
A0213−2836	8648			ESO 415- 14	
A0214+3810	8737	021419.8	+381058	UGC 1757	ARAK 79
A0214−4803	8699	0214.9	−4803	ESO 198- 1	PKS
A0215+0130		021514.2	+013059	PKS 0215+015	
A0215+0525	8802	0215.8	+0525	UGC 1775	Ring
A0217+0053		021733.8	+005315	PC 0217+0053	
A0217+3228	8924	021755.9	+322756	MK 1032	
A0218+2322	8941			UGC 1808	
A0219+4209		021930.1	+420908		"NGC 0891B"
A0219+4226		0219.5	+4226	3C 66B	
A0219−2730	8980			ESO 415- 22	
A0219−3432	8953			ESO 355- 8	
A0220+3157	9071	022020.9	+315742	ARAK 80	PGC has wrong ARAK number
A0220+3158	9074	022023.8	+315812	ARAK 81	PGC has wrong ARAK number
A0220+3158A	9071	0220.3	+3157		Part of KARA pair
A0220+3158B	9074	0220.4	+3158		Part of KARA pair
A0220+4108	9060, 9062				
A0220+4245	9067	0220.0	+4246	UGC 1841	3C 66B
A0221−0455	9107?, 9113	0221.5	−0455	MCG −1- 7- 7	Arp 54. Is PGC 9107 = PGC 9113?
A0222+2608	9166:			VV 658	
A0222+3656	9202	022223.9	+365657		B2 radio source
A0223+4136	9301	022337.2	+413637	CGCG 539- 24	Abell 347
A0223−2456	9243			ESO 479- 2	
A0223−6326	9144			FAIR 296	
A0224+2252	9353:				Near VV 391
A0224+2253	9343:				Near VV 391
A0224+2254	9340			VV 391	5Zw 242
A0225+3105	9399	0225.3	+3105	NGC 931	UGC 1935, MK 1040
A0225+3120		0225.6	+3120		1E X-ray source
A0226−3206	9408			ESO 415- 26	MCG −5- 7- 1
A0227+3255	9526	0227.2	+3255	KARA 107	
A0227−0913	9523	022738.2	−091311	MCG −2- 7- 24	MK 1044
A0227−4843	9463	0227.5	−4842	ESO 198- 13	
A0228+0107	9598	0228.8	+0107	UGC 1995	
A0229+38	9702			DDO 22	
A0229−0135	9648	0229.6	−0134	UGC 2010	
A0230+2743	9733			MK 1179	
A0230+2836	9705			UGC 2017	Dwarf
A0230−5243	9662	0230.7	−5243	ESO 154- 2	
A0231+2931	9808			DDO 26	
A0231+3145	9775:			VV 636	
A0232+3725	9852	0232.5	+3725	UGC 2069	SN 1961p parent
A0232+59	9892			Maffei I	

PGC/"A" cross-identifications (continued)

"A" Designation	PGC	R.A. (1950)	Dec	Name	Notes
A0233+0705	9904	0233.8	+0705	UGC 2092	
A0233+2512	9888	0233.4	+2512	MCG 4-7-16	KARA 112
A0234+2055	9944			MK 369	
A0236+1227AB	10056, 10072			VV 516	
A0236+3552	10080			UGC 2143	5Zw 266
A0236−5224	9998			ESO 198-24	
A0237+3202	10112?	0237.3	+3202		SN 1982v parent
A0237+3841	10133				"NGC 1023D"
A0237+3850	10139				"NGC 1023A"
A0237+3851	10169				"NGC 1023B"
A0237+3909	10143				"NGC 1023C"
A0237−34	10093			Fornax	Dwarf
A0238+0658	10201			MK 595	
A0238+59	10217	0238.1	+5924	UGCA 39	Maffei 2
A0239+3209	10227			UGC 2174	Not a SN parent galaxy; see A0237+3202
A0239−0808	10213	023923.8	−080818		"Dwarf A," NGC 1052 Group
A0240+0723	10277	0240.2	+0723	MCG 1-7-25	MK 596
A0240+1626	10304:	0240.6	+1626	KARA 73B	
A0240+1627	10304	0240.5	+1627	MCG 3-7-50	
A0241+6215		0241.0	+6215	4U 0241+61	Seyfert, low z "QSO"
A0243+3641	10473	0243.0	+3642	UGC 2232	Abell 376
A0243−5557	10415	0243.7	−5557	ESO 154-10	
A0244+3720	10586	0244.8	+3720	UGC 2259	Dwarf (Tully)
A0244−0028	10560	0244.9	−0028	MCG 0-8-14	
A0245+1343	10618	0245.6	+1343	MK 1187	
A0246+1807	10674	0246.4	+1807	UGC 2296	Zwicky compact; CGCG
A0246+3446	10739	0246.8	+3446	MK 1058	
A0247−7139	10596	0247.8	−7139	ESO 53-17	
A0248+0414	10813			MK 600	
A0251+1446A	10938, 10939	0251.2	+1446	UGC 2369	
A0252−0021	11007	0252.6	−0021	ARP 118	
A0253+1548	10998?,11106?,11133?,11069?				Abell 397
A0253−7258	10934	0253.8	−7257	ESO 31-4	
A0254+0708	11128			MCG 1-8-23	SN 1979g parent
A0255+0549	11188, 11193	0255.1	+0549	MCG 1-8-27	3C 75, 3Zw 52, KARA 84
A0255+0606	11255			UGC 2444	
A0255+1322	11256?	0255.8	+1322		Abell 401
A0255−3546	11174	0255.4	−3546	ESO 356-20	SN 1981i parent
A0255−3655	11197	0255.8	−3655	ESO 356-22	
A0256+0604	11276:				Seyfert
A0256+3637	11341	0256.8	+3637	UGC 2456	MK 1066, radio source?
A0257+3533		025742.9	+3534.0		In Abell 407?
A0258+3538	11434	0258.7	+3539	UGC 2489	4C 35.06; B2 radio source
A0258+4331	11458	0258.9	+4331	4C 43.07	
A0300+1614	11499?	030027.2	+161430	3C 76.1	
A0300−2225	11491, 11493	0300.9	−2224	ESO 547-2	Arp Pec near NGC 1187
A0301+3111	11555			5ZW 317	
A0301−1549	11503?				Companion of NGC 1199
A0301−5041	11505			ESO 199-12	
A0305−3135	11691			ESO 417-18	RC2
A0306−0308	11774	030626.2	−030831	NGC 1222	MK 603
A0307+1654				3C 79	
A0307−722	11684?			1H 0307−722	
A0307−7301	11706	0307.7	−7301	ESO 31-8	
A0308+0107	11890	0308.6	+0107	ARP 147	
A0308+4158		0308.8	+4158		SN 1975j parent
A0311+4151	12081	0311.7	+4151	UGC 2608	MK 1073, Perseus Cluster
A0311−0259	12053			DDO 31	VV 587
A0311−2522	12011	0311.5	−2522	ESO 481-14	
A0311−5733	11984	0311.8	−5732	ESO 116-12	
A0313−5817	12062	0313.3	−5816	ESO 116-13	
A0314+4116	12254	0314.6	+4116	CGCG 540-85	Perseus Cluster
A0314−6310	12082?	031403.0	−631030	AM 0314−631	ESO

PGC/"A" cross-identifications (continued)

"A" Designation	PGC	R.A. (1950)	Dec	Name	Notes
A0315+4207	12326	0315.4	+4207	UGC 2654	Perseus Cluster
A0315−5502	14005	035101.0	−550209		
A0316+41	12429			NGC 1275	3C 84
A0316+4124	12405	0316.3	+4124		Perseus Cluster
A0316+4127B	12417	0316.4	+4127		SN 1975b parent
A0316+413	12429			NGC 1275	3C 84
A0316−2357	12327	0316.5	−2357	ESO 481- 19	
A0316−5738	12245	0316.5	−5737	ESO 116- 15	
A0317+0111	12454	0317.5	+0111		SN 1984p parent
A0317+1835		0317.0	+1835		1E X-ray source
A0321+1600	12717	0321.2	+1600	CGCG 464- 14	Weak radio source
A0322−0618	12801	032257.9	−061858	MK 609	Seyfert
A0323−0618	12803			MK 610	
A0325+0223	12909	0325.3	+0223	UGC 2748	3C 88
A0325−1735	12922:			HARO 20	
A0325−5515	12904?	0325.5	−5515		SN 1983d parent
A0326+3937	12975	0326.2	+3937	UGC 2755	B2 radio source
A0328−0318	13034	0328.2	−0318	MK 612	
A0329−5241	13055	0329.7	−524116		3U 0328−52? X-ray source? in cluster
A0331+3911	13219	0331.0	+3911	UGC 2783	B2; 4C 39.12
A0331−6931		033158.7	−693117	S 103	Near LMC
A0333+3208				NRAO 140	
A0333−5759		033326	−575948		
A0335+0948	13424?			2A0335+096	
A0335+3006	13438	0335.9	+3006	UGC 2807	Dwarf
A0336−2453		033605	−245357		X-ray source
A0337−0217	13489			ARP 219	VV 495
A0338−2129		0338.4	−2129	PKS 0338−214	
A0338−7113	13387	0338.0	−7113	ESO 54- 15	
A0340−2801	13601	0340.1	−2801	ESO 419- 3	SN 1978c parent
A0343+7000	13880			UGC 2855	
A0344−3705		034449	−370557		
A0344−3707		034449	−370734		
A0349+3449	14031	0349.9	+3449	UGC 2886	Dwarf
A0349+3526	14030	0349.8	+3526	UGC 2885	
A0349−2753	13982	034931.9	−275330	PKS 0349−27	
A0349−3836	13985			ESO 302- 14	lsb
A0350−7147	13931			ESO 54- 21	lsb
A0351+0240	14064	035133.5	+024033		Low z QSO; X-ray source
A0355+6700	14241	0355.0	+6659	UGCA 86	Companion to IC 342
A0355−4630	14162			ESO 249- 32	lsb
A0356+1017	14213?			3C 98	
A0356+1809	14343			VV 793	
A0357−4600	14212			ESO 249- 35	lsb
A0400−1808		040030.0	−180841	PKS 0400−181	
A0409+0525	14651			UGC 2982	IRAS
A0409−4609	14625?	040951.0	−460806	AM 0409−460	ESO
A0410+1115				3C 109	
A0412−0803	14727	041227.0	−080308		1E X-ray source
A0414+0056					In Abell 480?
A0414+0058		041417.8	+005802		X-ray source, BL Lac object
A0414−3551	14774	0414.6	−3551	ESO 360- 4	
A0415+3754	14830?,14831?	0415.0	+3754	3C 111	
A0418−5822	14850?	0418.0	−5822		
A0421−5627AB	14983, 14984	0421.4	−5627	ESO 157- 24	Sersic
A0422−4738	15035	042255.0	−473825	ESO 202- 15	
A0426−4801	15172	0426.6	−4801	ESO 202- 23	Cannon's Carafe
A0427+0650	15319	0427.5	+0650	UGC 3061	VV 555
A0428−097	15329?				
A0428−3645	15321	0428.5	−3645		0428−368
A0429−5343	15336			FAIR 303	
A0430+0515	15504	043031.5	+051501	UGC 3087	3C 120
A0430−6133	15373	0430.6	−6133	ESO 118- 30	X-ray source in cluster
A0431−1322	15524	0431.3	−1322	MCG −2-12- 39	Abell 496

PGC/"A" cross-identifications (continued)

"A" Designation	PGC	R.A. (1950)	Dec	Name	Notes
A0431−1329	15544?	043151.4	−132906		Abell 496
A0431−3326	15505	0431.3	−3326	ESO 360- 15	
A0433+2934		043355.3	+293418	3C 123	
A0434−1028	15623	0434.0	−1028	MCG −2-12- 45	MK 618
A0436−4721	15684			ESO 251- 14	
A0445+4451	16076?,16078?				Anon 5.2′ s of 3C 129
A0445+4456	16079?	0445.5	+4456	3C 129	
A0446+0009	16059			DDO 34	
A0446+4458	16124?	0446.5	+4458	3C 129.1	
A0446−2050	16074	044649.0	−205008		Near QSO
A0447+0314	16099				2Zw 23 companion
A0447+0315	16109			2ZW 23	
A0448+5146				3C 130	
A0450−1817		045023.1	−181707		X-ray source
A0453−2038	16336	045313.3	−203852	PKS 0453−20	
A0459+0327		045931.1	+032734		X-ray source
A0459+0330	16572	0459.0	+0330	2ZW 28	Ring
A0459−0420	16570:,16574:	045906.6	−042007	MK 1089	PGC ident wrong? See PGC 16574.
A0502−6637					Seyfert
A0503−1003	16733				IRAS
A0503−2839	16728	050351.0	−283919	ESO 422- 28	
A0505−16	16784			DDO 36	
A0508+7936	17034			7ZW 31	
A0508−0245	16868			2ZW 33	
A0510−2425	16910	0510.0	−2425		
A0510−2445					IRAS. Same as previous galaxy?
A0511−3032		051139.6	−303146		Radio source
A0512+2455	17009?			3C 136.1	
A0513−0012	17013	0513.6	−0012	UGC 3271	MK 1095, ARAK 120
A0515−5409	17012			ESO 159- 3	
A0515−541	17012	0515.1	−540932		
A0518−45	17116	0518.4	−4549	ESO 252- 18A	Pictor A
A0521−122	17233?				
A0521−3630	17207	0521.2	−3630	ESO 362- 21	PKS 0521−36
A0523−118					
A0524−2153	17282				IRAS
A0524−69	17223			LMC	
A0527+7341	17445			DDO 38	
A0532−3245					IRAS
A0532−5240	17432	0532.0	−5240		
A0538+6916	17692	0538.9	+6916	UGC 3342	Companion to NGC 1961
A0538−2201	17572			ESO 554- 23	
A0539+6908	17675:	0539.4	+6908		Companion to NGC 1961
A0539+7219	17736			KARA 162	
A0542+0502	17716	0542.4	+0502		Low b
A0542−2606	17699	054233.2	−260634		
A0543−2552	17722	054303.5	−255245		
A0544−2114	17811	0544.7	−2114		
A0548−3216		0548.8	−3216	PKS 0548−322	
A0548−3217		054849.0	−321701	PKS 0548−322	
A0551+4625	18078	0551.2	+4625	UGC 3374	Seyfert; MCG 8-11- 11
A0551−1025					MCG
A0553+0323	18096	0553.1	+0323	UGCA 116	2Zw 40
A0554+0728		055451	+072840		Low b
A0554+0729					Low b
A0555+7307	18277			UGC 3384	
A0556−3820		055621	−382015	4U 0557−385	X-ray source
A0556−5222	18133	0556.2	−5222	ESO 205- 9	
A0559−4002	18236	0559.1	−4002	ESO 307- 13	
A0600+0750	18336	0600.5	+0749	UGC 3393	2Zw 42 companion (Kormendy)
A0601−5837	18293	0601.4	−5836	ESO 121- 2	
A0605+3416	18458			VV 596	
A0605+8028	18711	0606.0	+8028	KARA 108B	
A0605+8029	18682	0605.0	+8029	KARA 108A	

PGC/"A" cross-identifications (continued)

"A" Designation	PGC	R.A. (1950) Dec		Name	Notes
A0608−3337	18532	0608.2	−3337	ESO 364- 36	
A0608−3338	18527	0608.1	−3338	ESO 364- 35	
A0609+7103	18722	0609.8	+7103	UGC 3426	MK 3
A0609−3307	18592?	060950.0	−330701		
A0610+7103	18722			MCG 12- 6- 19	
A0610−2331	18601			ESO 489- 15	
A0611+5159	18720	0611.6	+5159	MCG 9-11- 6	
A0613−2633	18715	0613.3	−2633	ESO 489- 22	DDO 234
A0618−2001	18858	0618.9	−2001	ESO 556- 15	Tully Pec
A0618−3710	18828	0618.3	−3710	ESO 365- 6	PKS
A0620−5240	18887	062037.3	−524001	PKS 0620−526	X-rays
A0621+7419	19094				MK 4
A0621−3211	18948	0621.9	−3211	ESO 426- 2	
A0622−6256	18920	0622.6	−6256	ESO 87- 14	
A0623−3746	19003	0623.6	−3746	ESO 308- 5	SN 1984h parent
A0623−6056	18950			ESO 121- 28	
A0625−5339	19044, 19045	062519.2	−533925		
A0626+7136	19222	0626.7	+7136	MCG 12- 7- 6	KARA 171
A0626−4708	19078	0626.0	−4708	ESO 255- 7	
A0626−5428	19080?	0626.4	−5428		X-ray source? in cluster
A0627−5432		0627.4	−5432		X-ray source? In cluster
A0628−5421		0628.4	−5421		X-ray source? In cluster
A0628−5424	19141	0628.8	−542438		X-ray source? in cluster
A0632+2619	19299	0632.5	+2619	4C 26.23	
A0632−6257	19242	063252.0	−625719	ESO 87- 28	
A0634−2032	19313	063423.1	−203218	PKS 0634−20	
A0634−3913	19300	0634.0	−3913	ESO 308- 16	SN1982u parent
A0635+7540	19459	0635.4	+7540	UGCA 130	MK 5
A0635−1458	19343	0635.7	−1458		Low b
A0635−1500	19343:				Low b
A0635−3501	19317	0635.0	−3501	ESO 365- 35	
A0638−3700	19418?	0638.8	−3700		SN1982t parent
A0638−5956	19364	0638.2	−5956	ESO 121- 45	
A0639−5828	19413	0640.0	−5828	ESO 122- 1	
A0640−5055	19441	0640.4	−5055	ESO 206- 20A	Carina Dwarf
A0641−4116		064152	−411644		
A0642+4350	19571?	0642.5	+4350	KARA 117A	
A0644−7410	19480, 19481	0644.4	−7410		
A0644−7411	19480, 19481	0644.4	−7411	ESO 34- 11	VV Pec (Graham)
A0645+7429	19756	0645.7	+7429	IC 450	MK 6
A0645−7412	19480:,19481:	0644.7	−7412		VV Pec companion
A0645−7413	19452, 19454, 19455, 19480, 19481	0645.5	−7413		VV Pec companion
A0646+2541AB	19683	0646.9	+2541	UGC 3555	
A0647+6308	19761	0647.6	+6309	UGC 3563	VV 551
A0648+2731	19747:	064854.2	+273117		B2 radio source
A0650+5025	19831	0650.7	+5025	MK 373	
A0654−2817	19906			ESO 427- 20	
A0655+5415	19976	0655.6	+5415	MCG 9-12- 16	MK 374
A0656−5255	19937	0656.9	−5255	ESO 162- 4	
A0656−6714	19887			ESO 87- 57	
A0659−494	19995?				
A0703+4235	20164?			4C 42.23	
A0703+4236		070330.5	+423726		
A0704+4844	20209?	0704.2	+4844		Abell 569 No. 3
A0705+1515	20214			UGC 3691	
A0705+7155	20348	0705.6	+7155	UGC 3697	Integral Sign
A0706+4800AB	20279?,20288, 20291				
A0707−4928		070722.6	−492813		
A0708+3223	20369	070833.6	+322337		B2 radio source
A0708+6708	20442			VV 640	7Zw 130
A0708+7334	20460:,20383?				

PGC/"A" cross-identifications (continued)

"A" Designation	PGC	R.A. (1950)	Dec	Name	Notes
A0710+4547	20457	0710.6	+4547	MK 376	
A0710+7406	20575			MK 377	
A0711−7325	20317	0711.7	−7325	ESO 35- 1	
A0712+5328	20561	0712.7	+5328	4C 53.16	0712+534
A0713+4946	20572	0713.3	+4947	MK 378	
A0714+4105A	20609	0714.5	+4105	UGC 3781	
A0714−2914	20551			ESO 428- 14	
A0715+5531		071532.6	+553141		Abell 576
A0715−5200	20550	0715.3	−5159	ESO 208- 1	
A0715−5715	20531	0715.0	−5715	ESO 162- 17	
A0717+5554	20767:,20769:	071715.0	+555421		Abell 576. Is PGC 20767 = PGC 20769?
A0717−6120		071718	−612028		
A0718+4656	20805			VV 552A	
A0720+3332	20911	0720.5	+3332	UGC 3829	MK 1199
A0720+4132	20900	0720.0	+4131	UGC 3825	
A0722+3003	20977?,20988?	072227.8	+300320		B2 radio source
A0722+6800				3C 179	
A0722+7240	21065	0722.3	+7240	UGC 3838	MK 7
A0723+6321	21071	0723.7	+6321	MCG 11- 9- 49	Ring
A0724+40	21073			DDO 43	
A0724+7344	21178			UGC 3858	
A0724+7349	21181			UGC 3859	
A0725+7237	21189			VV 141	
A0726−7505	20979	0726.9	−7504	ESO 35- 7	
A0728−6647	21107			ESO 88- 17	
A0730+7434AB	21381, 21386:	0730.4	+7434	UGC 3906	Is KUG 0730+745B a component?
A0730+7443	21381			VV 539	Declination designation typo
A0730−5322	21217	073037.0	−532254	ESO 163- 6	
A0732+5853	21400	0732.7	+5853	MK 9	
A0733+5947	21417?	0733.2	+5947	S4 0733+59	Radio source
A0733−5217	21319	0733.6	−5217	ESO 208- 24	
A0734+3543	21425	0734.3	+3543	UGC 3937	
A0734+4203	21431			UGC 3933	SN 1988c parent
A0734−4956	21343	0734.0	−4955	ESO 208- 26	
A0735+5540	21509	0735.6	+5540	MCG 9-13- 24	VV 662
A0737+6517	21624	0737.9	+6517	MK 78	
A0738+4955	21618	0738.8	+4955	UGC 3973	MK 79
A0738+7357	21685	0738.5	+7357	MCG 12- 8- 8B	Tautenberg prism object
A0739+16	21600	073903.0	+165506	DDO 47	UGC 3974
A0739+6451	21677	0739.6	+6451	MK 80	
A0741+2921	21673			UGC 3995	
A0742+0803AB	21710	0742.5	+0803	UGC 4005	
A0743+6103	21810	0743.2	+6103	UGC 4013	MK 10
A0743+7427	21896	0743.3	+7427	UGC 4014	MK 11
A0743+8550	22316	0743.0	+8550		SN 1977e parent?
A0744+5556	21859	074434.8	+555628	MCG 9-13- 57	4C 56.16, DA 240
A0744+7429	21971	0744.7	+7429	UGC 4028	MK 12
A0745−1910	21813	074518.4	−191011	PKS 0745−191	
A0745−4119	21815	0745.9	−4119	ESO 311- 12	
A0747+3051	21940	0747.0	+3051	UGC 4047	
A0747+4827	21977	074715.0	+4827	MCG 8-15- 4	
A0747+7327		0747.0	+7327		
A0748+1409	22002			UGC 4060	SN 1987o parent
A0748+7432	22127			UGC 4057	
A0749+0257	22023			MCG 0-20- 6	SN 1988d parent
A0750+5423	22134	0750.4	+5423	UGC 4074	VV M51 type
A0750−6408	21964	0750.1	−6408	ESO 89- 5	
A0752+1430	22178	0752.4	+1430	CGCG 58- 70	SN 1987p parent
A0752+3919	22190	0752.1	+3919	MCG 7-17- 1	MK 382
A0752+6147	22290	0752.6	+6147	MCG 10-12- 23	ARAK 177
A0754+7312	22436	0754.4	+7312	CGCG 331- 24	Tautenberg prism object
A0755+6025	22438			UGC 4128	
A0757+6132	22524			UGC 4159	
A0758+6131	22561			UGC 4169	

PGC/"A" cross-identifications (continued)

"A" Designation	PGC	R.A. (1950)	Dec	Name	Notes
A0758+6717	22599?	0758.6	+6717		SN 1977c parent
A0800+2449	22602:	080016.3	+244902	B2 0800+24	
A0800+3336	22616	080017.1	+333611	ARAK 151	
A0802+2418	22719?	0802.6	+2418	3C 192	PKS 0802+24
A0804+3909	22816	0804.4	+3909	UGC 4229	MK 622
A0804+4637	22955:	0807.7	+4637		SN 1984f parent
A0807−6137	22822	0807.0	−6137	ESO 124- 12	
A0813+1200	23198	0813.8	+1200		0813+120; radio source
A0813+70	23324	081343.2	+705218	UGC 4305	DDO 50, Holmberg II
A0813+7546	23322?	081319.0	+754648	4CP75.02A	
A0814+2150	23232	0814.5	+2150	UGC 4308	Cancer Cluster
A0814−5401AB	23177	0814.8	−5401	ESO 164- 6	
A0815+2055	23289	0815.7	+2055	UGC 4324	Cancer Cluster
A0815+2122	23308	0816.0	+2122	CGCG 119- 43	Cancer Cluster
A0815+6847	23405	0815.7	+6847	MCG 11-10- 75	KARA 240
A0816+2113	23347	0816.5	+2113	CGCG 119- 53	Cancer Cluster
A0816+2116	23355	0816.8	+2116	UGC 4332	Cancer Cluster
A0816+2120	23319	0816.2	+2120	UGC 4329	Cancer Cluster
A0816+2156	23326	0816.2	+2157	MCG 4-20- 19	Cancer Cluster
A0816+2212	23362	0816.9	+2211	NGC 2565	UGC 4334; Cancer Cluster
A0816+7409AB	23453:,23462:	0815.9	+7408		KARA pair
A0816−7142	23200	0816.8	−7142	ESO 60- 3	
A0817+2102	23391	0817.4	+2102	UGC 4344	Cancer Cluster
A0817+2113	23379	0817.3	+2114	CGCG 119- 61	Cancer Cluster
A0817+2249	23420			CGCG 119- 66	
A0818+7111	23521:	0818.7	+711136		Dwarf "M81-A"
A0820+2816				5C 7.220	
A0820−0448	23515	0821.0	−0448	MCG −1-22- 6	FAIR 272
A0820−0449	23533	0820.9	−0449	FAIR 271	
A0820−7516AB	23369, 23370	0820.9	−7516	ESO 36- 3	
A0821+2112	23567			UGC 4386	Cancer Cluster
A0821−0449	23518	0821.0	−0449	MCG −1-22- 7	
A0822+4608	23660			KARA 250	
A0823+2137	23662	0823.2	+2137	UGC 4399	Cancer Cluster
A0823+2150	23661	0823.2	+2150	UGC 4400	Cancer Cluster
A0823+2226	23684	0823.6	+2226	UGC 4404	Cancer Cluster
A0823+2321	23685	0823.6	+2321	UGC 4405	Cancer Cluster
A0824+5552	23750	0824.3	+5552	UGC 4417	MK 88, 1Zw 14
A0825+1737	23774	0825.7	+1737	UGC 4433	SN 1984d parent
A0825+5214	23834	082556.4	+521433	MK 89	Radio source
A0825−7737	23573	0825.7	−7737	ESO 18- 9	
A0826+5251	23850			MCG 9-14- 47	SN 1987c parent
A0828+3229	23915	0828.3	+3229	B2 0828+32	
A0829+1923	23935	0829.1	+1923	UGC 4457	Arp 58
A0829+66	24050	0829.5	+6620	UGC 4459	DDO 53
A0830−5936AB	23924	0830.6	−5936	ESO 124- 18	
A0831+0150	24068, 24069	0831.9	+0150	MCG 0-22- 17	and MCG 0-22-18, VV 810
A0832+4454	24167	083240.6	+445404	55W009	
A0832+4639	24140			MK 92	
A0832−0255	24100			ARAK 170	
A0833+4520	24217	0833.7	+4520	MCG 8-16- 20	
A0834−2614	24175	083407.1	−261404	ESO 495- 21	He 2-10
A0836+2959	24369?	083659.1	+295945	4C 29.30	B2 radio source
A0838+3235	24412?	0838.1	+3235	4C 32.26	B2 0838+32
A0839+1200		083936.4	+120052		Compact
A0839−7458	24312			ESO 36- 6	Low SB
A0840+1427B	24469, 24464?	0840.0	+1427	KARA 168B	
A0840+4450					
A0840+4958	24528	0840.6	+4958	UGC 4551	Near NGC 2639
A0841+4442	24596 − 24601				
A0841+4454					
A0842+1616	24616	084245.1	+161644	MK 702	
A0842+3707	24620			MK 626	ARAK 176
A0843+1258	24629?,24631?	0843.1	+1258	KARA 171A	

PGC/"A" cross-identifications (continued)

"A" Designation	PGC	R.A. (1950)	Dec	Name	Notes
A0843+1259	24629?,24631?	0843.3	+1259	KARA 171B	
A0843+3137	24662	0843.6	+3137	B2 0843+31	
A0844+3158	24720?	084451.0	+315845	B0844+316	
A0844+3456	24702?			TON 951	
A0844+4445		084421.1	+444552	5SW178	
A0844+4728	24745			ARAK 179	
A0844+7020	24795			MK 95	
A0845+4626	24777			MK 96	
A0845−0247	24736:	0845.8	−0247	KARA 173B	
A0845−0250	24737:	0845.8	−0250	KARA 173A	
A0846+6549	24863	0846.6	+6549	MK 97	
A0849+0804		084934	+080415		1E X-ray source; Seyfert
A0849+4938		084935	+493830		Compact in Ursa Major
A0849−0211	24889	084909.0	−0211	MCG 0-23- 5	VV 41
A0850+3519	24981	0850.7	+3519	MCG 6-20- 12	VV 243
A0850+3520	24981	0850.7	+3520	UGC 4653	VV 243
A0851+3249		0851.3	+3249	KARA 178B	
A0852−6850	24922	0852.1	−6850	ESO 60- 16	
A0853−1208	25112	0853.9	−1208		
A0855+3716	25211	0855.3	+3716	CGCG 180- 23	Ring: II Herzog 4
A0855+3942AB	25220	0855.6	+3942	UGC 4699	
A0900−6404AB	25356, 25357, 25358	0900.7	−6404	ESO 90- 14	
A0901−6442	25373	0901.2	−6442	ESO 90- 15	
A0901−6806	25389	0901.8	−6806	ESO 60- 23	
A0902+3623					KARA lsb?
A0902−6801	25400	0902.1	−6801	ESO 60- 24	
A0902−7347	25392	0902.6	−7347	ESO 36- 16	
A0903+5527	27182, 27183	0930.5	+5527	MK 116	1Zw 18. Note incorrect RA designation.
A0905−0947	25672	090536.4	−094728		X-ray source
A0906−0925	25714:,25712?	0906.1	−0925		Abell 754 No. 1; radio source
A0906−0927	25745?	0906.4	−0927		Abell 754
A0906−0928	25746	0906.5	−0928		Abell 754 No. 2; radio source
A0906−0930	25725:,25771?, 25777?,25788?				There are two galaxies here.
A0906−1248		0906.1	−1248		
A0907−0910	25790	090700.0	−091034		Abell 754; radio source
A0907−0924	25860:	090751.1	−092452		Abell 754; radio source
A0907−0926	25860?	090752.0	−0926		Abell 754 No. 6
A0907−7536	25558	0907.0	−7536	ESO 36- 19	
A0909+7426	26071			Holmberg III	
A0910+1238	26008	0910.9	+1238	UGC 4861	ARAK 197
A0911+4707	26082	0911.6	+4706	UGC 4870	SN 1966a parent
A0911+4851	26104	0911.8	+4851	MCG 8-17- 64	VV 131
A0911−1007		091110.8	−100705		IRAS
A0911−5838	25964	0911.3	−5838	ESO 126- 1	
A0912+4431	26132			VV 155	
A0912+4432	26132	0912.7	+4433	UGC 4881	
A0912+5958	26180	0912.9	+5958	MCG 10-13- 71	MK 19
A0913+4005	26170			UGC 4889	
A0913+5339	26188	0913.2	+5339	UGCA 154	MK 104
A0914+0939	26211?	0914.3	+0939		
A0915+1631	26292	0915.7	+1631	MCG 3-24- 43	MK 704
A0915+3203	26324	0915.9	+3203	CGCG 151- 55	B2 radio source
A0915+4805	26304	0915.2	+4805	UGC 4922	lsb dwarf
A0915−1153	26269	0915.7	−1153	MCG −2-24- 7	Hya A; 3C 218
A0916+5534	26384	0916.3	+5534	MK 106	
A0917+0115	26398	0917.5	+0115	UGC 4956	Poor cluster MKW1
A0918+2431	26461	0918.1	+2431	KARA 323	
A0918+3337	26504?				Abell 779
A0918−1222	26429	0918.3	−1222	MCG −2-24- 12	DDO 61
A0919+3446		0919.8	+3446		Cloud near NGC 2859
A0919+4727	26531:,26533?	0919.1	+4727	MCG 8-17- 86	MK 109
A0920+3456	26575	0920.2	+3456	UGC 4988	Companion to NGC 2859

PGC/"A" cross-identifications (continued)

"A" Designation	PGC	R.A. (1950)	Dec	Name	Notes
A0921+1752	26668	0921.9	+1752	MCG 3-24-55	MK 398
A0921+3529	26645	0921.2	+3529		MK 396
A0921+5230	26709	0921.7	+5230		MK 110
A0921−2122	26612:				AGN
A0921−2757	26632	0921.9	−2757	ESO 433-19	
A0922+3430	26741	0922.7	+3430	UGC 5015	Companion to NGC 2859
A0922+3433		0922.3	+3433		Cloud near NGC 2859
A0923+1257	26753	0923.3	+1257	UGC 5025	ARAK 202, MK 705
A0923+1936	26750	0923.2	+1936	UGC 5023	MK 400
A0923+3452	26752	0923.0	+3452	UGC 5020	Companion to NGC 2859
A0923+6837	26849	0923.5	+6837	UGC 5028	MK 111; KARA pair
A0923+6838	26864	0923.7	+6838	UGC 5029	MK 705, ARAK 202
A0926+6040	26955	092610.7	+604007	LB 555	
A0926+7402	27027	0926.3	+7401	UGC 5052	Tautenberg prism object
A0930+3349	27157	093044.4	+334921	MCG 6-21-49	
A0930+5527	27182, 27183	0930.5	+5527	UGCA 166	MK 116, 1Zw 18
A0931+2733	27195, 27196	0931.3	+2733	MCG 5-23-16	X-ray source
A0933+4841	27345?,27349?	093320.6	+484143	5C1.031	
A0934+0119	27370	0934.4	+0119	MK 707	
A0934+3527	27395?,27414:				Emission
A0935+4045		093547.0	+404544		
A0935−2210	27430			ESO 565-29	lsb
A0936+3608	27575?			3C 223	
A0936+3647	27530?				Emission
A0936+3648	27539?				Emission
A0936+4838	27561	0936.3	+4839	UGC 5145	5C 5.58
A0936+71	27605	093601.0	+712454	UGC 5139	DDO 63, Holmberg I
A0936−3338	27468	093613.0	−333814	ESO 373-13	
A0937+2127	27624	0937.9	+2127	MK 403	
A0937+4750	27641	0937.7	+4750	UGC 5157	5C 5.82
A0940+4242	27847	0940.6	+4242	MCG 7-20-37	ARAK 211
A0941+2950	27867	0941.1	+2950	MK 406	
A0941+3456	27870:				Emission
A0941+6937	27949	094102.0	+693712		Dwarf in M81 group
A0941−2103	27873	0941.8	−2103	ESO 566-4	Near NGC 2986
A0943+2237	28004	094311.0	+223712		Emission
A0943+4245	28099	0943.9	+4245	UGC 5231	ARAK 215
A0943+4600	28045	0943.3	+4600	UGC 5225	1Zw 21
A0943+5620B	28108?				MK 123 companion
A0943+6930	28163	094343.0	+693024		Dwarf in M81 group
A0943−3022		094343	−302224		
A0943−3333	27950	094309.0	−333312	ESO 373-22	
A0944+2158	28095			UGC 5236	Dwarf
A0944+3919	28153	0944.7	+3919	MK 407	
A0944+5812	28182			MK 21	
A0945+0739	28151?			3C 227	
A0945+3306	28169	0945.1	+3306	MK 408	
A0945+4734	28192	0945.5	+4734	MCG 8-18-33	5C 5.217
A0945+4736AB	28183?,28192?	0945.3	+4736		KARA pair
A0945+5043	28194	0945.4	+5043	MK 124	
A0945+6939	28225	0945.0	+6939	UGC 5247	
A0945+7328	28261	0945.1	+7328	7ZW 292	4C 73.08
A0945−3042	28144	094528.0	−304258		
A0945−3043	28144	0945.5	−3043	ESO 434-40	
A0946+5548	28251	0946.1	+5548	UGCA 184	MK 22
A0947+0051	28275	094719.9	+0051	MK 1236	
A0947+2814	28305	094718.3	+281451	MCG 5-23-40	
A0947+3143	28317			DDO 64	
A0949+4305	28470	0949.8	+4305	UGC 5295	
A0949+6912	28529	0949.7	+691217		Dwarf
A0949−0122	28437	0949.8	−0122	MCG 0-25-26	MK 1239
A0950−3017		095008	−301741		
A0951+6850	28614:				Dwarf in M81 group
A0951−3001		095103	−300143		

PGC/"A" cross-identifications (continued)

"A" Designation	PGC	R.A. (1950)	Dec	Name	Notes
A0952+0930	28590	095210.2	+093032	MK 710	
A0952+1340	28609	0952.5	+1340	MK 711	
A0952+6848	28614?	0952.6	+6848		Dwarf
A0953+1552	28707			MK 712	
A0953+69	28757	0953.5	+6917	UGC 5336	DDO 66
A0954+0725	28745	095442.9	+072539	MCG 1-26- 4	ARAK 223
A0954+1548	28736			UGC 5344	
A0956+30	28868	095632.0	+305912	Leo A	DDO 69, UGC 5364
A0957+05	28913	0957.4	+0534	UGC 5373	DDO 70
A0957+5559	28990			MCG 9-17- 9	
A0957−2753	28863			TOL 2	
A0959+6825		0959.9	+6825		Dwarf
A0959+6856	29167	0959.7	+6856		The "Garland"
A0959−0755		0959.5	−0755	IRAS	
A1000+5940	29177			MK 25	
A1000+6829	29231	100044.0	+682954		Dwarf
A1001+1351	29209	1001.7	+1351	UGC 5425	ARAK 229
A1001+1427	29190	1001.3	+1427	CGCG 64- 47	
A1001−3709	29148			ESO 374- 25	
A1001−4417	29143	1001.3	−4417	ESO 262- 17	
A1002+5152	29269	1002.0	+5152	CGCG 266- 19	
A1002+6803	29388	1002.2	+6803	UGC 5442	Dwarf in M81 group
A1002+6903	29388?	1002.2	+6903		Sculptor type lsb. Same as previous?
A1002+7037	29284	1001.4	+7037	UGC 5423	Dwarf in M81 group
A1003+2912	29347	1003.4	+2911	MCG 5-24- 11	Haro 23 in group
A1003+3503				3C 236	
A1003−0744	29300	1003.2	−0744		
A1003−4359	29320	1003.8	−4359	ESO 263- 3	
A1004+1036	29428			UGC 5456	
A1004+1720	29445			ARAK 232	
A1004−2940	29366			TOL 3	
A1005+12	29488	1005.8	+1233	UGC 5470	Leo I dwarf
A1006−3808	29531	1007.0	−3808	ESO 316- 33	Ring
A1007+2321	29600	1007.5	+2321	MK 716	
A1007−4233	29565	1007.7	−4234	ESO 263- 13	FAIR 427
A1008+5858	29702	1008.5	+5858	UGCA 206	MK 27
A1008+5908	29697			MK 26	
A1008−04	29653	1008.6	−0427	MCG −1-26- 30	DDO 75, Sextans A
A1008−3814	29625	1008.5	−3814	ESO 316- 43	Ring
A1009+0510	29714			MK 718	
A1010+3531	29765	1010.2	+3531	MCG 6-23- 1	MK 414
A1011−0403	29863	101149.2	−040343		PG; Seyfert
A1012+4402	29962	1012.8	+4402	MCG 7-21- 34	MK 139
A1012+5555	29953	1012.4	+5555	CGCG 266- 31	
A1013+0504	29995	1013.7	+0504	UGC 5543	
A1013+4534	30005			MK 140	
A1014+4618	30114, 30115	1015.7	+4618	MCG 8-19- 16	VV 834. Note incorrect RA designation.
A1014+5343	30044	1014.0	+5343	UGC 5549	
A1015+0713	30058	1015.0	+0713	MCG 1-26- 32	MK 720
A1015+4618	30114, 30115	1015.7	+4618	MCG 8-19- 16	VV 834
A1015+6413	30151	1015.6	+6413	MK 141	
A1016+2132	30133	101616.0	+2132		Emission
A1016+3336	30192?	101650.3	+333609		
A1017+0828	30202	1017.3	+0828		IRAS
A1017+4845	30262	101750.1	+484536	4C 48.29	
A1017−0616	30223?				Abell 978
A1018+3554		101817	+3554.7		SN 1988i parent
A1019+7852	30491?,30510?	1019.2	+7852	VV 330	MCG 13- 8- 16
A1019+7902	30474			VV 330A	
A1021+1500	30531			DDO 79	
A1021+2120	30483	1021.3	+212018		Emission
A1021−2858	30457	1021.4	−2858	ESO 436- 13	
A1022+4805	30559	1022.0	+4805	MCG 8-19- 26	VV 675
A1022+5155	30597	1022.4	+5155	MK 142	

PGC/"A" cross-identifications (continued)

"A" Designation	PGC	R.A. (1950)	Dec	Name	Notes
A1022+5546	30579	1022.1	+5546	MCG 9-17- 64	
A1023+1159	30604			KARA 416	
A1023+5631	30715			MK 32	
A1024−0304	30732	1024.6	−0304	CGCG 9- 42	Poor cluster MKW2
A1026+7019	30983	1026.6	+7019	UGC 5688	
A1026+7052	30997	1026.8	+7053	UGC 5692	
A1027−0255	30960:	1027.6	−0255	MCG 0-27- 23	Poor cluster MKW2. Same as preceding?
A1027−0255	30960:	102738.3	−025425		Same as following?
A1028+2902	31029?			TON 524A	
A1028−3008	30984	1028.1	−3008	ESO 436- 29	
A1029+5439	31141	1029.4	+5439	UGC 5720	MK 33, Arp 233
A1029+5700	31175	102945.0	+5700	MCG 10-15- 99	HB 13; radio source
A1029+5939	31258?			HARO 2	
A1029−4559	31035	102903.0	−455931	ESO 263- 48	
A1030+0723AB	31208	1030.8	+0723	MCG 1-27- 16	
A1030+0723A	31208	103051.6	+072338		
A1030+0723B	31208	103051.6	+072331		
A1030+5939	31258	1030.9	+5939	MCG 10-15-103	VV 639
A1030+6017	31257	1030.9	+6017	MCG 10-15-104	MK 34
A1031−2744	31231	1031.5	−2744	ESO 436- 36	
A1032+4649	31331			UGC 5744	MK 146
A1032−2819	31296	1032.3	−2819	TOL 9	TOL 1032−283
A1033+3148	31477			DDO 83	VV 804
A1033−2429	31359			DDO 238	
A1034+4938		103407.1	+493820		
A1034−2723		103448.8	−272349		
A1035−2603	31557	1035.1	−2603	ESO 501- 51	
A1036+1506	31687	1036.6	+1506	UGC 5793	SN 1975d parent
A1036+4811	31720:	1036.8	+4811	KARA 242B	
A1036−2818	31642	1036.3	−2818	ESO 437- 25	Hydra I cluster
A1036−3750	31622			ESO 317- 54	lsb
A1038+2137	31819	103826.9	+213725	MK 724	
A1038+5801					Seyfert
A1038−2900	31772	1038.2	−2900	ESO 437- 37	Tololo galaxy
A1038−4603	31755	1038.1	−4603	ESO 264- 30	
A1039+3442	31923	1039.8	+3443	UGC 5829	VV Pec
A1039−2307	31840			DDO 85	
A1040+1343	31930	1040.2	+1343	UGC 5832	VV 112; ring
A1040+2040	31945	1040.4	+2040	UGC 5833	MK 416
A1040+3146	31956:	1040.5	+3146	B2 1040+317	
A1040+7658	32081	1040.8	+7658	UGC 5841	
A1041+5301	32033	1041.3	+5302	MCG 9-18- 14	Radio source
A1041+6321		104125.6	+6321.9	ARAK 253	
A1041−0101	31998				
A1042+5613	32103	104216.2	+561324	MK 35	
A1043+1939	52698			ARP 64	RA designation should read 1443.
A1044+1420	32226			DDO 88	NGC 3377A
A1044+2647	32206	1044.3	+2648	UGC 5884	VV 727
A1045+1230		1045.0	+1230		HI cloud in Leo
A1045+2651	32305	1045.7	+2651	UGC 5912	SN 1971u parent
A1045+5018	32341	1045.9	+5018	MCG 8-20- 28	
A1046+2619	32329	104600.2	+261906	MK 727	Haro 25
A1046+5235	32356	104603.8	+523550	MK 153	
A1046−1922	32374	104649.6	−192220	MCG −3-28- 8	
A1047+1333	32471	1047.7	+1332	UGC 5944	Dwarf in Leo group
A1047+6505	32484	1047.0	+6505	UGC 5932	M81 companion
A1048+4450	32536			MK 155	
A1049+5957	32637	1049.3	+5957	MCG 10-16- 18	
A1049−3409	32542	1049.0	−3409	ESO 376- 22	
A1050+0453	32672	1050.4	+0454	UGC 6003	Compact
A1050+5033	32678	1050.2	+5033	UGC 5998	MK 156
A1050−1843	32657	1050.2	−1843		
A1051+4955	32726	1051.1	+4955	UGC 6013	5C
A1051+5434	32740	1051.2	+5434	UGC 6016	Arp 205 with NGC 3448

PGC/"A" cross-identifications (continued)

"A" Designation	PGC	R.A. (1950)	Dec	Name	Notes
A1051+5613	32770	1051.5	+5614	MCG 9-18- 53	
A1052+1724	32826			UGC 6035	
A1052+5809	32827	1052.4	+5809	MCG 10-16- 25	VV 628
A1053+6057	32867	1053.1	+6057	MCG 10-16- 28	Compact (Kormendy)
A1055+2427	33021			MK 419	
A1055+3631	32954	1055.0	+3631	MCG 6-24- 38	VV 747
A1055+7253	33055:	1055.4	+7253	KARA 258B	
A1055+7254	33056			MK 159	
A1056−4619	33025	105619.0	−4619	ESO 264- 56	
A1057+1019	33161			UGC 6081	
A1057+1020	33114			UGC 6072	
A1057+5803	33205	1057.9	+5803	MCG 10-16- 44	VV 627
A1057−5110	33084	1057.1	−5110	ESO 215- 14	
A1058+1118	33214	1058.4	+1118	MK 728	
A1059+4529	33280			MK 161	
A1101+3828	33452	1101.7	+3828	UGC 6132	MK 421
A1101+41	33423	1101.6	+4106	ARP 148	VV 32; Mayall's Object
A1102+2924	33486	110215.6	+292434	MCG 5-26- 46	MK 36
A1102+4501	33498	1102.3	+4501	MCG 8-20- 83	MK 162
A1103+5758	33622	1103.8	+5758	MCG 10-16- 61	
A1103−5024	33522	1103.3	−5024	ESO 215- 20	
A1104+1428	33629			ARAK 277	SN 1984b parent
A1105+4410					Abell 1169
A1106+2653	33782	110611.8	+265302	UGC 6193	
A1107+0338		110750.5	+033756		Near QSO
A1107+2431	33862?	110714.0	+243106		Emission
A1107+5840		1107.5	+5840		SN 1983b parent
A1108−2813	33949			ESO 438- 9	Seyfert
A1108−3004	33937			ESO 438- 8	
A1108−4849	33919	1108.3	−4849	ESO 215- 31	
A1109−4738	34058	1109.6	−4738	ESO 215- 33	and ESO 215-34?
A1109−4744	34010	1109.1	−4744	ESO 215- 32	
A1110+22	34176	1110.8	+2225	UGC 6253	DDO 93, Leo II
A1110+4751	34192	1110.9	+4750	UGC 6255	ARAK 283
A1111+5651	34268	1111.8	+5651	MCG 10-16- 93	
A1111+5704	34223	1111.2	+5704	MCG 10-16- 89	
A1112+5611	34337	1112.7	+5611	MCG 9-19- 19	SN 1984b parent
A1112−2919	34252	1112.0	−2919		
A1113+2931		111353.7	+293144	4C 29.41	
A1113+2933	34394	111347.6	+293331		Abell 1213
A1115+1907	34556	1115.7	+1907	UGC 6320	ARAK 286
A1115+5401AB	34553, 34559			MK 38	and MK 39
A1115+6333	34582	1115.6	+6333	MK 165	
A1116+2810	34617	1116.3	+2810	MCG 5-27- 54	B2 radio source
A1116+5146	34658?	111646.0	+514612		Blue compact
A1116+5934	34666	1116.8	+5934	UGC 6335	SN 1978b parent
A1116+6245	34649	1116.5	+6245	MK 166	
A1116−4624	34593	1116.4	−4624	ESO 265- 22	
A1117+5444	34670?	1117.0	+5444		SN 1980b parent
A1118+0309	34808	1118.9	+0309		
A1118+7305	34785	1118.0	+7305	UGC 6358	
A1118−3507	34790	111856.0	−350706	AM 1118−350	
A1119+1200	34843	1119.2	+1200	MK 734	
A1120+3436	34933	112012.3	+343654	UGC 6393	Abell 1228
A1120+3446	34946	112019.6	+344613	UGC 6397	
A1121+0336	35041	112151.0	+033618	DDO 95	
A1121+7118					Abell 1254
A1122+3819	35124			VV 87	
A1122+5439	35129	1122.8	+5439	MCG 9-19- 73	VV 144, MK 40
A1123+4716	35141			MK 168	
A1123+5401	35202	1123.8	+5401	UGC 6446	Dwarf
A1123+5503	35187?				Emission
A1123+6424	35213			MK 170	
A1124+3531	35210	1124.1	+3531	MCG 6-25- 72	MK 423

PGC/"A" cross-identifications (continued)

"A" Designation	PGC	R.A. (1950)	Dec	Name	Notes
A1124+4738	35255	1124.8	+4738	MCG 8-21- 37	VV 660
A1124+5411	35251	1124.8	+5411	MCG 9-19- 81	
A1124+6342	35219	1124.0	+6342	MCG 11-14- 25A	ARAK 293
A1124+7916	35286	1124.6	+7916	UGC 6456	7Zw 403
A1125+2215	35300	1125.5	+2216	UGC 6465	VV 594
A1125+2702	35275:,35293?				Abell 1267
A1125+5806	35334	1125.9	+5807		SBS object; Seyfert
A1126+5427	35404	1126.7	+5427	MCG 9-19- 92	Ring
A1126−0407	35386	1126.7	−0407	MK 1298	
A1127+3700	35464	112746.8	+370040	MK 424	
A1129+53.	35620	1129.9	+5313	UGC 6527	VV 150, MK 176
A1129+53A	35609:	1129.8	+531306		
A1129+53C	35620			MK 176	UGC 6527
A1129+53D	35620	112955.8	+531342		
A1129+5410	35590	1129.6	+5411	UGC 6518	SN 1984q parent
A1129+6206	35626			UGC 6528	Pair with NGC 3725
A1129+6247	35601	1129.6	+6247	UGC 6520	MK 175
A1129+7105AC	35572, 35573, 35574, 35575, 35576			VV 172	
A1130+4930	35684	1130.8	+4930	UGC 6541	MK 178
A1130+7026	35899			MK 180	
A1130−0344	35654?	113032.4	−034412	PKS 1130−037	4C−03.43
A1131+2122	35718?	1131.3	+2122	4C 21.32	1131+213
A1133+2828	35863	1133.3	+2828	MK 738	
A1133+3239	35873	1133.4	+323954		Emission
A1133+5714	35858	1133.1	+5714		SBS object; Seyfert
A1133+7026	35899	1133.6	+7026	MK 180	
A1134+2015	35942	1134.3	+2014	UGC 6583	MK 181
A1135+5625	36000	1135.0	+5625	MCG 9-19-140	VV 148
A1136+5928	36114	1136.4	+5928		SBS object; Seyfert
A1136+6849	36085			MK 183	
A1137+1713	36181	1137.4	+1713	MCG 3-30- 33	MK 745
A1137+2012	36166			UGC 6625	
A1137+2839	36211	113747.6	+283902	MK 1507	Haro 27
A1138+2214	36264	113840.0	+2214		Emission
A1138+3237	36279	113853.0	+323730		Emission
A1138−0613	36274	1138.8	−0613	MCG −1-30- 22	VV Pec
A1139+0036	36325	1139.6	+0036	UGC 6665	ARAK 312
A1139+2023	36292	1139.2	+2023	UGC 6656	Radio source in Abell 1367
A1140+2014	36382	1140.3	+2014	CGCG 97- 73	Radio source in Abell 1367
A1140+2017	36406	1140.6	+2017	CGCG 97- 79	Radio source in Abell 1367
A1140+3144		114056	+3144.0		Emission
A1140+5923	36398			DDO 96	
A1141+2000	36525	114152.7	+200047	CGCG 97-109	Abell 1367
A1141+2003AB	36486	114126.3	+200345	CGCG 97- 93	
A1141+2006	36503	114143.5	+200723	CGCG 97-101	Abell 1367
A1141+2015	36466	1141.2	+2015	UGC 6697	Radio source in Abell 1367
A1141+6029		1141.4	+6029		SN 1988j parent
A1142+1958	36549	1142.2	+1958	CGCG 97-119	Abell 1367
A1142+2000	36550	1142.3	+2000	CGCG 97-124	Abell 1367
A1142+2001	36550:	114200.9	+200146		Companion of next?
A1142+2002AB	36566:	1142.1	+2002	CGCG 97-113	Abell 1367. Companion of previous?
A1142+2003	36573	114211.7	+200302		Abell 1367
A1142+5915	36655	1142.9	+5915	UGC 6732	Compact
A1143+5001		114305.1	+500141	3C 266	
A1143−1800					
A1143−1810		114308.3	−181037		
A1144+3517	36731	1144.1	+3517	MCG 6-26- 35	B2 radio source
A1145+2206	36837	1145.5	+220618		Emission
A1145−4700	36788?	1145.0	−4700	UKS 1145−470	
A1146+2425	36942	114655.0	+242530		Emission
A1146+3254	36873	1146.0	+3255	UGC 6777	
A1146−0145	36887	1146.3	−0145	MCG 0-30- 24	KARA 502

PGC/"A" cross-identifications (continued)

"A" Designation	PGC	R.A. (1950)	Dec	Name	Notes
A1146−0311	36938	1146.9	−0311	MCG 0-30- 27	In poor cluster MKW3
A1147−4920	36987	1147.7	−4920	ESO 217- 9	
A1148+5644	37037	1148.2	+5644	MCG 10-17- 86	VV 273
	37037	1148.1	+5644	UGC 6816	DDO 98
A1148−2018	37074	1148.7	−2018	POX 4	
A1148−2019	37074?	114838.9	−201920		Compact
A1149−1105	37161	114930.9	−110534		Seyfert; low z "QSO"
A1150+0201	37222			MK 752	
A1150−0408	37238	1150.4	−0408	MCG −1-30- 43	VV M51 type
A1150−3851	37254	1150.7	−3851	ESO 320- 30	
A1151+4629	37289	1151.1	+4629	MCG 8-22- 28	MK 42
A1151−2847		1151.7	−2847		SN 1983c parent
A1152+2613	37365	115205.0	+2613		Emission
A1152+2630	37382			UGC 6883	
A1152+5510	37442	1152.9	+5510	MCG 9-20- 31	4C 55.22, DA 314
A1152+5756	37427			MK 193	
A1152−5001	37420	115253.0	−500118	ESO 217- 14	
A1153+4319	37448	1153.0	+4319	UGC 6901	
A1153+5053	37525			UGC 6917	
A1153−1851	37484	1153.4	−1851	POX 20	
A1154+3121	37608	1154.9	+312136		Emission
A1154+5107	37550	1154.2	+5107	UGC 6922	Dwarf
A1154+5327	37553	1154.2	+5327	UGC 6923	Dwarf near NGC 3992
A1154−1920	37602?,37610?	1154.9	−192020	POX	
A1155+0949		1155.6	+0949		
A1155+2638		115545	+2638	4C 26.35A	
A1155+3640	37639	1155.3	+3640	UGC 6945	Arp 194, VV 126
A1155+3821	37689			DDO 105	
A1155+5111	37682			DDO 102	
A1155+5113	37682			UGC 6956	
A1155+5332	37621	1155.1	+5332	UGC 6940	Dwarf near NGC 3992
A1155−2845	37659	1155.5	−2846		SN1982a? parent
A1156+2931		115658.1	+293124	4C 29.45	
A1156+3510	37769	1156.9	+3510	MCG 6-26- 67	MK 434
A1156+5259	37735	1156.6	+5259	UGC 6983	Dwarf
A1156+5342	37700			UGC 6969	
A1156−1845	37727	1156.4	−1844	ESO 572- 34	POX 36
A1158−0323	37916	1158.7	−0324	MK 1310	
A1158−2012	37908	1158.6	−2012	ESO 572- 44	
A1158−3335	37921	1158.8	−3335	ESO 379- 22	
A1200+5157	38065	120034.0	+515715	MCG 9-20- 71	4CT 51.29.1
A1200−2038	38055	1200.4	−2038	POX 52	Dwarf Seyfert
A1201+2359	38119	1201.2	+2359	MK 645	
A1201+4250		120153	+425024		Abell 1461
A1201+6048	38112	1201.0	+6048	MCG 10-17-133	MK 45
A1201−0115	38190	1201.7	−0115	UGC 7053	DDO 108
A1201−1815	38199, 38200	1201.9	−1814	ESO 572- 50	POX 57
A1202+1809	38285	1202.8	+1809	KARA 318B	
A1202+1812	38287	1202.8	+1812	KARA 318A	
A1202+3126	38231	1202.2	+3126		Triplet 41B
A1202+3127	38227:,38230:, 38231:	1202.1	+3127		Triplet 41A
A1202+3128	38230	1202.2	+3128		Triplet 41C
A1202+3129	38227	1202.2	+3129	MCG 5-29- 5	VV 575
A1202+5822	38250	1202.5	+5822	MCG 10-17-137	VV 270
A1202+6057	38217			UGC 7064A	
A1202+7624AB	38214, 38257, 38284	1202.3	+7624	KAZ 27	and KAZ 28, KAZ 29
A1203+3120	38325, 38326	1203.2	+3120	UGC 7085	VV Pec
A1203+3121	38327	1203.2	+3121	MCG 5-29- 10	VV Pec
A1203+4325	38356	1203.4	+4325	UGC 7089	
A1204+2232	38401	1204.0	+2232	4C 22.33	1204+225
A1206+4720	38613	1206.7	+4720	MCG 8-22- 73	MK 198
A1207+1438	38692	120729.0	+143824	UGC 7150	

PGC/"A" cross-identifications (continued)

"A" Designation	PGC	R.A. (1950)	Dec	Name	Notes
A1207+3945		1207.9	+3945		1E X-ray source
A1207+7048	38724			UGC 7164	Dwarf
A1208+1202	38747	120803.0	+120218	VCC 24	
A1208+1906	38748			UGC 7170	
A1208+3940	38811	1208.8	+3941	UGC 7188	NGC 4151/56 companion
A1208+3947					NGC 4151/56 companion No. 2
A1208+4001	38778	1208.4	+4002	UGC 7175	NGC 4151/56 companion
A1208+5033	38825	1208.9	+5033	MCG 8-22-82	DDO 111
A1208+7040	38730			UGC 7168	Dwarf
A1209+1245	38888	1209.7	+124554	UGC 7200	
A1209+1823	38884			VV 147	
A1209+7436	38861?,38866?	1209.5	+743620	4C 74.17.1	
A1210+1512	38963	121028.8	+151242	VCC 72	
A1210+5232	38951	1210.4	+5233	UGC 7218	VV 497
A1211+0823		1211.7	+0823		
A1211+1543	39018	121107.8	+154354	VCC 87	
A1211+2948	39085	121146.0	+294818		Emission
A1211-3413	39015	1211.1	-3413	ESO 379-35	Tololo galaxy
A1212+0602	39188	121244.4	+060224	VCC 144	
A1212+0926	39171	121238.4	+092606	VCC 138	
A1213+0834	39230	1213.1	+0834		
A1213+0839	39260	121325.8	+083906	VCC 171	
A1213+2656	39252	1213.4	+2656	MCG 5-29-45	VV 735
A1213+4554	39265	121327.6	+455442	VCC 172	
A1213+5106	39277			MK 1469	
A1213-1115	39317			DDO 116	
A1214+1017	39380	121432.0	+1017	UGC 7307	
A1214-1124	39395			DDO 118	
A1215+0836	39502	121538.4	+083600		Virgo Cluster
A1215+2250	39432			UGC 7321	
A1215+4727					
A1216+0408	39628	121636.6	+0408	UGC 7354	MK 49
A1216+0611	39655	121648.6	+061130	VCC 340	
A1216+1252	39584	1216.3	+1252		
A1216+1309	39632	121639.0	+130942	VCC 328	Virgo Dwarf
A1216+1409	39641	1216.7	+140936	VCC 334	RMB 56
A1216+1416	39674	121657.6	+141612	VCC 354	
A1217+0222	39697			UGC 7370	SN 1987d parent
A1217+0656	39734	1217.4	+0656	VCC 381	
A1217+1227	39803	121750.4	+122748	VCC 410	
A1217+2850	39740	121726.0	+285006		Emission
A1217+3127	39818	1218.0	+3126	UGC 7395	SN 1980a parent
A1217+3355	39783:	1217.7	+3355		MCG ring
A1218+1410	39845	121808.4	+141006	VCC 428	
A1218+1754	39904	121839.0	+175454	VCC 459	
A1218+3027		121851.6	+302715	PG 1218+304	
A1218+4605	39918			DDO 120	
A1219+0643	40004	121922.0	+064342	UGC 7423	
A1219+1052	39983	121912.6	+105212	IC 3199	VCC 500
A1219+1214	40005	121923.4	+121436	UGC 7421	VCC 512
A1219+1604	40045	121936.6	+160442	VCC 530	
A1219+7535	39975	1219.5	+7535	MK 205	
A1219-4303AB	40012	1219.3	-4303	ESO 267-41	
A1220+0257	40220	1220.9	+0257	MK 50	
A1220+0507	40224	1220.9	+0507		
A1220+0811	40136	122015.0	+081124	VCC 584	
A1220+0836	40177	122031.8	+083630	VCC 611	
A1220+1226	40100	1220.1	+1226	VCC 562	Virgo Cluster
A1220+1608	40214	1220.8	+1608	VCC 636	M100 Dwarf No. 5
A1221+1457	40304	122128.7	+145750		
A1221+6743	40349			MK 206	
A1222+0416	40408	122206.6	+041636	VCC 737	
A1222+0946	40435	122221.0	+094612	VCC 756	
A1222+1321	40505	122249.8	+1321	VCC 793	

PGC/"A" cross-identifications (continued)

"A" Designation	PGC	R.A. (1950)	Dec	Name	Notes
A1222+1346	40521	122257.0	+134624	VCC 802	
A1222+1642	40506	122250.4	+164224	UGC 7504	VCC 794
A1222+2139	40438	122222.8	+213924		
A1222+3006	40448	122229.0	+300648		Emission
A1222+6743	40349	1222.0	+6743	UGCA 280	
A1223+0226	40563	122308.0	+022606	UGC 7512	
A1223+0605	40604	122319.8	+060506	VCC 848	
A1223+0659	40688	122353.4	+065906	VCC 899	
A1223+0837	40670	122346.2	+083730	VCC 888	
A1223+1051	40680	122350.4	+105142	VCC 895	
A1223+1317	40574	122312.6	+131742	VCC 833	
A1223+1325A	40548	122305.4	+132512	VCC 815	
A1223+1325B	40661	122343.2	+132506	VCC 884	
A1223+1328	40598	1223.3	+132818		Virgo Cluster
A1223+1330	40534	122301.8	+133006	VCC 810	
A1223+1513	40588	122315.6	+151348	VCC 841	
A1223+2522		122333.2	+252249		X-ray source
A1223+4846	40665	122350.4	+484606	MCG 8-23- 35	MK 209, 1Zw 3
A1223-3556	40582			TOL 65	
A1223-3851	40649	1223.5	-3851	TOL 1223-388	
A1224+0732	40807	1224.6	+0732	UGC 7557	Dwarf
A1224+0755	40861	122453.0	+075517	UGC 7567	
A1224+0936	40867	122457.6	+093654	VCC 1013	
A1224+0952	40869	122458.2	+0952	VCC 1017	
A1224+0953	40821	1224.7	+095348	VCC 983	
A1224+1236	40841	122451.0	+123612	VCC 998	
A1224+1612	40811			UGC 7563	
A1224+1642	40835	122448.6	+164224	VCC 994	
A1224-3718	40746	1224.1	-3718	ESO 380- 28	Tololo galaxy
A1225+0311	40951	1225.5	+031112	VCC 1060	
A1225+1238	40932	122523.4	+123842	VCC 1052	
A1225+2630	40878:	1225.1	+2630	B2 1225+26	
A1225+2854AB	40901	1225.2	+2854	MCG 5-29- 88	
A1225+2858	40900	1225.2	+2858	UGC 7576	
A1225+43	40904	1225.2	+4346	UGC 7577	DDO 125
A1225+4443	40984			MK 212	
A1225+4446	40952			MK 211	
A1226+0854	41036	122601.2	+085454	UGC 7596	VCC 1114
A1226+1243	41156	122651.6	+124336	VCC 1185	
A1226+2857	41014	1226.0	+2857	MCG 5-30- 1	UGC 7597; near NGC 4448
A1226+3143	41161	122657.6	+314246	MK 770	
A1226+3730	41020	122601.2	+373036	DDO 127	
A1227+0254	41283	122740.0	+025406	UGC 7642	
A1227+0812	41258	122728.0	+081217	UGC 7636	Dwarf
A1227+0821	41264	1227.5	+0821	VCC 1254	NGC 4472 Dwarf No. 8
A1227+1036	41240:	1227.4	+1036		
A1227+1415	41311	122752.2	+141530	VCC 1287	
A1227+1523	41212	122712.6	+152336	VCC 1223	
A1228+1219	41360	1228.3	+1219	VCC 1313	RMB 12
A1228+1600	41387	122829.4	+160018	VCC 1334	
A1229+1106	41469	122907.2	+110642	VCC 1377	
A1229+1210	41570	122951.0	+121012	VCC 1426	
A1229+2026	41532	1229.6	+2026	MCG 3-32- 61	MK 771, Ton 1542, ARAK 374
A1229+6640	41524	1229.8	+6640	CGCG 315- 43	7Zw 466; ring
A1230+0819	41586:				
A1230+09	41587	123001.2	+092654	VCC 1437	
A1230+0940	41680:	1230.0	+0940		
A1230+3148	41636	1230.4	+3149	UGC 7698	DDO 133
A1230+6640	41549	1230.0	+6640	CGCG 315- 44	Part of 7Zw 466
A1231+0349	41758	123122.2	+034924	UGC 7715	
A1231+1200	41826	123157.6	+120036	VCC 1565	
A1231+1211	41822	123154.6	+121142	VCC 1563	
A1231+1448	41858?	123158.8	+144811		
A1231+1526	41746	123117.4	+152636	DDO 135	

PGC/"A" cross-identifications (continued)

"A" Designation	PGC	R.A. (1950)	Dec	Name	Notes
A1232+0250	41840	123201.8	+025042	VCC 1572	
A1232+0634	41861	123213.0	+063435	UGC 7739	DDO 137, VCC 1581
A1232+0917	41857?	1232.2	+0917		
A1232+1430	41859	1232.2	+1430	VCC 1582	
A1232+4120	41902	1232.7	+4120	UGC 7751	
A1233+1012	42021:	1233.7	+1012		
A1233+1039	42046	123352.2	+103930	VCC 1661	
A1233+1239	41959	123305.4	+123930	VCC 1627	
A1233+1351	42033	123346.2	+135112	VCC 1658	
A1234+0819	42068	123402.0	+081947	VCC 1675	
A1234+1352	42070	123403.6	+135224	VCC 1677	
A1234+1354	42059	123359.4	+135448		
A1234+1436	42102	123427.3	+143615		
A1234−3816	42118	1234.5	−3816	ESO 322- 32	Tololo galaxy
A1234−7218	42119	1234.1	−7219	ESO 65- 1	PKS
A1235+0722	42169	123513.0	+072247	UGC 7795	VCC 1726, DDO 139
A1235+0850	42160	123509.0	+0850	VCC 1725	
A1235+1026	42204	1235.6	+1026	VCC 1744	
A1235+6315		1235.4	+6315		1E X-ray source
A1236+0512	42340	123648.6	+051248	VCC 1789	
A1236+1031	42289	123623.4	+103106	VCC 1776	
A1236+3302	42275:	1236.0	+3302		Canes Venatici dwarf
A1236−0502	42399?	123659.0	−0502	SVEN 314	
A1237+0940	42378	123708.4	+094024	VCC 1804	
A1237+1403	42406	123727.6	+140324	VCC 1816	
A1237−0505	42399	123717.0	−0505	MCG −1-32- 33	
A1238+0649	42553:	1238.7	+0649		
A1238−0444	42549	123841.0	−0444	SVEN 328	
A1238−0501	42489	1238.2	−0501	MCG −1-32- 37	
A1239+0951	42609	123922.8	+095124	VCC 1896	
A1239+1131	42597	123914.4	+113130	VCC 1889	
A1239+1200	42679	1239.9	+120048	VCC 1921	
A1239+1231	42586	123907.8	+123124	VCC 1886	
A1239+3334	42648	123945.0	+333412		Emission
A1240+1022	42811	124057.6	+1022	VCC 1970	
A1240−0540		124048.8	−054054		Emission; interacting?
A1241+0044	42910			DDO 144	
A1241+1144	42846	124119.2	+114412	VCC 1982	
A1241+1223	42881	124139.0	+122324	UGC 7906	VCC 1992
A1241+4517	42874	1241.8	+4517	UGC 7910	VV 493
A1241+5510AB	42841, 42844	1241.5	+5510	MCG 9-21- 33	and MCG 9-21-34; MK 220, 221
A1241−0524	42868			DDO 142	
A1242+1027	42984	124245.0	+102754	VCC 2018	
A1242+2844	42931			HARO 33	
A1242−4027	42951	1242.1	−4026	NGC 4650A	VV Pec
A1243+0844	43051	124333.0	+084454	VCC 2033	
A1243+1026	43056	124336.6	+102612	VCC 2034	
A1243+1028	43072	124343.8	+102848	VCC 2037	
A1243+7135	43010	1243.7	+7135	UGCA 296	MK 223
A1243−0548	43020			DDO 146	
A1243−3334	43048	1243.3	−3333	ESO 381- 20	Dwarf in NGC 5128 group
A1244+0238	43096	124402.1	+023831		PG; Seyfert
A1244+5153	43124			HARO 36	
A1244−3322	43144	1244.5	−3322	ESO 381- 23	Tololo galaxy
A1246−0950	43345	124646.8	−095048	MCG −2-33- 15	Dwarf
A1247+0750		1247.6	+0750		
A1247−0418AB	43385?	124707.0	−041806		
A1247−0506AB		124741	−0506.4		
A1248+2806	43514	1248.5	+2806	MCG 5-30-101	SN 1961d parent
A1248−0617	43526			NGC 4731A	MCG −1-33- 27
A1248−1452		124827.1	−145200		Ring in Abell 1631
A1249+0450	43605?	124921.0	+045057		Abell 1630
A1249+1647		1249.2	+1647		
A1249−1308	43643	1249.6	−1308	MCG −2-33- 34	

PGC/"A" cross-identifications (continued)

"A" Designation	PGC	R.A. (1950)	Dec	Name	Notes
A1249−1536		124954.3	−153608		
A1249−3845	43701	1249.9	−3845	ESO 323- 25	SN 1983a parent
A1251+2725	43869	1251.7	+2725	NGC 4789A	DDO 154
A1251−1217	43926	125159.6	−121708	3C 278	
A1251−2845	43839	125109.0	−2845		X-ray source in cluster?
A1251−2857	43941?	125158.0	−285734	PKS 1251−289	
A1252+2737	43965:	1252.0	+2737		
A1252+2804	44043	1253.0	+2804	CGCG 160- 15	Coma radio source
A1253+2756	44105	1253.7	+2757	CGCG 160- 20	
A1253+3455	44121	1253.9	+3455	UGCA 309	Canes Venatici dwarf
A1253−0541				3C 279	
A1254+3243	44213	1254.5	+3243	MCG 6-28- 44	MK 54
A1254+3540		125412.9	+354033	BF 23	
A1254+4201	56442	1554.9	+4201	UGC 10099	1Zw 129. Note incorrect RA designation
A1254+4735		125444.9	+473555	3C 280	
A1254+5708	44117	1254.1	+5708	UGC 8058	MK 2, MK 231
A1254−1655		125458.7	−165506		
A1254−3006	44238:,44239:	125421.0	−300618		Klemola 22 No. 17
A1254−4251	44199	1254.1	−4251	ESO 269- 13	
A1255+2724	44441	1255.9	+2724		SN 1968h parent
A1255+2734	44437	125553.3	+273448		Coma radio source
A1255+2753	44382?	1255.5	+2753	1255+27W1	Coma radio source
A1255+2809	44364	1255.4	+2809	MCG 5-31- 32	SN 1963c parent
A1255+2819	44386?	1255.5	+2819	1255+28W3	Coma radio source
A1255+2820	44386	1255.5	+2820	MCG 5-31- 35	SN 1963m parent
A1255+2859	44416	1255.8	+2859	MCG 5-31- 41	Coma radio source
A1255+3125	44431	125553.0	+312536		Emission
A1256+14	44491	125610.2	+142912	DDO 155	GR 8, UGC 8091
A1256+2731	44479	1256.2	+2731	CGCG 160- 64	MK 56
A1256+2754	44541			MK 58	Coma radio source
A1256+2803	44518?,44519?	1256.5	+2803	5C 4.74ab	Coma radio source
A1256+2815	44568?	125652.0	+281519		SN 1985k parent
A1256−4334	44526	1256.1	−4334	ESO 269- 23	
A1257+2804	44704?	1257.7	+2804	1257+28W2	Coma radio source
A1257+2808	44637	1257.2	+2808	RB 36	Coma Cluster
A1257+2810	44640?	1257.2	+2810	RB 33	Coma Cluster
A1257+3341	44694?				5C12
A1258+2754	44779	1258.2	+2754	CGCG 160- 86	Coma radio source
A1258+2810	44849?	1258.6	+2810	DRES 98	Coma Cluster
A1258+2841	44811?	1258.3	+2841	1258+W12	Coma radio source
A1258+2847	44803?	1258.3	+2847	1258+W11	Coma radio source
A1258+2856	44898?	125856.0	+285605	E1258+289	Seyfert, X-ray source
A1258+2857	44898	1259.0	+2857	CGCG 160- 98	Coma radio source
A1258+6155	44745	1258.3	+6155	MCG 10-19- 11	MK 236
A1258−3210	44852	1258.3	−3210	MCG −5-31- 12	PKS
A1258−3619	44861	1258.3	−3619	ESO 381- 48	Tololo galaxy
A1259+2755	44968	1259.7	+2755	NGC 4926A	
A1259+2803	44947	1259.6	+2803	CGCG 160-104	
A1259+2856	44898	1259.1	+2857	CGCG 160- 98	
A1259+4819	44883			MK 237	
A1259+6516	44884	1259.4	+6516	MCG 11-16- 8	VV 605, MK 238
A1259−5003	44992	1259.4	−5003	ESO 219- 21	
A1300+1640	45049	1300.5	+1640	MK 783	
A1300+3608	45063?	1300.7	+3608	B 234	
A1300−1110	45016	1300.0	−1110	POX 105	
A1300−1430	45101	1300.9	−1430	POX 108	
A1300−1709	45084			DDO 161	
A1300−2933	45098	1300.8	−2933	ESO 443- 42	
A1301+3730	45141	130134.6	+373007	B 272	
A1302+3216	45261			UGC 8179	SN 1988K parent
A1303+1042	45370	1303.9	+1042		
A1303+3407	45282:				5C12
A1303+5351	45277			MK 239	
A1303+5353	45286			MK 240	

PGC/"A" cross-identifications (continued)

"A" Designation	PGC	R.A. (1950)	Dec	Name	Notes
A1303−4008	45371	1303.6	−4008	ESO 323- 77	
A1304+0247	45396:	1304.2	+0247		
A1304+2808	45386:	1304.3	+2808		SN 1962a parent
A1304+3522	45397:,45410?				5C12
A1304+6758	45372	1304.7	+6758	UGC 8201	DDO 165
A1304−1149	45394	1304.1	−1149	POX 120	
A1304−1255	45456	1304.8	−1255	POX 124	
A1305+2659	45463	1305.1	+2659	MCG 5-31-135	Arp 139
A1305+3000		130557.5	+300001		
A1306+2938	45607	1306.9	+2938	MCG 5-31-143	
A1306−0033	45575	130616.1	−003305	ARAK 402	
A1307−4256	45680:	1307.2	−4256		ESO 269- 56? Dwarf
A1307−4610	45683	1307.2	−4610	ESO 269- 57	
A1308+0340	45779	1308.9	+0340	UGC 8263	SN 1959c parent
A1308+1158	45741	1308.3	+1158	UGC 8253	Dwarf
A1309−1148	45824	1309.3	−1148	POX 139	
A1310+2306	45884	1310.2	+2306	UGC 8290	VV Pec
A1310−1051	45913	131028.0	−105148	2ZS 10	Seyfert
A1310−4315	45960	1310.7	−4315	ESO 269- 72	
A1311+3924	46017?				Emission
A1311+4635	45939			DDO 167	
A1311+5621	45925	1311.2	+5621	MK 246	
A1311−1212	45964	1311.0	−1212	POX 147	
A1311−4224	46056	1311.8	−4224	ESO 323- 99	SN 1984i parent
A1311−4912	45999	1311.0	−4912	ESO 219- 41	
A1312+3508	46065			MK 450	
A1312+4611	46039	1312.3	+4611	UGC 8320	DDO 168
A1313+0718	46187, 46192?	1313.8	+0718	MCG 1-34- 13	
A1313+0719	46190?	131346.8	+071942	PKS 1313+07	4C+07.32
A1313+2938	46170	1313.7	+293836		Emission
A1313+4440	46101	1313.0	+4440	UGC 8327	MK 248
A1313+6223	46133	1313.6	+6223	UGC 8335	VV 250, Arp 238, part of KARA pair
A1314+3430		1317.4	+3430		SN 1980e parent
A1316−3155	46422	1316.3	−3155	TOL 1316−319	
A1318+3423	46560	131816.9	+342356		
A1318−2147	46574	1318.0	−2147	ESO 576- 40	
A1318−3532	46635?	1318.7	−3532	ESO 382- 49	SN 1982g? parent
A1318−4540	46648	1318.7	−4540	ESO 270- 5	SN 1983x? parent
A1319−1627	46710	1319.7	−1627	MCG −3-34- 63	
A1319−1704	46665	1319.3	−1704	MCG −3-34- 61	SN 1980f parent
A1319−3802	46697	1319.4	−3802	ESO 324- 11	Tololo galaxy
A1320+0825	46743	1320.4	+0825	MK 1347	
A1320+2334	46753	1320.6	+2334	UGC 8409	Dwarf
A1322+1623AB	46892, 46901	1322.3	+1623	MCG 3-34- 26	KARA pair
A1322+1624	46892:,46901:			MK 788	
A1322+3651	46854	132203.7	+365107	MK 451	
A1323+3319	46979	132331.0	+331924		Emission
A1323−1122	46982	1323.2	−1122	POX 186	
A1324+2650	47088			VV 831	MK 454
A1324−2741	47119			TOL 35	
A1324−4113	47171	1324.7	−4113	ESO 324- 24	Dwarf in NGC 5128 group
A1325−4052+	47203:				Klemola 25, compact cluster.
A1326+4411	47284	132634.7	+441121	MK 259	
A1326−3758	47327	1326.4	−3758	TOL 1326−379	
A1327+3135	47447	132759.0	+313518	UGC 8496	VV 69; emission
A1327−2027	47408	1327.2	−2027	MCG −3-34- 85	
A1327−2040	47430	1327.4	−2040	ESO 576- 69	38" from QSO PKS 1327−20
A1327−2129	47450	1327.6	−2129	ESO 576- 72	SN 1978a parent
A1327−3233	47443	1327.4	−3233	ESO 383- 6	Tololo galaxy
A1327−3801	47416	1327.1	−3801	TOL 107	
A1328+3132	47483	132820.4	+313220	MK 455	
A1328+3210		132825.7	+321031		SN 1988g parent
A1328+5510	47495	1328.8	+5510	UGC 8508	
A1329+1121	47623	1329.9	+1121	MK 789	

PGC/"A" cross-identifications (continued)

"A" Designation	PGC	R.A. (1950)	Dec	Name	Notes
A1329+2015	47577			KARA 590	
A1329+7549AB	47417, 47454			MK 261	and MK 262
A1329+7549B	47454			MK 262	
A1329−3252	47626	132934.7	−325252		PKS
A1331−2325	47844?				"Warm" IRAS galaxy
A1331−4517	47847	1331.7	−4517	ESO 270- 17	Fourcade-Figueroa object
A1332+5208	47802			MK 264	
A1332−7559	48100	1332.9	−7559	ESO 40- 14	
A1333+2928	47938			HARO 38	
A1333−3402	47969	1333.0	−3402	ESO 383- 35	Seyfert; X-ray source
A1334+0641	48118			VV 6	
A1334+4627	48012	133410.2	+462706	DDO 177	
A1334−2747	48111	1334.5	−2747	ESO 444- 84	Dwarf in NGC 5128 group
A1334−3245	48125	1334.6	−3245	ESO 383- 44	Tololo galaxy
A1335+2801	48191	1336.0	+2801	MK 265	
A1335−2740		1335.7	−2740		SN 1984c parent
A1336−3128		1336.9	−3128		SN 1982j parent
A1336−4802	48319	1336.7	−4802	ESO 220- 26	Dwarf
A1337+4059	48332			DDO 181	
A1338+3037	48432	1338.9	+3037	MK 268	
A1339+3046	48501	1339.7	+3046	UGCA 372	MK 67
A1339+6755	48425	1339.6	+6755	UGC 8672	Seyfert; radio source
A1340+3035	48597			UGC 8685	
A1340−2540	48609	1340.6	−2540	ESO 509- 98	
A1341+3011	48657	134147.9	+301123		Abell 1781
A1342+2722	48766	1343.0	+2722	MK 68	
A1342+5608	48711	1342.9	+5608	UGC 8696	MK 273
A1342−4136	48738	1342.0	−4136	ESO 325- 11	Dwarf in NGC 5128 group
A1344+1438	48846	134423.4	+143842	MK 796	
A1345+3830	48920:	1345.6	+3830	KARA 397B	Pair with NGC 5303
A1345−3012	48950			ESO 445- 35	MCG
A1345−3017	48955	134514.9	−301716	MCG −5-33- 9	
A1345−3018	48956	134523.3	−301808	MCG −5-33- 11	
A1345−3019	48956			ESO 445- 37	MCG
A1345−3054	49006			ESO 445- 42	MCG
A1345−3055	49037:	134617.5	−305500		MCG
A1346+2650	49005	1346.5	+2650	MCG 5-33- 5	4C 26.42 PKS, Abell 1795
A1346+3142	48992	1346.4	+3142	MCG 5-33- 2	MK 275
A1346−2946	49009	1346.0	−2947		SN 1985i parent
A1346−3548	49050	1346.4	−3548	ESO 383- 87	Dwarf (Thonnard and Rubin)
A1347−3812	49140	1347.7	−3811	ESO 325- 28	
A1347−4849	49164	1347.8	−4848	ESO 221- 10	
A1348+3815	49158			DDO 183	
A1348−3333	49187			ESO 384- 2	lsb
A1349+4027	49191	1349.3	+4027	MCG 7-29- 2	Mk 462
A1349−3034	49247	1349.3	−3034	ESO 445- 63	
A1350+3141	49258	1350.0	+3142	UGC 8782	3C 293
A1350−3113	49365	1350.7	−3113	ESO 445- 72	Tololo galaxy
A1350−3820	49325	1350.1	−3820	TOL 1350−383	
A1351+2340	49396	135146.3	+234029	MK 662	Seyfert
A1351+3015					Blue compact
A1351+6400	49340	135146.3	+640028		QSO, low z
A1351+6933	49321	135151.9	+693313	UGC 8823	MK 279
A1351−3732	49418	1351.3	−3732	TOL 1351−375	
A1352+54	49448	135256.0	+540848	UGC 8837	Holmberg IV, DDO 185
A1353+1836	49538	135339.8	+183640	UGC 8850	MK 463
A1353+1836E	49538			MK 463	E component
A1353+3848	49528	1353.8	+3848	MK 464	
A1354+2927	49623	1354.9	+292754		Emission
A1354+3234	49592	135432.5	+323424	4C 32.46	
A1355+2052	49691?	135540.0	+205236		Abell 1825
A1355+2155		135547	+215459		Abell 1827
A1355+4202	49624	1355.1	+4202	UGC 8877	Companion to NGC 5383
A1355−3049	49753	1355.8	−3049	TOL 1355−308	

PGC/"A" cross-identifications (continued)

"A" Designation	PGC	R.A. (1950)	Dec	Name	Notes
A1356+2307	49734?	135603.0	+230748		Emission
A1356+2310	49718:	135605.0	+231042		Emission
A1356+2815	49773?	135652.5	+281553		Abell 1831
A1356+2821	49740	135618.2	+282143		Abell 1831
A1356+5714	49663	1356.0	+5715	UGC 8892	VV Pec
A1356−4215	49775	1356.0	−4215	ESO 325- 41	
A1357+2844	49826	1357.7	+2845	MCG 5-33- 37	B2 radio source
A1357+3009	49802	135721.0	+300906		Emission
A1358+2128	49899	135846.0	+212854	UGC 8929	VV 277; emission
A1358+4115	49896	1358.8	+4115	UGC 8932	NGC 5410 companion
A1358+4126	49893?,49896?			VV 256	
A1358−4048	49962	1358.9	−4048	TOL 1358−408	
A1359+3515	49956			MK 466	
A1359+3702	49927	1359.3	+3702	MCG 6-31- 44	MK 465
A1359+5440	49919	1359.5	+5440	MCG 9-23- 25	SN 1975g parent
A1359−1122	49940:	1359.0	−1122		Abell 1836
A1400−2556	50036	1400.1	−2556	ESO 510- 48	
A1400−3000	50039	1400.1	−3000	TOL 1400−299	
A1401+1506	50114	140123.6	+150646	MK 802	
A1401+2602	50125	140145.0	+2602		Emission
A1401+3846	50067	1401.2	+3846	UGC 8975	SN 1981j parent
A1401−3352		1401.2	−3352		Close to NGC 5419
A1402+0416		1402.3	+0416		1E X-ray source
A1402+0935	50221			UGC 9007	
A1402+1430	50190?	1402.3	+1430	KARA 412A	
A1402+5438		1402.7	+5438	MCG 9-23- 30	VV Pec
A1403+1301	50289			MK 804	
A1404+2841	50352	1404.8	+2841	MK 668	
A1405−3009	50427	140512.5	−300944		Seyfert
A1406+4905	50435	1406.4	+4905	1Zw 81	
A1406−2944	50516	1406.5	−2944	TOL 1406−297	
A1409+5027	50664	1409.6	+5027	MCG 8-26- 9	VV 125
A1409−65	50779	1409.3	−6506	ESO 97- 13	Circinus galaxy
A1410−2921	50799?	1410.5	−2921		
A1413+2317	50961	1413.6	+2317	UGC 9128	DDO 187
A1414+0404		141426.2	+0404.1		Dwarf
A1415+0216	51051	1415.1	+0216	MCG 0-36- 32	In poor cluster MKW6
A1415+2507		1415.1	+2507		Ring galaxy
A1415+2557		1415.6	+2557		1E object
A1415+2705	51033	1415.1	+2705	IC 4395	
A1416+3435	51096	1416.2	+3435	MK 469	
A1417−3517	50938	1412.5	−3517	TOL 1412−352	
A1418+2210	51253			UGC 9182	
A1419−7146AB	51434	1419.6	−7146	ESO 67- 1	
A1420+1518	51351	142004.2	+151847	ARAK 448	
A1420+3304	51371	1420.8	+3304	UGC 9214	MK 471
A1420−4925	51409	1420.4	−4925	ESO 222- 4	Dwarf
A1422+2651	51473?	142226.5	+265126		B2 radio source
A1423+3945	51503			UGC 9242	
A1424+1646	51609	142455.5	+164646		Abell 1913
A1424+1659	51566?	142411.6	+165901		Abell 1913
A1424−4604	51659?	1424.8	−4604	UKS 1424-460	Dwarf in NGC 5128 group
A1425+2132	51655			VV 371	
A1426+0130	51744			MK 1383	
A1426+1405	51735			UGC 9288	SN 1988f parent
A1426+2135	51711?	1426.4	+2135	VV 371C	
A1427+3828					Emission
A1427−2635	51805	142705.0	−263518	AM 1427−263	
A1428+2727	51877	142856.4	+272732	MK 685	
A1428+2830	51873	142853.5	+283042	MK 684	
A1431+0400	52055	1431.5	+0400	UGC 9371	In poor cluster MKW7
A1433+2839	52193?			HARO 43	
A1434+5728	52142	1434.0	+5728	UGC 9405	DDO 194
A1434+5900	52202	143457.2	+590040	UGC 9412	MK 817

PGC/"A" cross-identifications (continued)

"A" Designation	PGC	R.A. (1950)	Dec	Name	Notes
A1435+5042AB					
A1439+5242	52436?				Same as following?
A1439+5342	52436	1439.1	+5342	MK 477	1Zw 92
A1440+3538	52510	1440.1	+3538	MK 478	
A1441+2613	52616	1441.8	+2614	CGCG 134-24	B2 radio source
A1442+0805	52689			UGC 9500	
A1443+3138	52702	144321.7	+313837	UGC 9506	Radio source
A1443+3139AB	52693, 52694	1443.3	+3139	UGC 9504	Pair
A1443+3857c	52685?	1443.3	+3857	ARP 297C	
A1443+1939	52698			ARP 64	
A1444+5147	52708	1444.0	+5147	MCG 9-24-35	
A1444−3026	52813	1444.4	−3026		
A1445+1546	52868			MK 823	
A1445+1914	52847?,52849?,52854?			ARP 328	VV 165
A1445+1915	52847?,52849?,52850?,52851?,52854?			ARP 328	VV 165
A1445+1916	52844?,52848?,52850?,52851?,52854?			ARP 328	VV 165
A1445−4343A	52886	1445.4	−4343	ESO 273-4	
A1446−09	52940			DDO 197	
A1447+2759	52929?	1447.3	+2759	B2 1447+27	
A1448+2256	52994	1448.4	+2256	MK 1388	
A1448+2721	53030	144858.6	+272142	PG 1448+273	Seyfert
A1448+3546	53014	1448.9	+3546	UGC 9560	2Zw 70, MK 829
A1448+4256	52995			MK 827	
A1448+6328	52924	1448.2	+6329	UGC 9553	3C 305
A1449+3545	53039	1449.2	+3544	UGC 9562	2Zw 71
A1450+1719	53117?	145003.1	+171932		Abell 1983
A1450+7401	53004			MK 288	
A1452+1314		145209.2	+131414		
A1452+1633	53274	1452.0	+1634	UGC 9587	3C 306
A1452+3024	53267	145205.0	+302442	UGC 9588	Emission
A1454+0941	53419	1454.3	+0941	UGC 9614	Dwarf
A1455+3322	53468	1455.7	+332206		Emission
A1455+3524	53481	145559.7	+352405	MK 833	
A1455−3721	53498	1455.2	−3721	ESO 386-43	
A1457−4805	53639	1457.7	−4805	ESO 223-9	Dwarf in NGC 5128 group
A1459+1655	53659	145917.0	+165530	MK 837	
A1500+0452	53740			ARAK 466	
A1500+8343	53390			MK 839	
A1501+1038	53765	1501.6	+1038	MK 841	
A1502+2612	53833?,53834?,53839?			3C 310	
A1502+2845	53794	1502.3	+2845	MCG 5-36-3	Abell 2022
A1503+0354	53898	150325.9	+035359	MK 1392	Seyfert
A1504−7549	54135	1504.5	−7549	ESO 42-1	
A1506+3434	54033	1506.1	+3434	MCG 6-33-22	B2 radio source
A1506+5138	54010	1506.2	+5138	MCG 9-25-22	MK 845
A1506−0000	54082	150620.1	−000025	MK 1393	Seyfert
A1508+3139	54182	150858.0	+313948		Emission
A1508+67	54074	1508.2	+6723	UGC 9749	Ursa Minor system; DDO 199
A1508−7705	54399	1508.2	−7704	ESO 42-4	
A1510+0724	54330	1510.8	+0725	CGCG 49-57	
A1511+0416	54360	1511.2	+0416	MCG 1-39-8	VV 692
A1514+0026	54518?	1514.1	+002601	4C 00.56	PKS
A1514+0712	54526	1514.3	+0712	3C 317	
A1514+1916	54519			MK 688	
A1514+4322	54461?,54478,54480			2ZW 73	
A1514−2411	54592	1514.8	−2411	ESO 514-1	AP Lib
A1515+2146	54559	1515.0	+2146		Hoag's Object

PGC/"A" cross-identifications (continued)

"A" Designation	PGC	R.A. (1950) Dec		Name	Notes
A1516+0957	54675:	1516.7	+0957	KARA 461A	
A1516+4255	54618			MK 848	
A1520+2752	54874?,54876?, 54878?	1520.3	+2752		Corona Borealis Cluster Corona Borealis Cluster
A1523+1827	55057:	1523.2	+1827	KARA 465A	
A1523+2928		1523.0	+2928	B2 1523+29	
A1525+2905	55151	1525.7	+2905	UGC 9861	In Abell 2079; B2 radio source
A1526+5536	55156	1526.6	+5536	MK 481	
A1526+5542	55169	1526.8	+5542	MCG 9-25- 54	MK 482
A1527+3039	55237	1527.6	+3039	MCG 5-37- 2	MK 1098
A1528+2314	55282	1528.6	+2314	UGC 9875	Dwarf
A1528+3405	55275	1528.7	+3405	MK 483	
A1529+2412				3C 321	
A1530+0451	55360	1530.0	+0451	UGC 9886	In poor cluster MKW9
A1530−0831	55410	1530.6	−0832	MCG −1-40- 1	X-ray source
A1531+4636	55381			1ZW 115	
A1531+5803	55361	1531.4	+5803	MK 289	
A1533+1440	55550	153332.9	+144057		X-ray source
A1534+5804	55551	1534.8	+5804	MK 290	
A1535+3015	55621	1535.2	+3015	UGC 9938	Dwarf
A1535+5443	55595	1535.4	+5443	MK 486	1Zw 121
A1535+5525	55616	1535.8	+5525	UGCA 410	MK 487, 1Zw 122
A1536+0544	55698	153636.9	+0544	ARAK 481	
A1537+2506	55716	1537.3	+2506	MCG 4-37- 16	MK 860
A1542+4355	55884?,55885:	1542.1	+4355	UGC 9997C	
A1542+4356	55884?,55885:	1542.1	+4356	UGC 9997B	
A1542+4357	55884?,55885:	1542.1	+4357	UGC 9997A	
A1543+0913	55972?,55980:				Seyfert
A1544+4609	56006	154454.3	+460902	MK 490	
A1547+2134		154737.3	+213442	3C 324	
A1549+4724	56207	1549.7	+4723	CGCG 250- 14	Radio source
A1549+7123	56136	154943.4	+712347	UGC 10072	
A1550+6114	56217	1550.4	+6114	KAZ 41	
A1550+6901	56176	1550.5	+6901	KAZ 42	
A1551−3754		1551.8	−3754		
A1552+1920	56377	1552.9	+1920	MK 291	
A1552+6900	56260	1552.1	+6900	KAZ 44	
A1553+2014				3C 326.1	
A1553+2435	56421?	155356.8	+243531	4C 24.35	B2 1553+245
A1553+2438	56400:	1553.6	+2438	KARA 475A	
A1554+4201	56442			UGC 10099	1Zw 129
A1554+4800	56398			UGC 10097	
A1554−2221	56500	1554.9	−2221	ESO 583- 8	
A1556+2657	56547			MK 492	
A1556+6401	56461	1556.4	+6401	KAZ 49	
A1556+6403	56460	1556.4	+6403	KAZ 50	
A1557+2604	56614?	1557.8	+2604	B2 1557+26	
A1557+2712	56593	155718.2	+271204		X-ray source
A1557+3510	56573			MK 493	
A1558+1517	56662	1558.5	+1517	CGCG 108- 45	
A1558+2100	56636	1558.2	+2059	UGC 10127	Near NGC 6027
A1559+1609	56782?,56783?	1559.9	+1609	1559+16W1	Abell 2147
A1559+1857	56762	1559.8	+1857	UGCA 411	MK 244
A1600+1606	56784	1600.0	+1606	UGC 10143	Abell 2147
A1600+1632	56847	1600.9	+1632	MCG 3-41- 60	Abell 2147
A1601+1602	56880	1601.3	+1602	1601+16W3	Abell 2147
A1601+1917	56870	160113.3	+191752	MK 296	
A1601+1919	56869	1601.2	+1919	MK 295	
A1601+3946	56843	1601.3	+3947	UGC 10155	VV 611
A1602+1457	56953			UGC 10169	
A1602−6321	57164?	1602.2	−6321		PKS
A1603+1821	57111	1603.6	+1821	UGC 10195	Hercules Cluster
A1603+2055	57124, 57125	1603.9	+2055	UGC 10198	and 10197; Seyfert Sextet
A1604+1053	57191			MK 870	

PGC/"A" cross-identifications (continued)

"A" Designation	PGC	R.A. (1950)	Dec	Name	Notes
A1604+1627	57177	1604.4	+1627	UGC 10204	
A1604+1743	57170?	160425.6	+174331	DRES 36	Hercules Cluster
A1604+3014	57173	1604.7	+3014	UGC 10205	VV 624
A1604+4127	57100:	1604.0	+4127	UGC 10200B	
A1604+4128A	57098:	1604.0	+4129	UGC 10200A	
A1604+4128B	57100?	1604.1	+4128	UGC 10200C	
A1605+5533	57129			ARP 188	
A1609+1700		160932.4	+170006		
A1610+2824	57494	161043.3	+282449	UGC 10273	CGCG 167- 47
A1610+2825	57494			VV 489	
A1610+2833		161016.1	+283325		Abell 2162
A1610+2946	57475	161039.0	+294614	CGCG 167- 46	Abell 2162
A1610+3001		161043.4	+300139		Abell 2162
A1610+6042	57443			MK 874	
A1610-6047	57612	1610.7	-6046	ESO 137- 6	PKS
A1611+3101	57496	161106.9	+310140	CGCG 167- 50	Abell 2162
A1611-6032	57637?	1611.2	-6032		PKS
A1613+2734	57635:	1613.5	+2734	B2 1613+27	
A1613+6550	57553			MK 876	
A1614+0506		161409.1	+050653	PKS 1614+051	
A1615+0611		161518.2	+061112		Seyfert; X-ray source
A1615+6832	57638	1615.6	+6832	KAZ 65	
A1617+1731	57859			MK 877	
A1619+5020		161946	+502025		Abell 2184
A1621-3408		1621.1	-3408	ESO 390- 5	Possibly a planetary nebula?
A1622+4111	58008	1622.1	+4111	MK 699	3Zw 77
A1625+3913	58132	1625.0	+3914	UGC 10389	Abell 2199
A1625+5140	58150	1625.6	+5141	UGC 10396	Arp 66
A1626+4119	58251	1626.8	+4119	UGC 10407	Abell 2197; KUG 1626+413
A1626+5153	58223			MK 1498	
A1627+2433	58359	1627.8	+2433	MCG 4-39- 8	MK 883
A1627+3925	58310?	1627.2	+3925	1627+39W2	Abell 2199
A1627+3932	58324?	1627.6	+3932	1627+39W7	Abell 2199
A1628+3929		1628.8	+3929	1628+39W2	In Abell 2199
A1635+3631	58610	1635.1	+3631	UGC 10473	SN 1983t parent
A1639+6905	58697	1639.5	+6905	KAZ 80	
A1639+6909	58690	1639.3	+6909	KAZ 79	
A1640+2510	58813			UGC 10514	
A1641+3945				3C 345	
A1647+3638	59052			UGC 10567	
A1647+4847	59028	1647.1	+4847	MK 499	
A1647+4848	59018	1647.2	+4848	UGC 10565	MK 500
A1648+5330AF	59042, 59048, 59049, 59050, 59054			ARP 330	
A1651+6900	59137	1651.7	+6900	MK 1110	KAZ 105
A1652+3950	59214	1652.2	+3950	UGC 10599	MK 501
A1653+5311	59236	1653.2	+531136	DDO 206	
A1657+3232		1657.2	+3231		Abell 2241.1
A1657+3234	59371	165708.6	+323404	4C 32.52A	In a cluster
A1658+3012	59420?	1658.8	+3012	B2 1658+30	
A1659+2928	59440	165910.4	+292847	MCG 5-40- 26	MK 504
A1701+3131	59511	1701.4	+3131	UGC 10675	MK 700
A1702-0127	59567?,59569?	170221.5	-012744	UGC 10683A	Is PGC 59567 = PGC 59569?
A1702-0128	59567?,59569?	170224.7	-012823	UGC 10683B	Is PGC 59567 = PGC 59569?
A1705+6730AB	59565, 59579			KAZ 117	and 118
A1705+7228	59551			KAZ 119	
A1705+7839	59495?	1705.9	+7839		In Abell 2256
A1705+7840	59495?	170552.0	+784040		In Abell 2256
A1706+7841	59513?	1706.3	+7841		In Abell 2256
A1706+7842	59513?	170609.0	+784224		In Abell 2256
A1706+7843	59520?	1706.4	+7843		In Abell 2256
A1706+7848	59530?	1706.8	+7848		In Abell 2256
A1708+7841	59584?	170828.5	+784143		In Abell 2256

PGC/"A" cross-identifications (continued)

"A" Designation	PGC	R.A. (1950)	Dec	Name	Notes
A1709+3945	59760	170917.0	+394509	4C 39.49.1	B2 radio source; in Abell 2250
A1709+7843		170908.1	+784321		In Abell 2256
A1709+7844		170946.8	+784456		In Abell 2256
A1709−2318	59827?			4U 1708−23	X-ray source; obscured
A1710−7306	59992	1710.5	−7305	ESO 44- 9	
A1712+5923	59862	1712.5	+5923	UGC 10770	
A1713+5021		171302.0	+502138	53W003	
A1713+5313	59896	171314.2	+531352		
A1716+4831	60027	1716.6	+4831	CGCG 252- 37	Compact (Kormendy)
A1716+7330	59971	1716.8	+7330	KAZ 125	
A1717+4902	60067, 60073			ARP 102	VV 10, radio source
A1717+4905	60070			ARP 102B	
A1717−0055	60102:			3C 353	4C −00.67
A1718+4902	60067, 60073	1717.9	+4901	VV 10	Abell 1718A; Arp 102; radio source
A1718+4905	60070	1718.0	+4905	UGC 10814	Arp 102
A1718+5000	60068	1718.0	+5000	CGCG 252- 42	
A1719+3945	60119	1719.8	+3945	MK 505	
A1719+5025	60103	171915.3	+502532		
A1719+5757	60095	1719.4	+5757	UGC 10822	Draco System
A1719+6853	60056			KAZ 126	
A1719+6855	60069			KAZ 127	
A1720+3055	60163	172045.6	+305530		
A1720+3055A	60163	1720.8	+3055	MCG 5-41- 12	MK 506
A1720+3055B	60168	1720.8	+3056	MCG 5-41- 11	MK 506 companion
A1720−0014	60189			IRAS 17208−0014	
A1722+6010AB	60173, 60177			KAZ 131	and 132
A1725+7543	60199			KAZ 138	
A1727+5015	60348	1727.1	+5015	1ZW 187	
A1727−6042AB	60457	1727.8	−6042	ESO 139- 3	
A1736+8647	60075, 60093			UGC 10923	
A1736−6321	60692?	173623.9	−632156		
A1737+5842	60605			KAZ 148	
A1737+5844	60610			KAZ 149	
A1739+1721	60697:	1739.5	+172236	PKS 1739+17	
A1739+5106	60668:,60669:	1739.0	+5106	KARA 521A	
A1739+5151		173916	+515119		X-ray source
A1739+6849	60650			KAZ 153	
A1739+6852	60630			KAZ 151	
A1741+3902	60736	174106.3	+390202	4C 39.50	
A1741−6814	60835	1741.2	−6814	ESO 70- 13	Dwarf
A1747+1834	60924			ARAK 531	
A1747+3609	60920	1747.7	+3609	UGC 11000	ARAK 532
A1747+6836	60847?	1747.3	+6836		1E X-ray source. Same as following?
A1747+6838	60847	1747.3	+6838	KAZ 163	Same as preceding?
A1747+6838A	60847			KAZ 163	Same as preceding?
A1748+6843	60897	1748.9	+6842	MK 507	
A1749+3958	60973	1749.0	+3958	CGCG 227- 1	Weak radio source
A1750+3745	61032	175054.8	+374528	MK 1119	
A1751+6823	60982			KAZ 169	
A1751+6824	60988			KAZ 170	
A1752+3043	61071	1752.1	+3042	UGC 11031	SN 1977h parent
A1752+3234	61084?	1752.7	+3234	B2 1752+32	
A1753+1855	61116	1753.4	+1856	UGC 11044	VV 556
A1753+3447	61092	1753.1	+3447	UGC 11041	ARAK 534
A1758+3438	61257			ARAK 536	
A1759+2109				4C 21.51	cD galaxy
A1802+1057				3C 368	
A1802−5744	61419	1802.7	−5744	ESO 139- 55	
A1804−6313	61473			ESO 103- 5	
A1805+6554	61389			KAZ 6	
A1807+6949	61417	1807.3	+6949	UGC 11130	3C 371
A1812+6955	61531			UGC 11172	7Zw 776
A1812−5715	61679	1812.5	−5714	ESO 182- 7	
A1814+2841	61660			VV 711	

PGC/"A" cross-identifications (continued)

"A" Designation	PGC	R.A. (1950)	Dec	Name	Notes
A1814+7016	61622			KAZ 197	
A1814+7017AB	61609, 61618			KAZ 195	and KAZ 196
A1814−6347				PKS 1814-63	
A1816+3027B		1816.0	+3037		Component of KARA pair. Note incorrect Dec designation.
A1822+6635	61780			KAZ 199	
A1827+3218	61933:	1827.1	+3218	B2 1827+32	
A1827+5020	61928			ARAK 539	
A1832+7407AB	61973, 61989			KAZ 205	and KAZ 206
A1832−6517	62142?,62152?				
A1833+3239	62082	1833.2	+3239	CGCG 173- 14	3C 382
A1833+6703	62035			KAZ 209	
A1833−6528	62174	1833.4	−6528	ESO 103- 35	Seyfert
A1834+1941	62122	1834.5	+1941	MCG 3-47- 8	PKS
A1834−7713	62241?			3U 1849−77	X-ray source; in cluster?
A1836+1709	62176	1836.2	+1709	MCG 3-47- 10	3C 386
A1836−5507	62239	1836.4	−5507	ESO 183- 7	
A1838−6409	62320	1838.7	−6409	ESO 103- 56	Seyfert
A1840−6224	62346	1840.3	−6224	ESO 140- 43	FAIR 51
A1840−6334	62348	1840.3	−6334	ESO 103- 59	
A1845+7943	62274?	1845.6	+7943		3C 390.3?
A1846+8000					3C 390.3?
A1859+5048	62678	1859.7	+5049	MCG 8-34- 32	Weak radio source
A1909+5208	62859:				Variable = V1102 Cygni
A1912+7319B	62867	1912.0	+7319	UGC 11415	
A1916−5845	63109	1917.0	−5845	ESO 141- 55	Seyfert
A1918−6034	63158	1919.0	−6034	ESO 141- 57	
A1919+4350	63099	1919.6	+4351	MCG 7-40- 4	X-ray source in Abell 2319
A1919+4352	63095?	1919.2	+4352		In Abell 2319
A1920+4352	63122?	1920.0	+4352		Abell 2319.6; radio source
A1921−5305	63191	1921.6	−5305	ESO 184- 65	
A1924−4140	63240	1924.5	−4140	ESO 338- 4	Tol 1924−416; Seyfert
A1926−3931AB	63292	1926.8	−3931	ESO 338- 8	
A1927−1747	63287	1927.1	−1747	ESO 594- 4	Sagittarius dwarf irregular galaxy
A1927−516					
A1929+5400AB	63311	1929.9	+5400	UGC 11453	
A1929+7201	63278:,63286:	1929.8	+7201	KARA 541A	
A1931−6108	63398			ESO 142- 25	lsb
A1934−063					
A1934−5116		193414.8	−511635		
A1934−6349		193448.3	−634937	PKS 1934−63	
A1940+5028	63534?	1940.4	+5028		3C 402 companion
A1940+5029	63529?,63531?, 63532?,63534?	1940.4	+5029	3C 402	
A1940+5030	63529?,63531?, 63532?,63534?	1940.4	+5030	UGC 11465	3C 402
A1941−5422	63618	1941.1	−5422	ESO 185- 13	
A1942−3451	63622	1942.0	−3451	ESO 398- 29	
A1942−6522	63658	1942.0	−6522	ESO 105- 12	
A1949+0222	63758?			3C 403	
A1953−2603AB	63838, 63839	195326.0	−2603	ESO 526- 18	Ring
A1953−3234		1953.9	−3234	PKS 1953−325	
A1954−5517	63899:	1954.3	−5517	PKS 1954−553	
A1956−4051	63951	1956.7	−4051	ESO 339- 16	
A1957+4035	63932			Cygnus A	3C 405
A1957+4953	63916	1957.3	+4953	UGC 11503	3C 402 companion
A1959−5605	64041	1959.5	−5605	ESO 185- 54	
A2001+4910	64024?	2001.4	+4910		3C 402 companion
A2005−2927	64147			ESO 461- 44	Arp Pec
A2005−4858		200546.8	−485842	PKS 2005−489	
A2006−5635	64200?	2006.4	−5635	PKS 2006−56	
A2008−5714	64246	200759.0	−5714	FAIR 339	Seyfert
A2010−3720	64307			ESO 399- 25	
A2013−4641	64406	2013.3	−4641	ESO 284- 45	

PGC/"A" cross-identifications (continued)

"A" Designation	PGC	R.A. (1950)	Dec	Name	Notes
A2014−4559	64444	2014.7	−4559	ESO 284- 53	
A2014−5549	64440:	2014.1	−5549	PKS 2014−55	
A2014−5743	64462	2014.7	−5743	FAIR 71	
A2016−2349		2016.0	−2349		SN 1981h parent
A2020−3704	64608	2020.5	−3704	ESO 400- 12	PKS
A2020−4409	64614	202033.0	−440924	A2020−44	"New 5" from Shapley-Ames
A2020−5048	64612	202013.0	−504842	AM 2020−504	ESO
A2021−7246	64688	2021.1	−7246	ESO 46- 10	Ring
A2024−4306	64736	2024.5	−4305	ESO 285- 15	Sersic; radio source?
A2025+0007	64752	2025.6	+0007	UGC 11566	ARAK 542
A2031−5002	65017	2031.7	−5002	ESO 234- 49	
A2032+1045		203258.5	+104542	MC3 2032+107	
A2033−5016	65076			ESO 234- 56	Arp Pec
A2035−4122	65133	2035.8	−4121	ESO 341- 2	
A2037+8801				1E 2037+880	Seyfert
A2040−2644	65268	2040.8	−2643	ESO 528- 36	
A2041−1054	65282	2041.4	−1054	MK 509	
A2042−1117	65306			VV 546	
A2043−0259	65349			MK 896	
A2044−1302	65367	204407.8	−1302	MCG −2-53- 3	DDO 210
A2045−2002	65415	2045.4	−2002	ESO 597- 36	
A2046+7958	65255	2046.0	+7958	MCG 13-15- 1	KARA 890
A2049+1846	65561	2049.2	+1846	UGC 11643	KARA 549
A2049+1847	65560?,65561?	2049.1	+1847		KARA 549B
A2049−6914AB	65678, 65680	2049.5	−6913	ESO 74- 20	Sersic
A2052−2215	65727	2052.8	−2215	ESO 598- 3	
A2055−4250	65817	2055.2	−4250	ESO 286- 19	
A2055−4928AB	65819	2055.1	−4928	ESO 235- 23	Sersic
A2056−4258	65844	2056.2	−4258	ESO 286- 20	
A2057−0203	65857	2057.2	−0203	KARA 551	
A2057−0204	65854	2057.2	−0204	UGC 11657	Part of KARA 551
A2057−5212	65919	2057.9	−5212	ESO 235- 35	
A2058+1553	65907?	2058.8	+1556		From HMS; in cluster.
A2058+1606	65893	2058.5	+1606	MCG 3-53- 9	
A2058+1639	65877?			VV 591	
A2058−1330	65928	2059.0	−1330	IC 1347	PKS
A2058−2813	65925	2058.6	−2813	NGC 6998	PKS
A2100+3630				UGC 11668	4Zw 67
A2102+1552	66034			VV 102	
A2103−4745	66134	2103.8	−4745	ESO 235- 61	
A2104−2539		2014.4	−2539	PKS 2104−25.7	
A2105+0340AB	66146	2105.3	+0340	UGC 11680	2Zw 101,102; KARA pair
A2105−3325	66162			ESO 402- 9	Arp Pec
A2105−3326	66165			ESO 402- 10	Arp Pec
A2106−0202	66217	2106.8	−0202	MK 510	
A2106−0952		210628.2	−095229		
A2106−3742	66239	2106.9	−3742	ESO 342- 13	
A2107−0148	66249	2107.7	−0148	MK 511	Radio source
A2107−097					
A2109+1250AB	66332, 66333, 66337				VV galaxy
A2113−5905	66511	2113.9	−5905	ESO 145- 3	
A2114−4128	66504	2114.4	−4127	ESO 342- 32	
A2117+0233	66584	2118.0	+0233	MK 514	2Zw 123
A2117+6035	66550?	2117.0	+6035	3C 430	
A2117−0153	66579	2117.7	−0153	MCG 0-54- 12	KARA 906
A2118+4411	66592?	2118.9	+4411		Low b
A2119+4351	66627	2119.8	+4351		Low b
A2120−4600	66669	2119.9	−4559	A2120−46	"New 6" from Shapley-Ames
A2124−1459		212449.9	−145939		1E X-ray source
A2127−0301		2127.5	−0301	Abell 76	First catalogued as planetary
A2129+2955	66913			UGC 11762	4Zw 72
A2129+3418	66905			UGC 11761	4Zw 71
A2130+0955	66930	2130.0	+0955	UGC 11763	2Zw 136

PGC/"A" cross-identifications (continued)

"A" Designation	PGC	R.A. (1950)	Dec	Name	Notes
A2132−6237		213233.2	−623727		
A2136+0236	67109	2136.9	+0236	KARA 922	
A2139−5255	67230	2139.7	−5255	ESO 188- 18	
A2140−0706		2140.2	−0706		In Abell 2366
A2147+3443	67434			UGC 11823	4Zw 78
A2147−2925	67456	214744.9	−292509		
A2148−5743	67519:	2148.5	−5743		Sersic; radio source?
A2151+0800		215111	+080049		In Abell 2388
A2152−6955	67703	215257.8	−695540	ESO 75- 41	PKS 2152−69
A2153+0707	67670	2153.9	+0707	MK 516	
A2154−0802		2154.9	−0802		Abell 2399; radio source
A2155−1724	67747	215534.3	−172456		
A2155−3027		215558.4	−302756		
A2156+1148	67761			UGC 11865	MK 518
A2156+1756	67774	2156.7	+1756	UGC 11868	Dwarf
A2158+1018	67822			UGC 11871	
A2158−3801	67844?	215817.0	−380051	PKS 2158−380	
A2158−3803		2158.1	−3804		Companion to PKS radio source
A2159+1804	67897			VV 572	
A2159−3213	67910	2159.8	−3213	ESO 466- 46	
A2200+1805AB	67897	2200.0	+1805	CGCG 451- 3	KARA pair
A2200+4202					BL Lac object
A2201+0425	67974	220146.5	+042527	CGCG 403- 19	PKS 2201+44
A2201−5832	68001	2201.4	−5832	SERSIC 149-11	
A2203+2023	68019	2203.6	+2023	UGC 11905	
A2207+3757	68180	2207.5	+3757	MCG 6-48- 10	VV Pec
A2207−1907	68207	220739.0	−190706	ESO 601- 26	SN 1987j parent
A2207−6706	68220			ESO 108- 17	
A2208−1342		220842.9	−134259	PKS 2208−13	
A2210+2657	68272	2210.0	+2657	MCG 4-52- 6	Weak radio source
A2213+1858	68420			UGC 11964	
A2214+1359	68493	2214.8	+1359	MK 304	
A2220+3040	68714			UGC 12011	
A2220+3040AB	68714, 68719	2220.8	+3040	UGC 12011	KARA pair
A2220−4231	68741			ESO 289- 26	lsb
A2221−0221	68751?			3C 445	
A2228+3334	69019	2228.3	+3334	UGC 12060	Dwarf
A2228−0022	69018?	2228.1	−0022	PHL 293B	
A2229+1926	69079	222926.4	+192607	MK 306	
A2229+1926AB	69079	222926.4	+192607	UGC 12066	
A2229+1926B	69079			MK 306	
A2229+3857				3C 449	
A2229+3906	69055	2229.1	+3906	UGC 12064	3C 449
A2232+3657	69225	2232.7	+3656	MCG 6-49- 36	SN 1978e parent
A2233+3352		223358	+335234		Near Stephan's Quintet
A2233+3400		223324	+340028		Near Stephan's Quintet
A2233−0309	69293			DDO 214	
A2233−6140	69301, 69302, 69303	2233.3	−6140		
A2234+3341		223423	+334122		Near Stephan's Quintet
A2234−1248	69307	2234.1	−1248	MCG −2-57- 23	MK 915
A2236+3403	69402			UGC 12132	
A2236+3504	69385	223612.3	+350411	B2 2236+35	
A2236−1736		223630.2	−173607		In Abell 2462
A2237+0305	69457?				Gravitational lens, QSO
A2237+3542	69422			MK 916	
A2238+1203		223807	+120307		In Abell 2469
A2238+1544	69460			UGC 12140	
A2238+3154	69478	223848.2	+315430	UGC 12149	MK 917
A2239+1959	69525	2239.5	+1959	MCG 3-57- 31	MK 308
A2239+3438	69527?,69540?				
A2240+2927	69553	2240.3	+2927	UGC 12163	ARAK 564
A2240−4612	69522?,69583?	2240.5	−4612	ESO 290- 1	
A2243+3924	69671?			3C 452	

PGC/"A" cross-identifications (continued)

"A" Designation	PGC	R.A. (1950)	Dec	Name	Notes
A2248−2030	69867			ESO 603- 21	
A2250+2427	69896	225009.9	+242754	MK 309	
A2250−1751					Radio source; = A2251−1751?
A2251−1750	69953?				No. 1; companion to low z QSO
A2251−1751	69949?,69953?, 69958?			MR 2251−178	Low z QSO; X-ray source
A2251−1752A	69949?,69958?				No. 2; companion to low z QSO
A2251−1752B	69949?,69958?				No. 4; companion to low z QSO
A2251−1753	69945?,69949?				No. 3; companion to low z QSO
A2251−1754A	69945?				Companion to X-ray source
A2251−1754B	69945?				Companion to X-ray source
A2251−1757					Companion to X-ray source
A2253+0606	70034			UGC 12251	
A2254+0731		225444	+0731	OY 91	PKS 2254+07
A2255+0202	70144	2255.8	+0202	UGC 12271	
A2255+2550	70122			KAZ 315	
A2256+1319	70175	2256.7	+1319	UGC 12281	
A2258+0523	70265			UGC 12304	
A2258+1605	70244			MK 312	
A2258−5954	70282	2258.5	−5954	ESO 147- 19	
A2301+2221	70378	2301.6	+2221	MK 315	
A2302−0857	70409	230207.2	−085720	MCG −2-58- 22	MK 926
A2302−0900	70409			MCG −2-58- 22	
A2304+0416	70504	230430.1	+041641		Seyfert
A2304+1536	70521			UGC 12376	7Zw 93
A2306+0505	70560	2306.0	+0505	IRAS 23060+0505	
A2306+4638				UGC 12389	5Zw 398
A2309−4206		2309.6	−4205		SN 1980j
A2310+0609	70708			UGC 12423	
A2310+1538	70696			UGC 12419	3Zw 95
A2311−4300	70747:			SERSIC 159-03	X-ray source
A2311−4353	70787:	2311.8	−4353		lsb companion to NGC 7531
A2312−5919	70861	2312.9	−5919	ESO 148- 2	
A2314+0524B	70946:				
A2316+2457	71013	2316.2	+2457	UGC 12490	MK 319
A2316−0002	71041:				NGC 7603 companion
A2316−4222	71042?,71043?	231623.2	−422258	PKS 2316−423	X-ray source
A2316−6657	71048			ESO 110- 8	Arp Pec
A2317+0743	71120			UGC 12522	
A2317+0759	71085			UGC 12510	
A2318−5821	71172	2318.4	−5821	ESO 148- 7	
A2320+0601	71273	2320.5	+0601	3ZW 103	
A2320+1302	71288			VV 503	
A2320+3215	71281	2320.7	+3215	UGC 12570	ARAK 583
A2322+1342	71353	2322.0	+1342		SN 1974h parent
A2322+2813	71392	2322.9	+2813	UGC 12591	Radio source
A2323−3240	71431	2323.7	−3240	ESO 407- 18	Local Group dwarf
A2324+1759	71442	2324.0	+1759	UGCA 439	MK 324
A2326+14	71538	232603.0	+142818	UGC 12613	DDO 216
A2327+40	71596			DDO 217	
A2327−0244	71626				Tololo galaxy
A2329+2840	71681	232929.2	+284016	MK 930	
A2330−3852	71738	2330.8	−3852	ESO 347- 22	
A2331−2400	71756	233117.9	−240015	OZ 252	PKS
A2332+0702	71826	2332.9	+0702	UGC 12688	VV M51 type
A2332+0708	71826?			VV 470	Declination wrong? Same as previous?
A2332+1238	71819	2332.8	+1238	KAZ 229	
A2332+1757	71801	233222.2	+1757	DDO 218	
A2332+2705	71807?	2332.5	+2705	4C 27.53A	
A2332+2711		2332.5	+2710		In Abell 2622
A2334+00	71926			DDO 219	
A2334+1713	71895			VV 598	
A2334+2302	71905			MK 327	
A2334+2615	71897			UGC 12708	

PGC/"A" cross-identifications (continued)

"A" Designation	PGC	R.A. (1950)	Dec	Name	Notes
A2335+0310				4C 03.59	PKS 2335+03
A2335+2951	71938	2335.2	+2951	UGCA 441	MK 328
A2335−4747	71943			ESO 240- 10	Arp Pec
A2336+2640	71987?			3C 465	
A2340+2701	72188			UGC 12746	
A2341+0031	72259?	234139.4	+003131		
A2341+2726	72246	2341.5	+2726	MK 1133	
A2341−3214	72228			ESO 471- 6	Arp Pec
A2341−3827	72255	2341.6	−3826	ESO 348- 7	
A2342+0646	72309	2342.6	+0646	UGC 12767	
A2344−0043	72384	2344.5	−0043	MK 540	
A2345+2655	71976?	2335.7	+2655		Ring galaxy
A2345−2825	72437?	234505.9	−282430		Cluster
A2346+0552	72501?	2346.4	+0552		
A2346+2556	72494	2346.3	+2557	UGC 12791	DDO 220
A2346+2630	72506			UGC 12792	
A2348+0046	72618	2348.6	+0046	UGC 12810	
A2348+0150	72589			VV 641	
A2348+1957		234841.3	+195705		1E X-ray source
A2348+2018	72639	2348.9	+2018	MCG 3-60- 36	MK 341; radio source
A2348+2700	72600:,72608:, 72609:	2348.3	+2700		Ring galaxy
A2349−3917	72668	2349.4	−3917	ESO 293- 6	
A2350−4042					Polar ring?
A2353+0714	72919	2353.5	+0714	MK 541	
A2354+1632A	72977	2354.2	+1633	UGC 12856	
A2354+4709	73032?			4C 47.63	
A2354−3502	73000	2354.4	−3502	ESO 349- 10	
A2357+2602	47	235757.7	+260247	MK 1137	
A2357+3233	36			KAZ 234	
A2357−0019B	10	2357.6	−0019	MCG 0- 1- 15	
A2358+2004	70	2358.4	+2004	UGC 12900	
A2358+2230	49			KAZ 236	
A2358+3230	48			KAZ 235	
A2359+2313	120	2359.2	+2313	UGC 12914	In KARA pair
A2359+2314	129	2359.2	+2314	UGC 12915	In KARA pair
A2359+23AB	120, 129			VV 254	
A2359−15	143	2359.4	−1544	MCG −3- 1- 15	DDO 221; Wolf-Lundmark-Melotte system

References - Anonymous Galaxies

A0000+0428	Spop	(8 b)	835, 853		A0004−4138	SPtm	(4 a)	66
					A0004−4138	Zopt	(6 a)	56
A0000+0429	Spop	(8 b)	355, 372					
					A0005+4035	Des	(1 b)	264
A0000+2140	Spop	(8 b)	49		A0005+4035	Pho	(2 a)	869
A0000+2140	Span	(8 d)	254					
A0000+2140	Radc	(15a)	80		A0005−3451	Pho	(2 a)	169, 554
A0000+2140	Radif	(15b)	626		A0005−3451	PtmO	(3 b)	61
					A0005−3451	Star	(5 a)	24, 81
A0003+1955	Des	(1 b)	158		A0005−3451	Zrad	(6 b)	24
A0003+1955	Pho	(2 a)	492, 774		A0005−3451	HIw	(13a)	50
A0003+1955	PtmO	(3 b)	110, 246, 290		A0005−3451	Dis	(18)	15
A0003+1955	PtmI	(3 c)	93, 131, 233					
A0003+1955	SPtm	(4 a)	232, 313, 318, 352,		A0007+1041	Des	(1 b)	392
A0003+1955	SPtm	(4 a)	355		A0007+1041	PtmI	(3 c)	258, 270, 294
A0003+1955	Zopt	(6 a)	525		A0007+1041	Zrad	(6 b)	198
A0003+1955	Vdyn	(7 b)	5		A0007+1041	SpUV	(8 a)	197
A0003+1955	SpUV	(8 a)	24, 64, 91, 94, 113		A0007+1041	HIw	(13a)	275
A0003+1955	Spop	(8 b)	7, 55, 89, 100, 101,		A0007+1041	Radif	(15b)	705
A0003+1955	Spop	(8 b)	108, 138, 139, 159,		A0007+1041	Xg	(16)	457
A0003+1955	Spop	(8 b)	161, 184, 256, 260,					
A0003+1955	Spop	(8 b)	263, 297, 299, 328,		A0008+0224	Dim	(1 a)	1
A0003+1955	Spop	(8 b)	378, 385, 436, 444,					
A0003+1955	Spop	(8 b)	461, 501, 544, 599,		A0009+2041	Radc	(15a)	230
A0003+1955	Spop	(8 b)	612, 630, 661, 819,					
A0003+1955	Spop	(8 b)	863, 918, 978, 986		A0009−0022	Spop	(8 b)	372
A0003+1955	Spir	(8 c)	36, 38					
A0003+1955	Mkin	(9 a)	128		A0013+1548	Ima	(2 b)	45
A0003+1955	Popt	(10a)	49, 54		A0013+1548	PtmO	(3 b)	322
A0003+1955	Xg	(16)	64, 88, 92, 145, 270,		A0013+1548	Zopt	(6 a)	415
A0003+1955	Xg	(16)	278, 399, 442, 448					
					A0013+1553	Ima	(2 b)	45
A0003−3624AB	Pho	(2 a)	502		A0013+1553	PtmO	(3 b)	322
					A0013+1553	Zopt	(6 a)	415
A0003−4146	Pho	(2 a)	134					
A0003−4146	SPtm	(4 a)	66		A0014+1642	Zopt	(6 a)	525
A0003−4146	Zopt	(6 a)	56		A0014+1642	Spop	(8 b)	986
A0003−4146	Mkin	(9 a)	41					
					A0014−5956	Zopt	(6 a)	104
A0003−4147	Pho	(2 a)	134		A0014−5956	Spop	(8 b)	151
A0003−4147	SPtm	(4 a)	66					
					A0015+2213	Dim	(1 a)	13
A0004−055	PtmI	(3 c)	255		A0015+2213	Des	(1 b)	73
					A0015+2213	Zrad	(6 b)	49
A0004−0655	Des	(1 b)	25		A0015+2213	HIw	(13a)	91
A0004−0700	Des	(1 b)	401		A0015−3759	SN	(17a)	230
A0004−4138	Pho	(2 a)	134		A0016+3013	Dim	(1 a)	13
A0004−4138	Spop	(3 b)	44		A0016+3013	Des	(1 b)	73

A0016−1038	Pho	(2 a)	1068	A0026+3304	Des	(1 b)	73
				A0026+3304	Scts	(5 c)	6
A0016−5755	Pho	(2 a)	529				
A0016−5755	PtmO	(3 b)	187	A0027+1041	Spop	(8 b)	115
A0016−5755	HIw	(13a)	144				
				A0027−2859	Pho	(2 a)	1094
A0018+2135	Spop	(8 b)	922	A0027−2859	PtmO	(3 b)	385
				A0027−2859	PtmI	(3 c)	284
A0018−3942	Zopt	(6 a)	459	A0027−2859	SPtm	(4 a)	558
				A0027−2859	Spop	(8 b)	949
A0019−0134	PtmO	(3 b)	235, 237				
A0019−0134	Spop	(8 b)	993	A0028+0811	Pho	(2 a)	863
A0019−0134	Mkin	(9 a)	319	A0028+0811	Zopt	(6 a)	361
A0019−0134	Mdyn	(9 b)	167				
				A0028+0812	Pho	(2 a)	863
A0019−0153	PtmO	(3 b)	81				
				A0028+1305	Dim	(1 a)	1
A0020−4851	Pho	(2 a)	548				
A0020−4851	Zopt	(6 a)	200	A0028+4037	PtmO	(3 b)	14
A0020−4851	Grp	(19)	145	A0028+4037	Zopt	(6 a)	30
A0020−5355	Pho	(2 a)	634	A0028−1045	Pho	(2 a)	677
				A0028−1045	Spop	(8 b)	512
A0021+1424	Radc	(15a)	180				
				A0029−4952	SN	(17a)	181
A0021−6233	Pho	(2 a)	502				
				A0031+3918	Zopt	(6 a)	30
A0023+1322AB	Spop	(8 b)	794				
				A0031−3102	Pho	(2 a)	634
A0023+2527	Spop	(8 b)	993				
A0023+2527	Mkin	(9 a)	319	A0031−5653	Pho	(2 a)	502, 586
A0023+2527	Mdyn	(9 b)	167				
				A0032+3614	Scts	(5 c)	6
A0024+1118AB	Mkin	(9 a)	248				
				A0032+4158	PtmO	(3 b)	14
A0024−0904	PtmO	(3 b)	241	A0032+4158	Zopt	(6 a)	30
A0024−0904	Zopt	(6 a)	263				
				A0033+1222	Dim	(1 a)	1
A0024−3049	Zopt	(6 a)	320				
				A0033+4527	Pho	(2 a)	363
A0024−4115	Pho	(2 a)	1033	A0033+4527	Spop	(8 b)	245
A0024−4115	Ima	(2 b)	54				
				A0034+2525	Radif	(15b)	264
A0026+2741	Dim	(1 a)	13				
A0026+2741	Des	(1 b)	73	A0035+0000	Zopt	(6 a)	144
				A0035+0000	Spop	(8 b)	255, 328
A0026+3016	Pho	(2 a)	394	A0035+0000	Radif	(15b)	342
A0026+3016	PtmI	(3 c)	294				
				A0035+3933	PtmO	(3 b)	13
A0026+3304	Dim	(1 a)	13	A0035+3933	Zopt	(6 a)	30

A0035−34	Des	(1 b)	16, 25	A0041−5536	SN	(17a)	182
A0035−34	Pho	(2 a)	47, 83, 159, 299	A0042+2710	Radc	(15a)	230
A0035−34	PtmI	(3 c)	255				
A0035−34	Zopt	(6 a)	72	A0042−6102	Pho	(2 a)	187
A0035−34	Spop	(8 b)	112				
A0035−34	Span	(8 d)	33	A0043+3603	Des	(1 b)	16
A0035−34	Mdyn	(9 b)	31	A0043+3603	Pho	(2 a)	47, 1068
A0035−34	HIw	(13a)	45				
				A0043−1342	Pho	(2 a)	1133
A0035−3401A	Pho	(2 a)	639	A0043−1342	PtmI	(3 c)	296
A0035−3401A	Zopt	(6 a)	245				
A0035−3401A	Vdis	(7 a)	47	A0043−2358	Zopt	(6 a)	459
				A0043−4224	Prad	(10b)	7
A0036−4321	Pho	(2 a)	502				
				A0044+1425	Zopt	(6 a)	145
A0037+0607	Pho	(2 a)	815	A0044+1425	Spop	(8 b)	257
A0037+0607	PtmO	(3 b)	170				
A0037+0607	PtmI	(3 c)	104	A0044−2438	Pho	(2 a)	723
A0037+0607	SPtm	(4 a)	265, 365, 366, 492	A0044−2438	Zopt	(6 a)	286
A0037+0607	Zopt	(6 a)	181				
A0037+0607	Xg	(16)	187	A0044−5219	Pho	(2 a)	189
				A0045−2047	HIw	(13a)	15
A0039+0300	Spop	(8 b)	372	A0045−2047	Dis	(18)	4
				A0045−2047	Grp	(19)	16
A0039+4004	PtmI	(3 c)	252				
A0039+4004	Spop	(8 b)	900	A0045−2053	HIw	(13a)	15
A0039+4004	Xg	(16)	427	A0045−2053	Dis	(18)	4
				A0045−2053	Grp	(19)	16
A0039−0934	Pho	(2 a)	833				
A0039−0934	PtmO	(3 b)	292, 343	A0045−2145	Spop	(8 b)	12
A0039−0934	PtmI	(3 c)	226				
A0039−0934	SPtm	(4 a)	312, 338	A0046+0403	Spop	(8 b)	372
A0039−0934	Spop	(8 b)	380, 534, 629				
A0039−0934	Grp	(19)	208	A0046+3141B	Zopt	(6 a)	255
A0039−7930	PtmO	(3 b)	146	A0046−0239	Pho	(2 a)	882
A0039−7930	SpUV	(8 a)	131				
A0039−7930	Spop	(8 b)	282	A0046−1259	Pho	(2 a)	208
A0039−7930	Popt	(10a)	54	A0046−1259	SpUV	(8 a)	98
A0039−7930	Xg	(16)	168	A0046−1259	Spop	(8 b)	189
				A0046−1259	Radc	(15a)	277
A0040+3314	Pho	(2 a)	863				
A0040+3314	Zopt	(6 a)	361	A0047+3128	SN	(17a)	320
A0040+3315	Pho	(2 a)	863	A0047−2117	Grp	(19)	83
A0040+3315	Zopt	(6 a)	361				
A0040+3315	Spop	(8 b)	677	A0047−5223	Des	(1 b)	295
A0041+1709	PtmO	(3 b)	246				

A0047−5223	Pho	(2 a)	980		A0050+2900	HIm	(13b)	238
A0048+4026	Des	(1 b)	267		A0050+7249	Pho	(2 a)	154
A0048+4026	Pho	(2 a)	872		A0050+7249	Zopt	(6 a)	67
A0049+0017	Spop	(8 b)	687		A0051+4159	Des	(1 b)	267
					A0051+4159	Pho	(2 a)	872
A0049+0103	Spop	(8 b)	687		A0051+4159	Zopt	(6 a)	538
					A0051+4159	Mkin	(9 a)	328
A0049+1709	Pho	(2 a)	815					
A0049+1709	PtmO	(3 b)	282		A0051−2350	Pho	(2 a)	502
A0049+1709	SPtm	(4 a)	492					
A0049+1709	Zopt	(6 a)	335		A0051−73	Pho	(2 a)	1135
A0049+1709	SpUV	(8 a)	183		A0051−73	Ima	(2 b)	79
A0049+1709	Spop	(8 b)	457, 851		A0051−73	Star	(5 a)	229, 240
A0049+1709	Spir	(8 c)	84		A0051−73	Mkin	(9 a)	318
A0049+1709	Xg	(16)	399, 405		A0051−73	FPop	(11)	48
					A0051−73	Plan	(12b)	32
A0049−0045	Pho	(2 a)	522		A0051−73	Radc	(15a)	300, 316
A0049−0045	PtmO	(3 b)	185		A0051−73	Xg	(16)	436
A0049−0045	Zopt	(6 a)	186		A0051−73	SNR	(17b)	59
A0049−0045	Spop	(8 b)	687		A0051−73	Dis	(18)	159
A0049−1301	Pho	(2 a)	677		A0052−3217	PtmI	(3 c)	293
A0049−1301	Spop	(8 b)	512					
					A0052−7054	PtmI	(3 c)	272
A0049−2737	Pho	(2 a)	502		A0052−7054	Spop	(8 b)	925
					A0052−7054	Imed	(12c)	70
A0050+1225	Pho	(2 a)	815, 1050					
A0050+1225	PtmO	(3 b)	9, 45, 77, 246, 275,		A0053+2602	Zopt	(6 a)	264
A0050+1225	PtmO	(3 b)	290					
A0050+1225	PtmI	(3 c)	233, 252		A0053+2604	Zopt	(6 a)	264
A0050+1225	SPtm	(4 a)	492					
A0050+1225	Zopt	(6 a)	38, 494, 525		A0053+4025	Zopt	(6 a)	30
A0050+1225	Zrad	(6 b)	130, 198					
A0050+1225	SpUV	(8 a)	24, 50, 57, 91, 113,		A0053−0131	Radif	(15b)	600
A0050+1225	SpUV	(8 a)	197					
A0050+1225	Spop	(8 b)	54, 55, 65, 101, 159,		A0053−0132	Radc	(15a)	187, 211
A0050+1225	Spop	(8 b)	161, 203, 260, 263,		A0053−0132	Grp	(19)	146
A0050+1225	Spop	(8 b)	461, 661, 986					
A0050+1225	Spir	(8 c)	63		A0053−0135	Spop	(8 b)	234
A0050+1225	Span	(8 d)	20		A0053−0135	Radc	(15a)	147
A0050+1225	Popt	(10a)	49, 54					
A0050+1225	HIw	(13a)	217, 275		A0053−0136	Radif	(15b)	600
A0050+1225	Radif	(15b)	670					
A0050+1225	Xg	(16)	157, 399, 427		A0053−1432	Zopt	(6 a)	145
					A0053−1432	Spop	(8 b)	257
A0050+2900	SPtm	(4 a)	571					
A0050+2900	Zopt	(6 a)	504		A0053−5327	Des	(1 b)	295
A0050+2900	HIw	(13a)	283		A0053−5327	Pho	(2 a)	980

A0054−0128	Dim	(1 a)	1		A0058+0035	Spop	(8 b)	687
A0055+0104	PtmO	(3 b)	262		A0058−3112	Pho	(2 a)	502
A0055+0104	Zopt	(6 a)	291					
A0055+0104	Spop	(8 b)	565		A0058−4025AB	Pho	(2 a)	145, 502
					A0058−4025AB	Zopt	(6 a)	158
A0055−0139	Prad	(10b)	7, 24					
A0055−0139	Radc	(15a)	14, 133, 147, 224		A0100+3146	Pho	(2 a)	102
A0055−0139	Radif	(15b)	9, 600		A0100+3146	SN	(17a)	35, 58
A0055−2746	Pho	(2 a)	951		A0100−2209	SPtm	(4 a)	338
					A0100−2209	Radif	(15b)	504
A0056+0044AB	Spop	(8 b)	687		A0100−2209	Grp	(19)	214
A0056+4744	Zrad	(6 b)	119		A0101+2137	Dim	(1 a)	13
A0056+4744	HIm	(13b)	163		A0101+2137	Des	(1 b)	73
A0056+4744	Grp	(19)	188		A0101+2137	Pho	(2 a)	424
					A0101+2137	PtmI	(3 c)	268
A0057+3133	PtmO	(3 b)	290		A0101+2137	SPtm	(4 a)	194
A0057+3133	SPtm	(4 a)	313		A0101+2137	Star	(5 a)	58, 120
A0057+3133	Zopt	(6 a)	321		A0101+2137	Zrad	(6 b)	49
A0057+3133	Spop	(8 b)	7, 55, 89, 100, 161,		A0101+2137	HIw	(13a)	91
A0057+3133	Spop	(8 b)	260, 263, 328, 619		A0101+2137	Mol	(14a)	193
A0057+3133	Popt	(10a)	54		A0101+2137	Dis	(18)	49
A0057+3133	HIw	(13a)	100					
A0057+3133	Xg	(16)	157		A0102−3105	Pho	(2 a)	18
A0057+3133	Grp	(19)	195		A0102−3105	Spop	(8 b)	12
A0057+4743	PtmO	(3 b)	289		A0102−5738	Spop	(8 b)	575
A0057+4743	SPtm	(4 a)	382		A0102−5738	HIIr	(12a)	192
A0057+4743	Zrad	(6 b)	119					
A0057+4743	Mdyn	(9 b)	120		A0102−6423	Pho	(2 a)	263
A0057+4743	HIm	(13b)	163					
A0057+4743	Grp	(19)	188		A0102−8012	Zopt	(6 a)	93
A0057+4746	Zrad	(6 b)	119		A0106+1304	Des	(1 b)	44, 294, 320, 321,
A0057+4746	HIm	(13b)	163		A0106+1304	Des	(1 b)	390
A0057+4746	Grp	(19)	188		A0106+1304	Pho	(2 a)	1026, 1117, 1129
					A0106+1304	PtmO	(3 b)	398
A0057−33	Dim	(1 a)	28		A0106+1304	SPtm	(4 a)	383, 499, 503, 585
A0057−33	Des	(1 b)	135		A0106+1304	Spop	(8 b)	103, 136, 143, 145,
A0057−33	Pho	(2 a)	145, 575, 680, 879		A0106+1304	Spop	(8 b)	152, 169, 214, 626,
A0057−33	Star	(5 a)	4, 21, 28, 29, 32, 38,		A0106+1304	Spop	(8 b)	849
A0057−33	Star	(5 a)	42, 74, 85, 105, 110,		A0106+1304	Mkin	(9 a)	14, 46, 82, 87
A0057−33	Star	(5 a)	138, 190, 206, 208		A0106+1304	Popt	(10a)	61, 75
A0057−33	Scts	(5 c)	3, 25		A0106+1304	Prad	(10b)	3, 6, 7, 62, 65, 68,
A0057−33	Zopt	(6 a)	99, 187, 262, 446		A0106+1304	Prad	(10b)	107
A0057−33	Vdyn	(7 b)	33		A0106+1304	HIIr	(12a)	156
A0057−33	Spop	(8 b)	519, 948		A0106+1304	Radc	(15a)	10, 26, 82, 147, 188
A0057−33	HIw	(13a)	71		A0106+1304	Radif	(15b)	12, 52, 217, 232, 247,

A0106+1304	Radif	(15b)	305, 310, 596		A0111+1300	HIw	(13a)	217, 275
A0106+3211	Des	(1 b)	291		A0111+1300	Radc	(15a)	190
A0106+3211	Pho	(2 a)	977		A0111−1506	PtmI	(3 c)	258
					A0111−1506	Zopt	(6 a)	145
A0106+7254	Des	(1 b)	387		A0111−1506	Spop	(8 b)	257
A0106+7254	Prad	(10b)	151		A0111−1506	Radif	(15b)	705
A0106+7254	Radif	(15b)	690					
					A0112−0045	Dim	(1 a)	1
A0106−3733	Pho	(2 a)	1033					
A0106−3733	Ima	(2 b)	54		A0113+4629A	Pho	(2 a)	1068
					A0113+4629B	Pho	(2 a)	1068
A0107+3239	Pho	(2 a)	102					
A0107+3239	SN	(17a)	35		A0113−0107	Pho	(2 a)	699
					A0113−0107	Zopt	(6 a)	238, 273
A0107+4250	PtmO	(3 b)	289		A0113−0107	Mkin	(9 a)	167, 191
A0107+4250	SPtm	(4 a)	382					
A0107+4250	Zrad	(6 b)	120		A0113−3245	PtmI	(3 c)	255
A0107+4250	Mdyn	(9 b)	120					
A0107+4250	HIm	(13b)	164		A0114+0725	Radc	(15a)	313
A0107+4250	Grp	(19)	188					
					A0115+1107	Dim	(1 a)	1
A0107+4301	SPtm	(4 a)	382					
A0107+4301	Zrad	(6 b)	120		A0116+0157	Dim	(1 a)	1
A0107+4301	Mdyn	(9 b)	120		A0116+0157	SN	(17a)	254
A0107+4301	HIm	(13b)	164					
A0107+4301	Grp	(19)	188		A0116+1208	Des	(1 b)	292
					A0116+1208	Pho	(2 a)	978
A0108+2549	Spop	(8 b)	399					
					A0116+1211	Des	(1 b)	292
A0109+2148	Zopt	(6 a)	289		A0116+1211	Pho	(2 a)	868, 978
					A0116+1211	Zrad	(6 b)	130, 198
A0109+4912	Des	(1 b)	387		A0116+1211	Spop	(8 b)	539, 806
A0109+4912	Prad	(10b)	90, 151		A0116+1211	HIIr	(12a)	223
A0109+4912	Radif	(15b)	78, 335, 690		A0116+1211	HIw	(13a)	217, 275
					A0116+1211	Radif	(15b)	342
A0110+1513	PtmO	(3 b)	241					
A0110+1513	Zopt	(6 a)	263		A0116+3146	Zopt	(6 a)	326
A0110+1513	Radif	(15b)	419		A0116+3146	Spop	(8 b)	627
					A0116+3146	Xg	(16)	313
A0111+0206	Spop	(8 b)	626					
A0111+0206	Prad	(10b)	81		A0116+3155	Prad	(10b)	81
A0111+0206	Radif	(15b)	298, 464		A0116+3155	Radc	(15a)	14, 147, 169, 176
					A0116+3155	Radif	(15b)	9, 28, 298, 409, 459,
A0111+0731	Des	(1 b)	28		A0116+3155	Radif	(15b)	462, 472, 555, 624
A0111+0731	Radc	(15a)	57					
					A0116−0116	Des	(1 b)	361
A0111+1300	Zopt	(6 a)	144		A0116−0116	Pho	(2 a)	1062
A0111+1300	Zrad	(6 b)	130, 198		A0116−0116	Zopt	(6 a)	329, 483
A0111+1300	Spop	(8 b)	255, 551, 636					

A0116−0116	Spop	(8 b)	906		A0121+3319	Grp	(19)	5
A0116−0116	Radif	(15b)	372					
A0116−0116	Xg	(16)	314, 434		A0121−5903	Des	(1 b)	49
					A0121−5903	Pho	(2 a)	242, 272
A0117+0309	Des	(1 b)	404		A0121−5903	PtmO	(3 b)	78, 101, 104, 116,
					A0121−5903	PtmO	(3 b)	132, 340, 348
A0117+0755	Dim	(1 a)	1		A0121−5903	PtmI	(3 c)	36, 45, 221, 232, 258,
					A0121−5903	PtmI	(3 c)	270
A0117−4128	Radc	(15a)	45		A0121−5903	SPtm	(4 a)	176
					A0121−5903	Zopt	(6 a)	101, 104, 112, 118
A0117−4130	Pho	(2 a)	372		A0121−5903	SpUV	(8 a)	24, 66, 70, 82, 88, 91,
A0117−4130	Spop	(8 b)	250		A0121−5903	SpUV	(8 a)	113, 125, 127, 144,
					A0121−5903	SpUV	(8 a)	169, 176, 187, 200
A0118+1209	Radc	(15a)	261		A0121−5903	Spop	(8 b)	146, 151, 163, 171,
					A0121−5903	Spop	(8 b)	248, 347, 661, 779,
A0119+1919	Radif	(15b)	419		A0121−5903	Spop	(8 b)	780
					A0121−5903	Popt	(10a)	54
A0119+2254	Ima	(2 b)	83		A0121−5903	Xg	(16)	65, 91, 219, 236, 310,
A0119+2254	PtmO	(3 b)	246, 282		A0121−5903	Xg	(16)	402
A0119+2254	Zrad	(6 b)	130, 198					
A0119+2254	SpUV	(8 a)	99, 120		A0122+3152	PtmO	(3 b)	206
A0119+2254	Spop	(8 b)	639		A0122+3152	SPtm	(4 a)	295, 359
A0119+2254	HIw	(13a)	217, 275		A0122+3152	Zopt	(6 a)	144, 321
A0119+2254	Radif	(15b)	614, 670		A0122+3152	Spop	(8 b)	255, 499, 588
A0119+2254	Xg	(16)	399		A0122+3152	Mkin	(9 a)	151
					A0122+3152	Grp	(19)	195
A0119+2636	Spop	(8 b)	254					
A0119+2636	Span	(8 d)	49		A0123+3121	PtmO	(3 b)	79
					A0123+3121	SPtm	(4 a)	313
A0119−0118	Spop	(8 b)	55, 100, 263, 461		A0123+3121	Zrad	(6 b)	102
A0119−0118	Xg	(16)	157		A0123+3121	Spop	(8 b)	55, 100, 161, 263,
					A0123+3121	Spop	(8 b)	461, 619
A0120+3256	Zopt	(6 a)	8		A0123+3121	HIw	(13a)	191
A0120+3256	Grp	(19)	5		A0123+3121	Radc	(15a)	127
A0120+3315	Zopt	(6 a)	8		A0123−0137	Des	(1 b)	390
A0120+3315	Grp	(19)	5		A0123−0137	Pho	(2 a)	1129
					A0123−0137	SPtm	(4 a)	585
A0121+3151	Radc	(15a)	278					
A0121+3151	Radif	(15b)	342		A0124+1855	PtmO	(3 b)	90
					A0124+1855	Spop	(8 b)	150, 444, 501, 551,
A0121+3154	Spop	(8 b)	598		A0124+1855	Spop	(8 b)	636
A0121+3154	Radif	(15b)	269					
					A0124−0848	Radc	(15a)	230
A0121+3155	Spop	(8 b)	106					
					A0125+6251	PtmO	(3 b)	127
A0121+3303	Zopt	(6 a)	8		A0125+6251	Spop	(8 b)	225, 226
A0121+3303	Grp	(19)	5					
					A0125−5836	Pho	(2 a)	502
A0121+3319	Zopt	(6 a)	8					

A0126+1053	Pho	(2 a)	1068		A0139−4628	Pho	(2 a)	1033
A0126+1053B	Spop	(8 b)	794		A0140+1526	Zrad	(6 b)	73
A0127+2536	Zrad	(6 b)	128		A0140+1526	HIw	(13a)	154
A0129+3151AB	Pho	(2 a)	48		A0141+0205	Spop	(8 b)	145, 328, 554, 835,
A0131+3039	Zopt	(6 a)	221		A0141+0205	Spop	(8 b)	990
A0131+3039	Spop	(8 b)	439		A0141+0205	Popt	(10a)	54
A0132+3447	Zopt	(6 a)	145		A0141+0205	Radc	(15a)	230
A0132+3447	Spop	(8 b)	257, 372, 518		A0141+0205	Radif	(15b)	336, 342, 422, 442
A0134−8526	Pho	(2 a)	1033		A0141+0205	Xg	(16)	289
A0135+0716	Dim	(1 a)	1		A0141+1154	Pho	(2 a)	868
A0135−6249	Pho	(2 a)	502		A0141+1154	HIIr	(12a)	223
A0136−0801	Des	(1 b)	219, 241, 357		A0141+1648	Zrad	(6 b)	34
A0136−0801	Pho	(2 a)	723, 808, 968, 1060		A0141+1648	HIw	(13a)	63
A0136−0801	SPtm	(4 a)	329		A0141+1650	HIw	(13a)	272
A0136−0801	Zopt	(6 a)	286		A0141+1650	Mol	(14a)	177, 194
A0136−0801	Vdis	(7 a)	45, 56		A0142+1651	Spop	(8 b)	922
A0136−0801	Mkin	(9 a)	166, 195		A0145+1221	Dim	(1 a)	1
A0136−0801	HIw	(13a)	266		A0145+1221	Radif	(15b)	269
A0136−0801	HIm	(13b)	234		A0145+2221	Radc	(15a)	180
A0137+1539A	Zrad	(6 b)	73, 183		A0145−12	Mol	(14a)	175
A0137+1539A	HIw	(13a)	154		A0146+2001	Des	(1 b)	267
A0137+1539A	HIm	(13b)	219		A0146+2001	Pho	(2 a)	872
A0137+1539A	Grp	(19)	83, 231		A0147+3601	Radif	(15b)	324
A0137+1539B	Zrad	(6 b)	73		A0148+3549	Radif	(15b)	324
A0137+1539B	HIw	(13a)	154		A0148−4724	Pho	(2 a)	502
A0137+1541	Zrad	(6 b)	183		A0149+1756	Zrad	(6 b)	128
A0137+1541	HIm	(13b)	219		A0149+3615	Pho	(2 a)	419
A0137+1541	Grp	(19)	231		A0149+3615	HIw	(13a)	111
A0137+3203	SN	(17a)	58		A0149+3622	Pho	(2 a)	419
A0137−2043	Spop	(8 b)	12		A0149+3622	HIw	(13a)	111
A0137−4714	Des	(1 b)	295		A0149−4441	Pho	(2 a)	142
A0137−4714	Pho	(2 a)	980		A0149−4441	PtmO	(3 b)	61
A0139+0652	Radc	(15a)	263		A0149−4441	Star	(5 a)	20, 222

A0149−4441	Dis	(18)	12	A0156+2618	HIw	(13a)	106
A0150+3615	Pho	(2 a)	419	A0156−5629AB	Pho	(2 a)	502
A0150+3615	HIw	(13a)	111				
				A0156−5630AB	Pho	(2 a)	278
A0150−1328	Pho	(2 a)	989	A0156−5630AB	Zopt	(6 a)	123
A0150−1328	Grp	(19)	229	A0156−5630AB	Spop	(8 b)	174
A0150−1349	Pho	(2 a)	989	A0157−0716	Pho	(2 a)	1115
A0150−1349	Zopt	(6 a)	241	A0157−0716	SPtm	(4 a)	573
A0150−1349	Grp	(19)	229	A0157−0716	Zopt	(6 a)	508
				A0157−0716	Spop	(8 b)	966
A0150−1431	Pho	(2 a)	989				
A0150−1431	Zopt	(6 a)	441	A0157−0718	Pho	(2 a)	1115
A0150−1431	Grp	(19)	229	A0157−0718	SPtm	(4 a)	573
				A0157−0718	Zopt	(6 a)	508
A0151+3640	HIIr	(12a)	197	A0157−0718	Spop	(8 b)	966
A0151+3640	Radif	(15b)	324				
				A0157−0720	Pho	(2 a)	1115
A0151−1404	Pho	(2 a)	989	A0157−0720	SPtm	(4 a)	573
A0151−1404	Zopt	(6 a)	241	A0157−0720	Zopt	(6 a)	508
A0151−1404	Grp	(19)	229	A0157−0720	Spop	(8 b)	966
A0151−1409	Pho	(2 a)	989	A0158+0804	Dim	(1 a)	1
A0151−1409	Zopt	(6 a)	241				
A0151−1409	Grp	(19)	229	A0158+3805	HIw	(13a)	110
A0151−1429	Pho	(2 a)	989	A0159−2200	Pho	(2 a)	502
A0151−1429	Zopt	(6 a)	241				
A0151−1429	Grp	(19)	229	A0159−3158	Spop	(8 b)	12
A0151−4948	Des	(1 b)	187	A0201+1143	SN	(17a)	72
A0151−4948	Pho	(2 a)	534, 733, 1145				
A0151−4948	Zopt	(6 a)	290	A0201+2358	Pho	(2 a)	298
A0151−4948	Vdis	(7 a)	57				
A0151−4948	Mkin	(9 a)	199	A0201+2825	Zopt	(6 a)	58
				A0201+2825	Spop	(8 b)	93
A0152+0621	Dim	(1 a)	1				
A0152+0621	Spop	(8 b)	521	A0203−0031	PtmO	(3 b)	206
A0152+0621	Radc	(15a)	236	A0203−0031	Zopt	(6 a)	144
				A0203−0031	SpUV	(8 a)	190
A0152−1353	Pho	(2 a)	989	A0203−0031	Spop	(8 b)	255, 328, 371, 499,
A0152−1353	Zopt	(6 a)	241	A0203−0031	Spop	(8 b)	652, 835, 857
A0152−1353	Grp	(19)	229	A0203−0031	Radif	(15b)	626
A0155+0250	Zopt	(6 a)	32	A0203−5527	Pho	(2 a)	263
A0155+0250B	Spop	(8 b)	794	A0204+0152	Pho	(2 a)	249
				A0204+0152	Zopt	(6 a)	113
A0156+2618	Zopt	(6 a)	53				

A0204−5527	Pho	(2 a)	263
A0205+0154	Pho	(2 a)	249
A0205+0154	Zopt	(6 a)	113
A0205+0155	Pho	(2 a)	249
A0205+0155	Zopt	(6 a)	113
A0205+0156AB	Pho	(2 a)	249
A0205+0156AB	Zopt	(6 a)	113
A0206+3533	Pho	(2 a)	454
A0206+3533	SPtm	(4 a)	206
A0206+3533	Popt	(10a)	61
A0206+3533	Prad	(10b)	44, 148
A0206+3533	Radc	(15a)	242, 262
A0206+3533	Radif	(15b)	78, 413, 683
A0206+5212	Xg	(16)	306
A0207−4931	Pho	(2 a)	502
A0208−5404	Pho	(2 a)	520
A0208−5404	SN	(17a)	98, 128
A0210+1651	Spop	(8 b)	1013
A0211+0104	Zopt	(6 a)	320
A0211−0722	PtmO	(3 b)	241
A0211−0722	Zopt	(6 a)	263
A0212−0059	Radif	(15b)	705
A0212−2504	Pho	(2 a)	502
A0213−2836	Pho	(2 a)	502, 586
A0214+3810	Des	(1 b)	291
A0214+3810	Pho	(2 a)	977
A0214+3810	Spop	(8 b)	106, 372, 499
A0214+3810	Radif	(15b)	269
A0214−4803	Spop	(8 b)	764
A0214−4803	Prad	(10b)	50
A0214−4803	Radif	(15b)	53
A0215+0130	Spop	(8 b)	939
A0215+0525	Des	(1 b)	25
A0217+0053	Zopt	(6 a)	465
A0217+0053	Spop	(8 b)	844
A0217+3228	Radc	(15a)	162, 293
A0218+2322	Radc	(15a)	263
A0219+4209	Zrad	(6 b)	189
A0219+4226	Radif	(15b)	696
A0219−2730	Pho	(2 a)	502
A0219−3432	Pho	(2 a)	534
A0220+3157	Spop	(8 b)	106, 372, 691
A0220+3157	Radif	(15b)	269
A0220+3157	Grp	(19)	15
A0220+3158	Zrad	(6 b)	130, 198
A0220+3158	Spop	(8 b)	106, 691
A0220+3158	HIw	(13a)	217, 275
A0220+3158	Radc	(15a)	228
A0220+3158	Radif	(15b)	269
A0220+3158	Grp	(19)	15
A0220+3158B	Spop	(8 b)	794
A0220+4108	PtmI	(3 c)	255
A0220+4245	Dim	(1 a)	18
A0220+4245	Pho	(2 a)	400, 675
A0220+4245	PtmO	(3 b)	149
A0220+4245	SPtm	(4 a)	301
A0220+4245	Popt	(10a)	61
A0220+4245	Prad	(10b)	3, 87, 90, 135, 145
A0220+4245	Radc	(15a)	10, 14
A0220+4245	Radif	(15b)	4, 9, 13, 27, 28, 56,
A0220+4245	Radif	(15b)	328, 335, 598, 635
A0220+4245	Xg	(16)	269, 277, 303
A0221−0455	Pho	(2 a)	50
A0222+2608	Des	(1 b)	100
A0222+2608	Pho	(2 a)	376
A0222+3656	Radif	(15b)	502
A0223+4136	Radif	(15b)	324

A0223−2456	Pho	(2 a)	502, 586		A0230+2836	Mdyn	(9 b)	116
					A0230+2836	Grp	(19)	203
A0223−6326	Spop	(8 b)	398					
					A0230−5243	Pho	(2 a)	189
A0224+2252	Des	(1 b)	230					
A0224+2252	Pho	(2 a)	766		A0231+2931	Mdyn	(9 b)	116
					A0231+2931	Grp	(19)	203
A0224+2253	Des	(1 b)	230					
A0224+2253	Pho	(2 a)	766		A0231+3145	Des	(1 b)	267
					A0231+3145	Pho	(2 a)	872
A0224+2254	Des	(1 b)	230					
A0224+2254	Pho	(2 a)	766		A0232+3725	SN	(17a)	8
A0225+3105	Zopt	(6 a)	144		A0232+59	Des	(1 b)	394
A0225+3105	Spop	(8 b)	255, 918		A0232+59	Pho	(2 a)	110
					A0232+59	PtmO	(3 b)	266
A0225+3120	PtmO	(3 b)	215		A0232+59	Mol	(14a)	89
A0225+3120	SPtm	(4 a)	365		A0232+59	Dis	(18)	89
A0225+3120	Spop	(8 b)	415					
A0225+3120	Xg	(16)	243		A0233+0705	Pho	(2 a)	317
A0226−3206	Des	(1 b)	356, 357		A0233+2512	Mkin	(9 a)	247
A0226−3206	Pho	(2 a)	1059, 1060					
A0226−3206	SPtm	(4 a)	531		A0234+2055	Dim	(1 a)	5
A0226−3206	Zopt	(6 a)	286, 481		A0234+2055	Des	(1 b)	63
A0226−3206	Vdis	(7 a)	99		A0234+2055	Pho	(2 a)	261
A0226−3206	Spop	(8 b)	903		A0234+2055	Spop	(8 b)	254, 372
A0226−3206	Mkin	(9 a)	304		A0234+2055	Span	(8 d)	49
A0226−3206	Mdyn	(9 b)	159		A0234+2055	Radc	(15a)	45
A0226−3206	HIw	(13a)	266		A0234+2055	Grp	(19)	78
A0226−3206	HIm	(13b)	234					
					A0236+1227AB	Des	(1 b)	264
A0227+3255	Mkin	(9 a)	247		A0236+1227AB	Pho	(2 a)	869
A0227−0913	SPtm	(4 a)	337		A0236+3552	Pho	(2 a)	1050
A0227−0913	Zopt	(6 a)	144					
A0227−0913	Spop	(8 b)	255, 577, 780		A0236−5224	PtmI	(3 c)	258
A0227−4843	Pho	(2 a)	1033		A0237+3202	SN	(17a)	183
A0228+0107	Dim	(1 a)	1		A0237−34	Dim	(1 a)	28
					A0237−34	Pho	(2 a)	333, 575
A0229+38	Mol	(14a)	175		A0237−34	Star	(5 a)	39, 45, 48, 53, 74, 85,
					A0237−34	Star	(5 a)	105, 128, 189, 191,
A0229−0135	Dim	(1 a)	1		A0237−34	Star	(5 a)	203, 222, 239, 241,
					A0237−34	Star	(5 a)	250
A0230+2743	Zopt	(6 a)	145		A0237−34	Sclu	(5 b)	11, 49, 51, 71, 79, 80,
A0230+2743	Spop	(8 b)	257		A0237−34	Sclu	(5 b)	81, 114, 119
A0230+2743	Radif	(15b)	429, 626		A0237−34	Zopt	(6 a)	262, 281, 299, 444,
					A0237−34	Zopt	(6 a)	449

A0237−34	SpUV	(8 a)	10, 116
A0237−34	Spop	(8 b)	519
A0237−34	Plan	(12b)	6, 21, 23, 24, 26
A0237−34	HIw	(13a)	71
A0237−34	Dis	(18)	55, 130, 163
A0238+0658	Spop	(8 b)	554
A0238+0658	Xg	(16)	289
A0238+59	SpIR	(8 c)	101
A0238+5923	Pho	(2 a)	112
A0238+5923	PtmI	(3 c)	39, 133, 157
A0238+5923	Mol	(14a)	14, 85, 144
A0238+5923	Radc	(15a)	73, 88
A0238+5923	Radif	(15b)	36
A0239+3209	SN	(17a)	405
A0239−0808	Zrad	(6 b)	174
A0240+0723	Radc	(15a)	177
A0240+1626	Grp	(19)	15
A0240+1627	Grp	(19)	15
A0241+6215	Des	(1 b)	67
A0241+6215	Ima	(2 b)	13
A0241+6215	PtmO	(3 b)	290, 325
A0241+6215	PtmI	(3 c)	270
A0241+6215	SPtm	(4 a)	133, 265, 360, 362,
A0241+6215	SPtm	(4 a)	365
A0241+6215	Zopt	(6 a)	102
A0241+6215	Spop	(8 b)	147, 615
A0241+6215	Radc	(15a)	172
A0241+6215	Radif	(15b)	104, 153, 157, 288,
A0241+6215	Radif	(15b)	467
A0241+6215	Xg	(16)	107, 151, 218, 306,
A0241+6215	Xg	(16)	310, 369
A0243+3641	Zopt	(6 a)	6
A0243−5557	Pho	(2 a)	1033
A0244+3720	Des	(1 b)	19
A0244+3720	Pho	(2 a)	54
A0244+3720	Zrad	(6 b)	16
A0244−0028	Pho	(2 a)	440
A0244−0028	Zopt	(6 a)	165
A0245+1343	Zopt	(6 a)	145
A0245+1343	Spop	(8 b)	257
A0246+1807	PtmO	(3 b)	81, 125
A0246+1807	Radif	(15b)	274
A0246+3446	Spop	(8 b)	598, 835
A0247−7139	Pho	(2 a)	189
A0248+0414	Des	(1 b)	232
A0248+0414	Pho	(2 a)	868
A0248+0414	PtmO	(3 b)	169
A0248+0414	Spop	(8 b)	352
A0248+0414	Span	(8 d)	70
A0248+0414	HIIr	(12a)	223
A0248+0414	Radc	(15a)	277
A0248+0414	Radif	(15b)	650
A0251+1446A	Spop	(8 b)	794
A0252−0021	Des	(1 b)	401
A0253+1548	Radif	(15b)	419
A0253−7258	Pho	(2 a)	1033
A0254+0708	SN	(17a)	421
A0255+0549	Pho	(2 a)	240
A0255+0549	Radc	(15a)	147, 169, 224
A0255+0549	Radif	(15b)	308
A0255+0549	Xg	(16)	373
A0255+0549	Grp	(19)	227
A0255+0606	Radc	(15a)	263
A0255+1322	Radif	(15b)	186
A0255−3546	SN	(17a)	146, 305
A0255−3655	Pho	(2 a)	1033
A0256+0604	Zrad	(6 b)	105
A0256+0604	HIw	(13a)	191
A0256+3637	SPtm	(4 a)	295, 359
A0256+3637	Zopt	(6 a)	271

A0256+3637	Spop	(8 b)	328, 424, 529, 539,
A0256+3637	Spop	(8 b)	588, 761, 835
A0256+3637	SpIR	(8 c)	72
A0256+3637	Mkin	(9 a)	151
A0256+3637	Radc	(15a)	190, 278
A0256+3637	Radif	(15b)	68
A0257+3533	Radc	(15a)	187
A0258+3538	SPtm	(4 a)	267
A0258+3538	Zopt	(6 a)	226
A0258+3538	Prad	(10b)	33
A0258+3538	Radc	(15a)	20, 161
A0258+3538	Radif	(15b)	98, 131, 143
A0258+3538	Grp	(19)	161
A0258+4331	Radif	(15b)	131, 301
A0258+4331	Xg	(16)	199
A0300+1614	Spop	(8 b)	152
A0300+1614	Prad	(10b)	7, 50, 80, 100, 101
A0300+1614	HIw	(13a)	284
A0300+1614	Radc	(15a)	147
A0300+1614	Radif	(15b)	297, 401, 402
A0300−2225	Pho	(2 a)	214
A0301+3111	PtmI	(3 c)	132
A0301+3111	Spop	(8 b)	371
A0301+3111	Spir	(8 c)	45
A0301−1549	Des	(1 b)	173
A0301−1549	Pho	(2 a)	217, 796
A0301−1549	SPtm	(4 a)	106, 371
A0301−1549	Zopt	(6 a)	68, 96
A0301−1549	Spop	(8 a)	135
A0301−1549	Dis	(18)	61
A0301−5041	Pho	(2 a)	723
A0305−3135	HIIr	(12a)	189
A0307+1654	Zopt	(6 a)	525
A0307+1654	Spop	(8 b)	986
A0307+1654	Radif	(15b)	653
A0307−722	PtmO	(3 b)	328
A0307−722	Zopt	(6 a)	427
A0307−7301	PtmO	(3 b)	344

A0307−7301	Zopt	(6 a)	461
A0307−7301	Spop	(8 b)	836
A0307−7301	Xg	(16)	396
A0308+0107	Des	(1 b)	401
A0308+4158	Pho	(2 a)	102
A0308+4158	SN	(17a)	35, 57
A0311+4151	SPtm	(4 a)	295, 359
A0311+4151	Zopt	(6 a)	144
A0311+4151	Spop	(8 b)	255, 588, 835
A0311+4151	Mkin	(9 a)	151
A0311+4151	Radc	(15a)	278
A0311+4151	Radif	(15b)	152, 429
A0311−0259	Zopt	(6 a)	106
A0311−0259	Mkin	(9 a)	146
A0311−2522	Pho	(2 a)	634
A0311−5733	Pho	(2 a)	109
A0311−5733	Zopt	(6 a)	48
A0311−5733	Spop	(8 b)	80
A0313−5817	Pho	(2 a)	187
A0314+4116	Radif	(15b)	152
A0314−6310	Pho	(2 a)	502
A0315+4207	Radif	(15b)	152
A0316+4124	SPtm	(4 a)	174
A0316+4127B	SN	(17a)	6, 14, 32
A0316−2357	Pho	(2 a)	634
A0316−2357	Spop	(8 b)	575
A0316−2357	HIIr	(12a)	192
A0316−5738	Pho	(2 a)	109
A0316−5738	Zopt	(6 a)	48
A0316−5738	Spop	(8 b)	80
A0317+0111	SN	(17a)	268
A0317+1835	Xg	(16)	438
A0321+1600	Radc	(15a)	174

A0322−0618	SpUV	(8 a)	161	A0338−2129	Xg	(16)	272, 406
A0322−0618	Spop	(8 b)	55, 364, 371, 761				
A0322−0618	Radif	(15b)	336, 442	A0338−7113	Pho	(2 a)	263
A0323−0618	Spop	(8 b)	372	A0340−2801	SN	(17a)	81
A0325+0223	Spop	(8 b)	152	A0343+7000	Zrad	(6 b)	189
A0325+0223	Prad	(10b)	7, 50				
A0325+0223	Radc	(15a)	147	A0344−3705	SPtm	(4 a)	481
A0325+0223	Radif	(15b)	28				
A0325+0223	Xg	(16)	277	A0344−3707	SPtm	(4 a)	481
A0325−1735	Des	(1 b)	232	A0349+3449	Zrad	(6 b)	128
A0325−5515	SN	(17a)	220	A0349+3526	Des	(1 b)	215
				A0349+3526	Pho	(2 a)	411, 690, 958
A0326+3937	Radc	(15a)	189, 242, 262	A0349+3526	Zrad	(6 b)	169
A0326+3937	Radif	(15b)	264, 338, 356	A0349+3526	Spop	(8 b)	531, 641
A0328−0318	Spop	(8 b)	328, 355, 372, 853	A0349+3526	Mkin	(9 a)	89, 99, 252
A0329−5241	Zopt	(6 a)	17	A0349+3526	Mdyn	(9 b)	96
A0329−5241	Xg	(16)	16	A0349+3526	HIw	(13a)	228
				A0349+3526	HIm	(13b)	203
A0331+3911	Radc	(15a)	242	A0349+3526	Radif	(15b)	567
A0331+3911	Radif	(15b)	78, 409, 413, 502	A0349−2753	Des	(1 b)	320, 390
A0331−6931	Zopt	(6 a)	476	A0349−2753	Pho	(2 a)	826, 1026, 1129
A0331−6931	Span	(8 d)	152	A0349−2753	SPtm	(4 a)	585
A0333+3208	Radif	(15b)	678	A0349−2753	Zopt	(6 a)	346
A0333−5759	Zopt	(6 a)	478	A0349−2753	Spop	(8 b)	504, 662
A0333−5759	Spop	(8 b)	874	A0349−2753	Mkin	(9 a)	238
				A0349−2753	Radif	(15b)	53, 479
A0335+0948	Xg	(16)	411	A0349−3836	Pho	(2 a)	634
A0335+3006	Zrad	(6 b)	128	A0350−7147	Spop	(8 b)	575
A0336−2453	Zopt	(6 a)	326	A0350−7147	HIIr	(12a)	192
A0336−2453	Spop	(8 b)	627	A0351+0240	Pho	(2 a)	619
A0336−2453	Xg	(16)	313	A0351+0240	PtmO	(3 b)	211
A0337−0217	Des	(1 b)	264	A0351+0240	PtmI	(3 c)	104
A0337−0217	Pho	(2 a)	869	A0351+0240	SPtm	(4 a)	262, 265, 269, 365,
A0338−2129	PtmO	(3 b)	157	A0351+0240	SPtm	(4 a)	366
A0338−2129	Zopt	(6 a)	60	A0351+0240	Zopt	(6 a)	181, 335
A0338−2129	Prad	(10b)	81	A0351+0240	Zrad	(6 b)	71, 198
A0338−2129	Radif	(15b)	298	A0351+0240	Spop	(8 b)	442, 464, 548
				A0351+0240	HIw	(13a)	142, 151, 168, 275
				A0351+0240	Xg	(16)	187
				A0351−5502	Pho	(2 a)	1150

A0355+6700	Pho	(2 a)	371	A0414+0058	PtmO	(3 b)	252
A0355+6700	SPtm	(4 a)	177	A0414+0058	Radif	(15b)	383
A0355+6700	HIm	(13b)	92	A0414+0058	Xg	(16)	287
A0355−4630	Spop	(8 b)	575	A0414−3551	Pho	(2 a)	465
A0355−4630	HIIr	(12a)	192	A0414−3551	Zopt	(6 a)	172
				A0414−3551	Spop	(8 b)	330
A0356+1017	Des	(1 b)	390				
A0356+1017	Pho	(2 a)	1129	A0415+3754	Des	(1 b)	387
A0356+1017	PtmI	(3 c)	147	A0415+3754	Pho	(2 a)	30
A0356+1017	SPtm	(4 a)	585	A0415+3754	Zopt	(6 a)	61, 127
A0356+1017	SpUV	(8 a)	180	A0415+3754	Spop	(8 b)	99, 364
A0356+1017	Spop	(8 b)	95, 136, 152, 214,	A0415+3754	Prad	(10b)	3, 7, 68, 106, 110,
A0356+1017	Spop	(8 b)	364, 831	A0415+3754	Prad	(10b)	135, 138, 151
A0356+1017	Mkin	(9 a)	82, 87, 217	A0415+3754	Radc	(15a)	8, 10, 12, 17, 36, 79,
A0356+1017	Popt	(10a)	61	A0415+3754	Radc	(15a)	116, 165, 172, 193,
A0356+1017	Prad	(10b)	3, 7, 50, 129	A0415+3754	Radc	(15a)	204, 237, 243, 256,
A0356+1017	Radc	(15a)	10, 147	A0415+3754	Radc	(15a)	282
A0356+1017	Radif	(15b)	79, 310, 560	A0415+3754	Radif	(15b)	8, 13, 25, 28, 39, 56,
A0356+1017	Xg	(16)	303, 365	A0415+3754	Radif	(15b)	159, 190, 215, 247,
				A0415+3754	Radif	(15b)	276, 310, 368, 443,
A0356+1809	Des	(1 b)	267	A0415+3754	Radif	(15b)	473, 485, 506, 598,
A0356+1809	Pho	(2 a)	872	A0415+3754	Radif	(15b)	660, 679, 690, 699
				A0415+3754	Xg	(16)	44, 97, 112, 218, 270,
A0357−4600	Pho	(2 a)	634	A0415+3754	Xg	(16)	277, 310
A0400−1808	Pho	(2 a)	744	A0418−5822	PtmI	(3 c)	293
A0400−1808	PtmI	(3 c)	140				
A0400−1808	Zopt	(6 a)	300	A0421−5627AB	Pho	(2 a)	278
A0400−1808	Spop	(8 b)	576	A0421−5627AB	Zopt	(6 a)	123
				A0421−5627AB	Spop	(8 b)	174
A0409+0525	PtmI	(3 c)	168				
A0409+0525	Radc	(15a)	263, 272	A0422−4738	Pho	(2 a)	529, 1150
A0409−4609	Pho	(2 a)	502	A0426−4801	Pho	(2 a)	336, 502
				A0426−4801	Spop	(8 b)	235
A0410+1115	Zopt	(6 a)	525	A0426−4801	Radc	(15a)	153
A0410+1115	Spop	(8 b)	986				
A0410+1115	Radif	(15b)	653	A0427+0650	Des	(1 b)	100
				A0427+0650	Pho	(2 a)	376
A0412−0803	Pho	(2 a)	595				
A0412−0803	PtmO	(3 b)	213, 279	A0428−097	Spop	(8 b)	758
A0412−0803	Zopt	(6 a)	223				
A0412−0803	Spop	(8 b)	445	A0428−3645	Pho	(2 a)	323
A0412−0803	Radif	(15b)	279, 372	A0428−3645	Zopt	(6 a)	136
A0412−0803	Xg	(16)	237				
A0412−0803	Grp	(19)	158	A0429−5343	Spop	(8 b)	398
A0414+0056	Zopt	(6 a)	269	A0430+0515	Dim	(1 a)	9
				A0430+0515	Des	(1 b)	9, 96, 179, 320, 390,

A0430+0515	Des	(1 b)	415	A0430+0515	Radif	(15b)	591, 654, 659, 678,
A0430+0515	Pho	(2 a)	27, 120, 296, 364,	A0430+0515	Radif	(15b)	705, 726
A0430+0515	Pho	(2 a)	404, 553, 581, 674,	A0430+0515	Xg	(16)	47, 64, 88, 92, 97,
A0430+0515	Pho	(2 a)	1026, 1129	A0430+0515	Xg	(16)	147, 178, 219, 221,
A0430+0515	PtmO	(3 b)	6, 16, 17, 74, 77, 86,	A0430+0515	Xg	(16)	227, 236, 270, 278,
A0430+0515	PtmO	(3 b)	93, 110, 114, 124,	A0430+0515	Xg	(16)	310, 328, 339, 381,
A0430+0515	PtmO	(3 b)	130, 136, 144, 158,	A0430+0515	Xg	(16)	425, 453
A0430+0515	PtmO	(3 b)	167, 197, 243, 248,				
A0430+0515	PtmO	(3 b)	275, 290	A0430−6133	SPtm	(4 a)	434
A0430+0515	PtmI	(3 c)	9, 30, 33, 42, 66, 93,	A0430−6133	Zopt	(6 a)	17
A0430+0515	PtmI	(3 c)	209, 258	A0430−6133	Vdis	(7 a)	84
A0430+0515	PtmN	(3 d)	35	A0430−6133	Mkin	(9 a)	267
A0430+0515	SPtm	(4 a)	56, 171, 251, 301,	A0430−6133	Mdyn	(9 b)	136
A0430+0515	SPtm	(4 a)	568, 585	A0430−6133	Xg	(16)	16
A0430+0515	Zopt	(6 a)	525				
A0430+0515	Vdyn	(7 b)	5	A0431−1322	Des	(1 b)	170
A0430+0515	SpUV	(8 a)	13, 24, 67, 113, 145,	A0431−1322	Pho	(2 a)	532
A0430+0515	SpUV	(8 a)	160, 201	A0431−1322	PtmO	(3 b)	319, 343
A0430+0515	Spop	(8 b)	7, 23, 28, 30, 55, 60,	A0431−1322	PtmI	(3 c)	208, 226
A0430+0515	Spop	(8 b)	71, 100, 136, 138,	A0431−1322	SPtm	(4 a)	312, 338
A0430+0515	Spop	(8 b)	184, 206, 220, 263,	A0431−1322	Spop	(8 b)	380, 534, 629
A0430+0515	Spop	(8 b)	291, 297, 299, 308,	A0431−1322	Span	(8 d)	127
A0430+0515	Spop	(8 b)	336, 440, 461, 624,	A0431−1322	Radc	(15a)	211
A0430+0515	Spop	(8 b)	626, 661, 699, 781,	A0431−1322	Xg	(16)	216, 267
A0430+0515	Spop	(8 b)	819, 863, 890, 986	A0431−1322	Grp	(19)	146, 177
A0430+0515	SpIR	(8 c)	5, 37, 38, 63, 99				
A0430+0515	Span	(8 d)	8	A0431−1329	Radc	(15a)	211
A0430+0515	Mkin	(9 a)	96	A0431−1329	Grp	(19)	146
A0430+0515	Popt	(10a)	7, 49, 54, 55, 61				
A0430+0515	Prad	(10b)	2, 5, 12, 13, 56, 59,	A0431−3326	Pho	(2 a)	1033
A0430+0515	Prad	(10b)	76, 81, 82, 91, 98,				
A0430+0515	Prad	(10b)	119	A0433+2934	Radif	(15b)	724
A0430+0515	HIIr	(12a)	81	A0433−1028	Spop	(8 b)	263
A0430+0515	Radc	(15a)	1, 4, 12, 14, 19, 25,	A0433−1028	Xg	(16)	157
A0430+0515	Radc	(15a)	43, 58, 89, 94, 119,				
A0430+0515	Radc	(15a)	126, 127, 141, 142,	A0434−1028	Pho	(2 a)	868
A0430+0515	Radc	(15a)	147, 168, 169, 172,	A0434−1028	SPtm	(4 a)	313
A0430+0515	Radc	(15a)	175, 176, 185, 199,	A0434−1028	Spop	(8 b)	55, 71, 100, 101, 159,
A0430+0515	Radc	(15a)	204, 219, 230, 231,	A0434−1028	Spop	(8 b)	161, 461, 661
A0430+0515	Radc	(15a)	237, 242, 243, 249,	A0434−1028	HIIr	(12a)	223
A0430+0515	Radc	(15a)	251, 252, 256, 259,	A0434−1028	Radif	(15b)	336, 342, 442
A0430+0515	Radc	(15a)	262, 267, 280, 282,				
A0430+0515	Radc	(15a)	287	A0436−4721	Pho	(2 a)	502
A0430+0515	Radif	(15b)	1, 2, 6, 8, 9, 34, 68,				
A0430+0515	Radif	(15b)	118, 122, 128, 204,	A0445+4451	PtmO	(3 b)	7
A0430+0515	Radif	(15b)	214, 231, 277, 283,	A0445+4451	PtmI	(3 c)	7
A0430+0515	Radif	(15b)	286, 298, 312, 337,				
A0430+0515	Radif	(15b)	340, 359, 368, 389,	A0445+4456	Des	(1 b)	122, 157
A0430+0515	Radif	(15b)	399, 405, 407, 422,	A0445+4456	PtmO	(3 b)	7
A0430+0515	Radif	(15b)	462, 508, 551, 555,				

A0445+4456	PtmI	(3 c)	7	A0502−6637	Spop	(8 b)	695
A0445+4456	Zopt	(6 a)	11				
A0445+4456	Spop	(8 b)	9	A0503−1003	PtmI	(3 c)	168
A0445+4456	Mdyn	(9 b)	29, 41	A0503−2839	Spop	(8 b)	877, 878
A0445+4456	Prad	(10b)	51, 87, 90, 138	A0503−2839	Radif	(15b)	642, 643
A0445+4456	Radc	(15a)	91, 265, 269				
A0445+4456	Radif	(15b)	120, 126, 183, 220,	A0505−16	Mol	(14a)	175
A0445+4456	Radif	(15b)	328, 335, 416, 696	A0508+7936	PtmI	(3 c)	277, 298
A0446+0009	Radc	(15a)	261	A0508+7936	Zrad	(6 b)	197
				A0508+7936	Mol	(14a)	199, 219
A0446+4458	PtmO	(3 b)	7				
A0446+4458	PtmI	(3 c)	7	A0508−0245	Des	(1 b)	232
A0446+4458	Zopt	(6 a)	11				
A0446+4458	Spop	(8 b)	9	A0510−2425	Spop	(8 b)	938
A0446+4458	Radif	(15b)	126, 183, 416				
				A0510−2445	PtmI	(3 c)	168
A0446−2050	Pho	(2 a)	525				
A0446−2050	Zopt	(6 a)	188	A0511−3032	Radif	(15b)	512
A0446−2050	Spop	(8 b)	392, 771				
				A0512+2455	Prad	(10b)	7, 106, 107, 138
A0447+0314	Spop	(8 b)	372	A0512+2455	Radif	(15b)	485, 699
A0447+0315	Des	(1 b)	247	A0513−0012	PtmO	(3 b)	41, 107, 111, 128,
A0447+0315	Spop	(8 b)	372	A0513−0012	PtmO	(3 b)	134, 137, 197, 258
				A0513−0012	PtmI	(3 c)	38, 233, 258
A0448+5146	Prad	(10b)	153	A0513−0012	SPtm	(4 a)	295, 359
A0448+5146	Radc	(15a)	323	A0513−0012	Star	(5 a)	70
				A0513−0012	Zopt	(6 a)	144
A0450−1817	PtmO	(3 b)	279	A0513−0012	SpUV	(8 a)	42, 44, 45, 49, 62, 88,
A0450−1817	Radif	(15b)	279, 372	A0513−0012	SpUV	(8 a)	91, 112, 113, 125
A0450−1817	Xg	(16)	237	A0513−0012	Spop	(8 b)	106, 159, 184, 255,
				A0513−0012	Spop	(8 b)	374, 386, 390, 412,
A0453−2038	Prad	(10b)	7	A0513−0012	Spop	(8 b)	414, 415, 427, 450,
				A0513−0012	Spop	(8 b)	461, 556, 559, 588,
A0459+0327	Pho	(2 a)	617	A0513−0012	Spop	(8 b)	661, 699, 757, 780,
A0459+0327	Zopt	(6 a)	234	A0513−0012	Spop	(8 b)	805, 818, 842, 946
A0459+0327	Spop	(8 b)	463	A0513−0012	Popt	(10a)	54
A0459+0327	Radif	(15b)	302	A0513−0012	Radc	(15a)	189, 190
A0459+0327	Xg	(16)	248	A0513−0012	Xg	(16)	64, 154, 157
A0459+0330	Des	(1 b)	25	A0515−5409	Pho	(2 a)	529, 1150
A0459+0330	PtmO	(3 b)	26				
A0459+0330	PtmI	(3 c)	255	A0518−45	Des	(1 b)	390
A0459+0330	Zopt	(6 a)	40	A0518−45	Pho	(2 a)	162, 1129
				A0518−45	SPtm	(4 a)	585
A0459−0420	Des	(1 b)	334	A0518−45	Spop	(8 b)	114, 626, 637, 661
A0459−0420	Spop	(8 b)	876	A0518−45	Popt	(10a)	86
A0502−6637	Zopt	(6 a)	377	A0518−45	Prad	(10b)	7, 50, 157

A0518−45	Radif	(15b)	53		A0532−5240	PtmI	(3 c)	293
A0518−45	Xg	(16)	97, 112		A0538+6916	Zrad	(6 b)	93
A0521−122	Spop	(8 b)	758		A0538+6916	HIm	(13b)	145
					A0538+6916	Grp	(19)	174
A0521−3630	Des	(1 b)	378					
A0521−3630	Pho	(2 a)	345, 676, 1007, 1096		A0538−2201	Pho	(2 a)	502
A0521−3630	Ima	(2 b)	68					
A0521−3630	PtmO	(3 b)	346, 390		A0539+6908	Zrad	(6 b)	93
A0521−3630	PtmI	(3 c)	83, 155		A0539+6908	HIm	(13b)	145
A0521−3630	SPtm	(4 a)	301, 354		A0539+6908	Grp	(19)	174
A0521−3630	Zopt	(6 a)	463					
A0521−3630	SpUV	(8 a)	89, 107, 114, 189		A0539+7219	PtmO	(3 b)	237
A0521−3630	Spop	(8 b)	238, 275, 389, 413,		A0539+7219	Spop	(8 b)	498
A0521−3630	Spop	(8 b)	504, 626, 838		A0539+7219	Mkin	(9 a)	247
A0521−3630	Popt	(10a)	58, 74					
A0521−3630	Prad	(10b)	7, 92, 119, 140		A0542+0502	Pho	(2 a)	307
A0521−3630	Radc	(15a)	233, 267		A0542+0502	Zrad	(6 b)	60, 128
A0521−3630	Radif	(15b)	142, 444, 612		A0542+0502	HIw	(13a)	115, 134
A0521−3630	Xg	(16)	272		A0542+0502	HIm	(13b)	68
A0523−118	PtmO	(3 b)	328		A0542−2606	Des	(1 b)	335
A0523−118	Zopt	(6 a)	427		A0542−2606	Pho	(2 a)	1049
A0524−2153	PtmI	(3 c)	168		A0543−2552	Des	(1 b)	335
					A0543−2552	Pho	(2 a)	1049
A0524−69	Ima	(2 b)	80					
A0524−69	Star	(5 a)	218, 229, 249		A0544−2114	Spop	(8 b)	938
A0524−69	Sclu	(5 b)	130, 135, 140					
A0524−69	Zrad	(6 b)	206		A0548−3216	Des	(1 b)	392
A0524−69	HIIr	(12a)	271, 282, 290		A0548−3216	Xg	(16)	445
A0524−69	Plan	(12b)	30, 31, 32					
A0524−69	Imed	(12c)	54, 68, 75		A0548−3217	SPtm	(4 a)	149
A0524−69	Mol	(14a)	235		A0548−3217	SPIR	(4 b)	5
A0524−69	Radc	(15a)	300, 314		A0548−3217	Radif	(15b)	705
A0524−69	Radif	(15b)	691		A0548−3217	Xg	(16)	101, 270, 377
A0524−69	SN	(17a)	386, 387, 388, 392,					
A0524−69	SN	(17a)	393, 394, 395, 396,		A0551+4625	Des	(1 b)	344
A0524−69	SN	(17a)	397, 398, 399, 400,		A0551+4625	PtmO	(3 b)	113, 115, 290
A0524−69	SN	(17a)	402, 403, 404, 413,		A0551+4625	PtmI	(3 c)	177, 211, 214, 258
A0524−69	SN	(17a)	415, 416, 417, 418,		A0551+4625	PtmN	(3 d)	18
A0524−69	SN	(17a)	433, 434, 436, 455		A0551+4625	Star	(5 a)	70
A0524−69	SNR	(17b)	62, 64, 66		A0551+4625	Zopt	(6 a)	82
A0524−69	Dis	(18)	150, 151, 159, 161,		A0551+4625	SpUV	(8 a)	131, 145, 175
A0524−69	Dis	(18)	165, 166		A0551+4625	Spop	(8 b)	121, 161, 440, 444,
					A0551+4625	Spop	(8 b)	501, 546, 563, 588,
A0527+7341	Mdyn	(9 b)	116		A0551+4625	Spop	(8 b)	661, 699
A0527+7341	Grp	(19)	203		A0551+4625	Spir	(8 c)	37, 73, 77
					A0551+4625	Radc	(15a)	106, 251, 283, 290
A0532−3245	PtmI	(3 c)	168		A0551+4625	Radif	(15b)	68, 167, 221, 269,

A0551+4625	Radif	(15b)	275, 601, 603	A0600+0750	SPtm	(4 a)	72
A0551+4625	Xg	(16)	64, 92, 105, 127, 146,				
A0551+4625	Xg	(16)	154, 179, 219, 229,	A0601−5837	Pho	(2 a)	1033
A0551+4625	Xg	(16)	253, 263, 270, 310,				
A0551+4625	Xg	(16)	315, 339	A0605+3416	Des	(1 b)	265
				A0605+3416	Pho	(2 a)	870
A0551−1025	Xg	(16)	76				
				A0605+8028	Mkin	(9 a)	248
A0553+0323	Des	(1 b)	99, 232				
A0553+0323	Pho	(2 a)	375, 629	A0605+8029	Mkin	(9 a)	248
A0553+0323	PtmO	(3 b)	169				
A0553+0323	PtmI	(3 c)	227, 235, 268	A0608−3337	Pho	(2 a)	465
A0553+0323	Spop	(8 b)	94, 166, 179, 249,	A0608−3337	Zopt	(6 a)	172
A0553+0323	Spop	(8 b)	301, 352, 408, 473,	A0608−3337	Spop	(8 b)	330
A0553+0323	Spop	(8 b)	537				
A0553+0323	Span	(8 d)	28, 48, 63, 70, 98,	A0608−3338	Pho	(2 a)	465
A0553+0323	Span	(8 d)	144	A0608−3338	Zopt	(6 a)	172
A0553+0323	Mkin	(9 a)	170	A0608−3338	Spop	(8 b)	330
A0553+0323	HIIr	(12a)	305				
A0553+0323	Imed	(12c)	59	A0609+7103	Des	(1 b)	28
A0553+0323	HIm	(13b)	47	A0609+7103	Pho	(2 a)	394
A0553+0323	Mol	(14a)	193	A0609+7103	PtmI	(3 c)	13, 19, 270
A0553+0323	Radc	(15a)	245, 277	A0609+7103	SPtm	(4 a)	295, 359
A0553+0323	Radif	(15b)	72, 614, 622, 650	A0609+7103	Vdis	(7 a)	39
				A0609+7103	SpUV	(8 a)	45, 49, 62, 82, 90,
A0554+0728	Zrad	(6 b)	60	A0609+7103	SpUV	(8 a)	180, 186
A0554+0728	HIw	(13a)	134	A0609+7103	Spop	(8 b)	7, 46, 89, 145, 161,
				A0609+7103	Spop	(8 b)	220, 313, 364, 386,
A0554+0729	HIw	(13a)	115	A0609+7103	Spop	(8 b)	461, 546, 588, 606,
				A0609+7103	Spop	(8 b)	630, 760, 831, 835,
A0555+7307	Mdyn	(9 b)	116	A0609+7103	Spop	(8 b)	845
A0555+7307	Grp	(19)	203	A0609+7103	Spir	(8 c)	82
				A0609+7103	Span	(8 d)	17, 148
A0556−3820	PtmI	(3 c)	258	A0609+7103	Mkin	(9 a)	139
A0556−3820	Zopt	(6 a)	239	A0609+7103	Popt	(10a)	43, 54, 87
A0556−3820	Spop	(8 b)	476, 780	A0609+7103	Imed	(12c)	62
A0556−3820	Popt	(10a)	54	A0609+7103	HIw	(13a)	221
A0556−3820	Radif	(15b)	705	A0609+7103	Radc	(15a)	2, 48, 57, 127, 180
A0556−3820	Xg	(16)	219, 236, 256	A0609+7103	Radif	(15b)	23, 164, 308, 342,
				A0609+7103	Radif	(15b)	355, 363, 405, 422,
A0556−5222	Des	(1 b)	295	A0609+7103	Radif	(15b)	442, 475
A0556−5222	Pho	(2 a)	980				
				A0609−3307	Des	(1 b)	328
A0559−4002	SPtm	(4 a)	434	A0609−3307	Ima	(2 b)	74
A0559−4002	Vdis	(7 a)	84	A0609−3307	Vdis	(7 a)	95
A0559−4002	Mkin	(9 a)	267	A0609−3307	Mkin	(9 a)	295
A0559−4002	Mdyn	(9 b)	136				
				A0610+7103	Des	(1 b)	381
A0600+0750	Pho	(2 a)	146, 1050	A0610+7103	SPtm	(4 a)	574
A0600+0750	PtmO	(3 b)	50	A0610+7103	Zopt	(6 a)	512

A0610+7103	Spop	(8 b)	970, 972
A0610−2331	Des	(1 b)	341
A0611+5159	Radc	(15a)	292
A0613−2633	Grp	(19)	83
A0618−2001	Des	(1 b)	19
A0618−2001	Pho	(2 a)	54
A0618−2001	Zrad	(6 b)	16
A0618−3710	Prad	(10b)	50
A0620−5240	Zopt	(6 a)	329
A0620−5240	Xg	(16)	314
A0621+7419	HIIr	(12a)	197
A0621−3211	Pho	(2 a)	1033
A0622−6256	Des	(1 b)	54
A0622−6256	Pho	(2 a)	192
A0622−6256	Spop	(8 b)	128
A0623−3746	SN	(17a)	265
A0623−6056	Pho	(2 a)	502, 586
A0625−5339	Des	(1 b)	391
A0626+7136	Mkin	(9 a)	247
A0626−4708	Pho	(2 a)	372, 541
A0626−4708	PtmO	(3 b)	133, 188
A0626−4708	SPtm	(4 a)	246
A0626−4708	Zopt	(6 a)	196
A0626−4708	Spop	(8 b)	250, 403
A0626−5428	Zopt	(6 a)	17
A0626−5428	Xg	(16)	16
A0627−5432	Zopt	(6 a)	17
A0627−5432	Xg	(16)	16
A0628−5421	Zopt	(6 a)	17
A0628−5421	Xg	(16)	16
A0628−5424	Zopt	(6 a)	17
A0628−5424	Xg	(16)	16
A0632+2619	Spop	(8 b)	399
A0632+2619	Radif	(15b)	79, 248, 464
A0632−6257	Des	(1 b)	328
A0632−6257	Vdis	(7 a)	95
A0632−6257	Mkin	(9 a)	295
A0634−2032	Des	(1 b)	390
A0634−2032	Pho	(2 a)	1129
A0634−2032	SPtm	(4 a)	585
A0634−2032	Zopt	(6 a)	120
A0634−2032	Spop	(8 b)	173, 626, 663
A0634−2032	Mkin	(9 a)	239
A0634−2032	Prad	(10b)	146
A0634−2032	Radif	(15b)	100, 641
A0634−3913	SN	(17a)	185
A0635+7540	Des	(1 b)	99
A0635+7540	Pho	(2 a)	375
A0635+7540	Zopt	(6 a)	479
A0635+7540	Spop	(8 b)	301
A0635+7540	Span	(8 d)	63, 155
A0635−1458	Zrad	(6 b)	60
A0635−1458	HIw	(13a)	134
A0635−1500	HIw	(13a)	115
A0635−3501	Pho	(2 a)	1033
A0635−3501	Ima	(2 b)	54
A0638−3700	SN	(17a)	182
A0638−5956	Des	(1 b)	54
A0638−5956	Pho	(2 a)	192
A0638−5956	Spop	(8 b)	128
A0639−5828	Pho	(2 a)	189
A0640−5055	Dim	(1 a)	28
A0640−5055	Des	(1 b)	50
A0640−5055	Pho	(2 a)	164, 530, 582, 956
A0640−5055	Star	(5 a)	78, 88, 112, 126, 127,
A0640−5055	Star	(5 a)	190, 195, 205
A0640−5055	Scts	(5 c)	11, 20, 25
A0640−5055	Zopt	(6 a)	299
A0640−5055	Vdis	(7 a)	108
A0640−5055	Dis	(18)	14, 59, 142

A0641−4116	Des	(1 b)	328		A0659−494	PtmO	(3 b)	328
A0641−4116	Vdis	(7 a)	95		A0659−494	Zopt	(6 a)	427
A0641−4116	Mkin	(9 a)	295					
					A0703+4235	Radif	(15b)	267, 301, 313
A0642+4350	Mkin	(9 a)	248		A0703+4235	Xg	(16)	199
A0644−7410	PtmO	(3 b)	225		A0703+4236	Radif	(15b)	267
A0644−7411	Des	(1 b)	16, 25		A0704+4844	Radif	(15b)	570
A0644−7411	Pho	(2 a)	47, 548, 631					
A0644−7411	PtmO	(3 b)	225		A0705+1515	Mdyn	(9 b)	96
A0644−7411	PtmI	(3 c)	255		A0705+7155	Des	(1 b)	14
A0644−7411	Zopt	(6 a)	200		A0705+7155	Pho	(2 a)	411
A0644−7411	Spop	(8 b)	477		A0705+7155	Zrad	(6 b)	10
A0644−7411	Mkin	(9 a)	171		A0705+7155	Spop	(8 b)	373
A0644−7411	HIIr	(12a)	128		A0705+7155	Mkin	(9 a)	99, 130
A0644−7411	Grp	(19)	145		A0705+7155	HIw	(13a)	9
A0645−7412	PtmO	(3 b)	225		A0705+7155	Mol	(14a)	98
A0645−7413	PtmO	(3 b)	225		A0706+4800AB	Spop	(8 b)	794
A0646+2541AB	Spop	(8 b)	794		A0707−4928	PtmO	(3 b)	344
					A0707−4928	Zopt	(6 a)	461
A0647+6308	Des	(1 b)	100, 230		A0707−4928	Spop	(8 b)	836
A0647+6308	Pho	(2 a)	298, 376, 766		A0707−4928	Xg	(16)	396
A0648+2731	Radc	(15a)	189		A0708+3223	Zopt	(6 a)	117
					A0708+3223	Radif	(15b)	99, 461
A0650+5025	Des	(1 b)	63					
A0650+5025	Pho	(2 a)	161		A0708+6708	Des	(1 b)	267
A0650+5025	Spop	(8 b)	254		A0708+6708	Pho	(2 a)	872
A0650+5025	Span	(8 d)	49					
A0650+5025	Grp	(19)	78		A0708+7334	PtmI	(3 c)	255
A0654−2817	Pho	(2 a)	502		A0710+4547	SPtm	(4 a)	313
					A0710+4547	SpUV	(8 a)	105
A0655+5415	SPtm	(4 a)	313		A0710+4547	Spop	(8 b)	7, 21, 40, 55, 65, 89,
A0655+5415	Zopt	(6 a)	58, 130		A0710+4547	Spop	(8 b)	100, 159, 161, 260,
A0655+5415	Spop	(8 b)	7, 55, 89, 93, 100,		A0710+4547	Spop	(8 b)	263, 440, 461
A0655+5415	Spop	(8 b)	159, 161, 183, 260,		A0710+4547	Spir	(8 c)	37
A0655+5415	Spop	(8 b)	261, 263, 444, 461,		A0710+4547	Span	(8 d)	15
A0655+5415	Spop	(8 b)	501		A0710+4547	Popt	(10a)	13, 51, 54
A0655+5415	Radif	(15b)	442		A0710+4547	Xg	(16)	64, 76, 92
A0656−5255	Des	(1 b)	54		A0710+7406	Radc	(15a)	2
A0656−5255	Pho	(2 a)	192					
A0656−5255	Spop	(8 b)	128		A0711−7325	Des	(1 b)	54
					A0711−7325	Pho	(2 a)	192
A0656−6714	Pho	(2 a)	502		A0711−7325	Spop	(8 b)	128

A0712+5328	Radc	(15a)	292		A0722+7240	Zrad	(6 b)	11
A0712+5328	Radif	(15b)	78, 267, 301		A0722+7240	SpUV	(8 a)	81, 139
A0712+5328	Xg	(16)	199		A0722+7240	Spop	(8 b)	434, 686
					A0722+7240	Span	(8 d)	78
A0713+4946	Spop	(8 b)	145		A0722+7240	HIw	(13a)	10
A0713+4946	Radif	(15b)	269		A0722+7240	Grp	(19)	14
A0714+4105A	Spop	(8 b)	794		A0723+6321	Pho	(2 a)	864
A0714−2914	Pho	(2 a)	1042		A0724+40	HIm	(13b)	229
A0714−2914	PtmO	(3 b)	355		A0724+40	Mol	(14a)	175
A0714−2914	PtmI	(3 c)	248					
A0714−2914	Spop	(8 b)	871		A0724+7344	SPtm	(4 a)	348
A0715+5531	Radif	(15b)	324		A0724+7349	SPtm	(4 a)	348
A0715−5200	Pho	(2 a)	125		A0725+7237	Zopt	(6 a)	106
A0715−5200	Zopt	(6 a)	52		A0725+7237	Mkin	(9 a)	146
A0715−5200	Spop	(8 b)	86					
					A0726−7505	Pho	(2 a)	125
A0715−5715	Pho	(2 a)	372		A0726−7505	Zopt	(6 a)	52
A0715−5715	PtmO	(3 b)	133		A0726−7505	Spop	(8 b)	86
A0715−5715	Spop	(8 b)	250					
					A0728−6647	Pho	(2 a)	502
A0717+5554	Radif	(15b)	324					
					A0730+7434AB	Spop	(8 b)	794
A0717−6120	Zopt	(6 a)	478					
A0717−6120	Spop	(8 b)	874		A0730+7443	Des	(1 b)	100
					A0730+7443	Pho	(2 a)	376
A0718+4656	Des	(1 b)	265					
A0718+4656	Pho	(2 a)	870		A0730−5322	Zopt	(6 a)	478
					A0730−5322	Spop	(8 b)	874
A0720+3332	Des	(1 b)	265					
A0720+3332	Pho	(2 a)	298, 667, 870		A0732+5853	Pho	(2 a)	195
A0720+3332	PtmO	(3 b)	233		A0732+5853	PtmI	(3 c)	13, 258
A0720+3332	Zopt	(6 a)	88		A0732+5853	SPtm	(4 a)	313
A0720+3332	Spop	(8 b)	125, 355, 372, 497,		A0732+5853	SpUV	(8 a)	30, 64
A0720+3332	Spop	(8 b)	518		A0732+5853	Spop	(8 b)	7, 46, 55, 89, 108,
A0720+3332	Span	(8 d)	95		A0732+5853	Spop	(8 b)	139, 159, 161, 260,
A0720+3332	HIIr	(12a)	169, 221		A0732+5853	Spop	(8 b)	353, 378, 382, 436,
A0720+3332	Radc	(15a)	293		A0732+5853	Spop	(8 b)	551, 619, 636
					A0732+5853	Spir	(8 c)	36
A0720+4132	Radc	(15a)	174		A0732+5853	Span	(8 d)	17
					A0732+5853	Popt	(10a)	54
A0722+3003	Radif	(15b)	502		A0732+5853	Xg	(16)	157
A0722+6800	Radif	(15b)	678		A0733+5947	Radif	(15b)	150
A0722+7240	SPtm	(4 a)	68		A0733−5217	Pho	(2 a)	465
A0722+7240	Zopt	(6 a)	26		A0733−5217	Zopt	(6 a)	172

A0733−5217	Spop	(8 b)	330	A0739+16	HIm	(13b)	229
				A0739+16	Mol	(14a)	193
A0734+3543	Zrad	(6 b)	172				
A0734+3543	HIw	(13a)	248	A0739+6451	PtmO	(3 b)	48
A0734+4203	SN	(17a)	410	A0741+2921	Des	(1 b)	341
A0734−4956	Pho	(2 a)	125	A0742+0803AB	Mkin	(9 a)	248
A0734−4956	Zopt	(6 a)	52	A0743+6103	Pho	(2 a)	63, 195, 394, 505
A0734−4956	Spop	(8 b)	86	A0743+6103	PtmO	(3 b)	71, 110, 197
A0735+5540	Des	(1 b)	100	A0743+6103	PtmI	(3 c)	13
A0735+5540	Pho	(2 a)	376	A0743+6103	SPtm	(4 a)	23, 68, 237, 313, 603
				A0743+6103	Vdyn	(7 b)	5
A0737+6517	Ima	(2 b)	78	A0743+6103	SpUV	(8 a)	30, 64
A0737+6517	SPtm	(4 a)	313	A0743+6103	Spop	(8 b)	7, 46, 55, 89, 100,
A0737+6517	SpUV	(8 a)	24, 91, 180	A0743+6103	Spop	(8 b)	161, 184, 260, 263,
A0737+6517	Spop	(8 b)	7, 89, 145, 161, 364,	A0743+6103	Spop	(8 b)	353, 364, 436, 461,
A0737+6517	Spop	(8 b)	831, 835, 853, 907,	A0743+6103	Spop	(8 b)	490, 514, 588, 619,
A0737+6517	Spop	(8 b)	990	A0743+6103	Spop	(8 b)	699
A0737+6517	Popt	(10a)	54	A0743+6103	Spir	(8 c)	36
A0737+6517	Radc	(15a)	180	A0743+6103	Span	(8 d)	17
A0737+6517	Radif	(15b)	167, 221, 363, 442	A0743+6103	Mkin	(9 a)	151, 181
A0737+6517	Xg	(16)	157				
				A0743+7427	Des	(1 b)	28, 34
A0738+4955	Pho	(2 a)	165	A0743+7427	Pho	(2 a)	64, 126
A0738+4955	PtmO	(3 b)	110, 207	A0743+7427	PtmI	(3 c)	19
A0738+4955	PtmI	(3 c)	13, 211, 258, 270	A0743+7427	SPtm	(4 a)	25, 59, 68
A0738+4955	SPtm	(4 a)	89, 313	A0743+7427	Spop	(8 b)	142
A0738+4955	Vdyn	(7 b)	5	A0743+7427	Radc	(15a)	2, 48, 57, 180, 278
A0738+4955	SpUV	(8 a)	13, 24, 64, 105, 113				
A0738+4955	Spop	(8 b)	7, 46, 55, 100, 161,	A0743+8550	SN	(17a)	78
A0738+4955	Spop	(8 b)	184, 203, 206, 260,	A0744+5556	Dim	(1 a)	2
A0738+4955	Spop	(8 b)	263, 297, 364, 436,	A0744+5556	Pho	(2 a)	16, 676, 707
A0738+4955	Spop	(8 b)	444, 461, 490, 501,	A0744+5556	PtmO	(3 b)	318
A0738+4955	Spop	(8 b)	514, 546, 588, 630,	A0744+5556	Zopt	(6 a)	14, 92
A0738+4955	Spop	(8 b)	661, 818, 819, 863	A0744+5556	Spop	(8 b)	64, 130, 543
A0738+4955	Spir	(8 c)	36	A0744+5556	Prad	(10b)	83
A0738+4955	Span	(8 d)	17	A0744+5556	Radc	(15a)	81, 210, 292
A0738+4955	Mkin	(9 a)	151, 181	A0744+5556	Radif	(15b)	40, 77, 126, 262, 263,
A0738+4955	Radif	(15b)	442	A0744+5556	Radif	(15b)	317, 354, 362, 376,
A0738+4955	Xg	(16)	64, 76, 92, 219	A0744+5556	Radif	(15b)	696
A0738+7357	Zopt	(6 a)	152	A0744+7429	Des	(1 b)	34
A0738+7357	Spop	(8 b)	267	A0744+7429	Pho	(2 a)	64
A0739+16	Pho	(2 a)	1010	A0744+7429	SPtm	(4 a)	25, 59, 68
A0739+16	PtmI	(3 c)	227, 268	A0744+7429	Zopt	(6 a)	26
A0739+16	Span	(8 d)	144	A0744+7429	Zrad	(6 b)	11
A0739+16	Imed	(12c)	59	A0744+7429	SpUV	(8 a)	35, 110

A0744+7429	HIIr	(12a)	197, 198		A0802+2418	SpUV	(8 a)	180
A0744+7429	HIw	(13a)	10		A0802+2418	Spop	(8 b)	95, 136, 152, 364,
					A0802+2418	Spop	(8 b)	461, 831
A0745−1910	Pho	(2 a)	1080		A0802+2418	Prad	(10b)	7, 50, 100, 129
A0745−1910	SPtm	(4 a)	544		A0802+2418	Radc	(15a)	99, 126
A0745−1910	Xg	(16)	444		A0802+2418	Radif	(15b)	115, 159, 346, 401,
					A0802+2418	Radif	(15b)	464, 560
A0745−4119	Des	(1 b)	295		A0802+2418	Xg	(16)	303, 365
A0745−4119	Pho	(2 a)	980					
					A0804+3909	Spop	(8 b)	328, 355, 372, 598
A0747+3051	HIw	(13a)	100		A0804+3909	Radif	(15b)	269
A0747+4827	SN	(17a)	454		A0804+4637	SN	(17a)	264
A0747+7327	SN	(17a)	84		A0807−6137	Des	(1 b)	54
					A0807−6137	Pho	(2 a)	192
A0748+1409	SN	(17a)	432		A0807−6137	Spop	(8 b)	128
A0748+7432	SPtm	(4 a)	348		A0813+1200	Zopt	(6 a)	127
A0749+0257	SN	(17a)	412		A0813+70	Pho	(2 a)	106, 301, 793, 1010
					A0813+70	PtmU	(3 a)	16
A0750+5423	Des	(1 b)	18		A0813+70	PtmI	(3 c)	227, 268
					A0813+70	SPIR	(4 b)	52
A0750−6408	Pho	(2 a)	465		A0813+70	Star	(5 a)	139
A0750−6408	Zopt	(6 a)	172		A0813+70	SpUV	(8 a)	162
A0750−6408	Spop	(8 b)	330		A0813+70	Span	(8 d)	144
					A0813+70	HIIr	(12a)	55, 90, 106, 186, 258,
A0752+1430	SN	(17a)	407		A0813+70	HIIr	(12a)	262, 282
					A0813+70	Imed	(12c)	59
A0752+3919	Spop	(8 b)	55, 89, 100, 260, 263,		A0813+70	HIm	(13b)	27, 132
A0752+3919	Spop	(8 b)	461		A0813+70	Mol	(14a)	193
A0752+3919	Xg	(16)	157		A0813+70	Radif	(15b)	636
					A0813+70	Dis	(18)	6, 24, 166
A0752+6147	Spop	(8 b)	492, 516, 805					
					A0813+7546	Radif	(15b)	301
A0754+7312	Zopt	(6 a)	152					
A0754+7312	Spop	(8 b)	267		A0814+2150	Radif	(15b)	199
A0755+6025	SPtm	(4 a)	348		A0814−5401AB	Des	(1 b)	54
					A0814−5401AB	Pho	(2 a)	192
A0757+6132	SPtm	(4 a)	348		A0814−5401AB	Spop	(8 b)	128
A0758+6131	SPtm	(4 a)	348		A0815+2055	Radif	(15b)	199
A0758+6717	SN	(17a)	71		A0815+2122	Radif	(15b)	199
A0800+2449	Radif	(15b)	663		A0815+6847	Mkin	(9 a)	247
A0800+3336	Spop	(8 b)	372		A0816+2113	Radif	(15b)	199

A0816+2116	SPtm	(4 a)	242		A0823+2137	SPtm	(4 a)	242
A0816+2116	Radif	(15b)	199					
					A0823+2150	SPtm	(4 a)	242
A0816+2120	SPtm	(4 a)	548					
A0816+2120	Radif	(15b)	199		A0823+2226	SPtm	(4 a)	242
A0816+2156	Radif	(15b)	199		A0823+2321	SPtm	(4 a)	242
A0816+7409	Spop	(8 b)	794		A0824+5552	Pho	(2 a)	1050
					A0824+5552	Radc	(15a)	2
A0816−7142	Pho	(2 a)	465					
A0816−7142	Zopt	(6 a)	172		A0825+1737	SN	(17a)	262
A0816−7142	Spop	(8 b)	330					
					A0825+5214	Radc	(15a)	277
A0817+2102	Radif	(15b)	199					
					A0825−7737	Pho	(2 a)	125
A0817+2113	Radif	(15b)	199		A0825−7737	Zopt	(6 a)	52
					A0825−7737	Spop	(8 b)	86
A0817+2249	SPtm	(4 a)	548					
					A0826+5251	SN	(17a)	423, 443
A0818+7111	Pho	(2 a)	301, 688					
A0818+7111	PtmI	(3 c)	268		A0828+3229	Zopt	(6 a)	117
A0818+7111	Zrad	(6 b)	48, 96, 125		A0828+3229	Prad	(10b)	44
A0818+7111	HIw	(13a)	84, 214		A0828+3229	Radc	(15a)	222
A0818+7111	HIm	(13b)	149		A0828+3229	Radif	(15b)	99, 413, 449, 461,
A0818+7111	Mol	(14a)	175, 193		A0828+3229	Radif	(15b)	577, 580
A0820+2816	Zopt	(6 a)	244		A0829+1923	Des	(1 b)	18
A0820+2816	Radif	(15b)	253		A0829+1923	Pho	(2 a)	50
A0820−0448	Pho	(2 a)	392		A0829+66	Des	(1 b)	397
A0820−0448	Zopt	(6 a)	154		A0829+66	Pho	(2 a)	325
A0820−0448	Spop	(8 b)	276		A0829+66	Star	(5 a)	41, 63
A0820−0449	Pho	(2 a)	392		A0830−5936AB	Des	(1 b)	54
A0820−0449	Zopt	(6 a)	154		A0830−5936AB	Pho	(2 a)	192
A0820−0449	Spop	(8 b)	276		A0830−5936AB	Spop	(8 b)	128
A0820−7516AB	Des	(1 b)	54		A0831+0150	Des	(1 b)	337
A0820−7516AB	Pho	(2 a)	192		A0831+0150	Pho	(2 a)	1052
A0820−7516AB	Spop	(8 b)	128		A0831+0150	Mkin	(9 a)	300
					A0831+0150	Mdyn	(9 b)	156
A0821+2112	SPtm	(4 a)	242, 548					
					A0832+4454	Ima	(2 b)	45
A0821−0449	Pho	(2 a)	392		A0832+4454	PtmO	(3 b)	322
A0821−0449	Zopt	(6 a)	154		A0832+4454	Zopt	(6 a)	415
A0821−0449	Spop	(8 b)	276					
					A0832+4639	Spop	(8 b)	692
A0822+4608	PtmO	(3 b)	237					
A0822+4608	Spop	(8 b)	498		A0832−0255	Spop	(8 b)	372

A0833+4520	Ima	(2 b)	45		A0843+1259	Mkin	(9 a)	248
A0833+4520	PtmO	(3 b)	322					
A0833+4520	Zopt	(6 a)	415		A0843+3137	Zopt	(6 a)	117
					A0843+3137	Radif	(15b)	99, 449, 461, 502,
A0834−2614	Pho	(2 a)	105, 844, 1114		A0843+3137	Radif	(15b)	577
A0834−2614	PtmO	(3 b)	395					
A0834−2614	PtmI	(3 c)	21, 247, 287		A0844+3158	Des	(1 b)	387
A0834−2614	Zopt	(6 a)	46, 507, 524		A0844+3158	Prad	(10b)	151
A0834−2614	Spop	(8 b)	76, 129, 586, 672,		A0844+3158	Radif	(15b)	690
A0834−2614	Spop	(8 b)	965, 985					
A0834−2614	SpIR	(8 c)	62, 86		A0844+3456	PtmO	(3 b)	246, 282
A0834−2614	HIIr	(12a)	196		A0844+3456	Zopt	(6 a)	335
A0834−2614	HIw	(13a)	30		A0844+3456	Zrad	(6 b)	198
A0834−2614	Radc	(15a)	64		A0844+3456	HIw	(13a)	275
					A0844+3456	Radif	(15b)	670
A0836+2959	Des	(1 b)	319, 320					
A0836+2959	Pho	(2 a)	1025, 1026		A0844+4445	Ima	(2 b)	45
A0836+2959	Spop	(8 b)	503, 855		A0844+4445	PtmO	(3 b)	322
A0836+2959	Mkin	(9 a)	292		A0844+4445	Zopt	(6 a)	415
A0836+2959	Prad	(10b)	143					
A0836+2959	Radif	(15b)	413, 502, 628		A0844+4728	Spop	(8 b)	372
A0838+3235	Zopt	(6 a)	117		A0844+7020	Des	(1 b)	182
A0838+3235	Radc	(15a)	20		A0844+7020	Pho	(2 a)	567
A0838+3235	Radif	(15b)	99, 161, 211, 267,		A0844+7020	SPtm	(4 a)	258
A0838+3235	Radif	(15b)	301, 388, 449, 461					
					A0845+4626	Spop	(8 b)	554
A0839+1200	PtmI	(3 c)	164					
					A0845−0247	Mkin	(9 a)	248
A0839−7458	Pho	(2 a)	634					
					A0845−0250	Mkin	(9 a)	248
A0840+1427	Mkin	(9 a)	248					
					A0846+6549	Spop	(8 b)	254
A0840+4450	PtmO	(3 b)	372		A0846+6549	Span	(8 d)	49
A0840+4450	Radc	(15a)	308					
					A0849+0804	Zopt	(6 a)	224
A0840+4958	Zopt	(6 a)	157		A0849+0804	SpUV	(8 a)	183
					A0849+0804	Spop	(8 b)	448, 841
A0841+4442	PtmO	(3 b)	372					
A0841+4442	Radc	(15a)	308		A0849+4938	Pho	(2 a)	642
					A0849+4938	PtmO	(3 b)	229
A0841+4454	PtmO	(3 b)	372		A0849+4938	Zopt	(6 a)	247
A0841+4454	Radc	(15a)	308					
					A0849−0211	Des	(1 b)	337
A0842+1616	SpUV	(8 a)	35, 110		A0849−0211	Pho	(2 a)	1052
A0842+1616	Spop	(8 b)	922		A0849−0211	Mkin	(9 a)	300
					A0849−0211	Mdyn	(9 b)	156
A0842+3707	Radif	(15b)	338					
					A0850+3519	Zopt	(6 a)	538
A0843+1258	Mkin	(9 a)	248		A0850+3519	Mkin	(9 a)	328

A0850+3520	Des	(1 b)	103, 230
A0850+3520	Pho	(2 a)	766
A0851+20	PtmI	(3 c)	270
A0851+3249	Mkin	(9 a)	248
A0852−6850	Des	(1 b)	54
A0852−6850	Pho	(2 a)	192
A0852−6850	Spop	(8 b)	128
A0853−1208	Spop	(8 b)	938
A0855+3716	Des	(1 b)	25, 26
A0855+3716	Pho	(2 a)	83, 87
A0855+3716	PtmI	(3 c)	255
A0855+3716	Zopt	(6 a)	40, 41
A0855+3716	Mdyn	(9 b)	19
A0855+3942AB	Mkin	(9 a)	248
A0900−6404AB	Des	(1 b)	54
A0900−6404AB	Pho	(2 a)	192
A0900−6404AB	Spop	(8 b)	128
A0901−6442	Des	(1 b)	54
A0901−6442	Pho	(2 a)	192
A0901−6442	Spop	(8 b)	128
A0901−6806	Des	(1 b)	54
A0901−6806	Pho	(2 a)	192
A0901−6806	Spop	(8 b)	128
A0902+3623	SpUV	(8 a)	136
A0902+3623	Radif	(15b)	489
A0902−6801	Des	(1 b)	295
A0902−6801	Pho	(2 a)	980
A0902−7347	Pho	(2 a)	125
A0902−7347	Zopt	(6 a)	52
A0902−7347	Spop	(8 b)	86
A0903+5527	Spop	(8 b)	166, 179
A0905−0947	Zopt	(6 a)	235
A0905−0947	Prad	(10b)	111
A0905−0947	Radif	(15b)	309, 446
A0905−0947	Xg	(16)	255, 311
A0905−0947	Grp	(19)	201
A0906−0925	SPtm	(4 a)	312
A0906−0925	Zopt	(6 a)	122
A0906−0925	Spop	(8 b)	534
A0906−0925	Radif	(15b)	103
A0906−0925	Grp	(19)	79
A0906−0927	SPtm	(4 a)	316
A0906−0928	Zopt	(6 a)	122
A0906−0928	Radc	(15a)	139
A0906−0928	Radif	(15b)	103, 203
A0906−0928	Grp	(19)	77, 79
A0906−0930	Radif	(15b)	203
A0906−1248	Radif	(15b)	634
A0907−0910	Zopt	(6 a)	122
A0907−0910	Radc	(15a)	139
A0907−0910	Radif	(15b)	103, 203
A0907−0910	Grp	(19)	77, 79
A0907−0924	Zopt	(6 a)	122
A0907−0924	Prad	(10b)	55
A0907−0924	Radif	(15b)	103, 203
A0907−0924	Grp	(19)	79
A0907−0926	Radc	(15a)	139
A0907−0926	Grp	(19)	77
A0907−7536	Pho	(2 a)	125, 502
A0907−7536	Zopt	(6 a)	52
A0907−7536	Spop	(8 b)	86
A0909+7426	Dim	(1 a)	29
A0909+7426	SPtm	(4 a)	323
A0909+7426	Zrad	(6 b)	77
A0909+7426	HIw	(13a)	160
A0910+1238	Radc	(15a)	189
A0911+4707	SN	(17a)	8
A0911+4851	Zopt	(6 a)	538
A0911+4851	Mkin	(9 a)	328
A0911−1007	Radif	(15b)	634
A0911−5838	Des	(1 b)	54
A0911−5838	Pho	(2 a)	192

A0911−5838	Spop	(8 b)	128		A0915−1153	Radif	(15b)	364
A0912+4431	Des	(1 b)	100		A0916+5534	Spop	(8 b)	263
A0912+4431	Pho	(2 a)	376		A0917+0115	Des	(1 b)	5, 43
A0912+4432	Pho	(2 a)	1030		A0917+0115	PtmO	(3 b)	59, 121
A0912+4432	Mol	(14a)	168		A0917+0115	SPtm	(4 a)	233, 316
					A0917+0115	Xg	(16)	280
A0912+5958	Des	(1 b)	180		A0917+0115	Grp	(19)	127
A0912+5958	Pho	(2 a)	563					
A0912+5958	PtmI	(3 c)	13		A0918+2431	Mkin	(9 a)	247
A0912+5958	SPtm	(4 a)	255					
A0912+5958	Spop	(8 b)	46, 166		A0918+3337	Radc	(15a)	211
A0912+5958	Span	(8 d)	17, 47		A0918+3337	Radif	(15b)	334
A0912+5958	HIIr	(12a)	8		A0918+3337	Grp	(19)	146
A0913+4005	Pho	(2 a)	698		A0918−1222	Grp	(19)	83
A0913+4005	Zopt	(6 a)	272					
					A0919+3446	HIw	(13a)	210
A0913+5339	Des	(1 b)	63, 180					
A0913+5339	Pho	(2 a)	261, 563		A0919+4727	Des	(1 b)	63
A0913+5339	SPtm	(4 a)	255		A0919+4727	Pho	(2 a)	261
A0913+5339	Zopt	(6 a)	176		A0919+4727	Spop	(8 b)	254, 301
A0913+5339	Spop	(8 b)	338, 692		A0919+4727	Span	(8 d)	49, 63
A0913+5339	Grp	(19)	78		A0919+4727	HIIr	(12a)	197
					A0919+4727	Grp	(19)	78
A0914+0939	Spop	(8 b)	938					
					A0920+3456	HIw	(13a)	210
A0915+1631	Zopt	(6 a)	87					
A0915+1631	Spop	(8 b)	126, 444, 501, 551,		A0921+1752	HIw	(13a)	100
A0915+1631	Spop	(8 b)	554, 563, 588, 636					
A0915+1631	Popt	(10a)	54		A0921+3529	Radc	(15a)	2
A0915+1631	Radif	(15b)	269					
A0915+1631	Xg	(16)	289		A0921+5230	Pho	(2 a)	165
					A0921+5230	PtmO	(3 b)	246
A0915+3203	Prad	(10b)	153		A0921+5230	SPtm	(4 a)	89, 98
A0915+3203	Radc	(15a)	323		A0921+5230	Spop	(8 b)	7, 100, 161, 260, 263,
A0915+3203	Radif	(15b)	70, 79, 264, 577		A0921+5230	Spop	(8 b)	619, 699, 819, 863
					A0921+5230	Radif	(15b)	442
A0915+4805	Dim	(1 a)	29					
A0915+4805	SPtm	(4 a)	323		A0921−2122	Spop	(8 b)	626
A0915+4805	Zrad	(6 b)	77					
A0915+4805	HIw	(13a)	160		A0921−2757	Des	(1 b)	295
					A0921−2757	Pho	(2 a)	980
A0915−1153	Spop	(8 b)	214, 520, 568					
A0915−1153	Mkin	(9 a)	82, 87, 186, 217		A0922+3430	HIw	(13a)	210
A0915−1153	Prad	(10b)	3, 24, 119					
A0915−1153	Radc	(15a)	10, 21, 60, 113, 133,		A0922+3433	HIw	(13a)	210
A0915−1153	Radc	(15a)	169, 188, 267, 280,					
A0915−1153	Radc	(15a)	282		A0923+1257	PtmO	(3 b)	246

A0923+1257	SPtm	(4 a)	463, 470	A0934+0119	Spop	(8 b)	255
A0923+1257	Zopt	(6 a)	87	A0934+0119	Xg	(16)	399
A0923+1257	Spop	(8 b)	108, 126, 139, 297				
A0923+1257	Popt	(10a)	54	A0934+3527	Spop	(8 b)	609
A0923+1257	Xg	(16)	399				
				A0935+4045	Radc	(15a)	293
A0923+1936	HIw	(13a)	100				
				A0935−2210	Spop	(8 b)	575
A0923+3452	HIw	(13a)	210	A0935−2210	HIIr	(12a)	192
A0923+6837	Des	(1 b)	34	A0936+3608	Des	(1 b)	387
A0923+6837	Pho	(2 a)	873	A0936+3608	Prad	(10b)	151
A0923+6837	Zopt	(6 a)	372	A0936+3608	Radif	(15b)	690
A0923+6837	Spop	(8 b)	261, 683				
A0923+6837	Span	(8 d)	116	A0936+3647	Spop	(8 b)	609
A0923+6837	Mkin	(9 a)	250				
A0923+6837	Grp	(19)	15	A0936+3648	Spop	(8 b)	609
A0923+6838	Des	(1 b)	34	A0936+4838	Radc	(15a)	23
A0923+6838	Grp	(19)	15	A0936+71	Pho	(2 a)	245, 793
				A0936+71	Star	(5 a)	139
A0926+6040	Spop	(8 b)	922	A0936+71	Zrad	(6 a)	38
				A0936+71	HIIr	(12a)	55
A0926+7402	Zopt	(6 a)	152	A0936+71	HIw	(13a)	104
A0926+7402	Spop	(8 b)	267	A0936+71	HIm	(13b)	51
				A0936+71	Mol	(14a)	209
A0930+3349	Spop	(8 b)	922	A0936+71	Radif	(15b)	636
				A0936+71	Dis	(18)	24
A0930+5527	Des	(1 b)	99, 408				
A0930+5527	Pho	(2 a)	375	A0936−3338	Des	(1 b)	333
A0930+5527	PtmO	(3 b)	169	A0936−3338	Zopt	(6 a)	478
A0930+5527	PtmI	(3 c)	222	A0936−3338	Spop	(8 b)	874
A0930+5527	Zopt	(6 a)	479				
A0930+5527	SpUV	(8 a)	27, 126, 139	A0937+2127	Spop	(8 b)	328
A0930+5527	Spop	(8 b)	94, 249, 301, 352				
A0930+5527	Span	(8 d)	28, 48, 63, 70, 134,	A0937+4750	Radc	(15a)	23
A0930+5527	Span	(8 d)	137, 142, 155, 167				
A0930+5527	HIIr	(12a)	104, 132, 258	A0940+4242	Spop	(8 b)	254, 805
A0930+5527	HIm	(13b)	114	A0940+4242	Span	(8 d)	49
A0930+5527	Radc	(15a)	245, 277				
A0930+5527	Radif	(15b)	205	A0941+2950	HIw	(13a)	100
A0931+2733	Spir	(8 c)	73	A0941+3456	Spop	(8 b)	609
A0931+2733	Xg	(16)	278				
				A0941+6937	SPtm	(4 a)	306, 408
A0933+4841	Zopt	(6 a)	151				
A0933+4841	Spop	(8 b)	266	A0941−2103	HIw	(13a)	205
A0934+0119	PtmO	(3 b)	46, 246	A0943+2237	Spop	(8 b)	536
A0934+0119	Zopt	(6 a)	144				

A0943+4245	Spop	(8 b)	254, 805	A0945+7328	Radif	(15b)	135
A0943+4245	Span	(8 d)	49				
				A0945−3042	Des	(1 b)	333
A0943+4600	Pho	(2 a)	146	A0945−3042	Zopt	(6 a)	478
A0943+4600	PtmO	(3 b)	50	A0945−3042	Spop	(8 b)	874
A0943+4600	SPtm	(4 a)	72, 73				
				A0945−3043	Pho	(2 a)	455
A0943+5620B	Zopt	(6 a)	219	A0945−3043	PtmI	(3 c)	94
				A0945−3043	Zopt	(6 a)	116
A0943+6930	SPtm	(4 a)	306, 408	A0945−3043	Spop	(8 b)	322, 407
				A0945−3043	Radif	(15b)	451
A0943−3022	Zopt	(6 a)	478	A0945−3043	Xg	(16)	94, 98, 164, 219, 238,
A0943−3022	Spop	(8 b)	874	A0945−3043	Xg	(16)	270
A0943−3333	Des	(1 b)	333	A0946+5548	Des	(1 b)	99
A0943−3333	Pho	(2 a)	1045	A0946+5548	Pho	(2 a)	375
A0943−3333	Zopt	(6 a)	478	A0946+5548	Zopt	(6 a)	479
A0943−3333	Spop	(8 b)	874	A0946+5548	Span	(8 d)	155
A0944+2158	Radc	(15a)	261, 277	A0947+0051	Des	(1 b)	334
				A0947+0051	Spop	(8 b)	876
A0944+3919	Zopt	(6 a)	58				
A0944+3919	Spop	(8 b)	93	A0947+2814	Pho	(2 a)	596
A0944+3919	Radc	(15a)	277	A0947+2814	PtmO	(3 b)	214
				A0947+2814	PtmN	(3 d)	21
A0944+5812	HIIr	(12a)	197	A0947+2814	Spop	(8 b)	447, 460, 541, 922
				A0947+2814	Span	(8 d)	84, 104
A0945+0739	Zopt	(6 a)	525	A0947+2814	HIIr	(12a)	146, 180
A0945+0739	Spop	(8 b)	986	A0947+2814	HIw	(13a)	162
A0945+3306	Spop	(8 b)	254	A0947+3143	PtmO	(3 b)	169
A0945+3306	Span	(8 d)	49	A0947+3143	Spop	(8 b)	352
A0945+3306	Grp	(19)	18	A0947+3143	Span	(8 d)	70
A0945+4734	Radc	(15a)	23	A0949+4305	Dim	(1 a)	1
A0945+4736AB	Mkin	(9 a)	248	A0949+6912	SPtm	(4 a)	306, 408
A0945+5043	Pho	(2 a)	165	A0949−0122	Zopt	(6 a)	352
A0945+5043	PtmI	(3 c)	13	A0949−0122	Spop	(8 b)	332, 551, 636, 670
A0945+5043	SPtm	(4 a)	89	A0949−0122	Popt	(10a)	49, 54
A0945+5043	Spop	(8 b)	7, 46, 100, 159, 263,				
A0945+5043	Spop	(8 b)	440	A0950−3017	Des	(1 b)	333
A0945+5043	Spir	(8 c)	37	A0950−3017	Zopt	(6 a)	478
A0945+5043	Span	(8 d)	17	A0950−3017	Spop	(8 b)	874
A0945+6939	Zopt	(6 a)	431	A0951+6850	HIm	(13b)	126
A0945+6939	Mkin	(9 a)	277, 299	A0951+6850	Grp	(19)	140
A0945+7328	Radc	(15a)	215	A0951−3001	Des	(1 b)	333

A0951−3001	Zopt	(6 a)	478
A0951−3001	Spop	(8 b)	874
A0952+0930	Des	(1 b)	334
A0952+0930	Spop	(8 b)	876
A0952+1340	Zopt	(6 a)	175
A0952+1340	Spop	(8 b)	335
A0952+6848	SPtm	(4 a)	306, 408
A0953+1552	Pho	(2 a)	868
A0953+1552	Spop	(8 b)	692
A0953+1552	HIIr	(12a)	223
A0953+69	Pho	(2 a)	809, 976
A0953+69	SPtm	(4 a)	306, 576
A0953+69	Star	(5 a)	142, 242
A0953+69	Zopt	(6 a)	431
A0953+69	Zrad	(6 b)	1
A0953+69	Mkin	(9 a)	1
A0953+69	Mdyn	(9 b)	1
A0953+69	HIw	(13a)	1
A0953+69	HIm	(13b)	1, 126
A0953+69	Dis	(18)	102
A0953+69	Grp	(19)	140
A0954+0725	Spop	(8 b)	106, 372
A0954+1548	Zrad	(6 b)	125
A0954+1548	HIw	(13a)	214
A0956+30	Pho	(2 a)	273, 325, 813, 983
A0956+30	PtmI	(3 c)	268
A0956+30	Star	(5 a)	41, 147, 198
A0956+30	Zrad	(6 b)	47
A0956+30	Plan	(12b)	15
A0956+30	HIm	(13b)	57
A0956+30	Mol	(14a)	193
A0956+30	Radif	(15b)	636
A0956+30	Dis	(18)	54, 105, 138
A0957+05	Pho	(2 a)	1036
A0957+05	Spop	(8 b)	864
A0957+05	HIIr	(12a)	269
A0957+05	HIm	(13b)	229
A0957+0534	Pho	(2 a)	325
A0957+0534	Star	(5 a)	41, 151
A0957+0534	HIm	(13b)	81

A0957+0534	Dis	(18)	107
A0957+5559	Radc	(15a)	310
A0957+5559	Grp	(19)	241
A0957−2753	Spop	(8 b)	537
A0957−2753	Span	(8 d)	98
A0959+6825	SPtm	(4 a)	306
A0959+6856	Pho	(2 a)	952
A0959+6856	Zopt	(6 a)	413
A0959−0755	Des	(1 b)	366
A0959−0755	Pho	(2 a)	1075
A0959−0755	PtmO	(3 b)	375
A0959−0755	PtmI	(3 c)	273
A0959−0755	Zopt	(6 a)	489
A0959−0755	Spop	(8 b)	927
A1000+5940	Zopt	(6 a)	479
A1000+5940	Span	(8 d)	155
A1000+6829	SPtm	(4 a)	306, 408
A1001+1351	Dim	(1 a)	1
A1001+1351	Spop	(8 b)	254, 805
A1001+1351	Span	(8 d)	49
A1001+1351	HIm	(13b)	99
A1001+1351	Radif	(15b)	274
A1001+1427	Dim	(1 a)	1
A1001−3709	Pho	(2 a)	502
A1001−4417	Des	(1 b)	54
A1001−4417	Pho	(2 a)	192
A1001−4417	Spop	(8 b)	128
A1002+5152	Dim	(1 a)	1
A1002+6803	SPtm	(4 a)	408
A1002+6903	PtmO	(3 b)	15
A1002+6903	SPtm	(4 a)	24, 306
A1002+7037	SPtm	(4 a)	306, 455
A1002+7037	Zopt	(6 a)	431
A1002+7037	Zrad	(6 b)	48
A1002+7037	HIw	(13a)	84

A1003+2912	Radc	(15a)	277		A1008−04	Pho	(2 a)	325, 593, 706
A1003+2912	Grp	(19)	18		A1008−04	Star	(5 a)	41, 91, 116, 151, 243,
					A1008−04	Star	(5 a)	248
A1003+3503	SPtm	(4 a)	537		A1008−04	HIIr	(12a)	90
A1003+3503	Radif	(15b)	696		A1008−04	Plan	(12b)	13, 15
					A1008−04	HIm	(13b)	81, 132, 228
A1003−0744	Pho	(2 a)	1013		A1008−04	Dis	(18)	24, 54, 66, 107, 132
A1003−0744	Sclu	(5 b)	121					
A1003−0744	Scts	(5 c)	23		A1008−3814	Des	(1 b)	94
					A1008−3814	Pho	(2 a)	360, 827
A1003−4359	Pho	(2 a)	372		A1008−3814	Zopt	(6 a)	347
A1003−4359	Spop	(8 b)	250		A1008−3814	Spop	(8 b)	244
					A1008−3814	Mdyn	(9 b)	62
A1004+1036	Pho	(2 a)	596		A1008−3814	FPop	(11)	34
A1004+1036	PtmO	(3 b)	214					
A1004+1036	PtmN	(3 d)	21		A1009+0510	Pho	(2 a)	868
A1004+1036	Spop	(8 b)	447, 460, 541		A1009+0510	HIIr	(12a)	223
A1004+1036	Span	(8 d)	104					
A1004+1036	HIIr	(12a)	146, 180		A1010+3531	Des	(1 b)	63
A1004+1036	HIw	(13a)	162		A1010+3531	Pho	(2 a)	261
					A1010+3531	Radc	(15a)	2
A1004+1720	Spop	(8 b)	372		A1010+3531	Grp	(19)	78
A1004−2940	Spop	(8 b)	537		A1011−0403	PtmO	(3 b)	246
A1004−2940	Span	(8 d)	98		A1011−0403	Xg	(16)	399
A1005+12	Dim	(1 a)	28		A1012+4402	Radc	(15a)	2
A1005+12	Pho	(2 a)	239, 956, 1088					
A1005+12	Star	(5 a)	34, 94, 190, 201, 224,		A1012+5555	Dim	(1 a)	1
A1005+12	Star	(5 a)	235					
A1005+12	Scts	(5 c)	25		A1013+0504	Dim	(1 a)	1
A1005+12	Zopt	(6 a)	443					
A1005+12	Spop	(8 b)	816		A1013+4534	Radc	(15a)	277
A1005+12	HIw	(13a)	71					
A1005+12	Dis	(18)	168		A1014+4618	Pho	(2 a)	214
A1006−3808	Des	(1 b)	25		A1014+5343	Dim	(1 a)	1
A1006−3808	PtmI	(3 c)	255					
					A1015+0713	Zopt	(6 a)	144
A1007+2321	Zopt	(6 a)	87, 144		A1015+0713	Spop	(8 b)	255, 598
A1007+2321	Spop	(8 b)	126, 255		A1015+0713	Radif	(15b)	429
A1007−4233	Spop	(8 b)	607, 770, 859		A1015+4618	Spop	(8 b)	993
					A1015+4618	Mkin	(9 a)	319
A1008+5858	Des	(1 b)	99		A1015+4618	Mdyn	(9 b)	167
A1008+5858	Pho	(2 a)	375					
					A1015+6413	Des	(1 b)	182
A1008+5908	SpUV	(8 a)	120		A1015+6413	Pho	(2 a)	165, 567
A1008+5908	Spop	(8 b)	639		A1015+6413	PtmN	(3 d)	9
					A1015+6413	SPtm	(4 a)	89, 258

A1015+6413	Spop	(8 b)	7, 100, 161, 263
A1016+2132	Spop	(8 b)	536
A1016+3336	Spop	(8 b)	922
A1017+0828	HIw	(13a)	272
A1017+0828	Mol	(14a)	194
A1017+4845	Spop	(8 b)	223
A1017+4845	Prad	(10b)	90
A1017+4845	Radc	(15a)	222
A1017+4845	Radif	(15b)	301, 335, 696
A1017+4845	Xg	(16)	199
A1017−0616	Spop	(8 b)	380
A1018+3554	SN	(17a)	416
A1019+7852	Des	(1 b)	337
A1019+7852	Pho	(2 a)	1052
A1019+7852	Mkin	(9 a)	300
A1019+7852	Mdyn	(9 b)	156
A1019+7902	Des	(1 b)	25
A1019+7902	Zopt	(6 a)	40
A1021+1500	Zrad	(6 b)	77
A1021+1500	HIw	(13a)	160
A1021+2120	Spop	(8 b)	536
A1021−2858	Spop	(8 b)	116
A1022+4805	Des	(1 b)	100
A1022+4805	Pho	(2 a)	376
A1022+5155	PtmO	(3 b)	246
A1022+5155	Spop	(8 b)	100, 159, 161, 263
A1022+5155	Xg	(16)	112, 270
A1022+5546	Dim	(1 a)	1
A1023+1159	PtmO	(3 b)	237
A1023+1159	Spop	(8 b)	498
A1023+1159	Mkin	(9 a)	247
A1023+5631	PtmO	(3 b)	218
A1023+5631	PtmN	(3 d)	11
A1024−0304	Des	(1 b)	5, 43
A1024−0304	PtmO	(3 b)	121
A1024−0304	SPtm	(4 a)	316
A1024−0304	Xg	(16)	280
A1026+7019	Zopt	(6 a)	431
A1026+7019	Mkin	(9 a)	277, 299
A1026+7052	Zopt	(6 a)	431
A1027−0255	Des	(1 b)	5, 43, 376
A1027−0255	PtmO	(3 b)	59, 121
A1027−0255	SPtm	(4 a)	233, 316
A1027−0255	Grp	(19)	127
A1028+2902	Xg	(16)	157
A1028−3008	Spop	(8 b)	116
A1029+5439	PtmO	(3 b)	218
A1029+5439	PtmI	(3 c)	13, 293
A1029+5439	PtmN	(3 d)	11
A1029+5439	Radc	(5 a)	180
A1029+5439	Spop	(8 b)	46, 460
A1029+5439	Span	(8 d)	17, 47
A1029+5439	Popt	(10a)	8
A1029+5439	Radc	(15a)	225, 277
A1029+5700	Prad	(10b)	153
A1029+5700	Radc	(15a)	323
A1029+5700	Radif	(15b)	139
A1029+5939	Des	(1 b)	316
A1029+5939	SPtm	(4 a)	498
A1029−4559	Pho	(2 a)	534, 970, 1145
A1029−4559	PtmI	(3 c)	293
A1029−4559	Imed	(12c)	46
A1030+0723A	PtmO	(3 b)	418
A1030+0723A	Zopt	(6 a)	537
A1030+0723A	Spop	(8 b)	1002
A1030+0723AB	Ima	(2 b)	48
A1030+0723AB	Zopt	(6 a)	419
A1030+0723AB	Spop	(8 b)	783
A1030+0723B	PtmO	(3 b)	418
A1030+0723B	Zopt	(6 a)	537
A1030+0723B	Spop	(8 b)	1002

A1030+5939	Des	(1 b)	100		A1038−4603	SN	(17a)	312
A1030+5939	Pho	(2 a)	376		A1039+3442	Des	(1 b)	16
A1030+6017	PtmI	(3 c)	13		A1039+3442	Pho	(2 a)	47, 466
A1030+6017	Spop	(8 b)	7, 46, 89, 145, 161,		A1039+3442	Zopt	(6 a)	174
A1030+6017	Spop	(8 b)	364, 761, 853, 990		A1039+3442	HIIr	(12a)	90, 107
A1030+6017	SpIR	(8 c)	72		A1039−2307	Mdyn	(9 b)	116
A1030+6017	Span	(8 d)	17		A1039−2307	Grp	(19)	203
A1030+6017	Popt	(10a)	54		A1040+1343	Des	(1 b)	25
A1030+6017	Radif	(15b)	442		A1040+1343	PtmI	(3 c)	255
A1031−2744	SN	(17a)	312		A1040+1343	Zopt	(6 a)	40
A1032+4649	Pho	(2 a)	1050		A1040+1343	Zrad	(6 b)	34
A1032−2819	Des	(1 b)	334		A1040+1343	HIw	(13a)	63
A1032−2819	Spop	(8 b)	116, 876		A1040+2040	HIw	(13a)	100
A1032−2819	Radc	(15a)	96		A1040+3146	Radif	(15b)	78, 413, 449, 502
A1033+3148	Zopt	(6 a)	207		A1040+7658	Zrad	(6 b)	172
A1033+3148	Mkin	(9 a)	146		A1040+7658	HIw	(13a)	248
A1033−2429	Mdyn	(9 b)	116		A1041+5301	Radc	(15a)	174
A1033−2429	Grp	(19)	203		A1041+6321	Zrad	(6 b)	185
A1034+4938	Zopt	(6 a)	465		A1041+6321	HIm	(13b)	220
A1034+4938	Spop	(8 b)	844		A1041−0101	Spop	(8 b)	106, 372
A1034−2723	Zopt	(6 a)	406		A1041−0101	Radif	(15b)	336, 442
A1035−2603	Pho	(2 a)	1033		A1042+5613	PtmI	(3 c)	268
A1036+1506	Pho	(2 a)	102		A1042+5613	Mol	(14a)	193
A1036+1506	SN	(17a)	35		A1043+1939	Des	(1 b)	18
A1036+4811	Mkin	(9 a)	248		A1044+1420	SPtm	(4 a)	439
A1036−2818	Mkin	(9 a)	178		A1044+2647	Des	(1 b)	100
A1036−3750	Spop	(8 b)	575		A1044+2647	Pho	(2 a)	376
A1036−3750	HIIr	(12a)	192		A1044+2647	Spop	(8 b)	993
A1038+2137	Des	(1 b)	334		A1044+2647	Mkin	(9 a)	319
A1038+2137	Spop	(8 b)	876		A1044+2647	Mdyn	(9 b)	167
A1038+5801	PtmO	(3 b)	234		A1045+1230	SPtm	(4 a)	435
A1038+5801	Zopt	(6 a)	261, 313		A1045+1230	Spop	(8 b)	861
A1038+5801	Spop	(8 b)	590		A1045+1230	HIm	(13b)	213
A1038−2900	Radc	(15a)	96		A1045+1230	Grp	(19)	228
					A1045+2651	Pho	(2 a)	269

A1045+2651	SN	(17a)	36, 64, 76		A1053+6057	SPtm	(4 a)	72, 73
					A1053+6057	Zopt	(6 a)	62
A1045+5018	Des	(1 b)	63					
A1045+5018	Pho	(2 a)	261		A1055+2427	Des	(1 b)	63
A1045+5018	Grp	(19)	78		A1055+2427	Pho	(2 a)	261
					A1055+2427	Grp	(19)	78
A1046+2619	Spop	(8 b)	835					
					A1055+3631	Spop	(8 b)	993
A1046+5235	Spop	(8 b)	922		A1055+3631	Mkin	(9 a)	319
					A1055+3631	Mdyn	(9 b)	167
A1046−1922	PtmI	(3 c)	296					
					A1055+7253	Spop	(8 b)	498
A1047+1333	SPtm	(4 a)	239					
					A1055+7254	Des	(1 b)	182
A1047+6505	Pho	(2 a)	885		A1055+7254	Pho	(2 a)	567
A1047+6505	Zopt	(6 a)	374		A1055+7254	SPtm	(4 a)	258
A1048+4450	Spop	(8 b)	460		A1056−4619	Pho	(2 a)	1033
A1049+5957	Dim	(1 a)	1		A1057+1019	Pho	(2 a)	712
					A1057+1019	PtmO	(3 b)	251
A1049−3409	Spop	(8 b)	116		A1057+1019	Zopt	(6 a)	280, 288
					A1057+1019	Zrad	(6 b)	101
A1050+0453	PtmI	(3 c)	164		A1057+1019	Spop	(8 b)	550, 560
					A1057+1019	HIw	(13a)	185, 202, 203
A1050+5033	Spop	(8 b)	166		A1057+1019	Radif	(15b)	392
A1050+5033	Span	(8 d)	47					
					A1057+1020	Zrad	(6 b)	115
A1050−1843	Spop	(8 b)	938		A1057+1020	HIw	(13a)	202
A1051+4955	Zopt	(6 a)	151		A1057+5803	Des	(1 b)	100
A1051+4955	Spop	(8 b)	266		A1057+5803	Pho	(2 a)	376
A1051+5434	Des	(1 b)	297		A1057−5110	Pho	(2 a)	465
A1051+5434	SPtm	(4 a)	478		A1057−5110	Zopt	(6 a)	172
A1051+5434	Zrad	(6 b)	177		A1057−5110	Spop	(8 b)	330
A1051+5434	Mkin	(9 a)	196					
A1051+5434	Mdyn	(9 b)	145		A1058+1118	Zopt	(6 a)	144
A1051+5434	HIm	(13b)	157, 216		A1058+1118	Spop	(8 b)	255
					A1058+1118	Popt	(10a)	54
A1051+5613	Dim	(1 a)	1		A1058+1118	Radc	(15a)	230
					A1058+1118	Radif	(15b)	429, 626
A1052+1724	Zrad	(6 b)	125					
A1052+1724	HIw	(13a)	214		A1059+4529	HIIr	(12a)	197
A1052+5809	Des	(1 b)	100		A1101+3828	Des	(1 b)	28, 168, 308
A1052+5809	Pho	(2 a)	376		A1101+3828	Pho	(2 a)	1050
					A1101+3828	PtmU	(3 a)	18
A1053+6057	Pho	(2 a)	146		A1101+3828	PtmO	(3 b)	2, 3, 8, 12, 24, 30, 37,
A1053+6057	PtmO	(3 b)	50		A1101+3828	PtmO	(3 b)	52, 77, 86, 93, 97,

A1101+3828	PtmO	(3 b)	151, 153, 157, 194,	A1102+4501	Span	(8 d)	47
A1101+3828	PtmO	(3 b)	243, 248, 261, 272,				
A1101+3828	PtmO	(3 b)	290, 366, 369, 417	A1103+5758	Dim	(1 a)	1
A1101+3828	PtmI	(3 c)	3, 19, 24, 30, 33, 55,	A1103−5024	Pho	(2 a)	465
A1101+3828	PtmI	(3 c)	86, 136, 204, 256,	A1103−5024	Zopt	(6 a)	172
A1101+3828	PtmI	(3 c)	262	A1103−5024	Spop	(8 b)	330
A1101+3828	SPtm	(4 a)	183, 263				
A1101+3828	Zopt	(6 a)	7	A1104+1428	Radif	(15b)	503
A1101+3828	SpUV	(8 a)	8, 17, 114, 189, 209				
A1101+3828	Spop	(8 b)	142, 160, 274	A1105+4410	PtmO	(3 b)	241
A1101+3828	Popt	(10a)	2, 5, 8, 19, 27, 39, 41,	A1105+4410	Zopt	(6 a)	263
A1101+3828	Popt	(10a)	44, 59, 84				
A1101+3828	Prad	(10b)	92, 96	A1106+2653	Des	(1 b)	376, 395
A1101+3828	Radc	(15a)	2, 6, 48, 57, 61, 99,				
A1101+3828	Radc	(15a)	119, 131, 148, 172,	A1107+0338	Pho	(2 a)	685
A1101+3828	Radc	(15a)	180, 189, 222, 233,	A1107+0338	Zopt	(6 a)	265
A1101+3828	Radc	(15a)	237, 242, 251, 252,				
A1101+3828	Radc	(15a)	262, 278, 282	A1107+2431	Spop	(8 b)	536
A1101+3828	Radif	(15b)	68, 80, 150, 184, 260,				
A1101+3828	Radif	(15b)	271, 316, 366, 388,	A1107+5840	SN	(17a)	218
A1101+3828	Radif	(15b)	409, 434, 449, 460,				
A1101+3828	Radif	(15b)	481, 502, 506, 661	A1108−2813	Zopt	(6 a)	303
A1101+3828	Xg	(16)	70, 86, 96, 99, 101,	A1108−2813	SpUV	(8 a)	109
A1101+3828	Xg	(16)	106, 133, 136, 155,	A1108−2813	Spop	(8 b)	583
A1101+3828	Xg	(16)	179, 206, 219, 229,				
A1101+3828	Xg	(16)	253, 270, 272, 282,	A1108−3004	Pho	(2 a)	502
A1101+3828	Xg	(16)	295, 315, 336, 364,				
A1101+3828	Xg	(16)	385, 390, 400, 432,	A1108−4849	Pho	(2 a)	465
A1101+3828	Xg	(16)	437	A1108−4849	Zopt	(6 a)	172
				A1108−4849	Spop	(8 b)	330
A1101+41	Des	(1 b)	25, 359, 401				
A1101+41	Pho	(2 a)	437, 1103	A1109−4738	Pho	(2 a)	465
A1101+41	Ima	(2 b)	77	A1109−4738	Zopt	(6 a)	172
A1101+41	PtmO	(3 b)	26, 393	A1109−4738	Spop	(8 b)	330
A1101+41	PtmI	(3 c)	255				
A1101+41	SPtm	(4 a)	534, 569	A1109−4744	Pho	(2 a)	465
A1101+41	Spop	(8 b)	905	A1109−4744	Zopt	(6 a)	172
A1101+41	SpIR	(8 c)	92	A1109−4744	Spop	(8 b)	330
A1101+41	Radif	(15b)	133, 175				
				A1110+22	Dim	(1 a)	28
A1102+2924	PtmO	(3 b)	236	A1110+22	Pho	(2 a)	956
A1102+2924	PtmI	(3 c)	13, 119, 222	A1110+22	SPtm	(4 a)	276
A1102+2924	SpUV	(8 a)	80, 139	A1110+22	Star	(5 a)	4, 94, 119, 190, 201
A1102+2924	Spop	(8 b)	46, 166, 301, 509,	A1110+22	Scts	(5 c)	10
A1102+2924	Spop	(8 b)	922	A1110+22	Zopt	(6 a)	443
A1102+2924	Span	(8 d)	17, 47, 63, 137	A1110+22	Spop	(8 b)	816
A1102+2924	HIIr	(12a)	8, 258	A1110+22	HIw	(13a)	71
A1102+2924	Radc	(15a)	277				
				A1110+4751	Spop	(8 b)	254, 805
A1102+4501	Spop	(8 b)	166				

A1110+4751	Span	(8 d)	49		A1118+7305	Radif	(15b)	493
A1111+5651	Dim	(1 a)	1		A1118−3507	Pho	(2 a)	1023
					A1118−3507	Vdis	(7 a)	93
A1111+5704	Dim	(1 a)	1					
					A1119+1200	Pho	(2 a)	815
A1112+5611	SN	(17a)	259, 334		A1119+1200	PtmO	(3 b)	207, 246
					A1119+1200	Zopt	(6 a)	87
A1112−2919	Spop	(8 b)	938		A1119+1200	Zrad	(6 b)	130, 198
					A1119+1200	Spop	(8 b)	126, 499, 598
A1113+2931	Des	(1 b)	376		A1119+1200	Popt	(10a)	54
A1113+2931	Spop	(8 b)	399		A1119+1200	HIw	(13a)	217, 275
A1113+2931	Popt	(10a)	61		A1119+1200	Xg	(16)	399
A1113+2931	Prad	(10b)	33, 44, 148					
A1113+2931	Radc	(15a)	20		A1120+3436	Radif	(15b)	324
A1113+2931	Radif	(15b)	78, 211, 324, 413,					
A1113+2931	Radif	(15b)	683		A1120+3446	Radc	(15a)	263
A1113+2933	Radif	(15b)	324		A1121+0336	PtmI	(3 c)	268
					A1121+0336	Mol	(14a)	193
A1115+1907	Spop	(8 b)	254					
A1115+1907	Span	(8 d)	49		A1121+7118	Radif	(15b)	419
A1115+5401AB	Des	(1 b)	34		A1122+3819	PtmO	(3 b)	235
A1115+5401AB	Pho	(2 a)	48, 126		A1122+3819	Zopt	(6 a)	207
A1115+5401AB	HIIr	(12a)	197		A1122+3819	Spop	(8 b)	498
					A1122+3819	Mkin	(9 a)	146
A1115+6333	Grp	(19)	101					
					A1122+5439	PtmN	(3 d)	8
A1116+2810	Zopt	(6 a)	117		A1122+5439	SPtm	(4 a)	213
A1116+2810	Radif	(15b)	99, 577		A1122+5439	Spop	(8 b)	100, 161, 263, 297,
					A1122+5439	Spop	(8 b)	364
A1116+5146	PtmO	(3 b)	169		A1122+5439	Radif	(15b)	336
A1116+5146	Zopt	(6 a)	5		A1122+5439	Xg	(16)	64, 157
A1116+5146	Spop	(8 b)	3, 301, 352, 759, 854					
A1116+5146	Span	(8 d)	2, 63, 70, 150		A1123+4716	Spop	(8 b)	301
A1116+5146	Imed	(12c)	1		A1123+4716	Span	(8 d)	63
A1116+5934	SN	(17a)	80		A1123+5401	Zrad	(6 b)	77
					A1123+5401	HIw	(13a)	160
A1116+6245	Spop	(8 b)	554					
A1116+6245	Grp	(19)	101		A1123+5503	Spop	(8 b)	609
A1116−4624	Pho	(2 a)	1033		A1123+6424	Des	(1 b)	99
A1116−4624	Ima	(2 b)	54		A1123+6424	Pho	(2 a)	375
					A1123+6424	SpUV	(8 a)	60
A1117+5444	SN	(17a)	106		A1123+6424	Spop	(8 b)	891
					A1123+6424	HIIr	(12a)	197
A1118+0309	Des	(1 b)	376					
					A1124+3531	Des	(1 b)	292, 396

A1124+3531	Pho	(2 a)	978		A1129+53A	Zopt	(6 a)	153
A1124+3531	Spop	(8 b)	328, 371, 598		A1129+53A	Spop	(8 b)	271
A1124+3531	Radif	(15b)	626					
					A1129+53C	Pho	(2 a)	165
A1124+4738	Des	(1 b)	100		A1129+53C	SPtm	(4 a)	89
A1124+4738	Pho	(2 a)	376		A1129+53C	Spop	(8 b)	7, 145, 161
A1124+5411	Pho	(2 a)	7		A1129+53D	Spop	(8 b)	364
A1124+5411	Zopt	(6 a)	5					
A1124+5411	Spop	(8 b)	3		A1129+5410	SN	(17a)	270
A1124+5411	Span	(8 d)	2					
					A1129+6206	Zrad	(6 b)	120
A1124+6342	Spop	(8 b)	258		A1129+6206	HIm	(13b)	164
A1124+6342	Grp	(19)	101		A1129+6206	Grp	(19)	188
A1124+7916	Pho	(2 a)	325, 488		A1129+6247	Des	(1 b)	63
A1124+7916	PtmI	(3 c)	67, 72		A1129+6247	Pho	(2 a)	261
A1124+7916	Star	(5 a)	41		A1129+6247	HIIr	(12a)	197
A1124+7916	Zopt	(6 a)	431		A1129+6247	Grp	(19)	78, 101
A1124+7916	Spop	(8 b)	350, 360					
A1124+7916	Span	(8 d)	71		A1129+7105AC	Pho	(2 a)	746
A1124+7916	Mkin	(9 a)	209		A1129+7105AC	SPtm	(4 a)	340
A1124+7916	HIw	(13a)	124, 125					
					A1130+4930	Des	(1 b)	99
A1125+2215	Des	(1 b)	100		A1130+4930	Pho	(2 a)	375
A1125+2215	Pho	(2 a)	376		A1130+4930	Zopt	(6 a)	479
					A1130+4930	Spop	(8 b)	301, 891
A1125+2702	Radif	(15b)	419		A1130+4930	Span	(8 d)	63, 155
					A1130+4930	HIIr	(12a)	258
A1125+5806	PtmO	(3 b)	234					
A1125+5806	Zopt	(6 a)	261, 313		A1130+7026	Xg	(16)	272
A1125+5806	Spop	(8 b)	590					
					A1130−0344	Radif	(15b)	369
A1126+5427	Pho	(2 a)	153					
A1126+5427	Zopt	(6 a)	66		A1131+2122	Prad	(10b)	23
					A1131+2122	Radif	(15b)	83
A1126−0407	PtmO	(3 b)	246					
A1126−0407	Zopt	(6 a)	352		A1133+2828	Zopt	(6 a)	144
A1126−0407	Spop	(8 b)	332, 670		A1133+2828	Spop	(8 b)	255
A1126−0407	Xg	(16)	399					
					A1133+3239	Spop	(8 b)	536
A1127+3700	Spop	(8 b)	922					
					A1133+5714	PtmO	(3 b)	234
A1129+53.	Spop	(8 b)	461		A1133+5714	Zopt	(6 a)	261, 313
A1129+53.	Popt	(10a)	54		A1133+5714	Spop	(8 b)	590
A1129+53.	Radc	(15a)	152					
A1129+53.	Radif	(15b)	442		A1133+7026	Des	(1 b)	28, 307
					A1133+7026	Pho	(2 a)	390
A1129+53A	Pho	(2 a)	389		A1133+7026	PtmO	(3 b)	173, 280
A1129+53A	PtmO	(3 b)	142		A1133+7026	SpUV	(8 a)	83, 119, 189

A1133+7026	Spop	(8 b)	142, 261, 274
A1133+7026	Prad	(10b)	92
A1133+7026	Radc	(15a)	2, 48, 57, 180, 233,
A1133+7026	Radc	(15a)	258, 278
A1133+7026	Radif	(15b)	68, 444, 599
A1133+7026	Xg	(16)	159, 198, 206, 251,
A1133+7026	Xg	(16)	319
A1134+2015	HIIr	(12a)	197
A1134+2015	HIw	(13a)	100
A1135+5625	PtmO	(3 b)	235
A1135+5625	Zopt	(6 a)	538
A1135+5625	Spop	(8 b)	498
A1135+5625	Mkin	(9 a)	328
A1136+5928	PtmO	(3 b)	234
A1136+5928	Zopt	(6 a)	261, 313
A1136+5928	Spop	(8 b)	590
A1136+6849	HIIr	(12a)	197
A1137+1713	Zopt	(6 a)	144
A1137+1713	Spop	(8 b)	255
A1137+2012	Radc	(15a)	263
A1137+2839	Spop	(8 b)	922
A1137+2839	Radc	(15a)	277
A1138+2214	Spop	(8 b)	536
A1138+3237	Spop	(8 b)	536
A1138−0613	Des	(1 b)	16
A1138−0613	Pho	(2 a)	47
A1138−0613	Zopt	(6 a)	207
A1138−0613	Mkin	(9 a)	146
A1139+0036	Spop	(8 b)	254
A1139+0036	Span	(8 d)	49
A1139+2023	Radif	(15b)	146
A1140+2014	Radif	(3 c)	662
A1140+2014	Radif	(4 a)	662
A1140+2014	Radif	(15b)	146, 685
A1140+2017	Radif	(3 c)	662
A1140+2017	Radif	(4 a)	662
A1140+2017	Radif	(15b)	146, 685
A1140+3144	Spop	(8 b)	536
A1140+5923	Zrad	(6 b)	77
A1140+5923	HIw	(13a)	160
A1141+2000	Xg	(16)	271
A1141+2003AB	Zrad	(6 b)	97
A1141+2003AB	HIw	(13a)	181
A1141+2003AB	Xg	(16)	271
A1141+2006	Xg	(16)	271
A1141+2015	Pho	(2 a)	508, 788, 857
A1141+2015	Ima	(2 b)	27
A1141+2015	SPtm	(4 a)	312
A1141+2015	Zopt	(6 a)	353
A1141+2015	Spop	(8 b)	534
A1141+2015	Mkin	(9 a)	243
A1141+2015	HIw	(13a)	111
A1141+2015	Radc	(15a)	233
A1141+2015	Radif	(15b)	96, 146, 497, 685
A1141+2015	SN	(17a)	368
A1141+2015	Grp	(19)	76
A1141+6029	SN	(17a)	417
A1142+1958	Zrad	(6 b)	97
A1142+1958	HIw	(13a)	181
A1142+1958	Xg	(16)	271
A1142+2000	Xg	(16)	271
A1142+2001	Xg	(16)	271
A1142+2002AB	Xg	(16)	271
A1142+2003	Zrad	(6 b)	97
A1142+2003	HIw	(13a)	181
A1142+5915	Pho	(2 a)	146, 300
A1142+5915	PtmO	(3 b)	50
A1142+5915	SPtm	(4 a)	72
A1142+5915	Zopt	(6 a)	62
A1142+5915	Spop	(8 b)	285
A1142+5915	Span	(8 d)	55
A1143+5001	Pho	(2 a)	1078

A1143−1800	PtmO	(3 b)	328
A1143−1800	Zopt	(6 a)	427
A1143−1810	PtmO	(3 b)	344
A1143−1810	Zopt	(6 a)	461
A1143−1810	Spop	(8 b)	836
A1143−1810	Xg	(16)	396
A1144+3517	Radc	(15a)	148
A1144+3517	Radif	(15b)	391, 409, 449
A1145+2206	Spop	(8 b)	536, 539
A1145−4700	Zopt	(6 a)	119
A1145−4700	Spop	(8 b)	172
A1146+2425	Spop	(8 b)	536
A1146+3254	HIw	(13a)	110
A1146−0145	PtmO	(3 b)	237
A1146−0145	Spop	(8 b)	498
A1146−0311	Des	(1 b)	5, 43
A1146−0311	Pho	(2 a)	13
A1146−0311	PtmO	(3 b)	121
A1146−0311	SPtm	(4 a)	316
A1147−4920	Pho	(2 a)	465, 1118
A1147−4920	Zopt	(6 a)	172
A1147−4920	Spop	(8 b)	330, 967
A1147−4920	Mkin	(9 a)	312
A1147−4920	Mdyn	(9 b)	164
A1148+5644	Zopt	(6 a)	538
A1148+5644	Mkin	(9 a)	328
A1148+5644	Grp	(19)	83
A1148−2018	Spop	(8 b)	408, 417, 537
A1148−2018	Span	(8 d)	98
A1148−2019	PtmI	(3 c)	164
A1149−1105	PtmO	(3 b)	246
A1150+0201	Pho	(2 a)	868
A1150+0201	HIIr	(12a)	223
A1150−0408	Des	(1 b)	18
A1150−0408	Pho	(2 a)	50
A1150−3851	Pho	(2 a)	1033
A1150−3851	Zrad	(6 b)	182
A1150−3851	HIw	(13a)	255
A1150−3851	Mol	(14a)	154
A1151+4629	Spop	(8 b)	7, 159, 161, 260, 297,
A1151+4629	Spop	(8 b)	364, 853
A1151−2847	SN	(17a)	219
A1152+2613	Spop	(8 b)	536
A1152+2630	Zrad	(6 b)	125
A1152+2630	HIw	(13a)	214
A1152+5510	Radc	(15a)	292
A1152+5510	Radif	(15b)	27, 267
A1152+5756	Spop	(8 b)	166
A1152+5756	Span	(8 d)	47
A1152−5001	PtmO	(3 b)	383
A1153+4319	PtmI	(3 c)	293
A1153+5053	Pho	(2 a)	737
A1153+5053	HIw	(13a)	204
A1153+5053	HIm	(13b)	159
A1153+5053	Grp	(19)	186
A1153−1851	Spop	(8 b)	417
A1154+3121	Spop	(8 b)	536
A1154+5107	Dim	(1 a)	29
A1154+5107	Pho	(2 a)	737
A1154+5107	SPtm	(4 a)	323
A1154+5107	Zrad	(6 b)	77
A1154+5107	Spop	(8 b)	553
A1154+5107	HIIr	(12a)	184
A1154+5107	HIw	(13a)	160, 204
A1154+5107	HIm	(13b)	159
A1154+5107	Grp	(19)	186
A1154+5327	Zrad	(6 b)	74, 126
A1154+5327	HIw	(13a)	175, 209
A1154+5327	HIm	(13b)	170
A1154−1920	Radc	(15a)	277

A1155+0949	Des	(1 b)	411		A1158−0323	Spop	(8 b)	332
A1155+0949	Zopt	(6 a)	532		A1158−2012	Des	(1 b)	295
A1155+2638	Des	(1 b)	387		A1158−2012	Pho	(2 a)	980
A1155+2638	Prad	(10b)	151		A1158−2012	SPtm	(4 a)	514
A1155+2638	Radif	(15b)	690		A1158−3335	Spop	(8 b)	116
A1155+3640	Pho	(2 a)	467		A1200+5157	Radif	(15b)	120, 143, 206, 696
A1155+3640	Spop	(8 b)	334		A1200−2038	SPtm	(4 a)	546
A1155+3640	Mkin	(9 a)	116		A1200−2038	Spop	(8 b)	417, 936
A1155+3640	HIIr	(12a)	108		A1201+2359	Radc	(15a)	177
A1155+3821	Zrad	(6 b)	77		A1201+4250	PtmO	(3 b)	241
A1155+3821	HIw	(13a)	160		A1201+4250	Zopt	(6 a)	263
A1155+5111	Pho	(2 a)	737		A1201+6048	Radc	(15a)	180
A1155+5111	HIw	(13a)	204		A1201−0115	Grp	(19)	83
A1155+5111	HIm	(13b)	159		A1201−1815	Spop	(8 b)	417
A1155+5111	Grp	(19)	186		A1202+1809	Mkin	(9 a)	248
A1155+5113	Dim	(1 a)	29		A1202+1812	Mkin	(9 a)	248
A1155+5113	SPtm	(4 a)	323		A1202+3126	Pho	(2 a)	561
A1155+5332	Zrad	(6 b)	74, 126		A1202+3126	Zopt	(6 a)	215
A1155+5332	HIw	(13a)	175, 209		A1202+3127	Pho	(2 a)	561
A1155+5332	HIm	(13b)	170		A1202+3127	Zopt	(6 a)	215
A1155−2845	SN	(17a)	170		A1202+3127	Spop	(8 b)	536
A1156+2931	PtmI	(3 c)	294		A1202+3127a	Spop	(8 b)	912
A1156+3510	Des	(1 b)	63		A1202+3128	Pho	(2 a)	561
A1156+3510	Pho	(2 a)	261		A1202+3128	Zopt	(6 a)	215
A1156+3510	Grp	(19)	78		A1202+3129	Zopt	(6 a)	538
A1156+5259	Dim	(1 a)	29		A1202+3129	Mkin	(9 a)	328
A1156+5259	SPtm	(4 a)	323		A1202+5822	Zopt	(6 a)	538
A1156+5259	Zrad	(6 b)	77		A1202+5822	Mkin	(9 a)	328
A1156+5259	Spop	(8 b)	553		A1202+7624AB	Pho	(2 a)	867
A1156+5259	HIIr	(12a)	184		A1202+7624AB	SPtm	(4 a)	401
A1156+5259	HIw	(13a)	160		A1203+3120	Pho	(2 a)	48
A1156+5259	SN	(17a)	325					
A1156+5342	Zrad	(6 b)	74, 126					
A1156+5342	HIw	(13a)	175, 209					
A1156+5342	HIm	(13b)	170					
A1156−1845	Spop	(8 b)	417, 537					
A1156−1845	Span	(8 d)	98					
A1156−1845	Radc	(15a)	277					

A1203+3121	Pho	(2 a)	48		A1210+1512	Pho	(2 a)	812
A1203+4325	Zrad	(6 b)	172		A1210+5232	Des	(1 b)	264
A1203+4325	HIw	(13a)	248		A1210+5232	Pho	(2 a)	298, 869
					A1210+5232	Zopt	(6 a)	106
A1204+2232	Spop	(8 b)	399		A1210+5232	Mkin	(9 a)	146
A1204+2232	Radif	(15b)	131, 248, 301					
A1204+2232	Xg	(16)	199		A1211+0823	Des	(1 b)	411
					A1211+0823	Zopt	(6 a)	532
A1206+4720	Pho	(2 a)	165					
A1206+4720	SPtm	(4 a)	89		A1211+1543	Pho	(2 a)	812
A1206+4720	Spop	(8 b)	7, 145, 161, 254					
A1206+4720	Span	(8 d)	49		A1211+2948	Spop	(8 b)	536
A1207+1438	Pho	(2 a)	812		A1211−3413	Spop	(8 b)	116
A1207+1438	HIw	(13a)	288					
					A1212+0602	Pho	(2 a)	812
A1207+3945	Xg	(16)	438					
					A1212+0926	Pho	(2 a)	812
A1207+7048	Mdyn	(9 b)	116					
A1207+7048	Grp	(19)	203		A1213+0834	Des	(1 b)	411
					A1213+0834	Zopt	(6 a)	532
A1208+1202	HIw	(13a)	288					
					A1213+0839	Pho	(2 a)	812
A1208+1906	Spop	(8 b)	373					
A1208+1906	Mkin	(9 a)	130		A1213+2656	Zopt	(6 a)	88
					A1213+2656	Spop	(8 b)	125, 536
A1208+3940	Pho	(2 a)	148					
A1208+3940	Zopt	(6 a)	63		A1213+4554	Zrad	(6 b)	202
					A1213+4554	HIw	(13a)	288
A1208+3947	Pho	(2 a)	838					
A1208+3947	SPtm	(4 a)	388		A1213+5106	PtmO	(3 b)	262
					A1213+5106	Zopt	(6 a)	291, 322
A1208+4001	Pho	(2 a)	148		A1213+5106	Spop	(8 b)	565, 608
A1208+4001	Zopt	(6 a)	63					
A1208+4001	HIw	(13a)	48		A1213−1115	Mdyn	(9 b)	116
					A1213−1115	Grp	(19)	203
A1208+5033	Grp	(19)	83					
					A1214+1017	Zrad	(6 b)	202
A1208+7040	Mdyn	(9 b)	116		A1214+1017	HIw	(13a)	288
A1208+7040	Grp	(19)	203					
					A1214−1124	Mdyn	(9 b)	116
A1209+1245	Zrad	(6 b)	202		A1214−1124	Grp	(19)	203
A1209+1823	Zopt	(6 a)	106		A1215+0836	Pho	(2 a)	812
A1209+1823	Mkin	(9 a)	146					
					A1215+2250	Spop	(8 b)	373
A1209+7436	Des	(1 b)	387		A1215+2250	Mkin	(9 a)	130, 247
A1209+7436	Prad	(10b)	151					
A1209+7436	Radif	(15b)	690		A1215+4727	Spop	(8 b)	254

A1215+4727	Span	(8 d)	49	A1218+3027	Radif	(15b)	705
A1216+0408	Pho	(2 a)	812, 1061	A1218+4605	Mdyn	(9 b)	116
A1216+0408	PtmI	(3 c)	13	A1218+4605	Grp	(19)	203
A1216+0408	Zrad	(6 b)	124, 202				
A1216+0408	Spop	(8 b)	46	A1219+0643	Zrad	(6 b)	202
A1216+0408	Span	(8 d)	17	A1219+0643	HIw	(13a)	288
A1216+0408	HIIr	(12a)	8				
A1216+0408	HIw	(13a)	213, 288	A1219+1214	Pho	(2 a)	812
A1216+0408	HIm	(13b)	235	A1219+1214	Zrad	(6 b)	202
A1216+0408	Radc	(15a)	277	A1219+1214	HIw	(13a)	288
A1216+0611	Zrad	(6 b)	202	A1219+1604	Pho	(2 a)	812
A1216+0611	HIw	(13a)	288				
				A1219+7535	Des	(1 b)	226, 364
A1216+1252	Des	(1 b)	411	A1219+7535	Pho	(2 a)	14, 356, 710, 779,
A1216+1252	Zopt	(6 a)	532	A1219+7535	Pho	(2 a)	1067
				A1219+7535	PtmO	(3 b)	110
A1216+1309	Pho	(2 a)	812	A1219+7535	SPtm	(4 a)	4, 146, 321, 358
				A1219+7535	Vdyn	(7 b)	5
A1216+1409	Des	(1 b)	41	A1219+7535	SpUV	(8 a)	113
A1216+1409	Pho	(2 a)	151, 812	A1219+7535	Spop	(8 b)	161, 184, 202, 208,
A1216+1409	PtmO	(3 b)	56	A1219+7535	Spop	(8 b)	260, 349, 621, 916
A1216+1409	Zopt	(6 a)	65	A1219+7535	Spir	(8 c)	22
A1216+1409	Zrad	(6 b)	20	A1219+7535	Popt	(10a)	62
A1216+1409	HIw	(13a)	40	A1219+7535	Radif	(15b)	149, 616
A1216+1409	Dis	(18)	13	A1219+7535	Xg	(16)	183, 302
				A1219+7535	Dis	(18)	36
A1216+1416	Pho	(2 a)	812				
				A1219−4303AB	Des	(1 b)	54
A1217+0222	SPtm	(4 a)	587	A1219−4303AB	Pho	(2 a)	192
A1217+0222	SN	(17a)	414, 424, 426	A1219−4303AB	Spop	(8 b)	128
A1217+0656	Pho	(2 a)	812	A1220+0257	PtmO	(3 b)	129
A1217+0656	HIw	(13a)	287	A1220+0257	SPtm	(4 a)	313
A1217+0656	HIm	(13b)	240	A1220+0257	Zrad	(6 b)	105
				A1220+0257	Spop	(8 b)	161
A1217+1227	Pho	(2 a)	812	A1220+0257	Popt	(10a)	54
				A1220+0257	HIw	(13a)	191
A1217+2850	Spop	(8 b)	536				
				A1220+0507	PtmO	(3 b)	327
A1217+3127	SN	(17a)	106				
				A1220+0811	Pho	(2 a)	812
A1217+3355	Pho	(2 a)	864				
				A1220+0836	Pho	(2 a)	812
A1218+1410	Pho	(2 a)	812				
				A1220+1226	Des	(1 b)	411
A1218+1754	Zrad	(6 b)	202	A1220+1226	Pho	(2 a)	812
A1218+1754	HIw	(13a)	288	A1220+1226	Zopt	(6 a)	458, 532
				A1220+1226	Spop	(8 b)	826

A1220+1608	PtmO	(3 b)	379
A1220+1608	SPtm	(4 a)	397, 462, 547
A1221+1457	Zopt	(6 a)	458
A1221+1457	Spop	(8 b)	826
A1221+6743	Spop	(8 b)	554
A1222+0416	Zrad	(6 b)	202
A1222+0416	HIw	(13a)	288
A1222+0946	Pho	(2 a)	812
A1222+1321	Pho	(2 a)	812
A1222+1346	Des	(1 b)	411
A1222+1346	Pho	(2 a)	812
A1222+1346	Zopt	(6 a)	532
A1222+1642	Pho	(2 a)	812
A1222+2139	Spop	(8 b)	922
A1222+3006	Spop	(8 b)	536
A1222+6743	PtmI	(3 c)	235
A1222+6743	Radif	(15b)	622
A1223+0226	Zrad	(6 b)	202
A1223+0226	HIw	(13a)	288
A1223+0605	Pho	(2 a)	812
A1223+0605	Zrad	(6 b)	202
A1223+0605	HIw	(13a)	288
A1223+0659	Pho	(2 a)	812
A1223+0837	Pho	(2 a)	812
A1223+1051	Pho	(2 a)	812
A1223+1317	Pho	(2 a)	812
A1223+1325A	Pho	(2 a)	812
A1223+1325B	Pho	(2 a)	812
A1223+1328	Pho	(2 a)	812
A1223+1330	Pho	(2 a)	812
A1223+1513	Pho	(2 a)	812
A1223+2522	PtmO	(3 b)	279
A1223+2522	Xg	(16)	237
A1223+4846	PtmI	(3 c)	125, 268
A1223+4846	Zrad	(6 b)	99
A1223+4846	SpUV	(8 a)	98
A1223+4846	Spop	(8 b)	530, 922
A1223+4846	Span	(8 d)	100
A1223+4846	HIm	(13b)	151
A1223+4846	Mol	(14a)	193
A1223+4846	Radc	(15a)	277
A1223+4846	Radif	(15b)	370, 622
A1223−3556	Spop	(8 b)	537
A1223−3556	Span	(8 d)	98
A1223−3851	Spop	(8 b)	116
A1224+0732	Dim	(1 a)	29
A1224+0732	SPtm	(4 a)	323
A1224+0732	Zrad	(6 b)	77
A1224+0732	Spop	(8 b)	553
A1224+0732	HIIr	(12a)	184
A1224+0732	HIw	(13a)	160
A1224+0755	Pho	(2 a)	812
A1224+0755	Zrad	(6 b)	202
A1224+0755	HIw	(13a)	288
A1224+0936	Pho	(2 a)	812
A1224+0952	Pho	(2 a)	812
A1224+0953	Pho	(2 a)	812
A1224+1236	Pho	(2 a)	812
A1224+1612	Des	(1 b)	347
A1224+1642	Pho	(2 a)	812
A1224−3718	Spop	(8 b)	116
A1225+0311	Zrad	(6 b)	202
A1225+0311	HIw	(13a)	288
A1225+1238	Pho	(2 a)	812

A1225+2630	Zopt	(6 a)	117		A1227+0821	SPtm	(4 a)	471
A1225+2630	Radif	(15b)	99		A1227+0821	Spop	(8 b)	622
A1225+2854AB	Pho	(2 a)	703		A1227+1036	Des	(1 b)	411
A1225+2854AB	Zopt	(6 a)	276		A1227+1036	Zopt	(6 a)	532
A1225+2858	Des	(1 b)	241		A1227+1415	Pho	(2 a)	812
A1225+2858	Pho	(2 a)	605, 614, 676, 703,					
A1225+2858	Pho	(2 a)	723, 825		A1227+1523	Pho	(2 a)	812
A1225+2858	PtmO	(3 b)	216					
A1225+2858	SPtm	(4 a)	268, 314		A1228+1219	Pho	(2 a)	812
A1225+2858	Zopt	(6 a)	233, 276		A1228+1219	PtmO	(3 b)	169
A1225+2858	Zrad	(6 b)	78, 134		A1228+1219	Zopt	(6 a)	458
A1225+2858	HIw	(13a)	161		A1228+1219	Spop	(8 b)	352, 826
A1225+2858	HIm	(13b)	176		A1228+1219	Span	(8 d)	70
A1225+2858	Radif	(15b)	299					
					A1228+1600	Pho	(2 a)	812
A1225+43	Pho	(2 a)	245					
A1225+43	Zrad	(6 b)	38		A1229+1106	Pho	(2 a)	812
A1225+43	HIw	(13a)	298					
A1225+43	HIm	(13b)	51, 244		A1229+1210	Pho	(2 a)	812
A1225+43	Grp	(19)	83					
					A1229+2026	Dim	(1 a)	9
A1225+4443	Des	(1 b)	34		A1229+2026	Pho	(2 a)	177
A1225+4443	Pho	(2 a)	126, 394		A1229+2026	Ima	(2 b)	83
					A1229+2026	PtmO	(3 b)	74, 246, 286
A1225+4446	Des	(1 b)	34		A1229+2026	PtmI	(3 c)	160, 270, 294
A1225+4446	Pho	(2 a)	126		A1229+2026	PtmN	(3 d)	10
					A1229+2026	SPtm	(4 a)	92, 269, 365
A1226+0854	Pho	(2 a)	812		A1229+2026	Zopt	(6 a)	87
A1226+0854	Zrad	(6 b)	202		A1229+2026	SpUV	(8 a)	123
A1226+0854	HIw	(13a)	288		A1229+2026	Spop	(8 b)	126, 159, 375, 444,
					A1229+2026	Spop	(8 b)	461, 501, 626, 651
A1226+1243	Pho	(2 a)	812		A1229+2026	Popt	(10a)	21, 62
					A1229+2026	Radif	(15b)	670
A1226+2857	Pho	(2 a)	703		A1229+2026	Xg	(16)	302, 399
A1226+2857	Zopt	(6 a)	276					
					A1229+6640	Des	(1 b)	25
A1226+3143	Radc	(15a)	278		A1229+6640	Pho	(2 a)	83, 226
					A1229+6640	PtmO	(3 b)	26, 88
A1226+3730	Mol	(14a)	209		A1229+6640	PtmI	(3 c)	255
					A1229+6640	SPtm	(4 a)	114
A1227+0254	Zrad	(6 b)	202		A1229+6640	Zopt	(6 a)	40
A1227+0254	HIw	(13a)	288		A1229+6640	Mkin	(9 a)	23
A1227+0812	Pho	(2 a)	812		A1230+0819	Zrad	(6 b)	202
A1227+0812	Zrad	(6 b)	106, 194, 202					
A1227+0812	Imed	(12c)	71		A1230+09	Pho	(2 a)	812, 1061
A1227+0812	HIw	(13a)	192, 229, 273, 288		A1230+09	Zrad	(6 b)	124
					A1230+09	Spop	(8 b)	904

A1230+09	HIw	(13a)	213		A1234+0819	Zrad	(6 b)	202
A1230+09	HIm	(13b)	235		A1234+0819	HIw	(13a)	288
A1230+0940	Des	(1 b)	411		A1234+1352	Pho	(2 a)	812
A1230+0940	Zopt	(6 a)	532					
					A1234+1354	Pho	(2 a)	812
A1230+3148	Pho	(2 a)	344					
A1230+3148	HIm	(13b)	82		A1234+1436	Des	(1 b)	371
A1230+3148	Mol	(14a)	45		A1234+1436	Pho	(2 a)	1089
					A1234+1436	SPtm	(4 a)	552
A1230+6640	Pho	(2 a)	226		A1234+1436	Spop	(8 b)	947
A1230+6640	PtmO	(3 b)	88		A1234+1436	HIw	(13a)	278
A1230+6640	SPtm	(4 a)	114					
					A1234−3816	Pho	(2 a)	372
A1231+0349	Pho	(2 a)	812		A1234−3816	Spop	(8 b)	116, 250
A1231+0349	Zrad	(6 b)	202					
A1231+0349	HIw	(13a)	288		A1234−7218	Radc	(15a)	156
A1231+1200	Pho	(2 a)	812		A1235+0722	Pho	(2 a)	812
					A1235+0722	Zrad	(6 b)	202
A1231+1211	Pho	(2 a)	812		A1235+0722	HIw	(13a)	288
A1231+1448	Zopt	(6 a)	458		A1235+0850	Pho	(2 a)	812
A1231+1448	Spop	(8 b)	826		A1235+0850	Zrad	(6 b)	202
					A1235+0850	HIw	(13a)	288
A1231+1526	PtmI	(3 c)	268					
A1231+1526	Mol	(14a)	193		A1235+1026	Zopt	(6 a)	458
					A1235+1026	Spop	(8 b)	826
A1232+0250	Pho	(2 a)	812					
					A1235+6315	Xg	(16)	438
A1232+0634	Pho	(2 a)	812					
A1232+0634	Zrad	(6 b)	202		A1236+0512	Pho	(2 a)	812
A1232+0634	HIw	(13a)	288					
					A1236+1031	Pho	(2 a)	812
A1232+0917	Des	(1 b)	411					
A1232+0917	Zopt	(6 a)	532		A1236+3302	Zrad	(6 b)	48
					A1236+3302	HIw	(13a)	84
A1232+1430	Pho	(2 a)	812					
					A1236−0502	Zopt	(6 a)	414
A1232+4120	HIw	(13a)	122		A1236−0502	Grp	(19)	223
A1232+4120	HIm	(13b)	115					
					A1237+0940	Pho	(2 a)	812
A1233+1012	Des	(1 b)	411					
A1233+1012	Zopt	(6 a)	532		A1237+1403	Pho	(2 a)	812
A1233+1039	Pho	(2 a)	812		A1237−0505	Zopt	(6 a)	414
					A1237−0505	Spop	(8 b)	777
A1233+1239	Pho	(2 a)	812		A1237−0505	Grp	(19)	223
A1233+1351	Pho	(2 a)	812		A1238−0444	Zopt	(6 a)	414

A1238−0444	Grp	(19)	223		A1241−0524	Zrad	(6 b)	77
					A1241−0524	HIw	(13a)	160
A1238−0501	Zopt	(6 a)	414					
A1238−0501	Spop	(8 b)	777		A1242+1027	Pho	(2 a)	812
A1238−0501	Grp	(19)	223					
					A1242+2844	Radc	(15a)	277
A1238+0649	Des	(1 b)	411					
A1238+0649	Zopt	(6 a)	532		A1243+0844	Pho	(2 a)	812
					A1243+0844	Zrad	(6 b)	202
A1239+0951	Pho	(2 a)	812		A1243+0844	HIw	(13a)	288
A1239+1131	Pho	(2 a)	812		A1243+1026	Pho	(2 a)	812
A1239+1200	Pho	(2 a)	812		A1243+1028	Pho	(2 a)	812
A1239+1231	Pho	(2 a)	812		A1243+7135	Spop	(8 b)	254, 554
					A1243+7135	Span	(8 d)	49
A1239+3334	Spop	(8 b)	536					
					A1243−0548	Dim	(1 a)	29
A1240+1022	Pho	(2 a)	812		A1243−0548	SPtm	(4 a)	323
					A1243−0548	Zrad	(6 b)	77
A1240−0540	Pho	(2 a)	104		A1243−0548	HIw	(13a)	160
A1240−0540	PtmO	(3 b)	385					
A1240−0540	Zopt	(6 a)	337		A1243−3334	Pho	(2 a)	334
A1240−0540	Spop	(8 b)	645		A1243−3334	Spop	(8 b)	575
					A1243−3334	HIIr	(12a)	192
A1241+0044	Dim	(1 a)	29		A1243−3334	HIw	(13a)	94
A1241+0044	SPtm	(4 a)	323		A1243−3334	Grp	(19)	96
A1241+0044	Zrad	(6 b)	77					
A1241+0044	HIw	(13a)	160		A1244+0238	PtmO	(3 b)	246
					A1244+0238	SpUV	(8 a)	188
A1241+1144	Pho	(2 a)	812		A1244+0238	Spop	(8 b)	851
					A1244+0238	Spir	(8 c)	84
A1241+1223	Pho	(2 a)	812		A1244+0238	Xg	(16)	399, 405
A1241+1223	Zrad	(6 b)	202					
A1241+1223	HIw	(13a)	287, 288		A1244+5153	Radc	(15a)	277
A1241+1223	HIm	(13b)	240					
					A1244−3322	Spop	(8 b)	116
A1241+4517	Des	(1 b)	142					
A1241+4517	Pho	(2 a)	456		A1246−0950	Zrad	(6 b)	77
A1241+4517	Zopt	(6 a)	169		A1246−0950	HIw	(13a)	160
A1241+4517	Spop	(8 b)	323					
					A1247+0750	Des	(1 b)	411
A1241+5510AB	Des	(1 b)	63		A1247+0750	Zopt	(6 a)	532
A1241+5510AB	Pho	(2 a)	261					
A1241+5510AB	Radc	(15a)	2		A1247−0418AB	Ima	(2 b)	48
A1241+5510AB	Grp	(19)	78		A1247−0418AB	Zopt	(6 a)	419
					A1247−0418AB	Spop	(8 b)	783
A1241−0524	Dim	(1 a)	29					
A1241−0524	SPtm	(4 a)	323		A1247−0506AB	Ima	(2 b)	48

A1247−0506AB	Zopt	(6 a)	419		A1254+3243	Spop	(8 b)	46
A1247−0506AB	Spop	(8 b)	783		A1254+3243	Span	(8 d)	17
					A1254+3243	HIIr	(12a)	8, 198
A1248+2806	SN	(17a)	75					
					A1254+3540	Zopt	(6 a)	304
A1248−0617	Pho	(2 a)	794					
A1248−0617	Zrad	(6 b)	126		A1254+4201	Pho	(2 a)	1050
A1248−0617	HIm	(13b)	170					
					A1254+4735	Pho	(2 a)	1078
A1248−1452	Pho	(2 a)	730					
					A1254+5708	Des	(1 b)	28, 348, 367
A1249+0450	PtmO	(3 b)	241		A1254+5708	Pho	(2 a)	165, 387, 1070, 1072,
A1249+0450	Zopt	(6 a)	263		A1254+5708	Pho	(2 a)	1131
					A1254+5708	Ima	(2 b)	82
A1249+1647	Des	(1 b)	411		A1254+5708	PtmO	(3 b)	134, 141, 373
A1249+1647	Zopt	(6 a)	532		A1254+5708	PtmI	(3 c)	5, 6, 16, 18, 19, 22,
					A1254+5708	PtmI	(3 c)	151, 270
A1249−1308	Spop	(8 b)	758		A1254+5708	SPtm	(4 a)	88, 89, 540, 545, 554,
					A1254+5708	SPtm	(4 a)	586, 602
A1249−1536	Des	(1 b)	335		A1254+5708	SpUV	(8 a)	50, 67, 213
A1249−1536	Pho	(2 a)	1049		A1254+5708	Spop	(8 b)	67, 89, 111, 159, 161,
					A1254+5708	Spop	(8 b)	269, 440, 920, 935,
A1249−3845	SN	(17a)	221		A1254+5708	Spop	(8 b)	1004
					A1254+5708	SpIR	(8 c)	10, 11, 30, 37, 48, 54,
A1251−1217	Des	(1 b)	391		A1254+5708	SpIR	(8 c)	55, 59, 77
					A1254+5708	Span	(8 d)	32
A1251−2845	Zopt	(6 a)	28		A1254+5708	Popt	(10a)	12, 18, 43, 54, 61
A1251−2845	Xg	(16)	23		A1254+5708	HIw	(13a)	159
					A1254+5708	Mol	(14a)	110, 135, 146, 180,
A1251−2857	Zopt	(6 a)	28		A1254+5708	Mol	(14a)	195, 207
A1251−2857	Radif	(15b)	504		A1254+5708	Radc	(15a)	2, 16, 48, 57, 127,
A1251−2857	Xg	(16)	23, 144		A1254+5708	Radc	(15a)	180
					A1254+5708	Radif	(15b)	23, 68, 221, 405, 442,
A1252+2737	Radif	(15b)	576		A1254+5708	Radif	(15b)	717
A1252+2804	Radc	(15a)	75		A1254−1655	Des	(1 b)	335
A1252+2804	Grp	(19)	32		A1254−1655	Pho	(2 a)	1049
A1253+2756	Des	(1 b)	63		A1254−3006	Pho	(2 a)	1109
A1253+2756	Pho	(2 a)	261		A1254−3006	Spop	(8 b)	961
A1253+2756	Radc	(15a)	75					
A1253+2756	Grp	(19)	32, 78		A1254−4251	Des	(1 b)	54
					A1254−4251	Pho	(2 a)	192
A1253+3455	Zrad	(6 b)	48		A1254−4251	Spop	(8 b)	128
A1253+3455	HIw	(13a)	84					
					A1255+2724	Pho	(2 a)	517
A1253−0541	Radif	(15b)	678		A1255+2724	SN	(17a)	75, 126
A1254+3243	PtmI	(3 c)	13, 164		A1255+2734	Radc	(15a)	75
A1254+3243	SpUV	(8 a)	110, 139		A1255+2734	Grp	(19)	32

A1255+2753	Pho	(2 a)	46	A1257+2804	Pho	(2 a)	46
A1255+2753	Radc	(15a)	38	A1257+2804	Radc	(15a)	38
A1255+2753	Grp	(19)	17	A1257+2804	Grp	(19)	17
A1255+2809	SN	(17a)	75	A1257+2808	Pho	(2 a)	204
				A1257+2808	Spop	(8 b)	692
A1255+2819	Pho	(2 a)	46				
A1255+2819	Radc	(15a)	38, 67, 75	A1257+2810	Pho	(2 a)	204
A1255+2819	Grp	(19)	17, 30, 32				
				A1257+3341	Radif	(15b)	319
A1255+2820	Pho	(2 a)	517				
A1255+2820	SN	(17a)	75, 126	A1258+2754	Pho	(2 a)	1004
				A1258+2754	SPtm	(4 a)	483
A1255+2859	Radc	(15a)	75	A1258+2754	Spop	(8 b)	832
A1255+2859	Grp	(19)	32	A1258+2754	Radc	(15a)	75
				A1258+2754	Grp	(19)	32
A1255+3125	Spop	(8 b)	536				
				A1258+2810	Pho	(2 a)	204
A1256+14	Des	(1 b)	397				
A1256+14	Pho	(2 a)	325, 696, 1036	A1258+2841	Radc	(15a)	75
A1256+14	PtmO	(3 b)	247	A1258+2841	Grp	(19)	32
A1256+14	PtmI	(3 c)	268				
A1256+14	SPtm	(4 a)	311	A1258+2847	Radc	(15a)	75
A1256+14	Star	(5 a)	41, 109, 212	A1258+2847	Grp	(19)	32
A1256+14	Zrad	(6 b)	125				
A1256+14	Spop	(8 b)	864	A1258+2856	Zopt	(6 a)	224
A1256+14	HIIr	(12a)	186, 269	A1258+2856	Spop	(8 b)	448
A1256+14	HIw	(13a)	214				
A1256+14	Mol	(14a)	193, 209	A1258+2857	Radc	(15a)	75
A1256+14	Dis	(18)	24, 79, 144	A1258+2857	Grp	(19)	32
A1256+2731	Radc	(15a)	75	A1258+6155	Spop	(8 b)	100, 263
A1256+2731	Grp	(19)	32				
				A1258−3210	Radc	(15a)	221
A1256+2754	Des	(1 b)	63				
A1256+2754	Pho	(2 a)	46, 261, 1004	A1258−3619	Spop	(8 b)	116
A1256+2754	Spop	(8 b)	832				
A1256+2754	Radc	(15a)	38, 67	A1259+2803	Zopt	(6 a)	412
A1256+2754	Grp	(19)	17, 30, 78	A1259+2803	Xg	(16)	366, 385
A1256+2803	Pho	(2 a)	46	A1259+2856	Pho	(2 a)	1004
A1256+2803	Radc	(15a)	38	A1259+2856	Spop	(8 b)	832
A1256+2803	Grp	(19)	17				
				A1259+4819	Spop	(8 b)	254
A1256+2815	SN	(17a)	318	A1259+4819	Span	(8 d)	49
A1256−4334	Des	(1 b)	54	A1259+6516	Des	(1 b)	100
A1256−4334	Pho	(2 a)	192	A1259+6516	Php	(2 a)	376
A1256−4334	Spop	(8 b)	128				
				A1259−5003	Mkin	(9 a)	104

A1300+1640	Zopt	(6 a)	87		A1304+6758	Pho	(2 a)	325
A1300+1640	Spop	(8 b)	126		A1304+6758	Star	(5 a)	41
A1300+1640	Radif	(15b)	269, 342, 442		A1304−1149	Spop	(8 b)	537
A1300+3608	PtmO	(3 b)	293		A1304−1149	Span	(8 d)	98
A1300+3608	SPtm	(4 a)	365		A1304−1255	Spop	(8 b)	417
A1300+3608	Spop	(8 b)	301, 368		A1305+2659	Des	(1 b)	18
A1300+3608	Span	(8 d)	63, 72		A1305+3000	Ima	(2 b)	45
A1300−1110	Spop	(8 b)	417, 537		A1305+3000	PtmO	(3 b)	322
A1300−1110	Span	(8 d)	98		A1305+3000	Zopt	(6 a)	415
A1300−1430	Spop	(8 b)	537		A1306+2938	Ima	(2 b)	45
A1300−1430	Span	(8 d)	98		A1306+2938	PtmO	(3 b)	322
A1300−1709	Pho	(2 a)	559		A1306+2938	Zopt	(6 a)	415
A1300−1709	Mkin	(9 a)	152		A1306−0033	Spop	(8 b)	372
A1300−1709	HIIr	(12a)	136		A1306−0033	Radif	(15b)	503
A1300−2933	Des	(1 b)	295		A1307−4256	Pho	(2 a)	634
A1300−2933	Pho	(2 a)	980		A1307−4610	Pho	(2 a)	1033
A1301+3730	Zopt	(6 a)	183		A1308+0340	SN	(17a)	8, 305
A1301+3730	Spop	(8 b)	381		A1308+1158	Zrad	(6 b)	77
A1302+3216	SN	(17a)	418		A1308+1158	HIw	(13a)	160
A1303+3407	Radif	(15b)	319		A1309−1148	Spop	(8 b)	537
A1303+1042	Des	(1 b)	411		A1309−1148	Span	(8 d)	98
A1303+1042	Zopt	(6 a)	532		A1310+2306	Des	(1 b)	16
A1303+5351	Des	(1 b)	63		A1310+2306	Pho	(2 a)	47
A1303+5351	Pho	(2 a)	261		A1310+2306	Zopt	(6 a)	106
A1303+5351	Grp	(19)	78		A1310+2306	Mkin	(9 a)	146
A1303+5353	Des	(1 b)	63		A1310−1051	PtmO	(3 b)	246
A1303+5353	Pho	(2 a)	261		A1310−1051	Xg	(16)	399
A1303+5353	Grp	(19)	78		A1310−4315	Des	(1 b)	54
A1303−4008	PtmO	(3 b)	339		A1310−4315	Pho	(2 a)	192
A1303−4008	Zopt	(6 a)	452		A1310−4315	Spop	(8 b)	128
A1303−4008	Spop	(8 b)	823		A1311+3924	Spop	(8 b)	609
A1304+0247	Des	(1 b)	411		A1311+4635	Mdyn	(9 b)	116
A1304+0247	Zopt	(6 a)	532		A1311+4635	Grp	(19)	203
A1304+2808	SN	(17a)	8, 75					
A1304+3522	Radif	(15b)	319					

A1311+5621	Radc	(15a)	2	A1319−1704	SN	(17a)	110
A1311−1212	Spop	(8 b)	417	A1319−3802	Spop	(8 b)	116
A1311−4224	SN	(17a)	266	A1320+0825	Spop	(8 b)	332
A1311−4912	Mkin	(9 a)	104	A1320+2334	Zrad	(6 b)	77
A1312+3508	PtmO	(3 b)	169	A1320+2334	HIw	(13a)	160
A1312+3508	Spop	(8 b)	352	A1322+1623AB	Grp	(19)	15
A1312+3508	Span	(8 d)	70	A1322+1624	Ima	(2 b)	76
A1312+4611	Pho	(2 a)	995	A1322+1624	PtmI	(3 c)	246
A1312+4611	Spop	(8 b)	480	A1322+1624	Spop	(8 b)	870
A1312+4611	Span	(8 d)	84	A1322+1624	Span	(8 d)	153
A1312+4611	Mdyn	(9 b)	116	A1322+1624	Radif	(15b)	637
A1312+4611	Grp	(19)	203	A1322+3651	Spop	(8 b)	922
A1313+0718	Zopt	(6 a)	453	A1323+3319	Spop	(8 b)	536
A1313+0718	Prad	(10b)	120, 137	A1323−1122	Spop	(8 b)	417, 537
A1313+0718	Radc	(15a)	259	A1323−1122	Span	(8 d)	98
A1313+0718	Radif	(15b)	487, 607	A1324+2650	Des	(1 b)	100
A1313+0719	Prad	(10b)	50	A1324+2650	Pho	(2 a)	376
A1313+2938	Spop	(8 b)	536	A1324−2741	Spop	(8 b)	537
A1313+4440	Spop	(8 b)	254	A1324−2741	Span	(8 d)	98
A1313+4440	Span	(8 d)	49	A1324−4113	Pho	(2 a)	334
A1313+6223	PtmO	(3 b)	235	A1324−4113	HIw	(13a)	94
A1313+6223	Spop	(8 b)	498	A1324−4113	Dis	(18)	33
A1313+6223	Mkin	(9 a)	248	A1324−4113	Grp	(19)	96
A1313+6223	Mol	(14a)	110, 180	A1325−4052+	Pho	(2 a)	858
A1313+6223	Grp	(19)	15	A1325−4052+	PtmO	(3 b)	295
A1314+3430	SN	(17a)	107	A1325−4052+	Zopt	(6 a)	355
A1316−3155	Spop	(8 b)	116	A1325−4052+	Grp	(19)	211
A1318+3423	Radif	(15b)	580	A1326+4411	Spop	(8 b)	922
A1318−2147	Zrad	(6 b)	179	A1326−3758	Spop	(8 b)	116
A1318−3532	SN	(17a)	176	A1326−3758	Radc	(15a)	96
A1318−4540	SN	(17a)	222	A1327+3135	Spop	(8 b)	536
A1319−1627	Spop	(8 b)	758	A1327−2027	Spop	(8 b)	666
				A1327−2040	Des	(1 b)	331

A1327−2040	Pho	(2 a)	1040, 1110
A1327−2040	Zopt	(6 a)	47
A1327−2040	Spop	(8 b)	78, 962
A1327−2040	Imed	(12c)	74
A1327−2129	Pho	(2 a)	286
A1327−2129	SN	(17a)	79, 87
A1327−3233	Spop	(8 b)	116
A1327−3801	Spop	(8 b)	116
A1328+3132	Spop	(8 b)	922
A1328+3210	SN	(17a)	414
A1328+5510	Pho	(2 a)	997
A1328+5510	SPtm	(4 a)	480
A1328+5510	Star	(5 a)	211
A1329+1121	SPtm	(4 a)	346
A1329+1121	Zopt	(6 a)	87
A1329+1121	Spop	(8 b)	126, 262, 372, 592,
A1329+1121	Spop	(8 b)	692
A1329+1121	Radif	(15b)	269
A1329+2015	PtmO	(3 b)	237
A1329+2015	Spop	(8 b)	498
A1329+7549AB	Des	(1 b)	34
A1329+7549AB	Pho	(2 a)	126
A1329+7549AB	Zopt	(6 a)	57
A1329+7549B	Spop	(8 b)	254
A1329+7549B	Span	(8 d)	49
A1329−3252	Radc	(15a)	221
A1331−2325	Spop	(8 b)	758
A1331−4517	Pho	(2 a)	280
A1331−4517	Zopt	(6 a)	125
A1331−4517	Zrad	(6 b)	145
A1331−4517	Spop	(8 b)	575
A1331−4517	HIIr	(12a)	192
A1331−4517	HIm	(13b)	187
A1331−4517	Dis	(18)	32
A1331−4517	Grp	(19)	94
A1332+5208	HIIr	(12a)	197
A1332−7559	Pho	(2 a)	125
A1332−7559	Zopt	(6 a)	52
A1332−7559	Spop	(8 b)	86
A1333+2928	Radc	(15a)	277
A1333−3402	PtmI	(3 c)	258
A1333−3402	Zopt	(6 a)	116
A1333−3402	Spop	(8 b)	229, 295
A1333−3402	Popt	(10a)	54
A1333−3402	Radif	(15b)	451
A1333−3402	Xg	(16)	95, 117, 148, 236,
A1333−3402	Xg	(16)	393
A1334+0641	Des	(1 b)	267
A1334+0641	Pho	(2 a)	872
A1334+4627	Mol	(14a)	209
A1334−2747	Pho	(2 a)	334
A1334−2747	HIw	(13a)	94
A1334−2747	Grp	(19)	96
A1334−3245	Pho	(2 a)	749
A1334−3245	SPtm	(4 a)	342
A1334−3245	Zopt	(6 a)	301
A1334−3245	Spop	(8 b)	116, 581
A1334−3245	Mkin	(9 a)	205
A1334−3245	HIIr	(12a)	194
A1335+2801	Des	(1 b)	63
A1335+2801	Pho	(2 a)	261
A1335+2801	Grp	(19)	78
A1335−2740	SN	(17a)	261
A1336−3128	SN	(17a)	178
A1336−4802	Pho	(2 a)	634
A1336−4802	Zopt	(6 a)	324
A1337+4059	Mdyn	(9 b)	116
A1337+4059	Grp	(19)	203
A1338+3037	Pho	(2 a)	165
A1338+3037	SPtm	(4 a)	89, 313
A1338+3037	Zrad	(6 b)	105
A1338+3037	Spop	(8 b)	7, 145, 161, 364
A1338+3037	Popt	(10a)	54
A1338+3037	HIw	(13a)	191

A1338+3037	Radc	(15a)	180	A1345−3054	Pho	(2 a)	861
A1338+3037	Radif	(15b)	442				
				A1345−3055	Pho	(2 a)	861
A1339+3046	Des	(1 b)	99				
A1339+3046	Pho	(2 a)	375	A1346+2650	Ima	(2 b)	12
A1339+3046	PtmI	(3 c)	13	A1346+2650	SPtm	(4 a)	312
A1339+3046	SpUV	(8 a)	139	A1346+2650	SpUV	(8 a)	134, 147
A1339+3046	Spop	(8 b)	46, 301	A1346+2650	Spop	(8 b)	380, 399, 503, 534,
A1339+3046	Span	(8 d)	17, 47, 63	A1346+2650	Spop	(8 b)	613, 629
A1339+3046	HIIr	(12a)	8	A1346+2650	Mkin	(9 a)	219
A1339+3046	HIw	(13a)	100	A1346+2650	Prad	(10b)	108
				A1346+2650	Radc	(15a)	20, 224
A1339+6755	Radc	(15a)	127	A1346+2650	Radif	(15b)	78, 211, 437, 502
				A1346+2650	Grp	(19)	196
A1340+3035	Radc	(15a)	263				
				A1346+3142	HIw	(13a)	100
A1340−2540	Pho	(2 a)	1033				
A1340−2540	Ima	(2 b)	54	A1346−2946	Zopt	(6 a)	426
				A1346−2946	SN	(17a)	317
A1341+3011	Radif	(15b)	419				
				A1346−3548	Des	(1 b)	47
A1342+2722	HIw	(13a)	100	A1346−3548	Pho	(2 a)	334, 743
				A1346−3548	SPtm	(4 a)	513
A1342+5608	Des	(1 b)	28, 180	A1346−3548	Zopt	(6 a)	69
A1342+5608	Pho	(2 a)	165, 563	A1346−3548	Zrad	(6 b)	21
A1342+5608	SPtm	(4 a)	89, 255	A1346−3548	Spop	(8 b)	575
A1342+5608	Spop	(8 b)	89, 145, 161	A1346−3548	HIIr	(12a)	192
A1342+5608	HIw	(13a)	247, 300	A1346−3548	HIw	(13a)	43, 94
A1342+5608	Mol	(14a)	134, 137, 180, 190,	A1346−3548	Grp	(19)	96
A1342+5608	Mol	(14a)	207, 218, 226				
A1342+5608	Radc	(15a)	2, 48, 57, 127, 180,	A1347−3812	Pho	(2 a)	1033
A1342+5608	Radc	(15a)	278, 309				
A1342+5608	Radif	(15b)	23, 442	A1347−4849	Pho	(2 a)	264, 278
				A1347−4849	Zopt	(6 a)	123
A1342−4136	Pho	(2 a)	334	A1347−4849	Spop	(8 b)	168, 174
A1342−4136	HIw	(13a)	94				
A1342−4136	Grp	(19)	96	A1348+3815	Mdyn	(9 b)	116
				A1348+3815	Grp	(19)	203
A1344+1438	Radc	(15a)	162, 278				
				A1348−3333	Pho	(2 a)	743
A1345+3830	Mkin	(9 a)	248	A1348−3333	Spop	(8 b)	575
				A1348−3333	HIIr	(12a)	192
A1345−3012	Pho	(2 a)	861				
				A1349+4027	Radc	(15a)	2
A1345−3017	Pho	(2 a)	861				
				A1349−3034	Des	(1 b)	295
A1345−3018	Pho	(2 a)	861	A1349−3034	Pho	(2 a)	980
A1345−3019	Pho	(2 a)	861	A1350+3141	Des	(1 b)	320
				A1350+3141	Pho	(2 a)	283, 454, 782, 1026

A1350+3141	PtmI	(3 c)	147
A1350+3141	Spop	(8 b)	152, 503, 614
A1350+3141	Mkin	(9 a)	220
A1350+3141	Prad	(10b)	7, 50, 66, 100, 103,
A1350+3141	Prad	(10b)	138
A1350+3141	HIw	(13a)	126, 206
A1350+3141	Radc	(15a)	14, 63, 166, 176, 188
A1350+3141	Radif	(15b)	9, 78, 108, 236, 401,
A1350+3141	Radif	(15b)	406, 439, 485, 502
A1350+3141	Xg	(16)	303
A1350−3113	Spop	(8 b)	116
A1350−3820	Spop	(8 b)	116
A1350−3820	Radc	(15a)	96
A1351+2340	PtmO	(3 b)	246
A1351+3015	Zopt	(6 a)	151
A1351+3015	Spop	(8 b)	266
A1351+6400	PtmI	(3 c)	294
A1351+6933	Des	(1 b)	63, 114
A1351+6933	Pho	(2 a)	261
A1351+6933	PtmU	(3 a)	9
A1351+6933	PtmO	(3 b)	143, 281
A1351+6933	PtmI	(3 c)	211, 270
A1351+6933	PtmN	(3 d)	3, 18
A1351+6933	SPtm	(4 a)	372
A1351+6933	SpUV	(8 a)	51, 91, 105, 113, 219
A1351+6933	Spop	(8 b)	7, 100, 161, 263, 364,
A1351+6933	Spop	(8 b)	390, 440, 443, 461,
A1351+6933	Spop	(8 b)	501, 588, 699, 918,
A1351+6933	Spop	(8 b)	922
A1351+6933	Radc	(15a)	290
A1351+6933	Radif	(15b)	442
A1351+6933	Xg	(16)	64, 74, 76, 142, 144,
A1351+6933	Xg	(16)	219, 270, 278, 291
A1351+6933	Grp	(19)	78
A1351−3732	Spop	(8 b)	116, 773
A1351−3732	Popt	(10a)	54
A1352+54	PtmI	(3 c)	56
A1352+54	Zrad	(6 b)	41
A1352+54	HIIr	(12a)	55, 186
A1352+54	HIw	(13a)	75
A1352+54	HIm	(13b)	101
A1352+54	Radif	(15b)	636
A1352+54	Dis	(18)	6, 43
A1352+54	Grp	(19)	118
A1353+1836	Des	(1 b)	28, 48, 63, 180, 396
A1353+1836	Pho	(2 a)	261, 563
A1353+1836	SPtm	(4 a)	255
A1353+1836	Zopt	(6 a)	70, 494
A1353+1836	Zrad	(6 b)	198
A1353+1836	SpUV	(8 a)	144, 855
A1353+1836	Spop	(8 b)	109, 161, 262, 355,
A1353+1836	Spop	(8 b)	364, 372, 692, 761,
A1353+1836	Spop	(8 b)	893
A1353+1836	Popt	(10a)	54, 87
A1353+1836	HIw	(13a)	275
A1353+1836	Radc	(15a)	2, 48, 57, 180, 230,
A1353+1836	Radc	(15a)	278
A1353+1836	Radif	(15b)	167, 221, 342, 422,
A1353+1836	Radif	(15b)	442, 603
A1353+1836	Grp	(19)	78
A1353+1836E	SpIR	(8 c)	72
A1353+3848	PtmO	(3 b)	108
A1353+3848	Spop	(8 b)	161
A1353+3848	Radif	(15b)	269, 342, 422, 442
A1353+3848	Xg	(16)	112, 119, 145, 168,
A1353+3848	Xg	(16)	270
A1354+2927	Spop	(8 b)	536
A1354+3234	Radc	(15a)	222
A1354+3234	Radif	(15b)	300
A1355+2052	PtmO	(3 b)	241
A1355+2052	Zopt	(6 a)	263
A1355+2155	PtmO	(3 b)	241
A1355+2155	Zopt	(6 a)	263
A1355+4202	Pho	(2 a)	209
A1355+4202	SPtm	(4 a)	341
A1355+4202	Zopt	(6 a)	91
A1355+4202	HIw	(13a)	58
A1355−3049	Spop	(8 b)	116
A1356+2307	Spop	(8 b)	536
A1356+2310	Spop	(8 b)	536

A1356+2815	Radif	(15b)	419		A1401+3846	SN	(17a)	148
A1356+2821	Radif	(15b)	419		A1401−3352	Pho	(2 a)	1136
A1356+5714	Des	(1 b)	16		A1401−3352	Radif	(15b)	702
A1356+5714	Pho	(2 a)	47		A1402+0416	Xg	(16)	438
A1356−4215	Des	(1 b)	54		A1402+0935	Zrad	(6 b)	125
A1356−4215	Pho	(2 a)	192		A1402+0935	HIw	(13a)	214
A1356−4215	Spop	(8 b)	128		A1402+1430	Mkin	(9 a)	248
A1357+2844	Zopt	(6 a)	117		A1402+5438	Pho	(2 a)	48
A1357+2844	Radif	(15b)	99, 419		A1403+1301	Pho	(2 a)	868, 883
A1357+3009	Spop	(8 b)	536		A1403+1301	Spop	(8 b)	691
A1358+2128	Spop	(8 b)	536		A1403+1301	HIIr	(12a)	223
A1358+4115	Pho	(2 a)	547		A1404+2841	PtmO	(3 b)	6
A1358+4115	Zopt	(6 a)	199		A1404+2841	PtmI	(3 c)	270
A1358+4126	Des	(1 b)	25		A1404+2841	Radc	(15a)	1
A1358+4126	Zopt	(6 a)	40		A1404+2841	Radif	(15b)	1, 687
A1358−4048	Spop	(8 b)	116		A1405−3009	PtmO	(3 b)	262
A1359+3515	Des	(1 b)	63		A1405−3009	Zopt	(6 a)	291
A1359+3515	Pho	(2 a)	261		A1405−3009	Spop	(8 b)	565
A1359+3515	Grp	(19)	78		A1406+4905	Spop	(8 b)	145
A1359+3702	Des	(1 b)	63		A1406+4905	Radif	(15b)	269
A1359+3702	Pho	(2 a)	261		A1406−2944	Spop	(8 b)	116
A1359+3702	Grp	(19)	78		A1409+5027	Zopt	(6 a)	538
A1359+5440	Pho	(2 a)	269		A1409+5027	Mkin	(9 a)	328
A1359+5440	SN	(17a)	16, 21, 76		A1409−65	Pho	(2 a)	175, 757
A1359−1122	Spop	(8 b)	568		A1409−65	PtmO	(3 b)	63
A1359−1122	Prad	(10b)	50		A1409−65	PtmI	(3 c)	174, 247
A1359−1122	Radc	(15a)	187, 211		A1409−65	SPtm	(4 a)	91
A1359−1122	Grp	(19)	146		A1409−65	Zopt	(6 a)	79
A1400−2556	SN	(17a)	313		A1409−65	SpIR	(8 c)	65, 86
A1400−3000	Spop	(8 b)	116		A1409−65	HIw	(13b)	35, 44
A1401+1506	Spop	(8 b)	922		A1409−65	Mol	(14a)	68, 155
A1401+2602	Spop	(8 b)	536		A1409−65	Radc	(15a)	62
					A1409−65	Radif	(15b)	421, 583, 648, 704
					A1409−65	Dis	(18)	18, 32
					A1409−65	Grp	(19)	94
					A1410−2921	SPtm	(4 a)	513

A1413+2317	Pho	(2 a)	325		A1424−4604	Pho	(2 a)	334
A1413+2317	Star	(5 a)	41		A1424−4604	HIw	(13a)	94
					A1424−4604	Grp	(19)	96
A1414+0404	Pho	(2 a)	754					
A1414+0404	Zrad	(6 b)	306		A1425+2132	Des	(1 b)	224, 244
A1414+0404	HIw	(13a)	208		A1425+2132	Pho	(2 a)	805
					A1425+2132	SPtm	(4 a)	380
A1415+0216	Des	(1 b)	5, 43		A1425+2132	Zrad	(6 b)	121
A1415+0216	Pho	(2 a)	156		A1425+2132	HIm	(13b)	166
A1415+0216	PtmO	(3 b)	121					
A1415+0216	Xg	(16)	280		A1426+0130	PtmI	(3 c)	258
					A1426+0130	Spop	(8 b)	501, 918
A1415+2507	Dim	(1 a)	17					
A1415+2507	Des	(1 b)	84		A1426+1405	SN	(17a)	413
A1415+2507	Pho	(2 a)	332					
					A1426+2135	Des	(1 b)	244
A1415+2557	Xg	(16)	438		A1426+2135	Pho	(2 a)	805
					A1426+2135	Zrad	(6 b)	121
A1416+3435	Radc	(15a)	2		A1426+2135	HIm	(13b)	166
A1417−3517	Spop	(8 b)	116		A1427+3828	Spop	(8 b)	609
A1418+2210	Radc	(15a)	263		A1427−2635	Pho	(2 a)	1023
					A1427−2635	Vdis	(7 a)	93
A1419−7146AB	Des	(1 b)	54					
A1419−7146AB	Pho	(2 a)	192		A1428+2727	Spop	(8 b)	922
A1419−7146AB	Spop	(8 b)	128					
					A1428+2830	Des	(1 b)	349
A1420+1518	Radif	(15b)	338		A1428+2830	Spop	(8 b)	922
A1420+3304	Des	(1 b)	181		A1431+0400	Des	(1 b)	5, 43
A1420+3304	Pho	(2 a)	165, 868		A1431+0400	PtmO	(3 b)	121
A1420+3304	SPtm	(4 a)	89, 257		A1431+0400	SPtm	(4 a)	316
A1420+3304	Zrad	(6 b)	105		A1431+0400	Xg	(16)	280
A1420+3304	Spop	(8 b)	161					
A1420+3304	HIIr	(12a)	223		A1433+2839	Radc	(15a)	277
A1420+3304	HIw	(13a)	191					
A1420+3304	Radif	(15b)	269, 626		A1434+5728	Zrad	(6 b)	41
					A1434+5728	HIw	(13a)	75
A1420−4925	Pho	(2 a)	634					
					A1434+5900	PtmI	(3 c)	233
A1422+2651	Radif	(15b)	264, 413, 580		A1434+5900	Zopt	(6 a)	87, 525
					A1434+5900	SpUV	(8 a)	94
A1423+3945	Spop	(8 b)	373		A1434+5900	Spop	(8 b)	126, 444, 501, 847,
A1423+3945	Mkin	(9 a)	130		A1434+5900	Spop	(8 b)	922, 986
					A1434+5900	Radif	(15b)	269, 442
A1424+1646	Radif	(15b)	419					
					A1435+5042AB	Zopt	(6 a)	339
A1424+1659	Radif	(15b)	419		A1435+5042AB	Spop	(8 b)	647
					A1435+5042AB	Span	(8 d)	106

A1439+5342	Pho	(2 a)	363		A1445−4343A	Pho	(2 a)	192
A1439+5342	Ima	(2 b)	78		A1445−4343A	Spop	(8 b)	128
A1439+5342	Zopt	(6 a)	126					
A1439+5342	Spop	(8 b)	161, 176, 245, 355,		A1446−09	Mol	(14a)	175
A1439+5342	Spop	(8 b)	372, 418, 761, 835,		A1446−09	Radc	(15a)	277
A1439+5342	Spop	(8 b)	907					
A1439+5342	SpIR	(8 c)	72		A1447+2759	Zopt	(6 a)	117
A1439+5342	Span	(8 d)	46		A1447+2759	Radif	(15b)	99
A1439+5342	Radif	(15b)	269, 442					
					A1448+2256	Zopt	(6 a)	405
A1440+3538	PtmI	(3 c)	252		A1448+2256	Spop	(8 b)	656, 756
A1440+3538	Spop	(8 b)	65					
					A1448+2721	PtmO	(3 b)	246
A1441+2613	Zopt	(6 a)	117		A1448+2721	Zopt	(6 a)	494
A1441+2613	Prad	(10b)	44		A1448+2721	Zrad	(6 b)	198
A1441+2613	Radif	(15b)	99, 413		A1448+2721	HIw	(13a)	275
A1442+0805	Zrad	(6 b)	125, 209		A1448+3546	Des	(1 b)	99
A1442+0805	HIw	(13a)	214, 295		A1448+3546	Pho	(2 a)	257, 375
					A1448+3546	PtmI	(3 c)	268
A1443+3138	Radc	(15a)	277		A1448+3546	Zopt	(6 a)	479
					A1448+3546	SpUV	(8 a)	60, 139
A1443+3139AB	Pho	(2 a)	547		A1448+3546	Spop	(8 b)	156, 249, 301, 623,
A1443+3139AB	Zopt	(6 a)	199		A1448+3546	Spop	(8 b)	922
					A1448+3546	Span	(8 d)	47, 48, 63, 155
A1443+3857c	Pho	(2 a)	1084		A1448+3546	Mdyn	(9 b)	116
A1443+3857c	PtmI	(3 c)	279		A1448+3546	HIIr	(12a)	132, 205
A1443+3857c	PtmN	(3 d)	32		A1448+3546	HIw	(13a)	67, 114
					A1448+3546	HIm	(13b)	55
A1444+5147	Des	(1 b)	100		A1448+3546	Mol	(14a)	193
A1444+5147	Pho	(2 a)	376		A1448+3546	Radc	(15a)	277
A1444+5147	Zopt	(6 a)	88		A1448+3546	Radif	(15b)	94, 622
A1444+5147	Spop	(8 b)	125		A1448+3546	Grp	(19)	203
A1444−3026	PtmI	(3 c)	293		A1448+4256	Pho	(2 a)	868
					A1448+4256	HIIr	(12a)	223
A1445+1546	Des	(1 b)	180					
A1445+1546	Pho	(2 a)	563		A1448+6328	Des	(1 b)	92, 320
A1445+1546	SPtm	(4 a)	255		A1448+6328	Pho	(2 a)	1026
					A1448+6328	Spop	(8 b)	364
A1445+1914	Des	(1 b)	264		A1448+6328	Popt	(10a)	61
A1445+1914	Pho	(2 a)	869					
					A1449+3545	Des	(1 b)	99
A1445+1915	Des	(1 b)	264		A1449+3545	Pho	(2 a)	257, 375
A1445+1915	Pho	(2 a)	869		A1449+3545	Spop	(8 b)	156
					A1449+3545	Span	(8 d)	47
A1445+1916	Des	(1 b)	264		A1449+3545	Mdyn	(9 b)	116
A1445+1916	Pho	(2 a)	869		A1449+3545	HIw	(13a)	67, 114
					A1449+3545	HIm	(13b)	55
A1445−4343A	Des	(1 b)	54		A1449+3545	Grp	(19)	203

A1450+1719	Radif	(15b)	419		A1503+0354	PtmO	(3 b)	262
					A1503+0354	Zopt	(6 a)	291
A1450+7401	HIIr	(12a)	197		A1503+0354	Spop	(8 b)	565
A1452+1314	Spop	(8 b)	922		A1504−7549	Pho	(2 a)	125
					A1504−7549	Zopt	(6 a)	52
A1452+1633	Radc	(15a)	65		A1504−7549	Spop	(8 b)	80
A1452+3024	Spop	(8 b)	536		A1506+3434	Zrad	(6 b)	31, 112
					A1506+3434	HIw	(13a)	59, 199
A1454+0941	Zrad	(6 b)	77		A1506+3434	Mol	(14a)	135, 136
A1454+0941	HIw	(13a)	160		A1506+3434	Radif	(15b)	390
A1455+3322	Spop	(8 b)	536		A1506+5138	PtmO	(3 b)	207
					A1506+5138	Zopt	(6 a)	87
A1455+3524	Spop	(8 b)	372		A1506+5138	Spop	(8 b)	126
					A1506+5138	Radif	(15b)	269
A1455−3721	Pho	(2 a)	529					
					A1506−0000	PtmO	(3 b)	262
A1457−4805	Pho	(2 a)	334		A1506−0000	Zopt	(6 a)	291
A1457−4805	HIw	(13a)	94		A1506−0000	Spop	(8 b)	565
A1457−4805	Grp	(19)	96					
					A1508+3139	Spop	(8 b)	536
A1459+1655	Spop	(8 b)	922					
					A1508+67	Dim	(1 a)	28
A1500+0452	Radif	(15b)	338		A1508+67	Star	(5 a)	4, 27, 28, 29, 32, 37,
					A1508+67	Star	(5 a)	69, 94, 117, 126, 149,
A1500+8343	Radc	(15a)	278		A1508+67	Star	(5 a)	150, 152, 162, 186,
A1501+1038	PtmO	(3 b)	108, 246		A1508+67	Star	(5 a)	197, 207
A1501+1038	PtmI	(3 c)	233, 258, 270		A1508+67	Zopt	(6 a)	99, 279, 338
A1501+1038	Zopt	(6 a)	87		A1508+67	Spop	(8 b)	377, 646
A1501+1038	SpUV	(8 a)	188		A1508+67	Span	(8 d)	132
A1501+1038	Spop	(8 b)	126, 457, 847, 851		A1508+67	HIw	(13a)	71
A1501+1038	Spir	(8 c)	84		A1508+67	Dis	(18)	143
A1501+1038	Popt	(10a)	54					
A1501+1038	Xg	(16)	367, 388, 399, 405		A1508−7705	Pho	(2 a)	125
					A1508−7705	Zopt	(6 a)	52
A1502+2612	Pho	(2 a)	799		A1508−7705	Spop	(8 b)	80
A1502+2612	Ima	(2 b)	20					
A1502+2612	Zopt	(6 a)	117		A1510+0724	HIw	(13a)	269
A1502+2612	Spop	(8 b)	223		A1510+0724	Mol	(14a)	187
A1502+2612	Prad	(10b)	7, 50, 52, 90, 100,					
A1502+2612	Prad	(10b)	115, 138		A1511+0416	Des	(1 b)	100
A1502+2612	Radif	(15b)	13, 78, 99, 131, 194,		A1511+0416	Pho	(2 a)	376
A1502+2612	Radif	(15b)	246, 254, 301, 335,					
A1502+2612	Radif	(15b)	401, 456, 696, 699		A1514+0026	Spop	(8 b)	568
A1502+2612	Xg	(16)	199, 303		A1514+0026	Prad	(10b)	7, 50
					A1514+0026	Radif	(15b)	28, 369, 462
A1502+2845	Radif	(15b)	161, 211, 265, 268		A1514+0712	Ima	(2 b)	17

A1514+0712	SPtm	(4 a)	316		A1525+2905	Radif	(15b)	211, 413, 419, 502
A1514+0712	Vdis	(7 a)	82		A1525+2905	Grp	(19)	146
A1514+0712	SpUV	(8 a)	180		A1526+5536	Des	(1 b)	63
A1514+0712	Spop	(8 b)	136, 351, 380, 831		A1526+5536	Pho	(2 a)	261
A1514+0712	Mkin	(9 a)	223		A1526+5536	Grp	(19)	78
A1514+0712	Prad	(10b)	19, 33, 82					
A1514+0712	Radc	(15a)	259		A1526+5542	Des	(1 b)	63
A1514+0712	Radif	(15b)	56, 312, 571		A1526+5542	Pho	(2 a)	261
					A1526+5542	Grp	(19)	78
A1514+1916	Spop	(8 b)	372					
					A1527+3039	Zopt	(6 a)	145
A1514+4322	Des	(1 b)	241		A1527+3039	Spop	(8 b)	257
A1514+4322	Pho	(2 a)	723, 808, 825					
A1514+4322	Zrad	(6 b)	134		A1528+2314	Zrad	(6 b)	77
A1514+4322	HIm	(13b)	176		A1528+2314	HIw	(13a)	160
A1514−2411	PtmO	(3 b)	6, 24, 25, 51, 81, 124,		A1528+3405	Radc	(15a)	180
A1514−2411	PtmO	(3 b)	144, 228, 248					
A1514−2411	PtmI	(3 c)	83, 166, 234		A1529+2412	Des	(1 b)	350
A1514−2411	Zopt	(6 a)	37		A1529+2412	Spop	(8 b)	998, 1003
A1514−2411	SpUV	(8 a)	189					
A1514−2411	Spop	(8 b)	52, 98, 102, 274, 848		A1530+0451	Des	(1 b)	5, 43
A1514−2411	Popt	(10a)	8, 31, 38, 53, 63, 74		A1530+0451	PtmO	(3 b)	121
A1514−2411	Prad	(10b)	7, 13, 81, 96		A1530+0451	SPtm	(4 a)	233, 316
A1514−2411	Radc	(15a)	172, 175, 256		A1530+0451	Xg	(16)	280
A1514−2411	Radif	(15b)	34, 184, 298, 366,					
A1514−2411	Radif	(15b)	460, 462, 555, 621		A1530−0831	Zopt	(6 a)	224
A1514−2411	Xg	(16)	27, 28		A1530−0831	SpUV	(8 a)	183
					A1530−0831	Spop	(8 b)	448, 841
A1515+2146	Pho	(2 a)	966, 1069					
A1515+2146	PtmO	(3 b)	326		A1531+4636	Radc	(15a)	277
A1515+2146	SPtm	(4 a)	446, 538					
A1515+2146	Vdis	(7 a)	101		A1531+5803	Spop	(8 b)	254
A1515+2146	Spop	(8 b)	790, 919		A1531+5803	Span	(8 d)	49
A1515+2146	HIw	(13a)	270					
					A1533+1440	PtmO	(3 b)	279
A1516+0957	Mkin	(9 a)	248		A1533+1440	Xg	(16)	237
A1516+4255	Pho	(2 a)	868		A1534+5804	Pho	(2 a)	562
A1516+4255	Spop	(8 b)	691		A1534+5804	PtmO	(3 b)	246, 281
A1516+4255	HIIr	(12a)	223		A1534+5804	SPtm	(4 a)	63, 218, 313, 372
A1516+4255	Radc	(15a)	278		A1534+5804	SpUV	(8 a)	174
					A1534+5804	Spop	(8 b)	100, 161, 263, 364,
A1520+2752	Spop	(8 b)	1		A1534+5804	Spop	(8 b)	420, 444, 461, 501,
					A1534+5804	Spop	(8 b)	799, 918
A1523+1827	Mkin	(9 a)	248		A1534+5804	Popt	(10a)	54
A1523+2928	PtmO	(3 b)	48		A1534+5804	Xg	(16)	157
A1525+2905	Radc	(15a)	161, 187, 211		A1535+3015	Zrad	(6 b)	77

A1535+3015	HIw	(13a)	160		A1552+1920	Popt	(10a)	54
					A1552+1920	Xg	(16)	157
A1535+5443	SPtm	(4 a)	313					
A1535+5443	Spop	(8 b)	7, 40, 89, 100, 101,		A1552+6900	Des	(1 b)	231
A1535+5443	Spop	(8 b)	108, 139, 159, 161,		A1552+6900	Pho	(2 a)	769
A1535+5443	Spop	(8 b)	297, 440, 444, 457,					
A1535+5443	Spop	(8 b)	501, 626, 918		A1553+2014	SpUV	(8 a)	211
A1535+5443	Spir	(8 c)	37		A1553+2014	Spop	(8 b)	933, 996
A1535+5443	Popt	(10a)	54		A1553+2014	Radif	(15b)	668
A1535+5525	Spop	(8 b)	301		A1553+2435	Prad	(10b)	148
A1535+5525	Span	(8 d)	63		A1553+2435	Radif	(15b)	78, 128, 229, 580,
A1535+5525	Radc	(15a)	277		A1553+2435	Radif	(15b)	683
					A1553+2435	Xg	(16)	204
A1536+0544	Spop	(8 b)	372					
A1536+0544	Radif	(15b)	503		A1553+2438	Mkin	(9 a)	248
A1537+2506	Zopt	(6 a)	144		A1554+4800	Radif	(15b)	493
A1537+2506	Spop	(8 b)	255					
					A1554−2221	Des	(1 b)	295
A1542+4355	Pho	(2 a)	547		A1554−2221	Pho	(2 a)	980
A1542+4355	Zopt	(6 a)	199					
					A1556+2657	PtmI	(3 c)	164
A1542+4356	Pho	(2 a)	547					
A1542+4356	Zopt	(6 a)	199		A1556+6401	Des	(1 b)	231
					A1556+6401	Pho	(2 a)	769
A1542+4357	Pho	(2 a)	547					
A1542+4357	Zopt	(6 a)	199		A1556+6403	Des	(1 b)	231
					A1556+6403	Pho	(2 a)	769
A1543+0913	SpUV	(8 a)	35, 109					
					A1557+2604	Zopt	(6 a)	117
A1544+4609	Des	(1 b)	299		A1557+2604	Radif	(15b)	99
A1544+4609	Zopt	(6 a)	448					
A1544+4609	Spop	(8 b)	820, 922		A1557+2712	PtmO	(3 b)	170
					A1557+2712	PtmI	(3 c)	104
A1547+2134	Pho	(2 a)	1078, 1157		A1557+2712	SPtm	(4 a)	365, 366
					A1557+2712	Zopt	(6 a)	181
A1549+4724	Radif	(15b)	489		A1557+2712	Xg	(16)	187
A1549+7123	Radif	(15b)	493		A1557+3510	PtmI	(3 c)	252
					A1557+3510	Zrad	(6 b)	125
A1550+6114	Zopt	(6 a)	220		A1557+3510	Spop	(8 b)	598
A1550+6114	Spop	(8 b)	430		A1557+3510	HIw	(13a)	214
A1550+6901	Des	(1 b)	231		A1558+1517	Des	(1 b)	296
A1550+6901	Pho	(2 a)	769		A1558+1517	Pho	(2 a)	992
A1551−3754	Zopt	(6 a)	128		A1558+2100	Pho	(2 a)	86
					A1558+2100	SPtm	(4 a)	37
A1552+1920	Spop	(8 b)	100, 161, 263, 461		A1558+2100	Zopt	(6 a)	3

A1558+2100	Grp	(19)	3		A1604+1627	Pho	(2 a)	992
A1559+1609	Pho	(2 a)	46		A1604+1743	Des	(1 b)	296
A1559+1609	Radc	(15a)	38, 67		A1604+1743	Pho	(2 a)	992
A1559+1609	Grp	(19)	17, 30		A1604+3014	Des	(1 b)	100
A1559+1857	HIw	(13a)	100		A1604+3014	Pho	(2 a)	376, 864, 1151
A1600+1606	Pho	(2 a)	46		A1604+3014	Zopt	(6 a)	286
A1600+1606	Radc	(15a)	38, 67		A1604+4127	Pho	(2 a)	547
A1600+1606	Grp	(19)	17, 30		A1604+4127	Zopt	(6 a)	199
A1600+1632	Pho	(2 a)	46		A1604+4128A	Pho	(2 a)	547
A1600+1632	Radc	(15a)	38, 67		A1604+4128A	Zopt	(6 a)	199
A1600+1632	Grp	(19)	17, 30		A1604+4128B	Pho	(2 a)	547
A1601+1602	Pho	(2 a)	46		A1604+4128B	Zopt	(6 a)	199
A1601+1602	Radc	(15a)	38		A1605+5533	PtmI	(3 c)	165
A1601+1602	Grp	(19)	17		A1609+1700	Des	(1 b)	296
A1601+1917	Des	(1 b)	34, 409		A1609+1700	Pho	(2 a)	992
A1601+1917	Pho	(2 a)	354		A1609+1700	Zopt	(6 a)	445
A1601+1917	PtmI	(3 c)	164, 242		A1610+2824	Radif	(15b)	324
A1601+1917	SPtm	(4 a)	172		A1610+2825	Des	(1 b)	230
A1601+1917	Spop	(8 b)	243, 434		A1610+2825	Pho	(2 a)	766
A1601+1917	Span	(8 d)	78					
A1601+1917	HIw	(13a)	96, 100		A1610+2833	Radif	(15b)	324
A1601+1917	Radc	(15a)	225		A1610+2946	Radif	(15b)	324
A1601+1919	Des	(1 b)	34		A1610+3001	Radif	(15b)	324
A1601+1919	Pho	(2 a)	354		A1610+6042	Pho	(2 a)	828
A1601+3946	Des	(1 b)	100		A1610+6042	HIIr	(12a)	223
A1601+3946	Pho	(2 a)	376		A1610−6047	Mkin	(9 a)	137
A1602+1457	Radc	(15a)	263		A1610−6047	Radc	(15a)	156
A1602−6321	Prad	(10b)	50		A1610−6047	Spop	(15b)	53
A1602−6321	Radc	(15a)	156		A1611+3101	Radif	(15b)	324
A1602−6321	Radif	(15b)	53		A1611−6032	Spop	(15b)	53
A1603+1821	Radif	(15b)	448		A1613+2734	Zopt	(6 a)	117
A1603+1821	Grp	(19)	202		A1613+2734	Radif	(15b)	99
A1603+2055	Zopt	(6 a)	3		A1613+6550	Spop	(8 b)	918
A1603+2055	Grp	(19)	3					
A1604+1053	Radc	(15a)	230					
A1604+1627	Des	(1 b)	296					

A1614+0506	Ima	(2 b)	86		A1627+3925	Pho	(2 a)	46
A1614+0506	PtmO	(3 b)	377		A1627+3925	Radc	(15a)	38, 67
A1614+0506	PtmN	(3 d)	31		A1627+3925	Grp	(19)	17, 30
A1614+0506	SPtm	(4 a)	541		A1627+3932	Pho	(2 a)	46
A1614+0506	Spop	(8 b)	945		A1627+3932	Radc	(15a)	38
A1614+0506	Radif	(15b)	672		A1627+3932	Grp	(19)	17
A1615+0611	Spop	(8 b)	379		A1628+3929	Pho	(2 a)	46
A1615+0611	Xg	(16)	521		A1628+3929	Radc	(15a)	38, 67
A1615+6832	Des	(1 b)	231		A1628+3929	Grp	(19)	17, 30
A1615+6832	Pho	(2 a)	769		A1635+3631	SN	(17a)	228, 281
A1617+1731	PtmO	(3 b)	207		A1639+6905	Des	(1 b)	231
A1617+1731	Spop	(8 b)	499		A1639+6905	Pho	(2 a)	769
A1619+5020	PtmO	(3 b)	241		A1639+6909	Des	(1 b)	231
A1619+5020	Zopt	(6 a)	263		A1639+6909	Pho	(2 a)	769
A1621−3408	Spop	(8 b)	830		A1640+2510	Radc	(15a)	263
A1621−3408	Span	(8 d)	141					
A1622+4111	Pho	(2 a)	363		A1641+3945	PtmI	(3 c)	270
A1622+4111	PtmO	(3 b)	240		A1641+3951	Radif	(15b)	678, 709
A1622+4111	Zopt	(6 a)	126					
A1622+4111	SpUV	(8 a)	208		A1647+3638	Radif	(15b)	493
A1622+4111	Spop	(8 b)	161, 176, 245, 297,		A1647+4847	Des	(1 b)	63
A1622+4111	Spop	(8 b)	311, 361, 418, 444,		A1647+4847	Pho	(2 a)	261
A1622+4111	Spop	(8 b)	499, 501, 551, 636,		A1647+4847	PtmO	(3 b)	58
A1622+4111	Spop	(8 b)	910		A1647+4847	Grp	(19)	78
A1622+4111	Span	(8 d)	46		A1647+4848	Des	(1 b)	63
A1625+3913	Radif	(15b)	198		A1647+4848	Pho	(2 a)	261
A1625+5140	Des	(1 b)	18		A1647+4848	Grp	(19)	78
A1625+5140	Pho	(2 a)	50		A1648+5330AF	Xg	(16)	323
A1626+4119	Pho	(2 a)	46, 884		A1648+5330AF	Grp	(19)	204
A1626+4119	SPtm	(4 a)	599		A1651+6900	Zopt	(6 a)	220
A1626+4119	Radc	(15a)	38, 67		A1651+6900	Spop	(8 b)	430
A1626+4119	Radif	(15b)	198					
A1626+4119	Grp	(19)	17, 30		A1652+3950	Des	(1 b)	28, 168, 308, 377
A1626+5153	Zopt	(6 a)	322		A1652+3950	Pho	(2 a)	165, 390
A1626+5153	Spop	(8 b)	608		A1652+3950	PtmU	(3 a)	15
A1627+2433	Zopt	(6 a)	87		A1652+3950	PtmO	(3 b)	2, 22, 24, 37, 66, 75,
A1627+2433	Spop	(8 b)	126, 328, 355, 539		A1652+3950	PtmO	(3 b)	81, 83, 93, 151, 157,
A1627+2433	Radc	(15a)	230		A1652+3950	PtmO	(3 b)	194, 206, 248, 261,
A1627+2433	Radif	(15b)	269, 342, 429, 626		A1652+3950	PtmO	(3 b)	280, 389

A1652+3950	PtmI	(3 c)	3, 19, 33, 55, 74, 97,	A1702−0128	Pho	(2 a)	510	
A1652+3950	PtmI	(3 c)	126, 177, 205, 214	A1702−0128	Zopt	(6 a)	184	
A1652+3950	SPtm	(4 a)	89, 183, 263, 560	A1702−0128	Spop	(8 b)	384	
A1652+3950	Zopt	(6 a)	7	A1702−0128	Xg	(16)	205	
A1652+3950	SpUV	(8 a)	16, 32, 83, 119, 145,	A1705+6730AB	Des	(1 b)	231	
A1652+3950	SpUV	(8 a)	175, 189	A1705+6730AB	Pho	(2 a)	769	
A1652+3950	Spop	(8 b)	274, 354, 950					
A1652+3950	Popt	(10a)	2, 5, 8, 27, 38, 39, 53,	A1705+7228	Pho	(2 a)	560	
A1652+3950	Popt	(10a)	61, 74	A1705+7228	Zopt	(6 a)	257	
A1652+3950	Prad	(10b)	33, 92, 96, 98	A1705+7228	Spop	(8 b)	495	
A1652+3950	HIw	(13a)	256					
A1652+3950	Radc	(15a)	2, 6, 48, 57, 61, 125,	A1705+7839	Zopt	(6 a)	51	
A1652+3950	Radc	(15a)	127, 143, 172, 180,	A1705+7839	Radc	(15a)	76	
A1652+3950	Radc	(15a)	195, 233, 242, 251,	A1705+7839	Radif	(15b)	265	
A1652+3950	Radc	(15a)	258, 262, 278, 282,	A1705+7839	Grp	(19)	34	
A1652+3950	Radc	(15a)	283					
A1652+3950	Radif	(15b)	23, 68, 184, 271, 366,	A1705+7840	Radif	(15b)	158	
A1652+3950	Radif	(15b)	389, 409, 460, 462,					
A1652+3950	Radif	(15b)	506, 561, 610	A1706+7841	Zopt	(6 a)	51	
A1652+3950	Xg	(16)	70, 86, 114, 129, 135,	A1706+7841	Radc	(15a)	49, 76, 224	
A1652+3950	Xg	(16)	136, 140, 144, 181,	A1706+7841	Radif	(15b)	20, 158, 265	
A1652+3950	Xg	(16)	206, 219, 236, 251,	A1706+7841	Grp	(19)	34	
A1652+3950	Xg	(16)	270, 272, 282, 319,					
A1652+3950	Xg	(16)	336, 400, 413	A1706+7842	Radc	(15a)	139	
				A1706+7842	Grp	(19)	77	
A1653+5311	Mol	(14a)	209					
				A1706+7843	Zopt	(6 a)	51	
A1657+3232	Radc	(15a)	161	A1706+7843	Radc	(15a)	76	
				A1706+7843	Radif	(15b)	158	
A1657+3234	Zopt	(6 a)	117	A1706+7843	Grp	(19)	34	
A1657+3234	Radc	(15a)	20					
A1657+3234	Radif	(15b)	99, 330, 449, 461	A1706+7848	Zopt	(6 a)	51	
				A1706+7848	Grp	(19)	34	
A1658+3012	Zopt	(6 a)	117					
A1658+3012	Prad	(10b)	44	A1708+7841	Radif	(15b)	571	
A1658+3012	Radif	(15b)	78, 99, 413, 580					
				A1709+3945	Zopt	(6 a)	98	
A1659+2928	Spop	(8 b)	89, 100, 263, 364,	A1709+3945	Radc	(15a)	49	
A1659+2928	Spop	(8 b)	922	A1709+3945	Radif	(15b)	20, 64, 120, 143, 206,
A1659+2928	Radc	(15a)	143	A1709+3945	Radif	(15b)	211	
A1659+2928	Xg	(16)	157	A1709+3945	Grp	(19)	64	
A1701+3131	Zrad	(6 b)	105	A1709+7843	Radif	(15b)	571	
A1701+3131	Spop	(8 b)	145, 499, 518					
A1701+3131	HIw	(13a)	191	A1709+7844	Radif	(15b)	571	
A1701+3131	Radif	(15b)	269					
				A1709−2318	Zopt	(6 a)	180	
A1702−0127	Pho	(2 a)	510	A1709−2318	Xg	(16)	184, 218	
A1702−0127	Zopt	(6 a)	184	A1709−2318	Grp	(19)	153	
A1702−0127	Spop	(8 b)	384					

A1710−7306	Pho	(2 a)	125		A1719+5757	Dim	(1 a)	28
A1710−7306	Zopt	(6 a)	52		A1719+5757	Pho	(2 a)	583, 945
A1710−7306	Spop	(8 b)	80		A1719+5757	Star	(5 a)	3, 4, 5, 10, 16, 27, 28,
					A1719+5757	Star	(5 a)	29, 31, 44, 46, 51, 54,
A1712+5923	Spop	(8 b)	794		A1719+5757	Star	(5 a)	55, 73, 83, 89, 117,
					A1719+5757	Star	(5 a)	126, 132, 144, 149,
A1713+5021	Ima	(2 b)	45		A1719+5757	Star	(5 a)	153, 162, 186, 187,
A1713+5021	PtmO	(3 b)	322		A1719+5757	Star	(5 a)	202
A1713+5021	Zopt	(6 a)	415		A1719+5757	Zopt	(6 a)	99, 279, 338
					A1719+5757	Vdyn	(7 b)	22
A1713+5313	Pho	(2 a)	1030		A1719+5757	Spop	(8 b)	14, 306, 426, 437,
A1713+5313	Mol	(14a)	168		A1719+5757	Spop	(8 b)	646
					A1719+5757	Span	(8 d)	65, 105
A1716+4831	Pho	(2 a)	146		A1719+5757	HIw	(13a)	71
A1716+4831	SPtm	(4 a)	72					
					A1719+6853	Des	(1 b)	231
A1716+7330	Spop	(8 b)	808		A1719+6853	Pho	(2 a)	769
A1717+4902	SPtm	(4 a)	310		A1719+6855	Des	(1 b)	231
A1717+4902	Spop	(8 b)	532		A1719+6855	Pho	(2 a)	769
A1717+4905	PtmO	(3 b)	331		A1720+3055	SpUV	(8 a)	113
A1717+4905	PtmI	(3 c)	216					
A1717+4905	Zopt	(6 a)	438		A1720+3055A	Des	(1 b)	63
A1717+4905	Spop	(8 b)	761, 811, 837		A1720+3055A	Pho	(2 a)	165, 261
A1717+4905	Span	(8 d)	143		A1720+3055A	SPtm	(4 a)	89
A1717+4905	Radc	(15a)	296		A1720+3055A	Zopt	(6 a)	57
					A1720+3055A	Zrad	(6 b)	105
A1717−0055	Prad	(10b)	3, 50		A1720+3055A	SpUV	(8 a)	51, 105
A1717−0055	Radc	(15a)	10, 14, 36, 60, 113,		A1720+3055A	Spop	(8 b)	89, 100, 161, 263,
A1717−0055	Radc	(15a)	188		A1720+3055A	Spop	(8 b)	297
A1717−0055	Radif	(15b)	9, 28		A1720+3055A	HIw	(13a)	191
					A1720+3055A	Radc	(15a)	180
A1718+4902	Des	(1 b)	18		A1720+3055A	Radif	(15b)	269
A1718+4902	Radif	(15b)	68, 229		A1720+3055A	Xg	(16)	142, 144, 157
A1718+4902	Xg	(16)	204		A1720+3055A	Grp	(19)	78
A1718+4905	PtmI	(3 c)	165		A1720+3055B	Des	(1 b)	63
A1718+4905	Spop	(8 b)	761		A1720+3055B	Pho	(2 a)	165, 261
					A1720+3055B	Zopt	(6 a)	57
A1718+5000	Ima	(2 b)	45		A1720+3055B	Grp	(19)	78
A1718+5000	PtmO	(3 b)	322					
A1718+5000	Zopt	(6 a)	415		A1720−0014	HIw	(13a)	249, 301
					A1720−0014	Mol	(14a)	138, 207, 227
A1719+3945	PtmO	(3 b)	81					
					A1722+6010AB	Des	(1 b)	231
A1719+5025	Ima	(2 b)	45		A1722+6010AB	Pho	(2 a)	769
A1719+5025	PtmO	(3 b)	322					
A1719+5025	Zopt	(6 a)	415		A1725+7543	Zopt	(6 a)	213
					A1725+7543	Spop	(8 b)	419

A1727+5015	PtmU	(3 a)	166
A1727+5015	PtmO	(3 b)	24, 30, 77, 157, 209,
A1727+5015	PtmO	(3 b)	275, 281, 290
A1727+5015	PtmI	(3 c)	92, 234
A1727+5015	SPtm	(4 a)	183, 201, 235, 298,
A1727+5015	SPtm	(4 a)	372
A1727+5015	Zopt	(6 a)	94
A1727+5015	SpUV	(8 a)	56, 63, 83, 89, 189
A1727+5015	Spop	(8 b)	132, 274, 505, 848
A1727+5015	Popt	(10a)	8, 53, 63
A1727+5015	Prad	(10b)	92
A1727+5015	Radc	(15a)	172, 203, 216, 233,
A1727+5015	Radc	(15a)	237
A1727+5015	Radif	(15b)	184, 225, 444, 599,
A1727+5015	Radif	(15b)	621
A1727+5015	Xg	(16)	86, 135, 140, 210,
A1727+5015	Xg	(16)	220, 259, 272
A1727−6042AB	Pho	(2 a)	264
A1727−6042AB	Spop	(8 b)	168
A1736+8647	Pho	(2 a)	1068
A1736−6321	Pho	(2 a)	529
A1737+5842	Des	(1 b)	231
A1737+5842	Pho	(2 a)	769
A1737+5844	Des	(1 b)	231
A1737+5844	Pho	(2 a)	769
A1739+1721	Zopt	(6 a)	298
A1739+5106	Mkin	(9 a)	248
A1739+5151	Zopt	(6 a)	326
A1739+5151	Spop	(8 b)	627
A1739+5151	Xg	(16)	313
A1739+6849	Des	(1 b)	231
A1739+6849	Pho	(2 a)	769
A1739+6852	Des	(1 b)	231
A1739+6852	Pho	(2 a)	769
A1741+3902	Spop	(8 b)	399
A1741+3902	Radif	(15b)	248
A1741−6814	Pho	(2 a)	634
A1747+1834	Spop	(8 b)	494
A1747+3609	Radc	(15a)	189
A1747+6836	PtmO	(3 b)	215
A1747+6836	Spop	(8 b)	451
A1747+6836	Xg	(16)	243
A1747+6838	Pho	(2 a)	865
A1747+6838	SPtm	(4 a)	365
A1747+6838A	Pho	(2 a)	765
A1747+6838A	Zopt	(6 a)	316
A1747+6838A	Spop	(8 b)	596
A1748+6842	PtmI	(3 c)	252
A1748+6842	Spop	(8 b)	900
A1748+6842	Xg	(16)	427
A1748+6843	Spop	(8 b)	89, 145
A1749+3958	Radc	(15a)	174
A1750+3745	Spop	(8 b)	1013
A1751+6823	Des	(1 b)	231
A1751+6823	Pho	(2 a)	769
A1751+6824	Des	(1 b)	231
A1751+6824	Pho	(2 a)	769
A1752+3043	SN	(17a)	68
A1752+3234	Zopt	(6 a)	117
A1752+3234	Radif	(15b)	99, 413, 461, 580
A1753+1855	Pho	(2 a)	298
A1753+3447	Radc	(15a)	189
A1758+3438	Radif	(15b)	274
A1759+2109	Prad	(10b)	154
A1759+2109	Radif	(15b)	697
A1802+1057	Ima	(2 b)	85
A1802+1057	Spop	(8 b)	944
A1802−5744	Pho	(2 a)	187

A1804−6313	Xg	(16)	336	A1827+3218	Zopt	(6 a)	117
				A1827+3218	Radif	(15b)	99, 461, 577
A1805+6554	Pho	(2 a)	677				
A1805+6554	Spop	(8 b)	512	A1827+5020	Spop	(8 b)	372
A1807+6949	Pho	(2 a)	1050	A1832+7407AB	Des	(1 b)	231
A1807+6949	PtmU	(3 a)	14	A1832+7407AB	Pho	(2 a)	769
A1807+6949	PtmO	(3 b)	6, 9, 18, 20, 24, 74,				
A1807+6949	PtmO	(3 b)	83, 128, 204, 222,	A1832−6517	Spop	(8 b)	246
A1807+6949	PtmO	(3 b)	248, 278, 290				
A1807+6949	PtmI	(3 c)	143, 155, 270	A1833+3239	PtmO	(3 b)	82, 113, 176
A1807+6949	Zopt	(6 a)	16	A1833+3239	PtmI	(3 c)	26, 80
A1807+6949	SpUV	(8 a)	82, 115, 189	A1833+3239	SpUV	(8 a)	113, 160, 177
A1807+6949	Spop	(8 b)	13, 27, 132, 274, 848	A1833+3239	Spop	(8 b)	4, 50, 100, 136, 152,
A1807+6949	Popt	(10a)	3, 4, 7, 8	A1833+3239	Spop	(8 b)	161, 263, 364, 369,
A1807+6949	Prad	(10b)	24, 31, 33, 76, 81, 82,	A1833+3239	Spop	(8 b)	824
A1807+6949	Prad	(10b)	98, 127, 169	A1833+3239	Span	(8 d)	19
A1807+6949	Radc	(15a)	14, 125, 133, 233,	A1833+3239	Popt	(10a)	55, 61
A1807+6949	Radc	(15a)	242, 251, 255, 262,	A1833+3239	Prad	(10b)	28, 37, 71, 100, 135
A1807+6949	Radc	(15a)	282	A1833+3239	Radif	(15b)	4, 13, 28, 78, 91, 136,
A1807+6949	Radif	(15b)	9, 77, 130, 177, 223,	A1833+3239	Radif	(15b)	246, 254, 262, 401,
A1807+6949	Radif	(15b)	281, 298, 310, 311,	A1833+3239	Radif	(15b)	405, 409, 422, 598
A1807+6949	Radif	(15b)	362, 389, 419, 460,	A1833+3239	Xg	(16)	88, 97, 112, 119, 123,
A1807+6949	Radif	(15b)	462, 509, 550, 621,	A1833+3239	Xg	(16)	145, 157, 270, 303,
A1807+6949	Radif	(15b)	729, 730	A1833+3239	Xg	(16)	310
A1807+6949	Xg	(16)	97, 112, 241, 272,				
A1807+6949	Xg	(16)	307, 329, 341, 408,	A1833+6703	Des	(1 b)	231
A1807+6949	Xg	(16)	412	A1833+6703	Pho	(2 a)	769
A1812+6955	Pho	(2 a)	1050	A1833−6528	PtmI	(3 c)	51, 258
				A1833−6528	Zopt	(6 a)	132
A1812−5715	Pho	(2 a)	187	A1833−6528	Spop	(8 b)	197, 246
				A1833−6528	Popt	(10a)	54
A1814+2841	Des	(1 b)	267	A1833−6528	Xg	(16)	112, 236
A1814+2841	Pho	(2 a)	872				
				A1834+1941	Radif	(15b)	78
A1814+7016	Des	(1 b)	231				
A1814+7016	Pho	(2 a)	769	A1834−7713	Zopt	(6 a)	17
				A1834−7713	Xg	(16)	16
A1814+7017AB	Des	(1 b)	231				
A1814+7017AB	Pho	(2 a)	769	A1836+1709	Prad	(10b)	7, 11, 28, 50, 100
				A1836+1709	Radif	(15b)	22, 91, 115, 401
A1814−6347	Spop	(8 b)	234	A1836+1709	Xg	(16)	303
A1816+3027B	Spop	(8 b)	794	A1836−5507	Des	(1 b)	54
				A1836−5507	Pho	(2 a)	192
A1822+6635	Des	(1 b)	231	A1836−5507	Spop	(8 b)	128
A1822+6635	Pho	(2 a)	769				
A1822+6635	Spop	(8 b)	888	A1838−6409	Popt	(10a)	54

A1840−6224	Des	(1 b)	49
A1840−6224	Pho	(2 a)	251, 272, 406
A1840−6224	PtmO	(3 b)	102, 104
A1840−6224	PtmI	(3 c)	36
A1840−6224	Zopt	(6 a)	104, 114, 118
A1840−6224	Spop	(8 b)	151, 171, 407, 780
A1840−6224	Popt	(10a)	54
A1840−6224	Xg	(16)	112
A1840−6334	Des	(1 b)	295
A1840−6334	Pho	(2 a)	980
A1845+7943	Des	(1 b)	387
A1845+7943	Pho	(2 a)	220
A1845+7943	PtmO	(3 b)	9, 20, 30, 45, 110,
A1845+7943	PtmO	(3 b)	157, 162, 248, 290,
A1845+7943	PtmO	(3 b)	302
A1845+7943	PtmI	(3 c)	68, 153, 270
A1845+7943	SPtm	(4 a)	110
A1845+7943	Vdyn	(7 b)	5
A1845+7943	SpUV	(8 a)	14, 24, 30, 51, 105,
A1845+7943	SpUV	(8 a)	160, 189, 212
A1845+7943	Spop	(8 b)	4, 50, 55, 100, 136,
A1845+7943	Spop	(8 b)	152, 161, 184, 260,
A1845+7943	Spop	(8 b)	263, 315, 353, 364,
A1845+7943	Spop	(8 b)	369, 474, 619, 624,
A1845+7943	Spop	(8 b)	667
A1845+7943	Span	(8 d)	19, 27
A1845+7943	Popt	(10a)	7, 26, 54, 55
A1845+7943	Prad	(10b)	3, 6, 50, 65, 68, 90,
A1845+7943	Prad	(10b)	135, 151
A1845+7943	Radc	(15a)	10, 26, 127, 188, 240,
A1845+7943	Radc	(15a)	242, 282
A1845+7943	Radif	(15b)	4, 12, 13, 25, 28, 56,
A1845+7943	Radif	(15b)	77, 78, 169, 190, 192,
A1845+7943	Radif	(15b)	198, 215, 232, 247,
A1845+7943	Radif	(15b)	276, 335, 409, 511,
A1845+7943	Radif	(15b)	556, 690
A1845+7943	Xg	(16)	17, 20, 44, 64, 82, 92,
A1845+7943	Xg	(16)	97, 119, 142, 144,
A1845+7943	Xg	(16)	145, 170, 259, 270,
A1845+7943	Xg	(16)	278, 303, 328, 385
A1859+5048	Radc	(15a)	174
A1909+5208	Spop	(8 b)	201
A1912+7319B	Spop	(8 b)	794
A1916−5845	PtmU	(3 a)	9
A1916−5845	PtmI	(3 c)	258
A1916−5845	Zopt	(6 a)	101
A1916−5845	SpUV	(8 a)	24, 91, 113
A1916−5845	Spop	(8 b)	146, 407, 661, 780,
A1916−5845	Spop	(8 b)	881
A1916−5845	Popt	(10a)	54
A1916−5845	Xg	(16)	65, 76, 86, 127, 146,
A1916−5845	Xg	(16)	179, 219, 236, 270,
A1916−5845	Xg	(16)	278, 310, 379
A1918−6034	Des	(1 b)	54
A1918−6034	Pho	(2 a)	192
A1918−6034	Spop	(8 b)	128
A1919+4350	SPtm	(4 a)	312
A1919+4350	Spop	(8 b)	534
A1919+4350	Radif	(15b)	101
A1919+4350	Xg	(16)	46
A1919+4352	PtmO	(3 b)	343
A1919+4352	PtmI	(3 c)	226
A1920+4352	Radc	(15a)	187, 224
A1920+4352	Radif	(15b)	98
A1921−5305	Pho	(2 a)	263
A1924−4140	Pho	(2 a)	195, 264, 959
A1924−4140	Ima	(2 b)	46
A1924−4140	PtmO	(3 b)	323
A1924−4140	PtmI	(3 c)	164
A1924−4140	SPtm	(4 a)	441
A1924−4140	Zopt	(6 a)	416, 514, 536
A1924−4140	Vdis	(7 a)	105
A1924−4140	SpUV	(8 a)	48, 110, 166
A1924−4140	Spop	(8 b)	168, 781, 977
A1924−4140	Span	(8 d)	129
A1924−4140	Mkin	(9 a)	270, 315
A1924−4140	HIIr	(12a)	198
A1926−3931AB	Pho	(2 a)	264
A1926−3931AB	Spop	(8 b)	168
A1927−1747	Des	(1 b)	115
A1927−1747	Pho	(2 a)	186, 271
A1927−1747	Star	(5 a)	25
A1927−1747	Zrad	(6 b)	26, 42, 46
A1927−1747	HIw	(13a)	76, 81
A1927−1747	Dis	(18)	20, 27

A1927−516	PtmO	(3 b)	328		A1954−5517	Radif	(15b)	53
A1927−516	Zopt	(6 a)	427		A1956−4051	Des	(1 b)	295
A1929+5400AB	Pho	(2 a)	576		A1956−4051	Pho	(2 a)	980
A1929+7201	Mkin	(9 a)	248		A1957+4035	Dim	(1 a)	60
					A1957+4035	Des	(1 b)	32, 40, 92, 187, 239,
A1931−6108	Spop	(8 b)	575		A1957+4035	Des	(1 b)	311
A1931−6108	HIIr	(12a)	192		A1957+4035	Pho	(2 a)	93, 233, 633, 728,
					A1957+4035	Pho	(2 a)	798
A1934−063	PtmO	(3 b)	328		A1957+4035	Ima	(2 b)	21, 70
A1934−063	Zopt	(6 a)	427		A1957+4035	PtmO	(3 b)	29
					A1957+4035	PtmI	(3 c)	73, 270, 293
A1934−5116	PtmO	(3 b)	344		A1957+4035	SPtm	(4 a)	79, 280, 491
A1934−5116	Zopt	(6 a)	461		A1957+4035	Zopt	(6 a)	240
A1934−5116	Spop	(8 b)	836		A1957+4035	SpUV	(8 a)	180
A1934−5116	Xg	(16)	396		A1957+4035	Spop	(8 b)	5, 136, 152, 364, 391,
					A1957+4035	Spop	(8 b)	480, 561, 831, 843,
A1934−6349	Spop	(8 b)	989		A1957+4035	Spop	(8 b)	928
					A1957+4035	SpIR	(8 c)	96
A1940+5028	PtmO	(3 b)	34		A1957+4035	Span	(8 d)	3
A1940+5028	Zopt	(6 a)	43		A1957+4035	Mkin	(9 a)	14, 46, 288
					A1957+4035	Popt	(10a)	78
A1940+5029	Radc	(15a)	242, 262		A1957+4035	Prad	(10b)	3, 9, 30, 32, 39, 65,
A1940+5029	Radif	(15b)	77, 78, 696		A1957+4035	Prad	(10b)	126, 138
A1940+5029	Xg	(16)	297		A1957+4035	Radc	(15a)	9, 10, 14, 36, 51, 56,
					A1957+4035	Radc	(15a)	113, 118, 120, 165,
A1940+5030	Pho	(2 a)	30		A1957+4035	Radc	(15a)	193, 282, 325
A1940+5030	PtmO	(3 b)	34		A1957+4035	Radif	(15b)	4, 9, 13, 20, 25, 30,
A1940+5030	Zopt	(6 a)	43		A1957+4035	Radif	(15b)	117, 121, 189, 215,
A1940+5030	Radif	(15b)	14		A1957+4035	Radif	(15b)	232, 261, 276, 314,
					A1957+4035	Radif	(15b)	345, 435, 447, 457,
A1941−5422	Pho	(2 a)	263		A1957+4035	Radif	(15b)	469, 482, 485, 590,
A1941−5422	Spop	(8 b)	407		A1957+4035	Radif	(15b)	651, 699, 712
A1941−5422	Popt	(10a)	54		A1957+4035	Xg	(16)	18, 45, 64, 86, 103,
					A1957+4035	Xg	(16)	174, 218, 270, 332,
A1942−3451	Des	(1 b)	295		A1957+4035	Xg	(16)	335, 444, 447
A1942−3451	Pho	(2 a)	980		A1957+4035	Grp	(19)	167, 209
A1942−6522	Des	(1 b)	295		A1957+4953	PtmO	(3 b)	34
A1942−6522	Pho	(2 a)	980		A1957+4953	Zopt	(6 a)	43
A1949+0222	Prad	(10b)	7, 50		A1959−5605	Des	(1 b)	295
					A1959−5605	Pho	(2 a)	980
A1953−2603AB	Zopt	(6 a)	320					
A1953−2603AB	Spop	(8 b)	602		A2001+4910	PtmO	(3 b)	34
					A2001+4910	Zopt	(6 a)	43
A1953−3234	Zopt	(6 a)	36					
A1953−3234	Spop	(8 b)	51		A2005−2927	Pho	(2 a)	602
					A2005−2927	Zopt	(6 a)	227

A2005−2927	Spop	(8 b)	458		A2032+1045	Zrad	(6 b)	199
					A2032+1045	Spop	(8 b)	941
A2005−4858	Pho	(2 a)	1055					
A2005−4858	PtmO	(3 b)	378		A2033−5016	Pho	(2 a)	502
A2005−4858	Zopt	(6 a)	492					
A2005−4858	SpUV	(8 a)	198		A2035−4122	Pho	(2 a)	1033
A2005−4858	Spop	(8 b)	932					
A2005−4858	Xg	(16)	424		A2037+8801	Xg	(16)	115
A2006−5635	Radc	(15a)	156		A2040−2644	PtmO	(3 b)	81
					A2040−2644	Prad	(10b)	7, 50
A2008−5714	Spop	(8 b)	398					
					A2041−1054	Des	(1 b)	392
A2010−3720	Pho	(2 a)	529		A2041−1054	Pho	(2 a)	705
A2010−3720	PtmO	(3 b)	187		A2041−1054	PtmO	(3 b)	42, 43
A2010−3720	HIw	(13a)	144		A2041−1054	PtmI	(3 c)	93, 131, 233, 247,
					A2041−1054	PtmI	(3 c)	258
A2013−4641	Pho	(2 a)	264		A2041−1054	SPtm	(4 a)	317, 318
A2013−4641	Spop	(8 b)	168		A2041−1054	Star	(5 a)	70
					A2041−1054	SpUV	(8 a)	24, 26, 36, 55, 64, 66,
A2014−4559	Radc	(15a)	156		A2041−1054	SpUV	(8 a)	67, 91, 112, 113, 161,
					A2041−1054	SpUV	(8 a)	219
A2014−5549	Spop	(8 b)	568		A2041−1054	Spop	(8 b)	53, 55, 100, 161, 260,
A2014−5549	Prad	(10b)	50		A2041−1054	Spop	(8 b)	263, 376, 407, 436,
					A2041−1054	Spop	(8 b)	440, 443, 461, 542,
A2014−5743	SPtm	(4 a)	407		A2041−1054	Spop	(8 b)	544, 630, 661, 780,
A2014−5743	Zopt	(6 a)	375, 421		A2041−1054	Spop	(8 b)	819, 863
A2014−5743	Spop	(8 b)	688, 787		A2041−1054	Spir	(8 c)	36, 37, 38, 63, 77
					A2041−1054	Popt	(10a)	49, 54
A2016−2349	SN	(17a)	138		A2041−1054	Radif	(15b)	336, 442, 705
					A2041−1054	Xg	(16)	64, 76, 86, 88, 92,
A2020−3704	Pho	(2 a)	428		A2041−1054	Xg	(16)	142, 144, 145, 146,
A2020−3704	Zopt	(6 a)	36, 162		A2041−1054	Xg	(16)	179, 200, 219, 221,
A2020−3704	Spop	(8 b)	51		A2041−1054	Xg	(16)	236, 270, 278, 310,
A2020−3704	Grp	(19)	116		A2041−1054	Xg	(16)	324, 338, 380, 435
A2020−4409	Spop	(8 b)	489		A2042−1117	Des	(1 b)	267
					A2042−1117	Pho	(2 a)	872
A2020−5048	Pho	(2 a)	502, 723, 1144					
A2020−5048	SPtm	(4 a)	600		A2043−0259	Zopt	(6 a)	144
A2020−5048	Mkin	(9 a)	325		A2043−0259	Spop	(8 b)	255
					A2043−0259	Popt	(10a)	54
A2021−7246	Des	(1 b)	25					
					A2044−1302	Pho	(2 a)	325
A2024−4306	Radc	(15a)	45		A2044−1302	PtmI	(3 c)	268
					A2044−1302	Star	(5 a)	41
A2025+0007	Radc	(15a)	189		A2044−1302	Mol	(14a)	193
A2031−5002	Pho	(2 a)	189		A2045−2002	Des	(1 b)	295
					A2045−2002	Pho	(2 a)	980

A2046+7958	Mkin	(9 a)	247	A2105−3326	Pho	(2 a)	502
A2049+1846	Grp	(19)	15	A2106−0202	Des	(1 b)	28
A2049+1847	Grp	(19)	15	A2106−0202	PtmO	(3 b)	81
				A2106−0202	Radc	(15a)	57
A2049−6914AB	Pho	(2 a)	278	A2106−0952	PtmO	(3 b)	344
A2049−6914AB	Zopt	(6 a)	123	A2106−0952	Zopt	(6 a)	461
A2049−6914AB	Spop	(8 b)	174	A2106−0952	Spop	(8 b)	836
A2052−2215	Pho	(2 a)	415, 502	A2106−0952	Xg	(16)	396
A2052−2215	Zopt	(6 a)	157	A2106−3742	Pho	(2 a)	264
A2055−4250	Pho	(2 a)	263	A2106−3742	Spop	(8 b)	168
A2055−4928AB	Pho	(2 a)	278	A2107−0148	PtmO	(3 b)	81
A2055−4928AB	Zopt	(6 a)	123	A2107−097	PtmO	(3 b)	328
A2055−4928AB	Spop	(8 b)	174	A2107−097	Zopt	(6 a)	427
A2056−4258	Pho	(2 a)	189	A2109+1250AB	Des	(1 b)	267
A2057−0203	Grp	(19)	15	A2109+1250AB	Pho	(2 a)	872
A2057−0204	Grp	(19)	15	A2113−5905	Pho	(2 a)	167
A2057−5212	Des	(1 b)	295	A2114−4128	Pho	(2 a)	264
A2057−5212	Pho	(2 a)	980	A2114−4128	Spop	(8 b)	168
A2058+1553	Zrad	(6 b)	105	A2117+0233	Des	(1 b)	28
A2058+1553	HIw	(13a)	191	A2117+0233	Pho	(2 a)	76, 311
				A2117+0233	SPtm	(4 a)	35
A2058+1606	Spop	(8 b)	801	A2117+0233	Spop	(8 b)	204
A2058+1639	Des	(1 b)	267	A2117+0233	Radc	(15a)	57, 143, 177, 218,
A2058+1639	Pho	(2 a)	872	A2117+0233	Radc	(15a)	239, 278
				A2117+0233	Radif	(15b)	21, 184, 460
A2100+3630	Pho	(2 a)	1050	A2117+6035	Prad	(10b)	37, 50, 56, 76, 99,
A2102+1552	PtmO	(3 b)	235, 237	A2117+6035	Prad	(10b)	117, 138
A2102+1552	Spop	(8 b)	498	A2117+6035	Radif	(15b)	14, 136, 204, 310,
				A2117+6035	Radif	(15b)	465, 485, 699
A2103−4745	Pho	(2 a)	189	A2117−0153	Mkin	(9 a)	247
A2104−2539	Prad	(10b)	50	A2118+4411	Dim	(1 a)	8
A2104−2539	Radif	(15b)	53	A2118+4411	Pho	(2 a)	110
A2105+0340AB	Des	(1 b)	18	A2118+4411	PtmO	(3 b)	55, 62
A2105+0340AB	Grp	(19)	15	A2118+4411	PtmI	(3 c)	25
				A2118+4411	Zopt	(6 a)	50, 64
A2105−3325	Pho	(2 a)	502	A2118+4411	Spop	(8 b)	84, 118
				A2118+4411	Dis	(18)	16

A2119+4351	Dim	(1 a)	8		A2140−0706	SPtm	(4 a)	316
A2119+4351	Pho	(2 a)	110					
A2119+4351	PtmO	(3 b)	55, 62		A2147+3443	Pho	(2 a)	1050
A2119+4351	PtmI	(3 c)	25					
A2119+4351	Zopt	(6 a)	64		A2147−2925	PtmI	(3 c)	296
A2119+4351	Spop	(8 b)	118					
A2119+4351	Dis	(18)	16		A2148−5743	Radc	(15a)	45
A2120−4600	Pho	(2 a)	277		A2151+0800	PtmO	(3 b)	241
					A2151+0800	Zopt	(6 a)	263
A2124−1459	PtmO	(3 b)	279					
A2124−1459	Zopt	(6 a)	329		A2152−6955	Pho	(2 a)	645
A2124−1459	Xg	(16)	314		A2152−6955	Ima	(2 b)	88
					A2152−6955	PtmO	(3 b)	419
A2127−0301	Pho	(2 a)	598		A2152−6955	Zopt	(6 a)	249
A2127−0301	Zopt	(6 a)	225		A2152−6955	Spop	(8 b)	487, 568, 1007
A2127−0301	Spop	(8 b)	449		A2152−6955	Prad	(10b)	7, 119
A2127−0301	Span	(8 d)	82		A2152−6955	Radc	(15a)	267
					A2152−6955	Radif	(15b)	53
A2129+2955	Pho	(2 a)	1050					
					A2153+0707	Spop	(8 b)	371, 835
A2129+3418	Pho	(2 a)	1050		A2153+0707	Radif	(15b)	626
					A2153+0707	SN	(17a)	322
A2130+0955	Pho	(2 a)	815, 1050					
A2130+0955	Ima	(2 b)	83		A2154−0802	Radif	(15b)	186
A2130+0955	PtmO	(3 b)	137, 246, 281, 290					
A2130+0955	PtmI	(3 c)	233		A2155−1724	PtmI	(3 c)	296
A2130+0955	SPtm	(4 a)	265, 362, 365, 372,					
A2130+0955	SPtm	(4 a)	492		A2155−3027	Xg	(16)	445
A2130+0955	Star	(5 a)	70					
A2130+0955	Zrad	(6 b)	198		A2156+1148	Pho	(2 a)	1050
A2130+0955	SpUV	(8 a)	24, 50, 57, 91, 113					
A2130+0955	Spop	(8 b)	54, 55, 100, 101, 159,		A2156+1756	Dim	(1 a)	29
A2130+0955	Spop	(8 b)	161, 260, 378, 444,		A2156+1756	SPtm	(4 a)	323
A2130+0955	Spop	(8 b)	457, 461, 657		A2156+1756	Zrad	(6 b)	77
A2130+0955	Span	(8 d)	20		A2156+1756	HIw	(13a)	160
A2130+0955	Popt	(10a)	49					
A2130+0955	HIw	(13a)	275		A2158+1018	Radc	(15a)	263
A2130+0955	Radc	(15a)	299					
A2130+0955	Radif	(15b)	336, 670		A2158−3801	Des	(1 b)	390, 415
A2130+0955	Xg	(16)	399		A2158−3801	Pho	(2 a)	638, 1129
					A2158−3801	PtmO	(3 b)	227
A2132−6237	PtmO	(3 b)	344		A2158−3801	PtmI	(3 c)	112
A2132−6237	Zopt	(6 a)	461		A2158−3801	PtmN	(3 d)	35
A2132−6237	Spop	(8 b)	836		A2158−3801	SPtm	(4 a)	568, 585
A2132−6237	Xg	(16)	396		A2158−3801	SpUV	(8 a)	74
					A2158−3801	Spop	(8 b)	484, 504
A2136+0236	Mkin	(9 a)	247		A2158−3801	Mkin	(9 a)	175
					A2158−3801	Radif	(15b)	321
A2139−5255	Pho	(2 a)	189					

A2158−3803	Pho	(2 a)	638
A2158−3803	PtmO	(3 b)	227
A2159+1804	PtmO	(3 b)	235, 237
A2159+1804	Spop	(8 b)	498
A2159−3213	Des	(1 b)	295
A2159−3213	Pho	(2 a)	980
A2200+1805AB	Grp	(19)	15
A2200+4202	PtmO	(3 b)	354, 405
A2200+4202	Popt	(3 c)	78, 270, 290
A2200+4202	SPtm	(4 a)	601
A2200+4202	Popt	(10a)	77
A2200+4202	Radc	(15a)	312, 319
A2200+4202	Radif	(15b)	687
A2201+0425	PtmO	(3 b)	24, 46
A2201+0425	Spop	(8 b)	624, 997
A2201+0425	Popt	(10a)	8, 41, 61, 74
A2201+0425	Radc	(15a)	218
A2201+0425	Radif	(15b)	56, 184, 460
A2201+0425	Xg	(16)	272, 282, 400
A2201−5832	Pho	(2 a)	278
A2201−5832	Zopt	(6 a)	123
A2201−5832	Spop	(8 b)	174
A2203+2023	Zrad	(6 b)	178
A2203+2023	HIw	(13a)	253
A2203+2023	Mol	(14a)	150
A2203+2023	Radc	(15a)	174, 263
A2207+3757	Pho	(2 a)	48
A2207−1907	SN	(17a)	427, 453
A2207−6706	Pho	(2 a)	772
A2207−6706	SPtm	(4 a)	354
A2208−1342	Zrad	(6 b)	199
A2208−1342	Spop	(8 b)	941
A2210+2657	Radc	(15a)	174
A2213+1858	HIm	(13b)	175
A2214+1359	Pho	(2 a)	363, 815
A2214+1359	PtmO	(3 b)	163, 246, 281
A2214+1359	SPtm	(4 a)	313, 372, 490
A2214+1359	Zopt	(6 a)	494, 525
A2214+1359	Zrad	(6 b)	198
A2214+1359	SpUV	(8 a)	113, 131
A2214+1359	Spop	(8 b)	55, 89, 100, 161, 245,
A2214+1359	Spop	(8 b)	260, 263, 299, 329,
A2214+1359	Spop	(8 b)	378, 444, 461, 501,
A2214+1359	Spop	(8 b)	918, 986
A2214+1359	Popt	(10a)	54
A2214+1359	HIw	(13a)	275
A2214+1359	Radif	(15b)	670
A2214+1359	Xg	(16)	64, 157, 399
A2220+3040	Pho	(2 a)	1050
A2220+3040AB	Grp	(19)	15
A2220−4231	Spop	(8 b)	575
A2220−4231	HIIr	(12a)	192
A2221−0221	Dim	(1 a)	9
A2221−0221	Des	(1 b)	320
A2221−0221	Pho	(2 a)	1026
A2221−0221	PtmO	(3 b)	74
A2221−0221	PtmI	(3 c)	147
A2221−0221	SPtm	(4 a)	301, 502
A2221−0221	Spop	(8 b)	4, 50, 136, 139, 152,
A2221−0221	Spop	(8 b)	263, 461, 624, 773
A2221−0221	Spir	(8 c)	39
A2221−0221	Span	(8 d)	19
A2221−0221	Popt	(10a)	55, 61
A2221−0221	Prad	(10b)	7, 50, 146
A2221−0221	Radc	(15a)	224
A2221−0221	Radif	(15b)	262, 641
A2221−0221	Xg	(16)	97, 112, 236
A2228+3334	Pho	(2 a)	596
A2228+3334	Spop	(8 b)	447
A2228−0022	PtmO	(3 b)	169
A2228−0022	Spop	(8 b)	301, 352
A2228−0022	Span	(8 d)	63, 70
A2229+1926	Pho	(2 a)	1053
A2229+1926	Spop	(8 b)	883
A2229+1926AB	Pho	(2 a)	394
A2229+1926AB	Zopt	(6 a)	57
A2229+1926AB	Spop	(8 b)	692

A2229+1926B	Spop	(8 b)	261	A2237+0305	Zopt	(6 a)	340
A2229+3857	Prad	(10b)	153, 158	A2237+3542	Radif	(15b)	429
A2229+3857	Radc	(15a)	323	A2238+1203	PtmO	(3 b)	241
A2229+3906	Dim	(1 a)	18	A2238+1203	Zopt	(6 a)	263
A2229+3906	Des	(1 b)	162, 190, 193	A2238+1544	Radc	(15a)	263
A2229+3906	Pho	(2 a)	30				
A2229+3906	PtmO	(3 b)	149	A2238+3154	PtmO	(3 b)	206
A2229+3906	Spop	(8 b)	100, 624	A2238+3154	SPtm	(4 a)	295, 359
A2229+3906	Popt	(10a)	61	A2238+3154	Zopt	(6 a)	144
A2229+3906	Prad	(10b)	7, 35, 50, 67, 100	A2238+3154	SpUV	(8 a)	180
A2229+3906	Radc	(15a)	242, 262	A2238+3154	Spop	(8 b)	255, 328, 499, 588,
A2229+3906	Radif	(15b)	78, 132, 239, 251,	A2238+3154	Spop	(8 b)	831
A2229+3906	Radif	(15b)	280, 351, 361, 401,	A2238+3154	Mkin	(9 a)	151
A2229+3906	Radif	(15b)	580, 590	A2238+3154	Radc	(15a)	190
A2229+3906	Xg	(16)	297, 303				
				A2239+1959	Spop	(8 b)	254, 327
A2232+3657	SN	(17a)	82, 167	A2239+1959	Span	(8 d)	49
A2233+3352	Zrad	(6 b)	142	A2239+3438	SPtm	(4 a)	464
A2233+3352	HIw	(13a)	225				
				A2240+2927	PtmO	(3 b)	206
A2233+3400	Zrad	(6 b)	142	A2240+2927	Spop	(8 b)	108, 139, 297, 418,
A2233+3400	HIw	(13a)	225	A2240+2927	Spop	(8 b)	444, 499, 501, 551,
				A2240+2927	Spop	(8 b)	636, 805
A2233−0309	Zrad	(6 b)	77	A2240+2927	Radc	(15a)	189
A2233−0309	HIw	(13a)	160	A2240+2927	Radif	(15b)	221, 269
A2233−6140	Pho	(2 a)	187	A2240−4612	Pho	(2 a)	263
A2234+3341	Zrad	(6 b)	142	A2243+3924	Des	(1 b)	387
A2234+3341	HIw	(13a)	225	A2243+3924	Prad	(10b)	151
				A2243+3924	Radif	(15b)	690
A2234−1248	SPtm	(4 a)	295, 359				
A2234−1248	Zopt	(6 a)	144	A2248−2030	Pho	(2 a)	723
A2234−1248	Spop	(8 b)	255, 407, 499				
A2234−1248	Popt	(10a)	54	A2250+2427	Spop	(8 b)	452, 835, 922
A2234−1248	Radc	(15a)	230, 278				
A2234−1248	Radif	(15b)	429	A2250−1751	Zopt	(6 a)	292
A2236+3403	Zrad	(6 b)	142	A2251−1750	Pho	(2 a)	409
A2236+3403	HIw	(13a)	225	A2251−1750	Zopt	(6 a)	292
				A2251−1750	Spop	(8 b)	296, 674
A2236+3504	Prad	(10b)	44, 148				
A2236+3504	Radc	(15a)	98, 228	A2251−1751	Pho	(2 a)	409, 790, 848
A2236+3504	Radif	(15b)	683	A2251−1751	Ima	(2 b)	26, 57
				A2251−1751	PtmO	(3 b)	215, 327
A2236−1736	Zopt	(6 a)	201	A2251−1751	PtmI	(3 c)	83, 104
A2236−1736	Radif	(15b)	265				

A2251−1751	SPtm	(4 a)	365
A2251−1751	Zopt	(6 a)	106, 292
A2251−1751	SpUV	(8 a)	24, 91, 103, 113
A2251−1751	Spop	(8 b)	154, 280, 296, 451,
A2251−1751	Spop	(8 b)	567, 634, 674
A2251−1751	Mkin	(9 a)	200
A2251−1751	Xg	(16)	107, 141, 219, 221,
A2251−1751	Xg	(16)	243, 302, 312, 385
A2251−1752A	Pho	(2 a)	409
A2251−1752A	Zopt	(6 a)	292
A2251−1752A	Spop	(8 b)	296, 674
A2251−1752B	Pho	(2 a)	409
A2251−1752B	Zopt	(6 a)	292
A2251−1752B	Spop	(8 b)	296, 674
A2251−1753	Pho	(2 a)	409
A2251−1753	Spop	(8 b)	296, 674
A2251−1754A	Zopt	(6 a)	292
A2251−1754A	Spop	(8 b)	674
A2251−1754B	Zopt	(6 a)	292
A2251−1754B	Spop	(8 b)	674
A2251−1757	Zopt	(6 a)	292
A2253+0606	Radc	(15a)	263
A2254+0731	SPtm	(4 a)	539
A2254+0731	Zopt	(6 a)	486
A2255+0202	Dim	(1 a)	1
A2255+2550	Des	(1 b)	231
A2255+2550	Pho	(2 a)	769
A2256+1319	Pho	(2 a)	317
A2258+0523	Radc	(15a)	263
A2258+1605	HIIr	(12a)	197
A2258−5954	Pho	(2 a)	189
A2301+2221	Des	(1 b)	245, 314
A2301+2221	Pho	(2 a)	1019
A2301+2221	Ima	(2 b)	72
A2301+2221	SPtm	(4 a)	313
A2301+2221	Star	(5 a)	70
A2301+2221	Zrad	(6 b)	105
A2301+2221	Spop	(8 b)	145, 161, 546
A2301+2221	HIw	(13a)	191
A2301+2221	Radc	(15a)	180, 230
A2301+2221	Radif	(15b)	167, 221, 342, 422,
A2301+2221	Radif	(15b)	442
A2301+2221	Xg	(16)	157
A2302−0857	Pho	(2 a)	888
A2302−0857	Zopt	(6 a)	101, 144, 376
A2302−0857	SpUV	(8 a)	24, 26, 36, 91, 113,
A2302−0857	SpUV	(8 a)	127, 144
A2302−0857	Spop	(8 b)	146, 255, 444, 501,
A2302−0857	Spop	(8 b)	661, 694, 780
A2302−0857	Popt	(10a)	54
A2302−0857	Radif	(15b)	336, 442, 705
A2302−0857	Xg	(16)	65, 145, 219, 236,
A2302−0857	Xg	(16)	270, 310
A2302−0900	Des	(1 b)	392
A2302−0900	PtmI	(3 c)	258
A2304+0416	Pho	(2 a)	815
A2304+0416	PtmO	(3 b)	246
A2304+0416	SPtm	(4 a)	492
A2304+1536	Pho	(2 a)	1050
A2306+0505	PtmO	(3 b)	376
A2306+0505	PtmI	(3 c)	274
A2306+0505	Spop	(8 b)	929
A2306+0505	Radif	(15b)	667
A2306+4638	Pho	(2 a)	1050
A2309−4206	SN	(17a)	114
A2310+0609	Pho	(2 a)	615
A2310+0609	HIm	(13b)	139
A2310+1538	Pho	(2 a)	1050
A2311−4300	Zopt	(6 a)	241
A2311−4300	Xg	(16)	257
A2311−4353	PtmO	(3 b)	402
A2311−4353	SPtm	(4 a)	578
A2312−5919	Pho	(2 a)	263

A2312−5919	Ima	(2 b)	51
A2312−5919	PtmO	(3 b)	324
A2312−5919	PtmI	(3 c)	210
A2312−5919	SPtm	(4 a)	443
A2312−5919	Zopt	(6 a)	420
A2312−5919	Spop	(8 b)	786
A2314+0524B	Spop	(8 b)	794
A2316+2457	Pho	(2 a)	883
A2316+2457	Spop	(8 b)	693
A2316+2457	Radc	(15a)	180
A2316−0002	Zopt	(6 a)	361
A2316−4222	Zopt	(6 a)	329
A2316−4222	Xg	(16)	314
A2316−6657	Pho	(2 a)	502
A2317+0743	PtmO	(3 b)	256
A2317+0743	SPtm	(4 a)	325
A2317+0759	PtmO	(3 b)	256
A2317+0759	SPtm	(4 a)	325
A2318−5821	Pho	(2 a)	109, 187
A2318−5821	Zopt	(6 a)	48
A2318−5821	Spop	(8 b)	80
A2320+0601	Spop	(8 b)	429
A2320+1302	Des	(1 b)	267
A2320+1302	Pho	(2 a)	872
A2320+3215	Spop	(8 b)	511, 515, 805
A2320+3215	Radc	(15a)	189
A2322+1342	Pho	(2 a)	26
A2322+1342	SN	(17a)	5
A2322+2813	Pho	(2 a)	1027
A2322+2813	Zopt	(6 a)	327
A2322+2813	Spop	(8 b)	628
A2322+2813	Mkin	(9 a)	293, 326
A2322+2813	HIw	(13a)	259
A2322+2813	Radif	(15b)	68, 128, 286
A2323−3240	Pho	(2 a)	271
A2323−3240	Zrad	(6 b)	46
A2323−3240	HIw	(13a)	81
A2323−3240	Dis	(18)	27
A2324+1759	Des	(1 b)	99, 180
A2324+1759	Pho	(2 a)	375, 563
A2324+1759	SPtm	(4 a)	255
A2326+14	Pho	(2 a)	325, 580, 983
A2326+14	PtmI	(3 c)	268
A2326+14	Star	(5 a)	41, 87, 198
A2326+14	Plan	(12b)	13, 15
A2326+14	Mol	(14a)	45, 175, 193
A2326+14	Dis	(18)	54, 138
A2327+40	Mol	(14a)	175
A2327−0244	Radif	(15b)	336
A2329+2840	Des	(1 b)	180
A2329+2840	Pho	(2 a)	382, 394, 563
A2329+2840	SPtm	(4 a)	255
A2329+2840	Spop	(8 b)	261, 922
A2330−3852	Pho	(2 a)	772
A2330−3852	SPtm	(4 a)	354
A2331−2400	PtmO	(3 b)	157, 281
A2331−2400	SPtm	(4 a)	265, 365, 372
A2331−2400	Prad	(10b)	81
A2331−2400	Radif	(15b)	81, 288, 298, 462,
A2331−2400	Radif	(15b)	467
A2332+0702	Des	(1 b)	18, 230
A2332+0702	Pho	(2 a)	766
A2332+0708	Pho	(2 a)	298
A2332+1238	Spop	(8 b)	808
A2332+1757	PtmI	(3 c)	268
A2332+1757	Mol	(14a)	193
A2332+2705	PtmO	(3 b)	241
A2332+2705	Zopt	(6 a)	263
A2332+2705	Radc	(15a)	20
A2332+2705	Radif	(15b)	211
A2332+2711	Radif	(15b)	211
A2334+00	Zrad	(6 b)	77

A2334+00	HIw	(13a)	160
A2334+00	Mol	(14a)	175
A2334+1713	Des	(1 b)	267
A2334+1713	Pho	(2 a)	872
A2334+2302	Radc	(15a)	230
A2334+2615	Radc	(15a)	263
A2335+0310	SPtm	(4 a)	539
A2335+0310	Zopt	(6 a)	486
A2335+2951	Des	(1 b)	99
A2335+2951	Pho	(2 a)	375
A2335+2951	HIw	(13a)	100
A2335+2951	Radc	(15a)	277
A2335−4747	Pho	(2 a)	502
A2336+2640	Spop	(8 b)	894
A2336+2640	Radif	(15b)	696
A2340+2701	Radc	(15a)	263
A2341+0031	Spop	(8 b)	922
A2341+2726	Zopt	(6 a)	145
A2341+2726	Spop	(8 b)	257, 332
A2341+2726	Radc	(15a)	190
A2341−3214	Pho	(2 a)	502
A2341−3827	Pho	(2 a)	1033
A2342+0646	Dim	(1 a)	1
A2344−0043	PtmO	(3 b)	81
A2345+2655	Zrad	(6 b)	34
A2345+2655	HIw	(13a)	63
A2345−2825	Radif	(15b)	504
A2346+0552	Dim	(1 a)	1
A2346+2556	Grp	(19)	83
A2346+2630	Radc	(15a)	263
A2348+0046	Dim	(1 a)	1
A2348+0046	Pho	(2 a)	600
A2348+0046	Mkin	(9 a)	163
A2348+0046	Mdyn	(9 b)	100
A2348+0150	Des	(1 b)	265
A2348+0150	Pho	(2 a)	870
A2348+1957	PtmO	(3 b)	279
A2348+1957	Zopt	(6 a)	329
A2348+1957	Radif	(15b)	372
A2348+1957	Xg	(16)	314
A2348+2018	Des	(1 b)	28
A2348+2018	Pho	(2 a)	1030
A2348+2018	Zrad	(6 b)	102
A2348+2018	HIw	(13a)	187
A2348+2018	Mol	(14a)	168
A2348+2018	Radc	(15a)	2, 48, 57, 180
A2348+2700	Zrad	(6 b)	34
A2348+2700	HIw	(13a)	63
A2349−3917	Pho	(2 a)	189
A2350−4042	Zopt	(6 a)	286
A2353+0714	Zrad	(6 b)	105
A2353+0714	Spop	(8 b)	55, 100, 159, 263
A2353+0714	HIw	(13a)	191
A2353+0714	Radif	(15b)	342
A2353+0714	Xg	(16)	64, 83, 130
A2354+1632A	Spop	(8 b)	794
A2354+4709	Radif	(15b)	131, 267, 301
A2354+4709	Xg	(16)	199
A2354−3502	SPtm	(4 a)	434
A2354−3502	Vdis	(7 a)	84
A2354−3502	Mkin	(9 a)	267
A2354−3502	Mdyn	(9 b)	136
A2357+2602	Spop	(8 b)	922
A2357+3233	Des	(1 b)	231
A2357+3233	Pho	(2 a)	769
A2357−0019B	Spop	(8 b)	794

A2358+2004	Pho	(2 a)	317		A2359+23AB	Pho	(2 a)	1052
					A2359+23AB	Mkin	(9 a)	300
A2358+2230	Zopt	(6 a)	257		A2359+23AB	Mdyn	(9 b)	156
A2358+2230	Spop	(8 b)	495					
					A2359−15	Pho	(2 a)	150
A2358+3230	Des	(1 b)	231		A2359−15	PtmO	(3 b)	53
A2358+3230	Pho	(2 a)	769		A2359−15	SPtm	(4 a)	77
					A2359−15	Star	(5 a)	151, 215
A2359+2313	Pho	(2 a)	240, 1068		A2359−15	Sclu	(5 b)	66
A2359+2313	Grp	(19)	15		A2359−15	Scts	(5 c)	26
					A2359−15	Plan	(12b)	15
A2359+2314	Pho	(2 a)	1068		A2359−15	HIm	(13b)	5, 132
A2359+2314	Grp	(19)	15		A2359−15	Radif	(15b)	132
					A2359−15	Dis	(18)	24, 54, 107
A2359+23AB	Des	(1 b)	337					

RC1 Notes

N0001,0002 Pair at 1'8 = Ho 2a,b.

N0007   Edgewise S. See Helwan 22,38.

N0008,0009 Pair at 2'7 = Ho 3a,b. N8 [is] a dble *.

N0013   Heid. 9 dim.: 0'5 x 0'5, reject. (N only).

N0016   vsN. P(a) w. N22, small SB(s) at 11'5.

N0020   B * 0'3 n of N.

N0021   vF no struct. B * 2' nf. Corrected coord. measured on I. Roberts 20" plate.

N0023   vsBN; spir. struct. in bar; F arms, one stronger. Pseudo (R); 2'0 x 1'05. N26 at 9'2.
PHOTO. and SN1955[C] P.A.S.P., 71,162,1959.

N0024   BM, poor. res. knotty spir. arms w. dk. lane. Poss. SAB(rs).

N0026   vs not vB N; arms form series rings: 0'25 x 0'15; 0'4 x 0'35; 0'75 x 0'6. N23 at 9'2.

N0045   In Sculptor group w. N55,247,253,300,7793 (Ap.J.,130,718,1959). BM, no BN, many irreg. weak, well res. arms; v. low surf. br. Mt.W. vel. for bright emiss. patch 0'8 nf N.

N0048,0051 In group 11 neb.; Ap.J.,51,276,1920 (=MWC 186).

N0055   Fol. part = I 1537. In Sculptor group w. N45,247,253,300,7793 (see Ap.J.,130,718,1959). Mt.W. vel. (+177 km/sec) for "emiss. patch 2'7 p N, p of 2". There is no emiss. there. Stromlo vel. for emiss. obj. 1'15 and 1'85 f N.
PHOTO. P.N.A.S.,26,33,1940. P.A.S.P.,53,17,1941; 58,232,1946. Occ. Notes R.A.S., 3,No.18,1956. Ap.J.,133,405,1961.
LUM., ROT., MASS. Ap.J.,133,405,1961.
HII REG. Zs.f.Ap.,50,168,1960.
HI EMISS. Epstein, [A.J.,69,490 & 521,1964].
RADIO EMISS. Hdb.d.Phys.,53,253,1959.

N0067   In N68 group; = Ho 6g.

N0068   Brightest of N68 group. = Ho 6a. Heid. 9 and Lund 6 dim. rejected. [Lick 13 and Medd.Up. 21 dims for N70; delete logD,logR.]
PHOTO. A.J.,66,568,1961. DYN. A.J.,66,554,566,1961.

N0069,0070,0071,0072 In N68 group; Ho 6b,c,d,f.

N0072A   In N68 group; 1'3 sf N72.

N0080,0083 In N83 group w. many other F gal., mostly S0 and E.
DYN. A.J.,66,554,1961.

N0095   vseBN, sev. F filam. arms form B irreg. ring struct. w. knots.; asym.

N0100   = Ho 9a; Ho 9b at 3'5 is probably a *.

N0124   In group w. N114,118,120. sBN, sev. B knotty branch. arms.

N0125   In N125-130 group. N124 of Pettit (1954) is N125.

N0127   In N125-130 group. P(b) w. N128 at 0'9.

N0128   Brightest of N125-130 group. P(b) w. N127, vB peanut-shaped N, narrow flat comp. 0'8 x 0'08 is distorted. PHOTO. Ap.J.,130,20.1959.

N0130   U,B,V, mag. by Hodge (1963).

N0131   P(a) w. N134 at 9'4.

N0132   sBN, one arm more irreg. and better res. than the other; lens: 0'4 x 0'2.

N0134   vsBN partly hidden by dk. lanes, many filam. knotty arms. P(a) w. N131 at 9'4.
DRAWING: Helwan 9.

N0145   sB bar w. no def. N, 2 strong knotty arms w. some branch., one stronger and longer forming incompl. loop.

N0147   esB stel. N. e. low surf. br. dwarf. Pair w. N185 in M31 group.
MONOG. Ap.J.,100,147,1944=MWC 697.
PHOTOM. Medd. Lund, II,128,1950.

N0148   Note correc. to NGC R.A., after Helwan 22. H.A.,88,2 dim.: 1'2 x 0'5 (series a').

N0150   esvBN in weak bar:0'5 x 0'17, incompl.(r): 1'7 x 0'6, vF out. arms.
DRAWING: Helwan 9.

N0151   [= N153.] SBN w. dk. matter, F blobs at ends of bar, asym. arms, (r): 1'05 x 0'6.

N0157   vsvBN, many B knotty inner arms, vF out. extens. (B-V) source G discordant, rejected.
PHOTO. Ap.J.,134,874,1961.
SPECT. Ap.J.,135,698,1962.
ROT., MASS. Ap.J.,134,874,1961.

N0160   vsN isolated in center of F double (R). P(a) w. N169 at 11'. MWC 626 correction N160 = N162, is an error. N162 exists, mentioned in Lick 13 and Heid. 9, is 1'2 nff.

N0163,0165 Pair at 7'3.

N0169   Close pair w. I1559. P(a) w. N160 at 11'.

N0175   vBN, strong narr. bar: 0'6 x 0'08. B (r): 0'8 x 0'6.

N0178   = I39; in N210 group. B peanut shaped bar: 0'6 x 0'2 w. F *, asym., part. res. arms, one stronger; miniature of LMC. P.w. another asym. anon. SB(s)dm at 7'7.

N0182   In N200 group.

N0185   Pair w. N147 in M31 group. Low surf. br. dwarf, dk. mark. in BM, no def. N. Additional Mt.W. vel. for glob. cluster, 1'1 sf N: -102 km/sec.
PHOTO. and MONOG. Ap.J.,100,147,1944,= MWC 697.
PHOTOM. Medd. Lund, II, 128,1950. A.J.,68,691,1963.

N0191   = Ho13a; pair w. I1563 (= Ho13b) at 0'8.

N0194   In N200 group.

N0198   vsvBN in weak (r): 0'2 x 0'2, sev. knotty filam. arm w. branch. In N200 group.

N0200   vsvBN in bar: 0'35 x 0'03, pseudo (r):0'55 x 0'3, 2 main filam. arms, pseudo (R): 1'4 x 0'55. Brightest of N200 group; many fainter gal. in field.

N0205   P(b) w. N224 in M31 (Local) Group. (B-V) increases w. log A/D(O); interpolated value.
PHOTO. Ap.J.,76,44,1932= MWC 452. Publ. Michigan X,10,1951.
MONOG. Ap.J.,100,137,1944= MWC 696.
PHOTOM. M.N.,94,519,1934; 98,618,1938. Medd. Lund,II,128,1950. A.J. USSR,20,54,1943.
SPECT. A.J.,61,97,1956.
POLAR. Bull. Abastumani, No.18,15,1955.

N0210   Brightest of N210 group including N178,207,I41. eBN in B isolated lens: 1'3 x 0'75 w. dk. lanes. 2 main detached filam., part. res. arms, pseudo (R): 4'1 x 2'2. P.w.s. anon. SBb 7' nf (=Ho 14a).

N0214   vsBN, weak bar, strong knotty (r):0'3 x 0'2, sev. knotty filam. arms.

N0221   = M32, P(a?) w. N224 in M31 (Local) Group. (B-V) constant, interp. value.
PHOTO. Ap.J.,64,325,1926; 71,235,1930 (see also ref. to N224).
MONOG. Ap.J., 82,192,1935; 100,137,1944.
PHOTOM. Ap.J., 50,384,1919; 71,231,1930; 83,424,1936; 108,415,1948; 120,439,1954. M.N.,96,601,1936. Medd.Lund,II,128,1950. A.J.USSR,20, 54,1943. L'Astronomie, 76,359,1962.
SPECT. Ap.J.,74,36,1931; 83,15,1936; 135,732,1962; 136,695,1962. A.J.,61,97,1956.
POLAR. Bull. Abastumani, No.18,15,1955.
ROT., MASS. Ap.J.,133,393,1092,1961; 134,272,910,1961; 136,695,1962. A.J., 59,273,1954.

HI EMISS. Ap.J.,126,471,1957. (not confirmed).

N0224 = M31, brightest in M31 (Local) Group.
PHOTO. Ap.J.,76,44,1932; Ritchey, L'Evolution de L'Astrophotographie ..., S.A.F., Paris, 1929.
MONOG. Ap.J.,69,103,1929 (=MWC 376); 76,44,1932 (=MWC 452); 100,137, 1944 (=MWC 696); 101,179,1945; 102,377,1945. Stockholm Ann.,19,No.2, 1956. P.A.S.P., 50,99,1938.
PHOTOM. M.N.,74,132,1913; 87,112,1926; 94,805,1934; 97,416,1937; 110, 416,1950. P.N.A.S.,20,93,1934. Publ.Michigan, VIII, No.7,103,1941. Stockholm Ann.,13,10,1941; 19,2,1956. Medd.Lund II,128,1950; II,137, 1959. Ap.J.,50,384,1919; 83,424,1936; 108,413,1948; 128,465,1958; 133,309,1961. Zs.f.Ap., 34,137,1954; 56,194,1962. Izv.Pulkovo,20,No. 156,87,1956. A.J.USSR, 32,16,1955. L'Astronomie,76,359,1962. Ap.J., 138,1317,1963.
ORIENT. P.A.S.P., 54,72,1942. Ap.J., 104,220,1946.
SPECT. Ap.J., 88,605,1938; 108,415,1948; 135,725,1962.
P.A.S.P., 48,17,1936; 69,293,1957; 72,76,1960. Lick Bull.,19,498,41, 1939. A.J., 61,97,1956.
POLAR. Stockholm Ann.,14,No.4,1942. Bull. Abastumani, No.18,15,1955.
ROT., MASS. Ap.J., 55,406,1922;95,24,1942; 97,112,1943; 136,352,1962. P.N.A.S., 4,21,1918. P.A.S.P., 50,174,1938; 53,270,1941; 72,76,1960. Lick Bull.,19,498,41,1939. Zs.f.Ap.,35,159,1954. B.A.N.,14,17,1957. A.J., 59,273,1954.
HII REG. Obs., 79,54,1959. Zs.f.Ap., 50,168,1960.
SN1885[A] Ap.J., 83,245,1936; 88,289,1938; 89,141,1939.
HI EMISS. B.A.N., 14,1,1957.
RADIO EMISS., M.N.,110,508,1950; 111,357,1951; 119,297,1959; 121,413, 1960; 122,479,1961. Nature, 174,320,1954; 175,202,1955; 180,60,1957; 183,1251,1959. Ap.J.,126,585,1957. A.J.,67,580,1962; 68,70,274,1963.

N0237 vsBN, pseudo (r): 0'45 x 0'2, sev. knotty arms.

N0244 = Haro 14, Bol. Tonantzintla,14,11,1956.

N0245 vsvBN, eccentric in pseudo (r): 0'7 x 0'6. 100-in. plate underexp., prob. lens only.

N0247 In Sculptor group w. 45,55,253,300,7793 (Ap.J., 130,718,1959). esvBN, or *, low surf. br., well res., emiss. obj., asym. Mt.W. vel. for B emiss. patch 5'0 sf N: +1 km/sec.
DESCR. AND DRAWING, Helwan 9.
PHOTOM. Medd. Lund, II,128, 1950.
HII REG. Zs.f.Ap., 50,168,1960.
HI EMISS. Epstein, [A.J.,69,490 & 521,1964].

N0252 = Ho 23b. Brightest of a small group.

N0253 In Sculptor group w. 45,55,247,300,7793 (Ap.J., 130,718,1959). esBN, v. complex cent. lens: 7'0 x 2'1. Mt.W. vel.(-72 km/sec) for "emiss. patch 2'7 n N", not found by Evans (1956), Burbidge (1962).
PHOTO. P.A.S.P., 58,235,1946. Ap.J., 136,339,1962.
PHOTOM. M.N., 94,806,1934. Ap.J., 83,424,1936.
ORIENT. Ap.J., 127,487,1958.
SPECTR. Ap.J., 135,698,1962.
ROT., MASS., M.N., 116,659,1956. Ap.J., 136,339,1962,
HII REG., Zs.f.Ap., 50,168,1960.
SN1940[E], H.A.C. 552; Hdb.d.Phys., 51,774,1958.
RADIO EMISS. Austr.J.Phys., 8,368,1955; Hdb.d.Phys.,53,253,1959; M.N., 122,479,1961; P.A.S.P., 72,368,1960. Observatory, 83,20,1963.

N0255 svB elong N, weak bar, many branch. eF outer arms, incomplete (r): 0'75 x 0'55.
PHOTO. P.A.S.P., 43,351,1931.

N0259 = Ho 22a. vF anon. at 3'5 (not same object as Ho 22b which is a *).

N0260 = Ho 23c. In multiple system w. N252 (N258 = Ho 23d).

N0273 vsvBN. In N274-275 group.

N0274 = Ho 26b. P(b) w. N275 at 0'8. vseBN; proj. on one arm of N275.

N0275 = Ho 26a. P(b) w. N274 at 0'8. B narr. bar: 0'35 x 0'05; one strong asym. arm forms loop passing near N274, one shorter B arm.
DRAWING, Helwan 9.

N0278 LBN, sev. knotty massive arms. B part has sharp edge.
PHOTO. M.N., 72,408,1912.
SPECTR. Lick Bull., 497,1939.

N0289 sBN, bar: 0'55 x 0'08, (r); 0'7 x 0'4, 4 main knotty filam. arms w. vF out. extens. at large dist. Pseudo (R): 2'9 x 2'5.

N0300 In Sculptor group w. 45,55,247,253,7793 (Ap.J.,130,718, 1959). esBN or *, well res., dk. lanes, emiss. obj. Mt.W.vel. for "brighter of two emiss. patch 2'8 sp N.": + 200 km/sec.
PHOTO. Occ. Notes R.A.S., 3, No.18,1956.
PHOTOM. Ap.J., 136,107,1962.
HII REG. OBS., 79,54,1959. Zs.f.Ap., 50,168,1960.
HI EMISS. Epstein, [A.J.,69,490 & 521,1964].
RADIO EMISS. Aust.J.Phys., 8,368,1955. Hdb.d.Phys.,53,253,1959.

N0309 = Ho 27a. P.w. F anon. (= Ho 27b) at 4'1. I1602 at 13'5 sp. svBN in weak bar, sharp knotty (r): 0'4 x 0'3, many filam. knotty B arms, w. much branch.

N0315 = Ho28a. N313, 316(= Ho28c,b) are *. N311 at 5'5 sp., N318 at 5'5 nf.

N0327,0329 = Ho 30a,b. Pair at 3'8. F anon. spindle at 2' np.

N0337 Asym., emiss. knots, resembles N1313.

N0337A LF dwarf Spiral of low surf. b. 26'6 sf N337. See also Helwan 30.

N0357 Brightest of group of 10 in 12' circle. P(a) w. N355 (type S0p; 1' x 0'2) at 6'3. vsvBN in strong bar: 0'6 x 0'1, weak (r): 0'85 x 0'55, traces of out. struct. Heid. dim. (0'4 x 0'4) rej., N only.

N0375,0380,0382,0383,0384,0385,0386,0388 Group of E, S0; brightest is N383.
PHOTO. P.A.S.P.,[73],191,1961.
DYN. P.A.S.P., 73,191, 1961. A.J., 66,545,554,1961.
SPECT. N379 Ap.J., 83,15,1936. N385 Ap.J., 74,36,1931.

N0403 N400,401,402 are *. N399 at 7'8 sp. Anon. at 2'7 sf.

N0404 vseBN w.dk. crescent and patches; traces of whorls or dk. lanes in lens, smooth neb. Possibly in Local Group? (neg. vel.).
PHOTO. and PHOTOM. Ap.J., 133,314,1961.

N0406 Poor res. out. arms?
DESCR. M.N., 81,601,1921.

N0407 In group of E, S0, w. N410,414. N408 is probably a *.

N0410 In group N407-414.
PHOTOM. Ap.J., 71,231,1930.

N0428 B partly res. weak bar; weak partly res. filam. arms, one stronger. Emiss. obj.; low surf. br. Lick (1956) vel. for 2 emiss. patches.

N0434 P(b?) w. N434A at 3'1; P.w. N440 at 5'1. vB cent. or bar, 2 or 3 diff. arms w. some knots form pseudo (R): 0'9 x 0'6.

N0434A P(b?) w. N434 at 3'1; prob. interacting. B spindle or lens w. 2 F anomal. arms.

N0440 P.w. N434 at 5'1. vB cent., B arms, poor. res., sharp outline.

N0442 vsBN, traces of dk. lanes.

N0450 vsBN, broad diff. compl. cent. w. 2 main broad knotty arms. Out. part. projects in front of s. anon. spiral (0'85 x 0'3) at 1'35.

N0467 Group N467,470,474. P(a) w. N470 at 11'2. B diff. N w. weak narrow dk. lane; F smooth arcs or whorls in envel. Lick 13 dim. (0'2 x 0'2) rej. N only.

N0470 Group N467-474. P(a) w. N474 at 5'5. seBN in cent. of B lens w. many knotty B arms, pseudo (r): 0'75 x 0'5, F out. filam. arms.
RADIO S. poss. identif., Aust.J.Phys., 11,360,1958.

N0473 vsBN, v. weak bar, knotty (r): 0'35 x 0'2. P(a) w. N463, SB: at 19'.

N0474 Group N467-474. P(a) w. N470 at 5'5. svB diff. N in B diff. lens, vF smooth arcs or whorls in envel. Lick 13 dim. rej. N only.
PHOTO. Ap.J., 135,1,1962.
RADIO S. poss. identif., Aust.J.Phys., 11,360,1958.

N0488 vB diff. N in weak smooth (r): 0'9 x 0'7, many filam. knotty arms,

pseudo (R): 4'5 x 3'2. N490 at 8' nf.
PHOTO. Ap.J., 92,236,1940.

N0491 B * 0'8 sp. Revised type from Yale 26-in. pl.

N0491A vF out. arms?

N0495,0499,0507 In group, N507 is the brightest.

N0509 N505 7'1 np.

N0514 vsBN, weak bar w. dk. lanes, knotty, hexag. pseudo (r): 0'8 x 0'55, sev. knotty filam. arms.

N0520 Nearly edgewise, P(c) of early spirals? Lick 1962 vel. of sp fainter comp. +2857 (obs.). (B-V)(0) interpolated. B(0) from source A only.

N0521 vsBN in narrow bar: 0'55 x 0'06; (r): 0'7 x 0'7, sev. filam. branch. arms. P(a) w. N533 at 14'5.

N0524 eBN in vB inner smooth part: 0'9 x 0'8, v. weak narrow rings of arcs outline lens. All dim. for B part. In grp of 3 S0 and Sa sp.+others.
PHOTO and PHOTOM. Ap.J., 133,314,1961.

N0533 P(a) w. N521 at 14'5.
RADIO S. poss. identif., Aust.J.Phys., 11,360,1958.

N0545,0547 = Ho 42a,b. P(a) at 0'6; N547 is the E sf and smaller. Brightest pair in cluster.
RADIO EMISS., Cal.Inst.Tech.Rad.Obs.,1960; Proc. 4th Berkeley Symp., Vol.III,245,1960. P.A.S.P.,70,146,1958, (w. photo).

N0550 PHOTO. and SN1961[Q] P.A.S.P., 74,215,1962.

N0560 In group, at about 5' from N564.

N0564 = Ho 44a. (Ho 44b at 0'8 is probably a *); I120 at 6'8.

N0578 vsBN in diff. complex bar w. dk.lanes:0'55 x 0'1, pseudo(r):0'6 x -, 3 main part. res. filam. arms 2 s. spirals seen through out. parts.

N0584 = I1712. = Ho 45b. P(a) w. N586 at 4'3 (Ho 45c is a *). svB diff. N, smooth neb.
PHOTOM. Ap.J., 71,231,1930.
RADIO S. poss. identif., Aust.J.Phys., 11,360.1958.

N0586 = Ho 45a. P(a) w. N584 at 4'3. vsvBN, w. abs. lanes on one side, v. poor. res.

N0598 = M33, Local Group.
PHOTO. Ap.J.,63,236,1926. Ritchey, L'Evolution de l'Astrophotographie ..., S.A.F., Paris,1929.
PHOTOM. Ap.J., 83,424,1936; 91,528,1940; 108,415,1948; 130,728,1959. M.N.,97,423,1937. Medd. Lund,I,175,1950; II,128,1950. Izv. Pulkovo, 20, No.156,87,1956. A.J.USSR, 32,16,1955.
SPECT. Ap.J., 95,52,1942. P.A.S.P., 51,112,1939; 72,283,1960.
POLAR. Bull.Abastumani, No.18,15,1955.
DYN.,ROT.,MASS. Ap.J., 63,67,1926; 95,5,24,1942; 97,117,1943;104,223, 1946. Zs.f.Ap., 35,159,1954. A.J., 59,273,1954; 67,592,1962.
HII REG. Obs., 79,54,1959. Zs.f.Ap., 50,168,1960.
HII EMISS. P.A.S.P.,69,356,1957. B.A.N.,14,19,323,1957. A.J.,67,217, 1962.
RADIO EMISS. M.N., 119,297,1959; 122,479,1961. P.A.S.P.,72,368,1960. Ap.J., 133,322,1961. A.J., 68,70,295,1963.

N0613 seBN in B bar w. dark lane, pseudo (r): 2'5 x 1'1. 4 main arms or 2 dble., one stronger, slightly asym. w. B knots, threshold of res.
PHOTO. Helwan 9.
SPECT. Ap.J., 135,697,1962.

N0615 vBN in B (r): 0'7 x 0'2: reg. knotty dble. arms.

N0628 = M74. vsBN in smooth cent. reg.: 0'15, as in M33. 2 main well res. arms w. dk. matt. and m. branch. See also M.N.,85,144,1924.
HI EMISS. A.J.,66,294,1962; 67,437,1962. Harvard Rad.Ast.Rep.,101, 1962.

N0643B,C See Mem.Com.Obs. No.13,1956. N643 (mag.=13.0 in H.A. 88,2) is a cluster in Small Magellanic Cloud; see P.A.S.P., 69, 252,1957.

N0660 B bar w. complex dk. lane: 2'85 x 0'7, vF smooth arms. Heid. 9 dim. (2'2 x 0'7) rej., bar only.

N0672 = Ho 46a. P(b?) w. I1727 (Ho 46b) at 9'. B E bar: 1'2 x 0'2, no N, dk. patches.
PHOTO and SPECT. IAU Symp., 5,1958 = Lick Cont., II,81 1958.

N0676 vsBN w. B * almost superposed, poor. res.

N0678 In group N678-697.

N0680 P.w. I1730 at 3'7 nf.

N0681 vsvBN in cent. of B extend. bulge, strong dk. lane on one side, asym. spiral patt.

N0685 (r): 1'1 x 0'9.

N0691 In N678-697 group.

N0694 In N678-697 group. Dim. Lick 13 (0'5 x -), Heid 9 (0'4 x 0'25) rej., N only. [RC1 log D and log R belong to I0167; therefore, these rejected data probably belong to N0694.]

N0695,0697 In N678-697 group. N697 is the brightest.

N0701 = Ho 47a. (Ho 47b at 3'3 is probably a *). P(a) w. I1738 at 5'4. Sh. vB bar: 0'3 x 0'05. 2 main knotty arms, poor res.

N0702 B complex lens w. dble. N, F out. whorls or (R): 1'75 x 1'55. Prob. interacting system.

N0718 eBN in sB lens: 0'8 x 0'5. 2 main smooth arms form pseudo (R): 1'4 x 1'2.

N0720 Heid. 9 dim. (0'7 x 0'5) rej., N only.

N0736,0740 In N733-740 group.

N0741 = I1751. Brightest in group of E. N742 at 0'8.

N0750,0751 P(c) of 2 E. w. vBN at 0'4. N of F comp. off cent., long asym. spur. m(H) for 750 + 751. Pettit (1954) and Bigay et al. (1953) have mag. and colors for both comp. together.
PHOTO. Erg. exakt. Naturwiss., XXIX, 372,1956.
PHOTOM. Ap.J., 98,47,1943.

N0753 vsvBN; hexag. pseudo (r): 0'33 x 0'3, many weak filam. arms w. knots. P(a) w. N759 at 23'5.

N0759 P(a) w. N753 at 23'5.

N0761 N760 at 1'6 is a dble * (see MWC 626).

N0770 P(b?) w. N772 at 3'3.

N0772 P(b?) w. N770 at 3'3. svB diff. N, many weak tightly coiled arms, one abnormally strong.

N0777 Dim. are for B part only. P(a) w. N778 at 7'0.

N0779 vBN, v. much forshort. weak bar in strong (r): 0'7 x 0'3, many weak, poor. res. arms. P.w.s. anon. SB(s)m? at 11'3.

N0782 sBN, narrow bar, (r): 0'85 x 0'75, * 0'5 nf on (r).

N0788 BN in diff. lens, v. weak out. whorls or (R), v. poor res. P(a) w. I184 at 18'5 p. Interacting chain of 3 Spirals (Ho 53a, b) at 24' sp.

N0808 Dim. of B cent. part only. See Helwan 22.

N0821 Chart: M.N., 74,238,1914.

N0829 Pair w. N830 at 4'5. N842 at 13'2 from N830.

N0833,0835,0838,0839,0848 Group. N833,835 interact. pair at 1'.

N0842 At 13'2 of N830.

N0864 vsvBN in broad diff. weak bar, pseudo (r): 0'8 x 0'7.

SPECT. A.J., 61,97,1956.

N0871 Strong bar: 0'2 x 0'06, asym. knotty arms. P. w. N870 (E0) at 1'6 and F anon. Sd at 4'4.

N0876 Close p.w. N877 at 2'1.

N0877 Close p.w. N876 at 2'1. Brightest of N870-1-6-7 group. vsBN in B complex lens w. dk. lanes. hexag., pseudo (r): 0'7 x 0'5, 2 main knotty filam. arms w. branch.

N0890 vsBN in vF envel. w. suggestion of dk. crescent near N. P(a) w. sF spiral at 14'5.

N0891 In N1023 group.
PHOTO. Hdb.d.Ap., 5,2,843,1933.
PHOTOM. Ap.J., 91,539,1940. Medd. Lund II, 114,1945; 128,1950. A.J., 56,89,1951.
HII REG. Zs.f.Ap., 50,168,1960.
RADIO EMISS. Hdb.d.Phys., 53,253,1959. P.A.S.P.,72,368,1960.

N0895 (N894 is part of it). vsBN, 2 main knotty arms w. many branch.
DESCR. Ap.J., 46,29, 1917, = MWC 132.

N0908 vsBN, sev. knotty filam. arms.
PHOTO. M.N., 65,228,1905.

N0922 BN in sh. narrow bar: 0'5 x 0'08, sev. knotty filam. arms; strong asym., hexag. outline, pseudo (R): 1'3 x 1'1. P(b?) w. anon. SB(s)b: at 13'.

N0925 In N1023 group. No BN(?), well res., 2 main knotty filam. arms. w. branch. Dk.matt. in cent. part, sh. pseudo bar. Sev. dwarf Im nearby. Minor diam. in Heid. 9 rejected. (B-V) constant, interp. value.
PHOTO. and SPECT. IAU Symp. 5, 1958 = Lick Cont. II, 81,1958.
HII REG. Zs.f.Ap., 50,168,1960.

N0936 vB diff. N or inner lens: 0'6 x 0'4, B smooth bar: 1'2 x 0'2, (r):1'5 x 1'2, B at ends of bar, F arcs in envel. P(a) w. N941 at 12'6.

N0941 vsBN, pseudo (r): 0'5 x 0'25:, filam. knotty poor. res. arms. P(a) w. N936 at 12'6 and anon. Sp at 13'6.

N0942,0943 = Ho 59a,b. Lund 6 dim.: 4, 0'8 x 0'2.

N0945,0948 = Ho 58a,b. P. at 2'7.

N0949 B v. poor. res. spir. struct. in cent., vF envel.

N0955 DESCR. Ap.J., 46,30,1917 = MWC 132; Ap.J., 51,281,1920 = MWC 186.

N0972 vB complex cent. bulge w. sN?, many dk. lanes and smooth out. arms. Pease (1917) dim. for minor axis is obviously an error (prob. should read 1'0 for 1'9).

N0976 sBN, B inner arms, v. poor. res.; pseudo (r): 0'3 x 0'2, inner lens: 0'4 x 0'3.

N0986 vBN in B bar w. dk. lanes: 1'4 x 0'45, F(r): 1'5 x 1'0, 2 main reg. arms, outer parts form vF (R): 3'4 x 2'5.

N0991 In N1052 group. vsBN in broad bar; knotty (r): 0'8 x 0'8; sev. filam. arms. w. m. branch. Anon. 34'sp (Hel. 30).

N1003 In N1023 group. No BN, B bulge:0'4 x 0'15, dk. mark., well res., many arms. Cluster of spirals in background.
PHOTO. Ap.J., 88,418,1938.
SPECT. A.J., 61,97,1956.
HII REG. Zs.f.Ap., 50,168,1960.
SN1937[D], Ap.J.,88,289,418,1938; 89,156,1939; 96,28,1942. P.A.S.P., 50, 216,238. Hdb.d.Phyd.,51,781,1958.

N1022 In N1052 group. P(a) w. s. anon. SB(r)0/a at 13'3. svBN, short bar: 0'5 x 0'2 w. dk. matt., smooth arms, pseudo (r): 0'9 x 0'8, pseudo (R): 1'85 x 1'85.

N1023 Brightest of N1023 group. eBN in cent. diff. bar: 1'3 x 1'0 near minor axis of projected lens, vF asym. extens. or satellite near one end of major axis. See also Ap.J., 46,30,1917 = MWC 132.
PHOTOM. Ap.J., 120,439,1954.

RADIO EMISS. (upper limit), M.N., 123,279,1961.

N1035 In N1052 group.

N1042 In N1052 group. Misidentified as N1048 in HA 88,2 and also by Morgan (1959) van den Bergh (1960). vsvBN in smooth lens, F (r): 0'9 x 0'5, 2 main part. res. filam. arms w. m. branch.

N1047 In N1052 group.

N1048,1048A [=N1048B, N1048A in RC1,2]. In N1052 group. Close pair at 0'9. Poor res. The object listed as N1048 in HA 88,2 is actually N1042.
MAG. and COLORS by Pettit (1954) for both comp. together.

N1052 Brightest in N1052 group. Diff. vB cent., smooth.
SPECT. P.A.S.P., 48,17,1936. Ap.J., 129,583,1959.

N1055 In N1068 group.

N1058 In N1023 group. svBN in smooth cent. part., many part. res. arms, out. parts of low surf. br. P.w. fine anon. SA(r)0+ at 8'. New corrected Vel. by Zwicky (Ann. Rep. Mt.W.-P., 1962-63): + 583 km/sec.
HII REG. Zs.f.Ap., 50,168,1960.
SN1961[V], Cont. Osserv. As. Asiago, No.142,1963.

N1068 = M77. Brightest in N1068 group. vBN, B pseudo (r): 0'5 x 0'35. Peculiar (B-V) relation for type [Seyfert nucleus accounts for this].
PHOTO. Ap.J., 97,114,1943; 130,26,1959. B.A.N., 16,1,1961.
PHOTOM. Ap.J., 50,384,1919; 108,415,1948. B.A.N., 16,1,1961.
SPECT. Ap.J.,97,28,1943; 130,26,1959; 135,732,1962. P.A.S.P.,53,231, 1941. A.J., 61,97,1956.
ORIENT., ROT. Ap.J., 97,117,1943 = MWC 674; 127,487,1958.
RADIO EMISS. Hdb.d.Phys., 53,253,1959. Cal Tech Rad.Obs.,5,1960. P.A.S.P.,72,368,1960. Ap.J.,133,322,1961. Proc.4th Berkeley Symp., vol.III, 285,1960.

N1073 In N1068 group. vsBN in narrow bar: 1'2 x 0'2, w. B knots, smooth, part. res. (r): 1'7 x 1'6, many filam. arms.
SN1962[L], H.A.C. 1577,1962. L'Astronomie, 76,392,1962. I.A.U.Circ. 1809,1962; 1820,1821,1963.

N1079 svBN, weak bar: 0.9 x 0'4, pseudo (r): 1'3 x 0'65, outer arms form vF double (R): 4'3 x 2'7.

N1084 vsBN, filam. knotty arms.
PHOTO., ROT., MASS., Ap.J.,137,376,1963.
SN1963[P], I.A.U. Circ. 1843,1856.

N1087 In N1068 group. P. w. N1090 at 15' and N1094 at 20'. Sh. B bar or double N, v. many knotty irreg. arms. (B-V) relation constant.

N1090 In N1068 group. P. w. N1087 at 15'. BN in narrow bar, pseudo (r): 1'0 x 0'5. SN1962[K], P.A.S.P., 75,236,1963.

N1094 In N1068 group. P. w. N1087 at 20' and s. anon. S at 1'1.

N1097 eBsN: 0'5 x 0'4 w. innermost N and spir. struct. form pseudo (r): 0'4 x 0'3, broad bar: 3'0 x 1'0 w. dk. lanes, 2 main filam. knotty arms form (R): 6'2 x 5'0. Small ellipt. companion N1097A at 3'5.
PHOTO. M.N., 8,1019,1925. P.N.A.S., 26,33,1940. P.A.S.P.,52,309,1947. Obs.,78,125, 1958. Ap.J., 132,30,1960.
PHOTOM. Revista Ast., XXIX, No.13,1957. Obs., 78,123,1958.
SPECT. Ap.J., 132,30,1960; 135,697,1962.

N1097A Small E companion of N1097 at 3'5. = No.174 in Lund 7.

N1104 In N1068 group. Heid. 9 dim. (0'2 x 0'2) rej., N only.

N1136 vsvBN on F bar, (r): 0'9 x 0'8. (R)? P.w. s. anon. gal. at 3'0.

N1140 vBN w. traces of spir. struct.; asym., part. res. short filam. arms. P(b) w. outlying neb. knots?

N1143,1144 P(b) at 0'7. Heid. 9 and Pal. 200-in. dim. for bright parts only.

N1156 Highly res. dwarf w. traces of spir. struct., bar-like core, peanut-shaped. Heid. 9 dim. for bar only. Mt.W. vel. refers to 2 emiss. patches p cent. neb.

N1169 vsBN close to *, vF (r):0'95 x 0'6, sev. vF filam. arms, v. low surf.

br.

N1175 BN in cent. of (r). Saturn-like, similar to N7020. P.w. N1177 (=I281) at 2'5.

N1179 vsBN, v.weak bar, knotty (r): 1'35 x 1'1, sev. F knotty filam. arms.

N1186 DESC. Ap.J., 46,31,1917 = MWC 132.

N1187 vsvBN, (r): 1'4 x 0'8, sev. filam. knotty arms. P(a)w. s. anon. SAB(r)0/a? at 21'. Error on corr. redshift in HMS (Lick vel.).
SPECT. A.J., 61,97,1956.

N1199 Brtst in N1199 group. Heid.9 and MW 60" dim. for bright part only.

N1201 vB diff.N in B lens:1'1 x 0'6, w. weak traces of (r) struct.:0'9 x -.
PHOTO. and PHOTOM. Ap.J., 133,314,1961.

N1209 In N1199 group. Heid. 9 dim. for B part only.

N1232 vsB diff. N in weak broad bar, pseudo (r): 0'8 x 0'55, many knotty, part. res. filam. arms w. m. branch. P(a) w. N1232A at 4'0. 1 aberrant val. of B-V (source C) rejected.
PHOTO. P.A.S.P., 53,269,1941.

N1232A At 4'0 of N1232. B bar: 0'3 x 0'08 w. asym. loop:0'8 x 0'75. = No.212 in Lund 7 (0'7 x 0'5). Typical dwarf SB(s)m system.

N1241 = Ho 68a. P(a) w. N1242 at 1'5. vsvBN, (r): 0'7 x 0'5, 2 main arms, weak filam. out. arms.

N1242 = Ho 68c. P(a) w. N1241 at 1'5; N1243 (=Ho 68b) at 3'1 is a dble *. vsBN, poor. res. (r): 0'25 x 0'15, 3 main arms v. poor. res.

N1248 svBN in B lens w. traces of (r) or dk. matt., pseudo (r):0'25 x 0'19, F traces of whorls in lens and envel. P(a) w. anon. SBp at 2'6.

N1249 sh. B bar, no BN, asym.

N1255 vsvBN, 2 main knotty filam. arms w. m. branch.; pseudo (r): 0'85 x 0'3. vF out. extens.

N1270 In Perseus Cl. Error in HA 88,2; the obj. of mag. 12.7 is N1275.
PHOTO. and SPECT. Ap.J., 71,355,1930.
PHOTO. Ap.J., 119,222,1954.

N1272,1273,1274 Perseus Cl. for ref. see N1270 or N1275. N1274: Heid. 9 dim. (0'15 x 0'15) rej.

N1275 Perseus Cl. Misidentif. as N1270 in HA 88,2. Mag. and colors reduced for type E.
PHOTO. Ap.J., 119,221, 1954. Hdb.d,Phys., vol.53,386,1959.
SPECT. Ap.J., 97, 28,1943. Radio Astronomy, I.A.U. Symp. No.4, Cambridge, 1957, p.113.
RADIO EMISS. Nature,173,164,818,1954. Ap.J.,119,222,1954; 133,322, 1961. Proc.R.S.A.,248,289,1958. P.A.S.P.,72,368,1960. Obs.,81,14, 1961. Calif. Inst. Tech. Obs., 5,1960.

N1277,1278,1281,1282 Perseus Cl.

N1291 vBN, bar: 3'3 x 1'0, (R): 8'2 x 7'3. See also M.N., 82,486,1922.
PHOTO. and PHOTOM. Occ.Notes R.A.S.,3,No.18,1956. M.N.,111,526,1951.
SPECT. Mem. R.A.S., 68,69,1961.

N1292 sB cent. w. 2 main knotty arms and some branch., poor res.

N1293,1294 Pair of Ellipt. at 2'.

N1300 vseBN in narrow bar: 2'3 x 0'5, pseudo (r): 2'7 x 2'0, 2 main reg. part. res arms form loops: 3'9 x 3'5; 4'3 x 3'5.
PHOTO. P.A.S.P., 59,309,1947. Hdb.d,Ap., 5,2,843,1933.
SPECT. I.A.U. Symp., 5,1958 = Lick Contr. II,81,1958. Ap.J.,135,697, 1962.

N1302 eBN in sh. bar: 0'6 x 0'3, smooth (r):1'0 x 0'9, weak whorls or rings in envel., F(R): 3'3 x 2'9. P. w. anon. S sp. at 22'5.
PHOTO. Ap.J., 92,236,1940.

N1309 sBN, 2 main knotty arms, one stronger, poor. res.

N1310 Fornax I Cl.

N1313 vsBN, fairly B bar: 1'1 x 0'4, 2 main knotty, part. res. arms, one stronger, v. asym., many outlying knots and part res. groups of *. [N1313A =] small S at 16'5 sf. Mt. Stromlo vel. for emiss. neb. 1'4 ssf cent. bar.
PHOTO. and PHOTOM. Ap.J., 137,720,1963.
SN1962[M], Disc. by Sersic, unpubl.

N1315 sBN, pseudo (r): 0'9 x -, poor. res. In N1315-32 group.

N1316 Fornax I Cl. vB diff. cent. w. dk. clouds, smooth neb. P(a) w. N1317 at 6'3.
PHOTO. Obs., 74,248,1954.
PHOTOM. Revista Ast., XXIX, No.13,1957.
SPECT. Mem. R.A.S., 68,69,1961.
RADIO EMISS. Fornax A, Obs.,73,252,1953; 74,248,1954. Ap.J.,125,1, 1957; 133,322,1961. Aust.J.Phys.,11,400,517,1958. P.A.S.P.,72,368, 1960. Cal.Inst.Tech.Rad.Obs., 5,1960.

N1317 = 1318 Fornax I Cl. P(a) w. N1316 at 6'3. eBN in pseudo (r): 0'45 x 0'35, weak diff. bar, vF out whorls form F(R):1'9 x 1'8. HA 88,2 dim. (series a) (0'7 x 0'6) rej., N only.

N1319 P(a) w. N1325 at 6'8.

N1325 P(a) w. N1319 at 6'8, N1332 at 28'5. sBN, F knotty filam. arms, v. poor. res.

N1325A = Ho VI (1958). P(a) w. N1325 at 13'6, N1332 at 20'6. sBN, weak bar, (r): 0'7 x 0'7.

N1326 Fornax I Cl. vBN, smooth narrow bar: 0'85 x 0'2, smooth (r): 1'0 x 0'85, vF (R): 2'6 x 2'0.

N1326A,B Fornax I Cl. Pair in contact at 3'. Both F.

N1331 = I324? [Yes]. P.w. N1332 at 3'0. In N1315-32 group.

N1332 vB diff. N in B lens, smooth neb. P. w. N1331 in 3'0. In N1315-32 group.
SPECT. Sky and Tel., 8,2,1948.

N1337 FN w. dk. lane, 2 main filam. spir. arms w. m. branch.

N1341 Fornax I Cl. * 1'2 ssf.

N1344 = N1340. B cent., smooth neb., no struct.
PHOTOM. M.N., 111, 526,1951.

N1350 Fornax I Cl. DESC. Helwan 9. Note corr. to NGC and HA 88,2 coord.
PHOTO. and SN[1959A], P.A.S.P., 72,208,1960.

N1351 Fornax I Cl. vBN.

N1353 vsvBN, weak bar w. dk. mark., pseudo (r): 1'05 x 0'4, sev. F filam. arms.

N1355 vsvBN. Possibly edgewise S(r). P(a) w. N1358 at 6'8.

N1357 sB diff. N, 2 main arms w. a few condens., cent. smooth lens.

N1358 vsvBN in sh. narrow bar: 0'55 x 0'1, weak arms form pseudo (r): 1'5 x 1'3. P(a) w. N1355 at 6'8.

N1359 Pec., sh. knotty bar-like axis:0'4 x 0'1 surrounded by incomp. pseudo (r):1'4 x 0'75 w. extraneous asym.arm. P(a) w. anon. SAB(r)0+ at 8'5.
SPECT. A.J., 61,97,1956.

N1365 Fornax I Cl. eB complex N w. twisted dk. lane, narrow bar: 2'5 x 0'55 w. dk. lanes, 2 main, part. res. arms form pseudo (r): 10'05 x 5'9.
PHOTO. Occ. Notes R.A.S., 3,No.18,1956. Stockholm Ann.,17,No.3,1951. Ap.J., 132,30,1960; 136,118,1962.
SPECT. Mem. R.A.S., 68,69,1961. Ap.J., 135,697,1962.
ROT., MASS. Ap.J., 132,30,1960; 136,118,1962. A.J., 67,112,1962.
SN1957[C], Carn. Inst. Yearbk., 57,1958. Hdb.d.Phys., 51,785,1958.

N1371 = N1367. svBN in sh. twisted bar, weak pseudo (r): 1'2 x 0'8, surrounded by weak out. whorls form pseudo (R): 5'2 x 3'3.

N1374   Fornax I Cl. P.w. N1375 at 2'4. BN.

N1375   Fornax I Cl. P.w. N1374 at 2'4. The negative vel. in Lick 1962 is probably spurious (night sky?).

N1376   sBN, many filam. knotty arms. v. similar to M101. P(a) w. anon. S sp at 5'3.

N1379   Fornax I Cl. BN.

N1380   Fornax I Cl. vBN, * 0'85 sp N.
PHOTOM. M.N., 111,526,1951.

N1380A Fornax I Cl. = Hel. 51 (Helwan 15). sBN.

[N1382 Called N1380B in RC1,2]. Fornax I Cl. = Hel 53 (Helwan 15). See Mem. Com. Obs., No.13,1956.

N1381   Fornax I Cl. svBN, disc 0'2 thick.

N1385   B bar w. knots and dk. mark., 2 main part. res. arms, one extends in F asym. loop forming pseudo (R): 2'6 x 1'7.
SPECT. Ap.J., 135,698,1962.

N1386   Fornax I Cl. sBN.

N1387   Fornax I Cl. vBN, lens: 0'8 x 0'7, vF envel.

N1389   Fornax I Cl. BN.

N1393,1394 In N1383-1407 group.

N1395   vB cent., smooth neb.

N1398   LBN in narrow bar: 1'2 x 0'2, (r): 1'6 x 1'3, 2 main narrow, part. res. branch. arms, pseudo (R): 4'8 x 3'3.
PHOTO. Ap.J., 92,236,1940. P.A.S.P., 59,309,1947.
SPECT. Ap.J., 135,697,1961.

N1399   Fornax I Cl. BN, * 0'3 n N. P(a) w. N1404 at 10'2.
PHOTOM. M.N., 111, 526,1951.

N1400   sB diff. N w. weak dk. cresc. on one side. P(a) w. N1407 at 11'8. In N1383-1407 group.

N1401   Dim. on Lick 36-in. pl.: 1'2 x 0'2.

N1404   Fornax I Cl. BN, * 0'9 sf. P(a) w. N1399 at 10'2.
PHOTOM. M.N., 111, 526,1951.

N1407   Brightest of N1383-1407 group. P(a) w. N1400 at 11'8. sB diff. N.

N1411   vBN. 0'3 x 0'25.

N1415   vBN in B isol. lens: 1'4 x 0'55, w. spir. patt. of dk lanes, eF (R): 3'1 x 1'7. P(a) w. N1416 at 9'3.

N1416   vsBN. P(a) w. N1415 at 9'3. NGC coord. are correct (MWC 626) but separation from N1415 indicates DIII corr. was justified.

N1417   = Ho 70a. P(a) w. N1418 at 5'0. svBN in bar, pseudo (r):0'4 x -, sev. B arms w. some knots. Note error on Dec. in H.A. 88,2.
RADIO EMISS. (possible identif.), Austral.J.Phys.,11,360,1958.

N1418   = Ho 70b. P(a) w. N1417 at 5'0. sBN, 2 main arms v. poor. res.

N1421   vsBN in complex cent. part w. dk. lane. Classif. difficult.

N1422   P(a) w. N1426 at 31'.

N1424   = N1429. vsvBN in pseudo (r): 0'3 x 0'17, 3 main arms, some knots. P(a) w. N1417 at 19', N1418 at 14'5.

N1425   Fornax I Cl.? vsvBN in smooth cent. part w. traces of pseudo (r): 0'6 x 0'25, sev. filam. arms and lanes of dk. matter.

N1426   sBN, smooth neb. P(a) w. N1422 at 31', N1439 at 30'.

N1427   Fornax I Cl. sBN, * 1'8 p.

N1427A Fornax I Cl. F.

N1428   Fornax I Cl. Noted w. sBN or * in Mt. Stromlo survey. The neg. vel. in Lick 1962 confirms that there is a * superimposed on N.

N1433   seBN 0'7 x 0'35 tilted on smooth bar w. dk. lane: 2'4 x 0'8, (r): 2'8 x 2'2, w. some knots, 2 main F almost smooth arms w. sh. branch. form pseudo (R): 5'8 x 5'0.
SPECT. Mem. R.A.S., 68,69,1961.

N1437   Fornax I Cl. vsBN, (r): 1'5 x 1'0.

N1439   vsBN, (a) w. N1426 at 30'.

N1440   = N1442. P(a) w. N1452 at 22'.

N1441   svBN, poor.res. In N1441-1453 group. P.w. N1449 at 4'2, N1451 at 6'1.

N1448   = N1457. sBN. See also M.N.,81,601,1921. HB 914,6,1940. Note correction to H.A. 88,2 R.A.

N1449,1451 In N1441-1453 group.

N1452   = N1455. The obj. N1455 in Lick 13 w. NGC coord. corrected is same as N1452 in HA 88,2; Publ. Dunlap Obs., II, No.6,1960, and Yerkes 1958 list. P(a) w. N1440 at 22'.

N1453   Brightest in N1441-1453 group. vBN.
PHOTO. and SPECT. IAU Symp.,5,1958 = Lick Cont. II,81,1958.

N1461   vsB diff. N, traces of (r): 1'4 x -.

N1469   See H.A., 105,229,1937 (Dim: 2'0 x 0'6).

N1482   P.w. N1481 at 3'3.
SN1937[E], P.A.S.P., 51,36,1939. Rev.Mod.Phys.,12,66,1940. Ap.J.,96, 28,1942.

N1483   See HB 914,6,1940 (Dim:1'4 x 0'9).

N1485   See HA 105,229,1937 (Dim: 3'0 x 0'9).

N1487   Pec., coll? system. 2 BN in contact at 0'25 + E condens. at 0'35 from B (north) comp. +F knots at 0'2 s of F comp. w. out. streamers; overall extens. 6': x 2'5.
PHOTOM. Zs.f.Ap., 47,9,1959.

N1493   vsBN, sh. bar, (r): 1'2 x 1'1, knots in (r) and arms.

N1494   no BN, many ill-def. F arms.

N1507   B knotty bar: 0'7x0'1, asym. arm or loop w.dk.matt.

N1510   vBN, strongly condensed. NGC descr. (F, pL) is in error. P(a) w. N1512 at 5'0.

N1511   no BN, B bulge. Corr. to NGC dec. in M.N.,81,601,1921, is an error. Suspected SN = HV 11970 (HB 917, 1943) was not confirmed, see Harv. Rep.387; [see also PASP, 100, 1542 where it is a confirmed SN].

N1512   vBN, strong bar and (r): 2'5x1'9, vF out. envel. 7':x6': w. resid. spir.arcs 5'7x4'5. P(a) w. N1510 at 5'0.
SPECT. Mem. R.A.S., 68,69,1961.

N1515   vB cent., 2 main arms, dk. lanes on one side. P(a) w. N1515A at 2'0 and sev. s. gal. in field.

N1515A at 2'0 of N1515. svBN on narrow bar: 0'35x0'1, reg.(r): 0'45x0'45, brighter at ends of bar; sev. weak poor. res. arms.

N1518   B bar part. res: 0'7 x 0'17, 2 main part.res. arms, one stronger. P(a) w. N1521 at 22'.
SPECT. A.J., 61,97,1956.

N1521   P(a) w. N1518 at 22'. MWC 626 correction to NGC R.A. not verified. Correction for gal. rot. in HMS cat. is in error.

N1527   vBN in s. lens: 1'2x0'5; N betw. 2 * at 1'2 n and s. See also M.N., 81,601,1921.

N1530 vsvBN w. sorround. spir.patt., broad bar: 1'2x0'5 w. dk lanes, (r): 1'7x1'2; 2 main filam. arms form pseudo (R): 4'3.
MAG. Ap.J., 85,325,1937.
PHOTO. Hdb.d.Ap., 5,2,843,1933.
SPECT.Ap.J., 135,697,1962 [but no redshift!].

[I0381 Called N1530A in RC1]. See Ap.J., 82,74,1935; 85,325,1937. (=I381? for which IC coord. are 4h37.8m, + 75o34' (1950)). [Yes].

N1531,1532 Pair at 1'8. Drawing in Helwan 9.

N1533 vBN, traces of sh. bar.

N1536 vsBN, bar: 0'6, asym.

N1537 H.A. 88,2 dim.: 1'2x0'6 (series a').

N1543 vBN, bar: 2'5x1'0, (R): 4'7x4'7.

N1546 vsBN, asym.dk.lane. Mt. Stromlo 30-in. dim. (0'9x0'3, 1'6:x0'6:) N and lens only.

N1549 vBN. PHOTOM. M.N., 111,526,1951.

N1553 eBN, lens: 1'8x1'0, slight brightening at rim of lens forms F(r): 1'2 x 0'7. P(a) w. I2058 at 21'5.
PHOTOM. M.N.,111,526,1951.
SPECT. Mem.R.A.S.,68,69,1961.

N1558 See M.N., 81,601,1921. Dxd=3'x1'(90 deg.).

N1559 No N, sh. B bar, B arms, knots, asym., high surf.br.
PHOTO. P.N.A.S., 26,34,1940.

N1560 BM, no def. N, F part.res.arms, low surf. bright. Lick 13 dim.(6'x1') is for B parts only.

N1566 svBN, asym., vF out. arms.
PHOTO. P.N.A.S., 26,34,1940. Observatory, 77,146,1957.
PHOTOM. Revista Astr., XXIX, no 143,1957. Observatory,77,146,1957.
SPECT. Mem. R.A.S., 68,69,1961.

N1569 vB core, dk.mark., well res., little trace of spir. struct. Sugg. as possible Local Group member by Hubble (1942) because of low velocity.
PHOTO. and SPECT. P.A.S.P.,47,319,1935.

N1574 vBN in s. lens w. L F envel., * 0'35 sf N,B * 1'2 sf N.

N1587 = Ho 76a. P.w. N1588 (Ho 76b) at 1'2. N1589 at 12' n.

N1596 vBN, * 0'6 p N. P.w. N1602 at 3'0.

N1599 In N1600 group. N1579 in Helwan 38 is a misprint.

N1600 Brightest in group. P(a) w. N1601 at 1'6, N1603 at 2'5. For other group members N1603,04,06,07,09,11,12,13, see dim. data in Heid. 9, Lick 13, Helwan 38. Discordant val. of (B-V) (source A) rejected.
SPECT. Ap.J., 135,733,1862.

N1601 In N1600 group. P(a) w. N1600 at 1'6.

N1602 BM, no BN, (r):0'95:x0'7:, P.w. N1596 at 3'0. See also M.N.,81,601, 1921.

N1614 eBN, 2 main mass. B arms, strong asym., F out. streamer.
RADIO EMISS. possible identif. w. Mills source 04-012, Aust.J.Phys., 10,162,1957.

N1615 Inner dim. on Lick 36-in. pl.: 1'3:x0'3:.

N1617 vBN, bar: 1'8, poor.res.

N1618 (r): 1'1x0'55. In N1618-1625 group. P(a) w. N1622 at 7'8.

N1622 = Ho 77a. (Ho 77b at 1'4 is probably a *): N1618 at 7'8, N1625 at 10'2. Heid.9, Lund 6 dim. (0'9x0'2) are for (r) only.

N1625 In N1618-1625 group. P(a) w. N1622 at 10'2. Pseudo (r): 0'85 x -.

N1637 vsvBN in sh. bar: 0'6x0'2, pseudo (r): 1'0x0'7, strong asym. vF but res. out. arms.

N1638 vBN. Heid. 9 dim., N only.

N1640 sBN in strong narrow bar, (r):1'0x0'75.
PHOTO. and SPECT. IAU Symp., 5,1958 = Lick Cont. II,81,1958.

N1642 sBN, similar to M 101.

N1659 vsBN, s.B(r):0'17x0'07, many knotty filam. arms, strong, asym. and sharp outline.

N1666 vBN, F(r): 0'5x0'5. P(a) w. N1667 at 15'.

N1667 vsBN, weak bar, knotty (r):0'33x0'24, sev. knotty arms w. branch. P(a) w. N1666 at 15'.

N1672 vBN, bar: 2'4, ansae.

N1688 sh. B bar, asym.

N1699 P.w. N1700 at 6'6. vsBN, (r): 0'3x0'2. See also Ap.J.,51,283,1920 = MWC 186.

N1700 P.w. N1699 at 6'6. vBN, smooth. See also Ap.J., 51,283,1920 = MWC186. Heid. 9 dim: 0'5x0'3, N only. Velocity by Pease (+800) was an error, see A.J., 61,97,1956. Fairly large scatter of (B-V) values.
SPECT. Ap.J., 135,733,1962.

N1703 sBN, F bar, (r): 0'7 x -.

N1705 vBN, asym. wings ? * 14.5 superposed.

N1720 vsvBN in B bar w. strong dk. lane: 0'5x0'2, 2 main smooth arms form pseudo (R): 1'35x1'2. P(a) w. N1726 at 8'2. Heid. 9 dim. 1'1x0'3 for B part only.

N1726 svB diff. N, smooth neb. w. weak dk. lane on one side. P(a) w. N1720 at 8'2, and I398 at 17'5.

N1741 v Pec., P(c); P(b) w.s. B object (=I399) at 2'2 sf.

N1744 Narrow, knotty B bar: 1'3x0'3; sev.part.res.filam.arms; asym.; v. low surf. bright.

N1771 See M.N., 81,601,1921. Dim: 1'x0'5.

N1779 P.w. I402 at 14'5.

N1784 vsBN in narrow bar w. dk. mark., many knotty arms, (r): 1'3x0'7. Lick 13 dim. for (r) only.

N1792 vsBN, B arms. Drawing in Helwan 9.

N1796 no BN, sh. bar, asym.

N1800 HA 88,2: 0'8x0'4 Dim. (series a').

N1808 vB complex N incl. sev. B knots: 0'34x0'14 in B isol. lens w. many dk. lanes, eF out. whorls form pseudo (R): 6'5x3'9.

N1832 svBN in strong bar: 0'4x0'15; (r):0'6x0'4; sev. B arms part. res. w. m. branch.
SPECT. Ap.J.,135,699,1962.

N1888,1889 Close pair P(b) at 0'3; anon. Sc sp. at 10'8 nf. Mag. and colors for 1888+89 by Pettit (1954). Helwan 22 has N1888"in E 145 deg.; p.a. 60 deg. in Lick 13 is an error.
SPECT. A.J., 61,197,1956. IAU Symp., 5,1958 = Lick Cont., II,81,1958.

N1947 B diff. N cut by strong dk. lane, + other dk. lane on one side. Rich LMC star field. NGC dec. is in error by 1 deg.
RADIO EMISS. (not confirmed), Observatory, 73,252,1953; 74,130,248, 1954.

N1954 Pair at 5'1 w. N1957. See Helwan 21,30.

N1961 = I2133. vsBN, hexag. pseudo (r): 0'95x0'8?, 2 main branch arms w. some knots.

MAG. ApJ., 85,325,1937.

N1964 svBN with vB * superposed in B lens: 1'2x0'4 w.dk. lanes, 2 main arms w. branch. form pseudo (R): 2'3x1'0.

N2082 s elong. N, (r): 0'75x0'5, poor. res. Rich LMC field.

N2090 sB diff. N in B lens: 1'65x0'6 w. sev. knotty arms and dk. lanes, poor.res., vF knotty out. arms.

N2139 = I2154. Note correction to HA 88,2 (after NGC); IC coord. are correct. sBN in narrow reg. bar: 0'35x0'06, sev. branch. knotty arms, slightly asym., sev. B emiss. knots.
SPECT. A.J., 61,97,1956.

N2146 Pec., L bulge w. many irreg. abs. mark., 2 main smooth arms, one w. dk. lane, asym. P(b?) w. N2146A at 19'. MAG. source F rejected from mean B(0).
MAG. ApJ.,85,325,1937.
PHOTO. and SPECT. and ROT., MASS, Ann.d'Ap., 13,362,1950. ApJ., 130, 740,1959.

N2146A P(b?) w. N2146 at 19'. See ApJ., 51,276,1920 = MWC 186; 82,74,1935; 85,325,1937. Dim. 8'x2' in MWC 186 may be misprint for 3'x2'.

N2179 B diff. N, smooth neb.w. traces of spir.arcs or whorls in out. parts.

N2188 sBN in sh. bar-like struct.: 0'6x0'17 from wich extend asym. smooth wings or arms. Poss. rear and-on view of edgewise SB (s)m. P.w. anon. RSB(r)0+ at 16'.

N2196 B diff. N in smooth bulge w. F smooth arcs forming hexag. pseudo (R): 1'5x1'4, slightly asym.

N2207 Interacting pair P(b) w. I2163 at 1'4. vBN, pseudo (r): 0'8x0'5, 2 main knotty filam. arms, out. part on one side over I2163.

N2217 vB diff. N, smooth narrow bar: 1'4x0'25, (r):1'3x1'2, weak spir. arcs form (R):3'2x2'9. Note corr. to RA of HA 88,2; NGC correct.

N2223 sBN w. * close, weak bar in F(r):0'95x0'85, sev.filam.arms, low surf. bright.

N2256,2258 See H.A.,105,229,1937. N2256, D: 1'6x-; N2258, D: 1'3 x -.

N2268 vsvBN, weak bar, (r): 0'5x0'3, many filam. arms, poor.res. Heid. 9 dim. for B only.
MAG. ApJ., 82,62,1935; 85,325,1937.

N2273B See ApJ.,82,74,1935. N2273 (Sa) at 40' nf 2273B.

N2276 svBN, weak bar, hexag. pseudo (r):0'52x0'43, many knotty filam. arms, sharp outline. Heid. 9 dim., B part only. P.w. N2300 at 6'3.
SPECT. A.J.,61,97,1956.
MAG. ApJ., 82,62,1935; 85,325,1937.

N2280 sB diff. N,2 main knotty filam. arms w. m. branch., low surf. bright.

N2290,2291,2294 Group of S. w. N2288,89.
PHOTO. ApJ., 51,286,1920 = MWC 186.

N2300 vsBN in sB lens: 0'5x0'4. Possibly SAB(s)0-. P.w. N2276 at 6'3, and I1455 at 10'; other gal. in field. Heid. 9 dim., lens only.
MAG. ApJ., 82,62,1935; 85,325,1937.

N2310 sBN. HA 88,2 dim. 2'0x0'5 (a') for B part only.

N2314 vBN. P(a) w. I2174 (SO) at 5'7.

N2326A See ApJ., 82,74,1935. N2326 (SB(s)) at 5' np.

N2336 vsN in weak bar, (r):1'2x0'7, many weak filam. arms w. knots. P(a) w. I467 at 20'. Heid. 9 dim. for B part only.

N2339 vsvBN in weak compl. bar: 0'55x1'4 w. dk. lanes, hexag. pseudo (r): 0'65x0'6, F knotty arms.

N2344 See ApJ., 84,270,1936 = MWC 549 where source of vel. (+520) is unknown and has not been confirmed.

N2347 esvBN in B (r): 0'2x0'1, traces F (R): 1'4x0'75. P(a) w. I2179 (E1) at 13'2. Yerkes type kE2 is an error or applies to I2179.

N2366 Well res. bar: 3'5x0'8, weak out. arms extens., emiss. obj.: outlying res. patch 3' sp center; see also ApJ., 46,34,1917. Lick 1956 vel. for emiss. patch sp. center.: +229 km/sec.
PHOTO and SPECT. P.A.S.P., 47,320,1935.
PHOTOM. Medd. Lund II, 128,1950.
HII REG. Zs.f.Ap., 50,168,1960.

N2369 sBN, B bar w.dk.lanes: 0'9x0'25. F arms.

N2379 In N2389 group.

N2389 Brightest in group. vsvBN in pseudo (r): 0'25x -, many knotty filam. arms, poor.res. P(a) w. N2388, SB(s)b, at 3'4. Wrong sign of correc. for gal. rot. in HMS cat. (Lick vel.).

N2403 In M81 group. N2404 is a [star]. BM, no BN or esN or *, many well res., irreg. arms, broad bar.
DESC. ApJ., 51,287,1920; 56,200,1922.
PHOTOM. ApJ., 91,531,1940. Medd.Lund II,128,1950.
HII REG. Observatory, 79,54,1959. Zs.f.Ap.,50,168,1960.
RADIO EMISS. P.A.S.P., 72,368,1960.
HI EMISSION. A.J., 66,294,1962; 67,437,1962.

N2415 Haro obj. No.1; Bol. Tonantzintla,14,9,1956.

N2417 sN, reg., asym., * 0'8 s of N.

N2424 vsBN in narrow bar: 0'95x0'1, dk. lane on one side.

N2427 vFvsN, 2 main knotty F arms, strongly asym.
PHOTO. Occ. Notes R.A.S., 3, No.18,1957.

N2441 vsBN in incompl. (r): 0'6x0'35, v. weak bar, sev. knotty arms, poor res. See also HA 105, 229,1937.

N2442 vsBN. N2443 is part of same. Dim. in HA 88,2 (series a') should read 6'0 x 5'0.
PHOTO. Occ. Notes R.A.S., 3, No.18,1957.
ORIENT. ApJ., 127,487,1958.

N2444-45 DESC., PHOTO., VEL., ApJ.,130,12,1959; 138,863,886,1963. Heid. 9 dim.: 2444: 0'2x0'2 (for E comp.), 2445: 1'2x1'2 (probably for mass of emiss. knots).
U,B,V PHOTOM. ApJ., 138,863,1963.

N2460 vBN, spir. struc. in lens: 0'7x0'5, vF smooth arms form pseudo (R): 4'3x3'1. P(a) w. I2209 at 5'5 sp.

N2466 sBN, * 0'65 sf N., poor. res. P.w. s. B anon. gal. 3'7 np.

N2468,2469 MAG. in ApJ., 85,325,1937.

N2475 Close pair w. N2474.

N2500 vsBN in sh. bar: 0'6x0'17, many well res. clumpy arms, pseudo (r): 0'9x0'9. In group w. N2541,2552.

N2507 = Ho 92a. (Ho 92b is a *). F out. whorls.

N2521 MAG in ApJ., 85,325,1937. Heid. 9 dim.: 0'3x0'3 (N?).

N2523 sB diff. N on narrow B bar: 0'6x0'1, (r): 0'9x0'75, sev. filam. arms w. knots. P(a) w. N2523B at 8'8, and anon. SB(s) at 7'2.

N2523A See ApJ., 82,74,1935. HA 105,229,1937.

N2523B P(a) w. N2523 at 8'8. See ApJ., 82,74,1935. HA 105,229,1937. Exact minor replica of N 5746.

N2523C See ApJ., 82,74,1935. HA 105,229,1937.

N2525 esBN or * in sh. bar: 0'55x0'15, pseudo (r): 0'8 x -, B mass., part. res. arms form pseudo (R): 2'1x1'4.

N2532 vsvBN, sev. B knotty arms, high surf. bright., pseudo (r): 0'4x0'3.

N2534 MAG. in ApJ., 85,325,1937. Heid. 9 dim: 0'3x0'3 (N?).

N2535   = Ho 94a. P(b) w. N2536 at 1'8. sBN, (r):0'6x0'6, arm extends to 2'8. SN1901[A], A.N., 221,47,1924. Ap.J., 88,289,1938.

N2536   Ho 94b. P(b) w. N2535 at 1'8.

N2537   B partly res. bar: 0'5x0'17 w. strong asym. arm, part. res. v. weak out. loop. P(a) w. I2233 at 19' and N2537A at 4'5. See also Ap.J.,51, 287,1920. Mt. W. and Lick 1956,1962 vel. for emiss. NW of center, Lick 1962 vel. for cent.bar: +421 km/sec.
MAG. of source F rejected (error of identif?).
PHOTO. Observatory, 74,130,1954.

N2537A   P(a) w. N2537 at 4'5.

N2541   vsFN in smooth cent. as in M33, many well res. arms. In grp w. N2500, N2552. Heid. 9 dim. (4'0:x1'8:) for B part only.

N2543   = I2232, vsvBN, broad bar w. dk. matt.: 0'5x0'25, pseudo (r):1'0x0'6, F reg. arms.

N2544   See also HA, 105,229,1937.

N2545   vsvBN, F smooth bar: 0'4x0'08, B(r):0'55x0'3, smooth F out. arms form pseudo (R): 1'0x0'8.

N2549   eB elong. N in elong. lens: 1'5x0'4 w. traces of brightening at tips, F out. envel.
MAG. 85,325,1937.

N2550   See HA, 105,229,1937.

N2550A   See Ap.J., 82,74,1935. HA 105,229,1937.

N2551   B diff. N in smooth lens: 1'0x0'8 w. traces F whorls or dk. lanes. Sev. other F S in field.

N2552   vsFN, highly res., irreg. spir. struct., v. low surf.bright. In group w. N2500,2541.

N2562,2563 In a group.

N2565   SN1960[M], P.A.S.P., 73,175,1961.

N2573   vsvBN. Close to South Celestial Pole, note RA and Precession.

N2578   sBN in B bar:0'55x0'02, incompl. (r):0'8x -. P.w. anon. SB(s) at 3'0.

N2591   MAG. Ap.J., 85,325,1937.

N2601   vsBN, 2 * involv.

N2608   2 * superp. on bar, pseudo (r): 1'0x0'35. SN1920[A], A.N., 210,373, 1920. Ap.J., 88,290,1938. P.A.S.P.,35,116,1923.

N2613   svBN in B bulge, many reg. filam. arms w. absorpt. on one side similar to M31. Helwan 15 dim. (5'x1') is for B part only.
ROT. Ap.J., 97,117, 1943 = MWC 674.

N2614   See also H.A., 105,229,1937; D: 2'5x -.

N2623   Poss. radio source (unconfirmed); see Humason et al. (1956).

N2629   See H.A., 105,229,1937: D:1'2 x -. P.w anon. N2641 at 6'5 ssf.

N2633   vsvBN, B bar w. dk. lanes: 0'7x0'25 in lens 0'8x0'4, 2 main reg. arms form pseudo (R): 1'9x0'95. P(a) w. N2634 at 8'2. Brightest in a grp.
See HA, 105,229,1937.

N2634   P(a) w. N2633 at 8'3 and anon. N2634A at 2'. See H.A. 105,229,1937; D:1'2 x -.

N2634A   P(a) w. N2634 at 2'. Poor. res., dim. for B part only.

N2636   vBN, compact; dim. for B part only; see H.A., 105,229,1937; D: 0'5x-.

N2639   vsvBN, B(r): 0'45x0'2 in lens 0'9x0'45; part. obsc. on one side; rev. type doubtful, possibly SA(r)0+.

N2642   svBN in weak bar:0'55x0'14,(r):0'65x0'55, 4 or 5 knotty, filam. arms. P(a) w. anon. Sm? at 3'2. B(0) = 13.59 (Source C, w = 0.45).

N2646   sBN on F bar, traces of (r): 0'43x0'38:. Dim. for B part only. The object identif. as N2646 in HA,88,2 is I520. See HA 105,229,1937; D: 0'7x -.

N2650   See H.A., 105,229,1937; Dxd: 1'1x0'9. (r) = 0'55. Heid. 9 dim. for N only.

N2654   MAG.: Ap.J., 85,325,1937.

N2655   vBvLN w. asym. dk. matt. in lens (?):1'9x1'4, vF smooth out. whorls, center similar to N1316. Whole object similar to I5267. See also M.N. 74,239,1914. Yerkes type E4p (Morgan, 1958) is an error, probably refers to N only. Heid. 9 dim. for B part only.
MAG. Ap.J., 82,62,1935; 85,325,1937.

N2672   = Ho 99a. Close P(a) w. N2673 at 0'6. Brightest in a group, incl. N2667,73,77, and sev. IC obj.
PHOTOM. M.N., 96, 602, 1936.
SN1938[B]? C.P. Gaposchkin, "Galactic Novae", 1957.

N2673   = Ho 99b. P(a) w. N2672 at 0'6. Rev. type doubtful, poss. S0p.

N2681   eBN in smooth (r): 0'6x0'6, F whorls in lens, pseudo (R): 2'1x2'0.
PHOTO. Ap.J., 104,219,1946. Stockholm Ann., 14,1942; 15,1948.
ORIENT. Stockholm Ann., 15, No.4, 1948. (Note: 200-in. photogs. show outer whorls to be of same sense as inner spiral pattern).

N2683   svBN in peanut-shaped bulge, many filam. arms w. dk. lanes on one side, pseudo (R): 7'3x0'85.
SPECT. Ap.J., 135,733,1962.
ROT. Ap.J., 97,117,1943 = MWC 674.

N2685   vB much elong. bar-like core w. asym. dk. lanes on one side, assoc. w. anomalous whorls, whose axis of rot. is apparently in the main equat. plane marked by outer F(R): 4'1x1'8; a very strange object. H.A.,88,2 dim. (mc series: 2'0x0'5) is for core only.
PHOTO. Ap.J., 130,20,1959.
MAG. Ap.J., 85,325,1937.

N2693   P(a) w. N2694 at 1'. BN. Heid. 9 dim. for B part only.
PHOTOM M.N.,98,618,1938.
MAG. and COLORS for N2693 + 94 sources B F,H.

N2694   Compact E0 at 1' of N2693.

N2698   In a group w. N2690,95,97,99,2702,06.

N2701   vsBN, v. weak bar w. dk. lanes, pseudo (r): 0'95x0'5, knotty spir. arms. Yerkes type I (Morgan 1958) is an error. Object is similar to N2712.

N2708   Pair w. N2709 at 8'.

N2712   vsBN, smooth narrow bar: 0'55x0'03, (r):1'0x0'55, sev. knotty branch. arms.

N2713   svBN in strong bar w. dk. lanes, pseudo (r): 1'1x0'55, 2 main filam. arms w. some knots form pseudo (R): 2'95x0'85. P(a) w. N2716 at 11'.

N2715   vsBN, pseudo (r): 0'75x0'33, sev. filam. knotty arms, sharp outline.
PHOTOM. Medd. Lund II, 128,1950.
MAG. Ap.J.,85,325,1937.

N2716   = Ho 104a. P(a) w. N2713 at 11' (Ho 104b at 1'8 is a dble *). Close to cl. of F gal. vsvBN, B(r): 0'2x0'17, v. poor res., traces of (R): 0'8 x -.

N2719,2719A = Ho 105a,b. Pair at 0'4. Anon. F SB at 9'5 nff.

N2722   Note corr. to NGC coord. (see Helwan 21). Heid. 9 dim: 0'3x0'3 (N?).

N2723   Heid. 9 dim.: 0'2x0'2 (N?).

N2726   MAG.: Ap.J., 85,325,1937.

N2732   vsvBN. P(a) w. anon. S0 sp. w. eBN at 4'f. Heid. 9 dim. (0'4x0'3) rej., N only?
MAG. Ap.J., 85,325,1937.

N2742   sBN, sev. filam. knotty arms.
         MAG. Ap.J., 85,325,1937.

N2742A   See Ap.J., 82,74,1935.
         MAG.: 85,325,1937.

N2744   B complex center, 2 main smooth arms, poss. long extens. Interacting system? In N2749 group.

N2748   vB center w. sN, sev. knotty arms w. dk. lanes, poor. res.
         MAG. 82,62,1935; 85,325,1937.
         SPECT. IAU Symp., 5,1958 = Lick Cont. II, No.81,1958.

N2749   Brightest in group incl. N2744,45,47,51,52.

N2763   vB sh. bar:0'17x0'06 w. sN, pseudo (r):0'45x0'3, 2 main filam. knotty arms w. branch.

N2768   vsvB center, smooth neb. in lens:1'4x0'5 and ext. env. Abs. patch noted by Hubble on a 60-in. plate of 1923 is a defect. Lick 13 dim. are for lens only.
         MAG. 85,325,1937. 1 aberrant value of (B-V) (source C) rejected.
         PHOTOM. M.N., 96,602,1946. Ap.J., 120,439,1954.

N2770   = Ho 111a. P.w.F anon. w. 2 nuclei (Ho 111c) at 3'0 (Ho 111b at 3'3 np is a *). vsBN, pseudo (r), poss. SAB(rs).

N2775   sB diff. N in B smooth lens: 0'8x0'6, many knotty branch. arms form (r): 1'4x1'1, strong narrow out. dk. lane. P.w. N2777 at 11'.
         ORIENT. Ap.J., 127,487,1958.

N2776   svBN, pseudo (r): 0'3 x -, 2 main knotty arms w.m. branch; similar to M101.

N2777   P.w. N2775 at 11'.

N2781   vsBN, weak bar, (r): 1'0x0'35. Dim. for B part only. Palomar Sky Survey chart shows F(R): 3'3x1'2.

N2782   eBN, smooth broad bar w. strong dk. lane, hexag. pseudo (r):1'0x1'0, asym. smooth arms w. dk. lanes, asym. extens. ext. to 2'5. See also M.N.,74,239,1914. P(b?) w. anon. SB(s) sp at 11'8.
         ROT. C.R. Acad.Sc., Paris,250,2516,1960.

N2784   vsvB diff. N, traces of (R).

N2787   vsBN in B inner lens:0'5x0'3, strong narrow bar w. blobs. F(r): 1'4 x 0'75. See also M.N.,74,242,1914. Heid.9 dim.(0'7?x0'5?) rej., N only.

N2788   no BN, BM, * 0'4 s. Coord. meas. on Rey. 30-in. plate.

N2793   B knotty bar:0'3x0'14, strong asym. knotty arm poss. due to interact. w. small anon. SB(rs)? at 1'7. Similar to N2537.

N2798   = Ho 117a. P(b) w. N2799 at 1'5. eBsN, forsh. B bar: 0'34x0'14 (w. ansae) in lens: 0'6x0'4, 2 smooth F out. arms. Heid. 9, Lund 6 dim. for lens only.

N2799   = Ho 117b. P(b) w. N2798 at 1'5. B cent. and bar, 2 main smooth arms nearly edgewise. Lund 6 minor dim. (0'5) is an error.

N2805   = Ho 124b. In multiple interacting syst. w. N2814,2820 at 13'. vsBN in cent. pseudo (r):1'5x1'0, many irreg.res. vF knotty arms. Similar to M101.

N2811   vBN in weak forsh. bar, smooth (r): 1'0x0'25, in lens 1'7x0'4, weak out. whorls w. some dk. lanes. Heid.9, Helwan 22 and HA 88,2 dim. for lens only.

N2814   = Ho 124c. P.w. N2820 at 3'7. B, poss. SB(s): sp?

N2815   B cent. in bulge, 2 main filam. arms, poor. res., pseudo (r):1'9x0'6.

N2820   = Ho 124a. P.w. N2814 at 3'7 and [I2458] at 2'1. In group w. N2805. v flat cent. bulge w dk. lanes, knotty out. arms probably interacting with [I2458].
         MAG. Ap.J., 85,325,1937.

[I2458   Called N2820A in RC1]. = Ho 124d (dim.:0'4x0'4). = I2458? [Yes].

         P(b) w. N2820 at 2'1.

N2822   Inner dim. only; lost in glare of Beta Eri. Coord. meas. on Reynolds 30-in. plate.

N2825,2826 In N2832 group.

N2830,2831,2832 In group. = Ho 123b,c,a. N2832 brightest.
         DESC. M.N. 74,240,1914; Ap.J., 46,36,1917.

N2835   vsFN in weak bar, sev. res. F arms, pseudo (r): 1'15x0'85. See also HB,914,6,1940.
         SPECT. IAU Symp.,5,1958 = Lick Cont.II,No.81,1958. A.J., 61,97,1956.

N2836   F, amorphous, sev. * involv.

N2841   LBN, many knotty arms, pseudo (r): 3'2x1'2, not well def.
         PHOTOM. Ap.J.,50,384,1919; 120,439,1954.
         SPECT. IAU Symp.,5,1958=Lick Cont.II,No.81,1958. Ap.J.,135,733,1962.
         ORIENT., ROT. Ap.J., 97,117,1943;127,487,1958.
         RADIO EMISS. Hdb.d.Phys., vol.53,253,1959.
         SN1912[A] P.A.S.P., 29,213,1917. Ap.J., 88,290,1938.
         SN1957[A] Sky & Tel., 16,374,1957.

N2844   Brightest in a group w. N2852 at 17'5, N2853 at 16'5. vsBN, B(r): 0'3 x 0'1, in lens: 0'4x0'2; poor res.

N2848   = Ho 128a. N2847 (= Ho 128c?) is a * inv. in neb. of N2848 (see Helwan 30). Ho 128b at 1'1 is probably a *. P(a) w. N2851 at 5'2. B cent. w. * close, 2 main knotty arms w. m. branch.

N2852   P(a) w. N2844 at 17'5. (r):0'3x0'15 in lens: 0'35x0'2. Heid 9 dim. rej., N only.

N2853   P.w. N2844 at 16'5.

N2855   vB diff. N, traces innermost (r): 0'35x0'31, smooth (r): 0'75x0'6 in lens: 1'3x1'0 w. dk. lanes, v. weak out. whorls or incompl. (R):3'2 x 2'2. Similar to I5267. P(a?) w. small anon. SB(s)b at 7'0. Heid 9, HA 88,2 dim. for lens only.

N2859   vBN in diff. bar: 1'0x0'2 w. diff. blobs, smooth F (r): 1'3x1'2, in lens 1'4x1'3, weak diff. (R): 3'4x2'6. Heid. 9 dim. for lens only.
         PHOTO. Ap.J., 64,326,1926. See also M.N., 74,242,1914.

N2865   sB diff. N w. * at 7" on minor axis.

N2872   = Ho 130a. P(b?) w. N2874 at 1'3.

N2874   = Ho 130b. P.w. N2872 at 1'3. N2874 is largest of triplet w. N2872 and 2873 (= Ho 130d). Identification as N2875 in Lund 6 is an error; 2875 is * inv. 0'7 nf center of 2874 (see Heid 9). N2871 (= Ho 130c) is also a *.

N2880   svBN in sh. bar near minor axis. See also M.N., 74,238,1914.
         MAG. Ap.J., 85,325,1937.

N2884   sBN, vF (r?): 0'75x0'33. P(a) w. N2889 at 12'8.

N2888   sBN, poor. res., * at 15" s.

N2889   vsBN, pseudo (r): 0'5x0'45, 2 main filam. arms w. m. branch. P(a) w. N2884 at 12'8.

N2892   See H.A. 105, 229, 1937, D: 0'6 x -.

N2902   vB diff. N in B lens 0'6x0'45; similar to N1553.

N2903   vBN in sh. B bar, complex patt. of B, part. res. arms, pseudo (r): 2'5x1'4, weak, part. res. out. arms. N2905 is a detail. Unusual (B-V) relation in nucleus (emiss.?).
         PHOTO. Ap.J., 132, 640, 1960 P.A.S.P., 75,222,1963.
         PHOTOM. Ap.J., 50,384,1919.
         SPECT. IAU Symp.5,1958=Lick Cont.,II,No.81,1958. Ap.J.,135,698,1962.
         ROT., MASS, Ap.J., 132, 640,1960.
         HI EMISS. A.J., 66,294, 1961; 67,437,1962.

N2907   vsBN,, B bulge, dk. lane; a miniature of N 4594. P(a) w. anon. S sp at 5'4. Other F gal. in field.

N2911 svBN, diff. neb.w.dk.lane on one side. P(a) w. N2912 at 1'3, 2914 at 4'8. In N2911-2919 group. Perhaps similar to N1316.

N2914 svBN, 2 main reg. arms, poor.res. Dim. for B part only. Heid. 9 dim. rej., N only. P(a) w. N2911 at 4'8. In N2911-19 group.

N2915 BN, poor res.

N2919 sBN in weak bar, (r): 0'7x0'3:; in N2911-19 group.

N2935 eBN in B lens 0'85x0'6 w. dk. lanes, 2 main narrow filam. part. res., arms form pseudo (R): 2'8x2'5.

N2942 sBN, 2 main branch. arms, F, poor res.

N2950 eBN, strong short bar w. blob: 0'7, traces of (r) 1'0x0'65 at edge of lens: 1'2x0'7. v. weak (R): 1'9x1'4. Heid.9 dim. for lens only.
MAG. Ap.J., 85, 325,1937.

N2955 svBN in s. B(r): 0'25x0'1, many filam. knotty arms in B part 1'4x0'6, pseudo (r): 1'35x0'55, vF pseudo (R):2'4x1'3:. Lund 9 maj. dim. (0'7) is an error.

N2957 P.w. N2963 at 2'8 sf.

N2959 See HA 105,229,1937.

N2961 Same obj. as N2959A in Ap.J.,82,74,1935. See also H.A.,105,229,1937.

N2962 svB diff. N in B lens 1'0x0'5 slightly brighter at rim, (r):0'85x0'3: 2 smooth arcs form F(R): 2'2x1'3.

N2964 sBN, vF bar, 2 main knotty arms, pseudo (r): 0'6x0'3. See also Ap.J., 51,288,1920. P(a) w. N2968 at 5'8. Lund 9 dim. for B part only. [Brightest of group; N2968 is 2nd brightest].

N2967 vsBN in B cent. part: 0'53x0'47, 2 main part.res., mass. arms w. some branch. Heid. 9 dim. for B part only.

N2968 sBN w. narrow dk. lane, poorly res. Poss. Sp sp. See also Ap.J.,51, 288,1920. P(a) w. N2964 at 5'8. [2nd] brightest of group [N2964 is brightest].

N2970 In N2968 group. See Ap.J., 51,289,1920. Lund 9 dim. (1'0x1'0) rej., is an error.

N2974 vBN, * at 0'7.

N2976 M81 group. Chaotic inner struct. w. many dk. lanes, vsB stellar N, many stellar condens., B inner part has sharp edge. See HA 105,229, 1937.
PHOTOM. M.N.,94,806,1934. Medd. Lund II,128,1950. Dennison, Univ. of Michigan Thesis, 1954.
POLAR. Bull. Abastumani, No.18,15,1955.
HII REG. Zs.f.Ap., 50,168,1960.

N2977 Low surf. bright. Note corr. to NGC coord.; see Heid. 9.
MAG.: Holmberg (1958). No color, no type.

N2978,2980 Pair at 10'; note corr. to NGC coord. of 2980; see Helwan 38.

N2983 vsvBN in B inner lens:0'33x0'22 on B narrow bar:0'6x0'1, pseudo (r): 1'5x0'55.

N2985 s. diff. vBN, many poor. res. knotty arms, weak out. whorls form pseudo (R): 2'6x1'9. P(a) w. N3027 at 25'. Heid 9 dim. (1'6x1'4) for B part only.

N2986 vB cent., smooth neb. P.w. anon. SA sp, at 2'4.

N2990 vsBN, 2 main arms. Poor. res. Yerkes class I? not confirmed.

N2992 P(b) w. N2993 at 2'9. sBN, asym. arms w. dk.lane, vF out. extens.

N2993 P(b) w. N2992 at 2'9. vB dble N w. asym. arm or loop. F out. extens.

N2997 vsvB complex N, smooth inner part. w. complex spir. patt. of dk. lanes, pseudo (r): 2'1x1'5, 2 main, part. res. filam. arms. Similar to M101.

N2998 = Ho 144a. P(a) w. anon. SB(s)mp at 4'5 sf. Brightest in N2998-3010 group; N3000 (=Ho 144e) is a dble *. vsBN, pseudo (r): 0'35x0'17, many filam. knotty arms.

N3003 No def. N, BM, dk. mark. and knots, filam. arms; class. doubtful, poss. SB(s)d.
SN1961[F], A.J., USSR, 220,1961. IAU Circ. 1753.

N3020,3024 = Ho 147a,b. In multiple system w. N3016, 3019 (Ho 147c,d).

N3021 vsvBN, many filam. B knotty arms, poor. res., high surf. bright. Heid 9 dim. for B part only.

N3027 Possible member of M 81 group? (See Lund, II, 136, 1958) sh. bar, 2 main knotty arms, one longer. P(a) w. N2985 at 25'.

N3031 = M81. Slow decrease of (B-V) w. log A/D(0), interp. value.
PHOTO. Ap.J., 32, 34, 1910; 92, 22,1940. Ritchey, l'Evolution de l'Astrophotographie ..., Soc. Ast. de France, Paris, 1929. P.A.S.P., 71,102,534,1959. Hdb.d.Ap., 5,2,843,1933.
PHOTOM. Ap.J., 46,206,1917; 50,384,1919; 83,434,1936; 91,528,1940. M.N.,94,806,1934. Medd. Lund II,128,1950. Dennison, Univ. of Michigan Thesis, 1954. A.J.USSR,32,16,1955. Izv. Pulkovo,20,No.156,87,1956.
SPECT. P.A.S.P.,71,102,1959. Lick Obs. Bull.497,1939. Ap.J.,135,733, 1962.
STRUCT. Ap.J., 104,221,1946. P.A.S.P., 71,534, 1959.
ROT.Ap.J., 97,117,1943. A.J. 62,28,1957. P.A.S.P., 71,102,1959.
POLAR. Bull. Abastumani. N0 18,15,1955.
HII REG. Observatory, 79,54,1959. Zs.f.Ap., 50,168,1960.
RADIO EMISS. Nature, 172,853,1953. M.N., 122,479,1961. Ap.J.,134,659, 1961. Hdb.d.Phys.,53,253,1959.
HI EMISS. Ap.J.,126,471,1957. P.A.S.P.,72,368,1960. B.A.N.,15,307, 1961.
NOVA 1950, P.A.S.P., 62,116,1950.

N3032 svBN in sh. stubby bar:0'27x0'18, smooth (r):0'5x0'4 in lens 0'7x0'6, vF envel. Lund 9 dim. rej., N only. Heid.9 and HA 88,2 dim. rej., bar only.

N3034 = M82. In M81 group.
PHOTO. Ap.J., 64,325,1926; Ap.J., 137,1005,1963. B.A.N.,15,309,1961.
PHOTOM. Ap.J.,46,206,1917; 50,384,1919; 83,424,1936. M.N.,94,806, 1934. Medd.Lund II, 128,1950. Dennison, Univ. Michigan Thesis, 1954.
SPECT. Sky & Tel.,8,2,1948. A.J.,61,97,1956. Ap.J.,135,696,1962; 137, 1005,1963.
POLAR. Bull.Abastunmani,No.18,15,1955. A.J.,67,271,1962. Sky & Tel., XXIII, 254,1962.
RADIO EMISS. Ap.J., 134,659,1961; 137,1005,1963.
HI EMISS. B.A.N., 15,307,1961.

N3041 sBN, sev. F knotty arms, poor. res.

N3044 No def. N, B knotty cent., poor. res.

N3052 sBN, (r): 0'5x0'3, 3 main filam. knotty arms. P(a) w. N3045 at 16'5.

N3054 sBN, weak bar, (r): 0'75x0'45, sev. smooth filam. arms.

N3055 vsvBN in sh.narrow bar, 2 main knotty arms.w.m. branch., one stronger and longer. Heid. 9 dim. (1'2x0'6) for B part only.
SPECT. Lick Obs. Bull. 497, 1939.

N3056 B diff N 0'3x0'2, vF (r or R?): 1'0x0'55 w. * on it. Poss. SA(r)0+. HA 88,2 dim. (ser.a') for N only.

N3059 vB narrow bar: 0'35x0'08, pseudo (r): 1'2x1'1. Similar to N2082.

N3065 svBN w. inner B cent., weak (r) 1'0x0'8 at edge of lens, vF envel. P(b) w. N3066 at 3'0. Heid 9 and HA 88,2 dim. for N only. B(0): source F rejected.
SPECT. IAU Symp., 5,1958 = Lick Cont.,II,No.81,1958.

N3066 BN in sh. bar, one B v. sh. arm, other forms complete loop, pseudo (R): 0'9x0'8, some distortion. P(b) w. N3065 at 3'0. [N3063 = **.]
SPECT. IAU Symp., 5,1958 = Link Cont., II, No.81,1958.

N3067 B complex bar or lens w. B knots and dk. lanes. Similar to N972.

N3073 = Ho 156b. P. w. N3079 (Ho 156a) at 10'.

N3077   In M81 group. B cent. reg. w. irreg., roughly radial dk. filam. smooth unres. neb.
PHOTOM Ap.J., 46,206,1917; 50,384,1919. M.N., 94,806,1934. Medd. Lund II, 128,1950. Dennison, Univ. of Michigan Thesis, 1954.
SPECT. Link Obs. Bull., 497,1939.
POLAR. Bull. Abastumani, No.18,15,1955.
RADIO EMISS. Ap.J., 134,659,1961.

N3078   vBN, HA 88,2 dim.(ser. a':0'5x0'4) for B part only.

N3079   = Ho 156a. P.w. N3073 at 10' p and anon. at 6'5 np. B peanut-shaped bar: 1'4x0'3 w. dk. lanes on one side, 2 main part. res. arms, one longer forms out. loop or (R): 6'2x0'5. Almost edgewise and probably similar to N 4631.
Lick (1956) vel. for condens. 60" SE cent.: +1593 km/sec.
Lick (1962) 2 vel. at 99" n of N, 30" s of N: +1008, +1237 km/sec.

N3081   vBN w. innermost SB(r) struct., v. weak bar, strong reg. (r):1'1x0'7, eF (R): 2'0x1'8: HA 88,2 dim. (ser. a': 1'5x1'2) for B part only.
PHOTO Ap.J., 92,236,1940.

N3089   svBN, pseudo (r): 0'5x0'4, 2 main knotty arms w. branch., poor.res.

N3091   BN. P(a) w. N3096 at 4'8 and anon. E0 at 1'3.

N3095   vsvBN, pseudo (r): 0'95x0'5, dk. lanes in bar. P(a) w. N3100 at 10'0.

N3098   sBN, B lens, flat compon. 0'06 thick.

N3100   vBN, F bar w. narrow dk. lane on one side near N. P(a) w. N3095 at 10'0.

N3109   Part. res. elong. star cloud of low surf. bright.
PHOTO. A.J., 61,97,1956.
HI EMISS. Epstein, [A.J.,69,490 & 521,1964].

N3115   vBN in flat disc: 2'7x0'1 w. some weak knots near tips, extens, envel. Poss. E+7. P.w.vF dwarf E w. stellar N at 5'5.
PHOTO. Ap.J.,64,325,1926; 71,235,1930; 98,47,1943. Hdb.d.Ap.,5,2,843, 1933.
PHOTOM. Ap.J.,71,231,1930; 91,289,1940; 120,439,1954. Ann.d'Ap.,2, 247,1948; B.A.N. 16,1,1961.
SPECT. Ap.J., 135,734,1962.
DYN.,ROT.,MASS, Ap.J., 91,296,1940. A.J., 59,273,1954.
P.A.S.P., 71,104,1959.
SN1935[B]? suspected Lund Ann. 7,161,1938.

N3124   vsBN, F bar:0'55x0'06,(r): 0'65x0'55, 2 main knotty arms w. branch.

N3136   BN, possibly S0-. HA88,2 and HA88,4 dim.(1'2 x 0'7) for B part only.

N3143   Dim. for B part only; P(a) w. N3145 at 9'.

N3145   svBN in F bar, pseudo (r): 0'7 x 0'4, 2 main knotty, filam. arms w. branch. P(a) w. N3143 at 9'.

N3147   vBN, many filam. narrow arms in lens, no def. (r) struct. Heid.9 dim. (2'0 x 1'7) for B part only.

N3151,3152 In N3158 group. N3152: Heid. 9 dim. (0'3? x 0'3?) rej.

N3156   In N3166 group.

N3158   Brightest in a group. P(a) w. N3160 (S sp.) at 4'8.

N3159,3161 = Ho 172c,a. Pair of E at 1'3. In N3158 group.

N3162   svBN, pseudo (r): 0'5 x 0'3, 2 main knotty arms w. m. branch., asym. out. part. Upsala 21, Heid 9, and Lund 9. dim. for B part only.

N3163   = Ho 172b. In N3158 group.

N3166   = Ho 173a. Brightest of group. P(b) w. N3169 at 7'7, P. w. N3165 at 4'8. vsvBN in sh. smooth bar: 0'5 x 0'14, spir. patt. in lens, pseudo (r): 0'52 x 0'48, v. weak extens. envel. Lund 6 dim. for B part only.

N3169   = Ho 173b. In N3166 group. P(b) w. N3166 at 7'7. svBN in B bulge, w. dk. lane on one side, some distortion in out. part. caused by 3166.
Lund 6 dim. for B part only.
SPECT. IAU Symp. 5,1858 = Lick Cont.II, No.81,1958.

ROT. Ap.J., 97,117,1943.

N3175   vsBN in cent. of bar or complex lens w. dk lanes, v. weak out. parts. P(a) w. anon. S sp. at 5'0. HA 88,2 dim. (from Helwan 15: 2'0 x 0'5) for b part only.

N3177   vsvBN in B pseudo (r): 0'14 x 0'08:, 2 main knotty B arms, F out. whorls. Lund 9, Heid 9, and HA 88,4 dim. for B part only.
SN1947[A] at 40" from N on outer arm. P.A.S.P., 60,15,1948. Ann.Rep. Mt. Wilson,46,20,1946-47.

N3182   (r): 0'17 x 0'12.

N3183   = Ho 177a. Ho 177b at 3' is a *, but vF small comp. at 2'2 nf. Lund 6 dim. for B part only.

N3184   svBN, smooth lens w. spir. patt. of dk. mark., hexag. pseudo (r): 0'85 x 0'85, 2 main part. res. knotty arms w. m. branch.
SN1921[B and SN1921C], P.N.A.S., 25,569,1939.
SN1937[F], H.A.C.,494,1939. B.S.A.F.,55,159,1941. Ap.J.,96,28,1942.

N3185   In N3190 group. svBN, knotty (r): 1'3 x 0'75 in lens: 1'6 x 1'0, weak out. arms form (R): 2'5 x 1'8. Heid 9, Lund 9, and HA 88,4 dim. for lens only.
PHOTO. P.A.S.P., 59,161,1947.

N3187   In N3190 group. P(b) w. N3190 at 4'8. Knotty cent. lens 1'5 x 0'4 w. no def. N, 2 anomal. arms. distorted by 3190. Heid 9, Lund 9 dim. for lens only.
PHOTO. P.A.S.P., 59,161,1947.

N3190   = Ho 175a. Brightest of group. P(b) w. N3187 at 4'8. N3189 is part of same system; L,B cent. bulge: 1'3 x 0'5, strong dk. lane w. out. arms tilted to principal plane.
PHOTO. Ap.J., 97,114,1943; 104,219,1946. P.A.S.P., 59,161,1947.
ORIENT., ROT., Ap.J., 97,117,1943; 127,487,1958.

N3193   = Ho 175b. In N3190 group. vB cent. in smooth neb. Lund 9 dim. for B part only.
PHOTO. P.A.S.P., 59,161,1947.

N3198   svBN in bar part. obscured on one side, pseudo (r): 1'75 x 0'5, sev. knotty, part.res. branch. arms. Lund 9, Heid.9 dim. for B part only.
SPECT. IAU Symp.,5,1958 = Lick Cont.II,No.81,1958. Ap.J.,135,698, 1962.

N3200   vsBN in weak (r): 1'2 x 0'4, 2 main v. weak filam. arms. Class. doubtful.

N3203   vBsN. (r):0'7 x -. Good example of edgewise SA(r)0+. Sev. small gal. nearby.

N3206   sh. B bar: 0'3 x 0'05, one main knotty arm forms loop or pseudo (R): 2'1 x 1'9:, a few * and emiss. obj. are part. resolved.

N3214,[3220] = Ho 182a,b. Pair at 5'1.

N3221   SN1961[L], Disc. by P. Wild, unpubl.

N3223   = I2571. B diff. nuclear reg., traces of (r) struct.; sev. F filam. arms. See HB 914,7,1940.

N3226   = Ho 187b. P(b) w. N3227 at 2'2. B diff. N, poss. some dk. lanes and spots as in N3077. Lund 6 dim. for B part only.

N3227   = Ho 187a. P(b) w. N3226 at 2'2. vseBN, B complex lens: 2'25 x 1'25 w. dk. mark., 2 main smooth arms, one touching N3226; slight distor? Lund 6 dim. for lens only.

N3238   Heid. 9 dim. (0'3 x 0'3) rej., N only.

N3239   Highly res., B * superp., rich field. Somewhat like N 4027. Heid. 9, Lund 9 dim. for bar only.

N3241   sBN, (r): 0'75 x 0'45. Dim. for B part only.

N3244   Not res., * 0'5 s att.

N3245   eBN in vB smooth lens:0'6 x 0'3, diff. envel. P(a) w. N3245A at 8'8.

N3245A   P(a) w. N3245 at 8'8. B bulge, knotty equat. plane, fairly B smooth arms. Almost exactly edgewise.

N3250   BN, 2 * 0'5 f.

N3250A   F spindle, B * 0'7f.

N3250C   sBN, * 0'15 n.

N3250E   BN, class. doubtful.

N3252   MAG.: Ap.J., 85,325,1937. Note corr. to NGC coord.; see Heid.9.

N3254   svBN w. dk. lanes, spir. patt. of nearly uniform surf. bright.
SN 1941[B] H.A.C., 578,1941. P.A.S.P., 53,192,1941.

N3256   Coll. system includes 2 or 3 N in contact forming a vB mass: 0'6 x 0'3 w. fragment: 0'5 x 0'15 at 0'3 sp. vF streamers up to 4' from N, overall extens.: 7'5 x 2'5:.
PHOTO., PHOTOM., Zs.f.Ap, 47,9,1959. MAG.: 11.85 (pg).
SPECT. Mem. R.A.S., 68,69,1961.

N3256C   No BN, ill-defined arms eB * 4'2 p. Sersic (1959) suggest P(b) w. N3256 at 14'.
PHOTO., PHOTOM. Zs.f.Ap., 47,9,1959. MAG.: 11.6 (pg).

N3257   vBN, v. weak bar? P.w. N3258 at 4'5.

N3258   sBN, * 0'8 np. P.w. N3257 at 4'5, N3260 at 2'6.

N3258B   At 3'0 nnp N3273. Class. diff.

N3259   vsBN, pseudo (r): 0'4 x 0'2, many knotty arms, poor. res. P(a) w. N3266 at 18'. HA 88,2 dim. (mc series: 1'1 x 0'6) for B part only.

N3260   * 0'4 s. P. w. N3258 at 2'6.

N3261   vBN, F(r): 0'9 x 0'7, strong narrow bar, 2 main reg. filam. arms w. branch. P(a) w. anon. SA (1'5 x 0'45) at 8'0.

N3262,3263   Pair at 2'6.

N3266   vsBN; dim. for B part only. P. w. N3259 at 18'.

N3267   In N3267-3281 group. P.w. N3268 at 2'5. vsBN,vF bar? (r):1'15 x 0'6.

N3268   In N3267-3281 group. P.w. N3267 at 2'5. sBN. Note Corr. to NGC coord.; see Mem. Commonw. Obs. No.13,1956.

N3269   In N3267-3281 group. vBN, (r): 1'6 x 0'6.

N3271   = I2585. In N3267-3281 group. vBN, F bar w. blobs. HA 88,2 dim. (a': 1'0 x 0'6:) for B part only. Note corr. to NGC coord.; see Mem. Commonw. Obs. No.13,1956.

N3273   In N3267-3281 group. P. w. N3258B at 3'0. Many others gal. in field. vBN, F(r): 0'95 x 0'35.

N3275   sBN, weak bar, (r): 0'95 x 0'75 w. F * on it; other F * 0'2 sf N. P.w. N3275A S sp (0'85 x 0'2) at 9'8.

N3277   vsvBN, vB (r): 0'3 x 0'2:, poor. res. inner arms. Similar to N6753, but no (R) visible. Lund 6, Heid.9, and Lick dim. for B part only.

N3281   In N3267-3281 group. Poor. res. See also Helwan 22. HA 88,2 dim. (after Helwan 9, 15) for B part only.

N3281C,D   In N3281 group. Class. doubtful.

N3285   P(a) w. 3285A at 12', 3285B at 18'. seBN, dk. lane on bar, vF arms.

N3285A,B   P(a) w. N3285 at 12' and 18'.

N3287   B bar: 0'34 x 0'06 w. vsFN, 2 main knotty arms, strong asym.

N3288   = N3284? P. w. N3286 at 4'0. See also H.A. 105,229,1937.

N3289   Note Corr. to NGC coord.; see Mem. Commonw. Obs. No.13. Class. doubtful.

N3294   = Ho 202a. N3291 (Ho 202b) at 4'8 is a *; N3304 at 18'. vs diff. BN, pseudo (r): 0'4 x 0'2, sev. knotty B branch. arms.
SN 1955 A.J., 61,338,1956.

N3299   BM no BN or eFN, 2 main knotty arms, v. low surf. bright. P(a) w. N3306 at 11'8.

N3300   vBN w. sh. bar, traces of (r); poor image. Dim. for B part only.

N3301   eBN, B pseudo (r): 1'0 x 0'25, 2 F smooth arms form pseudo (R): 2'1 x 0'55. HA 88,2 maj. dim. (1'4) for lens only.

N3304   svBN, 2 main arms, pseudo (R):1'0 x 0'3. Poor image; dim. for B part only. P(a) w. N3294 at 18'.

N3306   Poor res. P(a) w. N3299 at 11'8. Lund 9 dim. (0'7 x 0'4) for B part only.

N3307   Hydra I Cl. Note correction to NGC coord. (see MWC 626).

N3308   Hydra I Cl., eBN, B lens: 0'55 x 0'45, vF diff. bar in envel.

N3309   Brightest in Hydra I Cl. P(a) w. N3311 at 1'7. More condensed and brighter than N3311.

N3310   vBvsN, weak bar in vB (r): 0'35 x 0'25, sev. filam. knotty arms, asym. out. arm and filam. extens., max ext. 6'9 x 3'6 (no obvious interacting comp. nearby). See also Ap.J.,51,289,1920. Heid.9, Lund 9 dim. for lens only.
SPECT. Lick Obs.Bull., 497,1939.

N3311   Hydra I Cl. P(a) w. N3309 at 1'7. B part: 0'45 x 0'3, more diff. and fainter than N3309.

N3312   = I629. Hydra I Cl. eBN, asym. dk. lane; perhaps distorted by N3309 and N3311. Coll. pair? at 22'5. Pec. pair at 7'5.

N3314   Hydra I Cl.; esvBN, bar: 1'2 x 0'25, w. dk. lanes, F out. asym. arm, perhaps P(c)?

N3316   Hydra I Cl.; eBN, bar: 0'5 x 0'3, pseudo (r): 0'45.

N3318   vBN, vF bar, pseudo (r): 0'9 x 0'4. P. w. N3318B at 10'5. See also H.B.,914,7,1940.

N3318A   F, poor. image., class. diff., B * 0'4 nf.

N3318B   F. P.w. N3318 at 10'5.

N3319   vB narrow bar: 0'85 x 0'08, 3 main branch., part. res., filam. arms.

N3320   sBN, filam. knotty arms; poor. res., dim. for B part only.

N3329   vBN or (r): 0'14 x 0'08, poor. res. B lens 0'9 x 0'45, traces F(R). Poss. SA(rs). P(a) w. anon. SBc at 7'2. Brightest of a grp of about 12 gal. Heid.9 dim. (0'65 x 0'5) for lens only.

N3338   Leo Group. svBN in smooth inner lens: 0'33 x 0'17, pseudo (r):0'55 x 0'35, 2 main knotty arms w. some branch. vB * at 2'7.
HII REG. Zs.f.Ap., 50,168,1960.
PHOTO., SN 1915? Lundmark, Vistas in Astronomy, Vol.2,1614,1956.

N3344   vsBN in weak bar, knotty (r): 0'9 x 0'85, 3 main part. res. branch. arms, outer parts form weak (R): 6'0 x 6'0. Lick 13, Uppsala 21, Heid.9, and Lund 9 dim. for B part only.

N3346   vB sh. central segment in bar: 0'14 x 0'03, part. res. pseudo (r): 0'5 x 0'4, many part. res. filam. branch. arms.
HII REG. Zs.f.Ap., 50,168,1960.

N3347   svBN, 2 * or emiss. patch in northern arm. P(a) w. N3354 SB: at 3'5 (inner dim.: 0'45 x 0'35) and N3358 at 8'5.

N3347A,B,C   3 F anon.; poor. images. Class. diff.

N3348   B and compact, * 0'18 from N. Heid.9 dim. (0'3 x 0'3) for B part only. MAG., Ap.J., 85,325,1937.

N3351   = M95. Leo Group. eBN in strong smooth bar: 1'4 x 0'3 w. dk. lanes, (r): 2'1 x 1'9 in lens: 2'5 x 2'3. Branch. knotty out. arms. Lick 13

N3352 (cont.) dim. (3'0 x 3'0) for B part only. (B-V) constant, interp. value.
PHOTO. Hdb.d.Ap., 5,2,845,1933.
HII REG. Zs.f.Ap., 50,168,1960.

N3353 = Haro 3 (Bol. Tonantzintla, 14,8,1956). Color suggests type Imp?
See also HA 105,230,1937.
PHOTOM. Ap.J., 128,443,1958.

N3358 vBN, outer arms form pseudo (R): 2'6 x 1'3. P. w. N3347 at 8'5.

N3359 sB complex bar w vsN, highly res, F branch. out. arms, one stronger, (r): 1'8 x 1'1, in lens 2'2 x 1'9:.
PHOTO. P.A.S.P.,61,124,1949.
SPECT. I.A.U. Symp., 5, 1958 = Lick Cont., II, No.81,1958.

N3364 MAG.: Ap.J., 85,325,1937.

N3367 vseBN, narrow bar: 0'5 x 0'05, (r):0'55 x 0'45, 3 main knotty filam. arms, strong asym., sharp semi-circular outline on side opposite to N3377 at 22'. See also M.N., 76,647,1916. Projects on Leo group, but redshift is more than 3 times mean redshift of group (see Humason et al., 1956).

N3368 = M96. Leo group. sBN in broad diff. bar w. many dk. lanes, (r): 2'4 x 1'5, F out. arms form F (R):6'2 x 3'9. Lund 9, Uppsala 21 dim. for B part only.
PHOTO. Ap.J., 92,236,1940.
SPECT. Ap.J., 135,734,1962.
ORIENT. Ap.J., 127,487,1958.
HII REG. Zs.f.Ap., 50,168,1960.

N3370 sBN, sev. knotty, filam. branch arms; poss. SAB(rs). Lund 9 dim. for B part only.

N3377 Leo Group. vB cent. smooth neb., some glob. clust.? See also Ap.J., 51,291,1920. P.w. N3377A at 7'0. Lund 9, 10, Lick 13, Uppsala 21, Heid.9, and HA 88,2 dim. for B part only.
PHOTOM. M.N., 98,618,1938. Ap.J., 50,384,1919.

N3377A P.w. N3377 at 7'0. vF bar-like core, 2 main arms one larger and stronger, part. res.

N3379 = M105. = Ho 212a. Leo Group. P.w. N3384 at 7'2, N3389 at 10'3. vBN, in lens 1'5 x 1'5, some glob. clust.? Lund 10 dim. for lens only. One discordant val. of B-V (source C) rejected.
PHOTO. Ap.J., 64,325,1926; 71,235,1930.
PHOTOM. Ap.J., 50,38,1919; 71,231,1930; 136,713,1962; 137,733,1963.
M.N.,98,619,1938. Ann.d'Ap.,11,247,1948. P.A.S.P.,74,146,1962. A.J., 67,120,1962. Dennison, Univ. of Michigan Thesis, 1954.
SPECT. Ap.J., 135,734,1962.
MASS., LUM. Ap.J., 134,251,1961; 134,910,1961. Ap.J., 138,849,1963.

N3384 = Ho 212b. Leo Group. P. w. N3379 at 7'2. eBN in sh. weak bar: 0'7 x 0'2, smooth struct. Lund 9 dim. for B part only.
PHOTO., PHOTOM. Dennison, Univ. of Michigan Thesis, 1954. Ap.J.,50, 384,1919.

N3389 = Ho 212c. Leo Group. vsBN, w. main knotty arms w. branch. Lund 9 and HA 88,2 dim. for B part only.
HII REG. Zs.f.Ap.,50,168,1960.

N3395 = Ho 215a. I2605 is one arm. P(b) w. N3396 at 2'. vsvBN in pseudo B(r): 0'3 x 0'14, 2 main B knotty arms, part. res., distorted out. part. Lund 6, Heid.9, and HA 88,2 dim. for B part only.
PHOTO. Ap.J., 116,64,1952.
SPECT. Ap.J., 116,64,1952. A.J., 61,97,1956. P.A.S.P., 69,386,1957.
IAU Symp., 5, 1958 = Lick Cont. II, No.81,1958.

N3396 = Ho 215b. P(b) w. N3395 at 2'. vB bar: 0'7 x 0'2, part. res. distorted arm. Lund 6,9 dim. for B part only; HA 88,2 maj. dim. (0'8, after Pease) for bar only.
SPECT. see refer. for N3395.

N3398 = I644? See H.A. 105,230,1937.

N3400 In N3414-18 group.

N3403 v. poor. res., vF out. arms.
MAG.: Ap.J., 85,325,1937. Heid.9 dim. for B part only.

N3404 = I2609 (see Helwan 15). vsBN.

N3408 See H.A., 105,230,1937.

N3412 Leo Group. vBN in sh. B diff. bar or lens: 0'55 x 0'3, vF envel.
PHOTOM. Ap.J., 50,384,1919.

N3413 = Ho 218c. P.w. N3424 at 9'9, N3430 at 15'.

N3414 Class. doubtful. P.w. N3418 at 8'2.

N3418 Class. doubtful. P.w. N3414 at 8'2.

N3419 eBN in weak bar, F(r): 0'45 x 0'35 in lens: 0'6 x 0'45, vF(R): 1'1 x 0'85. * on lens. P(a) w. N3419A at 4'5. Lund 9 dim. rej., N only; Heid.9 dim. rej., N or lens only.

N3419A P(a) w. N3419 at 4'5.

N3423 vsBN, sev. part. res., filam. branch. arms.
HII REG. Zs.f.Ap.,50,168,1960.

N3424 = Ho 218a. P. w. N3413 at 9'9, N3430 at 6'2. Lund 6, Lund 9 dim. for B part only.

N3430 = Ho 218b. P. w. N3424 at 6'2, N3413 at 15'. sBN, vF bar, pseudo(r): 0'5 x 0'3, sev. filam. knotty branch. arms.

N3432 B narrow knotty bar:1'4 x 0'3, F knotty out. arms. Neb. patch 4' sp.
SPECT. A.J., 61,97,1956.
ROT. Ap.J., 97,117,1943.

N3433 sBN in smooth cent. part, 2 main knotty, filam. arms w. m. branch.; small anon. S sp. at 3'0 of N, and a dozen others in field. Lund 9 dim. (2'0 x 1'8) omitted by mistake. Lund 9, Heid.9 dim. for B part only.

N3437 sBN, hexag. cent. part., knotty filam. arms, poor. res.

N3440 See H.A.,105,230,1937. In N3440-3445-3458 group. Dim. for B part only.

N3445 sBN in complex bar-like core, one knotty mass. arm ending in elong. patch: 0'4 x 0'1. In N3440-3445-3458 group. See H.A., 105,230,1937.

N3447 Low surf. bright. In contact w. N3447A. Heid.9 dim. (1'8 x 0'75) for B part only.

N3447A Im in contact w. N3447; dim.: 1'3 x 0'5 (Lick 36-in.).

N3448 B complex bar or lens: 1'9 x 0'5, F out. extens. Class. doubtful, poss. SB(s)0/a p. P(b) w. vF anon. SB(s)d p at 3'8.

N3450 Note corr. to NGC coord. (see Helwan 21).

N3454 = Ho 221b. P(a) w. N3455 at 3'8. B bar w. knots and dk. mark., F smooth out. arms edgewise. Heid.9, Lund 9 dim. for B part only.

N3455 = Ho 221a. P(a) w. N3453 at 3'8. B complex cent., sBN in sh. bar, hexag. pseudo (r): 0'3 x 0'2, outer arms form pseudo (R): 2'1 x 1'0. Heid.9, Lund 9 dim. for B part only.

N3456 Heid.9 dim. rej., N only.

N3458 svBN, Lund 9 dim. rej. N only. Heid.9 dim. B part only. In N3440-3445-3458 group. See HA 105,230,1937.

N3470 See H.A., 105,230,1937.

N3485 svBN, narrow smooth bar, (r): 0'7 x 0'6, sev. knotty filam. arms.
Heid.9, Lund 9 dim. for B part only.

N3486 B diff. N in weak bar: 0'55 x 0'1, part. res. knotty (r):0'7 x 0'5, many part. res. filam. branch. arms. Similar to N6744. HA 88,2 dim. for B part only.

N3488 See H.A. 105,230,1937.

N3489 Leo Group. vsvBN in B inner lens: 0'37 x 0'17, pseudo (r) w. dk. lane : 0'6 x 0'3, pseudo (R): 1'4 x 0'45. Lund 9, Heid.9 dim. for B

	part only. PHOTO. Stockholm Ann., 14,No.3,1942.	N3599	In N3607 group. Heid.9 dim. (0'5 x 0'5) rej., N only.
N3495	vs not vBN, many knotty arms and dk. lanes, low surf. bright. HA 88, 2 minor dim. (1'8, mc series) is an error or misprint for 0'8.	N3605	In N3607 group. = Ho 240c. P(a) w. N3607 at 2'7. PHOTOM. M.N., 96,602,1936.
N3504	eBN in B lens : 1'4 x 0'8 w. dk. lanes, F smooth out. whorls form (R): 2'05 x 1'9. P(a) w. N3512 at 12'. PHOTO., ROT., MASS. Ap.J., 132,661,1960. SPECT. Ap.J., 135,697,1962.	N3607	Brightest of a group. = Ho 240a. P(a) w. N3605 at 2'7. N3608 at 5'8. svBN in B lens: 0'8 x 0'7 w. strong dk. crescent on one side, pseudo (r): 0'5 x -. PHOTOM. M.N., 96,602,1936.
N3506	sBN, 2 main B arms, suggestion of bar, poor. res. Lund 9 dim. for B part only.	N3608	In N3607 group. = Ho 240b. sB diff. N. P(a) w. N3607 at 5'8. Lick 13 and MWC 324 dim. for B part only. PHOTOM. M.N., 96,602,1936.
N3509	= VV 75. Heid.9 maj. diam.: 2'. Note corr. to NGC coord. PHOTO., SPECT., VEL. Ap.J., 138,873,1963.	N3610	vsvBN, trace of flat compon., poss. S0 sp. See HA 105,230, 1937. PHOTOM. M.N., 98,619,1938. MAG., Ap.J., 85,325,1937.
N3510	= Haro 26 (Bol. Tonantzintla, 14,11,1956). B knotty bar:0'85 x 0'08, F out. extens. PHOTOM. Ap.J., 128,443,1858. SPECT. I.A.U. Symp., 5,1958 = Lick Cont. II,No.81,1958.	N3611	svBN w. inner whorls, F smooth out. whorls, traces of incompl. (R). 2 F anon. SB(s)m at 3'0 and 10'0.
N3511	esN or *, sugg. of SAB struct. in cent., complex knotty, mass. arms w. dk. lanes. P(a) w. N3513 at 10'8.	N3613	sB diff. N. P(a) w. N3619 at 16'. See HA 105,230,1937. PHOTOM. Ap.J., 50,384,1919. MAG. Ap.J., 85,325,1937.
N3512	vBsN, pseudo (r): 0'25 x 0'2, 2 main knotty filam. arms w.m. branch. P(a) w. N3504 at 12', N3515 at 13'5. SPECT. A.J., 61,97,1956.	N3614	sBN, traces of F bar, narrow F (r):0'43 x 0'2, 2 main knotty, filam. branch. arms, beginning of res., P.w. N3614A at 2'5. Lund 9 dim. for B part only.
N3513	eBsN, strong bar: 0'5 x 0'06, pseudo (r): 0'85 x -, 2 main mass. knotty arms, vF extens. form pseudo (R): 2'4 x 1'5. P(a) w. N3511 at 10'8. Helwan 21, 22 and Lund 7 dim. for B part only.	N3614A	P.w. N3614 at 2'5. F narrow bar: 0'25 x 0'1, weak asym. arm; poss. dwarf physical companion of N3614. The pair is similar to N 1232 and its SBm companion.
N3515	P(a) w. N3512 at 13'5.	N3619	vsvBN v. weak spir. patt., pseudo (r): 0'7 x -. F incomplete (R) suspected. P(a) w. N3625 at 9'5. Lund 9 dim. rej., N only. See HA 105,230,1937. PHOTOM. Ap.J., 50,384,1919. MAG. Ap.J., 85,325,1937.
N3516	eBN on sh. B bar: 0'4 x 0'1, vF (R): 0'95 x 0'95. Heid.9 dim. for N or lens only. SPECT. P.A.S.P., 53,231,1941. Ap.J. 97,28,1943.		
N3517	See H.A., 105,230,1937.	N3621	vsBN in complex patt. of part. res. irreg. arms and dk. lanes. See also H.B., 914,7,1940. HA 88,2 dim.(after Helwan 9) for B part only. PHOTO. H.A., 105,242,1937.
N3521	vsvBN in complex hexag. lens: 4'2 x 1'4, many filam. knotty arms and dk. lanes. F filam. out. arms. HA 88,2 major dim. for B part only.		
N3547	s elong N or bar, pseudo (r?): 0'3 x -, v poor. res., poss. SB(rs). P(a) w. anon. SB(rs)0+ at 10'4.	N3623	= M65. = Ho 246b. P(a) w. N3627 at 20' (Leo group). s diff. vBN in smooth broad diff. bar w. dk. lanes, 2 main smooth arms w. strong dk. lane in front of lens; arms form pseudo (R): 5'9 x 1'4. Lund 9, 10 dim. for B part only. (B-V) source C, rejected. PHOTO. Ap.J., 97,114,1943; 120,444,1954; 134,233,1961. PHOTOM. Ap.J., 50,384,1919; 120,439,1954. Medd. Lund II, 114,1945; 128,1950. Izv. Pulkovo, 20, No. 156,87,1956. A.J. USSR, 32,16,1955. SPECTR. Ap.J., 135,699,734,1962. ORIENT., ROT., MASS. Ap.J., 127,487,1958; 134,232,1961. HII REG. Zs.f.Ap., 50,168,1960.
N3549	vsBN, 2 main knotty arms w. branch., poor. res. Lund 9 dim. (4'0 x 1'2) appear excessive and may be an error.		
N3556	Broad not vB bar seen end-on, sev. complex part. res. arms w. many dk. lanes on one side. Class. diff. See H.A. 105,230,1937. ORIENT. Ap.J., 127,487,1958. PHOTO.,ROT., MASS. Ap.J., 131,549,1960. SPECT., Ap.J., 135,697,1962.		
		N3625	P(a) w. N3619 at 9'5. sBN in complex bar, 2 main arms, poor. res. MAG.: Ap.J., 85,325,1937. See also HA 105,230,1937.
N3557	BN, perhaps S0? P(a) w. N3564 at 7'5, N3568 at 11'5.	N3626	= N3632. seBN, B(r): 0'65 x 0'3 w. dk. matt., vF (R): 1'4 x 1'1.
N3557A,B	2 F anon., class. doubtful.	N3627	= M66. = Ho 246a. P(a) w. N3623 at 20' (Leo group). svBN in complex bar and lens w. many dk. lanes, 2 main part. res. arms. PHOTOM. Ap.J., 50,384,1919. Izv. Pulkovo, 20,No.156,87,1956. A.J. (USSR), 32,16,1955. SPECTR., Ap.J., 135,734,1962. ROT., Ap.J., 97,117,1943. HII REG. Zs.f.Ap., 50,168,1960.
N3564	svBN. P(a) w. N3557 at 7'5.		
N3568	No BN, B knot off cent. P(a) w. N3557 at 11'5.		
N3571	= N3544 (See Helwan 15).		
N3577	vsvBN in strong narrow bar: 0'5 x 0'05, F reg. (r): 0'57 x 0'52, 2 main narrow, smooth F arms. P(a) w. N3583 at 5'0 and sF anon. SB(s)m at 2'7.	N3628	Ho 246c. In M65-66 group. Edgewise, has two equat. planes marked by dk. matter tilted a few deg. to each other. Heid.9 maj. dim. (17'0) is excessive. DRAWING, Erg.d. Exakt.Naturwiss., XXIX,376,1956. PHOTOM. Izv. Pulkovo, 20,No.156,87,1956. A.J., USSR, 32,16,1955.
N3583	vBvsN in B complex lens: 0'8 x 0'5 w.dk. lanes, 3 main arms w.knots, vF (R): 3'3 x 1'9? suspected. P(a) w. N3577 at 5'0. Small E0 satellite at 0'9. Lund 9 dim. for B part only.		
		N3629	= Ho 247a. (Ho 247b at 3'5 is a *). vsBN, many knotty filam. arms.
N3585	Poss. S0p. HA 88,2 dim. (after Helwan) for B part only.	N3630	vBN. Cluster of vs. gal. at 22'. In N3630-3645 group.
N3593	In [N3627 = M66] group. BN w. L bulge and dk. lane.	N3631	sBN in B core: 0'3 x 0'3, 2 main mass., part. res. reg. arms w. some branch.
N3596	svBN, 2 main mass. knotty reg. arms. Dim. for B part only; HA 88,2 gives 4'0 x 4'0 (ser. a').		

N3633 In N3630-3645 group.

N3636 sBN, vB * at 1'7. P(a) w. N3637 at 3'8. Heid.9 dim. for B part only.

N3637 vBN in B bar: 0'5 x 0'08 w. blobs on F(r): 0'5 x 0'5 in lens 0'6 x 0'7, vF (R): 1'35 x 1'05. P(a) w. N3636 at 3'8. Heid.9 dim. for N only; HA 88,4 dim. for lens only.

N3640 In N3630-3645 group. P(a) w. N3641 at 2'5. sB diff. N. Lund 9 and HA 88,2 dim. for B part only.

N3641 In N3630-3645 group. P(a) w. N3640 at 2'5. vsB and compact.

N3642 vsvBN, F(r): 0'43 x 0'38, many narrow arms w. some knots, outer arms form traces of pseudo (R). Lund 9,Heid.9 dim. for inner B part only. MAG., Ap.J., 85,325,1937.

N3643 = N3645. In N3630-3645 group. Classif. doubtful. Inner dim. on Lick 36-in. pl.: 0'6 x 0'2:. Heid.9, Lund 9 dim. rej., N only.

N3646 sBN, (r): 0'7 x 0'3, v. strong knotty (R): 2'1 x 1'0, knotty branch. arms outside (R); (r) and N not in center of (R). P(a) w. N3649 at 7'8. Lick (1956) and Burbidge (1961) vel. in agreement for emiss. patch 70" SW: +4080 km/sec.
PHOTO., ROT., MASS. Ap.J., 134,236,1961; 138,887,1963.
SPECTR. Ap.J., 135,699,1962.

N3649 svBN, B inner lens: 0'45 x 0'3, smooth reg. arms. P(a) w. N3646 at 7'8. Lund 9, Heid.9 dim. for bar and lens only.

N3650 Absorpt. lane, similar to N 4565.

N3655 sBN, * at 7", sev. B irreg. knotty arms; perhaps SAB(rs). Poor. res.

N3656 SN 1963[K], I.A.U. Circ., 1834,1963. HAC 1605, June 1963.
PHOTO. L'Astronomie, 77,9,1963.

N3657 Looks stellar on small-scale plates.

N3658 Poss. S0. P(a) w. N3665 at 15'.

N3659 V poor. res. Lund 9 and Mt. W. 60-in. for B part only.

N3664 B knotty narrow bar: 0'85 x 0'08, w. gap in cent.; reg. out. loop w. some knots: 1'5 x 1'4. P(b) w. N3664A at 6'2 and anon. SAB(r)0+ at 12'.

N3664A P(b) w. N3664 at 6'2. Coord. from Zwicky's catal. (1961).

N3665 vB diff. N in lens: 0'7 x 0'5 w. strong dk. crescent. P(a) w. N3658 at 15'. Lund 9 dim. for lens only.

N3666 sB cent., many knotty arms, poor. res. See also Ap.J., 46,38,1917. Lund 9 dim. for B part only.

N3669 MAG.: Ap.J., 85,325,1937.

N3672 sBN, pseudo (r): 0'7 x 0'3, many filam. knotty arms. Lund 9 dim. for B part only. P(a) w. anon. SA0+ at 13'5 nnf; and I688 at 20' p.

N3673 sBN in weak bar w. dk. mark., (r): 1'5 x 0'7, in lens: 2'0 x 1'0; F filam. arms. HA 88,2 dim. (after Helwan) is for lens only.

N3674 svBN. Mag.: Ap.J., 85,325,1937. Dim. for B part only. P(a) w. N3683 at 13'5 and F anon. SB(r)0+ at 7'9.

N3675 sB diff. N, 2 main knotty, reg. arms, strong absorpt. lane on one side. HA 88,2 dim. (after Lick 13) for B part only.

N3681 B diff. N in smooth B inner lens or bar:0'35 x 0'25, (r):0'6 x 0'55, many filam. knotty branch. arms. P(a) w. N3684 at 14'. Lund 9 dim. for B part only.

N3682 Classif. doubtful. Dim. for B part only.

N3683 MAG.: Ap.J., 82,73,1935; 85,325,1937. P(a) w. N3674 at 13'5.

N3683A See Ap.J., 82,74,1935. P(a) w. N3683 at 20'. sBN in sh. bar, pseudo (r): 0'5 x -, sev. knotty filam. arms, poor. res.; poss. SAB.

N3684 sBN, 2 main branch. knotty arms. P(a) w. N3681 at 14' sp, N3686 at 14' nf. Lund 9, HA 88,2 dim. for B part only.

N3686 vseBN, bar: 0'4 x 0'13, 2 main knotty arms, F smooth out. whorls. P. w. N3684 at 14'.

N3689 sBN, pseudo (r): 0'2 x 0'1, 3 main knotty hexag. arms, poor res.

N3690 Coll. pair P(c) w. I694, 2 v. complex N: 0'3 separ., irreg. spiral-like arms. Yerkes 2 (Morgan, 1959) classif.: a?Ip + a?Ip. MAG. Ap.J., 85,325,1937.

N3705 = Ho 259a. P. w. 2 anon. (Ho 259b,c) at 8'6 and 7'5. sBN w. B * nearby in broad diff. bar, (r): 1'2 x 0'5, sev. F knotty arms w. F out. extens. Lund 9 dim. for B part only.

N3717 sBN in broad bulge, absorpt. lane on one side, weak out. parts. P.w. I2913 at 7'5. HA 88,2 dim. for B part only.

N3718 vsvBN, partly hidden by strong dk. lane in smooth lens: 3'8 x 2'4, weak pseudo (r): 3'3 x 1'9, vF smooth arms. P(b) w. N3729 at 11'5. See also HA 105,230,1937.
PHOTO. Stockholm Ann., 15,No.4,1948.

N3719,3720 = Ho 260b,a. Pair at 2'3.

N3726 svBN, (r): 1'4 x 0'75, sev. part. res. B mass. arms. B(0) source B rejected (wrong identif.?)

N3729 sBN in bar: 0'5 x 0'1, knotty (r): 1'15 x 0'6 in lens: 1'4 x 0'7, F out. neb. w. asym. condens., no def. arms. P(b) w. N3718 at 11'5. Heid.9 and Lick 13 dim. for lens only. See also HA 105,230,1937.
PHOTO. Stockholm Ann.,15,No.4,1948.

N3732 = N3730. vBvsN in vB lens: 0'3 x 0'17 w. some spir. struct., smooth loop forms incompl. pseudo (r): 0'5 x -, vF out. whorls or R suggested. Brightest of rich group. Heid.9, Lund 9 dim. for B part only.

N3733 MAG.: Ap.J., 85,325,1937; see also H.A. 105,230,1938. P.w. N3737 at 8'3., classif. uncertain.

N3735 sBN, sev. knotty arms, poor. res., poss. SB(rs)c?

N3737 = Ho 266a. P. w. anon. (Ho 266b) at 1'2 and several others F gal. nearby, N3733 at 8'3. See also HA 105,230,1937. All dim. for inner part.

N3738 B in cent., no N, peanut-shaped bar or core: 0'6 x 0'35. Similar to N5253? P(a) w. N3756 at 16'. Lund 9 dim. for B part only. See also HA 105,230,1937.
MAG., Ap.J., 85,325,1937. 2 val. source F rej. from B(0).

N3755 sBN, sh. bar: 0'3 x 0'06, pseudo (r):0'55 x 0'22, sev. knotty filam. B arms, sharp outline. Interacting system?

N3756 sBN, pseudo (r?):0'55 x 0'25, 2 main knotty filam. arms w.m. branch. P(a) w. N3738 at 16'. See also HA 105,230,1937.
MAG.: Ap.J., 85,325,1937.

N3759 See H.A.105,230,1937. P.w. I2943 np 2'2. Heid.9 dim., N only?

N3759A See Ap.J., 82,74,1935; H.A., 105,230,1937.

N3769 = Ho 270a. P(b) w. N3769A at 1'2. sh. B bar w. off cent. N and dk. mark., (r): 0'95 x 0'3. Yerkes 2 (Morgan, 1959) classif: or gD.

N3769A = Ho 270b. P(b) w. N3769 at 1'2.

N3773 vBN w. * att.; dim. for B part only.

N3780 sBN, many filam. knotty arms. P(a) w. N3804 at 13'5.
MAG. Ap.J., 85,325,1937.

N3782 B cent. part w. B narrow bar: 0'3 x 0'05, many knotty filam. arms w. F out. extens., poor. res. Similar to N3504. Yerkes class. "aI? Like M 82" not confirmed. Heid.9, Lund 9 dim. for B part only.

N3783   vsvBN, (r): 0'6 x 0'5, F out. arms, B * 1'2 sf. HA 88,2 class. E: is an error.

N3786   = Ho 272b. P. w. N3788 at 1'5. vB diff. N, v. weak bar, B lens: 1'0 x 0'55 w. dk. lane, pseudo (r):0'75 x 0'35, F smooth out. whorls and (R): 1'8 x 0'85:, + vF extens. Heid.9, Lund 9 dim. for lens only.
PHOTO., SPECTR. Ap.J., 116,64,1952.

N3788   = Ho 272a. P. w. N3786 at 1'5; N3793 at 4'7 is probably a *. eBN and inner lens, vB lens: 0'9 x 0'2 w. dk. mark. and B v.m. forsh. narrow bar, 2 main arms form (r?): 1'4 x 0'25, F out. extens.
PHOTO., SPECTR., Ap.J., 116,64,1952.

N3799,3800   V. close pair.
PHOTO., SPECTR. Ap.J., 116,65,1952.

N3804   = N3794. P(a) w. N3780 at 13'5. Lund 9, Heid.9 dim. for B part only.

N3810   vsBN in B cent. part: 0'85 x 0'7, pseudo (r): 0'55 x 0'4, many part. res. filam. arms. Rather similar to N 1068. Heid.9 dim. for B part only.
HII REG. Zs.f.Ap., 50,168,1960.

N3813   vsvBN, sev. knotty vB arms, poor. res.

N3818   sBN, poss. S0-? P(a) w. anon. Pec. at 21'. Yerkes 2 class.: "red plate: kE6".

N3824   See HA, 105,230,1937.

N3829   See HA, 105,230,1937.

N3846   In N3846-3898 group. See H.A., 105,230,1937.

N3846A   In N3846-3898 group. See Ap.J., 82,74,1935; H.A., 105,230, 1937.

N3850   In N3846-3898 group.
MAG.: Ap.J., 85,325,1937.

N3865   = Helwan 260? (helwan 22); many s. gal. in field.

N3872   sBN. lund 9, Heid.9 dim. for B part only.

N3877   BM no BN but * superp. v. near, 2 main knotty arms, some branch. poor res.

N3885   vBN, B lens: 0'85 x 0'4 w. dk. lane on one side, weak envel.

N3887   sBN in smooth bar w. dk. lane, (r): 1'05 x 0'08, sev. knotty branch. arms.

N3888   In N3846-3898 group. P(a) w. N3898 at 16'. svBN, pseudo (r): 0'5 x 0'3, 2 main filam. knotty arms, poor. res. Heid.9, Lund 9 dim. for B part only.
MAG. Ap.J., 85,325,1937.

N3892   vsvBN, B bar, (r): 1'15 x - ; Lund 9 dim. rej., N only.

N3893   = Ho 293a. P. w. N3896 at 3'9. vsBN in sh. bar: 0'27 x - , pseudo (r): 0'53 x 0'27, 2 main knotty filam. arms. w. some branch., one stronger. Lund 9 dim. for B part only.

N3894   = Ho 294a. P(a) w. N3895 at 2'0. All dim. for B part only.

N3895   = Ho 294b. P(a) w. N3894 at 2'0. svBN, sh. B bar:0'4 x 0'1, (r):0'5 x 0'3, poor. res. All dim. for B part only.

N3896   = Ho 293b. P(b) w. N3893 at 3'9. Type I0p? from Pal. Survey chart.

N3898   Brtst of N3846-3898 group. P(a) w. N3888 at 16'. vBLN:0'6 x 0'35, B inner spir. struct., pseudo (r): 2'3 x 0'9 in lens: 2'55 x 1'05, vF part. res. out. arms. Lund 9, Heid.9, and HA 88,2 dim. for B part (lens) only.
MAG. Ap.J., 85,325,1937.

N3900   BN, (r): 1'2 x 0'5, dk. lane on one side; poss. SAB(r)0+.

N3904   BN. P(a) w. N3923 at 37'.

N3912   = N3899.

N3913   = Ho 296a. (Ho 296b at 1'7 not found in given position); P(b?) w. N3921 at 17'. Heid.9 and Lund 6 dim. rej., N only. See H.A.,105,230, 1937.
MAG.: Ap.J., 85,325,1937. Type SA(s)d w. F outer arms on PSS chart. SN1963[J], I.A.U. Circ. 1831,1837,1963; [Mem.S.A.Ital.35,129,1964.]

N3916   P.w.N3921 at 4'5. See H.A.105,230,1937. Lund 9 dim. for B part only.

N3917   sB cent. part, many knotty branch. arms, poor. res. P(a) w. N3931 at 11', and anon. S sp (1'9 x 0'15) at 6' np. N3917A in Ap.J., 82,74, 1935, is an E 9' n and 4'5 f N3917.

N3921   P. w. N3916 at 4'5; P(b?) w. N3913 at 17'. Heid.9 dim. rej., N only. See H.A. 105,230,1937.
PHOTO. Ap.J., 138,883,1963.

N3923   sBN. P(a) w. N3904 at 37'. Helwan 22 major dim. (3') is excessive. SPECTR. P.A.S.P., 52,140,1940.

N3928   N3932 sf 5'5 is a star. See also Heid.9.

N3930   = Ho 300a. P. w. anon. (Ho 300b) at 3'3.

N3931   Note corr. to NGC coord. after Lund 9. P(a) w. N3917 at 11'. vsBN in lens: 0'5 x 0'3. Heid.9 dim. rej., N only.
MAG. Ap.J.,85,325,1937. See also HA, 105,230,1937.

N3938   sB diff. N in B inner lens: 0'34 x 0'28, sev. B filam. knotty, part. res.arms. Transition type between M74 and M101. See HA,105,230,1937.
SPECTR. A.J., 61,97,1956.
SN1961[U], Sp. and photo.: Mem. Soc. Ast. Italiana, XXXIV,1,1963.

N3941   svBN in vB bar: 0'8 x 0'3, weak whorls in lens. Poss. 0+.

N3945   vsBN in inner lens: 0'43 x 0'15 on F bar: 0'95 x 0'25 w.small blobs. All dim. for B part only. F(R): 4'5 x 2'0 on Palomar Survey Chart.

N3949   = Ho 301a. B cent., sev. knotty B arms, poor. res. N3950 (Ho 301b) at 1'6 noted as a * in Ap.J., 91,350,1940 = MWC 626; however it appears nebulous on PSS chart. Lund 9 dim. for B part only.

N3953   svBN in B inner lens: 0'5 x 0'3, (r): 1'2 x 0'55, many knotty filam. arms, beginning of res. Similar to N6744. See also HA 105,230,1937.

N3955   B complex bar w knots and dk. lanes. Possibly similar to M82 or Pec. HA 88,2 class. E: is an error.

N3956   svB bar or N: 0'25 x 0'08, sev. knotty filam. arms. Classif. uncertain. Heid.9 dim. for B part only.

N3957   sBN in rectang. bulge: 0'55 x 0'2, w. dk. lane.

N3958   P(a) w. N3963 at 8'2. Lens: 0'7 x 0'3.

N3963   svBN in B bar: 0'5 x 0'3, pseudo (r): 0'5 x - , 2 main mass., knotty B arms. Heid.9 dim. for B part only. P(a) w. N3958 at 8'2.
MAG.: Ap.J., 85,325,1937.

N3972   = Ho 304a. P(a) w. N3977 (Ho 304b) at 5'2. sBN, 2 main knotty arms. See also HA 105,230,1937.
MAG.: Ap.J., 85,325,1937.

N3975   = Ho 306b. P. w. N3978 at 2'0.

N3976   = Ho 305a. P. w. F anon. (Ho 305b) at 4'8. sB diff. N, 2 main knotty arms, poor. res.

N3977   = N3980? = Ho 304b. P(a) w. N3972 at 5'2. svBN in B cent. part or lens: 0'7 x 0'6, poor. res., F (R): 1'5 x 1'5 w. vF out. arms. Sim. to N1068. Heid.9 and Lund 6 dim. rej., lens only. See also HA,105, 230,1937.
SN1946[A], Ann. Rep. Mt. Wilson Obs., 45,19,1945-46.

N3978   = Ho 306a. P. w. N3975 at 2'0.

N3982   svBN, (r): 0'33 x 0'29, sev. knotty arms w. F out. extens. Lund 9, Heid.9 dim. for B part only. See also HA 105,230,1937.
MAG.: Ap.J. 85,325,1937.

N3985 sB bar:0'2 x 0'1, no def. N, 2 main strong arms, poor res. All dim. for B part only. Yerkes Class.: or pf?

N3986 sBN. P. w. I2978 at 4'8. Other gal. nearby.

N3990 = Ho 310b. P(a) w. N3998 (Ho 310a) at 3'2. svBN or lens: 0'25x0'15. See also HA 105, 230,1937.
SPECTR. I.A.U. Symp.,5,1958 = Lick Cont.II No.82, 1958.

N3991 = Ho 309c. Multiple interacting system w. N3994,3995. Knotty bar-like core w. 2 asym. B knots at one end. Pec. Heid.9 major dim. (0'3) is an error and was rej.
PHOTO. Sky & Tel., 17,231,1958.
SPECTR. P.A.S.P., 69,564, 1957. Haro obj. 5 (Bol.Tonantzintla,14,8, 1956). Lick 1962 vel. for fainter comp.: +3040.

N3992 vB diff. N. B. smooth bar w. dk. lane. 1'7x0'5, (r): 2'5x1'7, 3 main part res. filam. arms w. some branch, See also HA,105,230,1937.
PHOTO. Stockholm Ann., 17, No.3, 1951.
SN1956[A], Hdb.d.Phys., Vol. 51,774,1958.
SPECTR.: A.J., 65,54,1960.

N3993 = Ho 308a. In multiple system w. N3987,89,97.

N3994 = Ho 309b. In multiple system w. N3991,95. P.w. N3995 at 1'8. sBN, pseudo (r): 0'25x0'1, poor.res., F out. streamer toward N3995.
PHOTO. Sky & Tel., 17,231,1958.
SPECTR. P.A.S.P., 69,386,1957.

N3995 = Ho 309a. Multiple interacting system w. N3991,3994. P.w. N3994 at 1'8, N3991 at 3'7. sBN off center in cardioid-shaped lens or (r), 3 knotty irreg., asym. arms.
PHOTO. Sky & Tel., 17,231,1958.
SPECTR. P.A.S.P., 69,386,1957. I.A.U. Symp., 5, 1958 = Lick Cont., II No.82, 1958.

N3997 = Ho 308b. In multiple system w. N3987,89,93.

N3998 = Ho 310a. P(a) w. N3990 at 3'2. vBN: 0'5x0'4, B uniform lens: 1'4x 1'2. See also HA, 105,230,1937.
MAG.: Ap.J.,85,325,1937.
SPECTR. I.A.U. Symp.,5,1958 = Lick Cont. II,No.81,1958.

N4008 sBN. Lund 9 dim. for B part only.

N4010 = Ho 314a. P.w. N4001 (Ho 314b) at 7'.

N4013 B diff. peanut-shaped bulge w. B * superp, no BN, strong equat. dk. lane; exactly edgewise. v similar to N 891. See also HA 105,230,1937.
PHOTO. Hdb.d.Ap., 5,2,843,1933.

N4024 sBN in weak diff. bar, F envel. Heid.9 minor dim. (0'25) is for bar only.

N4025 Asym. Similar to N1313.

N4026 vsvBN, B lens: 0'75x0'35, v. thin flat compon. Similar to N4111. See also HA 105,230,1937. The object N4085A found by Keenan (Ap.J.,82,74, 1935) of mag. 11.6 is most likely N4026.

N4027 sB elong. core in B bar, one main asym. arm w. addit. branch. Similar to LMC. P(a?) N4038-39 at 41'. See also M.N., 82,487,1922.
PHOTOM. H.B., 913,13,1940.
SPECTR. P.A.S.P., 52,140,1940. A.J., 68,278,1963 (Abst.).

N4030 sBN, many knotty filam. arms; poss. (rs) type. F anon. Im at 16'5 sf. Lick 13 major dim. (2') for B part only.

N4032 = N4042?

N4033 svBN in B diff. lens: 0'34x0'17. HA 88,2 dim. (0'7x0'4, ser. a') for B part only.

N4035 Heid.9 R.A. is 0.6 min less [Heid.9 is correct].

N4036 vBN w. few patches of dk. matt. in B diff. lens: 0'95x0'3. P(a) w. N4041 at 15'. Lund 9, Heid.9 dim. for B part only. Yerkes 1 class.: or D K.

N4037 vsBN in weak bar: 0'7x0'25, vF pseudo (r), traces of out. struct., v. low surf. bright. Lund 9 dim. for B part only.

N4038,4039 Coll. system. B complex cent. w.dk.mark. and vB knots, long smooth out. streamers. N4038 is north comp. See also M.N.,82,487,1922. All dim. are for both comp. P(a?) w. N4027 at 41'.
PHOTO. Ap.J., 57,140,1923. P.A.S.P., 53,16,1941. P.N.A.S.,26,35,1940.
Proc. 3rd Berkeley Symp. Vol.III, 1955.
PHOTOM.H.B., 913,13.1940.
SPECTR. P.A.S.P., 52,139,1940. Ap.J., 116,66,1952.
RADIO SOURCE, Aust.J.Phys., 11,360,1958.
SN1921[A], Medd.Lund, I, No.155,1939.

N4041 vB cent.w. complex struct.: 0'52x0'48, sev. knotty filam. arms. P(a) w. N4036 at 15'; 2 F anon. SB(s)m at 12' and 17'. Heid.9, Lund 9 dim. for B part only.

N4045 = Ho 320a. P.w. anon. (Ho 320b) at 1'6. vsvBN, weak bar, incompl.(r): 0'57x0'53, F out. arms form pseudo (R): 1'7x-. Heid.9, HA 88,4 dim. for B part only; Lund 6 minor dim. (2'5) is an error.

N4047 vsvBN surrounded by many knotty, poor res. arms in B lens: 1'05x0'85, eF (R): 2'4x2'4. Similar to N1068. Heid.9, Lund 9 dim. for lens only.

N4050 vsvBN in broad bar: 1'4x0'5, w. dk. mark., (r):1'7x1'3, in lens: 2'2x 1'4. F smooth out. arms. Heid.9 and HA 88,2 (after Helwan) dim. for B part only.

N4051 vseBN or *, pseudo (r): 1'8x0'8:, 2 main part. res. branch. arms. See also HA 105, 230,1937.
PHOTO. Ap.J., 130,26,1959.
SPECTR. Ap.J., 97,28,1943. Broad em. lines.
HII REG. Zs.f.Ap., 50,168,1960.

N4062 vsBN, many knotty arms, traces of pseudo (r):0'7 x -; transition type between SA(rs) and SA(s). Upsala 21, Lick 13 and Lund 9 dim. for B part only.

N4064 B complex bar w.dk.lanes and innermost vB segment: 0'3x0'06, vF out. part. Lund 9 dim.rej., bar only. Yerkes 1 class.: or I? F.

N4068 See H.A., 105,230,1937.

N4073 In a group w. N4077 and other F gal.

N4081 = N4125A in Ap.J., 82,74,1935 (mag.= 13.8, dim.: 1'2x0'3).

N4085 = Ho 326b. P(a) w. N4088 at 11'. No def. BN, complex knotty arms, poor.res.
MAG. Ap.J., 85,325,1937. B(0) source F rejected. For N4085A (Ap.J., 82,74,1935) see N4026.

N4088 = Ho 326a. P(a) w. N4085 at 11'. vsBN complex broad lens, w. many dk. lanes, pseudo (r?): 1'3x-. Lick (1962) vel. for 2 emiss. 52" SW and 105" NE of nucl.: +996, +616 km/sec.
PHOTO. Ap.J., 104,218,1946.
ROT. Ap.J., 97,117,1943.

N4096 sBN or bar, perhaps F * superp., sev. B knotty filam. arms w. branch. Lund 9, Lund 10 dim. for B part only.
SN1960[H], P.A.S.P., 73,175,1961. I.A.U. Circ. 1731. HAC 1489.

N4100 vsBN, 2 main knotty reg. arms, weak (R):4'5x1'3. Lund 9, Heid.9, Lick 13 dim. for B part only.

N4102 sBN in vB isol. lens: 0'5x0'25, 2 main detached B knotty arms form pseudo (r) or (R): 1'2x0'6. Heid.9, Lund 9 dim. for B part only. See also HA, 105,231,1937.

N4105 P(b?) w. N4106 at 1'15.

N4106 P(b?) w. N4105 at 1'15. vBN, F smooth bar: 0'8x0'35 vF out. extens. Probably interacting w. N4105.

N4108 MAG.: Ap.J., 85,325,1937.

N4108A,B See Ap.J., 82,74,1935. N4108A at 8' np (dim.: 1'2x0'4), N4108B at 5' nf (dim.: 0'9x0'6).

N4109 = Ho 333b. P. w. N4111 at 4'8. See H.A. 105,231,1937.

N4111 = Ho 333a. P. w. N4109 at 4'8. vsvBN cut by dk.lane, e thin, smooth equat. compon., traces of ansae or (r?): 0'7 x- in lens: 1'0x0'2.
PHOTO. B.A.N., 16,1,1961.
PHOTOM. M.N., 98,619,1938. B.A.N., 16,1,1961.
SPECTR. I.A.U. Symp.,5,1958 = Lick Cont.II,No.81,1958. Ap.J.,135,734, 1962.

N4114 Heid. 9 dim. rej.

N4116 B narrow bar w. vsBN, pseudo (r): 0'7x-, sev.part.res.filam. arms, slightly asym. P(a) w. N4123 at 14'. Lund 9 dim. for B part only.
SPECTR., IAU Symp., 5,1958 = Lick Cont. II, No.81,1958.

N4117,18 = Ho 334 a,b. Pair at 1'6. N4118: 0'4x0'4 in Lund 6,B part only. See also HA, 105,231,1937.

N4120 MAG.: Ap.J., 85,325,1937.

N4121 = Ho 335b. P.w. N4125 at 3'6.

N4123 vsvBN on F bar w. dk.lanes, (r):1'4x1'2, sev. filam. part. res. arms. P(a) w. N4116 at 14'. Lund 9 minor dim. (1'5) is too small.

N4124 vsvBN in B (r):0'25x0'1 w inner dk. matter, lens 0'4x0'2, B out. env.

N4125 = Ho 335a. P(a) w. N4121 at 3'6.
SPECT., 132,325,1960.
MAG.: Ap.J., 85,325,1937. For N4125A see N4081.

N4128 = Ho 337a. P. w. anon. (Ho 337b) at 2'. svBN.
MAG.: Ap.J., 85,325,1937.

N4129 B complex bar and lens w. dk. mark., vF arms. Heid.9, Lund 9 dim. for B part only. Yerkes 2 class.: or I?

N4136 svBN, fairly B bar: 0'4x0'1, (r): 0'75x0'45, sev. part. res. arms w. branch. Similar to N6744.
SN1941[C], HAC 581. May, 1941.

N4137 See also H.A., 105,231,1937.

N4138 sBN w. * att., (r):0'65x0'4 w. strong inner dk.lane. See also HA,105, 231,1937.

N4143 sB diff. N, v. weak bar and traces of spir. struct. See also HA,105, 231,1937.

N4144 BM no BN, poor. res. Lund 9 dim. for B part only.

N4145 = Ho 342a. P. w. anon. (Ho 342b) at 13', Sp. w small satel. attached.

N4146 SN1963[D], HAC 1584, Jan. 28,1963.

N4150 vsvBN w. F dk. crescent on one side.

N4151 = Ho 345a. P(a) w. N4156 at 5'2 and Ho 345c at 8'8. seBN, vB inner lens: 0'4x0'3, broad bar or lens w. spir. patt. of dk.matt., pseudo (r): 2'1x-. vF outer arms form pseudo (R): 6'5x6'0.
PHOTO. P.A.S.P., 46,134,1934.
SPECTR. P.A.S.P.,46,134,1934; 48,107,1936; 53,231,1941; 61,132,1941; 61,132,1949. Ap.J.,97,28,1943; 135,734,1962. Strong nuclear emission; (B-V) increases w. log A/D(0).

N4152 sBN or bar, pseudo (r): 0'3x0'2, sev. knotty filam. arms. Heid.9, Lund 9 dim. for B part only.

N4156 = Ho 345b. P(a) w. N4151 at 5'2. and anon. (Ho 345c) at 7'. sBN, narrow bar, pseudo (r): 0'34x-. Lund 9 minor dim. (0'3) is an error.

N4157 B cent. part obsc. by dk. lane on one side, sev. knotty filam. arms, v. poor. res.
SN1937[A], P.A.S.P., 49,205,1937. Ap.J., 88,291,1938; 96,28,1942.

N4158 vBN, (r): 0'22x0'17, many filam. arms, v. poor. res. Heid.9, Lund 9 dim. for B part only.

N4162 vBN w. * att. at 0'2, pseudo (r): 0'45x0'3, eF (R): 3'65x2'25 suspected (?).

N4165 sBN, (r): 0'67x0'43, bar v. weak or absent, classif. doubtful. P(a) w. N4168 at 2'7.

N4168 P(a) w. N4165 at 2'7. Brightest in a group.

N4178 = I3042. sB narrow bar: 0'7x0'1, sev. F part. res. branch. arms.
SPECTR. I.A.U. Symp., 5, 1958= Lick Cont. II, No.81,1958.
SN1963[I], I.A.U. Circ., 1830, 31,32 1963.

N4179 Classif. uncertain; poss E+ 7.

N4183 B in cent., no def. N, knotty filam. arms and dk. lane, v. poor. res. Heid.9 dim. for B part only. Seyfert's comment in HA 105, p. 232; "In HA 88,2, N4160 should read N4183. N4160 is probably a star" is correct. Note also wrong coord.

N4186 Note corr. to NGC coord. (see MWC 626). = Ho348b. P.w. N4192 at 11'5.

N4189 = I3050. sBN, sev. knotty branch. filam. arms, poor. res. In group w. N4164,93.

N4192 = M98. = Ho 348a. P.w. N4186 at 11'5 sf (= Ho348b) and Ho 348c at 9'5 sp. vseBN part. hidden by dk. lane, smooth bar or lens 5'0x0'85 w. many dk. lanes, part. res.spir. arcs near edge; smooth out. arms form pseudo (R): 7'9x1'7.
PHOTOM. Izv. Pulkovo, 20, no 156,87,1956. A.J. USSR, 32,16,1955.

N4193 sBN, poor. res. In N4189 group. Lund 10 major dim. (0'6) is an error.

N4194 eBN, asym., F out. struct. Heid.9, Lund 9 dim. for B part only.
SPECTR. IAU Symp., 5, 1958 = Lick Cont. II, No.81,1958.

N4203 vB diff. N in B lens: 0'7x0'6 w. traces of bar fairly B envel. w weak traces of arcs or ring.
POLAR. Bull. Abastumani, No.18,15,1955.

N4206 = Ho 353b. In multiple system w. N4216 (at 10'7), N4222 and I771 (Ho 353d), vsBN, many knotty arms, dk. lane in front, poor. res.

N4210 sBN in narrow B bar, (r): 0'6x0'4, 2 main B arms, poor. res. Lund 9 dim. for B part only.
MAG. Ap.J., 85,325,1937.

N4212 = N4208. BN, sev. knotty arms w. some branch., poor. res.

N4214 = N4228. Sh. B, part.res. bar-like core w. dk.mark.: 1'6x1'0, traces of spir. struct., highly res. whorls. Lund 9 minor dim (0'4) is an error. (B-V) val. interpolated.
PHOTO. Ap.J., 64,328,1926.
SPECTR.A.J., 61,97,1956.
HII REG. Zs.f.Ap.,50,168,1960.
RADIO EMISS. (unobserved) M.N., 123,279,1961.
HI EMISS. Epstein, [A.J.,69,490 & 521,1964].
SN1954[A], Publ.Bologna, VI 12,1955. L'Astronomie,69,393,1955.
Zs.f.Ap., 35,205,1955. HAC, 1250. P.A.S.P., 72,100,1960; 75,133,1963.

N4215 esvBN, e thin disk, lens: 1'1x0'1 w. ansae or (r:): 0'95x-.

N4216 = Ho353a. In multiple system w. N4206, N4222 and I771 (Ho353d). seBN, part. hidden by dk. lanes, knotty reg. whorls w.v. strong dk. lanes, pseudo (R): 5'6x0'7. Lund 9, MWC 132, 186 dim. for B part only. (B-V) value interpolated.
PHOTO. Ap.J., 97,114,1943; 104,218,1946. Mem.Soc.R.Sc. Liege,4,XV,1, 1956.
PHOTOM. Stockholm Ann.,18,No.9,1956. Mem.Soc.R.Sc.Liege,4,XV,1,1956.
ORIENT., ROT. Ap.J., 97,117,1943; 127,487,1958. Nature,169,1042,1952.

N4217 = Ho 345a. P.w. N4226 at 7'4.
PHOTOM. Izv. Pulkovo, 20, No.156,87,1956. A.J.USSR, 32,16,1955.

N4218 P(a) w. N4220 at 15'.

N4220 sBN, (r): 0'95x0'25, poor. res. P(a) w. N4218 at 15'. Lund 9 dim. for B part only. Yerkes 2 class.: or D G.

N4221 vsvBN on B bar, (r): 1'05x0'85, in lens: 1'3x1'1, eF (R):2'4x2'4. Lund 9 dim. rej., N only; Heid.9 dim. (r) only?
MAG. Ap.J., 85,325,1937.

N4222 = Ho 353c. In multiple system w. N4206, N4216 and I771 (Ho 353d). Exactly edgewise, knots and dk. lanes, poor.res.

N4231,4232 = Ho 356a,b. Pair at 1'1.

N4234 = 358a. (Ho 358b at 1'9 is a *).
SPECTR. Haro obj. 7 (Bol. Tonantzintla, 14,8,1956).
RADIO EMISS.? Aust.J.Phys., 11,360,1958. Proc. 4th Berkeley Symp., vol.III,245,1960.

N4235 = I3098. = Ho 359a. P(a) w. N4246 at 12', N4247 at 13'. svB diff. N in B bulge, smooth spir. arms w. dk. lane on one side. Lund 9 dim. for B part only. Yerkes 1 class.: or D G.

N4236 = Ho 357a. P.w. anon. (Ho 357b) at 9'. v. long F bar: 3'9x0'4 highly res. weak out. arms. See also Ap.J., 46,39,1917 = MWC 132. Lick 1956 vel. for brightest emiss. patches in SE end, 5'5 from center: +186 km/sec (may be affected by rotation).
HII REG. Zs.f.Ap., 50,168,1960.

N4237 sBN, pseudo (r): 0'75x0'3, many knotty arms, poor. res.

N4242 Low surf. bright., weak diff. bar, sev. filam. vF arms, part. res.
See HA, 105,231,1937.

N4244 vsBN or *? dk. lane. Lick 13, Lund 9, 10 dim. for B part only. (B-V) interp.
PHOTO., ORIENT. P.A.S.P., 53, 269,1941. Ap.J., 127,487,1958.
RADIO EMISS. M.N., 122,479,1961.
HI EMISS. A.J., 66,294,1962; 67,437,1962.

N4245 vsvBN in inner lens: 0'17x0'14 w. spir. struct., strong bar and (r): 1'2x0'9, in lens: 1'5x1'3.
P.w. N4253 at 16'5. Heid.9 dim. for lens only.

N4246 = I3113. = Ho 359b, in multiple system w. N4235 at 12', N4247 at 5'3. sBN, 2 main reg. knotty arms w. some branch. Lund 6, 9 dim. for B part only.

N4247 = Ho 359c in multiple system w. N4235, N4246. vB elong. N w dk. lane, weak bar, pseudo (r) or (R): 1'0x0'85, poor. res. Lund 9 dim. for B part only.

N4248 = Ho 363b. P.w. N4258 at 13'3. Lick 13 minor dim. (0'1) is an error or misprint.

N4250 vsvBN in innermost lens: 0'3x0'3 w. some (r) or spir. struct., F bar, (r): 1'4x0'85.
MAG. for N4250A in Ap.J., 82,74,1935 refers probably to N4250.

N4251 svB diff. N, strong narrow bar or lens: 0'1 thick, B part: 0'95x0'35, weak envel.
PHOTOM. Ap.J., 50,384,1919.

N4253 Poss. SB(s)a:. P.w. N4245 at 16'5.

N4254 = M99. svBN in complex cent. lens w. many dk. lanes, pseudo (r): 0'8x 0'8, 2 part. res., mass. arms w.m. branch. Similar to M33.
PHOTO. Ap.J., 135,7,1962.
PHOTOM. Izv. Pulkovo, 20, No.156,87,1956. A.J., USSR, 32,16,1955
HII REG. Zs.f.Ap., 50,168,1960.

N4256 sBN in B bulge, strong dk. lane on one side. v. similar to N5746.
Error in Dec in H.A., 88.2.

N4258 = Ho 363a. P.w. N4248 at 13'3.
PHOTO. Ap.J., 97, 114,1943; 104,218,1946; 138,375,1963.
PHOTOM. Izv. Pulkovo 20, No.156,87,1955. A.J. USSR 32,16,1955.
ORIENT.,ROT.,MASS, Ap.J., 97,117,1943; 127,487,1958; 138,375,1963.
SPECTR. Ap.J., 135,698,1962.
HII REG. Zs.f.Ap., 50,168,1960.
RADIO EMISS. Phil. MAG., 43,137,1952. Hdb.d.Phys., vol. 53,253,1959.
M.N., 122,479,1961. P.A.S.P., 72,368,1960.

N4259 = Ho 368e. In group w. N4273. Lund 6 dim. for N only.

N4260 svBN in B broad bar w. blobs, pseudo (r):1'1 x -, 2 reg. smooth arms.

N4261 P.w. N4264 at 3'5.
RADIO EMISS. Aust.J.Phys., 11,360,1958. Cal.Inst.Techn.Rad.Obs.,5, 1960. Proc. 4th Berkeley Symp., Vol. III, 245,1960.

N4262 eBN in sh. B bar: 0'45x0'1, smooth B lens: 0'9x0'8, vF envel. Lund 7 dim. rej., N only; Heid.9, Lund 9, HA 88,4 dim. for lens only.

N4264 BN in strong bar, (r): 0'35x0'35. P(a) w. N4261 at 3'5. All dim. for B part only.

N4266 In group w. N4273.

N4267 vB diff. N in sh. diff. B bar: 0'55x0'15:. P.w. I775 at 14'5.
Lund 9 dim.rej., bar only
PHOTOM.Ap.J., 132,306,1960.

N4268 = Ho 368d. In group w. N4273.

N4269 = Ho 365a. Close pair w. I3155 (Ho365b) at 1'. vB * 2' n. Lund 6 dim. rej., N only.

N4270 = Ho 368c. In group w. N4273.

N4273 = Ho 368a. Brightest of group. Interp. value of (B-V)(0).
PHOTO. P.A.S.P., 48,111,1936.
SN1936[A], Ap.J.,88,291,1938; 89,192,1939. P.A.S.P.,48,108,226,1936.

N4274 vBN in s. bar seen almost end-on, w dk. lanes, B (r):2'7x1'0 in lens: 3'2x1'2, F out. arms form pseudo (R): 5'8x1'55. Lick 13, Uppsala 21 dim. for B part (lens) only.

N4277 = Ho 368f. In group w. N4273. Mag. 13.9 in Lund 6, 15.9 in Lund 9(?). Lick 13, Lund 9 dim. for B part only.

N4278 = Ho 369a. P.w. N4283 at 3'5. vB center, smooth struct., many glob. clusters.
PHOTOM. Ap.J., 50,384,1919; 71,231,1930.
SPECTR.Ap.J., 116,66,1952; 132,325,1960.
ROT.,MASS, MASS/LUM. Ap.J., 132,325,1960; 134,910,1961.

N4281 = Ho 368b. In group w. N4273.

N4283 = Ho 369b. P.w. N4278 at 3'5 , N4286 at 5'2. svB cent., steep lumin. gradient. Lick 13, Uppsala 21 dim. for B part only.
PHOTOM. Ap.J., 71,231,1930.
SPECTRUM. Ap.J., 116,66,1952.

N4286 P.w. N4283 at 5'2. Poss. SA(r)a.

N4288 = Ho 371a. P.w. anon. (Ho 371b) at 2'2

N4290 = Ho 373a. P. w. N4284, Sc? (Ho 373b) at 4'5 (w. small corr. to NGC Dec. of N4284). vsvBN, B bar, pseudo (r): 0'9x0'65.

N4291 P(a) w. N4319 at 7'4.

N4292 = Ho 375a. P. w. anon. (Ho 375b) at 2'2.

N4293 vsBN, partly hidden by strong dk. lane in bar, lens: 2'6x0'7, vF (R): 4'2x2'0. Lund 9 dim. for lens only.

N4294 = Ho 376a. P. w. N4299 at 5'5. Long narrow bar, No N, asym., highly res. Lund 6 minor dim. (2'8) is an error or misprint for 0'8.

N4298 = Ho 377a. P(a) w. N4302 at 2'4. vsBN, many knotty filam. arms w. dk. lanes.

N4299 = Ho 376b. P.w. N4294 at 5'5. No def. N or bar, one out. arm, irreg.

N4302 = Ho 377b. P.w. N4298 at 2'4. BM, N hidden by strong dk. lane.

N4301 See N4303A.

N4303 = M61. = Ho379a. P.w.[N4303A] at 10'. eBN in broad diff. bar w. many dk. lanes, hexag. pseudo (r): 1'6x1'6, part. res. filam. out. arms form pseudo (R): 5'4x5'2.
HII REG. Zs. f.Ap. , 50,168,1960.
SN1926[A], P.A.S.P.,38,182,1926; 48,111,1936; 52,306,1940. H.B.,836, 1926. Ap.J., 88,291,1938; 89,193,1939.
SN1961[I], P.A.S.P., 74,215,1962.

[N4303A Called N4301 in RC1]. Probably = Ho 379b (1'1x1'1) w. NGC coord. corrected according to Heid.9 and MWC 626. P.w. N4303 at 10'.

N4305,4306 = Ho 381a, b. Pair at 3'.

N4307 = Ho 380a. P.w. anon. (Ho 380b) at 3'2.

N4309 = Ho 382a. P. w. anon. (Ho 382b) at 1'6. (r):1'0x0'55.

N4312 = Ho 387b. P.w. N4321 at 18', and group of F anon. gal.

N4313 = Ho 385a. (Ho 385b at 4'3 is a *). sBN.

N4314 eBN w. spir. struct. : 0'5x0'35, vB bar: 2'1x0'3, weak smooth (r) 2'2 x1'7, in lens: 3'0x2'1, smooth out. arms form pseudo (R): 3'6x3'0. Heid.9 and HA 88,4 minor dim. rej. bar or lens only?
SPECTR. ApJ, 135,697,1962.

N4319 vsvBN in B bar: 0'4x0'13, pseudo (r): 1'1x0'6, 2 main F arms, poor. res. P.w. N4291 at 7'4. Heid.9 dim. for (r) only.

N4321 = M100. = [Ho]387a. P.w. N4312 at 18'. vBN w. inner spir. struct 0'4 x 0'3, broad weak diff. pat: 1'9x1'2, spir. patt. of dk. lanes in lens, pseudo (r):1'9x1'7, part res. reg. arms, pseudo (R):5'0x3'9. Lick 13,Heid.9,Lund dim. for B part only. (B-V) const. w. logA/D(0).
PHOTO. A.J., 61,160,1956. Ap.J. 127,522,1958; 135,7,1962. Hdb.d.Ap.5, 2,803,1933.
PHOTOM. Izv. Pulkovo, 20,No.156, 87,1956. A.J., USSR, 32,16,1955.
HII REG. Zs. f . Ap. 50,168,1960. Observatory, 79,54,1959.
SN1901[B], P.A.S.P.,29,180,1917. Lick Obs. Bull.,300,1917. Ap.J.,88, 292,1938.
SN[1959E], P.A.S.P., 73,175,1961.

N4322 = N4323. 4' n of N4321 (= Ho 387f) 0'5x0'5).

N4324 = Ho 388a. (Ho 388b at 1'1 is a *). svBN , (r):0'7x0'3, w.dk. lane, knots on (r). Poss. Sab? Lund 6 dim. for lens only.
PHOTO. Ap.J., 92,236,1940.

N4326 Lund 9 dim. rej., N only.

N4329 sBN, smooth neb. Heid. 9 dim. rej, N only? [Remainder of RC1 note applies to I4329.]

N4332 B bar: 0'95x0'35, 2 F smooth arms. Lund 9 dim. for bar only.

N4333 vsBN, B narrow bar: 0'3 x 0'6.

N4334 vBsN on fairly B thin bar. Lund 9 dim. for bar only?

N4340 = Ho391b. P(a) w. N4350 at 5'6. svBN, broad bar w. blobs, (r): 1'9 x 1'2, lens: 2'5x1'4. Heid.9, Lund 6, 9 dim. for lens only.

N4341,42,43 The identifications of N4341,2,3 are uncertain; the identifications shown in Fig. 8 which differ from the Heidelberg and Mt. Wilson identifications have been adopted [for RC1] in consultation with Dr. Mayall. [The identifications given in CGCG III, p.391 and by Herzog in P.A.S.P.,79,627,1967 are used in RC2 and RC3. See RC3 Appendix 6.]

N4341 = I3260. Identified as N4343 in Heid. 9, Holmberg (1958). In Morgan, 1958 Dec of N4341,43 must be exchanged. [See RC3 Appendix 6.]

N4342 = I3256. Identif. as N4343 in Humason et al. (1956). vseBN in B lens: 0'45x0'15. vs E2 comp. at 0'5. N4342 in Yerkes 2 list (Morgan,1959) is said to be southern most of group of 5; class. therefore applies to N4343 (new identif.). In Morgan (1958) the class. kE1 may apply to I3267? [See RC3 Appendix 6].

N4343 Identified as N4341 in Heid. 9, Holmberg (1958) and Morgan (1958) and as N4342 (Morgan 1959). vBN in B bulge, many knotty filam. Arms w. dk. lane on one side, poor. res. [See RC3 Appendix 6.]

N4344 = Ho 390a. (Ho 390b at 1'7 is a *).

N4350 =Ho 391a. P(a) w. N4340 at 5'6. vsvBN; B lens: 1'0x0'25.
PHOTOM. Ap.J., 132,306,1960.

N4351 = N4354. Asym.

N4359 See HA 105,231,1937.

N4363 MAG.: Ap.J. 85,325,1937.

N4365 vB cent., smooth neb., many glob. clusters. P(a) w. N4370 at 10'.
PHOTOM. A.J., 132, 306,1960.
SPECTR. A.J., 61,97,1956. Zwicky, Morph. Astr., p. 154,1957.

N4369 vB complex. cent., 0'45x0'4 w. spir. arms and dk. lane, F out. arms and F (R): 1'4x1'4.

N4370 Rev. class. S0+. P(a) w. N4365 at 10'.

N4371 vBN: 0'6x0'3 on smooth bar: 1'1x0'4, weak (r): 1'9x1'1, stronger near extremities of bar.

N4373 BN, * 0'6 n. P. w. I3290 at 2'0.

N4374 = M84 = Ho 403b. P(a) w. N4387 at 10'5. vB cent. smooth neb., some globular clusters?
PHOTO. Ap.J., 135,6,1962.
PHOTOM. Ap.J. 71,231,1930; 132,306,1960.
SPECTR. Ap.J. 135,734,1962.
RADIO EMISS. Observatory, 80,325,1960; 81,202,1961.
SN1957[B], A.N., 284,141,1958. A.J., 63,146,1958; 65,54,1960.

N4375 SN1960[J], P.A.S.P., 73,175,1961.

N4377 svBN, smooth lens, one vs gal. vis. through lens, other through env.

N4378 svB diff. N, F whorls form pseudo (R): 2'8x2'0.

N4380 vsBN, v. weak filam. arms and dk. lanes, v. poor.res., classif. doubtful.

N4382 = M85. = Ho 397a. P.w N4394 at 7'8. eB diff. N, weak smooth whorls in lens, vF diam. distorsion toward s. anon. comp. at 3'0.
PHOTO. B.A.N., 16,1,1961. Ap.J., 135,6,1962.
PHOTOM. Ap.J., 71,231,1930. B.A.N., 16,1,1961.
HII REG. Zs.F.Ap.,50,168,1960.
SN1960[R], H.A.C., 1521,1960. Mem. Soc. Ast.Ital., III, 74,1962.
PHOTO: Ann. Guebhard, 39,263,1963.

N4385 vsvBN in strong bar w. dk. lane, pseudo (r): 1'05x0'7:.

N4387 P.w. N4374 at 10'5. Poss. SA0-.

N4388 = Ho 403c. Irreg. dk. lane, perhaps bar seen end-on. Minor dim.(3'2) in Lund 10 is an error or misprint and was rejected.

N4389 sB narrow bar: 0'5x0'1, crossed by dk. lane; pseudo (r): 1'5x0'65.

N4391 Heid. 9 and Lund 9 dim. rejected (0'25x0'25 and 0'3x0'3).

N4394 = Ho 397b. P.w. N4382 at 7'8. eBN in B bar:1'3x0'2 w. dk. lanes, (r): 1'6x1'3, (R): 2'8x2'6.
SPECTR. Ap.J., 135,734,1962.

N4395 Details = N4399,4400,4401. Lick 1956 vel. for 2 emis. patch in N4401: +312 km/sec. v. low surf. bright, irreg. arms, partly res. See also HA, 105, 231,1937.
HII REG. Zs.f.Ap., 50,168,1960.

N4396 = Ho 400a. (Ho 400b at 6'2 is a dble *).

N4402 = Ho 403d. P(a) w. N4406 at 10'. Strong, complex curved dk. lanes. Classif. diff.; Poss. I0?

N4406 = M86. = Ho 403a. P(a) w. N4402 at 10'. vB cent., smooth neb., traces of zonal struct., some glob. cl.? F envel. in out. parts.
DESC. Ap.J.,46,231,1917 = MWC 132.
PHOTO. Ap.J. 135,6,1962.
PHOTOM. Ap.J., 71,231,1930; 132,306,1960.
SPECTR. Ap.J., 135,734,1962.

N4410A,B Close pair at 0'3. Heid. 9 and Lund 9 dim. for both components. See Holmberg (1958), mag. and [color] for N4410 A + B.

N4411A,B Pair at 4'4. See Holmberg (1958).

N4412 sBN in B bar, B knotty incompl. (r): 0'65x0'6, vF out. arms.

N4413 = Ho 403f. Dim. in Lund 9 are for B part only.

N4414 B diff. N in B bulge, many filam. part.res. arms w. dk. lanes and m. branch. See also HA, 105,231,1937.

N4417 [is not] 4437. [The identity with N4437 is a misprint in MWC 626 which should read N4517 = N4437]. elong. N.
PHOTOM., Ap.J., 132,306,1960.

N4419 B bar in bulge, smooth arms w. strong dk. lane on one side.

N4420 = N4409. No def. N, B knotty bar: 0'75x0'3, sev. knotty arms w. absorp., poor. res.

N4424 Lund 9 minor diam. (0'3) rej., bar only?
SN1895[A], A.N., 226,76,1925. Ap.J., 88,292,1938.

N4425 = Ho 403e.
PHOTOM. Ap.J., 132,306,1960.

N4428 = Ho 407b. P(a) w. N4433 at 7'0. B knotty arms, pseudo (r): 0'35x0'2, branch. arms. Dim. in Heid.9, Lund 6, Lund 9 for B part only.

N4429 vBN: 0'6x0'4 w. strong dk. crescent, smooth (r) or (R): 2'7x0'8, vF envel. See also M.N., 94,806,1934.

N4431 = Ho 408c. P(a) w. N4436 at 3'5, N4440 at 6'8.

N4433 = Ho 407a. P(a) w. N4428 at 7'0. B complex lens: 1'2x0'4 seen end-on, vF detach. out. arms. Dim. in Heid.9, Lund 6 and 9 for lens only.

N4435 = Ho 409b. P(b) w. N4438 at 4'3. vBN in B bar w. spherical envel.
PHOTO. Ap.J., 138,876,1963.

N4436 = Ho 408a. P(a) w. N4431 at 3'5, N4440 at 3'3.

N4438 = Ho 409a. P(b) w. N4435 at 4'3. vsvBN in B bulge part. hidden by strong complex dk. lane, F irreg. out. part and dk. mark., strongly distorted by N4435.
PHOTO. Ap.J., 138,876,1963.

N4440 = Ho 408b. P(a) w. N4436 at 3'3, N4431 at 6'8. vB diff. N in narrow B bar: 0'6x0'1 w. blobs, pseudo (r):1'05x0'6, smooth reg. out. arms.
PHOTO. P.A.S.P., 59,309,1947.

N4441 Heid.9 and Lund 9 dim: 0'4x0'4.
MAG. Ap.J., 85,325,1937.

N4442 vB diff. N in B lens and diff. bar.
PHOTOM. M.N., 94,806,1934. Ap.J., 132,306,1960.

N4448 B diff. N in B forshort bar w. dk. lanes, (r): 1'0x0'5, 2 main reg. arms w. dk. lane on one side.

N4449 B cent. core or bar w. N or *, part. res., irreg. dk. lanes, sev. v. irreg., well-res. branches.
PHOTO. Ap.J., 64,325,1926; 135,697,1962. Hdb.d.Phys.,5,2,843,1933.
SPECTR. P.A.S.P., 69,297,1957. Ap.J., 135,696,1962.
POLAR. Bull. Abastumani, No.18,15,1955.
HII REG. Zs.f.Ap., 50,168,1960.
RADIO EMISS. M.N., 123,279,1961.
HI EMISS. Epstein, [A.J.,69,490 & 521,1964].

N4450 svB diff. N in smooth bulge w. strong reg. dk. lane, smooth arms w. few condens., pseudo (R): 3'4x2'1.

N4454 vsBN, broad weak bar,(r): 0'9x0'75, traces of out.(R): 2'1x1'7?.

N4457 vBN in isolated B lens: 1'4x1'0 w. spir. arms and dk. lanes, smooth (R): 2'0x2'0. Heid.9, Lund 9 dim. are for lens only.

N4458 = Ho 411b P(A) w. N4461 at 3'7. (B-V) source H rejected.

N4459 svBN in smooth (r):0'3x0'25, strong dk. crescent. N4468 at 8'5, N4474 at 13'5.
PHOTOM. Ap.J., 132,306,1960.
Misprint in Zs.f.Ap., 50,168,1960,for N4559.

N4460 B elong. cent.: 0'5x0'15, no def. N, F * superp.

N4461 = Ho 411a. P(a) w. N4458 at 3'7. vsvB diff. N, slight bright. at edge of lens. Lund 9 dim. for B part only.

N4462 vBN in B bar, (r): 1'1x0'4, F out. arms.

N4466 = Ho 412a. (Ho 412b at 2'1 is a *).

N4467 = Ho 413c. P.w. N4472 at 4'2.

N4469 vBN, part. obsc., 2 smooth loops or arms w. dk. matter.

N4472 = M49. = Ho 413a. P.w. N4467 at 4'2, F anon. dim at 5'5, and N4470 (Pec) at 10'5. vB cent., smooth neb., many glob.cl.
PHOTO. B.A.N., 16,1,1961. Ap.J., 135,6,1962.
PHOTOM. Ap.J., 71,231,1930; 132,306,1960. B.A.N., 61,1,1961. M.N.,94, 806,1934.
SPECTR. Ap.J., 135,734,1962.
RADIO EMISS. M.N., 123,279,1961.

N4473 Lund 9 dim. for B part only.
PHOTOM. Ap.J., 132,306,1960.
SPECTR. Ap.,83,15,1936.

N4476 vBN w. narrow dk. crescent? P(a) w. N4478 at 4'5. Uppsala 21, Heid.9 dim. for B part only.

N4478 eB cent., smooth neb. w. steep gradient. P(a) w. N4476 at 4'5. Lick 13, Heid.9 dim. for B part only.

N4485 = Ho 414b. P(b) w. N4490 at 3'5. Smooth part. res. core w. dk. mark., asym., part.res. arm or branch toward N4490. Lund 9 dim. B part only.
SPECTR. Ap.J., 116,66,1952.

N4486 = M87 = eB cent. w. blue jet, smooth neb. many glob. cl. 3 other E or S0 in field.
PHOTO. Ap.J., 56, 166,1922; 114,222,1954; 130,342,1959. M.N.,85,888, 1925. P.A.S.P., 61,123,1949. B.A.N., 16,1,1961.
PHOTOM. Ap.J., 71,231,1930; 132,306,1960; 135,187,1962. M.N.,94,806, 1934. B.A.N., 16,1,1961.
SPECTR. I.A.U. Symp., 5,1958 = Lick Cont. II, No.81,1958. Ap.J.,132, 325,1960; 135,734,1962.
POLAR. Ap.J., 123, 550,1956; 130,340,1959.
MASS, Ap.J., 134,910,1961.
SN1919[A],A.N.,215,215,1922. P.A.S.P.,35,261,1923. Ap.J.,88,292,1938.
RADIO EMISS. (Virgo A) Nature, 164,101,1949. Aust.J.Phys., 6,4,452, 1953. Ap.J., 119,221,1954; 133,322, 1961. P.A.S.P., 72,368,1960. Obs., 76,141,1956; 81,202,1961. Cal.Inst.Techn.Rad.Obs.,5,1960.

N4486A At 7'5 ssf N4486, noted by E. Herzog. See Lowell Obs.B.,No.97,1959.

N4486B svB, sharp outline; P(a) w. N4486 at 7'3. The U-B, B-V relation may be peculiar; see Ap.J. Suppl. No.48,1961.

N4487 vsvBN or *, part. res. branch. arms.

N4490 = Ho 414a. P(b) w. N4485 at 3'5. B core, part. res. w. irreg. dk. mark., distorted by N4485, with connecting streamer. Lick (1962) vel. for 2 emiss. 25" and 60" NW of center: +633 km/sec. (B-V) source A rejected.
SPECTR. Ap.J., 116,66,1952.
HII REG. Zs.f.Ap., 50,168,1960.
RADIO EMISS. M.N., 122,479,1961.

N4492 = I3438.

N4494 vB cent., smooth neb. Lund 9 dim. for B part only.
PHOTOM. Ap.J., 50,384,1919; 91,286,1940.

N4496A,B = N4505. = Ho 415a,b. Two overlap. systems. P(c?) at 0'9. sh. narrow bar, sev. filam. branch. arms in comp. A.
MAG. and COLORS for both components together.
SN1960[F], I.A.U. Circ. 1721,1723,1725,1734,1736. H.A.C. 1480.
C.R.Acad.Sci.,Paris,250,3952,1960. P.A.S.P., 73,175,1961.

N4500 eBN, B lens: 0'8x0'3 w. ansae, 2 smooth reg. arms. Lund 9, Heid.9 dim. for lens only.

N4501 = M88. vsBN, pseudo (r): 1'1x0'55, many knotty filam. arms w. dk. lanes. (B-V) source A rej. Unusual relation, (B-V) interpolated.
PHOTO. Hubble, Obs.App.to Cosmo.,plate II,1936. Ap.J.,135,7,1962.
HII reg. Zs.f.Ap., 50,168,1960.

N4503   svBN, B lens.
        PHOTOM. Ap.J., 132,306,1960.

N4504   vsBN in B cent. part, 2 main mass. reg. arms w. beginning of resol.,
        v. similar to N300.

N4507   = HA 88,2 "New 2". Note corr. to NGC R.A. and H.A. 88,2 Dec. See also
        Mem. Com. Obs., 13, 1956. vsvBN, (r): 0'8x0'6. Lund 9 dim. for B part
        only.

N4509   See H.A., 105,231,1937.

N4517   [= N4437]. B in cent., no N visible, complex struct. w. many dk. lns.
        P(a) w. N4517A at 17'. Note error in HA 88,2 coord., NGC correct.

N4517A P(a) w. N4517 at 17'. = Reinmuth 80 in HA 88,2. vF narrow bar, 2 main
        knotty vF arms, some branch. asym.

N4519   = Ho 418a. P.w. anon. (Ho 418b) at 3'. B diff. bar w. elong. inner
        core, 3 main knotty filam. arms w.m. branch., asym.

N4520   [= I799. RC1 note "P(a) w. I799 at 4'5." is incorrect.] Heid. 9 dim.
        (0'2x0'2) and Lund 9 (0'4x0'3) rej., N only?

N4523   F asym. arm, low surf. bright. DESCR., A.J., 61,71,1956.

N4526   sB diff. N in B diff. inner lens: 0'55x0'4 w. dk. crescent simulating
        (r), B forsh. bar, in lens 2'9x0'7, F envel.
        PHOTO. Ap.J., 120,444,1954. B.A.N., 16,1,1961.
        PHOTOM. M.N., 94,806,1934. Ap.J., 120,439,1954; 132,305,1960.
        B.A.N., 16,1,1961.
        RADIO EMISS. Observatory, 80,216,1960. M.N., 123,279,1961.

N4527   vseBN or *, B bulge or bar: 1'5x0'4, 2 main knotty part. res. arms w.
        complex dk. lanes on near side.
        PHOTO., and ROT. Ap.J., 97,114,1943.
        SN1915[A], Lick Bull.,300,1917. P.A.S.P.,29,180,[1917]. Ap.J.,88,293,
        1938.

N4532   B bar:0'85x0'3 w. dk. patches and B knots, F out. streamer or extens.

N4533   P(a) w. N4536 at 8'2.

N4534   = Ho 419a. (Ho 419b at 0'7 is a condens. in the gal. or a *). See HA,
        105,231,1937.

N4535   = Ho 420a. P.w. anon. (Ho 420b) at 5'. v. sharp, vseBN or *. Smooth
        bar or lens w. dk. lane, 2 main part. res. arms w. m. branch.
        PHOTO. Ap.J., 135, 7,1962.
        HII REG. Zs.f.Ap., 50,168,1960.

N4536   vseBN, forsh. bar w. strong dk. lane, pseudo (r): 2'9x1'0, 2 main
        filam. reg. arms w. knots. P(a) w. N4533 at 8'2. Unusual increase of
        (B-V) w. log A/D(0), interp. value.
        PHOTOM. M.N., 94,806,1934.

N4540   = Ho 421a. P(a) w. [I3528] (Ho 421b?) at 1'5 nf. [I3519 at 4'1 np].
        BM no def. N, v. many B knotty arms w. dk. lanes, poor. res. Heid.9,
        Lund 6 and 9 dim. for B part only.

N4545   SN1940[D], H.A.C. 530. P.A.S.P., 52,331,1940.

N4546   sB diff. N in B diff. lens. Lund 9 dim. B part only.

N4548   B diff. N in strong bar: 1'7x0'3 w. dk. lane, (r): 2'0x1'4, B part.
        res. filam. arms, pseudo (R): 4'2x3'1. P(a) w. N4571 at 27'. Heid.9
        and Lund 9 dim. for B part only.

N4550   = Ho 422a. P(a) w. N4551 at 3'. Lund 9 dim.(0'9x0'3) rej., lens only.

N4551   = Ho 422b. P(a) w. N4550 at 3'.

N4552   = M89.
        PHOTOM. Ap.J., 71, 231, 1930; 132,306,1960.

N4553   svBN, (r): 0'9x0'3.

N4559   = Ho 423a. 3 s anon. nearby (Ho 423b, c, d) vs not vB N in sh. bar,
        pseudo (r): 1'1x0'55;, sev. part. res. filam. branch. arms.
        SN1941[A], H.A.C. 576. P.A.S.P., 53,130,194,1941. Obs., 68,121,1948.

HII REG. Zs.f.Ap., 50,168,1960 (N4459 is a misprint).

N4561   = I3569. sh. B bar: 0'3x0'08, no BN, sev. knotty branch. asym. arms.

N4564   PHOTOM. Ap.J., 132,306,1960.
        SN1961[H], H.A.C. 1528,1961. J.R.A.S.Canada,55,173,1962. Mem.Soc.Ast.
        Ital.XXXIII,77,1962.

N4565   = Ho 426a. 3 s anon. nearby (Ho 426b,c,d).
        PHOTO. B.A.N., 16,1,1961. Hdb.d.Ap.,5,2,843,1933.
        PHOTOM. Ap.J.,104,214,1946. Izv.Pulkovo,20,No.156,87,1956. A.J.USSR,
        32,16,1955. B.A.N., 16,1,1961.
        SPECTR. P.A.S.P., 69,302,1957.
        ORIENT. Ap.J., 127,487,1958. Stockholm Ann., 15, No.4,1948.
        RADIO EMISS. M.N., 122,479,1961.

N4567   = Ho 427b. P(b?) w. N4568 at 1'2. vB diff. N ? pseudo (r): 0'55x0'4,
        many B knotty, branch. arms in lens, smooth F(R). Misidentified as
        N4568 in Uppsala 21. Lund 9, Uppsala 21 dim. for B part only.
        PHOTO. Hdb.d.Ap., 5,2,843,1933.
        SPECTR. Ap.J., 116,66,1952. I.A.U. Symp., 5, 1958 = Lick Cont.II,81,
        1958.
        PHOTOM. Medd. Lund II, 128,1950.

N4568   = Ho 427a. P(b) w. N4567 at 1'2. vsBN, v. many B knotty arms w. dk.
        lanes, pseudo (r): 0'8x0'3. Overlaps N4567. Misidentified as N4567 in
        Uppsala 21. Heid.9, Lund 6, Lund 10, Uppsala 21 dim. for B part only.
        For refer. see N4567.

N4569   = M90. P(a) w. I3583 at 6'0. Poss. interacting. vseBN in B diff. bar
        w m.dk. matt., smooth reg. arms or whorls. Early Mt. Wilson velocity
        (MWC 531) is for * superposed near N; see A.J., 61,110,1956. Yerkes 1
        color class.: or g.
        PHOTO. Ap.J., 135,7,1962.

N4570   svBN, B diamond-shaped lens.
        PHOTOM. M.N., 94,806,1934. Ap.J., 132,306,1960.

N4571   = I3588. P(a) w. N4548 at 27'. vs not vBN, pseudo (r): 0'47 x 0'4,
        many weak part. res. filam. arms. Heid.9 dim. for B part only.

N4578   = Ho 429a. P. w. anon. (Ho 429b) at 3'5.
        PHOTOM. Ap.J., 132,306,1960.

N4579   = M58. sB diff. N in smooth lens w. dk. lanes, pseudo (r): 2'2 x 1'5,
        smooth out. whorls form pseudo (R): 4'1 x 3'0.
        PHOTO. Ap.J., 135,7,1962.
        PHOTOM. M.N., 94,806,1934.
        HII REG. Zs.f.Ap., 50,168,1960.

N4580   vsBN, traces of bar in B lens, strong knotty hexag. (r): 0'55 x 0'4,
        smooth out. arms. Lund 9 dim. for B part only.

N4586   sBN in B bulge, dk. lane on one side.

N4589   B diff. N, smooth neb. P(a) w.N4572 at 7'5, N4648 at 22'. Heid.9 dim.
        for B part only.
        MAG. Ap.J., 85,325,1937.

N4592   BM no BN, part. res. eF filam. extens., slightly asym. Lund 9, Heid.9
        dim. for B part only.

N4593   vBN in smooth bar: 1'5 x 0'25, weak (r):1'8 x 1'3 in lens: 2'1 x 1'6,
        2 main asym. arms form pseudo (R): 3'4 x 2'4. Lund 9, HA 88,4 minor
        dim. (0'7, 0'8) rej., bar only.

N4594   = M104. vB cent. bulge, narrow patchy arms in lens, strong dk. lane
        in front, many glob. cl. Lund 7 dim. for B part only.
        PHOTO. Ap.J.,97,114,1943; 98,47,1943; 120,444,1954. B.A.N.,16,1,1961,
        Hdb.d.Ap., 5,2,843,1933.
        PHOTOM. M.N.,106,171,1946. Ann.d'Ap.,11,247,1948. Ap.J.,83,424,1936;
        98,47,1943; 120,439,1954. B.A.N., 16,1,1961.
        SPECTR., Ap.J., 135,716,1962.
        ORIENT., ROT. Ap.J., 127,487,1958. P.A.S.P., 63,133,1951.
        P.N.A.S., 2,517,1916. Ap.J., 97,117,1943.
        HII REG. Observatory,79,54,1959. Zs.f.Ap., 50,168,1960.
        RADIO EMISS. (unobserv.), M.N., 123,279,1961.

N4596   vB diff. N in strong bar w. blobs, F (r): 1'8 x 1'3. P(a) w. and
        almost identical twins w. N4608 at 19', Lund 9 dim. for B part only.

N4597   Sh. F bar, part. res. asym. filam. arms. vs comp. or knot near weaker arm.

N4601   vsBN. P. w. N4603 at 3'3.

N4602   sBN, pseudo (r): 0'6 x 0'25?. sev. knotty branch. arms w. dk. lanes. Dim. in HA 88,2 from Helwan should read: 3'0 x 0'5. Lund 10, Lund 9, Heid.9 dim. for B part only. P. w. I804 at ~10'.

N4603   F, sBN, poor. res., 2 B * involv. P. w. N4601 at 3'3. HA 88,2 dim. (2'5 x 1'2, mf series) for B part only.

N4605   B complex bar and lens: 3'2 x 0'85 w. dk. matt., F envel. Lick 13, Heid.9, and Lund 9 dim. for lens only.
SPECTR. Lick Obs. Bull., 497,1939.

N4606   = Ho 436a. P. w. N4607 at 4'0. BN, dk. patch. Lund 9 dim. (0'8 x 0'3) rej., N only? Lund 6, Heid.9 dim. for B part only.

N4607   = Ho 436b. P. w. N4606 at 4'0. Sev. knots, classif. doubtful.

N4608   vB diff. N, strong narrow B bar: 1'3 x 0'15, F(R): 1'4 x 1'4. Heid.9 dim. for B part only. P(a) w. N4596 at 19', almost identical.

N4612   svB diff. N in diff. bar: 0'6 x 0'2, in lens: 1'4 x 0'9, weak smooth (R): 2'2 x 1'5. Heid.9 dim. for lens only.

N4616   * 0'7 f. classif. doubtful.

N4618   = Ho 438a. P(b?) w. N4625 at 8'3, possibly interacting? Similar to LMC-SMC pair. B bar w. inner B axis: 0'4 x 0'08 and dk. lane, one main mass., part. res. arm or loop, other F, pseudo (R): 2'7 x 2'5.
HII REG. Zs.f.Ap., 50,168,1960.

N4619   See HA, 105,231,1937.

N4621   = M59. B diff. N, smooth neb. Lund 9 dim. for B part only.
PHOTO. Ap.J., 64,325,1926; 71,235,1930. B.A.N., 16,1,1961.
PHOTOM. Ap.J., 71,231,1930; 132,306,1960. B.A.N., 16,1,1961.
SPECTR. Ap.J., 135,734,1962.
SN1939[B, H.A.C. 487,1939], Ap.J., 96,28,1942.

N4622   sBN, (r): 1'05 x 1'0.

N4625   = I3675. = Ho 438b. P(b?) w. N4618 at 8'3, interacting? Similar to LMC-SMC pair. sBN or sh. bar; one main part. res. arm, one fainter; strong asym., Lund 9 dim. for B part only.

N4627   = Ho 442b. P(b) w. N4631 at 2'5. BM no BN, smooth neb. w. weak abs. mark., some glob. cl.; out. parts distorted by N4631. Similar to N205. See also HA, 105,231,1937.

N4631   = Ho 442a. P(b) w. N4627 at 2'5. Prob. end-on front view of late SB(s), complex dk. mark., part. res. asym. out. arms. See also HA, 105,231,1937. Mean vel. of brightest emiss. patch, 1'3 f center: +662 km/sec (source B,D,G,J).
PHOTO. M.N., 85,1019,1925.
PHOTOM. Ap.J., 91,528,1940. Izv. Pulkovo, 20, nr. 156,87,1956. A.J. USSR, 32,16,1955.
SPECTR. P.A.S.P., 69, 302,1957.
ROT., MASS., A.J., 67,113,1962. Ap.J., 137,363,1963.
HII REG. Zs.f.Ap., 50,168,1960.
RADIO EMISS., M.N., 122,479,1961.
HI EMISS., Epstein, [A.J.69,490 & 521,1964].

N4632   BM no def. BN, sev. knotty branch. arms w. dk. lane on one side, poor res. Lund 9 dim. for B part only.
PHOTOM. M.N., 94,806,1934.
SN1946[B], Ann. Rep. Mt. Wilson Obs., 45,19,1946.

N4633   = I3688. = Ho 445b. P.w. N4634 at 3'5. B bar: 1'6 x 0'2. Recorded as N4634b in Lund 6.

N4634   = Ho 445a. P. w. N4633 at 3'5.

N4636   = N4624? vBN in smooth neb., many glob. cl. Beginning of differentiation of lens: 1'2 x 1'1. HA 88,2 dim. from Helwan (1'2 x 1'1) are lens only.
PHOTOM. M.N., 94,806,1934.
SPECTR. P.A.S.P., 51,121,1939.
SN1939[A], Bull. S.A.F., 53,44,1939. P.A.S.P., 51,166,1939. Ap.J.,96, 28,1942. [Harv.Bul. 910,1939.]

N4637   P.w. N4638 at 1'5. Heid. 9 remark "not found = N4647?" is an error; it is the eeF neb vs E 90 deg., 1'5 sf N4638. Dim.: 0'8 x 0'3, Lick 36-in.

N4638   vB cent. P.w. N4637 at 1'5. Lick 13 and Uppsala 21 dim. for B part only.

N4639   Lick 13 and Uppsala 21 dim. for B part only.

N4643   vB diff. N in strong narrow bar: 1'65 x 0'25, weak (r): 1'65 x 1'55, lens: 1'8 x 1'7, surrounded by cont. dk. rings and traces of filam. arms. Lund 9, Heid.9, and HA 88,2(after Helwan) dim. for B part only.
PHOTOM. M.N., 94,806,1934.
SPECTR. I.A.U. Symp., 5,1958=Lick Cont. II, 81,1958.

N4645   sBN.

N4645A,B   Pair at 5'. N4645A: B * 0'8 ssf; N4645B: B * 0'25 sp.

N4647   = Ho 448b. P(a) w. N4649 at 2'5. vsBN in sh. bar-like struct., pseudo (r): 0'5 x 0'3, v. many knotty arms, out. dk. lane on one side. Uppsala 21 dim. (0'7 x 0'2) are an error or misprint. (rej.).
PHOTO. Ap.J., 56,166,1922; 116, 64,1952.
M.N., 98,613,1938.
SPECTR. Ap.J., 116,66,1952. A.J., 61,97,1956. IAU Symp., 5, 1958=Lick Cont. II,81,1958.

N4648   vBN. P. w. N4589 at 22'. Lens: 0'95 x 0'7.
MAG. Ap.J., 85, 325,1937. Heid.9 dim. (0'6 x 0'6) for lens only.

N4649   = M60. = 448a. P(a) w. N4647 at 2'5. Uppsala 21, Lick 13, and Heid.9 dim. for B part only. vB cent. Smooth neb., many glob. cl. B mag. (source F) for 4647 + 4649.
PHOTO. Ap.J.,56,166,1922; 166,64,1952; 135,6,1962. M.N.,98,613,318; B.A.N.,16,1,1961.
PHOTOM. Ap.J.,71,231,1930; 132,306,1960. M.N.,94,807,1934; 98,619, 1938. Ann.d'Ap.,11,247,1948; 14,347,1951. B.A.N.,16,1,1961.
SPECTR. Ap.J.,112,66,1952. A.J., 61,97,1956.

N4651   vB diff. N in B lens: 1'0 x 0'6, pseudo (r): 0'75 x 0'4:, sev. filam. knotty branch arms. F spur and blob attached.
DRAWING., Erg. d. Exact. Naturwiss., XXIX,376,1956.

N4653   In group w. N4666,4668. Pseudo (r): 0'4 x 0'4, 2 main knotty filam. arms w. m. branch. Lund 9, Heid.9 dim. for B part only.

N4654   = I3708. Sh. knotty bar: 0'35 x 0'08, pseudo (r?): 1'1 x 0'5, sev. part. res. filam., branch. arms w. many dk. lanes, slightly asym. Lick 13, Uppsala 21 dim. for B part only.

N4656,4657   Prob. interact. pair of Magell. system; perhaps like N4038,4039. Lick 13, Lund 9 dim. for B part only. See also HA,105,231,1937.
PHOTOM. Error in V mag. in Ap.J.Suppl. 48,1961, V = 11.81.
SPECTR. P.A.S.P., 69,386,1957.
HII REG. Zs.f.Ap., 50,168,1960.
HI EMISS. Epstein, [A.J.69,490 & 521,1964].

N4658   B bar: 0'5 x 0'1, w. complex dk. lanes, 2 main reg. arms + third weaker arm. P(a) w. N4663 at 7'2.

N4663   = I811. P. w. N4658 at 7'2. vBN, narrow B bar: 0'35 x 0'05, smooth lens: 0'6 x 0'5.

N4665   = N4664. B diff. N, fairly B diff. bar: 1'5 x 0'2, traces of smooth arms form pseudo (R): 2'4 x 1'5. See also M.N., 94,806,1934.

N4666   = Ho 453a. P(a) w. N4668 at 7'3. B nucl. reg., many knotty branch. arms w. dk. lanes. Lund 9 dim. for B part only.
PHOTOM. M.N., 94,806,1934.

N4668   = Ho 453b. P(a) w. N4666 at 7'3. Poor res. Lick 13, Lund 9 dim. for B part only.

N4670   seBN, strong bar:0'55 x 0'08 w. some struct., 2 F smooth arcs, F out. whorls, strongly asym. Haro No.9 (Bol. Tonantzintla,14,8,1958). P(a) w. N4673 at 5'6. Heid.9 dim. for B part only.

N4672   3 * superp.

N4673   P(a) w. N4670 at 5'6. Heid.9 dim. for B part only.

N4674   SN1907[A], H.A.C. 399,1936. Hdb.d.Phys., 51,774,1958 (where coord. are in error).

N4676A,B   = I819,820. = Ho 459a,b. P(b) at 0'6. See HA,105,231,1937.
PHOTO. Ap.J., 130,23,1959; 138,878,1963.
DESC., Astr. Zirk. USSR, No.178,19,1957.
MASSES, Ap.J., 135,726,1961.

N4677   sBN.

N4679   Note corr. to HA 88,2 coord., see Mem. Com. Obs. No.13,1956.
* involv. 0'25 s N.

N4683   BN, * 0'7 sf.

N4684   vB e. forsh. N and bar on minor axis, (r): 0'25 x 0'06:, lens: 0'4 x 0'1, almost edgewise. Lund 9 dim. for B part only.

N4688   = Ho 461a. P. w. anon. small Im (Ho[461b]) at 6'8.

N4689   vsBN in B compl. cent. reg., w. many filam. part. res. arms w. dk. lanes, B hexag. outline forms pseudo (r): 1'4 x 1'4. Uppsala 21 dim. for B part only.

N4691   vB compl. bar: 1'2 x 0'4, w. dk. mark., asym. loop or (r):1'55 x 1'3, vF asym. (R): 2'7 x 2'3. Lund 9 dim. rej., bar only.

N4692   Color P-V = 0.90 (Proc. 4th Berkeley Symp. III,209,1960).

N4694   vBN in B lens or bar w. irreg. dk. lanes; similar to N1316? Lund 9 dim. for B part only.
PHOTOM. Ap.J., 132,306,1960.

N4696   svBN, * 0'75 np. Brightest in cluster, see Mem. Commowealth Obs., II, No.13,1956. Possible radio source? (Austral.J.Phys.,13,694,1960).

N4696A,B,C,D,E See Mem. Commwealth obs., III,No.13,1956.

N4697   vB cent. smooth neb., sev. glob. Cl. P(b) w. anon. SAB(s)cp at 5'9. Lick 13 minor dim. is in error, Heid.9 dim. for B part only.

N4698   vB diff. N in bulge, smooth inner reg., 2 main smooth arms w. strong dk. lane on one side. Similar to N4594. One aberrant val. B-V (source C) rejected.

N4699   vsvBN in weak bar: 0'4 x 0'06, pseudo (r): 0'4 x - , many arms w. dk. lane in lens, many filam. arms form pseudo (R): 2'7 x 1'7. Similar to N2775 and N2841.
SN1948[A], Ann. Rep. Mt. W. Obs., 47,20,1948.

N4700   BN in B bar w. dk. mark., spir. struct. not res. because of tilt. P(a) w. anon. Sp ? at 10'. Heid.9 dim. for B part only. Yerkes 2 class.: or I A.

N4701   vsBN, complex B cent. part w. many knotty branch. arms, F filam. out. arms. Heid.9 for B part only. HA 88,2 class. (E:) is an error.

N4703   Similar to N4565.

N4706   vBN. Helwan neb. 276 (helwan Bull. 22) is not N4706. See Mem. Commonwealth Obs., III, No.13,74,1956.

N4708   = Ho 463a. (Ho 463b at 0'4 is a condens. in the gal.).

N4709   vBN; sB neb. 1'2 sf.

N4710   sBN, part. hidden by strong dk. lane, ansae; (r): 1'6 x - , strong flat compon. 0'09 thick.
PHOTO. and PHOTOM. B.A.N., 16,1,1961.

N4712   = Ho 468b. P(a) w. N4725 at 12'. Lund 9 minor dim. is in error(rej.). sBN, 2 main reg. knotty arms, poor. res. Yerkes 1 class.: or A F.

N4713   sBN in sh., B bar: 0'35 x 0'06, pseudo (r): 0'4 x - , 2 main knotty filam. arms w. m. branch. Lund 9 dim. for B part only.

N4724   = Ho 470b. P. w. N4727 at 1'. See also HB 914,6,1940. Heid 9 dim. for B part only.

N4725   = Ho 468a. P. w. N4712 at 12'. vseBN in F smooth broad bar w. dk. lanes, strong part res. (r): 4'3 x 2'5, one main arm forms incomplete pseudo (R): 10'0 x - . Lick 13 dim. for B part only.
PHOTOM. Ap.J., 46,206,1917; 50,384,1919.
SN1940[B], H.A.C. 522,1940. P.A.S.P., 52,206,1940.

N4727   = Ho 470a. P. w. N4724 at 1' and [I3834] = N4740 at 11'. In group w. I3799,3819,3822,3824,3825,3827,3831,3838. See HB 914,6,1940.

N4728   = Ho 469a. P. w. anon. (Ho 469b,c) at 2'2 and 3'6. Color, P-V = 0.78 (Proc. 4th Berkeley Symp.III,201,1960).

N4731   = Ho 472a. P(a) w. anon. dIBm (Ho 472b): 0'9 x 0'45 at 10'5. Narrow B bar: 1'1 x 0'2, w. B cent. part.: 0'5 x 0'1, 2 main knotty filam. arms. Heid.9 minor dim. (0'3) rej., bar only; Helwan 30,38 dim. for B part only.

N4733   = Ho 473a. (Ho 473b at 0'9 is a *).

N4736   = M94. eBN in B(r): 1'6 x 1'2, v. many smooth arms in lens:6'0 x 4'7, F(R): 11'2 x 8'5.
PHOTO. Ap.J., 135,366,1962. Hdb.d.Ap., 5,2,843,1933.
PHOTOM. Ap.J., 46,206,1917; 50,384,1919; 83,424,1936; 108,415,1948.
SPECTR. Lick. Obs. Bull., 497,1939. IAU Symp., 5,1958 = Lick Cont.II, No.81,1958. Ap.J., 135,698,734,1962.
ORIENT., ROT., MASS. Ap.J., 127,487,1958; 97,117,1943; 135,366,1962.
HII REG. Zs.f.Ap., 50,168,1960.
RADIO EMISS. M.N., 122,479,1961.

N4747   = Ho 468c. P. w. N4725 at 24'. Lund 9 minor dim. for bar only?

N4749   MAG. Ap.J., 85,325,1937.

N4750   vsvBN, strong (r) of spir. arcs: 0'5 x 0'4, B part or lens: 0'85 x 0'55, F(R): 1'4 x 1'3.
MAG. Ap.J., 85,325,1937.
SPECTR. IAU Symp., 5,1948 = Lick Cont. II, No.81,1958.

N4753   esBN part. hidden by filam. dk. lanes in smooth neb. Pec. Perhaps similar to N3077 or N5195.

N4754   = Ho 478b. P(a) w. N4762 at 10'5. vB diff. N on F bar: 0'7 x 0'3 w. traces of blobs, B part or lens:0'85 x 0'7. Lund 6 second set of dim. (0'7 x 0'7) for lens only.
PHOTOM. Ap.J., 132,306,1960.

N4757   P(a) w. N4760 at 12'. Addit. dim. in Lund 7.

N4760   P(a) w. N4757 at 12'. Classif. E0 from weak plate is doubtful, probab. N of S0 (confirmed by Yerkes class. kD2). All dim. except HA 88,4 are for B inner part or N.

N4762   = Ho 478a. P(a) w. N4754 at 10'5. vsvBN in narrow B flat compon.: 1'7 x 0'1, exactly edgewise w. F twisted brushes. Lund 6, Lund 9, and HA 88,2 dim. for B part only.
PHOTO. and PHOTOM. B.A.N., 16,1,1961.

N4765   eB, not res., classif. doubtful, perhaps I0 (supported by Yerkes class. E?4 or Ip).

N4766   Identif. doubtful. "Not found" in Lick 13, but found in Lund 7 and Helwan 15,21,38.

N4767A   Betw., 2 *, * 0'6 n.

N4767B   Poor. res., classif. doubtful. * 0'6 n, * 0'7 s.

N4771   BM no def. N, many filam. arms w. dk. lanes, v. poor. res., class. uncertain from weak plate.

N4772   B diff. N in bulge, smooth arcs or arms w. strong dk. lane on one side. Probably similar to N4594, classif. from weak plate.

N4775   vsBN, sev. part. res. filam. branch. arms, asym.

N4777   Lund 9 dim. (0'3 x 0'3) rej., N only?

N4780   = Ho 482a. P. w. anon. (Ho 482b) at 2'.

N4781   = Ho 483a. P(a) w. N4784 at 5'7, N4790 at 18'5. sh. B narrow bar: 0'5 x 0'1, sev. knotty filam. arms, asym. Helwan and Lund 9 dim. are for B part only.

N4782,4783 = Ho 485a,b. P(b) at 0'7, connected. N4782 at sp.; ident. by Page, 1952 are in error (interchange NGC numbers) - HA 88,4 dim. are for both gal. together. Note also corr. to HA 88,2 Dec.
PHOTO. P.N.A.S., 26,35,1940. Ap.J., 116,64,1952.
SPECTR. Ap.J., 116,64,1952; 133,335,1961; 135,681,1962.
RADIO EMISS. (Source 3C278) Aust.J.Phys., 11,360,1958. Cal.Inst.Tech. Rad.Obs.,5,1960. Proc. 4th Berkeley Symp.,vol. III, 245,1960. Ap.J., 133,335,1961; 135,681,1962.

N4784   = Ho 483b. P. w. N4781 at 5'7. Maj. diam. in Heid. 9 and Lund 9 rej., N only?

N4789   B * 0'6 n. Gal. long. in Humason et. al., (1956) is in error. P.w. N4789A at 5'. N4787 at 3' p.

N4789A P.w. N4789 at 5'. Dim.: 2'5 x 1'5 on weak Lick 36-in. plate.

N4790   BN, struct. v. poor. res. P(a) w. N4781 at 18'5.

N4792   sBN, 7' n of N4794.

N4793   vsvBN in cent. of B complex lens w. many knots and dk. lanes, pseudo (r): 0'6 x 0'3, 3 weak out. arms, one possibly extending toward dwarf satellite. Lund 9 dim. for B part only. Lick 1956 vel. for emiss. in arm 30" NE of center: +2544 km/sec.

N4794   svBN, B forsh. bar: 0'4 x 0'08, 2 main smooth arms. P(a) w. N4782-83 at 9', N4792 at 7' n. Heid.9 and Lund 9 dim. rej., lens only. Small Ssp or I0? at 11'5 nf.

N4800   vBN, B(r): 0'5 x 0'25, many filam. arms form pseudo (R'):1'05 x 0'95; poor. res. Lund 9 dim. for B part only.

N4802   = N4804, see Helwan 15. Lund 9 dim.: 0'5 x 0'3. Ellipt. w. B * inv.

N4808   vsBN, many B filam. part. res. arms, F out.extens. or loop suspected. Similar to N7793. P(a) w. anon. SAB(s)d: at 17'5.

N4809   = Ho 486a. North compon. of P(b) w. N4810 at 0'7. Note corr. to NGC coord. according to Lund 6; confirmed in Zwicky's cat. (1961). Knotty core, partly res. on one side, F extens., distorted.
PHOTO. and SPECTR. Ap.J., 116,66,1952.

N4810   = Ho 486b. South compon. of P(b) w. N4809 at 0'7. Note corr. to NGC coord. according to Lund 6; confirmed in Zwicky's cat. (1961). B knotty core, out. part distorted.
PHOTO. and SPECTR. Ap.J., 116,66,1952.

N4814   svBN in B lens w. filam. arms and dk. lanes, 2 main fairly smooth filam. arms and dk. lanes. Lund 9, Heid.9 dim. for B part only.

N4819   = Ho 490a. P. w. N4821 at 1'8. Color P-V: 0.86 (Proc. 4th Berkeley Symp., vol.III,1960).

N4821   = Ho 490b. P. w. N4819 at 1'8. Color P-V: 0.78 (Proc. 4th Berkeley Symp., vol.III,1960). Heid.9 and Lund 6 dim. (0'2 x 0'2) rej.

N4825   B diff. N w. trace of dk. lane. In group w. N4820,4823,4829 and others S0 sp. Heid.9 dim. for B part only.

N4826   = M64. eBN part. hidden by vs dk. lane, pseudo (r): 1'5 x 0'7 in B part 3'9 x 2'0, 2 main smooth out. arms form pseudo (R): 6'0 x 2'6. Note +10' correction to HA 88,2 declination.
PHOTOM. Ap.J., 46,206,1917; 50,385,1919; 83,424,1936; 108,415,1948.
SPECTR. Ap.J., 135,699,734,1962.
ROT. Ap.J., 97,117,1943.
RADIO EMISS. M.N., 122,479,1961.

N4835   vBN, 2 or 3 main knotty arms w. dk. lanes. P(a) w. vs anon. dIBm: at 1'7.

N4839,4842 P-V = 0.92,0.87 (Proc. 4th Berkeley Symp. vol.III,1960).
N4842: Heid.9 dim. (0'25 x 0'25) rej.

N4841A,B = Ho 492a,b. Pair at 0'7.
MAG. and COL. for N4841A+B.

N4845   sB diff. N in B bulge, part. hidden by dk. lane on one side, smooth spir. struct. and dk. lanes. Lund 9 dim. 2'9 x 0'6 for B part only.

N4849   = [I3935] = Ho 495a. P. w. I838 (=Ho 495b) at 1'9. P-V = 0.93 (Proc. 4th Berkeley Symp. vol.III, 1960).

N4856   sB diff. N in B inner lens: 0'5 x 0'25, diff. bar, traces of smooth arms.

N4861   [= I3961]. B core, 2 main filam. knotty arms, one longer, asym., poor. res. weak 60-in pl. Lick 1956 vel. for emiss. in SW end of system Vo= +829 km/sec (may be affected by rotation).
PHOTO. Ap.J., 138,885,1963.

N4864   Heid.9 dim. (0'2 x 0'2) rej.

N4866   vseBN part. hidden by dk. lanes in lens, (r): 2'4 x 0'3. Yerkes 2 class.: or D GK.

N4869   Heid.9 dim. (0'25 x 0'25) rej.

N4872   Error in HA 88,2. Dim. and mag. fit N4889 = N4884. N4872 is 0'8 sp. See Ap.J.,115,288,1952.

N4874   PHOTO. Hubble, Obs. Appr. to Cosmo., plate III, 1936.
SPECTR. Ap.J., 135,734,1962.

N4877   B diff. N or lens, F spir. arms and dk. lane, poor. res.

N4880   = Ho 497a. (Ho 497b at 1'7 is a *). Lund 6 dim. for B part only.

N4881   (B-V)(0) interpolated.

N4889   = N4884. Misidentif. as N4872 in HA 88,2. N4872 is 0'8 sp., N4886 is 1'1 np.
PHOTO. Hubble, Obs. App. to Cosmo., plate III,1936.
SPECTR. Ap.J., 74,36,1931; Ap.J., 135,734,1962.

N4895A 2'7 sp N4895. Color P-V = 0.58:. See Proc. 4th Berkeley Symp., vol. III, 1960.

N4898   Noted double by Pettit (1954).

N4899   sBN, pseudo (r): 0'45 x 0'1, sev. knotty filam. branch arms. Heid.9 dim. for B part only.

N4900   Sh. B narrow inner bar: 0'3 x 0'06 w. svBN, complex knotty filam. pseudo (r): 1'1 x 1'0.
DESC. Ap.J., 46,42,1917=MWC 132.

N4902   vsBN in narrow B bar: 0'65 x 0'1, strong narrow (r): 0'9 x 0'8, sev. branch. filam. arms. Helwan 9, 15 and Heid.9 dim. for B part only.

N4904   B narrow bar: 0'4 x 0'06, sev. knotty arms w. some branch.

N4911   = Ho 499a. P. w. s. anon. (Ho 499b) at 0'6.

N4915   P(a) w. N4918 at 6'3, and anon. Pec. [= DDO 160] at 12'6. Lund 9 dim. for B part only. HA 88,4 dim. (0'7 x 0'4) are inconsistent.

N4921   SN1959[B], P.A.S.P., 72,208,1960. A.J. USSR, 216,1,1960.

N4922   DESC. as double in Heid.9 w. overall dim.: 0'9 x 0'4; v. pec.

N4926,4926A A is 3'4 nf 4926; color P-V =+0.55 (see Proc. 4th Berkeley Symp., vol.III,1960).

N4928   svBN, 2 main B knotty arms, v. compact and B. Anon. Sbc sp. (2'8 x 0'4) at 23'5 sp. Heid.9 dim. for B part only.

N4933A,B = Ho 502a,b. Interacting close pair at 0'8. (A): B glob. N w. strong dk. lane, smooth neb. (B): vBN, B asym. extens. HA 88,2 and 88,4 dim. for both compon. together. m(H) probably for both comp. P(a) w. anon. SB(r)0/a at 4'3.

N4936   B diff. N, * at 0'2. P(a) w. I844 at 12'7.

N4939   vsvBN, B cent. lens w. pseudo (r): 1'3 x 0'7, 2 main knotty filam. arms w. some branch. Lund 9 dim. for B part (lens) only.

N4941   svBN in weak diff. bar, knotty (r): 1'7 x 0'8 in lens: 2'4 x 1'05, eF (R) (or out. whorls): 3'1 x 2'4. Heid.9, Lund 9 and all Helwan dim. for B part only.

N4945   Note corr. of -12' to NGC declination (R. Shobbrok, Mt. Stromlo, unpublish.) A large late-type spiral partly obscured at a low galac. lat. See also M.N., 81,601,1921. HA 88,2 dim. (11'5 x 2'0, ser. a') for B part only.
PHOTO. Occ. Notes R.A.S., 3, No. 18,1956.
ORIENT. Ap.J.,127,487,1958.
RADIO EMISS. Hdb.d.Phys., 53,253,1959. Observatory, 83,20,1963.

N4947   sBN, (r): 0'85 x 0'5.

N4947A F, BM, no BN, vF * attach. at n tip.

N4948   = Ho 505a. (Ho 505b at 1' sf is a dble *, but v. F comp. at 1'1 np). N4948A at 12'5 sf, another vF anon. SB(s)dm at 5'5 nf asym.

N4948A = Ho 506a. (Ho506b at 3'3 sf not found). N4948 at 12'5. Also noted in Lund 9 (0'6 x 0'6) where major dim. is too small.

N4951   sBN, pseudo (r): 0'6 x 0'25, w. dk. lanes; s * on (r) at 8" from N, sev. filam. branch. arms, poor. res. Lick 13 major dim. (1'2) for B part only.

N4952   Color P-V = 0.92 (see Proc. 4th Berkeley Symp. vol.III,1960).

N4957   P. w. N4951 at 12'5. B diff. N. Heid.9 dim.: 0'5 x 0'4.

N4958   P. w. N4948A at 13'5 and N4948 at 14'. vBN in B lens: 1'8 x 0'45 w. F ansae, (r?): 1'2 x - . Helwan 21, 22 dim. for B part only.

N4961   P(a) w. N4957 at 12'5. sBN in B lens or bar: 0'4 x 0'25, sev. filam. knotty branch. arms, F asym. extens. Heid.9, Lund 9 dim. for B part only.

N4976   BN. HA 88,2 dim. (2'0 x 1'5: ser. a) for B part only.
PHOTOM. M.N., 112,606,1952.

N4981   svBN, F narrow bar: 0'6 x 0'05, (r): 0'7 x 0'5, sev. filam. knotty branch. arms, B * at 1' from N. Lund 9, Heid.9, Lick 13 and Helwan 21,22 dim. for B part only.

N4984   eBN, B smooth lens: 1'3 x 1'1 w. spir. patt. of dk. lanes, F(R): 2'8 x 1'8. Lund 7, Helwan 30 dim. (4' x 0'5) rej., wrong identif.?

N4995   vBN, hexag pseudo (r): 0'6 x 0'55, sev. B knotty arms. Helwan 21 dim. rej.

N4999   svBN, B narrow bar: 0'5 x 0'05, (r): 0'95 x 0'6, 2 main reg. arms, perhaps each dble.

N5003   Note corr. to NGC coord. (Lick 13).

N5005   eBN in B inner lens: 0'8 x 0'3, sev. knotty arms w. strong dk. lanes. Lund 9 dim. (5'0 x 0'9) are inconsistent; Lund 10 and MWC 132 dim. for B part only.
PHOTO. Ap.J., 133,815,1961.
DESC. Ap.J., 46,43,1917=MWC 132.
SPECTR. Ap.J., 135,698,1962.
ORIENT., ROT., MASS., Ap.J., 97,117,1943; 127,487,1958; 133,814,1961.

N5011   vBN, vF out. envel.?

N5012   svBN, hexag. (r): 0'6 x 0'3, sev. knotty filam. branch. arms. P(a) w. anon. Pec. or Sm at 15'5.

N5016   sBN, weak bar, (r): 0'2 x 0'15, sev. knotty filam. arms w. m. branch.

N5018   vBN, dk. patches or defect in lens. P(a) w. N5022 at 7'2.

N5022   No BN, B narrow bar?: 0'5 x 0'05, * superp. P(a) w. N5018 at 7'2.

N5026   sBN betw. 2 *, vF arms.

N5028   * at 0'45.

N5030   In N5049 group.

N5033   svB diff. N in B bulge w. spir. patt. of dk. lanes, sev. part. res. filam. arms w. branch. HA 88,2 dim. (6' x 3', after Lick 13) for B part only. Unusual decline of B-V w. log A/D(0), interp. value.

N5035   In N5049 group. vBN, weak bar, (r): 0'75 x 0'5.

N5037   In N5049 group. BN in bulge, pseudo (r): 1'3 x 0'35.

N5044,5046 In N5049 group.

N5047   In N5049 group. sBN, v. thin flat compon.

N5049   Only one in group w. rad. vel., but N5044 the brightest.

N5054   Near N5049 group. svB complex N, pseudo (r?): 0'85 x 0'5, 3 main B part. res. arms. P.w. s. anon. SBm? sp. at 2'7 n.

N5055   = M63. vsvB stell. N in B inner lens: 1'7 x 0'95, many filam. part. res. arms, (r): 1'35 x 0'6. Lund 9 dim. much to small (rej.). B-V const. w. log A/D(0), interp. value.
PHOTO. Ap.J.,131,282,1960; 134,883,1961.
PHOTOM. Stockholm Ann.,15,No.9,1949. A.J.,66,283,1961; Ap.J.,134,880, 1961.
SPECTR., Lick Obs. Bull. 497,1939. Ap.J., 135,698,735,1962.
POLAR. Stockholm Ann., 17, No.4,1951.
ORIENT., ROT., MASS. Ap.J., 127,487,1958; 131,282,1960; 136,352,1962.
HII REG. Zs.f.Ap., 50,168,1960.

N5061   vB diff. N.

N5064   BN, not res. Classif. uncertain.

N5068   sh. B bar: 0'8 x 0'1 w. vs N, pseudo (r): 1'6 x 1'9:, 2 main knotty part. res. arms w. m. branch. Helwan 30,38 min. dim. much too small.
SPECTR. A.J., 61,97,1956.

N5077   = Ho 514b. P(a) w. N5079 at 3'0. Brightest of a group. vB diff. N, * at 16".

N5078   vB diff. N in B bulge w. v. strong dk. lane, edgewise; similar to N4594 or N5746. P(a) w. I879 at 2'3.

N5079   = Ho 514a. P(a) w. N5077 at 3'0, N5076 at 3'2. Not vBN in center, sev. knotty arms form pseudo (r): 0'6 x 0'4, vF extens.

N5082   sBN, s * 0'6 f, detail or defect near N. SN1958[F?] AND PHOTO. PASP, 72,208,1960 [SN not confirmed; one plate only].

N5084   svBN, v. thin flat compon.: 0'3 w. some struct. near N.

N5085   vsBN in B inner lens: 0'35 x 0'3, 2 main knotty arms w. dk. lane, some branch.; similar to M51. Helwan 30, 38 dim. for B part only.

N5087   vsvBN, B lens: 0'4 x 0'25 w. poor. res. dk. crescent. Heid.9 and HA 88,2 dim. for B part only.

N5088   = Ho 515a. (Ho 515b at 3'7 is a *). In N5077 group. vBN, poor. res. arms, dk. lane on one side. Lund 6, Lund 9 dim. for B part only.

N5090   s * 0'5 f, vB * 5' n. P. w. N5091 at 1'3.

N5090A sBN, sev. * nearby.

N5090B sBN, probably late SA type.

N5091   Asym. N, vB * 5'n. P. w. N5090 at 1'3.

N5101   vB diff. N, narrow B smooth bar: 1'75 x 0'2 w. s. blobs, weak (r): 1'6 x 1'4, vF smooth out. whorls form pseudo (R): 5'0 x 4'3. HA 88,2 minor dim. (0'6: ser. a) rej., error or bar only?

N5102   vBN in B lens: 1'2 x 0'7. Iota Cen is 17' sp. HA 88,2 dim. for lens only.
PHOTOM. M.N., 112,606,1952.

N5107   P. w. N5112 at 13'5.

N5112 Sh. B inner bar: 0'5 x 0'1, sev. filam. knotty branch. arms. P.w. N5107 at 13'5.

N5116 vsBN, v. narrow bar, 2 main filam. branch. arms, v. poor. res. Lund 9 dim. for B part only.

N5121 BN, B envel., dk. crescent? HA 88,2 dim. (0'6 x 0'6:; ser. a') for N only.

N5121A vF, s * near center.

N5128 One of the most peculiar bright galaxies = radio source Centaurus A.
DESCR. see Helwan 21; HB 898,1935; and photo. ref.
STRUCT. A.J., 68,76,1963.
PHOTO. H.B. 898,1935. M.N., 109,98,1949. Ap.J.,119,223,1954; 129,272, 1959. Zs.f.Ap.,51,64,1960. Hdb.d.Phys., vol.53,267,1959.
PHOTOM. M.N., 109,94,1949. Observatory, 78,24,1958. IAU Symp.,4,1955 (Cambridge U.P., p.169,1957).
HII REG. AND DISTANCE. Zs.f.Ap., 51,64,1960.
POLAR. A.J., 67,271,1962.
ROT., MASS. Ap.J., 129,271,1959.
RADIO EMISS. Nature 164,101,1949. Ap.J.,119,123,1954; 125,1,1957; 133,322,1961. Aust.J.Phys., 6,452,1953; 11,517,1958. P.A.S.P.,72,368, 1960. Cal. Inst. Tech. Rad. Obs., 4,1959; 2,1961 IAU Symp., 4,1955.

N5134 vsvBN in B bulge, smooth lens w. dk. lane, 2 F main arms w. some knots, classif. uncertain. P(a) w. I4237 at 10'7.

N5135 vBN in B bar: 1'3 x 0'3. P(a) w. I4248 at 13'5.

N5147 Diff. bar, no N, 2 main mass. part. res. branch. arms, B * superp., strongly asym. Heid.9, Lund 9 dim. for B part only.

N5156 sBN, s * 0'4 f, s neb. knot 1'2 np.

N5169 P(a) w. N5173 at 5'5. Lund 9 dim. for B part only.

N5170 vsvBN in sB bulge part. obsc. by dk. lane. Similar to N4565.

N5172 sBN, pseudo (r): 1'35 x 0'6, 3 main knotty arms, poor. res. Heid.9, Lund 9 dim. for (r) only.

N5173 P(a) w. N5169 at 5'5. All dim. for B part only.

N5194,5195 = M51. = Ho 526a,b. Well-known interacting pair P(b) at 4'8.
In M101 group. B mag. (source F) 5194+95.
PHOTO. Ap.J., 32,34,1910, Ritchey, L'Evolution de Astrophographie..., S.A.F., Paris 1929. Hdb.d.Ap., 5,2,843,1933. Medd. Lund I,170,1950. P.A.S.P., 67,232,1955; 75,222,1963.
PHOTOM. Ap.J., 46,206,1917; 50,385,1919; 83,424,1936; 91,528,1940; 108,415,1948. A.J., USSR, 32,16,1955. Izv. Pulkovo, 20,No.156,87, 1956. Publ.Burakan, XXV,15,1958. Medd. Lund, I,170,1950; II,128,1950.
SPECTR. Ap.J., 116,66,1952; 135,734,1962.
HII REG. Observatory,79,54,1959. Zs.f.Ap., 50,168,1960.
RADIO EMISS. M.N., 122,479,1961. Ap.J., 133,322,1961. Hdb.d.Phys.53, 253,1959.
HI EMISS. Ap.J., 126,471,1957. P.A.S.P., 72,368,1960. B.A.N.,15,506, 314,1961.
SN1945[A] (in N5195) P.A.S.P., 57,174,1945.

N5198 vBvs diff. N, in lens: 0'5 x 0'4 smooth neb. Yerkes 2 class. "S" (1959) is an error or misprint. Heid.9, Lund 9 dim. for lens only.

N5204 In M101 group. no def. N,BM, highly res. irreg. arms. Heid.9, Lund 9 dim. for B part only. Lick 1956 vel. for 2 emiss patches 30" SW of center: +416 km/sec.
PHOTO. P.A.S.P., 61,123,1949.
MAG.: Ap.J., 85,325,1937.
HII REG. Zs.f.Ap., 50,168,1960.

N5216 P(b) w. N5218. vB cent. smooth struct., long streamer connects directly w. N5218: 3'3 x 0'1, opposite streamer: 1'1 x 0'14.
PHOTO. Ap.J., 81,355,1935. Erg.d.Exakt.Naturwiss., XXIX,344,1956.
SPECTR. I.A.U. Symp., 5,1958=Lick Cont.II,81,1958.

N5218 P(b) w. N5216. B complex bar and lens w. dk. lanes, smooth distorted arm, +F extens. opposite to N5216. For ref. see N5216.

N5230 vsBN, sev. knotty filam. arms w. m. branch., asym. v similar to M101.

N5236 = M83. eBN in B complex bar w. dk. lanes, 2 main part. res. arms. w. m. branch. (B-V)(0) interpolated.
PHOTO. M.N., 85,1019,1925. P.N.A.S., 26,33,1940.
RADIO EMISS. Hdb.d.Phys.,53,253,1959. M.N.,122,479,1961. P.A.S.P.,72, 368,1960. Observatory, 83,20,1963.
HI EMISS. Epstein, [A.J.69,490 & 521,1964].
SN1923[A], P.A.S.P., 35,166,1923; 48,320,1936. H.B. 786,787,1923. Ap.J.,88,293,1938.
SN1950[B], H.A.C. 1074,1950.
SN[1957D], (or Nova?) H.A.C. 1394,1958. Sky & Tel., 17,287,1958.

N5247 B complex N, 2 main part. res. reg. arms, 1 or 2 addit. F arms. Similar to M74 or M99.
PHOTO. Helwan 9, 1912.

N5248 eBN in vB lens w. many dk. lanes, pseudo (r): 2'4 x 1'1, B part or lens: 3'6 x 2'1, F part. res. out. arms form pseudo (R): 6'6 x 4'5.
PHOTO., ROT., MASS. Ap.J., 136,128,1962.
HII REG. Zs.f.Ap., 50,168,1960.

N5253 vB core:0'55 x 0'3 w. traces of res. and complex dk. lanes in B part: 1'55 x 0'55, smooth out. neb. Pec., class. difficult, poss. I0 or Im?
PHOTO. Observatory, 72,133,1952.
SPECTR. Observatory, 72,133,1952. Bol. Tonantzintla, 14,8,1956. P.A.S.P., 69,564,1957. Ap.J., 135,696,1962.
SN1895[B] (Z cen), H.A., 84,7,1923. Ap.J., 83,173,1936; 88,293,1938; 89,193,1938.

N5257 = Ho 532a. P(b) w. N5258 at 1'3. NW comp; vsBN, narrow spiral in B lens: 0'5 x 0'4, one arm linking w. N5258. Lund 6 dim. for lens only. Lund 9, Heid.9 dim. for B part only.
PHOTO., SPECTR. Ap.J., 116,64,1952. Hdb.d.Phys., vol.53,381,1959.

N5258 = Ho 532b. P(b) w. N5257 at 1'3. Lund 6,9 and Heid.9 dim. for B part only. B complex lens: 0'3 x 0'2, 2 main B smooth arms, a third linking w. N5257.
PHOTO., SPECTR. Ap.J., 116,66,1952. Hdb.d.Phys.,vol.53,381,1959.

N5266 sBN or lens: 0'7 x 0'35. HA 88,2 dim. for B part only.

N5266A F anon., poorly res.

N5273 = Ho 535a. P(a) w. N5276 at 3'3. sB diff. N w. 2 weak dk. patches, vF spir. whorls in lens: 1'4 x 1'2, smooth neb. HA 88,2 dim. (1'0 x 1'0: ser. mc) is for N or lens only. Lund 9 dim. for lens only.

N5276 = Ho 535b. P(a) w. N5273 at 3'3. vB bar or lens, 2 filam. arms, one forms out. loop: 0'9 x 0'55.

N5278,5279 Pair (b) at 0'6. N5278: vsvBN, pseudo (r): 0'4 x 0'25, strongly asym. N5279: vsvBN, sh. bar, 2 main smooth arms distorted; at end of arm of N5278.

N5290 B bulge part. hidden by dk. lane and asym. abs. Poss. edgewise SBb?

N5291 P(b) w. anon. at 0'6.

N5293 vsBN, smooth (r): 0'22 x 0'2, 2 main filam. arms w. some knots and branch., 2 F addit. arms.

N5296 P(b?) w. N5297 at 1'6. sBN. Heid.9 dim. (0'25 x 0'25) rej. N only.

N5297 P(b?) w. N5296 at 1'6. vsBN, B lens w. sev. narrow knotty arms and dk. lane, 2 F out. smooth arms. Lund 9 dim. for B part only.

N5298 vBN, F bar, pseudo (r): 0'45 x 0'4, poor. res. P(a) at 5'6 w. anon. SB(r)b: (1'3 x 0'65), (r): 0'45 x 0'2.

N5301 B bulge part. obs. by dk. lane, vsN or no def. N, 2 main arms w. strong dk. lane.

N5302 vBN, F bar, poor. res.

N5304 BN, 2 * involv. classif. uncertain. Dim.: 0'8 x 0'45 on Boyden 60-in. plate.

N5308 vBN, diamond-shaped. See also Ap.J., 46,43,1917.

N5322 B diff. N, smooth neb. Possibly S0-? Heid.9, Lund 9 and HA 88,2 dim. for B part only.

MAG. Ap.J. 85,325,1937.

N5324 B diff. N, many knotty filam. arms w. m. branch. Poss. SA(r?). Lund 9, Heid.9 and HA 88,2 (after Helwan) dim. for B part only.

N5328 Poss. S0?. P. w. N5330 (E0?) at 1'7.

N5334 = I4338. Low surf. bright.

N5350 = Ho 555c. In small group w. N5353,54,55, vsvBN in B bar, (r): 0'7 x 0'5, 2 main filam. knotty arms w. some branch.

N5351 = Ho 554a. P. w. N5341 at 12'5. N5349 at 3'4. sBN, (r): 0'43 x 0'25, knotty arms form pseudo (R): 1'2 x 0'5, poor. res. Lund 9 dim. for B part only.

N5353 = Ho 555b. In small group w. N5350,54,55, N5354 at 1'2. vsBN, lens: 0'6 x 0'15, diamond-shaped.

N5354 = Ho 555a. In small group w. N5350,53,55, N5353 at 1'2. Similar to N1316.

N5360 = Ho 557b. P(a) w. N5364 at 8'7. Pec.

N5363 2 B diff. N in contact or one BN w. narrow dk. lane and * superp., F out. extens. w. dk. lane. Pec. P(a) w. N5364 at 14'5.

N5364 = Ho 557a. P(a) w. N5360 at 8'7. sBN in smooth cent. w. dk. matter, narrow (r): 1'2 x 0'65, in lens: 1'8 x 1'1, 2 main part. res. filam. arms form pseudo (R): 6'0 x 4'3.
HII REG. Zs.f.Ap., 50,168,1960.

N5365 svBN, vF envel. Note corr. to Mt. Stromlo (1956) class.

N5365A B * attach. 0'7 f N at one end.

N5365B At 9' f N5365. Asym.

N5368 Dim.: Heid.9 (0'5 x 0'5) and Lund 9 (0'6 x 0'3).
MAG. Ap.J., 85,325,1937.

N5371 = N5390. vsB diff. N, weak bar, pseudo (r): 1'0 x 0'7, sev. knotty filam. reg. arms w. some branch.

N5376 In group w. N5379,89. sBN, weak bar, (r): 0'5 x 0'4. All dim. for B part only.

N5377 seBN w. dk. lane, B bar in lens 2'2 x 0'7, vF out. whorls or (R): 3'65 x 2'0.

N5378 Heid.9 dim. (0'7? x 0'7?) rej., N only. P. w. N5380 at 11'.

N5379 = Ho 561b. P.w. N5389 at 4'2. vsBN, (r): 0'5x0'35.

N5380 P.w. N5378 at 11'.

N5383 eBN w. complex struct., weak bar and lens w. dk. lanes, 2 main sh. arms. P(a) w. F anon. SB(s)c at 3'1. (see M.W.C. 132).
PHOTO., ROT., MASS, Ap.J., 136,704,1962.
SPECTR. Ap.J.,135,696,1962.

N5389 = Ho 561a. P.w. N5379 at 4'2. vBN, (r): 1'4x0'3 w. strong dk. lane on one side. Poss. SAB?

N5394 = Ho 563b. P(b) w. N5395 at 1'9. eBN or *, complex abnormal lens: 0'7 x 0'3 w. dk. lanes, 2 main reg. arms, one connecting w. N5395. Heid. 9, Lund 6 and 9 dim. for lens only.

N5395 = Ho 563a. P(b) w. N5394 at 1'9. sBN in B bulge, one main arm w. some knots, strong dk. lanes on one side, signs of distorsion by N5394. Lick 13 dim. for B part only.

N5398 H.A. 88,2 dim.: 1'5: x 1'5: (ser. a').

N5403 = Ho 564a. P.w. anon. (Ho 564b) at 1'8.

N5419 H.A. 88,2 dim.: 1'0:x0'7: (ser.a').

N5422 = Ho 567a. (Ho 567b at 2'2 is a *). svBN, B lens: 0'85x0'3 w. traces of dk. lane.
PHOTOM. Ap.J., 50,385,1919 (listed as N5423, prob. misprint).

N5426 = Ho 573b. P(b) w. N5427 at 2'3. South comp., B diff. N, B cent., sev. filam. knotty arms, 2 extending to N5427. Heid.9 minor dim. (0'7) is much too small; H.A. 88,2 dim. (after Helwan) for B part only. (B-V) source E rejected.
PHOTO., SPECTR. Ap.J., 116,64,1952.

N5427 = Ho 573a. P(b) w. N5426 at 2'3. vBN in B lens: 0'23x0'17, 2 main B spir. arms, knots and branch.
PHOTO., SPECTR. Ap.J., 116,64,1952.

N5430 = Ho 569a. (Ho 569b at 0'4 my be *?) svBN in B lens w. B rim:0'5x0'3, 2 main reg. arms, * superp. 22" from N.

N5443 = Ho 578a (Ho 578b at 1'8 is a *).
MAG. A.J., 85,325,1937.

N5444 P.w. n 5445 at 7'.

N5448 svBN w. dk. matt. on one side, F bar, F(r):1'6x0'5, 2 F arms form pseudo (R): 3'3x1'4.

N5457 = M101. Details (HII reg.) = N5447,53,55,58,61,62,71. Lick 13 dim. for B part only.
PHOTO. Ritchey, L'evolution de l'Astrophotographie..., S.A.F., Paris 1929.
PHOTOM. Ap.J., 50,385,1919; 83,424,1936; 91,528,1940; 108,415,1948. Medd. Lund II, 128,1950. A.J. USSR [32],16,1955. Izv.Pulkovo,20, No. 156,87,1956. Publ. Burakan, XXIV, 2, 1958. Error on V Mag. in Ap.J. Suppl. No.48,1961 V= 12.36 for A/D(0)= 0.025.
HII REG. Ap.J., 91,261,1940. Obs.,79,54,1959. Zs.f.Ap.,50,168,1960.
RADIO EMISS. Hdb. d.Phys., 53,253,1959. P.A.S.P., 72,368,1960. M.N., 122,479,1961.
HI EMISS. B.A.N., 14,323,1959. A.J., 67,317,1962.
SN[1909A], A.N., 180,375,1909. Ap.J. 69,[127],1929; 88,293,1938.

N5468 = Ho 585a. Detail or * = N5467 (see Helwan 38, MWC 626). P(a) w. N5472 at 5'1. svB elong. N or bar 2 main part. res. filam. arms w. m. branch., pseudo(r) 0'3x-. Poss. SA(s)cd w. pec. N.

N5472 = Ho 585b. P(a) w. N5468 at 5'1. sB elong. N not in cent. of B lens: 0'25x0'1, pseudo (r): 0'22x0'08? v. poor. res.

N5473 svBN, sh. bar, F lens.
MAG. Ap.J., 85,325,1937.
PHOTOM. Ap.J., 50,384,1919.
SPECTR. IAU Symp., 5,1958 = Lick Cont. II, 81,1958.

N5474 Low surf. bright., smooth part. res. cent. w. vsFN, sev. part. res. arms, strongly asym. In M101 group.
PHOTOM. Medd. Lund II, 128, 1950.
HII REG. Zs.f.Ap., 50,168,1960.

N5475,5477 MAG. Ap.J., 85,325,1937.

N5480 = Ho 588a. P(a) w. N5481 at 3'1. [Corr. to HA 88,2 and NGC RA (from MWC 626) is wrong; NGC correct.] svBN, sev. filam. branch. arms poor. res.

N5481 = Ho 588b. P(a) w. N5480 at 3'1. [Corr. to NGC RA (from MWC 626) is wrong; NGC correct.]

N5483 No N, BM.

N5484 P(a) w N5485 at 3'9. Dim.:0'3x0'3 (Heid. 9, Lund 9, Crossley 36-in.).

N5485 P(a) w. N5494 at 3'9, N5486 at 6'5. sBN in B diff. lens w. curved dk. lane. Similar to N1947 and possibly N5128.
PHOTOM. Ap.J., 50,385,1919.
MAG. Ap.J., 85,325,1937.

N5486 P(a) w. N5485 at 6'5.
MAG. Ap.J., 85,325,1937.

N5490 = Ho 595a. P. w. anon. (Ho 595b) at 1'8 nf. In group w. I982,983 and others.

N5490C At 4'7 nf N5490, 7's of I983. In group w. I982,983 and anon.

N5493   vB diff. N in B diamond-shaped lens: 0'6x0'15, F nearly circ. envel.

N5494   BM, 3 main knotty filam. branch. arms, 2 B * superp.

N5496   v. poor. res.

N5506   = Ho 604a. P(a) w. N5507 at 4'. I985 at 25'.

N5507   = Ho 604b. P(a) w. N5506 at 4'. Lick 13 dim. (0'3x0'3) rej., N?

N5523   BM, no def. N, many filam. knotty arms w. m. branch. and dk. lanes v. poor. res. Lund 9 dim. for B part only.

N5529   v. poor. res., almost exactly edgewise.

N5530   B * superp. on N. Helwan 30, 38 dim. for B part only.

N5533   vBN in pseudo (r): 0.7x0'3, weak irreg. out. arms. Lund 9 dim. (0'9 x 0'9) is an error or N only.

N5534   = Ho 623a. Anon. (Ho 623b) at 0'5 may be a *.

N5544   SW compon. of P. w. N5545 at 0'6. eBN, (r): 0'37x0'35, F out. whorls, pseudo (R): 0'75x0'7. Lick 13, Lund 9 dim. for lens only.
         PHOTO. Hdb.d.Phys., 53,377,1959.
         DESC. Ap.J., 46,44,1917; 51,298,1920.
         SPECTR. Ap.J., 116,66,1952.

N5545   NE compon. of P.w. N5544 at 0'6. svBN, B cent lens (or bar):0'2x0'08, 2 main B arms, a few knots, in front of N5544. For ref. see N5544.

N5548   eBN, F spir. patt. in lens: 0'5x0'5, outer whorls form pseudo (R): 1'0x0'85. Heid.9, Lund 9 dim. for lens only. Broad em. lines in N.
         SPECTR. L'Astronomie, 73,3,1959.

N5556   Sh, B bar:0'4x0'06, no def. N, sev. F part. res. filam. branch. arms, pseudo (r): 0'55x-, asym. Similar to M 101. P(a) w. anon. Sm at 9'6. HA 88,2 dim. for B part only.

N5557   BN, no struct. Lick 13, Heid.9 dim. for B part only.
         PHOTOM. M.N., 98,620,1938.

N5560   = Ho 630b. P(b) w. N5566 at 5'0, N5569 at 7'. vBN in strong forsh. bar: 0'8, weak extens. of arms, distorted by N5566. Lick 13, Lund 6 dim. for lens only.
         DESC.: Ap.J., 46,44,1917.

N5566   = Ho 630a. P(b) w. N5560 at 5'0, N5569 at 4'2. eBN, smooth bar w.(r): 1'4 x 0'75, F smooth out. arms w. strong dk. lane, one vF extens. towards N5560. Lund 6 dim. rej., (r) only. Lund 9, 10 dim. for B part only. DESC. Ap.J. 46,44,1917.
         PHOTO., PHOTOM. B.A.N., 16,1,1961.
         ORIENT. Ap.J. 127,487,1958.

N5569   = Ho 630c. P(a) w. N5566 at 4'2, N5560 at 7'. vsN in B sh. bar, F poor. res.arms. Lund 6 dim. much too small (rej.); Lund 9, Heid.9 for B part only.

N5574   = Ho 632b. P.w. N5576 at 2'7. svBN, diff. lens w. less flattened envel.

N5576   = Ho 632a. P.w. N5574 at 2'7. B diff. N Lund 6 dim. (0'6x0'6) rej., N only?

N5577   sBN, v. fine arms.

N5584   sh. B bar in lens, pseudo (r): - x 0'3, sev. part. res. branch. filam.arms, v. similar to M101.

N5585   In M101 group. BM, no def. N, weak irreg. arms well res. up to cent. reg., low surf. bright. Lund 6, Heid.9 dim. for B part only.
         MAG. Ap.J., 85,325,1937.
         PHOTOM. Medd. Lund II, 128,1950.
         HII REG. Zs.f.Ap., 50,168,1960.

N5595   = Ho 638a. P.w. N5597 at 4'2. sBN, F bar, 2 main knotty arms w. some branch.

N5597   = Ho 638b. P. w. N5595 at 4'2. vseBN, F bar, sev.filam arms form pseudo (R): 1'4x1'1. Lund 6 minor dim. rej., much too small.

N5600   vB core or N, pseudo (r?): 0'4x0'2, asym. out.arms.

N5612   vF envel? * involv., classif. uncertain.

N5613   svBN, broad eF bar, smooth (r): 0'3x0'25, in lens 0'35x0'3, F(R): 1'0 x 0'65. P(b) w. N5614 at 2'0. Heid.9 dim. for (r) only.

N5614   svBN, B smooth pseudo (r): 0'33x0'3, smooth strongly asym. spir. struct., poor.res., strong dk. lanes. P(b) w. N5615 which is B knot on pseudo (R), w.smooth irreg. tail. Heid.9 dim. for lens only. HA 88,2 class (E:) is erroneous.

N5631   vB diff. N w. F dk. crescent on one side, in lens 0'5x0'5, F envel. Heid.9, Lund 9 dim. for lens only.
         MAG. Ap.J., 85,325,1937.

N5633   sBN in complex lens w. B knots, pseudo (r): 0'4x0'3, B part:0'9x0'55, F(R): 1'9x1'0. Heid.9, Lund 9 and HA 88,2 dim. for B part only.

N5636   = Ho 653b. P(a) w. N5638 at 2'0. vsBN, F bar, (r): 0'8x0'5.

N5638   = Ho 653a. P(a) w. N5636 at 2'0.

N5643   vsvBN, vF bar, hexag. pseudo (r): 1'1 x 1'0. 2 main part. res. arms w branch. HA 88,2 dim. (2'5x2'3; ser. a) for B part only: see HB 914, 7,1940.
         PHOTO. Occ. Notes R.A.S., 3, No.18,1956.

N5645   B bar: 0'25x0'05, sev. knotty arms w. some branch., asym. Heid.9 dim. for B part only.

N5653   vBN, B pseudo (r): 0'17x0'1, in B part: 0'5x0'4, sev. B knotty arms, F smooth pseudo (R): 1'05x0'85. Heid.9, Lund 9 dim. for B part only. HA 88,2 class. (E:) is an error.

N5660   svBN, pseudo (r): 0'2x-, sev. knotty branch. arms. P.w. F anon. IBm at 2'5. N5676 at 30'5.
         MAG. Ap.J., 85,325,1937.

N5665   sBN or condens., F bar: 0'4x0'05, one asym. arm forms out. loop: 1'3x 0'75. Lund 9, HA 88,2 dim. for B part only.

N5668   vs not vB N, BM, many part. res. irreg. branch. arms. Sim. to N300. Lund 9, Heid.9 dim. for B part only.
         SN1954[B], H.A.C.1425. P.A.S.P.,72,97,1960. L'Astron.,68,210,1954. A.J.,65,54,1960. Pub. Bologna, VI, 12,1955. Hdb.d.Phys.,51,782,1958.

N5669   sh. B bar: 0'2x0'05 in pseudo (r): 0'4x0'3, 2 main part. res. filam. arms w. some branch. Lund 9, Heid.9 dim. for B part only.

N5672   Proj. on Bootes Cl.
         PHOTO. Hubble, Obs. Approach to Cosmol., Plate VI.

N5673   MAG. Ap.J. 85,325,1937.

N5676   sBN in B cent., pseudo (r): 0'6x0'35, many B knotty filam. arms w. branch., asym. out. part. P(a) N5660 at 30'5. I1029 at 26'5. One aberrant val. B-V (source C) rejected. Lund 9 dim. for B part only.
         MAG. Ap.J., 85,325,1937.

N5678   vsBN in B bar w. complex patt. of dk. lanes, pseudo(r): 1'3x0'5 smooth out. arms., slightly asym. P.w. anon. s. E3 at 1'8.

N5682   = Ho 663a. P.w. N5683 at 1'4, N5689 at 8'3. sh. B bar: 0'2x0'1, 2 main reg. arms.

N5683   = Ho 663b. P.w. N5682 at 1'4. eBN or *.

N5687   B diff. N, eF envel. Heid. 9 and Lund 9 dim. rej., N only. B(0) = 13.18 (Source C, w = 0.45).

N5689   vB diff. N in B bulge w. strong dk. lane on one side, lens: 1'2x0'5, F smooth out. whorls. P(a) w. N5682-83 at 8'3, N5693 at 11'8, and others. Brightest of a group. Lund 9 dim. for lens only.

N5690   BM no def. N, sev. arms w. dk. lanes, class. diff., poss. SB?, vB * at 3'1. Lund 9 dim. are in error or for core only. (rej.).

N5691   vB bar or core: 0'25 x 0'06 in B complex core or lens: 0'6x0'45 w.

N5693 sh. B bar, one main knotty arm, strong asym. P.w. N5689 at 11'8.

N5701 svB diff. N, B inner lens: 0'55x0'55, B bar w. blobs: 1'3x0'3, F(r): 1'3x1'3, narrow filam., part.res. spir. arcs form F(R):3'4x3'4, small anon. S visible betw. lens and (R). Lund 9 dim. for B part only.

N5705 vF, bar: 0'6x0'1.

N5707 MAG.: Ap.J., 85,325,1937.

N5713 sh. vB bar w. eBN, B clumpy inner arms, strongly asym. incompl. F(R): 1'75x1'65. P(b) w. N5719 at 12'.
SPECTR. A.J., 61,97,1956.

N5716 v. poor. res., class. uncertain. P(a) w. N5728 at 23'. All dim. for B part only.

N5719 P(b) w. N5713 at 12'. vBN in sh. bar, strong dk. lanes on lens and on near side, out. part. distorted by interact. w. N5713. Similar to N3190. Lund 9 dim. for B part only.

N5728 vBN w. spir. patt. of dk. lanes, broad F bar w. dk. lane, narrow (r): 1'8x0'9. P(a) w. N5716 at 23', small anon. SB(s)m at 3'2.

N5739 Heid.9 dim. rej., N only.

N5740 vBN, weak bar, pseudo (r): 0'7x0'4, sev. branch. arms, poor. res. Lund 9 dim. for B part only. P(a) w. N5746 at 18'. One aberrant val. B-V (source C) rejected.
DESC. Ap.J., 46,45,1917.

N5746 vsBN in B cent. bulge, strong dk. lane in front. P(a) w N5740 at 18'.
PHOTO., PHOTOM. B.A.N., 16,1,1961.
ORIENT., ROT., Ap.J., 97,117,1943; 127,487,1958.

N5750 seBN in diff. inner lens: 0'35x0'17, broad diff. bar w. dk. lane, strong (r): 1'1x0'55, F smooth out. arms or arcs. Similar to N5566. Heid.9, Lund 9 HA 88,2 dim. for B part only. Yerkes 2 (1959) class.: or F.

N5756 = Ho 676a. (Ho 676b at 2' is probably a *).

N5757 eBN, strong bar: 0'5x0'05, F(r) 0'5x0'5, out. arms or pseudo (R): 1'2 x 1'2. P. w. anon. S sp. at 3'6.

N5768 sBN, pseudo (r): 0'5x0'3?, sev. knotty branch. arms, poor. res. Heid. 9, HA 88,2 (m(c)) dim. for B part only.

N5772 vBN, (r): 0'5x0'35, poor. res. All dim. for B part only.

N5774 = Ho 685b. P(a) w. N5775 at 4'5. sh. B bar: 0'3x0'05, no N, 2 main part. res. filam. F branch. arms. Lund 6, 9 dim. are much too small.

N5775 = Ho 685a. P(a) w. N5774 at 4'5. B bulge: 0'5x0'25, sev. knotty arms w. strong dk. lane, seen edgewise.

N5783 MAG. Ap.J., 85,325,1937.

N5791 B diff. N. Class. uncertain, poss. S0-. P(a) w. I1077 at 20'.

N5792 vsBN in broad diff. bar w. strong dk. lane, (r): 2'2x0'75 in lens: 3'5x1'1, 2 main filam. arms w. some knots form pseudo (R): 6'7x1'3. Similar to N5566.
RADIO S., poss. ident., Aust.J.Phys., 11,360,1958.

N5793 B bulge, strong dk. lane. P.w. N5796 at 4'3.

N5796 B diff. N, small * at 10". P. w. N5793 at 4'3.

N5806 In N5846 group. P(a) w. N5813 at 21'. eBN in B lens w. spir. patt. of dk. lanes, pseudo (r): 0'9x0'55. F smooth out. arms. Lick 13, Heid.9 dim. for B part only.

N5811 In N5846 group. B bar: 0'3x0'08. F. asym. loop, poor. res. All dim. for B part only.

N5812 P.w. I1084 sf 5'0.

N5813 In N5846 group. = Ho 688a. P.w. N5814 at 4'8, N5806 at 21'. Lick 13 dim. for B part only.

N5820 vsBN in B lens: 0'6x0'2. P.w. N5821 at 3'6 nf and anon. S at 9'6 sp. N5821 = Ho 687a. in Lund 6 and has another vF companion at 1'3.

[N5829 Forms a double system w. I4526 (see Lick XIII, 1918.]

N5831 In N5846 group.

N5832 No BN, F bar, F asym. spir. struct. Class. uncertain, poss. SB(s)m?

N5838 In N5846 group. P(a) w. N5848 (SO sp.?) at 17'5. B diff. N, fairly B lens. Lick 13 dim. much too small. PHOTO., PHOTOM. B.A.N. 16,1,1961.

N5839,5845 In N5846 group.

N5846 = Ho 694a. Brightest in group (see Ap.J., 131,595,1960). P(a) w. N5846A at 0'7. B diff. N, smooth neb. Mag., colors for N5846 + 46A (Sources A,B,C,E,F).
SPECTR. I.A.U. Symp.,5,1958 = Lick Cont. II, 81,1958.

N5846A = Ho 694b. P(a) w. N5846 at 0'7.

N5850 In N5846 group. P(a) w. N5846 at 10'. vBN w. innermost bar-struct. and N, narrow smooth bar: 1'75, part. res. (r):2'0x1'75, F part. res. out. arms form pseudo (R): 4'2x3'8. Similar to N1433. Lick 13, Heid.9 dim. for B part only.
PHOTO. M.N., 85, 1019,1925. Ap.J., 64,326,1926.

N5854 In N5846 group. vs diff. N in B smooth lens: 0'85x0'25 w. sugges. of bar and spir. pattern, F smooth whorls in B envel.

N5857 P(b?) w. N5859 at 2'0. vsvBN in B lens: 0'3x0'25, pseudo (r):0'3x0'2, 2 main reg. arms. Heid.9 dim. for lens only. B mag. (Source C) for N5857 + 59.

N5858 Class. uncertain, poss. SO- sp. P(a) w. N5861 at 9'6 sf, [I1091 at 9'6 np].

N5859 P(b?) w. N5857 at 2'0. vBvsN in B lens: 0'7x0'25 w. dk lanes, 2 main reg. knotty arms; little or no distorsion.

N5861 F bar w. vF or no N, pseudo (r): 0'35x0'25, 2 main filam. arms w some branch. P(a) w. N5858 at 9'6 np.

N5864 In N5846 group. sB diff. N in B lens: 1'0x0'25 w. blobs. Poss. SB(r)? Similar to N5854.

N5866 [Not = M102; the Messier object is a duplicate observation of M101.] vBN w. narrow sharp dk. lane and ansae. B flat compon.: 1'6x0'1, in B lens: 2'2x0'9. Wide pair w. N5907. Lund 9 dim. for lens only. N5867 is a small E neb. at 1'5 sp.
MAG. Ap.J., 85,325,1937.
PHOTO. Ap.J.,131,224,1960. B.A.N.,16,1,1961. Hdb.d.Ap.,5,2,843,1933.
PHOTOM. B.A.N., 16,1,1961.
SPECTR. Sky & Tel., 8,2,1948. Ap.J., 135,735,1962.

N5866B See Ap.J., 82,74,1935 (dim.:2'2x1'7).

N5874,5875,5876. MAG. Ap.J., 85,325,1937.

N5878 B diff. N, 2 main arms w. little branch., poor. res. HA 88,2 dim. for B part only.

N5879 vsBN, many filam. knotty arms, poor. res.
MAG.: Ap.J., 85,325,1937.
SN1954[C], H.A.C. 1275, 1954. P.A.S.P., 72,104,1960.

[N5889 RC1 data are for N5888.]

N5885 sBN, vF bar, (r): 0'55x0'1, sev. filam. branch. arms. HA 88,2 dim. (2'0x2'0, after Helwan 30) for B part only. Lund 10 dim. (3'7x4'0) may be misprint for 3'7x3'0.

N5893 = Ho 701b. P.w. N5895-6 at 4'3. N5896 is a F neb. 1' n of N5895 which is elong. 25 deg. N5895 in Heid.9 and Lund 6 must be a defect.

N5898   P(a) w. N5903 at 5'6.

N5899   P(a) w. N5900 at 9'5. svBN, sh. bar: 0'3x0'1, hexag. pseudo (r): 0'5 x 0'35, sev. knotty branch. arms, strong asym.

N5900   = Ho 702a. P(a) w. N5899 at 9'5. N5901 (=Ho 702b) at 1'3 may be a *.

N5903   P(a) w. N5898 at 5'6.

N5905   sBN on bar: 0'7x0'15, strong (r): 0'9x0'8, 2 main filam. arms w. some knots and branch. P(a) w. N5908 at 13'. Lund 9, Heid.9 dim. for B part only.
MAG. Ap.J., 85,325,1937. SN1963[O], I.A.U. Circ. 1842.

N5907   = Ho 704a. P.w. anon. (Ho 704b) at 12'. vs bulge nearly hidden by strong dk. lane. N5906 is part of it.
DESC.: Ap.J., 46,46,1917.
PHOTO. P.A.S.P., 52,146,1940
PHOTO., ORIENT. Ap.J., 127,487,1958.
SN1940[A], H.A.C. 519. P.A.S.P., 52,146,1940.
SPECTR. Hdb.d.Phys., vol. 51,781,1958.

N5908   vsBN in B bulge, strong dk. lane; similar to N4594. P(a) w. N5905 at 13'.
MAG. Ap.J., 82,62,1935; 85,325,1937.

N5915   P(b) w. N5916 at 4'8, N5916A at 4'6. vB bar, 2 main B arms, F asym. loop or (R): 1'1x0'8, eF out. extens. Heid.9 dim. (0'7x0'3) rej., bar only.

N5916   P(b) w. N5915 at 4'8. vsvBN, weak bar obscured by dk. lane, pseudo (r): 0'55x0'2:, 2 main smooth arms, F out. whorls, distorted by interaction w. N5915. Heid.9, Helwan 38 dim. for B part only.

N5916A P(b) w. 5915 at 4'6. = Hel 479 (Helwan 38). B bar, 2 main arms one sh. and B, other forms asym. loop.

N5921   eBN in B bar: 0'85x0'3 w. dk. lanes, strong (r): 1'1x0'85, sev. part. res. filam. arms.
SPECTR. Ap.J., 135,697,1962.
PHOTO. Hdb.d.Ap., 5,2,843, 1933.

N5929,5930 = Ho 710b,a. Conn. pair at 0'5. Faint I syst. at 5'5 nf.
SPECTR. Ap.J., 116,65,1952.

N5936   B bar w. * superp., pseudo (r): 0'5x0'35, 2 main B reg. knotty arms.

N5949   vsBN, many B knotty arms, (r) struct. doubtful. Similar to N2841?

N5951   = Ho 713a. (Ho 713b at 1'9 is a *).

N5953,5954 = Ho 714b,a. Pair at 0'8.
SPECTR. Ap.J., 116,66,1962. P.A.S.P., 168,386,1957.

N5957   Weak, (r): 0'9x0'8.

N5962   = Ho 716a. (Ho 716b at 1'5 is a *). svBN w. B arcs, knotty B (r): 0'4 x 0'3, v. many filam. knotty arms, pseudo (R): 2'5x1'9. Heid.9, Lund 6 and 9 dim. for B part or lens only.

N5964   = I4551? Narrow B bar: 1'2x0'1, vsFN, sev.part.res.branch. F arms, low surf. bright. Heid.9 dim. for B part only.

N5967   F, vsBN, (r): 0'8x0'8. P.w. N5967A at 9'.

N5967A P.w. N5967 at 9'. vF, sev. F * involv. Poss. SBc?

N5968   sBN, sh. bar, (r): 0'65x0'55, 2 or 3 reg., smooth filam. arms, low surf. bright.

N5970   vsBN in vB bar: 0'5x0'1, narrow (r): 0'6x0'4, sev. knotty branch. filam. arms, high surf. bright. Heid.9 dim.: 3'0x1'0. P.w. I1131 at about 8'.

N5976   In group w. N5981,82,85.

N5981   = Ho 719c. P(a) w. N5982 at 6'3. Heid.9, Lund 6 dim. for B part only. sBN, strong narrow dk. lane. Similar to N4565.

N5982   = Ho 719a. P(a) w. N5981 at 6'3, N5985 at 7'7. vBN. Lund 6 dim. for B part only.

N5984   B v. narrow bar; 0'5x0'05 w. brighter segment; v. poor. res.

N5985   = Ho 719b. P(a) w. N5982 at 7'7. sBN, sh. B bar: 0'3x0'1, narrow (r): 0'95x0'5, 3 main narrow filam. arms.

N6015   vsBN in complex cent. w. many dk. lanes, many knotty arms in B lens, pseudo (R): 5'2x1'8. Heid.9 dim. for B part only.

N6027A,D In small, dense Seyfert's group. Note that the designation in HMS (1956) is different from Seyfert's. 6027A = Seyfert's 6027b; 6027D = Seyfert's 6027.
DYN. A.J., 66,544,1961.
PHOTO. AND DESCR. P.A.S.P., 63,72,1951.

N6041,6044,6045,6047 In Hercules Cl. Anon. 6050A [= I1179 in RC2 and RC3], V = 11173 (Ap.J., 130,629,1959).
PHOTO. Erg. Exakt. Naturwiss., 29,369,1956.
PHOTO., DYN. Ap.J., 130,629,1959.

N6052   = N6064. vBN in bar or core: 0'25x0'06, sev. B, irreg. knotty sh. arms, v. high surf. bright, pec.

N6055   or 6053? [not = N6053 which is a *.] Hercules Cl.
SPECTR. Ap.J., 130,629,1028,1959.

N6056,6061 Hercules Cl.

N6068,68A = Ho 727a,b. Pair at 2'0.

N6070   = Ho 729a. P.w. 2 anon. (Ho 729b,c) at 4'3 and 5'5.

N6106   vsB diff. N w. * at 5", sev, knotty branch. arms. Similar to M33. P(a) w. s. anon. S at 12'. Heid.9 dim. for B part only.

N6118   s not vBN, 3 main reg. knotty filam. arms w. some branch., low surf. bright.

N6140   MAG: Ap.J., 85,325,1927. Rev. class. SA(s)c, pec. N, B part: 2'5x1'5, dim. 6'5x4'5, on Palomar 48-in chart.

N6143   vsBN in sh. bar or core, pseudo (r): 0'15x-, 2 main knotty branch. arms, poor. res.
MAG.: Ap.J., 85,325, 1937, where class. (E1) is an error.

N6166,6166A,B,C,D [Not = Ho 751a,b,c,d,e which are companion galaxies. The objects N6166A,B,C,D are condesations within N6166 itself.]
DESC. and PHOTO. P.A.S.P., 70,143,1958. A.J., 66,558,1961. Ap.J.,136, 1134,1962.
COLOR, MAG., VEL. A.J., 66,558,1961.
RADIO EMISS. P.A.S.P.,70,143,1958. Cal.Inst.Tech.Radio Obs.,5,1960.

N6181   vsBN in vB lens:0'7x0'35 w. spir. struct. and dk. lanes, 3 main part. res. B arms, F out. whorls or pseudo (R): 2'1x0'85. Heid.9 dim. much too small, lens only?
SN1926[B], P.A.S.P., 53,125,1941.

N6196   [= I4615]. In a group. Dim. on a Lick 36-in. pl.: 0'6:x0'3:. Heid 9 dim. (0'2x0'2), N only, rej.

N6207   No def. N, BM, B * near cent. (early Mt. Wil. vel. -250: was for *), complex knotty arms in lens, F out. arms, pseudo (R): 2'9x1'2.

N6211   MAG.: Ap.J., 85,325,1927.

N6215   B, vsBN. P. w. N6221 at 18'.

N6215A F, B * 1'3 sf.

N6217   svBN, broad diff. weak bar, pseudo (r): 1'2x1'0 formed by bright knotty arms in lens: 1'6x1'3, F pseudo (R): 2'5x2'4. Lick 13, Heid.9, Lund 10 dim. for lens only.
DESC.: Ap.J.,46,47,1917.
SPECTR. Lick Bull., 497,1939. A.J., 61,97,1956.
MAG.: Ap.J., 85,325,1937.

N6221   svBN in complex bar: 0'65x0'4 w. dk. lanes, 2 main arms one stronger and longer. P. w. N6215 at 18'.

N6239   B complex bar, one sh. B arm, double out. loop (helix?), vF asym. extens., a most peculiar system! Small coll. pair at 7'5. Heid.9 dim. for B part only. One aberr. value B-V (Source C) rej., interp. value.

N6240   Complex core w. strong dk. lane, distorted, F out. filam. No nearby obj. of similar size. Another v. pec. object.

N6246,6246A Pair at 10' [note correct coord. in RC2 and RC3]. MAG. Ap.J., 82,62,1935; 85,325,1937.

N6300   FN, sev. * superp., dk. lane on bar, (r): 2'0x1'1. See also HB,914,8, 1940.
PHOTO. Occ. Notes R.A.S., 3, No.18,1956.

N6306,6307 = Ho 769b,a. Pair at 1'4. Lund 6 dim. for N6306: 0'3x0'3. MAG.: Ap.J., 85,325,1937.

N6308   sBN, (r): 0'4x0'3.

N6310   MAG.: Ap.J., 85,325,1937.

N6314,6315 Pair at 3'2. Dk. lane in N6314. Heid.9 dim. rej., N only?

N6340   sBN in B bulge: 0'6x0'6 w. dk. lanes; lens: 1'0x1'0, F out. whorls or pseudo (R): 1'9x1'6. HA 88,2 dim. for lens only; class. (E) is erroneous. I1251,1254 at 6' n and 8' nf.

N6359   sBN. P. w. small SB(s)b at 11'np. Heid.9 dim. rej., N only. MAG.: Ap.J., 85,325,1937.

N6381   MAG.: Ap.J., 85,325,1937.

N6384   sBN in F bar, (r): 1'0x0'7, 4 filam. arms, part. res. w. branch. Similar to N6744. Heid.9 dim. for B part only.

N6412   sBN, 2 main knotty arms w.m. branch. Similar to M33.

N6438,6438A Close pair. See P.N.A.S., 26,35,1940.

N6478   = N6466.
DESC.: Ap.J., 46,47,1917.

N6482   B * att. Heid.9, Lick 13 dim. N only? Mean B(0)= 12.87. Source A,C discordant (resid.: -0.33 (A), +0.45(C)).

[N6493] See Ap.J.,82,74,1935 (dim.:1'6x0'7). It is 3'1 nf [N6491] (SA(r)0+). Anon. faint SB(s)d at 4'5 np.

N6500,6501 Pair at 2'3 in a small group. Heid.9 dim. rejected.

N6503   vsvBN, v. many knotty B arms in lens, vF out. extens. Heid.9, Lick 13 dim. for B part only.
SPECTR. Lick Bull., 497, 1939. Ap.J., 135,698,1962.
ROT. Ap.J., 97,117,1943 = MWC 674.

N6555   = Ho 774a. (Ho 774b at 1'8 is a dble*). sBN or bar: 0'15x0'05, pseudo (r): 0'4x0'25, sev. B knotty branch. arms, poor. res. Lund 6 dim for B part only.

N6570   B bar: 0'3x0'1, sev. knotty arms, strong asym., a miniature of LMC. Heid.9 dim. for B part only.

N6574   sB diff. N or bulge, sev. mass. knotty arms w. some branch., poor. res. Heid.9 dim. for B part only.

N6587   Class. uncertain, poss. E5?

N6621,2 = VV 247. PHOTO., SPECTR.VEL. Ap.J., 138,873,1963.

N6627   Weak. sBN, bar: 0'5. Heid.9 dim., N only.

N6643   vsBN, v. many knotty arms, pseudo (r): 0'9x0'5.
MAG.: Ap.J., 85,325,1937.
SPECTR. Ap.J., 135,698,1962.

N6651   MAG.: Ap.J., 85,325,1937.

N6654   svB diff. N in B bar, 2 main vF spir. arms form pseudo (R): 1'85x1'3. MAG.: Ap.J. 85,325,1937.

N6654A See Ap.J., 82,74,1935; 85,325,1937. Anon. Sm of v. low surf. br. at 2'5 np.

N6658   vBN, smooth diamond-shaped lens. P(a) w. N6661 at 9'6. Misidentif. as N6661 by Bigay (1951). Heid.9 dim. for lens only.

N6661   = N6660. B diff. N or bulge in lens: 0'65x0'4, traces of whorls and dk. lanes in envel. P(a) w. N6658 at 9'6. Misident. as N6658 by Bigay (1951). Heid.9 dim. for lens only.

N6667   MAG.: Ap.J., 85,325,1937.

N6674   vBN in B bar: 0'5x0'17, (r): 0'9x0'6, sev. filam., F branch. arms w. some knots, low surf. bright. Heid. 9 dim. (0'2?x0'2?) rej., N only.

N6684   BN, (r): 1'2x0'8. Note revis. of Mt. Stromlo (1956) class.

N6684A vF, no BN. Dim. for B part only.

N6690   BM no def. N,F, v. poor. res.
MAG.: Ap.J., 85,325,1937.

N6699   sBN. See also HB 914,7,1940.

N6702   Heid. 9 dim. (0'2x0'2) rej., N only. Mt. W. early vel. +2250 (1931) refers to N6703 (see A.J., 61,97,1956).

N6703   BN, nearly uniform disk. Heid. 9 dim. (0'3x0'3) rej., N only? Class. uncertain, poss. SA(r)0+?
DESC.: Ap.J., 46,49,1917; 51,30,1920.

N6707   P.w. [N6708] at 6'.
DESCR.: M.N., 81,601,1921 (3'x1'); 110,436,1950.

N6721   sBN, vs * att. 0'2 sf.

N6744   B diff. N in weak bar: 2'0x0'4, F broken (r): 3'2x1'9, sev. filam., part. res. arms. F outlying irreg. cloud: 1'6x0'4 np 10'5 at end of vF anomal. arm. See also M.N., 81,601,1921; HB 914, 7,1940. HA 88,2 dim. (9'0x9'0: ser.a) much too small rej. Uppsala 21 dim (10'x6') for B part only.
PHOTOM. M.N., 112, 606,1952. Ap.J., 138,934,1963.
RADIO EMISS. Hdb.d.Phys., vol. 53,253,1959.

N6753   vBvsN in vB smooth (r): 0'32x0'24, B inner part. w. sev. knotty poor. res. arms, B knotty (R): 2'0x1'6. S. anon. Sp. 5'9 sf. and 12' sf. Similar to M94. Note corr. to (r) dim. of Mt. Stromlo (1956) survey. PHOTO. P.N.A.S., 26,34,1940.

N6754   s not BN, pseudo (r): 1'1x0'35; P(a) w. SAB0- (0'2x0'15) at 1'2.

N6761   sBN, (r): 0'85x0'95. Poor. res.

N6769   P(b) w. N6770 at 1'9, P(a) w. N6771 at 3'5. vB diff. N in narrow incompl. (r): 0'6x0'45 in lens 0'7x0'5, sev. filam. arms w. knots. Linked to N6770. HA 88,2 class. (E:) is erroneous.
MASS OF GROUP, A.J., 66,544,1961.

N6770   P(b) w. 6769 at 1'9, P(a) w. N6771 at 3'2. vBN on weak smooth bar w. F inner blobs, pseudo incompl. (r): 0'9:x0'85, 2 main arms, one forms straight link to N6769, vF out. whorls. For ref. see N6769.

N6771   P(a) w. N6769 at 3'5, N6770 at 3'2. vBN, (r): 0'9x0'2, w. inner dk. matt. on one side, vF rings. For ref. see N6769.

N6771   vBN, * 0'4 np. Note corr. to HA 88,2 and NGC RA (see Mem. Commonw. Obs. No.13,1956).

N6776A Elong. Knot 0'4 p N; poss. SBm on edge ? * 0'3 n N.

N6780   sBN, pseudo (r): 0'65x0'4. Similar to M101 but more reg.

N6782   vBN, vF (R): 1'8x1'3.

N6796   MAG.: Ap.J., 82,325,1937.

N6808   sBN, B(r):0'6x0'25, asym. arm. Note rev. of Mt. Stromlo (1956) class.

N6810   vBN, dk, lane? P.w. large vF, anon. gal. 12'sp.

N6814   vsvBN in weak diff. bar, sev. knotty arms form pseudo (r): 0'75x0'75 weak out parts. Heid.9 dim. for B party only.

N6821   B bar: 0'2x0'06, no def. N, F asym. spir. struct., poor. res. Heid.9 dim. for B part only.

N6822   [= I4895]. In Local Group. Mt.W. vel. for I1308 (emiss. neb. in object): +102 km/sec. Lick (1962) vel. for 2 objects without emiss., probably glob. clusters.
MONOG., PHOTO. M.N., 82, 489,1922. Ap.J., 62, 409,1925 = MWC 304.
B.A.N., 15,308,1961.
PHOTOM. Medd. Lund, I,175,1950: II, 128,1950.
HII REG. Observatory, 79,54,1959. Zs.f.Ap., 50,168,1960.
RADIO EMISS. M.N., 123, 279,1961.
HI EMISS. B.A.N., 15,307,1961. A.J., 68,274,1963.

N6824   vBN or bulge, 2 main B arms, v. poor. res. Heid.9 dim. for B part only.

N6835   BN, 2 main B inner arms seen almost edgewise; v. poor. res. P(a) w. N6836 at 7'5.
SN1962[J], IAU Circ. 1806, 1962. L'Astronomie, 76,392,1962.

N6836   BM no BN, vF spir. arms or arcs, v. poor. res., low surf. br. P(a) w. N6835 at 7'5.

N6850   sBN; v. poor.res.

N6851   vBN, class. uncertain, poss. SA0-?

N6851A,B   Pair of F anon. at 1'5.

N6854   vsBN, s * 0'15 np N; vs B anon. gal. (1'4x0'9) at 1'9 nf.

N6861   = I4949. vBN or lens 1'1x0'45, * 0'7 np. In group w. N6868,6870 and others. Class. uncertain, poss. SA0-?

N6861D,E,F   In group w. N6861,68,70 etc., see Mem. Com. Obs. No.13,1956.

N6868   In group. P(a) w. N6870 at 6'3. BN.

N6870   In group. P(a) w. N6868 at 6'3. sBN, v. poor.res.

N6872   P(b) w. I4970 at 1'1 n. vBN, weak narrow bar: 0'6x0'5, pseudo (r): 0'8x0'65, 2 main reg. narrow arms w. vF distorted extens., one diverging away from I4970. See also M.N., 81, 601,1921.

N6875   vBN, * 3' sf.

N6875A   No BN. Spindle, diff. to class. At about 19' from N6875.

N6876   vB cent., smooth neb., * 0'5 s. P(a) w. N6877 at 1'45, [I4972] at 4'5, N6872 at 9'.

N6877   vB cent., no struct. Poss. S0? P(a) w. N6876 at 1'45.

N6878   B diff. N, 2 reg. arms; similar to M81. Sev. other gal. in field. P(a) w. anon. SA0- (0'6x0'2) at 6'8.

N6878A   F, poor. res., (r): 0'6x0'4. At 18' from N6878.

N6880   svBN, vF bar? traces of (s) struct., * 0'35 np. P.w. I4981 at 1'1.

N6887   F, BM no BN, poor. res. See also M.N., 81,602,1921.

N6890   vsBN in B inner lens w. 2 main poor. res. arms, pseudo (r): 0'5x0'3, out. part has fairly sharp edge w. traces of spir. struct. forming pseudo (R): 0'95x0'65. HA 88,2 class. (E:) is erroneus.

N6893   eBN in B lens: 0'85x0'5 w. dk. crescent, fairly B envel. Close pair of anon. S, S0 at 19' sf. HA 88,2 dim. for B part only.

N6902   vBN, F bar, (r):0'7x0'6, F out. arms. Helwan 38 dim. for B part only. See also M.N., 81,601, 1921; 110,436,1950.

N6906   BN, (r): 0'8x0'3:, 2 main arms, v. poor. res., class. uncertain. P(a) w. I5000 at 18'.
DESCR.: Ap.J., 51,301,1920.

N6907   = N6908. vsBN in B inner lens, strong bar or lens: 0'85x0'4, w. dk. lanes, 2 main knotty arms, slightly asym. Similar to N1097.
DRAWING: Helwan 9.

N6909   BN, 3 * 0'6 p N. See also M.N., 81,601,1921. HA 88,2 dim. for B part only.

N6915   BN, vF bar, (r): 0'3:x0'2:; dim. of B part on Crossley 36-in. pl.: 0'4 x 0'3.

N6921   P. w. vF anon. S at 1'5. Heid. 9 dim. (0'3?x0'3?) rej.

N6923   H.A. 88,2 dim.: 2'0x1'0: (ser. a').

N6925   B diff. N in B bulge, sev. filam. knotty arms w. some branch.
DRAWING: Helwan 9.

N6927A   Anon. at 2'0 sp N6927 (See Humason et al., 1956). In N6928 group.

N6928   Brightest in group. P(a) w. N6930 at 3'7. B bar w. dk. lanes, 2 main arms, some knots, pseudo (R): 1'5x0'35.
DESC. Ap.J., 51,301,1920.

N6930   In N6928 group. P(a) w. N6928 at 3'7. sBN in B lens or bar. F arms, poor. res.
DESCR.: Ap.J., 51,302,1920.
MAG. and COLORS reduced as Sb.

N6935   sBN, vF bar, (r): 0'7x0'65, vF out. arms. P(a) w. N6937 at 4'5. HA 88,2 dim. for B part (r) only.
DESCR., PHOTO. M.N., 82 490,1922. P.N.A.S., 26,34,1940.

N6937   sBN, F bar, (r): 0'7x0'6. 3 main F knotty arms. P(a) w. N6935 at 4'5. HA 88,2 dim. for B part (r) only. For ref. see N6935.

N6943   sBN, poor.res. See also M.N., 81,601,1921.

N6944   sBN. Heid. 9 dim. (0'3?x0'3?) rej., N only? P.w. N6944A at 6'5.

N6944A   P.w. N6944 at 6'5. vsBN.

N6946   esBN, hexag. pseudo (r): 2'4x2'2, 3 or 4 main mass. part. res. arms w. m. branch., low surf. bright. Poss. membership in Local Group not confirmed. Mt. W. vel. for emiss. patch 4'1 nf N: +222 km/sec; Lick 1956 vel. for 2 emiss. patches: +221 km/sec.
PHOTO. P.A.S.P., 60,266,1948; 61,98,1949.
DIST. P.A.S.P., 50,238,1938.
RADIO EMISS. M.N., 122,479,1961.
HI EMISS. Epstein, [A.J.,69,490 & 521,1964].
SN1917[A], P.A.S.P., 29,211,1917. Ap.J., 88,294,1938; 89,195,1938.
SN1939[C], Ap.J., 96,28,1942. L'Astronomie, 55,159,1941.
SN1948[B], P.A.S.P., 60,266,1948; 61,97,1949. H.B. 919, 26,1949.

N6951   = N6952. eBN w. innermost (r) and esN, broad bar: 1'2x0'3 in lens 2'3 x 1'4, 3 main part. res. arms w. some branch.
MAG. Ap.J., 85,325,1937.

N6958   vBN, * 0'7 n. HA 88,2 dim. for B part only.

N6962   Brightest and largest of a dense group. B diff. N in sh diff. B bar 0'4x0'2, vF (r): 0'7x0'5, 2 main F. out. arms w. some knots form pseudo (R): 2'4x1'7. P(a) w. N6964 at 1'9. Heid.9 dim. for N or bar only.

N6963,6964 In N6962 group.

N6970   B, sBN, (r): 0'4x0'3.

N6982   vs * 0'1 n, * 1'1 n. P. w. N6984 at 6'.

N6984   (r): 0'35x0'25, Asym.: B * 1'3 f. P. w. N6982 at 6'. Note revis. of Mt. Stromlo (1956) class.

N7013   B diff. N w. dk. lane, (r): 0'8x0'2, poor. res. Poss. SAB?.

N7020   vBN, (r): 1'1x0'4, (R): 2'65x1'25.

N7029   eBN, vB diff. cent., smooth neb., F anon. Spir. at 6'5 ssf.

N7038   F, vsBN, poor. res. See also M.N., 81,601,1921.

N7041   Poor. resolv., classif. uncertain; poss. SAab not res.? HA 88,2 dim. (0'8x0'4: ser. a') for B part only.

N7049   vBN, * att. 0'3 np. Dk. crescent in B lens: 0'8x0'5. HA 88,2 dim. for lens only.
PHOTO. M.N., 112,606,1952.

N7059   B diff. N w. dk. lanes, weak pseudo (r): 1'4x0'6:, 2 main knotty F arms. See also M.N., 81,601,1921.

N7064   B cent. part (bar?): 2'0x0'2 w. some knots, 2 main arms.

N7065   (r): 0'4x0'4, * on bar near N. P. w. N7065A at 4'1 sf. Heid.9 dim. rej., N only.

N7065A P. w. N7065 at 4'1. vsBN isolated in incompl. (r): 0'5:x0'4.

N7070   P(a) w. N7070A at 21' nf, N7072 at 4'5 ssf. sBN 2 main knotty arms w. m. branch. Similar to M33.

N7070A P(a) w. N7070 at 21'. Poss. S0p. Dk. lanes.

N7072   P(a) w N7070 at 4'5, N7072A at 3'6 ssp. sB cent., sev. B knotty arms. Poss. SBm.

N7072A P(a) w. N7072 at 3'6. Poor. res.

N7079   vB elong N tilted on B cigar-shaped bar: 0'55 x 0'25, traces of struct. in B lens: 1'4 x 0'8, vF envel. HA 88,2 dim. (0'5:x0'5: ser. a') for N only.

N7083   sB diff. N, sev. knotty filam. arms w. dk. lanes. See also M.N.,81, 601,1921.

N7090   B complex cent. part. w. dk. lane on one side, smooth out. parts, slightly asym.; diff. to classif. poss. SB(s)m, after Sersic (Rev. Ast. 1957).
PHOTOM. Revista Ast., XXIX,II,1957.

N7096   Dk. crescent? Poor. res. Dble * 1'4 nf; F anon. 1'2 n.

N7097,7097A Pair at 5'9.

N7098   vBN, F broad diff. bar: 1'4 x 0'8 w. blobs, F(r): 2'05 x 1'1 in lens: 2'4x1'2, vF out. whorls or (R): 3'8x1'9. See also M.N., 81,601,1921.

N7102   sBN, broad bar, pseudo (r): 0'7 x 0'55, F, poor. res.

N7107   Poor. res. See M.N., 81,601,1921.

N7119A,B Pair in contact, cent. of B at 0'25 sp of A. Perhaps optical? Other small gal. in field. A: vsBN, pseudo (r): 0'2 x 0'12, sev. B knotty arms, poor. res.; B: B part structureless. m(H) for both components.

N7124   sBN in smooth bar: 0'5 x 0'08, (r): 0'7 x 0'3. 2 main filam. arms w. some knots, slightly asym. See also M.N., 81,601,1921.

N7125   sh. vB bar: 0'24 x 0'08 in pseudo (r): 0'6x0'4, 2 main filam. knotty arms w. m. branch. See also M.N., 81,601,1921. P(a) w. N7126 at 6'3, and anon. SB(rs) at 6'5 s.

N7126   vsBN in B cent. part: 0'65 x 0'35 w. spir. struct., 2 main F reg. knotty arms. Note corr. to erroneous class. in Mt. Stromlo (1956) survey. P(a) w. N7125 at 6'3.

N7135   B diff. N in fairly B asym. coma extend. 0'8 in sp dir w s. condens.; long thin comet-tail extens. 2'6 in nf dir. Sev. s. gal. in field but no interact. compon. Distant P. w. I5135 at 18'. A very strange object.

N7137   svBN, 3 main knotty B arms w. branch., pseudo (r): 0'25. Heid.9 dim. for B part only.

N7141   See M.N., 81,601,1921.

N7144   vB diff. cent., smooth struct. * 1'7 np, * 1'7 sp. P(a) w. N7145 at 23'5. HA 88,2 dim. (0'5: x 0'5:, ser. a') much too small, N only?

N7145   vB cent., * 0'9 sf. P(a) w. N7144 at 23'5. HA 88,2 dim. (0'5: x 0'5:, ser. a') much too small, N only?

N7155   Bar: 0'9, w. s *, vF (r): 1'1 x 1'1. HA 88,4 dim. inconsistent, minor dim. (0'7) too small.

N7156   sBN, pseudo (r): 0'3 x 0'25, sev. F filam. branch. arms. Similar to M101. All dim. for B part only.

N7162   BM, no BN, sev. filam. knotty arms. P(a) w. N7162A at 14'5 nf, N7166 at 11'0. See also M.N., 81,601,1921.

N7162A Sh. not vB bar: 0'5 x 0'12, sev. filam. knotty arms. P(a) w. N7162 at 14'5. Mt. Stromlo (1956) dim. for B part only.

N7163   In N7163-7176 group.

N7166   eBN: 0'35 x 0'24 in B diff. lens: 1'2 x 0'4, F envel. P(a) w. N7162 at 11'0. HA 88,2 dim. for lens only.

N7168   B diff. N, smooth struct. P(a) w. anon. E0? (0'4 x 0'4) at 3'0 sf. Listed by error as I5152A in Mem. Commonwealth Obs.,III,13,1956, Table III.

N7171   sBN in weak diff. bar, pseudo (r): 0'65 x ?, 2 main knotty arms w. m. branch. P(a) w. I1417 at 12'3.
RADIO S. (?), Poss. ident. (unconfirmed); Aust.J.Phys., 11,360,1958.

N7172,7174 In N7163-7176 group.

N7177   eBN, smooth (r): 0'5 x 0'3 in lens: 1'3 x 0'8, many filam. knotty arms. Heid.9 dim. for B part only.
DESC. Ap.J., 46,54,1917.
SN1960[L], P.A.S.P., 73,175,1961.

N7179   sBN, weak ansae. class. uncertain. See also M.N., 81,602,1921.

N7180   Spindle, classif. doubtful.

N7184   vBsN in B broad diff. bar w. dk. lane, (r): 1'65 x 0'4, many knotty filam. arms w. branch.

N7191   Stromlo dim. for B part only. Class. uncertain. s * att.

N7196   vBN, vF out. envel.? * 0'6 f. P. w. vs B gal. 1'2 nf.

N7205   sB diff. N, 2 main mass. B knotty arms w. dk. lanes and emiss. obj. P(a) w. N7205A at 8'5 p.

N7205A B cent., sev. knotty arms, asym., poor. res. P(a) w. N7205 at 8'5.

N7213   eBN, smooth tightly coiled arms. vF envel.: 1'9 x 1'7?
PHOTO. M.N., 112,606,1952.

N7214   P. w. I5168 at 5'2.

N7217   vB diff. N, B(r): 0'35 x 0'27, v. many knotty, tightly coiled arms in lens: 1'3 x 1'1, part. res. out. arms form (R): 2'5 x 2'1.
PHOTO., PHOTOM. Hdb.d.Ap., 5,2,843,1933. B.A.N.,16,1,1961.
HII REG. Zs.f.Ap., 50,168,1960.

N7218   B sh. bar: 0'3 x 0'1 w. FN, broad knotty (r): 0'8 x 0'4, sev. knotty arms, slightly asym.

N7219   eBN, B(r): 0'3 x 0'2, (R): 1'25 x 0'85.

N7232   (r):0'55 x 0'1:. P(a) w. N7233 at 2'. Note rev. of Mt. Stromlo (1956) class. and dim.

N7232A FN or no N in forsh. bar, pseudo (r): 0'7 x 0'1. Poor. res. 8'1 nnf I5181.

N7232B vF, narrow bar, vF filam. arms. 5' nf N7232.

N7233   svBN, sh. B bar, F smooth arms. P(a) w. N7232 at 2'. Note revis. of Mt. Stromlo (1956) class.

N7236,7237 Pair of distorted E or S0, at 30". Greenstein (1962) from 200-in. photo. has dim. of 7236: 10", of 7237: 60". Heid.9 dim. rejected. F anon. gal. 0'7 sf. RADIO Source 3C442. For MAG., VEL., SPECTR., RADIO EMISS. see Ap.J., 135,679,1962.

N7240 In N7242 group; uncertain identif. In Humason et. al. (1956); desc. in Heid.9 confirms N7242 is 3'8 nf.

N7242 Brightest in group. = Ho 789a. Ho 789b at 0'5 may be a * [no; it is IVZw90. I5193] 3'5 ssf, N7240 3'8 sp.

N7248 Dim. B part on Lick 36-in. pl.: 0'5 x 0'2. N7250 at 17'5.

N7252 eBN in B lens: 0'5 x 0'4 w. traces of (r): 0'3 x 0'3, traces of F(R): 2'0 x 1'4.

N7290 sBN, B knotty (r): 0'35 x 0'22, many filam. knotty arms w. m. branch. Similar to M63. Heid.9 dim. for B part only.

N7298 sBN, pseudo (r?):0'2 x 0'2, 2 main knotty filam. arms w. branch. P(a) w. N7300 at 11'3. Perhaps similar to M101. Heid.9 dim. for B part only.

N7300 sBN, pseudo (r): 0'55 x 0'2, 3 main smooth arms, poor. res. P(a) w. N7298 at 11'3, N7302 at 21'5.

N7302 = I5228. vsvBN, B inner lens: 0'3 x 0'2. P(a) w. N7300 at 21'5. Heid. 9 dim. for lens only.

N7307 F, FN, poor. res. See M.N., 81,601,1921.

N7309 vBN in smooth lens, pseudo (r): 0'35 x - , 3 main knotty arms w. F out. extens and some branch.

N7313 P.w. N7314 at 4'3.

N7314 esBN in forsh. bar, pseudo (r): 3'5 x 1'5, many knotty arms. P.w. N7313 at 4'3. Helwan 9, HA 88,2 dim. for B part only.

N7317 = Ho 792d. In Stephan's Quintet.
PHOTO. Hdb.d.Phys.,vol.53,381,1959. Ap.J.,130,15,1959; 134,244,1961.
DYN., MASS, Ap.J. 130,15,1959; 134,244,1961. A.J., 66,542,1962.

N7318A,B = Ho 792c. Col. pair. In Stephan's Quintet. A projects on arm of B; B is distorted. For ref. see N7317. B mag. (source C) for both comp.

N7319 = Ho 792b. In Stephan's Quintet. Asym. out. filam. reaching out to 2'2 from N. For ref. see N7317. Lick 13, Heid.9, Lund 6 dim. for B part only.

N7320 = Ho 792a. In Stephan's Quintet, but low rad. vel. makes phys. membership doubtful (see Ap.J., 134,244,1961). For ref. see N7317.

N7320C At 4'1 nf N7320. Outlying member of Stephan's group? (r): 0'4 x - .

N7329 vBN, (r):1'2 x 0'85, sev. filam. knotty arms. See also HB 914,7,1940.

N7331 = Ho 795a. Brightest in a group of F objects. See Note to N7333. Lund 6 dim. for B part only.
PHOTO. Ap.J., 97,114,1943;133,892,1961.
PHOTOM. Stokholm Ann.,13,No.8,1941; 14,No.3,1942. Ap.J.,104,212,1946.
SPECTR. Ap.J., 135,699,1962.
ORIENT., ROT., Ap.J., 97,117,1943; 127,487,1958.
POLAR. Stockholm Ann., 19, No.1,1956.
HII REG., Zs.f.Ap., 50,168,1960.
SN1959[D], HAC,1438,1959. P.A.S.P.,72,127,208,1960. Ap.J.,133,[883], 1961.

N7332 = Ho 796a. P(a) w. N7339 at 5'0. vB peanut-shaped cent. bulge: 0'7 x 0'4, strong flat comp.: 1'2 x 0'14, smooth neb.
DESCR., PHOTO. Ap.J., 130,20,1959. B.A.N., 16,1,1961.
PHOTOM. B.A.N., 16,1,1961.

N7333 = Ho 795i is a *. Misidentif. in Lick 13. N7338,25,27,26 (= Ho 795d, f,g,h) are also *.

N7335 = Ho 795c. Redshift suggest poss. outlying member of Stephan's group?

N7339 = Ho 796b. P(a) w. N7332 at 5'0. B cent. bulge or lens w. knots and dk. mark.: 0'7 x 0'25, w. strong forsh. knotty spir. arms, nearly spindle. Lick 13, Lund 6 dim. for B part only.

N7343 Uncertain redshift (Humason et. al., 1956). Identification is also uncertain, N7343 is an SB(s)b with a bright, stellar nucleus, 22's, 20'f N7331, the object observed at Mt. W. is listed as E3 and is either the nucleus or possibly a small anon. E3 gal. 10'n, 2'p N7343.

N7361 Note corr. to HA 88,2 and NGC RA (MWC 626) v. poor. res. asym.

N7368 See M.N., 81,602,1921.

N7371 = Ho 797a. (Ho797b at 1'0 is a *). sBN in sh. lens or bar: 0'3 x 0'1, F(r): 0'75 x 0'75, eF (R): 2'9 x 2'9:. Lick 13, Lund 6, Heid.9 dim. for B part only.

N7377 B diff. N in diff. bulge w. sev. spir. dk. lanes; somewhat similar to N1316. HA 88,2 and 88,4 dim. for B part only.

N7385,7386 Pair at 6'.
DYN., MASS. A.J., 66,554,1961.

N7392 vsvBN, 2 main knotty arms w. dk. lanes; transition toward SAB.

N7393 sBN in B bar: 0'22 x 0'06, pseudo (r): 0'4 x 0'35, F out. arms. Lick 13, Heid.9 dim. for B part only.

N7408 DESC.: HB 777,1922. M.N., 110,437,1950.

N7410 B diff. N, B lens w. bar and some spir. struct., v. poor. res.

N7412 sBN, bar: 0'85, pseudo (r): 1'3 x 1'2, vB * 6' nnf.

N7412A F, asym.; poss. Sbm on edge?

N7416 vsBN, B bar w. dk. lane, (r): 1'2 x 0'35, 2 F reg. arms w. dk. lanes.

N7418 svBN, vF bar, pseudo (r): 0'85 x 0'7, 2 main knotty filam. branch. arms. See also H.B., 914,7,1940.
DRAWING: Helwan 9. P(a) w. N7421 at 19'5.

N7418A vsBN, vF arms, classif. doubtful. at 16' nf N7418. Stromlo dim. for B part only. [Note in Publ.Dept.Ast.Univ.Texas,II,Vol.II,No.12 is based on Whiteoak print which shows only the nucleus. Omission from RC2 based on this note was a mistake.]

N7421 sB diff. N, narrow B bar, (r): 0'8 x 0'55, 3 main smooth arms. P(a) w. N7418 at 19'5. See also H.B., 914,7,1940.
DRAWING: Helwan 9.
PHOTOM. Revista Ast., XXIX,1957.

N7424 sB elong. diff. N:0'2 x 0'12 in sh. diff. bar: 0'6 x 0'3, pseudo (r): 1'2 x - , 2 main part. res. filam. arms w. m. branch. Similar to M101. Low surf. bright.; Lund 7, 10 dim. for B part only.

N7448 svBN in B knotty pseudo (r): 0'35 x 0'2, sev. B knotty spir. arms, high surf. bright., sharp outline.

N7454 svB diff. N. P. w. anon. SB(s)c at 1'7. Heid.9 dim. for B part only.
PHOTOM. M.N., 98,620,1938.

N7456 F, not well res., * 1'3 ssp. N.

N7457 vsBN, smooth neb. w. v. weak traces of zones or arcs. P.w. s. anon. spindle at 8'. Heid.9, Lick 13 dim. for lens only.

N7462 Almost spindle, bar: 1'1 x -, B * 1'2 p N. See also M.N.,81,602,1921. HA 88,2 minor dim. (after Helwan) is excessive.

N7463,7464,7465 = Ho 802a,c,b. N7465: SN1950, IAU Circ. 1348, [not confirmed].

N7469 = Ho 803a. P(a) w. I5283 at 1'3 nf (= Ho803b? with RA and Dec offsets of opposite sign). eBN, pseudo (r): 0'35 x 0'22, F out. whorls form pseudo (R): 1'2 x 0'85. Isol., detached arms. Heid.9, Lund 6 dim. for B part only.
PHOTO. Ap.J., 137,1023,1963.
SPECTR. Ap.J., 97,28,1943. Broad em. lines in N.
ROT., MASS. Ap.J., 137,1023,1963.

N7479 vsBN in bar: 1'6 x 0'3 w. strong dk. lanes, 2 main arms, part. res., one stronger, pseudo (r?): 2'5 x 2'1. Heid.9 minor dim. (0'3) rej., bar only.
PHOTO. Ap.J., 64,326,1926; 132,654,1960.
SPECTR. IAU Symp.,5,1958 = Lick Cont.II,81,1958. Ap.J.,132,654,1960; 135,698,1962.
ROT., MASS. Ap. 132,654,1960. A.J., 65,342,1960.

N7496   svBN, bar: 1'2 x - , elong B patch in one arm, * 1'8 n N. See also M.N., 81,602,1921. HA 88,2 dim. for B part only.

N7496A   Poor. res., classif. doubtful, Mt. Stromlo dim. for B part only.

N7499,7501,7503 Triple system w. many F gal. in field. (Pegasus II Cl.).

N7507   P(a) w. N7513 at 18'.

N7513   P(a) w. N7507 at 18'.

N7531   B diff. N in vB (r): 0'95 x 0'4, w. dk. lanes, sev. F filam., part. res. arms. HA 88,2 dim. (1'5 x 0'5:, ser. a') for B part only.

N7537   = Ho 805b. P(a) w. N7541 at 2'7. v. poor. res. Lund 6 dim. for B part only.

N7541   = N7581 = Ho 805a. P(a) w. N7537 at 2'7. B narrow bar: 0'55 x 0'5, many knotty filam. arms w. dk. lanes, poor. res.

N7552   = I5294. eBN in B complex bar and lens: 1'8 x 0'35, w. dk. lane, 2 smooth reg. arms w. few B knots form pseudo (R): 3'0 x 2'4.

N7562   P(a) w. N7557, E ? at 4'5 np. Heid.9 dim. (0'45 x 0'3) rej., N only.

N7562A   Spindle at 2'3 sf N7562.

N7576   eBN in B lens: 0'35 x 0'3, F(r): 0'7 x 0'55. P. w. N7585 at 10'7. Heid.9 dim. for lens only.

N7582   In group w. N7590,99. P(a) w. N7590 at 9'5, N7599 at 13'. vsBN in B complex lens and bar: 2'7 x 0'7, w. dk. lanes, 2 F smooth reg. arms form pseudo (R): 4'4 x 1'75. See also M.N., 81,602,1921.
PHOTO. P.N.A.S., 26,33,1940.

N7585   B diff. N in bulge or lens: 0'8 x 0'55, w. traces of dk. lane, single smooth arm or loop forms pseudo (R): 1'95 x 1'7: in F envel. P(a) w. N7576 at 10'7.

N7590   In group w. N7582,99. P(a) w. N7599 at 4'9. vB inner part: 1'0 x 0'4, sev. B knotty arms. B knotty arms. B * 1'1 nf.
PHOTO. P.N.A.S., 26,33,1940.

N7592   Colliding pair, 2 N 0'25 apart.

N7599   In group w. N7582,7590. P(a) w. N7590 at 4'9. vs not vBN, many reg. knotty arms w. some branch., dk. lane on one side. See also M.N.,81, 601,1921.
PHOTO. P.N.A.S., 26,33,1940.

N7600   svBN in B diff. lens: 0'6 x 0'2. Poss. E+6. Heid.9 dim.: 1'6 x 0'3.

N7606   B diff. N in smooth cent. part. w. dk. lane, 2 main filam. arms, w. some knots and branch.

N7611,7615,7617,7619,7623,7626,7631 N7619 brightest of group (Pegasus I Cl.). DESC. Ap.J., 51,304,1920.
DYN., MASS. Ap.J., 134,262,1961. A.J., 66,545,1961.

N7525   sB complex N in B(r): 0'22 x 0'17, complex lens w. strong asym. dk. lane; v. pec. object. Heid.9 dim. for B part only. Yerkes 1 class. (1958).: or F ? "turbulent E w. dust".

N7640   No def. N, BM, forsh. bar: 1'7 x 0'3 w. dk. lanes, well res. arms w. F out. extens., slightly asym. Heid.9 dim. for B part only.
SPECTR. IAU Symp., 5,1958=Lick Cont., II,81,1958. Ap.J.,135,696,1962.

N7671,7672 P(a) at 6'.

N7678   svBN, pseudo (r): 0'4 x -, 2 main filam. knotty arms w. some branch., poor. res.

N7679   eBN in F lens: 0'5 x 0'5 w. dk. matt. or F(r), F bar or tidal extens. P(a)? w. N7682 at 4'5. Heid.9 dim. for lens only.

N7682   Bar: 0'6, sBN, (r): 0'8. P(b)? w. N7679 at 4'5. Not found in Heid.9 is an error; see Ap.J., 91,350,1940. = MWC 626.

N7685   Identif. doubtful. vF.

N7689   vsBN in weak pseudo (r): 0'25 x 0'2, sev. B knotty arms, v. sharp outline. Similar to M101.

N7690   vsvBN in (r): 0'24 x 0'12, surrounding spir. struct. v. poor. res., class uncertain. Mt. Stromlo 74-in. dim. for B part only.

N7702   eBN in B (r): 1'0 x 0'45, brighter near ansae in lens: 1'2 x 0'55, eF out. (R): 2'2 x 1'4:.

N7713   BM, no BN, knots in arms. P.w. N7713A at 19'. Class. uncertain, poss. SA?

N7713A   P.w. N7713 at 19'. poor. res., class. uncertain.

N7714   = Ho 810a. P(b) w. N7715 at 1'9. eBN, B distorted knotty lens 0'8 x 0'8, one main smooth arm or loop; outer extens., one link w. N7715. Lund 6, Heid.9 dim. for lens only.
SPECTR. IAU Symp., 5,1958 = Lick Cont. II,82,1958.

N7715   = Ho 810b. P(b) w. N7714 at 1'9. F cent. part.: 0'3 x 0'1, narrow knotty extens., knotty link w. 7714. Lund 6, Heid.9 dim. for B part only.
SPECTR. IAU Symp., 5,1958 = Lick Cont.II, 81,1958.

N7716   vBN, vF bar, B(r): 0'45 x 0'3, sev. F narrow filam. arms w. some branch. One aberr. val. B-V (source C) rej.

N7721   = Ho 812a. (Ho 812b at 2' is a *). vsBN, sev. filam. knotty branch. arms, poor. res. Lick 13, Helwan 9, 15 dim. for B part only.

N7723   svBN in B bar: 0'6 x 0'03, (r): 0'75 x 0'5, many knotty arms, pseudo (R):2'4x1'6. Lick 13, Heid.9 dim. for B part only. Similar to N6300. DESCR. AND STRUCT. Stockholm Ann., 19, No.2,1956.

N7727   vsB diff. N in smooth inner lens: 0'3 x 0'1, * or B knot superp.; vF smooth whorls or arms. P(a) w. N7724 SB(s)ab at 12'. Heid.9 dim. for B part only.

N7741   B narrow bar: 0'8 x 0'2, w. dk. lanes, no BN, 2 mass., part. res. arms, one stronger. Heid.9 dim. for B part only. Interp. val. of B-V(0).
SPECTR. A.J., 68,278,1963. (Abst.).

N7742   eBsN in B(r): 0'3 x 0'3, many poor. res. knotty arms, doubtful (R). Similar to N6753. HA 88,2 classif. (E:) is erroneous.
SPECTR. Lick Obs. Bull., 497,1939.

N7743   vBN in sh. bar: 1'0 x 0'16, smooth arms at edge of lens: 1'9 x 1'65 form pseudo (r): 1'5 x 1'3, vF traces of (R): 3'9 x 2'7. Heid.9 dim. for lens only.

N7744   = I5348? [Yes.] sBN, B part or lens: 0'5 x 0'4. HA 88,4 dim. (0'7 x 0'4) for B part only.

N7752   P(b) w. N7753 at 2'0 (=Ho 816b?). vs and B, pec.; Lick 36-in. pl. dim.: 0'5 x 0'2. Note corr. to NGC Decl., N7752 is sp of N7753.

N7753   = Ho 816a. P(b) w. N7752 at 2'0. sBN, weak bar, (r): 0'6 x 0'4, asym. out. whorls.

N7757   = Ho 817a. N7756 at 4'5 (=Ho 817b) is a *. Similar to M101.

N7764   B complex bar: 0'5 x - , partly res. High surf. bright.

N7764A   Interacting pair of Sp. and Irr. sp? + small E0 comp. at 0'75 of Sp. (See Mem. R.A.S., 68,72,1961).

N7769   = Ho 820c. P(a) w. N7770 at 5', N7771 at 5'4. eBN, pseudo (r): 0'75 x 0'55, F out. extens., eF(R) suspected. Heid.9, Lund 6 dim. for B part only. Mean B(0) = 13.12. Two discordant val., source C(resid.: +1.15, -0.33).
SPECTR. Lick Bull., 497,1939.

N7770   = Ho 820b. P. w. N7769 at 5', N7771 at 1'1.

N7771   = Ho 820a. P. w. N7769 at 5'4, N7770 at 1'1. eB elong. core or N in B bar: 0'9 x - w. dk. lanes 2 smooth spir. arms. Lund 6, Heid.9 dim. for B part only.

N7779	In N7782 group.
N7782	Brightest in group. sB diff. N, 2 main filam. knotty arms. Heid.9, Lick 13 dim. for B part only.
N7785	Smooth N, no struct.
N7793	vsvBN (or * ?) many irreg., part. res. arms w. branch. Helwan 9,15 and Lund 7 dim. for B part only. Sd class. originally introduced by H. Shapley for this galaxy. PHOTO. P.A.S.P., 53,16,1941. P.N.A.S., 26,31,1940. PHOTOM. H.B., 907,1938. HII REG. Zs.f.Ap., 50,168,1960.
N7796	svBN.
N7814	vB cent. bulge: 0'5 x 0'4, out. bulge: 2'0 x 1'2, strong thin (0'1) dk. lane seen edgewise w. secondary layer of dk. matt. Lick 13, Heid. 9 dim. for B part only. Interp. val. of B-V(0). PHOTO. Ritchey, L'Evolution de l'Astrophotographie,S.A.F.,Paris,1929, Pl. 22. Hdb.d.Ap. 5,2,843,1933. PHOTO.,PHOTOM., Ap.J.,120,444,1954. B.A.N., 16,1,1961.
N7817	Spindle, classif. uncertain.
I0010	Local Group? [Yes.] Mt. W. vel. for bright emiss. patch in sf part: -88 km/sec. PHOTO. P.A.S.P., 47,317,1935. A.J., 67,432,1962. SPECTR. P.A.S.P., 53,123,1941. HI EMISS., A.J.,66,294,1962; 67,431,1962. Harvard Radio Ast.Rep.,102, 1962. Epstein, [A.J.,69,490 & 521,1964].
I0079	Brightest in a group; see P.N.A.S., 26,41,1940.
I0127	In group w. N584,586.
I0167	In N678-697 group.
I0239	In N1023 group. vsBN in smooth pseudo bar: 0'21 x 0'18, pseudo (r): 0'27 x -, 2 part. res. main arms w. branch., low surf. bright. Similar to M101.
I0342	vBN, weak pseudo (r): 4'1 x 3'7, extens. well res. arms; v. similar to M101. See also HA 105,229,1937. MONOG. H.B., 899,16,1935. PHOTO. Hubble, Realm of Neb., pl. 12,1936. L'Astronomie, 50,26,1936. SPECTR. A.J., 61,97,1956. Zwicky, Morph. Astro., 153,1957. RADIO EMISS. P.A.S.P., 72,368,1960. M.N., 122,479,1961. HI EMISS. A.J., 67,313,1962.
I0343,346	In N[1383]-1407 group.
I0356	See HA, 105,229,1937.
I0391	B, v. reg. arms.
I0398	P(a) w. N1726 at 17'5. B bar: 0'3 x 0'08, poor. res. Dim. for B part only.
I0449	See HA, 105,229,1937.
I0451	Note corr. to IC coord. (HA 105,229,1937) I450 at 6'5 sp. MAG.: Ap.J., 85,325,1937.
I0467	P(a) w. N2336 at 20'. Poor. res., low surf. bright.
I0469	MAG.: Ap.J., 85,325,1937.
I0492	Weak, (r): 0'4 x -.
I0511	vBN, poor. def.; dim. for B part only. See also HA 105,229,1937.
I0520	Misidentified as N2646 in HA 88,2. sB diff. N, F whorls in lens. F smooth arms form pseudo (r): 0'7 x 0'6. See also HA 105,229,1937.
I0529	See HA, 105,229,1937.
I0694	Coll. pair P(c) w. N3690.
I0749,750	= Ho 313a,b. Pair at 3'3. See also HA, 105,230,1937.
I0751	Pair w. I0752 at 4'2. See also HA, 105,230,1937.
I0758	[Called I0757 in RC1.] MAG.: Ap.J., 85,325,1937.
I0764	FN, sev. F filam. arms w. some branch. Poss. SAB(rs).
I0775	P. w. N4267 at 14'5.
I0783,783A	See Ap.J., 115,284,1952.
I0794	mpg = 14.5 (1'44), 14.9 (1'), Bigay et. al., 1954.
I0844	P(a) w. N4936 at 12'7.
I0982	vsBN. P.w. I0983 at 2'7, N5490 at 10'5. Lund 9 dim. (0'3 x 0'2) rej., N only.
I0983	sBN, bar: 0'5, (r): 0'9 x 0'6, weak arms. B * 1'5 sf. P.w. I0982 at 2'7. Lund 9 dim. (0'3 x 0'2) rej. N only.
I1029	MAG.: Ap.J., 85,325,1937. P(a) w. N5676 at 26'5.
I1067	sBN, F(r): 0'6 x 0'5, sev. filam. arms, poor. res. P.w. I1066 (S:) at 2'2. Dim. for B part only.
I1091	sBN, poor. res. P(a) w. N5858 at 9'6. Dim. for B part only.
I1099	SN1940[C], HAC 524,1940. L'Astronomie, 55,159,1941.
I1131	P.w. N5970 at 8'. sBN.
I1173,1181A,B,1183,1185,1186,1194	In Hercules Cluster. [I1181A = I1178, I1181B = I1181 in RC2 and RC3.]
I1182,4	In Hercules Cluster. PHOTO., SPECTR., VEL., Ap.J., 138,887,1963.
I1237,1248	MAG.: Ap.J., 85,325,1937. [Note corr. to RC1 coord. for I1248.]
I1302	In a group. P. w. I1303 at 9'5.
I1303	P. w. I1302 at 9'5. sBN, knotty branch. arms, poor. res.
I1308	Emiss. neb. in N6822.
I1417	P(a) w. N7171 at 12'3. Dim. for B part only.
I1459	= I5265. PHOTO., PHOTOM. M.N., 112,606,1952.
I1554	Note corr. to IC coord. (Helwan 22, 38; dim.: 0'5 x 0'3).
I1559	Close pair w. N169. Lick 13 dim.: 0'3; Heid.9: 0'3 x 0'2.
I1563	= Ho 13b. P. w. N191 at 0'8. Lund 6 dim.: 0'6 x 0'6.
I1613	Local Group. Note corr. to IC coord. Asym., highly res., v. low surf. bright. HII rings and glob. clusters. PHOTO. Hubble,Realm of neb., pl. II,1936. B.A.N., 15,308,1961. PHOTOM. Medd.Lund, II,128,1950; I,175,1950. HII REG. Zs.f.Ap., 50,168,1960. RADIO EMISS. P.A.S.P., 72,368,1960. M.N., 123,279,1961. HI EMISS. B.A.N., 15,307,1961.
I1727	= Ho 46b (dim.: 3'5 x 1'5). P(b?) w. N672 at 9'. No N, F knotty bar, magellanic type, well res., low surf. bright.; poss. distorted by N672. Mt. W. vel. for emiss. patch in sf end.
I1731	At 30' from N672, and 36' from I1727.
I1738	P(a) w. N701 at 5'4. (r): 0'21 x 0'17; B part: 1'2 x 1'2.
I1830	= Haro 18 (Boll. Tonantzintla, No.14,1956).
I1856	Lund 7 dim.: 0'9 x 0'3.
I1913	F spindle: 1'5 long (Helwan 30).
I1933	BM, poor. res., B * 0'6 s. In a group incl. I1920,28,42,46.

I1953   No N, sh. bar, pseudo (r):0'52 x 0'47, 3 main knotty arms form pseudo (R) or loop. low surf. bright.

I1954   sBN or *, 2 main B mass. arms w. fainter clumpy out. parts. See also M.N., 81,602,1921.

I1970   Class. uncertain, poor. res.; see also M.N., 81,602,1921.

I2033   Class. uncertain; Stromlo 30-in., dim.: 0'7 x 0'25.

I2035   H.A. 88,2 dim.: 0'6 x 0'6 (ser. a').

I2038,2039 Pair at 1'5. I2039: 0'45 x 0'35: w. neb. patch 0'4 p.

I2056   B complex N, vF (R): 1'4 x 1'3; remark in HA 88,2 "poss. planetary" suggested by (R). It is definitely not a planetary. HA 88,2 dim. (0'6 x 0'6, ser a') for N only.

I2058   F spindle, class. uncertain.

I2082   Pec. w. small comp. (coll. ?). In center of a cluster in Doradus.
PHOTO., PHOTOM. Zs.f.Ap., 53,256,1961.
RADIO EMISS. Hdb.d.Phys., vol.53,261,1958. Aust.J.Phys.,14,497,1961.

I2163   P(b) w. N2207. For ref. see N2207.

I2174   vsBN, vF (R). P(a) w. N2314 at 5'7.

I2179   P. w. N2347 at 13'2.

I2200,2200A Pair at 1'4. I2200: asym., * 0'6 nf. class. uncertain.

I2209   P(a) w. N2460 at 5'5. vsBN, (r): 0'33 x - . Others F gal. in field. Dim. for B part only.

I2233   P(a) w. N2537 at 19'. [RC1 type for inner part only].
DESC.: Ap.J., 51,308,1920.

I2363   PHOTO., SN1961[B], P.A.S.P., 74,215,1962.

I2389   In a group. P(a) w. N2636 at 8'. 2 B mass. arms. See also H.A.,105, 229,1937.

I2522,2523 Pair at 5'.

I2537   sBN, pseudo (r): 0'5 x 0'5, sev. filam. arms w. knots and branch. Similar to N300. Anon. gal. of v. low surf. bright at 16'.

I2574   In M81 group. v. low surf. bright., v. weak bar-like core: 4'5 x 1'0, 2 main well-res. arms. See also HA, 105,229,1937.
PHOTOM. Medd. Lund II,128,1950.
HII REG. Zs.f.Ap., 50,168,1960.
HI EMISS. Epstein, [A.J.,69,490 & 521,1964].

I2584   Helwan 22 dim. (0'8 x -) rej., N only.

I2587   sBN. Stromlo 13 dim. for B part only.

I2604   At 13' from close pair N3395-3396.

I2627   sBN, 2 main B arms w. F out. extens. HA 88,2 dim. (2'0 x 2'0, after Helwan) for B part only.

I2943   Lund 9 dim.: 0'3 x 0'3. See HA,105,230,1937. P. w. N3759 at 2'2.

I2995   Forsh. bar, no def. N, 2 main branch. arms poor. res.

I3155   = Ho 365b. Close pair w. N4269 at 1'. [RC1 type is for N4269].

I3258   Asym., highly res. arm, magellanic type? mpg = 15.0 (1'44), 15.5 (1'), Bigay et al., 1954.

I3290   BN. Pair w. N4373 at 2'0. Classif. uncertain.

I3303   mpg = 15.0 (1'44), 15.1 (1'), Bigay et al., 1954.

I3322A   At 19' sf N4365.

I3330   See HA, 105,231,1937.

I3370   B N: 0'5 x 0'4.

I3381   mpg = 14.8 (1'44, 1'), Bigay et. al.,1954.

I3393   mpg = 15.1 (1'44), 15.4 (1'), Bigay et al., 1954.

I3457   mpg = 15.8 (1'44), 16.5 (1'), Bigay et al., 1954.

I3475   B(0), B-V(0) for D(0) = 1'.
PHOTO., DIM.: 61,72,1956.

I3476   Poss. Sm or Im.

I3481,3481A Connected systems; see Erg.d.Exakten Naturwiss., 29,356, 1956.

I3483   Connected to I3481,3481A, according to F Zwicky, Erg.d.Exakten Naturwiss., 29,356,1956. Note large differential rad. vel.

I3522   DESC.: A.J., 61,71,1956.

I3528   = Ho 421b? P(a) w. N4540 at 1'5.

I3583   No N. Part. res. core or bar: 1'4 x 0'4. F asym. out. extens. P.w. N4569 at 6'0, poss. interacting.

I3804   = N4711 (Heid.9). See also HA, 105,231,1937.

I3896A   vF out. arms ? B * 0'6 s.

I3900,3946,3949,3960A (0'5 nf I3960),4011,4012,4021,4040,4045. In Coma Cluster.

I4051   In Coma Cl. SN1950[A], P.A.S.P., 62,117,1950.

I4182   PHOTO. Ap.J., 88,285,1938.
SN1937[C], P.A.S.P.,49,283,1937; 50,216,1938. Ap.J.,88,291,412,1938; 89,156,1939; 96,28,1942. Zs.f.Ap.,14,227,1937. L'Astronomie,55,25, 1941. Hdb.d.Phys., vol.51,777,780,1958.

I4237   sBN, (r): 0'5 x 0'45, F, poor. res. P(a) w. N5314 at 10'7.
SN1962[H], HAC 1574, 1962. Announced by Haro in anonymous object.

I4296   H.A. 88,2 dim.: 0'6 x 0'6 (ser. a').
PHOTOM. M.N., 112,606,1952.

I4327   P(a) w. I4329 at 6'7. In I4329 group. Poor. res. class. uncertain.

I4329   P(a) w. I4327 at 6'7; brightest in a group. [I4329A] Sa sp. at 3'1. BN:0'7 x 0'6. [Remainder of note mistakenly applied to N4329 in RC1]: P(a) w.[I4329A] S sp (1'3x0'3) w.dk.ln. at 3'0. Many others in field.

I4351   BN in B bulge part. hidden by strong dk. lane on one side, poor. res.

I4448   No BN, poor. res.

I4653   See H.B. 914,8,1940.

I4662   No N, B core part res., sev. emiss. neb.; outlying neb. patch 1'4 sf. HA 88,2 dim. (1'3 x 0'9, a) for B part only.
PHOTO. P.N.A.S., 26,35,1940.

I4662A   B * att. nf. classif. uncertain.

I4710   Low surf. bright.

I4717   BN, classif. uncertain; dim. for B part only.

I4719   SN1934[A], H.B. 907,1938.

I4720   No BN, BM, F out. parts. See also M.N., 81,602,1921. Classif. uncertain. P.w. I4721 at 9'.

I4721   vsBN, * or neb. knots in F arms. See also M.N., 81,602,1921. P.w. I4720 at 9'.

I4796   BN. P.w. I4797 at 5'7.

I4797   BN. P.w. I4796 at 5'7.

I4806   BN or * ? B * att. 0'2 sp. N.

I4810 See M.N., 81,602,1921.

I4820 F, classif. uncertain, dim. for B part only.

I4829 B * 0'4 np.

I4832 sBN, * 0'8 n.

I4836 Bar: 0'8. Similar to N4027.

I4837 Not vBN, B sh. bar, poor. res. P. w. I4839 at 3'6. HA 88,2 dim. (1'4 x 1'0 ser a) for B part only.

I4837A BN, B * superp. Spindle.

I4839 sBN, diff. bar, 2 main diff. arms. P. w. I4837 at 3'6.

I4840 Asym., dble?

I4845 B * 0'3 sp N. Classif. uncertain.

I4889 F * 0'1 from N.

I4892 S * att. at s tip. Classif. doubtful.

I4943 sBN, B * 1'0 n.

I4960 2 * at n tip. Stromlo 13 dim. for B part only.

I4970 vsB cent. * att. 0'1 f. P(b) w. N6872 at 1'1.

I4972 vsBN, v. poor. res., narrow dk. lane. P(a) w. N6876 at 4'5.

I4981 Asym., v. poor. res. appears connected to tip of N6880, P(b) at 1'1.

I5000 = I1316 [= N6901]. BN, B bar, (r): 0'6 x 0'35, sev. F filam. arms. P.(a) w. N6906 at 18'.

I5052 No N, B, asym., extremely thin. See also M.N., 81,602,1921.

I5063 sBN. RADIO SOURCE (?), poss. ident., Aust.J.Phys., 14,497,1961.

I5105A No BN, BM, 2 * superp. 0'6 np, 0'5 sf.

I5105B B, * 0'9 np.

I5131 eBN in v. sh. bar: 0'3 x -. P(a) w. I5135 at 12'.

I5135 [= N7130 w. 30' corr. to NGC Dec.] Coll.? eB cent., incompl. pseudo (r): 0'4 x 0'3, 2 main curved streamers form pseudo (R): 1'0 x 1'0. P.(a) w. I5131 at 12' and F anon. spindle, poss. SBm, at 6'5 f. Distant P.w. N7135 at 18'.

I5152 Fairly B cent., well res., traces of resid. SA struct. HD 209142 (m(pg) = 7.8) is 1'2 nf on edge of system. See also M.N.,81,602,1921.

I5168 P. w. N7214 at 5'2.

I5179 Note corr. to IC RA (Helwan 38).

I5181 Note corr. to HA 88,2 coord. (Mt. Stromlo Mem. 13), eBN, B smooth edge-on lens: 1'6 x 0'4. P.(a) w. N7232A at 8'1.

I5186 vsBN in B incompl. (r): 0'35 x 0'2, sev. B, poor. res. knotty arms. Interacting pair of small S at 11'8 np.

I5201 Sh. B knotty bar: 0'6 x 0'16, traces of pseudo (r): 1'6 x 1'2:, sev. filam. knotty arms, part. res. See also H.B.,914,7,1940. Rich cluster of F gal. at 12' np.

I5240 sBN, bar: 1'2, (r): 1'2 x 0'8 w. 2 * on it.

I5264 = Helwan 47. Note corr. to IC coord. (Helwan 9). P.w. I1459 = I5265 = Helwan 48.

I5267 BN in B part: 1'6x1'35, vF out. whorls or (R).

I5267A Poor. res.

I5267B Spindle, * att.

I5269 Note corr. to HA 88,2 coord. (Mt. Stromlo Mem. 13). It is sp of 2, not np as in IC. P.w. I5270 at 11'.

I5269A,B,C Class. uncertain, poorly res. Dim. of N5269C for B part only. (Mt. Stromlo Mem. 13).

I5270 Note corr. to IC coord. (Mt. Stromlo Mem. 13). P. w. I5269 at 11'.

I5271 H.A. 88,2 dim.: 2'0:x0'8: (ser.a').

I5273 Note corr. to HA 88,2 and IC coord. (Mt. Stromlo Mem. 13). sBN, Knotty pseudo (r): 0'85x0'55, sev knotty branch. arms. Poor. res., class. uncertain.

I5283 = Ho 803b with offsets of opposite sign. P.w. N7469 at 1'3. Pec., vF out. arms? Lund 6 major dim. (0'3) was rejected. PHOTO., RAD., VEL., Ap.J., 137,1023,1963.

I5325 sBN, B * 1'2 sp, * 1'3 f.

I5328 B diff. N, smooth struct. Close pair w. I5328A at 0'75 sp. Classif. uncertain, poss. S0-? HA 88,4 dim. for B part only.

I5328A Close pair w. I5328 at 0'75.

I5328B At 14' ssf I5328.

I5332 vsBN, many filam. knotty arms, low surf. bright. HA 88,2 dim. (4'0: x 4'0:) for B part only.

I5342 PHOTO., SN1961[N], P.A.S.P., 74,215,1962.

I5381 At 11' from N7814.

A0026 At 5'6 n, 9'5 p N128; in a group.

A0035 Zwicky Obj. in Sculptor. PHOTO. Applied Mech., Th. von Karman Anniv. vol., p.137,Pl. II, 1941.

A0045A,B Two brightest members of a "chain" of galaxies near N247. PHOTO., SPECTR., VEL. Ap.J.,138,884,1963.

A0046 = Haro 15, 23' nnp N263. See Bol. Tonantzintla, No.14,8,1956.

A0051 Small Magellanic Cloud. Local group. P(b) w. Large Mag. Cloud at 21 deg. Note corr. to HA 88,2 coord. B(T) = 2.79 (Ap.J.,131,574,1960). MONOG. and references to 1954: Suppl. Aust.J.Sci., 17, No.3,1954. REVIEWS and additional references to 1960: Trans. I.A.U., XI A, 292, 1961.
to 1962: "Advances in Astron. and Astroph.",1,1963.
to 1963: I.A.U. Symposium No.20 (Canberra).

[N0321] Called A0055 in RC1.] SN1939[D], H.A.C., 518. Ap.J., 96,28,1942.

A0058 Sculptor system; E dwarf in Local Group. PHOTO., MONOG. H.B., 908, 1,1938. Nature, 142,715,1938. P.A.S.P.,51, 40,1939. P.N.A.S., 25,565,1939. STAR COUNTS, A.J., 66,384,1962.

A0103 = H.A. 88,2, New 1. F diff. bar: 0'55x0'14, hexag. pseudo (r): 1'05 x 0'9, sev. vF part. res. branch. arms, v. low surf. bright. H.A. 88,4 dim. (2'7x2'1) for B part only. P(a) w. anon. SB sp. at 4'0.

A0118 SN1936[B], P.A.S.P., 51,36,1939.

A0143 = HB 919. Dwarf Magellanic. At 3'5 nf HD 10818; see H.B.,919,41,1941; dim.: 5'x3'; mag.: 13.3.

A0218A,B Zwicky obj. in And. P(b) at 1'4. PHOTO. Applied Mech., Th. von Karman Anniv. vol., p.137, Pl.II,1941.

A0235 SN1938[A], P.A.S.P., 51,36,1939. Ap.J., 96,28,1942. Hdb.d.Phys.,51, 774,1958. B.S.A.F., 55,149,1942. MAG., COLOR, Pettit (1954).

A0236 Brightest (np) of close pair of "disrupted galaxies" described by Zwicky (see Humason et.al.,1956). [PHOTO.,Ap.J.,130,23,1959.]

A0237 Fornax system. E dwarf in Local Grp. N1049 is a glob. cl. in it (Mt.
W. vel.: - 71 km/sec; mag. and color: Pettit 1954).
PHOTO., MONOG. Nature, 142,715,1938. P.A.S.P., 51,42,1939.
P.N.A.S., 25,565,1939. A.J., 66,250,1961.
STAR COUNTS, A.J., 66,250,1961.
GLOB. CL. Ap.J., 120,422,1954. A.J., 66,83,1961.

A0255 = HB 914. F, no BN, asym. See H.B., 914, 6,1940; dim.: 6'0x0'8, mag.:
12.0:.

A0438 See Humason et. al., 1956.
MAG.,COLOR, Pettit 1954.

A0509 From H.A., 85, No. 6; mag.: 13.1.

A0524 Large Magellanic Cloud. Local Group. P(b) w. Small Mag. cloud at 21
deg. Note corr. to HA 88,2 coord. B(T) = 0.63 (Ap.J.,131,574,1960).
MONOG. and references to 1954: Suppl. Aust.J.Sci., 17, No.3,1954.
REVIEWS and additional references to 1960: Trans. I.A.U., XI A, 292,
1961.
  to 1962: "Advances in Astron. and Astroph.",1,1963.
  to 1963: I.A.U. Symposium No.20 (Canberra).

A0708 = VV 123. (Vorontsov-Velyaminov Catal., 1959).
PHOTO. Ap.J., 130,23,1959; 138,863,1963.
U,B,V, PHOTOM. Ap.J., 138,863,1963.

A0733 Zwicky obj. No.3. Bar: 0'5, (R): 1'2x1'1, overall dim.: 1'7x1'5 (Lick
36-in. pl.); similar to N1291.

A0814 = Holmberg II (1958). In M81 Group. BM, v. irreg., well res., low
surf. bright.
PHOTOM. Medd. Lund II, 128, 1950.
SPECTR. A.J., 61,97,1956.
HII REG. Zs.f.Ap., 50,168,1960.
HI emiss. Epstein, [A.J.,69,490 & 521,1964].

A0909 = Holmberg III (1958). vsN ? in weak bar, 2 F well res. arms w.
branch., v. low surf. bright. B mag. reduced w. mean Holmberg's color
for type.

A0916 See Humason et al., 1956. Radio source Hydra A.
RADIO EMISS. Cal. Inst. Tech. Radio Obs., No.5, 1960.

A0936 = Holmberg I (1958). In M81 Group? Zwicky obj., see Phys.Review,61,
499,1942.
PHOTOM. Medd. Lund II, 128, 1950.

A0937A,B,C,D = VV 116. (Vorontsov-Velyaminov Catal., 1959).
DESC., PHOTO. Ap.J., 130,23,1959; 134,249,1961.
DYN., VEL., MASS, Ap.J., 134,248,1961. A.J., 66,543,1961.

I563,4 [Called A0944B,A in RC1]. = Ho 143a,b, pair at 1'7. Dim.: 2'0x0'5,
1'0x0'4 (Lund 6).

A0947 = Haro 22 (Bol. Tonantzintla, No.14,7,1956).

A0953 See Humason et al., 1956. Poss. radio source ?

[N3068A,B Called A0955A,B in RC1.] Zwicky's connected gal. at 35"7.
PHOTO. Hdb.d.Phys., vol. 53,383,1959.
MAG., VEL., MASS. Ap.J., 132,627,1960.

A0956 Zwicky Obj. Leo A.
PHOTO. Sci.Monthly,51,400,1940. Applied Mech.,Th.von Karman Anniv.
vol., p.137, Pl. I, 1941.
MAG., DIST. Mt. Wilson Rep., 20 1939-1940.

A0957 Sextans B system. See F. Zwicky, Morph. Astr., p.225,1957.

A1006 Harrington and Wilson No.1 (Leo I = Regulus system); E dwarf in Local
Group. See P.A.S.P., 62,118,1950.
PHOTO., PHOTOM., STAR COUNTS, A.J., 68,470,1963.

A1009 Sextans A system. Zwicky obj. Square center w. only traces of bar,
well res. Mt. Wil. and Lick vel. (1956) for emiss. patch on SE edge
of system. Mean B(0): 12.84; sources C and G discordant (resid.:+0.63
(C), -0.89 (G)).
PHOTO. Sci.Monthly,51,398,1940. Applied Mech.,Th. von Karman Anniv.
vol., p.137, Pl. I,1941. Phys. Review, 61,499,1942. Morph. Astr., p.
223,1957.
MAG.,DIST. Mt Wilson Ann. Rep., 20,1939-1940.
HI EMISS. Epstein, [A.J.,69,490 & 521,1964].

A1101 Mayall's nebula.
PHOTO. P.A.S.P., 53,188,1941. Ap.J., 119,225,1954.
SPECTR. P.A.S.P., 53,188,1941. A4 type, no 3727 emiss.

A1105A,B Zwicky connected gal. at 22"2.
PHOTO., MAG., VEL., MASS, Ap.J., 132,627, 1960.

A1107A,B = Ho 231a,b. Pair at 0'8. Dim.: 0'6x0'06, 1'2x0'4 (Lund 6).

[N3561A,B,C Called A1108A,B,C in RC1]. Zwicky connected multiple system.
Separation A-B: 55"6, B-C: 30"5.
PHOTO. Erg.d.Exakt. Naturwiss., XXIX, 344,1956.
MAG.,VEL.,MASS, A.J., 133,794,1961.

A1111 Harrington and Wilson No.2 (Leo II system); E dwarf in Local Group.
See P.A.S.P., 62,118,1950. Sculptor type, well res., B foreground *
in center.
STAR COUNTS, A.J., 66,125,1962.

A1129 = VV 172 (Vorontsov-Velyaminov Catal. 1959).
PHOTO. Ap.J., 131,742,1960; 138,884,1963.
SPECTR., VEL., Ap.J., 138,884,1963.

A1130A,B = VV 150 (Vorontsov-Velyaminov Catal., 1959).
SPECTR., VEL. A.J., 66,544,1961.

A1145A,B,C Wild's connected triple system; see P.A.S.P.,65,202,1953. For precise
coord. see Ap.J., 133,794,1961.
PHOTO. Erg.d.Exakt. Naturwiss., XXIX, 365,1956.
MAG.,VEL.,MASS, Ap.J., 133,794,1961. A.J., 66,543,1961.

A1157 Zwicky obj. No.2. v low surf. bright., well res., asym.; forsh. cent.
part, smooth bar. Dim.: 5'x1'5 (Lick 36-in. pl.).

A1203A,B Zwicky's connected gal. at 73".
PHOTO., MAG., VEL. MASS, Ap.J., 132,627,1960.

A1205 SN1960[C], P.A.S.P., 73,175,1961.

A1213 = Haro 6 (Bol. Tonantzintla, No.14, 7, 1956). N4197 at 10' p.

[N4211A,B Called A1214A,B in RC1.] Zwicky's connected gal. at 35"9.
PHOTO.,MAG.,VEL.,MASS, Ap.J., 132,627,1960.

A1217 = Haro 8 (Bol. Tonantzintla, No.14,7,1956).

A1230 In Virgo Cl., 4'8 n, 3'0 p BD+9 2637. See Humason et al., 1956.

A1232 = Holmberg VII (1958). F companion of N4532.

A1244,1245,1246A,B In Coma Cl. list; see Proc. 4th Berkeley Symp., vol.III,
1960. Note low vel. of A1244, prob. foreground object.

A1247 = HA 88,2 New 3. F sh. bar: 0'4x0'08, sev. knotty, part. res. branch.
arms, one forms asym. outer whorls: 3'9x2'5.

A1248A,B,C,D = Helwan 274,276,280,288; see Helwan Bull. No.22, 1921.
U,B,V PHOTOM. [M.N.,131,351,1966].

A1249 Coma Cl.
[PHOTO., SPECTR.,] SN[D]1961, P.A.S.P.., 73,185,1961.

A1253 = HA 88,2 New 4. vsBN in F bar, sev. part. res. F filam. arms.

A1255 Zwicky obj.; see Hummason et. al., 1956.
MAG., COLOR. Pettit 1954.

A1302 Anon. dwarf No.447 noted by C.D. Shane on 20-in. pl.; see Humason et
al., 1956. Lick (1956) vel. for emiss. 60" s of center: +1239 km/sec.

A1306 See Helwan 30; 16' f, 14' s of N4984.

A1309 PHOTO.,VEL.,MAG. P.A.S.P., 74,35,1962.
SN1959[C], P.A.S.P., 72,208,1960; 74,35,117,1962.

A1310 See Helwan 21, p. 210. [RC1 dim. should read: $\log D = 1.51$, $\log R =$

A1311 = Holmberg VIII (1958). Companion of N5033.

A1339 = Holmberg V (1958).
PHOTOM. Medd. Lund II, 128,1950.

A1345A,B = Ho 541 a, b. Pair at 1'5. Dim.: 1'0, 1'3x1'2 (Lund 6).

A1353 = Holmberg IV (1958). In M101 Group. Lick (1956) vel. for emiss. 50"
nf of center: +290 km/sec.
PHOTOM. Medd. Lund II, 128,1950.

A1358 = HA 72, No.2 = HN 1734.

A1410 See Humason et al. 1956; poss. radio source? [No; 3C295 8' s.]

A1444 = VV 109 (Vorontsov-Velyaminov Catal., 1959).
PHOTO.,SPECTR., VEL., Ap.J., 138,883,1963.

A1447 = VV 140 (Vorontsov-Velyaminov Catal., 1959).
PHOTO.,SPECTR., VEL., Ap.J., 138,883,1963.

[N5892 Called A1511 in RC1.] = Fath 703 (A.J., 28,75,1914). Note corr. to
[NGC coord. and to] HA 88,2 coord. sB core, 2 main knotty filam.
branch. arms, low surf. bright. HA 88,2 dim. (2'0x2'0, ser. a') for
B part only.

A1516 PHOTO.,SPECTR., VEL. Ap.J., 138,883,1963.

A1648A,B,C Zwicky's connected multiple system. A,B at 26", B,C at 151". Vel. of
component B also in Humason et al. (1956).
PHOTO. Hdb.d.Phys., vol.53,382,1959.
SPECTR., VEL.,MAG.,MASS, Ap.J., 133, 804,1961.
DYN.,MASS, A.J., 66,544,1961.

A1718A,B Zwicky's connected gal. at 3'8.
PHOTO. Hdb.d.Phys., vol.53,382,1959.
MAG.,VEL.,MASS. Ap.J., 133,794,1961.

A1719 Draco dwarf E system, in Local Group; see P.A.S.P., 67,27,1955. Fully
res., no neb. background.
PHOTO., VAR. STARS, A.J., 66,300,1961.

A1853 From H.A. 85, No.6. HA 88,2 dim. (0'7x0'5), ser. a) for B part only.

A1955A,B In a low lat. group noted by C.D. Shane on 20-in. pl.; coord. approx.
for identif.; see Humason et. al., 1956.

I4946 [Called A2021 in RC1.] = HA 88,2, New 5. sBN.

A2058 At 11'6 np N7006; see Humason et al., 1956.
MAG., COLOR, Pettit 1954.

A2059A,B At 6'8 sp and 7'9 sf N7006; see Humason et al., 1956.
MAG., COLOR, Pettit 1954.

A2119 Near HA 88,2 New 6 (= A2120). Noted New 6A in Mem. Comm. Obs.,
III, No.13, 1956.

A2120 = HA 88,2, New 6; dim.: 4'0x1'0 (ser.a'). No BN, BM.

A2144 Capricorn E dwarf system in Local Group. Fully res., no perceptible
neb. backgroup.
PHOTO. Zwicky's Morph. Astr., 1957, Fig. 42, p.205.

A2208 PHOTO. P.A.S.P., 51,136,1939.
SN[1937B], P.A.S.P.,51,136,1939. Ap.J.,96,28,1942.

A2326 Pegasus dwarf Im system. Coord. from Holmberg (1958). F, part. res.,
fairly smooth struct.

A2339A,B Zwicky's connected gal., 5'8 and 6'8 sf I 1505; see Humason et al.,
1956.
PHOTO. Erd.d.Exakt. Naturwiss.,XXIX,363,1956. Zwicky's Morph. Astr.,
1957,p.230. Ap.J., 136,1148,1962.
POLAR. Ap.J., 136,1148,1962.
SPECTR. I.A.U. Symp., 5, 1958 = Lick Cont. II, No.81, 1958.

A2340 = HN 2871.

A2359 = Wolf-Lundmark-Melotte system. Dwarf Im in Local Group. See M.N.,86,
636,1926. Mt. W. vel. for 2 emiss. patches N of center and cluster
p center.
PHOTOM. Medd. Lund II, 128,1950.
STAR COUNTS, V.J.S., 68, Heft 4,1933 = Lund Medd. I, No.135,1933.

RC2 Notes

N7814   POL. A.J., 70,138,1965. Astrofizika, 4,409,1968. Trudy Obs. Leningrad, 26,48,1969.

A0003+19 = Mk 335. Seyfert, class 1.
         SPEC. Ap.J., 192,581,1974.
         Dim. on PSS (0'4 x 0'4) used to reduce mag. and colors.

N7828, 7829 = Arp 144 = VV72.
         RING: DIM., DESCR., Ap.J., 194,569,1974.

A0003-41 In a group. Note corr. coord.
         PHOTO. Ap.Let., 2,45,1968. A.J., 76,775,1971.
         MAG. P.A.S.P., 83,310,1971.
         ROT., MASS, M/L, Ap.Let., 2,45,1968.

A0004-06A,B = Arp 146.
         RING: dim. Ap.J., 194,569,1974.
         PTM. U,B,V, Ap.J., 194,569,1974.

N0001, 0002 = K2, Pair at 1'8.

N7836   = UGC65. Note large corr. to NGC coord. Misident. in UGC as Mk 338.

N0009   N0008 (dble *) was rej. MCG 4-1-30 = N0009, not N0008 and N0009.

N0014   = Arp 235 = VV80. B cent. part; resolved into *. mp = 12.5 in MCG, vol.III, 1963.

N0016   N0022 at 11'5 nf.

N0023   = Mk 545.
         SN 1955C. P.A.S.P., 71,162,1959.
         RADIO. Aust.J.Phys., 19,565,1966.

N0021   = MCG 5-1-46. Note large corr. to coord. See A.&A.Suppl.,12,89,1973.

N0024   P(a) w. N 45 in background of Scl group?

N0048   = MCG 8-1-31. N0049 = MCG 8-1-33.

N0045   = DDO 223. Possibly in Scl group or P(a) w. N 24 in background.
         HI 21-CM. Ap.J.,150,9,1967. Aust.J.Phys., 25,315,1972.

N0051   = MCG 8-1-35.

N0050   mp = 12.0 in MCG, vol.III, 1963.

N0055   Brightest in Scl group.
         PHOTO. AND DESCR. Vistas in Astr., 14,211,1972. J.R.A.S. Canada, 68, 117,1974.
         PTM. Atl. Gal. Aust., 1968. Vistas in Astr.,14,231,1972.
         SPTM. A.&A., 33, 331,337,1974.
         ROT., MASS. Vistas in Astr., 14,231,1972.
         HI 21-CM. Ap.J., 142,616,1965. A.J., 69,490,521,1964. Aust.J. Phys., 19,111,1966.
         RADIO. Aust.J.Phys., 16,360,1963; 19,883,1966. M.N.,152,439,1971.

N0063   mp = 12.6 in CGCG, vol.V, 1965.

N0067A, 0067, 0068, 0069, 0070, 0071, 0072, 0072A = Arp 113. N 70 group.
         Obj. G,F,B,E,A,C,D,H, on chart in Ap.J., 193,19,1974.

N0068   PTM. U.B.V.R: Ap.J., 183,731,1973; 193,19,1974. Lick 13 and Medd.Up. 21 dim. for N 70.

N0070   = I1539.

A0016-19 = DDO 1.
         HI 21-CM. A.&A., 34,43,1974.

I0010   Local Group.
         PHOTO. P.A.S.P.,77,272,1965. Vistas in Astr., 14,206,1972. Ap.J. 194,559,1974.
         PTM. P.A.S.P., 77,272,1965. Vistas in Astr., 14,231,1972.
         HII REG., DIST.MOD. Ap.J.,194,559,1974.
         HI 21-CM. A.J., 69,490,521,1964. Ap.J., 150,9,1967. A.&A., 18,321, 1972; 31,97,1974.
         RADIO. A.J., 78,18,1973.

N0078B   = Mk 547 = K6b. In contact w. N0078A.

N0080, 0083, 0091. In a group.

N0080   DIA. AP.J., 173,485,1972.
         PTM.V,B,R, Ap.J.,183,731,1973.

N0083   = MCG 4-2-5 which is not = N0082 and N0083. N0082 is a * 5' n.

N0095   = MCG 2-2-3. In MCG read 18x14 for D, not 18x4.

N0091   = Arp 65 w. N0093 at 2'7 f.

A0022+29A PHOTO. P.A.S.P., 81,224,1969.
         SN1968O, IAU Cir. No.2092, 1968. Ast. Tsirk. No.482, 1968.
         P.A.S.P., 81,224,1969.

A0022+29B PHOTO. P.A.S.P., 81,224,1969.
         SN1968N, IAU Cir. No.2086, 1968. P.A.S.P., 81,224,1969.

N0105   P(a?) w. ft. Sb (?) at 0'6 nnp.

N0124   In a group w. N 114, 118 (= III Zw 9), 120.

A0025+30A SN1972N AND PHOTO. P.A.S.P., 85,427,1973.

A0026+02 In N 128 group. 5'6 n, 9'5p N 128.

N0125, 0126, 0127, 0128, 0130. In N128 group.

N0127   PHOTO. AND DESCR. Ap.J., 144,875,1966.

N0128   PHOTO. Ap.J., 144,875,1966.
         PTM. Ap.J., 144,875,1966. V.V.R., Ap.J., 183,731,1973.
         ROT. Comm. Padova, No. 18,1972.

N0130   PHOTO. AND PTM. Ap.J., 144,875,1966.

N0131   P. w. N0134 at 9'4.

N0134   P. w. N0131 at 9'4.
         RADIO. Aust.J.Phys.,21,193,1968.

A0028-10 DESCR. AND SPEC. Astrofizika, 10,477,1974.

N0145   = Arp 19.
         SPTM. Univ. of Texas Publ. in Astron. No. 13.
         ROT.,MASS. Ast. Tsirk. No. 797, 1974.

A0029+31 SN1954D AND PHOTO. P.A.S.P., 79,456,1967.

N0147   = DDO3. In M31 group. P(a) w. N0185.
         PHOTO., DIM. AND ISODENS. A.J., 79,617,1974.

N0151   = N0153.

N0150   PTM. I.R.1-3.5micron: M.N., 164,155,1973.

A0031+30 SN1966I AND PHOTO. P.A.S.P., 79,456,1967.

N0157   SPTM. Ap.J., 163,249,1971. A.&A., 27,433,1973.

A0032+36 = And III. DESCR. AND DIM. Ap.J.Let., 171, L31, 1972.
         RESOL. IN *. Ap.J.Let.,178,L99,1972. Bull.A.A.S.,5,5,548,1973.

N0160   N0162 is prob. *. F gal. 2'8 sff ident. as N0162 in RNGC.

A0033-10 SN1964J. IAU Cir. No. 1877, 1964.

N0163,0165 Pair at 7'3.

N0169,I1559 = Arp 282 = K13. Pair in cont. Mk 341 = I1559, small Lp.
         RADIO. P.A.S.P., 86,649,1974.

A0034+25 B2 R.S. Comp. in contact.

A0035-34 Zwicky Obj. in Scl. B irreg. ring with central S(r) comp. and "spikes".
         DESCR. AND. POS. A.J., 76,775,1971.

N0185   In M 31 group. P(a) w. N 147.

PHOTO. Ap.J.Let.,183,L73,1973. P.A.S.P.,86,289,1974. A.J.,79,671, 1974.
PTM. 12. COL. Ap.J.,145,36,1966. 5 COL.A.J., 73,313,1968.
B.V. Ann.Rev.Astr.&Ap., 9,35,1971. IAU Symp. No. 44, p.46, 1972.
ISODENS., A.J., 79,671,1974.
GLOB.CLUSTERS, P.A.S.P., 86,289,1974.
PLANET.NEB. Bull.A.A.S.,5,13,1973; Ap.J.Let.,183,L73,1973.

N0190 = III Zw 10, No.2 = MCG 1-2-41, not MCG 1-2-42. Brightest in a compact group of 4, all at same vel.
SPEC. A.J., 77,4,1972.

N0191, I1563 = Arp 127 = Ho 13a,b. P(b) at 0'8.

N0178 = I 39 In N 210 group. Asym. comp. SB(s)dm at 7'7.

N0194 In N0200 group.
DIAM. Ap.J., 173,485,1972.
PTM. B,V,R, Ap.J. 183,731,1973.

N0193 = 4C 03.01 = PKS 0036+03
PTM U,B,V, A.J., 74,335,1969 (+ comp. at 7' np). Ap.J., 178,1,1972.
RADIO STRUC. Ap.J., 160,17,1970.

I1565 In Abell 76. Brightest E.
PTM. V,V-R, A.J., 75,695,1970.

N0198 In N0200 group.

N0200 Brightest of group.

N0201 mp = 12 in MCG, vol.III, 1963.

N0205 P(b) w. N 224 in M 31 group. MCG dims. for N0205 and N0221 are interchanged.
PHOTO. P.A.S.P., 78,495,1966. Observatory, 88,91,1968. Ann.Rev. Astr. & Ap., 9,35,1971. Ap.J.Let., 183,L73,1973.
PTM. 12 COL. Ap.J., 145,36,1966. 5 COL. A.J.,73,313,1968.
U,B,V, IAU Symp. 44, p.46,1972. P.A.S.P., 85,286,1973.
10 COL. Ap.J., 179,731,1973.
GLOB.CLUSTERS, Ap.J.,182,671,1973.
SPTM. Ap.J., 139,532,1965; 177,285,1972.
POL. Astrofizika, 4,409,1968.
ROT.VEL. A.&A.,8,364,1970.
PLANET.NEB. Bull.A.A.S., 5,13,1973. Ap.J.Let., 183,L73,1973.
HI 21-CM. up. limit, Observ., 83,245,1963. A.&A., 29,335,1973.
M.N., 169,607,1974.
RADIO. up.limit, Ap.Let., 11,173,1972; 13,65,1973.

N0210 Brightest in a group.
ROT.VEL. A.&A., 8,364,1970.
SN1954R AND PHOTO. P.A.S.P., 85,427,1973.

A0038-21 = Haro 12 (Bol. Tonantzintla No.14, June 1956). Blue compact w. short jets on opposite sides. D x d: 0'32 x 0'24. Extens. 0'57 x 0'34.

A0038-01 QSO 4C-02.04 at 1'2 (z = 1.69).
ID.CHART. M.N., 162,21P,1973.

N0216 = Haro 13 (Bol. Tonantzintla No.14, June 1956). Similar to N5253, eF extens. 3'1 x 0'9.
DESCR., DIM. A.J., 75,1143,1970.

I0043 SN1973U AND PHOTO. P.A.S.P., 86,516,1974. IAU Cir. No.2620,1974.

A0039+40 = And IV.
DESCR. AND DIM. Ap.J.Let.,171,L31,1972.
HI 21-CM. M.N.,169,607,1974.

N0221 = M 32 = Arp 168. P.w. N 224 in M 31 group.
DESCR.,NUCL. Bull.A.A.S., 3,445,1971.
PHOTO. P.A.S.P., 78,495,1966. Ap.J.Let, 183,L73,1973.
PTM. 12 COL. Ap.J., 145,36,1966. 5 COL. A.J., 73,313,1968.
U,B,V, Ap.J.,157,55,1969. M.N., 162,359,1973. 10 COL. Ap.J.,179,731, 1973.
I.R. 2-10 MICRON. Ap.J.Let., 175,L95,1972. M.N.,162,359,1973.
SPEC., VEL. DISP. IAU Symp. 15, p.112,1962. Ap.J., 176,91,1972.
IAU Symp. 58, p.20, 1974.
SPTM. Ap. J., 139,532,1964;141,109,1965; 154,212,1968;164,11,1971;
175, 649,1972. Mem.S.A.Ital., 43,263,1972.
POP. MODELS. Ap.J.Suppl., 22, No.193,1971. Ap.J.,171,463,1972.
A.&A.,20,361,1972. Univ. Texas Publ. in Astron. No. 13, 1978.
POL. Astrofizika, 4,409,1968.
DYN., MASS,M/L. Ap.J., 139,284,1964; 176,91,1972; 179,423,1973.
HII REG. AND PLANET. NEB. Bull. A.A.S., 5,13,1973. Ap.J.Let., 183.,L73,1973.
HI 21-CM up.limit, Observ., 83,245,1963. A.&A., 29,335,1973, M.N., 169,607,1974.
RADIO up. limit, Ap.Let., 11,73,1972; 13,65,1973. A&A.,34,173,1974.

N0224 = M 31, brightest in M 31 (Local) group. F companions: Ap.J.Let., 171,L31,1972. And I = A0043+37, And II = A0113+33, And III = A0032+36, And IV = A0039+40.
PHOTO. Ap.J., 139,1056,1964. P.A.S.P., 78,367,496,1966. A.J.,72,65, 1967. A.&A., 9,181,1970. Ap.Let.,11,173,1972. Ap.J.Let., 174,L71, 1972. Ap.J., 179,445,1973.
NUCL.:Ap.J., 140,1467,1964; 170,25,1971; 194,257,1974.
"Nuclei of Galaxies", p.271,1971. IAU Symp. 58, p.336, 1974.
PTM. U,B,V, Ap.J., 142,1376,1965; 143,187,1966; 157,55,1969; 194,257,1974. A.J., 71,867,1966. A.&A., 12,1,1971. Bull.A.A.S., 4,332,1972. 12 COL. Ap.J., 146,36,1966. 5 COL. A.J., 73,313, 1968. 10 COL. Ap.J., 179,731,1973.
PG. ISOPH. P.A.S.P., 82, 1032,1970.
I.R. 1-25 MICRON, Ap.J., 138,1317,1963; 143,187,1966. Ap.J.Let.,159, L165,1970. Bull.A.A.S., 1,248,1969.
ABSORPT., COL. EXC. A.J.,72,526,1967;74,1000,1969. A.&A.,24,47,1973.
RESOLUTION, MODULUS: A.J., 72,526,1967; 72,65,69, 1967.
OB*: Ap.J.Suppl.,9, No.86,1964. A.J., 71,219,1966. IAU Symp.38,p.39, 1970. A.N., 292,103,1970; 292,275,1971; 294,79,1972.
VAR.*,NOVAE,CEPH., IAU Cir. No.1878, 1964. A.J.,69,610,1964; 70,212,1965; 72,1356,1967. Coll. Int. C.N.R.S., Paris, p.125, 1965. Ast. Tsirk., Nos 560,579, 1970. Sov.A.J., 12,265,1968; 15,1001,1972. Inf.Bull.V.S., No. 622, 1972.
Ast. Tsirk., No. 799,1973. A.&A., 22, 453, 1973. A.&A.Suppl.,9,No.3, 1973.
DIST.MOD.(FROM CEPH.): Sov.A.J., 7,293,1963. Bull.A.A.S.,3,398,1971.
(FROM GLOB.CLUST.): Vet.Pub. Astr.Inst.Univ.Brno., No.5, 1966. Bull. A.A.S.,1,208,1969. J.R.A.S.Canada,63,95,1969. Ap.J.Suppl.,19,No.171, 1969.
Sov.A.J., 12,116,1968; 17,174,1973.
SPEC. DESCR. AND PHOTO. A.J., 74,515,1968.
INTERNAL MOT., IAU Symp. 29, p.71,1968. Ap.J.,159,379,1970; 181,61, 1973.
VEL. DISP., IAU Symp. 15,112,1962. Bull.A.A.S.,4,315,1972. Ap.J., 180,705,1973. IAU Symp. 58, p.20,1974.
Z OF BACKGROUND OBJ., Sov.A.J., 18,144,1974.
SPTM. Ap.J.,139,532,1964;141,109,1965;154,21,1968;163,249,1971; 164,11,1971;170,25,1971;177,31,1972. A.J.,74,150,1969. P.A.S.P., 82,760,1970. IAU Symp. 44,p.49,1972. Univ. Texas. Publ. in Astron. No. 13. Mem.S.A.Ital.,43,263,1972. Bull.A.A.S.,4,230,1972; 6,442, 1974. A.&A.,26,95,1973;27,433,1973. IAU Symp. 58,p.169,1974.
NEAR UV: IAU Symp. 36,p.130,1970.
FAR UV: P.A.S.P.,81,475,1969. N.A.S.A.,SP 310,pp.559,575,1972.
POP.MODELS: P.A.S.P.,78,380,1966. Ap.J.Suppl.,No. 193,1971. Ap.J., 175,649,1972. A.&A.,20,361,1972;33,177,1974.
GLOB. CLUST.: Ap.J.,171,403,1972.
MOLEC. ABS. 2.1,2.3micron(H2O,CO),Ap. Let.,14,1,1973.
POL. Astrofizika,4,409,1968.
DYN.,ROT.,MASS.,M/L,Ap.J.,142,1376,1965;159,379,1970;170,25,1971; 180,605,1973;184,735,1973;190,283,1974;194,257,1974. IAU Symp.38, pp.42,61,1970. Tartu Obs. Pub. No.26,23,1970. P.A.S.P., 86,861,1974.
MASS MODELS, Astrofizika, 4,364,1968; 5,317,1969; 6,149,241,1970.
KIN., Tartu Obs. Pub. No.36,55,1972. IAU Symp.44,p.37,1972.
HII REG.,Ap.J.,139,1027,1964;159,379,1970;163,431,1971;179,445,1973.
AT 10,20 MICRON:Ap. J.Let.,193,L7,1974.
RADIO. IAU Symp. 60,p. 229,1974.
INTERFER. H-ALPHA,A.&A.,1,208,1969. IAU Symp,60,p.229,1974.
SN1885A, Search at 2695 Mhz, Bull.A.A.S.,5,322,1973.
HI 21-CM. A.N.,288,19,1964. A.J.,70,669,1965. Ap.J.,141,750,1965; 144,639,1966;175,347,1972. Scienze,153,411,1966. M.N.,133,359,1966; 149,237,1970;165,9P,1973;169,607,1974. Mem. R.A.S.,74,43,1970.
Ap.Let.,4,47,1969. IAU Symp.44,p.12,1972. A.&A.Suppl.,12,No.12,1973.
A.&A.,30,353,1974.
COMPANION at 1.5deg, IAU Symp. 58,p.122,1974.
RADIO.,Ann. Ap.,26,343,1963. Nature,198,844,1963;202,269,1202, 1964;207,587,1965;214,1190,1967. A.J., 69,374,1964; 70,324,1965; 72,809,1967; 77,637,1972. Science, 145,389,1964; 156,1087,1967.
Observ.,85,24,1965. Ap.J., 142,1333,1965; Bull.A.A.S.,3,445,1971; 5,29,1973. A.&A.,34,173,1974.

X-RAYS, Ap.J.,179,375,1973;190,285,1974.

A0043+37   = And I.
DESCR.,DIM.,PHOTO. Ap.J.Let.,171,L31,1972.
MAG.,IAU Cir. No. 2366,1971. Ap.J.Let.,171,L31,1972.
PTM.,Bull.A.A.S.,5,448,1973. Ap.J.,191,271,1974.
B,V,:P.A.S.P.,86,336,1974.
Dim. on PSS (3'5:x2'5:blue,5'5:x4'5:red) used to reduce mag. and colors.

N0244   = Haro 14 (Bol. Tonantzintla No.14, June 1956).
DESCR.,DIM.,SPEC. A.J.,75,1143,1970.

A0044+32   = K17a

N0247   In Scl group.
HI 21-CM. A.&A.,23,295,1973. Search for halo, A.&A.,28,95,1973.
HII REG.,DIS.MOD., Ap.J.,194,559,1974.
DYN.,MASS, Proc. A.S.Aust.,1,288,1969.

N0253   In Scl group.
PHOTO. Ap.J.,159,799,1970. A.&A.,12,379,1971. Ap.J.Let.,181,L27, 1973. J.R.A.S. Canada,68,117,1974.
PTM. Atl.Gal.Aust.,1968.
I.R. 1-20 MICRON: Ap.J.Let.,176,L95,1972;181,L27,1973. M.N.,164,155, 1973.
100, 350 MICRON: Ap.J.Let., 182,L89,1973; 183,L67,1973.
SPEC. Ap.J.,159,799,1970.
SPTM. A.&A.,33,331,337,1974.
MOLEC. ABS.OH: Ap.J.Let.,167,L47,1971. Ap.Let.,15,211,1973.
H2CO: Nature,247,526,1974.
DYN.,MASS,Proc.A.S.Aust.,1,288,1969.
INTERFER. HALFA in disk: A.&A.,12,379,1971.
SN1940E. IAU Cir. No.848,1941.
HI 21-CM. A.&A.,17,207,1972;23,295,1973.
RADIO. Ann. Ap.,26,343,1963. Aust.J.Phys.,16,360,1963. Sov.A.J.,13, 881,1970. M.N.,152,439,1971. Ap.Let.,12,75,1972. Ap.J.Let,181,L27, 1973. Proc. A.S. Aust.,2,159,1972.

A0045-20A,B 2 brightest members of a chain of gal. nf N 247.
PHOTO. Ap.J.,185,797,1973.

A0045-10   = Ho 21a.

N0252   = Ho 23b. Brightest in a small group.

N0259   = Ho 22a. vF anon. at 3'5 (not = Ho 22b which is a *).

N0260   = Ho 23c. In multiple system w. N0252 (N0258 = Ho 23d).

N0262   = Mk 348. Seyfert,class 2.
SPEC.PHOTO. Ap.J.,192,581,1974.
RADIO. (var.) Ap.J.Let.,191,L13,1974. P.A.S.P.,86,649,1974.

A0046-12   = Haro 15 (Bol. Tonantzintla No.14, June 1956) is not = N0263 which is 23' s.
DESCR.,DIM. A.J.,75,1143,1970.
SPEC. A.J.,75,1143,1970. Astrofizika,10,477,1974.

N0266   mp = 12.6 in CGCG, vol.VI,1968.

A0047-21   = DDO 6.
HI 21-CM. A.&A., 34,43,1974.

N0271   mp = 12 in MCG, vol.III, 1963. mp = 13.2 (CGCG, vol.V, 1965).

N0273   In group w. N0274-0275.

N0274, 0275 = Arp 140 = VV 81 = Ho 26b,a. Interacting pair at 0'8.

N0275   ROT.,MASS, Ast. Tsirk., No.797, 1974.
HI 21-CM. A.J., 79,767,1974.

I0056   DESCR., SPEC. Astrofizika, 10,477,1974.

N0278   PTM. 5 Col. A.J., 73,313,1968.

I0056A   DESCR., DIM.,SPEC. Astrofizika, 10,477,1974.

A0049-16   S pec. mp = 15.1

SN1955D, Bol. Tonantzintla, No.17, April 1958.

N0289   RADIO. Aust.J.Phys., 19,883,1966.

A0051-73   Small Magellanic Cloud = N0292. Local Group. P(b) w. LMC.
REVIEWS AND REFERENCES: Symp. on the Magellanic Clouds, Mt. Stromlo Obs.1965. "The Magellanic Clouds", Ap. & Space Sc. Lib., vol.23, 1971. Vistas in Ast.,vol.12, 335,1970; vol.14, 163,1972.
"The Magellanic Clouds. A Bibliography, 1951-1972", Carter Obs.Astr. Bull. No.79,1973.

N0300   In SCL group.
PHOTO. Zs.f. Ap., 64,212,1966.
PTM. Atl. Gal. Aust., 1968. DYN., MASS, M/L, A.&A., 16,165,1972.
HI 21-CM. Ap.J., 142,616,1965; 150,9,1967. Aust. J. Phys., 20,131, 1967.
HII REG. Zs. f. Ap., 64,212,1966.
INTERFER. HALPHA in disc: A.&A., 12,379,1971.
RADIO. M.N.,152,439,1971.

N0309   = Ho 27a. Ho 27b at 4'1. I1602 at 13'5 sp.

N0321   was A0055 in RC1 where the coord. were in error.
SN1939D. Ap.J., 96,28,1942.

N0315   B2. R.S. = Ho 29a. N0313,316 (=Ho 28c,b) are **.
N0311 5'5 sp, N0318 5'5 nf.

N0327,0329   = Ho 30a,b. Pair at 3'8, F anon. spindle 2' np.

N0326   = IV Zw 35 = 4C 26.03 = PKS 0055+26. Close pair of compacts in common halo = MCG 4-3-25, not MCG 4-3-24.
SPEC. z of each comp.: Ap.J.Let.,182,L13,1973.

A0056-19   mp = 12 in MCG, vol.IV, 1968.

A0057+31   = Mk 352. Seyfert, class 1.
SPEC. PHOTO. Ap.J., 192,581,1974.
PTM. Source WE, logA = 0.40, V = 14.81, B-V = 0.44, U-B = -0.66.

N0337   MASS, M/L, Bull. A.A.S., 1,186,1969.

A0057-33   Scl system. E dwarf in Local Group.
PTM. Ap.J., 142,1390,1965. A.J., 71,204,1966.
DYN. MASS, Ap.J., 144,869,1966. A.J., 71,204 1966; 74,587,1969.
Ann. Rev. Astr. & Ap., 9,35,1971.

N0337A   Dwarf Spiral 26'6 sf N0337.

A0059+30   = I Zw 2. compact w. short jet.

N0354   = Mk 353 = UGC 00645. UGC 00641 = NGC 353 misident. as Mk 353.

N0357   Brightest in a group of 10 in 12'circle. N0355 at 6'3.

N0365   SN1970n, and PHOTO. P.A.S.P., 83,478,1971

I1613   = DDO 8. Dwarf in Local Group.
DESCR., DIM. Ap.J., 166,13,1971.
PHOTO. Ap.J., 166,13,1971. Pub.U.S. Nav. Obs., XX, Part IV, 1971. Vistas in Astr., 14,207, 1972.
PTM. Pub.U.S. Nav.Obs., XX Part IV, 1971. Ann. Rev. Astr. & Ap., 9, 35,1971. Vistas in Astr., 14,231,1972.
VAR.*,CEPHEIDS, DIST. MODULUS, Ap.J., 166,13,1971; 191,603,1974.
P.A.S.P., 85,119,1973.
HI 21-CM. IAU Symp., 44, 12,1972.
HII REG. Ap.J., 166,13,1971; 190,525,1974. Bull. A.A.S., 5,349,1973.

A0102-06   = H.A. 88.2, New 1. anon. SB sp at 4'0.
HII REG., DIST. MOD. Ap.J., 194,559,1974.

A0103+31   SN1960P and PHOTO. P.A.S.P., 73,175,1961. (vel.~4500 km/s, unconfirmed).

N0375,0379,0380,0382,0383,0384,0385,0386,0388 = Arp 331 = IV Zw 38. Chain of E, S0.

N0375   MCG 5-3-49 is not N0375. N0375 not in MCG.

N0383   = 3C 31. Brightest in chain. N0382+83 = VV 193 = K23.

DESCR., DIM. P.A.S.P., 80, 129, 1968, Ap.J., 173,485,1972.
PHOTO. Ap.J.,163,195,1971. A.J., 79,671,1974.
PTM. V,B,R, A.J., 75,695,1970. Ap.J., 178,1,1972; 183,731,1973.
ISODENS. Ap.J., 163,195,1971. A.J., 79,671,1974.
RADIO. Observ., 87,124,1967. Ap.J.,157,481,1969. Ap.J.Let.,182,L17, 1973. A.J., 78,13,1030,1973.

A0106+01 QSO 4C +01.2 at 3'2 (z = 2.107. Ap.J., 175,601,1972).

I0079 Brightest in a group.

I0080A,B Close dble. In Abell 151. I0080A,B = MCG -3-4-8, -3-4-9 (I0080 is not MCG -3-4-12).
DIAM. Ap.J., 173,485,1972.
PTM. U,B,V,: Ap.J., 178,1,1972. V,V-R: A.J., 75,695,1970.
B(T) (A+B)= 14.7 +/- 0.2, (B-V)T(A+B) = 1.06 +/- 0.05 reduced using dim. measured on PSS (0'8: x 0'7:).

N0403 N 400, 401, 402 are *. N 398 7'8 sp. Anon. 2'7 sf.

N0404 Possibly in Local Group.
PTM. Reports of var. obj. in Inf. Bull. V.S., Nos. 614,636,638,648, 1972; IAU Cir. 2380,1972, were in error, see IAU Cir. 2382,1972.
5 COL. A.J., 73,313,1968.

A0107+32 SN1961M and PHOTO. P.A.S.P., 74,215,1962 (where the gal. is erroneously class. as E0).

A0107+42 = K 24a.

N0407 In group of E,L w. N0410, 414.

N0410 In group w. N0407-414 (N0414 = IV Zw 39, dble compact).

N0428 HII REG. AND DIST. MODULUS, Ap.J. 194,559,1974.

N0434,0434A Prob. interacting pair at 3'1.

N0440 Pair w. N0434 at 5'1.

I1653 Sp. w. compact core.

N0447 = I1656 = UGC 00804. Large SBa 6'2 sp N0449 (= Mk 1). Ident. error in CGCG, RNGC, UGC.

N0450 K 27a.

N0449 = Mk 1. N 451 (=I1661) is companion 2'1 sf. N 453 at 4'2 sf is a triple *. Seyfert, class 2.
PHOTO. Astrofizika, 4,587,1968.
PTM. A.N., 293, 175,1972. 10 MICRON (up. limit) Ap.J.Let.,176,L95, 1972.
SPEC., A.J., 73,891,1968. Ap.J.,159,405,1970; 192,581,1974.
SPTM. Astrofizika, 7,389,1971. IAU Symp. 44,p.143,1972.
RADIO. P.A.S.P., 86,649,1974.

A0113+33 = And II.
DESCR.,DIM., Ap.J.Let.,171,L31,1972.
PHOTO. Ap.J., 191,271,1974.
RESOLUTION. Bull.A.A.S., 5, 448,1973. Ap.J., 191,271,1974.

N0467 In group w. N0470, 0474.
SPTM. Univ. Texas Publ. in Astron. No. 13.

N0470 = MCG 0-4-84 where d and D are interchanged. In group w. N0467-474. P(a) w. N 474 at 5'5 (see Arp 227).
SPTM. Univ. Texas Publ. in Astron. No. 13.

N0474 = Arp 227. P(a) w. N0470 at 5'5.

A0118+15 SN1936B. P.A.S.P., 51,36,1939. Ap.J.,96,28,1942.

N0493 SN1917S. IAU Cir. No.2371,1971; 2389,1972. Ast. Tsirk. No.666, 1971. Yamamoto Cir. No.1744,1971; No.1751,1972. "Supernovae & Supernovae Remnants", Ap. & Space Sc. Lib., Vol.45,p.26, 1974.
X-RAYS (up. limit). Bull A.A.S., 6,269,1974.

N0497 = Arp 8. Pec. broken arm on np side.

A0119+26A,B = Mk 355, 356. Close pair at 0'4.

N0495, 0499, 0507, 0508. In group or cluster, N0507 the brightest.

N0499 = I1686.

A0120+34 = I Zw 4 = II Zw 2.
PHOTO. Ap.J., 140,1467,1964.
PTM. U,B,V: P.A.S.P., 82,685,1969.

N0507 = Arp 229 = VV 207. B2 R.S. Brightest in cluster. N0508 1'5 n. N0504 4'0 sp. Extensive halo.
DIM., Ap.J., 173,485,1972.
PTM. U,B,V,R: Ap.J.,178,1,1972; 183,731,1973. A.J., 75,695,1970.

N0509 N0505 at 6'9 np.

N0519 is not MCG 0-4-116. N0519 not in MCG.

N0521 SN1966G. and PHOTO P.A.S.P., 79,456,1967. IAU Cir. No.1966, 1966.

N0520 = Arp 157 = VV 231 = K 31. I0p or coll. pair of early spirals.
DESCR., CLASS. Astrofizika, 3,427,1967. A.J.,79,1242,1974.
PHOTO. Ap.J., 148,321,1967. Astrofizika,9,157,1973. Cont. Asiago Obs. No. 300bis, p.79,1973.
PTM. Bull. A.A.S., 5,447,1973.
2.2 MICRON (up. limit): M.N., 164,155,1973.
SPEC.,PHOTO. Astrofizika,9,157,1973. Vel. blue obj. nearby(z=0.116). Astrofizika,10,298,1974.
INTERNAL MOT.,Astrofizika,9,157,1973.
HI 21-CM. A.J.,79,767,1974.
HII REG. Ap.J.Suppl. 27, No.239,1974.
RADIO. Austin.J.Phys.,21,193,1968,M.N.,167,251,1974.

N0530, I1696 In 545-547 cluster (=Abell 194).

N0530 = IC 106 = MCG 0-4-119, not MCG 0-4-122.

N0523 = Arp 158 = IV Zw 45. Possibly P(c). Compact core.
PHOTO. and ISODENS. P.A.S.P.,85,568,1973.
SPEC.,INTERNAL MOT. P.A.S.P.,85,568,1973.

N0535, 0541, 0543, 0545, 0547, 0548 In cluster (Abell 194).

N0541 = Arp 133. Pec. distorted system 0'8 nf.

N0545, 0547 = 3C 40 = Arp 308 = K 32. N0545 = MCG 0-4-142, not MCG 0-4-140. N0547 = MCG 0-4-143. Brightest pair in cluster.
DESCR., CLASS.: cD,Ap.J.,140,35,1964. Chain of gal.: P.A.S.P.,80, 129,1968.
PHOTO. Ap.J., 139,269,1964; 163,195,1971.
PTM of 85 obj. (NGC,IC,A.):Ap.J.,139,269,1964.
U,B,V,R: A.J.,75,995,1970. Ap.J.,178,1,1972;183,731,1973.
ISODENS. of field: Ap.J.,163,195,1971.
SPEC. of 52 obj.; Ap.J.,139,269,1964.
DYN.,MASS, Ap.J.,139,269,1964.
RADIO. A.J.,73,1,1968;79,903,1974.

N0536 SN1963N and PHOTO. P.A.S.P.,76,325,1964. Ann. Ap.,27,300,1964. Coll. Int. Novae & Supernovae, CNRS, Paris,p.179,1965.

A0123+06 = Ho 43a. (Ho 43b is a *). mp = 12.5 in MCG, vol.III,1963.

A0123+31 = Mk 358. Seyfert, class 1.
SN969J. and PHOTO. P.A.S.P.,82,736,1970.
PTM. U,B,V: Ap.J.,192,581,1974.

I1703 In cluster (Abell 194).
SN1963E. Ap.J.,139,269,1964. w.PHOTO. P.A.S.P.,76,325,1964.

N0550 SN1961Q and PHOTO. P.A.S.P.,74,215,1962.

I0115 In cluster (Abell 195) = AC 18.06 = PKS 0124+18 = MCG 3-4-39.

N0560, 0564, I0119, I0120. In a group.

N0564 = Ho 44a. (Ho 44b at 0'8 is prob. a *).
DIAM. Ap.J.,173,485,1972.

N0565, 0570, I0120 In cluster (Abell 194).

I0127   In a group w. N 584,586,596.

N0584   = I1712 = Ho 45b (Ho 45c is a *) = PKS 0129-07. In a group.
PTM. B,Y: Pub. Byurakan Obs. No. 42,3,1970. 10 COL.:Ap.J.,179, 731,1973.

N0586   = Ho 45a. In a group.
PTM. B,Y:Pub. Byurakan Obs. No. 42,3,1970.

N0596   In a group. Distorted corona w. F. "tail" to sp. Similar to N7135.
PTM. B,Y:Pub. Byurakan Obs.No.42,3,1970. 10 COL.:Ap.J.,179,731,1973.

N0600   PMT. B,Y:Pub. Byurakan Obs.No.42,3,1970.

N0598   = M 33. Local Group.
SPIR. STRUC. A.J.,69,744,1964. P.A.S.P.,79,119,1967.
A.&A.,11,468,1971. Ap.J.,164,411,1971;191,317,1974.
PHOTO. A.J.,69,744,1964. Ann. Ap.,28,683,1965. P.A.S.P.,79,119,1967.
IAU Symp. 29, p.434,1968. IAU Symp. 38,p.73,1970. A.&A.,11,468,1971; 12,379,1971;29,231,1973;33,161,1974;37,33,1974. Ap.J.,179,445,1973; 190,525,1974; 191,63,1974.
PTM. U,B,V, A.J.,69,744,1964. A.&A.,5,13,1970. Ap.J.,164,411,1971.
Bull.A.A.S.,4,332,1972;5,348,1973. Ap.J.,191,63,1974.
5 COL. A.J.,73,313,1968. IR:M.N.,162,359,1972.
ABSORPT.,COL.EXC. A.J.,72,526,1967;74,1000,1969. Ap.J.,191,63,1974.
MODULUS, A.J.,72,526,1967; Ap.J.,191,603,1974.
STAR CTS. Ap.J.,191,317,1974.
WOLF-RAYET * Bull.A.A.S.,3,240,1971. Ap.J.,172,577,1972.
VAR. *,NOVAE, A.&A.,22,453,461,1973.
SPEC. INTERNAL MOT., A.J.,69,744,1964.
SPTM., Sov. A.J., 16,628,1973. Ap. J. Let., 193,L49,1974.
FAR UV: N.A.S.A., SP 310,559,1972.
POL. Astrofizika, 4,409,1968.
DYN.,ROT.,MASS, M.N., 129,313,1974. Ann. Ap., 31,63,1968. A.&A.,9, 350,1970. Ap.Let., 8,17,1971. Ap. Space Sc., 29,61,1964. Cont.Asiago Obs. No.300bis, p.109,1973.
HI 21-CM. A.J.,75,514,1968.Ap.Let.,4,47,1969;7,209,1970. Mem.R.A.S., 74,123,1970. M.N.,153,9,1971;155,337,1972;163,163,1973. I.A.U.Symp. 44,p.12,67,1972. A.&A.Suppl.,7,No.4,1972. Ap.J.,169,235,1971; 179, 453,1973. IAU Symp. 58,p.122,1974.
HII REG. Ann. Ap., 28,633,1965. Ap. Space Sc., 4,327,1969. Ap.J., 179,445,1973; 190,525,1974. A.&A., 37,33,1974.
SPEC. M.N., 129,309,1964. Ap.Let., 8,17,1971.
SPTM. A.J., 72,783,1967. Ap.J., 151,491,1968; 159,809,1970; 161,33,1970; 168,327,1971. P.A.S.P., 82,636,1970. Bull.A.A.S.,5,349, 448,1973. A.&A., 28,447,1973; 33,61,1974.
H2O(up. limit): Ap.J.169,207,1971.10,20 MICRON:Ap.J.Let,193,L7,1974.
1415 MHz: A.&A., 32,363,1974.
INTERFER. Halfa, Ann. Ap., 31,63,1968. A.&A., 9,181,1970; 12,379,1971; 28,447,1973; 33,161,1974. IAU Symp. 60,p.249,1974.
RADIO Ann. Ap., 26,343,1963. P.A.S.P., 75,404,1963. Ap.J.,142,1333, 1965;174,293,1972. Sov.A.J.,13,881,1970. M.N.,155,337,1972. Bull. A.A.S.,5,29,1973. A.&A., 29,231,1973; 32,363,1974.

N0612   = PKS 0131-36. In a cluster.
PHOTO. Aust.J.Phys., 19,181,1966.
PTM. U.B.V., A.J., 74,335,1969 (+companion at 1h 33.9, -36 30.9).
Ap.J., 178,1,1972. Dim. on PSS (1'2 x 0'8) used to reduce mag. and colors.

N0613   DESCR. CLASS. P.A.S.P., 77, 287,1965; 79,152,1967; 81,51, 1969.
PHOTO Ap.J., 140,85,1964; 192,279,1974. P.A.S.P., 77,287,1965; 81,51,1969.
PTM. Atl. Gal. Aust., 1968. I.R.: M.N., 164,155,1973.
U,B,V, Ap.J., 192,279,1974.
SPTM. Ap.J., 192,279,1974.
ROT. MASS., Ap.J., 140,85,1964.
HII REG. Ap.J.,155,417,1969. "Atlas and Catalogue",Univ. Washington, Seattle, 1966.

N0615   PTM. B,Y:Pub. Byurakan Obs., No. 42,3,1970.

N0628   = M 74.
DESCR. IAU Symp. 38,p.28,1970.
PHOTO. Izv. Crimea Obs., 38,219,1967. A.J.,72,129,1967; 74,515,1969.
A.&A.,29,249,1974. P.A.S.P., 86,845,1974.
PTM. Izv. Crimea Obs.,38,219,1967;44,40,1972. IAU Symp.38,p.83,1970.
IAU Symp. 44,62,1972.
SPTM. Sov. A.J., 16, 628,1973.
HI 21-CM. Ap.J., 150,8,1967.

HII REG. "Atlas and Catalogue", Univ. Washington, Seattle, 1966.
A.J., 72,129,1967. Ap.J., 155,417,1969; 194,559,1974.
DIST. MODULUS, Ap.J., 194,559,1974.
INTERFER. Halfa, A.&A., 12,379,1971.
RADIO. Aust.J.Phys., 16,360,1963. A.&A., 29,249,1973.

N0646   Western arm knotty. Eastern arm, smooth and diff. w. satellite attached.
PHOTO., SPEC., A.&A., 34,301,1974. (Vo of sat.: 7954 km/sec).

N0636   PTM. B,Y: Pub. Byurakan, No. 42,3,1970.

N0643B,C   See Mem. Com. Obs. Mt.Stromlo, No. 13, 1956. N0643 is an outlying star cluster of SMC. See P.A.S.P., 69,252,1957.

N0660   HII REG. "Atlas and Catalogue", Univ. Washington, Seattle, 1966.

I1723   = MCG 1-5-28

A0141+16   One-arm spiral, compact core.
PHOTO. Ap.J., 160,405,1970.

A0142+16   = Mk 361. Near III Zw 35.
PHOTO. and SPEC. Mem. S.A. Ital., 40, 211, 1969 = K.P.N.O. Cont. No. 436.

A0143-43   Magellanic Dwarf.

N0668   mp = 12 in MCG, vol.II,1964. mp = 13.5 in CGCG, vol.VI,1968.

N0669   mp = 12 in MCG, vol.II,1964. mp = 12.9 in CGCG, vol.VI,1968.

I1727   = VV 338 = K 40a = Ho 46b. P(b?) w. N0672 at 9'.
HII REG. "Atlas and Catalogue", Univ. Washington, Seattle, 1966.
Ap.J., 194,559,1974.
DIST. MODULUS: Ap.J., 194,559,1974.

N0672   = VV 338 = Ho 46a = K 40b. P(b?) w. I1727 at 9'.
PHOTO. Ap.J., 194, 559,1974.
ROT.VEL. A.&A., 8,364,1970.
HII REG. "Atlas and Catalogue", Univ. Washington, Seattle, 1966.
Ap.J., 155,417,1969; 194, 559,1974.
DIST. MODULUS: Ap.J., 194,559,1974.
HI 21-CM. Ap.J., 150,9,1967.

N0673   mp = 12 in MCG, vol. III, 1963. mp = 13.3 in CGCG, vol. V, 1965.

A0145-12   = Arp 4 = DDO 14. High surf. br. s spir. at 1'7 f.
HI 21-CM. A.J., 79, 767,1974.

N0676   B* very close to vBN included in CGCG mp = 10.5.

A0146-27   = Haro 16A, 10'n, 12' p Haro 16 (A0147-27).
DESCR., PTM., SPEC. A.J., 75,1143,1970.

N0678   In group w. N0680, 691,694,695,697,I0167.

N0681   PHOTO. Ap.J., 142,154,1965. Mem. S.A.Ital., 40,133,1969.
PTM. Mem. S.A. Ital., 40,133,1969 = Cont. Asiago No. 214.
ROT., MASS. Ap.J., 142,154,1965; 184,735,1973.

N0679   = V Zw 114. mp = 13.1.

N0680   In group N0678 - 0697. I1730 at 3'7 nf.

A0147-27   = Haro 16 (Bol. Tonantzintla No.14, June 1956).
DESCR., PHOTO. Ap.J.Let., 150,L33,1967.
DIM., PTM., SPEC., A.J., 75,1143,1970.

I1731   At 30' of N 672, and 36' of I1727.

N0684   = I0165.

N0691   In group N 678 - 697.

N0694   = Mk 363 = V Zw 122. In group N 678-697. Class. and dim. in RC1 refer to I0167, the large spir. 5' sf.

I0167   = Arp 31. N694 5' np. See note for N0694.

N0695,0697 In group N 678 - 697. N 697 is the brightest.

N0701,I1738 Pair at 5'4. N 701 = Ho 47a. (Ho 47b at 3'3 is probably a *).

N0702   = Arp 75. P(b?) w. s comp. 1'5 f.

A0149+36   In Zwicky 1971. Dble system w. compact core.
             SN1952A and PHOTO. P.A.S.P., 82,736,1970.

N0708   In Abell 262. Superimposed star.
             PTM. V, V-r: A.J., 75,695,1970.

I1746   QSO, PHL 1226 (z = 0.404) at 0'8.
             PHOTO. Ap.J., 170,233,1971.
             PTM. Bull. A.A.S., 5,397,1973. IAU Symp. 58,208,1974.

A0151+36   = Mk 2.
             PHOTO. Astrofizika, 4, 587,1968.

N0735   = MCG 6-5-58. V Zw 146,No.2. Nos. 1,3 red compacts at 1'4 np and nf.
             SN1972L and PHOTO. P.A.S.P., 85,427,1973. IAU Circ. No.2448,1972.

N0741   = III Zw 38 = VV175 = 4C 05.10 = PKS0153+05. Brightest E in a group.
             N0742 at 0'8 in commom halo.
             DESCR., DIM. P.A.S.P., 80,129,1968. Ap.J., 173,485,1972.
             PHOTO. Ap.J., 160,405,1970. PTM. Ap.J. 139,284,1964.
             B,V,R: A.J., 75,695,1970. Ap.J., 178,1,1972; 183,731,1973.
             POL. Ap.J.Let., 179,L93,1973.
             DYN., MASS., Ap.J., 139,284,1964.
             RADIO., Ap.J., 157, 481,1969; 189,399,1974. Sov. A.J., 13,881,1970.
             Ap.Let., 6,49,1970. A.J., 75,523,1970. M.N., 167,251,1974.

N0736   = VI Zw 111. In group N 733-740. Comp. core w. extended halo or
             pseudo outer ring.

N0742   = VV175. Next to III Zw38. In a group. N0741 at 0'8 in common halo.
             PHOTO. Ap.J., 160,405,1970.
             RADIO. M.N., 167,251,1974.

N0748   mp = 12 in MCG, vol. III, 1963.

N0740   In group N0733 - 740.

N0750,0751   = Arp 166 = VV 189 = VI Zw 123 = K 46. P(c) at 0'4. Small spiral 2'5
             np at end of long asym. spur.
             PTM. AND DYN., MASS. Ap.J., 139,284,1964.

N0753   N 759 at 23'5.
             SN1954E and PHOTO. P.A.S.P., 82,736,1970.

N0761   N0760 at 1'6 is a dble *.

A0155+02   = Mk 582 = Arp 126 = VV 122 = K 47b. Close pair P(b)? Mk 582 is the
             magellanic irregular 28" nf a compact tightly coiled spiral.

N0770   = Arp 78. P(b?) w. N 772 at 3'3 s.
             PHOTO. Ap.J., 139,1056,1964. Ap.Let., 5,257,1970. IAU Symp.44,p.386,
             1972.
             SPEC. of 2 F comp. at V = 20174, 19680 km/sec: Ap.Let., 5,257,1970.

N0772   = Arp 78. P(b?) w. N 770 at 3'3.
             PHOTO. Ap.J., 139,1056,1964. Ap.Let., 5,257,1970. IAU Symp. 44,
             p.386,1972.
             PTM. and SPEC. Ap.Let., 5,257,1970.
             HI 21-CM. M.N., 150,337,1970.

N0777   P(a) w. N 778 at 7'0.

N0783   = I1765. mp = 12.8 in CGCG, vol. VI, 1968.

N0788   P(a) w. I0184 at 18'5 p. Interacting chain of 3 spirals (Ho 53a,b)
             at 24' sp.

N0812   mp =12.8 in CGCG, vol. VI, 1968.

N0829   P.w. N 830 at 4'5. N 842 at 13'2 from N 830.

A0206+35   = V Zw 191, No. 1 = 4C 35.03. F compact at 0'7 s.
             RADIO. M.N., 169,477,1974.

N0833, 0835, 0838, 0839, 0848 = Arp 318. Group of chain. N 833, 835 interacting
             pair at 1'. (N 848 is outside Arp Atlas field).
             SPEC. Mean vel. of group: Vo = 3885 in "Nuclei of Galaxies", p.351,
             1971.

N0828   VI Zw 177 = B2 0207+28. Distorted Sa.

N0842   N 830 at 13'2.

N0841   = V Zw 194. mp = 12.8 in CGCG, vol.VI, 1968. Pec.

N0851,I0211   = K 59. Pair at 5'. N0851 = Mk 588.

A0208+13   = Mk 366 = III Zw 42. Compact core w. pseudo outer ring.

A0211+03   = Mk 589 = III Zw 43.
             DESCR., CLASS. A.J., 76,1000,1971.
             PHOTO. Mem. S.A.Ital., 40,559,1969 = K.P.N.O. Cont. No. 510.
             SPEC. Vel. by Sargent in Ap.J., 160,405,1970. (Source K3) rejected.
             Adopted V from Barbon (Mem.S.A.Ital.,43,313,1972) and Ulrich (A.&A.,
             40,337,1975).

N0863   = Mk 590. Seyfert.
             SPEC. Astrofizika, 10,485,1974.

I1784   = K 61a.

N0871   P(a) at 1'6 w. N 870 a compact E0 (D = 0'1).
             ROT. VEL. A.&A., 8,364,1970.

N0876,0877   Close pair at 2'1. In group w. N 870, 871.

N0881   mp = 12.5 in MCG, vol. III, 1963.

A0218+39A,B = Arp 273 = VV 323 = V Zw 223 = K 64. Interacting pair at 1'4.

N0890   P(a) w. sF spiral at 14'5.

N0895   N 894 is part of it.

N0891   In N1023 group.
             DIM. and ISODENS. A.J., 79,671,1974.
             SPEC. old HMS vel. (+246, source B) rejected. See 21-cm refer.
             HI 21-CM. A.&A. 28,96,1973; 33,451,1974.
             RADIO. M.N., 161,127,1973. A.&A. 31,447,1974.

N0899, I0223, N0907 Interacting (?) triplet, 33' n of N 908.
             DESCR. and SPEC. Ap.J., 185,797,1973.

A0220+41A,B = Arp 145 = V Zw 229. Ring Gal.
             DIM. and PTM. U,B,V: Ap.J., 194, 569,1974.
             PHOTO. Ap.J., 148,321,1967.

A0220+42   = 3C 66B. 3C 66A (6'5 np) is a QSO (see Ap.J.Let., 190, L97,1974).
             V Zw 230 at 25" sf.
             DESCR. and CLASS. Ap.J., 140,35,1964. P.A.S.P., 80,129,1968.
             PTM. U,B,V,R: Ap.J., 178,1,1972; 183,731,1973.
             SPEC. VEL. of 3 close comp. in cluster: P.A.S.P. 80,129,1968.
             RADIO. Nature, 211,124,1966. Ap.J., 144,568,1966; 147,423,1967.
             M.N., 165,369,1973. A.&A., 28,359,1973.

N0898   = UGC 1842 = MCG 7-6-4. Note correction to NGC R.A.

N0908   PHOTO. Astrofizika, 4,59,1968. J.R.A.S. Canada, 68,117,1974.
             RADIO. Aust.J.Phys., 21,193,1968.

A0221+35   = DDO 19.
             HI 21-CM. A.&A., 34,43,1974.

N0910   In Abell 347.
             PTM. V,V-R: A.J., 75,695,1970.

N0922   P(b?) w. anon. SB(s)b: at 13'.

A0224-24   mp = 12 in MCG, vol. IV, 1968.

N0925   In N1023 group. Note corrected Dec.
             DESCR. P.A.S.P., 79,152,1967.
             PHOTO. Ap.J., 140,85,1964. Izv. Crimea Obs., 45,162,1972.
             PTM. 7 COL.: Izv. Crimea Obs., 45,162,1972. IAU Symp. 44,162,1972.

DYN.ROT.MASS, Ap.J., 140,85,1964. A.&A., 8,364,1970.
HII REG. "Atlas and Catalogue", Univ. of Washington, Seattle, 1966.
Ap.J., 155,417,1969; 194,559,1974.
DIST. MODULUS: Ap.J., 194,559,1974.
HI 21-CM. Ap.J., 142,1366,1965; 150,8,1967.

A0224+22 = V Zw 242. Pec. with jet.
PHOTO. Ap.J. 160,405,1970.

N0936,0941 P(a) at 12'6. Anon. Sp at 13'6 from N 941.

N0945,0948 = Ho 58a,b. Pair at 2'7.

N0947 mp = 12 in MCG, vol. IV, 1968.

A0226+31 SN1965K. Ast. Tsirk. No.349, 1965. IAU Circ.No.1931,1965. Inf.Bull. V.S., Nos.110,113,1965.

N0942,0943 = Arp 309 = VV 217 = Ho 59a,b. P(c) at 0'6. N943 has a distorted absorpt. ring.

N0949 VEL., ROT., MASS, Ast. Tsirk. No.797,1974.

A0228+39 SN1973P and PHOTO. P.A.S.P., 86,516,1974.

N0959 mp = 12.5 in CGCG, vol VI, 1968.
RADIO. A.&A., 31,447,1974.

I0235 = Mk 368 = UGC 2016.

N0972 DESCR., CLASS. A.J., 79,1242,1974.
PHOTO. Ap.J., 142,649,1965. IAU Symp. 29,434,1968. Mem.S.A.Ital., 40,133,1969 = Cont. Asiago No.214.
PTM. Mem.S.A.Ital., 40,133,1969 = Cont. Asiago No.214.
SPTM. D. Wells, Univ. of Texas Publ. in Astron. No. 13.
ROT., MASS, Ap.J., 142,649,1965. C.R. Acad. Sc. Paris, 260,6285, 1965 = Pub.O.H.P.,8,No.1.
HI 21-CM. M.N., 150,337,1970.
RADIO. A.J.,78,18,1973.

A0231+29 = DDO 26.
HI 21-CM. A.&A., 34,43,1974.

N0986 PTM. I.R., 1-2.2 MICRON, M.N., 164,155,1973.
RADIO. Aust.J.Phys., 19,883,1966.

N0985 = VV285. Ring Gal. w. class 1, Seyfert nucl.
CLASS., SPEC., Ap.J.Let., 197,L1,1975.

A0232+37 = VV 96 = K 72a.
SN1961P IAU Circ. No.1772,1961. Mem.S.A.Ital.,33,1,1962. w. PHOTO. A.J., 69,236,1964.

A0232+59 = Maffei 1. Possible member Local Group.
DISCOVERY, DESCR., P.A.S.P., 80,618,1968; 83,822,1971. Obs.,90,154, 1970. Ap.J.Let., 163,L25,1971; 165,L1,1971.
PHOTO. P.A.S.P., 80,618,1968; 83,822,1971. Ap.J.Let., 161,L13,1970; 163,L25,1971; 165,L1,1971.
PTM. M.N., 162,25P,1973.
2.2 MICRON: Ap.J.Let.,163,L25,1971.
10 MICRON: Ap.J.Let., 176,L95,1972.
SPEC., VEL. DISP. Ap.J.Let., 163,L25,1971.
SPTM. Ap.J.Let., 163,L25,1971.
MODULUS, MASS. Nature, 231,35,1971. Ap.J.Let., 163,L25,1971.
HI 21-CM. no detection: Ap.J.Let., 163,L25,1971.
RADIO. no detection: Ap.J.Let., 161, L13,1970. Nature, 230,105,1971.
Poss. SN remnant? Nature, Phys. Sc., 232,58,1971.

N0991 In N1052 group. Anon. obj. 34' sp.

I0239 In N1023 group.

A0234+34 SN1938A. P.A.S.P., 51,36,1969.

A0234+20 = Mk 369 = II Zw 4 = III Zw 50.
PHOTO., DESCR., SPEC. Mem.S.A.Ital., 40,211,1969 = K.P.N.O. Cont. No. 436.

N1016 mp = 12 in MCG, vol.III, 1963. mp = 13.3 in CGCG, vol.V, 1965.

N1022 In N1052 group.
HII REG. no detection: Bull.A.A.S., 6,343,1974.

N1003 In N1023 group. Cluster of spirals in background. SN1937D. Ann. Rev. Ast. Ap., vol.2, p.248,1964.

A0236+18A,B = Arp 258 = VV 143. Close interacting pair. F spiral 1'1 sp + "fragments".
PHOTO. Ap.J., 130,23,1959.

N1024 = Arp 333. Very thin outer arms from pseudo ring.

N1032 mp = 12 in MCG, vol.III, 1963. mp = 13.2 in CGCG, vol.V, 1965.

I1830 = Haro 18 (Bol. Tonantzintla No.14, June 1956). I1826 7'p.
DESCR.,DIM.,SPEC. A.J., 75,1143,1970.

N1035 In N1052 group.

N1023 = Arp 135. Brightest of N1023 group. F E sat. at East end of major axis.
PTM. 5 COL.: A.J., 73,313,1968. U,B,V: Trudy Ast. Obs. Leningrad, 28,32,1971.
HI 21-CM. A.J., 79,767,1974.

N1036 = Mk 370.
SPEC., SPTM., HI 21-CM. A.&A., 41,61,1975.

A0237-34 Fornax System. E dwarf in Local Group.
PHOTO. Ap.J.,151,105,1968;159,425,1970. Ann.Rev.Ast.&Ap.,9,35,1971.
PTM. Ap.J.,151,105,1968; 188,19,1974. J.R.A.S. Canada, 66,217,1972.
GLOB. CLUSTERS: Ap.J., 141,308,1965; 159,425,1970; 181,641,1973. P.A.S.P., 81,875,1969. Ap.Let., 3,175,1969.
DYN.,MASS Ap.J., 144,869,1966. A.J., 74,587,1969. Ann.Rev.Ast. & Ap., 9,35,1971.
SPEC., VEL. GLOB. CLUSTERS: Ap.J.Suppl., 19,No.171,1969.
STAR COUNTS. Ap.J., 151,105,1968; 188,19,1974.

N1042,1047 In N1052 group.

N1048A,B In N1052 group. Close pair at 0'9.

A0238+59 = Maffei 2. Possible member Local Group or UMa-Cam cloud.
DISCOVERY, DESCR., CLASS. P.A.S.P.,80,618,1968. Ap.J.,180,351,1973.
PHOTO.Ap.J.Let.,161,L13,1970. Ap.J.,180,351,1973. A.&A.,19,317,1972.
PTM. P.A.S.P., 82,663,1971. M.N., 162,25P,1973.
1.65 to 3.5 MICRON: Ap.J., 180,351,1973.
SPEC.,SPTM. Ap.J., 180,351,1973. HII REG., MODULUS: Ap.J., 180, 351, 1973. Nature, 231,35,1971.
HI 21-CM. A.&A., 12,264,1971. Ap.J.Let., 169,L71,1971. Ap.Let.,13,1, 1973.
RADIO. Ap.J.Let., 161,L13,1970; 169,L71,1971. Ap.J., 173,257,1972.
A.&A., 12,264,1971;19,317,1972. Nature, 231,35,36,1971; 235,53,1972.

N1044,1046 Pair at 2'0. N1044, a radio gal. is itself dble; + F comp. 0'96 np.

N1052 Brightest in N1052 group. "Active" radio gal.
DESCR., PREC. POSITION. Ap.J.Let., 151,L75,1968.
PTM. 10 MICRON: Ap.J.Let.,159,L165,1970; 176,L95,1972.
SPTM. C.R. Acad. Sc. Paris, B, 268,1214,1969. A.&A., 19,405,1972.
IAU Symp. 44,54,1972.
POL. Ap.J.Let., 179,L93,1973.
RADIO. Ap.Let.,2,187,1968; 6,49,1970. Ap.J.Let.,151,L35,1968. Ap.J., 157,481,1969; 170,207,1971; 189,399,1974. A.J.,75,523,1970; 79,1232, 1974. Sov.A.J., 13,881,1970. IAU Symp. 44,222,1972.

N1055 In N1068 group.
HII REG. "Atlas and Catalogue", Univ. Washington, Seattle, 1966.

N1068 = M 77 = 3C71 = Arp 37. Brightest in group. Typical class 2 Seyfert.
B(N) = 12.78, B(T)(excl.N) = 9.70.
DIAM. NUCL.: A.J., 73,175,858,1968.
PHOTO. A.J., 73,842,861,1968. Ap.J., 151,71,1968. IAU Symp.29,p.21, 1968. "Nuclei of Galaxies", p.27,1971. Ap.Let., 11,21,1972. J.R.A.S. Canada, 68,117,1974. Publ.Dept.A. Univ. Texas, II, 2, No.7,1968.
PTM. V ISOPH.: A.J., 73,846,1968.
NUCL. AND TOTAL MAG.: A.J., 73,858,1968. Publ.Dept.A. Univ. Texas, II, 2, No.7, 1968. Atti...Conv.Sci.Osserv.Cima Ekar, Padova-Asiago, p.101,1973 = Cont. Asiago, No.300bis.
B(PG): M.N., 152,79,1971.

U,B,V: Ap.J., 147,394,1967; 151,71,1968. Ap.J.Let., 150,L177,1967.
Ap.Let., 1,171,1968; 11,21,1972. A.J., 73,866,1968; 74,335,1969.
Sov.A.J., 16,763,1973; 17,1169,1973. M.N.,169,357,1974. Soob.Spets.
Ast.Obs. No.9,3,1973.
NEAR AND FAR I.R. (1-300 MICRON): A.J.,72,314,1967; 73,868,870,1968.
Sov.A.J., 12,184,1968. Ap.J., 147,394,1968; 187,213,1974; 190,353,
1974. Ap.J.Let.,199,L165,L173,1970; 161,L207,1970;162,L79,1970; 166,
L45,1971; 176,L95,1972; 177,L21,L115,1972; 182,L89,1973; 186,L69,
1973; 187,L109,1974. M.N.,169,357,1974. Bul.A.A.S.,1,248,1969;5,40,
1973;6,448,1974. Ast.Tsirk. No. 557,1970. Nature, 233,256,1971. IAU
Symp.44,164,1972. Soob. Septs. Ast. Obs. No. 9,3,1973.
REDD IN NUCL.:Ap.J.Let., 154,L53,1968.
CORE SIZE AT 10 MICRON: Ap.J.Let.,186,L69,1973.
SPEC.Mem. S.A.Ital.,37,713,1966=Pub.Padova No.134.
PHOTO. Ap.Let.,11,21,1972. Ap.J.,192,581,1974.
H-ALPHA LINE VAR.:Bull. A.A.S.,4,231,1972. Ap.J.,182,363,1973.
J.R.A.S.Canada,66,71,1972. Ast.Tsirk.No.688,1972; No.831,1974.
INTERNAL MOT.:Ap.J.,151,71,1968. IAU Symp. 29,21,1968.
SPTM.Ap.J.,141,892,1965;162,743,1970;164,1,1971;178,617,1972. Ap.J.
Let.,152,L165,1968;154,L53,1968. A.J.,73,853,1968. Ann.Ap.,31,569,
1968. A.&A.,1,305,1969;33,331,337,1974. Astrofizika,1,78,1965. Ast.
Tsirk. No. 467,1968. Sov.A.J.,11,767,1968. IAU Symp.29,82,1968.
"Nuclei of Galaxies",p.151,1971. Pub.A.S.Japan,24,145,1972. Ap.Let.,
13,165,1973. M.N.,168,109,1974. Bull.A.A.S.,6,342,1974.
POL.A.J.,70,138,1965;73,852,1968. Ast. Tsirk. No. 454,1967. Ap.J.,
151,71,1968. Ap.J.Let.,152,L165,1968;170,L53,1971;172,L23,1972;173,
L113,1972;174,L127,1972;192,L19,1974. Asrofizika,4,409,1968;7,417,
1971;8,529,1972. Nature,225,621,1970. Acta Ast.,21,311,1971. Bull.
A.A.S.,4,223,1972;6,312,1974. Ap.Let.,12,69,1972.
ROT.,MASS.C.R.Acad. Sc.Paris,261,601,1963=Pub.O.H.P.,6,No.23.
J.Observateurs,48,247,1965=Pub.O.H.P.,8,No.16.Ann. Ap.,28,574,1965.
HII REG."Atlas and Catalogue",Univ. Washington, Seattle,1966.Ap.J.,
194,559,1974.
HI 21-CM. A.&A.,10,198,1971. IAU Symp.44,267,1972.
RADIO. Ann.Ap.26,343,1963. Ap.J. 142,106,1965;144,216,1966;148,367,
1967;189,399,1974;191,305,1974. Ap.J.Let., 151,L27,1968. Ap.Let.
8,153,1971. A.J.,76,537,1971;79,903,1974. A.&A.,25,303,1973;33,351,
1974. Ast. Tsirk. No. 536,1969. Sov.A.J.,13,881,1970.
X-RAYS. no detection: Ap.J.Let.,165,L43,1971.

N1058   In N1023 group.
DESCR. IAU Symp. 38,30,1970.
PHOTO. Ap.J.,139,514,1964. "Stellar Structure", Stars and Stellar
Systems, vol.VIII,p.396,1965. P.A.S.P.,82,894,1970. Mem.S.A.Ital.,
42,163,1971=Cont.Asiago No.255."Supernovae and SN Remnants",Ap.Space
Sc. Lib.,vol.45,p.215,1974.
SPEC. Old HMS vel.(Vo=221, Source C) rejected.
HII REG.,DIST. MODULUS:Ap.J.,194,559,1974.
SN1961V. Ap.J.,139,514,1964."Stellar structure",Stars and Stellar
Systems, vol. VIII, p.136,1965. Ann.Ap.,27,319,1964. Coll.Int.Novae
& SN,CNRS,Paris, p.194,1965. Inf.Bull.V.S.,No.196,1967. P.A.S.P.,83,
894,1970. Ap.J.,167,89,1971; 182,225,1973. "Supernovae and SN
Remnants",Ap. Space Sc. Lib.,vol.45,pp.143,215,1974.
SN1969L. IAU Cir.Nos.2194,2195,2196,1969. Ast.Tsirk.No.522,1969; No.
590,1970. Mem.S.A.Ital.42,163,1971. A.&A.,29,123,1973. Ap.J.,185,
303,1973;193,27,1974. "Supernovae & SN Remnants", Ap.Space Sc.Lib.,
vol.45,p.215,1974.
DIST. MODULUS:Ap.J.,193,27,1974.

N1073   In N 1068 group.
PHOTO.Coll.Int.CNRS, Paris,p.194,1965. IAU Symp.38,p.23,1970. Ap.J.,
194,559,1974.
PTM.7 COL.:Izv. Crimea Obs.,45,162,1972. IAU Symp.44,62,1972.
SPEC. Old HMS vel.(Source C) rejected. See A.J.,76,22,1971.
HII REG."Atlas and Catalogue", Univ. Washington,Seattle,1966. Ap.J.,
155,417,1969;194,559,1974.
DIST.MODULUS: Ap.J.,194,559,1974.
SN1962L C.R.Acad.Sc.Paris,256,5284,1963=Pub.O.H.P.,6,No.41. Ann.Ap.,
27,327,1964=Pub.O.H.P.,7,No.24. Ann. Ap.,27,319,1964= Cont. Asiago.
No.159. Coll.Int. Novae & SN CNRS, Paris,pp.194,202,1965. Abh.Univ.
Kasan,125 No.7,1965. Bull.Kasan Obs.No.38,1965. Tokyo Ast. Bull. No.
176,1967.
RADIO.Aust.J.Phys.,19,883,1966.

A0243+15 = Mk 597 Close pair.

N1084   PHOTO.Ann.Ap.,27,300,1964. Coll. Int. Novae & SN,CNRS,Paris,p.179,
1965. Cont.Asiago No.174,1965. Mem.S.A.Ital.,40,133,1969 = Cont.
Asiago No.214. Astrofizika,6,367,1970.
PTM.Mem.S.A.Ital.,40,133,1969=Cont.Asiago No.214. Astrofizika,6,367,

1970.
SPTM.Ap.J.,163,249,1971.A.&A.,33,331,337,1974.
DYN.,ROT.Ap.J.,184,735,1973.
SN1963P.Asiago Cont. No.174,1965. Tokyo Ast.Bull.No.176,1967.
RADIO.Aust.J.Phys.,21,193,1968.

N1087   In N1068 group.P.w. N1090 at 15' and N1094 at 20'.
HII REG. "Atlas and Catalogue",Univ. Washington,Seattle,1966.
Ap.J.,155,417,1969.

N1090   In N1068 group. P.w. N1087 at 15'.
SN1962K. A.N., 290,135,1967.
SN1971T IAU Circ. No.2376,1971. Ast. Tsirk. No.666,1971. Yamamoto
Circ. No.1745, 1971. P.A.S.P., 84,844,1972 (w. PHOTO).

N1097A Small E comp. 3'5 n of N1097. (see N1097=Arp 77). Mag. and colors
reduced w. dim. on PSS (1'1: x 0'6).

N1097   = Arp 77 w. comp. N1097A. Pec. N w. inner spiral struct.
DESCR., CLASS. P.A.S.P., 77,287,1965; 79,152,1967. Bull. A.A.S., 4,
237,1972. J.R.A.S. Canada, 68,117,1974.
PHOTO. P.A.S.P., 77,287,1965. Ap.J., 192,279,1974. J.R.A.S. Canada,
68,117,1974.
PTM. Atl.Gal.Aust., 1968.
J,H,K,L: M.N., 164,155,1973.
U,B,V: Ap.J., 192,279,1974.
SPTM. A.&A.,33,331,337,1974. Ap.J., 192,289,1974.
ROT.VEL. A.&A., 8,364,1970.
HI 21-CM. Source R2 (A.&A., 3,292,1969), quality D, rejected.
RADIO. Aust.J.Phys., 16,360,1963; 19,565,883,1966. Proc.Ast.S.Aust.
2,159,1972.

A0244+37 = K 77a.
PHOTO. Ann.Ap., 27,300,1964. Coll. Int. Novae & SN, CNRS, Paris,
p.178, 1965.
SN1963L and PHOTO.P.A.S.P., 76,325,1964.

N1094   In N1068 group. P.w. N1087 at 20' and Anon S at 1'1.

N1104   In N1068 group.

A0246-00 = I Zw 9. F compact (mp = 18.0) in background of group.

A0246+18 e compact in CGCG, vol.V,1965; mp = 13.1 includes * superposed on N.

I1854   = Mk 372. Class 2, Seyfert N.
SPEC., PHOTO. Ap.J., 192,581,1974.

N0247-00 SN1959F AND PHOTO. P.A.S.P., 73,175,1961.

N1136   P. w. s. Anon. at 3'0.

N1140   P(b?) w. outlying knots at end of "tail".
SPTM. D. Wells, Univ. Texas Publ. in Astron. No. 13.

N1143,1144 = Arp 118 = VV 331 = K 83. P(b) at 0'7."Ring" gal.
DESCR.,DIM.,PTM. Ap.J., 194,569,1974.

A0255+05 = 3C 75 = III Zw 52 Nos.1,2 = K 84. P(b) at 0'3. In Abell 400.
A: BT(A) = 15.40 +/- 0.08, (B-V)T(A) = 1.23 +/- 0.03 reduced w. dim.
on PSS (0'4: x 0'4)
B: BT(B) = 15.7 +/- 0.1, (B-V)T(B) = 1.21 +/- 0.03 reduced w. dim.
on PSS (0'4: x 0'4)
CLASS. Ap.J., 140,35,1964.
PTM. B,V,R: A.J., 75,695,1970. Ap.J., 178,25,1972; 183,731,1973.
SPEC.VEL is mean for both components. DELTA V = 359, Ap.J., 191,55,
1974.
RADIO. Ap.J., 142,106,1965.

A0255-54 DESCR.,POSIT. A.J., 76,775,1971.

A0255+41 = V Zw 97. E w. extended halo.
DESCR., CLASS. A.J., 76,1000,1971.
PHOTO. Ap.J., 160,405,1970.

N1156   PTM. Atti XII Riu. S.A.Ital. p.40, 1969.

N1160,1161 = K 86. Pair at 3'5. mp = 13.0, 12.6 in CGCG, vol.III, 1966.

N1167   = 4C 34.09.

SPEC.VEL. in Ap.J.Let., 148,L53,1967 (Source U7), rejected. See Ap.J.Let., 182,L13,1973.

N1169 * close to vsBN.

N1187 P(a) w. s. anon. SAB(r)O/a? at 21'.

A0300+16 = 3C 76.1 Mag. and colors reduced w. dim. on PSS (0'40: x 0'35).
PTM. U,B,V,R: Ap.J., 178,25,1972; 183,731,1973.
RADIO. Ap.J., 144,216,1966; 148,367,1967; 151,33,1968. A.J.,73,1,1968. A.&A., 34,341,1974.

N1175 P. w. N1177 (= I0281) at 2'5.

N1199 Brightest in N1199 group.

I1876 = Haro 19 (Bol. Tonantzintla, No.14, June 1956). Double system.
DESCR., DIM. PTM. A.J., 75,1143,1970.
SPEC. DELTAV of 2nd comp. = -169; A.J., 75,1143,1970.
HI 21-CM. A.&A., 29,217,1973.

I0284 V Zw 319 at 0'7 sp, a F compact, mp = 17.5.

N1209 In N1199 group.

N1218 = 3C 78.
DESCR., CLASS. Ap.J., 140,35,1964. P.A.S.P., 80,129,1968.
PTM. V,B,R: Ap.J., 178,25,1972; 183,731,1973.

N1229 In chain of gal. = Arp 332 = VV 337b. The four brightest obj. in chain are from N to S: N1228, 1229, 1230 and I1892.
N1228, 1229 = VV 337a,b. I1892 = VV 260. N1230 = MCG-4-8-27.

I0292 = I1887. In Perseus Cl.

N1232 = Arp 41. P(a) w. N1232A at 4'0.
DESCR. IAU Symp. 29,421,1968. IAU Symp. 38,30,1970.
PHOTO. IAU Symp. 29,421,1968.
HII REG. "Atlas and Catalogue", Univ. Washington, Seattle, 1966. Ap.J.,168,327,1971; 194,559,1974.
DIST. MODULUS: Ap.J., 194,559,1974.
RADIO. Aust. J. Phys., 16,360,1963.

N1232A Dwarf SB(s)m satellite at 4'0 f N1232.

N1224 In Per Cl.

I0298A,B = Arp 147 = I Zw 11. Ring gal.
DESCR., DIM. Mem.S.A.Ital.,37,419,1966 = Padova Comm. No.45. Ap.J., 194,569,1974.
PHOTO. Mem. S.A. Ital., 37,419,1966 = Padova Comm. No.45.

N1241,1242 = Arp 304 = VV 334 = Ho 68 a and c. Pair at 1'5. N1243 (= Ho 68b) at 3'1 is a dble. *.
RADIO. M.N., 167,251,1974.

N1233 = 4C 39.11; identif. may be uncertain.

N1248 P(a) w. anon. SBp at 2'6.

N1255 Note corr. to NGC Dec.

N1253,N1253A = Arp 279. Pair at 3'7. DDO 31 is the dwarf companion.
HI 21-CM. A.J., 79,767,1974. DDO dwarf confused by N1253.

N1250,I0309 In Per Cl.

I0310 In Per Cl.
DESCR. AND PHOTO. P.A.S.P., 80,129,1968.
PTM. ISODENS.: A.J., 79,671,1974.
RADIO. M.N., 138,1,1968. Nature,237,269,1972. A.&A., 26,413,1973.

A0313+31 = K 88a.

N1260,I0312 In Per Cl.

N1260 = MCG 7-7-47 (N1259 = MCG 7-7-46).

N1265 = 3C 83.1. In Per Cl. Radio gal. w. tail.
DESCR.,CLASS. Ap.J.,140,35,1964. P.A.S.P., 80,129,1968.
PHOTO. Ap.J., 168,321,1971. Ap.Let., 14,7,1973.
PTM. Ap.Let., 14,7,1973. V,B,R: Ap.J.,183,731,1973.
DYN. Bull.A.A.S., 3,238,1971. Ap.J., 168,321,1971. For vel. of many anon. obj. and dyn. of clusters see also A.J.,77,4,1972.
RADIO. Nature, 205,488,1965; 237,269,1972; 244,502,1973. M.N., 138, 1,1968; 161,167,1973. Sov. A.J., 13,881,1970. A.&A., 26,413,1973. IAU Symp. 58,p.113,1974.

N1267,1268 In Per Cl.

N1291 PHOTO. IAU Symp.58,339,1974. J.R.A.S.Canada,68,117,1974. Ap.J. Suppl., 29,No.284,1975.
PTM. Atl. Gal. Austr., 1968. Ap.J.Suppl., 29,No.284,1975.
IR: 1-3.5 MICRON: M.N., 164,155,1973.
HI 21-CM. Observ., 90,264,1970. RADIO. Aust.J.Phys.,16,360,1963.

N1270,1271,1272,1273,1274 In Per Cl.

N1274,I1907 (E4:) 2'3f.

N1275 = 3C 84. Brightest in Per Cl. (Abell 426). Class 2 Seyfert.
DESCR., CLASS., DIM. Ap.J., 140,35,1964. P.A.S.P., 80,129,1968. Ap.J.Let., 159,L151,1970. Ap.J., 173,485,1972.
PHOTO. Ap.J. 142,1351,1965; 159,L151,1970; 163,195,1971; 168,321, 1971. A.J., 73,920,921,1968; 79,671,1974. "Nuclei of Galaxies", p.27,271,1971.
PTM. U,B,V: Ap.Let., 1,171,1968; 3,103,1969. Ap.J.Let., 158,L19, 1969; Ap.J., 173,485,1972; 178,1,25,1972; 183,731,1973. A.J., 73, 866,1968; 75,695,1970. M.N., 152,79,1971; 169,357,1974. Sov.A.J., 16,763,1973; 17,169,1973.
NEAR AND FAR IR (1.6 - 21 MICRON): Ap.J.Let., 159,L165,1970; 176,L95,1972. A.J., 73,866,868,1968. Sov.A.J., 12,184,1968. Ast. Tsirk. No.607,1971. M.N., 169,357,1974.
ISODENS. Ap.J., 163,195,1970 (20' field, includ. 10 obj.). A.J., 79,671,1974,(40' x 50' field, includ. many objects).
SPEC. Ap.J., 142,1311,1965; 168,321,1971. Mitt. Ap. Obs. Crimea, 35, 87,1966. Sov.A.J., 13,569,1970.
PHOTO. A.J., 73,842,1968. Ap.J, 192,581,1974. Vel. of many obj. in cl.: A.J., 77,4,1972.
S.P.T.M Ap.J.Let., 154,L53,1968. Ap.J., 162,743,1970; 164,1,1971. A.J., 73,849,1968. Ast. Tsirk. No.467, 1968. IAU Symp. 29,83,1968. Sov.A.J.,11,767,1968;18,271,1974;18,717,1975. "Nuclei of Galaxies", p.151,1971. IAU Symp. 58,341,1974.
POL. Ap.J., 151,71,1968; Ap.J.Let., 174,L27,1972. Astrofizika,4,409, 1968; 7,417,1971; 8,509,1972. Ast. Tsirk. No.454, 1967; No.526,1969.
DYN. of Cl. Ap.J., 168,321,1971.
SN1968A. IAU Circ. No.2051, 1968. Ast. Tsirk. No.458, 1968.
HI 21-CM. absorp. Ap.J., 185,809,1973.
RADIO. Ann. Ap., 26,85,1963. Nature, 205,488,1965; 207,62,1965. Ap.J., 144,568,843,1966; 146,621,634,1966; 147,423,908,1967; 151,43,768,1968; 152,43,639,1968; 153,1001,1968; 154,423,1968; 158,849,1969; 161,1,1970; 170,207,1971; 172,299,1972. Ap.J.Let., 151,L27,1968; 154,L49,1968; 156,L15,1969; 173,L47,1972. A.J., 71,864,927,1966; 72,230,1967; 73,293,873,874,1968; 74,824,1969; 76,537,1971; 77,810,819,1972; 78,163,536,1973; 79,1232,1974. M.N., 138,1,1968. Ap.Let., 4,139,1969; 8,153,1971. Mem.R.A.S., 77,Part 3,1973. A.&A., 25,503,1973. Sov.A.J., 9,238,418,1965; 10,225,1966; 13,21,1969; 16,795,1973.
V.L.B.I: Ap.J., 153,705,1968; 169,1,1971; 177,101,1972; 193,293, 1974. Ap.J.Let., 153,L209,1968. Sov.A.J., 14,627,1971; 16,576,1973.
OUTBURST 3 MM. IAU Circ. No.2519, 1973.
X-RAYS. Ap.J., 178,309,1972; 183,15,1973; 188,217,1974. Ap.J. Let., 164,L81,1971; 165,L43,1971; 173,L99,1972; 185,L13,1973;189,L59,1974; 193,L53,L57,1974. Bull.A.A.S., 3,236,399,1971; 6,313,437,1974.

N1277,1278,1281,1282,1283 In Per Cl.

N1282 Note corr. to NGC coord.

N1300 DESCR., CLASS. P.A.S.P., 81,51,1969.
PHOTO. Vistas in Ast.,vol.14,241,1972. A.J., 78,606,1973. J.R.A.S.Canada, 68,117,1974.
PTM. Sov.A.J., 10,34,1966. A.J., 78,606,1973.
HII REG. "Atlas and Catalogue" Univ. of Washington, Seattle, 1966. Ap.J., 155,417,1969.
RADIO A.&A., 29,249,1973.

N1313,N1313A at 16'5 sf (w. corr. coord.).
DESCR. Vistas in Ast., vol.14,210,1972.
PHOTO. Z. f. Ap., 69,242,1968. Vistas in Ast.vol.14,224,1972.

Observ., 94,7,1974. J.R.A.S.Canada, 68,177,1974.
PTM. Atl.Gal.Austr., 1968. Vistas in Ast., vol.14,231,1972.
2.2 MICRON (up. limit): M.N., 164,155,1973.
SPEC. Mt. Stromlo vel. (Source H) rejected. Misident. Vo of HII reg.
N1313-I = 516 +/- 85. Cordoba Interfer. vel. (Source P4) corr. to +207. See Observ., 95,178,1975.
INTERFER., ROT., MASS. Observ., 94,7,1974.
HII REG. Z. f. Ap.,69,242,1968.
SN1962M Cordoba Obs. Rep. No.119, 1963. M.N., 131,155,1965; 158, 375,1972.
RADIO Aust.J.Phys., 16,360,1963; 19,883,1966.

I0313   In Per Cl.

N1298   QSO 4C-02.15 at 3'8. (Ap.J., 175,601,1972).

N1302   P. w. anon. S sp. at 22'5.

N1293,1294 Pair of E and L at 2'. In Per Cl. Note corr. to NGC coord.

N1310   In Fornax I Cl.
SN1965J and PHOTO P.A.S.P., 78,471,1966.

N1313A   Small Spir. at 16'5 sf N1313. Note corr. coord.

N1316   = Arp 154 = Fornax A. In Fornax I Cl.? possibly foreground. N1317 at 6'3 nf.
DESCR., CLASS. Ap.J., 140,35,1964.
PHOTO.Ap.J., 139,1378,1964; 140,44,1964. "Periodic Orbits, Stability and Resonances", p.314, 1970. J.R.A.S.Canada, 68,117,1974.
PTM. Atl. Gal. Austr., 1968.
U,B,V: A.J., 74,335,1969. Ap.J.,178,1,1972.
I.R. 1-3.5 MICRON: M.N., 164,155,1973.
ROT. Nature,207,1282,1965.
RADIO. AP.J., 140,44,1964. Ann.Ap., 28,75,1965;31,153,1968. Proc. A.S.Aust., 1,229,1969. M.N., 152,439,1971.

N1317   = N1318. Fornax I Cl. P(a) w. N1316 at 6'3.
PTM. Atl. Gal. Austr., 1968.

N1315,1319 In N1315-1332 group. N1319 at 6'8 np N1325.

N1326   Fornax I Cl.

N1325   In N1315-1332 group. P(a) w. N1318 at 6'8, N1322 at 28'5.

N1320   = Mk 607. P. w. N1321 (= Mk 608) at 1'7.

N1325A   = Ho VI (1958). P(a) w. N1325 at 13'6, N1332 at 20'6.

A0322-06   = Mk 609. Poss. Seyfert. P.w. A0323-06 (Mk 610) at 1'6.
SPEC. Astrofizika, 10,485,1974.

N1316C   In Fornax I Cl.

A0323-06   = Mk 610. Poss. Seyfert. P.w. A0322-06 (Mk 609) at 1'6.
SPEC. Astrofizika, 10,485,1974.

N1316A,B   Fornax I Cl. Pair in contact at 3'.

N1332   In N1315-1332 group. P.w. N1331 at 2'8.
PHOTO. Ap.J.,140,681,1964.
PTM. Ap.J., 140,681,1964. 10 COL.: Ap.J., 179,731,1973.
ROT.VEL. A.&A., 8,364,1970.
HI 21-CM. Source R2 (A.&A., 6,456,1970), quality D, rejected.

N1331   = I0324. In N1315-1332 group. P.w. N1332 at 2'8.
PHOTO. and PTM. (w. N1332), Ap.J., 140,681,1964.

I1933   In a group w. I1920, -28, -42, -46, -54.

A0325+02   3C 88 = 4C 02.10.
DESCR., CLASS. Ap.J., 140,35,1964.
P.T.M. U,B,V,R: Ap.J., 178,25,1972; 183,731,1973.
RADIO. Ap.J., 142,106,1965; 144,216,1966. A.J., 73,1,1968.

A0325-17   = Haro 20 (Bol. Tonantzintla, No.14, June 1956).
DIM., PTM., SPEC. A.J., 75,1143,1970.
HI 21-CM. A.&A., 29,217,1973.

N1341   In Fornax I Cl. * 1'2 ssf.

A0326+39   B2 R.S. Double obj.

N1344   = N1340.

N1351A   In Fornax I Cl.

N1345   = Haro 21 (Col. Tonantzintla No.14, June 1956).
DIM., PTM., SPEC. A.J., 75,1143,1970.
HI 21-CM. A.&A., 29,217,1973.

A0328-03   = Mk 612. Poss. Seyfert.
SPEC. Astrofizika, 10,485,1974.

N1351   In Fornax I Cl.

N1350   In Fornax I Cl.
HII REG. "Atlas and Catalogue", Univ. Washington, Seattle,1966.
SN1959a and PHOTO. P.A.S.P., 72,208,1960.

I1954   In a group w. I1933.

N1355   P(a) w. N1358 at 6'8.

N1357   SPTM. D. Wells, Univ. Texas Publ. in Astron. No. 13.
HII REG. Bull. A.A.S., 6,343,1974.

A0331+39   = 4C 39.12. B2 R.S.

N1358   P(a) w. N1355 at 6'8.

I1953   Possibly in N1315-1332 group.

N1359   P(a) w. anon. SAB(r)0+ at 8'5.

N1365   In Fornax I Cl.? possibly foreground.
DESCR., CLASS. P.A.S.P., 77,287,1965; 70,152,1967; 81,51,1969.
PHOTO. P.A.S.P., 77,287,1965; 81,51,1969. Vistas in Ast., vol. 14, p.219,1972. Ap.J., 192,279,1974.
PTM. Atl. Gal. Aust. 1968.
J,H,K,L: M.N., 164,155,1973.
U,B,V: Ap.J., 192,279,1974.
SPTM. Ap.J., 192,279,1974.
SN1957C. Carneg. Inst. Yearbk., 57, 1958.
HI 21-CM. Source R2 (A.&A., 3,292,1969), quality D rejected.
RADIO. Aust. J.Phys., 16,366,1963;19,883,1966.

N1343   = VII Zw 8. Ring struct. in nucl. F bar.
DESCR. and PHOTO. Observ., 93,27,1972. Not SA(r) type.
PTM. U,B,V: Ast. Tsirk. No.783,1973; No.814,1974.
SPEC. z = 0.001 (M.N., 153,383,1971) very uncertain; rej.

N1371   = N1367.

N1375,N1374 In Fornax I Cl. Pair at 2'4.

N1379   In Fornax I Cl.
PHOTO. J.R.A.S.Canada, 68,117,1974.

N1380   In Fornax I Cl. * 0'85 sp N.

N1376   P(a) w. anon. S sp at 5'3.

N1381   In Fornax I Cl.
PHOTO. J.R.A.S.Canada, 68,117,1974.

N1380A,B,1386,1389 In Fornax I Cl.

N1387   In Fornax I Cl.
PHOTO. J.R.A.S.Canada, 68,117,1974.

N1385   RADIO. Aust.J.Phys., 21,193,1968. A.&A., 31,447,1974.

N1395   PTM. Ap.J., 139,284,1964.
DYN., MASS. Ap.J., 139,284,1964.

N1393   In N1383-1407 group.

N1399   = PKS 0336-35. Brightest in core of Fornax I Cl. * 0'3 n N.

PTM. of 50 dwarfs in Cl.: A.J., 70,559,1965.
RADIO. Ap.J., 157,481,1969. M.N., 152,439,1971.

N1398   DESCR.,CLASS. P.A.S.P., 81,51,1969.
PHOTO.,J.R.A.S.Canada, 68,117,1974.

N1404   In Fornax I Cl. * 0'9 sf N. P(a) w. N1399 at 10'2.
PHOTO. J.R.A.S.Canada, 68,117,1974.

N1400   P(a) w. N1407 at 11'8. In group N1383-1407.

N1427A   In Fornax I Cl.

I0343   In N1383-1407 group.

N1407   Brightest of N1383-1407 group. P(a) w. N1400 at 11'8.
RADIO. A.J., 75,523,1970.

N1409,1410   = III Zw 55 = K 93. Close pair at 10". N1410 is the northern comp.
and a class 1 Seyfert.
PHOTO. Ap.J., 160,405,1970 (where obj. called N1409 is N1410).
"Nuclei of Galaxies", p.81,1971.
SPEC. photo: Ap.J., 192,581,1974.

N1415,1416 P(a) at 9'3.

N1416   Note corr. to NGC Dec.

N1422   P(a) w. N1426 at 31'.

N1417   = Ho 70a. P(a) w. N1418 at 5'0.

I0346   In N1383-1407 group.

N1418   = Ho 70b. P(a) w. N1417 at 5'0.

N1421   DYN.,MASS. Bull.A.A.S., 1,186,1969.

N1425   In Fornax I Cl?
HII REG. "Atlas and Catalogue", Univ. of Washington, Seattle, 1966.

N1427   Fornax I Cl. * 1'8 p.

N1433   DESCR., CLASS. P.A.S.P., 77,287,1965; 79,152,1967.
PHOTO. P.A.S.P., 77,287,1965. Vistas in Ast., vol.14,242,1972.
PTM. Atl. Gal. Austr., 1968.

N1428   Fornax I Cl. * superimposed on N.

A0340+39   Brightest E in a group.
PTM. V,R: A.J., 75,695,1970.

N1426   P(a) w. N1422 at 31', N1439 at 30'.

N1424   = N1429. P(a) w. N1417 at 19', N1418 at 14'5.

N1437   Fornax I Cl.
POSIT., PHOTO. A.J., 76,775,1971.

I0342   Brightest in UMa-Cam cloud, possibly w. Maffei 1 and 2 (A0232+59, A0238+59).
PHOTO. Pub.U.S.Naval Obs., XX, Part IV, 1971. A.&A., 29,249,1973.
Ap.J., 194.559,1974.
PTM. Pub. U.S.Naval Obs., XX, Part IV, 1971.
HII REG. Ap.J., 194,559,1974.
DIST. MODULUS. Nature, 231,35,1971. Ap.J., 194,559,1974.
HI 21-CM. Ap.J., 176,315,1972. A.&A., 22,111,1973. IAU Symp. 58, p.122,1974.
RADIO. Ap.J., 142,1333,1965. A.&A., 29,249,1973.
POSS. SN REM.: A.&A., 26,105,1973. Supernovae & SN Remnants, Ap.& Space Sc. Lib., vol.45,p.56,1974.

N1439   P(a) w. N1426 at 30'.

N1440   = N1442. P(a) w. N1452 at 22'.

N1448   = N1457. RADIO. Aust. J. Phys., 16,360,1963.

N1452   = N1455. P(a) w. N1440 at 22'.

N1441   In N1441-1453 group P. w. N1449 at 4'2, N1451 at 6'1.

N1449,1451,1453   In N1441-1453 group. N1453 is brightest.

I2006   In Fornax I Cl.?

N1482   P. w. N1481 at 3'3. SN 1937E. A.N., 290,85,1967.

N2573   Close to South celestial Pole. Note R.A. and precession.
See also two nearby obj. N2573 A and B at 22h 30m, -89deg 26'.

N1487   = VV 78. Pec. coll. system.?
DESCR., DIM. P.A.S.P., 83,310,1971.
PTM. Atl. Gal. Austr., 1968.
2.2 MICRON (up. limit), M.N., 164,155,1973.

N1469   Note corr. to NGC posit. = MCG 11-5-4.

N1493   RADIO. Aust. J. Phys., 19,883,1966.

A0356+10   = 3C 98. Mag and colors reduced w. dim. on PSS (0'30 x 0'25).
DESCR., CLASS. Ap.J., 140,35,1964.
PTM. U,B,V,R: Ap.J., 178,5,1972; 183,731,1973.
RADIO. Ap.J., 142,106,1965; 144,568,1966; 147,24,1967; 179,439, 1973. Sov.A.J., 9, 238,1965. A.J., 73,1,
1968. M.N., 156,377,1972. A.&A., 34,341,1974.

N1485   Note corr. to coord.

N1510   Blue compact E comp. of N1512 at 5'0.

N1507   = K 97. PHOTO. Vistas in Ast., vol.14,213,1972.
DYN.,MASS. Bull.A.A.S., 1,186,1969. Vistas in Astr.14,239,1972.
HI 21-CM. Source R2 (A.&A., 3,292,1969), quality D, rejected.

N1515A   P(a) w. N1515 at 2'0.

I0356   = Arp 213.
PHOTO. and PTM. Pub. U.S.Naval Obs., XX, Part IV, 1971.
HI 21-CM. A.J., 79,767,1974.
RADIO. no detection: A.&A.,28,379,1973.

N1512   P(a) w. N1510 at 5'0.

N1515   P(a) w. N1515A at 2'0. and sev. s. gal. in field.
PTM Atl. Gal. Austr., 1968.

N1518,1521 Pair at 22'.

N1527   N betw. 2 * at 1'2 n and s.

I2038   P(a) w. I2039 at 1'5.
N1533   PHOTO. M.N., 131,351,1966.
PTM. Atl. Gal. Austr., 1968.
SN1970? IAU Cir. No.2279,1970; not confirmed.

N1536   PTM. Atl. Gal. Austr., 1968.

N1531,1532 Pair at 1'8. N1532: discordant vel. source N2 (Observ., 87,38,1967) rejected.

A0410+29   = V Zw 372. Bright N, F halo; "jets" E and W simulate bar.

N1537   Note corr. to NGC Dec.

N1543   PTM. Atl. Gal. Austr., 1968.

N1549   P. w. N1553 at 12'.
PHOTO. M.N., 131,351,1966.
PTM. Atl. Gal. Austr., 1968.

N1553   P. w. N1549 at 12' np, I2058 at 21'5 sf.
PHOTO. M.N., 131,351,1966. J.R.A.S.Canada, 68,117,1974.
PTM. Atl. Gal. Austr.,1968.
SPEC. Discordant V = +1035, Source M (M.N.A.S.S.A., 22,100,1963) rejected.

I2058   P(a) w. N1553 at 21'5.

N1559   PHOTO. M.N., 131,351,1966.

PTM. Atl. Gal. Austr., 1968.
RADIO. Aust. J. Phys., 19,883,1966.

N1530 = VII Zw 12, mp = 13.4

N1566 Class 1 F var. Seyfert N (BN = 13.5 - 14.5), BT(excul.N) = 10.35.
PHOTO. M.N., 131,351,1966. Publ. Dept. A. Univ. Texas, II, 2, No.7,1968. Ap.Let., 11,21,1972. Ap.J., 181,31,1973; 189,187,1974. J.R.A.S. Canada, 68,117,1974.
PTM. Atl. Gal. Austr. 1968. n.J., 73,858,1968. Ap.Let.,11,21,1972. Ap.J.,181,31,1973; 189,187,1974. Att...Conv.Sci.Osserv. Cima Ekar, Padova-Asiago, p.101,1973 = Cont. Asiago No.300 bis.
I.R. 1-3.5 MICRON: M.N., 164,155,1973.
SPEC. Ap.Let., 6,155,1970; 11,21,1972.
SPTM. Ap.J., 189,187,1974. A.&A.,33,331,337,1974. M.N.,168,109,1974.
DIST. MODULUS. M.N., 131,365,1966. Ap.J., 181,31,1973.
RADIO. Aust. J. Phys., 16,360,1963. M.N. 152,439,1971.

N1574 * 0'35 sf N,B * 1'2 sf N.

A0422-00 = Mk 615. P. w. N1568A,B (= II Zw 10) at 3' np.

A0423+69 = VII Zw 14. P(c) at 35". Redshift is for E compact only.

N1569 = Arp 210 = VII Zw 16.
DESCR. Ap.J.Let., 191,L21,1974; 194,L119,1974.
PHOTO. Sov. A.J.,6,224,1962. IAU Symp. 29, p.434,1968. Pub.U.S.Naval Obs., XX, Part IV,1971. P.A.S.P., 86,845,1974. Ap.J.Let.,191,L21, 1974; 194,L119,1974.
PTM. Pub U.S. Naval Obs., XX, Part IV,1971.
SPTM P.A.S.P., 77,90,1973.
INTERFER. H-ALPHA. Ap.J.,194,L119,1974.
HI 21-CM. Ap.J., 150,8,1967.
RADIO. Unusual spect. A.J., 78,18,1973. Ap.J.Let., 194,L119,1974.

N1596,1602 Pair at 3'0. N1596 has * 0'6 p N.

N1560 is [not] I2062 [RC2 incorrect].

I2082 P(c)? w. s comp.. In a cluster in Doradus. Possibly a cD galaxy (T = -4?) Mag. and colors reduced w. dim. in Atl.Gal.Austr. (1'6 x 0'9).

N1587,1588 = II Zw 12 = Ho 76a,b = K 99. Connected pair at 1'2. N1589 at 12'. N1588 = Mk 616 is about 1 mag. fainter than N1587.
RADIO. IAU Symp. 44, p.222, 1972.

N1589 P. w. N1587, 1588 at 12'. mp = 12 in MCG, vol.III, 1963. mp = 13.8 in CGCG, vol V, 1965.

N1590 = II Zw 13. Pec. spiral.

N1573 = VII Zw 18. Connected pair. Brightest in a group.

N1599 In N1600 group.

N1600 Brightest in a group. P(a) w. N1601 at 1'6, N1603 at 2'5.
PTM. V,B,R: A.J., 75,695,1970. Ap.J.,183,731,1973.

N1601,1606 In N1600 group.

A0430+05 = 3C 120 = 4C 05.20.= II Zw 14. Class 1 Seyfert N. Previously known as var. star BW Tau.
PREC.POS. A.J., 78,521,1973.
DIM. unresolved N: A.J., 73,S175,1968.
PHOTO. A.J., 73,927,1968. Ap.J., 152,1101,1968. Cat. Selected Compact Galaxies, Fig.5,1971.
PTM. U,B,V AND VAR. STUDIES: Ap.J.,152,1101,1968; 158,535,1969; 178,25,1972; 180,687,1973. Ap.J.Let., 150, L177,1967; 172,L25, 1972; 178,L51,1972. A.J., 73,885,1968. Ap.Let., 2,77,1968. Nature, 225,365,1970. Ap.Space Sc.,10,402,1971. M.N.,152,79,1971; 169,357, 1974. Inf.Bull.V.S., No 703,1972. Sov. A.J.,16,763,1973. Tokyo Ast. Bull., 2nd ser., No.228, 1974.
ISODENS.: P.A.S.P., 86,870,1974.
I.R. 1.6-21 MICRON: A.J., 73,868,1968. Ap.J.Let, 159,L165,1970; 176,L95,1972. M.N., 169,357,1974.
SPEC. P.A.S.P., 79,369,1967. Ap.J.Let., 148,L57,1967; 149,L51,1967; Ap.J., 152,1101,1968; 176,75,1973. A.J., 73,847,1968.
PHOTO OF SPEC: Ap.J., 192,581,1974.
SPTM. A.J., 73,855,1968. Ap.J.Let., 150,L173,1967. Ap.J.,164,1,1971; 176,75,1972; 191,309,1974. Bull. A.A.S., 4,208,1972. "Nuclei of Galaxies", p.151,1971. IAU Symp., 44,144,1972. A.&A., 27,433,1973.
POL. Ap.J.Let., 148, L53,1967. Astrofizika, 7,417,1971.
RADIO. Ap.J.,144,216,1966; 146,294,1966; 148,367,1967; 152,639,1968; 154,423,1968; 161,1,793,1970; 193,55,303,1974. Ap.J.Let.,151,L27, 1968; 152,L169,1968; 154,L49,1968; 175,L55,1972; 178,L51,1972; 183, L47,L51,1973. A.J., 73, 1,293,873,874,1968; 74,824,1969; 76,537,1971; 77,342,810,819,1972; 78,163,536,1973; 79,1232,1974. Ap.Let.,7,225, 1970; 8,153,1971. Sov.A.J.,13,21,1969. Bull.A.A.S.,4,207,314,1972. Mem.R.A.S.,77,Part 3,1972. IAU Symp.44,232,1972. A.&A.,25,303,1973. Tokyo Ast. Bull., 2nd ser., no.228, 1974.
V.L.B.I.: Ap.J., 153, 705,1968; 159,337,1970; 169,1,1971; 170,207, 1971; 172,299,1972. Ap.J.Let., 153,L209,1968; 173,L147,1972.
GAMMA-RAYS. Poss. detec.: Sov.A.J., 15,879, 1972.

N1617 PHOTO. M.N., 131,351,1966.
PTM. Atl. Gal. Austr., 1968.

N1614 = Arp 186 = II Zw 15 = Mk 617. Note corr. to NGC R.A.
PHOTO. IAU Symp. 29,421,1968.
PTM. I.R., 5,10,21 MICRON:
Bull. A.A.S., 4,223,1972. Ap.J.Let., 176,L95,1972.
SPEC. IAU Symp. 29, p.421, 1968. Ap.J., 178,113,1972.
Discordant vel. (Vo = 6706, Source K3, Ap.J.,160,405,1970) rejected.
DYN., MASS. Ap.J., 178,113,1972.

A0432-01 = II Zw 17. E, mp = 15.6.

N1615 = MCG 3-12-5.

N1618 In N1618-1625 group. P(a) w. N1622 at 7'8.

A0434-10 = Mk 618. Seyfert N.
SPEC. Astrofizika, 10,315,1974.

N1622,1625 In N1618-1625 group. Pair at 10'2. N1622 = Ho 77a (Ho 77b at 1'4 is prob. a *).

A0435+11 = II Zw 18. F N in F halo or outer arms, mp = 17.3.

I0381 Called N1530A in RC1 w. wrong coord.

A0437+04 Anon. in HMS 1956 (A0438 in RC1).

N1637 SPEC. Discordant V:+ 528 (Source C, HMS 1956) rejected.

N1653 mp = 12.9 in CGCG, vol.V, 1965.

N1654 SN1962P. Inf. Bull. V.S., No.37,1963. Coll. Int. Novae & SN, CNRS, Paris, p.182, 1965.

N1659 SPTM. D. Wells, Univ. of Texas Publ. in Astron. No. 13.

N1672 DESCR., CLASS. P.A.S.P., 77,287,1965; 79,152,1967. Observ., 88, 227, 1968. Bull.A.A.S., 4,237,1972.
PHOTO. P.A.S.P., 77,287,1965. Ap.J., 192,279,1974.
PTM. Atl. Gal. Austr.,1968.
U,B,V: Bol.Ast.A. Argentina, No.16,22,1971. Ap.J., 192,279,1974.
I.R. 1-3.5 micron: M.N., 164,155,1973.
SPEC. Observ., 87,225,1967.
SPTM. Bol. Ast. A. Argentina, No.16,22,1971.
RADIO. Aust.J.Phys.,19,883,1966. Observ.,88,227,1968.

N1666,1667 Pair at 15'.

A0447+03 = IIZw23 = K103b. Pec.w. F ext. streamers. Other pec obj. 1'7 [sp] is K 103a.
PHOTO. Mem. S.A.Ital.,40,559,1969 = K.P.N.O.Cont. No.510. Ap.J.,160, 405,1970. "Nuclei of Galaxies", p.81,1971.
PTM. 10 MICRON: Ap.J.Let., 176,L95,1972.
SPEC. Mem,S.A.Ital., 40,559,1969 = K.P.N.O. Cont. No.510.

N1700,1699 Pair at 6'6.

I0398 P(a) w. N1726 at 17'5.

A0456+05 mp = 12 in MCG, vol.III, 1963, mp = 14.4 in CGCG,vol.I,1960.

N1720 P(a) w. N1726 at 8'2. Note corr. to NGC R.A.

N1723 mp = 12 in MCG, vol.IV, 1968.

N1726   P(a) w. N1720 at 8'2, I0398 at 17'5.

A0459+03 = II Zw 28. Mag. and colors reduced w. dim. on PSS (0'45 x 0'45). Ring gal.
DIM. OF RING: Ap.J.,194,569,1974.
PHOTO., Ap.J., 160,405,1970. "Nuclei of Galaxies",p.81,1971.

N1741A,B = Arp 259. Pec. interacting system. P(b) w. I0399 at 2'2 sf. Dbl. compact HII pair (N1741C,D) (T = +11) in front of comp.A.
DESCR.,DIM.,PHOTO. IAU Symp. 29,p.423,1968.
HI 21-CM. A.J., 79,767,1974.

I0399   P(b) w. N1741,A,B. Mag. and colors reduced w. dim. on PSS (0'55 x 0'45).

N1779   P. w. I0402 at 14'5.

N1792   DESCR.,CLASS. J.R.A.S. Canada, 68,117,1974.
PHOTO. Ap.J.,140,80,1964. A.J., 76,775,1971.
ROT.,MASS. Ap.J., 140,80,1964.
HI 21-CM. Source R2 (A.&A., 6,456,1970) quality D, rejected.

N1800   Close pair at 0'2. Pec.

N1808   DESCR.,CLASS. P.A.S.P.,77,287,1965; 79,152,1967.
PHOTO. P.A.S.P., 77,287,1965. Ap.J.,151,99,1968. Ap.Let.,6,65,1970.
J.R.A.S. Canada, 68,117,1974.
PTM. U,B,V: Ap.J., 192,279,1974.
I.R. 1-3.5 MICRON: M.N.,164,155,1973.
SPEC. Observ., 87,225,1967. Ap.Let. 6,65,1970.
SPTM. Ap.J., 192,279,1974.
ROT.,MASS. Ap.J., 151,99,1968; 184,735,1973.
RADIO. Aust. J. Phys., 16,360,1963; 19,883,1966. Proc.A.S. Austr.,2, 159,1972.

A0507-00 = II Zw 32. E compact, member of a Cl.

A0508-02 = II Zw 33. Very pec. obj. w. several knots and jets.

A0509-14 = H.A., 85, No.6 (A0509 in RC1).

N1832   SPTM. Ap.J., 163,249,1971.
ROT.,MASS. Ap.J.,154,857,1968; 184,735,1973.
RADIO. Aust. J. Phys., 21,193,1968.

A0510-33 = DDO 231. Low surf. br., magellanic dwarf.
PHOTO. Observ.,83,256,1963.

A0513+06 In Abell 539. At s end of chain of 3 E.
DIAM. Ap.J., 173,485,1972.
PTM., V,V-R: A.J.,75,695,1970.
SPEC. Mean Vo of group: 8447 km/s ("Nuclei of Galaxies",p.351,1971).

A0515+00 = II Zw 36. Close pair at 0'2.
SPEC. Cat. Selected Compact Galaxies, 1971.

A0518-45 = Pic A.
DESCR., CLASS. Ap.J., 140,35,1964.
RADIO. A.J., 71,927,1966. Ap.J.,147,24,1967.

N1875   = Arp 327 = VV 169. E w. halo, triplet of distorted gal. at 1'4 f.
SPEC. mean Vo of group: 9087 km/s ("Nuclei of Galaxies",p.351,1971).

N1888,1889 = Arp 123. Close pair P(b) at 0'3 of large Sc w. F outer arm and small E0 in contact.
N1889: PTM. Ap.J., 139,284,1964.
10 COL.: Ap.J., 179,731,1973.
SPEC., VEL. DISP. Ap.J., 179,55,1973.
DYN.,MASS. Ap.J., 139,284,1964; 179,731,1973.

A0524-69 Large Magellanic Cloud. Local Group. P(b) w. Small Magellanic Cloud at 21deg. For REVIEWS AND REFERENCES see the Small Magellanic Cloud (= A0051-73).

N1947   PTM. Atl. Gal. Austr.,1968. A.J., 74,335,1969.

N1954   P. w. N1957 at 5'1.

N1964   HII REG. "Atlas and Catalogue", Univ. of Washington, Seattle, 1966.
Ap.J., 155,417,1969.

N1961   = I2133 = Arp 184. Sc w. pec. outer arm and v F streamers.
HI 21-CM. up.limit: Observ., 83,245,1963.

A0548-31 = PKS 0548-317. E near PKS 0548-322, a BL Lac obj. in a cluster of gal. at z = 0.042. See Ap.J.Let.,193,L103,1974.

A0553+03 = II Zw 40 Pec. w. compact core and plumes and jets.
DESCR. Ap.J.Let.,162,L155,1970. "Isolated HII reg."
PHOTO. Mem.S.A.Ital.,40,559,1969 = K.P.N.O. Cont. No.510. Ap.J.,160, 405,1970. "Nuclei of Galaxies", p.81,1971.
PTM. U.B.V: Ap.J.Let., 162,L155,1970.
I.R: 1.6, 2.2 MICRON: "Nuclei of Galaxies", p.81,1971.
10 MICRON: Ap.J.Let., 176,L95,1972.
SPEC., PHOTO. Ap.J., 160,405,1970. "Nuclei of Galaxies", p.81,1971.
TRACING: Mem.S.A.Ital., 40,559,1969 = K.P.N.O. Cont. No.510.
SPTM. Ap.J.Let.,162,L155,1970. Ap.J.,173,25,1972.
HI 21-CM. A.&A., 8,124,1970. Ap.Let.,12,63,1972. IAU Symp.44, p.264, 1972.
RADIO. A.&A., 20,461,1972.

N2139   = I2154.

N2188   P. w. anon. RSB(r)0+ at 16'.
PHOTO. Ap.J., 140,1304,1964. A.J., 76,775,1971. Vistas in Ast., vol. 14, p.214, 1972.
ROT.,MASS. Ap.J., 140,1304,1964.
HI 21-CM. Source R2, (A.&A., 3,292,1969) quality D, rejected.

A0609+71A P.w. A0609+71B (= Mk 3) at 6'5.

A0609+71B = Mk 3. Class 2 Seyfert N.
PHOTO. Ap.J., 183,29,1971.
PTM. Ap.J., 171,5,1972.
SPEC., PHOTO.: Ap.J.,159,405,1970; 192,581,1974.
SPTM. Astrofizika, 7,389,1971. Ap.J., 171,5,1972.
RADIO. Izv. V.U.Z. Radiofizika, 16, 1342,1973.

N2146   = 4C 78.06 = K 110a. P(b?) w. N2146A at 19' nf.
ROT.VEL. A.&A., 8,364,1970.
HII REG. Bull. A.A.S., 6,343,1974.
RADIO. Sov. A.J.,13,881,1970. A.J.,78,18,1973. Ap.J.,189,399,1974.
A.&A., 31,447,1974.

N2207,I2163 Interacting pair at 1'4.

N2207   SN1975. IAU Cir. Nos. 2738, 2743, 2753, 1975.
RADIO. Aust. J. Phys., 21,193,1968.

N2146A = K 110b. P(b?) w. N2146 at 19' sp.

A0617+59A,B = VII Zw 68 Nos. 1,2 = K 112. Connected pair at 0'7.

A0618-37 = PKS R.S. Dble system.

N2217   HI 21-CM. Source R2 (A.&A.,6,456,1970), quality D, rejected.

A0635+75 = Mk 5. Prob. late-type dwarf system.
HI 21-CM. A.&A.,22,281,1973.

A0636+53 e. compact, mp = 15.6 in CGCG, vol.3, 1966.

A0637+53 Dble system at 5' from preceding compact.

N2258   Note corr. to NGC R.A. in DII.

A0644-74 Ring gal. w. spherical A comp. inside ring; in a group of E or L.
PHOTO. Observ., 80,23,1960; 94,290,1974.
PTM., SPEC. Observ. 94,290,1974.

N2273   = Mk 620. P. w. N2273B at 40' sp. mp = 12 in MCG, vol.I, 1962.

I0450   = Mk 6. Class 2 Seyfert. P. w. I0451 at 6'5.
PTM. U,B,V: Ap.J., 171,5,1972.
SPEC. Ap.J., 159,405,1970. Ap.J.Let., 164,L109,1971; 171,L35,1972; 172,L101,1972. Ast. Tsirk. No.591,1970.
SPTM. Astrofizika, 7,389,1971; 8,187,1972; 9,39,139,1973. Ap.J.,171, 5,1972.

RADIO. Ast. Tsirk. No.715,1972. Ap.J., 191,633,1974.

I0451   P. w. I0450 (= Mk 6) at 6'5.

N2290, 2291, 2294. In a group of S w. N2288, 89. Note corr. to NGC coords.

A0648+26   e. compact, mp = 15.2 in CGCG, vol.II, 1963.

A0648+27   B2 R.S., compact. mp = 14.9 in CGCG, vol.II, 1963. P.w. F Sb at 3'6 sp.

A0650+69   mp = 12.9 in CGCG, vol.IV, 1968. mp = 14 in MCG, vol.I, 1962.

I2174,N2314 Pair at 5'7.

N2314   Note corr. to NGC Dec.

A0704+61   mp = 12 in MCG, vol.I, 1962. mp = 13.1 in CGCG, vol.IV, 1968.

N2326A   mp = 15 in MCG, vol.I, 1962. N2326 (SB(s)) at 4'8 np.

N2329   Brightest in Abell 569.
     DIAM. Ap.J.,173,485,1972.
     PTM. V, V-R: A.J., 75,695,1970.

A0705+71   "Integral sign" gal.
     PHOTO. Ap.J., 150,783,1967; 171,13,1972.
     PTM. ISODENS.: Ap.J.,171,13,1972.
     DIST. MODULUS. Ap.J., 153,669,1968. A.&A., 39,341,1975.
     DYN., MASS. Ap.J., 150,783, 1967.
     HII reg. Ap.J., 171,13,1972.
     HI 21-CM. A.&A., 39,341,1975.

N2341, 2342 = K 125. Pair at 2'5. mp = 13.7, 12.6 in CGCG, vol.II, 1963.

A0706+71   mp = 12.7 in CGCG, vol.IV, 1968. mp = 14 in MCG, vol.I, 1962.

A0708+73A,B = Arp 141 = VV 123. "Ring galaxy" w. distorted ring. Mag. and colors for comp. A reduced w. dim. on PSS (1'1: x 0'7).
     PHOTO. Ap.J., 148,321,1967.
     DIAM. Ap.J., 194,569,1974.
     DYN. Ap.J., 142,1346,1965.

N2276   = Arp 25 = VII Zw 134 = NB 85.4 R.S. = K 127a. P(b) w. N2300 at 6'0 (=Arp 114).
     PHOTO. Astrofizika, 4,319,1968; 6,367,1970; 9,21,1973.
     PTM. Astrofizika, 6,367,1970; 9,21,1973.
     SN1962Q. Ast. Tsirk. No.339,1967. Astrofizika, 3,133,1967.
     SN1968V. Ast. Tsirk. Nos.458,461,466,1968. Astrofizika, 4,319,1968.
     SN1968W. Ast. Tsirk. Nos.468, 480,1968. Astrofizika, 9,21,1973.
     HI 21-CM. A.J., 79,767, 1974 (extens. tow. N2300).
     RADIO. M.N., 135,149,1967.

I2179,N2347 = K 128. Pair at 13'2.

A0713+63   = Mk 379. mp = 14.8 in CGCG, vol.IV,1968.

N2300   = K127b = Arp114 w.N2276 at 6'0. [I455] at 10'; other gal.in field.
     PTM. Ap.J., 139,284,1964. 10 COL. Ap.J., 179,731,1973.
     DYN. MASS. Ap.J., 139,284,1964.

N2369   RADIO. Aust. J. Phys., 19,883,1966.

N2336   = K 132a. P(a) w. I0467 at 20'. Note corr. to NGC coord.

A0718-34   = PKS R.S. E, mp = 16.5. Note large gal. obscur.

A0720+58   mp = 12.7 in CGCG, vol.IV, 1968.

N2397,2397A Pair at 10'.

I0467   = K 132b. P(a) w. N2336 at 20'. Note corr. to IC coord.

A0722+72   = Mk 7 = VII Zw 153. Asym. one-arm S?
     PHOTO. Astrofizika,7,521,1971; 10,159,1974.
     PTM. Astrofisika, 10,159,1974.
     SPTM. A.&A., 41,61,1975.
     HI 21-CM. A.&A., 22,281, 1973; 41,61,1975.

A0722+30   = Bol. R.S. Dble system. P.w. S at 1'5.

N2377   = 3C 178 = PKS 0722-09 = UGC A0132. Note large galactic obscur.
     DESCR. Aust. J.Phys., 19,713,1966. Ap.J.Let., 149,L51,1967.

N2366   = DDO 42 = K 133. Note corr. to Dec. Mk71 = N2363 is bright HII reg. 3' sp center.
     PHOTO. Ap.J., 190,525,1974; 191,603,1974.
     PTM. B blue * and Seq.: Ap.J., 191,603,1974.
     HII REG., DIST. MODULUS. Ap.J., 190,525,1974.

I2184   = Mk 8 = VII Zw 156 = K 135. Pec.
     PHOTO. Astrofizika, 7,521,1971; 10,159,1974.
     PTM. Astrofizika, 10,169,1974.
     SPEC. Astrofizika, 8,529,1972. A.&A., 33,113,1974.
     SPTM., HI 21-CM. A.&A., 41,61,1975.

N2379   In N2389 group. Note corr. to coord. in A.&A.Suppl.,12,89, 1973.
     N2378 = ** 1'3 np.

N2389   Brightest in group. P(a) w. N2388, SB (s)b, at 3'4.
     ROT.VEL. A.&A., 8,364,1970.

A0727+63   = Mk 73. Prob. spiral. PHOTO. Astrofizika, 7,521,1971.

I2200,I2200A Pair at 1'4.

A0728+60   = VII Zw 162. Irr., pec. SPEC. A.&A.,33,113,1974.

N2403   In M81 group. N2404=* at 7h32m9.7s, 65d48m30s.
     PHOTO. Ann. Ap.,[28],698,1965 = Pub.O.H.P., 7, No.50,
     P.A.S.P., 78,495,1966; 84,844,1972. A.&A., 24,411,1973;
     29,231,1973; Ap.J., 190,525,1974.
     PTM. VAR * , CEPH.: Ap.J.,151,825,1968. B BLUE * AND SEQ.: Ap.J., 191,603,1974.
     DIST. MODULUS: Ap.J., 151,825,1968; 191,603,1974.
     SPTM. Ap.J., 168,327,1971.
     ROT.MASS. A.&A., 7,210,1970; 24,405,411,1973.
     HII REG. Ann.Ap., 28,698,1965 = Pub.O.H.P., 7, no.50, "Atlas and Catalogue", Univ. of Washington, Seattle, 1966. Ap.J.,155,417,1969; 190,525,1974.
     INTERFER. H-ALPHA, A.&A., 7,210,1970.
     SN1954J. Ap.J., 151,825,1968 (descr. as vB blue var.). P.A.S.P.,84, 844,1972.
     HI 21-CM. Ap.J., 142,616,1965; 150,8,1967; 166,265,1971; 176,315, 1972. A.&A., 1,10,1969; 24,405,411,1973.
     RADIO. A.&A.,29,231,1973.

A0732+58   = Mk 9. Bright N, F corona. Class 1 Seyfert. Mag. and colors reduced w. dim. on PSS (0'55 x 0'45).
     DESCR.,CLASS. Ap.J.Let.,152,L103,1968.
     PHOTO. A.J., 73,891,1968. Astrofizika, 4,475,587,1968.
     PTM. U,B,V: Ap.J.Let.,152,L103,1968. Ap.J., 171,5,457,1972.
     2,10 MICRON: Ap.J.Let., 176,L95,1972.
     SPEC. A.J., 73,891,1968. Ap.J.Let.,152,L103,1968. IAU Symp.44,p.160, 1972.
     SPTM. Astrofizika, 7,389,1971. IAU Symp.44,p.160,1972. Ap.J.,171,5, 1972.
     POL. Astrofizika, 7,417,1971.

A0733+63A,B Pair at 6'. Coord. in MCG, vol.I, is for obj. A (spir.), but descr. and diam. are for obj. B (E comp.). Coord. in A.&A. Suppl.,12,89, 1973 is for *.

N2415   = Haro 1 (Bol. Tonantzintla No.14, June 1956).
     DIAM. A.J., 75,1143,1970.
     PTM.U,B,V: A.J.,73,882,1968; 75,1143,1970.
     HI 21-CM. A.&A.,29,217,1973.
     RADIO. Nature, 219,1032,1968.

N2427   PTM. Atl. Gal. Aust., 1968.

N2442   N2443 is part of this. RADIO. Aust. J. Phys., 19,883,1966.

A0737+65   = Mk 78. Class 2 Seyfert.
     DESCR., PHOTO. Ap.J., 179,417,1973.
     PTM., SPTM. Ap.J., 171,5,1972.
     SPEC. Ap.J., 173,7,1972; 179,417,1973. Bull.A.A.S., 4,213,1972.
     RADIO. Izv. V.U.Z. Radiofizika, 16,1342,1974.

A0738+49   = Mk 79. Class 1 Seyfert.

PTM. U,B,V: Astrofizica, 7,169,1971. Ap.J., 171,5,1972. Sov.A.J., 17,169,1973.
B(PG) VAR.: M.N. 167, 1P, 1974.
10 MICRON: Ap.J.Let., 176,L95,1972.
SPEC. Ap.J., 163,441,1971; 173,7,1972; 192,581,1974.
SPTM. Astrofizika, 7,389,1971. Ap.J., 171,5,1972. Sov.A.J., 18, 275,1974.
RADIO. Izv.V.U.Z. Radiofizika, 16,1342,1973.

A0741+29   = K 140a.

I0469   Note corr. to IC Dec.

A0743+61   = Mk 10. Class 1 Seyfert.
DESCR. Ap.J.Let., 152,L103,1968.
PHOTO. A.J., 73,891,1968. Astrofizika, 4,475,587,1968; 7,521,1971.
PTM. U,B,V: Ap.J.Let., 152,L103,1968. Ap.J., 171,5,1972. Astrofizika, 7,769,1971. Sov.A.J., 16,763,1973; 17,169,1973.
10 MICRON (up limit) Ap.J.Let., 176,L95,1972.
SPEC. Ap.J.Let., 152,L103,1968. A.J., 73,891,1968. IAU Symp. 44, p.160,1972. Ast. Tsirk. No.592,1970.
SPTM. Astrofiz.,7,389,1971. Ap.J.,171,5,1972. IAU Symp.44,160,1972.

A0743+74   = Mk 11. P.w. A0744+74 (=Mk 12) at 5'8.
SPEC. prev. reported as obj. w. blue cont., no line (Astrofizika, 4, 587,1969).

N2444,2445   = Arp 143 = VV 117. Ring gal. w. distorted ring.
DIM. Ap.J., 194,569,1974.
PHOTO. Ap.J., 148,321,1967. A.&A. 28,379,1973.
PTM. U,B,V: Ap.J., 194,569,1974.
DYN. Ap.J.,142,1346,1965.
RADIO. A.&A.,28,379,1973. Nature, 24,260,1973.

A0744+74   = Mk 12. P.w. A0743+74 (Mk 11) at 5'8.
PHOTO. Astrofizika, 7,521,1971.
SPTM. A.&A., 41,61,1975.
HI 21-CM. A.&A.,22,281,1973.

N2466   * 0'65 sf N. P. w. sB anon. gal. 3'7 np.

A0745+56A,B Pair at 2'5. Ident. of comp. A (= MCG 9-13-66) with 4C 56.16 has been rejected. Central compact comp. of DA240 is ident. w. F E at 7h 44.6m, +55d 57m (= MCG 9-13-57) w. same redshift (z = 0.0356) as A0745+56A (see Nature, 250,625,1974).

N2441   Note corr. to NGC R.A.

A0746+34   Noted as v. compact, long jet in CGCG, vol.III, 1966. mp = 15.5.

I2209   = Mk 13. P(a) w. N2460 at 5'5.
PHOTO. Astrofizika, 7,521,1971.

A0752+39   = Mk 382. Class 1 Seyfert.

N2460   P(a) w. I2209 at 5'5 sp.

N2474,2475   = K 147. Close pair.

A0754+58   = DDO 48.
HI 21-CM. A.&A., 34,43,1974.

N2484   = 4C 37.21 NRAO 276. mp = 14.9 in CGCG, vol.III, 1966.

N2487   = K 150b

N2493,2495 Pair at 1'9. N2495 = Mk 383 is compact and 2.5 mag. fainter than N2493.

N2500   In group w. N2541, 2552.
HII REG. AND DIST. MODULUS. Ap.J.,194,559,1974.

N2507   = Ho 92a (Ho 92b is a *).

N2512   = Mk 384 = UGC 4191.

A0804+39   = Mk 622. Poss. weak Seyfert.
SPEC. Astrofizika, 10,315,1974.

N2521   = VII Zw 212. Connected w. F compact at 0'25 and w. VII Zw 215 at 6'5 nf.

A0804+04   e compact in CGCG, vol.I, 1960. mp = 14.9.

N2523B   P(a) w. N2523 at 8'8 f.

N2535,2536 = Ho 94a,b = Arp 82 = VV 9 = K 156. P(b) at 1'8. Long distorted arm opposite N2535.
PHOTO. and SPEC. A.&A., 34,18,1969.
HI 21-CM. A.J., 79,767,1974.

N2523   = Arp 9. P(a) w. N2523B at 8'8 p.

N2543   = I2232 = K 157.

N2537   = Mk 86 = Arp 6 = VV 138. P(a) w. N2537A at 4'5, I2233 at 19'.
PHOTO. Vistas in Ast., vol.14, p.221,1972.

N2537A   = VV 138. P(a) w. N2537 at 4'5.

I2233   P. w. N2537 at 19'. Note corrected class. One of the flattest gal. Exactly edge-on.
PHOTO. IAU Symp. 58, p.14, 1974.

N2541   In group w. N2500, 2552.

N2545   In Cancer Cl.
PTM. ISODENS.: Ap.J.Suppl., 26, No.230, 1973.

A0811+58   In Abell 634.
DIAM.: Ap.J., 173,485,1972. PTM. V,V-R: A.J., 75,695,1970.

A0813+70   = Holmberg II (1958) = DDO 50 = Arp 268 = VII Zw 223. In M81 group.
PHOTO. Ap.J., 190,525,1974; 191,603,1974.
PTM. B BLUE AND RED *: Ap.J., 191,603,1974.
HII REG. "Atlas and Catalogue", Univ. of Washington, Seattle, 1966. Ap.J., 156,847,1969; 190,525,1974.
DIST. MODULUS: Ap.J., 190,525,1974.
HI 21-CM. Ap.J., 150,8,1967. IAU Symp. 44, p.12.1972.
RADIO. A.J.,78,18,1973.

A0814+21   SN1962F and PHOTO. P.A.S.P., 75,236,1963.
RADIO. Poss. SN Rem. (OJ 224): IAU Symp.44,p.82,1972.

N2554   In Cancer Cl.

N2552   In group w. N2500, 2541.

A0815+20   In Cancer Cl.

N2544   = K 160a.

N2557   In Cancer Cl.

N2566   In a compact group of B gal., Klemola No.10 (A.J.,74,804,1969).

A0816+21   In Cancer Cl.
DESCR.,PHOTO.,SPEC. Ap.J.,185,115,1973.(+vel. of 7 other anon. obj.)

N2565   = Mk 386. In Cancer Cl.
SN1960M and PHOTO. P.A.S.P., 73,175, 1961.

A0817+21   In Cancer Cl.
SN1960D and PHOTO. P.A.S.P., 73,175,1961.

N2562   In Cancer Cl.

N2563   In Cancer Cl.
DIAM. Ap.J., 173,485,1972.
PTM. B,V,R: Ap.J., 183,731,1973.

A0818+16   P. w. anon. comp. at 1' f.
PTM. ISODENS. Ap.J.Suppl., 26, No.230,1973.

N2578   P. w. anon. SB(s) at 3'0.

N2551   Sev. other F spir. in field.

N2577, 2575, A0820+22 In Cancer Cl.

N2583 = MCG-1-22-8. In a group w. N2584 and 2585 (=MCG-1-22-9, -10)

I2338,2339 = Arp 247 = K 161. P(b) at 0'7. In Cancer Cl.
HI 21-CM. A.J.,79,767,1974.

I2341,N2582 In Cancer Cl.

I2363 SN1961B and PHOTO. P.A.S.P., 74,215,1962.

A0823+21 In Cancer Cl.
SN1960N and PHOTO. P.A.S.P., 73,175,1961.

A0824+55 = Mk 88 = I Zw 14.
SPEC. "Catalogue of Selected Compact Galaxies..." 1971.

N2595 = III Zw 59. In Cancer Cl.
HI 21-CM. Source R2 (A.&A., 23,253,1973) quality D, rejected.

I2378 In Abell 671.
DIAM. Ap.J.,173,485,1972.
PTM. V,V-R: A.J., 75,695,1970.

A0825+17 PTM. ISODENS. Ap.J.Suppl.,26, No.230, 1973.

A0825+52 = Mk 89.
HI 21-CM. A.&A.,22,281,1973.

A0826+52 = Mk 90. Poss. SB.
PHOTO. Astrofizika,7,521,1971.

A0828+75 = Mk 15. Anon. S sp. 1'1 np.

A0829+19A,B = Arp 58. Compact comp.at end of long knotty arm.
PHOTO. A.&A., 3,418,1969.
PTM. ISODENS. Ap.J.Suppl., 26, No.230,1973.
SPEC. A.&A., 3,418,1969.

N2599 = Mk 389.
SN1965P and PHOTO. P.A.S.P., 81,224,1969.

A0832+66 = Mk 93 is not UGC 4490. Mag. and colors reduced w. dim on PSS (0'75 x 0'30).

A0832+46 = Mk 92. Mag. and colors reduced w. dim on PSS (0'45 x 0'35).

N2608 = Arp 12. Dble N or * superposed on N.
SN1920A. P.A.S.P., 35,116,1923.

N2616 = PKS 0833-01. [Brightest in grp, * sup.]

A0834+51A Mk 94 (A0834+51B) is a giant HII reg. 0'6 sf brightest part of A.
V = +753 +/-38 (Source K3,Z1,Z2).
PHOTO. Astrofizika, 10,173,1974.
PTM. U.B.V (Mk 94): Astrofizika, 10,173,1974.

A0835-02 Noted as e. compact, mp = 14.5 in CGCG, vol.I, 1960.

N2623 = Arp 243 = VV 79. Chaotic B central part w. bright knots and two long streamers at opposite ends.
DESCR. AND PHOTO. P.A.S.P., 77,94,1965.

N2642 P(a) w. anon. Sm? at 3'2.

N2629 = MCG 12-9-10. P.w. N2641 at 6'5 ssf.

I2389 In a group. P(a) w. N2636 at 8'.

N2633 = Arp 80 = K 169. Brightest in a group. P(a) w. N2634 at 8'2.
ROT. VEL. A.&A., 8,364,1970.

N2634 P(a) w. N2633 at 8'2 N2634A at 2'.
PTM 10 COL. Ap.J., 179,731,1973.

N2663 = PKS 0843-33. Bright E. Note high gal. obscuration.

N2634A P(a) w. N2634 at 2'.

N2656 = 4C 54.17. Dble system.

A0844+70 = Mk 95. Mag. and colors reduced w. dim. on PSS (0'60 x 0'30).

N2654 Note corr. to NGC R.A.

A0845+46 = Mk 96. e compact on PSS. Mag. and colors reduced w. dim. on PSS (0'35 x 0'35).

N2672,2673 = Arp 167 = K 175. Ho 99a,b. Pair at 0'6. Brightest in a group. N2673 is compact w. F curved extension.
PTM. 10 COL.: N2672, Ap.J.,179,731,1973.

A0846+72 = Mk 98.
PHOTO. Astrofizika, 7,521,1971.

A0847+76 mp = 12 in MCG, vol.I, 1962. mp = 13.5 in CGCG, vol.IV, 1968.

A0847+29 = Mk 628. Noted as e compact in CGCG, vol.II, 1963. mp = 15.3.

N2655 = Arp 225.
SPTM. A.&A., 19,405,1972.
POL. Ap.J.Let., 179, L93,1973.
RADIO. A.J., 75,523,1970.

N2683 PHOTO. and PTM. A.J., 72,1032,1967.
ROT.VEL. A.&A., 8,364,1970.

N2681 PTM. 12 COL.: Ap.J., 145,36,1966. 5 COL.: A.J., 73,313,1968.
HI 21-CM. Source R2 (A.&A., 21,103,1972), quality D, rejected.

I2421 = K 178a.

N2691 = Mk 391 = MCG 7-18-64. Class 1 Seyfert.
SPTM., HI 21-CM. A.&A., 41,61,1975.

N2685 = Arp 336.
PHOTO. IAU Symp. 29, p.434,1968.
PTM. ISODENS.: A.J.,79,671,1974.
SPEC. C.R.Acad. Sc.Paris, 260,3287,1965 = Pub.O.H.P., 7, No.44.
HII REG. Ap.J.Suppl., 27, No.239, 1974.
HI 21-CM. Bull. A.A.S., 6,332,1974. A.J., 79,767,1974.

N2698 In a group w. N2690, -95, -97, -99, 2702, -06.

N2692 = K 179b.

N2693,2694 Pair at 1'. N2694 is compact.

N2708 P. w. N2709 at 8'.

A0854+66 = Mk 100 = UGC 4687.

N2713 P. w. N2716 at 11'.
PHOTO. Mem. S.A.Ital., 42,145,1971 = Cont. Asiago No.254.
SN1968E. IAU Cir. No.2061,1968. Ast. Tsirk. Nos. 465,468,1968; 498,1969. P.A.S.P., 80,466,1968. Mem.S.A.Ital., 42,145,1971 = Cont. Asiago No.254.

N2716 = Ho 104a (Ho 104b at 1'8 is a dble *). P. w. N2713 at 11'.

A0855+06 Zwicky (1971) obj. No.1 linked to No.2 at 1'4 np.
PHOTO. and SPEC. "Catalogue of Selected Compact Galaxies", 1971.

N2722 = MCG -1-23-14. Note corr. to NGC R.A., MCG Dec.

N2721 mp = 12.5 in MCG, vol.III, 1963.

N2719,2719A = Arp 202 = Ho 105a,b = K 181. Pair at 0'4. F fragments to east of smaller obj.

A0858+60 Mk 18 is not UGC 4750. N2726 at 12' s is the obj. meas. for redshift in Source K3 (Ap.J., 159,765,1970).

N2735,2735A = Arp 287 = VV 40. Zwicky (1971) obj. 1 & 2. P(b) at 0'7.
SPEC. " Catalogue of Selected Compact Galaxies", 1971.

A0901+51 = Mk 101. HI 21-CM. A.&A., 22,281,1973.

N2726 = UGC 4750. Mk 18 at 12' n. Incorrectly listed as Mk 18 in Source K3 (See A0858+60).

N2744,2749 In a group w. N2745, -47, -51, -52. N2749 is brightest.

N2750   = K 186. mp = 12.7 in CGCG, vol.II, 1963 and MCG, vol.II, 1964.

N2752   In N2749 group.

N2770   = Ho 111a. P.w. Ho 111c at 3'0 (Ho 111b at 3'3 np is a *).

N2732   P(a) w. anon. SO sp. w. eBN at 4' f.

N2775   P. w. N2777 at 11'.

N2768   POL. Ap.J.Let., 179, L93,1973.
         HI 21-CM. up. limit: A.J., 77,568,1972.

N2748   ROT. VEL. A.&A.,8,364,1970.

N2777   P. w. N2775 at 11'.

A0908-08   mp = 12 in MCG, vol.III,1963.

N2776   HI 21-CM. M.N.,150,337,1970.

A0909+74   = Holmberg III (1958).

N2784   ROT. VEL. A.&A.,8,364,1970.

A0910+17   Noted as e compact in CGCG, vol.II,1963; mp = 15.1.

A0910+35   B2 R.S., mp = 15.4.

N2782   = Arp 215. Narrow emis. lines; removed from Seyfert class. Pec N.
         P(b?) w. anon. SB(s)sp at 11'8.
         DESCR. and PHOTO. Pub. Dept. A. Univ. Texas,(II),2,No.7,1968. Pub.A.
         S.Japan,25,153,1973.
         DIAM. of N: A.J.,73,S175,1968.
         PTM. A.J.,73,858,1968. Pub. A.S. Japan,25,153,1973. U,B,V,R,I,:
         A.J.,73,866,1968. Pub. Dept. A. Univ. Texas, (II),2,No.7,1968.
         I.R. 1.6 TO 10 MICRON: A.J.,73,868,1968. Ap.J.,Let.,159,L165,1970;
         176,L95,1972. M.N.,169,357,1974.
         SPEC.,SPTM. Pub.A.S.Japan,25,153,1973.
         ROT.,MASS.J.Observ.,48,247,1965,=Pub.O.H.P.,8,No.16. Pub.A.S.Japan,
         25,153,1973.
         RADIO. A.&A.,15,110,1971; 33,351,1974.

A0911+47   PHOTO. Mem.S.A.Ital.,42,145,1971 = Cont. Asiago No.254.
            SN1966A. IAU Cir. No.1949,1966. Ast.Tsirk. Nos.355,392,394,1966.
            Mem.S.A.Ital.,42,145,1971.

A0913+74   mp = 12.8 in CGCG, vol.IV,1968. mp = 15 in MCG, vol.I,1962.

A0913+53   Mk 104.
            PHOTO. Astrofizika,7,521,1971.

N2822   In glare of Beta [Car.]

N2793   Poss. interaction w. small anon SB(rs)? at 1'7.

N2798,2799   = Arp 283 = VV 50 = K 195 = Ho 117a,b. P(b) at 1'5.
              PHOTO. A.&A.,25,187,1973.
              HI 21-CM. A.J.,79,767,1974. All data listed for N2798.
              RADIO. A.&A.,25,187,1973(+10 other R.S. nearby).Nature,241,260,1973.

A0915-11   = Hydra A, 3C 218. Dble N. In a cluster.
            PHOTO. Ap.J.,140,35,1964.
            PTM. U,B,V,: A.J.,74,335,1969. Ap.J.,178,1,1972.
            RADIO. Ap.J., 142,106,1965; 144,568,1966; 147,908,1967; 161,1,1970.
            A.J., 71,927,1966; 78,536,1973. Ap.Let., 8,153,1971. Sov. A.J., 9,
            238,1965. Mem.R.A.S.,77,Part 3,1972.

A0915+71   = Mk 105. Mag. and colors reduced w. dim. on PSS (0'40 x 0'25).

N2823   is [not] B2 0916+34. In Abell 779.

N2805   = Ho124b. Multiple interacting syst. w. N2814,2820 at 13' and I2458.

N2830,2831,2832 = Arp [315] = Ho 123a,b,c. N2832 brightest; N2831 compact.
            In Abell 779.
            N2832: DIAM. Ap.J., 173,485,1972. PTM. B,V,R: Ap.J., 183,731,1973.

N2830   = MCG 6-21-14.

N2831   = MCG 6-21-13.

A0917+71   = Mk 20 (=Mk 107).
            PHOTO. Astrofizika,7,521,1971.
            SPEC. Discrep. Vel. (+8700) in Source K3 (Ap.J.,173,7,1972) was
            rejected.

N2814   = Ho 124c. P.w. N2820 at 3'7.
         DESCR. AND PHYS. DATA: A.J.,79,1242,1974.

I2458   = Mk 108 = VII Zw 276 = Ho 124d. Listed as N2820A in RC1. P(b) w.
         N2820 at 2'1.

N2820   = Ho 124a. P(b) w. I2458 at 2'1. N2814 at 3'7. In group w. N2805.

N2848   = Ho 128a. N2847 (= Ho 128c?) is a * inv. in N2848. Ho 128b at 1'1
         is prob. a *. P(a) w.N2851 at 5'2.

N2841   DESCR. AND CLASS. "Nuclei of Galaxies", p.27,1971.
         PHOTO.A.J.,69,236,1964; 70,564,1965. IAU Symp.38,p.11,1970. "Nuclei
         of Galaxies",p.27,1971. A.&A.,29,57,1973.
         PTM. A.J.,73,313,1968; 74,50,1969. Sov. A.J.,10,440,1966.
         ROT. VEL. A.&A.,8,364,1970.
         HII REG. Ap.J.,194,559,1974.
         SN1912A. P.A.S.P.,29,213,1917.
         SN1957A. A.J.69,236,1964; 70,564,1965.
         SN1972R. IAU Cir. Nos. 2476,2498,1973. A.&A.,29,57,1973.

N2844   Brightest in a group. w. N2852 at 17'5, N2853 at 16'5.

N2855   P(a?) w. small anon. SB(s)b at 7'0.

A0919+47   = Mk 109 = K 198a.

N2852,2853   = K 199. In a group w. N2844 at 17'5.

I2469   mp = 12 in MCG, vol.IV,1968.

N2865   * at 7" on minor axis.

N2859   PTM. Bull.A.A.S.,5,349,1973.

N2872,2874 = Arp 307 = Ho 130a,b. Pair at 1'3. N2873 (=Ho 130d) 1'9 n of N2874.
           N2875 is a *. N2871 (= Ho 130c) is also a *.

N2883   PTM 1.6 MICRON: M.N.,164,155,1973.

A0923+68   = Mk 111 = VII Zw 280 = Arp 300(a) = VV 106 b. P.w. another S at 1'2
            f. The Mk gal. is western comp. Other obj. in field.

N2884,2889 Pair at 12'8.

I2476   = B2 0924+30 In a subgroup in background of N2893 group.

N2915   Note corrected class. Dwarf system. [Sersic et al. (A.&A.,59,19,
         1977) have shown that this is a peculiar I0 system similar to
         N5253. The RC2 class is therefore incorrect.]

N2893   = Mk 401. Brightest in a group.
         SPTM., HI 21-CM. A.&A.,41,61,1975.

N2907   P(a) w. anon S sp. at 5'4. Other F gal. in field.

N2903   DESCR.,CLASS. P.A.S.P.,79,152,1967; 81,51,1969. IAU Symp.38, p.29,
         1970. Small interact. group 33' WSW (V= 10200 km/s): Ap.J.,183,791,
         1973.
         PHOTO Ann.Ap.,28,698,1965 = Pub.O.H.P.,7, No.50. IAU Symp.29,
         p.434,1968. P.A.S.P.,81,51,1969. A.&A.,29,231,1973. Ap.J.,194,
         559,1974. Pub.A.S.Japan,26,289,1974.
         PTM.A.J.,73,313,1968; 74,344,1969. Pub.A.S.Japan,26,289,1974.
         I.R. 10,21 MICRON: Ap.J.Let.,176,L95,1972.
         SPEC.VEL. FIELD. Ap.J.,159,405,1970. Bul.A.A.S.,3,352,1971; 6,321,
         1974. Pub.A.S.Japan,26,289,1974.
         SPTM. Ap.J.,163,249,1971. Ap.J.Let.,193,L49,1974. A.&A.,19,405,1972;
         27,433,1973. Sov.A.J.,13,593,1970.
         POL. Astrofizika, 7,417,1971.
         ROT.,MASS.A.&A.,8,364,1970. Ap.J.,184,735,1973.
         HII REG. Ann.Ap., 28,698,1965 = Pub. O.H.P., 7,No.50. "Atlas and
         Catalogue", Univ. Washington, Seattle, 1966. Ap.J., 155,417,1969;

194,559,1974. Bull.A.A.S.,5,349,1973.
DIST. MODULUS. Ap.J., 194,559,1974.
RADIO. Aust.J.Phys., 16,360,1963. Ap.J., 144,553,1966; 150,413,1967; 183,791,1973. A.J., 78,18,1973. A.&A., 29,231,1973.

A0930+55A,B = Mk 116 = I Zw 18. Close pair of blue compacts at 5"6.
DESCR., DIM. Ap.J.Let., 162,L155,1970.
PHOTO. Ap.J., 143,192,1966.
PTM. M.N., 152,79,1971. SPEC. Ap.J., 143,192,1966.
SPTM. Ap.J.Let., 162,L155,1970. Ap.J., 173,25,1972. "Nuclei of Galaxies", p.81,1971.
HI 21-CM. A.&A., 8,424,1970. IAU Symp.44,p.264,1972.

N2911 = Arp 232. * 25" np N. P(a) w. N2912 at 1'3, 2914 at 4'8. In N2911-2919 gr.
SPEC. Ap.J.Let., 164,L35,1971.
POL. Ap.J.Let.,179,L93,1973.
HII REG. Ap.J.Suppl., 27,No.239,1974.
RADIO. Aust.J.Phys., 19,565,1966. Ap.J., 157,481,1969. A.J.,75,523, 1970. Ap.Let., 6,49,1970. IAU Symp. 44,222,1972.

N2914 = Arp 137. F blob at end of northern arm. P(a) w. N2911 at 4'8. In N2911-2919 group.

A0931+11 Noted e compact in CGCG, vol.I, 1960; mp = 15.2.

N2919 In N2911-2919 group.

N2916 HII REG. "Atlas and Catalogue", Univ. Washington, Seattle, 1966.

N2935 SN1975. IAU Cir. No.2782,1975.

N2936,2937 = Arp 142 = VV 316. Ring gal. U,B,V: For both comp. (Source N): log A = 1.35, V = 12.68, B-V = +0.87, U-B = +0.14.
DIM. RING: Ap.J., 194,569,1974.
PHOTO. Ap.J., 148,321,1967.
SPEC. Ap.J., 148,321,1967; 194,569,1974.

A0936+71 = Holmberg I (1958) = DDO 63. In M81 group.
PHOTO. Ap.J., 190,525,1974; 191,603,1974.
PTM. B BLUE *: Ap.J., 191,603,1974.
HII REG., DIST. MODULUS, Ap.J., 190,525,1974.

N2944 = Arp 63 = VV 82. In Cat. Selected Compact Gal., 1971. P(b) w. attached dIm at east end.
SPEC. A.&A., 33,113,1974.

A0936-04A,B,C,D,E = Arp 321 = VV 116. Compact quintet of interacting galaxies.
DESCR., SPEC. Ap.J., 185,797,1973.

A0936+32A,B = Arp 129 = VV 83 = III Zw 60 = K 209. P(b) at 25". Star superposed on N of comp. A.
PHOTO. Ap.J., 172,247,1972.
SPEC., SPTM. Ap.J., 173,247,1972.

A0937+21 = Mk 403. Moderately broad lines. Possibly Sy N.
SPEC. Ast. Tsirk. No.798,1973. Astrofizika, 10,315,1974.

N2950 PTM. Bull.A.A.S., 5,349,1973.
ROT. VEL. A.&A., 8,364,1970.

N2964 = K 210a. Mk 404 is an HII reg. in gal. P(a) w. N2968 at 5'8. Brightest in a group.
SPEC. (Mk 404): Astrofizika, 10,315,1974.

N2974 At 87' from Quintet A0936-04A,B,C,D,E. See Ap.J., 185,797, 1973.
RADIO. Ap.J., 183,791,1973.

A0940+66 = Mk 119. This obj. is not N2909 (N2909 is a dble *).

N2968 = K 210b. P(a) w. N2964 at 5'8, N2970 at 4'6.
DESCR., PHYS. DATA. A.J., 79,1242,1974.
PHOTO. Mem.S.A.Ital., 44,65,1973 = Cont.Asiago No.284. "Supernovae & SN Remnants", Ap.& Space Sc. Lib., vol.45,p.215,1974.
SN1970L. IAU Cir. No.2287,1970. Mem.S.A.Ital., 44,65,1973 = Cont.Asiago No.284. "Supernovae & SN Remnants", Ap.& Space Sc. Lib., vol.45,p.215,1974. The SN was half-way between N2968,2970.

N2970 = Mk 405. P(a) w. N2968 at 4'6.

N2978,2980 Pair at 10'.

A0940-05,0941-05 = Arp 253 = VV 52. P(b) of edge-on systems at 1'4, both elongated EW.

N2959,2961 = K 211.

A0941+29 = Mk 406. Moderately broad lines. Possibly Sy N. SPEC. Ast. Tsirk. No.798,1973. Astrofizika, 10,315,1974.

N2986 P. w. anon. SA sp. at 2'4.

A0942+09 SN1954Z and PHOTO. P.A.S.P., 86,516,1974.

N2957A,B Close pair in contact. Mk121 is comp. A, a compact E. Pair w. N2963 (= Mk122) at 2'8.

N2976 In M81 group.

N2963 = Mk 122.
SPEC. Prev. reported as blue cont., no line (Ap.J., 173,7,1972).

N2992 = Arp 245. P(b) w. N2993 at 2'9. F out. extens. w. knots at end. Blue stel. obj. (Weedman 2) at 2'5 n.
PHOTO., SPEC. Ap.J.Let., 178,L43,1972.
PTM. AND SPTM. Ap.J., 192,279,1974.

A0943+46 = I Zw 21.
PTM. P.A.S.P., 85,533,1973.

A0943+54A,B Pair at 1'6. Comp. A = 4C 54.19.1.

N2993 = Arp 245. P(b) w. N2992 at 2'9.
PHOTO. AND SPEC. Ap.J.Let.,178,L43,1972.

N2997 DESCR., CLASS. P.A.S.P., 77,287,1965; 79,152,1967.
PHOTO. P.A.S.P., 77,287,1965. Observ., 87,225,1967. Ap.J., 192, 279,1974.
PTM. Atl.Gal.Aust., 1968. Ap.J., 192,279,1974.
SPEC. Observ., 87,225,1967.
SPTM. Ap.J., 192,279,1974.
RADIO. Aust.J.Phys., 16,360,1963.

I0563,0564 = Arp 303 = Ho 143a,b. Pair at 1'7. Listed as A0944A,B in RC1.

N2998 = Ho 144a. P(a) w. anon. SB(s)mp at 4'5 sf. Brightest in group N2998-3010.

N3003 SN1961F and PHOTO. Cont. Asiago No.174,1965. "Stellar Structure", vol.VIII, "Stars and Stellar Systems", p.396, 1965.
SPEC. Ann. Ap., 27,300,1964. Coll.Int."Novae & SN", CNRS, Paris, p.175,1965.

N2985 P(a) w. N3027 at 25'.

A0946+55 = Mk 22.
PHOTO. Astrofizika, 4,475,1968.

A0947+34 SN1965E. IAU Cir.Nos.1901,1905,1965. Ast.Tsirk.No.322,1965.
P.A.S.P.,78,471,1966 (w. Photo.).

N3023 = K 216b.

A0947+28 = Haro 22 (Bol.Tonantzintla No.14, June 1956). Note corr. to coord. in A.&A.Suppl., 12,89,1973.
DESCR. AND PHOTO Ap.J.Let., 150,L31,1967.

N3020 = Ho 147a. Pair w. N3024 (Ho 147b). Multiple system w. N3016,3019 (= Ho 147c,d).

A0947+31 = DDO 64.
PHOTO. and SPEC. P.A.S.P., 84,592,1972.

N3024 = Ho 147b. Pair w. N3020; multiple system w. N3016,3019.

N3021 MASS, M/L. Bull.A.A.S., 1,186,1969.

A0950+36 SN1963U. P.A.S.P., 76,325,1964.

N3044 MASS, M/L. Bull.A.A.S., 1,186,1969.

N3027   P(a) w. N2985 at 25'. Poss. member M81 group.
        ROT. VEL. A.&A., 8,364,1970.
        HII REG. and DIST. MODULUS: Ap.J., 194,559,1974.

N3031   = M81 = K 218a.
        DESCR. Outer ring feature: Science, 148,363,1965. Sov.A.J., 10,1057, 1967; 12,715,1969. F Comp.: A.&A.,32,117,1974 (See A0953+69 = DDO 66 = Ho IX).
        STRUCT. P.A.S.P.,84,61,1972.
        PHOTO. Science, 148,363,1965. A.J., 72,1032,1967. P.A.S.P., 79,600, 1967. Ap.J.Suppl., 24,No.210,1972. A.&A., 29,231,1973.
        PTM. 12 COL.: Ap.J., 145,36,1966. 5 COL.: A.J., 73,313,1968. U,B,V: Ap.J., 157,55,1969.
        SURF. PTM.,ISOPH. A.J., 72,1032,1967. Astrofizika, 7,407,1971. Ap. J.Suppl., 24,No.210,1972. Ap.J., 192,311,1974. Bull.A.A.S., 4,224, 1972; 5,448,1973.
        I.R., 1.64 MICRON: Sov.A.J., 12,184,1968.
        SPEC. A.&A., 9,45,1970.
        INT. MOTIONS: Ap.J., 192,311,1974. Bull.A.A.S., 4,332,1972.
        SPTM. Observ., 88,239,1968. Ap.J., 154,33,1968. Ap.J. Suppl.,22,No. 193,1971. Ap.J., 178,617,1972; 186,21,1973. A.J.,74,150,1969. C.R. Acad.Sc.Paris, (B), 268,1397,1969. Bol.Tonantzintla,6,No.37,97,1971. A.&A.,9,45,1970; 10,401,1971; 19,405,1972; 20,361,1972; 27,433,1973; 37,57,1974. Ap.Let.,14,1,1973. IAU Symp.44,pp.55,188,1972. IAU Symp. 58,169,1974.
        MOL.ABS. H2O, CO, Ap.Let., 14,1,1973.
        POL. A.J.,72,784,1967. P.A.S.P., 79,600,1967. "Nuclei of Galaxies", p.195,1971.
        DYN.,ROT.,MASS. A.&A., 8,364,1970. Ap.J.Suppl.,24,No.210,1972. Ap. J.,184,735,1973; 192,311,1974. Bull.A.A.S., 6,212,1974.
        HII REG. P.A.S.P., 83,61,1972.
        HI 21-CM. A.&A., 26,483,1973; 31,245,1974. IAU Symp. 44,p.12,1972. IAU Symp. 58,p.120,1974. Proc. 1st Europ. Astr. Meet.,vol.3,p.15, 1974. Bull.A.A.S., 6,435,1974.
        RADIO. Ap.J., 142,1333,1965. A.J., 73,876,1968. A.&A., 29,231,1973. IAU Symp.58,p.377,1974. Proc.1st Europ.Astr.Meet.,vol.3,p.1,1974.
        X-RAYS. in M81-82 group: Bull.A.A.S., 3,398,1971.

N3034   = M82 = K 218b = Arp 337 = 3C 231. In M81 group.
        DESCR., STRUCT., REV. PHYS. DATA. Ap.J., 155,403,1969; 166, 7,1971; 183,41,1973. Ap.J.Let., 156,L19,1969; 157,L27,L29,1969; 158,L21,L25,1969;173,L47,1972. A.&A.,12,474,1971. A.J.,79,1242,1974.
        PHOTO. Ap.J. 139,1394,1964; 140,942,1964; 157,1065,1969; 173,501, 1972; 176,57,1972. Ap.J.Let. 156,L19,1969; 157,L27,L29,1969; 158, L21,1969; 173,L47,1972. Pub. N.R.A.O.,1,251,1963. Science, 144, 1382,1964. P.A.S.P., 78,495,1966.IAU Symp. 29,p.470,1968. A.&A., 9,181,1970; 12,474,1971.
        PTM. 12 COL. Ap.J., 145,36,1966. 5 COL.: A.J., 73,313,1968. U,B,V,: Ap.J., 143,1387,1966; 157,1065,1969.
        NEAR AND FAR I. R. (1 TO 345 MICRON): Ap.J., 143,1387,1966. Ap.J. Let., 159,L165,1970; 161,L79,L203,1970; 171,L67,1972; 176,L95, 1972; 182,L89,1973. Sov.A.J., 12,184,1968. Bull.A.A.S., 1,248,1969; 4,223,1972. "Nuclei of Galaxies", p.195,1971.
        ABSORP. Nature,201,171,1964 = Uppsala Medd. No.146.
        SPEC. Ap.J., 140,942,1964; 173,501,1972. Ap.J.Let., 156,L19,1969; 157,L27,1969. C.R.Acad. Sc., Paris, 258,823,6343,1964 = Pub.O.H.P., Nos.7, 30. Bull. A.A.S., 1,264,1969.
        SPTM. Observ., 88,239,1968. A.J., 160,429,1970; 176,57,1972. Calif. Inst. Tech. Thesis, Pasadena 1970. Bull.A.A.S., 3,25,1971. Izv.Spec. Ap. Obs., 4,143,1972.
        POL. Lowell Obs. Bull. V, No.119,1962; VII, No.149,1969. Astrofizika, 4,93,1968. IAU Symp. 29,p.384,1968. Ap.J., 176,57,1972; 179,85,1973; 192,319,1974. A.&A., 19,193,1972. Bul.A.A.S.,6,365,462, 1974.
        DYN., ROT., MASS. Ap.J., 140,942,1964; 173,501,1972. C.R.Acad. Sc., Paris, 258,823,6343,1964. J. des Observ., 48,247,1965=Pub.O.H.P.8, No.16. A.&A., 8,364,1970. Bull.A.A.S., 1,370,1969; 3,24,1971.
        HII REG. in nucl. Bol. Tonantzintla, 5,No.35,247,1970.
        INTERFER. H-ALPHA IAU Symp. 29,p.470,1968. A.&A., 9,181,1970. HI 21-CM. A.&A.,9,155,1970. IAU Symp.44,12,1972. Ap.J.,191,639,1974. P.A.S.P., 83,609,1971. Bull.A.A.S., 5,429,1973.
        Vel. from 21-cm emiss. only = +181 +/- 9 (Source R: B.A.N,15,307, 1961. Source R2: A.&A., 9,155,1970.). Discordant V(emiss) = +70 (Source R2: A.&A., 3,281,1969) rejected.
        RADIO. Ann. Ap., 26,343,1963. Ap.J., 142,106,1965; 144,568,1966; 146,621,1966;161,1,1970; 196,303,1974. Ap.J.Let.,173,L47,1972. A.J., 71,927,1966; 78,536,1973. Ap.Let,8,153,1971. M.N.,152,1P,1971; 168, 491,1974. A.J.,18,481,1972. IAU Symp. 29,p.347,1968.
        1.8 MM, up. limit: Sov.A.J., 16,795,1973.
        OH: Ap.J.Let., 167,L47,1971.
        X-RAYS. in M81-82 group, Bull.A.A.S., 3,398,1971.

N3052   P(a) w. N3045 at 16'5.

A0952+08 In HMS (1956). Was A0953 in RC1.

I2522,I2523 Pair at 5'.

A0953+60A = Mk 128, 7' n of A0953+60B (= Mk 23).

A0953+60B = Mk 23. VII Zw 301. P. w. Mk 128 (A0953+60A) at 7'.

A0953+69 = Holmberg IX (Ark.f.A., 5,No.20,1969) = DDO 66. In M81 group.
          DESCR. and PHOTO. A.&A.32,117,1974. Other F comp. of M81 at 9h 51.2m, +68d 50'.
          PTM. A.&A., 32,117,1974. Astrofizika, 10,632,1974.

N3067   QSO (3C 232) at 1'9 (z = 0.534); Ap.J., 170,233,1971.
         DESCR., PHYS. DATA. A.J., 79,1242,1974.
         PHOTO. Ap.J., 170,233,1971.
         PTM. Bull.A.A.S., 5,349,1973. A.&A., 37,7,1974.
         SPTM.A.&A., 37,7,1974.
         ROT., MASS. Ap.Let., 10,99,1972.

N3068A,B = Arp 174. Listed as A0955A,B in RC1. Connected w. F long extension to the s.

N3078   RADIO. Ap.J., 157,481,1969. IAU Symp.44, p.222,1972.

A0956+30 = DDO 69. Dwarf Leo A system.

N3074   SN1965N and PHOTO. P.A.S.P., 78,471,1966. A.N., 289,247,1966.

N3081   Note corr. to NGC R.A.

A0957+05 = DDO 70. Dwarf Sextans B system.
          HII REG. Ap.J.Suppl., 27,No.239,1974.

N3073   = Mk 131 = Ho 156b. P. w. N3079 (Ho 156a) at 10'.
         PTM. 10 COL.: Ap.J., 179,731,1973.
         SPEC. Prev. reported as blue cont., no line (Ap.J., 173,7,1972).

N3065   = VII Zw 303. P(b) w. N3066 at 3'0.
         PTM. P.A.S.P., 85,533,1973.

N3066   = Mk 133. Zwicky (1971). P(b) w. N3065 at 3'0. (N3063 is a dble *).
         SPTM. Astrofizika, 7,389,1971.

N3095   P(a) w. N3100 at 10'0.

N3091   P(a) w. N3096 at 4'8, and anon. E0 at 1'3.

N3100   P(a) w. N3095 at 10'0.

N3079   = Ho 156a = 4C 55.19. P. w. N3073 (Ho 156b) at 10' and anon. at 6'5 np.
         HI 21-CM. halo search, A.&A., 28,95,1973 (no detect.). Source R2 (A.&A., 3,292,1969) rejected.
         RADIO. Ap.J.,144,553,1966. A.J., 78,18,1973. Ap.J., 189,399,1974. A.&A., 31,447,1974.

N3077   In M81 group. Narrow em. lines, not a Sy N (Pub. Dept. Astron. Univ. Texas,II,2,No.7,1968).
         DESCR., PHYS. DATA. Ap.J.,146,593,1966. A.J.,79,242,1974.
         PHOTO. Ap.J., 146,593,1966; 157,81,1969. IAU Symp. 29,p.434,1968. A.&A., 35,463,1974. Pub. Dept. A. Univ. Texas, II,No.7,1968.
         PTM. 5 COL.: A.J., 73,313,1968. U,B,V: Ap.Let., 1,171,1968. A.J., 73,856,1968. 11 COL.: Bull.A.A.S., 5,549,1973.
         I.R.: Ap.J., 73,866,1968. Ap.J.Let.,159,L165,1970; 176,L95,1972.
         SPEC. A.J., 73,890,1968. Ap.J.,157,81,1969. A.&A., 35,463,1974.
         SPTM. A.&A., 37,7,1974. Izv. Crimea Obs., 50,115,1974.
         POL. Pub. Obs. Leningrad, 24,54,1967 = Ab. Univ. Leningrad, No.334, 54,1967.
         ROT., MASS. Ap.J., 157,81,1969. A.&A., 35,463,1974.
         HII REG. "Atlas and Catalogue", Univ. Washington, Seattle,1966.
         HI 21-CM. IAU Symp. 44,p.12,1972.
         RADIO. A.&A., 15,110,1971.

A1000+59 = Mk 25 = VII Zw 308.
          PTM. and SPTM. Ap.J., 171,5,1972.

N3109   = DDO 236.

DESCR. and PHOTO. Vistas in Ast., vol.14,p.215,1972.
ROT., MASS. Vistas in Ast., vol.14,p.239,1972.
HII REG. "Atlas and Catalogue", Univ. Washington, Seattle, 1966.
Ap.J., 156,847,1969.
HI 21-CM. Ap.J., 142,616,1965; 150,8,1967. Aust.J.Phys., 19,687, 1966. A.&A., 22,27,1973. Sov.A.J., 14,931,1971.
RADIO. Aust.J.Phys., 21,193,1968.

N3104 = Arp 264 = VV 119. Chaotic. Many emiss. Knots and F extens.

A1001+66 = DDO 71. Note corr. to UGC R.A.
PTM. Astrofizika, 10,632,1974.

I2537 Anon. obj. low surf. br. at 16'.

N3115 P. w. vF dwarf E w. stellar N at 5'5.
PTM. 12 COL.: Ap.J.,145,36,1966.
ISOPH. Ap.J., 152,35,1968. B,V: Ap.J., 169,209,1971.
2.2 MICRON: Nuclei of Galaxies, p.195,1971.
SPEC., VEL. DISP. IAU Symp. 15,p.112,1962. Ap.J., 179,55,1973.
Bull.A.A.S.,3,476,1971. IAU Symp., 58,p.20,1974.
SPTM. Ap.J., 169,209,1971; 175,649,1972; 177,285,1972. A.J., 74,50,1969; 77,333,1972. Mem.S.A.Ital., 43,263,1972.
ROT., MASS. IAU Symp. 15,p.142, 1962. Ap.J., 179,55,1972.

A1003+29 = Haro 23 (Bol. Tonantzintla, No.14, June 1956).
DESCR., DIM., PTM. A.J., 75,1143,1970.

A1004+53 mp = 12 in MCG, vol.I,1962. mp = 13.8, in CGCG vol.VI,1968.

N3136 SPEC. Discrep. vel. in A.J., 72,821,1967 (Source N1) rejected.

A1005+12 = DDO 74. Leo I (or Regulus) Dwarf system.
STRUCT.,PHYS. DATA. A.J. 74,587,1969. Ann. Rev. Ast. Ap. 9,35,1971.
DYN. Ap.J., 144,869,1966.

N3143,3145 Pair at 9'.

A1008+59 = Mk 26 is not UGC 5491.

A1008-04 = DDO 75. Sextans A Dwarf system.
PHOTO. Pub. U.S. Naval Obs., XX, Part IV, 1971.
PTM. Pub. U.S. Naval Obs.,XX, Part IV, 1971. Vistas in Ast., vol.14, p.231,1972.
HII REG. Ap.J.Suppl., 27, No.239,1974.
HI 21-CM. Ap.J., 150,8,1967.

A1009+57 = Mk 138 = UGC 5494. Note corr. to UGC R.A.

N3156 In N3166 group.

N3153 PTM. ISODENS. Ap.J.Suppl., 26,No.230,1974.

N3151,3152 In N3158 group.

N3158 Brightest in a group. P(a) w. N3160 (S sp.) at 4'8.
DIAM. Ap.J.,173,485,1972.
PTM. Ap.J., 139,284,1964. B,V,R: Ap.J., 183,731,1973.
DYN., MASS. Ap.J., 139,284,1964.

N3165 In N3166 group. P. w. N3166 at 4'8.

N3159,3161 = Ho 172c,a. Pair of E at 1'3. In N3158 group.

N3166 = Ho 173a = K 228a. Brightest of group. P(b) w. N3169 at 7'7. P. w. N3165 at 4'8.

N3163 = Ho 172b. In N3158 group.

N3169 = Ho 173b = K 228b. In N3166 group. P(b) w. N3166 at 7'7.
ROT. VEL. A.&A., 8,364,1970.

N3175 P(a) w. anon. S sp. at 5'0.

N3147 SN1972H. IAU Cir. Nos.2381, -82, 2431, -34, -52, 1972. Ast. Tsirk. Nos. 670,700,716,723,1972. A.&A., 29,57,1973. (w. PHOTO.)

A1012+44 = Mk 139.
SPEC. Prev. reported as cont., no line (Ap.J.,173,7,1972).

N3177 SN1947A. P.A.S.P., 60,15,1948.

N3185 In N3190 group.
RADIO. Aust.J.Phys., 19,565,883,1966.

N3187 = Arp 316 = VV 307. In N3190 group. P(b) w. 3190 at 4'8; distorted.

N3184 DESCR. IAU Symp. 38,p.28,1970.
HII REG. "Atlas and Catalogue", Univ. Washington, Seattle, 1966.
Ap.J., 155,417,1969; 194,559,1974.
DIST. MODULUS: Ap.J., 194,559,1974.
SN1921B, SN1921C. P.N.A.S., 25,569,1939. Zsf.Ap., 49,202,1961.
SN1937F. "Supernovae & SN Remnants", Ap. & Space Sc. Lib.,vol.45, p.207,1974.
RADIO. Poss. SN Remnant: A.&A., 26,105,1973. "Supernovae & SN Remnants", Ap. & Space Sc. Lib., vol.45,p.56,1974.

N3190 = Arp 316 = VV 307 = Ho 175a. Brightest of group. P(b) w. N3187 at 4'8. N3193 at 5'5.
ROT. VEL. A.&A., 8,364,1970.

A1015+64 = Mk 141. Class 1 Seyfert N. Mag. and colors reduced w. dim. on PSS (0'50 x 0'35).
RADIO. Izv V.U.Z. Radiofizika, 16,1342,1974.

N3193 = Arp 316 = Ho 175b. In N3190 group. N3190 at 5'5.
PTM. Ap.J., 139,284,1964. 5 COL.: A.J., 73,313,1968.
10 COL.: Ap.J., 179, 731,1973.
DYN., MASS. Ap.J., 139,284,1964.
HI 21-CM. up. limit: A.&A., 25,451,1973.

I0601,602 = K 230. Pair at 1'3.
PTM. ISODENS. Ap.J.Suppl., 26,No.230,1973.

N3200 SN1953D and PHOTO. A.J., 75,672,1970.

N3188,3188A = Mk 31,30. Pair at 0'7.

N3198 PHOTO. Sov.A.J., 13,423,1969.
ROT. VEL. A.&A., 8,364,1970.
SN1966J. IAU Cir. No.1986,1966; 1992,1967. Ast.Tsirk. Nos. 397,412, 1967; 674,1972. J. Observ., 51,5,1968 = Cont. IAP, Paris, B, No.349.
Mem.S.A.Ital., 39,189,1968 = Cont. Asiago No.205. Sov.A.J., 13,423, 1969. Izv. Crimea Obs.,41-42,367,1970.

N3203 Note corr. to NGC R.A.

N3183 = Ho 177a. Ho 177b at 3' is a *, but vF comp. at 2'2 nf.

I2565,2565A = I Zw 24, Nos. 1 & 2. Pair of compacts at 12". Obj. No.3 at 12" np.

N3223 = I2571.

N3221 F compact, II Zw 45, at 3'5 nf.
SN1961L. "Stars and Stellar Systems," 8,376,1965.

[N3214],3220 = Ho 182a,b. Pair at 5'1.

N3226 = Arp 94 = VV 209 = Ho 187b = K 234a. P(b) w. N3227; connected.
PHOTO. Ap.J., 154,431,1968.
PTM. 10 COL.: Ap.J.,179,731,1973.
SPEC. A.J., 73,861,1968; Ap.J., 154,431,1968. MASS. A.J., 73,661, 1968.

N3227 = Arp 94 = VV 209 = Ho 187a = K 234b. P(b) w. N3226; connected vF outer extens. Class 2 Seyfert N. B(N) = 15.0, B(T)(excl.N) = 11.58.
DIAM. of N: A.J., 73,S175,1968.
PHOTO. Ap.J., 154,431,1968. A.&A., 15,110,1971. Pub. Dept. A. Univ. Texas, II,2,No.7,1968.
PTM. A.J., 73,858,1968. U,B,V: A.J., 73,866,1968. Sov.A.J., 17,169, 1973. M.N., 169,357.1974. Att... Conv. Sci. Osserv. Cima Ekar, Padova-Asiago, p.101,1973. = Cont. Asiago No.300bis.
B(PG) VAR.: M.N., 167,1P,1974.
I.R. 1 TO 22 MICRON: A.J. 73,866,870,1968. Ap.J.Let. 159,L165,1970; 161,L203,1970;176,L95,1972. M.N.,169,357,1974. Sov.A.J.,12,184,1968.
SPEC. A.J., 73,861,1968. Ap.J., 154,431,1968; 192,581,1974.
SPTM. Ap.J.Let., 154,L53,1968. Ap.J., 162,743,1970; 164,1,1971.
Sov.A.J., 11,767,1968. Ast. Tsirk. No.467,1968; No.663,1971. IAU Symp. 29,p.83,1968. "Nuclei of Galaxies", p.151,1971.
POL. Ast. Tsirk. No.454,1967. Astrofizika, 4,409,1968; 7,417,1971.

ROT., MASS. A.J., 73,861,1968. Ap.J., 154,431,1968.
HII REG. Bull.A.A.S., 6,343,1974.
HI 21-CM. A.&A., 10,198,1971. IAU Symp. 44,p.267,1972.
RADIO. Aust.J.Phys., 19,565,1966. A.J., 73,876,1968. A.&A.,15,110, 1971; 33,351,1974. M.N., 167,251,1974 (w. N3226).

A1021+15   HI 21-CM. A.&A., 34,43,1974.

N3239   = Arp 263 = VV 95 = K 236a+b. B * superp. Many emiss. knots, F diff. extens. sf side.

A1023+13   PTM. ISODENS. Ap.J.Suppl., 26,No.230,1973.

N3245A   P(a) w. N3245 at 8'8.

A1024+20   SN1964M and PHOTO. P.A.S.P., 78,471,1966.

N3245   P(a) w. N3245A at 8'8.
PTM. 5 COL.: A.J., 73,313,1968.

I2574   = DDO 81 = VII Zw 330. In M81 group.
PHOTO. Ap.J., 184,343,1973; 190,525,1974; 191,603,1974.
PTM. B Blue *: Ap.J., 191,603,1974.
HII REG. and DIST. MODULUS: Ap.J., 190,525,1974.
HI 21-CM. Ap.J., 150,8,1967; 184,343,1973.

A1025+19   II Zw 47 = III Zw 61 = Haro 24 (Bol. Tonantzintla, No.14, June 56).
PTM. U,B,V: Ap.J., 160,405,1970; may be variable.

N3256   = VV 65. In Klemola gr. No.12 (A.J., 74,804,1969).
PTM. Atl. Gal. Aust., 1968.
I.R. 1-3.5 MICRON: M.N., 164,155,1973; 168,27P,1974.
SPEC. M.N., 168,27P,1974; poss. var.
RADIO. M.N., 167,251,1974.

N3253   PTM. ISODENS. Ap.J.Suppl., 26,No.230,1973.

N3257   P. w. N3258 at 4'5.

N3254   SN1941B. A.N., 290,85,1967.

A1026+70A   = DDO 80 = VII Zw 331 = VV 294. Satellite attached sf end.

N3258   P. w. N3257 at 4'5, N3260 at 2'6.

N3260   P. w. N3258 at 2'6.

N3261   P(a) w. anon. SA at 8'0.

N3256C   P(b)? w. N3256 at 14'.

N3262,3263   Pair at 2'6.

A1027-35A   In N3267-3281 (Antlia) group.

N3267   In N3267-3281 group. P. w. N3268 at 2'5.

A1027-35B, N3269   In N3267-3281 group.

N3268   In N3267-3281 group. P. w. N3267 at 2'5.

N3258B   At 3'0 nnp N3273. In N3267-3281 group.

N3271   = I2585. In N3267-3281 group.

N3273   In N3267-3281 group. P. w. N3258B at 3'0.

N3275   P. w. N3275A S sp. at 9'8.

N3259   P(a) w. N3266 at 18'.

A1029+54   = Mk 33 = Haro 2 (Bol. Tonantzintla No.14, June 1956).
DESCR., DIM.: P.A.S.P., 80,29,1968. A.J., 75,1143,1970.
PTM. A.J., 73,882,1968; 75,1143,1970. Ap.J., 171,5,1972.
10 MICRON: Ap.J.Let., 176,L95,1972.
SPEC. A.J., 73,882,1968. P.A.S.P., 80,29,1968.
SPTM. Ap.J., 171,5,1972.
HI 21-CM. A.&A., 22,281,1973.
RADIO. Nature, 219,1032,1968.

N3258D,3281   In N3267-3281 group.

N3266   P. w. N3259 at 18'.
SN1950C? Ast. Tsirk., No.300,1964 (unconfirmed).

N3252   = UGC 5732 = MCG 12-10-49. Note corr. to NGC coord. in M.N.,71,509, 1911.

N3285A   P(a) w. N3285 at 12'.

N3285E,3281C   In N3281 group.

N3285   P(a) w. N3285A at 12', 3285B at 18'.
DIAM. Ap.J., 173,485,1972.

A1031+11   The ident. w. 4C 11.35 (or PKS) has been rejected.

N3289,3281D   In N3281 group.

N3285B   P. w. N3285 at 18'.

N3290   = Arp 53. Asym. arm w. emiss. knots; parallel diff. arm.

N3288   = K 239b = N3284? P. w. N3286 = K 239a at 4'0.

N3294   = Ho 202a. N3291 (Ho 202b) at 4'8 is a *. N3304 at 18'. The SN in 1955 (noted in RC1) has not been confirmed.

A1033-27   In Hydra Cl. (Abell 1060).

N3299   P(a) w. N3306 at 11'8.

A1033+31   = Arp 267 = DDO 83. v low surf bright.; a few emiss. knots. * superp.?

N3307,3308   In Hydra Cl. (Abell 1060).

N3307   = MCG -4-25-29.

N3309   [2nd] brightest in Hydra Cl. (Abell 1060). P. w. N3311 at 1'7.
PTM. V, V-r: A.J., 75,695,1970 (where mag. is for N3309, redshift for N3311).

A1034-27A   In Hydra Cl. (Abell 1060).

N3311   [Brightest] in Hydra Cl. (Abell 1060). P. w. N3309 at 1'7.
SPEC. A.J 75,695,1970 (where redshift is for N3311, mag. for N3309).

N3303A,B   = Arp 192 = VV71 = K 240. Very pec. spir w. compact comp. and spike. vF outer extens.
PHOTO. and SPEC. Ap.J., 148,321,1967.

N3306   P(a) w. N3299 at 11'8.

N3312   = I 629. In Hydra Cl.? Coll. pair at 22'5. Pec. pair at 7'5.

N3304   P(a) w. N3294 at 18'.

N3314,A1034-27B   In Hydra Cl. (Abell 1060).

N3318,3318B   Pair at 10'5.

N3316   In Hydra Cl. (Abell 1060).

N3310   = Arp 217.
DESCR. P.A.S.P., 79,152,1977.
PHOTO. Ap.J., 147,416,1967. Cont. Asiago, No.172,1965.
PTM. Ap.J., 147,316,1967. Astrofizika, 3,529,1967.
SPEC. Cont. Asiago, No.172,1965.
ROT., MASS. Cont. Asiago, No.172,1965. Ap.J., 147,416,1967. A.&A.,8, 364,1970.
SN1974. IAU Cir. No.2641,1974.
HI 21-CM. A.J., 79,767,1974.
RADIO. A.J., 78,18,1972. A.&A., 15,110,1971; 31,447,1974.

N3319   ROT. VEL. A.&A., 8,364,1970.
HII REG. Atlas and Catalogue, Univ. Washington, Seattle,1966.
Ap.J., 155,417,1969.

A1037-27   In Hydra Cl.?

SN1965D. IAU Cir. No.1898,1965. Ast. Tsirk. No.319,1965. P.A.S.P., 78,471,1966 (w. PHOTO.).

N3338 Leo group.
HII REG. Atlas and Catalogue, Univ. of Washington, Seattle,1966. Ap.J., 155,417,1969.

N3347 P(a) w. N3354 at 3'5, N3358 at 8'5. In Klemola Gr. No.16 (see A.J. 74,804,1969).
PTM. Atl. Gal. Austr., 1968.

N3329 Brightest in a group of 12 gal. P(a) w. anon. SBc at 7'2.

N3346 HII REG. Atlas and Catalogue, Univ. Washington, Seattle, 1966. Ap.J., 155,417,1969.

N3358 P. w. N3347 at 8'5.
PTM. Atl. Gal. Aust., 1968.

N3351 = M95. Leo (M96) Group.
DESCR. P.A.S.P., 77,287,1965; 79,152,1967.
PHOTO. IAU Symp. 44, p.56,1972. Sov.A.J., 17,643,1944.
PTM. 12 COL.: Ap.J., 145,36,1966. 5 COL.: A.J., 73,313,1968.
7 COL.: Izv. Crimean Ast. Obs., 52,71,1974. U,B,V: Sov.A.J.,16,71, 1972. Astrofizika, 3,529,1967.
SURF. PTM. Pub. Byurakan Obs. No.40,p.15,1969. Sov.A.J. 17,643,1974.
ISODENS. Ap.J.Suppl., 46,No.230,1973.
SPTM. A.&A., 27,433,1973. C.R.Acad.Sc., Paris, B, 272,909,1971.
HII REG. Atlas and Catalogue, Univ. Washington, Seattle,1966. Ap.J.Suppl., 27,No.239,1974.
RADIO. Aust.J.Phys., 19,565,1966.

N3353 = Mk 35 = Haro 3 (Bol. Tonantzintla No.14, June 1956).
DESCR.,DIM. Ap.J.Let., 150,L31,1967. P.A.S.P., 80,29,1968. A.J., 75, 1143,1970.
PHOTO. Ap.J.Let., 150,L31,1967. SPEC. A.J., 73,882,1968. P.A.S.P., 80,29,1968.
PTM. A.J., 73,882,1968; 75,1143,1970. Ap.J., 171,5,1972.
SPTM. Ap.J., 171,5,1972.

N3359 DESCR. P.A.S.P., 79,152,1967.
PHOTO. Izv. Crimean Obs., 45,162,1972.
PTM. 7 COL.: Izv. Crimea Obs. 45,162,1972. IAU Symp. 44, p.62,1972.
ROT., VEL. A.&A., 8,364,1970. HII REG. Atlas and Catalogue, Univ. Washington,Seattle,1966. Ap.J.,155,417,1969. Bul.A.A.S.,5,349,1973.
HI 21-CM. Ap.J., 150,8,1967. Bull.A.A.S., 6,435,1974.

N3348 PTM., DYN., MASS. Ap.J., 139,284,1964.
SN1974. IAU Cir. No. 2641,1974.

N3367 The ident. with 4C 14.37 has been rejected.
PTM. Pub.Byurakan Obs., No.40,15,1969.
ISODENS. Ap.J.Suppl., 26,No.230,1973.
HII REG. Atlas and Catalogue, Univ. Washington, Seattle,1966.

N3368 = M 96. Brightest in Leo Group.
PTM. U,B,V,R,I,J,K,L: Ap.J., 143,187,1966. 5 COL.: A.J.,73,313,1968.
ISODENS. Ap.J.Suppl., 26,No.230,1973.
HII REG. Atlas and Catalogue, Univ. Washington, Seattle,1966.
Bull.A.A.S., 6,343,1974.

N3370 ROT. VEL. A.&A., 8,364,1970.

N3377A = DDO 88. P. w. N3377 at 7'0.
PHOTO. Ann. Rev. Ast. Ap., 9, p.35,1971.

N3377 Leo (M 96) Group. P. w. N3377A (= DDO 88) at 7'0.
PHOTO. Ann. Rev. Ast. Ap., 9,35,1971.
PTM. 12 COL.: Ap.J., 145,36,1966. 5 COL.: A.J., 73,313,1968.

N3379 = M 105 = Ho 212a. Leo (M 96) Group. P(a) w. N3384 at 7'2, N3389 at 10'3.
DIAM. Ap.J., 173,485,1972.
PHOTO. Ap.J., 139,284,1964.
PTM. Ap.J., 139,284,1964. 5 COL.: A.J., 73,313,1968. 10 COL.: Ap.J., 179,731,1973. U,B,V: Bull.A.A.S., 5,348,1973. A.J., 79,835,1974.
ISODENS. Ap.J.Suppl., 26,No.230,1973.
SPTM. Ap.J., 154,22,1968; 175,649,1972; 177,285,1972. A.J.,74,50, 1969. IAU Symp. 58,p.160,1974.
DYN., MASS. Ap.J., 139,284,1964.

HI 21-CM. up. limit. A.&A., 25,451,1973.

A1045+66 = VII Zw 346 = K 248b. Small E in contact w. spir. = K 248a on np side.

N3381 mp = 12.8 in CGCG, vol.III, 1966. mp = 13 in MCG, vol.II,1964.

N3384 = Ho 212b. Leo (M 96) Group. P(a) w. N3379 at 7'2.
PHOTO. Ap.J., 139,284,1964.
PTM. 5 COL.: A.J., 73,313,1968. Pub.Byurakan Obs., No.40,15,1969.
Bull.A.A.S., 5,348,1973. A.J., 79,835,1974.
ISODENS. Ap.J.Suppl., 26,No.230,1973.

A1045+26 SN1971U. IAU Cir. No.2378,1971.

N3389 = Ho 212c. In background of M 96. Leo Group.
PHOTO. Ap.J., 139,284,1964. Astrofizika,3,565,1967. Sov.A.J.,13,423, 1969.
PTM. Bull.A.A.S., 5,348,1973. A.J., 79,835,1974.
ISODENS. Ap.J.Suppl., 26, No.230, 1973.
SPEC.ROT. P.A.S.P.,79,322,1967. A.&A., 8,364,1970.
DIST.MODULUS. Astrofizika,3,571,1967.
HII REG. Atlas and Catalogue, Univ. Washington, Seattle, 1966.
SN1967C. IAU.Cir. Nos.2001,2002,2004,1967. Ast.Tsirk. Nos.408,410, 432,1967. Astrofizika,3,565,1967. P.A.S.P.79,322,1967. C.R.Acad.Sc., Paris,265,430,1967. Bul.Abastumani Obs.,No.37,1969. Sov.A.J.,13,423, 1969. Izv.Crimea Obs.,41-42, 367,1970. Ap.J.,182,225,1973.

A1046+26 = Haro 25 (Bol. Tonantzintla No.14, June 1956).
DIM. A.J., 75,1143,1970.
PTM. Large disagree. in colors betw. sources DU and HI [DU got the wrong galaxy].
HI 21-CM. A.&A., 29,217,1973.

A1046+52 = Mk 153. Dble system. Dim. incl. vF comp. 0'4s.

I2604 At 13' of interacting pair N3395-3396.

A1046+23 = Mk 417. Moderately broad lines.
SPEC. Ast. Tsirk. No.798, 1973, Astrofizika, 10,315,1974.

N3395,3396 = Arp 270 = VV 246 = Ho 215a,b = K 249. P(b) at 2'.
PHOTO. Ap.J., 160,3,1970.
SPEC., ROT., MASS. Ap.J., 160,3,1970.

N3404 = I2609.

N3400 In N3414-3418 group.

N3412 In Leo I Cloud.
PTM. 5 COL.: A.J., 73,313,1968.

N3398 = I 644 = UGC 5954 = MCG 9-18-38. Brightest of three. I 646 (= MCG 9-18-39) misident. as N3398 in RNGC 4'5 nnf. UGC 5976 (= MCG 9-18-41) misident. as N3398 in UGC and CGCG 13'2 nf.

I0651 mp = 12.9 in CGCG, vol.I, 1960, and in MCG, vol.III, 1963.

N3414 = Arp 162. P. w. N3418 at 8'2. F diff. bar in halo.

N3413 = Ho 218c. P.w. N3424 at 9'9, N3430 at 15'.

N3418 P. w. N3414 at 8'2.

N3419A,3419 Pair at 4'5.

N3424 = Ho 218a. P. w. N3413 at 9'9, N3430 at 6'2.

N3407 QSO, 4C 61.20 at 3'1 (z = 0.422).

N3430 = I2613 = Ho 218b. P. w. N3424 at 6'2, N3413 at 15'.
ROT.VEL. A.&A., 8,364,1970.

N3432 = Arp 206 = VV 11. Dwarf comp. close to sp end.
PHOTO. Mem.S.A.Ital., 37,433,1966 = Cont. Asiago No.186.
IAU Symp. 29,97,1968. A.&A., 29,249,1973.
PTM. Mem.S.A.Ital., 37,433,1966.
SPEC. ROT. MASS. Mem.S.A.Ital.,37,433,1966. IAU Symp. 29,97,1968.
A.&A., 8,364,1970.
RADIO. A.&A., 29,249,1973.

A1050+50 = Mk 156. v close pair. The Mk gal. is obj. on p side.

N3447,3447A = VV 252 = K 255. Pair in contact.

N3440,3445 In a group. w. N3458.

N3445 = K 256a = Arp 24.

N3448 = Arp 205. P(b) w. F SB(s)dp 3'8 on p side. F extens. on f side.
DESCR. AND PHYS. DATA. Ap.J.,146,593,1966. A.J., 79,1242,1974.
PHOTO. Ap.J., 146,593,1966.
DYN., MASS. Bull.A.A.S., 1,186,1969.
HII REG. Atlas and Catalogue, Univ. Washington, Saettle, 1966.
HI 21-CM. A.J., 79,767,1974.

N3454,3455 = Ho 221b,a = K 257. Pair at 3'8.

N3458 In a group w. N3440, 3445.

A1055+72 = Mk 159 = K 258a. P. w. K 258b at 2' sf.
SPEC. blue cont.: Ap.J., 173,7,1972, but V given in Astrofizika,6, [39 &] 357,1970 (Poss. confusion w. K 258b?).

N3470 = K 259a.

N3471 = Mk 158. P. w. edge-on spir. at 2'4 nf.

N3489 Leo I Cloud.
PTM. 5 COL.: A.J.,73,313,1968.

N3486 DESCR. AND PHOTO. IAU Symp. 38,435,1970.
HII REG. Atlas and Catalogue, Univ. Washington, Seattle,1966.
Ap.J., 155,417,1969; 194,559,1974.
DIST. MODULUS: Ap.J., 194,559,1974.

A1059+45 = Mk 161.
HI 21-CM. A.&A., 22,281,1973.

N3504 P. w. N3512 at 12'. Bol. R.S. B2 1100+28.
PTM. 5,10,21 MICRON: Ap.J.Let., 176.L95,1972. 7 COL.: Izv. Spets. Ast. Obs., 6,27,1974.
SPTM.Ap.Let., 15,35,1973.
DYN., MASS. Ap.J., 184,735,1973.
HII REG. Atlas and Catalogue, Univ. Washington, Saettle,1966. Ap.J., 155,417,1969.
RADIO. A.J.,73,876,1968.

N3507 = K 263 b. mp = 11.4 in CGCG, vol. II, 1963. * m ~ 11 superp.

N3511 P(a) w. N3513 at 10'8.

N3510 = Haro 26. (Bol. Tonantzintla No.14, June 1956).
DIM.: A.J., 75,1143,1970.
PTM. A.J., 73,882,1968; 75,1143,1970.
ROT.VEL. A.&A., 8,364,1970.
HII REG. Atlas and Catalogue, Univ. Washington, Seattle, 1966.
HI 21-CM. A.&A., 29,217,1973.

A1101+41 Mayall's nebula. = Arp 148 = VV 32. Ring gal.
DIM. of ring: Ap.J., 194,569,1974.
PHOTO. Ap.J., 140,1617,1964; 148,321,1967.
SPEC. Ap.J., 140,1617,1964.

N3513 P(a) w. N3511 at 10'8.

N3512 P(a) w. N3504 at 12', N3515 at 13'5.
HII REG. Atlas and Catalogue, Univ. Washington, Seattle, 1966.

N3509 = Arp 335 = VV 75 = K 265. Strong asym. arm on f side.

N3515 P(a) w. N3512 at 13'5.

A1102+29 = Mk 36 = Haro 4 (Bol. Tonantzintla No.14, June 1956).
DESCR., DIM. A.J., 75,1143,1970. Ap.J., 173,247,1972.
PTM. A.J., 75,1143,1970. Ap.J., 171,5,1972.
SPEC., SPTM. Ap.J. 171,5,1972; 173,247,1972.

N3517 = K 266.

N3516 Class 1 Seyfert, BN = 14.0 - 16.0, BT(excl. N) = 12.60.
DIAM. of N: A.J., 73,S175,1968.
PHOTO. Nuclei of Galaxies, p.27,1971. Pub.Dept.Astron.Univ.Texas, II,2,No.7,1968.
PTM. A.J., 73,858,1968. U,B,V: A.J.,73,866,1958. Ap.Let.,1,171,1968; 12,1,1972. Ast. Tsirk., No.620,1971. Sov. A.J.,16,763,1973; 17,169, 1973. M.N., 169,357,1974. Atti...Conv.Sci.Osserv.Cima Ekar, Padova-Asiago, p.101, 1973. = Cont. Asiago No.300b.
I.R. (1-10 MICRON): A.J., 73,866,1968. Ap.J.Let.,176,L95,1972. M.N., 169,357,1974.
SPEC. A.J., 73,862,897,1968. Ap.Let., 1,111,1968; 8,161,1971; 13,165,1973. Ap.J., 174,483,1972. A.&A., 22,343,1973. Ast. Tsirk., No.688,1972; No.831,1974.
SPTM. Ast. Tsirk. No 467,1968. Ap.J., 162,743,1970. Ann.Ap.,31,569, 1968. Sov.A.J.,11,767,1968. A.&A.,1,305,1969; 27,433,1973. IAU Symp. 29, p.82,1968. Nuclei of Galaxies, p.151,1971. Pol.Ast.Tsirk., No. 454, 1967. Astrofizika, 7,417,1971; 8,509,1972.
RADIO. A.&A., 15,110,1971.

A1103+48 = Mk 163. Pec. Spir. at 1'2 nf.

A1104+18A,B = Arp 191 = VV 239 = K 268. P(b) at 22". Long diff. tail on f side.

N3533 Called N3557A in RC1 and Mt. Stromlo (1956) survey.

A1107+24A,B = Arp 301 = VV 229 = Ho 231a,b = K 271. P(b) at 0'8, connected.

N3547 P(a) w. anon. SB(rs)0+ at 10'4.
RADIO. A.J., 78,18,1973.

N3557 In Klemola gr. No. 18 (A.J.,74,804,1969). P(a) w. N3564 at 7'5, N3568 at 11'5.
RADIO. Proc. A.S. Aust., 2,159,1972.

A1107+28A,B In Leo A Cl.(Abell 1185). Comp. B is blue knot n of E.
DESCR., PHOTO., SPEC. Ap.J., 173,247,1972.

N3550 = K 274 Leo A Cl.(Abell 1185). Dble system.
DIAM. Ap.J., 173,485,1972.
PTM. V, V-R: A.J., 75,695,1970.

N3549 SPTM. Observ., 88,239,1968.

N3564 P(a) w. N3557 at 7'5.

N3558 = Mk 422. In Leo A Cl.(Abell 1185).

N3568 P(a) w. N3557 at 11'5.

N3561A,B,C = Arp 105 = VV 237. Zwicky 1971. Listed in RC1 as A1108A,B,C. In Leo A Cl.(Abell 1185). Multiple connected system. From N to S: comp. A = NGC 3561 is the spir., comp. B the S0, and comp. C ("Ambartsumian's knot") the blue compact w. Vo = 8840+/-53 (Sources K, S6). Long diffuse tail extending to the n.
DESCR., DIM. Ap.J., 143,192,1966; Ap.J.Let., 155,L141,1969; Ap.J., 173,247,1972.
PHOTO. A.J.73,887,1968. Ap.J. 173,247,1972. IAU Symp. 44 p.381,1972.
SPEC. A.J., 73,887,1968. Ap.J., 173,247,1972.
SPTM. Bull. A.A.S., 1,262,1969. Ap.J.,173,247,1972.
SN1953A (in comp. A) P.A.S.P., 78,471,1966.

N3556 PHOTO. Mem.S.A.Ital.,43,145,1971 = Cont.Asiago No.254 A.&A.,29,249, 1973.
ROT.VEL. A.&A., 8,364,1970.
SN1969B. IAU Cir. Nos.2131, 2134,1969. Ast. Tsirk. No.494,1969. Mem. S.A.Ital., 42,145,1971 = Cont. Asiago, No.254.
HI 21-CM. Ap.J., 150,8,1967.
RADIO. A.&A., 29,249,1973.

N3563 = K 277

N3571 = N3544

N3570 SN1973D and PHOTO. P.A.S.P., 86,516,1974.

N3574 SN1973A and PHOTO. P.A.S.P., 86,516,1974.

A1110+22 = DDO 93. Leo II system. E dwarf in Local Group.
STRUCT., PHYS. DATA. A.J.,74,587,1969. Ann.Rev.Ast.& Ap.,9,35,1971.
PTM.VAR. *: P.A.S.P., 79,439,1967. A.J., 73,S205,1968.

DYN., MASS. Ap.J., 144,868,1966.

N3577   P(a) w. N3583 at 5'0, and sF anon. SB(s)m at 2'7.

N3583   = 5C 2.203. Small E0 satellite at 0'9 nf. P. w. N3577 at 5'0.
RADIO. M.N., 139,529,1968. Poss. SN rem.?: IAU Symp. 44,p.82,1972.

N3593   In N3627 = M66 group.
PHOTO. Ap.J., 157,75,1969.
SPEC., ROT.,MASS. Ap.J., 157,75,1969.
RADIO. Aust. J. Phys., 19,565,1966.

N3589   mp=12 in MCG, vol.I,1962. mp=14.5 in CGCG, vol.IV,1968.

N3596   HII REG. Atlas and Catalogue, Univ. Washington, Seattle,1966.

N3599   In N3607 group.

N3600   mp = 12.6 in CGCG, vol.III, 1966. mp = 13 in MCG, vol.II, 1964.

A1113+29A   In Leo B Cl. (Abell 1213). Mag. and color reduced w. dim. on PSS (0'55 x 0'40).
DIAM. Ap.J., 173,485,1972.
PTM. V, V-r: A.J., 75,695,1970.

N3605   = Ho 240c. In N3607 group. P(a) w. N3607 at 2'7.
PTM. Ap.J., 139,284,1964. 10 COL: Ap.J., 179,731,1973.
DYN., MASS. Ap.J., 139,284,1964.

N3607   = Ho 240a = K 278a. Brightest of a group. P(a) w. N3605 at 2'7, N3608 at 5'8.
RADIO. Ap.J., 157,481,1969.

N3608   = Ho 240b = K278b. In N3607 group. P(a) w. N3607 at 5'8.
PTM. Ap.J., 139,284,1964. 10 COL.: Ap.J., 179,731,1973.
DYN., MASS. Ap.J., 139,284,1964.

N3611   2 F anon. SB(s)m at 3'0 and 10'0.

N3614A,3614 Pair at 2'5.

A1115+28   SN1966K. A.N., 290,135,1967. P.A.S.P., 79,456,1967. (w. PHOTO.)
SN1971A. IAU Cir. No.2306, 1971. Ast. Tsirk. No.608,1971. P.A.S.P., 84,844,1972 (w. PHOTO.).

N3613   P(a) w. N3619 at 16'.
PTM. 10 COL.: Ap.J., 179,731,1973.

N3623   = M 65 = Arp 317 = Ho 246b. P(a) w. N3627 at 20' (Leo Group).
PHOTO. A.J., 79,671,1974.
PTM. 5 COL.: A.J., 73,313,1968.
ISODENS. A.J., 79,671,1974.
SPTM. A.&A., 27,433,1973.
HII REG. Bull.A.A.S., 6,343,1974.

N3619   P(a) w. N3625 at 9'5.

A1116+51   Blue dble compact.
DESCR., PHOTO., SPEC. Ap.J., 142,402,1965.
HI 21-CM. up. limit: A.&A., 8,424,1970.

A1116-02   [= Arp 132]. Ident. w. 3C255, or PKS1116-02 has been rej; see Ap.J., 191,43,1974.

N3626   = [N3632].

N3627   = M 66 = Arp 16 & 317 = Ho 246a. P(a) w. N3623 at 20' (Leo Group).
PHOTO. A.J., 79,671,1974.
PTM. 5 COL.: A.J., 73,313,1968.
ISODENS. A.J., 79,671,1974.
10 MICRON: Ap.J.Let., 176,L95,1972.
SPTM. A.&A., 27,433,1973.
HII REG. Atlas and Catalogue, Univ. Washington, Seattle, 1966.
Ap.J.Suppl., 27, No.239,1974.
SN1974. IAU Cir. Nos. 2615,2624,1974.

N3625   P(a) w. N3619 at 9'5.

N3628   = Arp 317 = VV 308 = Ho 246c. In M66 group. vF extens.
PHOTO. Mem.S.A.Ital., 44,359,1973. A.J., 79,671,1974.

PTM. Mem.S.A.Ital., 44,359,1973.
ISODENS. A.J., 79,671,1974.
ROT. VEL. A.&A., 8,364,1970.
HII REG. Atlas and Catalogue, Univ. Washington, Seattle, 1966.
RADIO. Aust. J. Phys., 19,565,1966. Ap.J., 150,413,1967. M.N.,167, 251,1974.

N3630,3633 In N3630-3645 group.

N3629   = Ho 247a. (Ho 247b at 3'5 is a *).

N3636   vB * at 1'7. P(a) w. N3637 at 3'8.

N3637   P(a) w. N3636 at 3'8.

N3631   = Arp [27].
PHOTO. Astrofizika, 6,367,1970. Mem.S.A.Ital., 42,145,1972 = Cont. Asiago No.254.
PTM. Astrofizika, 6,367,1970.
SPTM. Obs., 88,239,1968.
HII REG. and DIST. MODULUS. Ap.J., 194,559,1974.
SN1964A. Inf. Bull. Var. S. No.113,1965.
SN1965L. IAU Cir. No.1930, 1965. Ast. Tsirk. No.349,1965.
Inf. Bull. Var. S., No.113,1965. Mem.S.A.Ital., 42,145,1971 = Cont. Asiago No. 254.

N3640,3641 Pair at 2'5. In N3630-3645 group.

I2738   In cent. part of cl. Abell 1228. P. w. I2735, 2744, 2751.
DIAM. Ap.J., 173,485,1972.
PTM. V, V-r: A.J., 75,695,1970.

N3643   In N3630-3645 group. Note corr. to coord. in A.&A.Suppl.,3,325,1971 (which are for N3645).

N3646,3649   = K 281. Pair at 7'8.

N3652   mp = 12.6 in CGCG, vol.III,1966. mp = 13. in MCG, vol.II,1964.

N3656   = Arp 155 = VV 22 = K 282. Pec dk lane, diff. arm and patch 0'7 s.
PHOTO. Ann.Ap.,27,300,1964. Coll.Int.Novae & SN,CNRS,Paris,p.178, 1965. Astrofizika, 9,450,1973. P.A.S.P., 86,516,1974.
PTM. Pub. Erevan, 34,31,1963.
SPTM. Observ., 88,239,1968.
SN1963K. IAU Cir. No.1831,1834,1963. Ast. Tsirk. No.250,1963.
SN1973C. IAU Cir. Nos.2491,2507,1973. Ast. Tsirk. No.768,1973.
Astrofizika, 9,450,1973. P.A.S.P., 86,516,1974.

N3660   mp = 12.5 in MCG, vol.III,1963.

N3658   P(a) w. N3665 at 15'.

N3664,3664A P(b) at 6'2. N3664 = Arp 5 = VV 251 = DDO 95 = K 283.

N3665   P(a) w. N3658 at 15'.

N3672   P(a) w. anon. SA0+ at 13'5 nnf; and I0688 at 20' p.

A1122+54   = Mk 40 = I Zw 26 = Arp 151 = VV 144. Elong. compact w. diff. jet extending 40" n and knot 20" from nucl. B* 1'5 n. Class 1 Seyfert.
PHOTO. Ap.J., 140,1307,1964. Galileo Conf. on Cosmology,p.134, 1966.
SPEC. Ap.J.,140,1307,1964. A.J.,73,890,893,1968. Nuclei of Galaxies, p.351,1971.
SPTM. IAU Symp. 44, p.143,1972.

N3675   PTM. I.R. 2-20 MICRON: Ap.J.Let., 159,L165,1970; 161,L203,1970; 176, L95,1972.

A1123-35   = PKS. Prob. E w. absorpt. spec.

A1123+03   SN1955G. and PHOTO. P.A.S.P., 85,427,1973.

N3677   = K 284a.

N3674   P(a) w. N3683 at 13'5 and F anon. SB(r)0+ at 7'9.

I0691   = Mk 169. Noted as compact w. halo + jet in CGCG, vol.IV,1968.
PTM., SPTM. Astrofizika, 7,389,1971. Ap.J., 171,5,1972.

N3681   P(a) w. N3684 at 14'.

A1124+35 = Mk 423. Weak Seyfert.
SPEC. Ast. Tsirk., No.798,1973. Astrofizika, 10,315,1974.

N3684 P(a) w. N3681 at 14' sp, N3686 at 14' nf.
HII REG. Atlas and Catalogue, Univ. Washington, Seattle, 1966.

A1124+79 = VII Zw 403. Multiple system of blue compacts.
SPEC. A.&A., 30,21,1974.
HI 21-CM. confused by local HI cld.: A.&A., 30,21,1974.

N3683 P(a) w. N3674 at 13.5.

N3686 P. w. N3684 at 14'.
HII REG. Atlas and Catalogue, Univ. Washington, Seattle, 1966.
Ap.J., 155,417,1969.

N3691 HII REG. Atlas and Catalogue, Univ. Washington, Seattle, 1966.

N3689 = 4C 25.35. PKS 1125+26.
RADIO. A.&A., 31,447,1974.

N3690,I0694 = Mk 171 = Arp 299 = VV 118 = K 288. Note corr. to Arp Atlas (not Arp 296). Coll. pair P(c) and F compact 50" NW, at same redshift (M.N., 153,383,1971. Ap.J., 173,7,1972).
PTM. U,B,V: Source N, log A = 1.03, V = 11.85, B-V = 0.56, U-B = -0.34 for both. Ap.J., 171,5,1972.
5,10 MICRON: Ap.J.Let.,176,L95,1972.
SPTM. Astrofizika, 7,389,1971. Ap.J., 171,5,1972.

N3692 mp = 12.9 in CGCG, vol.I,1960, and MCG, vol.III,1963.

N3683 P(a) w. N3683 at 20'.

A1127+24 Blue irr. gal. previously catalogued as var. * AU Leo.
DESCR., MAG., SPEC. P.A.S.P., 86,668,1974.

A1127+58 Low s.b.dwarf.

N3705 = Ho 259a. P. w. Ho 259b,c at 8'6 and 7'5.

I0701 = Arp 197 = VV 3. F filament extend. 40" NW at end of bar connecting w. diff. patch.
PHOTO. and SPEC. Ap.J., 148,321,1967.

N3717 P. w. I2913 at 7'5. Note corr. to NGC Dec.

A1129+71A,B,C,D,E = Arp 329 = VV 172 = VII Zw 407. Chain of 5 diff. obj. A to E extends 0'9, from N to S. Excess redshift of comp. B, a compact 10" s of A, Vo = 37062+/-105, Source K3.
PHOTO., SPEC. Ap.J.Let., 153,L135,1968. Vel. of Source F assumed for comp. C and E w. DELTA V = 170 km/s.
PTM. U,B,V,R: Ap.J., 183,711,1973.

A1129+62 = Mk 175. 2 f comp. at 3'2 and 4'9 ssf.

N3719,3720 = Ho 260b,a = K 289. Pair at 2'3.

A1129+53A,B,C,D,E = Arp 322 = VV 150 = I Zw 27. Comp. D = Mk 176. Chain (7' s of N3718) of four connected gal. + fifth gal. ~1' f (not shown on Arp Atlas). The Mk gal. is distorted and has a class 2 Seyfert N.
PHOTO. Ap.J., 185,797,1973. A.&A.,28,379,1973.
SPEC. A.J., 73,890,1968. Ap.J., 160,405,1970; 185,797,1973; 192,581, 1974. Mean vel. of five comp.: Ap.J.,173,7,1972. Nuclei of Galaxies, p.351,1971.
RADIO. A.&A., 28,379,1973. Nature, 241,260,1973.

N3718 = Arp 214 = K 290a. P(b) w. N3729 at 11.5. Pec. chain A1129+53A to E at 7' s.
PHOTO. Ap.J., 185,797,1973. A.&A., 28,379,1973.
SPTM. Observ., 88,239,1968.
HI 21-CM. A.J., 79,767,1974.
RADIO. A.&A., 28,379,1973.

N3726 PHOTO. A.&A., 15,110,1971.
HII REG., DIST. MODULUS. Ap.J., 194,559,1974.
RADIO. A.&A., 15,110,1971.

A1130+49 = Mk 178. Dwarf late-type spir.
PTM., SPTM. Ap.J., 171,5,1972.
HI 21-CM. A.&A., 22,281,1973

N3729 = K 290b. P(b) w. N3718 at 11'5.

N3732 = N3730. Brightest in a group incl. N3723, N3763.

I0712 In Abell 1314 (I0709, 711, 2 R.S.: P.A.S.P., 86,223,1974).
DIAM. Ap.J., 173,485,1972.
PTM. V, V-r: Ap.J., 75,695,1970.

N3733 P. w. N3737 at 8'3. In Abell 1318?

N3737 = Ho 266a. P. w. anon. (Ho 266b) at 1'2, N3733 at 8'3. In foreground of Abell 1318 (See A.J., 79,1356,1974).
PTM. V, V-r: A.J., 75,695,1970.

N3738 = Arp 234. P(a) w. N3756 at 16'.
SPTM. Observ., 88,239,1968.

A1133+20 SN1966D and PHOTO. P.A.S.P., 79,456,1967. A.N., 290,135,1967.

I2943 = Mk 41. P(a) w. N3759 at 2'1.
SPEC. Prev. reported as blue cont., no lines (Astrofiz.,5,113,1969)

N3756 P(a) w. N3738 at 16'.
SPTM. Observ., 88,239,1968.

N3759 P. w. I2943 = Mk 41 at 2'1.

A1134+20A = Mk 181. Pair w. Mk 182 at 2'7s (Vo = 6156+/-100, Source Z2).

N3764B = II Zw 52. Close pair of compact (comp. B) and Sc pec. (comp. A).

N3769 = Arp 280 = Ho 270a = K 294a. P(b) w. N3769A at 1'2.

N3745,3746 Pair at 0'7, part of Copeland Septet = Arp 320 = VV 282 (w. N3748, 3750,3751,3753,3754). Note corr. to NGC coord. in DII. N3745 = MCG 4-28-4; N3746 = MCG 4-28-5 = UGC 6597.
PTM., and SPEC. Nuclei of Galaxies, p.351,1971 (Obj. B,C).

N3769A = Arp 280 = Ho 270b = K 294b. P(b) w. N3769 at 1'2.

N3748,3750,3751,3753,3754. In Copeland Septet = Arp 320 = VV282 (w. N3745,3746) Note corr. to NGC coord. in DII. N3748 = MCG 4-28-7; N3750 = MCG 4-28-8; N3751 = MCG 4-28-9 = UGC6601 (note corr. to UGC coord.); N3753 = MCG 4-28-10 = UGC6602; N3754 = MCG 4-28-11.
PTM. and SPEC. Nuclei of Galaxies, p.351,1971 (Obj. A,G,H,F,E).

N3783 Class 1 Seyfert N.
PHOTO. Ap.J., 189,187,1974. M.N., 168,109,1974.
PTM. Rosario Ast. Obs. Bol., No.2,5,1972. U,B,V: Bol.A.A. Argentina, No.16,22,1971. Ap.J., 189,187,1974.
I.R. 1-10 MICRON: M.N., 164,155,1973. Ap.J.Let., 191,L19,1974.
SPEC. A.J., 72,821,1967. Bull.A.A.S. 1,256,1969. Ap.J. 189,187,1974.
SPTM. Ap.J., 189,187,1974. M.N., 168,109,1974.

N3780 P(a) w. N3804 at 13'5.

N3786,3788 = Arp 294 = VV 228 = Ho 272b,a = K 295. P(b) at 1'5.

A1137+46 SN1975? IAU Cir. No.2760,1975. [No SN; see PASP, 88, 521, 1976.]

N3799,3800 = Arp 83 = VV 350 = K 296. P(b) at 1'2.

N3801,3802 Pair at 2'3. N3801 = 4C 17.52.

A1137+28 = Haro 27. (Bol. Tonantzintla No.14, June 1956).
DIAM., SPEC. P.A.S.P., 80,29,1968.
PTM. P.A.S.P., 80,29,1968. A.J., 73,882,1968.

[N3808,3808A] = Arp 87 = VV 300 = K 277. P(b) at 1'. Connected.
PHOTO., SPEC. A.&A., 3,418,1969.

N3804 = N3794. P(a) w. N3780 at 13'5.

N3810 PHOTO. Ap.J., 194,559,1974.
SPEC. Ap.J., 190,509,1974.
HII REG., DIST. MODULUS: Ap.J., 194,559,1974.

N3811 = Mk 185.
SN1969C. IAU Cir. No.2134, 1969. Ast. Tsirk. No.494,1969. Ap.J.,

185,303,1969.
SN1971K. IAU Cir. No.2335, 1971. Ast. Tsirk. No.630,1971. Yamamoto Cir. No.1739,1971. Mem.S.A.Ital., 42,67,1971.

N3818   P(a) w. anon. Pec. at 21'.

N3834   SN1968F. IAU Cir. No.2072,1968. P.A.S.P.,81,224,1969 (w. PHOTO.).

N3842   In Abell 1367.
PTM., SPEC. A.J., 75,695,1970. (redshift is mean for gal. and its comp. = N3841 at 2'9).

N3846A   = VV 320a. In N3846-3898 group.

N3846   In N3846-3898 group.

N3865   = N3854. Note corr. to NGC coord.

N3862   = 3C 264 = 4C 19.40. In Abell 1367.
DESCR. Ap.J., 140,35,1964. P.A.S.P., 80,129,1968.
PTM. U,B,V,R: Ap.J., 178,25,1972; 183,731,1973.
RADIO. Ap.J., 142,106,1965. A.J., 72,230,1967; 73,1,1968. A.&A.,34, 341,1974.
X-RAYS (in Abell 1367) Ap.J.Let., 185,L13,1973; 193,L57,1974.

A1142+59   = VII Zw 421, Prob. L w. absorp. spec.
SPEC. A.&A., 33,113,1974.

N3850   In N3846-3898 group. Note corr. to NGC R.A.

N3870   = Mk 186.
HI 21-CM. A.&A., 22,281,1973.

N3877   * superp. on N.
SPEC. Ap.J., 194,223,1974.

A1144-03A,B,C = Arp 248 = VV35. Wild's connected triplet. F S sp. 0'8 f comp. A, prob. in background.

N3888   = Mk 188. P(a) w. N3898 at 16'. In N3846-3898 group.
RADIO. A.&A., 15,110,1971.

N3893   = Ho 293a = K 302a. P. w. N3896 at 3'9.

N3894   = Ho 294a = K 303a. P(a) w. N3895 at 2'0.
RADIO. Ap.J., 189,399,1974.

N3896   = Ho 293b = K 302b. P. w. N3893 at 3'9.

N3895   = Ho 294b = K 303b. P(a) w. N3894 at 2'0.

N3898   Brightest of N3846-3898 group. P(a) w. N3888 at 16'.

N3904   P(a) w. N3923 at 37'.
SN1971C. IAU Cir. Nos.2305,2309,1971. Ast. Tsirk. No.607,1971.

N3912   = N3899.

N3913   = I 740 = Ho296a (Ho296b at 1'7, not found); P(b?) w. N3921 at 17'. Note corr. to NGC coord.
PHOTO. Ann.Ap.,27,300,1964. Coll.Int.Novae & SN,CNRS,Paris,p.178, 1965. P.A.S.P.,76,325,1964.
SPEC. Ap.J., 194,223,1974. P.A.S.P., 86,516,1974.
SN1963J. P.A.S.P., 76,325,1964. Ann. Ap.,27,300,1964. Mem.S.A.Ital., 35,129,1964; 36,299,1965 (= Cont. Asiago No.182).

N3917   P(a) w. N3931 at 11', and anon. Ssp at 6' np. Other anon. E at 9'n and 4'5 f.

N3916   P. w. N3921 at 4'5.
SN1974 . IAU Cir. No.2653,1974.

N3921   = Mk 430 = I Zw 28 = Arp 224 = VV 31. P. w. N3916 at 4'5. P(b?) w. N3913 at 17'. Long filaments emerging n and s.

N3923   P(a) w. N3904 at 37'.
HI 21-CM. up. limit: A.&A., 25,451,1973.

A1148+43   = IIZw54, No.1 = IIIZw63. mp = 17.8. Close pair of compacts at 11".

N3931   P(a) w. N3917 at 11'.

N3930   = Ho 300a. P. w. Ho 300b at 3'3.

N3928   = Mk 190. N3932 at 5'5 sf is a*.

A1149+46   = I Zw 29. mp = 15.8.
SPEC. M.N., 153,383,1971.

N3938   PHOTO. Cont. Asiago No.174,1965. Ap.J., 194,559,1974.
HII REG., DIST. MODULUS: Ap.J., 194,559,1974.
SN1961U. "Stellar Structure", vol.VIII of Stars and Stellar Systems, pp.396,402,1965.
SN1964L. IAU Cir. No.1882,1964. Bull.S.Ast. France, 79,133, 1965.
Cont. Asiago No.174,1965.

A1150+70   = Mk 191 = VII Zw 426. S w. compact core and F extended arms. mp = 15.3.

N3947   SN1972C. and PHOTO. P.A.S.P., 85,427,1973.

N3949   = Ho 301a. N3950 (Ho 301b) type E0: at 1'6 n. Another comp. 4'4 p.

A1151+46   = Mk 42. Class 1 Seyfert N.
PTM. 8 COL.: Izv. Crimean Ast. Obs., 52,65,1974.
SPEC. IAU Symp. 44, p.160,1972.
SPTM. Ast. Tsirk. No.502,1969; No.800,1974. Astrofizika, 7,389,1971.
IAU Symp. 44,p.160,1972.
RADIO. A.J., 77,705,1972.

N3953   SPTM. Observ., 88,239,1968.

A1151+09   Ident. w. 4C 09.40 has been rej.

N3955   DESCR. AND PHYS. DATA: Astrofizika, 2,53,1966. A.J., 79,1242,1974.
PHOTO. Ap.J., 146,593,1966. Astrofizika, 2,53,1966.
PTM. A.J., 74,335,1969. Bull.A.A.S., 5,549,1973.
SPEC. and SPTM. A.&A., 31,165,1974.

N3958,3963 Pair at 8'2.

N3968   PTM. ISODENS.: Ap.J.Suppl., 26,No.230,1973.

A1152+55A,B Pair at 2'. Comp. A = 4C 55.22.

N3972   = Ho 304a. P(a) w. N3977 (Ho 304b) at 5'2.

N3975   = Ho 306b. P. w. N3978 at 2'0.

N3976   = Ho 305a. P. w. Ho 305b at 4'8.
PTM. ISODENS.: Ap.J.Suppl., 26,No.230,1973.

N3981   = Arp 289 = VV 8. F outer arms.

N3977   = 3980 = Ho 304b. P(a) w. N3972 at 5'2.
SN1946A. Z.f.Ap., 49,202,1961.

N3978   = Ho 306a. P. w. N3975 at 2'0.

N3982   SPTM. Observ., 88,239,1968.

N3985   = K 310.

N3986   P. w. I2978 at 4'8.

N3991   = Arp313 = Ho309c = K311 = Haro 5 (Bol. Tonantzintla,No.14, 1956). In multiple interacting system w. N3994-95.
PTM. A.J.,73,882,1968; 75,1143,1970.
RADIO. Nature, 219,1032,1968.

N3992   PHOTO. A.J., 69,759,1964.
PTM. Bull. Inst. Ap. Duschambe, No. 41,65,1966.
SPTM. Observ., 88,239,1968.
SN1956A. A.J., 69,759,1964.

N3990   = Ho 310b. P(a) w. N3998 (Ho 310a) at 3'2.

N3994   = Arp 313 = VV 249 = Ho 309b. In multiple interacting system w. N3991-3995.

N3993 = Ho 308a. In multiple system w. N3987,89,97.

N3995 = Arp 313 = VV 249 = Ho 309a. In multiple interacting system w. N3991-3994.

N3997 = Ho 308b. In multiple system w. N3987,89,93.

N3998 = Ho 310a. P(a) w. N3990 at 3'2.
SPEC. Ap.J., 142,634,1965; Ap.J.Let., 160,L79,1970; 164,L35,1971.
SPTM. Observ., 88,239,1968. Ap.J.Let., 193,L49,1974.
ROT. VEL. Ap.J.Let., 160,L79,1970. A.&A., 8,364,1970.
RADIO. Ap.J.,157,481,1969. A.J.,75,523,1970. IAU Symp.44,p.222,1972.

N4004 = Mk 432 = VV 230. Very pec. and asym. P. w. I2982 at 3'2.

A1155-14A = DDO 104 = UGC A0256.

A1155-14B = DDO 103 = UGC A0258.

A1155+38 = DDO 105. Listed in RC1 as A1157. Note corr. coord.

I0749 = Ho 313a = k 313a. Pair w. I0750 (Ho 313b) at 3'3.

N4010 = Ho 314a. P. w. N4001 (Ho 314b) at 7'.

I0750 = Ho 313b = K 313b. Pair w. I0749 at 3'3.

I0751 Pair w. I0752 at 4'2.

A1156+52 SN1964E. Harvard Cir. No.1640,1964. IAU Cir. Nos.1856,1858,1964. Ast. Tsirk. Nos.288,291,301,1964. Inf. Bull. V. Stars.,Nos.50,53,56, 1964. Tokyo Ast.Bull.No.176,1967. Ivz.Ast.Obs.Kazan,No.36,268,1968.

N4027 = Arp 22 = VV 66. P(b) w. dwarf Im comp. N4027A at 3'7 s. P(a) w. N4038-39 at 41'.
PHOTO. M.N., 139,425,1968. Vistas in Ast., vol.14,p.200,1972.
PTM., SPEC., DYN. M.N., 139,425, 1968. Vistas in Ast., vol.14,p.231, 239,1972.

N4030 F anon. Im at 16'5 sf.

N4035 Note corr. to NGC R.A.

N4032 = N4042?

I0755 PTM. ISODENS.: Ap.J.Suppl., 26,No.230,1973.

N4036 P(a) w. N4041 at 15'.

N4038+39 = Arp 244 = VV 245. Coll. system w. long streamers. P(a) w. N4027 at 41'.
PHOTO. Ap.J., 145,661,1966; 160,801,1970. IAU Symp. 29,p.414, 1968. Astrofizika, 6,367,1970. A.&A., 28,379,1973.
PTM. Astrofizika, 6,367,1970.
SPEC., VEL. FIELD. Ap.J., 145,661,1966; 160,801,1970.
DYN., ENCOUTER MODEL: Ap.J., 178,623,1972. IAU Symp. 58,358,1974.
SN1974 . IAU Cir. Nos. 2653,2663,2664,1974.
HI 21-CM. A.J., 79,767,1974.
RADIO. Aust.J.Phys.,21,193,1968. M.N.,159,15P,1972; 167,251,1974. Ap.J.,183,791,1973. A.&A., 28,379,1973. Nature, 241,260,1973.

N4041 P(a) w. N4036 at 15'. 2 F anon. SB(s)m at 12' and 17'.

A1200+64 = Mk 195.
PTM. Ap.J., 171,5,1972.
SPTM. Astrofizika, 7,389,1970. Ap.J., 171,5,1972.

N4045,4045A = Ho 320a,b. Pair 1'6.

N4050 PTM., MASS.Sov.A.J., 10,34,1966.

N4051 Class 1 Seyfert N. BN = 14.60, BT(excl.N) = 10.99.
DESCR., CLASS. P.A.S.P.,77,287,1965;79,152,1967. Nuclei of Galaxies, p.27,1971.
DIAM. OF N.: A.J., 73,S175,1968.
PHOTO. Pub. Dept. A. Univ. Texas, II, 2, No.7,1968. Nuclei of Galaxies,p.27,1971. Sov.A.J., 17,643,1971.
PTM. A.J.,73,858,1968. Pub.Dept.A.Univ.Texas, II,2,No.7,1968.
12 COL.: Ap.J., 145,36,1966. U,B,V: Ap.J.Let., 150,L177,1967. A.J., 73,866,1968. Sov.A.J., 17,169,1973. M.N., 167,1P,1974; 169,357,1974.
Atti...Conv.Sci.Osserv. Cima Ekar, Padova-Asiago, p.101,1973 = Cont. Asiago, No.300b.
ISOPH.: Sov. A.J., 17,643,1974.
I.R. 1-10 MICRON: A.J., 73,866,870,1968. Ap.J.Let., 176,L95,1972. M.N., 169,357,1974. Nuclei of Galaxies,p.195,1971.
SPEC. Ap.J., 192,581,1974.
SPTM. Ap.J.Let., 154,L53,1968; Ap.J., 162,743,1970; 164,1,1971. Sov. A.J., 11,767,1967. Ast. Tsirk. No.467,1968. IAU Symp. 29, p.83, 1968. C.R.Acad.Sc., B, 270,238,1970. A.&A., 27,433,1973. Nuclei of Galaxies, p.151,1971.
POL. Ast. Tsirk. No.454,1967. Astrofizika, 4,409,1968; 7,417,1971.
HI 21-CM. A.&A., 10,198,1971. IAU Symp. 44,p.267,1972.
RADIO. A.J., 73,876,1968. A.&A., 15,110,1971.

A1200+16 SN1961K. and PHOTO. P.A.S.P., 74,215,1962.

A1202+01 SN1955F. and PHOTO. P.A.S.P., 84,844,1972.

N4061,4065 = VV 179. Pair at 1'.
RADIO. M.N., 167,251,1974.

I0758 Replaces I0757 (a Dble *) w. corr. coord.

N4073 In a group.w. N4077 and other F gal.

A1202+18A,B = K 318. Pair at 3'.
PTM. ISODENS.: Ap.J.Suppl., 26,No.230,1973.

N4085 = Ho 326b. P(a) w. N4088 at 11'.

N4088 = Arp 18 = Ho 326a. P(a) w. N4085 at 11'. F extens to arm on p side.
PHOTO. Izv. Crimea Obs., 45,162,1972.
PTM. 7 COL.: Izv. Crimea Obs., 45,162,1972. IAU Symp. 44,62,1972.
ROT., VEL. A.&A., 8,364,1970.

A1203+09 = K 319b. Comp.(= K 319a). at 1'5 p. Connected by bridge.
PTM. ISODENS.: Ap.J.Suppl., 26,No.230,1973.

A1203+31A,B = Arp 97 = VV 13. Connected pair at 1'2. Comp. B has diff. curved extens. to the s.

N4108 at 8' np N4108.

N4096 SN1960H. Ap.J., 182,225,1973.

N4102 SN1975. IAU Cir. Nos. 2776,2782,1975.
RADIO. A.J., 75,523,1970.

N4105,4106 P(b) at 1'15.

N4109 = Ho 333b. P. w. N4111 at 4'8.

N4111 = Ho 333a. P. w. N4109 at 4'8.
PTM. Atti...Conv.Sci.Osserv. Cima Ekar, Padova-Asiago,p.101,1973 = Cont. Asiago No.300b.
SPEC., VEL. DISP. IAU Symp. 15,p.112,1962.
ROT., MASS. A.&A.,8,364,1970. Cont.Asiago Obs.No.300bis,p.101,1973.

A1204+17 SN1960C. and PHOTO. P.A.S.P., 73,175,1961.

N4108B = VII Zw 439. At 5' nf N4108.

N4116 = K 322a. P(a) w. N4123 at 14'.
ROT. VEL.: A.&A., 8,364,1970.

N4117,4118 = Ho 334a,b. pair at 1'6.

N4121 = Ho 335b. P. w. N4125 at 3'6.

N4125 = Ho 335a. P. w. N4121 at 3'6.
PHOTO. Comm. Padova, No.98,1972.
SPEC. ROT. Comm. Padova, No.98,1972.
HI 21-CM. up. limit: A.J., 77,568,1972.

N4123 = K 322b. P(a) w. N4116 at 14'.

N4127 mp = 12 in MCG, vol.I,1962. mp = 13.5 in CGCG, vol.IV,1968.

N4128 = Ho 337a. P. w. Ho 337b at 2'.

N4131   Brightest of group.

N4129   SN1954AA and PHOTO. P.A.S.P., 86,516,1974.

A1206+47 = Mk 198. Class 2 Seyfert N.
   SPEC. Ap.J., 192,581,1974.
   RADIO. V.U.Z. Radiofizika, 16,1342,1973.

N4136   SN1941C. IAU Circ.No.866, 1941; Z.f.Ap., 49,202,1961.

N4138   QSO 3C 268.4 at 2'9 (z = 1.400).
   PHOTO. Ap.J., 170,233,1971.

A1207+17 = II Zw 57.
   SPEC. M.N., 153,383,1971.

N4144   HI 21-CM. Discordant Source R2 (A.&A., 3,292,1969) rejected.

N4145   = Ho 342a = K 324a. P. w. A1208+40 = Ho 342b at 13'.
   PHOTO., PTM. Astrofizika, 10,493,1974.

N4146   SN1963D. Comm. Padova, No.31,1963. Mem.S.A.Ital., 36, 299,1965 = Cont. Asiago No.182 (w. Photo.)

N4151   = Ho 345a = K324b. P(a) w. N4156 at 5'2 and Ho 345c at 8'8. Class 1 Seyfert N. B(N) = 12.4-13.4, B(T)(excl.N) = 11.28.
   DESCR., CLASS. P.A.S.P., 77,287,1965; 79,152,1967.
   DIM. of N: A.J., 73,S173,S175,1968. Ap.J.Let., 154,L117,1968; Ap.J., 182,357,1973. Bull.A.A.S., 3,243,1971.
   PHOTO. Pub.Dept.A. Univ. Texas, II, 2,No.7,1968. Ap.J. 153,27,168; Ap.Let., 4,117,1969. Nuclei of Galaxies, p.27,1971. Astrofizika,10, 473,1974.
   PTM. U,B,V: Ap.J.Let., 150,L67,L177,1967. Ap.J., 163,449,1971. A.J., 73,513,850,854,858,866,1968. Ap.Let., 1,171,1968. Pub.Dept.Ast.Univ. Texas,II,2,No.7,1968. M.N.,152,79,1971; 153,29,1971; 169,357,1974. Sov.A.J., 13,184,1969; 16,769,1973; 17,169,1973. Ast.Tsirk.No.470, 1968; No.544,1970; No.620,1971. Bul.A.A.S.,3,238,1971. IAU Symp.,44, p.165,1972. Astrofizika, 10,493,1974. Atti...Conv.Sci.Osserv.Cima Ekar, Padova-Asiago, p.101, 1973 = Cont. Asiago No.300b.
   I.R. 1-350 MICRON: Ap.J.Let., 159,L165,1970; 161,L203,1970; 176,L95, 1972; 177,L21,L115,1972. Ap.J., 163,449,1971; 187,213,1974. A.J.,73, 866,868,870,1968. Nature,224,675,1969. Nature Phys.Sc.,233,16,1971. M.N.,153,29,1971; 169,357,1974. Bull.A.A.S., 3,238,1971; 5,396,1973.
   SPEC. Ap.J., 151,807,1968; 158,859,1969; 159,405,1970; 169,449,1971; 181,51,1973; 189,195,1974. Ap.J.Let., 152, L113,1968; 153,L39,1968; 159,L147,1970; 165,L3,1971; 167,L23,1971. A.J., 73,854,1968; 74,515, 1969; Ap.Let.,13,165,1973. M.N., 169,579,1974. "Nuclei of Galaxies", p.81, 1971. IAU Symp. 44,p.155,1972. Bull.A.A.S., 4,332,1972. Ast. Tsirk. No.633,1971; No.688,1972; No.831,1974.
   SPTM. Ap.J., 151,807,1968; 161,811,1970; 162,743,1970; 164,1,1971. Ap.J.Let., 154,L53,1968; 155,L129,1969; A.J.,73,849,1968. C.R.Acad. Sc., Paris, 264,89,1162; 265,374,1967. Ann.Ap., 31,559,1968. A.&A., 1,305,1969. Mem.S.A.Ital.,43,263,1972. Bull.A.A.S.,6,342,1974. Ast. Tsirk. No.454, 1967; No.467, 1968. IAU Symp. 29, pp.75,90,1968. Nuclei of Galaxies, p.151,1971.
   POL. Ap.J.Let.,170,L53,1971; 172,L23,1972; 174,L127,1972. Astrofiz., 4,409,1968; 7,417,1971; 8,509,1972. Ast.Tsirk.No.454,1967; No.526, 1969. Acta Ast., 21, 311,1971. Ap.Let., 12,69,1972.
   INT. MOTIONS, MASS OF N: Ap.J., 158,859,1969; 159,115,1970; 181,51, 1973; 187,445,1974. A.J., 73,854,1968.
   HI 21-CM. A.&A., 10,198,1971. M.N., 161,25P,1973. IAU Symp.44,p.267, 1972.
   RADIO. A.J.,73,876,1968; 78,18,1973. A.&A.,15,110,1971; 31,447,1974; 33,351,1974. Ap.J., 183,791,1973. Sov. A.J., 16,795,1973.
   X-RAYS. Ap.J.Let., 164,L43,1971; 173,L99,1971. A.&A.,28,467,1973. Bull.A.A.S., 3,236,399,1971; 6,430,1974.

N4150   PTM. 12 COL.: Ap.J., 145,36,1966.

N4152   PTM. ISODENS.: Ap.J.Suppl., 26,No.230,1973.

N4156   = Ho 345b = K 325. P(a) w. N4151 at 5'2, and Ho 345c at 7'. K notes double N.
   PHOTO., and PTM. Astrofizika, 10,493,1974.
   SN1974. IAU Cir. No. 2632, 1974.

A1208+40 = Ho 342b, at 13' sf N4145. Sp. w. small satellite attached.
   PHOTO., SPEC., PTM. Astrofizika, 10,493,1974.

A1208+02 = DDO 110 = UGC 7178. Misident. in UGC.

N4157   SN1937A. Supernovae & SN Remnants, Ap. & Space Sc. Lib., vol.45,204, 1974.
   SN1955A and PHOTO. P.A.S.P., 77,456,1965.

N4162   SN1965G. IAU Cir.No.1904, 1965. Ast. Tsirk. No.238,1965. Inf. Bull. V.S., No.90, 1965.

N4165   P(a) w. N4168 at 2'7.
   PHOTO. Mem.S.A.Ital., 44,65,1973 = Cont. Asiago No.284.
   PTM. Ap.Let., 9,77,1971.
   SN1971G. IAU Cir.No.2321,2322,1971. Ast. Tsirk. No.618,629,631,650, 1971. Ap.Let., 9,77,1971. Mem.S.A.Ital., 44,65,1973 = Cont. Asiago No.284.

N4168   P(a) w. N4165 at 2'7. Brightest in a group.
   PTM. Ap.J., 143,187,1966; 146,28,1966.

A1209+29 In N4131 group.

N4178   = I3042.
   PTM. ISODENS.: Ap.J.Suppl., 26,No.230,1973.
   ROT. VEL. A.&A., 8,364,1970.
   SN1963I. P.A.S.P., 76,220,1964. Var.S.Bull.(USSR), 15,107,1964. Mem. S.A.Ital.,36,299,1965 = Cont. Asiago No.182.

N4183   SN1968U. IAU Cir. No.2109, 1968. Ast. Tsirk., No.488, 1968.

A1211+16 = Arp 260 = VV 128 = K 326. Close pair at 35". F diff. extens. s of large comp.
   PTM ISODENS. Ap.J.Suppl., 26, No.230,1973.

N4190   = VV 104.
   HII REG. Atlas and Catalogue, Univ. Washington, Seattle, 1966.

N4189   = I3050. In group w. N4164,93.
   PHOTO. A.J., 69,757,1964.
   PTM.ISODENS. Ap.J.Suppl., 26,No.230,1973.
   SN1966E. IAU Cir.No.1960, 1966. Ast.Tsirk., No.381,1966.

N4192   = M 98 = Ho 348a. P. w. N4186 at 11'5 sf (= Ho 348b) and Ho 348c at 9'5 sp.
   PTM.ISODENS.: Ap.J.Suppl., 26,No.230,1973.
   10 MICRON: Ap.J.Let., 176,L95,1972.

N4193   In N4189 group.

N4186   = UGC 7240 = MCG 3-31-81 = Ho 348b P.w. N4192 at 11'5. Misident. in UGC and MCG.

N4194   = Mk 201 = I Zw 33 = Arp 160 = VV 261. F plumes and jets to the n.
   PHOTO Ap.J., 148,321,1967; 156,325,1969.
   PTM. 10,20 MICRON: Ap.J.Let., 176,L95,1972. Bull.A.A.S. 4, 223,1972.
   SPEC. Ap.J., 148,321,1967; 156,325,1969.
   ROT.,MASS. Ap.J., 156,325,1969.
   HI 21-CM. A.&A., 22,281,1973. A.J., 79,671,1974.

A1212+36B P(b?) w. comp. at 0'6.

N4204   PTM. ISODENS.: Ap.J.Suppl., 26,No.230,1973.

N4206   = Ho 353b. In multiple system w. N4216 at 10'7, N4222 and I771 (Ho 353d).

A1212+06 = Haro 6 (Bol. Tonantzintla, No.14, June 1956). N4197 at 1' p. UGC ident. wrong.
   PTM. A.J., 73,882,1968; 75,1143,1970.
   ISODENS.: Ap.J.Suppl., 26,No.230,1973.

N4211A,B = Arp 106 = VV 199 = K 327. Listed in RC1 as A1214A,B. Connected pair at 35"; diff. tail to comp. B.

N4212   = N4208.

N4214   = N4228.
   PHOTO. A.J.,74,516,1969. Ap.J., 194,559,1974.
   SPEC. A.J., 74,515,1969. Mem.S.A.Ital., 39,453,1968.
   SPTM. P.A.S.P.,77,90,1965.
   HII REG. Atlas and Catalogue, Univ. Washington, Seattle, 1966.
   Ap.J., 156,847,1969; 194,559,1974.
   SPTM. Ap.J., 168,327,1971.

DIST.MODULUS: Ap.J., 194,559,1974.
SN1954A. P.A.S.P., 75,505,1963. A.&A., 16,247,1972. Ap.J., 182,225, 1973.
HI 21-CM. Ap.J., 142,616,1965; 150,8,1967.

N4218 = Haro 28 (Bol.Tonantzintla, No.14, June 1956). P(a) w N4220 at 15'.
DIM., PTM., SPEC. P.A.S.P., 80,29,1968. A.J.,73,882,1968.

N4216 = Ho 353a. In multiple system w. N4206, 4222, I0771 (Ho 353d).
PHOTO. A.J., 72,1032,1967.
PTM. A.J., 72,1032,1967.
ISODENS. Ap.J.Suppl., 26,No.230,1973.
ROT.VEL. A.&A., 8,364,1970.

N4217 = Ho 354a. P. w. N4226 at 7'4.

N4215 PTM. Ap.J., 146,28,1966.

N4220 P(a) w. N4218 at 15'.

N4219 DIM AND MAG. P.A.S.P., 83,310,1971.

N4222 = Ho 353c. In multiple system w. N4206, 4216, I0771 (Ho 353d).

N4227 P. w. N4229 at 2.5' NF. Vel. from source B2 (V = 4765) rejected.
N4229 V = 6765 (source S4).

N4236 = Ho357a. P. w. Ho357b at 9'. Emiss. patch 5'5 SE end = VII Zw 446.
PHOTO. A.&A., 24,411,1973. Ap.J., 190,525,1974; 191,603,1974.
PTM. B Blue *: Ap.J., 191,603,1974.
HII REG., DIST. MODULUS: Ap.J., 190,525,1974.
HI 21-CM. Ap.J., 150,8,1967. A.&A., 24,405,411,1973.

N4231,4232 = Ho 356a,b. Pair at 1'1.

N4238 = Obj. No. 5 in foreground of cluster of compact gal.mp = 16 to 19. (Zwicky 1971, p.199).

N4233 PTM. Ap.J., 146,28,1966.

N4234 = Ho 358a (Ho 358b at 1'9 is a*) = Haro 7 (Bol. Tonantzintla No.14, 1956).
PHOTO. Ap.J. & Space Sc. Lib., vol.23, p.166,1971.
DIM., PTM. A.J., 75,1143,1970.

N4235 = I3098 = Ho 359a. P(a) w. N4246 at 12', N4247 at 13'.

N4244 PTM. 12 COL.: Ap.J., 145,36,1966.
ROT. VEL. A.&A., 8,364,1970.
HII REG. Atlas and Catalogue, Univ. Washington, Seattle, 1966.
HI 21-CM. Ap.J., 142,616,1965; 150,8,1967. A.&A., 23,93,1973. up. limit in halo: Phys. Rev. Let., 17,1203,1966.

N4242 HII REG. Atlas and Catalogue, Univ.Washington, Seattle, 1966. Ap.J., 156,847,1969.

N4245 P. w. N4253 at 16'5.

N4250 = VII Zw 447. mp = 13.0 in CSCG where class. SBc is incorrect.

A1215+17 PTM. Isodens. Ap.J.Suppl., 26,No.230,1973.

I3112 SN1963G. Ast.Tsirk., No.244,1963. Inf.Bull.V.S.,No.25,1963.

N4248 = Ho 363b. P. w. N4258 at 13'3.

N4246 = I3113 = Ho 359b, in multiple syst. w. N4235 at 12', N4247 at 5'3.

N4247 = Ho 359c in multiple syst. w. N4235,4246.

N4253 P. w. N4245 at 16'5.

N4254 = M 99.
PHOTO. P.A.S.P., 79,593,1967; 80,462,1968. Izv.Crimea Obs.,40,96, 1969. Astrofizika, 6,367,1970. A.&A., 29,57,1973.
PTM. Izv. Crimea Obs., 40,96,1969; 44,40,1972. Astrofizika, 6,367, 1970. Sov.A.J., 13,593,1970. IAU Symp. 38,83,1970. IAU Symp. 44,62, 1972.
ISODENS.: Ap.J.Suppl., 26,No.230,1973.
SPEC. P.A.S.P., 79,593,1967.
HII REG. Ap.J.Suppl., 27,No.239,1974.
SN1967H. IAU Cir. No.2021, 1967. M.N.A.S.S.A.,26,148,1967. P.A.S.P., 80,461,1968. Nature, 218,856,1968.
POSS. SN REM.: IAU Symp. 44,82,1972.
SN1792Q. IAU Cir. No.2472,2476, 1973. A.&A., 29,57,1973.
RADIO. Aust. J. Phys., 21,193,1968.

I0775 P. w. N4267 at 14'5.

N4258 = Ho 363a. P. w. N4248 at 13'3.
DESCR., STRUCTURE. IAU Symp. 58, p.392,1974.
PHOTO. Ap.J., 149,487,1967. A.&A.,9,181,1970; 21,169,1972. Mem.S.A. Ital., 44,417,1973 = Cont. Asiago, No.301. IAU Symp. 58,p.391,1974.
PTM. 5 COL.: A.J., 73,313,1968. U,B,V,R,I: A.J., 73,866,1968.
B ISOPH. Mem.S.A.Ital., 44,417,1973.
SPEC., INT. MOTIONS. Ap.J., 149,487,1967; 192,1,1974.
SPTM. Sov.A.J., 13,593,1970.
POL. Astrofizika, 4,409,1968.
ROT., MASS. A.J., 71,157,1966. J.Observ., 48,247,1965 = Pub.O.H.P., 8,No.16. Bol. Tonantzintla, 4,No.26,1965. Ap.J. 192,1,1974.
INTERFER. H-ALPHA. A.&A., 9,181,1970. C.R.Acad. Sc.,Paris, B, 275, 759,1972.
HI 21-CM. Ap.J., 150,8,1967.
RADIO. Ap.J.,122,1333,1965. A.&A.,21,169,1972. IAU Symp.58, pp.380, 390,1974. Proc. 1st Eur. Ast. Meet., vol.3,p.1,1974.
POSS. SN REM.: A.&A., 26,105,1973. Supernovae and SN Remnants, Ap. & Space Sc. Lib., vol.45,p.56,1974.

A1216+04 = Mk 49 = Haro 8 (Bol. Tonantzintla, No.14, June 1956). In Zwicky 1971.
PHOTO. Astrofizika, 4,475,1968.
DIM., PTM., SPEC. A.J., 75,1143,1970.
SPTM. Ap.J., 171,5,1972.

A1216+14 F blue obj in Virgo (No.56).
POSIT., PTM., Spec.: A.J., 72,59,1967.

N4259 = Ho 368e. In group w. N4273.

N4261 = 3C 270. P. w. N4264 at 3'5.
DESCR., CLASS.: Ap.J., 140,35,1964; 143,1002,1966. P.A.S.P.,80,129, 1968.
PHOTO. Ap.J., 143,1002,1966; 163,195,1971; 176,47,1972.
PTM. Ap.J., 146,28,1966. ISODENS.: Ap.J.,163,195,1971. B,V,R: Ap.J., 178,25,1972; 183,731,1973. 10 COL.: Ap.J., 179,731,1973.
RADIO. Ap.J.,142,106,1965;144,568,1966; 147,24,908,1967;161,1,1970; 176,47,1972; 179,439,1973. A.J.,72,230,1967; 73,1,1968; 76,211,1971. Sov.A.J.,9,238,1965; 13,21,1969. M.N.,152,439,1971. Bull.A.A.S.,6, 341,1974.

N4262 PTM. Ap.J., 146,28,1966. Bull.A.A.S., 5,349,1973.

N4264 P(a) w. N4261 at 3'5.

N4266 In group w. N4273.

I3155 = Ho 365b. P. w. N4269 at 1'.

N4267 P. w. I0775 at 14'5.

N4268 = Ho 368d. In group w. N4273.

N4269 = Ho 365a. P. w. I3155 at 1'.
PTM. ISODENS.: Ap.J.Suppl., 26,No.230,1973.

N4270 = Ho 368c. In group w. N4273.
PTM. Ap.J., 146,28,1966.

N4273 = Ho 368[a]. Brightest of group.
SN1936A. Ann. Rev. Ast. Ap.,vol.2, p.249,1964. Supernovae & SN Remnants, Ap. & Space Sc. Lib.,vol.45,p.204,1974.

N4277 = Ho 368f. In group w. N4273.

N4278 = Ho 369a = B2 1217+29. P. w. N4283 at 3'5.
PTM. U,B,V,R,I,J,K,L: Ap.J., 143,187,1966. 5 COL.: A.J.,73,313,1968. 10 COL.: Ap.J., 179,731,1973.
SPEC. Ap.J.Let., 164,L35,1971.
SPTM. Nuclei of Galaxies, p.151,1971.
POL. Ap.J.Let., 179,L93,1973.

DYN., MASS. Ap.J., 139,284,1964.
RADIO. Ap.J.Let., 151,L135,1968; 152,L63,1968. Ap.J., 157,481,1969; 189,379,1974. Ap.Let., 2,187,968; 6,49,1970. A.J., 75,523,1970; 77, 568,1972. Sov.A.J., 13,881,1970. Ast. Tsirk., No.545,1970. IAU Symp. 44,222,1972.

A1217+12 F blue obj. in Virgo No.169, (A.J., 72,59,1977).
SPEC. Ann. Rep. Dept. Terres. Mag., Carnegie Inst., p.288, 1969.

N4281 = Ho 368b. In group w. N4273.

N4283 = Ho 369b. P. w. N4278 at 3'5, N4286 at 5'2.
PTM. 10 COL.: Ap.J., 179,731,1973.
DYN., MASS. Ap.J., 139,284,1964.

N4291 P(a) w. N4319 at 7'4.

N4288 = DDO 119 = Ho 371a. P. w. Ho 371b at 2'2.

N4286 = I3181. P. w. N4283 at 5'2.

N4290 = Ho 373a. P. w. N4284 (Ho 373b), Sc?, at 4'5.

N4293 PTM. Isodens.: Ap.J.Suppl., 26,No.230,1973.

N4292 = Ho 375a. P. w. Ho 375b at 2'2.

N4294 = Ho 376a = K 330. P. w. N4299 at 5'5. V21 = +350+/-9 from sources R1, R4 is for N4294 + N4299.

N4298 = Ho 377a = K 332a. P(a) w. N4302 at 2'4.

N4301 = MCG 1-32-19 = UGC 7411. 12' nf N4292. The obj. listed as N4301 in RC1 is = N4303A. Note corr. to NGC coord. and note in DI. Misident. in Heidelberg 9, Medd. Lund (II) No.136, UGC, and RNGC.

N4299 = Ho 376b. P. w. N4294 at 5'5.
PTM. ISODENS. Ap.J.Suppl., 26,No.230,1973.

N4302 = Ho 377b = K 332b. P. w. N4298 at 2'4. PTM. ISODENS.: Ap. J.Suppl., 26,No.230,1973.

N4303 = M61 = [Ho 379a]. P. w. N4303A at 10'.
DESCR., CLASS. P.A.S.P. 79,152,1967. Nuclei of Galaxies, p.27, 1971.
PHOTO. "Stellar Structure",Stars and Stellar Systems,vol.VIII,p.396, 1965. A.J., 74,515,1969. Ap.J., 176,21,1972. Astrofizika, 6,367,1970. IAU Symp.38,pp.11, 23,1970. Nuclei of Galaxies, p.26,1971.
PTM. A.J., 74,354,1969. Astrofizika, 6,367,1970.
10 MICRON: Ap.J.Let., 159,L165,1970; 176,L95,1972.
SPEC. A.J., 74,515,1969. Ap.J., 159,405,1970.
SPTM. Observ.,88,239,1968. Ast.Tsirk.,No.648,1971. Izv. Crimea Obs., 48,37,1973.
HII REG. Ap.J.Suppl., 27,No.239,1974.
SN1961I. "Stellar Structure", Stars and Stellar Systems,vol.VIII, p. 396,1965. Ap.J., 182,225,1973.
SN1964f. IAU Cir. Nos.1868,1873, 1964. Comm. Padova, No.35,1964.
HI 21-CM. M.N., 150,337,1970.
RADIO. A.J., 78,18,1973.

N4305,4306 = Ho 381a,b = K 333. Pair at 3'.

N4307 = Ho 380a. P. w. Ho 380b at 3'2.

N4319 P. w. N4291 at 7'4. Suspected connect. w. Mk 205 (V = 21,500) at 0'7 s. See Ap.Let., 9,1,1971; 12,139,143,1972. Ap. J.Let., 176,L5,1972; 194,L125,1974. IAU Symp. 58,p.204,1974.
PHOTO. Ap.Let., 9,1,1971. A.&A., 15,110,1971. Ap.J.Let.,176,L5,1972. Ap.J., 183,29,1973. IAU Symp. 58,204,1974.
PTM. ISODENS.: Bull.A.A.S., 5,397,1973. Ap.J.Let., 194,L125,1974.IAU Symp. 58,p.207,1974.
SPEC. Ap.Let., 9,1,1971.
MK 205: Ap.J.Let., 161,L113,1970.
RADIO. A.&A., 15,110,1971.

N4309 = Ho 382a. P. w. Ho 382b at 1'6.

N4303A = Ho 379b. P. w. N4303 at 10'. Listed in RC1 as N4301.

N4310 = N4311.

N4312 = Ho 387b. P. w. N4321 at 18', and group of F gal.

N4314 DESCR., DIM., PHOTO. Ap.J., 182,659,1973.
PTM. Sov.A.J., 16,71,1972. Ap.J., 182,659,1973.

A1220+12 F blue obj. in Virgo No.175 (A.J., 72 59,1967).
SPEC. Ann. Rep. Dept. Terres. Mag., Carnegie Inst., p.288,1969.

N4313 = Ho 385a. (Ho 385b at 4'3 is a *).

N4321 = M100 = Ho 387a. P. w. N4312 at 18'.
DESCR., CLASS. P.A.S.P.,77,287,1965; 79,152,1967. IAU Symp. 38,p.11, 1970.
PHOTO. A.J.,74,515,1969. Ap.J., 176,21,1972; 194,559,1974. A.&A.,29, 249,1973. IAU Symp. 38,p.11,1970.
PTM. U,B,V: Sov.A.J.,16,71,1972. Ap.J.,176,21,1972 (Dwarf comps).
SPEC. A.J., 74,515,1969. Ap.J., 186,807,1973.
SPTM. Observ., 88,239,1968.
ROT., MASS. Ap.J., 186,807,1973.
HII REG. Ap.J.Suppl., 27, No.239,1974. Ap.J., 194,559,1974.
DIST.MODULUS: Ap.J., 194,559,1974.
SN1901B. SN1914A. P.A.S.P., 29,180,213,1917. Ap.J., 88,285,1938.
SN1959E (noted as SN1960 in RC1).
HI 21-CM. M.N., 150,337,1970.
RADIO. A.J., 78,18,1973. A.&A., 29,249,1973.

N4322 = N4323. 4'n N4321. (= Ho 387?). Dwarf comp. No.4 in Ap.J.,176,21, 1972.
PTM. U,B,V: Ap.J., 176,21,1972.

N4324 = Ho 388a. (Ho 388b at 1'1 is a *).

N4335 SN1955E. IAU Cir. No.2058, 1968. P.A.S.P., 81,224,1969 (w. PHOTO).

N4329 P(a) w. S sp. at 3'0. Many others in field.

A1220+02 = Mk 50. Class 1 Seyfert N.
SPEC. Ap.J., 159,765,1970.

N4339 PTM. Ap.J., 146,28,1966.

N4340 = Ho 391b. P(a) w. N4350 at 5'6.
PTM. ISODENS.: Ap.J.Suppl.,26,No.230,1973.

N4344 = Ho 390a. (Ho 390b at 1'7 is a *).

N4343 For ident. of NGC and IC obj. in field, see P.A.S.P.,79,627,1967, or CGCG, vol.III, p.391, [and RC3, Appendix 6].
PTM. Ap.J., 146,28,1966 [(listed as N4342)].

I3256 = N4342. Note change of ident. from RC1 [(see RC3, Appendix 6)].
PTM. Ap.J., 146,28,1966 (listed as [N4343]).

I3258 Dwarf magellanic. In foreground of Virgo Cl?
PHOTO. A.J.,69,757,1964. Ap.J.Let., 157,L155,1969.
PTM.ISODENS.: Ap.J.Suppl., 26,No.230,1973.
SPEC., DIST. MODULUS: Ap.J.Let., 157,L155,1969.

I3260 = N4341. Note change of ident. from RC1 [(see RC3, Appendix 6)].

N4350 = Ho 391a. P(a) w. N4340 at 5'6.

N4353 = I3265, 3266.
DESCR., PHYS. DATA: A.J., 79,1242,1974.

N4351 = N4354.
PTM. ISODENS.: Ap.J.Suppl., 26,No.230,1973.
SPEC. A.J., 77,4,1972. P.A.S.P., 84,589,1972.

I3268 PTM. ISODENS.: Ap.J.Suppl., 26,No.230,1973.
SPEC. A.J., 77,4,1972. P.A.S.P., 84,589,1972.

N4360 PTM. Ap.J., 146,28,1966.

N4365 P(a) w. N4370 at 10'.
DYN., MASS. Ap.J., 139,284,1964.

N4370 P(a) w. N4365 at 10'.
PTM. ISODENS.: Ap.J.Suppl., 26,No.230,1973.

N4371   PTM. Astrofizika, 2,53,1966.
        ISODENS.: Ap.J.Suppl., 26,No.230,1973.

N4375   SN1960J. P.A.S.P., 73,175,1961.

I3290   P. w. N4373 at 2'0.

N4374   = M84 = 3C 272.1 = Ho 403b. P(a) w. N4387 at 10'5.
        DESCR. CHAIN OF GAL.: P.A.S.P., 80,129,1968.
        PHOTO. A.J., 69,236,1964; 79,671,1974.
        PTM. Astrofizika, 1,38,1965. 5 COL.: A.J., 73,313,1968. U,B,V: A.J.,
        74,335,1969. Bol. A.A.Argentina, No.16,17,1971. Ap.J., 178,25,1972.
        B,V,R,: Ap.J., 183,731,1973.
        ISODENS.: A.J., 79,671,1974.
        SPEC. Ap.J.Let., 164,L35,1971.
        SPTM. Observ., 88,239,1968. Sov.A.J.,13,593,1970. Ap.J.Let.,193,L49,
        1974. Bull.A.A.S., 6,332,1974.
        DYN., MASS. Ap.J., 139,284,1964.
        SN1957B. A.J., 69,235,1964. Ap.J., 182,225,1973.
        RADIO. Observ.,84,30,1964. A.J.,72,230,1967;73,1,1968; 75,523,1970.
        Ap.Let., 6,49,1970. M.N., 157,349,1972. A.&A., 25, 451,1973; 34,341,
        1974, Ap.J., 196,303,1974.
        X-RAYS. Ap.J.Let., 165,L49,1971.

N4373   P. w. I3290 at 2'0.

N4377   = III Zw 65, No.1. 2 F compacts Nos. 2,3 25" W, 15" NE, mp = 16.8,
        16.9.
        PTM. Ap.J., 146,28,1966.

N4379   PTM. Ap.J., 146,28,1966.
        ISODENS.: Ap.J.Suppl., 26,No.230,1973.

N4382   = M85 = Ho 397a = K 334a. P. w. N4394 at 7'8. F diff. comp. at 3' s.
        PHOTO. A.J., 69,236,1964. "Stellar Structure", Stars and Stellar
        Systems, vol.VIII, p.396,1965.
        PTM. Ap.J., 169,209,1971.
        ISODENS.: Ap.J.Suppl., 26,No.230,1973.
        SN1960R. A.J., 69,236,1969. "Stellar Structure", Stars and Stellar
        Systems, vol.VIII, p.395, 1965.

N4391   = VII Zw 454. mp = 13.8.

N4385   = Mk 52.
        PTM. U,B,V: Ap.J., 171,5,1972.
        10 MICRON: Ap.J.Let., 176,L95,1972.
        SPEC. Ap.J., 159,405,1970.
        SPTM. Astrofizika, 7,389,1971. Ap.J., 171,5,1972.
        RADIO. P.A.S.P., 86,649,1974.

I3322A At 19' sf N4365.

N4387   P. w. N4374 at 10'5.
        PTM. Ap.J., 146,28,1966.

N4388   = Ho 403c.
        PTM. Astrofizika, 2,53,1966.

A1223+15 F blue obj. in Virgo No.46 (A.J., 72,59,1967).
        SPEC. Ann. Rep. Dept. Terres. Magnetism, Carnegie Inst., p.288,1969.

N4390   PTM. ISODENS.: Ap.J.Suppl., 26,No.230,1973.

N4395   N4399, 4400, 4401 are part of it.
        HII REG., DIST. MODULUS: Ap.J., 194,559,1974.

N4394   = Ho 397b = K 334b. P. w. N4382 at 7'8.
        PTM. ISODENS.: Ap.J.Suppl., 26, No.230,1973.
        HII REG. Ap.J.Suppl., 27,No.239,1974.

N4396   = Ho 400a. (Ho 400b at 6'2 is a dble *).

N4402   = Ho 403d. P(a) w. N4406 at 10'.
        PTM. Astrofizika, 2,53,1966. IAU Symp. 29,p.398,1968.

N4406   = M86 = Ho 403a. P(a) w. N4402 at 10'.
        PHOTO. A.J., 79,671,1974.
        PTM. Astrofizika, 1,38,1965. 12 COL.: Ap.J., 145,36,1966.
        5 COL.: A.J., 7,313,1968; 74,50,1969. P,V: Ap.J., 169,209,1971. Bol.
        A.A.Argentina, No.16,17,1971.
        ISODENS: A.J., 79,671,1974.
        SPEC. VEL. DISP.: IAU Symp. 15, p.112,1962.
        SPTM. Observ., 88,239,1968. Mem.S.A.Ital., 43,263,1972.
        POP. MODEL: A.J., 73,313,1968.
        DYN., MASS. Ap.J., 139,284,1964.

A1223+48 = Mk 209 = I Zw 36 = Haro 29 (Bol. Tonantzintla, No.14, June 1956).
        DESCR., PHOTO. Ap.J.Let., 150,L31,1967.
        PTM. SPEC. A.J., 75,1143,1970.

N4410A,B = K 335. Close pair at 0'3 in common env.
        PTM. ISODENS.: Ap.J.Suppl., 26,No.230,1973.
        SN1965A IAU Cir. No.1884,1885,1965. Ast. Tsirk., No.315,1965.
        Tokyo Ast. Bull., No.176,1967.

N4411A = K 336a. Pair w. N4411B at 4'.

N4414   SN 1974[G]. IAU Cir. Nos.2664,-66,-68,-71,-74,-78, 1974. Mitt. Ver.
        Sterne Sonneberg, 6,155,1974.

N4413   = Ho 403f.

N4412   SPTM. Observ., 88,239,1968.

N4415   PTM. Ap.J., 146,28,1966.

N4411B = K 336b. Pair w. N4411A at 4'.

I3355   = DDO 124 = UGC 7548.

N4420   = N4409.

N4421   SPTM. Observ., 88,239,1968.

A1224+48 = Mk 210.
        SPEC. vel. Source Z1, +7200 (Astrofizika, 7,177,1971) rejected.
        SN1960I and PHOTO. P.A.S.P., 73,175,1961.

N4424   SN1895A. P.A.S.P., 48,227,1936, Occ. Notes R.A.S., 1,53,1939.
        Z. f. Ap., 49,202,1961.

N4425   = Ho 403e.
        PTM. Ap.J., 146,28,1966.
        SPTM. Observ., 28,239,1968.

N4430   = K 338a.
        PTM. ISODENS.: Ap.J.Suppl., 26,No.230,1973.

N4428   = Ho 407b. P(a) w. N4433 at 7'0.

N4431   = Ho 408c. P(a) w. N4436 at 3'5, N4440 at 6'8.

N4434   PTM. Ap.J., 146,28,1966.

N4433   = Ho 407a. P(a) w. N4428 at 7'0.
        DESCR., CLASS., PHYSICAL DATA: Astrofizika, 3,427,1967. A.J., 79,
        1242,1974.
        PTM. Bull.A.A.S., 5,349,1973. A.&A., 31,165,1974.
        SPEC. Ast. Tsirk. No.698,1972. A.&A., 31,165,1974.
        SPTM., POP. MODEL: A.&A., 31,165,1974.
        RADIO. Aust. J. Phys., 21,193,1968.

N4435   = Arp 120 = VV 188 = Ho 409b. P(b) w. N4438 at 4'3.
        PHOTO. A.J., 79,671,1974.
        PTM. Astrofizika, 1,38,1965. Ap.J., 146,28,1966. Bol.A.A.Argentina,
        No.16,17,1971.
        ISODENS.: Ap.J.Suppl., 26,No.230,1973. A.J., 79,671,1974.
        SPTM. Observ., 88,239,1968.

N4436   = Ho 408a. P(a) w. N4431 at 3'5, N4440 at 3'3.

N4438   = Arp 120 = VV 188 = Ho 409a. P(b) w. N4435 at 4'3.
        PHOTO. A.J., 79,671,1974.
        PTM. Astrofizika, 2,53,1966. IAU Symp. 29,p.398,1968. Bol.A.A.
        Argentina, No.16,17,1971.
        ISODENS.: Ap.J.Suppl., 26,No.230,1973. A.J., 79,671,1971.
        SPTM. Observ., 88,239,1968.
        RADIO. Aust. J. Phys., 21,193,1968. Nature, 241,260,1973. M.N.,167,
        251,1974.

N4440 = Ho 408b. P(a) w. N4436 at 3'3, N4431 at 6'8.
 PTM. Astrofizika, 2,53,1966. Sov.A.J., 10,34,1966.

I3381 Note corr. to RC1 Dec.

N4449 PHOTO. Ap.J., 152,1067,1968; 194,559,1974. A.J., 74,515,1969. A.&A.,
 1,449,1969. Cont. Asiago, No.203,1968.
 PTM. P.A.S.P., 77,130,1965. Ap.J.,152,1067,1968. Vest.Kiev.Obs.,13,
 104,1971; 14,103,1972.
 SPEC. A.J., 74,515,1969. A.&A., 1,449,1969.
 SPTM. Ap.J., 159,809,1970. Sov.A.J., 13,593,1970.
 FAR U,V: N.A.S.A., SP310,p.559,1972. DYN. Cont. Asiago, No.191,1967
 (S.A.Ital., Atti X Conv. Catania, 1966).
 HII REG. Atlas and Catalogue, Univ.Washington, Seattle, 1966. Ap.J.,
 156,847,1969; 194,559,1974. A.&A., 1,449,1969.
 DIST. MODULUS: Ap.J., 194,559,1974.
 HI 21-CM. Ap.J., 150,8,1967.
 RADIO. A.&A., 31,447,1974.

A1225+44 = Mk 212 = I Zw 37, Nos.1,2 = K 340. Close pair at 0'2. I Zw 37, No.
 3 = Mk 211 at 2'8 np (z = 0.041) mp = 16.0.

N4450 PTM. ISODENS.: Ap.J.Suppl., 26,No.230,1973.

N4453 SN1966F. P.A.S.P., 79,456,1967 (w. PHOTO.). A.N., 290,135,1967.

N4457 SPTM. Observ., 88,239,1968.

N4458 = Ho 411b. P(a) w. N4461 at 3'7.
 PTM. Astrofizika, 1,38,1965. Ap.J., 146,28,1966.
 SPTM. Observ., 88,239,1968.

N4459 N4468 at 8'5, N4474 at 13'5.
 PTM. Astrofizika, 1,38,1965. Ap.J., 146,28,1966. Bol.A.A.Argentina,
 No.16,17,1971.
 SPTM. Bull.A.A.S., 5,447,1973. Ap.J.Let., 193,L49,1974.
 DYN., MASS. Ap.J., 139,284,1964.

N4461 = Ho 411a. P(a) w. N4458 at 3'7.
 PTM. Astrofizika, 1,38,1965. Ap.J., 146,28,1966.
 SPTM. Observ., 88,239,1968.

A1236+11 F blue obj. in Virgo, No.138.
 POSIT., SPEC. A.J., 72,59,1967.

N4464 PTM. Ap.J., 179,731,1973.

I3413 Misident. as I3418 in A.&A.Suppl., 3,325,1971.

I3414 PTM. ISODENS.: Ap.J.Suppl., 26,No.230,1973.

N4467 = Ho 413c. P. w. N4472 at 4'2.

N4466 = Ho 412a. (Ho 412b at 2'1 is a *).

I3418 = DDO 130 = UGC 7630.

N4472 = M49 = Arp 134 = Ho 413a. P.w. N4467 at 4'2, F anon. dIm at 5'5 sf,
 N4470 at 10'5.
 DESCR., CLASS. Ap.J., 143,1002,1966; 148,321,1967.
 PHOTO. P.A.S.P., 78,367,1966. Ap.J., 143,1002,1966; 148,321,1967.
 Nuclei of Galaxies, p.27,1971.
 PTM. Ap.J., 139,284,1964; 146,28,1966. 5 COL.: A.J., 73,313,1968.
 B,V,R: Ap.J.,173,485,1972; 178,1,1972; 183,731,1973. 10 COL.: Ap.J.,
 179,731,1973.
 SPEC. Ap.J.Let., 164,L35,1971.
 VEL. DISP.: IAU Symp. 15,p.112,1962.
 SPTM. Ap.J., 164,11,1971; 169,209,1971; 175,649,1972; 177,185,1972;
 Ap.J.Let., 193,L49,1974. A.J.,74,50,1969; 77,333,1972. Bull.A.A.S.,
 6,332,1974. IAU Symp. 58,p.169,1974.
 POL. Ap.J.Let., 179,L93,1973.
 DYN., MASS. Ap.J., 139,284,1964.
 HI 21-CM. up. limit: A.J., 77,568,1972; 79,667,1974. A.&A., 25,451,
 1973. Sources R4 (M.N., 165,231,1973) and R5 (Nature, 208,993,1965)
 rejected.
 RADIO. Ap.Let.,6,49,1970; A.J.,75,523,1970. IAU Symp.44,p.222,1972.

N4473 PTM. Ap.J., 139,284,1964. Astrofizika, 1,38,1965.
 SPEC., VEL. DISP. Ap.J., 179,55,1973. Bull.A.A.S., 3,476,1971.
 SPTM. Observ., 88,239,1968.

 DYN., ROT., MASS. Ap.J., 139,284,1964; 179,55,1973.

N4474 PTM. Ap.J., 146,28,1966. Bol.A.A.Argentina, No.16,17,1971.

N4476 P(a) w. N4478 at 4'5.
 PTM. Ap.J., 146,28,1966.

N4477 PTM. Astrofizika, 1,38,1965.
 SPTM. Observ., 88,239,1968.

N4478 P(a) w. N4476 at 4'5.
 PTM. Astrofizika, 1,38,1965. 10 COL.: Ap.J., 179,731,1973.

N4486B = I Zw 38. Compact 7'3 np N4486.
 PHOTO. Ap.J., 140,1467,1964.
 PTM. A.J., 70,689,1965. 10 COL.: Ap.J., 179,731,1973.
 SPEC.,VEL. DISP. IAU Symp. 15,p.112,1962. Ap.J., 140,1467,1964. IAU
 Symp. 58,p.20,1974.
 SPTM. Ap.J.Let., 193,L49,1974.
 DYN., MASS. A.J., 70,689,1965. Ap.J., 179,423,1973.

N4485 = Arp 269 = VV 30 = Ho 414b = K 341a. P(b) w. N4490 at 3'5.

N4490 = Arp 269 = VV 30 = Ho 414a = K 341b. P(b) w. N4485 at 3'5.
 PHOTO. Ann. Ap., 28,698,1965 = Pub. O.H.P., 7,No.50. Mem.S.A.Ital.,
 37,433,1966 = Cont. Asiago No.186. IAU Symp. 29,p.381,1968. A.&A.,8,
 204,1970. IAU Symp. 38,p.11,1970.
 PTM.,SPEC. Mem.S.A.Ital., 37,433,1966 = Cont. Asiago No.186.
 ROT.,MASS. Mem.S.A.Ital.,37,433,1966. IAU Symp.29,p.381,1968. A.&A.,
 8,204,1970. Ap.J., 184,735,1973.
 HII REG. Ann. Ap., 28,698,1965.
 INTERFER. H ALPHA: A.&A., 8,204,1970.
 HI 21-CM. Ap.J., 150,8,1967.
 RADIO. M.N.,146,265,1969; 159,15P,1972. A.J.,78,18,1973. Nature,241,
 260,1973. Ap.J., 189,399,1974. A.&A., 31,447,1974.

N4486 = M87 = Arp 152 = 3C 274 = Virgo A. eB cent. w. jet.
 DESCR.,STRUC. P.A.S.P., 80,129,1968. Ap.J.Let., 165,L65,1971.
 JET PROP. Ap.J., 151,861,1968; 159,415,1970. A.J., 72,796,1967.
 Ap.Let., 2,141,1968. Ap. & Space Sc.,14,261,1971. Astrofizika,8,337,
 1972. Pub.A.S.Japan,251,175,1973. Ap.J.Let.,194,L1,1974. Nature,252,
 661,1974.
 PHOTO. Ap.Let., 1,1,1967; 2,141,1968. Ap.J.Let.,165,L65,1971; Ap.J.,
 159,415,1970; 163,195,1971; Ap.J.Let., 274,L65,1972. Astrofizika,8,
 337,1972. A.J., 79,671,1974.
 PTM. Ap.J., 139,284,1964. Astrofizika,1,38,1965. Ap.Let.,2,141,1968.
 U,B,V: Ap.J., 143,187,1966; 172,485,1972; 178,25,1972; 181,19,1973;
 184,319,1973. Ap.J.Let., 194,L1,1974. A.J., 7,335,1969.
 5 COL.: A.J., 73,313,1968. 10 COL.: Ap.J., 179,731,1973.
 ISOPH., ISODENS.: Ap.Let., 4,17,23,1969. Ap.J., 163,195,1971. A.J.,
 79,671,1974.
 I.R., 1-10 MICRON: Ap.J.,143,187,1966. Ap.J.Let.,159,L165,1970; 176,
 L95,1972; 194,L1,1974. A.J., 73,866,1968.
 GLOB. CL.: P.A.S.P., 80,326,1968; 86,311,1974. A.J., 73,S114,1968.
 J.R.A.S.Canada, 62,367,1968; 65,183,1971. Ap.J.Let., 152,L149,1968.
 SPEC. Ap.Let., 1,1,1967; 2,65,1968. Ap.J., 149,481,1967; 191,55,1974.
 Ast.Tsirk., No.438,1967. Sov.A.J., 12,932,1969.
 VEL.DISP.: IAU Symp.No.15,p.112,1962. Ap.J.Let,156,L59,1969.
 P.A.S.P., 81,531,1969.
 SPTM. Observ.,88,239,1968. Ap.J.,169,299,1971. Sov.A.J.,11,777,1968.
 IAU Symp. 58,169,1974.
 POL. Ap.J.Let., 170,L53,1971; 179,L93,L97,1974.
 DYN., MASS. Ap.J., 139,284,1964; Ap.J.Let., 156,L59,1969. P.A.S.P.,
 81,531,1969. Mem.S.A.Ital., 41,57,1970; 43,539,1972.
 SN1919A. P.A.S.P., 48,237,1936.
 HI 21-CM. Intergal. A.&A., 3,382,1969.
 RADIO. Ap.J.,142,106,1965; 144,568,1966; 147,908,1967; 148,367,1967;
 151,43,771,1968; 152,43,1968; 154,423,1968; 161,1,1970;170,208,1971;
 172,299,1972; 193,303,1974. Ap.J.Let., 151,L27,1968; 159,L19,1970;
 179,L141,1973; 180,L61,1973. A.J.,71,864,1966; 72,230,1967; 73,1,
 S184,1968; 74,206,1969; 75,523,1970; 76,537,1971; 77,342,1972; 78,
 163,536,1973;79,139,1974. Ap.Let.,4,139,1969; 6,49,1970; 8,183,1971.
 A.&A.,3,316,382,1969. M.N.,149,319,1970; 152,145,439,1971; 156,7P,
 1972; 166,1P,1974. Mem.R.A.S.,77,Part 3,1972. Nature, 231,253,1971.
 Proc.A.S.Aust.,1,229,1969. Sov.A.J.,8,1,1964; 9,238,1965; 11,792,
 1968; 15,340,1971; 18,42,1974. IAU Symp.44,p.222,1972. V,L,B,I:
 Ap.J.Let.,158,L83,1969. Ap.J.,177,101,1972. Owens Valley Rad. Obs.
 Rep.,No.10,1969.
 X-RAYS. Science, 152,66,1966; 158,257,1967. Ap.J.Let., 150,L199,
 1967; 151,L131,1968; 161,L1,1970; 165,L49,1971; 168,L1,1971; 172,

L41,1972; 173,L99,1972; 174,L65,1972; 177,L1,1972; 185,L13,1973; 193,L57,1974. Ap.J., 179,375,1973. A.J., 73,S97,1968. Nature, 223, 162,1969; 229,544,1971; 230,188,1971; 250,471,1974. Ap.Let., 10,61, 1972. Bul.A.A.S.,3,236,1971; 4,258,260,1972; 5,33,1973; 6,429,1974.

A1228+12 F blue obj. in Virgo, No.132 (A.J., 72,59,1967).
SPEC. Ann.Rep.Dept. Terres. Magnetism, Carnegie Inst., p.288,1969.

N4489 PTM. Ap.J., 146,28,1966.

N4492 = I3438.

N4494 PTM. 5 COL.: A.J., 73,313,1968.
SPEC.,VEL.DISP.,MASS. Ap.J.,179,55,1973. Bull.A.A.S., 3,476,1973.

N4497 PTM. Ap.J., 146,28,1966.

N4496A,B = N4505 = VV 76 = Ho 415a,b = K 343. P(c?) at 0'9.
PHOTO. A.J.,69,236,1964. Mem.S.A.Ital.,33,147,1962=Pub.Obs.Bologna, VIII, No.10.
PTM. V = 11.45, B-V = 0.61 (log A = 1.72, source G) for both objects combined.
SPEC. Doubtful vel. of comp. B (Source G1) rejected.
SN1960F. Mem.S.A.Ital.,33,147,1962. Ann.Ap.,27,315,1964=Pub.O.H.P., 7,No.23. Coll. Int. Novae & SN, CNRS, Paris,p.190,1965. A.J.,69,236, 1964. C.R.Acad.Sc.Paris, 265,430,1967. A.&A., 20,77,87,1972.

N4498 PTM. ISODENS.: Ap.J.Suppl., 26,No.230,1973.

N4501 = M88.
DESCR., CLASS. Nuclei of Galaxies, p.27,1971.
PHOTO. A.J., 74,515,1969. Coll. Int. Novae & SN, CNRS, Paris, p.166, 1965. IAU Symp.38,11,1970; No.44,p.373,,1972. Nuclei of Galaxies, p.27,1971.
PTM. Astrofizika,2,53,1966. 5 COL.: A.J.,73,313,1968. P,V: Bol.A.A. Argentina, No.16,17,1971.
ISODENS.: Ap.J.Suppl., 26,No.230,1973.
SPEC. A.J., 74,515,1969.
SPTM. Observ., 88,239,1968.

N4503 PTM. Ap.J., 146,28,1966.
SPTM. Observ., 88,239,1968.

A1229+66B = VII Zw 466. Ring gal. in a group. Prob. assoc. w. VII Zw 467 at 1'f.
DESCR., PHOTO. Observ.,90,153,1970. Ap.J.,194,569,1974. Cont.Asiago Obs., No.300b,p.79,1973.

N4517A = K344a. P(a) w. N4517 at 17'. = Reinmuth 80 in HA 88.2.

A1230+09 E in Virgo Cl. See HMS 1956.

I3476 PTM. Ap.J.Suppl., 26,No.230,1973.
SN1970A. IAU Cir. Nos.2214,2226,2229,1970. Ast. Tsirk.,No.570,1970.

A1230+46 = Mk 215. SPTM. Astrofizika, 7,389,1971.

N4517 = N4437 = K 344b. P(a) w. N4517A at 17'.

I3481,3481A = Arp175 = VV43. Connected P(b) at 1'4 in Zwicky Triplet; see I3483.

A1230+37 mp = 12 in MCG, vol.II,1964. mp = 13.4 in CGCG, vol.III, 1966.

N4515 PTM. Ap.J., 146,28,1966.

I3483 = Arp 175 = VV 43. Low velocity member of Zwicky Triplet; connection with I3481, 3481A at 4'2 doubtful (Arp 1966).

N4519 = Ho 418a. P. w. Ho 418b at 3'.
PTM. ISODENS.: Ap.J.Suppl., 26,No.230,1973.

N4520 = I0799 w. IC coord. [corrected]. Data under this number in RC1 were for N4504.

N4526 PTM. Ap.J., 146,28,1966. 5 COL.: A.J., 73,313,1968.
SN1969E. IAU Cir. No.2139,1969.

N4528 PTM. Ap.J., 146,28,1966.
SPTM. Observ., 88,239,1968.

N4527 SPTM. Observ., 88,239,1968.
SN1915A. P.A.S.P., 29,180,213,1917.
RADIO. Aust. J. Phys., 21,193,1968.

N4534 = Ho 419a. (Ho 419b at 0'7 is a condens. in the gal. or a *).

N4531 SPTM. Observ., 88,239,1968.

N4532 PTM. ISODENS.: Ap.J.Suppl., 26,No.230,1973.

N4535 = Ho 420a. P. w. Ho. 420b at 5'.
CLASS., PHOTO. IAU Symp. 38,11,1970.
PTM. 10 MICRON: Ap.J.Let., 176,L95,1972.
SPEC. Ap.J., 159,405,1970.

N4533 P(a) w. N4536 at 8'2.

N4536 [P(a) w. N4533] at 8'2.
SPTM Observ., 88,239,1968.

A1232+06 = DDO 137 = Holmberg VII (1958). F comp. of N4532.

N4540 = Ho 421a. P(a) w.I3528 (Ho 421b?) at 1'5 nf (I3519 is at 4'1 np).
PTM. ISODENS.: Ap.J.Suppl.,26, No.230,1973.

N4545 SN1940D. IAU Cir. No.818,1940. A.N.,290,85,1966.

A1232+48 = I Zw 39, No.2, mp = 15.3. P. w. No.1 at 1'8 p, mp = 17.0.

I3528 = Ho 41b? P(a) w. N4540 at 1'5 sp.

N4507 = HA 88,2 "New 2".
PTM. I.R. 1-3.5 MICRON: M.N.,164,155,1973.
SPEC. Bull.A.A.S.,4,237,1972.

N4548 P(a) w. N4571 at 27'.
PTM. Sov.A.J.,10,34,1966.
HII REG. Ap.J.Suppl.,27, No.239,1974.

N4550 = Ho 422a. P(a) w. N4551 at 3'.
PTM. Ap.J.,146,28,1966.
ISODENS.:Ap.J.Suppl.,26, No.230,1973.
SPTM. Observ., 88,239,1968.

N4552 = M89.
DESCR.,PHOTO. Ap.J.Let, 165,L65,1971.
P.T.M. 12 COL. Ap.J., 145,36,1966. 5 COL.: A.J.,73 313,1968.
SPEC. Ap.J.Let.,164,L35,1971.
SPTM. Observ.,88,239,1968. Ap.J.Let.,193,L49,1974.
POL. Ap.J.Let.,179,L93,1973.
DYN.,MASS. Ap.J.,139,284,1964.
RADIO. "Curved" spectrum. A.J.,75,523,1970. Ap.Let.,6,49,1970. IAU Symp.44, p.222,1972.

I3543 Listed in RC1 as I3546. (I3546 is 4's; see A.&A.Suppl.,12,89,1973).

N4556 Close pair w. comp. (V = 7987+/-150, Source S4) at 0'8 in Coma Cl.

N4559 = Ho 423a. 3 s anon. nearby (Ho 423b,c,d).
PHOTO. Ap.J.,194,559,1974.
PTM. ISODENS.: Ap.J.Suppl.,26, No.230,1973.
HII REG.,DIST.MODULUS. Ap.J.,194,559,1974.
SN1941A. Ann.Rev.Ast.Ap.,vol.2,p.249,1964. Supernovae & Sn Remnants, Ap. & Space Sc. Lib.,vol.45,p.207,1974.

N4566 In Haro 32 (A1241+55A,B) group.
SPEC A.J.,77,448,1972.

N4561 = I3569 = K 346.
PTM. ISODENS.: Ap.J.Suppl.,26,No.230,1973.

A1233+81 = VII Zw 475. mp = 16.9.

N4565 = Ho 426a. 3 s anon. nearby (Ho 426b,c,d).
PTM. 5 COL.: A.J., 73,313,1968.
ISOPH. CENT. REG. IAU Symp.58,p.336,1974.
RED HALO: Bull.A.A.S., 6,333,1974.
ROT.VEL. A.&A., 8,364,1970.

N4564 SPTM.Observ.,88,239,1968.

SN1961H. IAU Cir. Nos.1759,1779,1961. Ann.Ap.,27,314,548,1965.

N4567, 4568 = Ho 427b,a = VV 219 = K 347. P(b) at 1'2.
PTM. ISODENS.: Ap.J.Suppl.,26,No 230,1973.
SPTM.Observ.,88,239,1968.
RADIO. N4567: Aust. J. Phys., 21,193,1968. N4567+4568: M.N.167,251, 1974.

I3576 = DDO 138.
DESCR.,PHOTO. Ap.J.Let.,178,L77,1972.
HI 21-CM. Ap.J.Let.,178,L77,1972. A.&A.,34,43,1974.
RADIO.,X-RAYS. Ap.J.Let.,178,L77,1972. Bull.A.A.S.,4,413,1972.

A1234-72 Extended R.S.
IDENT.,COORD.,VEL. M.N.,165,245,1973.

I3583 = Arp 76. Dwarf comp. of N4569 at 6'0. Poss. interacting.

N4569 = M90 = Arp 76. P(a) w. dwarf I3583 at 6'0 n. Poss. interacting.
PTM. 10 MICRON: Ap.J.Let 176,L95,1972.
ISODENS.: Ap.J.Suppl.,26, No.230,1973.
SPEC. Mt.Wilson vel. (Source B) rejected. See Ap.J.,159,405,1970; 166,1,1971. Ap.J.Let.,161,L109,1970. A.&A.,27,433,1973.
SPTM. Observ.,88,239,1968. A.&A.,19,405,1972;27,433,1973.
ROT. Ap.J.,166,1,1971.
HII REG. Ap.J.Suppl.,27,No.1974.

N4570 PTM. Ap.J.,146,28,1966.

N4571 = I3588. P(a) w. N4548 at 27'.

N4578 = Ho 429a. P. w. Ho 429b at 3'5.
PTM.Ap.J.,146,28,1966.
SPTM. Observ.,88,239,1968.

N4575 COORD.,PHOTO. A.J.,76,755,1971.
MAG. P.A.S.P.,83,310,1971.

N4579 = M58.
DESCR.STRUCT. IAU Symp.44,56,1972.
PTM. 5 COL.: A.J.,73,313,1968.
SPTM. Observ.,88,239,1968.

N4580 PTM. ISODENS.: Ap.J.Suppl.,26,No.230,1973.

N4589 P(a) w. N4572 at 7'5, N4648 at 22'.

N4595 PTM. ISODENS.: Ap.J.Suppl.,26, No.230,1973.

N4594 = M104.
PHOTO. P.A.S.P.,79,600,1967. A.J.,74,515,1969.
PTM. Atl. Gal.Austr.,1968. 5 COL.:A.J.,73,313,1968.
2 MICRON: Ap.J.Let.,161,L203,1970. Nuclei of Galaxies, p.195,1971.
SPEC. Ap.J.,141,109,1965.
SPTM. Ap.J.,171,397,1972;175,649,1972. Ap.Let.,14,1,1973.
POL.P.A.S.P.,79,600,1967.
ROT.VEL.A.&A.,8,364,1970.
RADIO.A.J.,75,523,1970. A.&A.,29,249,1973.

N4596 P(a) w. N4608 At 19'.
SPTM. Observ.,88,239,1968.

N4605 PHOTO. Mem.S.A.Ital.,37,433,1966 = Cont. Asiago, No.186.
PTM.,SPEC.,ROT.,MASS. Mem.S.A.Ital.,36,433,1966.
ROT.VEL.A.&A.,8,364,1970.

N4602 P. w. I0804 at ~10'.

N4601, 4603 Pair at 3'3.

A1238+28A,B = Haro 31A,B (Bol. Tonantzintla No.14,June 1956). Dble system.
DIM.PTM. A.J.,75,1143,1970.
SPEC. A.J.,75,1143,1970. Ap.J.,181,15,1973.

N4606, 4607 = Ho 436,b. Pair at 4'0.
PTM.ISODENS.: Ap.J.Suppl.,26, No.230,1973.

N4608 P(a) w. N4596 at 19'.
SPTM. Observ.,88,239,1968.

N4612 PTM.Ap.J.,146,28,1966. Bull.A.A.S.,5,349,1973.

N4618 = Arp 23 = VV 73 = Ho 438a = k 349a. P(b?) w. N4625 at 8'3.
PHOTO., PTM.Mem.S.A.Ital.,38, No.2,1967 = Cont. Asiago, No.197.
Vistas in Ast., vol.14,p.199,210,231,1972. Sov. A.J.,17,643,1974.

N4603D In Centaurus chain; obj. G-2. See Ap.& Space Sc.,19,387,1972.
PHOTO.,DIM.,PTM.,SPEC. ibid.

N4625 = I3675 = Arp 23 = Ho 438b. = k 349b. P(B?) w. N4618 at 8'3.
PHOTO., PTM.Mem.S.A.Ital.,38, No.2,1967 = Cont. Asiago, No.197.
Vistas in Ast., vol.14, p.199,231,1972.

N4620 PTM. Ap.J.,146,28,1966.

N4621 = M59.
CLASS.,PHOTO. Ap.J.,143,1002,1966.
PTM. 12 COL.: Ap.J.,145,36,1966. 5 COL.: A.J.,73,313,1968.
SPEC. VEL. DISP.: IAU Symp. 15. p.112,1962. Ap.J.,143,1002,1966.
SPTM. Observ.,88,239,1968. Ap.J.,175,649,1972.
DYN.,MASS.Ap.J.,139,284,1964.
SN1939B. Harvard Ann. No.487,1939. IAU Cir. No.774,1939. Mem.S.A. Ital.,32,249,1961. Ann.Rev.Ast.Ap.,vol.2,p.248,1964.

N4616 In Centaurus chain; obj. G-1. See Ap. & Space Sc.,19,387,1972.
PHOTO.,DIM.,PTM.,SPEC. ibid.

N4627 = [Arp] 281 = Ho 442b. P(b) w. N4631 at 2'5.
PTM. 10 COL.: Ap.J.,179,731,1973.
RADIO. M.N., 144,149,1969. Ap.J.,189,399,1974.

N4631 = Arp 281 = Ho 442a = K 350a (N4656 = K 350b). P(b) w. N4627 at 2'5.
PHOTO. Ap.J.,151,117,1968; 194,559,1974. A.&A.,2,1,1969.
Vistas in Ast.,vol.14, p.216,1972.
PTM. 12 COL.: Ap.J.,145,36,1966.
SPEC.Sov. A.J.,13,593,1970.
ROT.,MASS. Ap.J.,140,1620,1622,1964. A.&A.,2,1,1969. Vistas in Ast., vol.14,p.239,1972.
HII REG.,DIST.MODULUS: Ap.J.,194,559,1974.
INTERFER. H ALPHA: A.&A.,2,1,1969.
HI 21-CM Ap.J.,150,8,1967;151,117,1968. A.&A.,3,402,1969.
RADIO.Ap.J.,150,413,1967. M.N.,144,143,1969;159,15P,1972. A.&A.,29, 231,1973.

I3687 = DDO 141. HI 21-CM. A.&A.,34,43,1974.

N4622 In Centaurus chain; obj. GO. See Ap. & Space Sc.,19,387,1972.
PHOTO.,DIM.,PTM.,SPEC., ibid.

N4648 P. w. N4589 at 22'.

N4632 SN1946B. Z.f.Ap.,49,202,1961.

N4633 = I3688 = Ho 445b = K 351a. P.w. N4634 at 3'5.
PTM. ISODENS.: Ap.J.Suppl.,26,No.230,1973.

N4635 PTM. ISODENS.: Ap.J.Suppl.,26,No.230,1973

N4634 = Ho 445a = K 351b. P. w. N4633 at 3'5.
PTM. ISODENS.: Ap.J.Suppl., 26,No.230,1973.

N4638 P. w. N4635 at 1'5 (MCG ident. reversed; N4638 = MCG 2-32-188)
PTM. Ap.J., 146,28,1966.
SPTM. Observ., 88,239,1968.

N4636 = N4624 ?
PTM. 5 COL.: A.J., 73,313,1968.
SPTM. Observ., 88,239,1968.
SN1939A. Harvard Bull.No.910,1939. Ann.Rev.Ast.Ap.,vol.2,p.248,1964.
A.N., 268,354,1968.

N4645A P. w. N4645B at 5'.

N4639 PTM. ISODENS.: Ap.J.Suppl., 26, No.230,1973.
SPTM. Observ., 88,239,1968.

N4637 P. w. N4638 at 1'5.

N4644,4644A = K352. Pair at 1'7. In Haro 32 group (A1241+55A,B).
PHOTO., DIM., PTM., SPEC. A.J., 75,1143,1970. (Obj. 32C,D).

A1240+30A,B Dble system.
PTM. ISODENS.: Ap.J.Suppl., 26,No.230,1973.

N4646   In Haro 32 group (See A1241+55A,B).
PHOTO., DIM., PTM., SPEC. A.J., 75,1143,1970. (Obj. 32E).

N4642   Dec. has wrong sign in A.&A., 3,325,1971.

N4645B P. w. N4645 at 5'.

N4643   PTM. Bull.A.A.S., 5,349,1973. 7 COL. Izv. Spets Ast.Obs.,6,27,1974.
SPTM. Observ., 88,239,1968.

N4647   = Arp 116 = VV 206 = Ho 448b = K 353a. P(a) w. N4649 at 2'5.
PTM. ISODENS: Ap.J.Suppl., 26,No.230,1973.
SPTM. Observ., 88,239,1968.
RADIO. M.N., 167,251,1974 (w. N4649).

N4622A,B Close Pair in Centaurus chain; obj.G1,G2 (Ap.Space Sc.,19,387,1972).
PHOTO., DIM., PTM. SPEC., Zs. f.Ap., 67,306,1967. Ap. & Space Sc., 19,387,1972.
PTM. Atl. Gal. Austr., 1968.

N4649   = M60 = Arp 116 = VV 206 = Ho 448a = K 353b. P(a) w. N4647 at 2'5.
PTM. Ap.J., 139,384,1964; 169,209,1971. 5 COL.: A.J., 73,313,1968.
10 COL.: Ap.J., 179,731,1973.
ISODENS.: Ap.J.Suppl., 26,No.230,1973.
SPTM. Ap.J., 139,532,1964. Observ., 88,239,1968.
DYN., MASS. Ap.J., 139,284,1964.
RADIO. M.N., 167,251,1974 (w. N4647).

N4651   = Arp 189 = VV 66. QSO 3C 275.1 (z = 0.557) at 3'5 (see Ap.J., 170, 233,1971).
PHOTO. Ap.J., 142,1307,1965.
PTM. ISODENS.: Ap.J.Suppl., 26,No.230,1973.
SPEC. Ap.J., 170,233,1971.
HI 21-CM. Ap.J., 184,71,1973.

N4653   In group w. N4666,4668.

N4654   = I3708.
PTM. 10 MICRON: Ap.J.Let., 176,L95,1972.
ISODENS.: Ap.J.Suppl., 26,No.230,1973.

N4656   = K 350b (N4631 = K 350a). P(b) w. N4657.
PHOTO. Ap.J., 151,117,1968; 194,559,1974. Astrofizika, 6,367,1970.
PTM. Astrofizika, 6,367,1970.
HII REG., DIST. MODULUS. Ap.J., 194,559,1974.
HI 21-CM. Ap.J., 151,117,1968. A.&A., 3,402,1969.
RADIO. M.N., 161,127,1973.

A1241+55A,B = Mk 220,221 = I Zw 41 = Haro 32A,B = K 354 (Bol.Tonantzintla, No.14,1956). Connected pair. Mean vel. for both comp. = +4925 +/- 20 (Sources R2,K3,U4).
PHOTO. A.J., 75,1143,1970.
PTM. A.J., 75,1143,1970. Ap.J., 171,5,1972. V = 14.20, B-V = 0.41, U-B = -0.23 (log A = 0.82, Source DU) for both components.
SPEC. A.J.,75,1143,1970. A.&A.,30,21,1974. Mean vel. for both comp.: Ap.J., 160,405,1970.
SPTM. Astrofizika, 7,389,1971. Ap.J., 171,5,1972.
HI 21-CM. Mean vel. for both comp.: A.&A., 30,21,1974.

N4650   = MCG -7-26-38. In Centaurus chain; obj. G3 (Ap. & Space Sc.,19,387, 1972).
PHOTO., DIM., PTM., SPEC. Zs.f.Ap., 67,306,1967. Bol.A.A.Argentina, No.16,10,1971. Ap. & Space Sc., 19,387,1972.
PTM. Atl. Gal. Austr., 1968.

N4657   P(b) w. N4656. For Ref. see N4656.

N4650A In Centaurus chain; Obj. G5 (Ap. & Space Sc., 19,387,1972). For main ref. see N4650.
MAG., DIM. P.A.S.P., 83,310,1971 (No.38).

N4659   PTM. Ap.J., 146,28,1966.

A1242+34 = DDO 143 = I Zw 42 = VV 127. v low surf. bright. w. a few emiss. knots.

N4660   PTM. Ap.J., 146,28,1966.
SPTM. Observ., 88,239,1968.

N4658   P(a) w. N4663 at 7'2.

A1242+28 = Haro 33 (Bol. Tonantzintla, No.14, June 1956).
DESCR., DIM. Ap.J.Let., 150,L31,1967. A.J., 75,1143,1970.
PHOTO. P.A.S.P., 84,592,1972.
PTM., SPEC. A.J., 75,1143,1970. P.A.S.P., 84,592,1972. Ap.J.,181,15, 1973.

I3723   = Mk 441. I3726 at 4'0 sf.

N4663   = I0811. P. w. N4658 at 7'2.

A1242+56 In Haro 32 group.
SPEC. A.J., 77,448,1972.

N4650B In Centaurus chain; obj. G7 (Ap. & Space Sc., 19,387,1972).
For Ref. see N4650.

N4669   In Haro 32 group. (See A1241+55A,B).
PHOTO., DIM., PTM., SPEC., A.J., 75,1143,1970 (obj. 32F).

N4665   = N4664.
SPTM. Observ., 88,239,1968.

N4666   = Ho 453a. P(a) w. N4668 at 7'3.
SPTM. Observ., 88,239,1968.
ROT. VEL. A.&A., 8,364,1970.
SN1965H. IAU Cir. No.1908, 1965. Ast. Tsirk.,No.331,1965. Sov.A.J., 10,728,1966.
RADIO. Aust.J.Phys., 21,193,1968. A.&A., 31,447,1974.

I3730   = Haro 34 (Bol. Tonantzintla, No.14, June 1956).
DIM., PTM., SPEC. A.J., 75,1143,1970.

N4670   = Arp 163 = Haro 9 (Bol. Tonantzintla, No.14, 1956). P(a) w. N4673 at 5'6.
PTM. A.J., 73,882,1968; 75,1143,1970.
I.R. up.limit: Ap.J.Let., 159,L165,1970.
SPEC. Pub. A.S.Japan, 25,317,1973.
SPTM. Ap.J., 181,633,1973. Pub. A.S.Japan, 25,317,1973.
RADIO. A.&A., 15,110,1971.

N4668   = Ho 453b. P(a) w. N4666 at 7'3.

N4673   P(a) w. N4670 at 5'6.

N4675   In Haro 32 group (See A1241+55A,B).
PHOTO., DIM., PTM. A.J., 75,1143,1970. (Obj.32G).
SPEC. A.J., 77,448,1972.

N4674   SN1907A. Zs. f. Ap., 49,202,1961.

A1243+71 = Mk 223 = VII Zw 483. mp = 15.3.

N4676A,B = I0819,820 = Arp 242 = VV 224 = Ho 459a,b = K355. P(b) at 0'6. Long diff. filam. on opposite sides.
PHOTO. A.&A., 28,379,1973.
PTM. ISODENS.: Ap.J.Suppl., 26,No.230,1973.
SPEC. P.A.S.P., 84,851,1972. Ap.J., 187,219,1974.
DYN., ENCOUNTER MODEL: Ap.J., 178,623,1972.
RADIO. A.&A., 28,379,1973. Nature, 241,260,1973.

N4686   In Haro 32 group (See A1241+55A,B).
PHOTO., DIM., PTM., SPEC. A.J., 75,1143,1970 (obj. 32H).

A1244+26 In foreground of Coma Cl.
SPEC. A.J., 77,4,1972.
SPTM. Ap.J., 181,633,1973.

A1244+51 = Haro 36 (Bol. Tonantzintla, No.14, June 1956).
DESCR., PHOTO. Ap.J.Let., 150,L31,1967.
DIM., PTM., SPEC. A.J., 75,1143,1970.

N4687   = Mk 442.
SPEC. Ast. Tsirk., No.798, 1973. Astrofizika, 10,315,1974.

N4688   = Ho 461a. P. w. small Im (Ho 461b) at 6'8.

PHOTO., SPEC. A.J., 72,912,1967.
PTM. ISODENS.: Ap.J.Suppl., 26,No.230,1973.
SN1966B. IAU Cir. No.1950,1966. Ast. Tsirk. Nos. 357,366,1966; 406, 1967. A.J., 72,912,1967.

N4689   PTM. ISODENS.: Ap.J.Suppl., 26,No.230,1973.

A1245+27A In Coma Cl. see RC1.

N4695   In Haro 32 group (See A1241+55A,B).
           PHOTO., DIM., PTM., SPEC. A.J.,75,1143,1970 (obj. 32J).

N4692   I823 = * at 1'3 sp.

N4691   CLASS. Astrofizika, 3,427,1967.
           DESCR., PHYS., DATA: A.J., 79,1242,1974.
           PTM. Bull.A.A.S., 5,349,1973.
           SPEC., SPTM., POP. MODEL: A.&A., 37,7,1974.

N4694   PTM. Ap.J., 146,28,1966.
           SPTM. Observ., 88,239,1968.

A1245+24B In Coma Cl (A1246A in RC1).

A1246+54   In Haro 32 group.
           SPEC. A.J., 77,448,1972.

N4697   P(b) w. anon. SAB(s)cp at 5'9.
           CLASS., PHOTO. Ap.J., 143,1002,1966.
           SPEC., VEL. DISP.: IAU Symp. 15,p.112,1962. Ap.J., 143,1002,1966.
           SPTM. Ap.J., 175,649,1972.
           DYN., ROT., MASS. Ap.J., 139,284,1964. Comm. Padova, No.98, 1972.

N4696   = PKS 1245-41. Brightest in Centaurus Cl.
           PHOTO. Observ., 83,36,1963. M.N., 131,351,1966.
           PTM. P,V: Bol.A.A.Argentina, No.16,17,1971, B,V: Ap.J., 178,1,1972.
           SPEC. Ap.J., 172,37,1972.
           RADIO. Observ., 83,36,1963.
           X-RAYS. from Cl.: Ap.J.Let., 173,L99,1972;185,L13,1973;193,L57,1974.

N4707   = DDO 150 = I Zw 43. Many emiss. knots, sN or *.

N4704   = Mk 228 at 2'2s.

A1246+34   = Mk 444 = Haro 37 (Bol. Tonantzintla, No.14, June 1956).
           DIM., PTM., SPEC. A.J., 75,1143,1970.
           HI 21-CM. A.&A., 29,217,1973.

I3804   = N4711.

N4699   ROT. VEL. A.&A., 8,364,1970.
           SN1948A. Zs.f.Ap., 49,202,1961.

A1246+47   = Mk 229. N4741 at 3'2 sf.

N4700   P(a) w. anon. Sp? at 10'.

A1246-41C,A In Centaurus Cl. Comp. A (= Helwan 274) list as A1248A in RC1.

A1246-09   = HA 88, 2 New 3. (A1247 in RC1).

A1246-41B In Centaurus Cl. Listed as A1248B (= Helwan 276) in RC1.

N4708   = Ho 463a. (Ho 463b at 0'4 is a condens. in the gal.).

N4712   = Ho 468b. P(a) w. N4725 at 12'.

N4706   In Centaurus Cl.

N4710   PTM. ISODENS.: Ap.J.Suppl., 26,No.230,1973.

A1247+27   In Coma Cl. (A1246B in RC1).

N4709   In Centaurus Cl.

N4713   PTM. ISODENS.: Ap.J.Suppl., 26,No.230,1973.

A1247-41   In Centaurus Cl. Listed as A1248C (= Helwan 280) in RC1.

N4719   = Mk 446.

SPEC. Astrofizika, 10,315,1974 (weak Seyfert N). Ast. Tsirk.,No.798, 1973.

N4725   = Ho 468a. P. w. N4712 at 12'. Note corr. to dec. in A.&A.Suppl.,3, 325,1971.
           PHOTO. "Stellar Structure,"Stars and Stellar Systems,vol.VIII,p.396, 1965.
           PTM. 5 COL.: A.J., 73,313,1968.
           ISODENS.: Ap.J.Suppl., 26,No.230,1973.
           SN1940B. Ann. Rev. Ap., vol.2, p.249,1964. Supernovae & SN Remnants, Ap. & Space Sc. Lib., vol.45,p.207,1974.
           SN1969H. IAU Cir. No.2155, 1969. P.A.S.P., 82,736,1970. (w. PHOTO.). Ap.J., 185,303,1973.

N4728   = Ho 469a. P. w. Ho 469b,c at 2'2 and 3'6.

N4724   = Ho 470b. P. w. N4727 at 1'.

N4727   = Ho 470a. P. w. N4724 at 1' and [N4740 = I3834] at 11'.
           SN1965B. IAU Cir. No.1887,1965. Ast. Tsirk. No.315,1965.

N4731   = Ho 472a. P. w. Ho 472b, dIBm, at 10'5.
           PHOTO. Vistas in Ast., vol.14,p.218,1972.

A1248+28   In Coma Cl. Listed as A1249 in RC1.
           PHOTO. Galileo Conf. Cosmology, p.132,1966.
           SPEC. Ap.J., 181,15,1973 (obj. CT51).
           SN1961D. P.A.S.P., 74,215,1962. "Stellar Structure", Stars And Stellar Systems, vol.VIII,p.396, 1965. Galileo Conf. Cosmology, p.132,1966.

N4736   = M94.
           PHOTO. Ap.J.,147,477,1967; 188,3,1974. A.J.,72,1032,1967. A.&A.,15, 110,1971. IAU Symp.44,p.56,1972. IAU Symp.58,p.431,1974.
           PTM. U,B,V: Ap.J., 143,187,1966; 147,407,1967. A.J., 72,1032, 1967.
           5 COL.: A.J., 73,313,1968.
           I.R.,1-20 MICRON: Ap.J.,143,187,1966; Ap.J.Let.,159,L165,1970; 161, L203,1970; 176,L95,1972.
           SPEC. Ap.J., 147,407,1967; 188,3,1974.
           SPTM. FAR U,V: N.A.S.A., SP. 310,p.559,1972.
           ROT., MASS. J. Observ., 48,247,1965 = Pub.O.H.P., 8,No.16,Ap.J.,147, 407,1967; 188,3,1974. A.&A., 8,364,1970. IAU Symp. 58,p.431,1974.
           HI 21-CM. Ap.J., 150,8,1967. IAU Symp. 58,p.408,1974.
           RADIO. A.&A., 15,110,1971; 29,231,1973. A.J., 78,18,1973.

N4735   PTM. ISODENS.: Ap.J.Suppl., 26,No.230,1973.

N4733   = Ho 473a. (Ho 473b at 0'9 is a *).

A1248-40   In Centaurus Cl. Listed as A1248D (= Helwan 288) in RC1.

A1249-41   In Centaurus Cl.

N4747   = Arp 159 = Ho 468c. P. w. N4725 at 24'. F extens. nf.
           SPTM. Ap.J., 181,633,1973.
           HI 21-CM. A.J., 79,767,1974.

N4749   Note corr. to NGC R.A.

N4743, 4744 In Centaurus Cl. N4743 = MCG -7-27-5.

N4754   = Ho 478b = K 356a. P(a) w. N4762 at 10'5.

N4753   Note corr. to Dec. sign in A.&A.Suppl., 3,325,1971.
           CLASS.,DESCR.,PHYS.DATA: Astrofizika,3,427,1967. A.J.,79,1242,1974.
           PHOTO. Mem.S.A.Ital., 42,145,1971 = Cont. Asiago No. 254.
           PTM. 11 COL.: A.&A., 29,77,1973. Bull.A.A.S., 5,349,1973.
           U,B,V, SURF. PTM.: Prob. Cosmic Phys. (USSR), 8,187,1973.
           ISODENS.: A.J., 79,1242,1974.
           SPEC. A.&A., 29,77,1973. Source G1 (A.J., 72,730,1967) rejected.
           ROT., MASS. A.&A., 29,77,1973.
           SN1965I. IAU Cir.,Nos.1912,1914,1965. P.A.S.P.,77,469,1965.Sov.A.J., 10,728,1966. Mem.S.A.Ital., 42,145,1971 = Cont. Asiago,No.254.
           RADIO. A.J., 75,523,1970.

N4757   P(a) w. N4760 at 12'.

N4762   = Ho 478a = K 356b. P(a) w. N4754 at 10'5.
           SPEC. VEL. DISP.: IAU Symp. 15,p.112,1962.
           ROT. VEL. A.&A., 8,364,1970. Comm.Padova, No.98,1972.

N4760 = PKS 1250-10. P(a) w. N4757 at 12'.
SPEC. Aust.J.Phys., 25,233,1972.
RADIO. M.N., 152,439,1971. Ap.J., 189,399,1974.

N4774 = I Zw 45. Ring Gal.
DIM. Ap.J., 194,569,1974.
PHOTO. Observ., 90,153,1970.

N4779 PTM. ISODENS.: Ap.J.Suppl., 26,No.230,1973.

N4780 = Ho 482a. P. w. Ho 482b at 2'.

N4789A = DDO 154. P. w. N4789 at 5'.
HI 21-CM. A.&A., 34,43,1974.

N4781 = Ho 483a. P(a) w. N4784 at 5'7, N4790 at 18'5.

N4789 P. w. N4789A at 5', N4787 at 3' p.

N4782,4783 = 3C 278 = VV 201 = Ho 485a,b. P(b) at 0'7, connected.
DESCR., CLASS. Ap.J., 140,35,1964.
PHOTO. Ap.J., 140,1462,1964.
PTM. ISOPH.: Ap.J., 140,1462,1964. U,B,V,R: Ap.J., 178,25,1972; 183, 731,1973. V = 11.15, B-V = 1.01, U-B = 0.61 (log A = 1.35, source S) for both comp.
SPEC. Ap.J., 191,55,1974.
MASS. Ap.J., 140,1462,1964.
SN1956B. P.A.S.P., 82,736,1970 (w. PHOTO.).
RADIO. A.J.,72,230,1967;73,1,1968;76,211,1971. Sov.A.J.,13,28,1969. Ap.J., 193,303,1974. M.N., 167,251,1974.

N4784 = Ho 483b. P. w. N4781 at 5'7.

N4793 = 5C 4.022. PTM. ISODENS.: Ap.J.Suppl., 26,No.230,1973.

N4790 P(a) w. N4781 at 18'5.

N4809,4810 = Arp 277 = VV 313 = Ho 486a,b = K 358. P(b) at 0'7. NGC numbers interchanged in UGC and MCG.

N4792,4794 Pair at 7'.

N4795 = K 359a.

A1252+00 HA 88,2 New 4. Listed as A1253 in RC1.

N4807,4807A Pair at 1'. In Coma Cl. SPEC. A.J., 76,409,1971.

N4802 = N4804

N4808 P(a) w. anon. SAB(s)d at 17'5.
MASS. Bull.A.A.S., 1,186,1969.

A1253+27 = Mk 53. In Coma Cl. (w. Mk 55,56,57,58,60).
PHOTO. Astrofizika, 4,475,1968.

N4819,4821 = Ho 490a,b. Pair at 1'8. In Coma Cl.

A1254+57 = Mk 231 = VII Zw 490. Class 1 Seyfert N. Misident. as Mk230 in UGC.
PHOTO. Ap.J.Let., 173,L109,1972.
PTM. I.R. low. limits: Nature, 238,263,1972.
SPEC. Ap.J.Let., 173,L109,1972; 176,L1,1972. Ap.J., 192,581,1974.
Bull.A.A.S., 5,320,1973. Absorp. lines (incl. very strong Na I D line) at V(abs) = V(em) - 4000 km/sec.

N4826 = M64.
PHOTO. Ap.J.,141,885,1965. A.J.,72,1032,1967. Sov.A.J.,17,643,1974.
PTM. A.J., 72,1032,1967. Sov.A.J., 17,643,1974.
I.R. 2-10 MICRON: Ap.J.Let., 161,L203,1970; 176,L95,1972.
SPEC. Ap.J., 141,885,1965. Bull.A.A.S., 4,332,1972.
SPTM. Ap.J., 186,21,1973.
ROT., MASS. Ap.J., 141,885,1965.
HII REG. Bull.A.A.S., 6,343,1974.
RADIO. A.&A., 29,231,1973.

A1254+32 = Mk 54. In Zwicky 1971. Listed as A1255 in RC1.

N4825 In a group w. N4820,4823,4829 and others. S0 sp.

N4837 = I Zw 46 = UGC 8068 = MCG 8-24-11,12. Connected pair. Total mp = 14.4. V is for mean of both comp.
SPEC. Ap.J., 160,405,1970. (Gives V for each comp. and link.).

A1255+27A = Mk 55. In Coma Cl.

N4841A,B = Ho 492a,b = K 361. Pair at 0'7.
PTM. ISODENS.: Ap.J.Suppl., 26,No.230,1973.

N4842A,B Pair at 0'5. In Coma Cl.

A1255+59 = Mk 232.
RADIO. Izv. V.U.Z. Radiofizika, 16,1342,1973.

N4835 P(a) w. vs dIBm at 1'7.
SPEC. A.J., 72,821,1967.

A1255+28 SN1963C and PHOTO. P.A.S.P., 76,325,1964. HAC No.1585,1963.

A1255+27B = III Zw 68, mp = 15.2. In Coma Cl.

A1255+15 = DDO 157. UGC Dxd should read 2.0:: x 0.8::.

N4849 = I3935 = Ho 495a. P.w. I0838 (= Ho 495b) at 1'9. Misident. in CGCG.

N4850 PTM. P,V: A.J., 71,635,1966. Ap.J., 158,657,1969.

A1256+14 = DDO 155 = GR 8 (A.J., 61,69,1956), [Local Group] dwarf [superposed on] Virgo Cl.
PHOTO. Ap.J.,148,719,1967.Ann.Rev.Ast.Ap.,vol.9,p.35,1971. P.A.S.P., 86,645,1974.
PTM. Ap.J., 148,719,1967.
SPEC., HII REG. P.A.S.P., 86,645,1974.

A1256+27A,B = Mk 56,57. In Coma Cl.

N4853 = II Zw 67. In Coma Cl.
PTM. P,V: A.J., 71,635,1966.

A1256+09 PTM. ISODENS.: Ap.J.Suppl., 26,No.230,1973.

N4854 In Coma Cl.
PTM. V: Ap.J., 158,657,1969.
ISODENS.: A.J., 79,671,1974.

I3946 In Coma Cl.
PTM. P,V: A.J., 71,635,1966. Ap.J., 158,657,1969.

I3947 In Coma Cl.
PTM. V: Ap.J., 158,657,1969.

I3949 In Coma Cl.
PHOTO. P.A.S.P., 80,424,1968.
PTM. V: P.A.S.P., 80,424,1968. Ap.J., 158,657,1969.

N4858 In Coma Cl.
PTM. V: Ap.J., 158,657,1969.

N4860 In Coma Cl.
PTM. P,V: A.J., 71,635,1966.

N4861 = Arp 266 = I Zw 49 = K362. I3961 = Mk59 is B emis. patch at SW end.
PHOTO. Astrofizika, 5,113,1969.
PTM. U,B,V: Ap.J., 171,5,1972.
SPEC., ROT. A.&A., 30,21,1974.
SPTM. Ap.J., 171,5,1972. IAU Symp. 44,p.145,1972.
HI 21-CM. A.&A., 30,21,1974.

A1256+27C = Mk 58 = RB No.219 (A.J., 72,398,1967). In Coma Cl.
PTM. V: A.J., 73,442,1968. Ap.J., 158,657,1969.

I3955,3959,3960 In Coma Cl.
PTM. V: Ap.J., 158,657,1969.

I3960 Incorrectly listed as I3960A in A.&A.Suppl., 12,89,1973. I3960A is 0'5 nf (V = 6868+/-65, Source B).

N4864 In Coma Cl.
PTM. V: Ap.J., 158,657,1969.

I3963,N4867 In Coma Cl.

PTM. V: Ap.J., 158,657,1969.

N4865 In Coma Cl.
PTM. P,V: A.J., 71,635,1966; 73,442,1968. Ap.J., 158,657,1969.

N4869 = 5C 4.81. In Coma Cl.
PTM. P,V: A.J., 71,635,1966. Ap.J., 158,657,1969.
RADIO. A.&A., 31,223,1974.
X-RAYS. Ap.J., 178,309,1972.

I3976,N4871,I3973 In Coma Cl.
PTM. V: Ap.J., 158,657,1969.

N4873 In Coma Cl.
PHOTO. Ap.J., 143,192,1966.
PTM. V: A.J., 73,442,1968. Ap.J., 158,657,1969.

N4872 In Coma Cl.
PHOTO. Ap.J., 143,192,1966.
PTM. P,V: A.J., 71,635,1966. Ap.J., 158,657,1969.

N4874 = 5C 4.85. In Zwicky 1971. In Coma Cl.
PHOTO. Ap.J., 143,192,1966; Ap.J.Let., 169,L3,1971. P.A.S.P.,81,224, 1969. Galileo Conf. on Cosmology, p.133,1966.
PTM. P,V: A.J.,71,635,1966. V: A.J.,73,442,1968; 75,695,1970. Ap.J., 158,657,1969.
ISODENS.: Ap.J.Let., 169,L3,1971. A.J., 79,671,1974.
SPTM. D. Wells, Univ. of Texas Publ. in Astron. No. 13, 1978.
SN1968B. IAU Cir. No.2056,1968. Ast. Tsirk., No.426,1968.
P.A.S.P., 81,224,1969.
RADIO. A.&A., 31,223,1974.
X-RAYS. Ap.J., 178,309,1972. Bull.A.A.S., 4,412,1972.

N4875,4876 In Coma Cl.
PTM. V: Ap.J., 158,657,1969.

I3998,N4883 In Coma Cl.
PTM. V: A.J., 73,442,1968. Ap.J., 158,657,1969. Mag. and colors reduced using dim. on PSS (I3998: 0'55 x 0'35; N4883: 0'7 x 0'5).

N4881 In Coma Cl.
PTM. P,B,V: A.J., 71,635,1966; 73,442,1968; 77,642,1972. Ap.J.,158, 657,1969.
ISODENS.: A.J., 79,671,1974.

N4886 = N4882. In Coma Cl.
PTM. P,V: A.J., 71,635,1966; 73,442,1968. Ap.J., 158,657,1969.

N4880 = Ho 497a. (Ho 497b at 1'7 is a *).

I4011,4012 In Coma Cl.
PTM. V: A.J., 73,442,1968. Ap.J., 158,657,1969. Mag. and colors reduced using dim. on PSS (I4011: 0'40 x 0'35; I4012: 0'35 x 0'30).

N4889 = N4884. Brightest in Coma Cl.
DIM. Ap.J., 173,485,1972.
PHOTO. P.A.S.P., 80,424,1968. Ap.J.Let., 169,L3,1971. A.J., 79,671, 1974.
PTM. Ap.J., 139,284,1964. P,V: A.J., 71,635,1966.
U,B,V: A.J., 73,442,1968; 77,642,1972. P.A.S.P., 80,424,1968. Ap.J., 158,657,1969; 173,485,1972; 178,1,1972. Ap.Let., 5,219,1970.
ISODENS.: Ap.J.Let., 169,L3,1971. A.J., 79,671,1974.
DYN., MASS. Ap.J., 139,284,1964.
X-RAYS from Cl. Ap.J., 146,955,1966; 183,15,1973. Ap.J.Let.,167,L81, 1971; 173,L99,1972; 183,L57,1973; 185,L13,1973;193,L57,1974. Nature, 231,107,1971. Bull.A.A.S., 6,429,437,1974.

A1257+28 = Mk 60 = RB No.82 (A.J., 72,398,1967). In Coma Cl.
PTM. V: Ap.J., 158,657,1969.

N4895A 2'7 sp N4895. In Coma Cl.

I4021 In Coma Cl.
PTM. P,V: A.J., 71,635,1966; 73,442,1968. Ap.J., 158,657,1969.

N4894 In Coma Cl.
PTM. V: Ap.J., 158,657,1969.

N4898 Dble syst., in contact. In Coma Cl.
PHOTO. P.A.S.P., 80,424,1968.

PTM. V: P.A.S.P., 80,424,1968. Ap.J., 158,657,1969.

N4895 In Coma Cl.
PHOTO. P.A.S.P., 80,424,1968.
PTM. P,V: A.J., 71,635,1966; 73,442,1968. P.A.S.P., 80,424,1968. Ap.J., 158,657,1969.
ISODENS.: A.J., 79,671,1974.

I4026 In Coma Cl.
PTM. V: A.J., 73,442,1968. Ap.J., 158,657,1969. Mag. and colors reduced using dim. on PSS (0'5 x 0'4).

A1258-06 mp = 14.5.
SN1970C. A.J., 76,756,1971.

N4887 SN1964D. IAU Cir. No.856,1964. HAC No.1635,1964. Tokyo Ast. Bull., No.176,1967.

N4896 In Coma Cl.
PTM. P,V: A.J., 71,635,1966.

I4040 In Coma Cl.
PHOTO. P.A.S.P., 80,424,1968.
P.T.M. V: P.A.S.P. 80,424,1968. Ap.J., 158,657,1969.

N4906 In Coma Cl.
PTM. V: A.J., 73,442,1968. Ap.J., 158,657,1969. Mag. and colors reduced using dim. on PSS (0'6 x 0'5).

I4041 In Coma Cl.
PTM. V: Ap.J., 158,657,1969.

I4042 In Coma Cl.
PTM. V: A.J., 73,442,1968. Ap.J., 158,657,1969. Mag. and colors reduced using dim. on PSS (0'6 x 0'5).

I4045 In Coma Cl.
PTM. P,V: A.J., 71,635,1966; 73,442,1968. Ap.J., 158,657,1969.

N4908,I4051 In Coma Cl.
PTM. P,V: A.J., 71,635,1966; 73,442,1968. Ap.J., 158,657,1969.
ISODENS.: A.J., 79,671,1974.

N4911 = Ho 499a. P. w. s. anon. (Ho 499b) at 0'6. In Coma Cl.

N4915 P(a) w. N4918 at 6'3, and A1258-04 (= DDO 160) at 13'.

A1258-04 = DDO 160. 13' sf N4915.

N4922 = K 363. Dble syst. in Coma Cl.
PTM. ISODENS.: Ap.J.Suppl., 26,No.230,1973.

N4921 In Coma Cl.
PTM. V: A.J., 73,442,1968. Ap.J., 158,657,1969.
ISODENS.: A.J., 79,671,1974.

N4926A 3'4 nf N4926. In Coma Cl.

N4928 SBc sp (= MCG -1-33-71) at 23'5 sp.

I0844 P(a) w. N4936 at 12'7.

N4933A,B = Arp 176 = Ho 502a,b. Interacting pair at 0'8. P(a) w. anon. SB(r)0/a at 4'3.

N4944 SN1973F. IAU Cir. No.2521,1973.

N4936 P(a) w. I0844 at 12'7.

N4939 SPEC. Ap.Let.,4,89,1969 (em. knot att. to N w. delta V = -700 km/s). Bull.A.A.S., 4,237,1972.
SN1968X. IAU Cir. No. 2116,1968. Ast. Tsirk., No.491,1968.
SN1973? IAU Cir. No.2538,1973.
RADIO. A.&A., 29,249,1973.

A1301-03 Dwarf anon. (= A1302 in RC1).

N4948 = Ho 505a. (Ho 505b at 1' sf is a dble *, but vF comp. at 1'1 np). N4948A at 12'5 sf. Another vF SB(s)dm at 5'5 nf.

N4948A = DDO 162 = Ho 506a. (Ho 506b at 3'3 sf, not found). N4948 at 12'5.

N4945 = PKS 1302-49.
DESCR., PREC. COORD. Observ., 87,169,1967. Vistas in Ast., vol.14, p.210,1972.
PHOTO. Ap.J., 139,899,1964. Observ., 87,169,1967.
PTM. Ap.J., 139,899,1964. Atl.Gal.Austr., 1968.
SPEC. Ap.J., 172,37,1972. Discordant vel. Source N1 (A.J., 72,821, 1967) rejected.
SPTM. MOLEC. ABS. OH, H2CO, IAU Cir. No.2552,1973. Ap.Let., 15,211, 1973. Nature, 247,526,1974.
DYN.,MASS. Ap.J., 139,899,1964.
INTERFER. H ALPHA: Bol.A.A.Argentina, No.14,90,1968. A.&A., 12,379, 1971.
HI 21-CM. ABSORP. Ap.Let., 15,211,1973.
RADIO. Aust. J. Phys., 16,360,1963. M.N., 152,439,1971.

N4957 P. w. N4961 at 12'5.

A1302+32 PTM. ISODENS.: Ap.J.Suppl., 26, No.230,1973.

N4958 P. w. N4948A at 13'5 and N4948 at 14'.

N4961 P(a) w. N4957 at 12'5.

I4182 MAG., VEL. "Supernovae & SN Remnants", Ap. & Space Sc.Lib., vol.45, p.15,1974.
SN1937C. P.A.S.P., 75,256,1962. A.&A., 20,79,1972. M.N.,181,71,1973. Ap.J., 182,225,1973; 192,657,1974. Ann.Rev.Ast.Ap.,vol.2,p.248,1964.
"Supernovae & SN Remnants", Ap. & Space Sc.Lib.,vol.45, p.15, 1974.

I4189 mp = 12 in MCG, vol.II, 1964. mp = 14.5 in CGCG, vol.III,1966.

A1304+28 SN1962A and PHOTO. P.A.S.P., 75,236,1963. A.J., 72,1366,1967.

A1304+67 = VII Zw 499 = DDO 165. Resolved, mp = 14.1.

I0850 SN1956D and PHOTO. P.A.S.P., 84,844,1972.

N4975 SN1968?. Inf.Bull.V.S.No.785,1973. Supernovae & SN Remnants, Ap. & Space Sc.Lib., vol.45, p.51,1974.

N4976 PTM. Atl.Gal.Austr., 1968.

N4981 SN1968I. IAU Cir. No.2070,1968. Ast. Tsirk., Nos. 469,470,1968.

A1306+62 mp = 12 in MCG, vol.I, 1962. mp = 13.8 in CGCG, vol.IV, 1962.

A1307-15 Listed as A1306 in RC1. 21' sf N4984.

A1307-07 SN1954H. and PHOTO. P.A.S.P., 82,736,1970.

N5005 = Bol.2 1308+37.
PTM. Mem.S.A.Ital., 38,189,1967 = Cont. Asiago, No.194.
5 COL.: A.J., 73,313,1968.
DYN., ROT., MASS. A.&A., 8,364,1970. Ap.J., 184,735,1973.

N5004,5004A Pair at 4', in Coma Cl.

A1308+03 (A1309 in RC1).
SN1959C. A.J.,67,118,1962. HAC No.1440,1959. IAU Cir. No.1683, 1959.

A1309+84 = VII Zw 501. F attached comp., total mp = 14.5.
SPEC. A.&A., 33,113,1974 (FeII emiss.).

N5012 P(a) w. anon. Pec. or Sm at 15'5.

N5011A MAG., DIM. P.A.S.P., 83,310,1971.

A1309+21 = 4C 21.39 = PKS 1309+21.
SPEC. Ap.J.Let., 160,L79,1970.

A1309-17 mp = 12 in MCG, vol.IV, 1968.

A1309+26 Low vel. obj. in foreground of Coma Cl.
SPEC. A.J., 76,409,1971.

A1310-32 Listed as A1310 in RC1 where log D, log R, log D(0) were in error.

N5018,5022 Pair at 7'2.

A1310+36 = DDO 166 = Holmberg VIII (1958). Comp. of N5033.

N5033 = Bol.2 1311+36.
PHOTO. P.A.S.P., 82,736,1970. A.J.,76,22,1971.
PTM. Bull. Ap. Inst. Duschambe, No. 48,22,1966.
SPEC. A.J., 76,22,1971.
ROT.VEL. A.&A., 8,364,1970. A.J., 76,22,1971.
SN1950C. P.A.S.P., 82,736,1970.

N5030 In N5044 group.

A1311+35 = I Zw 53. mp = 16.7

A1311+42 Listed as N5003 in RC1, but N5003 is at 13 06.4, +44 00 (= MCG 7-27-33 = UGC 8228). See W. Herschel, SCIENTIFIC PAPERS (ed. Dreyer, 1912), vol.I, p.354, where delta R.A. = 7m26s.

N5035 In N5044 group.

A1312+46 = DDO 168.
HI 21-CM. A.&A., 34,43,1974.

N5037 In N5044 group.

A1312+35 = Mk 450.
SPEC. Astrofizika, 10,315,1974.

A1312+55 = Mk 247.
SPTM. Astrofizika, 7,389,1971.

N5044 Brightest of a group.
DIAM. Ap.J.,173,485,1972.
PTM. B,V,R: Ap.J.,183,731,1973.

N5046, 5047,5049. In N5044 group.

N5055 = M63.
PHOTO. Ap.J., 148,231,1967. L'Astronomie, 86,137,1972. A.&A.,29,231, 1973. Mem.S.A.Ital., 44,65,1973 = Cont. Asiago No.284.
PTM. 5 COL.: A.J., 73,313,1968. U,B,V: Ap.J., 143,187,1966.
I.R. 1-3 MICRON: Ap.J., 143,187,1966. Ap.J.Let., 161,L203,1970.
SPTM. Ap.J., 163,249,1971.
ROT.,MASS. A.&A., 8,364,1970. Ap.J., 184,735,1973.
HI 21-CM. Ap.J., 150,8,1967.
SN1971I. IAU CIR. Nos.2330,-32,-33,-34,-36,-38,-41,-47, 1971. Ast. Tsirk. Nos.630,648,1971. Yamamoto Cir. Nos. 1739, -40,1971. Pub.A.S. Japan,23,593,1971. A.&A., 17,146,1972; 22,317,1973. L'Astronomie,86, 137,1972. P.A.S.P., 85,321,1973. Ap.J.,185,303,1973. Mem.S.A.Ital., 44,65,1973. Bull.A.A.S., 4,320,1972.
RADIO. Ap.J.,144,553,1966; 183,791,1973. A.J.,78,18,1973. A.&A.,29, 231,1973; 31,447,1974.

A1313+07 = 4C 07.32.=PKS 1313+07

N5054 P. w. s. anon. SBm? sp at 2'7 n.

N5068 HII REG. Atlas and Catalogue, Univ. Washington, Seattle, 1966.
Ap.J., 155,417,1969; 194,559,1974.
DIST.MODULUS: Ap.J., 194,559,1974.
RADIO. Aust. J.Phys., 19,883,1966.

N5077 = Ho 514b. P(a) w. N5079 at 3'0. Brightest of a group.
PTM. B,V,R: Ap.J., 183,731,1973.
SPEC. Ap.J.Let., 164,L35,1971.
RADIO. A.J., 75,523,1970. Ap.Let., 6,49,1970. Ap.J., 157,481,1969; 189,399,1974. IAU Symp. 44, p.222, 1972.

N5079 = Ho 514a. P(a) w. N5077 at 3'0, N5076 at 3'2.

N5078 P(a) w. I0879 at 2'3.

N5088 = No 515a. (Ho 515b at 3'7 is a *). In N5077 group.

N5082 SN1958, not confirmed, rejected from lists (A.J., 76,756,1971.) One pl. only, see Cat. of SN, Pub. Ast.Obs. Warsaw, vol.15, 1968.

N5098 = B2 1317+33. Dble system. mp = 15.0.

N5090,5091 Pair at 1'3.

I0883 = Arp 193 = I Zw 56 = B2 1318+34A. B cent. reg. 2 F jets SW and SE.
PHOTO., SPEC. Ap.J., 140,1617,1964.

N5102 PTM. Atl.Gal.Austr., 1968.
HI 21-CM. Bull.A.A.S., 6,332,1974.

N5107,5112 Pair at 13'5.

N5127 = B2 1321+31A.
RADIO. Ap.J., 189,399,1974.

N5144 = Mk 256 = VII Zw 511. Distorted w. condens. and jets.

I4237 Pair w. N5134 at 10'7.
SN1962H. IAU Cir. No.1802,1962.

N5128 = Arp 153, Centaurus A.
DESCR., CLASS. Ap.J., 140,35,1964. P.A.S.P., 80,129,1968. Ap.J.Let., 170,L7,1971. Bull.A.A.S., 3,444,1971.
PHOTO. Pub.N.A.R.O.,1,251,1963. Lowell Obs.Bull.,VI,No.123,1964. Ap.J.,140,44,1964. Ap.J.Let., 170,L7,1971. Ap. Let., 8,57,1971.
PTM. Atl.Gal.Austr.,1968. U,B,V: Ap.J.Let.,170,L7,1971. Ap.J.,178, 25,1972.
STAR. SEQ.NEAR GAL.: Ark.f.Ast., 5,249,1969.
I.R. 1-10 MICRON: Ap.J.Let., 170,L7,L15,1971.; 191,L19,1974.
SPEC. Nature, 224,253,1969. Ap.J.Let., 170,L7,1971.
POL. Lowell Obs. Bull. VI, No. 123,1964.
MASS OF N. Ap.J.Let., 170,L7,1971.
HII REG. Zs. f.Ap., 51,64,1960.
INTERFER. H ALPHA: Nature,224,253,1969. Inf.Bull.South. Hemisph., No.14,32,1969.
HI 21-CM. Absorp. and emiss. Ap.J.Let., 161,L10,1970. Ap.Let.,8,57, 1971. IAU Symp.44, p.12,1972. A.&A., 31,283,1974.
RADIO. Ap.J., 140,44,1964; 147,25,1967; 154,423,1968; 157,481,1969. Ap.J.Let., 170,L11,1971;194,L35,1974. Proc.A.S.Austr.,1,229,1969. A.J.,76,211,1971. M.N.,152,439,1971; 169,15P,1974. Nature,Phys.Sc., 245,83,1973. Bull.A.A.S., 6,441,1974.
X-RAYS. Ap.J.Let.,161,L1,1970; 165,L49,1971; 171,L45,1972; 173,L99, 1972. Ap.J.,180,715,1973; 183,357,1974. Bull.A.A.S.,3,444,456,1971.

N5134 P(a) w. I4237 at 10'7.

N5141 = 4C 36.24 = B2 1322+36 = K 373a. Pair w. N5142 at 2'3.
SPEC. Ap.J.Let., 182,L13,1973. M.N., 158,277,1972.

N5142 = Mk 452 = K 373b. Pair w. N5141 at 2'3.

N5135 P(a) w. I4248 at 13'5.

A1323+57 = Mk 66.
SPEC. Ap.J., 159,405,1970.

N5140 Mag. and colors reduced using dim.on PSS (1'7: x 1'5:).

A1326+31 Rej. ident. for 4C 31.42. The radio S. is 5's.
SPEC. Ap.J.Let., 148,L53,1967.

N5164 = K 376.

N5169,5173 Pair at 5'5.

N5161 HII REG. Atlas and Catalogue, Univ. Washington, Seattle 1966.
SN1974B. IAU Cir. No.2640, 1974. P.A.S.P., 87,401,1975 (w. photo.)

A1327+45 = DDO 176.
HI 21-CM. A.&A., 34,43,1974.

N5204 In M101 group.
PHOTO. Ap.J., 194,223,1974.
MASS., HII REG., DIST. MODULUS. Ap.J., 194,223,1974.

N5194,5195 = M51 = Arp 85 = VV 1 = Ho 526a,b = K 379. P(b) at 4'8, connected with outer streamers.
DESCR., STRUC., PROP. (N5195). Ap.J., 146,593,1966. P.A.S.P.,85,815, 1973. A.J., 79,1242,1974.
DIAM. N.(N5194). Ap.J.Let., 155,L129,1969.
PHOTO. Ap.J., 140,1445,1964; 194,559,1974. Ap.J.Suppl.,27,No.251, 1974. P.A.S.P., 78,495,1966; 79,600,1967; 85,815,1973; 86,92,1974. Observ.,88,91,1968. A.J., 74,515,1969. Ap.Let., 4,117,1969. A.&A., 1,479,1969; 3,418,1969; 17,468,1972. Izv. Crimea Obs., 43,101,1971.
IAU Symp. 29, p.434, 1968. IAU Symp.38, pp.75,79,1970. IAU Symp.44, p.56,1972. IAU Symp. 58, p.354, 1974.
PTM. PG ISOPH.: P.A.S.P.,78,125,1966. B-V MAPS:
P.A.S.P., 86,92,1974. 12 COL.: Ap.J., 145,36,1966.
5 COL.: A.J., 73,313,1968. 9 COL.: Izv. Crimea Obs.,43,101,1971; 44, 40,1972. U,B,V: Bull. A.A.S., 4,224,1972. M.N., 162,359,1973.
I.R., 1-10 MICRON: Ap.J.Let., 161,L203,1970; 176,L95,1972. M.N.,162, 359,1973.
SPEC. Ap.J.,140,1445,1964; 142,634,1965; 159,405,1970;Ap.J.Let.,155, L129,1969. Ap.J.Suppl.,27,No.251,1974.A.J.,74,515,1969. A.&A.,1,479, 1969. Bull.A.A.S., 4,332,1972. VEL.FIELD. Bull.A.A.S., 1,362,1969.
IAU Symp.38,p.79,1970. Ap.J.Suppl.,27,No.251,1974.Bull.A.A.S.,6,321, 1974.
SPTM. Ap.J., 154,33,1968; 168,327,1971; 178,617,1972; 182,381,1973; 186,29,1973; 190,19,1974. Sov.A.J.,13,593,1970; 16,628,1973. Bol. Tonantzintla, 6, No.37,97,1971. Bull.A.A.S., 5,9,349,1973. IAU Symp. 44,p.55,1972. Ap.Let., 14,1,1973.
MOL. ABSORPT. H2O, CO: Ap.Let., 14,1,1973.
POL. Lowell Obs.Bull.,VI,No.123,1964. P.A.S.P.,79,600,1967. A.J.,72, 783,1967. Astrofizika, 4,409,1968; 7,417,1971.
DYN., MASS, ENCOUNTER MODEL. Ap.J.,140,1445,1964; 178,623,1972; 184,735,1973. Ap.J.Suppl.,27,No.251,1974. A.&A.,1,479,1969. Bull. A.A.S.,4,424,1972.
HII REG. Ap.J., 168,327,1971; 194,559,1974. IAU Symp. 38, p.83,1970. Bull.A.A.S.,5,349,1973.
10,20 MICRON: Ap.J.Let., 193,L7,1974.
INTERFER. H-ALPHA: A.&A.,1,479,1969. Ap.J.Suppl., 27,No.251,1974.
SN1945A. (in N5195) HAC No.704,1945. IAU Cir. No.1018,1945.
HI 21-CM. Ap.J.,150,8,1967. A.&A.6,165,1970;24,59,1973. IAU Symp.58, p.124,1974. Source R2 (A.&.A., 3,292,1969) rejected.
RADIO. Ann.Ap., 26,343,1963. Ap.J., 144,553,1966. Ap.J.Let.,176,L101, 1972. Sov.A.J., 13,881,1970. A.&A., 17,468,1972. M.N.,159,15P,1972. Nature,241,260,1973; Bull.A.A.S.,3,36,369,1971; 5,29,1973. IAU Symp. 58,pp.376,385,1974. Proc.1st European Ast. Meet.,Vol.3, p.1, 1974.
POSS.SN REMNANT: A.&A., 26,105,1973. "Supernovae & SN Remnants", Ap. & Space Sc. Lib., vol.45, p.56,1974.

N5193,5193A Pair at 0'5.

A1329+75A,B = Mk 261,262. Comp A = VII Zw 518. Pair at 1'.
PHOTO. Astrofizika, 10,7,1974.

A1329+75C Dble system, 1'9 n of Mk 261, 262.
PHOTO.,SPEC. Astrofizika, 10,7,1974.

N5216,5218 = Arp 104 = VV 33. P(b) at 4', connected by long streamer.

N5223 SPEC. Ap.J., 148,321,1967.

A1332-33 In a group w. I4296.

A1332-45 Fourcade-Figueroa Obj.
PHOTO. Bol.A.A.Argentina, No.16,10,1971. A.&A., 23,405,1973.
DIM., PTM., SPEC; A.&A., 23,405,1973.

A1332+34A,B,C Triple syst. Comp. A and B form a close pair of Spir. at 1'. Comp. C = Mk 459.
PHOTO., SPEC. Astrofizika, 10,625,1974.

A1333+29 = Haro 38. (Bol. Tonantzintla, No.14, 1956).
DIM.,PTM.,SPEC. A.J., 75,1143,1970.
HI 21-CM. A.&A., 29,217,1973.

I4296 = PKS 1333-33. Brightest of a group.
DESCR. P.A.S.P.,80,129,1968.
PTM. U,B,V: A.J., 74,335,1969. Ap.J.,178,1,1972. Mag. and colors reduced using dims. on PSS (3'9:x3'9).

I4299 Pair w. I4296 at 5'6. In group.
PTM. U,B,V: A.J., 74,335,1969.
Mag. and colors reduced using dims. on PSS (2'0 x 0'8).

N5236 = M83 = PKS 1334-29.
DESCR.,CLASS. P.A.S.P.,77,287,1965; 79,152,1967. IAU Symp. 38,p.29, 1970.
PHOTO. P.A.S.P., 77,287,1965. A.&A.,12,379,1971. Ap.J.,194,559,1974. M.N., 167,13,1974.
PTM. Atl. Gal. Austr., 1968. U,B,V: A.J.,74,335,1969.
I.R.,1-21 MICRON: Ap.J.Let., 159,L165,1970; 176,L95,1972; 191,L20, 1974. M.N., 164,155,1973.

SPEC. Observ., 87,38,225,1967.
DYN., MASS. Proc. A.S.Austr.,1,288,1969.
HII REG.,DIST.MODULUS. Ap.J.,194,554,1974.
INTERFER. H-ALPHA: Bol. A.A.Argentina, No.14,38,1968. A.&A., 12,379, 1971.
SN1923A. Ann.Rev.Ast.Ap.,vol.2,p.249,1964. Supernovae & SN Remnants, Ap.& Space Sc.Lib., vol.45, p.203, 1974.
SN1950B. P.A.S.P., 65,242,1953.
SN1957D. (noted 1958 in RC1) IAU Cir. No.1643,1958. Zs. f. Ap., 49, 202,1961.
SN1968L. IAU Cir. No.2085,1968. Ast. Tsirk., No.474,1968. B.A.A.Cic. No.501,1968. M.N.A.S.S.A.,27,105,1968. Sky & Tel,36,295,1968. A.&A., 19,99,1972. M.N.,167,13,1974. Supernovae & SN Remnants, Ap. & Space Sc. Lib., vol.45, 119,1974.
HI 21-CM. Proc.A.S.Austr.,1,104,1968. A.&A.,29,425,1973. Ap.J.,193, 309,1974.
RADIO. Aust.J.Phys.,16,360,1863. M.N.,152,439,1971. Proc.S.A. Aust., 2,159,1972.

N5248   DESCR.,STRUC. P.A.S.P.,77,287,1965; 79,152,1967. IAU Symp. 38,29, 1970.
SPTM. Ap.J.,163,249,1971.
HII REG., DIST.MODULUS. Ap.J.,194,559,1974.
DYN., MASS. Ap.J., 184,735,1973.
RADIO. Aust. J. Phys., 21,193,1968.

A1335-33   In I4296 group. Another anon. S0 at 5'np (V = 3891+/-20, Source L3).

N5256   = Mk 266 = I Zw 67 = K 388. Dble. system.
PHOTO., SPEC. Mem S.A.Ital., 40,559,1969 = KPNO Cont. No.510.

N5253   = Haro 10. (Bol. Tonantzintla, No.14, 1956).
DESCR.,STRUC.,PROP. Ap.J.,146,593,1966. IAU Cir. No. 2413,1972. Ap. & Space Sc., 19,469,1972. A.J., 79,1242,1974.
PHOTO. Ap.J., 146,593,1966; 161,821,1970; 175,329,1972. P.A.S.P.,85, 427,1973; 86,439,1974. Ap.& Space Sc., 19,469,1972.
PTM. Atl.Gal.Austr.,1968. Ap.J.,161,821,1970. Ap.& Space Sc.,19,469, 1972. A.J.,83,882,1968. 12 COL.: Ap.J., 145,36,1966.
U,B,V: Ap.J.,192,279,1974.
I.R. 1-21 MICRON: Ap.J.Let.,159,L165,1970; 176,L95,1972; 191,L19, 1974. M.N., 164,155,1973.
SPEC. P.A.S.P., 81,23,1969. Ap.J.Let.,176,L123,1972. Ap.& Space Sc., 19,469,1972.
VEL. DISP.: Ap.J., 161,821,1970; 175,329,1972.
SPTM. Ap.J.,161,821,1970;192,279,1974. Ap. & Space Sc.,19,469,1972.
DYN.,MASS. Proc.A.S.Aust.,1,288,1969. Ap.J.,161,821,1970. Ap.J.Let., 176,L123,1972.
SN1895B. (Z Cen) Ann. Rev. Ast. Ap.,vol.2,p.253,1964.
SN1972E. IAU Cir. Nos.2405, -07,-09,-13,-21,-34,1972. Inf.Bull.V.A., Nos.683,700,1972; 828,1973. Ast.Tsirk., No.706,1972. Yamamoto Cir. Nos.1755,-56,1972. Nature,238,452,1972. Nature,Phys.Sc.,238,21,1972; 241,7,1973; 243,144,1973. Ap.J.Let.,176,L123,1972; 177,L59,1972; 180,L97,1973. Ap.J., 182,225,1973; 185,303,1973. Ap. Let.,12,101, 1972. P.A.S.P., 85,427,1973; 86,296,439,1974. A.&A.,22,465,1973; 28, 295,1973. M.N.A.S.S.A., 32, 54,1973. Bull.A.A.S.,5,12,28,1973. Supernovae & SN Remnants, Ap.& Space Sc.Lib.,vol.45,pp.103,131,135, 1974. IAU Symp. 66, p.185,1974. Highlights Ast., 3, p.533,1974.
X-RAYS. Ap.J.Let., 192,L61,1974. Ap.J.,182,411,1973; 193,535,1974. Bull.A.A.S., 6,269,1974.
HI 21-CM. A.&A., 17,445,1972.
RADIO. Nature,219,1032,1968. A.&A.,31,447,1974.

N5257,5258   = Arp 240 = VV 55 = Ho 532a,b = K 389. P(b) at 1'3. Connected.
RADIO. M.N.,167,251,1974 (uncertain).

A1337+43   = Mk 267.
SPTM. Astrofizika, 7,389,1971.

A1338+54   = Holmberg V (1958).
HII REG. Atlas and Catalogue, Univ. Washington, Seattle,1966. Ap.J.Suppl., 18,No.157,1969.

N5283   = Mk 270 = MCG 11-17-7. Class 2 Seyfert N. Note corr. to MCG R.A.
SPEC. Ap.J.,192,581,1974.
RADIO. Izv. V.U.Z. Radiofizika, 16,1342,1973.

N5278,5279   = Arp 239 = VV 19 = Mk271 = I Zw 69 = K 390. P(b) at 0'6. Connected.

N5273   = Ho 535a = K 391a. P(a) w. N5276 at 3'3.
PTM. 11 COL.: A.&A., 29,77,1973.

N5276   = Ho 535b = K 391b. P(a) w. N5273 at 3'3.

A1342+56   = Mk 273 = I Zw 71. Class 2 Seyfert N.
RADIO. Izv. V.U.Z., Radiofizika,16,1342,1973.

N5296,5297   = K 394. P(b?) at 1'6.

N5301   HI 21-CM. Source R2 (A.&A., 6,456,1970), quality D, rejected.

N5291   P(b) w. anon. at 0'6. In I4329 group.

A1344+34B,A   = VV 317 = Ho 541b,a = K396. Pair at 1'5. Listed as A1345B,A in RC1.

N5292   In I4329 group.

A1345+34   = Mk 461. P.w. comp. 3'9 sp, 2'2 f.

N5298   P(a) at 5'6 w. anon. SB(r)b. In I4329 group.

N5308   ROT.VEL. A.&A., 8,364,1970.

N5303   = Ho 542a = K 397a. P.w. Ho 542b = K 397b at 2'8. mp = 12.9 in CGCG, vol.III, 1966. mp = 12.5 in MCG, vol.II,1964.

A1345-30,I4327,N5302,I4329 In a group. I4329 is brightest, (for Photo. ref. see I4329A).

I4329A   At 3'1 from I4329. In group. Class 1 Seyfert N.
PHOTO.,PTM.,SPEC. Ap.J.Let.,181,L55,1973.
PTM. 10.6 MICRON: Ap.J.Let., 191,L19,1974.
SPTM. M.N.,168,109,1974.
RADIO. Poss. detec., Ap.J.Let., 181,L55,1973.

A1346+26   = 4C 26.42 = PKS.
SPEC. V = 18,870, Source K3 (Ap.J.Let.,182,L13,1973).

N5304   In I4329 group.

N5322   PTM. 5 COL.: A.J.,73,313,1968.

A1348+38   = DDO 183.
HI 21-CM. A.&A., 34,43,1974.

I0954   = VII Zw 527, mp = 14.5.
SPEC. A.&A., 33,113,1974.

N5328,5330 Pair of E at 1'7.

N5334   = I4338.

A1350+64   = Mk 277 = VII Zw 528; Close mult. syst. of connected compacts. Total mp = 15.7.

N5339   mp = 12 in MCG, vol.III,1963.

N5350   = Ho 555c. In small group w. N5353, 5354, 5355.

N5351   = Ho 554a. P. w. N5341 at 12'5, N5349 at 3'4.

N5353   = Ho 555b. In small group w. N5350,5354,5355. N5354 at 1'2.
PTM., B,V,R: Ap.J., 183,731,1973.

N5354   = Ho 555a. In small group w. N5350,5353,5355. N5353 at 1'2.

N5348   PHOTO., ISODENS. A.J., 79,671,1974.

A1351+69   = Mk 279. Class 1 Seyfert N.
SPEC. Ap.J., 192,581,1974.
PTM. Ap.J., 171,5,1972.
SPTM. Astrofizika, 7,389,1971. Ap.J.,171,5,1972.
RADIO. Izv. V.U.Z. Radiofizika, 16,1342,1973.

A1352+15   SN1954Y and PHOTO. P.A.S.P., 86,516,1974.

N5356   PHOTO. ISODENS.: A.J., 79,671,1974.

A1352+54   = Holmberg IV(1958) = DDO185. In M101 grp. Called A1353 in RC1.
PHOTO. Ap.J.,194,223,1974.
HII REG., DIST. MODULUS. Ap.J., 194,223,1974.

HI 21-CM. Proc. 1st European Ast. Meet., vol.3,p.15,1974.

N5357   In I4329 Group.

N5360   = Ho 557b. P(a) W. N5364 at 8'7.
DESCR.,PROP. Ap.J.,146,593,1966. A.J., 79,1242,1974.
PHOTO. A.J., 79,671,1974. Astrofizika, 10,297,1974.
PTM. Prob. Cosmic Phys. (Kiev Univ.),7,137,1972.
ISODENS. A.J.,79,671,1974.
SPEC. A.&A., 37,7,1974. Astrofizika,10,297,1974.
HII REG. Atlas and Catalogue, Univ.Washington, Seattle, 1966.

N5371   = N5390.
PTM. Bull.Ap.Inst. Duschambe, No.46,25,1966.
HI 21-CM. M.N., 150,337,1970.

N5363   P(a) w. N5364 at 14'5.
DESCR., CLASS. Ap.J., 146,593,1966. Astrofizika, 3,427,1967.
PHOTO. A.J.,79,671,1974.
PTM. Prob. Cosmic Phys. (Kiev Univ.), 7,137,1972. Bull. A.A.S., 6, 462,1974.
ISODENS.: A.J., 79,671,1242,1974.
ROT.VEL. A.&A.,8,364,1970.
RADIO. Aust. J.Phys., 21,193,1968.

N5376   In group w. N5379,5389.

N5364   = Ho 557a. P(a) w. N5360 at 8'7.
DESCR.,CLASS. P.A.S.P., 81,51,1969.
PHOTO. P.A.S.P., 81,51,1969. A.J., 79,671, 1974.
PTM. ISODENS.: A.J., 79,671,1974.
HII REG. Atlas and Catalogue, Univ. Washington, Seattle, 1966.

N5379,5389 = Ho 561b,a. Pair at 4'2.

N5378,5380 Pair at 11'.

N5383   = Mk 281.
PHOTO. IAU Symp. 44, p.56, 1972.
HII REG. Bull. A.A.S., 6,343,1974.
HI 21-CM. IAU Symp. 58,p.425,1974.
RADIO. A.&A., 29,249,1973.

A1355+29A,B = Mk 280, Close pair at 0'5.

N5365B at 9' f N5365.

N5394,5395 = Arp 84 = VV48 = I Zw 77 = Ho563b,a = K404. P(b) at 1'9, connected.
PHOTO. A.&A., 3,418,1969. IAU Symp. 29, p.61,1968.
SPEC. (5394): A.&A.,3,418,1969.

A1357-45 = HA 72, No.2 = HN 1734. Listed as A1358 in RC1.

N5403   = VV 310 = Ho 564a. P. w. Ho 564b at 1'8.

N5422   = Ho 567a. (Ho 567b at 2'2 is a *).

A1358-11 = PKS.
SPEC. Ap.J.Let., 154,L101,1968.

N5430   = Ho 569a. (Ho 569b at 0'4 may be a *).

N5408   Asym., emiss. knots. (= Henize 959).
DESCR., PHOTO. Ap.J., 175,329,1972.
SPEC.,VEL.,DISP. Ap.J., 175,329,1972. M.N., 168,27P,1974.

N5443   = Ho 578a. (Ho 578b at 1'8 is a *).

N5419   = PKS 1400-33? (RS coord.: 14 00.97, -33 48.0).
DESCR. P.A.S.P., 80,129,1968.
PTM. U,B,V: A.J., 74,335,1969. Ap.J.,178,1,1972.
SPEC. Aust.J.Phys., 25,233,1972. Ap.J., 172,37,1972; 178,1,1972.
RADIO. Proc.A.S.Aust.,2,159,1972.

N5426,5427 = Arp 271 = VV 21 = Ho 573b,a. P(b) at 2'3. Connected.
HI 21-CM. A.J., 79,767,1974 (Vel. and flux attrib. to 5427).
RADIO. M.N., 167,251,1974.

A1401+11 = K 411b. Comp. close south, in contact.
SN1951B and PHOTO. P.A.S.P., 85, 427,1973.

N5444   [is not] 4C 35.32 = B2 1401+35 [(see M.N., 176, 1P, 1976)].
PREC.COORD.: Ap. Let., 10,121,1972. A.J., 78,521,1973.
SPEC. Ap.J.Let., 164,L35,1971. Pol. Ap.J.Let.,179,L93,1973.
RADIO. Ap.Let., 6,49,1970. A.J.,75,523,1970. Ap.J., 189,399,1974.

N5457   = M101 = Arp 26 = VV 344 = 4C 54.30.1. Details (HII reg.) = N5447, -53,-55,-61,-62,-71.
DESCR. IAU Symp. 38, p.28,1970.
PHOTO. A.&A.,29,57,447,1973. Ap.J.,194,223,1974. IAU Symp. 38, p.13, 1970. Supernovae & SN Remnants, Ap. & Space Sc. Lib.,vol.45, p.52, 1974.
PTM. U,B,V: A.&A.,5,413,1970. M.N., 162,359,1973.
I.R., 1-10 MICRON: Ap.J.Let.,176,L95,1972. M.N., 162,359,1973.
B*, VAR.*: Ap.J.,194,223,1974.
SPEC. A.&A., 9,181,1970.
SPTM. Observ., 88,239,1968. Sov.A.J., 13,593,1970; 16,628,1973.
FAR UV: N.A.S.A., SP 310, p.559,1972.
POL.P.A.S.P., 79,600,1967 (in emiss.reg.).
ROT., MASS. Ap.Let.,8,17,1971.
HII REG. Atlas and Catalogue, Univ. Washington,Seattle, 1966. Ap.J., 155,417,1969; 194,223,1974.
I.R., 10-20 MICRON (up. limits), Ap.J.Let.,193,L7,1974.
SPTM. Ap.J.,159,809,1970; 161,33,1970; 168,327,1971. Bull.A.A.S.,5, 448,1973.
DIST.MODULUS, Ap.J.,194,223,1974.
INTERFER. H ALPHA: A.&A., 9,181,1970; 12,379,1971.
SN1909A. Ap.J., 194,223,1974. Supernovae & SN Remnants, Ap.& Space Sc. Lib., vol.45,p.215,1974.
SN1951? Ap.J.,194,223,1974.
SN1970G. IAU Cir. Nos.2269, -71,-82,-92,1970. Yamamoto Cir. No.1725, 1970. Inf.Bull.V.S.,No.505,1971. Ast. Tsirk., No.679,1972. Sov.A.J., 16,7,1972. Ap.J.,174,383,1972; 185,303,1973; 193,27,1974. A.&A.,29, 57,1973. Nature, Phys.Sc., 243,42,1973. J.R.A.S.Canada, 68,36,1974. Supernovae & SN Remnants, Ap. & Space Sc. Lib., vol.45, p.145,1974. Highlights of Ast., 3, p.533,1974.
HI 21-CM. Ap.J.,150,8,1967; 176,315,1972. Nature,221,531,1969. A.&A. 7,141,1970; 12,108,1971; 13,99,108,1971; 29,447,1973. IAU Symp.44, p.12,1972. IAU Symp.58,p.427,1974. Proc. 1st Europ.Ast.Meet.,vol.3, p.15,1974.
RADIO. Ap.J.,142,1333,1965; 176,315,1972. A.J., 78,18,1973.

A1402-00 = K 413b.

A1402+09 SN1950F and PHOTO. P.A.S.P., 85,427,1973.

N5473   SPTM. Observ., 88,239,1968.

N5474   = VV 344. In M101 group.
PHOTO. Ap.J., 194,223,1974.
HII REG. Atlas and Catalogue, Univ. Washington, Seattle, 1966. Ap.J.,156,847,1969; 194,223,1974.
DIST.MODULUS. Ap.J., 194,223,1974.
HI 21-CM. Proc. 1st European Ast. Meet., vol.3, p.15, 1974. Confused by M101.

N5477   = DDO 186. In M101 group.
PHOTO. Ap.J., 194,223,1974.
HII REG., DIST.MODULUS, Ap.J.,194,223,1974.
HI 21-CM. Proc. 1st European Ast. Meet., vol.3, p.15, 1974. Confused by M101.

N5468   = Ho 585a. Detail or * = N5467. P(a) w. N5472 at 5'1.

N5472   = Ho 585b. P(a) w. N5468 at 5'1.

N5480,5481 = Ho 588b,a = K 416. P(a) at 3'1. Note corr. to RC1 coord. (NGC coord. are correct, MWC 626 coord. wrong.)

N5484   P (a) w. N5485 at 3'9.

N5485   P(a) w. N5484 at 3'9, N5486 at 6'5.
SPTM. Observ., 88,239,1968.
RADIO. Ap.J., 157,481,1969. A.J.,78,18,1973.

N5486   P(a) w. N5485 at 6'5.
HII REG. Atlas and Catalogue, Univ. Washington,Seattle,1966. Ap.J.,194,559,1974.
DIST. MODULUS. Ap.J., 194,559,1974.

A1407-01 = 4C -01.32.
SPEC. Ap.J.Let.,148,L57,1967.

N5490 = 4C 17.57 = PKS 1407+17 = Ho595a. P.w. Ho 595b at 1'8 nf. In group w. I0982, 983 and others.
RADIO. A.J., 78,369,1973. Ap.J., 189,399,1974.

I0982,0983 = Arp 117. P(b) at 2'7, connected. N5490C (= Arp 79) at 7', N5490 at 12'. In N5490 group.
DESCR.,SPEC. Ap.J.,148,321,1967 (mean V for both obj.: 5038+/-86).

N5490C = Arp 79. At 4'7 nf N5490, 7's of I0983. In group.

A1409-65 Circinus Gal. Obscured, low surf. br.
PHOTO.,PTM.,SPEC. Freeman et al. [A.& A., 55,445,1977].

A1409+52 in HMS. Listed as A1410 in RC1. Not a R.S. (The radio gal. 3C 295 is 8' s).

N5506,5507 = Ho 604a,b = K 419. Pair at 4'.

N5523 HI 21-CM. Source R2 (A.&A., 3,292,1969), quality D, rejected.

N5532 = 3C 296 = 4C 10.39. Brightest in a group. Often misident as I5532.
DESCR. P.A.S.P., 80,129,1968.
PTM. U,B,V,R: Ap.J., 145,1,1966; 178,25,1972, 183,731,1973.
SPEC. Ap.J., 145,1,1966.

N5544,5545 = Arp 199 = VV 210 = K 422. P(c) at 0'6. Overlapping parts.

N5534 = Ho 623a. (Ho 623b at 0'5 may be a *).

N5548 Class 1 Seyfert N.
DIAM.N: A.J.,73,S175,1968. B(N) = 14.8-15.8, B(T)(excl.N) = 13.30.
PHOTO. A.&A., 15,110,1971.
PTM. U.B.V: A.J.,73,858,866,870,1968. Pub.Dept.A.Univ.Texas,II,2,No. 7,1968. Ap.Let.,12,1,1972; Sov.A.J.,16,763,1973; 17,169,1973. M.N., 169,357,1974. Ast. Tsirk.,No.620,1971; 777,1973. IAU Cir. No. 2529, 1973. Atti...Conv.Sci.Osserv. Cima Ekar, Padova-Asiago, p.101,1973 = Cont. Asiago No.300bis.
I.R.,1-20 MICRON: A.J.,73,866,870,1968. Ap.J.Let.,159,L165,1970;161, L203,1970; 176,L95,1972. M.N.,169,357,1974.
SPEC. Ap.J., 169,449,1971;174,483,1972; Ap.J.Let.,179,L89,1973. IAU Symp. 44, p.155,1972.
SPTM. Ap.J.Let., 154,L53,1968. Ap.J.,162,743,1970;164,1,1971;171,5, 1972. C.R.Acad.Sc.Paris,(B),265,1149,1967. Sov. A.J.,11,553,1968. Astrofizika, 7,389,1971. Ast.Tsirk.No.467,1968. Nuclei of Galaxies, p.151,1971.
POL. Ap.J.,151,71,1968.
RADIO. Aust.J.Phys.,19,565,1966. A.J.,73,876,1968. A.&A.15,110,1971.

N5557 PTM.,DYN.,MASS. Ap.J.,139,284,1964.

N5556 = DDO 243. P(a) w. anon. Sm at 9'6.

N5560,5566,5569 = Arp 286 = Ho 630b,a,c. N5560,5566 at 5'0, distorted. N5566, 5569 at 4'2.
PTM. ISOPH. P.A.S.P.,78,125,1966.

N5585 In M101 group.
PHOTO.,HII REG.,DIST. MODULUS. Ap.J.,194,223,1974.

N5574,5576 = Ho 632b,a. Pair at 2'7.

N5607 = Mk 286 = VII Zw 547. Pec.spir., mp = 13.9.

A1420+15 SN1955K and PHOTO. P.A.S.P., 86,516,1974.

A1420+46 = I Zw 84. Prob. S0. mp = 16.2

A1420+33 = Mk 471. Class 1 Seyfert N.

N5595,5597 = Ho 638a,b. Pair at 4'2.

N5613,5614 = Arp 178 = VV 77. P(b) at 2'0. N5615 is B knot on pseudo (R) of N5614 and from which a diffuse tail emerges.

A1422+26 = PKS = CTD 86. E gal. in a Cl.
SPEC. Ap.J.Let., 160,L79,1970.

A1422+44 = DDO 190 = I Zw 87. Resolved blue dwarf.

A1425+13A Fairall Compact.
SPEC. M.N.A.S.S.A., 29,118,1970, M.N., 153,383,1971.

A1425+13B Fairall Compact.
SPEC. M.N.,153,383,1971.

N5633 = I Zw 89.
SPTM. Sov.A.J., 16,628,1973.

A1426+27 = Haro 41 (Bol. Tonantzintla, No.14, June 1956). In a Cl.
DIM.,PTM.,SPEC. A.J., 75,1143,1970.

N5635 At 9' n of Haro 41 (A1426+27). Ident. error in UGC. N5635 brighter and larger than Haro 41.

N5636,5638 = Ho 653b,a. Pair at 2'0.

N5660 P. w. F anon. IBm at 2'5. N5676 at 30'5.

N5656 mp = 12.7 in CGCG, vol.III, 1966. mp = 13 in MCG, vol.II,1964.

I4444 CLASS., PHOTO., DIM. Ap. & Space Sc., 28,365,1974.

A1428+27 = Haro 42 (Bol. Tonantzintla, No.14,June 1956) = Mk 685.
DIM.,PTM.,SPEC. A.J., 75,1143,1970.
HI 21-CM. A.&A., 29,417,1973.

N5643 SPEC. Bull.A.A.S., 4,237,1972.
RADIO. Aust. J. Phys., 16,360,1963.

N5665,5665A = Arp 49. Comp. A is attached compact.
PHOTO., SPEC. A.&A., 3,418,1969.

N5678 P. w. s anon. E3 at 1'8.
PHOTO., PTM. Astrofizika,6,367,1970.

I1029 P(a) w. N5676 at 26'5.

N5668 SN1954B. IAU Cir. Nos.1449,1452,1954. Ann.Rev.Ast.Ap.,2,253,1964. SN1952G and PHOTO. P.A.S.P., 86,516,1974.
HI 21-CM. Ap.J.,142,148,1965. M.N.,150,337,1970.
Source R2 (A.&A.,3,292,1969), quality D, rejected.

N5676 P(a) w. N5660 at 30'5. I1029 at 26'5.
PHOTO., PTM. Astrofizika, 6,367,1970.
SPTM. Sov.A.J., 16,628,1973.

N5682 = Ho 663a. P. w. N5683 at 1'4, N5689 at 8'3. MCG dim. for N5682 and 83 interchanged.
PHOTO.,SPEC. Astrofizika,9,509,1973.

N5683 = Mk 474 = Ho 663b. P.w. N5682 at 1'4; Class 1 Seyfert.
PHOTO. Astrofizika, 9,509,1973.
SPEC. Astrofizika, 9,509,1973. Ast. Tsirk. No.809,1974.

N5689 P(a) w. N5682,5683 at 8'3, 5693 at 11'8, and others. Brightest of a group.

N5693 P.w. N5689 at 11'8.

N5701 S anon. Spir. visible betw. lens and (R).

N5713 P(b) w. N5719 at 12'.
PTM. I.R. (up.limit). Ap.J.Let., 158,L163,1970.
RADIO. Aust.J.Phys., 19,565,1966.

N5716 P(a) w. N5728 at 23'.

N5719 P(b) w. N5713 at 12'.

A1439+53 = Mk 477 = I Zw 92, No.1, No.2 is 50" nf, F connection.
DESCR., DIM., PHOTO. Ap.J., 143,192,1966.
PTM. Ap.J.Let., 150,L177,1967. Ap.J., 171,461,1972.
SPEC. Ap.J., 143,192,1966. Pub.A.S.Japan, 24,525,1972.

N5728 P(a) w. N5716 at 23', s anon. SB(s)m at 3'2.

N5740 = K 434a. P(a) w. N5746 at 18'.

N5746 = K 434b. P(a) w. N5740 at 18'.
PHOTO. A.J., 72,1032,1967.
PTM. A.J., 72,1032,1967. IAU Symp. 58, p.337,1974.
ROT.VEL. A.&A., 8,364,1970.

A1443+08A,B,C = VV 109. Comp. A and B in contact, comp. C at 1'.

I1055 = Ho 677a. Ho 677b,c at 2'8 and 2'2.

N5756 = Ho 676a. (Ho 676b at 2' is probably a *).

N5757 P. w. anon. S sp at 3'6.

A1446-09 = Arp 261 = VV 140 = DDO 197. Asym. arm w. B emiss. knots at end. Dwarf comp. at 5'5 n.
HI 21-CM. A.J., 79,767,1974.

I1065 = 3C 305 = 4C 63.21 = MCG 11-18-8. Abs. lanes, vF spir. arm. Note corr. to MCG R.A.
DESCR., PHOTO. Ap.J., 145,1,1966.
PTM. U,B,V: Ap.J.,145,1,1966; 178,25,1972.
SPEC. Ap.J., 145,1,1966. Sov. A.J.,12,561,1968.
RADIO. Ap.J., 142,106,1965. M.N.,156,377,1972; 169,477,1974. A.&A., 34,341,1974.

A1448+07A,B = 4C 06.51? Comp. A is dble. Comp. B at 0'6.

A1448+35 = II Zw 70 = VV 324b = K 438a. P(a) w. A1449+35 at 4'1.
PHOTO. Galileo Conf. on Cosmology, p.135, Firenze 1966.
SPEC.,SPTM. Ap.J., 175,335,1972.
ROT., MASS. Ap.J., 175,335,1972.
HI 21-CM. A.&A., 23,253,1973.

A1449+35 = II Zw 71 = VV [324a] = K438b. P(a) w. A1448+35 at 4'1.
PHOTO. Galileo Conf. on Cosmology, p.135, Firenze 1966.
HI 21-CM. A.&A.,23,253,1973.

N5777 mp = 12 in MCG, vol.I, 1962. mp = 14.2 in CGCG, vol.IV, 1968.

I1067 P. w. I1066 (S:) at 2'2

N5774,5775 = Ho 685b,a = K 440. Pair at 4'5.

N5783 = N5785.

I1076 = Mk 479 = K 444b. P(a) w. I1075 = K 444a at 4'8 np.

N5787 = I Zw 98. F halo. mp =14.1.

N5791 P(a) w. I1077 at 20'.

N5796 P. w. N5793 at 4'3.

N5793 = OQ-194. P. w. N5796 at 4'3.
RADIO. A.J., 77,557,1972. Proc. A.S.Aust., 2,159,1972.

N5820 = Arp 136. P. w. N5821 at 3'6 nf. Sev. s gal. nearby.

N5806 In N5846 group. P(a) w. N5813 at 21'.

N5832 QSO 3C 309.1 (z = 0.904) at 6'1.
PHOTO.,SPEC. Ap.J.,170,233,1971.

N5811 = K 450.

N5812 P. w. I1084 5'0 sf.

N5813 = Ho 688a. In N5846 group. P. w. N5814 at 4'8, N5806 at 21'.
DIM. Ap.J., 173,485,1972.

N5827 = 4C 26.45? Asym. Pec.

N5829 = Arp 42 = VV 7. P(b) w. I4526 at 1'3 np.

I1090 = MCG 7-31-25. Note corr. to MCG Dec.

N5838 In N5846 group. P(a) w. N5848 (S0 sp?) at 17'5.
PTM. 5 COL.: A.J., 73,313,1968.

N5839,5845 In N5846 group.

N5846A = Ho 694b. Compact comp. of N5846 at 0'7.
PHOTO. Ap.J., 181,27,1973.
PTM. Ap.J.,181,27,1973. 10 COL.: Ap.J., 179,731,1973.
DYN. Ap.J., 179,423,1973; 181,27,1973.

N5846 = Ho 694a. Brightest in a group. P(a) w. N5846A at 0'7.
PHOTO. Ap.J., 181,27,1973.
PTM. U,B,V,R: Ap.J.,143,187,1966; 183,735,1973. 5 COL.: A.J.,73,313, 1968.
I.R., 1-3.5 MICRON: Ap.J., 143,187,1966.
DYN., MASS.Ap.J.,181,27,1973.
HI 21-CM. up. limit: A.&A.,25,451,1973.

N5850 In N5846 group. P(a) w. N5846 at 10'.
HII REG. Atlas and Catalogue, Univ. Washington, Seattle,1966.

N5860 = Mk 480 = I Zw 102 = K 454. Close pair in common halo.

N5866 = M102. Wide pair w. N5907. N5867, small E at 1'5 sp.
PTM. 5 COL.: A.J., 73,313,1968.
SPEC., VEL., DISP. A.&A., 31,129,1974.
SPTM. FAR UV: N.A.S.A., SP No.310,559,1972.
ROT.VEL. A.&A.,8,364,1970. Bull.A.A.S., 4,214,1972.
RADIO. A.&A., 29,249,1973.

N5857 = K 455a. P(b?) w. N5859 at 2'0.
SN1950H;, SN1955M. P.A.S.P., 86,516,1974 (w. Photo.).

N5859 = K 455b. P(b?) w. N5857 at 2'0. V = 12.09, B-V = 0.80 (logA = 1.76, Source C) for N5857+59.

I1091 P(a) w. N5858 at 9'6.

I1099 SN1940C. Harvard A.C., 524,1940. Zs.f.Ap., 49,202,1961.

N5858 P(a) w. N5861 at 9'6 sf, I1091 9'6 np.

N5861 P(a) w. N5858 at 9'6 np.
SN1971D. IAU Cir. No. 2309, 1971.
RADIO obs. by Cameron (1971) rej.

A1508+67 = DDO 199. UMi dwarf.
STAR COUNTS. A.J., 69,438,1964.
STRUCT., PHYS. DATA. A.J., 74,587,1969. Ann.Rev.Ast.Ap.,9,35,1971.
PTM. VAR. *: B.A.N., 19,275,1967; B.A.N.Suppl.2,No.5,371,1968. Bull. A.A.S.,73,S204,1968.
DYN.,MASS. A.J., 69,438,1964. Ap.J., 144,868,1966.

N5879 SN1954C. IAU Cir. No.1476,1954. Zs.f.Ap.,49,202,1961.

A1511-15 = Fath 703 (A.J., 28,75,1914).

N5888,5889 Pair at 4'0. Data in RC1 and A.&A.Suppl.,12,89,1973, are for N5888, not 5889.

N5893 = Ho 701b. P. w. N5895-96 at 4'3.

N5899 P(a) w. N5900 at 9'5.
HI 21-CM. M.N.,150,337,1970.

N5900 = Ho 702a. P(a) w. N5899 at 9'5. N5901 (=Ho 702b) at 1'3 may be a *.

N5905 P(a) w. N5908 at 13'
SPEC. A.&A.,35,151,1974.
SN1963O. and PHOTO. Cont. Asiago Obs. No.174, 1965.

A1514+43 = II Zw 73, No.1. mp = 15.7 No.2 at 1'4 f.

A1514+07 = 3C 317 = 4C 07.40. In Abell 2052.
DESCR.,CLASS. Ap. J., 140,35,1964. P.A.S.P., 80,129, 1968.
PHOTO. Ap.J., 140,35,1964.
PTM.U.B.V.R: A.J., 75,695,1970. Ap.J.,178,1,25,1972; 183,731,1973.
RADIO. Ap.J., 142,106,1965; 144,216,1966;148,367,1967. A.J.,78,1030, 1973.
X-RAYS. (in Abell 2052): Ap.J.Let., 185,L13,1973; 188,L41,1974.

N5907 = Ho 704a. N5906 is part of it. P. w. Ho 704b at 12'.
PHOTO. P.A.S.P., 78,495,1966.

ROT.VEL. A.&A., 8,364,1970.
SN1940A. Ann.Rev.Ast. Ap., vol.2, p.249,1964. Stellar Structure, Vol.VIII of Stars and Stellar Systems, p.396,1965.
HI 21-CM. (halo) A.&A., 28,95,1973; undetected.
RADIO. ApJ., 144,553,1966.

N5898   P(a) w. N5903 at 5'6.

N5908   P(a) w. N5905 at 13'.

A1515-23, N5903 Form triplet w. N5898.

A1516+42 = I Zw 107. Connected close pair mp = 14.9.
DESCR., PHOTO. P.A.S.P., 77,119,1965.

N5916A,5915,5916 Triple interacting system. N5916A, 5915: P(b) at 4'6; N5915, 5916: P(b) at 4'8.

N5920 = 3C 318.1 = 4C 07.41 = UGC 9822. In a group.
PTM. U,B,V,R: ApJ., 183,711,731,1973.
SPEC. Ap. J., 183, 711,1973. M.N. 168,307,1974.
RADIO. M.N., 168,307,1974.

N5921   PHOTO. IAU Symp. 28, p.23, 1970.
HII REG. ApJ.Suppl., 27, No.239,1974.

A1520+29 SN1962B and PHOTO. P.A.S.P.,75,236,1963.

N5929,5930 = Arp. 90 = I Zw 12 = Ho 710b,a = K 466. P(c) at 0'5. F Irr. syst. at 5'5 nf.

A1526+55 = Mk 482 (Mk 481 is 6'3 sp; fainter and smaller).

A1531+46 = I Zw 115, mp = 15.2
HI 21-CM. Source R2, V21 = 655+/-50. (A.&A.,8,424, 1970; IAU Symp. 44,p.264,1972) qual.C, rejected.

N5951 = Ho 713a (Ho 713b at 1'9 is a *).

N5953,5954 = Arp 91 = VV 244 = Ho 714b,a = K 468, P(c) at 0'8.
RADIO. M.N., 167,251,1974.

N5963 = K 469a. mp = 12 in MCG, vol.I, 1962. mp = 13.0 in CGCG, vol.III, 1966.

N5965 = K 469b. mp = 11 in MCG, vol.I, 1962, mp = 13.4 in CGCG, vol.III, 1966.

A1534+38. = I Zw 117. Connected close pair of compacts; total mp = 14.4.

N5962 = Ho 716a (Ho 716b at 1'5 is a *).
HI 21-CM; Source R2 (A.&A., 6,456,1969), qual. D, rejected.

I4562,4562A = I Zw 118 Nos.1,2. Pair at 1'2. No.2, very compact. I4562 = MCG 7-32-34.
PTM. P.A.S.P., 85,533,1973.

A1534+58 = Mk 290. Class 1 Seyfert.
PTM. Ap. J., 171,5,1972.
SPTM. Astrofizika, 7,389,1970; ApJ.,171,5,1972.
RADIO. Izv. V.U.Z. Radiofizika,16,1342,1973.
Mag. and colors reduced using dim. on PSS (0'35x0'30:).

I1143   2 comp. at 2'8 and 3'3 sp. (at same redshift) In foreground of Abell 2247.
SPEC. ApJ.,182,351,1973.

N5964 = I4551? HII REG. ApJ.Suppl., 27,No.239,1974.

A1535+54 = Mk486 = I Zw 111, No.1. Class 1 Seyfert. I Zw 21, No.2 at 1'3 np, mp = 17.1, at same redshift.
SPEC. P.A.S.P., 81,535,1969. Astrofizika, 10,485,1974.

N5976   In group w. N5981,82,85.

A1535+55 = Mk 487 = I Zw 123. mp = 15.2. Similar to II Zw 40 (A0553+03); see ApJ., 160,405,1970.

N5970,I1131 Pair at about 8'.

N5981 = Ho 719c. P(a) w. N5982 at 6'3.

N5982 = Ho 719a. P(a) w. N5981 at 6'3, N5985 at 7'7.
PTM. U,B,V + I.R., 1-3.5 MICRON: ApJ., 143,187,1966.
10 COL.: ApJ., 179,731,1973.

N5985 = Ho 719b. P(a) w. N5982 at 7'7.

N5987   mp = 12 in MCG, vol.I,1962; mp = 13.3 in CGCG, vol.IV, 1968.

N5967A,5967 Pair at 9'.

N5992 = Mk 489 = K 471a. P(a) w. N5993 = K 471b at 2'5 nnf.

N6015   ROT.VEL. A.&A.,8,364,1970.
HII REG. ApJ.,194,559,1974. ApJ.Suppl.,27, No.239,1974.
DIST. MODULUS: ApJ., 194,559,1974.

A1552+19 = Mk 291. Class 1 Seyfert.
RADIO. Izv. V.U.Z. Radiofizika, 16,1342,1973.

A1554+42 = I Zw 129. mp = 14.3. MCG 7-33-16 is 1'2 np, mp = 14.
SPEC., SPTM. ROT., MASS. ApJ.,175,335,1972.
VEL.DISP. Bull. A.A.S., 4,214,1972.

N6018,6021 In foreground of Abell 2147.
SPEC. A.J., 77,331,1972.

N6022,6023 In Abell 2147.
SPEC. A.J., 77,331,1972.

N6027,6027A,B,C = VII Zw 631 = VV 115. Dense Seyfert Sextet. Note change of ident. from RC1. Seyfert's original designation adopted, as in VV and MCG. Comp. D (Scp) has mean V = 19876+/-42. (Sources K3, S4).
PHOTO. Nuclei of Galaxies, p.366,1971.
PTM. V,B,R: (total for group): ApJ., 178,731,1973.
ISODENS. ApJ.Let., 194, L125,1974.
SPEC. A.J., 77, 448,1972. ApJ., 185,797,1973. Nuclei of Galaxies, p.368, 1971.
RADIO. A.&A.,28,379,1973.

N6068A   = Ho 727b = K 476a. P. w. N6068 at 2'.

A1557+35 = Mk 493.
SPEC. Astrofizika, 10,485,1974 (weak Seyfert N).

N6048 = 4C 70.19 = MCG 12-15-38. P. w. anon. at 2'5 sf.

N6068 = Ho 727a = K 476b. P. w. N6068A at 2' sp.

I1155   In Abell 2147.
SPEC. A.J., 77,331,1972.

A1558+30 = Mk 494. Close pair at 0'5, connected.

N6028 = I Zw 133. Mag. does not include outer ring struct.

I1165A,B = VV 90. Close pair, connected. In Abell 2147.
SPEC. A.J., 77,331,1972.
SN1967F. (P.A.S.P., 80,462,1968) not confirmed, rejected.

A1559+18 = Mk 294.
HI 21-CM. A.&A., 22,281,1973.

A1600[+16]A,B,C = Arp 324 = VV 159 = III Zw 75. Chain in Abell 2147.
PTM. V,V-r: A.J., 75,695,1970.
ISODENS. A.J., 77,331,1972.
SPEC. A.J., 75,695,1970; 77,331,1972. Nuclei of Galaxies, p.357, 1971.

A1601+19 = Mk 296. (Mk 295 at 1'1 n, fainter).

N6040A,B = Arp 122 = VV 212. P(b) at 0'5. In Her Cl. (Abell 2151) Ident. of comp. A & B reversed from P.A.S.P., 83,320,1971 [P.A.S.P. idents. restored for RC3.]
SPEC. A.J., 77, 448, 1972.

N6041A,B = VV 213. Close dble at 0'3. I1170 0'9p. In Her Cl. N6041 has mean Vel for both comp.
DIM., PTM. ApJ.,173,485,1972.

N6044 = I1172. In Her Cl.

N6051 = 4C 24.36 = PKS 1602+24. Brightest in a Cl.
PREC. COORD. A.J., 77,621,1972.
SPEC. Ap.J.Let., 182,L13,1973.

N6045 = Arp 71. In Her Cl. F comp. attached 0'5 f.
PTM. V,V-r: A.J., 75,695,1970.

A1602+34 B2 R.S. Dble syst., mp = 15.4.

N6047 = 4C 17.66. In Her Cl.
RADIO. Ap.J., 189,399,1974. A.&A.,31,223,1974.

N6052 = N6064 = Mk 297 = Arp 209 = VV 86. P(c) of Sc in contact (descr. in literature are incorrect).
PHOTO. P.A.S.P., 81,637,1969.
PTM. P.A.S.P., 81,637,1969. Ap.J.,171,5,1972.
SPEC. P.A.S.P., 81,637,1969. Ap.J.,185,797,1973.
SPTM. Astrofizika, 7,389,1971. Ap.J.,171,5,1972.
RADIO. P.A.S.P., 86,649,1974 (uncertain).

N6050 = Arp 272 = K 481. w. I1179 attached, 0'3 sp. In Her Cl.

I1178,I1181 = Arp 172 = VV 194. Pair at 0'5 in common halo, F, diff, extens. s of I1181.

N6055 Is not = N6053 which is a *. In Her Cl.

I1182 = Mk 298 = VV 220. Jet w. knots 1'3 long following. In Her Cl. Class 2 Seyfert N.
PHOTO. A.J., 73,887,1968. Ap.J., 173, 247,1972. IAU Symp.44, p.380, 1972.
PTM. U,V,B: Ap.J., 171,5,1972.
SPEC. Ap.J., 173,247,1972 (incl. V of emiss. knots in jet).
SPTM. Astrofizika, 7,389,1971. Ap.J.,171,5,1972.
RADIO. Ann.Ap., 28,380,1965. Izv. V.U.Z. Radiofizika,16,1342,1973.

I1183 Short jet p. N6054 np. In Her Cl.

I1189 = Mk 300. I1190 3' n is a *.

I1194 Triplet w. I1194A at 1'3 n and I1192 at 1'5 np.

I1195 In Her Cl.
SN1963Q and PHOTO. P.A.S.P., 76,325,1964.

A1605+55 = Arp 188 = VV 29. Arms appear to be in different planes. Filam. 2'5 long f.

N6070 = Ho 729a. P. w. Ho 729b,c at 4'3 and 5'5.

A1607+41 = I Zw 134. Poss. S0. mp = 15.4.

N6090 = Mk 496 = I Zw 135 = K 486. Dble system, in contact. 2 obj. 2'6 and 5'6 p, in a chain.

N6086 In Abell 2162. N6085 at 6'7 s.
PTM. V,V-r: A.J., 75,695,1970.

A1610-60 = PKS 1610-60A. E. Note large galactic obscuration.
SPEC. Discordant redshift of Source L1 (Aust.J.Phys.,25,233,1972) rej. [L1 redshift correct, restored for RC3.]

A1614+47 = Arp 2 = DDO 204. Low surf. br., F bar, emiss. knots.

N6106 P(a) w. small anon. S at 12'.

N6120 = I Zw 141. mp = 14.3. In Abell 2199. N6119 2'3 np.
SPEC. A.J., 77,4,448,1972 (incl.vel.of sev. cluster members).
P.A.S.P.,84,589,1972.

A1619+40 SN1953B. IAU Cir. No.2113, 1968. P.A.S.P.,81,224,1969 (w.PHOTO.)

N6140 Note corr. to NGC R.A. (see DI).

A1620+20 Fairall Compact.
DESCR., SPEC. M.N., 153,383,1971.

N6137 = B2 1621+38. In Abell 2199.

A1621+39 In Abell 2199.
SN1964G and PHOTO. P.A.S.P., 77,456,1965.

A1622+54 = I Zw 147. Compact E, mp = 15.8.

A1622+41 = Mk 699 = III Zw 77. e compact on PSS. Mag. and colors reduced using dim. on PSS (0'22x0'22).
PHOTO. Ap.J.,143,192,1966. Cat.Selected Compact Galaxies,p.387,1971.
PTM. U,B,V: Ap.J.Let.,150,1177,1967. No mpg var.:Ap.J.,171,457,1972.
SPEC. Ap.J., 143,192,1966. Pub.A.S.Japan, 24,239,1972.
SPTM. Pub.A.S. Japan, 24,239,1972.

A1623+41 = I Zw 148. mp = 16.0. In Abell 2197.

A1625+40 = III Zw 78. mp = 16.0. In Abell 2197.

A1625+41 In Abell 2197.
SN1968T. IAU Cir. No.2110, 1968. P.A.S.P., 81,224,1969 (w. photo.)

A1625+20 Fairall Compact.
DESCR.,SPEC. M.N., 153,383,1971 (broad emiss.).

A1626+38 = I Zw 152. mp = 15.4. In Abell 2199.

N6158 In Abell 2199.

N6160 In Abell 2197.
SPEC. A.J., 75,695,1970 (where redshift is for N6160; mag. and color are for N6173).
A.J., 77,4,1972 (incl. vel of sev. cluster members).

N6166 = 3C 338. I Zw 153 at 1' sf. Brightest in Abell 2199.
CLASS.,DIM. Ap.J., 140,35,1964; 173,485,1972.
PHOTO. Ap.J., 140,44,1964; 142,1364,1965. IAU Symp. 44,p.349,1972. Cont. Asiago, No.300bis, p.79,1973.
PTM. U,B,V,R: A.J.,75,695,1970. Ap.J.,173,485,1972; 178,1,25,1972; 183,731,1973.
ISODENS.: Bull.A.A.S., 5,447,1973.
SPEC. Vel. of many cluster members; Ap.J.,188,221,1974.
RADIO. Ap.J.,140,44,1964; 142,106,1965; 144,216,1966; 148,367,1967; Ap.J.Let.,191,L11,1974. Obser., 87,124,1967. A.J.,73,1,1968. A.&A., 31,223,1974; 34,341,1974.
X-RAYS (from Cluster): Ap.J.Let.,185,L13,1973;193,L57,1974.

A1627+17 Fairall Compact.
DESCR.,SPEC. M.N., 153,383,1971.

A1627+40 = III Zw 82. mp = 15.5. In Abell 2197.

N6173 In Abell 2197. III Zw 83 at 1'7 nf, prob. also cluster member.
PTM. A.J., 75,695,1970 (where mag. and color are also for N6173, redshift is for N6160).

N6181 PHOTO. Ap.J., 142,641,1965.
SPEC., DYN.,MASS. Ap.J., 142,641,1965.
SPTM. Ap.J.,163,259,1971.
SN1926B. P.A.S.P., 53,125,1941. Zs.f.Ap.,49,202,1961.

A1631+35 = I Zw 156. Compact w. outer ring struct.

I1222 = Arp 73 = K 500b. sBN. Satellite at end of F arm, 0'9 f. I1221 at 1'2 = K 500a.

A1634+52 = I Zw 159. Pec. dble compact. mp = 15.6.

N6217 = Arp 185.
HI 21-CM. A.J., 79,767,1974.

N6196 = I4615 = MCG 6-36-58 = UGC 10482. eBN (or * superp?). Brightest in group. Misident. in RNGC. N6197 (=I4616) at 4'8 sf.

A1636+42A,B = Arp 125 = I Zw 162. Possible "Ring Galaxy" w. incomplete, irreg. "crumpled" ring similar to N2936-7. V = 14.29, B-V = 0.58, U-B = 0.04 (log A = 1.35, source N) for A+B.

N6211 = VII Zw 655. mp = 13.8.

N6207 PTM. U,B,V: Ap.J.,188,1,1974 (vel. of B* near N: 0+/-100).

SPTM. Sov.A.J., 16,628,1973.

N6223 = VII Zw 657. Pec. nucl. reg., large outer struct. mp = 13.1.
mp = 11 in MCG, vol I, 1962.

N6236 mp = 12.7 in CGCG, vol.IV, 1968. mp = 13 in CGCG, vol.I,1962.

N6215 P. w. N6221 at 18'.

A1647+48A,B = Mk 499, 500. Comp. A = I Zw 166. Pair at 1'7.

A1648+45A,B,C = Arp 103. Zwicky's connected system. A,B at 26", B,C at 140".

A1648+54A,B,C,D,E,F = Arp 330 = I Zw 167. mp = 15.5 - 18.5. Comp.C is brightest. Markarian chain (Cont. Byurakan Obs., 33,29,1963).
SPEC. Nuclei of Galaxies, p.351,1971.

N6221 P. w. N6215 at 18'.

N6239 Small coll. pair at 7'5.
SPTM. Sov.A.J., 16,628,1973.
ROT.VEL. A.&A., 8,364,1970.

N6246,6246A Note corr.to coord. of comp. A. It is 10' sf N6246.

N6240 = 4C 02.44 = PKS 1650+024.
SPEC. Aust. J. Phys., 25,233,1972 (emiss.)

A1652+39 = Mk 501 = 4C 39.49. B blue N, ext. compact, but not a Seyfert, no emiss. First described as featureless spectrum.
PTM. Ap.J.Let., 189,L99,1974.
SPEC. Ap.J., 190,271,1974; 192,581,1974. A.&A. Suppl., 20,1,1975.

N6255 In Zwicky 1971. Knot on comp. 1'25 f. mp = 13.8 mp = 12 in MCG vol. II,1964.

N6275 = Mk 503 = VII Zw 667. mp = 15.1.

A1656+38 = II Zw 75. Star on N. Vel. of F gal.uncertain. See Zwicky 1971.

N6285,6286 = Arp 293. Pair at 1'5. F extens. f N6286.

A1704+34 = I Zw 173. v compact, mp = 15.3.

A1659+29 = Mk 504. Class 1 Seyfert N.

N6306,6307 = Ho 769 b,a = K 504. Pair at 1'4.
PTM. 10 COL. (N6307): Ap.J.,179,731,1973.
SPEC. Astrofizika, 10,477,1974.

N6314,6315 Pair at 3'2.

N6340 I1251, 1254 at 6'n and 8' nf.

I1254 N6340 at 8' sp.

A1712+59A,B = Arp 32 = VV 89 = K 506. Connected system. Many B emiss. knots. Small SB w. B N, 0'7 n of comp. B.

A1717+73 mp = 12.9 in CGCG, vol.IV, 1968. mp = 14 in MGC, vol.I, 1962.

N6359 P. w. small SB (s) b at 11'np.

A1717-00 = 3C 353. Mag. and colors reduced using dim. on PSS (0'45x0'45)
CLASS. Ap.J., 140,35,1964.
PTM. U,B,V: Ap.J., 178,25,1972.
SPEC. Ap.J., 141,1,1965.
RADIO. Ap.J.,142,106,1965; 144,568,1966; 147,24,908,1967; 151,771, 1968; 154,423,1968; 179,439,1973. A.J.,71,927,1966; 72,230,1967; 73, 1,1967; 76,211,1971; 78,536,1973; 79,903,1974. Sov.A.J.9,238,537, 1965-66. Ap.Let.,4,139,1969.

A1718+49A,B = Arp 102 = VV 10 = K 508. Zwicky's connected gal. at 3'8. Comp. B has F filam. 2'8 long n.
PHOTO. Ap.J.,148,321,1967.

N6361 = Arp 124. Small compact comp. 1'5 sp.

A1719+57 DDO 208. Draco E dwarf, in Local Group.
STAR COUNTS. A.J.,69,853,1964.

STRUCT.,PHYS.DATA. A.J., 74,587,1969. Ann Rev. Ast.Ap.,9,p.35,1971.
PTM. B*: Ap.J.,193,321,1974. Ap. & Space Sc., 14,323,1971.
DIST. MODULUS: A.J., 69,853,1964. Ap.J.,193,321,1974.
DYN., MASS. A.J., 69,853,1964.

A1720+30 = Mk 506 = K 510b. Class 1 Seyfert N. Comp. 0'6 sp = K 510a.
PTM. U,B,V: Ap.J., 192,581,1974.
SPEC. Astrofizika, 10,485,1974. Ap.J., 192,581,1974 (vel. of comp.: 13,500 km/s).

A1724+45 = I Zw 184. Poss. star superposed. mp = 15.3.

I1258,1259 = Arp 311,310 = VV 101. I1259 = K 517, dble syst. in contact. In a group.
SPEC. Mean vel. of group, Vo = 8165 km/s; Nuclei of Galaxies, p.351,1971.

N6381 = K 518b.

N6395 mp = 12.8 in CGCG, vol.IV, 1968. mp = 13 in MCG, vol.I,1962.

N6384 PHOTO. Mem.S.A.Ital., 44,65,1973 = Cont. Asiago. No.284.
ROT.VEL. A.&A., 8,364,1970.
SN1971L. IAU Cir. Nos.2336, -39,-43,-50,1971. Yamamoto Cir. Nos. 1739-40,1971. Ap.J., 185,303,1973. Mem.S.A.Ital.,44,65,1973 = Cont. Asiago No.284.

N6412 = Arp 38. PHOTO. Astrofizika, 6,367,1970.
PTM. Astrofizika, 6,367,1970.
HII REG., DIST. MODULUS. Ap.J.,194,559,1974.

I4662 PHOTO. Vistas in Astr., 14,208,1972.
SPTM. of HII REG. A.&A., 33,331,337,1974.

N6454 = 4C 55.33.1. In a cluster.
SPEC. M.N., 158, 277,1972.

N6478 = N6466.

N6467 Is not = N6468 (N6468 is a triple *).

A1749+56A,B = I Zw 199, Nos. 1,2. Connected pair at 20". Total mp = 15.2.
HI 21-CM. Source R2 (A.&A.,23,253,1973), quality D, rejected.

N6493 Listed as N6493A in RC1. It is 3'1 nf N6491. F SB(s)d at 4'5 np. Coord. in A.&A. Suppl.,12,89,1973 is for N6491.

N6503 PHOTO. Ap.J., 139,539,1964.
PTM. Mem.S.A.Ital., 38,189,1967 = Cont. Asiago Obs. No.194.
5 COL.: A.J., 73,313,1968.
SPEC. Ap.J.,139,539,1964.
SPTM. Sov.A.J., 16,628,1973.
DYN.,ROT.,MASS. Ap.J., 139,539,1964. Mem.S.A.Ital., 38,189,1967. A.&A., 8,364,1970.
HII REG. Ap.J.Suppl., 27,No.239,1974.

N6500,6501 = K 526. Pair at 2'3 in a small group.

N6560 Irr. comp. 4'6 p.

A1805+65 SPEC. Astrofizika, 10,477,1974.

N6555 = Ho 774a. (Ho 774b at 1'8 is a dble *). Note corr. to RC1 coord. (NGC coord. are correct, MWC 626 coord. are wrong.)

N6438,6438A Close pair at 25". Type b "Ring galaxy" w. incomplete, irr. ring edge on.
PHOTO. Zs.f.Ap., 64,202,1966. Ap.J.,171,253,1972. IAU Symp.29,p.403, 1968.
PTM. Zs.f.Ap., 64,202,1966. Atl.Gal.Austr., 1968.
SPEC. Ap.J.,171,253,1972 (w. corr. to vel published in Zs.f.Ap.,64, 202,1966 and IAU Symp. 29, p.403,1968). Ap.J.,194,569,1974.

N6574 PHOTO. Ap.J.,156,501,1969.
SPEC., ROT.,MASS., Ap.J.,156,501,1969; 184,735,1973.

N6621 = N6621+6622 = Arp 81 = VV 247 = VII Zw 778 = K 534. P(c) w. long, asym.arm.

N6643 PHOTO. AND PTM. Astrofizika, 6,367,1970.

HII REG. Ap.J.Suppl., 27, No.239,1974. Ap.J.,194,559,1974.
DIST MODULUS. Ap.J., 194,559,1974.

A1824+34 = I Zw 206. Poss. Lp. mp=15.5.

N6651 = UGC 11236. Misident. in CGCG, UGC.

N6635 Note corr. to NGC Dec.

A1827+48 SN1953C and PHOTO. A.J., 75,672,1970.

I4719 SN1934A. Harvard Bull., 910,1939. P.A.S.P., 65,242,1953.

I4720,4721 Pair at 9'.

A1829-41 F comp. at 3' nf.

A1830+55 = I Zw 207. Pec. w. emiss. knots; may be P(c). mp = 15.5.

A1831+54 = I Zw 208. Dble syst. of compacts, mp = 14.8.

N6658,6661 P(a) at 9'6.

A1834+19 = PKS R.S.
SPEC. M.N., 158,277,1972.

N6690 = N6689.

A1836+17 = 3C 386 = 4C 17.81. Gal. * superposed on N (v = 19 km/s).
PREC.COORD. Ap.J.Let., 151,L23,1968.
DESCR.,CLASS. Ap.J.,140,35,1964.
PHOTO. Ap.Let., 5,173,1970; 7,107,1970.
PTM.,SPEC. Ap.J.,168,327,1971.
RADIO. Ap.J., 142,106,1965; 144,216,1966; 148,367,1967. A.J.,73,1, 1968. Ap.Let.,5,173,1970.

N6654A Anon. Sm of v. low surf. br. at 2'5 np.

N6701 mp = 12.9 in CGCG, vol.IV, 1968. mp = 13 in MCG, vol.I, 1962.

N6703 SPEC.,VEL.DISP. IAU Symp.15,p.112,1962.
SPTM. D.Wells. Univ. of Texas Publ. in Astron. No. 13, 1978.

N6707,6708 Pair at 6'. In group.

I4796,4797 Pair at 5'7. In group.

A1852-54 H.A. 85, No.6 = A1853 in RC1. In group.

I4798 SN1971R. IAU Cir. Nos. 2359,2363,1971.

A1855+37 B2 R.S. In a cluster. mp = 14.9 in CGCG, vol.III,1966.

N6739 [Called A1903-61 in RC2.] In group with N6769,6770.

N6744 DESCR.,CLASS. IAU Symp.29,p.421,1968. J.R.A.S.Canada,68,117,1974.
PHOTO. IAU Symp. 38, p.23,1970.
PTM. Atl. Gal. Austr., 1968.
RADIO. Aust. J. Phys.,19,883,1966.

N6753 2 anon. sp. at 5'9 and 12' sf.
PTM. Atl. Gal.Austr., 1968.
I.R., 1-2.2 MICRON: M.N., 164,155,1973.

N6752 P(a) w. anon. SAB0- at 1'2.

I4827 In N6769, 6770 group.

N6758,I4832,4831,4837A,4837,4839,4840 In group.

N6769,6770 = VV 304. P(b) at 1'9. Brightest members of a group.
PTM. Atl. Gal.Austr.,1968.
I.R. 2.2 MICRON (up limit for 6769): M.N., 164,155,1973.
RADIO. M.N. 167,251,1974.

N6671 In group.
PTM. Atl. Gal. Austr., 1968.

I4842,4845,N6780,6782,6776A,6776,I4852. In a group.

A1922+63 = VII Zw 880. Dble system mp = 16.0.
SPEC. M.N.,153,383,1971.

I1302,1303 Pair at 0'5. In a group. Note large gal. obscuration.

A1930+54 = K 542a.

N6806 = MCG -7-40-3.
DESCR. P.A.S.P.,83,310,1971 (where it is listed as object No. 58).

N6810 P. w. large vF gal. 12' sp.
RADIO. Aust. J. Phys., 21,193,1968.

N6814 Class 1 Seyfert N. BN = 15.65, B(T) (excl.N) = 12.10.
PTM. U,B,V: A.J., 73,858,1968. Pub. Dept. A. Univ. Texas, II, 2, No.7,1968. P.A.S.P., 83,392,1972. Atti... Conv.Sci.Osserv.Cima Ekar, Padova - Asiago, p.101,1973 = cont. Asiago No.300bis.
I.R. 1-10 MICRON: Ap.J.Let.,159,L165,1970; 176,L95,1972. M.N.,169, 357,1974.
SPEC. Ap.J.Let.,165,L61,1971.
SPTM. M.N.,168,109,1974.
HI 21-CM.Source R2 (A.&A., 6,456,1970), quality D, rejected.
RADIO. Aust. J. Phys.,19,565,1966.

A1940+50 = 3C 402 = 4C 50.49. Dble system.
PTM. B,V,R: Ap.J., 183,731,1973.
SPEC. Ap.J.Let., 172, L37, 1972 (+vel. of 2 comp., Vo = 7560, 8520).
RADIO. Ap.J.,144,216,1966, A.J., 73,1,1968. A.&A., 28,359,1973.

N6822 = DDO 209 = I 4895. I1308 is an HII reg. in obj. Local group member.
PHOTO. A.J., 72,134,1967. A.&A.,7,311,1970. Ann.Rev.Ast.Ap.,9,35, 1971. Ap.J.,190,525,1974.
PTM. B,V: B*, var.*, Ceph., A.J.,72,143,1967. Ap.J.,191,603,1974.
HII REG. Atlas and Catalogue, Univ. Washington, Seattle, 1966.
A.J., 73,S6,1968. Ap.J., 156,847,1969; 190,525,1974.
SPTM. A.&A.,7,311,1970;33,331,337,1974. Bull.A.A.S.,5,349,448,1973.
DIST.MODULUS, Ap.J.,190,525,1974.
HI 21-CM. Ap.J.,150,8,1967. IAU Symp.44,pp.12,67,1972.

N6835 P(a) w. N6836 at 7'5.
SN1962J and PHOTO. Mem.S.A.Ital.,36,No.3,1965 = Cont. Asiago Obs., No.182.

N6836 P(a) w. N6835 at 7'5.

A1954+40,1955+40 Listed as A1955A,B in RC1. Pair in a group. Note large gal. obscuration.

[N6845A,B Called A1957-47A,B in RC2.] P(b) at 1'3. Comp. B at end of long arm of A. In Klemola Group 30 (A.J.,74,804,1969). 2 other comp. 0'8 and 1'7 sf may also be connected. Class from poor reproduction Cerro Tololo 1.5-m plate.
PHOTO.,DESCR. Ap.J., 183,19,1973.
SPEC., DYN.ROT.,MASS. Ap.J., 183,19,1973.

N6869 mp = 12.8 in CGCG, vol.IV, 1968. mp = 14 in MCG, vol.I,1962.

N6854 B anon. at 1'9 nf.

N6851A,B Pair of F anon. at 1'5. In a group.

N6861 = I4949. In group w. N6868, 6870 and others.
PHOTO. M.N., 131,351,1966 (incl. N6861D, 6868,6870).

N6861E,F In a group.

N6875 N6875A at 18' p.
PHOTO. M.N., 131,351,1966.

N6878 N6878A at 18' sp. P(a) w. anon. SA0- at 6'8.

I4956 [Called A2011-45 in RC2.] In background of N6861,-68 group.

N6872,I4970 = VV 297. P(b) at 1'1.
PTM. U,B,V: A.J., 74,335,1969.
RADIO. M.N., 167,251,1974.

I4972,N6876,6877 In a group. N6876,6877 Pair at 1'45.

N6880,I4981 In a group. Pair at 1'1.

N6890   In group.
         SPEC. Bull.A.A.S., 4,237,1972.

N6893   Close pair of anon. S, S0 at 19' sf.

N6902B   Note corr. to R.A. from RC1.

I5000   = N6901 = I1316. P(a) w. N6906 at 18'

A2020-44 = HA 88.2, New 5 (Listed as A2021 in RC1). In group w. N6861,6868, 6870 and others.

I1317   = II Zw 82.
         SPEC. Catalogue of Selected Compacts, 1971, p.307; V = 3955 (inadv. not used in col.28).

N6906   P(a) w. I5000 at 18'.

N6907   = N6908.

N6921   P. w. vF anon. S at 1'5.

N6927A,6927,6928,6930 In N6928 group. N6928,6930 Pair at 3'7.

N6926,6929 Pair at 4'0.

N6946   = 4C 59.31.1.
         DESCR. P.A.S.P., 79,29,1967. IAU Symp.38, pp.29,87,1970.
         PHOTO. P.A.S.P., 78,395,1966; 79,29,1967. Astrofizika, 2,431,1966. Ap.J.,154,845,1968; 194,559,1974. A.&A.,12,379,1971. Pub.U.S.Naval Obs., XX, Part IV,1971.
         PTM. Astrofizika, 2,431,1966; 6,177,1970. Pub. U.S.Naval Obs., XX, Part IV, 1971. 5 COL.: A.J., 73,313,1968.
         I.R. 10-21 MICRON: Ap.J.Let., 176,L95,1972.
         HII REG. Atlas and Catalogue, Univ. Washington, Seattle 1966. Ap.J., 155,417,1969; 194,559,1974.
         DIST. MODULUS: Ap.J.,194,559,1974.
         INTERFER. H-ALPHA: A.&A., 12,379,1971.
         SN1917A P.A.S.P., 29,180,213,1917. Harvard Bull., 641,1917.
         SN1939C. IAU Cir. No.793,1939, Ap.J.,96,28,1942. Ann.Rev.Ast.Ap.,2, 248,1964.
         SN1948B. IAU Cir. No.1172,1948. P.A.S.P., 65,1973. Supernovae & SN Remnants, Ap. & Space Sc. Lib. vol.45, p.204,1974.
         SN1968D. IAU Cir. Nos.2057,2072,1968. Ast.Tsirk. No.456,1968.
         SN1969? IAU Cir. No.2305,1971. Inf. Bull.V.S. No.515,1971. Not confirmed.
         HI 21-CM. Ap.J.,150,8,1967; 154,845,1968; 176,315,1972. A.J.,73,595, 1968. A.&A., 22,111,1973. Sources R (A.J., 69,490,1964) and R2 (A.&A., 3,292,1969) discordant, rejected.
         RADIO. A.J.,73,876,1968. Sov.A.J.,13,881,1970. Ap.J.,176,315,1972. Proc. 1st European Ast. Meeting, vol.3, p.1,1974.

N6935,6937 P(a) at 4'5.
         PHOTO.A.J., 76,775,1971.

N6944,6944A Pair at 6'5.

N6951   = N6952.

A2040-26 = PKS R.S. Prob. E m = 13.5?
         SPEC. Aust.J.Phys., 25,233,1972. M.N.,158,277,1972.

N6956   mp = 12 in MCG, vol.III, 1963. mp = 13.5 in CGCG, vol.V,1965.

N6962,6963,6964 Dense group. N6962, brightest and largest. N6962 and 6964 = K 548.

I5063   = PKS 2048-57
         COORD. AND PHOTO. A.J., 79,453,1974.
         SPEC. Aust.J. Phys.,25,233,1972.

N6978   In chain of Spirals w. N6975,6976, and 6977.

N6982,6984 Pair at 6'.

A2058+16 At 11'6 np N7006.

A2058-28 = PKS R.S. E in a small cluster.
         SPEC. Aust J.Phys.,25,233,1972. M.N.,158,277,1972.

A2058+15 A2059A in RC1. At 6'8 sp N7006.

I1347   PKS 2059-13.
         SPEC. Aust. J. Phys., 25,233,1972.

A2059+15 = A2059B in RC1. At 7'9 sf N7006.

A2100-48,2101-48 In a group w. N7014,7038 and others.

N7013   V is mean of discordant values V = 570 (Source G1, A.J.,72,730,1967) and V = 830 (Source R2, A.&A., 6,453,1970). See also Ap.J.Suppl., 28,No.267,1974.

A2102-47 In a group w. N7014.

N7015   mp = 12 in MGC, vol.III, 1963 mp = 13.2 in CGCG, vol. V, 1965.

A2103-47,N7014 In a group. N7014, brightest.

A2105+03 = II Zw 102 = K 552b. Compact comp. at following end of arm of Sc (= II Zw 101 = K 552a = UGC 11680), total mp = 14.5.

N7029   In small group w. N7041,7049.

N7042   = K 555a. mp = 12 in MCG,vol.III,1963. mp = 13.0 in CGCG,vol.V,1965.

N7038   In group w. N7014.

N7041,7049 In a small group w. N7029.

N7052   = B2 2116+26. mp = 14.0 in CGCG, vol. VI, 1968.

A2119-46,2120-46 = A2119, 2120 in RC1. A2120-46 = H.A. 88,2, New 6.

N7065,7065A Pair at 4'1.

N7064   PREC.POS. AND PHOTO. A.J., 76,775,1971.

N7070   P(a) w. N7070A at 21' nf, N7072 at 4'5 ssf.

N7072A   P(a) w. N7070 at 3'6.

N7072   P(a) w. N7070 at 4'5 np, N7072A 3'6 ssp.
         MAG., DIM. P.A.S.P., 83,310,1971.

N7070A   P(a) w. N7070 at 21' sp.
         CLASS. M82 type, Astrofizika, 3,427,1967.
         DESCR., PHYS. DATA. A.J., 79,1242,1974.

N7079   SPEC. vel.is mean of 2 discordant val. both from Source M1, V = 3007 and 2630 (Observ., 87,224, 1967; 89,21,1969).

A2131+08 = II Zw 140. Pec compact w. jects; mp = 15.6.

N7090   PTM. Atl. Gal. Austr., 1968.

N7097   P(a) w. N7097A at 5'9 nf.

N7096   F anon. 1'2 n.

N7097A   P(a) w. N7097 at 5'9 sp.

N7107   PREC. POS. and PHOTO. A.J., 76,775,1971.

N7119A,B Pair in contact, cent. of B at 0'25 sp A.
         PREC. POS. A.J., 76,775,1971 (where finding chart is incorr. labeled YC 2148-43; because of poss. confusion prec. coord. have not been adopted).

A2143-21 Capricorn E dwarf system in Local Group (Listed as A2144 in RC1).

I5131   P(a) w. I5135 at 12'.

I5135   [= N7130 w. NGC coord. corr.] Coll.? P(a) w. I5131 at 12' and F anon. spindle, SBm?, at 6'5 f. N7135 at 18' nf.
         SPEC. Vel. from source G1 (A.J.,72,730,1967) was incorr. attributed to N7135. Source L2 (Freeman 1975, private comm.) confirms correct. ident.

N7125,7126 Pair at 6'3. Anon. SB (rs) at 6'5 s of N7125.

N7135   Long thin comet-tail extens. 2'6 in nf dir. I5135 at 18' sp.
        PHOTO.,PTM. IAU Symp. 29,p.421,1968 (where quoted vel. applies to I5135).
        SPEC. vel. from source G1 (A.J., 72,230,1967) rejected; publ. value applies to I5135. Source L2 (Freeman 1975, private comm.) confirms correct.ident.

N7144,7145 P(a) at 23'5.

A2152-69 = PKS R.S.
          PTM. U,B,V: A.J., 74,335,1969. Ap.J., 178,1,1972.

A2153+07 = Mk 516. Poss. Seyfert N.
          SPEC. Astrofizika, 10,485,1974.

N7163   In N7163-7176 group.

N7162,7166 Pair at 11'0.

I1417   P(a) w. N7171 at 12'3 sf.

N7162A P(a) w. N7162 at 14'5 sp.

A2158+10 = Mk 520 Dble system.

N7177   SPTM. D. Wells, Univ. of Texas Publ. in Astron. No. 13, 1978.
        SN1960L. P.A.S.P., 73,175,1961.

N7171   P(a) w. I1417 at 12'3 np.

N7168   P(a) w. anon. EO? at 3'0 sf.

N7172,7173,7174,7176 Small group or chain. N7174,7176 P(c) at 0'2. V=11.39, B-V=0.97, U-B=0.49 (log A=1.28, Source N) for N7174+7176.
        PHOTO., SPEC. Ap.J., 191,645,1974.

I5152   B * (HD 209142, mpg=7.8) is 1'2 nf on edge of system.

N7196   P.w. vs B gal. 1'2 nf.

N7201,7203,7204 Small group or chain. N7202 does not exist (=*?).
        PHOTO., SPEC., Ap.J., 191,645,1974.

N7205A P(a) w. N7205 at 8'5.

N7205   P(a) w. N7205A at 8'5 sp.

A2204+47 mp=13.3. Note large gal. obscuration.

N7217   PHOTO. P.A.S.P., 78,495,1966.

A2205+04 SN1953I and PHOTO. P.A.S.P., 86,516,1974.

I5168   P.w. N7214 at 5'2 nf.

N7214   P.w. I5168 at 5'2 sp.

A2206+48 mp=13.0. Note large gal. obscuration.

A2207+17 = II Zw 168. mp=15.3.
          PHOTO. SPEC. Mem.S.A.It., 40,211,1969=K.P.N.O. Cont. No.436.

A2207-22 Listed as A2208 in RC1.
          PHOTO. Stellar Structure, vol.VIII of Stars and Stellar Systems, p.396,1965.
          SN1937B. Stellar Structure, vol.VIII, Stars and Stellar Systems, p.396,1965. A.N., 290,85,1967. (Error in RC1; no SN1960).

N7221   mp=12 in MCG, vol.IV,1968.

I5181,N7232A Pair at 8'1.

N7229   mp=12 in MCG, vol.IV,1968.

N7236,7237 = Arp 169 = II Zw 172 = 3C 442 = K 564. P(b) at 0'5 in common halo. 3rd comp. 0'6 sf. V=12.98, B-V=1.05, U-B=0.44 (log A=1.13, Source S) for N7236+7237.
        CLASS. Ap.J., 140,35,1964.
        PTM. U,B,V,R: Ap.J., 178,25,1972; 183,735,1973.
        SPEC. Ap.J., 191,55,1974.
        RADIO. A.J., 75,1,1968.

N7232,7233 Pair at 2'.
        N7232: PTM. U,B,V: A.J., 74,335,1969.

N7232B P.w. N7232 at 5' sp.

I1441,N7240 Pair at 1'2 in N7242 group.

I5179,5186 Note corr. of +2.5 min and +2' to IC coord. which are in error for both objects. I5179 is the brighter of the two and is the gal. listed as I5186 in HA 88.2; Mem.R.A.S., 68,69,1961 and RC1. It is correctly ident. in Helwan 38. I5186 is the barred Spiral listed as I5179 in RC1 with wrong coord. [I5179 also = I5184].

N7241   = II Zw 174. Pec. abs. lane. mp =13.8. P.w. anon. Sc at 5'0 spp.

N7242   = Ho 789a. (Ho 789b at 0'5 nf = IV Zw 90, mp=16.4). N7240 3'8 sp. Brightest in a group.
        DIAM. Ap.J., 173,485,1972.
        PTM. B,V,R: Ap.J., 183,731,1973.

A2213+22 = I Zw 93. Multiple system. mp=15.7.

N7248   N7250 at 17'5 nf. Sev. gal. nearby.

N7252   = Arp 226. F filaments and loops around main body of gal.

I5201   Rich cluster of F gal. at 12' np.

N7263   = IV Zw 97. Dble system or E+*? at 0'2. Total mp=15.7.

N7259   mp=12 in MCG, vol.IV,1968.

A2220+30A,B = K 567. In Zwicky 1971. Connected pair of blue compacts at 0'25; total mp=14.0.

N7274   In a group.
        PTM., SPEC. A.J., 75,695,1970. (where it is incorrectly ident. as N6049).

A2222+38, = IV Zw 99. Pec S + compact; mp=15.7.
           SPEC. for both comp.
           DELTA V = 15 km/s, A.J., 77,4,1972.

N7280   = K 568a.

N7292   SN1964H. IAU Cir. No.1870,1964. HAC Nos.1658,1659,1964. P.A.S.P.,77, 456,1965 (w. Photo.)

A2228-00 Haro-Luyten obj. 293B. Aprox. coord.only.
          PHOTO., MAG., SPEC. Ap.J., 142,1241,1965.

N7298   P(a) w. N7300 at 11'3.

A2228+33 Dwarf magellanic near Stephan's Quintet (see N7320 and comp.)
          HI 21-CM. Ap.J., 187,19,1974.

N7300   P(a) w. N7298 at 11'3 sp, N7302 at 21'5 sf.

A2229+39 = 3C 449 = 4C 39.69.
          PREC. COORD. Ap.J.Let., 151,L75,1968.
          PTM. B,V,R: Ap.J., 178,25,1972; 183,731,1973.
          SPEC. Ap.J.Let.,150,L145,1967.
          RADIO. A.&A., 34,341,1974.

A2229+19 = Mk 306. In contact w. Mk 305, compact and fainter.

N7302   = I5228. P(a) w. N7300 at 21'5 np.
        RADIO. A.J., 75,523,1970.

N2573A,B Nearby N2573 at 3h 54m, -89deg 52'. Note large precession.

N7309   PHOTO. Astrofizika, 4,59,1968.

A2231+32 = DDO 213. In N7331 group.
          DIST. MODULUS, A.&A., 35,441,1974.
          HI 21-CM. A.&A., 23,43,1974.

N7313,7314 Pair at 4'3. N7314 = Arp 14.

N7316   = Mk 307.
          RADIO. P.A.S.P., 86,649,1974; uncertain.

N7317   = Arp 319 = VV 288 = Ho 792d. In Stephan's Quintet.
          PHOTO. See N7318A,B.
          PTM. Astrofizika, 3,209,1967.

N7318A,B = Arp 319 = VV 288 = Ho 792c. Coll. pair in Stephan's Quintet.
          PHOTO. Ap.J.Let., 178,L101,1972. Ap.J., 183,411,1973. IAU Symp.44,
          p.388,1972. IAU Symp. 58,p.238,1974.
          PTM. Astrofizika, 3,209,1867.
          ISODENS.: Ap.J., 183,411,1973.
          HII REG. Ap.J., 183,411,1973.
          HI 21-CM. UP. LIMIT AND DIST. MODULUS. Ap.J.Let.,189,L1,1974.
          Bul.A.A.S.,5,430,1973.

N7319   = Arp 319 = VV 288 = Ho 792b. In Stephan's Quintet.
          PHOTO and PTM. See N7318A,B. Ap.J., 183,411,1973. Supernovae & SN
          SN1971P. IAU Cir. No.2355,1971.
          Remnants, Ap. & Space Sc. Lib. vol.45,pp.25,89,1974.
          HI 21-CM. and DIST. MODULUS. A.&A., 25,319,1973. Ap.J.,187,19,1974.
          Bul.A.A.S., 5,430,1973.
          RADIO. Nature, 239,324,1972; 241,260,1973.

N7320   = Arp 319 = VV 288 = Ho 792a. In N7331 group and foreground of
          Stephan's Quintet?
          PHOTO. and PTM. See N7318A,B.
          HII REG. Ap.J., 183,411,1973.
          DIST. MODULUS. Ap.Let., 7,111,1970. Supernovae & SN Remnants, Ap. &
          Space Sc. Lib.,vol.45,p.73,1974. IAU Symp. 58,p.237,1974. A.&A., 35,
          441,1974.
          HI 21-CM. A.&A., 7,330,1970; 25,319,1973. Ap.J., 187,19,1974.
          Bull.A.A.S., 5,430,1973.
          RADIO. M.N., 166,11P,1974. A.&A., 33,343,1974.

A2233-03 = Arp 3 = DDO 214. Low surf. br., F N.

N7320C   At 4'1 nf N7320. Outlying member of Stephan's Quintet?
          PHOTO. See N7318A,B.
          SPEC. Ap.J., 185,797,1973. IAU Symp. 44,p.376,1972 (+vel. of other
          background obj. around Stephan's Quintet and N7331).

N7331   = Ho 795a. Brightest in a group and in foreground of a group of F
          gal.
          PHOTO. Ap.J., 141,758,1965; Ap.J.Let., 178,L101,1972. P.A.S.P.,78,
          495,1966. A.&A., 29,249,1973. Stellar Structure, vol.VIII of Stars
          and Stellar Systems, p.395,1965. IAU Symp. 44,p.388,1972.
          PTM. 5 COL.: A.J., 73,313,1968. U,B,V: Ap.J., 157,55,1969.
          SPEC. Ap.J., 141,759,1965. Vel. of background gal.: IAU Symp.44,
          p.376,1972.
          SPTM. A.&A., 27,433,1973. Sov. A.J., 16,628,1973.
          POL. Astrofizika, 4,409,1968. Ap.J.Let., 170,L53,1971.
          DYN., ROT., MASS. Ap.J., 141,759,1965; 184,735,1973. Vest. Leningrad
          No.1, p.140,1969. A.&A., 8,364,1970.
          HII REG. Ap.J., 183,411,1973.
          SN1959D. Stellar Structure, vol.VIII of Stars and Stellar Systems,
          p.395,1965. M.N., 158,375,1972. Ap.J., 182,225,1973. Supernovae & SN
          Remnants, Ap. & Space Sc. Lib., vol.45,p.91,1974.
          HI 21-CM. AND DIST. MODULUS. A.&A., 25,319,1973; 35,441,1974.
          HALO SEARCH: A.&A., 28,95,1973; (not detec.).
          RADIO. Ap.J., 144,553,1966; 150,413,1967. Ap.J.Let., 174,L111,1972;
          182,L17,1973. A.&A., 29,249,1973; 31,447,1974. 33,343,1974. M.N.,
          166,11P,1974.

N7332   = Ho 796a = K 570a. P(a) w. N7339 at 5'0.
          PTM. 5 COL.: A.J., 73,313,1968.
          SPEC., VEL. DISP. Ap.J., 174,489,1972. Bull. A.A.S., 3,399,1971.
          ROT., MASS. (in cent.) Ap.J., 174,489,1972.

N7335   = Ho 795c. In group of gal. in background of N7331.

N7337   In group w. N7335.?
          SN1973. IAU Cir. Nos. 2573,2578,1973.

N7339   = Ho 796b. P(a) w. N7332 at 5'0.

A2236+35 In a group.
          PTM. and SPEC. A.J., 75,695,1970.

N7343   22's, 20'f N7331. No new obs. to confirm that H.M.S. vel. (Source B)
          refers to this object (see RC1, p.215).
          SN1974 . IAU Cir. Nos. 2707,2714,1974.

A2237+34 SN1960K. and PHOTO. P.A.S.P., 73,175,1961.

A2237-02 = II Zw 183. SBc, mp=14.0.

I5243   = II Zw 185 = K 571b. v close pair of compacts, mp=14.3. I5242 =
          K 571a at 2'8.

N7361   Note corr. to NGC R.A.

A2240+29 = B2 R.S. mp=14.4

A2240+31 = IV Zw 111. Poss. S0. mp=16.0

N7371   = Ho 797a. (Ho 797b at 1'0 is a *).

N7383   P(a) w. N7385 at 5'6 f. In a cluster.

N7385   = 4C 11.71 = PKS 2247+11. Brightest in a cluster.
          DIAM. Ap.J., 173,485,1972.
          PTM. B,V,R: Ap.J., 178,1,1972; 183,731,1973. A.J., 74,335,1969.
          RADIO. Ap.J., 157,481,1969. A.J., 78,18,1973. IAU Symp. 44,222,1972.

N7386   P(a) w. N7385 at 5'8. In cluster.
          SPEC. M.N., 158,277,1972. (w. ident. changed from N7385 to N7386).

N7389,7387 Pair at 3'. In cluster.

A2251+31 = IV Zw 122. mp=14.7.
          SPEC. Cat. Selected Compact Galaxies, 1971 (V adopted is mean from
          emiss. and abs.)

A2251+32,2252+32 = IV Zw 123a,b. Pair 2'7. mp=15.7, 16.3.

N7410   PHOTO. M.N., 131,351,1966.

N7413   QSO (3C 455) at 23'' nf (z=0.543; Ap.J.Let., 171,L41,1972).
          PHOTO., PREC. COORD. Ap.J.Let., 171,L41,1972.
          PTM. U,B,V,R: Ap.J., 178,25,1972; 183,731,1973.
          ISODENS.: IAU Symp. 58,p.203,1974. Bull.A.A.S., 5,397,1973.
          Mag. and colors reduced using dim. on PSS (0'60 x 0'40).

N7418   P(a) w. N7421 at 19'5. Obj. listed as N7418A in RC1 at 16' n has
          been rejected, only a F elliptical + plate defect [this comment is
          incorrect. N7418A restored in RC3; see SGC and ESO-B].
          PHOTO. M.N., 131,351,1966.
          RADIO. Aust. J. Phys., 19,883,1966.

I5264   Note corr. to IC coord. P. w. I1459 = I5265.

N7421   P(a) w. N7418 at 19'5.
          PHOTO. M.N., 131,351,1966.
          PTM. Atl. Gal. Austr., 1968.

I5267   PHOTO. M.N., 131,351,1966. Note corr. to IC Dec.

I1459   = I5265. P. w. I5264 sp. Mag. and colors reduced using dim. on PSS
          (4'5: x 3'4:).

N7424   DESCR., CLASS. P.A.S.P., 77,287,1965; 79,152,1967.
          PHOTO. M.N., 131,351,1966.
          PTM. Atl. Gal. Austr., 1968.

N7417   = PKS 2253-65? Prob. Ident.: A.J., 75,667,1970.

I5269,5270 Pair at 11'. Note corr. to IC coord. for I5270.

A2255-04A,B,C = Arp 314 = VV 295. Comp. A and B are high surf. br. spirals at
          1'7. Comp. C, 1'3 s of B, is a low surf. br. magellanic syst. and
          could be in foreground. Another low surf. br. SB at 4'2 sf comp. B,
          from which a F connecting (?) filam. emerges.

I5273   Note corr. to IC coord.
          PHOTO. M.N., 131,351,1966.

N7443,7444 Pair at 1'6.

N7448 = Arp 13.
PHOTO. and PTM. Astrofizika, 6,367,1970.
HI 21-CM. M.N., 150,337,1970 (mass only, no vel.)

A2257+25 = B2 R.S., mp=15.6.

A2257+26 = IV Zw 128. Pec. mp=16.5.

A2258+16 = Mk 312. 6'1 sp N7454.

N7457 P. w. s anon. spindle at 8'.
PTM. ISODENS.: A.J., 79,671,1974.

N7454 P. w. anon. SB(s)c at 1'7 sp. Mk 312 at 6'1 sp.

N7463,7464 = Ho 802a,c. Pair at 0'8. In triple syst. w. N7465.

N7465 = Mk 313 = Ho 802b. Triplet w. N7463,7464.
SN1950, not confirmed.

N7462 RADIO. Aust. J. Phys., 19,883,1966.

N7468 = Mk 314.
SPEC., SPTM., HI 21-CM. A.&A., 41,61,1975.
RADIO. P.A.S.P., 86,649,1974.

N7469 = Arp 298 = Ho 803a = K 575a. P(a) w. I5283 at 1'3 nf. Class 1 Seyfert N. BN =14.7 - 15.5, B(T) (excl. N)=12.80.
PHOTO. Pub. Dept. A. Univ. Texas, II, 2, Nr 7,1968.
PTM. NUCL. AND TOTAL MAG.: A.J., 73,858,1968. Pub. Dept. Astron. Univ. Texas, II, 2, Nr 7,1968. Att...Conv. Sci. Osserv. Cima Ekar, Padova-Asiago, p.101,1973 = Cont. Asiago No.300bis. U,B,V: Ap.J. Let., 150,L177,1967. Ap.Let, 1,171,1968. Sov.A.J., 16,763,1973; 17, 169,1973. M.N., 152,759,1971; 169,357,1974.
I.R. 1-21 MICRON: A.J., 73,870,1968. Ap.J.Let., 159,L165,1970; 176, L95,1972. M.N., 169,357,1974.
SPEC. Ap.J.Let., 171,L37,1972. Ap.J., 182,369,1973; 192,581,1974.
INT. MOTIONS: Ap.J.Let., 171,L37,1972. Ap.J., 182,369,1973.
SPTM. Ap.J.Let., 154,L53,1968. Ap.J., 162,743,1970; 164,1,1971.
A.&A., 27,433,1973; 33,331,337,1974. Sov. A.J., 11,767,1967.
Ast. Tsirk. No.467,1968. M.N., 168,109,1974. IAU Symp. 28,p.83, 1968. Nuclei of Galaxies, p.151,1971.
POL. Ap.J., 151,71,1968. Astrofizika, 4,409,1968; 7,417,1971; 8,509,1972. Ast. Tsirk. No.454,1967.
ROT. MASS (in Nucl.): Ap.J., 182,369,1973.
RADIO. Aust. J. Phys., 19,565,1966. A.J., 73,876,1968. A.&A.,33,351, 1974.

I5283 = Arp 298 = Ho 803b = K 575b. P(a) w. N7469 at 1'3.

A2301+22 = Mk 315 = II Zw 187. Class 1 Seyfert N.
DESCR., CLASS. A.J., 76,1000,1971.
SPEC. Ap.J., 186,433,1973; 192,581,1974. Mag. and colors reduced using dim. on PSS (0'45 x 0'40).

N7479 ROT. VEL. A.&A., 8,364,1970.

I5285 = II Zw 188. Compact w. outer ring struct. mp=14.4. P. w. N7489 (Sc) at 8'6 nf.

N7495 SN1973. IAU cir. Nos. 2571,2576,1973.

N7496 PTM. 2.2 MICRON: (Up. limit), M.N.,165,155,1973.
SPTM. A.&A.,33,331,337,1974.

N7499,7501 Pair at 2' in Pegasus II Cl.
N7501: RADIO. A.J., 189,399,1974.

N7503 = 4C 07.61 = PKS 2308+07. In Pegasus II Cl.
DIAM. Ap.J., 173,485,1972.
PTM. U,B,V,R: Ap.J., 173,485,1972; 178,1,1972; 183,731,1973.
A.J., 74,335,1969 (+2 comp. in Table IV that may be N7499,7501 but no prec. ident.).

N7507,7513 Pair at 18'.

N7518 = Mk 527. P. w. large S spindle (= UGC 12423) at 6'6 n.

N7537,7541 = Ho 805b,a = K 578. Pair at 2'7.

PHOTO. Astrofizika, 4,59,1968.

N7541 SPEC. Astrofizika, 4,59,1968.
RADIO. Aust. J. Phys., 21,193,1968.

A2312+07 SN1964K and PHOTO. P.A.S.P., 77,456,1965.

N7547,7549,7550 = Arp 99. Triple syst. N7549, w. 2 F outer arms interacting w. N7550 at 4'6.
SPEC. A.J., 77,4,1972 (w. corrected ident.)

N7564 SN1972M and PHOTO. P.A.S.P., 85,427,1973.

N7552 = I5294 = PKS 2313-428.
DESCR., CLASS. P.A.S.P., 77,287,1965; 79,152,1967.
PHOTO., P.A.S.P., 77,287,1965.
PTM. I.R., 1-10.6 MICRON: M.N., 162,35P,1973; 164,155,1973. Ap.J. Let., 191,L19,1974.
SPEC. Observ., 87,38,225,1967. SPTM. A.&A., 33,331,337,1974.
RADIO. Aust. J. Phys., 19,883,1966.

N7562,7562A Pair at 2'3. N7557, E? at 4'5 np N7562.

N7578A,B = Arp 170 = VV 181. In Abell 2572. Close pair at 0'5 in common envel. 2 other gal. at 0'4 and 1'2 nf.

N7576 P. w. N7585 at 10'7.
RADIO. Aust. J. Phys., 19,565,1966.

N7580 = Mk 318.
RADIO. P.A.S.P., 86,649,1974.

N7585 = Arp 223. P(a) w. N7576 at 10'7. F extend. envel.

N7587 = K 580.

N7582 = PKS 2315-426. In group w. N7590,7599 at 9'5 and 13'.
PHOTO. M.N., 131,351,1966. J.R.A.S. Canada, 68,117,1974.
PTM. Atl. Gal. Austr., 1968.
I.R. 1-3.5 MICRON: M.N., 162,35P,1973; 164,155,1973.
RADIO. Aust. J. Phys., 19,883,1966. Proc. A.S. Austr.,2,159,1972.

N7592 Coll. pair, 2 N 0'25 apart.

N7597 P. w. N7602 at 5'. In Abell 2572.
SPEC. A.J., 77,4,1972 (w. corrected ident.)

A2316+24 = Mk 319 = K 581a.

N7590 In group w. 7582,7599. P(a) w. N7599 at 4'9 sf.
PHOTO. M.N., 131,351,1966. J.R.A.S. Canada, 68,117,1974.
PTM. Atl. Gal. Austr., 1968.
I.R. (up. limit): M.N., 154,155,1973.

N7602 P. w. N7597 at 5'. In Abell 2572.
SPEC. A.J., 77,4,1972 (w. corrected ident.).

N7603 = Mk 530 = Arp 92. Class 1 Seyfert N. Connected to compact comp. 0'9 sf with extr. discordant redshift.
DESCR. ISODENS. Ap.J.Let., 194,L125,1974.
PHOTO. Ap.Let., 7,221,1970. IAU Symp. 44,p.387,1972.
SPEC. Ap.Let., 7,221,1970; V of comp. = 16,900 km/s, Ap.J.,192,581, 1974. Astrofizika, 10,485,1974.

N7606 SN1965M. IAU Cir. No.1934,1965. Ast. Tsirk., No.349,1965.
SPEC. A.&A., 35,151,1974.

N7599 In group w. N7583,7590. P(a) w. N7590 at 4'9.
PHOTO. M.N., 131,351,1966. J.R.A.S.Canada, 68,117,1974.
PTM. Atl. Gal. Austr.,1968.

N7609 = Arp 150 = VV 20. Ep. Poss. A comp. of ring gal. w. incomplete outer ring. F Spindle at 1' sp and pec Sb at 1'2 sf.
SN1973M? and PHOTO. P.A.S.P., 86,516,1974; the obj. is visible on 200-inch. pl. PH-4023Z in Arp Atlas (1966) and may be an HII reg.

N7619 Brightest in Pegasus I Cl. w. N7611,7615,7623,7626,7631.
PHOTO. Mem.S.A.It., 44,65,1973 = Cont. Asiago Obs. No.284.
PTM. B,V,R: Ap.J., 178,1,1972; 183,731,1973. 10 COL.: Ap.J., 179, 731,1973.

SN1970J. IAU Cir. No.2279,1970. Ast. Tsirk. No.590,1970.
Yamamoto Cir. No.1726,1970. Mem.S.A.It., 44,65,1973 = Cont. Asiago Obs. No.284.

N7625 = Arp 212 = VV 280 = III Zw 102.
PHOTO. Ap.J., 157,69,1969; 186,445,1973. Cat. Selected Compact Galaxies, p.387,1971.
PTM. Ap.J., 186,445,1973. Bull.A.A.S., 5,349,1973.
SPEC., ROT., MASS. Ap.J., 157,69,1969. HI 21-CM. A.J., 79,767,1974.

N7626 = PKS 2318+07. 2nd brightest in Peg. I Cl.
DIAM. Ap.J., 173,485,1972.
PTM. U,B,V: A.J., 74,335,1969. Ap.J., 178,1,1972. 10 COL.: Ap.J., 179,731,1973.
SPEC. Ap.J.Let., 164,L35,1971.
VEL. DISP.: IAU Symp. 15,p.112,1962.
POL. Ap.J.Let., 179,L93,1973.
DYN., MASS. Ap.J., 139,284,1964.
RADIO. Ap.J., 157,481,1969; 189,399,1974. A.J.,75,523,1970. Ap.Let., 6,49,1970. M.N., 149,91,1970.

N7634 SN1972J. IAU Cir. No.2437, 1972.

N7640 DESCR. Vistas in Ast., 14,p.210,1972.
PHOTO. Ap.J., 184,343,1973.
DYN., ROT., MASS. Bull.A.A.S., 1,186,1969. A.&A., 8,364, 1970. Vistas in Ast., 14,239,1972.
HII REG., DIST. MODULUS. Ap.J., 194,559,1974.
HI 21-CM. Ap.J., 150,8,1967; 184,343,1973.
HALO SEARCH: A.&A., 28,95,1973 (not detect.).

A2320+32 = B2 R.S. Pec. asym. arm. mp=14.5.

N7648 = Mk 531 = I 1486. F comp. at 4'9 nnp.

N7649 in Abell 2593. Ext. halo.
DIAM. Ap.J., 173,485,1972.
PTM. U,B,V,R: Ap.J., 173,485,1972; 178,1,1972; 183,731,1973.

N7671,7672 Pair at 6'.

N7673 = Mk 325 = IV Zw 149 = K 584a. P. w. N7677 (=Mk 326) at 6' sf.
PHOTO. Ap.J., 160,405,1970. Nuclei of Galaxies, p.81,1971.
PTM. ISODENS.: Cont. Asiago Cont. no.300bis, p.79,1973.
SPEC., SPTM., HI 21-CM. A.&A., 41,61,1975.

N7674 = Mk 533 = Arp 182 = VV 343. Compact E comp. attached at 0'5 nf. N7675 at 2'2f.
SPEC. Astrofizika, 10,485,1974 (poss. weak Seyfert).
RADIO. M.N., 167,251,1974.

N7675 P. w. N7674 at 2'2 p. (=Arp 182).

A2325+24 = IV Zw 150. Pec. compact. Poss. filam. connect. to F comp. 1'3 sp.
SPEC. Mem.S.A.It., 40,211,1969 = K.P.N.O. Cont. No.436. Mem.S.A.It., 41,129,1970.

N7677 = Mk 326 = K 584b. P. w. N7673 (=Mk 325) at 6' np.
SPEC., SPTM., HI 21-CM. A.&A., 41,61,1975.

N7678 = Arp 28. One arm v massive and brighter.

A2326+14 = DDO 216. Pegasus dwarf. IV Zw 152 at 2' sf, V=20640 km/s, mp=16.0.
PHOTO. IAU Symp.29,p.55,1968. Cat. Selected Compact Galaxies, p.378, 1971.
HI 21-CM. Source R2 (A.&A., 3,292,1969), quality D, rejected.

A2326+17 = 4C 16.83. N7681 at 1'2 p. Pec. S0(= UGC 12620) at 5'0 nf.

N7679,7682 = Arp 216 = VV 329. P(b)? at 4'5. N7679 (=Mk 534) has F extens. w. brighter condens.
SPEC. Ap.J., 142,634,1965.
SPTM. Ap.J., 159,809,1970.
RADIO. M.N., 167,351,1974.

A2327+25 = III Zw 107 = IV Zw 153. Close pair of compacts. Total mp=15.0.
PHOTO. Ap.J., 160,405,1970. Nuclei of Galaxies, p.81,1971.

I5328A,5328 Close pair at 0'75.

I5328B at 14' ssf I5328.

A2331+29 = Arp 46 = VV 314 = K 586a. Connected comp. = K 586b 0'5 nf.
SN1953E and PHOTO. P.A.S.P., 83,307,1971. The SN is visible on 200-inch pl. PH-4284 in Arp Atlas (1966).

N7713 P. w. N7713A at 19' nf.
SPEC. Discordant V=2921, Source N2 (Observ., 87,38,1967), rejected.

N7714 = Mk 538 = Arp 284 = VV 51 = Ho 810a = K 587a. P(b) w. N7715 at 1'9.
PHOTO. A.J., 73,890,1968. Ap.J., 153,31,1968.
PTM. I.R., 2-10 MICRON: Ap.J.Let., 159,L165,1970; 176,L95,1972. Bull.A.A.S., 4,223,1972.
SPEC., ROT., MASS. Ap.J., 153,31,1968.
HI 21-CM. A.J., 79,767,1974.
RADIO. N7714+7715: M.N., 167,251,1974.

N7715 = Arp 284 = VV 51 = Ho 810b = K 587b. P(b) w. N7714 at 1'9.
PHOTO. and RADIO. See N7714 for ref.

I5337 Pair w. I5338 at 1'3 f. In Abell 2626.

I5338 = 3C 464 = 4C 20.57. P. w. I5337 at 1'3. In Abell 2626.
PREC. COORD. A.J., 77,621,1972.
PHOTO. M.N., 166,101,1974.
RADIO. M.N., 166,101,1974 (v steep spec.).

N7713A P. w. N7713 at 19' sp.

A2335+29 = Mk 328. In Zwicky 1971. mp=15.5.
SPEC. Mem.S.A.It., 40,211,1969 = K.P.N.O. Cont. No.426.
HI 21-CM. (up. limit): A.&A., 8,424,1970.

A2335+31 SN1953F and PHOTO. P.A.S.P., 83,307,1971.

A2335+30 = B2 R.S. mp=15.1.

N7720 = 3C 465 = 4C 26.64 = K 588. Brightest in a cluster (Abell 2634).
DESCR., CLASS., DIM. Ap.J., 140,35,1964; 173,485,1972. P.A.S.P.,80, 129,1968. Proc. 1st European Ast. Meet.,vol.3, p.37,1974.
PHOTO. Ap.J., 140,44,1964. Ap.Let., 14,7,1973.
PTM. U,B,V,R: Ap.J., 178,1,25,1972; 183,731,1973. A.J.,75,695,1970.
ISODENS.: Ap.Let., 14,7,1973. SPEC. Ap.J., 141,1,1965; 191,55,1974. A.J., 75,695,1970.
RADIO. Ap.J., 140,35,1964; 142,106,1965. A.J., 73,1,1968;75,71,1969. A.&A., 28,359,1973. M.N., 164,271,1973. IAU Symp.29,p.347,1968.

I5342 In Abell 2634. Incl. in one of the comp. of 3C 465. Coord. in A.&A. Suppl., 12,89,1973 is for N7720.
SN1961N and PHOTO. P.A.S.P., 74,215,1962.

N7721 = Ho 812a. (Ho 812b at 2' is a *).
DYN., MASS. Bull.A.A.S., 1.186,1969.

N7727 = Arp 222 = VV 67. vF smooth outer arms. P(a) w. N7724, SB(s)ab, at 12'.

A2338-02 = III Zw 114. mp = 16.6
SPEC. Cat. Selected Compact Gal., 1971.

A2338+26 SN1969K and PHOTO. P.A.S.P., 82,736,1970.

N7731,7732 = K 590. Pair at 1'6. N7732 is a late-type spir. of low surf. br., probably in foreground.
PHOTO. and SPEC. Cat. Selected Compact Gal., p.388,1971.

A2339-03A,B = Arp 295 = VV 34. P(b) at 1'5. Note corr.coord. from RC1. Wrong ident. in Arp (1966); this syst. is not I1505 which is 6' np.
PTM. P.A.S.P., 86,639,1974 (bridge and tail).
SPEC., ROT.,MASS. Ap.J.Let., 190,L47,1974.
DYN., ENCOUNTER MODEL. Ap.J., 178,623,1972.

A2340-45 = HN 2871. Listed as A2340 in RC1.

A2340+19 = Mk 330. 2 F comp. 2' and 2'2 np. mp = 14.6.

N7741 = K 589b.
DESCR., CLASS. P.A.S.P., 81,51,1969. Vistas in Ast.,14,210,1972.
PHOTO. Izv. Crimean Obs., 45,162,1972. Vistas in Ast.,14,204,1972.
PTM. 7 COL.: Izv. Crimean Obs., 45,162,1972. IAU Symp.44,p.62,1972.

ROT., MASS. Vistas in Ast., 14,p.239,1972.
HII REG., DIST. MODULUS. Ap.J., 194,559,1974.
HI 21-CM. Discordant SH of Source R1 (A.J., 73,945,1968) rejected.

[ADDITIONAL NOTES have been incorporated in RA order above]

N7738 = N7739, mp = 14.4.

N7744 = I5348? [Yes. See SGC.]

I1508 = MCG 2-60-16.

N7750 mp = 12.5 in MCG, vol.III, 1963. mp = 13.8 in CGCG, vol.V, 1965.

N7752,7753 = Arp 86 = VV 5 = IV Zw 165 = Ho 816b,a = K 591. P(b) at 2'0.
PHOTO. A.&A., 3,418,1969. Ap.Let.,13,161,1973.
SPEC. A.&A., 3,418,1969. Ap.Let., 13,161,1973 (Source K5).
Vel. disagree, for N7753 betw. Sources D (A.J., 67,360,1962) and K5.
ROT.MASS. (N7753), Ap.Let., 13,161,1973.

N7757 = Arp 68 = Ho 817a. N7756 (= Ho 817b) at 4'5 is a *. Detached F comp. (in background?).

N7764 PHOTO.,PTM.,SPEC., Bol. A.A.Argentina, No.16,3,1971.

N7768 N7767 at 3'7 sp. In Abell 2666.
PTM.,SPEC. A.J., 75,695,1970.
SN1968Z. A.J., 76,756,1971.

N7769 = Ho 820c = K 592a. P(a) w. N7770 at 5' sf, N7771 at 5'4 sf.

N7770 = Ho 820b. P. w. N7769 at 5', N7771 at 1'1.

N7771 = Ho 820a = K 592b. P(a) w. N7770 at 1'1, N7769 at 5'4.
RADIO. Aust. J.Phys., 19,565,1966.

A2348+20 = Mk 331 = K 593b. 2 F comp. 1'3 and 2' sp.

N7764A Note corr. to Dec. of RC1. Interacting pair of Sp and Ip.
PREC.COORD. and PHOTO. A.J.,76,775,1971.
MAG.P.A.S.P., 83,310,1971.

N7779, 7780, 7782 In a group. N7782 brightest.

N7783 = Arp 323 = VV 208 = K 595. Comp. at 0'6 sf in common envel. Other comp. form chain.
SPEC. Mean Vo of group; +7932; Nuclei of Galaxies, p.356,1971.

N7785 SPTM. D. Wells, Univ. of Texas Publ. in Astron. No. 13 (1978).

I1515,1516 = K 597. Pair at 4'4.

A2355+47 = 4C 47.63.
PREC. COORD. A.&A., 11,1,1971.

N7793 PHOTO. J.R.A.S. Canada, 68,117,1974.
PTM. Atl. Gal. Austr., 1968.
I.R.,1-10.6 MICRON: M.N., 164,155,1973. Ap.J.Let.,191,L19,1974.
HII REG. Atlas and Catalogue, Univ. Washington, Seattle,1966. Ap.J., 155,417,1969.
INTERFER. H-ALPHA IN DISK: A.&A., 12,379,1971.

I1525 = MCG 8-1-16. mp = 12 in MCG, vol.I, 1962, mp = 13.3 in CGCG,vol.VI, 1968. Misident. in MCG.

N7798 = Mk 332. mp = 12.7.

N7800 mp = 12.5 in MCG, vol.III, 1963. mp = 13.4 in CGCG, vol.V, 1965.

A2357+47 mp = 12 in MCG, vol.I, 1962. mp = 14.0 in CGCG, vol.VI,1968.

N7805,7806 = Arp 112 = VV 226 = K 602. N7805 = Mk 333. P(b) at 0'9. Other pec. comp. at 0'9 f.

A2359+23A,B = VV 254 = III Zw 125, Nos. 1,2 = K 603. P(b) at 1'2.
PHOTO. Ap.J., 138,1306,1963. A.J., 73,890,1968.
SPEC., DYN., MASS. Ap.J., 138,1306,1963.

A2359-15 = DDO 221. Wolf-Lundmark-Melotte System. Dwarf Im in Local Group.
PHOTO. Vistas in Ast., 14,p.222,1972.
HI 21-CM. Ap.J.,150,8,1967.

RC3 Notes

A 0002−07 = PGC 312: RC2 position is incorrect. The correct (1950.0) position is 00^h 02^m $31\overset{s}{.}7$, $-07°$ $22'$ $21''$ (Skiff, from Lowell Astrograph plate).

NGC 7831 = PGC 569 is called IC 1530 in RC2.

PGC 2277: The SGC right ascension is incorrect. The correct (1950.0) position is 00^h 35^m $50\overset{s}{.}9$, $-55°$ $55'$ $13''$ (Spellman *et al.* 1989).

A 0035−34 = PGC 2248: ESO-LV B_T rejected.

NGC 443 = PGC 4512 is called IC 1653 in RC2.

NGC 557 = PGC 5351 is called IC 1703 in RC2.

IC 1704 = PGC 5411 is incorrectly called IC 1706 in RC2.

ESO 245-G01 = PGC 6241: SGC T should read "0.0," not "−1.0."

NGC 2573 = PGC 6249: RC2 position is incorrect. The correct (1950.0) position is 02^h 42^m 56^s, $-89°$ $34\overset{'}{.}2$ (ESO).

NGC 690 = PGC 6587 is called A0145−16 in RC2.

ESO 477-G07 = PGC 6689: SGC right ascension is incorrect. The correct (1950.0) position is 01^h 47^m 06^s, $-26°$ $59\overset{'}{.}6$ (ESO).

NGC 942 = PGC 9458 and **NGC 943 = PGC 9457**: The RC2 identifications are interchanged. Delete the reference to Appendix for NGC 943 (the reference belongs to NGC 493 = PGC 4979).

NGC 1048 = PGC 10140 is called NGC 1048B in RC2.

NGC 1136 = PGC 10807: RC2 position is incorrect. The correct (1950.0) position is 02^h 49^m 25^s, $-55°$ $10\overset{'}{.}8$ (ESO).

NGC 1313 = PGC 12286 is not a single galaxy, but a colliding pair P(b) of late-type (magellanic) barred spirals at $3\overset{'}{.}8$ separation (centers of bars). The major component, type SB(s)dm p, with D x d = 13' x 7': has a faint nucleus in the center of the bar at 03^h 17^m 39^s, $-66°$ $40\overset{'}{.}7$ (equinox 1950, from ESO), where V(LSR) = 470 km s^{-1} (Mathewson *et al.* 1975). The minor component is $3\overset{'}{.}8$ south-preceding at 03^h 17^m 03^s, $-66°$ $42\overset{'}{.}8$ (1950), with D x d = $4\overset{'}{.}7$ x $2\overset{'}{.}5$. It has type SB(s)m p, and V(LSR) = 420 km s^{-1}(*loc. cit.*); it is highly resolved on AAT 3.6-m plates and is 2-3 magnitudes fainter than the major component with estimated magnitudes of B_T = 10.0 and 12.5.

Similarly, Odewahn (1989) has shown that several other late-type magellanic systems are actually interacting pairs. Examples included in RC3 are NGC 1359 = PGC 13190, NGC 2366 = PGC 21102, NGC 3664 = PGC 35041, and NGC 7154 = PGC 67641.

PGC 12357: Magnitude, colors, and effective surface brightness are for A0317-5407 which may not be = PGC 12357.

NGC 1357 = PGC 13166: RC2 declination should read $-13°$ $49\overset{'}{.}8$.

NGC 1382 = PGC 13354 is called NGC 1380B in RC2.

NGC 1385 = PGC 13368: SGC type should read ".SXS7?P," and SGC T should read "7.0."

NGC 1395 = PGC 13419: SGC T is incorrect; the correct T is "−5.0."

NGC 1427A = PGC 13500: RC2 position is incorrect. The correct (1950.0) position is 03^h 38^m 25^s, $-35°$ $46\overset{'}{.}9$ (ESO).

IC 2006 = PGC 14077: RC2 position is incorrect. The correct (1950.0) position is 03^h 52^m 36^s, $-36°$ $06\overset{'}{.}8$ (ESO).

NGC 1558 = PGC 14906: RC2 position is incorrect. The correct (1950.0) position is 04^h 18^m 43^s, $-45°$ $09'\!.0$ (ESO).

NGC 1594 = PGC 15348 is called IC 2075 in RC2.

NGC 1601 = PGC 15413: RC2 position is incorrect. The correct (1950.0) position is 04^h 29^m $13^s\!.7$, $-05°$ $10'$ $05''$ (Skiff, from Lowell Astrograph plate).

ESO 202-G43 = PGC 15686: B_T^A, colors, and surface brightnesses are for an anonymous galaxy at 04^h $36^m\!.6$, $-51°$ $30'\!.9$. The identification with ESO 202-G43 = PGC 15686 may be incorrect.

NGC 1692 = PGC 16336 is called A0453−20 in RC2.

NGC 1800. = PGC 16745: Source of RC2 type is R074C, not P074C.

NGC 1796A = PGC 16698 and **NGC 1796B = PGC 16787**: Declinations are interchanged in Stromlo 13, RC1, and RC2. Correct ESO identifications are NGC 1796A = ESO 119-G35 and NGC 1796B = ESO 119-IG37.

ESO 119-G47 = PGC 16968: There are two listings for this galaxy in SGC. The type for the second entry should read ".SBS3*P".

A 0524−69 = LMC = PGC 17223: ESO-LV B_T rejected.

ESO 556-G02 = PGC 18583: For SGC T = 9.0, read T = 9.5.

PGC 18976: SGC right ascension is incorrect. The correct (1950.0) position is 06^h 23^m $36^s\!.0$, $-55°$ $41'$ $09''$ (Spellman *et al.* 1989).

NGC 2397A = PGC 20754: Stromlo 13, RC1, and RC2 position is incorrect. The correct (1950.0) position is 07^h 21^m 18^s, $-69°$ $01'\!.2$ (ESO). Correct ESO identification is ESO 58-G29.

NGC 2397B = ESO 58-G31 = PGC 20813: Add NGC designation to SGC, and correct ESO NGC designation.

IC 2200 = PGC 21075: SGC declination is incorrect. The correct (1950.0) declination is $-62°$ $14'\!.8$ (ESO).

IC 2200A = PGC 21062: Stromlo 13, RC1, and RC2 position is incorrect. The correct (1950.0) position is 07^h 27^m 31^s, $-62°$ $15'\!.5$ (ESO).

A0733+02 = DDO 45 is a planetary nebula. Delete from RC2.

ESO 35-G20 = PGC 22605: There are two listings for this galaxy in SGC. The type for the first entry should read ".SBS9..".

IC 520 = PGC 24970: m_H, m_C, and m'_{25} listed in RC2 belong to NGC 2646 = PGC 24838.

NGC 3029 = PGC 28206 is called A0946−07 in RC2.

NGC 3136B = PGC 29597: Stromlo 13, RC1, and RC2 position is incorrect. The correct (1950.0) position is 10^h 08^m 52^s, $-66°$ $45'\!.5$ (ESO).

The SGC galaxy at 10^h $37^m\!.7$, $-32°$ $09'$ is a defect on UK Schmidt plate J2919; not found on any of the issued film copies (F375, F376, or F437). Delete the SGC entry for this object.

NGC 3418 = PGC 32549: RC2 declination should read $+28°$ $22'\!.7$, not $+28°$ $02'\!.7$.

NGC 3690 = PGC 35321: RC2 T should read 10, not 9.

A1129+53A = PGC 35609: RC2 magnitude and colors belong to A1129+53D = PGC 35620.

A1129+53D = PGC 35620 = MK 176: This is the Markarian galaxy, not A1129+53C = PGC 35615 as in RC2.

The SGC object at 11^h $37^m\!.0$, $-85°$ $03'$ is a defect on UK Schmidt plate J2961; not found on J4210 (film copy). Delete the SGC entry for this object.

NGC 3928 = PGC 37136: The type is an estimate by Buta and Corwin from the CFHT photo published by van den Bergh (1980). The RC2 type is incorrect.

NGC 4574 = PGC 42166 is called A1235−35 in RC2. The correct (1950.0) position is 12^h 35^m 02^s, $-35°$ $14'\!.5$ (ESO).

NGC 4603B = PGC 42460: Stromlo 13, RC1, and RC2 position is incorrect. The correct (1950.0) position is 12^h 37^m 46^s, $-40°$ $47'\!.7$ (ESO). The correct SGC and ESO identification is ESO 322-G48, not 322-G47.

NGC 4661 = PGC 42983 is called NGC 4650B in RC2.

A1246−41C = PGC 43354: RC2 declination should read $-41°$ $13'\!.1$, not $-41°$ $31'\!.1$. The correct ESO identification is 322-G99. The identification in Appendix 10 of RC3 is incorrect.

The SGC object at 12^h $48^m\!.1$, $-50°$ $50'$ is a defect on UK Schmidt plate J2247; not found on issued film copy for Field 219. Delete the SGC entry for this object.

NGC 4729 = PGC 43591 is called A1248−40 in RC2. The RC2 data − other than the position − for this object belong to NGC 4730 = PGC 43611.

NGC 4743 = PGC 43653: RC2 T should read −2*, not −5*.

The SGC object at 12^h $50^m\!.8$, $-50°$ $39'$ is a defect on UK Schmidt plate J2247; not found on issued film copy for Field 219. Delete the SGC entry for this object.

NGC 4897 = PGC 44829: Shapley-Ames, RC1, RC2, MCG, RNGC, and RSA identifications for this galaxy (it is called NGC 4891) are incorrect. NGC 4891 is a star $2'\!.0$ north-preceding the galaxy.

A1315+44 = PGC 46297: RC2 declination should read $+44°$ $04'\!.2$, not $+44°$ $40'\!.2$.

NGC 5140 = PGC 47031: RC2 position is incorrect. The correct (1950.0) position is 13^h 23^m 31^s, $-33°$ $36'\!.5$ (ESO).

A1332−45 = PGC 47847: RC2 position is incorrect. The correct (1950.0) position is 13^h 31^m 39^s, $-45°$ $17'\!.1$ (ESO).

ESO 509-G74 = PGC 47948: SGC position is incorrect. The correct (1950.0) position is 13^h 32^m 56^s, $-23°$ $49'\!.1$ (ESO).

ESO 577-G16 = PGC 48223: SGC type is incorrect. The correct type is IAB:(s)m: pec IV: (HC: S048J and R, P048O and E).

NGC 5298 = PGC 48985: RC2 position is incorrect. The correct (1950.0) position is 13^h 45^m 45^s, $-30°$ $10'\!.8$ (ESO).

ESO 221-IG5 = PGC 49106,07: There are two listings for this galaxy in SGC. The type for the first entry should read ".SB.3?P".

A1437+37 = MK 475 = PGC 52358: Magnitude and colors may not refer to this object. Denisjuk (in *Astr. Cir. (USSR)*, No. 809, 1974, quoted in RC2) gives the heliocentric redshift as $+550 \pm 100$ km s^{-1}.

NGC 5866 = PGC 53933 $\neq$ M 102: Hogg (1947) has shown that M 102 is a duplicate observation of M 101; it is not NGC 5866.

NGC 5892 = **PGC 54365** is called A1511−15 in RC2.

NGC 6040A = **PGC 56932** and **NGC 6040B** = **PGC 56942**: The RC2 identifications are interchanged. See Buta and Corwin (1986). The identifications in Appendix 10 of RC3 are also incorrect.

IC 1182 = **PGC 57084** is incorrectly called MK292 in RC2; it is MK298.

NGC 6053 = **NGC 6057** = **PGC 57090**: The identification in Appendix 10 of RC3 is incorrect.

ESO 102-G7 = **PGC 60391** = **PGC 60392**: There are two listings for this galaxy in SGC. The type for the first entry should read ".SXT4*.".

NGC 6739 = **PGC 62799** is called A1903−61 in RC2.

NGC 6845A = **PGC 63985** and **NGC 6845B** = **PGC 63986** are called A1957−47A and B in RC2. The correct (1950.0) positions are $19^h\ 57^m\ 22^s$, $-47°\ 12'.5$ (ESO) for NGC 6845A and $19^h\ 57^m\ 29^s.6$, $-47°\ 11'\ 53''$ (Spellman et al. 1989) for NGC 6845B.

NGC 6851A = **PGC 64082** and **NGC 6851B** = **PGC 64086**: Identifications are interchanged in ESO and SGC. Note also that NGC 6861A (in Stromlo 13) = NGC 6851A.

IC 4956 = **PGC 64230** is called A2011−45 in RC2. The correct (1950.0) position is $20^h\ 07^m\ 59^s$, $-45°\ 44'.5$ (ESO).

IC 4946 = **PGC 64614** is called A2020−44 in RC2. 18^m error in IC position.

NGC 6902 = **PGC 64632** also = IC 4948. 18^m error in IC position.

ESO 285-G30 = **PGC 64946**: SGC (printed version only) declination is incorrect. Correct declination is $-42°\ 38'.9$ (ESO).

A2044−13 = **DDO 210** = **PGC 65367**: RC2 position is incorrect. The correct (1950.0) position is $20^h\ 44^m\ 12^s$, $-13°\ 00'\ 53''$ (see *Ap. J. Lett.* **360**, L39, 1990).

NGC 6965 = **IC 5058** = **PGC 65376** incorrectly called NGC 6963 in HMS, RC1, RC2, and PGC.

NGC 6967 = **PGC 65385** = **PGC 65386**. The two PGC numbers refer to data for the same galaxy from UGC and ESGC, respectively.

NGC 6998 = **PGC 65925** is called A2058−28 in RC2.

A2119−46 = **PGC 66617**: RC2 position is incorrect. The correct (1950.0) position is $21^h\ 17^m\ 58^s$, $-46°\ 21'.9$ (ESO).

ESO 403-G03 = **PGC 66872**: The SGC right ascension ($21^h\ 37^m.3$) is incorrect. The correct (1950.0) position is $21^h\ 27^m\ 33^s.1$, $-33°\ 52'\ 12''$ (Spellman et al. 1989).

ESO 107-G32 = **PGC 66950**: The SGC right ascension ($21^h\ 19^m.3$) is incorrect. The correct (1950.0) position is $21^h\ 29^m\ 13^s.0$, $-64°\ 51'\ 40''$ (Spellman et al. 1989).

NGC 7098 = **PGC 67266**: RC2 position is incorrect. The correct (1950.0) position is $21^h\ 39^m\ 19^s$, $-75°\ 20'.5$ (ESO).

A2143−21 (= A2144 in RC1) is a globular cluster (see *Ap. J.* **239**, 815, 1980). Delete from RC1, RC2, and SGC.

NGC 7130 = **PGC 67387** is called IC 5135 in RC2.

IC 5171 = **PGC 68223** is called A2207−46 in RC2.

NGC 7232A = **PGC 68329**: Stromlo 13, RC1, and RC2 position is incorrect. The correct (1950.0) position is $22^h\ 10^m\ 36^s$, $-46°\ 08'.5$ (ESO).

NGC 7232B = PGC 68443: Stromlo 13, RC1, and RC2 position is incorrect. The correct (1950.0) position is $22^h\ 12^m\ 48^s$, $-46°\ 01'.8$ (ESO).

NGC 7412A = PGC 70089: RC2 position is incorrect. The correct (1950.0) position is $22^h\ 54^m\ 16^s$, $-43°\ 04'.3$ (ESO).

NGC 7418A = PGC 70075: Omitted from RC2 by mistake. See Corwin (1968) where the note is incorrect. Only the nucleus can be seen on the red Whiteoak print; the "defect" mentioned in Corwin's note is clearly seen on the UK and ESO Schmidt plates to be the galaxy's spiral arm system. Stromlo 13, ESO, and SGC are correct.

NGC 7496A = PGC 70687: Stromlo 13, RC1, and RC2 position is incorrect. The correct (1950.0) position is $23^h\ 09^m\ 36^s$, $-44°\ 03'.1$ (ESO).

NGC 7689 = PGC 71729: RC2 position is incorrect. The correct (1950.0) position is $23^h\ 30^m\ 31^s$, $-54°\ 22'.2$ (ESO).

NGC 7713A = PGC 71912: Stromlo 13, RC1, and RC2 position is incorrect. The correct (1950.0) position is $23^h\ 34^m\ 29^s$, $-37°\ 59'.5$ (ESO).

A2340−45 = PGC 72178: RC2 position is incorrect. The correct (1950.0) position is $23^h\ 39^m\ 56^s$, $-45°\ 10'.9$ (ESO).

Appendices

Appendix 1. "Dusty elliptical" galaxies*

ID		PGC	ID		PGC	ID		PGC	ID		PGC
0036+481	=	2329	0413−562	=	14723	1118−291	=	34755	1351+405	=	49354
0037+414	=	2429	0526−638	=	17296	1120+541	=	34989	1352−336	=	49506
0052−323	=	3242	0532−527	=	17432	1122+390	=	35064	1353+055	=	49547
0055+300	=	3455	0544−168	=	17804	1137+180	=	36200	1405+552	=	50369
0104+321	=	3982	0557−524	=	18182	1148−285	=	37061	1426−295	=	51794
0106+355	=	4126	0610+784	=	18797	1153+433	=	37448	1442−137	=	52669
0122+035	=	5193	0632−629	=	19242	1205+655	=	38524	1448+635	=	52924
0123−019	=	5351	0745+560	=	21859	1217+296	=	39764	1500−722	=	53875
0131−367	=	5827	0808+558	=	23024	1222+077	=	40439	1532+237	=	55497
0141+374	=	6393	0907+602	=	25915	1222+132	=	40455	1637+826	=	58472
0147−269	=	6689	0929−165	=	27048	1225+133	=	40914	2048−573	=	65600
0149+359	=	6962	0931+104	=	27159	1246−410	=	43296	2116+262	=	66537
0151−498	=	6994	0940+322	=	27800	1249−009	=	43671	2128−430	=	66909
0206+355	=	8249	0958−314	=	28960	1307−467	=	45717	2137−428	=	67146
0219−345	=	8953	1000−314	=	29076	1310−193	=	45908	2206−474	=	68165
0226−109	=	9457	1029−459	=	31035	1320−324	=	46747	2210−264	=	68311
0238−085	=	10175	1029+544	=	31141	1322−428	=	46957	2229+391	=	69055
0301−158	=	11527	1033−321	=	31391	1339−479	=	48593	2255+129	=	70129
0316−193	=	12373	1034−273A	=	31466	1341−269	=	48655	2318+169	=	71133
0320−374	=	12651	1034−273B	=	31478	1350+317	=	49258	2336+157	=	71993
0326−312	=	12923	1104−192	=	33667						

*From Ebneter and Balick (1985).

Appendix 2. "Elliptical" galaxies with shells*

ID		PGC	ID		PGC	ID		PGC	ID		PGC
0043−137	=	2710	0404−528	=	14462	1200−433	=	38102	2002−403	=	64097
0050−654	=	3070	0414−557	=	14757	1208−337	=	38753	2012−494	=	64384
0057−406	=	3567	0415−559	=	14765	1233+128	=	41968	2031−418	=	65008
0107−461	=	4149	0420−437	=	14971	1237−202	=	42470	2045−381	=	65436
0117+031	=	4801	0422−476	=	15035	1241−339	=	42871	2048−300	=	65580
0121+331	=	5098	0515−541	=	17012	1252−266	=	44057	2059−673	=	66000
0124−388	=	5347	0517−251	=	17110	1257−439	=	44774	2101−125	=	66039
0124−377	=	5352	0526−798	=	17194	1301−300	=	45149	2105−381	=	66175
0136−468	=	6104	0540−479	=	17629	1301−302	=	45174	2121−407	=	66694
0146+103	=	6643	0548−181	=	17976	1304−202	=	45462	2128−430	=	66909
0148−836	=	6510	0558−553	=	18196	1306−517	=	45634	2146−351	=	67425
0154−394	=	7279	0610−625	=	18551	1307−231	=	45657	2147−465	=	67483
0200−686	=	7692	0632−629	=	19242	1310−192	=	45908	2150−482	=	67583
0225−013	=	9359	0754−521	=	22210	1322−427	=	46957	2155−174	=	67747
0239−283	=	10205	0838−733	=	24280	1325−293	=	47194	2215−429	=	68531
0243−323	=	10466	0921−229	=	26601	1327−292	=	47397	2226−357	=	68980
0244−304	=	10479	0935−217	=	27418	1330−314	=	47752	2228−641	=	69087
0304−259	=	11666	0944−213	=	28049	1346−300	=	49025	2229−256	=	69088
0320−378	=	12651	0950−291	=	28439	1349+025	=	49248	2235−374	=	69365
0326−312	=	12923	0951−270	=	28536	1358−026	=	49869	2239−431	=	69554
0327−289	=	12999	1013−341	=	29954	1432−457	=	52161	2241−582	=	69613
0335−356	=	13344	1035−285	=	31616	1439−196	=	52553	2315−049	=	70986
0335−359	=	13360	1038−368	=	31821	1603−180	=	57180	2330−452	=	71730
0336−231	=	13419	1046−194	=	32374	1837−614	=	62298	2335−477	=	71943
0336−225	=	13445	1127−361	=	35417	1920−639	=	63185	2347−357	=	72547
0351−550	=	14005	1148−285	=	37061	1927−645	=	63344	2355−218	=	73043
0358−606	=	14220	1152−374	=	37405						

*From Malin and Carter (1983), and Prieur (1988).

Appendix 3. Selected galaxies with special outer ring subclassifications

PGC	α (1950) δ	Name	Ring diameter	Type	Image Source
1673	0024.7 −4116	ESO 294− 16	1$'$.15	(R'_2)SB(s)ab	SERC-J
2437	0038.1 −1409	NGC 210	4.10	(R'_2)SAB(s)b	SB-88
4101	0106.7 −3733	ESO 296− 2	1.26	(R'_1)SB(r)ab	SERC-J
5703	0134.8 −8526	ESO 3− 1	1.23	(R_1)SB(r)0/a	SERC-J
6241	0139.5 −4628	ESO 245− 1	0.95	(R'_2)SB(s)a	SERC-J
6692	0147.7 −5618	ESO 152− 26	1.40	$(R_1 R'_2)$SAB(r)b	SERC-J
6799	0147.8 +3502	NGC 688	1.75	(R'_2)SAB(r)bc	PP-048
8012	0204.3 −5526	ESO 153− 20	1.45	(R'_1)SB(rs)ab	SERC-J
8372	0208.3 +3716	NGC 841	1.37	(R'_2)SB(s)ab	PP-048
10330	0241.6 −2913	NGC 1079	5.20	$(R_1 R'_2)$SA$\underline{B}$(rs)a	SERC-J
10415	0243.7 −5557	ESO 154− 10	2.18	(R'_1)SB($\underline{rs}$)ab	SERC-J
11670	0304.3 −0059	NGC 1211	2.13	(R'_2)SB(l)0/a	PP-048
12209	0315.5 −4117	NGC 1291	8.11	$(\underline{R}_1 R'_2)$SB(l)0/a	SERC-J
12709	0322.0 −3638	NGC 1326	2.74	(R_1)SB(r)0/a	SERC-J
13059	0329.2 −3347	NGC 1350	5.43	(R'_1)SB(r)ab	SB-88
13586	0340.5 −4723	NGC 1433	5.80	(R'_1)SB(r,nl)ab	B-86
15773	0437.6 −0039	NGC 1635	1.12	(R'_1)SB(r)0/a	PP-048
16779	0506.0 −3735	NGC 1808	6.49	(R_1)SAB(s)a	SERC-J
18948	0621.9 −3211	ESO 426− 2	1.45	$(\underline{R}_1 R'_2)$SB(r)0/a	CB-90
19317	0635.0 −3502	ESO 365− 35	1.05	$(R_1 \underline{R}'_2)$S$\underline{A}$B(l)a	CB-90
20694	0719.5 −6258	NGC 2381	1.17	$(R_1 R'_2)$SAB(rl)a	SERC-J
24634	0843.8 −1907	NGC 2665	1.85	(R'_1)SA$\underline{B}$(r)a	CB-90
25161	0854.7 +0307	NGC 2713	2.95	(R'_1)SB($\underline{rs}$)ab	PP-048
27351	0934.4 −2054	NGC 2935	2.80	(R'_2)SA$\underline{B}$(s)b	SB-88
30945	1027.7 −3458	NGC 3269	1.68	(R'_2)SAB(s)a	CB-90
31730	1037.6 −2956	ESO 437− 33	1.12	(R'_1)SAB(rl)a	CB-90
31974	1041.3 −3609	NGC 3358	2.91	(R'_2)SAB(l)ab	CB-90
32625	1049.9 −3224	ESO 437− 67	2.46	(R'_1)SB($\underline{rs}$)ab	CB-90
32650	1050.4 −4454	ESO 264− 47	1.06	(R'_2)S$\underline{A}$B($\underline{rl}$)a	CB-90
33025	1056.3 −4619	NGC 3482	1.51	$(R_1 R'_2)$SAB($\underline{rs}$)a	CB-90
33371	1100.5 +2815	NGC 3504	2.05	(R'_1)SA$\underline{B}$($\underline{rs}$)ab	CB-90
34593	1116.4 −4624	ESO 265− 22	1.34	$(R_1 R'_2)$SB(rł)a	SERC-J
34684	1117.4 +1838	NGC 3626	1.40	(R'_2)S$\underline{A}$B(r)0/a	PP-048
38031	1200.2 +0216	NGC 4045	1.96	(R'_1)SA(r,nr)b	PP-048
43380	1247.0 −2453	ESO 507− 16	1.30	$(\underline{R}_1 R'_2)$SAB($\underline{rl}$)a	CB-90
44871	1258.5 −1756	ESO 575− 47	1.63	(R'_1)SB($\underline{rs}$)ab	CB-90
44949	1259.2 −4230	NGC 4909	1.52	(R'_2)SA(l)ab	CB-90
46304	1314.8 −3150	IC 4214	1.96	(R_1)SA($\underline{rs}$,nr)a	CB-90
46661	1319.0 −2710	NGC 5101	5.15	$(R_1 R'_2)$SB($\underline{rs}$)a	SERC-J
46970	1322.9 −2612	ESO 508− 78	0.90	(R'_1)SB(s)a	CB-90
(47545)	1328.7 −2100	ESO 577− 3	0.88	(R'_2)SB(r)ab	CB-90
48609	1340.6 −2541	ESO 509− 98	1.07	$(R_1 R'_2)$SB(s)ab	CB-90
49140	1347.7 −3812	ESO 325− 28	1.06	(R'_2)SB(r)b	CB-90
49271	1349.5 −2739	ESO 445− 64	1.85	$(R_1 R'_2)$SB(l)0/a	SERC-J

Appendix 3 (continued).

PGC	α (1950) δ	Name	Ring diameter	Type	Image Source
49563	1354.3 +4729	NGC 5377	3.65	$(R_1')SA\underline{B}(l)a$	PP-048
49952	1359.3 +0944	NGC 5409	1.40	$(R_2')SA\underline{B}(l)b$	PP-048
50031	1400.9 +4925	NGC 5448	3.30	$(R_1')SA\underline{B}(r)a$	PP-048
52365	1436.7 +0535	NGC 5701	3.40	$(R_1R_2')SB(l)a$	K-79
52521	1439.6 −1702	NGC 5728	3.00	$(R_1)SA\underline{B}(r)a$	CB-90
52825	1444.8 −1439	NGC 5756	2.80	$(R_1)SA\underline{B}(r\underline{s})ab$	PP-048
63168	1919.6 −6001	NGC 6782	2.07	$(R_1')SB(r)a$	SERC-J
(65038)	2033.1 −2200	ESO 597− 14	1.17	$(R_1')SB(r)ab$	SERC-J
66732	2122.7 −4238	NGC 7060	1.63	$(R_1')SB(rs)a$	SERC-J
66894	2128.4 −3623	ESO 403− 4	0.95	$(R_1')SB(s)a$	SERC-J
67232	2140.1 −3912	IC 5128	0.95	$(R_1)SB(r)0^+$	SERC-J
68198	2207.2 −3620	IC 5169	2.01	$(R_1)SAB(r)0^+$	SERC-J
68270	2209.8 +1115	UGC 11947	1.29	$(R_2')SA\underline{B}(r)b$	PP-048
68469	2213.7 −2141	IC 1438	2.01	$(R_1R_2')SAB(r)0/a$	SERC-J
68476	2213.9 −2144	IC 1439	1.07	$(R_2')SB(s)a$	SERC-J
68828	2222.7 −2554	ESO 533− 25	1.30	$(R_1)SB(l)0^+$	SERC-J
70020	2253.1 +1231	UGC 12250	1.29	$(R_2')SAB(rl)b$	PP-048
70098	2254.8 −0119	NGC 7428	1.98	$(R_1')SB(r)0/a$	PP-048
70712	2310.6 +0603	NGC 7518	1.53	$(R_1')SB(r)ab$	C-89
70884	2313.4 −4251	NGC 7552	3.13	$(R_1')SB(s)ab$	SB-88
71001	2315.6 −4239	NGC 7582	4.25	$(R_1')SB(s)a$	SERC-J
71274	2320.0 −6756	NGC 7633	2.05	$(R_1')SB(r)0/a$	SERC-J
71665	2329.1 +2540	UGC 12646	1.51	$(R_1')SB(r)ab$	PG-048
72247	2341.5 +0014	NGC 7738	2.01	$(R_1')SB(s)a$	PP-048

Image sources:
B-86: Buta, R. 1986, *Ap. J. Suppl.* **61**, 631 (4–m CTIO Plate).
CB-90: Crocker, D. A. and Buta, R. 1990, new CTIO 1.5–m CCD images.
C-89: Carney, B. 1989, private loan of KPNO 4–m plate.
K-79: Kormendy, J. 1979, *Ap. J.* **227**, 714.
PG-048: glass copy of Palomar Sky Survey plate.
PP-048: Palomar Sky Survey print.
SB-88: Sandage, A. and Bedke, J. 1988, *Atlas of Galaxies Useful for Measuring the Cosmological Distance Scale*. NASA: Washington, D. C.
SERC-J: Science and Engineering Research Council IIIa-J film copy, sometimes with reference to the corresponding ESO–B or ESO–R film.

Appendix 4. Bright Seyfert galaxies*

PGC	NGC	T	B_T^*	B_N	ΔB_N	log D_o	log R	$X(D_e^*)$	log D_e^*	$\mu_e^*(B)$
10266	1068	3	9.70	12.78	3.08	1.86	0.07	−0.71	1.15	10.94
14897	1566	4	10.35	13.5-14.5	3.2-4.2	1.92	0.10	−0.58	1.34	12.54
30445	3227	1	11.58	15.00	3.42	1.74	0.17	−0.51	1.23	13.22
33623	3516	−2	12.60	14.0-16.0	1.4-3.4	1.24	0.11	−0.50	0.74	11.79
38068	4051	4	10.87	14.60	3.73	1.72	0.13	−0.30	1.44	12.56
38739	4151	2	11.28	12.4-13.4	1.1-2.1	1.80	0.15	−0.55	1.25	12.89
51074	5548	0	13.30	14.8-15.8	1.5-2.5	1.16	0.05	−0.37	0.79	12.74
63545	6814	4	12.10	15.65	3.55	1.55	0.03	−0.41	1.14	13.29
70348	7469	1	12.80	14.7-15.5	1.9-2.7	1.18	0.14	−0.36	0.82	12.39

*From G. and A. de Vaucouleurs (1973).
T: revised Hubble type (S0° = −2 to Sbc = +4). B_T^*: integrated B magnitude of stellar system (excluding nucleus). B_N: magnitude of quasi-stellar nucleus (corrected for stellar background). $\Delta B_N = B_N - B_T^*$. log D_o: log fully corrected isophotal diameter (in 1/10's of arc minutes) at $\mu_B = 25.0$ mag sec^{-2}. log R: log axis ratio D/d at same isophote level. $X(D_e^*)$: log D_e^*/D_o. log D_e^*: log equivalent effective (half-power) diameter. $\mu_e^*(B)$: average B surface brightness (mag min^{-2}) inside half-power diameter. Note that the data in the last 5 columns are in the RC2 systems.

Appendix 5, Table 1. Parent galaxies of supernovae (chronological order)

SN	Name		PGC	SN	Name		PGC
1885 A	NGC 224	=	2557	1941 C	NGC 4136	=	38618
1895 A	NGC 4424	=	40809	1945 A	NGC 5195	=	47413
1895 B	NGC 5253	=	48334	1946 A	NGC 3977	=	37497
1901 A	NGC 2535	=	22957	1946 B	NGC 4632	=	42689
1901 B	NGC 4321	=	40153	1947 A	NGC 3177	=	30010
1907 A	NGC 4674	=	43050	1948 A	NGC 4699	=	43321
1909 A	NGC 5457	=	50063	1948 B	NGC 6946	=	65001
1912 A	NGC 2841	=	26512	1950 A	IC 4051	=	44832
1914 A	NGC 4321	=	40153	1950 B	NGC 5236	=	48082
1915 A	NGC 4527	=	41789	1950 C	NGC 5033	=	45948
1917 A	NGC 6946	=	65001	1950 F	A 1402+09	=	50194
1919 A	NGC 4486	=	41361	1950 H	NGC 5857	=	53995
1920 A	NGC 2608	=	24111	1950 M?	NGC 3266	=	31198
1921 A	NGC 4038	=	37967	1951 B	A 1401+11	=	50102
1921 B	NGC 3184	=	30087	1951 F	MCG −1- 1- 16	=	12
1921 C	NGC 3184	=	30087	1951 H	NGC 5457	=	50063
1923 A	NGC 5236	=	48082	1951 I?	NGC 6181	=	58470
1926 A	NGC 4303	=	40001	1952 A	A 0149+36	=	6961
1926 B	NGC 6181	=	58470	1952 G	NGC 5668	=	52018
1934 A	IC 4719	=	62022	1953 B	A 1619+40	=	57882
1935 A	IC 4652	=	60290	1953 C	A 1827+48	=	61924
1935 B?	NGC 3115	=	29265	1953 D	NGC 3200	=	30108
1935 C	NGC 1511	=	14236	1953 E	A 2331+29	=	71748
1936 A	NGC 4273	=	39738	1953 F	A 2335+31	=	71957
1936 B	A 0118+15	=	4897	1953 I	A 2205+04	=	68112
1937 A	NGC 4157	=	38795	1954 A	NGC 4214	=	39225
1937 B	A 2207−22	=	68211	1954 B	NGC 5668	=	52018
1937 C	IC 4182	=	45314	1954 C	NGC 5879	=	54117
1937 D	NGC 1003	=	10052	1954 D	A 0029+31	=	1957
1937 E	NGC 1482	=	14084	1954 E	NGC 753	=	7387
1937 F	NGC 3184	=	30087	1954 F	CGCG 479- 4	=	1347
1938 A	A 0234+34	=	9958	1954 J	NGC 2403	=	21396
1938 B	NGC 2672	=	24790	1954 R	NGC 210	=	2437
1939 A	NGC 4636	=	42734	1954 Y	A 1352+15	=	49434
1939 B	NGC 4621	=	42628	1954 Z	A 0942+09	=	27946
1939 C	NGC 6946	=	65001	1954 aa	NGC 4129	=	38580
1939 D	NGC 321	=	3435	1955 A	NGC 4157	=	38795
1940 A	NGC 5907	=	54470	1955 C?	NGC 23	=	698
1940 B	NGC 4725	=	43451	1955 D	A 0049−16	=	3042
1940 C	IC 1099	=	53967	1955 E	NGC 4335	=	40169
1940 D	NGC 4545	=	41838	1955 F	A 1201+01	=	38120
1940 E	NGC 253	=	2789	1955 G	A 1123+03	=	35168
1941 A	NGC 4559	=	42002	1955 K	A 1420+15	=	51351
1941 B	NGC 3254	=	30895	1955 M	NGC 5857	=	53995

Appendix 5, Table 1 (continued)

SN	Name		PGC	SN	Name		PGC
1956 A	NGC 3992	=	37617	1962 P	NGC 1654	=	15943
1956 B	NGC 4782	=	43924	1962 Q	NGC 2276	=	21039
1956 D	IC 850	=	45491	1963 D	NGC 4146	=	38721
1957 A	NGC 2841	=	26512	1963 E	NGC 557	=	5351
1957 B	NGC 4374	=	40455	1963 I	NGC 4178	=	38943
1957 C	NGC 1365	=	13179	1963 J	NGC 3913	=	37024
1957 D	NGC 5236	=	48082	1963 K	NGC 3656	=	34989
1959 A	NGC 1350	=	13059	1963 L	A 0244+37	=	10586
1959 B	NGC 4921	=	44899	1963 N	NGC 536	=	5344
1959 C	A 1308+03	=	45779	1963 O	NGC 5905	=	54445
1959 D	NGC 7331	=	69327	1963 P	NGC 1084	=	10464
1959 E	NGC 4321	=	40153	1963 Q	IC 1195	=	57175
1959 F	A 0247+00	=	10726	1963 U	A 0950+36	=	28494
1960 C	A 1204+17	=	38454	1964 A	NGC 3631	=	34767
1960 D	A 0817+21	=	23391	1964 B	UGC 2646	=	12281
1960 F	NGC 4496A	=	41471	1964 D	NGC 4887	=	44796
1960 H	NGC 4096	=	38361	1964 E	A 1156+52	=	37735
1960 I	A 1224+48	=	40771	1964 F	NGC 4303	=	40001
1960 J	NGC 4375	=	40449	1964 H	NGC 7292	=	68941
1960 K	A 2237+34	=	69434	1964 J	A 0033−10	=	2151
1960 L	NGC 7177	=	67823	1964 K	A 2312+07	=	70799
1960 M	NGC 2565	=	23362	1964 L	NGC 3938	=	37229
1960 N	A 0823+21	=	23662	1964 N	MCG 5- 6- 42	=	9286
1960 P	A 0103+31	=	3903	1965 A	NGC 4410B	=	40697
1960 R	NGC 4382	=	40515	1965 B	NGC 4727	=	43499
1961 B	IC 2363	=	23650	1965 D	A 1037−27	=	31692
1961 F	NGC 3003	=	28186	1965 G	NGC 4162	=	38851
1961 H	NGC 4564	=	42051	1965 H	NGC 4666	=	42975
1961 I	NGC 4303	=	40001	1965 I	NGC 4753	=	43671
1961 K	A 1200+16	=	38082	1965 K	A 0226+31	=	9476
1961 L	NGC 3221	=	30358	1965 L	NGC 3631	=	34767
1961 M	A 0107+32	=	4153	1965 M	NGC 7606	=	71047
1961 N	IC 5342	=	71991	1965 N	NGC 3074	=	28888
1961 P	A 0232+37	=	9852	1965 P	NGC 2599	=	23941
1961 Q	NGC 550	=	5374	1966 A	A 0911+47	=	26082
1961 U	NGC 3938	=	37229	1966 B	NGC 4688	=	43189
1961 V	NGC 1058	=	10314	1966 D	A 1133+20	=	35882
1962 B	A 1520+29	=	54895	1966 E	NGC 4189	=	39025
1962 F	A 0814+21	=	23232	1966 G	NGC 521	=	5190
1962 H	IC 4237	=	46878	1966 I	A 0031+30	=	2065
1962 J	NGC 6835	=	63800	1966 J	NGC 3198	=	30197
1962 K	NGC 1090	=	10507	1966 K	A 1115+28	=	34552
1962 L	NGC 1073	=	10329	1966 L	MCG 6- 3- 19	=	4235
1962 M	NGC 1313	=	12286	1967 C	NGC 3389	=	32306

Appendix 5, Table 1 (continued)

SN	Name		PGC	SN	Name		PGC
1967 D	CGCG 98- 2	=	37345	1971 S	NGC 493	=	4979
1967 H	NGC 4254	=	39578	1971 T	NGC 1090	=	10507
1968 A	NGC 1275	=	12429	1971 U	A 1045+26	=	32305
1968 B	NGC 4874	=	44628	1972 C	NGC 3947	=	37264
1968 D	NGC 6946	=	65001	1972 E	NGC 5253	=	48334
1968 E	NGC 2713	=	25161	1972 H	NGC 3147	=	30019
1968 I	NGC 4981	=	45574	1972 J	NGC 7634	=	71192
1968 L	NGC 5236	=	48082	1972 L	NGC 735	=	7282
1968 N	A 0022+29B	=	1578	1972 N	A 0025+30A	=	1736
1968 O	A 0022+29A	=	1544	1972 Q	NGC 4254	=	39578
1968 R	MCG −1- 4- 56	=	5583	1972 R	NGC 2841	=	26512
1968 T	A 1625+41	=	58149	1972 T?	MCG 5-32- 1	=	46538
1968 U?	NGC 4183	=	38988	1973 C	NGC 3656	=	34989
1968 V	NGC 2276	=	21039	1973 D	NGC 3570	=	34071
1968 W	NGC 2276	=	21039	1973 F	NGC 4944	=	45133
1968 X?	NGC 4939	=	45170	1973 J	NGC 4939	=	45170
1968 Z?	NGC 7768	=	72605	1973 M	NGC 7609	=	71076
1968 aa	NGC 4975	=	45492	1973 O?	NGC 7337	=	69344
1969 A?	NGC 1369	=	13330	1973 P	A 0228+39	=	9618
1969 B	NGC 3556	=	34030	1973 R	NGC 3627	=	34695
1969 C	NGC 3811	=	36265	1973 U	IC 43	=	2536
1969 E	NGC 4526	=	41772	1974 A?	NGC 4156	=	38773
1969 H	NGC 4725	=	43451	1974 B	NGC 5161	=	47321
1969 J	A 0123+31	=	5364	1974 C	NGC 3310	=	31650
1969 K	A 2338+26	=	72089	1974 D?	NGC 3916	=	37047
1969 L	NGC 1058	=	10314	1974 E	NGC 4038	=	37967
1969 P	NGC 6946	=	65001	1974 G	NGC 4414	=	40692
1969 Q?	NGC 4472	=	41220	1974 J	NGC 7343	=	69391
1970 A	IC 3476	=	41608	1975 A	NGC 2207	=	18749
1970 C?	A 1258−06	=	44786	1975 B		=	12417
1970 G	NGC 5457	=	50063	1975 C	NGC 4246	=	39479
1970 H	UGC 12005	=	68675	1975 E	NGC 4102	=	38392
1970 J	NGC 7619	=	71121	1975 F	NGC 2935	=	27351
1970 L	NGC 2968	=	27800	1975 K	NGC 6195	=	58596
1970 N	NGC 365	=	3822	1975 N	NGC 7723	=	72009
1970 P	NGC 5230	=	47932	1975 O	NGC 2487	=	22343
1971 A	A 1115+28	=	34552	1975 P	NGC 3583	=	34232
1971 D?	NGC 5861	=	54097	1975 S	NGC 1325	=	12737
1971 G	NGC 4165	=	38885	1975 T	NGC 3756	=	35931
1971 I	NGC 5055	=	46153	1976 A?	NGC 5004A	=	45757
1971 K	NGC 3811	=	36265	1976 B	NGC 4402	=	40644
1971 L	NGC 6384	=	60459	1976 C?	IC 1231	=	58973
1971 P	NGC 7319	=	69269	1976 D	NGC 5427	=	50084
1971 R	IC 4798	=	62630	1976 E	NGC 7177	=	67823

Appendix 5, Table 1 (continued)

SN	Name		PGC	SN	Name		PGC
1976 G	NGC 488	=	4946	1982 S	ESO 150- 20	=	2592
1976 H?	IC 1801	=	9392	1982 U	ESO 308- 16	=	19300
1976 K	NGC 3226	=	30440	1982 V	MCG 5- 7- 29	=	10112
1976 L	NGC 1411	=	13429	1982 W	NGC 5485	=	50369
1977 A	NGC 4340	=	40245	1982 X?	UGC 4778	=	25600
1977 B	NGC 5406	=	49847	1982 Y?	UGC 5449	=	29460
1977 D	MCG 3- 6- 19	=	7859	1983 A	ESO 323- 25	=	43701
1977 F	A 1045+26	=	32305	1983 E	NGC 3044	=	28517
1977 G?	NGC 7704	=	71810	1983 G	NGC 4753	=	43671
1977 H?	MCG 5-42- 11	=	61071	1983 I	NGC 4051	=	38068
1978 B	MCG 10-16-117	=	34666	1983 J	NGC 3106	=	29196
1978 C	MCG −5- 9- 22	=	13601	1983 K	NGC 4699	=	43321
1978 H	NGC 3780	=	36138	1983 L	NGC 7038	=	66414
1979 A	NGC 4647	=	42816	1983 M?	NGC 7418A	=	70075
1979 B	NGC 3913	=	37024	1983 N	NGC 5236	=	48082
1979 C	NGC 4321	=	40153	1983 O	NGC 4220	=	39285
1979 D?	ESO 153- 27	=	8311	1983 P	NGC 5746	=	52665
1979 E?	NGC 4902	=	44847	1983 Q	ESO 294- 2	=	1176
1980 A?	MCG 5-29- 64A	=	39818	1983 R	IC 1731	=	6756
1980 B?	MCG 9-19- 42	=	34670	1983 S	NGC 1448	=	13727
1980 D	NGC 3733	=	35797	1983 T	MCG 6-36- 55	=	58610
1980 F	MCG −3-34- 61	=	46665	1983 U	NGC 3227	=	30445
1980 K	NGC 6946	=	65001	1983 V	NGC 1365	=	13179
1980 L	NGC 7448	=	70213	1983 W	NGC 3625	=	34718
1980 N	NGC 1316	=	12651	1983 X?	ESO 270- 5	=	46648
1980 O	NGC 1255	=	12007	1983 Y?	NGC 7083	=	67023
1980 P	NGC 5854	=	54013	1983 Z?	NGC 7418	=	70069
1981 A	NGC 1532	=	14638	1984 A	NGC 4419	=	40772
1981 B	NGC 4536	=	41823	1984 E	NGC 3169	=	29855
1981 C?	NGC 5090	=	46618	1984 F	A 0807+46	=	22955
1981 D	NGC 1316	=	12651	1984 H?	ESO 308- 5	=	19003
1981 E	NGC 5597	=	51456	1984 I	ESO 323- 99	=	46056
1981 F	NGC 4716	=	43464	1984 J	NGC 1559	=	14814
1981 G	NGC 4874	=	44628	1984 K	NGC 6850	=	64043
1981 I	ESO 356- 20	=	11174	1984 L	NGC 991	=	9846
1981 J	MCG 7-29- 43	=	50067	1984 M	IC 121	=	5492
1981 K	NGC 4258	=	39600	1984 N	NGC 7184	=	67904
1982 B	NGC 2268	=	20458	1984 O	IC 4839	=	62975
1982 C	NGC 4185	=	38995	1984 P	MCG 0- 9- 60	=	12454
1982 D?	NGC 5679B	=	52132	1984 R	NGC 3675	=	35164
1982 E	NGC 1332	=	12838	1984 S	NGC 3336	=	31754
1982 F	NGC 4490	=	41333	1984 U?	NGC 4246	=	39479
1982 O?	NGC 521	=	5190	1984 V?	NGC 6907	=	64650
1982 R	NGC 1187	=	11479	1985 A	NGC 2748	=	26018

Appendix 5, Table 1 (continued)

SN	Name		PGC	SN	Name		PGC
1985 B	NGC 4045	=	38031	1987 F	NGC 4615	=	42584
1985 D	ESO 264- 32	=	31781	1987 I	IC 4963	=	64255
1985 E	ESO 510- 48	=	50036	1987 J	A 2207−19	=	68201
1985 F	NGC 4618	=	42575	1987 K	NGC 4651	=	42833
1985 G	NGC 4451	=	41050	1987 L	NGC 2336	=	21033
1985 H	NGC 3359	=	32183	1987 M	NGC 2715	=	25676
1985 K?		=	44594	1987 N	NGC 7606	=	71047
1985 L	NGC 5033	=	45948	1987 O	MCG 2-20- 9	=	22002
1985 O	UGC 511	=	2928	1988 A	NGC 4579	=	42168
1985 P	NGC 1433	=	13586	1988 B	NGC 3191	=	30136
1985 Q?	A 2153+07	=	67670	1988 C	A 0734+42	=	21431
1985 R	IC 1809	=	9616	1988 E	NGC 4772	=	43798
1986 A	NGC 3367	=	32178	1988 F	MCG 2-37- 15A	=	51735
1986 B	NGC 5101	=	46661	1988 H	NGC 5878	=	54364
1986 C	MCG 3-30- 66	=	36466	1988 K	A 1302+32	=	45261
1986 E	NGC 4302	=	39974	1988 L	NGC 5480	=	50312
1986 G	NGC 5128	=	46957	1988 M	NGC 4496B	=	41473
1986 I	NGC 4254	=	39578	1988 S	MCG 1-60- 40	=	72604
1986 J	NGC 891	=	9031	1989 A	NGC 3687	=	35285
1986 L	NGC 1559	=	14814	1989 B	NGC 3627	=	34695
1986 M	NGC 7499	=	70608	1989 C	UGC 5249	=	28148
1986 N	NGC 1667	=	16062	1989 D	NGC 2963	=	28155
1986 O	NGC 2227	=	19030	1989 F	A 1255+03	=	44450
1987 A	LMC	=	17223	1989 G	IC 2637	=	34199
1987 B	NGC 5850	=	53979	1989 K	NGC 5375	=	49604
1987 C	A 0826+52	=	23850	1989 L	NGC 7339	=	69364
1987 D	MCG 0-32- 1	=	39697				

Appendix 5, Table 2. Parent galaxies of supernovae (right ascension order)

SN	Name		PGC	SN	Name		PGC
1951 F	MCG −1- 1- 16	=	12	1973 P	A 0228+39	=	9618
1955 C?	NGC 23	=	698	1984 L	NGC 991	=	9846
1983 Q	ESO 294- 2	=	1176	1961 P	A 0232+37	=	9852
1954 F	CGCG 479- 4	=	1347	1938 A	A 0234+34	=	9958
1968 O	A 0022+29A	=	1544	1937 D	NGC 1003	=	10052
1968 N	A 0022+29B	=	1578	1982 V	MCG 5- 7- 29	=	10112
1972 N	A 0025+30A	=	1736	1961 V	NGC 1058	=	10314
1954 D	A 0029+31	=	1957	1969 L	NGC 1058	=	10314
1966 I	A 0031+30	=	2065	1962 L	NGC 1073	=	10329
1964 J	A 0033−10	=	2151	1963 P	NGC 1084	=	10464
1954 R	NGC 210	=	2437	1962 K	NGC 1090	=	10507
1973 U	IC 43	=	2536	1971 T	NGC 1090	=	10507
1885 A	NGC 224	=	2557	1963 L	A 0244+37	=	10586
1982 S	ESO 150- 20	=	2592	1959 F	A 0247+00	=	10726
1940 E	NGC 253	=	2789	1981 I	ESO 356- 20	=	11174
1985 O	UGC 511	=	2928	1982 R	NGC 1187	=	11479
1955 D	A 0049−16	=	3042	1980 O	NGC 1255	=	12007
1939 D	NGC 321	=	3435	1964 B	UGC 2646	=	12281
1970 N	NGC 365	=	3822	1962 M	NGC 1313	=	12286
1960 P	A 0103+31	=	3903	1975 B		=	12417
1961 M	A 0107+32	=	4153	1968 A	NGC 1275	=	12429
1966 L	MCG 6- 3- 19	=	4235	1984 P	MCG 0- 9- 60	=	12454
1936 B	A 0118+15	=	4897	1980 N	NGC 1316	=	12651
1976 G	NGC 488	=	4946	1981 D	NGC 1316	=	12651
1971 S	NGC 493	=	4979	1975 S	NGC 1325	=	12737
1966 G	NGC 521	=	5190	1982 E	NGC 1332	=	12838
1982 O?	NGC 521	=	5190	1959 A	NGC 1350	=	13059
1963 N	NGC 536	=	5344	1957 C	NGC 1365	=	13179
1963 E	NGC 557	=	5351	1983 V	NGC 1365	=	13179
1969 J	A 0123+31	=	5364	1969 A?	NGC 1369	=	13330
1961 Q	NGC 5F	=	5374	1976 L	NGC 1411	=	13429
1984 M	IC 121	=	5492	1985 P	NGC 1433	=	13586
1968 R	MCG −1- 4- 56	=	5583	1978 C	MCG −5- 9- 22	=	13601
1983 R	IC 1731	=	6756	1983 S	NGC 1448	=	13727
1952 A	A 0149+36	=	6961	1937 E	NGC 1482	=	14084
1972 L	NGC 735	=	7282	1935 C	NGC 1511	=	14236
1954 E	NGC 753	=	7387	1981 A	NGC 1532	=	14638
1977 D	MCG 3- 6- 19	=	7859	1984 J	NGC 1559	=	14814
1979 D?	ESO 153- 27	=	8311	1986 L	NGC 1559	=	14814
1986 J	NGC 891	=	9031	1962 P	NGC 1654	=	15943
1964 N	MCG 5- 6- 42	=	9286	1986 N	NGC 1667	=	16062
1976 H?	IC 1801	=	9392	1987 A	LMC	=	17223
1965 K	A 0226+31	=	9476	1975 A	NGC 2207	=	18749
1985 R	IC 1809	=	9616	1984 H?	ESO 308- 5	=	19003

Appendix 5, Table 2 (continued)

SN	Name		PGC	SN	Name		PGC
1986 O	NGC 2227	=	19030	1972 H	NGC 3147	=	30019
1982 U	ESO 308-16	=	19300	1921 B	NGC 3184	=	30087
1982 B	NGC 2268	=	20458	1921 C	NGC 3184	=	30087
1987 L	NGC 2336	=	21033	1937 F	NGC 3184	=	30087
1962 Q	NGC 2276	=	21039	1953 D	NGC 3200	=	30108
1968 V	NGC 2276	=	21039	1988 B	NGC 3191	=	30136
1968 W	NGC 2276	=	21039	1966 J	NGC 3198	=	30197
1954 J	NGC 2403	=	21396	1961 L	NGC 3221	=	30358
1988 C	A 0734+42	=	21431	1976 K	NGC 3226	=	30440
1987 O	MCG 2-20-9	=	22002	1983 U	NGC 3227	=	30445
1975 O	NGC 2487	=	22343	1941 B	NGC 3254	=	30895
1984 F	A 0807+46	=	22955	1950 M?	NGC 3266	=	31198
1901 A	NGC 2535	=	22957	1974 C	NGC 3310	=	31650
1962 F	A 0814+21	=	23232	1965 D	A 1037−27	=	31692
1960 M	NGC 2565	=	23362	1984 S	NGC 3336	=	31754
1960 D	A 0817+21	=	23391	1985 D	ESO 264-32	=	31781
1961 B	IC 2363	=	23650	1986 A	NGC 3367	=	32178
1960 N	A 0823+21	=	23662	1985 H	NGC 3359	=	32183
1987 C	A 0826+52	=	23850	1971 U	A 1045+26	=	32305
1965 P	NGC 2599	=	23941	1977 F	A 1045+26	=	32305
1920 A	NGC 2608	=	24111	1967 C	NGC 3389	=	32306
1938 B	NGC 2672	=	24790	1969 B	NGC 3556	=	34030
1968 E	NGC 2713	=	25161	1973 D	NGC 3570	=	34071
1982 X?	UGC 4778	=	25600	1989 G	IC 2637	=	34199
1987 M	NGC 2715	=	25676	1975 P	NGC 3583	=	34232
1985 A	NGC 2748	=	26018	1966 K	A 1115+28	=	34552
1966 A	A 0911+47	=	26082	1971 A	A 1115+28	=	34552
1912 A	NGC 2841	=	26512	1978 B	MCG 10-16-117	=	34666
1957 A	NGC 2841	=	26512	1980 B?	MCG 9-19-42	=	34670
1972 R	NGC 2841	=	26512	1973 R	NGC 3627	=	34695
1975 F	NGC 2935	=	27351	1989 B	NGC 3627	=	34695
1970 L	NGC 2968	=	27800	1983 W	NGC 3625	=	34718
1954 Z	A 0942+09	=	27946	1964 A	NGC 3631	=	34767
1989 C	UGC 5249	=	28148	1965 L	NGC 3631	=	34767
1989 D	NGC 2963	=	28155	1963 K	NGC 3656	=	34989
1961 F	NGC 3003	=	28186	1973 C	NGC 3656	=	34989
1963 U	A 0950+36	=	28494	1984 R	NGC 3675	=	35164
1983 E	NGC 3044	=	28517	1955 G	A 1123+03	=	35168
1965 N	NGC 3074	=	28888	1989 A	NGC 3687	=	35285
1983 J	NGC 3106	=	29196	1980 D	NGC 3733	=	35797
1935 B?	NGC 3115	=	29265	1966 D	A 1133+20	=	35882
1982 Y?	UGC 5449	=	29460	1975 T	NGC 3756	=	35931
1984 E	NGC 3169	=	29855	1978 H	NGC 3780	=	36138
1947 A	NGC 3177	=	30010	1969 C	NGC 3811	=	36265

Appendix 5, Table 2 (continued)

SN	Name		PGC	SN	Name		PGC
1971 K	NGC 3811	=	36265	1986 E	NGC 4302	=	39974
1986 C	MCG 3-30- 66	=	36466	1926 A	NGC 4303	=	40001
1963 J	NGC 3913	=	37024	1961 I	NGC 4303	=	40001
1979 B	NGC 3913	=	37024	1964 F	NGC 4303	=	40001
1974 D?	NGC 3916	=	37047	1901 B	NGC 4321	=	40153
1961 U	NGC 3938	=	37229	1914 A	NGC 4321	=	40153
1964 L	NGC 3938	=	37229	1959 E	NGC 4321	=	40153
1972 C	NGC 3947	=	37264	1979 C	NGC 4321	=	40153
1967 D	CGCG 98- 2	=	37345	1955 E	NGC 4335	=	40169
1946 A	NGC 3977	=	37497	1977 A	NGC 4340	=	40245
1956 A	NGC 3992	=	37617	1960 J	NGC 4375	=	40449
1964 E	A 1156+52	=	37735	1957 B	NGC 4374	=	40455
1921 A	NGC 4038	=	37967	1960 R	NGC 4382	=	40515
1974 E	NGC 4038	=	37967	1976 B	NGC 4402	=	40644
1985 B	NGC 4045	=	38031	1974 G	NGC 4414	=	40692
1983 I	NGC 4051	=	38068	1965 A	NGC 4410B	=	40697
1961 K	A 1200+16	=	38082	1960 I	A 1224+48	=	40771
1955 F	A 1201+01	=	38120	1984 A	NGC 4419	=	40772
1960 H	NGC 4096	=	38361	1895 A	NGC 4424	=	40809
1975 E	NGC 4102	=	38392	1985 G	NGC 4451	=	41050
1960 C	A 1204+17	=	38454	1969 Q?	NGC 4472	=	41220
1954 aa	NGC 4129	=	38580	1982 F	NGC 4490	=	41333
1941 C	NGC 4136	=	38618	1919 A	NGC 4486	=	41361
1963 D	NGC 4146	=	38721	1960 F	NGC 4496A	=	41471
1974 A?	NGC 4156	=	38773	1988 M	NGC 4496B	=	41473
1937 A	NGC 4157	=	38795	1970 A	IC 3476	=	41608
1955 A	NGC 4157	=	38795	1969 E	NGC 4526	=	41772
1965 G	NGC 4162	=	38851	1915 A	NGC 4527	=	41789
1971 G	NGC 4165	=	38885	1981 B	NGC 4536	=	41823
1963 I	NGC 4178	=	38943	1940 D	NGC 4545	=	41838
1968 U?	NGC 4183	=	38988	1941 A	NGC 4559	=	42002
1982 C	NGC 4185	=	38995	1961 H	NGC 4564	=	42051
1966 E	NGC 4189	=	39025	1988 A	NGC 4579	=	42168
1954 A	NGC 4214	=	39225	1987 F	NGC 4615	=	42584
1983 O	NGC 4220	=	39285	1985 F	NGC 4618	=	42575
1975 C	NGC 4246	=	39479	1939 B	NGC 4621	=	42628
1984 U?	NGC 4246	=	39479	1946 B	NGC 4632	=	42689
1967 H	NGC 4254	=	39578	1939 A	NGC 4636	=	42734
1972 Q	NGC 4254	=	39578	1979 A	NGC 4647	=	42816
1986 I	NGC 4254	=	39578	1987 K	NGC 4651	=	42833
1981 K	NGC 4258	=	39600	1965 H	NGC 4666	=	42975
1987 D	MCG 0-32- 1	=	39697	1907 A	NGC 4674	=	43050
1936 A	NGC 4273	=	39738	1966 B	NGC 4688	=	43189
1980 A?	MCG 5-29- 64A	=	39818	1948 A	NGC 4699	=	43321

Appendix 5, Table 2 (continued)

SN	Name		PGC	SN	Name		PGC
1983 K	NGC 4699	=	43321	1950 B	NGC 5236	=	48082
1940 B	NGC 4725	=	43451	1957 D	NGC 5236	=	48082
1969 H	NGC 4725	=	43451	1968 L	NGC 5236	=	48082
1981 F	NGC 4716	=	43464	1983 N	NGC 5236	=	48082
1965 B	NGC 4727	=	43499	1895 B	NGC 5253	=	48334
1965 I	NGC 4753	=	43671	1972 E	NGC 5253	=	48334
1983 G	NGC 4753	=	43671	1954 Y	A 1352+15	=	49434
1983 A	ESO 323- 25	=	43701	1989 K	NGC 5375	=	49604
1988 E	NGC 4772	=	43798	1977 B	NGC 5406	=	49847
1956 B	NGC 4782	=	43924	1985 E	ESO 510- 48	=	50036
1989 F	A 1255+03	=	44450	1909 A	NGC 5457	=	50063
1985 K?		=	44594	1951 H	NGC 5457	=	50063
1968 B	NGC 4874	=	44628	1970 G	NGC 5457	=	50063
1981 G	NGC 4874	=	44628	1981 J	MCG 7-29- 43	=	50067
1970 C?	A 1258−06	=	44786	1976 D	NGC 5427	=	50084
1964 D	NGC 4887	=	44796	1951 B	A 1401+11	=	50102
1950 A	IC 4051	=	44832	1950 F	A 1402+09	=	50194
1979 E?	NGC 4902	=	44847	1988 L	NGC 5480	=	50312
1959 B	NGC 4921	=	44899	1982 W	NGC 5485	=	50369
1973 F	NGC 4944	=	45133	1955 K	A 1420+15	=	51351
1968 X?	NGC 4939	=	45170	1981 E	NGC 5597	=	51456
1973 J	NGC 4939	=	45170	1988 F	MCG 2-37- 15A	=	51735
1988 K	A 1302+32	=	45261	1952 G	NGC 5668	=	52018
1937 C	IC 4182	=	45314	1954 B	NGC 5668	=	52018
1956 D	IC 850	=	45491	1982 D?	NGC 5679B	=	52132
1968 aa	NGC 4975	=	45492	1983 P	NGC 5746	=	52665
1968 I	NGC 4981	=	45574	1940 C	IC 1099	=	53967
1976 A?	NGC 5004A	=	45757	1987 B	NGC 5850	=	53979
1959 C	A 1308+03	=	45779	1950 H	NGC 5857	=	53995
1950 C	NGC 5033	=	45948	1955 M	NGC 5857	=	53995
1985 L	NGC 5033	=	45948	1980 P	NGC 5854	=	54013
1984 I	ESO 323- 99	=	46056	1971 D?	NGC 5861	=	54097
1971 I	NGC 5055	=	46153	1954 C	NGC 5879	=	54117
1972 T?	MCG 5-32- 1	=	46538	1988 H	NGC 5878	=	54364
1981 C?	NGC 5090	=	46618	1963 O	NGC 5905	=	54445
1983 X?	ESO 270- 5	=	46648	1940 A	NGC 5907	=	54470
1986 B	NGC 5101	=	46661	1962 B	A 1520+29	=	54895
1980 F	MCG −3-34- 61	=	46665	1963 Q	IC 1195	=	57175
1962 H	IC 4237	=	46878	1953 B	A 1619+40	=	57882
1986 G	NGC 5128	=	46957	1968 T	A 1625+41	=	58149
1974 B	NGC 5161	=	47321	1926 B	NGC 6181	=	58470
1945 A	NGC 5195	=	47413	1951 I?	NGC 6181	=	58470
1970 P	NGC 5230	=	47932	1975 K	NGC 6195	=	58596
1923 A	NGC 5236	=	48082	1983 T	MCG 6-36- 55	=	58610

Appendix 5, Table 2 (continued)

SN	Name		PGC	SN	Name		PGC
1976 C?	IC 1231	=	58973	1970 H	UGC 12005	=	68675
1935 A	IC 4652	=	60290	1964 H	NGC 7292	=	68941
1971 L	NGC 6384	=	60459	1971 P	NGC 7319	=	69269
1977 H?	MCG 5-42- 11	=	61071	1959 D	NGC 7331	=	69327
1953 C	A 1827+48	=	61924	1973 O?	NGC 7337	=	69344
1934 A	IC 4719	=	62022	1989 L	NGC 7339	=	69364
1971 R	IC 4798	=	62630	1974 J	NGC 7343	=	69391
1984 O	IC 4839	=	62975	1960 K	A 2237+34	=	69434
1962 J	NGC 6835	=	63800	1983 Z?	NGC 7418	=	70069
1984 K	NGC 6850	=	64043	1983 M?	NGC 7418A	=	70075
1987 I	IC 4963	=	64255	1980 L	NGC 7448	=	70213
1984 V?	NGC 6907	=	64650	1986 M	NGC 7499	=	70608
1917 A	NGC 6946	=	65001	1964 K	A 2312+07	=	70799
1939 C	NGC 6946	=	65001	1965 M	NGC 7606	=	71047
1948 B	NGC 6946	=	65001	1987 N	NGC 7606	=	71047
1968 D	NGC 6946	=	65001	1973 M	NGC 7609	=	71076
1969 P	NGC 6946	=	65001	1970 J	NGC 7619	=	71121
1980 K	NGC 6946	=	65001	1972 J	NGC 7634	=	71192
1983 L	NGC 7038	=	66414	1953 E	A 2331+29	=	71748
1983 Y?	NGC 7083	=	67023	1977 G?	NGC 7704	=	71810
1985 Q?	A 2153+07	=	67670	1953 F	A 2335+31	=	71957
1960 L	NGC 7177	=	67823	1961 N	IC 5342	=	71991
1976 E	NGC 7177	=	67823	1975 N	NGC 7723	=	72009
1984 N	NGC 7184	=	67904	1969 K	A 2338+26	=	72089
1953 I	A 2205+04	=	68112	1988 S	MCG 1-60- 40	=	72604
1987 J	A 2207−19	=	68201	1968 Z?	NGC 7768	=	72605
1937 B	A 2207−22	=	68211				

Appendix 6. Identifications in the NGC 4341,2,3 field

Catalogue	Galaxy[1] A	B	C	D	E
W. Herschel (1786)	HIII94,5,6	HIII94,5,6	—	HIII94,5,6	—
J. Herschel (1833)	h1223=HIII94	—	—	—	—
J. Herschel (1864; GC)	GC2907	GC2905,6	—	GC2905,6	—
d'Arrest (1867)	HIII94?=h1223	—	—	—	—
NGC (1888)	N4343	N4341,2	—	N4341,2	—
Schwassmann (1902)	Sn15=N4343	—	Sn16	Sn17	Sn18
IC (1908)	—	I3256	I3259	I3260	I3267
Kobold (1909)	N4343	—	—	N4341	N4342
Bigourdan (1912)	N4341	I3256	I3259	I3260	I3267
Reinmuth (1926)	N4341	N4342=I3256	—	N4343=I3260	—
Ames (1930)	N4341	N4342	I3259	N4343	I3267
Shapley-Ames (1932)	—	N4342	—	—	—
Carlson (1940)	N4343	N4342=I3256	—	N4341=I3260	—
Reiz (1941)	R2252=N4341	R2253=N4342	R2260=I3259	R2261=N4343	R2267=I3267
HMS (1956)	—	N4343[2]	—	—	—
Holmberg (1958)	N4341	N4342	I3259	N4343	I3267
Morgan (1958)	N4341?	N4342	—	N4343?	—
Morgan (1959)	N4342	—	—	—	—
CGCG, Vol. I (1961) (also Vol. III, p. 391)	N4343	I3256	I3259	I3260	I3267
MCG (1963)	MCG 1-32-38 =N4342-3=N4341	1-32-39 =I3256	1-32-40 =I3259	1-32-42 =I3260	1-32-44 =I3267
RC1 (1964)	N4343	N4342	I3259	N4341	I3267
Liller (1966)	N4342	N4343	—	—	—
Herzog (1967)	N4343	I3256	I3259	I3260	I3267
Gallouet and Heidmann (1971)	N4343	N4342	I3259	N4341	I3267
UGC (1973)	U7465=N4343	U7466=N4342 =I3256	U7469=I3259	U7472=N4341 =I3260	U7474=I3267
RNGC (1973)	N4343	N4342=I3256	—	N4341=I3260	—
Arakelian (1975)	—	Arak361=N4342	—	—	—
Dressel and Condon (1976)	U7465=N4343	U7466=N4342	—	U7472=N4341	—
RC2 (1976)	N4343	I3256	I3259	I3260	I3267
Eastmond and Abell (1978)	N4343?	—	I3259	N4341?	I3267
RSA (1981)	—	N4342=I3256	—	—	—
Palumbo et al. (1983)	N4343	—[3]	I3259	N4341=I3260	I3267
Longo and de Vaucouleurs (1983)	N4343	I3256	I3259	I3260	I3267
VCC (1985)	VCC656=N4343	VCC657=N4342 =I3256	VCC667=I3259	VCC672=N4341 =I3260	VCC697=I3267
Tully (1988)	—	N4342=I3256	—	—	—
IRAS (1988)	N4343	—	—	—	—
NGC 2000.0 (1988)	N4343	N4342=I3256	I3259	N4341=I3260	I3267
Huchtmeier and Richter (1989)	N4343	N4342	I3259	N4341	I3267
Jenkner et al. (1989; GSC)	288.00634	288.00127	288.00025	288.00137	288.00754
PGC (1989)	P40251=N4343	P40252=N4342 =I3256	P40273=I3259	P40280=N4341 =I3260	P40317=I3267
NED[4] (1990)	CGCG1221.1+0714 =N4343	N4342=I3256	I3259	N4341=I3260	I3267

[1] Notation for the galaxies is the same as in CGCG, Vol. III, p. 391. RC3 (equinox 2000.0) positions for the galaxies:
A = PGC 40251   12 23 37.9   +06 57 21
B = PGC 40252   12 23 38.7   +07 03 18
C = PGC 40273   12 23 49.2   +07 11 21
D = PGC 40280   12 23 52.6   +07 06 29
E = PGC 40317   12 24 05.7   +07 02 33
[2] Position for A, but type and radial velocity for B.
[3] Velocity given under N4343 due to HMS error (see previous footnote).
[4] NASA/IPAC Extragalactic Database. See Helou et al. (1990).

Appendix 7. References to sources of photographs (chronological order)

(J. E. Keeler), *Lick Obs. Publ.* **VIII**, 1908.

H. D. Curtis, *Lick Obs. Publ.* **XIII**, Part II, 1918.

F. G. Pease, *Ap. J.* **46**, 24, 1917 = MWC No. 132.

F. G. Pease, *Ap. J.* **51**, 276, 1920 = MWC No. 186.

C. C. L. Gregory, *Helwan Obs. Bull.* No. **22**, 219, 1921.

G. de Vaucouleurs, *Mem. Commonwealth Obs.* No. **13**, 1956.

G. and A. de Vaucouleurs, *Mem. R. A. S.* **68**, 69, 1961.

D. S. Evans, *Cape Atlas of Southern Galaxies*, 1957.

D. S. Evans, *Vistas in Astron.* **2**, 1553, 1956.

W. W. Morgan and N. U. Mayall, *P. A. S. P.* **69**, 291, 1957.

W. W. Morgan, *P. A. S. P.* **70**, 364, 1958.

G. de Vaucouleurs, *Handbuch d. Phys.* **53**, 275, 1959.

G. de Vaucouleurs, *Ap. J.* **127**, 487, 1958.

B. A. Vorontsov-Velyaminov, *Atlas and Catalog of Interacting Galaxies*, Moscow: Moscow State Univ., 1959.

A. Sandage, *The Hubble Atlas of Galaxies*, Washington, DC: Carnegie Inst. of Washington, Publ. **618**, 1961.

H. C. Arp, *Atlas of Peculiar Galaxies*, Pasadena: Calif. Inst. of Technology, 1966 = *Ap. J. Suppl.* **14**, 1, 1966 (No. 123).

P. Hodge, *Atlas and Catalogue of HII Regions*, Seattle: Univ. of Washington, 1966; *Ap. J. Suppl.* **18**, 73, 1969 (No. 157); **27**, 113, 1974 (No. 239).

J. L. Sérsic, *Atlas de Galaxias Australes*, Córdoba, 1968.

B. C. Schanberg, *Ap. J. Suppl.* **26**, 115, 1973 (No. 230).

B. T. Lynds, *Ap. J. Suppl.* **28**, 391, 1974 (No. 267).

B. A. Vorontsov-Velyaminov, *A. & A. Suppl.* **28**, 1, 1977.

B. Takase, K. Kodaira, and S. Okamura, *An Atlas of Selected Galaxies with Illustrations of Photometric Analyses*, Tokyo: Univ. of Tokyo Press; Utrecht: VNU Science Press, 1984.

A. Sandage and G. A. Tammann, *A Revised Shapley-Ames Catalog of Bright Galaxies*, Washington, DC: Carnegie Inst. of Washington, Publ. No. 635, 1981 (revised edition, 1987).

H. C. Arp, B. F. Madore, and W. E. Roberton, *A Catalogue of Southern Peculiar Galaxies and Associations: Volume II, Selected Photographs*, Cambridge: Cambridge Univ. Press, 1987.

A. Sandage and J. Bedke, *Atlas of Galaxies Useful for Measuring the Cosmological Distance Scale*, Washington, DC: NASA, 1988 (NASA SP-496).

J. D. Wray, *The Color Atlas of Galaxies*, Cambridge: Cambridge Univ. Press, 1988.

Appendix 8. Finding list of named galaxies

Name	PGC	RC2	DDO	Remarks
Andromeda I	2666	A0043+37		
Andromeda II	4601	A0113+33		
Andromeda III	2121	A0032+36		
Andromeda IV	2544	A0039+40		
Carina dwarf	19441			
Centaurus A	46957	N5128		
Circinus galaxy	50779	A1409−65		
Copeland Septet	36001	N3745-54		Also PGC 35997, 36007, 11, 16-18.
Cygnus A	63932			
Draco dwarf	60095	A1719+57	208	
Fath 703	54365	A1511−15		NGC 5892
Fornax system	10093	A0237−34		
Fornax A	12651	N1316		
Fourcade-Figueroa object	47847	A1331−45		RA in RC2 is incorrect.
GR 8	44491	A1256+14	155	
Hardcastle nebula	45901	A1310−32		
Holmberg I	27605	A0936+71	63	
Holmberg II	23324	A0813+70	50	
Holmberg III	26071	A0909+74		
Holmberg IV	49448	A1352+54	185	A1353 in RC1
Holmberg V	48392	A1338+54		
Holmberg VI	12754	N1325A		
Holmberg VII	41861	A1232+06	137	
Holmberg VIII	45927	A1310+36	166	A1311 in RC1
Holmberg IX	28757	A0953+69	66	
Hydra A	26269	A0915−11		
Large Magellanic Cloud (LMC)	17223	A0524−69		
Leo A	28868	A0956+30	69	
Leo I = Regulus system	29488	A1005+12	74	A1006 in RC1
Leo II = Leo B	34176	A1110+22	93	A1111 in RC1
Maffei I	9892	A0232+59		
Maffei II	10217	A0238+59		
Malin 1	42102			
Mayall's nebula	33423	A1101+41		
Pegasus dwarf	71538	A2326+14	216	
Perseus A	12429	N1275		
Phoenix system	6830			
Pictor A	17116	A0518−45		
Reinmuth 80	41578	N4517A		
Sagittarius dwarf (Sag DIG)	63287			
Sculptor dwarf (Scl DIG)	621			
Sculptor system	3589	A0057−33		A0058 in RC1
Sextans A	29653	A1008−04	75	A1009 in RC1
Sextans B	28913	A0957+05	70	
Seyfert Sextet	56575	N6027,A-E		Also PGC 56576, 78-80, 84.
Small Magellanic Cloud (SMC)	3085	A0051−73		NGC 292
Stephan Quintet	69256	N7317-20		Also PGC 69260, 63, 69, 70.
Ursa Minor dwarf	54074	A1508+67	199	
Virgo A	41361	N4486		
Wild Triplet	36723	A1144−03		Also PGC 36733, 42.
Wolf-Lundmark-Melotte	143	A2359−15	221	
Zwicky Cartwheel	2248	A0035−34		
Zwicky No. 2	37689	A1155+38	105	
Zwicky Triplet	59062	A1648+45A-C		Also PGC 59061, 65

Appendix 9. Corrected revised types for RC3 galaxies

PGC	Name	Corrected Type	$<T>$	$\sigma(<T>)$	Source
120	UGC 12914	RS.R6*P	6.0	1.1	U
168	NGC 7811	CI..9??	10.0	2.1	E
435	ESO 349- 26c	.L...P/	−2.0	1.7	S
438	ESO 349- 26d	.L...P/	−2.0	1.4	S
440	ESO 349- 26b	.S..0P.	0.0	1.0	S
2324	UGC 397	.S..2..	2.0	0.9	U
2492	MCG −3- 2- 40	.SBS7..	6.5	0.6	SE
2569	NGC 235	.L...P.	−2.0	1.2	S
2570	NGC 235A	.E.0.?P	−5.0	1.7	S
2634	ESO 540- 17A	.L...P*	−2.0	0.7	SE
2635	ESO 540- 17	.L..+P*	−1.0	0.7	SE
2750	ESO 194- 39	.SA.1?P	1.0	0.7	S
2751	ESO 194- 39A	.SBS1?P	1.0	0.9	S
3448	MCG 7- 3- 11	.S..3..	3.0	0.9	U
3482	NGC 326	.E+4*P.	−4.0	0.8	P
3620	MCG −2- 3- 63	.SXR4..	4.0	0.9	E
4008	IC 1623a	.S...P*			E
4009	IC 1623b	.S...P*			E
4786	ESO 352- 45b	.LB.0*P	−2.0	1.2	S
4787	ESO 352- 45a	.LBS+*P	−1.0	0.8	S
5131	NGC 526A	.L..0P*	−2.0	0.7	BS
5135	NGC 526B	.LB..P?	−2.0	0.7	BS
5341	MCG −1- 4- 44	.SB.5*.	5.1	0.9	UE
5732	MCG −1- 5- 2	.SAS3*.	3.0	1.3	E
6105	NGC 639	.S..1?.	1.0	2.1	S
6292	UGC 1195	.I..9*.	10.0	1.1	U
6641	A 0146-27	.S..3?.	3.0	2.4	S
6667	MCG −2- 5- 53	.SBS7..	6.7	0.6	EU
7944	UGC 1575	.I..9?.	10.0	2.1	U
7967	UGC 1577	.SB.4..	4.0	0.8	U
9060	A 0220+41A	.RING.A	−2.0	0.3	R
9062	A 0220+41B	.RING.B	10.0	0.3	R
10044	HICK 18B	.IBS9P.	10.0	0.4	R
10046	HICK 18A	.SB.0*/	0.0	0.6	R
10642	ESO 356- 11A	.LX.+..	−1.3	1.0	r
10731	ESO 154- 16a	.LXS+*P	−1.0	0.8	S
10734	ESO 154- 16b	.L...?P	−2.0	1.7	S
11519	NGC 1192	.E...?.	−5.0	2.1	E
11636	ESO 547- 9	.IBS9..	10.0	0.4	SUE
11890	IC 298	.RING.A	−2.0	0.3	R
11893	IC 298A	.RING.B	10.0	0.3	R
12611	MCG −2- 9- 35	.SB.7P/	7.0	1.8	E
12801	A 0322-06	.I..9P?	10.0	1.8	E
12803	A 0323-06	.S..9P?	9.0	1.8	E

Appendix 9 (continued)

PGC	Name	Corrected Type	$<T>$	$\sigma(<T>)$	Source
12981	MCG −3- 9- 47	.SBS9..	9.0	0.5	EU
12999	ESO 418- 7a	.SBS3P.	3.0	0.8	S
13007	ESO 418- 7b	.LXS0P.	−2.0	0.8	S
13058	MCG −6- 8- 24	.LA.-*.	−3.0	0.9	S
13204	MCG −1-10- 4	.SXR6*/	6.0	0.7	E
14213	A 0356+10	.E.1.?.	−5.0	1.8	P
14487	MCG −3-11- 12	.SBS8..	8.2	0.5	ESU
15034	NGC 1568A	.LBS+P*	−1.0	0.9	E
15042	NGC 1568B	.L..+P?	−1.3	0.9	UE
16570	HICK 31B	.SBS9P/	9.1	0.5	RE
16573	HICK 31C	.SBS9P*	9.0	0.5	RE
16968	ESO 119- 47	.SBS3P.	3.0	0.6	S
17116	ESO 252- 18A	PLA.0*P	−2.0	1.3	S
17166		.SBS9*.	9.4	0.7	SE
17171	MCG 1-14- 31	.LA.-*.	−3.0	0.7	R
17323	MCG −3-14- 17	.SBS6..	6.0	0.6	EP
17882	ESO 205- 3b	.E.0+..	−5.0	1.0	S
17883	ESO 205- 3a	.S..1?P	1.0	1.7	S
17884	ESO 205- 3c	.LXT+*P	−1.0	1.0	S
18221	ESO 555- 19	.I..9P.	10.0	0.8	S
18222	ESO 555- 19b	.IB.9P.	10.0	0.8	S
18827	A 0618-37B	.E.1.*P	−4.0	0.7	S
18828	A 0618-37A	.LX.-*P	−2.8	0.5	S
19360	ESO 557- 9	.SBS5..	5.0	0.6	SE
19441	Carina	DE.3...	−5.0	0.3	S
19480	ESO 34- 11A	.L..-..	−3.0	0.9	S
19481	ESO 34- 11	.RINGB.	10.0	0.8	S
20731		.LA.-*.	−3.0	0.8	S
20754	NGC 2397A	.SAT6*.	5.8	0.4	RSr
24079	MCG 13- 6- 25	.S..2..	2.0	1.0	U
24494		.IBS9..	10.0	0.5	SE
24889	UGC 4638b	.S...P*			E
24890	UGC 4638a	.IBS9P.	10.0	0.9	E
25356	ESO 90- 14a	.S..3?.	3.0	1.9	S
25357	ESO 90- 14c	.L...?.	−2.0	1.9	S
25358	ESO 90- 14b	.L...?.	−2.0	1.9	S
25400	ESO 60- 24	.S..3*/	2.5	0.6	S
26026	NGC 2822	.E...?.	−5.0	2.4	R
27513	MCG −1-25- 10	.LAR-*P	−2.9	0.5	RE
27546	MCG 6-21- 72	.SBR5*P	5.0	0.5	R
27547	MCG 6-21- 71	.LX.0*P	−2.0	0.6	R
28206	NGC 3029	.SXR5..	5.0	0.6	EP
28373	ESO 566- 19	.SBT6..	6.4	0.4	ESU
28513a	NGC 3058a	.L..+P*	−1.0	1.3	E

Appendix 9 (continued)

PGC	Name	Corrected Type	$<T>$	$\sigma(<T>)$	Source
28513b	NGC 3058b	.S..1P*	1.0	1.3	E
28815a	NGC 3068a	.L...-*P	−3.0	0.6	R
28815b	NGC 3068b	.E...P*	−5.0	0.8	RC
29140	ESO 567- 10	.SBS6..	6.3	0.7	EU
29319	ESO 263- 3a	.P.....			S
29320	ESO 263- 3b	.P.....			S
29512	IC 2554B	.SB.9?P	9.0	1.6	S
29513	IC 2554A	.IBS9P.	10.0	0.8	S
29653	Sextans A	.IB.9..	10.0	0.3	ER
29811	ESO 374- 45a	RLX.0*.	−2.0	0.8	S
29812	ESO 374- 45b	.LB..?P	−2.0	1.6	S
29829	ESO 374- 46b	.LA.-..	−3.0	0.8	S
29840	ESO 374- 46a	.E.0...	−5.0	0.8	S
31103	ESO 375- 59	.LXT0*.	−2.2	0.6	Sr
31148		.IBS9..	9.6	0.6	SE
31755	ESO 264- 30a	.L.....	−2.0	1.2	S
31756	ESO 264- 30c	.L.....	−2.0	1.2	S
31757	ESO 264- 30b	.LB....	−2.0	1.2	S
32550	ESO 569- 14	.SBS6*.	6.2	0.5	ESU
33677	UGC 6175a	.LXR+P.	−1.0	0.5	R
33670	UGC 6175b	.LX.-P.	−3.3	0.6	RC
33725	MCG −2-29- 1	.SBS4P?	4.0	1.3	EF
33922	A1107+28A	.E.0.?.	−5.0	1.8	R
33991	NGC 3561A	.SAR1P.	1.0	0.5	R
33992	NGC 3561B	.L..0*P	−2.0	0.5	R
34376	MCG 5-27- 35	.E.3.*.	−5.0	1.3	P
35042	NGC 3664A	RSBS9*.	9.1	0.4	RUF
35073	MCG −2-29- 27	.SXS3..	3.4	0.5	EPF
35347	UGC 6479	.SX.3..	3.0	0.8	U
35376	NGC 3683A	.SBT5..	5.0	0.3	R
35609	HICK 56E	.LB..P*	−2.1	0.6	RC
35615	HICK 56D	.SAS0P*	−0.3	0.5	RC
35618	HICK 56C	PS..0P*	0.0	0.9	RC
35620	UGC 6527	.S..1P/	1.0	0.9	RC
35805	ESO 266- 5b	.L...P/	−2.0	1.4	S
35806	ESO 266- 5a	.SBS3P.	3.0	0.9	S
35926	IC 2943	.S..1?.	1.0	2.1	P
36058	NGC 3774	PSBT2*.	2.0	0.9	FE
36445b	NGC 3836b	.L...P*	−2.0	1.3	E
36445a	NGC 3836a	.S..3P?	3.0	1.8	E
36604	UGC 6724	PSXR3..	3.0	0.8	U
37136	NGC 3928	.SAS3?.	3.0	0.8	*
38120	MCG 0-31- 25	.SXR1*.	1.0	0.7	EF
38138	CGCG 13- 53	.SA.4*/	4.0	1.3	F

Appendix 9 (continued)

PGC	Name	Corrected Type	$<T>$	$\sigma(<T>)$	Source
40015	CGCG 42- 46	.SB.0P?	0.0	2.1	F
40339	MCG 1-32- 46	.E+..?.	−3.6	1.3	PU
40694	NGC 4410A	.S..2?P	2.0	1.8	P
40697	NGC 4410B	.L...?P	−2.0	1.8	P
42060	IC 3582	.S..2?.	2.0	2.1	P
42298		.SXS9..	9.0	0.6	FE
42841	A 1241+55A	.S...?P			R
42844	A 1241+55B	.P.....			R
42868	A 1241-05	.SXT8..	8.0	0.4	PEF
43121	MCG 5-30- 79	.E+..*.	−3.7	0.8	PU
43236	MCG −2-33- 10a	.SBS9..	9.0	0.9	E
43237	MCG −2-33- 10b	.SBS8*.	8.0	1.3	E
43679	MCG −1-33- 32	.S..6*/	6.4	0.7	UE
44249	ESO 443- 15b	.L....P	−2.0	1.1	S
44250	ESO 443- 15a	.S..0*P	0.	1.1	S
45917	ESO 269- 68	.L...*P	−2.0	1.2	S
45918	ESO 269- 67	.L...*/	−2.0	1.3	S
46029	ESO 269- 74a	RSXT0P.	−0.1	0.6	Sr
46030	ESO 269- 74b	.SB.5?P	5.0	1.6	S
46382	A 1316-08	.IBS9..	10.0	0.6	EP
46427	NGC 5081	.SB.3..	3.0	0.8	U
48087	MCG −2-35- 6	.SBS8..	7.7	0.6	EU
49036		.L...P?	−2.0	1.7	E
49264	NGC 5331a	.S..3P*	3.0	1.3	E
49266	NGC 5331b	.S..3P*	3.0	1.3	E
49641	MCG 5-33- 29	.E.4.?.	−5.0	2.1	P
49815	ESO 384- 25a	.S..3*P	3.0	1.2	S
49816	ESO 384- 25b	.S..1?P	1.0	1.7	S
50123		.S..1..	1.0	0.9	U
52711	ESO 580- 20	.SBS9..	9.2	0.5	SEU
52726	A 1443+08A	.IB.9?P	10.0	0.7	R
52728	MCG 2-38- 3	.SB.6?P	6.0	0.5	R
52729	MCG 2-38- 4	.LB..?P	−2.0	1.1	P
52935	MCG −2-38- 17	.IBS9P.	10.0	0.3	R
53503	MCG −1-38- 12	.SXS5..	5.0	0.6	PE
53676	NGC 5827	.S..2P*	2.0	1.2	U
54150	NGC 5881	.SBS8..	8.0	0.8	U
54317	NGC 5889	.SB.3?.	3.0	1.0	P
56352	UGC 10086	.S..0?.	0.0	2.1	H
56765	MCG 3-41- 46	.LA.-P.	−3.0	0.6	H
56770	MCG 3-41- 51	.E.....	−5.0	0.5	H
56777	MCG 3-41- 52	.SXR2..	2.0	0.6	H
56869	CGCG 108- 85S	.E...?.	−5.0	2.1	H
56870	CGCG 108- 85N	.I..9P?	10.0	2.3	H

Appendix 9 (continued)

PGC	Name	Corrected Type	$<T>$	$\sigma(<T>)$	Source
57019a	NGC 6043A	.LX.-..	−3.0	0.6	H
57019b	NGC 6043B	.L..0*.	−2.0	1.2	H
57093a	UGC 10193NW	.S..4./	4.0	1.0	H
57093b	UGC 10193SE	.P.....			H
57147	UGC 10201S	.E+....	−4.0	0.9	H
57150	UGC 10201N	RL..+?.	−1.0	2.1	H
57148	ESO 68- 16b	.L..0?.	−2.0	1.0	S
57149	ESO 68- 16a	RSBR0..	0.3	0.5	Sr
58049	A 1623+41	.E.....	−5.0	1.0	U
58664	MCG 7-34-127	.RING.B	10.0	0.3	R
58674	A 1636+42A	.RING.A	−2.0	0.3	R
59018	UGC 10565a	.I..9*.	10.0	1.6	U
59028	UGC 10565b	.I..9*.	10.0	1.6	U
59062	A 1648+45A	.L...P*	−2.4	0.7	RC
59065	MCG 8-31- 3A	.LXT+P.	−1.2	0.6	RC
59106	NGC 6230	.E...?.	−5.0	1.7	U
59107	ESO 137- 44	.LXS0?.	−2.0	0.6	S
59108	ESO 137- 44	.LBS+*.	−1.5	0.6	S
59567	UGC 10683a	.SAR1P?	1.0	1.8	E
59569	UGC 10683b	.L..+P*	−1.0	1.3	E
59862	UGC 10770	.I..9P.	10.0	0.5	R
59864	A 1712+59B	.SB.9?P	9.0	0.6	R
60067	MCG 8-31- 41	.E.0...	−5.0	0.5	R
60143	UGC 10824a	.S..4P*	4.0	1.3	E
60146	UGC 10824b	.S..3P/	3.0	1.8	E
60316	UGC 10870	.SAS5?.	4.7	0.7	PU
60323	MCG 10-25- 37A	.L...P?	−2.0	0.8	R
60330	NGC 6372	.S..3?P	3.0	1.8	U
60391	ESO 102- 7	.SXT5*.	4.5	0.6	S
61240	ESO 102- 20A	.LBR+..	−1.0	0.6	S
62122	MCG 3-47- 8	.E.0.?.	−5.0	1.5	U
62443	ESO 104- 14	.SAT4*.	4.5	1.2	r
62807	UGC 11406	.SBS4?.	4.0	1.8	U
64082	NGC 6851A	.SBT7P.	7.3	0.4	RSr
64888	MCG −2-52- 10a	.SBS9*.	9.0	1.3	E
64889	MCG −2-52- 10b	.IBS9*.	10.0	0.9	E
65409	MCG −3-53- 3	.LAR+P?	−0.7	0.7	SE
65819	ESO 235- 23a	RSBR0P.	0.0	0.5	Sr
65820	ESO 235- 23b	RLXR0P*	−1.6	0.5	Sr
65908	MCG 3-53- 10	.S..1?.	1.0	2.1	P
66219	ESO 530- 10	.LAR+*.	−0.6	0.5	Sr
67730	ESO 146- 2A	.IBS9..	10.0	0.6	S
67871	MCG −2-56- 7	.SBS8..	7.5	0.6	EU
67914	ESO 288- 35b	.SBS2P.	2.0	0.7	S

Appendix 9 (continued)

PGC	Name	Corrected Type	$<T>$	$\sigma(<T>)$	Source
67915	ESO 288- 35a	.SBS2P.	2.0	0.6	S
69301	ESO 147- 3a	.E.0.?P	−5.0	0.9	S
69302	ESO 147- 3b	.S..1*P	1.0	1.1	S
69303	ESO 147- 3c	.L...P.	−2.0	1.4	S
69713	IC 5250	.L...P?	−2.0	1.3	S
69714	IC 5250A	.L...P?	−2.0	1.3	S
69929	MCG 5-54- 3	.SB.6*.	6.0	1.4	U
70282	ESO 147- 19a	.SB.3*P	3.0	1.3	S
70283	ESO 147- 19b	.S..1?P	1.0	1.8	S
70494	ESO 290- 51b	.LXT-*P	−3.0	0.6	S
70495	ESO 290- 51a	.L..-*P	−3.8	0.5	S
70687	NGC 7496A	.SBS9..	9.0	0.5	RCS
70881	UGC 12467	.S..8*/	7.7	0.7	PU
71542	NGC 7681	.L..0*/	−2.3	0.8	PU
71748	UGC 12665	.SBT7P.	7.0	0.3	RC
71800	IC 5333	.S..3P/	2.5	0.7	S
71991	NGC 7726	.E...*.	−5.0	0.9	PU
72568	ESO 606- 13a	.SBT7P.	7.0	0.8	S
72569	ESO 606- 13b	.IB.9*P	10.0	1.1	S
72803	MCG 0-60- 58	.L..+?.	−1.0	0.9	R
72998	CGCG 382- 8	.I..9*.	10.0	1.8	E

Appendix 10. Cross-identification tables for catalogued galaxies

A	0001+14	=	255	A	0141+11	=	6358	A	0322-06	=	12801	(A	0708+73)	= 20460
A	0001+21	=	207	A	0141+16	=	6366	A	0323-06	=	12803	A	0708+73A	= 20460
A	0002-07	=	312	A	0142+16	=	6408	A	0323+00	=	12835	A	0708+73B	= 20434
A	0003-41	=	474	A	0143-43	=	6430	A	0325-17	=	12922	A	0713+63	= 20599
A	0003+19	=	473	A	0145-16	=	6587	A	0325+02	=	12909	A	0718-34	= 20731
A	0004-06B	=	509	A	0145-12	=	6626	A	0326+39	=	12975	A	0720+58	= 20933
A	0004-06A	=	510	A	0145+12	=	6633	A	0327-04	=	13014	A	0722+30	= 20988
A	0016-19	=	1218	A	0146-27	=	6641	A	0328-03	=	13034	A	0722+72	= 21065
A	0017+10	=	1292	A	0146+05	=	6668	A	0331+39	=	13219	A	0724+40	= 21073
A	0021+14	=	1511	A	0147-27	=	6696	A	0340+39	=	13707	A	0727+63	= 21213
A	0022+14	=	1550	A	0147-13	=	6706	A	0343+70	=	13880	A	0727+73	= 21289
A	0022+29A	=	1544	A	0149+17	=	6889	A	0350+72	=	14123	A	0728+55	= 21240
A	0022+29B	=	1578	A	0149+36	=	6961	A	0356+10	=	14213	A	0728+60	= 21254
A	0024+39	=	1679	A	0151+36	=	7111	A	0410+29	=	14705	A	0729+66	= 21302
A	0025+30A	=	1736	A	0152+06	=	7164	A	0422+00	=	15051	A	0730+73	= 21398
A	0025+30B	=	1758	A	0154+27	=	7394	A	0423+69	=	15211	A	0732+58	= 21400
A	0026+02	=	1760	A	0155+02	=	7417	A	0423+70	=	15212	A	0733+63A	= 21444
A	0027-11	=	1841	A	0156-08	=	7485	A	0429+01	=	15429	A	0733+63B	= 21471
A	0028-10	=	1909	A	0158+08	=	7649	A	0430+05	=	15504	A	0734+42	= 21431
A	0028+08	=	1914	A	0200+02	=	7834	A	0432-01	=	15579	A	0736+48	= 21513
A	0029+31	=	1957	A	0200+18	=	7826	A	0434-10	=	15623	A	0737+65	= 21624
A	0031-31	=	2044	A	0200+21	=	7825	A	0435+11	=	15715	A	0738+40	= 21585
A	0031+30	=	2065	A	0201+28	=	7888	A	0437+04	=	15795	A	0738+49	= 21618
A	0031+31	=	2031	A	0206+35	=	8249	A	0441+74	=	16030	A	0739+16	= 21600
A	0032+36	=	2121	A	0208+05	=	8318	A	0446+00	=	16059	A	0739+70	= 21712
A	0033-10	=	2151	A	0208+06	=	8332	A	0447-29	=	16084	A	0741+29	= 21673
A	0034+25	=	2210	A	0208+13	=	8391	A	0447+03	=	16109	A	0742+62	= 21790
A	0035-34	=	2248	A	0209+37	=	8479	A	0449-17	=	16165	A	0743+59	= 21832
A	0035+14	=	2288	A	0211+03	=	8537	A	0450-25	=	16236	A	0743+61	= 21810
A	0037+24	=	2432	A	0212-07	=	8581	A	0453-20	=	16336	A	0743+74	= 21896
A	0038-21	=	2464	A	0217+00	=	8876	A	0456+04	=	16482	A	0744+28	= 21789
A	0038-01	=	2472	A	0217+06	=	8913	A	0456+05	=	16486	A	0744+74	= 21971
A	0039-18	=	2526	A	0218+39A	=	8961	A	0458+65	=	16651	A	0745+56A	= 21924
A	0039+40	=	2544	A	0218+39B	=	8970	A	0459+03	=	16572	A	0745+56B	= 21961
A	0042+27	=	2650	A	0220+41A	=	9060	A	0500+16	=	16644	A	0746+34	= 21944
A	0043-11	=	2689	A	0220+41B	=	9062	A	0503+70	=	16813	A	0747+30	= 21940
A	0043+37	=	2666	A	0220+42	=	9067	A	0504-17	=	16751	A	0748+74	= 22127
A	0044+32	=	2743	A	0221+35	=	9168	A	0505-16	=	16784	A	0751+55	= 22175
A	0044+50	=	2781	A	0222+36	=	9202	A	0507+00	=	16852	A	0752+39	= 22190
A	0045-20B	=	2796	A	0223-21	=	9246	A	0508-31	=	16864	A	0754+58	= 22369
A	0045-20A	=	2791	A	0223-10	=	9272	A	0508-02	=	16868	A	0756+16	= 22391
A	0045-10	=	2805	A	0224-24	=	9273	A	0508+84	=	17170	A	0756+33	= 22381
A	0046-12	=	2845	A	0224+22	=	9340	A	0509-14	=	16894	A	0758+61	= 22561
A	0046-02	=	2861	A	0226+31	=	9476	A	0510-33	=	16904	A	0800+25	= 22615
A	0047-21	=	2902	A	0228-10	=	9539	A	0513+06	=	17025	A	0804+04	= 22810
A	0049-16	=	3042	A	0228+01	=	9598	(A	0515+00)	=	17060	A	0804+39	= 22816
A	0050+21	=	3149	A	0228+39	=	9618	(A	0515+00)	=	17059	A	0805+72	= 22947
A	0051-73	=	3085	A	0229+38	=	9702	A	0516-21	=	17082	A	0805+76	= 22969
A	0052-19	=	3252	A	0230+33	=	9726	A	0518-45	=	17116	A	0807+46	= 22955
A	0054+23	=	3420	A	0230+40	=	9759	A	0521+76	=	17322	A	0811+58	= 23160
A	0054+43	=	3448	A	0231+29	=	9808	A	0524-69	=	17223	A	0813+70	= 23324
A	0055+36	=	3485	A	0232+37	=	9852	A	0526-16	=	17323	A	0814+21	= 23232
A	0055+48	=	3487	A	0232+59	=	9892	A	0527+73	=	17445	A	0815+20	= 23289
A	0056-19	=	3526	A	0233+23	=	9881	A	0548-31	=	17977	A	0816+21	= 23355
A	0057-33	=	3589	A	0234+20	=	9938	A	0549+75	=	18121	A	0817+21	= 23391
A	0057+31	=	3575	A	0234+34	=	9958	A	0551+78	=	18181	A	0818+16	= 23421
A	0058+07	=	3667	A	0235-02	=	9973	A	0553+03	=	18096	A	0819+74	= 23618
A	0059+30	=	3715	A	0235+29	=	10007	A	0553+68	=	18161	A	0820+22	= 23522
A	0102-06	=	3853	A	0236+18A	=	10044	A	0558-28	=	18232	A	0821+25	= 23591
A	0103+31	=	3903	A	0236+18B	=	10046	A	0559-21	=	18259	A	0823+21	= 23662
A	0106+01	=	4063	A	0237-34	=	10093	A	0600+07	=	18336	A	0824+55	= 23750
A	0107+32	=	4153	A	0237+01	=	10117	A	0608+69	=	18662	A	0825+17	= 23774
A	0107+42	=	4168	A	0238-15	=	10153	A	0609+71A	=	18709	A	0825+42	= 23769
A	0107+49	=	4202	A	0238+59	=	10217	A	0609+71B	=	18722	A	0825+52	= 23834
A	0109-01	=	4295	A	0243+15	=	10469	A	0613-26	=	18715	A	0826+52	= 23850
A	0111+07	=	4425	A	0244-22	=	10526	A	0617+59A	=	18878	A	0827+52	= 23880
A	0111+42	=	4473	A	0244+37	=	10586	A	0617+59B	=	18881	A	0828+52	= 23955
A	0112-32	=	4478	A	0245+02	=	10579	A	0618-37	=	18828	A	0828+75	= 24079
A	0113-32	=	4566	A	0245+03	=	10588	A	0618-20	=	18858	A	0829+19A	= 23935
A	0113+33	=	4601	A	0245+26	=	10592	A	0618-16	=	18848	A	0829+19B	= 23937
A	0115+11	=	4672	A	0246+00	=	10649	A	0621+74	=	19094	A	0829+66	= 24050
A	0116+04A	=	4727	A	0246+01	=	10670	A	0625+74	=	19191	A	0832+30	= 24127
A	0116+04B	=	4743	A	0246+18	=	10674	A	0635+75	=	19459	A	0832+46	= 24140
A	0117+07	=	4769	A	0247+00	=	10726	A	0636+53	=	19414	A	0832+66	= 24206
A	0118+12	=	4913	A	0248+04	=	10813	A	0637+53	=	19427	A	0834+51A	= 24242
A	0118+15	=	4897	A	0249-01	=	10854	A	0638+65	=	19501	A	0835-02	= 24253
A	0119+26A	=	5011	A	0253-27	=	11052	A	0643+66	=	19652	A	0835+53	= 24351
A	0119+26B	=	5015	A	0254-02	=	11114	A	0644-74	=	19481	A	0841-20	= 24489
A	0120+01	=	5006	A	0255-54	=	11139	A	0648+26	=	19731	A	0842+37	= 24620
A	0120+34	=	5088	A	0255+05	=	11188	A	0648+27	=	19747	A	0843+36	= 24655
A	0123-06	=	5341	A	0255+41	=	11279	A	0650+50	=	19831	A	0843+49	= 24688
A	0123+31	=	5364	A	0300+16	=	11499	A	0650+69	=	19867	A	0844+70	= 24775
A	0124+18	=	5435	A	0301-25	=	11538	A	0650+80	=	19964	A	0845+46	= 24777
A	0124+31	=	5440	A	0305-31	=	11691	A	0700+56	=	20116	A	0846+65	= 24863
A	0127+25	=	5600	A	0311-25	=	12011	A	0702+67	=	20194	A	0846+72	= 24903
A	0132+04	=	5892	A	0312-04	=	12068	A	0704+61	=	20250	A	0847+29	= 24862
A	0135+07	=	6061	A	0313-03	=	12111	A	0705+53	=	20253	A	0847+57	= 24891
A	0137+15	=	6174	A	0313+31	=	12184	A	0705+71	=	20348	A	0847+61	= 24882
A	0140+12	=	6309	A	0316-26	=	12309	A	0706+71	=	20398	A	0847+73	= 24949
A	0141+02	=	6367	A	0317+03	=	12502	(A	0708+73)	=	20434	A	0847+76	= 24947

A	0854+66	=	25227
A	0855+06	=	25205
A	0858+60	=	25370
A	0901+51	=	25473
A	0905+06	=	25679
A	0907-22	=	25827
A	0908-14	=	25903
A	0908-08	=	25886
A	0908+46	=	25917
A	0909+35	=	25940
A	0909+74	=	26071
A	0909+79	=	26154
A	0910+17	=	25993
A	0910+19	=	25996
A	0910+35	=	26019
A	0911+16	=	26037
A	0911+39	=	26083
A	0911+47	=	26082
A	0911+67	=	26145
A	0912+59	=	26180
A	0913+53	=	26188
A	0913+74	=	26284
A	0914+53	=	26246
A	0915-11	=	26269
A	0915+45	=	26282
A	0915+71	=	26416
A	0917-12	=	26378
A	0917+71	=	26492
A	0918-12	=	26429
A	0919-22	=	26484
A	0919+47	=	26531
A	0921+17	=	26668
A	0922-24	=	26671
A	0923+19	=	26750
A	0923+35	=	26757
A	0923+68	=	26849
A	0926+56	=	26970
A	0927+49	=	27000
A	0930+55A	=	27182
A	0930+55B	=	27183
A	0931+11	=	27189
A	0932+30	=	27258
A	0934+48	=	27408
A	0936-04E	=	27515
A	0936-04D	=	27516
A	0936-04C	=	27508
A	0936-04B	=	27513
A	0936-04A	=	27509
A	0936+32A	=	27546
A	0936+32B	=	27547
A	0936+71	=	27605
A	0937+47	=	27641
A	0938-08	=	27616
A	0939+76	=	27887
A	0940-05	=	27817
A	0940+66	=	27879
A	0941-05	=	27828
A	0941+29	=	27867
A	0942-31	=	27918
A	0942+09	=	27946
A	0943+01	=	28010
A	0943+46	=	28045
A	0943+54A	=	28068
A	0943+54B	=	28080
A	0943+56	=	28111
A	0944+39	=	28153
A	0944+58	=	28182
A	0944+64	=	28197
A	0945+33	=	28169
A	0946-07	=	28206
A	0946+55	=	28251
A	0947+28	=	28305
A	0947+31	=	28317
A	0947+34	=	28304
A	0947+46	=	28309
A	0949+01	=	28408
A	0949+43	=	28470
A	0950+36	=	28494
A	0950+37	=	28486
A	0952+08	=	28627
A	0953+29	=	28714
A	0953+46	=	28708
A	0953+60A	=	28719
A	0953+60B	=	28729
A	0953+69	=	28757
A	0955+32	=	28805
A	0956+30	=	28868
A	0956+54	=	28928
A	0957+05	=	28913
A	0958-14	=	28954

RC3   563   A

A	0959+43	= 29106	A	1103+57	= 33622	A	1155+38	= 37689	A	1236+56	= 42259	A	1309+26	= 45858
A	1000+59	= 29177	A	1104+18A	= 33677	A	1155+51	= 37682	A	1237-09	= 42437	A	1309+84	= 45536
A	1001+13	= 29209	A	1104+18B	= 33670	A	1156+52	= 37735	A	1238+28A	= 42515	A	1310-32	= 45901
A	1001+14	= 29190	A	1107+24A	= 33855	A	1156+53	= 37700	A	1238+28B	= 42499	A	1310+36	= 45927
A	1001+66	= 29257	A	1107+24B	= 33862	A	1159+62	= 37951	A	1240+30A	= 42760	A	1310+50	= 45861
A	1003+29	= 29347	A	1107+28A	= 33931	A	1200+16	= 38082	A	1241-05	= 42868	A	1310+67	= 45835
A	1003+77	= 29494	A	1107+28B	= 33922	A	1200+39	= 38057	A	1241+00	= 42910	A	1311+35	= 45993
A	1004+10	= 29428	A	1108-09	= 34006	A	1200+41	= 38024	A	1241+55A	= 42841	A	1311+42	= 45992
A	1004+52	= 29469	A	1109+51	= 34094	A	1200+64	= 38025	A	1241+55B	= 42844	A	1311+46	= 45939
A	1004+53	= 29472	A	1110+22	= 34176	A	1201-01	= 38190	A	1242-20	= 42954	A	1312+35	= 46065
A	1005+12	= 29488	A	1110+53	= 34170	A	1201+01	= 38120	A	1242+28	= 42931	A	1312+46	= 46039
A	1005+29	= 29468	A	1110+65	= 34203	A	1201+29	= 38125	A	1242+34	= 42901	A	1312+55	= 46051
A	1006+30	= 29549	A	1111+56	= 34268	A	1201+60	= 38112	A	1242+56	= 42919	A	1313+07	= 46187
A	1008-25	= 29623	A	1111+57	= 34223	A	1202-27	= 38222	A	1243-05	= 43020	A	1313+25	= 46159
A	1008-13	= 29661	A	1112-28	= 34292	A	1202+18A	= 38285	A	1243+47	= 43025	A	1313+47	= 46127
A	1008-04	= 29653	A	1113-33	= 34362	A	1202+18B	= 38287	A	1243+71	= 43010	A	1315+44	= 46297
A	1008+58	= 29702	A	1113+29A	= 34376	A	1203+09	= 38326	A	1244+26	= 43121	A	1316-08	= 46382
A	1008+59	= 29697	A	1113+29B	= 34400	A	1203+31A	= 38327	A	1244+36	= 43129	A	1316+42	= 46386
A	1009+58	= 29720	A	1115-01	= 34521	A	1203+31B	= 38325	A	1244+48	= 43081	A	1317+52	= 46505
A	1009+67	= 29764	A	1115+28	= 34552	A	1204+17	= 38454	A	1244+51	= 43124	A	1318+10	= 46563
A	1012+21	= 29934	A	1115+63	= 34582	A	1204+40	= 38481	A	1245+27A	= 43174	A	1318+56	= 46545
A	1012+44	= 29962	A	1116-02	= 34651	A	1205+67	= 38504	A	1245+27B	= 43256	A	1320+51	= 46734
A	1012+55	= 29953	A	1116+51	= 34658	A	1206+47	= 38613	A	1245+47	= 43150	A	1320+53	= 46752
A	1013+45	= 30005	A	1116+62	= 34649	A	1207+17	= 38634	A	1245+72	= 43115	A	1321-24	= 46830
A	1014+15	= 30049	A	1117-02	= 34689	A	1207+42	= 38655	A	1246-41C	= 43326	A	1322+36	= 46854
A	1014+60	= 30075	A	1117+02	= 34696	A	1208+02	= 38793	A	1246-41B	= 43374	A	1323-21	= 47054
A	1015+64	= 30151	A	1119+69	= 34869	A	1208+03	= 38822	A	1246-41A	= 43355	A	1323+57	= 46988
A	1018-37	= 30248	A	1122-13	= 35073	A	1208+18	= 38823	A	1246-09	= 43345	A	1323+58	= 46952
A	1019+46	= 30386	A	1122+23	= 35125	A	1208+40	= 38778	A	1246-04	= 43283	A	1324+20	= 47067
A	1020+18	= 30420	A	1122+38	= 35124	A	1208+48	= 38824	A	1246-03	= 43341	A	1324+26	= 47088
A	1020+71	= 30484	A	1122+54	= 35129	A	1208+50	= 38781	A	1246+34	= 43281	A	1324+32	= 47093
A	1021+15	= 30531	A	1122+64	= 35105	A	1208+70	= 38730	A	1246+47	= 43289	A	1326+31	= 47254
A	1022+55	= 30579	A	1123-35	= 35150	A	1209+29	= 38903	A	1246+54	= 43240	A	1326+44	= 47284
A	1022+67	= 30664	A	1123+03	= 35168	A	1209+37	= 38905	A	1247-41	= 43435	A	1326+53	= 47291
A	1023+13	= 30616	A	1123+64	= 35213	A	1209+40	= 38856	A	1247-10	= 43458	A	1327+45	= 47371
A	1023+14	= 30630	A	1124+35	= 35210	A	1211+16	= 39014	A	1247+03	= 43397	A	1328+31	= 47483
A	1023+44	= 30702	A	1124+79	= 35286	A	1212+06	= 39188	A	1247+27	= 43387	A	1329+75A	= 47417
A	1023+56	= 30715	A	1125-36	= 35288	A	1212+13	= 39113	A	1248-40	= 43591	A	1329+75B	= 47454
A	1023+62	= 30701	A	1126+22	= 35403	A	1212+36A	= 39145	A	1248-25	= 43573	A	1329+75C	= 47431
A	1024+20	= 30735	A	1127+22	= 35412	A	1212+36B	= 39150	A	1248+28	= 43514	A	1331+69	= 47710
A	1025+19	= 30791	A	1127+24	= 35442	A	1213-34	= 39234	A	1248+52	= 43452	A	1332-45	= 47847
A	1025+40	= 30842	A	1127+37	= 35464	A	1213-11	= 39317	A	1249-41	= 43623	A	1332-33	= 47902
A	1026+70A	= 30983	A	1127+48	= 35467	A	1213+40	= 39262	A	1250-40	= 43717	A	1332+34A	= 47864
A	1026+70B	= 30997	A	1127+58	= 35451	A	1213+41	= 39254	A	1250-06	= 43697	A	1332+34B	= 47872
A	1027-35B	= 30939	A	1129+62	= 35601	A	1214-11	= 39395	A	1250+10	= 43728	A	1332+34C	= 47889
A	1027-35A	= 30905	A	1130+49	= 35684	A	1214+29	= 39343	A	1251-11	= 43851	A	1333+29	= 47938
A	1027+16	= 30932	A	1130+55	= 35678	A	1214+58	= 39314	A	1252+00	= 44014	A	1333+46	= 47951
A	1029+54	= 31141	A	1130+63	= 35675	A	1215+17	= 39462	A	1252+13	= 43944	A	1334+07	= 48122
A	1031+11	= 31241	A	1133+16	= 35838	A	1215+44	= 39506	A	1253+27	= 44105	A	1334+46	= 48012
A	1032+44	= 31376	A	1133+20	= 35882	A	1215+58	= 39472	A	1254+32	= 44213	A	1335-33	= 48168
A	1032+46	= 31331	A	1134+20A	= 35942	A	1216+04	= 39628	A	1254+57	= 44117	A	1335-09	= 48179
A	1032+63	= 31395	A	1135-01	= 36003	A	1216+14	= 39641	A	1255+02	= 44354	A	1337+40	= 48332
A	1033-27	= 31407	A	1137+28	= 36211	A	1217+12	= 39803	A	1255+03	= 44450	A	1337+43	= 48305
A	1033-24	= 31359	A	1137+46	= 36188	A	1218+46	= 39918	A	1255+15	= 44414	A	1338+54	= 48392
A	1033+31	= 31477	A	1138+25	= 36232	A	1219+41	= 39964	A	1255+24	= 44418	A	1339+30	= 48501
A	1034-27B	= 31537	A	1139+18	= 36355	A	1220+02	= 40220	A	1255+27A	= 44300	A	1340+39	= 48557
A	1034-27A	= 31476	A	1140+36	= 36438	A	1220+12	= 40100	A	1255+27B	= 44394	A	1340+61	= 48534
A	1034-17	= 31485	A	1140+59	= 36398	A	1220+22	= 40149	A	1255+28	= 44364	A	1342+27	= 48766
A	1034+64	= 31601	A	1142+59	= 36655	A	1221+00	= 40329	A	1255+59	= 44282	A	1342+37	= 48700
A	1035+44	= 31639	A	1143+35	= 36716	A	1221+04	= 40339	A	1256+09	= 44507	A	1342+56	= 48711
A	1037-27	= 31692	A	1143+71	= 36720	A	1221+67	= 40349	A	1256+14	= 44491	A	1344+34A	= 48869
A	1039-23	= 31840	A	1144-03C	= 36742	A	1222+70	= 40367	A	1256+27A	= 44479	A	1344+34B	= 48862
A	1039+34	= 31923	A	1144-03B	= 36733	A	1223+15	= 40588	A	1256+27B	= 44486	A	1345-30	= 48991
A	1039+48	= 31888	A	1144-03A	= 36723	A	1223+48	= 40665	A	1256+27C	= 44541	A	1345+34	= 48887
A	1040+20	= 31945	A	1145+55	= 36836	A	1223+58	= 40645	A	1256+59	= 44462	A	1346+26	= 49005
A	1041+60	= 32048	A	1146-28	= 36882	A	1224+37	= 40791	A	1257+28	= 44716	A	1346+31	= 48992
A	1045+11	= 32251	A	1146+24	= 36896	A	1224+48	= 40771	A	1257+33	= 44694	A	1348+38	= 49158
A	1045+26	= 32305	A	1147+26	= 36996	A	1225+43	= 40904	A	1258-15	= 44812	A	1349+40	= 49191
A	1045+50	= 32341	A	1147+52	= 36973	A	1225+44	= 40986	A	1258-06	= 44786	A	1350+64	= 49221
A	1045+66	= 32321	A	1148+39	= 37050	A	1226+02	= 41109	A	1258-04	= 44906	A	1351+69	= 49321
A	1046+23	= 32398	(A	1148+43)	= 37070	A	1226+11	= 41134	A	1258+64	= 44782	A	1352+15	= 49434
A	1046+26	= 32329	(A	1148+43)	= 37069	A	1226+37	= 41020	A	1259+48	= 44883	A	1352+54	= 49448
A	1046+52	= 32356	A	1148+56	= 37037	A	1226+43	= 41063	A	1300-17	= 45084	A	1353+18	= 49497
A	1046+65	= 32405	A	1149+46	= 37144	A	1228+12	= 41360	A	1301-03	= 45195	A	1355+29A	= 49640
A	1047-01	= 32463	A	1149+52	= 37164	A	1229+29	= 41512	A	1302-07	= 45254	A	1355+29B	= 49641
A	1047+19	= 32486	A	1150-04	= 37238	A	1229+66A	= 41549	A	1302+30	= 45266	A	1357-45	= 49884
A	1048+28	= 32532	A	1150+70	= 37248	A	1229+66B	= 41524	A	1302+32	= 45261	A	1358-11	= 49940
A	1048+44	= 32536	A	1151+09	= 37322	A	1229+66C	= 41451	A	1303-17	= 45359	A	1359+37	= 49927
A	1049+59	= 32637	A	1151+46	= 37289	A	1230+09	= 41587	A	1303+33	= 45363	A	1401+11	= 50102
A	1050+07	= 32661	A	1152+06	= 37400	A	1230+31	= 41636	A	1303+53	= 45337	A	1401+69	= 49981
A	1050+50	= 32678	A	1152+51	= 37413	A	1230+37	= 41620	A	1304+28	= 45386	A	1402+00	= 50204
A	1052+49	= 32800	A	1152+55A	= 37442	A	1230+46	= 41591	A	1304+67	= 45372	A	1402+09	= 50194
A	1055+24	= 33012	A	1152+55B	= 37430	A	1230+52	= 41679	A	1306+62	= 45572	A	1404+69	= 50228
A	1055+72	= 33056	A	1152+57	= 37427	A	1231-02	= 41737	A	1307-15	= 45681	A	1407-01	= 50557
A	1059+45	= 33280	A	1153+31	= 37449	A	1232+06	= 41861	A	1307-07	= 45726	A	1407+71	= 50451
A	1101+41	= 33423	A	1154+49	= 37584	A	1232+48	= 41869	A	1307+34	= 45684	A	1409-65	= 50779
A	1102+29	= 33486	A	1154+55	= 37532	A	1233+81	= 41901	A	1308+03	= 45779	A	1409+52	= 50674
A	1102+45	= 33498	A	1155-22	= 37681	A	1234-72	= 42119	A	1308+60	= 45735	A	1410+34	= 50742
A	1103+20	= 33562	A	1155-14B	= 37680	A	1235-35	= 42229	A	1309-17	= 45877	A	1413+16	= 50948
A	1103+48	= 33600	A	1155-14A	= 37667	A	1235+07	= 42169	A	1309+21	= 45821	A	1413+23	= 50961

RC3 564 A

A	1416-26	= 51169
A	1417+09	= 51207
A	1420+15	= 51351
A	1420+33	= 51371
A	1420+45	= 51358
A	1420+46	= 51320
A	1422+26	= 51473
A	1422+44	= 51472
A	1423+56	= 51509
A	1425+13A	= 51649
A	1425+13B	= 51647
A	1425+36	= 51601
A	1426+27	= 51701
A	1426+36	= 51738
A	1427-34	= 51822
A	1427+22	= 51771
A	1427+44	= 51798
A	1428+27	= 51877
A	1430+79	= 51767
A	1433+57	= 52142
A	1433+59	= 52091
A	1436-08	= 52345
A	1437+37	= 52358
A	1439+53	= 52436
A	1442+08	= 52689
A	1443+08A	= 52726
A	1443+08B	= 52728
A	1443+08C	= 52729
A	1446-09	= 52940
A	1448+07A	= 53046
A	1448+07B	= 53047
A	1448+35	= 53014
A	1449+35	= 53039
A	1450-19	= 53183
A	1450+74	= 53004
A	1452+42	= 53299
A	1455-06	= 53503
A	1456+53	= 53493
A	1459+52	= 53644
A	1508+67	= 54074
A	1511-15	= 54365
A	1513+10	= 54488
A	1514+07	= 54526
A	1514+43	= 54461
A	1515-23	= 54644
A	1516+42	= 54618
A	1517-36	= 54755
A	1520+29	= 54895
A	1522+58	= 54976
A	1523+16	= 55073
A	1526+55	= 55169
A	1530+51	= 55320
A	1531+46	= 55381
(A	1534+38)	= 55555
(A	1534+38)	= 55554
A	1534+58	= 55551
A	1535+44	= 55607
A	1535+54	= 55595
A	1535+55	= 55616
A	1539+00	= 55833
A	1544+46	= 56006
A	1547+81	= 55887
A	1548+16	= 56210
A	1552+19	= 56377
A	1553+19	= 56414
A	1554+42	= 56442
A	1555+30	= 56479
A	1556+26	= 56547
A	1557+35	= 56573
A	1558+30	= 56640
A	1559+18	= 56762
A	1600+16A	= 56770
A	1600+16B	= 56777
A	1600+16C	= 56784
A	1601+19	= 56870
A	1605+55	= 57129
A	1607+41	= 57299
A	1610-60	= 57612
A	1614+47	= 57678
A	1615+52	= 57695
A	1616+59	= 57731
A	1616+63	= 57722
A	1619+40	= 57882
A	1620+20	= 57963
A	1621+39	= 58000
A	1622+41	= 58008
A	1622+54	= 57975
A	1623+41	= 58049
A	1625+20	= 58204
A	1625+40	= 58143
A	1625+41	= 58149
A	1626+38	= 58202
A	1627+17	= 58356
A	1627+40	= 58334
A	1631+35	= 58490
A	1634+01	= 58600
A	1634+52	= 58552
A	1636+42A	= 58674
A	1636+42B	= 58664
A	1639+58	= 58731
A	1646+62	= 58960
A	1647+48A	= 59028
A	1647+48B	= 59033
A	1648+45A	= 59062
A	1648+45B	= 59061
A	1648+45C	= 59065
A	1648+53A	= 59042
A	1648+53B	= 59050
A	1648+53C	= 59049
A	1648+53D	= 59048
A	1648+53E	= 59054
A	1652+39	= 59214
A	1653+53	= 59236
A	1656+38	= 59336
A	1659+29	= 59440
A	1704+34	= 59627
A	1712+59A	= 59862
A	1712+59B	= 59864
A	1716+48	= 60027
A	1717+00	= 60102
A	1717+14	= 60084
A	1717+73	= 59971
A	1718+49A	= 60067
A	1718+49B	= 60070
A	1719+57	= 60095
A	1720+30	= 60163
A	1724+45	= 60268
A	1739+47	= 60671
A	1749+56A	= 60951
A	1749+56B	= 60950
A	1755+32	= 61155
A	1759+06	= 61300
A	1805+35	= 61423
A	1805+65	= 61389
A	1807+38	= 61469
A	1824+34	= 61881
A	1827+48	= 61924
A	1829-41	= 62015
A	1830+55	= 61982
A	1831+54	= 62010
A	1834+19	= 62122
A	1834+30	= 62104
A	1836+17	= 62176
A	1852-54	= 62600
A	1855+37	= 62613
A	1903-61	= 62799
A	1906+42	= 62807
A	1922+63	= 63141
A	1930+54	= 63311
A	1940+50	= 63529
A	1945-18	= 63682
A	1951+57	= 63766
A	1954+05	= 63861
A	1954+40	= 63832
A	1955+40	= 63852
A	1957-47B	= 63979
A	1957-47A	= 63986
A	2004-29	= 64142
A	2009+05	= 64253
A	2011-45	= 64230
A	2015-39	= 64455
A	2020-44	= 64614
A	2022+05	= 64652
A	2024+02	= 64696
A	2029-02	= 64910
A	2040-26	= 65268
A	2044-13	= 65367
A	2047+16	= 65466
A	2058-28	= 65925
A	2058+15	= 65908
A	2058+16	= 65893
A	2059+15	= 65935
A	2100-48	= 65997
A	2101-48	= 66041
A	2101-21	= 66030
A	2102-47	= 66072
A	2103-47	= 66117
A	2105+03	= 66146
A	2109-01	= 66329
A	2117+13	= 66554
A	2119-46	= 66617
A	2120-46	= 66669
A	2125-38	= 66812
A	2131+08	= 66978
A	2148+25	= 67480
A	2152-69	= 67703
A	2153+07	= 67670
A	2158+10	= 67822
A	2204+47	= 68029
A	2205+04	= 68112
A	2206+40	= 68110
A	2206+48	= 68121
A	2207-46	= 68223
A	2207-22	= 68211
A	2207-19	= 68201
A	2207+17	= 68175
A	2209+00	= 68258
A	2209+46	= 68248
A	2213+22	= 68454
A	2214-21	= 68484
A	2218+33	= 68617
A	2218+47	= 68596
A	2220+30A	= 68714
A	2220+30B	= 68719
A	2222+38	= 68797
A	2227+36	= 68991
A	2228+00	= 69018
A	2228+33	= 69019
A	2229+19	= 69079
A	2229+39	= 69055
A	2231+32	= 69173
A	2233-03	= 69293
A	2236-05	= 69415
A	2236+35	= 69385
A	2237-02	= 69448
A	2237+11	= 69429
A	2237+34	= 69434
A	2237+37	= 69439
A	2239+19	= 69525
A	2240+29	= 69553
A	2240+31	= 69573
A	2242+06	= 69650
A	2243+37	= 69681
A	2251+31	= 69929
A	2251+32	= 69957
A	2252+32	= 69968
A	2255-04C	= 70133
A	2255-04B	= 70130
A	2255-04A	= 70127
A	2255+02	= 70144
A	2257+16	= 70233
A	2257+25	= 70222
A	2257+26	= 70224
A	2258+09	= 70270
A	2258+16	= 70244
A	2300+32	= 70316
A	2301+22	= 70378
A	2302+16	= 70433
A	2310+10	= 70695
A	2311+23	= 70739
A	2312+07	= 70799
A	2316+24	= 71013
A	2317+25	= 71101
A	2320+32	= 71281
A	2324+11	= 71463
A	2324+17	= 71442
A	2325+24	= 71516
A	2326+14	= 71538
A	2326+17	= 71542
A	2327+25	= 71605
A	2327+40	= 71596
A	2329+25	= 71690
A	2331+29	= 71748
A	2332+17	= 71801
A	2334+00	= 71926
A	2335+29	= 71938
A	2335+30	= 71973
A	2335+31	= 71957
A	2338-13	= 72097
A	2338-02	= 72088
A	2338+26	= 72089
A	2339-03B	= 72155
A	2339-03A	= 72139
A	2340-45	= 72178
A	2340+19	= 72193
A	2341-06	= 72252
A	2342+06	= 72309
A	2346+05	= 72501
A	2346+25	= 72494
A	2348+00	= 72618
A	2348+20	= 72639
A	2354-02	= 72998
A	2355+47	= 73032
A	2357+47	= 2
A	2359-15	= 143
A	2359+23A	= 120
A	2359+23B	= 129
ARAK	1	= 565
ARAK	2	= 569
ARAK	3	= 1052
ARAK	4	= 1185
ARAK	5	= 1191
ARAK	6	= 1208
ARAK	11	= 1770
ARAK	12	= 2555
ARAK	14	= 2822
ARAK	15	= 2935
ARAK	17	= 3057
ARAK	18	= 3043
ARAK	19	= 3108
ARAK	22	= 3405
ARAK	23	= 3446
ARAK	24	= 3652
ARAK	26	= 3983
ARAK	27	= 3989
ARAK	28	= 4005
ARAK	33	= 4275
ARAK	37	= 4985
ARAK	38	= 5034
ARAK	39	= 5129
ARAK	41	= 5174
ARAK	42	= 5217
ARAK	43	= 5214
ARAK	45	= 5323
ARAK	46	= 5328
ARAK	49	= 5524
ARAK	50	= 5574
ARAK	51	= 5655
ARAK	55	= 6393
ARAK	56	= 6483
ARAK	57	= 6656
ARAK	58	= 6677
ARAK	61	= 7071
ARAK	63	= 7116
ARAK	64	= 7270
(ARAK	65)	= 7237
ARAK	67	= 7312
ARAK	68	= 7353
ARAK	69	= 7460
ARAK	70	= 7537
ARAK	71	= 7706
ARAK	72	= 7760
ARAK	73	= 8087
ARAK	74	= 8096
ARAK	75	= 8110
ARAK	76	= 8220
ARAK	77	= 8352
ARAK	79	= 8737
ARAK	80	= 9074
ARAK	81	= 9071
ARAK	83	= 9205
ARAK	85	= 9478
ARAK	87	= 9895
ARAK	88	= 9938
ARAK	89	= 9958
ARAK	91	= 10674
ARAK	93	= 10789
ARAK	106	= 14964
ARAK	109	= 15775
ARAK	113	= 16180
ARAK	114	= 16232
ARAK	115	= 16290
ARAK	116	= 16356
ARAK	120	= 17013
ARAK	122	= 18607
ARAK	124	= 20066
ARAK	129	= 20889
ARAK	131	= 21016
ARAK	132	= 21036
ARAK	133	= 21181
ARAK	134	= 21094
ARAK	135	= 21444
ARAK	136	= 21399
ARAK	138	= 21506
ARAK	140	= 21795
ARAK	141	= 21924
ARAK	142	= 21990
ARAK	145	= 22291
ARAK	147	= 22327
ARAK	148	= 22350
ARAK	149	= 22476
ARAK	151	= 22616
ARAK	155	= 23360
ARAK	157	= 23341
ARAK	158	= 23342
ARAK	159	= 23395
ARAK	160	= 23415
ARAK	161	= 23441
ARAK	162	= 23608
ARAK	163	= 23746
ARAK	167	= 24047
ARAK	170	= 24100
ARAK	173	= 24253
ARAK	174	= 24286
ARAK	176	= 24620
ARAK	179	= 24745
ARAK	180	= 24838
ARAK	182	= 24829
ARAK	183	= 24970
ARAK	184	= 24940
ARAK	185	= 24961
ARAK	187	= 25075
ARAK	188	= 25251
ARAK	189	= 25259
ARAK	191	= 25352
ARAK	194	= 25571
ARAK	196	= 25993
ARAK	197	= 26008
ARAK	198	= 26092
ARAK	201	= 26738
ARAK	202	= 26753
ARAK	205	= 27307
ARAK	206	= 27383
ARAK	209	= 27602
ARAK	210	= 27791
ARAK	214	= 28026
ARAK	215	= 28099
ARAK	216	= 28069
ARAK	218	= 28240
ARAK	223	= 28745
ARAK	225	= 28817
ARAK	226	= 28839
ARAK	228	= 29024
ARAK	229	= 29209
ARAK	231	= 29435
ARAK	234	= 29837
ARAK	237	= 30090
ARAK	238	= 30263
ARAK	245	= 30791
ARAK	248	= 31379
ARAK	250	= 31691
ARAK	251	= 31701
ARAK	253	= 31998
ARAK	257	= 32424
ARAK	258	= 32517
ARAK	259	= 32535
ARAK	260	= 32588
ARAK	261	= 32594
ARAK	262	= 32577
ARAK	263	= 32642
ARAK	264	= 32672
ARAK	272	= 33380
ARAK	273	= 33379
ARAK	275	= 33469
ARAK	278	= 33766
ARAK	281	= 34047
ARAK	283	= 34192
ARAK	284	= 34335
ARAK	286	= 34556
ARAK	288	= 34695
ARAK	289	= 34819
ARAK	290	= 34881
ARAK	291	= 34917
ARAK	292	= 35151
ARAK	293	= 35219
ARAK	294	= 35292
ARAK	296	= 35352
ARAK	297	= 35556
ARAK	299	= 35641
ARAK	300	= 35692
ARAK	301	= 35708
ARAK	308	= 36205
ARAK	309	= 36211
ARAK	310	= 36263
ARAK	311	= 36295
ARAK	312	= 36325
ARAK	314	= 36476
ARAK	317	= 36542
ARAK	318	= 36603
ARAK	319	= 36619

ARAK	320	= 36655	ARAK	536	= 61257	(ARP	65)	= 1405	(ARP 122) = 56942
ARAK	321	= 36639	ARAK	537	= 61455	(ARP	65)	= 1412	(ARP 123) = 17195
ARAK	327	= 36981	ARAK	539	= 61928	ARP	66	= 58150	(ARP 123) = 17196
ARAK	331	= 37291	ARAK	541	= 62035	ARP	67	= 4906	ARP 124 = 60045
ARAK	332	= 37339	ARAK	543	= 65151	ARP	68	= 72491	ARP 125 = 58674
ARAK	334	= 37542	ARAK	549	= 66860	ARP	69	= 51236	(ARP 125) = 58664
ARAK	337	= 37616	ARAK	553	= 67391	ARP	70	= 5085	(ARP 126) = 7417
ARAK	340	= 37745	ARAK	558	= 69126	ARP	71	= 57031	(ARP 127) = 2331
ARAK	341	= 37855	ARAK	560	= 69260	(ARP	72)	= 56020	(ARP 127) = 2332
ARAK	342	= 37999	ARAK	561	= 69385	(ARP	72)	= 56023	(ARP 129) = 27546
ARAK	343	= 38033	ARAK	562	= 69495	ARP	73	= 58544	(ARP 129) = 27547
ARAK	345	= 38093	ARAK	564	= 69553	ARP	74	= 8161	ARP 133 = 5305
ARAK	346	= 38115	(ARAK	566)	= 69858	ARP	75	= 6852	ARP 134 = 41220
ARAK	350	= 38837	ARAK	567	= 69929	(ARP	76)	= 42081	ARP 135 = 10123
ARAK	351	= 38906	ARAK	568	= 69970	(ARP	76)	= 42089	ARP 136 = 53511
ARAK	352	= 39251	ARAK	570	= 70086	ARP	77	= 10488	ARP 137 = 27185
ARAK	353	= 39237	ARAK	572	= 70273	(ARP	78)	= 7517	(ARP 138) = 37702
ARAK	355	= 39592	(ARAK	573)	= 70291	(ARP	78)	= 7525	(ARP 140) = 2980
ARAK	356	= 39657	(ARAK	573)	= 70292	ARP	79	= 50584	(ARP 140) = 2984
ARAK	357	= 39687	ARAK	574	= 70446	ARP	80	= 24723	ARP 141 = 20460
ARAK	358	= 39728	ARAK	576	= 70539	(ARP	81)	= 61582	(ARP 142) = 27422
ARAK	359	= 40122	ARAK	577	= 70600	ARP	82	= 22957	(ARP 142) = 27423
ARAK	361	= 40252	ARAK	578	= 70725	(ARP	82)	= 22958	(ARP 143) = 21774
ARAK	362	= 40295	ARAK	579	= 70910	(ARP	83)	= 36193	(ARP 143) = 21776
ARAK	365	= 40692	ARAK	580	= 70977	(ARP	83)	= 36194	(ARP 144) = 488
ARAK	368	= 41050	ARAK	583	= 71281	(ARP	83)	= 36197	(ARP 144) = 483
ARAK	369	= 41169	ARAK	584	= 71957	(ARP	84)	= 49739	(ARP 145) = 9060
ARAK	374	= 41532	(ARAK	585)	= 72382	(ARP	84)	= 49747	(ARP 145) = 9062
ARAK	375	= 41587	(ARAK	585)	= 72387	(ARP	85)	= 47404	ARP 147 = 11890
(ARAK	376)	= 41682	(ARAK	586)	= 72756	(ARP	85)	= 47413	ARP 148 = 33423
(ARAK	376)	= 41698	(ARAK	586)	= 72770	(ARP	86)	= 72382	ARP 150 = 71076
ARAK	378	= 41850	ARAK	588	= 72870	(ARP	86)	= 72387	ARP 151 = 35129
ARAK	379	= 41936	ARP	1	= 26666	(ARP	87)	= 36227	ARP 152 = 41361
ARAK	380	= 42060	ARP	2	= 57678	(ARP	87)	= 36228	ARP 153 = 46957
ARAK	381	= 42076	ARP	3	= 69293	ARP	89	= 24464	ARP 154 = 12651
ARAK	383	= 42305	ARP	4	= 5778	(ARP	90)	= 55076	(ARP 155) = 34989
ARAK	385	= 42542	ARP	5	= 35041	(ARP	90)	= 55080	ARP 157 = 5193
ARAK	386	= 42971	ARP	6	= 23040	ARP	91)	= 55480	ARP 158 = 5268
ARAK	390	= 43554	ARP	8	= 4992	(ARP	91)	= 55482	ARP 159 = 43586
ARAK	391	= 43775	ARP	9	= 23128	ARP	92	= 71035	ARP 160 = 39068
ARAK	392	= 43759	ARP	10	= 8802	(ARP	93)	= 68950	ARP 161 = 36325
ARAK	393	= 43931	(ARP	11)	= 4116	(ARP	93)	= 68953	ARP 162 = 32533
ARAK	397	= 44566	(ARP	11)	= 4124	(ARP	94)	= 30440	ARP 163 = 42987
ARAK	398	= 44658	ARP	12	= 24111	(ARP	94)	= 30445	ARP 164 = 4572
ARAK	399	= 44726	ARP	13	= 70213	(ARP	96)	= 20028	ARP 165 = 21382
ARAK	401	= 45356	ARP	14	= 69253	(ARP	96)	= 20066	(ARP 166) = 7369
ARAK	405	= 45782	ARP	15	= 69874	(ARP	97)	= 38325	(ARP 166) = 7370
ARAK	406	= 45794	ARP	16	= 34695	(ARP	97)	= 38327	(ARP 167) = 24790
ARAK	419	= 47360	(ARP	17)	= 21693	ARP	98	= 5715	(ARP 167) = 24792
ARAK	427	= 48450	ARP	18	= 38302	(ARP	99)	= 70819	ARP 168 = 2555
ARAK	428	= 48917	ARP	19	= 1941	(ARP	99)	= 70830	(ARP 169) = 68383
ARAK	432	= 49434	ARP	20	= 14892	(ARP	99)	= 70832	(ARP 169) = 68384
ARAK	434	= 49707	(ARP	21)	= 20805	(ARP	101)	= 56938	(ARP 170) = 70933
ARAK	436	= 50071	(ARP	22)	= 37772	(ARP	101)	= 56953	(ARP 170) = 70934
ARAK	439	= 50210	(ARP	22)	= 37773	(ARP	102)	= 60067	(ARP 171) = 52433
ARAK	443	= 50931	(ARP	23)	= 42575	(ARP	102)	= 60074	(ARP 171) = 52441
ARAK	444	= 50991	(ARP	23)	= 42607	(ARP	103)	= 59061	(ARP 172) = 57062
ARAK	448	= 51351	(ARP	24)	= 32772	(ARP	103)	= 59062	(ARP 172) = 57084
ARAK	449	= 51422	ARP	25	= 21039	(ARP	103)	= 59065	(ARP 173) = 53054
ARAK	450	= 51505	(ARP	26)	= 50063	(ARP	104)	= 47598	ARP 174 = 28815
ARAK	451	= 51662	(ARP	26)	= 50216	(ARP	104)	= 47603	(ARP 175) = 41634
ARAK	454	= 52317	ARP	27	= 34767	(ARP	105)	= 33991	(ARP 175) = 41646
ARAK	463	= 53344	ARP	28	= 71534	(ARP	105)	= 33992	(ARP 175) = 41670
ARAK	467	= 53753	ARP	29	= 65001	(ARP	106)	= 39195	(ARP 176) = 45142
ARAK	468	= 53901	(ARP	30)	= 60171	(ARP	106)	= 39221	(ARP 176) = 45146
ARAK	471	= 53908	(ARP	30)	= 60174	(ARP	107)	= 32620	(ARP 178) = 51433
ARAK	478	= 55515	ARP	31	= 6833	(ARP	109)	= 56057	(ARP 178) = 51439
ARAK	479	= 55550	ARP	32	= 59862	(ARP	111)	= 49950	(ARP 181) = 30813
ARAK	482	= 55694	(ARP	33)	= 48105	(ARP	112)	= 109	(ARP 181) = 30840
ARAK	483	= 55708	ARP	34	= 42584	(ARP	112)	= 112	(ARP 182) = 71504
ARAK	487	= 56130	ARP	36	= 47808	(ARP	113)	= 1187	(ARP 182) = 71505
ARAK	489	= 56352	ARP	37	= 10266	(ARP	113)	= 1191	ARP 183 = 47867
ARAK	490	= 56442	ARP	38	= 60393	(ARP	113)	= 1194	ARP 184 = 17625
ARAK	492	= 56388	ARP	39	= 12989	(ARP	113)	= 1197	ARP 185 = 58477
ARAK	494	= 56777	(ARP	41)	= 11819	(ARP	113)	= 1204	ARP 186 = 15538
ARAK	495	= 56786	(ARP	41)	= 11834	(ARP	114)	= 21039	ARP 188 = 57129
ARAK	497	= 57098	ARP	42	= 53709	(ARP	114)	= 21231	ARP 189 = 42833
ARAK	500	= 57856	ARP	43	= 30496	(ARP	115)	= 36392	(ARP 191) = 33670
ARAK	504	= 58251	ARP	44	= 30600	(ARP	116)	= 42816	(ARP 191) = 33677
ARAK	513	= 59428	ARP	45	= 51214	(ARP	116)	= 42831	ARP 192 = 31508
ARAK	515	= 59632	ARP	46	= 71748	(ARP	117)	= 50560	ARP 193 = 46560
ARAK	517	= 59583	ARP	49	= 51953	(ARP	117)	= 50577	ARP 194 = 37639
ARAK	518	= 59204	ARP	53	= 31346	(ARP	118)	= 11007	ARP 195 = 24981
ARAK	522	= 60453	ARP	56	= 7359	(ARP	118)	= 11012	ARP 197 = 35494
ARAK	525	= 60686	ARP	58	= 23935	(ARP	119)	= 4748	ARP 199 = 51018
ARAK	526	= 60716	(ARP	59)	= 3620	(ARP	119)	= 4750	(ARP 199) = 51023
ARAK	527	= 60771	ARP	61	= 15637	(ARP	120)	= 40898	ARP 200 = 10928
ARAK	529	= 60790	ARP	62	= 37282	(ARP	120)	= 40914	(ARP 202) = 25281
ARAK	532	= 60920	(ARP	63)	= 27533	(ARP	121)	= 3547	(ARP 202) = 25284
ARAK	534	= 61092	ARP	64	= 52698	(ARP	122)	= 56932	ARP 203 = 35507

ARP 205	= 32774			
ARP 206	= 32643			
ARP 207	= 27026			
ARP 209	= 57039			
ARP 210	= 15345			
ARP 212	= 71133			
ARP 213	= 14508			
ARP 214	= 35616			
ARP 215	= 26034			
(ARP 216)	= 71554			
(ARP 216)	= 71566			
ARP 217	= 31650			
ARP 218	= 56314			
ARP 220	= 55497			
ARP 222	= 72060			
ARP 223	= 70986			
ARP 224	= 37063			
ARP 225	= 25069			
ARP 226	= 68612			
ARP 227	= 4801			
ARP 228	= 6643			
(ARP 229)	= 5098			
(ARP 229)	= 5099			
ARP 230	= 2710			
ARP 232	= 27159			
ARP 233	= 31141			
ARP 234	= 35856			
ARP 235	= 647			
ARP 236	= 4008			
(ARP 237)	= 26831			
(ARP 237)	= 26842			
(ARP 237)	= 26844			
(ARP 238)	= 46133			
(ARP 239)	= 48473			
(ARP 239)	= 48482			
(ARP 240)	= 48330			
(ARP 240)	= 48338			
ARP 241	= 52283			
(ARP 242)	= 43062			
(ARP 242)	= 43065			
ARP 243	= 24288			
(ARP 244)	= 37967			
(ARP 244)	= 37969			
(ARP 245)	= 27982			
(ARP 245)	= 27991			
(ARP 247)	= 23546			
(ARP 247)	= 23542			
(ARP 248)	= 36723			
(ARP 248)	= 36733			
(ARP 248)	= 36742			
(ARP 252)	= 27928			
(ARP 253)	= 27817			
(ARP 253)	= 27828			
(ARP 254)	= 54817			
(ARP 254)	= 54809			
ARP 255	= 28487			
(ARP 256)	= 1224			
(ARP 256)	= 1221			
(ARP 257)	= 24889			
(ARP 258)	= 10044			
(ARP 258)	= 10046			
ARP 259	= 16574			
ARP 260	= 39014			
(ARP 261)	= 52940			
(ARP 261)	= 52935			
(ARP 262)	= 72977			
ARP 263	= 30560			
ARP 264	= 29186			
(ARP 266)	= 44536			
ARP 267	= 31477			
ARP 268	= 23324			
(ARP 269)	= 41326			
(ARP 269)	= 41333			
(ARP 270)	= 32424			
(ARP 270)	= 32434			
(ARP 271)	= 50083			
(ARP 271)	= 50084			
(ARP 272)	= 57053			
(ARP 272)	= 57058			
(ARP 273)	= 8961			
(ARP 273)	= 8970			
(ARP 274)	= 52132			
ARP 275	= 26747			
(ARP 276)	= 9388			
(ARP 276)	= 9392			
(ARP 277)	= 43969			
(ARP 277)	= 43971			
(ARP 278)	= 68572			
(ARP 278)	= 68573			
(ARP 279)	= 12041			

RC3　　　　　　　　　　566　　　　　　　　　　ARP

(ARP	279)	= 12053	(ARP	321)	= 27508	CGCG	5- 25	= 25003	CGCG	9- 86	= 31503	CGCG	11- 75	= 34762
(ARP	280)	= 35999	(ARP	321)	= 27509	CGCG	5- 27	= 25029	CGCG	9- 89	= 31604	CGCG	11- 76	= 34786
(ARP	280)	= 36008	(ARP	321)	= 27513	CGCG	5- 30	= 25067	CGCG	9- 91	= 31634	CGCG	11- 77	= 34806
(ARP	281)	= 42620	(ARP	321)	= 27515	CGCG	5- 33	= 25075	CGCG	9- 92	= 31673	CGCG	11- 78	= 34826
(ARP	281)	= 42637	(ARP	321)	= 27516	CGCG	5- 34	= 25097	CGCG	9- 93	= 31689	CGCG	11- 80	= 34911
(ARP	282)	= 2201	ARP	322	= 35620	CGCG	5- 35	= 25103	CGCG	9- 94	= 31691	CGCG	11- 82	= 34931
(ARP	282)	= 2202	(ARP	323)	= 72806	CGCG	5- 36	= 25102	CGCG	9- 95	= 31693	CGCG	11- 83	= 34937
(ARP	283)	= 26232	(ARP	323)	= 72803	CGCG	5- 39	= 25128	CGCG	9-100	= 31865	CGCG	11- 84	= 34967
(ARP	283)	= 26238	(ARP	323)	= 72808	CGCG	6- 3	= 25698	CGCG	9-101	= 31892	CGCG	11- 85	= 34982
(ARP	284)	= 71868	(ARP	324)	= 56770	CGCG	6- 4	= 25717	CGCG	10- 1	= 31993	CGCG	11- 86	= 34996
(ARP	284)	= 71878	(ARP	324)	= 56777	CGCG	6- 20	= 26043	CGCG	10- 3	= 31998	CGCG	11- 88	= 35016
(ARP	285)	= 26631	(ARP	324)	= 56784	CGCG	6- 25	= 26202	CGCG	10- 4	= 32085	CGCG	11- 89	= 35018
(ARP	285)	= 26648	(ARP	326)	= 48105	CGCG	6- 26	= 26234	CGCG	10- 5	= 32088	CGCG	11- 90	= 35030
(ARP	286)	= 51223	(ARP	327)	= 17176	CGCG	6- 28	= 26258	CGCG	10- 8	= 32153	CGCG	11- 92	= 35102
(ARP	286)	= 51233	(ARP	327)	= 17171	CGCG	6- 29	= 26385	CGCG	10- 12	= 32196	CGCG	11- 93	= 35126
(ARP	286)	= 51241	(ARP	328)	= 52854	CGCG	6- 30	= 26392	CGCG	10- 14	= 32235	CGCG	11- 94	= 35158
(ARP	287)	= 25399	(ARP	328)	= 52851	CGCG	6- 31	= 26398	CGCG	10- 17	= 32273	CGCG	11- 95	= 35170
(ARP	287)	= 25402	(ARP	328)	= 52848	CGCG	6- 35	= 26560	CGCG	10- 19	= 32293	CGCG	11- 96	= 35203
(ARP	288)	= 47869	(ARP	328)	= 52844	CGCG	6- 36	= 26576	CGCG	10- 22	= 32351	CGCG	11- 97	= 35217
ARP	289	= 37496	(ARP	329)	= 35576	CGCG	6- 37	= 26589	CGCG	10- 25	= 32383	CGCG	11- 98	= 35227
(ARP	290)	= 7846	(ARP	329)	= 35572	CGCG	6- 38	= 26607	CGCG	10- 26	= 32375	CGCG	11-100	= 35259
(ARP	290)	= 7856	(ARP	329)	= 35573	CGCG	6- 42	= 26739	CGCG	10- 27	= 32410	CGCG	11-101	= 35276
ARP	291	= 31930	(ARP	329)	= 35574	CGCG	6- 43	= 26738	CGCG	10- 28	= 32429	CGCG	11-103	= 35281
ARP	292	= 28575	(ARP	329)	= 35575	CGCG	6- 44	= 26787	CGCG	10- 30	= 32439	CGCG	11-104	= 35306
(ARP	293)	= 59344	(ARP	330)	= 59042	CGCG	6- 47	= 26909	CGCG	10- 31	= 32447	CGCG	11-106	= 35327
(ARP	293)	= 59352	(ARP	330)	= 59050	CGCG	6- 48	= 26950	CGCG	10- 32	= 32463	CGCG	11-107	= 35370
(ARP	294)	= 36158	(ARP	330)	= 59049	CGCG	7- 2	= 27192	CGCG	10- 35	= 32517	CGCG	11-109	= 35390
(ARP	294)	= 36160	(ARP	330)	= 59048	CGCG	7- 3	= 27207	CGCG	10- 37	= 32553	CGCG	11-110	= 35400
(ARP	295)	= 72139	(ARP	330)	= 59054	CGCG	7- 4	= 27216	CGCG	10- 39	= 32611	CGCG	11-111	= 35447
(ARP	295)	= 72155	(ARP	331)	= 3966	CGCG	7- 7	= 27331	CGCG	10- 46	= 32991	CGCG	11-112	= 35465
(ARP	297)	= 52686	(ARP	331)	= 3969	CGCG	7- 20	= 27723	CGCG	10- 51	= 33065	CGCG	11-113	= 35533
(ARP	297)	= 52690	(ARP	331)	= 3981	CGCG	7- 22	= 27762	CGCG	10- 52	= 33069	CGCG	11-114	= 35538
(ARP	298)	= 70348	(ARP	331)	= 3982	CGCG	7- 23	= 27791	CGCG	10- 54	= 33081	CGCG	12- 1	= 35538
(ARP	298)	= 70350	(ARP	331)	= 3983	CGCG	7- 24	= 27803	CGCG	10- 55	= 33090	CGCG	12- 2	= 35544
(ARP	299)	= 35326	(ARP	331)	= 3984	CGCG	7- 25	= 27875	CGCG	10- 56	= 33091	CGCG	12- 3	= 35560
(ARP	299)	= 35321	(ARP	331)	= 3989	CGCG	7- 30	= 27998	CGCG	10- 58	= 33144	CGCG	12- 4	= 35563
(ARP	299)	= 35325	(ARP	331)	= 4005	CGCG	7- 31	= 28010	CGCG	10- 60	= 33186	CGCG	12- 5	= 35578
(ARP	300)	= 26849	(ARP	332)	= 11734	CGCG	7- 33	= 28087	CGCG	10- 62	= 33248	CGCG	12- 6	= 35579
(ARP	300)	= 26864	(ARP	332)	= 11735	CGCG	7- 36	= 28136	CGCG	10- 63	= 33323	CGCG	12- 8	= 35581
(ARP	301)	= 33855	(ARP	332)	= 11750	CGCG	7- 40	= 28220	CGCG	10- 64	= 33398	CGCG	12- 10	= 35594
(ARP	301)	= 33862	ARP	333	= 10048	CGCG	7- 41	= 28240	CGCG	10- 66	= 33421	CGCG	12- 13	= 35627
(ARP	303)	= 28032	ARP	334	= 47462	CGCG	7- 42	= 28258	CGCG	10- 68	= 33459	CGCG	12- 14	= 35625
(ARP	303)	= 28033	ARP	335	= 33446	CGCG	7- 43	= 28272	CGCG	10- 70	= 33469	CGCG	12- 15	= 35630
(ARP	304)	= 11887	ARP	336	= 25065	CGCG	7- 51	= 28452	CGCG	10- 71	= 33510	CGCG	12- 16	= 35642
(ARP	304)	= 11892	ARP	337	= 28655	CGCG	7- 54	= 28498	CGCG	10- 73	= 33546	CGCG	12- 19	= 35682
ARP	305	= 37705	CGCG	1- 1	= 20484	CGCG	7- 56	= 28517	CGCG	10- 74	= 33550	CGCG	12- 20	= 35692
(ARP	306)	= 5744	CGCG	1- 5	= 20894	CGCG	8- 2	= 28699	CGCG	10- 76	= 33608	CGCG	12- 21	= 35690
(ARP	306)	= 5759	CGCG	1- 6	= 21005	CGCG	8- 4	= 28743	CGCG	10- 77	= 33628	CGCG	12- 22	= 35705
(ARP	307)	= 26733	CGCG	2- 5	= 21479	CGCG	8- 10	= 28891	CGCG	10- 78	= 33678	CGCG	12- 24	= 35729
(ARP	307)	= 26740	CGCG	2- 7	= 21535	CGCG	8- 11	= 28900	CGCG	10- 79	= 33689	CGCG	12- 25	= 35747
(ARP	308)	= 5323	CGCG	3- 2	= 22377	CGCG	8- 12	= 28924	CGCG	11- 2	= 33716	CGCG	12- 27	= 35772
(ARP	308)	= 5324	CGCG	3- 4	= 22539	CGCG	8- 16	= 28945	CGCG	11- 7	= 33803	CGCG	12- 29	= 35781
(ARP	309)	= 9458	CGCG	3- 10	= 22755	CGCG	8- 17	= 28946	CGCG	11- 8	= 33812	CGCG	12- 32	= 35819
(ARP	309)	= 9457	CGCG	3- 12	= 22867	CGCG	8- 19	= 28967	CGCG	11- 9	= 33817	CGCG	12- 33	= 35839
(ARP	310)	= 60323	CGCG	3- 13	= 22881	CGCG	8- 21	= 28977	CGCG	11- 11	= 33835	CGCG	12- 35	= 35877
(ARP	310)	= 60325	CGCG	3- 14	= 22883	CGCG	8- 24	= 29025	CGCG	11- 13	= 33844	CGCG	12- 36	= 35886
(ARP	311)	= 60320	CGCG	3- 15	= 22894	CGCG	8- 28	= 29127	CGCG	11- 17	= 33942	CGCG	12- 37	= 35896
(ARP	311)	= 60323	CGCG	3- 17	= 23064	CGCG	8- 31	= 29213	CGCG	11- 18	= 33959	CGCG	12- 38	= 35901
(ARP	311)	= 60325	CGCG	3- 19	= 23117	CGCG	8- 45	= 29465	CGCG	11- 19	= 33973	CGCG	12- 39	= 35914
(ARP	313)	= 37613	CGCG	3- 25	= 23225	CGCG	8- 47	= 29482	CGCG	11- 22	= 34047	CGCG	12- 41	= 35932
(ARP	313)	= 37616	CGCG	3- 28	= 23259	CGCG	8- 49	= 29496	CGCG	11- 26	= 34132	CGCG	12- 42	= 35963
(ARP	313)	= 37624	CGCG	4- 1	= 23410	CGCG	8- 53	= 29576	CGCG	11- 27	= 34138	CGCG	12- 46	= 36061
(ARP	314)	= 70127	CGCG	4- 5	= 23485	CGCG	8- 54	= 29614	CGCG	11- 28	= 34189	CGCG	12- 47	= 36102
(ARP	314)	= 70133	CGCG	4- 9	= 23519	CGCG	8- 59	= 29657	CGCG	11- 31	= 34276	CGCG	12- 48	= 36145
(ARP	314)	= 70130	CGCG	4- 20	= 23616	CGCG	8- 60	= 29664	CGCG	11- 33	= 34318	CGCG	12- 49	= 36149
(ARP	315)	= 26376	CGCG	4- 28	= 23711	CGCG	8- 61	= 29665	CGCG	11- 36	= 34359	CGCG	12- 51	= 36177
(ARP	315)	= 26371	CGCG	4- 32	= 23749	CGCG	8- 62	= 29677	CGCG	11- 37	= 34372	CGCG	12- 52	= 36182
(ARP	315)	= 26377	CGCG	4- 33	= 23752	CGCG	8- 63	= 29671	CGCG	11- 38	= 34371	CGCG	12- 53	= 36187
(ARP	316)	= 30068	CGCG	4- 34	= 23755	CGCG	8- 75	= 29807	CGCG	11- 43	= 34486	CGCG	12- 54	= 36190
(ARP	316)	= 30083	CGCG	4- 40	= 23859	CGCG	8- 77	= 29820	CGCG	11- 44	= 34492	CGCG	12- 55	= 36208
(ARP	316)	= 30099	CGCG	4- 45	= 23918	CGCG	8- 78	= 29824	CGCG	11- 45	= 34496	CGCG	12- 57	= 36248
(ARP	317)	= 34612	CGCG	4- 46	= 23940	CGCG	8- 79	= 29889	CGCG	11- 46	= 34521	CGCG	12- 58	= 36257
(ARP	317)	= 34695	CGCG	4- 49	= 23973	CGCG	8- 81	= 29899	CGCG	11- 47	= 34520	CGCG	12- 60	= 36289
(ARP	317)	= 34697	CGCG	4- 50	= 23976	CGCG	8- 85	= 30041	CGCG	11- 48	= 34579	CGCG	12- 61	= 36325
(ARP	318)	= 8225	CGCG	4- 59	= 24071	CGCG	9- 10	= 30363	CGCG	11- 49	= 34578	CGCG	12- 62	= 36358
(ARP	318)	= 8228	CGCG	4- 62	= 24100	CGCG	9- 18	= 30473	CGCG	11- 50	= 34598	CGCG	12- 63	= 36368
(ARP	318)	= 8250	CGCG	4- 69	= 24129	CGCG	9- 26	= 30600	CGCG	11- 52	= 34613	CGCG	12- 65	= 36444
(ARP	318)	= 8254	CGCG	4- 73	= 24152	CGCG	9- 33	= 30655	CGCG	11- 54	= 34652	CGCG	12- 68	= 36489
(ARP	318)	= 8299	CGCG	4- 74	= 24156	CGCG	9- 36	= 30676	CGCG	11- 55	= 34659	CGCG	12- 71	= 36580
(ARP	319)	= 69256	CGCG	4- 79	= 24166	CGCG	9- 42	= 30732	CGCG	11- 57	= 34677	CGCG	12- 73	= 36597
(ARP	319)	= 69260	CGCG	4- 92	= 24253	CGCG	9- 52	= 30828	CGCG	11- 58	= 34678	CGCG	12- 74	= 36611
(ARP	319)	= 69263	CGCG	5- 5	= 24573	CGCG	9- 57	= 30899	CGCG	11- 59	= 34675	CGCG	12- 75	= 36614
(ARP	319)	= 69269	CGCG	5- 8	= 24737	CGCG	9- 58	= 30904	CGCG	11- 60	= 34682	CGCG	12- 76	= 36618
(ARP	319)	= 69270	CGCG	5- 9	= 24736	CGCG	9- 62	= 30960	CGCG	11- 61	= 34687	CGCG	12- 77	= 36634
(ARP	320)	= 36001	CGCG	5- 10	= 24743	CGCG	9- 66	= 30995	CGCG	11- 62	= 34689	CGCG	12- 78	= 36642
(ARP	320)	= 36007	CGCG	5- 12	= 24762	CGCG	9- 72	= 31067	CGCG	11- 64	= 34701	CGCG	12- 79	= 36707
(ARP	320)	= 35997	CGCG	5- 15	= 24844	CGCG	9- 75	= 31117	CGCG	11- 65	= 34730	CGCG	12- 80	= 36726
(ARP	320)	= 36018	CGCG	5- 18	= 24889	CGCG	9- 80	= 31236	CGCG	11- 66	= 34724	CGCG	12- 81	= 36750
(ARP	320)	= 36011	CGCG	5- 19	= 24893	CGCG	9- 82	= 31304	CGCG	11- 68	= 34742	CGCG	12- 82	= 36784
(ARP	320)	= 36016	CGCG	5- 20	= 24926	CGCG	9- 85	= 31458	CGCG	11- 69	= 34749	CGCG	12- 84	= 36800

CGCG 12- 88 = 36887	CGCG 13- 84 = 38552	CGCG 14- 83 = 42199	CGCG 17- 48 = 48244	CGCG 21- 23 = 54118
CGCG 12- 89 = 36893	CGCG 13- 86 = 38585	CGCG 14- 86 = 42255	CGCG 17- 49 = 48246	CGCG 21- 25 = 54123
CGCG 12- 90 = 36903	CGCG 13- 88 = 38687	CGCG 14- 87 = 42268	CGCG 17- 52 = 48254	CGCG 21- 28 = 54134
CGCG 12- 92 = 36928	CGCG 13- 89 = 38682	CGCG 14- 90 = 42305	CGCG 17- 54 = 48272	CGCG 21- 32 = 54171
CGCG 12- 93 = 36938	CGCG 13- 90 = 38718	CGCG 14- 91 = 42336	CGCG 17- 55 = 48330	CGCG 21- 41 = 54262
CGCG 12- 94 = 36941	CGCG 13- 92 = 38720	CGCG 14- 92 = 42317	CGCG 17- 56 = 48338	CGCG 21- 56 = 54416
CGCG 12- 95 = 36944	CGCG 13- 94 = 38746	CGCG 14- 94 = 42342	CGCG 17- 62 = 48512	CGCG 21- 60 = 54458
CGCG 12- 98 = 36950	CGCG 13- 95 = 38740	CGCG 14- 96 = 42370	CGCG 17- 65 = 48688	CGCG 21- 79 = 54761
CGCG 12- 99 = 36951	CGCG 13- 96 = 38794	CGCG 14- 97 = 42393	CGCG 17- 66 = 48754	CGCG 21- 85 = 54911
CGCG 12-100 = 36962	CGCG 13- 98 = 38815	CGCG 14- 99 = 42453	CGCG 17- 73 = 49078	CGCG 22- 2 = 55281
CGCG 12-101 = 36969	CGCG 13- 99 = 38852	CGCG 14-101 = 42538	CGCG 17- 78 = 49234	CGCG 22- 6 = 55318
CGCG 12-102 = 36998	CGCG 13-102 = 38921	CGCG 14-103 = 42542	(CGCG 17- 82) = 49264	CGCG 22- 8 = 55349
CGCG 12-103 = 37016	CGCG 13-103 = 38946	CGCG 14-104 = 42559	CGCG 17- 85 = 49287	CGCG 22- 12 = 55388
CGCG 12-105 = 37019	CGCG 13-104 = 38950	CGCG 14-105 = 42618	CGCG 17- 87 = 49306	CGCG 22- 13 = 55391
CGCG 12-106 = 37103	CGCG 13-105 = 39017	CGCG 14-106 = 42614	CGCG 17- 88 = 49308	CGCG 22- 18 = 55648
CGCG 12-107 = 37100	CGCG 13-106 = 39053	CGCG 14-109 = 42692	CGCG 17- 91 = 49362	CGCG 22- 27 = 55748
CGCG 12-108 = 37125	CGCG 13-107 = 39073	CGCG 14-110 = 42689	CGCG 17- 94 = 49415	CGCG 22- 28 = 55792
CGCG 12-109 = 37147	CGCG 13-108 = 39099	CGCG 15- 1 = 42709	CGCG 18- 4 = 49533	CGCG 22- 29 = 55821
CGCG 12-110 = 37202	CGCG 13-111 = 39138	CGCG 15- 2 = 42747	CGCG 18- 7 = 49569	CGCG 22- 31 = 55833
CGCG 12-111 = 37213	CGCG 13-112 = 39170	CGCG 15- 5 = 42782	CGCG 18- 13 = 49792	CGCG 22- 32 = 55841
CGCG 12-112 = 37222	CGCG 13-113 = 39245	CGCG 15- 6 = 42777	CGCG 18- 20 = 49869	CGCG 22- 34 = 55949
CGCG 12-113 = 37336	CGCG 13-114 = 39280	CGCG 15- 7 = 42791	CGCG 18- 22 = 49882	CGCG 22- 36 = 56025
CGCG 12-114 = 37339	CGCG 13-116 = 39275	CGCG 15- 8 = 42797	CGCG 18- 30 = 49978	CGCG 22- 41 = 56131
CGCG 12-115 = 37352	CGCG 13-117 = 39335	CGCG 15- 9 = 42847	CGCG 18- 35 = 50071	CGCG 22- 42 = 56154
CGCG 13- 2 = 37434	CGCG 13-118 = 39348	CGCG 15- 10 = 42909	CGCG 18- 41 = 50203	CGCG 22- 46 = 56257
CGCG 13- 4 = 37444	CGCG 13-119 = 39466	CGCG 15- 12 = 42910	CGCG 18- 42 = 50204	CGCG 22- 48 = 56337
CGCG 13- 5 = 37488	CGCG 13-120 = 39474	CGCG 15- 13 = 42921	CGCG 18- 43 = 50229	CGCG 23- 8 = 56723
CGCG 13- 7 = 37506	CGCG 13-121 = 39495	CGCG 15- 14 = 42963	CGCG 18- 44 = 50220	CGCG 23- 11 = 56941
CGCG 13- 8 = 37548	CGCG 13-122 = 39497	CGCG 15- 15 = 42975	CGCG 18- 55 = 50430	CGCG 23- 17 = 57345
CGCG 13- 13 = 37614	CGCG 14- 4 = 39695	CGCG 15- 16 = 42999	CGCG 18- 59 = 50479	CGCG 23- 19 = 57355
CGCG 13- 14 = 37651	CGCG 14- 6 = 39705	CGCG 15- 17 = 43036	CGCG 18- 63 = 50557	CGCG 23- 22 = 57505
CGCG 13- 15 = 37655	CGCG 14- 7 = 39697	CGCG 15- 18 = 43128	CGCG 18- 64 = 50587	CGCG 23- 23 = 57509
CGCG 13- 16 = 37665	CGCG 14- 8 = 39714	CGCG 15- 19 = 43149	CGCG 18- 74 = 50676	CGCG 23- 26 = 57582
CGCG 13- 17 = 37673	CGCG 14- 10 = 39799	CGCG 15- 20 = 43153	CGCG 18- 78 = 50724	CGCG 23- 27 = 57590
CGCG 13- 18 = 37678	CGCG 14- 11 = 39819	CGCG 15- 21 = 43202	CGCG 18- 81 = 50782	CGCG 23- 31 = 57694
CGCG 13- 20 = 37693	CGCG 14- 12 = 39832	CGCG 15- 22 = 43198	CGCG 18- 82 = 50786	CGCG 23- 32 = 57706
CGCG 13- 21 = 37708	CGCG 14- 13 = 39897	CGCG 15- 23 = 43238	CGCG 18-114 = 51090	CGCG 24- 3 = 57856
CGCG 13- 22 = 37710	CGCG 14- 14 = 39902	CGCG 15- 27 = 43470	CGCG 19- 8 = 51344	CGCG 24- 8 = 57924
CGCG 13- 23 = 37745	CGCG 14- 15 = 39919	CGCG 15- 29 = 43671	CGCG 19- 12 = 51400	CGCG 24- 9 = 57937
CGCG 13- 24 = 37916	CGCG 14- 16 = 39953	CGCG 15- 31 = 43784	CGCG 19- 16 = 51471	CGCG 24- 12 = 58178
CGCG 13- 25 = 37757	CGCG 14- 17 = 40031	CGCG 15- 32 = 43798	CGCG 19- 17 = 51462	CGCG 24- 13 = 58207
CGCG 13- 27 = 37764	CGCG 14- 18 = 40128	CGCG 15- 34 = 43894	CGCG 19- 26 = 51603	CGCG 24- 16 = 58491
CGCG 13- 28 = 37778	CGCG 14- 19 = 40145	CGCG 15- 37 = 44014	CGCG 19- 28 = 51612	CGCG 24- 19 = 58600
CGCG 13- 29 = 37784	CGCG 14- 21 = 40250	CGCG 15- 44 = 44254	CGCG 19- 32 = 51645	CGCG 24- 21 = 58702
CGCG 13- 30 = 37791	CGCG 14- 22 = 40256	CGCG 15- 48 = 44388	CGCG 19- 36 = 51662	CGCG 25- 4 = 58979
CGCG 13- 32 = 37810	CGCG 14- 23 = 40284	CGCG 15- 49 = 44392	CGCG 19- 38 = 51697	CGCG 25- 6 = 59025
CGCG 13- 33 = 37845	CGCG 14- 24 = 40278	CGCG 15- 53 = 44685	CGCG 19- 43 = 51752	CGCG 25- 8 = 59125
CGCG 13- 34 = 37839	CGCG 14- 25 = 40346	CGCG 15- 55 = 44486	CGCG 19- 44 = 51780	CGCG 25- 11 = 59186
CGCG 13- 35 = 37844	CGCG 14- 27 = 40374	CGCG 15- 56 = 44858	CGCG 19- 54 = 51896	CGCG 25- 13 = 59328
CGCG 13- 36 = 37905	CGCG 14- 29 = 40406	CGCG 15- 60 = 45195	CGCG 19- 57 = 51957	CGCG 25- 15 = 59394
CGCG 13- 37 = 37914	CGCG 14- 30 = 40536	CGCG 16- 3 = 45480	CGCG 19- 60 = 52006	CGCG 25- 17 = 59400
CGCG 13- 38 = 37933	CGCG 14- 32 = 40561	CGCG 16- 4 = 45491	CGCG 19- 68 = 52173	CGCG 26- 5 = 60143
CGCG 13- 39 = 37943	CGCG 14- 33 = 40563	CGCG 16- 6 = 45567	CGCG 19- 72 = 52273	CGCG 27- 4 = 60730
CGCG 13- 40 = 37947	CGCG 14- 34 = 40564	CGCG 16- 11 = 45629	CGCG 19- 73 = 52291	CGCG 28- 1 = 61082
CGCG 13- 41 = 37971	CGCG 14- 35 = 40629	CGCG 16- 12 = 45632	CGCG 19- 76 = 52395	CGCG 28- 5 = 61487
CGCG 13- 42 = 37983	CGCG 14- 36 = 40652	CGCG 16- 13 = 45644	CGCG 19- 77 = 52412	CGCG 29- 1 = 20244
CGCG 13- 43 = 38018	CGCG 14- 37 = 40658	CGCG 16- 18 = 45782	CGCG 19- 79 = 52455	CGCG 29- 17 = 20595
CGCG 13- 44 = 38036	CGCG 14- 38 = 40660	CGCG 16- 19 = 45794	CGCG 19- 80 = 52456	CGCG 29- 21 = 20817
CGCG 13- 45 = 38033	CGCG 14- 39 = 40762	CGCG 16- 37 = 46218	CGCG 19- 81 = 52491	CGCG 30- 2 = 21303
CGCG 13- 46 = 38031	CGCG 14- 40 = 40790	CGCG 16- 39 = 46254	CGCG 19- 82 = 52495	CGCG 30- 6 = 21450
CGCG 13- 48 = 38071	CGCG 14- 41 = 40797	CGCG 16- 46 = 46319	CGCG 20- 2 = 52550	CGCG 30- 13 = 21710
CGCG 13- 50 = 38100	CGCG 14- 43 = 40820	CGCG 16- 47 = 46336	CGCG 20- 3 = 52558	CGCG 30- 14 = 21718
CGCG 13- 51 = 38115	CGCG 14- 44 = 40347	CGCG 16- 54 = 46561	CGCG 20- 4 = 52614	CGCG 30- 15 = 21730
CGCG 13- 52 = 38120	CGCG 14- 45 = 40956	CGCG 16- 57 = 46633	CGCG 20- 8 = 52641	CGCG 30- 17 = 21779
CGCG 13- 53 = 38138	CGCG 14- 46 = 41017	CGCG 16- 62 = 46717	CGCG 20- 9 = 52654	CGCG 30- 29 = 22137
CGCG 13- 54 = 38142	CGCG 14- 48 = 41083	CGCG 16- 69 = 47027	CGCG 20- 12 = 52665	CGCG 31- 3 = 22266
CGCG 13- 55 = 38154	CGCG 14- 49 = 41125	CGCG 16- 70 = 47058	CGCG 20- 13 = 52735	CGCG 31- 9 = 22359
CGCG 13- 56 = 38164	CGCG 14- 51 = 41153	CGCG 16- 73 = 47278	CGCG 20- 14 = 52752	CGCG 31- 15 = 22414
CGCG 13- 57 = 38188	CGCG 14- 52 = 41202	CGCG 16- 76 = 47360	CGCG 20- 22 = 52998	CGCG 31- 26 = 22542
CGCG 13- 58 = 38184	CGCG 14- 53 = 41404	CGCG 16- 79 = 47432	CGCG 20- 26 = 53089	CGCG 31- 28 = 22554
CGCG 13- 59 = 38201	CGCG 14- 54 = 41395	CGCG 16- 81 = 47438	CGCG 20- 29 = 53134	CGCG 31- 36 = 22641
CGCG 13- 61 = 38213	CGCG 14- 55 = 41410	CGCG 17- 1 = 47503	CGCG 20- 33 = 53383	CGCG 31- 44 = 22753
CGCG 13- 62 = 38221	CGCG 14- 56 = 41409	CGCG 17- 2 = 47540	CGCG 20- 38 = 53499	CGCG 31- 46 = 22767
CGCG 13- 63 = 38218	CGCG 14- 60 = 41514	CGCG 17- 5 = 47564	CGCG 20- 41 = 53578	CGCG 31- 47 = 22778
CGCG 13- 64 = 38216	CGCG 14- 62 = 41578	CGCG 17- 6 = 47566	CGCG 20- 43 = 53597	CGCG 31- 48 = 22786
CGCG 13- 65 = 38237	CGCG 14- 63 = 41618	CGCG 17- 10 = 47589	CGCG 20- 45 = 53643	CGCG 31- 52 = 22810
CGCG 13- 66 = 38242	CGCG 14- 64 = 41700	CGCG 17- 15 = 47641	CGCG 20- 46 = 53653	CGCG 31- 66 = 22950
CGCG 13- 67 = 38240	CGCG 14- 65 = 41788	CGCG 17- 17 = 47680	CGCG 20- 48 = 53683	CGCG 31- 67 = 22962
CGCG 13- 68 = 38249	CGCG 14- 68 = 41823	CGCG 17- 20 = 47690	CGCG 20- 52 = 53750	CGCG 31- 73 = 23147
CGCG 13- 69 = 38281	CGCG 14- 71 = 41911	CGCG 17- 21 = 47709	CGCG 20- 54 = 53770	CGCG 31- 74 = 23245
CGCG 13- 70 = 38305	CGCG 14- 72 = 41941	CGCG 17- 22 = 47750	CGCG 20- 55 = 53802	CGCG 31- 76 = 23257
CGCG 13- 72 = 38311	CGCG 14- 74 = 41990	CGCG 17- 29 = 47915	CGCG 20- 57 = 53862	CGCG 31- 81 = 23351
CGCG 13- 73 = 38328	CGCG 14- 75 = 41982	CGCG 17- 31 = 47990	CGCG 20- 58 = 53865	CGCG 32- 1 = 23351
CGCG 13- 75 = 38372	CGCG 14- 76 = 41999	CGCG 17- 35 = 48059	CGCG 20- 59 = 53901	CGCG 32- 4 = 23447
CGCG 13- 76 = 38402	CGCG 14- 77 = 41998	CGCG 17- 36 = 48069	CGCG 20- 61 = 53932	CGCG 32- 6 = 23474
CGCG 13- 77 = 38458	CGCG 14- 78 = 42109	CGCG 17- 37 = 48088	CGCG 21- 1 = 53941	CGCG 32- 8 = 23495
CGCG 13- 79 = 38497	CGCG 14- 79 = 42153	CGCG 17- 39 = 48101	CGCG 21- 6 = 53979	CGCG 32- 10 = 23504
CGCG 13- 80 = 38513	CGCG 14- 80 = 42173	CGCG 17- 43 = 48174	CGCG 21- 12 = 54032	CGCG 32- 34 = 23816
CGCG 13- 82 = 38535	CGCG 14- 81 = 42195	CGCG 17- 45 = 48207	CGCG 21- 14 = 54039	CGCG 32- 50 = 24374
CGCG 13- 83 = 38542	CGCG 14- 82 = 42202	CGCG 17- 47 = 48217	CGCG 21- 22 = 54119	CGCG 32- 52 = 24425

RC3 568 CGCG

CGCG 32- 54 = 24499	CGCG 37- 27 = 30535	CGCG 39- 46 = 33977	CGCG 40- 41 = 36671	CGCG 42- 66 = 40218
CGCG 33- 5 = 24665	CGCG 37- 28 = 30536	CGCG 39- 49 = 33988	CGCG 40- 42 = 36703	CGCG 42- 67 = 40229
CGCG 33- 12 = 24830	CGCG 37- 37 = 30684	CGCG 39- 50 = 33998	CGCG 40- 43 = 36786	CGCG 42- 68 = 40240
CGCG 33- 16 = 24960	CGCG 37- 44 = 30832	CGCG 39- 51 = 34004	CGCG 40- 44 = 36817	CGCG 42- 69 = 40260
CGCG 33- 26 = 25081	CGCG 37- 46 = 30839	CGCG 39- 52 = 34008	CGCG 40- 45 = 36824	CGCG 42- 70 = 40251
CGCG 33- 28 = 25161	CGCG 37- 47 = 30852	CGCG 39- 53 = 34009	CGCG 40- 47 = 36966	CGCG 42- 71 = 40252
CGCG 33- 29 = 25172	CGCG 37- 49 = 30885	CGCG 39- 55 = 34013	CGCG 40- 48 = 36988	CGCG 42- 72 = 40273
(CGCG 33- 32) = 25205	CGCG 37- 61 = 31037	CGCG 39- 56 = 34015	CGCG 40- 49 = 37010	CGCG 42- 75 = 40310
CGCG 33- 34 = 25225	CGCG 37- 95 = 31559	CGCG 39- 58 = 34024	CGCG 40- 50 = 37014	CGCG 42- 76 = 40280
CGCG 33- 37 = 25259	CGCG 37- 96 = 31567	CGCG 39- 59 = 34026	CGCG 40- 53 = 37104	CGCG 42- 77 = 40303
CGCG 33- 39 = 25280	CGCG 37- 97 = 31608	CGCG 39- 64 = 34062	CGCG 40- 56 = 37160	CGCG 42- 79 = 40317
CGCG 33- 44 = 25341	CGCG 37-100 = 31651	CGCG 39- 66 = 34090	CGCG 40- 61 = 37321	CGCG 42- 80 = 40321
CGCG 33- 46 = 25352	CGCG 37-104 = 31701	CGCG 39- 69 = 34139	CGCG 40- 63 = 37374	CGCG 42- 81 = 40339
CGCG 33- 48 = 25376	CGCG 37-115 = 31834	CGCG 39- 70 = 34140	CGCG 40- 64 = 37380	CGCG 42- 82 = 40337
CGCG 33- 52 = 25436	CGCG 38- 5 = 32021	CGCG 39- 75 = 34159	CGCG 40- 66 = 37400	CGCG 42- 83 = 40375
CGCG 33- 53 = 25441	CGCG 38- 7 = 32078	CGCG 39- 82 = 34204	CGCG 41- 1 = 37374	CGCG 42- 85 = 40411
CGCG 33- 55 = 25457	CGCG 38- 8 = 32086	CGCG 39- 83 = 34222	CGCG 41- 2 = 37380	CGCG 42- 86 = 40408
CGCG 33- 59 = 25556	CGCG 38- 13 = 32231	CGCG 39- 91 = 34335	CGCG 41- 4 = 37400	CGCG 42- 89 = 40439
CGCG 33- 61 = 25646	CGCG 38- 14 = 32234	CGCG 39- 93 = 34379	CGCG 41- 6 = 37483	CGCG 42- 92 = 40490
CGCG 34- 2 = 25679	CGCG 38- 15 = 32285	CGCG 39-102 = 34481	CGCG 41- 17 = 37816	CGCG 42- 93 = 40494
CGCG 34- 5 = 25825	CGCG 38- 22 = 32364	CGCG 39-103 = 34478	CGCG 41- 22 = 37949	CGCG 42- 95 = 40566
CGCG 34- 6 = 25861	CGCG 38- 23 = 32396	CGCG 39-104 = 34489	CGCG 41- 23 = 37954	CGCG 42- 96 = 40579
CGCG 34- 8 = 25876	CGCG 38- 24 = 32449	CGCG 39-105 = 34498	CGCG 41- 26 = 38010	CGCG 42- 97 = 40604
CGCG 34- 12 = 25986	CGCG 38- 29 = 32529	CGCG 39-108 = 34527	CGCG 41- 28 = 38052	CGCG 42- 98 = 40607
CGCG 34- 19 = 26150	CGCG 38- 32 = 32570	CGCG 39-113 = 34591	CGCG 41- 29 = 38054	CGCG 42- 99 = 40621
CGCG 34- 21 = 26173	CGCG 38- 36 = 32595	CGCG 39-114 = 34599	CGCG 41- 31 = 38117	CGCG 42-102 = 40673
CGCG 34- 28 = 26357	CGCG 38- 40 = 32642	CGCG 39-117 = 34623	CGCG 41- 32 = 38124	CGCG 42-104 = 40715
CGCG 34- 31 = 26418	CGCG 38- 42 = 32672	CGCG 39-119 = 34642	CGCG 41- 33 = 38122	CGCG 42-105 = 40743
CGCG 34- 33 = 26471	CGCG 38- 49 = 32822	CGCG 39-123 = 34696	CGCG 41- 39 = 38359	CGCG 42-106 = 40775
CGCG 34- 36 = 26517	CGCG 38- 60 = 32907	CGCG 39-124 = 34698	CGCG 41- 41 = 38492	CGCG 42-107 = 40801
CGCG 34- 38 = 26528	CGCG 38- 62 = 32937	CGCG 39-125 = 34699	CGCG 41- 42 = 38531	CGCG 42-108 = 40807
CGCG 34- 40 = 26556	CGCG 38- 66 = 32986	CGCG 39-126 = 34711	CGCG 41- 47 = 38822	CGCG 42-109 = 40857
CGCG 34- 45 = 26762	CGCG 38- 68 = 32995	CGCG 39-127 = 34712	CGCG 41- 48 = 38964	CGCG 42-111 = 40851
CGCG 34- 46 = 26781	CGCG 38- 69 = 33002	CGCG 39-130 = 34778	CGCG 41- 49 = 39034	CGCG 42-112 = 40861
CGCG 34- 47 = 26826	CGCG 38- 72 = 33019	CGCG 39-132 = 34783	CGCG 41- 51 = 39067	CGCG 42-114 = 40875
CGCG 34- 51 = 26932	CGCG 38- 73 = 33044	CGCG 39-133 = 34788	CGCG 41- 52 = 39114	CGCG 42-115 = 40886
CGCG 34- 55 = 26974	CGCG 38- 74 = 33058	CGCG 39-136 = 34802	CGCG 41- 54 = 39232	CGCG 42-117 = 40933
CGCG 35- 1 = 27049	CGCG 38- 75 = 33067	CGCG 39-138 = 34807	CGCG 41- 55 = 39251	CGCG 42-121 = 41072
CGCG 35- 6 = 27219	CGCG 38- 76 = 33078	CGCG 39-139 = 34814	CGCG 41- 57 = 39265	CGCG 42-122 = 41088
CGCG 35- 9 = 27248	CGCG 38- 78 = 33104	CGCG 39-146 = 34842	CGCG 41- 60 = 39328	CGCG 42-124 = 41101
(CGCG 35- 15) = 27422	CGCG 38- 79 = 33120	CGCG 39-152 = 34906	CGCG 41- 61 = 39388	CGCG 42-126 = 41109
(CGCG 35- 15) = 27423	CGCG 38- 81 = 33158	CGCG 39-156 = 34948	CGCG 41- 62 = 39389	CGCG 42-128 = 41148
CGCG 35- 19 = 27477	CGCG 38- 82 = 33159	CGCG 39-157 = 34949	CGCG 41- 63 = 39384	CGCG 42-129 = 41166
CGCG 35- 20 = 27518	CGCG 38- 84 = 33168	CGCG 39-160 = 34956	CGCG 41- 65 = 39412	CGCG 42-130 = 41169
CGCG 35- 21 = 27535	CGCG 38- 86 = 33220	CGCG 39-164 = 35001	CGCG 41- 69 = 39483	CGCG 42-131 = 41170
CGCG 35- 26 = 27619	CGCG 38- 88 = 33234	CGCG 39-165 = 35005	CGCG 41- 70 = 39479	CGCG 42-132 = 41189
CGCG 35- 28 = 27635	CGCG 38- 89 = 33240	CGCG 39-167 = 35013	CGCG 41- 71 = 39480	CGCG 42-133 = 41196
CGCG 35- 29 = 27645	CGCG 38- 91 = 33310	CGCG 39-168 = 35037	CGCG 41- 73 = 39493	CGCG 42-134 = 41220
CGCG 35- 33 = 27734	CGCG 38- 92 = 33319	CGCG 39-169 = 35042	CGCG 41- 74 = 39504	CGCG 42-135 = 41258
CGCG 35- 35 = 27753	CGCG 38- 93 = 33320	CGCG 39-170 = 35041	CGCG 41- 76 = 39537	CGCG 42-136 = 41278
CGCG 35- 46 = 27968	CGCG 38- 95 = 33330	CGCG 39-180 = 35168	CGCG 42- 4 = 39592	CGCG 42-137 = 41283
CGCG 35- 47 = 27981	CGCG 38- 96 = 33339	CGCG 39-181 = 35174	CGCG 42- 5 = 39601	CGCG 42-138 = 41307
CGCG 35- 48 = 27997	CGCG 38- 98 = 33364	CGCG 39-182 = 35185	CGCG 42- 6 = 39624	CGCG 42-139 = 41317
CGCG 35- 50 = 28009	CGCG 38-100 = 33380	CGCG 39-184 = 35234	CGCG 42- 8 = 39628	CGCG 42-141 = 41383
CGCG 35- 51 = 28026	CGCG 38-103 = 33386	CGCG 39-186 = 35272	CGCG 42- 12 = 39657	(CGCG 42-144) = 41473
CGCG 35- 53 = 28032	CGCG 38-104 = 33387	CGCG 39-187 = 35273	CGCG 42- 13 = 39659	(CGCG 42-144) = 41471
CGCG 35- 54 = 28033	CGCG 38-105 = 33394	CGCG 39-189 = 35295	CGCG 42- 14 = 39655	CGCG 42-145 = 41599
CGCG 35- 58 = 28148	CGCG 38-109 = 33446	CGCG 39-191 = 35307	CGCG 42- 15 = 39656	CGCG 42-146 = 41586
CGCG 35- 69 = 28378	CGCG 38-110 = 33455	CGCG 39-193 = 35353	CGCG 42- 16 = 39658	CGCG 42-147 = 41625
CGCG 35- 76 = 28487	CGCG 38-112 = 33461	CGCG 39-194 = 35419	CGCG 42- 17 = 39673	CGCG 42-151 = 41716
CGCG 35- 78 = 28502	CGCG 38-114 = 33470	CGCG 39-195 = 35420	CGCG 42- 20 = 39687	CGCG 42-154 = 41758
CGCG 35- 80 = 28520	CGCG 38-115 = 33477	CGCG 39-197 = 35458	CGCG 42- 21 = 39699	CGCG 42-155 = 41772
CGCG 35- 87 = 28617	CGCG 38-116 = 33485	CGCG 39-199 = 35499	CGCG 42- 22 = 39708	CGCG 42-156 = 41789
CGCG 36- 8 = 28741	CGCG 38-121 = 33558	CGCG 39-203 = 35534	CGCG 42- 23 = 39712	CGCG 42-157 = 41816
CGCG 36- 9 = 28745	CGCG 38-122 = 33572	CGCG 40- 1 = 35545	CGCG 42- 24 = 39719	CGCG 42-158 = 41811
CGCG 36- 12 = 28913	CGCG 38-123 = 33569	CGCG 40- 2 = 35598	CGCG 42- 26 = 39718	CGCG 42-159 = 41812
CGCG 36- 14 = 28939	CGCG 38-124 = 33577	CGCG 40- 3 = 35639	CGCG 42- 27 = 39731	CGCG 42-161 = 41850
CGCG 36- 15 = 28947	CGCG 38-125 = 33578	CGCG 40- 7 = 35779	CGCG 42- 28 = 39738	CGCG 42-162 = 41847
CGCG 36- 16 = 28949	CGCG 38-129 = 33635	CGCG 40- 8 = 35802	CGCG 42- 29 = 39759	CGCG 42-163 = 41861
CGCG 36- 17 = 28964	CGCG 38-130 = 33645	CGCG 40- 9 = 35910	CGCG 42- 32 = 39765	CGCG 42-168 = 41958
CGCG 36- 23 = 29057	CGCG 38-132 = 33662	CGCG 40- 10 = 35925	CGCG 42- 33 = 39794	CGCG 42-174 = 42068
CGCG 36- 27 = 29198	CGCG 38-134 = 33680	CGCG 40- 11 = 35944	CGCG 42- 34 = 39801	CGCG 42-175 = 42080
CGCG 36- 28 = 29205	CGCG 38-135 = 33686	CGCG 40- 14 = 35964	CGCG 42- 35 = 39809	CGCG 42-176 = 42074
CGCG 36- 31 = 29249	CGCG 39- 3 = 33704	CGCG 40- 16 = 36012	CGCG 42- 36 = 39813	CGCG 42-178 = 42096
CGCG 36- 38 = 29340	CGCG 39- 6 = 33712	CGCG 40- 18 = 36063	CGCG 42- 38 = 39886	CGCG 42-179 = 42108
CGCG 36- 56 = 29714	CGCG 39- 8 = 33749	CGCG 40- 19 = 36073	CGCG 42- 40 = 39922	CGCG 42-182 = 42152
CGCG 36- 57 = 29730	CGCG 39- 10 = 33760	CGCG 40- 20 = 36093	(CGCG 42- 41) = 39943	CGCG 42-183 = 42174
CGCG 36- 59 = 29746	CGCG 39- 14 = 33783	CGCG 40- 21 = 36141	CGCG 42- 42 = 39951	CGCG 42-184 = 42169
CGCG 36- 60 = 29749	CGCG 39- 16 = 33792	CGCG 40- 22 = 36142	CGCG 42- 44 = 39972	CGCG 42-186 = 42230
CGCG 36- 63 = 29798	CGCG 39- 25 = 33869	CGCG 40- 23 = 36155	CGCG 42- 45 = 40001	CGCG 42-187 = 42241
CGCG 36- 64 = 29814	CGCG 39- 28 = 33876	CGCG 40- 24 = 36206	CGCG 42- 46 = 40015	CGCG 42-188 = 42253
CGCG 36- 65 = 29835	CGCG 39- 31 = 33896	CGCG 40- 27 = 36237	CGCG 42- 48 = 40004	CGCG 42-189 = 42277
CGCG 36- 66 = 29855	CGCG 39- 32 = 33901	CGCG 40- 28 = 36242	CGCG 42- 51 = 40051	CGCG 42-191 = 42319
CGCG 36- 73 = 29956	CGCG 39- 33 = 33902	CGCG 40- 31 = 36297	CGCG 42- 53 = 40087	CGCG 42-192 = 42340
CGCG 36- 75 = 29969	CGCG 39- 37 = 33910	CGCG 40- 32 = 36307	CGCG 42- 54 = 40111	CGCG 42-194 = 42348
CGCG 36- 80 = 29995	CGCG 39- 38 = 33911	CGCG 40- 34 = 36471	CGCG 42- 59 = 40122	CGCG 42-198 = 42447
CGCG 36- 87 = 30086	CGCG 39- 39 = 33917	CGCG 40- 35 = 36519	CGCG 42- 61 = 40147	CGCG 42-201 = 42471
CGCG 36- 89 = 30090	CGCG 39- 41 = 33929	CGCG 40- 36 = 36520	CGCG 42- 63 = 40192	CGCG 42-205 = 42574
CGCG 36- 93 = 30178	CGCG 39- 42 = 33930	CGCG 40- 39 = 36605	CGCG 42- 64 = 40217	CGCG 42-207 = 42647
CGCG 37- 14 = 30364	CGCG 39- 45 = 33968	CGCG 40- 40 = 36658	CGCG 42- 65 = 40217	CGCG 42-208 = 42688

CGCG 43- 1 = 42688	CGCG 46- 3 = 49513	CGCG 48- 36 = 53094	CGCG 52- 53 = 58646	CGCG 61- 38 = 25332
CGCG 43- 2 = 42734	CGCG 46- 5 = 49515	CGCG 48- 49 = 53176	CGCG 52- 57 = 58704	CGCG 61- 42 = 25360
CGCG 43- 16 = 42947	CGCG 46- 7 = 49547	CGCG 48- 50 = 53178	CGCG 53- 6 = 58937	CGCG 61- 45 = 25376
CGCG 43- 18 = 42970	CGCG 46- 9 = 49555	CGCG 48- 52 = 53201	CGCG 53- 10 = 59017	CGCG 61- 52 = 25426
CGCG 43- 23 = 43106	CGCG 46- 11 = 49571	CGCG 48- 57 = 53231	CGCG 53- 11 = 59024	CGCG 61- 57 = 25471
CGCG 43- 27 = 43185	CGCG 46- 16 = 49650	CGCG 48- 60 = 53247	CGCG 53- 14 = 59106	CGCG 61- 58 = 25493
CGCG 43- 28 = 43189	CGCG 46- 21 = 49683	CGCG 48- 62 = 53260	CGCG 53- 15 = 59104	CGCG 62- 2 = 25892
CGCG 43- 34 = 43331	CGCG 46- 22 = 49704	CGCG 48- 66 = 53268	CGCG 53- 25 = 59451	CGCG 62- 3 = 25954
CGCG 43- 35 = 43338	CGCG 46- 23 = 49711	CGCG 48- 74 = 53421	CGCG 54- 2 = 59688	CGCG 62- 5 = 25956
CGCG 43- 40 = 43397	CGCG 46- 24 = 49707	CGCG 48- 76 = 53459	CGCG 54- 3 = 59690	CGCG 62- 8 = 26008
CGCG 43- 41 = 43413	CGCG 46- 26 = 49719	CGCG 48- 77 = 53470	CGCG 54- 5 = 59769	CGCG 62- 10 = 26101
CGCG 43- 45 = 43525	CGCG 46- 27 = 49724	CGCG 48- 90 = 53675	CGCG 54- 7 = 59782	CGCG 62- 11 = 26127
CGCG 43- 54 = 43775	CGCG 46- 29 = 49758	CGCG 48- 92 = 53696	CGCG 54- 14 = 59970	CGCG 62- 19 = 26310
CGCG 43- 55 = 43817	CGCG 46- 31 = 49748	CGCG 48-103 = 53821	CGCG 54- 15 = 59979	CGCG 62- 20 = 26407
CGCG 43- 58 = 43885	CGCG 46- 35 = 49791	CGCG 48-107 = 53838	CGCG 54- 16 = 59987	CGCG 62- 28 = 26643
CGCG 43- 61 = 43969	CGCG 46- 36 = 49913	CGCG 48-109 = 53857	CGCG 54- 22 = 60053	CGCG 62- 32 = 26721
CGCG 43- 62 = 43971	CGCG 46- 39 = 49906	CGCG 48-115 = 53898	CGCG 54- 28 = 60340	CGCG 62- 33 = 26733
CGCG 43- 64 = 43998	CGCG 46- 40 = 49995	CGCG 48-186 = 42230	CGCG 54- 29 = 60346	CGCG 62- 34 = 26740
CGCG 43- 65 = 44008	CGCG 46- 43 = 49997	(CGCG 49- 2) = 53951	CGCG 55- 1 = 60418	CGCG 62- 35 = 26753
CGCG 43- 66 = 44017	CGCG 46- 45 = 50089	CGCG 49- 9 = 54013	CGCG 55- 7 = 60459	CGCG 62- 36 = 26831
CGCG 43- 68 = 44033	CGCG 46- 46 = 50144	CGCG 49- 15 = 54111	CGCG 55- 14 = 60722	CGCG 62- 37 = 26842
CGCG 43- 70 = 44089	CGCG 46- 50 = 50155	CGCG 49- 23 = 54167	CGCG 55- 16 = 60763	CGCG 63- 1 = 27074
CGCG 43- 71 = 44086	CGCG 46- 60 = 50317	CGCG 49- 25 = 54188	CGCG 56- 5 = 61214	CGCG 63- 7 = 27159
CGCG 43- 80 = 44354	CGCG 46- 63 = 50455	CGCG 49- 35 = 54232	CGCG 56- 6 = 61230	CGCG 63- 9 = 27184
CGCG 43- 84 = 44450	CGCG 46- 66 = 50630	CGCG 49- 52 = 54340	CGCG 56- 7 = 61300	CGCG 63- 10 = 27185
CGCG 43- 93 = 44797	CGCG 46- 69 = 50809	CGCG 49- 53 = 54338	CGCG 56- 11 = 61661	CGCG 63- 11 = 27189
CGCG 43- 99 = 44933	CGCG 46- 70 = 50861	CGCG 49- 72 = 54420	CGCG 57- 1 = 20204	CGCG 63- 13 = 27232
CGCG 43-100 = 44932	CGCG 46- 71 = 50865	CGCG 49- 74 = 54443	CGCG 57- 5 = 20416	CGCG 63- 18 = 27371
CGCG 43-110 = 45039	CGCG 46- 72 = 50873	CGCG 49- 79 = 54455	CGCG 57- 6 = 20445	CGCG 63- 22 = 27451
CGCG 43-114 = 45071	CGCG 46- 75 = 50891	CGCG 49- 81 = 54495	CGCG 57- 7 = 20602	CGCG 63- 23 = 27448
CGCG 43-116 = 45079	CGCG 46- 77 = 50918	CGCG 49- 82 = 54493	CGCG 57- 8 = 20774	CGCG 63- 28 = 27558
CGCG 43-142 = 45322	CGCG 46- 89 = 50931	CGCG 49- 86 = 54500	CGCG 57- 11 = 20964	CGCG 63- 33 = 27620
CGCG 44- 4 = 45478	CGCG 47- 1 = 51084	CGCG 49- 87 = 54516	CGCG 57- 14 = 21116	CGCG 63- 34 = 27621
CGCG 44- 14 = 45614	CGCG 47- 10 = 51118	CGCG 49- 90 = 54526	CGCG 57- 18 = 21197	CGCG 63- 35 = 27630
CGCG 44- 22 = 45779	CGCG 47- 12 = 51223	CGCG 49- 92 = 54540	CGCG 58- 2 = 21237	CGCG 63- 38 = 27665
CGCG 44- 23 = 45844	CGCG 47- 13 = 51233	CGCG 49- 96 = 54550	CGCG 58- 7 = 21356	CGCG 63- 40 = 27681
CGCG 44- 26 = 45875	CGCG 47- 18 = 51241	CGCG 49-104 = 54589	CGCG 58- 8 = 21358	CGCG 63- 47 = 27716
CGCG 44- 27 = 45885	CGCG 47- 20 = 51270	CGCG 49-107 = 54604	CGCG 58- 11 = 21401	(CGCG 63- 48) = 27784
CGCG 44- 28 = 45936	CGCG 47- 21 = 51275	CGCG 49-109 = 54609	CGCG 58- 12 = 21404	CGCG 63- 53 = 27838
CGCG 44- 40 = 46089	CGCG 47- 22 = 51272	CGCG 49-120 = 54666	CGCG 58- 15 = 21416	CGCG 63- 58 = 27946
CGCG 44- 43 = 46138	CGCG 47- 24 = 51286	CGCG 49-142 = 54812	CGCG 58- 20 = 21503	CGCG 63- 59 = 27959
CGCG 44- 46 = 46187	CGCG 47- 30 = 51303	CGCG 49-144 = 54826	CGCG 58- 24 = 21552	CGCG 63- 64 = 28069
CGCG 44- 52 = 46250	CGCG 47- 33 = 51423	CGCG 49-145 = 54839	CGCG 58- 28 = 21623	CGCG 63- 77 = 28269
CGCG 44- 53 = 46278	CGCG 47- 38 = 51449	CGCG 49-146 = 54849	CGCG 58- 32 = 21713	CGCG 63- 78 = 28274
CGCG 44- 58 = 46321	CGCG 47- 41 = 51537	CGCG 49-148 = 54854	CGCG 58- 47 = 22002	CGCG 63- 82 = 28296
CGCG 44- 60 = 46342	CGCG 47- 42 = 51557	CGCG 49-149 = 54862	CGCG 58- 62 = 22096	CGCG 63- 84 = 28324
CGCG 44- 71 = 46534	CGCG 47- 44 = 51604	CGCG 49-152 = 54909	CGCG 58- 67 = 22140	CGCG 63- 85 = 28366
CGCG 44- 72 = 46556	CGCG 47- 47 = 51610	CGCG 49-158 = 55044	CGCG 59- 4 = 22235	CGCG 63- 89 = 28414
CGCG 44- 78 = 46782	CGCG 47- 48 = 51622	CGCG 49-162 = 55069	CGCG 59- 11 = 22433	CGCG 63- 99 = 28531
CGCG 44- 84 = 47037	CGCG 47- 51 = 51624	CGCG 49-179 = 55229	CGCG 59- 16 = 22506	CGCG 63-103 = 28590
CGCG 44- 86 = 47060	CGCG 47- 57 = 51638	CGCG 50- 7 = 55295	CGCG 59- 18 = 22528	CGCG 63-105 = 28627
CGCG 44- 88 = 47235	CGCG 47- 58 = 51703	CGCG 50- 9 = 55309	CGCG 59- 23 = 22541	CGCG 64- 2 = 28662
CGCG 45- 7 = 47637	CGCG 47- 61 = 51741	CGCG 50- 10 = 55316	CGCG 59- 24 = 22549	CGCG 64- 4 = 28674
CGCG 45- 9 = 47654	CGCG 47- 62 = 51752	CGCG 50- 11 = 55314	CGCG 59- 25 = 22555	CGCG 64- 7 = 28698
CGCG 45- 10 = 47678	CGCG 47- 63 = 51785	CGCG 50- 13 = 55321	CGCG 59- 28 = 22611	CGCG 64- 10 = 28788
CGCG 45- 25 = 47784	CGCG 47- 65 = 51787	CGCG 50- 18 = 55360	CGCG 59- 29 = 22621	CGCG 64- 11 = 28796
CGCG 45- 27 = 47794	CGCG 47- 66 = 51809	CGCG 50- 26 = 55448	CGCG 59- 32 = 22634	CGCG 64- 13 = 28817
CGCG 45- 28 = 47842	CGCG 47- 70 = 51808	CGCG 50- 29 = 55492	CGCG 59- 34 = 22638	CGCG 64- 14 = 28821
CGCG 45- 31 = 47929	CGCG 47- 72 = 51846	CGCG 50- 47 = 55637	CGCG 59- 39 = 22680	CGCG 64- 15 = 28839
CGCG 45- 33 = 47939	CGCG 47- 73 = 51865	CGCG 50- 56 = 55687	CGCG 59- 41 = 22717	CGCG 64- 22 = 28897
CGCG 45- 34 = 47953	CGCG 47- 75 = 51878	CGCG 50- 63 = 55722	CGCG 59- 43 = 22733	CGCG 64- 25 = 28910
CGCG 45- 40 = 48023	CGCG 47- 76 = 51883	CGCG 50- 65 = 55759	CGCG 59- 44 = 22747	CGCG 64- 33 = 29024
CGCG 45- 49 = 48105	CGCG 47- 79 = 51895	CGCG 50- 71 = 55816	CGCG 59- 48 = 22846	CGCG 64- 34 = 29032
CGCG 45- 50 = 48128	CGCG 47- 81 = 51909	CGCG 50- 74 = 55824	CGCG 59- 54 = 23018	CGCG 64- 38 = 29061
CGCG 45- 53 = 48122	CGCG 47- 84 = 51921	CGCG 50- 79 = 55845	CGCG 59- 58 = 23255	CGCG 64- 44 = 29126
CGCG 45- 56 = 48189	CGCG 47- 85 = 51953	CGCG 50- 81 = 55873	CGCG 59- 59 = 23285	CGCG 64- 47 = 29190
CGCG 45- 59 = 48202	CGCG 47- 88 = 51971	CGCG 50- 90 = 55930	CGCG 60- 8 = 23570	CGCG 64- 48 = 29209
CGCG 45- 61 = 48273	CGCG 47- 90 = 52011	CGCG 50-100 = 55989	CGCG 60- 12 = 23668	CGCG 64- 66 = 29413
CGCG 45- 64 = 48294	CGCG 47- 91 = 52018	CGCG 50-101 = 55993	CGCG 60- 20 = 23900	CGCG 64- 68 = 29428
CGCG 45- 66 = 48358	CGCG 47- 93 = 52016	CGCG 50-102 = 56022	CGCG 60- 34 = 24457	CGCG 64- 69 = 29435
CGCG 45- 70 = 48421	CGCG 47- 96 = 52023	CGCG 50-108 = 56111	CGCG 60- 35 = 24464	CGCG 64- 72 = 29475
CGCG 45- 73 = 48468	CGCG 47-104 = 52042	CGCG 50-109 = 56108	CGCG 60- 36 = 24469	CGCG 64- 73 = 29488
CGCG 45- 75 = 48527	CGCG 47-109 = 52092	CGCG 51- 7 = 56413	CGCG 60- 37 = 24476	CGCG 64- 90 = 29747
CGCG 45- 85 = 48675	CGCG 47-110 = 52131	CGCG 51- 8 = 56475	CGCG 60- 38 = 24490	CGCG 64- 97 = 29943
CGCG 45- 87 = 48693	CGCG 47-112 = 52132	CGCG 51- 20 = 56744	CGCG 60- 39 = 24492	CGCG 64- 99 = 30013
CGCG 45- 98 = 48841	CGCG 47-123 = 52199	CGCG 51- 25 = 56844	CGCG 61- 4 = 24566	CGCG 65- 7 = 30310
CGCG 45- 99 = 48871	CGCG 47-125 = 52317	CGCG 51- 26 = 56854	CGCG 61- 5 = 24567	CGCG 65- 14 = 30430
CGCG 45-108 = 48959	CGCG 47-127 = 52356	CGCG 51- 31 = 56947	CGCG 61- 6 = 24595	CGCG 65- 17 = 30448
CGCG 45-109 = 48951	CGCG 47-132 = 52365	CGCG 51- 32 = 56950	CGCG 61- 7 = 24629	CGCG 65- 20 = 30463
CGCG 45-102 = 49067	CGCG 47-132 = 52421	CGCG 51- 38 = 57083	CGCG 61- 8 = 24632	CGCG 65- 29 = 30604
CGCG 45-121 = 49248	CGCG 47-123 = 52433	CGCG 51- 44 = 57182	CGCG 61- 9 = 24631	(CGCG 65- 30) = 30619
CGCG 45-128 = 49303	CGCG 47-137 = 52441	CGCG 51- 45 = 57205	CGCG 61- 12 = 24699	(CGCG 65- 30) = 30616
CGCG 45-129 = 49310	CGCG 47-139 = 52453	CGCG 51- 52 = 57261	CGCG 61- 13 = 24759	CGCG 65- 43 = 30829
CGCG 45-131 = 49335	CGCG 47-144 = 52488	CGCG 52- 1 = 57799	CGCG 61- 18 = 24948	CGCG 65- 46 = 30928
CGCG 45-132 = 49353	CGCG 47-148 = 52532	CGCG 52- 2 = 57827	CGCG 61- 22 = 25085	CGCG 65- 49 = 31123
CGCG 45-133 = 49373	CGCG 48- 4 = 52564	CGCG 52- 15 = 58114	CGCG 61- 25 = 25113	CGCG 65- 56 = 31235
CGCG 45-134 = 49391	CGCG 48- 7 = 52574	CGCG 52- 27 = 58327	CGCG 61- 29 = 25145	CGCG 65- 57 = 31241
CGCG 45-136 = 49399	CGCG 48- 10 = 52628	CGCG 52- 31 = 58353	CGCG 61- 30 = 25181	CGCG 65- 58 = 31275
CGCG 45-137 = 49411	CGCG 48- 11 = 52625	CGCG 52- 32 = 58374	CGCG 61- 34 = 25238	CGCG 65- 59 = 31302
CGCG 46- 1 = 49468	CGCG 48- 28 = 53046	CGCG 52- 37 = 58406	CGCG 61- 37 = 25328	CGCG 65- 63 = 31435

CGCG 65- 64	= 31442
CGCG 65- 66	= 31472
CGCG 65- 68	= 31528
CGCG 65- 80	= 31768
CGCG 65- 81	= 31771
CGCG 65- 83	= 31801
CGCG 65- 87	= 31883
CGCG 65- 89	= 31930
CGCG 65- 91	= 31971
CGCG 65- 92	= 31980
CGCG 66- 1	= 31971
CGCG 66- 2	= 31980
CGCG 66- 4	= 32007
CGCG 66- 6	= 32032
CGCG 66- 8	= 32119
CGCG 66- 11	= 32178
CGCG 66- 13	= 32192
CGCG 66- 14	= 32226
CGCG 66- 15	= 32251
CGCG 66- 16	= 32249
CGCG 66- 18	= 32256
CGCG 66- 21	= 32292
CGCG 66- 22	= 32306
CGCG 66- 25	= 32346
CGCG 66- 27	= 32347
CGCG 66- 29	= 32371
CGCG 66- 33	= 32471
CGCG 66- 38	= 32508
CGCG 66- 41	= 32535
CGCG 66- 42	= 32540
CGCG 66- 43	= 32559
CGCG 66- 44	= 32555
CGCG 66- 45	= 32552
CGCG 66- 48	= 32605
CGCG 66- 52	= 32638
CGCG 66- 53	= 32644
CGCG 66- 55	= 32670
CGCG 66- 58	= 32708
CGCG 66- 65	= 32872
CGCG 66- 67	= 32903
CGCG 66- 73	= 32987
CGCG 66- 75	= 33004
CGCG 66- 76	= 33030
CGCG 66- 78	= 33105
CGCG 66- 79	= 33114
CGCG 66- 80	= 33128
CGCG 66- 81	= 33152
CGCG 66- 82	= 33147
CGCG 66- 83	= 33161
CGCG 66- 84	= 33160
CGCG 66- 89	= 33180
CGCG 66- 90	= 33190
CGCG 66- 91	= 33191
CGCG 66- 92	= 33198
CGCG 66- 93	= 33207
CGCG 66- 94	= 33214
CGCG 66- 98	= 33244
CGCG 66-101	= 33278
CGCG 66-103	= 33303
CGCG 66-104	= 33312
CGCG 66-105	= 33379
CGCG 66-108	= 33436
CGCG 66-110	= 33567
CGCG 66-112	= 33604
CGCG 66-115	= 33642
CGCG 67- 14	= 33816
CGCG 67- 18	= 33863
CGCG 67- 19	= 33866
CGCG 67- 22	= 33905
CGCG 67- 23	= 33925
CGCG 67- 24	= 33934
CGCG 67- 25	= 33940
CGCG 67- 26	= 33951
CGCG 67- 32	= 34107
CGCG 67- 35	= 34178
CGCG 67- 36	= 34199
CGCG 67- 37	= 34205
CGCG 67- 38	= 34211
CGCG 67- 40	= 34257
CGCG 67- 45	= 34368
CGCG 67- 46	= 34373
CGCG 67- 47	= 34387
CGCG 67- 54	= 34612
CGCG 67- 57	= 34695
CGCG 67- 58	= 34697
CGCG 67- 60	= 34829
CGCG 67- 62	= 34858
CGCG 67- 64	= 34887
CGCG 67- 68	= 34934
CGCG 67- 70	= 34969
CGCG 67- 71	= 35043
CGCG 67- 73	= 35151
CGCG 67- 75	= 35196
CGCG 67- 78	= 35225
CGCG 67- 82	= 35301
CGCG 67- 83	= 35302
CGCG 67- 84	= 35314
CGCG 67- 85	= 35320
CGCG 67- 86	= 35332
CGCG 67- 88	= 35364
CGCG 67- 89	= 35365
CGCG 67- 93	= 35440
CGCG 68- 3	= 35731
CGCG 68- 9	= 35881
CGCG 68- 14	= 36043
CGCG 68- 18	= 36174
CGCG 68- 19	= 36176
CGCG 68- 21	= 36205
CGCG 68- 24	= 36243
CGCG 68- 25	= 36250
CGCG 68- 28	= 36299
CGCG 68- 30	= 36311
CGCG 68- 31	= 36308
CGCG 68- 33	= 36319
CGCG 68- 34	= 36316
CGCG 68- 35	= 36333
CGCG 68- 37	= 36348
CGCG 68- 39	= 36365
CGCG 68- 43	= 36441
CGCG 68- 45	= 36450
CGCG 68- 48	= 36475
CGCG 68- 50	= 36536
CGCG 68- 52	= 36547
CGCG 68- 54	= 36607
CGCG 68- 55	= 36644
CGCG 68- 56	= 36648
CGCG 68- 57	= 36659
CGCG 68- 59	= 36669
CGCG 68- 60	= 36678
CGCG 68- 61	= 36666
CGCG 68- 62	= 36704
CGCG 68- 63	= 36713
CGCG 68- 65	= 36759
CGCG 68- 68	= 36853
CGCG 68- 70	= 36861
CGCG 68- 72	= 36867
CGCG 68- 73	= 36871
CGCG 68- 83	= 37276
CGCG 68- 85	= 37298
CGCG 68- 87	= 37322
CGCG 68- 92	= 37429
CGCG 69- 4	= 37429
CGCG 69- 8	= 37554
CGCG 69- 9	= 37686
CGCG 69- 10	= 37779
CGCG 69- 18	= 37861
CGCG 69- 24	= 37912
CGCG 69- 27	= 37928
CGCG 69- 29	= 37931
CGCG 69- 36	= 38168
CGCG 69- 43	= 38238
CGCG 69- 48	= 38304
CGCG 69- 49	= 38326
CGCG 69- 55	= 38512
CGCG 69- 57	= 38517
CGCG 69- 58	= 38527
CGCG 69- 61	= 38546
CGCG 69- 64	= 38627
CGCG 69- 65	= 38624
CGCG 69- 67	= 38684
CGCG 69- 68	= 38709
CGCG 69- 69	= 38726
CGCG 69- 70	= 38747
CGCG 69- 71	= 38755
CGCG 69- 73	= 38792
CGCG 69- 74	= 38803
CGCG 69- 75	= 38848
CGCG 69- 77	= 38888
CGCG 69- 78	= 38885
CGCG 69- 81	= 38890
CGCG 69- 83	= 38916
CGCG 69- 84	= 38919
CGCG 69- 86	= 38922
CGCG 69- 88	= 38943
CGCG 69- 89	= 38945
CGCG 69- 90	= 38977
CGCG 69- 91	= 39040
CGCG 69- 92	= 39025
CGCG 69- 95	= 39113
CGCG 69- 96	= 39124
CGCG 69-100	= 39142
CGCG 69-101	= 39152
CGCG 69-102	= 39160
CGCG 69-103	= 39156
CGCG 69-104	= 39183
CGCG 69-105	= 39176
CGCG 69-106	= 39181
CGCG 69-107	= 39206
CGCG 69-108	= 39230
CGCG 69-109	= 39215
CGCG 69-110	= 39224
CGCG 69-111	= 39233
CGCG 69-112	= 39246
CGCG 69-119	= 39308
CGCG 69-123	= 39362
CGCG 69-125	= 39381
CGCG 69-126	= 39390
CGCG 69-127	= 39397
CGCG 69-129	= 39400
CGCG 69-130	= 39431
CGCG 69-133	= 39458
CGCG 69-135	= 39503
CGCG 69-137	= 39513
(CGCG 69-139)	= 39562
(CGCG 70- 2)	= 39562
CGCG 70- 4	= 39587
CGCG 70- 5	= 39613
(CGCG 70- 6)	= 39619
CGCG 70- 9	= 39664
CGCG 70- 13	= 39710
CGCG 70- 14	= 39753
CGCG 70- 19	= 39831
CGCG 70- 22	= 39872
CGCG 70- 24	= 39925
CGCG 70- 25	= 39968
CGCG 70- 27	= 40014
CGCG 70- 28	= 40034
CGCG 70- 29	= 40033
CGCG 70- 30	= 40038
CGCG 70- 31	= 40030
CGCG 70- 32	= 40032
CGCG 70- 33	= 40122
CGCG 70- 34	= 40105
CGCG 70- 35	= 40119
CGCG 70- 36	= 40160
CGCG 70- 37	= 40183
CGCG 70- 38	= 40187
CGCG 70- 39	= 40201
CGCG 70- 42	= 40264
CGCG 70- 44	= 40313
CGCG 70- 45	= 40306
CGCG 70- 48	= 40342
CGCG 70- 50	= 40344
CGCG 70- 52	= 40363
CGCG 70- 54	= 40372
CGCG 70- 57	= 40442
CGCG 70- 58	= 40455
CGCG 70- 59	= 40488
CGCG 70- 60	= 40485
CGCG 70- 61	= 40507
CGCG 70- 63	= 40530
CGCG 70- 65	= 40562
CGCG 70- 67	= 40597
CGCG 70- 68	= 40581
CGCG 70- 69	= 40616
CGCG 70- 70	= 40638
CGCG 70- 71	= 40644
CGCG 70- 72	= 40653
(CGCG 70- 73)	= 40694
(CGCG 70- 73)	= 40697
CGCG 70- 74	= 40695
CGCG 70- 75	= 40713
CGCG 70- 76	= 40705
CGCG 70- 77	= 40706
CGCG 70- 78	= 40727
CGCG 70- 80	= 40756
CGCG 70- 81	= 40744
CGCG 70- 82	= 40745
CGCG 70- 84	= 40761
CGCG 70- 85	= 40754
CGCG 70- 86	= 40764
CGCG 70- 88	= 40786
CGCG 70- 90	= 40809
CGCG 70- 91	= 40816
CGCG 70- 92	= 40839
CGCG 70- 93	= 40850
CGCG 70- 94	= 40852
CGCG 70- 95	= 40876
CGCG 70- 96	= 40903
CGCG 70- 97	= 40914
CGCG 70- 98	= 40898
CGCG 70- 99	= 40927
CGCG 70-100	= 40950
CGCG 70-102	= 40964
CGCG 70-103	= 40962
CGCG 70-104	= 40987
CGCG 70-106	= 40985
CGCG 70-107	= 40979
CGCG 70-108	= 40993
CGCG 70-109	= 41018
CGCG 70-110	= 41036
CGCG 70-111	= 41050
CGCG 70-112	= 41060
CGCG 70-113	= 41054
CGCG 70-114	= 41095
CGCG 70-115	= 41111
CGCG 70-116	= 41104
CGCG 70-119	= 41152
CGCG 70-120	= 41155
CGCG 70-121	= 41164
CGCG 70-122	= 41171
CGCG 70-124	= 41178
CGCG 70-125	= 41228
CGCG 70-126	= 41244
CGCG 70-127	= 41241
CGCG 70-128	= 41255
CGCG 70-129	= 41260
CGCG 70-130	= 41272
CGCG 70-133	= 41297
CGCG 70-134	= 41302
CGCG 70-135	= 41320
CGCG 70-136	= 41339
CGCG 70-137	= 41363
CGCG 70-138	= 41350
CGCG 70-139	= 41361
CGCG 70-140	= 41376
CGCG 70-142	= 41440
CGCG 70-143	= 41421
CGCG 70-144	= 41435
CGCG 70-145	= 41457
CGCG 70-146	= 41494
CGCG 70-147	= 41505
CGCG 70-148	= 41529
CGCG 70-149	= 41538
CGCG 70-150	= 41536
CGCG 70-151	= 41552
CGCG 70-152	= 41546
CGCG 70-153	= 41573
CGCG 70-154	= 41572
CGCG 70-155	= 41587
CGCG 70-156	= 41606
CGCG 70-157	= 41608
CGCG 70-158	= 41614
CGCG 70-159	= 41634
CGCG 70-160	= 41670
CGCG 70-162	= 41681
CGCG 70-163	= 41683
CGCG 70-164	= 41698
CGCG 70-167	= 41719
CGCG 70-168	= 41729
CGCG 70-169	= 41738
CGCG 70-171	= 41751
CGCG 70-172	= 41781
CGCG 70-173	= 41803
CGCG 70-175	= 41806
CGCG 70-176	= 41829
CGCG 70-177	= 41828
CGCG 70-178	= 41830
CGCG 70-180	= 41936
CGCG 70-181	= 41970
CGCG 70-182	= 41943
CGCG 70-183	= 41963
CGCG 70-184	= 41968
CGCG 70-185	= 42021
CGCG 70-186	= 42051
CGCG 70-188	= 42069
CGCG 70-189	= 42064
CGCG 70-190	= 42079
CGCG 70-191	= 42081
CGCG 70-192	= 42089
CGCG 70-194	= 42100
CGCG 70-195	= 42149
CGCG 70-196	= 42160
CGCG 70-197	= 42168
CGCG 70-199	= 42223
CGCG 70-201	= 42264
CGCG 70-202	= 42307
CGCG 70-204	= 42389
CGCG 70-206	= 42401
CGCG 70-207	= 42427
CGCG 70-209	= 42430
CGCG 70-211	= 42503
CGCG 70-212	= 42521
CGCG 70-213	= 42516
CGCG 70-214	= 42545
CGCG 70-215	= 42550
CGCG 70-216	= 42544
CGCG 70-218	= 42564
CGCG 70-220	= 42598
CGCG 70-222	= 42608
CGCG 70-223	= 42628
CGCG 70-224	= 42619
CGCG 70-225	= 42638
CGCG 70-226	= 42643
CGCG 70-229	= 42728
CGCG 70-230	= 42741
CGCG 71- 3	= 42710
CGCG 71- 4	= 42732
CGCG 71- 6	= 42728
CGCG 71- 7	= 42744
CGCG 71- 8	= 42741
CGCG 71- 9	= 42753
CGCG 71- 10	= 42766
CGCG 71- 11	= 42769
CGCG 71- 12	= 42790
CGCG 71- 14	= 42810
CGCG 71- 15	= 42816
CGCG 71- 16	= 42831
CGCG 71- 17	= 42836
CGCG 71- 19	= 42857
CGCG 71- 20	= 42869
CGCG 71- 23	= 42917
CGCG 71- 24	= 42913
CGCG 71- 26	= 42944
CGCG 71- 28	= 42969
CGCG 71- 31	= 42991
CGCG 71- 32	= 43001
CGCG 71- 33	= 43051
CGCG 71- 34	= 43074
CGCG 71- 36	= 43100
CGCG 71- 38	= 43111
CGCG 71- 40	= 43146
CGCG 71- 43	= 43186
CGCG 71- 44	= 43241
CGCG 71- 45	= 43254
(CGCG 71- 47)	= 43275
CGCG 71- 51	= 43386
CGCG 71- 54	= 43516
CGCG 71- 60	= 43601
CGCG 71- 62	= 43656
CGCG 71- 64	= 43728
CGCG 71- 65	= 43733
CGCG 71- 68	= 43837
CGCG 71- 71	= 43944
CGCG 71- 75	= 44125
CGCG 71- 86	= 44495
CGCG 71- 87	= 44491
CGCG 71- 88	= 44507
CGCG 71- 90	= 44517
CGCG 71- 92	= 44600
CGCG 71- 94	= 44719
CGCG 71- 95	= 44753
CGCG 71-101	= 45053
CGCG 71-102	= 45137
CGCG 71-104	= 45168
CGCG 71-108	= 45362
CGCG 71-109	= 45370
CGCG 72- 1	= 45362
CGCG 72- 2	= 45370
CGCG 72- 6	= 45593
CGCG 72- 12	= 45750
CGCG 72- 24	= 45883
CGCG 72- 25	= 45920
CGCG 72- 26	= 45931
CGCG 72- 34	= 46077
CGCG 72- 42	= 46241
CGCG 72- 49	= 46563
CGCG 72- 55	= 46644
CGCG 72- 57	= 46754
CGCG 72- 61	= 46816
CGCG 72- 62	= 46827
CGCG 72- 65	= 46836
CGCG 72- 68	= 46868
CGCG 72- 76	= 47101
CGCG 72- 81	= 47305
CGCG 72- 84	= 47318
CGCG 72- 87	= 47346
CGCG 72- 89	= 47339
CGCG 72- 93	= 47358
CGCG 72-102	= 47415

CGCG 72-104 = 47422	CGCG 75- 5 = 51113	CGCG 77-110 = 54958	CGCG 85- 12 = 19763	CGCG 90- 35 = 25021
CGCG 73- 13 = 47579	CGCG 75- 6 = 51130	CGCG 77-127 = 55078	CGCG 85- 14 = 19813	CGCG 90- 36 = 25035
CGCG 73- 14 = 47572	CGCG 75- 7 = 51128	CGCG 77-137 = 55255	CGCG 85- 15 = 19863	CGCG 90- 42 = 25164
CGCG 73- 18 = 47612	CGCG 75- 8 = 51207	CGCG 78- 1 = 55255	CGCG 85- 18 = 19913	CGCG 90- 48 = 25269
CGCG 73- 19 = 47638	CGCG 75- 11 = 51227	CGCG 78- 10 = 55446	CGCG 85- 21 = 20021	CGCG 90- 51 = 25301
CGCG 73- 22 = 47686	CGCG 75- 14 = 51237	CGCG 78- 13 = 55475	CGCG 85- 22 = 20043	CGCG 90- 52 = 25309
CGCG 73- 24 = 47707	CGCG 75- 18 = 51313	CGCG 78- 14 = 55492	CGCG 85- 27 = 20099	CGCG 90- 56 = 25383
CGCG 73- 37 = 47855	CGCG 75- 19 = 51327	CGCG 78- 16 = 55495	CGCG 85- 39 = 20214	CGCG 90- 57 = 25384
CGCG 73- 40 = 47869	CGCG 75- 20 = 51332	CGCG 78- 17 = 55501	CGCG 85- 40 = 20222	CGCG 90- 63 = 25476
CGCG 73- 42 = 47900	CGCG 75- 23 = 51360	CGCG 78- 18 = 55520	CGCG 86- 4 = 20214	CGCG 90- 65 = 25480
CGCG 73- 43 = 47932	CGCG 75- 27 = 51449	CGCG 78- 20 = 55532	CGCG 86- 5 = 20222	CGCG 90- 68 = 25497
CGCG 73- 44 = 47947	CGCG 75- 29 = 51498	CGCG 78- 33 = 55660	CGCG 86- 6 = 20259	CGCG 90- 69 = 25508
CGCG 73- 49 = 48003	CGCG 75- 33 = 51587	CGCG 78- 34 = 55665	CGCG 86- 7 = 20265	CGCG 90- 72 = 25523
CGCG 73- 53 = 48114	CGCG 75- 36 = 51619	CGCG 78- 36 = 55683	CGCG 86- 8 = 20417	CGCG 90- 73 = 25535
CGCG 73- 54 = 48130	CGCG 75- 39 = 51650	CGCG 78- 38 = 55706	CGCG 86- 9 = 20479	CGCG 90- 74 = 25561
CGCG 73- 56 = 48212	CGCG 75- 40 = 51649	CGCG 78- 40 = 55730	CGCG 86- 11 = 20518	CGCG 91- 8 = 25783
CGCG 73- 63 = 48453	CGCG 75- 42 = 51664	CGCG 78- 45 = 55744	CGCG 86- 14 = 20699	CGCG 91- 17 = 25895
CGCG 73- 72 = 48850	CGCG 75- 45 = 51685	CGCG 78- 52 = 55853	CGCG 86- 19 = 20835	CGCG 91- 19 = 25902
CGCG 73- 73 = 48849	CGCG 75- 46 = 51705	CGCG 78- 53 = 55865	CGCG 86- 21 = 20860	CGCG 91- 23 = 25923
CGCG 73- 74 = 48864	CGCG 75- 50 = 51732	CGCG 78- 57 = 55919	CGCG 86- 25 = 20973	CGCG 91- 24 = 25993
CGCG 73- 85 = 49204	CGCG 75- 51 = 51735	CGCG 78- 58 = 55921	CGCG 86- 26 = 20980	CGCG 91- 25 = 25996
CGCG 73- 86 = 49197	CGCG 75- 54 = 51784	CGCG 78- 63 = 55975	CGCG 86- 27 = 20989	CGCG 91- 28 = 26037
CGCG 73- 87 = 49227	CGCG 75- 57 = 51834	CGCG 78- 65 = 55996	CGCG 86- 28 = 21044	CGCG 91- 34 = 26092
CGCG 73- 89 = 49244	CGCG 75- 58 = 51843	CGCG 78- 75 = 56072	CGCG 86- 29 = 21045	CGCG 91- 37 = 26140
CGCG 73- 92 = 49281	CGCG 75- 59 = 51840	CGCG 78- 77 = 56088	CGCG 86- 31 = 21056	CGCG 91- 38 = 26139
CGCG 73- 95 = 49401	CGCG 75- 60 = 51857	CGCG 78- 81 = 56141	CGCG 86- 34 = 21100	CGCG 91- 39 = 26143
CGCG 74- 7 = 49540	CGCG 75- 64 = 51973	CGCG 78- 91 = 56253	CGCG 86- 42 = 21220	(CGCG 91- 44) = 26177
CGCG 74- 10 = 49579	CGCG 75- 65 = 51984	CGCG 78- 94 = 56300	CGCG 87- 3 = 21220	(CGCG 91- 44) = 26181
CGCG 74- 12 = 49607	CGCG 75- 66 = 51995	CGCG 78- 95 = 56309	CGCG 87- 8 = 21261	CGCG 91- 45 = 26182
CGCG 74- 14 = 49627	CGCG 75- 72 = 52069	CGCG 78- 99 = 56336	CGCG 87- 14 = 21341	CGCG 91- 46 = 26183
CGCG 74- 15 = 49626	CGCG 75- 82 = 52159	CGCG 79- 2 = 56336	CGCG 87- 17 = 21382	CGCG 91- 47 = 26196
CGCG 74- 18 = 49672	CGCG 75- 84 = 52167	CGCG 79- 11 = 56433	CGCG 87- 20 = 21414	CGCG 91- 50 = 26209
CGCG 74- 23 = 49752	CGCG 75- 92 = 52248	CGCG 79- 15 = 56511	CGCG 87- 24 = 21495	CGCG 91- 54 = 26220
CGCG 74- 31 = 49838	CGCG 75- 93 = 52254	CGCG 79- 21 = 56697	CGCG 87- 30 = 21600	CGCG 91- 55 = 26226
CGCG 74- 33 = 49839	CGCG 75-103 = 52380	CGCG 79- 30 = 56908	CGCG 87- 34 = 21628	CGCG 91- 61 = 26252
CGCG 74- 34 = 49846	CGCG 75-113 = 52499	CGCG 79- 33 = 56925	CGCG 87- 42 = 21919	CGCG 91- 62 = 26274
CGCG 74- 35 = 49856	CGCG 75-114 = 52504	CGCG 79- 41 = 56994	CGCG 88- 10 = 22391	CGCG 91- 63 = 26287
CGCG 74- 39 = 49915	CGCG 75-118 = 52515	CGCG 79- 43 = 57018	CGCG 88- 11 = 22389	CGCG 91- 65 = 26292
CGCG 74- 41 = 49925	CGCG 75-119 = 52519	CGCG 79- 50 = 57216	CGCG 88- 14 = 22404	CGCG 91- 69 = 26335
CGCG 74- 44 = 49952	CGCG 76- 2 = 52519	CGCG 79- 53 = 57235	CGCG 88- 15 = 22408	CGCG 91- 75 = 26431
CGCG 74- 45 = 49960	CGCG 76- 8 = 52602	CGCG 79- 55 = 57246	CGCG 88- 16 = 22460	CGCG 91- 78 = 26474
CGCG 74- 47 = 49967	(CGCG 76- 19) = 52729	CGCG 79- 59 = 57273	CGCG 88- 18 = 22469	CGCG 91- 81 = 26482
CGCG 74- 50 = 49976	(CGCG 76- 19) = 52728	CGCG 79- 63 = 57302	CGCG 88- 19 = 22501	CGCG 91- 88 = 26668
CGCG 74- 52 = 49991	CGCG 76- 26 = 52742	CGCG 79- 68 = 57365	CGCG 88- 20 = 22510	CGCG 91- 89 = 26673
CGCG 74- 55 = 50006	CGCG 76- 30 = 52766	CGCG 79- 69 = 57363	CGCG 88- 21 = 22531	CGCG 91- 93 = 26711
CGCG 74- 57 = 50021	CGCG 76- 36 = 52781	CGCG 79- 70 = 57373	CGCG 88- 22 = 22581	CGCG 91- 94 = 26750
CGCG 74- 59 = 50028	CGCG 76- 38 = 52788	CGCG 79- 74 = 57417	CGCG 88- 23 = 22585	CGCG 91- 97 = 26869
(CGCG 74- 60) = 50030	CGCG 76- 39 = 52787	CGCG 79- 78 = 57506	CGCG 88- 31 = 22749	CGCG 91- 98 = 26966
CGCG 74- 63 = 50035	CGCG 76- 51 = 52832	CGCG 79- 83 = 57562	CGCG 88- 36 = 22803	CGCG 91-100 = 26990
CGCG 74- 65 = 50046	CGCG 76- 56 = 52872	CGCG 79- 87 = 57623	CGCG 88- 38 = 22827	CGCG 92- 10 = 27379
CGCG 74- 68 = 50077	CGCG 76- 57 = 52873	CGCG 80- 14 = 57941	CGCG 88- 40 = 22835	CGCG 92- 19 = 27482
CGCG 74- 70 = 50087	CGCG 76- 60 = 52883	CGCG 80- 20 = 58002	CGCG 88- 44 = 22860	CGCG 92- 20 = 27521
CGCG 74- 71 = 50104	CGCG 76- 63 = 52887	CGCG 80- 25 = 58059	CGCG 88- 45 = 22873	CGCG 92- 26 = 27600
CGCG 74- 72 = 50102	CGCG 76- 70 = 52979	CGCG 80- 31 = 58141	CGCG 88- 46 = 22880	CGCG 92- 39 = 27926
CGCG 74- 73 = 50101	CGCG 76- 76 = 53054	CGCG 80- 34 = 58170	CGCG 88- 49 = 22900	CGCG 92- 50 = 28081
CGCG 74- 79 = 50157	CGCG 76- 92 = 53290	CGCG 80- 48 = 58591	CGCG 88- 53 = 23089	CGCG 92- 52 = 28159
CGCG 74- 83 = 50194	CGCG 76- 99 = 53379	CGCG 81- 7 = 59081	CGCG 88- 59 = 23334	CGCG 92- 54 = 28248
CGCG 74- 84 = 50190	CGCG 76-100 = 53382	CGCG 81- 19 = 59557	CGCG 88- 60 = 23358	CGCG 92- 55 = 28310
CGCG 74- 85 = 50207	CGCG 76-102 = 53411	CGCG 81- 21 = 59612	CGCG 89- 1 = 23334	CGCG 92- 57 = 28368
CGCG 74- 87 = 50210	CGCG 76-103 = 53418	CGCG 82- 1 = 59612	CGCG 89- 2 = 23358	CGCG 92- 68 = 28485
CGCG 74- 89 = 50213	CGCG 76-104 = 53424	CGCG 82- 4 = 59640	CGCG 89- 5 = 23421	CGCG 92- 72 = 28602
CGCG 74- 90 = 50215	CGCG 76-110 = 53459	CGCG 82- 10 = 59687	CGCG 89- 6 = 23415	CGCG 92- 73 = 28611
CGCG 74- 91 = 50221	CGCG 76-121 = 53564	CGCG 82- 16 = 60035	CGCG 89- 7 = 23441	CGCG 92- 74 = 28631
CGCG 74- 92 = 50218	CGCG 76-122 = 53566	CGCG 82- 18 = 60079	CGCG 89- 8 = 23483	CGCG 93- 1 = 28631
CGCG 74- 96 = 50263	CGCG 76-129 = 53631	CGCG 82- 19 = 60084	CGCG 89- 15 = 23559	CGCG 93- 3 = 28680
CGCG 74-100 = 50287	CGCG 76-130 = 53651	CGCG 82- 27 = 60252	CGCG 89- 19 = 23599	CGCG 93- 4 = 28707
CGCG 74-101 = 50289	CGCG 76-133 = 53662	CGCG 82- 28 = 60261	CGCG 89- 22 = 23630	CGCG 93- 5 = 28716
CGCG 74-102 = 50299	CGCG 76-139 = 53733	CGCG 82- 29 = 60286	CGCG 89- 23 = 23650	CGCG 93- 6 = 28736
CGCG 74-105 = 50318	CGCG 76-146 = 53869	CGCG 82- 31 = 60296	CGCG 89- 27 = 23678	CGCG 93- 10 = 28800
CGCG 74-106 = 50341	CGCG 76-147 = 53891	CGCG 82- 32 = 60315	CGCG 89- 29 = 23692	CGCG 93- 11 = 28828
CGCG 74-108 = 50351	CGCG 76-153 = 53935	CGCG 82- 34 = 60349	CGCG 89- 30 = 23714	CGCG 93- 12 = 28833
CGCG 74-109 = 50346	CGCG 76-154 = 53942	CGCG 83- 8 = 60591	CGCG 89- 31 = 23774	CGCG 93- 22 = 28989
CGCG 74-110 = 50354	CGCG 77- 3 = 53935	CGCG 83- 21 = 60864	CGCG 89- 34 = 23852	CGCG 93- 23 = 29009
CGCG 74-111 = 50357	CGCG 77- 4 = 53942	CGCG 83- 23 = 60879	CGCG 89- 40 = 23935	CGCG 93- 29 = 29085
CGCG 74-114 = 50398	CGCG 77- 5 = 53959	CGCG 83- 27 = 60957	CGCG 89- 57 = 24285	CGCG 93- 36 = 29212
CGCG 74-115 = 50459	CGCG 77- 8 = 53965	CGCG 83- 29 = 60975	CGCG 89- 58 = 24286	CGCG 93- 39 = 29277
CGCG 74-119 = 50464	CGCG 77- 10 = 53974	CGCG 84- 3 = 61161	CGCG 89- 64 = 24400	(CGCG 93- 43) = 29372
CGCG 74-123 = 50544	CGCG 77- 14 = 53991	CGCG 84- 4 = 61165	CGCG 89- 66 = 24431	CGCG 93- 46 = 29387
CGCG 74-134 = 50709	CGCG 77- 31 = 54195	CGCG 84- 8 = 61196	CGCG 89- 69 = 24485	CGCG 93- 47 = 29408
CGCG 74-138 = 50745	CGCG 77- 32 = 54194	CGCG 84- 10 = 61210	CGCG 90- 5 = 24656	CGCG 93- 56 = 29478
CGCG 74-139 = 50752	CGCG 77- 39 = 54215	CGCG 84- 16 = 61438	CGCG 90- 7 = 24680	CGCG 93- 58 = 29480
CGCG 74-144 = 50780	CGCG 77- 54 = 54488	CGCG 84- 18 = 61441	CGCG 90- 11 = 24721	CGCG 93- 60 = 29499
CGCG 74-146 = 50815	CGCG 77- 62 = 54612	CGCG 84- 22 = 61512	CGCG 90- 12 = 24726	CGCG 93- 61 = 29536
CGCG 74-150 = 50897	CGCG 77- 65 = 54623	CGCG 84- 23 = 61534	CGCG 90- 15 = 24748	CGCG 93- 63 = 29589
CGCG 74-154 = 50994	CGCG 77- 71 = 54674	CGCG 84- 24 = 61536	(CGCG 90- 19) = 24790	CGCG 93- 68 = 29631
CGCG 74-156 = 51006	CGCG 77- 73 = 54691	CGCG 84- 27 = 61611	(CGCG 90- 19) = 24792	CGCG 93- 69 = 29698
CGCG 74-161 = 51095	CGCG 77- 84 = 54832	CGCG 84- 34 = 61713	CGCG 90- 25 = 24877	CGCG 93- 72 = 29802
CGCG 74-162 = 51108	CGCG 77- 85 = 54848	CGCG 85- 4 = 19671	CGCG 90- 26 = 24902	CGCG 93- 73 = 29813
CGCG 75- 2 = 51095	CGCG 77- 97 = 54913	CGCG 85- 6 = 19692	CGCG 90- 31 = 24980	CGCG 93- 74 = 29832
CGCG 75- 3 = 51108	CGCG 77-109 = 54950	CGCG 85- 11 = 19760	CGCG 90- 32 = 24982	CGCG 93- 81 = 29957

CGCG 93- 84 = 30014	CGCG 96- 39 = 35061	CGCG 97-152 = 36779	CGCG 99- 37 = 40249	CGCG 102- 22 = 48044
CGCG 93- 87 = 30052	CGCG 96- 41 = 35142	CGCG 97-155 = 36816	CGCG 99- 38 = 40295	CGCG 102- 23 = 48074
CGCG 94- 8 = 30283	CGCG 96- 42 = 35137	CGCG 97-158 = 36929	CGCG 99- 40 = 40458	CGCG 102- 24 = 48073
CGCG 94- 14 = 30347	CGCG 96- 45 = 35193	CGCG 97-159 = 36976	CGCG 99- 41 = 40477	CGCG 102- 28 = 48134
CGCG 94- 18 = 30377	CGCG 96- 47 = 35224	CGCG 97-161 = 37032	CGCG 99- 42 = 40484	CGCG 102- 29 = 48183
CGCG 94- 25 = 30420	CGCG 96- 48 = 35247	CGCG 97-166 = 37105	CGCG 99- 43 = 40517	CGCG 102- 30 = 48251
CGCG 94- 26 = 30440	CGCG 96- 49 = 35268	CGCG 97-169 = 37143	CGCG 99- 44 = 40516	CGCG 102- 35 = 48504
CGCG 94- 27 = 30444	CGCG 96- 50 = 35292	CGCG 97-170 = 37156	CGCG 99- 45 = 40515	CGCG 102- 56 = 48846
CGCG 94- 28 = 30445	CGCG 96- 53 = 35335	CGCG 97-171 = 37170	CGCG 99- 47 = 40614	CGCG 102- 57 = 48854
CGCG 94- 30 = 30496	CGCG 96- 54 = 35362	CGCG 97-180 = 37345	CGCG 99- 49 = 40622	CGCG 102- 60 = 48918
CGCG 94- 34 = 30526	CGCG 96- 55 = 35379	CGCG 97-182 = 37409	CGCG 99- 50 = 40643	CGCG 102- 62 = 48960
CGCG 94- 35 = 30531	CGCG 97- 5 = 35622	CGCG 97-185 = 37463	CGCG 99- 54 = 40772	CGCG 102- 65 = 49114
CGCG 94- 38 = 30560	CGCG 97- 10 = 35701	CGCG 98- 2 = 37345	CGCG 99- 55 = 40785	CGCG 102- 70 = 49243
CGCG 94- 42 = 30585	CGCG 97- 15 = 35792	CGCG 98- 4 = 37409	CGCG 99- 56 = 40800	CGCG 102- 80 = 49434
CGCG 94- 45 = 30595	CGCG 97- 16 = 35803	CGCG 98- 7 = 37463	CGCG 99- 57 = 40811	CGCG 103- 3 = 49434
CGCG 94- 48 = 30630	CGCG 97- 25 = 35930	CGCG 98- 8 = 37501	CGCG 99- 61 = 40945	CGCG 103- 7 = 49497
CGCG 94- 51 = 30659	CGCG 97- 26 = 35942	CGCG 98- 9 = 37507	CGCG 99- 62 = 41024	CGCG 103- 14 = 49538
CGCG 94- 52 = 30670	CGCG 97- 27 = 35943	CGCG 98- 11 = 37628	CGCG 99- 63 = 41013	CGCG 103- 17 = 49589
CGCG 94- 53 = 30669	CGCG 97- 28 = 35952	CGCG 98- 12 = 37695	CGCG 99- 65 = 41061	CGCG 103- 22 = 49635
CGCG 94- 65 = 30763	CGCG 97- 29 = 35966	CGCG 98- 16 = 37761	CGCG 99- 68 = 41160	CGCG 103- 27 = 49693
CGCG 94- 68 = 30791	CGCG 97- 30 = 35968	CGCG 98- 19 = 37860	CGCG 99- 73 = 41365	CGCG 103- 34 = 49762
CGCG 94- 72 = 30855	CGCG 97- 31 = 35969	CGCG 98- 28 = 37993	CGCG 99- 74 = 41466	CGCG 103- 35 = 49769
CGCG 94- 74 = 30903	CGCG 97- 32 = 35991	CGCG 98- 29 = 38012	CGCG 99- 75 = 41472	CGCG 103- 48 = 50014
CGCG 94- 75 = 30932	CGCG 97- 33 = 35973	CGCG 98- 30 = 38040	CGCG 99- 76 = 41517	CGCG 103- 49 = 50010
CGCG 94- 76 = 30935	CGCG 97- 40 = 36122	CGCG 98- 31 = 38050	CGCG 99- 77 = 41504	CGCG 103- 51 = 50017
CGCG 94- 78 = 31042	CGCG 97- 43 = 36167	CGCG 98- 33 = 38082	CGCG 99- 78 = 41531	CGCG 103- 56 = 50117
CGCG 94- 86 = 31151	CGCG 97- 44 = 36166	CGCG 98- 34 = 38086	CGCG 99- 79 = 41532	CGCG 103- 57 = 50115
CGCG 94- 87 = 31159	CGCG 97- 47 = 36193	CGCG 98- 35 = 38093	CGCG 99- 80 = 41567	CGCG 103- 59 = 50142
CGCG 94- 96 = 31508	CGCG 97- 48 = 36195	CGCG 98- 38 = 38128	CGCG 99- 81 = 41558	CGCG 103- 61 = 50169
CGCG 94-102 = 31858	CGCG 97- 49 = 36197	CGCG 98- 40 = 38146	CGCG 99- 85 = 41639	CGCG 103- 63 = 50190
CGCG 94-109 = 31908	CGCG 97- 50 = 36194	CGCG 98- 41 = 38163	CGCG 99- 86 = 41652	CGCG 103- 64 = 50192
CGCG 94-111 = 31913	CGCG 97- 51 = 36200	CGCG 98- 42 = 38156	CGCG 99- 87 = 41661	CGCG 103- 67 = 50222
CGCG 94-116 = 31982	CGCG 97- 52 = 36203	CGCG 98- 44 = 38167	CGCG 99- 89 = 41746	CGCG 103- 69 = 50305
CGCG 94-117 = 31988	CGCG 97- 54 = 36231	CGCG 98- 46 = 38209	CGCG 99- 90 = 41763	CGCG 103- 73 = 50374
CGCG 95- 3 = 31982	CGCG 97- 55 = 36262	CGCG 98- 50 = 38285	CGCG 99- 92 = 41839	CGCG 103- 74 = 50372
CGCG 95- 4 = 31988	CGCG 97- 56 = 36294	CGCG 98- 51 = 38287	CGCG 99- 93 = 41876	CGCG 103- 76 = 50391
CGCG 95- 10 = 32072	CGCG 97- 57 = 36284	CGCG 98- 56 = 38410	CGCG 99- 95 = 41882	CGCG 103- 82 = 50476
CGCG 95- 19 = 32207	CGCG 97- 59 = 36295	CGCG 98- 58 = 38441	CGCG 99- 96 = 41934	CGCG 103- 84 = 50495
CGCG 95- 22 = 32278	CGCG 97- 60 = 36292	CGCG 98- 59 = 38454	CGCG 99- 98 = 42020	CGCG 103- 90 = 50530
CGCG 95- 31 = 32395	CGCG 97- 62 = 36330	CGCG 98- 62 = 38476	CGCG 99-104 = 42306	CGCG 103- 91 = 50553
CGCG 95- 36 = 32474	CGCG 97- 63 = 36323	CGCG 98- 65 = 38565	CGCG 99-106 = 42396	CGCG 103- 95 = 50558
CGCG 95- 38 = 32486	CGCG 97- 64 = 36328	CGCG 98- 69 = 38622	CGCG 99-111 = 42699	CGCG 103- 96 = 50560
CGCG 95- 46 = 32577	CGCG 97- 65 = 36342	CGCG 98- 70 = 38634	CGCG 99-112 = 42707	CGCG 103- 98 = 50577
CGCG 95- 53 = 32645	CGCG 97- 67 = 36355	CGCG 98- 71 = 38651	CGCG 99-113 = 42704	CGCG 103- 99 = 50580
CGCG 95- 56 = 32671	CGCG 97- 68 = 36349	CGCG 98- 77 = 38749	CGCG 100- 1 = 42699	CGCG 103-100 = 50584
CGCG 95- 58 = 32694	CGCG 97- 70 = 36361	CGCG 98- 78 = 38750	CGCG 100- 2 = 42707	CGCG 103-103 = 50596
CGCG 95- 60 = 32763	CGCG 97- 72 = 36371	CGCG 98- 79 = 38748	CGCG 100- 3 = 42704	CGCG 103-106 = 50613
CGCG 95- 62 = 32767	CGCG 97- 73 = 36382	CGCG 98- 82 = 38761	CGCG 100- 4 = 42833	CGCG 103-107 = 50621
CGCG 95- 65 = 32787	CGCG 97- 74 = 36377	CGCG 98- 83 = 38800	CGCG 100- 5 = 42956	CGCG 103-111 = 50657
CGCG 95- 68 = 32826	CGCG 97- 76 = 36388	CGCG 98- 84 = 38802	CGCG 100- 7 = 43143	CGCG 103-114 = 50718
CGCG 95- 72 = 32871	CGCG 97- 77 = 36401	CGCG 98- 85 = 38809	CGCG 100- 8 = 43303	CGCG 103-115 = 50713
CGCG 95- 79 = 32978	CGCG 97- 78 = 36402	CGCG 98- 86 = 38823	CGCG 100- 11 = 43375	CGCG 103-116 = 50719
CGCG 95- 81 = 32989	CGCG 97- 79 = 36406	CGCG 98- 89 = 38837	CGCG 100- 12 = 43554	CGCG 103-118 = 50726
CGCG 95- 82 = 32992	CGCG 97- 81 = 36431	CGCG 98- 92 = 38858	CGCG 100- 14 = 43607	CGCG 103-123 = 50848
CGCG 95- 85 = 33140	CGCG 97- 82 = 36436	CGCG 98- 95 = 38862	CGCG 100- 15 = 43707	CGCG 103-125 = 50889
CGCG 95- 87 = 33163	CGCG 97- 84 = 36443	CGCG 98- 96 = 38882	CGCG 100- 17 = 43961	CGCG 103-127 = 50915
CGCG 95- 93 = 33276	CGCG 97- 87 = 36466	CGCG 98- 98 = 38914	CGCG 100- 18 = 44432	CGCG 103-132 = 50946
CGCG 95- 96 = 33333	CGCG 97- 88 = 36465	CGCG 98-104 = 38974	CGCG 100- 22 = 45022	CGCG 103-136 = 51113
CGCG 95- 97 = 33343	CGCG 97- 89 = 36476	CGCG 98-105 = 39009	CGCG 100- 23 = 45093	CGCG 104- 1 = 51113
CGCG 95-100 = 33390	CGCG 97- 91 = 36477	CGCG 98-106 = 39018	CGCG 100- 24 = 45092	CGCG 104- 2 = 51190
CGCG 95-105 = 33460	CGCG 97- 92 = 36478	CGCG 98-107 = 39014	CGCG 100- 28 = 45212	CGCG 104- 3 = 51189
CGCG 95-109 = 33562	CGCG 97- 93 = 36486	CGCG 98-108 = 39028	CGCG 101- 4 = 45494	CGCG 104- 4 = 51201
CGCG 95-110 = 33584	CGCG 97- 95 = 36487	CGCG 98-111 = 39057	CGCG 101- 6 = 45710	CGCG 104- 7 = 51266
CGCG 95-113 = 33615	CGCG 97- 96 = 36469	CGCG 98-114 = 39173	CGCG 101- 9 = 45959	CGCG 104- 10 = 51351
CGCG 95-115 = 33660	CGCG 97- 97 = 36481	CGCG 98-116 = 39194	CGCG 101- 10 = 45983	CGCG 104- 11 = 51384
(CGCG 95-116) = 33670	CGCG 97-100 = 36470	CGCG 98-118 = 39256	CGCG 101- 11 = 46069	CGCG 104- 15 = 51422
(CGCG 95-116) = 33677	CGCG 97-107 = 36535	CGCG 98-123 = 39306	CGCG 101- 16 = 46164	CGCG 104- 28 = 51607
CGCG 95-117 = 33699	CGCG 97-109 = 36525	CGCG 98-126 = 39342	CGCG 101- 23 = 46462	CGCG 104- 29 = 51637
CGCG 96- 1 = 33660	CGCG 97-112 = 36544	CGCG 98-129 = 39398	CGCG 101- 25 = 46498	CGCG 104- 33 = 51699
(CGCG 96- 2) = 33670	CGCG 97-114 = 36565	CGCG 98-130 = 39393	CGCG 101- 27 = 46508	CGCG 104- 44 = 52093
(CGCG 96- 2) = 33677	CGCG 97-115 = 36567	CGCG 98-133 = 39440	CGCG 101- 28 = 46548	CGCG 104- 51 = 52258
CGCG 96- 3 = 33699	CGCG 97-117 = 36548	CGCG 98-134 = 39462	CGCG 101- 32 = 46726	CGCG 104- 60 = 52369
CGCG 96- 6 = 33966	(CGCG 97-120) = 36573	CGCG 98-136 = 39487	CGCG 101- 33 = 46731	CGCG 104- 61 = 52374
CGCG 96- 11 = 34248	(CGCG 97-120) = 36577	CGCG 98-144 = 39578	CGCG 101- 37 = 46849	CGCG 104- 62 = 52376
CGCG 96- 13 = 34298	CGCG 97-121 = 36574	CGCG 99- 1 = 39462	CGCG 101- 38 = 46865	CGCG 104- 66 = 52417
CGCG 96- 14 = 34326	CGCG 97-122 = 36582	CGCG 99- 3 = 39487	CGCG 101- 43 = 46940	CGCG 105- 7 = 52582
CGCG 96- 15 = 34326	CGCG 97-125 = 36589	CGCG 99- 11 = 39578	CGCG 101- 49 = 47067	CGCG 105- 19 = 52698
CGCG 96- 19 = 34415	CGCG 97-127 = 36606	CGCG 99- 14 = 39676	CGCG 101- 50 = 47122	CGCG 105- 28 = 52833
CGCG 96- 20 = 34419	CGCG 97-128 = 36603	CGCG 99- 22 = 39904	CGCG 101- 52 = 47162	(CGCG 105- 30) = 52854
CGCG 96- 21 = 34426	(CGCG 97-129) = 36604	CGCG 99- 23 = 39907	CGCG 101- 54 = 47180	(CGCG 105- 30) = 52851
CGCG 96- 22 = 34433	CGCG 97-130 = 36620	CGCG 99- 24 = 39950	CGCG 101- 57 = 47330	(CGCG 105- 30) = 52848
CGCG 96- 23 = 34461	CGCG 97-131 = 36619	CGCG 99- 25 = 39965	CGCG 101- 58 = 47352	(CGCG 105- 30) = 52844
CGCG 96- 26 = 34556	CGCG 97-133 = 36622	CGCG 99- 27 = 39974	CGCG 101- 60 = 47482	CGCG 105- 41 = 52965
CGCG 96- 27 = 34558	CGCG 97-134 = 36649	CGCG 99- 29 = 40095	CGCG 101- 61 = 47506	CGCG 105- 42 = 52978
CGCG 96- 29 = 34684	CGCG 97-135 = 36638	CGCG 99- 30 = 40153	CGCG 102- 1 = 47482	CGCG 105- 43 = 52984
CGCG 96- 32 = 34819	CGCG 97-137 = 36670	CGCG 99- 31 = 40171	CGCG 102- 2 = 47506	CGCG 105- 44 = 53028
CGCG 96- 34 = 34836	CGCG 97-138 = 36672	CGCG 99- 33 = 40196	CGCG 102- 4 = 47577	CGCG 105- 46 = 53036
CGCG 96- 36 = 34883	CGCG 97-139 = 36675	CGCG 99- 34 = 40209	CGCG 102- 14 = 47737	CGCG 105- 50 = 53110
CGCG 96- 37 = 34935	CGCG 97-140 = 36673	CGCG 99- 35 = 40231	CGCG 102- 16 = 47777	CGCG 105- 53 = 53139
CGCG 96- 38 = 34995	CGCG 97-147 = 36756	CGCG 99- 36 = 40245	CGCG 102- 19 = 47793	CGCG 105- 55 = 53152

CGCG 105- 56 = 53166	CGCG 108- 44 = 56650	CGCG 108-151 = 57175	CGCG 116- 26 = 20335	CGCG 119- 72 = 23477
CGCG 105- 60 = 53225	CGCG 108- 45 = 56662	CGCG 108-152 = 57172	CGCG 116- 27 = 20344	CGCG 119- 73 = 23480
CGCG 105- 62 = 53239	CGCG 108- 46 = 56659	CGCG 108-153 = 57187	CGCG 116- 30 = 20393	CGCG 119- 74 = 23498
CGCG 105- 64 = 53274	(CGCG 108- 48) = 56666	CGCG 108-154 = 57184	CGCG 116- 35 = 20446	CGCG 119- 75 = 23501
CGCG 105- 66 = 53279	(CGCG 108- 48) = 56667	CGCG 108-155 = 57194	CGCG 116- 37 = 20449	CGCG 119- 76 = 23512
CGCG 105- 69 = 53314	CGCG 108- 49 = 56663	CGCG 108-156 = 57218	CGCG 116- 39 = 20513	CGCG 119- 77 = 23507
CGCG 105- 71 = 53320	CGCG 108- 53 = 56685	CGCG 108-158 = 57278	CGCG 116- 46 = 20592	CGCG 119- 78 = 23522
CGCG 105- 74 = 53344	CGCG 108- 54 = 56695	CGCG 108-159 = 57332	CGCG 116- 49 = 20603	(CGCG 119- 80) = 23546
CGCG 105- 75 = 53338	CGCG 108- 55 = 56700	CGCG 108-160 = 57353	CGCG 116- 50 = 20608	(CGCG 119- 80) = 23542
CGCG 105- 81 = 53436	CGCG 108- 56 = 56693	CGCG 108-162 = 57368	CGCG 117- 2 = 20603	CGCG 119- 81 = 23552
CGCG 105- 82 = 53448	CGCG 108- 59 = 56704	CGCG 108-163 = 57390	CGCG 117- 3 = 20608	CGCG 119- 83 = 23567
CGCG 105- 86 = 53528	CGCG 108- 60 = 56717	CGCG 108-164 = 57389	CGCG 117- 9 = 20695	CGCG 119- 85 = 23589
CGCG 105- 87 = 53531	CGCG 108- 62 = 56712	CGCG 108-168 = 57575	CGCG 117- 10 = 20713	CGCG 119- 91 = 23630
CGCG 105- 88 = 53552	CGCG 108- 63 = 56716	CGCG 108-169 = 57627	CGCG 117- 15 = 20744	CGCG 119- 92 = 23662
CGCG 105- 89 = 53613	CGCG 108- 64 = 56727	(CGCG 108-170) = 57634	CGCG 117- 20 = 20838	CGCG 119- 93 = 23661
CGCG 105- 93 = 53659	CGCG 108- 65 = 56750	(CGCG 108-170) = 57640	CGCG 117- 28 = 20864	CGCG 119- 95 = 23676
CGCG 105-111 = 53852	(CGCG 108- 67) = 56768	CGCG 108-174 = 57796	CGCG 117- 29 = 20881	CGCG 119- 96 = 23684
CGCG 106- 5 = 53995	(CGCG 108- 67) = 56769	CGCG 109- 2 = 57796	CGCG 117- 36 = 20955	CGCG 119- 97 = 23685
CGCG 106- 6 = 54002	CGCG 108- 68 = 56763	CGCG 109- 3 = 57810	CGCG 117- 53 = 21296	CGCG 119- 98 = 23687
CGCG 106- 7 = 54001	CGCG 108- 69 = 56762	CGCG 109- 9 = 57974	CGCG 117- 55 = 21321	CGCG 119- 99 = 23688
CGCG 106- 12 = 54059	CGCG 108- 70 = 56770	CGCG 109- 11 = 58028	CGCG 117- 58 = 21402	CGCG 119-100 = 23695
CGCG 106- 15 = 54085	CGCG 108- 71 = 56777	CGCG 109- 12 = 58037	CGCG 117- 62 = 21542	CGCG 119-102 = 23701
CGCG 106- 21 = 54379	CGCG 108- 72 = 56776	CGCG 109- 16 = 58104	CGCG 117- 68 = 21654	CGCG 119-103 = 23700
CGCG 106- 22 = 54465	CGCG 108- 73 = 56784	CGCG 109- 19 = 58161	CGCG 118- 9 = 21849	CGCG 119-105 = 23705
CGCG 106- 26 = 54519	CGCG 108- 75 = 56780	CGCG 109- 21 = 58183	CGCG 118- 15 = 21976	CGCG 119-107 = 23709
CGCG 106- 35 = 54885	CGCG 108- 76 = 56786	CGCG 109- 22 = 58300	CGCG 118- 24 = 22205	CGCG 119-108 = 23717
CGCG 106- 40 = 55057	CGCG 108- 78 = 56813	CGCG 109- 24 = 58339	CGCG 118- 26 = 22289	CGCG 119-109 = 23725
CGCG 106- 41 = 55073	CGCG 108- 79 = 56827	CGCG 109- 26 = 58403	CGCG 118- 27 = 22292	CGCG 119-111 = 23762
CGCG 106- 42 = 55072	CGCG 108- 80 = 56821	CGCG 109- 28 = 58423	CGCG 118- 29 = 22317	CGCG 119-116 = 23855
CGCG 106- 44 = 55111	CGCG 108- 81 = 56838	CGCG 109- 31 = 58470	CGCG 118- 30 = 22343	CGCG 119-118 = 23878
CGCG 107- 3 = 55435	CGCG 108- 82 = 56847	CGCG 109- 33 = 58538	CGCG 118- 33 = 22383	CGCG 119-119 = 23881
CGCG 107- 4 = 55464	CGCG 108- 83 = 56872	CGCG 109- 37 = 58682	CGCG 118- 34 = 22403	CGCG 119-120 = 23917
(CGCG 107- 8) = 55480	CGCG 108- 84 = 56877	CGCG 110- 14 = 59128	CGCG 118- 41 = 22453	CGCG 119-121 = 23936
(CGCG 107- 8) = 55482	CGCG 108- 85 = 56870	CGCG 110- 19 = 59350	CGCG 118- 45 = 22495	CGCG 119-122 = 23941
CGCG 107- 9 = 55506	CGCG 108- 86 = 56874	CGCG 111- 12 = 59822	CGCG 118- 52 = 22596	CGCG 119-124 = 23978
CGCG 107- 10 = 55550	CGCG 108- 88 = 56890	CGCG 111- 15 = 59900	CGCG 118- 56 = 22615	CGCG 119-126 = 24114
CGCG 107- 11 = 55587	CGCG 108- 89 = 56902	CGCG 111- 19 = 60051	CGCG 118- 57 = 22681	CGCG 120- 6 = 24233
CGCG 107- 12 = 55588	CGCG 108- 91 = 56898	CGCG 111- 21 = 60086	CGCG 118- 58 = 22693	CGCG 120- 8 = 24244
CGCG 107- 18 = 55632	CGCG 108- 94 = 56938	CGCG 111- 32 = 60232	CGCG 118- 59 = 22724	CGCG 120- 13 = 24269
CGCG 107- 19 = 55710	CGCG 108- 95 = 56935	CGCG 111- 40 = 60383	CGCG 118- 61 = 22772	CGCG 120- 15 = 24288
CGCG 107- 23 = 55769	CGCG 108- 96 = 56932	CGCG 111- 42 = 60384	CGCG 118- 65 = 22830	CGCG 120- 20 = 24381
CGCG 107- 24 = 55793	CGCG 108- 97 = 56953	CGCG 111- 44 = 60421	CGCG 118- 67 = 22918	CGCG 120- 24 = 24475
CGCG 107- 25 = 55800	CGCG 108- 98 = 56948	CGCG 112- 2 = 60421	CGCG 119- 2 = 22918	CGCG 120- 26 = 24509
CGCG 107- 29 = 55867	CGCG 108-100 = 56943	CGCG 112- 5 = 60466	CGCG 119- 3 = 22913	CGCG 120- 31 = 24621
(CGCG 107- 36) = 56020	(CGCG 108-101) = 56962	CGCG 112- 8 = 60498	CGCG 119- 5 = 22921	CGCG 120- 33 = 24673
(CGCG 107- 36) = 56023	(CGCG 108-101) = 56960	CGCG 112- 12 = 60566	CGCG 119- 8 = 22957	CGCG 120- 34 = 24698
CGCG 107- 39 = 56097	CGCG 108-104 = 56972	CGCG 112- 15 = 60592	CGCG 119- 9 = 22958	CGCG 120- 36 = 24710
CGCG 107- 43 = 56130	CGCG 108-105 = 57005	CGCG 112- 17 = 60637	CGCG 119- 15 = 23078	CGCG 120- 41 = 24839
CGCG 107- 44 = 56139	CGCG 108-106 = 57004	CGCG 112- 24 = 60713	CGCG 119- 16 = 23086	CGCG 120- 45 = 24929
CGCG 107- 45 = 56169	CGCG 108-107 = 56997	CGCG 112- 35 = 60805	CGCG 119- 19 = 23146	CGCG 120- 56 = 25292
CGCG 107- 46 = 56166	CGCG 108-108 = 56987	CGCG 112- 38 = 60844	CGCG 119- 20 = 23169	CGCG 121- 1 = 25374
CGCG 107- 47 = 56200	CGCG 108-109 = 57019	CGCG 112- 39 = 60854	CGCG 119- 22 = 23184	(CGCG 121- 3) = 25399
CGCG 107- 52 = 56314	CGCG 108-110 = 57015	CGCG 112- 51 = 60911	CGCG 119- 23 = 23193	(CGCG 121- 3) = 25402
CGCG 107- 53 = 56325	CGCG 108-111 = 57033	CGCG 112- 55 = 60925	CGCG 119- 24 = 23204	CGCG 121- 4 = 25405
CGCG 107- 54 = 56334	CGCG 108-112 = 57031	CGCG 112- 58 = 60972	CGCG 119- 25 = 23206	CGCG 121- 5 = 25406
CGCG 107- 55 = 56329	CGCG 108-113 = 57037	CGCG 112- 68 = 61079	CGCG 119- 26 = 23214	CGCG 121- 7 = 25437
CGCG 107- 56 = 56338	CGCG 108-115 = 57046	CGCG 112- 70 = 61091	CGCG 119- 27 = 23215	CGCG 121- 9 = 25453
CGCG 107- 57 = 56345	CGCG 108-116 = 57059	CGCG 113- 2 = 61079	CGCG 119- 28 = 23231	CGCG 121- 10 = 25454
CGCG 107- 58 = 56352	(CGCG 108-118) = 57053	CGCG 113- 4 = 61091	CGCG 119- 29 = 23232	CGCG 121- 12 = 25489
CGCG 107- 59 = 56364	(CGCG 108-118) = 57058	CGCG 113- 5 = 61104	CGCG 119- 31 = 23240	CGCG 121- 13 = 25496
CGCG 108- 1 = 56314	(CGCG 108-119) = 57068	CGCG 113- 6 = 61116	CGCG 119- 33 = 23256	CGCG 121- 15 = 25512
CGCG 108- 2 = 56325	(CGCG 108-120) = 57062	CGCG 113- 8 = 61123	CGCG 119- 36 = 23266	CGCG 121- 17 = 25525
CGCG 108- 3 = 56334	(CGCG 108-120) = 57063	CGCG 113- 9 = 61128	CGCG 119- 41 = 23289	CGCG 121- 18 = 25545
CGCG 108- 4 = 56329	CGCG 108-121 = 57073	CGCG 113- 14 = 61297	CGCG 119- 42 = 23305	CGCG 121- 19 = 25571
CGCG 108- 5 = 56338	CGCG 108-122 = 57075	CGCG 113- 17 = 61377	CGCG 119- 44 = 23309	CGCG 121- 20 = 25603
CGCG 108- 6 = 56345	CGCG 108-123 = 57076	CGCG 113- 19 = 61399	CGCG 119- 45 = 23325	CGCG 121- 22 = 25673
CGCG 108- 7 = 56352	CGCG 108-124 = 57072	CGCG 113- 20 = 61404	CGCG 119- 46 = 23319	CGCG 121- 24 = 25690
CGCG 108- 8 = 56364	CGCG 108-126 = 57084	CGCG 113- 21 = 61420	CGCG 119- 47 = 23326	CGCG 121- 26 = 25780
CGCG 108- 10 = 56397	CGCG 108-127 = 57082	CGCG 113- 22 = 61432	CGCG 119- 48 = 23329	CGCG 121- 35 = 25973
CGCG 108- 11 = 56409	CGCG 108-128 = 57086	CGCG 113- 23 = 61466	CGCG 119- 49 = 23333	CGCG 121- 39 = 26011
CGCG 108- 12 = 56437	CGCG 108-129 = 57088	CGCG 113- 26 = 61536	CGCG 119- 50 = 23337	CGCG 121- 46 = 26131
CGCG 108- 13 = 56443	CGCG 108-130 = 57090	CGCG 113- 28 = 61558	CGCG 119- 51 = 23338	CGCG 121- 49 = 26218
CGCG 108- 15 = 56465	CGCG 108-131 = 57101	CGCG 113- 31 = 61607	CGCG 119- 52 = 23342	CGCG 121- 51 = 26235
CGCG 108- 16 = 56481	CGCG 108-132 = 57093	CGCG 113- 33 = 61690	CGCG 119- 53 = 23347	CGCG 121- 57 = 26330
CGCG 108- 17 = 56482	CGCG 108-133 = 57095	CGCG 114- 3 = 61722	CGCG 119- 54 = 23352	CGCG 121- 60 = 26461
CGCG 108- 18 = 56487	CGCG 108-134 = 57096	CGCG 114- 4 = 61792	CGCG 119- 55 = 23355	CGCG 121- 65 = 26542
CGCG 108- 19 = 56490	CGCG 108-135 = 57097	CGCG 114- 8 = 61912	CGCG 119- 57 = 23362	CGCG 121- 73 = 26606
CGCG 108- 20 = 56495	CGCG 108-136 = 57111	CGCG 114- 17 = 62122	CGCG 119- 58 = 23367	CGCG 121- 84 = 26669
CGCG 108- 21 = 56492	CGCG 108-138 = 57121	CGCG 114- 18 = 62121	CGCG 119- 60 = 23385	CGCG 121- 97 = 26803
CGCG 108- 22 = 56508	CGCG 108-139 = 57118	CGCG 114- 20 = 62143	CGCG 119- 61 = 23379	CGCG 122- 14 = 27077
CGCG 108- 23 = 56503	CGCG 108-140 = 57122	CGCG 114- 25 = 62176	CGCG 119- 62 = 23391	CGCG 122- 15 = 27131
CGCG 108- 26 = 56514	CGCG 108-141 = 57128	CGCG 115- 5 = 19341	CGCG 119- 63 = 23395	CGCG 122- 18 = 27190
CGCG 108- 28 = 56537	CGCG 108-142 = 57139	CGCG 115- 12 = 19547	CGCG 119- 64 = 23409	CGCG 122- 21 = 27244
CGCG 108- 30 = 56554	CGCG 108-144 = 57135	(CGCG 115- 18) = 19683	CGCG 119- 65 = 23404	CGCG 122- 27 = 27307
CGCG 108- 33 = 56571	CGCG 108-145 = 57137	CGCG 115- 21 = 19731	CGCG 119- 66 = 23420	CGCG 122- 32 = 27385
CGCG 108- 34 = 56587	CGCG 108-146 = 57132	CGCG 116- 4 = 19840	CGCG 119- 67 = 23442	CGCG 122- 34 = 27398
CGCG 108- 36 = 56611	(CGCG 108-147) = 57147	CGCG 116- 5 = 19854	CGCG 119- 68 = 23443	CGCG 122- 35 = 27404
CGCG 108- 37 = 56617	CGCG 108-148 = 57145	CGCG 116- 14 = 20083	CGCG 119- 69 = 23448	CGCG 122- 38 = 27437
CGCG 108- 42 = 56648	CGCG 108-149 = 57160	CGCG 116- 19 = 20165	CGCG 119- 70 = 23465	CGCG 122- 45 = 27615
CGCG 108- 43 = 56655	CGCG 108-150 = 57177	CGCG 116- 20 = 20161	CGCG 119- 71 = 23470	CGCG 122- 49 = 27643

CGCG		CGCG		CGCG		CGCG		CGCG	
CGCG 122- 61	= 27796	CGCG 126- 63	= 35360	CGCG 127-118	= 37643	CGCG 130- 16	= 45795	CGCG 133- 99	= 52264
(CGCG 122- 78)	= 28079	CGCG 126- 64	= 35355	CGCG 127-120	= 37661	CGCG 130- 17	= 45821	CGCG 134- 1	= 52239
CGCG 122- 82	= 28122	CGCG 126- 67	= 35382	(CGCG 127-122)	= 37702	CGCG 130- 19	= 45836	CGCG 134- 3	= 52264
CGCG 122- 84	= 28128	CGCG 126- 68	= 35405	CGCG 127-123	= 37699	CGCG 130- 20	= 45884	CGCG 134- 4	= 52279
CGCG 122- 97	= 28343	CGCG 126- 69	= 35412	CGCG 127-125	= 37729	CGCG 130- 22	= 45986	CGCG 134- 7	= 52347
CGCG 123- 3	= 28533	CGCG 126- 70	= 35424	CGCG 127-126	= 37731	CGCG 130- 23	= 46086	CGCG 134- 9	= 52383
CGCG 123- 4	= 28557	CGCG 126- 74	= 35494	CGCG 127-127	= 37732	CGCG 130- 24	= 46186	CGCG 134- 11	= 52416
CGCG 123- 8	= 28700	CGCG 126- 78	= 35502	CGCG 127-133	= 37880	CGCG 130- 25	= 46229	CGCG 134- 18	= 52527
CGCG 123- 14	= 29067	CGCG 126- 83	= 35607	CGCG 127-135	= 37952	CGCG 130- 26	= 46283	CGCG 134- 20	= 52565
CGCG 123- 17	= 29188	CGCG 126- 87	= 35669	CGCG 127-139	= 37968	CGCG 130- 30	= 46493	CGCG 134- 25	= 52632
CGCG 123- 18	= 29266	CGCG 126- 91	= 35708	CGCG 128- 3	= 38094	CGCG 131- 1	= 46493	CGCG 134- 26	= 52635
CGCG 123- 20	= 29632	CGCG 126- 93	= 35694	CGCG 128- 4	= 38132	CGCG 131- 4	= 46716	CGCG 134- 36	= 52912
CGCG 123- 22	= 29708	CGCG 126- 95	= 35710	CGCG 128- 5	= 38146	CGCG 131- 6	= 46753	CGCG 134- 37	= 52930
CGCG 123- 26	= 29800	CGCG 126-104	= 35823	CGCG 128- 7	= 38156	CGCG 131- 8	= 47153	CGCG 134- 41	= 52986
CGCG 123- 27	= 29865	CGCG 126-105	= 35841	CGCG 128- 8	= 38161	CGCG 131- 9	= 47543	CGCG 134- 42	= 52989
CGCG 123- 28	= 29924	CGCG 126-108	= 35882	CGCG 128- 9	= 38169	CGCG 131- 14	= 47943	CGCG 134- 53	= 53301
CGCG 123- 30	= 29934	CGCG 126-110	= 35905	CGCG 128- 12	= 38209	CGCG 131- 18	= 48280	CGCG 134- 54	= 53307
CGCG 123- 32	= 30010	CGCG 127- 3	= 35956	CGCG 128- 16	= 38266	CGCG 131- 24	= 48424	CGCG 134- 55	= 53313
CGCG 123- 34	= 30059	CGCG 127- 4	= 35977	CGCG 128- 17	= 38272	CGCG 131- 25	= 48458	CGCG 134- 66	= 53676
CGCG 123- 36	= 30068	CGCG 127- 5	= 35978	CGCG 128- 18	= 38290	CGCG 131- 30	= 48635	(CGCG 134- 70)	= 53709
CGCG 123- 37	= 30083	CGCG 127- 6	= 35997	CGCG 128- 19	= 38288	CGCG 131- 33	= 48682	CGCG 134- 71	= 53728
CGCG 123- 38	= 30099	CGCG 127- 7	= 36007	CGCG 128- 20	= 38298	CGCG 131- 35	= 48760	CGCG 135- 2	= 53752
CGCG 124- 1	= 30133	CGCG 127- 8	= 36005	CGCG 128- 21	= 38297	CGCG 132- 2	= 48795	CGCG 135- 7	= 53864
CGCG 124- 3	= 30242	CGCG 127- 9	= 36011	CGCG 128- 23	= 38338	CGCG 132- 4	= 48806	CGCG 135- 11	= 53908
CGCG 124- 4	= 30263	CGCG 127- 11	= 36017	CGCG 128- 25	= 38324	CGCG 132- 6	= 48831	CGCG 135- 14	= 53943
CGCG 124- 7	= 30305	(CGCG 127- 12)	= 36018	CGCG 128- 26	= 38365	CGCG 132- 10	= 48863	CGCG 135- 16	= 53976
CGCG 124- 8	= 30312	(CGCG 127- 12)	= 36016	CGCG 128- 27	= 38373	CGCG 132- 20	= 49145	CGCG 135- 23	= 54084
CGCG 124- 11	= 30328	CGCG 127- 14	= 36060	CGCG 128- 31	= 38437	CGCG 132- 21	= 49166	CGCG 135- 27	= 54260
CGCG 124- 17	= 30358	CGCG 127- 15	= 36068	CGCG 128- 32	= 38510	CGCG 132- 22	= 49165	CGCG 135- 28	= 54282
CGCG 124- 18	= 30390	CGCG 127- 18	= 36162	CGCG 128- 34	= 38523	CGCG 132- 26	= 49265	CGCG 135- 29	= 54343
CGCG 124- 20	= 30670	CGCG 127- 22	= 36199	CGCG 128- 35	= 38515	CGCG 132- 27	= 49274	CGCG 135- 30	= 54385
CGCG 124- 24	= 30776	CGCG 127- 24	= 36224	CGCG 128- 36	= 38526	CGCG 132- 30	= 49289	CGCG 135- 31	= 54393
CGCG 124- 26	= 30818	(CGCG 127- 25)	= 36227	CGCG 128- 37	= 38532	CGCG 132- 33	= 49315	CGCG 135- 37	= 54440
CGCG 124- 29	= 30892	(CGCG 127- 25)	= 36228	CGCG 128- 38	= 38525	CGCG 132- 34	= 49320	CGCG 135- 43	= 54664
CGCG 124- 34	= 31059	CGCG 127- 26	= 36241	CGCG 128- 39	= 38564	CGCG 132- 40	= 49428	CGCG 135- 45	= 54689
CGCG 124- 35	= 31075	CGCG 127- 27	= 36256	CGCG 128- 40	= 38576	CGCG 132- 46	= 49507	CGCG 135- 50	= 54804
CGCG 124- 38	= 31311	CGCG 127- 30	= 36288	CGCG 128- 41	= 38615	CGCG 132- 47	= 49502	CGCG 135- 52	= 54834
CGCG 124- 40	= 31388	CGCG 127- 31	= 36300	CGCG 128- 43	= 38637	CGCG 132- 48	= 49505	CGCG 135- 53	= 54979
CGCG 124- 45	= 31497	CGCG 127- 32	= 36314	CGCG 128- 44	= 38657	CGCG 132- 53	= 49553	CGCG 135- 56	= 55059
CGCG 124- 49	= 31712	CGCG 127- 33	= 36363	CGCG 128- 45	= 38667	CGCG 132- 58	= 49631	CGCG 135- 60	= 55213
CGCG 124- 51	= 31729	CGCG 127- 34	= 36380	CGCG 128- 47	= 38714	CGCG 132- 59	= 49657	CGCG 136- 2	= 55213
CGCG 124- 52	= 31762	CGCG 127- 36	= 36434	CGCG 128- 49	= 38745	CGCG 132- 60	= 49692	CGCG 136- 5	= 55254
CGCG 124- 54	= 31862	CGCG 127- 37	= 36437	CGCG 128- 51	= 38851	CGCG 132- 61	= 49694	CGCG 136- 17	= 55497
CGCG 124- 55	= 31864	CGCG 127- 38	= 36446	CGCG 128- 53	= 38961	CGCG 132- 62	= 49734	CGCG 136- 19	= 55507
CGCG 124- 56	= 31887	CGCG 127- 45	= 36609	CGCG 128- 54	= 38990	CGCG 132- 63	= 49718	CGCG 136- 20	= 55518
CGCG 124- 57	= 31917	CGCG 127- 46	= 36608	CGCG 128- 58	= 39087	CGCG 132- 65	= 49732	CGCG 136- 23	= 55533
CGCG 124- 58	= 31945	CGCG 127- 47	= 36639	CGCG 128- 59	= 39101	CGCG 132- 66	= 49763	CGCG 136- 28	= 55578
CGCG 124- 59	= 31947	CGCG 127- 49	= 36683	CGCG 128- 60	= 39179	CGCG 132- 78	= 50629	CGCG 136- 32	= 55629
CGCG 124- 60	= 31968	CGCG 127- 50	= 36684	CGCG 128- 62	= 39198	CGCG 132- 79	= 50635	CGCG 136- 40	= 55708
CGCG 124- 61	= 32025	CGCG 127- 51	= 36688	CGCG 128- 63	= 39214	CGCG 132- 80	= 50639	CGCG 136- 44	= 55733
CGCG 124- 64	= 32055	CGCG 127- 52	= 36706	CGCG 128- 65	= 39223	CGCG 133- 1	= 50629	CGCG 136- 46	= 55739
CGCG 125- 1	= 32055	CGCG 127- 53	= 36727	CGCG 128- 70	= 39432	CGCG 133- 2	= 50635	CGCG 136- 49	= 55750
CGCG 125- 3	= 32089	CGCG 127- 54	= 36740	CGCG 128- 71	= 39450	CGCG 133- 3	= 50639	CGCG 136- 52	= 55776
CGCG 125- 8	= 32188	CGCG 127- 56	= 36856	CGCG 128- 73	= 39519	CGCG 133- 9	= 50741	CGCG 136- 55	= 55803
CGCG 125- 10	= 32367	CGCG 127- 60	= 36923	CGCG 128- 75	= 39640	CGCG 133- 11	= 50776	CGCG 136- 60	= 55844
CGCG 125- 13	= 32648	CGCG 127- 61	= 36926	CGCG 128- 77	= 39745	CGCG 133- 15	= 50840	CGCG 136- 65	= 55910
CGCG 125- 17	= 33012	CGCG 127- 63	= 36971	CGCG 128- 78	= 39796	CGCG 133- 18	= 50895	CGCG 136- 69	= 55955
CGCG 125- 20	= 33041	CGCG 127- 64	= 36981	CGCG 128- 80	= 39875	CGCG 133- 19	= 50961	CGCG 136- 70	= 55973
CGCG 125- 25	= 33620	CGCG 127- 65	= 36996	CGCG 128- 82	= 39984	CGCG 133- 22	= 50995	CGCG 136- 79	= 56050
CGCG 125- 28	= 33675	CGCG 127- 70	= 37049	CGCG 128- 84	= 40400	CGCG 133- 23	= 51002	CGCG 136- 84	= 56094
CGCG 125- 29	= 33682	CGCG 127- 71	= 37051	CGCG 128- 87	= 40459	CGCG 133- 25	= 51074	CGCG 136- 87	= 56123
CGCG 125- 31	= 33794	CGCG 127- 72	= 37052	CGCG 128- 89	= 40783	CGCG 133- 29	= 51120	CGCG 136- 89	= 56135
CGCG 125- 33	= 33836	CGCG 127- 73	= 37056	CGCG 128- 90	= 40945	CGCG 133- 30	= 51121	CGCG 136- 94	= 56186
CGCG 125- 35	= 33855	CGCG 127- 77	= 37097	CGCG 129- 2	= 41066	CGCG 133- 32	= 51155	CGCG 136- 97	= 56205
CGCG 125- 36	= 33862	CGCG 127- 80	= 37126	CGCG 129- 5	= 41441	CGCG 133- 34	= 51253	CGCG 136- 98	= 56206
CGCG 126- 6	= 34121	CGCG 127- 82	= 37153	CGCG 129- 8	= 41955	CGCG 133- 36	= 51264	CGCG 136-100	= 56227
CGCG 126- 8	= 34157	CGCG 127- 83	= 37175	CGCG 129- 10	= 42038	CGCG 133- 40	= 51302	CGCG 136-101	= 56231
CGCG 126- 10	= 34198	CGCG 127- 86	= 37206	CGCG 129- 11	= 42060	CGCG 133- 49	= 51450	CGCG 136-106	= 56267
CGCG 126- 17	= 34468	CGCG 127- 87	= 37214	CGCG 129- 12	= 42076	CGCG 133- 50	= 51475	CGCG 136-109	= 56284
CGCG 126- 21	= 34535	CGCG 127- 88	= 37219	CGCG 129- 15	= 42573	CGCG 133- 51	= 51483	CGCG 136-110	= 56289
CGCG 126- 23	= 34560	CGCG 127- 89	= 37224	CGCG 129- 17	= 42583	CGCG 133- 55	= 51549	CGCG 136-114	= 56326
CGCG 126- 24	= 34568	CGCG 127- 90	= 37237	CGCG 129- 18	= 42584	CGCG 133- 59	= 51618	CGCG 136-115	= 56366
CGCG 126- 25	= 34575	CGCG 127- 91	= 37244	CGCG 129- 20	= 42743	CGCG 133- 61	= 51655	CGCG 137- 1	= 56400
CGCG 126- 30	= 34630	CGCG 127- 94	= 37260	CGCG 129- 21	= 42971	CGCG 133- 62	= 51668	CGCG 137- 3	= 56421
CGCG 126- 31	= 34632	CGCG 127- 95	= 37264	CGCG 129- 22	= 42981	CGCG 133- 65	= 51681	CGCG 137- 5	= 56467
CGCG 126- 33	= 34663	CGCG 127- 98	= 37291	CGCG 129- 25	= 43368	CGCG 133- 66	= 51711	CGCG 137- 6	= 56474
CGCG 126- 34	= 34763	CGCG 127- 99	= 37288	CGCG 129- 26	= 43420	CGCG 133- 68	= 51728	(CGCG 137- 10)	= 56575
CGCG 126- 36	= 34777	CGCG 127-100	= 37324	CGCG 129- 27	= 43451	CGCG 133- 69	= 51736	(CGCG 137- 10)	= 56578
CGCG 126- 40	= 34882	CGCG 127-103	= 37382	CGCG 129- 28	= 43586	CGCG 133- 70	= 51733	(CGCG 137- 10)	= 56576
CGCG 126- 41	= 34881	CGCG 127-104	= 37406	CGCG 130- 1	= 44182	CGCG 133- 71	= 51764	(CGCG 137- 10)	= 56584
CGCG 126- 42	= 34898	CGCG 127-106	= 37440	CGCG 130- 5	= 45159	CGCG 133- 73	= 51771	(CGCG 137- 10)	= 56580
CGCG 126- 43	= 34913	CGCG 127-107	= 37474	CGCG 130- 6	= 45260	CGCG 133- 76	= 51818	(CGCG 137- 10)	= 56579
CGCG 126- 44	= 34905	CGCG 127-108	= 37514	CGCG 130- 7	= 45267	CGCG 133- 78	= 51829	CGCG 137- 11	= 56595
CGCG 126- 46	= 35056	CGCG 127-109	= 37511	CGCG 130- 8	= 45356	CGCG 133- 81	= 51864	CGCG 137- 12	= 56614
CGCG 126- 48	= 35067	CGCG 127-110	= 37591	CGCG 130- 9	= 45484	CGCG 133- 82	= 51875	CGCG 137- 13	= 56636
CGCG 126- 50	= 35125	CGCG 127-111	= 37599	CGCG 130- 11	= 45552	CGCG 133- 88	= 52072	CGCG 137- 17	= 56731
CGCG 126- 56	= 35300	CGCG 127-112	= 37619	CGCG 130- 12	= 45549	CGCG 133- 89	= 52137	CGCG 137- 21	= 56842
CGCG 126- 57	= 35294	CGCG 127-114	= 37629	CGCG 130- 13	= 45586	CGCG 133- 92	= 52171	CGCG 137- 22	= 56857
CGCG 126- 60	= 35328	CGCG 127-115	= 37646	CGCG 130- 14	= 45664	CGCG 133- 93	= 52190	CGCG 137- 24	= 56864
CGCG 126- 61	= 35347	CGCG 127-116	= 37635	CGCG 130- 15	= 45733	CGCG 133- 97	= 52239	CGCG 137- 25	= 56903

CGCG 137- 30	= 57006
CGCG 137- 31	= 57021
CGCG 137- 32	= 57039
CGCG 137- 35	= 57085
CGCG 137- 36	= 57110
CGCG 137- 37	= 57117
(CGCG 137- 38)	= 57125
(CGCG 137- 38)	= 57124
CGCG 137- 39	= 57199
CGCG 137- 43	= 57280
CGCG 137- 49	= 57337
CGCG 137- 50	= 57349
CGCG 137- 56	= 57430
CGCG 137- 72	= 57766
CGCG 137- 75	= 57788
CGCG 138- 2	= 57929
CGCG 138- 3	= 57968
CGCG 138- 13	= 58177
CGCG 138- 19	= 58311
CGCG 138- 21	= 58336
CGCG 138- 26	= 58371
CGCG 138- 32	= 58424
CGCG 138- 35	= 58465
CGCG 138- 36	= 58473
CGCG 138- 38	= 58523
CGCG 138- 40	= 58540
CGCG 138- 49	= 58665
CGCG 138- 50	= 58707
CGCG 138- 59	= 58813
CGCG 138- 63	= 58863
CGCG 138- 64	= 58878
CGCG 138- 66	= 58887
CGCG 138- 67	= 58896
CGCG 139- 1	= 58989
CGCG 139- 3	= 59007
CGCG 139- 7	= 59086
CGCG 139- 13	= 59161
CGCG 139- 16	= 59222
CGCG 139- 20	= 59257
CGCG 139- 23	= 59290
CGCG 139- 25	= 59340
CGCG 139- 27	= 59408
CGCG 139- 29	= 59426
CGCG 139- 30	= 59514
CGCG 139- 31	= 59535
CGCG 139- 34	= 59582
CGCG 139- 37	= 59666
CGCG 139- 38	= 59676
CGCG 139- 40	= 59707
CGCG 139- 43	= 59807
CGCG 139- 44	= 59838
CGCG 139- 45	= 59843
CGCG 140- 5	= 60000
CGCG 140- 15	= 60191
CGCG 140- 17	= 60203
CGCG 140- 19	= 60224
CGCG 140- 20	= 60238
CGCG 140- 21	= 60240
CGCG 140- 22	= 60259
CGCG 140- 26	= 60326
CGCG 140- 28	= 60330
CGCG 140- 32	= 60357
CGCG 140- 38	= 60398
CGCG 140- 39	= 60401
CGCG 140- 45	= 60506
CGCG 140- 46	= 60514
CGCG 140- 58	= 60627
CGCG 141- 4	= 60709
CGCG 141- 5	= 60716
CGCG 141- 6	= 60758
CGCG 141- 7	= 60770
CGCG 141- 9	= 60816
CGCG 141- 10	= 60831
CGCG 141- 17	= 61009
CGCG 141- 19	= 61008
CGCG 141- 20	= 61023
CGCG 141- 26	= 61052
CGCG 141- 28	= 61063
CGCG 141- 30	= 61105
CGCG 141- 35	= 61171
CGCG 141- 38	= 61235
CGCG 141- 40	= 61251
CGCG 141- 45	= 61294
CGCG 141- 46	= 61310
CGCG 141- 47	= 61361
CGCG 141- 48	= 61378
CGCG 142- 1	= 61378
CGCG 142- 3	= 61390
CGCG 142- 11	= 61497
CGCG 142- 13	= 61526
CGCG 142- 17	= 61543
CGCG 142- 24	= 61565
CGCG 142- 25	= 61570
CGCG 142- 31	= 61655
CGCG 142- 32	= 61657
CGCG 142- 36	= 61693
CGCG 142- 37	= 61698
CGCG 142- 38	= 61710
CGCG 142- 39	= 61721
CGCG 142- 40	= 61739
CGCG 142- 41	= 61790
CGCG 142- 44	= 61863
CGCG 142- 47	= 61892
CGCG 142- 48	= 61918
CGCG 142- 49	= 61935
CGCG 142- 52	= 61979
CGCG 143- 1	= 61979
CGCG 143- 2	= 62052
CGCG 143- 3	= 62072
CGCG 143- 4	= 62086
CGCG 143- 5	= 62097
CGCG 143- 8	= 62178
CGCG 143- 12	= 62225
CGCG 143- 13	= 62229
CGCG 143- 15	= 62231
CGCG 143- 16	= 62249
CGCG 143- 19	= 62338
CGCG 143- 20	= 62336
CGCG 143- 21	= 62354
CGCG 143- 22	= 62380
CGCG 143- 24	= 62426
CGCG 143- 25	= 62429
CGCG 143- 27	= 62482
CGCG 143- 28	= 62500
CGCG 143- 29	= 62504
CGCG 143- 30	= 62506
CGCG 143- 31	= 62509
CGCG 143- 32	= 62548
CGCG 143- 33	= 62593
CGCG 144- 2	= 18841
CGCG 144- 3	= 18860
CGCG 145- 5	= 19499
CGCG 145- 7	= 19568
CGCG 145- 11	= 19674
CGCG 145- 12	= 19679
CGCG 145- 14	= 19740
CGCG 145- 15	= 19743
CGCG 145- 17	= 19747
CGCG 146- 1	= 19740
CGCG 146- 2	= 19743
CGCG 146- 4	= 19747
CGCG 146- 8	= 19792
CGCG 146- 11	= 19809
CGCG 146- 12	= 19827
CGCG 146- 21	= 20087
CGCG 146- 23	= 20144
CGCG 146- 28	= 20232
CGCG 146- 29	= 20239
CGCG 146- 30	= 20256
CGCG 146- 35	= 20351
CGCG 146- 37	= 20361
CGCG 146- 38	= 20390
CGCG 146- 39	= 20394
CGCG 146- 41	= 20426
CGCG 146- 44	= 20562
CGCG 146- 45	= 20620
CGCG 146- 48	= 20629
CGCG 146- 49	= 20631
CGCG 147- 1	= 20620
CGCG 147- 4	= 20629
CGCG 147- 5	= 20631
CGCG 147- 7	= 20685
CGCG 147- 15	= 20889
CGCG 147- 18	= 20938
CGCG 147- 19	= 20957
CGCG 147- 22	= 20988
CGCG 147- 27	= 21086
CGCG 147- 28	= 21110
CGCG 147- 29	= 21120
CGCG 147- 30	= 21200
CGCG 147- 37	= 21276
CGCG 147- 38	= 21280
CGCG 147- 40	= 21300
CGCG 147- 42	= 21328
CGCG 147- 43	= 21336
CGCG 147- 45	= 21437
CGCG 147- 56	= 21580
CGCG 147- 60	= 21657
CGCG 147- 61	= 21673
CGCG 147- 62	= 21676
CGCG 148- 2	= 21657
CGCG 148- 3	= 21673
CGCG 148- 4	= 21676
CGCG 148- 16	= 21789
CGCG 148- 17	= 21795
CGCG 148- 20	= 21802
CGCG 148- 30	= 21857
CGCG 148- 36	= 21891
CGCG 148- 37	= 21900
CGCG 148- 38	= 21909
CGCG 148- 40	= 21927
CGCG 148- 44	= 21940
CGCG 148- 52	= 22032
CGCG 148- 61	= 22151
CGCG 148- 62	= 22188
CGCG 148- 71	= 22246
CGCG 148- 77	= 22378
CGCG 148- 80	= 22397
CGCG 148- 87	= 22445
CGCG 148- 88	= 22443
CGCG 148- 91	= 22476
CGCG 148-100	= 22565
CGCG 148-104	= 22603
CGCG 148-107	= 22645
CGCG 148-109	= 22688
CGCG 148-111	= 22726
CGCG 148-113	= 22756
CGCG 148-116	= 22855
CGCG 148-117	= 22877
CGCG 149- 4	= 23017
CGCG 149- 6	= 23142
CGCG 149- 7	= 23170
CGCG 149- 8	= 23173
CGCG 149- 16	= 23377
CGCG 149- 17	= 23383
CGCG 149- 18	= 23513
CGCG 149- 20	= 23539
CGCG 149- 23	= 23646
CGCG 149- 24	= 23643
CGCG 149- 25	= 23673
CGCG 149- 26	= 23753
CGCG 149- 31	= 23771
CGCG 149- 37	= 23823
CGCG 149- 41	= 23910
CGCG 149- 43	= 23945
CGCG 149- 48	= 23998
CGCG 149- 51	= 24038
CGCG 149- 53	= 24098
CGCG 149- 54	= 24104
CGCG 149- 55	= 24111
CGCG 149- 56	= 24127
CGCG 150- 1	= 24127
CGCG 150- 8	= 24235
CGCG 150- 13	= 24299
CGCG 150- 17	= 24440
CGCG 150- 18	= 24467
CGCG 150- 20	= 24486
CGCG 150- 21	= 24530
CGCG 150- 24	= 24643
CGCG 150- 27	= 24669
CGCG 150- 29	= 24674
CGCG 150- 31	= 24678
CGCG 150- 34	= 24725
CGCG 150- 36	= 24771
CGCG 150- 37	= 24796
CGCG 150- 40	= 24864
CGCG 150- 41	= 24884
CGCG 150- 42	= 24895
CGCG 150- 45	= 25028
CGCG 150- 53	= 25210
CGCG 150- 54	= 25228
CGCG 150- 56	= 25273
CGCG 150- 57	= 25289
CGCG 150- 59	= 25318
CGCG 150- 62	= 25398
CGCG 151- 3	= 25398
CGCG 151- 4	= 25423
CGCG 151- 6	= 25446
CGCG 151- 8	= 25467
CGCG 151- 10	= 25510
CGCG 151- 14	= 25735
CGCG 151- 18	= 25893
CGCG 151- 19	= 25908
CGCG 151- 22	= 25969
CGCG 151- 23	= 25984
CGCG 151- 24	= 25985
CGCG 151- 25	= 26002
CGCG 151- 26	= 26012
CGCG 151- 27	= 26013
CGCG 151- 32	= 26055
CGCG 151- 35	= 26089
CGCG 151- 42	= 26178
CGCG 151- 43	= 26197
CGCG 151- 46	= 26215
CGCG 151- 48	= 26225
CGCG 151- 58	= 26347
CGCG 151- 59	= 26368
CGCG 151- 67	= 26442
CGCG 151- 68	= 26443
CGCG 151- 72	= 26553
CGCG 151- 74	= 26650
CGCG 151- 76	= 26690
CGCG 151- 82	= 26817
CGCG 151- 85	= 26833
CGCG 151- 86	= 26854
CGCG 151- 94	= 26883
CGCG 152- 1	= 26817
CGCG 152- 4	= 26833
CGCG 152- 5	= 26854
CGCG 152- 13	= 26883
CGCG 152- 15	= 26912
CGCG 152- 18	= 26979
CGCG 152- 20	= 26982
CGCG 152- 22	= 27023
CGCG 152- 24	= 27064
CGCG 152- 25	= 27114
CGCG 152- 26	= 27121
CGCG 152- 27	= 27127
CGCG 152- 30	= 27223
CGCG 152- 31	= 27266
CGCG 152- 32	= 27282
CGCG 152- 38	= 27352
CGCG 152- 39	= 27367
CGCG 152- 42	= 27455
(CGCG 152- 47)	= 27636
(CGCG 152- 47)	= 27637
CGCG 152- 48	= 27663
CGCG 152- 49	= 27668
CGCG 152- 51	= 27702
CGCG 152- 56	= 27777
CGCG 152- 57	= 27780
CGCG 152- 58	= 27800
CGCG 152- 59	= 27827
CGCG 152- 62	= 27925
CGCG 152- 63	= 27931
CGCG 152- 64	= 27936
CGCG 152- 69	= 28259
CGCG 152- 70	= 28289
(CGCG 152- 71)	= 28305
CGCG 152- 72	= 28317
CGCG 152- 73	= 28341
CGCG 152- 74	= 28351
CGCG 152- 77	= 28424
CGCG 153- 4	= 28682
CGCG 153- 5	= 28714
CGCG 153- 6	= 28815
CGCG 153- 8	= 28825
CGCG 153- 9	= 28856
CGCG 153- 10	= 28868
CGCG 153- 13	= 29196
CGCG 153- 14	= 29230
CGCG 153- 15	= 29347
CGCG 153- 16	= 29376
CGCG 153- 18	= 29389
CGCG 153- 20	= 29459
CGCG 153- 23	= 29484
CGCG 153- 24	= 29549
CGCG 153- 25	= 29567
CGCG 153- 27	= 29615
CGCG 153- 28	= 29683
CGCG 153- 29	= 29715
CGCG 153- 31	= 29738
CGCG 154- 3	= 30214
CGCG 154- 4	= 30288
CGCG 154- 6	= 30453
CGCG 154- 8	= 30508
CGCG 154- 10	= 30553
CGCG 154- 11	= 30562
CGCG 154- 12	= 30584
CGCG 154- 13	= 30617
CGCG 154- 16	= 30714
CGCG 154- 17	= 30744
CGCG 154- 18	= 30856
CGCG 154- 20	= 30895
CGCG 154- 23	= 31029
CGCG 154- 24	= 31122
CGCG 154- 25	= 31136
CGCG 154- 26	= 31166
CGCG 154- 28	= 31379
CGCG 154- 30	= 31429
CGCG 154- 31	= 31477
CGCG 154- 36	= 31630
CGCG 154- 37	= 31713
CGCG 154- 39	= 31899
CGCG 154- 44	= 32035
CGCG 154- 45	= 32077
CGCG 155- 2	= 32035
CGCG 155- 3	= 32077
CGCG 155- 6	= 32127
CGCG 155- 7	= 32206
CGCG 155- 8	= 32208
CGCG 155- 10	= 32243
CGCG 155- 11	= 32245
CGCG 155- 14	= 32264
CGCG 155- 15	= 32287
CGCG 155- 16	= 32305
CGCG 155- 17	= 32330
CGCG 155- 20	= 32368
CGCG 155- 22	= 32437
CGCG 155- 25	= 32499
CGCG 155- 28	= 32532
CGCG 155- 29	= 32533
CGCG 155- 30	= 32549
(CGCG 155- 31)	= 32620
CGCG 155- 33	= 32693
CGCG 155- 35	= 32754
CGCG 155- 40	= 32926
CGCG 155- 41	= 33166
CGCG 155- 42	= 33175
CGCG 155- 43	= 33238
CGCG 155- 44	= 33249
CGCG 155- 45	= 33264
CGCG 155- 49	= 33371
CGCG 155- 50	= 33408
CGCG 155- 51	= 33432
CGCG 155- 54	= 33463
CGCG 155- 55	= 33467
CGCG 155- 61	= 33573
CGCG 155- 65	= 33640
CGCG 155- 66	= 33669
CGCG 155- 71	= 33750
CGCG 155- 72	= 33786
CGCG 155- 73	= 33779
CGCG 155- 74	= 33782
CGCG 155- 77	= 33799
CGCG 155- 79	= 33809
CGCG 155- 80	= 33931
CGCG 155- 82	= 33927
CGCG 155- 88	= 33965
CGCG 155- 89	= 33960
(CGCG 155- 90)	= 33991
(CGCG 155- 90)	= 33992
CGCG 156- 1	= 33931
CGCG 156- 3	= 33927
CGCG 156- 9	= 33965
CGCG 156- 10	= 33960
(CGCG 156- 11)	= 33991
(CGCG 156- 11)	= 33992
(CGCG 156- 14)	= 34025
CGCG 156- 18	= 34071
CGCG 156- 19	= 34068
CGCG 156- 20	= 34080
CGCG 156- 23	= 34125
CGCG 156- 26	= 34152
CGCG 156- 27	= 34169
CGCG 156- 29	= 34230
CGCG 156- 31	= 34237
CGCG 156- 33	= 34260
CGCG 156- 34	= 34280
CGCG 156- 36	= 34303
CGCG 156- 37	= 34312
CGCG 156- 39	= 34375
CGCG 156- 40	= 34380
CGCG 156- 41	= 34376
CGCG 156- 42	= 34385
CGCG 156- 44	= 34393
CGCG 156- 45	= 34400
CGCG 156- 47	= 34414
CGCG 156- 50	= 34511
CGCG 156- 53	= 34544
CGCG 156- 56	= 34546
CGCG 156- 57	= 34551
CGCG 156- 58	= 34552
CGCG 156- 59	= 34588
CGCG 156- 61	= 34656
CGCG 156- 63	= 34685
CGCG 156- 64	= 34719
CGCG 156- 65	= 34733
CGCG 156- 66	= 34768
CGCG 156- 67	= 34845

CGCG 156- 71 = 35019	CGCG 158- 34 = 38618	CGCG 159- 40 = 42311	CGCG 160- 42 = 44324	CGCG 160-160 = 45858
CGCG 156- 74 = 35167	CGCG 158- 35 = 38637	CGCG 159- 41 = 42315	CGCG 160- 43 = 44319	CGCG 160-162 = 45887
CGCG 156- 75 = 35177	CGCG 158- 36 = 38721	CGCG 159- 42 = 42314	(CGCG 160- 44) = 44323	CGCG 160-164 = 45905
CGCG 156- 78 = 35285	CGCG 158- 37 = 38742	CGCG 159- 43 = 42331	(CGCG 160- 44) = 44329	CGCG 160-165 = 45940
CGCG 156- 86 = 35414	CGCG 158- 38 = 38783	CGCG 159- 44 = 42330	CGCG 160- 45 = 44341	CGCG 160-166 = 45947
CGCG 156- 90 = 35507	CGCG 158- 39 = 38832	CGCG 159- 46 = 42353	(CGCG 160- 46) = 44338	CGCG 160-167 = 46028
CGCG 156- 91 = 35513	CGCG 158- 40 = 38850	CGCG 159- 48 = 42419	(CGCG 160- 46) = 44337	CGCG 160-168 = 46046
CGCG 156- 94 = 35546	CGCG 158- 41 = 38892	CGCG 159- 49 = 42478	CGCG 160- 48 = 44364	CGCG 160-170 = 46095
CGCG 156- 95 = 35556	CGCG 158- 42 = 38903	CGCG 159- 50 = 42500	CGCG 160- 49 = 44367	CGCG 160-171 = 46131
CGCG 156- 97 = 35558	CGCG 158- 43 = 38897	CGCG 159- 51 = 42515	CGCG 160- 50 = 44370	CGCG 160-172 = 46145
CGCG 156- 98 = 35588	CGCG 158- 44 = 38906	CGCG 159- 52 = 42512	CGCG 160- 51 = 44394	CGCG 160-173 = 46180
CGCG 156-102 = 35981	CGCG 158- 45 = 38912	CGCG 159- 54 = 42536	CGCG 160- 52 = 44393	CGCG 160-175 = 46196
CGCG 157- 3 = 35981	CGCG 158- 46 = 38984	CGCG 159- 55 = 42548	CGCG 160- 55 = 44405	CGCG 160-176 = 46202
CGCG 157- 4 = 36044	CGCG 158- 47 = 38995	CGCG 159- 58 = 42722	CGCG 160- 56 = 44424	CGCG 160-179 = 46276
CGCG 157- 5 = 36104	CGCG 158- 50 = 39098	CGCG 159- 59 = 42765	CGCG 160- 57 = 44423	CGCG 160-181 = 46293
CGCG 157- 6 = 36147	(CGCG 158- 53) = 39195	CGCG 159- 60 = 42760	CGCG 160- 58 = 44416	CGCG 160-182 = 46302
CGCG 157- 8 = 36148	(CGCG 158- 53) = 39221	CGCG 159- 61 = 42786	CGCG 160- 59 = 44422	CGCG 160-183 = 46354
CGCG 157- 9 = 36158	CGCG 158- 54 = 39252	CGCG 159- 65 = 42863	CGCG 160- 60 = 44420	CGCG 160-185 = 46368
CGCG 157- 10 = 36160	CGCG 158- 55 = 39261	CGCG 159- 66 = 42937	CGCG 160- 63 = 44449	CGCG 160-186 = 46378
CGCG 157- 11 = 36211	CGCG 158- 56 = 39281	CGCG 159- 67 = 42931	CGCG 160- 64 = 44479	CGCG 160-188 = 46387
CGCG 157- 16 = 36305	CGCG 158- 57 = 39289	CGCG 159- 69 = 42987	CGCG 160- 65 = 44467	CGCG 160-192 = 46427
CGCG 157- 17 = 36334	CGCG 158- 59 = 39437	CGCG 159- 70 = 43008	CGCG 160- 67 = 44486	CGCG 160-194 = 46477
CGCG 157- 18 = 36359	CGCG 158- 60 = 39492	(CGCG 159- 72) = 43062	CGCG 160- 68 = 44481	CGCG 160-197 = 46496
CGCG 157- 19 = 36372	CGCG 158- 61 = 39525	(CGCG 159- 72) = 43065	CGCG 160- 70 = 44502	CGCG 160-198 = 46507
CGCG 157- 20 = 36392	CGCG 158- 64 = 39663	CGCG 159- 73 = 43113	CGCG 160- 71 = 44534	CGCG 160-200 = 46519
CGCG 157- 24 = 36419	CGCG 158- 66 = 39690	CGCG 159- 74 = 43121	CGCG 160- 73 = 44541	CGCG 160-201 = 46518
CGCG 157- 25 = 36418	CGCG 158- 70 = 39702	CGCG 159- 75 = 43164	CGCG 160- 74 = 44563	CGCG 160-202 = 46538
CGCG 157- 26 = 36482	CGCG 158- 71 = 39724	CGCG 159- 76 = 43161	CGCG 160- 76 = 44647	CGCG 160-205 = 46555
CGCG 157- 27 = 36495	CGCG 158- 72 = 39715	CGCG 159- 77 = 43174	CGCG 160- 77 = 44633	CGCG 160-207 = 46617
CGCG 157- 30 = 36625	CGCG 158- 73 = 39728	CGCG 159- 78 = 43200	CGCG 160- 80 = 44659	CGCG 160-208 = 46637
CGCG 157- 32 = 36761	CGCG 158- 76 = 39749	CGCG 159- 79 = 43256	CGCG 160- 81 = 44697	CGCG 160-209 = 46629
CGCG 157- 34 = 36812	CGCG 158- 77 = 39764	CGCG 159- 82 = 43359	CGCG 160- 82 = 44739	CGCG 160-210 = 44508
CGCG 157- 35 = 36832	CGCG 158- 80 = 39800	CGCG 159- 83 = 43387	CGCG 160- 83 = 44722	CGCG 160-211 = 44515
CGCG 157- 38 = 36914	CGCG 158- 81 = 39818	CGCG 159- 85 = 43399	CGCG 160- 84 = 44760	CGCG 160-212 = 44524
CGCG 157- 39 = 36932	CGCG 158- 82 = 39837	CGCG 159- 86 = 43437	CGCG 160- 86 = 44779	CGCG 160-213 = 44535
CGCG 157- 41 = 36979	CGCG 158- 83 = 39846	CGCG 159- 87 = 43455	CGCG 160- 87 = 44768	CGCG 160-214 = 44537
CGCG 157- 42 = 37042	CGCG 158- 85 = 39906	CGCG 159- 89 = 43514	CGCG 160- 88 = 44795	CGCG 160-215 = 44539
CGCG 157- 47 = 37218	CGCG 158- 88 = 40011	CGCG 159- 90 = 43511	CGCG 160- 89 = 44805	CGCG 160-216 = 44544
CGCG 157- 48 = 37244	CGCG 158- 89 = 39987	CGCG 159- 91 = 43509	CGCG 160- 90 = 44822	CGCG 160-217 = 44554
CGCG 157- 50 = 37375	CGCG 158- 90 = 40026	CGCG 159- 92 = 43517	CGCG 160- 91 = 44848	CGCG 160-218 = 44553
CGCG 157- 51 = 37382	CGCG 158- 91 = 40036	CGCG 159- 93 = 43535	CGCG 160- 94 = 44885	CGCG 160-219 = 44551
CGCG 157- 52 = 37383	CGCG 158- 92 = 40086	CGCG 159- 94 = 43539	CGCG 160- 95 = 44899	CGCG 160-220 = 44567
CGCG 157- 54 = 37443	CGCG 158- 93 = 40097	CGCG 159- 95 = 43538	CGCG 160- 96 = 44896	CGCG 160-221 = 44566
CGCG 157- 55 = 37449	CGCG 158- 94 = 40101	CGCG 159- 96 = 43575	CGCG 160- 97 = 44903	CGCG 160-222 = 44568
CGCG 157- 56 = 37462	CGCG 158- 96 = 40205	CGCG 159- 98 = 43618	CGCG 160- 98 = 44898	CGCG 160-224 = 44578
CGCG 157- 57 = 37515	CGCG 158- 97 = 40271	CGCG 159- 99 = 43686	CGCG 160- 99 = 44908	CGCG 160-225 = 44587
CGCG 157- 58 = 37544	CGCG 158- 98 = 40270	CGCG 159-101 = 43712	CGCG 160-100 = 44929	CGCG 160-226 = 44603
CGCG 157- 59 = 37559	CGCG 158- 99 = 40330	CGCG 159-102 = 43726	CGCG 160-101 = 44928	CGCG 160-227 = 44606
CGCG 157- 60 = 37574	CGCG 158-100 = 40449	CGCG 159-103 = 43749	CGCG 160-102 = 44921	CGCG 160-228 = 44612
CGCG 157- 61 = 37609	CGCG 158-101 = 40495	CGCG 159-104 = 43773	CGCG 160-103 = 44938	CGCG 160-229 = 44621
CGCG 157- 62 = 37608	CGCG 158-102 = 40501	CGCG 159-105 = 43848	CGCG 160-105 = 44945	CGCG 160-230 = 44624
CGCG 157- 64 = 37632	CGCG 158-104 = 40600	CGCG 159-107 = 43834	CGCG 160-106 = 44968	CGCG 160-231 = 44628
CGCG 157- 65 = 37654	CGCG 158-105 = 40612	CGCG 159-108 = 43843	CGCG 160-107 = 44973	CGCG 160-232 = 44640
CGCG 157- 66 = 37666	CGCG 158-106 = 40669	CGCG 159-109 = 43869	CGCG 160-109 = 44975	CGCG 160-233 = 44649
CGCG 157- 68 = 37687	CGCG 158-107 = 40668	CGCG 159-110 = 43863	CGCG 160-110 = 45003	CGCG 160-234 = 44658
CGCG 157- 69 = 37705	CGCG 158-108 = 40692	CGCG 159-111 = 43875	CGCG 160-113 = 45027	CGCG 160-235 = 44662
CGCG 157- 70 = 37704	CGCG 158-111 = 40897	CGCG 159-112 = 43874	CGCG 160-114 = 45023	CGCG 160-236 = 44664
CGCG 157- 72 = 37723	CGCG 158-112 = 40920	CGCG 159-113 = 43895	CGCG 160-115 = 45032	CGCG 160-237 = 44682
CGCG 157- 74 = 37744	CGCG 158-113 = 40988	CGCG 159-114 = 43930	CGCG 160-118 = 45055	CGCG 160-238 = 44686
CGCG 157- 75 = 37786	CGCG 158-115 = 41100	CGCG 159-116 = 43939	CGCG 160-119 = 45077	CGCG 160-239 = 44698
CGCG 157- 76 = 37775	CGCG 159- 1 = 40897	CGCG 159-118 = 43981	CGCG 160-120 = 45082	CGCG 160-241 = 44715
CGCG 157- 77 = 37794	CGCG 159- 2 = 40988	CGCG 160- 2 = 43834	CGCG 160-121 = 45097	CGCG 160-242 = 44705
CGCG 157- 79 = 37795	CGCG 159- 5 = 41112	CGCG 160- 3 = 43843	CGCG 160-123 = 45140	CGCG 160-243 = 44716
CGCG 157- 80 = 37838	CGCG 159- 6 = 41100	CGCG 160- 4 = 43869	CGCG 160-124 = 45133	CGCG 160-244 = 44714
CGCG 157- 81 = 37831	CGCG 159- 8 = 41225	CGCG 160- 5 = 43863	CGCG 160-125 = 45162	CGCG 160-245 = 44717
CGCG 157- 82 = 37855	CGCG 159- 9 = 41438	CGCG 160- 6 = 43875	CGCG 160-126 = 45194	CGCG 160-246 = 44726
CGCG 157- 84 = 37883	CGCG 159- 10 = 41468	CGCG 160- 7 = 43874	CGCG 160-127 = 45190	CGCG 160-247 = 44732
CGCG 157- 86 = 37976	CGCG 159- 11 = 41610	CGCG 160- 8 = 43895	CGCG 160-128 = 45184	CGCG 160-248 = 44736
CGCG 157- 87 = 38009	CGCG 159- 13 = 41636	CGCG 160- 9 = 43930	CGCG 160-129 = 45233	CGCG 160-249 = 44737
CGCG 158- 1 = 37976	CGCG 159- 15 = 41660	CGCG 160- 11 = 43939	CGCG 160-130 = 45253	CGCG 160-250 = 44749
CGCG 158- 2 = 38009	CGCG 159- 16 = 41755	CGCG 160- 13 = 43981	CGCG 160-131 = 45261	CGCG 160-252 = 44789
CGCG 158- 5 = 38081	CGCG 159- 17 = 41774	CGCG 160- 15 = 44043	CGCG 160-133 = 45264	CGCG 160-253 = 44799
CGCG 158- 6 = 38149	CGCG 159- 18 = 41895	CGCG 160- 17 = 44037	CGCG 160-134 = 45311	CGCG 160-254 = 44804
CGCG 158- 8 = 38150	CGCG 159- 19 = 41924	CGCG 160- 19 = 44068	CGCG 160-135 = 45328	CGCG 160-255 = 44808
CGCG 158- 9 = 38227	CGCG 159- 21 = 41975	CGCG 160- 20 = 44105	CGCG 160-136 = 45318	CGCG 160-256 = 44818
CGCG 158- 10 = 38231	CGCG 159- 22 = 41980	CGCG 160- 21 = 44114	CGCG 160-137 = 45358	CGCG 160-257 = 44825
CGCG 158- 12 = 38244	CGCG 159- 23 = 41995	CGCG 160- 24 = 44148	CGCG 160-139 = 45388	CGCG 160-258 = 44828
CGCG 158- 13 = 38268	CGCG 159- 24 = 42002	CGCG 160- 25 = 44144	CGCG 160-140 = 45406	CGCG 160-259 = 44832
CGCG 158- 14 = 38277	CGCG 159- 27 = 42053	CGCG 160- 26 = 44147	CGCG 160-141 = 45442	CGCG 160-260 = 44840
CGCG 158- 15 = 38286	CGCG 159- 28 = 42067	CGCG 160- 28 = 44178	CGCG 160-144 = 45509	CGCG 160-261 = 44849
(CGCG 158- 16) = 38325	CGCG 159- 29 = 42082	CGCG 160- 29 = 44176	CGCG 160-145 = 45505	CGCG 161- 1 = 46354
(CGCG 158- 16) = 38327	CGCG 159- 30 = 42098	CGCG 160- 30 = 44169	CGCG 160-147 = 45542	CGCG 161- 3 = 46368
CGCG 158- 20 = 38378	CGCG 159- 31 = 42097	CGCG 160- 32 = 44200	CGCG 160-148 = 45580	CGCG 161- 4 = 46378
CGCG 158- 24 = 38407	CGCG 159- 33 = 42137	CGCG 160- 34 = 44193	CGCG 160-150 = 45582	CGCG 161- 6 = 46387
CGCG 158- 27 = 38486	CGCG 159- 34 = 42154	CGCG 160- 36 = 44225	CGCG 160-151 = 45607	CGCG 161- 10 = 46427
CGCG 158- 29 = 38573	CGCG 159- 35 = 42161	CGCG 160- 37 = 44268	CGCG 160-152 = 45658	CGCG 161- 12 = 46477
CGCG 158- 30 = 38593	CGCG 159- 36 = 42162	CGCG 160- 38 = 44263	CGCG 160-155 = 45742	CGCG 161- 15 = 46496
CGCG 158- 31 = 38605	CGCG 159- 37 = 42215	CGCG 160- 39 = 44298	CGCG 160-156 = 45757	CGCG 161- 16 = 46507
CGCG 158- 32 = 38598	CGCG 159- 38 = 42283	CGCG 160- 40 = 44304	CGCG 160-157 = 45756	CGCG 161- 18 = 46519
CGCG 158- 33 = 38603	CGCG 159- 39 = 42282	CGCG 160- 41 = 44322	CGCG 160-158 = 45790	CGCG 161- 19 = 46518

CGCG 161- 20 = 46538	CGCG 163- 3 = 50690	CGCG 165- 45 = 54895	CGCG 169- 1 = 58954	CGCG 176- 19 = 20267
CGCG 161- 23 = 46555	CGCG 163- 4 = 50689	CGCG 165- 56 = 55116	CGCG 169- 2 = 58963	CGCG 176- 25 = 20316
CGCG 161- 26 = 46617	CGCG 163- 6 = 50749	CGCG 165- 57 = 55115	CGCG 169- 4 = 59045	CGCG 176- 26 = 20429
CGCG 161- 27 = 46637	CGCG 163- 7 = 50784	CGCG 165- 58 = 55130	CGCG 169- 10 = 59184	CGCG 176- 27 = 20450
CGCG 161- 28 = 46629	CGCG 163- 10 = 50838	CGCG 165- 59 = 55132	CGCG 169- 11 = 59223	CGCG 176- 28 = 20462
CGCG 161- 30 = 46647	CGCG 163- 12 = 50962	CGCG 165- 61 = 55148	CGCG 169- 13 = 59286	CGCG 176- 35 = 20542
CGCG 161- 31 = 46657	CGCG 163- 15 = 51033	CGCG 165- 65 = 55237	CGCG 169- 14 = 59292	CGCG 176- 36 = 20559
CGCG 161- 32 = 46678	CGCG 163- 18 = 51073	CGCG 166- 3 = 55237	CGCG 169- 15 = 59306	CGCG 176- 37 = 20586
CGCG 161- 35 = 46736	CGCG 163- 20 = 51082	CGCG 166- 4 = 55261	CGCG 169- 17 = 59315	CGCG 176- 38 = 20585
CGCG 161- 36 = 46744	CGCG 163- 21 = 51094	CGCG 166- 5 = 55267	CGCG 169- 18 = 59326	CGCG 176- 40 = 20799
CGCG 161- 37 = 46746	CGCG 163- 22 = 51100	CGCG 166- 8 = 55456	CGCG 169- 19 = 59332	CGCG 176- 43 = 20886
CGCG 161- 38 = 46761	CGCG 163- 23 = 51091	CGCG 166- 9 = 55494	CGCG 169- 20 = 59339	CGCG 177- 3 = 20886
CGCG 161- 41 = 46796	CGCG 163- 24 = 51105	CGCG 166- 10 = 55493	CGCG 169- 21 = 59365	CGCG 177- 4 = 20889
CGCG 161- 42 = 46809	CGCG 163- 27 = 51131	CGCG 166- 11 = 55513	CGCG 169- 22 = 59367	CGCG 177- 5 = 20911
CGCG 161- 43 = 46819	CGCG 163- 28 = 51167	CGCG 166- 13 = 55515	CGCG 169- 23 = 59376	CGCG 177- 10 = 20938
CGCG 161- 44 = 46851	CGCG 163- 31 = 51283	CGCG 166- 14 = 55517	CGCG 169- 26 = 59411	CGCG 177- 14 = 21016
CGCG 161- 45 = 46872	CGCG 163- 33 = 51306	CGCG 166- 15 = 55533	CGCG 169- 27 = 59414	CGCG 177- 17 = 21035
CGCG 161- 48 = 46989	CGCG 163- 38 = 51444	CGCG 166- 19 = 55576	CGCG 169- 29 = 59418	CGCG 177- 18 = 21036
CGCG 161- 52 = 47088	CGCG 163- 41 = 51473	CGCG 166- 20 = 55581	CGCG 169- 30 = 59456	CGCG 177- 21 = 21094
CGCG 161- 53 = 47093	CGCG 163- 47 = 51502	CGCG 166- 23 = 55680	CGCG 169- 31 = 59454	CGCG 177- 22 = 21099
CGCG 161- 56 = 47131	CGCG 163- 48 = 51530	CGCG 166- 24 = 55676	CGCG 169- 34 = 59474	CGCG 177- 24 = 21109
CGCG 161- 57 = 47200	CGCG 163- 49 = 51575	CGCG 166- 25 = 55694	CGCG 169- 35 = 59511	CGCG 177- 25 = 21136
CGCG 161- 62 = 47234	CGCG 163- 50 = 51591	CGCG 166- 28 = 55746	CGCG 169- 37 = 59529	CGCG 177- 26 = 21144
CGCG 161- 63 = 47254	CGCG 163- 51 = 51589	CGCG 166- 32 = 55783	CGCG 169- 43 = 59647	CGCG 177- 27 = 21154
CGCG 161- 67 = 47370	CGCG 163- 52 = 51600	CGCG 166- 35 = 55797	CGCG 169- 44 = 59650	CGCG 177- 29 = 21168
CGCG 161- 69 = 47393	CGCG 163- 53 = 51621	CGCG 166- 41 = 55862	CGCG 169- 46 = 59648	CGCG 177- 31 = 21244
CGCG 161- 70 = 47433	CGCG 163- 54 = 51654	CGCG 166- 44 = 55883	CGCG 169- 49 = 59706	CGCG 177- 33 = 21291
CGCG 161- 71 = 47447	CGCG 163- 56 = 51670	CGCG 166- 46 = 55893	CGCG 169- 51 = 59727	CGCG 177- 34 = 21324
CGCG 161- 72 = 47461	CGCG 163- 57 = 51701	CGCG 166- 48 = 55898	CGCG 169- 55 = 59817	CGCG 177- 35 = 21336
CGCG 161- 73 = 47462	CGCG 163- 58 = 51706	CGCG 166- 49 = 55945	CGCG 170- 1 = 59817	CGCG 177- 36 = 21372
(CGCG 161- 74) = 47483	CGCG 163- 59 = 51710	CGCG 166- 51 = 55963	CGCG 170- 7 = 59961	CGCG 177- 38 = 21399
CGCG 161- 76 = 47537	CGCG 163- 60 = 51725	CGCG 166- 52 = 55967	CGCG 170- 9 = 59983	CGCG 177- 40 = 21425
CGCG 161- 78 = 47611	CGCG 163- 61 = 51730	CGCG 166- 56 = 56014	CGCG 170- 14 = 60049	CGCG 177- 41 = 21475
CGCG 161- 80 = 47808	CGCG 163- 63 = 51758	(CGCG 166- 58) = 56056	CGCG 170- 20 = 60163	CGCG 177- 42 = 21555
CGCG 161- 81 = 47867	CGCG 163- 64 = 51751	CGCG 166- 60 = 56110	CGCG 170- 27 = 60228	CGCG 177- 43 = 21581
CGCG 161- 82 = 47906	CGCG 163- 65 = 51747	CGCG 166- 62 = 56140	CGCG 170- 28 = 60239	CGCG 177- 47 = 21847
CGCG 161- 83 = 47917	CGCG 163- 66 = 51754	CGCG 166- 63 = 56164	CGCG 170- 35 = 60436	CGCG 177- 49 = 21918
CGCG 161- 84 = 47938	CGCG 163- 67 = 51819	CGCG 166- 64 = 56174	CGCG 170- 37 = 60475	CGCG 177- 51 = 21944
CGCG 161- 88 = 48032	CGCG 163- 68 = 51814	CGCG 166- 67 = 56327	(CGCG 171- 5) = 60834	CGCG 177- 52 = 21983
CGCG 161- 89 = 48084	CGCG 163- 69 = 51850	CGCG 166- 68 = 56358	CGCG 171- 9 = 61013	CGCG 178- 1 = 21983
CGCG 161- 90 = 48119	CGCG 163- 70 = 51873	CGCG 167- 1 = 56327	CGCG 171- 10 = 61017	CGCG 178- 8 = 22305
CGCG 161- 96 = 48197	CGCG 163- 71 = 51877	CGCG 167- 2 = 56358	CGCG 171- 11 = 61024	CGCG 178- 10 = 22314
CGCG 161-104 = 48270	CGCG 163- 73 = 51939	CGCG 167- 4 = 56410	CGCG 171- 13 = 61036	CGCG 178- 11 = 22350
CGCG 161-106 = 48285	CGCG 163- 76 = 51951	CGCG 167- 6 = 56479	CGCG 171- 14 = 61039	CGCG 178- 14 = 22381
CGCG 161-111 = 48312	CGCG 163- 77 = 51964	CGCG 167- 9 = 56547	CGCG 171- 15 = 61043	CGCG 178- 16 = 22417
CGCG 161-112 = 48327	CGCG 163- 78 = 52008	(CGCG 167- 11) = 56640	CGCG 171- 20 = 61071	CGCG 178- 17 = 22468
CGCG 161-115 = 48333	CGCG 163- 82 = 52077	CGCG 167- 13 = 56678	CGCG 171- 22 = 61080	CGCG 178- 21 = 22616
CGCG 161-116 = 48365	CGCG 163- 86 = 52193	CGCG 167- 17 = 56839	CGCG 171- 27 = 61107	CGCG 178- 32 = 22922
CGCG 161-117 = 48366	CGCG 163- 87 = 52192	CGCG 167- 20 = 56959	CGCG 171- 28 = 61113	CGCG 178- 33 = 22945
CGCG 161-119 = 48432	CGCG 163- 89 = 52283	CGCG 167- 21 = 56995	CGCG 171- 30 = 61150	CGCG 178- 35 = 23028
CGCG 161-120 = 48477	CGCG 164- 2 = 52283	CGCG 167- 26 = 57173	CGCG 171- 32 = 61155	CGCG 178- 38 = 23239
CGCG 161-122 = 48479	CGCG 164- 5 = 52338	CGCG 167- 28 = 57197	CGCG 171- 33 = 61164	CGCG 178- 39 = 23341
CGCG 161-124 = 48544	CGCG 164- 6 = 52343	CGCG 167- 30 = 57322	CGCG 171- 34 = 61173	CGCG 179- 1 = 23341
CGCG 161-128 = 48559	CGCG 164- 7 = 52350	CGCG 167- 31 = 57325	CGCG 171- 36 = 61182	CGCG 179- 8 = 23798
CGCG 161-129 = 48563	CGCG 164- 8 = 52349	CGCG 167- 35 = 57408	CGCG 171- 37 = 61190	CGCG 179- 17 = 24438
CGCG 161-131 = 48580	CGCG 164- 9 = 52404	CGCG 167- 36 = 57424	CGCG 171- 43 = 61265	CGCG 179- 18 = 24453
CGCG 161-132 = 48597	CGCG 164- 11 = 52429	CGCG 167- 39 = 57455	CGCG 172- 1 = 61429	CGCG 179- 22 = 24531
CGCG 161-133 = 48614	CGCG 164- 12 = 52472	CGCG 167- 44 = 57486	CGCG 172- 3 = 61455	CGCG 179- 23 = 24532
CGCG 161-136 = 48684	CGCG 164- 13 = 52535	CGCG 167- 45 = 57482	CGCG 172- 5 = 61465	CGCG 179- 26 = 24620
CGCG 161-137 = 48698	CGCG 164- 15 = 52636	CGCG 167- 47 = 57494	CGCG 172- 8 = 61491	CGCG 179- 28 = 24655
CGCG 162- 1 = 48698	CGCG 164- 16 = 52667	CGCG 167- 48 = 57500	CGCG 172- 9 = 61506	CGCG 179- 34 = 24728
CGCG 162- 5 = 48799	CGCG 164- 19 = 52700	CGCG 167- 49 = 57499	CGCG 172- 11 = 61555	CGCG 180- 2 = 24655
CGCG 162- 7 = 48884	CGCG 164- 23 = 52750	CGCG 167- 53 = 57529	CGCG 172- 22 = 61699	CGCG 180- 8 = 24728
CGCG 162- 9 = 48992	CGCG 164- 29 = 52874	CGCG 167- 54 = 57559	CGCG 172- 32 = 61849	CGCG 180- 12 = 24788
CGCG 162- 10 = 49005	CGCG 164- 30 = 52921	CGCG 167- 55 = 57564	CGCG 172- 36 = 61866	CGCG 180- 13 = 24791
CGCG 162- 11 = 49049	CGCG 164- 32 = 52928	CGCG 167- 56 = 57585	CGCG 172- 39 = 61942	CGCG 180- 14 = 24829
CGCG 162- 14 = 49072	CGCG 164- 34 = 53010	CGCG 167- 57 = 57598	CGCG 172- 41 = 61994	CGCG 180- 17 = 24930
CGCG 162- 15 = 49137	CGCG 164- 37 = 53088	CGCG 167- 58 = 57608	CGCG 173- 2 = 61994	CGCG 180- 18 = 24981
CGCG 162- 18 = 49209	CGCG 164- 38 = 53124	CGCG 167- 60 = 57639	CGCG 173- 7 = 62059	CGCG 180- 19 = 24996
CGCG 162- 20 = 49226	CGCG 164- 40 = 53267	CGCG 167- 61 = 57641	CGCG 173- 16 = 62104	CGCG 180- 20 = 24997
CGCG 162- 21 = 49258	CGCG 164- 41 = 53275	CGCG 167- 62 = 57648	CGCG 173- 20 = 62162	CGCG 180- 25 = 25281
CGCG 162- 22 = 49309	CGCG 164- 43 = 53414	CGCG 167- 63 = 57654	CGCG 173- 26 = 62376	CGCG 180- 26 = 25287
CGCG 162- 35 = 49604	CGCG 164- 46 = 53449	CGCG 167- 65 = 57736	CGCG 175- 2 = 19162	CGCG 180- 27 = 25331
(CGCG 162- 36) = 49640	CGCG 164- 47 = 53463	CGCG 167- 68 = 57835	CGCG 175- 5 = 19215	CGCG 180- 31 = 25524
(CGCG 162- 36) = 49641	CGCG 164- 50 = 53556	CGCG 167- 69 = 57901	CGCG 175- 13 = 19544	CGCG 180- 32 = 25533
CGCG 162- 37 = 49690	CGCG 164- 51 = 53565	CGCG 167- 70 = 57906	CGCG 175- 14 = 19586	CGCG 180- 33 = 25562
CGCG 162- 44 = 49806	CGCG 164- 54 = 53687	CGCG 168- 1 = 57901	CGCG 175- 15 = 19603	CGCG 180- 35 = 25609
CGCG 162- 46 = 49883	CGCG 164- 56 = 53737	CGCG 168- 2 = 57906	CGCG 175- 16 = 19605	CGCG 180- 37 = 25644
CGCG 162- 47 = 49879	CGCG 165- 1 = 53687	CGCG 168- 3 = 57992	CGCG 175- 17 = 19714	CGCG 180- 42 = 25718
CGCG 162- 48 = 49897	CGCG 165- 3 = 53737	CGCG 168- 4 = 58031	CGCG 175- 18 = 19716	CGCG 180- 43 = 25719
CGCG 162- 51 = 49931	CGCG 165- 10 = 53803	CGCG 168- 12 = 58187	CGCG 175- 19 = 19718	CGCG 180- 47 = 25806
CGCG 162- 53 = 50045	CGCG 165- 16 = 53876	CGCG 168- 13 = 58235	CGCG 175- 20 = 19719	CGCG 180- 49 = 25821
CGCG 162- 56 = 50176	CGCG 165- 27 = 54129	CGCG 168- 14 = 58238	CGCG 175- 21 = 19729	CGCG 180- 51 = 25911
CGCG 162- 57 = 50181	CGCG 165- 35 = 54417	CGCG 168- 15 = 58250	CGCG 176- 2 = 19933	CGCG 180- 52 = 25940
CGCG 162- 59 = 50200	CGCG 165- 36 = 54614	CGCG 168- 21 = 58501	CGCG 176- 4 = 19944	CGCG 180- 54 = 25955
CGCG 162- 60 = 50198	CGCG 165- 37 = 54710	CGCG 168- 30 = 58888	CGCG 176- 5 = 19974	CGCG 180- 57 = 25967
CGCG 162- 61 = 50232	CGCG 165- 39 = 54768	CGCG 168- 32 = 58909	CGCG 176- 6 = 19981	CGCG 180- 60 = 26019
CGCG 162- 62 = 50251	CGCG 165- 40 = 54790	CGCG 168- 34 = 58925	CGCG 176- 10 = 20050	CGCG 180- 62 = 26049
CGCG 162- 63 = 50412	CGCG 165- 43 = 54850	CGCG 168- 36 = 58954	CGCG 176- 16 = 20131	CGCG 180- 64 = 26058
CGCG 162- 68 = 50689	CGCG 165- 44 = 54860	CGCG 168- 37 = 58963	CGCG 176- 18 = 20223	CGCG 181- 2 = 26049

CGCG 181- 4 = 26058	CGCG 184- 37 = 32850	CGCG 187- 20 = 38881	CGCG 190- 38 = 48185	CGCG 192- 32 = 51807
CGCG 181- 6 = 26189	CGCG 184- 41 = 33118	CGCG 187- 21 = 38933	CGCG 190- 39 = 48206	CGCG 192- 33 = 51803
CGCG 181- 13 = 26300	CGCG 184- 43 = 33203	CGCG 187- 24 = 39023	CGCG 190- 41 = 48521	CGCG 192- 34 = 51831
CGCG 181- 16 = 26340	CGCG 184- 50 = 33452	CGCG 187- 27 = 39092	CGCG 190- 43 = 48542	CGCG 192- 38 = 51965
CGCG 181- 17 = 26345	CGCG 184- 52 = 33495	CGCG 187- 29 = 39158	CGCG 190- 44 = 48558	CGCG 192- 40 = 52010
CGCG 181- 18 = 26346	CGCG 184- 55 = 33540	CGCG 187- 30 = 39150	CGCG 190- 45 = 48690	CGCG 192- 41 = 52027
CGCG 181- 22 = 26366	CGCG 184- 56 = 33566	CGCG 187- 32 = 39225	CGCG 190- 48 = 48724	CGCG 192- 44 = 52160
CGCG 181- 23 = 26371	CGCG 185- 1 = 33495	CGCG 187- 33 = 39329	CGCG 190- 49 = 48756	CGCG 192- 46 = 52179
(CGCG 181- 24) = 26376	CGCG 185- 4 = 33540	CGCG 187- 34 = 39341	CGCG 190- 50 = 48783	CGCG 192- 49 = 52261
(CGCG 181- 24) = 26377	CGCG 185- 5 = 33566	CGCG 187- 35 = 39422	CGCG 190- 52 = 48807	CGCG 192- 52 = 52424
CGCG 181- 25 = 26390	CGCG 185- 9 = 33719	CGCG 187- 42 = 40596	CGCG 190- 53 = 48862	CGCG 192- 58 = 52743
CGCG 181- 26 = 26382	CGCG 185- 10 = 33720	CGCG 187- 44 = 40791	CGCG 190- 54 = 48869	CGCG 192- 59 = 52741
CGCG 181- 31 = 26425	CGCG 185- 11 = 33806	CGCG 187- 45 = 41031	CGCG 190- 55 = 48887	CGCG 192- 61 = 52754
CGCG 181- 32 = 26445	CGCG 185- 13 = 33868	CGCG 187- 46 = 41020	CGCG 190- 56 = 48926	CGCG 192- 63 = 52877
CGCG 181- 33 = 26504	CGCG 185- 18 = 34075	CGCG 187- 47 = 41048	CGCG 190- 57 = 48930	CGCG 193- 1 = 52877
CGCG 181- 35 = 26520	CGCG 185- 21 = 34278	CGCG 188- 1 = 41020	CGCG 190- 59 = 48982	CGCG 193- 4 = 53014
CGCG 181- 37 = 26575	CGCG 185- 22 = 34284	CGCG 188- 2 = 41048	CGCG 190- 60 = 49041	CGCG 193- 6 = 53039
CGCG 181- 40 = 26649	CGCG 185- 24 = 34320	CGCG 188- 4 = 41407	CGCG 190- 63 = 49139	CGCG 193- 11 = 53557
CGCG 181- 43 = 26741	CGCG 185- 30 = 34440	CGCG 188- 5 = 41459	CGCG 190- 64 = 49141	CGCG 193- 15 = 53805
CGCG 181- 44 = 26752	CGCG 185- 31 = 34485	CGCG 188- 7 = 41620	CGCG 190- 66 = 49158	CGCG 193- 16 = 54033
CGCG 181- 62 = 27254	CGCG 185- 32 = 34497	CGCG 188- 8 = 41779	CGCG 190- 68 = 49237	CGCG 194- 1 = 54616
CGCG 181- 66 = 27361	CGCG 185- 37 = 34674	CGCG 188- 10 = 42189	CGCG 190- 69 = 49285	CGCG 194- 4 = 54983
CGCG 181- 67 = 27383	CGCG 185- 38 = 34681	CGCG 188- 14 = 42594	CGCG 190- 70 = 49301	CGCG 194- 5 = 55040
CGCG 181- 71 = 27400	CGCG 185- 39 = 34702	CGCG 188- 15 = 42620	CGCG 190- 72 = 49336	CGCG 194- 8 = 55285
CGCG 181- 76 = 27527	CGCG 185- 41 = 34772	CGCG 188- 16 = 42637	CGCG 190- 73 = 49359	CGCG 195- 2 = 56055
CGCG 181- 77 = 27530	CGCG 185- 42 = 34797	CGCG 188- 17 = 42727	CGCG 191- 1 = 49237	CGCG 195- 3 = 56573
CGCG 181- 78 = 27533	CGCG 185- 45 = 34833	CGCG 188- 18 = 42904	CGCG 191- 2 = 49285	CGCG 195- 5 = 56679
CGCG 181- 79 = 27539	CGCG 185- 49 = 34917	CGCG 188- 21 = 43157	CGCG 191- 3 = 49301	CGCG 195- 8 = 56812
(CGCG 181- 80) = 27546	CGCG 185- 50 = 34933	CGCG 188- 22 = 43286	CGCG 191- 6 = 49336	CGCG 195- 12 = 57008
(CGCG 181- 80) = 27547	CGCG 185- 51 = 34936	CGCG 188- 24 = 43428	CGCG 191- 7 = 49342	CGCG 195- 17 = 57287
CGCG 181- 82 = 27666	CGCG 185- 52 = 34946	CGCG 188- 26 = 43759	CGCG 191- 8 = 49359	CGCG 195- 18 = 57284
CGCG 181- 85 = 27789	CGCG 185- 61 = 35124	CGCG 188- 30 = 44213	CGCG 191- 9 = 49370	CGCG 195- 20 = 57394
CGCG 181- 86 = 27813	CGCG 185- 66 = 35210	CGCG 188- 32 = 44362	CGCG 191- 10 = 49364	CGCG 195- 21 = 57407
CGCG 181- 87 = 27843	CGCG 185- 68 = 35254	CGCG 189- 2 = 44213	CGCG 191- 11 = 49366	CGCG 196- 1 = 57394
CGCG 182- 3 = 27789	CGCG 185- 69 = 35252	CGCG 189- 4 = 44362	CGCG 191- 13 = 49395	CGCG 196- 2 = 57407
CGCG 182- 4 = 27813	CGCG 185- 70 = 35352	(CGCG 189- 5) = 44536	CGCG 191- 15 = 49422	CGCG 196- 20 = 57684
CGCG 182- 5 = 27843	CGCG 185- 72 = 35396	CGCG 189- 8 = 44557	CGCG 191- 19 = 49529	CGCG 196- 23 = 57716
CGCG 182- 12 = 27987	CGCG 185- 73 = 35413	CGCG 189- 9 = 44694	CGCG 191- 20 = 49598	CGCG 196- 25 = 57728
CGCG 182- 13 = 27996	CGCG 185- 74 = 35464	CGCG 189- 11 = 44731	CGCG 191- 21 = 49605	CGCG 196- 25 = 57734
CGCG 182- 20 = 28169	CGCG 185- 77 = 35517	CGCG 189- 12 = 44806	CGCG 191- 23 = 49709	CGCG 196- 26 = 57748
CGCG 182- 21 = 28186	CGCG 185- 79 = 35549	CGCG 189- 13 = 44807	CGCG 191- 24 = 49739	CGCG 196- 28 = 57762
CGCG 182- 23 = 28270	CGCG 185- 80 = 35569	CGCG 189- 14 = 44920	CGCG 191- 26 = 49747	CGCG 196- 30 = 57784
CGCG 182- 25 = 28357	CGCG 185- 81 = 35621	CGCG 189- 15 = 44986	CGCG 191- 27 = 49799	CGCG 196- 32 = 57800
CGCG 182- 26 = 28390	CGCG 185- 83 = 35679	CGCG 189- 17 = 45236	CGCG 191- 28 = 49810	CGCG 196- 36 = 57816
CGCG 182- 28 = 28494	CGCG 185- 87 = 35687	CGCG 189- 20 = 45314	CGCG 191- 29 = 49820	CGCG 196- 37 = 57823
CGCG 182- 33 = 28581	CGCG 185- 88 = 35707	CGCG 189- 21 = 45336	CGCG 191- 32 = 49927	CGCG 196- 39 = 57836
CGCG 182- 35 = 28623	CGCG 185- 89 = 35732	CGCG 189- 22 = 45397	CGCG 191- 33 = 49950	CGCG 196- 41 = 57842
CGCG 182- 37 = 28645	CGCG 186- 5 = 35687	CGCG 189- 27 = 45538	CGCG 191- 36 = 49956	CGCG 196- 46 = 57908
CGCG 182- 47 = 28758	CGCG 186- 6 = 35707	CGCG 189- 31 = 45684	CGCG 191- 38 = 50012	CGCG 196- 50 = 57947
CGCG 182- 50 = 28795	CGCG 186- 7 = 35732	CGCG 189- 32 = 45700	CGCG 191- 40 = 50042	CGCG 196- 53 = 57966
CGCG 182- 51 = 28805	CGCG 186- 9 = 35754	CGCG 189- 33 = 45719	CGCG 191- 41 = 50080	CGCG 196- 56 = 57984
CGCG 182- 54 = 28888	CGCG 186- 10 = 35826	CGCG 189- 34 = 45728	CGCG 191- 42 = 50090	CGCG 196- 69 = 58202
CGCG 182- 56 = 28984	CGCG 186- 11 = 35859	CGCG 189- 35 = 45749	CGCG 191- 44 = 50116	CGCG 196- 71 = 58234
CGCG 182- 59 = 29019	CGCG 186- 12 = 35913	CGCG 189- 36 = 45778	CGCG 191- 45 = 50140	CGCG 196- 72 = 58390
CGCG 182- 60 = 29034	CGCG 186- 14 = 36029	CGCG 189- 37 = 45787	(CGCG 191- 46) = 50139	CGCG 196- 76 = 58490
CGCG 182- 61 = 29036	CGCG 186- 17 = 36079	CGCG 189- 38 = 45822	(CGCG 191- 46) = 50159	CGCG 196- 77 = 58493
CGCG 182- 70 = 29222	CGCG 186- 18 = 36126	CGCG 189- 39 = 45848	CGCG 191- 50 = 50180	CGCG 196- 83 = 58610
CGCG 182- 72 = 29365	CGCG 186- 23 = 36232	CGCG 189- 41 = 45921	CGCG 191- 52 = 50256	CGCG 196- 85 = 58633
CGCG 182- 75 = 29415	CGCG 186- 24 = 36266	CGCG 189- 42 = 45927	CGCG 191- 53 = 50306	CGCG 196- 88 = 58644
CGCG 182- 79 = 29526	CGCG 186- 26 = 36287	CGCG 189- 43 = 45948	CGCG 191- 57 = 50485	CGCG 196- 92 = 57508
CGCG 183- 8 = 29997	CGCG 186- 27 = 36438	CGCG 189- 44 = 46041	CGCG 191- 60 = 50623	CGCG 196- 93 = 57529
CGCG 183- 13 = 30147	CGCG 186- 28 = 36455	CGCG 189- 45 = 46065	CGCG 191- 62 = 50693	CGCG 196- 98 = 57901
CGCG 183- 18 = 30357	CGCG 186- 30 = 36500	CGCG 189- 46 = 46092	CGCG 191- 63 = 50758	CGCG 197- 3 = 58728
CGCG 183- 19 = 30371	CGCG 186- 32 = 36504	CGCG 189- 47 = 46171	CGCG 191- 65 = 50853	CGCG 197- 7 = 58827
CGCG 183- 20 = 30459	CGCG 186- 33 = 36530	CGCG 189- 49 = 46249	CGCG 191- 69 = 50942	CGCG 197- 9 = 58962
CGCG 183- 25 = 30694	CGCG 186- 35 = 36568	CGCG 189- 51 = 46506	CGCG 191- 72 = 50973	CGCG 197- 10 = 58967
CGCG 183- 28 = 31285	CGCG 186- 43 = 36712	(CGCG 189- 52) = 46515	CGCG 191- 73 = 51018	CGCG 197- 11 = 58970
CGCG 183- 30 = 31428	CGCG 186- 45 = 36716	(CGCG 189- 52) = 46529	CGCG 191- 74 = 51104	CGCG 197- 17 = 59237
CGCG 183- 31 = 31474	CGCG 186- 52 = 36873	CGCG 189- 54 = 46560	CGCG 191- 79 = 51196	CGCG 197- 18 = 59244
CGCG 183- 32 = 31572	CGCG 186- 54 = 36902	CGCG 189- 62 = 46855	CGCG 191- 80 = 51236	CGCG 197- 19 = 59276
CGCG 184- 1 = 31572	CGCG 186- 57 = 37093	CGCG 189- 64 = 46854	CGCG 192- 2 = 51196	CGCG 197- 29 = 59554
CGCG 184- 4 = 31817	CGCG 186- 59 = 37132	CGCG 189- 65 = 46906	CGCG 192- 3 = 51236	CGCG 197- 33 = 59610
CGCG 184- 5 = 31845	CGCG 186- 60 = 37138	CGCG 189- 66 = 46919	CGCG 192- 4 = 51300	CGCG 197- 35 = 59616
CGCG 184- 6 = 31923	CGCG 186- 61 = 37183	CGCG 190- 2 = 46855	CGCG 192- 5 = 51307	CGCG 198- 1 = 59610
CGCG 184- 9 = 32071	CGCG 186- 62 = 37235	CGCG 190- 4 = 46854	CGCG 192- 6 = 51312	CGCG 198- 3 = 59616
CGCG 184- 11 = 32123	CGCG 186- 66 = 37308	CGCG 190- 6 = 46906	CGCG 192- 7 = 51355	CGCG 198- 14 = 59716
CGCG 184- 12 = 32134	CGCG 186- 68 = 37421	CGCG 190- 7 = 46919	(CGCG 192- 8) = 51368	CGCG 198- 21 = 59834
CGCG 184- 16 = 32302	CGCG 186- 72 = 37589	CGCG 190- 10 = 47011	CGCG 192- 9 = 51371	CGCG 198- 22 = 59835
CGCG 184- 17 = 32390	CGCG 186- 73 = 37613	CGCG 190- 11 = 47041	CGCG 192- 11 = 51415	CGCG 198- 44 = 60403
CGCG 184- 18 = 32424	CGCG 186- 74 = 37616	CGCG 190- 13 = 47369	CGCG 192- 12 = 51419	CGCG 199- 1 = 60614
CGCG 184- 19 = 32434	CGCG 186- 75 = 37624	CGCG 190- 19 = 47634	CGCG 192- 13 = 51431	CGCG 199- 8 = 60686
CGCG 184- 20 = 32452	CGCG 186- 76 = 37639	CGCG 190- 24 = 47740	CGCG 192- 14 = 51439	CGCG 199- 13 = 60766
CGCG 184- 25 = 32465	CGCG 186- 78 = 37689	CGCG 190- 25 = 47822	CGCG 192- 15 = 51448	CGCG 199- 19 = 60829
CGCG 184- 27 = 32543	CGCG 186- 80 = 37738	CGCG 190- 26 = 47837	CGCG 192- 17 = 51470	CGCG 199- 20 = 60886
CGCG 184- 28 = 32584	CGCG 186- 81 = 37769	CGCG 190- 28 = 47872	CGCG 192- 19 = 51505	CGCG 199- 23 = 60920
CGCG 184- 29 = 32614	CGCG 187- 4 = 38363	CGCG 190- 29 = 47895	CGCG 192- 20 = 51511	CGCG 199- 26 = 61032
CGCG 184- 30 = 32643	CGCG 187- 10 = 38471	CGCG 190- 31 = 47961	CGCG 192- 21 = 51598	CGCG 199- 27 = 61092
CGCG 184- 31 = 32652	CGCG 187- 12 = 38567	CGCG 190- 32 = 47980	CGCG 192- 26 = 51695	CGCG 199- 28 = 61120
CGCG 184- 34 = 32679	CGCG 187- 16 = 38704	CGCG 190- 34 = 47971	CGCG 192- 29 = 51738	CGCG 199- 29 = 61129
CGCG 184- 35 = 32680	CGCG 187- 18 = 38820	CGCG 190- 36 = 48047	CGCG 192- 30 = 51779	CGCG 199- 30 = 61207

CGCG 199- 33 = 61257	CGCG 207- 14 = 22447	CGCG 212- 7 = 30610	CGCG 215- 52 = 38935	CGCG 219- 25 = 49441
CGCG 199- 34 = 61269	CGCG 207- 16 = 22457	CGCG 212- 9 = 30702	CGCG 215- 53 = 38988	CGCG 219- 26 = 49464
CGCG 200- 4 = 61402	CGCG 207- 20 = 22575	CGCG 212- 11 = 30842	CGCG 215- 55 = 39211	CGCG 219- 28 = 49480
CGCG 200- 5 = 61423	CGCG 207- 23 = 22609	CGCG 212- 19 = 31040	CGCG 215- 59 = 39506	CGCG 219- 29 = 49514
CGCG 200- 8 = 61469	CGCG 207- 26 = 22670	CGCG 212- 28 = 31457	CGCG 215- 67 = 39964	CGCG 219- 31 = 49542
CGCG 200- 9 = 61518	CGCG 207- 30 = 22766	CGCG 212- 30 = 31539	CGCG 216- 1 = 39964	CGCG 219- 33 = 49618
CGCG 200- 13 = 61597	CGCG 207- 31 = 22802	CGCG 212- 32 = 31607	CGCG 216- 2 = 40396	(CGCG 219- 35) = 49817
CGCG 200- 15 = 61711	CGCG 207- 32 = 22805	CGCG 212- 33 = 31671	CGCG 216- 4 = 40904	CGCG 219- 36 = 49835
CGCG 200- 21 = 61913	CGCG 207- 33 = 22816	CGCG 212- 34 = 31733	CGCG 216- 5 = 40973	CGCG 219- 37 = 49841
CGCG 200- 22 = 61927	CGCG 207- 34 = 22838	CGCG 212- 35 = 31758	CGCG 216- 7 = 41326	CGCG 219- 38 = 49847
CGCG 200- 24 = 61966	CGCG 207- 37 = 22896	CGCG 212- 39 = 31863	CGCG 216- 8 = 41333	CGCG 219- 40 = 49890
CGCG 201- 1 = 61966	CGCG 207- 38 = 22900	CGCG 212- 41 = 31949	CGCG 216- 9 = 41522	CGCG 219- 41 = 49893
CGCG 201- 5 = 61991	CGCG 207- 39 = 22909	CGCG 212- 42 = 31959	CGCG 216- 10 = 41576	CGCG 219- 42 = 49896
CGCG 201- 6 = 61997	CGCG 207- 46 = 23093	CGCG 212- 43 = 31965	CGCG 216- 11 = 41766	CGCG 219- 44 = 49942
CGCG 201- 11 = 62043	CGCG 207- 57 = 23407	CGCG 212- 45 = 32058	CGCG 216- 14 = 42045	CGCG 219- 48 = 50067
CGCG 201- 12 = 62056	CGCG 208- 6 = 23788	CGCG 212- 48 = 32084	CGCG 216- 17 = 42575	CGCG 219- 49 = 50097
CGCG 201- 16 = 62155	CGCG 208- 8 = 23860	CGCG 212- 54 = 32244	CGCG 216- 18 = 42607	CGCG 219- 54 = 50610
CGCG 201- 17 = 62154	CGCG 208- 16 = 23993	CGCG 212- 57 = 32266	CGCG 216- 19 = 42656	CGCG 219- 55 = 50627
CGCG 201- 23 = 62190	CGCG 208- 17 = 24002	CGCG 212- 59 = 32307	CGCG 216- 22 = 42858	CGCG 219- 56 = 50677
CGCG 201- 24 = 62205	CGCG 208- 29 = 24230	CGCG 212- 60 = 32384	CGCG 216- 24 = 42914	CGCG 219- 57 = 50750
CGCG 201- 26 = 62237	CGCG 208- 33 = 24309	CGCG 212- 61 = 32472	CGCG 216- 25 = 42938	CGCG 219- 64 = 50986
CGCG 201- 27 = 62242	CGCG 208- 35 = 24399	CGCG 212- 62 = 32579	CGCG 216- 31 = 43288	CGCG 219- 65 = 50991
CGCG 201- 28 = 62245	CGCG 208- 40 = 24540	CGCG 212- 63 = 32588	CGCG 216- 34 = 43495	CGCG 219- 70 = 51251
CGCG 201- 34 = 62293	CGCG 208- 45 = 24641	CGCG 213- 1 = 32579	CGCG 217- 1 = 43495	CGCG 220- 3 = 51251
CGCG 201- 40 = 62532	CGCG 208- 56 = 24833	CGCG 213- 2 = 32588	CGCG 217- 2 = 44001	CGCG 220- 6 = 51319
CGCG 201- 44 = 62595	CGCG 208- 63 = 24940	CGCG 213- 6 = 32831	CGCG 217- 3 = 44010	CGCG 220- 7 = 51354
CGCG 201- 45 = 62613	CGCG 208- 65 = 24964	CGCG 213- 10 = 32940	(CGCG 217- 6) = 44867	CGCG 220- 10 = 51372
CGCG 202- 1 = 62613	CGCG 208- 68 = 25020	(CGCG 213- 20) = 33332	CGCG 217- 7 = 44963	CGCG 220- 11 = 51382
CGCG 202- 3 = 62725	CGCG 209- 1 = 24940	CGCG 213- 22 = 33388	CGCG 217- 10 = 45315	CGCG 220- 12 = 51396
CGCG 203- 3 = 18494	CGCG 209- 3 = 24964	CGCG 213- 26 = 33454	CGCG 217- 12 = 45522	CGCG 220- 13 = 51417
CGCG 203- 4 = 18611	CGCG 209- 6 = 25020	CGCG 213- 29 = 33625	CGCG 217- 17 = 45849	CGCG 220- 15 = 51503
CGCG 203- 6 = 18809	CGCG 209- 9 = 25134	CGCG 213- 31 = 33982	CGCG 217- 20 = 45992	CGCG 220- 18 = 51635
CGCG 203- 9 = 18996	CGCG 209- 11 = 25175	CGCG 213- 33 = 34019	CGCG 217- 22 = 46017	CGCG 220- 19 = 51713
CGCG 204- 1 = 18996	CGCG 209- 12 = 25220	CGCG 213- 38 = 34353	CGCG 217- 23 = 46153	CGCG 220- 20 = 51746
CGCG 204- 2 = 19161	CGCG 209- 13 = 25224	CGCG 213- 39 = 34399	CGCG 217- 26 = 46297	CGCG 220- 21 = 51777
CGCG 204- 3 = 19221	CGCG 209- 14 = 25226	CGCG 213- 42 = 34864	CGCG 217- 27 = 46386	CGCG 220- 23 = 51838
CGCG 204- 4 = 19252	CGCG 209- 15 = 25232	CGCG 213- 43 = 34908	CGCG 217- 28 = 46413	CGCG 220- 26 = 51897
CGCG 204- 6 = 19304	CGCG 209- 16 = 25282	CGCG 214- 1 = 34864	CGCG 217- 29 = 46472	CGCG 220- 29 = 52036
CGCG 204- 8 = 19439	CGCG 209- 30 = 25670	CGCG 214- 2 = 34908	CGCG 217- 31 = 46552	CGCG 220- 30 = 52039
CGCG 204- 9 = 19475	CGCG 209- 31 = 26034	CGCG 214- 3 = 35003	CGCG 217- 33 = 46636	CGCG 220- 31 = 52051
CGCG 204- 10 = 19487	CGCG 209- 33 = 26068	CGCG 214- 4 = 35064	CGCG 217- 34 = 46646	CGCG 220- 32 = 52115
CGCG 204- 11 = 19536	CGCG 209- 35 = 26100	CGCG 214- 5 = 35164	CGCG 218- 1 = 46552	CGCG 220- 33 = 52207
CGCG 204- 14 = 19571	CGCG 209- 45 = 26232	CGCG 214- 7 = 35207	CGCG 218- 3 = 46636	CGCG 220- 36 = 52235
CGCG 204- 15 = 19576	CGCG 209- 46 = 26238	CGCG 214- 13 = 35476	CGCG 218- 4 = 46646	CGCG 220- 37 = 52251
CGCG 204- 17 = 19601	CGCG 209- 53 = 26403	CGCG 214- 15 = 35629	CGCG 218- 5 = 46671	CGCG 220- 38 = 52247
CGCG 204- 18 = 19642	CGCG 209- 57 = 26501	CGCG 214- 16 = 35634	CGCG 218- 6 = 46767	CGCG 220- 42 = 52315
CGCG 204- 20 = 19665	CGCG 209- 59 = 26571	CGCG 214- 17 = 35641	CGCG 218- 10 = 46934	CGCG 220- 43 = 52340
CGCG 204- 21 = 19697	CGCG 209- 60 = 26580	CGCG 214- 24 = 36118	CGCG 218- 21 = 47675	CGCG 220- 44 = 52396
CGCG 204- 22 = 19723	CGCG 209- 62 = 26625	CGCG 214- 27 = 36811	CGCG 218- 24 = 47873	CGCG 220- 45 = 52409
CGCG 204- 23 = 19745	CGCG 209- 65 = 26685	CGCG 214- 29 = 36930	CGCG 218- 27 = 48011	CGCG 220- 46 = 52438
CGCG 204- 25 = 19759	CGCG 210- 2 = 26625	CGCG 214- 30 = 36990	CGCG 218- 29 = 48127	CGCG 220- 47 = 52478
CGCG 204- 28 = 19855	CGCG 210- 5 = 26685	CGCG 214- 32 = 37050	CGCG 218- 30 = 48142	CGCG 220- 49 = 52531
CGCG 204- 29 = 19856	CGCG 210- 10 = 26895	CGCG 214- 34 = 37229	CGCG 218- 33 = 48305	CGCG 220- 51 = 52611
CGCG 204- 30 = 19869	CGCG 210- 11 = 27047	CGCG 214- 35 = 37282	CGCG 218- 34 = 48332	(CGCG 220- 52) = 52686
CGCG 204- 32 = 19875	CGCG 210- 13 = 27154	CGCG 215- 2 = 37229	CGCG 218- 36 = 48393	(CGCG 220- 53) = 52690
CGCG 204- 33 = 19876	CGCG 210- 14 = 27166	CGCG 215- 3 = 37282	CGCG 218- 39 = 48478	CGCG 220- 55 = 52908
CGCG 205- 2 = 19855	CGCG 210- 20 = 27472	CGCG 215- 4 = 37419	CGCG 218- 40 = 48557	CGCG 220- 56 = 52920
CGCG 205- 3 = 19856	CGCG 210- 25 = 27792	CGCG 215- 5 = 37448	CGCG 218- 42 = 48749	CGCG 220- 58 = 52995
CGCG 205- 4 = 19869	CGCG 210- 27 = 27830	CGCG 215- 7 = 37521	CGCG 218- 43 = 48767	CGCG 220- 60 = 53067
CGCG 205- 6 = 19875	CGCG 210- 29 = 27860	CGCG 215- 9 = 37692	CGCG 218- 44 = 48811	CGCG 220- 61 = 53073
CGCG 205- 7 = 19876	CGCG 210- 31 = 27859	CGCG 215- 10 = 37691	CGCG 218- 45 = 48815	CGCG 220- 62 = 53083
CGCG 205- 8 = 19927	CGCG 210- 33 = 28099	CGCG 215- 11 = 37721	CGCG 218- 46 = 48920	CGCG 221- 1 = 52995
CGCG 205- 12 = 20063	CGCG 210- 34 = 28153	CGCG 215- 12 = 37719	CGCG 218- 47 = 48917	CGCG 221- 3 = 53067
CGCG 205- 16 = 20172	CGCG 210- 36 = 28196	CGCG 215- 16 = 38024	CGCG 218- 48 = 48925	CGCG 221- 4 = 53073
CGCG 205- 18 = 20190	CGCG 210- 42 = 28322	CGCG 215- 17 = 38057	CGCG 218- 50 = 48989	CGCG 221- 5 = 53083
CGCG 205- 23 = 20298	CGCG 210- 43 = 28420	CGCG 215- 18 = 38088	CGCG 218- 52 = 49011	CGCG 221- 9 = 53265
CGCG 205- 24 = 20313	CGCG 210- 44 = 28470	CGCG 215- 20 = 38254	CGCG 218- 53 = 49024	CGCG 221- 10 = 53299
CGCG 205- 27 = 20366	CGCG 211- 1 = 28470	CGCG 215- 21 = 38271	CGCG 218- 54 = 49069	CGCG 221- 12 = 53332
CGCG 205- 30 = 20380	CGCG 211- 4 = 29030	CGCG 215- 23 = 38356	CGCG 218- 56 = 49112	CGCG 221- 13 = 53339
CGCG 205- 39 = 20900	CGCG 211- 6 = 29186	CGCG 215- 25 = 38375	CGCG 218- 58 = 49138	CGCG 221- 15 = 53428
CGCG 205- 47 = 21014	CGCG 211- 12 = 29474	CGCG 215- 26 = 38399	CGCG 218- 59 = 49146	CGCG 221- 21 = 53681
CGCG 206- 1 = 20900	CGCG 211- 13 = 29539	CGCG 215- 27 = 38427	CGCG 218- 61 = 49157	CGCG 221- 22 = 53753
CGCG 206- 8 = 21014	CGCG 211- 17 = 29745	CGCG 215- 28 = 38440	CGCG 218- 64 = 49191	CGCG 221- 23 = 53758
CGCG 206- 10 = 21073	CGCG 211- 20 = 29796	CGCG 215- 29 = 38503	CGCG 218- 65 = 49195	CGCG 221- 24 = 53811
CGCG 206- 11 = 21119	CGCG 211- 21 = 29805	CGCG 215- 30 = 38507	CGCG 218- 66 = 49250	CGCG 221- 28 = 53939
CGCG 206- 13 = 21187	CGCG 211- 22 = 29822	CGCG 215- 31 = 38562	CGCG 219- 1 = 49112	CGCG 221- 35 = 54280
CGCG 206- 14 = 21431	CGCG 211- 23 = 29825	CGCG 215- 33 = 38582	CGCG 219- 3 = 49138	CGCG 221- 37 = 54316
CGCG 206- 15 = 21558	CGCG 211- 25 = 29837	CGCG 215- 34 = 38601	CGCG 219- 4 = 49146	CGCG 221- 41 = 54351
(CGCG 206- 24) = 21774	CGCG 211- 27 = 29846	CGCG 215- 36 = 38619	CGCG 219- 6 = 49157	CGCG 221- 43 = 54428
(CGCG 206- 24) = 21776	CGCG 211- 34 = 29962	CGCG 215- 37 = 38643	CGCG 219- 9 = 49191	CGCG 221- 44 = 54431
CGCG 206- 25 = 21786	CGCG 211- 37 = 30078	CGCG 215- 39 = 38654	CGCG 219- 10 = 49195	CGCG 221- 50 = 54618
CGCG 206- 33 = 22008	CGCG 211- 38 = 30087	CGCG 215- 40 = 38677	CGCG 219- 11 = 49250	CGCG 221- 52 = 54780
CGCG 206- 38 = 22141	CGCG 211- 39 = 30120	CGCG 215- 41 = 38694	CGCG 219- 12 = 49275	CGCG 222- 2 = 54780
CGCG 206- 41 = 22176	CGCG 211- 42 = 30206	CGCG 215- 42 = 38693	CGCG 219- 14 = 49322	CGCG 222- 3 = 54815
CGCG 207- 1 = 22141	CGCG 211- 43 = 30217	CGCG 215- 44 = 38706	CGCG 219- 15 = 49337	(CGCG 222- 7) = 55076
CGCG 207- 4 = 22176	CGCG 211- 44 = 30236	CGCG 215- 45 = 38739	CGCG 219- 17 = 49347	(CGCG 222- 7) = 55080
CGCG 207- 5 = 22190	CGCG 211- 46 = 30254	CGCG 215- 47 = 38773	CGCG 219- 18 = 49356	CGCG 222- 8 = 55097
CGCG 207- 8 = 22260	CGCG 211- 47 = 30267	CGCG 215- 48 = 38778	CGCG 219- 19 = 49354	CGCG 222- 10 = 55104
CGCG 207- 10 = 22340	CGCG 211- 51 = 30413	CGCG 215- 50 = 38856	CGCG 219- 20 = 49380	CGCG 222- 11 = 55178
CGCG 207- 13 = 22446	CGCG 212- 2 = 30413	CGCG 215- 51 = 38908	CGCG 219- 22 = 49389	CGCG 222- 16 = 55242

RC3   580   CGCG

CGCG 222- 17 = 55243	CGCG 224- 72 = 58505	CGCG 234- 30 = 19891	CGCG 238- 49 = 26666	CGCG 242- 53 = 35780
CGCG 222- 18 = 55247	CGCG 224- 75 = 58596	CGCG 234- 34 = 19924	CGCG 238- 55 = 26759	CGCG 242- 54 = 35785
CGCG 222- 19 = 55274	CGCG 224- 79 = 58630	CGCG 234- 36 = 19941	CGCG 238- 56 = 26785	CGCG 242- 57 = 35878
CGCG 222- 20 = 55305	CGCG 224- 80 = 58662	CGCG 234- 37 = 19949	CGCG 238- 60 = 26873	CGCG 242- 59 = 35909
CGCG 222- 24 = 55377	(CGCG 224- 82) = 58674	CGCG 234- 41 = 20045	CGCG 238- 61 = 26903	CGCG 242- 60 = 35908
(CGCG 222- 27) = 55555	(CGCG 224- 82) = 58664	CGCG 234- 43 = 20062	CGCG 238- 65 = 27000	CGCG 242- 61 = 35920
(CGCG 222- 27) = 55554	CGCG 224- 92 = 58788	CGCG 234- 46 = 20121	CGCG 239- 2 = 27000	CGCG 242- 65 = 35999
CGCG 222- 28 = 55552	CGCG 224- 96 = 58840	CGCG 234- 47 = 20136	CGCG 239- 4 = 27016	CGCG 242- 66 = 36008
CGCG 222- 30 = 55559	CGCG 224-102 = 58981	CGCG 234- 50 = 20142	CGCG 239- 7 = 27169	CGCG 242- 71 = 36136
CGCG 222- 31 = 55563	CGCG 224-105 = 59083	CGCG 234- 51 = 20141	CGCG 239- 8 = 27166	CGCG 242- 72 = 36188
CGCG 222- 33 = 55584	CGCG 225- 2 = 59083	CGCG 234- 59 = 20209	CGCG 239- 19 = 27602	CGCG 242- 74 = 36265
CGCG 222- 35 = 55601	CGCG 225- 7 = 59214	CGCG 234- 60 = 20218	CGCG 239- 20 = 27641	CGCG 242- 77 = 36528
CGCG 222- 36 = 55607	CGCG 225- 8 = 59238	CGCG 234- 63 = 20220	CGCG 239- 23 = 27709	CGCG 242- 78 = 36613
CGCG 222- 37 = 55620	CGCG 225- 9 = 59251	CGCG 234- 66 = 20237	CGCG 239- 26 = 28045	CGCG 243- 1 = 36528
CGCG 222- 39 = 55701	CGCG 225- 23 = 59393	CGCG 234- 70 = 20254	CGCG 239- 27 = 28126	CGCG 243- 2 = 36613
CGCG 222- 47 = 55913	CGCG 225- 26 = 59460	CGCG 234- 73 = 20268	CGCG 239- 33 = 28303	CGCG 243- 4 = 36699
CGCG 222- 48 = 55918	CGCG 225- 34 = 59560	CGCG 234- 75 = 20276	CGCG 239- 37 = 28383	CGCG 243- 7 = 36825
CGCG 222- 56 = 56156	CGCG 225- 36 = 59571	CGCG 234- 78 = 20283	CGCG 239- 42 = 28708	CGCG 243- 8 = 36875
CGCG 223- 5 = 56156	CGCG 225- 40 = 59614	CGCG 234- 81 = 20306	CGCG 239- 45 = 28764	CGCG 243- 9 = 36897
CGCG 223- 6 = 56216	CGCG 225- 42 = 59632	CGCG 234- 84 = 20318	CGCG 239- 47 = 28770	CGCG 243- 11 = 36953
CGCG 223- 7 = 56287	CGCG 225- 44 = 59634	CGCG 234- 87 = 20334	CGCG 239- 48 = 28830	CGCG 243- 15 = 37038
CGCG 223- 10 = 56313	CGCG 225- 48 = 59671	CGCG 234- 88 = 20331	CGCG 239- 49 = 28904	CGCG 243- 17 = 37072
CGCG 223- 11 = 56323	CGCG 225- 49 = 59681	CGCG 234- 89 = 20330	CGCG 239- 54 = 29147	CGCG 243- 19 = 37136
CGCG 223- 12 = 56373	CGCG 225- 59 = 59750	CGCG 234- 91 = 20338	CGCG 240- 1 = 29147	CGCG 243- 23 = 37217
CGCG 223- 17 = 56440	CGCG 225- 67 = 59852	CGCG 234- 93 = 20353	CGCG 240- 7 = 29338	CGCG 243- 24 = 37289
CGCG 223- 18 = 56442	CGCG 225- 71 = 59868	CGCG 234- 95 = 20357	CGCG 240- 10 = 29427	CGCG 243- 25 = 37290
CGCG 223- 21 = 56506	CGCG 225- 72 = 59873	CGCG 234- 97 = 20364	CGCG 240- 15 = 29646	CGCG 243- 31 = 37542
CGCG 223- 22 = 56502	CGCG 225- 77 = 59894	CGCG 234-100 = 20395	CGCG 240- 17 = 29711	CGCG 243- 32 = 37584
CGCG 223- 23 = 56550	CGCG 225- 82 = 59927	CGCG 234-107 = 20441	CGCG 240- 22 = 30005	CGCG 243- 34 = 37697
CGCG 223- 24 = 56599	CGCG 225- 89 = 59976	CGCG 235- 8 = 20805	CGCG 240- 23 = 30031	CGCG 243- 37 = 38042
CGCG 223- 25 = 56616	CGCG 225- 92 = 60003	CGCG 235- 9 = 20833	CGCG 240- 24 = 30094	CGCG 243- 38 = 38068
CGCG 223- 26 = 56619	CGCG 225- 99 = 60046	CGCG 235- 11 = 20953	CGCG 240- 26 = 30136	CGCG 243- 40 = 38143
CGCG 223- 29 = 56779	CGCG 225-100 = 60074	CGCG 235- 15 = 21020	CGCG 240- 30 = 30197	CGCG 243- 43 = 38361
CGCG 223- 31 = 56843	CGCG 226- 1 = 60046	CGCG 235- 18 = 21101	CGCG 240- 32 = 30334	CGCG 243- 44 = 38370
CGCG 223- 34 = 56893	CGCG 226- 2 = 60074	CGCG 235- 19 = 21162	CGCG 240- 33 = 30386	CGCG 243- 45 = 38613
CGCG 223- 36 = 57069	CGCG 226- 8 = 60164	CGCG 235- 22 = 21443	CGCG 240- 53 = 31083	CGCG 243- 48 = 38688
CGCG 223- 37 = 57100	CGCG 226- 11 = 60226	CGCG 235- 23 = 21506	CGCG 240- 60 = 31331	CGCG 243- 51 = 38948
CGCG 223- 38 = 57098	CGCG 226- 25 = 60479	CGCG 235- 24 = 21513	CGCG 240- 62 = 31336	CGCG 243- 53 = 39241
CGCG 223- 40 = 57211	CGCG 226- 27 = 60484	CGCG 235- 28 = 21578	CGCG 240- 63 = 31376	CGCG 243- 54 = 39237
CGCG 223- 44 = 57299	CGCG 226- 31 = 60557	CGCG 235- 30 = 21618	CGCG 241- 3 = 31639	CGCG 243- 55 = 39285
CGCG 223- 45 = 57333	CGCG 226- 32 = 60568	CGCG 235- 33 = 21659	CGCG 241- 4 = 31697	CGCG 243- 57 = 39312
CGCG 223- 46 = 57341	CGCG 226- 42 = 60771	CGCG 235- 34 = 21665	CGCG 241- 5 = 31708	CGCG 243- 58 = 39344
CGCG 223- 47 = 57361	CGCG 226- 44 = 60823	CGCG 235- 40 = 21755	CGCG 241- 6 = 31720	CGCG 243- 59 = 39353
CGCG 223- 48 = 57386	CGCG 227- 10 = 61249	CGCG 235- 41 = 21767	CGCG 241- 8 = 31888	CGCG 243- 60 = 39354
CGCG 223- 49 = 57392	CGCG 227- 18 = 61515	CGCG 235- 44 = 21819	CGCG 241- 11 = 32149	CGCG 243- 61 = 39423
CGCG 223- 52 = 57601	CGCG 227- 20 = 61553	CGCG 235- 50 = 21990	CGCG 241- 13 = 32294	CGCG 243- 63 = 39418
CGCG 223- 55 = 57771	CGCG 227- 24 = 61703	CGCG 236- 10 = 22093	CGCG 241- 15 = 32341	CGCG 243- 64 = 39461
CGCG 224- 1 = 57882	CGCG 227- 26 = 61727	CGCG 236- 11 = 22162	CGCG 241- 16 = 32343	CGCG 243- 66 = 39506
CGCG 224- 2 = 57894	CGCG 228- 1 = 61727	CGCG 236- 18 = 22279	CGCG 241- 17 = 32342	CGCG 243- 67 = 39600
CGCG 224- 3 = 57904	CGCG 228- 6 = 61841	CGCG 236- 22 = 22418	CGCG 241- 22 = 32536	CGCG 243- 68 = 39635
CGCG 224- 4 = 57927	CGCG 228- 8 = 61879	CGCG 236- 25 = 22698	CGCG 241- 26 = 32659	CGCG 243- 69 = 39680
CGCG 224- 5 = 57931	CGCG 228- 9 = 61941	CGCG 236- 26 = 22707	CGCG 241- 29 = 32726	CGCG 244- 1 = 39461
CGCG 224- 8 = 57959	CGCG 228- 10 = 61944	CGCG 236- 30 = 22915	CGCG 241- 30 = 32729	CGCG 244- 3 = 39600
CGCG 224- 9 = 57978	CGCG 228- 12 = 61990	CGCG 236- 31 = 22941	CGCG 241- 37 = 32800	CGCG 244- 4 = 39635
CGCG 224- 10 = 57994	CGCG 228- 14 = 62032	CGCG 236- 32 = 22955	CGCG 241- 42 = 32863	CGCG 244- 5 = 39680
CGCG 224- 11 = 57986	CGCG 228- 19 = 62149	CGCG 236- 35 = 23040	CGCG 241- 51 = 33101	CGCG 244- 6 = 39840
CGCG 224- 12 = 58000	CGCG 228- 20 = 62220	CGCG 236- 36 = 23071	CGCG 241- 53 = 33126	CGCG 244- 7 = 39918
CGCG 224- 13 = 57989	CGCG 228- 23 = 62296	CGCG 236- 37 = 23110	CGCG 241- 54 = 33138	CGCG 244- 8 = 40078
CGCG 224- 14 = 58008	CGCG 228- 24 = 62301	CGCG 236- 42 = 23340	CGCG 241- 56 = 33153	CGCG 244- 9 = 40228
CGCG 224- 15 = 58030	CGCG 229- 13 = 62691	CGCG 237- 1 = 23660	CGCG 241- 57 = 33150	CGCG 244- 10 = 40296
CGCG 224- 18 = 58080	CGCG 229- 21 = 62807	CGCG 237- 3 = 23843	CGCG 241- 59 = 33257	CGCG 244- 14 = 40537
CGCG 224- 19 = 58092	CGCG 229- 25 = 62838	CGCG 237- 13 = 24493	CGCG 241- 61 = 33280	CGCG 244- 16 = 40605
CGCG 224- 20 = 58098	CGCG 229- 30 = 62939	CGCG 237- 14 = 24506	CGCG 241- 62 = 33294	CGCG 244- 18 = 40665
CGCG 224- 22 = 58105	CGCG 229- 31 = 62972	CGCG 237- 15 = 24528	CGCG 241- 65 = 33370	CGCG 244- 19 = 40771
CGCG 224- 23 = 58120	CGCG 229- 32 = 62974	CGCG 237- 19 = 24654	CGCG 241- 66 = 33404	(CGCG 244- 20) = 40986
CGCG 224- 24 = 58121	CGCG 229- 33 = 62982	CGCG 237- 20 = 24688	CGCG 241- 67 = 33433	CGCG 244- 22 = 41069
CGCG 224- 25 = 58135	CGCG 230- 5 = 63096	CGCG 237- 21 = 24745	CGCG 241- 69 = 33444	CGCG 244- 23 = 41119
CGCG 224- 26 = 58149	CGCG 230- 6 = 63101	CGCG 237- 22 = 24881	CGCG 241- 72 = 33465	CGCG 244- 24 = 41239
CGCG 224- 27 = 58163	CGCG 230- 9 = 63122	CGCG 237- 23 = 25012	CGCG 241- 74 = 33498	CGCG 244- 27 = 41591
CGCG 224- 29 = 58185	CGCG 230- 24 = 63424	CGCG 237- 24 = 25024	CGCG 241- 77 = 33600	CGCG 244- 31 = 41869
CGCG 224- 31 = 58198	CGCG 230- 25 = 63440	CGCG 238- 1 = 25248	CGCG 241- 81 = 33643	CGCG 244- 35 = 42362
CGCG 224- 32 = 58199	CGCG 230- 27 = 63557	CGCG 238- 2 = 25251	CGCG 241- 84 = 33729	CGCG 244- 39 = 42874
CGCG 224- 35 = 58227	CGCG 230- 30 = 63629	CGCG 238- 6 = 25472	CGCG 241- 85 = 33755	CGCG 244- 40 = 43044
CGCG 224- 36 = 58229	CGCG 232- 1 = 17825	CGCG 238- 9 = 25547	CGCG 241- 87 = 33840	CGCG 244- 41 = 43064
CGCG 224- 38 = 58251	CGCG 232- 3 = 18078	CGCG 238- 13 = 25726	CGCG 241- 88 = 33875	CGCG 244- 45 = 43504
CGCG 224- 39 = 58265	CGCG 232- 4 = 18109	CGCG 238- 18 = 25917	CGCG 241- 95 = 34021	CGCG 245- 3 = 43504
CGCG 224- 44 = 58296	CGCG 233- 17 = 18992	CGCG 238- 20 = 25946	CGCG 242- 6 = 34021	CGCG 245- 5 = 43931
CGCG 224- 46 = 58308	CGCG 233- 18 = 19073	CGCG 238- 21 = 25976	CGCG 242- 9 = 34192	CGCG 245- 6 = 44188
CGCG 224- 47 = 58334	CGCG 233- 21 = 19186	CGCG 238- 24 = 26082	CGCG 242- 10 = 34195	CGCG 245- 11 = 44838
CGCG 224- 48 = 58357	CGCG 233- 22 = 19294	CGCG 238- 31 = 26283	CGCG 242- 12 = 34232	CGCG 245- 12 = 44883
CGCG 224- 49 = 58348	CGCG 233- 24 = 19409	CGCG 238- 32 = 26282	CGCG 242- 14 = 34325	CGCG 245- 18 = 45309
CGCG 224- 54 = 58376	CGCG 234- 1 = 19409	CGCG 238- 33 = 26304	CGCG 242- 19 = 34561	CGCG 245- 22 = 45528
CGCG 224- 57 = 58387	CGCG 234- 10 = 19612	CGCG 238- 34 = 26323	CGCG 242- 24 = 34837	CGCG 245- 25 = 45739
CGCG 224- 58 = 58386	CGCG 234- 15 = 19732	CGCG 238- 35 = 26338	CGCG 242- 31 = 35014	CGCG 245- 26 = 45773
CGCG 224- 59 = 58385	CGCG 234- 17 = 19744	CGCG 238- 38 = 26465	CGCG 242- 32 = 35015	CGCG 245- 28 = 45833
CGCG 224- 61 = 58405	CGCG 234- 18 = 19749	CGCG 238- 42 = 26531	CGCG 242- 35 = 35181	CGCG 245- 30 = 45834
CGCG 224- 65 = 58413	CGCG 234- 23 = 19788	CGCG 238- 43 = 26538	CGCG 242- 45 = 35676	CGCG 245- 32 = 45880
CGCG 224- 66 = 58410	CGCG 234- 24 = 19794	CGCG 238- 45 = 26563	CGCG 242- 46 = 35679	CGCG 245- 36 = 46039
CGCG 224- 68 = 58418	CGCG 234- 26 = 19831	CGCG 238- 46 = 26631	CGCG 242- 48 = 35720	CGCG 245- 38 = 46127
CGCG 224- 71 = 58436	CGCG 234- 27 = 19829	CGCG 238- 47 = 26648	CGCG 242- 49 = 35736	CGCG 246- 2 = 47231

CGCG 246- 3	= 47257	CGCG 251- 29	= 58532	CGCG 261- 35	= 20464	CGCG 264- 70	= 25781	CGCG 268- 36	= 35202
CGCG 246- 4	= 47270	CGCG 251- 30	= 58528	CGCG 261- 41	= 20536	CGCG 264- 73	= 25845	CGCG 268- 48	= 35616
CGCG 246- 7	= 47371	CGCG 251- 31	= 58544	CGCG 261- 47	= 20668	CGCG 264- 75	= 25852	(CGCG 268- 49)	= 35620
CGCG 246- 8	= 47404	CGCG 251- 34	= 58631	CGCG 261- 51	= 20700	CGCG 264- 76	= 25870	(CGCG 268- 49)	= 35631
CGCG 246- 9	= 47413	CGCG 251- 35	= 58639	CGCG 261- 59	= 20823	CGCG 264- 77	= 25875	CGCG 268- 51	= 35711
CGCG 246- 10	= 47441	CGCG 251- 36	= 58679	CGCG 261- 64	= 20971	CGCG 264- 78	= 25910	CGCG 268- 53	= 35793
CGCG 246- 13	= 47788	CGCG 251- 43	= 59028	CGCG 261- 71	= 21142	CGCG 264- 81	= 26000	CGCG 268- 55	= 35797
CGCG 246- 16	= 47951	CGCG 252- 1	= 59028	CGCG 262- 5	= 21142	CGCG 264- 86	= 26076	CGCG 268- 58	= 35840
CGCG 246- 17	= 47985	CGCG 252- 2	= 59055	CGCG 262- 14	= 21388	CGCG 264- 88	= 26142	CGCG 268- 60	= 35856
CGCG 246- 18	= 48012	(CGCG 252- 3)	= 59061	CGCG 262- 16	= 21514	CGCG 264- 90	= 26188	CGCG 268- 62	= 35926
CGCG 246- 20	= 48064	(CGCG 252- 3)	= 59065	CGCG 262- 19	= 21568	CGCG 264- 91	= 26246	CGCG 268- 63	= 35931
CGCG 246- 21	= 48192	(CGCG 252- 3)	= 59062	CGCG 262- 22	= 21648	CGCG 264- 94	= 26302	CGCG 268- 64	= 35945
CGCG 246- 22	= 48777	CGCG 252- 6	= 59102	CGCG 262- 23	= 21664	CGCG 264- 96	= 26329	CGCG 268- 65	= 35948
CGCG 246- 23	= 48816	CGCG 252- 11	= 59305	CGCG 262- 24	= 21711	CGCG 264- 98	= 26351	CGCG 268- 66	= 36000
CGCG 246- 27	= 49563	CGCG 252- 13	= 59370	CGCG 262- 29	= 21859	CGCG 264- 99	= 26363	CGCG 268- 70	= 36238
CGCG 246- 28	= 49608	CGCG 252- 18	= 59522	CGCG 262- 30	= 21860	CGCG 265- 6	= 26512	CGCG 268- 71	= 36343
CGCG 247- 2	= 49889	CGCG 252- 21	= 59719	CGCG 262- 33	= 21924	CGCG 265- 22	= 26970	CGCG 268- 73	= 36370
CGCG 247- 4	= 50031	CGCG 252- 22	= 59739	CGCG 262- 34	= 21939	CGCG 265- 23	= 27020	CGCG 268- 74	= 36439
CGCG 247- 6	= 50509	CGCG 252- 25	= 59789	CGCG 262- 35	= 21950	CGCG 265- 24	= 27091	CGCG 268- 75	= 36463
CGCG 247- 7	= 50588	CGCG 252- 37	= 60027	CGCG 262- 36	= 21961	CGCG 265- 31	= 27893	CGCG 268- 76	= 36506
CGCG 247- 9	= 50664	CGCG 252- 39	= 60052	CGCG 262- 37	= 21970	CGCG 265- 33	= 27944	CGCG 268- 78	= 36539
CGCG 247- 23	= 51358	CGCG 252- 40	= 60067	CGCG 262- 40	= 22072	CGCG 265- 35	= 28068	CGCG 268- 79	= 36660
CGCG 247- 26	= 51472	CGCG 252- 41	= 60070	CGCG 262- 43	= 22110	CGCG 265- 36	= 28080	CGCG 268- 81	= 36686
CGCG 247- 28	= 51541	CGCG 253- 4	= 60207	CGCG 262- 44	= 22129	CGCG 265- 38	= 28111	CGCG 268- 85	= 36789
CGCG 247- 29	= 51561	CGCG 253- 5	= 60226	CGCG 262- 45	= 22134	CGCG 265- 42	= 28166	CGCG 268- 86	= 36795
CGCG 247- 30	= 51620	CGCG 253- 6	= 60225	CGCG 262- 48	= 22169	CGCG 265- 44	= 28251	CGCG 268- 88	= 36921
CGCG 247- 34	= 51798	CGCG 253- 27	= 60649	CGCG 262- 49	= 22175	CGCG 265- 51	= 28846	CGCG 268- 91	= 37022
CGCG 247- 35	= 51795	CGCG 253- 28	= 60696	CGCG 262- 50	= 22186	CGCG 265- 52	= 28858	CGCG 268- 92	= 37024
CGCG 247- 39	= 51901	CGCG 253- 33	= 60783	(CGCG 262- 52)	= 22321	CGCG 265- 53	= 28928	CGCG 268- 93	= 37036
CGCG 247- 41	= 51955	CGCG 253- 34	= 60845	(CGCG 262- 52)	= 22322	CGCG 265- 54	= 28974	CGCG 268- 94	= 37047
CGCG 247- 42	= 51978	CGCG 254- 4	= 61167	CGCG 262- 54	= 22393	CGCG 265- 55	= 28990	CGCG 268- 95	= 37063
CGCG 248- 1	= 51901	CGCG 254- 6	= 61221	CGCG 262- 62	= 22525	CGCG 266- 2	= 28846	CGCG 268- 96	= 37073
CGCG 248- 2	= 51955	CGCG 254- 11	= 61368	CGCG 262- 66	= 22644	CGCG 266- 3	= 28858	CGCG 268- 97	= 37091
CGCG 248- 3	= 51978	CGCG 254- 15	= 61381	CGCG 262- 67	= 22657	CGCG 266- 4	= 28928	CGCG 269- 2	= 36921
CGCG 248- 8	= 52107	CGCG 254- 22	= 61507	CGCG 262- 71	= 22762	CGCG 266- 6	= 28974	CGCG 269- 3	= 37022
CGCG 248- 9	= 52114	CGCG 254- 31	= 61716	CGCG 263- 1	= 22657	CGCG 266- 7	= 28990	CGCG 269- 4	= 37024
CGCG 248- 10	= 52154	CGCG 254- 32	= 61723	CGCG 263- 5	= 22752	CGCG 266- 9	= 29050	CGCG 269- 5	= 37036
CGCG 248- 11	= 52194	CGCG 254- 36	= 61786	CGCG 263- 6	= 22762	CGCG 266- 12	= 29142	CGCG 269- 6	= 37047
CGCG 248- 14	= 52307	CGCG 254- 41	= 61891	CGCG 263- 9	= 22800	CGCG 266- 15	= 29206	CGCG 269- 7	= 37063
CGCG 248- 17	= 52468	CGCG 254- 43	= 61924	CGCG 263- 13	= 23026	CGCG 266- 22	= 29472	CGCG 269- 8	= 37072
CGCG 248- 18	= 52476	CGCG 254- 44	= 61928	CGCG 263- 14	= 23024	CGCG 266- 25	= 29469	CGCG 269- 9	= 37073
CGCG 248- 22	= 52942	CGCG 255- 1	= 61924	CGCG 263- 18	= 23069	CGCG 266- 28	= 29584	CGCG 269- 10	= 37091
CGCG 248- 27	= 53378	CGCG 255- 2	= 61928	CGCG 263- 19	= 23103	CGCG 266- 31	= 29953	CGCG 269- 12	= 37164
CGCG 248- 28	= 53387	CGCG 255- 6	= 62049	CGCG 263- 24	= 23412	CGCG 266- 33	= 30036	CGCG 269- 13	= 37306
CGCG 248- 29	= 53402	CGCG 255- 7	= 62074	CGCG 263- 25	= 23422	CGCG 266- 34	= 30044	CGCG 269- 15	= 37418
CGCG 248- 30	= 53408	CGCG 255- 9	= 62247	CGCG 263- 27	= 23454	CGCG 266- 41	= 30449	CGCG 269- 16	= 37466
CGCG 248- 31	= 53441	CGCG 255- 12	= 62375	CGCG 263- 28	= 23499	CGCG 266- 44	= 30579	CGCG 269- 17	= 37497
CGCG 248- 32	= 53437	CGCG 255- 13	= 62395	CGCG 263- 30	= 23598	CGCG 266- 47	= 30871	CGCG 269- 18	= 37525
CGCG 248- 36	= 53508	CGCG 255- 14	= 62409	CGCG 263- 33	= 23741	CGCG 266- 53	= 31003	CGCG 269- 19	= 37520
CGCG 248- 39	= 53530	CGCG 255- 17	= 62456	CGCG 263- 34	= 23746	CGCG 266- 54	= 31125	CGCG 269- 20	= 37532
CGCG 248- 42	= 53622	CGCG 255- 24	= 62678	CGCG 263- 35	= 23750	CGCG 266- 55	= 31141	CGCG 269- 21	= 37550
CGCG 248- 44	= 53641	CGCG 256- 7	= 62806	CGCG 263- 36	= 23820	CGCG 266- 59	= 31269	CGCG 269- 22	= 37553
CGCG 248- 45	= 53657	CGCG 256- 18	= 63212	CGCG 263- 37	= 23812	CGCG 266- 61	= 31307	CGCG 269- 23	= 37617
CGCG 248- 47	= 53674	CGCG 256- 19	= 63308	CGCG 263- 40	= 23850	CGCG 267- 4	= 31650	CGCG 269- 24	= 37618
CGCG 248- 48	= 53699	CGCG 257- 6	= 63529	CGCG 263- 41	= 23880	CGCG 267- 8	= 32033	CGCG 269- 25	= 37642
CGCG 248- 54	= 53861	CGCG 257- 7	= 63534	CGCG 263- 42	= 23943	CGCG 267- 9	= 32103	CGCG 269- 26	= 37700
CGCG 249- 4	= 53861	CGCG 257- 8	= 63552	CGCG 263- 43	= 23955	CGCG 267- 11	= 32182	CGCG 269- 27	= 37728
CGCG 249- 10	= 54197	CGCG 257- 11	= 63680	CGCG 263- 45	= 23996	CGCG 267- 12	= 32221	CGCG 269- 28	= 37735
CGCG 249- 13	= 54377	CGCG 257- 14	= 63696	CGCG 263- 55	= 24082	CGCG 267- 14	= 32248	CGCG 269- 29	= 37760
CGCG 249- 15	= 54683	CGCG 257- 21	= 63851	CGCG 263- 57	= 24108	CGCG 267- 15	= 32356	CGCG 269- 30	= 37832
CGCG 249- 16	= 54690	CGCG 257- 24	= 63857	CGCG 263- 63	= 24242	CGCG 267- 16	= 32423	CGCG 269- 31	= 38148
CGCG 249- 20	= 54980	CGCG 257- 27	= 63916	CGCG 263- 66	= 24351	CGCG 267- 18	= 32564	CGCG 269- 32	= 38283
CGCG 249- 22	= 55066	CGCG 257- 28	= 63927	CGCG 263- 68	= 24372	CGCG 267- 19	= 32568	CGCG 269- 33	= 38302
CGCG 249- 29	= 55381	CGCG 257- 29	= 63926	CGCG 263- 72	= 24423	CGCG 267- 21	= 32594	CGCG 269- 34	= 38295
CGCG 249- 34	= 55539	CGCG 257- 32	= 64001	CGCG 263- 77	= 24517	CGCG 267- 22	= 32604	CGCG 269- 36	= 38392
CGCG 250- 2	= 55811	CGCG 257- 35	= 64024	CGCG 264- 3	= 24517	CGCG 267- 23	= 32678	CGCG 269- 37	= 38645
CGCG 250- 5	= 55864	CGCG 258- 2	= 16918	CGCG 264- 8	= 24572	CGCG 267- 24	= 32705	CGCG 269- 38	= 38795
CGCG 250- 7	= 55927	CGCG 258- 7	= 17057	CGCG 264- 15	= 24707	CGCG 267- 26	= 32770	CGCG 269- 39	= 38887
CGCG 250- 10	= 56006	CGCG 259- 1	= 17678	CGCG 264- 20	= 24887	CGCG 267- 27	= 32774	CGCG 269- 40	= 38951
CGCG 250- 14	= 56207	CGCG 259- 2	= 17831	CGCG 264- 21	= 24909	CGCG 267- 30	= 33033	CGCG 269- 42	= 39004
CGCG 250- 21	= 56398	CGCG 259- 4	= 17954	CGCG 264- 22	= 24908	CGCG 267- 32	= 33136	CGCG 269- 43	= 39068
CGCG 250- 23	= 56420	CGCG 259- 5	= 18089	CGCG 264- 26	= 24961	CGCG 267- 34	= 33325	CGCG 269- 45	= 39090
CGCG 250- 25	= 56450	CGCG 259- 9	= 18380	CGCG 264- 27	= 24974	CGCG 267- 37	= 33375	CGCG 269- 47	= 39191
CGCG 250- 26	= 56462	CGCG 259- 18	= 18608	CGCG 264- 33	= 25130	CGCG 267- 38	= 33370	CGCG 269- 55	= 40475
CGCG 250- 27	= 56469	CGCG 260- 6	= 18872	CGCG 264- 34	= 25143	CGCG 267- 41	= 33633	CGCG 269- 61	= 40918
CGCG 250- 28	= 56476	CGCG 260- 7	= 18911	CGCG 264- 35	= 25144	CGCG 267- 43	= 33726	CGCG 270- 4	= 40918
CGCG 250- 30	= 56544	CGCG 260- 12	= 19062	CGCG 264- 36	= 25142	CGCG 267- 47	= 33964	CGCG 270- 7	= 41400
CGCG 250- 35	= 56656	CGCG 260- 18	= 19237	CGCG 264- 38	= 25194	CGCG 267- 48	= 34030	CGCG 270- 8	= 41513
CGCG 250- 39	= 56755	CGCG 260- 19	= 19267	CGCG 264- 43	= 25237	CGCG 267- 52	= 34170	CGCG 270- 9	= 41739
CGCG 250- 41	= 56778	CGCG 260- 24	= 19414	CGCG 264- 44	= 25235	CGCG 267- 58	= 34374	CGCG 270- 12	= 42007
CGCG 250- 43	= 56875	CGCG 260- 26	= 19427	CGCG 264- 46	= 25258	CGCG 268- 1	= 34030	CGCG 270- 13	= 42530
CGCG 250- 49	= 57471	CGCG 260- 27	= 19430	CGCG 264- 47	= 25290	CGCG 268- 4	= 34170	CGCG 270- 14	= 42708
CGCG 251- 1	= 57471	CGCG 260- 30	= 19550	CGCG 264- 48	= 25305	CGCG 268- 11	= 34374	CGCG 270- 15	= 42740
CGCG 251- 3	= 57616	CGCG 260- 39	= 19720	CGCG 264- 49	= 25308	CGCG 268- 16	= 34508	(CGCG 270- 16)	= 42841
CGCG 251- 4	= 57678	CGCG 261- 2	= 19720	CGCG 264- 51	= 25339	CGCG 268- 18	= 34670	(CGCG 270- 16)	= 42844
CGCG 251- 10	= 57916	CGCG 261- 8	= 19808	CGCG 264- 57	= 25473	CGCG 268- 21	= 34767	CGCG 270- 17	= 42919
CGCG 251- 14	= 57997	CGCG 261- 11	= 19884	CGCG 264- 60	= 25531	CGCG 268- 24	= 34859	CGCG 270- 18	= 42942
CGCG 251- 16	= 58095	CGCG 261- 14	= 20007	CGCG 264- 62	= 25600	CGCG 268- 28	= 34971	CGCG 270- 19	= 42998
CGCG 251- 18	= 58115	CGCG 261- 20	= 20097	CGCG 264- 63	= 25683	CGCG 268- 29	= 34989	CGCG 270- 21	= 43101
CGCG 251- 25	= 58484	CGCG 261- 28	= 20225	CGCG 264- 67	= 25757	CGCG 268- 30	= 35002	CGCG 270- 22	= 43124

RC3   582   CGCG

CGCG 270- 23 = 43173	CGCG 273- 37 = 53493	CGCG 281- 3 = 63229	CGCG 288- 6 = 24784	CGCG 291- 62 = 34889
CGCG 270- 24 = 43240	CGCG 273- 38 = 53511	CGCG 281- 4 = 63243	CGCG 288- 10 = 25009	CGCG 291- 67 = 35113
CGCG 270- 25 = 43255	CGCG 273- 39 = 53532	CGCG 281- 5 = 63311	CGCG 288- 12 = 25065	CGCG 291- 69 = 35191
CGCG 270- 26 = 43430	CGCG 274- 1 = 53442	CGCG 281- 8 = 63575	CGCG 288- 13 = 25071	CGCG 291- 70 = 35206
CGCG 270- 27 = 43452	CGCG 274- 2 = 53476	CGCG 281- 10 = 63664	CGCG 288- 14 = 25086	CGCG 291- 71 = 35236
CGCG 270- 28 = 43533	CGCG 274- 3 = 53493	CGCG 281- 12 = 63998	CGCG 288- 17 = 25370	CGCG 291- 72 = 35249
CGCG 270- 29 = 43634	CGCG 274- 4 = 53511	CGCG 282- 1 = 63998	CGCG 288- 18 = 25498	(CGCG 291- 73) = 35326
CGCG 270- 32 = 44032	CGCG 274- 5 = 53532	CGCG 282- 2 = 64026	CGCG 288- 19 = 25640	(CGCG 291- 73) = 35321
CGCG 270- 37 = 44641	CGCG 274- 6 = 53644	CGCG 283- 1 = 16537	CGCG 288- 22 = 25836	CGCG 291- 75 = 35376
CGCG 270- 39 = 44913	CGCG 274- 8 = 53763	CGCG 283- 4 = 16957	CGCG 288- 23 = 25858	CGCG 291- 76 = 35451
CGCG 270- 40 = 45015	CGCG 274- 12 = 53844	CGCG 284- 3 = 18200	CGCG 288- 26 = 25915	CGCG 291- 77 = 35626
CGCG 270- 42 = 45044	CGCG 274- 16 = 53933	CGCG 284- 6 = 18374	CGCG 288- 28 = 26180	CGCG 291- 78 = 35698
CGCG 270- 43 = 45085	CGCG 274- 17 = 53949	CGCG 284- 7 = 18568	CGCG 288- 29 = 26543	CGCG 292- 1 = 35451
CGCG 270- 46 = 45196	CGCG 274- 20 = 54018	CGCG 284- 9 = 18747	CGCG 288- 31 = 26642	CGCG 292- 3 = 35626
CGCG 270- 48 = 45277	CGCG 274- 23 = 54061	CGCG 284- 11 = 18881	CGCG 289- 1 = 26543	CGCG 292- 5 = 35698
CGCG 270- 51 = 45321	CGCG 274- 27 = 54095	CGCG 284- 12 = 18878	CGCG 289- 4 = 26642	CGCG 292- 9 = 35900
CGCG 270- 53 = 45339	CGCG 274- 28 = 54110	CGCG 284- 14 = 19064	CGCG 289- 5 = 26766	CGCG 292- 10 = 35955
CGCG 271- 2 = 45196	CGCG 274- 29 = 54154	CGCG 285- 1 = 19064	CGCG 289- 8 = 26856	CGCG 292- 11 = 35979
CGCG 271- 4 = 45277	CGCG 274- 33 = 54267	CGCG 285- 2 = 19261	CGCG 289- 10 = 27108	CGCG 292- 12 = 36025
CGCG 271- 7 = 45321	CGCG 274- 36 = 54445	CGCG 285- 3 = 19397	CGCG 289- 11 = 27292	CGCG 292- 13 = 36037
CGCG 271- 9 = 45339	CGCG 274- 37 = 54473	CGCG 285- 4 = 19500	CGCG 289- 15 = 27662	CGCG 292- 14 = 36138
CGCG 271- 11 = 45457	CGCG 274- 38 = 54470	CGCG 285- 5 = 19579	CGCG 289- 16 = 27765	CGCG 292- 15 = 36137
CGCG 271- 13 = 45502	CGCG 274- 39 = 54522	CGCG 285- 6 = 19688	CGCG 289- 17 = 27788	CGCG 292- 16 = 36146
CGCG 271- 18 = 45560	CGCG 274- 42 = 55047	CGCG 285- 7 = 19767	CGCG 289- 18 = 28182	CGCG 292- 17 = 36192
CGCG 271- 19 = 45561	CGCG 274- 43 = 55065	CGCG 285- 10 = 19789	CGCG 289- 20 = 28353	CGCG 292- 18 = 36215
CGCG 271- 21 = 45655	CGCG 274- 45 = 55169	CGCG 285- 11 = 19899	CGCG 289- 22 = 28542	CGCG 292- 19 = 36238
CGCG 271- 23 = 45915	CGCG 274- 46 = 55283	CGCG 285- 13 = 20058	CGCG 289- 23 = 28672	CGCG 292- 20 = 36263
CGCG 271- 29 = 46206	CGCG 274- 49 = 55616	CGCG 285- 16 = 20250	CGCG 289- 24 = 28729	CGCG 292- 21 = 36493
CGCG 271- 35 = 46734	CGCG 275- 2 = 55616	CGCG 285- 18 = 20304	CGCG 289- 28 = 29177	CGCG 292- 22 = 36505
CGCG 271- 36 = 46752	CGCG 275- 4 = 55916	CGCG 286- 3 = 20250	CGCG 289- 30 = 29220	CGCG 292- 25 = 36617
CGCG 271- 39 = 47000	CGCG 275- 17 = 56570	CGCG 286- 5 = 20304	CGCG 289- 31 = 29237	CGCG 292- 26 = 36655
CGCG 271- 40 = 47096	CGCG 275- 23 = 57129	CGCG 286- 10 = 20679	CGCG 290- 2 = 29177	CGCG 292- 29 = 36776
CGCG 271- 41 = 47124	CGCG 275- 27 = 57404	CGCG 286- 14 = 20884	CGCG 290- 4 = 29220	CGCG 292- 33 = 36889
CGCG 271- 42 = 47178	CGCG 275- 29 = 57437	CGCG 286- 16 = 20927	CGCG 290- 5 = 29237	CGCG 292- 35 = 36907
CGCG 271- 43 = 47215	CGCG 276- 2 = 57437	CGCG 286- 17 = 20933	CGCG 290- 9 = 29550	CGCG 292- 37 = 37037
CGCG 271- 44 = 47246	CGCG 276- 7 = 57707	CGCG 286- 20 = 21067	CGCG 290- 10 = 29595	CGCG 292- 41 = 37236
CGCG 271- 45 = 47324	CGCG 276- 11 = 57919	CGCG 286- 24 = 21195	CGCG 290- 12 = 29697	CGCG 292- 42 = 37258
CGCG 271- 48 = 47495	CGCG 276- 15 = 57998	CGCG 286- 28 = 21273	CGCG 290- 13 = 29696	CGCG 292- 43 = 37358
CGCG 271- 50 = 47731	CGCG 276- 19 = 58150	CGCG 286- 32 = 21322	CGCG 290- 18 = 29928	CGCG 292- 44 = 37386
CGCG 271- 52 = 47853	CGCG 276- 24 = 58338	CGCG 286- 36 = 21400	CGCG 290- 20 = 29983	CGCG 292- 47 = 37502
CGCG 271- 53 = 47997	CGCG 276- 26 = 58503	CGCG 286- 39 = 21417	CGCG 290- 23 = 30001	CGCG 292- 48 = 37504
CGCG 271- 54 = 48259	CGCG 276- 27 = 58517	CGCG 286- 44 = 21496	CGCG 290- 24 = 30018	CGCG 292- 53 = 37598
CGCG 271- 55 = 48286	CGCG 276- 29 = 58552	CGCG 286- 47 = 21540	CGCG 290- 25 = 30027	CGCG 292- 59 = 37930
CGCG 271- 56 = 48392	CGCG 276- 34 = 58649	CGCG 286- 51 = 21638	CGCG 290- 27 = 30176	CGCG 292- 61 = 37999
CGCG 271- 57 = 48450	CGCG 276- 36 = 58765	CGCG 286- 54 = 21666	CGCG 290- 28 = 30183	CGCG 292- 64 = 38112
(CGCG 271- 58) = 48473	CGCG 276- 45 = 59049	CGCG 286- 56 = 21756	CGCG 290- 29 = 30240	CGCG 292- 66 = 38250
(CGCG 271- 58) = 48482	CGCG 276- 47 = 59079	CGCG 286- 59 = 21758	CGCG 290- 30 = 30322	CGCG 292- 73 = 38665
CGCG 271- 60 = 48711	CGCG 276- 48 = 59077	CGCG 286- 62 = 21810	CGCG 290- 32 = 30419	CGCG 292- 74 = 38669
CGCG 272- 1 = 48392	CGCG 276- 49 = 59089	CGCG 286- 63 = 21821	CGCG 290- 34 = 30462	CGCG 292- 76 = 38741
CGCG 272- 2 = 48450	CGCG 276- 50 = 59090	CGCG 286- 65 = 21832	CGCG 290- 36 = 30513	CGCG 292- 78 = 38834
(CGCG 272- 3) = 48473	CGCG 276- 53 = 59159	CGCG 286- 66 = 21854	CGCG 290- 37 = 30569	CGCG 292- 80 = 38887
(CGCG 272- 3) = 48482	CGCG 277- 2 = 59049	CGCG 286- 69 = 21914	CGCG 290- 41 = 30686	CGCG 292- 83 = 39082
CGCG 272- 5 = 48711	CGCG 277- 4 = 59079	CGCG 286- 75 = 22053	CGCG 290- 44 = 30898	CGCG 292- 85 = 39222
CGCG 272- 7 = 48801	CGCG 277- 5 = 59077	CGCG 286- 76 = 22145	CGCG 290- 56 = 31433	CGCG 293- 4 = 39082
CGCG 272- 11 = 49215	CGCG 277- 6 = 59089	CGCG 286- 78 = 22232	CGCG 290- 57 = 31446	CGCG 293- 6 = 39222
CGCG 272- 12 = 49431	CGCG 277- 7 = 59090	CGCG 287- 4 = 22145	CGCG 290- 65 = 32048	CGCG 293- 8 = 39314
CGCG 272- 13 = 49448	CGCG 277- 10 = 59159	CGCG 287- 7 = 22219	CGCG 290- 66 = 32041	CGCG 293- 9 = 39472
CGCG 272- 16 = 49874	CGCG 277- 16 = 59280	CGCG 287- 9 = 22232	CGCG 290- 68 = 32069	CGCG 293- 10 = 39683
CGCG 272- 20 = 49993	CGCG 277- 19 = 59388	CGCG 287- 10 = 22270	CGCG 290- 70 = 32204	CGCG 293- 11 = 39775
CGCG 272- 21 = 50063	CGCG 277- 23 = 59534	CGCG 287- 13 = 22291	CGCG 291- 1 = 32204	CGCG 293- 12 = 39859
CGCG 272- 22 = 50191	CGCG 277- 25 = 59815	CGCG 287- 14 = 22295	CGCG 291- 6 = 32616	CGCG 293- 13 = 39892
CGCG 272- 23 = 50216	CGCG 277- 36 = 60105	CGCG 287- 16 = 22325	CGCG 291- 7 = 32626	CGCG 293- 15 = 40169
CGCG 272- 24 = 50231	CGCG 277- 40 = 60214	CGCG 287- 17 = 22327	CGCG 291- 8 = 32637	(CGCG 293- 17) = 40309
CGCG 272- 25 = 50262	CGCG 278- 3 = 60382	CGCG 287- 20 = 22373	CGCG 291- 9 = 32714	CGCG 293- 18 = 40350
CGCG 272- 27 = 50312	CGCG 278- 15 = 60669	CGCG 287- 21 = 22376	CGCG 291- 10 = 32765	CGCG 293- 20 = 40645
CGCG 272- 28 = 50331	CGCG 278- 18 = 60723	CGCG 287- 24 = 22438	CGCG 291- 11 = 32772	CGCG 293- 22 = 41217
CGCG 272- 29 = 50338	CGCG 278- 20 = 60762	CGCG 287- 25 = 22428	CGCG 291- 12 = 32786	CGCG 293- 25 = 41344
CGCG 272- 30 = 50369	CGCG 278- 23 = 60794	CGCG 287- 26 = 22440	CGCG 291- 14 = 32854	CGCG 293- 26 = 41436
CGCG 272- 31 = 50383	CGCG 278- 24 = 60795	CGCG 287- 28 = 22524	CGCG 291- 15 = 32867	CGCG 293- 28 = 41564
CGCG 272- 32 = 50395	CGCG 278- 26 = 60838	CGCG 287- 29 = 22520	CGCG 291- 16 = 33040	CGCG 293- 31 = 42408
CGCG 272- 34 = 50443	CGCG 278- 32 = 60890	CGCG 287- 30 = 22533	CGCG 291- 18 = 33074	CGCG 293- 41 = 43951
CGCG 272- 38 = 50581	CGCG 278- 33 = 60896	CGCG 287- 32 = 22547	CGCG 291- 20 = 33188	CGCG 293- 43 = 43996
CGCG 272- 39 = 50664	(CGCG 278- 35) = 60950	CGCG 287- 36 = 22561	CGCG 291- 22 = 33242	CGCG 293- 44 = 44025
CGCG 272- 43 = 50728	(CGCG 278- 35) = 60951	CGCG 287- 38 = 22661	CGCG 291- 24 = 33375	CGCG 293- 45 = 44117
CGCG 272- 47 = 51214	CGCG 278- 42 = 61220	CGCG 287- 42 = 22866	CGCG 291- 27 = 33532	CGCG 294- 2 = 43996
CGCG 273- 2 = 51214	CGCG 279- 4 = 61501	CGCG 287- 45 = 22890	CGCG 291- 29 = 33622	CGCG 294- 3 = 44025
CGCG 273- 4 = 51340	CGCG 279- 7 = 61666	CGCG 287- 47 = 22914	CGCG 291- 30 = 33766	CGCG 294- 4 = 44117
CGCG 273- 6 = 51568	CGCG 279- 12 = 61883	CGCG 287- 48 = 22954	CGCG 291- 33 = 33938	CGCG 294- 10 = 44961
CGCG 273- 14 = 52116	CGCG 279- 13 = 61887	CGCG 287- 52 = 23022	CGCG 291- 37 = 34018	CGCG 294- 11 = 45278
CGCG 273- 15 = 52266	CGCG 279- 15 = 61936	CGCG 287- 54 = 23047	CGCG 291- 38 = 34029	CGCG 294- 17 = 45435
CGCG 273- 17 = 52328	CGCG 279- 19 = 62112	CGCG 287- 56 = 23119	CGCG 291- 40 = 34156	CGCG 294- 18 = 45472
CGCG 273- 22 = 52344	CGCG 279- 22 = 62202	CGCG 287- 58 = 23111	CGCG 291- 42 = 34223	CGCG 294- 19 = 45476
CGCG 273- 23 = 52436	CGCG 280- 11 = 62586	CGCG 287- 63 = 23160	CGCG 291- 45 = 34268	CGCG 294- 20 = 45521
CGCG 273- 24 = 52607	CGCG 280- 13 = 62752	CGCG 287- 69 = 23313	CGCG 291- 46 = 34308	CGCG 294- 21 = 45605
CGCG 273- 25 = 52713	CGCG 280- 18 = 62863	CGCG 287- 73 = 23499	CGCG 291- 48 = 34566	CGCG 294- 26 = 45807
CGCG 273- 26 = 52708	CGCG 280- 19 = 62899	CGCG 287- 77 = 23913	CGCG 291- 49 = 34583	(CGCG 294- 28) = 46133
CGCG 273- 29 = 53000	CGCG 280- 20 = 62942	CGCG 287- 82 = 24047	CGCG 291- 54 = 34641	CGCG 294- 29 = 46152
CGCG 273- 33 = 53217	CGCG 280- 25 = 63166	CGCG 287- 85 = 24348	CGCG 291- 55 = 34666	CGCG 294- 30 = 46263
CGCG 273- 35 = 53442	CGCG 281- 1 = 63171	CGCG 288- 3 = 24348	CGCG 291- 57 = 34718	CGCG 294- 31 = 46545
CGCG 273- 36 = 53476	CGCG 281- 2 = 63166	CGCG 288- 5 = 24545	CGCG 291- 58 = 34741	CGCG 294- 32 = 46589

CGCG 294- 36 = 46952	CGCG 299- 16 = 58750	CGCG 306- 3 = 15793	CGCG 311- 29 = 25649	CGCG 316- 9 = 45372
CGCG 294- 39 = 47368	CGCG 299- 20 = 58799	CGCG 306- 4 = 16001	CGCG 311- 30 = 25836	CGCG 316- 11 = 45572
CGCG 294- 41 = 47512	CGCG 299- 21 = 58828	CGCG 306- 5 = 16178	CGCG 311- 33 = 26015	CGCG 316- 12 = 45583
CGCG 294- 49 = 47854	CGCG 299- 23 = 58866	CGCG 306- 7 = 16423	CGCG 311- 34 = 26145	CGCG 316- 15 = 46882
CGCG 294- 55 = 48226	CGCG 299- 24 = 58906	CGCG 306- 8 = 16421	CGCG 312- 1 = 26145	CGCG 316- 16 = 47189
CGCG 294- 58 = 48277	CGCG 299- 25 = 58928	CGCG 307- 1 = 16423	CGCG 312- 2 = 26410	CGCG 316- 17 = 47425
CGCG 294- 59 = 48534	CGCG 299- 29 = 58973	CGCG 307- 3 = 16858	CGCG 312- 3 = 26469	CGCG 316- 19 = 47598
CGCG 295- 3 = 48226	CGCG 299- 30 = 58960	CGCG 307- 5 = 16897	CGCG 312- 4 = 26485	CGCG 316- 20 = 47603
CGCG 295- 6 = 48277	CGCG 299- 32 = 59009	CGCG 307- 9 = 17084	CGCG 312- 5 = 26498	CGCG 317- 2 = 47598
CGCG 295- 7 = 48534	CGCG 299- 34 = 59109	CGCG 307- 10 = 17146	CGCG 312- 8 = 26701	CGCG 317- 3 = 47603
CGCG 295- 11 = 48784	CGCG 299- 35 = 59165	CGCG 307- 12 = 17317	CGCG 312- 9 = 26700	CGCG 317- 5 = 47988
CGCG 295- 12 = 48860	CGCG 299- 37 = 59344	CGCG 307- 14 = 17344	CGCG 312- 11 = 26939	CGCG 317- 6 = 48425
CGCG 295- 14 = 48947	CGCG 299- 38 = 59348	CGCG 307- 25 = 18039	CGCG 312- 13 = 27029	CGCG 317- 8 = 48953
CGCG 295- 17 = 49044	CGCG 299- 40 = 59352	CGCG 307- 28 = 18161	CGCG 312- 14 = 27041	CGCG 317- 9 = 49221
CGCG 295- 19 = 49174	CGCG 299- 41 = 59354	CGCG 308- 2 = 18039	CGCG 312- 15 = 27111	CGCG 317- 12 = 49677
CGCG 295- 20 = 49192	CGCG 299- 43 = 59428	CGCG 308- 5 = 18161	CGCG 312- 17 = 27358	CGCG 318- 4 = 52924
CGCG 295- 22 = 49408	CGCG 299- 47 = 59498	CGCG 308- 7 = 18312	CGCG 312- 18 = 27362	CGCG 318- 7 = 53205
CGCG 295- 24 = 49451	CGCG 299- 49 = 59516	CGCG 308- 10 = 18607	CGCG 312- 21 = 27879	CGCG 318- 14 = 53920
CGCG 295- 25 = 49489	CGCG 299- 50 = 59525	CGCG 308- 14 = 18699	CGCG 312- 23 = 28120	CGCG 318- 15 = 53960
CGCG 295- 26 = 49508	CGCG 299- 53 = 59654	CGCG 308- 15 = 18729	CGCG 312- 24 = 28197	CGCG 318- 18 = 54074
CGCG 295- 27 = 49548	CGCG 299- 54 = 59655	CGCG 308- 21 = 18837	CGCG 312- 28 = 28401	CGCG 318- 19 = 54150
CGCG 295- 28 = 49663	CGCG 299- 55 = 59662	CGCG 308- 23 = 18909	CGCG 313- 9 = 29919	CGCG 318- 22 = 54265
CGCG 295- 29 = 49712	CGCG 299- 59 = 59791	CGCG 308- 27 = 19026	CGCG 313- 14 = 30247	CGCG 319- 1 = 54074
CGCG 295- 30 = 49741	CGCG 299- 61 = 59862	CGCG 308- 30 = 19228	CGCG 313- 18 = 30701	CGCG 319- 2 = 54150
CGCG 295- 31 = 49818	CGCG 299- 66 = 59947	CGCG 308- 33 = 19328	CGCG 313- 21 = 31145	CGCG 319- 4 = 54265
CGCG 295- 32 = 49881	CGCG 299- 71 = 59997	CGCG 308- 35 = 19390	CGCG 313- 22 = 31198	CGCG 319- 12 = 54996
CGCG 295- 34 = 50069	CGCG 299- 72 = 60025	CGCG 308- 38 = 19501	CGCG 313- 23 = 31192	CGCG 319- 14 = 55037
CGCG 295- 35 = 50355	CGCG 300- 4 = 59997	CGCG 308- 40 = 19652	CGCG 313- 27 = 31395	CGCG 319- 16 = 55165
CGCG 295- 36 = 50436	CGCG 300- 5 = 60025	CGCG 309- 2 = 19501	CGCG 313- 30 = 31601	CGCG 319- 18 = 55319
CGCG 295- 39 = 50611	CGCG 300- 6 = 60043	CGCG 309- 5 = 19652	CGCG 313- 33 = 32183	CGCG 319- 19 = 55330
CGCG 295- 40 = 50832	CGCG 300- 9 = 60045	CGCG 309- 9 = 19820	(CGCG 313- 34) = 32321	CGCG 319- 21 = 55809
CGCG 295- 42 = 50990	CGCG 300- 11 = 60089	CGCG 309- 11 = 19931	CGCG 313- 35 = 32484	CGCG 319- 22 = 55880
CGCG 295- 43 = 51036	CGCG 300- 12 = 60095	CGCG 309- 17 = 20103	CGCG 313- 36 = 32495	CGCG 319- 24 = 56067
CGCG 295- 44 = 51026	(CGCG 300- 20) = 60174	CGCG 309- 19 = 20127	CGCG 313- 37 = 32512	CGCG 319- 25 = 56079
CGCG 295- 45 = 51210	(CGCG 300- 20) = 60171	CGCG 309- 20 = 20158	CGCG 313- 38 = 32613	CGCG 319- 28 = 56219
CGCG 296- 4 = 51509	CGCG 300- 21 = 60192	CGCG 309- 24 = 20526	CGCG 313- 39 = 32649	CGCG 319- 29 = 56201
CGCG 296- 5 = 51564	CGCG 300- 22 = 60220	CGCG 309- 25 = 20516	CGCG 313- 40 = 32899	CGCG 319- 36 = 56468
CGCG 296- 8 = 51830	CGCG 300- 26 = 60275	CGCG 309- 26 = 20539	CGCG 314- 1 = 32899	CGCG 319- 38 = 56588
CGCG 296- 9 = 51932	CGCG 300- 29 = 60320	CGCG 309- 27 = 20567	CGCG 314- 10 = 33850	CGCG 320- 12 = 57547
CGCG 296- 13 = 52091	(CGCG 300- 30) = 60323	CGCG 309- 29 = 20599	CGCG 314- 14 = 34018	CGCG 320- 17 = 57638
CGCG 296- 15 = 52202	(CGCG 300- 30) = 60325	CGCG 309- 31 = 21021	CGCG 314- 18 = 34557	CGCG 320- 19 = 57675
CGCG 296- 16 = 52379	CGCG 300- 31 = 60316	CGCG 309- 32 = 21071	CGCG 314- 19 = 34582	CGCG 320- 21 = 57664
CGCG 296- 17 = 52952	CGCG 300- 34 = 60321	CGCG 309- 35 = 21213	CGCG 314- 20 = 34692	CGCG 320- 22 = 57699
CGCG 296- 18 = 53043	CGCG 300- 35 = 60343	CGCG 309- 36 = 21257	CGCG 314- 22 = 34929	CGCG 320- 23 = 57722
CGCG 296- 20 = 53486	CGCG 300- 39 = 60353	CGCG 309- 37 = 21258	CGCG 314- 25 = 35105	CGCG 320- 25 = 57886
CGCG 297- 3 = 53967	CGCG 300- 40 = 60356	CGCG 309- 38 = 21288	CGCG 314- 26 = 35123	CGCG 320- 28 = 58052
CGCG 297- 4 = 54117	CGCG 300- 44 = 60402	CGCG 309- 39 = 21337	CGCG 314- 27 = 35213	CGCG 320- 29 = 58305
CGCG 297- 5 = 54200	CGCG 300- 45 = 60410	CGCG 309- 40 = 21396	CGCG 314- 28 = 35219	CGCG 320- 30 = 58354
CGCG 297- 6 = 54234	CGCG 300- 47 = 60442	CGCG 310- 1 = 21288	CGCG 314- 29 = 35266	CGCG 320- 31 = 58557
CGCG 297- 7 = 54346	CGCG 300- 49 = 60453	CGCG 310- 2 = 21337	CGCG 314- 30 = 35601	CGCG 320- 33 = 58586
CGCG 297- 8 = 54407	CGCG 300- 52 = 60536	CGCG 310- 3 = 21396	CGCG 314- 31 = 35623	CGCG 320- 34 = 58607
CGCG 297- 10 = 54470	CGCG 300- 56 = 60635	CGCG 310- 5 = 21444	CGCG 314- 32 = 35675	CGCG 320- 37 = 58745
CGCG 297- 12 = 54976	CGCG 300- 60 = 60695	CGCG 310- 6 = 21471	CGCG 314- 40 = 36555	CGCG 320- 38 = 58804
CGCG 297- 15 = 55419	CGCG 300- 61 = 60739	CGCG 310- 10 = 21636	CGCG 315- 1 = 36555	CGCG 320- 39 = 58912
CGCG 297- 16 = 55459	CGCG 300- 63 = 60790	CGCG 310- 12 = 21684	CGCG 315- 5 = 37951	CGCG 320- 40 = 58916
CGCG 297- 19 = 55529	CGCG 300- 67 = 60841	CGCG 310- 14 = 21756	CGCG 315- 7 = 38014	CGCG 320- 45 = 59043
CGCG 297- 20 = 55561	CGCG 300- 69 = 60856	CGCG 310- 16 = 21853	CGCG 315- 8 = 38025	CGCG 320- 47 = 59146
CGCG 297- 22 = 55609	CGCG 300- 74 = 60899	CGCG 310- 17 = 21864	CGCG 315- 9 = 38173	CGCG 320- 51 = 59235
CGCG 297- 23 = 55647	CGCG 300- 80 = 60949	CGCG 310- 20 = 22053	CGCG 315- 10 = 38212	CGCG 320- 54 = 59262
CGCG 297- 24 = 55674	CGCG 300- 84 = 60961	CGCG 310- 21 = 22068	CGCG 315- 13 = 38343	CGCG 321- 1 = 59043
CGCG 297- 25 = 55725	CGCG 300- 87 = 60999	CGCG 310- 26 = 22252	CGCG 315- 15 = 38423	CGCG 321- 4 = 59235
CGCG 297- 26 = 55740	CGCG 300- 90 = 61019	CGCG 310- 27 = 22271	CGCG 315- 16 = 38461	CGCG 321- 7 = 59262
CGCG 297- 27 = 55734	CGCG 300- 93 = 61089	CGCG 310- 28 = 22301	CGCG 315- 17 = 38504	CGCG 321- 13 = 59573
CGCG 297- 28 = 55802	CGCG 300- 95 = 61121	CGCG 310- 34 = 22695	CGCG 315- 18 = 38508	CGCG 321- 14 = 59669
CGCG 298- 3 = 56219	CGCG 300-102 = 61225	CGCG 310- 40 = 22930	CGCG 315- 19 = 38524	CGCG 321- 24 = 60543
CGCG 298- 6 = 56504	CGCG 300-103 = 61239	CGCG 310- 42 = 23235	CGCG 315- 21 = 38680	CGCG 321- 31 = 60693
CGCG 298- 11 = 57305	CGCG 301- 2 = 61211	CGCG 310- 44 = 23371	CGCG 315- 22 = 38788	CGCG 321- 33 = 60724
CGCG 298- 14 = 57411	CGCG 301- 8 = 61225	CGCG 310- 45 = 23393	CGCG 315- 26 = 39058	CGCG 321- 35 = 60738
CGCG 298- 21 = 57589	CGCG 301- 9 = 61239	CGCG 310- 48 = 23506	CGCG 315- 27 = 39143	CGCG 321- 38 = 60773
CGCG 298- 25 = 57731	CGCG 301- 25 = 61613	CGCG 310- 53 = 23611	CGCG 315- 28 = 39184	CGCG 321- 39 = 60778
CGCG 298- 28 = 57729	CGCG 301- 26 = 61654	CGCG 310- 54 = 23719	CGCG 315- 29 = 39266	CGCG 321- 42 = 60860
CGCG 298- 29 = 57812	CGCG 301- 27 = 61816	CGCG 310- 55 = 23737	CGCG 315- 31 = 39366	CGCG 322- 3 = 60724
CGCG 298- 30 = 57828	CGCG 301- 34 = 62144	CGCG 310- 57 = 23856	CGCG 315- 32 = 39568	CGCG 322- 5 = 60738
CGCG 298- 32 = 57934	CGCG 301- 36 = 62314	CGCG 311- 1 = 23506	CGCG 315- 33 = 40133	CGCG 322- 8 = 60773
CGCG 298- 40 = 58206	CGCG 302- 2 = 62314	CGCG 311- 2 = 23611	CGCG 315- 36 = 40349	CGCG 322- 9 = 60778
CGCG 298- 43 = 58440	CGCG 302- 4 = 62501	CGCG 311- 3 = 23719	CGCG 315- 37 = 40500	CGCG 322- 12 = 60860
CGCG 298- 44 = 58458	CGCG 302- 9 = 62987	CGCG 311- 4 = 23737	CGCG 315- 39 = 40836	CGCG 322- 14 = 60916
CGCG 298- 45 = 58479	CGCG 302- 11 = 63121	CGCG 311- 6 = 23805	CGCG 315- 41 = 41489	CGCG 322- 22 = 61126
CGCG 299- 1 = 58206	CGCG 303- 8 = 63655	CGCG 311- 7 = 23856	CGCG 315- 42 = 41527	CGCG 322- 25 = 61166
CGCG 299- 3 = 58440	CGCG 303- 9 = 63667	CGCG 311- 8 = 24050	CGCG 315- 43 = 41524	CGCG 322- 26 = 61252
CGCG 299- 4 = 58458	CGCG 303- 11 = 63674	CGCG 311- 9 = 24206	CGCG 315- 44 = 41549	CGCG 322- 28 = 61276
CGCG 299- 5 = 58479	CGCG 303- 15 = 63766	CGCG 311- 11 = 24309	CGCG 315- 45 = 41601	CGCG 322- 30 = 61336
CGCG 299- 7 = 58554	CGCG 303- 16 = 64070	CGCG 311- 12 = 24424	CGCG 315- 46 = 41621	(CGCG 322- 36) = 61582
CGCG 299- 8 = 58684	CGCG 304- 2 = 64454	CGCG 311- 14 = 24501	CGCG 315- 47 = 41838	CGCG 322- 38 = 61714
CGCG 299- 9 = 58723	CGCG 304- 4 = 64600	CGCG 311- 15 = 24510	CGCG 315- 51 = 42469	(CGCG 322- 41) = 61782
CGCG 299- 10 = 58716	CGCG 304- 5 = 64616	CGCG 311- 16 = 24529	CGCG 315- 52 = 42520	CGCG 322- 42 = 61776
CGCG 299- 11 = 58731	CGCG 304- 6 = 65001	CGCG 311- 17 = 24526	CGCG 316- 1 = 42469	CGCG 322- 44 = 61972
CGCG 299- 12 = 58753	CGCG 305- 2 = 13826	CGCG 311- 19 = 24863	CGCG 316- 2 = 42520	CGCG 322- 45 = 62021
CGCG 299- 14 = 58775	CGCG 305- 3 = 14261	CGCG 311- 26 = 25227	CGCG 316- 4 = 43052	CGCG 322- 47 = 62035
CGCG 299- 15 = 58756	CGCG 306- 1 = 15345	CGCG 311- 27 = 25283	CGCG 316- 7 = 44782	CGCG 323- 2 = 62035

CGCG 323- 5 = 62535	CGCG 330- 30 = 20398	CGCG 332- 50 = 26849	CGCG 336- 6 = 46392	CGCG 341- 28 = 63286
CGCG 323- 9 = 62757	CGCG 330- 31 = 20418	CGCG 332- 51 = 26864	CGCG 336- 8 = 46742	CGCG 343- 1 = 67347
CGCG 323- 11 = 63000	CGCG 330- 33 = 20460	CGCG 332- 52 = 27027	CGCG 336- 13 = 47557	CGCG 343- 3 = 67671
CGCG 324- 6 = 63972	CGCG 330- 35 = 20604	CGCG 332- 55 = 27386	CGCG 336- 17 = 48810	CGCG 344- 1 = 70668
CGCG 324- 7 = 64485	CGCG 330- 36 = 20844	CGCG 332- 57 = 27605	CGCG 336- 18 = 48867	CGCG 344- 2 = 71003
CGCG 325- 1 = 64485	CGCG 330- 37 = 21065	CGCG 332- 61 = 27939	CGCG 336- 21 = 49000	CGCG 344- 3 = 71864
CGCG 325- 2 = 65010	CGCG 330- 38 = 21102	CGCG 332- 63 = 27958	CGCG 336- 24 = 49083	CGCG 345- 2 = 3941
CGCG 325- 3 = 65086	CGCG 330- 39 = 21123	CGCG 332- 64 = 28119	CGCG 336- 25 = 49116	CGCG 346- 1 = 11793
CGCG 325- 5 = 66063	CGCG 330- 41 = 21181	CGCG 332- 65 = 28155	CGCG 336- 27 = 49257	CGCG 346- 2 = 12174
CGCG 325- 6 = 66225	CGCG 330- 42 = 21189	CGCG 332- 66 = 28225	CGCG 336- 28 = 49321	CGCG 346- 3 = 12480
CGCG 326- 2 = 7247	CGCG 330- 43 = 21289	CGCG 332- 67 = 28316	CGCG 336- 33 = 49644	CGCG 346- 6 = 13759
CGCG 326- 3 = 11056	CGCG 330- 44 = 21381	CGCG 332- 68 = 28636	CGCG 336- 34 = 49774	CGCG 346- 7 = 14216
CGCG 326- 4 = 11098	CGCG 330- 46 = 21398	CGCG 333- 2 = 28119	CGCG 336- 38 = 49981	CGCG 346- 8 = 14343
CGCG 326- 5 = 11506	CGCG 330- 49 = 21693	CGCG 333- 3 = 28155	CGCG 336- 39 = 50029	CGCG 347- 1 = 14216
CGCG 327- 1 = 11056	CGCG 330- 50 = 21698	CGCG 333- 4 = 28316	CGCG 336- 40 = 50228	CGCG 347- 2 = 14343
CGCG 327- 2 = 11098	CGCG 330- 51 = 21896	CGCG 333- 5 = 28563	CGCG 336- 42 = 50358	CGCG 347- 3 = 14673
CGCG 327- 3 = 11506	CGCG 331- 2 = 21181	CGCG 333- 6 = 28636	CGCG 337- 2 = 50358	CGCG 347- 4 = 15018
CGCG 327- 5 = 13384	CGCG 331- 3 = 21289	CGCG 333- 7 = 28630	CGCG 337- 7 = 51182	CGCG 347- 5 = 15509
CGCG 327- 6 = 13880	CGCG 331- 5 = 21398	CGCG 333- 8 = 28655	CGCG 337- 13 = 51629	CGCG 347- 6 = 15917
CGCG 327- 7 = 13957	CGCG 331- 8 = 21545	CGCG 333- 10 = 29046	CGCG 337- 14 = 51641	CGCG 347- 7 = 15967
CGCG 327- 8 = 13949	CGCG 331- 11 = 21693	CGCG 333- 11 = 29059	CGCG 337- 16 = 52163	CGCG 347- 9 = 16402
CGCG 327- 10 = 14123	CGCG 331- 12 = 21698	CGCG 333- 12 = 29092	CGCG 337- 20 = 52716	CGCG 347- 10 = 16509
CGCG 327- 11 = 14286	CGCG 331- 13 = 21712	CGCG 333- 13 = 29146	CGCG 337- 21 = 53004	CGCG 347- 11 = 16750
CGCG 327- 12 = 14341	CGCG 331- 14 = 21896	CGCG 333- 17 = 29284	CGCG 337- 23 = 53251	CGCG 347- 12 = 16816
CGCG 327- 13 = 14370	CGCG 331- 16 = 21971	CGCG 333- 18 = 29460	CGCG 337- 25 = 53469	CGCG 347- 13 = 16912
CGCG 327- 14 = 14432	CGCG 331- 17 = 22031	CGCG 333- 19 = 29852	CGCG 337- 26 = 53554	CGCG 347- 14 = 17159
CGCG 327- 15 = 14508	CGCG 331- 18 = 22020	CGCG 333- 20 = 29949	CGCG 337- 32 = 54332	CGCG 347- 15 = 17322
CGCG 327- 16 = 14673	CGCG 331- 19 = 22050	CGCG 333- 22 = 30019	CGCG 338- 8 = 55022	CGCG 347- 17 = 17540
CGCG 327- 17 = 15018	CGCG 331- 21 = 22167	CGCG 333- 23 = 30323	CGCG 338- 9 = 55540	CGCG 347- 18 = 17561
CGCG 328- 2 = 15212	CGCG 331- 22 = 22268	CGCG 333- 25 = 30484	CGCG 338- 12 = 55753	CGCG 347- 20 = 17725
CGCG 328- 3 = 15211	CGCG 331- 25 = 22534	CGCG 333- 28 = 30631	CGCG 338- 13 = 55780	CGCG 347- 21 = 17685
CGCG 328- 4 = 15254	CGCG 331- 26 = 22649	CGCG 333- 31 = 30819	CGCG 338- 15 = 55904	CGCG 347- 22 = 17839
CGCG 328- 5 = 15263	CGCG 331- 28 = 22763	CGCG 333- 33 = 30983	CGCG 338- 17 = 56008	CGCG 347- 23 = 18004
CGCG 328- 6 = 15488	CGCG 331- 29 = 22947	CGCG 333- 34 = 31011	CGCG 338- 19 = 56057	CGCG 347- 24 = 18181
CGCG 328- 8 = 15548	CGCG 331- 30 = 23025	CGCG 333- 35 = 30997	CGCG 338- 26 = 56136	CGCG 347- 25 = 18384
CGCG 328- 9 = 15570	CGCG 331- 32 = 23128	CGCG 333- 37 = 31036	CGCG 338- 29 = 56273	CGCG 347- 26 = 18682
CGCG 328- 16 = 15810	CGCG 331- 33 = 23247	CGCG 333- 39 = 31278	CGCG 338- 32 = 56484	CGCG 348- 1 = 17540
CGCG 328- 17 = 15862	CGCG 331- 34 = 23324	CGCG 333- 43 = 31560	CGCG 338- 35 = 56602	CGCG 348- 2 = 17561
CGCG 328- 19 = 16030	CGCG 331- 35 = 23405	CGCG 333- 51 = 32143	CGCG 338- 37 = 56674	CGCG 348- 4 = 17725
CGCG 328- 20 = 16027	CGCG 331- 36 = 23453	CGCG 333- 54 = 32216	CGCG 338- 40 = 56725	CGCG 348- 5 = 17685
CGCG 328- 21 = 16052	CGCG 331- 39 = 23604	CGCG 333- 56 = 32314	CGCG 338- 43 = 56946	CGCG 348- 6 = 17839
CGCG 328- 23 = 16110	CGCG 331- 40 = 23608	CGCG 333- 60 = 32610	CGCG 338- 44 = 57104	CGCG 348- 7 = 18004
CGCG 328- 24 = 16096	CGCG 331- 42 = 23731	CGCG 333- 62 = 32719	CGCG 338- 45 = 57167	CGCG 348- 8 = 18181
CGCG 328- 26 = 16216	CGCG 331- 43 = 23781	CGCG 333- 64 = 33047	CGCG 338- 49 = 57638	CGCG 348- 9 = 18384
CGCG 328- 27 = 16280	CGCG 331- 44 = 23840	CGCG 334- 2 = 32610	CGCG 338- 50 = 57664	CGCG 348- 10 = 18535
CGCG 328- 28 = 16301	CGCG 331- 51 = 24213	CGCG 334- 4 = 32719	CGCG 338- 54 = 57874	CGCG 348- 11 = 18553
CGCG 328- 32 = 16813	CGCG 331- 52 = 24281	CGCG 334- 6 = 33047	CGCG 338- 56 = 58071	CGCG 348- 12 = 18672
CGCG 328- 33 = 16955	CGCG 331- 53 = 24341	CGCG 334- 11 = 33623	CGCG 339- 3 = 57874	CGCG 348- 13 = 18682
CGCG 328- 35 = 16997	CGCG 331- 54 = 24360	CGCG 334- 13 = 34134	CGCG 339- 4 = 58071	CGCG 348- 14 = 18711
CGCG 328- 36 = 17140	CGCG 331- 55 = 24397	CGCG 334- 28 = 34869	CGCG 339- 14 = 58634	CGCG 348- 15 = 18739
CGCG 329- 1 = 17140	CGCG 331- 57 = 24455	CGCG 334- 29 = 35025	CGCG 339- 16 = 58841	CGCG 348- 16 = 18807
CGCG 329- 8 = 17625	CGCG 331- 58 = 24473	CGCG 334- 34 = 35349	CGCG 339- 19 = 58891	CGCG 348- 17 = 18797
CGCG 329- 10 = 17645	CGCG 331- 62 = 24682	(CGCG 334- 35) = 35576	CGCG 339- 20 = 58946	CGCG 348- 18 = 18812
CGCG 329- 12 = 17692	CGCG 331- 63 = 24723	(CGCG 334- 35) = 35572	CGCG 339- 22 = 59137	CGCG 348- 19 = 18960
CGCG 329- 13 = 17736	CGCG 331- 64 = 24711	(CGCG 334- 35) = 35573	CGCG 339- 25 = 59248	CGCG 348- 22 = 19050
CGCG 329- 15 = 17675	CGCG 331- 65 = 24722	(CGCG 334- 35) = 35574	CGCG 339- 27 = 59551	CGCG 348- 23 = 19233
CGCG 329- 16 = 17757	CGCG 331- 66 = 24749	(CGCG 334- 35) = 35575	CGCG 339- 28 = 59668	CGCG 348- 26 = 19803
CGCG 329- 17 = 17794	CGCG 331- 67 = 24747	CGCG 334- 39 = 35661	CGCG 339- 29 = 59735	CGCG 348- 27 = 19964
CGCG 329- 18 = 18005	CGCG 331- 68 = 24760	CGCG 334- 40 = 35767	CGCG 339- 31 = 59742	CGCG 348- 28 = 20143
CGCG 329- 21 = 18557	CGCG 331- 69 = 24838	CGCG 334- 42 = 35869	CGCG 339- 32 = 59783	CGCG 348- 30 = 20252
CGCG 329- 22 = 18662	CGCG 331- 71 = 24949	CGCG 334- 49 = 36542	CGCG 339- 35 = 59908	CGCG 348- 31 = 20293
CGCG 329- 23 = 18709	CGCG 331- 73 = 24970	CGCG 334- 51 = 36743	CGCG 339- 37 = 59971	CGCG 348- 32 = 20305
CGCG 329- 24 = 18722	CGCG 332- 1 = 24360	CGCG 334- 53 = 37193	(CGCG 339- 38) = 60153	CGCG 348- 34 = 21033
CGCG 329- 26 = 18888	CGCG 332- 2 = 24397	CGCG 334- 54 = 37248	CGCG 339- 42 = 60250	CGCG 348- 35 = 21164
CGCG 329- 27 = 18987	CGCG 332- 4 = 24455	CGCG 334- 55 = 37390	CGCG 339- 44 = 60291	CGCG 349- 1 = 19964
CGCG 329- 28 = 19094	CGCG 332- 5 = 24473	CGCG 334- 58 = 37935	CGCG 339- 53 = 60573	CGCG 349- 4 = 21033
CGCG 329- 29 = 19128	CGCG 332- 9 = 24682	CGCG 335- 2 = 37935	(CGCG 340- 1) = 60153	CGCG 349- 5 = 21164
CGCG 329- 31 = 19191	CGCG 332- 10 = 24723	CGCG 335- 3 = 38555	CGCG 340- 2 = 60250	CGCG 349- 7 = 21381
CGCG 329- 32 = 19222	CGCG 332- 11 = 24711	CGCG 335- 4 = 38553	CGCG 340- 13 = 60573	CGCG 349- 10 = 22127
CGCG 329- 33 = 19307	CGCG 332- 12 = 24722	CGCG 335- 5 = 38730	CGCG 340- 16 = 60636	CGCG 349- 11 = 22238
CGCG 330- 1 = 18987	CGCG 332- 13 = 24749	CGCG 335- 8 = 39346	CGCG 340- 19 = 60921	CGCG 349- 15 = 22660
CGCG 330- 2 = 19094	CGCG 332- 14 = 24747	CGCG 335- 9 = 39414	CGCG 340- 21 = 60938	CGCG 349- 16 = 22783
CGCG 330- 3 = 19128	CGCG 332- 15 = 24760	CGCG 335- 12 = 40367	CGCG 340- 24 = 61015	CGCG 349- 18 = 22699
CGCG 330- 5 = 19191	CGCG 332- 16 = 24775	CGCG 335- 14 = 41846	CGCG 340- 26 = 61096	CGCG 349- 20 = 23244
CGCG 330- 6 = 19222	CGCG 332- 17 = 24795	CGCG 335- 15 = 41913	CGCG 340- 31 = 61303	CGCG 349- 21 = 23360
CGCG 330- 7 = 19307	CGCG 332- 18 = 24817	CGCG 335- 16 = 41947	CGCG 340- 42 = 61641	CGCG 349- 22 = 23530
CGCG 330- 12 = 19554	CGCG 332- 19 = 24838	CGCG 335- 17 = 42139	CGCG 340- 43 = 61742	CGCG 349- 23 = 23618
CGCG 330- 14 = 19602	CGCG 332- 21 = 24903	CGCG 335- 18 = 42206	CGCG 340- 44 = 61836	CGCG 349- 26 = 23886
CGCG 330- 15 = 19622	CGCG 332- 23 = 24949	CGCG 335- 21 = 42818	CGCG 340- 45 = 61833	CGCG 349- 27 = 24015
CGCG 330- 17 = 19756	CGCG 332- 25 = 24970	CGCG 335- 22 = 43010	CGCG 340- 50 = 62077	CGCG 349- 29 = 24231
CGCG 330- 18 = 19775	CGCG 332- 35 = 26071	CGCG 335- 23 = 43141	CGCG 340- 52 = 62191	CGCG 349- 33 = 25069
CGCG 330- 19 = 19867	CGCG 332- 38 = 26295	CGCG 335- 25 = 43426	CGCG 340- 53 = 62207	CGCG 349- 34 = 25138
CGCG 330- 21 = 19969	CGCG 332- 39 = 26289	CGCG 335- 26 = 43527	CGCG 341- 3 = 62191	CGCG 350- 1 = 24231
CGCG 330- 22 = 20048	CGCG 332- 41 = 26341	CGCG 335- 27 = 43975	CGCG 341- 4 = 62207	CGCG 350- 5 = 24723
CGCG 330- 23 = 20133	CGCG 332- 42 = 26472	CGCG 335- 29 = 44284	CGCG 341- 8 = 62416	CGCG 350- 6 = 24947
CGCG 330- 24 = 20207	CGCG 332- 43 = 26492	CGCG 335- 30 = 44411	CGCG 341- 10 = 62476	CGCG 350- 7 = 25069
CGCG 330- 25 = 20293	CGCG 332- 45 = 26514	CGCG 335- 31 = 44672	CGCG 341- 11 = 62518	CGCG 350- 8 = 25138
CGCG 330- 26 = 20348	CGCG 332- 46 = 26579	CGCG 336- 1 = 44672	CGCG 341- 17 = 62800	CGCG 350- 9 = 25371
CGCG 330- 27 = 20362	CGCG 332- 47 = 26639	CGCG 336- 3 = 45859	CGCG 341- 19 = 62864	CGCG 350- 11 = 25427
CGCG 330- 29 = 20383	CGCG 332- 49 = 26705	CGCG 336- 4 = 45879	CGCG 341- 20 = 62867	CGCG 350- 12 = 25676

RC3   585   CGCG

CGCG 350- 13 = 25999	CGCG 354- 7 = 52080	CGCG 363- 30 = 21334	CGCG 374- 15 = 65375	CGCG 380- 11 = 70725
CGCG 350- 14 = 26018	CGCG 354- 16 = 53774	CGCG 363- 31 = 21547	CGCG 374- 16 = 65376	CGCG 380- 14 = 70784
CGCG 350- 18 = 26195	CGCG 354- 18 = 53990	CGCG 363- 34 = 22202	CGCG 374- 17 = 65379	CGCG 380- 16 = 70818
CGCG 350- 19 = 26284	CGCG 354- 19 = 53999	CGCG 363- 35 = 22213	CGCG 374- 18 = 65385	CGCG 380- 21 = 70925
CGCG 350- 20 = 26489	CGCG 354- 21 = 54223	CGCG 363- 37 = 22640	CGCG 374- 19 = 65398	CGCG 380- 22 = 70953
CGCG 350- 21 = 26654	CGCG 354- 22 = 54237	CGCG 363- 38 = 23321	CGCG 374- 22 = 65657	CGCG 380- 24 = 70995
CGCG 350- 25 = 27026	CGCG 354- 24 = 55091	CGCG 363- 40 = 23770	CGCG 374- 23 = 65676	CGCG 380- 25 = 71039
CGCG 350- 27 = 27473	CGCG 354- 25 = 55123	CGCG 363- 42 = 24001	CGCG 374- 28 = 65718	CGCG 380- 26 = 71035
CGCG 350- 30 = 27845	CGCG 354- 30 = 56363	CGCG 363- 46 = 24602	(CGCG 374- 36) = 65854	CGCG 380- 28 = 71063
CGCG 350- 31 = 27887	CGCG 354- 31 = 56388	CGCG 363- 47 = 24497	(CGCG 374- 36) = 65857	CGCG 380- 34 = 71118
CGCG 350- 34 = 28703	CGCG 354- 33 = 56623	CGCG 363- 49 = 25451	CGCG 374- 37 = 65905	CGCG 380- 39 = 71162
CGCG 350- 36 = 28670	CGCG 354- 34 = 56976	CGCG 363- 51 = 27832	CGCG 375- 2 = 66217	CGCG 380- 40 = 71175
CGCG 350- 38 = 29271	CGCG 355- 4 = 56363	CGCG 364- 1 = 22213	CGCG 375- 6 = 66299	CGCG 380- 48 = 71264
CGCG 350- 45 = 29870	CGCG 355- 5 = 56388	CGCG 364- 3 = 23770	CGCG 375- 8 = 66329	CGCG 380- 50 = 71345
CGCG 350- 50 = 30475	CGCG 355- 7 = 56623	CGCG 364- 5 = 24602	CGCG 375- 15 = 66381	CGCG 380- 54 = 71381
CGCG 350- 51 = 30491	CGCG 355- 9 = 56976	CGCG 364- 6 = 24497	CGCG 375- 18 = 66389	CGCG 380- 58 = 71438
CGCG 350- 52 = 30510	CGCG 355- 11 = 58239	CGCG 364- 8 = 25451	CGCG 375- 20 = 66407	CGCG 380- 61 = 71554
CGCG 350- 54 = 30813	CGCG 355- 13 = 58468	CGCG 364- 9 = 26195	CGCG 375- 23 = 66461	CGCG 380- 62 = 71566
CGCG 350- 55 = 30840	CGCG 355- 14 = 58477	CGCG 364- 13 = 27832	CGCG 375- 25 = 66512	CGCG 380- 63 = 71578
CGCG 350- 57 = 31027	CGCG 355- 20 = 58877	CGCG 364- 15 = 29296	CGCG 375- 27 = 66579	CGCG 380- 64 = 71611
CGCG 351- 1 = 28703	CGCG 355- 22 = 59188	CGCG 364- 17 = 32004	CGCG 375- 28 = 66590	CGCG 380- 65 = 71625
CGCG 351- 3 = 29271	CGCG 355- 25 = 59583	CGCG 365- 2 = 37459	CGCG 375- 40 = 66807	CGCG 380- 66 = 71635
CGCG 351- 10 = 29870	CGCG 355- 27 = 59545	CGCG 365- 5 = 43425	CGCG 375- 47 = 66860	CGCG 381- 2 = 71692
CGCG 351- 11 = 29949	CGCG 355- 32 = 60124	CGCG 365- 9 = 45536	CGCG 375- 49 = 66891	CGCG 381- 3 = 71711
CGCG 351- 12 = 30064	CGCG 355- 33 = 60277	CGCG 365- 13 = 47414	CGCG 376- 2 = 66904	CGCG 381- 4 = 71714
CGCG 351- 18 = 30323	CGCG 355- 34 = 60393	CGCG 366- 2 = 45536	CGCG 376- 20 = 67109	CGCG 381- 6 = 71720
CGCG 351- 19 = 30475	CGCG 355- 35 = 60397	CGCG 366- 10 = 53065	CGCG 376- 22 = 67163	CGCG 381- 7 = 71737
CGCG 351- 20 = 30491	CGCG 356- 3 = 60277	CGCG 366- 11 = 53240	CGCG 376- 23 = 67173	CGCG 381- 11 = 71868
CGCG 351- 21 = 30510	CGCG 356- 4 = 60393	CGCG 366- 12 = 53390	CGCG 376- 31 = 67339	CGCG 381- 12 = 71878
CGCG 351- 23 = 30813	CGCG 356- 5 = 60397	CGCG 366- 14 = 53548	CGCG 376- 32 = 67391	CGCG 381- 13 = 71883
CGCG 351- 24 = 30840	CGCG 356- 6 = 60636	CGCG 366- 18 = 55279	CGCG 376- 34 = 67410	CGCG 381- 16 = 71926
CGCG 351- 27 = 31027	CGCG 356- 9 = 61916	CGCG 366- 19 = 55378	CGCG 376- 35 = 67458	CGCG 381- 22 = 72073
CGCG 351- 29 = 31621	CGCG 357- 10 = 64287	CGCG 366- 22 = 55677	CGCG 376- 37 = 67470	CGCG 381- 25 = 72128
CGCG 351- 34 = 32059	CGCG 357- 11 = 65255	CGCG 366- 23 = 55887	CGCG 376- 39 = 67477	CGCG 381- 26 = 72131
CGCG 351- 36 = 32081	CGCG 358- 1 = 65255	CGCG 366- 27 = 56562	CGCG 376- 44 = 67508	CGCG 381- 27 = 72134
CGCG 351- 37 = 32121	CGCG 358- 3 = 69376	CGCG 366- 29 = 57195	CGCG 376- 45 = 67518	CGCG 381- 28 = 72138
CGCG 351- 50 = 33099	CGCG 359- 1 = 69031	CGCG 367- 3 = 55677	CGCG 376- 47 = 67524	CGCG 381- 32 = 72241
CGCG 351- 51 = 33149	CGCG 359- 2 = 69376	CGCG 367- 6 = 56562	CGCG 376- 53 = 67622	CGCG 381- 33 = 72247
CGCG 351- 52 = 33277	CGCG 359- 3 = 70668	CGCG 367- 7 = 57195	CGCG 377- 1 = 67660	CGCG 381- 35 = 72259
CGCG 351- 54 = 33367	CGCG 359- 4 = 71003	CGCG 367- 12 = 58389	CGCG 377- 3 = 67672	CGCG 381- 36 = 72258
CGCG 351- 55 = 33665	CGCG 359- 5 = 71864	CGCG 367- 13 = 58472	CGCG 377- 6 = 67673	CGCG 381- 38 = 72272
CGCG 351- 62 = 35286	CGCG 360- 1 = 69841	CGCG 367- 22 = 59204	CGCG 377- 8 = 67737	CGCG 381- 40 = 72319
CGCG 351- 63 = 35608	CGCG 360- 2 = 70397	(CGCG 367- 23) = 60075	CGCG 377- 9 = 67756	CGCG 381- 41 = 72330
CGCG 351- 68 = 36386	CGCG 360- 5 = 5760	CGCG 368- 1 = 61813	CGCG 377- 10 = 67766	CGCG 381- 42 = 72347
CGCG 351- 69 = 36651	CGCG 360- 6 = 6214	CGCG 368- 4 = 66478	CGCG 377- 14 = 67859	CGCG 381- 43 = 72367
CGCG 351- 70 = 37031	CGCG 360- 7 = 6676	CGCG 369- 1 = 66478	CGCG 377- 15 = 67864	CGCG 381- 52 = 72549
CGCG 351- 71 = 37399	CGCG 360- 8 = 7491	CGCG 369- 2 = 69841	CGCG 377- 17 = 67934	CGCG 381- 55 = 72618
CGCG 352- 1 = 35286	CGCG 361- 2 = 5760	CGCG 369- 3 = 70397	CGCG 377- 19 = 67969	CGCG 381- 56 = 72659
CGCG 352- 6 = 36386	CGCG 361- 3 = 6214	CGCG 370- 1A = 16608	CGCG 377- 23 = 68006	(CGCG 381- 60) = 72803
CGCG 352- 7 = 36651	CGCG 361- 4 = 6676	CGCG 370- 1B = 7491	CGCG 377- 25 = 68031	(CGCG 381- 60) = 72808
CGCG 352- 8 = 36925	CGCG 361- 5 = 7491	CGCG 370- 2B = 20028	CGCG 377- 31 = 68127	CGCG 381- 61 = 72820
CGCG 352- 9 = 36945	CGCG 361- 11 = 16608	CGCG 370- 3B = 20066	CGCG 377- 35 = 68224	CGCG 382- 2 = 72922
CGCG 352- 10 = 37031	CGCG 361- 12 = 18084	CGCG 370- 5A = 59204	CGCG 377- 39 = 68258	CGCG 382- 3 = 72930
CGCG 352- 11 = 37399	CGCG 362- 3 = 16105	CGCG 370- 6A = 60075	CGCG 377- 42 = 68438	CGCG 382- 4 = 72927
CGCG 352- 15 = 38182	CGCG 362- 4 = 16608	CGCG 370- 10A = 70397	CGCG 377- 43 = 68474	CGCG 382- 7 = 72983
CGCG 352- 17 = 38257	CGCG 362- 5 = 17104	CGCG 370- 13B = 61813	CGCG 377- 45 = 68552	CGCG 382- 8 = 72998
CGCG 352- 18 = 38347	CGCG 362- 6 = 17170	CGCG 372- 1 = 63822	CGCG 378- 1 = 68666	CGCG 382- 10 = 73125
CGCG 352- 19 = 38550	CGCG 362- 10 = 18084	CGCG 372- 4 = 63912	CGCG 378- 9 = 68963	CGCG 382- 18 = 158
CGCG 352- 20 = 38578	CGCG 362- 15 = 18664	CGCG 372- 7 = 64016	CGCG 378- 10 = 69089	CGCG 382- 19 = 168
CGCG 352- 22 = 38777	CGCG 362- 16 = 18764	CGCG 372- 13 = 64211	CGCG 378- 15 = 69457	CGCG 382- 21 = 205
CGCG 352- 23 = 38805	CGCG 362- 18 = 18991	CGCG 372- 14 = 64262	CGCG 378- 16 = 69504	CGCG 382- 24 = 329
CGCG 352- 24 = 38985	CGCG 362- 19 = 19095	CGCG 372- 16 = 64318	CGCG 379- 2 = 69630	CGCG 382- 25 = 330
CGCG 352- 28 = 39791	CGCG 362- 20 = 19177	CGCG 372- 21 = 64458	CGCG 379- 3 = 69633	CGCG 382- 28 = 639
CGCG 352- 29 = 39981	CGCG 362- 22 = 19306	CGCG 373- 5 = 64586	CGCG 379- 4 = 69688	CGCG 382- 30 = 793
CGCG 352- 31 = 40085	CGCG 362- 24 = 19627	CGCG 373- 6 = 64678	CGCG 379- 6 = 69715	CGCG 382- 34 = 917
CGCG 352- 32 = 40233	CGCG 362- 27 = 19817	CGCG 373- 8 = 64685	CGCG 379- 7 = 69829	CGCG 382- 35 = 963
CGCG 352- 33 = 40378	CGCG 362- 28 = 19878	CGCG 373- 9 = 64694	CGCG 379- 8 = 69847	CGCG 382- 37 = 1058
CGCG 352- 38 = 42139	CGCG 362- 29 = 19886	CGCG 373- 10 = 64696	CGCG 379- 10 = 69889	(CGCG 383- 1) = 1306
CGCG 352- 39 = 42595	CGCG 362- 30 = 20028	CGCG 373- 14 = 64755	CGCG 379- 11 = 69904	(CGCG 383- 1) = 1309
CGCG 352- 55 = 45000	CGCG 362- 31 = 20066	CGCG 373- 17 = 64814	CGCG 379- 12 = 69905	CGCG 383- 14 = 1660
CGCG 352- 56 = 45157	CGCG 362- 32 = 19841	CGCG 373- 20 = 64821	CGCG 379- 13 = 69914	CGCG 383- 15 = 1674
CGCG 352- 57 = 45546	CGCG 362- 36 = 20458	CGCG 373- 25 = 64844	CGCG 379- 14 = 69943	CGCG 383- 16 = 1678
CGCG 352- 59 = 45748	CGCG 362- 42 = 21039	CGCG 373- 27 = 64864	CGCG 379- 16 = 70098	CGCG 383- 17 = 1693
CGCG 353- 10 = 45000	CGCG 362- 43 = 21231	CGCG 373- 30 = 64891	CGCG 379- 18 = 70144	CGCG 383- 18 = 1715
CGCG 353- 11 = 45157	CGCG 362- 44 = 21334	CGCG 373- 31 = 64910	CGCG 379- 20 = 70237	CGCG 383- 19 = 1713
CGCG 353- 12 = 45546	CGCG 362- 46 = 22202	CGCG 373- 33 = 64939	CGCG 379- 22 = 70277	CGCG 383- 21 = 1723
CGCG 353- 14 = 45748	CGCG 362- 47 = 22213	CGCG 373- 35 = 64949	CGCG 379- 23 = 70287	CGCG 383- 22 = 1737
CGCG 353- 17 = 47417	CGCG 362- 49 = 23770	CGCG 373- 37 = 65007	CGCG 379- 26 = 70381	CGCG 383- 23 = 1748
CGCG 353- 22 = 47923	CGCG 363- 3 = 19095	CGCG 373- 38 = 65027	CGCG 379- 28 = 70430	CGCG 383- 24 = 1746
CGCG 353- 25 = 48785	CGCG 363- 4 = 19177	CGCG 373- 47 = 65152	CGCG 379- 29 = 70435	CGCG 383- 26 = 1770
CGCG 353- 26 = 49000	CGCG 363- 5 = 19306	CGCG 373- 48 = 65151	CGCG 379- 30 = 70432	CGCG 383- 27 = 1772
CGCG 353- 27 = 49348	CGCG 363- 7 = 19627	CGCG 373- 50 = 65178	CGCG 379- 31 = 70446	CGCG 383- 28 = 1784
CGCG 353- 28 = 49426	CGCG 363- 10 = 19817	CGCG 374- 4 = 65279	CGCG 379- 32 = 70455	(CGCG 383- 29) = 1787
CGCG 353- 29 = 49859	CGCG 363- 11 = 19878	CGCG 374- 5 = 65287	CGCG 379- 35 = 70519	(CGCG 383- 29) = 1791
CGCG 353- 30 = 50370	CGCG 363- 12 = 19886	CGCG 374- 6 = 65297	CGCG 380- 1 = 70539	(CGCG 383- 29) = 1794
CGCG 353- 41 = 51767	CGCG 363- 14 = 19841	CGCG 374- 7 = 65302	CGCG 380- 3 = 70575	CGCG 383- 32 = 1844
CGCG 353- 43 = 52066	CGCG 363- 15 = 19847	CGCG 374- 9 = 65333	CGCG 380- 4 = 70615	CGCG 383- 33 = 1905
CGCG 353- 44 = 52080	CGCG 363- 20 = 20458	CGCG 374- 10 = 65347	CGCG 380- 6 = 70660	CGCG 383- 35 = 2022
CGCG 354- 4 = 51767	CGCG 363- 27 = 21039	CGCG 374- 13 = 65369	CGCG 380- 8 = 70678	CGCG 383- 38 = 2068
CGCG 354- 6 = 52066	CGCG 363- 29 = 21231	CGCG 374- 14 = 65372	CGCG 380- 10 = 70715	CGCG 383- 39 = 2118

RC3 586 CGCG

CGCG 383- 40	= 2119	CGCG 385- 65	= 4736	CGCG 386- 56	= 7116	CGCG 388- 76	= 9997	CGCG 390- 92	= 12879
CGCG 383- 41	= 2162	CGCG 385- 70	= 4777	CGCG 387- 1	= 7217	CGCG 388- 77	= 9995	CGCG 390- 93	= 12909
CGCG 383- 42	= 2195	CGCG 385- 71	= 4801	CGCG 387- 5	= 7306	CGCG 388- 79	= 10006	CGCG 391- 2	= 13109
CGCG 383- 43	= 2223	CGCG 385- 72	= 4805	CGCG 387- 6	= 7321	CGCG 388- 81	= 10018	CGCG 391- 4	= 13117
CGCG 383- 44	= 2243	CGCG 385- 74	= 4812	CGCG 387- 7	= 7326	CGCG 388- 84	= 10027	CGCG 391- 5	= 13119
CGCG 383- 45	= 2279	CGCG 385- 76	= 4853	CGCG 387- 8	= 7328	CGCG 388- 86	= 10060	CGCG 391- 6	= 13137
CGCG 383- 47	= 2291	CGCG 385- 77	= 4854	CGCG 387- 9	= 7368	CGCG 388- 89	= 10087	CGCG 391- 18	= 13373
CGCG 383- 51	= 2352	CGCG 385- 78	= 4896	CGCG 387- 13	= 7411	CGCG 388- 90	= 10096	CGCG 391- 21	= 13406
(CGCG 383- 53)	= 2357	CGCG 385- 79	= 4906	CGCG 387- 14	= 7420	CGCG 388- 95	= 10208	(CGCG 391- 28)	= 13556
(CGCG 383- 53)	= 2365	CGCG 385- 80	= 4916	CGCG 387- 15	= 7417	CGCG 388- 97	= 10236	(CGCG 391- 28)	= 13553
CGCG 383- 54	= 2362	CGCG 385- 84	= 4979	CGCG 387- 17	= 7460	CGCG 388- 98	= 10266	CGCG 391- 31	= 13702
CGCG 383- 55	= 2359	CGCG 385- 85	= 4992	CGCG 387- 18	= 7465	CGCG 388- 99	= 10267	CGCG 391- 33	= 13732
CGCG 383- 57	= 2371	CGCG 385- 86	= 5001	CGCG 387- 19	= 7484	CGCG 388-101	= 10305	CGCG 392- 1	= 14345
CGCG 383- 58	= 2382	CGCG 385- 87	= 5006	CGCG 387- 20	= 7511	CGCG 388-103	= 10315	CGCG 392- 2	= 14409
CGCG 383- 59	= 2388	CGCG 385- 89	= 5019	CGCG 387- 22	= 7574	CGCG 389- 1	= 10315	CGCG 392- 3	= 14559
CGCG 383- 60	= 2387	CGCG 385- 91	= 5055	CGCG 387- 25	= 7675	CGCG 389- 2	= 10329	CGCG 392- 5	= 14587
CGCG 383- 61	= 2393	CGCG 385- 92	= 5056	CGCG 387- 27	= 7748	CGCG 389- 4	= 10429	CGCG 392- 6	= 14665
CGCG 383- 62	= 2394	CGCG 385- 93	= 5070	CGCG 387- 28	= 7740	CGCG 389- 8	= 10498	CGCG 392- 8	= 14718
CGCG 383- 63	= 2397	CGCG 385- 94	= 5067	CGCG 387- 29	= 7741	CGCG 389- 10	= 10496	CGCG 392- 10	= 14752
CGCG 383- 64	= 2420	CGCG 385- 95	= 5076	CGCG 387- 30	= 7812	CGCG 389- 11	= 10507	CGCG 392- 12	= 14779
CGCG 383- 66	= 2440	CGCG 385- 98	= 5097	CGCG 387- 31	= 7875	CGCG 389- 16	= 10559	CGCG 392- 13	= 14792
CGCG 383- 69	= 2472	CGCG 385-102	= 5164	CGCG 387- 32	= 7979	CGCG 389- 18	= 10579	CGCG 392- 14	= 14803
CGCG 383- 73	= 2522	CGCG 385-103	= 5182	CGCG 387- 34	= 8029	CGCG 389- 19	= 10574	CGCG 392- 16	= 14807
CGCG 383- 74	= 2527	CGCG 385-106	= 5190	CGCG 387- 35	= 8039	CGCG 389- 20	= 10634	CGCG 392- 17	= 14819
CGCG 383- 76	= 2547	CGCG 385-107	= 5192	CGCG 387- 36	= 8060	CGCG 389- 21	= 10647	CGCG 392- 18	= 14839
CGCG 383- 79	= 2597	CGCG 385-108	= 5210	CGCG 387- 37	= 8067	CGCG 389- 22	= 10651	CGCG 392- 21	= 14860
CGCG 383- 80	= 2596	CGCG 385-113	= 5231	CGCG 387- 38	= 8098	CGCG 389- 23	= 10659	CGCG 392- 22	= 14865
CGCG 384- 2	= 2615	CGCG 385-114	= 5228	CGCG 387- 40	= 8096	CGCG 389- 24	= 10670	CGCG 393- 1	= 14880
CGCG 384- 3	= 2617	CGCG 385-116	= 5238	CGCG 387- 41	= 8110	CGCG 389- 25	= 10697	CGCG 393- 4	= 14892
CGCG 384- 4	= 2691	CGCG 385-117	= 5251	(CGCG 387- 42)	= 8114	CGCG 389- 28	= 10726	CGCG 393- 5	= 14907
CGCG 384- 6	= 2822	CGCG 385-118	= 5252	CGCG 387- 43	= 8117	CGCG 389- 29	= 10747	CGCG 393- 6	= 14914
CGCG 384- 9	= 2883	CGCG 385-119	= 5258	CGCG 387- 44	= 8128	CGCG 389- 30	= 10761	CGCG 393- 8	= 14923
CGCG 384- 10	= 2889	CGCG 385-120	= 5275	CGCG 387- 45	= 8148	CGCG 389- 32	= 10789	CGCG 393- 12	= 14964
CGCG 384- 13	= 2949	CGCG 385-121	= 5283	CGCG 387- 47	= 8157	CGCG 389- 34	= 10815	CGCG 393- 15	= 15027
CGCG 384- 16	= 3043	CGCG 385-123	= 5289	CGCG 387- 49	= 8188	CGCG 389- 35	= 10843	CGCG 393- 16	= 15042
CGCG 384- 18	= 3055	CGCG 385-124	= 5282	CGCG 387- 52	= 8356	CGCG 389- 36	= 10857	CGCG 393- 18	= 15057
CGCG 384- 21	= 3147	CGCG 385-126	= 5307	CGCG 387- 53	= 8369	CGCG 389- 38	= 10868	CGCG 393- 19	= 15062
CGCG 384- 27	= 3266	CGCG 385-128	= 5305	CGCG 387- 56	= 8435	CGCG 389- 40	= 10891	CGCG 393- 20	= 15113
CGCG 384- 28	= 3272	CGCG 385-129	= 5314	CGCG 387- 57	= 8439	CGCG 389- 41	= 10933	CGCG 393- 25	= 15283
CGCG 384- 31	= 3312	CGCG 385-130	= 5311	CGCG 387- 58	= 8526	CGCG 389- 42	= 10942	CGCG 393- 27	= 15331
CGCG 384- 34	= 3342	CGCG 385-131	= 5316	CGCG 387- 59	= 8586	CGCG 389- 45	= 11000	CGCG 393- 28	= 15332
CGCG 384- 35	= 3340	CGCG 385-132	= 5323	CGCG 387- 60	= 8635	CGCG 389- 46	= 11012	CGCG 393- 29	= 15340
CGCG 384- 38	= 3365	CGCG 385-133	= 5324	CGCG 387- 62	= 8653	CGCG 389- 47	= 11075	CGCG 393- 30	= 15342
CGCG 384- 39	= 3367	CGCG 385-134	= 5326	CGCG 387- 63	= 8659	CGCG 389- 49	= 11112	CGCG 393- 31	= 15356
CGCG 384- 46	= 3405	CGCG 385-136	= 5351	CGCG 387- 64	= 8707	CGCG 389- 52	= 11156	CGCG 393- 34	= 15429
CGCG 384- 48	= 3444	CGCG 385-138	= 5379	CGCG 387- 65	= 8718	CGCG 389- 54	= 11170	CGCG 393- 36	= 15436
CGCG 384- 49	= 3451	CGCG 385-139	= 5374	CGCG 387- 67	= 8725	CGCG 389- 55	= 11230	CGCG 393- 37	= 15447
CGCG 384- 51	= 3512	CGCG 385-140	= 5380	CGCG 388- 1	= 8876	CGCG 389- 57	= 11245	CGCG 393- 38	= 15531
CGCG 384- 52	= 3566	CGCG 385-143	= 5425	CGCG 388- 2	= 8887	CGCG 389- 58	= 11265	CGCG 393- 40	= 15600
CGCG 384- 54	= 3614	CGCG 385-144	= 5424	CGCG 388- 4	= 8929	CGCG 389- 60	= 11336	CGCG 393- 44	= 15620
CGCG 384- 57	= 3693	CGCG 385-145	= 5430	CGCG 388- 5	= 8979	CGCG 389- 64	= 11477	CGCG 393- 45	= 15631
CGCG 384- 58	= 3714	CGCG 385-146	= 5436	CGCG 388- 6	= 9028	CGCG 389- 67	= 11523	CGCG 393- 46	= 15638
CGCG 384- 63	= 3789	CGCG 385-147	= 5449	CGCG 388- 11	= 9126	CGCG 389- 68	= 11537	CGCG 393- 47	= 15637
CGCG 384- 66	= 3817	CGCG 385-148	= 5455	CGCG 388- 12	= 9128	CGCG 389- 73	= 11566	CGCG 393- 48	= 15655
CGCG 384- 67	= 3833	CGCG 385-149	= 5465	CGCG 388- 14	= 9256	CGCG 389- 75	= 11598	CGCG 393- 49	= 15656
CGCG 384- 68	= 3844	CGCG 385-152	= 5484	CGCG 388- 15	= 9269	CGCG 389- 81	= 11670	CGCG 393- 54	= 15714
CGCG 384- 72	= 3910	CGCG 385-153	= 5481	CGCG 388- 16	= 9283	CGCG 389- 83	= 11698	CGCG 393- 56	= 15719
CGCG 384- 73	= 3922	CGCG 385-154	= 5492	CGCG 388- 17	= 9352	CGCG 390- 3	= 11718	CGCG 393- 59	= 15755
CGCG 384- 74	= 3928	CGCG 385-156	= 5506	CGCG 388- 18	= 9359	CGCG 390- 6	= 11752	CGCG 393- 60	= 15773
CGCG 384- 75	= 3976	CGCG 385-157	= 5524	CGCG 388- 19	= 9376	CGCG 390- 16	= 11890	CGCG 393- 61	= 15789
CGCG 385- 2	= 4013	CGCG 385-159	= 5539	CGCG 388- 21	= 9394	CGCG 390- 18	= 11912	CGCG 393- 66	= 15821
CGCG 385- 3	= 4017	CGCG 385-160	= 5540	CGCG 388- 23	= 9414	CGCG 390- 25	= 11966	CGCG 393- 68	= 15824
CGCG 385- 5	= 4063	CGCG 385-162	= 5577	CGCG 388- 24	= 9445	CGCG 390- 27	= 12013	CGCG 393- 69	= 15833
CGCG 385- 12	= 4151	CGCG 385-163	= 5574	CGCG 388- 26	= 9514	CGCG 390- 28	= 12017	CGCG 393- 71	= 15836
CGCG 385- 14	= 4178	CGCG 385-165	= 5628	CGCG 388- 29	= 9549	CGCG 390- 30	= 12040	CGCG 393- 73	= 15867
CGCG 385- 16	= 4195	CGCG 385-167	= 5655	CGCG 388- 30	= 9588	CGCG 390- 32	= 12052	CGCG 394- 1	= 15910
CGCG 385- 17	= 4214	CGCG 386- 1	= 5688	CGCG 388- 32	= 9598	CGCG 390- 33	= 12056	CGCG 394- 2	= 15942
CGCG 385- 22	= 4275	CGCG 386- 5	= 5771	CGCG 388- 33	= 9610	CGCG 390- 41	= 12163	CGCG 394- 3	= 15943
CGCG 385- 23	= 4292	CGCG 386- 6	= 5794	CGCG 388- 34	= 9613	CGCG 390- 46	= 12220	CGCG 394- 5	= 15958
CGCG 385- 26	= 4363	CGCG 386- 7	= 5803	CGCG 388- 42	= 9643	CGCG 390- 47	= 12237	CGCG 394- 6	= 15965
CGCG 385- 27	= 4368	CGCG 386- 9	= 5810	CGCG 388- 43	= 9642	CGCG 390- 49	= 12241	CGCG 394- 8	= 15998
CGCG 385- 28	= 4367	CGCG 386- 10	= 5830	CGCG 388- 44	= 9648	CGCG 390- 51	= 12262	CGCG 394- 9	= 16000
CGCG 385- 29	= 4376	CGCG 386- 11	= 5838	CGCG 388- 46	= 9684	CGCG 390- 55	= 12342	CGCG 394- 10	= 16012
CGCG 385- 31	= 4386	CGCG 386- 12	= 5884	CGCG 388- 47	= 9680	CGCG 390- 58	= 12418	CGCG 394- 12	= 16017
CGCG 385- 34	= 4415	CGCG 386- 16	= 5939	CGCG 388- 48	= 9711	CGCG 390- 59	= 12425	CGCG 394- 13	= 16021
CGCG 385- 35	= 4434	CGCG 386- 18	= 5971	CGCG 388- 51	= 9765	CGCG 390- 60	= 12446	CGCG 394- 14	= 16049
CGCG 385- 36	= 4442	CGCG 386- 24	= 6090	CGCG 388- 53	= 9778	CGCG 390- 61	= 12454	CGCG 394- 15	= 16054
CGCG 385- 37	= 4443	CGCG 386- 27	= 6153	CGCG 388- 54	= 9785	CGCG 390- 63	= 12473	CGCG 394- 16	= 16095
CGCG 385- 38	= 4454	CGCG 386- 34	= 6348	CGCG 388- 55	= 9813	CGCG 390- 64	= 12491	CGCG 394- 17	= 16107
CGCG 385- 41	= 4484	CGCG 386- 35	= 6367	CGCG 388- 58	= 9869	CGCG 390- 67	= 12524	CGCG 394- 19	= 16154
CGCG 385- 42	= 4485	CGCG 386- 36	= 6454	CGCG 388- 59	= 9875	CGCG 390- 68	= 12531	CGCG 394- 20	= 16179
CGCG 385- 43	= 4486	CGCG 386- 39	= 6726	CGCG 388- 61	= 9894	CGCG 390- 69	= 12539	CGCG 394- 21	= 16180
CGCG 385- 46	= 4490	CGCG 386- 40	= 6734	CGCG 388- 63	= 9910	CGCG 390- 70	= 12533	CGCG 394- 22	= 16232
CGCG 385- 47	= 4493	CGCG 386- 41	= 6741	CGCG 388- 68	= 9961	CGCG 390- 71	= 12560	CGCG 394- 23	= 16237
CGCG 385- 48	= 4500	CGCG 386- 42	= 6751	CGCG 388- 70	= 9970	CGCG 390- 72	= 12582	CGCG 394- 24	= 16242
CGCG 385- 51	= 4524	CGCG 386- 46	= 6888	CGCG 388- 71	= 9969	CGCG 390- 75	= 12656	CGCG 394- 29	= 16289
CGCG 385- 52	= 4540	CGCG 386- 49	= 6986	CGCG 388- 72	= 9973	CGCG 390- 76	= 12655	CGCG 394- 30	= 16290
CGCG 385- 56	= 4586	CGCG 386- 50	= 7039	CGCG 388- 73	= 9974	CGCG 390- 78	= 12669	CGCG 394- 31	= 16286
CGCG 385- 60	= 4659	CGCG 386- 52	= 7071	CGCG 388- 74	= 9981	CGCG 390- 80	= 12682	CGCG 394- 32	= 16296
CGCG 385- 64	= 4717	CGCG 386- 54	= 7090	CGCG 388- 75	= 9988	CGCG 390- 89	= 12820	CGCG 394- 36	= 16333

CGCG 394- 37 = 16356	CGCG 403- 16 = 67872	CGCG 406- 83 = 71181	CGCG 409- 15 = 1638	CGCG 412- 23 = 6359
CGCG 394- 38 = 16355	CGCG 403- 18 = 67931	CGCG 406- 85 = 71192	CGCG 409- 16 = 1700	CGCG 412- 24 = 6402
CGCG 394- 39 = 16359	CGCG 403- 21 = 68009	CGCG 406- 86 = 71197	CGCG 409- 22 = 1900	CGCG 412- 25 = 6441
CGCG 394- 40 = 16364	CGCG 403- 28 = 68112	CGCG 406- 88 = 71200	CGCG 409- 23 = 1889	CGCG 412- 26 = 6485
CGCG 394- 41 = 16369	CGCG 403- 29 = 68364	CGCG 406- 90 = 71204	CGCG 409- 25 = 1903	CGCG 412- 27 = 6500
CGCG 394- 42 = 16368	CGCG 403- 30 = 68439	CGCG 406- 91 = 71209	CGCG 409- 26 = 1914	CGCG 412- 28 = 6656
CGCG 394- 44 = 16381	CGCG 404- 1 = 68589	CGCG 406- 93 = 71223	CGCG 409- 28 = 1921	CGCG 412- 29 = 6668
CGCG 394- 45 = 16382	CGCG 404- 2 = 68592	CGCG 406- 94 = 71254	CGCG 409- 29 = 1924	CGCG 412- 33 = 6778
CGCG 394- 46 = 16392	CGCG 404- 7 = 68727	CGCG 406- 96 = 71321	CGCG 409- 30 = 1927	CGCG 412- 35 = 6874
CGCG 394- 47 = 16400	CGCG 404- 11 = 68772	CGCG 406- 97 = 71360	CGCG 409- 33 = 2003	CGCG 412- 36 = 6876
CGCG 394- 50 = 16419	CGCG 404- 12 = 68777	CGCG 406- 98 = 71359	CGCG 409- 34 = 2017	CGCG 412- 37 = 6897
CGCG 394- 51 = 16420	CGCG 404- 18 = 68977	CGCG 406- 99 = 71363	CGCG 409- 35 = 2027	CGCG 412- 39 = 6993
CGCG 394- 54 = 16439	CGCG 404- 21 = 69126	CGCG 406-107 = 71412	CGCG 409- 42 = 2120	CGCG 412- 41 = 7053
CGCG 394- 56 = 16448	CGCG 404- 22 = 69172	CGCG 406-109 = 71461	CGCG 409- 44 = 2134	CGCG 412- 42 = 7076
CGCG 394- 57 = 16464	CGCG 404- 23 = 69198	CGCG 406-111 = 71508	CGCG 409- 45 = 2139	CGCG 412- 43 = 7072
CGCG 394- 58 = 16462	CGCG 404- 24 = 69220	CGCG 406-112 = 71504	CGCG 409- 49 = 2266	CGCG 412- 46 = 7164
CGCG 394- 59 = 16471	CGCG 404- 27 = 69428	CGCG 406-114 = 71505	CGCG 409- 50 = 2268	CGCG 413- 2 = 7237
CGCG 394- 60 = 16473	CGCG 404- 28 = 69449	CGCG 406-118 = 71559	(CGCG 409- 51) = 2324	CGCG 413- 3 = 7235
CGCG 394- 62 = 16490	CGCG 404- 29 = 69450	CGCG 406-120 = 71594	(CGCG 409- 51) = 2325	CGCG 413- 4 = 7249
CGCG 394- 63 = 16501	CGCG 404- 36 = 69591	CGCG 406-121 = 71628	CGCG 409- 53 = 2342	CGCG 413- 5 = 7243
CGCG 394- 68 = 16575	CGCG 405- 2 = 69591	CGCG 407- 12 = 71774	CGCG 409- 55 = 2366	CGCG 413- 7 = 7266
CGCG 394- 69 = 16613	CGCG 405- 3 = 69602	CGCG 407- 14 = 71810	CGCG 409- 56 = 2370	CGCG 413- 8 = 7252
CGCG 394- 71 = 16631	CGCG 405- 4 = 69608	CGCG 407- 15 = 71817	CGCG 409- 57 = 2372	CGCG 413- 9 = 7264
CGCG 394- 72 = 16646	CGCG 405- 8 = 69650	CGCG 407- 17 = 71826	CGCG 409- 59 = 2390	CGCG 413- 13 = 7325
CGCG 394- 73 = 16654	CGCG 405- 12 = 69898	CGCG 407- 18 = 71831	CGCG 409- 60 = 2396	CGCG 413- 16 = 7355
CGCG 394- 74 = 16662	CGCG 405- 14 = 70034	CGCG 407- 26 = 71944	CGCG 409- 62 = 2431	CGCG 413- 18 = 7406
CGCG 394- 75 = 16666	CGCG 405- 15 = 70048	CGCG 407- 31 = 71982	CGCG 410- 3 = 2653	CGCG 413- 19 = 7468
CGCG 394- 78 = 16734	CGCG 405- 16 = 70049	CGCG 407- 32 = 71992	CGCG 410- 5 = 2765	CGCG 413- 22 = 7556
CGCG 395- 5 = 16837	CGCG 405- 17 = 70086	CGCG 407- 36 = 72020	CGCG 410- 6 = 2818	CGCG 413- 23 = 7570
CGCG 395- 8 = 16853	CGCG 405- 20 = 70118	CGCG 407- 37 = 72030	CGCG 410- 7 = 2834	CGCG 413- 24 = 7649
CGCG 395- 9 = 16852	CGCG 405- 21 = 70246	CGCG 407- 41 = 72117	CGCG 410- 8 = 2833	CGCG 413- 25 = 7658
CGCG 395- 11 = 16861	CGCG 405- 22 = 70245	CGCG 407- 47 = 72245	CGCG 410- 12 = 2922	CGCG 413- 28 = 7702
CGCG 395- 12 = 16868	CGCG 405- 23 = 70265	CGCG 407- 49 = 72269	CGCG 410- 14 = 3087	CGCG 413- 29 = 7713
CGCG 395- 15 = 16889	CGCG 405- 24 = 70270	CGCG 407- 54 = 72309	CGCG 410- 15 = 3139	CGCG 413- 32 = 7800
CGCG 395- 16 = 16922	CGCG 405- 25 = 70338	CGCG 407- 55 = 72354	CGCG 410- 16 = 3217	CGCG 413- 34 = 7820
CGCG 395- 23 = 17013	CGCG 405- 26 = 70348	CGCG 407- 56 = 72367	CGCG 410- 22 = 3541	CGCG 413- 35 = 7839
(CGCG 395- 24) = 17094	CGCG 405- 27 = 70350	CGCG 407- 57 = 72381	CGCG 410- 23 = 3667	CGCG 413- 36 = 7917
CGCG 395- 25 = 17208	CGCG 405- 29 = 70410	CGCG 407- 59 = 72491	CGCG 410- 24 = 3709	CGCG 413- 37 = 7952
CGCG 395- 26 = 17259	CGCG 405- 34 = 70512	CGCG 407- 60 = 72501	CGCG 410- 27 = 3761	CGCG 413- 39 = 7977
CGCG 397- 2 = 63471	CGCG 406- 5 = 70593	CGCG 407- 63 = 72604	CGCG 410- 28 = 3779	CGCG 413- 40 = 8011
CGCG 397- 10 = 63704	CGCG 406- 7 = 70608	CGCG 407- 64 = 72623	CGCG 411- 1 = 4046	CGCG 413- 41 = 8026
CGCG 397- 11 = 63744	CGCG 406- 8 = 70619	CGCG 407- 67 = 72680	CGCG 411- 5 = 4238	CGCG 413- 44 = 8101
CGCG 397- 12 = 63755	CGCG 406- 9 = 70621	CGCG 407- 69 = 72756	CGCG 411- 7 = 4388	CGCG 413- 45 = 8167
CGCG 397- 15 = 63810	CGCG 406- 12 = 70628	CGCG 407- 70 = 72770	CGCG 411- 9 = 4464	CGCG 413- 46 = 8173
CGCG 398- 5 = 63861	CGCG 406- 15 = 70647	CGCG 407- 71 = 72775	CGCG 411- 12 = 4509	CGCG 413- 47 = 8196
CGCG 398- 15 = 64162	CGCG 406- 17 = 70666	CGCG 407- 72 = 72785	CGCG 411- 13 = 4549	CGCG 413- 48 = 8207
CGCG 398- 16 = 64169	CGCG 406- 18 = 70702	CGCG 407- 73 = 72788	CGCG 411- 15 = 4572	CGCG 413- 50 = 8255
CGCG 398- 18 = 64237	CGCG 406- 20 = 70712	CGCG 407- 75 = 72867	CGCG 411- 16 = 4578	CGCG 413- 51 = 8281
CGCG 398- 19 = 64243	CGCG 406- 21 = 70708	CGCG 408- 1 = 72919	CGCG 411- 19 = 4686	CGCG 413- 53 = 8293
CGCG 398- 21 = 64253	CGCG 406- 24 = 70755	CGCG 408- 2 = 72995	CGCG 411- 21 = 4727	CGCG 413- 55 = 8318
CGCG 398- 22 = 64312	CGCG 406- 28 = 70786	CGCG 408- 5 = 73154	CGCG 411- 22 = 4743	CGCG 413- 57 = 8360
CGCG 398- 25 = 64401	CGCG 406- 30 = 70795	CGCG 408- 6 = 39	CGCG 411- 23 = 4769	CGCG 413- 58 = 8368
CGCG 398- 26 = 64431	CGCG 406- 31 = 70799	CGCG 408- 7 = 81	CGCG 411- 25 = 4861	CGCG 413- 61 = 8489
CGCG 399- 2 = 64552	CGCG 406- 33 = 70821	CGCG 408- 8 = 79	CGCG 411- 26 = 4862	CGCG 413- 62 = 8512
CGCG 399- 4 = 64563	CGCG 406- 35 = 70854	CGCG 408- 9 = 80	CGCG 411- 29 = 4884	CGCG 413- 63 = 8537
CGCG 399- 6 = 64601	CGCG 406- 36 = 70843	CGCG 408- 10 = 96	CGCG 411- 31 = 4905	CGCG 413- 64 = 8562
CGCG 399- 7 = 64629	CGCG 406- 37 = 70868	CGCG 408- 11 = 116	CGCG 411- 32 = 4921	CGCG 413- 65 = 8575
CGCG 399- 8 = 64638	CGCG 406- 38 = 70866	CGCG 408- 13 = 179	CGCG 411- 33 = 4946	CGCG 413- 66 = 8631
CGCG 399- 9 = 64652	CGCG 406- 39 = 70874	CGCG 408- 14 = 201	CGCG 411- 34 = 4957	CGCG 413- 68 = 8714
CGCG 399- 11 = 64742	CGCG 406- 41 = 70914	CGCG 408- 15 = 226	CGCG 411- 35 = 4973	CGCG 413- 69 = 8802
CGCG 399- 19 = 64904	CGCG 406- 42 = 70927	CGCG 408- 18 = 263	CGCG 411- 37 = 4995	CGCG 414- 2 = 8904
(CGCG 399- 22) = 64999	CGCG 406- 43 = 70945	CGCG 408- 19 = 288	CGCG 411- 40 = 5034	CGCG 414- 3 = 8913
CGCG 399- 24 = 65108	CGCG 406- 44 = 70946	CGCG 408- 20 = 305	CGCG 411- 41 = 5036	CGCG 414- 6 = 9118
CGCG 399- 25 = 65117	CGCG 406- 46 = 70964	CGCG 408- 21 = 307	CGCG 411- 43 = 5080	CGCG 414- 13 = 9650
CGCG 399- 27 = 65157	CGCG 406- 47 = 70975	CGCG 408- 23 = 353	CGCG 411- 44 = 5094	CGCG 414- 15 = 9697
CGCG 400- 2 = 65425	CGCG 406- 48 = 70974	CGCG 408- 24 = 378	CGCG 411- 46 = 5148	CGCG 414- 17 = 9735
CGCG 400- 3 = 65462	CGCG 406- 49 = 70977	CGCG 408- 25 = 354	CGCG 411- 47 = 5161	CGCG 414- 20 = 9753
CGCG 400- 8 = 65646	CGCG 406- 52 = 70984	CGCG 408- 26 = 366	CGCG 411- 48 = 5198	CGCG 414- 21 = 9767
CGCG 400- 16 = 65866	CGCG 406- 53 = 70996	CGCG 408- 28 = 377	CGCG 411- 50 = 5193	CGCG 414- 22 = 9854
CGCG 400- 28 = 66085	CGCG 406- 56 = 71022	CGCG 408- 29 = 465	CGCG 411- 51 = 5222	CGCG 414- 26 = 9904
CGCG 401- 1 = 66146	CGCG 406- 58 = 71023	CGCG 408- 30 = 504	CGCG 411- 52 = 5213	CGCG 414- 29 = 10001
CGCG 401- 4 = 66280	CGCG 406- 59 = 71034	CGCG 408- 31 = 511	CGCG 411- 53 = 5232	CGCG 414- 30 = 10014
CGCG 401- 5 = 66297	CGCG 406- 60 = 71052	CGCG 408- 32 = 515	CGCG 411- 54 = 5245	CGCG 414- 31 = 10031
CGCG 401- 6 = 66355	CGCG 406- 61 = 71051	CGCG 408- 35 = 565	CGCG 411- 55 = 5264	CGCG 414- 33 = 10055
CGCG 401- 8 = 66366	CGCG 406- 62 = 71055	CGCG 408- 36 = 613	CGCG 411- 57 = 5345	CGCG 414- 35 = 10166
CGCG 401- 13 = 66547	CGCG 406- 64 = 71070	CGCG 408- 37 = 616	CGCG 412- 2 = 5744	CGCG 414- 38 = 10174
CGCG 401- 14 = 66552	CGCG 406- 65 = 71076	CGCG 408- 38 = 645	CGCG 412- 6 = 5983	CGCG 414- 39 = 10185
CGCG 401- 16 = 66604	CGCG 406- 66 = 71083	CGCG 408- 39 = 696	CGCG 412- 7 = 5998	CGCG 414- 40 = 10201
CGCG 402- 3 = 66958	CGCG 406- 67 = 71080	CGCG 408- 40 = 798	CGCG 412- 8 = 6007	CGCG 414- 41 = 10215
CGCG 402- 6 = 66978	CGCG 406- 69 = 71089	CGCG 408- 41 = 859	CGCG 412- 10 = 6061	CGCG 414- 42 = 10250
CGCG 402- 8 = 67034	CGCG 406- 70 = 71097	CGCG 408- 42 = 986	CGCG 412- 11 = 6145	CGCG 414- 43 = 10277
CGCG 402- 10 = 67076	CGCG 406- 71 = 71110	CGCG 408- 44 = 1106	CGCG 412- 12 = 6147	CGCG 414- 45 = 10309
CGCG 402- 13 = 67120	CGCG 406- 72 = 71113	CGCG 408- 45 = 1139	CGCG 412- 13 = 6172	CGCG 415- 4 = 10351
CGCG 402- 16 = 67201	CGCG 406- 73 = 71121	CGCG 408- 48 = 1255	CGCG 412- 14 = 6208	CGCG 415- 7 = 10538
CGCG 402- 22 = 67332	CGCG 406- 75 = 71132	CGCG 409- 2 = 1301	CGCG 412- 15 = 6235	CGCG 415- 8 = 10566
CGCG 402- 23 = 67479	CGCG 406- 76 = 71140	CGCG 409- 6 = 1433	CGCG 412- 17 = 6263	CGCG 415- 10 = 10588
CGCG 402- 25 = 67569	CGCG 406- 78 = 71169	CGCG 409- 8 = 1464	CGCG 412- 18 = 6302	CGCG 415- 11 = 10613
CGCG 402- 27 = 67626	CGCG 406- 79 = 71159	CGCG 409- 10 = 1566	CGCG 412- 20 = 6316	CGCG 415- 12 = 10631
CGCG 403- 4 = 67670	CGCG 406- 80 = 71155	CGCG 409- 11 = 1577	CGCG 412- 21 = 6329	CGCG 415- 13 = 10683
CGCG 403- 13 = 67814	CGCG 406- 82 = 71171	CGCG 409- 14 = 1611	CGCG 412- 22 = 6332	CGCG 415- 14 = 10762

CGCG 415- 15 = 10813	CGCG 421- 5 = 16909	CGCG 428- 38 = 68181	CGCG 431- 61 = 71386	CGCG 435- 35 = 3636
CGCG 415- 16 = 10818	CGCG 421- 6 = 16951	CGCG 428- 42 = 68244	CGCG 431- 64 = 71417	CGCG 435- 39 = 3914
CGCG 415- 20 = 10927	CGCG 421- 10 = 16984	CGCG 428- 43 = 68270	CGCG 431- 65 = 71420	CGCG 435- 42 = 3960
CGCG 415- 21 = 10935	CGCG 421- 11 = 16989	CGCG 428- 44 = 68275	CGCG 431- 68 = 71463	CGCG 435- 43 = 3959
CGCG 415- 22 = 10943	CGCG 421- 12 = 16995	CGCG 428- 48 = 68327	CGCG 431- 69 = 71478	CGCG 436- 5 = 4116
CGCG 415- 25 = 11027	CGCG 421- 18 = 17025	CGCG 428- 49 = 68331	CGCG 431- 70 = 71485	CGCG 436- 6 = 4124
CGCG 415- 26 = 11035	CGCG 421- 20 = 17044	CGCG 428- 51 = 68341	CGCG 431- 72 = 71538	CGCG 436- 14 = 4428
CGCG 415- 28 = 11068	CGCG 421- 23 = 17053	(CGCG 428- 58) = 68383	CGCG 431- 74 = 71565	CGCG 436- 17 = 4619
CGCG 415- 30 = 11074	CGCG 421- 29 = 17125	(CGCG 428- 58) = 68384	CGCG 431- 76 = 71607	CGCG 436- 19 = 4657
CGCG 415- 31 = 11099	CGCG 421- 30 = 17126	CGCG 428- 61 = 68398	CGCG 431- 78 = 71637	CGCG 436- 20 = 4672
CGCG 415- 32 = 11102	CGCG 421- 31 = 17127	CGCG 428- 65 = 68493	CGCG 432- 1 = 71703	CGCG 436- 21 = 4705
CGCG 415- 35 = 11128	CGCG 421- 32 = 17136	CGCG 428- 66 = 68491	CGCG 432- 3 = 71746	CGCG 436- 22 = 4750
CGCG 415- 37 = 11136	CGCG 421- 34 = 17147	CGCG 428- 67 = 68502	CGCG 432- 4 = 71770	CGCG 436- 23 = 4748
CGCG 415- 39 = 11150	CGCG 421- 35 = 17152	CGCG 429- 3 = 68744	CGCG 432- 5 = 71819	CGCG 436- 28 = 4791
CGCG 415- 40 = 11179	CGCG 421- 37 = 17156	CGCG 429- 8 = 69169	CGCG 432- 7 = 71836	CGCG 436- 29 = 4793
CGCG 415- 41 = 11188	CGCG 421- 38 = 17164	CGCG 429- 11 = 69284	CGCG 432- 11 = 71890	CGCG 436- 32 = 4897
CGCG 415- 45 = 11252	CGCG 421- 39 = 17176	CGCG 429- 13 = 69316	CGCG 432- 15 = 72035	CGCG 436- 33 = 4913
CGCG 415- 46 = 11246	CGCG 421- 41 = 17180	CGCG 429- 15 = 69349	CGCG 432- 18 = 72205	CGCG 436- 36 = 5078
CGCG 415- 48 = 11255	CGCG 421- 42 = 17181	CGCG 429- 18 = 69429	CGCG 432- 20 = 72217	CGCG 436- 37 = 5103
CGCG 415- 49 = 11276	CGCG 421- 43 = 17203	CGCG 429- 19 = 69443	CGCG 432- 21 = 72240	CGCG 436- 38 = 5139
CGCG 415- 51 = 11338	CGCG 422- 1 = 17504	CGCG 429- 20 = 69463	CGCG 432- 22 = 72263	CGCG 436- 39 = 5147
CGCG 415- 55 = 11501	CGCG 423- 3 = 64065	CGCG 430- 2 = 69616	CGCG 432- 23 = 72260	CGCG 436- 40 = 5172
CGCG 415- 56 = 11504	CGCG 423- 4 = 64068	CGCG 430- 4 = 69670	CGCG 432- 28 = 72345	CGCG 436- 41 = 5181
CGCG 415- 57 = 11541	CGCG 424- 4 = 64637	CGCG 430- 6 = 69676	CGCG 432- 32 = 72518	CGCG 436- 42 = 5213
CGCG 415- 58 = 11582	CGCG 424- 9 = 64723	CGCG 430- 10 = 69706	CGCG 432- 33 = 72572	CGCG 436- 43 = 5218
CGCG 416- 2 = 11749	CGCG 424- 12 = 64759	CGCG 430- 11 = 69803	CGCG 432- 34 = 72591	CGCG 436- 44 = 5250
CGCG 416- 4 = 11972	CGCG 424- 14 = 64781	CGCG 430- 12 = 69809	CGCG 432- 37 = 72679	CGCG 436- 45 = 5261
CGCG 416- 8 = 12820	CGCG 424- 15 = 64787	CGCG 430- 14 = 69816	CGCG 432- 38 = 72709	CGCG 436- 46 = 5270
CGCG 416- 11 = 12859	CGCG 424- 19 = 64916	CGCG 430- 15 = 69824	CGCG 432- 39 = 72773	CGCG 436- 47 = 5271
CGCG 416- 13 = 13088	CGCG 424- 20 = 64925	CGCG 430- 16 = 69825	CGCG 432- 40 = 72863	CGCG 436- 49 = 5328
CGCG 417- 1 = 13279	CGCG 424- 21 = 64932	CGCG 430- 17 = 69822	CGCG 433- 1 = 72863	CGCG 436- 50 = 5343
CGCG 417- 2 = 13385	CGCG 424- 22 = 64935	CGCG 430- 18 = 69836	CGCG 433- 2 = 72973	CGCG 436- 51 = 5392
CGCG 417- 3 = 13389	CGCG 424- 25 = 65056	CGCG 430- 19 = 69834	CGCG 433- 4 = 72996	CGCG 436- 54 = 5411
CGCG 417- 4 = 13580	CGCG 424- 26 = 65060	CGCG 430- 20 = 69837	CGCG 433- 9 = 73102	CGCG 436- 55 = 5423
CGCG 417- 7 = 13945	CGCG 424- 29 = 65099	CGCG 430- 23 = 69854	CGCG 433- 10 = 73103	CGCG 436- 57 = 5433
CGCG 417- 8 = 13968	CGCG 424- 35 = 65138	CGCG 430- 24 = 69892	CGCG 433- 12 = 73177	CGCG 436- 62 = 5527
CGCG 417- 9 = 14024	CGCG 424- 38 = 65169	CGCG 430- 26 = 69965	CGCG 433- 13 = 101	CGCG 436- 63 = 5548
CGCG 417- 10 = 14088	CGCG 424- 40 = 65198	CGCG 430- 27 = 69980	CGCG 433- 14 = 108	CGCG 436- 64 = 5555
CGCG 418- 1 = 14145	CGCG 425- 1 = 65269	CGCG 430- 28 = 69978	CGCG 433- 18 = 163	CGCG 436- 66 = 5645
CGCG 418- 3 = 14228	CGCG 425- 2 = 65281	CGCG 430- 29 = 69997	CGCG 433- 21 = 296	CGCG 436- 68 = 5656
CGCG 418- 6 = 14293	CGCG 425- 3 = 65293	CGCG 430- 30 = 70020	CGCG 433- 22 = 548	CGCG 436- 69 = 5673
CGCG 418- 8 = 14355	CGCG 425- 11 = 65485	CGCG 430- 33 = 70129	CGCG 433- 28 = 658	CGCG 437- 1 = 5673
CGCG 418- 9 = 14448	CGCG 425- 21 = 65748	CGCG 430- 34 = 70131	CGCG 433- 33 = 833	CGCG 437- 2 = 5792
CGCG 418- 10 = 14449	CGCG 425- 24 = 65781	CGCG 430- 36 = 70153	CGCG 433- 34 = 878	CGCG 437- 3 = 5805
CGCG 418- 12 = 14502	CGCG 425- 29 = 65834	CGCG 430- 39 = 70175	CGCG 433- 36 = 924	CGCG 437- 4 = 5876
CGCG 418- 13 = 14564	CGCG 425- 35 = 65946	CGCG 430- 40 = 70181	CGCG 433- 39 = 1056	CGCG 437- 5 = 5922
CGCG 418- 14 = 14651	CGCG 425- 40 = 66076	CGCG 430- 42 = 70183	CGCG 433- 40 = 1074	CGCG 437- 9 = 6275
CGCG 418- 16 = 14762	CGCG 426- 3 = 66164	CGCG 430- 43 = 70191	CGCG 433- 41 = 1107	CGCG 437- 10 = 6292
CGCG 418- 17 = 14800	CGCG 426- 4 = 66189	CGCG 430- 45 = 70243	CGCG 433- 42 = 1160	CGCG 437- 11 = 6309
CGCG 418- 18 = 14849	CGCG 426- 6 = 66228	CGCG 430- 49 = 70271	CGCG 433- 44 = 1237	CGCG 437- 12 = 6318
CGCG 419- 2 = 14962	CGCG 426- 7 = 66227	CGCG 430- 51 = 70290	CGCG 434- 1 = 1292	CGCG 437- 15 = 6358
CGCG 419- 4 = 14992	CGCG 426- 16 = 66328	CGCG 430- 57 = 70367	CGCG 434- 3 = 1426	CGCG 437- 17 = 6377
CGCG 419- 5 = 15054	CGCG 426- 18 = 66333	CGCG 430- 58 = 70419	CGCG 434- 5 = 1511	CGCG 437- 19 = 6415
CGCG 419- 6 = 15059	CGCG 426- 19 = 66338	CGCG 430- 60 = 70467	CGCG 434- 6 = 1523	CGCG 437- 20 = 6425
CGCG 419- 10 = 15294	CGCG 426- 20 = 66343	CGCG 430- 62 = 70493	CGCG 434- 8 = 1550	CGCG 437- 21 = 6439
CGCG 419- 11 = 15319	CGCG 426- 23 = 66378	CGCG 430- 63 = 70507	CGCG 434- 9 = 1583	CGCG 437- 22 = 6448
CGCG 419- 12 = 15355	CGCG 426- 24 = 66385	CGCG 430- 65 = 70516	CGCG 434- 11 = 1631	CGCG 437- 23 = 6475
CGCG 419- 13 = 15358	CGCG 426- 25 = 66396	CGCG 430- 66 = 70535	CGCG 434- 13 = 1652	CGCG 437- 24 = 6516
CGCG 419- 14 = 15368	CGCG 426- 34 = 66497	CGCG 431- 2 = 70516	CGCG 434- 15 = 1665	CGCG 437- 26 = 6545
CGCG 419- 16 = 15386	CGCG 426- 36 = 66514	CGCG 431- 3 = 70535	CGCG 434- 17 = 1776	CGCG 437- 27 = 6546
CGCG 419- 18 = 15556	CGCG 426- 38 = 66546	CGCG 431- 5 = 70557	CGCG 434- 18 = 1868	CGCG 437- 28 = 6573
CGCG 419- 19 = 15574	CGCG 426- 39 = 66554	CGCG 431- 6 = 70566	CGCG 434- 19 = 1869	CGCG 437- 29 = 6580
CGCG 419- 21 = 15760	CGCG 426- 46 = 66647	CGCG 431- 7 = 70585	CGCG 434- 20 = 1888	CGCG 437- 30 = 6624
CGCG 419- 22 = 15775	CGCG 426- 53 = 66752	CGCG 431- 8 = 70620	CGCG 434- 21 = 1933	CGCG 437- 31 = 6633
CGCG 419- 23 = 15774	CGCG 426- 54 = 66747	CGCG 431- 12 = 70691	CGCG 434- 22 = 1986	CGCG 437- 32 = 6627
CGCG 419- 24 = 15795	CGCG 426- 61 = 66880	CGCG 431- 14 = 70695	CGCG 434- 23 = 2061	CGCG 437- 33 = 6643
CGCG 420- 2 = 15973	CGCG 427- 6 = 67040	CGCG 431- 15 = 70699	CGCG 434- 25 = 2062	CGCG 437- 34 = 6644
CGCG 420- 4 = 16109	CGCG 427- 9 = 67106	CGCG 431- 16 = 70713	CGCG 434- 26 = 2150	CGCG 437- 35 = 6654
CGCG 420- 6 = 16141	CGCG 427- 12 = 67153	CGCG 431- 19 = 70731	CGCG 434- 27 = 2246	CGCG 437- 36 = 6657
CGCG 420- 7 = 16176	CGCG 427- 14 = 67205	CGCG 431- 21 = 70756	CGCG 434- 28 = 2290	CGCG 437- 38 = 6670
CGCG 420- 8 = 16189	CGCG 427- 18 = 67271	CGCG 431- 22 = 70765	CGCG 434- 29 = 2288	CGCG 437- 39 = 6673
CGCG 420- 9 = 16193	CGCG 427- 25 = 67406	CGCG 431- 23 = 70761	CGCG 434- 32 = 2360	CGCG 437- 40 = 6678
CGCG 420- 11 = 16227	CGCG 427- 40 = 67621	CGCG 431- 24 = 70797	CGCG 434- 32 = 2600	CGCG 437- 41 = 6687
CGCG 420- 13 = 16248	CGCG 427- 41 = 67619	(CGCG 431- 28) = 70864	CGCG 435- 1 = 2600	CGCG 437- 42 = 6694
CGCG 420- 19 = 16300	CGCG 428- 1 = 67655	CGCG 431- 29 = 70872	CGCG 435- 3 = 2768	CGCG 437- 43 = 6718
CGCG 420- 23 = 16469	CGCG 428- 4 = 67694	CGCG 431- 32 = 70912	CGCG 435- 7 = 2843	CGCG 437- 44 = 6733
CGCG 420- 24 = 16468	CGCG 428- 5 = 67761	CGCG 431- 34 = 70962	CGCG 435- 8 = 2857	CGCG 437- 47 = 6817
CGCG 420- 25 = 16482	CGCG 428- 6 = 67759	CGCG 431- 35 = 70981	CGCG 435- 10 = 2934	CGCG 437- 48 = 6855
CGCG 420- 26 = 16486	CGCG 428- 9 = 67796	CGCG 431- 36 = 70992	CGCG 435- 11 = 2951	CGCG 437- 49 = 6982
CGCG 420- 27 = 16534	CGCG 428- 10 = 67800	CGCG 431- 38 = 70991	CGCG 435- 14 = 2992	CGCG 437- 50 = 7063
CGCG 420- 29 = 16564	CGCG 428- 11 = 67822	CGCG 431- 40 = 71049	CGCG 435- 16 = 3072	CGCG 437- 51 = 7114
CGCG 420- 30 = 16602	CGCG 428- 16 = 67891	CGCG 431- 42 = 71087	CGCG 435- 18 = 3225	CGCG 437- 52 = 7150
CGCG 420- 31 = 16650	CGCG 428- 17 = 67903	CGCG 431- 44 = 71176	CGCG 435- 19 = 3229	CGCG 438- 3 = 7246
CGCG 420- 32 = 16649	CGCG 428- 19 = 67928	CGCG 431- 45 = 71221	CGCG 435- 23 = 3313	CGCG 438- 4 = 7292
CGCG 420- 33 = 16668	CGCG 428- 20 = 67927	CGCG 431- 47 = 71241	CGCG 435- 24 = 3314	CGCG 438- 7 = 7341
CGCG 420- 34 = 16687	CGCG 428- 24 = 67945	CGCG 431- 51 = 71261	CGCG 435- 25 = 3409	CGCG 438- 10 = 7536
CGCG 420- 35 = 16752	CGCG 428- 25 = 67948	CGCG 431- 52 = 71288	CGCG 435- 27 = 3490	CGCG 438- 11 = 7577
CGCG 420- 36 = 16764	CGCG 428- 32 = 68065	CGCG 431- 54 = 71343	CGCG 435- 30 = 3508	CGCG 438- 12 = 7644
CGCG 421- 3 = 16843	CGCG 428- 33 = 68074	CGCG 431- 56 = 71356	CGCG 435- 31 = 3513	CGCG 438- 13 = 7680
CGCG 421- 4 = 16899	CGCG 428- 37 = 68163	CGCG 431- 58 = 71370	CGCG 435- 34 = 3563	CGCG 438- 14 = 7744

CGCG 438- 15 = 7737	CGCG 451- 18 = 68188	CGCG 455- 9 = 71699	CGCG 459- 18 = 4456	CGCG 461- 59 = 8381
CGCG 438- 16 = 7751	CGCG 451- 24 = 68442	CGCG 455- 10 = 71723	CGCG 459- 21 = 4612	CGCG 461- 60 = 8452
CGCG 438- 17 = 7765	CGCG 451- 25 = 68468	CGCG 455- 11 = 71731	CGCG 459- 23 = 4655	CGCG 461- 62 = 8527
CGCG 438- 18 = 7842	CGCG 452- 5 = 68735	CGCG 455- 13 = 71740	CGCG 459- 24 = 4665	CGCG 461- 63 = 8525
CGCG 438- 19 = 7846	CGCG 452- 8 = 68786	CGCG 455- 16 = 71797	CGCG 459- 26 = 4738	CGCG 461- 64 = 8536
CGCG 438- 20 = 7856	CGCG 452- 11 = 68870	CGCG 455- 17 = 71796	CGCG 459- 28 = 4751	CGCG 461- 66 = 8543
CGCG 438- 21 = 7863	CGCG 452- 12 = 68878	CGCG 455- 18 = 71802	CGCG 459- 30 = 4785	CGCG 461- 67 = 8556
CGCG 438- 22 = 7930	CGCG 452- 13 = 68884	CGCG 455- 19 = 71804	CGCG 459- 37 = 4926	CGCG 461- 69 = 8617
CGCG 438- 23 = 7951	CGCG 452- 14 = 68942	CGCG 455- 20 = 71801	CGCG 459- 38 = 4928	CGCG 461- 71 = 8672
CGCG 438- 24 = 7965	CGCG 452- 15 = 68944	CGCG 455- 22 = 71830	CGCG 459- 41 = 4948	CGCG 461- 73 = 8874
CGCG 438- 25 = 8003	CGCG 452- 16 = 68943	CGCG 455- 23 = 71838	CGCG 459- 42 = 4947	CGCG 462- 1 = 8874
CGCG 438- 26 = 8014	CGCG 452- 17 = 68946	CGCG 455- 25 = 71875	CGCG 459- 43 = 4965	CGCG 462- 3 = 8956
CGCG 438- 30 = 8112	CGCG 452- 20 = 68968	CGCG 455- 26 = 71884	CGCG 459- 44 = 5020	CGCG 462- 4 = 8963
CGCG 438- 31 = 8165	CGCG 452- 22 = 69079	CGCG 455- 27 = 71895	CGCG 459- 46 = 5181	CGCG 462- 5 = 8982
CGCG 438- 32 = 8163	CGCG 452- 23 = 69077	CGCG 455- 31 = 71932	CGCG 459- 48 = 5194	CGCG 462- 9 = 9183
CGCG 438- 33 = 8160	CGCG 452- 24 = 69160	CGCG 455- 34 = 71974	CGCG 459- 51 = 5321	CGCG 462- 10 = 9205
CGCG 438- 36 = 8270	CGCG 452- 26 = 69212	CGCG 455- 35 = 71993	CGCG 459- 52 = 5382	CGCG 462- 11 = 9236
CGCG 438- 40 = 8391	CGCG 452- 27 = 69215	CGCG 455- 39 = 72086	CGCG 459- 54 = 5395	CGCG 462- 12 = 9302
CGCG 438- 41 = 8399	CGCG 452- 30 = 69259	CGCG 455- 40 = 72118	CGCG 459- 56 = 5403	CGCG 462- 13 = 9313
CGCG 438- 45 = 8641	CGCG 452- 31 = 69287	CGCG 455- 42 = 72193	CGCG 459- 57 = 5435	CGCG 462- 14 = 9379
CGCG 438- 46 = 8722	CGCG 452- 33 = 69305	CGCG 455- 49 = 72453	CGCG 459- 58 = 5486	CGCG 462- 15 = 9392
CGCG 438- 50 = 8752	CGCG 452- 34 = 69311	CGCG 455- 54 = 72615	CGCG 459- 60 = 5516	CGCG 462- 16 = 9388
CGCG 438- 51 = 8758	CGCG 452- 37 = 69359	CGCG 455- 56 = 72631	CGCG 459- 67 = 5611	CGCG 462- 17 = 9423
CGCG 438- 52 = 8775	CGCG 452- 41 = 69460	CGCG 455- 57 = 72635	CGCG 459- 70 = 5621	CGCG 462- 18 = 9475
CGCG 438- 53 = 8788	CGCG 452- 42 = 69479	CGCG 455- 58 = 72638	CGCG 459- 72 = 5634	CGCG 462- 19 = 9638
CGCG 439- 1 = 8964	CGCG 452- 43 = 69525	CGCG 455- 59 = 72639	CGCG 459- 73 = 5643	CGCG 462- 20 = 9675
CGCG 439- 2 = 9016	CGCG 452- 45 = 69533	CGCG 455- 65 = 72870	CGCG 459- 76 = 5693	CGCG 462- 22 = 9698
CGCG 439- 6 = 9198	CGCG 453- 11 = 69770	CGCG 455- 66 = 72882	CGCG 459- 78 = 5725	CGCG 462- 23 = 9699
CGCG 439- 7 = 9206	CGCG 453- 12 = 69794	CGCG 455- 67 = 72888	CGCG 460- 2 = 5693	CGCG 462- 25 = 9736
CGCG 439- 9 = 9292	CGCG 453- 13 = 69804	CGCG 456- 1 = 72870	CGCG 460- 4 = 5725	CGCG 462- 27 = 9776
CGCG 439- 11 = 9470	CGCG 453- 15 = 69908	CGCG 456- 2 = 72882	CGCG 460- 6 = 5761	CGCG 462- 28 = 9828
CGCG 439- 13 = 9509	CGCG 453- 20 = 69974	CGCG 456- 3 = 72888	CGCG 460- 7 = 5799	CGCG 462- 30 = 9837
CGCG 439- 15 = 9650	CGCG 453- 21 = 69978	CGCG 456- 4 = 72977	CGCG 460- 11 = 5874	CGCG 462- 33 = 9933
CGCG 439- 18 = 9835	CGCG 453- 23 = 69985	CGCG 456- 8 = 73127	CGCG 460- 14 = 5974	CGCG 462- 35 = 9938
CGCG 439- 19 = 9890	CGCG 453- 29 = 70054	CGCG 456- 9 = 73163	CGCG 460- 19 = 6294	CGCG 462- 36 = 9944
CGCG 439- 21 = 10030	CGCG 453- 30 = 70064	CGCG 456- 10 = 73171	CGCG 460- 20 = 6366	CGCG 462- 37 = 10044
CGCG 439- 22 = 10048	CGCG 453- 32 = 70114	CGCG 456- 14 = 38	CGCG 460- 21 = 6380	CGCG 462- 39 = 10088
CGCG 439- 24 = 10078	CGCG 453- 34 = 70149	CGCG 456- 15 = 70	CGCG 460- 24 = 6524	CGCG 462- 41 = 10127
CGCG 440- 2 = 10394	CGCG 453- 36 = 70159	CGCG 456- 17 = 156	CGCG 460- 27 = 6645	CGCG 462- 42 = 10160
CGCG 440- 4 = 10486	CGCG 453- 40 = 70199	CGCG 456- 21 = 186	CGCG 460- 28 = 6675	CGCG 462- 43 = 10197
CGCG 440- 13 = 10635	CGCG 453- 42 = 70213	CGCG 456- 23 = 212	CGCG 460- 31 = 6793	CGCG 462- 45 = 10242
CGCG 440- 15 = 10660	CGCG 453- 44 = 70228	CGCG 456- 24 = 218	CGCG 460- 32 = 6814	CGCG 462- 48 = 10294
CGCG 440- 16 = 10715	CGCG 453- 45 = 70264	CGCG 456- 28 = 279	CGCG 460- 34 = 6872	CGCG 463- 4 = 10388
CGCG 440- 17 = 10741	CGCG 453- 48 = 70291	CGCG 456- 29 = 332	CGCG 460- 36 = 6893	CGCG 463- 9 = 10469
CGCG 440- 21 = 10781	CGCG 453- 49 = 70292	CGCG 456- 30 = 477	CGCG 460- 37 = 6889	CGCG 463- 11 = 10536
CGCG 440- 23 = 10863	CGCG 453- 50 = 70295	CGCG 456- 31 = 517	CGCG 460- 38 = 6940	CGCG 463- 16 = 10641
CGCG 440- 24 = 10889	CGCG 453- 51 = 70307	CGCG 456- 34 = 647	CGCG 460- 39 = 7004	CGCG 463- 18 = 10661
CGCG 440- 25 = 10907	CGCG 453- 52 = 70332	CGCG 456- 35 = 661	CGCG 460- 40 = 7019	CGCG 463- 19 = 10674
CGCG 440- 27 = 10928	CGCG 453- 54 = 70349	CGCG 456- 37 = 814	CGCG 460- 41 = 7059	CGCG 463- 20 = 10684
CGCG 440- 28 = 10932	CGCG 453- 61 = 70414	CGCG 456- 39 = 889	CGCG 460- 42 = 7073	CGCG 463- 21 = 10688
CGCG 440- 35 = 11017	CGCG 453- 62 = 70417	CGCG 456- 40 = 897	CGCG 460- 43 = 7082	CGCG 463- 23 = 10713
CGCG 440- 37 = 11173	CGCG 453- 63 = 70426	CGCG 456- 42 = 978	CGCG 460- 44 = 7085	CGCG 463- 24 = 10759
CGCG 440- 38 = 11204	CGCG 453- 64 = 70433	CGCG 456- 46 = 1037	CGCG 460- 46 = 7098	CGCG 463- 25 = 10768
CGCG 440- 41 = 11372	CGCG 453- 65 = 70442	CGCG 456- 48 = 1051	CGCG 460- 47 = 7163	CGCG 463- 27 = 10787
CGCG 440- 42 = 11378	CGCG 453- 66 = 70444	CGCG 456- 49 = 1052	CGCG 460- 48 = 7180	CGCG 463- 28 = 10797
CGCG 441- 6 = 12195	CGCG 453- 68 = 70447	CGCG 456- 53 = 1144	CGCG 460- 50 = 7209	CGCG 463- 34 = 11083
CGCG 441- 7 = 12415	CGCG 453- 70 = 70492	CGCG 456- 54 = 1186	CGCG 460- 52 = 7229	CGCG 463- 39 = 11152
CGCG 441- 9 = 12645	CGCG 454- 3 = 70569	CGCG 456- 56 = 1238	CGCG 461- 1 = 7163	CGCG 463- 42 = 11295
CGCG 442- 3 = 13858	CGCG 454- 4 = 70622	CGCG 456- 61 = 1286	CGCG 461- 2 = 7180	CGCG 463- 46 = 11410
CGCG 442- 4 = 13888	CGCG 454- 6 = 70703	CGCG 457- 1 = 1238	CGCG 461- 4 = 7209	CGCG 463- 48 = 11456
CGCG 442- 5 = 14080	CGCG 454- 9 = 70771	CGCG 457- 6 = 1286	CGCG 461- 6 = 7229	CGCG 463- 51 = 11755
CGCG 447- 5 = 64783	CGCG 454- 11 = 70819	CGCG 457- 7 = 1330	CGCG 461- 10 = 7359	CGCG 464- 1 = 11755
CGCG 447- 7 = 64856	CGCG 454- 12 = 70830	CGCG 457- 9 = 1372	CGCG 461- 11 = 7362	CGCG 464- 3 = 11808
CGCG 447- 16 = 65203	CGCG 454- 13 = 70832	CGCG 457- 10 = 1478	CGCG 461- 12 = 7377	CGCG 464- 4 = 11829
CGCG 448- 11 = 65466	CGCG 454- 15 = 70842	CGCG 457- 11 = 1523	CGCG 461- 13 = 7421	CGCG 464- 8 = 11971
CGCG 448- 16 = 65561	CGCG 454- 16 = 70885	CGCG 457- 12 = 1525	CGCG 461- 16 = 7517	CGCG 464- 9 = 12042
CGCG 448- 17 = 65683	CGCG 454- 17 = 70889	CGCG 457- 14 = 1591	CGCG 461- 18 = 7525	CGCG 464- 15 = 12719
CGCG 448- 20 = 65779	CGCG 454- 19 = 70902	CGCG 457- 16 = 1632	CGCG 461- 21 = 7602	CGCG 465- 4 = 13448
CGCG 448- 21 = 65780	CGCG 454- 22 = 70933	CGCG 457- 17 = 1676	CGCG 461- 23 = 7613	CGCG 465- 7 = 13536
CGCG 448- 26 = 65877	CGCG 454- 24 = 70934	CGCG 457- 18 = 1817	CGCG 461- 25 = 7637	CGCG 465- 8 = 13587
CGCG 448- 27 = 65887	CGCG 454- 31 = 71002	CGCG 457- 20 = 2159	CGCG 461- 28 = 7709	CGCG 465- 9 = 13938
CGCG 448- 28 = 65893	CGCG 454- 32 = 71006	CGCG 457- 22 = 2194	CGCG 461- 29 = 7726	CGCG 465- 11 = 14063
CGCG 448- 29 = 65908	CGCG 454- 34 = 71019	CGCG 457- 24 = 2402	CGCG 461- 30 = 7756	CGCG 465- 12 = 14069
CGCG 449- 3 = 66151	CGCG 454- 35 = 71030	CGCG 457- 26 = 2469	CGCG 461- 31 = 7763	CGCG 466- 1 = 14148
CGCG 449- 6 = 66178	CGCG 454- 39 = 71078	CGCG 458- 4 = 2699	CGCG 461- 32 = 7768	CGCG 466- 2 = 14149
CGCG 449- 18 = 66622	CGCG 454- 40 = 71102	CGCG 458- 5 = 2806	CGCG 461- 33 = 7770	CGCG 466- 3 = 14181
CGCG 449- 19 = 66641	CGCG 454- 43 = 71133	CGCG 458- 6 = 2914	CGCG 461- 34 = 7821	CGCG 466- 8 = 14349
CGCG 449- 26 = 66826	CGCG 454- 45 = 71144	CGCG 458- 7 = 3157	CGCG 461- 35 = 7826	CGCG 466- 9 = 14382
CGCG 450- 5 = 67419	CGCG 454- 54 = 71278	CGCG 458- 9 = 3219	CGCG 461- 37 = 7842	CGCG 466- 10 = 14427
CGCG 451- 2 = 67823	CGCG 454- 60 = 71310	CGCG 458- 11 = 3558	CGCG 461- 38 = 7849	CGCG 467- 2 = 15533
CGCG 451- 3 = 67897	CGCG 454- 63 = 71335	CGCG 458- 12 = 3565	CGCG 461- 41 = 7864	CGCG 467- 3 = 15608
CGCG 451- 4 = 67900	CGCG 454- 64 = 71355	CGCG 458- 13 = 3598	CGCG 461- 42 = 7925	CGCG 467- 4 = 15723
CGCG 451- 5 = 67994	CGCG 454- 67 = 71469	CGCG 458- 18 = 3821	CGCG 461- 43 = 7939	CGCG 468- 1 = 15975
CGCG 451- 6 = 68014	CGCG 454- 69 = 71519	CGCG 458- 20 = 3974	CGCG 461- 47 = 8109	CGCG 469- 4 = 16887
CGCG 451- 7 = 68011	CGCG 454- 72 = 71542	CGCG 458- 22 = 4019	CGCG 461- 48 = 8131	CGCG 470- 6 = 65775
CGCG 451- 8 = 68019	CGCG 454- 74 = 71558	CGCG 459- 2 = 3974	CGCG 461- 49 = 8135	CGCG 471- 1 = 66398
CGCG 451- 11 = 68115	CGCG 454- 75 = 71583	CGCG 459- 4 = 4019	CGCG 461- 50 = 8171	CGCG 471- 3 = 66506
CGCG 451- 13 = 68143	CGCG 454- 76 = 71607	CGCG 459- 7 = 4058	CGCG 461- 53 = 8245	CGCG 471- 5 = 66537
CGCG 451- 16 = 68162	CGCG 454- 77 = 71636	CGCG 459- 11 = 4148	CGCG 461- 54 = 8266	CGCG 471- 6 = 66548
CGCG 451- 17 = 68175	CGCG 455- 1 = 71636	CGCG 459- 12 = 4196	CGCG 461- 58 = 8379	CGCG 471- 7 = 66558

CGCG 471- 8	= 66610	CGCG 475- 48	= 70783	CGCG 476-118	= 72182	CGCG 478- 42	= 865	CGCG 480- 35	= 3713
CGCG 471- 9	= 66608	CGCG 475- 50	= 70826	CGCG 476-119	= 72188	CGCG 478- 43	= 867	CGCG 480- 36	= 3752
CGCG 471- 10	= 66849	CGCG 475- 51	= 70838	CGCG 476-125	= 72237	CGCG 478- 45	= 994	CGCG 480- 37	= 3763
CGCG 471- 11	= 66861	CGCG 475- 52	= 70839	CGCG 476-126	= 72274	CGCG 478- 46	= 1042	CGCG 480- 38	= 3841
CGCG 472- 1	= 66969	CGCG 475- 53	= 70848	CGCG 477- 1	= 72274	CGCG 478- 47	= 1044	CGCG 480- 39	= 3849
CGCG 472- 2	= 66983	CGCG 475- 54	= 70847	CGCG 477- 2	= 72288	CGCG 478- 49	= 1129	CGCG 480- 40	= 3869
CGCG 472- 4	= 67129	CGCG 475- 56	= 70877	CGCG 477- 3	= 72328	CGCG 478- 50	= 1147	CGCG 480- 41	= 3908
CGCG 472- 5	= 67141	CGCG 475- 57	= 70882	CGCG 477- 6	= 72438	CGCG 478- 51	= 1158	CGCG 480- 43	= 3936
CGCG 472- 7	= 67196	CGCG 475- 58	= 70892	CGCG 477- 8	= 72452	CGCG 478- 52	= 1170	CGCG 480- 44	= 3968
CGCG 472- 8	= 67379	CGCG 475- 59	= 70957	CGCG 477- 9	= 72468	CGCG 478- 53	= 1231	CGCG 480- 45	= 4138
CGCG 472- 9	= 67433	CGCG 475- 60	= 71013	CGCG 477- 12	= 72494	CGCG 478- 54	= 1276	CGCG 480- 47	= 4219
CGCG 472- 10	= 67453	CGCG 476- 1	= 71013	CGCG 477- 13	= 72506	CGCG 479- 1	= 1328	CGCG 480- 48	= 4278
CGCG 472- 11	= 67480	CGCG 476- 3	= 71053	CGCG 477- 14	= 72588	CGCG 479- 2	= 1333	CGCG 481- 1	= 4593
CGCG 472- 13	= 67499	CGCG 476- 5	= 71068	CGCG 477- 15	= 72596	CGCG 479- 4	= 1347	(CGCG 481- 4)	= 5011
CGCG 472- 14	= 67504	CGCG 476- 6	= 71094	CGCG 477- 16	= 72600	CGCG 479- 5	= 1349	(CGCG 481- 4)	= 5015
CGCG 472- 15	= 67578	CGCG 476- 7	= 71092	CGCG 477- 17	= 72601	CGCG 479- 6	= 1351	CGCG 481- 6	= 5063
CGCG 472- 16	= 67648	CGCG 476- 8	= 71106	CGCG 477- 19	= 72605	CGCG 479- 7	= 1362	CGCG 481- 7	= 5197
CGCG 472- 17	= 67752	CGCG 476- 9	= 71101	CGCG 477- 20	= 72607	CGCG 479- 8	= 1371	CGCG 481- 8	= 5600
CGCG 473- 1	= 67793	CGCG 476- 10	= 71119	CGCG 477- 22	= 72633	CGCG 479- 10	= 1382	CGCG 481- 9	= 5623
CGCG 473- 2	= 67968	CGCG 476- 12	= 71126	CGCG 477- 24	= 72665	CGCG 479- 13	= 1405	CGCG 481- 10	= 5640
CGCG 473- 3	= 68005	CGCG 476- 13	= 71149	CGCG 477- 25	= 72716	CGCG 479- 15	= 1412	CGCG 482- 1	= 6253
CGCG 473- 4	= 68135	CGCG 476- 14	= 71153	CGCG 477- 26	= 72750	CGCG 479- 16	= 1413	CGCG 482- 2	= 6265
CGCG 473- 5	= 68204	CGCG 476- 16	= 71174	CGCG 477- 27	= 72751	CGCG 479- 18	= 1462	CGCG 482- 4	= 6293
CGCG 473- 6	= 68242	CGCG 476- 18	= 71184	CGCG 477- 31	= 72897	CGCG 479- 19	= 1472	CGCG 482- 5	= 6326
CGCG 473- 9	= 68495	CGCG 476- 20	= 71190	CGCG 477- 32	= 72968	CGCG 479- 20	= 1491	CGCG 482- 6	= 6335
CGCG 473- 10	= 68514	CGCG 476- 21	= 71193	CGCG 477- 33	= 72972	CGCG 479- 21	= 1495	CGCG 482- 7	= 6395
CGCG 473- 11	= 68560	CGCG 476- 23	= 71249	CGCG 477- 34	= 73100	CGCG 479- 23	= 1520	CGCG 482- 8	= 6409
CGCG 473- 12	= 68643	CGCG 476- 24	= 71263	CGCG 477- 35	= 73104	CGCG 479- 24	= 1524	CGCG 482- 11	= 6455
CGCG 473- 13	= 68779	CGCG 476- 25	= 71257	CGCG 477- 36	= 73148	CGCG 479- 27	= 1594	CGCG 482- 12	= 6528
CGCG 474- 1	= 68873	CGCG 476- 28	= 71307	CGCG 477- 39	= 121	CGCG 479- 29	= 1627	CGCG 482- 14	= 6574
CGCG 474- 3	= 69014	CGCG 476- 30	= 71351	CGCG 477- 40	= 120	CGCG 479- 30	= 1628	CGCG 482- 15	= 6586
CGCG 474- 4	= 69029	CGCG 476- 31	= 71354	CGCG 477- 41	= 129	CGCG 479- 31	= 1633	CGCG 482- 16	= 6595
CGCG 474- 5	= 69092	CGCG 476- 32	= 71372	CGCG 477- 42	= 165	CGCG 479- 32	= 1675	CGCG 482- 18	= 6690
CGCG 474- 6	= 69099	CGCG 476- 34	= 71406	CGCG 477- 43	= 207	CGCG 479- 33	= 1733	CGCG 482- 19	= 6719
CGCG 474- 9	= 69191	CGCG 476- 35	= 71413	CGCG 477- 44	= 208	CGCG 479- 34	= 1743	CGCG 482- 21	= 6756
CGCG 474- 10	= 69290	CGCG 476- 36	= 71424	CGCG 477- 45	= 240	CGCG 479- 36	= 1863	CGCG 482- 22	= 6759
CGCG 474- 11	= 69320	CGCG 476- 37	= 71445	CGCG 477- 46	= 227	CGCG 479- 37	= 1971	CGCG 482- 23	= 6793
CGCG 474- 12	= 69342	CGCG 476- 38	= 71450	CGCG 477- 47	= 250	CGCG 479- 38	= 1981	CGCG 482- 24	= 6816
CGCG 474- 13	= 69364	CGCG 476- 39	= 71458	CGCG 477- 48	= 298	CGCG 479- 39	= 2021	CGCG 482- 25	= 6833
CGCG 474- 14	= 69367	CGCG 476- 40	= 71454	CGCG 477- 49	= 323	CGCG 479- 40	= 2023	CGCG 482- 26	= 6844
CGCG 474- 15	= 69366	CGCG 476- 41	= 71488	CGCG 477- 51	= 355	CGCG 479- 41	= 2106	CGCG 482- 27	= 6848
CGCG 474- 17	= 69466	CGCG 476- 42	= 71493	CGCG 477- 52	= 415	CGCG 479- 43	= 2154	CGCG 482- 28	= 6996
CGCG 474- 19	= 69473	CGCG 476- 43	= 71517	CGCG 477- 53	= 507	(CGCG 479- 44)	= 2201	CGCG 482- 30	= 7170
CGCG 474- 20	= 69487	CGCG 476- 44	= 71521	CGCG 477- 54	= 564	(CGCG 479- 44)	= 2202	CGCG 482- 31	= 7192
CGCG 474- 21	= 69495	CGCG 476- 45	= 71534	CGCG 477- 55	= 567	CGCG 479- 45	= 2210	CGCG 482- 32	= 7445
CGCG 474- 23	= 69577	CGCG 476- 46	= 71546	CGCG 477- 56	= 590	CGCG 479- 46	= 2221	CGCG 482- 33	= 7475
CGCG 474- 24	= 69588	CGCG 476- 48	= 71573	CGCG 477- 57	= 617	CGCG 479- 50	= 2316	CGCG 482- 34	= 7506
CGCG 474- 25	= 69594	CGCG 476- 49	= 71584	CGCG 477- 58	= 619	CGCG 479- 51	= 2327	CGCG 482- 35	= 7521
CGCG 474- 27	= 69659	CGCG 476- 50	= 71595	CGCG 477- 59	= 652	CGCG 479- 54	= 2374	CGCG 482- 36	= 7540
CGCG 474- 28	= 69702	CGCG 476- 54	= 71597	CGCG 477- 60	= 654	CGCG 479- 55	= 2377	CGCG 482- 37	= 7560
CGCG 474- 30	= 69765	CGCG 476- 55	= 71605	CGCG 477- 61	= 660	CGCG 479- 56	= 2416	CGCG 482- 38	= 7562
CGCG 474- 31	= 69768	CGCG 476- 56	= 71608	CGCG 477- 62	= 698	CGCG 479- 58	= 2432	CGCG 482- 42	= 7588
CGCG 474- 32	= 69773	CGCG 476- 57	= 71612	CGCG 477- 63	= 693	CGCG 479- 59	= 2479	CGCG 482- 43	= 7594
CGCG 474- 33	= 69869	CGCG 476- 58	= 71665	CGCG 477- 64	= 732	CGCG 479- 60	= 2514	CGCG 482- 44	= 7603
CGCG 475- 1	= 69896	CGCG 476- 59	= 71669	CGCG 478- 3	= 72897	CGCG 479- 61	= 2562	CGCG 482- 45	= 7606
CGCG 475- 2	= 69940	CGCG 476- 60	= 71672	CGCG 478- 4	= 72968	CGCG 479- 62	= 2563	CGCG 482- 46	= 7653
CGCG 475- 3	= 69983	CGCG 476- 61	= 71685	CGCG 478- 5	= 72972	CGCG 479- 63	= 2575	CGCG 482- 48	= 7683
CGCG 475- 7	= 70116	CGCG 476- 63	= 71696	CGCG 478- 6	= 73100	CGCG 479- 66	= 2621	CGCG 482- 49	= 7706
(CGCG 475- 8)	= 70124	CGCG 476- 64	= 71701	CGCG 478- 7	= 73104	CGCG 479- 67	= 2627	CGCG 482- 50	= 7707
CGCG 475- 10	= 70139	CGCG 476- 65	= 71721	CGCG 478- 8	= 73148	CGCG 479- 68	= 2655	CGCG 482- 51	= 7716
CGCG 475- 12	= 70148	CGCG 476- 66	= 71722	CGCG 478- 11	= 121	CGCG 479- 69	= 2680	CGCG 482- 52	= 7731
CGCG 475- 13	= 70160	CGCG 476- 67	= 71733	CGCG 478- 12	= 120	CGCG 479- 71	= 2714	CGCG 482- 53	= 7762
CGCG 475- 14	= 70176	CGCG 476- 68	= 71751	CGCG 478- 13	= 129	CGCG 479- 72	= 2739	CGCG 482- 54	= 7775
CGCG 475- 15	= 70192	CGCG 476- 69	= 71762	CGCG 478- 14	= 165	CGCG 480- 1	= 2714	CGCG 482- 57	= 7789
CGCG 475- 16	= 70201	CGCG 476- 70	= 71785	CGCG 478- 15	= 207	CGCG 480- 2	= 2739	CGCG 482- 59	= 7825
CGCG 475- 17	= 70202	CGCG 476- 72	= 71795	CGCG 478- 16	= 208	CGCG 480- 3	= 2745	CGCG 482- 60	= 7837
CGCG 475- 18	= 70204	CGCG 476- 73	= 71850	CGCG 478- 17	= 240	CGCG 480- 6	= 2813	CGCG 482- 61	= 7841
CGCG 475- 20	= 70222	CGCG 476- 74	= 71848	CGCG 478- 18	= 227	CGCG 480- 7	= 2819	CGCG 482- 62	= 7843
CGCG 475- 21	= 70250	CGCG 476- 76	= 71856	CGCG 478- 19	= 250	CGCG 480- 8	= 2828	CGCG 482- 64	= 7871
CGCG 475- 23	= 70299	CGCG 476- 78	= 71905	CGCG 478- 20	= 298	CGCG 480- 9	= 2844	CGCG 483- 1	= 7962
CGCG 475- 24	= 70323	CGCG 476- 82	= 71959	CGCG 478- 21	= 323	(CGCG 480- 10)	= 2888	CGCG 483- 2	= 7984
CGCG 475- 25	= 70322	CGCG 476- 86	= 71976	CGCG 478- 23	= 355	(CGCG 480- 10)	= 2886	CGCG 483- 3	= 8035
CGCG 475- 26	= 70326	CGCG 476- 88	= 71986	CGCG 478- 24	= 415	(CGCG 480- 10)	= 2890	CGCG 483- 4	= 8198
CGCG 475- 27	= 70343	CGCG 476- 89	= 71988	CGCG 478- 25	= 507	CGCG 480- 11	= 2894	CGCG 483- 5	= 8203
CGCG 475- 28	= 70341	CGCG 476- 90	= 71987	CGCG 478- 26	= 564	CGCG 480- 12	= 2908	CGCG 483- 6	= 8220
CGCG 475- 29	= 70355	CGCG 476- 91	= 71985	CGCG 478- 27	= 567	CGCG 480- 13	= 2930	CGCG 483- 7	= 8292
CGCG 475- 30	= 70374	CGCG 476- 92	= 71991	CGCG 478- 28	= 590	CGCG 480- 14	= 2935	CGCG 483- 8	= 8362
CGCG 475- 31	= 70392	CGCG 476- 93	= 71995	CGCG 478- 29	= 617	CGCG 480- 16	= 3027	CGCG 483- 9	= 8520
CGCG 475- 33	= 70404	CGCG 476- 94	= 71984	CGCG 478- 30	= 619	CGCG 480- 17	= 3076	CGCG 483- 10	= 8569
CGCG 475- 35	= 70445	CGCG 476- 96	= 71999	CGCG 478- 31	= 652	CGCG 480- 18	= 3075	CGCG 483- 11	= 8624
CGCG 475- 36	= 70497	CGCG 476- 98	= 72024	CGCG 478- 32	= 654	CGCG 480- 19	= 3171	CGCG 483- 12	= 8642
CGCG 475- 37	= 70525	CGCG 476- 99	= 72044	CGCG 478- 33	= 660	CGCG 480- 20	= 3215	CGCG 483- 13	= 8671
CGCG 475- 38	= 70532	CGCG 476-103	= 72064	CGCG 478- 34	= 698	CGCG 480- 23	= 3326	CGCG 483- 14	= 8695
CGCG 475- 39	= 70531	CGCG 476-106	= 72087	CGCG 478- 35	= 693	CGCG 480- 25	= 3420	CGCG 483- 16	= 8941
CGCG 475- 40	= 70537	CGCG 476-107	= 72089	CGCG 478- 36	= 732	CGCG 480- 26	= 3482	CGCG 483- 17	= 8954
CGCG 475- 42	= 70698	CGCG 476-111	= 72106	CGCG 478- 37	= 772	CGCG 480- 27	= 3493	CGCG 483- 18	= 9047
CGCG 475- 43	= 70709	CGCG 476-112	= 72115	CGCG 478- 38	= 828	CGCG 480- 28	= 3527	CGCG 483- 19	= 9045
CGCG 475- 44	= 70719	CGCG 476-115	= 72165	CGCG 478- 39	= 830	CGCG 480- 29	= 3546	CGCG 483- 21	= 9064
CGCG 475- 45	= 70728	CGCG 476-116	= 72169	CGCG 478- 40	= 832	CGCG 480- 32	= 3680	CGCG 483- 23	= 9079
CGCG 475- 46	= 70735	CGCG 476-117	= 72179	CGCG 478- 41	= 847	CGCG 480- 33	= 3694	CGCG 483- 24	= 9076

CGCG 483- 25 = 9086	CGCG 487- 28 = 14714	CGCG 496- 29 = 70220	CGCG 498- 20 = 72667	CGCG 499- 72 = 816
CGCG 483- 26 = 9099	CGCG 488- 3 = 15179	CGCG 496- 30 = 70221	CGCG 498- 22 = 72681	CGCG 499- 74 = 835
CGCG 483- 27 = 9102	CGCG 491- 2 = 66003	CGCG 496- 32 = 70258	CGCG 498- 23 = 72685	CGCG 499- 75 = 837
CGCG 483- 28 = 9112	CGCG 492- 1 = 66746	CGCG 496- 33 = 70269	CGCG 498- 24 = 72696	CGCG 499- 76 = 852
CGCG 483- 29 = 9143	CGCG 492- 2 = 66831	CGCG 496- 34 = 70273	CGCG 498- 26 = 72744	CGCG 499- 78 = 869
CGCG 483- 30 = 9147	CGCG 493- 3 = 67087	CGCG 496- 35 = 70275	CGCG 498- 28 = 72782	CGCG 499- 79 = 875
CGCG 483- 31 = 9170	CGCG 493- 4 = 67188	CGCG 496- 36 = 70309	CGCG 498- 29 = 72792	CGCG 499- 80 = 896
CGCG 483- 32 = 9167	CGCG 493- 5 = 67218	CGCG 496- 37 = 70316	CGCG 498- 30 = 72817	CGCG 499- 81 = 908
CGCG 483- 33 = 9173	CGCG 493- 6 = 67252	CGCG 496- 38 = 70373	CGCG 498- 32 = 72829	CGCG 499- 82 = 919
CGCG 483- 34 = 9182	CGCG 493- 8 = 67394	CGCG 496- 39 = 70451	CGCG 498- 33 = 72848	CGCG 499- 83 = 921
CGCG 483- 35 = 9187	CGCG 493- 9 = 67432	CGCG 496- 41 = 70461	CGCG 498- 34 = 72876	CGCG 499- 86 = 970
CGCG 483- 37 = 9212	CGCG 493- 10 = 67550	CGCG 496- 42 = 70481	CGCG 498- 36 = 72879	CGCG 499- 89 = 1046
CGCG 483- 39 = 9214	CGCG 493- 12 = 67635	CGCG 496- 44 = 70526	CGCG 498- 37 = 72887	CGCG 499- 93 = 1089
CGCG 483- 40 = 9219	CGCG 493- 13 = 67658	CGCG 496- 45 = 70538	CGCG 498- 39 = 72892	CGCG 499- 95 = 1108
CGCG 483- 42 = 9227	CGCG 493- 14 = 67675	CGCG 496- 46 = 70545	CGCG 498- 40 = 72926	CGCG 499- 96 = 1113
CGCG 483- 44 = 9233	CGCG 493- 16 = 67709	CGCG 496- 47 = 70579	CGCG 498- 41 = 72938	CGCG 499- 98 = 1119
CGCG 483- 45 = 9241	CGCG 494- 1 = 67911	CGCG 496- 48 = 70580	CGCG 498- 43 = 73008	CGCG 499- 99 = 1138
CGCG 483- 46 = 9260	CGCG 494- 2 = 68096	CGCG 496- 49 = 70600	CGCG 498- 44 = 73004	CGCG 499-100 = 1154
CGCG 483- 48 = 9262	CGCG 494- 3 = 68227	CGCG 496- 50 = 70604	CGCG 498- 45 = 73023	CGCG 499-104 = 1185
CGCG 483- 49 = 9267	CGCG 494- 7 = 68392	CGCG 496- 52 = 70633	CGCG 498- 48 = 73079	CGCG 499-105 = 1191
CGCG 483- 50 = 9278	CGCG 494- 8 = 68429	CGCG 496- 53 = 70681	CGCG 498- 49 = 73082	CGCG 499-106 = 1187
CGCG 483- 53 = 9309	CGCG 494- 9 = 68460	CGCG 496- 54 = 70683	CGCG 498- 50 = 73078	CGCG 499-107 = 1197
CGCG 483- 54 = 9340	CGCG 494- 10 = 68497	CGCG 496- 56 = 70693	CGCG 498- 52 = 73096	CGCG 499-108 = 1194
CGCG 483- 55 = 9345	CGCG 494- 11 = 68510	CGCG 496- 57 = 70720	CGCG 498- 55 = 73190	CGCG 499-109 = 1204
CGCG 483- 56 = 9351	CGCG 494- 12 = 68543	CGCG 496- 58 = 70734	CGCG 498- 60 = 54	CGCG 499-110 = 1208
CGCG 483- 58 = 9366	CGCG 494- 13 = 68557	CGCG 496- 63 = 70780	CGCG 498- 61 = 58	CGCG 499-111 = 1267
CGCG 483- 59 = 9367	(CGCG 494- 14) = 68572	CGCG 496- 64 = 70789	CGCG 498- 62 = 63	CGCG 499-113 = 1353
CGCG 483- 60 = 9368	(CGCG 494- 14) = 68573	CGCG 496- 65 = 70785	CGCG 498- 63 = 76	CGCG 499-114 = 1361
CGCG 483- 61 = 9382	CGCG 494- 15 = 68617	CGCG 496- 67 = 70793	CGCG 498- 64 = 109	CGCG 499-115 = 1359
CGCG 483- 62 = 9396	CGCG 494- 16 = 68685	CGCG 496- 69 = 70816	CGCG 498- 65 = 112	CGCG 500- 2 = 1353
CGCG 483- 63 = 9398	CGCG 494- 17 = 68696	CGCG 496- 71 = 70888	CGCG 498- 66 = 119	CGCG 500- 3 = 1361
CGCG 483- 64 = 9402	(CGCG 494- 18) = 68719	CGCG 496- 72 = 70910	CGCG 498- 67 = 190	CGCG 500- 4 = 1359
CGCG 483- 65 = 9430	(CGCG 494- 18) = 68714	CGCG 496- 73 = 70926	CGCG 498- 68 = 206	CGCG 500- 6 = 1387
CGCG 483- 66 = 9440	CGCG 494- 20 = 68742	CGCG 496- 76 = 70960	CGCG 498- 69 = 223	CGCG 500- 8 = 1439
CGCG 483- 67 = 9462	CGCG 494- 21 = 68748	CGCG 497- 3 = 71100	CGCG 498- 72 = 303	CGCG 500- 9 = 1442
CGCG 483- 69 = 9510	CGCG 494- 23 = 68761	CGCG 497- 4 = 71134	CGCG 498- 74 = 313	CGCG 500- 10 = 1460
CGCG 483- 72 = 9554	CGCG 494- 25 = 68774	CGCG 497- 5 = 71165	CGCG 498- 77 = 381	CGCG 500- 14 = 1516
CGCG 483- 73 = 9570	CGCG 495- 1 = 68894	CGCG 497- 6 = 71166	CGCG 498- 78 = 569	CGCG 500- 15 = 1544
CGCG 483- 74 = 9573	CGCG 495- 2 = 68922	CGCG 497- 7 = 71188	CGCG 498- 79 = 608	CGCG 500- 16 = 1546
CGCG 484- 2 = 9616	CGCG 495- 3 = 68941	CGCG 497- 8 = 71234	CGCG 498- 81 = 650	CGCG 500- 17 = 1552
CGCG 484- 3 = 9645	CGCG 495- 4 = 69006	CGCG 497- 9 = 71258	CGCG 498- 82 = 679	CGCG 500- 18 = 1572
CGCG 484- 4 = 9703	CGCG 495- 5 = 69061	CGCG 497- 10 = 71281	CGCG 499- 1 = 72792	CGCG 500- 19 = 1578
CGCG 484- 5 = 9707	CGCG 495- 6 = 69095	CGCG 497- 11 = 71295	CGCG 499- 2 = 72817	CGCG 500- 20 = 1619
CGCG 484- 7 = 9725	CGCG 495- 7 = 69173	CGCG 497- 14 = 71379	CGCG 499- 4 = 72829	CGCG 500- 21 = 1654
CGCG 484- 8 = 9729	CGCG 495- 8 = 69421	CGCG 497- 15 = 71392	CGCG 499- 5 = 72848	CGCG 500- 22 = 1695
CGCG 484- 9 = 9741	CGCG 495- 9 = 69452	CGCG 497- 16 = 71395	CGCG 499- 6 = 72876	CGCG 500- 23 = 1720
CGCG 484- 10 = 9819	CGCG 495- 10 = 69456	CGCG 497- 17 = 71396	CGCG 499- 8 = 72879	CGCG 500- 24 = 1724
CGCG 484- 12 = 9881	CGCG 495- 11 = 69462	CGCG 497- 18 = 71421	CGCG 499- 9 = 72887	CGCG 500- 26 = 1736
CGCG 484- 14 = 9888	CGCG 495- 12 = 69478	CGCG 497- 19 = 71446	CGCG 499- 11 = 72892	CGCG 500- 27 = 1739
CGCG 484- 16 = 9939	CGCG 495- 14 = 69530	CGCG 497- 20 = 71467	CGCG 499- 12 = 72926	CGCG 500- 28 = 1758
CGCG 484- 17 = 10484	CGCG 495- 15 = 69536	CGCG 497- 21 = 71482	CGCG 499- 13 = 72938	CGCG 500- 29 = 1754
CGCG 484- 18 = 10528	CGCG 495- 16 = 69544	CGCG 497- 22 = 71511	CGCG 499- 15 = 73008	CGCG 500- 31 = 1771
CGCG 484- 19 = 10581	CGCG 495- 17 = 69552	CGCG 497- 23 = 71513	CGCG 499- 16 = 73004	CGCG 500- 32 = 1782
CGCG 484- 20 = 10592	CGCG 495- 18 = 69553	CGCG 497- 25 = 71541	CGCG 499- 17 = 73023	CGCG 500- 35 = 1828
CGCG 484- 21 = 10806	CGCG 495- 19 = 69559	CGCG 497- 27 = 71569	CGCG 499- 20 = 73079	CGCG 500- 37 = 1913
CGCG 484- 22 = 10819	CGCG 495- 20 = 69561	CGCG 497- 28 = 71587	CGCG 499- 21 = 73082	CGCG 500- 38 = 1916
CGCG 484- 23 = 10905	CGCG 495- 21 = 69637	CGCG 497- 29 = 71589	CGCG 499- 22 = 73078	CGCG 500- 40 = 1958
CGCG 484- 24 = 11015	CGCG 495- 23 = 69693	CGCG 497- 30 = 71593	CGCG 499- 24 = 73096	CGCG 500- 41 = 1957
CGCG 484- 25 = 11190	CGCG 495- 24 = 69709	CGCG 497- 31 = 71615	CGCG 499- 27 = 73190	CGCG 500- 42 = 1982
CGCG 484- 26 = 11212	CGCG 495- 25 = 69718	CGCG 497- 32 = 71619	CGCG 499- 32 = 54	CGCG 500- 44 = 2028
CGCG 485- 1 = 11190	CGCG 495- 26 = 69739	CGCG 497- 33 = 71657	CGCG 499- 33 = 58	CGCG 500- 45 = 2031
CGCG 485- 2 = 11212	CGCG 495- 29 = 69771	CGCG 497- 34 = 71659	CGCG 499- 34 = 63	CGCG 500- 46 = 2085
CGCG 485- 3 = 11225	CGCG 495- 30 = 69764	CGCG 497- 35 = 71688	CGCG 499- 35 = 76	CGCG 500- 47 = 2094
CGCG 485- 4 = 11240	CGCG 495- 32 = 69787	CGCG 497- 36 = 71708	CGCG 499- 36 = 109	CGCG 500- 48 = 2113
CGCG 485- 5 = 11269	CGCG 495- 34 = 69807	CGCG 497- 38 = 71748	CGCG 499- 37 = 112	CGCG 500- 49 = 2147
CGCG 485- 6 = 11329	CGCG 495- 35 = 69831	CGCG 497- 39 = 71750	CGCG 499- 38 = 119	CGCG 500- 50 = 2169
CGCG 485- 7 = 11340	CGCG 495- 36 = 69858	CGCG 497- 40 = 71753	CGCG 499- 39 = 190	CGCG 500- 52 = 2216
CGCG 485- 9 = 11976	CGCG 495- 38 = 69866	CGCG 497- 41 = 71839	CGCG 499- 40 = 206	CGCG 500- 53 = 2231
CGCG 486- 1 = 13557	CGCG 495- 39 = 69897	CGCG 497- 42 = 71938	CGCG 499- 41 = 223	CGCG 500- 55 = 2287
CGCG 487- 4 = 14235	CGCG 495- 41 = 69916	CGCG 497- 43 = 71957	CGCG 499- 44 = 303	CGCG 500- 56 = 2286
CGCG 487- 5 = 14253	CGCG 495- 42 = 69922	CGCG 497- 44 = 71973	CGCG 499- 46 = 313	CGCG 500- 57 = 2298
CGCG 487- 6 = 14304	CGCG 495- 44 = 69934	CGCG 497- 45 = 71969	CGCG 499- 49 = 381	CGCG 500- 58 = 2294
CGCG 487- 7 = 14314	CGCG 496- 1 = 69866	CGCG 497- 47 = 72083	CGCG 499- 50 = 569	CGCG 500- 59 = 2309
CGCG 487- 8 = 14315	CGCG 496- 2 = 69897	CGCG 497- 48 = 72148	CGCG 499- 51 = 608	CGCG 500- 60 = 2317
CGCG 487- 9 = 14331	CGCG 496- 4 = 69916	CGCG 497- 51 = 72233	CGCG 499- 53 = 650	CGCG 500- 63 = 2364
CGCG 487- 11 = 14333	CGCG 496- 5 = 69922	CGCG 497- 53 = 72306	CGCG 499- 54 = 679	CGCG 500- 64 = 2381
CGCG 487- 12 = 14335	CGCG 496- 7 = 69929	CGCG 498- 1 = 72148	CGCG 499- 55 = 690	CGCG 500- 65 = 2398
CGCG 487- 14 = 14369	CGCG 496- 9 = 69930	CGCG 498- 4 = 72233	CGCG 499- 56 = 687	CGCG 500- 67 = 2458
CGCG 487- 15 = 14374	CGCG 496- 10 = 69934	CGCG 498- 6 = 72306	CGCG 499- 58 = 709	CGCG 500- 68 = 2481
CGCG 487- 16 = 14384	CGCG 496- 12 = 69951	CGCG 498- 8 = 72352	CGCG 499- 59 = 707	CGCG 500- 69 = 2483
CGCG 487- 17 = 14390	CGCG 496- 13 = 69963	CGCG 498- 9 = 72382	CGCG 499- 60 = 726	CGCG 500- 70 = 2504
(CGCG 487- 18) = 14398	CGCG 496- 14 = 69970	CGCG 498- 10 = 72387	CGCG 499- 62 = 731	CGCG 500- 71 = 2520
CGCG 487- 19 = 14431	CGCG 496- 17 = 69992	CGCG 498- 11 = 72397	CGCG 499- 63 = 742	CGCG 500- 72 = 2536
CGCG 487- 20 = 14451	CGCG 496- 18 = 69993	CGCG 498- 12 = 72411	CGCG 499- 64 = 748	CGCG 500- 73 = 2537
CGCG 487- 22 = 14478	CGCG 496- 19 = 70000	CGCG 498- 14 = 72512	CGCG 499- 65 = 759	CGCG 500- 75 = 2571
CGCG 487- 23 = 14511	CGCG 496- 22 = 70012	CGCG 498- 15 = 72528	CGCG 499- 66 = 767	CGCG 500- 76 = 2572
CGCG 487- 24 = 14554	CGCG 496- 23 = 70017	CGCG 498- 16 = 72535	CGCG 499- 68 = 762	CGCG 500- 78 = 2604
CGCG 487- 25 = 14627	CGCG 496- 24 = 70035	CGCG 498- 17 = 72539	CGCG 499- 69 = 779	CGCG 500- 79 = 2614
CGCG 487- 26 = 14687	CGCG 496- 25 = 70058	CGCG 498- 18 = 72584	CGCG 499- 70 = 786	CGCG 500- 82 = 2687
CGCG 487- 27 = 14693	CGCG 496- 27 = 70134	CGCG 498- 19 = 72661	CGCG 499- 71 = 791	CGCG 500- 83 = 2711

CGCG 500- 84 = 2712	CGCG 501-108 = 4139	CGCG 503- 16 = 6443	CGCG 504- 62 = 8969	CGCG 508- 7 = 14468
CGCG 500- 85 = 2722	CGCG 501-111 = 4153	CGCG 503- 17 = 6459	CGCG 504- 63 = 8984	CGCG 508- 8 = 14653
CGCG 500- 86 = 2717	CGCG 501-113 = 4176	CGCG 503- 21 = 6534	CGCG 504- 64 = 8997	CGCG 512- 1 = 66585
CGCG 500- 87 = 2727	CGCG 501-115 = 4190	CGCG 503- 22 = 6544	CGCG 504- 65 = 9002	CGCG 512- 6 = 67017
CGCG 500- 89 = 2738	CGCG 501-116 = 4210	CGCG 503- 23 = 6540	CGCG 504- 66 = 9011	CGCG 512- 7 = 67025
CGCG 500- 91 = 2743	CGCG 501-118 = 4224	CGCG 503- 24 = 6570	CGCG 504- 67 = 9022	CGCG 512- 8 = 67049
CGCG 500- 92 = 2752	CGCG 501-121 = 4255	CGCG 503- 26 = 6699	CGCG 504- 68 = 9035	CGCG 513- 1 = 67556
CGCG 500- 93 = 2747	CGCG 501-122 = 4258	CGCG 503- 28 = 6760	CGCG 504- 69 = 9034	CGCG 513- 2 = 67947
CGCG 500- 94 = 2761	CGCG 501-127 = 4320	CGCG 503- 31 = 6789	CGCG 504- 70 = 9071	CGCG 513- 3 = 67957
CGCG 500- 95 = 2782	CGCG 501-130 = 4359	CGCG 503- 32 = 6796	CGCG 504- 71 = 9074	CGCG 513- 4 = 67977
CGCG 501- 1 = 2687	CGCG 501-132 = 4437	CGCG 503- 33 = 6790	CGCG 504- 74 = 9134	CGCG 513- 7 = 68178
CGCG 501- 2 = 2711	CGCG 502- 3 = 4320	CGCG 503- 34 = 6802	CGCG 504- 75 = 9136	CGCG 513- 11 = 68234
CGCG 501- 3 = 2712	CGCG 502- 6 = 4359	CGCG 503- 36 = 6856	CGCG 504- 76 = 9139	CGCG 513- 12 = 68243
CGCG 501- 4 = 2722	CGCG 502- 8 = 4437	CGCG 503- 39 = 6884	CGCG 504- 77 = 9251	CGCG 513- 13 = 68254
CGCG 501- 5 = 2717	CGCG 502- 9 = 4498	CGCG 503- 41 = 6892	CGCG 504- 78 = 9254	CGCG 513- 14 = 68278
CGCG 501- 6 = 2727	CGCG 502- 10 = 4512	CGCG 503- 43 = 6944	CGCG 504- 79 = 9258	CGCG 513- 15 = 68286
CGCG 501- 8 = 2738	CGCG 502- 11 = 4520	CGCG 503- 46 = 7005	CGCG 504- 80 = 9275	CGCG 513- 18 = 68332
CGCG 501- 10 = 2743	CGCG 502- 12 = 4531	CGCG 503- 47 = 7023	CGCG 504- 81 = 9270	CGCG 513- 21 = 68413
CGCG 501- 11 = 2752	CGCG 502- 13 = 4550	CGCG 503- 48 = 7021	CGCG 504- 82 = 9284	CGCG 513- 22 = 68415
CGCG 501- 12 = 2747	CGCG 502- 15 = 4561	CGCG 503- 51 = 7193	CGCG 504- 83 = 9286	CGCG 513- 23 = 68434
CGCG 501- 13 = 2761	CGCG 502- 17 = 4584	CGCG 503- 52 = 7214	CGCG 504- 84 = 9308	CGCG 514- 1 = 68413
CGCG 501- 14 = 2766	CGCG 502- 18 = 4587	CGCG 503- 55 = 7289	CGCG 504- 85 = 9332	CGCG 514- 2 = 68415
CGCG 501- 15 = 2782	CGCG 502- 19 = 4594	CGCG 503- 56 = 7304	CGCG 504- 86 = 9375	CGCG 514- 3 = 68434
CGCG 501- 19 = 2827	CGCG 502- 20 = 4596	CGCG 503- 58 = 7316	CGCG 504- 89 = 9399	CGCG 514- 6 = 68500
CGCG 501- 20 = 2855	CGCG 502- 21 = 4607	CGCG 503- 59 = 7312	CGCG 504- 90 = 9405	CGCG 514- 9 = 68605
CGCG 501- 21 = 2865	CGCG 502- 22 = 4699	CGCG 503- 60 = 7333	CGCG 504- 93 = 9447	CGCG 514- 10 = 68623
CGCG 501- 22 = 2901	CGCG 502- 23 = 4698	CGCG 503- 61 = 7353	CGCG 504- 94 = 9476	CGCG 514- 12 = 68642
CGCG 501- 23 = 2928	CGCG 502- 25 = 4735	(CGCG 503- 62) = 7369	CGCG 504- 95 = 9478	CGCG 514- 14 = 68658
CGCG 501- 24 = 2964	CGCG 502- 28 = 4770	(CGCG 503- 62) = 7370	CGCG 504- 97 = 9501	CGCG 514- 15 = 68668
CGCG 501- 25 = 2960	CGCG 502- 30 = 4782	CGCG 503- 63 = 7394	CGCG 504- 98 = 9516	CGCG 514- 16 = 68670
CGCG 501- 27 = 3019	CGCG 502- 32 = 4802	CGCG 503- 64 = 7395	CGCG 504- 99 = 9526	CGCG 514- 18 = 68689
CGCG 501- 28 = 3020	CGCG 502- 35 = 4840	CGCG 503- 66 = 7537	CGCG 504-101 = 9548	CGCG 514- 20 = 68713
CGCG 501- 29 = 3057	CGCG 502- 36 = 4848	CGCG 503- 67 = 7584	CGCG 504-102 = 9550	CGCG 514- 23 = 68749
CGCG 501- 31 = 3108	CGCG 502- 37 = 4850	CGCG 503- 69 = 7597	CGCG 504-103 = 9579	CGCG 514- 26 = 68770
CGCG 501- 32 = 3133	CGCG 502- 40 = 4868	CGCG 503- 70 = 7611	CGCG 504-104 = 9586	CGCG 514- 27 = 68797
CGCG 501- 35 = 3184	CGCG 502- 42 = 4891	CGCG 503- 71 = 7614	CGCG 505- 1 = 9586	CGCG 514- 30 = 68874
CGCG 501- 36 = 3203	CGCG 502- 50 = 4961	CGCG 503- 73 = 7657	CGCG 505- 2 = 9676	CGCG 514- 32 = 68880
CGCG 501- 38 = 3226	CGCG 502- 51 = 4981	CGCG 503- 74 = 7671	CGCG 505- 3 = 9682	CGCG 514- 33 = 68893
CGCG 501- 39 = 3227	CGCG 502- 54 = 4988	CGCG 503- 75 = 7674	CGCG 505- 5 = 9724	CGCG 514- 34 = 68919
CGCG 501- 40 = 3235	CGCG 502- 56 = 5032	(CGCG 503- 76) = 7694	CGCG 505- 6 = 9726	CGCG 514- 39 = 68976
CGCG 501- 41 = 3222	CGCG 502- 57 = 5035	CGCG 503- 77 = 7760	CGCG 505- 7 = 9751	CGCG 514- 40 = 68974
CGCG 501- 42 = 3260	CGCG 502- 58 = 5037	CGCG 503- 78 = 7823	CGCG 505- 9 = 9763	CGCG 514- 42 = 68991
CGCG 501- 43 = 3275	CGCG 502- 59 = 5060	CGCG 503- 79 = 7873	CGCG 505- 10 = 9781	CGCG 514- 45 = 69019
CGCG 501- 44 = 3274	CGCG 502- 60 = 5061	CGCG 503- 80 = 7888	CGCG 505- 12 = 9788	CGCG 514- 46 = 69016
CGCG 501- 45 = 3269	CGCG 502- 61 = 5074	CGCG 503- 81 = 7902	CGCG 505- 13 = 9794	CGCG 514- 49 = 69047
CGCG 501- 46 = 3271	CGCG 502- 62 = 5082	CGCG 503- 82 = 7899	CGCG 505- 14 = 9795	CGCG 514- 50 = 69055
CGCG 501- 47 = 3285	CGCG 502- 63 = 5085	CGCG 503- 83 = 7931	CGCG 505- 15 = 9802	CGCG 514- 53 = 69101
CGCG 501- 48 = 3332	CGCG 502- 64 = 5084	CGCG 503- 84 = 7934	CGCG 505- 16 = 9808	CGCG 514- 54 = 69110
CGCG 501- 49 = 3434	CGCG 502- 65 = 5086	CGCG 503- 85 = 7967	CGCG 505- 18 = 9821	CGCG 514- 57 = 69188
CGCG 501- 50 = 3450	CGCG 502- 66 = 5095	CGCG 504- 1 = 7873	CGCG 505- 19 = 9895	CGCG 514- 59 = 69241
CGCG 501- 51 = 3446	CGCG 502- 67 = 5098	CGCG 504- 2 = 7888	CGCG 505- 20 = 9901	CGCG 514- 60 = 69256
CGCG 501- 52 = 3455	CGCG 502- 68 = 5099	CGCG 504- 3 = 7902	CGCG 505- 22 = 9902	CGCG 514- 61 = 69260
CGCG 501- 53 = 3456	CGCG 502- 70 = 5108	CGCG 504- 4 = 7899	CGCG 505- 23 = 9911	CGCG 514- 62 = 69263
CGCG 501- 55 = 3466	CGCG 502- 71 = 5110	CGCG 504- 5 = 7931	CGCG 505- 24 = 9941	CGCG 514- 63 = 69270
CGCG 501- 56 = 3555	CGCG 502- 72 = 5129	CGCG 504- 6 = 7934	CGCG 505- 26 = 10007	CGCG 514- 64 = 69269
CGCG 501- 57 = 3564	CGCG 502- 75 = 5165	CGCG 504- 7 = 7967	CGCG 505- 27 = 10013	CGCG 514- 67 = 69314
CGCG 501- 58 = 3575	CGCG 502- 77 = 5201	CGCG 504- 8 = 8013	CGCG 505- 28 = 10017	CGCG 514- 68 = 69327
CGCG 501- 59 = 3606	CGCG 502- 78 = 5217	CGCG 504- 9 = 8019	CGCG 505- 29 = 10029	CGCG 514- 69 = 69338
CGCG 501- 60 = 3615	CGCG 502- 79 = 5214	CGCG 504- 11 = 8040	CGCG 505- 30 = 10051	CGCG 514- 71 = 69344
CGCG 501- 61 = 3611	CGCG 502- 80 = 5226	CGCG 504- 12 = 8064	CGCG 505- 31 = 10092	CGCG 514- 74 = 69360
CGCG 501- 62 = 3646	CGCG 502- 82 = 5284	CGCG 504- 13 = 8086	CGCG 505- 32 = 10112	CGCG 514- 75 = 69362
CGCG 501- 63 = 3651	CGCG 502- 83 = 5290	CGCG 504- 14 = 8097	CGCG 505- 33 = 10170	CGCG 514- 76 = 69374
CGCG 501- 64 = 3652	CGCG 502- 84 = 5333	CGCG 504- 17 = 8174	CGCG 505- 34 = 10227	CGCG 514- 79 = 69387
CGCG 501- 65 = 3664	CGCG 502- 85 = 5364	CGCG 504- 18 = 8215	CGCG 505- 36 = 10272	CGCG 514- 80 = 69385
CGCG 501- 66 = 3666	CGCG 502- 86 = 5440	CGCG 504- 20 = 8231	CGCG 505- 37 = 10287	CGCG 514- 82 = 69391
CGCG 501- 68 = 3685	CGCG 502- 87 = 5473	CGCG 504- 24 = 8346	CGCG 505- 38 = 10302	CGCG 514- 83 = 69401
CGCG 501- 71 = 3773	CGCG 502- 92 = 5545	CGCG 504- 25 = 8350	CGCG 505- 39 = 10303	CGCG 514- 85 = 69400
CGCG 501- 74 = 3850	CGCG 502- 93 = 5552	CGCG 504- 26 = 8393	CGCG 505- 40 = 10310	CGCG 514- 86 = 69402
CGCG 501- 75 = 3866	CGCG 502- 98 = 5587	CGCG 504- 28 = 8417	CGCG 505- 41 = 10319	CGCG 514- 89 = 69434
CGCG 501- 78 = 3899	CGCG 502-103 = 5691	CGCG 504- 29 = 8426	CGCG 505- 43 = 10331	CGCG 514- 90 = 69439
CGCG 501- 79 = 3903	CGCG 502-104 = 5710	CGCG 504- 30 = 8449	CGCG 505- 44 = 10338	CGCG 514- 93 = 69486
CGCG 501- 80 = 3952	CGCG 502-105 = 5702	CGCG 504- 32 = 8531	CGCG 505- 45 = 10339	CGCG 514- 95 = 69502
CGCG 501- 81 = 3969	CGCG 502-106 = 5711	CGCG 504- 34 = 8541	CGCG 505- 46 = 10346	CGCG 514- 96 = 69498
CGCG 501- 82 = 3966	(CGCG 502-107) = 5715	CGCG 504- 35 = 8557	CGCG 505- 47 = 10343	CGCG 514-102 = 69580
CGCG 501- 84 = 3983	CGCG 502-110 = 5818	CGCG 504- 36 = 8599	CGCG 505- 49 = 10417	CGCG 514-103 = 69605
CGCG 501- 85 = 3984	CGCG 502-117 = 5913	CGCG 504- 38 = 8609	CGCG 505- 51 = 10420	CGCG 514-104 = 69619
CGCG 501- 86 = 3981	CGCG 502-118 = 5933	CGCG 504- 41 = 8676	CGCG 505- 52 = 10467	CGCG 515- 1 = 69605
CGCG 501- 87 = 3982	CGCG 502-119 = 5986	CGCG 504- 42 = 8678	CGCG 505- 53 = 10512	CGCG 515- 2 = 69619
CGCG 501- 88 = 3989	CGCG 502-120 = 6006	CGCG 504- 43 = 8685	CGCG 505- 54 = 10654	CGCG 515- 3 = 69647
CGCG 501- 89 = 3998	CGCG 502-121 = 6045	CGCG 504- 45 = 8691	CGCG 505- 55 = 10804	CGCG 515- 5 = 69681
CGCG 501- 90 = 4005	CGCG 502-123 = 6074	CGCG 504- 46 = 8708	CGCG 505- 56 = 11071	CGCG 515- 6 = 69786
CGCG 501- 91 = 4016	CGCG 503- 1 = 6045	CGCG 504- 47 = 8729	CGCG 505- 57 = 11242	CGCG 515- 7 = 69855
CGCG 501- 93 = 4020	CGCG 503- 3 = 6074	CGCG 504- 48 = 8750	CGCG 506- 1 = 11242	CGCG 515- 8 = 69861
CGCG 501- 94 = 4042	CGCG 503- 6 = 6266	CGCG 504- 49 = 8766	CGCG 506- 4 = 11453	CGCG 515- 12 = 70042
CGCG 501- 98 = 4067	CGCG 503- 7 = 6312	CGCG 504- 50 = 8778	CGCG 506- 6 = 11622	CGCG 515- 14 = 70065
CGCG 501- 99 = 4086	CGCG 503- 8 = 6326	CGCG 504- 52 = 8821	CGCG 506- 7 = 12184	CGCG 515- 15 = 70152
CGCG 501-101 = 4096	CGCG 503- 12 = 6360	CGCG 504- 53 = 8829	CGCG 506- 8 = 12196	CGCG 515- 18 = 70196
CGCG 501-103 = 4110	CGCG 503- 13 = 6373	CGCG 504- 57 = 8882	CGCG 508- 3 = 14034	CGCG 515- 19 = 70226
CGCG 501-104 = 4111	CGCG 503- 14 = 6376	CGCG 504- 59 = 8908	CGCG 508- 4 = 14039	CGCG 515- 21 = 70330
CGCG 501-106 = 4115	CGCG 503- 15 = 6440	CGCG 504- 61 = 8968	CGCG 508- 5 = 14205	CGCG 515- 22 = 70368

CGCG 515- 24 = 70470	CGCG 522- 17 = 6782	CGCG 523- 29 = 8970	CGCG 525- 31 = 12763	CGCG 536- 16 = 3803
CGCG 515- 25 = 70501	CGCG 522- 18 = 6780	CGCG 523- 30 = 9004	CGCG 525- 36 = 13000	CGCG 536- 19 = 4168
CGCG 515- 27 = 70689	CGCG 522- 19 = 6790	CGCG 523- 35 = 9164	CGCG 525- 37 = 13006	CGCG 536- 20 = 4184
CGCG 516- 2 = 70909	CGCG 522- 20 = 6799	CGCG 523- 37 = 9202	CGCG 525- 38 = 13022	CGCG 536- 24 = 4446
CGCG 516- 3 = 71124	CGCG 522- 21 = 6805	CGCG 523- 39 = 9215	CGCG 525- 40 = 13073	CGCG 536- 26 = 4473
CGCG 516- 6 = 71772	CGCG 522- 22 = 6807	CGCG 523- 40 = 9225	CGCG 525- 41 = 13219	CGCG 536- 29 = 4654
CGCG 517- 12 = 91	CGCG 522- 23 = 6851	CGCG 523- 41 = 9238	CGCG 525- 42 = 13224	CGCG 536- 32 = 4915
CGCG 517- 13 = 102	CGCG 522- 24 = 6865	CGCG 523- 42 = 9247	CGCG 525- 44 = 13243	CGCG 537- 3 = 5453
CGCG 517- 17 = 595	CGCG 522- 26 = 6916	CGCG 523- 43 = 9314	CGCG 525- 47 = 13474	CGCG 537- 6 = 5579
CGCG 517- 18 = 598	CGCG 522- 27 = 6924	CGCG 523- 46 = 9364	CGCG 526- 2 = 13474	CGCG 537- 7 = 5589
CGCG 517- 20 = 642	CGCG 522- 28 = 6920	CGCG 523- 47 = 9434	CGCG 526- 3 = 13497	CGCG 537- 10 = 5638
CGCG 518- 7 = 91	CGCG 522- 30 = 6928	CGCG 523- 50 = 9524	CGCG 526- 5 = 13613	CGCG 537- 11 = 5753
CGCG 518- 8 = 102	CGCG 522- 31 = 6934	CGCG 523- 51 = 9533	CGCG 526- 7 = 13707	CGCG 537- 12 = 5796
CGCG 518- 12 = 595	CGCG 522- 32 = 6938	CGCG 523- 53 = 9566	CGCG 526- 8 = 13833	CGCG 537- 13 = 5808
CGCG 518- 13 = 598	CGCG 522- 35 = 6948	CGCG 523- 54 = 9618	CGCG 526- 11 = 14008	CGCG 537- 14 = 5891
CGCG 518- 15 = 642	CGCG 522- 36 = 6958	CGCG 523- 55 = 9665	CGCG 526- 12 = 14030	CGCG 537- 15 = 5966
CGCG 518- 18 = 874	CGCG 522- 37 = 6957	CGCG 523- 60 = 9758	CGCG 526- 13 = 14045	CGCG 537- 17 = 6056
CGCG 519- 11 = 2026	CGCG 522- 38 = 6961	CGCG 523- 61 = 9779	CGCG 526- 14 = 14152	CGCG 537- 26 = 6921
CGCG 519- 13 = 2088	CGCG 522- 39 = 6962	CGCG 523- 63 = 9811	CGCG 526- 16 = 14276	CGCG 537- 27 = 7017
CGCG 519- 17 = 2493	CGCG 522- 40 = 6969	CGCG 523- 66 = 9834	CGCG 526- 17 = 14420	CGCG 538- 1 = 7017
CGCG 519- 19 = 2517	CGCG 522- 41 = 6972	CGCG 523- 67 = 9841	CGCG 529- 1 = 66867	CGCG 538- 3 = 7320
CGCG 519- 21 = 2720	CGCG 522- 42 = 6977	CGCG 523- 68 = 9852	CGCG 530- 1 = 67712	CGCG 538- 4 = 7399
CGCG 519- 22 = 2726	CGCG 522- 43 = 6988	CGCG 523- 69 = 9882	CGCG 530- 2 = 67728	CGCG 538- 7 = 7456
CGCG 520- 2 = 3218	CGCG 522- 46 = 7006	CGCG 523- 71 = 9899	CGCG 530- 3 = 67921	CGCG 538- 9 = 7686
CGCG 520- 3 = 3265	CGCG 522- 47 = 7009	CGCG 523- 73 = 9906	CGCG 530- 4 = 67946	CGCG 538- 12 = 7801
CGCG 520- 4 = 3485	CGCG 522- 48 = 7029	CGCG 523- 74 = 9912	CGCG 530- 5 = 67965	CGCG 538- 13 = 7853
CGCG 520- 6 = 3559	CGCG 522- 50 = 7030	CGCG 523- 76 = 9958	CGCG 530- 6 = 67977	CGCG 538- 14 = 7980
CGCG 520- 14 = 3990	CGCG 522- 52 = 7033	CGCG 523- 77 = 9972	CGCG 530- 7 = 67985	CGCG 538- 16 = 8009
CGCG 520- 17 = 4054	CGCG 522- 55 = 7066	CGCG 523- 79 = 10034	CGCG 530- 8 = 67987	CGCG 538- 19 = 8066
CGCG 520- 18 = 4061	CGCG 522- 56 = 7097	CGCG 523- 81 = 10080	CGCG 530- 10 = 68110	CGCG 538- 21 = 8078
CGCG 520- 20 = 4126	CGCG 522- 58 = 7111	CGCG 523- 83 = 10123	CGCG 530- 12 = 68171	CGCG 538- 22 = 8120
CGCG 520- 21 = 4235	CGCG 522- 63 = 7140	CGCG 523- 84 = 10124	CGCG 530- 13 = 68197	CGCG 538- 23 = 8127
CGCG 520- 22 = 4286	CGCG 522- 64 = 7139	CGCG 523- 87 = 10182	CGCG 530- 15 = 68216	CGCG 538- 24 = 8132
CGCG 520- 23 = 4355	CGCG 522- 69 = 7220	CGCG 523- 92 = 10257	CGCG 530- 16 = 68226	CGCG 538- 25 = 8161
CGCG 520- 26 = 4379	CGCG 522- 71 = 7223	CGCG 523- 93 = 10256	CGCG 530- 17 = 68285	CGCG 538- 27 = 8212
CGCG 520- 30 = 4451	CGCG 522- 73 = 7263	CGCG 523- 95 = 10264	CGCG 530- 18 = 68381	CGCG 538- 29 = 8294
CGCG 520- 33 = 4563	CGCG 522- 74 = 7254	CGCG 523- 96 = 10314	CGCG 530- 19 = 68485	CGCG 538- 32 = 8430
CGCG 520- 34 = 4579	CGCG 522- 76 = 7270	CGCG 524- 1 = 10257	CGCG 530- 20 = 68482	CGCG 538- 33 = 8503
CGCG 520- 35 = 4604	CGCG 522- 78 = 7282	CGCG 524- 2 = 10256	CGCG 530- 22 = 68535	CGCG 538- 37 = 8654
CGCG 520- 36 = 4674	CGCG 522- 80 = 7295	CGCG 524- 4 = 10264	CGCG 530- 23 = 68632	CGCG 538- 38 = 8674
CGCG 521- 1 = 4674	CGCG 522- 81 = 7300	CGCG 524- 5 = 10314	CGCG 531- 1 = 68632	CGCG 538- 40 = 8836
CGCG 521- 2 = 4832	CGCG 522- 84 = 7381	CGCG 524- 7 = 10375	CGCG 531- 2 = 68653	CGCG 538- 45 = 8906
CGCG 521- 4 = 4879	CGCG 522- 86 = 7387	CGCG 524- 8 = 10383	CGCG 531- 3 = 68724	CGCG 538- 51 = 9014
CGCG 521- 7 = 4971	CGCG 522- 87 = 7397	CGCG 524- 12 = 10421	CGCG 531- 4 = 68736	CGCG 538- 52 = 9031
CGCG 521- 8 = 4985	CGCG 522- 88 = 7396	CGCG 524- 17 = 10532	CGCG 531- 6 = 68843	CGCG 538- 53 = 9029
CGCG 521- 10 = 5008	CGCG 522- 91 = 7416	CGCG 524- 20 = 10586	CGCG 531- 8 = 69005	CGCG 538- 55 = 9051
CGCG 521- 15 = 5089	CGCG 522- 94 = 7488	CGCG 524- 22 = 10606	CGCG 531- 9 = 69182	CGCG 538- 56 = 9062
CGCG 521- 16 = 5088	CGCG 522- 96 = 7504	CGCG 524- 24 = 10676	CGCG 531- 10 = 69184	CGCG 538- 57 = 9067
CGCG 521- 18 = 5132	CGCG 522- 97 = 7502	CGCG 524- 25 = 10727	CGCG 531- 13 = 69724	CGCG 538- 58 = 9073
CGCG 521- 20 = 5174	CGCG 522- 98 = 7527	CGCG 524- 26 = 10739	CGCG 531- 16 = 69783	CGCG 538- 61 = 9130
CGCG 521- 22 = 5268	CGCG 522-100 = 7579	CGCG 524- 27 = 10810	CGCG 532- 4 = 70163	CGCG 538- 64 = 9150
CGCG 521- 23 = 5299	CGCG 522-101 = 7581	CGCG 524- 32 = 10941	CGCG 532- 6 = 70401	CGCG 538- 65 = 9157
CGCG 521- 24 = 5340	CGCG 522-102 = 7646	CGCG 524- 36 = 11065	CGCG 532- 9 = 70523	CGCG 538- 66 = 9180
CGCG 521- 25 = 5344	CGCG 522-105 = 7832	CGCG 524- 37 = 11210	CGCG 532- 11 = 71014	CGCG 538- 67 = 9186
CGCG 521- 26 = 5360	CGCG 522-106 = 7847	CGCG 524- 38 = 11290	CGCG 532- 12 = 71026	CGCG 539- 1 = 9051
CGCG 521- 30 = 5450	CGCG 522-107 = 7953	CGCG 524- 40 = 11341	CGCG 532- 13 = 71065	CGCG 539- 2 = 9062
CGCG 521- 31 = 5475	CGCG 522-109 = 7970	CGCG 524- 41 = 11344	CGCG 532- 14 = 71090	CGCG 539- 3 = 9067
CGCG 521- 32 = 5489	CGCG 522-111 = 7972	CGCG 524- 42 = 11360	CGCG 532- 15 = 71096	CGCG 539- 4 = 9073
CGCG 521- 36 = 5550	CGCG 522-113 = 8087	CGCG 524- 43 = 11370	CGCG 532- 16 = 71115	CGCG 539- 7 = 9130
CGCG 521- 40 = 5676	CGCG 522-116 = 8185	CGCG 524- 44 = 11414	CGCG 532- 17 = 71220	CGCG 539- 10 = 9150
CGCG 521- 41 = 5681	CGCG 522-118 = 8249	CGCG 524- 45 = 11425	CGCG 533- 1 = 71220	CGCG 539- 11 = 9157
CGCG 521- 42 = 5692	CGCG 522-124 = 8282	CGCG 524- 46 = 11437	CGCG 533- 3 = 71285	CGCG 539- 12 = 9180
CGCG 521- 45 = 5746	CGCG 522-125 = 8283	CGCG 524- 48 = 11447	CGCG 533- 5 = 71368	CGCG 539- 13 = 9186
CGCG 521- 46 = 5800	CGCG 522-126 = 8301	CGCG 524- 49 = 11625	CGCG 533- 8 = 71596	CGCG 539- 14 = 9188
CGCG 521- 49 = 5885	CGCG 522-128 = 8352	CGCG 524- 51 = 11679	CGCG 533- 9 = 71602	CGCG 539- 16 = 9197
CGCG 521- 51 = 5904	CGCG 522-129 = 8351	CGCG 524- 52 = 11696	CGCG 533- 13 = 71758	CGCG 539- 17 = 9201
CGCG 521- 55 = 5984	CGCG 522-130 = 8365	CGCG 524- 53 = 11711	CGCG 533- 14 = 71798	CGCG 539- 21 = 9221
CGCG 521- 60 = 6059	CGCG 522-131 = 8372	CGCG 524- 55 = 11737	CGCG 533- 17 = 72145	CGCG 539- 23 = 9253
CGCG 521- 61 = 6077	CGCG 522-133 = 8396	CGCG 524- 56 = 11740	CGCG 533- 19 = 72296	CGCG 539- 24 = 9301
CGCG 521- 63 = 6138	CGCG 522-134 = 8433	CGCG 524- 58 = 11789	CGCG 534- 2 = 72980	CGCG 539- 28 = 9341
CGCG 521- 66 = 6189	CGCG 522-135 = 8438	CGCG 524- 61 = 11879	CGCG 534- 8 = 638	CGCG 539- 30 = 9355
CGCG 521- 68 = 6232	CGCG 522-136 = 8469	CGCG 524- 62 = 11880	CGCG 534- 9 = 1123	CGCG 539- 31 = 9357
CGCG 521- 70 = 6290	CGCG 522-137 = 8479	CGCG 524- 64 = 11896	CGCG 535- 4 = 1567	CGCG 539- 32 = 9480
CGCG 521- 72 = 6372	CGCG 522-140 = 8587	CGCG 524- 65 = 11955	CGCG 535- 5 = 1679	CGCG 539- 34 = 9556
CGCG 521- 73 = 6393	CGCG 522-143 = 8636	CGCG 525- 2 = 11879	CGCG 535- 6 = 1885	CGCG 539- 35 = 9589
CGCG 521- 76 = 6397	CGCG 523- 1 = 8587	CGCG 525- 3 = 11880	CGCG 535- 11 = 2039	CGCG 539- 36 = 9590
CGCG 521- 78 = 6473	CGCG 523- 4 = 8636	CGCG 525- 5 = 11896	CGCG 535- 12 = 2172	CGCG 539- 37 = 9595
CGCG 521- 79 = 6483	CGCG 523- 5 = 8652	CGCG 525- 6 = 11955	CGCG 535- 13 = 2314	CGCG 539- 40 = 9655
CGCG 521- 80 = 6502	CGCG 523- 8 = 8737	CGCG 525- 7 = 12029	CGCG 535- 14 = 2429	CGCG 539- 41 = 9663
CGCG 521- 81 = 6507	CGCG 523- 10 = 8777	CGCG 525- 8 = 12046	CGCG 535- 16 = 2555	CGCG 539- 43 = 9683
CGCG 522- 1 = 6502	CGCG 523- 12 = 8782	CGCG 525- 9 = 12070	CGCG 535- 17 = 2557	CGCG 539- 46 = 9759
CGCG 522- 2 = 6507	CGCG 523- 13 = 8786	CGCG 525- 10 = 12080	CGCG 535- 18 = 2645	CGCG 539- 47 = 9773
CGCG 522- 4 = 6560	CGCG 523- 14 = 8804	CGCG 525- 11 = 12078	CGCG 535- 23 = 3011	CGCG 539- 49 = 9799
CGCG 522- 5 = 6572	CGCG 523- 15 = 8820	CGCG 525- 16 = 12159	CGCG 535- 24 = 3058	CGCG 539- 51 = 9818
CGCG 522- 6 = 6582	CGCG 523- 19 = 8853	CGCG 525- 17 = 12200	CGCG 535- 26 = 3103	CGCG 539- 52 = 9825
CGCG 522- 7 = 6607	CGCG 523- 20 = 8866	CGCG 525- 20 = 12369	CGCG 536- 2 = 3058	CGCG 539- 53 = 9827
CGCG 522- 9 = 6664	CGCG 523- 22 = 8873	CGCG 525- 23 = 12549	CGCG 536- 4 = 3103	CGCG 539- 54 = 9831
CGCG 522- 10 = 6677	CGCG 523- 23 = 8894	CGCG 525- 27 = 12698	CGCG 536- 7 = 3212	CGCG 539- 56 = 9838
CGCG 522- 14 = 6691	CGCG 523- 27 = 8932	CGCG 525- 29 = 12705	CGCG 536- 13 = 3445	CGCG 539- 57 = 9873
CGCG 522- 15 = 6711	CGCG 523- 28 = 8961	CGCG 525- 30 = 12713	CGCG 536- 14 = 3448	CGCG 539- 60 = 9952

Name	= ID	Name	= ID	Name	= ID	Name	= ID	Name	= ID
CGCG 539- 62	= 9983	CGCG 540- 76	= 12177	CGCG 549- 21	= 676	DCL 40	= 40544	DCL 278	= 43411
CGCG 539- 63	= 10008	CGCG 540- 78	= 12185	CGCG 549- 25	= 910	DCL 41	= 40549	DCL 282	= 43423
CGCG 539- 64	= 10015	CGCG 540- 79	= 12193	CGCG 549- 27	= 929	DCL 43	= 40649	DCL 283	= 43422
CGCG 539- 65	= 10025	CGCG 540- 81	= 12219	CGCG 549- 29	= 952	DCL 45	= 40735	DCL 284	= 43427
CGCG 539- 66	= 10026	CGCG 540- 83	= 12253	CGCG 549- 30	= 962	DCL 46	= 40746	DCL 285	= 43444
CGCG 539- 68	= 10047	CGCG 540- 84	= 12257	CGCG 549- 31	= 974	DCL 47	= 40824	DCL 288	= 43435
CGCG 539- 70	= 10052	CGCG 540- 85	= 12254	CGCG 549- 32	= 1198	DCL 50	= 40887	DCL 289	= 43432
CGCG 539- 74	= 10156	CGCG 540- 86	= 12279	CGCG 549- 33	= 1202	DCL 52	= 40944	DCL 290	= 43441
CGCG 539- 76	= 10181	CGCG 540- 87	= 12295	CGCG 549- 35	= 1264	DCL 53	= 41009	DCL 291	= 43447
CGCG 539- 80	= 10243	CGCG 540- 88	= 12287	CGCG 549- 36	= 1315	DCL 56	= 41043	DCL 292	= 43466
CGCG 539- 81	= 10296	CGCG 540- 90	= 12326	CGCG 550- 2	= 1592	DCL 57	= 41123	DCL 293	= 43479
CGCG 539- 82	= 10289	CGCG 540- 91	= 12333	CGCG 550- 3	= 1655	DCL 58	= 41131	DCL 294	= 43480
CGCG 539- 83	= 10298	CGCG 540- 92	= 12331	CGCG 550- 4	= 1658	DCL 62	= 41526	DCL 296	= 43484
CGCG 539- 84	= 10312	CGCG 540- 93	= 12332	CGCG 550- 6	= 2004	DCL 63	= 41537	DCL 303	= 43534
CGCG 539- 85	= 10316	CGCG 540- 94	= 12343	CGCG 550- 7	= 2032	DCL 66	= 41629	DCL 306	= 43561
CGCG 539- 93	= 10440	CGCG 540- 95	= 12350	CGCG 550- 9	= 2329	DCL 70	= 41856	DCL 311	= 43578
CGCG 539- 94	= 10457	CGCG 540- 96	= 12367	CGCG 550- 10	= 2427	DCL 71	= 41866	DCL 312	= 43584
CGCG 539- 96	= 10489	CGCG 540- 97	= 12392	CGCG 550- 11	= 2593	DCL 73	= 41960	DCL 314	= 43591
CGCG 539- 97	= 10490	CGCG 540- 98	= 12384	CGCG 550- 14	= 2704	DCL 74	= 41986	DCL 320	= 43611
CGCG 539-100	= 10568	CGCG 540- 99	= 12396	CGCG 550- 15	= 2781	DCL 76	= 42018	DCL 323	= 43615
CGCG 539-101	= 10587	CGCG 540-100	= 12397	CGCG 550- 16	= 3051	DCL 78	= 42086	DCL 325	= 43623
CGCG 539-104	= 10653	CGCG 540-101	= 12405	CGCG 550- 19	= 3363	DCL 79	= 42118	DCL 328	= 43638
CGCG 539-106	= 10721	CGCG 540-102	= 12413	CGCG 550- 21	= 3487	DCL 81	= 42151	DCL 331	= 43653
CGCG 539-107	= 10730	CGCG 540-103	= 12429	CGCG 550- 23	= 3528	DCL 82	= 42158	DCL 332	= 43661
CGCG 539-108	= 10732	CGCG 540-104	= 12434	CGCG 551- 2	= 3528	DCL 84	= 42167	DCL 334	= 43677
CGCG 539-110	= 10754	CGCG 540-105	= 12438	CGCG 551- 3	= 3603	DCL 85	= 42181	DCL 335	= 43681
CGCG 539-111	= 10778	CGCG 540-106	= 12456	CGCG 551- 4	= 3635	DCL 89	= 42224	DCL 336	= 43701
CGCG 539-112	= 10792	CGCG 540-107	= 12452	CGCG 551- 9	= 4282	DCL 93	= 42245	DCL 339	= 43719
CGCG 539-114	= 10850	CGCG 540-108	= 12458	CGCG 551- 12	= 4598	DCL 94	= 42246	DCL 340	= 43723
CGCG 539-115	= 10869	CGCG 540-109	= 12471	CGCG 551- 13	= 4600	DCL 98	= 42271	DCL 341	= 43717
CGCG 539-116	= 10884	CGCG 540-110	= 12478	CGCG 551- 16	= 4960	DCL 103	= 42358	DCL 347	= 43744
CGCG 539-117	= 10890	CGCG 540-111	= 12558	CGCG 551- 17	= 5368	DCL 104	= 42368	DCL 353	= 43779
CGCG 539-119	= 10923	(CGCG 540-112)	= 12578	CGCG 551- 18	= 5457	DCL 105	= 42369	DCL 354	= 43787
CGCG 539-120	= 10926	CGCG 540-113	= 12580	CGCG 551- 19	= 5476	DCL 107	= 42392	DCL 355	= 43790
CGCG 539-123	= 10956	CGCG 540-116	= 12597	CGCG 551- 20	= 5502	DCL 108	= 42411	DCL 362	= 43845
CGCG 539-124	= 10959	CGCG 540-117	= 12600	CGCG 552- 1	= 5916	DCL 109	= 42414	DCL 369	= 43886
CGCG 539-129	= 10984	CGCG 540-118	= 12624	CGCG 552- 4	= 6124	DCL 111	= 42441	DCL 371	= 43893
CGCG 540- 1	= 10923	CGCG 540-119	= 12622	CGCG 552- 6	= 6220	DCL 112	= 42445	DCL 373	= 43910
CGCG 540- 2	= 10926	CGCG 540-120	= 12627	CGCG 552- 9	= 6811	DCL 114	= 42460	DCL 379	= 43954
CGCG 540- 5	= 10956	CGCG 540-121	= 12660	CGCG 552- 10	= 6929	DCL 117	= 42486	DCL 385	= 43994
CGCG 540- 6	= 10959	CGCG 540-122	= 12702	CGCG 552- 12	= 7179	DCL 118	= 42492	DCL 388	= 44028
CGCG 540- 11	= 10984	CGCG 540-123	= 12747	CGCG 552- 14	= 7197	DCL 119	= 42505	DCL 389	= 44041
CGCG 540- 14	= 11085	CGCG 541- 1	= 12702	CGCG 552- 15	= 7648	DCL 120	= 42510	DCL 393	= 44065
CGCG 540- 15	= 11118	CGCG 541- 2	= 12747	CGCG 552- 19	= 7881	DCL 121	= 42524	DCL 401	= 44129
CGCG 540- 16	= 11123	CGCG 541- 4	= 12802	CGCG 552- 22	= 7909	DCL 122	= 42531	DCL 405	= 44155
CGCG 540- 17	= 11181	CGCG 541- 5	= 12816	CGCG 552- 24	= 8015	DCL 130	= 42640	DCL 410	= 44199
CGCG 540- 18	= 11279	CGCG 541- 6	= 12819	CGCG 553- 1	= 8199	DCL 134	= 42662	DCL 411	= 44201
CGCG 540- 21	= 11371	CGCG 541- 7	= 12830	CGCG 553- 3	= 8942	DCL 142	= 42701	DCL 412	= 44204
CGCG 540- 24	= 11392	CGCG 541- 8	= 12845	CGCG 553- 5	= 9030	DCL 148	= 42761	DCL 413	= 44237
CGCG 540- 25	= 11399	CGCG 541- 9	= 12893	CGCG 553- 7	= 9115	DCL 149	= 42764	DCL 420	= 44361
CGCG 540- 26	= 11404	CGCG 541- 10	= 12912	CGCG 553- 11	= 9294	DCL 157	= 42813	DCL 422	= 44410
CGCG 540- 27	= 11403	CGCG 541- 11	= 12933	CGCG 553- 12	= 9377	DCL 158	= 42829	DCL 425	= 44475
CGCG 540- 28	= 11441	CGCG 541- 13	= 12964	CGCG 553- 13	= 9416	DCL 161	= 42835	DCL 428	= 44510
CGCG 540- 29	= 11449	CGCG 541- 15	= 12975	CGCG 553- 14	= 9432	DCL 162	= 42845	DCL 430	= 44526
CGCG 540- 30	= 11484	CGCG 541- 17	= 13001	CGCG 553- 16	= 9465	DCL 163	= 42852	DCL 432	= 44571
CGCG 540- 31	= 11552	CGCG 541- 18	= 13015	CGCG 553- 17	= 9469	DCL 168	= 42879	DCL 435	= 44613
CGCG 540- 32	= 11578	CGCG 541- 19	= 13050	CGCG 554- 1	= 10322	DCL 169	= 42891	DCL 436	= 44605
CGCG 540- 33	= 11581	CGCG 541- 20	= 13083	CGCG 554- 2	= 10529	DCL 178	= 42951	DCL 443	= 44695
CGCG 540- 34	= 11617	CGCG 541- 22	= 13400	CGCG 554- 4	= 10608	DCL 181	= 42968	DCL 446	= 44724
CGCG 540- 35	= 11634	CGCG 541- 23	= 13435	CGCG 554- 5	= 10627	DCL 182	= 42966	DCL 451	= 44764
CGCG 540- 37	= 11643	CGCG 541- 25	= 13704	CGCG 554- 6	= 10625	DCL 183	= 42983	DCL 455	= 44842
CGCG 540- 38	= 11648	CGCG 544- 2	= 67255	CGCG 554- 8	= 10729	DCL 189	= 43073	DCL 457	= 44857
CGCG 540- 39	= 11661	CGCG 544- 4	= 67265	CGCG 554- 9	= 10770	DCL 190	= 43075	DCL 460	= 44936
CGCG 540- 40	= 11676	CGCG 545- 2	= 68029	CGCG 554- 11	= 10812	DCL 192	= 43087	DCL 461	= 44935
CGCG 540- 42	= 11686	CGCG 545- 3	= 68121	CGCG 554- 13	= 10886	DCL 195	= 43105	DCL 462	= 44944
CGCG 540- 43	= 11702	CGCG 545- 4	= 68248	CGCG 554- 15	= 11116	DCL 197	= 43120	DCL 463	= 44949
CGCG 540- 44	= 11771	CGCG 545- 5	= 68596	CGCG 554- 18	= 11309	DCL 199	= 43127	DCL 472	= 45075
CGCG 540- 46	= 11790	CGCG 546- 1	= 69180	CGCG 554- 20	= 11521	DCL 200	= 43130	DCL 478	= 45132
CGCG 540- 47	= 11817	CGCG 546- 22	= 69187	CGCG 554- 22	= 11682	DCL 205	= 43155	DCL 480	= 45151
CGCG 540- 49	= 11846	CGCG 547- 2	= 70772	CGCG 555- 2	= 12869	DCL 207	= 43166	DCL 481	= 45155
CGCG 540- 50	= 11847	CGCG 547- 3	= 71231	CGCG 555- 5	= 13746	DCL 209	= 43170	DCL 487	= 45209
CGCG 540- 52	= 11872	CGCG 548- 4	= 72204	CGCG 555- 6	= 13783	DCL 212	= 43182	DCL 489	= 45283
CGCG 540- 54	= 11878	CGCG 548- 8	= 72523	CGCG 556- 1	= 461	DCL 217	= 43210	DCL 490	= 45294
CGCG 540- 55	= 11886	CGCG 548- 10	= 72613	CGCG 557- 2	= 3023	DCL 219	= 43214	DCL 492	= 45349
CGCG 540- 57	= 11982	CGCG 548- 11	= 72632	CGCG 557- 3	= 3239	DCL 222	= 43218	DCL 493	= 45371
CGCG 540- 59	= 12004	CGCG 548- 16	= 72928	CGCG 559- 6	= 8504	DCL 228	= 43249	DCL 494	= 45374
CGCG 540- 60	= 12005	CGCG 548- 18	= 73032	DCL 2	= 39182	DCL 229	= 43251	DCL 496	= 45393
CGCG 540- 61	= 12038	CGCG 548- 20	= 73150	DCL 4	= 39201	DCL 233	= 43262	DCL 497	= 45391
CGCG 540- 62	= 12039	CGCG 548- 21	= 73195	DCL 6	= 39219	DCL 237	= 43282	DCL 500	= 45440
CGCG 540- 63	= 12074	CGCG 548- 22	= 2	DCL 7	= 39238	DCL 242	= 43296	DCL 504	= 45465
CGCG 540- 64	= 12081	CGCG 548- 27	= 574	DCL 8	= 39249	DCL 245	= 43306	DCL 510	= 45563
CGCG 540- 65	= 12089	CGCG 548- 30	= 676	DCL 9	= 39315	DCL 250	= 43323	DCL 512	= 45576
CGCG 540- 66	= 12098	CGCG 549- 1	= 72613	DCL 10	= 39372	DCL 251	= 43326	DCL 516	= 45671
CGCG 540- 67	= 12097	CGCG 549- 2	= 72632	DCL 11	= 39379	DCL 253	= 43328	DCL 517	= 45680
CGCG 540- 68	= 12092	CGCG 549- 7	= 72928	DCL 13	= 39484	DCL 254	= 43332	DCL 520	= 45724
CGCG 540- 69	= 12132	CGCG 549- 9	= 73032	DCL 20	= 39979	DCL 263	= 43354	DCL 521	= 45729
CGCG 540- 70	= 12133	CGCG 549- 11	= 73150	DCL 22	= 40012	DCL 264	= 43355	DCL 523	= 45758
CGCG 540- 72	= 12141	CGCG 549- 12	= 73195	DCL 35	= 40470	DCL 266	= 43362	DCL 526	= 45847
CGCG 540- 73	= 12157	CGCG 549- 13	= 2	DCL 37	= 40496	DCL 267	= 43367	DCL 527	= 45855
CGCG 540- 75	= 12171	CGCG 549- 18	= 574	DCL 38	= 40498	DCL 268	= 43374	DCL 528	= 45898

DCL	529	= 45916	DDO	72	= 29468	DDO	162	= 45242	ESO	2- 12	= 3629
DCL	530	= 45918	DDO	73	= 29549	DDO	163	= 45254	ESO	3- 1	= 5703
DCL	531	= 45917	DDO	74	= 29488	DDO	164	= 45359	ESO	3- 3	= 6093
DCL	532	= 45922	DDO	75	= 29653	DDO	165	= 45372	ESO	3- 4	= 6242
DCL	533	= 45926	DDO	76	= 29661	DDO	166	= 45927	ESO	3- 7	= 7583
DCL	534	= 45949	DDO	77	= 30484	DDO	167	= 45939	ESO	3- 13	= 10922
DCL	536	= 45960	DDO	78	= 30664	DDO	168	= 46039	ESO	3- 14	= 11936
DCL	540	= 46023	DDO	79	= 30531	DDO	169	= 46127	ESO	3- 15	= 12725
DCL	542	= 46056	DDO	80	= 30983	DDO	170	= 46159	ESO	4- 3	= 12994
DCL	545	= 46157	DDO	81	= 30819	DDO	171	= 46382	ESO	4- 4	= 13595
DCL	549	= 46301	DDO	82	= 30997	DDO	172	= 46386	ESO	4- 6	= 13925
DCL	550	= 46308	DDO	83	= 31477	DDO	173	= 46563	ESO	4- 7	= 13999
DCL	555	= 46442	DDO	84	= 31923	DDO	174	= 47054	ESO	4- 10	= 14240
DCL	561	= 46528	DDO	85	= 31840	DDO	175	= 46952	ESO	4- 11	= 14267
DCL	562	= 46566	DDO	86	= 32048	DDO	176	= 47371	ESO	4- 13	= 15148
DCL	565	= 46618	DDO	87	= 32405	DDO	177	= 48012	ESO	4- 17	= 16673
DCL	567	= 46626	DDO	88	= 32226	DDO	178	= 47951	ESO	4- 19	= 17077
DCL	569	= 46682	DDO	89	= 32486	DDO	179	= 48122	ESO	4- 23	= 18024
DCL	570	= 46688	DDO	90	= 32661	DDO	180	= 48179	ESO	5- 4	= 18394
DCL	572	= 46697	DDO	91	= 33562	DDO	181	= 48332	ESO	5- 6	= 21010
DDO	1	= 1218	DDO	92	= 34170	DDO	182	= 48557	ESO	5- 9	= 21145
DDO	2	= 1292	DDO	93	= 34176	DDO	183	= 49158	ESO	5- 10	= 21243
DDO	3	= 2004	DDO	94	= 34696	DDO	184	= 49497	ESO	5- 11	= 21606
DDO	4	= 2031	DDO	95	= 35041	DDO	185	= 49448	ESO	6- 1	= 23344
DDO	5	= 2689	DDO	96	= 36398	DDO	186	= 50262	ESO	6- 2	= 23402
DDO	6	= 2902	DDO	97	= 36896	DDO	187	= 50961	ESO	6- 3	= 24203
DDO	7	= 3667	DDO	98	= 37037	DDO	188	= 50948	ESO	6- 6	= 26121
DDO	8	= 3844	DDO	99	= 37050	DDO	189	= 51358	ESO	7- 1	= 32195
DDO	9	= 4202	DDO	100	= 37164	DDO	190	= 51472	ESO	7- 6	= 42645
DDO	10	= 4913	DDO	101	= 37449	DDO	191	= 51509	ESO	8- 1	= 47832
DDO	11	= 5600	DDO	102	= 37682	DDO	192	= 51798	ESO	8- 2	= 48422
DDO	12	= 5892	DDO	103	= 37680	DDO	193	= 52091	ESO	8- 4	= 49670
DDO	13	= 6174	DDO	104	= 37667	DDO	194	= 52142	ESO	8- 5	= 50242
DDO	14	= 6626	DDO	105	= 37689	DDO	195	= 52345	ESO	8- 7	= 53743
DDO	15	= 6706	DDO	106	= 37681	DDO	196	= 52689	ESO	8- 8	= 55293
DDO	16	= 6889	DDO	107	= 37738	DDO	197	= 52940	ESO	9- 1	= 56604
DDO	17	= 7825	DDO	108	= 38190	DDO	198	= 53644	ESO	9- 3	= 58516
DDO	18	= 8332	DDO	109	= 38481	DDO	199	= 54074	ESO	9- 5	= 59709
DDO	19	= 9168	DDO	110	= 38793	DDO	200	= 55607	ESO	9- 9	= 60712
DDO	20	= 9272	DDO	111	= 38781	DDO	201	= 55833	ESO	9- 10	= 60648
DDO	21	= 9246	DDO	112	= 38823	DDO	202	= 56210	ESO	10- 1	= 61787
DDO	22	= 9702	DDO	113	= 39145	DDO	203	= 55887	ESO	10- 2	= 61793
DDO	23	= 9539	DDO	114	= 39113	DDO	204	= 57678	ESO	10- 3	= 63077
DDO	24	= 9759	DDO	115	= 39142	DDO	205	= 57722	ESO	10- 4	= 63310
DDO	25	= 9726	DDO	116	= 39317	DDO	206	= 59236	ESO	10- 5	= 63260
DDO	26	= 9808	DDO	117	= 39343	DDO	207	= 60084	ESO	10- 6	= 63500
DDO	27	= 10117	DDO	118	= 39395	DDO	208	= 60095	ESO	11- 3	= 67018
DDO	28	= 10588	DDO	119	= 39840	DDO	209	= 63616	ESO	11- 4	= 67113
DDO	29	= 10670	DDO	120	= 39918	DDO	210	= 65367	ESO	11- 5	= 67162
DDO	30	= 10854	DDO	121	= 40329	DDO	211	= 68201	ESO	12- 1	= 71440
DDO	31	= 12053	DDO	122	= 40367	DDO	212	= 68484	ESO	12- 4	= 72261
DDO	32	= 12068	DDO	123	= 40645	DDO	213	= 69173	ESO	12- 10	= 72957
DDO	33	= 16030	DDO	124	= 40754	DDO	214	= 69293	ESO	12- 12	= 30
DDO	34	= 16059	DDO	125	= 40904	DDO	215	= 69415	ESO	12- 14	= 181
DDO	35	= 16644	DDO	126	= 40791	DDO	216	= 71538	ESO	12- 15	= 553
DDO	36	= 16784	DDO	127	= 41020	DDO	217	= 71596	ESO	12- 21	= 2450
DDO	37	= 17082	DDO	128	= 41109	DDO	218	= 71801	ESO	12- 22	= 2444
DDO	38	= 17445	DDO	129	= 41063	DDO	219	= 71926	ESO	12- 24	= 2579
DDO	39	= 18121	DDO	130	= 41207	DDO	220	= 72494	ESO	13- 2	= 2821
DDO	40	= 20116	DDO	131	= 41512	DDO	221	= 143	ESO	13- 9	= 3733
DDO	41	= 20253	DDO	132	= 41606	DDO	222	= 255	ESO	13- 10	= 3854
DDO	42	= 21102	DDO	133	= 41636	DDO	223	= 930	ESO	13- 12	= 3948
DDO	43	= 21073	DDO	134	= 41737	DDO	224	= 2044	ESO	13- 14	= 4570
DDO	44	= 21302	DDO	135	= 41746	DDO	225	= 2142	ESO	13- 16	= 5764
DDO	46	= 21585	DDO	136	= 41865	DDO	226	= 2578	ESO	13- 18	= 5967
DDO	47	= 21600	DDO	137	= 41861	DDO	227	= 11538	ESO	13- 20	= 6365
DDO	48	= 22369	DDO	138	= 42074	DDO	228	= 16084	ESO	13- 22	= 6479
DDO	49	= 22955	DDO	139	= 42169	DDO	229	= 16236	ESO	13- 24	= 7002
DDO	50	= 23324	DDO	140	= 42348	DDO	230	= 16864	ESO	13- 26	= 7471
DDO	51	= 23618	DDO	141	= 42656	DDO	231	= 16904	ESO	13- 27	= 7736
DDO	52	= 23769	DDO	142	= 42868	DDO	232	= 17113	ESO	13- 28	= 7773
DDO	53	= 24050	DDO	143	= 42901	DDO	233	= 18232	ESO	14- 1	= 9123
DDO	54	= 25679	DDO	144	= 42910	DDO	234	= 18715	ESO	14- 3	= 9975
DDO	55	= 25940	DDO	145	= 42949	DDO	235	= 27918	ESO	15- 1	= 13695
DDO	56	= 25827	DDO	146	= 43020	DDO	236	= 29128	ESO	15- 5	= 14200
DDO	57	= 25903	DDO	147	= 43129	DDO	237	= 29623	ESO	15- 6	= 14399
DDO	58	= 25996	DDO	148	= 43283	DDO	238	= 31359	ESO	15- 15	= 16046
DDO	59	= 26083	DDO	149	= 43341	DDO	239	= 36882	ESO	15- 18	= 16696
DDO	60	= 26378	DDO	150	= 43255	DDO	240	= 38222	ESO	16- 2	= 17102
DDO	61	= 26429	DDO	151	= 43458	DDO	241	= 46830	ESO	16- 5	= 17194
DDO	62	= 26484	DDO	152	= 43697	DDO	242	= 48467	ESO	16- 9	= 17568
DDO	63	= 27605	DDO	153	= 43851	DDO	243	= 51245	ESO	16- 10	= 17592
DDO	64	= 28317	DDO	154	= 43869	ESO	1- 1	= 6249	ESO	16- 16	= 19358
DDO	65	= 28408	DDO	155	= 44491	ESO	1- 2	= 16681	ESO	17- 6	= 21804
DDO	66	= 28757	DDO	156	= 44354	ESO	1- 6	= 51613	ESO	17- 9	= 22244
DDO	67	= 29296	DDO	157	= 44414	ESO	1- 8	= 70533	ESO	18- 1	= 23013
DDO	68	= 28714	DDO	158	= 44450	ESO	1- 9	= 70680	ESO	18- 2	= 23330
DDO	69	= 28868	DDO	159	= 44812	ESO	2- 6	= 993	ESO	18- 7	= 23517
DDO	70	= 28913	DDO	160	= 44906	ESO	2- 10	= 3094	ESO	18- 13	= 24516
DDO	71	= 29257	DDO	161	= 45084	ESO	2- 11	= 3533	ESO	18- 15	= 25855

ESO	19- 1	= 29171
ESO	19- 3	= 31600
ESO	20- 4	= 39573
ESO	21- 2	= 46799
ESO	21- 3	= 47636
ESO	21- 4	= 47660
ESO	21- 5	= 48552
ESO	22- 1	= 52057
ESO	22- 2	= 52426
ESO	22- 3	= 52717
ESO	22- 11	= 55799
ESO	22- 12	= 56077
ESO	24- 1	= 60209
ESO	24- 2	= 60221
ESO	24- 5	= 60280
ESO	24- 8	= 60906
ESO	24- 9	= 60914
ESO	24- 19	= 62398
ESO	25- 2	= 62554
ESO	25- 7	= 63215
ESO	25- 12	= 63455
ESO	25- 13	= 63494
ESO	25- 16	= 64115
ESO	26- 1	= 64648
ESO	26- 4	= 65273
ESO	26- 5	= 65339
ESO	26- 6	= 65426
ESO	27- 1	= 67546
ESO	27- 2	= 67537
ESO	27- 3	= 67593
ESO	27- 8	= 68712
ESO	27- 9	= 68945
ESO	27- 14	= 69275
ESO	27- 17	= 69879
ESO	27- 18	= 69910
ESO	27- 21	= 70396
ESO	27- 24	= 70724
ESO	28- 2	= 72351
ESO	28- 3	= 72364
ESO	28- 6	= 73015
ESO	28- 7	= 73063
ESO	28- 12	= 1193
ESO	28- 14	= 1284
ESO	29- 7	= 2619
ESO	29- 21	= 3085
ESO	29- 34	= 4102
ESO	29- 53	= 6117
ESO	30- 1	= 6256
ESO	30- 8	= 8204
ESO	30- 9	= 8326
ESO	30- 11	= 8392
ESO	30- 14	= 8773
ESO	30- 19	= 10335
ESO	31- 4	= 10934
ESO	31- 5	= 11217
ESO	31- 18	= 13379
ESO	31- 20	= 13559
ESO	31- 21	= 13645
ESO	32- 15	= 15487
ESO	32- 18	= 15758
ESO	33- 3	= 16415
ESO	33- 4	= 16397
ESO	33- 9	= 16526
ESO	33- 11	= 16700
ESO	33- 16	= 16793
ESO	33- 22	= 17397
ESO	33- 32	= 18092
ESO	34- 3	= 18379
ESO	34- 5	= 18424
ESO	34- 9	= 19276
ESO	34- 11	= 19481
ESO	34- 11A	= 19480
ESO	34- 12	= 19498
ESO	34- 13	= 19504
ESO	35- 1	= 20317
ESO	35- 5	= 20742
ESO	35- 7	= 20979
ESO	35- 9	= 21088
ESO	35- 11	= 21340
ESO	35- 17	= 21951
ESO	35- 18	= 22174
ESO	35- 21	= 22908
ESO	36- 5	= 24280
ESO	36- 6	= 24312
ESO	36- 10	= 24935
ESO	36- 13	= 24958
ESO	36- 15	= 25216
ESO	36- 16	= 25392
ESO	36- 19	= 25558
ESO	37- 3	= 26761

RC3   596   ESO

ESO 37- 5	= 28044	ESO 52- 16	= 7692	ESO 70- 10	= 60235	ESO 78- 17	= 695	ESO 88- 13	= 20961
ESO 37- 7	= 28298	ESO 52- 20	= 7986	ESO 70- 12	= 60753	ESO 78- 22	= 1335	ESO 88- 15	= 21076
ESO 37- 9	= 29207	ESO 53- 2	= 8499	ESO 70- 13	= 60835	ESO 78- 23	= 1517	ESO 88- 16	= 21057
ESO 37- 10	= 29202	ESO 53- 13	= 10399	ESO 71- 4	= 61532	ESO 79- 1	= 1610	ESO 88- 17	= 21107
ESO 38- 2	= 31265	ESO 53- 16	= 10599	ESO 71- 5	= 61669	ESO 79- 2	= 1951	ESO 88- 18	= 21111
ESO 38- 4	= 31661	ESO 53- 23	= 11094	ESO 71- 6	= 61715	ESO 79- 3	= 1952	ESO 88- 22	= 21305
ESO 38- 5	= 31820	ESO 54- 15	= 13387	ESO 71- 10	= 61888	ESO 79- 5	= 2445	ESO 88- 23	= 21345
ESO 38- 6	= 32994	ESO 54- 19	= 13853	ESO 71- 11	= 61906	ESO 79- 7	= 2919	ESO 89- 3	= 21855
ESO 38- 10	= 34366	ESO 54- 21	= 13931	ESO 71- 12	= 61914	ESO 79- 7A	= 3070	ESO 89- 9	= 22697
ESO 38- 12	= 35026	ESO 55- 4	= 14236	ESO 71- 13	= 61930	ESO 79- 8	= 3190	ESO 89- 12	= 22910
ESO 39- 2	= 37000	ESO 55- 5	= 14255	ESO 71- 14	= 61981	ESO 79- 13	= 3391	ESO 89- 13	= 23113
ESO 39- 4	= 37295	ESO 55- 6	= 14279	ESO 71- 17	= 62179	ESO 79- 14	= 3743	ESO 89- 15	= 23277
ESO 39- 5	= 37612	ESO 55- 18	= 14802	ESO 71- 18	= 62193	ESO 79- 15	= 3814	ESO 89- 17	= 23314
ESO 39- 6	= 38608	ESO 55- 23	= 15078	ESO 71- 20	= 62306	ESO 79- 16	= 3827	ESO 90- 4	= 24303
ESO 40- 2	= 45696	ESO 55- 29	= 15665	ESO 72- 2	= 62498	ESO 80- 1	= 4432	ESO 90- 9	= 25066
ESO 40- 7	= 46650	ESO 55- 35	= 15872	ESO 72- 4	= 62579	ESO 80- 2	= 6010	ESO 90- 11	= 25200
ESO 40- 12	= 47903	ESO 56- 19	= 16258	ESO 72- 5	= 62582	ESO 80- 6	= 6562	ESO 90- 12	= 25202
ESO 40- 13	= 47927	ESO 56- 48	= 16599	ESO 72- 8	= 62710	ESO 81- 6	= 8835	ESO 90- 14	= 25356
ESO 41- 4	= 51013	ESO 56-115	= 17223	ESO 72- 9	= 62796	ESO 82- 8	= 11659	ESO 90- 15	= 25373
ESO 41- 6	= 51420	ESO 57- 55	= 18097	ESO 72- 11	= 63006	ESO 82- 9	= 11680	ESO 91- 3	= 26003
ESO 41- 9	= 52837	ESO 57- 68A	= 18355	ESO 72- 12	= 63026	ESO 82- 10	= 11712	ESO 91- 4	= 26114
ESO 42- 1	= 54135	ESO 57- 80	= 18923	ESO 72- 13	= 63053	ESO 82- 11	= 12286	ESO 91- 6	= 26133
ESO 42- 2	= 54216	ESO 58- 3	= 19175	ESO 72- 14	= 63092	ESO 83- 1	= 12457	ESO 91- 7	= 26236
ESO 42- 3	= 54250	ESO 58- 4	= 19211	ESO 73- 1	= 63510	ESO 83- 6	= 13107	ESO 91- 9	= 26592
ESO 42- 7	= 55147	ESO 58- 5	= 19212	ESO 73- 3	= 63578	ESO 83- 10	= 13778	ESO 91- 12	= 26662
ESO 42- 9	= 56024	ESO 58- 9	= 19400	ESO 73- 5	= 63614	ESO 83- 11	= 14040	ESO 91- 15	= 27341
ESO 42- 10	= 56078	ESO 58- 13	= 19528	ESO 73- 8	= 63679	ESO 83- 12	= 14093	ESO 91- 16	= 27458
ESO 42- 13	= 56305	ESO 58- 14	= 19581	ESO 73- 11	= 63709	ESO 83- 13	= 14137	ESO 91- 17	= 27481
ESO 43- 4	= 58968	ESO 58- 19	= 19778	ESO 73- 15	= 63799	ESO 84- 3	= 14437	ESO 91- 18	= 28015
ESO 43- 7	= 59264	ESO 58- 25	= 20427	ESO 73- 19	= 63989	ESO 84- 4	= 14495	ESO 92- 3	= 28877
ESO 43- 8	= 59252	ESO 58- 28	= 20720	ESO 73- 22	= 64108	ESO 84- 6	= 14547	ESO 92- 4	= 28895
ESO 43- 9	= 59325	ESO 58- 29	= 20754	ESO 73- 25	= 64222	ESO 84- 9	= 14717	ESO 92- 6	= 29141
ESO 44- 1	= 59713	ESO 58- 30	= 20766	ESO 73- 28	= 64363	ESO 84- 10	= 14814	ESO 92- 7	= 29160
ESO 44- 2	= 59790	ESO 58- 31	= 20813	ESO 73- 29	= 64396	ESO 84- 13	= 14913	ESO 92- 8	= 29311
ESO 44- 3	= 59884	ESO 59- 1	= 21199	ESO 73- 32	= 64413	ESO 84- 14	= 14953	ESO 92- 9	= 29331
ESO 44- 4	= 59836	ESO 59- 2	= 21177	ESO 73- 33	= 64415	ESO 84- 15	= 14974	ESO 92- 12	= 29512
ESO 44- 5	= 59959	ESO 59- 5	= 21325	ESO 73- 34	= 64436	ESO 84- 18	= 15163	ESO 92- 13	= 29597
ESO 44- 9	= 59992	ESO 59- 6	= 21323	ESO 73- 35	= 64447	ESO 84- 20	= 15261	ESO 92- 14	= 29644
ESO 44- 10	= 60085	ESO 59- 7	= 21369	ESO 73- 36	= 64457	ESO 84- 21	= 15367	ESO 92- 21	= 30273
ESO 44- 11	= 60234	ESO 59- 8	= 21373	ESO 73- 37	= 64479	ESO 84- 26	= 15622	ESO 93- 3	= 33098
ESO 44- 13	= 60422	ESO 59- 9	= 21370	ESO 73- 38	= 64486	ESO 84- 28	= 15660	ESO 97- 13	= 50779
ESO 44- 14	= 60519	ESO 59- 10	= 21426	ESO 73- 40	= 64505	ESO 84- 32	= 15727	ESO 99- 5	= 55146
ESO 44- 15	= 60582	ESO 59- 11	= 21457	ESO 73- 42	= 64597	ESO 84- 33	= 15722	ESO 99- 7	= 55582
ESO 44- 18	= 60670	ESO 59- 12	= 21472	ESO 74- 1	= 64923	ESO 84- 34	= 15790	ESO 99- 8	= 55948
ESO 44- 21	= 60990	ESO 59- 15	= 21533	ESO 74- 6	= 65295	ESO 84- 35	= 15849	ESO 99- 11	= 56106
ESO 44- 22	= 61048	ESO 59- 17	= 21717	ESO 74- 8	= 65317	ESO 84- 38	= 15871	ESO 100- 4	= 56627
ESO 44- 25	= 61412	ESO 59- 18	= 21714	ESO 74- 9	= 65445	ESO 85- 1	= 15984	ESO 100- 5	= 56630
ESO 45- 1	= 61770	ESO 59- 19	= 21809	ESO 74- 15	= 65603	ESO 85- 2	= 15985	ESO 100- 8	= 56849
ESO 45- 2	= 61766	ESO 59- 22	= 22119	ESO 74- 18	= 65662	ESO 85- 4	= 16026	ESO 100- 14	= 57686
ESO 45- 3	= 61804	ESO 59- 23	= 22224	ESO 74- 19	= 65665	ESO 85- 7	= 16220	ESO 100- 17	= 57764
ESO 45- 4	= 61818	ESO 59- 24	= 22558	ESO 74- 22	= 65870	ESO 85- 14	= 16309	ESO 100- 22	= 58089
ESO 45- 5	= 61921	ESO 59- 25	= 22614	ESO 74- 25	= 66184	ESO 85- 27	= 16472	ESO 100- 23	= 58129
ESO 45- 7	= 61987	ESO 59- 27	= 22793	ESO 74- 26	= 66427	ESO 85- 30	= 16567	ESO 100- 24	= 58203
ESO 45- 11	= 62241	ESO 60- 3	= 23200	ESO 75- 6	= 66678	ESO 85- 34	= 16640	ESO 101- 5	= 58688
ESO 45- 13	= 62342	ESO 60- 4	= 23496	ESO 75- 9	= 66824	ESO 85- 38	= 16670	ESO 101- 8	= 58752
ESO 46- 8	= 64432	ESO 60- 5	= 23687	ESO 75- 18	= 67055	ESO 85- 47	= 16780	ESO 101- 11	= 58908
ESO 47- 1	= 64929	ESO 60- 18	= 25127	ESO 75- 27	= 67466	ESO 85- 61	= 17042	ESO 101- 13	= 58922
ESO 47- 5	= 65186	ESO 60- 19	= 25169	ESO 75- 28	= 67474	ESO 85- 65	= 17065	ESO 101- 14	= 59038
ESO 47- 8	= 65219	ESO 60- 23	= 25389	ESO 75- 32	= 67553	ESO 85- 87	= 17296	ESO 101- 17	= 59243
ESO 47- 10	= 65304	ESO 60- 24	= 25400	ESO 75- 34	= 67585	ESO 85- 88	= 17305	ESO 101- 18	= 59297
ESO 47- 17	= 65746	ESO 60- 25	= 25443	ESO 75- 37	= 67613	ESO 86- 21	= 17609	ESO 101- 20	= 59334
ESO 47- 19	= 65915	ESO 60- 26	= 25455	ESO 75- 41	= 67703	ESO 86- 53	= 18322	ESO 101- 24	= 59940
ESO 47- 21	= 65992	ESO 60- 27	= 25460	ESO 75- 46	= 67802	ESO 86- 56	= 18359	ESO 101- 25	= 60001
ESO 47- 26	= 66391	ESO 61- 2	= 25761	ESO 75- 54	= 68051	ESO 86- 62	= 18482	ESO 102- 2	= 60122
ESO 47- 31	= 66841	ESO 61- 3	= 26017	ESO 75- 55	= 68038	ESO 86- 63	= 18551	ESO 102- 3	= 60198
ESO 47- 34	= 66908	ESO 61- 4	= 26026	ESO 76- 3	= 68291	ESO 87- 3	= 18791	ESO 102- 7	= 60391
ESO 48- 2	= 67028	ESO 61- 8	= 26383	ESO 76- 19	= 69236	ESO 87- 7	= 18862	ESO 102- 9	= 60509
ESO 48- 3	= 67117	ESO 61- 15	= 28025	ESO 76- 22	= 69690	ESO 87- 8	= 18867	ESO 102- 10	= 60595
ESO 48- 5	= 67266	ESO 63- 1	= 32990	ESO 76- 25	= 69744	ESO 87- 9	= 18873	ESO 102- 14	= 60851
ESO 48- 6	= 67283	ESO 63- 3	= 33260	ESO 76- 28	= 69820	ESO 87- 10	= 18876	ESO 102- 15	= 60907
ESO 48- 7	= 67302	ESO 63- 11	= 34147	ESO 76- 29	= 69885	ESO 87- 11	= 18882	ESO 102- 16	= 61002
ESO 48- 8	= 67445	ESO 65- 1	= 42119	ESO 76- 30	= 70013	ESO 87- 12	= 18903	ESO 102- 19	= 61228
ESO 48- 9	= 67528	ESO 66- 5	= 50549	ESO 76- 31	= 70038	ESO 87- 13	= 18906	ESO 102- 20	= 61233
ESO 48- 13	= 67757	ESO 67- 6	= 53875	ESO 76- 32	= 70137	ESO 87- 14	= 18920	ESO 102- 20A	= 61240
ESO 48- 15	= 67960	ESO 68- 1	= 54578	ESO 77- 1	= 70335	ESO 87- 20	= 19039	ESO 102- 22	= 61315
ESO 48- 17	= 68138	ESO 68- 2	= 54703	ESO 77- 3	= 70584	ESO 87- 28	= 19242	ESO 102- 23	= 61311
ESO 48- 20	= 68359	ESO 68- 6	= 55252	ESO 77- 6	= 70662	ESO 87- 32	= 19315	ESO 103- 2	= 61352
ESO 48- 23	= 68935	ESO 68- 11	= 56007	ESO 77- 7	= 70762	ESO 87- 40	= 19524	ESO 103- 5	= 61473
ESO 48- 25	= 66944	ESO 68- 12	= 56359	ESO 77- 15	= 71274	ESO 87- 42	= 19614	ESO 103- 6	= 61551
ESO 49- 3	= 69746	ESO 68- 13	= 56404	ESO 77- 18	= 71452	ESO 87- 44	= 19641	ESO 103- 9	= 61598
ESO 49- 5	= 69791	ESO 68- 16	= 57149	ESO 77- 19	= 71489	ESO 87- 45	= 19648	ESO 103- 13	= 61750
ESO 49- 11	= 71399	ESO 69- 2	= 57876	ESO 77- 20	= 71526	ESO 87- 46	= 19677	ESO 103- 18	= 61852
ESO 50- 2	= 72267	ESO 69- 8	= 58785	ESO 77- 23	= 71776	ESO 87- 49	= 19787	ESO 103- 19	= 61871
ESO 50- 6	= 926	ESO 69- 9	= 59019	ESO 77- 24	= 71793	ESO 87- 50	= 19816	ESO 103- 22	= 61922
ESO 50- 7	= 1162	ESO 69- 10	= 59037	ESO 77- 25	= 71846	ESO 87- 54	= 19865	ESO 103- 23	= 61956
ESO 51- 11	= 3579	ESO 69- 11	= 59078	ESO 77- 26	= 71965	ESO 87- 56	= 19895	ESO 103- 24	= 61976
ESO 51- 18	= 3980	ESO 69- 13	= 59127	ESO 77- 28	= 72232	ESO 87- 57	= 19887	ESO 103- 26	= 62008
ESO 52- 1	= 5233	ESO 69- 14	= 59158	ESO 78- 1	= 72177	ESO 88- 4	= 20294	ESO 103- 31	= 62116
ESO 52- 13	= 7505	ESO 70- 7	= 59985	ESO 78- 2	= 72183	ESO 88- 8	= 20640	ESO 103- 32	= 62133
ESO 52- 14	= 7530	ESO 70- 9	= 60233	ESO 78- 10	= 73013	ESO 88- 10	= 20694	ESO 103- 33	= 62165

ESO 103- 34	= 62166	ESO 108- 13	= 68059	ESO 115- 7	= 9000	ESO 121- 28	= 18950	ESO 138- 16	= 59737
ESO 103- 35	= 62174	ESO 108- 14	= 68124	ESO 115- 8	= 9124	ESO 121- 34	= 19143	ESO 138- 17	= 59880
ESO 103- 37	= 62187	ESO 108- 15	= 68196	ESO 115- 9	= 9132	ESO 121- 41	= 19332	ESO 138- 18	= 59887
ESO 103- 38	= 62192	ESO 108- 16	= 68205	ESO 115- 11	= 9191	ESO 122- 1	= 19413	ESO 138- 19	= 60029
ESO 103- 40	= 62218	ESO 108- 18	= 68271	ESO 115- 13	= 9529	ESO 122- 2	= 19415	ESO 138- 22	= 60161
ESO 103- 42	= 62222	ESO 108- 19	= 68312	ESO 115- 14	= 9581	ESO 122- 4	= 19456	ESO 138- 23	= 60208
ESO 103- 45	= 62257	ESO 108- 20	= 68389	ESO 115- 15	= 9585	ESO 122- 16	= 20376	ESO 138- 24	= 60216
ESO 103- 46	= 62260	ESO 108- 21	= 68411	ESO 115- 16	= 9600	ESO 122- 17	= 20569	ESO 138- 25	= 60290
ESO 103- 47	= 62269	ESO 108- 23	= 68473	ESO 115- 17	= 9664	ESO 122- 18	= 20556	ESO 138- 26	= 60292
ESO 103- 48	= 62270	ESO 108- 27	= 68707	ESO 115- 21	= 9962	ESO 123- 4	= 20718	ESO 138- 28	= 60311
ESO 103- 49	= 62275	ESO 108- 28	= 68762	ESO 115- 22	= 10004	ESO 123- 5	= 20717	ESO 138- 29	= 60379
ESO 103- 52	= 62292	ESO 108- 29	= 68788	ESO 115- 28	= 10336	ESO 123- 9	= 20865	ESO 138- 30	= 60386
ESO 103- 53	= 62299	ESO 109- 6	= 68993	ESO 116- 1	= 10870	ESO 123- 11	= 21062	ESO 139- 1	= 60412
ESO 103- 54	= 62300	ESO 109- 8	= 69170	ESO 116- 5	= 11476	ESO 123- 12	= 21075	ESO 139- 4	= 60487
ESO 103- 55	= 62308	ESO 109- 12	= 69453	ESO 116- 9	= 11601	ESO 123- 15	= 21155	ESO 139- 5	= 60510
ESO 103- 56	= 62320	ESO 109- 15	= 69620	ESO 116- 12	= 11984	ESO 123- 16	= 21167	ESO 139- 8	= 60527
ESO 103- 61	= 62369	ESO 109- 18	= 69664	ESO 116- 14	= 12121	ESO 123- 17	= 21175	ESO 139- 9	= 60548
ESO 104- 1	= 62390	ESO 109- 21	= 69707	ESO 116- 15	= 12245	ESO 123- 23	= 21690	ESO 139- 11	= 60554
ESO 104- 2	= 62393	ESO 109- 22	= 69713	ESO 116- 18	= 12759	ESO 124- 7	= 22461	ESO 139- 12	= 60594
ESO 104- 4	= 62396	ESO 109- 22A	= 69714	ESO 117- 2	= 13345	ESO 124- 11	= 22799	ESO 139- 15	= 60683
ESO 104- 6	= 62407	ESO 109- 26	= 70037	ESO 117- 7	= 13740	ESO 124- 12	= 22822	ESO 139- 18	= 60735
ESO 104- 7	= 62408	ESO 109- 28	= 70113	ESO 117- 8	= 13748	ESO 124- 14	= 22879	ESO 139- 19	= 60750
ESO 104- 9	= 62421	ESO 109- 29	= 70142	ESO 117- 9	= 13807	ESO 124- 15	= 23550	ESO 139- 21	= 60772
ESO 104- 10	= 62427	ESO 109- 30	= 70188	ESO 117- 11	= 13995	ESO 124- 16	= 23804	ESO 139- 22	= 60796
ESO 104- 11	= 62428	ESO 109- 32	= 70369	ESO 117- 15	= 14140	ESO 124- 18	= 23924	ESO 139- 23	= 60810
ESO 104- 12	= 62433	ESO 109- 33	= 70372	ESO 117- 16	= 14143	ESO 124- 19	= 23930	ESO 139- 24	= 60815
ESO 104- 13	= 62439	ESO 109- 34	= 70395	ESO 117- 18	= 14251	ESO 126- 1	= 25964	ESO 139- 25	= 60827
ESO 104- 14	= 62443	ESO 110- 8	= 71048	ESO 117- 19	= 14337	ESO 126- 2	= 26001	ESO 139- 26	= 60842
ESO 104- 15	= 62445	ESO 110- 9	= 71082	ESO 117- 21	= 14423	ESO 126- 3	= 26062	ESO 139- 28	= 60903
ESO 104- 16	= 62453	ESO 110- 11	= 71473	ESO 117- 22	= 14469	ESO 126- 4	= 26066	ESO 139- 32	= 60946
ESO 104- 17	= 62480	ESO 110- 12	= 71800	ESO 118- 1	= 14521	ESO 126- 10	= 26532	ESO 139- 36	= 61000
ESO 104- 18	= 62505	ESO 110- 13	= 71806	ESO 118- 6	= 14533	ESO 126- 11	= 26772	ESO 139- 37	= 61027
ESO 104- 19	= 62517	ESO 110- 14	= 71812	ESO 118- 9	= 14636	ESO 126- 14	= 26888	ESO 139- 41	= 61130
ESO 104- 20	= 62527	ESO 110- 15	= 71840	ESO 118- 10	= 14659	ESO 126- 15	= 26900	ESO 139- 45	= 61200
ESO 104- 22	= 62572	ESO 110- 16	= 71893	ESO 118- 12	= 14686	ESO 126- 17	= 26956	ESO 139- 46	= 61223
ESO 104- 23	= 62590	ESO 110- 22	= 72177	ESO 118- 15	= 14761	ESO 126- 19	= 27201	ESO 139- 47	= 61227
ESO 104- 24	= 62596	ESO 110- 23	= 72183	ESO 118- 16	= 14773	ESO 126- 20	= 27288	ESO 139- 49	= 61264
ESO 104- 25	= 62637	ESO 110- 27	= 72391	ESO 118- 22	= 14958	ESO 126- 22	= 27369	ESO 139- 50	= 61287
ESO 104- 27	= 62643	ESO 110- 28	= 72407	ESO 118- 23	= 15048	ESO 126- 23	= 27431	ESO 139- 51	= 61323
ESO 104- 28	= 62655	ESO 111- 6	= 72718	ESO 118- 28	= 15330	ESO 126- 24	= 27476	ESO 139- 53	= 61355
ESO 104- 29	= 62688	ESO 111- 7	= 72774	ESO 118- 30	= 15373	ESO 130- 12	= 40110	ESO 139- 55	= 61419
ESO 104- 33	= 62722	ESO 111- 9	= 72907	ESO 118- 34	= 15782	ESO 136- 6	= 56315	ESO 139- 56	= 61421
ESO 104- 36	= 62786	ESO 111- 10	= 72929	ESO 118- 43	= 15941	ESO 136- 8	= 56341	ESO 140- 1	= 61445
ESO 104- 37	= 62792	ESO 111- 12	= 328	ESO 119- 2	= 16013	ESO 136- 12	= 56804	ESO 140- 2	= 61435
ESO 104- 38	= 62815	ESO 111- 14	= 624	ESO 119- 6	= 16050	ESO 136- 15	= 56873	ESO 140- 3	= 61453
ESO 104- 39	= 62824	ESO 111- 20	= 982	ESO 119- 8	= 16072	ESO 136- 16	= 56891	ESO 140- 6	= 61542
ESO 104- 42	= 62836	ESO 111- 22	= 1024	ESO 119- 12	= 16130	ESO 136- 17	= 56940	ESO 140- 9	= 61601
ESO 104- 44	= 62869	ESO 111- 24	= 1172	ESO 119- 13	= 16136	ESO 136- 23	= 57435	ESO 140- 10	= 61602
ESO 104- 45	= 62894	ESO 112- 4	= 1729	ESO 119- 14	= 16143	ESO 136- 24	= 57465	ESO 140- 11	= 61604
ESO 104- 49	= 63160	ESO 112- 5	= 1765	ESO 119- 15	= 16167	ESO 137- 2	= 57537	ESO 140- 12	= 61624
ESO 104- 52	= 63181	ESO 112- 9	= 2652	ESO 119- 16	= 16172	ESO 137- 3	= 57546	ESO 140- 13	= 61638
ESO 104- 53	= 63185	ESO 112- 10	= 3144	ESO 119- 18	= 16224	ESO 137- 6	= 57612	ESO 140- 14	= 61647
ESO 104- 55A	= 63210	ESO 112- 11	= 3309	ESO 119- 19	= 16234	ESO 137- 7	= 57637	ESO 140- 18	= 61788
ESO 105- 1	= 63326	ESO 113- 4	= 3608	ESO 119- 21	= 16348	ESO 137- 8	= 57649	ESO 140- 20	= 61810
ESO 105- 3	= 63334	ESO 113- 6	= 3672	ESO 119- 23	= 16395	ESO 137- 10	= 57652	ESO 140- 23	= 62012
ESO 105- 4	= 63344	ESO 113- 10	= 3864	ESO 119- 24	= 16444	ESO 137- 11	= 57656	ESO 140- 24	= 62024
ESO 105- 7	= 63383	ESO 113- 11	= 3923	ESO 119- 25	= 16480	ESO 137- 12	= 57679	ESO 140- 25	= 62030
ESO 105- 11	= 63432	ESO 113- 12	= 3988	ESO 119- 30	= 16617	ESO 137- 14	= 57719	ESO 140- 26	= 62048
ESO 105- 17	= 63784	ESO 113- 13	= 4010	ESO 119- 34	= 16712	ESO 137- 16	= 57815	ESO 140- 27	= 62066
ESO 105- 20	= 64020	ESO 113- 14	= 4023	ESO 119- 35	= 16698	ESO 137- 18	= 57888	ESO 140- 28	= 62071
ESO 105- 21	= 64025	ESO 113- 22	= 4290	ESO 119- 36	= 16761	ESO 137- 19	= 57928	ESO 140- 31	= 62163
ESO 105- 22	= 64047	ESO 113- 23	= 4325	ESO 119- 37	= 16787	ESO 137- 21	= 57999	ESO 140- 33	= 62175
ESO 106- 2	= 64512	ESO 113- 24	= 4344	ESO 119- 37A	= 16789	ESO 137- 24	= 58106	ESO 140- 34	= 62181
ESO 106- 8	= 65109	ESO 113- 25	= 4361	ESO 119- 38	= 16803	ESO 137- 25	= 58111	ESO 140- 35	= 62234
ESO 106- 10	= 65250	ESO 113- 27	= 4435	ESO 119- 43	= 16859	ESO 137- 26	= 58117	ESO 140- 36	= 62246
ESO 106- 12	= 65365	ESO 113- 30	= 4546	ESO 119- 44	= 16937	ESO 137- 27	= 58138	ESO 140- 38	= 62298
ESO 106- 13	= 65394	ESO 113- 32	= 4581	ESO 119- 45	= 16960	ESO 137- 29	= 58315	ESO 140- 40	= 62317
ESO 107- 4	= 66000	ESO 113- 34	= 4632	ESO 119- 46	= 16964	ESO 137- 31	= 58352	ESO 140- 41	= 62319
ESO 107- 5	= 66102	ESO 113- 35	= 4700	ESO 119- 47	= 16968	ESO 137- 33	= 58536	ESO 140- 42	= 62331
ESO 107- 7	= 66208	ESO 113- 36	= 4764	ESO 119- 48	= 16971	ESO 137- 34	= 58547	ESO 140- 43	= 62346
ESO 107- 13	= 66291	ESO 113- 41	= 4923	ESO 119- 49	= 16973	ESO 137- 35	= 58572	ESO 140- 44	= 62351
ESO 107- 14	= 66319	ESO 113- 42	= 4927	ESO 119- 52	= 17092	ESO 137- 36	= 58609	ESO 141- 3	= 62394
ESO 107- 15	= 66376	ESO 113- 45	= 5106	ESO 119- 53	= 17108	ESO 137- 37	= 58694	ESO 141- 5	= 62438
ESO 107- 16	= 66445	ESO 113- 48	= 5409	ESO 119- 54	= 17131	ESO 137- 38	= 58742	ESO 141- 6	= 62472
ESO 107- 17	= 66452	ESO 113- 50	= 5565	ESO 119- 55	= 17134	ESO 137- 40	= 58794	ESO 141- 9	= 62528
ESO 107- 18	= 66515	ESO 113- 52	= 5669	ESO 119- 58	= 17161	ESO 137- 42	= 58999	ESO 141- 15	= 62630
ESO 107- 19	= 66530	ESO 113- 53	= 5859	ESO 120- 1	= 17239	ESO 137- 44	= 59107	ESO 141- 18	= 62685
ESO 107- 20	= 66557	ESO 114- 1	= 6030	ESO 120- 12	= 17567	ESO 137- 44A	= 59108	ESO 141- 19	= 62680
ESO 107- 24	= 66628	ESO 114- 7	= 6513	ESO 120- 16	= 18011	ESO 137- 45	= 59111	ESO 141- 20	= 62689
ESO 107- 25	= 66636	ESO 114- 8	= 6564	ESO 120- 21	= 18051	ESO 137- 46	= 59112	ESO 141- 21	= 62709
ESO 107- 32	= 66950	ESO 114- 14	= 7091	ESO 120- 23	= 18100	ESO 138- 1	= 59124	ESO 141- 24	= 62750
ESO 107- 35	= 66964	ESO 114- 15	= 7379	ESO 120- 24	= 18171	ESO 138- 3	= 59175	ESO 141- 25	= 62770
ESO 107- 36	= 67023	ESO 114- 16	= 7398	ESO 120- 26	= 18197	ESO 138- 4	= 59180	ESO 141- 27	= 62782
ESO 107- 41	= 67093	ESO 114- 19	= 7703	ESO 120- 27	= 18227	ESO 138- 5	= 59216	ESO 141- 28	= 62799
ESO 107- 44	= 67139	ESO 114- 21	= 7727	ESO 121- 2	= 18293	ESO 138- 7	= 59295	ESO 141- 29	= 62852
ESO 107- 46	= 67168	ESO 114- 23	= 7836	ESO 121- 6	= 18437	ESO 138- 8	= 59309	ESO 141- 32	= 62909
ESO 108- 6	= 67640	ESO 114- 24	= 7932	ESO 121- 9	= 18510	ESO 138- 9	= 59337	ESO 141- 33	= 62918
ESO 108- 9	= 67787	ESO 114- 31	= 8477	ESO 121- 24	= 18833	ESO 138- 10	= 59373	ESO 141- 34	= 62922
ESO 108- 11	= 67995	ESO 115- 2	= 8743	ESO 121- 25	= 18835	ESO 138- 12	= 59399	ESO 141- 36	= 62930
ESO 108- 12	= 68057	ESO 115- 4	= 8809	ESO 121- 26	= 18880	ESO 138- 14	= 59635	ESO 141- 37	= 62934

ESO 141- 38	= 62951	ESO 148- 6	= 71138	ESO 154- 10	= 10415	ESO 159- 1	= 16974	ESO 183- 13	= 62440
ESO 141- 40	= 62980	ESO 148- 7	= 71172	ESO 154- 13	= 10487	ESO 159- 2	= 16979	ESO 183- 14	= 62447
ESO 141- 42	= 62988	ESO 148- 8	= 71187	ESO 154- 16	= 10731	ESO 159- 3	= 17012	ESO 183- 16	= 62471
ESO 141- 43	= 62990	ESO 148- 10	= 71394	ESO 154- 19	= 10807	ESO 159- 4	= 17043	ESO 183- 18	= 62495
ESO 141- 45	= 63002	ESO 148- 11	= 71402	ESO 154- 22	= 10945	ESO 159- 6	= 17122	ESO 183- 19	= 62499
ESO 141- 48	= 63042	ESO 148- 12	= 71456	ESO 154- 23	= 11139	ESO 159- 12	= 17331	ESO 183- 21	= 62512
ESO 141- 49	= 63048	ESO 148- 16	= 71564	ESO 154- 24	= 11283	ESO 159- 13	= 17353	ESO 183- 25	= 62563
ESO 141- 50	= 63049	ESO 148- 17	= 71603	ESO 154- 28	= 11454	ESO 159- 16	= 17365	ESO 183- 27	= 62569
ESO 141- 52	= 63065	ESO 148- 18	= 71650	ESO 155- 6	= 11836	ESO 159- 17	= 17381	ESO 183- 28	= 62588
ESO 141- 54	= 63081	ESO 148- 19	= 71759	ESO 155- 13	= 12085	ESO 159- 19	= 17432	ESO 183- 29	= 62589
ESO 141- 55	= 63109	ESO 148- 20	= 71876	ESO 155- 14	= 12231	ESO 159- 20	= 17458	ESO 183- 30	= 62600
ESO 141- 56	= 63119	ESO 148- 21	= 71989	ESO 155- 20	= 12523	ESO 159- 21	= 17495	ESO 183- 31	= 62622
ESO 141- 57	= 63158	ESO 149- 1	= 72443	ESO 155- 25	= 12807	ESO 159- 23	= 17571	ESO 183- 34	= 62648
ESO 142- 1	= 63168	ESO 149- 3	= 72675	ESO 155- 32	= 12874	ESO 159- 25	= 17652	ESO 183- 36	= 62692
ESO 142- 3	= 63189	ESO 149- 7	= 73126	ESO 155- 39	= 12972	ESO 159- 26	= 17684	ESO 183- 37	= 62696
ESO 142- 4	= 63198	ESO 149- 9	= 73146	ESO 155- 41	= 13020	ESO 159- 27	= 17693	ESO 184- 2	= 62706
ESO 142- 6	= 63204	ESO 149- 11	= 73161	ESO 155- 50	= 13135	ESO 160- 2	= 17993	ESO 184- 3	= 62712
ESO 142- 7	= 63223	ESO 149- 12	= 99	ESO 155- 51	= 13162	ESO 160- 11	= 18371	ESO 184- 4	= 62719
ESO 142- 12	= 63256	ESO 149- 13	= 187	ESO 155- 54	= 13259	ESO 160- 14	= 18464	ESO 184- 5	= 62721
ESO 142- 13	= 63264	ESO 149- 15	= 235	ESO 156- 11	= 13773	ESO 160- 16	= 18496	ESO 184- 6	= 62740
ESO 142- 19	= 63351	ESO 149- 16	= 331	ESO 156- 13	= 13842	ESO 160- 18	= 18612	ESO 184- 8	= 62762
ESO 142- 21	= 63376	ESO 149- 18	= 562	ESO 156- 15	= 13887	ESO 160- 19	= 18663	ESO 184- 9	= 62766
ESO 142- 23	= 63396	ESO 149- 19	= 706	ESO 156- 17	= 13929	ESO 160- 20	= 18689	ESO 184- 10	= 62771
ESO 142- 24	= 63395	ESO 149- 20	= 751	ESO 156- 18	= 14005	ESO 160- 22	= 18773	ESO 184- 11	= 62775
ESO 142- 25	= 63398	ESO 149- 21	= 753	ESO 156- 20	= 14108	ESO 160- 23	= 18780	ESO 184- 17	= 62830
ESO 142- 30	= 63509	ESO 149- 22	= 801	ESO 156- 21	= 14173	ESO 161- 1	= 18839	ESO 184- 20	= 62857
ESO 142- 32	= 63544	ESO 150- 1	= 1295	ESO 156- 26	= 14249	ESO 161- 8	= 19085	ESO 184- 22	= 62870
ESO 142- 35	= 63571	ESO 150- 5	= 1440	ESO 156- 27	= 14256	ESO 161- 17	= 19295	ESO 184- 26	= 62885
ESO 142- 36	= 63577	ESO 150- 8	= 1659	ESO 156- 28	= 14257	ESO 161- 19	= 19326	ESO 184- 27	= 62897
ESO 142- 48	= 63729	ESO 150- 9	= 1883	ESO 156- 29	= 14270	ESO 161- 24	= 19517	ESO 184- 30	= 62893
ESO 142- 49	= 63777	ESO 150- 11	= 2073	ESO 156- 31	= 14285	ESO 161- 26	= 19668	ESO 184- 31	= 62902
ESO 142- 50	= 63797	ESO 150- 13	= 2125	ESO 156- 32	= 14299	ESO 161- 29	= 19722	ESO 184- 32	= 62907
ESO 142- 51	= 63808	ESO 150- 14	= 2190	ESO 156- 34	= 14388	ESO 162- 1	= 19848	ESO 184- 33	= 62910
ESO 142- 57	= 63849	ESO 150- 15	= 2229	ESO 156- 36	= 14397	ESO 162- 5	= 19973	ESO 184- 34	= 62912
ESO 142- 58	= 63864	ESO 150- 18	= 2417	ESO 156- 38	= 14462	ESO 162- 15	= 20510	ESO 184- 36	= 62933
ESO 143- 3	= 64064	ESO 150- 19	= 2451	ESO 156- 42	= 14481	ESO 162- 17	= 20531	ESO 184- 37	= 62935
ESO 143- 4	= 64069	ESO 150- 20	= 2592	ESO 156- 43	= 14491	ESO 162- 18	= 20593	ESO 184- 38	= 62936
ESO 143- 6	= 64088	ESO 150- 21	= 2651	ESO 156- 44	= 14523	ESO 163- 6	= 21217	ESO 184- 39	= 62938
ESO 143- 7	= 64096	ESO 150- 22	= 2693	ESO 157- 1	= 14553	ESO 163- 7	= 21339	ESO 184- 41	= 62941
ESO 143- 9	= 64166	ESO 150- 24	= 2958	ESO 157- 2	= 14560	ESO 163- 8	= 21351	ESO 184- 42	= 62943
ESO 143- 10	= 64181	ESO 150- 25	= 2971	ESO 157- 3	= 14582	ESO 163- 10	= 21445	ESO 184- 43	= 62949
ESO 143- 18	= 64367	ESO 151- 3	= 3130	ESO 157- 4	= 14623	ESO 163- 11	= 21453	ESO 184- 46	= 62963
ESO 143- 21	= 64538	ESO 151- 4	= 3328	ESO 157- 5	= 14620	ESO 163- 13	= 21582	ESO 184- 47	= 62964
ESO 143- 27	= 64727	ESO 151- 5	= 3330	ESO 157- 11	= 14704	ESO 163- 14	= 21660	ESO 184- 48	= 62975
ESO 143- 29	= 64902	ESO 151- 6	= 3343	ESO 157- 12	= 14723	ESO 163- 19	= 21889	ESO 184- 49	= 62983
ESO 143- 38	= 65098	ESO 151- 9	= 3374	ESO 157- 13	= 14729	ESO 164- 10	= 23666	ESO 184- 51	= 63007
ESO 144- 4	= 65357	ESO 151- 12	= 3387	ESO 157- 14	= 14753	ESO 165- 1	= 24085	ESO 184- 53	= 63039
ESO 144- 10	= 65786	ESO 151- 13	= 3399	ESO 157- 16	= 14757	ESO 165- 2	= 24229	ESO 184- 54	= 63056
ESO 144- 19	= 66364	ESO 151- 17	= 3632	ESO 157- 17	= 14765	ESO 169- 5	= 33328	ESO 184- 56	= 63068
ESO 145- 2	= 66498	ESO 151- 18	= 3675	ESO 157- 18	= 14824	ESO 170- 2	= 35160	ESO 184- 58	= 63098
ESO 145- 4	= 66545	ESO 151- 19	= 3710	ESO 157- 19	= 14823	ESO 170- 3	= 35166	ESO 184- 60	= 63147
ESO 145- 5	= 66784	ESO 151- 21	= 3770	ESO 157- 20	= 14897	ESO 170- 4	= 35204	ESO 184- 62	= 63151
ESO 145- 6	= 66787	ESO 151- 22	= 3882	ESO 157- 21	= 14943	ESO 170- 10	= 36186	ESO 184- 63	= 63161
ESO 145- 7	= 66878	ESO 151- 24	= 4169	ESO 157- 22	= 14965	ESO 170- 11	= 36697	ESO 184- 64	= 63188
ESO 145- 16	= 67413	ESO 151- 26	= 4187	ESO 157- 23	= 14980	ESO 171- 1	= 37296	ESO 184- 66	= 63203
ESO 145- 17	= 67417	ESO 151- 27	= 4228	ESO 157- 24A	= 14984	ESO 171- 4	= 37739	ESO 184- 67	= 63214
ESO 145- 18	= 67418	ESO 151- 30	= 4298	ESO 157- 25	= 15019	ESO 171- 5	= 37946	ESO 184- 69	= 63226
ESO 145- 22	= 67580	ESO 151- 32	= 4329	ESO 157- 26	= 15055	ESO 171- 8	= 38235	ESO 184- 70	= 63246
ESO 145- 24	= 67592	ESO 151- 34	= 4404	ESO 157- 29	= 15102	ESO 171- 13	= 38768	ESO 184- 71	= 63251
ESO 145- 25	= 67605	ESO 151- 36	= 4468	ESO 157- 30	= 15149	ESO 172- 4	= 41392	ESO 184- 74	= 63297
ESO 145- 26	= 67615	ESO 151- 39	= 4649	ESO 157- 31	= 15153	ESO 172- 9	= 43176	ESO 184- 75	= 63309
ESO 146- 1	= 67669	ESO 151- 40	= 4708	ESO 157- 32	= 15168	ESO 172- 11	= 43637	ESO 184- 77	= 63331
ESO 146- 2A	= 67730	ESO 151- 43	= 5087	ESO 157- 33	= 15200	ESO 172- 12	= 44345	ESO 184- 78	= 63339
ESO 146- 6	= 68008	ESO 152- 2	= 5338	ESO 157- 34	= 15231	ESO 173- 3	= 45106	ESO 185- 4	= 63434
ESO 146- 7	= 68083	ESO 152- 24	= 6581	ESO 157- 35	= 15239	ESO 173- 11	= 46676	ESO 185- 5	= 63447
ESO 146- 9	= 68128	ESO 152- 26	= 6692	ESO 157- 36	= 15301	ESO 174- 1	= 47728	ESO 185- 6	= 63472
ESO 146- 11	= 68159	ESO 152- 28	= 6770	ESO 157- 37	= 15339	ESO 174- 2	= 49438	ESO 185- 9	= 63505
ESO 146- 13	= 68232	ESO 152- 29	= 6926	ESO 157- 38	= 15388	ESO 174- 3	= 49655	ESO 185- 10	= 63508
ESO 146- 14	= 68305	ESO 152- 32	= 7054	ESO 157- 41	= 15405	ESO 174- 5	= 49996	ESO 185- 11	= 63537
ESO 146- 17	= 68539	ESO 152- 33	= 7068	ESO 157- 42	= 15578	ESO 175- 1	= 50330	ESO 185- 12	= 63609
ESO 146- 18	= 68556	ESO 153- 3	= 7430	ESO 157- 44	= 15661	ESO 179- 13	= 58985	ESO 185- 13	= 63618
ESO 146- 19	= 68584	ESO 153- 4	= 7447	ESO 157- 45	= 15720	ESO 181- 2	= 60601	ESO 185- 14	= 63620
ESO 146- 20	= 68684	ESO 153- 5	= 7501	ESO 157- 46	= 15724	ESO 181- 5	= 60962	ESO 185- 15	= 63625
ESO 146- 22	= 68738	ESO 153- 7	= 7535	ESO 157- 47	= 15736	ESO 181- 7	= 61108	ESO 185- 16	= 63631
ESO 146- 26	= 68927	ESO 153- 8	= 7552	ESO 157- 49	= 15749	ESO 182- 1	= 61203	ESO 185- 19	= 63645
ESO 146- 27	= 68940	ESO 153- 16	= 7927	ESO 157- 50	= 15802	ESO 182- 4	= 61472	ESO 185- 21	= 63705
ESO 146- 28	= 68962	ESO 153- 17	= 7941	ESO 158- 2	= 15882	ESO 182- 5	= 61522	ESO 185- 25	= 63806
ESO 147- 3	= 69301	ESO 153- 18	= 7982	ESO 158- 3	= 15966	ESO 182- 6	= 61673	ESO 185- 26	= 63817
ESO 147- 3B	= 69303	ESO 153- 19	= 7978	ESO 158- 4	= 15976	ESO 182- 7	= 61679	ESO 185- 27	= 63833
ESO 147- 5	= 69507	ESO 153- 20	= 8012	ESO 158- 7	= 16098	ESO 182- 10	= 61712	ESO 185- 30	= 63855
ESO 147- 6	= 69579	ESO 153- 23	= 8059	ESO 158- 8	= 16115	ESO 182- 17	= 61905	ESO 185- 31	= 63867
ESO 147- 10	= 69775	ESO 153- 24	= 8069	ESO 158- 9	= 16192	ESO 182- 19	= 61937	ESO 185- 32	= 63871
ESO 147- 13	= 69915	ESO 153- 26	= 8195	ESO 158- 11	= 16250	ESO 183- 2	= 62022	ESO 185- 34	= 63882
ESO 147- 14	= 70043	ESO 153- 27	= 8311	ESO 158- 13	= 16282	ESO 183- 5	= 62198	ESO 185- 35	= 63895
ESO 147- 17	= 70205	ESO 153- 29	= 8570	ESO 158- 15	= 16344	ESO 183- 7	= 62239	ESO 185- 36	= 63896
ESO 147- 19A	= 70283	ESO 153- 34	= 9234	ESO 158- 16	= 16461	ESO 183- 8	= 62264	ESO 185- 37	= 63898
ESO 147- 20	= 70288	ESO 154- 2	= 9662	ESO 158- 17	= 16680	ESO 183- 9	= 62327	ESO 185- 38	= 63909
ESO 147- 22	= 70576	ESO 154- 4	= 9891	ESO 158- 18	= 16737	ESO 183- 10	= 62326	ESO 185- 43	= 63956
ESO 148- 1	= 70813	ESO 154- 5	= 9907	ESO 158- 20	= 16862	ESO 183- 11	= 62341	ESO 185- 45	= 63984
ESO 148- 2	= 70861	ESO 154- 9	= 10280	ESO 158- 22	= 16911	ESO 183- 12	= 62435		

RC3   599   ESO

ESO	= RC3	ESO	= RC3	ESO	= RC3	ESO	= RC3	ESO	= RC3
ESO 185- 48	= 64000	ESO 189- 31	= 68353	ESO 200- 23	= 12833	ESO 206- 1	= 18745	ESO 219- 39	= 45977
ESO 185- 49	= 64012	ESO 189- 32	= 68397	ESO 200- 26	= 12896	ESO 206- 12	= 19098	ESO 219- 41	= 45999
ESO 185- 52	= 64023	ESO 190- 1	= 68606	ESO 200- 29	= 13002	ESO 206- 14	= 19106	ESO 219- 43	= 46167
ESO 185- 53	= 64029	ESO 190- 10	= 68862	ESO 200- 30	= 13027	ESO 206- 16	= 19180	ESO 219- 46	= 46289
ESO 185- 54	= 64041	ESO 190- 11	= 68891	ESO 200- 31	= 13035	ESO 206- 17	= 19349	ESO 220- 1	= 46340
ESO 185- 55	= 64042	ESO 190- 12	= 68918	ESO 200- 33	= 13047	ESO 206- 20A	= 19441	ESO 220- 2	= 46409
ESO 185- 56	= 64043	ESO 192- 7	= 71729	ESO 200- 35	= 13053	ESO 206- 21	= 19490	ESO 220- 8	= 47003
ESO 185- 58	= 64053	ESO 192- 9	= 71829	ESO 200- 36	= 13090	ESO 207- 7	= 19705	ESO 220- 13	= 47283
ESO 185- 60	= 64074	ESO 192- 11	= 71998	ESO 200- 39	= 13163	ESO 207- 22	= 20257	ESO 220- 18	= 47762
ESO 185- 61	= 64081	ESO 192- 12	= 72017	ESO 200- 52	= 13350	ESO 207- 25	= 20326	ESO 220- 19	= 47778
ESO 185- 62	= 64087	ESO 193- 6	= 72969	ESO 200- 53	= 13369	ESO 207- 31	= 20500	ESO 220- 22	= 48098
ESO 185- 63	= 64116	ESO 193- 9	= 65	ESO 200- 54	= 13372	ESO 208- 1	= 20550	ESO 220- 23	= 48106
ESO 185- 64	= 64120	ESO 193- 11	= 233	ESO 200- 55	= 13581	ESO 208- 3	= 20775	ESO 220- 24	= 48129
ESO 185- 67	= 64129	ESO 193- 14	= 292	ESO 201- 3	= 13912	ESO 208- 15	= 21038	ESO 220- 26	= 48319
ESO 185- 68	= 64132	ESO 193- 17	= 358	ESO 201- 4	= 13944	ESO 208- 18	= 21191	ESO 220- 27	= 48352
ESO 185- 69	= 64138	ESO 193- 18	= 383	ESO 201- 7	= 14022	ESO 208- 21	= 21293	ESO 220- 28	= 48359
ESO 185- 70	= 64159	ESO 193- 19	= 382	ESO 201- 8	= 14041	ESO 208- 26	= 21343	ESO 220- 29	= 48384
ESO 186- 1	= 64163	ESO 193- 22	= 449	ESO 201- 10	= 14098	ESO 208- 27	= 21375	ESO 220- 30	= 48390
ESO 186- 2	= 64168	ESO 193- 23	= 456	ESO 201- 11	= 14116	ESO 208- 31	= 21429	ESO 220- 33	= 48593
ESO 186- 3	= 64183	ESO 193- 25	= 520	ESO 201- 12	= 14169	ESO 208- 33	= 21466	ESO 220- 35	= 48687
ESO 186- 5	= 64201	ESO 193- 26	= 526	ESO 201- 13	= 14187	ESO 208- 34	= 21656	ESO 221- 2	= 49034
ESO 186- 6	= 64203	ESO 193- 31	= 651	ESO 201- 14	= 14262	ESO 209- 8	= 22210	ESO 221- 6	= 49115
ESO 186- 8	= 64229	ESO 193- 35	= 831	ESO 201- 16	= 14371	ESO 209- 9	= 22338	ESO 221- 7	= 49121
ESO 186- 10	= 64255	ESO 193- 36	= 887	ESO 201- 17	= 14404	ESO 209- 16	= 22711	ESO 221- 8	= 49119
ESO 186- 11	= 64272	ESO 194- 1	= 1166	ESO 201- 18	= 14413	ESO 213- 2	= 28234	ESO 221- 10	= 49164
ESO 186- 12	= 64268	ESO 194- 4	= 1270	ESO 201- 20	= 14526	ESO 213- 11	= 30022	ESO 221- 12	= 49198
ESO 186- 13	= 64288	ESO 194- 7	= 1350	ESO 201- 21	= 14543	ESO 214- 2	= 30421	ESO 221- 13	= 49205
ESO 186- 17	= 64325	ESO 194- 8	= 1357	ESO 201- 22	= 14557	ESO 214- 13	= 31023	ESO 221- 14	= 49242
ESO 186- 19	= 64342	ESO 194- 10	= 1370	ESO 201- 25	= 14644	ESO 214- 14	= 31378	ESO 221- 17	= 49424
ESO 186- 21	= 64359	ESO 194- 11	= 1374	ESO 201- 26	= 14740	ESO 214- 16	= 31613	ESO 221- 20	= 49722
ESO 186- 26	= 64423	ESO 194- 12	= 1388	ESO 202- 1	= 14775	ESO 214- 17	= 31760	ESO 221- 22	= 49836
ESO 186- 27	= 64427	ESO 194- 13	= 1452	ESO 202- 4	= 14818	ESO 215- 7	= 32877	ESO 221- 26	= 50448
ESO 186- 29	= 64464	ESO 194- 15	= 1535	ESO 202- 7	= 14871	ESO 215- 12	= 33034	ESO 221- 32	= 50706
ESO 186- 32	= 64482	ESO 194- 20	= 1745	ESO 202- 9	= 14931	ESO 215- 13	= 33052	ESO 221- 33	= 50935
ESO 186- 33	= 64489	ESO 194- 21	= 1816	ESO 202- 10	= 15025	ESO 215- 15	= 33230	ESO 221- 34	= 50960
ESO 186- 34	= 64491	ESO 194- 22	= 1855	ESO 202- 14	= 15025	ESO 215- 21	= 33606	ESO 221- 35	= 50968
ESO 186- 36	= 64518	ESO 194- 23	= 1919	ESO 202- 15	= 15035	ESO 215- 27	= 33745	ESO 221- 37	= 51087
ESO 186- 42	= 64681	ESO 194- 27	= 2099	ESO 202- 18	= 15091	ESO 215- 31	= 33919	ESO 222- 1	= 51126
ESO 186- 43	= 64680	ESO 194- 31	= 2595	ESO 202- 23	= 15172	ESO 215- 32	= 34010	ESO 222- 4	= 51409
ESO 186- 44	= 64695	ESO 194- 37	= 2732	ESO 202- 25	= 15195	ESO 215- 33	= 34058	ESO 222- 5	= 51574
ESO 186- 47	= 64728	ESO 194- 38	= 2749	ESO 202- 26	= 15204	ESO 215- 37	= 34338	ESO 222- 9	= 51972
ESO 186- 48	= 64735	ESO 194- 39	= 2750	ESO 202- 31	= 15390	ESO 215- 39	= 34443	ESO 222- 15	= 52647
ESO 186- 51	= 64753	ESO 194- 39A	= 2751	ESO 202- 35	= 15455	ESO 215- 40	= 34465	ESO 223- 5	= 53286
ESO 186- 52	= 64763	ESO 195- 3	= 2876	ESO 202- 37	= 15485	ESO 216- 3	= 34548	ESO 223- 7	= 53544
ESO 186- 53	= 64802	ESO 195- 12	= 3161	ESO 202- 40	= 15647	ESO 216- 5	= 34654	ESO 223- 8	= 53621
ESO 186- 55	= 64865	ESO 195- 13	= 3205	ESO 202- 41	= 15650	ESO 216- 8	= 35140	ESO 223- 9	= 53639
ESO 186- 57	= 64894	ESO 195- 19	= 3436	ESO 202- 42	= 15666	ESO 216- 16	= 35759	ESO 223- 12	= 54106
ESO 186- 59	= 64901	ESO 195- 24	= 3683	ESO 202- 43	= 15686	ESO 216- 21	= 35853	ESO 229- 7	= 61451
ESO 186- 60	= 64953	ESO 195- 27	= 3812	ESO 202- 47	= 15739	ESO 216- 24	= 36002	ESO 229- 13	= 61708
ESO 186- 62	= 64974	ESO 195- 28	= 3818	ESO 202- 52	= 15830	ESO 216- 26	= 36051	ESO 230- 2	= 61747
ESO 186- 65	= 65037	ESO 195- 29	= 3828	ESO 203- 2	= 15999	ESO 216- 27	= 36117	ESO 230- 6	= 62277
ESO 186- 73	= 65172	ESO 195- 32	= 4131	ESO 203- 4	= 16058	ESO 216- 28	= 36119	ESO 231- 1	= 62458
ESO 186- 75	= 65187	ESO 195- 34	= 4334	ESO 203- 9	= 16194	ESO 216- 31	= 36185	ESO 231- 3	= 62463
ESO 187- 6	= 65243	ESO 195- 35	= 4569	ESO 203- 12	= 16403	ESO 216- 33	= 36258	ESO 231- 7	= 62534
ESO 187- 8	= 65253	ESO 196- 3	= 4754	ESO 203- 15	= 16539	ESO 216- 35	= 36492	ESO 231- 11	= 62614
ESO 187- 9	= 65256	ESO 196- 7	= 5535	ESO 203- 16	= 16594	ESO 216- 37	= 36584	ESO 231- 12	= 62621
ESO 187- 10	= 65261	ESO 196- 11	= 5631	ESO 203- 18	= 16715	ESO 216- 38	= 36590	ESO 231- 14	= 62674
ESO 187- 18	= 65514	ESO 196- 16	= 6131	ESO 203- 19	= 16720	ESO 216- 39	= 36647	ESO 231- 17	= 62746
ESO 187- 19	= 65533	ESO 196- 19	= 6283	ESO 203- 20	= 16755	ESO 217- 1	= 36821	ESO 231- 18	= 62751
ESO 187- 20	= 65547	ESO 197- 1	= 6605	ESO 203- 22	= 16839	ESO 217- 2	= 36830	ESO 231- 23	= 62816
ESO 187- 21	= 65549	ESO 197- 2	= 6638	ESO 204- 4	= 17227	ESO 217- 9	= 36987	ESO 231- 24	= 62834
ESO 187- 22	= 65569	ESO 197- 3	= 6642	ESO 204- 6	= 17246	ESO 217- 12	= 37263	ESO 231- 25	= 62871
ESO 187- 23	= 65600	ESO 197- 9	= 6964	ESO 204- 7	= 17254	ESO 217- 14	= 37420	ESO 231- 28	= 62957
ESO 187- 26	= 65588	ESO 197- 10	= 6994	ESO 204- 8	= 17264	ESO 217- 15	= 37650	ESO 231- 29	= 62976
ESO 187- 27	= 65599	ESO 197- 16	= 7523	ESO 204- 13	= 17408	ESO 217- 16	= 37668	ESO 232- 1	= 63060
ESO 187- 28	= 65634	ESO 197- 18	= 7766	ESO 204- 14	= 17416	ESO 217- 17	= 37670	ESO 232- 4	= 63150
ESO 187- 32	= 65710	ESO 197- 21	= 7903	ESO 204- 19	= 17478	ESO 217- 20	= 37958	ESO 232- 6	= 63177
ESO 187- 35	= 65762	ESO 197- 24	= 8031	ESO 204- 20	= 17480	ESO 217- 22	= 38239	ESO 232- 12	= 63433
ESO 187- 38	= 65824	ESO 197- 26	= 8242	ESO 204- 22	= 17507	ESO 217- 30	= 38902	ESO 232- 14	= 63443
ESO 187- 39	= 65826	ESO 197- 29	= 8422	ESO 204- 30	= 17639	ESO 217- 31	= 39037	ESO 232- 18	= 63555
ESO 187- 42	= 65846	ESO 198- 1	= 8699	ESO 204- 32	= 17680	ESO 218- 2	= 39901	ESO 232- 21	= 63598
ESO 187- 43	= 65862	ESO 198- 2	= 8780	ESO 204- 34	= 17704	ESO 218- 8	= 41503	ESO 232- 22	= 63619
ESO 187- 48	= 66069	ESO 198- 6	= 8860	ESO 204- 35	= 17715	ESO 218- 13	= 42391	ESO 232- 23	= 63637
ESO 187- 51	= 66142	ESO 198- 11	= 9378	ESO 204- 36	= 17714	ESO 219- 4	= 43791	ESO 232- 25	= 63662
ESO 187- 57	= 66296	ESO 198- 13	= 9463	ESO 205- 1	= 17793	ESO 219- 8	= 44040	ESO 233- 3	= 63732
ESO 187- 58	= 66331	ESO 198- 14	= 9490	ESO 205- 2	= 17822	ESO 219- 12	= 44180	ESO 233- 8	= 63848
ESO 188- 1	= 66454	ESO 198- 15	= 9502	ESO 205- 3	= 17883	ESO 219- 14	= 44336	ESO 233- 13	= 63902
ESO 188- 9	= 66836	ESO 198- 17	= 9522	ESO 205- 7	= 18066	ESO 219- 16	= 44588	ESO 233- 14	= 63915
ESO 188- 12	= 67045	ESO 198- 19	= 9839	ESO 205- 9	= 18133	ESO 219- 17	= 44670	ESO 233- 15	= 63923
ESO 188- 16	= 67187	ESO 198- 22	= 9879	ESO 205- 10	= 18139	ESO 219- 19	= 44721	ESO 233- 20	= 64045
ESO 188- 17	= 67215	ESO 198- 30	= 10451	ESO 205- 11	= 18142	ESO 219- 21	= 44992	ESO 233- 21	= 64044
ESO 188- 18	= 67230	ESO 199- 5	= 10977	ESO 205- 12	= 18178	ESO 219- 22	= 45001	ESO 233- 22	= 64066
ESO 188- 18A	= 67229	ESO 199- 12	= 11505	ESO 205- 13	= 18187	ESO 219- 24	= 45279	ESO 233- 23	= 64082
ESO 189- 1	= 67397	ESO 199- 14	= 11542	ESO 205- 14	= 18202	ESO 219- 25	= 45317	ESO 233- 25	= 64086
ESO 189- 7	= 67532	ESO 199- 21	= 11801	ESO 205- 15	= 18249	ESO 219- 27	= 45373	ESO 233- 26	= 64094
ESO 189- 10	= 67639	ESO 200- 3	= 12390	ESO 205- 19	= 18400	ESO 219- 28	= 45380	ESO 233- 28	= 64102
ESO 189- 12	= 67649	ESO 200- 7	= 12460	ESO 205- 26	= 18472	ESO 219- 29	= 45562	ESO 233- 31	= 64107
ESO 189- 16	= 67736	ESO 200- 16	= 12774	ESO 205- 27	= 18514	ESO 219- 30	= 45600	ESO 233- 32	= 64136
ESO 189- 19	= 67812	ESO 200- 21	= 12799	ESO 205- 29	= 18552	ESO 219- 33	= 45634	ESO 233- 34	= 64153
ESO 189- 21	= 67902	ESO 200- 22	= 12817	ESO 205- 34	= 18653	ESO 219- 37	= 45709	ESO 233- 36	= 64182

RC3 600 ESO

ESO 233- 37	= 64185	ESO 236- 13	= 66785	ESO 243- 47	= 4150	ESO 251- 30	= 15957	ESO 264- 39	= 32144
ESO 233- 39	= 64192	ESO 236- 14	= 66786	ESO 243- 51	= 4259	ESO 251- 36	= 16147	ESO 264- 41	= 32303
ESO 233- 41	= 64197	ESO 236- 25	= 67064	ESO 243- 52	= 4271	ESO 251- 41	= 16283	ESO 264- 43	= 32328
ESO 233- 42	= 64216	ESO 236- 26	= 67080	ESO 243- 53	= 4294	ESO 252- 1	= 16389	ESO 264- 46	= 32635
ESO 233- 43	= 64219	ESO 236- 29	= 67110	ESO 244- 2	= 4354	ESO 252- 4	= 16506	ESO 264- 47	= 32650
ESO 233- 44	= 64235	ESO 236- 34	= 67222	ESO 244- 6	= 4517	ESO 252- 7	= 16628	ESO 264- 48	= 32660
ESO 233- 47	= 64332	ESO 236- 35	= 67220	ESO 244- 10	= 4623	ESO 252- 10	= 16738	ESO 264- 49	= 32731
ESO 233- 48	= 64382	ESO 236- 36	= 67224	ESO 244- 12	= 4671	ESO 252- 12	= 16797	ESO 264- 50	= 32762
ESO 233- 49	= 64384	ESO 236- 37	= 67236	ESO 244- 17	= 4822	ESO 252- 15	= 17021	ESO 264- 51	= 32909
ESO 233- 50	= 64416	ESO 236- 40	= 67303	ESO 244- 21	= 4949	ESO 252- 18A	= 17116	ESO 264- 54	= 32938
ESO 233- 52	= 64428	ESO 236- 41	= 67304	ESO 244- 23	= 5046	ESO 253- 1	= 17237	ESO 264- 56	= 33025
ESO 233- 53	= 64435	ESO 236- 45	= 67318	ESO 244- 30	= 5584	ESO 253- 2	= 17241	ESO 264- 57	= 33062
ESO 234- 4	= 64504	ESO 236- 49	= 67375	ESO 244- 31	= 5597	ESO 253- 4	= 17276	ESO 265- 2	= 33216
ESO 234- 6	= 64507	ESO 237- 2	= 67375	ESO 244- 34	= 5868	ESO 253- 8	= 17374	ESO 265- 3	= 33225
ESO 234- 9	= 64535	ESO 237- 11	= 67557	ESO 244- 36	= 5962	ESO 253- 12	= 17410	ESO 265- 5	= 33307
ESO 234- 10	= 64547	ESO 237- 13	= 67583	ESO 244- 39	= 6018	ESO 253- 27	= 17867	ESO 265- 7	= 33705
ESO 234- 11	= 64544	ESO 237- 15	= 67634	ESO 244- 42	= 6081	ESO 253- 29	= 17920	ESO 265- 9	= 33826
ESO 234- 13	= 64558	ESO 237- 16	= 67663	ESO 244- 43	= 6097	ESO 253- 30	= 17949	ESO 265- 16	= 34183
ESO 234- 14	= 64571	ESO 237- 19	= 67707	ESO 244- 44	= 6099	ESO 254- 6	= 18146	ESO 265- 19	= 34285
ESO 234- 15	= 64591	ESO 237- 21	= 67738	ESO 244- 45	= 6104	ESO 254- 9	= 18305	ESO 265- 22	= 34593
ESO 234- 16	= 64594	ESO 237- 26	= 67882	ESO 244- 46	= 6107	ESO 254- 12	= 18391	ESO 265- 33	= 35198
ESO 234- 19	= 64611	ESO 237- 27	= 67908	ESO 244- 47	= 6109	ESO 254- 16	= 18417	ESO 266- 3	= 35699
ESO 234- 21	= 64628	ESO 237- 28	= 67913	ESO 244- 48	= 6114	ESO 254- 17	= 18413	ESO 266- 5	= 35806
ESO 234- 22	= 64630	ESO 237- 30	= 67925	ESO 244- 49	= 6136	ESO 254- 22	= 18446	ESO 266- 8	= 35904
ESO 234- 24	= 64663	ESO 237- 31	= 67949	ESO 245- 1	= 6241	ESO 254- 37	= 18618	ESO 266- 12	= 36172
ESO 234- 27	= 64704	ESO 237- 35	= 67975	ESO 245- 5	= 6430	ESO 254- 39	= 18652	ESO 266- 13	= 36220
ESO 234- 28	= 64717	ESO 237- 36	= 68020	ESO 245- 6	= 6776	ESO 254- 40	= 18658	ESO 266- 15	= 36240
ESO 234- 32	= 64746	ESO 237- 37	= 68068	ESO 245- 7	= 6830	ESO 254- 43	= 18675	ESO 266- 20	= 36588
ESO 234- 36	= 64778	ESO 237- 40	= 68119	ESO 245- 10	= 7298	ESO 255- 5	= 18879	ESO 266- 22	= 36640
ESO 234- 40	= 64851	ESO 237- 46	= 68284	ESO 245- 12	= 7779	ESO 255- 7	= 19078	ESO 266- 23	= 36652
ESO 234- 42	= 64898	ESO 237- 48	= 68370	ESO 246- 1	= 8193	ESO 255- 11	= 19117	ESO 266- 30	= 37130
ESO 234- 43	= 64909	ESO 237- 49	= 68450	ESO 246- 8	= 8878	ESO 255- 18	= 19537	ESO 267- 9	= 38032
ESO 234- 44	= 64957	ESO 237- 51	= 68496	ESO 246- 9	= 9091	ESO 255- 19	= 19559	ESO 267- 11	= 38102
ESO 234- 46	= 64975	ESO 237- 52	= 68517	ESO 246- 11	= 9271	ESO 256- 2	= 19656	ESO 267- 13	= 38245
ESO 234- 47	= 64984	ESO 238- 2	= 68614	ESO 246- 12	= 9349	ESO 256- 7	= 19858	ESO 267- 17	= 38409
ESO 234- 49	= 65017	ESO 238- 3	= 68615	ESO 246- 13	= 9407	ESO 256- 10	= 19912	ESO 267- 21	= 38630
ESO 234- 50	= 65036	ESO 238- 4	= 68627	ESO 246- 15	= 9433	ESO 256- 11	= 19925	ESO 267- 29	= 39039
ESO 234- 51	= 65034	ESO 238- 8	= 68672	ESO 246- 16	= 9472	ESO 257- 17	= 21050	ESO 267- 30	= 39077
ESO 234- 52	= 65057	ESO 238- 16	= 69158	ESO 246- 18	= 9477	ESO 257- 19	= 21338	ESO 267- 34	= 39182
ESO 234- 53	= 65055	ESO 238- 18	= 69251	ESO 246- 19	= 9486	ESO 262- 4	= 28036	ESO 267- 36	= 39219
ESO 234- 55	= 65075	ESO 238- 24	= 69639	ESO 246- 20	= 9504	ESO 262- 15	= 29089	ESO 267- 37	= 39315
ESO 234- 56	= 65076	ESO 239- 4	= 70095	ESO 246- 21	= 9544	ESO 262- 16	= 29134	ESO 267- 38	= 39484
ESO 234- 59	= 65112	ESO 239- 9	= 70431	ESO 246- 22	= 9578	ESO 263- 3	= 29320	ESO 267- 41	= 40012
ESO 234- 60	= 65125	ESO 239- 12	= 70536	ESO 246- 24	= 9614	ESO 263- 4	= 29384	ESO 267- 43	= 40027
ESO 234- 62	= 65163	ESO 239- 17	= 70828	ESO 246- 25	= 9740	ESO 263- 5	= 29393	ESO 268- 3	= 40496
ESO 234- 67	= 65315	ESO 239- 19	= 70895	ESO 247- 5	= 10692	ESO 263- 6	= 29403	ESO 268- 4	= 40504
ESO 234- 68	= 65334	ESO 240- 3	= 71499	ESO 247- 7	= 10849	ESO 263- 7	= 29402	ESO 268- 8	= 40728
ESO 234- 69	= 65335	ESO 240- 4	= 71501	ESO 247- 10	= 10960	ESO 263- 13	= 29565	ESO 268- 10	= 41043
ESO 235- 1	= 65448	ESO 240- 6	= 71716	ESO 248- 2	= 11595	ESO 263- 14	= 29651	ESO 268- 15	= 41526
ESO 235- 4	= 65483	ESO 240- 11	= 71923	ESO 248- 5	= 11923	ESO 263- 15	= 29716	ESO 268- 23	= 41986
ESO 235- 8	= 65608	ESO 240- 11	= 71948	ESO 248- 6	= 12264	ESO 263- 16	= 29723	ESO 268- 26	= 42167
ESO 235- 9	= 65639	ESO 240- 12	= 72003	ESO 248- 12	= 12589	ESO 263- 18	= 29795	ESO 268- 27	= 42246
ESO 235- 16	= 65711	ESO 240- 13	= 72038	ESO 248- 14	= 12670	ESO 263- 19	= 29797	ESO 268- 29	= 42368
ESO 235- 18	= 65754	ESO 241- 6	= 72941	ESO 249- 7	= 13322	ESO 263- 21	= 29891	ESO 268- 30	= 42524
ESO 235- 19	= 65776	ESO 241- 10	= 75	ESO 249- 9	= 13365	ESO 263- 23	= 29915	ESO 268- 33	= 42684
ESO 235- 20	= 65798	ESO 241- 12	= 319	ESO 249- 11	= 13429	ESO 263- 24	= 29947	ESO 268- 34	= 42761
ESO 235- 21	= 65807	ESO 241- 13	= 336	ESO 249- 14	= 13586	ESO 263- 29	= 30277	ESO 268- 37	= 42968
ESO 235- 22	= 65812	ESO 241- 21	= 725	ESO 249- 16	= 13727	ESO 263- 31	= 30422	ESO 268- 40	= 43166
ESO 235- 23	= 65819	ESO 241- 22	= 729	ESO 249- 19	= 13855	ESO 263- 33	= 30544	ESO 268- 44	= 43282
ESO 235- 32	= 65895	ESO 241- 23	= 764	ESO 249- 24	= 14001	ESO 263- 34	= 30626	ESO 268- 46	= 43444
ESO 235- 33	= 65892	ESO 242- 5	= 1463	ESO 249- 25	= 14023	ESO 263- 35	= 30646	ESO 268- 47	= 43515
ESO 235- 35	= 65919	ESO 242- 14	= 2070	ESO 249- 26	= 14066	ESO 263- 36	= 30721	ESO 269- 2	= 43849
ESO 235- 39	= 65969	ESO 242- 17	= 2115	ESO 249- 27	= 14078	ESO 263- 37	= 30754	ESO 269- 3	= 43886
ESO 235- 42	= 65997	ESO 242- 18	= 2215	ESO 249- 31	= 14117	ESO 263- 38	= 30785	ESO 269- 6	= 43992
ESO 235- 43	= 66009	ESO 242- 20	= 2274	ESO 249- 33	= 14163	ESO 263- 39	= 30867	ESO 269- 8	= 44028
ESO 235- 45	= 66013	ESO 242- 23	= 2356	ESO 249- 34	= 14190	ESO 263- 40	= 30868	ESO 269- 9	= 44041
ESO 235- 46	= 66019	ESO 242- 24	= 2433	ESO 249- 35	= 14212	ESO 263- 41	= 30873	ESO 269- 11	= 44155
ESO 235- 47	= 66032	ESO 243- 2	= 2887	ESO 249- 36	= 14225	ESO 263- 42	= 30876	ESO 269- 12	= 44167
ESO 235- 49	= 66041	ESO 243- 7	= 3046	ESO 250- 1	= 14272	ESO 263- 43	= 30887	ESO 269- 13	= 44199
ESO 235- 50	= 66047	ESO 243- 8	= 3162	ESO 250- 3	= 14375	ESO 263- 46	= 30966	ESO 269- 14	= 44247
ESO 235- 51	= 66055	ESO 243- 11	= 3263	ESO 250- 4	= 14391	ESO 263- 47	= 30994	ESO 269- 15	= 44271
ESO 235- 53	= 66064	ESO 243- 12	= 3338	ESO 250- 5	= 14416	ESO 263- 48	= 31035	ESO 269- 19	= 44409
ESO 235- 54	= 66080	ESO 243- 13	= 3398	ESO 250- 6	= 14506	ESO 263- 51	= 31076	ESO 269- 20	= 44410
ESO 235- 55	= 66088	ESO 243- 14	= 3401	ESO 250- 7	= 14558	ESO 264- 5	= 31295	ESO 269- 22	= 44510
ESO 235- 57	= 66101	ESO 243- 15	= 3412	ESO 250- 10	= 14616	ESO 264- 7	= 31335	ESO 269- 23	= 44526
ESO 235- 58	= 66108	ESO 243- 17	= 3441	ESO 250- 13	= 14668	ESO 264- 11	= 31460	ESO 269- 25	= 44613
ESO 235- 60	= 66123	ESO 243- 18	= 3505	ESO 250- 17	= 14906	ESO 264- 12	= 31468	ESO 269- 27	= 44688
ESO 235- 61	= 66134	ESO 243- 23	= 3826	ESO 250- 18	= 14927	ESO 264- 18	= 31609	ESO 269- 28	= 44695
ESO 235- 65	= 66224	ESO 243- 26	= 3888	ESO 250- 19	= 14971	ESO 264- 20	= 31643	ESO 269- 30	= 44762
ESO 235- 72	= 66318	ESO 243- 29	= 3930	ESO 250- 21	= 15098	ESO 264- 24	= 31672	ESO 269- 31	= 44777
ESO 235- 74	= 66322	ESO 243- 30	= 3957	ESO 251- 2	= 15173	ESO 264- 25	= 31685	ESO 269- 35	= 44949
ESO 235- 80	= 66421	ESO 243- 33	= 4001	ESO 251- 4	= 15219	ESO 264- 26	= 31717	ESO 269- 38	= 45132
ESO 235- 82	= 66463	ESO 243- 34	= 4027	ESO 251- 5	= 15220	ESO 264- 27	= 31722	ESO 269- 42	= 45235
ESO 235- 83	= 66517	ESO 243- 35	= 4028	ESO 251- 6	= 15318	ESO 264- 28	= 31739	ESO 269- 45	= 45283
ESO 235- 84	= 66519	ESO 243- 36	= 4036	ESO 251- 7	= 15343	ESO 264- 30	= 31755	ESO 269- 47	= 45294
ESO 235- 85	= 66526	ESO 243- 37	= 4038	ESO 251- 10	= 15479	ESO 264- 31	= 31777	ESO 269- 48	= 45374
ESO 236- 1	= 66549	ESO 243- 40	= 4068	ESO 251- 14	= 15684	ESO 264- 32	= 31781	ESO 269- 49	= 45465
ESO 236- 6	= 66611	ESO 243- 41	= 4085	ESO 251- 21	= 15791	ESO 264- 34	= 31906	ESO 269- 53	= 45576
ESO 236- 8	= 66695	ESO 243- 45	= 4104	ESO 251- 23	= 15842	ESO 264- 35	= 31932	ESO 269- 55	= 45671
ESO 236- 11	= 66743	ESO 243- 46	= 4149	ESO 251- 28	= 15887	ESO 264- 36	= 31954	ESO 269- 56	= 45680

RC3 601 ESO

ESO 269- 57	= 45683	ESO 282- 18	= 62861	ESO 286- 50	= 66113	ESO 290- 42	= 70380	ESO 297- 9	= 5924
ESO 269- 58	= 45717	ESO 282- 20	= 62886	ESO 286- 51	= 66116	ESO 290- 44	= 70408	ESO 297- 11	= 5960
ESO 269- 60	= 45754	ESO 282- 21	= 62908	ESO 286- 52	= 66118	ESO 290- 45	= 70427	ESO 297- 16	= 6044
ESO 269- 61	= 45758	ESO 282- 24	= 62925	ESO 286- 57	= 66153	ESO 290- 51	= 70494	ESO 297- 18	= 6078
ESO 269- 63	= 45847	ESO 282- 28	= 62947	ESO 286- 58	= 66169	ESO 290- 52	= 70503	ESO 297- 19	= 6200
ESO 269- 64	= 45854	ESO 282- 31	= 62977	ESO 286- 59	= 66183	ESO 291- 1	= 70588	ESO 297- 20	= 6213
ESO 269- 65	= 45898	ESO 282- 33	= 63013	ESO 286- 60	= 66198	ESO 291- 3	= 70641	ESO 297- 23	= 6387
ESO 269- 66	= 45916	ESO 283- 4	= 63349	ESO 286- 63	= 66236	ESO 291- 4	= 70642	ESO 297- 27	= 6435
ESO 269- 67	= 45918	ESO 283- 11	= 63403	ESO 286- 71	= 66286	ESO 291- 5	= 70669	ESO 297- 29	= 6557
ESO 269- 68	= 45917	ESO 283- 19	= 63740	ESO 286- 74	= 66321	ESO 291- 6	= 70684	ESO 297- 31	= 7034
ESO 269- 69	= 45926	ESO 283- 20	= 63743	ESO 286- 75	= 66327	ESO 291- 7	= 70687	ESO 297- 32	= 7061
ESO 269- 70	= 45949	ESO 284- 4	= 63901	ESO 286- 76	= 66344	ESO 291- 9	= 70747	ESO 297- 34	= 7279
ESO 269- 72	= 45960	ESO 284- 8	= 63985	ESO 286- 79	= 66414	ESO 291- 10	= 70800	ESO 297- 36	= 7402
ESO 269- 73	= 46023	ESO 284- 8A	= 63978	ESO 286- 80	= 66430	ESO 291- 12	= 70884	ESO 297- 37	= 7427
ESO 269- 74	= 46029	ESO 284- 8B	= 63979	ESO 286- 82	= 66436	ESO 291- 16	= 71001	ESO 298- 3	= 7786
ESO 269- 75	= 46085	ESO 284- 8C	= 63986	ESO 287- 4	= 66522	ESO 291- 21	= 71213	ESO 298- 7	= 8025
ESO 269- 78	= 46223	ESO 284- 9	= 63993	ESO 287- 6	= 66540	ESO 291- 22	= 71226	ESO 298- 8	= 8028
ESO 269- 80	= 46414	ESO 284- 11	= 64011	ESO 287- 7	= 66560	ESO 291- 24	= 71309	ESO 298- 9	= 8055
ESO 269- 82	= 46418	ESO 284- 13	= 64076	ESO 287- 9	= 66617	ESO 291- 25	= 71498	ESO 298- 14	= 8305
ESO 269- 84	= 46442	ESO 284- 16	= 64099	ESO 287- 13	= 66669	ESO 291- 28	= 71724	ESO 298- 15	= 8320
ESO 269- 85	= 46502	ESO 284- 17	= 64127	ESO 287- 17	= 66708	ESO 291- 29	= 71730	ESO 298- 16	= 8341
ESO 269- 88	= 46528	ESO 284- 20	= 64175	ESO 287- 19	= 66724	ESO 291- 30	= 71760	ESO 298- 19	= 8413
ESO 269- 89	= 46566	ESO 284- 21	= 64188	ESO 287- 21	= 66725	ESO 291- 31	= 71771	ESO 298- 20	= 8487
ESO 269- 90	= 46583	ESO 284- 23	= 64230	ESO 287- 22	= 66732	ESO 291- 32	= 71790	ESO 298- 21	= 8528
ESO 270- 2	= 46618	ESO 284- 24	= 64240	ESO 287- 28	= 66869	ESO 292- 9	= 72078	ESO 298- 27	= 8843
ESO 270- 4	= 46626	ESO 284- 26	= 64257	ESO 287- 29	= 66870	ESO 292- 14	= 72178	ESO 298- 28	= 8871
ESO 270- 5	= 46648	ESO 284- 28	= 64296	ESO 287- 31	= 66874	ESO 292- 17	= 72300	ESO 298- 29	= 8888
ESO 270- 6	= 46673	ESO 284- 29	= 64314	ESO 287- 33	= 66898	ESO 292- 18	= 72320	ESO 298- 30	= 8898
ESO 270- 7	= 46771	ESO 284- 31	= 64317	ESO 287- 34	= 66909	ESO 292- 22	= 72361	ESO 298- 31	= 8949
ESO 270- 9	= 46957	ESO 284- 32	= 64319	ESO 287- 35	= 66912	ESO 292- 24	= 72383	ESO 298- 36	= 8995
ESO 270- 12	= 47188	ESO 284- 33	= 64328	ESO 287- 36	= 66934	ESO 292- 25	= 72386	ESO 298- 38	= 9041
ESO 270- 13	= 47260	ESO 284- 37	= 64381	ESO 287- 37	= 66985	ESO 293- 1	= 72537	ESO 298- 39	= 9053
ESO 270- 14	= 47262	ESO 284- 38	= 64380	ESO 287- 40	= 67061	ESO 293- 4	= 72597	ESO 299- 4	= 9438
ESO 270- 15	= 47340	ESO 284- 39	= 64383	ESO 287- 42	= 67075	ESO 293- 8	= 72762	ESO 299- 5	= 9481
ESO 270- 17	= 47847	ESO 284- 40	= 64386	ESO 287- 43	= 67078	ESO 293- 12	= 72847	ESO 299- 6	= 9685
ESO 270- 21	= 48107	ESO 284- 41	= 64389	ESO 287- 45	= 67128	ESO 293- 22	= 73065	ESO 299- 6A	= 9685
ESO 270- 22	= 48139	ESO 284- 43	= 64399	ESO 287- 46	= 67134	ESO 293- 27	= 43	ESO 299- 7	= 9747
ESO 270- 23	= 48236	ESO 284- 44	= 64400	ESO 287- 48	= 67146	ESO 293- 29	= 69	ESO 299- 8	= 9761
ESO 270- 26	= 48599	ESO 284- 45	= 64406	ESO 287- 49	= 67160	ESO 293- 31	= 204	ESO 299- 14	= 10332
ESO 270- 28	= 48699	ESO 284- 46	= 64404	ESO 287- 52	= 67209	ESO 293- 34	= 474	ESO 299- 18	= 10624
ESO 271- 3	= 49282	ESO 284- 47	= 64411	ESO 287- 55	= 67256	ESO 293- 37	= 551	ESO 299- 20	= 10705
ESO 271- 4	= 49493	ESO 284- 50	= 64441	ESO 288- 1	= 67322	ESO 293- 43	= 662	ESO 300- 4	= 11442
ESO 271- 6	= 49586	ESO 284- 54	= 64446	ESO 288- 2	= 67325	ESO 293- 45	= 800	ESO 300- 6	= 11549
ESO 271- 8	= 49673	ESO 284- 55	= 64465	ESO 288- 13	= 67507	ESO 293- 48	= 979	ESO 300- 10	= 11641
ESO 271- 9	= 49750	ESO 285- 1	= 64523	ESO 288- 21	= 67656	ESO 293- 49	= 981	ESO 300- 12	= 11713
ESO 271- 10	= 49884	ESO 285- 2	= 64551	ESO 288- 25	= 67782	ESO 293- 50	= 1014	ESO 300- 14	= 11812
ESO 271- 19	= 50600	ESO 285- 4	= 64575	ESO 288- 26	= 67795	ESO 294- 2	= 1176	ESO 300- 20	= 12036
ESO 271- 21	= 50701	ESO 285- 5	= 64580	ESO 288- 27	= 67817	ESO 294- 10	= 1641	ESO 301- 2	= 12209
ESO 271- 22	= 50798	ESO 285- 7	= 64614	ESO 288- 28	= 67818	ESO 294- 16	= 1673	ESO 301- 9	= 12662
ESO 271- 24	= 50904	ESO 285- 8	= 64632	ESO 288- 32	= 67854	ESO 294- 17	= 1845	ESO 301- 11	= 12706
ESO 271- 25	= 50905	ESO 285- 9	= 64654	ESO 288- 35	= 67915	ESO 294- 20	= 1956	ESO 301- 14	= 12786
ESO 271- 26	= 50955	ESO 285- 11	= 64673	ESO 288- 40	= 68041	ESO 294- 21	= 1961	ESO 301- 22A	= 13493
ESO 271- 27	= 50998	ESO 285- 12	= 64725	ESO 288- 43	= 68165	ESO 294- 22	= 1968	ESO 301- 23	= 13534
ESO 271- 28	= 51015	ESO 285- 13	= 64726	ESO 288- 45	= 68215	ESO 294- 23	= 2112	ESO 302- 6	= 13818
ESO 272- 2	= 51083	ESO 285- 14	= 64737	ESO 288- 46	= 68223	ESO 295- 2	= 2594	ESO 302- 7	= 13837
ESO 272- 3	= 51106	ESO 285- 20	= 64807	ESO 288- 49	= 68253	ESO 295- 6	= 2831	ESO 302- 8	= 13843
ESO 272- 4	= 51154	ESO 285- 23	= 64852	ESO 288- 51	= 68284	ESO 295- 10	= 2909	ESO 302- 9	= 13854
ESO 272- 5	= 51288	ESO 285- 24	= 64853	ESO 289- 1	= 68317	ESO 295- 12	= 2932	ESO 302- 12	= 13947
ESO 272- 9	= 51584	ESO 285- 25	= 64869	ESO 289- 3	= 68329	ESO 295- 20	= 3238	ESO 302- 14	= 13985
ESO 272- 14	= 51905	ESO 285- 27	= 64883	ESO 289- 4	= 68338	ESO 295- 25	= 3416	ESO 302- 15	= 13997
ESO 272- 16	= 51969	ESO 285- 32	= 64977	ESO 289- 7	= 68431	ESO 295- 26	= 3567	ESO 302- 16	= 14010
ESO 272- 19	= 52161	ESO 285- 33	= 64988	ESO 289- 8	= 68441	ESO 295- 29	= 3721	ESO 302- 23A	= 14196
ESO 272- 22	= 52381	ESO 285- 35	= 64994	ESO 289- 9	= 68443	ESO 295- 31	= 3820	ESO 302- 24	= 14224
ESO 272- 23	= 52410	ESO 285- 38	= 65024	ESO 289- 10	= 68478	ESO 295- 32	= 3834	ESO 302- 27	= 14319
ESO 272- 24	= 52497	ESO 285- 40	= 65070	ESO 289- 11	= 68498	ESO 295- 36	= 3945	ESO 303- 1	= 14586
ESO 273- 2	= 52751	ESO 285- 41	= 65130	ESO 289- 15	= 68531	ESO 295- 37	= 3954	ESO 303- 5	= 14707
ESO 273- 4	= 52886	ESO 285- 42	= 65137	ESO 289- 18	= 68618	ESO 295- 38	= 3958	ESO 303- 14	= 14993
ESO 273- 11	= 53405	ESO 285- 48	= 65299	ESO 289- 26	= 68741	ESO 296- 2	= 4101	ESO 303- 16	= 15095
ESO 273- 14	= 53500	ESO 285- 49	= 65316	ESO 289- 31	= 69011	ESO 296- 4	= 4274	ESO 303- 17	= 15106
ESO 273- 15	= 53845	ESO 285- 51	= 65338	ESO 289- 32	= 69050	ESO 296- 6	= 4353	ESO 303- 18	= 15150
ESO 274- 1	= 54392	ESO 285- 52	= 65360	ESO 289- 42	= 69239	ESO 296- 7	= 4406	ESO 303- 20	= 15188
ESO 274- 6	= 54483	ESO 285- 57	= 65453	ESO 289- 44	= 69369	ESO 296- 11	= 4792	ESO 303- 21	= 15237
ESO 274- 12	= 54882	ESO 286- 6	= 65578	ESO 289- 48	= 69475	ESO 296- 13	= 4823	ESO 303- 22	= 15278
ESO 274- 16	= 55209	ESO 286- 10	= 65685	ESO 290- 1	= 69522	ESO 296- 19	= 5158	ESO 304- 16	= 15899
ESO 274- 19	= 55658	ESO 286- 14	= 65759	ESO 290- 2	= 69521	ESO 296- 21	= 5215	ESO 304- 18	= 15908
ESO 280- 7	= 61702	ESO 286- 16	= 65785	ESO 290- 4	= 69554	ESO 296- 22	= 5243	ESO 304- 19	= 15929
ESO 280- 9	= 61729	ESO 286- 17	= 65793	ESO 290- 6	= 69589	ESO 296- 24	= 5253	ESO 304- 21	= 16102
ESO 280- 10	= 61778	ESO 286- 18	= 65794	ESO 290- 7	= 69593	ESO 296- 25	= 5255	ESO 304- 24	= 16117
ESO 280- 13	= 61814	ESO 286- 19	= 65817	ESO 290- 10	= 69660	ESO 296- 26	= 5278	ESO 304- 26	= 16155
ESO 281- 1	= 61948	ESO 286- 20	= 65844	ESO 290- 17	= 69833	ESO 296- 27	= 5293	ESO 305- 1	= 16547
ESO 281- 5	= 62023	ESO 286- 27	= 65951	ESO 290- 20	= 69849	ESO 296- 28	= 5310	ESO 305- 6	= 16709
ESO 281- 8	= 62036	ESO 286- 28	= 65954	ESO 290- 22	= 69967	ESO 296- 29	= 5315	ESO 305- 8	= 16779
ESO 281- 12	= 62094	ESO 286- 29	= 65984	ESO 290- 24	= 70027	ESO 296- 31	= 5508	ESO 305- 9	= 16790
ESO 281- 19	= 62119	ESO 286- 32	= 66012	ESO 290- 25	= 70032	ESO 296- 34	= 5620	ESO 305- 14	= 16920
ESO 281- 28	= 62461	ESO 286- 37	= 66049	ESO 290- 26	= 70036	ESO 296- 35	= 5629	ESO 305- 15	= 16924
ESO 281- 33	= 62529	ESO 286- 41	= 66060	ESO 290- 27	= 70085	ESO 296- 38	= 5742	ESO 305- 17	= 16976
ESO 281- 38	= 62585	ESO 286- 42	= 66072	ESO 290- 28	= 70089	ESO 297- 3	= 5842	ESO 305- 25	= 17274
ESO 282- 3	= 62686	ESO 286- 46	= 66095	ESO 290- 29	= 70094	ESO 297- 5	= 5896	ESO 306- 2	= 17329
ESO 282- 14	= 62820	ESO 286- 47	= 66104	ESO 290- 35	= 70281	ESO 297- 6	= 5901	ESO 306- 3	= 17341
ESO 282- 16	= 62840	ESO 286- 49	= 66117	ESO 290- 39	= 70359	ESO 297- 8	= 5915	ESO 306- 4	= 17343

RC3 602 ESO

ESO	306- 9	= 17396	ESO	319- 26	= 35453	ESO	322- 92	= 43306	ESO	325- 28	= 49140	ESO	341- 2	= 65133
ESO	306- 12	= 17526	ESO	320- 2	= 35577	ESO	322- 93	= 43323	ESO	325- 32	= 49212	ESO	341- 4	= 65191
ESO	306- 13	= 17552	ESO	320- 4	= 35775	ESO	322- 94	= 43326	ESO	325- 43	= 49827	ESO	341- 6	= 65207
ESO	306- 16	= 17566	ESO	320- 5	= 35789	ESO	322- 95	= 43328	ESO	325- 45	= 50052	ESO	341- 11	= 65321
ESO	306- 17	= 17570	ESO	320- 6	= 35833	ESO	322- 96	= 43332	ESO	325- 50	= 50246	ESO	341- 13	= 65371
ESO	306- 25	= 17768	ESO	320- 7	= 35851	ESO	322- 99	= 43354	ESO	325- 51	= 50266	ESO	341- 15	= 65436
ESO	306- 28	= 17901	ESO	320- 8	= 35861	ESO	322-100	= 43355	ESO	325- 52	= 50273	ESO	341- 16	= 65452
ESO	306- 30	= 17979	ESO	320- 26	= 36964	ESO	322-101	= 43367	ESO	326- 1	= 50497	ESO	341- 21	= 65689
ESO	306- 32	= 18000	ESO	320- 27	= 37005	ESO	322-102	= 43374	ESO	326- 6	= 50643	ESO	341- 23	= 65830
ESO	307- 5	= 18105	ESO	320- 30	= 37254	ESO	323- 1	= 43411	ESO	326- 20	= 51478	ESO	341- 27	= 65881
ESO	307- 13	= 18236	ESO	320- 31	= 37334	ESO	323- 2	= 43422	ESO	327- 1	= 52068	ESO	341- 29	= 65899
ESO	307- 17	= 18407	ESO	320- 32	= 37364	ESO	323- 3	= 43423	ESO	327- 7	= 52461	ESO	341- 30	= 65926
ESO	308- 5	= 19003	ESO	320- 35	= 37549	ESO	323- 4	= 43432	ESO	327- 8	= 52471	ESO	341- 32	= 66004
ESO	308- 16	= 19300	ESO	321- 1	= 37669	ESO	323- 5	= 43435	ESO	327- 23	= 53049	ESO	342- 1	= 66031
ESO	308- 23	= 19391	ESO	321- 5	= 38331	ESO	323- 6	= 43441	ESO	327- 30	= 53359	ESO	342- 2	= 66042
ESO	308- 26	= 19506	ESO	321- 6	= 38452	ESO	323- 7	= 43447	ESO	327- 31	= 53361	ESO	342- 6	= 66175
ESO	309- 5	= 19785	ESO	321- 10	= 38841	ESO	323- 8	= 43466	ESO	327- 32	= 53377	ESO	342- 13	= 66239
ESO	309- 7	= 19811	ESO	321- 14	= 39032	ESO	323- 9	= 43479	ESO	327- 37	= 53527	ESO	342- 26	= 66467
ESO	309- 16	= 20046	ESO	321- 16	= 39201	ESO	323- 10	= 43480	ESO	327- 39	= 53535	ESO	342- 27	= 66477
ESO	309- 18	= 20094	ESO	321- 17	= 39238	ESO	323- 11	= 43484	ESO	328- 5	= 53655	ESO	342- 32	= 66504
ESO	309- 19	= 20167	ESO	321- 18	= 39249	ESO	323- 12	= 43534	ESO	328- 15	= 53879	ESO	342- 35	= 66573
ESO	310- 1	= 20315	ESO	321- 19	= 39379	ESO	323- 13	= 43561	ESO	328- 35	= 54349	ESO	342- 36	= 66643
ESO	310- 6	= 20555	ESO	321- 25	= 39979	ESO	323- 14	= 43578	ESO	328- 41	= 54637	ESO	342- 38	= 66677
ESO	311- 7	= 21703	ESO	322- 4	= 40470	ESO	323- 15	= 43584	ESO	328- 43	= 54685	ESO	342- 39	= 66694
ESO	311- 12	= 21815	ESO	322- 6	= 40498	ESO	323- 16	= 43591	ESO	328- 46	= 54877	ESO	342- 43	= 66723
ESO	314- 10	= 26306	ESO	322- 7	= 40544	ESO	323- 17	= 43611	ESO	329- 7	= 55256	ESO	342- 45	= 66734
ESO	314- 11	= 26318	ESO	322- 8	= 40549	ESO	323- 18	= 43615	ESO	329- 12	= 55718	ESO	342- 46	= 66740
ESO	315- 5	= 26626	ESO	322- 9	= 40649	ESO	323- 19	= 43623	ESO	329- 13	= 55728	ESO	342- 48	= 66761
ESO	315- 6	= 26660	ESO	322- 10	= 40735	ESO	323- 20	= 43638	ESO	329- 15	= 55842	ESO	342- 50	= 66812
ESO	315- 7	= 26653	ESO	322- 11	= 40824	ESO	323- 21	= 43653	ESO	329- 16	= 55899	ESO	342- 52	= 66839
ESO	315- 12	= 26907	ESO	322- 14	= 40887	ESO	323- 22	= 43661	ESO	329- 22	= 56137	ESO	343- 1	= 66865
ESO	315- 17	= 27466	ESO	322- 16	= 41009	ESO	323- 23	= 43677	ESO	335- 9	= 61764	ESO	343- 4	= 66895
ESO	316- 4	= 28663	ESO	322- 19	= 41123	ESO	323- 24	= 43681	ESO	336- 3	= 62015	ESO	343- 8	= 66988
ESO	316- 18	= 29096	ESO	322- 20	= 41131	ESO	323- 25	= 43701	ESO	336- 4	= 62018	ESO	343- 9	= 66995
ESO	316- 20	= 29139	ESO	322- 22	= 41537	ESO	323- 27	= 43717	ESO	336- 5	= 62060	ESO	343- 13	= 67036
ESO	316- 21	= 29214	ESO	322- 25	= 41629	ESO	323- 28	= 43719	ESO	336- 6	= 62107	ESO	343- 13A	= 67037
ESO	316- 29	= 29450	ESO	322- 27	= 41856	ESO	323- 28A	= 43738	ESO	336- 8	= 62243	ESO	343- 18	= 67171
ESO	316- 31	= 29505	ESO	322- 28	= 41866	ESO	323- 29	= 43723	ESO	336- 11	= 62279	ESO	343- 21	= 67231
ESO	316- 32	= 29529	ESO	322- 29	= 41960	ESO	323- 31	= 43744	ESO	336- 12	= 62316	ESO	343- 22	= 67232
ESO	316- 33	= 29531	ESO	322- 30	= 42018	ESO	323- 32	= 43779	ESO	336- 13	= 62361	ESO	343- 23	= 67234
ESO	316- 34	= 29554	ESO	322- 31	= 42086	ESO	323- 33	= 43787	ESO	336- 16	= 62411	ESO	343- 28	= 67354
ESO	316- 38	= 29590	ESO	322- 32	= 42118	ESO	323- 34	= 43790	ESO	337- 6	= 62653	ESO	343- 31	= 67430
ESO	316- 40	= 29608	ESO	322- 34	= 42151	ESO	323- 36	= 43845	ESO	337- 10	= 62765	ESO	343- 34	= 67503
ESO	316- 42	= 29616	ESO	322- 35	= 42158	ESO	323- 38	= 43893	ESO	337- 16	= 62992	ESO	343- 36	= 67629
ESO	316- 43	= 29625	ESO	322- 36	= 42181	ESO	323- 39	= 43910	ESO	337- 18	= 62997	ESO	344- 9	= 68025
ESO	316- 44	= 29655	ESO	322- 38	= 42224	ESO	323- 41	= 43954	ESO	338- 4	= 63240	ESO	344- 10	= 68189
ESO	316- 46	= 29690	ESO	322- 40	= 42245	ESO	323- 42	= 43994	ESO	338- 5	= 63241	ESO	344- 13	= 68292
ESO	316- 47	= 29712	ESO	322- 42	= 42271	ESO	323- 44	= 44065	ESO	338- 13	= 63409	ESO	344- 14	= 68296
ESO	317- 3	= 29790	ESO	322- 43	= 42358	ESO	323- 46	= 44129	ESO	338- 14	= 63413	ESO	344- 20	= 68574
ESO	317- 5	= 29901	ESO	322- 44	= 42369	ESO	323- 47	= 44201	ESO	338- 15	= 63416	ESO	344- 21	= 68582
ESO	317- 6	= 29905	ESO	322- 45	= 42411	ESO	323- 48	= 44204	ESO	338- 17	= 63448	ESO	345- 2	= 68661
ESO	317- 8	= 30003	ESO	322- 46	= 42414	ESO	323- 49	= 44237	ESO	338- 21	= 63533	ESO	345- 6	= 68739
ESO	317- 16	= 30248	ESO	322- 47	= 42441	ESO	323- 51	= 44361	ESO	339- 4	= 63792	ESO	345- 9	= 68810
ESO	317- 17	= 30285	ESO	322- 48	= 42460	ESO	323- 54	= 44571	ESO	339- 6	= 63813	ESO	345- 10	= 68816
ESO	317- 19	= 30409	ESO	322- 49	= 42486	ESO	323- 55	= 44605	ESO	339- 9	= 63842	ESO	345- 11	= 68863
ESO	317- 20	= 30407	ESO	322- 50	= 42492	ESO	323- 58	= 44724	ESO	339- 12	= 63906	ESO	345- 18	= 69046
ESO	317- 21	= 30416	ESO	322- 51	= 42505	ESO	323- 60	= 44764	ESO	339- 17	= 63959	ESO	345- 19	= 69060
ESO	317- 22	= 30451	ESO	322- 52	= 42510	ESO	323- 62	= 44842	ESO	339- 18	= 63961	ESO	345- 26	= 69161
ESO	317- 23	= 30534	ESO	322- 53	= 42531	ESO	323- 63	= 44857	ESO	339- 20	= 63968	ESO	345- 39	= 69480
ESO	317- 24	= 30594	ESO	322- 55	= 42640	ESO	323- 66	= 44935	ESO	339- 21	= 63974	ESO	345- 42	= 69546
ESO	317- 26	= 30671	ESO	322- 56	= 42662	ESO	323- 67	= 44936	ESO	339- 23	= 63976	ESO	345- 46	= 69578
ESO	317- 28	= 30774	ESO	322- 57	= 42701	ESO	323- 68	= 44944	ESO	339- 25	= 63996	ESO	345- 49	= 69661
ESO	317- 29	= 30775	ESO	322- 59	= 42764	ESO	323- 71	= 45075	ESO	339- 26	= 64006	ESO	345- 50	= 69665
ESO	317- 30	= 30790	ESO	322- 60	= 42813	ESO	323- 73	= 45151	ESO	339- 27	= 64008	ESO	346- 1	= 69759
ESO	317- 31	= 30792	ESO	322- 61	= 42829	ESO	323- 74	= 45155	ESO	339- 31	= 64058	ESO	346- 3	= 69798
ESO	317- 32	= 30798	ESO	322- 63	= 42835	ESO	323- 76	= 45209	ESO	339- 32	= 64097	ESO	346- 6	= 69899
ESO	317- 34	= 30865	ESO	322- 64	= 42845	ESO	323- 77	= 45371	ESO	339- 36	= 64227	ESO	346- 10	= 69964
ESO	317- 36	= 30907	ESO	322- 64A	= 42852	ESO	323- 78	= 45393	ESO	340- 3	= 64331	ESO	346- 12	= 69994
ESO	317- 38	= 30927	ESO	322- 66	= 42879	ESO	323- 79	= 45391	ESO	340- 6	= 64364	ESO	346- 14	= 69998
ESO	317- 40	= 31031	ESO	322- 67	= 42891	ESO	323- 81	= 45440	ESO	340- 7	= 64365	ESO	346- 17	= 70083
ESO	317- 41	= 31051	ESO	322- 69	= 42951	ESO	323- 85	= 45563	ESO	340- 8	= 64422	ESO	346- 18	= 70093
ESO	317- 42	= 31064	ESO	322- 71	= 42966	ESO	323- 89	= 45724	ESO	340- 9	= 64429	ESO	346- 19	= 70096
ESO	317- 43	= 31068	ESO	322- 72	= 42983	ESO	323- 90	= 45729	ESO	340- 11	= 64450	ESO	346- 22	= 70184
ESO	317- 46	= 31178	ESO	322- 73	= 43073	ESO	323- 92	= 45855	ESO	340- 12	= 64455	ESO	346- 25	= 70302
ESO	317- 50	= 31373	ESO	322- 74	= 43075	ESO	323- 93	= 45922	ESO	340- 13	= 64456	ESO	346- 26	= 70304
ESO	317- 52	= 31533	ESO	322- 75	= 43087	ESO	323- 99	= 46056	ESO	340- 14	= 64473	ESO	346- 28	= 70324
ESO	317- 53	= 31565	ESO	322- 76	= 43105	ESO	324- 1	= 46157	ESO	340- 15	= 64478	ESO	346- 32	= 70551
ESO	317- 54	= 31622	ESO	322- 77	= 43120	ESO	324- 10	= 46688	ESO	340- 16	= 64481	ESO	346- 33	= 70563
ESO	318- 2	= 31880	ESO	322- 78	= 43127	ESO	324- 11	= 46697	ESO	340- 17	= 64488	ESO	347- 2	= 70769
ESO	318- 4	= 31995	ESO	322- 79	= 43130	ESO	324- 23	= 47151	ESO	340- 20	= 64546	ESO	347- 3	= 70806
ESO	318- 7	= 32038	ESO	322- 81	= 43155	ESO	324- 24	= 47171	ESO	340- 21	= 64554	ESO	347- 4	= 70840
ESO	318- 12	= 32189	ESO	322- 82	= 43170	ESO	324- 26	= 47249	ESO	340- 25	= 64631	ESO	347- 8	= 71145
ESO	318- 13	= 32250	ESO	322- 83	= 43182	ESO	324- 29	= 47309	ESO	340- 26	= 64645	ESO	347- 15	= 71433
ESO	318- 19	= 32473	ESO	322- 84	= 43210	ESO	324- 34	= 47635	ESO	340- 27	= 64659	ESO	347- 16	= 71432
ESO	318- 21	= 32673	ESO	322- 85	= 43214	ESO	324- 38	= 47843	ESO	340- 29	= 64677	ESO	347- 17	= 71466
ESO	318- 24	= 32962	ESO	322- 87	= 43218	ESO	324- 44	= 48175	ESO	340- 32	= 64706	ESO	347- 18	= 71548
ESO	318- 31	= 33288	ESO	322- 88	= 43249	ESO	325- 4	= 48624	ESO	340- 36	= 64813	ESO	347- 21	= 71673
ESO	319- 11	= 34519	ESO	322- 89	= 43251	ESO	325- 11	= 48738	ESO	340- 42	= 65003	ESO	347- 28	= 71866
ESO	319- 16	= 34874	ESO	322- 90	= 43262	ESO	325- 12	= 48763	ESO	340- 43	= 65008	ESO	347- 29	= 71881
ESO	319- 22	= 35278	ESO	322- 91	= 43296	ESO	325- 19	= 48859	ESO	341- 1	= 65128	ESO	347- 30	= 71912

RC3 603 ESO

ESO 347- 33	=	71031	ESO 352- 61	=	5049	ESO 357- 12	=	12181	ESO 361- 16	=	16273	ESO 374- 2	=	28376
ESO 347- 34	=	71066	ESO 352- 62	=	5051	ESO 357- 13	=	12204	ESO 361- 19	=	16317	ESO 374- 3	=	28416
ESO 348- 2	=	72222	ESO 352- 63	=	5066	ESO 357- 14	=	12212	ESO 361- 23	=	16438	ESO 374- 8	=	28565
ESO 348- 3	=	72317	ESO 352- 64	=	5091	ESO 357- 16	=	12404	ESO 361- 25	=	16579	ESO 374- 10	=	28606
ESO 348- 8	=	72374	ESO 352- 66	=	5120	ESO 357- 19	=	12569	ESO 362- 6	=	16849	ESO 374- 11	=	28607
ESO 348- 9	=	72525	ESO 352- 67	=	5124	ESO 357- 22	=	12651	ESO 362- 8	=	16877	ESO 374- 15	=	28845
ESO 348- 10	=	72513	ESO 352- 68	=	5128	ESO 357- 23	=	12653	ESO 362- 9	=	16904	ESO 374- 16	=	28915
ESO 349- 1	=	72642	ESO 352- 69	=	5154	ESO 357- 25	=	12691	ESO 362- 11	=	17027	ESO 374- 19	=	29016
ESO 349- 3	=	72682	ESO 352- 71	=	5191	ESO 357- 26	=	12709	ESO 362- 13	=	17066	ESO 374- 25	=	29148
ESO 349- 8	=	72963	ESO 352- 76	=	5312	ESO 357- 27	=	12769	ESO 362- 14	=	17081	ESO 374- 26	=	29157
ESO 349- 9	=	73001	ESO 353- 2	=	5404	ESO 357- 28	=	12783	ESO 362- 17	=	17103	ESO 374- 27	=	29181
ESO 349- 10	=	73000	ESO 353- 3	=	5468	ESO 357- 29	=	12788	ESO 362- 19	=	17157	ESO 374- 28	=	29224
ESO 349- 12	=	73049	ESO 353- 5	=	5494	ESO 358- 1	=	12825	ESO 363- 3	=	17375	ESO 374- 29	=	29278
ESO 349- 13	=	73064	ESO 353- 6	=	5544	ESO 358- 2	=	12848	ESO 363- 6	=	17420	ESO 374- 30	=	29298
ESO 349- 14	=	73092	ESO 353- 7	=	5615	ESO 358- 4	=	12865	ESO 363- 7	=	17433	ESO 374- 32	=	29334
ESO 349- 16	=	73182	ESO 353- 9	=	5696	ESO 358- 5	=	12877	ESO 363- 8	=	17467	ESO 374- 37	=	29461
ESO 349- 17	=	73	ESO 353- 11	=	5721	ESO 358- 6	=	12878	ESO 363- 12	=	17544	ESO 374- 40	=	29637
ESO 349- 19	=	138	ESO 353- 12	=	5724	ESO 358- 7	=	12885	ESO 363- 15	=	17595	ESO 374- 42	=	29727
ESO 349- 20	=	151	ESO 353- 14	=	5829	ESO 358- 8	=	12911	ESO 363- 17	=	17654	ESO 374- 44	=	29778
ESO 349- 21	=	195	ESO 353- 15	=	5827	ESO 358- 9	=	12952	ESO 363- 22	=	17805	ESO 374- 45	=	29811
ESO 349- 22	=	213	ESO 353- 20	=	5875	ESO 358- 10	=	12990	ESO 363- 23	=	17819	ESO 374- 46	=	29840
ESO 349- 26	=	438	ESO 353- 21	=	5878	ESO 358- 12	=	13028	ESO 363- 27	=	17881	ESO 374- 46A	=	29829
ESO 349- 27	=	437	ESO 353- 23	=	5898	ESO 358- 13	=	13059	ESO 363- 31	=	17937	ESO 374- 49	=	28246
ESO 349- 31	=	621	ESO 353- 25	=	5944	ESO 358- 15	=	13157	ESO 364- 2	=	17970	ESO 375- 1	=	29895
ESO 349- 32	=	634	ESO 353- 26	=	5964	ESO 358- 17	=	13179	ESO 364- 7	=	18034	ESO 375- 2	=	29898
ESO 349- 33	=	659	ESO 353- 27	=	6020	ESO 358- 19	=	13232	ESO 364- 11	=	18058	ESO 375- 3	=	29966
ESO 349- 34	=	671	ESO 353- 28	=	6051	ESO 358- 20	=	13250	ESO 364- 17	=	18117	ESO 375- 4	=	29993
ESO 349- 35	=	684	ESO 353- 29	=	6071	ESO 358- 21	=	13252	ESO 364- 18	=	18130	ESO 375- 7	=	30131
ESO 349- 37	=	775	ESO 353- 33	=	6280	ESO 358- 22	=	13269	ESO 364- 22	=	18212	ESO 375- 12	=	30308
ESO 349- 38	=	789	ESO 353- 34	=	6319	ESO 358- 23	=	13267	ESO 364- 29	=	18396	ESO 375- 13	=	30314
ESO 349- 39	=	809	ESO 353- 35	=	6328	ESO 358- 24	=	13266	ESO 364- 30	=	18403	ESO 375- 17	=	30442
ESO 350- 3	=	1009	ESO 353- 36	=	6334	ESO 358- 25	=	13281	ESO 364- 33	=	18477	ESO 375- 20	=	30518
ESO 350- 4	=	1047	ESO 353- 38	=	6351	ESO 358- 26	=	13277	ESO 364- 35	=	18527	ESO 375- 22	=	30522
ESO 350- 7	=	1173	ESO 353- 39	=	6350	ESO 358- 27	=	13299	ESO 364- 36	=	18532	ESO 375- 23	=	30634
ESO 350- 9	=	1275	ESO 353- 40	=	6357	ESO 358- 28	=	13318	ESO 364- 37	=	18536	ESO 375- 24	=	30657
ESO 350- 14	=	1518	ESO 353- 41	=	6428	ESO 358- 29	=	13321	ESO 364- 38	=	18559	ESO 375- 26	=	30716
ESO 350- 15	=	1595	ESO 353- 42	=	6458	ESO 358- 33	=	13335	ESO 364- 39	=	18566	ESO 375- 28	=	30750
ESO 350- 17	=	1651	ESO 353- 45	=	6535	ESO 358- 34	=	13330	ESO 364- 43	=	18636	ESO 375- 29	=	30753
ESO 350- 19	=	1701	ESO 353- 47	=	6584	ESO 358- 35	=	13333	ESO 365- 6	=	18828	ESO 375- 32	=	30815
ESO 350- 20	=	1767	ESO 353- 48	=	6679	ESO 358- 36	=	13344	ESO 365- 10	=	18895	ESO 375- 33	=	30823
ESO 350- 21	=	1813	ESO 353- 49	=	6693	ESO 358- 37	=	13354	ESO 365- 15	=	18971	ESO 375- 36	=	30849
ESO 350- 22	=	1842	ESO 353- 50	=	6695	ESO 358- 38	=	13360	ESO 365- 16	=	19000	ESO 375- 37	=	30859
ESO 350- 23	=	1851	ESO 353- 51	=	6710	ESO 358- 42	=	13399	ESO 365- 27	=	19229	ESO 375- 40	=	30875
ESO 350- 27	=	1896	ESO 354- 3	=	6809	ESO 358- 43	=	13404	ESO 365- 28	=	19250	ESO 375- 41	=	30905
ESO 350- 28	=	1910	ESO 354- 4	=	6881	ESO 358- 45	=	13418	ESO 365- 31	=	19260	ESO 375- 42	=	30934
ESO 350- 33	=	2000	ESO 354- 10	=	7027	ESO 358- 46	=	13433	ESO 365- 33	=	19287	ESO 375- 43	=	30938
ESO 350- 34A	=	2036	ESO 354- 12	=	7106	ESO 358- 49	=	13500	ESO 365- 35	=	19317	ESO 375- 44	=	30945
ESO 350- 37	=	2157	ESO 354- 17	=	7393	ESO 358- 50	=	13550	ESO 366- 4	=	19363	ESO 375- 45	=	30949
ESO 350- 38	=	2204	ESO 354- 18	=	7400	ESO 358- 51	=	13571	ESO 366- 9	=	19472	ESO 375- 47	=	30976
ESO 350- 40	=	2248	ESO 354- 25	=	7591	ESO 358- 52	=	13609	ESO 366- 10	=	19479	ESO 375- 48	=	30988
ESO 351- 1	=	2383	ESO 354- 26	=	7609	ESO 358- 53	=	13611	ESO 366- 11	=	19492	ESO 375- 49	=	30992
ESO 351- 2	=	2510	ESO 354- 34	=	7988	ESO 358- 54	=	13655	ESO 366- 30	=	19985	ESO 375- 50	=	31014
ESO 351- 5	=	2734	ESO 354- 37	=	8068	ESO 358- 56	=	13671	ESO 367- 5	=	20431	ESO 375- 51	=	31020
ESO 351- 11	=	2985	ESO 354- 41	=	8126	ESO 358- 58	=	13687	ESO 367- 6	=	20474	ESO 375- 52	=	31022
ESO 351- 18	=	3165	ESO 354- 45	=	8264	ESO 358- 59	=	13753	ESO 367- 7	=	20546	ESO 375- 53	=	31053
ESO 351- 20	=	3246	ESO 354- 46	=	8279	ESO 358- 60	=	13756	ESO 367- 8	=	20560	ESO 375- 54	=	31086
ESO 351- 21	=	3248	ESO 354- 47	=	8388	ESO 358- 61	=	13794	ESO 367- 9	=	20571	ESO 375- 55	=	31090
ESO 351- 26	=	3514	ESO 355- 4	=	8772	ESO 358- 62	=	13805	ESO 367- 17	=	20676	ESO 375- 58	=	31094
ESO 351- 27	=	3549	ESO 355- 6	=	8909	ESO 358- 63	=	13809	ESO 367- 18	=	20755	ESO 375- 59	=	31103
ESO 351- 28	=	3554	ESO 355- 7	=	8944	ESO 358- 65	=	13840	ESO 367- 22	=	20904	ESO 375- 60	=	31131
ESO 351- 30	=	3589	ESO 355- 8	=	8953	ESO 358- 66	=	13864	ESO 367- 23	=	20915	ESO 375- 61	=	31134
ESO 352- 1	=	3822	ESO 355- 10	=	8975	ESO 358- 67	=	13870	ESO 371- 3	=	24370	ESO 375- 62	=	31160
ESO 352- 2	=	3829	ESO 355- 15	=	9149	ESO 358- 69	=	13900	ESO 371- 14	=	24590	ESO 375- 63	=	31173
ESO 352- 6	=	3971	ESO 355- 18	=	9448	ESO 359- 2	=	13950	ESO 371- 16	=	24676	ESO 375- 64	=	31248
ESO 352- 7	=	3993	ESO 355- 19	=	9484	ESO 359- 3	=	13998	ESO 371- 19	=	24837	ESO 375- 65	=	31253
ESO 352- 8	=	4073	ESO 355- 20	=	9555	ESO 359- 6	=	14071	ESO 371- 20	=	24860	ESO 375- 68	=	31273
ESO 352- 12	=	4132	ESO 355- 22	=	9567	ESO 359- 7	=	14077	ESO 371- 24	=	24928	ESO 375- 69	=	31348
ESO 352- 14	=	4161	ESO 355- 24	=	9582	ESO 359- 12	=	14186	ESO 371- 26	=	25006	ESO 375- 70	=	31397
ESO 352- 15	=	4173	ESO 355- 25	=	9634	ESO 359- 13	=	14239	ESO 371- 30	=	25288	ESO 375- 71	=	31414
ESO 352- 18	=	4316	ESO 355- 26	=	9658	ESO 359- 14	=	14359	ESO 372- 7	=	25797	ESO 375- 72	=	31473
ESO 352- 20	=	4356	ESO 355- 30	=	9951	ESO 359- 16	=	14407	ESO 372- 8	=	25842	ESO 376- 2	=	31723
ESO 352- 24	=	4440	ESO 355- 31	=	9979	ESO 359- 18	=	14433	ESO 372- 9	=	26028	ESO 376- 4	=	31761
ESO 352- 25	=	4441	ESO 356- 2	=	10035	ESO 359- 26	=	14635	ESO 372- 12	=	26112	ESO 376- 5	=	31797
ESO 352- 26	=	4453	ESO 356- 4	=	10093	ESO 359- 27	=	14638	ESO 372- 16	=	26455	ESO 376- 7	=	31821
ESO 352- 27	=	4478	ESO 356- 11	=	10604	ESO 359- 28	=	14656	ESO 372- 23	=	26699	ESO 376- 9	=	31876
ESO 352- 28	=	4505	ESO 356- 11A	=	10642	ESO 359- 29	=	14664	ESO 372- 24	=	26713	ESO 376- 10	=	31875
ESO 352- 30	=	4566	ESO 356- 13	=	10643	ESO 359- 30	=	14670	ESO 373- 3	=	26884	ESO 376- 11	=	31885
ESO 352- 33	=	4636	ESO 356- 14	=	10777	ESO 359- 31	=	14674	ESO 373- 4	=	26887	ESO 376- 12	=	31903
ESO 352- 38	=	4682	ESO 356- 15	=	10858	ESO 360- 2	=	14749	ESO 373- 5	=	27006	ESO 376- 13	=	31926
ESO 352- 41	=	4731	ESO 356- 17	=	10925	ESO 360- 4	=	14774	ESO 373- 7	=	27104	ESO 376- 14	=	31941
ESO 352- 45	=	4787	ESO 356- 20	=	11174	ESO 360- 7	=	14903	ESO 373- 8	=	27135	ESO 376- 17	=	31974
ESO 352- 46	=	4799	ESO 356- 22	=	11197	ESO 360- 9	=	15107	ESO 373- 10	=	27332	ESO 376- 22	=	32542
ESO 352- 47	=	4841	ESO 356- 23	=	11271	ESO 360- 11	=	15160	ESO 373- 11	=	27413	ESO 376- 23	=	32565
ESO 352- 49	=	4881	ESO 356- 24	=	11273	ESO 360- 13	=	15273	ESO 373- 12	=	27450	ESO 376- 25	=	32666
ESO 352- 50	=	4894	ESO 357- 1	=	11455	ESO 360- 14	=	15477	ESO 373- 13	=	27468	ESO 376- 26	=	32736
ESO 352- 51	=	4900	ESO 357- 3	=	11665	ESO 361- 5	=	15801	ESO 373- 19	=	27606	ESO 377- 10	=	33601
ESO 352- 53	=	4914	ESO 357- 5	=	11768	ESO 361- 9	=	15996	ESO 373- 20	=	27836	ESO 377- 11	=	33647
ESO 352- 54	=	4924	ESO 357- 7	=	11856	ESO 361- 12	=	16116	ESO 373- 21	=	27856	ESO 377- 12	=	33744
ESO 352- 55	=	4934	ESO 357- 10	=	12116	ESO 361- 13	=	16166	ESO 373- 26	=	28074	ESO 377- 15	=	33824
ESO 352- 57	=	4972	ESO 357- 11	=	12138	ESO 361- 15	=	16199	ESO 373- 29	=	28147	ESO 377- 16	=	33871

RC3   604   ESO

ESO 377- 18	= 33923	ESO 382- 61	= 46960	ESO 387- 13	= 54475	ESO 404- 26	= 67941	ESO 412- 10	= 4227
ESO 377- 20	= 33952	ESO 382- 65	= 47031	ESO 387- 16	= 54520	ESO 404- 27	= 67954	ESO 412- 11	= 4266
ESO 377- 21	= 33962	ESO 383- 2	= 47276	ESO 387- 17	= 54535	ESO 404- 30	= 68097	ESO 412- 14	= 4333
ESO 377- 22	= 34005	ESO 383- 4	= 47321	ESO 387- 21	= 54619	ESO 404- 31	= 68114	ESO 412- 16	= 4369
ESO 377- 24	= 34101	ESO 383- 5	= 47345	ESO 387- 26	= 54755	ESO 404- 36	= 68198	ESO 412- 17	= 4421
ESO 377- 29	= 34262	ESO 383- 8	= 47541	ESO 387- 28	= 54945	ESO 404- 39	= 68249	ESO 412- 18	= 4423
ESO 377- 31	= 34362	ESO 383- 9	= 47549	ESO 387- 33	= 55071	ESO 404- 45	= 68349	ESO 412- 19	= 4429
ESO 377- 32	= 34378	ESO 383- 14	= 47568	ESO 389- 6	= 56670	ESO 405- 5	= 68455	ESO 412- 21	= 4477
ESO 377- 34	= 34445	ESO 383- 15	= 47582	ESO 395- 2	= 61791	ESO 405- 7	= 68548	ESO 412- 27	= 5000
ESO 377- 37	= 34554	ESO 383- 19	= 47767	ESO 396- 3	= 62450	ESO 405- 11	= 68638	ESO 413- 2	= 5112
ESO 377- 38	= 34620	ESO 383- 25	= 47860	ESO 396- 7	= 62550	ESO 405- 13	= 68644	ESO 413- 4	= 5227
ESO 377- 46	= 35150	ESO 383- 27	= 47881	ESO 396- 16	= 62700	ESO 405- 15	= 68705	ESO 413- 5	= 5295
ESO 377- 48	= 35188	ESO 383- 28	= 47883	ESO 397- 4	= 62831	ESO 405- 17	= 68737	ESO 413- 7	= 5472
ESO 378- 3	= 35288	ESO 383- 29	= 47887	ESO 397- 18	= 63173	ESO 405- 18	= 68780	ESO 413- 8	= 5639
ESO 378- 5	= 35341	ESO 383- 30	= 47902	ESO 397- 19	= 63193	ESO 405- 21	= 68896	ESO 413- 11	= 5849
ESO 378- 6	= 35417	ESO 383- 31	= 47907	ESO 398- 2	= 63238	ESO 405- 23	= 68980	ESO 413- 12	= 6092
ESO 378- 7	= 35421	ESO 383- 32	= 47913	ESO 398- 8	= 63352	ESO 405- 29	= 69168	ESO 413- 13	= 6105
ESO 378- 9	= 35531	ESO 383- 35	= 47969	ESO 398- 20	= 63525	ESO 405- 33	= 69365	ESO 413- 14	= 6112
ESO 378- 11	= 35776	ESO 383- 36	= 47972	ESO 398- 27	= 63605	ESO 406- 4	= 69547	ESO 413- 16	= 6161
ESO 378- 12	= 35954	ESO 383- 37	= 47992	ESO 398- 31	= 63646	ESO 406- 15	= 69840	ESO 413- 18	= 6165
ESO 378- 14	= 36101	ESO 383- 39	= 48040	ESO 399- 5	= 63850	ESO 406- 17	= 69948	ESO 413- 19	= 6180
ESO 378- 20	= 36767	ESO 383- 42	= 48057	ESO 399- 10	= 63886	ESO 406- 20	= 70007	ESO 413- 20	= 6202
ESO 378- 24	= 36906	ESO 383- 44	= 48125	ESO 399- 14	= 63967	ESO 406- 23	= 70039	ESO 413- 23	= 6257
ESO 378- 25	= 36940	ESO 383- 45	= 48140	ESO 399- 18	= 64015	ESO 406- 25	= 70069	ESO 413- 24	= 6268
ESO 379- 1	= 37062	ESO 383- 48	= 48166	ESO 399- 23	= 64190	ESO 406- 26	= 70070	ESO 414- 3	= 6646
ESO 379- 6	= 37243	ESO 383- 49	= 48168	ESO 399- 25	= 64307	ESO 406- 27	= 70075	ESO 414- 4	= 6696
ESO 379- 9	= 37405	ESO 383- 51	= 48201	ESO 399- 26	= 64358	ESO 406- 29	= 70081	ESO 414- 5	= 6724
ESO 379- 19	= 37774	ESO 383- 60	= 48380	ESO 400- 4	= 64397	ESO 406- 30	= 70090	ESO 414- 8	= 6904
ESO 379- 20	= 37898	ESO 383- 71	= 48743	ESO 400- 5	= 64410	ESO 406- 32	= 70110	ESO 414- 11	= 7191
ESO 379- 21	= 37899	ESO 383- 72	= 48742	ESO 400- 7	= 64484	ESO 406- 33	= 70117	ESO 414- 22	= 7668
ESO 379- 22	= 37921	ESO 383- 76	= 48896	ESO 400- 10	= 64585	ESO 406- 34	= 70128	ESO 414- 25	= 7742
ESO 379- 31	= 38753	ESO 383- 87	= 49050	ESO 400- 15	= 64644	ESO 406- 35	= 70150	ESO 414- 26	= 7739
ESO 379- 35	= 39015	ESO 383- 88	= 49063	ESO 400- 16	= 64660	ESO 406- 40	= 70236	ESO 414- 28	= 8020
ESO 380- 1	= 39125	ESO 383- 91	= 49129	ESO 400- 17	= 64665	ESO 406- 41	= 70253	ESO 414- 31	= 8049
ESO 380- 6	= 39212	ESO 384- 2	= 49187	ESO 400- 19	= 64668	ESO 406- 42	= 70306	ESO 414- 32	= 8151
ESO 380- 7	= 39234	ESO 384- 3	= 49190	ESO 400- 20	= 64670	ESO 407- 6	= 70505	ESO 415- 3	= 8344
ESO 380- 8	= 39372	ESO 384- 5	= 49267	ESO 400- 21	= 64690	ESO 407- 7	= 70582	ESO 415- 6	= 8455
ESO 380- 14	= 39723	ESO 384- 7	= 49279	ESO 400- 24	= 64711	ESO 407- 9	= 70697	ESO 415- 10	= 8568
ESO 380- 19	= 40023	ESO 384- 9	= 49372	ESO 400- 25	= 64724	ESO 407- 13	= 70883	ESO 415- 11	= 8573
ESO 380- 20	= 40055	ESO 384- 10	= 49402	ESO 400- 26	= 64750	ESO 407- 14	= 70966	ESO 415- 14	= 8648
ESO 380- 24	= 40265	ESO 384- 11	= 49483	ESO 400- 28	= 64766	ESO 407- 18	= 71431	ESO 415- 15	= 8649
ESO 380- 25	= 40394	ESO 384- 12	= 49506	ESO 400- 29	= 64772	ESO 408- 8	= 71674	ESO 415- 19	= 8936
ESO 380- 28	= 40746	ESO 384- 13	= 49516	ESO 400- 34	= 64845	ESO 408- 9	= 71775	ESO 415- 22	= 8980
ESO 380- 29	= 40763	ESO 384- 14	= 49562	ESO 400- 35	= 64850	ESO 408- 12	= 71934	ESO 415- 26	= 9408
ESO 380- 30	= 40843	ESO 384- 15	= 49573	ESO 400- 37	= 64870	ESO 408- 20	= 72225	ESO 415- 28	= 9452
ESO 380- 34	= 40944	ESO 384- 16	= 49615	ESO 400- 39	= 64967	ESO 408- 21	= 72231	ESO 415- 31	= 9551
ESO 380- 35	= 41213	ESO 384- 18	= 49642	ESO 400- 43	= 65093	ESO 408- 22	= 72230	ESO 416- 3	= 9921
ESO 380- 42	= 41745	ESO 384- 19	= 49658	ESO 401- 3	= 65193	ESO 408- 24	= 72283	ESO 416- 6	= 10041
ESO 380- 49	= 42166	ESO 384- 21	= 49681	ESO 401- 4	= 65216	ESO 408- 28	= 72353	ESO 416- 7	= 10205
ESO 380- 50	= 42229	ESO 384- 22	= 49726	ESO 401- 5	= 65283	ESO 408- 37	= 72547	ESO 416- 8	= 10207
ESO 381- 4	= 42313	ESO 384- 25	= 49815	ESO 401- 7	= 65312	ESO 409- 1	= 100	ESO 416- 9	= 10248
ESO 381- 5	= 42463	ESO 384- 26	= 49840	ESO 401- 25	= 65839	ESO 409- 3	= 140	ESO 416- 12	= 10326
ESO 381- 8	= 42504	ESO 384- 29	= 49886	ESO 401- 26	= 65858	ESO 409- 12	= 322	ESO 416- 13	= 10330
ESO 381- 9	= 42519	ESO 384- 31	= 49908	ESO 401- 27	= 65890	ESO 409- 13	= 348	ESO 416- 18	= 10466
ESO 381- 12	= 42871	ESO 384- 32	= 49923	ESO 402- 2	= 65991	ESO 409- 22	= 627	ESO 416- 19	= 10479
ESO 381- 13	= 42877	ESO 384- 33	= 49933	ESO 402- 9	= 66162	ESO 409- 25	= 796	ESO 416- 20	= 10488
ESO 381- 14	= 42880	ESO 384- 35	= 50007	ESO 402- 10	= 66165	ESO 410- 5	= 1038	ESO 416- 21	= 10543
ESO 381- 17	= 42922	ESO 384- 36	= 50064	ESO 402- 20	= 66423	ESO 410- 14	= 1874	ESO 416- 23	= 10623
ESO 381- 20	= 43048	ESO 384- 37	= 50093	ESO 402- 21	= 66484	ESO 410- 15	= 1876	ESO 416- 25	= 10637
ESO 381- 23	= 43144	ESO 384- 39	= 50100	ESO 402- 22	= 66568	ESO 410- 16	= 1879	ESO 416- 26	= 10656
ESO 381- 26	= 43407	ESO 384- 43	= 50166	ESO 402- 26	= 66648	ESO 410- 18	= 2044	ESO 416- 28	= 10665
ESO 381- 29	= 44145	ESO 384- 45	= 50230	ESO 402- 28	= 66727	ESO 410- 19	= 2052	ESO 416- 29	= 10671
ESO 381- 32	= 44475	ESO 384- 47	= 50254	ESO 403- 3	= 66872	ESO 410- 20	= 2053	ESO 416- 31	= 10707
ESO 381- 41	= 44770	ESO 384- 49	= 50295	ESO 403- 4	= 66894	ESO 410- 21	= 2071	ESO 416- 32	= 10709
ESO 381- 47	= 44859	ESO 384- 51	= 50301	ESO 403- 5	= 66901	ESO 410- 24	= 2173	ESO 416- 33	= 10710
ESO 381- 48	= 44861	ESO 384- 53	= 50325	ESO 403- 8	= 66972	ESO 410- 25	= 2184	ESO 416- 34	= 10773
ESO 381- 50	= 44965	ESO 384- 55	= 50401	ESO 403- 9	= 66984	ESO 410- 27	= 2199	ESO 416- 35	= 10779
ESO 381- 52	= 45013	ESO 384- 57	= 50416	ESO 403- 12	= 67125	ESO 411- 1	= 2206	ESO 416- 36	= 10785
ESO 382- 3	= 45102	ESO 384- 58	= 50423	ESO 403- 15	= 67192	ESO 411- 2	= 2265	ESO 416- 37	= 10829
ESO 382- 4	= 45180	ESO 385- 2	= 50938	ESO 403- 16	= 67199	ESO 411- 3	= 2358	ESO 416- 39	= 10872
ESO 382- 5	= 45269	ESO 385- 15	= 51385	ESO 403- 17	= 67258	ESO 411- 4	= 2363	ESO 416- 40	= 10878
ESO 382- 6	= 45288	ESO 385- 17	= 51385	ESO 403- 24	= 67335	ESO 411- 6	= 2411	ESO 416- 41	= 10919
ESO 382- 8	= 45349	ESO 385- 25	= 51626	ESO 403- 27	= 67352	ESO 411- 10	= 2679	ESO 417- 1	= 10974
ESO 382- 10	= 45432	ESO 385- 26	= 51680	ESO 403- 28	= 67360	ESO 411- 13	= 2753	ESO 417- 2	= 10985
ESO 382- 12	= 45525	ESO 385- 27	= 51704	ESO 403- 31	= 67373	ESO 411- 15	= 2778	ESO 417- 3	= 11052
ESO 382- 16	= 45919	ESO 385- 30	= 51763	ESO 403- 32	= 67387	ESO 411- 25	= 3089	ESO 417- 6	= 11104
ESO 382- 22	= 46047	ESO 385- 32	= 51820	ESO 403- 35	= 67425	ESO 411- 26	= 3095	ESO 417- 8	= 11270
ESO 382- 23	= 46090	ESO 385- 33	= 51822	ESO 404- 3	= 67552	ESO 411- 27	= 3100	ESO 417- 11	= 11405
ESO 382- 31	= 46301	ESO 385- 46	= 52094	ESO 404- 8	= 67641	ESO 411- 28	= 3169	ESO 417- 13	= 11577
ESO 382- 33	= 46308	ESO 385- 50	= 52286	ESO 404- 11	= 67688	ESO 411- 29	= 3242	ESO 417- 18	= 11691
ESO 382- 34	= 46320	ESO 386- 4	= 52427	ESO 404- 12	= 67701	ESO 411- 30	= 3245	ESO 417- 20	= 11969
ESO 382- 35	= 46351	ESO 386- 6	= 52446	ESO 404- 15	= 67813	ESO 411- 31	= 3290	ESO 417- 21	= 11995
ESO 382- 36	= 46357	ESO 386- 11	= 52523	ESO 404- 17	= 67835	ESO 411- 32	= 3395	ESO 417- 22	= 12079
ESO 382- 41	= 46452	ESO 386- 19	= 52734	ESO 404- 18	= 67842	ESO 411- 33	= 3426	ESO 418- 1	= 12285
ESO 382- 45	= 46521	ESO 386- 33	= 53391	ESO 404- 20	= 67862	ESO 411- 34	= 3453	ESO 418- 4	= 12917
ESO 382- 50	= 46674	ESO 386- 34	= 53392	ESO 404- 21	= 67880	ESO 412- 3	= 3783	ESO 418- 5	= 12923
ESO 382- 51	= 46682	ESO 386- 39	= 53409	ESO 404- 22	= 67898	ESO 412- 4	= 3846	ESO 418- 7	= 12999
ESO 382- 53	= 46732	ESO 386- 41	= 53431	ESO 404- 23	= 67907	ESO 412- 5	= 3907	ESO 418- 7A	= 13007
ESO 382- 57	= 46896	ESO 386- 43	= 53498	ESO 404- 24	= 67909	ESO 412- 7	= 4075	ESO 418- 8	= 13089
ESO 382- 58	= 46928	ESO 387- 4	= 53996	ESO 404- 25	= 67932	ESO 412- 9	= 4189	ESO 418- 9	= 13106

RC3 605 ESO

ESO	418- 10	= 13197	ESO	432- 12	= 25045	ESO	437- 33	= 31730	ESO	443- 24	= 44852	ESO	445- 2	= 48287
ESO	418- 11	= 13217	ESO	432- 13	= 25116	ESO	437- 35	= 31738	ESO	443- 29	= 44892	ESO	445- 4	= 48334
ESO	418- 14	= 13362	ESO	433- 2	= 25551	ESO	437- 36	= 31754	ESO	443- 30	= 44894	ESO	445- 5	= 48339
ESO	418- 15	= 13458	ESO	433- 7	= 25905	ESO	437- 38	= 31794	ESO	443- 31	= 44902	ESO	445- 6	= 48368
ESO	419- 3	= 13601	ESO	433- 8	= 25943	ESO	437- 42	= 31841	ESO	443- 32	= 44905	ESO	445- 7	= 48373
ESO	419- 4	= 13602	ESO	433- 10	= 26093	ESO	437- 44	= 31855	ESO	443- 33	= 44911	ESO	445- 8	= 48382
ESO	419- 11	= 14110	ESO	433- 12	= 26278	ESO	437- 45	= 31874	ESO	443- 34	= 44918	ESO	445- 10	= 48410
ESO	419- 12	= 14154	ESO	433- 15	= 26463	ESO	437- 49	= 31948	ESO	443- 37	= 44984	ESO	445- 12	= 48467
ESO	419- 13	= 14271	ESO	433- 17	= 26561	ESO	437- 50	= 31966	ESO	443- 38	= 44985	ESO	445- 14	= 48522
ESO	420- 3	= 14505	ESO	434- 2	= 26768	ESO	437- 56	= 32039	ESO	443- 39	= 45062	ESO	445- 15	= 48533
ESO	420- 5	= 14566	ESO	434- 5	= 26819	ESO	437- 62	= 32271	ESO	443- 40	= 45086	ESO	445- 17	= 48613
ESO	420- 6	= 14590	ESO	434- 6	= 26981	ESO	437- 65	= 32369	ESO	443- 41	= 45096	ESO	445- 19	= 48617
ESO	420- 8	= 14607	ESO	434- 7	= 26980	ESO	437- 67	= 32625	ESO	443- 42	= 45098	ESO	445- 26	= 48830
ESO	420- 9	= 14617	ESO	434- 19	= 27623	ESO	438- 1	= 33060	ESO	443- 43	= 45149	ESO	445- 27	= 48881
ESO	420- 12	= 14695	ESO	434- 20	= 27652	ESO	438- 5	= 33788	ESO	443- 47	= 45174	ESO	445- 28	= 48888
ESO	420- 13	= 14702	ESO	434- 21	= 27670	ESO	438- 6	= 33829	ESO	443- 49	= 45183	ESO	445- 30	= 48893
ESO	420- 14A	= 14734	ESO	434- 23	= 27690	ESO	438- 8	= 33937	ESO	443- 52	= 45193	ESO	445- 31	= 48909
ESO	420- 17	= 14910	ESO	434- 27	= 27869	ESO	438- 9	= 33949	ESO	443- 53	= 45200	ESO	445- 32	= 48908
ESO	420- 18	= 15033	ESO	434- 28	= 27882	ESO	438- 10	= 33957	ESO	443- 54	= 45215	ESO	445- 33	= 48928
ESO	420- 20	= 15058	ESO	434- 31	= 27903	ESO	438- 11	= 34023	ESO	443- 55	= 45217	ESO	445- 35	= 48950
ESO	421- 2	= 15292	ESO	434- 32	= 27904	ESO	438- 12	= 34087	ESO	443- 56	= 45247	ESO	445- 36	= 48957
ESO	421- 8	= 15451	ESO	434- 33	= 27918	ESO	438- 15	= 34292	ESO	443- 59	= 45293	ESO	445- 37	= 48956
ESO	421- 18	= 16073	ESO	434- 34	= 27966	ESO	438- 17	= 34466	ESO	443- 62	= 45340	ESO	445- 38	= 48966
ESO	421- 19	= 16084	ESO	434- 35	= 27978	ESO	438- 18	= 34487	ESO	443- 65	= 45348	ESO	445- 39	= 48985
ESO	422- 1	= 16120	ESO	434- 37	= 28028	ESO	438- 19	= 34484	ESO	443- 66	= 45351	ESO	445- 40	= 48991
ESO	422- 5	= 16201	ESO	434- 38	= 28027	ESO	438- 20	= 34608	ESO	443- 67	= 45355	ESO	445- 41	= 48997
ESO	422- 9	= 16305	ESO	434- 40	= 28144	ESO	438- 23	= 34755	ESO	443- 69	= 45405	ESO	445- 42	= 49006
ESO	422- 10	= 16338	ESO	434- 41	= 28149	ESO	439- 8	= 35222	ESO	443- 70	= 45437	ESO	445- 43	= 49007
ESO	422- 11	= 16352	ESO	435- 3	= 28439	ESO	439- 9	= 35241	ESO	443- 75	= 45596	ESO	445- 45	= 49023
ESO	422- 12	= 16373	ESO	435- 5	= 28534	ESO	439- 10	= 35250	ESO	443- 77	= 45665	ESO	445- 46	= 49025
ESO	422- 23	= 16603	ESO	435- 7	= 28576	ESO	439- 13	= 35416	ESO	443- 79	= 45701	ESO	445- 49	= 49037
ESO	422- 27	= 16702	ESO	435- 10	= 28685	ESO	439- 14	= 35427	ESO	443- 80	= 45764	ESO	445- 50	= 49051
ESO	422- 28	= 16728	ESO	435- 12	= 28732	ESO	439- 15	= 35539	ESO	443- 83	= 45901	ESO	445- 51	= 49052
ESO	422- 30	= 16745	ESO	435- 14	= 28778	ESO	439- 16	= 35554	ESO	443- 85	= 46098	ESO	445- 52	= 49090
ESO	422- 33	= 16758	ESO	435- 16	= 28822	ESO	439- 17	= 35567	ESO	443- 87	= 46179	ESO	445- 54	= 49131
ESO	422- 37	= 16811	ESO	435- 18	= 28829	ESO	439- 18	= 36028	ESO	444- 1	= 46194	ESO	445- 57	= 49180
ESO	422- 39	= 16819	ESO	435- 19	= 28840	ESO	439- 20	= 36047	ESO	444- 2	= 46233	ESO	445- 58	= 49188
ESO	422- 41	= 16864	ESO	435- 20	= 28863	ESO	440- 1	= 36531	ESO	444- 5	= 46304	ESO	445- 59	= 49208
ESO	423- 2	= 16983	ESO	435- 24	= 28882	ESO	440- 4	= 36664	ESO	444- 6	= 46363	ESO	445- 64	= 49271
ESO	423- 6	= 17113	ESO	435- 25	= 28909	ESO	440- 6	= 36719	ESO	444- 7	= 46362	ESO	445- 65	= 49300
ESO	423- 16	= 17290	ESO	435- 26	= 28919	ESO	440- 7	= 36737	ESO	444- 10	= 46549	ESO	445- 66	= 49304
ESO	423- 20	= 17455	ESO	435- 27	= 28948	ESO	440- 11	= 36882	ESO	444- 12	= 46585	ESO	445- 67	= 49307
ESO	423- 21	= 17464	ESO	435- 29	= 28956	ESO	440- 13	= 36918	ESO	444- 14	= 46689	ESO	445- 68	= 49316
ESO	423- 23	= 17466	ESO	435- 30	= 28960	ESO	440- 17	= 37061	ESO	444- 15	= 46711	ESO	445- 69	= 49331
ESO	423- 24	= 17469	ESO	435- 32	= 29076	ESO	440- 19	= 37142	ESO	444- 16	= 46741	ESO	445- 70	= 49339
ESO	424- 1	= 17490	ESO	435- 34	= 29203	ESO	440- 21	= 37159	ESO	444- 17	= 46745	ESO	445- 73	= 49385
ESO	424- 11	= 17657	ESO	435- 35	= 29216	ESO	440- 25	= 37247	ESO	444- 18	= 46747	ESO	445- 75	= 49465
ESO	424- 13	= 17662	ESO	435- 41	= 29366	ESO	440- 26	= 37265	ESO	444- 19	= 46763	ESO	445- 76	= 49466
ESO	424- 27	= 17977	ESO	435- 47	= 29530	ESO	440- 27	= 37271	ESO	444- 20	= 46774	ESO	445- 78	= 49534
ESO	425- 2	= 18232	ESO	435- 49	= 29629	ESO	440- 32	= 37541	ESO	444- 21	= 46786	ESO	445- 80	= 49558
ESO	425- 4	= 18351	ESO	435- 51	= 29691	ESO	440- 37	= 37752	ESO	444- 22	= 46805	ESO	445- 81	= 49580
ESO	425- 7	= 18388	ESO	436- 1	= 29743	ESO	440- 38	= 37950	ESO	444- 24	= 46828	ESO	445- 84	= 49676
ESO	425- 8	= 18414	ESO	436- 3	= 29892	ESO	440- 39	= 37974	ESO	444- 25	= 46832	ESO	445- 86	= 49805
ESO	425- 10	= 18488	ESO	436- 9	= 30125	ESO	440- 44	= 38037	ESO	444- 27	= 46902	ESO	445- 87	= 49863
ESO	425- 14	= 18641	ESO	436- 16	= 30498	ESO	440- 46	= 38222	ESO	444- 28	= 46910	ESO	445- 89	= 49901
ESO	425- 18	= 18851	ESO	436- 25	= 30814	ESO	440- 49	= 38301	ESO	444- 32	= 46974	ESO	446- 1	= 50066
ESO	425- 19	= 18871	ESO	436- 27	= 30857	ESO	440- 50	= 38330	ESO	444- 33	= 47002	ESO	446- 2	= 50110
ESO	426- 1	= 18886	ESO	436- 28	= 30880	ESO	440- 51	= 38334	ESO	444- 34	= 47073	ESO	446- 3	= 50119
ESO	426- 2	= 18948	ESO	436- 29	= 30984	ESO	440- 52	= 38345	ESO	444- 35	= 47078	ESO	446- 8	= 50322
ESO	426- 8	= 19024	ESO	436- 30	= 31025	ESO	440- 54	= 38411	ESO	444- 37	= 47102	ESO	446- 11	= 50356
ESO	426- 9	= 19047	ESO	436- 31	= 31055	ESO	440- 56	= 38417	ESO	444- 39	= 47119	ESO	446- 17	= 50420
ESO	426- 18	= 19155	ESO	436- 32	= 31058	ESO	440- 58	= 38429	ESO	444- 41	= 47145	ESO	446- 18	= 50474
ESO	426- 22	= 19238	ESO	436- 33	= 31088	ESO	441- 2	= 38464	ESO	444- 42	= 47161	ESO	446- 19	= 50506
ESO	426- 29	= 19417	ESO	436- 34	= 31154	ESO	441- 5	= 38501	ESO	444- 43	= 47169	ESO	446- 21	= 50531
ESO	427- 2	= 19531	ESO	436- 35	= 31164	ESO	441- 6	= 38511	ESO	444- 44	= 47187	ESO	446- 25	= 50732
ESO	427- 13	= 19728	ESO	436- 38	= 31238	ESO	441- 7	= 38536	ESO	444- 45	= 47194	ESO	446- 27	= 50755
ESO	427- 14	= 19733	ESO	436- 39	= 31242	ESO	441- 9	= 38588	ESO	444- 46	= 47202	ESO	446- 29	= 50762
ESO	427- 17	= 19812	ESO	436- 40	= 31276	ESO	441- 12	= 38655	ESO	444- 47	= 47255	ESO	446- 31	= 50799
ESO	427- 24	= 19993	ESO	436- 42	= 31296	ESO	441- 13	= 38711	ESO	444- 51	= 47356	ESO	446- 35	= 50878
ESO	427- 26	= 20037	ESO	436- 44	= 31310	ESO	441- 17	= 38799	ESO	444- 55	= 47397	ESO	446- 39	= 50970
ESO	427- 28	= 20047	ESO	436- 45	= 31317	ESO	441- 22	= 39163	ESO	444- 57	= 47542	ESO	446- 44	= 51061
ESO	427- 29	= 20049	ESO	436- 46	= 31316	ESO	441- 30	= 40925	ESO	444- 58	= 47457	ESO	446- 45	= 51064
ESO	427- 34	= 20187	ESO	437- 2	= 31330	ESO	442- 6	= 41784	ESO	444- 62	= 47489	ESO	446- 49	= 51229
ESO	428- 11	= 20514	ESO	437- 4	= 31360	ESO	442- 13	= 42123	ESO	444- 65	= 47552	ESO	446- 50	= 51245
ESO	428- 13	= 20548	ESO	437- 7	= 31391	ESO	442- 15	= 42738	ESO	444- 66	= 47575	ESO	446- 53	= 51290
ESO	428- 14	= 20551	ESO	437- 8	= 31456	ESO	442- 21	= 43084	ESO	444- 67	= 47573	ESO	446- 58	= 51428
ESO	428- 23	= 20825	ESO	437- 9	= 31462	ESO	442- 24	= 43558	ESO	444- 68	= 47594	ESO	447- 2	= 51538
ESO	428- 28	= 20903	ESO	437- 11	= 31488	ESO	442- 25	= 43562	ESO	444- 71	= 47746	ESO	447- 4	= 51571
ESO	428- 29	= 20908	ESO	437- 13	= 31495	ESO	442- 26	= 43642	ESO	444- 72	= 47752	ESO	447- 7	= 51775
ESO	428- 31	= 20956	ESO	437- 14	= 31493	ESO	442- 28	= 43691	ESO	444- 74	= 47905	ESO	447- 8	= 51794
ESO	428- 32	= 20983	ESO	437- 15	= 31504	ESO	443- 1	= 43831	ESO	444- 75	= 47958	ESO	447- 17	= 51890
ESO	428- 37	= 21161	ESO	437- 17	= 31583	ESO	443- 6	= 43925	ESO	444- 76	= 47964	ESO	447- 19	= 51948
ESO	430- 1	= 22177	ESO	437- 19	= 31593	ESO	443- 7	= 43941	ESO	444- 77	= 47968	ESO	447- 21	= 51956
ESO	430- 20	= 22788	ESO	437- 21	= 31616	ESO	443- 11	= 44058	ESO	444- 78	= 48029	ESO	447- 23	= 52090
ESO	431- 1	= 23242	ESO	437- 22	= 31626	ESO	443- 12	= 44116	ESO	444- 80	= 48035	ESO	447- 30	= 52391
ESO	431- 2	= 23246	ESO	437- 25	= 31642	ESO	443- 15	= 44250	ESO	444- 81	= 48082	ESO	447- 31	= 52454
ESO	431- 17	= 24063	ESO	437- 27	= 31646	ESO	443- 16	= 44317	ESO	444- 84	= 48111	ESO	447- 36	= 52774
ESO	431- 18	= 24131	ESO	437- 30	= 31677	ESO	443- 17	= 44355	ESO	444- 86	= 48161	ESO	449- 4	= 54706
ESO	432- 2	= 24398	ESO	437- 31	= 31690	ESO	443- 21	= 44663	ESO	444- 87	= 48182	ESO	450- 2	= 55541
ESO	432- 8	= 24588	ESO	437- 32	= 31692	ESO	443- 22	= 44755	ESO	445- 1	= 48282	ESO	450- 5	= 55738

RC3   606   ESO

ESO	RC3	ESO	RC3	ESO	RC3	ESO	RC3	ESO	RC3
ESO 450- 13	= 56013	ESO 466- 36	= 67846	ESO 472- 16	= 701	ESO 480- 19	= 11354	ESO 487- 2	= 17174
ESO 450- 20	= 56145	ESO 466- 38	= 67874	ESO 472- 20	= 879	ESO 480- 23	= 11479	ESO 487- 17	= 17373
ESO 450- 24	= 56429	ESO 466- 39	= 67878	ESO 473- 1	= 930	ESO 480- 24	= 11494	ESO 487- 19	= 17402
ESO 451- 1	= 56497	ESO 466- 40	= 67881	ESO 473- 2	= 991	ESO 480- 25	= 11538	ESO 487- 24	= 17452
ESO 451- 8	= 57140	ESO 466- 41	= 67883	ESO 473- 10	= 1236	ESO 480- 28	= 11559	ESO 487- 27	= 17463
ESO 452- 5	= 58439	ESO 466- 46	= 67910	ESO 473- 11	= 1241	ESO 480- 31	= 11666	ESO 487- 30	= 17525
ESO 452- 7	= 58459	ESO 466- 50	= 67953	ESO 473- 16	= 1325	ESO 480- 32	= 11735	ESO 487- 35	= 17619
ESO 452- 8	= 58474	ESO 466- 51	= 67955	ESO 473- 21	= 1901	ESO 480- 33	= 11734	ESO 487- 36	= 17633
ESO 453- 11	= 59294	ESO 467- 3	= 68027	ESO 473- 22	= 1911	ESO 480- 34	= 11743	ESO 488- 4	= 17708
ESO 453- 13	= 59351	ESO 467- 4	= 68040	ESO 473- 23	= 1917	ESO 480- 36	= 11750	ESO 488- 5	= 17717
ESO 457- 15	= 61995	ESO 467- 7	= 68053	ESO 473- 24	= 1920	ESO 481- 1	= 11807	ESO 488- 6	= 17735
ESO 458- 10	= 62645	ESO 467- 8	= 68061	ESO 473- 25	= 1942	ESO 481- 2	= 11851	ESO 488- 9	= 17746
ESO 459- 6	= 62889	ESO 467- 10	= 68120	ESO 473- 29	= 2122	ESO 481- 7	= 11924	ESO 488- 10	= 17758
ESO 459- 10	= 63021	ESO 467- 11	= 68133	ESO 474- 2	= 2142	ESO 481- 13	= 12007	ESO 488- 12	= 17791
ESO 460- 4	= 63247	ESO 467- 12	= 68152	ESO 474- 4	= 2192	ESO 481- 14	= 12011	ESO 488- 13	= 17813
ESO 460- 5	= 63249	ESO 467- 13	= 68160	ESO 474- 5	= 2228	ESO 481- 17	= 12145	ESO 488- 15	= 17835
ESO 460- 8	= 63276	ESO 467- 15	= 68164	ESO 474- 6	= 2241	ESO 481- 18	= 12194	ESO 488- 16	= 17834
ESO 460- 9	= 63296	ESO 467- 16	= 68187	ESO 474- 7	= 2258	ESO 481- 19	= 12309	ESO 488- 19	= 17837
ESO 460- 13	= 63378	ESO 467- 17	= 68218	ESO 474- 8	= 2305	ESO 481- 20	= 12327	ESO 488- 22	= 17861
ESO 460- 18	= 63464	ESO 467- 18	= 68235	ESO 474- 9	= 2308	ESO 481- 21	= 12431	ESO 488- 24	= 17874
ESO 460- 19	= 63483	ESO 467- 23	= 68324	ESO 474- 14	= 2539	ESO 481- 22	= 12484	ESO 488- 27	= 17893
ESO 460- 23	= 63518	ESO 467- 24	= 68344	ESO 474- 15	= 2559	ESO 481- 23	= 12526	ESO 488- 28	= 17896
ESO 460- 25	= 63551	ESO 467- 25	= 68360	ESO 474- 16	= 2569	ESO 481- 26	= 12559	ESO 488- 31	= 17912
ESO 460- 26	= 63553	ESO 467- 27	= 68374	ESO 474- 17	= 2570	ESO 481- 29	= 12795	ESO 488- 32	= 17921
ESO 460- 29	= 63584	ESO 467- 30	= 68391	ESO 474- 18	= 2578	ESO 482- 1	= 12962	ESO 488- 33	= 17929
ESO 460- 30	= 63587	ESO 467- 36	= 68453	ESO 474- 19	= 2611	ESO 482- 2	= 13075	ESO 488- 37	= 17951
ESO 460- 31	= 63592	ESO 467- 37	= 68462	ESO 474- 22	= 2667	ESO 482- 5	= 13094	ESO 488- 38	= 17960
ESO 460- 32	= 63602	ESO 467- 42	= 68565	ESO 474- 25	= 2754	ESO 482- 8	= 13154	ESO 488- 47	= 18148
ESO 460- 33	= 63604	ESO 467- 49	= 68710	ESO 474- 29	= 2789	ESO 482- 10	= 13171	ESO 488- 49	= 18169
ESO 460- 34	= 63612	ESO 467- 50	= 68718	ESO 474- 34	= 3054	ESO 482- 16	= 13255	ESO 488- 50	= 18172
ESO 461- 2	= 63727	ESO 467- 51	= 68726	ESO 474- 39	= 3159	ESO 482- 17	= 13368	ESO 488- 51	= 18175
ESO 461- 3	= 63728	ESO 467- 53	= 68789	ESO 474- 44	= 3287	ESO 482- 18	= 13381	ESO 488- 54	= 18258
ESO 461- 6	= 63751	ESO 467- 54	= 68798	ESO 475- 3	= 3523	ESO 482- 19	= 13408	ESO 488- 59	= 18350
ESO 461- 7	= 63753	ESO 467- 57A	= 68839	ESO 475- 8	= 3742	ESO 482- 22	= 13419	ESO 488- 60	= 18377
ESO 461- 23	= 63881	ESO 467- 58	= 68857	ESO 475- 9	= 3872	ESO 482- 25	= 13434	ESO 489- 6	= 18445
ESO 461- 24	= 63892	ESO 467- 59	= 68861	ESO 475- 14	= 4543	ESO 482- 26	= 13445	ESO 489- 8	= 18484
ESO 461- 25	= 63900	ESO 467- 65	= 68916	ESO 475- 15	= 4557	ESO 482- 29	= 13457	ESO 489- 11	= 18533
ESO 461- 29	= 63950	ESO 468- 6	= 69053	ESO 475- 16	= 4704	ESO 482- 32	= 13520	ESO 489- 15	= 18601
ESO 461- 33	= 64007	ESO 468- 11	= 69132	ESO 476- 4	= 4892	ESO 482- 33	= 13529	ESO 489- 20	= 18692
ESO 461- 42	= 64128	ESO 468- 20	= 69468	ESO 476- 5	= 4912	ESO 482- 34	= 13544	ESO 489- 22	= 18715
ESO 461- 43	= 64142	ESO 468- 23	= 69539	ESO 476- 8	= 5362	ESO 482- 35	= 13548	ESO 489- 23	= 18718
ESO 461- 44	= 64147	ESO 468- 26	= 69674	ESO 476- 10	= 5375	ESO 482- 36	= 13561	ESO 489- 26	= 18736
ESO 462- 1	= 64223	ESO 469- 7	= 70165	ESO 476- 12	= 5419	ESO 482- 41	= 13608	ESO 489- 29	= 18765
ESO 462- 5	= 64362	ESO 469- 8	= 70371	ESO 476- 13	= 5420	ESO 482- 43	= 13760	ESO 489- 31	= 18775
ESO 462- 8	= 64519	ESO 469- 11	= 70458	ESO 476- 15	= 5619	ESO 482- 44	= 13832	ESO 489- 35	= 18804
ESO 462- 9	= 64537	ESO 469- 12	= 70509	ESO 476- 16	= 5617	ESO 482- 45	= 13841	ESO 489- 37	= 18808
ESO 462- 10	= 64549	ESO 469- 14	= 70529	ESO 476- 25	= 5841	ESO 482- 46	= 13874	ESO 489- 42	= 18883
ESO 462- 13	= 64568	ESO 469- 15	= 70565	ESO 476- 27	= 5903	ESO 482- 47	= 13926	ESO 489- 47	= 18953
ESO 462- 15	= 64584	ESO 469- 17	= 70611	ESO 477- 2	= 6418	ESO 483- 2	= 13952	ESO 489- 49	= 18978
ESO 462- 16	= 64605	ESO 469- 18	= 70631	ESO 477- 3	= 6520	ESO 483- 3	= 14157	ESO 489- 50	= 18983
ESO 462- 20	= 64707	ESO 469- 19	= 70676	ESO 477- 4	= 6598	ESO 483- 6	= 14180	ESO 489- 53	= 19014
ESO 462- 26	= 64823	ESO 469- 22	= 70714	ESO 477- 6	= 6655	ESO 483- 8	= 14259	ESO 489- 54	= 19031
ESO 462- 28	= 64860	ESO 470- 1	= 71064	ESO 477- 7	= 6689	ESO 483- 9	= 14460	ESO 490- 6	= 19126
ESO 462- 29	= 64884	ESO 470- 2	= 71245	ESO 477- 8	= 6697	ESO 483- 12	= 14503	ESO 490- 7	= 19173
ESO 462- 31	= 64895	ESO 470- 3	= 71314	ESO 477- 13	= 7024	ESO 483- 13	= 14596	ESO 490- 10	= 19201
ESO 463- 4	= 64980	ESO 470- 6	= 71435	ESO 477- 14	= 7127	ESO 483- 14	= 14658	ESO 490- 12	= 19234
ESO 463- 8	= 65090	ESO 470- 8	= 71503	ESO 477- 16	= 7244	ESO 484- 3	= 14706	ESO 490- 14	= 19255
ESO 463- 10	= 65116	ESO 470- 13	= 71601	ESO 477- 18	= 7451	ESO 484- 5	= 14810	ESO 490- 17	= 19337
ESO 463- 17	= 65192	ESO 470- 14	= 71604	ESO 477- 20	= 7618	ESO 484- 6	= 14867	ESO 490- 18	= 19340
ESO 463- 20	= 65249	ESO 470- 15	= 71627	ESO 477- 22	= 7684	ESO 484- 7	= 14874	ESO 490- 19	= 19355
ESO 463- 21	= 65258	ESO 470- 16	= 71638	ESO 478- 1	= 7865	ESO 484- 14	= 14909	ESO 490- 20	= 19366
ESO 463- 25	= 65404	ESO 470- 18	= 71687	ESO 478- 2	= 8093	ESO 484- 15	= 15040	ESO 490- 31	= 19461
ESO 463- 30	= 65580	ESO 470- 19	= 71697	ESO 478- 6	= 8223	ESO 484- 25	= 15064	ESO 490- 33	= 19466
ESO 464- 1	= 65765	ESO 471- 2	= 72098	ESO 478- 9	= 8286	ESO 484- 28	= 15276	ESO 490- 34	= 19476
ESO 464- 5	= 65815	ESO 471- 6	= 72228	ESO 478- 10	= 8297	ESO 485- 6	= 15311	ESO 490- 36	= 19518
ESO 464- 11	= 65875	ESO 471- 9	= 72338	ESO 478- 13	= 8451	ESO 485- 12	= 15780	ESO 490- 37	= 19522
ESO 464- 14	= 65925	ESO 471- 10	= 72355	ESO 478- 15	= 8598	ESO 485- 16	= 16036	ESO 490- 38	= 19542
ESO 464- 15	= 65940	ESO 471- 11	= 72358	ESO 478- 18	= 8663	ESO 485- 21	= 16071	ESO 490- 41	= 19574
ESO 464- 16	= 65953	ESO 471- 12	= 72365	ESO 478- 21	= 8746	ESO 485- 24	= 16236	ESO 490- 45	= 19589
ESO 464- 17	= 65979	ESO 471- 13	= 72369	ESO 478- 22	= 8771	ESO 486- 3	= 16334	ESO 490- 47	= 19607
ESO 464- 18	= 65980	ESO 471- 14	= 72396	ESO 478- 28	= 9172	ESO 486- 4	= 16502	ESO 490- 48	= 19617
ESO 464- 19	= 65994	ESO 471- 16	= 72416	ESO 479- 1	= 9204	ESO 486- 5	= 16511	ESO 490- 49	= 19619
ESO 464- 21	= 66050	ESO 471- 17	= 72421	ESO 479- 2	= 9243	ESO 486- 7	= 16517	ESO 491- 9	= 19861
ESO 464- 25	= 66213	ESO 471- 19	= 72441	ESO 479- 4	= 9273	ESO 486- 14	= 16541	ESO 491- 10	= 19862
ESO 464- 26	= 66251	ESO 471- 20	= 72444	ESO 479- 8	= 9442	ESO 486- 17	= 16618	ESO 491- 12	= 19920
ESO 465- 4	= 66886	ESO 471- 22	= 72517	ESO 479- 15	= 9832	ESO 486- 19	= 16635	ESO 491- 13	= 19970
ESO 466- 1	= 67213	ESO 471- 24	= 72543	ESO 479- 20	= 10045	ESO 486- 20	= 16638	ESO 491- 15	= 19996
ESO 466- 3	= 67260	ESO 471- 25	= 72564	ESO 479- 26	= 10276	ESO 486- 21	= 16641	ESO 491- 20	= 20285
ESO 466- 4	= 67270	ESO 471- 26	= 72648	ESO 479- 31	= 10398	ESO 486- 22	= 16643	ESO 491- 21	= 20287
ESO 466- 5	= 67299	ESO 471- 27	= 72657	ESO 479- 33	= 10444	ESO 486- 23	= 16655	ESO 492- 2	= 20363
ESO 466- 11	= 67447	ESO 471- 32	= 72693	ESO 479- 35	= 10482	ESO 486- 32	= 16659	ESO 492- 12	= 20916
ESO 466- 13	= 67601	ESO 471- 33	= 72701	ESO 479- 37	= 10502	ESO 486- 37	= 16842	ESO 492- 14	= 20965
ESO 466- 14	= 67617	ESO 471- 34	= 72704	ESO 479- 38	= 10506	ESO 486- 40	= 16966	ESO 494- 7	= 22272
ESO 466- 16	= 67624	ESO 471- 45	= 72953	ESO 479- 40	= 10520	ESO 486- 41	= 16990	ESO 494- 22	= 22716
ESO 466- 19	= 67711	ESO 471- 49	= 73027	ESO 479- 42	= 10526	ESO 486- 44	= 16996	ESO 494- 25	= 22736
ESO 466- 21	= 67729	ESO 471- 50	= 73061	ESO 479- 43	= 10565	ESO 486- 49	= 17026	ESO 494- 26	= 22746
ESO 466- 26	= 67764	ESO 471- 51	= 73083	ESO 480- 1	= 10565	ESO 486- 52	= 17049	ESO 494- 35	= 23020
ESO 466- 27	= 67770	ESO 472- 4	= 72687	ESO 480- 7	= 10838	ESO 486- 53	= 17106	ESO 494- 41	= 23222
ESO 466- 28	= 67778	ESO 472- 6	= 72799	ESO 480- 8	= 10893	ESO 486- 56	= 17110	ESO 494- 42	= 23234
ESO 466- 30	= 67785	ESO 472- 10	= 72860	ESO 480- 12	= 10981		= 17130	ESO 495- 2	= 23304

RC3 607 ESO

ESO	495- 3	= 23303	ESO	501- 42	= 31500	ESO	506- 29	= 42334	ESO	509- 80	= 48036	ESO	528- 18	= 64958
ESO	495- 5	= 23332	ESO	501- 43	= 31513	ESO	506- 32	= 42395	ESO	509- 88	= 48258	ESO	528- 21	= 65009
ESO	495- 6	= 23345	ESO	501- 45	= 31530	ESO	506- 33	= 42431	ESO	509- 91	= 48346	ESO	528- 22	= 65033
ESO	495- 9	= 23437	(ESO	501- 46)	= 31532	ESO	507- 7	= 43021	ESO	509- 92	= 48371	ESO	528- 23	= 65041
ESO	495- 11	= 23527	(ESO	501- 46)	= 31531	ESO	507- 8	= 43022	ESO	509- 98	= 48609	ESO	528- 34	= 65237
ESO	495- 12	= 23558	ESO	501- 46A	= 31532	ESO	507- 11	= 43181	ESO	509-100	= 48643	ESO	528- 36	= 65268
ESO	495- 18	= 23997	ESO	501- 47	= 31537	ESO	507- 13	= 43224	ESO	509-101	= 48655	ESO	529- 1	= 65354
ESO	495- 21	= 24175	ESO	501- 48	= 31540	ESO	507- 14	= 43244	ESO	509-108	= 48876	ESO	529- 5	= 65472
ESO	496- 13	= 24941	ESO	501- 49	= 31542	ESO	507- 16	= 43380	ESO	510- 1	= 48927	ESO	529- 11	= 65671
ESO	496- 19	= 25053	ESO	501- 50	= 31551	ESO	507- 19	= 43418	ESO	510- 2	= 49091	ESO	529- 13	= 65788
ESO	496- 21	= 25146	ESO	501- 51	= 31557	ESO	507- 21	= 43456	ESO	510- 4	= 49200	ESO	529- 24	= 66132
ESO	496- 22	= 25152	ESO	501- 53	= 31574	ESO	507- 24	= 43550	ESO	510- 6	= 49324	ESO	530- 10	= 66219
ESO	497- 1	= 25291	ESO	501- 54	= 31571	ESO	507- 25	= 43557	ESO	510- 7	= 49384	ESO	530- 13	= 66250
ESO	497- 2	= 25350	ESO	501- 56	= 31585	ESO	507- 26	= 43568	ESO	510- 9	= 49421	ESO	530- 30	= 66503
ESO	497- 3	= 25359	ESO	501- 57	= 31587	ESO	507- 27	= 43573	ESO	510- 10	= 49420	ESO	530- 31	= 66508
ESO	497- 14	= 25654	ESO	501- 58	= 31586	ESO	507- 28	= 43589	ESO	510- 11	= 49427	ESO	530- 32	= 66516
ESO	497- 17	= 25827	ESO	501- 59	= 31588	ESO	507- 29	= 43608	ESO	510- 12	= 49439	ESO	530- 34	= 66521
ESO	497- 18	= 25867	ESO	501- 62	= 31614	ESO	507- 32	= 43649	ESO	510- 13	= 49473	ESO	530- 42	= 66664
ESO	497- 23	= 25950	ESO	501- 65	= 31638	ESO	507- 35	= 43731	ESO	510- 17	= 49495	ESO	530- 46	= 66735
ESO	497- 32	= 26157	ESO	501- 66	= 31659	ESO	507- 36	= 43742	ESO	510- 22	= 49628	ESO	530- 47	= 66776
ESO	497- 34	= 26192	ESO	501- 67	= 31665	ESO	507- 37	= 43770	ESO	510- 26	= 49656	ESO	530- 53	= 66848
ESO	498- 1	= 26601	ESO	501- 68	= 31683	ESO	507- 42	= 43812	ESO	510- 36	= 49851	ESO	531- 2	= 66929
ESO	498- 3	= 26608	ESO	501- 71	= 31706	ESO	507- 45	= 44057	ESO	510- 40	= 49922	ESO	531- 9	= 67051
ESO	498- 4	= 26624	ESO	501- 72	= 31743	ESO	507- 46	= 44073	ESO	510- 42	= 49935	ESO	531- 15	= 67124
ESO	498- 5	= 26671	ESO	501- 75	= 31805	ESO	507- 49	= 44218	ESO	510- 43	= 49939	ESO	531- 22	= 67158
ESO	498- 8	= 26794	ESO	501- 76	= 31812	ESO	507- 55	= 44340	ESO	510- 46	= 49970	ESO	531- 25	= 67248
ESO	498- 10	= 26890	ESO	501- 79	= 31840	ESO	507- 58	= 44419	ESO	510- 47	= 49977	ESO	531- 29	= 67431
ESO	498- 13	= 27149	ESO	501- 80	= 31919	ESO	507- 62	= 44589	ESO	510- 48	= 50036	ESO	532- 3	= 67693
ESO	498- 20	= 27584	ESO	501- 82	= 31951	ESO	507- 66	= 44914	ESO	510- 53	= 50096	ESO	532- 6	= 67743
ESO	499- 1	= 27951	ESO	501- 84	= 31962	ESO	507- 67	= 44930	ESO	510- 54	= 50129	ESO	532- 9	= 67816
ESO	499- 2	= 27957	ESO	501- 86	= 31987	ESO	508- 3	= 45369	ESO	510- 55	= 50137	ESO	532- 11	= 67861
ESO	499- 4	= 28053	ESO	501- 88	= 32030	ESO	508- 5	= 45408	ESO	510- 56	= 50152	ESO	532- 12	= 67863
ESO	499- 5	= 28117	ESO	501- 89	= 32042	ESO	508- 6	= 45426	ESO	510- 58	= 50183	ESO	532- 14	= 67920
ESO	499- 8	= 28285	ESO	501- 95	= 32191	ESO	508- 7	= 45429	ESO	510- 59	= 50195	ESO	532- 16	= 67930
ESO	499- 9	= 28313	ESO	501- 97	= 32224	ESO	508- 8	= 45460	ESO	510- 60	= 50247	ESO	532- 17	= 67993
ESO	499- 10	= 28381	ESO	501-100	= 32300	ESO	508- 9	= 45466	ESO	510- 63	= 50307	ESO	532- 21	= 68113
ESO	499- 11	= 28418	ESO	501-102	= 32515	ESO	508- 10	= 45475	ESO	510- 65	= 50371	ESO	532- 22	= 68157
ESO	499- 13	= 28490	ESO	502- 2	= 32813	ESO	508- 11	= 45487	ESO	510- 66	= 50373	ESO	532- 25	= 68211
ESO	499- 16	= 28536	ESO	502- 5	= 32944	ESO	508- 13	= 45514	ESO	510- 69	= 50385	ESO	532- 26	= 68222
ESO	499- 18	= 28571	ESO	502- 7	= 32998	ESO	508- 15	= 45611	ESO	510- 70	= 50399	ESO	532- 27	= 68231
ESO	499- 21	= 28654	ESO	502- 8	= 33124	ESO	508- 18	= 45657	ESO	510- 71	= 50402	ESO	532- 28	= 68241
ESO	499- 23	= 28690	ESO	502- 11	= 33329	ESO	508- 19	= 45666	ESO	510- 72	= 50414	ESO	532- 31	= 68287
ESO	499- 26	= 28803	ESO	502- 12	= 33349	ESO	508- 24	= 45738	ESO	510- 74	= 50486	ESO	532- 33	= 68311
ESO	499- 27	= 28806	ESO	502- 13	= 33385	ESO	508- 25	= 45763	ESO	511- 9	= 50678	ESO	533- 4	= 68345
ESO	499- 29	= 28841	ESO	502- 14	= 33410	ESO	508- 28	= 46024	ESO	511- 10	= 50729	ESO	533- 5	= 68437
ESO	499- 31	= 28876	ESO	502- 15	= 33509	ESO	508- 30	= 46071	ESO	511- 11	= 50733	ESO	533- 6	= 68451
ESO	499- 32	= 28874	ESO	502- 16	= 33505	ESO	508- 31	= 46126	ESO	511- 18	= 51052	ESO	533- 8	= 68511
ESO	499- 34	= 28932	ESO	502- 17	= 33560	ESO	508- 33	= 46199	ESO	511- 21	= 51089	ESO	533- 10	= 68530
ESO	499- 36	= 29128	ESO	502- 18	= 33668	ESO	508- 34	= 46246	ESO	511- 23	= 51107	ESO	533- 15	= 68612
ESO	499- 37	= 29166	ESO	502- 20	= 33813	ESO	508- 38	= 46330	ESO	511- 30	= 51169	ESO	533- 20	= 68676
ESO	499- 39	= 29179	ESO	502- 21	= 33860	ESO	508- 39	= 46352	ESO	511- 31	= 51170	ESO	533- 21	= 68678
ESO	499- 41	= 29323	ESO	502- 23	= 34084	ESO	508- 42	= 46410	ESO	511- 32	= 51188	ESO	533- 23	= 68728
ESO	500- 2	= 29423	ESO	502- 25	= 34160	ESO	508- 44	= 46450	ESO	511- 33	= 51250	ESO	533- 25	= 68828
ESO	500- 5	= 29577	ESO	503- 3	= 34266	ESO	508- 47	= 46479	ESO	511- 34	= 51287	ESO	533- 28	= 68875
ESO	500- 6	= 29623	ESO	503- 5	= 34310	ESO	508- 48	= 46490	ESO	511- 35	= 51329	ESO	533- 30	= 68936
ESO	500- 10	= 29719	ESO	503- 7	= 34349	ESO	508- 50	= 46531	ESO	511- 42	= 51676	ESO	533- 31	= 68950
ESO	500- 16	= 29883	ESO	503- 11	= 34504	ESO	508- 51	= 46551	ESO	511- 44	= 51768	ESO	533- 32	= 68953
ESO	500- 17	= 29888	ESO	503- 12	= 34513	ESO	508- 58	= 46661	ESO	512- 4	= 52084	ESO	533- 34	= 68992
ESO	500- 18	= 29911	ESO	503- 16	= 35097	ESO	508- 60	= 46768	ESO	512- 11	= 52405	ESO	533- 35	= 68998
ESO	500- 24	= 30177	ESO	503- 22	= 35686	ESO	508- 61	= 46779	ESO	512- 12	= 52411	ESO	533- 37	= 69026
ESO	500- 25	= 30180	ESO	503- 23	= 35691	ESO	508- 66	= 46830	ESO	512- 18	= 52599	ESO	533- 42	= 69059
ESO	500- 32	= 30399	ESO	504- 1	= 35830	ESO	508- 69	= 46888	ESO	512- 19	= 52600	ESO	533- 44	= 69088
ESO	500- 34	= 30519	ESO	504- 8	= 36115	ESO	508- 72	= 46933	ESO	512- 20	= 52666	ESO	533- 45	= 69097
ESO	500- 37	= 30545	ESO	504- 10	= 36395	ESO	508- 76	= 46965	ESO	512- 23	= 53037	ESO	533- 48	= 69193
ESO	500- 41	= 30708	ESO	504- 16	= 36872	ESO	508- 78	= 46970	ESO	512- 25	= 53072	ESO	533- 49	= 69202
ESO	501- 1	= 30915	ESO	504- 20	= 37178	ESO	509- 1	= 46984	ESO	513- 4	= 53346	ESO	533- 50	= 69216
ESO	501- 3	= 31085	ESO	504- 24	= 37280	ESO	509- 3	= 47013	ESO	513- 15	= 53755	ESO	533- 52	= 69242
ESO	501- 4	= 31126	ESO	504- 25	= 37307	ESO	509- 5	= 47051	ESO	513- 30	= 54437	ESO	533- 53	= 69253
ESO	501- 5	= 31135	ESO	504- 26	= 37320	ESO	509- 6	= 47064	ESO	514- 1	= 54592	ESO	534- 1	= 69271
ESO	501- 8	= 31161	ESO	504- 28	= 37377	ESO	509- 8	= 47071	ESO	514- 2	= 54625	ESO	534- 2	= 69288
ESO	501- 10	= 31182	ESO	504- 30	= 37580	ESO	509- 9	= 47080	ESO	514- 3	= 54644	ESO	534- 3	= 69295
ESO	501- 13	= 31212	ESO	505- 2	= 37857	ESO	509- 12	= 47115	ESO	514- 4	= 54646	ESO	534- 4	= 69323
ESO	501- 15	= 31217	ESO	505- 3	= 37906	ESO	509- 13	= 47150	ESO	514- 5	= 54670	ESO	534- 9	= 69398
ESO	501- 16	= 31243	ESO	505- 7	= 38101	ESO	509- 15	= 47164	ESO	514- 6	= 54677	ESO	534- 11	= 69412
ESO	501- 17	= 31280	ESO	505- 8	= 38114	ESO	509- 16	= 47168	ESO	514- 10	= 54776	ESO	534- 13	= 69420
ESO	501- 18	= 31293	ESO	505- 9	= 38126	ESO	509- 19	= 47201	ESO	514- 23	= 55335	ESO	534- 22	= 69638
ESO	501- 20	= 31312	ESO	505- 10	= 38303	ESO	509- 20	= 47209	ESO	515- 3	= 55689	ESO	534- 24	= 69653
ESO	501- 21	= 31353	ESO	505- 13	= 38367	ESO	509- 21	= 47212	ESO	515- 13	= 56292	ESO	534- 26	= 69733
ESO	501- 23	= 31359	ESO	505- 14	= 38446	ESO	509- 23	= 47230	ESO	516- 9	= 57665	ESO	534- 31	= 70024
ESO	501- 24	= 31368	ESO	505- 15	= 38450	ESO	509- 25	= 47250	ESO	526- 7	= 63711	ESO	534- 32	= 70079
ESO	501- 25	= 31366	ESO	505- 22	= 38633	ESO	509- 26	= 47252	ESO	526- 16	= 63815	ESO	535- 1	= 70166
ESO	501- 28	= 31405	ESO	505- 23	= 38652	ESO	509- 35	= 47474	ESO	527- 11	= 64161	ESO	535- 9	= 70705
ESO	501- 30	= 31421	ESO	506- 1	= 39688	ESO	509- 48	= 47649	ESO	527- 19	= 64506	ESO	535- 15	= 71044
ESO	501- 31	= 31430	ESO	506- 2	= 39768	ESO	509- 49	= 47653	ESO	527- 21	= 64613	ESO	535- 16	= 71050
ESO	501- 32	= 31440	ESO	506- 3	= 39992	ESO	509- 54	= 47688	ESO	528- 3	= 64650	ESO	536- 2	= 71212
ESO	501- 34	= 31438	ESO	506- 4	= 39991	ESO	509- 61	= 47831	ESO	528- 4	= 64657	ESO	536- 14	= 72012
ESO	501- 35	= 31443	ESO	506- 7	= 40446	ESO	509- 64	= 47844	ESO	528- 8	= 64789	ESO	536- 17	= 72092
ESO	501- 36	= 31466	ESO	506- 8	= 40452	ESO	509- 67	= 47861	ESO	528- 11	= 64825	ESO	538- 3	= 72830
ESO	501- 38	= 31478	ESO	506- 13	= 41150	ESO	509- 74	= 47948	ESO	528- 16	= 64945	ESO	538- 5	= 72851
ESO	501- 41	= 31494	ESO	506- 27	= 42287	ESO	509- 77	= 47987	ESO	528- 17	= 64947	ESO	538- 8	= 73036

RC3 608 ESO

ESO 538- 10	= 73043	ESO 546- 16	= 10424	ESO 549- 36	= 14102	ESO 555- 40	= 18511	ESO 567- 10	= 29140
ESO 538- 22	= 558	ESO 546- 17	= 10432	ESO 549- 37	= 14132	ESO 556- 1	= 18518	ESO 567- 12	= 29281
ESO 538- 23	= 583	ESO 546- 18	= 10438	ESO 549- 40	= 14155	ESO 556- 2	= 18583	ESO 567- 13	= 29312
ESO 538- 24	= 721	ESO 546- 23	= 10600	ESO 549- 42	= 14165	ESO 556- 4	= 18602	ESO 567- 17	= 29377
ESO 538- 25	= 774	ESO 546- 24	= 10607	ESO 550- 2	= 14412	ESO 556- 5	= 18708	ESO 567- 23	= 29663
ESO 539- 4	= 1034	ESO 546- 28	= 10912	ESO 550- 5	= 14458	ESO 556- 8	= 18749	ESO 567- 25	= 29686
ESO 539- 5	= 1130	ESO 546- 29	= 10965	ESO 550- 7	= 14475	ESO 556- 9	= 18751	ESO 567- 26	= 29841
ESO 539- 7	= 1218	ESO 546- 31	= 10991	ESO 550- 8	= 14500	ESO 556- 12	= 18781	ESO 567- 29	= 29907
ESO 539- 14	= 1926	ESO 546- 34	= 11261	ESO 550- 9	= 14514	ESO 556- 13	= 18794	ESO 567- 31	= 29950
ESO 540- 1	= 2047	ESO 546- 37	= 11377	ESO 550- 11	= 14520	ESO 556- 14	= 18796	ESO 567- 32	= 29959
ESO 540- 2	= 2046	ESO 547- 1	= 11480	ESO 550- 14	= 14573	ESO 556- 15	= 18858	ESO 567- 40	= 30047
ESO 540- 3	= 2138	ESO 547- 4	= 11515	ESO 550- 18	= 14799	ESO 556- 17	= 18877	ESO 567- 45	= 30108
ESO 540- 6	= 2232	ESO 547- 5	= 11520	ESO 550- 20	= 14868	ESO 556- 19	= 18894	ESO 567- 48	= 30181
ESO 540- 7	= 2253	ESO 547- 9	= 11636	ESO 550- 24	= 14936	ESO 556- 23	= 19030	ESO 567- 51	= 30204
ESO 540- 8	= 2338	ESO 547- 11	= 11798	ESO 551- 6	= 15180	ESO 557- 3	= 19198	ESO 568- 1	= 30336
ESO 540- 9	= 2369	ESO 547- 14	= 11819	ESO 551- 13	= 15517	ESO 557- 6	= 19279	ESO 568- 3	= 30515
ESO 540- 10	= 2386	ESO 547- 16	= 11834	ESO 551- 16	= 15597	ESO 557- 9	= 19360	ESO 568- 9	= 30666
ESO 540- 14	= 2464	ESO 547- 20	= 11977	ESO 551- 19	= 15659	ESO 557- 12	= 19526	ESO 568- 11	= 30683
ESO 540- 15	= 2478	ESO 547- 23	= 12032	ESO 551- 21	= 15705	ESO 557- 13	= 19562	ESO 568- 16	= 31129
ESO 540- 16	= 2526	ESO 547- 27	= 12034	ESO 551- 27	= 15850	ESO 558- 5	= 19997	ESO 568- 19	= 31485
ESO 540- 17	= 2635	ESO 547- 30	= 12373	ESO 551- 30	= 15857	ESO 558- 11	= 20171	ESO 569- 1	= 32018
ESO 540- 17A	= 2634	ESO 547- 31	= 12412	ESO 551- 31	= 15858	ESO 560- 12	= 21759	ESO 569- 6	= 32270
ESO 540- 19	= 2683	ESO 547- 32	= 12521	ESO 552- 3	= 15956	ESO 560- 13	= 21822	ESO 569- 9	= 32311
ESO 540- 21	= 2744	ESO 548- 3	= 12671	ESO 552- 4	= 16011	ESO 560- 14	= 21844	ESO 569- 12	= 32374
ESO 540- 22	= 2758	ESO 548- 5	= 12701	ESO 552- 9	= 16101	ESO 561- 2	= 22192	ESO 569- 14	= 32550
ESO 540- 23	= 2791	ESO 548- 6	= 12708	ESO 552- 11	= 16121	ESO 561- 3	= 22306	ESO 569- 16	= 32685
ESO 540- 25	= 2796	ESO 548- 7	= 12737	ESO 552- 14	= 16165	ESO 561- 23	= 22980	ESO 569- 17	= 32707
ESO 540- 27	= 2799	ESO 548- 10	= 12754	ESO 552- 19	= 16265	ESO 561- 30	= 23090	ESO 569- 20	= 32752
ESO 540- 31	= 2902	ESO 548- 11	= 12762	ESO 552- 20	= 16335	ESO 561- 33	= 23149	ESO 569- 22	= 32778
ESO 540- 32	= 2933	ESO 548- 15	= 12826	ESO 552- 21	= 16336	ESO 562- 1	= 23290	ESO 569- 27	= 32961
ESO 541- 1	= 3252	ESO 548- 16	= 12827	ESO 552- 27	= 16371	ESO 562- 5	= 23579	ESO 569- 33	= 33418
ESO 541- 3	= 3510	ESO 548- 18	= 12838	ESO 552- 28	= 16374	ESO 562- 7	= 23784	ESO 570- 1	= 33430
ESO 541- 4	= 3526	ESO 548- 19	= 12846	ESO 552- 32	= 16431	ESO 562- 13	= 23986	ESO 570- 2	= 33552
ESO 541- 5	= 3543	ESO 548- 20	= 12884	ESO 552- 34	= 16434	ESO 562- 14	= 23992	ESO 570- 3	= 33581
ESO 541- 6	= 3544	ESO 548- 21	= 12889	ESO 552- 40	= 16465	ESO 562- 19	= 24039	ESO 570- 4	= 33648
ESO 541- 10	= 3692	ESO 548- 23	= 12922	ESO 552- 43	= 16504	ESO 562- 23	= 24195	ESO 570- 6	= 33667
ESO 541- 11	= 3695	ESO 548- 25	= 12961	ESO 552- 45	= 16518	ESO 563- 2	= 24219	ESO 570- 7	= 33671
ESO 541- 13	= 3727	ESO 548- 26	= 12979	ESO 552- 49	= 16585	ESO 563- 3	= 24225	ESO 570- 8	= 33701
ESO 541- 17	= 3856	ESO 548- 27	= 12989	ESO 552- 50	= 16586	ESO 563- 11	= 24427	ESO 570- 10	= 33956
ESO 541- 23	= 4008	ESO 548- 28	= 13029	ESO 552- 52	= 16595	ESO 563- 12	= 24429	ESO 570- 11	= 34028
ESO 541- 24	= 4237	ESO 548- 29	= 13042	ESO 552- 53	= 16604	ESO 563- 13	= 24454	ESO 570- 16	= 34534
ESO 541- 25	= 4348	ESO 548- 30	= 13091	ESO 552- 55	= 16616	ESO 563- 14	= 24479	ESO 570- 19	= 34691
ESO 542- 3	= 4703	ESO 548- 31	= 13108	ESO 552- 65	= 16703	ESO 563- 16	= 24489	ESO 571- 3	= 35359
ESO 542- 4	= 4758	ESO 548- 32	= 13122	ESO 552- 66	= 16708	ESO 563- 17	= 24558	ESO 571- 6	= 35820
ESO 542- 6	= 4844	ESO 548- 33	= 13128	ESO 552- 71	= 16743	ESO 563- 19	= 24634	ESO 571- 12	= 36097
ESO 542- 7	= 4843	ESO 548- 34	= 13150	ESO 553- 1	= 16743	ESO 563- 21	= 24685	ESO 571- 15	= 36245
ESO 542- 8	= 4842	ESO 548- 35	= 13174	ESO 553- 2	= 16748	ESO 563- 28	= 24854	ESO 571- 16	= 36315
ESO 542- 9	= 4940	ESO 548- 38	= 13184	ESO 553- 3	= 16751	ESO 563- 31	= 24913	ESO 572- 5	= 37009
ESO 542- 10	= 5269	ESO 548- 39	= 13190	ESO 553- 5	= 16759	ESO 564- 10	= 25407	ESO 572- 8	= 37245
ESO 542- 13	= 5417	ESO 548- 40	= 13194	ESO 553- 7	= 16788	ESO 564- 16	= 25504	ESO 572- 9	= 37270
ESO 542- 15	= 5422	ESO 548- 41	= 13196	ESO 553- 10	= 16796	ESO 564- 20	= 25515	ESO 572- 13	= 37325
ESO 542- 17	= 5452	ESO 548- 44	= 13220	ESO 553- 12	= 16822	ESO 564- 21	= 25518	ESO 572- 14	= 37326
ESO 542- 20	= 5576	ESO 548- 47	= 13241	ESO 553- 15	= 16847	ESO 564- 24	= 25926	ESO 572- 17	= 37396
ESO 543- 1	= 6016	ESO 548- 48	= 13265	ESO 553- 16	= 16874	ESO 564- 30	= 25983	ESO 572- 18	= 37476
ESO 543- 6	= 6083	ESO 548- 49	= 13275	ESO 553- 18	= 16885	ESO 564- 31	= 26057	ESO 572- 19	= 37482
ESO 543- 12	= 6301	ESO 548- 50	= 13283	ESO 553- 20	= 16892	ESO 564- 32	= 26056	ESO 572- 20	= 37496
ESO 543- 20	= 6912	ESO 548- 51	= 13324	ESO 553- 26	= 16934	ESO 564- 35	= 26259	ESO 572- 22	= 37513
ESO 543- 22	= 6956	ESO 548- 53	= 13377	ESO 553- 33	= 17082	ESO 564- 36	= 26276	ESO 572- 23	= 37565
ESO 543- 25	= 7206	ESO 548- 54	= 13386	ESO 553- 43	= 17287	ESO 565- 1	= 26484	ESO 572- 24	= 37566
ESO 544- 7	= 7753	ESO 548- 57	= 13401	ESO 553- 44	= 17294	ESO 565- 11	= 26918	ESO 572- 30	= 37681
ESO 544- 17	= 8304	ESO 548- 58	= 13425	ESO 554- 2	= 17340	ESO 565- 15	= 27197	ESO 572- 31	= 37690
ESO 544- 20	= 8404	ESO 548- 59	= 13436	ESO 554- 10	= 17436	ESO 565- 17	= 27214	ESO 572- 32	= 37707
ESO 544- 27	= 8480	ESO 548- 60	= 13444	ESO 554- 14	= 17487	ESO 565- 19	= 27227	ESO 572- 34	= 37727
ESO 544- 30	= 8602	ESO 548- 61	= 13467	ESO 554- 19	= 17511	ESO 565- 23	= 27351	ESO 572- 36	= 37772
ESO 544- 32	= 8629	ESO 548- 62	= 13470	ESO 554- 23	= 17572	ESO 565- 28	= 27418	ESO 572- 37	= 37773
ESO 545- 2	= 8851	ESO 548- 63	= 13471	ESO 554- 24	= 17597	ESO 565- 29	= 27430	ESO 572- 42	= 37863
ESO 545- 5	= 8896	ESO 548- 65	= 13491	ESO 554- 27	= 17651	ESO 565- 30	= 27441	ESO 572- 44	= 37908
ESO 545- 7	= 8990	ESO 548- 66	= 13495	ESO 554- 29	= 17668	ESO 565- 33	= 27529	ESO 572- 47	= 37967
ESO 545- 8	= 8998	ESO 548- 67	= 13505	ESO 554- 31	= 17772	ESO 565- 34	= 27531	ESO 572- 48	= 37969
ESO 545- 9	= 9005	ESO 548- 68	= 13511	ESO 554- 34	= 17810	ESO 566- 2	= 27809	ESO 572- 49	= 38087
ESO 545- 10	= 9054	ESO 548- 70	= 13531	ESO 554- 36	= 17860	ESO 566- 3	= 27840	ESO 572- 52	= 38364
ESO 545- 11	= 9057	ESO 548- 71	= 13543	ESO 554- 37	= 17872	ESO 566- 5	= 27885	ESO 573- 2	= 38499
ESO 545- 12	= 9098	ESO 548- 75	= 13563	ESO 554- 38	= 17891	ESO 566- 7	= 27928	ESO 573- 3	= 38952
ESO 545- 13	= 9141	ESO 548- 76	= 13570	ESO 555- 1	= 17941	ESO 566- 9	= 27962	ESO 573- 11	= 39623
ESO 545- 16	= 9246	ESO 548- 77	= 13569	ESO 555- 2	= 17969	ESO 566- 10	= 28013	ESO 573- 12	= 39839
ESO 545- 21	= 9420	ESO 548- 78	= 13575	ESO 555- 3	= 17975	ESO 566- 12	= 28049	ESO 573- 13	= 39909
ESO 545- 26	= 9580	ESO 548- 79	= 13582	ESO 555- 5	= 18015	ESO 566- 15	= 28249	ESO 573- 14	= 39920
ESO 545- 28	= 9602	ESO 548- 80	= 13589	ESO 555- 8	= 18040	ESO 566- 16	= 28276	ESO 573- 16	= 40080
ESO 545- 30	= 9626	ESO 548- 81	= 13590	ESO 555- 9	= 18047	ESO 566- 18	= 28323	ESO 573- 17	= 40091
ESO 545- 31	= 9654	ESO 549- 1	= 13638	ESO 555- 14	= 18140	ESO 566- 19	= 28373	ESO 573- 18	= 40379
ESO 545- 32	= 9666	ESO 549- 2	= 13648	ESO 555- 16	= 18147	ESO 566- 24	= 28510	ESO 573- 21	= 40589
ESO 545- 40	= 9987	ESO 549- 6	= 13689	ESO 555- 18	= 18223	ESO 566- 26	= 28570	ESO 574- 3	= 41183
ESO 545- 42	= 10066	ESO 549- 9	= 13738	ESO 555- 19	= 18221	ESO 566- 30	= 28667	ESO 574- 6	= 41341
ESO 546- 5	= 10195	ESO 549- 10	= 13752	ESO 555- 22	= 18259	ESO 566- 33	= 28749	ESO 574- 8	= 41728
ESO 546- 8	= 10219	ESO 549- 12	= 13765	ESO 555- 27	= 18349	ESO 566- 34	= 28766	ESO 574- 9	= 41790
ESO 546- 9	= 10222	ESO 549- 18	= 13871	ESO 555- 28	= 18370	ESO 566- 38	= 28875	ESO 574- 12	= 42047
ESO 546- 11	= 10271	ESO 549- 22	= 13889	ESO 555- 29	= 18369	ESO 566- 41	= 28927	ESO 574- 17	= 42470
ESO 546- 12	= 10384	ESO 549- 23	= 13894	ESO 555- 36	= 18444	ESO 566- 42	= 28950	ESO 574- 24	= 42819
ESO 546- 14	= 10403	ESO 549- 32	= 14079	ESO 555- 38	= 18453	ESO 567- 5	= 29021	ESO 574- 28	= 42950
ESO 546- 15	= 10422	ESO 549- 33	= 14084	ESO 555- 39	= 18490	ESO 567- 6	= 29022	ESO 574- 29	= 42954

RC3   609   ESO

ESO	574- 30	= 43038	ESO	580- 40	= 52956	ESO	602- 14	= 68695	FAIR	200	= 70188	FAIR	361	= 233
ESO	574- 31	= 43109	ESO	580- 41	= 52991	ESO	602- 15	= 68704	FAIR	213	= 2619	FAIR	362	= 383
ESO	574- 33	= 43206	ESO	580- 43	= 53020	ESO	602- 19	= 68826	FAIR	215	= 3391	FAIR	364	= 831
ESO	574- 34	= 43245	ESO	580- 45	= 53035	ESO	602- 20A	= 68960	FAIR	217	= 3579	FAIR	367	= 1166
ESO	574- 36	= 43327	ESO	580- 49	= 53183	ESO	602- 21	= 68984	FAIR	222	= 9585	FAIR	374	= 5868
ESO	575- 6	= 43492	ESO	580- 50	= 53186	ESO	602- 23	= 69021	FAIR	225	= 10335	FAIR	375	= 6131
ESO	575- 13	= 43633	ESO	580- 52	= 53336	ESO	602- 25	= 69057	FAIR	229	= 11680	FAIR	376	= 6283
ESO	575- 18	= 43785	ESO	581- 2	= 53450	ESO	602- 27	= 69119	FAIR	230	= 11712	FAIR	397	= 14388
ESO	575- 19	= 43796	ESO	581- 4	= 53456	ESO	602- 30	= 69309	FAIR	234	= 13645	FAIR	404	= 14668
ESO	575- 21	= 43871	ESO	581- 6	= 53485	ESO	602- 31	= 69313	FAIR	239	= 16072	FAIR	405	= 14704
ESO	575- 23	= 43927	ESO	581- 7	= 53516	ESO	603- 1	= 69410	FAIR	240	= 16220	FAIR	408	= 15106
ESO	575- 29	= 44097	ESO	581- 9	= 53525	ESO	603- 4	= 69488	FAIR	243	= 16968	FAIR	410	= 15220
ESO	575- 35	= 44232	ESO	581- 10	= 53546	ESO	603- 6	= 69557	FAIR	244	= 17108	FAIR	421	= 15887
ESO	575- 41	= 44313	ESO	581- 11	= 53562	ESO	603- 8	= 69631	FAIR	247	= 18379	FAIR	426	= 29403
ESO	575- 42	= 44626	ESO	581- 13	= 53588	ESO	603- 10	= 69651	FAIR	248	= 18424	FAIR	427	= 29565
ESO	575- 43	= 44660	ESO	581- 16	= 53666	ESO	603- 11	= 69673	FAIR	249	= 18862	FAIR	428	= 29651
ESO	575- 47	= 44871	ESO	581- 17	= 53677	ESO	603- 12	= 69678	FAIR	250	= 18903	FAIR	429	= 29947
ESO	575- 53	= 45241	ESO	581- 18	= 53711	ESO	603- 14	= 69728	FAIR	253	= 19212	FAIR	430	= 30721
ESO	575- 57	= 45462	ESO	581- 22	= 54160	ESO	603- 17	= 69828	FAIR	256	= 19524	FAIR	431	= 30873
ESO	575- 59	= 45486	ESO	581- 23	= 54246	ESO	603- 20	= 69860	FAIR	257	= 19498	FAIR	433	= 31609
ESO	575- 61	= 45524	ESO	581- 24	= 54324	ESO	603- 22	= 69887	FAIR	261	= 19787	FAIR	436	= 31954
ESO	576- 3	= 45721	ESO	581- 25	= 54348	ESO	603- 25	= 69935	FAIR	263	= 19895	FAIR	443	= 34593
ESO	576- 5	= 45772	ESO	582- 1	= 54565	ESO	603- 26	= 69969	FAIR	266	= 20694	FAIR	446	= 37650
ESO	576- 6	= 45806	ESO	582- 12	= 55081	ESO	603- 27	= 69976	FAIR	267	= 20961	FAIR	451	= 37898
ESO	576- 8	= 45860	ESO	582- 13	= 55251	ESO	604- 6	= 70808	FAIR	269	= 21345	FAIR	452	= 37946
ESO	576- 10	= 45908	ESO	583- 1	= 55731	ESO	604- 8	= 70893	FAIR	270	= 21717	FAIR	454	= 41526
ESO	576- 11	= 45911	ESO	583- 7	= 56147	ESO	605- 2	= 71151	FAIR	275	= 23924	FAIR	455	= 42167
ESO	576- 14	= 45953	ESO	583- 8	= 56500	ESO	605- 3	= 71170	FAIR	278	= 25127	FAIR	456	= 42761
ESO	576- 15	= 46016	ESO	584- 5	= 57180	ESO	605- 4	= 71308	FAIR	279	= 25216	FAIR	458	= 42877
ESO	576- 17	= 46097	ESO	586- 6	= 59338	ESO	605- 5	= 71357	FAIR	280	= 26001	FAIR	459	= 43992
ESO	576- 26	= 46373	ESO	592- 10	= 62773	ESO	605- 7	= 71430	FAIR	281	= 26003	FAIR	460	= 44028
ESO	576- 29	= 46400	ESO	594- 2	= 63277	ESO	605- 9	= 71618	FAIR	282	= 26114	FAIR	462	= 44949
ESO	576- 30	= 46408	ESO	594- 4	= 63287	ESO	605- 11	= 71820	FAIR	283	= 31265	FAIR	463	= 45106
ESO	576- 31	= 46489	ESO	594- 8	= 63425	ESO	605- 12	= 71833	FAIR	286	= 33098	FAIR	464	= 45917
ESO	576- 32	= 46491	ESO	594- 17	= 63682	ESO	605- 16	= 71909	FAIR	288	= 37295	FAIR	465	= 45949
ESO	576- 33	= 46525	ESO	595- 8	= 64013	ESO	605- 24	= 72065	FAIR	290	= 71399	FAIR	466	= 46047
ESO	576- 35	= 46541	ESO	595- 10	= 64060	ESO	606- 5	= 72173	FAIR	293	= 2750	FAIR	468	= 46583
ESO	576- 37	= 46550	ESO	595- 11	= 64073	ESO	606- 7	= 72350	FAIR	294	= 4569	FAIR	469	= 46673
ESO	576- 39	= 46568	ESO	595- 14	= 64140	ESO	606- 8	= 72424	FAIR	295	= 5535	FAIR	470	= 46732
ESO	576- 40	= 46574	ESO	596- 9	= 64346	ESO	606- 10	= 72497	FAIR	297	= 9879	FAIR	472	= 49205
ESO	576- 44	= 46775	ESO	596- 12	= 64375	ESO	606- 11	= 72503	FAIR	300	= 12774	FAIR	473	= 49242
ESO	576- 48	= 46878	ESO	596- 16	= 64469	ESO	606- 13	= 72568	FAIR	301	= 14462	FAIR	477	= 57679
ESO	576- 50	= 46889	ESO	596- 29	= 64607	FAIR	1	= 706	FAIR	302	= 14980	FAIR	478	= 57888
ESO	576- 51	= 46926	ESO	596- 30	= 64619	FAIR	3	= 982	FAIR	305	= 16720	FAIR	480	= 58742
ESO	576- 52	= 46938	ESO	596- 38	= 64700	FAIR	4	= 1024	FAIR	306	= 17227	FAIR	481	= 59038
ESO	576- 54	= 47006	ESO	596- 40	= 64721	FAIR	7	= 2633	FAIR	307	= 37899	FAIR	482	= 59216
ESO	576- 56	= 47023	ESO	596- 43	= 64751	FAIR	8	= 3152	FAIR	308	= 38902	FAIR	483	= 59334
ESO	576- 57	= 47030	ESO	596- 48	= 64826	FAIR	9	= 5106	FAIR	309	= 39125	FAIR	484	= 59940
ESO	576- 59	= 47054	ESO	597- 6	= 64913	FAIR	11	= 10335	FAIR	310	= 40055	FAIR	485	= 60391
ESO	576- 65	= 47396	ESO	597- 9	= 64955	FAIR	26	= 20376	FAIR	311	= 42166	FAIR	486	= 61233
ESO	576- 66	= 47408	ESO	597- 34	= 65392	FAIR	44	= 61601	FAIR	312	= 42504	FAIR	491	= 61355
ESO	576- 67	= 47423	ESO	597- 35	= 65412	FAIR	45	= 61602	FAIR	313	= 42519	FAIR	493	= 61669
ESO	576- 76	= 47493	ESO	597- 36	= 65415	FAIR	46	= 61604	FAIR	315	= 43779	FAIR	494	= 61715
ESO	577- 1	= 47505	ESO	597- 40	= 65487	FAIR	51	= 62346	FAIR	316	= 44167	FAIR	497	= 61981
ESO	577- 9	= 47712	ESO	597- 41	= 65501	FAIR	52	= 62438	FAIR	317	= 44199	FAIR	498	= 62458
ESO	577- 14	= 48171	ESO	598- 3	= 65727	FAIR	55	= 62750	FAIR	318	= 44247	FAIR	500	= 62621
ESO	577- 15	= 48181	ESO	598- 7	= 65750	FAIR	57	= 63168	FAIR	319	= 45729	FAIR	502	= 62688
ESO	577- 16	= 48223	ESO	598- 8	= 65799	FAIR	58	= 63223	FAIR	320	= 45926	FAIR	503	= 62689
ESO	577- 23	= 48387	ESO	598- 9	= 65818	FAIR	59	= 63396	FAIR	321	= 46502	FAIR	506	= 62719
ESO	577- 38	= 48976	ESO	598- 20	= 66030	FAIR	64	= 63849	FAIR	322	= 46648	FAIR	510	= 62885
ESO	578- 3	= 49351	ESO	598- 28	= 66283	FAIR	65	= 64069	FAIR	323	= 46771	FAIR	511	= 62912
ESO	578- 7	= 49460	ESO	598- 29	= 66298	FAIR	66	= 64096	FAIR	324	= 47188	FAIR	512	= 62949
ESO	578- 11	= 49771	ESO	598- 31	= 66323	FAIR	72	= 64902	FAIR	325	= 49198	FAIR	515	= 63188
ESO	578- 15	= 49930	ESO	598- 32	= 66359	FAIR	121	= 67615	FAIR	326	= 50706	FAIR	517	= 63510
ESO	578- 16	= 49968	ESO	599- 4	= 66453	FAIR	126	= 67999	FAIR	327	= 51015	FAIR	519	= 63505
ESO	578- 19	= 50075	ESO	599- 12	= 66768	FAIR	145	= 69915	FAIR	329	= 58536	FAIR	522	= 63855
ESO	578- 26	= 50478	ESO	599- 14	= 66800	FAIR	155	= 38245	FAIR	330	= 59373	FAIR	523	= 63905
ESO	578- 34	= 50723	ESO	599- 16	= 66852	FAIR	156	= 40012	FAIR	332	= 61240	FAIR	526	= 64025
ESO	579- 3	= 50807	ESO	599- 20	= 66973	FAIR	158	= 46688	FAIR	333	= 62218	FAIR	528	= 64045
ESO	579- 11	= 51042	ESO	600- 6	= 67119	FAIR	160	= 48139	FAIR	334	= 62440	FAIR	529	= 64066
ESO	579- 18	= 51164	ESO	600- 7	= 67186	FAIR	161	= 48624	FAIR	335	= 62643	FAIR	530	= 64120
ESO	580- 4	= 52249	ESO	601- 4	= 67851	FAIR	164	= 53875	FAIR	336	= 63077	FAIR	531	= 64182
ESO	580- 6	= 52324	ESO	601- 6	= 67890	FAIR	166	= 58849	FAIR	337	= 63160	FAIR	532	= 64185
ESO	580- 11	= 52553	ESO	601- 7	= 67893	FAIR	170	= 60085	FAIR	338	= 64042	FAIR	535	= 64325
ESO	580- 12	= 52563	ESO	601- 8	= 67892	FAIR	178	= 62260	FAIR	340	= 64268	FAIR	536	= 64384
ESO	580- 14	= 52612	ESO	601- 9	= 67904	FAIR	179	= 62269	FAIR	341	= 64491	FAIR	537	= 64507
ESO	580- 16	= 52678	ESO	601- 10	= 67919	FAIR	180	= 62270	FAIR	342	= 64594	FAIR	538	= 64535
ESO	580- 17	= 52680	ESO	601- 11	= 67943	FAIR	181	= 62299	FAIR	343	= 64728	FAIR	539	= 64544
ESO	580- 18	= 52696	ESO	601- 12	= 67956	FAIR	182	= 62320	FAIR	344	= 64763	FAIR	540	= 64735
ESO	580- 20	= 52711	ESO	601- 19	= 68082	FAIR	183	= 62317	FAIR	345	= 64851	FAIR	543	= 64957
ESO	580- 21	= 52714	ESO	601- 21	= 68118	FAIR	184	= 62319	FAIR	346	= 65036	FAIR	545	= 64984
ESO	580- 22	= 52730	ESO	601- 25	= 68201	FAIR	185	= 62331	FAIR	347	= 65075	FAIR	547	= 65034
ESO	580- 26	= 52815	ESO	601- 31	= 68328	FAIR	186	= 62351	FAIR	348	= 65076	FAIR	563	= 65445
ESO	580- 27	= 52816	ESO	601- 35	= 68404	FAIR	187	= 62407	FAIR	349	= 65125	FAIR	568	= 65569
ESO	580- 29	= 52824	ESO	602- 1	= 68469	FAIR	188	= 62428	FAIR	351	= 65824	FAIR	571	= 65588
ESO	580- 30	= 52827	ESO	602- 2	= 68476	FAIR	189	= 62554	FAIR	353	= 67546	FAIR	576	= 65710
ESO	580- 33	= 52839	ESO	602- 3	= 68484	FAIR	191	= 67113	FAIR	354	= 67532	FAIR	579	= 65992
ESO	580- 34	= 52846	ESO	602- 5	= 68558	FAIR	193	= 68993	FAIR	356	= 68614	FAIR	584	= 66678
ESO	580- 37	= 52906	ESO	602- 12	= 68674	FAIR	197	= 69713	FAIR	359	= 70013	FAIR	593	= 67513
ESO	580- 39	= 52916	ESO	602- 13	= 68686	FAIR	199	= 69885	FAIR	360	= 72038	FAIR	594	= 67639

FAIR	598	= 67736	FAIR	854	= 62751	HICK	2D	= 1934	HICK	35B	= 24597	HICK	64C	= 46977
FAIR	599	= 67812	FAIR	855	= 62834	HICK	3A	= 2045	HICK	35C	= 24596	HICK	65A	= 47397
FAIR	604	= 68918	FAIR	856	= 62840	HICK	3B	= 2064	HICK	36A	= 25783	HICK	65B	= 47406
FAIR	611	= 69820	FAIR	857	= 62947	HICK	3D	= 2043	HICK	37A	= 26012	HICK	65C	= 47403
FAIR	614	= 70095	FAIR	858	= 62957	HICK	4A	= 2047	HICK	37B	= 26004	HICK	65D	= 47401
FAIR	616	= 71399	FAIR	859	= 62964	HICK	4B	= 2046	HICK	37C	= 26009	HICK	66A	= 48226
FAIR	618	= 71776	FAIR	864	= 63060	HICK	4C	= 2051	HICK	37D	= 26005	HICK	67A	= 49039
FAIR	619	= 71998	FAIR	866	= 63150	HICK	4D	= 2057	HICK	38A	= 26831	HICK	67B	= 49017
FAIR	620	= 72017	FAIR	872	= 63501	HICK	4E	= 2040	HICK	38B	= 26842	HICK	67C	= 49040
FAIR	622	= 72969	FAIR	875	= 63848	HICK	5A	= 2324	HICK	38C	= 26844	HICK	67D	= 49036
FAIR	623	= 65	FAIR	876	= 63909	HICK	5B	= 2325	HICK	40A	= 27509	HICK	68A	= 49356
FAIR	629	= 336	FAIR	880	= 63984	HICK	6A	= 2353	HICK	40B	= 27513	HICK	68B	= 49354
FAIR	631	= 382	FAIR	881	= 64012	HICK	6B	= 2350	HICK	40C	= 27508	HICK	68C	= 49347
FAIR	637	= 887	FAIR	885	= 64319	HICK	6C	= 2351	HICK	40D	= 27516	HICK	68D	= 49380
FAIR	650	= 1452	FAIR	888	= 64404	HICK	7A	= 2352	HICK	40E	= 27515	HICK	68E	= 49389
FAIR	654	= 1745	FAIR	889	= 64411	HICK	7B	= 2357	HICK	41A	= 28764	HICK	69A	= 49502
FAIR	655	= 1816	FAIR	890	= 64416	HICK	7C	= 2388	HICK	41B	= 28770	HICK	69B	= 49507
FAIR	658	= 2099	FAIR	891	= 64428	HICK	7D	= 2365	HICK	41C	= 28753	HICK	69C	= 49505
FAIR	663	= 2595	FAIR	892	= 64536	HICK	8A	= 2886	HICK	42A	= 28927	HICK	70A	= 50139
FAIR	665	= 2732	FAIR	894	= 64571	HICK	8B	= 2888	HICK	42B	= 28950	HICK	70B	= 50140
FAIR	666	= 2876	FAIR	896	= 64630	HICK	8C	= 2890	HICK	42C	= 28922	HICK	70C	= 50159
FAIR	669	= 3338	FAIR	897	= 64680	HICK	8D	= 2892	HICK	42D	= 28926	HICK	70E	= 50134
FAIR	670	= 3441	FAIR	901	= 64852	HICK	9A	= 3201	HICK	43A	= 29677	HICK	70G	= 50123
FAIR	671	= 3436	FAIR	903	= 64988	HICK	9B	= 3196	HICK	43B	= 29657	HICK	71A	= 50629
FAIR	675	= 3868	FAIR	905	= 65057	HICK	10A	= 5344	HICK	43C	= 29665	HICK	71B	= 50635
FAIR	682	= 4038	FAIR	906	= 65112	HICK	10B	= 5299	HICK	44A	= 30083	HICK	71C	= 50640
FAIR	683	= 4149	FAIR	909	= 65163	HICK	10C	= 5340	HICK	44B	= 30099	HICK	72A	= 52844
FAIR	684	= 4294	FAIR	911	= 65334	HICK	10D	= 5360	HICK	44C	= 30059	HICK	72B	= 52848
FAIR	685	= 4354	FAIR	916	= 65639	HICK	11A	= 5362	HICK	44D	= 30068	HICK	72C	= 52854
FAIR	688	= 4623	FAIR	920	= 65711	HICK	11B	= 5365	HICK	45A	= 30153	HICK	72D	= 52851
FAIR	690	= 4671	FAIR	923	= 65754	HICK	12A	= 5437	HICK	46A	= 30347	HICK	73A	= 53709
FAIR	699	= 5597	FAIR	928	= 65812	HICK	13A	= 5732	HICK	46C	= 30349	HICK	74A	= 54689
FAIR	706	= 6097	FAIR	929	= 65863	HICK	13B	= 5735	HICK	47A	= 30616	HICK	74B	= 54688
FAIR	707	= 6094	FAIR	931	= 65892	HICK	14A	= 7553	HICK	47B	= 30619	HICK	75A	= 54804
FAIR	708	= 6136	FAIR	933	= 65919	HICK	14B	= 7557	HICK	48A	= 31586	HICK	75C	= 54827
FAIR	710	= 6387	FAIR	937	= 65969	HICK	15A	= 8128	HICK	48B	= 31588	HICK	76A	= 55321
FAIR	712	= 6642	FAIR	938	= 66019	HICK	15B	= 8110	HICK	48C	= 31577	HICK	76B	= 55314
FAIR	720	= 7941	FAIR	939	= 66032	HICK	15C	= 8117	HICK	49A	= 32899	HICK	76C	= 55309
FAIR	728	= 9463	FAIR	940	= 66047	HICK	15D	= 8114	HICK	51A	= 34898	HICK	76D	= 55316
FAIR	729	= 9490	FAIR	946	= 66117	HICK	15E	= 8096	HICK	51B	= 34882	HICK	77A	= 56123
FAIR	730	= 10451	FAIR	947	= 66133	HICK	16A	= 8228	HICK	51C	= 34905	HICK	77B	= 56122
FAIR	732	= 10807	FAIR	950	= 66134	HICK	16B	= 8225	HICK	51D	= 34907	HICK	77C	= 56121
FAIR	736	= 11542	FAIR	952	= 66224	HICK	16C	= 8250	HICK	51E	= 34881	HICK	78A	= 56079
FAIR	740	= 11801	FAIR	956	= 66322	HICK	16D	= 8254	HICK	51F	= 34899	HICK	78B	= 56067
FAIR	747	= 12817	FAIR	960	= 66414	HICK	18A	= 10046	HICK	51G	= 34901	HICK	79A	= 56576
FAIR	749	= 13047	FAIR	965	= 66517	HICK	18B	= 10044	HICK	52A	= 35183	HICK	79B	= 56579
FAIR	753	= 13372	FAIR	968	= 66695	HICK	18C	= 10043	HICK	53A	= 35347	HICK	79C	= 56575
FAIR	762	= 14270	FAIR	971	= 66786	HICK	18D	= 10042	HICK	53B	= 35360	HICK	79D	= 56578
FAIR	764	= 14655	FAIR	973	= 67064	HICK	19A	= 10262	HICK	53C	= 35355	HICK	79E	= 56580
FAIR	765	= 14669	FAIR	975	= 67110	HICK	19B	= 10268	HICK	54A	= 35382	HICK	80A	= 56588
FAIR	767	= 14953	FAIR	991	= 67663	HICK	19C	= 10270	HICK	54B	= 35380	HICK	80B	= 56590
FAIR	770	= 15019	FAIR	992	= 67738	HICK	21A	= 10422	HICK	55A	= 35575	HICK	80C	= 56572
FAIR	771	= 15025	FAIR	995	= 67975	HICK	21B	= 10438	HICK	55B	= 35572	HICK	81A	= 57773
FAIR	774	= 15339	FAIR	999	= 68205	HICK	21C	= 10403	HICK	55C	= 35573	HICK	82A	= 58238
FAIR	775	= 15367	FAIR	1002	= 68312	HICK	21D	= 10432	HICK	55D	= 35574	HICK	82B	= 58250
FAIR	776	= 15578	FAIR	1004	= 68370	HICK	21E	= 10424	HICK	55E	= 35576	HICK	82C	= 58235
FAIR	783	= 16098	FAIR	1009	= 68598	HICK	22A	= 11527	HICK	56A	= 35631	HICK	84A	= 58877
FAIR	785	= 16403	FAIR	1010	= 68627	HICK	22B	= 11508	HICK	56B	= 35620	HICK	85A	= 62476
FAIR	786	= 16539	FAIR	1021	= 69158	HICK	22C	= 11503	HICK	56C	= 35618	HICK	85B	= 62477
FAIR	787	= 16594	FAIR	1022	= 69236	HICK	22D	= 11514	HICK	56D	= 35615	HICK	86A	= 63753
FAIR	789	= 16755	FAIR	1026	= 69639	HICK	22E	= 11519	HICK	56E	= 35609	HICK	86B	= 63748
FAIR	791	= 17043	FAIR	1027	= 69660	HICK	23A	= 11675	HICK	57A	= 36016	HICK	86C	= 63752
FAIR	792	= 17122	FAIR	1037	= 70669	HICK	23B	= 11687	HICK	57B	= 35997	HICK	86D	= 63749
FAIR	794	= 17246	FAIR	1047	= 71499	HICK	23C	= 11693	HICK	57C	= 36011	HICK	87A	= 65415
FAIR	795	= 17254	FAIR	1049	= 71716	HICK	24A	= 12477	HICK	57D	= 36018	HICK	87B	= 65409
FAIR	799	= 18066	FAIR	1067	= 1874	HICK	24B	= 12501	HICK	57E	= 36007	HICK	87C	= 65412
FAIR	800	= 18142	FAIR	1070	= 2932	HICK	25A	= 12531	HICK	57F	= 36017	HICK	88A	= 65631
FAIR	801	= 18180	FAIR	1075	= 5293	HICK	25B	= 12539	HICK	57G	= 36001	HICK	88B	= 65625
FAIR	802	= 18187	FAIR	1077	= 7668	HICK	25C	= 12533	HICK	58A	= 36319	HICK	88C	= 65620
FAIR	803	= 18400	FAIR	1088	= 9349	HICK	25D	= 12524	HICK	58B	= 36348	HICK	88D	= 65612
FAIR	805	= 18446	FAIR	1090	= 9634	HICK	25F	= 12538	HICK	58C	= 36299	HICK	89A	= 66570
FAIR	806	= 18496	FAIR	1126	= 15477	HICK	26A	= 12611	HICK	58D	= 36311	HICK	89B	= 66580
FAIR	811	= 18773	FAIR	1135	= 17396	HICK	26B	= 12614	HICK	58E	= 36308	HICK	89C	= 66575
FAIR	812	= 18780	FAIR	1145	= 24063	HICK	27B	= 14863	HICK	59A	= 36861	HICK	90A	= 67874
FAIR	815	= 19106	FAIR	1149	= 29778	HICK	28A	= 15136	HICK	59B	= 36853	HICK	90B	= 67883
FAIR	818	= 19295	FAIR	1150	= 34101	HICK	28B	= 15141	HICK	59C	= 36871	HICK	90C	= 67878
FAIR	819	= 19326	FAIR	1151	= 37254	HICK	28C	= 15135	HICK	59D	= 36867	HICK	90D	= 67881
FAIR	821	= 19668	FAIR	1152	= 45348	HICK	29A	= 15559	HICK	60A	= 38065	HICK	91A	= 68152
FAIR	832	= 42313	FAIR	1162	= 63416	HICK	30A	= 15620	HICK	61A	= 38892	HICK	91B	= 68164
FAIR	834	= 45960	FAIR	1163	= 63448	HICK	30B	= 15631	HICK	61B	= 38897	HICK	91C	= 68160
FAIR	837	= 50955	FAIR	1164	= 64484	HICK	30C	= 15624	HICK	61C	= 38912	HICK	91D	= 68155
FAIR	838	= 53405	FAIR	1165	= 65093	HICK	31A	= 16574	HICK	61D	= 38906	HICK	92A	= 69270
FAIR	840	= 54250	FAIR	1174	= 66901	HICK	31B	= 16570	HICK	62A	= 43757	HICK	92B	= 69263
FAIR	841	= 59884	FAIR	1175	= 68705	HICK	31C	= 16573	HICK	62B	= 43754	HICK	92C	= 69269
FAIR	842	= 60085	HICK	1A	= 1627	HICK	31D	= 16571	HICK	62C	= 43768	HICK	92D	= 69260
FAIR	843	= 61472	HICK	1B	= 1625	HICK	32A	= 16583	HICK	62D	= 43760	HICK	92E	= 69256
FAIR	845	= 62094	HICK	1C	= 1614	HICK	32B	= 16578	HICK	63A	= 44984	HICK	93A	= 70830
FAIR	846	= 62119	HICK	2A	= 1921	HICK	34A	= 17171	HICK	63B	= 44965	HICK	93B	= 70832
FAIR	852	= 62615	HICK	2B	= 1914	HICK	34B	= 17176	HICK	63C	= 44979	HICK	93C	= 70819
FAIR	853	= 62689	HICK	2C	= 1927	HICK	35A	= 24601	HICK	64A	= 46975	HICK	93D	= 70842

HICK	93E	= 70844	IC	172	= 7116	IC	326	= 13030	IC	539	= 26909	IC	707	= 35708
HICK	94A	= 70934	IC	173	= 7217	IC	329	= 13109	IC	542	= 27012	IC	708	= 35720
HICK	94B	= 70933	IC	174	= 7249	IC	330	= 13117	IC	543	= 27004	IC	709	= 35736
HICK	94C	= 70943	IC	176	= 7306	IC	331	= 13119	IC	545	= 27307	IC	711	= 35780
HICK	94D	= 70936	IC	177	= 7326	IC	332	= 13137	IC	546	= 27234	IC	712	= 35785
HICK	95A	= 71076	IC	178	= 7488	IC	334	= 13759	IC	547	= 27309	IC	714	= 35907
HICK	95B	= 71080	IC	179	= 7581	IC	335	= 13277	IC	551	= 27645	IC	716	= 36102
HICK	95C	= 71077	IC	182	= 7556	IC	338	= 13373	IC	552	= 27665	IC	717	= 36084
HICK	96A	= 71504	IC	183	= 7538	IC	340	= 13464	IC	553	= 27625	IC	718	= 36174
HICK	96B	= 71518	IC	184	= 7554	IC	342	= 13826	IC	555	= 27716	IC	719	= 36205
HICK	96C	= 71505	IC	187	= 7683	IC	343	= 13495	IC	556	= 27838	IC	720	= 36333
HICK	97A	= 72408	IC	189	= 7716	IC	346	= 13575	IC	558	= 27931	IC	721	= 36354
HICK	97B	= 72430	IC	190	= 7731	IC	347	= 13622	IC	560	= 27998	IC	722	= 36365
HICK	97C	= 72409	IC	191	= 7763	IC	356	= 14508	IC	562	= 28011	IC	724	= 36450
HICK	97D	= 72404	IC	192	= 7768	IC	357	= 14384	IC	563	= 28032	IC	725	= 36444
HICK	98A	= 72803	IC	193	= 7765	IC	358	= 14382	IC	564	= 28033	IC	727	= 36536
HICK	98B	= 72808	IC	194	= 7812	IC	359	= 14653	IC	565	= 28159	IC	728	= 36580
HICK	98C	= 72810	IC	195	= 7846	IC	362	= 14782	IC	568	= 28368	IC	730	= 36658
HICK	98D	= 72806	IC	196	= 7856	IC	365	= 14860	IC	573	= 28513	IC	732	= 36688
HICK	99A	= 54	IC	197	= 7875	IC	367	= 14917	IC	574	= 28569	IC	736	= 36861
HICK	99B	= 63	IC	198	= 8011	IC	370	= 15029	IC	575	= 28575	IC	737	= 36867
HICK	99C	= 58	IC	199	= 8026	IC	373	= 15335	IC	577	= 28662	IC	739	= 37097
HICK	100A	= 101	IC	200	= 8064	IC	381	= 15917	IC	578	= 28674	IC	740	= 37024
HICK	100B	= 108	IC	202	= 8101	IC	382	= 15691	IC	579	= 28702	IC	742	= 37056
HICK	100C	= 89	IC	205	= 8098	IC	385	= 15746	IC	580	= 28788	IC	743	= 37267
IC	4	= 897	IC	207	= 8251	IC	387	= 15831	IC	581	= 28800	IC	745	= 37339
IC	10	= 1305	IC	208	= 8167	IC	389	= 15840	IC	584	= 28839	IC	746	= 37440
IC	13	= 1301	IC	209	= 8200	IC	390	= 15844	IC	585	= 28897	IC	749	= 37692
IC	17	= 1723	IC	210	= 8232	IC	391	= 16402	IC	587	= 29127	IC	750	= 37719
IC	25	= 1905	IC	211	= 8360	IC	392	= 15973	IC	588	= 29057	IC	751	= 37721
IC	31	= 2062	IC	212	= 8527	IC	395	= 16095	IC	591	= 29435	IC	753	= 37745
IC	34	= 2134	IC	213	= 8556	IC	396	= 16423	IC	592	= 29465	IC	754	= 37757
IC	35	= 2246	IC	214	= 8562	IC	398	= 16433	IC	593	= 29482	IC	755	= 37912
IC	39	= 2349	IC	217	= 8673	IC	399	= 16582	IC	594	= 29496	IC	756	= 38054
IC	43	= 2536	IC	219	= 8813	IC	401	= 16672	IC	598	= 29745	IC	758	= 38173
IC	44	= 2527	IC	221	= 9035	IC	402	= 16742	IC	600	= 30041	IC	760	= 38345
IC	45	= 2537	IC	223	= 8998	IC	407	= 17056	IC	601	= 30086	IC	762	= 38532
IC	46	= 2575	IC	225	= 9283	IC	411	= 17130	IC	602	= 30090	IC	763	= 38525
IC	48	= 2603	IC	226	= 9373	IC	412	= 17180	IC	603	= 30166	IC	764	= 38711
IC	49	= 2617	IC	228	= 9300	IC	413	= 17181	IC	605	= 30363	IC	766	= 38775
IC	51	= 2710	IC	231	= 9514	IC	416	= 17229	IC	606	= 30448	IC	767	= 38792
IC	52	= 2834	IC	232	= 9588	IC	421	= 17407	IC	607	= 30496	IC	768	= 38848
IC	53	= 2951	IC	233	= 9610	IC	438	= 18047	IC	609	= 30600	IC	769	= 38916
IC	56	= 3014	IC	234	= 9613	IC	440	= 18807	IC	610	= 30670	IC	771	= 39176
IC	56A	= 3035	IC	235	= 9698	IC	441	= 18315	IC	611	= 30670	IC	773	= 39493
IC	57	= 3229	IC	238	= 9835	IC	442	= 19306	IC	616	= 31159	IC	775	= 39587
IC	65	= 3635	IC	239	= 9899	IC	445	= 19328	IC	622	= 31302	IC	776	= 39613
IC	66	= 3606	IC	240	= 10026	IC	449	= 19554	IC	624	= 31426	IC	777	= 39663
IC	69	= 3666	IC	241	= 9969	IC	450	= 19756	IC	626	= 31501	IC	779	= 39690
IC	75	= 3959	IC	243	= 10009	IC	451	= 19775	IC	628	= 31567	IC	780	= 39745
(IC	77)	= 4071	IC	247	= 10100	IC	454	= 19725	IC	629	= 31513	IC	783	= 39965
IC	78	= 4079	IC	248	= 10197	IC	455	= 21334	IC	630	= 31636	IC	783A	= 40068
IC	79	= 4082	IC	249	= 10172	IC	456	= 19993	IC	632	= 31673	IC	784	= 40092
(IC	80)	= 4071	IC	257	= 10729	IC	458	= 20306	IC	633	= 31691	IC	785	= 40167
IC	80B	= 4074	IC	258	= 10721	IC	464	= 20334	IC	635	= 31858	IC	786	= 40189
IC	87	= 4454	IC	259	= 10730	IC	465	= 20357	IC	638	= 31988	IC	787	= 40517
IC	89	= 4578	IC	260	= 10812	IC	467	= 21164	IC	642	= 32278	IC	788	= 40643
IC	90	= 4606	IC	261	= 10664	IC	469	= 22213	IC	644	= 32564	IC	789	= 40673
IC	93	= 4724	IC	262	= 10850	IC	471	= 21659	IC	646	= 32568	IC	790	= 40713
IC	100	= 5029	IC	267	= 10932	IC	472	= 21665	IC	651	= 32517	IC	791	= 40783
IC	101	= 5147	IC	270	= 11061	IC	475	= 21795	IC	652	= 32514	IC	792	= 40800
IC	102	= 5172	IC	273	= 11156	IC	480	= 22188	IC	653	= 32611	IC	794	= 40964
IC	103	= 5192	IC	276	= 11264	IC	485	= 22443	IC	654	= 32716	IC	796	= 41160
IC	106	= 5210	IC	277	= 11336	IC	486	= 22445	IC	657	= 32966	IC	797	= 41504
IC	107	= 5250	IC	278	= 11414	IC	487	= 22377	IC	658	= 33004	IC	799	= 41748
IC	109	= 5251	IC	281	= 11581	IC	492	= 22724	IC	659	= 32979	IC	800	= 41763
IC	112	= 5328	IC	284	= 11643	IC	494	= 22755	IC	662	= 33091	IC	801	= 41739
IC	114	= 5343	IC	285	= 11557	IC	497	= 22918	IC	664	= 33191	IC	806	= 42642
IC	115	= 5395	IC	288	= 11702	IC	499	= 24602	IC	669	= 33662	IC	809	= 42638
IC	119	= 5465	IC	290	= 11817	IC	501	= 23305	IC	670	= 33680	IC	810	= 42643
IC	120	= 5484	IC	291	= 11699	IC	503	= 23474	IC	671	= 33689	IC	811	= 42946
IC	121	= 5492	IC	292	= 11846	IC	504	= 23495	IC	673	= 33817	IC	813	= 42981
IC	123	= 5524	IC	294	= 11878	IC	507	= 23616	IC	674	= 33982	IC	816	= 43111
IC	126	= 5577	IC	296	= 11878	IC	508	= 23762	IC	676	= 34107	IC	818	= 43113
IC	127	= 5581	IC	298	= 11890	IC	509	= 23936	IC	677	= 34211	IC	819	= 43062
IC	129	= 5675	IC	298A	= 11893	IC	510	= 23940	IC	678	= 34222	IC	820	= 43065
IC	138	= 5771	IC	301	= 12074	IC	511	= 24397	IC	680	= 34520	IC	821	= 43161
IC	141	= 5765	IC	302	= 11972	IC	512	= 25451	IC	683E	= 34807	IC	823	= 43200
IC	146	= 6083	IC	304	= 12080	IC	513	= 23983	IC	684	= 34814	IC	826	= 43538
IC	150	= 6316	IC	307	= 12017	IC	520	= 24970	IC	689	= 34986	IC	827	= 43607
IC	154	= 6439	IC	309	= 12141	IC	522	= 25009	IC	691	= 35206	IC	830	= 43533
IC	156	= 6448	IC	310	= 12171	IC	523	= 24948	IC	692	= 35151	IC	832	= 43848
IC	159	= 6505	IC	311	= 12177	IC	527	= 25821	IC	694	= 35326	IC	835	= 44200
IC	160	= 6511	IC	312	= 12279	IC	528	= 25783	IC	696	= 35332	IC	837	= 44322
IC	162	= 6643	IC	313	= 12558	IC	529	= 26295	IC	697	= 35327	IC	840	= 44495
IC	163	= 6675	IC	314	= 12342	IC	530	= 26101	IC	698	= 35364	IC	842	= 44795
IC	164	= 6666	(IC	316)	= 12578	IC	531	= 26258	IC	699	= 35365	IC	843	= 44908
IC	165	= 6759	IC	320	= 12819	IC	534	= 26471	IC	700	= 35382	IC	844	= 45086
IC	167	= 6833	IC	322	= 12820	IC	536	= 26669	IC	701	= 35494	IC	846	= 45267
IC	171	= 7139	IC	324	= 12846	IC	537	= 26717	IC	706	= 35658	IC	849	= 45480

RC3   612   IC

IC	850	= 45491	IC	1084	= 53648	(IC	1259)	= 60325	IC	1540	= 1276	IC	1719	= 6020
IC	851	= 45552	IC	1088	= 53951	IC	1262	= 60479	IC	1542	= 1328	IC	1720	= 6180
IC	852	= 45472	IC	1090	= 53753	IC	1264	= 60484	IC	1543	= 1333	IC	1721	= 6235
IC	853	= 45560	IC	1091	= 54044	IC	1265	= 60568	IC	1544	= 1362	IC	1722	= 6319
IC	854	= 45664	IC	1093	= 54002	IC	1267	= 60635	IC	1546	= 1382	IC	1723	= 6332
IC	856	= 45733	IC	1097	= 54059	IC	1269	= 61023	IC	1549	= 1464	IC	1724	= 6328
IC	857	= 45983	IC	1099	= 53967	IC	1277	= 61491	IC	1551	= 1700	IC	1726	= 6441
IC	858	= 46069	IC	1100	= 53920	IC	1279	= 61518	IC	1552	= 1817	IC	1727	= 6574
IC	860	= 46086	IC	1101	= 54167	IC	1286	= 61666	IC	1554	= 2000	IC	1728	= 6584
IC	861	= 46092	IC	1102	= 54188	IC	1288	= 61941	IC	1555	= 2071	IC	1729	= 6598
IC	863	= 46270	IC	1105	= 54338	IC	1291	= 62049	IC	1557	= 2131	IC	1731	= 6756
IC	867	= 46283	IC	1110	= 54265	IC	1296	= 62532	IC	1558	= 2142	IC	1732	= 6805
IC	871	= 46321	IC	1111	= 54473	IC	1301	= 63212	IC	1559	= 2201	IC	1733	= 6796
IC	874	= 46410	IC	1112	= 54604	IC	1302	= 63307	IC	1561	= 2305	IC	1734	= 6679
IC	875	= 46263	IC	1116	= 54848	IC	1303	= 63328	IC	1562	= 2308	IC	1736	= 6814
IC	879	= 46479	IC	1124	= 55254	IC	1309	= 64030	IC	1563	= 2332	IC	1738	= 6832
IC	881	= 46498	IC	1125	= 55388	IC	1313	= 64463	IC	1564	= 2342	IC	1742	= 6996
IC	882	= 46508	IC	1128	= 55648	IC	1316	= 64552	IC	1565	= 2372	IC	1743	= 6982
IC	883	= 46560	IC	1129	= 55330	IC	1317	= 64586	IC	1571	= 2440	IC	1744	= 7019
IC	892	= 47564	IC	1131	= 55683	IC	1320	= 64685	IC	1574	= 2578	IC	1746	= 7076
IC	893	= 47566	IC	1132	= 55750	IC	1321	= 64751	IC	1577	= 2603	IC	1748	= 7229
IC	896	= 47794	IC	1133	= 55793	IC	1324	= 64906	IC	1579	= 2667	IC	1749	= 7235
IC	897	= 47777	IC	1141	= 56141	IC	1327	= 65027	IC	1584	= 2766	IC	1750	= 7266
IC	900	= 47855	IC	1142	= 56169	IC	1330	= 65345	IC	1586	= 2813	IC	1753	= 7353
IC	902	= 47985	IC	1143	= 55279	IC	1331	= 65396	IC	1591	= 3054	IC	1755	= 7341
IC	903	= 48207	IC	1144	= 56216	IC	1334	= 65614	IC	1592	= 3139	IC	1756	= 7328
IC	904	= 48217	IC	1145	= 55904	IC	1337	= 65760	IC	1594	= 3161	IC	1759	= 7400
IC	907	= 48286	IC	1148	= 56467	IC	1339	= 65799	IC	1595	= 3162	IC	1761	= 7484
IC	910	= 48424	IC	1149	= 56511	IC	1347	= 65928	IC	1596	= 3219	IC	1762	= 7393
IC	913	= 48458	IC	1151	= 56537	IC	1357	= 66092	IC	1597	= 3144	IC	1764	= 7603
IC	933	= 48760	IC	1152	= 56450	IC	1359	= 66189	IC	1598	= 3217	IC	1765	= 7657
IC	944	= 49204	IC	1153	= 56462	IC	1361	= 66297	IC	1601	= 3287	IC	1767	= 7568
IC	946	= 49244	IC	1154	= 56273	IC	1365	= 66381	IC	1603	= 3401	IC	1770	= 7751
IC	947	= 49287	IC	1155	= 56648	IC	1368	= 66389	IC	1605	= 3436	IC	1771	= 7737
IC	948	= 49281	IC	1156	= 56650	IC	1371	= 66578	IC	1607	= 3512	IC	1773	= 7873
IC	949	= 49265	IC	1158	= 56723	IC	1386	= 66852	IC	1608	= 3549	IC	1774	= 7863
IC	951	= 49215	IC	1161	= 56695	IC	1392	= 67017	IC	1609	= 3567	IC	1776	= 7952
IC	952	= 49373	IC	1162	= 56693	IC	1401	= 67339	IC	1610	= 3681	IC	1778	= 8026
IC	954	= 49083	IC	1163	= 56717	IC	1405	= 67470	IC	1613	= 3844	IC	1779	= 8039
IC	959	= 49540	IC	1165	= 56769	IC	1411	= 67660	IC	1615	= 3812	IC	1781	= 8067
IC	962	= 49626	IC	1169	= 56925	IC	1412	= 67747	IC	1616	= 3846	IC	1782	= 8093
IC	966	= 49704	IC	1172	= 57015	IC	1417	= 67811	IC	1617	= 3818	IC	1783	= 8279
IC	970	= 50010	IC	1173	= 57037	IC	1418	= 67872	IC	1618	= 3899	IC	1784	= 8676
IC	971	= 50120	IC	1174	= 57059	IC	1420	= 67900	IC	1620	= 3960	IC	1787	= 8673
IC	976	= 50479	IC	1176	= 57075	IC	1423	= 67931	IC	1623	= 4008	IC	1788	= 8649
IC	979	= 50530	IC	1178	= 57062	IC	1427	= 67948	IC	1625	= 4001	IC	1789	= 8766
IC	982	= 50560	IC	1179	= 57053	IC	1437	= 68438	IC	1627	= 4027	IC	1790	= 8752
IC	983	= 50577	IC	1181	= 57063	IC	1438	= 68469	IC	1628	= 4075	IC	1791	= 8758
IC	984	= 50580	IC	1182	= 57084	IC	1439	= 68476	IC	1630	= 4036	IC	1793	= 8969
IC	988	= 50873	IC	1183	= 57086	IC	1441	= 68413	IC	1631	= 4068	IC	1794	= 8963
IC	989	= 50891	IC	1184	= 57086	IC	1443	= 68558	IC	1633	= 4149	IC	1796	= 9041
IC	991	= 51059	IC	1185	= 57096	IC	1445	= 68826	IC	1637	= 4227	IC	1797	= 9205
IC	992	= 51090	IC	1186	= 57095	IC	1447	= 68996	IC	1639	= 4292	IC	1799	= 9432
IC	994	= 51095	IC	1189	= 57135	IC	1448	= 69194	IC	1649	= 4298	IC	1801	= 9392
IC	995	= 50990	IC	1192	= 57157	IC	1455	= 69943	IC	1650	= 4334	IC	1803	= 9462
IC	996	= 51036	IC	1193	= 57155	IC	1458	= 70080	IC	1652	= 4498	IC	1809	= 9616
IC	999	= 51189	IC	1194	= 57172	IC	1459	= 70090	IC	1653	= 4512	IC	1810	= 9477
IC	1000	= 51201	IC	1195	= 57175	IC	1460	= 70086	IC	1654	= 4520	IC	1811	= 9555
IC	1010	= 51612	IC	1196	= 57246	IC	1461	= 70153	IC	1656	= 4550	IC	1812	= 9486
IC	1011	= 51662	IC	1197	= 57261	IC	1468	= 70429	IC	1657	= 4440	IC	1813	= 9567
IC	1012	= 51600	IC	1198	= 57273	IC	1473	= 70633	IC	1658	= 4561	IC	1815	= 9794
IC	1014	= 51685	IC	1199	= 57373	IC	1474	= 70702	IC	1659	= 4584	IC	1816	= 9634
IC	1017	= 51668	IC	1201	= 57104	IC	1478	= 70991	IC	1661	= 4594	IC	1823	= 10013
IC	1020	= 51728	IC	1202	= 57506	IC	1479	= 71021	IC	1666	= 4782	IC	1825	= 10031
IC	1021	= 51764	IC	1206	= 57623	IC	1481	= 71070	IC	1669	= 4802	IC	1826	= 10041
IC	1022	= 51808	IC	1209	= 57796	IC	1486	= 71321	IC	1670A	= 4711	IC	1827	= 10087
IC	1024	= 51895	IC	1210	= 57589	IC	1487	= 71356	IC	1670B	= 4707	IC	1828	= 10127
IC	1029	= 51955	IC	1211	= 57707	IC	1488	= 71370	IC	1671	= 4724	IC	1829	= 10127
IC	1042	= 52433	IC	1213	= 57937	IC	1492	= 71629	IC	1672	= 4848	IC	1830	= 10041
IC	1048	= 52564	IC	1214	= 57675	IC	1495	= 71631	IC	1677	= 4891	IC	1833	= 10205
IC	1049	= 52379	IC	1215	= 57638	IC	1496	= 71634	IC	1681	= 4916	IC	1834	= 10267
IC	1052	= 52632	IC	1216	= 57664	IC	1498	= 71677	IC	1683	= 5008	IC	1837	= 10315
IC	1054	= 52752	IC	1218	= 57699	IC	1501	= 71786	IC	1686	= 5060	IC	1839	= 10394
IC	1055	= 52811	IC	1219	= 58037	IC	1502	= 71864	IC	1687	= 5074	IC	1843	= 10429
IC	1056	= 52713	IC	1221	= 58528	IC	1503	= 71982	IC	1689	= 5108	IC	1852	= 10660
IC	1057	= 52713	IC	1222	= 58544	IC	1504	= 72117	IC	1690	= 5110	IC	1853	= 10595
IC	1060	= 53075	IC	1225	= 58607	IC	1507	= 72330	IC	1695	= 5245	IC	1854	= 10684
IC	1063	= 53094	IC	1228	= 58804	IC	1508	= 72345	IC	1696	= 5231	IC	1856	= 10647
IC	1065	= 52924	IC	1231	= 58973	IC	1511	= 72601	IC	1697	= 5238	IC	1857	= 10715
IC	1066	= 53176	IC	1235	= 59146	IC	1513	= 72773	IC	1698	= 5261	IC	1858	= 10671
IC	1067	= 53178	IC	1236	= 59350	IC	1515	= 72922	IC	1700	= 5271	IC	1859	= 10665
IC	1069	= 53000	IC	1237	= 59280	IC	1516	= 72927	IC	1702	= 5321	IC	1860	= 10707
IC	1071	= 53260	IC	1242	= 59688	IC	1524	= 73143	IC	1703	= 5351	IC	1861	= 10905
IC	1075	= 53314	IC	1245	= 59835	IC	1525	= 73150	IC	1704	= 5411	IC	1862	= 10858
IC	1076	= 53320	IC	1248	= 59791	IC	1529	= 364	IC	1706	= 5433	IC	1864	= 10925
IC	1077	= 53450	IC	1251	= 59735	IC	1530	= 569	IC	1710	= 5634	IC	1865	= 11035
IC	1078	= 53411	IC	1254	= 59783	IC	1531	= 684	IC	1711	= 5643	IC	1870	= 11202
IC	1079	= 53418	IC	1256	= 60203	IC	1532	= 695	IC	1712	= 5663	IC	1873	= 11541
IC	1080	= 53480	IC	1258	= 60320	IC	1534	= 910	IC	1713	= 5746	IC	1875	= 11549
IC	1081	= 53525	(IC	1259)	= 60323	IC	1539	= 1194	IC	1715	= 5805	IC	1876	= 11577

IC	1879	= 11542	IC	2082	= 15239	IC	2369	= 23678	IC	2574	= 30819	IC	3007	= 38486
IC	1880	= 11656	IC	2083	= 15339	IC	2373	= 23695	IC	2576	= 30634	IC	3008	= 38512
IC	1881	= 11789	IC	2085	= 15388	IC	2375	= 23672	IC	2578	= 30753	IC	3010	= 38511
IC	1882	= 11718	IC	2089	= 15487	IC	2378	= 23771	IC	2579	= 30892	IC	3011	= 38527
IC	1884	= 11817	IC	2095	= 16067	IC	2379	= 23681	IC	2580	= 30814	IC	3012	= 38546
IC	1885	= 11665	IC	2097	= 16134	IC	2387	= 24299	IC	2582	= 30880	IC	3014	= 38562
IC	1887	= 11846	IC	2098	= 16144	IC	2389	= 24711	IC	2584	= 30938	IC	3015	= 38588
IC	1892	= 11750	IC	2099	= 16146	IC	2393	= 24669	IC	2585	= 30988	IC	3017	= 38627
IC	1895	= 11807	IC	2101	= 16187	IC	2394	= 24678	IC	2586	= 31025	IC	3019	= 38624
IC	1898	= 11851	IC	2102	= 16197	IC	2401	= 24728	IC	2587	= 31020	IC	3021	= 38684
IC	1904	= 12079	IC	2103	= 15758	IC	2404	= 24725	IC	2588	= 31088	IC	3022	= 38694
IC	1906	= 12138	IC	2104	= 16367	IC	2406	= 24721	IC	2589	= 31126	IC	3023	= 38692
IC	1907	= 12405	IC	2106	= 16373	IC	2407	= 24726	IC	2590	= 31429	IC	3024	= 38709
IC	1908	= 12085	IC	2108	= 16396	IC	2409	= 24748	IC	2591	= 31474	IC	3025	= 38726
IC	1909	= 12212	IC	2112	= 16534	IC	2421	= 24996	IC	2592	= 31335	IC	3029	= 38755
IC	1913	= 12404	IC	2113	= 16499	IC	2423	= 25021	IC	2594	= 31405	IC	3032	= 38800
IC	1914	= 12390	IC	2121	= 17110	IC	2424	= 25134	IC	2596	= 31265	IC	3033	= 38803
IC	1919	= 12825	IC	2122	= 17081	IC	2428	= 25423	IC	2597	= 31586	IC	3035	= 38885
IC	1928	= 12884	IC	2123	= 17180	IC	2429	= 25446	IC	2598	= 31713	IC	3036	= 38888
IC	1929	= 12799	IC	2124	= 17181	IC	2430	= 25467	IC	2604	= 32390	IC	3039	= 38919
IC	1932	= 12817	IC	2130	= 17402	IC	2431	= 25476	IC	2606	= 32465	IC	3040	= 38922
IC	1933	= 12807	IC	2132	= 17415	IC	2434	= 25609	IC	2609	= 32466	IC	3042	= 38943
IC	1935	= 12833	IC	2133	= 17625	IC	2435	= 25571	IC	2613	= 32614	IC	3044	= 38945
IC	1938	= 12874	IC	2135	= 17433	IC	2437	= 25518	IC	2620	= 33332	IC	3046	= 38977
IC	1940	= 12896	IC	2136	= 17433	IC	2443	= 25908	IC	2622	= 33362	IC	3049	= 39009
IC	1946	= 12972	IC	2137	= 17463	IC	2444	= 25969	IC	2623	= 33418	IC	3050	= 39025
IC	1947	= 13027	IC	2138	= 17463	IC	2445	= 25985	IC	2624	= 33667	IC	3051	= 39142
IC	1949	= 13047	IC	2143	= 17810	IC	2446	= 26002	IC	2625	= 33671	IC	3059	= 39142
IC	1950	= 13053	IC	2150	= 18000	IC	2453	= 26131	IC	2627	= 33860	IC	3061	= 39152
IC	1952	= 13171	IC	2151	= 18040	IC	2454	= 26139	IC	2634	= 34178	IC	3062	= 39156
IC	1953	= 13184	IC	2152	= 18148	IC	2458	= 26485	IC	2637	= 34199	IC	3063	= 39160
IC	1954	= 13090	IC	2153	= 18212	IC	2461	= 26930	IC	2638	= 34205	IC	3064	= 39183
IC	1956	= 13279	IC	2154	= 18258	IC	2469	= 26561	IC	2668	= 34333	IC	3065	= 39173
IC	1959	= 13163	IC	2158	= 18388	IC	2471	= 26707	IC	2672	= 34368	IC	3066	= 39181
IC	1960	= 13135	IC	2160	= 18092	IC	2473	= 26817	IC	2674	= 34373	IC	3073	= 39215
IC	1962	= 13283	IC	2163	= 18751	IC	2476	= 26854	IC	2680	= 34387	IC	3074	= 39233
IC	1963	= 13277	IC	2164	= 18424	IC	2480	= 26883	IC	2735	= 34772	IC	3077	= 39256
IC	1965	= 13162	IC	2166	= 19064	IC	2481	= 26826	IC	2738	= 34797	IC	3087	= 39308
IC	1970	= 13322	IC	2171	= 19526	IC	2482	= 26796	IC	2744	= 34833	IC	3093	= 39342
IC	1977	= 13536	IC	2174	= 20252	IC	2486	= 26982	IC	2749	= 34829	IC	3094	= 39362
IC	1978	= 13350	IC	2175	= 19981	IC	2487	= 26966	IC	2757	= 34858	IC	3098	= 39389
IC	1980	= 13345	IC	2179	= 20516	IC	2489	= 26966	IC	2759	= 34882	IC	3099	= 39390
IC	1981	= 13520	IC	2180	= 20344	IC	2490	= 27121	IC	2763	= 34887	IC	3100	= 39381
IC	1983	= 13544	IC	2181	= 20417	IC	2491	= 27254	IC	2764	= 35222	IC	3102	= 39412
IC	1989	= 13581	IC	2184	= 21123	IC	2494	= 27309	IC	2767	= 34887	IC	3104	= 39573
IC	1993	= 13840	IC	2185	= 20889	IC	2495	= 27455	IC	2782	= 34934	IC	3105	= 39431
IC	1997	= 13740	IC	2190	= 21144	IC	2498	= 27668	IC	2787	= 34969	IC	3107	= 39458
IC	2000	= 13912	IC	2193	= 21276	IC	2505	= 27936	IC	2810	= 35142	IC	3112	= 39450
IC	2002	= 14080	IC	2196	= 21300	IC	2507	= 27903	IC	2810A	= 35142	IC	3113	= 39479
IC	2006	= 14077	IC	2199	= 21328	IC	2510	= 28147	IC	2822	= 35196	IC	3115	= 39483
IC	2007	= 14110	IC	2200	= 21075	IC	2511	= 28246	IC	2828	= 35225	IC	3118	= 39503
IC	2008	= 14110	IC	2200A	= 21062	IC	2514	= 28283	IC	2850	= 35301	IC	3120	= 39513
IC	2009	= 14041	IC	2201	= 21372	IC	2515	= 28581	IC	2853	= 35302	IC	3122	= 39519
IC	2010	= 13995	IC	2202	= 21057	IC	2520	= 28682	IC	2857	= 35320	IC	3128	= 39562
IC	2014	= 14108	IC	2203	= 21555	IC	2522	= 28606	IC	2889	= 35469	IC	3128A	= 39562
IC	2017	= 14140	IC	2204	= 21581	IC	2523	= 28607	IC	2910	= 35557	IC	3136	= 39601
IC	2018	= 14173	IC	2207	= 21918	IC	2524	= 28758	IC	2913	= 35554	(IC	3142)	= 39619
IC	2024	= 14249	IC	2209	= 22232	IC	2526	= 28732	IC	2928	= 35687	IC	3148	= 39658
IC	2025	= 14257	IC	2211	= 22314	IC	2529	= 28876	IC	2933	= 35732	IC	3149	= 39664
IC	2028	= 14299	IC	2214	= 22417	IC	2530	= 29019	IC	2941	= 35881	IC	3150	= 39673
IC	2032	= 14481	IC	2217	= 22476	IC	2531	= 28909	IC	2943	= 35926	IC	3152	= 39688
IC	2033	= 14491	IC	2219	= 22565	IC	2532	= 28915	IC	2947	= 35981	IC	3155	= 39708
IC	2034	= 14469	IC	2226	= 22747	IC	2533	= 28948	IC	2950	= 36287	IC	3165	= 39749
IC	2035	= 14558	IC	2228	= 22786	IC	2534	= 29016	IC	2951	= 36436	IC	3171	= 39796
IC	2036	= 14586	IC	2231	= 22950	IC	2535	= 29222	IC	2953	= 36530	IC	3175	= 39831
IC	2037	= 14521	IC	2232	= 23028	IC	2536	= 29157	IC	2955	= 36603	IC	3181	= 39846
IC	2038	= 14553	IC	2233	= 23071	IC	2537	= 29179	IC	2956	= 36625	IC	3186	= 39875
IC	2039	= 14560	IC	2239	= 23078	IC	2538	= 29181	IC	2961	= 36812	IC	3188	= 39872
IC	2040	= 14670	IC	2253	= 23204	IC	2539	= 29203	IC	2963	= 36933	IC	3203	= 39984
IC	2041	= 14656	IC	2254	= 23206	IC	2540	= 29389	IC	2965	= 37326	IC	3209	= 40038
IC	2043	= 14623	IC	2256	= 23214	IC	2541	= 29309	IC	2967	= 37042	IC	3210	= 39987
IC	2049	= 14636	IC	2267	= 23266	IC	2545	= 29334	IC	2968	= 37219	IC	3211	= 40034
IC	2050	= 14704	IC	2282	= 23333	IC	2548	= 29461	IC	2969	= 37196	IC	3212	= 40036
IC	2051	= 13999	IC	2283	= 23333	IC	2550	= 29615	IC	2972	= 37285	IC	3215	= 40040
IC	2052	= 14729	IC	2288	= 23342	IC	2551	= 29632	IC	2973	= 37308	IC	3225	= 40111
IC	2056	= 14773	IC	2290	= 23334	IC	2552	= 29637	IC	2974	= 37304	IC	3229	= 40147
IC	2057	= 14962	IC	2293	= 23352	IC	2554	= 29512	IC	2976	= 37488	IC	3239	= 40187
IC	2058	= 14824	IC	2308	= 23415	IC	2555	= 29691	IC	2977	= 37405	IC	3244	= 40196
IC	2059	= 14910	IC	2311	= 23304	IC	2556	= 29727	IC	2978	= 37515	IC	3247	= 40205
IC	2060	= 14823	IC	2327	= 23447	IC	2558	= 29895	IC	2979	= 37559	IC	3253	= 40265
IC	2062	= 15488	IC	2329	= 23483	IC	2559	= 29898	IC	2980	= 37612	IC	3254	= 40231
IC	2065	= 14943	IC	2338	= 23546	IC	2560	= 29993	IC	2983	= 37655	IC	3256	= 40252
IC	2066	= 15019	IC	2339	= 23542	IC	2561	= 30147	IC	2985	= 37744	IC	3258	= 40264
IC	2068	= 15106	IC	2341	= 23552	IC	2563	= 30125	IC	2986	= 37795	IC	3259	= 40273
IC	2070	= 15048	IC	2348	= 23589	IC	2565	= 30288	IC	2987	= 38088	IC	3260	= 40280
IC	2073	= 15102	IC	2359	= 23630	IC	2566	= 30357	IC	2989	= 38213	IC	3262	= 40271
IC	2075	= 15348	IC	2361	= 23646	IC	2568	= 30371	IC	2995	= 38330	IC	3263	= 40270
IC	2077	= 15447	IC	2363	= 23650	IC	2571	= 30308	IC	2996	= 38334	IC	3265	= 40303
IC	2079	= 15200	IC	2365	= 23673	IC	2572	= 30562	IC	2997	= 38288	IC	3266	= 40303
IC	2081	= 15231	IC	2367	= 23579	IC	2573	= 30442	IC	3005	= 38464	IC	3267	= 40317

RC3   614   IC

IC	=	IC	=	IC	=	IC	=	IC	=
3268	40321	3581	42076	4012	44714	4322	48635	4538	54776
3271	40337	3582	42060	4021	44726	4325	48908	4541	55252
3273	40342	3583	42081	4026	44749	4326	48966	4545	55799
3274	40344	3585	42067	4028	44731	4327	48997	4546	55115
3289	40446	3587	42083	4040	44789	4328	49023	4547	55130
3290	40470	3588	42100	4041	44804	4329	49025	4551	55637
3298	40458	3591	42108	4042	44808	4329A	49051	4553	55497
3300	40459	3592	42097	4045	44818	4330	48881	4554	55497
3303	40485	3593	42098	4049	44806	4333	50242	4555	56077
3305	40488	3598	42137	4051	44832	4334	49072	4562	55559
3308	40495	3599	42154	4064	44867	4336	49146	4562A	55563
3309	40501	3600	42161	4086	44920	4338	49308	4564	55584
3311	40530	3608	42264	4088	44921	4340	49364	4566	55601
3322	40607	3611	42307	4100	44963	4341	49366	4567	55620
3322A	40566	3615	42306	4122	45092	4345	49507	4568	55746
3323	40600	3617	42348	4133	45140	4350	49628	4569	55783
3328	40616	3618	42315	4136	45177	4351	49676	4570	55797
3329	40600	3620	42330	4144	45145	4352	49726	4571	56106
3330	40612	3623	42353	4149	45159	4355	49690	4578	56305
3331	40638	3631	42389	4156	45224	4357	49879	4580	55862
3336	40669	3635	42430	4166	45264	4358	50092	4581	55893
3344	40706	3639	42504	4178	45306	4362	50246	4582	55967
3349	40744	3645	42479	4180	45408	4366	50230	4584	56627
3355	40754	3646	42478	4182	45314	4367	50266	4585	56630
3356	40761	3647	42503	4189	45336	4369	50140	4587	56614
3358	40764	3651	42500	4196	45466	4370	50139	4588	57006
3363	40786	3652	42521	4197	45514	4371	50159	4595	57876
3365	40811	3653	42550	4198	45484	4374	50385	4596	57665
3370	40887	3662	42583	4200	45634	4375	50423	4608	58968
3371	40839	3665	42598	4202	45549	4377	51013	4610	58505
3374	40876	3672	42638	4209	45702	4381	50629	4612	58505
3376	40920	3675	42607	4210	45742	4382	50635	4615	58644
3381	40985	3687	42656	4212	45845	4383	50713	4618	59325
3388	41018	3688	42699	4213	45848	4384	50690	4621	59104
3391	41013	3690	42732	4214	46304	4386	50905	4625	59186
3392	41061	3692	42743	4215	46186	4387	50904	4630	59257
3393	41054	3694	42766	4216	46252	4390	51015	4633	59884
3402	41100	3698	42790	4218	46254	4393	51061	4635	59959
3407	41112	3702	42810	4219	46363	4395	51033	4640	60209
3412	41152	3704	42836	4221	46366	4397	51073	4641	60221
3413	41155	3708	42857	4222	46479	4398	51082	4643	59861
3414	41166	3709	42869	4225	46507	4399	51100	4644	60234
3416	41178	3716	42947	4226	46555	4401	51173	4646	60208
3418	41207	3718	42944	4229	46717	4402	51288	4647	60280
3425	41244	3719	42947	4230	46768	4403	51091	4652	60290
3427	41272	3720	42949	4231	46768	4405	51167	4653	60311
3432	41320	3721	42956	4232	46779	4407	51404	4654	60582
3437	41350	3723	42914	4234	46761	4408	51283	4656	60595
3438	41383	3726	42938	4237	46878	4409	51306	4660	60124
3442	41435	3727	42969	4239	46872	4421	51704	4661	60990
3443	41421	3730	42971	4243	46984	4422	51530	4662	60851
3446	41440	3734	42981	4247	47073	4423	51549	4662A	61002
3453	41466	3735	42991	4248	47078	4424	51624	4664	60907
3454	41468	3742	43001	4249	47119	4425	51575	4669	60856
3457	41494	3754	43074	4251	47145	4426	51607	4674	61445
3459	41505	3773	43146	4252	47150	4427	51591	4679	61522
3461	41529	3799	43313	4253	47161	4429	51637	4680	61598
3466	41536	3804	43286	4255	47209	4431	51600	4682	61669
3467	41572	3806	43303	4259	47356	4436	51654	4686	61601
3468	41552	3813	43418	4262	47457	4442	51725	4687	61602
3470	41573	3826	43473	4263	47270	4444	51905	4688	61441
3471	41567	3829	43558	4264	47452	4447	51754	4689	61604
3473	41558	3831	43536	4267	47474	4448	52426	4692	61638
3474	41599	3833	43560	4273	47552	4450	51939	4694	61647
3475	41606	3852	43750	4275	47573	4451	52094	4696	61750
3476	41608	3881	43961	4276	47594	4452	51951	4702	61810
3478	41614	3892	44001	4280	47688	4453	52084	4704	61906
3481	41634	3895	44010	4281	47653	4464	52286	4705	61914
3481A	41646	3896	44180	4283	47611	4468	52324	4710	61922
3483	41670	3896A	44040	4288	47831	4469	52258	4712	61981
3489	41683	3900	44068	4289	47861	4471	52207	4713	61956
3490	41681	3908	44166	4290	47905	4472	52410	4714	61976
3492	41698	3913	44147	4293	47987	4479	52338	4717	62024
3499	41738	3927	44419	4295	48035	4483	52417	4718	62048
3500	41751	3935	44424	4296	48040	4484	52837	4719	62022
3508	41774	3946	44508	4297	47906	4491	52811	4720	62030
3510	41803	3947	44515	4298	48036	4497	52636	4721	62066
3516	41808	3949	44524	4299	48057	4498	52667	4722	62071
3517	41829	3955	44544	4302	47935	4504	52750	4726	62133
3518	41828	3957	44554	4304	47980	4505	52754	4727	62165
3520	41830	3959	44553	4307	48032	4509	52874	4728	62166
3521	41847	3960	44551	4310	48258	4514	53010	4729	62218
3522	41865	3963	44567	4311	48352	4516	53274	4730	62192
3528	41882	3973	44612	4312	48384	4522	54216	4731	62187
3540	41936	3974	45269	4314	48197	4523	53845	4734	62175
3543	41974	3976	44603	4315	48346	4527	53879	4736	62181
3562	42021	3986	44905	4316	48368	4528	53607	4737	62222
3569	42020	3990	44633	4318	48613	4530	53752	4738	62234
3576	42074	3998	44664	4319	48617	4533	53803	4739	62246
3578	42079	4011	44705	4320	48655	4536	54324	4740	62306

IC	4741	= 62269	IC	4881	= 63506	IC	5041	= 65258	IC	5224	= 69011	IC	5362	= 72648
IC	4742	= 62270	IC	4882	= 63505	IC	5042	= 65394	IC	5227	= 69170	IC	5369	= 73190
IC	4745	= 62292	IC	4883	= 63537	IC	5046	= 65249	IC	5228	= 69094	IC	5374	= 79
IC	4748	= 62299	IC	4885	= 63577	IC	5047	= 65258	IC	5233	= 69290	IC	5375	= 80
IC	4749	= 62300	IC	4886	= 63555	IC	5050	= 65310	IC	5237	= 69539	IC	5376	= 102
IC	4750	= 62308	IC	4888	= 63609	IC	5052	= 65603	IC	5240	= 69521	IC	5377	= 156
IC	4751	= 62317	IC	4889	= 63620	IC	5053	= 65662	IC	5241	= 69504	IC	5381	= 212
IC	4753	= 62319	IC	4890	= 63631	IC	5054	= 65665	IC	5242	= 69487	IC	5386	= 485
IC	4754	= 62331	IC	4892	= 63709	IC	5056	= 65452	IC	5243	= 69495	IRAS00001+0827	=	179
IC	4757	= 62327	IC	4894	= 63662	IC	5058	= 65376	IC	5244	= 69620	IRAS00003-3431	=	195
IC	4760	= 62369	IC	4895	= 63616	IC	5062	= 65428	IC	5249	= 69707	IRAS00005-0211	=	205
IC	4761	= 62326	IC	4899	= 63799	IC	5063	= 65600	IC	5250	= 69713	IRAS00007+0820	=	226
IC	4763	= 62035	IC	4901	= 63797	IC	5064	= 65634	IC	5250A	= 69714	IRAS00009-1101	=	243
IC	4764	= 62396	IC	4906	= 63849	IC	5065	= 65580	IC	5252	= 69744	IRAS00010+2255	=	250
IC	4765	= 62407	IC	4908	= 63855	IC	5069	= 65870	IC	5253	= 69659	IRAS00012+0712	=	263
IC	4766	= 62421	IC	4909	= 63848	IC	5071	= 65915	IC	5256	= 69820	IRAS00014+2028	=	279
IC	4767	= 62427	IC	4912	= 64115	IC	5073	= 65992	IC	5257	= 69885	IRAS00018+3111	=	303
IC	4769	= 62428	IC	4913	= 63850	IC	5078	= 65960	IC	5258	= 69869	IRAS00022-6220	=	328
IC	4770	= 62439	IC	4915	= 63909	IC	5082	= 66039	IC	5260	= 69964	IRAS00022-0150	=	329
IC	4771	= 62445	IC	4916	= 63902	IC	5084	= 66208	IC	5261	= 69969	IRAS00027-1645	=	367
IC	4773	= 62498	IC	4917	= 63923	IC	5086	= 66179	IC	5262	= 70007	IRAS00037+1955	=	473
IC	4774	= 62438	IC	4919	= 63956	IC	5087	= 66391	IC	5263	= 70137	IRAS00038-1341	=	483
IC	4775	= 62447	IC	4923	= 63984	IC	5090	= 66299	IC	5264	= 70081	IRAS00041+2552	=	507
IC	4777	= 62440	IC	4926	= 63961	IC	5092	= 66452	IC	5265	= 70090	IRAS00042+0821	=	515
IC	4778	= 62472	IC	4927	= 64000	IC	5094	= 66515	IC	5266	= 70142	IRAS00047+0801	=	565
IC	4779	= 62480	IC	4929	= 64108	IC	5095	= 66498	IC	5267	= 70094	IRAS00047+2725	=	564
IC	4781	= 62505	IC	4931	= 63976	IC	5096	= 66530	IC	5267A	= 70036	IRAS00047+3219	=	569
IC	4782	= 62495	IC	4932	= 64012	IC	5100	= 66628	IC	5267B	= 70085	IRAS00054+3247	=	608
IC	4784	= 62527	IC	4933	= 64042	IC	5101	= 66636	IC	5269	= 70110	IRAS00055-0926	=	613
IC	4785	= 62528	IC	4935	= 64064	IC	5103	= 66841	IC	5269A	= 70039	IRAS00055+2643	=	617
IC	4787	= 62579	IC	4936	= 64088	IC	5104	= 66622	IC	5269B	= 70070	IRAS00059-0529	=	637
IC	4789	= 62582	IC	4937	= 64074	IC	5105	= 66694	IC	5269C	= 70253	IRAS00060-3408	=	634
IC	4790	= 62590	IC	4938	= 64096	IC	5105A	= 66723	IC	5270	= 70117	IRAS00060-0100	=	639
IC	4796	= 62588	IC	4943	= 64102	IC	5105B	= 66740	IC	5271	= 70128	IRAS00061+3710	=	642
IC	4797	= 62589	IC	4944	= 64129	IC	5106	= 66824	IC	5272	= 70188	IRAS00063+2332	=	652
IC	4798	= 62630	IC	4945	= 64222	IC	5108	= 66944	IC	5273	= 70184	IRAS00064-3311	=	659
IC	4799	= 62643	IC	4946	= 64614	IC	5110	= 66878	IC	5274	= 70149	IRAS00068+4704	=	676
IC	4800	= 62637	IC	4947	= 64138	IC	5116	= 67055	IC	5278	= 70232	IRAS00073-2514	=	701
IC	4801	= 62655	IC	4949	= 64136	IC	5119	= 66969	IC	5279	= 70335	IRAS00073-2538	=	698
IC	4804	= 62685	IC	4950	= 64159	IC	5120	= 67093	IC	5280	= 70372	IRAS00078+2533	=	732
IC	4806	= 62689	IC	4951	= 64181	IC	5121	= 67168	IC	5281	= 70299	IRAS00079+2843	=	742
IC	4807	= 62696	IC	4952	= 64163	IC	5123	= 67283	IC	5282	= 70323	IRAS00080+3242	=	759
IC	4808	= 62686	IC	4956	= 64230	IC	5125	= 67187	IC	5283	= 70350	IRAS00082+3304	=	767
IC	4810	= 62706	IC	4957	= 64183	IC	5128	= 67232	IC	5284	= 70492	IRAS00085-1223	=	781
IC	4817	= 62771	IC	4960	= 64363	IC	5130	= 67445	IC	5285	= 70497	IRAS00088+0606	=	798
IC	4818	= 62766	IC	4961	= 64229	IC	5131	= 67352	IC	5287	= 70575	IRAS00090+2740	=	810
IC	4819	= 62782	IC	4963	= 64255	IC	5135	= 67387	IC	5288	= 70662	IRAS00096+2202	=	847
IC	4820	= 62824	IC	4964	= 64432	IC	5138	= 67585	IC	5290	= 70705	IRAS00096+3046	=	852
IC	4821	= 62830	IC	4965	= 64272	IC	5139	= 67447	IC	5294	= 70884	IRAS00100+0513	=	859
IC	4823	= 62894	IC	4967	= 64396	IC	5140	= 67613	IC	5295	= 70839	IRAS00101+2144	=	865
IC	4824	= 62918	IC	4969	= 64288	IC	5141	= 67580	IC	5296	= 70847	IRAS00105-2429	=	879
IC	4826	= 62897	IC	4970	= 64415	IC	5142	= 67640	IC	5298	= 70877	IRAS00108+1712	=	897
IC	4827	= 62922	IC	4972	= 64436	IC	5145	= 67619	IC	5302	= 71082	IRAS00109-0522	=	902
IC	4828	= 62930	IC	4975	= 64325	IC	5147	= 67787	IC	5304	= 71028	IRAS00113+4757	=	929
IC	4829	= 62902	IC	4979	= 64342	IC	5149	= 67770	IC	5306	= 70992	IRAS00115-2327	=	930
IC	4830	= 62934	IC	4980	= 64367	IC	5152	= 67908	IC	5307	= 70992	IRAS00119-0726	=	967
IC	4831	= 62951	IC	4981	= 64486	IC	5156	= 67932	IC	5308	= 71066	IRAS00119+2810	=	970
IC	4832	= 62938	IC	4983	= 64382	IC	5157	= 67941	IC	5309	= 71051	IRAS00120+1818	=	978
IC	4833	= 62980	IC	4985	= 64505	IC	5158	= 68038	IC	5313	= 71213	IRAS00124-2421	=	991
IC	4836	= 62990	IC	4986	= 64423	IC	5165	= 68196	IC	5315	= 71174	IRAS00132+1548	=	1051
IC	4837	= 62963	IC	4987	= 64428	IC	5168	= 68133	IC	5321	= 71430	IRAS00142-0532	=	1109
IC	4837A	= 62964	IC	4991	= 64450	IC	5169	= 68198	IC	5323	= 71489	IRAS00145-1345	=	1125
IC	4838	= 63002	IC	4992	= 64597	IC	5170	= 68284	IC	5324	= 71526	IRAS00146-1934	=	1130
IC	4839	= 62975	IC	4994	= 64489	IC	5171	= 68223	IC	5325	= 71548	IRAS00148+1748	=	1144
IC	4840	= 62983	IC	4995	= 64491	IC	5174	= 68292	IC	5327	= 71631	IRAS00149-0706	=	1149
IC	4841	= 63092	IC	4998	= 64546	IC	5175	= 68296	IC	5328	= 71730	IRAS00150+2423	=	1158
IC	4842	= 63065	IC	4999	= 64613	IC	5176	= 68389	IC	5328A	= 71724	IRAS00151+1110	=	1160
IC	4844	= 63056	IC	5000	= 64552	IC	5177	= 68244	IC	5328B	= 71760	IRAS00156-5921	=	1172
IC	4845	= 63081	IC	5001	= 64681	IC	5178	= 68287	IC	5329	= 71731	IRAS00156-3759	=	1176
IC	4847	= 63160	IC	5002	= 64695	IC	5179	= 68455	IC	5331	= 71740	IRAS00156+1906	=	1186
IC	4851	= 63189	IC	5005	= 64657	IC	5180	= 68234	IC	5332	= 71775	IRAS00157+2947	=	1187
IC	4852	= 63204	IC	5008	= 64929	IC	5181	= 68317	IC	5333	= 71800	IRAS00157+4827	=	1198
IC	4854	= 63223	IC	5009	= 64923	IC	5183	= 68455	IC	5334	= 71784	IRAS00160-7325	=	1193
IC	4855	= 63223	IC	5011	= 64772	IC	5184	= 68455	IC	5335	= 71846	IRAS00163-1039	=	1221
IC	4856	= 63226	IC	5012	= 64802	IC	5186	= 68548	IC	5337	= 71875	IRAS00165-2312	=	1236
IC	4857	= 63256	IC	5013	= 64772	IC	5188	= 68539	IC	5338	= 71884	IRAS00177+5900	=	1305
IC	4858	= 63256	IC	5017	= 64902	IC	5190	= 68556	IC	5339	= 71965	IRAS00178+0032	=	1306
IC	4860	= 63326	IC	5018	= 64546	IC	5197	= 68584	IC	5342	= 71984	IRAS00179+4709	=	1315
IC	4862	= 63334	IC	5019	= 64850	IC	5199	= 68574	IC	5348	= 72300	IRAS00183+2135	=	1333
IC	4864	= 63494	IC	5020	= 64845	IC	5201	= 68618	IC	5349	= 72358	IRAS00196+1012	=	1426
IC	4866	= 63376	IC	5022	= 65186	IC	5202	= 68707	IC	5350	= 72396	IRAS00213+2401	=	1520
IC	4869	= 63398	IC	5023	= 65109	IC	5203	= 68684	IC	5351	= 72404	IRAS00214-3248	=	1518
IC	4870	= 63432	IC	5025	= 65304	IC	5206	= 68762	IC	5353	= 72421	IRAS00214+1529	=	1523
IC	4871	= 63395	IC	5026	= 65426	IC	5207	= 68738	IC	5354	= 72416	IRAS00215-6232	=	1517
IC	4872	= 63395	IC	5028	= 65250	IC	5208	= 68788	IC	5355	= 72397	IRAS00220+1432	=	1550
IC	4874	= 63403	IC	5031	= 65317	IC	5210	= 68674	IC	5356	= 72409	IRAS00220+3258	=	1546
IC	4875	= 63433	IC	5032	= 65317	IC	5211	= 68695	IC	5357	= 72408	IRAS00224+3104	=	1572
IC	4876	= 63434	IC	5034	= 65261	IC	5212	= 68739	IC	5358	= 72441	IRAS00226+0612	=	1577
IC	4877	= 63443	IC	5038	= 65365	IC	5218	= 68927	IC	5359	= 72430	IRAS00226+1236	=	1583
IC	4880	= 63508	IC	5039	= 65249	IC	5222	= 68993	IC	5361	= 72641	IRAS00228+1957	=	1591

IRAS00228+4538 =	1592	IRAS00417-1251 =	2629	IRAS01031+7520 =	3941	IRAS01216-3519 =	5120	IRAS01370+0659 =	6145
IRAS00232-0233 =	1609	IRAS00420-0401 =	2642	IRAS01033-4720 =	3888	IRAS01216+3332 =	5174	IRAS01371+4618 =	6173
IRAS00236-0446 =	1634	IRAS00435-0159 =	2691	IRAS01035+2517 =	3908	IRAS01219-3459 =	5154	IRAS01375+0528 =	6172
IRAS00241+3125 =	1654	IRAS00435+5056 =	2704	IRAS01038-3026 =	3907	IRAS01219+0128 =	5190	IRAS01375+3422 =	6189
IRAS00242+4945 =	1658	IRAS00438-1342 =	2710	IRAS01045+1341 =	3960	IRAS01219+0331 =	5193	IRAS01376-2856 =	6161
IRAS00244+1118 =	1665	IRAS00438+3603 =	2720	IRAS01045+3215 =	3966	IRAS01219+3154 =	5217	IRAS01377-2817 =	6165
IRAS00246+1947 =	1676	IRAS00446-2101 =	2758	IRAS01047-3847 =	3945	IRAS01220-3736 =	5158	IRAS01380-2909 =	6180
IRAS00247-0203 =	1678	IRAS00446+0738 =	2765	IRAS01049-3701 =	3971	IRAS01221+0916 =	5222	IRAS01380+0743 =	6208
IRAS00250+0836 =	1700	IRAS00452-2145 =	2799	IRAS01053-1746 =	4008	IRAS01221+0944 =	5218	IRAS01384-7515 =	6117
IRAS00253-0205 =	1715	IRAS00452-1144 =	2802	IRAS01053+3311 =	4020	IRAS01222-3325 =	5191	IRAS01394+1220 =	6275
IRAS00254+3030 =	1724	IRAS00452-1006 =	2800	IRAS01057-7008 =	3980	IRAS01224+0011 =	5238	IRAS01399-3330 =	6280
IRAS00266+0235 =	1787	IRAS00452+2205 =	2813	IRAS01059-4621 =	4027	IRAS01225+3345 =	5268	IRAS01402-4746 =	6283
IRAS00269-0122 =	1805	IRAS00453+2721 =	2819	IRAS01063-8034 =	3948	IRAS01226+0900 =	5264	IRAS01403+1323 =	6318
IRAS00271-3332 =	1813	IRAS00454+0801 =	2818	IRAS01065-4644 =	4068	IRAS01226+3324 =	5290	IRAS01406+0838 =	6332
IRAS00271+2111 =	1817	IRAS00455-0302 =	2820	IRAS01066+1403 =	4116	IRAS01227+3152 =	5284	IRAS01409+8500 =	6676
IRAS00276+0149 =	1844	IRAS00458+2725 =	2844	IRAS01066+3527 =	4126	IRAS01229-3819 =	5255	IRAS01410-3427 =	6334
IRAS00278-3331 =	1851	IRAS00460-1259 =	2845	IRAS01067-3733 =	4101	IRAS01229+1825 =	5269	IRAS01410+1154 =	6358
IRAS00286-2253 =	1901	IRAS00461+3141 =	2855	IRAS01076+4301 =	4184	IRAS01232-3831 =	5278	IRAS01411+0358 =	6359
IRAS00286-0040 =	1905	IRAS00463-0239 =	2861	IRAS01077-3545 =	4161	IRAS01232+1620 =	5321	IRAS01413-3353 =	6351
IRAS00287+0811 =	1914	IRAS00463+2756 =	2865	IRAS01082-3029 =	4189	IRAS01234+1110 =	5328	IRAS01416+1713 =	6380
IRAS00287+3031 =	1916	IRAS00466-7851 =	2821	IRAS01086-3042 =	4227	IRAS01240+1700 =	5382	IRAS01416+3726 =	6393
IRAS00290-1046 =	1932	IRAS00470+0050 =	2889	IRAS01089+0103 =	4275	IRAS01241-2329 =	5362	IRAS01423-4054 =	6387
IRAS00292-0525 =	1941	IRAS00471+3200 =	2901	IRAS01089+3500 =	4286	IRAS01244+1431 =	5411	IRAS01428-3621 =	6428
IRAS00293-2659 =	1942	IRAS00476-0527 =	2927	IRAS01090-2929 =	4266	IRAS01245-1853 =	5417	IRAS01428-0404 =	6447
IRAS00297-6440 =	1951	IRAS00480-6649 =	2919	IRAS01091-4611 =	4259	IRAS01247+3655 =	5450	IRAS01428+2833 =	6459
IRAS00297-6431 =	1952	IRAS00481-0210 =	2949	IRAS01092-0155 =	4295	IRAS01248+1855 =	5435	IRAS01432+0934 =	6475
IRAS00298-4139 =	1961	IRAS00485-0720 =	2984	IRAS01101-5039 =	4334	IRAS01252-1918 =	5452	IRAS01434+3612 =	6502
IRAS00301-1135 =	1979	IRAS00486+4027 =	3011	IRAS01102+3830 =	4379	IRAS01254-3403 =	5489	IRAS01439-0853 =	6504
IRAS00302+1127 =	1986	IRAS00492+4716 =	3051	IRAS01103+0043 =	4367	IRAS01254+4807 =	5502	IRAS01443+1252 =	6546
IRAS00306-3232 =	2000	IRAS00495-0229 =	3055	IRAS01105+0201 =	4386	IRAS01254+8445 =	5760	IRAS01443+3519 =	6560
IRAS00306-1325 =	2001	IRAS00496-2257 =	3054	IRAS01112+0403 =	4406	IRAS01257+0215 =	5492	IRAS01446+2738 =	6570
IRAS00315-0958 =	2035	IRAS00498+2404 =	3076	IRAS01112+1300 =	4428	IRAS01262+3909 =	5550	IRAS01448+1151 =	6573
IRAS00317-2804 =	2052	IRAS00502-3128 =	3089	IRAS01113+3741 =	4451	IRAS01264+1052 =	5548	IRAS01450+2710 =	6595
IRAS00317-2142 =	2047	IRAS00502+2845 =	3108	IRAS01116+1538 =	4456	IRAS01268-3551 =	5544	IRAS01455-3350 =	6584
IRAS00328-2339 =	2122	IRAS00507-1326 =	3124	IRAS01117-3254 =	4440	IRAS01268+4520 =	5579	IRAS01457+1116 =	6624
IRAS00330-0500 =	2133	IRAS00509+0239 =	3147	IRAS01121-3231 =	4478	IRAS01269-5151 =	5535	IRAS01458-5300 =	6581
IRAS00334-1010 =	2151	IRAS00509+1225 =	3151	IRAS01121-0116 =	4477	IRAS01270+4042 =	5589	IRAS01458+1221 =	6633
IRAS00336-3252 =	2157	IRAS00510-0901 =	3140	IRAS01121-0116 =	4484	IRAS01276-4235 =	5584	IRAS01460+2000 =	6645
IRAS00339-1022 =	2182	IRAS00512-2719 =	3159	IRAS01122-0045 =	4490	IRAS01278+4100 =	5638	IRAS01464+1249 =	6673
IRAS00341-2251 =	2192	IRAS00512+2430 =	3171	IRAS01129-0107 =	4540	IRAS01280-2255 =	5619	IRAS01465-4904 =	6638
IRAS00341+2117 =	2194	IRAS00517-0730 =	3195	IRAS01133+3249 =	4587	IRAS01281-3317 =	5615	IRAS01465+2027 =	6675
IRAS00342+2342 =	2202	IRAS00518-2349 =	3201	IRAS01133+4628 =	4600	IRAS01281-2702 =	5617	IRAS01466-1018 =	6667
IRAS00344-3349 =	2204	IRAS00521+2858 =	3235	IRAS01134+0401 =	4578	IRAS01281-0215 =	5628	IRAS01467-4853 =	6642
IRAS00345-2945 =	2206	IRAS00523-3756 =	3238	IRAS01134+3046 =	4596	IRAS01282+1655 =	5643	IRAS01467-1040 =	6671
IRAS00346+0140 =	2223	IRAS00523+3116 =	3260	IRAS01135+0118 =	4586	IRAS01284-2737 =	5639	IRAS01470-3259 =	6679
IRAS00347-4655 =	2215	IRAS00525-3217 =	3245	IRAS01138-5027 =	4569	IRAS01285-3758 =	5629	IRAS01471+1127 =	6718
IRAS00348-2251 =	2228	IRAS00525-1916 =	3252	IRAS01147+4322 =	4654	IRAS01289+3321 =	5691	IRAS01472-2756 =	6696
IRAS00348-2012 =	2232	IRAS00528-3758 =	3238	IRAS01150-3406 =	4636	IRAS01291-0111 =	5688	IRAS01472-2719 =	6697
IRAS00350+0000 =	2243	IRAS00531-2425 =	3287	IRAS01151+0956 =	4657	IRAS01291+3313 =	5702	IRAS01474+2724 =	6759
IRAS00352-3359 =	2248	IRAS00534+5019 =	3363	IRAS01159-4443 =	4671	IRAS01295-3322 =	5696	IRAS01475-2742 =	6724
IRAS00353+0438 =	2266	IRAS00537+1337 =	3355	IRAS01161+1443 =	4705	IRAS01295+2109 =	5725	IRAS01477+3329 =	6790
IRAS00353+0821 =	2268	IRAS00542-1010 =	3377	IRAS01162-1953 =	4703	IRAS01296+3506 =	5746	IRAS01477+8625 =	7491
IRAS00354-2911 =	2265	IRAS00544-3214 =	3395	IRAS01163-2412 =	4704	IRAS01299-3345 =	5721	IRAS01478+3502 =	6799
IRAS00354-0931 =	2269	IRAS00548-6344 =	3391	IRAS01163-1703 =	4711	IRAS01304-1504 =	5765	IRAS01479+0553 =	6778
IRAS00360-2432 =	2308	IRAS00548+4325 =	3448	IRAS01164+0403 =	4727	IRAS01305-1647 =	5769	IRAS01479+2130 =	6793
IRAS00362+4803 =	2329	IRAS00548+4331 =	3442	IRAS01165-1719 =	4724	IRAS01305-0733 =	5777	IRAS01481-0411 =	6791
IRAS00366-1426 =	2349	IRAS00553-4910 =	3436	IRAS01167-5333 =	4708	IRAS01306-3524 =	5800	IRAS01481+2144 =	6816
IRAS00366+0035 =	2352	IRAS00553-2746 =	3453	IRAS01167+0418 =	4743	IRAS01309+1219 =	5805	IRAS01482-1217 =	6798
IRAS00367+0231 =	2371	IRAS00563-2106 =	3510	IRAS01167+1211 =	4750	IRAS01314-0119 =	5830	IRAS01483+1731 =	6833
IRAS00367+0340 =	2366	IRAS00563+2334 =	3527	IRAS01170+1927 =	4778	IRAS01317-3644 =	5827	IRAS01484+2220 =	6844
IRAS00368-2737 =	2358	IRAS00564-3523 =	3514	IRAS01170+3212 =	4782	IRAS01317-3438 =	5829	IRAS01485-0957 =	6826
IRAS00369-1455 =	2380	IRAS00566+0639 =	3541	IRAS01171+0308 =	4777	IRAS01318-2935 =	5841	IRAS01485+2226 =	6848
IRAS00370-0928 =	2391	IRAS00568-1830 =	3544	IRAS01172+1616 =	4785	IRAS01319-2940 =	5849	IRAS01485+3549 =	6865
IRAS00370+0035 =	2388	IRAS00569+1834 =	3558	IRAS01173+1431 =	4793	IRAS01321+2109 =	5874	IRAS01488+1851 =	6872
IRAS00370+0236 =	2387	IRAS00570-3627 =	3554	IRAS01176+7822 =	4945	IRAS01321+3446 =	5885	IRAS01492+0602 =	6897
IRAS00370+0843 =	2396	IRAS00570-1242 =	3557	IRAS01176+3753 =	4832	IRAS01322-1545 =	5866	IRAS01499+3548 =	6972
IRAS00375+2226 =	2416	IRAS00571+1428 =	3569	IRAS01177-4129 =	4792	IRAS01325-0735 =	5897	IRAS01503-0341 =	6966
IRAS00376+4124 =	2429	IRAS00573-0750 =	3572	IRAS01181-1739 =	4843	IRAS01326-7943 =	5764	IRAS01503+1227 =	6982
IRAS00380-1408 =	2437	IRAS00575+4743 =	3603	IRAS01185+0106 =	4896	IRAS01326-3623 =	5875	IRAS01505+4343 =	7017
IRAS00381-4615 =	2433	IRAS00576+1800 =	3598	IRAS01188-3622 =	4881	IRAS01329-4141 =	5896	IRAS01506+0357 =	6993
IRAS00383+3127 =	2458	IRAS00578+0645 =	3611	IRAS01188+0645 =	4921	IRAS01333-3938 =	5915	IRAS01507-0908 =	6964
IRAS00385-6342 =	2445	IRAS00580+4724 =	3635	IRAS01189-2303 =	4912	IRAS01333-1015 =	5932	IRAS01508+2941 =	7023
IRAS00387+2513 =	2479	IRAS00581-6824 =	3579	IRAS01190-3419 =	4914	IRAS01334+0024 =	5939	IRAS01514-2400 =	7024
IRAS00390-1017 =	2482	IRAS00582-0927 =	3620	IRAS01190+0459 =	4946	IRAS01336+3940 =	5966	IRAS01514-0059 =	7039
IRAS00392-7930 =	2450	IRAS00589-0751 =	3671	IRAS01191+1719 =	4948	IRAS01341-3734 =	5960	IRAS01517+3908 =	7097
IRAS00393+3632 =	2517	IRAS00596-0430 =	3701	IRAS01191+3708 =	4971	IRAS01342-3638 =	5964	IRAS01519+7302 =	7247
IRAS00396+2922 =	2536	IRAS00598-0213 =	3714	IRAS01192-1804 =	4940	IRAS01344+2838 =	6006	IRAS01523+0033 =	7116
IRAS00399-2354 =	2539	IRAS01005-0715 =	3754	IRAS01192-1201 =	4943	IRAS01346+0537 =	6007	IRAS01525+0945 =	7150
IRAS00399+4035 =	2555	IRAS01005+2204 =	3763	IRAS01194+3157 =	4981	IRAS01348-8526 =	5703	IRAS01526-3524 =	7106
IRAS00401+2313 =	2563	IRAS01006-0352 =	3757	IRAS01194+3424 =	4985	IRAS01354-3507 =	6059	IRAS01527+0622 =	7164
IRAS00402-2350 =	2559	IRAS01013-2801 =	3783	IRAS01195+0041 =	4979	IRAS01357-6508 =	6010	IRAS01527+2103 =	7180
IRAS00402+3218 =	2572	IRAS01019-5124 =	3812	IRAS01197+3410 =	5008	IRAS01358-4019 =	6044	IRAS01530+3653 =	7220
IRAS00402+3315 =	2571	IRAS01019-3523 =	3822	IRAS01199+2636 =	5015	IRAS01360-6106 =	6030	IRAS01533-7829 =	7002
IRAS00405+5024 =	2593	IRAS01020-5117 =	3818	IRAS01200+0137 =	5006	IRAS01361-3351 =	6071	IRAS01534-3009 =	7191
IRAS00408-0023 =	2597	IRAS01021-8547 =	3629	IRAS01201+3254 =	5035	IRAS01362+4830 =	6124	IRAS01535+0630 =	7235
IRAS00409+0241 =	2596	IRAS01021-3355 =	3829	IRAS01203+3316 =	5061	IRAS01363-4016 =	6078	IRAS01535+3633 =	7270
IRAS00409+1404 =	2600	IRAS01025-6423 =	3827	IRAS01206+5188 =	5088	IRAS01367-4258 =	6097	IRAS01536+0424 =	7243
IRAS00410-0827 =	2603	IRAS01025-2741 =	3846	IRAS01209-3306 =	5066	IRAS01367-3010 =	6105	IRAS01538-0918 =	7262
IRAS00413-7757 =	2579	IRAS01025+0153 =	3844	IRAS01210+1101 =	5103	IRAS01368-4705 =	6099	IRAS01538-0442 =	7259
IRAS00415+2634 =	2627	IRAS01025+3124 =	3866	IRAS01214+1239 =	5139	IRAS01370-4722 =	6114	IRAS01539+1446 =	7292

IRAS01539+4005 = 7320	IRAS02071+3857 = 8283	IRAS02235-0033 = 9256	IRAS02370+1748 = 10088	IRAS02503-3058 = 10878
IRAS01544+2821 = 7353	IRAS02072-1025 = 8254	IRAS02235+2246 = 9277	IRAS02373+3202 = 10112	IRAS02503+4141 = 10923
IRAS01545-0042 = 7328	IRAS02078-1033 = 8299	IRAS02237-5757 = 9191	IRAS02376+1904 = 10127	IRAS02509-5809 = 10870
IRAS01546-4413 = 7298	IRAS02079-3310 = 8279	IRAS02237-2456 = 9243	IRAS02379-0838 = 10122	IRAS02509+1248 = 10928
IRAS01546+3600 = 7381	IRAS02079-2239 = 8297	IRAS02239+1155 = 9292	IRAS02382+0822 = 10166	IRAS02510+0603 = 10927
IRAS01547+3540 = 7387	IRAS02079+3735 = 8351	IRAS02239+3457 = 9314	IRAS02383-1521 = 10153	IRAS02511+1238 = 10932
IRAS01548+3605 = 7397	IRAS02080+3725 = 8352	IRAS02240-2430 = 9273	IRAS02386-0828 = 10175	IRAS02513-3103 = 10919
IRAS01548+4441 = 7399	IRAS02082-1600 = 8319	IRAS02242-1444 = 9300	IRAS02386+1735 = 10197	IRAS02513+0205 = 10933
IRAS01555-3329 = 7393	IRAS02082+3715 = 8372	IRAS02243+3321 = 9332	IRAS02389+4210 = 10243	IRAS02514+0245 = 10942
IRAS01555+0250 = 7417	IRAS02085+0337 = 8360	IRAS02244+4145 = 9355	IRAS02391+0013 = 10208	IRAS02516+5142 = 11011
IRAS01556+2507 = 7445	IRAS02086+0332 = 8368	IRAS02244+4146 = 9357	IRAS02392+0544 = 10215	IRAS02521-1013 = 10966
IRAS01559-5801 = 7379	IRAS02086+3348 = 8396	IRAS02245+3555 = 9364	IRAS02394+1800 = 10242	IRAS02522-1850 = 10965
IRAS01559+2439 = 7475	IRAS02088-3936 = 8341	IRAS02244+2526 = 9351	IRAS02395+3433 = 10257	IRAS02524-0634 = 10989
IRAS01559+3625 = 7488	IRAS02088+1340 = 8391	IRAS02251-1023 = 9354	IRAS02396-0546 = 10232	IRAS02525-2518 = 10981
IRAS01561-3947 = 7427	IRAS02090+4420 = 8430	IRAS02251+2006 = 9379	IRAS02398+2821 = 10272	IRAS02526-0023 = 11012
IRAS01561+0017 = 7465	IRAS02092-0932 = 8397	IRAS02252+3105 = 9399	IRAS02400+4012 = 10296	IRAS02533+0029 = 11075
IRAS01561+3600 = 7502	IRAS02093-3604 = 8388	IRAS02254-8008 = 9123	IRAS02401-0013 = 10266	IRAS02535-2737 = 11052
IRAS01562-2632 = 7451	IRAS02093+3714 = 8438	IRAS02256-0603 = 9390	IRAS02402+0723 = 10277	IRAS02539+0040 = 11112
IRAS01563-0949 = 7483	IRAS02099+5310 = 8504	IRAS02258+2334 = 9430	IRAS02402+4111 = 10312	IRAS02540-0258 = 11114
IRAS01565+1845 = 7525	IRAS02102-5031 = 8422	IRAS02259-0122 = 9414	IRAS02403-1238 = 10270	IRAS02540+0707 = 11128
IRAS01567+3040 = 7537	IRAS02102-2242 = 8451	IRAS02261-5056 = 9378	IRAS02403+3707 = 10314	IRAS02541+0446 = 11136
IRAS01568-5628 = 7447	IRAS02105-1932 = 8480	IRAS02261+1045 = 9426	IRAS02405-0829 = 10285	IRAS02543+1718 = 11152
IRAS01570+2323 = 7560	IRAS02111+0352 = 8537	IRAS02262-1915 = 9420	IRAS02405+3134 = 10319	IRAS02546+0234 = 11156
IRAS01571-0612 = 7544	IRAS02111+2738 = 8557	IRAS02264+3125 = 9478	IRAS02407+0445 = 10309	IRAS02547+1014 = 11176
IRAS01572+2102 = 7556	IRAS02114+0456 = 8562	IRAS02268-4437 = 9438	IRAS02407-3210 = 10337	IRAS02553-0232 = 11202
IRAS01573-0719 = 7557	IRAS02115-3958 = 8528	IRAS02270-0326 = 9485	IRAS02407+3217 = 10338	IRAS02554-5445 = 11139
IRAS01574+2400 = 7588	IRAS02118+3114 = 8599	IRAS02274-4312 = 9472	IRAS02409+0005 = 10315	IRAS02554-1021 = 11198
IRAS01574+2413 = 7594	IRAS02119-0736 = 8581	IRAS02274+3157 = 9550	IRAS02411-1457 = 10313	IRAS02558-3654 = 11197
IRAS01575+2051 = 7602	IRAS02120-0059 = 8586	IRAS02277+3654 = 9566	IRAS02411+0109 = 10329	IRAS02558+0339 = 11252
IRAS01575+2420 = 7603	IRAS02125-2026 = 8602	IRAS02279-0119 = 9549	IRAS02415-2913 = 10330	IRAS02558+0606 = 11255
IRAS01577+2102 = 7613	IRAS02128+0546 = 8631	IRAS02280+4308 = 9589	IRAS02419+1631 = 10388	IRAS02559+4652 = 11309
IRAS01579+3758 = 7646	IRAS02128+3540 = 8652	IRAS02281-0309 = 9560	IRAS02425-8934 = 6249	IRAS02560-7203 = 11094
IRAS01581-6802 = 7530	IRAS02130+0125 = 8635	IRAS02281+2728 = 9579	IRAS02425-6007 = 10336	IRAS02567-3217 = 11270
IRAS01582+3138 = 7657	IRAS02132+3225 = 8676	IRAS02281+1329 = 9590	IRAS02426-0455 = 10416	IRAS02567+2502 = 11329
IRAS01583+3305 = 7674	IRAS02133+2822 = 8678	IRAS02288+2241 = 9616	IRAS02427-1547 = 10411	IRAS02568+3637 = 11341
IRAS01584+2836 = 7671	IRAS02136-3125 = 8649	IRAS02290-3615 = 9582	IRAS02428+0240 = 10429	IRAS02569-3648 = 11273
IRAS01587+1524 = 7680	IRAS02136-2836 = 8648	IRAS02290-0021 = 9613	IRAS02429-1754 = 10422	IRAS02570+2401 = 11340
IRAS01587+2614 = 7683	IRAS02137-1209 = 8673	IRAS02293+3516 = 9665	IRAS02430+4444 = 10489	IRAS02571+4850 = 11368
IRAS01589-7838 = 7471	IRAS02140-1134 = 8692	IRAS02294+0041 = 9643	IRAS02433-1534 = 10445	IRAS02572+0234 = 11336
IRAS01589+2619 = 7706	IRAS02143+0503 = 8714	IRAS02297-3653 = 9634	IRAS02435-0747 = 10464	IRAS02575-8320 = 10922
IRAS01590-3158 = 7668	IRAS02144+1419 = 8722	IRAS02300+0023 = 9680	IRAS02435+1253 = 10486	IRAS02578+4112 = 11399
IRAS01590+2318 = 7716	IRAS02146+2917 = 8750	IRAS02300+2025 = 9698	IRAS02436-5556 = 10415	IRAS02579+1138 = 11372
IRAS01592-2509 = 7684	IRAS02149+3210 = 8766	IRAS02302-0042 = 9658	IRAS02438-0042 = 10496	IRAS02579+4442 = 11404
IRAS01595+1528 = 7744	IRAS02151+3652 = 8786	IRAS02302+3231 = 9724	IRAS02438+0323 = 10498	IRAS02579+4445 = 11403
IRAS01595+3149 = 7760	IRAS02154+3747 = 8804	IRAS02304+0012 = 9711	IRAS02438+2122 = 10519	IRAS02580-1720 = 11359
IRAS01596-0021 = 7740	IRAS02155+1258 = 8788	IRAS02307-5243 = 9662	IRAS02439-7455 = 10335	IRAS02580-1136 = 11365
IRAS02003-5848 = 7727	IRAS02156-2336 = 8771	IRAS02307+4407 = 9773	IRAS02440-0027 = 10507	IRAS02581-1555 = 11367
IRAS02005-4302 = 7779	IRAS02157-3501 = 8772	IRAS02311+2045 = 9776	IRAS02440+2323 = 10528	IRAS02583-7439 = 11217
IRAS02007+3801 = 7847	IRAS02158+0525 = 8802	IRAS02312+2905 = 9788	IRAS02441-3029 = 10488	IRAS02587+4223 = 11441
IRAS02008+2350 = 7841	IRAS02160-0650 = 8822	IRAS02313+3217 = 9795	IRAS02442-6931 = 10399	IRAS02589+3554 = 11447
IRAS02009+0219 = 7834	IRAS02165+3742 = 8873	IRAS02314+3243 = 9802	IRAS02443-2627 = 10502	IRAS02591+2854 = 11453
IRAS02009+4744 = 7881	IRAS02169+2848 = 8882	IRAS02315-4344 = 9740	IRAS02445-2533 = 10520	IRAS02599+0200 = 11477
IRAS02010-1010 = 7835	IRAS02170+3741 = 8894	IRAS02315-3915 = 9747	IRAS02446-2251 = 10526	IRAS03003-2303 = 11479
IRAS02010+1547 = 7849	IRAS02171-1617 = 8868	IRAS02319-1103 = 9800	IRAS02447+4102 = 10587	IRAS03003-1905 = 11480
IRAS02011+1925 = 7864	IRAS02171-0029 = 8876	IRAS02319+4108 = 9827	IRAS02448-5539 = 10487	IRAS03005-0919 = 11488
IRAS02015-2333 = 7865	IRAS02177-1958 = 8896	IRAS02321-0900 = 9817	IRAS02449-0029 = 10559	IRAS03005-0209 = 11492
IRAS02018+4255 = 7933	IRAS02179-7618 = 8773	IRAS02322+4039 = 9838	IRAS02450+0425 = 10566	IRAS03006+4312 = 11552
IRAS02020+0818 = 7917	IRAS02179-4137 = 8888	IRAS02323-0754 = 9822	IRAS02450+4746 = 10625	IRAS03007+0417 = 11504
IRAS02020+2322 = 7934	IRAS02182+2322 = 8941	IRAS02323+3717 = 9841	IRAS02451+0012 = 10574	IRAS03009+4804 = 11574
IRAS02025+0941 = 7951	IRAS02186+1620 = 8956	IRAS02325-1352 = 9826	IRAS02452+3412 = 10606	IRAS03012-5803 = 11476
IRAS02025+3056 = 7967	IRAS02186+3219 = 8969	IRAS02330-0934 = 9843	IRAS02457-1410 = 10595	IRAS03012-0117 = 11537
IRAS02025+3438 = 7972	IRAS02187+1532 = 8963	IRAS02330-0722 = 9846	IRAS02459-1811 = 10607	IRAS03018-5041 = 11505
IRAS02028-0641 = 7961	IRAS02188-3210 = 8936	IRAS02333+2512 = 9888	IRAS02459+1701 = 10641	IRAS03021+7956 = 11793
IRAS02030-7954 = 7773	IRAS02190+3343 = 9004	IRAS02333+3845 = 9899	IRAS02461-0028 = 10634	IRAS03022-1232 = 11583
IRAS02030+0544 = 7977	IRAS02191-0544 = 8974	IRAS02334+3129 = 9895	IRAS02462+1301 = 10660	IRAS03022+4238 = 11617
IRAS02031-8413 = 7583	IRAS02192+2830 = 9011	IRAS02337+3553 = 9912	IRAS02462+1531 = 10661	IRAS03025+3635 = 11625
IRAS02032-5743 = 7932	IRAS02192+4737 = 9030	IRAS02338+0029 = 9894	IRAS02463-0058 = 10647	IRAS03028+2200 = 11628
IRAS02033-5521 = 7941	IRAS02193+4207 = 9031	IRAS02338+0705 = 9904	IRAS02463+0257 = 10659	IRAS03029+4211 = 11643
IRAS02037+4419 = 8066	IRAS02195-2103 = 8990	IRAS02338+3306 = 9911	IRAS02465+1727 = 10688	IRAS03036+4625 = 11682
IRAS02043-5525 = 8012	IRAS02195+4209 = 9031	IRAS02344-5032 = 9879	IRAS02467-1712 = 10669	IRAS03037-0943 = 11647
IRAS02044+3243 = 8086	IRAS02197-2058 = 8998	IRAS02343-3446 = 9923	IRAS02467-3443 = 10739	IRAS03040+3408 = 11685
IRAS02045+4523 = 8120	IRAS02197+2801 = 9035	IRAS02344+4225 = 9952	IRAS02469-3122 = 10665	IRAS03040+7022 = 11770
IRAS02047+0856 = 8101	IRAS02201+4143 = 9073	IRAS02345+2053 = 9938	IRAS02469-0104 = 10697	IRAS03041-3913 = 11641
IRAS02048+1657 = 8109	IRAS02203+3158 = 9071	IRAS02346+2304 = 9939	IRAS02474-5046 = 10709	IRAS03043-0059 = 11670
IRAS02050-2540 = 8093	IRAS02207-2127 = 9057	IRAS02346+3412 = 9958	IRAS02474-4127 = 10792	IRAS03050-1246 = 11699
IRAS02051+1558 = 8131	IRAS02207-2056 = 9054	IRAS02347-5504 = 9891	IRAS02475-1222 = 10748	IRAS03050+3811 = 11737
IRAS02051+2805 = 8146	IRAS02205+4744 = 9115	IRAS02349+4134 = 9983	IRAS02476-3858 = 10705	IRAS03051-3135 = 11691
IRAS02056+2859 = 8174	IRAS02213+4038 = 9130	IRAS02355-3308 = 9951	IRAS02477+2028 = 10787	IRAS03056+2034 = 11755
IRAS02057+1406 = 8165	IRAS02221+4152 = 9188	IRAS02356+3151 = 10013	IRAS02482-5235 = 10731	IRAS03058-6657 = 11659
IRAS02057+1444 = 8163	IRAS02222+2159 = 9173	IRAS02358-2022 = 9987	IRAS02482-0657 = 10794	IRAS03058+0154 = 11752
IRAS02057+3832 = 8185	IRAS02223-1922 = 9141	IRAS02358+3424 = 10034	IRAS02484-3143 = 10785	IRAS03059-2309 = 11734
IRAS02057+4658 = 8199	IRAS02226+2010 = 9205	IRAS02359+2738 = 10029	IRAS02487+1548 = 10834	IRAS03063-0713 = 11767
IRAS02062-0801 = 8182	IRAS02226+2630 = 9212	IRAS02360-0653 = 10010	IRAS02491-2824 = 10829	IRAS03064-0308 = 11774
IRAS02062+0744 = 8196	IRAS02228-2500 = 9172	IRAS02360+4039 = 10052	IRAS02491+4351 = 10869	IRAS03067-1028 = 11782
IRAS02064-0717 = 8200	IRAS02229+3914 = 9247	IRAS02362+0853 = 10031	IRAS02493-5510 = 10807	IRAS03067+1818 = 11808
IRAS02069-2339 = 8223	IRAS02229+4155 = 9253	IRAS02362+2956 = 10051	IRAS02493+4644 = 10886	IRAS03069+4034 = 11846
IRAS02069-1022 = 8228	IRAS02230+1816 = 9236	IRAS02365+1037 = 10048	IRAS02494+4111 = 10884	IRAS03074-1014 = 11824
IRAS02070-0954 = 8232	IRAS02234-1124 = 9237	IRAS02365+3552 = 10080	IRAS02496+4200 = 10890	IRAS03081-2235 = 11851
IRAS02071-1023 = 8250	IRAS02234+2817 = 9275	IRAS02368-2739 = 10041	IRAS02499-3332 = 10858	IRAS03085-5331 = 11836
IRAS02071-0709 = 8251	IRAS02234+3013 = 9270	IRAS02370-0820 = 10065	IRAS02502+7456 = 11056	IRAS03087+0107 = 11893

IRAS03088+8035 = 12174	IRAS03265-1219 = 12956	IRAS03444-3505 = 13809	IRAS04099-5636 = 14620	IRAS04336+1414 = 15627
IRAS03093+3907 = 11955	IRAS03266+4139 = 13001	IRAS03448-2540 = 13832	IRAS04102-3259 = 14638	IRAS04336+6513 = 15707
IRAS03098-1040 = 11931	IRAS03269-2637 = 12962	IRAS03448+1305 = 13858	IRAS04102+0214 = 14665	IRAS04339-1028 = 15623
IRAS03101+4356 = 12005	IRAS03272-1756 = 12979	IRAS03449+7252 = 13949	IRAS04104-1317 = 14678	IRAS04340-8339 = 15148
IRAS03102+0431 = 11972	IRAS03275-2226 = 12989	IRAS03450+7358 = 13957	IRAS04104+2724 = 14687	IRAS04340-0014 = 15638
IRAS03105+1748 = 12000	IRAS03276+4304 = 13050	IRAS03451-3351 = 13840	IRAS04106+3643 = 14709	IRAS04345+4835 = 15704
IRAS03112-0025 = 12017	IRAS03277-0542 = 13009	IRAS03453-5957 = 13807	IRAS04110-3240 = 14670	IRAS04346-0324 = 15654
IRAS03113-2554 = 12007	IRAS03278-0424 = 13014	IRAS03459-5444 = 13842	IRAS04117-5751 = 14659	IRAS04346+0926 = 15668
IRAS03113+1617 = 12042	IRAS03279-2856 = 12999	IRAS03459-0646 = 13879	IRAS04118-3207 = 14702	IRAS04348+4356 = 15708
IRAS03113+3925 = 12070	IRAS03280+3517 = 13073	IRAS03459+1259 = 13888	IRAS04128-6158 = 14686	IRAS04350+7334 = 15810
IRAS03115+3926 = 12070	IRAS03281-0318 = 13034	IRAS03460-4629 = 13855	IRAS04133+0803 = 14762	IRAS04351-0459 = 15675
IRAS03117+4151 = 12081	IRAS03285-4801 = 13002	IRAS03462-3651 = 13870	IRAS04134-5611 = 14723	IRAS04351-0448 = 15674
IRAS03118-5732 = 11984	IRAS03287+4125 = 13113	IRAS03464-8015 = 13695	IRAS04139-5104 = 14740	IRAS04355-0937 = 15691
IRAS03118-0259 = 12053	IRAS03290-5326 = 13020	IRAS03467-2216 = 13894	IRAS04139+0238 = 14779	IRAS04355+6632 = 15793
IRAS03118+3741 = 12080	IRAS03291-5028 = 13035	IRAS03472-6822 = 13853	IRAS04143+3609 = 14812	IRAS04359+1844 = 15723
IRAS03127+4042 = 12132	IRAS03291-3347 = 13059	IRAS03476-4900 = 13912	IRAS04144+1020 = 14801	IRAS04362-2045 = 15705
IRAS03127+4153 = 12133	IRAS03292-2643 = 13075	IRAS03476-2708 = 13926	IRAS04145+0439 = 14800	IRAS04362+0244 = 15719
IRAS03128+8003 = 12480	IRAS03293-4808 = 13047	IRAS03485-2525 = 13952	IRAS04147+0218 = 14804	IRAS04363+1125 = 15731
IRAS03129-3053 = 12079	IRAS03294-3022 = 13089	IRAS03490+3605 = 14008	IRAS04149-5746 = 14761	IRAS04372+6907 = 15862
IRAS03132-1604 = 12107	IRAS03295-5036 = 13053	IRAS03497-0908 = 14002	IRAS04149-1758 = 14799	IRAS04375-6918 = 15665
IRAS03133-1212 = 12117	IRAS03296+0005 = 13119	IRAS03497+3526 = 14030	IRAS04150-5554 = 14765	IRAS04375-0900 = 15767
IRAS03134-0236 = 12131	IRAS03298-2059 = 13108	IRAS03504-4440 = 14001	IRAS04155-6019 = 14773	IRAS04375-0038 = 15773
IRAS03135-0541 = 12130	IRAS03300-5204 = 13090	IRAS03510-6004 = 13995	IRAS04163-5017 = 14818	IRAS04378+7532 = 15917
IRAS03135+4108 = 12171	IRAS03301-1523 = 13130	IRAS03512-4737 = 14022	IRAS04166+0313 = 14860	IRAS04381-5213 = 15739
IRAS03137-5500 = 12085	IRAS03302-8419 = 12725	IRAS03512+1550 = 14063	IRAS04168-5603 = 14892	IRAS04381-2424 = 15780
IRAS03140+3657 = 12200	IRAS03309-1349 = 13166	IRAS03514+1546 = 14069	IRAS04170+7510 = 15018	IRAS04382-0842 = 15800
IRAS03141-3432 = 12138	IRAS03310+4044 = 13225	IRAS03514+1726 = 14072	IRAS04171-1744 = 14868	IRAS04384-5306 = 15749
IRAS03141+4113 = 12219	IRAS03312-2352 = 13171	IRAS03524-3706 = 14071	IRAS04172+0158 = 14892	IRAS04385-6418 = 15722
IRAS03142+1518 = 12195	IRAS03312-1818 = 13174	IRAS03524-2038 = 14084	IRAS04187-4508 = 14906	IRAS04386+7243 = 15919
IRAS03142+3623 = 12216	IRAS03314-2138 = 13184	IRAS03533-2818 = 14110	IRAS04189-5503 = 14897	IRAS04389-0257 = 15821
IRAS03145+4307 = 12257	IRAS03315-1939 = 13243	IRAS03540-4130 = 14117	IRAS04204-5602 = 14943	IRAS04392-0123 = 15833
IRAS03148-2302 = 12194	IRAS03315+6723 = 13301	IRAS03545-6605 = 14093	IRAS04210-4042 = 14993	IRAS04393-0710 = 15831
IRAS03152-3245 = 12204	IRAS03317-5034 = 13163	IRAS03549-1855 = 14155	IRAS04210+3048 = 15031	IRAS04394-5850 = 15782
IRAS03154-4117 = 12209	IRAS03317+7356 = 14286	IRAS03551+7356 = 14953	IRAS04213-6420 = 14953	IRAS04399-6312 = 15790
IRAS03154-0728 = 12259	IRAS03324+7224 = 13384	IRAS03555+4311 = 14215	IRAS04213+3345 = 15047	IRAS04400-2031 = 15850
IRAS03154-0021 = 12262	IRAS03327-2505 = 13255	IRAS03555+7808 = 14343	IRAS04217+1046 = 15044	IRAS04402+4001 = 15892
IRAS03154+3725 = 12318	IRAS03328+4820 = 13315	IRAS03557-5932 = 14140	IRAS04221-0052 = 15051	IRAS04403+0031 = 15867
IRAS03154+4207 = 12326	IRAS03329+0454 = 13279	IRAS03558-4621 = 14163	IRAS04223-2336 = 15040	IRAS04412-0524 = 15891
IRAS03154+4303 = 12333	IRAS03330-2032 = 13265	IRAS03559+4310 = 14232	IRAS04224-5142 = 15025	IRAS04418+7246 = 16027
IRAS03156+4025 = 12343	IRAS03344-2103 = 13324	IRAS03561-6611 = 14137	IRAS04224+0254 = 15062	IRAS04422+6557 = 16001
IRAS03161-2747 = 12285	IRAS03345-3508 = 13318	IRAS03562-4902 = 14169	IRAS04233+7014 = 15212	IRAS04423+7322 = 16052
IRAS03164-5737 = 12245	IRAS03346-0512 = 13352	IRAS03563-3535 = 14186	IRAS04235-0840 = 15081	IRAS04428-6553 = 15871
IRAS03164-1314 = 12341	IRAS03348-4407 = 13322	IRAS03564+0413 = 14221	IRAS04236-5805 = 15048	IRAS04430-6401 = 15872
IRAS03169-1217 = 12379	IRAS03348-3609 = 13333	IRAS03567-4436 = 14190	IRAS04236-5503 = 15055	IRAS04433-0210 = 15943
IRAS03174-1935 = 12412	IRAS03348+4049 = 13400	IRAS03572+7134 = 14341	IRAS04237+2017 = 15109	IRAS04435+1822 = 15975
IRAS03176-6640 = 12286	IRAS03349+4107 = 13410	IRAS03578+7018 = 14274	IRAS04239+7018 = 15263	IRAS04436-1722 = 15950
IRAS03176-0626 = 12466	IRAS03350-3540 = 13344	IRAS03583-8358 = 13999	IRAS04240+6925 = 15254	IRAS04438+0324 = 15973
IRAS03176+3804 = 12549	IRAS03352-3209 = 13362	IRAS03583-2519 = 14259	IRAS04243+3049 = 15147	IRAS04440-0452 = 15977
IRAS03177-2614 = 12431	IRAS03353-2439 = 13368	IRAS03584+7831 = 14453	IRAS04249-4920 = 15091	IRAS04444+2353 = 16009
IRAS03177-0215 = 12491	IRAS03355+4049 = 13435	IRAS03585+0524 = 14293	IRAS04250-3930 = 15197	IRAS04447+6350 = 16092
IRAS03178+0358 = 12502	IRAS03356+0728 = 13413	IRAS03588-5330 = 14249	IRAS04251+2132 = 15179	IRAS04449-5920 = 15941
IRAS03179-4946 = 12390	IRAS03361-5121 = 13372	IRAS03590-4910 = 14262	IRAS04253-5317 = 15102	IRAS04455-5641 = 15976
IRAS03179+4145 = 12578	IRAS03367-2629 = 13434	IRAS03593-6125 = 14251	IRAS04259-4216 = 15150	IRAS04459-0137 = 16054
IRAS03181-0117 = 12531	IRAS03372-1850 = 13470	IRAS03593+2540 = 14333	IRAS04260+6444 = 15345	IRAS04460-2519 = 16036
IRAS03183-1853 = 12521	IRAS03372-1841 = 13509	IRAS03594-5746 = 14236	IRAS04263+7627 = 15509	IRAS04460-0357 = 16060
IRAS03184-0032 = 12560	IRAS03373-3129 = 13458	IRAS03598+7051 = 14432	IRAS04265-4801 = 15172	IRAS04460+7424 = 16216
IRAS03184+4111 = 12600	IRAS03378+1734 = 13536	IRAS04001-6756 = 14255	IRAS04267-5510 = 15168	IRAS04461-0624 = 16062
IRAS03186-5222 = 12460	IRAS03380-7113 = 13387	IRAS04002+0149 = 14345	IRAS04271-4753 = 15204	IRAS04462-6307 = 15985
IRAS03188-2541 = 12559	IRAS03382+2350 = 13557	IRAS04004+4605 = 14395	IRAS04273-4704 = 15220	IRAS04470+6720 = 16013
IRAS03191-3716 = 12569	IRAS03387-2243 = 13544	IRAS04007+2201 = 14384	IRAS04273-3735 = 15237	IRAS04470+0314 = 16109
IRAS03195-6652 = 12457	IRAS03390-2359 = 13561	IRAS04014+3340 = 14420	IRAS04274-2649 = 15276	IRAS04471-4754 = 16058
IRAS03195-1349 = 12611	IRAS03391+3905 = 13613	IRAS04018-6227 = 14337	IRAS04274+0649 = 15319	IRAS04472-2917 = 16084
IRAS03197-4345 = 12589	IRAS03393-2150 = 13569	IRAS04019-4332 = 14375	IRAS04276-3648 = 15273	IRAS04476-5953 = 16050
IRAS03197-1534 = 12626	IRAS03394-0451 = 13584	IRAS04019-0219 = 14409	IRAS04282+0526 = 15355	IRAS04479+0555 = 16141
IRAS03198-0716 = 12633	IRAS03396-3502 = 13571	IRAS04020+2507 = 14431	IRAS04284-0554 = 15348	IRAS04480-4209 = 16102
IRAS03202-0001 = 12655	IRAS03398-2124 = 13590	IRAS04021-8112 = 14200	IRAS04284+0731 = 15368	IRAS04480-3203 = 16120
IRAS03206+3830 = 12705	IRAS03398-1838 = 13589	IRAS04022-4329 = 14391	IRAS04287+0803 = 15389	IRAS04482-0530 = 16144
IRAS03207+3734 = 12713	IRAS03399-0427 = 13622	IRAS04025+6940 = 14508	IRAS04288-6259 = 15261	IRAS04484-0458 = 16146
IRAS03208-3723 = 12651	IRAS03401-3002 = 13602	IRAS04028-5414 = 14397	IRAS04289-0401 = 15387	IRAS04492-0618 = 16187
IRAS03208-3716 = 12653	IRAS03401-2801 = 13601	IRAS04028+0416 = 14448	IRAS04291+3306 = 15461	IRAS04492+0846 = 16193
IRAS03211-4221 = 12662	IRAS03401-1338 = 13620	IRAS04032+6932 = 14531	IRAS04292-0441 = 15403	IRAS04493-4502 = 16147
IRAS03213+4147 = 12750	IRAS03404-4722 = 13586	IRAS04046-2118 = 14475	IRAS04300+1017 = 15481	IRAS04493-0553 = 16195
IRAS03220-3741 = 12706	IRAS03405-1304 = 13646	IRAS04048-6558 = 14437	IRAS04303-5430 = 15388	IRAS04496-6119 = 16130
IRAS03220-3638 = 12709	IRAS03405+3951 = 13704	IRAS04048-5248 = 14462	IRAS04305-5442 = 15405	IRAS04497+7806 = 16402
IRAS03221-2143 = 12737	IRAS03406+3908 = 13707	IRAS04050+0350 = 14502	IRAS04305+0734 = 15512	IRAS04499-6125 = 16136
IRAS03222-0313 = 12756	IRAS03407-0453 = 13664	IRAS04057-2959 = 14505	IRAS04306-6325 = 15367	IRAS04500-3315 = 16199
IRAS03225-0555 = 12772	IRAS03417-3600 = 13687	IRAS04058-1719 = 14514	IRAS04306-0424 = 15501	IRAS04500-0129 = 16219
IRAS03225+4034 = 12816	IRAS03417-1430 = 13716	IRAS04064-0117 = 14559	IRAS04307-0416 = 15507	IRAS04500-0301 = 16222
IRAS03229-0618 = 12801	IRAS03419+6756 = 13826	IRAS04064+0831 = 14564	IRAS04308-3331 = 15477	IRAS04502+0258 = 16237
IRAS03232-2551 = 12795	IRAS03421+7230 = 13857	IRAS04068-8413 = 14240	IRAS04309-4946 = 15455	IRAS04503+0114 = 16242
IRAS03235-4925 = 12774	IRAS03430-1847 = 13765	IRAS04072-4942 = 14543	IRAS04309+1648 = 15533	IRAS04508-2519 = 16236
IRAS03236-0022 = 12835	IRAS03436+3828 = 13833	IRAS04072-3032 = 14566	IRAS04311-4349 = 15479	IRAS04520+0311 = 16300
IRAS03237+4948 = 12881	IRAS03437-5918 = 13740	IRAS04073-5852 = 14521	IRAS04311-1846 = 15517	IRAS04521-5949 = 16234
IRAS03238-6054 = 12759	IRAS03438+4549 = 13850	IRAS04073-0130 = 14587	IRAS04315-0840 = 15538	IRAS04523-1217 = 16302
IRAS03240-2130 = 12838	IRAS03439+4042 = 13846	IRAS04075-4851 = 14557	IRAS04324+0753 = 15574	IRAS04525-0410 = 16322
IRAS03241+0732 = 12859	IRAS03440-3630 = 13794	IRAS04081-6255 = 14547	IRAS04326+1904 = 15592	IRAS04527-1210 = 16327
IRAS03242-5257 = 12807	IRAS03441-0436 = 13820	IRAS04082-2344 = 14596	IRAS04327-1419 = 15573	IRAS04527-1046 = 16324
IRAS03255-3655 = 12885	IRAS03443-5439 = 13773	IRAS04088-5614 = 14582	IRAS04332+0209 = 15600	IRAS04527+6814 = 16423
IRAS03259-1735 = 12922	IRAS03443-1642 = 13821	IRAS04097+0525 = 14651	IRAS04335+4349 = 15652	IRAS04531-5326 = 16282
IRAS03260-3719 = 12911	IRAS03443+3911 = 13859	IRAS04098-5348 = 14623	IRAS04336-0314 = 15611	IRAS04531-3723 = 16317

RC3   619   IRAS

IRAS04535+0204 = 16359	IRAS05133-3035 = 16983	IRAS05452-3416 = 17819	IRAS06210+4932 = 18992	IRAS06546+3548 = 19933
IRAS04538-7040 = 16258	IRAS05135-2245 = 16990	IRAS05455-8200 = 17568	IRAS06211-1608 = 18930	IRAS06553-2439 = 19920
IRAS04538+0257 = 16369	IRAS05135-0603 = 17014	IRAS05456-1738 = 17860	IRAS06213-6523 = 18876	IRAS06562+3305 = 19974
IRAS04539-2957 = 16352	IRAS05136-0012 = 17013	IRAS05459-5133 = 17822	IRAS06217-2309 = 18953	IRAS06571+5120 = 20007
IRAS04540-1552 = 16367	IRAS05137-6050 = 16960	IRAS05460-1935 = 17872	IRAS06219-3211 = 18948	IRAS06584+0158 = 20008
IRAS04542-6252 = 16309	IRAS05137-2331 = 16996	IRAS05460+0145 = 17954	IRAS06220-8636 = 18394	IRAS06585-2110 = 19997
IRAS04544-1040 = 16379	IRAS05140-6217 = 16968	IRAS05464-8208 = 17592	IRAS06224-2248 = 18978	IRAS06586-2717 = 19996
IRAS04545-2834 = 16373	IRAS05140-6213 = 16964	IRAS05464+1749 = 17928	IRAS06228+5228 = 19062	IRAS06591+0459 = 20027
IRAS04545-0449 = 16390	IRAS05140-5347 = 16979	IRAS05471-4746 = 17883	IRAS06228+7431 = 19128	IRAS06592+4929 = 20062
IRAS04553-0012 = 16420	IRAS05140-1331 = 17015	IRAS05477-4710 = 17920	IRAS06234-6842 = 18923	IRAS06593+7531 = 20143
IRAS04558-0952 = 16436	IRAS05144+0652 = 17044	IRAS05482-1944 = 17969	IRAS06234-2254 = 19014	IRAS06596+3918 = 20063
IRAS04558-0751 = 16433	IRAS05145-2350 = 17026	IRAS05486-3344 = 17970	IRAS06238-2158 = 19030	IRAS07001-2823 = 20037
IRAS04560-2026 = 16434	IRAS05149-3709 = 17027	IRAS05496-3819 = 18000	IRAS06243+1850 = 19072	IRAS07006-8427 = 20458
IRAS04569-1111 = 16484	IRAS05152-0114 = 17058	IRAS05499-1407 = 18031	IRAS06248+7428 = 19191	IRAS07008+2226 = 20083
IRAS04569-0756 = 16485	IRAS05153-2347 = 17049	IRAS05501-5335 = 17993	IRAS06259-4708 = 19078	IRAS07008+2919 = 20087
IRAS04571-1103 = 16493	IRAS05154-1534 = 17056	IRAS05504-1747 = 18040	IRAS06259+7554 = 19233	IRAS07010-4159 = 20046
IRAS04572-1638 = 16494	IRAS05157+6611 = 17146	IRAS05505-3421 = 18034	IRAS06264+5938 = 19170	IRAS07012+4612 = 20121
IRAS04573-1553 = 16499	IRAS05164+1649 = 17095	IRAS05508-5903 = 18011	IRAS06267+7135 = 19222	IRAS07018+6355 = 20158
IRAS04573-1120 = 16507	IRAS05167+0116 = 17094	IRAS05508-1753 = 18047	IRAS06273-4438 = 19117	IRAS07024-4148 = 20094
IRAS04577-1731 = 16518	IRAS05169-6500 = 17042	IRAS05511+4625 = 18078	IRAS06280+6342 = 19228	IRAS07028+2822 = 20144
IRAS04577-0325 = 16529	IRAS05174-0631 = 17125	IRAS05514+5154 = 18089	IRAS06284-3214 = 19155	IRAS07035+7458 = 20293
IRAS04579-2605 = 16517	IRAS05177-3242 = 17103	IRAS05518+1509 = 18070	IRAS06290+4014 = 19221	IRAS07038+4452 = 20190
IRAS04585-6322 = 16472	IRAS05178-3211 = 17113	IRAS05524-1508 = 18073	IRAS06297-2007 = 19198	IRAS07043+5045 = 20218
IRAS04586-0901 = 16553	IRAS05179+0845 = 17143	IRAS05529-5159 = 18066	IRAS06297+7423 = 19307	IRAS07044+5118 = 20225
IRAS04587+7556 = 16723	IRAS05183+0311 = 17152	IRAS05544-3809 = 18105	IRAS06301+4042 = 19252	IRAS07050+3515 = 20223
IRAS04591-0419 = 16574	IRAS05184+0357 = 17156	IRAS05546-3406 = 18117	IRAS06305+2104 = 19249	IRAS07051-3754 = 20167
IRAS04592-1614 = 16568	IRAS05187+0450 = 17164	IRAS05554-1835 = 18140	IRAS06308-2541 = 19234	IRAS07054-2808 = 20187
IRAS04595-1813 = 16585	IRAS05188-6142 = 17092	IRAS05557-2005 = 18147	IRAS06316-2456 = 19255	IRAS07054+1851 = 20222
IRAS04595+0734 = 16602	IRAS05193-3659 = 17157	IRAS05559-2311 = 18148	IRAS06321-3446 = 19260	IRAS07055+7155 = 20348
IRAS04597-0818 = 16600	IRAS05197-6118 = 17131	IRAS05562-6933 = 18097	IRAS06324+1501 = 19292	IRAS07063+0700 = 20244
IRAS04598-3406 = 16579	IRAS05197-2351 = 17174	IRAS05564-5203 = 18139	IRAS06334-3526 = 19287	IRAS07063+2043 = 20259
IRAS04599-1025 = 16605	IRAS05198+4330 = 17221	IRAS05576-7655 = 18092	IRAS06339-3912 = 19300	IRAS07066+4432 = 20298
IRAS05000-0826 = 16607	IRAS05202-1132 = 17195	IRAS05576+6522 = 18312	IRAS06346+8412 = 19627	IRAS07069+7355 = 20418
IRAS05000-0324 = 16610	IRAS05204-0011 = 17208	IRAS05580-5128 = 18187	IRAS06356+6007 = 19397	IRAS07073+3430 = 20316
IRAS05003+1822 = 16642	IRAS05217-1718 = 17229	IRAS05581-5907 = 18171	IRAS06364-2448 = 19355	IRAS07077-2729 = 20285
IRAS05007-0300 = 16639	IRAS05226-4956 = 17227	IRAS05582-3355 = 18212	IRAS06365-2014 = 19360	IRAS07080+2559 = 20335
IRAS05008+0035 = 16646	IRAS05240+6719 = 17344	IRAS05585-1942 = 18223	IRAS06366-6629 = 19315	IRAS07082+3015 = 20351
IRAS05010-6321 = 16567	IRAS05241-3956 = 17274	IRAS05590-2340 = 18258	IRAS06366+5008 = 19409	IRAS07084+2915 = 20361
IRAS05010+0130 = 16654	IRAS05245-1915 = 17294	IRAS05590-2144 = 18259	IRAS06380+4013 = 19439	IRAS07096-6310 = 20294
IRAS05015-7458 = 16526	IRAS05255-0521 = 17319	IRAS06002+5737 = 18374	IRAS06381-3811 = 19391	IRAS07096-2637 = 20363
IRAS05016+0434 = 16668	IRAS05259-1609 = 17323	IRAS06014-2039 = 18349	IRAS06399-5828 = 19413	IRAS07101+3511 = 20429
IRAS05019-1008 = 16672	IRAS05264-6347 = 17296	IRAS06017+7952 = 18553	IRAS06411-3531 = 19472	IRAS07101+8550 = 21039
IRAS05021-6112 = 16617	IRAS05274-3927 = 17341	IRAS06022+1237 = 18591	IRAS06412+1237 = 19512	IRAS07104+1221 = 20416
IRAS05022-1639 = 16675	IRAS05285+7009 = 17456	IRAS06033-2751 = 18388	IRAS06421-4055 = 19506	IRAS07105+4547 = 20457
IRAS05023-6937 = 16599	IRAS05288-3325 = 17375	IRAS06036-6341 = 18359	IRAS06421-2707 = 19518	IRAS07107+3521 = 20450
IRAS05029-6349 = 16640	IRAS05291-4509 = 17374	IRAS06047+3432 = 18557	IRAS06421+2552 = 19544	IRAS07108+2309 = 20446
IRAS05029-0912 = 16713	IRAS05293-1025 = 17395	IRAS06048-3951 = 18407	IRAS06421+6023 = 19579	IRAS07110+3529 = 20462
IRAS05030-1156 = 16716	IRAS05297-0757 = 17407	IRAS06055-1954 = 18444	IRAS06421+8407 = 19886	IRAS07112+6447 = 20539
IRAS05031+7024 = 16813	IRAS05298+7933 = 17540	IRAS06055+4205 = 18449	IRAS06422-1752 = 19526	IRAS07117-7325 = 20317
IRAS05035-3802 = 16709	IRAS05301-4211 = 17396	IRAS06056-2328 = 18445	IRAS06423-8011 = 19358	IRAS07118+6711 = 20567
IRAS05038-0910 = 16742	IRAS05301-1357 = 17415	IRAS06059-2144 = 18453	IRAS06423-2603 = 19522	IRAS07119+1704 = 20479
IRAS05039-6338 = 16670	IRAS05305-1405 = 17422	IRAS06060-7323 = 18379	IRAS06424+2552 = 19547	IRAS07123+2330 = 20513
IRAS05041-4938 = 16715	IRAS05312-2158 = 17436	IRAS06068-2508 = 18484	IRAS06425+4350 = 19571	IRAS07129+3301 = 20542
IRAS05042-4939 = 16720	IRAS05313-4956 = 17416	IRAS06069-3354 = 18477	IRAS06428-2735 = 19531	IRAS07133+3404 = 20559
IRAS05044-1737 = 16751	IRAS05314-3626 = 17433	IRAS06069-2747 = 18488	IRAS06431-5637 = 19517	IRAS07135-6816 = 20427
IRAS05045-3201 = 16745	IRAS05320-5240 = 17432	IRAS06070-6147 = 18437	IRAS06440-6339 = 19524	IRAS07135+2956 = 20562
IRAS05053-0805 = 16781	IRAS05321-2830 = 17455	IRAS06072+8109 = 18764	IRAS06443-7411 = 19481	IRAS07141+3410 = 20585
IRAS05053+7551 = 16912	IRAS05321+7716 = 17561	IRAS06081-3338 = 18532	IRAS06443-2602 = 19574	IRAS07146+2326 = 20592
IRAS05057-1815 = 16788	IRAS05331-8625 = 17077	IRAS06084+5132 = 18608	IRAS06444-7232 = 19498	IRAS07149-5715 = 20531
IRAS05058+6306 = 16858	IRAS05338-5059 = 17480	IRAS06085-7521 = 18424	IRAS06447-2625 = 19589	IRAS07150+0802 = 20595
IRAS05059-3734 = 16779	IRAS05338+1423 = 17512	IRAS06087-4427 = 18611	IRAS06449-7337 = 19504	IRAS07151+5926 = 20679
IRAS05061-5947 = 16761	IRAS05346-2225 = 17511	IRAS06096+6634 = 18699	IRAS06453-7124 = 19528	IRAS07152-3541 = 20571
IRAS05065+6725 = 16897	IRAS05356-4226 = 17526	IRAS06097+7103 = 18722	IRAS06456+6054 = 19688	IRAS07154+2714 = 20631
IRAS05066+8359 = 17104	IRAS05361+1532 = 17554	IRAS06100-2147 = 18602	IRAS06457+7429 = 19756	IRAS07160-6215 = 20556
IRAS05068-2918 = 16819	IRAS05365+6921 = 17625	IRAS06102+8005 = 18807	IRAS06459+4429 = 19665	IRAS07168-7411 = 20844
IRAS05069-4624 = 16797	IRAS05374-4145 = 17552	IRAS06106+6651 = 18729	IRAS06459+7727 = 19803	IRAS07171+1802 = 20699
IRAS05071+0725 = 16843	IRAS05377+1626 = 17587	IRAS06106+7822 = 18773	IRAS06468+2541 = 19683	IRAS07176-3533 = 20676
IRAS05073-6115 = 16787	IRAS05380-2201 = 17572	IRAS06114-5615 = 18612	IRAS06468+4306 = 19697	IRAS07182-6250 = 20640
IRAS05076+0050 = 16853	IRAS05388+7936 = 17839	IRAS06121-5117 = 18653	IRAS06474-6538 = 19614	IRAS07184+8016 = 21033
IRAS05077-2539 = 16842	IRAS05389+1828 = 17716	IRAS06125-2546 = 18692	IRAS06474+4956 = 19732	IRAS07185+4922 = 20833
IRAS05078-6125 = 16803	IRAS05392-5836 = 17567	IRAS06132+3214 = 18753	IRAS06478+3335 = 19729	IRAS07193-3418 = 20755
IRAS05078+8425 = 17170	IRAS05392-5533 = 17571	IRAS06140-2644 = 18736	IRAS06485-6416 = 19648	IRAS07194-6258 = 20694
IRAS05081+0020 = 16861	IRAS05393-3543 = 17595	IRAS06140+8220 = 18991	IRAS06488+5714 = 19789	IRAS07194+1723 = 20835
IRAS05082-0244 = 16868	IRAS05393+7220 = 17736	IRAS06142-2121 = 18749	IRAS06492-3021 = 19728	IRAS07196-0549 = 20827
IRAS05083-3701 = 16849	IRAS05399-2258 = 17619	IRAS06150-2722 = 18765	IRAS06494+1518 = 19763	IRAS07199-6157 = 20717
IRAS05086+1659 = 16887	IRAS05409-2032 = 17651	IRAS06151+6636 = 18937	IRAS06495+4713 = 19794	IRAS07199-6147 = 20927
IRAS05087-0926 = 16875	IRAS05412-4938 = 17639	IRAS06155+7833 = 18960	IRAS06500+6654 = 19867	IRAS07200+3235 = 20889
IRAS05088-3139 = 16864	IRAS05415-6419 = 17609	IRAS06157-2101 = 18781	IRAS06509+1921 = 19813	IRAS07201+2218 = 20881
IRAS05091-0309 = 16893	IRAS05415-3030 = 17662	IRAS06163-5531 = 18773	IRAS06513-3912 = 19785	IRAS07202-2908 = 20825
IRAS05091+0508 = 16899	IRAS05419+1645 = 17707	IRAS06168-1655 = 18805	IRAS06517+4024 = 19855	IRAS07204+3332 = 20911
IRAS05092-2218 = 16885	IRAS05427+7940 = 18004	IRAS06182-6559 = 18791	IRAS06520+6043 = 19899	IRAS07208+0242 = 20894
IRAS05093-3427 = 16877	IRAS05428-4954 = 17680	IRAS06189-2001 = 18858	IRAS06521+2417 = 19854	IRAS07212-6901 = 20754
IRAS05094-2029 = 16892	IRAS05430+5605 = 17831	IRAS06192+0023 = 18893	IRAS06521+3949 = 19869	IRAS07212+4935 = 20953
IRAS05094+0524 = 16909	IRAS05433-5533 = 17684	IRAS06194-5733 = 18833	IRAS06527-6451 = 19787	IRAS07214-6854 = 20766
IRAS05095-1511 = 16898	IRAS05436-2533 = 17758	IRAS06194+2203 = 17791	IRAS06534-2632 = 19861	IRAS07216-2957 = 20903
IRAS05098-1544 = 16906	IRAS05442-2329 = 17791	IRAS06196-2712 = 18883	IRAS06536+5008 = 19892	IRAS07217-2933 = 20908
IRAS05101-3301 = 16904	IRAS05442+1732 = 17823	IRAS06201-3632 = 18895	IRAS06538+4628 = 19877	IRAS07218+7958 = 21164
IRAS05112-4141 = 16924	IRAS05445-1648 = 17804	IRAS06209+6445 = 19026	IRAS06539-4702 = 19858	IRAS07219+2725 = 20957
IRAS05114-5727 = 16911	IRAS05447-1844 = 17810	IRAS06210+4932 = 18992	IRAS06541+3909 = 19927	IRAS07220+2352 = 20955
IRAS05117-1041 = 16949	IRAS05451-5206 = 17793	IRAS06210-5942 = 18880	IRAS06542+2030 = 19913	IRAS07222-6155 = 20865

RC3   620   IRAS

IRAS07224-7517 = 20742	IRAS07502+5824 = 22145	IRAS08106+5457 = 23103	IRAS08354+2555 = 24288	IRAS08570+4029 = 25282
IRAS07225-0933 = 20948	IRAS07504+5423 = 22134	IRAS08109+7739 = 23244	IRAS08354+3058 = 24299	IRAS08570+5052 = 25308
IRAS07230+4711 = 21020	IRAS07509-7244 = 21951	IRAS08111+2401 = 23078	IRAS08356-0938 = 24259	IRAS08571+3555 = 25284
IRAS07231-3223 = 20956	IRAS07510+8446 = 22640	IRAS08113+2130 = 23086	IRAS08360-5456 = 24229	IRAS08575+5324 = 25339
IRAS07233+3355 = 21016	IRAS07511+5550 = 22175	IRAS08130+2321 = 23169	IRAS08367-1433 = 24328	IRAS08576-6631 = 25202
IRAS07233+6917 = 21102	IRAS07514+5327 = 22186	IRAS08132+2607 = 23184	IRAS08373+7309 = 24473	IRAS08579+3557 = 25331
IRAS07236+7213 = 21123	IRAS07517+0435 = 22137	IRAS08140+7052 = 23324	IRAS08374+2342 = 24381	IRAS08580+6020 = 25370
IRAS07237-3018 = 20983	IRAS07517+5833 = 22219	IRAS08143+3536 = 23239	IRAS08382-0356 = 24395	IRAS08594-2435 = 25359
IRAS07238+3356 = 21035	IRAS07519+6026 = 22232	IRAS08149+2337 = 23256	IRAS08387-3151 = 24398	IRAS08594+0829 = 25376
IRAS07244+1944 = 21044	IRAS07520+6644 = 22271	IRAS08153-7943 = 23013	IRAS08389+0509 = 24425	IRAS08594+1702 = 25384
IRAS07250+4914 = 21101	IRAS07523+2652 = 22188	IRAS08153+0054 = 23259	IRAS08393-2008 = 24427	IRAS08597+2608 = 25399
IRAS07254+3539 = 21094	IRAS07525+6028 = 22270	IRAS08153+0331 = 23257	IRAS08395+6708 = 24529	IRAS09002+3047 = 25423
IRAS07256+3355 = 21099	IRAS07525+6634 = 22301	IRAS08155-2934 = 23242	IRAS08399+1427 = 24469	IRAS09006-6404 = 25356
IRAS07259+2041 = 21100	IRAS07531-2802 = 22177	IRAS08155+2055 = 23289	IRAS08400+5023 = 24506	IRAS09010+5148 = 25473
IRAS07267+3407 = 21154	IRAS07531+4942 = 22279	IRAS08156-2958 = 23246	IRAS08402-1941 = 24454	IRAS09010+6007 = 25498
IRAS07268+5935 = 21195	IRAS07532-2112 = 22192	IRAS08156+5009 = 23340	IRAS08403+1824 = 24485	IRAS09011-6442 = 25373
IRAS07269-7504 = 20979	IRAS07540+5648 = 22327	IRAS08157+6845 = 23405	IRAS08403+5901 = 24545	IRAS09011+2210 = 25454
IRAS07276-6214 = 21075	IRAS07541+0736 = 22266	IRAS08159+7409 = 23453	IRAS08405+1315 = 24490	IRAS09013+2809 = 25467
IRAS07278-6728 = 21057	IRAS07541+2354 = 22289	IRAS08161+2120 = 23319	IRAS08407-1952 = 24479	IRAS09018+1447 = 25476
IRAS07283-3129 = 21161	IRAS07546+3241 = 22314	IRAS08166-2520 = 23303	IRAS08408+0347 = 24499	IRAS09018+1839 = 25480
IRAS07284+8354 = 21547	IRAS07547-2446 = 22272	IRAS08166+2116 = 23355	IRAS08409+3453 = 24531	IRAS09018+7817 = 25676
IRAS07288-6647 = 21107	IRAS07551-1906 = 22306	IRAS08168+2211 = 23362	IRAS08409+4153 = 24540	IRAS09019+1722 = 25496
IRAS07295-6208 = 21155	IRAS07553+2517 = 22343	IRAS08169+0448 = 23351	IRAS08410-2028 = 24489	IRAS09020-6801 = 25400
IRAS07296-5144 = 21191	IRAS07559+6025 = 22438	IRAS08171-2501 = 23332	IRAS08410+3018 = 24530	IRAS09025-7347 = 25392
IRAS07297-6141 = 21167	IRAS07560-6808 = 22224	IRAS08172-8317 = 23345	IRAS08415-8317 = 24203	IRAS09028+1832 = 25523
IRAS07301+3135 = 21276	IRAS07560+3302 = 22381	IRAS08178+1931 = 23415	IRAS08419+1039 = 24567	IRAS09028+2538 = 25525
IRAS07302+6239 = 21322	IRAS07561-1413 = 22354	IRAS08183-0845 = 23418	IRAS08422-2010 = 24558	IRAS09028+3535 = 25533
IRAS07307+6631 = 21357	IRAS07564-7616 = 22174	IRAS08188+3109 = 23447	IRAS08424+3706 = 24620	IRAS09031+1858 = 25535
IRAS07315+0439 = 21303	IRAS07565-0030 = 22377	IRAS08188+7410 = 23604	IRAS08425+0949 = 24595	IRAS09032-1850 = 25515
IRAS07317+3123 = 21328	IRAS07566+2507 = 22403	IRAS08191-1310 = 23440	IRAS08425+7343 = 24711	IRAS09036+5054 = 25600
IRAS07318+3255 = 21336	IRAS07566+3325 = 22417	IRAS08192-7416 = 23437	IRAS08425+7416 = 24723	IRAS09036+6040 = 25640
IRAS07321+6543 = 21396	IRAS07568-4942 = 22338	IRAS08195+0325 = 23474	IRAS08432+1248 = 24632	IRAS09038-7151 = 25455
IRAS07323+1909 = 21341	IRAS07568+1531 = 22404	IRAS08198+2427 = 23501	IRAS08432+1257 = 24631	IRAS09041+3725 = 25609
IRAS07327+5852 = 21400	IRAS07572+0544 = 22414	IRAS08200+1115 = 23486	IRAS08432+2732 = 24643	IRAS09042-2748 = 25551
IRAS07329+1143 = 21358	IRAS07572+2645 = 22445	IRAS08201+6701 = 23611	IRAS08433+7406 = 24760	IRAS09044-1517 = 25570
IRAS07336-4648 = 21338	IRAS07572+2650 = 22443	IRAS08202+0343 = 23504	IRAS08437-1907 = 24634	IRAS09047+4154 = 25670
IRAS07336+3521 = 21399	IRAS07572+7757 = 22660	IRAS08202+2829 = 23522	IRAS08439+2825 = 24674	IRAS09054-2325 = 25654
IRAS07339-4955 = 21343	IRAS07573+6133 = 22524	IRAS08206-0042 = 23519	IRAS08441+7017 = 24775	IRAS09054+2138 = 25690
IRAS07341-6728 = 21305	IRAS07577+2738 = 22476	IRAS08206+2130 = 23542	IRAS08446+2604 = 24698	IRAS09054+5402 = 25757
IRAS07342+1342 = 21401	IRAS07581+5052 = 22525	IRAS08209-0445 = 23537	IRAS08449+4728 = 24745	IRAS09059+6227 = 25836
IRAS07343+3543 = 21425	IRAS07581+6131 = 22561	IRAS08211-2602 = 23527	IRAS08450-3334 = 24676	IRAS09065+3319 = 25806
IRAS07344-8424 = 21010	IRAS07586-7833 = 22244	IRAS08211+2111 = 23567	IRAS08450-1951 = 24685	IRAS09070-7537 = 25558
IRAS07349+5916 = 21496	IRAS07587+1550 = 22510	IRAS08212-7832 = 23330	IRAS08451+6024 = 24784	IRAS09070+0722 = 25825
IRAS07351-6614 = 21345	IRAS07595+2734 = 22565	IRAS08216+1845 = 23599	IRAS08452+1753 = 24721	IRAS09079-3256 = 25842
IRAS07352+3744 = 21475	IRAS08000+1556 = 22581	IRAS08219-1836 = 23579	IRAS08455-7845 = 24516	IRAS09080+0724 = 25876
IRAS07358+4928 = 21506	IRAS08001+2331 = 22596	IRAS08224-0025 = 23616	IRAS08455+1830 = 24748	IRAS09080+7640 = 26018
IRAS07367-6924 = 21373	IRAS08001+5341 = 22644	IRAS08225-6936 = 23496	IRAS08455+4626 = 24777	IRAS09083-6743 = 25761
IRAS07369-5504 = 21453	IRAS08002+6141 = 22661	IRAS08225+4607 = 23660	IRAS08460+3654 = 24791	IRAS09083+1337 = 25892
IRAS07372+3920 = 21558	IRAS08002+6655 = 22695	IRAS08227-6042 = 23550	IRAS08461+3618 = 24788	IRAS09089+4509 = 25946
IRAS07373+3420 = 21555	IRAS08002+7239 = 22734	IRAS08227+2802 = 23646	IRAS08465+6549 = 24863	IRAS09091-1436 = 25907
IRAS07377+1358 = 21552	IRAS08004+2514 = 22615	IRAS08228+1936 = 23650	IRAS08470+3515 = 24829	IRAS09092-3039 = 25905
IRAS07379+6517 = 21624	IRAS08008+7329 = 22763	IRAS08230+7354 = 23781	IRAS08479+2922 = 24862	IRAS09093+7426 = 26071
IRAS07380+3420 = 21581	IRAS08012+0850 = 22634	IRAS08235+2325 = 23684	IRAS08480-0254 = 24844	IRAS09096-1954 = 25926
IRAS07381+2743 = 21580	IRAS08014+0515 = 22641	IRAS08242+5515 = 23746	IRAS08480+7322 = 24949	IRAS09096+4950 = 25976
IRAS07385-6839 = 21472	IRAS08020+1055 = 22680	IRAS08243+2302 = 23705	IRAS08482-3229 = 24837	IRAS09105+2909 = 26002
IRAS07387+7356 = 21693	IRAS08032-1117 = 22721	IRAS08245+5725 = 23714	IRAS08443+7340 = 24970	IRAS09105+3012 = 26004
IRAS07388+4955 = 21618	IRAS08035-7013 = 22614	IRAS08247+2138 = 23725	IRAS08485-2146 = 24854	IRAS09108+1238 = 26008
IRAS07395+6723 = 21684	IRAS08036+6255 = 22834	IRAS08251-6757 = 23637	IRAS08488-1722 = 24870	IRAS09108+4019 = 26034
IRAS07398+1826 = 21687	IRAS08039-2715 = 22736	IRAS08252-1235 = 23723	IRAS08489-3420 = 24860	IRAS09112-5838 = 25964
IRAS07398+7009 = 21712	IRAS08040-4842 = 22711	IRAS08255+5540 = 23820	IRAS08491-0156 = 24893	IRAS09114+3618 = 26058
IRAS07405+2303 = 21654	IRAS08040+3920 = 22805	IRAS08256+3449 = 23798	IRAS08491+7824 = 25069	IRAS09115+3020 = 26055
IRAS07419+8516 = 22213	IRAS08041-2723 = 22746	IRAS08262+4856 = 23843	IRAS08496+4236 = 24940	IRAS09120+2956 = 26089
IRAS07422-5133 = 21656	IRAS08042+0808 = 22778	IRAS08262+5251 = 23850	IRAS08500+5130 = 24961	IRAS09120+4107 = 26100
IRAS07424+0803 = 21710	IRAS08043+3908 = 22816	IRAS08277+2046 = 23878	IRAS08503+3919 = 24964	IRAS09122-6034 = 26001
IRAS07424+1110 = 21713	IRAS08050-2754 = 22788	IRAS08279-8419 = 23402	IRAS08507-3420 = 24981	IRAS09122+1954 = 26092
IRAS07427-5638 = 21660	IRAS08050+1757 = 22827	IRAS08280-6048 = 23804	IRAS08508+8541 = 25451	IRAS09123-1920 = 26057
IRAS07427+0803 = 21718	IRAS08052+1458 = 22835	IRAS08287+5246 = 23955	IRAS08512+3252 = 24996	IRAS09124-6325 = 26003
IRAS07427+4827 = 21755	IRAS08053+7256 = 22947	IRAS08290+4211 = 23936	IRAS08514+2411 = 25024	IRAS09125+1205 = 26101
IRAS07430+0506 = 21730	IRAS08054+7633 = 22969	IRAS08291+7518 = 24079	IRAS08515+3943 = 25020	IRAS09129-2803 = 26093
IRAS07430+4454 = 21767	IRAS08056+6723 = 22930	IRAS08292+2243 = 23941	IRAS08517+5855 = 25065	IRAS09130+2108 = 26131
IRAS07431+6103 = 21810	IRAS08058+1820 = 22860	IRAS08296+5242 = 23996	IRAS08524-6247 = 25029	IRAS09131-6907 = 26017
IRAS07435+3908 = 21776	IRAS08065-6134 = 22799	IRAS08300+4125 = 23993	IRAS08531+5217 = 25130	IRAS09131-0614 = 26116
IRAS07436-5801 = 21690	IRAS08066+0025 = 22881	IRAS08302+0023 = 23973	IRAS08532-3150 = 25045	IRAS09131+1020 = 26127
IRAS07442-1825 = 21759	IRAS08067-0013 = 22883	IRAS08303+3924 = 23998	IRAS08535-3039 = 26926	IRAS09132-6926 = 26026
IRAS07442+0725 = 21779	IRAS08068+0045 = 22894	IRAS08306-5936 = 23924	IRAS08536-7334 = 24958	IRAS09132+1801 = 26139
IRAS07446+5444 = 21860	IRAS08070+2503 = 22918	IRAS08307+7811 = 24231	IRAS08536-0222 = 25102	IRAS09133-6013 = 26062
IRAS07450+3427 = 21847	IRAS08070+3406 = 22922	IRAS08308-5936 = 23930	IRAS08542+1323 = 25145	IRAS09134+7358 = 26295
IRAS07452-6740 = 21717	IRAS08072+7342 = 23025	IRAS08310-1747 = 23992	IRAS08543+4319 = 25175	IRAS09135-3526 = 26112
IRAS07456-7117 = 21714	IRAS08076+3658 = 22945	IRAS08311-2248 = 23997	IRAS08545+1728 = 25164	IRAS09137+3438 = 26189
IRAS07456-1837 = 21822	IRAS08078+8325 = 23321	IRAS08315+8448 = 24497	IRAS08547+0306 = 25161	IRAS09138-1606 = 26151
IRAS07458+5603 = 21924	IRAS08082+2521 = 22957	IRAS08320-0222 = 24071	IRAS08549-6715 = 25066	IRAS09140-2325 = 26157
IRAS07460+7308 = 22031	IRAS08087+0347 = 22962	IRAS08321+6624 = 24206	IRAS08549-2433 = 25152	IRAS09141+2538 = 26218
IRAS07466+3405 = 21918	IRAS08088+5804 = 23022	IRAS08322+2838 = 24111	IRAS08554+5357 = 25237	IRAS09141+4212 = 26232
IRAS07467+7337 = 22050	IRAS08089+5507 = 23026	IRAS08323-3138 = 24063	IRAS08560+5554 = 25258	IRAS09144-6251 = 26114
IRAS07468+5429 = 21970	IRAS08091+1930 = 22990	IRAS08324+3042 = 24127	IRAS08561+0629 = 25225	IRAS09145-2636 = 26192
IRAS07469+3051 = 21940	IRAS08092+7343 = 23128	IRAS08332+0153 = 24152	IRAS08561+4506 = 25248	IRAS09145+2610 = 26235
IRAS07476-6934 = 21809	IRAS08094-6446 = 22910	IRAS08435-3158 = 24131	IRAS08562-0330 = 25221	IRAS09146-0432 = 26223
IRAS07486+1409 = 22002	IRAS08096-1809 = 22980	IRAS08345-2852 = 24235	IRAS08562+4607 = 25251	IRAS09148+6924 = 26341
IRAS07491+5522 = 22072	IRAS08096+3624 = 23028	IRAS08350-2045 = 24225	IRAS08567+5241 = 25290	IRAS09149-0024 = 26234
IRAS07498+5300 = 22110	IRAS08097+2630 = 23017	IRAS08352-1645 = 24236	IRAS08569-6851 = 25169	IRAS09152-0004 = 26258

IRAS09156-2208 = 26259
IRAS09156+1631 = 26292
IRAS09156+3445 = 26300
IRAS09160+2628 = 26330
IRAS09161-3216 = 26278
IRAS09163-6240 = 26236
IRAS09166-3747 = 26306
IRAS09168+3308 = 26382
IRAS09168+3724 = 26390
IRAS09170+6428 = 26469
IRAS09177+6428 = 26498
IRAS09178-1618 = 26404
IRAS09178-0740 = 26411
IRAS09178+3534 = 26445
IRAS09186+4021 = 26501
IRAS09189-3258 = 26455
IRAS09190-3140 = 26463
IRAS09190-1141 = 26483
IRAS09190+4727 = 26531
IRAS09192-6841 = 26383
IRAS09197+2210 = 26542
IRAS09197+6846 = 26639
IRAS09198+4446 = 26563
IRAS09206+4925 = 26631
IRAS09208-3214 = 26561
IRAS09208+4927 = 26648
IRAS09210+0220 = 26607
IRAS09211-6050 = 26532
IRAS09213-2639 = 26608
IRAS09214+2830 = 26650
IRAS09216+4116 = 26685
IRAS09219+2659 = 26690
IRAS09224-2452 = 26671
IRAS09224+1748 = 26711
IRAS09229-1210 = 26717
IRAS09230+1138 = 26740
IRAS09231+0226 = 26738
IRAS09231+3506 = 26757
IRAS09232-3353 = 26713
IRAS09232+1935 = 26750
IRAS09233+1256 = 26753
IRAS09234-1146 = 26747
IRAS09235+6837 = 26849
IRAS09239-1120 = 26773
IRAS09239+0810 = 26781
IRAS09241+5735 = 26856
IRAS09244+3039 = 26817
IRAS09247-1125 = 26806
IRAS09248+0408 = 26826
IRAS09248+4453 = 26873
IRAS09253+1724 = 26869
IRAS09258+7640 = 27026
IRAS09262+7401 = 27027
IRAS09263-3554 = 26887
IRAS09265-7624 = 26761
IRAS09265-1435 = 26905
IRAS09266-0219 = 26909
IRAS09266+5604 = 26970
IRAS09268+0756 = 26932
IRAS09269-2009 = 26918
IRAS09271+0217 = 26950
IRAS09273+2018 = 26966
IRAS09273+2945 = 26979
IRAS09276+0421 = 26974
IRAS09277+1634 = 26990
IRAS09282+3014 = 27023
IRAS09286-6157 = 26956
IRAS09286-1257 = 27012
IRAS09290+5958 = 27108
IRAS09292-1630 = 27048
IRAS09292-1549 = 27054
IRAS09294+0839 = 27074
IRAS09304+2321 = 27131
IRAS09309-1632 = 27130
IRAS09312-3248 = 27135
IRAS09312-1106 = 27158
IRAS09316+0027 = 27192
IRAS09318-2038 = 27197
IRAS09319+0604 = 27219
IRAS09320+6134 = 27292
IRAS09321-2041 = 27214
IRAS09321+1030 = 27232
IRAS09321+2155 = 27244
IRAS09324-2142 = 27227
IRAS09324+3002 = 27266
IRAS09327+6700 = 27358
IRAS09328-6103 = 27201
IRAS09332+2510 = 27307
IRAS09336-1212 = 27309
IRAS09337+3755 = 27361

IRAS09343+2003 = 27379
IRAS09344-2054 = 27351
IRAS09345+3304 = 27400
IRAS09346+2323 = 27398
IRAS09354-2148 = 27418
IRAS09354+0945 = 27451
IRAS09361+3413 = 27527
IRAS09362+1715 = 27521
IRAS09363+0710 = 27518
IRAS09363+3232 = 27533
IRAS09364-0437 = 27508
IRAS09365-6155 = 27431
IRAS09368+1144 = 27558
IRAS09369-6315 = 27458
IRAS09369-1852 = 27531
IRAS09371-6136 = 27476
IRAS09371+4833 = 27602
IRAS09379+1206 = 27620
IRAS09380+0348 = 27619
IRAS09381+1146 = 27630
IRAS09381+2125 = 27643
IRAS09382+3606 = 27666
IRAS09388+1138 = 27681
IRAS09388+7505 = 27845
IRAS09394-0822 = 27714
IRAS09394+0033 = 27723
IRAS09395+0454 = 27734
IRAS09399+3204 = 27777
IRAS09399+3803 = 27789
IRAS09400-0328 = 27762
IRAS09400+2912 = 27780
IRAS09401+0943 = 27784
IRAS09401+6612 = 27879
IRAS09402+2124 = 27796
IRAS09403-0630 = 27773
IRAS09405-0201 = 27791
IRAS09406+0038 = 27803
IRAS09407-1009 = 27795
IRAS09407-0923 = 27799
IRAS09408-0942 = 27810
IRAS09408-0931 = 27808
IRAS09409-1938 = 27809
IRAS09409+6849 = 27939
IRAS09411-0541 = 27833
IRAS09428+3454 = 27996
IRAS09430-1808 = 27962
IRAS09430+0510 = 27981
IRAS09431+7311 = 28155
IRAS09432-1405 = 27982
IRAS09434-1408 = 27991
IRAS09435-0344 = 28011
IRAS09436+0556 = 28026
IRAS09440+1616 = 28081
IRAS09444+2219 = 28122
IRAS09445+5414 = 28166
IRAS09447-6302 = 28015
IRAS09451+3307 = 28169
IRAS09452-0612 = 28150
IRAS09453-6840 = 28025
IRAS09455+4418 = 28196
IRAS09456+3339 = 28186
IRAS09459+7230 = 28316
IRAS09468+0122 = 28240
IRAS09471+1255 = 28269
IRAS09472+0051 = 28272
IRAS09472+0919 = 28274
IRAS09473-4741 = 28234
IRAS09474+1302 = 28296
IRAS09475-1856 = 28276
IRAS09477-1149 = 28308
IRAS09477+1259 = 28324
IRAS09477+6543 = 28401
IRAS09479+3347 = 28357
IRAS09480+2847 = 28351
IRAS09481-2134 = 28323
IRAS09484-0904 = 28354
IRAS09484-0445 = 28356
IRAS09484+0914 = 28366
IRAS09484+1557 = 28368
IRAS09489-0452 = 28388
IRAS09492+2928 = 28424
IRAS09494-0635 = 28415
IRAS09496-7341 = 28298
IRAS09498+4304 = 28470
IRAS09503+1654 = 28485
IRAS09503+6834 = 28563
IRAS09505+0806 = 28487
IRAS09511-1214 = 28513
IRAS09511+0148 = 28517
IRAS09511+2337 = 28533

IRAS09512-1920 = 28510
IRAS09513+7226 = 28636
IRAS09513+7606 = 28670
IRAS09514+6918 = 28630
IRAS09515+2331 = 28557
IRAS09516+3738 = 28581
IRAS09517+6954 = 28655
IRAS09521-1824 = 28570
IRAS09521+0930 = 28590
IRAS09526+0430 = 28617
IRAS09527+5932 = 28672
IRAS09528+1640 = 28631
IRAS09529-3258 = 28607
IRAS09529-3254 = 28606
IRAS09534+2727 = 28682
IRAS09535+1043 = 28674
IRAS09535+1704 = 28680
IRAS09537+2053 = 28700
IRAS09539+1552 = 28707
IRAS09542-1332 = 28702
IRAS09542-0656 = 28718
IRAS09544+4528 = 28764
IRAS09554+3236 = 28805
IRAS09557+4758 = 28830
IRAS09559+5229 = 28858
IRAS09562+1439 = 28833
IRAS09563+3156 = 28856
IRAS09567+3537 = 28888
IRAS09578-3118 = 28919
IRAS09578+0336 = 28939
IRAS09578+7222 = 29059
IRAS09579-3359 = 28915
IRAS09579-0243 = 28945
IRAS09579+0438 = 28949
IRAS09585+5555 = 29050
IRAS09585+7058 = 29092
IRAS09586+1600 = 29009
IRAS09588+2150 = 29028
IRAS09592+6858 = 29146
IRAS09596+8032 = 29296
IRAS09598+1925 = 29085
IRAS10003+5940 = 29177
IRAS10005-0209 = 29127
IRAS10006-4515 = 29089
IRAS10006-4150 = 29096
IRAS10011-4234 = 29134
IRAS10011-3854 = 29139
IRAS10012-3342 = 29157
IRAS10015-0614 = 29192
IRAS10017-3434 = 29181
IRAS10019-6443 = 29141
IRAS10020-3107 = 29203
IRAS10021-2812 = 29216
IRAS10023-4110 = 29214
IRAS10024-3705 = 29224
IRAS10024+2142 = 29266
IRAS10026+1931 = 29277
IRAS10031-3358 = 29278
IRAS10034-3650 = 29298
IRAS10037-7514 = 29202
IRAS10037-4358 = 29320
IRAS10039-3338 = 29334
IRAS10042-2941 = 29366
IRAS10042+3316 = 29415
IRAS10043-8010 = 29171
IRAS10047+1231 = 29435
IRAS10049-4448 = 29393
IRAS10049-4249 = 29402
IRAS10049+5319 = 29472
IRAS10054+1857 = 29478
IRAS10054+3206 = 29484
IRAS10056-4105 = 29450
IRAS10058+1828 = 29499
IRAS10062+4035 = 29539
IRAS10068-2849 = 29530
IRAS10069-3809 = 29529
IRAS10069+3034 = 29567
IRAS10075-6647 = 29512
IRAS10076+2811 = 29615
IRAS10078+2439 = 29632
IRAS10082-3747 = 29608
IRAS10089-4454 = 29651
IRAS10091+1641 = 29698
IRAS10093+2319 = 29708
IRAS10094-3123 = 29691
IRAS10094+2806 = 29715
IRAS10095+0510 = 29714
IRAS10099-3838 = 29712
IRAS10101+1254 = 29747
IRAS10103-4703 = 29716

IRAS10104-3428 = 29727
IRAS10104-2735 = 29743
IRAS10105-4459 = 29723
IRAS10107+2259 = 29800
IRAS10111+0340 = 29814
IRAS10113-4327 = 29795
IRAS10115-3436 = 29811
IRAS10122-2726 = 29883
IRAS10124-2837 = 29892
IRAS10125-3405 = 29895
IRAS10125-3348 = 29898
IRAS10125-2248 = 29911
IRAS10126-4436 = 29891
IRAS10126-3756 = 29905
IRAS10126+7339 = 30019
IRAS10128-4322 = 29915
IRAS10133+7436 = 30064
IRAS10134-4453 = 29947
IRAS10137+0504 = 29995
IRAS10138+2122 = 30010
IRAS10138+4952 = 30031
IRAS10139+1249 = 30013
IRAS10140-3318 = 29993
IRAS10143-4159 = 30003
IRAS10146+1544 = 30049
IRAS10148+2156 = 30059
IRAS10149-4837 = 30022
IRAS10150+2207 = 30068
IRAS10153+2204 = 30083
IRAS10156+6413 = 30151
IRAS10157+0717 = 30090
IRAS10160+4642 = 30136
IRAS10168-3725 = 30131
IRAS10171+3852 = 30206
IRAS10171+6525 = 30247
IRAS10173-2533 = 30180
IRAS10176+7425 = 30323
IRAS10181+2537 = 30263
IRAS10184+5710 = 30322
IRAS10193-3400 = 30308
IRAS10195-2200 = 30336
IRAS10195+2149 = 30358
IRAS10197+0127 = 30363
IRAS10203+5235 = 30449
IRAS10204+1812 = 30420
IRAS10207+2007 = 30445
IRAS10208-3854 = 30409
IRAS10208+1112 = 30448
IRAS10209-4159 = 30407
IRAS10211-4913 = 30421
IRAS10218+5824 = 30569
IRAS10220-3213 = 30498
IRAS10221-2317 = 30519
IRAS10221-2132 = 30515
IRAS10222+2820 = 30562
IRAS10223-3601 = 30518
IRAS10224+1724 = 30560
IRAS10225-3903 = 30534
IRAS10232-3934 = 30594
IRAS10232+8004 = 30813
IRAS10233+7140 = 30737
IRAS10236-3238 = 30634
IRAS10239+4415 = 30702
IRAS10240-3442 = 30657
IRAS10240+0407 = 30684
IRAS10241-4528 = 30646
IRAS10242-1847 = 30683
IRAS10245-2350 = 30708
IRAS10245+2845 = 30744
IRAS10248-3558 = 30716
IRAS10250-3337 = 30753
IRAS10251+6843 = 30819
IRAS10252-4252 = 30754
IRAS10255-4010 = 30775
IRAS10255-3944 = 30774
IRAS10257-4338 = 30785
IRAS10257-3949 = 30790
IRAS10257+1257 = 30829
IRAS10260-3115 = 30814
IRAS10261+2000 = 30855
IRAS10261+2635 = 30856
IRAS10264+2621 = 30892
IRAS10265+2944 = 30895
IRAS10266-3121 = 30857
IRAS10267+1952 = 30903
IRAS10267+7408 = 31011
IRAS10268-4423 = 30868
IRAS10268-4408 = 30867
IRAS10268-3949 = 30865
IRAS10268-3005 = 30880

IRAS10269-4335 = 30873
IRAS10270-4351 = 30887
IRAS10271+2005 = 30935
IRAS10273-3935 = 30907
IRAS10275-3805 = 30927
IRAS10280-3408 = 30976
IRAS10280-3008 = 30984
IRAS10282+2903 = 31029
IRAS10286-3628 = 31014
IRAS10287-3418 = 31020
IRAS10287+2507 = 31059
IRAS10287+4655 = 31083
IRAS10288-2824 = 31025
IRAS10288+2614 = 31075
IRAS10289-4847 = 31023
IRAS10290-4559 = 31035
IRAS10291-3227 = 31058
IRAS10291+5620 = 31125
IRAS10291+6517 = 31145
IRAS10292-4148 = 31051
IRAS10293-3941 = 31068
IRAS10294+2755 = 31122
IRAS10295-4513 = 31076
IRAS10295-3435 = 31090
IRAS10295-3007 = 31088
IRAS10299-2346 = 31126
IRAS10301+1606 = 31159
IRAS10301+2846 = 31166
IRAS10303-2821 = 31154
IRAS10303+7401 = 31278
IRAS10312-2711 = 31217
IRAS10316-2954 = 31242
IRAS10316-2704 = 31243
IRAS10316+1400 = 31275
IRAS10316+3530 = 31285
IRAS10317-3501 = 31248
IRAS10320-3155 = 31276
IRAS10320-2613 = 31280
IRAS10320+1127 = 31302
IRAS10320+2154 = 31311
IRAS10320+4649 = 31331
IRAS10322-2723 = 31293
IRAS10323-2819 = 31296
IRAS10326-2748 = 31330
IRAS10328+2849 = 31379
IRAS10329-7258 = 31265
IRAS10329-4325 = 31335
IRAS10329-1352 = 31369
IRAS10330-3637 = 31348
IRAS10330-2803 = 31360
IRAS10330-2407 = 31368
IRAS10330+2118 = 31388
IRAS10333+3734 = 31428
IRAS10337+1358 = 31435
IRAS10337+3518 = 31474
IRAS10339-2506 = 31440
IRAS10341+2208 = 31497
IRAS10343-1750 = 31485
IRAS10345-3205 = 31493
IRAS10345-2555 = 31500
IRAS10345+1254 = 31528
IRAS10345+3720 = 31545
IRAS10346-2718 = 31513
IRAS10348-2624 = 31530
IRAS10350-4122 = 31533
IRAS10350-2503 = 31551
IRAS10352-2600 = 31574
IRAS10352+3926 = 31607
IRAS10353-4112 = 31565
IRAS10354-2651 = 31588
IRAS10356+5345 = 31650
IRAS10359-4411 = 31609
IRAS10361-2728 = 31638
IRAS10363-2818 = 31642
IRAS10363-1123 = 31653
IRAS10366-2636 = 31665
IRAS10366+4739 = 31708
IRAS10368-3002 = 31677
IRAS10368+2535 = 31712
IRAS10371+3922 = 31733
IRAS10375-3546 = 31723
IRAS10376-4451 = 31722
IRAS10376-2955 = 31730
IRAS10377-3000 = 31738
IRAS10377-2333 = 31743
IRAS10378+1233 = 31771
IRAS10379-8050 = 31600
IRAS10379-2730 = 31754
IRAS10380-3609 = 31761
IRAS10381-4818 = 31760

MCG 8-21- 91 = 36265	MCG 8-25- 4 = 47231	MCG 8-30- 7 = 57916	MCG 9-11- 10 = 18911	MCG 9-15- 41 = 24961
MCG 8-21- 94 = 36528	MCG 8-25- 5 = 47257	MCG 8-30- 12 = 58095	MCG 9-11- 14 = 19062	MCG 9-15- 42 = 24974
MCG 8-21- 95 = 36613	MCG 8-25- 7 = 47270	MCG 8-30- 13 = 58115	MCG 9-11- 18 = 19237	MCG 9-15- 53 = 25130
MCG 8-22- 1 = 36686	MCG 8-25- 11 = 47371	MCG 8-30- 24 = 58484	MCG 9-11- 19 = 19267	MCG 9-15- 55 = 25144
MCG 8-22- 2 = 36699	MCG 8-25- 12 = 47404	MCG 8-30- 30 = 58528	MCG 9-11- 23 = 19427	MCG 9-15- 56 = 25143
MCG 8-22- 4 = 36825	MCG 8-25- 14 = 47413	MCG 8-30- 31 = 58532	MCG 9-11- 24 = 19430	MCG 9-15- 57 = 25142
MCG 8-22- 7 = 36875	MCG 8-25- 15 = 47441	MCG 8-30- 32 = 58544	MCG 9-11- 29 = 19550	MCG 9-15- 58 = 25147
MCG 8-22- 8 = 36897	MCG 8-25- 16 = 47469	MCG 8-30- 40 = 58631	MCG 9-12- 2 = 19720	MCG 9-15- 59 = 25154
MCG 8-22- 12 = 36953	MCG 8-25- 19 = 47788	MCG 8-30- 41 = 58639	MCG 9-12- 10 = 19884	MCG 9-15- 61 = 25194
MCG 8-22- 15 = 37038	MCG 8-25- 22 = 47904	MCG 8-30- 47 = 58816	MCG 9-12- 18 = 20007	MCG 9-15- 63 = 25237
MCG 8-22- 17 = 37072	MCG 8-25- 23 = 47951	MCG 8-31- 1 = 59018	MCG 9-12- 26 = 20097	MCG 9-15- 64 = 25235
MCG 8-22- 19 = 37136	MCG 8-25- 24 = 47985	MCG 8-31- 2 = 59055	MCG 9-12- 27 = 20116	MCG 9-15- 66 = 25258
MCG 8-22- 26 = 37217	MCG 8-25- 25 = 48012	(MCG 8-31- 3) = 59061	MCG 9-12- 36 = 20225	MCG 9-15- 70 = 25290
MCG 8-22- 28 = 37289	MCG 8-25- 29 = 48064	(MCG 8-31- 3) = 59062	MCG 9-12- 40 = 20253	MCG 9-15- 72 = 25308
MCG 8-22- 29 = 37290	MCG 8-25- 31 = 48192	MCG 8-31- 3A = 59065	MCG 9-12- 45 = 20464	MCG 9-15- 73 = 25305
MCG 8-22- 45 = 37542	MCG 8-25- 34 = 48291	MCG 8-31- 8 = 59102	MCG 9-12- 46 = 20536	MCG 9-15- 77 = 25339
MCG 8-22- 46 = 37584	MCG 8-25- 38 = 48497	MCG 8-31- 15 = 59305	MCG 9-12- 56 = 20700	MCG 9-15- 83 = 25473
MCG 8-22- 49 = 37697	MCG 8-25- 40 = 48777	MCG 8-31- 17 = 59370	MCG 9-12- 74 = 20971	MCG 9-15- 86 = 25531
MCG 8-22- 53 = 37893	MCG 8-25- 41 = 48816	MCG 8-31- 22 = 59522	MCG 9-13- 4 = 21114	MCG 9-15- 96 = 25683
MCG 8-22- 58 = 38042	MCG 8-25- 52 = 49563	MCG 8-31- 24 = 59719	MCG 9-13- 9 = 21142	MCG 9-15- 98 = 25757
MCG 8-22- 59 = 38068	MCG 8-25- 53 = 49608	MCG 8-31- 25 = 59739	MCG 9-13- 11 = 21174	MCG 9-15- 99 = 25781
MCG 8-22- 62 = 38143	MCG 8-26- 1 = 49889	MCG 8-31- 26 = 59752	MCG 9-13- 20 = 21380	MCG 9-15-101 = 25845
MCG 8-22- 67 = 38361	MCG 8-26- 3 = 50031	MCG 8-31- 38 = 59789	MCG 9-13- 21 = 21388	MCG 9-15-105 = 25910
MCG 8-22- 68 = 38370	MCG 8-26- 5 = 50509	MCG 8-31- 40 = 60052	MCG 9-13- 25 = 21514	MCG 9-15-108 = 26000
MCG 8-22- 73 = 38613	MCG 8-26- 6 = 50582	MCG 8-31- 41 = 60067	MCG 9-13- 30 = 21568	MCG 9-15-113 = 26142
MCG 8-22- 77 = 38688	MCG 8-26- 7 = 50586	MCG 8-31- 43 = 60070	MCG 9-13- 32 = 21589	MCG 9-15-114 = 26246
MCG 8-22- 79 = 38690	MCG 8-26- 8 = 50588	MCG 8-32- 2 = 60207	MCG 9-13- 38 = 21648	MCG 9-15-117 = 26302
MCG 8-22- 84 = 38948	MCG 8-26- 9 = 50664	MCG 8-32- 3 = 60226	MCG 9-13- 39 = 21664	MCG 9-15-119 = 26329
MCG 8-22- 87 = 39241	MCG 8-26- 13 = 50728	MCG 8-32- 4 = 60225	MCG 9-13- 42 = 21711	MCG 9-15-121 = 26363
MCG 8-22- 88 = 39237	MCG 8-26- 29 = 51358	MCG 8-32- 10 = 60497	MCG 9-13- 43 = 21715	MCG 9-15-122 = 26351
MCG 8-22- 89 = 39285	MCG 8-26- 30 = 51472	MCG 8-32- 12 = 60649	MCG 9-13- 48 = 21733	MCG 9-16- 5 = 26512
MCG 8-22- 90 = 39312	MCG 8-26- 32 = 51541	MCG 8-32- 14 = 60696	MCG 9-13- 53 = 21782	MCG 9-16- 12 = 26599
MCG 8-22- 92 = 39344	MCG 8-26- 33 = 51561	MCG 8-32- 18 = 60783	MCG 9-13- 57 = 21859	MCG 9-16- 23 = 26899
MCG 8-22- 93 = 39353	MCG 8-26- 34 = 51620	MCG 8-32- 19 = 60845	MCG 9-13- 58 = 21860	MCG 9-16- 24 = 26970
MCG 8-22- 94 = 39354	MCG 8-26- 39 = 51795	MCG 8-33- 3 = 61167	MCG 9-13- 66 = 21924	MCG 9-16- 26 = 27091
MCG 8-22- 97 = 39418	MCG 8-26- 41 = 51901	MCG 8-33- 5 = 61221	MCG 9-13- 68 = 21939	MCG 9-16- 38 = 27893
MCG 8-22- 98 = 39423	MCG 8-26- 42 = 51955	MCG 8-33- 12 = 61326	MCG 9-13- 69 = 21950	MCG 9-16- 43 = 28068
MCG 8-22- 99 = 39461	MCG 8-26- 43 = 51978	MCG 8-33- 16 = 61368	MCG 9-13- 71 = 21961	MCG 9-16- 44 = 28080
MCG 8-22-104 = 39600	MCG 8-27- 2 = 52107	MCG 8-33- 19 = 61381	MCG 9-13- 72 = 21970	MCG 9-16- 51 = 28166
MCG 8-22-105 = 39615	MCG 8-27- 3 = 52114	MCG 8-33- 28 = 61507	MCG 9-13- 77 = 22072	MCG 9-17- 1 = 28846
MCG 8-22-106 = 39635	MCG 8-27- 4 = 52154	MCG 8-33- 35 = 61710	MCG 9-13- 80 = 22110	MCG 9-17- 2 = 28858
MCG 8-23- 1 = 39680	MCG 8-27- 6 = 52194	MCG 8-33- 36 = 61723	MCG 9-13- 82 = 22129	MCG 9-17- 4 = 28928
MCG 8-23- 3 = 39785	MCG 8-27- 8 = 52263	MCG 8-33- 40 = 61786	MCG 9-13- 84 = 22134	MCG 9-17- 7 = 28974
MCG 8-23- 6 = 39840	MCG 8-27- 11 = 52307	MCG 8-33- 43 = 61891	MCG 9-13- 88 = 22169	MCG 9-17- 9 = 28990
MCG 8-23- 8 = 39864	MCG 8-27- 18 = 52468	MCG 8-33- 45 = 61924	MCG 9-13- 90 = 22175	MCG 9-17- 10 = 29050
MCG 8-23- 13 = 39918	MCG 8-27- 19 = 52476	MCG 8-33- 46 = 61928	MCG 9-13- 91 = 22186	MCG 9-17- 15 = 29142
MCG 8-23- 15 = 40078	MCG 8-27- 23 = 52713	MCG 8-34- 4 = 62049	MCG 9-13- 95 = 22325	MCG 9-17- 17 = 29206
MCG 8-23- 16 = 40228	MCG 8-27- 25 = 52901	MCG 8-34- 9 = 62074	MCG 9-13- 96 = 22321	MCG 9-17- 18 = 29229
MCG 8-23- 17 = 40296	MCG 8-27- 30 = 53335	MCG 8-34- 13 = 62247	MCG 9-13- 97 = 22322	MCG 9-17- 27 = 29472
MCG 8-23- 28 = 40537	MCG 8-27- 32 = 53378	MCG 8-34- 15 = 62273	MCG 9-13- 99 = 22393	MCG 9-17- 28 = 29469
MCG 8-23- 33 = 40605	MCG 8-27- 34 = 53387	MCG 8-34- 19 = 62395	MCG 9-13-101 = 22440	MCG 9-17- 34 = 29584
MCG 8-23- 34 = 40632	MCG 8-27- 35 = 53402	MCG 8-34- 20 = 62409	MCG 9-13-102 = 22428	MCG 9-17- 47 = 30036
MCG 8-23- 35 = 40665	MCG 8-27- 36 = 53408	MCG 8-34- 24 = 62432	MCG 9-13-109 = 22520	MCG 9-17- 48 = 30044
MCG 8-23- 37 = 40771	MCG 8-27- 37 = 53441	MCG 8-34- 25 = 62456	MCG 9-13-110 = 22525	MCG 9-17- 60 = 30449
MCG 8-23- 39 = 40986	MCG 8-27- 38 = 53437	MCG 8-34- 32 = 62678	MCG 9-13-115 = 22644	MCG 9-17- 64 = 30579
MCG 8-23- 41 = 41069	MCG 8-27- 42 = 53508	MCG 8-35- 3 = 62806	MCG 9-13-116 = 22657	MCG 9-17- 66 = 30871
MCG 8-23- 42 = 41119	MCG 8-27- 46 = 53530	MCG 8-35- 5 = 62924	MCG 9-14- 3 = 22752	MCG 9-17- 67 = 31003
MCG 8-23- 43 = 41239	MCG 8-27- 49 = 53607	MCG 8-35- 9 = 63212	MCG 9-14- 5 = 22762	MCG 9-17- 69 = 31125
MCG 8-23- 52 = 41591	MCG 8-27- 50 = 53622	MCG 8-35- 13 = 63308	MCG 9-14- 6 = 22800	MCG 9-17- 70 = 31141
MCG 8-23- 61 = 41869	MCG 8-27- 53 = 53641	MCG 8-35- 14 = 63330	MCG 9-14- 14 = 23024	MCG 9-17- 74 = 31269
MCG 8-23- 70 = 42362	MCG 8-27- 54 = 53657	MCG 8-36- 2 = 63529	MCG 9-14- 15 = 23026	MCG 9-17- 75 = 31307
MCG 8-23- 71 = 42380	MCG 8-27- 56 = 53674	MCG 8-36- 3 = 63534	MCG 9-14- 19 = 23069	MCG 9-18- 8 = 31650
MCG 8-23- 85 = 42874	MCG 8-27- 57 = 53699	MCG 8-36- 5 = 63601	MCG 9-14- 21 = 23103	MCG 9-18- 14 = 32033
MCG 8-23- 89 = 43044	MCG 8-27- 64 = 53861	MCG 8-36- 8 = 63851	MCG 9-14- 30 = 23412	MCG 9-18- 15 = 32041
MCG 8-23- 91 = 43064	MCG 8-28- 5 = 54197	MCG 8-36- 11 = 63857	MCG 9-14- 32 = 23422	MCG 9-18- 22 = 32103
MCG 8-23- 92 = 43081	MCG 8-28- 9 = 54377	MCG 8-36- 12 = 63916	MCG 9-14- 34 = 23454	MCG 9-18- 25 = 32182
MCG 8-23- 94 = 43289	MCG 8-28- 15 = 54683	MCG 8-36- 15 = 64001	MCG 9-14- 35 = 23499	MCG 9-18- 26 = 32221
MCG 8-23- 98 = 43504	MCG 8-28- 17 = 54690	MCG 8-36- 16 = 64024	MCG 9-14- 37 = 23598	MCG 9-18- 28 = 32248
MCG 8-24- 4 = 43931	MCG 8-28- 24 = 54980	MCG 8-39- 1 = 67255	MCG 9-14- 40 = 23741	MCG 9-18- 32 = 32356
MCG 8-24- 11 = 44188	MCG 8-28- 30 = 55066	MCG 8-39- 3 = 67265	MCG 9-14- 41 = 23746	MCG 9-18- 34 = 32423
MCG 8-24- 18 = 44848	MCG 8-28- 38 = 55381	MCG 8-40- 1 = 68029	MCG 9-14- 43 = 23812	MCG 9-18- 38 = 32564
MCG 8-24- 23 = 44838	MCG 8-29- 3 = 55811	MCG 8-40- 2 = 68121	MCG 9-14- 44 = 23820	MCG 9-18- 39 = 32568
MCG 8-24- 24 = 44883	MCG 8-29- 6 = 55864	MCG 8-40- 3 = 68248	MCG 9-14- 47 = 23850	MCG 9-18- 42 = 32594
MCG 8-24- 37 = 45309	MCG 8-29- 9 = 55927	MCG 8-40- 4 = 68527	MCG 9-14- 48 = 23845	MCG 9-18- 43 = 32604
MCG 8-24- 39 = 45361	MCG 8-29- 14 = 56207	MCG 8-40- 6 = 68586	MCG 9-14- 49 = 23880	MCG 9-18- 47 = 32705
MCG 8-24- 48 = 45506	MCG 8-29- 22 = 56386	MCG 8-40- 7 = 68632	MCG 9-14- 50 = 23943	MCG 9-18- 52 = 32740
MCG 8-24- 49 = 45528	MCG 8-29- 23 = 56398	MCG 8-41- 1 = 69180	MCG 9-14- 53 = 23955	MCG 9-18- 53 = 32770
MCG 8-24- 54 = 45610	MCG 8-29- 24 = 56450	MCG 8-41- 2 = 69187	MCG 9-14- 57 = 23996	MCG 9-18- 55 = 32774
MCG 8-24- 61 = 45739	MCG 8-29- 26 = 56462	MCG 8-41- 5 = 69626	MCG 9-14- 68 = 24082	MCG 9-18- 61 = 33045
MCG 8-24- 63 = 45737	MCG 8-29- 27 = 56469	MCG 8-43- 4 = 72204	MCG 9-14- 70 = 24108	MCG 9-18- 62 = 33033
MCG 8-24- 67 = 45773	MCG 8-29- 28 = 56476	MCG 8-43- 7 = 72523	MCG 9-14- 78 = 24242	MCG 9-18- 65 = 33136
MCG 8-24- 69 = 45781	MCG 8-29- 29 = 56544	MCG 9- 4- 4 = 8504	MCG 9-14- 81 = 24351	MCG 9-18- 73 = 33325
MCG 8-24- 80 = 45828	MCG 8-29- 31 = 56656	MCG 9- 5- 1 = 9416	MCG 9-14- 82 = 24372	MCG 9-18- 80 = 33375
MCG 8-24- 81 = 45833	MCG 8-29- 35 = 56755	MCG 9- 6- 1 = 11463	MCG 9-14- 85 = 24423	MCG 9-18- 86 = 33633
MCG 8-24- 84 = 45834	MCG 8-29- 37 = 56778	MCG 9- 6- 2 = 11586	MCG 9-15- 3 = 24517	MCG 9-18- 90 = 33726
MCG 8-24- 87 = 45880	MCG 8-29- 41 = 56875	MCG 9- 9- 1 = 17057	MCG 9-15- 14 = 24572	MCG 9-18- 96 = 33914
MCG 8-24- 90 = 45939	MCG 8-29- 49 = 57334	MCG 9-10- 1 = 17678	MCG 9-15- 25 = 24707	MCG 9-18- 97 = 33964
MCG 8-24- 93 = 46039	MCG 8-29- 53 = 57471	MCG 9-10- 2 = 17831	MCG 9-15- 35 = 24887	MCG 9-18- 98 = 34030
MCG 8-24- 97 = 46127	MCG 8-30- 1 = 57616	MCG 9-10- 3 = 18089	MCG 9-15- 36 = 24908	MCG 9-19- 6 = 34170
MCG 8-24-106 = 46372	MCG 8-30- 2 = 57678	MCG 9-11- 9 = 18872	MCG 9-15- 37 = 24909	MCG 9-19- 22 = 34374

MCG 7-34- 16 = 58000	MCG 7-39- 13 = 62807	MCG 8- 2- 15 = 2781	MCG 8-13- 79 = 20276	MCG 8-18- 30 = 28045
MCG 7-34- 17 = 58030	MCG 7-39- 16 = 62838	MCG 8- 2- 16 = 3051	MCG 8-13- 82 = 20283	MCG 8-18- 31 = 28126
MCG 7-34- 24 = 58080	MCG 7-39- 18 = 62939	MCG 8- 2- 19 = 3363	MCG 8-13- 85 = 20306	MCG 8-18- 41 = 28383
MCG 7-34- 25 = 58092	MCG 7-39- 19 = 62972	MCG 8- 2- 21 = 3487	MCG 8-13- 89 = 20318	MCG 8-18- 44 = 28708
MCG 7-34- 26 = 58098	MCG 7-39- 20 = 62974	MCG 8- 3- 1 = 3528	MCG 8-13- 94 = 20331	MCG 8-18- 46 = 28753
MCG 7-34- 29 = 58105	MCG 7-39- 21 = 62982	MCG 8- 3- 4 = 3603	MCG 8-13- 96 = 20338	MCG 8-18- 47 = 28764
MCG 7-34- 31 = 58121	MCG 7-40- 2 = 63096	MCG 8- 3- 5 = 3635	MCG 8-13- 98 = 20357	MCG 8-18- 48 = 28770
MCG 7-34- 33 = 58135	MCG 7-40- 3 = 63101	MCG 8- 3- 8 = 4282	MCG 8-13-100 = 20353	MCG 8-18- 50 = 28789
MCG 7-34- 35 = 58149	MCG 7-40- 5 = 63122	MCG 8- 3- 9 = 4351	MCG 8-13-101 = 20364	MCG 8-18- 51 = 28830
MCG 7-34- 38 = 58185	MCG 7-40- 11 = 63424	MCG 8- 3- 10 = 4394	MCG 8-13-103 = 20395	MCG 8-18- 52 = 28904
MCG 7-34- 41 = 58198	MCG 7-40- 12 = 63440	MCG 8- 3- 12 = 4598	MCG 8-13-108 = 20441	MCG 8-18- 60 = 29147
MCG 7-34- 42 = 58199	MCG 7-40- 14 = 63557	MCG 8- 3- 13 = 4600	MCG 8-14- 7 = 20805	MCG 8-18- 61 = 29174
MCG 7-34- 45 = 58214	MCG 7-40- 18 = 63629	MCG 8- 3- 16 = 4960	MCG 8-14- 8 = 20833	MCG 8-18- 66 = 29261
MCG 7-34- 46 = 58227	MCG 7-41- 1 = 63832	MCG 8- 3- 22 = 5368	MCG 8-14- 14 = 20953	MCG 8-19- 2 = 29338
MCG 7-34- 47 = 58229	MCG 7-41- 2 = 63852	MCG 8- 3- 23 = 5457	MCG 8-14- 16 = 21020	MCG 8-19- 4 = 29427
MCG 7-34- 53 = 58251	MCG 7-41- 3 = 63932	MCG 8- 3- 24 = 5476	MCG 8-14- 20 = 21101	MCG 8-19- 7 = 29646
MCG 7-34- 60 = 58265	MCG 7-44- 4 = 67246	MCG 8- 3- 25 = 5502	MCG 8-14- 22 = 21162	MCG 8-19- 9 = 29711
MCG 7-34- 75 = 58296	MCG 7-45- 2 = 67712	MCG 8- 3- 27 = 5579	MCG 8-14- 28 = 21443	MCG 8-19- 14 = 30031
MCG 7-34- 80 = 58308	MCG 7-45- 3 = 67728	MCG 8- 4- 1 = 5916	MCG 8-14- 30 = 21506	MCG 8-19- 15 = 30094
MCG 7-34- 82 = 58334	MCG 7-45- 5 = 67921	MCG 8- 4- 4 = 6124	MCG 8-14- 31 = 21513	MCG 8-19- 18 = 30136
MCG 7-34- 83 = 58348	MCG 7-45- 6 = 67946	MCG 8- 4- 7 = 6811	MCG 8-14- 33 = 21618	MCG 8-19- 20 = 30197
MCG 7-34- 86 = 58357	MCG 7-45- 7 = 67965	MCG 8- 4- 8 = 6929	MCG 8-14- 35 = 21659	MCG 8-19- 22 = 30334
MCG 7-34- 88 = 58361	MCG 7-45- 8 = 67977	MCG 8- 4- 9 = 6955	MCG 8-14- 36 = 21665	MCG 8-19- 23 = 30386
MCG 7-34- 91 = 58376	MCG 7-45- 9 = 67985	MCG 8- 4- 10 = 7179	MCG 8-14- 42 = 21755	MCG 8-19- 31 = 30680
MCG 7-34- 93 = 58385	MCG 7-45- 11 = 67987	MCG 8- 4- 11 = 7197	MCG 8-14- 43 = 21767	MCG 8-19- 36 = 31083
MCG 7-34- 94 = 58387	MCG 7-45- 14 = 68110	MCG 8- 4- 12 = 7648	MCG 8-14- 46 = 21819	MCG 8-19- 40 = 31336
MCG 7-34- 95 = 58386	MCG 7-45- 17 = 68171	MCG 8- 4- 13 = 7833	MCG 8-15- 6 = 21990	MCG 8-20- 2 = 31639
MCG 7-34- 98 = 58395	MCG 7-45- 18 = 68197	MCG 8- 4- 15 = 7844	MCG 8-15- 16 = 22093	MCG 8-20- 4 = 31697
MCG 7-34-102 = 58405	MCG 7-45- 20 = 68216	MCG 8- 4- 16 = 7881	MCG 8-15- 18 = 22162	MCG 8-20- 10 = 31708
MCG 7-34-103 = 58410	MCG 7-45- 21 = 68381	MCG 8- 4- 21 = 7909	MCG 8-15- 27 = 22279	MCG 8-20- 11 = 31720
MCG 7-34-105 = 58413	MCG 7-45- 22 = 68485	MCG 8- 5- 1 = 8120	MCG 8-15- 34 = 22418	MCG 8-20- 16 = 31888
MCG 7-34-106 = 58418	MCG 7-45- 23 = 68482	MCG 8- 5- 2 = 8199	MCG 8-15- 36 = 22698	MCG 8-20- 20 = 32149
MCG 7-34-110 = 58436	MCG 7-45- 24 = 68535	MCG 8- 5- 3 = 8424	MCG 8-15- 37 = 22707	MCG 8-20- 26 = 32294
MCG 7-34-113 = 58505	MCG 7-46- 1 = 68653	MCG 8- 5- 4 = 8942	MCG 8-15- 44 = 22915	MCG 8-20- 27 = 32342
MCG 7-34-115 = 58579	MCG 7-46- 2 = 68724	MCG 8- 5- 6 = 9030	MCG 8-15- 46 = 22941	MCG 8-20- 28 = 32341
MCG 7-34-118 = 58596	MCG 7-46- 4 = 68757	MCG 8- 5- 7 = 9115	MCG 8-15- 47 = 22955	MCG 8-20- 29 = 32343
MCG 7-34-121 = 58632	MCG 7-46- 7 = 68843	MCG 8- 5- 9 = 9294	MCG 8-15- 50 = 23040	MCG 8-20- 33 = 32536
MCG 7-34-122 = 58630	MCG 7-46- 11 = 69005	MCG 8- 5- 10 = 9374	MCG 8-15- 51 = 23057	MCG 8-20- 36 = 32659
MCG 7-34-124 = 58662	MCG 7-46- 12 = 69123	MCG 8- 5- 11 = 9377	MCG 8-15- 52 = 23071	MCG 8-20- 37 = 32678
MCG 7-34-127 = 58664	MCG 7-46- 13 = 69182	MCG 8- 5- 12 = 9432	MCG 8-15- 54 = 23110	MCG 8-20- 39 = 32729
MCG 7-34-137 = 58788	MCG 7-46- 14 = 69184	MCG 8- 5- 13 = 9465	MCG 8-15- 62 = 23340	MCG 8-20- 41 = 32726
MCG 7-34-142 = 58840	MCG 7-46- 15 = 69361	MCG 8- 6- 1 = 10529	MCG 8-16- 1 = 23609	MCG 8-20- 42 = 32738
MCG 7-34-144 = 58880	MCG 7-46- 18 = 69724	MCG 8- 6- 6 = 10608	MCG 8-16- 3 = 23660	MCG 8-20- 46 = 32800
MCG 7-34-148 = 58975	MCG 7-46- 21 = 69783	MCG 8- 6- 7 = 10625	MCG 8-16- 4 = 23691	MCG 8-20- 51 = 32863
MCG 7-34-149 = 58981	MCG 7-47- 2 = 70163	MCG 8- 6- 8 = 10627	MCG 8-16- 7 = 23843	MCG 8-20- 59 = 33101
MCG 7-35- 1 = 59083	MCG 7-47- 4 = 70401	MCG 8- 6- 11 = 10729	MCG 8-16- 24 = 24506	MCG 8-20- 61 = 33126
MCG 7-35- 2 = 59214	MCG 7-47- 8 = 70523	MCG 8- 6- 12 = 10770	MCG 8-16- 25 = 24528	MCG 8-20- 63 = 33138
MCG 7-35- 3 = 59238	MCG 7-47- 11 = 71014	MCG 8- 6- 14 = 10812	MCG 8-16- 28 = 24601	MCG 8-20- 64 = 33150
MCG 7-35- 4 = 59251	MCG 7-47- 12 = 71026	MCG 8- 6- 18 = 10886	MCG 8-16- 29 = 24688	MCG 8-20- 65 = 33153
MCG 7-35- 14 = 59393	MCG 7-47- 13 = 71090	MCG 8- 6- 23 = 11116	MCG 8-16- 30 = 24745	MCG 8-20- 66 = 33257
MCG 7-35- 16 = 59460	MCG 7-47- 14 = 71096	MCG 8- 6- 25 = 11521	MCG 8-16- 32 = 24881	MCG 8-20- 68 = 33269
MCG 7-35- 23 = 59560	MCG 7-47- 15 = 71115	MCG 8- 6- 27 = 11574	MCG 8-16- 33 = 24963	MCG 8-20- 69 = 33280
MCG 7-35- 24 = 59571	MCG 7-48- 2 = 71220	MCG 8- 6- 28 = 11682	MCG 8-16- 34 = 25012	MCG 8-20- 70 = 33294
MCG 7-35- 28 = 59614	MCG 7-48- 3 = 71253	MCG 8- 7- 12 = 13746	MCG 8-16- 35 = 25024	MCG 8-20- 73 = 33370
MCG 7-35- 30 = 59632	MCG 7-48- 4 = 71285	MCG 8- 7- 14 = 13783	MCG 8-17- 3 = 25248	MCG 8-20- 74 = 33404
MCG 7-35- 31 = 59634	MCG 7-48- 5 = 71368	MCG 8- 7- 16 = 13850	MCG 8-17- 5 = 25251	MCG 8-20- 76 = 33433
MCG 7-35- 32 = 59671	MCG 7-48- 7 = 71596	MCG 8- 8- 1 = 14386	MCG 8-17- 18 = 25472	MCG 8-20- 79 = 33444
MCG 7-35- 34 = 59681	MCG 7-48- 8 = 71602	MCG 8-10- 3 = 17303	MCG 8-17- 25 = 25547	MCG 8-20- 81 = 33465
MCG 7-35- 39 = 59750	MCG 7-48- 11 = 71758	MCG 8-11- 1 = 17489	MCG 8-17- 38 = 25726	MCG 8-20- 83 = 33498
MCG 7-35- 44 = 59852	MCG 7-48- 12 = 71798	MCG 8-11- 4 = 17825	MCG 8-17- 46 = 25852	MCG 8-20- 86 = 33600
MCG 7-35- 48 = 59868	MCG 7-48- 17 = 72145	MCG 8-11- 8 = 17968	MCG 8-17- 50 = 25870	MCG 8-20- 88 = 33643
MCG 7-35- 49 = 59873	MCG 7-48- 18 = 72296	MCG 8-11- 11 = 18078	MCG 8-17- 51 = 25875	MCG 8-20- 91 = 33729
MCG 7-35- 51 = 59894	MCG 8- 1- 1 = 72613	MCG 8-11- 12 = 18109	MCG 8-17- 53 = 25917	MCG 8-20- 93 = 33840
MCG 7-35- 54 = 59927	MCG 8- 1- 2 = 72632	MCG 8-12- 24 = 18992	MCG 8-17- 56 = 25946	MCG 8-20- 95 = 33875
MCG 7-35- 57 = 59976	MCG 8- 1- 8 = 72928	MCG 8-12- 30 = 19294	MCG 8-17- 58 = 25976	MCG 8-20- 96 = 34021
MCG 7-35- 59 = 60003	MCG 8- 1- 13 = 73032	MCG 8-12- 31 = 19352	MCG 8-17- 63 = 26082	MCG 8-21- 5 = 34192
MCG 7-35- 64 = 60046	MCG 8- 1- 16 = 73150	MCG 8-12- 32 = 19409	MCG 8-17- 64 = 26104	MCG 8-21- 6 = 34195
MCG 7-35- 65 = 60074	MCG 8- 1- 17 = 73195	MCG 8-13- 11 = 19612	MCG 8-17- 72 = 26282	MCG 8-21- 8 = 34232
MCG 7-36- 3 = 60113	MCG 8- 1- 18 = 2	MCG 8-13- 17 = 19732	MCG 8-17- 73 = 26283	MCG 8-21- 9 = 34325
MCG 7-36- 5 = 60164	MCG 8- 1- 21 = 499	MCG 8-13- 18 = 19744	MCG 8-17- 74 = 26304	MCG 8-21- 14 = 34562
MCG 7-36- 20 = 60479	MCG 8- 1- 22 = 540	MCG 8-13- 19 = 19749	MCG 8-17- 75 = 26294	MCG 8-21- 15 = 34561
MCG 7-36- 22 = 60484	MCG 8- 1- 24 = 574	MCG 8-13- 23 = 19788	MCG 8-17- 76 = 26323	MCG 8-21- 25 = 34837
MCG 7-36- 27 = 60568	MCG 8- 1- 26 = 676	MCG 8-13- 24 = 19794	MCG 8-17- 78 = 26338	MCG 8-21- 30 = 35014
MCG 7-36- 33 = 60771	MCG 8- 1- 28 = 910	MCG 8-13- 26 = 19829	MCG 8-17- 84 = 26465	MCG 8-21- 31 = 35015
MCG 7-37- 3 = 61181	MCG 8- 1- 31 = 929	MCG 8-13- 31 = 19891	MCG 8-17- 86 = 26531	MCG 8-21- 35 = 35181
MCG 7-37- 12 = 61249	MCG 8- 1- 33 = 952	MCG 8-13- 33 = 19924	MCG 8-17- 88 = 26538	MCG 8-21- 50 = 35671
MCG 7-37- 22 = 61515	MCG 8- 1- 34 = 962	MCG 8-13- 36 = 19941	MCG 8-17- 89 = 26541	MCG 8-21- 51 = 35676
MCG 7-37- 24 = 61553	MCG 8- 1- 35 = 974	MCG 8-13- 37 = 19949	MCG 8-17- 91 = 26563	MCG 8-21- 53 = 35684
MCG 7-37- 32 = 61680	MCG 8- 1- 36 = 1198	MCG 8-13- 45 = 20045	MCG 8-17- 92 = 26631	MCG 8-21- 56 = 35720
MCG 7-37- 36 = 61703	MCG 8- 1- 38 = 1202	MCG 8-13- 47 = 20062	MCG 8-17- 93 = 26648	MCG 8-21- 57 = 35736
MCG 7-37- 37 = 61727	MCG 8- 1- 39 = 1264	MCG 8-13- 50 = 20121	MCG 8-17- 95 = 26666	MCG 8-21- 62 = 35780
MCG 7-38- 3 = 61841	MCG 8- 1- 40 = 1315	MCG 8-13- 51 = 20136	MCG 8-17- 97 = 26759	MCG 8-21- 63 = 35785
MCG 7-38- 7 = 61941	MCG 8- 2- 1 = 1592	MCG 8-13- 53 = 20141	MCG 8-17-100 = 26785	MCG 8-21- 68 = 35878
MCG 7-38- 8 = 61944	MCG 8- 2- 2 = 1655	MCG 8-13- 54 = 20142	MCG 8-17-104 = 26873	MCG 8-21- 71 = 35909
MCG 7-38- 10 = 61970	MCG 8- 2- 3 = 1658	MCG 8-13- 61 = 20209	MCG 8-17-106 = 26903	MCG 8-21- 72 = 35908
MCG 7-38- 11 = 62032	MCG 8- 2- 5 = 2004	MCG 8-13- 62 = 20218	MCG 8-17-111 = 27016	MCG 8-21- 74 = 35920
MCG 7-38- 13 = 62149	MCG 8- 2- 6 = 2032	MCG 8-13- 65 = 20220	MCG 8-18- 6 = 27169	MCG 8-21- 76 = 35999
MCG 7-38- 15 = 62220	MCG 8- 2- 10 = 2329	MCG 8-13- 67 = 20237	MCG 8-18- 21 = 27602	MCG 8-21- 77 = 36008
MCG 7-38- 18 = 62296	MCG 8- 2- 11 = 2427	MCG 8-13- 73 = 20254	MCG 8-18- 22 = 27641	MCG 8-21- 87 = 36136
MCG 7-38- 19 = 62301	MCG 8- 2- 14 = 2704	MCG 8-13- 77 = 20268	MCG 8-18- 27 = 27709	MCG 8-21- 89 = 36188

IRAS10386-2649	= 31805
IRAS10386-2414	= 31812
IRAS10386-1714	= 31811
IRAS10389+3859	= 31863
IRAS10390+1554	= 31858
IRAS10391+2130	= 31864
IRAS10397-3640	= 31875
IRAS10401+1343	= 31930
IRAS10402-4437	= 31906
IRAS10402-2340	= 31919
IRAS10405+4102	= 31959
IRAS10405+7704	= 32059
IRAS10407-3606	= 31941
IRAS10407-2558	= 31951
IRAS10407+2511	= 31968
IRAS10408+7656	= 32081
IRAS10409-4557	= 31954
IRAS10410+1507	= 31982
IRAS10411-3030	= 31966
IRAS10411+1609	= 31988
IRAS10412-3609	= 31974
IRAS10413-2406	= 31987
IRAS10413+1158	= 32007
IRAS10415-3800	= 31995
IRAS10416-1612	= 32017
IRAS10418+2626	= 32055
IRAS10419-1056	= 32044
IRAS10419+3826	= 32071
IRAS10422+5613	= 32103
IRAS10424+2220	= 32089
IRAS10430+2752	= 32127
IRAS10431+4948	= 32149
IRAS10433+6329	= 32183
IRAS10439+1400	= 32178
IRAS10439+2611	= 32188
IRAS10441+1205	= 32192
IRAS10442+2648	= 32206
IRAS10444-3945	= 32189
IRAS10444+1732	= 32207
IRAS10448+7241	= 32314
IRAS10449-2410	= 32224
IRAS10451+4327	= 32266
IRAS10453+6637	= 32321
IRAS10454+2851	= 32287
IRAS10456-2034	= 32270
IRAS10456+3458	= 32302
IRAS10457-3116	= 32271
IRAS10460+2619	= 32329
IRAS10462+1429	= 32347
IRAS10465-4509	= 32328
IRAS10468-3102	= 32369
IRAS10468-1922	= 32374
IRAS10471+6502	= 32484
IRAS10473+6559	= 32495
IRAS10477-1150	= 32466
IRAS10477+7749	= 32589
IRAS10484-0153	= 32517
IRAS10485+3301	= 32543
IRAS10487-1644	= 32531
IRAS10488+4358	= 32579
IRAS10489-1937	= 32550
IRAS10489+3309	= 32584
IRAS10490+5842	= 32616
IRAS10492-3512	= 32565
IRAS10494-8601	= 32195
IRAS10494+3312	= 32614
IRAS10498+2003	= 32645
IRAS10498+2312	= 32648
IRAS10499-3224	= 32625
IRAS10501-4606	= 32635
IRAS10502+7357	= 32719
IRAS10503+3410	= 32679
IRAS10505-4524	= 32660
IRAS10505-3240	= 32666
IRAS10506+5102	= 32705
IRAS10507+1702	= 32694
IRAS10508+5722	= 32714
IRAS10510+4955	= 32726
IRAS10512-2131	= 32707
IRAS10515-1545	= 32730
IRAS10515+5715	= 32772
IRAS10516+2730	= 32754
IRAS10516+5434	= 32774
IRAS10517+6132	= 32786
IRAS10518-3251	= 32736
IRAS10518+1733	= 32767
IRAS10520+4959	= 32800
IRAS10521-2047	= 32778
IRAS10522-4556	= 32762
IRAS10522-1646	= 32782
IRAS10528-2552	= 32813
IRAS10532-0935	= 32846
IRAS10541-5017	= 32877
IRAS10553+7254	= 33056
IRAS10556+2427	= 33012
IRAS10557+7527	= 33099
IRAS10558-2602	= 32998
IRAS10560+2524	= 33041
IRAS10560+6147	= 33074
IRAS10562-1515	= 33032
IRAS10563-1441	= 33053
IRAS10564-6923	= 32990
IRAS10564-5003	= 33034
IRAS10565+2448	= 33083
IRAS10565+4623	= 33101
IRAS10566-4942	= 33052
IRAS10567-4310	= 33062
IRAS10567-0931	= 33080
IRAS10569+3339	= 33118
IRAS10570+5110	= 33136
IRAS10574-6603	= 33098
IRAS10574-2513	= 33124
IRAS10578+2957	= 33175
IRAS10579-0943	= 33167
IRAS10582+7528	= 33277
IRAS10583+5756	= 33242
IRAS10586+0353	= 33234
IRAS10587+2759	= 33249
IRAS10587+4555	= 33257
IRAS10589-4346	= 33225
IRAS10593+4609	= 33294
IRAS10594+7523	= 33367
IRAS11000-2553	= 33329
IRAS11003-2319	= 33349
IRAS11004+2814	= 33371
IRAS11005-1601	= 33362
IRAS11007-1629	= 33381
IRAS11010+2909	= 33408
IRAS11011-1712	= 33401
IRAS11011+5005	= 33433
IRAS11013-2258	= 33410
IRAS11013+2818	= 33432
IRAS11015-1830	= 33430
IRAS11017+4523	= 33465
IRAS11018+0505	= 33446
IRAS11018+2829	= 33467
IRAS11023+0433	= 33485
IRAS11023+3538	= 33495
IRAS11026+5647	= 33532
IRAS11033+3012	= 33573
IRAS11033+7250	= 33623
IRAS11036+4855	= 33600
IRAS11036+7657	= 33665
IRAS11041-3723	= 33601
IRAS11041+5127	= 33633
IRAS11042-4746	= 33606
IRAS11042+4605	= 33643
IRAS11043+0726	= 33635
IRAS11046+2345	= 33675
IRAS11047-3654	= 33647
IRAS11048-1917	= 33671
IRAS11055-4615	= 33705
IRAS11056+4524	= 33755
IRAS11058+0346	= 33749
IRAS11059+0505	= 33760
IRAS11062+2652	= 33786
IRAS11067+6234	= 33850
IRAS11068+0010	= 33817
IRAS11071+3712	= 33868
IRAS11073+0730	= 33869
IRAS11074-2327	= 33860
IRAS11080+5339	= 33964
IRAS11083-3004	= 33937
IRAS11083-2813	= 33949
IRAS11084-3710	= 33952
IRAS11085-3542	= 33962
IRAS11085+2859	= 33992
IRAS11089-3636	= 34005
IRAS11096-4738	= 34058
IRAS11100+0919	= 34107
IRAS11101-3609	= 34101
IRAS11108+4750	= 34192
IRAS11111-6859	= 34147
IRAS11112+0433	= 34204
IRAS11112+0951	= 34199
IRAS11113-4345	= 34183
IRAS11113+1234	= 34211
IRAS11113+4835	= 34232
IRAS11116-1426	= 34225
IRAS11119+1305	= 34257
IRAS11119+3035	= 34260
IRAS11122-2327	= 34266
IRAS11126-2807	= 34292
IRAS11127-1327	= 34313
IRAS11129+0523	= 34335
IRAS11130-1353	= 34333
IRAS11130+4152	= 34353
IRAS11137+0309	= 34379
IRAS11137+2935	= 34393
IRAS11143-7556	= 34366
IRAS11149+0449	= 34478
IRAS11149+5144	= 34508
IRAS11153-0140	= 34520
IRAS11153+6518	= 34557
IRAS11155-4019	= 34519
IRAS11155+4601	= 34561
IRAS11159-3235	= 34554
IRAS11163+1322	= 34612
IRAS11164-2908	= 34608
IRAS11164+5802	= 34641
IRAS11165+0330	= 34623
IRAS11166-3558	= 34620
IRAS11171+3321	= 34674
IRAS11171+6730	= 34692
IRAS11173-0036	= 34675
IRAS11176-0749	= 34688
IRAS11176+1351	= 34697
IRAS11178+0351	= 34711
IRAS11181-0112	= 34724
IRAS11181+5326	= 34767
IRAS11183+3131	= 34768
IRAS11184+3436	= 34772
IRAS11186-0242	= 34786
IRAS11189+4629	= 34837
IRAS11191+1200	= 34843
IRAS11194+5920	= 34889
IRAS11199+0431	= 34906
IRAS11199+3802	= 34917
IRAS11201-0724	= 34925
IRAS11202+1651	= 34935
IRAS11203+3446	= 34946
IRAS11207-0038	= 34967
IRAS11208+5406	= 34989
IRAS11210-0823	= 34980
IRAS11211-0049	= 34996
IRAS11211+1805	= 34995
IRAS11211+6941	= 35025
IRAS11212+5310	= 35002
IRAS11214-1200	= 35006
IRAS11218+0336	= 35041
IRAS11218+1137	= 35043
IRAS11220+3902	= 35064
IRAS11224-7652	= 35026
IRAS11225-0931	= 35088
IRAS11225+6343	= 35123
IRAS11226+5759	= 35113
IRAS11227-2627	= 35097
IRAS11228+3820	= 35124
IRAS11231+1456	= 35142
IRAS11233-4752	= 35140
IRAS11234+0215	= 35158
IRAS11235+4714	= 35181
IRAS11237-5230	= 35160
IRAS11238+1708	= 35193
IRAS11238+5925	= 35206
IRAS11241+3531	= 35210
IRAS11244+5954	= 35236
IRAS11245+1718	= 35224
IRAS11247+5709	= 35249
IRAS11247+6651	= 35266
IRAS11248+3620	= 35252
IRAS11249-2859	= 35241
IRAS11251+1729	= 35268
IRAS11254-4120	= 35278
IRAS11255+1711	= 35292
IRAS11256-1255	= 35299
IRAS11256+0920	= 35301
IRAS11256+0925	= 35302
IRAS11257+0255	= 35307
IRAS11257+5850	= 35321
IRAS11257+7318	= 35349
IRAS11258+0940	= 35314
IRAS11259+0922	= 35332
IRAS11262+3541	= 35352
IRAS11263+1730	= 35362
IRAS11263+5724	= 35376
IRAS11264+0923	= 35364
IRAS11274+3854	= 35437
IRAS11275+0933	= 35440
IRAS11282-1500	= 35480
IRAS11289-0202	= 35538
IRAS11290-3001	= 35539
IRAS11290-1357	= 35540
IRAS11293-3008	= 35554
IRAS11293-0238	= 35560
IRAS11293+3658	= 35569
IRAS11293+7454	= 35608
IRAS11296-4109	= 35577
IRAS11297+0104	= 35594
IRAS11298+5320	= 35616
IRAS11298+6242	= 35623
IRAS11302+0600	= 35639
IRAS11304+6333	= 35675
IRAS11306-0957	= 35664
IRAS11306+4718	= 35676
IRAS11308+6209	= 35698
IRAS11310-0200	= 35692
IRAS11310+5324	= 35711
IRAS11311+2139	= 35708
IRAS11316-0934	= 35734
IRAS11317-0606	= 35742
IRAS11319-0922	= 35757
IRAS11322-3656	= 35776
IRAS11323-3758	= 35775
IRAS11326-4506	= 35806
IRAS11330+0024	= 35839
IRAS11330+5448	= 35856
IRAS11330+7048	= 35869
IRAS11332-3805	= 35851
IRAS11333-4845	= 35853
IRAS11333-3743	= 35861
IRAS11338+2152	= 35905
IRAS11339-0934	= 35907
IRAS11340+5434	= 35931
IRAS11342-0818	= 35934
IRAS11342+5526	= 35948
IRAS11344+1550	= 35952
IRAS11345-3632	= 35954
IRAS11346+1708	= 35969
IRAS11347+2026	= 35973
IRAS11350+4809	= 36008
IRAS11352+2216	= 36018
IRAS11352+5953	= 36025
IRAS11353-4854	= 36002
IRAS11354-1657	= 36026
IRAS11355-3203	= 36028
IRAS11356+1223	= 36043
IRAS11359-0054	= 36061
IRAS11363+0351	= 36093
IRAS11364-1741	= 36097
IRAS11365-3727	= 36101
IRAS11365+3936	= 36118
IRAS11366-2301	= 36115
IRAS11366+4647	= 36136
IRAS11366+5632	= 36138
IRAS11367-5023	= 36117
IRAS11367-4908	= 36119
IRAS11367+6049	= 36146
IRAS11368+0802	= 36142
IRAS11371+2012	= 36166
IRAS11373-4416	= 36172
IRAS11373+5853	= 36192
IRAS11375-4841	= 36185
IRAS11376-5406	= 36186
IRAS11376+1537	= 36197
IRAS11376+1735	= 36195
IRAS11376+2458	= 36199
IRAS11377+0917	= 36205
IRAS11377+1802	= 36203
IRAS11381+2243	= 36228
IRAS11381+5628	= 36238
IRAS11383+1144	= 36243
IRAS11384-4412	= 36240
IRAS11384-2212	= 36245
IRAS11386+4758	= 36265
IRAS11388-0612	= 36274
IRAS11390+1614	= 36294
IRAS11395+1033	= 36319
IRAS11396-1753	= 36315
IRAS11396+0036	= 36325
IRAS11397+1617	= 36342
IRAS11398+1836	= 36355
IRAS11399-0803	= 36354
IRAS11400+1907	= 36361
IRAS11400+5303	= 36370
IRAS11406-1229	= 36409
IRAS11407+5259	= 36439
IRAS11409-1631	= 36445
IRAS11409+0913	= 36450
IRAS11412+2014	= 36466
IRAS11413+1103	= 36475
IRAS11413+2021	= 36477
IRAS11413+6023	= 36493
IRAS11416+7000	= 36542
IRAS11417+5556	= 36539
IRAS11418+6814	= 36555
IRAS11419+2022	= 36544
IRAS11422-0119	= 36580
IRAS11422+2003	= 36577
IRAS11423-5015	= 36584
IRAS11423+1943	= 36582
IRAS11424+2015	= 36604
IRAS11424+6159	= 36617
IRAS11425+0844	= 36607
IRAS11428+0926	= 36644
IRAS11430+0330	= 36658
IRAS11430+0923	= 36659
IRAS11431+1045	= 36666
IRAS11432+5028	= 36686
IRAS11434+4746	= 36699
IRAS11436-5606	= 36697
IRAS11441+6939	= 36743
IRAS11442-2738	= 36737
IRAS11445-1634	= 36754
IRAS11445+1359	= 36759
IRAS11447+6034	= 36776
IRAS11449+5614	= 36789
IRAS11459+1300	= 36867
IRAS11465-3714	= 36906
IRAS11465-0927	= 36909
IRAS11465+2718	= 36914
IRAS11465+5621	= 36921
IRAS11465+7434	= 36925
IRAS11467+2623	= 36923
IRAS11467+7616	= 36945
IRAS11468-0450	= 36933
IRAS11468-0048	= 36928
IRAS11469+4842	= 36953
IRAS11473-3830	= 36964
IRAS11474+1518	= 36976
IRAS11474+2645	= 36979
IRAS11475+2511	= 36981
IRAS11475+4221	= 36990
IRAS11478+7806	= 37031
IRAS11479+0650	= 37014
IRAS11480-7505	= 37000
IRAS11480+5537	= 37024
IRAS11481+5206	= 37036
IRAS11481+5525	= 37047
IRAS11483+2126	= 37051
IRAS11484+5521	= 37063
IRAS11489-1108	= 37099
IRAS11491+4857	= 37136
IRAS11496+1707	= 37170
IRAS11497-2637	= 37178
IRAS11499-0335	= 37196
IRAS11500-0211	= 37213
IRAS11501+0200	= 37222
IRAS11502+4423	= 37229
IRAS11505-3621	= 37243
IRAS11505-1805	= 37245
IRAS11506-3851	= 37254
IRAS11506+6056	= 37258
IRAS11507-4918	= 37263
IRAS11507+2101	= 37264
IRAS11508-2816	= 37271
IRAS11508-1259	= 37267
IRAS11509+1109	= 37276
IRAS11510-0342	= 37285
IRAS11510+4808	= 37290
IRAS11511+2339	= 37288
IRAS11512-5349	= 37296
IRAS11512-0453	= 37304
IRAS11512+1040	= 37298
IRAS11514-2253	= 37320
IRAS11514-2017	= 37325
IRAS11515-1917	= 37326
IRAS11523+5846	= 37386
IRAS11524+7942	= 37399
IRAS11526+2258	= 37406
IRAS11529+1214	= 37429
IRAS11529+8030	= 37459
IRAS11530+0130	= 37444
IRAS11530+2609	= 37440
IRAS11530+4319	= 37448
IRAS11531+5535	= 37466
IRAS11533+0701	= 37483
IRAS11535-1937	= 37496
IRAS11535+6047	= 37502
IRAS11538+5524	= 37520

RC3   625   IRAS

IRAS11541+3217 = 37544	IRAS12064+2931 = 38593	IRAS12184+0400 = 39886	IRAS12259+1841 = 41013	IRAS12381-3628 = 42504
IRAS11541+4836 = 37542	IRAS12066+2927 = 38605	IRAS12186+1839 = 39907	IRAS12260+0932 = 41050	IRAS12381-0501 = 42489
IRAS11542-3754 = 37549	IRAS12067+3012 = 38618	IRAS12187+1147 = 39925	IRAS12262-1122 = 41087	IRAS12381+2647 = 42478
IRAS11547+2528 = 37591	IRAS12072+2518 = 38667	IRAS12190-3929 = 39979	IRAS12262-0139 = 41083	IRAS12382-4042 = 42510
IRAS11549+3237 = 37613	IRAS12072+5648 = 38665	IRAS12191+1452 = 39950	IRAS12262+0647 = 41072	IRAS12384+1211 = 42516
IRAS11549+5339 = 37617	IRAS12074+4644 = 38688	IRAS12191-1211 = 39982	IRAS12262+1516 = 41061	IRAS12386+1209 = 42544
IRAS11550+3234 = 37624	IRAS12074+7801 = 38670	IRAS12191+1146 = 39968	IRAS12262+2305 = 41066	IRAS12387-1220 = 42562
IRAS11551-0953 = 37625	IRAS12076-2927 = 38711	IRAS12191+4107 = 39964	IRAS12264+0350 = 41101	IRAS12391+2620 = 42584
IRAS11551+1434 = 37628	IRAS12076+1236 = 38709	IRAS12192-2353 = 39991	IRAS12264+1415 = 41104	IRAS12393+3520 = 42594
IRAS11552+2532 = 37629	IRAS12080+1618 = 38749	IRAS12193-4303 = 40012	IRAS12265-4024 = 41131	IRAS12394-4033 = 42640
IRAS11554-0327 = 37651	IRAS12080+3040 = 38742	IRAS12194-3531 = 40023	IRAS12265+2803 = 41112	IRAS12395+4132 = 42607
IRAS11554+2524 = 37643	IRAS12080+5834 = 38741	IRAS12195-3312 = 40055	IRAS12266-2253 = 41150	IRAS12396+3249 = 42637
IRAS11555+2809 = 37654	IRAS12085-3050 = 38799	IRAS12195+0919 = 40033	IRAS12268+1641 = 41160	IRAS12397-4717 = 42684
IRAS11557-5051 = 37668	IRAS12085+5045 = 38795	IRAS12195+7535 = 39981	IRAS12269+0901 = 41164	IRAS12398-0646 = 42680
IRAS11557-5041 = 37670	IRAS12085+6411 = 38788	IRAS12196+0725 = 40051	IRAS12270-0809 = 41184	IRAS12398-0641 = 42681
IRAS11557-3916 = 37669	IRAS12085+7624 = 38777	IRAS12196+8257 = 39937	IRAS12270+0806 = 41189	IRAS12399+0011 = 42689
IRAS11558-0200 = 37678	IRAS12086+2027 = 38802	IRAS12198+0450 = 40087	IRAS12274+1237 = 41255	IRAS12399+0414 = 42688
IRAS11559+4413 = 37691	IRAS12090+5800 = 38834	IRAS12199-5820 = 40110	IRAS12275+1354 = 41260	IRAS12401+1434 = 42707
IRAS11560+1627 = 37695	IRAS12091-3816 = 38841	IRAS12199-0422 = 40092	IRAS12276-0807 = 41291	IRAS12402-4238 = 42761
IRAS11561+2535 = 37699	IRAS12093+2423 = 38851	IRAS12199+1548 = 40095	IRAS12278+0431 = 41317	IRAS12402+1037 = 42732
IRAS11561+2743 = 37705	IRAS12094-0435 = 38869	IRAS12199+2929 = 40086	IRAS12282-5451 = 41392	IRAS12402+2012 = 42704
IRAS11563+3041 = 37723	IRAS12096-0606 = 38889	IRAS12200+1204 = 40105	IRAS12282+1240 = 41361	IRAS12403-4105 = 42764
IRAS11564-1844 = 37727	IRAS12097-5210 = 38902	IRAS12201+0936 = 40119	IRAS12284+1145 = 41376	IRAS12403+1331 = 42741
IRAS11566-5307 = 37739	IRAS12099+1224 = 38916	IRAS12204-1256 = 40167	IRAS12285-0746 = 41399	IRAS12406+2759 = 42765
IRAS11569-3626 = 37774	IRAS12099+2926 = 38912	IRAS12204-1410 = 40160	IRAS12289+2924 = 41438	IRAS12407-0022 = 42791
IRAS11569-1859 = 37773	IRAS12101-1344 = 38937	IRAS12204+1605 = 40153	IRAS12290+5814 = 41436	IRAS12407+0215 = 42797
IRAS11578-0049 = 37845	IRAS12104+0719 = 38964	IRAS12204+6607 = 40133	IRAS12291+0412 = 41471	IRAS12408+1128 = 42790
IRAS11579-1540 = 37853	IRAS12110-3412 = 39015	IRAS12205+0531 = 40179	IRAS12291+1707 = 41472	IRAS12409-2033 = 42819
IRAS11579+2021 = 37860	IRAS12112-4659 = 39039	IRAS12206+1439 = 40196	IRAS12292-4430 = 41526	IRAS12410+1151 = 42816
IRAS11584-3455 = 37899	IRAS12112+1342 = 39025	IRAS12207+1138 = 40201	IRAS12293+1524 = 41504	IRAS12412-0017 = 42847
IRAS11585-2417 = 37906	IRAS12112+1510 = 39028	IRAS12210+0744 = 40218	IRAS12296-0717 = 41555	IRAS12412+1102 = 42836
IRAS11585+1423 = 37912	IRAS12113+1326 = 39040	IRAS12210+0713 = 40251	IRAS12300+3951 = 41579	IRAS12412+1639 = 42833
IRAS11587-3335 = 37921	IRAS12115-4657 = 39077	IRAS12210+1748 = 40249	IRAS12300+4259 = 41576	IRAS12414+1324 = 42857
IRAS11588+1340 = 37928	IRAS12116+5448 = 39068	IRAS12211-3420 = 40265	IRAS12301-4012 = 41629	IRAS12415-4027 = 42891
IRAS11588+6210 = 37930	IRAS12121-3513 = 39125	IRAS12211+1245 = 40264	IRAS12301+0023 = 41618	IRAS12415+3226 = 42863
IRAS11592-5018 = 37958	IRAS12121+0605 = 39114	IRAS12213-0310 = 40284	IRAS12306+3222 = 41660	IRAS12417+3228 = 42863
IRAS11596+6224 = 37999	IRAS12125+3328 = 39158	IRAS12214+1229 = 40306	IRAS12307+1231 = 41683	IRAS12420-0948 = 42929
IRAS11597+0437 = 38010	IRAS12125+6403 = 39143	IRAS12215+0653 = 40321	IRAS12308+0856 = 41719	IRAS12422-2009 = 42954
IRAS11598+1507 = 38012	IRAS12126+2056 = 39179	IRAS12216+3147 = 40330	IRAS12311+0926 = 41729	IRAS12422+2641 = 42937
IRAS11598+3008 = 38009	IRAS12127-3751 = 39201	IRAS12217+0848 = 40342	IRAS12312-1145 = 41757	IRAS12423-4344 = 42968
IRAS12001-4355 = 38032	IRAS12127+1318 = 39183	IRAS12221+3939 = 40396	IRAS12313+1526 = 41746	IRAS12423+1901 = 42956
IRAS12001+0215 = 38031	IRAS12128+1934 = 39194	IRAS12223-2258 = 40452	IRAS12315+0255 = 41789	IRAS12423+4057 = 42938
IRAS12002+1817 = 38040	IRAS12128+6615 = 39184	IRAS12223+0743 = 40439	IRAS12315+0758 = 41772	IRAS12426+2126 = 42971
IRAS12002+4854 = 38042	IRAS12129-3521 = 39212	IRAS12224+1309 = 40455	IRAS12317+0644 = 41811	IRAS12428+2724 = 42987
IRAS12003-1605 = 38049	IRAS12129+0951 = 39206	IRAS12224+2850 = 40449	IRAS12317+1321 = 41806	IRAS12429-0015 = 42999
IRAS12005+4448 = 38068	IRAS12130+1411 = 39224	IRAS12225+2614 = 40459	IRAS12318+0227 = 41823	IRAS12430-2621 = 43022
IRAS12008+1646 = 38093	IRAS12130+2206 = 39214	IRAS12227+0512 = 40490	IRAS12318+0828 = 41812	IRAS12430-2558 = 43021
IRAS12008+2229 = 38094	IRAS12131-3437 = 39234	IRAS12227+0601 = 40494	IRAS12320+0336 = 41850	IRAS12430-0729 = 43017
IRAS12012+0429 = 38122	IRAS12131+3636 = 39225	IRAS12227+5446 = 40475	IRAS12321+0726 = 41847	IRAS12432+5500 = 42998
IRAS12015+3210 = 38150	IRAS12132+4824 = 39237	IRAS12228+1007 = 40507	IRAS12323+1549 = 41876	IRAS12435-4125 = 43073
IRAS12016+1107 = 38168	IRAS12133+1325 = 39246	IRAS12228+1644 = 40516	IRAS12323+6348 = 41838	IRAS12435-4100 = 43075
IRAS12016+1843 = 38167	IRAS12133+2656 = 39252	IRAS12229-3902 = 40549	IRAS12323+7006 = 41820	IRAS12437+3059 = 43065
IRAS12019+2029 = 38209	IRAS12134+2743 = 39261	IRAS12231+0050 = 40564	IRAS12326+0003 = 41911	IRAS12439-3945 = 43105
IRAS12020+6442 = 38212	IRAS12137+2902 = 39289	IRAS12231+0729 = 40566	IRAS12328+1446 = 41934	IRAS12441-4113 = 43120
IRAS12022-0206 = 38240	IRAS12137+4809 = 39285	IRAS12232+1256 = 40581	IRAS12329-3938 = 41960	IRAS12443-1121 = 43118
IRAS12023-4327 = 38245	IRAS12138-4302 = 39315	IRAS12233+0750 = 40607	IRAS12331+7230 = 41913	IRAS12444+2650 = 43121
IRAS12023+2715 = 38244	IRAS12138+1334 = 39308	IRAS12233+1044 = 40597	IRAS12332-1248 = 41989	IRAS12445-3242 = 43144
IRAS12025+7623 = 38257	IRAS12140+0744 = 39328	IRAS12233+3348 = 40596	IRAS12334+2814 = 42002	IRAS12446-5340 = 43176
IRAS12028+1810 = 38285	IRAS12140+6947 = 39346	IRAS12234-4156 = 40677	IRAS12336+1935 = 42020	IRAS12446-4303 = 43166
IRAS12028+2035 = 38288	IRAS12143+4743 = 39353	IRAS12234+0342 = 40621	IRAS12337-0338 = 42042	IRAS12446-4058 = 43155
IRAS12028+5037 = 38283	IRAS12145+6341 = 39366	IRAS12234+1556 = 40622	IRAS12340+1130 = 42069	IRAS12446-0947 = 43147
IRAS12030+0916 = 38304	IRAS12146+0357 = 39388	IRAS12234+1614 = 40614	IRAS12341-4151 = 42086	IRAS12446+2803 = 43139
IRAS12031-3834 = 38331	IRAS12146+1536 = 39393	IRAS12235+1323 = 40644	IRAS12341+1332 = 42081	IRAS12447-3917 = 43170
IRAS12032-2941 = 38334	IRAS12150+1700 = 39440	IRAS12235+1627 = 40643	IRAS12343+1326 = 42089	IRAS12447-0227 = 43149
IRAS12032-2739 = 38330	IRAS12150+3804 = 39422	IRAS12236-3816 = 42118	IRAS12343+2749 = 42083	IRAS12449-2555 = 43181
IRAS12032+2045 = 38338	IRAS12150+7105 = 39414	IRAS12236-0724 = 40656	IRAS12344-3816 = 42118	IRAS12450+2743 = 43164
IRAS12033-1414 = 38346	IRAS12151+2952 = 39437	IRAS12239+1253 = 40705	IRAS12344+1429 = 42100	IRAS12452+0436 = 43189
IRAS12034+7747 = 38347	IRAS12153-4315 = 39484	IRAS12240-4525 = 40728	IRAS12350-3514 = 42166	IRAS12452+1402 = 43186
IRAS12036+4951 = 38370	IRAS12153+0733 = 39480	IRAS12240+0414 = 40715	IRAS12351-4015 = 42181	IRAS12452+7126 = 43141
IRAS12038+5259 = 38392	IRAS12155+0625 = 39493	IRAS12241-3718 = 40746	IRAS12351+1205 = 42168	IRAS12453-2718 = 43224
IRAS12040-4704 = 38409	IRAS12159+3005 = 39525	IRAS12242+0811 = 40743	IRAS12352+0538 = 42174	IRAS12453-2159 = 43206
IRAS12040+2207 = 38407	IRAS12161+1200 = 39562	IRAS12242+0745 = 40745	IRAS12354+3417 = 42189	IRAS12456-2001 = 43245
IRAS12041+1759 = 38410	IRAS12162+1441 = 39578	IRAS12243-0036 = 40762	IRAS12355+0014 = 42202	IRAS12456-0303 = 43238
IRAS12042-3140 = 38429	IRAS12163+0627 = 39601	IRAS12244+0246 = 40775	IRAS12357+2912 = 42215	IRAS12457+1115 = 43241
IRAS12042-1048 = 38426	IRAS12163+6610 = 39568	IRAS12244+1519 = 40772	IRAS12359-4156 = 42271	IRAS12458+0845 = 43254
IRAS12042+6726 = 38423	IRAS12166+0408 = 39628	IRAS12246+0609 = 40801	IRAS12359+0435 = 42241	IRAS12459-4444 = 43282
IRAS12045-3955 = 38452	IRAS12167+4937 = 39635	IRAS12246+0941 = 40809	IRAS12363+3222 = 42282	IRAS12462+3444 = 43281
IRAS12046-2944 = 38464	IRAS12168+2835 = 39663	IRAS12248-0753 = 40860	IRAS12366+0617 = 42319	IRAS12463+3536 = 43286
IRAS12046+6730 = 38461	IRAS12171-1156 = 39698	IRAS12248+0632 = 40851	IRAS12367-0015 = 42336	IRAS12464-0823 = 43321
IRAS12050-1441 = 38496	IRAS12171+0548 = 39699	IRAS12249-3903 = 40887	IRAS12368-4027 = 42369	IRAS12464+4211 = 43288
IRAS12050+0258 = 38492	IRAS12172-0634 = 39726	IRAS12249+1123 = 40850	IRAS12370-8412 = 42645	IRAS12465-1108 = 43330
IRAS12053+6739 = 38504	IRAS12173+0537 = 39738	IRAS12250-0800 = 40894	IRAS12370-0504 = 42375	IRAS12466+0339 = 43331
IRAS12055+1039 = 38527	IRAS12173+2753 = 39728	IRAS12250+6504 = 40836	IRAS12371-2248 = 42395	IRAS12468-0455 = 43350
IRAS12055+6527 = 38524	IRAS12173+2953 = 39724	IRAS12251+1321 = 40898	IRAS12372-4145 = 42411	IRAS12470-1049 = 43382
IRAS12056+0309 = 38531	IRAS12175+0757 = 39765	IRAS12252-2949 = 40925	IRAS12373-1120 = 42407	IRAS12471-3621 = 43407
IRAS12060+6949 = 38553	IRAS12175+2933 = 39764	IRAS12252+1317 = 40914	IRAS12373+1534 = 42396	IRAS12471+1526 = 43375
IRAS12060+7705 = 38550	IRAS12177+0539 = 39801	IRAS12253+2716 = 40920	IRAS12375-2503 = 42431	IRAS12471+2544 = 43368
IRAS12063-0845 = 38580	IRAS12180-1823 = 39839	IRAS12257+2853 = 40988	IRAS12376-0531 = 42429	IRAS12474-1427 = 43424
IRAS12063+7510 = 38578	IRAS12181-0641 = 39855	IRAS12259-4259 = 41043	IRAS12378+6152 = 42408	IRAS12474+0534 = 43413
IRAS12064-3114 = 38588	IRAS12183+5822 = 39859	IRAS12259+1721 = 41024	IRAS12380-0451 = 42476	IRAS12477+3325 = 43428

RC3 626 IRAS

IRAS12479-4216 = 43480	IRAS12561+2752 = 44481	IRAS13070-0734 = 45643	IRAS13189-4540 = 46673	IRAS13328+0140 = 47915
IRAS12479-1035 = 43458	IRAS12566-4411 = 44613	IRAS13070+4630 = 45610	IRAS13189+5754 = 46589	IRAS13329-3402 = 47969
IRAS12479-0500 = 43463	IRAS12566-4122 = 44605	IRAS13071-4610 = 45683	IRAS13190-2709 = 46661	IRAS13329-3036 = 47958
IRAS12480+2547 = 43451	IRAS12566-2709 = 44589	IRAS13071-2358 = 45666	IRAS13191-3622 = 46674	IRAS13329-2349 = 47948
IRAS12481-2005 = 43492	IRAS12566+2823 = 44535	IRAS13073+2910 = 45658	IRAS13191-1256 = 46664	IRAS13329+6215 = 47854
IRAS12482-4722 = 43515	IRAS12567+3734 = 44557	IRAS13074-2450 = 45664	IRAS13191+3847 = 46636	IRAS13330-3311 = 47972
IRAS12483-1403 = 43499	IRAS12570-2919 = 44663	IRAS13077-4117 = 45729	IRAS13192-3707 = 46682	IRAS13330+1355 = 47932
IRAS12483-1311 = 43501	IRAS12574+0219 = 44685	IRAS13077-0654 = 45702	IRAS13193-3802 = 46697	IRAS13332+0315 = 47953
IRAS12483+7308 = 43426	IRAS12574+5336 = 44641	IRAS13079-2129 = 45721	IRAS13193+4232 = 46646	IRAS13335-0814 = 47998
IRAS12484-0607 = 43507	IRAS12577-1500 = 44761	IRAS13080+1842 = 45710	IRAS13194+3129 = 46657	IRAS13335+3515 = 47961
IRAS12485+2911 = 43509	IRAS12580-1423 = 44796	IRAS13081-4557 = 45754	IRAS13196+3859 = 46671	IRAS13339+0737 = 48023
IRAS12485+4123 = 43495	IRAS12580+0246 = 44797	IRAS13081-4419 = 45758	IRAS13197-1627 = 46710	IRAS13340-0808 = 48043
IRAS12486+0507 = 43525	IRAS12582-1310 = 44829	IRAS13084-2744 = 45764	IRAS13198-0209 = 46717	IRAS13340+3836 = 48011
IRAS12487-4057 = 43561	IRAS12582+2819 = 44789	IRAS13086+2950 = 45757	IRAS13200+2141 = 46711	IRAS13340+5012 = 47985
IRAS12488-2610 = 43557	IRAS12583-3619 = 44861	IRAS13086+3719 = 45749	IRAS13203-4317 = 46771	IRAS13342-4929 = 48106
IRAS12488-1303 = 43560	IRAS12583-1414 = 44847	IRAS13090+0055 = 45794	IRAS13205+2714 = 46744	IRAS13342-2933 = 48082
IRAS12490-2549 = 43589	IRAS12583-1340 = 44441	IRAS13091+2105 = 45795	IRAS13206-2550 = 46779	IRAS13346-3245 = 48125
IRAS12490-1009 = 43594	IRAS12584+0014 = 44846	IRAS13092+3632 = 45787	IRAS13209-2743 = 46805	IRAS13349+0421 = 48128
IRAS12492+2602 = 43586	IRAS12584+2803 = 44840	IRAS13093-4303 = 45847	IRAS13209+0639 = 46782	IRAS13350+0908 = 48130
IRAS12493+7154 = 43527	IRAS12585-3207 = 44892	IRAS13096+2421 = 45836	IRAS13214+4320 = 46767	IRAS13350+8614 = 47518
IRAS12494-4103 = 43638	IRAS12586-3039 = 44894	IRAS13097-1531 = 45868	IRAS13214+0958 = 46827	IRAS13351-3935 = 48175
IRAS12494+1221 = 43601	IRAS12589-2650 = 44930	IRAS13097-0404 = 45862	IRAS13214+7046 = 46742	IRAS13351-3315 = 48166
IRAS12494+1633 = 43607	IRAS12590-4136 = 44936	IRAS13098-4136 = 45877	IRAS13218-2052 = 46878	IRAS13351-3040 = 48161
IRAS12495-4047 = 43661	IRAS12590-4108 = 44935	IRAS13099+4627 = 45834	IRAS13219-3725 = 46896	IRAS13352+3913 = 48127
IRAS12495-2934 = 43642	IRAS12590+2934 = 44896	IRAS13101-3225 = 45901	IRAS13219+1421 = 46868	IRAS13353-1737 = 48171
IRAS12498-3845 = 43701	IRAS12590+4819 = 44883	IRAS13101+0459 = 45885	IRAS13223-3323 = 46928	IRAS13355-0932 = 48179
IRAS12498-0055 = 43671	IRAS12591-0804 = 44931	IRAS13102+1251 = 45883	IRAS13224-1930 = 46926	IRAS13356-4536 = 48236
IRAS12499-0930 = 43690	IRAS12592+0436 = 44933	IRAS13103-1942 = 45911	IRAS13225-2052 = 46938	IRAS13358+0708 = 48202
IRAS12500-4223 = 43723	IRAS12593-3230 = 44965	IRAS13103-1915 = 45908	IRAS13228-2704 = 46965	IRAS13360+3322 = 48206
IRAS12500-4010 = 43717	IRAS12593-0639 = 44940	IRAS13103+2305 = 45884	IRAS13229-2934 = 46974	IRAS13362+4831 = 48192
IRAS12502-3933 = 43744	IRAS12593+8023 = 44734	IRAS13103+3204 = 45887	IRAS13229-2612 = 46970	IRAS13369-1114 = 48307
IRAS12502-2625 = 43731	IRAS12594-5004 = 44992	IRAS13104-4319 = 45926	IRAS13230-4758 = 47003	IRAS13370-5053 = 48359
IRAS12502+1607 = 43707	IRAS12594-4912 = 45001	IRAS13107+7054 = 45859	IRAS13230+4331 = 46934	IRAS13370-5047 = 48352
IRAS12504-2711 = 43770	IRAS12595-1442 = 44977	IRAS13108-1917 = 45953	IRAS13234-1615 = 47009	IRAS13370-3123 = 48334
IRAS12504+2838 = 43726	IRAS12596-1529 = 44990	IRAS13108+0619 = 45936	IRAS13235-3336 = 47031	IRAS13373-5049 = 48384
IRAS12505-4121 = 43779	IRAS12597-1724 = 45006	IRAS13109-4912 = 45999	IRAS13237+0221 = 47027	IRAS13374-2801 = 48312
IRAS12506-4828 = 43791	IRAS13002+1546 = 45022	IRAS13109-1509 = 45958	IRAS13238+3611 = 47011	IRAS13375-4805 = 48390
IRAS12507-1643 = 43792	IRAS13003-3858 = 45075	IRAS13110+7127 = 45879	IRAS13239-2937 = 47078	IRAS13375-2336 = 48371
IRAS12507+0132 = 43784	IRAS13004-0749 = 45052	IRAS13111+1615 = 45959	IRAS13239+5730 = 46988	IRAS13375+3022 = 48327
IRAS12507+0444 = 43775	IRAS13006-3158 = 45096	IRAS13111+3651 = 45948	IRAS13246-3755 = 47151	IRAS13376-3324 = 48380
IRAS12507+3705 = 43759	IRAS13007-2933 = 45098	IRAS13113-4241 = 46023	IRAS13248-2918 = 47169	IRAS13376+2839 = 48333
IRAS12509-2601 = 43812	IRAS13009-4241 = 45132	IRAS13113+4570 = 45983	IRAS13249-4310 = 47188	IRAS13379+2636 = 48365
IRAS12511-0621 = 43826	IRAS13012-4108 = 45155	IRAS13114-4551 = 46029	IRAS13251+2108 = 47153	IRAS13380-0730 = 48394
IRAS12513+0958 = 43837	IRAS13012-3755 = 45151	IRAS13117-4224 = 46056	IRAS13252-1309 = 47198	IRAS13388+3037 = 48432
IRAS12514+2640 = 43848	IRAS13016-3016 = 45174	IRAS13122+8054 = 46046	IRAS13253+1802 = 47180	IRAS13391+2325 = 48458
IRAS12515-4132 = 43893	IRAS13016-0516 = 45165	IRAS13123-3653 = 46090	IRAS13254-4413 = 47260	IRAS13397+5555 = 48473
IRAS12515-0821 = 43870	IRAS13017-0723 = 45177	IRAS13123-1619 = 46078	IRAS13254-2442 = 47230	IRAS13399-4755 = 48593
IRAS12517-1015 = 43902	IRAS13017+0929 = 45168	IRAS13123-1541 = 46081	IRAS13256-1546 = 47283	IRAS13400+3553 = 48542
IRAS12517+0537 = 43885	IRAS13020-2958 = 45215	IRAS13125+5503 = 46051	IRAS13259+3217 = 47234	IRAS13403+3515 = 48558
IRAS12519-3934 = 43954	IRAS13021-4658 = 45235	IRAS13127-2343 = 46126	IRAS13261-4144 = 47309	IRAS13405-2842 = 48613
IRAS12522-4041 = 43994	IRAS13023-3155 = 45247	IRAS13135-2801 = 46194	IRAS13264-3255 = 47321	IRAS13406-2933 = 48617
IRAS12522-0958 = 43972	IRAS13025-4911 = 45279	IRAS13136-2617 = 46199	IRAS13265-3400 = 47345	IRAS13408+3035 = 48597
IRAS12522+2912 = 43939	IRAS13025-3504 = 45269	IRAS13136+6223 = 46133	IRAS13268+1718 = 47330	IRAS13412-5206 = 48687
IRAS12523+0255 = 43969	IRAS13025-0613 = 45246	IRAS13137+3518 = 46171	IRAS13269+1115 = 47346	IRAS13415-4655 = 48699
IRAS12523+4648 = 43931	IRAS13030+7839 = 45157	IRAS13138+2540 = 46186	IRAS13271-1742 = 47396	IRAS13419-4135 = 48738
IRAS12525-4432 = 44028	IRAS13033+2800 = 45311	IRAS13138+3112 = 46180	IRAS13275-0127 = 47432	IRAS13426+3724 = 48724
IRAS12525+5902 = 43951	IRAS13034-2927 = 45351	IRAS13142-1622 = 46247	IRAS13276+0748 = 47448	IRAS13428+5608 = 48711
IRAS12526-4948 = 44040	IRAS13035-4008 = 45371	IRAS13144-1030 = 46252	IRAS13277+4727 = 47404	IRAS13429+2722 = 48766
IRAS12526+0310 = 44017	IRAS13035+4159 = 45315	IRAS13145-1659 = 46270	IRAS13277+5840 = 47368	IRAS13430-0544 = 48786
IRAS12528-3916 = 44065	IRAS13035+4643 = 45309	IRAS13146+3423 = 46249	IRAS13278-2753 = 47489	IRAS13430+4145 = 48749
IRAS12531+7326 = 43975	IRAS13038-4044 = 45393	IRAS13147+0618 = 46278	IRAS13278+4731 = 47413	IRAS13432+4157 = 48767
IRAS12532-1147 = 44087	IRAS13038+2543 = 45356	IRAS13149-3150 = 46304	IRAS13280+3152 = 47462	IRAS13434+2220 = 48795
IRAS12532+0434 = 44086	IRAS13039+2919 = 45358	IRAS13151+3121 = 46293	IRAS13281-7735 = 47660	IRAS13439+3650 = 48803
IRAS12532+5836 = 44025	IRAS13039+3314 = 45363	IRAS13153+2750 = 46302	IRAS13282+1823 = 47482	IRAS13441+2105 = 48831
IRAS12535-2914 = 44116	IRAS13041-2817 = 45405	IRAS13154-0002 = 46319	IRAS13283+3132 = 47483	IRAS13442+4407 = 48815
IRAS12535-0753 = 44112	IRAS13042-2338 = 45408	IRAS13155-3511 = 46351	IRAS13283+6245 = 47425	IRAS13443+1439 = 48846
IRAS12536-3606 = 44145	IRAS13042+2808 = 45386	IRAS13155+0439 = 46321	IRAS13284-3450 = 47541	IRAS13443+4621 = 48816
IRAS12540-4251 = 44199	IRAS13043-3335 = 45432	IRAS13157-3122 = 46363	IRAS13286-3432 = 47549	IRAS13447-3041 = 48909
IRAS12540-0717 = 44166	IRAS13043+3522 = 45397	IRAS13157+0635 = 46342	IRAS13290-2928 = 47573	IRAS13448-2911 = 48908
IRAS12540+5708 = 44117	IRAS13044-2757 = 45437	IRAS13158-1420 = 46366	IRAS13292-2753 = 47594	IRAS13451+7704 = 48785
IRAS12542-4636 = 44247	IRAS13044-2324 = 45426	IRAS13159-4659 = 46414	IRAS13294+2015 = 47577	IRAS13453-3159 = 48957
IRAS12542-0815 = 44191	IRAS13046-4444 = 45465	IRAS13160-4738 = 46409	IRAS13295-3754 = 47635	IRAS13454-2922 = 48938
IRAS12542+2157 = 44182	IRAS13050-2235 = 45487	IRAS13167-1435 = 46441	IRAS13299+0206 = 47641	IRAS13455+3833 = 48917
IRAS12543-4606 = 44271	IRAS13050-0040 = 45480	IRAS13167+3951 = 46413	IRAS13301-5305 = 47728	IRAS13456+3800 = 48926
IRAS12545+3242 = 44213	IRAS13051+0636 = 45478	IRAS13169-4701 = 46502	IRAS13301-2357 = 47688	IRAS13457+0411 = 48959
IRAS12545+4834 = 44188	IRAS13052-0036 = 45491	IRAS13169-1226 = 46473	IRAS13304-0946 = 47686	IRAS13458-2958 = 48997
IRAS12546-0126 = 44254	IRAS13056+6228 = 45476	IRAS13170-2708 = 46490	IRAS13304+6301 = 47603	IRAS13462-3054 = 49037
IRAS12547-5307 = 44345	IRAS13060+2458 = 45549	IRAS13171-2200 = 46491	IRAS13305-0046 = 47709	IRAS13463-3548 = 49050
IRAS12547-4928 = 44336	IRAS13060+4537 = 45528	IRAS13173-7716 = 46650	IRAS13306-3228 = 47746	IRAS13463-0656 = 49017
IRAS12547-2756 = 44317	IRAS13061-0152 = 45567	IRAS13173-4335 = 46528	IRAS13307-7723 = 47903	IRAS13464-3003 = 49051
IRAS12549-1228 = 44328	IRAS13061+2118 = 45552	IRAS13173+3031 = 46477	IRAS13308-5014 = 47778	IRAS13467+4014 = 49011
IRAS12550-2929 = 44355	IRAS13062-1514 = 45585	IRAS13175-2410 = 46531	IRAS13311+3318 = 47740	IRAS13469+6820 = 48953
IRAS12550-1027 = 44339	IRAS13062-0630 = 45574	IRAS13175+7301 = 46392	IRAS13313-7423 = 47927	IRAS13470+3530 = 49041
IRAS12551-0921 = 44358	IRAS13064-2822 = 45596	IRAS13176-1616 = 46533	IRAS13315+1758 = 47777	IRAS13472-5224 = 49121
IRAS12552-4559 = 44409	IRAS13065+2826 = 45580	IRAS13176-1218 = 46535	IRAS13318-3403 = 47860	IRAS13472-4807 = 49115
IRAS12552-1247 = 44383	IRAS13067-0500 = 45608	IRAS13177-2021 = 46541	IRAS13321+0423 = 47855	IRAS13473-4801 = 49119
IRAS12554+0150 = 44392	IRAS13069+0156 = 45632	IRAS13183+3423 = 46560	IRAS13322-3500 = 47881	IRAS13475+4013 = 49069
IRAS12554+3637 = 44362	IRAS13069+6234 = 45583	IRAS13186-4540 = 46640	IRAS13322+0935 = 47855	IRAS13476-3811 = 49140
IRAS12554+7028 = 44284	IRAS13070-4250 = 45671	IRAS13188-5420 = 46676	IRAS13325-3357 = 47907	IRAS13477-4848 = 49164
IRAS12556+2830 = 44405	IRAS13070-1620 = 45650	IRAS13188+0036 = 46633	IRAS13327+1056 = 47900	IRAS13482-3032 = 49180

RC3   627   IRAS

IRAS13482+2823 = 49137	IRAS13586+0756 = 49906	IRAS14124+1421 = 50897	IRAS14272-3400 = 51822	IRAS14418+0153 = 52641
IRAS13482+4136 = 49112	IRAS13588+4841 = 49889	IRAS14124+1522 = 50889	IRAS14274+3540 = 51779	IRAS14419+2049 = 52632
IRAS13483-4750 = 49198	IRAS13589-5318 = 49996	IRAS14125-4724 = 50955	IRAS14279+2745 = 51819	IRAS14422+5336 = 52607
IRAS13483-4746 = 49205	IRAS13591-2517 = 49970	IRAS14125+2533 = 50895	IRAS14280+3126 = 51814	IRAS14423-2042 = 52680
IRAS13483-3723 = 49190	IRAS13591+5934 = 49881	IRAS14126+0503 = 50918	IRAS14280+4950 = 51795	IRAS14423-2039 = 52678
IRAS13484-3053 = 49188	IRAS13594+0901 = 49960	IRAS14131-3002 = 50970	IRAS14281-7809 = 52057	IRAS14423-1344 = 52669
IRAS13484+1717 = 49159	IRAS13594+3404 = 49950	IRAS14134+3627 = 50942	IRAS14281+0729 = 51846	IRAS14424+0209 = 52665
IRAS13485+3957 = 49146	IRAS13595+1010 = 49976	IRAS14135-4236 = 50998	IRAS14281+1414 = 51840	IRAS14427-7305 = 52837
IRAS13485+4247 = 49138	IRAS13596-3309 = 50007	IRAS14137-4444 = 51015	IRAS14283+3532 = 51831	IRAS14428-1135 = 52707
IRAS13486-4225 = 49212	IRAS13597+0755 = 49997	IRAS14140+3534 = 50973	IRAS14284-4311 = 51905	IRAS14430-3728 = 52734
IRAS13489-4755 = 49242	IRAS13597+0940 = 49991	IRAS14143+2444 = 50995	IRAS14284-2831 = 51890	IRAS14431+1940 = 52698
IRAS13490+1420 = 49204	IRAS14003-3106 = 50066	IRAS14143+3944 = 50986	IRAS14284+1411 = 51857	IRAS14432+3856 = 52686
IRAS13491+6848 = 49116	IRAS14003+3245 = 50012	IRAS14144+2314 = 51002	IRAS14285+0611 = 51865	IRAS14436+0000 = 52735
IRAS13494-0548 = 49236	IRAS14004-5603 = 49993	IRAS14144+3949 = 50991	IRAS14285+2924 = 51850	IRAS14441+5036 = 52713
IRAS13494-0157 = 49234	IRAS14005-2219 = 50075	IRAS14148-3107 = 51061	IRAS14288-0304 = 51896	IRAS14442+3434 = 52741
IRAS13494+6206 = 49174	IRAS14007-3228 = 50110	IRAS14148-2357 = 51052	IRAS14288+0809 = 51883	IRAS14445-2156 = 52815
IRAS13499+2246 = 49265	IRAS14007-2511 = 50096	IRAS14149+3648 = 51023	IRAS14288+2830 = 51873	IRAS14445-1714 = 52809
IRAS13500+4329 = 49250	IRAS14007-0018 = 50071	IRAS14150-0711 = 51055	IRAS14289+0313 = 51895	IRAS14446-2204 = 52816
IRAS13502-0138 = 49306	IRAS14008-0547 = 50084	IRAS14151-1338 = 51059	IRAS14289+2727 = 51877	IRAS14446-1330 = 52811
IRAS13502-0051 = 49308	IRAS14008+2816 = 50045	IRAS14151+2705 = 51033	IRAS14289+5941 = 51830	IRAS14447-1933 = 52824
IRAS13503+0230 = 49303	IRAS14009+0942 = 50087	IRAS14152-4309 = 51106	IRAS14294-4357 = 51969	IRAS14447-1751 = 52827
IRAS13503+3803 = 49285	IRAS14009+4924 = 50031	IRAS14154-2708 = 51107	IRAS14294-2809 = 51948	IRAS14448-1438 = 52825
IRAS13506+2109 = 49315	IRAS14011+3845 = 50067	IRAS14156+0107 = 51090	IRAS14294+0628 = 51921	IRAS14449-1852 = 52839
IRAS13509-8250 = 49670	IRAS14012-1422 = 50121	IRAS14156+2522 = 51074	IRAS14295-2942 = 51956	IRAS14451-1404 = 52853
IRAS13509-0057 = 49362	IRAS14012-0954 = 50120	IRAS14156+2638 = 51073	IRAS14299+0030 = 51957	IRAS14453+1841 = 52833
IRAS13510+3344 = 49342	IRAS14013-2524 = 50152	IRAS14157+5751 = 51036	IRAS14299+0817 = 51953	IRAS14454-4343 = 52886
IRAS13510+3807 = 49336	IRAS14013+5435 = 50063	IRAS14160+3153 = 51091	IRAS14300+2846 = 51939	IRAS14459+1410 = 52872
IRAS13510+3828 = 49337	IRAS14015+3917 = 50097	IRAS14164-2709 = 51170	IRAS14302+1006 = 51973	IRAS14464+3511 = 52877
IRAS13511+0333 = 49373	IRAS14019+1354 = 50139	IRAS14165-2625 = 51169	IRAS14304+1148 = 51984	IRAS14468-0957 = 52940
IRAS13512-5303 = 49438	IRAS14021+7319 = 50029	IRAS14165-2043 = 51164	IRAS14305+3153 = 51964	IRAS14471+4240 = 52908
IRAS13512+4036 = 49347	IRAS14022-4134 = 50246	IRAS14165+2510 = 51121	IRAS14305+3631 = 51965	IRAS14472+2535 = 52930
IRAS13513-0741 = 49388	IRAS14022-3331 = 50230	IRAS14169+2501 = 51155	IRAS14306+5808 = 51932	IRAS14472+3837 = 52920
IRAS13513+3809 = 49359	IRAS14024+1102 = 50207	IRAS14175+0413 = 51223	IRAS14307+1043 = 51995	IRAS14478-1756 = 52991
IRAS13516-2620 = 49427	IRAS14024+1257 = 50210	IRAS14176-2901 = 51245	IRAS14307+5007 = 51955	IRAS14481+1656 = 52984
IRAS13516-0111 = 49415	IRAS14025-3857 = 50266	IRAS14178-2709 = 51250	IRAS14309+0440 = 52018	IRAS14482-2625 = 53037
IRAS13520+1517 = 49434	IRAS14025-2621 = 50247	IRAS14178+0409 = 51233	IRAS14313-0540 = 52042	IRAS14482+2617 = 52986
IRAS13522-2632 = 49473	IRAS14025-0307 = 50229	IRAS14179-4604 = 51288	IRAS14316-2746 = 52090	IRAS14483-2014 = 53035
IRAS13524+0534 = 49468	IRAS14026+3058 = 50200	IRAS14182+5657 = 51210	IRAS14318-2836 = 52044	IRAS14487+4256 = 52995
IRAS13524+3841 = 49441	IRAS14031+3510 = 50256	IRAS14183-2702 = 51287	IRAS14319+2541 = 52072	IRAS14489+3546 = 53014
IRAS13525-2726 = 49495	IRAS14032-5507 = 50330	IRAS14184+2209 = 51253	IRAS14326+0534 = 52132	IRAS14490+0932 = 53054
IRAS13526+5434 = 49431	IRAS14035+1301 = 50289	IRAS14187+0339 = 51286	IRAS14329+4853 = 52107	IRAS14491-0701 = 53075
IRAS13527-3328 = 49516	IRAS14036-3404 = 50325	IRAS14188+7148 = 51182	IRAS14331+1307 = 52159	IRAS14494-1032 = 53093
IRAS13527+4133 = 49464	IRAS14039-0512 = 50323	IRAS14189+0518 = 51303	IRAS14337+4857 = 52154	IRAS14495-0219 = 53089
IRAS13530+5854 = 49451	IRAS14040+0615 = 50317	IRAS14190+3013 = 51283	IRAS14338-2200 = 52190	IRAS14496+0453 = 53094
IRAS13532+2517 = 49502	IRAS14041-2946 = 50356	IRAS14193+3148 = 51306	IRAS14343-7835 = 52426	IRAS14497+4048 = 53067
IRAS13535-4345 = 49586	IRAS14042-0513 = 50345	IRAS14198-0009 = 51344	IRAS14345+4154 = 52207	IRAS14499-0321 = 53134
IRAS13535+4042 = 49514	IRAS14045+5057 = 50312	IRAS14200+1518 = 51351	IRAS14348+1012 = 52254	IRAS14499+5910 = 53043
IRAS13535+7904 = 49348	IRAS14048+1524 = 50372	IRAS14201+1356 = 51360	IRAS14348+7807 = 52066	IRAS14503-2111 = 53186
IRAS13536-3223 = 49580	IRAS14049-3314 = 50416	IRAS14203-4925 = 51409	IRAS14349+5900 = 52202	IRAS14505+0330 = 53176
IRAS13536+0515 = 49555	IRAS14051-3305 = 50423	IRAS14204+4533 = 51358	IRAS14350+4202 = 52235	IRAS14511+0347 = 53231
IRAS13536+0529 = 49547	IRAS14055-0551 = 50429	IRAS14207+3813 = 51368	IRAS14351+0230 = 52273	IRAS14512+1817 = 53217
IRAS13536+1836 = 49538	IRAS14055-0127 = 50430	IRAS14208+0157 = 51400	IRAS14352+3840 = 52251	IRAS14514+0344 = 53247
IRAS13536+5945 = 49489	IRAS14056+5520 = 50383	IRAS14210-2827 = 51428	IRAS14353-0011 = 52291	IRAS14518-1712 = 53303
IRAS13538+0000 = 49569	IRAS14057-2920 = 50474	IRAS14210+4036 = 51382	IRAS14353+3647 = 52261	IRAS14519+5216 = 53217
IRAS13539+3832 = 49542	IRAS14058-2122 = 50478	IRAS14213+0647 = 51423	IRAS14355-2209 = 52324	IRAS14523-1927 = 53336
IRAS13542+4729 = 49563	IRAS14059-3941 = 50497	IRAS14214-1629 = 51445	IRAS14356+3041 = 52283	IRAS14524+4245 = 53265
IRAS13543-5231 = 49655	IRAS14059+0717 = 50455	IRAS14214+1451 = 51422	IRAS14357+0337 = 52317	IRAS14526+1814 = 53320
IRAS13543+2024 = 49589	IRAS14061+1203 = 50464	IRAS14215+3414 = 51415	IRAS14363-4448 = 52381	IRAS14529-3726 = 53392
IRAS13544+5959 = 49548	IRAS14066+3345 = 50485	IRAS14216-1632 = 51456	IRAS14363+4040 = 52315	IRAS14532-3724 = 53409
IRAS13546+2924 = 49604	IRAS14072-4305 = 50600	IRAS14220-3505 = 51439	IRAS14363+4651 = 52307	IRAS14534-3737 = 53350
IRAS13547+1215 = 49627	IRAS14074+4916 = 50509	IRAS14221-0259 = 51471	IRAS14365+2842 = 52338	IRAS14539-1702 = 53417
IRAS13549+0620 = 49650	IRAS14076-0220 = 50587	IRAS14221+2450 = 51450	IRAS14366+3039 = 52343	IRAS14540+7319 = 53251
IRAS13550-2904 = 49676	IRAS14077+1757 = 50577	IRAS14222+3641 = 51448	IRAS14368+0534 = 52365	IRAS14542+0931 = 53418
IRAS13550+4205 = 49618	IRAS14077+1835 = 50580	IRAS14223-1256 = 51492	IRAS14369-4406 = 52410	IRAS14542+4536 = 53387
IRAS13553+1006 = 49672	IRAS14082+1950 = 50613	IRAS14228+1358 = 51498	IRAS14370+2012 = 52376	IRAS14545-1900 = 53450
IRAS13554-3416 = 49726	IRAS14084+0636 = 50630	IRAS14229+1424 = 51507	IRAS14371-0029 = 52395	IRAS14545+3025 = 53414
IRAS13554+0724 = 49683	IRAS14084+1526 = 50621	IRAS14231-0510 = 51523	IRAS14372-2533 = 52411	IRAS14546-8235 = 53743
IRAS13555-4343 = 49750	IRAS14086+3609 = 50623	IRAS14231+3242 = 51505	IRAS14374-3454 = 52427	IRAS14546+4935 = 53402
IRAS13556+1533 = 49693	IRAS14087+2545 = 50620	IRAS14232-2921 = 51538	IRAS14376-0004 = 52412	IRAS14550+1952 = 53448
IRAS13557+2839 = 49690	IRAS14088-4909 = 50706	IRAS14244+4847 = 51541	IRAS14379+4257 = 52396	IRAS14551-3721 = 53498
IRAS13558+0634 = 49719	IRAS14088+4000 = 50627	IRAS14245-3343 = 51626	IRAS14381-4006 = 52471	IRAS14554+4952 = 53437
IRAS13559+0618 = 49724	IRAS14090-0055 = 50676	IRAS14247-2705 = 51591	IRAS14382+4259 = 52409	IRAS14555+3009 = 53463
IRAS13561+0727 = 49748	IRAS14092-6506 = 50779	IRAS14247+3144 = 51589	IRAS14383-1715 = 52458	IRAS14556-4148 = 53527
IRAS13562-1848 = 49771	IRAS14093-8732 = 51613	IRAS14248+0501 = 51610	IRAS14383-0006 = 52455	IRAS14557-4223 = 53535
IRAS13564+3741 = 49739	IRAS14094-3024 = 50732	IRAS14248+5148 = 51568	IRAS14384+0224 = 52456	IRAS14557-0053 = 53499
IRAS13566+1548 = 49769	IRAS14095-2710 = 50733	IRAS14253+1146 = 51650	IRAS14386-4324 = 52497	IRAS14558-0637 = 53503
IRAS13566+6003 = 49712	IRAS14095-2652 = 50729	IRAS14255+0113 = 51662	IRAS14386+3851 = 52438	IRAS14565-0407 = 53542
IRAS13570-4801 = 49836	IRAS14097+3825 = 50693	IRAS14255+4622 = 51620	IRAS14390+5343 = 52436	IRAS14566-1629 = 53550
IRAS13573+3500 = 49799	IRAS14101+1332 = 50745	IRAS14256+4128 = 51635	IRAS14394-0847 = 52507	IRAS14568+4504 = 53508
IRAS13574-8402 = 50242	IRAS14103-4511 = 50798	IRAS14258-0323 = 51697	IRAS14395+3903 = 52478	IRAS14572+1324 = 53564
IRAS13576-4510 = 49884	IRAS14105+3932 = 50750	IRAS14259+1400 = 51685	IRAS14396-1702 = 52521	IRAS14574+2035 = 53578
IRAS13576-2838 = 49863	IRAS14105+5034 = 50728	IRAS14263+2737 = 51706	IRAS14396+4443 = 52476	IRAS14574+2718 = 53556
IRAS13577+0912 = 49838	IRAS14106-2921 = 50799	IRAS14265-2242 = 51768	IRAS14398+0912 = 52519	IRAS14575+7152 = 53469
IRAS13577+3825 = 49820	IRAS14106-0258 = 50782	IRAS14267+3913 = 51713	IRAS14400+3539 = 52510	IRAS14581-1358 = 53624
IRAS13579+1312 = 49846	IRAS14108-1744 = 50807	IRAS14267+2324 = 51736	IRAS14401+2233 = 52527	IRAS14583-3747 = 53655
IRAS13581-3005 = 49901	IRAS14111+0753 = 50809	IRAS14267+7009 = 51629	IRAS14403+2856 = 52535	IRAS14588+0149 = 53653
IRAS13582-3342 = 49908	IRAS14112+1244 = 50815	IRAS14268+6955 = 51641	IRAS14404+0506 = 52564	IRAS14588+4922 = 53607
IRAS13582+3909 = 49847	IRAS14118-4343 = 50905	IRAS14270-4202 = 51758	IRAS14405+4203 = 52531	IRAS14592+1655 = 53659
IRAS13584-3249 = 49923	IRAS14121+3539 = 50853	IRAS14271-3644 = 51820	IRAS14407-2415 = 52600	IRAS14597+2609 = 53676
IRAS13585+3018 = 49883	IRAS14122+5800 = 50832	IRAS14271+4203 = 51746	IRAS14411-1816 = 52612	IRAS14598-1740 = 53711

RC3 628 IRAS

IRAS14598+4830 = 53657	IRAS15243+4150 = 55080	IRAS15469-2053 = 56147	IRAS16133+6348 = 57547	IRAS16484+0852 = 59104
IRAS15001+4804 = 53674	IRAS15243+5237 = 55065	IRAS15471-7440 = 56305	IRAS16136+4653 = 57616	IRAS16484+4249 = 59083
IRAS15005-7213 = 53875	IRAS15244+6854 = 55022	IRAS15474+1232 = 56141	IRAS16138+3205 = 57648	IRAS16487-0222 = 59125
IRAS15005+8343 = 53390	IRAS15248+4044 = 55104	IRAS15477+6937 = 56057	IRAS16138+6239 = 57589	IRAS16488+5537 = 59077
IRAS15009+1050 = 53733	IRAS15249-7025 = 55252	IRAS15480+6822 = 56079	IRAS16144-1136 = 57723	IRAS16489-7230 = 59252
IRAS15011-0306 = 53750	IRAS15268-3828 = 55256	IRAS15481+1905 = 56166	IRAS16146+3549 = 57684	IRAS16489-0300 = 59133
IRAS15018-4318 = 53845	IRAS15270-1827 = 55251	IRAS15488+2021 = 56200	IRAS16153-7001 = 57876	IRAS16491+2402 = 59118
IRAS15021+8135 = 53548	IRAS15271+7514 = 55091	IRAS15492-6132 = 56315	IRAS16155+6831 = 57638	IRAS16492+5528 = 59090
IRAS15023-4215 = 53879	IRAS15273+6456 = 55165	IRAS15496+4724 = 56207	IRAS16160+2110 = 57766	IRAS16492+6850 = 59043
IRAS15029+0217 = 53862	IRAS15276+1309 = 55255	IRAS15497-6834 = 56359	IRAS16163+0731 = 57799	IRAS16493+4529 = 59102
IRAS15030+0843 = 53869	IRAS15278+2348 = 55254	IRAS15501-6111 = 56341	IRAS16164+5926 = 57731	IRAS16501+5948 = 59109
IRAS15037+4645 = 53861	IRAS15278+6853 = 55177	IRAS15502+2446 = 56267	IRAS16174+3712 = 57816	IRAS16504+0228 = 59186
IRAS15039+2558 = 53908	IRAS15280+4248 = 55247	IRAS15506+6227 = 56219	IRAS16175+0207 = 57856	IRAS16506-7654 = 59325
IRAS15041+0937 = 53942	IRAS15280+4305 = 55243	IRAS15507+2114 = 56289	IRAS16180+3753 = 57842	IRAS16513+5559 = 59159
IRAS15043-3608 = 53996	IRAS15281-0239 = 55281	IRAS15510+1206 = 56309	IRAS16185+5743 = 57828	IRAS16518+6900 = 59137
IRAS15045+0144 = 53979	IRAS15288+0737 = 55295	IRAS15518+2316 = 56326	IRAS16192-0210 = 57924	IRAS16519-6552 = 59297
IRAS15047+4249 = 53939	IRAS15288+4253 = 55274	IRAS15519+1216 = 56336	IRAS16201+3902 = 57927	IRAS16525+3605 = 59237
IRAS15048+2123 = 53976	IRAS15290-2727 = 55335	IRAS15519+1444 = 56334	IRAS16202+4933 = 57916	IRAS16527+4124 = 59238
IRAS15051+5557 = 53933	IRAS15296+4036 = 55305	IRAS15522+1840 = 56345	IRAS16204+4030 = 57931	IRAS16530+3634 = 59244
IRAS15052+1444 = 54002	IRAS15296+5451 = 55283	IRAS15523+4145 = 56323	IRAS16205+5512 = 57919	IRAS16531+2644 = 59257
IRAS15052+1946 = 54001	IRAS15305-0127 = 55388	IRAS15524+1645 = 56352	IRAS16206+6530 = 57886	IRAS16532-6238 = 59334
IRAS15053+5540 = 53949	IRAS15306-0832 = 55410	IRAS15532-3126 = 56429	IRAS16213+1153 = 58002	IRAS16534+4308 = 59251
IRAS15053+6310 = 53920	IRAS15313+1510 = 55435	IRAS15535+0604 = 56413	IRAS16215-8401 = 58516	IRAS16535-3132 = 59294
IRAS15054+0125 = 54032	IRAS15313+6743 = 55319	IRAS15538+2706 = 56410	IRAS16215+4002 = 57978	IRAS16545-6008 = 59373
IRAS15055-1057 = 54044	IRAS15316+6825 = 55330	IRAS15548+4201 = 56442	IRAS16220-6814 = 58129	IRAS16552+5505 = 59280
IRAS15055+5641 = 53967	IRAS15317-6641 = 55582	IRAS15551+1600 = 56481	IRAS16220+2017 = 58028	IRAS16553+7030 = 59248
IRAS15056-7540 = 54216	IRAS15322+1521 = 55480	IRAS15554-6614 = 56627	IRAS16222+1936 = 58037	IRAS16555-5836 = 59399
IRAS15058-5221 = 54106	IRAS15322+5643 = 55419	IRAS15555-6630 = 56345	IRAS16228-6518 = 58203	IRAS16558+4657 = 59305
IRAS15062+1922 = 54059	IRAS15324+0944 = 55495	IRAS15557+1212 = 56511	IRAS16244+1141 = 58141	IRAS16560+2303 = 59340
IRAS15064+5456 = 54018	IRAS15326+1154 = 55501	IRAS15562+1734 = 56537	IRAS16247+4828 = 58115	IRAS16561+2959 = 59339
IRAS15065-1107 = 54097	IRAS15327+2340 = 55497	IRAS15565+0604 = 56554	IRAS16248+0201 = 58178	IRAS16563+2006 = 59350
IRAS15066-7240 = 54250	IRAS15327+2849 = 55494	IRAS15566+2657 = 56547	IRAS16248+3914 = 58132	IRAS16571+2903 = 59376
IRAS15067-1030 = 54103	IRAS15328-8127 = 55799	IRAS15569+5818 = 56504	IRAS16256+5139 = 58150	IRAS16572+0234 = 59394
IRAS15070+5229 = 54061	IRAS15328+5651 = 55459	IRAS15572-2053 = 56575	IRAS16264+3255 = 58235	IRAS16577+5900 = 59352
IRAS15077+5243 = 54095	IRAS15330+1212 = 55520	IRAS15572+2144 = 56595	IRAS16267+0313 = 58327	IRAS16578+5949 = 59354
IRAS15083+7620 = 53999	IRAS15332+1246 = 55532	IRAS15572+3510 = 56573	IRAS16268+4119 = 58251	IRAS16586+5608 = 59388
IRAS15084+5711 = 54117	IRAS15332+3101 = 55515	IRAS15575+1856 = 56611	IRAS16272+6247 = 58206	IRAS16595+2800 = 59457
IRAS15088+1038 = 54194	IRAS15340+3850 = 55555	IRAS15575+7908 = 56388	IRAS16273+4123 = 58308	IRAS17000+4118 = 59460
IRAS15091+0535 = 54232	IRAS15341+4459 = 55539	IRAS15576+5126 = 56570	IRAS16284+0411 = 58406	IRAS17010+3646 = 59489
IRAS15093+5532 = 54154	IRAS15342+1646 = 55588	IRAS15582-6138 = 56804	IRAS16284+4146 = 58305	IRAS17013+2500 = 59514
IRAS15094-8715 = 55293	IRAS15342+3050 = 55576	IRAS15582+1549 = 56648	IRAS16285-2759 = 58439	IRAS17013+3131 = 59511
IRAS15097+2129 = 54260	IRAS15347+4340 = 55584	IRAS15582+2059 = 56636	IRAS16285+1621 = 58403	IRAS17023-0128 = 59569
IRAS15104-1756 = 54324	IRAS15351+0608 = 55637	IRAS15586-6358 = 56849	IRAS16291+2017 = 58423	IRAS17024+6106 = 59498
IRAS15105+5959 = 54234	IRAS15354+4327 = 55620	IRAS15590+0150 = 56723	IRAS16301+1955 = 58470	IRAS17031-7315 = 59713
IRAS15106-2029 = 54348	IRAS15358+5525 = 55616	IRAS15596+7028 = 56602	IRAS16304-6030 = 58536	IRAS17039+1026 = 59612
IRAS15108-4637 = 54392	IRAS15361+1220 = 55665	IRAS16005+4303 = 56779	IRAS16307+5944 = 58410	IRAS17052-7404 = 59790
IRAS15109-1405 = 54364	IRAS15362-3822 = 55718	IRAS16007+0546 = 56854	IRAS16309-5758 = 58547	IRAS17053-4311 = 59634
IRAS15117+4208 = 54351	IRAS15362+7336 = 55540	IRAS16008+2105 = 56842	IRAS16312+5832 = 58458	IRAS17053+7230 = 59551
IRAS15120+2039 = 54393	IRAS15364+0444 = 55687	IRAS16008+3729 = 56812	IRAS16317+2905 = 58501	IRAS17056-6151 = 59737
IRAS15122-2237 = 54437	IRAS15368-3023 = 55738	IRAS16009+2708 = 56839	IRAS16319+8027 = 58239	IRAS17062+0357 = 59690
IRAS15122+4446 = 54377	IRAS15368+5933 = 55647	IRAS16011+7044 = 56674	IRAS16322+2138 = 58523	IRAS17062+0406 = 59688
IRAS15123-0954 = 54429	IRAS15370+3155 = 55694	IRAS16012+3946 = 56843	IRAS16333-0500 = 58574	IRAS17063+2534 = 59676
IRAS15129+0432 = 54448	IRAS15371+2436 = 55708	IRAS16014-6735 = 57149	IRAS16336+4618 = 58544	IRAS17069+4224 = 59681
IRAS15131+7124 = 54332	IRAS15377+2137 = 55739	IRAS16020+0400 = 56950	IRAS16339+1027 = 58591	IRAS17069+6047 = 59654
IRAS15132+4214 = 54428	IRAS15378+2050 = 55750	IRAS16022+1457 = 56953	IRAS16341+7650 = 58468	IRAS17070+7528 = 59583
IRAS15132+4223 = 54431	IRAS15385+5929 = 55725	IRAS16025+1700 = 56997	IRAS16345+4442 = 58579	IRAS17073+3140 = 59706
IRAS15138-3417 = 54535	IRAS15387+5814 = 55740	IRAS16028+1753 = 57031	IRAS16348+3907 = 58596	IRAS17073+6103 = 59662
IRAS15140+5541 = 54445	IRAS15388+1544 = 55793	IRAS16029+3444 = 57008	IRAS16350+3631 = 58610	IRAS17078+6341 = 59669
IRAS15143-2206 = 54565	IRAS15391+1556 = 55800	IRAS16030+2040 = 57039	IRAS16350+7818 = 58477	IRAS17080-7725 = 59959
IRAS15143+1916 = 54519	IRAS15393+2823 = 55797	IRAS16032+1754 = 57073	IRAS16350+8139 = 58389	IRAS17086+0554 = 59769
IRAS15146+5629 = 54470	IRAS15394+0052 = 55821	IRAS16036+2137 = 57110	IRAS16358+4058 = 58632	IRAS17090+4823 = 59739
IRAS15150-1724 = 54602	IRAS15403-1225 = 55863	IRAS16039+2055 = 57125	IRAS16358+6832 = 58571	IRAS17091+0803 = 59782
IRAS15153+5535 = 54522	IRAS15405-6608 = 55948	IRAS16040+1818 = 57135	IRAS16364-6017 = 58742	IRAS17092-5903 = 59880
IRAS15155+1104 = 54612	IRAS15405+1423 = 55853	IRAS16040+4128 = 57098	IRAS16365+4202 = 58664	IRAS17093-6045 = 59887
IRAS15159+3052 = 54614	IRAS15405+5954 = 55802	IRAS16046+3013 = 57173	IRAS16368+6744 = 58607	IRAS17094+4554 = 59752
IRAS15160-4102 = 54685	IRAS15407-4105 = 55899	IRAS16047+3201 = 57178	IRAS16383+7228 = 58634	IRAS17099+2326 = 59807
IRAS15161-2338 = 54670	IRAS15408+0952 = 55865	IRAS16048+7744 = 56836	IRAS16393-0456 = 58798	IRAS17102+3013 = 59817
IRAS15175-3645 = 54755	IRAS15411-7801 = 56077	IRAS16049+2211 = 57199	IRAS16396-7723 = 58968	IRAS17104-7305 = 59992
IRAS15177+4603 = 54690	IRAS15416+2834 = 55883	IRAS16055+1054 = 57246	IRAS16399-0937 = 58817	IRAS17105+2319 = 59838
IRAS15182-2328 = 54776	IRAS15421-7531 = 56078	IRAS16062+1227 = 57273	IRAS16403+2510 = 58813	IRAS17110+6002 = 59791
IRAS15183-0223 = 54761	IRAS15425+4114 = 55913	IRAS16074+0050 = 57345	IRAS16404+6229 = 58750	IRAS17118+4257 = 59873
IRAS15187-1254 = 54816	IRAS15426+4116 = 55918	IRAS16074+7945 = 56976	IRAS16412+3655 = 58827	IRAS17122+2022 = 59900
IRAS15188-1259 = 54825	IRAS15433+6755 = 55880	IRAS16078-6038 = 57465	IRAS16414+6155 = 58799	IRAS17123-6245 = 60001
IRAS15188-0711 = 54809	IRAS15434+2043 = 55973	IRAS16078+1649 = 57353	IRAS16418+6540 = 58804	IRAS17138-1017 = 59990
IRAS15189-0716 = 54817	IRAS15435+2814 = 55967	IRAS16080+1226 = 57365	IRAS16428-6902 = 59019	IRAS17138+2927 = 59961
IRAS15191-3801 = 54877	IRAS15436-2834 = 56013	IRAS16081+1010 = 57373	IRAS16432-6003 = 58999	IRAS17140+0629 = 59987
IRAS15194+0514 = 54849	IRAS15437+0234 = 55993	IRAS16081+1257 = 57363	IRAS16434-6243 = 59037	IRAS17142+0723 = 59995
IRAS15194+4154 = 54780	IRAS15440-6710 = 56106	IRAS16082+4315 = 57341	IRAS16442-7106 = 59078	IRAS17147+2140 = 60000
IRAS15196+0601 = 54854	IRAS15444-0049 = 56025	IRAS16083+2737 = 57369	IRAS16445+6155 = 58906	IRAS17155+4053 = 60003
IRAS15196+3922 = 54815	IRAS15444+0602 = 56022	IRAS16085+1711 = 57390	IRAS16450+7052 = 58891	IRAS17165+0829 = 60053
IRAS15204-0110 = 54911	IRAS15445+7235 = 55904	IRAS16089+1359 = 57417	IRAS16451+5942 = 58928	IRAS17175+4956 = 60052
IRAS15207-0358 = 54944	IRAS15447+1802 = 56023	IRAS16092-6044 = 57537	IRAS16456+4019 = 58981	IRAS17176+1642 = 60086
IRAS15210+1253 = 54950	IRAS15447+3109 = 56014	IRAS16103+0001 = 57505	IRAS16460+6217 = 59007	IRAS17178+4058 = 60074
IRAS15227-3659 = 55071	IRAS15449+4609 = 56006	IRAS16104+0218 = 57509	IRAS16461-6854 = 59127	IRAS17181-5927 = 60161
IRAS15232-6400 = 55146	IRAS15454+2613 = 56050	IRAS16104+5235 = 57437	IRAS16461+5830 = 58973	IRAS17182-7353 = 60234
IRAS15232-2206 = 55081	IRAS15462-4010 = 56137	IRAS16107+2824 = 57494	IRAS16463-6143 = 59107	IRAS17194-5957 = 60208
IRAS15232+1827 = 55057	IRAS15464+1800 = 56097	IRAS16108+4931 = 57471	IRAS16467-5854 = 59112	IRAS17198+0203 = 60143
IRAS15232+3808 = 55040	IRAS15464+2201 = 56094	IRAS16117+1424 = 57562	IRAS16470-5909 = 59124	IRAS17208-0014 = 60189
IRAS15234+0759 = 55069	IRAS15465+0722 = 56108	IRAS16118-0004 = 57582	IRAS16475+6217 = 59009	IRAS17217+2631 = 60203
IRAS15237+6719 = 54996	IRAS15467-2914 = 56145	IRAS16129-5811 = 57719	IRAS16484-5908 = 59175	IRAS17220-5941 = 60290

RC3   629   IRAS

IRAS17222+6212 = 60171	IRAS17557+2750 = 61173	IRAS18323+3201 = 62059	IRAS19070+5051 = 62806	IRAS19431+4752 = 63601
IRAS17225-6050 = 60311	IRAS17561-5908 = 61264	IRAS18324+2252 = 62072	IRAS19071-5707 = 62870	IRAS19439+4301 = 63629
IRAS17225+4831 = 60207	IRAS17562+2715 = 61190	IRAS18326+4914 = 62049	IRAS19075-5043 = 62871	IRAS19453-5419 = 63705
IRAS17227+2500 = 60238	IRAS17566+1032 = 61210	IRAS18327-3759 = 62107	IRAS19084-6028 = 62909	IRAS19459-5647 = 63664
IRAS17229+4458 = 60226	IRAS17569+0617 = 61230	IRAS18328-4705 = 62119	IRAS19086-5357 = 62907	IRAS19467+4617 = 63680
IRAS17232+2321 = 60259	IRAS17570+3400 = 61207	IRAS18329+8747 = 61414	IRAS19088-6056 = 62922	IRAS19476+5011 = 63696
IRAS17234-8516 = 60648	IRAS17571+6456 = 61166	IRAS18331+6655 = 62021	IRAS19088+7301 = 62800	IRAS19487-3206 = 63751
IRAS17235+7553 = 60124	IRAS17576-6625 = 61315	IRAS18333-6528 = 62174	IRAS19089-3212 = 62889	IRAS19495+0438 = 63755
IRAS17242-7425 = 60422	IRAS17578+4553 = 61221	IRAS18333-6234 = 62166	IRAS19091-4605 = 62908	IRAS19501-5850 = 63797
IRAS17246-6226 = 60386	IRAS17583+5613 = 61220	IRAS18336+2225 = 62097	IRAS19094-5922 = 62934	IRAS19507-5851 = 63808
IRAS17247-6359 = 60391	IRAS17585+3438 = 61257	IRAS18339-6323 = 62192	IRAS19094+6002 = 62845	IRAS19514-5507 = 63817
IRAS17248+1135 = 60315	IRAS17585+4451 = 61249	IRAS18341-5732 = 62175	IRAS19095+5203 = 62863	IRAS19517-1241 = 63800
IRAS17251+5939 = 60275	IRAS17591+6121 = 61239	IRAS18344+1952 = 62121	IRAS19098-5641 = 62938	IRAS19518-1249 = 63803
IRAS17253+2108 = 60326	IRAS17595+1943 = 61297	IRAS18347-6728 = 62218	IRAS19098-4707 = 62925	IRAS19525+0544 = 63810
IRAS17255+2630 = 60330	IRAS18001+6638 = 61252	IRAS18350+1956 = 62143	IRAS19101-6221 = 62951	IRAS19531+0202 = 63822
IRAS17260+1412 = 60349	IRAS18003+2602 = 61310	IRAS18352-6238 = 62222	IRAS19109-4640 = 62947	IRAS19542-5548 = 63896
IRAS17266+6003 = 60321	IRAS18012+6725 = 61276	IRAS18354+7028 = 62077	IRAS19111-6225 = 62980	IRAS19548-5229 = 63915
IRAS17270+1612 = 60383	IRAS18028-5804 = 61421	IRAS18357+4000 = 62149	IRAS19112-5444 = 62963	IRAS19549-3200 = 63892
IRAS17272+7108 = 60291	IRAS18035-6224 = 61445	IRAS18364-5507 = 62239	IRAS19112-5413 = 62964	IRAS19551-4057 = 63906
IRAS17278-7500 = 60519	IRAS18036+1831 = 61399	IRAS18365+2519 = 62178	IRAS19113-5044 = 62957	IRAS19551-3154 = 63900
IRAS17278+2455 = 60401	IRAS18038+4652 = 61381	IRAS18376-6459 = 62292	IRAS19114-5443 = 62975	IRAS19573-4712 = 63985
IRAS17283+1619 = 60421	IRAS18040+3400 = 61402	IRAS18382+5535 = 62202	IRAS19116-5617 = 62983	IRAS19573-3454 = 63967
IRAS17283+3524 = 60403	IRAS18056+1735 = 61432	IRAS18386-6409 = 62320	IRAS19118-6017 = 62990	IRAS19573+4954 = 63916
IRAS17293+6023 = 60402	IRAS18056+3533 = 61423	IRAS18389+3607 = 62245	IRAS19122-6142 = 63002	IRAS19581-6522 = 64025
IRAS17295-6242 = 60509	IRAS18061-8525 = 61793	IRAS18396-5713 = 62327	IRAS19142+4321 = 62982	IRAS19582-3833 = 63996
IRAS17296+5940 = 60410	IRAS18067+2803 = 61455	IRAS18401-6225 = 62346	IRAS19143-5334 = 63039	IRAS19588-5613 = 64023
IRAS17299+0705 = 60459	IRAS18071-5615 = 61522	IRAS18406+7331 = 62207	IRAS19154-4751 = 63060	IRAS19591-3502 = 64015
IRAS17304+1626 = 60466	IRAS18075-5859 = 61542	IRAS18410+4018 = 62296	IRAS19154+6019 = 62987	IRAS19594-2021 = 64013
IRAS17306-7420 = 60582	IRAS18088+1404 = 61512	IRAS18420-3914 = 62361	IRAS19159-6028 = 63081	IRAS19595-5507 = 64042
IRAS17313+7544 = 60393	IRAS18093-5744 = 61602	IRAS18421+2405 = 62338	IRAS19169-5845 = 63109	IRAS19595-5459 = 64043
IRAS17315+5958 = 60453	IRAS18094+1204 = 61534	IRAS18425-6036 = 62314	IRAS19181-8247 = 63260	IRAS20009-3818 = 64058
IRAS17329-6341 = 60595	IRAS18094+3559 = 61518	IRAS18429-6312 = 62428	IRAS19185+3043 = 63084	IRAS20011-7149 = 64108
IRAS17331-5954 = 60594	IRAS18095+1458 = 61536	IRAS18438-5759 = 62438	IRAS19187-5552 = 63151	IRAS20012-5623 = 64074
IRAS17353+1733 = 60592	IRAS18096+2538 = 61526	IRAS18439-4146 = 62411	IRAS19193+4302 = 63096	IRAS20014-1912 = 64060
IRAS17366+1854 = 60637	IRAS18097+6006 = 61624	IRAS18441+2233 = 62380	IRAS19195-6001 = 63168	IRAS20016+5344 = 64026
IRAS17366+8646 = 60075	IRAS18103+1835 = 61558	IRAS18441+3213 = 62376	IRAS19196-5509 = 63161	IRAS20021-4250 = 64076
IRAS17376+7207 = 60573	IRAS18104-5842 = 61638	IRAS18451-5119 = 62458	IRAS19204-6346 = 63181	IRAS20022+1235 = 64065
IRAS17379-6945 = 60753	IRAS18105-7135 = 61669	IRAS18454-6116 = 62472	IRAS19208-3517 = 63173	IRAS20023+1358 = 64068
IRAS17390+5104 = 60669	IRAS18105+2526 = 61565	IRAS18456-4849 = 62463	IRAS19208+6102 = 63121	IRAS20032-5435 = 64129
IRAS17395-6057 = 60772	IRAS18106+2529 = 61570	IRAS18457-4403 = 62461	IRAS19220-6026 = 63204	IRAS20037-4830 = 64136
IRAS17397+3937 = 60722	IRAS18107+3937 = 61553	IRAS18474-2249 = 62499	IRAS19227-5503 = 63214	IRAS20039-3032 = 64128
IRAS17397+2341 = 60709	IRAS18116+1315 = 61611	IRAS18476+4735 = 62456	IRAS19230-5925 = 63223	IRAS20042+6239 = 64070
IRAS17397+4510 = 60696	IRAS18116+3343 = 61597	IRAS18477-5722 = 62512	IRAS19244-6124 = 63264	IRAS20044-6114 = 64166
IRAS17399+0014 = 60730	IRAS18124-5256 = 61673	IRAS18479-5119 = 62527	IRAS19244-5852 = 63256	IRAS20047-2116 = 64140
IRAS17400+2538 = 60716	IRAS18131+6820 = 61582	IRAS18484-5918 = 62528	IRAS19245-4140 = 63240	IRAS20049-5632 = 64168
IRAS17408-7900 = 60914	IRAS18136+0643 = 61661	IRAS18488+8141 = 62329	IRAS19251-3214 = 63249	IRAS20049-2928 = 64147
IRAS17412-5628 = 60815	IRAS18138+5628 = 61637	IRAS18494-4235 = 62529	IRAS19261-3217 = 63276	IRAS20054-2536 = 64161
IRAS17413+0434 = 60763	IRAS18143-5442 = 61712	IRAS18495+2334 = 62504	IRAS19262-5723 = 63297	IRAS20056-5551 = 64183
IRAS17420+2522 = 60770	IRAS18143-5041 = 61708	IRAS18499+2625 = 62509	IRAS19263-6728 = 63326	IRAS20062-4418 = 64188
IRAS17422-6437 = 60851	IRAS18153-6445 = 61750	IRAS18506+5801 = 62501	IRAS19264+5416 = 63229	IRAS20065-5455 = 64203
IRAS17422+3649 = 60766	IRAS18153+5534 = 61666	IRAS18509-6838 = 62582	IRAS19266-6726 = 63334	IRAS20065-4826 = 64197
IRAS17424+6822 = 60724	IRAS18155+2213 = 61693	IRAS18510-3440 = 62550	IRAS19269+5247 = 63243	IRAS20065-3728 = 64190
IRAS17429+5649 = 60762	IRAS18157-7643 = 61804	IRAS18512-5352 = 62563	IRAS19277-5339 = 63331	IRAS20079-4544 = 64230
IRAS17430+1809 = 60805	IRAS18159+2644 = 61698	IRAS18515-5347 = 62569	IRAS19290+3540 = 63307	IRAS20080-5132 = 64235
IRAS17439+5522 = 60794	IRAS18160+3037 = 61699	IRAS18516-6459 = 62590	IRAS19292-4520 = 63349	IRAS20081-5523 = 64255
IRAS17442-6314 = 60907	IRAS18164+3948 = 61703	IRAS18527-4312 = 62585	IRAS19296+3546 = 63328	IRAS20081-2908 = 64223
IRAS17443+6155 = 60790	IRAS18176-3915 = 61764	IRAS18536-6211 = 62630	IRAS19299-5359 = 63311	IRAS20084-5430 = 64268
IRAS17445+3535 = 60829	IRAS18188+6819 = 61714	IRAS18536+6824 = 62535	IRAS19301-6115 = 63376	IRAS20084-4617 = 64240
IRAS17447-7401 = 60990	IRAS18197-4309 = 61814	IRAS18539-4736 = 62614	IRAS19305+7200 = 63256	IRAS20093+0536 = 64237
IRAS17450+2052 = 60854	IRAS18202+2327 = 61790	IRAS18541-6359 = 62643	IRAS19316-6108 = 63398	IRAS20096-4618 = 64296
IRAS17453-6044 = 60946	IRAS18203+1540 = 61792	IRAS18542-4904 = 62621	IRAS19327-6555 = 63432	IRAS20097+0148 = 64262
IRAS17458+1445 = 60879	IRAS18205+1224 = 61802	IRAS18546+2510 = 62593	IRAS19331-3828 = 63409	IRAS20104-4440 = 64317
IRAS17465+6456 = 61002	IRAS18209+4805 = 61786	IRAS18550+3633 = 62595	IRAS19336-4224 = 63416	IRAS20104-4430 = 64319
IRAS17466+6127 = 60856	IRAS18210-6322 = 61871	IRAS18554-5425 = 62648	IRAS19338-5257 = 63434	IRAS20113-0118 = 64318
IRAS17472+6402 = 60860	IRAS18212+7432 = 61742	IRAS18561-4149 = 62653	IRAS19341-5206 = 63413	IRAS20114-5033 = 64367
IRAS17473+2046 = 60925	IRAS18222-7143 = 61914	IRAS18566-6611 = 62688	IRAS19356+4035 = 63424	IRAS20115-7055 = 64413
IRAS17473+5409 = 60890	IRAS18227+6043 = 61816	IRAS18574-4523 = 62686	IRAS19363-6009 = 63509	IRAS20118-3723 = 64358
IRAS17474+5110 = 60896	IRAS18230+2730 = 61849	IRAS18574+1921 = 62651	IRAS19363-5558 = 63506	IRAS20120-4009 = 64364
IRAS17476+3610 = 60920	IRAS18235-6700 = 61922	IRAS18578-6839 = 62710	IRAS19363-5518 = 63505	IRAS20121-3740 = 64365
IRAS17479+1418 = 60957	IRAS18238+3042 = 61868	IRAS18580-5700 = 62696	IRAS19367+0841 = 63471	IRAS20123-5214 = 64382
IRAS17484+1449 = 60975	IRAS18247-6715 = 61956	IRAS18585-6029 = 62709	IRAS19379-5359 = 63537	IRAS20124-4618 = 64381
IRAS17490+6346 = 60916	IRAS18250+7134 = 61836	IRAS18596-5314 = 62719	IRAS19382-3627 = 63525	IRAS20126-4434 = 64383
IRAS17494+6132 = 60949	IRAS18251-7143 = 61981	IRAS18596+8430 = 62493	IRAS19383-3911 = 63533	IRAS20128-1346 = 64373
IRAS17497+2429 = 61008	IRAS18252+7309 = 61833	IRAS19004-5403 = 62740	IRAS19385-7045 = 63578	IRAS20131-4451 = 64399
IRAS17499+2134 = 61023	IRAS18258+1603 = 61912	IRAS19007+2713 = 62702	IRAS19392-5155 = 63555	IRAS20131-3604 = 64397
IRAS17499+7009 = 60921	IRAS18263+2242 = 61918	IRAS19019+3346 = 62725	IRAS19393-5846 = 63571	IRAS20131-0303 = 64377
IRAS17500+3128 = 61013	IRAS18263+3416 = 61913	IRAS19021-5614 = 62775	IRAS19394-7000 = 63614	IRAS20132-6143 = 64406
IRAS17506+5929 = 60999	IRAS18268+2252 = 61935	IRAS19027-5932 = 62782	IRAS19395-1558 = 63540	IRAS20135-5257 = 64427
IRAS17507+2904 = 61036	IRAS18276+3940 = 61941	IRAS19033-2001 = 62773	IRAS19397-2837 = 63551	IRAS20136-3708 = 64410
IRAS17509+3745 = 61032	IRAS18278-6319 = 62008	IRAS19048-5107 = 62816	IRAS19399-1026 = 63545	IRAS20142-7100 = 64479
IRAS17514+4036 = 61019	IRAS18278+5136 = 61936	IRAS19050-6354 = 62836	IRAS19405-0703 = 63556	IRAS20148-4457 = 64446
IRAS17516-6016 = 61130	IRAS18289-5800 = 62024	IRAS19050+2855 = 62781	IRAS19408-2836 = 63584	IRAS20151-5406 = 64464
IRAS17520+0253 = 61082	IRAS18289-5646 = 62022	IRAS19054-5505 = 62830	IRAS19412-2731 = 63592	IRAS20152-3929 = 64455
IRAS17522-3042 = 61071	IRAS18291-5826 = 62030	IRAS19054-4410 = 62820	IRAS19414-4510 = 63605	IRAS20152+7915 = 64287
IRAS17526+3253 = 61080	IRAS18292-4133 = 62015	IRAS19058-6202 = 62852	IRAS19415-3339 = 63605	IRAS20159-4129 = 64473
IRAS17537+1820 = 61123	IRAS18302-5749 = 62071	IRAS19058-5051 = 62834	IRAS19415+4155 = 63557	IRAS20160-2218 = 64469
IRAS17547+1214 = 61161	IRAS18304+3734 = 61997	IRAS19059-8452 = 63077	IRAS19417-0657 = 63608	IRAS20160-0123 = 64458
IRAS17549+1211 = 61165	IRAS18308+6756 = 61972	IRAS19063-3326 = 62831	IRAS19421-1455 = 63616	IRAS20162-8144 = 64648
IRAS17552+2757 = 61164	IRAS18313+7842 = 61916	IRAS19067+4258 = 62807	IRAS19426+5559 = 63575	IRAS20162-5246 = 64491
IRAS17554+2301 = 61171	IRAS18319+4000 = 62032	IRAS19070-4415 = 62861	IRAS19431-5158 = 63662	IRAS20163-3926 = 64488

IRAS20172-4824	=	64507
IRAS20177-2417	=	64506
IRAS20180-7143	=	64597
IRAS20180-4446	=	64523
IRAS20182-4809	=	64535
IRAS20183-2730	=	64519
IRAS20183-1231	=	64517
IRAS20184-5152	=	64547
IRAS20186-3127	=	64537
IRAS20188-5054	=	64558
IRAS20188-3828	=	64546
IRAS20190-1039	=	64534
IRAS20191-4203	=	64554
IRAS20191+6634	=	64485
IRAS20193-1656	=	64548
IRAS20199+0616	=	64552
IRAS20206-4950	=	64628
IRAS20206-2826	=	64605
IRAS20207-5035	=	64630
IRAS20209-2610	=	64613
IRAS20211+0616	=	64601
IRAS20215-1112	=	64626
IRAS20221-2458	=	64650
IRAS20221+0644	=	64638
IRAS20222+1216	=	64637
IRAS20222+3541	=	64622
IRAS20223-2559	=	64657
IRAS20224-3342	=	64665
IRAS20224+0114	=	64649
IRAS20224+5810	=	64600
IRAS20226-3421	=	64670
IRAS20226+0505	=	64652
IRAS20227-4105	=	64677
IRAS20230+6001	=	64616
IRAS20236-3946	=	64706
IRAS20237-5149	=	64717
IRAS20239+0244	=	64685
IRAS20240-5233	=	64728
IRAS20240-1846	=	64700
IRAS20244-5151	=	64746
IRAS20245-5250	=	64753
IRAS20246-5235	=	64763
IRAS20247-1900	=	64721
IRAS20250-3557	=	64750
IRAS20251-0314	=	64729
IRAS20252-3314	=	64766
IRAS20252+1035	=	64723
IRAS20255+0447	=	64742
IRAS20259+1035	=	64759
IRAS20264+2533	=	64768
IRAS20266+1030	=	64781
IRAS20270-3222	=	64823
IRAS20272-4738	=	64851
IRAS20272-0221	=	64814
IRAS20274-3339	=	64845
IRAS20276-0803	=	64829
IRAS20279+0110	=	64844
IRAS20280+0112	=	64844
IRAS20282-5354	=	64901
IRAS20282-4423	=	64883
IRAS20285-3100	=	64884
IRAS20287-3058	=	64895
IRAS20292+0122	=	64891
IRAS20296-0225	=	64910
IRAS20299+1111	=	64916
IRAS20302-5309	=	64974
IRAS20304-1127	=	64942
IRAS20304+0945	=	64932
IRAS20305+0942	=	64935
IRAS20306-2447	=	64958
IRAS20309-1132	=	64963
IRAS20312-4400	=	64994
IRAS20312-3209	=	64980
IRAS20317-5002	=	65017
IRAS20321-2530	=	65009
IRAS20322-5022	=	65036
IRAS20323+0748	=	64999
IRAS20325+0145	=	65007
IRAS20327-0624	=	65022
IRAS20329-0256	=	65021
IRAS20335-6721	=	65109
IRAS20337-0447	=	65054
IRAS20338+5958	=	65001
IRAS20341+1119	=	65060
IRAS20343+6437	=	65010
IRAS20345-3539	=	65093
IRAS20346-5217	=	65112
IRAS20350-5219	=	65125
IRAS20352-3206	=	65116
IRAS20355+1027	=	65099
IRAS20362-0548	=	65131
IRAS20366+6555	=	65086
IRAS20371+0151	=	65151
IRAS20375+0704	=	65157
IRAS20380-3822	=	65191
IRAS20383-3809	=	65207
IRAS20389-7709	=	65304
IRAS20390+1253	=	65198
IRAS20397-5332	=	65256
IRAS20397-0729	=	65236
IRAS20401-3002	=	65249
IRAS20405-2953	=	65258
IRAS20407-6743	=	65317
IRAS20412-4609	=	65299
IRAS20415+1219	=	65269
IRAS20417+1214	=	65281
IRAS20422-1117	=	65306
IRAS20424-6512	=	65365
IRAS20426-0548	=	65310
IRAS20434-6515	=	65394
IRAS20434-1412	=	65345
IRAS20437-0259	=	65349
IRAS20447+0008	=	65375
IRAS20450+0013	=	65385
IRAS20454-0021	=	65398
IRAS20455-3810	=	65436
IRAS20456-0403	=	65417
IRAS20457+7958	=	65255
IRAS20458-0829	=	65428
IRAS20459-3924	=	65452
IRAS20466+6417	=	65381
IRAS20473-6923	=	65603
IRAS20481-5715	=	65600
IRAS20485-7119	=	65662
IRAS20486-4857	=	65608
IRAS20486-1606	=	65555
IRAS20486+7002	=	65446
IRAS20487-5725	=	65634
IRAS20489-7112	=	65665
IRAS20490-0930	=	65574
IRAS20499-0555	=	65625
IRAS20499-0554	=	65631
IRAS20505+0658	=	65646
IRAS20509-2539	=	65671
IRAS20512-4100	=	65689
IRAS20519+1735	=	65683
IRAS20528-0124	=	65718
IRAS20533-4410	=	65759
IRAS20537-5203	=	65776
IRAS20540-1646	=	65760
IRAS20543-5203	=	65798
IRAS20546-4849	=	65807
IRAS20550-5422	=	65824
IRAS20550-4928	=	65819
IRAS20550-1808	=	65799
IRAS20550+1656	=	65779
IRAS20551-7200	=	65870
IRAS20551-4250	=	65817
IRAS20556-2010	=	65818
IRAS20557-3939	=	65830
IRAS20559-5251	=	65846
IRAS20562-7250	=	65915
IRAS20562-5545	=	65862
IRAS20562-4258	=	65844
IRAS20571-0204	=	65857
IRAS20580+1639	=	65877
IRAS20584+1736	=	65887
IRAS20585-0023	=	65905
IRAS20597-1701	=	65960
IRAS21003-5033	=	66013
IRAS21014+2941	=	66003
IRAS21017-4759	=	66064
IRAS21018-2919	=	66050
IRAS21025-4824	=	66088
IRAS21026-0802	=	66068
IRAS21032+1112	=	66076
IRAS21037+1546	=	66094
IRAS21043+6634	=	66063
IRAS21049-3325	=	66162
IRAS21051-6329	=	66208
IRAS21054+1607	=	66151
IRAS21064-4544	=	66236
IRAS21068-3742	=	66239
IRAS21071-2944	=	66251
IRAS21073-2425	=	66250
IRAS21083-2041	=	66283
IRAS21084-5728	=	66331
IRAS21086+0411	=	66280
IRAS21087+6557	=	66225
IRAS21089-0214	=	66299
IRAS21089+0450	=	66297
IRAS21092-7358	=	66391
IRAS21092-4505	=	66344
IRAS21094-5838	=	66364
IRAS21097+1127	=	66328
IRAS21100+1112	=	66343
IRAS21108+0839	=	66366
IRAS21109-6829	=	66427
IRAS21113+1321	=	66378
IRAS21116+0158	=	66389
IRAS21117-4725	=	66414
IRAS21121-6440	=	66452
IRAS21121+1502	=	66396
IRAS21122-3326	=	66423
IRAS21123+0237	=	66407
IRAS21138-0102	=	66461
IRAS21140-3411	=	66484
IRAS21143-6358	=	66530
IRAS21143-4127	=	66504
IRAS21144-4836	=	66519
IRAS21146-4630	=	66522
IRAS21148-2258	=	66508
IRAS21150-2302	=	66521
IRAS21156-4846	=	66549
IRAS21164+0538	=	66547
IRAS21170-3958	=	66573
IRAS21171-0859	=	66566
IRAS21173+2145	=	66558
IRAS21175-6608	=	66628
IRAS21175-0407	=	66570
IRAS21176-1322	=	66583
IRAS21177-6602	=	66636
IRAS21177-0153	=	66579
IRAS21185+0857	=	66604
IRAS21188+2252	=	66610
IRAS21191+2101	=	66622
IRAS21192+2914	=	66618
IRAS21193-3653	=	66648
IRAS21198+1827	=	66641
IRAS21199-4559	=	66669
IRAS21209+8336	=	66478
IRAS21223-4029	=	66723
IRAS21226-4237	=	66732
IRAS21227-4013	=	66734
IRAS21228-4103	=	66740
IRAS21230-2257	=	66735
IRAS21236-6013	=	66784
IRAS21241-2312	=	66776
IRAS21242-0714	=	66774
IRAS21251-3804	=	66812
IRAS21251-2038	=	66800
IRAS21255-5259	=	66836
IRAS21259-4159	=	66839
IRAS21265+2017	=	66826
IRAS21272-4318	=	66869
IRAS21273-4322	=	66874
IRAS21278+2629	=	66861
IRAS21282-4707	=	66898
IRAS21284-3623	=	66894
IRAS21284+4137	=	66867
IRAS21288+0216	=	66891
IRAS21299+0954	=	66930
IRAS21306-7634	=	67028
IRAS21314-4102	=	66988
IRAS21314-3336	=	66984
IRAS21316-4056	=	66995
IRAS21318-6407	=	67023
IRAS21325-7112	=	67055
IRAS21329-5446	=	67045
IRAS21330-3846	=	67036
IRAS21342-7638	=	67117
IRAS21348-6434	=	67093
IRAS21367-4306	=	67128
IRAS21372+0603	=	67120
IRAS21373-6408	=	67168
IRAS21376-2645	=	67158
IRAS21384-5300	=	67187
IRAS21392-4501	=	67209
IRAS21393-7520	=	67266
IRAS21396-5255	=	67230
IRAS21401-3911	=	67232
IRAS21402-7239	=	67283
IRAS21407-2535	=	67248
IRAS21408-7503	=	67302
IRAS21416+4327	=	67246
IRAS21419+4622	=	67255
IRAS21422-0351	=	67287
IRAS21423+4623	=	67265
IRAS21430-4644	=	67322
IRAS21439+4102	=	67309
IRAS21444+0128	=	67339
IRAS21447-5047	=	67375
IRAS21450-0423	=	67361
IRAS21453-3511	=	67387
IRAS21456-7413	=	67445
IRAS21456-6056	=	67417
IRAS21456-6050	=	67418
IRAS21457-8145	=	67546
IRAS21458-0154	=	67391
IRAS21466+7214	=	67347
IRAS21470-8153	=	67593
IRAS21474-7455	=	67528
IRAS21474-3113	=	67447
IRAS21481+0040	=	67458
IRAS21488-5548	=	67532
IRAS21496-5943	=	67580
IRAS21500+3551	=	67529
IRAS21505+3613	=	67556
IRAS21518-4104	=	67629
IRAS21520+0242	=	67622
IRAS21522+0610	=	67626
IRAS21523-3503	=	67641
IRAS21527-4327	=	67656
IRAS21538+0707	=	67670
IRAS21541-3449	=	67701
IRAS21542+3033	=	67675
IRAS21554-2507	=	67743
IRAS21555-1724	=	67747
IRAS21555+0046	=	67737
IRAS21557+7301	=	67671
IRAS21561+1148	=	67761
IRAS21562-4406	=	67782
IRAS21564-3207	=	67785
IRAS21565-4332	=	67795
IRAS21574-3337	=	67813
IRAS21576-2452	=	67816
IRAS21576-1323	=	67811
IRAS21582+1018	=	67822
IRAS21583-1330	=	67839
IRAS21591-3206	=	67874
IRAS21592-3214	=	67881
IRAS21594-5132	=	67908
IRAS21596-1909	=	67892
IRAS21599-2103	=	67904
IRAS22003-3404	=	67932
IRAS22004-4910	=	67949
IRAS22007+0019	=	67934
IRAS22008-3231	=	67954
IRAS22008+4049	=	67921
IRAS22010-2007	=	67956
IRAS22011+1224	=	67945
IRAS22014+4330	=	67946
IRAS22016-0016	=	67969
IRAS22020+4134	=	67965
IRAS22022+3930	=	67977
IRAS22024+4110	=	67985
IRAS22025+4205	=	67987
IRAS22026-5021	=	68020
IRAS22028+0456	=	68009
IRAS22028+2621	=	68005
IRAS22031-6452	=	68059
IRAS22036-3130	=	68040
IRAS22040-3117	=	68061
IRAS22041-5742	=	68083
IRAS22045+0959	=	68065
IRAS22055-2917	=	68120
IRAS22056+3106	=	68096
IRAS22060+4055	=	68110
IRAS22061-4724	=	68165
IRAS22062-2803	=	68152
IRAS22062+4811	=	68121
IRAS22064-2758	=	68164
IRAS22068-2747	=	68187
IRAS22069-3809	=	68189
IRAS22072-3620	=	68198
IRAS22074-1654	=	68199
IRAS22074+3902	=	68178
IRAS22078-4619	=	68223
IRAS22081-2519	=	68222
IRAS22081+4046	=	68197
IRAS22083-3048	=	68235
IRAS22087-6258	=	68271
IRAS22093-4728	=	68284
IRAS22094-6505	=	68312
IRAS22103-2623	=	68311
IRAS22104+4504	=	68285
IRAS22105-4608	=	68329
IRAS22106-2748	=	68324
IRAS22110-5422	=	68353
IRAS22112-6705	=	68389
IRAS22112-2937	=	68344
IRAS22112-2711	=	68345
IRAS22115-6548	=	68411
IRAS22115-3013	=	68360
IRAS22116+3859	=	68332
IRAS22118-2742	=	68374
IRAS22126+4156	=	68381
IRAS22127-4605	=	68441
IRAS22132-3705	=	68455
IRAS22132-2655	=	68451
IRAS22137-2140	=	68469
IRAS22147+4115	=	68482
IRAS22149-2358	=	68511
IRAS22150-1549	=	68512
IRAS22150+3315	=	68497
IRAS22151-4256	=	68531
IRAS22151+3519	=	68500
IRAS22158-3703	=	68548
IRAS22161+4018	=	68535
IRAS22164-2839	=	68565
IRAS22166-3747	=	68574
IRAS22177-4901	=	68614
IRAS22177-1601	=	68604
IRAS22178-8014	=	68712
IRAS22179-4617	=	68618
IRAS22179-2455	=	68612
IRAS22181-4836	=	68627
IRAS22186-3716	=	68638
IRAS22192-6001	=	68684
IRAS22193-4020	=	68661
IRAS22198-2159	=	68686
IRAS22200+3608	=	68658
IRAS22201-2836	=	68710
IRAS22203+3556	=	68668
IRAS22204-1547	=	68721
IRAS22204+3743	=	68689
IRAS22210-0341	=	68743
IRAS22212+4055	=	68736
IRAS22213+3036	=	68742
IRAS22214-3356	=	68780
IRAS22215+3209	=	68748
IRAS22217+3310	=	68761
IRAS22226+3834	=	68797
IRAS22233-3123	=	68861
IRAS22236+4003	=	68843
IRAS22238-2507	=	68875
IRAS22243-3523	=	68896
IRAS22244+3515	=	68880
IRAS22248-6038	=	68927
IRAS22256-0308	=	68933
IRAS22260+1653	=	68942
IRAS22261+3002	=	68941
IRAS22263-6555	=	68993
IRAS22270+3729	=	68976
IRAS22273-0522	=	68996
IRAS22278-1749	=	69021
IRAS22281-1426	=	69033
IRAS22282-3804	=	69046
IRAS22283+3737	=	69016
IRAS22287-1917	=	69057
IRAS22292+3042	=	69061
IRAS22303+2340	=	69108
IRAS22304-2730	=	69132
IRAS22306-6457	=	69170
IRAS22306+3857	=	69110
IRAS22309-8119	=	69275
IRAS22309-4111	=	69161
IRAS22317-1036	=	69183
IRAS22318-2244	=	69202
IRAS22320+4103	=	69182
IRAS22321-1310	=	69214
IRAS22321+4332	=	69184
IRAS22330-2618	=	69253
IRAS22335+2003	=	69259
IRAS22337+3342	=	69269
IRAS22338-2631	=	69295
IRAS22340-1248	=	69307
IRAS22340+2121	=	69287
IRAS22341+2530	=	69290
IRAS22344+1853	=	69311
IRAS22349+1016	=	69349
IRAS22356-0717	=	69375
IRAS22359-2606	=	69398
IRAS22363+3348	=	69391
IRAS22364+3514	=	69401
IRAS22364+3720	=	69400
IRAS22369-6644	=	69453
IRAS22374+1045	=	69443
IRAS22377+0818	=	69450
IRAS22381+1138	=	69463

RC3   631   IRAS

IRAS22385-5751 = 69507	IRAS22595+1541 = 70295	IRAS23180+2902 = 71134	IRAS23407+4942 = 72204	KUG 0117+322 = 4782
IRAS22387+3154 = 69478	IRAS22596+2647 = 70299	IRAS23183-5821 = 71172	IRAS23412-8027 = 72261	KUG 0117+378 = 4832
IRAS22388-4501 = 69521	IRAS22597-6928 = 70335	IRAS23183+2332 = 71149	IRAS23413+2547 = 72237	KUG 0118+329 = 4891
IRAS22388+2308 = 69487	IRAS22597+3029 = 70301	IRAS23187+3307 = 71166	IRAS23414+0014 = 72247	KUG 0119+319 = 4981
IRAS22388+3359 = 69486	IRAS23000-4105 = 70324	IRAS23192-4245 = 71213	IRAS23417+0939 = 72263	KUG 0119+341 = 5008
IRAS22389-4621 = 69522	IRAS23003-7943 = 70396	IRAS23192+2648 = 71193	IRAS23417+1029 = 72260	KUG 0120+285 = 5032
IRAS22393+3902 = 69498	IRAS23004+1619 = 70332	IRAS23197+4034 = 71220	IRAS23433-7533 = 72351	KUG 0120+323 = 5095
IRAS22395-3019 = 69539	IRAS23007+0836 = 70348	IRAS23199+4952 = 71231	IRAS23433+1147 = 72345	KUG 0120+332A = 5061
IRAS22395+2000 = 69525	IRAS23016+2221 = 70378	IRAS23202+0109 = 71264	IRAS23437+3305 = 72352	KUG 0121+319 = 5217
IRAS22397-3726 = 69547	IRAS23017-0508 = 70399	IRAS23202+2256 = 71257	IRAS23440+0331 = 72367	KUG 0122+318 = 5284
IRAS22397+7454 = 69472	IRAS23021+4357 = 70401	IRAS23203+2239 = 71263	IRAS23443-4502 = 72383	KUG 0122+319 = 5226
IRAS22400-5940 = 69579	IRAS23023-5023 = 70431	IRAS23207+3215 = 71281	IRAS23444+0635 = 72381	KUG 0123+313 = 5364
IRAS22400+2954 = 69544	IRAS23023-4322 = 70427	IRAS23211+1917 = 71310	IRAS23445+2911 = 72387	KUG 0124+312 = 5440
IRAS22403+2927 = 69553	IRAS23024+1203 = 70419	IRAS23213+0923 = 71321	IRAS23446-6403 = 72407	KUG 0125+317 = 5473
IRAS22404-4535 = 69589	IRAS23024+1624 = 70414	IRAS23220+0820 = 71360	IRAS23447+3230 = 72397	KUG 0125+340 = 5518
IRAS22409+3344 = 69580	IRAS23027-0004 = 70435	IRAS23223+1500 = 71370	IRAS23451-5721 = 72443	KUG 0126+334 = 5552
IRAS22411+0551 = 69597	IRAS23031-3052 = 70458	IRAS23223+4104 = 71368	IRAS23452-3048 = 72444	KUG 0128+333 = 5691
IRAS22416+3806 = 69605	IRAS23032+0316 = 70455	IRAS23224-0016 = 71381	IRAS23461+0353 = 72491	KUG 0128+345 = 5676
IRAS22418-4932 = 69639	IRAS23034+3047 = 70461	IRAS23225-5803 = 71394	IRAS23464+2630 = 72506	KUG 0129+329 = 5711
IRAS22424+3311 = 69637	IRAS23038+3136 = 70481	IRAS23226-8211 = 71440	IRAS23471+2939 = 72535	KUG 0136+349 = 6138
IRAS22425-2259 = 69653	IRAS23046+3530 = 70501	IRAS23235+1255 = 71420	IRAS23478+1031 = 72572	KUG 0141+374 = 6393
IRAS22426-3936 = 69661	IRAS23048-4901 = 70536	IRAS23237-1813 = 71430	IRAS23480+2842 = 72584	KUG 0142+348 = 6473
IRAS22431-2818 = 69674	IRAS23050+2243 = 70532	IRAS23241+2448 = 71450	IRAS23481+2417 = 72588	KUG 0143+346 = 6507
IRAS22443-8923 = 70680	IRAS23050+3206 = 70526	IRAS23243+1104 = 71463	IRAS23485+1952 = 72615	KUG 0147+334 = 6790
IRAS22446-6910 = 69744	IRAS23060+1256 = 70557	IRAS23249+1206 = 71485	IRAS23485+4626 = 72613	KUG 0147+350 = 6799
IRAS22451-2234 = 69733	IRAS23062-3107 = 70565	IRAS23252+2318 = 71493	IRAS23488-1339 = 72641	KUG 0148-067 = 6864
IRAS22452+3958 = 69724	IRAS23062+8628 = 70397	IRAS23254+0830 = 71504	IRAS23488+1949 = 72638	KUG 0148-358 = 6865
IRAS22455+0339 = 69738	IRAS23063-6216 = 70576	IRAS23255+1815 = 71519	IRAS23488+2018 = 72639	KUG 0149-057 = 6898
IRAS22457-3954 = 69759	IRAS23064+1146 = 70566	IRAS23256-2315 = 71517	IRAS23496-2540 = 72687	KUG 0149+347 = 6919
IRAS22463+2719 = 69768	IRAS23065+1754 = 70569	IRAS23256+2432 = 71516	IRAS23496+3059 = 72681	KUG 0149+358 = 6972
IRAS22467+3944 = 69783	IRAS23069-4341 = 70588	IRAS23258-0304 = 71533	IRAS23498+2829 = 72696	KUG 0149+363 = 6961
IRAS22468+3443 = 69786	IRAS23069-3641 = 70582	IRAS23259+2208 = 71534	IRAS23499-2837 = 72701	KUG 0151+051 = 7072
IRAS22469+1901 = 69794	IRAS23076+2957 = 70600	IRAS23260-4136 = 71548	IRAS23509+0750 = 72775	KUG 0151+366 = 7111
IRAS22476-3707 = 69840	IRAS23077+2938 = 70604	IRAS23262+0314 = 71554	IRAS23513+0741 = 72788	KUG 0152+063 = 7164
IRAS22485-7934 = 69910	IRAS23085-6821 = 70662	IRAS23267+2606 = 71573	IRAS23518-0212 = 72820	KUG 0152+360 = 7140
IRAS22489-6741 = 69885	IRAS23086+2922 = 70633	IRAS23276+2515 = 71605	IRAS23528+2118 = 72870	KUG 0153-110 = 7182
IRAS22490+3205 = 69866	IRAS23093-8154 = 70724	IRAS23277+1529 = 71607	IRAS23534-6057 = 72929	KUG 0153-102A = 7210
IRAS22498+0049 = 69889	IRAS23093+3045 = 70664	IRAS23279-0244 = 71626	IRAS23535-0111 = 72927	KUG 0153-093 = 7262
IRAS22500+0549 = 69898	IRAS23099+1327 = 70691	IRAS23279+0337 = 71628	IRAS23535+0016 = 72930	KUG 0153+065 = 7235
IRAS22501+2427 = 69896	IRAS23103+0532 = 70702	IRAS23279+2956 = 71619	IRAS23536+2906 = 72926	KUG 0154+053 = 7355
IRAS22504+8236 = 69841	IRAS23103+1224 = 70699	IRAS23282+1345 = 71631	IRAS23541-1329 = 72973	KUG 0155+028 = 7417
IRAS22510+3151 = 69922	IRAS23105-2837 = 70714	IRAS23283-6112 = 71650	IRAS23542+0104 = 72983	KUG 0155+031 = 7411
IRAS22511+3122 = 69929	IRAS23106+0603 = 70712	IRAS23295+3208 = 71688	IRAS23544-3457 = 73001	KUG 0156-098 = 7483
IRAS22513+2358 = 69940	IRAS23106+2358 = 70709	IRAS23296+0207 = 71692	IRAS23544+1033 = 72996	KUG 0156-084 = 7485
IRAS22513+3326 = 69934	IRAS23111+1344 = 70731	IRAS23299+1534 = 71699	IRAS23548+3043 = 73023	KUG 0157+071 = 7556
IRAS22514-4536 = 69967	IRAS23115+1254 = 70756	IRAS23301-0203 = 71711	IRAS23552-3252 = 73049	KUG 0200-098 = 7806
IRAS22516+3559 = 69946	IRAS23117-0300 = 70779	IRAS23303-5158 = 71716	IRAS23560-5100 = 73103	KUG 0200+045 = 7839
IRAS22517-2037 = 69969	IRAS23117+1309 = 70765	IRAS23305-5422 = 71729	IRAS23563+0321 = 73125	KUG 0201-101 = 7835
IRAS22518+1130 = 69965	IRAS23119-0002 = 70784	IRAS23309-0215 = 71737	IRAS23564+1833 = 73127	KUG 0201+025 = 7875
IRAS22519-4352 = 70013	IRAS23120-4352 = 70800	IRAS23313+2946 = 71753	IRAS23566-0424 = 73143	KUG 0202-103 = 7905
IRAS22519+3159 = 69963	IRAS23121-3807 = 70806	IRAS23315-7054 = 71776	IRAS23567+0428 = 73154	KUG 0202-064 = 7900
IRAS22522-3955 = 69994	IRAS23121+0415 = 70795	IRAS23319+3420 = 71772	IRAS23567+4636 = 73150	KUG 0203-100 = 7998
IRAS22522+1226 = 69980	IRAS23121+2803 = 70785	IRAS23320-6540 = 71800	IRAS23568+2028 = 73163	KUG 0206-103 = 8228
IRAS22525-3409 = 70007	IRAS23127-3848 = 70840	IRAS23320-0325 = 71786	IRAS23570-0246 = 73176	KUG 0206-099B = 8232
IRAS22527-6357 = 70037	IRAS23127+1846 = 70832	IRAS23321-6657 = 71806	IRAS23570+1431 = 73177	KUG 0206-080A = 8182
IRAS22529+2459 = 70027	IRAS23127+2459 = 70826	IRAS23323+1701 = 71802	IRAS23571-3444 = 73182	KUG 0206+024 = 8188
IRAS22530-5839 = 70043	IRAS23128-5919 = 70861	IRAS23328-1658 = 71828	IRAS23577-8104 = 30	KUG 0206+048 = 8207
IRAS22536+0339 = 70048	IRAS23128+0702 = 70884	IRAS23328+0702 = 71826	IRAS23587+1249 = 101	KUG 0207-105 = 8299
IRAS22538-3717 = 70069	IRAS23136+1534 = 70885	IRAS23329-6740 = 71846	IRAS23594-3344 = 151	KUG 0207-103 = 8250
IRAS22540-3649 = 70081	IRAS23141+1537 = 70902	IRAS23329-1940 = 71833	IRAS23597+1241 = 163	KUG 0207-099 = 8295
IRAS22541-3736 = 70083	IRAS23142+0838 = 70914	IRAS23329+0456 = 71831	KUG 0001+311 = 303	KUG 0207-080 = 8258
IRAS22543-4802 = 70095	IRAS23142+1312 = 70912	IRAS23333+2320 = 71850	KUG 0001+332 = 309	KUG 0207+074 = 8281
IRAS22543-4339 = 70094	IRAS23143+3343 = 70909	IRAS23336+0152 = 71868	KUG 0003+171 = 477	KUG 0208+035 = 8368
IRAS22544-4120 = 70096	IRAS23148-0500 = 70948	IRAS23339+0001 = 71883	KUG 0003+199 = 473	KUG 0208+036 = 8360
IRAS22544-3643 = 70090	IRAS23148-0163 = 70953	IRAS23339+2739 = 71880	KUG 0003+222 = 431	KUG 0208+056 = 8318
IRAS22545+0424 = 70086	IRAS23148+0523 = 70946	IRAS23345-2044 = 71909	KUG 0004+190 = 517	KUG 0208+312 = 8393
IRAS22548-6919 = 70137	IRAS23149-3503 = 70966	IRAS23351-4800 = 71948	KUG 0005+327 = 608	KUG 0208+324 = 8350
IRAS22551-3607 = 70117	IRAS23150+1343 = 70962	IRAS23352-0346 = 71954	KUG 0009+206 = 814	KUG 0209-095 = 8397
IRAS22552-6523 = 70142	IRAS23154+1104 = 70981	IRAS23354+3143 = 71957	KUG 0009+220B = 847	KUG 0209-067 = 8400
IRAS22552-3400 = 70128	IRAS23156-4238 = 71001	IRAS23357+3203 = 71969	KUG 0009+276A = 835	KUG 0210-078 = 8502
IRAS22557-3230 = 70150	IRAS23157-0441 = 70999	IRAS23359+0431 = 71982	KUG 0009+290 = 837	KUG 0211-075 = 8581
IRAS22560+1454 = 70153	IRAS23157+0618 = 70996	IRAS23361-5208 = 72003	KUG 0010+217 = 865	KUG 0211+012 = 8582
IRAS22562-2547 = 70166	IRAS23161-6656 = 71048	IRAS23361+1540 = 71993	KUG 0011-010 = 963	KUG 0211+038 = 8537
IRAS22566-3758 = 70184	IRAS23161-4230 = 71031	IRAS23362-0647 = 72001	KUG 0017+005 = 1309	KUG 0211+049 = 8562
IRAS22566+4039 = 70163	IRAS23162+0857 = 71022	IRAS23363-1314 = 72009	KUG 0024-020B = 1678	KUG 0211+276 = 8557
IRAS22567+1320 = 70175	IRAS23162+2236 = 71018	IRAS23366+0512 = 72020	KUG 0024-020A = 1660	KUG 0212-009 = 8586
IRAS22569+1516 = 70183	IRAS23163-0001 = 71035	IRAS23367-4803 = 72038	KUG 0025-014 = 1713	KUG 0213+307 = 8708
IRAS22571+2434 = 70192	IRAS23164-2651 = 71047	IRAS23367+2651 = 72024	KUG 0025+022 = 1748	KUG 0214+014 = 8725
IRAS22572+5328 = 70179	IRAS23166-4231 = 71066	IRAS23368+1034 = 72035	KUG 0027+018 = 1844	KUG 0214+292 = 8750
IRAS22573+2546 = 70204	IRAS23166+0750 = 71051	IRAS23377-4447 = 72078	KUG 0028-006 = 1905	KUG 0214+303 = 8729
IRAS22575+1542 = 70213	IRAS23168+0537 = 71070	IRAS23381+2009 = 72086	KUG 0108+314 = 4255	KUG 0217-004 = 8876
IRAS22581+0702 = 70246	IRAS23170+0820 = 71089	IRAS23387+0344 = 72117	KUG 0108+333 = 4210	KUG 0217+314 = 8908
IRAS22581+0811 = 70245	IRAS23170+1548 = 71078	IRAS23387+2516 = 72115	KUG 0109+327B = 4359	KUG 0218+003 = 8929
IRAS22582+1417 = 70243	IRAS23171+0954 = 71087	IRAS23390+0326 = 72128	KUG 0112+282B = 4531	KUG 0218+327 = 8984
IRAS22583+2628 = 70250	IRAS23175-0207 = 71118	IRAS23392-0137 = 72138	KUG 0113+287 = 4607	KUG 0219+282 = 9034
IRAS22586-4655 = 70281	IRAS23175+1540 = 71102	IRAS23394-0429 = 72156	KUG 0113+308 = 4561	KUG 0219+284 = 9022
IRAS22586+0523 = 70265	IRAS23176+2356 = 71106	IRAS23394+3018 = 72148	KUG 0113+328A = 4587	KUG 0219+285 = 9011
IRAS22587+0919 = 70270	IRAS23177+4241 = 71115	IRAS23398-6613 = 72183	KUG 0113+328B = 4594	KUG 0220+319A = 9071
IRAS22591+0159 = 70287	IRAS23179+1657 = 71133	IRAS23399-4510 = 72178	KUG 0116+327 = 4735	KUG 0220+319B = 9074
IRAS22594-3950 = 70304	IRAS23179+2702 = 71126	IRAS23402+2701 = 72188	KUG 0117+301 = 4850	KUG 0221+313 = 9134

KUG 0223+009 = 9283	KUG 0721+649 = 21021	KUG 0843+366 = 24655	KUG 1031+355 = 31285	KUG 1151+336 = 37308
KUG 0223+303 = 9284	KUG 0722+726 = 21065	KUG 0844+703 = 24795	KUG 1032+445 = 31376	KUG 1152+177 = 37409
KUG 0224+315 = 9375	KUG 0723+339 = 21016	KUG 0846+363 = 24788	KUG 1032+468 = 31331	KUG 1152+549 = 37418
KUG 0225-103 = 9354	KUG 0723+722 = 21123	KUG 0846+720 = 24903	KUG 1033+353 = 31474	KUG 1153+181 = 37463
KUG 0225-015 = 9394	KUG 0723+756 = 21138	KUG 0847+422 = 24829	KUG 1033+375 = 31428	KUG 1153+261 = 37440
KUG 0225-013 = 9414	KUG 0725+339 = 21109	KUG 0849+426 = 24940	KUG 1035+394 = 31607	KUG 1153+302 = 37467
KUG 0225+292 = 9405	KUG 0725+356 = 21094	KUG 0851+328A = 24996	KUG 1035+447 = 31639	KUG 1153+323 = 37515
KUG 0225+310 = 9399	KUG 0725+726 = 21189	KUG 0851+328B = 24997	KUG 1036+419 = 31671	KUG 1153+324 = 37462
KUG 0227-092 = 9523	KUG 0726+337 = 21136	KUG 0851+397 = 25020	KUG 1037+375 = 31782	KUG 1153+400B = 37521
KUG 0227+306 = 9548	KUG 0726+341 = 21154	KUG 0855+394 = 25232	KUG 1037+393A = 31733	KUG 1153+554 = 37520
KUG 0227+362 = 9526	KUG 0727+362 = 21168	KUG 0910+403 = 26034	KUG 1039+347B = 31923	KUG 1154+255 = 37599
KUG 0227+369 = 9566	KUG 0727+633 = 21213	KUG 0911+679 = 26145	KUG 1045+349 = 32302	KUG 1154+326 = 37613
KUG 0229-003 = 9613	KUG 0729+357 = 21244	KUG 0914+422A = 26232	KUG 1046+330 = 32390	KUG 1154+534 = 37553
KUG 0230-119 = 9721	KUG 0730+626 = 21322	KUG 0914+422B = 26238	KUG 1046+435 = 32384	KUG 1155+255A = 37619
KUG 0230+003B = 9680	KUG 0730+738 = 21398	KUG 0915+716 = 26416	KUG 1048+330 = 32543	KUG 1155+255B = 37629
KUG 0230+325 = 9724	KUG 0730+745A = 21381	KUG 0916+717 = 26492	KUG 1048+331 = 32584	KUG 1155+278 = 37687
KUG 0231+290 = 9788	KUG 0732+588 = 21400	KUG 0919+474 = 26531	KUG 1048+364A = 32519	KUG 1155+281 = 37654
KUG 0232-090 = 9817	KUG 0734+357 = 21425	KUG 0920+494A = 26631	KUG 1048+440 = 32588	KUG 1155+325A = 37616
KUG 0232+372 = 9834	KUG 0734+592 = 21496	KUG 0920+494B = 26648	KUG 1048+448A = 32536	KUG 1155+325B = 37624
KUG 0232+373 = 9841	KUG 0737+630 = 21616	KUG 0923+686 = 26849	KUG 1049+332 = 32614	KUG 1156+180 = 37761
KUG 0232+374 = 9852	KUG 0737+652 = 21624	KUG 0925+387A = 26895	KUG 1049+347 = 32652	KUG 1156+255 = 37699
KUG 0233+343 = 9906	KUG 0738+739 = 21693	KUG 0926+560 = 26970	KUG 1049+368 = 32643	KUG 1156+277 = 37705
KUG 0234+334 = 9941	KUG 0741+404 = 21688	KUG 0927+679 = 26979	KUG 1050+341 = 32679	KUG 1156+304 = 37775
KUG 0234+340 = 9972	KUG 0742+625 = 21790	KUG 0927+494 = 27000	KUG 1057+336 = 33118	KUG 1156+310 = 37744
KUG 0234+342 = 9958	KUG 0743+610 = 21810	KUG 0928+302 = 27023	KUG 1059+454 = 33280	KUG 1156+380 = 37738
KUG 0236+358 = 10080	KUG 0743+624 = 21821	KUG 0928+415 = 27047	KUG 1100+282 = 33371	KUG 1156+428A = 37721
KUG 0238+356 = 10182	KUG 0743+744 = 21896	KUG 0930+402 = 27154	KUG 1101+291 = 33408	KUG 1156+545 = 37728
KUG 0239+345 = 10257	KUG 0744+744B = 21971	KUG 0930+554 = 27182	KUG 1101+384A = 33452	KUG 1157+203 = 37860
KUG 0240+322 = 10303	KUG 0748+430 = 22008	KUG 0931+322B = 27223	KUG 1101+411 = 33423	KUG 1157+268 = 37786
KUG 0240+331 = 10343	KUG 0751+604 = 22232	KUG 0932+300 = 27266	KUG 1101+453 = 33465	KUG 1157+315 = 37838
KUG 0240+371 = 10314	KUG 0752+393 = 22190	KUG 0932+306 = 27258	KUG 1102+353 = 33540	KUG 1158+251 = 37880
KUG 0241+335 = 10375	KUG 0754+399 = 22340	KUG 0933+379 = 27361	KUG 1102+450 = 33498	KUG 1159+301A = 37976
KUG 0242+349 = 10421	KUG 0756+423 = 22446	KUG 0934+315A = 27367	KUG 1108+273 = 33965	KUG 1159+301B = 38009
KUG 0246+347 = 10739	KUG 0757+399 = 22457	KUG 0936+325A = 27533	KUG 1109+287 = 34068	KUG 1200+182 = 38040
KUG 0246+351 = 10676	KUG 0757+615 = 22524	(KUG 0936+325C) = 27546	KUG 1111+305 = 34260	KUG 1200+190 = 38050
KUG 0252-013 = 11000	KUG 0758+615 = 22561	(KUG 0936+325C) = 27547	KUG 1113+295 = 34393	KUG 1200+224 = 38094
KUG 0252+335 = 11065	KUG 0758+741 = 22649	KUG 0936+386 = 27549	KUG 1113+418 = 34353	KUG 1200+296 = 38081
KUG 0253+018 = 11067	KUG 0759+408 = 22575	KUG 0937+485 = 27602	KUG 1114+273 = 34495	KUG 1200+390 = 38088
KUG 0254-029 = 11114	KUG 0800+434 = 22618	KUG 0939+320 = 27777	KUG 1118+314 = 34733	KUG 1200+397B = 38057
KUG 0255-044 = 11248	KUG 0800+616 = 22661	KUG 0939+413B = 27792	KUG 1119+297 = 34845	KUG 1200+413 = 38024
KUG 0255-025 = 11202	KUG 0801+403 = 22670	KUG 0940+292 = 27780	KUG 1122+383 = 35124	KUG 1201+257 = 38132
KUG 0256-046 = 11292	KUG 0801+471 = 22698	KUG 0940+322 = 27827	KUG 1123+281 = 35177	KUG 1201+299 = 38125
KUG 0257+025 = 11336	KUG 0804+391 = 22816	KUG 0941+298 = 27867	KUG 1124+389 = 35235	KUG 1201+321 = 38150
KUG 0258-009 = 11397	KUG 0804+393 = 22805	KUG 0942+297 = 27993	KUG 1125+297 = 35285	KUG 1202+181A = 38285
KUG 0258-001 = 11375	KUG 0805+729 = 22947	KUG 0943+424 = 28054	KUG 1127+370 = 35464	KUG 1202+181B = 38287
KUG 0259+019 = 11477	KUG 0805+765 = 22969	KUG 0943+563 = 28111	KUG 1128+288 = 35507	KUG 1202+272 = 38244
KUG 0302+009 = 11598	KUG 0806+402 = 22909	KUG 0943+681 = 28120	KUG 1129+286 = 35556	KUG 1202+286 = 38286
KUG 0305+019 = 11752	KUG 0806+417 = 22900	KUG 0944+393 = 28153	KUG 1129+346 = 35549	KUG 1202+311 = 38277
KUG 0306-031 = 11774	KUG 0807+466 = 22955	KUG 0946+324 = 28259	KUG 1129+356 = 35621	KUG 1202+314A = 38227
KUG 0308-014 = 11862	KUG 0808+253A = 22957	KUG 0946+558 = 28251	KUG 1129+532 = 35620	KUG 1202+314B = 38231
KUG 0310-054 = 11968	KUG 0808+253B = 22958	KUG 0947+285 = 28305	KUG 1130+411 = 35629	KUG 1204+259 = 38437
KUG 0311-030 = 12041	KUG 0809+265 = 23017	KUG 0947+317 = 28317	KUG 1130+553 = 35678	KUG 1204+395 = 38399
KUG 0313-036 = 12111	KUG 0809+461 = 23040	KUG 0948+287 = 28351	KUG 1131+369 = 35725	KUG 1205+260 = 38532
KUG 0317-064 = 12466	KUG 0813+243 = 23214	KUG 0948+331 = 28390	KUG 1131+534 = 35711	KUG 1206+138 = 38627
KUG 0317+003A = 12418	KUG 0813+261 = 23184	KUG 0948+410 = 28420	KUG 1132+335 = 35826	KUG 1206+265 = 38637
KUG 0318-005 = 12560	KUG 0815+248 = 23266	KUG 0950+363 = 28494	KUG 1133+162 = 35838	KUG 1206+294 = 38605
KUG 0319-072 = 12633	KUG 0815+741 = 23453	KUG 0950+379 = 28486	KUG 1133+548 = 35856	KUG 1206+295A = 38593
KUG 0322-063B = 12801	KUG 0816+221B = 23362	KUG 0951+375 = 28551	KUG 1133+551 = 35926	KUG 1206+302 = 38618
KUG 0322-032 = 12756	KUG 0816+239 = 23342	KUG 0951+724 = 28636	KUG 1134+158 = 35952	KUG 1206+370 = 38567
KUG 0323-063 = 12803	KUG 0816+249A = 23333	KUG 0953+602 = 28729	KUG 1134+545 = 35931	KUG 1206+391 = 38562
KUG 0323-003 = 12835	KUG 0817+228 = 23420	KUG 0953+603 = 28719	KUG 1135+123 = 36043	KUG 1206+420 = 38582
KUG 0327-057 = 13009	KUG 0817+260 = 23409	KUG 0954+338 = 28758	KUG 1135+168 = 35991	KUG 1207+180 = 38651
KUG 0327-044 = 13014	KUG 0817+261 = 23385	KUG 0955+326 = 28805	KUG 1135+354 = 36029	KUG 1207+253 = 38667
KUG 0328-033 = 13034	KUG 0818+228 = 23465	KUG 0955+375 = 28795	KUG 1136+340 = 36079	KUG 1207+384 = 38677
KUG 0335+010B = 13406	KUG 0819+244 = 23501	KUG 0957+723 = 29059	KUG 1136+342 = 36126	KUG 1207+401 = 38693
KUG 0351+794 = 14216	KUG 0819+745 = 23618	KUG 0958+333 = 29036	KUG 1136+396 = 36118	KUG 1208+138 = 38803
KUG 0414+029 = 14790	KUG 0820+272 = 23539	KUG 0958+367 = 29043	KUG 1137+156A = 36193	KUG 1208+181A = 38750
KUG 0418+055 = 14920	KUG 0820+674 = 23617	KUG 1000+596 = 29177	KUG 1137+156B = 36197	KUG 1208+181B = 38809
KUG 0420+054 = 15009	KUG 0821+258 = 23591	KUG 1001+382 = 29222	KUG 1138+354 = 36232	KUG 1208+182 = 38823
KUG 0427+068 = 15319	KUG 0822+461 = 23660	KUG 1003+331 = 29365	KUG 1138+382 = 36287	KUG 1208+191 = 38748
KUG 0428+065 = 15386	KUG 0823+224 = 23684	KUG 1004+332 = 29415	KUG 1139+162A = 36294	KUG 1208+262 = 38745
KUG 0428+075 = 15368	KUG 0823+230B = 23676	KUG 1006+327 = 29526	KUG 1139+162B = 36342	KUG 1208+296A = 38739
KUG 0432+078 = 15574	KUG 0823+739 = 23781	KUG 1008+589 = 29702	KUG 1140+363 = 36438	KUG 1208+396B = 38811
KUG 0449+087 = 16193	KUG 0824+258 = 23717	KUG 1008+591 = 29696	KUG 1140+529 = 36439	KUG 1208+400 = 38778
KUG 0449+781 = 16402	KUG 0825+252 = 23762	KUG 1009+586 = 29720	KUG 1141+374 = 36500	KUG 1209+124 = 38848
KUG 0621+743 = 19094	KUG 0825+348 = 23798	KUG 1012+440 = 29962	KUG 1141+553A = 36463	KUG 1209+125 = 38919
KUG 0625+744 = 19191	KUG 0825+748 = 23886	KUG 1013+380 = 29997	KUG 1141+553B = 36506	KUG 1209+135 = 38885
KUG 0635+756 = 19459	KUG 0828+753 = 24079	KUG 1013+455 = 30005	KUG 1143+351 = 36716	KUG 1209+167 = 38837
KUG 0645+744 = 19756	KUG 0829+227A = 23941	KUG 1014+603 = 30075	KUG 1144+139 = 36759	KUG 1209+244 = 38851
KUG 0646+774 = 19803	KUG 0830+261 = 23978	KUG 1015+387 = 30120	KUG 1144+562 = 36789	KUG 1209+290 = 38903
KUG 0702+677 = 20194	KUG 0830+271 = 24038	KUG 1015+410 = 30087	KUG 1146+400 = 36930	KUG 1209+294 = 38906
KUG 0707+736 = 20434	KUG 0832+466 = 24140	KUG 1016+467 = 30136	KUG 1147+153 = 36976	KUG 1209+294A = 38897
KUG 0710+351 = 20429	KUG 0832+699 = 24213	KUG 1016+576A = 30179	KUG 1147+423 = 36990	KUG 1209+393 = 38908
KUG 0711+672 = 20567	KUG 0834+739 = 24360	KUG 1016+576B = 30183	KUG 1148+553 = 37063	KUG 1209+409 = 38856
KUG 0713+437 = 20559	KUG 0835+437 = 24309	KUG 1017+308 = 30206	KUG 1148+556 = 37024	KUG 1210+142 = 38945
KUG 0714+340 = 20586	KUG 0837+430 = 24399	KUG 1018+571 = 30322	KUG 1149+326 = 37183	KUG 1210+291 = 38984
KUG 0714+341 = 20585	KUG 0838+469 = 24428	KUG 1023+442 = 30702	KUG 1149+368 = 37138	KUG 1211+137 = 39025
KUG 0720+325 = 20889	KUG 0840+348 = 24531	KUG 1023+625 = 30701	KUG 1149+382 = 37132	KUG 1211+157 = 39018
KUG 0720+335 = 20911	KUG 0840+418 = 24540	KUG 1025+400B = 30842	KUG 1150+237 = 37260	KUG 1211+164 = 39014
KUG 0721+329 = 20938	KUG 0842+371 = 24620	KUG 1028+433 = 31040	KUG 1150+245 = 37214	KUG 1212+134 = 39176

RC3 633 KUG

KUG 1212+137 = 39181	KUG 1258+283 = 44789	KUG 1348+283 = 49137	KUG 1558+168 = 56655	KUG 2259+156 = 70295
KUG 1212+143 = 39152	KUG 1259+279 = 44968	KUG 1349+143 = 49204	KUG 1559+160 = 56770	KUG 2259+157A = 70291
KUG 1212+209 = 39179	KUG 1259+289 = 44898	KUG 1349+404 = 49191	KUG 1559+178 = 56693	KUG 2259+157B = 70292
KUG 1213+269 = 39252	KUG 1259+369 = 44920	KUG 1349+688 = 49116	KUG 1559+189 = 56762	KUG 2259+157C = 70307
KUG 1213+408B = 39262	KUG 1301+225 = 45159	KUG 1350+377 = 49301	KUG 1601+192 = 56870	KUG 2300+163 = 70332
KUG 1213+412 = 39254	KUG 1301+290 = 45184	KUG 1350+380 = 49285	KUG 1602+170 = 56997	KUG 2303+140 = 70467
KUG 1214+130 = 39400	KUG 1302+262 = 45260	KUG 1350+398 = 49322	KUG 1602+175 = 56987	KUG 2310+104 = 70695
KUG 1214+145 = 39342	KUG 1302+275 = 45190	KUG 1351+377 = 49366	KUG 1602+176 = 56948	KUG 2311+087 = 70755
KUG 1214+301 = 39322	KUG 1302+305 = 45266	KUG 1351+381 = 49359	KUG 1602+262 = 56921	KUG 2311+235 = 70739
KUG 1215+140 = 39513	KUG 1303+257B = 45356	KUG 1351+384 = 49337	KUG 1603+179A = 57073	KUG 2312+074 = 70799
KUG 1215+300 = 39525	KUG 1303+280 = 45311	KUG 1351+406 = 49347	KUG 1603+179B = 57084	KUG 2315+110 = 70981
KUG 1216+285 = 39663	KUG 1303+299 = 45366	KUG 1351+695 = 49321	KUG 1603+206 = 57039	KUG 2316+074 = 71052
KUG 1217+314 = 39818	KUG 1303+331 = 45274	KUG 1352+152 = 49434	KUG 1604+149 = 57187	KUG 2316+089 = 71022
KUG 1218+296 = 39846	KUG 1303+332 = 45363	KUG 1352+386 = 49441	KUG 1604+157 = 57194	KUG 2316+105 = 71049
KUG 1218+310 = 39837	KUG 1303+362 = 45336	KUG 1352+415 = 49464	KUG 1604+176 = 57184	KUG 2316+249 = 71013
KUG 1219+323 = 40026	KUG 1304+281 = 45386	KUG 1353+385 = 49542	KUG 1604+183 = 57135	KUG 2317+099B = 71087
KUG 1220+146 = 40196	KUG 1304+283 = 45442	KUG 1353+404 = 49480	KUG 1606+124 = 57273	KUG 2317+239 = 71106
KUG 1220+160 = 40153	KUG 1304+291 = 45388	KUG 1355+155 = 49693	KUG 1607+359 = 57287	KUG 2317+253 = 71119
KUG 1220+301 = 40097	KUG 1304+353 = 45397	KUG 1355+420 = 49618	KUG 1607+367 = 57284	KUG 2317+259 = 71101
KUG 1221+124 = 40306	KUG 1305+270 = 45509	KUG 1356+128 = 49752	KUG 1608+129 = 57363	KUG 2317+270 = 71126
KUG 1221+127 = 40264	KUG 1306+227 = 45598	KUG 1356+376A = 49739	KUG 1608+171 = 57390	KUG 2318+078 = 71159
KUG 1221+317 = 40330	KUG 1306+296 = 45607	KUG 1356+376B = 49747	KUG 1608+181 = 57389	KUG 2319+088 = 71200
KUG 1222+167 = 40516	KUG 1307+248 = 45664	KUG 1357+131 = 49846	KUG 1609+361 = 57394	KUG 2320+114 = 71260
KUG 1222+172 = 40458	KUG 1307+344 = 45684	KUG 1357+390 = 49798	KUG 1609+383 = 57407	KUG 2321+249 = 71307
KUG 1222+286 = 40501	KUG 1308+368 = 45728	KUG 1357+406B = 49817	KUG 1611+326 = 57508	KUG 2321+251 = 71351
KUG 1223+120 = 40638	KUG 1309+231 = 45795	KUG 1358+412A = 49893	KUG 1613+396 = 57601	KUG 2323+226 = 71406
KUG 1223+125 = 40530	KUG 1309+243 = 45836	KUG 1358+412B = 49896	KUG 1615+350B = 57716	KUG 2324+110 = 71463
KUG 1223+159 = 40622	KUG 1309+269 = 45858	KUG 1400+147 = 50010	KUG 1615+350C = 57728	KUG 2324+263 = 71454
KUG 1223+315 = 40692	KUG 1309+392 = 45787	KUG 1401+392 = 50097	KUG 1615+351C = 57748	KUG 2325+085 = 71504
KUG 1224+134 = 40754	KUG 1310+230 = 45884	KUG 1401+697 = 49981	KUG 1615+352A = 57734	KUG 2325+232 = 71517
KUG 1224+161 = 40811	KUG 1310+677 = 45835	KUG 1402+129 = 50210	KUG 1616+352A = 57762	KUG 2325+233 = 71493
KUG 1225+289B = 41014	KUG 1311+235 = 45986	KUG 1403+130 = 50289	KUG 1616+352B = 57784	KUG 2327+225 = 71608
KUG 1225+312 = 40897	KUG 1311+714 = 45879	KUG 1403+546 = 50262	KUG 1616+402 = 57771	KUG 2329+232 = 71685
KUG 1226+280 = 41112	KUG 1312+309 = 46046	KUG 1404+132 = 50357	KUG 1617+352 = 57800	KUG 2329+255 = 71690
KUG 1227+144 = 41320	KUG 1312+345 = 46065	KUG 1406+145 = 50495	KUG 1617+362 = 57836	KUG 2330+253A = 71721
KUG 1227+378 = 41269	KUG 1313+309 = 46196	KUG 1406+724 = 50358	KUG 1617+364 = 57823	KUG 2330+253B = 71733
KUG 1229+151 = 41466	KUG 1313+312 = 46180	KUG 1407+151 = 50553	KUG 1618+378 = 57842	KUG 2344+325 = 72397
KUG 1229+153 = 41504	KUG 1313+321 = 46145	KUG 1407+165 = 50596	KUG 1619+364B = 57908	KUG 2348+198A = 72615
KUG 1229+169 = 41531	KUG 1313+353 = 46171	KUG 1407+719 = 50451	KUG 1619+400 = 57894	KUG 2348+198B = 72635
KUG 1229+171 = 41472	KUG 1316+317 = 46354	KUG 1408+154 = 50621	KUG 1620+384 = 57947	KUG 2348+198C = 72638
KUG 1230+323 = 41660	KUG 1317+305 = 46477	KUG 1408+391B = 50610	KUG 1620+390A = 57927	KUG 2348+202 = 72631
KUG 1230+378 = 41620	KUG 1318+317 = 46538	KUG 1409+160 = 50718	KUG 1620+405 = 57931	KUG 2348+203 = 72639
KUG 1231+305 = 41755	KUG 1318+318 = 46629	KUG 1409+161 = 50713	KUG 1621+373 = 57984	KUG 2350+191 = 72749
KUG 1231+357 = 41779	KUG 1319+307 = 46636	KUG 1409+398 = 50677	KUG 1621+393 = 58000	KUG 2352+213 = 72870
KUG 1234+323 = 42082	KUG 1319+389 = 46671	KUG 1410+135 = 50745	KUG 1621+417 = 57986	KUG 2353+192 = 72888
KUG 1235+323 = 42162	KUG 1320+272 = 46744	KUG 1410+347 = 50742	KUG 1622+411A = 58008	KUG 2354+307 = 73023
KUG 1239+328A = 42620	KUG 1320+320 = 46736	KUG 1410+395 = 50750	KUG 1622+411B = 58049	KUG 2355+220 = 73053
KUG 1239+328B = 42637	KUG 1320+354 = 46739	KUG 1411+127 = 50815	KUG 1624+400 = 58120	KUG 2355+281 = 73079
KUG 1240+279 = 42765	KUG 1321+707 = 46742	KUG 1411+158 = 50848	KUG 1625+413 = 58149	KUG 2356+179 = 73171
KUG 1241+324 = 42863	KUG 1322+366A = 46919	KUG 1413+403 = 50954	KUG 1626+329B = 58235	KUG 2356+185 = 73127
KUG 1242+273 = 42987	KUG 1322+368 = 46854	KUG 1414+232 = 51002	KUG 1626+329C = 58238	KUG 2356+204 = 73163
KUG 1242+287A = 42931	KUG 1322+707 = 46846	KUG 1415+253 = 51074	KUG 1626+329D = 58250	KUG 2356+310 = 73156
KUG 1244+268 = 43121	KUG 1323+361 = 47011	KUG 1415+266 = 51073	KUG 1626+413 = 58251	KUG 2358+197 = 53
KUG 1244+280 = 43139	KUG 1324+268 = 47088	KUG 1415+270 = 51033	KUG 1627+399 = 58296	KUG 2358+311 = 109
KUG 1244+356 = 43157	KUG 1327+313 = 47393	KUG 1415+578 = 51036	KUG 1627+413 = 58308	KUG 2359+332 = 119
KUG 1245+300 = 43161	KUG 1327+315 = 47447	KUG 1417+363 = 51196	KUG 1628+351 = 58390	KARA 1 = 205
KUG 1246+347 = 43281	KUG 1329+202 = 47577	KUG 1418+238 = 51264	KUG 1629+415 = 58436	KARA 2 = 223
KUG 1247+257 = 43368	KUG 1330+371 = 47634	KUG 1418+569 = 51210	KUG 1631+350 = 58490	KARA 4 = 279
KUG 1247+334 = 43428	KUG 1330+421 = 47675	KUG 1420+330 = 51371	KUG 1632+393B = 58505	KARA 6 = 652
KUG 1248+276 = 43511	KUG 1331+691 = 47710	KUG 1420+373 = 51355	KUG 1635+365A = 58610	KARA 7 = 793
KUG 1248+280 = 43514	KUG 1332+316 = 47867	KUG 1421+342 = 51415	KUG 1635+373 = 58633	KARA 8 = 833
KUG 1248+291 = 43509	KUG 1332+342 = 47889	KUG 1422+252 = 51483	KUG 1635+409 = 58632	KARA 9 = 859
KUG 1249+260 = 43586	KUG 1332+374 = 47809	KUG 1423+327 = 51505	KUG 1636+420 = 58664	KARA 10 = 874
KUG 1250+276 = 43712	KUG 1333+294 = 47938	KUG 1423+565 = 51509	KUG 1641+369 = 58827	KARA 11 = 963
KUG 1250+323 = 43749	KUG 1335+186 = 48183	KUG 1424+274 = 51575	KUG 1653+365 = 59244	KARA 12 = 1056
KUG 1250+360 = 43750	KUG 1335+276 = 48119	KUG 1425+257 = 51618	KUG 1707+364 = 59716	KARA 13 = 1074
KUG 1250+370 = 43759	KUG 1336+333 = 48206	KUG 1425+271 = 51670	KUG 1710+347 = 59834	KARA 15 = 1347
KUG 1252+292 = 43939	KUG 1337+280 = 48312	KUG 1426+234 = 51736	KUG 1757+649 = 61166	KARA 18 = 1516
KUG 1253+279 = 44105	KUG 1337+286 = 48333	KUG 1426+274A = 51701	KUG 1800+666 = 61252	KARA 20 = 1567
KUG 1254+267 = 44200	KUG 1338+306B = 48432	KUG 1426+361 = 51738	KUG 1801+674 = 61276	KARA 22 = 1700
KUG 1254+275 = 44147	KUG 1339+307 = 48501	KUG 1428+257 = 51864	KUG 1833+669 = 62021	KARA 23 = 1817
KUG 1254+276 = 44300	KUG 1339+340 = 48441	KUG 1428+277 = 51877	KUG 1833+670 = 62035	KARA 25 = 1888
KUG 1254+291 = 44193	KUG 1340+302 = 48563	KUG 1431+256 = 52072	KUG 2213+226 = 68454	KARA 27 = 2021
KUG 1254+327 = 44213	KUG 1340+358 = 48542	KUG 1439+537 = 52436	KUG 2228+222 = 69029	KARA 28 = 2039
KUG 1255+246 = 44418	KUG 1342+273 = 48766	KUG 1506+549 = 54018	KUG 2230+230 = 69099	KARA 29 = 2085
KUG 1255+285 = 44405	KUG 1342+354A = 48690	KUG 1507+524 = 54061	KUG 2234+226 = 69320	KARA 30 = 2246
KUG 1255+299 = 44370	KUG 1342+354B = 48756	KUG 1510+559 = 54267	KUG 2235+249 = 69367	KARA 31 = 2314
KUG 1255+366 = 44362	KUG 1343+270 = 48799	KUG 1549+245 = 56227	KUG 2238+231 = 69487	KARA 32 = 2575
KUG 1256+274 = 44486	KUG 1343+368 = 48807	KUG 1551+147 = 56334	KUG 2238+253 = 69466	KARA 33 = 2597
KUG 1256+275 = 44479	KUG 1344+210 = 48831	KUG 1551+232B = 56326	KUG 2239+231 = 69495	KARA 34 = 2739
KUG 1256+278B = 44481	KUG 1344+341A = 48862	KUG 1552+167 = 56352	KUG 2240+224 = 69577	KARA 36 = 3011
KUG 1256+279 = 44541	KUG 1344+341B = 48869	KUG 1552+193 = 56377	KUG 2246+273 = 69768	KARA 37 = 3184
KUG 1256+281 = 44524	KUG 1345+343 = 48887	KUG 1552+212 = 56366	KUG 2250+244 = 69896	KARA 38 = 3218
KUG 1256+351 = 44536	KUG 1345+379 = 48901	KUG 1553+184 = 56397	KUG 2255+164 = 70114	KARA 39 = 3219
KUG 1256+375 = 44557	KUG 1345+385A = 48917	KUG 1553+190 = 56414	KUG 2256+133 = 70175	KARA 40 = 3225
KUG 1257+276 = 44739	KUG 1345+385B = 48920	KUG 1554+183 = 56465	KUG 2256+149 = 70153	KARA 41 = 3485
KUG 1257+281 = 44716	KUG 1345+407 = 48925	KUG 1555+181 = 56487	KUG 2257+157 = 70213	KARA 42 = 3821
KUG 1257+288B = 44647	KUG 1346+316 = 48992	KUG 1556+151 = 56554	KUG 2257+161 = 70233	KARA 45 = 3974
KUG 1257+337 = 44694	KUG 1346+397 = 49024	KUG 1556+175 = 56537	KUG 2258+140 = 70271	KARA 47 = 4593
KUG 1258+279A = 44779	KUG 1347+184 = 49114	KUG 1558+158 = 56648	KUG 2258+160 = 70244	KARA 49 = 4672

RC3   634   KARA

KARA	50	= 5345	KARA	173	= 19612	KARA	328	= 26650	KARA	498	= 36555	KARA	661	= 53960
KARA	53	= 5634	KARA	174	= 19808	KARA	329	= 26690	KARA	499	= 36800	KARA	662	= 54084
KARA	54	= 5805	KARA	175	= 19867	KARA	331	= 26766	KARA	500	= 36824	KARA	663	= 54074
KARA	56	= 5939	KARA	176	= 19964	KARA	332	= 26785	KARA	501	= 36873	KARA	666	= 54265
KARA	58	= 6074	KARA	180	= 20395	KARA	334	= 26787	KARA	502	= 36887	KARA	668	= 54377
KARA	59	= 6061	KARA	181	= 20567	KARA	335	= 26856	KARA	503	= 36990	KARA	669	= 54761
KARA	61	= 6293	KARA	183	= 20631	KARA	336	= 26817	KARA	505	= 37147	KARA	671	= 54815
KARA	62	= 6393	KARA	187	= 20900	KARA	339	= 26970	KARA	507	= 37214	KARA	672	= 54885
KARA	63	= 6402	KARA	188	= 20927	KARA	340	= 26966	KARA	508	= 37222	KARA	674	= 54979
KARA	64	= 6528	KARA	189	= 21014	KARA	343	= 26974	KARA	509	= 37352	KARA	676	= 55065
KARA	65	= 6534	KARA	190	= 21073	KARA	344	= 27016	KARA	510	= 37374	KARA	682	= 55165
KARA	66	= 7491	KARA	191	= 21101	KARA	347	= 27077	KARA	512	= 37444	KARA	684	= 55123
KARA	67	= 6996	KARA	192	= 21142	KARA	349	= 27292	KARA	514	= 37651	KARA	686	= 55381
KARA	68	= 6993	KARA	193	= 21120	KARA	354	= 27331	KARA	516	= 37761	KARA	691	= 55637
KARA	69	= 7023	KARA	194	= 21547	KARA	355	= 27361	KARA	518	= 38150	KARA	692	= 55540
KARA	71	= 7150	KARA	195	= 21288	KARA	357	= 27832	KARA	519	= 38458	KARA	694	= 55748
KARA	72	= 7164	KARA	196	= 21244	KARA	358	= 27600	KARA	520	= 38665	KARA	697	= 55841
KARA	73	= 7192	KARA	197	= 21396	KARA	359	= 27619	KARA	522	= 39222	KARA	699	= 55809
KARA	74	= 7353	KARA	198	= 21443	KARA	361	= 27666	KARA	523	= 39346	KARA	700	= 55949
KARA	76	= 7359	KARA	199	= 21475	KARA	363	= 27845	KARA	524	= 39432	KARA	705	= 56055
KARA	77	= 7377	KARA	200	= 21636	KARA	366	= 27789	KARA	525	= 39964	KARA	706	= 56154
KARA	78	= 7420	KARA	201	= 21684	KARA	367	= 27893	KARA	527	= 40284	KARA	710	= 56219
KARA	80	= 7525	KARA	202	= 21712	KARA	371	= 28136	KARA	528	= 40296	KARA	712	= 56334
KARA	81	= 7577	KARA	205	= 21849	KARA	374	= 28353	KARA	530	= 41048	KARA	716	= 56479
KARA	82	= 7614	KARA	206	= 22020	KARA	376	= 28401	KARA	532	= 41459	KARA	719	= 56573
KARA	83	= 7674	KARA	208	= 21976	KARA	377	= 28351	KARA	534	= 41620	KARA	723	= 57287
KARA	84	= 7765	KARA	209	= 22068	KARA	382	= 28670	KARA	536	= 41779	KARA	724	= 57284
KARA	85	= 7825	KARA	213	= 22141	KARA	383	= 28590	KARA	538	= 41913	KARA	726	= 57363
KARA	86	= 7967	KARA	214	= 22190	KARA	385	= 28672	KARA	539	= 42007	KARA	732	= 57707
KARA	87	= 7977	KARA	215	= 22252	KARA	388	= 28913	KARA	540	= 42195	KARA	734	= 57729
KARA	88	= 8035	KARA	217	= 22279	KARA	389	= 29067	KARA	543	= 42408	KARA	736	= 57924
KARA	89	= 8160	KARA	222	= 22453	KARA	390	= 29271	KARA	545	= 42530	KARA	741	= 58300
KARA	90	= 8198	KARA	224	= 22525	KARA	392	= 29147	KARA	547	= 42704	KARA	743	= 58424
KARA	91	= 8220	KARA	227	= 22681	KARA	393	= 29177	KARA	548	= 42743	KARA	744	= 58418
KARA	94	= 8520	KARA	231	= 22896	KARA	396	= 29220	KARA	549	= 42833	KARA	745	= 58354
KARA	95	= 8624	KARA	232	= 22292	KARA	397	= 29209	KARA	550	= 42904	KARA	748	= 58501
KARA	96	= 8631	KARA	234	= 22990	KARA	400	= 29484	KARA	551	= 43052	KARA	750	= 58479
KARA	97	= 8941	KARA	235	= 23040	KARA	401	= 29496	KARA	553	= 43428	KARA	753	= 58633
KARA	98	= 8968	KARA	236	= 23018	KARA	405	= 29824	KARA	559	= 44182	KARA	754	= 58682
KARA	100	= 9128	KARA	237	= 23069	KARA	407	= 29997	KARA	561	= 44362	KARA	755	= 58702
KARA	102	= 9247	KARA	238	= 23093	KARA	410	= 30363	KARA	564	= 44672	KARA	756	= 58607
KARA	103	= 9236	KARA	239	= 23324	KARA	416	= 30604	KARA	566	= 45137	KARA	757	= 58707
KARA	104	= 9286	KARA	240	= 23405	KARA	417	= 30701	KARA	568	= 45168	KARA	761	= 58813
KARA	105	= 9332	KARA	241	= 23334	KARA	420	= 30898	KARA	569	= 45195	KARA	766	= 58827
KARA	106	= 9405	KARA	242	= 23342	KARA	421	= 31036	KARA	571	= 45278	KARA	767	= 58863
KARA	107	= 9526	KARA	243	= 23358	KARA	422	= 31037	KARA	572	= 45521	KARA	769	= 58896
KARA	108	= 9554	KARA	244	= 23383	KARA	423	= 31059	KARA	575	= 45836	KARA	772	= 58973
KARA	109	= 9566	KARA	247	= 23559	KARA	428	= 31671	KARA	576	= 45959	KARA	775	= 59244
KARA	112	= 9888	KARA	250	= 23660	KARA	432	= 31817	KARA	579	= 46229	KARA	777	= 59235
KARA	113	= 10001	KARA	251	= 23719	KARA	433	= 32004	KARA	581	= 46427	KARA	778	= 59305
KARA	114	= 10014	KARA	252	= 23668	KARA	434	= 31923	KARA	583	= 47000	KARA	781	= 59400
KARA	115	= 10031	KARA	253	= 23711	KARA	435	= 31968	KARA	584	= 47101	KARA	785	= 59557
KARA	116	= 10257	KARA	255	= 23755	KARA	436	= 31982	KARA	588	= 47506	KARA	786	= 59612
KARA	119	= 10631	KARA	257	= 23881	KARA	437	= 32033	KARA	590	= 47577	KARA	791	= 59782
KARA	120	= 10905	KARA	259	= 23918	KARA	439	= 32072	KARA	593	= 48044	KARA	794	= 59815
KARA	121	= 11329	KARA	260	= 23936	KARA	440	= 32086	KARA	595	= 48277	KARA	797	= 60051
KARA	122	= 11456	KARA	262	= 24047	KARA	442	= 32183	KARA	598	= 48831	KARA	798	= 59971
KARA	123	= 11972	KARA	266	= 24281	KARA	443	= 32231	KARA	599	= 48982	KARA	799	= 60084
KARA	128	= 13088	KARA	267	= 24341	KARA	444	= 32517	KARA	604	= 49563	KARA	800	= 60086
KARA	129	= 13137	KARA	268	= 24244	KARA	446	= 32637	KARA	605	= 49604	KARA	802	= 60095
KARA	130	= 13279	KARA	271	= 24348	KARA	448	= 32648	KARA	610	= 50063	KARA	805	= 60203
KARA	133	= 13968	KARA	275	= 24399	KARA	449	= 32719	KARA	611	= 50220	KARA	808	= 60346
KARA	135	= 14080	KARA	276	= 24474	KARA	453	= 33041	KARA	612	= 50412	KARA	809	= 60398
KARA	138	= 14345	KARA	278	= 24438	KARA	455	= 33234	KARA	613	= 50485	KARA	810	= 60436
KARA	139	= 14409	KARA	279	= 24425	KARA	457	= 33388	KARA	615	= 50676	KARA	812	= 60466
KARA	140	= 14554	KARA	280	= 24475	KARA	461	= 33550	KARA	616	= 50693	KARA	813	= 60393
KARA	141	= 14673	KARA	281	= 24531	KARA	463	= 33633	KARA	621	= 50895	KARA	817	= 60566
KARA	143	= 14651	KARA	283	= 24567	KARA	464	= 33635	KARA	622	= 51091	KARA	828	= 60831
KARA	144	= 14693	KARA	285	= 24784	KARA	465	= 33699	KARA	624	= 51210	KARA	829	= 60790
KARA	145	= 14800	KARA	287	= 24839	KARA	466	= 33794	KARA	625	= 51253	KARA	830	= 60864
KARA	146	= 14849	KARA	290	= 25012	KARA	467	= 33806	KARA	626	= 51344	KARA	837	= 60921
KARA	147	= 15018	KARA	291	= 25128	KARA	468	= 33938	KARA	627	= 51396	KARA	838	= 61023
KARA	148	= 14962	KARA	292	= 25248	KARA	469	= 34030	KARA	630	= 51541	KARA	840	= 61155
KARA	151	= 15294	KARA	293	= 25292	KARA	470	= 34198	KARA	631	= 51620	KARA	841	= 61221
KARA	152	= 15356	KARA	294	= 25341	KARA	472	= 34298	KARA	633	= 51951	KARA	843	= 61225
KARA	153	= 16608	KARA	296	= 25423	KARA	473	= 34368	KARA	634	= 51932	KARA	844	= 61269
KARA	154	= 16021	KARA	298	= 25533	KARA	474	= 34373	KARA	637	= 52116	KARA	847	= 61469
KARA	155	= 16402	KARA	299	= 25562	KARA	476	= 34864	KARA	638	= 52273	KARA	849	= 61654
KARA	156	= 16861	KARA	300	= 25556	KARA	477	= 34935	KARA	641	= 52379	KARA	850	= 61742
KARA	157	= 16922	KARA	303	= 25646	KARA	478	= 35185	KARA	642	= 52424	KARA	851	= 61833
KARA	159	= 17561	KARA	309	= 25861	KARA	481	= 35266	KARA	643	= 52565	KARA	852	= 61887
KARA	160	= 17645	KARA	312	= 25892	KARA	482	= 35272	KARA	644	= 52611	KARA	853	= 61927
KARA	161	= 17685	KARA	314	= 25946	KARA	483	= 35545	KARA	645	= 52713	KARA	854	= 62074
KARA	162	= 17736	KARA	317	= 25956	KARA	484	= 35608	KARA	651	= 52952	KARA	855	= 62077
KARA	165	= 18662	KARA	319	= 26101	KARA	487	= 35802	KARA	652	= 53089	KARA	857	= 61813
KARA	166	= 18739	KARA	322	= 26465	KARA	489	= 35839	KARA	653	= 53067	KARA	858	= 62296
KARA	167	= 18987	KARA	323	= 26461	KARA	490	= 35925	KARA	655	= 53332	KARA	861	= 62375
KARA	168	= 19064	KARA	324	= 26512	KARA	491	= 36061	KARA	656	= 53469	KARA	862	= 62456
KARA	170	= 19233	KARA	325	= 26543	KARA	492	= 36102	KARA	657	= 53641	KARA	866	= 62678
KARA	171	= 19222	KARA	326	= 26642	KARA	496	= 36386	KARA	660	= 53774	KARA	868	= 62863

RC3 635 KARA

Name	= Value	Name	= Value	Name	= Value	Name	= Value	Name	= Value
KARA 875	= 64287	KARA 1028	= 71850	KAZ 307	= 69831	MCG -7-46- 9	= 69660	MCG -7-41- 21	= 64404
KARA 879	= 64821	KARA 1030	= 71890	KAZ 308	= 69855	MCG -7-46- 10	= 69661	MCG -7-41- 23	= 64446
KARA 881	= 65027	KARA 1031	= 71938	KAZ 309	= 69866	MCG -7-46- 11	= 69759	MCG -7-41- 24	= 64450
KARA 884	= 65178	KARA 1032	= 72073	KAZ 312	= 69983	MCG -7-46- 12	= 69899	MCG -7-41- 25	= 64455
KARA 886	= 65279	KARA 1034	= 72269	(KAZ 316)	= 70124	MCG -7-45- 1	= 67656	MCG -7-41- 26	= 64456
KARA 889	= 65425	KARA 1036	= 72345	KAZ 317	= 70139	MCG -7-45- 2	= 67782	MCG -7-41- 28	= 64478
KARA 890	= 65255	KARA 1037	= 72354	KAZ 321	= 70222	MCG -7-45- 3	= 67795	MCG -7-41- 29	= 64481
KARA 897	= 66151	KARA 1038	= 72352	KAZ 323	= 70297	MCG -7-45- 4	= 67817	MCG -7-41- 30	= 64488
KARA 904	= 66514	KARA 1039	= 72397	KAZ 324	= 70355	MCG -7-45- 5	= 67818	MCG -7-41- 31	= 64554
KARA 906	= 66579	KARA 1040	= 72468	KAZ 333	= 71307	MCG -7-45- 7	= 67854	MCG -7-41- 32	= 64575
KARA 910	= 66622	KARA 1042	= 72512	KAZ 335	= 71521	MCG -7-45- 12	= 68338	MCG -7-41- 33	= 64580
KARA 911	= 66641	KARA 1043	= 72528	KAZ 336	= 71534	MCG -7-45- 15	= 68661	MCG -7-40- 1	= 63241
KARA 913	= 66478	KARA 1044	= 72829	KAZ 338	= 71569	MCG -7-44- 1	= 66694	MCG -7-40- 3	= 63416
KARA 922	= 67109	KARA 1045	= 72867	KAZ 339	= 71573	MCG -7-44- 4	= 66708	MCG -7-40- 8	= 63448
KARA 923	= 67153	KARA 1046	= 72888	KAZ 343	= 71721	MCG -7-44- 5	= 66723	MCG -7-40- 10	= 63740
KARA 924	= 67173	KARA 1047	= 72983	KAZ 344	= 71751	MCG -7-44- 6	= 66732	MCG -7-39- 2	= 62653
KARA 929	= 67332	KARA 1048	= 73023	KAZ 346	= 72615	MCG -7-44- 7	= 66734	MCG -7-39- 5	= 62765
KARA 930	= 67339	KARA 1050	= 73100	KAZ 347	= 72635	MCG -7-44- 8	= 66740	MCG -7-39- 6	= 62820
KARA 931	= 67410	KAZ 1	= 1909	KAZ 348	= 72638	MCG -7-44- 9	= 66761	MCG -7-39- 7	= 62861
KARA 932	= 67406	KAZ 2	= 2845	KAZ 350	= 72870	MCG -7-44- 10	= 66839	MCG -7-39- 8	= 62992
KARA 933	= 67479	KAZ 3	= 3014	KAZ 352	= 73127	MCG -7-44- 14	= 66865	MCG -7-39- 10	= 62997
KARA 935	= 67622	KAZ 4	= 3035	KAZ 358	= 1862	MCG -7-44- 16	= 66869	MCG -7-38- 1	= 61948
KARA 936	= 67737	KAZ 5	= 59654	KAZ 368	= 2629	MCG -7-44- 17	= 66870	MCG -7-38- 2	= 62015
KARA 937	= 67756	KAZ 6	= 61389	KAZ 380	= 39036	MCG -7-44- 18	= 66874	MCG -7-38- 3	= 62018
KARA 938	= 67759	KAZ 8	= 250	KAZ 390	= 41066	MCG -7-44- 20	= 66895	MCG -7-38- 4	= 62243
KARA 939	= 67793	KAZ 18	= 759	KAZ 399	= 42475	MCG -7-44- 21	= 66909	MCG -7-38- 6	= 62316
KARA 940	= 67822	KAZ 19	= 767	KAZ 409	= 53469	MCG -7-44- 22	= 66934	MCG -7-38- 7	= 62361
KARA 941	= 67911	KAZ 23	= 1572	KAZ 420	= 57627	MCG -7-44- 24	= 66985	MCG -7-38- 8	= 62411
KARA 943	= 67969	KAZ 24	= 1654	KAZ 460	= 60321	MCG -7-44- 25	= 66988	MCG -7-38- 9	= 62529
KARA 944	= 67968	KAZ 26	= 20911	KAZ 486	= 62049	MCG -7-44- 26	= 67036	MCG -7-32- 1	= 55899
KARA 945	= 68005	KAZ 28	= 38257	KAZ 496	= 62456	MCG -7-44- 27	= 67078	MCG -7-31- 4	= 53527
KARA 946	= 68019	KAZ 31	= 42595	KAZ 507	= 65281	MCG -7-44- 28	= 67128	MCG -7-31- 5	= 53845
KARA 947	= 68096	KAZ 52	= 56363	KAZ 526	= 66891	MCG -7-44- 29	= 67146	MCG -7-31- 6	= 53879
KARA 949	= 68163	KAZ 53	= 56388	KAZ 527	= 66904	MCG -7-44- 30	= 67160	MCG -7-31- 10	= 54483
KARA 950	= 68162	KAZ 62	= 57589	KAZ 532	= 67479	MCG -7-44- 31	= 67171	MCG -7-31- 11	= 54685
KARA 951	= 68188	KAZ 65	= 57638	KAZ 537	= 68686	MCG -7-44- 34	= 67231	MCG -7-30- 2	= 51905
KARA 953	= 68204	KAZ 66	= 57664	KAZ 541	= 68984	MCG -7-44- 35	= 67232	MCG -7-30- 3	= 51969
KARA 955	= 68392	KAZ 67	= 57729	KAZ 542	= 69119	MCG -7-44- 36	= 67234	MCG -7-30- 4	= 52381
KARA 956	= 68438	KAZ 69	= 57699	KAZ 543	= 69193	MCG -7-44- 38	= 67256	MCG -7-30- 5	= 52410
KARA 957	= 68460	KAZ 73	= 58477	KAZ 544	= 69202	MCG -7-43- 2	= 65685	MCG -7-29- 2	= 49673
KARA 958	= 68510	KAZ 74	= 58586	KAZ 545	= 69309	MCG -7-43- 3	= 65689	MCG -7-29- 3	= 49750
KARA 959	= 68552	KAZ 76	= 58684	KAZ 546	= 69463	MCG -7-43- 4	= 65759	MCG -7-29- 5	= 49884
KARA 960	= 68560	KAZ 78	= 58723	KAZ 551	= 71176	MCG -7-43- 5	= 65794	MCG -7-29- 6	= 50073
KARA 961	= 68592	KAZ 82	= 58775	KAZ 553	= 71221	MCG -7-43- 6	= 65793	MCG -7-29- 7	= 50246
KARA 962	= 68685	KAZ 87	= 58841	KAZ 566	= 71420	MCG -7-43- 7	= 65830	MCG -7-29- 8	= 50600
KARA 963	= 68735	KAZ 88	= 58891	KAZ 568	= 71485	MCG -7-43- 8	= 65881	MCG -7-29- 9	= 50798
KARA 967	= 68941	KAZ 95	= 58946	KAZ 576	= 72528	MCG -7-43- 10	= 65899	MCG -7-29- 10	= 50904
KARA 969	= 69031	KAZ 96	= 59009	MCG -7-48- 1	= 71309	MCG -7-43- 12	= 66004	MCG -7-29- 11	= 50905
KARA 970	= 69169	KAZ 105	= 59137	MCG -7-48- 2	= 71433	MCG -7-43- 15	= 66031	MCG -7-29- 12	= 51015
KARA 971	= 69173	KAZ 111	= 59344	MCG -7-48- 3	= 71432	MCG -7-43- 16	= 66060	MCG -7-29- 13	= 51106
KARA 972	= 69212	KAZ 119	= 59551	MCG -7-48- 4	= 71548	MCG -7-43- 18	= 66104	MCG -7-28- 1	= 46957
KARA 974	= 69259	KAZ 120	= 59583	MCG -7-48- 9	= 71881	MCG -7-43- 19	= 66113	MCG -7-28- 2	= 47262
KARA 975	= 69290	KAZ 125	= 59971	MCG -7-48- 15	= 72222	MCG -7-43- 21	= 66169	MCG -7-28- 3	= 47309
KARA 976	= 69349	KAZ 139	= 60316	MCG -7-48- 17	= 72300	MCG -7-43- 22	= 66183	MCG -7-28- 4	= 47847
KARA 978	= 69460	KAZ 141	= 60356	MCG -7-48- 18	= 72317	MCG -7-43- 27	= 66198	MCG -7-28- 5	= 48139
KARA 979	= 69376	KAZ 142	= 60402	MCG -7-48- 20	= 72374	MCG -7-43- 31	= 66436	MCG -7-28- 6	= 48175
KARA 982	= 69608	KAZ 156	= 60724	MCG -7-48- 22	= 72386	MCG -7-43- 33	= 66467	MCG -7-28- 7	= 48236
KARA 983	= 69605	KAZ 158	= 60773	MCG -7-48- 23	= 72458	MCG -7-43- 34	= 66477	MCG -7-27- 1	= 43578
KARA 984	= 69633	KAZ 159	= 60778	MCG -7-48- 24	= 72537	MCG -7-43- 37	= 66573	MCG -7-27- 2	= 43591
KARA 985	= 69650	KAZ 161	= 60841	MCG -7-48- 27	= 72597	MCG -7-43- 40	= 66643	MCG -7-27- 3	= 43611
KARA 987	= 69693	KAZ 164	= 60860	MCG -7-47- 1	= 69964	MCG -7-42- 1	= 64614	MCG -7-27- 4	= 43623
KARA 988	= 69739	KAZ 177	= 61239	MCG -7-47- 2	= 69994	MCG -7-42- 2	= 64632	MCG -7-27- 5	= 43653
KARA 990	= 69816	KAZ 194	= 61582	MCG -7-47- 3	= 69998	MCG -7-42- 3	= 64631	MCG -7-27- 6	= 43661
KARA 991	= 69841	KAZ 198	= 61782	MCG -7-47- 4	= 70027	MCG -7-42- 4	= 64645	MCG -7-27- 7	= 43677
KARA 992	= 69898	KAZ 200	= 61776	MCG -7-47- 5	= 70036	MCG -7-42- 5	= 64677	MCG -7-27- 8	= 43717
KARA 993	= 69896	KAZ 209	= 62035	MCG -7-47- 6	= 70085	MCG -7-42- 6	= 64813	MCG -7-27- 9	= 43719
KARA 997	= 69983	KAZ 210	= 62077	MCG -7-47- 7	= 70094	MCG -7-42- 7	= 64853	MCG -7-27- 10	= 43738
KARA 998	= 70017	KAZ 212	= 62207	MCG -7-47- 8	= 70096	MCG -7-42- 8	= 64852	MCG -7-27- 11	= 43723
KARA 999	= 70034	KAZ 215	= 62476	MCG -7-47- 10	= 70302	MCG -7-42- 10	= 64869	MCG -7-27- 11A	= 43744
KARA 1000	= 70065	KAZ 216	= 62535	MCG -7-47- 11	= 70304	MCG -7-42- 11	= 64883	MCG -7-27- 12	= 43790
KARA 1001	= 70098	KAZ 217	= 62518	MCG -7-47- 13	= 70324	MCG -7-42- 12	= 64988	MCG -7-27- 13	= 43779
KARA 1002	= 70245	KAZ 229	= 71819	MCG -7-47- 14	= 70408	MCG -7-42- 13	= 65008	MCG -7-27- 14	= 43893
KARA 1003	= 70265	KAZ 237	= 55	MCG -7-47- 15	= 70427	MCG -7-42- 14	= 65023	MCG -7-27- 15	= 43954
KARA 1004	= 70419	KAZ 239	= 102	MCG -7-47- 16	= 70494	MCG -7-42- 15	= 65128	MCG -7-27- 16	= 43994
KARA 1005	= 70507	KAZ 240	= 120	MCG -7-47- 19	= 70503	MCG -7-42- 16	= 65137	MCG -7-27- 18	= 44204
KARA 1006	= 70501	KAZ 241	= 119	MCG -7-47- 20	= 70588	MCG -7-41- 2	= 63906	MCG -7-27- 19	= 44201
KARA 1008	= 70575	KAZ 247	= 44672	MCG -7-47- 22	= 70684	MCG -7-41- 4	= 63968	MCG -7-27- 20	= 44199
KARA 1009	= 70689	KAZ 259	= 48232	MCG -7-47- 23	= 70747	MCG -7-41- 6	= 64076	MCG -7-27- 21	= 44526
KARA 1012	= 70882	KAZ 276	= 61704	MCG -7-47- 24	= 70769	MCG -7-41- 7	= 64097	MCG -7-27- 22	= 44613
KARA 1013	= 70909	KAZ 278	= 61916	MCG -7-47- 25	= 70800	MCG -7-41- 8	= 64099	MCG -7-27- 23	= 44774
KARA 1015	= 71174	KAZ 283	= 67985	MCG -7-47- 26	= 70840	MCG -7-41- 9	= 64127	MCG -7-27- 24	= 44857
KARA 1016	= 71307	KAZ 289	= 68922	MCG -7-47- 28	= 70884	MCG -7-41- 10	= 64188	MCG -7-27- 25	= 44935
KARA 1017	= 71372	KAZ 290	= 68941	MCG -7-47- 29	= 71001	MCG -7-41- 11	= 64257	MCG -7-27- 26	= 44936
KARA 1019	= 71450	KAZ 293	= 69061	MCG -7-47- 30	= 71031	MCG -7-41- 13	= 64314	MCG -7-27- 27	= 44944
KARA 1020	= 71565	KAZ 294	= 69095	MCG -7-47- 33	= 71066	MCG -7-41- 15	= 64317	MCG -7-27- 28	= 44949
KARA 1021	= 71584	KAZ 297	= 69290	MCG -7-47- 35	= 71213	MCG -7-41- 16	= 64364	MCG -7-27- 29	= 45155
KARA 1023	= 71665	KAZ 299	= 69434	MCG -7-46- 1	= 68741	MCG -7-41- 17	= 64380	MCG -7-27- 30	= 45283
KARA 1024	= 71669	KAZ 301	= 69536	MCG -7-46- 3	= 69161	MCG -7-41- 18	= 64383	MCG -7-27- 31	= 45294
KARA 1025	= 71692	KAZ 302	= 69573	MCG -7-46- 7	= 69554	MCG -7-41- 19	= 64389	MCG -7-27- 32	= 45371
KARA 1027	= 71826	KAZ 303	= 69637	MCG -7-46- 8	= 69578	MCG -7-41- 20	= 64399	MCG -7-27- 35	= 45465

RC3   636   MCG

Name	= Num	Name	= Num	Name	= Num	Name	= Num	Name	= Num
MCG -7-27- 36	= 45563	MCG -7-22- 1	= 30285	MCG -7- 6- 4	= 9271	MCG -6-52- 6	= 72547	MCG -6-44- 15	= 64058
MCG -7-27- 37	= 45671	MCG -7-22- 2	= 30407	MCG -7- 6- 5	= 9433	MCG -6-52- 9	= 72642	MCG -6-44- 19	= 64190
MCG -7-27- 38	= 45729	MCG -7-22- 3	= 30544	MCG -7- 6- 6	= 9438	MCG -6-51- 1	= 70806	MCG -6-44- 20	= 64307
MCG -7-27- 39	= 45758	MCG -7-22- 5	= 30594	MCG -7- 6- 7	= 9472	MCG -6-51- 3	= 70966	MCG -6-44- 21	= 64331
MCG -7-27- 40	= 45855	MCG -7-22- 6	= 30646	MCG -7- 6- 8	= 9486	MCG -6-51- 5	= 71466	MCG -6-44- 22	= 64358
MCG -7-27- 41	= 45847	MCG -7-22- 7	= 30671	MCG -7- 6- 9	= 9477	MCG -6-51- 10	= 71673	MCG -6-44- 23	= 64365
MCG -7-27- 42	= 45898	MCG -7-22- 8	= 30774	MCG -7- 6- 10	= 9504	MCG -6-51- 11	= 71674	MCG -6-44- 24	= 64397
MCG -7-27- 43	= 45922	MCG -7-22- 9	= 30775	MCG -7- 6- 12	= 9544	MCG -6-51- 12	= 71775	MCG -6-44- 25	= 64410
MCG -7-27- 45	= 45949	MCG -7-22- 10	= 30785	MCG -7- 6- 13	= 9578	MCG -6-51- 13	= 71866	MCG -6-44- 26	= 64429
MCG -7-27- 47	= 45960	MCG -7-22- 11	= 30792	MCG -7- 6- 14	= 9614	MCG -6-50- 3	= 69798	MCG -6-44- 28	= 64484
MCG -7-27- 48	= 46023	MCG -7-22- 12	= 30798	MCG -7- 6- 14A	= 9685	MCG -6-50- 5	= 69840	MCG -6-44- 30	= 64546
MCG -7-27- 49	= 46056	MCG -7-22- 13	= 30865	MCG -7- 6- 15	= 9747	MCG -6-50- 8	= 69948	MCG -6-44- 32	= 64670
MCG -7-27- 52	= 46528	MCG -7-22- 14	= 30867	MCG -7- 6- 16	= 9740	MCG -6-50- 9	= 70007	MCG -6-44- 33	= 64665
MCG -7-27- 53	= 46566	MCG -7-22- 15	= 30868	MCG -7- 6- 18	= 10514	MCG -6-50- 11A	= 70039	MCG -6-43- 2	= 63413
MCG -7-27- 54	= 46618	MCG -7-22- 16	= 30873	MCG -7- 6- 19	= 10705	MCG -6-50- 11B	= 70075	MCG -6-43- 6	= 63646
MCG -7-27- 55	= 46626	MCG -7-22- 17	= 30876	MCG -7- 6- 20	= 10849	MCG -6-50- 12	= 70070	MCG -6-43- 12	= 63842
MCG -7-26- 1	= 40012	MCG -7-22- 18	= 30887	MCG -7- 5- 1	= 7279	MCG -6-50- 13	= 70069	MCG -6-43- 13	= 63850
MCG -7-26- 4	= 40496	MCG -7-22- 19	= 30907	MCG -7- 5- 2	= 7298	MCG -6-50- 14	= 70081	MCG -6-42- 1	= 62700
MCG -7-26- 5	= 40728	MCG -7-22- 20	= 31051	MCG -7- 5- 3	= 7427	MCG -6-50- 15	= 70083	MCG -6-41- 1	= 62107
MCG -7-26- 7	= 41043	MCG -7-22- 21	= 31068	MCG -7- 5- 4	= 7779	MCG -6-50- 16	= 70090	MCG -6-41- 2	= 62550
MCG -7-26- 8	= 41537	MCG -7-22- 22	= 31076	MCG -7- 5- 5	= 7786	MCG -6-50- 17	= 70110	MCG -6-35- 2	= 56670
MCG -7-26- 9	= 41856	MCG -7-22- 24	= 31335	MCG -7- 5- 7	= 8028	MCG -6-50- 18	= 70117	MCG -6-34- 1	= 54637
MCG -7-26- 10	= 41866	MCG -7-22- 26	= 31533	MCG -7- 5- 8	= 8055	MCG -6-50- 19	= 70128	MCG -6-34- 2	= 54755
MCG -7-26- 11	= 41960	MCG -7-22- 27	= 31565	MCG -7- 5- 9	= 8320	MCG -6-50- 20	= 70184	MCG -6-34- 3	= 54877
MCG -7-26- 12	= 41986	MCG -7-22- 28	= 32144	MCG -7- 5- 10	= 8341	MCG -6-50- 23	= 70253	MCG -6-34- 4	= 54945
MCG -7-26- 13	= 42086	MCG -7-22- 29	= 32189	MCG -7- 5- 11	= 8413	MCG -6-50- 26	= 70505	MCG -6-34- 6	= 55071
MCG -7-26- 14	= 42167	MCG -7-21- 1	= 29096	MCG -7- 5- 12	= 8487	MCG -6-50- 27	= 70551	MCG -6-34- 7	= 55256
MCG -7-26- 15	= 42181	MCG -7-21- 2	= 29393	MCG -7- 5- 13	= 8528	MCG -6-50- 28	= 70582	MCG -6-34- 8	= 55718
MCG -7-26- 16	= 42224	MCG -7-21- 3	= 29450	MCG -7- 5- 16	= 8843	MCG -6-50- 29	= 70697	MCG -6-33- 1	= 53049
MCG -7-26- 17	= 42245	MCG -7-21- 5	= 29554	MCG -7- 5- 17	= 8888	MCG -6-49- 1	= 68548	MCG -6-33- 3	= 53391
MCG -7-26- 18	= 42246	MCG -7-21- 6	= 29651	MCG -7- 5- 18	= 8949	MCG -6-49- 2	= 68574	MCG -6-33- 4	= 53392
MCG -7-26- 19	= 42271	MCG -7-21- 7	= 29797	MCG -7- 4- 2	= 5046	MCG -6-49- 3	= 68780	MCG -6-33- 6	= 53409
MCG -7-26- 20	= 42369	MCG -7-21- 8	= 29901	MCG -7- 4- 4	= 5278	MCG -6-49- 4	= 68863	MCG -6-33- 8	= 53431
MCG -7-26- 21	= 42392	MCG -7-21- 9	= 29915	MCG -7- 4- 5	= 5310	MCG -6-49- 5	= 68896	MCG -6-33- 9	= 53498
MCG -7-26- 22	= 42411	MCG -7-16- 1	= 21815	MCG -7- 4- 6	= 5347	MCG -6-49- 6	= 68900	MCG -6-33- 11	= 53655
MCG -7-26- 23	= 42441	MCG -7-15- 1	= 19811	MCG -7- 4- 9	= 5508	MCG -6-49- 7	= 69046	MCG -6-33- 13	= 53996
MCG -7-26- 24	= 42445	MCG -7-15- 2	= 20046	MCG -7- 4- 10	= 5584	MCG -6-49- 8	= 69060	MCG -6-33- 15	= 54349
MCG -7-26- 25	= 42486	MCG -7-15- 3	= 20094	MCG -7- 4- 11	= 5597	MCG -6-49- 10	= 69365	MCG -6-33- 17	= 54520
MCG -7-26- 26	= 42492	MCG -7-14- 1	= 19117	MCG -7- 4- 12	= 5620	MCG -6-49- 13	= 69547	MCG -6-32- 2	= 51349
MCG -7-26- 27	= 42505	MCG -7-14- 2	= 19300	MCG -7- 4- 14	= 5742	MCG -6-48- 1	= 67425	MCG -6-32- 3	= 51385
MCG -7-26- 28	= 42510	MCG -7-13- 1	= 18204	MCG -7- 4- 15	= 5842	MCG -6-48- 2	= 67503	MCG -6-32- 4	= 51478
MCG -7-26- 29	= 42640	MCG -7-13- 3	= 18236	MCG -7- 4- 17	= 5896	MCG -6-48- 3	= 67552	MCG -6-32- 5	= 51626
MCG -7-26- 30	= 42662	MCG -7-13- 6	= 18652	MCG -7- 4- 18	= 5901	MCG -6-48- 5	= 67641	MCG -6-32- 6	= 51704
MCG -7-26- 31	= 42701	MCG -7-13- 7	= 18658	MCG -7- 4- 19	= 5915	MCG -6-48- 7	= 67688	MCG -6-32- 8	= 51820
MCG -7-26- 32	= 42764	MCG -7-12- 3	= 17274	MCG -7- 4- 20	= 5924	MCG -6-48- 11	= 67701	MCG -6-32- 9	= 51822
MCG -7-26- 33	= 42761	MCG -7-12- 4	= 17343	MCG -7- 4- 21	= 5962	MCG -6-48- 12	= 67813	MCG -6-32- 10	= 52094
MCG -7-26- 34	= 42813	MCG -7-12- 6	= 17396	MCG -7- 4- 22	= 6018	MCG -6-48- 13	= 67844	MCG -6-32- 11	= 52286
MCG -7-26- 35	= 42845	MCG -7-12- 7	= 17552	MCG -7- 4- 24	= 6044	MCG -6-48- 15	= 67862	MCG -6-32- 13	= 52427
MCG -7-26- 36	= 42852	MCG -7-12- 8	= 17566	MCG -7- 4- 25	= 6078	MCG -6-48- 16	= 67898	MCG -6-32- 14	= 52446
MCG -7-26- 37	= 42879	MCG -7-12- 9	= 17570	MCG -7- 4- 26	= 6081	MCG -6-48- 17	= 67907	MCG -6-32- 15	= 52523
MCG -7-26- 38	= 42891	MCG -7-12- 11	= 17949	MCG -7- 4- 27	= 6097	MCG -6-48- 18	= 67909	MCG -6-32- 16	= 52734
MCG -7-26- 39	= 42966	MCG -7-11- 1	= 16283	MCG -7- 4- 28	= 6109	MCG -6-48- 19	= 67932	MCG -6-31- 1	= 49372
MCG -7-26- 40	= 42983	MCG -7-11- 3	= 16628	MCG -7- 4- 31	= 6387	MCG -6-48- 20	= 67941	MCG -6-31- 2	= 49506
MCG -7-26- 41	= 43073	MCG -7-11- 4	= 16920	MCG -7- 4- 32	= 6430	MCG -6-48- 21	= 68097	MCG -6-31- 3	= 49562
MCG -7-26- 42	= 43087	MCG -7-11- 5	= 16924	MCG -7- 4- 33	= 6435	MCG -6-48- 25	= 68198	MCG -6-31- 5	= 49658
MCG -7-26- 43	= 43120	MCG -7-10- 1	= 14971	MCG -7- 3- 1	= 3398	MCG -6-48- 26	= 68249	MCG -6-31- 6	= 49681
MCG -7-26- 44	= 43127	MCG -7-10- 3	= 14993	MCG -7- 3- 2	= 3416	MCG -6-48- 28	= 68292	MCG -6-31- 7	= 49726
MCG -7-26- 45	= 43155	MCG -7-10- 4	= 15106	MCG -7- 3- 3	= 3412	MCG -6-48- 29	= 68296	MCG -6-31- 10	= 49827
MCG -7-26- 46	= 43166	MCG -7-10- 6	= 15150	MCG -7- 3- 4	= 3567	MCG -6-48- 31	= 68455	MCG -6-31- 11	= 49840
MCG -7-26- 47	= 43182	MCG -7-10- 10	= 15173	MCG -7- 3- 6	= 3820	MCG -6-47- 1	= 66648	MCG -6-31- 12	= 49886
MCG -7-26- 48	= 43218	MCG -7-10- 11	= 15188	MCG -7- 3- 8	= 3957	MCG -6-47- 2	= 66677	MCG -6-31- 13	= 49908
MCG -7-26- 49	= 43249	MCG -7-10- 12	= 15219	MCG -7- 3- 9	= 3958	MCG -6-47- 4	= 66812	MCG -6-31- 14	= 49933
MCG -7-26- 50	= 43262	MCG -7-10- 13	= 15479	MCG -7- 3- 11	= 4517	MCG -6-47- 7	= 66972	MCG -6-31- 17	= 50052
MCG -7-26- 51	= 43296	MCG -7-10- 15	= 15757	MCG -7- 3- 12	= 4623	MCG -6-47- 9	= 67125	MCG -6-31- 18	= 50093
MCG -7-26- 52	= 43326	MCG -7-10- 16	= 15791	MCG -7- 3- 13	= 4671	MCG -6-47- 11	= 67192	MCG -6-31- 19	= 50100
MCG -7-26- 53	= 43362	MCG -7-10- 18	= 15842	MCG -7- 3- 16	= 4792	MCG -6-47- 12	= 67199	MCG -6-31- 21	= 50266
MCG -7-26- 54	= 43374	MCG -7-10- 20	= 15899	MCG -7- 3- 17	= 4823	MCG -6-47- 14	= 67352	MCG -6-31- 24	= 50325
MCG -7-26- 55	= 43411	MCG -7-10- 21	= 15908	MCG -7- 3- 18	= 4822	MCG -6-47- 15	= 67387	MCG -6-31- 25	= 50401
MCG -7-26- 56	= 43423	MCG -7-10- 22	= 15929	MCG -7- 3- 19	= 4949	MCG -6-46- 8	= 65991	MCG -6-30- 1	= 46960
MCG -7-26- 57	= 43427	MCG -7-10- 23	= 15957	MCG -7- 2- 2	= 1673	MCG -6-46- 8	= 66162	MCG -6-30- 3	= 47151
MCG -7-26- 58	= 43435	MCG -7-10- 24	= 16102	MCG -7- 2- 4	= 1956	MCG -6-46- 9	= 66165	MCG -6-30- 4	= 47276
MCG -7-26- 59	= 43480	MCG -7- 9- 1	= 14001	MCG -7- 2- 5	= 1961	MCG -6-46- 10	= 66239	MCG -6-30- 5	= 47345
MCG -7-25- 1	= 37334	MCG -7- 9- 2	= 14117	MCG -7- 2- 6	= 1968	MCG -6-46- 13	= 66423	MCG -6-30- 6	= 47541
MCG -7-25- 2	= 38102	MCG -7- 9- 4	= 14190	MCG -7- 2- 7	= 2070	MCG -6-46- 14	= 66568	MCG -6-30- 7	= 47549
MCG -7-25- 3	= 38452	MCG -7- 9- 6	= 14375	MCG -7- 2- 9	= 2115	MCG -6-45- 1	= 64711	MCG -6-30- 8	= 47635
MCG -7-25- 4	= 39182	MCG -7- 9- 7	= 14391	MCG -7- 2- 11	= 2356	MCG -6-45- 2	= 64766	MCG -6-30- 9	= 47767
MCG -7-25- 5	= 39315	MCG -7- 9- 10	= 14586	MCG -7- 2- 16	= 2831	MCG -6-45- 4	= 64772	MCG -6-30- 10	= 47860
MCG -7-25- 6	= 39484	MCG -7- 8- 1	= 12662	MCG -7- 2- 17	= 2909	MCG -6-45- 6	= 64845	MCG -6-30- 12	= 47881
MCG -7-24- 1	= 35198	MCG -7- 8- 2	= 12670	MCG -7- 2- 18	= 2932	MCG -6-45- 9	= 65191	MCG -6-30- 13	= 47907
MCG -7-24- 2	= 35699	MCG -7- 8- 3	= 13322	MCG -7- 1- 1	= 72762	MCG -6-45- 11	= 65312	MCG -6-30- 15	= 47969
MCG -7-24- 3	= 35806	MCG -7- 8- 4	= 13429	MCG -7- 1- 2	= 73065	MCG -6-45- 12	= 65321	MCG -6-30- 16	= 48040
MCG -7-24- 6	= 36240	MCG -7- 8- 5	= 13727	MCG -7- 1- 5	= 43	MCG -6-45- 13	= 65371	MCG -6-30- 17	= 48057
MCG -7-24- 7	= 36640	MCG -7- 8- 7	= 13818	MCG -7- 1- 6	= 75	MCG -6-45- 17	= 65436	MCG -6-30- 20	= 48624
MCG -7-24- 8	= 36588	MCG -7- 8- 8	= 13854	MCG -7- 1- 8	= 160	MCG -6-44- 3	= 63959	MCG -6-30- 23	= 48743
MCG -7-24- 9	= 36652	MCG -7- 7- 2	= 11549	MCG -7- 1- 9	= 474	MCG -6-44- 5	= 63961	MCG -6-30- 24	= 48859
MCG -7-23- 1	= 32673	MCG -7- 7- 3	= 11641	MCG -7- 1- 10	= 482	MCG -6-44- 7	= 63967	MCG -6-30- 25	= 49050
MCG -7-23- 2	= 33062	MCG -7- 7- 5	= 11713	MCG -7- 1- 11	= 551	MCG -6-44- 8	= 63976	MCG -6-30- 27	= 49140
MCG -7-23- 4	= 33225	MCG -7- 7- 7	= 11812	MCG -7- 1- 13	= 1014	MCG -6-44- 10	= 63976	MCG -6-30- 28	= 49190
MCG -7-23- 5	= 34183	MCG -7- 7- 8	= 12209	MCG -6-52- 2	= 72230	MCG -6-44- 11	= 64006	MCG -6-29- 1	= 44361
MCG -7-23- 6	= 34519	MCG -7- 6- 1	= 9041	MCG -6-52- 3	= 72231	MCG -6-44- 13	= 64015	MCG -6-29- 2	= 44475

MCG -6-29- 4 = 44859	MCG -6-24- 2 = 31761	MCG -6-15- 7 = 19229	MCG -6- 8- 21 = 12952	MCG -6- 4- 62 = 6071
MCG -6-29- 5 = 45151	MCG -6-24- 3 = 31797	MCG -6-15- 8 = 19250	MCG -6- 8- 22 = 13028	MCG -6- 4- 64 = 6181
MCG -6-29- 5A = 45180	MCG -6-24- 4 = 31821	MCG -6-15- 10 = 19260	MCG -6- 8- 23 = 13059	MCG -6- 4- 66 = 6280
MCG -6-29- 6 = 45269	MCG -6-24- 5 = 31875	MCG -6-15- 14 = 19317	MCG -6- 8- 24 = 13058	MCG -6- 4- 67 = 6319
MCG -6-29- 9 = 45349	MCG -6-24- 6 = 31903	MCG -6-15- 19 = 19472	MCG -6- 8- 25 = 13084	MCG -6- 4- 68 = 6328
MCG -6-29- 10 = 45391	MCG -6-24- 7 = 31926	MCG -6-14- 1 = 18105	MCG -6- 8- 26 = 13179	MCG -6- 4- 69 = 6334
MCG -6-29- 11 = 45432	MCG -6-24- 8 = 31941	MCG -6-14- 2 = 18130	MCG -6- 8- 27 = 13230	MCG -6- 4- 70 = 6351
MCG -6-29- 14 = 45724	MCG -6-24- 9 = 31974	MCG -6-14- 6 = 18527	MCG -6- 8- 28 = 13252	MCG -6- 4- 71 = 6357
MCG -6-29- 15 = 45919	MCG -6-24- 10 = 31995	MCG -6-14- 7 = 18532	MCG -6- 8- 29 = 13267	MCG -6- 3- 5 = 3238
MCG -6-29- 17 = 46090	MCG -6-24- 12 = 32473	MCG -6-14- 8 = 18536	MCG -6- 8- 30 = 13266	MCG -6- 3- 6 = 3246
MCG -6-29- 22 = 46301	MCG -6-24- 13 = 32542	MCG -6-14- 9 = 18566	MCG -6- 8- 31 = 13277	MCG -6- 3- 7 = 3248
MCG -6-29- 24 = 46308	MCG -6-24- 15 = 32962	MCG -6-14- 17 = 18828	MCG -6- 7- 1 = 10093	MCG -6- 3- 12 = 3514
MCG -6-29- 25 = 46320	MCG -6-23- 1 = 29461	MCG -6-14- 19 = 18895	MCG -6- 7- 4 = 10643	MCG -6- 3- 13 = 3549
MCG -6-29- 26 = 46351	MCG -6-23- 2 = 29529	MCG -6-13- 2 = 17375	MCG -6- 7- 5 = 10777	MCG -6- 3- 14 = 3554
MCG -6-29- 27 = 46357	MCG -6-23- 3 = 29531	MCG -6-13- 3 = 17420	MCG -6- 7- 10 = 10858	MCG -6- 3- 15 = 3589
MCG -6-29- 28 = 46521	MCG -6-23- 4 = 29590	MCG -6-13- 4 = 17433	MCG -6- 7- 11 = 10925	MCG -6- 3- 17 = 3822
MCG -6-29- 31 = 46674	MCG -6-23- 5 = 29608	MCG -6-13- 6 = 17544	MCG -6- 7- 13 = 11174	MCG -6- 3- 18 = 3829
MCG -6-29- 32 = 46682	MCG -6-23- 6 = 29616	MCG -6-13- 7 = 17595	MCG -6- 7- 14 = 11197	MCG -6- 3- 19 = 3834
MCG -6-29- 35 = 46896	MCG -6-23- 7 = 29637	MCG -6-13- 8 = 17654	MCG -6- 6- 1 = 8772	MCG -6- 3- 20 = 3993
MCG -6-28- 3 = 41745	MCG -6-23- 8 = 29655	MCG -6-13- 9 = 17819	MCG -6- 6- 2 = 8871	MCG -6- 3- 21 = 4073
MCG -6-28- 6 = 42018	MCG -6-23- 9 = 29669	MCG -6-13- 16 = 18000	MCG -6- 6- 3 = 8944	MCG -6- 3- 22 = 4101
MCG -6-28- 7 = 42166	MCG -6-23- 10 = 29690	MCG -6-13- 17 = 18034	MCG -6- 6- 4 = 8953	MCG -6- 3- 23 = 4132
MCG -6-28- 8 = 42229	MCG -6-23- 11 = 29712	MCG -6-12- 2 = 16547	MCG -6- 6- 7 = 8995	MCG -6- 3- 24 = 4161
MCG -6-28- 9 = 42313	MCG -6-23- 12 = 29727	MCG -6-12- 3 = 16579	MCG -6- 6- 8 = 9555	MCG -6- 3- 25 = 4173
MCG -6-28- 11 = 42504	MCG -6-23- 13 = 29790	MCG -6-12- 4 = 16709	MCG -6- 6- 9 = 9567	MCG -6- 3- 26 = 4274
MCG -6-28- 12 = 42519	MCG -6-23- 14 = 29811	MCG -6-12- 5 = 16779	MCG -6- 6- 10 = 9582	MCG -6- 3- 27 = 4356
MCG -6-28- 14 = 42871	MCG -6-23- 16 = 29840	MCG -6-12- 6 = 16790	MCG -6- 6- 11 = 9634	MCG -6- 3- 29 = 4406
MCG -6-28- 15 = 42922	MCG -6-23- 17 = 29829	MCG -6-12- 8 = 16849	MCG -6- 6- 13 = 9658	MCG -6- 3- 30 = 4440
MCG -6-28- 17 = 43048	MCG -6-23- 18 = 29895	MCG -6-12- 10 = 16904	MCG -6- 6- 15 = 9951	MCG -6- 2- 3 = 1595
MCG -6-28- 18 = 43170	MCG -6-23- 19 = 29898	MCG -6-12- 12 = 17027	MCG -6- 5- 1 = 6535	MCG -6- 2- 6 = 1651
MCG -6-28- 20 = 43210	MCG -6-23- 20 = 29905	MCG -6-12- 14 = 17066	MCG -6- 5- 2 = 6584	MCG -6- 2- 7 = 1691
MCG -6-28- 21 = 43584	MCG -6-23- 22 = 29954	MCG -6-12- 17 = 17081	MCG -6- 5- 3 = 6679	MCG -6- 2- 9 = 1701
MCG -6-28- 22 = 43701	MCG -6-23- 22 = 30248	MCG -6-12- 19 = 17157	MCG -6- 5- 4 = 6695	MCG -6- 2- 10 = 1813
MCG -6-28- 23 = 43845	MCG -6-23- 23 = 30308	MCG -6-11- 1 = 15477	MCG -6- 5- 5 = 6710	MCG -6- 2- 11 = 1842
MCG -6-28- 24 = 44065	MCG -6-23- 24 = 30314	MCG -6-11- 5 = 16166	MCG -6- 5- 10 = 6809	MCG -6- 2- 12 = 1851
MCG -6-28- 25 = 44145	MCG -6-23- 25 = 30416	MCG -6-11- 6 = 16199	MCG -6- 5- 11 = 6881	MCG -6- 2- 14 = 1896
MCG -6-27- 1 = 37898	MCG -6-23- 26 = 30518	MCG -6-11- 7 = 16317	MCG -6- 5- 12 = 7027	MCG -6- 2- 15 = 1910
MCG -6-27- 2 = 37899	MCG -6-23- 27 = 30534	MCG -6-10- 1 = 14674	MCG -6- 5- 13 = 7061	MCG -6- 2- 19 = 2036
MCG -6-27- 3 = 38331	MCG -6-23- 28 = 30657	MCG -6-10- 2 = 14707	MCG -6- 5- 14 = 7106	MCG -6- 2- 20 = 2112
MCG -6-27- 6 = 38753	MCG -6-23- 29 = 30716	MCG -6-10- 4 = 14774	MCG -6- 5- 15 = 7393	MCG -6- 2- 21 = 2157
MCG -6-27- 7 = 38841	MCG -6-23- 30 = 30815	MCG -6-10- 8 = 15107	MCG -6- 5- 16 = 7400	MCG -6- 2- 22A = 2248
MCG -6-27- 8 = 39015	MCG -6-23- 31 = 30849	MCG -6-10- 9 = 15160	MCG -6- 5- 18 = 7402	MCG -6- 2- 24 = 2510
MCG -6-27- 9 = 39125	MCG -6-23- 32 = 30859	MCG -6-10- 10 = 15237	MCG -6- 5- 20 = 7591	MCG -6- 2- 27 = 2734
MCG -6-27- 10 = 39201	MCG -6-23- 33 = 30875	MCG -6- 9- 1 = 13299	MCG -6- 5- 21 = 7609	MCG -6- 1- 7 = 73001
MCG -6-27- 11 = 39212	MCG -6-23- 35 = 30905	MCG -6- 9- 2 = 13318	MCG -6- 5- 25 = 7988	MCG -6- 1- 8 = 73000
MCG -6-27- 12 = 39234	MCG -6-23- 36 = 30934	MCG -6- 9- 3 = 13321	MCG -6- 5- 27 = 8025	MCG -6- 1- 9 = 73049
MCG -6-27- 13 = 39249	MCG -6-23- 37 = 30938	MCG -6- 9- 4 = 13330	MCG -6- 5- 28 = 8068	MCG -6- 1- 10 = 73064
MCG -6-27- 14 = 39379	MCG -6-23- 38 = 30927	MCG -6- 9- 5 = 13333	MCG -6- 5- 30 = 8126	MCG -6- 1- 13 = 73
MCG -6-27- 15 = 39723	MCG -6-23- 40 = 30945	MCG -6- 9- 6 = 13335	MCG -6- 5- 36 = 8264	MCG -6- 1- 14 = 138
MCG -6-27- 18 = 39979	MCG -6-23- 41 = 30949	MCG -6- 9- 7 = 13344	MCG -6- 5- 37 = 8279	MCG -6- 1- 15 = 151
MCG -6-27- 20 = 40023	MCG -6-23- 42 = 30976	MCG -6- 9- 8 = 13343	MCG -6- 5- 38 = 8388	MCG -6- 1- 16 = 195
MCG -6-27- 21 = 40265	MCG -6-23- 44 = 30988	MCG -6- 9- 9 = 13354	MCG -6- 4- 2 = 4636	MCG -6- 1- 17 = 213
MCG -6-27- 22 = 40394	MCG -6-23- 45 = 30992	MCG -6- 9- 10 = 13360	MCG -6- 4- 4 = 4682	MCG -6- 1- 24 = 634
MCG -6-27- 24 = 40470	MCG -6-23- 46 = 31014	MCG -6- 9- 11 = 13404	MCG -6- 4- 5 = 4731	MCG -6- 1- 26 = 662
MCG -6-27- 25 = 40498	MCG -6-23- 47 = 31020	MCG -6- 9- 12 = 13418	MCG -6- 4- 8 = 4799	MCG -6- 1- 27 = 659
MCG -6-27- 26 = 40549	MCG -6-23- 48 = 31053	MCG -6- 9- 15 = 13433	MCG -6- 4- 9 = 4881	MCG -6- 1- 33 = 775
MCG -6-27- 27 = 40649	MCG -6-23- 49 = 31103	MCG -6- 9- 16 = 13500	MCG -6- 4- 10 = 4900	MCG -6- 1- 34 = 789
MCG -6-27- 27A = 40735	MCG -6-23- 50 = 31090	MCG -6- 9- 17 = 13534	MCG -6- 4- 11 = 4914	MCG -6- 1- 35 = 892
MCG -6-27- 29 = 40887	MCG -6-23- 51 = 31094	MCG -6- 9- 18 = 13550	MCG -6- 4- 12 = 4924	MCG -6- 1- 36 = 981
MCG -6-26- 1 = 35833	MCG -6-23- 51B = 31131	MCG -6- 9- 19 = 13571	MCG -6- 4- 13 = 4934	MCG -6- 1- 37 = 1047
MCG -6-26- 2 = 35861	MCG -6-23- 52 = 31160	MCG -6- 9- 21 = 13609	MCG -6- 4- 14 = 4972	MCG -6- 1- 39 = 1173
MCG -6-26- 3 = 35954	MCG -6-23- 53 = 31173	MCG -6- 9- 22 = 13611	MCG -6- 4- 15 = 5049	MCG -6- 1- 41 = 1275
MCG -6-26- 4 = 36101	MCG -6-23- 54 = 31253	MCG -6- 9- 24 = 13655	MCG -6- 4- 16 = 5051	MCG -5-56- 1 = 72228
MCG -6-26- 7 = 36767	MCG -6-23- 55 = 31273	MCG -6- 9- 25 = 13687	MCG -6- 4- 17 = 5066	MCG -5-56- 3 = 72338
MCG -6-26- 8 = 36906	MCG -6-22- 3 = 28663	MCG -6- 9- 26 = 13753	MCG -6- 4- 23 = 5154	MCG -5-56- 4 = 72355
MCG -6-26- 10 = 36964	MCG -6-22- 5 = 28845	MCG -6- 9- 28 = 13758	MCG -6- 4- 24 = 5158	MCG -5-56- 5 = 72358
MCG -6-26- 12 = 37243	MCG -6-22- 7 = 28915	MCG -6- 9- 29 = 13794	MCG -6- 4- 25 = 5191	MCG -5-56- 6 = 72369
MCG -6-26- 13 = 37254	MCG -6-22- 11 = 29016	MCG -6- 9- 30 = 13809	MCG -6- 4- 26 = 5215	MCG -5-56- 7 = 72365
MCG -6-26- 14 = 37405	MCG -6-22- 12 = 29148	MCG -6- 9- 31 = 13805	MCG -6- 4- 28 = 5253	MCG -5-56- 9 = 72396
MCG -6-26- 15 = 37549	MCG -6-22- 13 = 29139	MCG -6- 9- 32 = 13840	MCG -6- 4- 29 = 5255	MCG -5-56- 10 = 72421
MCG -6-26- 16 = 37669	MCG -6-22- 15 = 29181	MCG -6- 9- 33 = 13864	MCG -6- 4- 32 = 5301	MCG -5-56- 11 = 72416
MCG -6-26- 17 = 37774	MCG -6-22- 16 = 29224	MCG -6- 9- 34 = 13950	MCG -6- 4- 35 = 5352	MCG -5-56- 13 = 72441
MCG -6-25- 1 = 33601	MCG -6-22- 17 = 29278	MCG -6- 9- 36 = 14071	MCG -6- 4- 37 = 5468	MCG -5-56- 14 = 72444
MCG -6-25- 2 = 33647	MCG -6-21- 1 = 26112	MCG -6- 9- 37 = 14077	MCG -6- 4- 38 = 5494	MCG -5-56- 15 = 72450
MCG -6-25- 3 = 33744	MCG -6-21- 2 = 26306	MCG -6- 8- 1 = 12138	MCG -6- 4- 39 = 5544	MCG -5-56- 17 = 72517
MCG -6-25- 4 = 33824	MCG -6-21- 3 = 26318	MCG -6- 8- 2 = 12181	MCG -6- 4- 41 = 5615	MCG -5-56- 19 = 72543
MCG -6-25- 5 = 33871	MCG -6-21- 4 = 26660	MCG -6- 8- 3 = 12212	MCG -6- 4- 42 = 5629	MCG -5-56- 20 = 72564
MCG -6-25- 6 = 33923	MCG -6-21- 6 = 26713	MCG -6- 8- 4 = 12569	MCG -6- 4- 43 = 5696	MCG -5-56- 23 = 72648
MCG -6-25- 9 = 33952	MCG -6-21- 7 = 26884	MCG -6- 8- 5 = 12651	MCG -6- 4- 44 = 5721	MCG -5-56- 24 = 72657
MCG -6-25- 10 = 33962	MCG -6-21- 8 = 26887	MCG -6- 8- 6 = 12653	MCG -6- 4- 46 = 5827	MCG -5-56- 28 = 72693
MCG -6-25- 11 = 34005	MCG -6-21- 10 = 27006	MCG -6- 8- 10 = 12706	MCG -6- 4- 47 = 5829	MCG -5-56- 30 = 72701
MCG -6-25- 13 = 34101	MCG -6-21- 11 = 27466	MCG -6- 8- 11 = 12709	MCG -6- 4- 50 = 5875	MCG -5-56- 31 = 72704
MCG -6-25- 14 = 34362	MCG -6-20- 1 = 24590	MCG -6- 8- 12 = 12769	MCG -6- 4- 51 = 5878	MCG -5-55- 3 = 71064
MCG -6-25- 15 = 34445	MCG -6-20- 2 = 24676	MCG -6- 8- 13 = 12783	MCG -6- 4- 52 = 5898	MCG -5-55- 5 = 71245
MCG -6-25- 16 = 34874	MCG -6-20- 3 = 24860	MCG -6- 8- 14 = 12788	MCG -6- 4- 53 = 5909	MCG -5-55- 7 = 71314
MCG -6-25- 19 = 35150	MCG -6-17- 1 = 20676	MCG -6- 8- 15 = 12825	MCG -6- 4- 55 = 5944	MCG -5-55- 11 = 71435
MCG -6-25- 20 = 35288	MCG -6-17- 2 = 20915	MCG -6- 8- 16 = 12848	MCG -6- 4- 56 = 5960	MCG -5-55- 12 = 71431
MCG -6-25- 21 = 35341	MCG -6-16- 5 = 20546	MCG -6- 8- 18 = 12877	MCG -6- 4- 58 = 5964	MCG -5-55- 13 = 71503
MCG -6-25- 22 = 35417	MCG -6-16- 6 = 20560	MCG -6- 8- 19 = 12878	MCG -6- 4- 59 = 6020	MCG -5-55- 16 = 71601
MCG -6-24- 1 = 31723	MCG -6-16- 7 = 20555	MCG -6- 8- 20 = 12911	MCG -6- 4- 61 = 6051	MCG -5-55- 17 = 71604

MCG -5-55- 18 = 71627	MCG -5-49- 14 = 65980	MCG -5-33- 34 = 49676	MCG -5-31- 34 = 45340	MCG -5-25- 21 = 31456
MCG -5-55- 19 = 71638	MCG -5-49- 15 = 65994	MCG -5-33- 35 = 49863	MCG -5-31- 35 = 45405	MCG -5-25- 22 = 31488
MCG -5-55- 23 = 71687	MCG -5-48- 3 = 64537	MCG -5-33- 36 = 49901	MCG -5-31- 36 = 45437	MCG -5-25- 23 = 31493
MCG -5-55- 24 = 71697	MCG -5-48- 4 = 64549	MCG -5-33- 37 = 49923	MCG -5-31- 37 = 45596	MCG -5-25- 24 = 31495
MCG -5-55- 31 = 72098	MCG -5-48- 6 = 64568	MCG -5-33- 38 = 50007	MCG -5-31- 38 = 45764	MCG -5-25- 25 = 31504
MCG -5-54- 6 = 70150	MCG -5-48- 9 = 64584	MCG -5-33- 39 = 50064	MCG -5-31- 39 = 45901	MCG -5-25- 26 = 31593
MCG -5-54- 7 = 70165	MCG -5-48- 10 = 64605	MCG -5-33- 40 = 50066	MCG -5-31- 41 = 46179	MCG -5-25- 27 = 31616
MCG -5-54- 13 = 70458	MCG -5-48- 11 = 64668	MCG -5-33- 42 = 50230	MCG -5-31- 42 = 46194	MCG -5-25- 28 = 31626
MCG -5-54- 14 = 70509	MCG -5-48- 12 = 64690	MCG -5-33- 45 = 50356	MCG -5-31- 43 = 46304	MCG -5-25- 29 = 31642
MCG -5-54- 16 = 70565	MCG -5-48- 17 = 64884	MCG -5-33- 47 = 50420	MCG -5-31- 44 = 46363	MCG -5-25- 31 = 31677
MCG -5-54- 18 = 70611	MCG -5-48- 18 = 64895	MCG -5-33- 48 = 50423	MCG -5-31-199 = 44965	MCG -5-25- 32 = 31692
MCG -5-54- 19 = 70631	MCG -5-48- 22 = 64980	MCG -5-32- 1 = 46585	MCG -5-30- 1 = 40843	MCG -5-25- 33 = 31690
MCG -5-54- 22 = 70676	MCG -5-48- 24 = 65090	MCG -5-32- 3 = 46711	MCG -5-30- 3 = 41213	MCG -5-25- 34 = 31730
MCG -5-54- 23 = 70714	MCG -5-48- 26 = 65116	MCG -5-32- 4 = 46763	MCG -5-30- 6 = 42123	MCG -5-25- 35 = 31738
MCG -5-53- 3 = 68857	MCG -5-48- 28 = 65193	MCG -5-32- 5 = 46774	MCG -5-30- 9 = 42738	MCG -5-25- 36 = 31754
MCG -5-53- 4 = 68861	MCG -5-48- 29 = 65192	MCG -5-32- 6 = 46828	MCG -5-30- 10 = 43558	MCG -5-25- 37 = 31794
MCG -5-53- 7 = 68916	MCG -5-47- 1 = 63749	MCG -5-32- 7 = 46832	MCG -5-30- 11 = 43642	MCG -5-25- 38 = 31874
MCG -5-53- 10 = 68998	MCG -5-47- 2 = 63752	MCG -5-32- 9 = 46902	MCG -5-29- 1 = 37950	MCG -5-25- 39 = 31876
MCG -5-53- 11 = 69026	MCG -5-47- 3 = 63748	MCG -5-32- 10 = 46910	MCG -5-29- 3 = 38037	MCG -5-24- 1 = 28376
MCG -5-53- 13 = 69053	MCG -5-47- 4 = 63753	MCG -5-32- 11 = 46928	MCG -5-29- 5 = 38222	MCG -5-24- 2 = 28416
MCG -5-53- 14 = 69132	MCG -5-47- 11 = 63881	MCG -5-32- 13 = 46974	MCG -5-29- 7 = 38301	MCG -5-24- 3 = 28576
MCG -5-53- 16 = 69168	MCG -5-47- 14 = 63886	MCG -5-32- 15 = 47002	MCG -5-29- 8 = 38330	MCG -5-24- 4 = 28606
MCG -5-53- 19 = 69271	MCG -5-47- 15 = 63892	MCG -5-32- 16 = 47031	MCG -5-29- 9 = 38334	MCG -5-24- 5 = 28607
MCG -5-53- 21 = 69295	MCG -5-47- 16 = 63900	MCG -5-32- 17 = 47073	MCG -5-29- 10 = 38345	MCG -5-24- 6 = 28685
MCG -5-53- 23 = 69420	MCG -5-47- 19 = 63950	MCG -5-32- 18 = 47078	MCG -5-29- 13 = 38411	MCG -5-24- 8 = 28732
MCG -5-53- 27 = 69539	MCG -5-47- 20 = 64007	MCG -5-32- 20 = 47119	MCG -5-29- 14 = 38417	MCG -5-24- 9 = 28778
MCG -5-53- 31 = 69674	MCG -5-47- 22 = 64128	MCG -5-32- 21 = 47145	MCG -5-29- 16 = 38429	MCG -5-24- 10 = 28822
MCG -5-52- 6 = 67846	MCG -5-47- 23 = 64142	MCG -5-32- 22 = 47161	MCG -5-29- 18 = 38464	MCG -5-24- 11 = 28829
MCG -5-52- 7 = 67874	MCG -5-47- 24 = 64147	MCG -5-32- 23 = 47169	MCG -5-29- 19 = 38501	MCG -5-24- 12 = 28840
MCG -5-52- 8 = 67878	MCG -5-47- 25 = 64223	MCG -5-32- 24 = 47187	MCG -5-29- 20 = 38511	MCG -5-24- 14 = 28882
MCG -5-52- 10 = 67881	MCG -5-46- 1 = 63247	MCG -5-32- 25 = 47194	MCG -5-29- 21 = 38536	MCG -5-24- 15 = 28909
MCG -5-52- 11 = 67883	MCG -5-46- 4 = 63536	MCG -5-32- 26 = 47202	MCG -5-29- 23 = 38588	MCG -5-24- 16 = 28919
MCG -5-52- 14 = 67910	MCG -5-46- 5 = 63551	MCG -5-32- 28 = 47255	MCG -5-29- 24 = 38635	MCG -5-24- 17 = 28948
MCG -5-52- 16 = 67930	MCG -5-46- 6 = 63587	MCG -5-32- 31 = 47321	MCG -5-29- 25 = 38711	MCG -5-24- 18 = 28960
MCG -5-52- 18 = 67953	MCG -5-46- 7 = 63604	MCG -5-32- 33 = 47452	MCG -5-29- 29 = 38799	MCG -5-24- 19 = 29076
MCG -5-52- 20 = 67954	MCG -5-46- 8 = 63727	MCG -5-32- 34 = 47489	MCG -5-29- 31 = 39163	MCG -5-24- 20 = 29203
MCG -5-52- 21 = 67955	MCG -5-46- 9 = 63728	MCG -5-32- 35 = 47552	MCG -5-29- 34 = 40055	MCG -5-24- 21 = 29216
MCG -5-52- 22 = 67993	MCG -5-45- 1 = 62645	MCG -5-32- 36 = 47568	MCG -5-28- 1 = 36028	MCG -5-24- 22 = 29366
MCG -5-52- 23 = 68027	MCG -5-45- 3 = 62889	MCG -5-32- 37 = 47582	MCG -5-28- 3 = 36047	MCG -5-24- 24 = 29530
MCG -5-52- 26 = 68040	MCG -5-37- 1 = 55738	MCG -5-32- 38 = 47573	MCG -5-28- 5 = 36719	MCG -5-24- 25 = 29639
MCG -5-52- 27 = 68053	MCG -5-37- 2 = 56013	MCG -5-32- 39 = 47746	MCG -5-28- 6 = 36737	MCG -5-24- 26 = 29691
MCG -5-52- 29 = 68061	MCG -5-37- 3 = 56145	MCG -5-32- 43 = 47902	MCG -5-28- 7 = 36882	MCG -5-24- 27 = 29743
MCG -5-52- 31 = 68114	MCG -5-35- 1 = 52391	MCG -5-32- 44 = 47905	MCG -5-28- 9 = 36918	MCG -5-24- 28 = 29892
MCG -5-52- 32 = 68120	MCG -5-35- 2 = 52454	MCG -5-32- 45 = 47958	MCG -5-28- 12 = 37061	MCG -5-23- 1 = 26768
MCG -5-52- 33 = 68133	MCG -5-35- 5 = 52774	MCG -5-32- 46 = 47972	MCG -5-28- 14 = 37247	MCG -5-23- 2 = 26980
MCG -5-52- 34 = 68152	MCG -5-34- 1 = 50732	MCG -5-32- 47 = 47964	MCG -5-28- 15 = 37271	MCG -5-23- 3 = 26981
MCG -5-52- 35 = 68155	MCG -5-34- 2 = 50799	MCG -5-32- 48 = 47992	MCG -5-28- 18 = 37752	MCG -5-23- 7 = 27135
MCG -5-52- 36 = 68160	MCG -5-34- 4 = 50970	MCG -5-32- 49 = 48035	MCG -5-27- 1 = 34087	MCG -5-23- 8 = 27882
MCG -5-52- 38 = 68157	MCG -5-34- 6 = 51061	MCG -5-32- 50 = 48082	MCG -5-27- 2 = 34262	MCG -5-23- 9 = 27903
MCG -5-52- 39 = 68164	MCG -5-34- 7 = 51229	MCG -5-32- 52 = 48125	MCG -5-27- 3 = 34292	MCG -5-23- 10 = 27918
MCG -5-52- 42 = 68218	MCG -5-34- 9 = 51245	MCG -5-32- 53 = 48140	MCG -5-27- 4 = 34378	MCG -5-23- 11 = 27966
MCG -5-52- 43 = 68235	MCG -5-34- 10 = 51290	MCG -5-32- 54 = 48166	MCG -5-27- 5 = 34466	MCG -5-23- 12 = 27978
MCG -5-52- 49 = 68324	MCG -5-34- 11 = 51428	MCG -5-32- 55 = 48168	MCG -5-27- 6 = 34484	MCG -5-23- 13 = 28028
MCG -5-52- 50 = 68345	MCG -5-34- 13 = 51680	MCG -5-32- 56 = 48161	MCG -5-27- 7 = 34487	MCG -5-23- 14 = 28027
MCG -5-52- 51 = 68344	MCG -5-34- 14 = 51763	MCG -5-32- 57 = 48182	MCG -5-27- 8 = 34554	MCG -5-23- 15 = 28074
MCG -5-52- 52 = 68360	MCG -5-34- 15 = 51794	MCG -5-32- 58 = 48287	MCG -5-27- 9 = 34608	MCG -5-23- 16 = 28144
MCG -5-52- 54 = 68374	MCG -5-34- 16 = 51890	MCG -5-32- 59 = 48282	MCG -5-27- 10 = 34755	MCG -5-23- 17 = 28147
MCG -5-52- 57 = 68391	MCG -5-34- 17 = 51948	MCG -5-32- 60 = 48334	MCG -5-27- 12 = 35222	MCG -5-23- 18 = 28246
MCG -5-52- 59 = 68451	MCG -5-34- 18 = 52090	MCG -5-32- 61 = 48339	MCG -5-27- 13 = 35241	MCG -5-23- 19 = 28283
MCG -5-52- 60 = 68453	MCG -5-33- 1 = 48830	MCG -5-32- 62 = 48368	MCG -5-27- 14 = 35416	MCG -5-22- 1 = 25842
MCG -5-52- 61 = 68462	MCG -5-33- 2 = 48896	MCG -5-32- 63 = 48380	MCG -5-27- 15 = 35539	MCG -5-22- 2 = 25905
MCG -5-52- 64 = 68565	MCG -5-33- 3 = 48881	MCG -5-32- 66 = 48467	MCG -5-27- 16 = 35554	MCG -5-22- 3 = 25943
MCG -5-52- 68 = 68710	MCG -5-33- 4 = 48888	MCG -5-32- 67 = 48522	MCG -5-26- 1 = 31948	MCG -5-22- 4 = 26093
MCG -5-52- 69 = 68718	MCG -5-33- 6 = 48893	MCG -5-32- 68 = 48533	MCG -5-26- 2 = 31966	MCG -5-22- 7 = 26463
MCG -5-52- 70 = 68726	MCG -5-33- 7 = 48908	MCG -5-32- 69 = 48613	MCG -5-26- 5 = 32039	MCG -5-22- 8 = 26551
MCG -5-52- 72 = 68798	MCG -5-33- 8 = 48909	MCG -5-32- 71 = 48617	MCG -5-26- 7 = 32271	MCG -5-18- 1 = 20514
MCG -5-51- 8 = 67158	MCG -5-33- 10 = 48950	MCG -5-31- 1 = 43941	MCG -5-26- 8 = 32369	MCG -5-18- 2 = 20551
MCG -5-51- 10 = 67213	MCG -5-33- 11 = 48956	MCG -5-31- 3 = 44116	MCG -5-26- 9 = 32625	MCG -5-18- 3 = 20825
MCG -5-51- 11 = 67270	MCG -5-33- 12 = 48966	MCG -5-31- 4 = 44250	MCG -5-26- 10 = 32666	MCG -5-18- 4 = 20908
MCG -5-51- 12 = 67299	MCG -5-33- 13 = 48957	MCG -5-31- 6 = 44317	MCG -5-26- 12 = 32736	MCG -5-18- 5 = 20916
MCG -5-51- 17 = 67447	MCG -5-33- 14 = 48991	MCG -5-31- 7 = 44355	MCG -5-26- 16 = 33060	MCG -5-18- 6 = 20993
MCG -5-51- 20 = 67601	MCG -5-33- 15 = 48985	MCG -5-31- 9 = 44663	MCG -5-25- 1 = 29993	MCG -5-18- 7 = 21161
MCG -5-51- 21 = 67617	MCG -5-33- 16 = 48997	MCG -5-31- 10 = 44755	MCG -5-25- 2 = 30498	MCG -5-17- 1 = 19733
MCG -5-51- 22 = 67624	MCG -5-33- 17 = 49006	MCG -5-31- 12 = 44852	MCG -5-25- 3 = 30634	MCG -5-17- 2 = 19993
MCG -5-51- 26 = 67711	MCG -5-33- 18 = 49007	MCG -5-31- 13 = 44894	MCG -5-25- 4 = 30814	MCG -5-17- 3 = 19996
MCG -5-51- 28 = 67729	MCG -5-33- 19 = 49025	MCG -5-31- 14 = 44892	MCG -5-25- 5 = 30857	MCG -5-17- 4 = 20037
MCG -5-51- 32 = 67764	MCG -5-33- 20 = 49037	MCG -5-31- 15 = 44902	MCG -5-25- 6 = 30880	MCG -5-17- 5 = 20047
MCG -5-51- 33 = 67770	MCG -5-33- 21 = 49051	MCG -5-31- 16 = 44905	MCG -5-25- 7 = 30984	MCG -5-17- 6 = 20049
MCG -5-51- 34 = 67778	MCG -5-33- 22 = 49090	MCG -5-31- 17 = 44911	MCG -5-25- 8 = 31025	MCG -5-17- 7 = 20187
MCG -5-51- 35 = 67785	MCG -5-33- 24 = 49180	MCG -5-31- 18 = 44918	MCG -5-25- 9 = 31088	MCG -5-17- 9 = 20285
MCG -5-50- 2 = 66179	MCG -5-33- 25 = 49188	MCG -5-31- 21 = 44984	MCG -5-25- 10 = 31154	MCG -5-17- 10 = 20287
MCG -5-50- 4 = 66251	MCG -5-33- 26 = 49271	MCG -5-31- 23 = 45062	MCG -5-25- 11 = 31164	MCG -5-16- 2 = 19047
MCG -5-49- 1 = 65249	MCG -5-33- 27 = 49300	MCG -5-31- 24 = 45086	MCG -5-25- 13 = 31238	MCG -5-16- 11 = 19238
MCG -5-49- 2 = 65258	MCG -5-33- 28 = 49307	MCG -5-31- 25 = 45098	MCG -5-25- 14 = 31242	MCG -5-16- 17 = 19417
MCG -5-49- 4 = 65580	MCG -5-33- 28A = 49316	MCG -5-31- 26 = 45096	MCG -5-25- 15 = 31276	MCG -5-16- 17 = 19466
MCG -5-49- 7 = 65765	MCG -5-33- 29 = 49339	MCG -5-31- 27 = 45102	MCG -5-25- 16 = 31310	MCG -5-16- 19 = 19518
MCG -5-49- 10 = 65815	MCG -5-33- 30 = 49465	MCG -5-31- 28 = 45174	MCG -5-25- 17 = 31316	MCG -5-16- 20 = 19531
MCG -5-49- 11 = 65839	MCG -5-33- 31 = 49516	MCG -5-31- 29 = 45200	MCG -5-25- 18 = 31330	MCG -5-15- 2 = 18232
MCG -5-49- 12 = 65953	MCG -5-33- 32 = 49534	MCG -5-31- 30 = 45215	MCG -5-25- 19 = 31360	MCG -5-15- 3 = 18351
MCG -5-49- 13 = 65979	MCG -5-33- 33 = 49580	MCG -5-31- 32 = 45293	MCG -5-25- 20 = 31391	MCG -5-15- 4 = 18388

MCG -5-15- 7 = 18641	MCG -5- 7- 26 = 10543	MCG -5- 2- 24 = 2184	MCG -4-51- 11 = 67248	MCG -4-33- 34 = 50075
MCG -5-15- 8 = 18765	MCG -5- 7- 27 = 10623	MCG -5- 2- 27 = 2199	MCG -4-51- 15 = 67693	MCG -4-33- 35 = 50096
MCG -5-15- 9 = 18871	MCG -5- 7- 29 = 10637	MCG -5- 2- 28 = 2206	MCG -4-51- 16 = 67743	MCG -4-33- 36 = 50129
MCG -5-15- 10 = 18883	MCG -5- 7- 30 = 10642	MCG -5- 2- 30 = 2258	MCG -4-50- 2 = 66250	MCG -4-33- 38 = 50152
MCG -5-14- 3 = 17455	MCG -5- 7- 31 = 10656	MCG -5- 2- 30A = 2265	MCG -4-50- 3 = 66283	MCG -4-33- 39 = 50183
MCG -5-14- 4 = 17464	MCG -5- 7- 32 = 10665	MCG -5- 2- 31 = 2358	MCG -4-50- 9 = 66359	MCG -4-33- 40 = 50195
MCG -5-14- 6 = 17469	MCG -5- 7- 33 = 10671	MCG -5- 2- 32 = 2363	MCG -4-50- 13 = 66503	MCG -4-33- 41 = 50247
MCG -5-14- 7 = 17466	MCG -5- 7- 34 = 10709	MCG -5- 2- 34 = 2411	MCG -4-50- 14 = 66508	MCG -4-33- 42 = 50307
MCG -5-14- 11 = 17657	MCG -5- 7- 35 = 10707	MCG -5- 1- 6 = 72953	MCG -4-50- 15 = 66516	MCG -4-33- 43 = 50371
MCG -5-14- 17 = 17881	MCG -5- 7- 37 = 10710	MCG -5- 1- 11 = 73027	MCG -4-50- 17 = 66521	MCG -4-33- 44 = 50373
MCG -5-14- 23 = 18058	MCG -5- 7- 38 = 10773	MCG -5- 1- 14 = 73061	MCG -4-50- 20 = 66664	MCG -4-33- 46 = 50385
MCG -5-13- 2 = 16702	MCG -5- 7- 39 = 10785	MCG -5- 1- 17 = 73083	MCG -4-50- 23 = 66735	MCG -4-33- 48 = 50399
MCG -5-13- 3 = 16728	MCG -5- 7- 40 = 10779	MCG -5- 1- 22 = 100	MCG -4-50- 24 = 66768	MCG -4-33- 49 = 50414
MCG -5-13- 4 = 16745	MCG -5- 7- 42 = 10829	MCG -5- 1- 23 = 140	MCG -4-50- 25 = 66776	MCG -4-33- 50 = 50486
MCG -5-13- 5 = 16744	MCG -5- 7- 44 = 10878	MCG -5- 1- 28 = 322	MCG -4-50- 29 = 66848	MCG -4-32- 1 = 46490
MCG -5-13- 6 = 16758	MCG -5- 7- 45 = 10919	MCG -5- 1- 30 = 348	MCG -4-50- 30 = 66852	MCG -4-32- 2 = 46489
MCG -5-13- 8 = 16811	MCG -5- 6- 1 = 7742	MCG -5- 1- 37 = 627	MCG -4-49- 1 = 65354	MCG -4-32- 3 = 46491
MCG -5-13- 9 = 16819	MCG -5- 6- 5 = 8020	MCG -5- 1- 38 = 684	MCG -4-49- 4 = 65472	MCG -4-32- 4 = 46525
MCG -5-13- 11 = 16864	MCG -5- 6- 6 = 8049	MCG -5- 1- 40 = 796	MCG -4-49- 7 = 65671	MCG -4-32- 5 = 46531
MCG -5-13- 13 = 16983	MCG -5- 6- 7 = 8151	MCG -4-56- 6 = 72627	MCG -4-49- 8 = 65727	MCG -4-32- 6 = 46551
MCG -5-13- 16 = 17113	MCG -5- 6- 8 = 8455	MCG -4-55- 2 = 71044	MCG -4-49- 9 = 65788	MCG -4-32- 7 = 46574
MCG -5-13- 17 = 17103	MCG -5- 6- 9 = 8568	MCG -4-55- 3 = 71050	MCG -4-49- 10 = 66030	MCG -4-32- 8 = 46661
MCG -5-12- 3 = 16084	MCG -5- 6- 11 = 8649	MCG -4-55- 5 = 71170	MCG -4-48- 1 = 64469	MCG -4-32- 9 = 46768
MCG -5-12- 4 = 16120	MCG -5- 6- 14 = 8936	MCG -4-55- 6 = 71212	MCG -4-48- 2 = 64506	MCG -4-32- 10 = 46779
MCG -5-12- 5 = 16201	MCG -5- 5- 1 = 6092	MCG -4-55- 12 = 71909	MCG -4-48- 4 = 64613	MCG -4-32- 11 = 46933
MCG -5-12- 7 = 16273	MCG -5- 5- 2 = 6105	MCG -4-55- 16 = 72012	MCG -4-48- 6 = 64650	MCG -4-32- 14 = 47030
MCG -5-12- 8 = 16305	MCG -5- 5- 3 = 6112	MCG -4-55- 23 = 72092	MCG -4-48- 7 = 64657	MCG -4-32- 15 = 47051
MCG -5-12- 9 = 16338	MCG -5- 5- 6 = 6165	MCG -4-54- 1 = 69969	MCG -4-48- 9 = 64789	MCG -4-32- 16 = 47071
MCG -5-12- 10 = 16352	MCG -5- 5- 7 = 6161	MCG -4-54- 2 = 70024	MCG -4-48- 14 = 64945	MCG -4-32- 17 = 47154
MCG -5-12- 11 = 16373	MCG -5- 5- 8 = 6180	MCG -4-54- 3 = 70079	MCG -4-48- 15 = 64958	MCG -4-32- 18 = 47150
MCG -5-12- 14 = 16603	MCG -5- 5- 9 = 6202	MCG -4-54- 4 = 70166	MCG -4-48- 20 = 65009	MCG -4-32- 19 = 47201
MCG -5-11- 1 = 14635	MCG -5- 5- 11 = 6268	MCG -4-54- 14 = 70705	MCG -4-48- 21 = 65033	MCG -4-32- 20 = 47209
MCG -5-11- 2 = 14638	MCG -5- 5- 14 = 6598	MCG -4-54- 15 = 70808	MCG -4-48- 24 = 65041	MCG -4-32- 21 = 47230
MCG -5-11- 5 = 14695	MCG -5- 5- 15 = 6646	MCG -4-54- 17 = 70893	MCG -4-48- 30 = 65237	MCG -4-32- 24 = 47474
MCG -5-11- 6 = 14702	MCG -5- 5- 17 = 6697	MCG -4-53- 2 = 68875	MCG -4-47- 2 = 63815	MCG -4-32- 26 = 47493
MCG -5-11- 7 = 14910	MCG -5- 5- 19 = 6724	MCG -4-53- 3 = 68936	MCG -4-47- 9 = 64140	MCG -4-32- 28 = 47505
MCG -5-11- 11 = 15292	MCG -5- 5- 23 = 7191	MCG -4-53- 4 = 68950	MCG -4-47- 10 = 64161	MCG -4-32- 33 = 47653
MCG -5-10- 2 = 13841	MCG -5- 5- 24 = 7451	MCG -4-53- 5 = 68953	MCG -4-46- 1 = 63654	MCG -4-32- 36 = 47684
MCG -5-10- 4 = 13926	MCG -5- 5- 26 = 7668	MCG -4-53- 6 = 68992	MCG -4-46- 2 = 63711	MCG -4-32- 37 = 47712
MCG -5-10- 6 = 14154	MCG -5- 5- 28 = 7739	MCG -4-53- 9 = 69088	MCG -4-38- 5 = 57665	MCG -4-32- 39 = 47831
MCG -5-10- 7 = 14271	MCG -5- 4- 2 = 4189	MCG -4-53- 10 = 69097	MCG -4-37- 2 = 55689	MCG -4-32- 40 = 47844
MCG -5-10- 12 = 14505	MCG -5- 4- 3 = 4227	MCG -4-53- 14 = 69193	MCG -4-36- 4 = 54437	MCG -4-32- 41 = 47861
MCG -5-10- 13 = 14566	MCG -5- 4- 4 = 4266	MCG -4-53- 15 = 69202	MCG -4-36- 5 = 54565	MCG -4-32- 42 = 47948
MCG -5-10- 14 = 14607	MCG -5- 4- 6 = 4316	MCG -4-53- 16 = 69216	MCG -4-36- 6 = 54625	MCG -4-32- 44 = 47987
MCG -5-10- 15 = 14617	MCG -5- 4- 7 = 4333	MCG -4-53- 18 = 69253	MCG -4-36- 7 = 54644	MCG -4-32- 45 = 48036
MCG -5- 9- 1 = 12484	MCG -5- 4- 10 = 4369	MCG -4-53- 20 = 69288	MCG -4-36- 8 = 54646	MCG -4-32- 47 = 48258
MCG -5- 9- 4 = 12917	MCG -5- 4- 14 = 4421	MCG -4-53- 21 = 69313	MCG -4-36- 9 = 54670	MCG -4-32- 49 = 48346
MCG -5- 9- 5 = 12923	MCG -5- 4- 15 = 4423	MCG -4-53- 22 = 69323	MCG -4-36- 10 = 54677	MCG -4-32- 50 = 48371
MCG -5- 9- 8 = 13007	MCG -5- 4- 16 = 4429	MCG -4-53- 26 = 69398	MCG -4-36- 13 = 54776	MCG -4-32- 51 = 48387
MCG -5- 9- 9 = 12999	MCG -5- 4- 19 = 4453	MCG -4-53- 27 = 69412	MCG -4-36- 14 = 55081	MCG -4-32- 52 = 48643
MCG -5- 9- 10 = 13075	MCG -5- 4- 20 = 4478	MCG -4-53- 29 = 69488	MCG -4-35- 1 = 52324	MCG -4-32- 53 = 48655
MCG -5- 9- 11 = 13089	MCG -5- 4- 21 = 4477	MCG -4-53- 30 = 69557	MCG -4-35- 3 = 52411	MCG -4-31- 1 = 43770
MCG -5- 9- 12 = 13106	MCG -5- 4- 22 = 4505	MCG -4-53- 34 = 69638	MCG -4-35- 4 = 52599	MCG -4-31- 2 = 43785
MCG -5- 9- 13 = 13197	MCG -5- 4- 24 = 4543	MCG -4-53- 36 = 69653	MCG -4-35- 6 = 52600	MCG -4-31- 3 = 43812
MCG -5- 9- 14 = 13217	MCG -5- 4- 25 = 4557	MCG -4-53- 37 = 69673	MCG -4-35- 8 = 52666	MCG -4-31- 5 = 44057
MCG -5- 9- 15 = 13250	MCG -5- 4- 27 = 4566	MCG -4-53- 38 = 69733	MCG -4-35- 10 = 52816	MCG -4-31- 6 = 44073
MCG -5- 9- 16 = 13269	MCG -5- 4- 31 = 4892	MCG -4-53- 39 = 69860	MCG -4-35- 12 = 53037	MCG -4-31- 9 = 44218
MCG -5- 9- 17 = 13281	MCG -5- 4- 32 = 5000	MCG -4-53- 40 = 69887	MCG -4-35- 13 = 53072	MCG -4-31- 10 = 44340
MCG -5- 9- 20 = 13458	MCG -5- 4- 35 = 5112	MCG -4-52- 1 = 67816	MCG -4-35- 16 = 53346	MCG -4-31- 12 = 44419
MCG -5- 9- 21 = 13520	MCG -5- 4- 36 = 5227	MCG -4-52- 3 = 67851	MCG -4-35- 18 = 53755	MCG -4-31- 16 = 44460
MCG -5- 9- 22 = 13601	MCG -5- 4- 38 = 5295	MCG -4-52- 5 = 67861	MCG -4-34- 1 = 50729	MCG -4-31- 20 = 44914
MCG -5- 9- 23 = 13602	MCG -5- 4- 41 = 5617	MCG -4-52- 6 = 67863	MCG -4-34- 2 = 51052	MCG -4-31- 21 = 44930
MCG -5- 8- 1 = 10974	MCG -5- 4- 44 = 5849	MCG -4-52- 7 = 67893	MCG -4-34- 4 = 51089	MCG -4-31- 25 = 45241
MCG -5- 8- 2 = 10985	MCG -5- 3- 2 = 2667	MCG -4-52- 8 = 67890	MCG -4-34- 5 = 51107	MCG -4-31- 27 = 45369
MCG -5- 8- 4 = 11052	MCG -5- 3- 3 = 2679	MCG -4-52- 9 = 67904	MCG -4-34- 10 = 51169	MCG -4-31- 29 = 45408
MCG -5- 8- 6 = 11104	MCG -5- 3- 5 = 2778	MCG -4-52- 10 = 67920	MCG -4-34- 11 = 51188	MCG -4-31- 30 = 45426
MCG -5- 8- 9 = 11270	MCG -5- 3- 9 = 2985	MCG -4-52- 11 = 67919	MCG -4-34- 12 = 51250	MCG -4-31- 31 = 45429
MCG -5- 8- 11 = 11405	MCG -5- 3- 10 = 3089	MCG -4-52- 12 = 67943	MCG -4-34- 13 = 51287	MCG -4-31- 32 = 45460
MCG -5- 8- 13 = 11577	MCG -5- 3- 11 = 3159	MCG -4-52- 14 = 68329	MCG -4-34- 14 = 51329	MCG -4-31- 33 = 45466
MCG -5- 8- 18 = 11691	MCG -5- 3- 12 = 3169	MCG -4-52- 16 = 68113	MCG -4-34- 16 = 51768	MCG -4-31- 34 = 45475
MCG -5- 8- 22 = 11969	MCG -5- 3- 13 = 3242	MCG -4-52- 18 = 68211	MCG -4-34- 20 = 52084	MCG -4-31- 35 = 45487
MCG -5- 8- 23 = 11995	MCG -5- 3- 14 = 3245	MCG -4-52- 19 = 68514	MCG -4-33- 2 = 48876	MCG -4-31- 36 = 45514
MCG -5- 8- 24 = 12079	MCG -5- 3- 15 = 3395	MCG -4-52- 20 = 68241	MCG -4-33- 3 = 48927	MCG -4-31- 37 = 45611
MCG -5- 8- 25 = 12204	MCG -5- 3- 19 = 3426	MCG -4-52- 22 = 68287	MCG -4-33- 6 = 49324	MCG -4-31- 39 = 45657
MCG -5- 8- 26 = 12285	MCG -5- 3- 20 = 3453	MCG -4-52- 23 = 68311	MCG -4-33- 7 = 49384	MCG -4-31- 40 = 45666
MCG -5- 8- 27 = 12404	MCG -5- 3- 22 = 3846	MCG -4-52- 26 = 68328	MCG -4-33- 8 = 49420	MCG -4-31- 41 = 45738
MCG -5- 7- 1 = 9408	MCG -5- 3- 24 = 3907	MCG -4-52- 27 = 68404	MCG -4-33- 9 = 49421	MCG -4-31- 43 = 46126
MCG -5- 7- 3 = 9452	MCG -5- 3- 27 = 4075	MCG -4-52- 28 = 68437	MCG -4-33- 10 = 49427	MCG -4-31- 45 = 46246
MCG -5- 7- 5 = 9551	MCG -5- 3- 28 = 4083	MCG -4-52- 29 = 68469	MCG -4-33- 11 = 49439	MCG -4-31- 48 = 46330
MCG -5- 7- 8 = 9921	MCG -5- 2- 3 = 1518	MCG -4-52- 30 = 68476	MCG -4-33- 13 = 49473	MCG -4-31- 50 = 46410
MCG -5- 7- 12 = 10041	MCG -5- 2- 6 = 1775	MCG -4-52- 31 = 68484	MCG -4-33- 16 = 49558	MCG -4-31- 51 = 46450
MCG -5- 7- 13 = 10205	MCG -5- 2- 11 = 1876	MCG -4-52- 32 = 68511	MCG -4-33- 19 = 49628	MCG -4-31- 52 = 46479
MCG -5- 7- 14 = 10207	MCG -5- 2- 12 = 1879	MCG -4-52- 33 = 68558	MCG -4-33- 24 = 49851	MCG -4-30- 2 = 41150
MCG -5- 7- 15 = 10248	MCG -5- 2- 14 = 1942	MCG -4-52- 36 = 68612	MCG -4-33- 27 = 49930	MCG -4-30- 7 = 42287
MCG -5- 7- 16 = 10326	MCG -5- 2- 15 = 2000	MCG -4-52- 40 = 68676	MCG -4-33- 28 = 49922	MCG -4-30- 9 = 42334
MCG -5- 7- 17 = 10330	MCG -5- 2- 16 = 2044	MCG -4-52- 41 = 68678	MCG -4-33- 29 = 49939	MCG -4-30- 10 = 42431
MCG -5- 7- 21 = 10466	MCG -5- 2- 17 = 2053	MCG -4-52- 43 = 68704	MCG -4-33- 30 = 49935	MCG -4-30- 14 = 43021
MCG -5- 7- 22 = 10479	MCG -5- 2- 18 = 2052	MCG -4-52- 44 = 68728	MCG -4-33- 31 = 49968	MCG -4-30- 15 = 43022
MCG -5- 7- 23 = 10482	MCG -5- 2- 19 = 2071	MCG -4-52- 45 = 68828	MCG -4-33- 32 = 49970	MCG -4-30- 16 = 43181
MCG -5- 7- 24 = 10488	MCG -5- 2- 23 = 2173	MCG -4-51- 1 = 67051	MCG -4-33- 33 = 49977	MCG -4-30- 19 = 43206

RC3   640   MCG

MCG -4-30- 20	= 43224	MCG -4-25- 37	= 31494	MCG -4-16- 9	= 19234	MCG -4-10- 1	= 13832	MCG -4- 7- 38	= 10520
MCG -4-30- 21	= 43244	MCG -4-25- 38	= 31500	MCG -4-16- 10	= 19255	MCG -4-10- 2	= 13871	MCG -4- 7- 39	= 10526
MCG -4-30- 23	= 43380	MCG -4-25- 39	= 31513	MCG -4-16- 12	= 19279	MCG -4-10- 4	= 13894	MCG -4- 7- 43	= 10565
MCG -4-30- 24	= 43418	MCG -4-25- 40	= 31530	MCG -4-16- 13	= 19337	MCG -4-10- 6	= 13952	MCG -4- 7- 46	= 10600
MCG -4-30- 25	= 43456	(MCG -4-25- 41)	= 31532	MCG -4-16- 14	= 19355	MCG -4-10- 8	= 14132	MCG -4- 7- 47	= 10838
MCG -4-30- 28	= 43550	(MCG -4-25- 41)	= 31531	MCG -4-16- 17	= 19476	MCG -4-10- 9	= 14157	MCG -4- 7- 49	= 10893
MCG -4-30- 29	= 43557	MCG -4-25- 42	= 31540	MCG -4-16- 18	= 19522	MCG -4-10- 10	= 14180	MCG -4- 6- 1	= 7753
MCG -4-30- 30	= 43573	MCG -4-25- 43	= 31537	MCG -4-16- 19	= 19574	MCG -4-10- 11	= 14259	MCG -4- 6- 3	= 7865
MCG -4-30- 31	= 43589	MCG -4-25- 44	= 31551	MCG -4-16- 20	= 19589	MCG -4-10- 13	= 14475	MCG -4- 6- 5	= 8093
MCG -4-30- 32	= 43608	MCG -4-25- 45	= 31557	MCG -4-16- 21	= 19607	MCG -4-10- 14	= 14500	MCG -4- 6- 9	= 8223
MCG -4-30- 33	= 43633	MCG -4-25- 46	= 31571	MCG -4-16- 22	= 19617	MCG -4-10- 15	= 14520	MCG -4- 6- 11	= 8297
MCG -4-30- 34	= 43649	MCG -4-25- 48	= 31574	MCG -4-16- 23	= 19619	MCG -4-10- 17	= 14573	MCG -4- 6- 12	= 8304
MCG -4-29- 1	= 37906	MCG -4-25- 49	= 31585	MCG -4-15- 1	= 18148	MCG -4-10- 18	= 14596	MCG -4- 6- 16	= 8451
MCG -4-29- 3	= 38114	MCG -4-25- 50	= 31588	MCG -4-15- 2	= 18169	MCG -4- 9- 1	= 12526	MCG -4- 6- 17	= 8598
MCG -4-29- 4	= 38126	MCG -4-25- 51	= 31586	MCG -4-15- 3	= 18175	MCG -4- 9- 2	= 12671	MCG -4- 6- 19	= 8663
MCG -4-29- 5	= 38303	MCG -4-25- 52	= 31638	MCG -4-15- 4	= 18259	MCG -4- 9- 3	= 12708	MCG -4- 6- 20	= 8746
MCG -4-29- 6	= 38367	MCG -4-25- 53	= 31683	MCG -4-15- 5	= 18258	MCG -4- 9- 4	= 12737	MCG -4- 6- 21	= 8771
MCG -4-29- 7	= 38446	MCG -4-25- 55	= 31706	MCG -4-15- 8	= 18377	MCG -4- 9- 6	= 12754	MCG -4- 6- 30	= 8990
MCG -4-29- 8	= 38450	MCG -4-25- 56	= 31743	MCG -4-15- 10	= 18445	MCG -4- 9- 7	= 12762	MCG -4- 6- 31	= 8998
MCG -4-29- 9	= 38633	MCG -4-25- 57	= 31805	MCG -4-15- 11	= 18453	MCG -4- 9- 8	= 12795	MCG -4- 6- 32	= 9005
MCG -4-29- 11	= 38652	MCG -4-25- 58	= 31840	MCG -4-15- 12	= 18484	MCG -4- 9- 11	= 12838	MCG -4- 6- 34	= 9054
MCG -4-29- 18	= 39688	MCG -4-24- 1	= 28323	MCG -4-15- 13	= 18533	MCG -4- 9- 12	= 12846	MCG -4- 6- 35	= 9057
MCG -4-29- 19	= 39768	MCG -4-24- 2	= 28381	MCG -4-15- 14	= 18602	MCG -4- 9- 13	= 12884	MCG -4- 6- 36	= 9098
MCG -4-29- 20	= 39992	MCG -4-24- 3	= 28490	MCG -4-15- 15	= 18692	MCG -4- 9- 14	= 12889	MCG -4- 6- 37	= 9172
MCG -4-29- 21	= 39991	MCG -4-24- 4	= 28536	MCG -4-15- 18	= 18718	MCG -4- 9- 15	= 12961	MCG -4- 6- 38	= 9204
MCG -4-29- 22	= 40091	MCG -4-24- 5	= 28571	MCG -4-15- 19	= 18736	MCG -4- 9- 17	= 12989	MCG -4- 6- 39	= 9243
MCG -4-29- 23	= 40446	MCG -4-24- 7	= 28690	MCG -4-15- 20	= 18749	MCG -4- 9- 18	= 13042	MCG -4- 6- 40	= 9246
MCG -4-28- 2	= 36115	MCG -4-24- 8	= 28803	MCG -4-15- 21	= 18751	MCG -4- 9- 21	= 13094	MCG -4- 6- 41	= 9273
MCG -4-28- 4	= 37178	MCG -4-24- 9	= 28806	MCG -4-15- 22	= 18792	MCG -4- 9- 22	= 13108	MCG -4- 5- 1	= 6016
MCG -4-28- 5	= 37320	MCG -4-24- 10	= 28841	MCG -4-15- 23	= 18804	MCG -4- 9- 23	= 13150	MCG -4- 5- 6	= 6520
MCG -4-28- 6	= 37377	MCG -4-24- 11	= 28874	MCG -4-15- 24	= 18808	MCG -4- 9- 24	= 13154	MCG -4- 5- 8	= 6655
MCG -4-28- 8	= 37681	MCG -4-24- 12	= 28876	MCG -4-15- 27	= 18877	MCG -4- 9- 25	= 13171	MCG -4- 5- 16	= 7024
MCG -4-28- 9	= 37857	MCG -4-24- 13	= 29128	MCG -4-14- 2	= 17402	MCG -4- 9- 26	= 13184	MCG -4- 5- 17	= 7127
MCG -4-27- 1	= 33813	MCG -4-24- 14	= 29166	MCG -4-14- 3	= 17436	MCG -4- 9- 28	= 13194	MCG -4- 5- 19	= 7244
MCG -4-27- 2	= 33860	MCG -4-24- 15	= 29179	MCG -4-14- 4	= 17452	MCG -4- 9- 29	= 13255	MCG -4- 5- 24	= 7618
MCG -4-27- 3	= 33956	MCG -4-24- 17	= 29323	MCG -4-14- 6	= 17463	MCG -4- 9- 30	= 13275	MCG -4- 5- 27	= 7684
MCG -4-27- 4	= 34160	MCG -4-24- 18	= 29577	MCG -4-14- 7	= 17511	MCG -4- 9- 31	= 13283	MCG -4- 4- 3	= 4704
MCG -4-27- 5	= 34266	MCG -4-24- 19	= 29623	MCG -4-14- 8	= 17572	MCG -4- 9- 33	= 13324	MCG -4- 4- 4	= 4758
MCG -4-27- 6	= 34349	MCG -4-24- 21	= 29841	MCG -4-14- 11	= 17619	MCG -4- 9- 36	= 13368	MCG -4- 4- 6	= 4912
MCG -4-27- 8	= 34513	MCG -4-24- 22	= 29883	MCG -4-14- 15	= 17633	MCG -4- 9- 37	= 13381	MCG -4- 4- 9	= 5362
MCG -4-27- 10	= 35097	MCG -4-24- 23	= 29911	MCG -4-14- 20	= 17708	MCG -4- 9- 38	= 13408	MCG -4- 4- 10	= 5365
MCG -4-27- 11	= 35359	MCG -4-23- 1	= 26671	MCG -4-14- 21	= 17735	MCG -4- 9- 39	= 13419	MCG -4- 4- 11	= 5375
MCG -4-27- 12	= 35686	MCG -4-23- 3	= 26794	(MCG -4-14- 22)	= 17746	MCG -4- 9- 40	= 13434	MCG -4- 4- 12	= 5422
MCG -4-26- 1	= 31919	MCG -4-23- 5	= 26890	MCG -4-14- 23	= 17758	MCG -4- 9- 41	= 13445	MCG -4- 4- 14	= 5419
MCG -4-26- 2	= 31951	MCG -4-23- 8	= 27227	MCG -4-14- 24	= 17772	MCG -4- 9- 42	= 13457	MCG -4- 4- 20	= 5619
MCG -4-26- 3	= 31962	MCG -4-23- 10	= 27418	MCG -4-14- 25	= 17791	MCG -4- 9- 44	= 13531	MCG -4- 4- 25	= 5841
MCG -4-26- 4	= 31987	MCG -4-23- 11	= 27430	MCG -4-14- 26	= 17813	MCG -4- 9- 45	= 13543	MCG -4- 3- 4	= 2744
MCG -4-26- 6	= 32030	MCG -4-23- 12	= 27584	MCG -4-14- 28	= 17834	MCG -4- 9- 47	= 13544	MCG -4- 3- 5	= 2758
MCG -4-26- 7	= 32042	MCG -4-23- 14	= 27951	MCG -4-14- 32	= 17861	MCG -4- 9- 48	= 13548	MCG -4- 3- 6	= 2754
MCG -4-26- 9	= 32191	MCG -4-23- 15	= 27957	MCG -4-14- 33	= 17893	MCG -4- 9- 50	= 13561	MCG -4- 3- 9	= 2789
MCG -4-26- 10	= 32224	MCG -4-23- 16	= 28053	MCG -4-14- 37	= 17912	MCG -4- 9- 51	= 13569	MCG -4- 3- 10	= 2791
MCG -4-26- 11	= 32300	MCG -4-23- 17	= 28117	MCG -4-14- 38	= 17929	MCG -4- 9- 52	= 13590	MCG -4- 3- 13	= 2796
MCG -4-26- 12	= 32515	MCG -4-23- 18	= 28249	MCG -4-14- 39	= 17960	MCG -4- 9- 53	= 13608	MCG -4- 3- 14	= 2799
MCG -4-26- 13	= 32707	MCG -4-23- 19	= 28285	MCG -4-14- 40	= 17975	MCG -4- 9- 54	= 13638	MCG -4- 3- 19	= 2902
MCG -4-26- 14	= 32813	MCG -4-23- 20	= 28313	MCG -4-13- 2	= 16847	MCG -4- 9- 55	= 13689	MCG -4- 3- 21	= 3054
MCG -4-26- 15	= 32944	MCG -4-22- 2	= 25654	MCG -4-13- 4	= 16885	MCG -4- 9- 56	= 13738	MCG -4- 3- 28	= 3201
MCG -4-26- 17	= 33124	MCG -4-22- 3	= 25827	MCG -4-13- 5	= 16990	MCG -4- 9- 58	= 13760	MCG -4- 3- 32	= 3287
MCG -4-26- 18	= 33329	MCG -4-22- 4	= 25867	MCG -4-13- 6	= 16996	MCG -4- 8- 1	= 10981	MCG -4- 3- 37	= 3510
MCG -4-26- 19	= 33349	MCG -4-22- 5	= 25950	MCG -4-13- 7	= 17049	MCG -4- 8- 2	= 10991	MCG -4- 3- 38	= 3523
MCG -4-26- 20	= 33385	MCG -4-22- 6	= 26157	MCG -4-13- 9	= 17082	MCG -4- 8- 11	= 11354	MCG -4- 3- 39	= 3543
MCG -4-26- 21	= 33410	MCG -4-22- 7	= 26192	MCG -4-13- 11	= 17130	MCG -4- 8- 13	= 11377	MCG -4- 3- 43	= 3692
MCG -4-26- 22	= 33505	MCG -4-22- 8	= 26259	MCG -4-13- 13	= 17174	MCG -4- 8- 16	= 11479	MCG -4- 3- 44	= 3727
MCG -4-25- 2	= 30177	MCG -4-22- 9	= 26484	MCG -4-12- 6	= 15780	MCG -4- 8- 19	= 11494	MCG -4- 3- 46	= 3742
MCG -4-25- 3	= 30180	MCG -4-22- 11	= 26601	MCG -4-12- 10	= 15858	MCG -4- 8- 21	= 11538	MCG -4- 3- 50	= 3872
MCG -4-25- 4	= 30336	MCG -4-22- 12	= 26608	MCG -4-12- 12	= 15956	MCG -4- 8- 23	= 11559	MCG -4- 2- 2	= 1236
MCG -4-25- 6	= 30519	MCG -4-22- 13	= 26784	MCG -4-12- 13	= 16036	MCG -4- 8- 25	= 11734	MCG -4- 2- 3	= 1242
MCG -4-25- 7	= 30515	MCG -4-21- 3	= 23997	MCG -4-12- 15	= 16071	MCG -4- 8- 26	= 11735	MCG -4- 2- 5	= 1241
MCG -4-25- 8	= 30708	MCG -4-21- 4	= 24039	MCG -4-12- 19	= 16236	MCG -4- 8- 27	= 11743	MCG -4- 2- 6	= 1325
MCG -4-25- 11	= 30915	MCG -4-21- 10	= 24854	MCG -4-12- 22	= 16334	MCG -4- 8- 30	= 11750	MCG -4- 2- 14	= 1901
MCG -4-25- 12	= 31085	MCG -4-21- 11	= 24941	MCG -4-12- 23	= 16431	MCG -4- 8- 32	= 11819	MCG -4- 2- 15	= 1911
MCG -4-25- 13	= 31129	MCG -4-21- 13	= 25053	MCG -4-12- 26	= 16465	MCG -4- 8- 33	= 11807	MCG -4- 2- 16	= 1917
MCG -4-25- 15	= 31161	MCG -4-21- 15	= 25146	MCG -4-12- 27	= 16502	MCG -4- 8- 36	= 11851	MCG -4- 2- 18	= 2047
MCG -4-25- 16	= 31182	MCG -4-21- 16	= 25152	MCG -4-12- 28	= 16511	MCG -4- 8- 42	= 11924	MCG -4- 2- 19	= 2046
MCG -4-25- 18	= 31212	MCG -4-20- 2	= 23020	MCG -4-12- 29	= 16517	MCG -4- 8- 50	= 12007	MCG -4- 2- 22	= 2122
MCG -4-25- 19	= 31217	MCG -4-20- 3	= 23222	MCG -4-12- 31	= 16541	MCG -4- 8- 51	= 12011	MCG -4- 2- 24	= 2142
MCG -4-25- 20	= 31243	MCG -4-20- 4	= 23234	MCG -4-12- 34	= 16595	MCG -4- 8- 52	= 12032	MCG -4- 2- 26	= 2192
MCG -4-25- 21	= 31280	MCG -4-20- 7	= 23304	MCG -4-12- 37	= 16618	MCG -4- 8- 53	= 12034	MCG -4- 2- 27	= 2228
MCG -4-25- 22	= 31293	MCG -4-20- 8	= 23303	MCG -4-12- 38	= 16635	MCG -4- 8- 56	= 12194	MCG -4- 2- 28	= 2241
MCG -4-25- 23	= 31312	MCG -4-20- 9	= 23332	MCG -4-12- 39	= 16638	MCG -4- 8- 57	= 12309	MCG -4- 2- 29	= 2305
MCG -4-25- 24	= 31359	MCG -4-20- 10	= 23345	MCG -4-12- 40	= 16641	MCG -4- 8- 58	= 12431	MCG -4- 2- 30	= 2308
MCG -4-25- 25	= 31353	MCG -4-20- 12	= 23527	MCG -4-12- 41	= 16643	MCG -4- 7- 1	= 9442	MCG -4- 2- 32	= 2386
MCG -4-25- 27	= 31366	MCG -4-20- 13	= 23784	MCG -4-12- 42	= 16659	MCG -4- 7- 11	= 9832	MCG -4- 2- 35	= 2478
MCG -4-25- 28	= 31405	MCG -4-16- 1	= 18953	MCG -4-11- 1	= 14658	MCG -4- 7- 13	= 10045	MCG -4- 2- 37	= 2539
MCG -4-25- 29	= 31430	MCG -4-16- 2	= 18978	MCG -4-11- 7	= 14867	MCG -4- 7- 22	= 10219	MCG -4- 2- 40	= 2559
MCG -4-25- 30	= 31440	MCG -4-16- 3	= 19014	MCG -4-11- 8	= 14874	MCG -4- 7- 23	= 10222	MCG -4- 2- 41	= 2570
MCG -4-25- 31	= 31421	MCG -4-16- 4	= 19030	MCG -4-11- 10	= 14936	MCG -4- 7- 26	= 10271	MCG -4- 2- 43	= 2578
MCG -4-25- 32	= 31438	MCG -4-16- 5	= 19126	MCG -4-11- 13	= 15064	MCG -4- 7- 28	= 10276	MCG -4- 2- 44	= 2611
MCG -4-25- 33	= 31443	MCG -4-16- 6	= 19133	MCG -4-11- 15	= 15276	MCG -4- 7- 32	= 10399	MCG -4- 1- 1	= 72799
MCG -4-25- 34	= 31466	MCG -4-16- 7	= 19173	MCG -4-11- 18	= 15311	MCG -4- 7- 34	= 10444	MCG -4- 1- 3	= 72851
MCG -4-25- 36	= 31478	MCG -4-16- 8	= 19201	MCG -4-11- 22	= 15597	MCG -4- 7- 37	= 10502	MCG -4- 1- 4	= 72860

RC3   641   MCG

Name	Number	Name	Number	Name	Number	Name	Number	Name	Number
MCG -4- 1- 7	= 73036	MCG -3-40- 5	= 56147	MCG -3-34- 76	= 47009	MCG -3-28- 34	= 33418	MCG -3-17- 6	= 19360
MCG -4- 1- 16	= 558	MCG -3-39- 1	= 54160	MCG -3-34- 77	= 47023	MCG -3-28- 35	= 33430	MCG -3-16- 2	= 18140
MCG -4- 1- 18	= 701	MCG -3-39- 2	= 54324	MCG -3-34- 80	= 47225	MCG -3-28- 36	= 33552	MCG -3-16- 3	= 18147
MCG -4- 1- 19	= 774	MCG -3-39- 3	= 54348	MCG -3-34- 82	= 47289	MCG -3-28- 37	= 33667	MCG -3-16- 5	= 18223
MCG -4- 1- 20	= 879	MCG -3-39- 4	= 54602	MCG -3-34- 84	= 47396	MCG -3-28- 38	= 33671	MCG -3-16- 10	= 18349
MCG -4- 1- 21	= 930	MCG -3-39- 11	= 55251	MCG -3-34- 85	= 47408	MCG -3-27- 2	= 30204	MCG -3-16- 11	= 18369
MCG -4- 1- 22	= 991	MCG -3-38- 1	= 52612	MCG -3-34- 86	= 47423	MCG -3-27- 10	= 30554	MCG -3-16- 17	= 18518
MCG -4- 1- 26	= 1034	MCG -3-38- 3	= 52678	MCG -3-33- 1	= 42819	MCG -3-27- 12	= 30666	MCG -3-16- 19	= 18708
MCG -3-60- 1	= 71820	MCG -3-38- 4	= 52680	MCG -3-33- 3	= 42954	MCG -3-27- 13	= 30683	MCG -3-16- 21	= 18794
MCG -3-60- 2	= 71828	MCG -3-38- 5	= 52696	MCG -3-33- 4	= 42950	MCG -3-27- 21	= 31485	MCG -3-16- 22	= 18796
MCG -3-60- 3	= 71833	MCG -3-38- 6	= 52730	MCG -3-33- 6	= 43038	MCG -3-27- 24	= 31811	MCG -3-16- 23	= 18805
MCG -3-60- 8	= 71941	MCG -3-38- 8	= 52809	MCG -3-33- 7	= 43109	MCG -3-27- 26	= 31895	MCG -3-15- 3	= 17487
MCG -3-60- 10	= 72173	MCG -3-38- 9	= 52824	MCG -3-33- 8	= 43245	MCG -3-26- 1	= 28749	MCG -3-15- 5	= 17502
MCG -3-60- 11	= 72227	MCG -3-38- 13	= 52827	MCG -3-33- 10	= 43492	MCG -3-26- 3	= 28875	MCG -3-15- 6	= 17515
MCG -3-60- 12	= 72350	MCG -3-38- 14	= 52839	MCG -3-33- 13	= 43792	MCG -3-26- 6	= 28922	MCG -3-15- 7	= 17556
MCG -3-60- 16	= 72424	MCG -3-38- 15	= 52846	MCG -3-33- 14	= 43871	MCG -3-26- 7	= 28927	MCG -3-15- 9	= 17597
MCG -3-60- 18	= 72496	MCG -3-38- 17	= 52906	MCG -3-33- 16	= 43927	MCG -3-26- 8	= 28950	MCG -3-15- 11	= 17668
MCG -3-60- 20	= 72503	MCG -3-38- 18	= 52916	MCG -3-33- 17	= 44097	MCG -3-26- 11	= 29021	MCG -3-15- 12	= 17804
MCG -3-60- 22	= 72568	MCG -3-38- 19	= 52991	MCG -3-33- 22	= 44232	MCG -3-26- 15	= 29140	MCG -3-15- 13	= 17810
MCG -3-59- 1	= 70657	MCG -3-38- 20	= 53020	MCG -3-33- 24	= 44313	MCG -3-26- 16	= 29281	MCG -3-15- 16	= 17860
MCG -3-59- 4	= 71151	MCG -3-38- 21	= 53035	MCG -3-33- 25	= 44626	MCG -3-26- 17	= 29309	MCG -3-15- 17	= 17872
MCG -3-59- 6	= 71308	MCG -3-38- 23	= 53183	MCG -3-33- 26	= 44871	MCG -3-26- 18	= 29312	MCG -3-15- 18	= 17891
MCG -3-59- 8	= 71357	MCG -3-38- 24	= 53186	MCG -3-33- 27	= 44982	MCG -3-26- 20	= 29330	MCG -3-15- 19	= 17941
MCG -3-59- 9	= 71430	MCG -3-38- 25	= 53303	MCG -3-33- 28	= 45006	MCG -3-26- 21	= 29346	MCG -3-15- 20	= 17969
MCG -3-58- 1	= 69651	MCG -3-38- 26	= 53336	MCG -3-33- 30	= 45084	MCG -3-26- 22	= 29357	MCG -3-15- 21	= 17976
MCG -3-58- 2	= 69678	MCG -3-38- 28	= 53417	MCG -3-33- 31	= 45257	MCG -3-26- 24	= 29377	MCG -3-15- 24	= 18040
MCG -3-58- 3	= 69728	MCG -3-38- 30	= 53450	MCG -3-33- 32	= 45359	MCG -3-26- 28	= 29548	MCG -3-15- 25	= 18047
MCG -3-58- 4	= 69736	MCG -3-38- 31	= 53456	MCG -3-32- 4	= 39777	MCG -3-26- 29	= 29663	MCG -3-15- 27	= 18073
MCG -3-58- 7A	= 69828	MCG -3-38- 34	= 53485	MCG -3-32- 5	= 39839	MCG -3-26- 30	= 29675	MCG -3-14- 1	= 16784
MCG -3-58- 9	= 69935	MCG -3-38- 35	= 53516	MCG -3-32- 6	= 39909	MCG -3-26- 32	= 29950	MCG -3-14- 2	= 16788
MCG -3-58- 12	= 69991	MCG -3-38- 36	= 53525	MCG -3-32- 7	= 40080	MCG -3-26- 33	= 29959	MCG -3-14- 4	= 16809
MCG -3-57- 1	= 68593	MCG -3-38- 37	= 53546	MCG -3-32- 8	= 40589	MCG -3-26- 34	= 29980	MCG -3-14- 5	= 16822
MCG -3-57- 2	= 68604	MCG -3-38- 38	= 53550	MCG -3-32- 9	= 41183	MCG -3-26- 37	= 30108	MCG -3-14- 6	= 16874
MCG -3-57- 4	= 68674	MCG -3-38- 39	= 53549	MCG -3-32- 10	= 41341	MCG -3-25- 1	= 27031	MCG -3-14- 7	= 16898
MCG -3-57- 5	= 68695	MCG -3-38- 40	= 53562	MCG -3-32- 12	= 41728	MCG -3-25- 2	= 27048	MCG -3-14- 9	= 16892
MCG -3-57- 6	= 68721	MCG -3-38- 42	= 53583	MCG -3-32- 13	= 41790	MCG -3-25- 3	= 27054	MCG -3-14- 10	= 16906
MCG -3-57- 7	= 68826	MCG -3-38- 43	= 53588	MCG -3-32- 15	= 42047	MCG -3-25- 4	= 27130	MCG -3-14- 13	= 17056
MCG -3-57- 8	= 68958	MCG -3-38- 45	= 53666	MCG -3-32- 16	= 42125	MCG -3-25- 6	= 27214	MCG -3-14- 14	= 17229
MCG -3-57- 10	= 68984	MCG -3-38- 46	= 53711	MCG -3-32- 18	= 42470	MCG -3-25- 7	= 27234	MCG -3-14- 16	= 17294
MCG -3-57- 15	= 69021	MCG -3-37- 1	= 51445	MCG -3-32- 19	= 42642	MCG -3-25- 8	= 27253	MCG -3-14- 17	= 17323
MCG -3-57- 17	= 69057	MCG -3-37- 2	= 51456	MCG -3-31- 1	= 37496	MCG -3-25- 11	= 27351	MCG -3-14- 18	= 17340
MCG -3-57- 18	= 69084	MCG -3-37- 3	= 52049	MCG -3-31- 1A	= 37476	MCG -3-25- 13	= 27441	MCG -3-13- 1	= 15931
MCG -3-57- 20	= 69119	MCG -3-37- 4	= 52458	MCG -3-31- 1B	= 37482	MCG -3-25- 15	= 27757	MCG -3-13- 4	= 15950
MCG -3-57- 22	= 69171	MCG -3-37- 5	= 52521	MCG -3-31- 2	= 37513	MCG -3-25- 16	= 27774	MCG -3-13- 9	= 16011
MCG -3-57- 25	= 69309	MCG -3-37- 6	= 57565	MCG -3-31- 3	= 37565	MCG -3-25- 17	= 27840	MCG -3-13- 15	= 16101
MCG -3-57- 26	= 69410	MCG -3-36- 2	= 49771	MCG -3-31- 4	= 37690	MCG -3-25- 19	= 27885	MCG -3-13- 16	= 16128
MCG -3-56- 1	= 67747	MCG -3-36- 10	= 50807	MCG -3-31- 6	= 37727	MCG -3-25- 19A	= 27928	MCG -3-13- 17	= 16165
MCG -3-56- 4	= 67892	MCG -3-35- 4	= 47717	MCG -3-31- 7	= 37772	MCG -3-25- 20	= 27962	MCG -3-13- 19	= 16239
MCG -3-56- 5	= 67956	MCG -3-35- 11	= 48171	MCG -3-31- 8	= 37773	MCG -3-25- 21	= 27994	MCG -3-13- 20	= 16265
MCG -3-56- 6	= 68030	MCG -3-35- 12	= 48181	MCG -3-31- 10	= 37853	MCG -3-25- 22	= 28049	MCG -3-13- 25	= 16315
MCG -3-56- 7	= 68118	MCG -3-35- 13	= 48223	MCG -3-31- 11	= 37863	MCG -3-25- 24	= 28373	MCG -3-13- 29	= 16336
MCG -3-56- 8	= 68199	MCG -3-35- 21	= 49351	MCG -3-31- 12	= 37908	MCG -3-25- 28	= 28492	MCG -3-13- 31	= 16347
MCG -3-56- 9	= 68201	MCG -3-34- 1	= 45486	MCG -3-31- 14	= 37967	MCG -3-25- 29	= 28510	MCG -3-13- 34	= 16367
MCG -3-56- 14	= 68512	MCG -3-34- 4	= 45650	MCG -3-31- 15	= 37969	MCG -3-25- 30	= 28550	MCG -3-13- 35	= 16371
MCG -3-55- 5	= 67186	MCG -3-34- 5	= 45667	MCG -3-31- 16	= 38049	MCG -3-24- 1	= 25926	MCG -3-13- 36	= 16374
MCG -3-54- 1	= 66323	MCG -3-34- 9	= 45721	MCG -3-31- 17	= 38087	MCG -3-24- 2	= 26057	MCG -3-13- 37	= 16396
MCG -3-53- 1	= 65388	MCG -3-34- 11	= 45806	MCG -3-31- 22	= 38499	MCG -3-24- 3	= 26151	MCG -3-13- 38	= 16434
MCG -3-53- 2	= 65392	MCG -3-34- 13	= 45860	MCG -3-31- 23	= 38529	MCG -3-24- 4	= 26168	MCG -3-13- 42	= 16494
MCG -3-53- 3	= 65409	MCG -3-34- 14	= 45877	MCG -3-31- 24	= 38952	MCG -3-24- 5	= 26276	MCG -3-13- 43	= 16499
MCG -3-53- 4	= 65412	MCG -3-34- 15	= 45888	MCG -3-30- 3	= 36026	MCG -3-24- 7	= 26404	MCG -3-13- 45	= 16504
MCG -3-53- 5	= 65415	MCG -3-34- 16	= 45900	MCG -3-30- 6	= 36097	MCG -3-24- 8	= 26422	MCG -3-13- 46	= 16518
MCG -3-53- 6	= 65501	MCG -3-34- 17	= 45908	MCG -3-30- 8	= 36315	MCG -3-24- 12	= 26918	MCG -3-13- 51	= 16568
MCG -3-53- 7	= 65555	MCG -3-34- 18	= 45911	MCG -3-30- 10	= 36445	MCG -3-23- 1	= 24489	MCG -3-13- 53	= 16583
MCG -3-53- 8	= 65614	MCG -3-34- 19	= 45912	MCG -3-30- 12	= 36754	MCG -3-23- 2	= 24558	MCG -3-13- 54	= 16585
MCG -3-53- 11	= 65750	MCG -3-34- 21	= 45953	MCG -3-30- 14	= 37009	MCG -3-23- 4	= 24634	MCG -3-13- 55	= 16586
MCG -3-53- 12	= 65760	MCG -3-34- 22	= 45955	MCG -3-30- 16	= 37325	MCG -3-23- 5	= 24685	MCG -3-13- 57	= 16604
MCG -3-53- 13	= 65799	MCG -3-34- 23	= 45991	MCG -3-30- 17	= 37326	MCG -3-23- 9	= 24836	MCG -3-13- 58	= 16611
MCG -3-53- 14	= 65818	MCG -3-34- 24	= 46006	MCG -3-30- 19	= 37373	MCG -3-23- 10	= 24870	MCG -3-13- 63	= 16675
MCG -3-53- 19	= 65923	MCG -3-34- 28	= 46068	MCG -3-30- 20	= 37396	MCG -3-23- 11	= 24913	MCG -3-13- 64	= 16678
MCG -3-53- 21	= 65960	MCG -3-34- 29	= 46078	MCG -3-29- 1	= 34028	MCG -3-23- 15	= 25407	MCG -3-13- 66	= 16703
MCG -3-53- 25	= 65987	MCG -3-34- 31	= 46081	MCG -3-29- 4	= 34534	MCG -3-23- 19	= 25515	MCG -3-13- 69	= 16735
MCG -3-53- 27	= 66111	MCG -3-34- 32	= 46097	MCG -3-29- 5	= 34691	MCG -3-23- 20	= 25518	MCG -3-13- 70	= 16743
MCG -3-52- 2	= 64548	MCG -3-34- 34	= 46115	MCG -3-28- 1	= 32017	MCG -3-22- 1	= 23579	MCG -3-13- 71	= 16748
MCG -3-52- 3	= 64607	MCG -3-34- 35	= 46141	MCG -3-28- 3	= 32197	MCG -3-22- 4	= 23986	MCG -3-13- 72	= 16751
MCG -3-52- 4	= 64619	MCG -3-34- 36	= 46150	MCG -3-28- 4	= 32270	MCG -3-22- 5	= 23992	MCG -3-13- 73	= 16759
MCG -3-52- 8	= 64700	MCG -3-34- 37	= 46166	MCG -3-28- 6	= 32311	MCG -3-22- 8	= 24195	MCG -3-12- 1	= 14868
MCG -3-52- 9	= 64721	MCG -3-34- 39	= 46247	MCG -3-28- 8	= 32374	MCG -3-22- 9	= 24225	MCG -3-12- 11	= 15349
MCG -3-52- 11	= 64751	MCG -3-34- 41	= 46261	MCG -3-28- 11	= 32453	MCG -3-22- 10	= 24236	MCG -3-12- 15	= 15517
MCG -3-52- 13	= 64826	MCG -3-34- 43	= 46270	MCG -3-28- 12	= 32470	MCG -3-22- 12	= 24427	MCG -3-12- 17	= 15705
MCG -3-52- 14	= 64834	MCG -3-34- 46	= 46400	MCG -3-28- 14	= 32531	MCG -3-22- 13	= 24429	MCG -3-12- 18	= 15850
MCG -3-52- 18	= 64913	MCG -3-34- 47	= 46408	MCG -3-28- 15	= 32550	MCG -3-22- 14	= 24454	MCG -3-12- 19	= 15857
MCG -3-52- 19	= 64955	MCG -3-34- 50	= 46541	MCG -3-28- 17	= 32724	MCG -3-22- 15	= 24479	MCG -3-11- 2	= 14155
MCG -3-51- 2	= 64013	MCG -3-34- 51	= 46533	MCG -3-28- 18	= 32730	MCG -3-20- 1	= 21822	MCG -3-11- 3	= 14165
MCG -3-51- 3	= 64060	MCG -3-34- 61	= 46665	MCG -3-28- 19	= 32752	MCG -3-18- 1	= 19526	MCG -3-11- 7	= 14330
MCG -3-51- 6	= 64346	MCG -3-34- 63	= 46710	MCG -3-28- 21	= 32778	MCG -3-18- 2	= 19562	MCG -3-11- 9	= 14412
MCG -3-51- 8	= 64463	MCG -3-34- 66	= 46775	MCG -3-28- 22	= 32782	MCG -3-17- 1	= 18848	MCG -3-11- 11	= 14458
MCG -3-50- 2	= 63425	MCG -3-34- 68	= 46878	MCG -3-28- 27	= 32961	MCG -3-17- 2	= 18858	MCG -3-11- 12	= 14487
MCG -3-50- 3	= 63540	MCG -3-34- 69	= 46889	MCG -3-28- 31	= 33362	MCG -3-17- 3	= 18894	MCG -3-11- 13	= 14514
MCG -3-50- 4	= 63682	MCG -3-34- 70	= 46926	MCG -3-28- 32	= 33381	MCG -3-17- 4	= 18930	MCG -3-11- 18	= 14626
MCG -3-40- 2	= 55625	MCG -3-34- 73	= 46938	MCG -3-28- 33	= 33401	MCG -3-17- 5	= 19127	MCG -3-11- 19	= 14768

MCG -3-10- 2 = 13091	MCG -3- 8- 66 = 11520	MCG -3- 1- 26 = 1211	MCG -2-39- 18 = 54779	MCG -2-33- 60 = 44012
MCG -3-10- 3 = 13122	MCG -3- 8- 67 = 11527	MCG -3- 1- 27 = 1218	MCG -2-39- 19 = 54816	MCG -2-33- 61 = 44087
MCG -3-10- 4 = 13130	MCG -3- 8- 68 = 11533	MCG -2-60- 4 = 71920	MCG -2-39- 20 = 54825	MCG -2-33- 66 = 44157
MCG -3-10- 5 = 13128	MCG -3- 8- 69 = 11546	MCG -2-60- 5 = 72009	MCG -2-38- 1 = 52618	MCG -2-33- 67 = 44227
MCG -3-10- 6 = 13174	MCG -3- 8- 73 = 11638	MCG -2-60- 6 = 72015	MCG -2-38- 4 = 52669	MCG -2-33- 68 = 44246
MCG -3-10- 7 = 13190	MCG -3- 7- 1 = 8868	MCG -2-60- 7 = 72057	MCG -2-38- 7 = 52707	MCG -2-33- 69 = 44236
MCG -3-10- 8 = 13196	MCG -3- 7- 2 = 8896	MCG -2-60- 8 = 72060	MCG -2-38- 10 = 52802	MCG -2-33- 70 = 44261
MCG -3-10- 10 = 13220	MCG -3- 7- 11 = 9141	MCG -2-60- 9 = 72122	MCG -2-38- 11 = 52811	MCG -2-33- 71 = 44267
MCG -3-10- 11 = 13241	MCG -3- 7- 15 = 9287	MCG -2-60- 10 = 72097	MCG -2-38- 12 = 52825	MCG -2-33- 72 = 44328
MCG -3-10- 13 = 13265	MCG -3- 7- 16 = 9300	MCG -2-60- 12 = 72147	MCG -2-38- 15 = 52853	MCG -2-33- 73 = 44339
MCG -3-10- 14 = 13375	MCG -3- 7- 19 = 9335	MCG -2-60- 14 = 72250	MCG -2-38- 16 = 52940	MCG -2-33- 74 = 44383
MCG -3-10- 15 = 13377	MCG -3- 7- 22 = 9420	MCG -2-60- 20 = 72641	MCG -2-38- 17 = 52935	MCG -2-33- 75 = 44460
MCG -3-10- 17 = 13386	MCG -3- 7- 26 = 9580	MCG -2-59- 1 = 70547	MCG -2-38- 22 = 53093	MCG -2-33- 77 = 44572
MCG -3-10- 18 = 13401	MCG -3- 7- 27 = 9602	MCG -2-59- 4 = 70607	MCG -2-38- 24 = 53595	MCG -2-33- 78 = 44582
MCG -3-10- 19 = 13425	MCG -3- 7- 29 = 9626	MCG -2-59- 7 = 70773	MCG -2-38- 25 = 53624	MCG -2-33- 79 = 44610
MCG -3-10- 20 = 13436	MCG -3- 7- 30 = 9654	MCG -2-59- 9 = 71025	MCG -2-38- 27 = 53634	MCG -2-33- 80 = 44645
MCG -3-10- 21 = 13444	MCG -3- 7- 31 = 9666	MCG -2-59- 10 = 71021	MCG -2-38- 30 = 53724	MCG -2-33- 81 = 44650
MCG -3-10- 22 = 13470	MCG -3- 7- 42 = 9960	MCG -2-59- 11 = 71028	MCG -2-38- 31 = 53764	MCG -2-33- 82 = 44701
MCG -3-10- 23 = 13467	MCG -3- 7- 44 = 9987	MCG -2-59- 12 = 71047	MCG -2-38- 32 = 53796	MCG -2-33- 84 = 44729
MCG -3-10- 24 = 13479	MCG -3- 7- 47 = 10038	MCG -2-59- 17 = 71447	MCG -2-37- 3 = 51492	MCG -2-33- 85 = 44735
MCG -3-10- 25 = 13471	MCG -3- 7- 49 = 10066	MCG -2-59- 24 = 71631	MCG -2-37- 6 = 51982	MCG -2-33- 86 = 44761
MCG -3-10- 27 = 13491	MCG -3- 7- 52 = 10153	MCG -2-58- 1 = 69677	MCG -2-37- 10 = 52144	MCG -2-33- 87 = 44796
MCG -3-10- 28 = 13512	MCG -3- 7- 55 = 10195	MCG -2-58- 3 = 69691	MCG -2-36- 2 = 49940	MCG -2-33- 88 = 44812
MCG -3-10- 29 = 13495	MCG -3- 6- 4 = 7798	MCG -2-58- 5 = 69734	MCG -2-36- 4 = 50092	MCG -2-33- 89 = 44829
MCG -3-10- 30 = 13505	MCG -3- 6- 10 = 8319	MCG -2-58- 10 = 70056	MCG -2-36- 5 = 50120	MCG -2-33- 90 = 44841
MCG -3-10- 31 = 13511	MCG -3- 6- 13 = 8404	MCG -2-58- 11 = 70084	MCG -2-36- 6 = 50121	MCG -2-33- 92 = 44847
MCG -3-10- 33 = 13563	MCG -3- 6- 15 = 8483	MCG -2-58- 12 = 70088	MCG -2-36- 10 = 50156	MCG -2-33- 94 = 44958
MCG -3-10- 34 = 13570	MCG -3- 6- 16 = 8480	MCG -2-58- 15 = 70218	MCG -2-36- 11 = 50177	MCG -2-33- 95 = 44954
MCG -3-10- 35 = 13575	MCG -3- 6- 18 = 8602	MCG -2-58- 16 = 70219	MCG -2-36- 12 = 50211	MCG -2-33- 96 = 44977
MCG -3-10- 36 = 13582	MCG -3- 6- 19 = 8629	MCG -2-58- 19 = 70252	MCG -2-36- 17 = 50703	MCG -2-33- 97 = 44983
MCG -3-10- 37 = 13589	MCG -3- 6- 24 = 8851	MCG -2-57- 10 = 69033	MCG -2-36- 19 = 51059	MCG -2-33- 98 = 44990
MCG -3-10- 39 = 13648	MCG -3- 5- 4 = 5765	MCG -2-57- 11 = 69040	MCG -2-35- 6 = 48087	MCG -2-33-100 = 44987
MCG -3-10- 40 = 13659	MCG -3- 5- 5 = 5769	MCG -2-57- 13 = 69094	MCG -2-35- 10 = 48179	MCG -2-33-101 = 45142
MCG -3-10- 41 = 13684	MCG -3- 5- 8 = 5866	MCG -2-57- 15 = 69114	MCG -2-35- 11 = 48213	MCG -2-33-102 = 45146
MCG -3-10- 42 = 13716	MCG -3- 5- 11 = 6083	MCG -2-57- 16 = 69183	MCG -2-35- 12 = 48307	MCG -2-33-104 = 45170
MCG -3-10- 43 = 13752	MCG -3- 5- 14 = 6244	MCG -2-57- 17 = 69194	MCG -2-34- 4 = 45585	MCG -2-32- 1 = 39698
MCG -3-10- 44 = 13765	MCG -3- 5- 16 = 6301	MCG -2-57- 18 = 69214	MCG -2-34- 6 = 45652	MCG -2-32- 3 = 39812
MCG -3-10- 45 = 13821	MCG -3- 5- 21 = 6587	MCG -2-57- 21 = 69280	MCG -2-34- 8 = 45824	MCG -2-32- 5 = 39851
MCG -3-10- 47 = 13881	MCG -3- 5- 22 = 6663	MCG -2-57- 22 = 69292	MCG -2-34- 10 = 45958	MCG -2-32- 6 = 39982
MCG -3-10- 49 = 13889	MCG -3- 5- 24 = 6912	MCG -2-57- 23 = 69307	MCG -2-34- 11 = 45976	MCG -2-32- 7 = 40167
MCG -3-10- 53 = 14079	MCG -3- 5- 27 = 6956	MCG -2-57- 26 = 69381	MCG -2-34- 13 = 46252	MCG -2-32- 8 = 40189
MCG -3-10- 54 = 14084	MCG -3- 4- 7 = 4074	MCG -2-56- 3 = 67811	MCG -2-34- 15 = 46307	MCG -2-32- 9 = 40212
MCG -3-10- 56 = 14102	MCG -3- 4- 8 = 4071	MCG -2-56- 5 = 67839	MCG -2-34- 21 = 46366	MCG -2-32- 13 = 41087
MCG -3- 9- 2 = 11798	MCG -3- 4- 10 = 4079	MCG -2-56- 7 = 67871	MCG -2-34- 22 = 46432	MCG -2-32- 14 = 41757
MCG -3- 9- 7 = 11977	MCG -3- 4- 11 = 4082	MCG -2-56- 26 = 68401	MCG -2-34- 25 = 46441	MCG -2-32- 15 = 41743
MCG -3- 9- 14 = 12107	MCG -3- 4- 19 = 4237	MCG -2-55- 1 = 67181	MCG -2-34- 26 = 46453	MCG -2-32- 17 = 41989
MCG -3- 9- 17 = 12373	MCG -3- 4- 27 = 4348	MCG -2-55- 2 = 67359	MCG -2-34- 27 = 46456	MCG -2-32- 19 = 42310
MCG -3- 9- 18 = 12412	MCG -3- 4- 30 = 4377	MCG -2-55- 5 = 67547	MCG -2-34- 30 = 46473	MCG -2-32- 20 = 42407
MCG -3- 9- 22 = 12521	MCG -3- 4- 40 = 4711	MCG -2-55- 6 = 67561	MCG -2-34- 34 = 46535	MCG -2-32- 22 = 42495
MCG -3- 9- 27 = 12608	MCG -3- 4- 41 = 4707	MCG -2-54- 4 = 66566	MCG -2-34- 39 = 46664	MCG -2-32- 23 = 42562
MCG -3- 9- 28 = 12626	MCG -3- 4- 42 = 4703	MCG -2-54- 5 = 66583	MCG -2-34- 48 = 47021	MCG -2-32- 25 = 42677
MCG -3- 9- 32 = 12684	MCG -3- 4- 43 = 4724	MCG -2-53- 1 = 65306	MCG -2-34- 51 = 47072	MCG -2-32- 26 = 42730
MCG -3- 9- 33 = 12701	MCG -3- 4- 51 = 4844	MCG -2-53- 2 = 65345	MCG -2-34- 54 = 47198	MCG -2-31- 1 = 37452
MCG -3- 9- 41 = 12798	MCG -3- 4- 52 = 4843	MCG -2-53- 3 = 65367	MCG -2-34- 55 = 47243	MCG -2-31- 3 = 37575
MCG -3- 9- 42 = 12826	MCG -3- 4- 53 = 4842	MCG -2-53- 5 = 65396	MCG -2-34- 58 = 47383	MCG -2-31- 6 = 37680
MCG -3- 9- 45 = 12922	MCG -3- 4- 55 = 4940	MCG -2-53- 6 = 65428	MCG -2-34- 60 = 47448	MCG -2-31- 7 = 37667
MCG -3- 9- 46 = 12979	MCG -3- 4- 56 = 4958	MCG -2-53- 9 = 65574	MCG -2-34- 61 = 47514	MCG -2-31- 12 = 38030
MCG -3- 9- 47 = 12981	MCG -3- 4- 61 = 5186	MCG -2-53- 13 = 65717	MCG -2-33- 1 = 42929	MCG -2-31- 16 = 38346
MCG -3- 9- 48 = 13029	MCG -3- 4- 63 = 5269	MCG -2-53- 20 = 65928	MCG -2-33- 2 = 42946	MCG -2-31- 17 = 38426
MCG -3- 9- 49 = 13030	MCG -3- 4- 67 = 5397	MCG -2-53- 23 = 65981	MCG -2-33- 4 = 43030	MCG -2-31- 18 = 38460
MCG -3- 8- 1 = 10324	MCG -3- 4- 69 = 5417	MCG -2-53- 24 = 66039	MCG -2-33- 6 = 43071	MCG -2-31- 19 = 38496
MCG -3- 8- 3 = 10313	MCG -3- 4- 70 = 5452	MCG -2-52- 2 = 64517	MCG -2-33- 7 = 43118	MCG -2-31- 19A = 38534
MCG -3- 8- 8 = 10403	MCG -3- 4- 77 = 5576	MCG -2-52- 3 = 64534	MCG -2-33- 8 = 43147	MCG -2-31- 20 = 38775
MCG -3- 8- 10 = 10411	MCG -3- 3- 2 = 2635	MCG -2-52- 4 = 64626	MCG -2-33- 10 = 43236	MCG -2-31- 21 = 38937
MCG -3- 8- 11 = 10422	MCG -3- 3- 3 = 2675	MCG -2-52- 5 = 64640	MCG -2-33- 11 = 43313	MCG -2-31- 25 = 39155
MCG -3- 8- 13 = 10424	MCG -3- 3- 5 = 2943	MCG -2-52- 10 = 64888	MCG -2-33- 13 = 43330	MCG -2-31- 26 = 39317
MCG -3- 8- 14 = 10432	MCG -3- 3- 6 = 3042	MCG -2-52- 11 = 64907	MCG -2-33- 15 = 43345	MCG -2-31- 28 = 39395
MCG -3- 8- 15 = 10445	MCG -3- 3- 7 = 3252	MCG -2-52- 12 = 64906	MCG -2-33- 16 = 43382	MCG -2-31- 29 = 39411
MCG -3- 8- 16 = 10438	MCG -3- 3- 10 = 3481	MCG -2-52- 14 = 64942	MCG -2-33- 17 = 43424	MCG -2-30- 3 = 35664
MCG -3- 8- 28 = 10664	MCG -3- 3- 11 = 3526	MCG -2-52- 15 = 64956	MCG -2-33- 18 = 43442	MCG -2-30- 4 = 35658
MCG -3- 8- 29 = 10669	MCG -3- 3- 15 = 3544	MCG -2-52- 16 = 64963	MCG -2-33- 20 = 43458	MCG -2-30- 5 = 35734
MCG -3- 8- 32 = 10816	MCG -3- 3- 20 = 3681	MCG -2-52- 17 = 65013	MCG -2-33- 22 = 43494	MCG -2-30- 6 = 35773
MCG -3- 8- 35 = 10851	MCG -3- 3- 22 = 3856	MCG -2-52- 19 = 65215	MCG -2-33- 23 = 43499	MCG -2-30- 8 = 35879
MCG -3- 8- 37 = 10879	MCG -3- 2- 13 = 1575	MCG -2-51- 1 = 64079	MCG -2-33- 24 = 43501	MCG -2-30- 9 = 35907
MCG -3- 8- 38 = 10887	MCG -3- 2- 19 = 1926	MCG -2-51- 4 = 64373	MCG -2-33- 25 = 43493	MCG -2-30- 10 = 35927
MCG -3- 8- 41 = 10912	MCG -3- 2- 22 = 2138	MCG -2-50- 1 = 63545	MCG -2-33- 27 = 43536	MCG -2-30- 11 = 36045
MCG -3- 8- 42 = 10965	MCG -3- 2- 24 = 2232	MCG -2-50- 6 = 63616	MCG -2-33- 31 = 43560	MCG -2-30- 12 = 36055
MCG -3- 8- 45 = 10994	MCG -3- 2- 26 = 2253	MCG -2-50- 9 = 63800	MCG -2-33- 32 = 43594	MCG -2-30- 13 = 36084
MCG -3- 8- 46 = 11090	MCG -3- 2- 31 = 2338	MCG -2-50- 10 = 63803	MCG -2-33- 39 = 43725	MCG -2-30- 14 = 36217
MCG -3- 8- 53 = 11261	MCG -3- 2- 32 = 2369	MCG -2-41- 1 = 57723	MCG -2-33- 40 = 43715	MCG -2-30- 16 = 36324
MCG -3- 8- 54 = 11264	MCG -3- 2- 34 = 2380	MCG -2-40- 3 = 55863	MCG -2-33- 41 = 43763	MCG -2-30- 17 = 36331
MCG -3- 8- 56 = 11359	MCG -3- 2- 40 = 2492	MCG -2-39- 1 = 54044	MCG -2-33- 42 = 43766	MCG -2-30- 18 = 36393
MCG -3- 8- 57 = 11367	MCG -3- 2- 41 = 2526	MCG -2-39- 2 = 54075	MCG -2-33- 47 = 43851	MCG -2-30- 21 = 36409
MCG -3- 8- 59 = 11420	MCG -3- 1- 2 = 72984	MCG -2-39- 3 = 54097	MCG -2-33- 49 = 43902	MCG -2-30- 23 = 36417
MCG -3- 8- 60 = 11480	MCG -3- 1- 3 = 72997	MCG -2-39- 4 = 54103	MCG -2-33- 50 = 43924	MCG -2-30- 27 = 36643
MCG -3- 8- 61 = 11503	MCG -3- 1- 15 = 143	MCG -2-39- 5 = 54169	MCG -2-33- 51 = 43926	MCG -2-30- 29 = 36744
MCG -3- 8- 62 = 11508	MCG -3- 1- 18 = 325	MCG -2-39- 6 = 54316	MCG -2-33- 52 = 43928	MCG -2-30- 32 = 36827
MCG -3- 8- 63 = 11515	MCG -3- 1- 19 = 367	MCG -2-39- 7 = 54365	MCG -2-33- 53 = 43929	MCG -2-30- 35 = 37099
MCG -3- 8- 64 = 11514	MCG -3- 1- 21 = 721	MCG -2-39- 13 = 54429	MCG -2-33- 56 = 43972	MCG -2-30- 36 = 37199
MCG -3- 8- 65 = 11519	MCG -3- 1- 24 = 1130	MCG -2-39- 16 = 54532	MCG -2-33- 58 = 43970	MCG -2-30- 37 = 37267

RC3 643 MCG

MCG -2-30- 39	= 37348	MCG -2-24- 2	= 25907	MCG -2-13- 43	= 16742	MCG -2- 7- 29	= 9646	MCG -2- 3- 15	= 2800
MCG -2-30- 40	= 37366	MCG -2-24- 3	= 25938	MCG -2-12- 1	= 14917	MCG -2- 7- 31	= 9713	MCG -2- 3- 16	= 2805
MCG -2-30- 41	= 37425	MCG -2-24- 7	= 26269	MCG -2-12- 5	= 14969	MCG -2- 7- 32	= 9721	MCG -2- 3- 17	= 2802
MCG -2-29- 1	= 33725	MCG -2-24- 11	= 26378	MCG -2-12- 11	= 15029	MCG -2- 7- 33	= 9800	MCG -2- 3- 19	= 2845
MCG -2-29- 3	= 33759	MCG -2-24- 12	= 26429	MCG -2-12- 22	= 15175	MCG -2- 7- 35	= 9817	MCG -2- 3- 20	= 2853
MCG -2-29- 7	= 33846	MCG -2-24- 15	= 26483	MCG -2-12- 24	= 15214	MCG -2- 7- 36	= 9826	MCG -2- 3- 27	= 2938
MCG -2-29- 8	= 33943	MCG -2-24- 16	= 26511	MCG -2-12- 35	= 15417	MCG -2- 7- 37	= 9843	MCG -2- 3- 28	= 2995
MCG -2-29- 9	= 34006	MCG -2-24- 17	= 26518	MCG -2-12- 37	= 15484	MCG -2- 7- 38	= 9851	MCG -2- 3- 29	= 3004
MCG -2-29- 12	= 34220	MCG -2-24- 20	= 26717	MCG -2-12- 39	= 15524	MCG -2- 7- 41	= 9861	MCG -2- 3- 30	= 3014
MCG -2-29- 13	= 34225	MCG -2-24- 21	= 26747	MCG -2-12- 41	= 15534	MCG -2- 7- 48	= 9986	MCG -2- 3- 31	= 3124
MCG -2-29- 14	= 34313	MCG -2-24- 22	= 26773	MCG -2-12- 42	= 15573	MCG -2- 7- 52	= 10100	MCG -2- 3- 34	= 3142
MCG -2-29- 15	= 34333	MCG -2-24- 23	= 26776	MCG -2-12- 43	= 15576	MCG -2- 7- 53	= 10108	MCG -2- 3- 35	= 3140
MCG -2-29- 18	= 34625	MCG -2-24- 25	= 26796	MCG -2-12- 45	= 15623	MCG -2- 7- 54	= 10122	MCG -2- 3- 50	= 3377
MCG -2-29- 19	= 34709	MCG -2-24- 26	= 26806	MCG -2-12- 46	= 15625	MCG -2- 7- 58	= 10137	MCG -2- 3- 52	= 3486
MCG -2-29- 20	= 34731	MCG -2-24- 27	= 26905	MCG -2-12- 49	= 15691	MCG -2- 7- 59	= 10129	MCG -2- 3- 53	= 3496
MCG -2-29- 21	= 34852	MCG -2-24- 30	= 27004	MCG -2-12- 53	= 15754	MCG -2- 7- 62	= 10140	MCG -2- 3- 59	= 3557
MCG -2-29- 22	= 34986	MCG -2-24- 31	= 27012	MCG -2-12- 54	= 15767	MCG -2- 7- 65	= 10168	MCG -2- 3- 61	= 3584
MCG -2-29- 23	= 35006	MCG -2-23- 1	= 24525	MCG -2-12- 57	= 15808	MCG -2- 7- 68	= 10198	MCG -2- 3- 63	= 3620
MCG -2-29- 25	= 35028	MCG -2-23- 9	= 25540	MCG -2-12- 58	= 15870	MCG -2- 7- 71	= 10249	MCG -2- 2- 2	= 1303
MCG -2-29- 26	= 35034	MCG -2-23- 10	= 25570	MCG -2-11- 5	= 14282	MCG -2- 7- 73	= 10262	MCG -2- 2- 7	= 1451
MCG -2-29- 27	= 35073	MCG -2-22- 1	= 23378	MCG -2-11- 23	= 14606	MCG -2- 7- 74	= 10268	MCG -2- 2- 8	= 1496
MCG -2-29- 28	= 35088	MCG -2-22- 2	= 23440	MCG -2-11- 26	= 14710	MCG -2- 7- 75	= 10270	MCG -2- 2- 12	= 1538
MCG -2-29- 31	= 35239	MCG -2-22- 5	= 23486	MCG -2-11- 30	= 14780	MCG -2- 7- 77	= 10290	MCG -2- 2- 30	= 1841
MCG -2-29- 32	= 35299	MCG -2-22- 8	= 23545	MCG -2-11- 31	= 14782	MCG -2- 6- 3	= 7182	MCG -2- 2- 33	= 1862
MCG -2-29- 34	= 35338	MCG -2-22- 9	= 23574	MCG -2-10- 1	= 13166	MCG -2- 6- 4	= 7210	MCG -2- 2- 38	= 1909
MCG -2-29- 37	= 35435	MCG -2-22- 11	= 23654	MCG -2-10- 5	= 13464	MCG -2- 6- 5	= 7262	MCG -2- 2- 39	= 1935
MCG -2-29- 38	= 35469	MCG -2-22- 12	= 23658	MCG -2-10- 8	= 13620	MCG -2- 6- 6	= 7324	MCG -2- 2- 40	= 1932
MCG -2-29- 39	= 35480	MCG -2-22- 14	= 23672	MCG -2-10- 9	= 13646	MCG -2- 6- 7	= 7366	MCG -2- 2- 43	= 1953
MCG -2-29- 41	= 35540	MCG -2-22- 16	= 23681	MCG -2-10- 15	= 13991	MCG -2- 6- 10	= 7483	MCG -2- 2- 49	= 1979
MCG -2-28- 1	= 31979	MCG -2-22- 17	= 23723	MCG -2-10- 16	= 14002	MCG -2- 6- 11	= 7486	MCG -2- 2- 51	= 2001
MCG -2-28- 3	= 32026	MCG -2-22- 18	= 23761	MCG -2-10- 19	= 14044	MCG -2- 6- 12	= 7568	MCG -2- 2- 54	= 2035
MCG -2-28- 4	= 32044	MCG -2-22- 19	= 23983	MCG -2-10- 21	= 14067	MCG -2- 6- 15	= 7632	MCG -2- 2- 55	= 2076
MCG -2-28- 6	= 32091	MCG -2-22- 20	= 24028	MCG -2- 9- 1	= 11699	MCG -2- 6- 16	= 7654	MCG -2- 2- 56	= 2081
MCG -2-28- 8	= 32205	MCG -2-22- 22	= 24189	MCG -2- 9- 3	= 11782	MCG -2- 6- 17	= 7714	MCG -2- 2- 58	= 2092
MCG -2-28- 11	= 32466	MCG -2-22- 23	= 24259	MCG -2- 9- 6	= 11824	MCG -2- 6- 19	= 7806	MCG -2- 2- 64	= 2151
MCG -2-28- 12	= 32479	MCG -2-22- 25	= 24328	MCG -2- 9- 10	= 11868	MCG -2- 6- 21	= 7835	MCG -2- 2- 66	= 2149
MCG -2-28- 13	= 32514	MCG -2-22- 27	= 24482	MCG -2- 9- 11	= 11887	MCG -2- 6- 23	= 7889	MCG -2- 2- 68	= 2166
MCG -2-28- 15	= 32534	MCG -2-21- 1	= 22319	MCG -2- 9- 12	= 11892	MCG -2- 6- 24	= 7905	MCG -2- 2- 69	= 2182
MCG -2-28- 16	= 32548	MCG -2-21- 2	= 22354	MCG -2- 9- 13	= 11902	MCG -2- 6- 26	= 7998	MCG -2- 2- 73	= 2269
MCG -2-28- 18	= 32716	MCG -2-21- 3	= 22578	MCG -2- 9- 14	= 11931	MCG -2- 6- 30	= 8225	MCG -2- 2- 76	= 2332
MCG -2-28- 19	= 32742	MCG -2-21- 4	= 22721	MCG -2- 9- 19	= 12117	MCG -2- 6- 31	= 8228	MCG -2- 2- 77	= 2331
MCG -2-28- 21	= 32846	MCG -2-16- 1	= 18315	MCG -2- 9- 20	= 12144	MCG -2- 6- 32	= 8232	MCG -2- 2- 78	= 2349
MCG -2-28- 24	= 32912	MCG -2-16- 2	= 18373	MCG -2- 9- 21	= 12139	MCG -2- 6- 33	= 8250	MCG -2- 2- 79	= 2391
MCG -2-28- 26	= 33032	MCG -2-15- 1	= 17395	MCG -2- 9- 22	= 12247	MCG -2- 6- 34	= 8254	MCG -2- 2- 81	= 2437
MCG -2-28- 27	= 33053	MCG -2-15- 2	= 17415	MCG -2- 9- 25	= 12341	MCG -2- 6- 35	= 8295	MCG -2- 2- 83	= 2465
MCG -2-28- 29	= 33080	MCG -2-15- 3	= 17422	MCG -2- 9- 28	= 12368	MCG -2- 6- 36	= 8299	MCG -2- 2- 85	= 2482
MCG -2-28- 30	= 33079	MCG -2-15- 6	= 17475	MCG -2- 9- 29	= 12379	MCG -2- 6- 38	= 8397	MCG -2- 2- 86	= 2501
MCG -2-28- 31	= 33108	MCG -2-15- 9	= 17589	MCG -2- 9- 31	= 12477	MCG -2- 6- 46	= 8673	MCG -2- 2- 92	= 2525
MCG -2-28- 32	= 33167	MCG -2-15- 11	= 17978	MCG -2- 9- 32	= 12501	MCG -2- 6- 48	= 8692	MCG -2- 1- 12	= 219
MCG -2-28- 37	= 33211	MCG -2-15- 12	= 17985	MCG -2- 9- 35	= 12611	MCG -2- 6- 49	= 8748	MCG -2- 1- 13	= 243
MCG -2-28- 41	= 33306	MCG -2-15- 13	= 18031	MCG -2- 9- 36	= 12664	MCG -2- 5- 1	= 5675	MCG -2- 1- 14	= 281
MCG -2-28- 43	= 33456	MCG -2-14- 1	= 16826	MCG -2- 9- 38	= 12692	MCG -2- 5- 3	= 5733	MCG -2- 1- 15	= 282
MCG -2-28- 45	= 33535	MCG -2-14- 2	= 16850	MCG -2- 9- 41	= 12880	MCG -2- 5- 4	= 5758	MCG -2- 1- 19	= 364
MCG -2-28- 48	= 33554	MCG -2-14- 3	= 16875	MCG -2- 9- 42	= 12916	MCG -2- 5- 5	= 5778	MCG -2- 1- 22	= 425
MCG -2-28- 49	= 33659	MCG -2-14- 4	= 16894	MCG -2- 9- 44	= 12956	MCG -2- 5- 10	= 5932	MCG -2- 1- 24	= 488
MCG -2-27- 1	= 30591	MCG -2-14- 5	= 16917	MCG -2- 8- 5	= 10597	MCG -2- 5- 13	= 5952	MCG -2- 1- 25	= 483
MCG -2-27- 9	= 31369	MCG -2-14- 6	= 16926	MCG -2- 8- 6	= 10595	MCG -2- 5- 20	= 6004	MCG -2- 1- 27	= 585
MCG -2-27- 10	= 31653	MCG -2-14- 7	= 16943	MCG -2- 8- 7	= 10617	MCG -2- 5- 32	= 6141	MCG -2- 1- 28	= 635
MCG -2-26- 3	= 28678	MCG -2-14- 8	= 16949	MCG -2- 8- 11	= 10748	MCG -2- 5- 33	= 6155	MCG -2- 1- 32	= 781
MCG -2-26- 5	= 28702	MCG -2-14- 10	= 17015	MCG -2- 8- 12	= 10766	MCG -2- 5- 37	= 6262	MCG -2- 1- 43	= 1125
MCG -2-26- 12	= 28954	MCG -2-14- 13	= 17195	MCG -2- 8- 14	= 10875	MCG -2- 5- 41	= 6450	MCG -2- 1- 50	= 1223
MCG -2-26- 24	= 29122	MCG -2-14- 14	= 17196	MCG -2- 8- 19	= 10966	MCG -2- 5- 42	= 6505	MCG -2- 1- 51	= 1224
MCG -2-26- 27	= 29136	MCG -2-14- 15	= 17217	MCG -2- 8- 21	= 11061	MCG -2- 5- 43	= 6504	MCG -2- 1- 52	= 1221
MCG -2-26- 28	= 29163	MCG -2-14- 16	= 17248	MCG -2- 8- 33	= 11198	MCG -2- 5- 44	= 6511	MCG -1-60- 1	= 71675
MCG -2-26- 31	= 29527	MCG -2-13- 2	= 15970	MCG -2- 8- 36	= 11274	MCG -2- 5- 50	= 6626	MCG -1-60- 2	= 71677
MCG -2-26- 32	= 29532	MCG -2-13- 6	= 16006	MCG -2- 8- 39	= 11365	MCG -2- 5- 51	= 6637	MCG -1-60- 4	= 71728
MCG -2-26- 33	= 29579	MCG -2-13- 9	= 16040	MCG -2- 8- 41	= 11488	MCG -2- 5- 52	= 6671	MCG -1-60- 5	= 71752
MCG -2-26- 34	= 29583	MCG -2-13- 11	= 16090	MCG -2- 8- 42B	= 11522	MCG -2- 5- 53	= 6667	MCG -1-60- 6	= 71777
MCG -2-26- 36	= 29591	MCG -2-13- 12	= 16108	MCG -2- 8- 43	= 11545	MCG -2- 5- 56	= 6703	MCG -1-60- 8	= 71784
MCG -2-26- 39	= 29661	MCG -2-13- 13	= 16118	MCG -2- 8- 44	= 11557	MCG -2- 5- 57	= 6706	MCG -1-60- 9	= 71786
MCG -2-26- 41	= 29929	MCG -2-13- 15	= 16159	MCG -2- 8- 45	= 11583	MCG -2- 5- 59	= 6798	MCG -1-60- 10	= 71844
MCG -2-26- 42	= 30095	MCG -2-13- 18	= 16285	MCG -2- 8- 47	= 11647	MCG -2- 5- 60	= 6826	MCG -1-60- 11	= 71882
MCG -2-25- 2	= 27158	MCG -2-13- 19	= 16302	MCG -2- 8- 49	= 11656	MCG -2- 5- 61	= 6832	MCG -1-60- 13	= 71902
MCG -2-25- 3	= 27188	MCG -2-13- 21	= 16324	MCG -2- 8- 51	= 11675	MCG -2- 5- 63	= 6861	MCG -1-60- 15	= 71954
MCG -2-25- 4	= 27309	MCG -2-13- 22	= 16327	MCG -2- 8- 53	= 11677	MCG -2- 5- 68	= 6983	MCG -1-60- 16	= 72006
MCG -2-25- 5	= 27317	MCG -2-13- 23	= 16329	MCG -2- 8- 55	= 11687	MCG -2- 5- 71	= 7064	MCG -1-60- 17	= 72001
MCG -2-25- 8	= 27425	MCG -2-13- 24	= 16375	MCG -2- 8- 56	= 11693	MCG -2- 5- 72	= 7045	MCG -1-60- 21	= 72139
MCG -2-25- 9	= 27442	MCG -2-13- 25	= 16379	MCG -2- 7- 2	= 8986	MCG -2- 5- 73	= 7118	MCG -1-60- 22	= 72155
MCG -2-25- 12	= 27795	MCG -2-13- 26	= 16436	MCG -2- 7- 6	= 9237	MCG -2- 5- 74	= 7109	MCG -1-60- 23	= 72156
MCG -2-25- 13	= 27810	MCG -2-13- 27	= 16484	MCG -2- 7- 7	= 9272	MCG -2- 5- 76	= 7153	MCG -1-60- 26	= 72252
MCG -2-25- 14	= 27982	MCG -2-13- 29	= 16493	MCG -2- 7- 9	= 9334	MCG -2- 4- 3	= 4076	MCG -1-60- 32	= 72404
MCG -2-25- 15	= 27991	MCG -2-13- 30	= 16495	MCG -2- 7- 10	= 9354	MCG -2- 4- 14	= 4438	MCG -1-60- 33	= 72408
MCG -2-25- 16	= 28023	MCG -2-13- 31	= 16507	MCG -2- 7- 13	= 9426	MCG -2- 4- 20	= 4663	MCG -1-60- 34	= 72409
MCG -2-25- 17	= 28066	MCG -2-13- 32	= 16513	MCG -2- 7- 15	= 9431	MCG -2- 4- 22	= 4742	MCG -1-60- 39	= 72430
MCG -2-25- 19	= 28278	MCG -2-13- 34	= 16530	MCG -2- 7- 18	= 9458	MCG -2- 4- 30	= 4899	MCG -1-60- 40	= 72457
MCG -2-25- 20	= 28308	MCG -2-13- 36	= 16553	MCG -2- 7- 19	= 9457	MCG -2- 4- 31	= 4911	MCG -1-59- 5	= 70779
MCG -2-25- 23	= 28380	MCG -2-13- 38	= 16605	MCG -2- 7- 21	= 9461	MCG -2- 4- 32	= 4943	MCG -1-59- 6	= 70781
MCG -2-25- 25	= 28403	MCG -2-13- 40	= 16672	MCG -2- 7- 24	= 9523	MCG -2- 3- 4	= 2629	MCG -1-59- 7	= 70820
MCG -2-25- 26	= 28513	MCG -2-13- 41	= 16713	MCG -2- 7- 26	= 9539	MCG -2- 3- 9	= 2689	MCG -1-59- 9	= 70855
MCG -2-24- 1	= 25903	MCG -2-13- 42	= 16716	MCG -2- 7- 28	= 9621	MCG -2- 3- 11	= 2710	MCG -1-59- 10	= 70901

MCG -1-59- 12 = 70948	MCG -1-38- 6 = 53180	MCG -1-33- 47 = 44006	MCG -1-29- 5 = 34085	MCG -1-23- 15 = 25231
MCG -1-59- 14 = 70989	MCG -1-38- 7 = 53216	MCG -1-33- 52 = 44059	MCG -1-29- 7 = 34688	MCG -1-23- 16 = 25264
MCG -1-59- 15 = 70986	MCG -1-38- 8 = 53345	MCG -1-33- 54 = 44112	MCG -1-29- 9 = 34717	MCG -1-23- 17 = 25539
MCG -1-59- 16 = 71000	MCG -1-38- 10 = 53480	MCG -1-33- 55 = 44160	MCG -1-29- 11 = 34756	MCG -1-23- 19 = 25555
MCG -1-59- 17 = 70999	MCG -1-38- 11 = 53482	MCG -1-33- 56 = 44166	MCG -1-29- 13 = 34900	MCG -1-23- 20 = 25563
MCG -1-59- 19 = 71029	MCG -1-38- 12 = 53503	MCG -1-33- 57 = 44191	MCG -1-29- 15 = 34925	MCG -1-22- 1 = 23350
MCG -1-59- 21 = 71157	MCG -1-38- 13 = 53542	MCG -1-33- 59 = 44278	MCG -1-29- 16 = 34980	MCG -1-22- 2 = 23373
MCG -1-59- 24 = 71533	MCG -1-38- 14 = 53568	MCG -1-33- 60 = 44358	MCG -1-29- 23 = 35271	MCG -1-22- 3 = 23418
MCG -1-59- 27 = 71626	MCG -1-38- 16 = 53630	MCG -1-33- 61 = 44506	MCG -1-29- 24 = 35269	MCG -1-22- 4 = 23471
MCG -1-59- 28 = 71629	MCG -1-38- 17 = 53648	MCG -1-33- 64 = 44747	MCG -1-29- 26 = 35448	MCG -1-22- 8 = 23516
MCG -1-59- 29 = 71634	MCG -1-38- 20 = 53779	MCG -1-33- 68 = 44786	MCG -1-28- 4 = 32681	MCG -1-22- 9 = 23523
MCG -1-58- 2 = 69874	MCG -1-37- 5 = 51404	MCG -1-33- 69 = 44891	MCG -1-28- 5 = 32753	MCG -1-22- 10 = 23537
MCG -1-58- 4 = 70025	MCG -1-37- 6 = 51523	MCG -1-33- 70 = 44906	MCG -1-28- 9 = 32966	MCG -1-22- 11 = 23564
MCG -1-58- 7 = 70080	MCG -1-37- 9 = 52121	MCG -1-33- 71 = 44931	MCG -1-28- 10 = 32979	MCG -1-22- 12 = 23603
MCG -1-58- 9 = 70127	MCG -1-37- 10 = 52345	MCG -1-33- 72 = 44940	MCG -1-28- 11 = 32985	MCG -1-22- 14 = 23847
MCG -1-58- 10 = 70130	MCG -1-37- 11 = 52460	MCG -1-33- 75 = 45052	MCG -1-28- 24 = 33555	MCG -1-22- 16 = 23894
MCG -1-58- 11 = 70133	MCG -1-37- 12 = 52507	MCG -1-33- 76 = 45127	MCG -1-27- 7 = 30487	MCG -1-22- 17 = 23908
MCG -1-58- 13 = 70186	MCG -1-36- 2 = 49975	MCG -1-33- 77 = 45165	MCG -1-27- 9 = 30917	MCG -1-22- 18 = 23929
MCG -1-58- 14 = 70232	MCG -1-36- 3 = 50084	MCG -1-33- 78 = 45177	MCG -1-27- 11 = 31047	MCG -1-22- 27 = 24136
MCG -1-58- 15 = 70370	MCG -1-36- 4 = 50083	MCG -1-33- 79 = 45224	MCG -1-27- 13 = 31116	MCG -1-22- 31 = 24331
MCG -1-58- 16 = 70399	MCG -1-36- 6 = 50189	MCG -1-33- 80 = 45242	MCG -1-27- 15 = 31165	MCG -1-22- 33 = 24395
MCG -1-58- 18 = 70421	MCG -1-36- 7 = 50323	MCG -1-33- 81 = 45246	MCG -1-27- 18 = 31191	MCG -1-22- 34 = 24414
MCG -1-58- 19 = 70429	MCG -1-36- 8 = 50345	MCG -1-33- 82 = 45254	MCG -1-27- 20 = 31326	MCG -1-19- 1 = 20827
MCG -1-58- 22 = 70524	MCG -1-36- 9 = 50429	MCG -1-33- 83 = 45298	MCG -1-27- 21 = 31345	MCG -1-15- 1 = 17407
MCG -1-57- 3 = 68691	MCG -1-36- 13 = 50670	MCG -1-33- 84 = 45313	MCG -1-27- 23 = 31370	MCG -1-15- 2 = 17425
MCG -1-57- 4 = 68743	MCG -1-36- 14 = 51055	MCG -1-33- 85 = 45327	MCG -1-27- 26 = 31426	MCG -1-15- 4 = 18030
MCG -1-57- 7 = 68771	MCG -1-36- 15 = 51173	MCG -1-32- 1 = 39726	MCG -1-27- 28 = 31501	MCG -1-14- 1 = 16783
MCG -1-57- 13 = 68933	MCG -1-35- 1 = 47610	MCG -1-32- 3 = 39835	MCG -1-27- 29 = 31636	MCG -1-14- 2 = 16781
MCG -1-57- 14 = 68996	MCG -1-35- 2 = 47949	MCG -1-32- 5 = 39855	MCG -1-26- 1 = 28638	MCG -1-14- 3 = 16893
MCG -1-57- 15 = 69224	MCG -1-35- 3 = 47998	MCG -1-32- 6 = 40092	MCG -1-26- 2 = 28718	MCG -1-14- 11 = 17319
MCG -1-57- 16 = 69293	MCG -1-35- 6 = 48043	MCG -1-32- 8 = 40656	MCG -1-26- 11 = 29033	MCG -1-13- 1 = 15891
MCG -1-57- 17 = 69375	MCG -1-35- 7 = 48085	MCG -1-32- 9 = 40666	MCG -1-26- 12 = 29086	MCG -1-13- 2 = 15903
MCG -1-57- 18 = 69404	MCG -1-35- 8 = 48394	MCG -1-32- 10 = 40813	MCG -1-26- 13 = 29184	MCG -1-13- 5 = 15949
MCG -1-57- 19 = 69415	MCG -1-35- 10 = 48786	MCG -1-32- 12 = 40860	MCG -1-26- 14 = 29192	MCG -1-13- 6 = 15977
MCG -1-57- 20 = 69433	MCG -1-35- 12 = 48996	MCG -1-32- 13 = 40894	MCG -1-26- 18 = 29265	MCG -1-13- 7 = 15978
MCG -1-57- 21 = 69448	MCG -1-35- 13 = 49017	MCG -1-32- 16 = 41184	MCG -1-26- 21 = 29300	MCG -1-13- 9 = 16044
MCG -1-57- 22 = 69489	MCG -1-35- 14 = 49039	MCG -1-32- 18 = 41303	MCG -1-26- 24 = 29405	MCG -1-13- 10 = 16057
MCG -1-57- 23 = 69531	MCG -1-35- 15 = 49040	MCG -1-32- 19 = 41291	MCG -1-26- 30 = 29653	MCG -1-13- 11 = 16060
MCG -1-57- 24 = 69571	MCG -1-35- 16 = 49236	MCG -1-32- 21 = 41399	MCG -1-26- 41 = 30166	MCG -1-13- 12 = 16065
MCG -1-56- 2 = 68177	MCG -1-35- 18 = 49388	MCG -1-32- 22 = 41555	MCG -1-25- 1 = 27069	MCG -1-13- 13 = 16062
MCG -1-55- 8 = 67287	MCG -1-35- 19 = 49412	MCG -1-32- 23 = 41725	MCG -1-25- 3 = 27260	MCG -1-13- 14 = 16067
MCG -1-55- 11 = 67361	MCG -1-35- 20 = 49413	MCG -1-32- 26 = 41927	MCG -1-25- 4 = 27281	MCG -1-13- 15 = 16097
MCG -1-54- 3 = 66242	MCG -1-35- 22 = 49521	MCG -1-32- 27 = 41939	MCG -1-25- 5 = 27298	MCG -1-13- 16 = 16138
MCG -1-54- 11 = 66559	MCG -1-34- 2 = 44492	MCG -1-32- 28 = 41965	MCG -1-25- 6 = 27316	MCG -1-13- 17 = 16142
MCG -1-54- 12 = 66570	MCG -1-34- 3 = 45574	MCG -1-32- 29 = 42042	MCG -1-25- 8 = 27508	MCG -1-13- 18 = 16144
MCG -1-54- 13 = 66578	MCG -1-34- 4 = 45608	MCG -1-32- 30 = 42201	MCG -1-25- 9 = 27509	MCG -1-13- 19 = 16146
MCG -1-54- 16 = 66738	MCG -1-34- 5 = 45606	MCG -1-32- 32 = 42375	MCG -1-25- 10 = 27513	MCG -1-13- 21 = 16163
MCG -1-54- 17 = 66766	MCG -1-34- 7 = 45643	MCG -1-32- 34 = 42429	MCG -1-25- 11 = 27515	MCG -1-13- 22 = 16168
MCG -1-54- 18 = 66774	MCG -1-34- 9 = 45702	MCG -1-32- 35 = 42437	MCG -1-25- 12 = 27516	MCG -1-13- 24 = 16187
MCG -1-53- 5 = 65310	MCG -1-34- 10 = 45726	MCG -1-32- 36 = 42476	MCG -1-25- 15 = 27616	MCG -1-13- 25 = 16185
MCG -1-53- 6 = 65328	MCG -1-34- 11 = 45845	MCG -1-32- 37 = 42489	MCG -1-25- 16 = 27625	MCG -1-13- 26 = 16195
MCG -1-53- 8 = 65349	MCG -1-34- 12 = 45862	MCG -1-32- 38 = 42661	MCG -1-25- 20 = 27696	MCG -1-13- 27 = 16197
MCG -1-53- 9 = 65413	MCG -1-34- 13 = 46014	MCG -1-32- 40 = 42680	MCG -1-25- 21 = 27714	MCG -1-13- 30 = 16215
MCG -1-53- 10 = 65417	MCG -1-34- 14 = 46382	MCG -1-32- 41 = 42681	MCG -1-25- 22 = 27735	MCG -1-13- 31 = 16219
MCG -1-53- 11 = 65420	MCG -1-33- 1 = 42868	MCG -1-31- 2 = 38008	MCG -1-25- 24 = 27747	MCG -1-13- 32 = 16222
MCG -1-53- 12 = 65506	MCG -1-33- 2 = 43017	MCG -1-31- 6 = 38580	MCG -1-25- 26 = 27773	MCG -1-13- 33 = 16256
MCG -1-53- 14 = 65612	MCG -1-33- 3 = 43020	MCG -1-31- 8 = 38869	MCG -1-25- 28 = 27799	MCG -1-13- 35 = 16322
MCG -1-53- 15 = 65620	MCG -1-33- 4 = 43029	MCG -1-31- 9 = 38889	MCG -1-25- 29 = 27808	MCG -1-13- 38 = 16386
MCG -1-53- 16 = 65625	MCG -1-33- 5 = 43050	MCG -1-31- 10 = 39229	MCG -1-25- 31 = 27817	MCG -1-13- 39 = 16390
MCG -1-53- 17 = 65631	MCG -1-33- 10 = 43276	MCG -1-30- 1 = 35557	MCG -1-25- 32 = 27828	MCG -1-13- 40 = 16433
MCG -1-53- 20 = 65943	MCG -1-33- 11 = 43283	MCG -1-30- 2 = 35742	MCG -1-25- 33 = 27825	MCG -1-13- 41 = 16485
MCG -1-53- 22 = 66068	MCG -1-33- 12 = 43319	MCG -1-30- 4 = 35744	MCG -1-25- 34 = 27833	MCG -1-13- 42 = 16508
MCG -1-53- 23 = 66070	MCG -1-33- 13 = 43321	MCG -1-30- 7 = 35757	MCG -1-25- 36 = 28011	MCG -1-13- 43 = 16529
MCG -1-52- 3 = 64697	MCG -1-33- 14 = 43341	MCG -1-30- 11 = 35934	MCG -1-25- 38 = 28150	MCG -1-13- 45 = 16574
MCG -1-52- 4 = 64796	MCG -1-33- 15 = 43342	MCG -1-30- 12 = 35935	MCG -1-25- 41 = 28217	MCG -1-13- 46 = 16589
MCG -1-52- 5 = 64829	MCG -1-33- 16 = 43350	MCG -1-30- 13 = 36003	MCG -1-25- 42 = 28219	MCG -1-13- 47 = 16600
MCG -1-52- 8 = 65022	MCG -1-33- 17 = 43363	MCG -1-30- 15 = 36036	MCG -1-25- 46 = 28257	MCG -1-13- 48 = 16610
MCG -1-52- 9 = 65021	MCG -1-33- 20 = 43463	MCG -1-30- 16 = 36058	MCG -1-25- 47 = 28206	MCG -1-13- 49 = 16607
MCG -1-52- 10 = 65054	MCG -1-33- 21 = 43464	MCG -1-30- 17 = 36113	MCG -1-25- 48 = 28354	MCG -1-13- 50 = 16639
MCG -1-52- 14 = 65118	MCG -1-33- 22 = 43465	MCG -1-30- 20 = 36156	MCG -1-25- 49 = 28356	MCG -1-12- 1 = 14926
MCG -1-52- 15 = 65132	MCG -1-33- 23 = 43467	MCG -1-30- 22 = 36274	MCG -1-25- 50 = 28388	MCG -1-12- 5 = 15081
MCG -1-52- 16 = 65131	MCG -1-33- 25 = 43473	MCG -1-30- 23 = 36304	MCG -1-25- 52 = 28415	MCG -1-12- 7 = 15089
MCG -1-52- 17 = 65236	MCG -1-33- 26 = 43507	MCG -1-30- 24 = 36339	MCG -1-25- 56 = 28569	MCG -1-12- 8 = 15123
MCG -1-51- 1 = 64377	MCG -1-33- 27 = 43526	MCG -1-30- 26 = 36354	MCG -1-25- 58 = 28575	MCG -1-12- 13 = 15335
MCG -1-50- 1 = 63556	MCG -1-33- 28 = 43532	MCG -1-30- 27A = 36551	MCG -1-24- 1 = 25886	MCG -1-12- 14 = 15348
MCG -1-50- 2 = 63594	MCG -1-33- 29 = 43571	MCG -1-30- 28 = 36581	MCG -1-24- 3 = 26116	MCG -1-12- 15 = 15387
MCG -1-43- 2 = 59133	MCG -1-33- 30 = 43600	MCG -1-30- 29 = 36621	MCG -1-24- 4 = 26144	MCG -1-12- 16 = 15403
MCG -1-42- 2 = 58574	MCG -1-33- 32 = 43679	MCG -1-30- 32 = 36723	MCG -1-24- 6 = 26223	MCG -1-12- 17 = 15406
MCG -1-42- 4 = 58798	MCG -1-33- 33 = 43697	MCG -1-30- 33 = 36733	MCG -1-24- 7 = 26245	MCG -1-12- 18 = 15413
MCG -1-41- 5 = 57311	MCG -1-33- 34 = 43690	MCG -1-30- 34 = 36742	MCG -1-24- 10 = 26411	MCG -1-12- 19 = 15424
MCG -1-40- 4 = 55410	MCG -1-33- 35 = 43710	MCG -1-30- 35 = 36909	MCG -1-24- 12 = 26440	MCG -1-12- 22 = 15443
MCG -1-40- 5 = 55713	MCG -1-33- 36 = 43754	MCG -1-30- 36 = 36933	MCG -1-24- 15 = 26707	MCG -1-12- 25 = 15480
MCG -1-39- 1 = 54744	MCG -1-33- 37 = 43757	MCG -1-30- 39 = 37076	MCG -1-24- 16 = 26710	MCG -1-12- 28 = 15495
MCG -1-39- 2 = 54809	MCG -1-33- 39 = 43768	MCG -1-30- 40 = 37196	MCG -1-23- 2 = 24778	MCG -1-12- 29 = 15501
MCG -1-39- 3 = 54817	MCG -1-33- 40 = 43804	MCG -1-30- 43 = 37238	MCG -1-23- 4 = 24851	MCG -1-12- 30 = 15507
MCG -1-39- 5 = 54944	MCG -1-33- 41 = 43810	MCG -1-30- 44 = 37285	MCG -1-23- 5 = 24888	MCG -1-12- 31 = 15518
MCG -1-38- 2 = 52882	MCG -1-33- 43 = 43826	MCG -1-30- 45 = 37304	MCG -1-23- 8 = 24988	MCG -1-12- 32 = 15538
MCG -1-38- 3 = 52893	MCG -1-33- 44 = 43852	MCG -1-30- 46 = 37363	MCG -1-23- 11 = 25148	MCG -1-12- 34 = 15611
MCG -1-38- 4 = 53075	MCG -1-33- 45 = 43870	MCG -1-30- 47 = 37398	MCG -1-23- 13 = 25197	MCG -1-12- 35 = 15626
MCG -1-38- 5 = 53161	MCG -1-33- 46 = 43922	MCG -1-30- 48 = 37415	MCG -1-23- 14 = 25221	MCG -1-12- 36 = 15635

RC3 645 MCG

MCG -1-12- 38	= 15654	MCG -1- 7- 24	= 9923	MCG -1- 4- 57	= 5581	MCG 0- 1- 24	= 330	MCG 0- 3- 56	= 3688
MCG -1-12- 39	= 15674	MCG -1- 7- 25	= 10010	MCG -1- 4- 60	= 5663	MCG 0- 1- 25	= 329	MCG 0- 3- 57	= 3693
MCG -1-12- 40	= 15675	MCG -1- 7- 26	= 10009	MCG -1- 3- 1	= 2603	MCG 0- 1- 28	= 639	MCG 0- 3- 58	= 3714
MCG -1-12- 42	= 15800	MCG -1- 7- 27	= 10065	MCG -1- 3- 5	= 2616	MCG 0- 1- 35	= 793	MCG 0- 3- 64	= 3781
MCG -1-12- 43	= 15828	MCG -1- 7- 28	= 10106	MCG -1- 3- 7	= 2642	MCG 0- 1- 37	= 825	MCG 0- 3- 65	= 3789
MCG -1-12- 44	= 15831	MCG -1- 7- 30	= 10125	MCG -1- 3- 15	= 2820	MCG 0- 1- 41	= 917	MCG 0- 3- 66	= 3817
MCG -1-12- 45	= 15840	MCG -1- 7- 31	= 10128	MCG -1- 3- 16	= 2918	MCG 0- 1- 43	= 963	MCG 0- 3- 69	= 3833
MCG -1-12- 46	= 15844	MCG -1- 7- 32	= 10132	MCG -1- 3- 17	= 2927	MCG 0- 1- 48	= 1058	MCG 0- 3- 70	= 3844
MCG -1-12- 47	= 15869	MCG -1- 7- 33	= 10172	MCG -1- 3- 18	= 2936	MCG 0- 2- 4	= 1306	MCG 0- 3- 71	= 3904
MCG -1-11- 2	= 14464	MCG -1- 7- 34	= 10175	MCG -1- 3- 19	= 2959	MCG 0- 2- 5	= 1309	MCG 0- 3- 72	= 3910
MCG -1-11- 4	= 14600	MCG -1- 7- 35	= 10220	MCG -1- 3- 21	= 2980	MCG 0- 2- 27	= 1660	MCG 0- 3- 73	= 3928
MCG -1-11- 8	= 14721	MCG -1- 7- 36	= 10232	MCG -1- 3- 22	= 2984	MCG 0- 2- 29	= 1674	MCG 0- 3- 75	= 3976
MCG -1-10- 2	= 13169	MCG -1- 7- 38	= 10285	MCG -1- 3- 23	= 3012	MCG 0- 2- 32	= 1678	MCG 0- 4- 3	= 4013
MCG -1-10- 3	= 13182	MCG -1- 6- 4	= 7259	MCG -1- 3- 27	= 3062	MCG 0- 2- 33	= 1693	MCG 0- 4- 4	= 4017
MCG -1-10- 4	= 13204	MCG -1- 6- 5	= 7301	MCG -1- 3- 30	= 3195	MCG 0- 2- 36	= 1713	MCG 0- 4- 8	= 4063
MCG -1-10- 5	= 13218	MCG -1- 6- 6	= 7322	MCG -1- 3- 31	= 3207	MCG 0- 2- 37	= 1723	MCG 0- 4- 9	= 4059
MCG -1-10- 9	= 13308	MCG -1- 6- 7	= 7385	MCG -1- 3- 33	= 3250	MCG 0- 2- 38	= 1715	MCG 0- 4- 18	= 4151
MCG -1-10- 11	= 13352	MCG -1- 6- 12	= 7485	MCG -1- 3- 41	= 3435	MCG 0- 2- 39	= 1737	MCG 0- 4- 20	= 4178
MCG -1-10- 12	= 13394	MCG -1- 6- 15	= 7538	MCG -1- 3- 45	= 3454	MCG 0- 2- 40	= 1746	MCG 0- 4- 22	= 4195
MCG -1-10- 13	= 13417	MCG -1- 6- 16	= 7544	MCG -1- 3- 47	= 3462	MCG 0- 2- 41	= 1741	MCG 0- 4- 25	= 4214
MCG -1-10- 14	= 13421	MCG -1- 6- 20	= 7553	MCG -1- 3- 48	= 3467	MCG 0- 2- 42	= 1748	MCG 0- 4- 30	= 4275
MCG -1-10- 15	= 13426	MCG -1- 6- 21	= 7554	MCG -1- 3- 49	= 3475	MCG 0- 2- 43	= 1747	MCG 0- 4- 31	= 4292
MCG -1-10- 16	= 13443	MCG -1- 6- 22	= 7557	MCG -1- 3- 50	= 3472	MCG 0- 2- 45	= 1760	MCG 0- 4- 35	= 4363
MCG -1-10- 17	= 13485	MCG -1- 6- 25	= 7656	MCG -1- 3- 51	= 3547	MCG 0- 2- 47	= 1770	MCG 0- 4- 36	= 4367
MCG -1-10- 19	= 13535	MCG -1- 6- 26	= 7677	MCG -1- 3- 53	= 3572	MCG 0- 2- 48	= 1772	MCG 0- 4- 37	= 4368
MCG -1-10- 21	= 13584	MCG -1- 6- 31	= 7743	MCG -1- 3- 56	= 3613	MCG 0- 2- 49	= 1784	MCG 0- 4- 39	= 4376
MCG -1-10- 22	= 13606	MCG -1- 6- 39	= 7900	MCG -1- 3- 64	= 3665	MCG 0- 2- 50	= 1787	MCG 0- 4- 40	= 4386
MCG -1-10- 23	= 13600	MCG -1- 6- 41	= 7942	MCG -1- 3- 65	= 3671	MCG 0- 2- 51	= 1791	MCG 0- 4- 43	= 4416
MCG -1-10- 24	= 13622	MCG -1- 6- 42	= 7961	MCG -1- 3- 68	= 3687	MCG 0- 2- 52	= 1794	MCG 0- 4- 44	= 4415
MCG -1-10- 26	= 13664	MCG -1- 6- 49	= 8182	MCG -1- 3- 71	= 3701	MCG 0- 2- 56	= 1805	MCG 0- 4- 46	= 4434
MCG -1-10- 27	= 13714	MCG -1- 6- 50	= 8201	MCG -1- 3- 72	= 3711	MCG 0- 2- 62	= 1835	MCG 0- 4- 47	= 4443
MCG -1-10- 29	= 13782	MCG -1- 6- 51	= 8200	MCG -1- 3- 77	= 3753	MCG 0- 2- 63	= 1844	MCG 0- 4- 48	= 4454
MCG -1-10- 31	= 13793	MCG -1- 6- 52	= 8234	MCG -1- 3- 78	= 3754	MCG 0- 2- 64	= 1905	MCG 0- 4- 52	= 4486
MCG -1-10- 32	= 13798	MCG -1- 6- 54	= 8251	MCG -1- 3- 79	= 3757	MCG 0- 2- 66	= 1970	MCG 0- 4- 53	= 4485
MCG -1-10- 33	= 13801	MCG -1- 6- 55	= 8258	MCG -1- 3- 81	= 3768	MCG 0- 2- 67	= 1973	MCG 0- 4- 54	= 4484
MCG -1-10- 34	= 13814	MCG -1- 6- 63	= 8339	MCG -1- 3- 85	= 3853	MCG 0- 2- 70	= 2016	MCG 0- 4- 55	= 4490
MCG -1-10- 35	= 13820	MCG -1- 6- 67	= 8400	MCG -1- 3- 88	= 3855	MCG 0- 2- 71	= 2022	MCG 0- 4- 57	= 4500
MCG -1-10- 36	= 13830	MCG -1- 6- 70	= 8502	MCG -1- 2- 1	= 1288	MCG 0- 2- 75	= 2068	MCG 0- 4- 60	= 4524
MCG -1-10- 37	= 13860	MCG -1- 6- 77	= 8581	MCG -1- 2- 5	= 1326	MCG 0- 2- 85	= 2119	MCG 0- 4- 62	= 4540
MCG -1-10- 38	= 13879	MCG -1- 6- 80	= 8726	MCG -1- 2- 6	= 1419	MCG 0- 2- 87	= 2118	MCG 0- 4- 65	= 4586
MCG -1-10- 39	= 13905	MCG -1- 6- 88	= 8813	MCG -1- 2- 11	= 1609	MCG 0- 2- 88	= 2162	MCG 0- 4- 72	= 4659
MCG -1-10- 43	= 13967	MCG -1- 6- 89	= 8822	MCG -1- 2- 14	= 1634	MCG 0- 2- 91	= 2195	MCG 0- 4- 77	= 4717
MCG -1-10- 44	= 13977	MCG -1- 6- 90	= 8841	MCG -1- 2- 16	= 1656	MCG 0- 2- 92	= 2223	MCG 0- 4- 78	= 4734
MCG -1-10- 45	= 14004	MCG -1- 5- 1	= 5679	MCG -1- 2- 21	= 1751	MCG 0- 2- 94	= 2243	MCG 0- 4- 79	= 4736
MCG -1-10- 47	= 14100	MCG -1- 5- 2	= 5732	MCG -1- 2- 23	= 1886	MCG 0- 2- 95	= 2279	MCG 0- 4- 84	= 4777
MCG -1- 9- 2	= 11739	MCG -1- 5- 3	= 5735	MCG -1- 2- 25	= 1908	MCG 0- 2- 98	= 2291	MCG 0- 4- 85	= 4801
MCG -1- 9- 5	= 11774	MCG -1- 5- 5	= 5766	MCG -1- 2- 27	= 1941	MCG 0- 2-103	= 2359	MCG 0- 4- 87	= 4805
MCG -1- 9- 6	= 11767	MCG -1- 5- 7	= 5777	MCG -1- 2- 28	= 1940	MCG 0- 2-104	= 2352	MCG 0- 4- 88	= 4812
MCG -1- 9- 10	= 11800	MCG -1- 5- 8	= 5897	MCG -1- 2- 30	= 1996	MCG 0- 2-105	= 2362	MCG 0- 4- 89	= 4853
MCG -1- 9- 11	= 11813	MCG -1- 5- 13	= 6110	MCG -1- 2- 31	= 2034	MCG 0- 2-107	= 2365	MCG 0- 4- 90	= 4854
MCG -1- 9- 12	= 11869	MCG -1- 5- 14	= 6190	MCG -1- 2- 36	= 2131	MCG 0- 2-109	= 2371	MCG 0- 4- 93	= 4896
MCG -1- 9- 13	= 11885	MCG -1- 5- 16	= 6186	MCG -1- 2- 38	= 2133	MCG 0- 2-110	= 2357	MCG 0- 4- 95	= 4906
MCG -1- 9- 16	= 11970	MCG -1- 5- 17	= 6228	MCG -1- 2- 39	= 2160	MCG 0- 2-111	= 2382	MCG 0- 4- 97	= 4916
MCG -1- 9- 18	= 12041	MCG -1- 5- 22	= 6310	MCG -1- 2- 49	= 2598	MCG 0- 2-112	= 2387	MCG 0- 4- 99	= 4979
MCG -1- 9- 19	= 12053	MCG -1- 5- 25	= 6356	MCG -1- 1- 2	= 72859	MCG 0- 2-113	= 2394	MCG 0- 4-100	= 4992
MCG -1- 9- 21	= 12068	MCG -1- 5- 28	= 6400	MCG -1- 1- 5	= 72981	MCG 0- 2-114	= 2393	MCG 0- 4-101	= 5001
MCG -1- 9- 23	= 12131	MCG -1- 5- 29	= 6406	MCG -1- 1- 6	= 72985	MCG 0- 2-115	= 2388	MCG 0- 4-105	= 5019
MCG -1- 9- 24	= 12130	MCG -1- 5- 31	= 6447	MCG -1- 1- 8	= 73035	MCG 0- 2-116	= 2397	MCG 0- 4-107	= 5056
MCG -1- 9- 26	= 12259	MCG -1- 5- 34	= 6518	MCG -1- 1- 10	= 73123	MCG 0- 2-118	= 2420	MCG 0- 4-108	= 5055
MCG -1- 9- 28	= 12466	MCG -1- 5- 36	= 6674	MCG -1- 1- 12	= 73143	MCG 0- 2-119	= 2435	MCG 0- 4-109	= 5067
MCG -1- 9- 30	= 12575	MCG -1- 5- 37	= 6666	MCG -1- 1- 13	= 73176	MCG 0- 2-121	= 2440	MCG 0- 4-112	= 5076
MCG -1- 9- 31	= 12633	MCG -1- 5- 39	= 6735	MCG -1- 1- 16	= 12	MCG 0- 2-125	= 2472	MCG 0- 4-116	= 5164
MCG -1- 9- 32	= 12643	MCG -1- 5- 40	= 6791	MCG -1- 1- 20	= 23	MCG 0- 2-128	= 2522	MCG 0- 4-117	= 5192
MCG -1- 9- 33	= 12650	MCG -1- 5- 42	= 6837	MCG -1- 1- 24	= 176	MCG 0- 2-129	= 2527	MCG 0- 4-118	= 5190
MCG -1- 9- 36	= 12756	MCG -1- 5- 43	= 6852	MCG -1- 1- 28	= 312	MCG 0- 2-135	= 2547	MCG 0- 4-119	= 5210
MCG -1- 9- 38	= 12772	MCG -1- 5- 44	= 6864	MCG -1- 1- 30	= 320	MCG 0- 2-136	= 2597	MCG 0- 4-121	= 5228
MCG -1- 9- 41	= 13005	MCG -1- 5- 45	= 6898	MCG -1- 1- 33	= 485	MCG 0- 3- 1	= 2596	MCG 0- 4-122	= 5231
MCG -1- 9- 42	= 13009	MCG -1- 5- 46	= 6909	MCG -1- 1- 34	= 538	MCG 0- 3- 2	= 2615	MCG 0- 4-125	= 5238
MCG -1- 9- 43	= 13014	MCG -1- 5- 47	= 6966	MCG -1- 1- 36	= 637	MCG 0- 3- 3	= 2617	MCG 0- 4-127	= 5252
MCG -1- 8- 1	= 10334	MCG -1- 4- 2	= 4048	MCG -1- 1- 42	= 714	MCG 0- 3- 5	= 2691	MCG 0- 4-128	= 5251
MCG -1- 8- 3	= 10416	MCG -1- 4- 3	= 4099	MCG -1- 1- 47	= 818	MCG 0- 3- 6	= 2822	MCG 0- 4-129	= 5258
MCG -1- 8- 7	= 10464	MCG -1- 4- 5	= 4143	MCG -1- 1- 52	= 902	MCG 0- 3- 8	= 2883	MCG 0- 4-130	= 5275
MCG -1- 8- 8	= 10542	MCG -1- 4- 7	= 4194	MCG -1- 1- 53	= 916	MCG 0- 3- 9	= 2889	MCG 0- 4-131	= 5283
MCG -1- 8- 10	= 10673	MCG -1- 4- 8	= 4222	MCG -1- 1- 55	= 967	MCG 0- 3- 12	= 2949	MCG 0- 4-133	= 5282
MCG -1- 8- 13	= 10790	MCG -1- 4- 9	= 4249	MCG -1- 1- 58	= 983	MCG 0- 3- 17	= 3031	MCG 0- 4-134	= 5291
MCG -1- 8- 14	= 10794	MCG -1- 4- 13	= 4347	MCG -1- 1- 60	= 1011	MCG 0- 3- 18	= 3043	MCG 0- 4-137	= 5305
MCG -1- 8- 15	= 10989	MCG -1- 4- 14	= 4346	MCG -1- 1- 62	= 1083	MCG 0- 3- 19A	= 3055	MCG 0- 4-138	= 5311
MCG -1- 8- 18	= 11148	MCG -1- 4- 19	= 4547	MCG -1- 1- 64	= 1109	MCG 0- 3- 23	= 3147	MCG 0- 4-140	= 5314
MCG -1- 8- 20	= 11202	MCG -1- 4- 22	= 4588	MCG -1- 1- 65	= 1126	MCG 0- 3- 25	= 3266	MCG 0- 4-141	= 5326
MCG -1- 8- 24	= 11248	MCG -1- 4- 23	= 4606	MCG -1- 1- 66	= 1127	MCG 0- 3- 29	= 3312	MCG 0- 4-142	= 5323
MCG -1- 8- 25	= 11292	MCG -1- 4- 25	= 4701	MCG -1- 1- 68	= 1149	MCG 0- 3- 31	= 3340	MCG 0- 4-143	= 5324
MCG -1- 7- 1	= 8962	MCG -1- 4- 30	= 5029	MCG 0- 1- 4	= 72922	MCG 0- 3- 32	= 3342	MCG 0- 4-144	= 5351
MCG -1- 7- 2	= 8974	MCG -1- 4- 37	= 5187	MCG 0- 1- 5	= 72930	MCG 0- 3- 34	= 3365	MCG 0- 4-146	= 5374
MCG -1- 7- 13	= 9333	MCG -1- 4- 42	= 5329	MCG 0- 1- 6	= 72927	MCG 0- 3- 35	= 3367	MCG 0- 4-147	= 5379
MCG -1- 7- 15	= 9390	MCG -1- 4- 44	= 5341	MCG 0- 1- 9	= 72983	MCG 0- 3- 39	= 3405	MCG 0- 4-148	= 5380
MCG -1- 7- 16	= 9485	MCG -1- 4- 47	= 5348	MCG 0- 1- 11	= 73125	MCG 0- 3- 41	= 3444	MCG 0- 4-150	= 5424
MCG -1- 7- 19	= 9560	MCG -1- 4- 52	= 5437	MCG 0- 1- 18	= 124	MCG 0- 3- 42	= 3451	MCG 0- 4-151	= 5430
MCG -1- 7- 20	= 9559	MCG -1- 4- 54	= 5498	MCG 0- 1- 19	= 158	MCG 0- 3- 47	= 3512	MCG 0- 4-152	= 5436
MCG -1- 7- 22	= 9822	MCG -1- 4- 55	= 5543	MCG 0- 1- 20	= 168	MCG 0- 3- 49	= 3566	MCG 0- 4-153	= 5449
MCG -1- 7- 23	= 9846	MCG -1- 4- 56	= 5583	MCG 0- 1- 21	= 205	MCG 0- 3- 52	= 3614	MCG 0- 4-154	= 5455

MCG 0- 4-157	5465	MCG 0- 7- 22	9414	MCG 0- 8- 94	11698	MCG 0-12- 57	15656	MCG 0-22- 12	23755
MCG 0- 4-158	5481	MCG 0- 7- 24	9445	MCG 0- 9- 2	11718	MCG 0-12- 59	15673	MCG 0-22- 13	23752
MCG 0- 4-159	5492	MCG 0- 7- 25	9514	MCG 0- 9- 6	11752	MCG 0-12- 61	15719	MCG 0-22- 14	23918
MCG 0- 4-160	5506	MCG 0- 7- 26	9530	MCG 0- 9- 15	11890	MCG 0-12- 63	15773	MCG 0-22- 15	23940
MCG 0- 4-161	5524	MCG 0- 7- 27A	9549	MCG 0- 9- 16	11893	MCG 0-12- 64	15789	MCG 0-22- 19	24071
MCG 0- 4-162	5539	MCG 0- 7- 28	9588	MCG 0- 9- 18	11912	MCG 0-12- 68	15821	MCG 0-22- 20	24100
MCG 0- 4-163	5540	MCG 0- 7- 30	9598	MCG 0- 9- 21	11919	MCG 0-12- 69	15824	MCG 0-22- 21	24129
MCG 0- 4-164	5574	MCG 0- 7- 32	9617	MCG 0- 9- 24	11966	MCG 0-12- 70	15833	MCG 0-22- 22	24152
MCG 0- 4-165	5628	MCG 0- 7- 35	9642	MCG 0- 9- 25	12013	MCG 0-12- 72	15867	MCG 0-22- 23	24156
MCG 0- 4-167	5655	MCG 0- 7- 36	9643	MCG 0- 9- 27	12017	MCG 0-13- 1	15910	MCG 0-22- 25	24253
MCG 0- 5- 1	5688	MCG 0- 7- 37	9648	MCG 0- 9- 29	12040	MCG 0-13- 3	15942	MCG 0-23- 2	24737
MCG 0- 5- 3	5771	MCG 0- 7- 39	9680	MCG 0- 9- 32	12056	MCG 0-13- 4	15958	MCG 0-23- 3	24762
MCG 0- 5- 4	5794	MCG 0- 7- 40	9684	MCG 0- 9- 33	12052	MCG 0-13- 5	15965	MCG 0-23- 5	24889
MCG 0- 5- 7	5803	MCG 0- 7- 41	9711	MCG 0- 9- 40	12163	MCG 0-13- 7	15998	MCG 0-23- 7	24893
MCG 0- 5- 8	5810	MCG 0- 7- 43	9765	MCG 0- 9- 45	12220	MCG 0-13- 8	16000	MCG 0-23- 8	24926
MCG 0- 5- 9	5830	MCG 0- 7- 44	9778	MCG 0- 9- 46	12241	MCG 0-13- 10	16012	MCG 0-23- 10	25003
MCG 0- 5- 10	5838	MCG 0- 7- 45	9785	MCG 0- 9- 48	12237	MCG 0-13- 11	16017	MCG 0-23- 11	25029
MCG 0- 5- 11	5884	MCG 0- 7- 46	9813	MCG 0- 9- 50	12262	MCG 0-13- 12	16021	MCG 0-23- 12	25067
MCG 0- 5- 14	5939	MCG 0- 7- 48	9869	MCG 0- 9- 54	12342	MCG 0-13- 13	16054	MCG 0-23- 14	25075
MCG 0- 5- 15	5971	MCG 0- 7- 49	9875	MCG 0- 9- 57	12418	MCG 0-13- 14	16059	MCG 0-23- 15	25097
MCG 0- 5- 21	6090	MCG 0- 7- 50	9894	MCG 0- 9- 58	12425	MCG 0-13- 15	16095	MCG 0-23- 16	25103
MCG 0- 5- 25	6153	MCG 0- 7- 52	9910	MCG 0- 9- 59	12446	MCG 0-13- 16	16107	MCG 0-23- 17	25102
MCG 0- 5- 32	6348	MCG 0- 7- 57	9961	MCG 0- 9- 60	12454	MCG 0-13- 17	16154	MCG 0-23- 18	25128
MCG 0- 5- 33	6367	MCG 0- 7- 58	9969	MCG 0- 9- 62	12473	MCG 0-13- 18	16180	MCG 0-24- 1	25698
MCG 0- 5- 34	6419	MCG 0- 7- 60	9970	MCG 0- 9- 63	12491	MCG 0-13- 19	16179	MCG 0-24- 2	25717
MCG 0- 5- 35	6454	MCG 0- 7- 61	9973	MCG 0- 9- 66	12531	MCG 0-13- 20	16232	MCG 0-24- 3	26043
MCG 0- 5- 36	6734	MCG 0- 7- 62	9974	MCG 0- 9- 67	12539	MCG 0-13- 21	16237	MCG 0-24- 5	26234
MCG 0- 5- 37	6741	MCG 0- 7- 64	9981	MCG 0- 9- 68	12560	MCG 0-13- 22	16242	MCG 0-24- 6	26258
MCG 0- 5- 38	6751	MCG 0- 7- 65	9995	MCG 0- 9- 69	12582	MCG 0-13- 26	16289	MCG 0-24- 7	26398
MCG 0- 5- 41	6888	MCG 0- 7- 66	9988	MCG 0- 9- 72	12655	MCG 0-13- 27	16290	MCG 0-24- 9	26576
MCG 0- 5- 43	6986	MCG 0- 7- 67	9997	MCG 0- 9- 74	12669	MCG 0-13- 28	16286	MCG 0-24- 10	26607
MCG 0- 5- 44	7039	MCG 0- 7- 68	10006	MCG 0- 9- 75	12682	MCG 0-13- 29	16296	MCG 0-24- 14	26739
MCG 0- 5- 46	7071	MCG 0- 7- 73	10060	MCG 0- 9- 80	12733	MCG 0-13- 34	16333	MCG 0-24- 15	26738
MCG 0- 5- 48	7090	MCG 0- 7- 75	10087	MCG 0- 9- 85	12879	MCG 0-13- 35	16356	MCG 0-24- 17	26909
MCG 0- 5- 49	7116	MCG 0- 7- 76	10096	MCG 0- 9- 86	12909	MCG 0-13- 36	16355	MCG 0-24- 18	26950
MCG 0- 6- 1	7217	MCG 0- 7- 77	10117	MCG 0-10- 1	13109	MCG 0-13- 37	16359	MCG 0-25- 1	27192
MCG 0- 6- 4	7306	MCG 0- 7- 81	10208	MCG 0-10- 2	13117	MCG 0-13- 38	16364	MCG 0-25- 2	27207
MCG 0- 6- 5	7328	MCG 0- 7- 82	10236	MCG 0-10- 3	13119	MCG 0-13- 39	16369	MCG 0-25- 3	27216
MCG 0- 6- 6	7368	MCG 0- 7- 83	10266	MCG 0-10- 4	13137	MCG 0-13- 40	16368	MCG 0-25- 4	27331
MCG 0- 6- 8	7411	MCG 0- 7- 85	10267	MCG 0-10- 7	13373	MCG 0-13- 42	16381	MCG 0-25- 7	27723
MCG 0- 6- 9	7417	MCG 0- 7- 86	10305	MCG 0-10- 11	13553	MCG 0-13- 43	16382	MCG 0-25- 8	27762
MCG 0- 6- 11	7420	MCG 0- 7- 88	10315	MCG 0-10- 12	13556	MCG 0-13- 44	16400	MCG 0-25- 9	27791
MCG 0- 6- 14	7458	MCG 0- 8- 1	10329	MCG 0-10- 14	13598	MCG 0-13- 48	16420	MCG 0-25- 11	27875
MCG 0- 6- 15	7460	MCG 0- 8- 3	10381	MCG 0-10- 16	13702	MCG 0-13- 49	16419	MCG 0-25- 13	27998
MCG 0- 6- 16	7465	MCG 0- 8- 4	10429	MCG 0-10- 17	13732	MCG 0-13- 50	16439	MCG 0-25- 14	28010
MCG 0- 6- 22	7675	MCG 0- 8- 9	10496	MCG 0-10- 19	13903	MCG 0-13- 53	16448	MCG 0-25- 15	28087
MCG 0- 6- 23	7741	MCG 0- 8- 10	10498	MCG 0-11- 3	14221	MCG 0-13- 54	16462	MCG 0-25- 16	28101
MCG 0- 6- 24	7740	MCG 0- 8- 11	10507	MCG 0-11- 5	14252	MCG 0-13- 55	16464	MCG 0-25- 17	28136
MCG 0- 6- 25	7748	MCG 0- 8- 15	10559	MCG 0-11- 6	14288	MCG 0-13- 56	16471	MCG 0-25- 19	28220
MCG 0- 6- 26	7812	MCG 0- 8- 16	10574	MCG 0-11- 7	14345	MCG 0-13- 57	16473	MCG 0-25- 20	28240
MCG 0- 6- 27	7875	MCG 0- 8- 17	10579	MCG 0-11- 9	14409	MCG 0-13- 59	16490	MCG 0-25- 21	28258
MCG 0- 6- 29	7979	MCG 0- 8- 19	10634	MCG 0-11- 18	14559	MCG 0-13- 60	16501	MCG 0-25- 22	28272
MCG 0- 6- 30	8029	MCG 0- 8- 20	10651	MCG 0-11- 22	14587	MCG 0-13- 62	16575	MCG 0-25- 24	28408
MCG 0- 6- 31	8056	MCG 0- 8- 21	10647	MCG 0-11- 26	14665	MCG 0-13- 63	16613	MCG 0-25- 27	28452
MCG 0- 6- 32	8060	MCG 0- 8- 22	10659	MCG 0-11- 28	14718	MCG 0-13- 64	16631	MCG 0-25- 30	28498
MCG 0- 6- 33	8096	MCG 0- 8- 23	10670	MCG 0-11- 34	14752	MCG 0-13- 65	16646	MCG 0-25- 31	28517
MCG 0- 6- 34	8098	MCG 0- 8- 24	10697	MCG 0-11- 37	14779	MCG 0-13- 66	16639	MCG 0-26- 2	28900
MCG 0- 6- 35	8110	MCG 0- 8- 25	10726	MCG 0-11- 39	14790	MCG 0-13- 67	16654	MCG 0-26- 3	28924
MCG 0- 6- 37	8114	MCG 0- 8- 26	10747	MCG 0-11- 40	14792	MCG 0-13- 68	16662	MCG 0-26- 5	28945
MCG 0- 6- 38	8117	MCG 0- 8- 29	10761	MCG 0-11- 41	14804	MCG 0-13- 70	16734	MCG 0-26- 6	28946
MCG 0- 6- 40	8128	MCG 0- 8- 30	10789	MCG 0-11- 42	14803	MCG 0-14- 3	16837	MCG 0-26- 7	28977
MCG 0- 6- 41	8148	MCG 0- 8- 33	10815	MCG 0-11- 44	14807	MCG 0-14- 7	16853	MCG 0-26- 8	28967
MCG 0- 6- 43	8157	MCG 0- 8- 34	10843	MCG 0-11- 47	14819	MCG 0-14- 8	16852	MCG 0-26- 11	29025
MCG 0- 6- 44	8188	MCG 0- 8- 35	10854	MCG 0-11- 49	14839	MCG 0-14- 10	16868	MCG 0-26- 12	29127
MCG 0- 6- 47	8356	MCG 0- 8- 36	10857	MCG 0-11- 53	14865	MCG 0-14- 13	16889	MCG 0-26- 14	29213
MCG 0- 6- 49	8369	MCG 0- 8- 38	10868	MCG 0-11- 55	14880	MCG 0-14- 18	17013	MCG 0-26- 20	29465
MCG 0- 6- 51	8439	MCG 0- 8- 40	10891	MCG 0-12- 2	14892	MCG 0-14- 21	17208	MCG 0-26- 21	29482
MCG 0- 6- 52	8435	MCG 0- 8- 42	10933	MCG 0-12- 7	14907	MCG 0-14- 22	17259	MCG 0-26- 23	29496
MCG 0- 6- 54	8526	MCG 0- 8- 43	10942	MCG 0-12- 10	14914	MCG 0-15- 1	17535	MCG 0-26- 24	29576
MCG 0- 6- 55	8582	MCG 0- 8- 46	11000	MCG 0-12- 11	14923	MCG 0-16- 1	18705	MCG 0-26- 25	29614
MCG 0- 6- 56	8586	MCG 0- 8- 47	11007	MCG 0-12- 13	14929	MCG 0-17- 1	18893	MCG 0-26- 26	29671
MCG 0- 6- 57	8635	MCG 0- 8- 48	11012	MCG 0-12- 16A	14964	MCG 0-18- 1	20008	MCG 0-26- 30	29807
MCG 0- 6- 58	8653	MCG 0- 8- 50	11075	MCG 0-12- 24	15027	MCG 0-19- 1	20894	MCG 0-26- 32	29824
MCG 0- 6- 59	8707	MCG 0- 8- 51	11112	MCG 0-12- 27	15042	MCG 0-20- 2	21479	MCG 0-26- 33	29889
MCG 0- 6- 60	8718	MCG 0- 8- 52	11156	MCG 0-12- 29	15137	MCG 0-20- 4	21535	MCG 0-26- 34	30041
MCG 0- 7- 1	8876	MCG 0- 8- 55	11153	MCG 0-12- 32	15283	MCG 0-21- 1	22377	MCG 0-27- 3	30363
MCG 0- 7- 3	8887	MCG 0- 8- 56	11154	MCG 0-12- 35	15332	MCG 0-21- 2	22539	MCG 0-27- 5	30473
MCG 0- 7- 5	8929	MCG 0- 8- 58	11170	MCG 0-12- 36	15331	MCG 0-21- 4	22755	MCG 0-27- 9	30600
MCG 0- 7- 6	8979	MCG 0- 8- 59	11230	MCG 0-12- 37	15340	MCG 0-21- 5	22867	MCG 0-27- 12	30655
MCG 0- 7- 8A	9028	MCG 0- 8- 60	11245	MCG 0-12- 38	15342	MCG 0-21- 6	22881	MCG 0-27- 13	30676
MCG 0- 7- 9	9126	MCG 0- 8- 61	11265	MCG 0-12- 39	15356	MCG 0-21- 7	22883	MCG 0-27- 22	30904
MCG 0- 7- 10	9128	MCG 0- 8- 64	11336	MCG 0-12- 41	15436	MCG 0-21- 8	22894	MCG 0-27- 23	30960
MCG 0- 7- 11	9256	MCG 0- 8- 65	11375	MCG 0-12- 42	15429	MCG 0-21- 10	23064	MCG 0-27- 26	31067
MCG 0- 7- 12	9269	MCG 0- 8- 67	11397	MCG 0-12- 44	15447	MCG 0-21- 11	23225	MCG 0-27- 29	31236
MCG 0- 7- 13	9283	MCG 0- 8- 72	11477	MCG 0-12- 45	15531	MCG 0-21- 12	23259	MCG 0-27- 30	31304
MCG 0- 7- 15	9347	MCG 0- 8- 74	11492	MCG 0-12- 51	15620	MCG 0-22- 1	23410	MCG 0-27- 31	31503
MCG 0- 7- 16	9352	MCG 0- 8- 78	11537	MCG 0-12- 52	15638	MCG 0-22- 4	23485	MCG 0-27- 33	31604
MCG 0- 7- 17	9359	MCG 0- 8- 81	11566	MCG 0-12- 54	15631	MCG 0-22- 6	23519	MCG 0-27- 34	31634
MCG 0- 7- 18	9376	MCG 0- 8- 85	11598	MCG 0-12- 55	15637	MCG 0-22- 10	23616	MCG 0-27- 35	31673
MCG 0- 7- 20	9394	MCG 0- 8- 93	11670	MCG 0-12- 56	15655	MCG 0-22- 11	23749	MCG 0-27- 36	31689

RC3 647 MCG

MCG 0-27- 37 = 31691	MCG 0-31- 6 = 37655	MCG 0-33- 21 = 44014	MCG 0-38- 6 = 52735	MCG 0-52- 39 = 65032
MCG 0-27- 38 = 31693	MCG 0-31- 7 = 37678	MCG 0-33- 22 = 44254	MCG 0-38- 8 = 52998	MCG 0-52- 44 = 65151
MCG 0-27- 41 = 31865	MCG 0-31- 10 = 37693	MCG 0-33- 24 = 44388	MCG 0-38- 9 = 53089	MCG 0-52- 45 = 65152
MCG 0-27- 42 = 31892	MCG 0-31- 11 = 37710	MCG 0-33- 25 = 44392	MCG 0-38- 10 = 53134	MCG 0-52- 46 = 65178
MCG 0-28- 1 = 31993	MCG 0-31- 12 = 37745	MCG 0-33- 26 = 44846	MCG 0-38- 11 = 53383	MCG 0-53- 1 = 65279
MCG 0-28- 3 = 31998	MCG 0-31- 13 = 37757	MCG 0-33- 27 = 44858	MCG 0-38- 12 = 53499	MCG 0-53- 2 = 65347
MCG 0-28- 4 = 32088	MCG 0-31- 14 = 37791	MCG 0-33- 28 = 45195	MCG 0-38- 14 = 53578	MCG 0-53- 3 = 65375
MCG 0-28- 6 = 32153	MCG 0-31- 15 = 37810	MCG 0-34- 2 = 45480	MCG 0-38- 15 = 53597	MCG 0-53- 4 = 65376
MCG 0-28- 9 = 32196	MCG 0-31- 16 = 37845	MCG 0-34- 3 = 45491	MCG 0-38- 16 = 53643	MCG 0-53- 5 = 65379
MCG 0-28- 10 = 32235	MCG 0-31- 17 = 37914	MCG 0-34- 4 = 45567	MCG 0-38- 17 = 53653	MCG 0-53- 6 = 65385
MCG 0-28- 11A = 32293	MCG 0-31- 18 = 37933	MCG 0-34- 9 = 45629	MCG 0-38- 18 = 53683	MCG 0-53- 7 = 65398
MCG 0-28- 12 = 32351	MCG 0-31- 19 = 37971	MCG 0-34- 10 = 45632	MCG 0-38- 19 = 53750	MCG 0-53- 9 = 65718
MCG 0-28- 13 = 32383	MCG 0-31- 20 = 38018	MCG 0-34- 11 = 45567	MCG 0-38- 20 = 53770	MCG 0-53- 14 = 65854
MCG 0-28- 14 = 32375	MCG 0-31- 21 = 38033	MCG 0-34- 14 = 45782	MCG 0-38- 21 = 53802	MCG 0-53- 15 = 65857
MCG 0-28- 15 = 32410	MCG 0-31- 22 = 38031	MCG 0-34- 15 = 45794	MCG 0-38- 22 = 53862	MCG 0-53- 16 = 65905
MCG 0-28- 17 = 32439	MCG 0-31- 24 = 38115	MCG 0-34- 21 = 46218	MCG 0-38- 23 = 53865	MCG 0-54- 3 = 66299
MCG 0-28- 18 = 32463	MCG 0-31- 25 = 38120	MCG 0-34- 22 = 46254	MCG 0-38- 24 = 53901	MCG 0-54- 4 = 66329
MCG 0-28- 20 = 32517	MCG 0-31- 26 = 38154	MCG 0-34- 25 = 46319	MCG 0-38- 25 = 53932	MCG 0-54- 7 = 66381
MCG 0-28- 21 = 32553	MCG 0-31- 27 = 38188	MCG 0-34- 26 = 46336	MCG 0-38- 26 = 53930	MCG 0-54- 8 = 66389
MCG 0-28- 22 = 32611	MCG 0-31- 28 = 38190	MCG 0-34- 29 = 46561	MCG 0-39- 1 = 53941	MCG 0-54- 9 = 66407
MCG 0-28- 26 = 33144	MCG 0-31- 29 = 38201	MCG 0-34- 31 = 46633	MCG 0-39- 2 = 53979	MCG 0-54- 10 = 66461
MCG 0-28- 28 = 33323	MCG 0-31- 30 = 38213	MCG 0-34- 32 = 46717	MCG 0-39- 4 = 54032	MCG 0-54- 11 = 66512
MCG 0-28- 29 = 33469	MCG 0-31- 31 = 38218	MCG 0-34- 33 = 47027	MCG 0-39- 5 = 54039	MCG 0-54- 12 = 66579
MCG 0-28- 30 = 33550	MCG 0-31- 32 = 38216	MCG 0-34- 34 = 47058	MCG 0-39- 6 = 54119	MCG 0-54- 14 = 66590
MCG 0-28- 31 = 33689	MCG 0-31- 33 = 38237	MCG 0-34- 35 = 47278	MCG 0-39- 7 = 54118	MCG 0-54- 19 = 66807
MCG 0-29- 3 = 33817	MCG 0-31- 34 = 38240	MCG 0-34- 37 = 47360	MCG 0-39- 8 = 54134	MCG 0-54- 28 = 66860
MCG 0-29- 4 = 34047	MCG 0-31- 35 = 38372	MCG 0-34- 39 = 47432	MCG 0-39- 11 = 54262	MCG 0-54- 30 = 66891
MCG 0-29- 6 = 34132	MCG 0-31- 36 = 38793	MCG 0-34- 41 = 47438	MCG 0-39- 12 = 54416	MCG 0-55- 2 = 66904
MCG 0-29- 7 = 34189	MCG 0-31- 37 = 38815	MCG 0-35- 1 = 47564	MCG 0-39- 15 = 54458	MCG 0-55- 10 = 67163
MCG 0-29- 8 = 34276	MCG 0-31- 38 = 38950	MCG 0-35- 2 = 47566	MCG 0-39- 21 = 54761	MCG 0-55- 11 = 67173
MCG 0-29- 9 = 34371	MCG 0-31- 39 = 39017	MCG 0-35- 6 = 47641	MCG 0-39- 23 = 54911	MCG 0-55- 16 = 67339
MCG 0-29- 10 = 34492	MCG 0-31- 40 = 39099	MCG 0-35- 7 = 47680	MCG 0-40- 1 = 55281	MCG 0-55- 18 = 67391
MCG 0-29- 11 = 34521	MCG 0-31- 42 = 39170	MCG 0-35- 8 = 47690	MCG 0-40- 2 = 55349	MCG 0-55- 19 = 67410
MCG 0-29- 12 = 34520	MCG 0-31- 43 = 39245	MCG 0-35- 9 = 47709	MCG 0-40- 3 = 55388	MCG 0-55- 20 = 67458
MCG 0-29- 14 = 34613	MCG 0-31- 44 = 39280	MCG 0-35- 10 = 47915	MCG 0-40- 4 = 55648	MCG 0-55- 24 = 67470
MCG 0-29- 15 = 34659	MCG 0-31- 45 = 39474	MCG 0-35- 13 = 48207	MCG 0-40- 6 = 55792	MCG 0-55- 25 = 67508
MCG 0-29- 16 = 34675	MCG 0-31- 46 = 39495	MCG 0-35- 14 = 48217	MCG 0-40- 7 = 55821	MCG 0-55- 26 = 67518
MCG 0-29- 17 = 34689	MCG 0-32- 1 = 39697	MCG 0-35- 15 = 48330	MCG 0-40- 8 = 55833	MCG 0-55- 29 = 67622
MCG 0-29- 19 = 34701	MCG 0-32- 2 = 39832	MCG 0-35- 16 = 48338	MCG 0-40- 9 = 55949	MCG 0-56- 1 = 67660
MCG 0-29- 20 = 34724	MCG 0-32- 3 = 40284	MCG 0-35- 21 = 49234	MCG 0-40- 10 = 56025	MCG 0-56- 3 = 67672
MCG 0-29- 21 = 34749	MCG 0-32- 4 = 40329	MCG 0-35- 22 = 49264	MCG 0-40- 11 = 56131	MCG 0-56- 4 = 67737
MCG 0-29- 23 = 34786	MCG 0-32- 5 = 40347	MCG 0-35- 23 = 49287	MCG 0-40- 13 = 56337	MCG 0-56- 6 = 67766
MCG 0-29- 24 = 34967	MCG 0-32- 6 = 40374	MCG 0-35- 24 = 49308	MCG 0-41- 2 = 56723	MCG 0-56- 6 = 67864
MCG 0-29- 25 = 34996	MCG 0-32- 7 = 40561	MCG 0-35- 25 = 49362	MCG 0-41- 3 = 56941	MCG 0-56- 7 = 67934
MCG 0-29- 27 = 35016	MCG 0-32- 8 = 40563	MCG 0-35- 26 = 49415	MCG 0-41- 4 = 57345	MCG 0-56- 8 = 68006
MCG 0-29- 28 = 35018	MCG 0-32- 9 = 40564	MCG 0-36- 1 = 49533	MCG 0-41- 5 = 57355	MCG 0-56- 12 = 68224
MCG 0-29- 29 = 35030	MCG 0-32- 10 = 40629	MCG 0-36- 2 = 49569	MCG 0-41- 6 = 57505	MCG 0-56- 13 = 68258
MCG 0-29- 30 = 35102	MCG 0-32- 11 = 40658	MCG 0-36- 5 = 49792	MCG 0-41- 7 = 57509	MCG 0-56- 16 = 68438
MCG 0-29- 31 = 35126	MCG 0-32- 12 = 40762	MCG 0-36- 8 = 49869	MCG 0-41- 9 = 57582	MCG 0-56- 17 = 68474
MCG 0-29- 32 = 35158	MCG 0-32- 13 = 40790	MCG 0-36- 9 = 49882	MCG 0-41- 10 = 57590	MCG 0-57- 2 = 68963
MCG 0-29- 33 = 35217	MCG 0-32- 14 = 41083	MCG 0-36- 12 = 49978	MCG 0-41- 11 = 57694	MCG 0-57- 3 = 69089
MCG 0-29- 34 = 35227	MCG 0-32- 15 = 41153	MCG 0-36- 14 = 50071	MCG 0-41- 12 = 57706	MCG 0-57- 5 = 69347
MCG 0-29- 36 = 35306	MCG 0-32- 16 = 41395	MCG 0-36- 16 = 50203	MCG 0-42- 1 = 57856	MCG 0-57- 7 = 69505
MCG 0-29- 38 = 35447	MCG 0-32- 17 = 41409	MCG 0-36- 17 = 50204	MCG 0-42- 2 = 57924	MCG 0-57- 8 = 69504
MCG 0-30- 1 = 35538	MCG 0-32- 19 = 41578	MCG 0-36- 18 = 50229	MCG 0-42- 3 = 57937	MCG 0-58- 1 = 69630
MCG 0-30- 2 = 35544	MCG 0-32- 20 = 41618	MCG 0-36- 19 = 50430	MCG 0-42- 6 = 58600	MCG 0-58- 2 = 69633
MCG 0-30- 3 = 35560	MCG 0-32- 21 = 41737	MCG 0-36- 20 = 50479	MCG 0-42- 8 = 58702	MCG 0-58- 5 = 69829
MCG 0-30- 4 = 35563	MCG 0-32- 22 = 41788	MCG 0-36- 22 = 50557	MCG 0-43- 2 = 59125	MCG 0-58- 6 = 69847
MCG 0-30- 5 = 35581	MCG 0-32- 23 = 41823	MCG 0-36- 23 = 50587	MCG 0-43- 4 = 59186	MCG 0-58- 7 = 69889
MCG 0-30- 6 = 35594	MCG 0-32- 24 = 41911	MCG 0-36- 26 = 50676	MCG 0-43- 5 = 59328	MCG 0-58- 8 = 69904
MCG 0-30- 7 = 35630	MCG 0-32- 25 = 41982	MCG 0-36- 27 = 50724	MCG 0-43- 6 = 59400	MCG 0-58- 9 = 69905
MCG 0-30- 8 = 35642	MCG 0-32- 26 = 42195	MCG 0-36- 28 = 50782	MCG 0-44- 3 = 60143	MCG 0-58- 10 = 69914
MCG 0-30- 9 = 35682	MCG 0-32- 27 = 42202	MCG 0-36- 29 = 50786	MCG 0-45- 1 = 60730	MCG 0-58- 11 = 69943
MCG 0-30- 10 = 35692	MCG 0-32- 28 = 42199	MCG 0-36- 33 = 51090	MCG 0-46- 1 = 61082	MCG 0-58- 14 = 70098
MCG 0-30- 11 = 35705	MCG 0-32- 30 = 42255	MCG 0-37- 1 = 51344	MCG 0-46- 3 = 61487	MCG 0-58- 15 = 70144
MCG 0-30- 13 = 35747	MCG 0-32- 31 = 42305	MCG 0-37- 2 = 51400	MCG 0-51- 3 = 63912	MCG 0-58- 19 = 70237
MCG 0-30- 14 = 35839	MCG 0-32- 32 = 42336	MCG 0-37- 3 = 51471	MCG 0-51- 5 = 64016	MCG 0-58- 20 = 70277
MCG 0-30- 15 = 35877	MCG 0-32- 33 = 42317	MCG 0-37- 4 = 51612	MCG 0-51- 9 = 64262	MCG 0-58- 21 = 70287
MCG 0-30- 16 = 35932	MCG 0-32- 34 = 42453	MCG 0-37- 5 = 51603	MCG 0-51- 10 = 64318	MCG 0-58- 25 = 70381
MCG 0-30- 17 = 36061	MCG 0-32- 35 = 42542	MCG 0-37- 6 = 51612	MCG 0-51- 11 = 64412	MCG 0-58- 26 = 70430
MCG 0-30- 18 = 36102	MCG 0-32- 36 = 42559	MCG 0-37- 7 = 51645	MCG 0-51- 13 = 64458	MCG 0-58- 27 = 70432
MCG 0-30- 19 = 36325	MCG 0-32- 37 = 42692	MCG 0-37- 8 = 51662	MCG 0-52- 3 = 64553	MCG 0-58- 28 = 70435
MCG 0-30- 20 = 36489	MCG 0-32- 38 = 42689	MCG 0-37- 9 = 51697	MCG 0-52- 4 = 64586	MCG 0-58- 29 = 70446
MCG 0-30- 21 = 36580	MCG 0-33- 1 = 42709	MCG 0-37- 11 = 51752	MCG 0-52- 5 = 64649	MCG 0-58- 30 = 70455
MCG 0-30- 22 = 36726	MCG 0-33- 2 = 42747	MCG 0-37- 12 = 51780	MCG 0-52- 7 = 64678	MCG 0-58- 34 = 70519
MCG 0-30- 23 = 36800	MCG 0-33- 4 = 42791	MCG 0-37- 14 = 51896	MCG 0-52- 9 = 64685	MCG 0-59- 1 = 70539
MCG 0-30- 24 = 36887	MCG 0-33- 5 = 42797	MCG 0-37- 16 = 51957	MCG 0-52- 10 = 64694	MCG 0-59- 3 = 70575
MCG 0-30- 26 = 36928	MCG 0-33- 6 = 42847	MCG 0-37- 18 = 52273	MCG 0-52- 11 = 64696	MCG 0-59- 4 = 70615
MCG 0-30- 27 = 36938	MCG 0-33- 7 = 42910	MCG 0-37- 20 = 52291	MCG 0-52- 14 = 64755	MCG 0-59- 5 = 70660
MCG 0-30- 28 = 36941	MCG 0-33- 8 = 42975	MCG 0-37- 21 = 52395	MCG 0-52- 18 = 64814	MCG 0-59- 7 = 70678
MCG 0-30- 30 = 36998	MCG 0-33- 9 = 42999	MCG 0-37- 22 = 52412	MCG 0-52- 20 = 64821	MCG 0-59- 8 = 70715
MCG 0-30- 31 = 37016	MCG 0-33- 10 = 43128	MCG 0-37- 24 = 52455	MCG 0-52- 25 = 64844	MCG 0-59- 9 = 70725
MCG 0-30- 32 = 37213	MCG 0-33- 11 = 43149	MCG 0-37- 25 = 52456	MCG 0-52- 26 = 64862	MCG 0-59- 11 = 70784
MCG 0-30- 33 = 37222	MCG 0-33- 12 = 43202	MCG 0-37- 26 = 52491	MCG 0-52- 27 = 64864	MCG 0-59- 12 = 70818
MCG 0-30- 34 = 37339	MCG 0-33- 13 = 43238	MCG 0-37- 27 = 52495	MCG 0-52- 31 = 64891	MCG 0-59- 16 = 70925
MCG 0-30- 35 = 37352	MCG 0-33- 14 = 43470	MCG 0-38- 1 = 52550	MCG 0-52- 32 = 64910	MCG 0-59- 17 = 70953
MCG 0-31- 2 = 37444	MCG 0-33- 16 = 43671	MCG 0-38- 2 = 52614	MCG 0-52- 33 = 64939	MCG 0-59- 19 = 70995
MCG 0-31- 3 = 37488	MCG 0-33- 17 = 43784	MCG 0-38- 3 = 52641	MCG 0-52- 35 = 64949	MCG 0-59- 20 = 71039
MCG 0-31- 4 = 37614	MCG 0-33- 18 = 43798	MCG 0-38- 4 = 52654	MCG 0-52- 36 = 65007	MCG 0-59- 21 = 71035
MCG 0-31- 5 = 37651	MCG 0-33- 19 = 43894	MCG 0-38- 5 = 52665	MCG 0-52- 38 = 65021	

RC3 648 MCG

MCG	=	MCG	=	MCG	=	MCG	=	MCG	=
MCG 0-59- 23	71063	MCG 1- 2- 21	1924	MCG 1- 5- 41	6993	MCG 1- 8- 38	11504	MCG 1-21- 14	22810
MCG 0-59- 26	71118	MCG 1- 2- 25	2003	MCG 1- 5- 42	7053	MCG 1- 8- 39	11541	MCG 1-21- 18	22950
MCG 0-59- 30	71162	MCG 1- 2- 26	2017	MCG 1- 5- 43	7076	MCG 1- 9- 1	11749	MCG 1-21- 19	22962
MCG 0-59- 31	71175	MCG 1- 2- 27	2027	MCG 1- 5- 44	7072	MCG 1- 9- 2	11972	MCG 1-21- 20	23245
MCG 0-59- 35	71264	MCG 1- 2- 32	2134	MCG 1- 5- 46	7096	MCG 1- 9- 3	12129	MCG 1-22- 1	23351
MCG 0-59- 38	71345	MCG 1- 2- 33	2139	MCG 1- 5- 48	7164	MCG 1- 9- 4	12695	MCG 1-22- 2	23447
MCG 0-59- 42	71381	MCG 1- 2- 37	2260	MCG 1- 6- 1	7235	MCG 1- 9- 5	12859	MCG 1-22- 4	23474
MCG 0-59- 44	71438	MCG 1- 2- 38	2266	MCG 1- 6- 2	7237	MCG 1- 9- 6	13088	MCG 1-22- 5	23495
MCG 0-59- 46	71554	MCG 1- 2- 39	2268	MCG 1- 6- 3	7252	MCG 1-10- 1	13279	MCG 1-22- 6	23504
MCG 0-59- 47	71566	MCG 1- 2- 41	2324	MCG 1- 6- 4	7264	MCG 1-10- 3	13385	MCG 1-22- 12	23816
MCG 0-59- 48	71578	MCG 1- 2- 42	2325	MCG 1- 6- 7	7243	MCG 1-10- 4	13389	MCG 1-22- 16	24425
MCG 0-59- 49	71611	MCG 1- 2- 44	2342	MCG 1- 6- 8	7249	MCG 1-10- 6	13562	MCG 1-22- 17	24499
MCG 0-59- 50	71625	MCG 1- 2- 45	2370	MCG 1- 6- 12	7325	MCG 1-10- 7	13580	MCG 1-23- 3	24665
MCG 0-59- 51	71635	MCG 1- 2- 46	2366	MCG 1- 6- 14	7355	MCG 1-10- 10	13945	MCG 1-23- 5	25081
MCG 0-60- 1	71711	MCG 1- 2- 47	2372	MCG 1- 6- 17	7406	MCG 1-10- 12	14024	MCG 1-23- 6	25161
MCG 0-60- 2	71714	MCG 1- 2- 49	2384	MCG 1- 6- 19	7468	MCG 1-10- 13	14076	MCG 1-23- 13	25172
MCG 0-60- 3	71720	MCG 1- 2- 50	2390	MCG 1- 6- 22	7478	MCG 1-11- 2	14228	MCG 1-23- 13	25205
MCG 0-60- 7	71737	MCG 1- 2- 51	2396	MCG 1- 6- 26	7556	MCG 1-11- 5	14248	MCG 1-23- 15	25225
MCG 0-60- 12	71818	MCG 1- 3- 1	2653	MCG 1- 6- 27	7649	MCG 1-11- 6	14293	MCG 1-23- 16	25259
MCG 0-60- 15	71837	MCG 1- 3- 2	2765	MCG 1- 6- 28	7658	MCG 1-11- 8	14355	MCG 1-23- 17	25280
MCG 0-60- 17	71868	MCG 1- 3- 3	2818	MCG 1- 6- 31	7702	MCG 1-11- 9	14449	MCG 1-23- 18	25352
MCG 0-60- 18	71878	MCG 1- 3- 4	2833	MCG 1- 6- 32	7713	MCG 1-11- 10	14448	MCG 1-23- 19	25436
MCG 0-60- 19	71883	MCG 1- 3- 5	2834	MCG 1- 6- 34	7800	MCG 1-11- 12	14502	MCG 1-23- 20	25441
MCG 0-60- 22	71926	MCG 1- 3- 7	3217	MCG 1- 6- 35	7820	MCG 1-11- 13	14651	MCG 1-23- 21	25457
MCG 0-60- 29	72073	MCG 1- 3- 11	3667	MCG 1- 6- 36	7839	MCG 1-11- 15	14762	MCG 1-23- 22	25556
MCG 0-60- 34	72128	MCG 1- 3- 12	3709	MCG 1- 6- 37	7917	MCG 1-11- 16	14800	MCG 1-24- 1	25646
MCG 0-60- 35	72131	MCG 1- 3- 13	3761	MCG 1- 6- 38	7952	MCG 1-11- 17	14860	MCG 1-24- 3	25679
MCG 0-60- 37	72241	MCG 1- 4- 1	4045	MCG 1- 6- 39	7977	MCG 1-12- 2	15054	MCG 1-24- 4	25825
MCG 0-60- 38	72247	MCG 1- 4- 5	4464	MCG 1- 6- 40	8011	MCG 1-12- 3	15059	MCG 1-24- 5	25861
MCG 0-60- 39	72258	MCG 1- 4- 7	4509	MCG 1- 6- 41	8026	MCG 1-12- 5	15294	MCG 1-24- 6	25876
MCG 0-60- 42	72325	MCG 1- 4- 8	4535	MCG 1- 6- 43	8101	MCG 1-12- 6	15319	MCG 1-24- 7	25986
MCG 0-60- 43	72319	MCG 1- 4- 9	4549	MCG 1- 6- 44	8167	MCG 1-12- 7	15355	MCG 1-24- 9	26150
MCG 0-60- 44	72330	MCG 1- 4- 11	4572	MCG 1- 6- 45	8173	MCG 1-12- 8	15368	MCG 1-24- 10	26173
MCG 0-60- 45	72347	MCG 1- 4- 12	4578	MCG 1- 6- 46	8196	MCG 1-12- 9	15504	MCG 1-24- 12	26357
MCG 0-60- 52	72549	MCG 1- 4- 17	4686	MCG 1- 6- 47	8214	MCG 1-12- 10	15556	MCG 1-24- 13	26418
MCG 0-60- 55	72618	MCG 1- 4- 18	4720	MCG 1- 6- 48	8207	MCG 1-12- 12	15574	MCG 1-24- 14	26517
MCG 0-60- 56	72659	MCG 1- 4- 19	4769	MCG 1- 6- 49	8293	MCG 1-12- 13	15760	MCG 1-24- 16	26528
MCG 0-60- 58	72803	MCG 1- 4- 22	4827	MCG 1- 6- 50	8281	MCG 1-12- 14	15774	MCG 1-24- 17	26556
MCG 0-60- 59	72808	MCG 1- 4- 23	4856	MCG 1- 6- 51	8318	MCG 1-12- 15	15775	MCG 1-24- 21	26781
MCG 0-60- 60	72806	MCG 1- 4- 24	4861	MCG 1- 6- 52	8332	MCG 1-12- 16	15795	MCG 1-24- 22	26826
MCG 0-60- 61	72820	MCG 1- 4- 25	4862	MCG 1- 6- 53	8360	MCG 1-13- 1	15973	MCG 1-24- 24	26932
MCG 1- 1- 1	72995	MCG 1- 4- 28	4885	MCG 1- 6- 54	8368	MCG 1-13- 2	15992	MCG 1-24- 26	26974
MCG 1- 1- 2	73021	MCG 1- 4- 30	4884	MCG 1- 6- 55	8512	MCG 1-13- 4	16141	MCG 1-25- 1	27049
MCG 1- 1- 5	73154	MCG 1- 4- 31	4905	MCG 1- 6- 56	8537	MCG 1-13- 5	16193	MCG 1-25- 2	27219
MCG 1- 1- 7	39	MCG 1- 4- 32	4921	MCG 1- 6- 57	8562	MCG 1-13- 6	16227	MCG 1-25- 4	27248
MCG 1- 1- 8	81	MCG 1- 4- 33	4946	MCG 1- 6- 58	8571	MCG 1-13- 7	16248	MCG 1-25- 5	27422
MCG 1- 1- 9	80	MCG 1- 4- 34	4957	MCG 1- 6- 59	8575	MCG 1-13- 9	16300	MCG 1-25- 6	27423
MCG 1- 1- 10	79	MCG 1- 4- 35	4973	MCG 1- 6- 61	8631	MCG 1-13- 10	16468	MCG 1-25- 7	27518
MCG 1- 1- 11	96	MCG 1- 4- 41	5036	MCG 1- 6- 62	8802	MCG 1-13- 11	16469	MCG 1-25- 8	27535
MCG 1- 1- 13	179	MCG 1- 4- 43	5034	MCG 1- 7- 1	8904	MCG 1-13- 12	16482	MCG 1-25- 9	27619
MCG 1- 1- 14	201	MCG 1- 4- 45	5080	MCG 1- 7- 2	8913	MCG 1-13- 13	16486	MCG 1-25- 11	27635
MCG 1- 1- 15	226	MCG 1- 4- 46	5094	MCG 1- 7- 4	9118	MCG 1-13- 14	16650	MCG 1-25- 12	27645
MCG 1- 1- 17	258	MCG 1- 4- 48	5148	MCG 1- 7- 6	9543	MCG 1-13- 15	16764	MCG 1-25- 13	27734
MCG 1- 1- 18	263	MCG 1- 4- 49	5161	MCG 1- 7- 8	9697	MCG 1-14- 1	16843	MCG 1-25- 14	27753
MCG 1- 1- 19	288	MCG 1- 4- 50	5198	MCG 1- 7- 9	9735	MCG 1-14- 2	16899	MCG 1-25- 16	27968
MCG 1- 1- 20	301	MCG 1- 4- 52	5193	MCG 1- 7- 10	9753	MCG 1-14- 3	16909	MCG 1-25- 17	27981
MCG 1- 1- 21	305	MCG 1- 4- 53	5222	MCG 1- 7- 11	9767	MCG 1-14- 8	16984	MCG 1-25- 18	27997
MCG 1- 1- 22	307	MCG 1- 4- 54	5232	MCG 1- 7- 12	9854	MCG 1-14- 9	16989	MCG 1-25- 20	28009
MCG 1- 1- 24	353	MCG 1- 4- 55	5245	MCG 1- 7- 14	9904	MCG 1-14- 14	16995	MCG 1-25- 21	28026
MCG 1- 1- 25	354	MCG 1- 4- 56	5264	MCG 1- 7- 17	10001	MCG 1-14- 16	17025	MCG 1-25- 22	28032
MCG 1- 1- 26	366	MCG 1- 4- 57	5273	MCG 1- 7- 18	10055	MCG 1-14- 17	17031	MCG 1-25- 23	28033
MCG 1- 1- 27	378	MCG 1- 4- 59	5345	MCG 1- 7- 21	10166	MCG 1-14- 20	17044	MCG 1-25- 25	28148
MCG 1- 1- 28	377	MCG 1- 5- 2	5744	MCG 1- 7- 23	10174	MCG 1-14- 23	17053	MCG 1-25- 28	28378
MCG 1- 1- 29	465	MCG 1- 5- 3	5759	MCG 1- 7- 24	10185	MCG 1-14- 25	17125	MCG 1-25- 30	28487
MCG 1- 1- 30	504	MCG 1- 5- 5	5892	MCG 1- 7- 25	10277	MCG 1-14- 26	17136	MCG 1-25- 31	28502
MCG 1- 1- 32	511	MCG 1- 5- 6	5911	MCG 1- 7- 26	10309	MCG 1-14- 27	17147	MCG 1-25- 32	28520
MCG 1- 1- 34	515	MCG 1- 5- 7	5983	MCG 1- 8- 1	10566	MCG 1-14- 28	17152	MCG 1-25- 34	28617
MCG 1- 1- 37	565	MCG 1- 5- 9	5998	MCG 1- 8- 3	10613	MCG 1-14- 29	17156	MCG 1-26- 3	28741
MCG 1- 1- 38	613	MCG 1- 5- 10	6007	MCG 1- 8- 4	10631	MCG 1-14- 30	17164	MCG 1-26- 4	28745
MCG 1- 1- 39	616	MCG 1- 5- 13	6061	MCG 1- 8- 6	10683	MCG 1-14- 31	17171	MCG 1-26- 5	28913
MCG 1- 1- 40	645	MCG 1- 5- 14	6145	MCG 1- 8- 7	10762	MCG 1-14- 32	17176	MCG 1-26- 6	28939
MCG 1- 1- 41	696	MCG 1- 5- 15	6147	MCG 1- 8- 8	10813	MCG 1-14- 34	17180	MCG 1-26- 7	28947
MCG 1- 1- 43	798	MCG 1- 5- 16	6172	MCG 1- 8- 9	10818	MCG 1-14- 35	17181	MCG 1-26- 8	28949
MCG 1- 1- 45	859	MCG 1- 5- 17	6208	MCG 1- 8- 11	10913	MCG 1-15- 1	17444	MCG 1-26- 9	28964
MCG 1- 1- 46	1021	MCG 1- 5- 19	6235	MCG 1- 8- 12	10927	MCG 1-15- 2	17504	MCG 1-26- 10	29057
MCG 1- 1- 47	1106	MCG 1- 5- 21	6263	MCG 1- 8- 13	10935	MCG 1-19- 4	20595	MCG 1-26- 13	29249
MCG 1- 1- 48	1139	MCG 1- 5- 24	6302	MCG 1- 8- 14	10943	MCG 1-20- 1	21303	MCG 1-26- 14	29340
MCG 1- 1- 51	1255	MCG 1- 5- 26	6316	MCG 1- 8- 17	11035	MCG 1-20- 3	21450	MCG 1-26- 18	29714
MCG 1- 2- 3	1301	MCG 1- 5- 27	6329	MCG 1- 8- 18	11068	MCG 1-20- 4	21710	MCG 1-26- 19	29730
MCG 1- 2- 5	1464	MCG 1- 5- 28	6332	MCG 1- 8- 20	11074	MCG 1-20- 5	21718	MCG 1-26- 21	29749
MCG 1- 2- 6	1566	MCG 1- 5- 29	6359	MCG 1- 8- 22	11099	MCG 1-20- 6	21779	MCG 1-26- 23	29798
MCG 1- 2- 7	1577	MCG 1- 5- 30	6402	MCG 1- 8- 23	11128	MCG 1-20- 9	22137	MCG 1-26- 24	29814
MCG 1- 2- 10	1611	MCG 1- 5- 31	6485	MCG 1- 8- 24	11136	MCG 1-21- 1	22266	MCG 1-26- 25	29835
MCG 1- 2- 11	1638	MCG 1- 5- 32	6500	MCG 1- 8- 25	11150	MCG 1-21- 2	22359	MCG 1-26- 26	29855
MCG 1- 2- 13	1700	MCG 1- 5- 34	6656	MCG 1- 8- 26	11183	MCG 1-21- 4	22414	MCG 1-26- 27	29956
MCG 1- 2- 16	1889	MCG 1- 5- 35	6778	MCG 1- 8- 27	11188	MCG 1-21- 7	22554	MCG 1-26- 29	29969
MCG 1- 2- 17	1903	MCG 1- 5- 37	6876	MCG 1- 8- 29	11252	MCG 1-21- 9	22641	MCG 1-26- 31	29995
MCG 1- 2- 18	1914	MCG 1- 5- 38	6874	MCG 1- 8- 31	11255	MCG 1-21- 11	22767	MCG 1-26- 33	30086
MCG 1- 2- 19	1921	MCG 1- 5- 39	6905	MCG 1- 8- 32	11306	MCG 1-21- 12	22778	MCG 1-26- 34	30090
MCG 1- 2- 20	1927	MCG 1- 5- 40	6897	MCG 1- 8- 33	11338	MCG 1-21- 13	22786	MCG 1-27- 1	30178

MCG 1-27- 4 = 30364	MCG 1-30- 15 = 36824	MCG 1-32- 55 = 40579	MCG 1-34- 6 = 45844	MCG 1-37- 18 = 51787
MCG 1-27- 9 = 30684	MCG 1-30- 16 = 36966	MCG 1-32- 56 = 40604	MCG 1-34- 8 = 45875	MCG 1-37- 19 = 51846
MCG 1-27- 12 = 30839	MCG 1-30- 17 = 37014	MCG 1-32- 57 = 40607	MCG 1-34- 9 = 45885	MCG 1-37- 20 = 51865
MCG 1-27- 13 = 30885	MCG 1-30- 18 = 37160	MCG 1-32- 58 = 40621	MCG 1-34- 10 = 45936	MCG 1-37- 21 = 51883
MCG 1-27- 14 = 31037	MCG 1-30- 19 = 37374	MCG 1-32- 61 = 40673	MCG 1-34- 11 = 46089	MCG 1-37- 22 = 51895
MCG 1-27- 21 = 31559	MCG 1-30- 20 = 37400	MCG 1-32- 62 = 40715	MCG 1-34- 12 = 46138	MCG 1-37- 23 = 51921
MCG 1-27- 22 = 31567	MCG 1-31- 1 = 37483	MCG 1-32- 63 = 40743	MCG 1-34- 13 = 46187	MCG 1-37- 24 = 51953
MCG 1-27- 23 = 31608	MCG 1-31- 8 = 37816	MCG 1-32- 64 = 40775	MCG 1-34- 14 = 46250	MCG 1-37- 25 = 51971
MCG 1-27- 24 = 31651	MCG 1-31- 9 = 37954	MCG 1-32- 65 = 40801	MCG 1-34- 15 = 46278	MCG 1-37- 27 = 52011
MCG 1-27- 25 = 31701	MCG 1-31- 12 = 38010	MCG 1-32- 66 = 40807	MCG 1-34- 16 = 46321	MCG 1-37- 28 = 52018
MCG 1-27- 27 = 31834	MCG 1-31- 14 = 38052	MCG 1-32- 67 = 40851	MCG 1-34- 18 = 46556	MCG 1-37- 29 = 52016
MCG 1-28- 4 = 32021	MCG 1-31- 15 = 38054	MCG 1-32- 68 = 40875	MCG 1-34- 19 = 46782	MCG 1-37- 30 = 52023
MCG 1-28- 5 = 32078	MCG 1-31- 16 = 38117	MCG 1-32- 69 = 40886	MCG 1-34- 21 = 47060	MCG 1-37- 31 = 52042
MCG 1-28- 6 = 32086	MCG 1-31- 17 = 38124	MCG 1-32- 70 = 40933	MCG 1-34- 22 = 47235	MCG 1-37- 35 = 52132
MCG 1-28- 7 = 32231	MCG 1-31- 18 = 38122	MCG 1-32- 73 = 41072	MCG 1-35- 1 = 47637	MCG 1-37- 37 = 52141
MCG 1-28- 8 = 32234	MCG 1-31- 21 = 38359	MCG 1-32- 74 = 41088	MCG 1-35- 2 = 47654	MCG 1-37- 38 = 52199
MCG 1-28- 9 = 32285	MCG 1-31- 22 = 38492	MCG 1-32- 75 = 41101	MCG 1-35- 3 = 47678	MCG 1-37- 39 = 52317
MCG 1-28- 11 = 32364	MCG 1-31- 23 = 38531	MCG 1-32- 77 = 41109	MCG 1-35- 6 = 47784	MCG 1-37- 40 = 52356
MCG 1-28- 12 = 32529	MCG 1-31- 24 = 38822	MCG 1-32- 78 = 41148	MCG 1-35- 7 = 47794	MCG 1-37- 42 = 52365
MCG 1-28- 13 = 32570	MCG 1-31- 25 = 38964	MCG 1-32- 79 = 41166	MCG 1-35- 8 = 47842	MCG 1-37- 44 = 52421
MCG 1-28- 15 = 32595	MCG 1-31- 26 = 39034	MCG 1-32- 80 = 41169	MCG 1-35- 10 = 47929	MCG 1-37- 46 = 52433
MCG 1-28- 17 = 32642	MCG 1-31- 28 = 39067	MCG 1-32- 81 = 41170	MCG 1-35- 11 = 47953	MCG 1-37- 47 = 52441
MCG 1-28- 18 = 32672	MCG 1-31- 29 = 39114	MCG 1-32- 82 = 41189	MCG 1-35- 15 = 48023	MCG 1-37- 48 = 52488
MCG 1-28- 19 = 32822	MCG 1-31- 30 = 39188	MCG 1-32- 83 = 41220	MCG 1-35- 16 = 48105	MCG 1-37- 49 = 52532
MCG 1-28- 23 = 32907	MCG 1-31- 31 = 39251	MCG 1-32- 84 = 41258	MCG 1-35- 17 = 48128	MCG 1-37- 51 = 52564
MCG 1-28- 24 = 32986	MCG 1-31- 33 = 39265	MCG 1-32- 85 = 41283	MCG 1-35- 20 = 48122	MCG 1-38- 1 = 52628
MCG 1-28- 26 = 33058	MCG 1-31- 34 = 39328	MCG 1-32- 86 = 41307	MCG 1-35- 22 = 48189	MCG 1-38- 2 = 52625
MCG 1-28- 27 = 33234	MCG 1-31- 35 = 39388	MCG 1-32- 87 = 41317	MCG 1-35- 23 = 48202	MCG 1-38- 6 = 53046
MCG 1-28- 28 = 33310	MCG 1-31- 36 = 39389	MCG 1-32- 89 = 41383	MCG 1-35- 24 = 48273	MCG 1-38- 7 = 53094
MCG 1-28- 29 = 33319	MCG 1-31- 37 = 39384	MCG 1-32- 90 = 41471	MCG 1-35- 25 = 48294	MCG 1-38- 9 = 53176
MCG 1-28- 30 = 33330	MCG 1-31- 38 = 39412	MCG 1-32- 91 = 41599	MCG 1-35- 27 = 48358	MCG 1-38- 10 = 53178
MCG 1-28- 31 = 33380	MCG 1-31- 40 = 39483	MCG 1-32- 92 = 41586	MCG 1-35- 29 = 48421	MCG 1-38- 11 = 53201
MCG 1-28- 33 = 33446	MCG 1-31- 41 = 39479	MCG 1-32- 93 = 41625	MCG 1-35- 30 = 48468	MCG 1-38- 13 = 53231
MCG 1-28- 34 = 33470	MCG 1-31- 42 = 39480	MCG 1-32- 96 = 41716	MCG 1-35- 31 = 48527	MCG 1-38- 14 = 53247
MCG 1-28- 35 = 33477	MCG 1-31- 44 = 39493	MCG 1-32- 99 = 41758	MCG 1-35- 34 = 48675	MCG 1-38- 15 = 53260
MCG 1-28- 36 = 33485	MCG 1-31- 45 = 39537	MCG 1-32-100 = 41772	MCG 1-35- 35 = 48693	MCG 1-38- 22 = 53459
MCG 1-28- 37 = 33569	MCG 1-31- 47 = 39592	MCG 1-32-101 = 41789	MCG 1-35- 38 = 48959	MCG 1-38- 23 = 53470
MCG 1-28- 38 = 33578	MCG 1-31- 48 = 39601	MCG 1-32-102 = 41816	MCG 1-35- 39 = 48951	MCG 1-38- 26 = 53696
MCG 1-28- 39 = 33635	MCG 1-31- 49 = 39624	MCG 1-32-103 = 41811	MCG 1-35- 40 = 49067	MCG 1-38- 32 = 53951
MCG 1-28- 40 = 33662	MCG 1-31- 50 = 39628	MCG 1-32-104 = 41812	MCG 1-35- 44 = 49248	MCG 1-39- 0 = 54188
MCG 1-28- 41 = 33680	MCG 1-31- 51 = 39657	MCG 1-32-105 = 41850	MCG 1-35- 45 = 49303	MCG 1-39- 1 = 54013
MCG 1-29- 2 = 33712	MCG 1-31- 52 = 39659	MCG 1-32-106 = 41847	MCG 1-35- 46 = 49310	MCG 1-39- 2 = 54111
MCG 1-29- 3 = 33749	MCG 1-31- 53 = 39655	MCG 1-32-107 = 41861	MCG 1-35- 48 = 49353	MCG 1-39- 4 = 54232
MCG 1-29- 4 = 33760	MCG 1-31- 54 = 39656	MCG 1-32-110 = 41958	MCG 1-35- 49 = 49373	MCG 1-39- 7 = 54338
MCG 1-29- 6 = 33876	MCG 1-31- 55 = 39658	MCG 1-32-111 = 42068	MCG 1-35- 50 = 49399	MCG 1-39- 9 = 54420
MCG 1-29- 7 = 33901	MCG 1-32- 1 = 39687	MCG 1-32-112 = 42074	MCG 1-35- 51 = 49411	MCG 1-39- 11 = 54448
MCG 1-29- 9 = 33929	MCG 1-32- 2 = 39699	MCG 1-32-114 = 42096	MCG 1-35- 52 = 49468	MCG 1-39- 12 = 54526
MCG 1-29- 10 = 33930	MCG 1-32- 3 = 39708	MCG 1-32-115 = 42108	MCG 1-36- 1 = 49513	MCG 1-39- 18 = 54666
MCG 1-29- 11 = 34004	MCG 1-32- 4 = 39712	MCG 1-32-116 = 42152	MCG 1-36- 2 = 49547	MCG 1-39- 20 = 54812
MCG 1-29- 12 = 34013	MCG 1-32- 5 = 39719	MCG 1-32-117 = 42174	MCG 1-36- 3 = 49555	MCG 1-39- 21 = 54849
MCG 1-29- 13 = 34015	MCG 1-32- 7 = 39718	MCG 1-32-118 = 42169	MCG 1-36- 4 = 49650	MCG 1-39- 22 = 55069
MCG 1-29- 14 = 34062	MCG 1-32- 8 = 39738	MCG 1-32-121 = 42230	MCG 1-36- 5A = 49683	MCG 1-39- 25 = 55295
MCG 1-29- 16 = 34139	MCG 1-32- 9 = 39759	MCG 1-32-122 = 42241	MCG 1-36- 6 = 49704	MCG 1-40- 1 = 55309
MCG 1-29- 18 = 34159	MCG 1-32- 10 = 39765	MCG 1-32-123 = 42253	MCG 1-36- 7 = 49711	MCG 1-40- 2 = 55316
MCG 1-29- 20 = 34204	MCG 1-32- 11 = 39794	MCG 1-32-124 = 42277	MCG 1-36- 8 = 49707	MCG 1-40- 3 = 55314
MCG 1-29- 21 = 34222	MCG 1-32- 12 = 39801	MCG 1-32-125 = 42319	MCG 1-36- 10 = 49719	MCG 1-40- 4 = 55321
MCG 1-29- 24 = 34335	MCG 1-32- 13 = 39809	MCG 1-32-126 = 42340	MCG 1-36- 11 = 49724	MCG 1-40- 8 = 55637
MCG 1-29- 25 = 34379	MCG 1-32- 15 = 39886	MCG 1-32-127 = 42348	MCG 1-36- 12 = 49748	MCG 1-40- 9 = 55687
MCG 1-29- 26 = 34478	MCG 1-32- 16 = 39922	MCG 1-32-128 = 42447	MCG 1-36- 13 = 49791	MCG 1-40- 11 = 55722
MCG 1-29- 27 = 34527	MCG 1-32- 17 = 39943	MCG 1-32-132 = 42471	MCG 1-36- 14 = 49906	MCG 1-40- 12 = 55845
MCG 1-29- 29 = 34599	MCG 1-32- 19 = 39951	MCG 1-32-134 = 42574	MCG 1-36- 15 = 49995	MCG 1-40- 14 = 55993
MCG 1-29- 30 = 34696	MCG 1-32- 21 = 39972	MCG 1-32-135 = 42647	MCG 1-36- 16 = 49997	MCG 1-40- 15 = 56111
MCG 1-29- 31 = 34698	MCG 1-32- 22 = 40001	MCG 1-32-136 = 42688	MCG 1-36- 17 = 50144	MCG 1-40- 16 = 56108
MCG 1-29- 32 = 34711	MCG 1-32- 24 = 40004	MCG 1-32-137 = 42734	MCG 1-36- 19 = 50317	MCG 1-41- 2 = 56413
MCG 1-29- 33 = 34778	MCG 1-32- 25 = 40051	MCG 1-33- 5 = 42970	MCG 1-36- 20 = 50455	MCG 1-41- 3 = 56475
MCG 1-29- 34 = 34780	MCG 1-32- 27 = 40087	MCG 1-33- 7 = 43106	MCG 1-36- 22 = 50630	MCG 1-41- 5 = 56744
MCG 1-29- 35 = 34783	MCG 1-32- 28 = 40111	MCG 1-33- 12 = 43185	MCG 1-36- 23 = 50809	MCG 1-41- 7 = 56844
MCG 1-29- 36 = 34802	MCG 1-32- 30 = 40147	MCG 1-33- 13 = 43189	MCG 1-36- 25 = 50865	MCG 1-41- 8 = 56854
MCG 1-29- 37 = 34814	MCG 1-32- 32 = 40179	MCG 1-33- 15 = 43331	MCG 1-36- 26 = 50873	MCG 1-41- 9 = 56947
MCG 1-29- 38 = 34906	MCG 1-32- 33 = 40192	MCG 1-33- 16 = 43338	MCG 1-36- 27 = 50891	MCG 1-41- 10 = 56950
MCG 1-29- 40 = 35005	MCG 1-32- 34 = 40217	MCG 1-33- 17 = 43397	MCG 1-36- 28 = 50918	MCG 1-41- 11 = 57182
MCG 1-29- 41 = 35041	MCG 1-32- 35 = 40218	MCG 1-33- 18 = 43413	MCG 1-36- 30 = 50931	MCG 1-41- 12 = 57205
MCG 1-29- 42 = 35272	MCG 1-32- 36 = 40240	MCG 1-33- 19 = 43525	MCG 1-36- 35 = 51084	MCG 1-41- 13 = 57261
MCG 1-29- 43 = 35295	MCG 1-32- 37 = 40260	MCG 1-33- 20 = 43775	MCG 1-36- 36 = 51118	MCG 1-41- 16 = 57799
MCG 1-29- 44 = 35307	MCG 1-32- 38 = 40251	MCG 1-33- 22 = 43969	MCG 1-37- 0 = 51303	MCG 1-42- 1 = 57827
MCG 1-29- 46 = 35353	MCG 1-32- 39 = 40252	MCG 1-33- 23 = 43971	MCG 1-37- 1 = 51223	MCG 1-42- 6 = 58374
MCG 1-29- 48 = 35534	MCG 1-32- 40 = 40273	MCG 1-33- 24 = 43998	MCG 1-37- 2 = 51233	MCG 1-42- 8 = 58406
MCG 1-30- 1 = 35545	MCG 1-32- 41 = 40310	MCG 1-33- 25 = 44017	MCG 1-37- 3 = 51241	MCG 1-43- 2 = 59017
MCG 1-30- 2 = 35925	MCG 1-32- 42 = 40280	MCG 1-33- 27 = 44089	MCG 1-37- 6 = 51270	MCG 1-43- 3 = 59024
MCG 1-30- 4 = 35964	MCG 1-32- 43 = 40303	MCG 1-33- 28 = 44086	MCG 1-37- 7 = 51275	MCG 1-43- 4 = 59104
MCG 1-30- 5 = 36093	MCG 1-32- 44 = 40317	MCG 1-33- 31 = 44354	MCG 1-37- 8 = 51272	MCG 1-43- 5 = 59106
MCG 1-30- 6 = 36141	MCG 1-32- 45 = 40321	MCG 1-33- 32 = 44450	MCG 1-37- 9 = 51286	MCG 1-44- 1 = 59688
MCG 1-30- 7 = 36142	MCG 1-32- 46 = 40339	MCG 1-33- 35 = 44797	MCG 1-37- 10 = 51423	MCG 1-44- 2 = 59690
MCG 1-30- 8 = 36206	MCG 1-32- 47 = 40337	MCG 1-33- 36 = 44933	MCG 1-37- 11 = 51537	MCG 1-44- 3 = 59782
MCG 1-30- 9 = 36242	MCG 1-32- 48 = 40375	MCG 1-33- 39 = 45071	MCG 1-37- 12 = 51610	MCG 1-44- 4 = 59979
MCG 1-30- 10 = 36297	MCG 1-32- 49 = 40411	MCG 1-33- 40 = 45079	MCG 1-37- 13 = 51622	MCG 1-44- 5 = 59987
MCG 1-30- 11 = 36471	MCG 1-32- 51 = 40439	MCG 1-33- 51 = 45322	MCG 1-37- 14 = 51624	MCG 1-44- 6 = 60053
MCG 1-30- 12 = 36520	MCG 1-32- 52 = 40490	MCG 1-34- 1 = 45478	MCG 1-37- 15 = 51703	MCG 1-44- 7 = 60346
MCG 1-30- 13 = 36658	MCG 1-32- 53 = 40494	MCG 1-34- 3 = 45614	MCG 1-37- 16 = 51741	MCG 1-44- 9 = 60418
MCG 1-30- 14 = 36671	MCG 1-32- 54 = 40566	MCG 1-34- 5 = 45779	MCG 1-37- 17 = 51785	MCG 1-45- 1 = 60459

RC3 650 MCG

MCG 1-45- 3	= 60763	MCG 1-59- 16	= 70786	MCG 2- 1- 9	= 89	MCG 2- 4- 52	= 5411	MCG 2- 7- 2	= 8950
MCG 1-46- 1	= 61214	MCG 1-59- 17	= 70795	MCG 2- 1- 11	= 101	MCG 2- 4- 53	= 5548	MCG 2- 7- 3	= 8964
MCG 1-46- 2	= 61230	MCG 1-59- 18	= 70803	MCG 2- 1- 12	= 108	MCG 2- 4- 54	= 5555	MCG 2- 7- 6	= 9198
MCG 1-46- 3	= 61300	MCG 1-59- 19	= 70799	MCG 2- 1- 15	= 163	MCG 2- 4- 56	= 5527	MCG 2- 7- 7	= 9206
MCG 1-50- 1	= 63704	MCG 1-59- 20	= 70821	MCG 2- 1- 17	= 255	MCG 2- 4- 57	= 5645	MCG 2- 7- 8	= 9263
MCG 1-50- 2	= 63755	MCG 1-59- 21	= 70854	MCG 2- 1- 18	= 295	MCG 2- 4- 58	= 5673	MCG 2- 7- 9	= 9292
MCG 1-50- 3	= 63810	MCG 1-59- 22	= 70868	MCG 2- 1- 19	= 296	MCG 2- 5- 1	= 5792	MCG 2- 7- 11	= 9470
MCG 1-51- 1	= 63861	MCG 1-59- 23	= 70866	MCG 2- 1- 22	= 658	MCG 2- 5- 2	= 5805	MCG 2- 7- 13	= 9509
MCG 1-51- 4	= 64162	MCG 1-59- 24	= 70874	MCG 2- 1- 23	= 757	MCG 2- 5- 5	= 5876	MCG 2- 7- 16	= 9835
MCG 1-51- 5	= 64237	MCG 1-59- 25	= 70880	MCG 2- 1- 24	= 833	MCG 2- 5- 6	= 5922	MCG 2- 7- 18	= 9890
MCG 1-51- 6	= 64243	MCG 1-59- 26	= 70914	MCG 2- 1- 25	= 878	MCG 2- 5- 7	= 5945	MCG 2- 7- 19	= 9915
MCG 1-51- 7	= 64253	MCG 1-59- 27	= 70927	MCG 2- 1- 26	= 924	MCG 2- 5- 9	= 6275	MCG 2- 7- 20	= 10048
MCG 1-51- 8	= 64312	MCG 1-59- 28	= 70946	MCG 2- 1- 27	= 1056	MCG 2- 5- 11	= 6292	MCG 2- 7- 22	= 10072
MCG 1-51- 10	= 64431	MCG 1-59- 29	= 70945	MCG 2- 1- 28	= 1074	MCG 2- 5- 12	= 6309	MCG 2- 7- 24	= 10078
MCG 1-52- 2	= 64552	MCG 1-59- 31	= 70964	MCG 2- 1- 29	= 1107	MCG 2- 5- 13	= 6318	MCG 2- 7- 25	= 10145
MCG 1-52- 3	= 64601	MCG 1-59- 33	= 70974	MCG 2- 1- 30	= 1160	MCG 2- 5- 15	= 6358	MCG 2- 8- 1	= 10394
MCG 1-52- 4	= 64629	MCG 1-59- 34	= 70975	MCG 2- 1- 32	= 1237	MCG 2- 5- 16	= 6364	MCG 2- 8- 3	= 10486
MCG 1-52- 5	= 64638	MCG 1-59- 35	= 70977	MCG 2- 1- 33	= 1292	MCG 2- 5- 17	= 6377	MCG 2- 8- 10	= 10635
MCG 1-52- 6	= 64652	MCG 1-59- 37	= 70984	MCG 2- 2- 1	= 1292	MCG 2- 5- 19	= 6415	MCG 2- 8- 11	= 10660
MCG 1-52- 8	= 64742	MCG 1-59- 38	= 70996	MCG 2- 2- 3	= 1426	MCG 2- 5- 21	= 6425	MCG 2- 8- 13	= 10715
MCG 1-52- 12	= 64904	MCG 1-59- 39	= 71022	MCG 2- 2- 5	= 1511	MCG 2- 5- 23	= 6439	MCG 2- 8- 17	= 10781
MCG 1-52- 15	= 64999	MCG 1-59- 40	= 71034	MCG 2- 2- 6	= 1523	MCG 2- 5- 25	= 6448	MCG 2- 8- 21	= 10836
MCG 1-52- 16	= 65108	MCG 1-59- 42	= 71051	MCG 2- 2- 8	= 1583	MCG 2- 5- 26	= 6475	MCG 2- 8- 22	= 10862
MCG 1-52- 17	= 65117	MCG 1-59- 44	= 71055	MCG 2- 2- 9	= 1631	MCG 2- 5- 27	= 6516	MCG 2- 8- 23	= 10863
MCG 1-53- 1	= 65425	MCG 1-59- 45	= 71052	MCG 2- 2- 10	= 1652	MCG 2- 5- 29	= 6546	MCG 2- 8- 24	= 10889
MCG 1-53- 2	= 65462	MCG 1-59- 47	= 71076	MCG 2- 2- 11	= 1665	MCG 2- 5- 30	= 6545	MCG 2- 8- 25	= 10907
MCG 1-53- 5	= 65646	MCG 1-59- 48	= 71080	MCG 2- 2- 12	= 1776	MCG 2- 5- 31	= 6573	MCG 2- 8- 27	= 10928
MCG 1-53- 9	= 65866	MCG 1-59- 49	= 71083	MCG 2- 2- 14	= 1869	MCG 2- 5- 32	= 6580	MCG 2- 8- 28	= 10932
MCG 1-53- 12	= 66085	MCG 1-59- 50	= 71089	MCG 2- 2- 15	= 1868	MCG 2- 5- 33	= 6624	MCG 2- 8- 32	= 10952
MCG 1-54- 1	= 66280	MCG 1-59- 51	= 71097	MCG 2- 2- 16	= 1882	MCG 2- 5- 34	= 6627	MCG 2- 8- 33	= 10968
MCG 1-54- 2	= 66297	MCG 1-59- 51A	= 71113	MCG 2- 2- 17	= 1888	MCG 2- 5- 35	= 6634	MCG 2- 8- 35	= 11017
MCG 1-54- 3	= 66355	MCG 1-59- 52	= 71121	MCG 2- 2- 18	= 1986	MCG 2- 5- 36	= 6644	MCG 2- 8- 36	= 11173
MCG 1-54- 4	= 66366	MCG 1-59- 53	= 71110	MCG 2- 2- 20	= 2061	MCG 2- 5- 37	= 6654	MCG 2- 8- 38	= 11176
MCG 1-54- 5	= 66547	MCG 1-59- 56	= 71132	MCG 2- 2- 21	= 2062	MCG 2- 5- 38	= 6643	MCG 2- 8- 40	= 11204
MCG 1-54- 6	= 66552	MCG 1-59- 57	= 71140	MCG 2- 2- 22	= 2150	MCG 2- 5- 40	= 6657	MCG 2- 8- 46	= 11372
MCG 1-54- 7	= 66604	MCG 1-59- 58	= 71159	MCG 2- 2- 23	= 2222	MCG 2- 5- 42	= 6673	MCG 2- 8- 47	= 11378
MCG 1-55- 2	= 66958	MCG 1-59- 59	= 71169	MCG 2- 2- 24	= 2246	MCG 2- 5- 43	= 6670	MCG 2- 9- 1	= 11954
MCG 1-55- 6	= 67076	MCG 1-59- 60	= 71181	MCG 2- 2- 25	= 2288	MCG 2- 5- 44	= 6678	MCG 2- 9- 2	= 12195
MCG 1-55- 8	= 67120	MCG 1-59- 62	= 71192	MCG 2- 2- 27	= 2360	MCG 2- 5- 45	= 6687	MCG 2- 9- 5	= 12645
MCG 1-55- 12	= 67332	MCG 1-59- 63	= 71197	MCG 2- 2- 28	= 2600	MCG 2- 5- 46	= 6694	MCG 2-10- 1	= 13858
MCG 1-55- 13	= 67479	MCG 1-59- 64	= 71200	MCG 2- 3- 1	= 2768	MCG 2- 5- 47	= 6718	MCG 2-10- 2	= 13888
MCG 1-55- 15	= 67569	MCG 1-59- 66	= 71204	MCG 2- 3- 4	= 2857	MCG 2- 5- 49	= 6733	MCG 2-10- 3	= 14080
MCG 1-55- 16	= 67626	MCG 1-59- 67	= 71209	MCG 2- 3- 5	= 2951	MCG 2- 5- 51	= 6817	MCG 2-18- 1	= 19512
MCG 1-56- 7	= 67814	MCG 1-59- 68	= 71223	MCG 2- 3- 6	= 2946	MCG 2- 5- 52	= 6827	MCG 2-18- 2	= 19725
MCG 1-56- 9	= 67872	MCG 1-59- 69	= 71228	MCG 2- 3- 8	= 2992	MCG 2- 5- 53	= 6855	MCG 2-18- 5	= 19963
MCG 1-56- 10	= 67931	MCG 1-59- 70	= 71262	MCG 2- 3- 9	= 3072	MCG 2- 5- 54	= 6982	MCG 2-18- 6	= 20020
MCG 1-56- 12	= 68009	MCG 1-59- 72	= 71321	MCG 2- 3- 10	= 3229	MCG 2- 5- 55	= 7063	MCG 2-18- 7	= 20039
MCG 1-56- 15	= 68112	MCG 1-59- 73	= 71360	MCG 2- 3- 11	= 3225	MCG 2- 5- 56	= 7114	MCG 2-19- 1	= 20416
MCG 1-56- 18	= 68364	MCG 1-59- 74	= 71359	MCG 2- 3- 14	= 3314	MCG 2- 5- 59	= 7150	MCG 2-19- 2	= 20445
MCG 1-56- 19	= 68439	MCG 1-59- 75	= 71363	MCG 2- 3- 15	= 3313	MCG 2- 6- 2	= 7246	MCG 2-19- 3	= 20964
MCG 1-57- 1	= 68589	MCG 1-59- 79	= 71412	MCG 2- 3- 17	= 3355	MCG 2- 6- 3	= 7292	MCG 2-19- 5	= 21197
MCG 1-57- 2	= 68727	MCG 1-59- 80	= 71504	MCG 2- 3- 18	= 3490	MCG 2- 6- 5	= 7341	MCG 2-20- 1	= 21237
MCG 1-57- 3	= 68772	MCG 1-59- 81	= 71505	MCG 2- 3- 20	= 3508	MCG 2- 6- 7	= 7533	MCG 2-20- 2	= 21358
MCG 1-57- 4	= 68777	MCG 1-59- 82	= 71508	MCG 2- 3- 22	= 3513	MCG 2- 6- 8	= 7536	MCG 2-20- 4	= 21401
MCG 1-57- 5	= 68977	MCG 1-59- 83	= 71518	MCG 2- 3- 23	= 3563	MCG 2- 6- 10	= 7577	MCG 2-20- 5	= 21404
MCG 1-57- 8	= 69126	MCG 1-59- 86	= 71594	MCG 2- 3- 24	= 3636	MCG 2- 6- 11	= 7644	MCG 2-20- 6	= 21552
MCG 1-57- 9	= 69172	MCG 1-59- 87	= 71628	MCG 2- 3- 25	= 3643	MCG 2- 6- 12	= 7680	MCG 2-20- 7	= 21713
MCG 1-57- 10	= 69198	MCG 1-60- 5	= 71810	MCG 2- 3- 32	= 3914	MCG 2- 6- 13	= 7751	MCG 2-20- 9	= 22002
MCG 1-57- 11	= 69220	MCG 1-60- 6	= 71817	MCG 2- 3- 34	= 3960	MCG 2- 6- 14	= 7737	MCG 2-20- 10	= 22096
MCG 1-57- 14	= 69428	MCG 1-60- 7	= 71826	MCG 2- 3- 35	= 3959	MCG 2- 6- 15	= 7744	MCG 2-21- 1	= 22433
MCG 1-57- 15	= 69450	MCG 1-60- 8	= 71831	MCG 2- 4- 3	= 4116	MCG 2- 6- 16	= 7765	MCG 2-21- 3	= 22506
MCG 1-57- 16	= 69449	MCG 1-60- 15	= 72030	MCG 2- 4- 5	= 4124	MCG 2- 6- 17	= 7846	MCG 2-21- 4	= 22528
MCG 1-58- 1	= 69591	MCG 1-60- 16	= 71982	MCG 2- 4- 6	= 4142	MCG 2- 6- 18	= 7856	MCG 2-21- 7	= 22541
MCG 1-58- 2	= 69602	MCG 1-60- 17	= 71992	MCG 2- 4- 12	= 4389	MCG 2- 6- 19	= 7859	MCG 2-21- 8	= 22549
MCG 1-58- 3	= 69608	MCG 1-60- 19	= 72020	MCG 2- 4- 14	= 4428	MCG 2- 6- 20	= 7863	MCG 2-21- 9	= 22555
MCG 1-58- 4	= 69650	MCG 1-60- 20	= 72117	MCG 2- 4- 17	= 4619	MCG 2- 6- 22	= 7930	MCG 2-21- 11	= 22611
MCG 1-58- 7	= 69738	MCG 1-60- 21	= 72209	MCG 2- 4- 19	= 4672	MCG 2- 6- 24	= 7951	MCG 2-21- 12	= 22621
MCG 1-58- 10	= 69859	MCG 1-60- 23	= 72245	MCG 2- 4- 20	= 4705	MCG 2- 6- 25	= 7966	MCG 2-21- 13	= 22680
MCG 1-58- 11	= 69898	MCG 1-60- 26	= 72269	MCG 2- 4- 21	= 4750	MCG 2- 6- 26	= 7965	MCG 2-21- 15	= 22717
MCG 1-58- 12	= 70034	MCG 1-60- 31	= 72309	MCG 2- 4- 22	= 4748	MCG 2- 6- 27	= 8003	MCG 2-21- 16	= 22747
MCG 1-58- 13	= 70048	MCG 1-60- 33	= 72354	MCG 2- 4- 24	= 4793	MCG 2- 6- 28	= 8014	MCG 2-21- 17	= 23018
MCG 1-58- 14	= 70049	MCG 1-60- 34	= 72367	MCG 2- 4- 26	= 4791	MCG 2- 6- 33	= 8112	MCG 2-22- 4	= 24457
MCG 1-58- 15	= 70086	MCG 1-60- 35	= 72381	MCG 2- 4- 29	= 4897	MCG 2- 6- 34	= 8160	MCG 2-22- 5	= 24464
MCG 1-58- 18	= 70118	MCG 1-60- 37	= 72491	MCG 2- 4- 30	= 4913	MCG 2- 6- 35	= 8163	MCG 2-22- 6	= 24469
MCG 1-58- 20	= 70245	MCG 1-60- 38	= 72501	MCG 2- 4- 32	= 5078	MCG 2- 6- 36	= 8165	MCG 2-22- 7	= 24476
MCG 1-58- 22	= 70270	MCG 1-60- 40	= 72604	MCG 2- 4- 33	= 5103	MCG 2- 6- 39	= 8270	MCG 2-22- 8	= 24490
MCG 1-58- 25	= 70348	MCG 1-60- 41	= 72623	MCG 2- 4- 34	= 5105	MCG 2- 6- 42	= 8399	MCG 2-22- 9	= 24492
MCG 1-58- 26	= 70350	MCG 1-60- 42	= 72680	MCG 2- 4- 35	= 5139	MCG 2- 6- 43	= 8406	MCG 2-23- 1	= 24567
MCG 1-58- 28	= 70410	MCG 1-60- 43	= 72756	MCG 2- 4- 36	= 5147	MCG 2- 6- 44	= 8412	MCG 2-23- 2	= 24595
MCG 1-58- 32	= 70512	MCG 1-60- 45	= 72770	MCG 2- 4- 37	= 5213	MCG 2- 6- 47	= 8464	MCG 2-23- 3	= 24629
MCG 1-59- 2	= 70593	MCG 1-60- 46	= 72775	MCG 2- 4- 38	= 5218	MCG 2- 6- 48	= 8522	MCG 2-23- 4	= 24632
MCG 1-59- 5	= 70608	MCG 1-60- 47	= 72785	MCG 2- 4- 39	= 5250	MCG 2- 6- 49	= 8641	MCG 2-23- 5	= 24631
MCG 1-59- 7	= 70619	MCG 1-60- 48	= 72788	MCG 2- 4- 40	= 5261	MCG 2- 6- 51	= 8706	MCG 2-23- 7	= 24699
MCG 1-59- 8	= 70628	MCG 1-60- 49	= 72867	MCG 2- 4- 41	= 5271	MCG 2- 6- 53	= 8722	MCG 2-23- 9	= 24948
MCG 1-59- 9	= 70647	MCG 2- 1- 1	= 72973	MCG 2- 4- 42	= 5270	MCG 2- 6- 54	= 8739	MCG 2-23- 10	= 25085
MCG 1-59- 10	= 70666	MCG 2- 1- 2	= 72996	MCG 2- 4- 44	= 5276	MCG 2- 6- 55	= 8752	MCG 2-23- 12	= 25113
MCG 1-59- 11	= 70702	MCG 2- 1- 3	= 73102	MCG 2- 4- 47	= 5328	MCG 2- 6- 56	= 8758	MCG 2-23- 14	= 25145
MCG 1-59- 12	= 70712	MCG 2- 1- 4	= 73103	MCG 2- 4- 48	= 5343	MCG 2- 6- 57	= 8770	MCG 2-23- 15	= 25181
MCG 1-59- 13	= 70708	MCG 2- 1- 5	= 73117	MCG 2- 4- 49	= 5392	MCG 2- 6- 58	= 8775	MCG 2-23- 16	= 25238
MCG 1-59- 14	= 70755	MCG 2- 1- 7	= 73177	MCG 2- 4- 50	= 5370	MCG 2- 6- 59	= 8788	MCG 2-23- 17	= 25328

MCG 2-23- 18 = 25332	MCG 2-28- 8 = 32251	MCG 2-30- 40 = 36867	MCG 2-32- 43 = 40638	MCG 2-32-149 = 41968
MCG 2-23- 20 = 25360	MCG 2-28- 9 = 32249	MCG 2-30- 41 = 36871	MCG 2-32- 44 = 40644	MCG 2-32-150 = 42051
MCG 2-23- 21 = 25376	MCG 2-28- 11 = 32256	MCG 2-30- 43 = 37298	MCG 2-32- 45 = 40636	MCG 2-32-151 = 42064
MCG 2-23- 26 = 25471	MCG 2-28- 12 = 32292	MCG 2-30- 45 = 37429	MCG 2-32- 46 = 40653	MCG 2-32-152 = 42069
MCG 2-23- 27 = 25493	MCG 2-28- 13 = 32306	MCG 2-31- 6 = 37686	(MCG 2-32- 47) = 40694	MCG 2-32-153 = 42079
MCG 2-24- 1 = 25892	MCG 2-28- 14 = 32347	MCG 2-31- 7 = 37779	(MCG 2-32- 47) = 40697	MCG 2-32-154 = 42081
MCG 2-24- 2 = 26008	MCG 2-28- 16 = 32508	MCG 2-31- 14 = 37912	MCG 2-32- 48 = 40695	MCG 2-32-155 = 42089
MCG 2-24- 3 = 26101	MCG 2-28- 18 = 32535	MCG 2-31- 15 = 37928	MCG 2-32- 49 = 40705	MCG 2-32-156 = 42100
MCG 2-24- 4 = 26127	MCG 2-28- 19 = 32540	MCG 2-31- 16 = 37931	MCG 2-32- 50 = 40706	MCG 2-32-159 = 42149
MCG 2-24- 6 = 26310	MCG 2-28- 20 = 32559	MCG 2-31- 19 = 38168	MCG 2-32- 51 = 40713	MCG 2-32-160 = 42168
MCG 2-24- 8 = 26733	MCG 2-28- 21 = 32555	MCG 2-31- 23 = 38238	MCG 2-32- 52 = 40727	MCG 2-32-161 = 42160
MCG 2-24- 10 = 26740	MCG 2-28- 22 = 32552	MCG 2-31- 27 = 38304	MCG 2-32- 53 = 40756	MCG 2-32-162 = 42223
MCG 2-24- 11 = 26753	MCG 2-28- 23 = 32605	MCG 2-31- 28 = 38326	MCG 2-32- 55 = 40745	MCG 2-32-164 = 42307
MCG 2-24- 12 = 26831	MCG 2-28- 25 = 32638	MCG 2-31- 31 = 38512	MCG 2-32- 56 = 40754	MCG 2-32-169 = 42389
MCG 2-24- 13 = 26842	MCG 2-28- 28 = 32872	MCG 2-31- 36 = 38527	MCG 2-32- 57 = 40764	MCG 2-32-170 = 42401
MCG 2-24- 14 = 26844	MCG 2-28- 30 = 32903	MCG 2-31- 38 = 38624	MCG 2-32- 58 = 40809	MCG 2-32-171 = 42427
MCG 2-25- 1 = 27074	MCG 2-28- 32 = 32987	MCG 2-31- 39 = 38709	MCG 2-32- 59 = 40816	MCG 2-32-173 = 42503
MCG 2-25- 3 = 27159	MCG 2-28- 33 = 33004	MCG 2-31- 40 = 38726	MCG 2-32- 60 = 40839	MCG 2-32-174 = 42516
MCG 2-25- 5 = 27184	MCG 2-28- 34 = 33030	MCG 2-31- 41 = 38755	MCG 2-32- 61 = 40850	MCG 2-32-175 = 42521
MCG 2-25- 6 = 27185	MCG 2-28- 35 = 33114	MCG 2-31- 42 = 38792	MCG 2-32- 62 = 40852	MCG 2-32-176 = 42544
MCG 2-25- 7 = 27232	MCG 2-28- 36 = 33128	MCG 2-31- 43 = 38803	MCG 2-32- 64 = 40898	MCG 2-32-177 = 42545
MCG 2-25- 11 = 27451	MCG 2-28- 37 = 33147	MCG 2-31- 44 = 38848	MCG 2-32- 65 = 40914	MCG 2-32-178 = 42550
MCG 2-25- 12 = 27448	MCG 2-28- 38 = 33161	MCG 2-31- 45 = 38885	MCG 2-32- 66 = 40903	MCG 2-32-179 = 42564
MCG 2-25- 13 = 27558	MCG 2-28- 39 = 33160	MCG 2-31- 46 = 38890	MCG 2-32- 67 = 40927	MCG 2-32-180 = 42598
MCG 2-25- 15 = 27620	MCG 2-28- 41 = 33180	MCG 2-31- 47 = 38916	MCG 2-32- 68 = 40950	MCG 2-32-181 = 42608
MCG 2-25- 16 = 27630	MCG 2-28- 42 = 33191	MCG 2-31- 48 = 38919	MCG 2-32- 69 = 40962	MCG 2-32-182 = 42619
MCG 2-25- 17 = 27665	MCG 2-28- 43 = 33190	MCG 2-31- 49 = 38922	MCG 2-32- 70 = 40964	MCG 2-32-183 = 42628
MCG 2-25- 18 = 27681	MCG 2-28- 44 = 33198	MCG 2-31- 50 = 38943	MCG 2-32- 72 = 40987	MCG 2-32-184 = 42638
MCG 2-25- 20 = 27716	MCG 2-28- 45 = 33207	MCG 2-31- 51 = 38945	MCG 2-32- 73 = 40979	MCG 2-32-185 = 42643
MCG 2-25- 22 = 27784	MCG 2-28- 47 = 33379	MCG 2-31- 52 = 38977	MCG 2-32- 74 = 40985	MCG 2-32-187 = 42728
MCG 2-25- 25 = 27838	MCG 2-28- 48 = 33436	MCG 2-31- 53 = 39040	MCG 2-32- 76 = 40993	MCG 2-32-188 = 42744
MCG 2-25- 30 = 27946	MCG 2-28- 49 = 33567	MCG 2-31- 54 = 39025	MCG 2-32- 78 = 41036	MCG 2-32-189 = 42741
MCG 2-25- 31 = 27959	MCG 2-28- 50 = 33604	MCG 2-31- 56 = 39113	MCG 2-32- 79 = 41050	MCG 2-32-190 = 42753
MCG 2-25- 33 = 28069	MCG 2-28- 52 = 33642	MCG 2-31- 57 = 39124	MCG 2-32- 80 = 41060	MCG 2-32-191 = 42769
MCG 2-25- 40 = 28269	MCG 2-29- 5 = 33816	MCG 2-31- 62 = 39142	MCG 2-32- 81 = 41054	MCG 2-32-192 = 42766
MCG 2-25- 41 = 28274	MCG 2-29- 7 = 33866	MCG 2-31- 63 = 39152	MCG 2-32- 82 = 41095	MCG 2-32-193 = 42790
MCG 2-25- 45 = 28296	MCG 2-29- 8 = 33940	MCG 2-31- 64 = 39160	MCG 2-32- 83 = 41104	MCG 2-33- 1 = 42816
MCG 2-25- 46 = 28324	MCG 2-29- 9 = 34107	MCG 2-31- 65 = 39156	MCG 2-32- 84 = 41111	MCG 2-33- 2 = 42831
MCG 2-25- 47 = 28366	MCG 2-29- 10 = 34178	MCG 2-31- 66 = 39183	MCG 2-32- 85 = 41090	MCG 2-33- 3 = 42836
MCG 2-25- 50 = 28414	MCG 2-29- 11 = 34199	MCG 2-31- 67 = 39176	MCG 2-32- 88 = 41155	MCG 2-33- 4 = 42857
MCG 2-25- 55 = 28590	MCG 2-29- 12 = 34205	MCG 2-31- 68 = 39181	MCG 2-32- 89 = 41164	MCG 2-33- 6 = 42917
MCG 2-25- 56 = 28627	MCG 2-29- 13 = 34211	MCG 2-31- 69 = 39206	MCG 2-32- 90 = 41171	MCG 2-33- 7 = 42913
MCG 2-26- 1 = 28662	MCG 2-29- 14 = 34257	MCG 2-31- 70 = 39224	MCG 2-32- 91 = 41178	MCG 2-33- 8 = 42944
MCG 2-26- 2 = 28674	MCG 2-29- 17 = 34368	MCG 2-31- 71 = 39233	MCG 2-32- 92 = 41207	MCG 2-33- 9 = 42969
MCG 2-26- 4 = 28698	MCG 2-29- 18 = 34612	MCG 2-31- 72 = 39246	MCG 2-32- 93 = 41228	MCG 2-33- 10 = 42991
MCG 2-26- 5 = 28788	MCG 2-29- 19 = 34695	MCG 2-31- 75 = 39308	MCG 2-32- 94 = 41241	MCG 2-33- 11 = 43001
MCG 2-26- 6 = 28796	MCG 2-29- 20 = 34697	MCG 2-31- 78 = 39362	MCG 2-32- 95 = 41244	MCG 2-33- 12 = 43051
MCG 2-26- 8 = 28817	MCG 2-29- 21 = 34887	MCG 2-31- 79 = 39390	MCG 2-32- 96 = 41255	MCG 2-33- 13 = 43074
MCG 2-26- 9 = 28821	MCG 2-29- 23 = 34934	MCG 2-31- 80 = 39431	MCG 2-32- 97 = 41260	MCG 2-33- 16 = 43100
MCG 2-26- 10 = 28839	MCG 2-29- 25 = 35043	MCG 2-31- 82 = 39458	MCG 2-32- 98 = 41272	MCG 2-33- 19 = 43111
MCG 2-26- 14 = 28897	MCG 2-29- 27 = 35151	MCG 2-31- 83 = 39503	MCG 2-32- 99 = 41297	MCG 2-33- 21 = 43146
MCG 2-26- 15 = 28910	MCG 2-29- 28 = 35225	MCG 2-31- 85 = 39562	MCG 2-32-100 = 41302	MCG 2-33- 22 = 43186
MCG 2-26- 18 = 29024	MCG 2-29- 30 = 35301	MCG 2-31- 87 = 39587	MCG 2-32-101 = 41327	MCG 2-33- 23 = 43241
MCG 2-26- 19 = 29032	MCG 2-29- 31 = 35302	MCG 2-31- 88 = 39613	MCG 2-32-102 = 41320	MCG 2-33- 24 = 43254
MCG 2-26- 20 = 29061	MCG 2-29- 32 = 35314	MCG 2-31- 90 = 39619	MCG 2-32-103 = 41339	MCG 2-33- 25 = 43275
MCG 2-26- 21 = 29126	MCG 2-29- 33 = 35320	MCG 2-31- 93 = 39664	MCG 2-32-104 = 41363	MCG 2-33- 27 = 43386
MCG 2-26- 22 = 29209	MCG 2-29- 34 = 35332	MCG 2-32- 4 = 39710	MCG 2-32-105 = 41361	MCG 2-33- 28 = 43516
MCG 2-26- 24 = 29428	MCG 2-29- 35 = 35364	MCG 2-32- 5 = 39753	MCG 2-32-107 = 41376	MCG 2-33- 29 = 43601
MCG 2-26- 25 = 29435	MCG 2-29- 36 = 35365	MCG 2-32- 8 = 39872	MCG 2-32-111 = 41435	MCG 2-33- 30 = 43656
MCG 2-26- 26 = 29475	MCG 2-29- 39 = 35440	MCG 2-32- 9 = 39925	MCG 2-32-112 = 41421	MCG 2-33- 32 = 43728
MCG 2-26- 27 = 29488	MCG 2-30- 1 = 35731	MCG 2-32- 10 = 39968	MCG 2-32-113 = 41457	MCG 2-33- 33 = 43733
MCG 2-26- 32 = 29747	MCG 2-30- 3 = 35881	MCG 2-32- 11 = 40014	MCG 2-32-114 = 41494	MCG 2-33- 34 = 43837
MCG 2-27- 2 = 30310	MCG 2-30- 5 = 36043	MCG 2-32- 12 = 40034	MCG 2-32-115 = 41505	MCG 2-33- 35 = 43944
MCG 2-27- 3 = 30430	MCG 2-30- 7 = 36174	MCG 2-32- 12A = 40033	MCG 2-32-116 = 41529	MCG 2-33- 40 = 44495
MCG 2-27- 6 = 30448	MCG 2-30- 8 = 36205	MCG 2-32- 13 = 40030	MCG 2-32-117 = 41536	MCG 2-33- 41 = 44491
MCG 2-27- 7 = 30463	MCG 2-30- 10 = 36243	MCG 2-32- 14 = 40032	MCG 2-32-118 = 41538	MCG 2-33- 42 = 44507
MCG 2-27- 11 = 30604	MCG 2-30- 11 = 36250	MCG 2-32- 15 = 40122	MCG 2-32-119 = 41552	MCG 2-33- 43 = 44517
MCG 2-27- 12 = 30616	MCG 2-30- 12 = 36299	MCG 2-32- 16 = 40105	MCG 2-32-120 = 41546	MCG 2-33- 45 = 44600
MCG 2-27- 13 = 30619	MCG 2-30- 13 = 36311	MCG 2-32- 17 = 40119	MCG 2-32-121 = 41572	MCG 2-33- 47 = 44719
MCG 2-27- 21 = 30829	MCG 2-30- 14 = 36308	MCG 2-32- 18 = 40160	MCG 2-32-122 = 41573	MCG 2-33- 48 = 44753
MCG 2-27- 22 = 30928	MCG 2-30- 15 = 36319	MCG 2-32- 19 = 40183	MCG 2-32-123 = 41606	MCG 2-33- 52 = 45168
MCG 2-27- 24 = 31123	MCG 2-30- 16 = 36333	MCG 2-32- 20 = 40201	MCG 2-32-124 = 41587	MCG 2-33- 54 = 45362
MCG 2-27- 25 = 31235	MCG 2-30- 18 = 36348	MCG 2-32- 21 = 40264	MCG 2-32-125 = 41608	MCG 2-34- 1 = 45593
MCG 2-27- 26 = 31275	MCG 2-30- 19 = 36365	MCG 2-32- 23 = 40313	MCG 2-32-126 = 41614	MCG 2-34- 2 = 45750
MCG 2-27- 27 = 31302	MCG 2-30- 20 = 36441	MCG 2-32- 24 = 40306	MCG 2-32-127 = 41634	MCG 2-34- 3 = 45883
MCG 2-27- 28 = 31435	MCG 2-30- 22 = 36450	MCG 2-32- 26 = 40342	MCG 2-32-128 = 41646	MCG 2-34- 4 = 45920
MCG 2-27- 29 = 31442	MCG 2-30- 24 = 36475	MCG 2-32- 27 = 40344	MCG 2-32-129 = 41670	MCG 2-34- 5 = 46077
MCG 2-27- 30 = 31472	MCG 2-30- 25 = 36536	MCG 2-32- 28 = 40363	MCG 2-32-130 = 41683	MCG 2-34- 6 = 46241
MCG 2-27- 32 = 31528	MCG 2-30- 26 = 36547	MCG 2-32- 30 = 40372	MCG 2-32-131 = 41698	MCG 2-34- 8 = 46563
MCG 2-27- 38 = 31768	MCG 2-30- 27 = 36571	MCG 2-32- 32 = 40434	MCG 2-32-132 = 41682	MCG 2-34- 10 = 46754
MCG 2-27- 39 = 31771	MCG 2-30- 28 = 36607	MCG 2-32- 33 = 40442	MCG 2-32-135 = 41719	MCG 2-34- 11 = 46827
MCG 2-27- 40 = 31801	MCG 2-30- 29 = 36644	MCG 2-32- 34 = 40455	MCG 2-32-137 = 41729	MCG 2-34- 12 = 46836
MCG 2-27- 41 = 31883	MCG 2-30- 30 = 36648	MCG 2-32- 35 = 40485	MCG 2-32-138 = 41738	MCG 2-34- 14 = 46868
MCG 2-27- 42 = 31930	MCG 2-30- 32 = 36669	MCG 2-32- 36 = 40488	MCG 2-32-140 = 41781	MCG 2-34- 18 = 47346
MCG 2-28- 1 = 32007	MCG 2-30- 33 = 36678	MCG 2-32- 37 = 40507	MCG 2-32-141 = 41806	MCG 2-34- 20 = 47339
MCG 2-28- 2 = 32032	MCG 2-30- 34 = 36666	MCG 2-32- 38 = 40530	MCG 2-32-142 = 41803	MCG 2-34- 22 = 47358
MCG 2-28- 3 = 32119	MCG 2-30- 35 = 36704	MCG 2-32- 39 = 40562	MCG 2-32-143 = 41829	MCG 2-34- 25 = 47422
MCG 2-28- 5 = 32178	MCG 2-30- 36 = 36759	MCG 2-32- 40 = 40597	MCG 2-32-146 = 41936	MCG 2-35- 1 = 47612
MCG 2-28- 6 = 32192	MCG 2-30- 37 = 36853	MCG 2-32- 41 = 40581	MCG 2-32-147 = 41943	MCG 2-35- 2 = 47686
MCG 2-28- 7 = 32226	MCG 2-30- 39 = 36861	MCG 2-32- 42 = 40616	MCG 2-32-148 = 41963	MCG 2-35- 4 = 47855

MCG 2-35- 6 = 47869	MCG 2-38- 37 = 53869	MCG 2-54- 8 = 66333	MCG 2-59- 11 = 70765	MCG 3- 3- 11 = 3565
MCG 2-35- 8 = 47900	MCG 2-38- 40 = 53935	MCG 2-54- 10 = 66338	MCG 2-59- 14 = 70864	MCG 3- 3- 12 = 3598
MCG 2-35- 9 = 47932	MCG 2-38- 41 = 53942	MCG 2-54- 11 = 66343	MCG 2-59- 15 = 70872	MCG 3- 3- 13 = 3639
MCG 2-35- 10 = 47947	MCG 2-38- 44 = 53965	MCG 2-54- 13 = 66378	MCG 2-59- 18 = 70912	MCG 3- 3- 15 = 3821
MCG 2-35- 13 = 48003	MCG 2-38- 45 = 53974	MCG 2-54- 14 = 66385	MCG 2-59- 19 = 70962	MCG 3- 3- 17 = 3974
MCG 2-35- 14 = 48114	MCG 2-39- 4 = 54195	MCG 2-54- 15 = 66396	MCG 2-59- 20 = 70981	MCG 3- 4- 3 = 4019
MCG 2-35- 15 = 48130	MCG 2-39- 5 = 54194	MCG 2-54- 19 = 66546	MCG 2-59- 22 = 70992	MCG 3- 4- 5 = 4058
MCG 2-35- 19 = 49204	MCG 2-39- 7 = 54215	MCG 2-54- 20 = 66554	MCG 2-59- 23 = 70991	MCG 3- 4- 6 = 4148
MCG 2-35- 20 = 49197	MCG 2-39- 9 = 54488	MCG 2-54- 22 = 66647	MCG 2-59- 24 = 71049	MCG 3- 4- 7 = 4196
MCG 2-35- 21 = 49244	MCG 2-39- 11 = 54623	MCG 2-54- 25 = 66747	MCG 2-59- 25 = 71087	MCG 3- 4- 12 = 4456
MCG 2-35- 23 = 49281	MCG 2-39- 14 = 54691	MCG 2-54- 26 = 66752	MCG 2-59- 27 = 71176	MCG 3- 4- 13 = 4612
MCG 2-35- 24 = 49401	MCG 2-39- 16 = 54832	MCG 2-54- 28 = 66880	MCG 2-59- 28 = 71221	MCG 3- 4- 16 = 4655
MCG 2-36- 1 = 49540	MCG 2-39- 17 = 54848	MCG 2-55- 3 = 67040	MCG 2-59- 29 = 71241	MCG 3- 4- 17 = 4665
MCG 2-36- 2 = 49627	MCG 2-39- 20 = 54913	MCG 2-55- 4 = 67106	MCG 2-59- 31 = 71260	MCG 3- 4- 20 = 4778
MCG 2-36- 3 = 49626	MCG 2-39- 26 = 54950	MCG 2-55- 7 = 67153	MCG 2-59- 33 = 71261	MCG 3- 4- 22 = 4785
MCG 2-36- 5 = 49672	MCG 2-39- 28 = 54958	MCG 2-55- 10 = 67205	MCG 2-59- 34 = 71288	MCG 3- 4- 24 = 4872
MCG 2-36- 6 = 49838	MCG 2-39- 30 = 55255	MCG 2-55- 11 = 67271	MCG 2-59- 35 = 71343	MCG 3- 4- 25 = 4922
MCG 2-36- 7 = 49839	MCG 2-40- 2 = 55446	MCG 2-55- 14 = 67406	MCG 2-59- 37 = 71356	MCG 3- 4- 26 = 4948
MCG 2-36- 8 = 49846	MCG 2-40- 3 = 55501	MCG 2-55- 15 = 67421	MCG 2-59- 38 = 71370	MCG 3- 4- 27 = 4947
MCG 2-36- 9 = 49952	MCG 2-40- 4 = 55520	MCG 2-55- 17 = 67506	MCG 2-59- 40 = 71417	MCG 3- 4- 28 = 4965
MCG 2-36- 10 = 49960	MCG 2-40- 5 = 55660	MCG 2-55- 28 = 67619	MCG 2-59- 41 = 71420	MCG 3- 4- 29 = 5020
MCG 2-36- 11 = 49967	MCG 2-40- 6 = 55665	MCG 2-55- 29 = 67621	MCG 2-59- 43 = 71471	MCG 3- 4- 32 = 5181
MCG 2-36- 13 = 49976	MCG 2-40- 8 = 55683	MCG 2-56- 1 = 67694	MCG 2-59- 44 = 71478	MCG 3- 4- 33 = 5194
MCG 2-36- 14 = 49991	MCG 2-40- 11 = 55853	MCG 2-56- 2 = 67759	MCG 2-59- 45 = 71485	MCG 3- 4- 36 = 5321
MCG 2-36- 15 = 50006	MCG 2-40- 12 = 55921	MCG 2-56- 3 = 67796	MCG 2-59- 46 = 71538	MCG 3- 4- 38 = 5382
MCG 2-36- 17 = 50028	MCG 2-40- 13 = 55975	MCG 2-56- 4 = 67800	MCG 2-59- 48 = 71565	MCG 3- 4- 39 = 5395
MCG 2-36- 19 = 50035	MCG 2-40- 14 = 56141	MCG 2-56- 5 = 67822	MCG 2-59- 50 = 71607	MCG 3- 4- 40 = 5403
MCG 2-36- 20 = 50046	MCG 2-40- 16 = 56253	MCG 2-56- 7 = 67891	MCG 2-60- 1 = 71703	MCG 3- 4- 41 = 5435
MCG 2-36- 22 = 50077	MCG 2-40- 17 = 56300	MCG 2-56- 8 = 67945	MCG 2-60- 2 = 71770	MCG 3- 4- 43 = 5486
MCG 2-36- 24 = 50087	MCG 2-40- 18 = 56309	MCG 2-56- 10 = 67948	MCG 2-60- 3 = 71819	MCG 3- 4- 44 = 5516
MCG 2-36- 25 = 50104	MCG 2-41- 1 = 56511	MCG 2-56- 11 = 68065	MCG 2-60- 4 = 71836	MCG 3- 4- 49 = 5611
MCG 2-36- 26 = 50102	MCG 2-41- 4 = 56925	MCG 2-56- 12 = 68163	MCG 2-60- 5 = 71858	MCG 3- 4- 50 = 5621
MCG 2-36- 27 = 50101	MCG 2-41- 5 = 57018	MCG 2-56- 14 = 68181	MCG 2-60- 6 = 71890	MCG 3- 4- 51 = 5634
MCG 2-36- 31 = 50194	MCG 2-41- 7 = 57216	MCG 2-56- 15 = 68244	MCG 2-60- 7 = 72217	MCG 3- 4- 52 = 5643
MCG 2-36- 32 = 50207	MCG 2-41- 9 = 57246	MCG 2-56- 16 = 68270	MCG 2-60- 9 = 72240	MCG 3- 5- 2 = 5693
MCG 2-36- 34 = 50210	MCG 2-41- 11 = 57273	MCG 2-56- 17 = 68275	MCG 2-60- 10 = 72260	MCG 3- 5- 4 = 5725
MCG 2-36- 36 = 50213	MCG 2-41- 12 = 57302	MCG 2-56- 23 = 68384	MCG 2-60- 11 = 72263	MCG 3- 5- 6 = 5761
MCG 2-36- 37 = 50215	MCG 2-41- 13 = 57373	MCG 2-56- 24 = 68383	MCG 2-60- 14 = 72289	MCG 3- 5- 7 = 5797
MCG 2-36- 39 = 50289	MCG 2-41- 19 = 57506	MCG 2-56- 25 = 68398	MCG 2-60- 16 = 72345	MCG 3- 5- 8 = 5799
MCG 2-36- 40 = 50299	MCG 2-41- 21 = 57562	MCG 2-57- 1 = 68744	MCG 2-60- 19 = 72518	MCG 3- 5- 10 = 5874
MCG 2-36- 43 = 50459	MCG 2-41- 23 = 57623	MCG 2-57- 5 = 69316	MCG 2-60- 20 = 72572	MCG 3- 5- 11 = 5974
MCG 2-36- 44 = 50464	MCG 2-42- 2 = 58002	MCG 2-57- 7 = 69349	MCG 2-60- 22 = 72679	MCG 3- 5- 13 = 6366
MCG 2-36- 46 = 50709	MCG 2-42- 5 = 58141	MCG 2-57- 8 = 69429	MCG 2-60- 23 = 72709	MCG 3- 5- 14 = 6380
MCG 2-36- 48 = 50745	MCG 2-43- 3 = 59081	MCG 2-57- 9 = 69443	MCG 2-60- 24 = 72773	MCG 3- 5- 15 = 6524
MCG 2-36- 53 = 50780	MCG 2-43- 7 = 59612	MCG 2-57- 10 = 69463	MCG 2-60- 25 = 72863	MCG 3- 5- 16 = 6569
MCG 2-36- 56 = 50815	MCG 2-44- 2 = 60084	MCG 2-58- 2 = 69616	MCG 3- 1- 1 = 72888	MCG 3- 5- 17 = 6645
MCG 2-36- 59 = 50897	MCG 2-44- 4 = 60315	MCG 2-58- 5 = 69670	MCG 3- 1- 2 = 72900	MCG 3- 5- 18 = 6675
MCG 2-36- 62 = 51006	MCG 2-44- 5 = 60349	MCG 2-58- 7 = 69676	MCG 3- 1- 4 = 72977	MCG 3- 5- 19 = 6728
MCG 2-36- 64 = 51095	MCG 2-45- 1 = 60591	MCG 2-58- 10 = 69706	MCG 3- 1- 9 = 73171	MCG 3- 5- 20 = 6814
MCG 2-36- 65 = 51108	MCG 2-45- 3 = 60879	MCG 2-58- 13 = 69803	MCG 3- 1- 10 = 73163	MCG 3- 5- 21 = 6872
MCG 2-37- 1 = 51207	MCG 2-45- 4 = 60957	MCG 2-58- 14 = 69809	MCG 3- 1- 11 = 38	MCG 3- 5- 22 = 6889
MCG 2-37- 2 = 51227	MCG 2-45- 6 = 60975	MCG 2-58- 15 = 69816	MCG 3- 1- 12 = 70	MCG 3- 5- 23 = 6893
MCG 2-37- 3 = 51237	MCG 2-46- 1 = 61161	MCG 2-58- 16 = 69822	MCG 3- 1- 13 = 156	MCG 3- 5- 24 = 6940
MCG 2-37- 4 = 51313	MCG 2-46- 2 = 61165	MCG 2-58- 17 = 69824	MCG 3- 1- 18 = 186	MCG 3- 5- 25 = 7004
MCG 2-37- 5 = 51332	MCG 2-46- 3 = 61196	MCG 2-58- 18 = 69825	MCG 3- 1- 19 = 212	MCG 3- 5- 26 = 7019
MCG 2-37- 6 = 51360	MCG 2-46- 5 = 61210	MCG 2-58- 19 = 69836	MCG 3- 1- 20 = 218	MCG 3- 5- 27 = 7059
MCG 2-37- 10 = 51650	MCG 2-46- 6 = 61441	MCG 2-58- 20 = 69837	MCG 3- 1- 21 = 279	MCG 3- 5- 28 = 7085
MCG 2-37- 12 = 51685	MCG 2-46- 8 = 61512	MCG 2-58- 22 = 69834	MCG 3- 1- 22 = 332	MCG 3- 5- 29 = 7073
MCG 2-37- 13 = 51705	MCG 2-46- 9 = 61534	MCG 2-58- 26 = 69854	MCG 3- 1- 23 = 477	MCG 3- 5- 30 = 7082
MCG 2-37- 15 = 51732	MCG 2-46- 10 = 61536	MCG 2-58- 31 = 69892	MCG 3- 1- 25 = 517	MCG 3- 5- 32 = 7098
MCG 2-37- 15A = 51735	MCG 2-46- 11 = 61611	MCG 2-58- 32 = 69965	MCG 3- 1- 26 = 647	MCG 3- 5- 33 = 7163
MCG 2-37- 16 = 51834	MCG 2-46- 13 = 61713	MCG 2-58- 33 = 69978	MCG 3- 1- 27 = 661	MCG 3- 5- 34 = 7180
MCG 2-37- 17 = 51843	MCG 2-47- 2 = 61802	MCG 2-58- 34 = 69980	MCG 3- 1- 28 = 889	MCG 3- 6- 1 = 7209
MCG 2-37- 19 = 51840	MCG 2-47- 3 = 61900	MCG 2-58- 35 = 69997	MCG 3- 1- 29 = 897	MCG 3- 6- 2 = 7229
MCG 2-37- 20 = 51857	MCG 2-52- 2 = 64563	MCG 2-58- 36 = 70020	MCG 3- 1- 30 = 978	MCG 3- 6- 4 = 7359
MCG 2-37- 21 = 51973	MCG 2-52- 4 = 64637	MCG 2-58- 37 = 70040	MCG 3- 1- 31 = 1037	MCG 3- 6- 5 = 7362
MCG 2-37- 22 = 51984	MCG 2-52- 5 = 64653	MCG 2-58- 40 = 70129	MCG 3- 1- 33 = 1052	MCG 3- 6- 7 = 7371
MCG 2-37- 23 = 51995	MCG 2-52- 8 = 64723	MCG 2-58- 41 = 70131	MCG 3- 1- 34 = 1051	MCG 3- 6- 8 = 7377
MCG 2-37- 24 = 52159	MCG 2-52- 9 = 64759	MCG 2-58- 43 = 70175	MCG 3- 1- 36 = 1144	MCG 3- 6- 9 = 7421
MCG 2-37- 26 = 52167	MCG 2-52- 11 = 64781	MCG 2-58- 44 = 70181	MCG 3- 1- 37 = 1175	MCG 3- 6- 10 = 7517
MCG 2-37- 27 = 52254	MCG 2-52- 12 = 64787	MCG 2-58- 45 = 70183	MCG 3- 1- 38 = 1238	MCG 3- 6- 11 = 7525
MCG 2-37- 30 = 52499	MCG 2-52- 14 = 64916	MCG 2-58- 46 = 70191	MCG 3- 2- 3 = 1286	MCG 3- 6- 12 = 7602
MCG 2-37- 31 = 52515	MCG 2-52- 15 = 64924	MCG 2-58- 49 = 70243	MCG 3- 2- 4 = 1330	MCG 3- 6- 15 = 7637
MCG 2-37- 32 = 52519	MCG 2-52- 16 = 64925	MCG 2-58- 52 = 70271	MCG 3- 2- 6 = 1372	MCG 3- 6- 16 = 7663
MCG 2-38- 3 = 52728	MCG 2-52- 17 = 64932	MCG 2-58- 53 = 70266	MCG 3- 2- 7 = 1478	MCG 3- 6- 19 = 7709
MCG 2-38- 4 = 52729	MCG 2-52- 18 = 64935	MCG 2-58- 56 = 70290	MCG 3- 2- 9 = 1525	MCG 3- 6- 20 = 7726
MCG 2-38- 6 = 52766	MCG 2-52- 20 = 65056	MCG 2-58- 59 = 70367	MCG 3- 2- 10 = 1591	MCG 3- 6- 21 = 7756
MCG 2-38- 9 = 52781	MCG 2-52- 22 = 65060	MCG 2-58- 60 = 70419	MCG 3- 2- 11 = 1632	MCG 3- 6- 22 = 7750
MCG 2-38- 10 = 52788	MCG 2-52- 23 = 65099	MCG 2-58- 62 = 70467	MCG 3- 2- 12 = 1676	MCG 3- 6- 24 = 7763
MCG 2-38- 11 = 52787	MCG 2-52- 26 = 65169	MCG 2-58- 63 = 70477	MCG 3- 2- 15 = 1817	MCG 3- 6- 25 = 7768
MCG 2-38- 13 = 52832	MCG 2-52- 28 = 65198	MCG 2-58- 65 = 70507	MCG 3- 2- 17 = 2194	MCG 3- 6- 26 = 7770
MCG 2-38- 14 = 52887	MCG 2-53- 1 = 65269	MCG 2-58- 66 = 70516	MCG 3- 2- 20 = 2312	MCG 3- 6- 27 = 7821
MCG 2-38- 19 = 53054	MCG 2-53- 2 = 65281	MCG 2-59- 1 = 70558	MCG 3- 2- 22 = 2402	MCG 3- 6- 28 = 7849
MCG 2-38- 22 = 53379	MCG 2-53- 3 = 65293	MCG 2-59- 2 = 70557	MCG 3- 2- 23 = 2469	MCG 3- 6- 30 = 7864
MCG 2-38- 23 = 53382	MCG 2-53- 4 = 65485	MCG 2-59- 3 = 70566	MCG 3- 3- 2 = 2699	MCG 3- 6- 33 = 8109
MCG 2-38- 25 = 53411	MCG 2-53- 12 = 66076	MCG 2-59- 4 = 70620	MCG 3- 3- 3 = 2806	MCG 3- 6- 34 = 8135
MCG 2-38- 26 = 53418	MCG 2-54- 1 = 66189	MCG 2-59- 7 = 70691	MCG 3- 3- 4 = 2914	MCG 3- 6- 35 = 8131
MCG 2-38- 28 = 53424	MCG 2-54- 2 = 66228	MCG 2-59- 8 = 70699	MCG 3- 3- 5 = 3157	MCG 3- 6- 38 = 8245
MCG 2-38- 31 = 53564	MCG 2-54- 3 = 66227	MCG 2-59- 9 = 70713	MCG 3- 3- 7 = 3219	MCG 3- 6- 39 = 8266
MCG 2-38- 32 = 53566	MCG 2-54- 7 = 66328	MCG 2-59- 10 = 70761	MCG 3- 3- 10 = 3558	MCG 3- 6- 43 = 8381

MCG 3- 6- 45 = 8543	MCG 3-19- 13 = 21044	MCG 3-24- 48 = 26431	MCG 3-28- 30 = 32763	MCG 3-30- 66 = 36466
MCG 3- 6- 46 = 8556	MCG 3-19- 14 = 21045	MCG 3-24- 51 = 26474	MCG 3-28- 31 = 32767	MCG 3-30- 67 = 36465
MCG 3- 6- 48 = 8617	MCG 3-19- 16 = 21056	MCG 3-24- 55 = 26668	MCG 3-28- 32 = 32787	MCG 3-30- 68 = 36476
MCG 3- 6- 51 = 8672	MCG 3-19- 17 = 21100	MCG 3-24- 56 = 26673	MCG 3-28- 35 = 32826	MCG 3-30- 69 = 36481
MCG 3- 6- 52 = 8874	MCG 3-20- 1 = 21220	MCG 3-24- 57 = 26711	MCG 3-28- 37 = 32871	MCG 3-30- 70 = 36477
MCG 3- 7- 2 = 8956	MCG 3-20- 4 = 21261	MCG 3-24- 58 = 26750	MCG 3-28- 41 = 32978	MCG 3-30- 71 = 36486
MCG 3- 7- 3 = 8963	MCG 3-20- 6 = 21341	MCG 3-24- 60 = 26869	MCG 3-28- 42 = 32989	MCG 3-30- 72 = 36487
MCG 3- 7- 4 = 8982	MCG 3-20- 8 = 21382	MCG 3-24- 61 = 26966	MCG 3-28- 44 = 33140	MCG 3-30- 73 = 36469
MCG 3- 7- 10 = 9205	MCG 3-20- 9 = 21414	MCG 3-24- 63 = 26990	MCG 3-28- 46 = 33163	MCG 3-30- 74 = 36470
MCG 3- 7- 11 = 9236	MCG 3-20- 10 = 21600	MCG 3-25- 6 = 27379	MCG 3-28- 49 = 33276	MCG 3-30- 81 = 36535
MCG 3- 7- 12 = 9302	MCG 3-20- 14 = 21919	MCG 3-25- 11 = 27482	MCG 3-28- 50 = 33333	MCG 3-30- 83 = 36544
MCG 3- 7- 13 = 9313	MCG 3-21- 3 = 22389	MCG 3-25- 13 = 27521	MCG 3-28- 51 = 33343	MCG 3-30- 84 = 36548
MCG 3- 7- 14 = 9379	MCG 3-21- 4 = 22391	MCG 3-25- 19 = 27600	MCG 3-28- 53 = 33390	MCG 3-30- 87 = 36573
MCG 3- 7- 15 = 9388	MCG 3-21- 5 = 22404	MCG 3-25- 24 = 27926	MCG 3-28- 55 = 33460	MCG 3-30- 88 = 36577
MCG 3- 7- 16 = 9392	MCG 3-21- 6 = 22408	MCG 3-25- 26 = 28081	MCG 3-28- 57 = 33562	MCG 3-30- 89 = 36574
MCG 3- 7- 17 = 9423	MCG 3-21- 7 = 22460	MCG 3-25- 28 = 28159	MCG 3-28- 58 = 33584	MCG 3-30- 91 = 36582
MCG 3- 7- 18 = 9475	MCG 3-21- 8 = 22469	MCG 3-25- 29 = 28248	MCG 3-28- 60 = 33615	MCG 3-30- 92 = 36589
MCG 3- 7- 21 = 9638	MCG 3-21- 9 = 22501	MCG 3-25- 30 = 28310	MCG 3-28- 61 = 33660	MCG 3-30- 93 = 36604
MCG 3- 7- 22 = 9675	MCG 3-21- 10 = 22510	MCG 3-25- 31 = 28368	MCG 3-28- 62 = 33677	MCG 3-30- 95 = 36606
MCG 3- 7- 25 = 9736	MCG 3-21- 11 = 22581	MCG 3-25- 39 = 28485	MCG 3-28- 63 = 33670	MCG 3-30- 96 = 36603
MCG 3- 7- 27 = 9776	MCG 3-21- 12 = 22585	MCG 3-25- 40 = 28631	MCG 3-29- 2 = 33699	MCG 3-30- 97 = 36620
MCG 3- 7- 28 = 9828	MCG 3-21- 14 = 22749	MCG 3-26- 2 = 28680	MCG 3-29- 5 = 33966	MCG 3-30- 98 = 36619
MCG 3- 7- 29 = 9837	MCG 3-21- 19 = 22803	MCG 3-26- 3 = 28707	MCG 3-29- 11 = 34248	MCG 3-30-103 = 36649
MCG 3- 7- 33 = 9933	MCG 3-21- 20 = 22827	MCG 3-26- 4 = 28716	MCG 3-29- 13 = 34298	MCG 3-30-104 = 36638
MCG 3- 7- 34 = 9931	MCG 3-21- 21 = 22835	MCG 3-26- 5 = 28736	MCG 3-29- 14 = 34306	MCG 3-30-105 = 36675
MCG 3- 7- 35 = 9938	MCG 3-21- 23 = 22860	MCG 3-26- 8 = 28800	MCG 3-29- 15 = 34326	MCG 3-30-106 = 36670
MCG 3- 7- 37 = 10044	MCG 3-21- 24 = 22880	MCG 3-26- 9 = 28833	MCG 3-29- 19 = 34415	MCG 3-30-107 = 36673
MCG 3- 7- 38 = 10046	MCG 3-21- 26 = 22990	MCG 3-26- 10 = 28828	MCG 3-29- 20 = 34426	MCG 3-30-111 = 36756
MCG 3- 7- 39 = 10088	MCG 3-21- 27 = 23089	MCG 3-26- 14 = 28989	MCG 3-29- 21 = 34419	MCG 3-30-114 = 36779
MCG 3- 7- 41 = 10127	MCG 3-21- 28 = 23358	MCG 3-26- 15 = 29009	MCG 3-29- 22 = 34433	MCG 3-30-115 = 36816
MCG 3- 7- 42 = 10160	MCG 3-22- 1 = 23415	MCG 3-26- 17 = 29082	MCG 3-29- 23 = 34461	MCG 3-30-118 = 36929
MCG 3- 7- 43 = 10177	MCG 3-22- 2 = 23421	MCG 3-26- 18 = 29085	MCG 3-29- 28 = 34556	MCG 3-30-119 = 37032
MCG 3- 7- 44 = 10197	MCG 3-22- 4 = 23441	MCG 3-26- 23 = 29277	MCG 3-29- 29 = 34558	MCG 3-30-121 = 37105
MCG 3- 7- 46 = 10242	MCG 3-22- 5 = 23483	MCG 3-26- 26 = 29372	MCG 3-29- 31 = 34683	MCG 3-30-122 = 37156
MCG 3- 7- 49 = 10294	MCG 3-22- 9 = 23559	MCG 3-26- 27 = 29387	MCG 3-29- 32 = 34684	MCG 3-30-123 = 37170
MCG 3- 8- 3 = 10388	MCG 3-22- 10 = 23599	MCG 3-26- 28 = 29408	MCG 3-29- 36 = 34819	MCG 3-30-126 = 37409
MCG 3- 8- 7 = 10469	MCG 3-22- 11 = 23650	MCG 3-26- 31 = 29478	MCG 3-29- 37 = 34836	MCG 3-31- 1 = 37463
MCG 3- 8- 9 = 10536	MCG 3-22- 12 = 23692	MCG 3-26- 32 = 29480	MCG 3-29- 38 = 34883	MCG 3-31- 2 = 37501
MCG 3- 8- 12 = 10610	MCG 3-22- 13 = 23714	MCG 3-26- 33 = 29499	MCG 3-29- 39 = 34935	MCG 3-31- 3 = 37507
MCG 3- 8- 14 = 10641	MCG 3-22- 14 = 23774	MCG 3-26- 34 = 29536	MCG 3-29- 40 = 34995	MCG 3-31- 4 = 37628
MCG 3- 8- 16 = 10661	MCG 3-22- 15 = 23852	MCG 3-26- 37 = 29631	MCG 3-29- 41 = 35061	MCG 3-31- 5 = 37695
MCG 3- 8- 17 = 10674	MCG 3-22- 17 = 23935	MCG 3-26- 39 = 29698	MCG 3-29- 43 = 35142	MCG 3-31- 8 = 37761
MCG 3- 8- 18 = 10688	MCG 3-22- 20 = 24286	MCG 3-26- 41 = 29802	MCG 3-29- 45 = 35137	MCG 3-31- 10 = 37860
MCG 3- 8- 19 = 10713	MCG 3-22- 21 = 24400	MCG 3-26- 42 = 29813	MCG 3-29- 48 = 35193	MCG 3-31- 18 = 37993
MCG 3- 8- 20 = 10759	MCG 3-22- 22 = 24403	MCG 3-26- 43 = 29832	MCG 3-29- 50 = 35224	MCG 3-31- 19 = 38012
MCG 3- 8- 21 = 10768	MCG 3-22- 23 = 24431	MCG 3-26- 49 = 29957	MCG 3-29- 51 = 35268	MCG 3-31- 20 = 38040
MCG 3- 8- 22 = 10787	MCG 3-22- 25 = 24485	MCG 3-26- 50 = 30014	MCG 3-29- 53 = 35292	MCG 3-31- 21 = 38050
MCG 3- 8- 23 = 10797	MCG 3-23- 2 = 24656	MCG 3-26- 51 = 30052	MCG 3-29- 56 = 35335	MCG 3-31- 25 = 38082
MCG 3- 8- 24 = 10834	MCG 3-23- 4 = 24680	MCG 3-27- 4 = 30283	MCG 3-29- 57 = 35362	MCG 3-31- 27 = 38093
MCG 3- 8- 30 = 11083	MCG 3-23- 5 = 24721	MCG 3-27- 5 = 30347	MCG 3-29- 58 = 35379	MCG 3-31- 29 = 38086
MCG 3- 8- 33 = 11152	MCG 3-23- 6 = 24726	MCG 3-27- 7 = 30349	MCG 3-30- 3 = 35622	MCG 3-31- 31 = 38128
MCG 3- 8- 38 = 11295	MCG 3-23- 8 = 24748	MCG 3-27- 11 = 30377	MCG 3-30- 6 = 35701	MCG 3-31- 33 = 38167
MCG 3- 8- 42 = 11410	MCG 3-23- 10 = 24790	MCG 3-27- 14 = 30420	MCG 3-30- 10 = 35792	MCG 3-31- 34 = 38209
MCG 3- 8- 43 = 11456	MCG 3-23- 11 = 24792	MCG 3-27- 15 = 30440	MCG 3-30- 13 = 35803	MCG 3-31- 37 = 38287
MCG 3- 9- 2 = 11755	MCG 3-23- 14 = 24877	MCG 3-27- 16 = 30445	MCG 3-30- 19 = 35942	MCG 3-31- 38 = 38285
MCG 3- 9- 6 = 11971	MCG 3-23- 15 = 24902	MCG 3-27- 17 = 30444	MCG 3-30- 20 = 35930	MCG 3-31- 39 = 38410
MCG 3- 9- 7 = 12000	MCG 3-23- 17 = 25021	MCG 3-27- 18 = 30496	MCG 3-30- 21 = 35943	MCG 3-31- 40 = 38441
MCG 3- 9- 8 = 12042	MCG 3-23- 18 = 25035	MCG 3-27- 20 = 30531	MCG 3-30- 22 = 35952	MCG 3-31- 41 = 38454
MCG 3- 9- 14 = 12719	MCG 3-23- 20 = 25164	MCG 3-27- 22 = 30526	MCG 3-30- 23 = 35969	MCG 3-31- 43 = 38456
MCG 3-10- 3 = 13448	MCG 3-23- 26 = 25301	MCG 3-27- 25 = 30560	MCG 3-30- 24 = 35968	MCG 3-31- 44 = 38476
MCG 3-10- 4 = 13465	MCG 3-23- 27 = 25309	MCG 3-27- 27 = 30585	MCG 3-30- 25 = 35966	MCG 3-31- 47 = 38565
MCG 3-10- 5 = 13536	MCG 3-23- 28 = 25384	MCG 3-27- 29 = 30595	MCG 3-30- 26 = 35973	MCG 3-31- 48 = 38622
MCG 3-10- 6 = 13754	MCG 3-23- 30 = 25476	MCG 3-27- 31 = 30630	MCG 3-30- 27 = 35991	MCG 3-31- 49 = 38634
MCG 3-10- 7 = 13933	MCG 3-23- 31 = 25480	MCG 3-27- 33 = 30659	MCG 3-30- 29 = 36122	MCG 3-31- 50 = 38651
MCG 3-10- 9 = 14042	MCG 3-23- 34 = 25497	MCG 3-27- 34 = 30670	MCG 3-30- 31 = 36166	MCG 3-31- 51 = 38692
MCG 3-10- 11 = 14063	MCG 3-23- 36 = 25508	MCG 3-27- 35 = 30669	MCG 3-30- 32 = 36167	MCG 3-31- 52 = 38749
MCG 3-11- 1 = 14148	MCG 3-23- 38 = 25523	MCG 3-27- 42 = 30791	MCG 3-30- 36 = 36195	MCG 3-31- 54 = 38750
MCG 3-11- 2 = 14149	MCG 3-23- 39 = 25535	MCG 3-27- 47 = 30831	MCG 3-30- 37 = 36193	MCG 3-31- 55 = 38748
MCG 3-11- 5 = 14274	MCG 3-23- 40 = 25561	MCG 3-27- 48 = 30855	MCG 3-30- 38 = 36194	MCG 3-31- 58 = 38761
MCG 3-11- 6 = 14382	MCG 3-24- 1 = 25783	MCG 3-27- 50 = 30903	MCG 3-30- 39 = 36197	MCG 3-31- 59 = 38800
MCG 3-11- 7 = 14563	MCG 3-24- 6 = 25902	MCG 3-27- 52 = 30935	MCG 3-30- 40 = 36200	MCG 3-31- 60 = 38802
MCG 3-12- 1 = 15533	MCG 3-24- 10 = 25923	MCG 3-27- 54 = 31042	MCG 3-30- 41 = 36203	MCG 3-31- 61 = 38809
MCG 3-12- 5 = 15608	MCG 3-24- 11 = 25993	MCG 3-27- 59 = 31151	MCG 3-30- 42 = 36231	MCG 3-31- 62 = 38823
MCG 3-12- 7 = 15723	MCG 3-24- 12 = 25996	MCG 3-27- 60 = 31159	MCG 3-30- 43 = 36262	MCG 3-31- 64 = 38837
MCG 3-13- 1 = 15975	MCG 3-24- 14 = 26037	MCG 3-27- 66 = 31508	MCG 3-30- 44 = 36294	MCG 3-31- 65 = 38858
MCG 3-18- 1 = 19763	MCG 3-24- 16 = 26092	MCG 3-27- 69 = 31858	MCG 3-30- 45 = 36284	MCG 3-31- 66 = 38862
MCG 3-18- 3 = 19813	MCG 3-24- 18 = 26140	MCG 3-27- 73 = 31908	MCG 3-30- 46 = 36292	MCG 3-31- 68 = 38882
MCG 3-18- 4 = 19863	MCG 3-24- 19 = 26139	MCG 3-27- 75 = 31913	MCG 3-30- 47 = 36295	MCG 3-31- 72 = 38914
MCG 3-18- 8 = 20099	MCG 3-24- 20 = 26143	MCG 3-28- 1 = 31982	MCG 3-30- 48 = 36328	MCG 3-31- 74 = 38974
MCG 3-19- 1 = 20214	MCG 3-24- 25 = 26183	MCG 3-28- 3 = 32072	MCG 3-30- 50 = 36342	MCG 3-31- 76 = 39002
MCG 3-19- 2 = 20222	MCG 3-24- 26 = 26177	MCG 3-28- 8 = 32207	MCG 3-30- 51 = 36349	MCG 3-31- 77 = 39014
MCG 3-19- 3 = 20259	MCG 3-24- 27 = 26181	MCG 3-28- 10 = 32278	MCG 3-30- 53 = 36355	MCG 3-31- 78 = 39018
MCG 3-19- 4 = 20265	MCG 3-24- 28 = 26196	MCG 3-28- 12 = 32395	MCG 3-30- 54 = 36361	MCG 3-31- 79 = 39028
MCG 3-19- 5 = 20417	MCG 3-24- 32 = 26209	MCG 3-28- 16 = 32474	MCG 3-30- 55 = 36371	MCG 3-31- 80 = 39050
MCG 3-19- 6 = 20699	MCG 3-24- 33 = 26220	MCG 3-28- 17 = 32486	MCG 3-30- 58 = 36388	MCG 3-31- 81 = 39057
MCG 3-19- 8 = 20835	MCG 3-24- 37 = 26252	MCG 3-28- 20 = 32577	MCG 3-30- 59 = 36402	MCG 3-31- 82 = 39173
MCG 3-19- 9 = 20860	MCG 3-24- 40 = 26274	MCG 3-28- 24 = 32645	MCG 3-30- 60 = 36433	MCG 3-31- 83 = 39194
MCG 3-19- 10 = 20973	MCG 3-24- 42 = 26287	MCG 3-28- 25 = 32671	MCG 3-30- 61 = 36436	MCG 3-31- 85 = 39256
MCG 3-19- 11 = 20980	MCG 3-24- 43 = 26292	MCG 3-28- 27 = 32694	MCG 3-30- 62 = 36431	MCG 3-31- 87 = 39306
MCG 3-19- 12 = 21029	MCG 3-24- 45 = 26335	MCG 3-28- 28 = 32700	MCG 3-30- 65 = 36443	MCG 3-31- 91 = 39393

MCG 3-31- 92 = 39398	MCG 3-34- 20 = 46726	MCG 3-38- 17 = 52844	MCG 3-41- 30 = 56663	MCG 3-41-143 = 57575
MCG 3-31- 95 = 39440	MCG 3-34- 21 = 46731	MCG 3-38- 20 = 52848	MCG 3-41- 33 = 56685	MCG 3-41-144 = 57627
MCG 3-31- 96 = 39462	MCG 3-34- 23 = 46849	MCG 3-38- 21 = 52851	MCG 3-41- 34 = 56693	MCG 3-41-145 = 57634
MCG 3-31- 97 = 39487	MCG 3-34- 29 = 46940	MCG 3-38- 22 = 52854	MCG 3-41- 36 = 56695	MCG 3-41-146 = 57640
MCG 3-31- 99 = 39578	MCG 3-34- 33 = 47067	MCG 3-38- 32 = 52965	MCG 3-41- 37 = 56700	MCG 3-41-149 = 57796
MCG 3-31-101 = 39676	MCG 3-34- 35 = 47122	MCG 3-38- 33 = 52978	MCG 3-41- 38 = 56704	MCG 3-41-150 = 57810
MCG 3-32- 6 = 39907	MCG 3-34- 38 = 47180	MCG 3-38- 34 = 52984	MCG 3-41- 39 = 56717	MCG 3-42- 3 = 57974
MCG 3-32- 7 = 39950	MCG 3-34- 41 = 47330	MCG 3-38- 37 = 53028	MCG 3-41- 41 = 56712	MCG 3-42- 4 = 58028
MCG 3-32- 8 = 39965	MCG 3-34- 42 = 47352	MCG 3-38- 42 = 53110	MCG 3-41- 43 = 56716	MCG 3-42- 5 = 58037
MCG 3-32- 9 = 39974	MCG 3-34- 43 = 47482	MCG 3-38- 44 = 53166	MCG 3-41- 44 = 56750	MCG 3-42- 10 = 58104
MCG 3-32- 10 = 40002	MCG 3-34- 44 = 47506	MCG 3-38- 45 = 53152	MCG 3-41- 46 = 56765	MCG 3-42- 11 = 58161
MCG 3-32- 11 = 40045	MCG 3-35- 1 = 47577	MCG 3-38- 46 = 53225	MCG 3-41- 47 = 56763	MCG 3-42- 12 = 58183
MCG 3-32- 13 = 40068	MCG 3-35- 7 = 47737	MCG 3-38- 47 = 53239	MCG 3-41- 48 = 56769	MCG 3-42- 13 = 58300
MCG 3-32- 14 = 40095	MCG 3-35- 8 = 47777	MCG 3-38- 49 = 53274	MCG 3-41- 49 = 56768	MCG 3-42- 15 = 58339
MCG 3-32- 15 = 40153	MCG 3-35- 9 = 47793	MCG 3-38- 50 = 53279	MCG 3-41- 50 = 56773	MCG 3-42- 16 = 58403
MCG 3-32- 16 = 40171	MCG 3-35- 10 = 48044	MCG 3-38- 53 = 53314	MCG 3-41- 51 = 56770	MCG 3-42- 20 = 58423
MCG 3-32- 18 = 40196	MCG 3-35- 13 = 48074	MCG 3-38- 55 = 53320	MCG 3-41- 52 = 56777	MCG 3-42- 21 = 58470
MCG 3-32- 19 = 40209	MCG 3-35- 14 = 48073	MCG 3-38- 56 = 53338	MCG 3-41- 53 = 56776	MCG 3-42- 25 = 58478
MCG 3-32- 20 = 40231	MCG 3-35- 15 = 48134	MCG 3-38- 57 = 53344	MCG 3-41- 54 = 56784	MCG 3-43- 3 = 58682
MCG 3-32- 21 = 40245	MCG 3-35- 16 = 48504	MCG 3-38- 59 = 53436	MCG 3-41- 55 = 56780	MCG 3-43- 10 = 59128
MCG 3-32- 22 = 40249	MCG 3-35- 24 = 48854	MCG 3-38- 60 = 53448	MCG 3-41- 56 = 56786	MCG 3-44- 2 = 59350
MCG 3-32- 23 = 40295	MCG 3-35- 25 = 48918	MCG 3-38- 62 = 53528	MCG 3-41- 57 = 56827	MCG 3-44- 4 = 59900
MCG 3-32- 24 = 40458	MCG 3-35- 28 = 49114	MCG 3-38- 63 = 53531	MCG 3-41- 58 = 56838	MCG 3-44- 7 = 60086
MCG 3-32- 25 = 40477	MCG 3-35- 30 = 49243	MCG 3-38- 64 = 53552	MCG 3-41- 60 = 56847	MCG 3-44- 8 = 60232
MCG 3-32- 26 = 40484	MCG 3-35- 37 = 49434	MCG 3-38- 65 = 53613	MCG 3-41- 61 = 56872	MCG 3-44- 9 = 60383
MCG 3-32- 28 = 40512	MCG 3-36- 1 = 49497	MCG 3-38- 85 = 53852	MCG 3-41- 62 = 56877	MCG 3-44- 10 = 60384
MCG 3-32- 29 = 40515	MCG 3-36- 5 = 49538	MCG 3-39- 2 = 54002	MCG 3-41- 63 = 56890	MCG 3-45- 1 = 60421
MCG 3-32- 30 = 40516	MCG 3-36- 6 = 49589	MCG 3-39- 4 = 53995	MCG 3-41- 64 = 56902	MCG 3-45- 2 = 60466
MCG 3-32- 31 = 40517	MCG 3-36- 8 = 49635	MCG 3-39- 5 = 54001	MCG 3-41- 68 = 56935	MCG 3-45- 4 = 60498
MCG 3-32- 34 = 40622	MCG 3-36- 12 = 49693	MCG 3-39- 10 = 54059	MCG 3-41- 69 = 56938	MCG 3-45- 6 = 60566
MCG 3-32- 35 = 40614	MCG 3-36- 17 = 49762	MCG 3-39- 12 = 54085	MCG 3-41- 70 = 56953	MCG 3-45- 7 = 60592
MCG 3-32- 36 = 40643	MCG 3-36- 19 = 49769	MCG 3-39- 16 = 54379	MCG 3-41- 71 = 56943	MCG 3-45- 12 = 60637
MCG 3-32- 38 = 40772	MCG 3-36- 24 = 49797	MCG 3-39- 18 = 54519	MCG 3-41- 72 = 56948	MCG 3-45- 19 = 60713
MCG 3-32- 39 = 40785	MCG 3-36- 28 = 50010	MCG 3-39- 22 = 54885	MCG 3-41- 73 = 56942	MCG 3-45- 21 = 60805
MCG 3-32- 40 = 40800	MCG 3-36- 29 = 50014	MCG 3-39- 25 = 55057	MCG 3-41- 74 = 56932	MCG 3-45- 22 = 60844
MCG 3-32- 41 = 40811	MCG 3-36- 30 = 50017	MCG 3-39- 26 = 55073	MCG 3-41- 78 = 56962	MCG 3-45- 29 = 60854
MCG 3-32- 46 = 40945	MCG 3-36- 35 = 50117	MCG 3-39- 27 = 55072	MCG 3-41- 79 = 56972	MCG 3-45- 31 = 60911
MCG 3-32- 47 = 41013	MCG 3-36- 36 = 50115	MCG 3-39- 28 = 55111	MCG 3-41- 80 = 56987	MCG 3-45- 35 = 60925
MCG 3-32- 48 = 41024	MCG 3-36- 37 = 50142	MCG 3-40- 3 = 55435	MCG 3-41- 81 = 56997	MCG 3-45- 38 = 60972
MCG 3-32- 49 = 41061	MCG 3-36- 39 = 50169	MCG 3-40- 4 = 55464	MCG 3-41- 82 = 57005	MCG 3-45- 39 = 61079
MCG 3-32- 51 = 41160	MCG 3-36- 41 = 50190	MCG 3-40- 5 = 55480	MCG 3-41- 83 = 57004	MCG 3-46- 1 = 61091
MCG 3-32- 54 = 41365	MCG 3-36- 42 = 50192	MCG 3-40- 6 = 55482	MCG 3-41- 84 = 57015	MCG 3-46- 1 = 61104
MCG 3-32- 56 = 41472	MCG 3-36- 45 = 50222	MCG 3-40- 7 = 55506	MCG 3-41- 86 = 57019	MCG 3-46- 2 = 61116
MCG 3-32- 57 = 41466	MCG 3-36- 46 = 50305	MCG 3-40- 9 = 55550	MCG 3-41- 87 = 57033	MCG 3-46- 3 = 61123
MCG 3-32- 58 = 41504	MCG 3-36- 49 = 50372	MCG 3-40- 10 = 55587	MCG 3-41- 88 = 57031	MCG 3-46- 4 = 61128
MCG 3-32- 59 = 41517	MCG 3-36- 50 = 50374	MCG 3-40- 11 = 55588	MCG 3-41- 89 = 57037	MCG 3-46- 9 = 61297
MCG 3-32- 60 = 41531	MCG 3-36- 53 = 50391	MCG 3-40- 16 = 55684	MCG 3-41- 90 = 57046	MCG 3-46- 11 = 61377
MCG 3-32- 61 = 41532	MCG 3-36- 56 = 50476	MCG 3-40- 17 = 55710	MCG 3-41- 91 = 57059	MCG 3-46- 12 = 61399
MCG 3-32- 62 = 41558	MCG 3-36- 58 = 50495	MCG 3-40- 23 = 55769	MCG 3-41- 92 = 57058	MCG 3-46- 13 = 61404
MCG 3-32- 63 = 41567	MCG 3-36- 61 = 50530	MCG 3-40- 25 = 55793	MCG 3-41- 93 = 57053	MCG 3-46- 14 = 61420
MCG 3-32- 64 = 41639	MCG 3-36- 62 = 50553	MCG 3-40- 26 = 55800	MCG 3-41- 95 = 57068	MCG 3-46- 15 = 61432
MCG 3-32- 65 = 41652	MCG 3-36- 65 = 50558	MCG 3-40- 30 = 55867	MCG 3-41- 97 = 57062	MCG 3-46- 16 = 61466
MCG 3-32- 67 = 41661	MCG 3-36- 66 = 50560	MCG 3-40- 38 = 56020	MCG 3-41- 98 = 57063	MCG 3-46- 18 = 61558
MCG 3-32- 68 = 41746	MCG 3-36- 68 = 50577	MCG 3-40- 39 = 56023	MCG 3-41- 99 = 57073	MCG 3-46- 20 = 61607
MCG 3-32- 69 = 41763	MCG 3-36- 69 = 50584	MCG 3-40- 43 = 56097	MCG 3-41-100 = 57075	MCG 3-46- 24 = 61722
MCG 3-32- 71 = 41839	MCG 3-36- 70 = 50580	MCG 3-40- 44 = 56105	MCG 3-41-101 = 57076	MCG 3-47- 1 = 61792
MCG 3-32- 72 = 41865	MCG 3-36- 71 = 50596	MCG 3-40- 48 = 56130	MCG 3-41-102 = 57072	MCG 3-47- 3 = 61912
MCG 3-32- 74 = 41876	MCG 3-36- 74 = 50613	MCG 3-40- 49 = 56139	MCG 3-41-103 = 57086	MCG 3-47- 7 = 62121
MCG 3-32- 74A = 41882	MCG 3-36- 76 = 50621	MCG 3-40- 50 = 56169	MCG 3-41-104 = 57084	MCG 3-47- 8 = 62122
MCG 3-32- 75 = 41934	MCG 3-36- 77 = 50657	MCG 3-40- 51 = 56166	MCG 3-41-105 = 57088	MCG 3-47- 10 = 62176
MCG 3-32- 76 = 42020	MCG 3-36- 81 = 50718	MCG 3-40- 52 = 56200	MCG 3-41-106 = 57090	MCG 3-48- 1 = 62310
MCG 3-32- 79 = 42306	MCG 3-36- 82 = 50713	MCG 3-40- 57 = 56314	MCG 3-41-107 = 57082	MCG 3-48- 2 = 62651
MCG 3-32- 81 = 42396	MCG 3-36- 83 = 50719	MCG 3-40- 58 = 56325	MCG 3-41-108 = 57101	MCG 3-52- 1 = 64856
MCG 3-32- 83 = 42543	MCG 3-36- 85 = 50726	MCG 3-40- 59 = 56334	MCG 3-41-109 = 57093	MCG 3-52- 2 = 65203
MCG 3-32- 85 = 42699	MCG 3-36- 88 = 50848	MCG 3-40- 60 = 56329	MCG 3-41-110 = 57096	MCG 3-53- 3 = 65466
MCG 3-32- 86 = 42707	MCG 3-36- 89 = 50889	MCG 3-40- 61 = 56338	MCG 3-41-111 = 57095	MCG 3-53- 5 = 65561
MCG 3-32- 87 = 42704	MCG 3-36- 91 = 50915	MCG 3-40- 62 = 56345	MCG 3-41-112 = 57097	MCG 3-53- 6 = 65780
MCG 3-33- 1 = 42833	MCG 3-36- 96 = 50946	MCG 3-40- 63 = 56352	MCG 3-41-113 = 57111	MCG 3-53- 7 = 65877
MCG 3-33- 2 = 42956	MCG 3-36- 98 = 50948	MCG 3-41- 1 = 56397	MCG 3-41-114 = 57121	MCG 3-53- 8 = 65887
MCG 3-33- 4 = 43143	MCG 3-36- 99 = 51113	MCG 3-41- 2 = 56409	MCG 3-41-115 = 57118	MCG 3-53- 9 = 65893
MCG 3-33- 6 = 43303	MCG 3-37- 1 = 51189	MCG 3-41- 3 = 56437	MCG 3-41-116 = 57122	MCG 3-53- 10 = 65908
MCG 3-33- 9 = 43375	MCG 3-37- 2 = 51190	MCG 3-41- 4 = 56443	MCG 3-41-117 = 57128	MCG 3-53- 12 = 65935
MCG 3-33- 13 = 43554	MCG 3-37- 3 = 51201	MCG 3-41- 5 = 56482	MCG 3-41-118 = 57137	MCG 3-54- 1 = 66151
MCG 3-33- 14 = 43607	MCG 3-37- 6 = 51266	MCG 3-41- 6 = 56481	MCG 3-41-119 = 57135	MCG 3-54- 4 = 66178
MCG 3-33- 15 = 43707	MCG 3-37- 10 = 51351	MCG 3-41- 7 = 56487	MCG 3-41-120 = 57132	MCG 3-54- 7 = 66622
MCG 3-33- 16 = 43961	MCG 3-37- 11 = 51384	MCG 3-41- 8 = 56490	MCG 3-41-121 = 57139	MCG 3-54- 8 = 66641
MCG 3-33- 17 = 44414	MCG 3-37- 13 = 51422	MCG 3-41- 9 = 56495	MCG 3-41-123 = 57147	MCG 3-54- 12 = 66826
MCG 3-33- 18 = 44432	MCG 3-37- 16 = 51607	MCG 3-41- 10 = 56492	MCG 3-41-125 = 57145	MCG 3-55- 1 = 67035
MCG 3-33- 22 = 45022	MCG 3-37- 17 = 51637	MCG 3-41- 11 = 56508	MCG 3-41-126 = 57175	MCG 3-55- 2 = 67351
MCG 3-33- 23 = 45093	MCG 3-37- 19 = 51699	MCG 3-41- 12 = 56503	MCG 3-41-127 = 57177	MCG 3-55- 3 = 67419
MCG 3-33- 28 = 45212	MCG 3-37- 25 = 52093	MCG 3-41- 14 = 56514	MCG 3-41-128 = 57172	MCG 3-56- 1 = 67774
MCG 3-34- 2 = 45494	MCG 3-37- 26 = 52258	MCG 3-41- 15 = 56537	MCG 3-41-129 = 57187	MCG 3-56- 2 = 67831
MCG 3-34- 4 = 45710	MCG 3-37- 30 = 52361	MCG 3-41- 16 = 56554	MCG 3-41-130 = 57194	MCG 3-56- 3 = 67823
MCG 3-34- 5 = 45959	MCG 3-37- 31 = 52374	MCG 3-41- 19 = 56571	MCG 3-41-133 = 57218	MCG 3-56- 4 = 67891
MCG 3-34- 6 = 45983	MCG 3-37- 32 = 52369	MCG 3-41- 20 = 56611	MCG 3-41-136 = 57278	MCG 3-56- 5 = 67900
MCG 3-34- 7 = 46069	MCG 3-37- 33 = 52376	MCG 3-41- 23 = 56648	MCG 3-41-138 = 57332	MCG 3-56- 6 = 67994
MCG 3-34- 15 = 46462	MCG 3-37- 35 = 52417	MCG 3-41- 25 = 56650	MCG 3-41-139 = 57353	MCG 3-56- 7 = 68014
MCG 3-34- 16 = 46498	MCG 3-37- 39 = 52582	MCG 3-41- 26 = 56655	MCG 3-41-140 = 57368	MCG 3-56- 8 = 68019
MCG 3-34- 17 = 46508	MCG 3-38- 7 = 52698	MCG 3-41- 28 = 56666	MCG 3-41-141 = 57390	MCG 3-56- 10 = 68046
MCG 3-34- 18 = 46548	MCG 3-38- 15 = 52833	MCG 3-41- 29 = 56667	MCG 3-41-142 = 57389	MCG 3-56- 12 = 68115

RC3   655   MCG

MCG 3-56- 14 = 68162	MCG 3-60- 4 = 71797	MCG 4- 2- 51 = 2621	MCG 4- 6- 29 = 9187	MCG 4-18- 3 = 20713
MCG 3-56- 15 = 68173	MCG 3-60- 5 = 71796	MCG 4- 2- 52 = 2627	MCG 4- 6- 30 = 9212	MCG 4-18- 6 = 20744
MCG 3-56- 16 = 68188	MCG 3-60- 6 = 71802	MCG 4- 2- 53 = 2680	MCG 4- 6- 31 = 9214	MCG 4-18- 8 = 20838
MCG 3-56- 18 = 68265	MCG 3-60- 7 = 71801	MCG 4- 3- 4 = 2819	MCG 4- 6- 35 = 9233	MCG 4-18- 12 = 20864
MCG 3-56- 19 = 68420	MCG 3-60- 8 = 71804	MCG 4- 3- 6 = 2844	MCG 4- 6- 36 = 9241	MCG 4-18- 13 = 20881
MCG 3-56- 20 = 68442	MCG 3-60- 9 = 71830	MCG 4- 3- 7 = 2888	MCG 4- 6- 37 = 9262	MCG 4-18- 15 = 20955
MCG 3-56- 21 = 68468	MCG 3-60- 10 = 71838	MCG 4- 3- 8 = 2886	MCG 4- 6- 38 = 9260	MCG 4-18- 27 = 21321
MCG 3-57- 1 = 68735	MCG 3-60- 12 = 71875	MCG 4- 3- 9 = 2890	MCG 4- 6- 39 = 9267	MCG 4-18- 28 = 21402
MCG 3-57- 3 = 68786	MCG 3-60- 13 = 71884	MCG 4- 3- 10 = 2894	MCG 4- 6- 40 = 9278	MCG 4-18- 30 = 21542
MCG 3-57- 5 = 68870	MCG 3-60- 14 = 71895	MCG 4- 3- 11 = 2930	MCG 4- 6- 42 = 9309	MCG 4-18- 32 = 21654
MCG 3-57- 6 = 68878	MCG 3-60- 15 = 71932	MCG 4- 3- 12 = 2935	MCG 4- 6- 44 = 9340	MCG 4-19- 2 = 21849
MCG 3-57- 7 = 68884	MCG 3-60- 16 = 71974	MCG 4- 3- 13 = 3076	MCG 4- 6- 45 = 9345	MCG 4-19- 5 = 21976
MCG 3-57- 8 = 68944	MCG 3-60- 17 = 71993	MCG 4- 3- 14 = 3075	MCG 4- 6- 46 = 9351	MCG 4-19- 8 = 22205
MCG 3-57- 9 = 68942	MCG 3-60- 18 = 72086	MCG 4- 3- 15 = 3171	MCG 4- 6- 49 = 9366	MCG 4-19- 9 = 22289
MCG 3-57- 10 = 68943	MCG 3-60- 19 = 72118	MCG 4- 3- 16 = 3215	MCG 4- 6- 50 = 9368	MCG 4-19- 10 = 22292
MCG 3-57- 12 = 68946	MCG 3-60- 20 = 72193	MCG 4- 3- 18 = 3326	MCG 4- 6- 51 = 9367	MCG 4-19- 11 = 22317
MCG 3-57- 13 = 68968	MCG 3-60- 26 = 72431	MCG 4- 3- 23 = 3420	MCG 4- 6- 52 = 9382	MCG 4-19- 12 = 22343
MCG 3-57- 15 = 69079	MCG 3-60- 27 = 72453	MCG 4- 3- 25 = 3482	MCG 4- 6- 53 = 9402	MCG 4-19- 14 = 22383
MCG 3-57- 16 = 69077	MCG 3-60- 30 = 72615	MCG 4- 3- 26 = 3493	MCG 4- 6- 54 = 9398	MCG 4-19- 15 = 22403
MCG 3-57- 17 = 69212	MCG 3-60- 32 = 72631	MCG 4- 3- 29 = 3527	MCG 4- 6- 55 = 9440	MCG 4-19- 18 = 22445
MCG 3-57- 18 = 69215	MCG 3-60- 34 = 72635	MCG 4- 3- 34 = 3680	MCG 4- 6- 56 = 9430	MCG 4-19- 19 = 22453
MCG 3-57- 20 = 69259	MCG 3-60- 35 = 72638	MCG 4- 3- 36 = 3752	MCG 4- 6- 57 = 9462	MCG 4-19- 20 = 22495
MCG 3-57- 21 = 69287	MCG 3-60- 36 = 72639	MCG 4- 3- 37 = 3763	MCG 4- 6- 59 = 9510	MCG 4-19- 21 = 22596
MCG 3-57- 24 = 69305	MCG 3-60- 38 = 72870	MCG 4- 3- 38 = 3784	MCG 4- 7- 1 = 9573	MCG 4-19- 22 = 22681
MCG 3-57- 25 = 69311	MCG 3-60- 39 = 72882	MCG 4- 3- 39 = 3841	MCG 4- 7- 2 = 9570	MCG 4-19- 23 = 22693
MCG 3-57- 27 = 69351	MCG 4- 1- 5 = 72972	MCG 4- 3- 40 = 3849	MCG 4- 7- 4 = 9616	MCG 4-19- 24 = 22724
MCG 3-57- 28 = 69359	MCG 4- 1- 6 = 73100	MCG 4- 3- 42 = 3908	MCG 4- 7- 5 = 9645	MCG 4-19- 25 = 22772
MCG 3-57- 30 = 69479	MCG 4- 1- 10 = 120	MCG 4- 3- 44 = 3968	MCG 4- 7- 6 = 9703	MCG 4-19- 27 = 22830
MCG 3-57- 31 = 69525	MCG 4- 1- 11 = 129	MCG 4- 4- 7 = 4951	MCG 4- 7- 7 = 9707	MCG 4-20- 1 = 22918
MCG 3-57- 32 = 69533	MCG 4- 1- 12 = 165	MCG 4- 4- 9 = 5063	MCG 4- 7- 10 = 9725	MCG 4-20- 2 = 22921
MCG 3-58- 5 = 69770	MCG 4- 1- 13 = 207	MCG 4- 4- 10 = 5197	MCG 4- 7- 11 = 9729	MCG 4-20- 4 = 22957
MCG 3-58- 6 = 69794	MCG 4- 1- 14 = 227	MCG 4- 4- 11 = 5600	MCG 4- 7- 12 = 9819	MCG 4-20- 5 = 22958
MCG 3-58- 7 = 69804	MCG 4- 1- 15 = 240	MCG 4- 4- 12 = 5623	MCG 4- 7- 14 = 9881	MCG 4-20- 6 = 23078
MCG 3-58- 9 = 69908	MCG 4- 1- 17 = 250	MCG 4- 4- 13 = 5640	MCG 4- 7- 16 = 9888	MCG 4-20- 7 = 23086
MCG 3-58- 10 = 69974	MCG 4- 1- 18 = 298	MCG 4- 5- 2 = 6293	MCG 4- 7- 18 = 9939	MCG 4-20- 8 = 23169
MCG 3-58- 12 = 69985	MCG 4- 1- 21 = 415	MCG 4- 5- 3 = 6326	MCG 4- 7- 20 = 10484	MCG 4-20- 10 = 23193
MCG 3-58- 14 = 70054	MCG 4- 1- 22 = 431	MCG 4- 5- 4 = 6409	MCG 4- 7- 21 = 10528	MCG 4-20- 11 = 23204
MCG 3-58- 15 = 70064	MCG 4- 1- 24 = 507	MCG 4- 5- 5 = 6451	MCG 4- 7- 23 = 10581	MCG 4-20- 12 = 23214
MCG 3-58- 16 = 70159	MCG 4- 1- 25 = 564	MCG 4- 5- 9 = 6574	MCG 4- 7- 24 = 10592	MCG 4-20- 13 = 23232
MCG 3-58- 17 = 70199	MCG 4- 1- 26 = 567	MCG 4- 5- 10 = 6586	MCG 4- 7- 25 = 10695	MCG 4-20- 14 = 23240
MCG 3-58- 18 = 70213	MCG 4- 1- 27 = 619	MCG 4- 5- 13 = 6595	MCG 4- 7- 26 = 10806	MCG 4-20- 15 = 23256
MCG 3-58- 19 = 70228	MCG 4- 1- 28 = 617	MCG 4- 5- 14 = 6690	MCG 4- 7- 27 = 10819	MCG 4-20- 16 = 23266
MCG 3-58- 20 = 70264	MCG 4- 1- 29 = 644	MCG 4- 5- 15 = 6719	MCG 4- 7- 28 = 10905	MCG 4-20- 17 = 23289
MCG 3-58- 21 = 70285	MCG 4- 1- 30 = 652	MCG 4- 5- 17 = 6759	MCG 4- 8- 2 = 11212	MCG 4-20- 18 = 23319
MCG 3-58- 22 = 70291	MCG 4- 1- 31 = 654	MCG 4- 5- 18 = 6756	MCG 4- 8- 3 = 11225	MCG 4-20- 19 = 23326
MCG 3-58- 23 = 70292	MCG 4- 1- 32 = 660	MCG 4- 5- 19 = 6793	MCG 4- 8- 4 = 11240	MCG 4-20- 20 = 23333
MCG 3-58- 24 = 70295	MCG 4- 1- 33 = 698	MCG 4- 5- 20 = 6816	MCG 4- 8- 5 = 11262	MCG 4-20- 21 = 23329
MCG 3-58- 25 = 70349	MCG 4- 1- 34 = 732	MCG 4- 5- 21 = 6833	MCG 4- 8- 6 = 11329	MCG 4-20- 22 = 23337
MCG 3-58- 29 = 70420	MCG 4- 1- 35 = 772	MCG 4- 5- 22 = 6848	MCG 4- 8- 7 = 11340	MCG 4-20- 23 = 23342
MCG 3-58- 30 = 70414	MCG 4- 1- 37 = 847	MCG 4- 5- 23 = 6996	MCG 4- 8- 9 = 11725	MCG 4-20- 24 = 23352
MCG 3-58- 31 = 70426	MCG 4- 1- 39 = 865	MCG 4- 5- 24 = 7445	MCG 4- 8- 12 = 11976	MCG 4-20- 25 = 23355
MCG 3-58- 32 = 70433	MCG 4- 1- 41 = 867	MCG 4- 5- 25 = 7475	MCG 4- 9- 3 = 13557	MCG 4-20- 26 = 23362
MCG 3-58- 33 = 70447	MCG 4- 1- 42 = 912	MCG 4- 5- 26 = 7506	MCG 4- 9- 5 = 13696	MCG 4-20- 27 = 23367
MCG 3-58- 34 = 70492	MCG 4- 1- 44 = 994	MCG 4- 5- 27 = 7540	MCG 4- 9- 6 = 13706	MCG 4-20- 28 = 23385
MCG 3-59- 2 = 70569	MCG 4- 1- 45 = 1044	MCG 4- 5- 28 = 7560	MCG 4-10- 1 = 13992	MCG 4-20- 29 = 23379
MCG 3-59- 5 = 70596	MCG 4- 1- 47 = 1158	MCG 4- 5- 32 = 7588	MCG 4-10- 2 = 14253	MCG 4-20- 30 = 23391
MCG 3-59- 6 = 70622	MCG 4- 1- 48 = 1170	MCG 4- 5- 33 = 7603	MCG 4-10- 3 = 14301	MCG 4-20- 31 = 23395
MCG 3-59- 10 = 70703	MCG 4- 1- 49 = 1231	MCG 4- 5- 34 = 7594	MCG 4-10- 4 = 14304	MCG 4-20- 32 = 23409
MCG 3-59- 12 = 70771	MCG 4- 1- 50 = 1276	MCG 4- 5- 35 = 7606	MCG 4-10- 5 = 14315	MCG 4-20- 33 = 23404
MCG 3-59- 13 = 70819	MCG 4- 2- 1 = 1328	MCG 4- 5- 37 = 7683	MCG 4-10- 6 = 14314	MCG 4-20- 34 = 23420
MCG 3-59- 14 = 70832	MCG 4- 2- 2 = 1333	MCG 4- 5- 38 = 7706	MCG 4-10- 8 = 14331	MCG 4-20- 35 = 23442
MCG 3-59- 15 = 70830	MCG 4- 2- 4 = 1351	MCG 4- 5- 39 = 7716	MCG 4-10- 10 = 14333	MCG 4-20- 36 = 23443
MCG 3-59- 16 = 70844	MCG 4- 2- 5 = 1371	MCG 4- 5- 40 = 7731	MCG 4-10- 14 = 14349	MCG 4-20- 37 = 23465
MCG 3-59- 19 = 70885	MCG 4- 2- 6 = 1362	MCG 4- 5- 42 = 7789	MCG 4-10- 15 = 14374	MCG 4-20- 38 = 23470
MCG 3-59- 20 = 70889	MCG 4- 2- 8 = 1382	MCG 4- 5- 43 = 7825	MCG 4-10- 16 = 14384	MCG 4-20- 39 = 23480
MCG 3-59- 22 = 70902	MCG 4- 2- 11 = 1405	MCG 4- 5- 44 = 7837	MCG 4-10- 17 = 14390	MCG 4-20- 40 = 23501
MCG 3-59- 24 = 70933	MCG 4- 2- 12 = 1412	MCG 4- 5- 45 = 7841	(MCG 4-10- 18) = 14398	MCG 4-20- 41 = 23512
MCG 3-59- 25 = 70934	MCG 4- 2- 13 = 1413	MCG 4- 5- 46 = 7843	MCG 4-10- 19 = 14431	MCG 4-20- 42 = 23498
MCG 3-59- 32 = 71006	MCG 4- 2- 15 = 1520	MCG 4- 5- 48 = 7871	MCG 4-10- 22 = 14478	MCG 4-20- 43 = 23522
MCG 3-59- 34 = 71019	MCG 4- 2- 16 = 1524	MCG 4- 6- 1 = 7962	MCG 4-10- 23 = 14493	MCG 4-20- 44 = 23546
MCG 3-59- 35 = 71030	MCG 4- 2- 17 = 1594	MCG 4- 6- 2 = 7984	MCG 4-10- 24 = 14511	MCG 4-20- 45 = 23542
MCG 3-59- 36 = 71078	MCG 4- 2- 20 = 1627	MCG 4- 6- 3 = 8035	MCG 4-10- 25 = 14554	MCG 4-20- 46 = 23552
MCG 3-59- 37 = 71102	MCG 4- 2- 22 = 1633	MCG 4- 6- 4 = 8198	MCG 4-10- 26 = 14627	MCG 4-20- 48 = 23567
MCG 3-59- 38 = 71133	MCG 4- 2- 25 = 1675	MCG 4- 6- 6 = 8220	MCG 4-10- 27 = 14693	MCG 4-20- 49 = 23589
MCG 3-59- 40 = 71144	MCG 4- 2- 27 = 1743	MCG 4- 6- 7 = 8362	MCG 4-10- 28 = 14714	MCG 4-20- 50 = 23630
MCG 3-59- 47 = 71278	MCG 4- 2- 28 = 1971	MCG 4- 6- 12 = 8520	MCG 4-11- 1 = 14853	MCG 4-20- 51 = 23662
MCG 3-59- 52 = 71310	MCG 4- 2- 29 = 1997	MCG 4- 6- 13 = 8624	MCG 4-11- 2 = 15179	MCG 4-20- 52 = 23685
MCG 3-59- 54 = 71333	MCG 4- 2- 30 = 2021	MCG 4- 6- 14 = 8642	MCG 4-16- 4 = 19683	MCG 4-20- 53 = 23688
MCG 3-59- 55 = 71335	MCG 4- 2- 31 = 2023	MCG 4- 6- 15 = 8671	MCG 4-16- 7 = 19731	MCG 4-20- 54 = 23695
MCG 3-59- 56 = 71355	MCG 4- 2- 32 = 2048	MCG 4- 6- 17 = 8941	MCG 4-17- 2 = 19840	MCG 4-20- 55 = 23701
MCG 3-59- 57 = 71469	MCG 4- 2- 33 = 2148	MCG 4- 6- 18 = 8954	MCG 4-17- 3 = 19854	MCG 4-20- 58 = 23700
MCG 3-59- 58 = 71519	MCG 4- 2- 34 = 2154	MCG 4- 6- 20 = 9079	MCG 4-17- 4 = 19932	MCG 4-20- 60 = 23705
MCG 3-59- 60 = 71542	MCG 4- 2- 35 = 2201	MCG 4- 6- 21 = 9086	MCG 4-17- 5 = 20083	MCG 4-20- 61 = 23709
MCG 3-59- 62 = 71568	MCG 4- 2- 36 = 2202	MCG 4- 6- 22 = 9099	MCG 4-17- 7 = 20161	MCG 4-20- 62 = 23725
MCG 3-59- 63 = 71558	MCG 4- 2- 40 = 2210	MCG 4- 6- 23 = 9102	MCG 4-17- 8 = 20335	MCG 4-20- 63 = 23762
MCG 3-59- 64 = 71583	MCG 4- 2- 42 = 2327	MCG 4- 6- 24 = 9112	MCG 4-17- 11 = 20446	MCG 4-20- 65 = 23855
MCG 3-59- 65 = 71636	MCG 4- 2- 44 = 2377	MCG 4- 6- 25 = 9143	MCG 4-17- 12 = 20494	MCG 4-20- 66 = 23936
MCG 3-60- 1 = 71699	MCG 4- 2- 47 = 2479	MCG 4- 6- 26 = 9147	MCG 4-17- 13 = 20513	MCG 4-20- 67 = 23941
MCG 3-60- 2 = 71731	MCG 4- 2- 48 = 2562	MCG 4- 6- 27 = 9173	MCG 4-17- 14 = 20592	MCG 4-20- 68 = 23978
MCG 3-60- 3 = 71740	MCG 4- 2- 48 = 2563	MCG 4- 6- 28 = 9182	MCG 4-18- 2 = 20695	MCG 4-20- 69 = 24114

MCG 4-21- 1 = 24233	MCG 4-25- 43 = 31917	MCG 4-28- 40 = 36446	MCG 4-29- 61 = 39450	MCG 4-34- 32 = 51668
MCG 4-21- 2 = 24244	MCG 4-25- 44 = 31945	MCG 4-28- 46 = 36609	MCG 4-29- 62 = 39519	MCG 4-34- 34 = 51681
MCG 4-21- 8 = 24269	MCG 4-25- 45 = 31947	MCG 4-28- 47 = 36639	MCG 4-29- 63 = 39640	MCG 4-34- 35 = 51728
MCG 4-21- 9 = 24288	MCG 4-25- 46 = 31968	MCG 4-28- 49 = 36684	MCG 4-29- 64 = 39745	MCG 4-34- 36 = 51733
MCG 4-21- 12 = 24381	MCG 4-25- 48 = 32025	MCG 4-28- 50 = 36688	MCG 4-29- 65 = 39796	MCG 4-34- 37 = 51736
MCG 4-21- 14 = 24475	MCG 4-26- 1 = 32055	MCG 4-28- 51 = 36706	MCG 4-29- 66 = 39875	MCG 4-34- 38 = 51764
MCG 4-21- 15 = 24509	MCG 4-26- 2 = 32089	MCG 4-28- 52 = 36727	MCG 4-29- 67 = 39984	MCG 4-34- 39 = 51771
MCG 4-21- 18 = 24621	MCG 4-26- 6 = 32188	MCG 4-28- 53 = 36740	MCG 4-29- 68 = 40040	MCG 4-34- 41 = 51829
MCG 4-21- 20 = 24673	MCG 4-26- 8 = 32325	MCG 4-28- 55 = 36923	MCG 4-29- 70 = 40459	MCG 4-34- 43 = 51864
MCG 4-21- 21 = 24698	MCG 4-26- 9 = 32329	MCG 4-28- 56 = 36926	MCG 4-29- 71 = 40783	MCG 4-34- 44 = 51875
MCG 4-21- 22 = 24710	MCG 4-26- 11 = 32367	MCG 4-28- 57 = 36896	MCG 4-30- 1 = 41066	MCG 4-34- 46 = 52072
MCG 4-21- 23 = 24839	MCG 4-26- 16 = 32648	MCG 4-28- 58 = 36971	MCG 4-30- 2 = 41441	MCG 4-34- 47 = 52171
MCG 4-21- 24 = 24929	MCG 4-26- 19 = 32743	MCG 4-28- 59 = 36981	MCG 4-30- 4 = 41955	MCG 4-34- 48 = 52190
MCG 4-21- 26 = 25292	MCG 4-26- 22 = 33012	MCG 4-28- 60 = 36996	MCG 4-30- 6 = 42038	MCG 4-34- 49 = 52264
MCG 4-22- 1 = 25374	MCG 4-26- 24 = 33041	MCG 4-28- 61 = 37002	MCG 4-30- 8 = 42060	MCG 4-34- 50 = 52279
MCG 4-22- 2 = 25399	MCG 4-26- 28 = 33620	MCG 4-28- 64 = 37049	MCG 4-30- 9 = 42076	MCG 4-35- 2 = 52347
MCG 4-22- 3 = 25402	MCG 4-26- 30 = 33675	MCG 4-28- 66 = 37051	MCG 4-30- 12 = 42573	MCG 4-35- 3 = 52527
MCG 4-22- 4 = 25406	MCG 4-26- 31 = 33682	MCG 4-28- 68 = 37056	MCG 4-30- 13 = 42584	MCG 4-35- 7 = 52632
MCG 4-22- 5 = 25453	MCG 4-26- 34 = 33794	MCG 4-28- 69 = 37052	MCG 4-30- 14 = 42583	MCG 4-35- 9 = 52912
MCG 4-22- 6 = 25454	MCG 4-26- 35 = 33836	MCG 4-28- 72 = 37097	MCG 4-30- 16 = 42743	MCG 4-35- 10 = 52930
MCG 4-22- 8 = 25489	MCG 4-26- 36 = 33855	MCG 4-28- 76 = 37126	MCG 4-30- 18 = 42971	MCG 4-35- 14 = 53307
MCG 4-22- 9 = 25496	MCG 4-26- 37 = 33862	MCG 4-28- 77 = 37153	MCG 4-30- 19 = 42981	MCG 4-35- 15 = 53313
MCG 4-22- 11 = 25512	MCG 4-27- 3 = 34121	MCG 4-28- 78 = 37175	MCG 4-30- 21 = 43368	MCG 4-35- 24 = 53676
MCG 4-22- 12 = 25525	MCG 4-27- 4 = 34157	MCG 4-28- 79 = 37206	MCG 4-30- 22 = 43451	MCG 4-35- 27 = 53709
MCG 4-22- 13 = 25545	MCG 4-27- 5 = 34176	MCG 4-28- 80 = 37214	MCG 4-30- 23 = 43586	MCG 4-36- 1 = 53752
MCG 4-22- 14 = 25571	MCG 4-27- 8 = 34198	MCG 4-28- 81 = 37219	MCG 4-31- 1 = 44182	MCG 4-36- 7 = 53864
MCG 4-22- 15 = 25603	MCG 4-27- 11 = 34468	MCG 4-28- 82 = 37224	MCG 4-31- 4 = 45159	MCG 4-36- 11 = 53908
MCG 4-22- 17 = 25690	MCG 4-27- 12 = 34535	MCG 4-28- 84 = 37237	MCG 4-31- 5 = 45260	MCG 4-36- 13 = 53943
MCG 4-22- 19 = 25780	MCG 4-27- 13 = 34568	MCG 4-28- 85 = 37244	MCG 4-31- 6 = 45356	MCG 4-36- 15 = 53976
MCG 4-22- 23 = 25973	MCG 4-27- 14 = 34575	MCG 4-28- 87 = 37260	MCG 4-31- 7 = 45484	MCG 4-36- 25 = 54260
MCG 4-22- 28 = 26011	MCG 4-27- 18 = 34632	MCG 4-28- 88 = 37264	MCG 4-31- 8 = 45549	MCG 4-36- 26 = 54282
MCG 4-22- 29 = 26218	MCG 4-27- 19 = 34630	MCG 4-28- 90 = 37288	MCG 4-31- 9 = 45552	MCG 4-36- 27 = 54343
MCG 4-22- 30 = 26235	MCG 4-27- 21 = 34663	MCG 4-28- 91 = 37291	MCG 4-31- 10 = 45598	MCG 4-36- 28 = 54393
MCG 4-22- 31 = 26330	MCG 4-27- 22 = 34763	MCG 4-28- 93 = 37324	MCG 4-31- 11 = 45664	MCG 4-36- 30 = 54440
MCG 4-22- 41 = 26542	MCG 4-27- 23 = 34777	MCG 4-28- 94 = 37382	MCG 4-31- 12 = 45795	MCG 4-36- 34 = 54664
MCG 4-22- 45 = 26606	MCG 4-27- 26 = 34882	MCG 4-28- 95 = 37406	MCG 4-31- 13 = 45836	MCG 4-36- 35 = 54689
MCG 4-22- 56 = 26669	MCG 4-27- 27 = 34881	MCG 4-28- 96 = 37440	MCG 4-31- 14 = 45884	MCG 4-36- 40 = 54834
MCG 4-23- 9 = 26803	MCG 4-27- 28 = 34898	MCG 4-28- 98 = 37514	MCG 4-31- 15 = 46086	MCG 4-36- 42 = 54979
MCG 4-23- 10 = 27077	MCG 4-27- 29 = 34905	MCG 4-28- 99 = 37591	MCG 4-31- 16 = 46159	MCG 4-36- 45 = 55059
MCG 4-23- 11 = 27131	MCG 4-27- 30 = 34907	MCG 4-28-100 = 37599	MCG 4-31- 17 = 46186	MCG 4-36- 46 = 55213
MCG 4-23- 13 = 27244	MCG 4-27- 31 = 34913	MCG 4-28-101 = 37619	MCG 4-31- 18 = 46229	MCG 4-37- 1 = 55254
MCG 4-23- 16 = 27307	MCG 4-27- 32 = 35056	MCG 4-28-102 = 37629	MCG 4-31- 20 = 46283	MCG 4-37- 2 = 55282
MCG 4-23- 17 = 27385	MCG 4-27- 33 = 35067	MCG 4-28-103 = 37643	MCG 4-31- 23 = 46493	MCG 4-37- 5 = 55497
MCG 4-23- 18 = 27398	MCG 4-27- 34 = 35125	MCG 4-28-104 = 37635	MCG 4-32- 7 = 46716	MCG 4-37- 6 = 55518
MCG 4-23- 20 = 27404	MCG 4-27- 36 = 35183	MCG 4-28-105 = 37646	MCG 4-32- 9 = 46753	MCG 4-37- 10 = 55578
MCG 4-23- 24 = 27437	MCG 4-27- 37 = 35294	MCG 4-28-107 = 37661	MCG 4-32- 11 = 47543	MCG 4-37- 13 = 55629
MCG 4-23- 27 = 27643	MCG 4-27- 38 = 35300	MCG 4-28-108 = 37699	MCG 4-32- 15 = 47943	MCG 4-37- 15 = 55708
MCG 4-23- 33 = 27796	MCG 4-27- 40 = 35328	MCG 4-28-110 = 37702	MCG 4-32- 18 = 48280	MCG 4-37- 18 = 55733
MCG 4-23- 34 = 28079	MCG 4-27- 42 = 35347	MCG 4-28-111 = 37729	MCG 4-32- 25 = 48424	MCG 4-37- 19 = 55739
MCG 4-23- 35 = 28095	MCG 4-27- 44 = 35360	MCG 4-28-113 = 37732	MCG 4-32- 29 = 48458	MCG 4-37- 20 = 55750
MCG 4-23- 40 = 28122	MCG 4-27- 45 = 35355	MCG 4-28-114 = 37731	MCG 4-32- 34 = 48682	MCG 4-37- 22 = 55776
MCG 4-24- 1 = 28343	MCG 4-27- 47 = 35382	MCG 4-28-119 = 37880	MCG 4-32- 36 = 48760	MCG 4-37- 23 = 55844
MCG 4-24- 2 = 28533	MCG 4-27- 48 = 35405	MCG 4-28-122 = 37952	MCG 4-32- 37 = 48795	MCG 4-37- 26 = 55910
MCG 4-24- 6 = 28557	MCG 4-27- 49 = 35412	MCG 4-29- 4 = 38094	MCG 4-32- 38 = 48806	MCG 4-37- 29 = 55955
MCG 4-24- 12 = 28700	MCG 4-27- 51 = 35494	MCG 4-29- 5 = 38132	MCG 4-33- 1 = 48831	MCG 4-37- 31 = 55973
MCG 4-24- 13 = 29067	MCG 4-27- 52 = 35502	MCG 4-29- 6 = 38146	MCG 4-33- 11 = 49145	MCG 4-37- 33 = 56050
MCG 4-24- 14 = 29188	MCG 4-27- 54 = 35521	MCG 4-29- 7 = 38156	MCG 4-33- 12 = 49171	MCG 4-37- 34 = 56094
MCG 4-24- 15 = 29253	MCG 4-27- 58 = 35607	MCG 4-29- 8 = 38161	MCG 4-33- 15 = 49265	MCG 4-37- 37 = 56123
MCG 4-24- 16 = 29266	MCG 4-27- 61 = 35669	MCG 4-29- 9 = 38169	MCG 4-33- 16 = 49274	MCG 4-37- 45 = 56186
MCG 4-24- 17 = 29632	MCG 4-27- 64 = 35708	MCG 4-29- 14 = 38272	MCG 4-33- 17 = 49289	MCG 4-37- 47 = 56205
MCG 4-24- 19 = 29708	MCG 4-27- 65 = 35694	MCG 4-29- 15 = 38288	MCG 4-33- 18 = 49315	MCG 4-37- 48 = 56206
MCG 4-24- 20 = 29800	MCG 4-27- 66 = 35710	MCG 4-29- 16 = 38290	MCG 4-33- 22 = 49428	MCG 4-37- 50 = 56267
MCG 4-24- 21 = 29865	MCG 4-27- 71 = 35841	MCG 4-29- 17 = 38298	MCG 4-33- 25 = 49507	MCG 4-37- 52 = 56289
MCG 4-24- 23 = 29924	MCG 4-27- 73 = 35905	MCG 4-29- 18 = 38297	MCG 4-33- 27 = 49502	MCG 4-37- 53 = 56284
MCG 4-24- 24 = 30010	MCG 4-28- 1 = 35956	MCG 4-29- 20 = 38338	MCG 4-33- 28 = 49505	MCG 4-37- 55 = 56326
MCG 4-24- 25 = 30059	MCG 4-28- 2 = 35977	MCG 4-29- 22 = 38324	MCG 4-33- 33 = 49631	MCG 4-38- 2 = 56467
MCG 4-24- 26 = 30068	MCG 4-28- 3 = 35978	MCG 4-29- 23 = 38365	MCG 4-33- 34 = 49692	MCG 4-38- 3 = 56474
MCG 4-24- 27 = 30083	MCG 4-28- 4 = 36001	MCG 4-29- 25 = 38373	MCG 4-33- 35 = 49694	MCG 4-38- 5 = 56584
MCG 4-25- 1 = 30099	MCG 4-28- 5 = 35995	MCG 4-29- 30 = 38510	MCG 4-33- 36 = 49732	MCG 4-38- 6 = 56576
MCG 4-25- 2 = 30182	MCG 4-28- 6 = 36005	MCG 4-29- 31 = 38523	MCG 4-33- 37 = 49734	MCG 4-38- 7 = 56578
MCG 4-25- 3 = 30242	MCG 4-28- 7 = 36007	MCG 4-29- 32 = 38515	MCG 4-33- 42 = 50629	MCG 4-38- 8 = 56575
MCG 4-25- 6 = 30263	MCG 4-28- 8 = 36011	MCG 4-29- 33 = 38526	MCG 4-33- 43 = 50639	MCG 4-38- 9 = 56580
MCG 4-25- 7 = 30305	MCG 4-28- 9 = 36017	MCG 4-29- 34 = 38532	MCG 4-34- 2 = 50741	MCG 4-38- 10 = 56579
MCG 4-25- 8 = 30312	MCG 4-28- 10 = 36016	MCG 4-29- 35 = 38525	MCG 4-34- 5 = 50776	MCG 4-38- 11 = 56595
MCG 4-25- 13 = 30328	MCG 4-28- 11 = 36018	MCG 4-29- 36 = 38564	MCG 4-34- 8 = 50895	MCG 4-38- 12 = 56636
MCG 4-25- 20 = 30358	MCG 4-28- 12 = 36060	MCG 4-29- 37 = 38576	MCG 4-34- 9 = 50961	MCG 4-38- 16 = 56842
MCG 4-25- 21 = 30776	MCG 4-28- 13 = 36068	MCG 4-29- 38 = 38615	MCG 4-34- 11 = 50995	MCG 4-38- 17 = 56857
MCG 4-25- 23 = 30818	MCG 4-28- 16 = 36162	MCG 4-29- 41 = 38657	MCG 4-34- 12 = 51002	MCG 4-38- 18 = 56864
MCG 4-25- 29 = 30892	MCG 4-28- 18 = 36199	MCG 4-29- 42 = 38667	MCG 4-34- 13 = 51074	MCG 4-38- 19 = 56903
MCG 4-25- 30 = 31059	MCG 4-28- 19 = 36224	MCG 4-29- 43 = 38714	MCG 4-34- 14 = 51120	MCG 4-38- 21 = 57006
MCG 4-25- 32 = 31075	MCG 4-28- 20 = 36228	MCG 4-29- 44 = 38745	MCG 4-34- 15 = 51121	MCG 4-38- 22 = 57039
MCG 4-25- 33 = 31311	MCG 4-28- 21 = 36227	MCG 4-29- 46 = 38851	MCG 4-34- 17 = 51155	MCG 4-38- 24 = 57085
MCG 4-25- 35 = 31388	MCG 4-28- 22 = 36241	MCG 4-29- 47 = 38990	MCG 4-34- 19 = 51253	MCG 4-38- 25 = 57110
MCG 4-25- 36 = 31497	MCG 4-28- 23 = 36256	MCG 4-29- 48 = 39087	MCG 4-34- 20 = 51264	MCG 4-38- 26 = 57124
MCG 4-25- 38 = 31712	MCG 4-28- 25 = 36288	MCG 4-29- 49 = 39101	MCG 4-34- 22 = 51302	MCG 4-38- 27 = 57125
MCG 4-25- 39 = 31729	MCG 4-28- 28 = 36300	MCG 4-29- 51 = 39179	MCG 4-34- 25 = 51450	MCG 4-38- 28 = 57199
MCG 4-25- 40 = 31762	MCG 4-28- 30 = 36314	MCG 4-29- 52 = 39198	MCG 4-34- 26 = 51483	MCG 4-38- 29 = 57234
MCG 4-25- 41 = 31862	MCG 4-28- 34 = 36363	MCG 4-29- 53 = 39214	MCG 4-34- 28 = 51549	MCG 4-38- 33 = 57280
MCG 4-25- 42 = 31864	MCG 4-28- 37 = 36437	MCG 4-29- 54 = 39223	MCG 4-34- 29 = 51618	MCG 4-38- 35 = 57337
MCG 4-25- 42 = 31887	MCG 4-28- 38 = 36434	MCG 4-29- 60 = 39432	MCG 4-34- 31 = 51655	MCG 4-38- 36 = 57349

MCG 4-38- 39 = 57430	MCG 4-44- 21 = 62504	MCG 4-55- 15 = 71517	MCG 5- 1- 60 = 1113	MCG 5- 3- 43 = 3773
MCG 4-38- 49 = 57766	MCG 4-44- 22 = 62506	MCG 4-55- 16 = 71521	MCG 5- 1- 61 = 1138	MCG 5- 3- 45 = 3798
MCG 4-38- 50 = 57788	MCG 4-44- 23 = 62509	MCG 4-55- 17 = 71534	MCG 5- 1- 62 = 1154	MCG 5- 3- 46 = 3866
MCG 4-39- 6 = 58311	MCG 4-44- 24 = 62548	MCG 4-55- 18 = 71546	MCG 5- 1- 64 = 1185	MCG 5- 3- 47 = 3903
MCG 4-39- 7 = 58336	MCG 4-44- 25 = 62593	MCG 4-55- 19 = 71597	MCG 5- 1- 65 = 1187	MCG 5- 3- 48 = 3952
MCG 4-39- 12 = 58424	MCG 4-48- 1 = 64768	MCG 4-55- 20 = 71612	MCG 5- 1- 66 = 1191	MCG 5- 3- 49 = 3950
MCG 4-39- 13 = 58465	MCG 4-49- 5 = 65775	MCG 4-55- 22 = 71665	MCG 5- 1- 67 = 1194	MCG 5- 3- 50 = 3966
MCG 4-39- 15 = 58523	MCG 4-50- 1 = 66398	MCG 4-55- 24 = 71696	MCG 5- 1- 68 = 1197	MCG 5- 3- 51 = 3969
MCG 4-39- 17 = 58707	MCG 4-50- 2 = 66408	MCG 4-55- 25 = 71701	MCG 5- 1- 69 = 1204	MCG 5- 3- 52 = 3981
MCG 4-39- 20 = 58813	MCG 4-50- 3 = 66428	MCG 4-55- 26 = 71733	MCG 5- 1- 70 = 1208	MCG 5- 3- 53 = 3982
MCG 4-39- 21 = 58896	MCG 4-50- 5 = 66510	MCG 4-55- 27 = 71742	MCG 5- 1- 72 = 1267	MCG 5- 3- 55 = 3983
MCG 4-40- 1 = 59007	MCG 4-50- 6 = 66537	MCG 4-55- 28 = 71751	MCG 5- 2- 1 = 1353	MCG 5- 3- 56 = 3984
MCG 4-40- 2 = 59086	MCG 4-50- 7 = 66548	MCG 4-55- 29 = 71762	MCG 5- 2- 2 = 1359	MCG 5- 3- 57 = 3989
MCG 4-40- 4 = 59161	MCG 4-50- 8 = 66558	MCG 4-55- 30 = 71850	MCG 5- 2- 4 = 1387	MCG 5- 3- 58 = 3998
MCG 4-40- 7 = 59257	MCG 4-50- 9 = 66610	MCG 4-55- 31 = 71856	MCG 5- 2- 6 = 1439	MCG 5- 3- 59 = 4005
MCG 4-40- 9 = 59340	MCG 4-50- 10 = 66608	MCG 4-55- 34 = 71959	MCG 5- 2- 7 = 1442	MCG 5- 3- 60 = 4016
MCG 4-40- 11 = 59426	MCG 4-50- 11 = 66849	MCG 4-55- 36 = 71985	MCG 5- 2- 8 = 1460	MCG 5- 3- 61 = 4020
MCG 4-40- 12 = 59514	MCG 4-50- 12 = 66861	MCG 4-55- 37 = 71984	MCG 5- 2- 9 = 1546	MCG 5- 3- 62 = 4042
MCG 4-40- 13 = 59535	MCG 4-51- 1 = 66983	MCG 4-55- 38 = 71986	MCG 5- 2- 10 = 1572	MCG 5- 3- 66 = 4086
MCG 4-40- 17 = 59582	MCG 4-51- 2 = 67141	MCG 4-55- 39 = 71991	MCG 5- 2- 11 = 1578	MCG 5- 3- 67 = 4096
MCG 4-40- 19 = 59676	MCG 4-51- 4 = 67196	MCG 4-55- 40 = 72024	MCG 5- 2- 12 = 1619	MCG 5- 3- 68 = 4111
MCG 4-40- 21 = 59807	MCG 4-51- 5 = 67379	MCG 4-55- 41 = 72064	MCG 5- 2- 13 = 1654	MCG 5- 3- 69 = 4110
MCG 4-40- 22 = 59838	MCG 4-51- 6 = 67480	MCG 4-55- 42 = 72087	MCG 5- 2- 14 = 1720	MCG 5- 3- 70 = 4115
MCG 4-40- 23 = 59843	MCG 4-51- 8 = 67499	MCG 4-55- 43 = 72089	MCG 5- 2- 15 = 1724	MCG 5- 3- 73 = 4139
MCG 4-41- 2 = 60000	MCG 4-51- 9 = 67504	MCG 4-55- 44 = 72106	MCG 5- 2- 16 = 1736	MCG 5- 3- 75 = 4153
MCG 4-41- 6 = 60191	MCG 4-51- 13 = 67578	MCG 4-55- 45 = 72115	MCG 5- 2- 17 = 1754	MCG 5- 3- 77 = 4190
MCG 4-41- 7 = 60203	MCG 4-51- 13 = 67648	MCG 4-55- 46 = 72165	MCG 5- 2- 18 = 1771	MCG 5- 3- 78 = 4210
MCG 4-41- 8 = 60224	MCG 4-51- 14 = 67733	MCG 4-55- 47 = 72179	MCG 5- 2- 19 = 1828	MCG 5- 3- 80 = 4224
MCG 4-41- 9 = 60238	MCG 4-52- 2 = 67793	MCG 4-55- 48 = 72182	MCG 5- 2- 20 = 1913	MCG 5- 3- 81 = 4255
MCG 4-41- 10 = 60240	MCG 4-52- 3 = 68005	MCG 4-55- 49 = 72188	MCG 5- 2- 21 = 1916	MCG 5- 3- 83 = 4320
MCG 4-41- 11 = 60259	MCG 4-52- 4 = 68242	MCG 4-55- 50 = 72237	MCG 5- 2- 22 = 1957	MCG 5- 3- 84 = 4359
MCG 4-41- 13 = 60330	MCG 4-52- 5 = 68259	MCG 4-56- 2 = 72274	MCG 5- 2- 23 = 1982	MCG 5- 4- 1 = 4359
MCG 4-41- 16 = 60357	MCG 4-52- 7 = 68495	MCG 4-56- 3 = 72288	MCG 5- 2- 24 = 2028	MCG 5- 4- 2 = 4437
MCG 4-41- 19 = 60398	MCG 4-52- 10 = 68643	MCG 4-56- 5 = 72328	MCG 5- 2- 25 = 2031	MCG 5- 4- 3 = 4498
MCG 4-41- 20 = 60401	MCG 4-53- 1 = 68873	MCG 4-56- 8 = 72452	MCG 5- 2- 26 = 2094	MCG 5- 4- 4 = 4520
MCG 4-41- 21 = 60506	MCG 4-53- 2 = 69029	MCG 4-56- 9 = 72468	MCG 5- 2- 27 = 2147	MCG 5- 4- 5 = 4512
MCG 4-41- 24 = 60627	MCG 4-53- 5 = 69191	MCG 4-56- 11 = 72494	MCG 5- 2- 28 = 2169	MCG 5- 4- 5A = 4531
MCG 4-42- 1 = 60709	MCG 4-53- 7 = 69290	MCG 4-56- 12 = 72506	MCG 5- 2- 29 = 2231	MCG 5- 4- 6 = 4550
MCG 4-42- 2 = 60716	MCG 4-53- 8 = 69342	MCG 4-56- 13 = 72588	MCG 5- 2- 31 = 2294	MCG 5- 4- 7 = 4561
MCG 4-42- 3 = 60758	MCG 4-53- 9 = 69364	MCG 4-56- 14 = 72600	MCG 5- 2- 32 = 2287	MCG 5- 4- 8 = 4584
MCG 4-42- 4 = 60770	MCG 4-53- 10 = 69487	MCG 4-56- 15 = 72596	MCG 5- 2- 33 = 2286	MCG 5- 4- 9 = 4587
MCG 4-42- 5 = 60831	MCG 4-53- 11 = 69495	MCG 4-56- 16 = 72601	MCG 5- 2- 34 = 2302	MCG 5- 4- 10 = 4596
MCG 4-42- 7 = 61008	MCG 4-53- 13 = 69594	MCG 4-56- 18 = 72605	MCG 5- 2- 35 = 2298	MCG 5- 4- 11 = 4594
MCG 4-42- 8 = 61009	MCG 4-53- 15 = 69765	MCG 4-56- 19 = 72607	MCG 5- 2- 37 = 2364	MCG 5- 4- 13 = 4698
MCG 4-42- 9 = 61023	MCG 4-53- 16 = 69768	MCG 4-56- 20 = 72716	MCG 5- 2- 38 = 2458	MCG 5- 4- 14 = 4699
MCG 4-42- 13 = 61052	MCG 4-53- 17 = 69869	MCG 5- 1- 2 = 72829	MCG 5- 2- 39 = 2537	MCG 5- 4- 15 = 4735
MCG 4-42- 14 = 61063	MCG 4-54- 1 = 69940	MCG 5- 1- 3 = 72876	MCG 5- 2- 40 = 2536	MCG 5- 4- 19 = 4782
MCG 4-42- 15 = 61105	MCG 4-54- 2 = 69983	MCG 5- 1- 5 = 72887	MCG 5- 2- 41 = 2604	MCG 5- 4- 23 = 4840
MCG 4-42- 16 = 61171	MCG 4-54- 4 = 70116	MCG 5- 1- 6 = 72892	MCG 5- 2- 42 = 2614	MCG 5- 4- 24 = 4848
MCG 4-42- 18 = 61235	MCG 4-54- 6 = 70124	MCG 5- 1- 7 = 72926	MCG 5- 2- 43 = 2687	MCG 5- 4- 25 = 4891
MCG 4-42- 20 = 61251	MCG 4-54- 9 = 70139	MCG 5- 1- 8 = 72938	MCG 5- 2- 44 = 2712	MCG 5- 4- 29 = 4961
MCG 4-42- 23 = 61310	MCG 4-54- 11 = 70160	MCG 5- 1- 10 = 73008	MCG 5- 2- 45 = 2711	MCG 5- 4- 30 = 4981
MCG 4-42- 24 = 61361	MCG 4-54- 12 = 70176	MCG 5- 1- 11 = 73023	MCG 5- 2- 46 = 2717	MCG 5- 4- 31 = 4988
MCG 4-43- 1 = 61378	MCG 4-54- 13 = 70197	MCG 5- 1- 13 = 73082	MCG 5- 2- 47 = 2722	MCG 5- 4- 33 = 5032
MCG 4-43- 2 = 61386	MCG 4-54- 14 = 70202	MCG 5- 1- 16 = 73096	MCG 5- 3- 1 = 2743	MCG 5- 4- 34 = 5035
MCG 4-43- 3 = 61390	MCG 4-54- 15 = 70204	MCG 5- 1- 20 = 54	MCG 5- 3- 2 = 2747	MCG 5- 4- 35 = 5037
MCG 4-43- 7 = 61526	MCG 4-54- 16 = 70250	MCG 5- 1- 21 = 58	MCG 5- 3- 3 = 2761	MCG 5- 4- 36 = 5061
MCG 4-43- 9 = 61543	MCG 4-54- 17 = 70299	MCG 5- 1- 22 = 63	MCG 5- 3- 4 = 2766	MCG 5- 4- 38 = 5060
MCG 4-43- 14 = 61565	MCG 4-54- 18 = 70322	MCG 5- 1- 23 = 76	MCG 5- 3- 5 = 2782	MCG 5- 4- 39 = 5074
MCG 4-43- 15 = 61570	MCG 4-54- 19 = 70323	MCG 5- 1- 24 = 109	MCG 5- 3- 8 = 2855	MCG 5- 4- 40 = 5086
MCG 4-43- 19 = 61655	MCG 4-54- 20 = 70343	MCG 5- 1- 25 = 112	MCG 5- 3- 9 = 2901	MCG 5- 4- 41 = 5084
MCG 4-43- 20 = 61657	MCG 4-54- 21 = 70374	MCG 5- 1- 27 = 190	MCG 5- 3- 10 = 2960	MCG 5- 4- 42 = 5085
MCG 4-43- 22 = 61693	MCG 4-54- 22 = 70392	MCG 5- 1- 28 = 223	MCG 5- 3- 12 = 3020	MCG 5- 4- 43 = 5095
MCG 4-43- 23 = 61698	MCG 4-54- 24 = 70404	MCG 5- 1- 29 = 303	MCG 5- 3- 13 = 3019	MCG 5- 4- 44 = 5098
MCG 4-43- 24 = 61710	MCG 4-54- 25 = 70445	MCG 5- 1- 30 = 313	MCG 5- 3- 14 = 3057	MCG 5- 4- 45 = 5099
MCG 4-43- 25 = 61721	MCG 4-54- 26 = 70497	MCG 5- 1- 31 = 381	MCG 5- 3- 16 = 3108	MCG 5- 4- 46 = 5108
MCG 4-43- 26 = 61739	MCG 4-54- 27 = 70525	MCG 5- 1- 32 = 569	MCG 5- 3- 17 = 3133	MCG 5- 4- 48 = 5129
MCG 4-43- 29 = 61790	MCG 4-54- 28 = 70532	MCG 5- 1- 34 = 650	MCG 5- 3- 18 = 3203	MCG 5- 4- 51 = 5165
MCG 4-43- 32 = 61863	MCG 4-54- 29 = 70562	MCG 5- 1- 36 = 679	MCG 5- 3- 20 = 3226	MCG 5- 4- 52 = 5201
MCG 4-43- 34 = 61918	MCG 4-54- 30 = 70709	MCG 5- 1- 38 = 687	MCG 5- 3- 21 = 3227	MCG 5- 4- 53 = 5217
MCG 4-43- 35 = 61935	MCG 4-54- 31 = 70728	MCG 5- 1- 39 = 690	MCG 5- 3- 22 = 3235	MCG 5- 4- 54 = 5214
MCG 4-44- 1 = 61979	MCG 4-54- 32 = 70735	MCG 5- 1- 40 = 709	MCG 5- 3- 23 = 3222	MCG 5- 4- 55 = 5226
MCG 4-44- 2 = 62052	MCG 4-54- 35 = 70783	MCG 5- 1- 41 = 707	MCG 5- 3- 24 = 3260	MCG 5- 4- 57 = 5290
MCG 4-44- 3 = 62072	MCG 4-54- 36 = 70826	MCG 5- 1- 42 = 726	MCG 5- 3- 25 = 3271	MCG 5- 4- 58 = 5284
MCG 4-44- 4 = 62086	MCG 4-54- 37 = 70847	MCG 5- 1- 43 = 731	MCG 5- 3- 26 = 3269	MCG 5- 4- 59 = 5364
MCG 4-44- 5 = 62097	MCG 4-54- 38 = 70877	MCG 5- 1- 44 = 742	MCG 5- 3- 27 = 3274	MCG 5- 4- 60 = 5440
MCG 4-44- 7 = 62178	MCG 4-54- 39 = 70882	MCG 5- 1- 45 = 748	MCG 5- 3- 28 = 3434	MCG 5- 4- 61 = 5473
MCG 4-44- 8 = 62225	MCG 4-55- 1 = 71013	MCG 5- 1- 46 = 759	MCG 5- 3- 29 = 3446	MCG 5- 4- 62 = 5545
MCG 4-44- 9 = 62229	MCG 4-55- 3 = 71092	MCG 5- 1- 47 = 762	MCG 5- 3- 30 = 3456	MCG 5- 4- 63 = 5587
MCG 4-44- 10 = 62231	MCG 4-55- 4 = 71126	MCG 5- 1- 48 = 767	MCG 5- 3- 31 = 3455	MCG 5- 4- 64 = 5691
MCG 4-44- 11 = 62249	MCG 4-55- 5 = 71153	MCG 5- 1- 49 = 779	MCG 5- 3- 32 = 3564	MCG 5- 4- 65 = 5702
MCG 4-44- 12 = 62338	MCG 4-55- 6 = 71174	MCG 5- 1- 50 = 791	MCG 5- 3- 33 = 3606	MCG 5- 4- 67 = 5715
MCG 4-44- 13 = 62336	MCG 4-55- 7 = 71184	MCG 5- 1- 51 = 816	MCG 5- 3- 34 = 3611	MCG 5- 4- 69 = 5818
MCG 4-44- 14 = 62354	MCG 4-55- 8 = 71193	MCG 5- 1- 52 = 852	MCG 5- 3- 35 = 3615	MCG 5- 4- 73 = 5913
MCG 4-44- 15 = 62380	MCG 4-55- 9 = 71190	MCG 5- 1- 53 = 869	MCG 5- 3- 36 = 3646	MCG 5- 4- 75 = 5933
MCG 4-44- 16 = 62426	MCG 4-55- 10 = 71257	MCG 5- 1- 54 = 875	MCG 5- 3- 37 = 3644	MCG 5- 4- 76 = 5986
MCG 4-44- 17 = 62429	MCG 4-55- 11 = 71372	MCG 5- 1- 55 = 908	MCG 5- 3- 38 = 3651	MCG 5- 4- 77 = 6006
MCG 4-44- 18 = 62469	MCG 4-55- 12 = 71413	MCG 5- 1- 56 = 919	MCG 5- 3- 39 = 3652	MCG 5- 5- 2 = 6312
MCG 4-44- 19 = 62482	MCG 4-55- 13 = 71450	MCG 5- 1- 57 = 1046	MCG 5- 3- 40 = 3664	MCG 5- 5- 4 = 6373
MCG 4-44- 20 = 62500	MCG 4-55- 14 = 71493	MCG 5- 1- 59 = 1089	MCG 5- 3- 41 = 3666	MCG 5- 5- 5 = 6376

MCG 5- 5- 6 = 6440	MCG 5- 7- 3 = 9676	MCG 5-19- 4 = 21789	MCG 5-23- 32 = 27925	MCG 5-27- 19 = 34071
MCG 5- 5- 7 = 6443	MCG 5- 7- 4 = 9682	MCG 5-19- 5 = 21795	MCG 5-23- 33 = 27931	MCG 5-27- 22 = 34080
MCG 5- 5- 8 = 6459	MCG 5- 7- 6 = 9724	MCG 5-19- 7 = 21802	MCG 5-23- 34 = 27936	MCG 5-27- 26 = 34125
MCG 5- 5- 10 = 6540	MCG 5- 7- 7 = 9726	MCG 5-19- 13 = 21900	MCG 5-23- 36 = 27993	MCG 5-27- 27 = 34152
MCG 5- 5- 11 = 6544	MCG 5- 7- 8 = 9781	MCG 5-19- 14 = 21909	MCG 5-23- 38 = 28259	MCG 5-27- 27A = 34169
MCG 5- 5- 12 = 6570	MCG 5- 7- 10 = 9788	MCG 5-19- 15 = 21927	MCG 5-23- 40 = 28305	MCG 5-27- 30 = 34237
MCG 5- 5- 14 = 6699	MCG 5- 7- 11 = 9790	MCG 5-19- 17 = 21940	MCG 5-23- 41 = 28317	MCG 5-27- 31 = 34260
MCG 5- 5- 15 = 6760	MCG 5- 7- 12 = 9802	MCG 5-19- 22 = 22246	MCG 5-23- 42 = 28341	MCG 5-27- 32 = 34303
MCG 5- 5- 16 = 6796	MCG 5- 7- 13 = 9795	MCG 5-19- 23 = 22314	MCG 5-23- 43 = 28351	MCG 5-27- 35 = 34376
MCG 5- 5- 17 = 6802	MCG 5- 7- 14 = 9794	MCG 5-19- 26 = 22378	MCG 5-23- 46 = 28424	MCG 5-27- 36 = 34380
MCG 5- 5- 19 = 6823	MCG 5- 7- 15 = 9808	MCG 5-19- 28 = 22397	MCG 5-24- 3 = 28682	MCG 5-27- 37 = 34385
MCG 5- 5- 20 = 6856	MCG 5- 7- 16 = 9821	MCG 5-19- 31 = 22476	MCG 5-24- 4 = 28714	MCG 5-27- 38 = 34393
MCG 5- 5- 22 = 6884	MCG 5- 7- 18 = 9895	MCG 5-19- 35 = 22565	MCG 5-24- 6 = 28815	MCG 5-27- 43 = 34511
MCG 5- 5- 23 = 6892	MCG 5- 7- 19 = 9901	MCG 5-19- 36 = 22603	MCG 5-24- 8 = 28868	MCG 5-27- 50 = 34544
MCG 5- 5- 25 = 6944	MCG 5- 7- 20 = 9902	MCG 5-20- 4 = 23017	MCG 5-24- 9 = 29196	MCG 5-27- 51 = 34546
MCG 5- 5- 26 = 7023	MCG 5- 7- 21 = 9911	MCG 5-20- 5 = 23170	MCG 5-24- 10 = 29230	MCG 5-27- 52 = 34551
MCG 5- 5- 27 = 7214	MCG 5- 7- 22 = 9989	MCG 5-20- 6 = 23173	MCG 5-24- 11 = 29347	MCG 5-27- 53 = 34552
MCG 5- 5- 28 = 7289	MCG 5- 7- 23 = 10007	MCG 5-20- 9 = 23383	MCG 5-24- 14 = 29389	MCG 5-27- 55 = 34656
MCG 5- 5- 29 = 7304	MCG 5- 7- 24 = 10013	MCG 5-20- 10 = 23513	MCG 5-24- 15 = 29459	MCG 5-27- 57 = 34685
MCG 5- 5- 30 = 7312	MCG 5- 7- 25 = 10017	MCG 5-20- 11 = 23539	MCG 5-24- 17 = 29468	MCG 5-27- 58 = 34719
MCG 5- 5- 31 = 7316	MCG 5- 7- 26 = 10029	MCG 5-20- 12 = 23646	MCG 5-24- 19 = 29484	MCG 5-27- 59 = 34733
MCG 5- 5- 33 = 7353	MCG 5- 7- 27 = 10051	MCG 5-20- 13 = 23643	MCG 5-24- 20 = 29549	MCG 5-27- 60 = 34768
MCG 5- 5- 34 = 7369	MCG 5- 7- 28 = 10092	MCG 5-20- 14 = 23673	MCG 5-24- 21 = 29567	MCG 5-27- 64 = 35019
MCG 5- 5- 35 = 7370	MCG 5- 7- 29 = 10112	MCG 5-20- 15 = 23753	MCG 5-24- 23 = 29615	MCG 5-27- 65 = 35044
MCG 5- 5- 36 = 7395	MCG 5- 7- 30 = 10170	MCG 5-20- 18 = 23771	MCG 5-24- 24 = 29683	MCG 5-27- 71 = 35177
MCG 5- 5- 37 = 7537	MCG 5- 7- 31 = 10227	MCG 5-20- 20 = 23823	MCG 5-24- 25 = 29715	MCG 5-27- 73 = 35285
MCG 5- 5- 38 = 7584	MCG 5- 7- 32 = 10272	MCG 5-20- 22 = 23998	MCG 5-25- 1 = 30214	MCG 5-27- 80 = 35414
MCG 5- 5- 39 = 7597	MCG 5- 7- 33 = 10287	MCG 5-20- 25 = 24038	MCG 5-25- 2 = 30382	MCG 5-27- 82 = 35507
MCG 5- 5- 40 = 7614	MCG 5- 7- 35 = 10302	MCG 5-20- 26 = 24098	MCG 5-25- 3 = 30453	MCG 5-27- 83 = 35513
MCG 5- 5- 42 = 7657	MCG 5- 7- 36 = 10303	MCG 5-20- 27 = 24111	MCG 5-25- 4 = 30508	MCG 5-27- 84 = 35546
MCG 5- 5- 44 = 7674	MCG 5- 7- 37 = 10310	MCG 5-20- 28 = 24127	MCG 5-25- 7 = 30553	MCG 5-27- 85 = 35556
MCG 5- 5- 45 = 7671	MCG 5- 7- 38 = 10319	MCG 5-21- 2 = 24235	MCG 5-25- 8 = 30562	MCG 5-27- 87 = 35588
MCG 5- 5- 46 = 7694	MCG 5- 7- 40 = 10337	MCG 5-21- 3 = 24299	MCG 5-25- 9 = 30617	MCG 5-28- 2 = 35981
MCG 5- 5- 47 = 7760	MCG 5- 7- 41 = 10331	MCG 5-21- 4 = 24530	MCG 5-25- 12 = 30714	MCG 5-28- 4 = 36104
MCG 5- 5- 48 = 7823	MCG 5- 7- 42 = 10338	MCG 5-21- 5 = 24643	MCG 5-25- 13 = 30744	MCG 5-28- 6 = 36147
MCG 5- 5- 49 = 7873	MCG 5- 7- 43 = 10339	MCG 5-21- 7 = 24669	MCG 5-25- 15 = 30856	MCG 5-28- 7 = 36148
MCG 5- 5- 50 = 7899	MCG 5- 7- 44 = 10343	MCG 5-21- 8 = 24674	MCG 5-25- 18 = 30895	MCG 5-28- 8 = 36158
MCG 5- 5- 51 = 7902	MCG 5- 7- 45 = 10346	MCG 5-21- 9 = 24678	MCG 5-25- 19 = 31029	MCG 5-28- 9 = 36160
MCG 5- 5- 52 = 7931	MCG 5- 7- 48 = 10417	MCG 5-21- 11 = 24771	MCG 5-25- 20 = 31122	MCG 5-28- 10 = 36211
MCG 5- 6- 1 = 7934	MCG 5- 7- 49 = 10420	MCG 5-21- 12 = 24796	MCG 5-25- 21 = 31136	MCG 5-28- 16 = 36305
MCG 5- 6- 2 = 7967	MCG 5- 7- 50 = 10467	MCG 5-21- 13 = 24864	MCG 5-25- 22 = 31166	MCG 5-28- 17 = 36334
MCG 5- 6- 4 = 8013	MCG 5- 7- 51 = 10512	MCG 5-21- 14 = 24884	MCG 5-25- 22A = 31379	MCG 5-28- 18 = 36359
MCG 5- 6- 5 = 8019	MCG 5- 7- 52 = 10950	MCG 5-21- 15 = 25210	MCG 5-25- 24 = 31429	MCG 5-28- 19 = 36372
MCG 5- 6- 6 = 8040	MCG 5- 8- 1 = 11373	MCG 5-22- 1 = 25423	MCG 5-25- 25 = 31477	MCG 5-28- 22 = 36392
MCG 5- 6- 7 = 8086	MCG 5- 8- 3 = 11453	MCG 5-22- 3 = 25446	MCG 5-25- 29 = 31630	MCG 5-28- 23 = 36418
MCG 5- 6- 8 = 8097	MCG 5- 8- 4 = 11622	MCG 5-22- 5 = 25467	MCG 5-25- 33 = 31899	MCG 5-28- 26 = 36482
MCG 5- 6- 9 = 8146	MCG 5- 8- 6 = 11840	MCG 5-22- 9 = 25735	MCG 5-25- 36 = 31996	MCG 5-28- 27 = 36625
MCG 5- 6- 10 = 8215	MCG 5- 8- 8 = 12184	MCG 5-22- 11 = 25908	MCG 5-26- 3 = 32127	MCG 5-28- 29 = 36761
MCG 5- 6- 11 = 8346	MCG 5- 8- 9 = 12196	MCG 5-22- 12 = 25969	MCG 5-26- 5 = 32208	MCG 5-28- 31 = 36832
MCG 5- 6- 12 = 8350	MCG 5-10- 2 = 14034	MCG 5-22- 13 = 25985	MCG 5-26- 6 = 32206	MCG 5-28- 34 = 36914
MCG 5- 6- 13 = 8393	MCG 5-10- 3 = 14039	MCG 5-22- 14 = 25984	MCG 5-26- 8 = 32243	MCG 5-28- 35 = 36932
MCG 5- 6- 14 = 8426	MCG 5-10- 4 = 14205	MCG 5-22- 15 = 26002	MCG 5-26- 9 = 32245	MCG 5-28- 37 = 36979
MCG 5- 6- 15 = 8449	MCG 5-10- 6 = 14468	MCG 5-22- 16 = 26009	MCG 5-26- 11 = 32264	MCG 5-28- 38 = 37042
MCG 5- 6- 16 = 8557	MCG 5-10- 8 = 14637	MCG 5-22- 17 = 26012	MCG 5-26- 12 = 32287	MCG 5-28- 42 = 37218
MCG 5- 6- 17 = 8599	MCG 5-10- 9 = 14653	MCG 5-22- 18 = 26005	MCG 5-26- 14 = 32305	MCG 5-28- 43 = 37375
MCG 5- 6- 18 = 8609	MCG 5-10- 10 = 14688	MCG 5-22- 19 = 26013	MCG 5-26- 16 = 32368	MCG 5-28- 44 = 37383
MCG 5- 6- 19 = 8676	MCG 5-10- 11 = 14687	MCG 5-22- 20 = 26004	MCG 5-26- 18 = 32437	MCG 5-28- 47 = 37443
MCG 5- 6- 20 = 8678	MCG 5-10- 12 = 14705	MCG 5-22- 22 = 26055	MCG 5-26- 20 = 32499	MCG 5-28- 48 = 37462
MCG 5- 6- 22 = 8685	MCG 5-12- 2 = 16360	MCG 5-22- 26 = 26089	MCG 5-26- 21 = 32533	MCG 5-28- 49 = 37449
MCG 5- 6- 23 = 8691	MCG 5-16- 3 = 19568	MCG 5-22- 29 = 26178	MCG 5-26- 22 = 32532	MCG 5-28- 50 = 37467
MCG 5- 6- 24 = 8766	MCG 5-16- 5 = 19674	MCG 5-22- 31 = 26197	MCG 5-26- 23 = 32549	MCG 5-28- 51 = 37515
MCG 5- 6- 26 = 8882	MCG 5-16- 6 = 19679	MCG 5-22- 32 = 26215	MCG 5-26- 24 = 32620	MCG 5-28- 53 = 37544
MCG 5- 6- 27 = 8969	MCG 5-16- 8 = 19740	MCG 5-22- 33 = 26225	MCG 5-26- 26 = 32709	MCG 5-28- 54 = 37559
MCG 5- 6- 28 = 8968	MCG 5-16- 9 = 19743	MCG 5-22- 36 = 26368	MCG 5-26- 28 = 32754	MCG 5-28- 55 = 37574
MCG 5- 6- 29 = 8984	MCG 5-16- 10 = 19747	MCG 5-22- 41 = 26442	MCG 5-26- 32 = 33166	MCG 5-28- 56 = 37608
MCG 5- 6- 30 = 8997	MCG 5-17- 3 = 19809	MCG 5-22- 42 = 26553	MCG 5-26- 33 = 33175	MCG 5-28- 57 = 37609
MCG 5- 6- 31 = 9002	MCG 5-17- 8 = 20087	MCG 5-22- 44 = 26650	MCG 5-26- 35 = 33238	MCG 5-28- 58 = 37632
MCG 5- 6- 32 = 9011	MCG 5-17- 10 = 20144	MCG 5-22- 45 = 26690	MCG 5-26- 36 = 33249	MCG 5-28- 60 = 37654
MCG 5- 6- 33 = 9022	MCG 5-17- 13 = 20239	MCG 5-22- 47 = 26817	MCG 5-26- 39 = 33371	MCG 5-28- 61 = 37666
MCG 5- 6- 34 = 9035	MCG 5-17- 16 = 20361	MCG 5-22- 48 = 26833	MCG 5-26- 40 = 33408	MCG 5-28- 63 = 37687
MCG 5- 6- 35 = 9071	MCG 5-17- 18 = 20426	MCG 5-23- 1 = 26854	MCG 5-26- 41 = 33432	MCG 5-28- 64 = 37704
MCG 5- 6- 36 = 9074	MCG 5-17- 20 = 20562	MCG 5-23- 5 = 26979	MCG 5-26- 44 = 33467	MCG 5-28- 65 = 37705
MCG 5- 6- 37 = 9136	MCG 5-18- 1 = 20631	MCG 5-23- 6 = 26982	MCG 5-26- 45 = 33463	MCG 5-28- 66 = 37723
MCG 5- 6- 38 = 9134	MCG 5-18- 3 = 20629	MCG 5-23- 7 = 27023	MCG 5-26- 46 = 33486	MCG 5-28- 69 = 37744
MCG 5- 6- 39 = 9258	MCG 5-18- 6 = 20685	MCG 5-23- 8 = 27064	MCG 5-26- 54 = 33573	MCG 5-28- 70 = 37775
MCG 5- 6- 40 = 9251	MCG 5-18- 8 = 20889	MCG 5-23- 9 = 27114	MCG 5-26- 57 = 33640	MCG 5-28- 71 = 37786
MCG 5- 6- 41 = 9270	MCG 5-18- 10 = 20938	MCG 5-23- 10 = 27121	MCG 5-26- 59 = 33669	MCG 5-28- 72 = 37795
MCG 5- 6- 42 = 9286	MCG 5-18- 11 = 20957	MCG 5-23- 11 = 27127	MCG 5-26- 61 = 33779	MCG 5-28- 74 = 37838
MCG 5- 6- 43 = 9285	MCG 5-18- 12 = 20988	MCG 5-23- 17 = 27223	MCG 5-26- 62 = 33786	MCG 5-28- 75 = 37855
MCG 5- 6- 44 = 9308	MCG 5-18- 14 = 21110	MCG 5-23- 18 = 27266	MCG 5-26- 63 = 33782	MCG 5-28- 76 = 37883
MCG 5- 6- 45 = 9332	MCG 5-18- 15 = 21120	MCG 5-23- 19 = 27282	MCG 5-26- 65 = 33799	MCG 5-28- 77 = 37976
MCG 5- 6- 46 = 9373	MCG 5-18- 16 = 21200	MCG 5-23- 21 = 27367	MCG 5-26- 67 = 33809	MCG 5-28- 78 = 38009
MCG 5- 6- 47 = 9375	MCG 5-18- 18 = 21276	MCG 5-23- 23 = 27455	MCG 5-27- 1 = 33931	MCG 5-29- 1 = 38081
MCG 5- 6- 49 = 9399	MCG 5-18- 19 = 21280	(MCG 5-23- 25 = 27636	MCG 5-27- 2 = 33927	MCG 5-29- 2 = 38125
MCG 5- 6- 50 = 9478	MCG 5-18- 21 = 21300	(MCG 5-23- 25) = 27637	MCG 5-27- 8 = 33960	MCG 5-29- 4 = 38150
MCG 5- 6- 51 = 9476	MCG 5-18- 22 = 21328	MCG 5-23- 26 = 27702	MCG 5-27- 9 = 33965	MCG 5-29- 5 = 38227
MCG 5- 6- 52 = 9516	MCG 5-18- 23 = 21336	MCG 5-23- 27 = 27777	MCG 5-27- 10 = 33991	MCG 5-29- 6 = 38244
MCG 5- 6- 54 = 9550	MCG 5-18- 28 = 21580	MCG 5-23- 28 = 27780	MCG 5-27- 11 = 33992	MCG 5-29- 8 = 38268
MCG 5- 7- 1 = 9586	MCG 5-19- 1 = 21673	MCG 5-23- 29 = 27800	MCG 5-27- 14 = 34025	MCG 5-29- 8 = 38277
MCG 5- 7- 2 = 9669	MCG 5-19- 2 = 21676	MCG 5-23- 30 = 27827	MCG 5-27- 18 = 34068	MCG 5-29- 9 = 38286

MCG 5-29- 10 = 38327	MCG 5-30- 43 = 42283	MCG 5-31- 46 = 44467	MCG 5-31-160 = 45947	MCG 5-34- 4 = 50838
MCG 5-29- 11 = 38325	MCG 5-30- 44 = 42282	MCG 5-31- 48 = 44481	MCG 5-31-161 = 46028	MCG 5-34- 7 = 51033
MCG 5-29- 16 = 38407	MCG 5-30- 45 = 42311	MCG 5-31- 49 = 44502	MCG 5-31-162 = 46046	MCG 5-34- 12 = 51073
MCG 5-29- 19 = 38573	MCG 5-30- 46 = 42314	MCG 5-31- 50 = 44508	MCG 5-31-163 = 46076	MCG 5-34- 13 = 51082
MCG 5-29- 20 = 38593	MCG 5-30- 48 = 42331	MCG 5-31- 51 = 44535	MCG 5-31-164 = 46145	MCG 5-34- 14 = 51100
MCG 5-29- 21 = 38598	MCG 5-30- 50 = 42353	MCG 5-31- 52 = 44524	MCG 5-31-165 = 46131	MCG 5-34- 15 = 51094
MCG 5-29- 22 = 38603	MCG 5-30- 52 = 42479	MCG 5-31- 53 = 44534	MCG 5-31-166 = 46180	MCG 5-34- 16 = 51091
MCG 5-29- 23 = 38605	MCG 5-30- 53 = 42478	MCG 5-31- 54 = 44539	MCG 5-31-168 = 46196	MCG 5-34- 17 = 51105
MCG 5-29- 25 = 38618	MCG 5-30- 54 = 42500	MCG 5-31- 55 = 44551	MCG 5-31-169 = 46202	MCG 5-34- 19 = 51167
MCG 5-29- 26 = 38637	MCG 5-30- 55 = 42515	MCG 5-31- 57 = 44541	MCG 5-31-170 = 46293	MCG 5-34- 24 = 51283
MCG 5-29- 28 = 38721	MCG 5-30- 56 = 42512	MCG 5-31- 58 = 44566	MCG 5-31-171 = 46302	MCG 5-34- 26 = 51306
MCG 5-29- 29 = 38742	MCG 5-30- 57 = 42536	MCG 5-31- 59 = 44553	MCG 5-31-172 = 46354	MCG 5-34- 30 = 51444
MCG 5-29- 30 = 38832	MCG 5-30- 58 = 42548	MCG 5-31- 60 = 44554	MCG 5-31-173 = 46387	MCG 5-34- 33 = 51473
MCG 5-29- 31 = 38850	MCG 5-30- 62 = 42765	MCG 5-31- 61 = 44567	MCG 5-31-174 = 46427	MCG 5-34- 39 = 51530
MCG 5-29- 32 = 38892	MCG 5-30- 63 = 42760	MCG 5-31- 62 = 44568	MCG 5-31-175 = 46477	MCG 5-34- 41 = 51591
MCG 5-29- 33 = 38897	MCG 5-30- 64 = 42786	MCG 5-31- 64 = 44578	MCG 5-31-176 = 46496	MCG 5-34- 42 = 51589
MCG 5-29- 34 = 38906	MCG 5-30- 66 = 42863	MCG 5-31- 65 = 44587	MCG 5-31-177 = 46507	MCG 5-34- 43 = 51600
MCG 5-29- 35 = 38903	MCG 5-30- 69 = 42937	MCG 5-31- 66 = 44606	MCG 5-32- 1 = 46538	MCG 5-34- 44 = 51621
MCG 5-29- 36 = 38912	MCG 5-30- 70 = 42931	MCG 5-31- 67 = 44659	MCG 5-32- 2 = 46555	MCG 5-34- 45 = 51654
MCG 5-29- 37 = 38984	MCG 5-30- 72 = 42987	MCG 5-31- 68 = 44624	MCG 5-32- 3 = 46617	MCG 5-34- 47 = 51670
MCG 5-29- 38 = 38995	MCG 5-30- 73 = 43008	MCG 5-31- 69 = 44621	MCG 5-32- 4 = 46637	MCG 5-34- 48 = 51701
MCG 5-29- 40 = 39098	MCG 5-30- 76 = 43062	MCG 5-31- 70 = 44628	MCG 5-32- 5 = 46647	MCG 5-34- 49 = 51706
MCG 5-29- 42 = 39221	MCG 5-30- 77 = 43065	MCG 5-31- 71 = 44633	MCG 5-32- 6 = 46657	MCG 5-34- 50 = 51725
MCG 5-29- 43 = 39195	MCG 5-30- 78 = 43113	MCG 5-31- 73 = 44658	MCG 5-32- 8 = 46678	MCG 5-34- 51 = 51730
MCG 5-29- 44 = 39261	MCG 5-30- 79 = 43121	MCG 5-31- 75 = 44686	MCG 5-32- 9 = 46744	MCG 5-34- 52 = 51751
MCG 5-29- 45 = 39252	MCG 5-30- 80 = 43142	MCG 5-31- 76 = 44698	MCG 5-32- 10 = 46746	MCG 5-34- 54 = 51747
MCG 5-29- 46 = 39281	MCG 5-30- 81 = 43139	MCG 5-31- 77 = 44715	MCG 5-32- 11 = 46761	MCG 5-34- 55 = 51758
MCG 5-29- 47 = 39289	MCG 5-30- 82 = 43164	MCG 5-31- 78 = 44697	MCG 5-32- 13 = 46809	MCG 5-34- 56 = 51754
MCG 5-29- 48 = 39343	MCG 5-30- 83 = 43161	MCG 5-31- 79 = 44722	MCG 5-32- 14 = 46819	MCG 5-34- 57 = 51819
MCG 5-29- 49 = 39437	MCG 5-30- 84 = 43174	MCG 5-31- 80 = 44726	MCG 5-32- 15 = 46872	MCG 5-34- 58 = 51814
MCG 5-29- 50 = 39492	MCG 5-30- 86 = 43200	MCG 5-31- 81 = 44737	MCG 5-32- 17 = 46989	MCG 5-34- 60 = 51850
MCG 5-29- 51 = 39525	MCG 5-30- 88 = 43256	MCG 5-31- 82 = 44736	MCG 5-32- 19 = 47093	MCG 5-34- 61 = 51877
MCG 5-29- 52 = 39663	MCG 5-30- 93 = 43359	MCG 5-31- 84 = 44768	MCG 5-32- 20 = 47088	MCG 5-34- 62 = 51873
MCG 5-29- 53 = 39690	MCG 5-30- 94 = 43387	MCG 5-31- 85 = 44789	MCG 5-32- 21 = 47131	MCG 5-34- 65 = 51939
MCG 5-29- 57 = 39702	MCG 5-30- 96 = 43399	MCG 5-31- 86 = 44804	MCG 5-32- 22 = 47200	MCG 5-34- 68 = 51964
MCG 5-29- 58 = 39728	MCG 5-30- 97 = 43437	MCG 5-31- 87 = 44795	MCG 5-32- 26 = 47234	MCG 5-34- 73 = 52077
MCG 5-29- 59 = 39715	MCG 5-30- 98 = 43455	MCG 5-31- 88 = 44818	MCG 5-32- 28 = 47254	MCG 5-34- 80 = 52193
MCG 5-29- 60 = 39724	MCG 5-30-101 = 43514	MCG 5-31- 89 = 44819	MCG 5-32- 29 = 47393	MCG 5-34- 81 = 52192
MCG 5-29- 61 = 39749	MCG 5-30-102 = 43511	MCG 5-31- 90 = 44832	MCG 5-32- 30 = 47433	MCG 5-34- 83 = 52283
MCG 5-29- 62 = 39764	MCG 5-30-103 = 43517	MCG 5-31- 91 = 44822	MCG 5-32- 31 = 47447	MCG 5-35- 1 = 52338
MCG 5-29- 63 = 39800	MCG 5-30-104 = 43509	MCG 5-31- 92 = 44828	MCG 5-32- 32 = 47461	MCG 5-35- 3 = 52343
MCG 5-29- 64A = 39818	MCG 5-30-104A = 43535	MCG 5-31- 93 = 44840	MCG 5-32- 33 = 47462	MCG 5-35- 4 = 52350
MCG 5-29- 65 = 39846	MCG 5-30-105A = 43539	MCG 5-31- 95 = 44848	MCG 5-32- 35 = 47483	MCG 5-35- 5 = 52349
MCG 5-29- 66 = 39837	MCG 5-30-106 = 43538	MCG 5-31- 97 = 44885	MCG 5-32- 36 = 47537	MCG 5-35- 6 = 52429
MCG 5-29- 68 = 39906	MCG 5-30-107 = 43575	MCG 5-31- 98 = 44899	MCG 5-32- 37 = 47585	MCG 5-35- 7 = 52535
MCG 5-29- 69 = 40011	MCG 5-30-110 = 43618	MCG 5-31- 99 = 44896	MCG 5-32- 38 = 47808	MCG 5-35- 8 = 52587
MCG 5-29- 70 = 39987	MCG 5-30-112 = 43686	MCG 5-31-100 = 44908	MCG 5-32- 39 = 47867	MCG 5-35- 9 = 52636
MCG 5-29- 71 = 40036	MCG 5-30-114 = 43726	MCG 5-31-101 = 44903	MCG 5-32- 40 = 47906	MCG 5-35- 10 = 52667
MCG 5-29- 72 = 40026	MCG 5-30-115 = 43749	MCG 5-31-102 = 44921	MCG 5-32- 41 = 47938	MCG 5-35- 16 = 52874
MCG 5-29- 74 = 40086	MCG 5-30-116 = 43773	MCG 5-31-103 = 44938	MCG 5-32- 43 = 48032	MCG 5-35- 19 = 53010
MCG 5-29- 75 = 40097	MCG 5-30-117 = 43834	MCG 5-31-104 = 44945	MCG 5-32- 44 = 48119	MCG 5-35- 21 = 53088
MCG 5-29- 77 = 40205	MCG 5-30-118 = 43843	MCG 5-31-105 = 44975	MCG 5-32- 47 = 48197	MCG 5-35- 22 = 53124
MCG 5-29- 78 = 40270	MCG 5-30-119 = 43848	MCG 5-31-106 = 44973	MCG 5-32- 51 = 48270	MCG 5-35- 23 = 53267
MCG 5-29- 79 = 40330	MCG 5-30-120 = 43869	MCG 5-31-107 = 44968	MCG 5-32- 53 = 48285	MCG 5-35- 24 = 53275
MCG 5-29- 80 = 40449	MCG 5-30-121 = 43875	MCG 5-31-110 = 45023	MCG 5-32- 56 = 48312	MCG 5-35- 25 = 53317
MCG 5-29- 81 = 40495	MCG 5-30-122 = 43863	MCG 5-31-111 = 45027	MCG 5-32- 57 = 48327	MCG 5-35- 26 = 53414
MCG 5-29- 82 = 40501	MCG 5-30-123 = 43874	MCG 5-31-114 = 45055	MCG 5-32- 58 = 48333	MCG 5-35- 28 = 53463
MCG 5-29- 83 = 40600	MCG 5-30-124 = 43895	MCG 5-31-115 = 45082	MCG 5-32- 59 = 48318	MCG 5-35- 30 = 53556
MCG 5-29- 84 = 40612	MCG 5-31- 1 = 43930	MCG 5-31-116 = 45097	MCG 5-32- 61 = 48366	MCG 5-36- 4 = 53803
MCG 5-29- 85 = 40692	MCG 5-31- 3 = 43939	MCG 5-31-117 = 45140	MCG 5-32- 62 = 48479	MCG 5-36- 7 = 53876
MCG 5-29- 86 = 40900	MCG 5-31- 4 = 43981	MCG 5-31-118 = 45133	MCG 5-32- 65 = 48477	MCG 5-36- 10 = 54129
MCG 5-29- 87 = 40920	MCG 5-31- 6 = 44037	MCG 5-31-119 = 45190	MCG 5-32- 67 = 48544	MCG 5-36- 11 = 54417
MCG 5-29- 89 = 40988	MCG 5-31- 7 = 44043	MCG 5-31-120 = 45194	MCG 5-32- 72 = 48580	MCG 5-36- 12 = 54614
MCG 5-30- 1 = 41014	MCG 5-31- 9 = 44068	MCG 5-31-121 = 45233	MCG 5-32- 74 = 48597	MCG 5-36- 14 = 54790
MCG 5-30- 5 = 41112	MCG 5-31- 10 = 44114	MCG 5-31-122 = 45264	MCG 5-32- 75 = 48614	MCG 5-36- 15 = 54850
MCG 5-30- 8 = 41225	MCG 5-31- 12 = 44147	MCG 5-31-123 = 45261	MCG 5-32- 77 = 48684	MCG 5-36- 20 = 54876
MCG 5-30- 12 = 41438	MCG 5-31- 14 = 44144	MCG 5-31-124 = 45253	MCG 5-32- 80 = 48799	MCG 5-36- 25 = 54895
MCG 5-30- 13 = 41468	MCG 5-31- 15 = 44148	MCG 5-31-126 = 45311	MCG 5-33- 1 = 48884	MCG 5-36- 31 = 55115
MCG 5-30- 14 = 41512	MCG 5-31- 16 = 44178	MCG 5-31-127 = 45318	MCG 5-33- 2 = 48992	MCG 5-37- 2 = 55237
MCG 5-30- 15 = 41610	MCG 5-31- 17 = 44176	MCG 5-31-130 = 45366	MCG 5-33- 5 = 49005	MCG 5-37- 3 = 55494
MCG 5-30- 16 = 41636	MCG 5-31- 20 = 44193	MCG 5-31-131 = 45358	MCG 5-33- 6 = 49049	MCG 5-37- 4 = 55513
MCG 5-30- 18 = 41660	MCG 5-31- 21 = 44200	MCG 5-31-132 = 45386	MCG 5-33- 8 = 49072	MCG 5-37- 5 = 55515
MCG 5-30- 20 = 41755	MCG 5-31- 22 = 44225	MCG 5-31-133 = 45388	MCG 5-33- 9 = 49137	MCG 5-37- 6 = 55517
MCG 5-30- 21 = 41774	MCG 5-31- 23 = 44268	MCG 5-31-134 = 45406	MCG 5-33- 10 = 49226	MCG 5-37- 8 = 55576
MCG 5-30- 22 = 41808	MCG 5-31- 24 = 44263	MCG 5-31-136 = 45509	MCG 5-33- 12 = 49258	MCG 5-37- 9 = 55581
MCG 5-30- 23 = 41895	MCG 5-31- 25 = 44298	MCG 5-31-138 = 45542	MCG 5-33- 27 = 49604	MCG 5-37- 10 = 55694
MCG 5-30- 25 = 41924	MCG 5-31- 26 = 44323	MCG 5-31-139 = 45582	MCG 5-33- 28 = 49640	MCG 5-37- 13 = 55783
MCG 5-30- 26 = 41975	MCG 5-31- 27 = 44329	MCG 5-31-142 = 45580	MCG 5-33- 29 = 49641	MCG 5-37- 14 = 55797
MCG 5-30- 27 = 41980	MCG 5-31- 28 = 44322	MCG 5-31-143 = 45607	MCG 5-33- 30 = 49690	MCG 5-37- 17 = 55883
MCG 5-30- 28 = 41995	MCG 5-31- 29 = 44324	MCG 5-31-144 = 45658	MCG 5-33- 36 = 49806	MCG 5-37- 19 = 55893
MCG 5-30- 30 = 42002	MCG 5-31- 30 = 44337	MCG 5-31-146 = 45668	MCG 5-33- 39 = 49883	MCG 5-37- 20 = 55967
MCG 5-30- 34 = 42053	MCG 5-31- 31 = 44338	MCG 5-31-148 = 45742	MCG 5-33- 40 = 49879	MCG 5-37- 21 = 55963
MCG 5-30- 35 = 42067	MCG 5-31- 32 = 44364	MCG 5-31-149 = 45756	MCG 5-33- 42 = 50045	MCG 5-37- 24 = 56014
MCG 5-30- 36 = 42083	MCG 5-31- 34 = 44370	MCG 5-31-150 = 45757	MCG 5-33- 45 = 50181	MCG 5-37- 27 = 56056
MCG 5-30- 38 = 42097	MCG 5-31- 38 = 44394	MCG 5-31-151 = 45790	MCG 5-33- 46 = 50200	MCG 5-38- 1 = 56410
MCG 5-30- 39 = 42098	MCG 5-31- 39 = 44405	MCG 5-31-153 = 45858	MCG 5-33- 49 = 50232	MCG 5-38- 4 = 56479
MCG 5-30- 40 = 42137	MCG 5-31- 40 = 44449	MCG 5-31-155 = 45887	MCG 5-33- 50 = 50251	MCG 5-38- 6 = 56547
MCG 5-30- 41 = 42161	MCG 5-31- 41 = 44416	MCG 5-31-156 = 45905	MCG 5-33- 52 = 50412	MCG 5-38- 9 = 56640
MCG 5-30- 41A = 42162	MCG 5-31- 42 = 44420	MCG 5-31-157 = 45938	MCG 5-33- 54 = 50690	MCG 5-38- 11 = 56839
MCG 5-30- 42 = 42215	MCG 5-31- 44 = 44424	MCG 5-31-159 = 45940	MCG 5-34- 1 = 50784	MCG 5-38- 14 = 56959

MCG	5-38- 15	= 57178
MCG	5-38- 17	= 57173
MCG	5-38- 19	= 57322
MCG	5-38- 22	= 57369
MCG	5-38- 24	= 57408
MCG	5-38- 25	= 57424
MCG	5-38- 29	= 57455
MCG	5-38- 33	= 57499
MCG	5-38- 34	= 57486
MCG	5-38- 35	= 57482
MCG	5-38- 36	= 57494
MCG	5-38- 37	= 57500
MCG	5-38- 43	= 57608
MCG	5-38- 44	= 57598
MCG	5-38- 47	= 57639
MCG	5-38- 48	= 57654
MCG	5-38- 49	= 57648
MCG	5-38- 51	= 57736
MCG	5-39- 1	= 57906
MCG	5-39- 2	= 58031
MCG	5-39- 5	= 58501
MCG	5-39- 7	= 58888
MCG	5-39- 8	= 58963
MCG	5-40- 4	= 59184
MCG	5-40- 5	= 59223
MCG	5-40- 6	= 59286
MCG	5-40- 8	= 59292
MCG	5-40- 9	= 59306
MCG	5-40- 11	= 59315
MCG	5-40- 12	= 59332
MCG	5-40- 13	= 59326
MCG	5-40- 14	= 59339
MCG	5-40- 16	= 59365
MCG	5-40- 18	= 59376
MCG	5-40- 22	= 59411
MCG	5-40- 26	= 59440
MCG	5-40- 28	= 59454
MCG	5-40- 29	= 59456
MCG	5-40- 33	= 59474
MCG	5-40- 34	= 59511
MCG	5-40- 35	= 59529
MCG	5-40- 40	= 59647
MCG	5-40- 41	= 59650
MCG	5-40- 42	= 59648
MCG	5-40- 44	= 59706
MCG	5-40- 45	= 59727
MCG	5-40- 48	= 59817
MCG	5-41- 5	= 59961
MCG	5-41- 8	= 60058
MCG	5-41- 12	= 60163
MCG	5-41- 13	= 60228
MCG	5-41- 14	= 60239
MCG	5-42- 3	= 60834
MCG	5-42- 4	= 61013
MCG	5-42- 5	= 61024
MCG	5-42- 8	= 61039
MCG	5-42- 9	= 61043
MCG	5-42- 11	= 61071
MCG	5-42- 13	= 61080
MCG	5-42- 15	= 61107
MCG	5-42- 16	= 61113
MCG	5-42- 18	= 61155
MCG	5-42- 19	= 61164
MCG	5-42- 20	= 61173
MCG	5-42- 22	= 61182
MCG	5-42- 23	= 61190
MCG	5-42- 27	= 61265
MCG	5-43- 1	= 61429
MCG	5-43- 3	= 61455
MCG	5-43- 4	= 61465
MCG	5-43- 5	= 61491
MCG	5-43- 6	= 61506
MCG	5-43- 8	= 61555
MCG	5-43- 14	= 61699
MCG	5-43- 18	= 61849
MCG	5-43- 21	= 61866
MCG	5-44- 1	= 61994
MCG	5-44- 3	= 62059
MCG	5-44- 6	= 62104
MCG	5-44- 8	= 62162
MCG	5-44- 10	= 62376
MCG	5-45- 2	= 62702
MCG	5-45- 3	= 62717
MCG	5-45- 4	= 62781
MCG	5-45- 6	= 63084
MCG	5-49- 1	= 66003
MCG	5-50- 1	= 66746
MCG	5-50- 2	= 66831
MCG	5-51- 1	= 67218
MCG	5-51- 2	= 67550
MCG	5-51- 3	= 67675
MCG	5-52- 1	= 68096
MCG	5-52- 2	= 68227
MCG	5-52- 5	= 68429
MCG	5-52- 6	= 68460
MCG	5-52- 7	= 68497
MCG	5-52- 8	= 68510
MCG	5-52- 9	= 68543
MCG	5-52- 10	= 68572
MCG	5-52- 11	= 68573
MCG	5-52- 12	= 68617
MCG	5-52- 13	= 68696
MCG	5-52- 14	= 68742
MCG	5-52- 15	= 68748
MCG	5-52- 17	= 68761
MCG	5-52- 19	= 68774
MCG	5-53- 1	= 68894
MCG	5-53- 2	= 68922
MCG	5-53- 3	= 68941
MCG	5-53- 4	= 69061
MCG	5-53- 5	= 69095
MCG	5-53- 6	= 69173
MCG	5-53- 8	= 69456
MCG	5-53- 9	= 69478
MCG	5-53- 10	= 69530
MCG	5-53- 11	= 69544
MCG	5-53- 12	= 69553
MCG	5-53- 13	= 69559
MCG	5-53- 14	= 69637
MCG	5-53- 15	= 69718
MCG	5-53- 16	= 69807
MCG	5-53- 18	= 69831
MCG	5-53- 19	= 69844
MCG	5-53- 20	= 69858
MCG	5-53- 23	= 69866
MCG	5-54- 1	= 69916
MCG	5-54- 2	= 69922
MCG	5-54- 3	= 69929
MCG	5-54- 4	= 69930
MCG	5-54- 5	= 69934
MCG	5-54- 6	= 69951
MCG	5-54- 7	= 69963
MCG	5-54- 9	= 69970
MCG	5-54- 16	= 70000
MCG	5-54- 18	= 70017
MCG	5-54- 19	= 70035
MCG	5-54- 20	= 70058
MCG	5-54- 21	= 70134
MCG	5-54- 23	= 70220
MCG	5-54- 24	= 70221
MCG	5-54- 26	= 70258
MCG	5-54- 27	= 70273
MCG	5-54- 28	= 70275
MCG	5-54- 29	= 70316
MCG	5-54- 30	= 70373
MCG	5-54- 31	= 70451
MCG	5-54- 33	= 70461
MCG	5-54- 34	= 70481
MCG	5-54- 36	= 70526
MCG	5-54- 37	= 70538
MCG	5-54- 38	= 70545
MCG	5-54- 39	= 70579
MCG	5-54- 40	= 70580
MCG	5-54- 41	= 70600
MCG	5-54- 43	= 70633
MCG	5-54- 44	= 70664
MCG	5-54- 45	= 70681
MCG	5-54- 46	= 70683
MCG	5-54- 47	= 70693
MCG	5-54- 48	= 70720
MCG	5-54- 49	= 70734
MCG	5-54- 52	= 70785
MCG	5-54- 55	= 70888
MCG	5-54- 56	= 70910
MCG	5-54- 57	= 70926
MCG	5-54- 59	= 70960
MCG	5-55- 1	= 71100
MCG	5-55- 2	= 71134
MCG	5-55- 3	= 71165
MCG	5-55- 4	= 71166
MCG	5-55- 5	= 71234
MCG	5-55- 6	= 71258
MCG	5-55- 8	= 71281
MCG	5-55- 9	= 71295
MCG	5-55- 12	= 71379
MCG	5-55- 14	= 71395
MCG	5-55- 15	= 71392
MCG	5-55- 16	= 71396
MCG	5-55- 17	= 71446
MCG	5-55- 20	= 71511
MCG	5-55- 21	= 71513
MCG	5-55- 23	= 71541
MCG	5-55- 25	= 71569
MCG	5-55- 27	= 71589
MCG	5-55- 28	= 71593
MCG	5-55- 29	= 71587
MCG	5-55- 30	= 71615
MCG	5-55- 31	= 71619
MCG	5-55- 32	= 71657
MCG	5-55- 33	= 71659
MCG	5-55- 34	= 71688
MCG	5-55- 35	= 71708
MCG	5-55- 36	= 71748
MCG	5-55- 37	= 71750
MCG	5-55- 38	= 71753
MCG	5-55- 39	= 71839
MCG	5-55- 40	= 71880
MCG	5-55- 42	= 71957
MCG	5-55- 43	= 71969
MCG	5-55- 44	= 71973
MCG	5-55- 46	= 72083
MCG	5-55- 47	= 72148
MCG	5-55- 49	= 72233
MCG	5-56- 2	= 72352
MCG	5-56- 4	= 72382
MCG	5-56- 5	= 72387
MCG	5-56- 6	= 72397
MCG	5-56- 7	= 72411
MCG	5-56- 8	= 72512
MCG	5-56- 9	= 72535
MCG	5-56- 11	= 72539
MCG	5-56- 13	= 72584
MCG	5-56- 14	= 72661
MCG	5-56- 15	= 72681
MCG	5-56- 16	= 72696
MCG	5-56- 18	= 72744
MCG	5-56- 20	= 72782
MCG	5-56- 21	= 72792
MCG	6- 1- 5	= 91
MCG	6- 1- 7	= 102
MCG	6- 1- 13	= 595
MCG	6- 1- 14	= 598
MCG	6- 1- 15	= 642
MCG	6- 1- 17	= 874
MCG	6- 1- 19	= 913
MCG	6- 1- 21	= 1128
MCG	6- 2- 9	= 2026
MCG	6- 2- 11	= 2088
MCG	6- 2- 13	= 2493
MCG	6- 2- 15	= 2517
MCG	6- 2- 16	= 2720
MCG	6- 2- 17	= 2726
MCG	6- 3- 3	= 3485
MCG	6- 3- 5	= 3559
MCG	6- 3- 11	= 3990
MCG	6- 3- 14	= 4054
MCG	6- 3- 15	= 4061
MCG	6- 3- 18	= 4126
MCG	6- 3- 19	= 4235
MCG	6- 3- 20	= 4286
MCG	6- 3- 21	= 4355
MCG	6- 3- 23	= 4379
MCG	6- 3- 27	= 4563
MCG	6- 3- 28	= 4579
MCG	6- 3- 29	= 4604
MCG	6- 4- 1	= 4674
MCG	6- 4- 3	= 4879
MCG	6- 4- 6	= 4971
MCG	6- 4- 7	= 4985
MCG	6- 4- 8	= 5008
MCG	6- 4- 11	= 5088
MCG	6- 4- 13	= 5132
MCG	6- 4- 16	= 5174
MCG	6- 4- 18	= 5268
MCG	6- 4- 19	= 5299
MCG	6- 4- 20	= 5340
MCG	6- 4- 21	= 5344
MCG	6- 4- 22	= 5360
MCG	6- 4- 27	= 5450
MCG	6- 4- 28	= 5475
MCG	6- 4- 29	= 5489
MCG	6- 4- 31	= 5550
MCG	6- 4- 33	= 5681
MCG	6- 4- 34	= 5676
MCG	6- 4- 35	= 5692
MCG	6- 4- 37	= 5746
MCG	6- 4- 38	= 5800
MCG	6- 4- 41	= 5904
MCG	6- 4- 45	= 5984
MCG	6- 4- 48	= 6059
MCG	6- 4- 49	= 6077
MCG	6- 4- 50	= 6138
MCG	6- 4- 53	= 6189
MCG	6- 4- 55	= 6232
MCG	6- 4- 58	= 6290
MCG	6- 4- 59	= 6372
MCG	6- 4- 60	= 6393
MCG	6- 4- 61	= 6397
MCG	6- 5- 1	= 6473
MCG	6- 5- 2	= 6483
MCG	6- 5- 3	= 6502
MCG	6- 5- 4	= 6560
MCG	6- 5- 5	= 6582
MCG	6- 5- 6	= 6607
MCG	6- 5- 7	= 6664
MCG	6- 5- 9	= 6677
MCG	6- 5- 11	= 6691
MCG	6- 5- 12	= 6711
MCG	6- 5- 13	= 6780
MCG	6- 5- 14	= 6782
MCG	6- 5- 15	= 6799
MCG	6- 5- 16	= 6805
MCG	6- 5- 17	= 6807
MCG	6- 5- 19	= 6851
MCG	6- 5- 20	= 6865
MCG	6- 5- 25	= 6934
MCG	6- 5- 26	= 6938
MCG	6- 5- 27	= 6948
MCG	6- 5- 29	= 6957
MCG	6- 5- 30	= 6958
MCG	6- 5- 31	= 6962
MCG	6- 5- 32	= 6961
MCG	6- 5- 33	= 6972
MCG	6- 5- 34	= 6977
MCG	6- 5- 35	= 6988
MCG	6- 5- 36	= 7006
MCG	6- 5- 37	= 7009
MCG	6- 5- 40	= 7029
MCG	6- 5- 41	= 7033
MCG	6- 5- 42	= 7066
MCG	6- 5- 43	= 7097
MCG	6- 5- 44	= 7111
MCG	6- 5- 49	= 7140
MCG	6- 5- 50	= 7139
MCG	6- 5- 52	= 7173
MCG	6- 5- 54	= 7220
MCG	6- 5- 55	= 7223
MCG	6- 5- 56	= 7263
MCG	6- 5- 57	= 7270
MCG	6- 5- 58	= 7282
MCG	6- 5- 59	= 7300
MCG	6- 5- 60	= 7295
MCG	6- 5- 64	= 7381
MCG	6- 5- 65	= 7396
MCG	6- 5- 66	= 7387
MCG	6- 5- 67	= 7397
MCG	6- 5- 70	= 7488
MCG	6- 5- 71	= 7502
MCG	6- 5- 72	= 7504
MCG	6- 5- 73	= 7527
MCG	6- 5- 75	= 7581
MCG	6- 5- 76	= 7579
MCG	6- 5- 77	= 7646
MCG	6- 5- 78	= 7832
MCG	6- 5- 79	= 7847
MCG	6- 5- 81	= 7929
MCG	6- 5- 84	= 7972
MCG	6- 5- 85	= 8087
MCG	6- 5- 86	= 8185
MCG	6- 5- 88	= 8249
MCG	6- 5- 91	= 8282
MCG	6- 5- 92	= 8283
MCG	6- 5- 93	= 8301
MCG	6- 5- 98	= 8351
MCG	6- 5- 99	= 8352
MCG	6- 5-100	= 8365
MCG	6- 5-101	= 8372
MCG	6- 5-102	= 8396
MCG	6- 5-103	= 8433
MCG	6- 5-104	= 8438
MCG	6- 5-105	= 8469
MCG	6- 5-107	= 8587
MCG	6- 6- 2	= 8636
MCG	6- 6- 3	= 8652
MCG	6- 6- 6	= 8737
MCG	6- 6- 8	= 8777
MCG	6- 6- 9	= 8782
MCG	6- 6- 10	= 8786
MCG	6- 6- 11	= 8798
MCG	6- 6- 13	= 8820
MCG	6- 6- 14	= 8829
MCG	6- 6- 16	= 8866
MCG	6- 6- 17	= 8873
MCG	6- 6- 22	= 8932
MCG	6- 6- 23	= 8961
MCG	6- 6- 24	= 8970
MCG	6- 6- 25	= 9004
MCG	6- 6- 28	= 9168
MCG	6- 6- 29	= 9202
MCG	6- 6- 30	= 9215
MCG	6- 6- 31	= 9225
MCG	6- 6- 32	= 9238
MCG	6- 6- 33	= 9247
MCG	6- 6- 35	= 9288
MCG	6- 6- 36	= 9314
MCG	6- 6- 38	= 9364
MCG	6- 6- 41	= 9434
MCG	6- 6- 46	= 9533
MCG	6- 6- 48	= 9566
MCG	6- 6- 49	= 9618
MCG	6- 6- 51	= 9665
MCG	6- 6- 52	= 9704
MCG	6- 6- 54	= 9702
MCG	6- 6- 55	= 9758
MCG	6- 6- 56	= 9779
MCG	6- 6- 58	= 9811
MCG	6- 6- 60	= 9834
MCG	6- 6- 61	= 9841
MCG	6- 6- 62	= 9852
MCG	6- 6- 63	= 9882
MCG	6- 6- 65	= 9899
MCG	6- 6- 66	= 9906
MCG	6- 6- 67	= 9912
MCG	6- 6- 68	= 9958
MCG	6- 6- 69	= 9972
MCG	6- 6- 70	= 10034
MCG	6- 6- 71	= 10124
MCG	6- 6- 73	= 10123
MCG	6- 6- 76	= 10256
MCG	6- 6- 78	= 10257
MCG	6- 6- 79	= 10264
MCG	6- 7- 1	= 10314
MCG	6- 7- 2	= 10375
MCG	6- 7- 3	= 10383
MCG	6- 7- 8	= 10532
MCG	6- 7- 9	= 10586
MCG	6- 7- 11	= 10606
MCG	6- 7- 12	= 10676
MCG	6- 7- 14	= 10810
MCG	6- 7- 18	= 10941
MCG	6- 7- 21	= 11065
MCG	6- 7- 22	= 11060
MCG	6- 7- 23	= 11210
MCG	6- 7- 25	= 11290
MCG	6- 7- 27	= 11341
MCG	6- 7- 28	= 11360
MCG	6- 7- 30	= 11369
MCG	6- 7- 31	= 11370
MCG	6- 7- 32	= 11414
MCG	6- 7- 33	= 11425
MCG	6- 7- 35	= 11437
MCG	6- 7- 37	= 11447
MCG	6- 7- 38	= 11625
MCG	6- 7- 40	= 11679
MCG	6- 7- 41	= 11696
MCG	6- 7- 42	= 11711
MCG	6- 7- 43	= 11737
MCG	6- 7- 44	= 11740
MCG	6- 7- 45	= 11789
MCG	6- 8- 1	= 11879
MCG	6- 8- 3	= 11955
MCG	6- 8- 4	= 12070
MCG	6- 8- 5	= 12080
MCG	6- 8- 9	= 12159
MCG	6- 8- 10	= 12200
MCG	6- 8- 12	= 12318
MCG	6- 8- 13	= 12510
MCG	6- 8- 14	= 12549
MCG	6- 8- 17	= 12698
MCG	6- 8- 18	= 12705
MCG	6- 8- 19	= 12713
MCG	6- 8- 20	= 12763
MCG	6- 8- 25	= 12928
MCG	6- 8- 26	= 13006
MCG	6- 8- 28	= 13073
MCG	6- 8- 31	= 13158
MCG	6- 8- 33	= 13224
MCG	6- 8- 34	= 13219
MCG	6- 8- 35	= 13243
MCG	6- 9- 1	= 13474

MCG 6- 9- 3 = 13613	MCG 6-20- 13A = 24997	MCG 6-23- 8 = 30357	MCG 6-26- 49 = 37183	MCG 6-29- 65 = 46065
MCG 6- 9- 6 = 13707	MCG 6-20- 14 = 25001	MCG 6-23- 9 = 30371	MCG 6-26- 51 = 37235	MCG 6-29- 68 = 46092
MCG 6- 9- 7 = 13833	MCG 6-20- 16 = 25287	MCG 6-23- 11 = 30459	MCG 6-26- 52 = 37308	MCG 6-29- 69 = 46171
MCG 6- 9- 8 = 13859	MCG 6-20- 17 = 25281	MCG 6-23- 13 = 30468	MCG 6-26- 55 = 37421	MCG 6-29- 74 = 46249
MCG 6- 9- 11 = 14008	MCG 6-20- 18 = 25284	MCG 6-23- 17 = 30694	MCG 6-26- 58 = 37589	MCG 6-29- 76 = 46506
MCG 6- 9- 12 = 14030	MCG 6-20- 19 = 25331	MCG 6-23- 19 = 31285	MCG 6-26- 59 = 37616	MCG 6-29- 77 = 46515
MCG 6- 9- 13 = 14045	MCG 6-20- 22 = 25524	MCG 6-23- 21 = 31428	MCG 6-26- 60 = 37613	MCG 6-29- 78 = 46529
MCG 6- 9- 14 = 14142	MCG 6-20- 23 = 25533	MCG 6-23- 23 = 31474	MCG 6-26- 61 = 37624	MCG 6-29- 85 = 46739
MCG 6- 9- 15 = 14152	MCG 6-20- 24 = 25562	MCG 6-23- 25 = 31545	MCG 6-26- 62 = 37639	MCG 6-30- 1 = 46855
MCG 6- 9- 16 = 14276	MCG 6-20- 25 = 25609	MCG 6-23- 26 = 31572	MCG 6-26- 63 = 37689	MCG 6-30- 4 = 46906
MCG 6- 9- 17 = 14420	MCG 6-20- 28 = 25644	MCG 6-24- 2 = 31782	MCG 6-26- 64 = 37738	MCG 6-30- 6 = 46919
MCG 6- 9- 20 = 14483	MCG 6-20- 32 = 25719	MCG 6-24- 3 = 31817	MCG 6-26- 67 = 37769	MCG 6-30- 10 = 47011
MCG 6-10- 2 = 14709	MCG 6-20- 33 = 25718	MCG 6-24- 4 = 31845	MCG 6-26- 68 = 37940	MCG 6-30- 11 = 47041
MCG 6-10- 3 = 14812	MCG 6-20- 38 = 25806	MCG 6-24- 6 = 31923	MCG 6-27- 4 = 38363	MCG 6-30- 16 = 47369
MCG 6-10- 5 = 14959	MCG 6-20- 39 = 25821	MCG 6-24- 8 = 32071	MCG 6-27- 12 = 38471	MCG 6-30- 28 = 47634
MCG 6-10- 7 = 15047	MCG 6-20- 40 = 25911	MCG 6-24- 9 = 32123	MCG 6-27- 14 = 38567	MCG 6-30- 37 = 47740
MCG 6-14- 1 = 18299	MCG 6-20- 41 = 25919	MCG 6-24- 10 = 32134	MCG 6-27- 18 = 38704	MCG 6-30- 39 = 47809
MCG 6-15- 4 = 19544	MCG 6-20- 42 = 25940	MCG 6-24- 14 = 32259	MCG 6-27- 22 = 38808	MCG 6-30- 40 = 47822
MCG 6-15- 6 = 19586	MCG 6-20- 43 = 25955	MCG 6-24- 15 = 32302	MCG 6-27- 23 = 38820	MCG 6-30- 43 = 47837
MCG 6-15- 7 = 19605	MCG 6-20- 47 = 25967	MCG 6-24- 16 = 32390	MCG 6-27- 26 = 38881	MCG 6-30- 45 = 47864
MCG 6-15- 8 = 19603	MCG 6-20- 48 = 26019	MCG 6-24- 17 = 32424	MCG 6-27- 27 = 38905	MCG 6-30- 46 = 47872
MCG 6-15- 10 = 19716	MCG 6-20- 50 = 26049	MCG 6-24- 18 = 32434	MCG 6-27- 29 = 38933	MCG 6-30- 47 = 47895
MCG 6-15- 11 = 19714	MCG 6-20- 52 = 26058	MCG 6-24- 19 = 32452	MCG 6-27- 30 = 39023	MCG 6-30- 51 = 47935
MCG 6-15- 12 = 19718	MCG 6-21- 2 = 26189	MCG 6-24- 21 = 32465	MCG 6-27- 36 = 39092	MCG 6-30- 52 = 47961
MCG 6-15- 13 = 19719	MCG 6-21- 3 = 26224	MCG 6-24- 24 = 32543	MCG 6-27- 39 = 39150	MCG 6-30- 55 = 47980
MCG 6-15- 14 = 19729	MCG 6-21- 7 = 26300	MCG 6-24- 25 = 32584	MCG 6-27- 40 = 39158	MCG 6-30- 56 = 47971
MCG 6-16- 3 = 19933	MCG 6-21- 8 = 26340	MCG 6-24- 26 = 32614	MCG 6-27- 42 = 39225	MCG 6-30- 59 = 48047
MCG 6-16- 5 = 19944	MCG 6-21- 10 = 26345	MCG 6-24- 28 = 32643	MCG 6-27- 43 = 39329	MCG 6-30- 60 = 48080
MCG 6-16- 6 = 19974	MCG 6-21- 11 = 26346	MCG 6-24- 29 = 32652	MCG 6-27- 44 = 39341	MCG 6-30- 62 = 48185
MCG 6-16- 7 = 19981	MCG 6-21- 12 = 26366	MCG 6-24- 31 = 32680	MCG 6-27- 45 = 39422	MCG 6-30- 63 = 48206
MCG 6-16- 9 = 20050	MCG 6-21- 13 = 26376	MCG 6-24- 36 = 32850	MCG 6-27- 49 = 39999	MCG 6-30- 69 = 48441
MCG 6-16- 17 = 20131	MCG 6-21- 14 = 26371	MCG 6-24- 43 = 33203	MCG 6-27- 53 = 40596	MCG 6-30- 72 = 48521
MCG 6-16- 20 = 20223	MCG 6-21- 15 = 26377	MCG 6-24- 46 = 33495	MCG 6-27- 55 = 40791	MCG 6-30- 74 = 48542
MCG 6-16- 21 = 20221	MCG 6-21- 16 = 26382	MCG 6-25- 1 = 33540	MCG 6-27- 56 = 41031	MCG 6-30- 75 = 48558
MCG 6-16- 22 = 20267	MCG 6-21- 19 = 26390	MCG 6-25- 2 = 33566	MCG 6-27- 57 = 41020	MCG 6-30- 76 = 48690
MCG 6-16- 24 = 20316	MCG 6-21- 20 = 26397	MCG 6-25- 6 = 33720	MCG 6-27- 58 = 41048	MCG 6-30- 77 = 48724
MCG 6-16- 25 = 20372	MCG 6-21- 22 = 26412	MCG 6-25- 7 = 33719	MCG 6-28- 0 = 42275	MCG 6-30- 78 = 48756
MCG 6-16- 26 = 20429	MCG 6-21- 23 = 26425	MCG 6-25- 11 = 33806	MCG 6-28- 3 = 41407	MCG 6-30- 79 = 48783
MCG 6-16- 27 = 20432	MCG 6-21- 25 = 26445	MCG 6-25- 13 = 33868	MCG 6-28- 5 = 41459	MCG 6-30- 80 = 48807
MCG 6-16- 28 = 20450	MCG 6-21- 26 = 26504	MCG 6-25- 20 = 34075	MCG 6-28- 8 = 41620	MCG 6-30- 81 = 48862
MCG 6-16- 33 = 20542	MCG 6-21- 27 = 26520	MCG 6-25- 26 = 34278	MCG 6-28- 10 = 41779	MCG 6-30- 83 = 48869
MCG 6-16- 34 = 20559	MCG 6-21- 28 = 26575	MCG 6-25- 28 = 34284	MCG 6-28- 15 = 42189	MCG 6-30- 85 = 48887
MCG 6-16- 35 = 20585	MCG 6-21- 30 = 26649	MCG 6-25- 30 = 34320	MCG 6-28- 18 = 42594	MCG 6-30- 86 = 48926
MCG 6-16- 36 = 20586	MCG 6-21- 31 = 26663	MCG 6-25- 35 = 34440	MCG 6-28- 19 = 42620	MCG 6-30- 87 = 48930
MCG 6-16- 37 = 20799	MCG 6-21- 34 = 26714	MCG 6-25- 38 = 34485	MCG 6-28- 20 = 42637	MCG 6-30- 89 = 48982
MCG 6-17- 1 = 20886	MCG 6-21- 35 = 26741	MCG 6-25- 39 = 34497	MCG 6-28- 21 = 42727	MCG 6-30- 90 = 49041
MCG 6-17- 2 = 20911	MCG 6-21- 37 = 26752	MCG 6-25- 44 = 34681	MCG 6-28- 24 = 42901	MCG 6-30- 96 = 49139
MCG 6-17- 4 = 21016	MCG 6-21- 53 = 27254	MCG 6-25- 45 = 34702	MCG 6-28- 25 = 42904	MCG 6-30-100 = 49141
MCG 6-17- 5 = 21035	MCG 6-21- 54 = 27261	MCG 6-25- 48 = 34772	MCG 6-28- 30 = 43129	MCG 6-30-105 = 49158
MCG 6-17- 6 = 21036	MCG 6-21- 57 = 27361	MCG 6-25- 49 = 34797	MCG 6-28- 31 = 43157	MCG 6-31- 1 = 49237
MCG 6-17- 9 = 21094	MCG 6-21- 59 = 27383	MCG 6-25- 52 = 34833	MCG 6-28- 32 = 43281	MCG 6-31- 2 = 49285
MCG 6-17- 10 = 21099	MCG 6-21- 60 = 27400	MCG 6-25- 53 = 34870	MCG 6-28- 33 = 43286	MCG 6-31- 3 = 49301
MCG 6-17- 11 = 21109	MCG 6-21- 62 = 27416	MCG 6-25- 55 = 34917	MCG 6-28- 35 = 43428	MCG 6-31- 4 = 49333
MCG 6-17- 12 = 21136	MCG 6-21- 65 = 27527	MCG 6-25- 56 = 34933	MCG 6-28- 37 = 43759	MCG 6-31- 5 = 49336
MCG 6-17- 13 = 21144	MCG 6-21- 67 = 27533	MCG 6-25- 57 = 34936	MCG 6-28- 38 = 43750	MCG 6-31- 6 = 49337
MCG 6-17- 14 = 21154	MCG 6-21- 68 = 27530	MCG 6-25- 58 = 34946	MCG 6-28- 44 = 44213	MCG 6-31- 7 = 49342
MCG 6-17- 15 = 21168	MCG 6-21- 69 = 27539	MCG 6-25- 66 = 35210	MCG 6-29- 2 = 44362	MCG 6-31- 8 = 49359
MCG 6-17- 16 = 21244	MCG 6-21- 71 = 27547	MCG 6-25- 72 = 35210	MCG 6-29- 3 = 44536	MCG 6-31- 9 = 49364
MCG 6-17- 18 = 21291	MCG 6-21- 72 = 27546	MCG 6-25- 74 = 35254	MCG 6-29- 4 = 44557	MCG 6-31- 10 = 49366
MCG 6-17- 19 = 21324	MCG 6-21- 73 = 27666	MCG 6-25- 75 = 35252	MCG 6-29- 10 = 44694	MCG 6-31- 11 = 49370
MCG 6-17- 20 = 21372	MCG 6-22- 1 = 27789	MCG 6-25- 76 = 35352	MCG 6-29- 12 = 44731	MCG 6-31- 21 = 49422
MCG 6-17- 21 = 21399	MCG 6-22- 3 = 27813	MCG 6-25- 77 = 35396	MCG 6-29- 13 = 44806	MCG 6-31- 23 = 49452
MCG 6-17- 23 = 21425	MCG 6-22- 5 = 27843	MCG 6-25- 79 = 35413	MCG 6-29- 14 = 44807	MCG 6-31- 26 = 49529
MCG 6-17- 24 = 21475	MCG 6-22- 8 = 27987	MCG 6-25- 80 = 35517	MCG 6-29- 17 = 44920	MCG 6-31- 27 = 49598
MCG 6-17- 25 = 21555	MCG 6-22- 9 = 27996	MCG 6-25- 81 = 35549	MCG 6-29- 18 = 44986	MCG 6-31- 28 = 49605
MCG 6-17- 26 = 21581	MCG 6-22- 13 = 28186	MCG 6-25- 82 = 35145	MCG 6-29- 23 = 45145	MCG 6-31- 32 = 49709
MCG 6-17- 28 = 21847	MCG 6-22- 17 = 28270	MCG 6-25- 83 = 35621	MCG 6-29- 25 = 45236	MCG 6-31- 33 = 49739
MCG 6-17- 29 = 21918	MCG 6-22- 19 = 28357	MCG 6-25- 85 = 35679	MCG 6-29- 27 = 45274	MCG 6-31- 34 = 49747
MCG 6-17- 30 = 21983	MCG 6-22- 20 = 28370	MCG 6-25- 86 = 35687	MCG 6-29- 30 = 45306	MCG 6-31- 39 = 49799
MCG 6-18- 3 = 22305	MCG 6-22- 21 = 28390	MCG 6-26- 1 = 35707	MCG 6-29- 31 = 45314	MCG 6-31- 40 = 49810
MCG 6-18- 4 = 22350	MCG 6-22- 24 = 28494	MCG 6-26- 2 = 35725	MCG 6-29- 34 = 45336	MCG 6-31- 41 = 49820
MCG 6-18- 5 = 22381	MCG 6-22- 25 = 28551	MCG 6-26- 4 = 35732	MCG 6-29- 35 = 45397	MCG 6-31- 44 = 49927
MCG 6-18- 7 = 22417	MCG 6-22- 27 = 28581	MCG 6-26- 5 = 35754	MCG 6-29- 36 = 45410	MCG 6-31- 45 = 49950
MCG 6-18- 9 = 22616	MCG 6-22- 29 = 28623	MCG 6-26- 6 = 35826	MCG 6-29- 38 = 45451	MCG 6-31- 48 = 49956
MCG 6-18- 13 = 22922	MCG 6-22- 33 = 28645	MCG 6-26- 7 = 35859	MCG 6-29- 41 = 45481	MCG 6-31- 50 = 50012
MCG 6-18- 14 = 23028	MCG 6-22- 39 = 28758	MCG 6-26- 8 = 35913	MCG 6-29- 44 = 45538	MCG 6-31- 52 = 50042
MCG 6-18- 15 = 23239	MCG 6-22- 43 = 28795	MCG 6-26- 9 = 36029	MCG 6-29- 48 = 45684	MCG 6-31- 54 = 50080
MCG 6-19- 1 = 23341	MCG 6-22- 46 = 28805	MCG 6-26- 11 = 36079	MCG 6-29- 49 = 45700	MCG 6-31- 55 = 50090
MCG 6-19- 5 = 23798	MCG 6-22- 47 = 28888	MCG 6-26- 12 = 36126	MCG 6-29- 50 = 45719	MCG 6-31- 56 = 50116
MCG 6-19- 15 = 24438	MCG 6-22- 50 = 28984	MCG 6-26- 16 = 36232	MCG 6-29- 51 = 45728	MCG 6-31- 58 = 50134
MCG 6-19- 16 = 24453	MCG 6-22- 53 = 29019	MCG 6-26- 19 = 36266	MCG 6-29- 52 = 45749	MCG 6-31- 59 = 50139
MCG 6-19- 18 = 24531	MCG 6-22- 54 = 29034	MCG 6-26- 24 = 36504	MCG 6-29- 53 = 45755	MCG 6-31- 61 = 50140
MCG 6-19- 19 = 24532	MCG 6-22- 55 = 29036	MCG 6-26- 25 = 36530	MCG 6-29- 54 = 45778	MCG 6-31- 65 = 50159
MCG 6-19- 21 = 24620	MCG 6-22- 65 = 29222	MCG 6-26- 27 = 36568	MCG 6-29- 55 = 45787	MCG 6-31- 67 = 50180
MCG 6-20- 5 = 24728	MCG 6-22- 71 = 29365	MCG 6-26- 33 = 36712	MCG 6-29- 56 = 45822	MCG 6-31- 68 = 50256
MCG 6-20- 7 = 24791	MCG 6-22- 74 = 29415	MCG 6-26- 40 = 36873	MCG 6-29- 57 = 45848	MCG 6-31- 69 = 50306
MCG 6-20- 8 = 24829	MCG 6-22- 77 = 29526	MCG 6-26- 41 = 36902	MCG 6-29- 60 = 45921	MCG 6-31- 71 = 50437
MCG 6-20- 11 = 24930	MCG 6-23- 0 = 30939	MCG 6-26- 42 = 37093	MCG 6-29- 61 = 45927	MCG 6-31- 72 = 50485
MCG 6-20- 12 = 24981	MCG 6-23- 4 = 29997	MCG 6-26- 45 = 37132	MCG 6-29- 62 = 45948	MCG 6-31- 76 = 50623
MCG 6-20- 13 = 24996	MCG 6-23- 7 = 30147	MCG 6-26- 46 = 37138	MCG 6-29- 64 = 46041	MCG 6-31- 78 = 50693

MCG	=	MCG	=	MCG	=	MCG	=	MCG	=
MCG 6-31- 79	50758	MCG 6-36- 51	58490	MCG 6-49- 22	68974	MCG 7- 4- 7	6056	MCG 7- 7- 16	11441
MCG 6-31- 80	50853	MCG 6-36- 52	58493	MCG 6-49- 23	68973	MCG 7- 4- 11	6921	MCG 7- 7- 17	11449
MCG 6-31- 83	50902	MCG 6-36- 55	58610	MCG 6-49- 24	68991	MCG 7- 5- 1	7017	MCG 7- 7- 18	11552
MCG 6-31- 85	50942	MCG 6-36- 56	58633	MCG 6-49- 25	69019	MCG 7- 5- 2	7320	MCG 7- 7- 19	11578
MCG 6-31- 88	50972	MCG 6-36- 58	58644	MCG 6-49- 26	69016	MCG 7- 5- 3	7399	MCG 7- 7- 20	11581
MCG 6-31- 89	50973	MCG 6-37- 3	58728	MCG 6-49- 28	69047	MCG 7- 5- 4	7456	MCG 7- 7- 21	11617
MCG 6-31- 90	51018	MCG 6-37- 7	58827	MCG 6-49- 29	69055	MCG 7- 5- 5	7686	MCG 7- 7- 22	11634
MCG 6-31- 91	51023	MCG 6-37- 8	58962	MCG 6-49- 32	69101	MCG 7- 5- 10	7853	MCG 7- 7- 23	11643
MCG 6-31- 93	51104	MCG 6-37- 9	58967	MCG 6-49- 33	69110	MCG 7- 5- 11	7980	MCG 7- 7- 24	11648
MCG 6-31- 99	51196	MCG 6-37- 10	58970	MCG 6-49- 37	69241	MCG 7- 5- 12	8009	MCG 7- 7- 25	11661
MCG 6-32- 2	51236	MCG 6-37- 14	59244	MCG 6-49- 38	69256	MCG 7- 5- 14	8066	MCG 7- 7- 26	11686
MCG 6-32- 5	51300	MCG 6-37- 16	59276	MCG 6-49- 39	69260	MCG 7- 5- 15	8078	MCG 7- 7- 27	11702
MCG 6-32- 6	51312	MCG 6-37- 22	59489	MCG 6-49- 40	69263	MCG 7- 5- 16	8127	MCG 7- 7- 28	11771
MCG 6-32- 10	51355	MCG 6-37- 25	59554	MCG 6-49- 41	69269	MCG 7- 5- 17	8132	MCG 7- 7- 29	11790
MCG 6-32- 13	51368	MCG 6-37- 26	59610	MCG 6-49- 42	69270	MCG 7- 5- 18	8161	MCG 7- 7- 30	11846
MCG 6-32- 14	51371	MCG 6-37- 27	59616	MCG 6-49- 43	69279	MCG 7- 5- 20	8212	MCG 7- 7- 32	11872
MCG 6-32- 18	51415	MCG 6-38- 2	59716	MCG 6-49- 45	69327	MCG 7- 5- 22	8294	MCG 7- 7- 33	11878
MCG 6-32- 19	51419	MCG 6-38- 6	59834	MCG 6-49- 46	69314	MCG 7- 5- 24	8430	MCG 7- 7- 34	11886
MCG 6-32- 20	51431	MCG 6-38- 7	59835	MCG 6-49- 47	69338	MCG 7- 5- 25	8431	MCG 7- 7- 35	12005
MCG 6-32- 21	51433	MCG 6-38- 23	60403	MCG 6-49- 50	69344	MCG 7- 5- 26	8503	MCG 7- 7- 36	12074
MCG 6-32- 22	51439	MCG 6-39- 4	60614	MCG 6-49- 51	69360	MCG 7- 5- 30	8654	MCG 7- 7- 37	12081
MCG 6-32- 26	51448	MCG 6-39- 11	60686	MCG 6-49- 52	69362	MCG 7- 5- 31	8674	MCG 7- 7- 38	12089
MCG 6-32- 27	51455	MCG 6-39- 15	60766	MCG 6-49- 54	69374	MCG 7- 5- 35	8836	MCG 7- 7- 39	12092
MCG 6-32- 29	51470	MCG 6-39- 19	60829	MCG 6-49- 58	69385	MCG 7- 5- 37	8844	MCG 7- 7- 40	12098
MCG 6-32- 30	51477	MCG 6-39- 20	60886	MCG 6-49- 59	69391	MCG 7- 5- 38	8906	MCG 7- 7- 41	12132
MCG 6-32- 33	51505	MCG 6-39- 22	60920	MCG 6-49- 64	69401	MCG 7- 5- 40	8947	MCG 7- 7- 42	12133
MCG 6-32- 34	51511	MCG 6-39- 25	61092	MCG 6-49- 65	69400	MCG 7- 5- 44	9014	MCG 7- 7- 43	12141
MCG 6-32- 35	51598	MCG 6-39- 26	61120	MCG 6-49- 68	69434	MCG 7- 5- 45	9029	MCG 7- 7- 44	12157
MCG 6-32- 36	51601	MCG 6-39- 27	61129	MCG 6-49- 69	69439	MCG 7- 5- 46	9031	MCG 7- 7- 45	12171
MCG 6-32- 38	51695	MCG 6-39- 28	61207	MCG 6-49- 71	69486	MCG 7- 6- 1	9051	MCG 7- 7- 47	12219
MCG 6-32- 43	51745	MCG 6-39- 31	61257	MCG 6-49- 73	69502	MCG 7- 6- 2	9062	MCG 7- 7- 49	12257
MCG 6-32- 45	51779	MCG 6-39- 33	61269	MCG 6-49- 74	69498	MCG 7- 6- 3	9067	MCG 7- 7- 51	12279
MCG 6-32- 49	51803	MCG 6-40- 4	61402	MCG 6-49- 78	69580	MCG 7- 6- 4	9073	MCG 7- 7- 52	12287
MCG 6-32- 50	51807	MCG 6-40- 5	61423	MCG 6-49- 79	69605	MCG 7- 6- 8	9130	MCG 7- 7- 53	12326
MCG 6-32- 53	51831	MCG 6-40- 8	61469	MCG 6-49- 80	69619	MCG 7- 6- 9	9150	MCG 7- 7- 54	12333
MCG 6-32- 62	51965	MCG 6-40- 9	61518	MCG 6-50- 2	69647	MCG 7- 6- 11	9180	MCG 7- 7- 55	12331
MCG 6-32- 65	52010	MCG 6-40- 12	61711	MCG 6-50- 3	69681	MCG 7- 6- 12	9188	MCG 7- 7- 56	12332
MCG 6-32- 67	52027	MCG 6-40- 18	61913	MCG 6-50- 4	69786	MCG 7- 6- 13	9197	MCG 7- 7- 57	12350
MCG 6-32- 71	52160	MCG 6-40- 19	61927	MCG 6-50- 5	69855	MCG 7- 6- 14	9201	MCG 7- 7- 58	12384
MCG 6-32- 73	52179	MCG 6-40- 21	61966	MCG 6-50- 6	69861	MCG 7- 6- 16	9221	MCG 7- 7- 59	12396
MCG 6-32- 77	52261	MCG 6-41- 1	61991	MCG 6-50- 8	69946	MCG 7- 6- 17	9253	MCG 7- 7- 60	12397
MCG 6-32- 81	52359	MCG 6-41- 2	61997	MCG 6-50- 9	69979	MCG 7- 6- 20	9301	MCG 7- 7- 61	12405
MCG 6-32- 83	52424	MCG 6-41- 4	62056	MCG 6-50- 12	70042	MCG 7- 6- 22	9355	MCG 7- 7- 62	12413
MCG 6-32- 94	52712	MCG 6-41- 7	62155	MCG 6-50- 13	70065	MCG 7- 6- 23	9357	MCG 7- 7- 63	12429
MCG 6-32- 96	52743	MCG 6-41- 8	62154	MCG 6-50- 14	70152	MCG 7- 6- 24	9480	MCG 7- 7- 64	12434
MCG 6-32- 97	52741	MCG 6-41- 10	62190	MCG 6-50- 16	70196	MCG 7- 6- 26	9556	MCG 7- 7- 65	12438
MCG 6-32- 99	52754	MCG 6-41- 11	62205	MCG 6-50- 17	70226	MCG 7- 6- 27	9590	MCG 7- 7- 66	12452
MCG 6-33- 1	52877	MCG 6-41- 13	62237	MCG 6-50- 19	70330	MCG 7- 6- 28	9589	MCG 7- 7- 67	12458
MCG 6-33- 2	53014	MCG 6-41- 14	62245	MCG 6-50- 20	70368	MCG 7- 6- 29	9655	MCG 7- 7- 68	12471
MCG 6-33- 4	53039	MCG 6-41- 15	62242	MCG 6-50- 22	70470	MCG 7- 6- 30	9663	MCG 7- 7- 69	12478
MCG 6-33- 12	53350	MCG 6-41- 19	62293	MCG 6-50- 23	70501	MCG 7- 6- 31	9683	MCG 7- 7- 73	12558
MCG 6-33- 14	53557	MCG 6-41- 22	62532	MCG 6-50- 24	70511	MCG 7- 6- 32	9759	MCG 7- 7- 75	12597
MCG 6-33- 20	53805	MCG 6-41- 23	62595	MCG 6-50- 26	70689	MCG 7- 6- 33	9773	MCG 7- 7- 76	12600
MCG 6-33- 22	54033	MCG 6-41- 24	62613	MCG 6-51- 2	70909	MCG 7- 6- 37	9827	MCG 7- 7- 77	12622
MCG 6-33- 28	54336	MCG 6-43- 1	63299	MCG 6-51- 3	71124	MCG 7- 6- 38	9831	MCG 7- 7- 78	12627
MCG 6-34- 2	54616	MCG 6-43- 2	63307	MCG 6-51- 7	71689	MCG 7- 6- 39	9838	MCG 7- 7- 79	12660
MCG 6-34- 8	54983	MCG 6-43- 4	63328	MCG 6-51- 8	71772	MCG 7- 6- 41	9873	MCG 7- 7- 81	12702
MCG 6-34- 9	55040	MCG 6-45- 1	64622	MCG 6-52- 2	72161	MCG 7- 6- 42	9952	MCG 7- 8- 1A	12747
MCG 6-34- 12	55285	MCG 6-47- 1	66585	MCG 7- 1- 1	72980	MCG 7- 6- 43	9983	MCG 7- 8- 3	12787
MCG 6-35- 3	55943	MCG 6-47- 3	67017	MCG 7- 1- 6	1123	MCG 7- 6- 44	10008	MCG 7- 8- 5	12802
MCG 6-35- 16	56529	MCG 6-47- 4	67025	MCG 7- 2- 4	1681	MCG 7- 6- 45	10015	MCG 7- 8- 6	12816
MCG 6-35- 17	56573	MCG 6-47- 5	67049	MCG 7- 2- 5	1861	MCG 7- 6- 46	10025	MCG 7- 8- 7	12819
MCG 6-35- 22	56679	MCG 6-48- 1	67529	MCG 7- 2- 6	1885	MCG 7- 6- 47	10026	MCG 7- 8- 8	12830
MCG 6-35- 26	56812	MCG 6-48- 3	67947	MCG 7- 2- 8	2039	MCG 7- 6- 49	10047	MCG 7- 8- 9	12845
MCG 6-35- 31	57008	MCG 6-48- 4	67957	MCG 7- 2- 9	2240	MCG 7- 6- 51	10052	MCG 7- 8- 10	12893
MCG 6-35- 33	57156	MCG 6-48- 5	67966	MCG 7- 2- 13	2314	MCG 7- 6- 54	10156	MCG 7- 8- 11	12912
MCG 6-35- 37	57284	MCG 6-48- 6	68007	MCG 7- 2- 14	2429	MCG 7- 6- 56	10243	MCG 7- 8- 12	12964
MCG 6-35- 38	57287	MCG 6-48- 9	68178	MCG 7- 2- 15	2555	MCG 7- 6- 58	10289	MCG 7- 8- 14	12975
MCG 6-35- 42	57394	MCG 6-48- 12	68234	MCG 7- 2- 16	2557	MCG 7- 6- 59	10296	MCG 7- 8- 18	13001
MCG 6-35- 43	57407	MCG 6-48- 15	68243	MCG 7- 2- 17	2645	MCG 7- 6- 60	10298	MCG 7- 8- 19	13015
MCG 6-36- 2	57508	MCG 6-48- 16	68254	MCG 7- 2- 20	3011	MCG 7- 6- 61	10312	MCG 7- 8- 20	13050
MCG 6-36- 11	57684	MCG 6-48- 17	68278	MCG 7- 2- 21	3058	MCG 7- 6- 66	10440	MCG 7- 8- 23	13083
MCG 6-36- 13	57716	MCG 6-48- 18	68286	MCG 7- 3- 2	3103	MCG 7- 6- 67	10457	MCG 7- 8- 24	13113
MCG 6-36- 14	57728	MCG 6-48- 19	68332	MCG 7- 3- 5	3212	MCG 7- 6- 70	10568	MCG 7- 8- 26	13400
MCG 6-36- 15	57734	MCG 6-48- 23	68413	MCG 7- 3- 9	3442	MCG 7- 6- 71	10587	MCG 7- 8- 27	13435
MCG 6-36- 16	57748	MCG 6-48- 24	68415	MCG 7- 3- 10	3445	MCG 7- 6- 73	10653	MCG 7- 8- 30	13683
MCG 6-36- 17	57762	MCG 6-48- 25	68434	MCG 7- 3- 11	3448	MCG 7- 6- 74	10732	MCG 7- 8- 31	13704
MCG 6-36- 19	57784	MCG 6-49- 2	68500	MCG 7- 3- 15	3803	MCG 7- 6- 75	10778	MCG 7- 8- 32	13846
MCG 6-36- 21	57800	MCG 6-49- 4	68642	MCG 7- 3- 19	4168	MCG 7- 6- 76	10792	MCG 7- 8- 34	13875
MCG 6-36- 22	57816	MCG 6-49- 5	68658	MCG 7- 3- 20	4184	MCG 7- 6- 77	10820	MCG 7- 9- 2	14215
MCG 6-36- 25	57823	MCG 6-49- 6	68668	MCG 7- 3- 23	4446	MCG 7- 6- 80	10850	MCG 7-12- 1	17483
MCG 6-36- 27	57836	MCG 6-49- 7	68670	MCG 7- 3- 24	4473	MCG 7- 6- 81	10884	MCG 7-12- 3	18013
MCG 6-36- 29	57842	MCG 6-49- 8	68689	MCG 7- 3- 26	4654	MCG 7- 6- 82	10882	MCG 7-13- 7	18494
MCG 6-36- 35	57908	MCG 6-49- 10	68713	MCG 7- 3- 28	4715	MCG 7- 6- 83	10890	MCG 7-13- 9	18611
MCG 6-36- 39	57966	MCG 6-49- 11	68749	MCG 7- 3- 32	4915	MCG 7- 6- 84	10923	MCG 7-14- 2	19161
MCG 6-36- 41	57984	MCG 6-49- 13	68770	MCG 7- 4- 1	5453	MCG 7- 7- 4	10959	MCG 7-14- 4	19252
MCG 6-36- 46	58235	MCG 6-49- 16	68874	MCG 7- 4- 2	5589	MCG 7- 7- 12	11118	MCG 7-14- 6	19304
MCG 6-36- 47	58238	MCG 6-49- 18	68880	MCG 7- 4- 3	5808	MCG 7- 7- 13	11371	MCG 7-14- 10	19439
MCG 6-36- 48	58250	MCG 6-49- 19	68893	MCG 7- 4- 4	5891	MCG 7- 7- 14	11403	MCG 7-14- 11	19487
MCG 6-36- 49	58390	MCG 6-49- 20	68919	MCG 7- 4- 5	5966	MCG 7- 7- 15	11404	MCG 7-14- 12	19536

MCG 7-14- 13 = 19571	MCG 7-20- 28 = 27472	MCG 7-24- 35 = 37050	MCG 7-28- 52 = 48465	MCG 7-30- 63 = 52690
MCG 7-14- 14 = 19576	MCG 7-20- 34 = 27792	MCG 7-25- 1 = 37229	MCG 7-28- 53 = 48478	MCG 7-30- 66 = 52908
MCG 7-14- 16 = 19665	MCG 7-20- 36 = 27830	MCG 7-25- 2 = 37282	MCG 7-28- 54 = 48525	MCG 7-30- 67 = 52920
MCG 7-14- 17 = 19697	MCG 7-20- 39 = 27859	MCG 7-25- 3 = 37419	MCG 7-28- 55 = 48557	MCG 7-30- 68 = 52995
MCG 7-14- 20 = 19855	MCG 7-20- 42 = 27860	MCG 7-25- 4 = 37448	MCG 7-28- 58 = 48749	MCG 7-31- 1 = 53067
MCG 7-14- 21 = 19856	MCG 7-20- 47 = 28054	MCG 7-25- 6 = 37521	MCG 7-28- 61 = 48767	MCG 7-31- 2 = 53073
MCG 7-15- 1 = 19869	MCG 7-20- 49 = 28099	MCG 7-25- 8 = 37692	MCG 7-28- 62 = 48811	MCG 7-31- 3 = 53083
MCG 7-15- 2 = 19876	MCG 7-20- 51 = 28196	MCG 7-25- 9 = 37691	MCG 7-28- 63 = 48815	MCG 7-31- 6 = 53265
MCG 7-15- 3 = 19927	MCG 7-20- 62 = 28303	MCG 7-25- 10 = 37719	MCG 7-28- 65 = 48897	MCG 7-31- 8 = 53339
MCG 7-15- 5 = 20172	MCG 7-20- 68 = 28322	MCG 7-25- 11 = 37721	MCG 7-28- 66 = 48920	MCG 7-31- 9 = 53332
MCG 7-15- 7 = 20190	MCG 7-20- 70 = 28420	MCG 7-25- 14 = 38024	MCG 7-28- 67 = 48917	MCG 7-31- 11 = 53428
MCG 7-15- 10 = 20298	MCG 7-20- 73 = 28470	MCG 7-25- 17 = 38254	MCG 7-28- 68 = 48925	MCG 7-31- 19 = 53681
MCG 7-15- 11 = 20302	MCG 7-20- 74 = 28495	MCG 7-25- 19 = 38271	MCG 7-28- 70 = 48989	MCG 7-31- 23 = 53744
MCG 7-15- 12 = 20313	MCG 7-21- 5 = 29030	MCG 7-25- 20 = 38356	MCG 7-28- 72 = 49011	MCG 7-31- 24 = 53758
MCG 7-15- 13 = 20366	MCG 7-21- 7 = 29186	MCG 7-25- 22 = 38375	MCG 7-28- 73 = 49024	MCG 7-31- 25 = 53753
MCG 7-15- 17 = 20900	MCG 7-21- 11 = 29474	MCG 7-25- 23 = 38399	MCG 7-28- 74 = 49069	MCG 7-31- 26 = 53811
MCG 7-16- 2 = 21014	MCG 7-21- 12 = 29539	MCG 7-25- 24 = 38427	MCG 7-28- 76 = 49112	MCG 7-31- 32 = 53896
MCG 7-16- 3 = 21073	MCG 7-21- 16 = 29745	MCG 7-25- 26 = 38440	MCG 7-28- 77 = 49146	MCG 7-31- 33 = 53939
MCG 7-16- 4 = 21104	MCG 7-21- 18 = 29796	MCG 7-25- 27 = 38503	MCG 7-28- 79 = 49138	MCG 7-31- 36 = 54280
MCG 7-16- 5 = 21119	MCG 7-21- 18A = 29805	MCG 7-25- 28 = 38507	MCG 7-28- 82 = 49157	MCG 7-31- 38 = 54316
MCG 7-16- 6 = 21187	MCG 7-21- 20 = 29822	MCG 7-25- 28A = 38562	MCG 7-29- 2 = 49191	MCG 7-31- 42 = 54351
MCG 7-16- 8 = 21431	MCG 7-21- 21 = 29825	MCG 7-25- 29 = 38582	MCG 7-29- 3 = 49250	MCG 7-31- 45 = 54428
MCG 7-16- 9 = 21558	MCG 7-21- 22 = 29837	MCG 7-25- 32 = 38601	MCG 7-29- 4 = 49275	MCG 7-31- 46 = 54431
MCG 7-16- 11 = 21585	MCG 7-21- 26 = 29846	MCG 7-25- 33 = 38619	MCG 7-29- 5 = 49294	MCG 7-31- 48 = 54461
MCG 7-16- 14 = 21688	MCG 7-21- 28 = 29851	MCG 7-25- 35 = 38643	MCG 7-29- 6 = 49299	MCG 7-31- 51 = 54503
MCG 7-16- 16 = 21774	MCG 7-21- 34 = 29962	MCG 7-25- 36 = 38654	MCG 7-29- 7 = 49322	MCG 7-32- 1 = 54780
MCG 7-16- 17 = 21776	MCG 7-21- 36 = 30078	MCG 7-25- 37 = 38677	MCG 7-29- 9 = 49347	MCG 7-32- 2 = 54815
MCG 7-16- 18 = 21786	MCG 7-21- 37 = 30087	MCG 7-25- 39 = 38694	MCG 7-29- 10 = 49356	MCG 7-32- 6 = 55076
MCG 7-16- 20 = 22008	MCG 7-21- 38 = 30120	MCG 7-25- 40 = 38693	MCG 7-29- 11 = 49354	MCG 7-32- 7 = 55080
MCG 7-16- 23 = 22141	MCG 7-21- 39 = 30206	MCG 7-25- 42 = 38706	MCG 7-29- 12 = 49380	MCG 7-32- 8 = 55097
MCG 7-16- 24 = 22176	MCG 7-21- 40 = 30217	MCG 7-25- 44 = 38739	MCG 7-29- 13 = 49389	MCG 7-32- 9 = 55095
MCG 7-17- 1 = 22190	MCG 7-21- 41 = 30236	MCG 7-25- 45 = 38773	MCG 7-29- 15 = 49441	MCG 7-32- 11 = 55104
MCG 7-17- 3 = 22260	MCG 7-21- 42 = 30254	MCG 7-25- 46 = 38778	MCG 7-29- 16 = 49464	MCG 7-32- 16 = 55178
MCG 7-17- 4 = 22340	MCG 7-21- 43 = 30267	MCG 7-25- 48 = 38811	MCG 7-29- 18 = 49480	MCG 7-32- 17 = 55242
MCG 7-17- 6 = 22446	MCG 7-21- 50 = 30372	MCG 7-25- 49 = 38908	MCG 7-29- 19 = 49519	MCG 7-32- 19 = 55243
MCG 7-17- 7 = 22447	MCG 7-21- 53 = 30413	MCG 7-25- 50 = 38935	MCG 7-29- 20 = 49514	MCG 7-32- 20 = 55247
MCG 7-17- 8 = 22457	MCG 7-22- 3 = 30610	MCG 7-25- 51 = 38988	MCG 7-29- 21 = 49542	MCG 7-32- 20 = 55274
MCG 7-17- 9 = 22575	MCG 7-22- 6 = 30702	MCG 7-25- 52 = 39211	MCG 7-29- 22 = 49624	MCG 7-32- 21 = 55296
MCG 7-17- 10 = 22609	MCG 7-22- 13 = 30971	MCG 7-25- 55 = 39506	MCG 7-29- 23 = 49618	MCG 7-32- 23 = 55305
MCG 7-17- 11 = 22670	MCG 7-22- 16 = 31040	MCG 7-26- 1 = 39964	MCG 7-29- 26 = 49798	MCG 7-32- 25 = 55355
MCG 7-17- 13 = 22766	MCG 7-22- 31 = 31457	MCG 7-26- 4 = 40396	MCG 7-29- 28 = 49817	MCG 7-32- 28 = 55377
MCG 7-17- 14 = 22802	MCG 7-22- 33 = 31539	MCG 7-26- 6 = 40904	MCG 7-29- 29 = 49835	MCG 7-32- 30 = 55476
MCG 7-17- 15 = 22805	MCG 7-22- 35 = 31607	MCG 7-26- 9 = 40973	MCG 7-29- 30 = 49841	MCG 7-32- 31 = 55554
MCG 7-17- 16 = 22838	MCG 7-22- 36 = 31671	MCG 7-26- 10 = 41063	MCG 7-29- 31 = 49847	MCG 7-32- 32 = 55555
MCG 7-17- 18 = 22896	MCG 7-22- 39 = 31733	MCG 7-26- 13 = 41326	MCG 7-29- 33 = 49890	MCG 7-32- 34 = 55552
MCG 7-17- 19 = 22900	MCG 7-22- 41 = 31758	MCG 7-26- 14 = 41333	MCG 7-29- 34 = 49893	MCG 7-32- 36 = 55559
MCG 7-17- 20 = 22909	MCG 7-22- 45 = 31863	MCG 7-26- 19 = 41522	MCG 7-29- 35 = 49896	MCG 7-32- 38 = 55584
MCG 7-17- 25 = 23093	MCG 7-22- 47 = 31949	MCG 7-26- 20 = 41579	MCG 7-29- 37 = 49942	MCG 7-32- 39 = 55601
MCG 7-18- 4 = 23769	MCG 7-22- 48 = 31959	MCG 7-26- 21 = 41576	MCG 7-29- 43 = 50067	MCG 7-32- 40 = 55607
MCG 7-18- 7 = 23788	MCG 7-22- 49 = 31965	MCG 7-26- 25 = 41766	MCG 7-29- 44 = 50097	MCG 7-32- 41 = 55620
MCG 7-18- 10 = 23860	MCG 7-22- 53 = 32058	MCG 7-26- 29 = 41902	MCG 7-29- 48 = 50610	MCG 7-32- 42 = 55668
MCG 7-18- 19 = 23993	MCG 7-22- 55 = 32084	MCG 7-26- 31 = 42045	MCG 7-29- 50 = 50627	MCG 7-32- 49 = 55701
MCG 7-18- 20 = 24002	MCG 7-22- 56 = 32087	MCG 7-26- 37 = 42575	MCG 7-29- 51 = 50677	MCG 7-32- 50 = 55913
MCG 7-18- 30 = 24230	MCG 7-22- 63 = 32244	MCG 7-26- 38 = 42607	MCG 7-29- 52 = 50750	MCG 7-33- 1 = 55918
MCG 7-18- 32 = 24309	MCG 7-22- 66 = 32266	MCG 7-26- 39 = 42656	MCG 7-29- 55 = 50954	MCG 7-33- 4 = 56216
MCG 7-18- 34 = 24399	MCG 7-22- 68 = 32307	MCG 7-26- 45 = 42858	MCG 7-29- 57 = 50986	MCG 7-33- 6 = 56287
MCG 7-18- 41 = 24540	MCG 7-22- 70 = 32384	MCG 7-26- 46 = 42914	MCG 7-29- 59 = 50991	MCG 7-33- 7 = 56323
MCG 7-18- 46 = 24641	MCG 7-22- 71 = 32472	MCG 7-26- 49 = 42938	MCG 7-29- 61 = 51012	MCG 7-33- 11 = 56373
MCG 7-18- 56 = 24833	MCG 7-22- 72 = 32579	MCG 7-26- 54 = 43288	MCG 7-29- 63 = 51251	MCG 7-33- 16 = 56440
MCG 7-18- 60 = 24940	MCG 7-22- 73 = 32588	MCG 7-26- 58 = 43495	MCG 7-30- 3 = 51319	MCG 7-33- 18 = 56502
MCG 7-18- 61 = 24964	MCG 7-23- 2 = 32831	MCG 7-27- 5 = 44001	MCG 7-30- 4 = 51354	MCG 7-33- 20 = 56550
MCG 7-18- 64 = 25020	MCG 7-23- 6 = 32940	MCG 7-27- 6 = 44010	MCG 7-30- 7 = 51372	MCG 7-33- 22 = 56599
MCG 7-19- 5 = 25134	MCG 7-23- 7 = 32976	MCG 7-27- 15 = 44867	MCG 7-30- 8 = 51382	MCG 7-33- 23 = 56616
MCG 7-19- 7 = 25175	MCG 7-23- 14 = 33332	MCG 7-27- 19 = 44963	MCG 7-30- 9 = 51396	MCG 7-33- 24 = 56619
MCG 7-19- 8 = 25220	MCG 7-23- 16 = 33388	MCG 7-27- 30 = 45315	MCG 7-30- 10 = 51417	MCG 7-33- 27 = 56779
MCG 7-19- 9 = 25226	MCG 7-23- 19 = 33423	MCG 7-27- 32 = 45522	MCG 7-30- 11 = 51503	MCG 7-33- 31 = 56843
MCG 7-19- 10 = 25224	MCG 7-23- 20 = 33454	MCG 7-27- 43 = 45849	MCG 7-30- 14 = 51635	MCG 7-33- 33 = 56893
MCG 7-19- 11 = 25232	MCG 7-23- 24 = 33625	MCG 7-27- 46 = 45897	MCG 7-30- 15 = 51713	MCG 7-33- 37 = 57069
MCG 7-19- 12 = 25282	MCG 7-23- 27 = 33982	MCG 7-27- 48 = 45992	MCG 7-30- 16 = 51746	MCG 7-33- 39 = 57098
MCG 7-19- 34 = 25670	MCG 7-23- 28 = 34019	MCG 7-27- 52 = 46017	MCG 7-30- 17 = 51777	MCG 7-33- 40 = 57100
MCG 7-19- 36 = 26034	MCG 7-23- 35 = 34249	MCG 7-27- 54 = 46153	MCG 7-30- 20 = 51838	MCG 7-33- 42 = 57211
MCG 7-19- 38 = 26048	MCG 7-23- 38 = 34353	MCG 7-27- 58 = 46386	MCG 7-30- 23 = 51897	MCG 7-33- 45 = 57299
MCG 7-19- 39 = 26068	MCG 7-23- 39 = 34399	MCG 7-27- 59 = 46413	MCG 7-30- 27 = 52036	MCG 7-33- 47 = 57333
MCG 7-19- 40 = 26083	MCG 7-23- 42 = 34864	MCG 7-27- 60 = 46472	MCG 7-30- 28 = 52039	MCG 7-33- 48 = 57341
MCG 7-19- 41 = 26086	MCG 7-23- 43 = 34908	MCG 7-27- 62 = 46552	MCG 7-30- 29 = 52051	MCG 7-33- 49 = 57361
MCG 7-19- 42 = 26100	MCG 7-24- 2 = 35003	MCG 7-28- 1 = 46636	MCG 7-30- 30 = 52115	MCG 7-33- 50 = 57386
MCG 7-19- 55 = 26232	MCG 7-24- 3 = 35064	MCG 7-28- 2 = 46646	MCG 7-30- 31 = 52207	MCG 7-33- 51 = 57392
MCG 7-19- 56 = 26238	MCG 7-24- 4 = 35164	MCG 7-28- 3 = 46671	MCG 7-30- 36 = 52235	MCG 7-33- 52 = 57601
MCG 7-19- 60 = 26403	MCG 7-24- 6 = 35207	MCG 7-28- 5 = 46767	MCG 7-30- 38 = 52251	MCG 7-33- 56 = 57771
MCG 7-19- 63 = 26495	MCG 7-24- 7 = 35235	MCG 7-28- 7 = 46844	MCG 7-30- 39 = 52247	MCG 7-34- 1 = 57882
MCG 7-19- 64 = 26501	MCG 7-24- 15 = 35437	MCG 7-28- 9 = 46934	MCG 7-30- 44 = 52315	MCG 7-34- 2 = 57894
MCG 7-19- 65 = 26571	MCG 7-24- 19 = 35476	MCG 7-28- 10 = 47053	MCG 7-30- 45 = 52340	MCG 7-34- 3 = 57904
MCG 7-19- 66 = 26580	MCG 7-24- 20 = 35629	MCG 7-28- 30 = 47675	MCG 7-30- 46 = 52396	MCG 7-34- 4 = 57927
MCG 7-19- 68 = 26625	MCG 7-24- 21 = 35641	MCG 7-28- 34 = 47873	MCG 7-30- 47 = 52409	MCG 7-34- 7 = 57931
MCG 7-20- 3 = 26685	MCG 7-24- 22 = 35634	MCG 7-28- 36 = 48011	MCG 7-30- 48 = 52438	MCG 7-34- 8 = 57959
MCG 7-20- 12 = 26822	MCG 7-24- 28 = 36118	MCG 7-28- 38 = 48127	MCG 7-30- 49 = 52478	MCG 7-34- 11 = 57978
MCG 7-20- 13 = 26895	MCG 7-24- 30 = 36381	MCG 7-28- 41 = 48142	MCG 7-30- 52 = 52531	MCG 7-34- 12 = 57986
MCG 7-20- 15 = 27047	MCG 7-24- 31 = 36811	MCG 7-28- 45 = 48305	MCG 7-30- 53 = 52608	MCG 7-34- 14 = 57989
MCG 7-20- 18 = 27166	MCG 7-24- 33 = 36868	MCG 7-28- 46 = 48332	MCG 7-30- 54 = 52611	MCG 7-34- 15 = 57994
MCG 7-20- 21 = 27154	MCG 7-24- 34 = 36930	MCG 7-28- 49 = 48393	MCG 7-30- 61 = 52686	

MCG	=	MCG	=	MCG	=	MCG	=	MCG	=
9-19- 29	34508	9-21- 11	41513	9-24- 44	53000	9-31- 11	62586	10-12-124	23313
9-19- 42	34670	9-21- 17	41739	9-24- 50	53217	9-31- 19	62752	10-12-142	23913
9-19- 47	34767	9-21- 24	42007	9-24- 58	53442	9-31- 25	62863	10-12-146	24047
9-19- 50	34859	9-21- 28	42530	9-24- 59	53476	9-31- 26	62899	10-13- 5	24348
9-19- 60	34971	9-21- 30	42708	9-24- 60	53493	9-31- 28	62942	10-13- 12	24442
9-19- 62	34975	9-21- 31	42740	9-25- 1	53511	9-32- 1	63166	10-13- 14	24545
9-19- 63	34989	9-21- 32	42725	9-25- 2	53532	9-32- 2	63171	10-13- 17	24784
9-19- 65	35002	9-21- 33	42844	9-25- 5	53644	9-32- 5	63229	10-13- 25	24882
9-19- 73	35129	9-21- 34	42841	9-25- 10	53763	9-32- 7	63311	10-13- 31	25009
9-19- 79	35202	9-21- 37	42919	9-25- 14	53844	9-32- 12	63575	10-13- 38	25071
9-19-101	35506	9-21- 38	42942	9-25- 16	53949	9-32- 16	63664	10-13- 39	25065
9-19-111	35620	9-21- 39	42998	9-25- 17	53933	9-33- 1	63998	10-13- 44	25086
9-19-113	35631	9-21- 44	43101	9-25- 20	53936	9-33- 2	64003	10-13- 46	25185
9-19-114	35616	9-21- 47	43124	9-25- 21	53967	9-33- 3	64026	10-13- 51	25369
9-19-117	35711	9-21- 48	43173	9-25- 24	54018	9-37- 1	70179	10-13- 52	25370
9-19-122	35793	9-21- 50	43255	9-25- 26	54061	10- 1- 1	1305	10-13- 54	25498
9-19-123	35797	9-21- 53	43430	9-25- 27	54095	10- 8- 1	16537	10-13- 57	25640
9-19-128	35840	9-21- 54	43452	9-25- 28	54110	10- 9- 2	17776	10-13- 60	25836
9-19-130	35856	9-21- 55	43533	9-25- 30	54154	10- 9- 4	18200	10-13- 61	25858
9-19-134	35931	9-21- 57	43634	9-25- 34	54267	10- 9- 9	18352	10-13- 65	25915
9-19-135	35948	9-21- 62	44032	9-25- 38	54445	10- 9- 10	18374	10-13- 68	26015
9-19-136	35945	9-21- 77	44641	9-25- 39	54473	10- 9- 11	18409	10-13- 71	26180
9-19-140	36000	9-21- 86	44913	9-25- 40	54470	10- 9- 13	18568	10-14- 4	26543
9-19-150	36138	9-21- 89	45015	9-25- 41	54522	10- 9- 16	18878	10-14- 6	26642
9-19-153	36238	9-21- 91	45044	9-25- 49	55047	10- 9- 17	18881	10-14- 7	26766
9-19-157	36343	9-21- 99	45196	9-25- 50	55065	10-10- 1	19064	10-14- 13	26856
9-19-161	36370	9-22- 3	45277	9-25- 54	55169	10-10- 2	19170	10-14- 15	26939
9-19-163	36432	9-22- 7	45278	9-25- 58	55419	10-10- 5	19261	10-14- 20	27108
9-19-164	36439	9-22- 10	45339	9-26- 2	55529	10-10- 9	19397	10-14- 25	27292
9-19-165	36463	9-22- 14	45457	9-26- 5	55756	10-10- 10	19500	10-14- 30	27662
9-19-169	36506	9-22- 15	45502	9-26- 13	55916	10-10- 12	19545	10-14- 32	27765
9-19-171	36539	9-22- 19	45560	9-26- 35	56570	10-10- 13	19579	10-14- 33	27788
9-19-174	36660	9-22- 21	45561	9-26- 56	57129	10-10- 14	19680	10-14- 41	28182
9-19-182	36774	9-22- 28	45915	9-26- 59	57344	10-10- 15	19688	10-14- 43	28353
9-19-185	36795	9-22- 39	46206	9-26- 61	57404	10-10- 16	19767	10-14- 46	28489
9-19-189	36789	9-22- 49	46505	9-26- 64	57437	10-10- 17	19789	10-14- 48	28542
9-19-190	36805	9-22- 52	46530	9-27- 7	57695	10-10- 19	19899	10-14- 52	28672
9-19-195	36836	9-22- 54	46752	9-27- 9	57707	10-10- 21	20058	10-14- 53	28719
9-19-204	36921	9-22- 60	47000	9-27- 24	57919	10-11- 2	20250	10-14- 54	28729
9-19-209	36973	9-22- 62	47096	9-27- 32	57998	10-11- 4	20304	10-15- 4	29177
9-20- 1	37024	9-22- 63	47124	9-27- 40	58150	10-11- 21	20679	10-15- 7	29220
9-20- 3	37022	9-22- 64	47178	9-27- 43	58208	10-11- 26	20703	10-15- 9	29237
9-20- 5	37047	9-22- 67	47215	9-27- 48	58338	10-11- 34	20884	10-15- 19	29550
9-20- 8	37036	9-22- 68	47246	9-27- 51	58503	10-11- 38	20927	10-15- 22	29595
9-20- 9	37063	9-22- 69	47324	9-27- 52	58517	10-11- 39	20933	10-15- 26	29697
9-20- 11	37073	9-22- 75	47495	9-27- 59	58649	10-11- 52	21067	10-15- 27	29706
9-20- 12	37091	9-22- 78	47731	9-27- 85	58765	10-11- 66	21195	10-15- 28	29696
9-20- 19	37164	9-22- 80	47780	9-27- 91	59042	10-11- 67	21207	10-15- 36	29928
9-20- 26	37306	9-22- 82	47853	9-27- 92	59050	10-11- 74	21273	10-15- 48	29983
9-20- 29	37418	9-22- 85	47997	9-27- 93	59056	10-11- 85	21322	10-15- 52	30001
9-20- 30	37430	9-22- 89	48259	9-27- 94	59049	10-11- 99	21417	10-15- 54	30027
9-20- 31	37442	9-22- 90	48286	9-27- 95	59054	10-11-114	21496	10-15- 55	30018
9-20- 32	37466	9-22- 91	48392	9-27- 96	59048	10-11-119	21540	10-15- 57	30084
9-20- 34	37497	9-22- 96	48450	9-27- 97	59079	10-11-127	21638	10-15- 61	30153
9-20- 36	37520	9-22-101	48473	9-27- 98	59077	10-11-130	21666	10-15- 62	30176
9-20- 37	37532	9-22-102	48482	9-27- 99	59089	10-11-134	21756	10-15- 64	30179
9-20- 38	37525	9-23- 4	48711	9-27-101	59090	10-11-136	21758	10-15- 65	30183
9-20- 40	37553	9-23- 7	48801	9-28- 1	59159	10-11-138	21810	10-15- 66	30240
9-20- 42	37550	9-23- 12	49215	9-28- 6	59205	10-11-140	21821	10-15- 69	30322
9-20- 43	37618	9-23- 14	49431	9-28- 7	59236	10-11-142	21832	10-15- 71	30419
9-20- 44	37617	9-23- 17	49448	9-28- 9	59269	10-11-143	21854	10-15- 73	30462
9-20- 45	37621	9-23- 19	49634	9-28- 10	59388	10-11-145	21914	10-15- 75	30513
9-20- 46	37642	9-23- 24	49874	9-28- 13	59388	10-12- 3	22053	10-15- 77	30569
9-20- 48	37700	9-23- 26	49993	9-28- 20	59534	10-12- 9	22153	10-15- 80	30686
9-20- 49	37728	9-23- 28	50063	9-28- 22	59576	10-12- 11	22145	10-15- 87	30898
9-20- 50	37682	9-23- 31	50191	9-28- 29	59815	10-12- 15	22219	10-15-112	31433
9-20- 51	37735	9-23- 32	50216	9-28- 35	60105	10-12- 17	22232	10-15-114	31446
9-20- 52	37760	9-23- 33	50231	9-28- 42	60214	10-12- 21	22270	10-15-124	32048
9-20- 54	37809	9-23- 34	50262	9-29- 5	60382	10-12- 30	22295	10-16- 2	32048
9-20- 59	37832	9-23- 35	50312	9-29- 16	60669	10-12- 31	22291	10-16- 3	32069
9-20- 71	38065	9-23- 36	50331	9-29- 19	60723	10-12- 35	22327	10-16- 7	32204
9-20- 79	38148	9-23- 37	50369	9-29- 22	60762	10-12- 40	22373	10-16- 16	32616
9-20- 86	38283	9-23- 38	50383	9-29- 25	60794	10-12- 41	22376	10-16- 17	32626
9-20- 88	38295	9-23- 39	50395	9-29- 26	60795	10-12- 46	22369	10-16- 18	32637
9-20- 89	38302	9-23- 40	50443	9-29- 30	60838	10-12- 49	22438	10-16- 19	32714
9-20- 94	38392	9-23- 46	50581	9-29- 32	60896	10-12- 54	22482	10-16- 21	32765
9-20-102	38645	9-23- 53	50674	9-29- 39	60950	10-12- 56	22524	10-16- 22	32786
9-20-106	38795	9-23- 64	51214	9-29- 40	60951	10-12- 58	22533	10-16- 23	32772
9-20-109	38887	9-24- 1	51256	9-29- 45	61220	10-12- 61	22547	10-16- 26	32854
9-20-113	38951	9-24- 2	51340	9-30- 4	61501	10-12- 62	22561	10-16- 28	32867
9-20-117	39004	9-24- 5	51509	9-30- 8	61637	10-12- 71	22661	10-16- 29	32876
9-20-119	39068	9-24- 6	51568	9-30- 10	61666	10-12- 77	22866	10-16- 38	33040
9-20-123	39090	9-24- 20	52116	9-30- 11	61704	10-12- 80	22890	10-16- 39	33074
9-20-128	39191	9-24- 23	52266	9-30- 14	61883	10-12- 82	22914	10-16- 42	33188
9-20-129	39203	9-24- 25	52328	9-30- 15	61887	10-12- 85	22954	10-16- 45	33242
9-20-137	39316	9-24- 28	52344	9-30- 16	61936	10-12- 91	23022	10-16- 57	33532
9-20-145	39704	9-24- 32	52364	9-30- 17	61934	10-12- 95	23047	10-16- 61	33622
9-20-168	40475	9-24- 33	52607	9-30- 20	62020	10-12-100	23119	10-16- 64	33766
9-20-187	40918	9-24- 35	52708	9-30- 25	62112	10-12-101	23111	10-16- 72	33938
9-21- 10	41400	9-24- 36	52732	9-30- 31	62202	10-12-111	23160	10-16- 78	34018

MCG	= RC3	MCG	= RC3	MCG	= RC3	MCG	= RC3	MCG	= RC3
MCG 10-16- 79	= 34029	MCG 10-19- 40	= 45572	MCG 10-24- 2	= 58524	MCG 10-27- 9	= 62987	MCG 11-11- 2	= 23617
MCG 10-16- 83	= 34156	MCG 10-19- 41	= 45583	MCG 10-24- 3	= 58554	MCG 10-27- 10	= 63121	MCG 11-11- 4	= 23719
MCG 10-16- 89	= 34223	MCG 10-19- 42	= 45605	MCG 10-24- 13	= 58684	MCG 10-28- 9	= 63655	MCG 11-11- 5	= 23737
MCG 10-16- 93	= 34268	MCG 10-19- 50	= 45807	MCG 10-24- 18	= 58723	MCG 10-28- 10	= 63667	MCG 11-11- 9	= 23805
MCG 10-16- 96	= 34308	MCG 10-19- 56	= 46133	MCG 10-24- 20	= 58716	MCG 10-28- 11	= 63674	MCG 11-11- 11	= 23838
MCG 10-16-103	= 34502	MCG 10-19- 58	= 46152	MCG 10-24- 21	= 58731	MCG 10-28- 13	= 63761	MCG 11-11- 13	= 24050
MCG 10-16-107	= 34566	MCG 10-19- 59	= 46263	MCG 10-24- 24	= 58753	MCG 10-28- 15	= 63766	MCG 11-11- 19	= 24410
MCG 10-16-109	= 34583	MCG 10-19- 60	= 46545	MCG 10-24- 27	= 58775	MCG 10-28- 16	= 64070	MCG 11-11- 21	= 24510
MCG 10-16-115	= 34641	MCG 10-19- 61	= 46589	MCG 10-24- 28	= 58756	MCG 10-29- 1	= 64454	MCG 11-11- 23	= 24520
MCG 10-16-117	= 34666	MCG 10-19- 70	= 46952	MCG 10-24- 29	= 58750	MCG 10-29- 4	= 64600	MCG 11-11- 24	= 24529
MCG 10-16-120	= 34718	MCG 10-19- 72	= 46988	MCG 10-24- 36	= 58799	MCG 10-29- 5	= 64616	MCG 11-11- 25	= 24501
MCG 10-16-121	= 34741	MCG 10-19- 78	= 47368	MCG 10-24- 40	= 58828	MCG 10-29- 6	= 65001	MCG 11-11- 26	= 24526
MCG 10-16-128	= 34889	MCG 10-19- 82	= 47512	MCG 10-24- 46	= 58866	MCG 11- 5- 1	= 13301	MCG 11-11- 34	= 25243
MCG 10-16-135	= 35113	MCG 10-19- 89	= 47759	MCG 10-24- 49	= 58906	MCG 11- 5- 3	= 13826	MCG 11-11- 35	= 25283
MCG 10-16-138	= 35191	MCG 10-19- 95	= 47854	MCG 10-24- 51	= 58928	MCG 11- 5- 4	= 14261	MCG 11-11- 37	= 25649
MCG 10-16-139	= 35206	MCG 10-19-104	= 48226	MCG 10-24- 55	= 58960	MCG 11- 6- 1	= 15345	MCG 11-12- 3	= 26410
MCG 10-16-142	= 35236	MCG 10-20- 2	= 48277	MCG 10-24- 56	= 58973	MCG 11- 6- 2	= 15707	MCG 11-12- 4	= 26469
MCG 10-16-143	= 35249	MCG 10-20- 8	= 48534	MCG 10-24- 59	= 59009	MCG 11- 6- 3	= 15793	MCG 11-12- 5	= 26485
MCG 10-17- 2	= 35326	MCG 10-20- 26	= 48784	MCG 10-24- 61	= 59031	MCG 11- 7- 1	= 16349	MCG 11-12- 6	= 26498
MCG 10-17- 2A	= 35325	MCG 10-20- 27	= 48823	MCG 10-24- 69	= 59109	MCG 11- 7- 2	= 16423	MCG 11-12- 9	= 26700
MCG 10-17- 3	= 35321	MCG 10-20- 29	= 48860	MCG 10-24- 73	= 59165	MCG 11- 7- 3	= 16421	MCG 11-12- 10	= 26701
MCG 10-17- 6	= 35376	MCG 10-20- 33	= 48947	MCG 10-24- 79	= 59333	MCG 11- 7- 5	= 16858	MCG 11-12- 11	= 26871
MCG 10-17- 7	= 35451	MCG 10-20- 35	= 49044	MCG 10-24- 81	= 59344	MCG 11- 7- 6	= 16897	MCG 11-12- 12	= 26904
MCG 10-17- 8	= 35486	MCG 10-20- 37	= 49030	MCG 10-24- 82	= 59348	MCG 11- 7- 8	= 17011	MCG 11-12- 13	= 27029
MCG 10-17- 13	= 35626	MCG 10-20- 40	= 49174	MCG 10-24- 83	= 59354	MCG 11- 7- 9	= 17084	MCG 11-12- 14	= 27041
MCG 10-17- 15	= 35698	MCG 10-20- 41	= 49192	MCG 10-24- 84	= 59352	MCG 11- 7- 10	= 17317	MCG 11-12- 15	= 27111
MCG 10-17- 20	= 35852	MCG 10-20- 44	= 49408	MCG 10-24- 88	= 59428	MCG 11- 7- 11	= 17344	MCG 11-12- 16	= 27358
MCG 10-17- 25	= 35900	MCG 10-20- 46	= 49451	MCG 10-24- 93	= 59498	MCG 11- 8- 2	= 18161	MCG 11-12- 17	= 27362
MCG 10-17- 26	= 35955	MCG 10-20- 47	= 49489	MCG 10-24- 94	= 59516	MCG 11- 8- 3	= 18144	MCG 11-12- 22	= 27879
MCG 10-17- 27	= 35979	MCG 10-20- 49	= 49508	MCG 10-24- 98	= 59654	MCG 11- 8- 8	= 18312	MCG 11-12- 25	= 28120
MCG 10-17- 28	= 36025	MCG 10-20- 50	= 49512	MCG 10-24- 99	= 59655	MCG 11- 8- 9	= 18327	MCG 11-12- 26	= 28197
MCG 10-17- 29	= 36037	MCG 10-20- 51	= 49548	MCG 10-24-100	= 59662	MCG 11- 8- 13	= 18520	MCG 11-12- 29	= 28328
MCG 10-17- 35	= 36137	MCG 10-20- 52	= 49663	MCG 10-24-106	= 59791	MCG 11- 8- 15	= 18558	MCG 11-12- 30	= 28401
MCG 10-17- 37	= 36146	MCG 10-20- 54	= 49712	MCG 10-24-107	= 59862	MCG 11- 8- 18	= 18607	MCG 11-12- 33	= 29172
MCG 10-17- 38	= 36192	MCG 10-20- 56	= 49741	MCG 10-24-116	= 59899	MCG 11- 8- 23	= 18699	MCG 11-13- 13	= 29919
MCG 10-17- 39	= 36215	MCG 10-20- 59	= 49818	MCG 10-24-124	= 59997	MCG 11- 8- 24	= 18716	MCG 11-13- 18	= 30151
MCG 10-17- 40	= 36263	MCG 10-20- 62	= 49881	MCG 10-25- 1	= 60025	MCG 11- 8- 25	= 18729	MCG 11-13- 22	= 30247
MCG 10-17- 42	= 36329	MCG 10-20- 66	= 50018	MCG 10-25- 2	= 60043	MCG 11- 8- 31	= 18800	MCG 11-13- 27	= 31145
MCG 10-17- 49	= 36398	MCG 10-20- 68	= 50060	MCG 10-25- 4	= 60045	MCG 11- 8- 34	= 18815	MCG 11-13- 30	= 31198
MCG 10-17- 50	= 36447	MCG 10-20- 69	= 50069	MCG 10-25- 7	= 60089	MCG 11- 8- 35	= 18837	MCG 11-13- 32	= 31192
MCG 10-17- 55	= 36493	MCG 10-20- 73	= 50355	MCG 10-25- 8	= 60095	MCG 11- 8- 38	= 18909	MCG 11-13- 37	= 32183
MCG 10-17- 56	= 36505	MCG 10-20- 74	= 50436	MCG 10-25- 18	= 60171	MCG 11- 8- 47	= 19026	MCG 11-13- 38A	= 32321
MCG 10-17- 60	= 36617	MCG 10-20- 82	= 50611	MCG 10-25- 19	= 60174	MCG 11- 8- 54	= 19228	MCG 11-13- 39	= 32405
MCG 10-17- 61	= 36655	MCG 10-20- 85	= 50832	MCG 10-25- 20	= 60192	MCG 11- 9- 1	= 19328	MCG 11-13- 40	= 32484
MCG 10-17- 68	= 36776	MCG 10-20- 91	= 50990	MCG 10-25- 23	= 60220	MCG 11- 9- 3	= 19390	MCG 11-13- 41	= 32495
MCG 10-17- 78	= 36889	MCG 10-20- 92	= 51036	MCG 10-25- 24	= 60241	MCG 11- 9- 8	= 19501	MCG 11-13- 42	= 32512
MCG 10-17- 80	= 36907	MCG 10-20- 93	= 51026	MCG 10-25- 30	= 60275	MCG 11- 9- 13	= 19652	MCG 11-13- 43	= 32649
MCG 10-17- 86	= 37037	MCG 10-20- 94	= 51210	MCG 10-25- 35	= 60320	MCG 11- 9- 18	= 19820	MCG 11-14- 2A	= 33479
MCG 10-17- 95	= 37236	MCG 10-21- 2	= 51564	MCG 10-25- 37	= 60325	MCG 11- 9- 22	= 19931	MCG 11-14- 7	= 33850
MCG 10-17- 96	= 37258	MCG 10-21- 4	= 51830	MCG 10-25- 37A	= 60323	MCG 11- 9- 30	= 20103	MCG 11-14- 10	= 34039
MCG 10-17- 98	= 37358	MCG 10-21- 5	= 51932	MCG 10-25- 38	= 60321	MCG 11- 9- 32	= 20127	MCG 11-14- 11	= 34203
MCG 10-17-100	= 37386	MCG 10-21- 11	= 52091	MCG 10-25- 39	= 60316	MCG 11- 9- 33	= 20158	MCG 11-14- 14	= 34557
MCG 10-17-103	= 37480	MCG 10-21- 13	= 52142	MCG 10-25- 41	= 60317	MCG 11- 9- 37	= 20526	MCG 11-14- 21	= 34929
MCG 10-17-104	= 37504	MCG 10-21- 21	= 52379	MCG 10-25- 44	= 60343	MCG 11- 9- 38	= 20509	MCG 11-14- 22	= 35105
MCG 10-17-105	= 37502	MCG 10-21- 23	= 52466	MCG 10-25- 47	= 60356	MCG 11- 9- 38A	= 20516	MCG 11-14- 23	= 35123
MCG 10-17-111	= 37556	MCG 10-21- 33	= 52952	MCG 10-25- 48	= 60353	MCG 11- 9- 39	= 20539	MCG 11-14- 25	= 35213
MCG 10-17-115	= 37598	MCG 10-21- 34	= 53043	MCG 10-25- 53	= 60402	MCG 11- 9- 40	= 20567	MCG 11-14- 25A	= 35219
MCG 10-17-125	= 37930	MCG 10-21- 40	= 53486	MCG 10-25- 55	= 60410	MCG 11- 9- 41	= 20599	MCG 11-14- 27	= 35266
MCG 10-17-129	= 37999	MCG 10-22- 1	= 54117	MCG 10-25- 59	= 60442	MCG 11- 9- 46	= 20749	MCG 11-14- 28	= 35601
MCG 10-17-133	= 38112	MCG 10-22- 3	= 54200	MCG 10-25- 60	= 60443	MCG 11- 9- 47	= 21021	MCG 11-14- 29	= 35623
MCG 10-17-137	= 38250	MCG 10-22- 4	= 54234	MCG 10-25- 61	= 60453	MCG 11- 9- 49	= 21071	MCG 11-14- 30	= 35675
MCG 10-17-152	= 38669	MCG 10-22- 5	= 54314	MCG 10-25- 68	= 60536	MCG 11- 9- 53	= 21213	MCG 11-14- 31	= 36555
MCG 10-17-153	= 38665	MCG 10-22- 6	= 54346	MCG 10-25- 69	= 60562	MCG 11-10- 2	= 21257	MCG 11-15- 10	= 37951
MCG 10-17-155	= 38741	MCG 10-22- 8	= 54407	MCG 10-25- 71	= 60584	MCG 11-10- 3	= 21258	MCG 11-15- 11	= 38014
MCG 10-18- 2	= 38834	MCG 10-22- 12	= 54648	MCG 10-25- 75	= 60628	MCG 11-10- 4	= 21288	MCG 11-15- 12	= 38025
MCG 10-18- 10	= 39082	MCG 10-22- 13	= 54976	MCG 10-25- 77	= 60635	MCG 11-10- 5	= 21337	MCG 11-15- 14	= 38173
MCG 10-18- 25	= 39683	MCG 10-22- 20	= 55459	MCG 10-25- 82	= 60695	MCG 11-10- 6	= 21357	MCG 11-15- 15	= 38212
MCG 10-18- 26	= 39775	MCG 10-22- 23	= 55561	MCG 10-25- 83	= 60739	MCG 11-10- 7	= 21396	MCG 11-15- 21	= 38343
MCG 10-18- 29	= 39859	MCG 10-22- 25	= 55609	MCG 10-25- 85	= 60790	MCG 11-10- 8	= 21397	MCG 11-15- 23	= 38423
MCG 10-18- 31	= 39892	MCG 10-22- 27	= 55647	MCG 10-25- 88	= 60820	MCG 11-10- 11	= 21471	MCG 11-15- 25	= 38461
MCG 10-18- 35	= 40169	MCG 10-22- 29	= 55674	MCG 10-25- 91	= 60841	MCG 11-10- 19	= 21636	MCG 11-15- 26	= 38508
MCG 10-18- 38	= 40309	MCG 10-22- 30	= 55725	MCG 10-25- 97	= 60899	MCG 11-10- 21	= 21616	MCG 11-15- 27	= 38524
MCG 10-18- 39	= 40350	MCG 10-22- 31	= 55734	MCG 10-25-103	= 60949	MCG 11-10- 24	= 21684	MCG 11-15- 31	= 38680
MCG 10-18- 45	= 40645	MCG 10-22- 32	= 55740	MCG 10-25-105	= 60961	MCG 11-10- 27	= 21853	MCG 11-15- 33	= 38788
MCG 10-18- 55	= 41217	MCG 10-22- 34	= 55802	MCG 10-25-109	= 60999	MCG 11-10- 28	= 21864	MCG 11-15- 37	= 39058
MCG 10-18- 61	= 41344	MCG 10-22- 36	= 55925	MCG 10-25-111	= 61019	MCG 11-10- 35	= 22068	MCG 11-15- 38	= 39143
MCG 10-18- 62	= 41436	MCG 10-23- 3	= 56219	MCG 10-25-113	= 61058	MCG 11-10- 44	= 22271	MCG 11-15- 39	= 39184
MCG 10-18- 64	= 41564	MCG 10-23- 26	= 56430	MCG 10-25-115	= 61089	MCG 11-10- 45	= 22252	MCG 11-15- 40	= 39266
MCG 10-18- 74	= 42408	MCG 10-23- 27	= 57305	MCG 10-25-119	= 61121	MCG 11-10- 46	= 22301	MCG 11-15- 41	= 39366
MCG 10-18- 83	= 43197	MCG 10-23- 33	= 57411	MCG 10-25-125	= 61225	MCG 11-10- 57	= 22674	MCG 11-15- 45	= 39568
MCG 10-18- 90	= 43951	MCG 10-23- 48	= 57589	MCG 10-25-126	= 61239	MCG 11-10- 60	= 22695	MCG 11-15- 48	= 40133
MCG 10-19- 2	= 43996	MCG 10-23- 56	= 57731	MCG 10-26- 7	= 61363	MCG 11-10- 61	= 22758	MCG 11-15- 53	= 40500
MCG 10-19- 3	= 44025	MCG 10-23- 60	= 57729	MCG 10-26- 29	= 61613	MCG 11-10- 66	= 22930	MCG 11-15- 56	= 40836
MCG 10-19- 4	= 44117	MCG 10-23- 65	= 57812	MCG 10-26- 32	= 61223	MCG 11-10- 71	= 23223	MCG 11-15- 58	= 41489
MCG 10-19- 6	= 44462	MCG 10-23- 66	= 57828	MCG 10-26- 36	= 61816	MCG 11-10- 72	= 23235	MCG 11-15- 59	= 41527
MCG 10-19- 15	= 44961	MCG 10-23- 69	= 57934	MCG 10-26- 46	= 62144	MCG 11-10- 74	= 23393	MCG 11-15- 60	= 41601
MCG 10-19- 34	= 45435	MCG 10-23- 77	= 58206	MCG 10-26- 49	= 62302	MCG 11-10- 75	= 23405	MCG 11-15- 61	= 41621
MCG 10-19- 35	= 45472	MCG 10-23- 81	= 58440	MCG 10-26- 50	= 62314	MCG 11-10- 76	= 23371	MCG 11-15- 63	= 41769
MCG 10-19- 36	= 45476	MCG 10-23- 82	= 58458	MCG 10-27- 3	= 62501	MCG 11-10- 78	= 23506	MCG 11-15- 64	= 41838
MCG 10-19- 38	= 45521	MCG 10-23- 83	= 58479	MCG 10-27- 8	= 62845	MCG 11-11- 1	= 23611	MCG 11-16- 1	= 42469

RC3 666 MCG

MCG 11-16- 2 = 42520	MCG 12- 4- 5 = 13949	MCG 12- 8- 31 = 23128	MCG 12-11- 11 = 34134	MCG 12-16- 15 = 59248
MCG 11-16- 4 = 42887	MCG 12- 4- 7 = 14123	MCG 12- 8- 32 = 23247	MCG 12-11- 20 = 34869	MCG 12-16- 16 = 59278
MCG 11-16- 6 = 43052	MCG 12- 4- 9 = 14286	MCG 12- 8- 33 = 23324	MCG 12-11- 22 = 35025	MCG 12-16- 17 = 59573
MCG 11-16- 10 = 45372	MCG 12- 4- 10 = 14432	MCG 12- 8- 34 = 23453	MCG 12-11- 26 = 35349	MCG 12-16- 18 = 59551
MCG 11-16- 18 = 46882	MCG 12- 4- 11 = 14508	MCG 12- 8- 37 = 23604	(MCG 12-11- 28) = 35576	MCG 12-16- 20 = 59668
MCG 11-16- 19 = 47189	MCG 12- 5- 2 = 15157	MCG 12- 8- 38 = 23608	(MCG 12-11- 28) = 35572	MCG 12-16- 21 = 59735
MCG 11-17- 3 = 47425	MCG 12- 5- 3 = 15212	MCG 12- 8- 39 = 23618	(MCG 12-11- 28) = 35573	MCG 12-16- 23 = 59742
MCG 11-17- 4 = 47598	MCG 12- 5- 3A = 15263	MCG 12- 8- 42 = 23731	(MCG 12-11- 28) = 35574	MCG 12-16- 24 = 59783
MCG 11-17- 5 = 47603	MCG 12- 5- 4 = 15254	MCG 12- 8- 43 = 23781	(MCG 12-11- 28) = 35575	MCG 12-16- 26 = 59908
MCG 11-17- 6 = 47988	MCG 12- 5- 5 = 15488	MCG 12- 8- 45 = 23886	MCG 12-11- 28A = 35575	MCG 12-16- 28 = 59971
MCG 11-17- 7 = 48425	MCG 12- 5- 7 = 15548	MCG 12- 8- 46 = 24015	MCG 12-11- 28B = 35572	MCG 12-16- 33 = 60153
MCG 11-17- 8 = 48953	MCG 12- 5- 8 = 15570	MCG 12- 8- 48 = 24213	MCG 12-11- 28C = 35573	MCG 12-16- 38 = 60250
MCG 11-17- 9 = 49221	MCG 12- 5- 15 = 15810	MCG 12- 8- 49 = 24281	MCG 12-11- 28D = 35574	MCG 12-16- 39 = 60291
MCG 11-17- 11 = 49654	MCG 12- 5- 16 = 15862	MCG 12- 9- 1 = 24341	MCG 12-11- 28E = 35576	MCG 12-16- 40 = 60369
MCG 11-17- 12 = 49677	MCG 12- 5- 17 = 15919	MCG 12- 9- 2 = 24360	MCG 12-11- 32 = 35661	MCG 12-16- 43 = 60463
MCG 11-18- 8 = 52924	MCG 12- 5- 18 = 16030	MCG 12- 9- 3 = 24397	MCG 12-11- 34 = 35767	MCG 12-17- 2 = 60573
MCG 11-18- 13 = 53205	MCG 12- 5- 19 = 16027	MCG 12- 9- 5 = 24473	MCG 12-11- 36 = 35869	MCG 12-17- 9 = 60921
MCG 11-18- 25 = 53920	MCG 12- 5- 20 = 16052	MCG 12- 9- 6 = 24455	MCG 12-11- 39 = 36542	MCG 12-17- 10 = 60938
MCG 11-18- 26 = 53960	MCG 12- 5- 23 = 16096	MCG 12- 9- 10 = 24682	MCG 12-11- 40 = 36743	MCG 12-17- 13 = 61096
MCG 11-18- 29 = 54150	MCG 12- 5- 26 = 16280	MCG 12- 9- 11 = 24711	MCG 12-11- 41 = 36787	MCG 12-17- 14 = 61303
MCG 11-18- 30 = 54074	MCG 12- 5- 27 = 16301	MCG 12- 9- 12 = 24722	MCG 12-11- 44 = 37935	MCG 12-17- 20 = 61641
MCG 11-19- 1 = 54265	MCG 12- 5- 28 = 16813	MCG 12- 9- 13 = 24723	MCG 12-12- 1 = 38553	MCG 12-17- 21 = 61742
MCG 11-19- 2 = 54350	MCG 12- 5- 29 = 16955	MCG 12- 9- 15 = 24749	MCG 12-12- 2A = 38555	MCG 12-17- 22 = 61836
MCG 11-19- 7 = 55037	MCG 12- 5- 30 = 16997	MCG 12- 9- 16 = 24760	MCG 12-12- 4 = 39346	MCG 12-17- 23 = 61833
MCG 11-19- 8 = 55165	MCG 12- 6- 1 = 17140	MCG 12- 9- 19 = 24838	MCG 12-12- 5 = 39414	MCG 12-17- 26 = 62077
MCG 11-19- 9 = 55319	MCG 12- 6- 6 = 17445	MCG 12- 9- 20 = 24817	MCG 12-12- 8 = 40367	MCG 12-17- 28 = 62191
MCG 11-19- 10 = 55330	MCG 12- 6- 7 = 17625	MCG 12- 9- 23 = 24903	MCG 12-12- 9 = 41820	MCG 12-17- 29 = 62207
MCG 11-19- 11 = 55809	MCG 12- 6- 8 = 17692	MCG 12- 9- 26 = 24970	MCG 12-12- 10 = 41846	MCG 12-18- 3 = 63286
MCG 11-19- 15 = 55880	MCG 12- 6- 10 = 17675	MCG 12- 9- 28 = 25275	MCG 12-12- 11 = 41947	MCG 12-19- 4 = 65446
MCG 11-19- 16 = 56067	MCG 12- 6- 12 = 17736	MCG 12- 9- 31 = 26007	MCG 12-12- 13 = 42139	MCG 13- 1- 1 = 71003
MCG 11-19- 17 = 56079	MCG 12- 6- 13 = 17757	MCG 12- 9- 32 = 26071	MCG 12-12- 14 = 42206	MCG 13- 1- 2 = 71864
MCG 11-19- 22 = 56201	MCG 12- 6- 14 = 17794	MCG 12- 9- 34 = 26284	MCG 12-12- 17 = 42818	MCG 13- 3- 1 = 11793
MCG 11-19- 31 = 56468	MCG 12- 6- 15 = 18005	MCG 12- 9- 35 = 26295	MCG 12-12- 18 = 43141	MCG 13- 3- 2 = 12174
MCG 11-20- 4 = 56917	MCG 12- 6- 16 = 18557	MCG 12- 9- 36 = 26289	MCG 12-12- 19 = 43426	MCG 13- 3- 4 = 12480
MCG 11-20- 5 = 57547	MCG 12- 6- 17 = 18662	MCG 12- 9- 39 = 26341	MCG 12-12- 20 = 43527	MCG 13- 3- 7 = 13759
MCG 11-20- 9 = 57675	MCG 12- 6- 18 = 18709	MCG 12- 9- 40 = 26472	MCG 12-12- 21 = 43975	MCG 13- 4- 1 = 14216
MCG 11-20- 9A = 57638	MCG 12- 6- 19 = 18722	MCG 12- 9- 41 = 26492	MCG 12-12- 22 = 44284	MCG 13- 4- 3 = 14343
MCG 11-20- 10 = 57664	MCG 12- 6- 20 = 18888	MCG 12- 9- 42 = 26514	MCG 12-12- 23 = 44411	MCG 13- 4- 4 = 15018
MCG 11-20- 11 = 57699	MCG 12- 7- 1 = 18987	MCG 12- 9- 44 = 26579	MCG 12-12- 24 = 44672	MCG 13- 4- 5 = 15509
MCG 11-20- 12 = 57886	MCG 12- 7- 2 = 18986	MCG 12- 9- 45 = 26639	MCG 12-13- 1 = 45859	MCG 13- 4- 6 = 15838
MCG 11-20- 13 = 57926	MCG 12- 7- 3 = 19094	MCG 12- 9- 47 = 26705	MCG 12-13- 2 = 45879	MCG 13- 4- 7 = 15917
MCG 11-20- 14 = 58052	MCG 12- 7- 4 = 19128	MCG 12- 9- 49 = 26849	MCG 12-13- 4 = 46392	MCG 13- 4- 8 = 15967
MCG 11-20- 15 = 58305	MCG 12- 7- 5 = 19191	MCG 12- 9- 50 = 26864	MCG 12-13- 5 = 46742	MCG 13- 4- 11 = 16402
MCG 11-20- 16 = 58354	MCG 12- 7- 6 = 19222	MCG 12- 9- 53 = 27027	MCG 12-13- 6 = 46846	MCG 13- 4- 12 = 16509
MCG 11-20- 19 = 58586	MCG 12- 7- 8 = 19307	MCG 12- 9- 55 = 27079	MCG 12-13- 7 = 47557	MCG 13- 4- 13 = 16677
MCG 11-20- 21 = 58571	MCG 12- 7- 14 = 19554	MCG 12- 9- 57 = 27386	MCG 12-13- 9 = 48810	MCG 13- 4- 14 = 16723
MCG 11-20- 22 = 58607	MCG 12- 7- 15 = 19602	MCG 12- 9- 59 = 27605	MCG 12-13- 10 = 48867	MCG 13- 4- 16 = 16750
MCG 11-20- 25 = 58745	MCG 12- 7- 16 = 19622	MCG 12- 9- 62 = 27939	MCG 12-13- 16 = 49000	MCG 13- 4- 17 = 16816
MCG 11-20- 26 = 58804	MCG 12- 7- 18 = 19756	MCG 12- 9- 63 = 27958	MCG 12-13- 18 = 49083	MCG 13- 4- 20 = 17159
MCG 11-20- 27 = 58912	MCG 12- 7- 19 = 19775	MCG 12- 9- 64 = 28018	MCG 12-13- 19 = 49116	MCG 13- 4- 21 = 17322
MCG 11-20- 28 = 58916	MCG 12- 7- 20 = 19776	MCG 12-10- 1 = 28113	MCG 12-13- 21 = 49257	MCG 13- 5- 1 = 17540
MCG 11-21- 1 = 59235	MCG 12- 7- 21 = 19838	MCG 12-10- 2 = 28119	MCG 12-13- 22 = 49321	MCG 13- 5- 2 = 17561
MCG 11-21- 12 = 60543	MCG 12- 7- 22 = 19867	MCG 12-10- 3 = 28155	MCG 12-13- 27 = 49943	MCG 13- 5- 4 = 17839
MCG 11-21- 18 = 60693	MCG 12- 7- 23 = 20048	MCG 12-10- 5 = 28225	MCG 12-13- 29 = 50029	MCG 13- 5- 5 = 18004
MCG 11-21- 19 = 60724	MCG 12- 7- 24 = 20133	MCG 12-10- 6 = 28316	MCG 12-13- 30 = 50358	MCG 13- 5- 6 = 18063
MCG 11-21- 21 = 60738	MCG 12- 7- 25 = 20184	MCG 12-10- 8 = 28563	MCG 12-14- 1 = 51182	MCG 13- 5- 7A = 18121
MCG 11-21- 23 = 60773	MCG 12- 7- 26 = 20207	MCG 12-10- 9 = 28636	MCG 12-14- 5 = 51629	MCG 13- 5- 8 = 18128
MCG 11-21- 25 = 60778	MCG 12- 7- 27 = 20293	MCG 12-10- 10 = 28630	MCG 12-14- 6 = 51641	MCG 13- 5- 9 = 18181
MCG 11-22- 1 = 60832	MCG 12- 7- 28 = 20348	MCG 12-10- 11 = 28655	MCG 12-14- 12 = 52716	MCG 13- 5- 11 = 18535
MCG 11-22- 2 = 60860	MCG 12- 7- 29 = 20362	MCG 12-10- 12 = 28757	MCG 12-14- 13 = 53004	MCG 13- 5- 12 = 18553
MCG 11-22- 4 = 60916	MCG 12- 7- 31 = 20383	MCG 12-10- 14 = 29046	MCG 12-14- 15 = 53469	MCG 13- 5- 14 = 18682
MCG 11-22- 13 = 61126	MCG 12- 7- 32 = 20398	MCG 12-10- 15 = 29059	MCG 12-14- 16 = 53554	MCG 13- 5- 15 = 18711
MCG 11-22- 16 = 61166	MCG 12- 7- 33 = 20418	MCG 12-10- 16 = 29092	MCG 12-14- 20 = 54332	MCG 13- 5- 16 = 18672
MCG 11-22- 18 = 61252	MCG 12- 7- 34 = 20434	MCG 12-10- 17 = 29146	MCG 12-15- 7 = 55022	MCG 13- 5- 18 = 18719
MCG 11-22- 26 = 61276	MCG 12- 7- 35 = 20460	MCG 12-10- 21 = 29284	MCG 12-15- 9 = 55177	MCG 13- 5- 19 = 18739
MCG 11-22- 30 = 61582	MCG 12- 7- 36 = 20604	MCG 12-10- 22 = 29852	MCG 12-15- 11 = 55753	MCG 13- 5- 20 = 18778
MCG 11-22- 35 = 61620	MCG 12- 7- 37 = 20844	MCG 12-10- 23 = 29949	MCG 12-15- 12 = 55780	MCG 13- 5- 21 = 18807
MCG 11-22- 40 = 61714	MCG 12- 7- 38 = 21065	MCG 12-10- 25 = 30019	MCG 12-15- 15 = 55904	MCG 13- 5- 22 = 18797
MCG 11-22- 46 = 61782	MCG 12- 7- 40 = 21102	MCG 12-10- 26 = 30064	MCG 12-15- 16 = 56008	MCG 13- 5- 23 = 18812
MCG 11-22- 48 = 61776	MCG 12- 7- 41 = 21123	MCG 12-10- 27 = 30239	MCG 12-15- 17 = 56057	MCG 13- 5- 25 = 18960
MCG 11-22- 49 = 61824	MCG 12- 7- 45 = 21181	MCG 12-10- 28 = 30323	MCG 12-15- 26 = 56136	MCG 13- 5- 27 = 19050
MCG 11-22- 53 = 61972	MCG 12- 8- 1 = 21189	MCG 12-10- 32 = 30484	MCG 12-15- 35 = 56273	MCG 13- 5- 28 = 19233
MCG 11-22- 54 = 62021	MCG 12- 8- 3 = 21289	MCG 12-10- 34 = 30631	MCG 12-15- 38 = 56484	MCG 13- 5- 34 = 19803
MCG 11-22- 57 = 62035	MCG 12- 8- 5 = 21381	MCG 12-10- 35 = 30737	MCG 12-15- 41 = 56602	MCG 13- 5- 35 = 19964
MCG 11-23- 1 = 63800	MCG 12- 8- 7 = 21398	MCG 12-10- 38 = 30819	MCG 12-15- 43 = 56674	MCG 13- 5- 37 = 20143
MCG 11-24- 4 = 63972	MCG 12- 8- 8A = 21693	MCG 12-10- 42 = 31011	MCG 12-15- 46 = 56725	MCG 13- 6- 2 = 20252
MCG 11-24- 5 = 64300	MCG 12- 8- 9 = 21698	MCG 12-10- 44 = 30983	MCG 12-15- 50 = 56946	MCG 13- 6- 3 = 20305
MCG 11-24- 6 = 64485	MCG 12- 8- 10 = 21712	MCG 12-10- 45 = 30997	MCG 12-15- 51 = 57104	MCG 13- 6- 4 = 20552
MCG 11-25- 1 = 65010	MCG 12- 8- 11 = 21896	MCG 12-10- 46 = 31036	MCG 12-15- 52 = 57167	MCG 13- 6- 5 = 20863
MCG 11-25- 2 = 65086	MCG 12- 8- 13 = 21971	MCG 12-10- 47 = 30998	MCG 12-15- 59 = 57874	MCG 13- 6- 6 = 21033
MCG 11-25- 4 = 66063	MCG 12- 8- 15 = 22031	MCG 12-10- 49 = 31278	MCG 12-15- 64 = 58071	MCG 13- 6- 11 = 21164
MCG 11-25- 5 = 66225	MCG 12- 8- 16 = 22050	MCG 12-10- 59 = 31560	MCG 12-16- 2 = 58557	MCG 13- 6- 12 = 22238
MCG 12- 1- 1 = 71864	MCG 12- 8- 18 = 22127	MCG 12-10- 65 = 31997	MCG 12-16- 3 = 58592	MCG 13- 6- 13 = 22471
MCG 12- 2- 2 = 3941	MCG 12- 8- 19 = 22167	MCG 12-10- 73 = 32143	MCG 12-16- 5 = 58634	MCG 13- 6- 16 = 22660
MCG 12- 3- 1 = 7247	MCG 12- 8- 21 = 22268	MCG 12-10- 77 = 32216	MCG 12-16- 6 = 58640	MCG 13- 6- 17 = 22783
MCG 12- 3- 3 = 11056	MCG 12- 8- 23 = 22534	MCG 12-10- 82 = 32314	MCG 12-16- 7 = 58841	MCG 13- 6- 18 = 22969
MCG 12- 4- 1 = 13384	MCG 12- 8- 24 = 22649	MCG 12-10- 87 = 32610	MCG 12-16- 8 = 58891	MCG 13- 6- 20 = 23244
MCG 12- 4- 2 = 13498	MCG 12- 8- 25 = 22734	MCG 12-10- 89 = 32719	MCG 12-16- 9 = 58946	MCG 13- 6- 21 = 23360
MCG 12- 4- 3 = 13712	MCG 12- 8- 29 = 22763	MCG 12-11- 2 = 32851	MCG 12-16- 10A = 59043	MCG 13- 6- 22 = 23530
MCG 12- 4- 4 = 13880	MCG 12- 8- 30 = 23025	MCG 12-11- 9 = 33623	MCG 12-16- 12A = 59137	MCG 13- 6- 25 = 24079

MCG 13- 7- 1	= 24231	MCG 13-12- 8	= 58477	M 58	= 42168	MK 62	= 45266	MK 185	= 36265
MCG 13- 7- 7	= 24947	MCG 13-12- 13	= 59188	M 59	= 42628	MK 66	= 46988	MK 186	= 36686
MCG 13- 7- 10	= 25069	MCG 13-12- 16	= 59583	M 60	= 42831	MK 67	= 48501	MK 187	= 36720
MCG 13- 7- 12	= 25138	MCG 13-12- 18	= 59545	M 61	= 40001	MK 68	= 48766	MK 188	= 36789
MCG 13- 7- 13	= 25371	MCG 13-12- 23	= 60124	M 63	= 46153	MK 73	= 21213	MK 190	= 37136
MCG 13- 7- 14	= 25427	MCG 13-12- 24	= 60277	M 64	= 44182	MK 75	= 21240	MK 191	= 37248
MCG 13- 7- 15	= 25676	MCG 13-12- 26	= 60393	M 65	= 34612	MK 76	= 21337	MK 192	= 37413
MCG 13- 7- 16	= 25999	MCG 13-12- 27	= 60397	M 66	= 34695	MK 78	= 21624	MK 193	= 37427
MCG 13- 7- 19	= 26018	MCG 13-13- 1	= 61916	M 74	= 5974	MK 79	= 21618	MK 195	= 38025
MCG 13- 7- 20	= 26154	MCG 13-15- 1	= 65255	M 77	= 10266	MK 81	= 21666	MK 197	= 38504
MCG 13- 7- 21	= 26195	MCG 13-16- 1	= 70668	M 81	= 28630	MK 82	= 21790	MK 198	= 38613
MCG 13- 7- 22	= 26373	MCG 14- 1- 1	= 69841	M 82	= 28655	MK 84	= 22175	MK 199	= 38730
MCG 13- 7- 24	= 26489	MCG 14- 1- 3	= 70397	M 83	= 48082	MK 85	= 23024	MK 200	= 38824
MCG 13- 7- 27	= 26654	MCG 14- 2- 1	= 5760	M 84	= 40455	MK 86	= 23040	MK 201	= 39068
MCG 13- 7- 30	= 27026	MCG 14- 2- 5	= 6214	M 85	= 40515	MK 87	= 23453	MK 202	= 39472
MCG 13- 7- 32	= 27473	MCG 14- 2- 6	= 6676	M 86	= 40653	MK 88	= 23750	MK 203	= 39506
MCG 13- 7- 35	= 27845	MCG 14- 2- 7	= 7491	M 87	= 41361	MK 89	= 23834	MK 206	= 40349
MCG 13- 7- 36	= 27887	MCG 14- 3- 5	= 16105	M 88	= 41517	MK 90	= 23850	MK 207	= 40475
MCG 13- 7- 37	= 28098	MCG 14- 3- 6	= 16608	M 89	= 41968	MK 91	= 23955	MK 209	= 40665
MCG 13- 7- 40	= 28670	MCG 14- 3- 7	= 17104	M 90	= 42089	MK 92	= 24140	MK 210	= 40771
MCG 13- 7- 43	= 29271	MCG 14- 3- 8	= 17170	M 91	= 41934	MK 93	= 24206	MK 213	= 41436
MCG 13- 8- 9	= 29870	MCG 14- 3- 11	= 18084	M 94	= 43495	MK 95	= 24795	MK 214	= 41451
MCG 13- 8- 15	= 30475	MCG 14- 3- 13	= 18101	M 95	= 32007	MK 96	= 24777	MK 215	= 41591
MCG 13- 8- 16A	= 30491	MCG 14- 3- 18	= 18664	M 96	= 32192	MK 97	= 24863	MK 216	= 41679
MCG 13- 8- 16B	= 30510	MCG 14- 3- 19	= 18764	M 98	= 39028	MK 98	= 24903	MK 219	= 42259
MCG 13- 8- 21	= 30813	MCG 14- 3- 20	= 18891	M 99	= 39578	MK 99	= 24882	MK 220	= 42841
MCG 13- 8- 22	= 30840	MCG 14- 3- 21	= 19095	M 100	= 40153	MK 100	= 25227	MK 221	= 42844
MCG 13- 8- 25	= 31027	MCG 14- 3- 22	= 19177	M 101	= 50063	MK 101	= 25473	MK 222	= 43025
MCG 13- 8- 28	= 31098	MCG 14- 4- 1	= 19290	M 102	= 53933	MK 102	= 25917	MK 223	= 43010
MCG 13- 8- 29	= 31621	MCG 14- 4- 3	= 19306	M 104	= 42407	MK 103	= 26145	MK 224	= 43081
MCG 13- 8- 33	= 32059	MCG 14- 4- 6	= 19627	M 105	= 32256	MK 104	= 26188	MK 225	= 43150
MCG 13- 8- 34	= 32081	MCG 14- 4- 8	= 19817	M 106	= 39600	MK 105	= 26416	MK 226	= 43115
MCG 13- 8- 35	= 32121	MCG 14- 4- 9	= 19878	M 108	= 34030	MK 107	= 26492	MK 229	= 43289
MCG 13- 8- 48	= 33099	MCG 14- 4- 10	= 20028	M 109	= 37617	(MK 108)	= 26498	MK 231	= 44117
MCG 13- 8- 51	= 33149	MCG 14- 4- 11	= 20066	M 110	= 2429	(MK 108)	= 26485	MK 232	= 44282
MCG 13- 8- 52	= 33277	MCG 14- 4- 12	= 19841	MK 1	= 4587	MK 109	= 26531	MK 233	= 44462
MCG 13- 8- 53	= 33367	MCG 14- 4- 13	= 19886	MK 2	= 7111	MK 111	= 26849	MK 234	= 44782
MCG 13- 8- 55	= 33665	MCG 14- 4- 16	= 19847	MK 3	= 18722	MK 114	= 26970	MK 235	= 44694
MCG 13- 8- 58	= 35286	MCG 14- 4- 22	= 20458	MK 4	= 19094	MK 115	= 27000	MK 237	= 44883
MCG 13- 8- 64	= 35608	MCG 14- 4- 23	= 20387	MK 5	= 19459	(MK 116)	= 27182	MK 239	= 45277
MCG 13- 9- 1	= 36386	MCG 14- 4- 28	= 21039	MK 6	= 19756	(MK 116)	= 27183	MK 241	= 45363
MCG 13- 9- 2	= 36651	MCG 14- 4- 31	= 21231	MK 7	= 21065	MK 118	= 27887	MK 242	= 45337
MCG 13- 9- 3	= 36925	MCG 14- 4- 33	= 21334	MK 8	= 21123	MK 119	= 27879	MK 243	= 45735
MCG 13- 9- 4	= 36945	MCG 14- 4- 34	= 21547	MK 9	= 21400	MK 121	= 28119	MK 244	= 45861
MCG 13- 9- 5	= 37031	MCG 14- 4- 37	= 22202	MK 10	= 21810	MK 122	= 28155	MK 245	= 45835
MCG 13- 9- 6	= 37399	MCG 14- 4- 38	= 22213	MK 11	= 21896	MK 123	= 28111	MK 247	= 46051
MCG 13- 9- 9	= 38182	MCG 14- 4- 42	= 22640	MK 12	= 21971	MK 125	= 28309	MK 249	= 46263
MCG 13- 9- 10	= 38257	MCG 14- 4- 43	= 22751	MK 13	= 22232	MK 128	= 28719	MK 250	= 46297
MCG 13- 9- 11	= 38347	MCG 14- 4- 46	= 23321	MK 14	= 22947	MK 129	= 28708	MK 251	= 46505
MCG 13- 9- 12	= 38550	MCG 14- 4- 48	= 23770	MK 15	= 24079	MK 131	= 28974	MK 253	= 46545
MCG 13- 9- 13	= 38578	MCG 14- 4- 50	= 24001	MK 16	= 24949	MK 133	= 29059	MK 254	= 46734
MCG 13- 9- 15	= 38777	MCG 14- 4- 53	= 24497	MK 17	= 24891	MK 134	= 29106	MK 255	= 46752
MCG 13- 9- 16	= 38805	MCG 14- 4- 54	= 24602	MK 18	= 25370	MK 136	= 29494	MK 256	= 46742
MCG 13- 9- 18	= 38985	MCG 14- 5- 2	= 25451	MK 19	= 26180	MK 138	= 29764	MK 257	= 47124
MCG 13- 9- 19	= 39036	MCG 14- 5- 3	= 25708	MK 20	= 26492	MK 139	= 29962	MK 258	= 47291
MCG 13- 9- 20	= 39154	MCG 14- 5- 6	= 27597	MK 21	= 28182	MK 140	= 30005	MK 259	= 47284
MCG 13- 9- 24	= 39791	MCG 14- 5- 7	= 27832	MK 22	= 28251	MK 141	= 30151	MK 261	= 47417
MCG 13- 9- 25	= 39981	MCG 14- 5- 10	= 29296	MK 23	= 28729	MK 142	= 30597	MK 262	= 47454
MCG 13- 9- 26	= 40085	MCG 14- 5- 11	= 29684	MK 25	= 29177	MK 143	= 30701	MK 263	= 47710
MCG 13- 9- 27	= 40378	MCG 14- 5- 13	= 32004	MK 26	= 29697	MK 144	= 30702	MK 266	= 48192
MCG 13- 9- 29	= 42595	MCG 14- 6- 2	= 36514	MK 27	= 29702	MK 146	= 31331	MK 267	= 48305
MCG 13- 9- 30	= 42601	MCG 14- 6- 5	= 39937	MK 28	= 29720	MK 147	= 31395	MK 268	= 48432
MCG 13- 9- 41	= 44734	MCG 14- 6- 9	= 43425	MK 29	= 30075	MK 148	= 31376	MK 270	= 48425
MCG 13- 9- 45	= 45000	MCG 14- 6- 11	= 43700	MK 30	= 30179	MK 149	= 31601	MK 271	= 48473
MCG 13-10- 1	= 45157	MCG 14- 6- 16	= 45536	MK 31	= 30183	MK 150	= 31639	MK 271A	= 48482
MCG 13-10- 2	= 45546	MCG 14- 6- 22	= 46460	MK 32	= 30715	MK 151	= 31888	MK 273	= 48711
MCG 13-10- 3	= 45748	MCG 14- 6- 26	= 47414	MK 33	= 31141	MK 152	= 32341	MK 275	= 48992
MCG 13-10- 8	= 47667	MCG 14- 6- 27	= 47518	MK 35	= 32103	MK 153	= 32356	MK 276	= 49195
MCG 13-10- 13	= 48785	MCG 14- 7- 6	= 51364	MK 36	= 33486	MK 155	= 32536	MK 277	= 49221
MCG 13-10- 13	= 49348	MCG 14- 7- 12	= 53240	MK 37	= 34400	MK 156	= 32678	MK 278	= 49257
MCG 13-10- 14	= 49426	MCG 14- 7- 14	= 53390	MK 40	= 35129	MK 157	= 32800	MK 279	= 49321
MCG 13-10- 15	= 49859	MCG 14- 7- 15	= 53548	MK 41	= 35926	MK 158	= 33074	(MK 280)	= 49640
MCG 13-10- 16	= 50370	MCG 14- 7- 22	= 55279	MK 42	= 37289	MK 159	= 33056	(MK 280)	= 49641
MCG 13-10- 20	= 51767	MCG 14- 7- 23	= 55378	MK 43	= 38057	MK 161	= 33280	MK 280A	= 49641
MCG 13-11- 1	= 52066	MCG 14- 7- 27	= 55677	MK 44	= 38088	MK 162	= 33498	MK 281	= 49618
MCG 13-11- 2	= 52080	MCG 14- 7- 29	= 55887	MK 45	= 38112	MK 164	= 34094	MK 282	= 49981
MCG 13-11- 6	= 53774	MCG 14- 7- 34	= 56562	MK 46	= 39254	MK 165	= 34582	MK 284	= 50228
MCG 13-11- 7	= 53990	MCG 14- 7- 36	= 57195	MK 47	= 39262	MK 166	= 34649	MK 285	= 50451
MCG 13-11- 8	= 53999	MCG 14- 8- 9	= 58389	MK 48	= 39314	MK 169	= 35206	MK 286	= 51182
MCG 13-11- 10	= 54223	MCG 14- 8- 10	= 58472	MK 49	= 39628	MK 170	= 35213	MK 287	= 52163
MCG 13-11- 11	= 54237	MCG 14- 8- 22	= 59204	MK 50	= 40220	(MK 171)	= 35326	MK 288	= 53004
MCG 13-11- 14	= 55091	MCG 14- 8- 24	= 60075	MK 51	= 40339	(MK 171)	= 35321	MK 290	= 55551
MCG 13-11- 17	= 56363	MCG 14- 9- 1	= 62493	MK 52	= 40564	MK 172	= 35403	MK 291	= 56377
MCG 13-11- 19	= 56388	MCG 14-10- 1	= 66478	MK 53	= 44105	MK 173	= 35467	MK 292	= 56414
MCG 13-11- 22	= 56623	MCG 15- 1- 21	= 61414	MK 54	= 44213	MK 175	= 35601	MK 294	= 56762
MCG 13-11- 23	= 56836	M 31	= 2557	MK 55	= 44300	MK 176	= 35620	MK 296	= 56870
MCG 13-12- 1	= 56976	M 32	= 2555	MK 56	= 44479	MK 177	= 35678	MK 297	= 57039
MCG 13-12- 5	= 58239	M 33	= 5818	MK 57	= 44486	MK 178	= 35684	MK 298	= 57084
MCG 13-12- 6	= 58288	M 49	= 41220	MK 58	= 44541	MK 179	= 35698	MK 300	= 57135
MCG 13-12- 7	= 58468	M 51	= 47404	MK 60	= 44716	MK 181	= 35942	MK 303	= 68468

RC3   668   MK

MK	304	= 68493	MK	421	= 33452	MK	545	= 698	MK	705	= 26753	MK	928	= 70999
MK	306	= 69079	MK	422	= 33960	MK	547	= 1309	MK	706	= 27189	MK	929	= 71281
MK	307	= 69259	MK	423	= 35210	MK	552	= 1914	MK	708	= 27734	(MK	934)	= 108
MK	308	= 69525	MK	424	= 35464	MK	554	= 2366	MK	710	= 28590	(MK	934)	= 101
MK	309	= 69896	MK	426	= 36232	MK	555	= 2691	MK	712	= 28707	MK	938	= 781
MK	310	= 70114	MK	427	= 36438	MK	557	= 2861	MK	713	= 28964	MK	946	= 1660
MK	311	= 70153	MK	428	= 36500	MK	558	= 3055	MK	714	= 29198	MK	947	= 1678
MK	312	= 70244	MK	429	= 36716	MK	559	= 3541	MK	717	= 29632	MK	952	= 1905
MK	313	= 70295	MK	430	= 37063	MK	560	= 3922	MK	718	= 29714	MK	955	= 2243
MK	314	= 70332	MK	431	= 37093	MK	561	= 4019	MK	721	= 30448	MK	958	= 2571
MK	315	= 70378	MK	432	= 37654	MK	562	= 4292	MK	722	= 31123	MK	960	= 2845
MK	316	= 70731	MK	433	= 37728	MK	563	= 4295	MK	725	= 31862	MK	962	= 3217
MK	317	= 70739	MK	434	= 37769	MK	564	= 4425	MK	726	= 32127	MK	968	= 3620
MK	318	= 70962	MK	435	= 38856	MK	565	= 4578	MK	727	= 32329	MK	970	= 3757
MK	319	= 71013	MK	438	= 40149	MK	566	= 4727	MK	728	= 33214	MK	975	= 4428
MK	321	= 71106	MK	439	= 40396	MK	567	= 4743	MK	731	= 34107	MK	976	= 4594
MK	322	= 71101	MK	441	= 42914	MK	568	= 4995	MK	732	= 34199	MK	977	= 4604
MK	323	= 71126	MK	442	= 43157	MK	569	= 5006	MK	733	= 34560	MK	983	= 4748
MK	324	= 71442	MK	444	= 43281	MK	571	= 5939	MK	734	= 34843	MK	984	= 4750
MK	325	= 71493	MK	446	= 43428	MK	572	= 6358	MK	735	= 35247	MK	985	= 4832
MK	326	= 71517	MK	447	= 44418	MK	573	= 6367	MK	736	= 35285	MK	987	= 5008
MK	327	= 71905	MK	449	= 45787	MK	575	= 6633	MK	739	= 35905	MK	988	= 5089
MK	328	= 71938	MK	450	= 46065	MK	576	= 6668	MK	741	= 35977	MK	991	= 5217
MK	330	= 72193	MK	451	= 46854	MK	577	= 6694	MK	743	= 36043	MK	993	= 5284
MK	331	= 72639	MK	452	= 46919	MK	582	= 7417	MK	744	= 36158	MK	997	= 5548
MK	332	= 73163	MK	454	= 47088	MK	585	= 7834	MK	747	= 36295	MK	999	= 5758
MK	333	= 109	MK	455	= 47483	MK	587	= 8318	MK	748	= 36812	MK	1000	= 5778
MK	334	= 207	MK	459	= 47889	MK	588	= 8368	MK	750	= 36976	MK	1002	= 6007
MK	335	= 473	MK	461	= 48887	MK	589	= 8537	MK	752	= 37222	MK	1003	= 6145
MK	336	= 608	MK	462	= 49191	MK	590	= 8586	MK	756	= 37931	MK	1006	= 6507
MK	337	= 814	MK	463	= 49538	MK	591	= 8725	MK	757	= 38277	MK	1007	= 6643
MK	338	= 1511	MK	465	= 49927	MK	592	= 8876	MK	758	= 38750	MK	1008	= 6790
MK	339	= 1550	MK	466	= 49956	MK	593	= 9292	MK	759	= 38749	MK	1009	= 6799
MK	340	= 1758	MK	467	= 50742	MK	595	= 10201	MK	760	= 38792	MK	1011	= 7270
MK	341	= 2201	MK	470	= 51355	MK	596	= 10277	MK	761	= 38906	MK	1012	= 7322
MK	343	= 2288	MK	471	= 51371	MK	597	= 10469	MK	766	= 39525	MK	1015	= 7675
MK	345	= 2432	MK	472	= 51738	MK	599	= 10579	MK	769	= 40516	MK	1018	= 8029
MK	346	= 2650	MK	474	= 52114	MK	600	= 10813	MK	771	= 41532	MK	1020	= 8201
MK	347	= 2813	MK	475	= 52358	MK	601	= 11114	MK	772	= 41587	MK	1021	= 8228
MK	348	= 2855	MK	476	= 52340	MK	602	= 11336	MK	773	= 41660	MK	1022	= 8250
MK	349	= 3149	MK	477	= 52436	MK	603	= 11774	MK	775	= 42097	MK	1023	= 8258
MK	350	= 3420	MK	478	= 52510	MK	604	= 11968	MK	776	= 42098	MK	1026	= 8299
MK	352	= 3575	MK	479	= 53320	MK	605	= 12111	MK	778	= 42305	MK	1027	= 8562
MK	353	= 3763	MK	480	= 53939	MK	606	= 12502	MK	781	= 43837	MK	1029	= 8714
MK	355	= 5011	MK	482	= 55169	MK	607	= 12756	MK	786	= 46241	MK	1030	= 8750
MK	356	= 5015	MK	484	= 55283	MK	609	= 12801	MK	796	= 48846	MK	1033	= 8986
MK	357	= 5010	MK	485	= 55320	MK	610	= 12803	MK	799	= 49881	(MK	1034)	= 9071
MK	358	= 5364	MK	486	= 55595	MK	611	= 12835	MK	800	= 49976	(MK	1034)	= 9074
MK	359	= 5435	MK	487	= 55616	MK	612	= 13034	MK	803	= 50210	MK	1038	= 9283
MK	360	= 6366	MK	489	= 55913	MK	615	= 15051	MK	804	= 50289	MK	1039	= 9354
MK	361	= 6408	MK	490	= 56006	MK	616	= 15340	MK	805	= 50596	MK	1040	= 9399
MK	363	= 6816	MK	491	= 56216	MK	617	= 15538	MK	806	= 50588	MK	1043	= 9485
MK	364	= 7394	MK	492	= 56547	MK	618	= 15623	MK	809	= 51360	MK	1044	= 9523
MK	365	= 7888	MK	493	= 56573	MK	620	= 19688	MK	814	= 51850	MK	1045	= 9613
MK	366	= 8391	MK	494	= 56640	MK	622	= 22816	MK	817	= 52202	MK	1048	= 9817
MK	367	= 8525	MK	495	= 56921	MK	623	= 23184	MK	820	= 52404	MK	1050	= 9958
MK	368	= 9698	MK	496	= 57437	MK	624	= 23591	MK	827	= 52995	MK	1056	= 10676
MK	369	= 9944	MK	497	= 57695	MK	625	= 24285	MK	829	= 53014	MK	1058	= 10739
MK	370	= 10127	MK	499	= 59028	MK	626	= 24620	MK	834	= 53508	MK	1060	= 10869
MK	372	= 10684	MK	500	= 59033	MK	627	= 24655	MK	837	= 53659	MK	1063	= 10966
MK	373	= 19831	MK	501	= 59214	MK	628	= 24862	MK	839	= 53390	MK	1065	= 11292
MK	375	= 20194	MK	502	= 59210	MK	629	= 30049	MK	847	= 54346	MK	1066	= 11341
MK	376	= 20457	MK	503	= 59262	MK	630	= 30420	MK	848	= 54618	MK	1067	= 11441
MK	379	= 20599	MK	504	= 59440	MK	631	= 30932	MK	851	= 54854	MK	1068	= 11477
MK	382	= 22190	MK	506	= 60163	MK	632	= 31988	MK	853	= 54950	MK	1072	= 12038
MK	383	= 22457	MK	510	= 66217	MK	634	= 32975	MK	861	= 56141	MK	1073	= 12081
MK	384	= 22596	MK	516	= 67670	MK	636	= 35838	MK	863	= 56433	MK	1076	= 12418
MK	385	= 22615	MK	518	= 67761	MK	638	= 36287	MK	865	= 56504	MK	1080	= 14409
MK	386	= 23362	MK	520	= 67822	MK	649	= 42060	MK	871	= 57273	MK	1081	= 14448
MK	389	= 23941	MK	522	= 70233	MK	650	= 42161	MK	873	= 57389	MK	1083	= 15714
MK	390	= 24127	MK	523	= 70246	MK	656	= 43008	MK	879	= 57947	MK	1086	= 16054
MK	391	= 25020	MK	524	= 70270	MK	659	= 46716	MK	885	= 58354	MK	1087	= 16109
MK	394	= 26330	MK	526	= 70695	MK	663	= 49422	MK	890	= 59262	MK	1088	= 16300
MK	398	= 26668	MK	527	= 70712	MK	665	= 49950	MK	896	= 65349	MK	1089	= 16574
MK	399	= 26757	MK	528	= 70756	MK	669	= 50677	MK	898	= 66328	MK	1090	= 16582
MK	400	= 26750	MK	529	= 70779	MK	673	= 51033	MK	900	= 66860	MK	1092	= 16672
MK	401	= 26979	MK	530	= 71035	MK	674	= 51120	MK	903	= 67957	MK	1093	= 16781
MK	402	= 27258	MK	531	= 71321	MK	684	= 51873	MK	904	= 67969	MK	1094	= 16868
MK	405	= 27827	MK	532	= 71463	MK	685	= 51877	MK	905	= 68178	MK	1095	= 17013
MK	406	= 27867	MK	533	= 71504	MK	686	= 52261	MK	906	= 68500	MK	1096	= 54996
MK	407	= 28153	MK	534	= 71554	MK	688	= 54519	MK	907	= 68535	MK	1098	= 55237
MK	408	= 28169	MK	535	= 71690	MK	689	= 55576	MK	908	= 68689	MK	1099	= 56057
MK	409	= 28259	MK	536	= 71692	MK	691	= 56023	MK	909	= 68736	MK	1101	= 56442
MK	410	= 28486	MK	537	= 71774	MK	693	= 56326	MK	912	= 68933	MK	1104	= 57098
MK	411	= 28758	MK	538	= 71868	MK	696	= 56995	MK	915	= 69307	MK	1107	= 58962
MK	413	= 28856	MK	539	= 72241	MK	699	= 58008	MK	917	= 69478	MK	1109	= 59146
MK	415	= 30842	MK	541	= 72919	MK	700	= 59511	MK	921	= 69757	MK	1110	= 59137
MK	416	= 31945	MK	542	= 72998	MK	701	= 19803	MK	922	= 69929	MK	1111	= 59257
MK	417	= 32398	MK	543	= 168	MK	703	= 25225	MK	923	= 70086	MK	1113	= 59326
MK	418	= 32679	MK	544	= 330	MK	704	= 26292	MK	924	= 70152	MK	1116	= 60075

RC3   669   MK

MK	1118	= 61008	MK	1355	= 47707	NGC	76	= 1267	NGC	199	= 2382	NGC	326	= 3482
MK	1119	= 61032	MK	1356	= 47900	(NGC	78)	= 1306	NGC	200	= 2387	NGC	327	= 3462
MK	1122	= 61879	MK	1360	= 48849	(NGC	78)	= 1309	NGC	201	= 2388	NGC	328	= 3399
MK	1124	= 69033	MK	1361	= 48864	NGC	78A	= 1306	NGC	202	= 2394	NGC	329	= 3467
MK	1126	= 70252	MK	1363	= 49388	NGC	78B	= 1309	NGC	203	= 2393	NGC	334	= 3514
MK	1127	= 70299	MK	1365	= 49434	NGC	80	= 1351	NGC	204	= 2397	NGC	335	= 3544
MK	1134	= 72382	MK	1375	= 50689	NGC	83	= 1371	NGC	205	= 2429	NGC	337	= 3572
MK	1135	= 72584	MK	1376	= 50782	NGC	87	= 1357	NGC	208	= 2420	NGC	337A	= 3671
MK	1146	= 2768	MK	1379	= 51055	NGC	88	= 1370	NGC	209	= 2338	NGC	338	= 3611
MK	1147	= 2843	MK	1381	= 51303	NGC	89	= 1374	NGC	210	= 2437	(NGC	341)	= 3620
MK	1153	= 5067	MK	1392	= 53898	NGC	91	= 1405	NGC	212	= 2417	NGC	345	= 3665
MK	1154	= 5210	MK	1395	= 54188	NGC	92	= 1388	NGC	213	= 2469	NGC	348	= 3632
MK	1155	= 5333	MK	1405	= 13707	NGC	93	= 1412	NGC	214	= 2479	NGC	349	= 3687
MK	1156	= 5711	MK	1407	= 21200	NGC	95	= 1426	NGC	215	= 2451	NGC	351	= 3693
MK	1157	= 5800	MK	1411	= 22145	NGC	97	= 1442	NGC	216	= 2478	NGC	352	= 3701
MK	1158	= 5885	MK	1412	= 22393	NGC	98	= 1463	NGC	217	= 2482	NGC	353	= 3714
MK	1167	= 7304	MK	1414	= 24844	NGC	99	= 1523	NGC	218	= 2493	NGC	354	= 3763
MK	1170	= 7416	MK	1418	= 27602	NGC	100	= 1525	NGC	219	= 2522	NGC	355	= 3753
MK	1171	= 7657	MK	1419	= 27619	NGC	101	= 1518	NGC	221	= 2555	NGC	356	= 3754
MK	1174	= 8148	MK	1423	= 27788	NGC	105	= 1583	NGC	223	= 2527	NGC	357	= 3768
MK	1175	= 8541	MK	1425	= 28166	NGC	108	= 1619	NGC	224	= 2557	NGC	359	= 3817
MK	1176	= 9357	MK	1443	= 34353	NGC	109	= 1633	NGC	226	= 2572	NGC	360	= 3743
MK	1180	= 9911	MK	1452	= 36463	NGC	112	= 1654	NGC	227	= 2547	NGC	364	= 3833
MK	1181	= 10014	MK	1461	= 37051	NGC	113	= 1656	NGC	228	= 2563	NGC	365	= 3822
MK	1183	= 10272	MK	1466	= 38531	NGC	114	= 1660	NGC	230	= 2539	NGC	368	= 3826
MK	1194	= 16899	MK	1485	= 49347	NGC	115	= 1651	NGC	232	= 2559	NGC	369	= 3856
MK	1196	= 20063	MK	1494	= 53662	NGC	117	= 1674	NGC	233	= 2604	NGC	374	= 3952
MK	1197	= 20144	MK	1496	= 56352	NGC	118	= 1678	NGC	234	= 2600	NGC	375	= 3953
MK	1198	= 20335	MK	1499	= 58552	NGC	119	= 1659	NGC	235	= 2569	NGC	378	= 3907
MK	1199	= 20911	MK	1507	= 36211	NGC	120	= 1693	NGC	235A	= 2570	NGC	379	= 3966
MK	1200	= 20957	NGC	1	= 564	NGC	124	= 1715	NGC	236	= 2596	NGC	380	= 3969
MK	1201	= 20988	NGC	2	= 567	NGC	125	= 1772	NGC	237	= 2597	NGC	382	= 3981
MK	1207	= 22549	NGC	3	= 565	NGC	126	= 1784	NGC	238	= 2595	NGC	383	= 3982
MK	1208	= 22634	NGC	5	= 595	NGC	127	= 1787	NGC	239	= 2642	NGC	384	= 3983
MK	1209	= 22638	NGC	7	= 627	NGC	128	= 1791	NGC	240	= 2653	NGC	385	= 3984
MK	1210	= 22641	NGC	9	= 652	NGC	130	= 1794	NGC	243	= 2687	NGC	386	= 3989
MK	1214	= 23559	NGC	10	= 634	NGC	131	= 1813	NGC	244	= 2675	NGC	388	= 4005
MK	1220	= 24269	NGC	11	= 642	NGC	132	= 1844	NGC	245	= 2691	NGC	389	= 4054
MK	1222	= 25437	NGC	12	= 645	NGC	134	= 1851	NGC	247	= 2758	NGC	391	= 3976
MK	1224	= 25476	NGC	13	= 650	NGC	137	= 1888	NGC	250	= 2765	NGC	392	= 4042
MK	1225	= 25783	NGC	14	= 647	NGC	138	= 1889	NGC	251	= 2806	NGC	393	= 4061
MK	1228	= 26092	NGC	15	= 661	NGC	139	= 1900	NGC	252	= 2819	NGC	396	= 4178
MK	1229	= 26131	NGC	16	= 660	NGC	140	= 1916	NGC	253	= 2789	NGC	399	= 4096
MK	1230	= 26218	NGC	17	= 781	NGC	142	= 1901	NGC	254	= 2778	NGC	403	= 4111
MK	1232	= 26385	NGC	20	= 679	NGC	143	= 1911	NGC	255	= 2802	NGC	404	= 4126
MK	1233	= 27192	NGC	21	= 759	NGC	144	= 1917	NGC	257	= 2818	NGC	406	= 3980
MK	1235	= 27714	NGC	22	= 690	NGC	145	= 1941	NGC	259	= 2820	NGC	407	= 4190
MK	1241	= 28698	NGC	23	= 698	NGC	147	= 2004	NGC	260	= 2844	NGC	409	= 4132
MK	1242	= 28817	NGC	24	= 701	NGC	148	= 2053	NGC	262	= 2855	NGC	410	= 4224
MK	1243	= 28910	NGC	25	= 706	NGC	149	= 2028	NGC	264	= 2831	NGC	413	= 4347
MK	1259	= 31636	NGC	26	= 732	NGC	150	= 2052	NGC	266	= 2901	NGC	415	= 4161
MK	1260	= 31701	NGC	27	= 742	NGC	151	= 2035	NGC	268	= 2927	NGC	417	= 4237
MK	1261	= 31998	NGC	28	= 751	NGC	153	= 2035	NGC	270	= 2938	NGC	418	= 4189
MK	1262	= 32119	NGC	29	= 767	NGC	155	= 2076	NGC	271	= 2949	NGC	420	= 4320
MK	1263	= 32346	NGC	34	= 781	NGC	157	= 2081	NGC	273	= 2959	NGC	423	= 4266
MK	1264	= 32364	NGC	36	= 798	NGC	159	= 2073	NGC	274	= 2980	NGC	424	= 4274
MK	1267	= 32672	NGC	37	= 801	NGC	160	= 2154	NGC	275	= 2984	NGC	425	= 4379
MK	1270	= 32846	NGC	38	= 818	NGC	161	= 2131	NGC	276	= 3054	NGC	426	= 4363
MK	1275	= 33152	NGC	39	= 852	NGC	163	= 2149	NGC	277	= 2995	NGC	427	= 4333
MK	1279	= 33540	NGC	41	= 865	NGC	165	= 2182	NGC	278	= 3051	NGC	428	= 4367
MK	1282	= 33682	NGC	42	= 867	NGC	167	= 2122	NGC	279	= 3055	NGC	429	= 4368
MK	1288	= 34575	NGC	43	= 875	NGC	168	= 2192	NGC	280	= 3076	NGC	430	= 4376
MK	1291	= 34980	NGC	45	= 930	NGC	169	= 2202	NGC	283	= 3124	NGC	431	= 4437
MK	1296	= 35355	NGC	47	= 967	NGC	170	= 2195	NGC	286	= 3142	NGC	432	= 4290
MK	1297	= 35379	NGC	48	= 929	NGC	171	= 2232	NGC	289	= 3089	NGC	434	= 4325
MK	1301	= 35859	NGC	49	= 952	NGC	172	= 2228	NGC	291	= 3140	NGC	434A	= 4344
MK	1302	= 36093	NGC	50	= 983	NGC	173	= 2223	NGC	292	= 3085	NGC	435	= 4434
MK	1304	= 36325	NGC	51	= 974	NGC	174	= 2206	NGC	293	= 3195	NGC	437	= 4464
MK	1307	= 37213	NGC	52	= 978	NGC	175	= 2232	NGC	295	= 3260	NGC	438	= 4406
MK	1308	= 37339	NGC	53	= 982	NGC	177	= 2241	NGC	296	= 3274	NGC	439	= 4423
MK	1309	= 37625	NGC	54	= 1011	NGC	178	= 2349	NGC	298	= 3250	NGC	440	= 4361
MK	1310	= 37916	NGC	55	= 1014	NGC	179	= 2253	NGC	300	= 3238	NGC	441	= 4429
MK	1318	= 39628	NGC	57	= 1037	NGC	180	= 2268	NGC	304	= 3326	NGC	442	= 4484
(MK	1325)	= 40694	NGC	58	= 967	NGC	181	= 2287	NGC	305	= 3313	NGC	443	= 4512
(MK	1325)	= 40697	NGC	59	= 1034	NGC	182	= 2279	NGC	307	= 3367	NGC	444	= 4561
MK	1326	= 40743	NGC	60	= 1058	NGC	183	= 2298	NGC	309	= 3377	NGC	445	= 4493
MK	1328	= 41466	NGC	61A	= 1083	NGC	184	= 2309	NGC	311	= 3434	NGC	447	= 4550
MK	1329	= 42108	NGC	62	= 1125	NGC	185	= 2329	NGC	312	= 3343	NGC	448	= 4524
MK	1330	= 42375	NGC	63	= 1160	NGC	186	= 2291	NGC	314	= 3395	NGC	449	= 4587
MK	1332	= 42618	NGC	64	= 1149	NGC	187	= 2380	NGC	315	= 3455	NGC	450	= 4540
MK	1333	= 42681	NGC	66	= 1236	(NGC	190)	= 2324	(NGC	317)	= 3442	NGC	451	= 4594
MK	1334	= 43029	NGC	67	= 1185	(NGC	190)	= 2325	(NGC	317)	= 3445	NGC	452	= 4596
MK	1335	= 43121	NGC	68	= 1187	NGC	191	= 2331	NGC	317A	= 3442	NGC	454	= 4468
MK	1337	= 43690	NGC	69	= 1191	NGC	192	= 2352	NGC	317B	= 3445	NGC	455	= 4572
MK	1339	= 43885	NGC	70	= 1194	NGC	193	= 2359	NGC	319	= 3398	NGC	459	= 4665
MK	1341	= 44846	NGC	71	= 1197	NGC	194	= 2362	NGC	320	= 3510	NGC	461	= 4636
MK	1342	= 44876	NGC	72	= 1204	NGC	195	= 2391	NGC	321	= 3435	NGC	466	= 4632
MK	1344	= 45608	NGC	72A	= 1208	NGC	196	= 2357	NGC	322	= 3412	NGC	467	= 4736
MK	1346	= 46636	NGC	73	= 1211	NGC	197	= 2365	NGC	323	= 3374	NGC	470	= 4777
MK	1352	= 47638	NGC	75	= 1255	NGC	198	= 2371	NGC	324	= 3416	NGC	471	= 4793

RC3   670   NGC

NGC	473	= 4785	NGC	579	= 5691	NGC	697	= 6848	NGC	812	= 8066	NGC	929	= 9334
NGC	474	= 4801	NGC	580	= 5628	NGC	698	= 6710	NGC	813	= 7692	NGC	930	= 9379
NGC	477	= 4915	NGC	582	= 5702	NGC	699	= 6798	NGC	815	= 7798	NGC	931	= 9399
NGC	479	= 4905	NGC	583	= 5576	NGC	700	= 6924	NGC	817	= 8109	NGC	932	= 9379
NGC	481	= 4899	NGC	584	= 5663	NGC	701	= 6826	NGC	818	= 8185	NGC	933	= 9465
NGC	482	= 4823	NGC	585	= 5688	NGC	702	= 6852	NGC	819	= 8174	NGC	934	= 9352
NGC	483	= 4961	NGC	586	= 5679	NGC	703	= 6957	NGC	820	= 8165	NGC	935	= 9388
NGC	484	= 4764	NGC	587	= 5746	NGC	705	= 6958	NGC	821	= 8160	NGC	936	= 9359
NGC	485	= 4921	NGC	589	= 5758	NGC	706	= 6897	NGC	822	= 8055	NGC	937	= 9480
NGC	487	= 4958	NGC	590	= 5808	NGC	707	= 6861	NGC	823	= 8093	NGC	938	= 9423
NGC	488	= 4946	NGC	591	= 5800	NGC	708	= 6962	NGC	824	= 8068	NGC	939	= 9271
NGC	489	= 4957	NGC	593	= 5733	NGC	709	= 6969	NGC	825	= 8173	NGC	940	= 9478
NGC	490	= 4973	NGC	594	= 5769	NGC	710	= 6972	NGC	827	= 8196	NGC	941	= 9414
NGC	491	= 4914	NGC	596	= 5766	NGC	711	= 6940	NGC	828	= 8283	NGC	942	= 9458
NGC	491A	= 4799	NGC	597	= 5721	NGC	712	= 6988	NGC	829	= 8182	NGC	943	= 9457
NGC	493	= 4979	NGC	598	= 5818	NGC	714	= 7009	NGC	830	= 8201	NGC	944	= 9300
NGC	494	= 5035	NGC	599	= 5778	NGC	717	= 7033	NGC	833	= 8225	NGC	945	= 9426
NGC	495	= 5037	NGC	600	= 5777	NGC	718	= 6993	NGC	834	= 8352	NGC	946	= 9556
NGC	496	= 5061	NGC	601	= 5778	NGC	719	= 7019	NGC	835	= 8228	NGC	947	= 9420
NGC	497	= 4992	NGC	605	= 5891	NGC	720	= 6983	NGC	836	= 8304	NGC	948	= 9431
NGC	499	= 5060	NGC	606	= 5874	NGC	721	= 7097	NGC	837	= 8297	NGC	949	= 9566
NGC	501	= 5082	NGC	608	= 5913	NGC	722	= 7098	NGC	838	= 8250	NGC	950	= 9461
NGC	502	= 5034	NGC	612	= 5827	NGC	723	= 7024	NGC	839	= 8254	NGC	951	= 9442
NGC	503	= 5086	NGC	613	= 5849	NGC	724	= 7024	NGC	840	= 8293	NGC	953	= 9586
NGC	504	= 5084	NGC	614	= 5933	NGC	726	= 7182	NGC	841	= 8372	NGC	954	= 9438
NGC	505	= 5036	NGC	615	= 5897	NGC	727	= 7027	NGC	842	= 8258	NGC	955	= 9549
NGC	507	= 5098	NGC	619	= 5878	NGC	731	= 7118	NGC	845	= 8438	NGC	958	= 9560
NGC	508	= 5099	NGC	621	= 5984	NGC	732	= 7270	NGC	846	= 8430	NGC	959	= 9665
NGC	509	= 5080	NGC	622	= 5939	NGC	735	= 7282	NGC	847	= 8430	NGC	960	= 9621
NGC	511	= 5103	NGC	623	= 5898	NGC	736	= 7289	NGC	848	= 8299	NGC	962	= 9682
NGC	512	= 5132	NGC	624	= 5932	NGC	739	= 7312	NGC	849	= 8286	NGC	964	= 9582
NGC	513	= 5174	NGC	625	= 5896	NGC	740	= 7316	NGC	850	= 8369	NGC	965	= 9666
NGC	514	= 5139	NGC	626	= 5901	NGC	741	= 7252	NGC	851	= 8368	NGC	966	= 9626
NGC	515	= 5201	NGC	628	= 5974	NGC	742	= 7264	NGC	852	= 8195	NGC	967	= 9654
NGC	516	= 5148	NGC	630	= 5924	NGC	745	= 7054	NGC	853	= 8397	NGC	968	= 9779
NGC	517	= 5214	NGC	631	= 5983	NGC	746	= 7399	NGC	854	= 8388	NGC	969	= 9781
NGC	518	= 5161	NGC	632	= 6007	NGC	747	= 7366	NGC	855	= 8557	NGC	972	= 9788
NGC	519	= 5182	NGC	633	= 5960	NGC	748	= 7259	NGC	856	= 8526	NGC	973	= 9795
NGC	520	= 5193	NGC	634	= 6059	NGC	749	= 7191	NGC	857	= 8455	NGC	974	= 9802
NGC	521	= 5190	NGC	636	= 6110	NGC	750	= 7369	NGC	858	= 8451	NGC	975	= 9735
NGC	522	= 5218	NGC	638	= 6145	NGC	751	= 7370	NGC	859	= 8526	NGC	976	= 9776
NGC	523	= 5268	NGC	639	= 6105	NGC	753	= 7387	NGC	861	= 8652	NGC	977	= 9713
NGC	524	= 5222	NGC	641	= 6081	NGC	754	= 7068	NGC	862	= 8487	NGC	978	= 9821
NGC	525	= 5232	NGC	642	= 6112	NGC	755	= 7262	NGC	863	= 8586	NGC	978A	= 9821
NGC	526	= 5120	NGC	643	= 6117	NGC	759	= 7397	NGC	864	= 8631	NGC	979	= 9614
NGC	527	= 5128	NGC	643C	= 6256	NGC	761	= 7395	NGC	865	= 8678	NGC	980	= 9838
NGC	528	= 5290	NGC	644	= 6097	NGC	762	= 7322	NGC	867	= 8718	NGC	982	= 9831
NGC	529	= 5299	NGC	645	= 6172	NGC	765	= 7475	NGC	868	= 8659	NGC	984	= 9819
NGC	530	= 5210	NGC	646	= 6010	NGC	766	= 7468	NGC	871	= 8722	NGC	985	= 9817
NGC	531	= 5340	NGC	647	= 6155	NGC	767	= 7483	NGC	872	= 8629	NGC	986	= 9747
NGC	532	= 5264	NGC	648	= 6083	NGC	768	= 7465	NGC	873	= 8692	NGC	986A	= 9685
NGC	533	= 5283	NGC	652	= 6208	NGC	769	= 7537	NGC	874	= 8663	NGC	987	= 9911
NGC	534	= 5215	NGC	653	= 6290	NGC	770	= 7517	NGC	875	= 8718	NGC	988	= 9843
NGC	535	= 5282	NGC	655	= 6262	NGC	772	= 7525	NGC	876	= 8770	NGC	990	= 9890
NGC	536	= 5344	NGC	656	= 6293	NGC	773	= 7486	NGC	877	= 8775	NGC	991	= 9846
NGC	538	= 5275	NGC	658	= 6275	NGC	774	= 7536	NGC	878	= 8771	NGC	992	= 9938
NGC	539	= 5269	NGC	660	= 6318	NGC	775	= 7451	NGC	881	= 8822	NGC	993	= 9910
NGC	541	= 5305	NGC	661	= 6376	NGC	776	= 7560	NGC	882	= 8874	NGC	994	= 9910
NGC	542	= 5360	NGC	662	= 6393	NGC	777	= 7584	NGC	883	= 8841	NGC	995	= 10008
NGC	543	= 5311	NGC	664	= 6359	NGC	778	= 7597	NGC	887	= 8868	NGC	996	= 10015
NGC	544	= 5253	NGC	665	= 6415	NGC	779	= 7544	NGC	888	= 8743	NGC	999	= 10026
NGC	545	= 5323	NGC	666	= 6483	NGC	781	= 7577	NGC	889	= 8843	NGC	1002	= 10034
NGC	546	= 5255	NGC	667	= 6418	NGC	782	= 7379	NGC	890	= 8997	NGC	1003	= 10052
NGC	547	= 5324	NGC	668	= 6502	NGC	783	= 7657	NGC	891	= 9031	NGC	1004	= 9961
NGC	548	= 5326	NGC	669	= 6560	NGC	784	= 7671	NGC	893	= 8888	NGC	1008	= 9970
NGC	549	= 5278	NGC	670	= 6570	NGC	785	= 7694	NGC	894	= 8974	NGC	1009	= 9995
NGC	550	= 5374	NGC	671	= 6546	NGC	786	= 7680	NGC	895	= 8974	NGC	1012	= 10051
NGC	551	= 5450	NGC	672	= 6595	NGC	787	= 7632	NGC	897	= 8944	NGC	1015	= 9988
NGC	555	= 5419	NGC	673	= 6624	NGC	788	= 7656	NGC	898	= 9073	NGC	1016	= 9997
NGC	556	= 5420	NGC	676	= 6656	NGC	789	= 7760	NGC	899	= 8990	NGC	1018	= 9986
NGC	557	= 5351	NGC	677	= 6673	NGC	790	= 7677	NGC	900	= 9079	NGC	1019	= 10006
NGC	558	= 5425	NGC	678	= 6690	NGC	791	= 7702	NGC	904	= 9112	NGC	1020	= 10018
NGC	560	= 5430	NGC	679	= 6711	NGC	792	= 7744	NGC	906	= 9188	NGC	1021	= 10027
NGC	561	= 5489	NGC	680	= 6719	NGC	794	= 7763	NGC	907	= 9054	NGC	1022	= 10010
NGC	562	= 5502	NGC	681	= 6671	NGC	795	= 7552	NGC	908	= 9057	NGC	1023	= 10123
NGC	563	= 5417	NGC	682	= 6663	NGC	797	= 7832	NGC	909	= 9197	NGC	1023A	= 10139
NGC	564	= 5455	NGC	683	= 6718	NGC	798	= 7823	NGC	910	= 9201	NGC	1024	= 10048
NGC	565	= 5481	NGC	684	= 6759	NGC	799	= 7741	NGC	911	= 9221	NGC	1025	= 9891
NGC	566	= 5545	NGC	685	= 6581	NGC	800	= 7740	NGC	914	= 9253	NGC	1026	= 10055
NGC	568	= 5468	NGC	686	= 6655	NGC	801	= 7847	NGC	918	= 9236	NGC	1029	= 10078
NGC	569	= 5548	NGC	687	= 6782	NGC	802	= 7505	NGC	919	= 9267	NGC	1030	= 10088
NGC	570	= 5539	NGC	688	= 6799	NGC	803	= 7849	NGC	920	= 9377	NGC	1031	= 9907
NGC	571	= 5587	NGC	689	= 6724	NGC	804	= 7873	NGC	921	= 9287	NGC	1032	= 10060
NGC	572	= 5508	NGC	690	= 6587	NGC	805	= 7899	NGC	922	= 9172	NGC	1033	= 10108
NGC	573	= 5638	NGC	691	= 6793	NGC	806	= 7835	NGC	923	= 9355	NGC	1035	= 10065
NGC	574	= 5544	NGC	692	= 6642	NGC	807	= 7934	NGC	924	= 9302	NGC	1036	= 10127
NGC	575	= 5634	NGC	693	= 6778	NGC	808	= 7865	NGC	925	= 9332	NGC	1037	= 9973
NGC	576	= 5535	NGC	694	= 6816	NGC	809	= 7889	NGC	926	= 9256	NGC	1038	= 10096
NGC	577	= 5628	NGC	695	= 6844	NGC	810	= 7965	NGC	927	= 9292	NGC	1041	= 10125
NGC	578	= 5619	NGC	696	= 6695	NGC	811	= 7905	NGC	928	= 9368	NGC	1042	= 10122

RC3 671 NGC

NGC 1044	= 10174	NGC 1165	= 11270	NGC 1292	= 12285	NGC 1391	= 13436	NGC 1518	= 14475
NGC 1045	= 10129	NGC 1166	= 11372	NGC 1293	= 12597	NGC 1392	= 13330	NGC 1519	= 14514
NGC 1046	= 10185	NGC 1167	= 11425	NGC 1294	= 12600	NGC 1393	= 13425	NGC 1521	= 14520
NGC 1047	= 10132	NGC 1168	= 11378	NGC 1296	= 12341	NGC 1394	= 13444	NGC 1522	= 14462
NGC 1048	= 10140	NGC 1169	= 11521	NGC 1297	= 12373	NGC 1395	= 13419	NGC 1526	= 14437
NGC 1048A	= 10137	NGC 1171	= 11552	NGC 1298	= 12473	NGC 1396	= 13398	NGC 1527	= 14526
NGC 1050	= 10257	NGC 1172	= 11420	NGC 1299	= 12466	NGC 1397	= 13485	NGC 1529	= 14495
NGC 1051	= 10172	NGC 1175	= 11578	NGC 1300	= 12412	NGC 1398	= 13434	NGC 1530	= 15018
NGC 1052	= 10175	NGC 1177	= 11581	NGC 1301	= 12521	NGC 1399	= 13418	NGC 1531	= 14635
NGC 1053	= 10298	NGC 1179	= 11480	NGC 1302	= 12431	NGC 1400	= 13470	NGC 1532	= 14638
NGC 1054	= 10242	NGC 1184	= 12174	NGC 1304	= 12575	NGC 1401	= 13457	NGC 1533	= 14582
NGC 1055	= 10208	NGC 1185	= 11488	NGC 1305	= 12582	NGC 1402	= 13467	NGC 1534	= 14547
NGC 1056	= 10272	NGC 1186	= 11617	NGC 1306	= 12559	NGC 1403	= 13445	NGC 1536	= 14620
NGC 1057	= 10287	NGC 1187	= 11479	NGC 1307	= 12575	NGC 1404	= 13333	NGC 1537	= 14695
NGC 1058	= 10314	NGC 1188	= 11533	NGC 1308	= 12643	NGC 1405	= 13512	NGC 1540A	= 14734
NGC 1060	= 10302	NGC 1189	= 11503	NGC 1309	= 12626	NGC 1406	= 13458	NGC 1541	= 14792
NGC 1061	= 10303	NGC 1190	= 11508	NGC 1310	= 12569	NGC 1407	= 13505	NGC 1542	= 14800
NGC 1062	= 10331	NGC 1191	= 11514	NGC 1311	= 12460	NGC 1409	= 13553	NGC 1543	= 14659
NGC 1063	= 10232	NGC 1192	= 11519	NGC 1312	= 12682	NGC 1410	= 13556	NGC 1544	= 16608
NGC 1064	= 10249	NGC 1194	= 11537	NGC 1313	= 12286	NGC 1411	= 13429	NGC 1546	= 14723
NGC 1066	= 10338	NGC 1196	= 11522	NGC 1313A	= 12457	NGC 1412	= 13520	NGC 1547	= 14799
NGC 1067	= 10339	NGC 1198	= 11648	NGC 1314	= 12650	NGC 1414	= 13543	NGC 1549	= 14757
NGC 1068	= 10266	NGC 1199	= 11527	NGC 1315	= 12671	NGC 1415	= 13544	NGC 1550	= 14880
NGC 1069	= 10285	NGC 1200	= 11545	NGC 1316	= 12651	NGC 1416	= 13548	NGC 1551	= 14880
NGC 1070	= 10309	NGC 1201	= 11559	NGC 1316C	= 12769	NGC 1417	= 13584	NGC 1552	= 14907
NGC 1071	= 10290	NGC 1204	= 11583	NGC 1317	= 12653	NGC 1418	= 13606	NGC 1553	= 14765
NGC 1072	= 10315	NGC 1207	= 11737	NGC 1318	= 12653	NGC 1419	= 13534	NGC 1556	= 14818
NGC 1073	= 10329	NGC 1208	= 11647	NGC 1319	= 12708	NGC 1421	= 13620	NGC 1558	= 14906
NGC 1074	= 10324	NGC 1209	= 11638	NGC 1320	= 12756	NGC 1422	= 13569	NGC 1559	= 14814
NGC 1076	= 10313	NGC 1210	= 11666	NGC 1324	= 12772	NGC 1424	= 13664	NGC 1560	= 15488
NGC 1079	= 10330	NGC 1211	= 11670	NGC 1325	= 12737	NGC 1425	= 13602	NGC 1566	= 14897
NGC 1080	= 10416	NGC 1213	= 11789	NGC 1325A	= 12754	NGC 1426	= 13638	NGC 1567	= 14934
NGC 1081	= 10411	NGC 1214	= 11675	NGC 1326	= 12709	NGC 1427	= 13609	(NGC 1568)	= 15042
NGC 1083	= 10445	NGC 1215	= 11687	NGC 1326A	= 12783	NGC 1427A	= 13500	NGC 1569	= 15345
NGC 1084	= 10464	NGC 1216	= 11693	NGC 1326B	= 12788	NGC 1428	= 13611	NGC 1571	= 14971
NGC 1085	= 10498	NGC 1217	= 11641	NGC 1327	= 12795	NGC 1431	= 13732	NGC 1572	= 14993
NGC 1086	= 10587	NGC 1218	= 11749	NGC 1329	= 12826	NGC 1433	= 13586	NGC 1573	= 15570
NGC 1087	= 10496	NGC 1219	= 11752	NGC 1331	= 12846	NGC 1436	= 13687	NGC 1574	= 14965
NGC 1088	= 10536	NGC 1221	= 11739	NGC 1332	= 12838	NGC 1437	= 13687	NGC 1576	= 15089
NGC 1090	= 10507	NGC 1222	= 11774	NGC 1334	= 13001	NGC 1438	= 13760	NGC 1578	= 15025
NGC 1091	= 10424	NGC 1224	= 11886	NGC 1335	= 13015	NGC 1439	= 13738	NGC 1581	= 15055
NGC 1092	= 10432	NGC 1226	= 11879	NGC 1336	= 12848	NGC 1440	= 13752	NGC 1584	= 15180
NGC 1093	= 10606	NGC 1227	= 11880	NGC 1337	= 12916	NGC 1441	= 13782	NGC 1585	= 15150
NGC 1094	= 10559	NGC 1228	= 11735	NGC 1338	= 12956	NGC 1442	= 13752	NGC 1586	= 15331
NGC 1095	= 10566	NGC 1229	= 11734	NGC 1339	= 12917	NGC 1446	= 13801	NGC 1587	= 15332
NGC 1096	= 10336	NGC 1230	= 11743	NGC 1340	= 12923	NGC 1448	= 13727	NGC 1588	= 15340
NGC 1097	= 10488	NGC 1232	= 11819	NGC 1341	= 12911	NGC 1449	= 13798	NGC 1589	= 15342
NGC 1097A	= 10479	NGC 1232A	= 11834	NGC 1343	= 13384	NGC 1451	= 13801	NGC 1590	= 15368
NGC 1098	= 10403	NGC 1233	= 11955	NGC 1344	= 12923	NGC 1452	= 13765	NGC 1591	= 15276
NGC 1099	= 10422	NGC 1234	= 11813	NGC 1345	= 12979	NGC 1453	= 13814	NGC 1592	= 15292
NGC 1100	= 10438	NGC 1238	= 11868	NGC 1346	= 13009	NGC 1457	= 13727	NGC 1593	= 15447
NGC 1101	= 10613	NGC 1239	= 11869	NGC 1347	= 12989	NGC 1459	= 13832	NGC 1594	= 15348
NGC 1103	= 10597	NGC 1241	= 11887	NGC 1349	= 13088	NGC 1460	= 13805	NGC 1595	= 15195
NGC 1104	= 10634	NGC 1242	= 11892	NGC 1350	= 13059	NGC 1461	= 13881	NGC 1596	= 15153
NGC 1106	= 10792	NGC 1244	= 11659	NGC 1351	= 13028	NGC 1462	= 13945	NGC 1598	= 15204
NGC 1107	= 10683	NGC 1246	= 11680	NGC 1351A	= 12952	NGC 1463	= 13807	NGC 1599	= 15403
NGC 1109	= 10660	NGC 1247	= 11931	NGC 1352	= 13091	NGC 1465	= 14039	NGC 1600	= 15406
NGC 1110	= 10673	NGC 1248	= 11970	NGC 1353	= 13108	NGC 1467	= 13991	NGC 1601	= 15413
NGC 1114	= 10669	NGC 1249	= 11836	NGC 1354	= 13130	NGC 1468	= 14004	NGC 1602	= 15168
NGC 1116	= 10781	NGC 1250	= 12098	NGC 1355	= 13169	NGC 1469	= 14261	NGC 1603	= 15424
NGC 1118	= 10748	NGC 1253	= 12041	NGC 1356	= 13035	NGC 1470	= 14002	NGC 1606	= 15443
NGC 1119	= 10607	NGC 1253A	= 12053	NGC 1357	= 13166	NGC 1473	= 13853	NGC 1608	= 15447
NGC 1120	= 10664	NGC 1254	= 12052	NGC 1358	= 13182	NGC 1476	= 14001	NGC 1609	= 15480
NGC 1121	= 10789	NGC 1255	= 12007	NGC 1359	= 13190	NGC 1481	= 14079	NGC 1611	= 15501
NGC 1122	= 10890	NGC 1256	= 12032	NGC 1361	= 13218	NGC 1482	= 14084	NGC 1612	= 15507
NGC 1123	= 10890	NGC 1257	= 12157	NGC 1362	= 13196	NGC 1483	= 14022	NGC 1613	= 15518
NGC 1124	= 10838	NGC 1258	= 12034	NGC 1365	= 13179	NGC 1484	= 14071	NGC 1614	= 15538
NGC 1125	= 10851	NGC 1260	= 12219	NGC 1366	= 13197	NGC 1485	= 14432	NGC 1615	= 15608
NGC 1126	= 10868	NGC 1262	= 12107	NGC 1367	= 13255	NGC 1486	= 14132	NGC 1616	= 15479
NGC 1127	= 10889	NGC 1265	= 12287	NGC 1369	= 13330	NGC 1487	= 14117	NGC 1617	= 15405
NGC 1129	= 10959	NGC 1266	= 12131	NGC 1370	= 13265	NGC 1488	= 14181	NGC 1618	= 15611
NGC 1132	= 10891	NGC 1267	= 12331	NGC 1371	= 13255	NGC 1489	= 14165	NGC 1620	= 15638
NGC 1134	= 10928	NGC 1268	= 12332	NGC 1373	= 13252	NGC 1490	= 14040	NGC 1621	= 15626
NGC 1136	= 10807	NGC 1270	= 12350	NGC 1374	= 13267	NGC 1492	= 14186	NGC 1622	= 15635
NGC 1137	= 10942	NGC 1271	= 12367	NGC 1375	= 13266	NGC 1493	= 14163	NGC 1625	= 15654
NGC 1138	= 11118	NGC 1272	= 12384	NGC 1376	= 13352	NGC 1494	= 14169	NGC 1626	= 15626
NGC 1139	= 10888	NGC 1273	= 12396	NGC 1377	= 13324	NGC 1495	= 14190	NGC 1627	= 15675
NGC 1140	= 10966	NGC 1274	= 12413	NGC 1379	= 13299	NGC 1497	= 14331	NGC 1628	= 15674
NGC 1143	= 11007	NGC 1275	= 12429	NGC 1380	= 13318	NGC 1500	= 14187	NGC 1630	= 15659
NGC 1144	= 11012	NGC 1277	= 12434	NGC 1380A	= 13335	NGC 1503	= 14137	NGC 1631	= 15705
NGC 1145	= 10965	NGC 1278	= 12438	NGC 1380B	= 13354	NGC 1506	= 14256	NGC 1633	= 15774
NGC 1148	= 11148	NGC 1280	= 12262	NGC 1381	= 13321	NGC 1507	= 14409	NGC 1634	= 15775
NGC 1149	= 11170	NGC 1281	= 12458	NGC 1382	= 13354	NGC 1510	= 14375	NGC 1635	= 15773
NGC 1153	= 11230	NGC 1282	= 12471	NGC 1383	= 13377	NGC 1511	= 14236	NGC 1636	= 15800
NGC 1156	= 11329	NGC 1283	= 12478	NGC 1384	= 13448	NGC 1511A	= 14255	NGC 1637	= 15821
NGC 1160	= 11403	NGC 1284	= 12247	NGC 1385	= 13368	NGC 1511B	= 14279	NGC 1638	= 15824
NGC 1161	= 11404	NGC 1285	= 12259	NGC 1386	= 13333	NGC 1512	= 14391	NGC 1640	= 15850
NGC 1162	= 11274	NGC 1288	= 12204	NGC 1387	= 13344	NGC 1515	= 14397	NGC 1642	= 15867
NGC 1163	= 11359	NGC 1289	= 12342	NGC 1389	= 13360	NGC 1515A	= 14388	NGC 1643	= 15891
NGC 1164	= 11441	NGC 1291	= 12209	NGC 1390	= 13386	NGC 1517	= 14564	NGC 1645	= 15903

RC3   672   NGC

NGC 1650 = 15931	NGC 1924 = 17319	NGC 2307 = 19648	NGC 2498 = 22403	NGC 2612 = 24028
NGC 1653 = 15942	NGC 1930 = 17276	NGC 2308 = 19949	NGC 2500 = 22525	NGC 2613 = 23997
NGC 1654 = 15943	NGC 1947 = 17296	NGC 2310 = 19811	NGC 2501 = 22354	NGC 2614 = 24473
NGC 1656 = 15949	NGC 1954 = 17422	NGC 2314 = 20305	NGC 2502 = 22210	NGC 2615 = 24071
NGC 1657 = 15958	NGC 1956 = 17102	NGC 2315 = 20045	NGC 2503 = 22453	NGC 2616 = 24129
NGC 1658 = 15899	NGC 1961 = 17625	NGC 2320 = 20136	NGC 2504 = 22414	NGC 2617 = 24136
NGC 1659 = 15977	NGC 1963 = 17433	NGC 2321 = 20141	NGC 2505 = 22644	NGC 2618 = 24156
NGC 1660 = 15908	NGC 1964 = 17436	NGC 2322 = 20142	NGC 2507 = 22510	NGC 2619 = 24235
NGC 1661 = 16000	NGC 1979 = 17452	NGC 2325 = 20047	NGC 2508 = 22528	NGC 2620 = 24233
NGC 1665 = 16044	NGC 1989 = 17464	NGC 2326 = 20218	NGC 2510 = 22541	NGC 2622 = 24269
NGC 1666 = 16057	NGC 1992 = 17466	NGC 2326A = 20237	NGC 2511 = 22549	NGC 2623 = 24288
NGC 1667 = 16062	NGC 1993 = 17487	NGC 2328 = 20046	NGC 2512 = 22596	NGC 2625 = 24285
NGC 1668 = 15957	NGC 2007 = 17478	NGC 2329 = 20054	NGC 2513 = 22555	NGC 2628 = 24381
NGC 1669 = 15871	NGC 2008 = 17480	NGC 2332 = 20276	NGC 2514 = 22581	NGC 2629 = 24682
NGC 1670 = 16107	NGC 2012 = 17194	NGC 2333 = 20223	NGC 2517 = 22578	NGC 2633 = 24723
NGC 1672 = 15941	NGC 2049 = 17657	NGC 2336 = 21033	NGC 2518 = 22800	NGC 2634 = 24749
NGC 1677 = 16146	NGC 2073 = 17772	NGC 2337 = 20298	NGC 2519 = 22800	NGC 2634A = 24760
NGC 1678 = 16179	NGC 2076 = 17804	NGC 2339 = 20222	NGC 2521 = 22866	NGC 2636 = 24747
NGC 1679 = 16120	NGC 2082 = 17609	NGC 2340 = 20338	NGC 2522 = 22749	NGC 2638 = 24453
NGC 1680 = 16058	NGC 2087 = 17684	NGC 2341 = 20259	NGC 2523 = 23128	NGC 2639 = 24506
NGC 1681 = 16195	NGC 2089 = 17860	NGC 2342 = 20265	NGC 2523A = 22649	NGC 2640 = 24229
NGC 1684 = 16219	NGC 2090 = 17819	NGC 2344 = 20395	NGC 2523B = 23025	NGC 2641 = 24722
NGC 1685 = 16222	NGC 2101 = 17793	NGC 2347 = 20539	NGC 2523C = 23247	NGC 2642 = 24395
NGC 1686 = 16239	NGC 2104 = 17822	NGC 2350 = 20416	NGC 2524 = 22838	NGC 2644 = 24425
NGC 1687 = 16166	NGC 2106 = 17975	NGC 2357 = 20592	NGC 2525 = 22721	NGC 2646 = 24838
NGC 1688 = 16050	NGC 2110 = 18030	NGC 2365 = 20838	NGC 2526 = 22778	NGC 2648 = 24464
NGC 1689 = 16062	NGC 2119 = 18136	NGC 2366 = 21102	NGC 2528 = 22805	NGC 2649 = 24531
NGC 1690 = 16289	NGC 2124 = 18147	NGC 2369 = 20556	NGC 2529 = 22827	NGC 2650 = 24817
NGC 1691 = 16300	NGC 2128 = 18374	NGC 2369A = 20640	NGC 2531 = 22827	NGC 2654 = 24784
NGC 1692 = 16336	NGC 2131 = 18172	NGC 2369B = 20717	NGC 2532 = 22922	NGC 2655 = 25069
NGC 1699 = 16390	NGC 2139 = 18258	NGC 2370 = 20955	NGC 2534 = 23024	NGC 2656 = 24707
NGC 1700 = 16386	NGC 2144 = 17592	NGC 2373 = 21016	NGC 2535 = 22957	NGC 2657 = 24595
NGC 1701 = 16352	NGC 2146 = 18797	NGC 2375 = 21035	NGC 2536 = 22958	NGC 2661 = 24632
NGC 1703 = 16234	NGC 2146A = 18960	NGC 2377 = 20948	NGC 2537 = 23040	NGC 2663 = 24590
NGC 1705 = 16282	NGC 2148 = 18171	NGC 2378 = 21036	NGC 2537A = 23057	NGC 2665 = 24634
NGC 1706 = 16220	NGC 2150 = 18097	NGC 2379 = 21036	NGC 2538 = 22962	NGC 2668 = 24791
NGC 1709 = 16462	NGC 2152 = 18249	NGC 2380 = 20916	NGC 2540 = 23017	NGC 2672 = 24790
NGC 1710 = 16396	NGC 2178 = 18322	NGC 2381 = 20694	NGC 2541 = 23110	NGC 2673 = 24792
NGC 1713 = 16471	NGC 2179 = 18453	NGC 2382 = 20916	NGC 2543 = 23028	NGC 2675 = 24909
NGC 1716 = 16434	NGC 2187A = 18355	NGC 2388 = 21099	NGC 2544 = 23453	NGC 2676 = 24881
NGC 1719 = 16501	NGC 2188 = 18536	NGC 2389 = 21109	NGC 2545 = 23086	NGC 2679 = 24719
NGC 1720 = 16485	NGC 2191 = 18464	NGC 2393 = 21154	NGC 2549 = 23313	NGC 2680 = 24884
NGC 1721 = 16484	NGC 2196 = 18602	NGC 2397 = 20766	NGC 2550 = 23604	NGC 2681 = 24961
NGC 1723 = 16493	NGC 2199 = 18379	NGC 2397A = 20754	NGC 2550A = 23781	NGC 2683 = 24930
NGC 1726 = 16508	NGC 2200 = 18652	NGC 2397B = 20813	NGC 2551 = 23608	NGC 2684 = 25024
NGC 1728 = 16495	NGC 2201 = 18658	NGC 2403 = 21396	NGC 2552 = 23340	NGC 2685 = 25065
NGC 1729 = 16529	NGC 2205 = 18551	NGC 2407 = 21220	NGC 2553 = 23240	NGC 2690 = 24926
NGC 1730 = 16499	NGC 2206 = 18736	NGC 2410 = 21336	NGC 2554 = 23256	NGC 2691 = 25020
NGC 1738 = 16585	NGC 2207 = 18749	NGC 2415 = 21399	NGC 2555 = 23259	NGC 2692 = 25142
NGC 1739 = 16586	NGC 2208 = 18911	NGC 2416 = 21358	NGC 2556 = 23325	NGC 2693 = 25144
NGC 1740 = 16589	NGC 2211 = 18794	NGC 2417 = 21155	NGC 2557 = 23329	NGC 2694 = 25143
NGC 1741 = 16574	NGC 2212 = 18796	NGC 2418 = 21382	NGC 2558 = 23337	NGC 2695 = 25003
NGC 1744 = 16517	NGC 2216 = 18877	NGC 2424 = 21558	NGC 2559 = 23222	NGC 2697 = 25029
NGC 1752 = 16600	NGC 2217 = 18883	NGC 2426 = 21648	NGC 2560 = 23367	NGC 2698 = 25067
NGC 1753 = 16610	NGC 2221 = 18833	NGC 2427 = 21375	NGC 2561 = 23351	NGC 2699 = 25075
NGC 1759 = 16547	NGC 2222 = 18835	NGC 2429 = 21664	NGC 2562 = 23395	NGC 2701 = 25537
NGC 1762 = 16654	NGC 2223 = 18978	NGC 2429A = 21664	NGC 2563 = 23404	NGC 2704 = 25134
NGC 1765 = 16444	NGC 2227 = 19030	NGC 2431 = 21711	NGC 2564 = 23290	NGC 2706 = 25102
NGC 1771 = 16472	NGC 2228 = 18862	NGC 2434 = 21325	NGC 2565 = 23362	NGC 2708 = 25097
NGC 1779 = 16713	NGC 2229 = 18867	NGC 2435 = 21676	NGC 2566 = 23303	NGC 2709 = 25103
NGC 1780 = 16743	NGC 2230 = 18873	NGC 2441 = 22031	NGC 2569 = 23442	NGC 2710 = 25258
NGC 1781 = 16788	NGC 2233 = 18882	NGC 2442 = 21373	NGC 2570 = 23443	NGC 2711 = 25164
NGC 1784 = 16716	NGC 2235 = 18906	NGC 2443 = 21373	NGC 2572 = 23441	NGC 2712 = 25248
NGC 1792 = 16709	NGC 2255 = 19260	NGC 2444 = 21774	NGC 2573 = 6249	NGC 2713 = 25161
NGC 1794 = 16788	NGC 2256 = 19602	NGC 2445 = 21776	NGC 2573B = 70680	NGC 2715 = 25676
NGC 1796 = 16617	NGC 2258 = 19622	NGC 2446 = 21860	NGC 2574 = 23418	NGC 2716 = 25172
NGC 1796A = 16698	NGC 2263 = 19355	NGC 2449 = 21802	NGC 2575 = 23501	NGC 2717 = 25146
NGC 1796B = 16787	NGC 2267 = 19417	NGC 2456 = 22129	NGC 2576 = 23512	NGC 2718 = 25225
NGC 1797 = 16781	NGC 2268 = 20458	NGC 2460 = 22270	NGC 2577 = 23498	NGC 2719 = 25281
NGC 1799 = 16783	NGC 2271 = 19476	NGC 2463 = 22291	NGC 2578 = 23440	NGC 2719A = 25284
NGC 1800 = 16745	NGC 2272 = 19466	NGC 2466 = 21714	NGC 2581 = 23599	NGC 2720 = 25238
NGC 1803 = 16715	NGC 2273 = 19688	NGC 2468 = 22325	NGC 2582 = 23630	NGC 2721 = 25231
NGC 1808 = 16779	NGC 2273B = 19579	NGC 2469 = 22327	NGC 2583 = 23516	NGC 2722 = 25221
NGC 1809 = 16599	NGC 2274 = 19603	NGC 2470 = 22137	NGC 2584 = 23523	NGC 2723 = 25280
NGC 1811 = 16811	NGC 2275 = 19605	NGC 2474 = 22321	NGC 2585 = 23537	NGC 2724 = 25337
NGC 1812 = 16819	NGC 2276 = 21039	NGC 2475 = 22322	NGC 2586 = 23603	NGC 2725 = 25332
NGC 1819 = 16899	NGC 2280 = 19531	NGC 2476 = 22260	NGC 2590 = 23616	NGC 2726 = 25498
NGC 1821 = 16898	NGC 2283 = 19562	NGC 2480 = 22289	NGC 2591 = 24231	NGC 2727 = 25097
NGC 1824 = 16761	NGC 2288 = 19714	NGC 2481 = 22292	NGC 2592 = 23701	NGC 2728 = 25360
NGC 1827 = 16849	NGC 2289 = 19716	NGC 2484 = 22350	NGC 2593 = 23692	NGC 2729 = 25352
NGC 1832 = 16906	NGC 2290 = 19730	NGC 2485 = 22266	NGC 2595 = 23725	NGC 2730 = 25384
NGC 1843 = 16949	NGC 2291 = 19719	NGC 2486 = 22317	NGC 2596 = 23714	NGC 2731 = 25376
NGC 1853 = 16911	NGC 2292 = 19617	NGC 2487 = 22343	NGC 2597 = 23855	NGC 2732 = 25999
(NGC 1875) = 17171	NGC 2293 = 19619	NGC 2488 = 22520	NGC 2598 = 23855	NGC 2733 = 25221
(NGC 1875) = 17176	NGC 2294 = 19729	NGC 2492 = 22397	NGC 2599 = 23941	NGC 2735 = 25399
NGC 1879 = 17113	NGC 2295 = 19607	NGC 2493 = 22447	NGC 2600 = 24082	NGC 2735A = 25402
NGC 1886 = 17174	NGC 2297 = 19524	NGC 2494 = 22377	NGC 2601 = 23637	NGC 2737 = 25453
NGC 1888 = 17195	NGC 2300 = 21231	NGC 2495 = 22457	NGC 2604 = 23998	NGC 2738 = 25454
NGC 1889 = 17196	NGC 2303 = 19891	NGC 2496 = 22359	NGC 2607 = 24038	NGC 2740 = 25531
NGC 1892 = 17042	NGC 2305 = 19641	NGC 2497 = 22547	NGC 2608 = 24111	NGC 2742 = 25640

RC3   673   NGC

NGC	2742A	= 25836	NGC	2862	= 26690	NGC	2987	= 27981	NGC	3100	= 28960	NGC	3218	= 30323
NGC	2743	= 25496	NGC	2865	= 26601	NGC	2989	= 27962	NGC	3101	= 29025	NGC	3220	= 30462
NGC	2744	= 25480	NGC	2870	= 26856	NGC	2990	= 28026	NGC	3102	= 29220	NGC	3221	= 30358
NGC	2746	= 25533	NGC	2872	= 26733	NGC	2991	= 28079	NGC	3103	= 28960	NGC	3222	= 30377
NGC	2748	= 26018	NGC	2874	= 26740	NGC	2992	= 27982	NGC	3104	= 29186	NGC	3223	= 30308
NGC	2749	= 25508	NGC	2875	= 26740	NGC	2993	= 27991	NGC	3106	= 29196	NGC	3224	= 30314
NGC	2750	= 25525	NGC	2876	= 26710	NGC	2994	= 28122	NGC	3107	= 29209	NGC	3225	= 30569
NGC	2752	= 25523	NGC	2877	= 26738	NGC	2996	= 28049	NGC	3108	= 29076	NGC	3226	= 30440
NGC	2753	= 25603	NGC	2878	= 26739	NGC	2997	= 27978	NGC	3109	= 29128	NGC	3227	= 30445
NGC	2754	= 25504	NGC	2880	= 26939	NGC	2998	= 28196	NGC	3110	= 29192	NGC	3230	= 30463
NGC	2755	= 25670	NGC	2881	= 26747	NGC	3001	= 28027	NGC	3111	= 29338	NGC	3232	= 30508
NGC	2756	= 25757	NGC	2882	= 26781	NGC	3003	= 28186	NGC	3113	= 29216	NGC	3233	= 30336
NGC	2758	= 25515	NGC	2883	= 26713	NGC	3007	= 28150	NGC	3115	= 29265	NGC	3235	= 30553
NGC	2759	= 25718	NGC	2884	= 26773	NGC	3009	= 28303	NGC	3117	= 29340	NGC	3237	= 30610
NGC	2763	= 25570	NGC	2887	= 26592	NGC	3011	= 28259	NGC	3118	= 29415	NGC	3238	= 30686
NGC	2764	= 25690	NGC	2888	= 26768	NGC	3012	= 28270	NGC	3120	= 29278	NGC	3239	= 30560
NGC	2765	= 25646	NGC	2889	= 26806	NGC	3015	= 28240	NGC	3121	= 29387	NGC	3240	= 30515
NGC	2766	= 25735	NGC	2891	= 26794	NGC	3016	= 28269	NGC	3124	= 29377	NGC	3241	= 30498
NGC	2767	= 25852	NGC	2892	= 27111	NGC	3017	= 28220	NGC	3125	= 29366	NGC	3243	= 30655
NGC	2768	= 25915	NGC	2893	= 26979	NGC	3018	= 28258	NGC	3126	= 29484	NGC	3244	= 30594
NGC	2769	= 25870	NGC	2894	= 26932	NGC	3020	= 28296	NGC	3127	= 29357	NGC	3245	= 30744
NGC	2770	= 25806	NGC	2898	= 26950	NGC	3021	= 28357	NGC	3128	= 29330	NGC	3245A	= 30714
NGC	2771	= 25875	NGC	2900	= 26974	NGC	3022	= 28257	NGC	3130	= 29475	NGC	3246	= 30684
NGC	2772	= 25654	NGC	2902	= 27004	NGC	3023	= 28272	NGC	3131	= 29499	NGC	3248	= 30776
NGC	2773	= 25825	NGC	2903	= 27077	NGC	3024	= 28324	NGC	3135	= 29646	NGC	3249	= 30657
NGC	2775	= 25861	NGC	2904	= 26981	NGC	3025	= 28249	NGC	3136	= 29311	NGC	3250	= 30671
NGC	2776	= 25946	NGC	2905	= 27077	NGC	3026	= 28351	NGC	3136A	= 29160	NGC	3250A	= 30790
NGC	2777	= 25876	NGC	2906	= 27074	NGC	3027	= 28636	NGC	3136B	= 29597	NGC	3250B	= 30775
NGC	2778	= 25955	NGC	2907	= 27048	NGC	3028	= 28276	NGC	3137	= 29530	NGC	3250C	= 30774
NGC	2780	= 25967	NGC	2911	= 27159	NGC	3029	= 28206	NGC	3138	= 29532	NGC	3250D	= 30792
NGC	2781	= 25907	NGC	2912	= 27167	NGC	3031	= 28630	NGC	3139	= 29583	NGC	3250E	= 30865
NGC	2782	= 26034	NGC	2913	= 27184	NGC	3032	= 28424	NGC	3140	= 29548	NGC	3251	= 30892
NGC	2783	= 26013	NGC	2914	= 27185	NGC	3034	= 28655	NGC	3143	= 29579	NGC	3252	= 31278
NGC	2784	= 25950	NGC	2915	= 26761	NGC	3035	= 28415	NGC	3144	= 29949	NGC	3253	= 30829
NGC	2785	= 26100	NGC	2916	= 27244	NGC	3037	= 28381	NGC	3145	= 29591	NGC	3254	= 30895
NGC	2787	= 26341	NGC	2917	= 27207	NGC	3038	= 28376	NGC	3146	= 29663	NGC	3256	= 30785
NGC	2788	= 25761	NGC	2918	= 27282	NGC	3039	= 28452	NGC	3147	= 30019	NGC	3256A	= 30626
NGC	2788B	= 25443	NGC	2919	= 27232	NGC	3041	= 28485	NGC	3149	= 29171	NGC	3256B	= 30867
NGC	2789	= 26089	NGC	2920	= 27197	NGC	3042	= 28498	NGC	3151	= 29796	NGC	3256C	= 30873
NGC	2790	= 26092	NGC	2921	= 27214	NGC	3043	= 28672	NGC	3152	= 29805	NGC	3257	= 30849
NGC	2793	= 26189	NGC	2922	= 27361	NGC	3044	= 28517	NGC	3153	= 29747	NGC	3258	= 30859
NGC	2794	= 26140	NGC	2924	= 27253	NGC	3045	= 28492	NGC	3155	= 30064	NGC	3258A	= 30815
NGC	2795	= 26143	NGC	2926	= 27400	NGC	3049	= 28590	NGC	3156	= 29730	NGC	3258C	= 31053
NGC	2796	= 26178	NGC	2927	= 27385	NGC	3050	= 27795	NGC	3157	= 29691	NGC	3258D	= 31094
NGC	2798	= 26232	NGC	2929	= 27398	NGC	3051	= 28536	NGC	3158	= 29822	NGC	3258E	= 31131
NGC	2799	= 26238	NGC	2930	= 27404	NGC	3052	= 28570	NGC	3159	= 29825	NGC	3259	= 31145
NGC	2800	= 26302	NGC	2935	= 27351	NGC	3053	= 28631	NGC	3161	= 29837	NGC	3260	= 30875
NGC	2801	= 26183	NGC	2936	= 27422	NGC	3054	= 28571	NGC	3162	= 29800	NGC	3261	= 30868
NGC	2802	= 26177	NGC	2937	= 27423	NGC	3055	= 28617	NGC	3163	= 29846	NGC	3262	= 30876
NGC	2803	= 26181	NGC	2938	= 27473	NGC	3056	= 28576	NGC	3164	= 29928	NGC	3263	= 30887
NGC	2804	= 26196	NGC	2939	= 27451	NGC	3057	= 29296	NGC	3165	= 29798	NGC	3264	= 31125
NGC	2805	= 26410	NGC	2940	= 27448	NGC	3058	= 28513	NGC	3166	= 29814	NGC	3265	= 31029
NGC	2809	= 26220	NGC	2942	= 27527	NGC	3058A	= 28513	NGC	3168	= 30001	NGC	3266	= 31198
NGC	2810	= 26514	NGC	2943	= 27482	NGC	3059	= 28298	NGC	3169	= 29855	NGC	3267	= 30934
NGC	2811	= 26151	NGC	2944	= 27533	NGC	3060	= 28680	NGC	3171	= 29950	NGC	3268	= 30949
NGC	2813	= 26252	NGC	2945	= 27418	NGC	3061	= 28670	NGC	3173	= 29883	NGC	3269	= 30945
NGC	2814	= 26469	NGC	2946	= 27521	NGC	3062	= 28699	NGC	3174	= 29949	NGC	3270	= 31059
NGC	2815	= 26157	NGC	2947	= 27309	NGC	3064	= 28638	NGC	3175	= 29892	NGC	3271	= 30988
NGC	2817	= 26223	NGC	2948	= 27518	NGC	3065	= 29046	NGC	3177	= 30010	NGC	3273	= 30992
NGC	2819	= 26274	NGC	2950	= 27765	NGC	3066	= 29059	NGC	3178	= 29980	NGC	3274	= 31122
NGC	2820	= 26498	NGC	2954	= 27600	NGC	3067	= 28805	NGC	3179	= 30078	NGC	3275	= 31014
NGC	2821	= 26192	NGC	2955	= 27666	NGC	3068	= 28815	NGC	3180	= 30087	NGC	3276	= 31031
NGC	2822	= 26026	NGC	2956	= 27531	NGC	3069	= 28788	NGC	3182	= 30176	NGC	3277	= 31166
NGC	2823	= 26340	NGC	2957	= 28119	NGC	3070	= 28796	NGC	3183	= 30323	NGC	3278	= 31068
NGC	2824	= 26330	NGC	2957A	= 28113	NGC	3071	= 28825	NGC	3184	= 30087	NGC	3279	= 31302
NGC	2825	= 26345	NGC	2958	= 27620	NGC	3072	= 28749	NGC	3185	= 30059	NGC	3281	= 31090
NGC	2826	= 26346	NGC	2959	= 27939	NGC	3073	= 28974	NGC	3187	= 30068	NGC	3281C	= 31173
NGC	2830	= 26371	NGC	2960	= 27619	NGC	3074	= 28888	NGC	3188	= 30183	NGC	3281D	= 31273
NGC	2831	= 26376	NGC	2961	= 27958	NGC	3075	= 28833	NGC	3188A	= 30179	NGC	3282	= 31129
NGC	2832	= 26377	NGC	2962	= 27635	NGC	3076	= 28766	NGC	3189	= 30083	NGC	3285	= 31217
NGC	2835	= 26259	NGC	2963	= 28155	NGC	3077	= 29146	NGC	3190	= 30083	NGC	3285A	= 31161
NGC	2836	= 26017	NGC	2964	= 27777	NGC	3078	= 28806	NGC	3191	= 30136	NGC	3285B	= 31293
NGC	2839	= 26425	NGC	2965	= 27813	NGC	3079	= 29050	NGC	3193	= 30099	NGC	3286	= 31433
NGC	2840	= 26445	NGC	2966	= 27734	NGC	3080	= 28910	NGC	3194	= 30064	NGC	3287	= 31311
NGC	2841	= 26512	NGC	2967	= 27723	NGC	3081	= 28876	NGC	3197	= 29870	NGC	3288	= 31446
NGC	2842	= 26114	NGC	2968	= 27800	NGC	3082	= 28829	NGC	3198	= 30197	NGC	3289	= 31253
NGC	2844	= 26501	NGC	2969	= 27714	NGC	3083	= 28900	NGC	3200	= 30108	NGC	3290	= 31346
NGC	2845	= 26306	NGC	2970	= 27827	NGC	3084	= 28841	NGC	3202	= 30236	NGC	3292	= 31370
NGC	2848	= 26404	NGC	2971	= 27843	NGC	3085	= 28875	NGC	3203	= 30177	NGC	3294	= 31428
NGC	2851	= 26422	NGC	2974	= 27762	NGC	3086	= 28924	NGC	3204	= 30214	NGC	3299	= 31442
NGC	2852	= 26571	NGC	2976	= 28120	NGC	3087	= 28845	NGC	3205	= 30254	NGC	3300	= 31472
NGC	2853	= 26580	NGC	2977	= 27845	NGC	3089	= 28882	NGC	3206	= 30322	NGC	3301	= 31497
NGC	2854	= 26631	NGC	2978	= 27808	NGC	3090	= 28945	NGC	3207	= 30267	NGC	3302	= 31391
NGC	2855	= 26483	NGC	2979	= 27795	NGC	3091	= 28927	NGC	3208	= 30180	NGC	3303	= 31508
NGC	2856	= 26648	NGC	2980	= 27799	NGC	3092	= 28967	NGC	3209	= 30242	NGC	3304	= 31572
NGC	2857	= 26666	NGC	2981	= 27925	NGC	3093	= 28977	NGC	3212	= 30813	NGC	3305	= 31421
NGC	2858	= 26556	NGC	2983	= 27840	NGC	3094	= 29009	NGC	3213	= 30283	NGC	3306	= 31528
NGC	2859	= 26649	NGC	2984	= 27838	NGC	3095	= 28919	NGC	3214	= 30419	NGC	3307	= 31430
NGC	2860	= 26685	NGC	2985	= 28316	NGC	3096	= 28950	NGC	3215	= 30840	NGC	3308	= 31438
NGC	2861	= 26607	NGC	2986	= 27885	NGC	3098	= 29067	NGC	3216	= 30312	NGC	3309	= 31466

NGC 3310	= 31650	NGC 3412	= 32508	NGC 3521	= 33550	NGC 3636	= 34709	NGC 3742	= 35833
NGC 3311	= 31478	NGC 3413	= 32543	NGC 3522	= 33615	NGC 3637	= 34731	NGC 3745	= 36001
NGC 3312	= 31513	NGC 3414	= 32533	NGC 3523	= 33367	NGC 3638	= 34688	NGC 3746	= 35997
NGC 3313	= 31551	NGC 3415	= 32579	NGC 3524	= 33604	NGC 3639	= 34819	NGC 3748	= 36007
(NGC 3314)	= 31532	NGC 3416	= 32588	NGC 3525	= 33667	NGC 3640	= 34778	NGC 3749	= 35861
(NGC 3314)	= 31531	NGC 3418	= 32549	NGC 3526	= 33635	NGC 3641	= 34780	NGC 3750	= 36011
NGC 3314A	= 31531	NGC 3419	= 32535	NGC 3527	= 33669	NGC 3642	= 34889	NGC 3751	= 36017
NGC 3314B	= 31532	NGC 3419A	= 32540	NGC 3528	= 33667	NGC 3643	= 34802	NGC 3752	= 35608
NGC 3315	= 31540	NGC 3420	= 32453	NGC 3529	= 33671	NGC 3644	= 34814	NGC 3753	= 36016
NGC 3316	= 31571	NGC 3421	= 32514	NGC 3530	= 33766	NGC 3646	= 34836	NGC 3754	= 36018
NGC 3318	= 31533	NGC 3422	= 32554	NGC 3533	= 33647	NGC 3648	= 34908	NGC 3755	= 35913
NGC 3318A	= 31373	NGC 3423	= 32529	(NGC 3534)	= 33782	NGC 3649	= 34883	NGC 3756	= 35931
NGC 3318B	= 31565	NGC 3424	= 32584	(NGC 3534)	= 33786	NGC 3650	= 34913	NGC 3757	= 35955
NGC 3319	= 31671	NGC 3425	= 32555	NGC 3535	= 33760	NGC 3651	= 34898	NGC 3758	= 35905
NGC 3320	= 31708	NGC 3426	= 32577	NGC 3536	= 33779	NGC 3652	= 34917	NGC 3759	= 35945
NGC 3321	= 31653	NGC 3427	= 32559	(NGC 3537)	= 33752	NGC 3653	= 34905	NGC 3759A	= 35948
NGC 3322	= 31653	NGC 3428	= 32552	NGC 3539	= 33799	NGC 3654	= 35025	NGC 3762	= 35979
NGC 3323	= 31712	NGC 3430	= 32614	NGC 3540	= 33806	NGC 3655	= 34935	NGC 3763	= 35907
NGC 3325	= 31689	NGC 3431	= 32531	NGC 3542	= 33868	NGC 3656	= 34989	NGC 3764	= 35930
NGC 3326	= 31701	NGC 3432	= 32643	NGC 3544	= 34028	NGC 3657	= 35002	NGC 3765	= 35956
NGC 3327	= 31729	NGC 3433	= 32605	NGC 3546	= 33846	NGC 3658	= 35003	NGC 3767	= 35969
NGC 3329	= 32059	NGC 3434	= 32595	NGC 3547	= 33866	NGC 3659	= 34995	NGC 3768	= 35968
NGC 3331	= 31743	NGC 3435	= 32786	NGC 3549	= 33964	NGC 3660	= 34980	NGC 3769	= 35999
NGC 3332	= 31768	NGC 3437	= 32648	NGC 3550	= 33927	NGC 3661	= 34986	NGC 3769A	= 36008
NGC 3333	= 31723	NGC 3438	= 32638	NGC 3555	= 33836	NGC 3662	= 34996	NGC 3770	= 36025
NGC 3334	= 31845	NGC 3440	= 32714	NGC 3556	= 34030	NGC 3663	= 35006	NGC 3771	= 36107
NGC 3335	= 31706	NGC 3441	= 32642	NGC 3557	= 33871	NGC 3664	= 35041	NGC 3772	= 36005
NGC 3336	= 31754	NGC 3442	= 32679	NGC 3557B	= 33824	NGC 3664A	= 35042	NGC 3773	= 36043
NGC 3338	= 31883	NGC 3443	= 32671	NGC 3558	= 33960	NGC 3665	= 35064	NGC 3774	= 36058
NGC 3340	= 31892	NGC 3444	= 32670	NGC 3559	= 33940	NGC 3666	= 35043	NGC 3775	= 36055
NGC 3343	= 32143	NGC 3445	= 32772	NGC 3561	= 33991	NGC 3667	= 35028	NGC 3777	= 35879
NGC 3344	= 31968	NGC 3447	= 32694	NGC 3562	= 34134	NGC 3667A	= 35034	NGC 3778	= 36051
NGC 3346	= 31982	NGC 3447A	= 32700	NGC 3563	= 34025	NGC 3668	= 35123	NGC 3779	= 36084
NGC 3347	= 31926	NGC 3448	= 32774	NGC 3563B	= 34025	NGC 3669	= 35113	NGC 3780	= 36138
NGC 3347A	= 31761	NGC 3449	= 32666	NGC 3564	= 33923	NGC 3670	= 35067	NGC 3781	= 36104
NGC 3347B	= 31875	NGC 3450	= 32270	NGC 3565	= 33701	NGC 3672	= 35088	NGC 3782	= 36136
NGC 3347C	= 31797	NGC 3451	= 32754	NGC 3566	= 33701	NGC 3673	= 35097	NGC 3783	= 36101
NGC 3348	= 32216	NGC 3452	= 32742	NGC 3567	= 34004	NGC 3674	= 35191	NGC 3784	= 36147
NGC 3350	= 32035	NGC 3453	= 32707	NGC 3568	= 33952	NGC 3675	= 35164	NGC 3785	= 36148
NGC 3351	= 32007	NGC 3454	= 32763	NGC 3569	= 34075	NGC 3677	= 35181	NGC 3786	= 36158
NGC 3352	= 32025	NGC 3455	= 32767	NGC 3570	= 34071	NGC 3678	= 35177	NGC 3788	= 36160
NGC 3353	= 32103	NGC 3456	= 32730	NGC 3571	= 34028	NGC 3681	= 35193	NGC 3789	= 36036
NGC 3354	= 31941	NGC 3457	= 32787	NGC 3573	= 34005	NGC 3682	= 35266	NGC 3790	= 36167
NGC 3356	= 32021	NGC 3458	= 32854	NGC 3574	= 34080	NGC 3683	= 35249	NGC 3791	= 36156
NGC 3357	= 32032	NGC 3459	= 32782	NGC 3577	= 34195	NGC 3683A	= 35376	NGC 3794	= 36238
NGC 3358	= 31974	NGC 3462	= 32822	NGC 3580	= 34159	NGC 3684	= 35224	NGC 3795	= 36192
NGC 3159	= 32183	NGC 3463	= 32813	NGC 3583	= 34232	NGC 3686	= 35268	NGC 3796	= 36215
NGC 3160	= 32026	NGC 3464	= 32778	NGC 3585	= 34160	NGC 3687	= 35285	NGC 3798	= 36199
NGC 3161	= 32044	NGC 3465	= 33099	NGC 3589	= 34308	NGC 3688	= 35269	NGC 3799	= 36193
NGC 3162	= 32078	NGC 3466	= 32872	NGC 3591	= 34220	NGC 3689	= 35294	NGC 3800	= 36197
NGC 3363	= 32089	NGC 3467	= 32903	NGC 3592	= 34248	NGC 3690	= 35321	NGC 3801	= 36200
NGC 3364	= 32314	NGC 3468	= 32940	NGC 3593	= 34257	NGC 3691	= 35292	NGC 3802	= 36203
NGC 3365	= 32153	NGC 3469	= 32912	NGC 3594	= 34374	NGC 3692	= 35314	NGC 3804	= 36238
NGC 3366	= 31335	NGC 3470	= 33040	NGC 3595	= 34325	NGC 3693	= 35299	NGC 3805	= 36224
NGC 3367	= 32178	NGC 3471	= 33074	NGC 3596	= 34298	NGC 3694	= 35352	NGC 3806	= 36231
NGC 3368	= 32192	NGC 3473	= 32978	NGC 3597	= 34266	NGC 3696	= 35340	NGC 3807	= 36231
NGC 3369	= 32191	NGC 3474	= 32989	NGC 3598	= 34306	(NGC 3697)	= 35355	NGC 3808	= 36227
NGC 3370	= 32207	NGC 3475	= 33012	NGC 3599	= 34326	(NGC 3697)	= 35347	NGC 3808A	= 36228
NGC 3373	= 36043	NGC 3476	= 32987	NGC 3600	= 34353	(NGC 3697)	= 35360	NGC 3809	= 36263
NGC 3374	= 32266	NGC 3478	= 33101	NGC 3601	= 34335	NGC 3700	= 35413	NGC 3810	= 36243
NGC 3375	= 32205	NGC 3479	= 33053	NGC 3605	= 34415	NGC 3701	= 35405	NGC 3811	= 36265
NGC 3376	= 32231	NGC 3482	= 33025	NGC 3606	= 34378	NGC 3702	= 35448	NGC 3812	= 36256
NGC 3377	= 32249	NGC 3483	= 33060	NGC 3607	= 34426	NGC 3704	= 35435	NGC 3813	= 36266
NGC 3377A	= 32226	NGC 3485	= 33140	NGC 3608	= 34433	NGC 3705	= 35440	NGC 3815	= 36288
NGC 3378	= 32189	NGC 3486	= 33166	NGC 3609	= 34511	NGC 3706	= 35417	NGC 3816	= 36292
NGC 3379	= 32256	NGC 3488	= 33242	NGC 3610	= 34566	NGC 3710	= 35502	NGC 3817	= 36299
NGC 3380	= 32287	NGC 3489	= 33160	NGC 3611	= 34478	NGC 3712	= 35507	NGC 3818	= 36304
NGC 3381	= 32302	NGC 3490	= 33128	NGC 3612	= 34546	NGC 3713	= 35546	NGC 3819	= 36311
NGC 3383	= 32224	NGC 3491	= 33180	NGC 3613	= 34583	NGC 3714	= 35556	NGC 3820	= 36308
NGC 3384	= 32292	NGC 3492	= 33207	NGC 3614	= 34561	NGC 3715	= 35540	NGC 3821	= 36314
NGC 3385	= 32285	NGC 3493	= 33249	NGC 3614A	= 34562	NGC 3716	= 35545	NGC 3822	= 36319
NGC 3389	= 32306	NGC 3495	= 33234	NGC 3615	= 34535	NGC 3717	= 35539	NGC 3823	= 36331
NGC 3390	= 32271	NGC 3497	= 33667	NGC 3617	= 34513	NGC 3718	= 35616	NGC 3824	= 36370
NGC 3391	= 32347	NGC 3499	= 33375	NGC 3618	= 34575	NGC 3719	= 35581	NGC 3825	= 36348
NGC 3392	= 32512	NGC 3500	= 33099	NGC 3619	= 34641	NGC 3720	= 35594	NGC 3826	= 36359
NGC 3393	= 32300	NGC 3501	= 33343	NGC 3620	= 34366	NGC 3724	= 35757	NGC 3827	= 36361
NGC 3394	= 32495	NGC 3502	= 33306	NGC 3621	= 34554	NGC 3725	= 35698	NGC 3829	= 36439
NGC 3395	= 32424	NGC 3504	= 33371	NGC 3622	= 34692	NGC 3726	= 35676	NGC 3831	= 36417
NGC 3396	= 32434	NGC 3506	= 33379	NGC 3623	= 34612	NGC 3728	= 35669	NGC 3832	= 36446
NGC 3397	= 32059	NGC 3507	= 33390	NGC 3624	= 34599	NGC 3729	= 35711	NGC 3833	= 36441
NGC 3398	= 32568	NGC 3508	= 33362	NGC 3625	= 34718	NGC 3730	= 35734	NGC 3834	= 36443
NGC 3399	= 32395	NGC 3509	= 33446	NGC 3626	= 34684	NGC 3731	= 35731	NGC 3835	= 36493
NGC 3400	= 32499	NGC 3510	= 33408	NGC 3627	= 34695	NGC 3732	= 35734	NGC 3836	= 36445
NGC 3403	= 32719	NGC 3511	= 33385	NGC 3628	= 34697	NGC 3733	= 35797	NGC 3837	= 36476
NGC 3404	= 32466	NGC 3512	= 33432	NGC 3629	= 34719	NGC 3734	= 35773	NGC 3838	= 36505
NGC 3407	= 32626	NGC 3513	= 33410	NGC 3630	= 34698	NGC 3735	= 35869	NGC 3839	= 36475
NGC 3408	= 32616	NGC 3514	= 33430	NGC 3631	= 34767	NGC 3737	= 35840	NGC 3840	= 36477
NGC 3409	= 32470	NGC 3515	= 33447	NGC 3632	= 34684	NGC 3738	= 35856	NGC 3841	= 36469
NGC 3410	= 32594	NGC 3516	= 33623	NGC 3633	= 34711	NGC 3739	= 35841	NGC 3842	= 36487
NGC 3411	= 32479	NGC 3517	= 33532	NGC 3635	= 34717	NGC 3741	= 35878	NGC 3843	= 36471

RC3   675   NGC

NGC	=	NGC	=	NGC	=	NGC	=	NGC	=
NGC 3844	= 36481	NGC 3956	= 37325	NGC 4063	= 38154	NGC 4174	= 38906	NGC 4275	= 39728
NGC 3845	= 36470	NGC 3957	= 37326	NGC 4064	= 38167	NGC 4175	= 38912	NGC 4276	= 39765
NGC 3846	= 36539	NGC 3958	= 37358	NGC 4065	= 38156	NGC 4177	= 38937	NGC 4277	= 39759
NGC 3846A	= 36506	NGC 3959	= 37363	NGC 4066	= 38161	NGC 4178	= 38943	NGC 4278	= 39764
NGC 3847	= 36504	NGC 3961	= 37390	NGC 4067	= 38168	NGC 4179	= 38950	NGC 4279	= 39812
NGC 3850	= 36660	NGC 3962	= 37366	NGC 4068	= 38148	NGC 4180	= 38964	NGC 4281	= 39801
NGC 3853	= 36535	NGC 3963	= 37386	NGC 4070	= 38169	NGC 4183	= 38988	NGC 4282	= 39809
NGC 3854	= 36581	NGC 3964	= 37375	NGC 4073	= 38201	NGC 4185	= 38995	NGC 4283	= 39800
NGC 3857	= 36548	NGC 3966	= 37462	NGC 4075	= 38216	NGC 4186	= 39057	NGC 4284	= 39775
NGC 3858	= 36621	NGC 3967	= 37398	NGC 4076	= 38209	NGC 4187	= 39004	NGC 4286	= 39846
NGC 3859	= 36582	NGC 3968	= 37429	NGC 4077	= 38218	NGC 4189	= 39025	NGC 4288	= 39840
(NGC 3860)	= 36573	NGC 3969	= 37396	NGC 4078	= 38238	NGC 4190	= 39023	NGC 4289	= 39886
(NGC 3860)	= 36577	NGC 3970	= 37425	NGC 4079	= 38240	NGC 4191	= 39034	NGC 4290	= 39859
(NGC 3861)	= 36604	NGC 3971	= 37443	NGC 4080	= 38244	NGC 4192	= 39028	NGC 4291	= 39791
NGC 3862	= 36606	NGC 3972	= 37466	NGC 4081	= 38212	NGC 4193	= 39040	NGC 4292	= 39922
NGC 3863	= 36607	NGC 3974	= 37452	NGC 4084	= 38272	NGC 4194	= 39068	NGC 4293	= 39907
NGC 3864	= 36620	NGC 3975	= 37480	NGC 4085	= 38283	NGC 4195	= 39082	NGC 4294	= 39925
NGC 3865	= 36581	NGC 3976	= 37483	NGC 4086	= 38290	NGC 4196	= 39098	NGC 4295	= 39906
NGC 3866	= 36621	NGC 3977	= 37497	NGC 4087	= 38303	NGC 4197	= 39114	NGC 4296	= 39943
NGC 3867	= 36649	NGC 3978	= 37502	NGC 4088	= 38302	NGC 4198	= 39090	NGC 4298	= 39950
NGC 3868	= 36638	NGC 3979	= 37488	NGC 4089	= 38298	NGC 4200	= 39124	NGC 4299	= 39968
NGC 3869	= 36669	NGC 3980	= 37497	NGC 4090	= 38288	NGC 4202	= 39495	NGC 4300	= 39972
NGC 3870	= 36686	NGC 3981	= 37496	NGC 4092	= 38338	NGC 4203	= 39158	NGC 4301	= 39951
NGC 3872	= 36678	NGC 3982	= 37520	NGC 4094	= 38346	NGC 4204	= 39179	NGC 4302	= 39974
NGC 3873	= 36670	NGC 3983	= 37514	NGC 4095	= 38324	NGC 4205	= 39143	NGC 4303	= 40001
NGC 3875	= 36675	NGC 3984	= 37632	NGC 4096	= 38361	NGC 4206	= 39183	NGC 4303A	= 40087
NGC 3876	= 36644	NGC 3985	= 37542	NGC 4097	= 38363	NGC 4207	= 39206	NGC 4304	= 40055
NGC 3877	= 36699	NGC 3986	= 37544	NGC 4098	= 38365	NGC 4210	= 39184	NGC 4305	= 40030
NGC 3879	= 36743	NGC 3987	= 37591	NGC 4100	= 38370	NGC 4211	= 39221	NGC 4306	= 40032
NGC 3880	= 36712	NGC 3988	= 37609	NGC 4101	= 38373	NGC 4211A	= 39195	NGC 4307	= 40033
NGC 3882	= 36697	NGC 3989	= 37599	NGC 4102	= 38392	NGC 4212	= 39224	NGC 4308	= 40011
NGC 3883	= 36740	NGC 3990	= 37618	NGC 4104	= 38407	NGC 4213	= 39223	NGC 4309	= 40051
NGC 3884	= 36706	NGC 3991	= 37613	NGC 4105	= 38411	NGC 4214	= 39225	NGC 4310	= 40086
NGC 3885	= 36737	NGC 3992	= 37617	NGC 4106	= 38417	NGC 4215	= 39251	NGC 4311	= 40086
NGC 3886	= 36756	NGC 3993	= 37619	NGC 4108	= 38423	NGC 4216	= 39246	NGC 4312	= 40095
NGC 3887	= 36754	NGC 3994	= 37616	NGC 4108A	= 38343	NGC 4217	= 39241	NGC 4313	= 40105
NGC 3888	= 36789	NGC 3995	= 37624	NGC 4108B	= 38461	NGC 4218	= 39237	NGC 4314	= 40097
NGC 3890	= 36925	NGC 3996	= 37628	NGC 4109	= 38427	NGC 4219	= 39315	NGC 4318	= 40119
NGC 3891	= 36832	NGC 3997	= 37629	NGC 4110	= 38441	NGC 4219A	= 39484	NGC 4318	= 40122
NGC 3892	= 36827	NGC 3998	= 37642	NGC 4111	= 38440	NGC 4220	= 39285	NGC 4319	= 39981
NGC 3893	= 36875	NGC 4000	= 37643	NGC 4112	= 38452	NGC 4221	= 39266	NGC 4320	= 40160
NGC 3894	= 36889	NGC 4002	= 37635	NGC 4114	= 38460	NGC 4222	= 39308	NGC 4321	= 40153
NGC 3895	= 36907	NGC 4003	= 37646	NGC 4116	= 38492	NGC 4224	= 39328	NGC 4322	= 40171
NGC 3896	= 36897	NGC 4004	= 37654	NGC 4117	= 38503	NGC 4226	= 39312	NGC 4323	= 40171
NGC 3897	= 36902	NGC 4005	= 37661	NGC 4118	= 38507	NGC 4227	= 39329	NGC 4324	= 40179
NGC 3898	= 36921	NGC 4006	= 37655	NGC 4120	= 38553	NGC 4228	= 39225	NGC 4325	= 40183
NGC 3900	= 36914	NGC 4007	= 37646	NGC 4121	= 38508	NGC 4229	= 39341	NGC 4326	= 40192
NGC 3901	= 36386	NGC 4008	= 37666	NGC 4123	= 38531	NGC 4231	= 39354	NGC 4328	= 40209
NGC 3902	= 36923	NGC 4010	= 37697	NGC 4124	= 38527	NGC 4232	= 39353	NGC 4329	= 40212
NGC 3903	= 36906	NGC 4012	= 37686	NGC 4125	= 38524	NGC 4233	= 39384	NGC 4330	= 40201
NGC 3904	= 36918	NGC 4013	= 37691	NGC 4126	= 38565	NGC 4234	= 39388	NGC 4331	= 40085
NGC 3905	= 36909	NGC 4014	= 37695	NGC 4127	= 38550	NGC 4235	= 39389	NGC 4332	= 40133
NGC 3906	= 36953	(NGC 4015)	= 37702	NGC 4128	= 38555	NGC 4236	= 39346	NGC 4333	= 40217
NGC 3907	= 36941	NGC 4016	= 37687	NGC 4129	= 38580	NGC 4237	= 39393	NGC 4334	= 40218
NGC 3910	= 36971	NGC 4017	= 37705	NGC 4130	= 38580	NGC 4238	= 39366	NGC 4335	= 40169
NGC 3911	= 36926	NGC 4018	= 37699	NGC 4131	= 38573	NGC 4239	= 39398	NGC 4336	= 40231
NGC 3912	= 36979	NGC 4020	= 37723	NGC 4132	= 38593	NGC 4240	= 39411	NGC 4338	= 40205
NGC 3913	= 37024	NGC 4022	= 37729	NGC 4133	= 38578	NGC 4241	= 39412	NGC 4339	= 40240
NGC 3914	= 37014	NGC 4023	= 37732	NGC 4134	= 38605	NGC 4242	= 39423	NGC 4340	= 40245
NGC 3916	= 37047	NGC 4024	= 37690	NGC 4135	= 38601	NGC 4243	= 39411	NGC 4341	= 40280
NGC 3917	= 37036	NGC 4025	= 37738	NGC 4136	= 38618	NGC 4244	= 39422	NGC 4342	= 40252
NGC 3919	= 37032	NGC 4026	= 37760	NGC 4137	= 38619	NGC 4245	= 39437	NGC 4343	= 40251
NGC 3920	= 36981	NGC 4027	= 37773	NGC 4138	= 38643	NGC 4246	= 39479	NGC 4344	= 40249
NGC 3921	= 37063	NGC 4027A	= 37772	NGC 4139	= 38213	NGC 4247	= 39480	NGC 4346	= 40228
NGC 3922	= 37072	NGC 4029	= 37816	NGC 4140	= 38218	NGC 4248	= 39461	NGC 4348	= 40284
NGC 3923	= 37061	NGC 4030	= 37845	NGC 4141	= 38669	NGC 4250	= 39414	NGC 4350	= 40295
NGC 3924	= 37217	NGC 4031	= 37855	NGC 4142	= 38645	NGC 4251	= 39492	NGC 4351	= 40306
NGC 3928	= 37136	NGC 4032	= 37860	NGC 4143	= 38654	NGC 4252	= 39537	NGC 4352	= 40313
NGC 3929	= 37126	NGC 4033	= 37863	NGC 4144	= 38688	NGC 4253	= 39525	NGC 4353	= 40303
NGC 3930	= 37132	NGC 4034	= 37935	NGC 4145	= 38693	NGC 4254	= 39578	NGC 4354	= 40306
NGC 3931	= 37073	NGC 4035	= 37853	NGC 4146	= 38721	NGC 4255	= 39592	NGC 4355	= 40762
NGC 3933	= 37156	NGC 4036	= 37930	NGC 4148	= 38704	NGC 4256	= 39568	NGC 4356	= 40342
NGC 3934	= 37170	NGC 4037	= 37928	NGC 4149	= 38741	NGC 4257	= 39624	NGC 4357	= 40296
NGC 3935	= 37183	NGC 4038	= 37967	NGC 4150	= 38742	NGC 4258	= 39600	NGC 4359	= 40330
NGC 3936	= 37178	NGC 4039	= 37969	NGC 4151	= 38739	NGC 4259	= 39657	NGC 4360	= 40363
NGC 3937	= 37219	NGC 4040	= 37993	NGC 4152	= 38749	NGC 4260	= 39656	NGC 4362	= 40350
NGC 3938	= 37229	NGC 4041	= 37999	NGC 4155	= 38761	NGC 4261	= 39659	NGC 4363	= 40233
NGC 3940	= 37224	NGC 4043	= 38010	NGC 4156	= 38773	NGC 4262	= 39676	NGC 4364	= 40309
NGC 3941	= 37235	NGC 4044	= 38018	NGC 4157	= 38795	NGC 4263	= 39698	NGC 4365	= 40375
NGC 3942	= 37099	NGC 4045	= 38031	NGC 4158	= 38802	NGC 4264	= 39687	NGC 4369	= 40396
NGC 3943	= 37237	NGC 4045A	= 38033	NGC 4159	= 38777	NGC 4265	= 39698	NGC 4370	= 40439
NGC 3944	= 37244	NGC 4046	= 38031	NGC 4161	= 38834	NGC 4266	= 39699	NGC 4371	= 40442
NGC 3945	= 37258	NGC 4047	= 38042	NGC 4162	= 38851	NGC 4267	= 39710	NGC 4373	= 40498
NGC 3947	= 37264	NGC 4048	= 38040	NGC 4163	= 38881	NGC 4268	= 39712	NGC 4373A	= 40549
NGC 3949	= 37290	NGC 4049	= 38050	NGC 4165	= 38885	NGC 4269	= 39719	NGC 4373B	= 40735
NGC 3951	= 37288	NGC 4050	= 38049	NGC 4166	= 38882	NGC 4270	= 39718	NGC 4374	= 40455
NGC 3952	= 37285	NGC 4051	= 38068	NGC 4168	= 38890	NGC 4271	= 39683	NGC 4375	= 40449
NGC 3953	= 37306	NGC 4058	= 38124	NGC 4169	= 38892	NGC 4272	= 39715	NGC 4376	= 40494
NGC 3954	= 37291	NGC 4061	= 38146	NGC 4172	= 38887	NGC 4273	= 39738	NGC 4377	= 40477
NGC 3955	= 37320	NGC 4062	= 38150	NGC 4173	= 38897	NGC 4274	= 39724	NGC 4378	= 40490

RC3   676   NGC

NGC 4379	= 40484	NGC 4476	= 41255	NGC 4575	= 42181	NGC 4664	= 42970	NGC 4756	= 43725
NGC 4380	= 40507	NGC 4477	= 41260	NGC 4576	= 42152	NGC 4665	= 42970	NGC 4757	= 43715
NGC 4382	= 40515	NGC 4478	= 41297	NGC 4578	= 42149	NGC 4666	= 42975	NGC 4758	= 43707
NGC 4383	= 40516	NGC 4479	= 41302	NGC 4579	= 42168	NGC 4668	= 42999	(NGC 4759)	= 43768
NGC 4384	= 40475	NGC 4480	= 41317	NGC 4580	= 42174	NGC 4669	= 42942	(NGC 4759)	= 43754
NGC 4385	= 40564	NGC 4482	= 41272	NGC 4581	= 42199	NGC 4670	= 42987	NGC 4760	= 43763
NGC 4386	= 40378	NGC 4483	= 41339	NGC 4584	= 42223	NGC 4671	= 43029	NGC 4761	= 43757
NGC 4387	= 40562	NGC 4484	= 41087	NGC 4585	= 42215	NGC 4672	= 43073	NGC 4762	= 43733
NGC 4388	= 40581	NGC 4485	= 41326	NGC 4586	= 42241	NGC 4673	= 43008	NGC 4763	= 43792
NGC 4389	= 40537	NGC 4486	= 41361	NGC 4587	= 42253	NGC 4674	= 43050	NGC 4764	= 43768
NGC 4390	= 40597	NGC 4486B	= 41327	NGC 4588	= 42277	NGC 4675	= 42998	NGC 4765	= 43775
NGC 4391	= 40500	NGC 4487	= 41399	NGC 4589	= 42139	(NGC 4676)	= 43062	NGC 4766	= 43766
NGC 4393	= 40600	NGC 4488	= 41363	NGC 4591	= 42319	(NGC 4676)	= 43065	NGC 4767	= 43845
NGC 4394	= 40614	NGC 4489	= 41365	NGC 4592	= 42336	NGC 4676A	= 43062	NGC 4767A	= 43744
NGC 4395	= 40596	NGC 4490	= 41333	NGC 4593	= 42375	NGC 4676B	= 43065	NGC 4767B	= 43954
NGC 4396	= 40622	NGC 4491	= 41376	NGC 4594	= 42407	NGC 4677	= 43127	NGC 4770	= 43804
NGC 4399	= 40596	NGC 4492	= 41383	NGC 4595	= 42396	NGC 4679	= 43170	NGC 4771	= 43784
NGC 4400	= 40596	NGC 4493	= 41409	NGC 4596	= 42401	NGC 4680	= 43118	NGC 4772	= 43798
NGC 4401	= 40596	NGC 4494	= 41441	NGC 4597	= 42429	NGC 4681	= 43166	NGC 4773	= 43810
NGC 4402	= 40644	NGC 4495	= 41438	NGC 4598	= 42427	NGC 4682	= 43147	NGC 4774	= 43759
NGC 4403	= 40656	NGC 4496	= 41450	NGC 4599	= 42453	NGC 4683	= 43182	NGC 4775	= 43826
NGC 4404	= 40666	(NGC 4496)	= 41471	NGC 4600	= 42447	NGC 4684	= 43149	NGC 4776	= 43754
NGC 4405	= 40643	(NGC 4496)	= 41473	NGC 4601	= 42492	NGC 4685	= 43143	NGC 4777	= 43852
NGC 4406	= 40653	NGC 4496A	= 41471	NGC 4602	= 42476	NGC 4686	= 43101	NGC 4778	= 43768
NGC 4408	= 40668	NGC 4496B	= 41473	NGC 4603	= 42510	NGC 4687	= 43157	NGC 4779	= 43837
NGC 4409	= 40775	NGC 4497	= 41457	NGC 4603A	= 42369	NGC 4688	= 43189	NGC 4780	= 43870
(NGC 4410)	= 40694	NGC 4498	= 41472	NGC 4603B	= 42460	NGC 4689	= 43186	NGC 4781	= 43902
(NGC 4410)	= 40697	NGC 4499	= 41537	NGC 4603C	= 42486	NGC 4690	= 43202	NGC 4782	= 43924
NGC 4410A	= 40694	NGC 4500	= 41436	NGC 4603D	= 42640	NGC 4691	= 43238	NGC 4783	= 43926
NGC 4410B	= 40697	NGC 4501	= 41517	NGC 4604	= 42489	NGC 4692	= 43200	NGC 4784	= 43929
NGC 4411	= 40695	NGC 4502	= 41531	NGC 4605	= 42408	NGC 4693	= 43141	NGC 4785	= 43791
NGC 4411A	= 40695	NGC 4503	= 41538	NGC 4606	= 42516	NGC 4694	= 43241	NGC 4786	= 43922
NGC 4411B	= 40745	NGC 4504	= 41555	NGC 4607	= 42544	NGC 4695	= 43173	NGC 4787	= 43875
NGC 4412	= 40715	(NGC 4505)	= 41471	NGC 4608	= 42545	NGC 4696	= 43296	NGC 4788	= 43874
NGC 4413	= 40705	(NGC 4505)	= 41473	NGC 4611	= 42564	NGC 4696A	= 43120	NGC 4789	= 43895
NGC 4414	= 40692	NGC 4506	= 41546	NGC 4612	= 42574	NGC 4696B	= 43155	NGC 4789A	= 43869
NGC 4415	= 40727	NGC 4507	= 41960	NGC 4614	= 42573	NGC 4696C	= 43218	NGC 4790	= 43972
NGC 4416	= 40743	NGC 4509	= 41660	NGC 4615	= 42584	NGC 4696D	= 43249	NGC 4792	= 43999
NGC 4417	= 40756	NGC 4510	= 41489	NGC 4616	= 42662	NGC 4696E	= 43262	NGC 4793	= 43939
NGC 4418	= 40762	NGC 4512	= 41601	NGC 4617	= 42530	NGC 4697	= 43276	NGC 4794	= 44012
NGC 4419	= 40772	NGC 4513	= 41527	NGC 4618	= 42575	NGC 4698	= 43254	NGC 4795	= 43998
NGC 4420	= 40775	NGC 4514	= 41610	NGC 4619	= 42594	NGC 4699	= 43321	NGC 4796	= 43998
NGC 4421	= 40785	NGC 4515	= 41652	NGC 4620	= 42619	NGC 4700	= 43330	NGC 4798	= 43981
NGC 4422	= 40813	NGC 4516	= 41661	NGC 4621	= 42628	NGC 4701	= 43331	NGC 4799	= 44017
NGC 4423	= 40801	NGC 4517	= 41618	NGC 4622	= 42701	NGC 4703	= 43342	NGC 4800	= 43931
NGC 4424	= 40809	NGC 4517A	= 41578	NGC 4622A	= 42845	NGC 4704	= 43288	NGC 4802	= 44087
NGC 4425	= 40816	NGC 4519	= 41719	NGC 4622B	= 42852	NGC 4705	= 43350	NGC 4804	= 44087
NGC 4428	= 40860	NGC 4520	= 41748	NGC 4623	= 42647	NGC 4706	= 43411	NGC 4806	= 44116
NGC 4429	= 40850	NGC 4521	= 41621	NGC 4624	= 42734	NGC 4707	= 43255	NGC 4807	= 44037
NGC 4430	= 40851	NGC 4522	= 41729	NGC 4625	= 42607	NGC 4708	= 43382	NGC 4808	= 44086
NGC 4431	= 40852	NGC 4523	= 41746	NGC 4626	= 42680	NGC 4709	= 43423	NGC 4809	= 43969
NGC 4432	= 40875	NGC 4524	= 41757	NGC 4627	= 42620	NGC 4710	= 43375	NGC 4810	= 43971
NGC 4433	= 40894	NGC 4525	= 41755	NGC 4628	= 42681	NGC 4711	= 43286	NGC 4811	= 44201
NGC 4434	= 40886	NGC 4526	= 41772	NGC 4629	= 42692	NGC 4712	= 43368	NGC 4812	= 44204
NGC 4435	= 40898	NGC 4527	= 41789	NGC 4630	= 42688	NGC 4713	= 43413	NGC 4813	= 44160
NGC 4436	= 40903	NGC 4528	= 41781	NGC 4631	= 42637	NGC 4714	= 43442	NGC 4814	= 44025
NGC 4437	= 41618	NGC 4531	= 41806	NGC 4632	= 42689	NGC 4715	= 43399	NGC 4816	= 44114
NGC 4438	= 40914	NGC 4532	= 41811	NGC 4633	= 42699	NGC 4716	= 43464	NGC 4818	= 44191
NGC 4440	= 40927	NGC 4533	= 41816	NGC 4634	= 42707	NGC 4717	= 43467	NGC 4819	= 44144
NGC 4441	= 40836	NGC 4534	= 41779	NGC 4635	= 42704	NGC 4718	= 43463	NGC 4820	= 44227
NGC 4442	= 40950	NGC 4535	= 41812	NGC 4636	= 42734	NGC 4719	= 43428	NGC 4821	= 44148
NGC 4444	= 41043	NGC 4536	= 41823	NGC 4637	= 42744	NGC 4721	= 43437	NGC 4822	= 44236
NGC 4445	= 40987	NGC 4538	= 41850	NGC 4638	= 42728	NGC 4722	= 43560	NGC 4825	= 44261
NGC 4446	= 40962	NGC 4539	= 41839	NGC 4639	= 42741	NGC 4723	= 43510	NGC 4826	= 44182
NGC 4447	= 40979	NGC 4540	= 41876	NGC 4640	= 42753	NGC 4724	= 43494	NGC 4827	= 44178
NGC 4448	= 40988	NGC 4541	= 41911	NGC 4641	= 42769	NGC 4725	= 43451	NGC 4828	= 44176
NGC 4449	= 40973	NGC 4544	= 41958	NGC 4642	= 42791	NGC 4727	= 43499	NGC 4830	= 44313
NGC 4450	= 41024	NGC 4545	= 41838	NGC 4643	= 42797	NGC 4728	= 43455	NGC 4831	= 44340
NGC 4451	= 41050	NGC 4546	= 41939	NGC 4644	= 42708	NGC 4729	= 43591	NGC 4832	= 44361
NGC 4452	= 41060	NGC 4548	= 41934	NGC 4645	= 42879	NGC 4730	= 43611	NGC 4835	= 44409
NGC 4453	= 41072	NGC 4550	= 41943	NGC 4645A	= 42764	NGC 4731	= 43507	NGC 4835A	= 44271
NGC 4454	= 41083	NGC 4551	= 41963	NGC 4645B	= 42813	NGC 4732	= 43430	NGC 4836	= 44328
NGC 4455	= 41066	NGC 4552	= 41968	NGC 4646	= 42740	NGC 4733	= 43516	NGC 4837	= 44188
NGC 4456	= 40925	NGC 4553	= 42018	NGC 4647	= 42816	NGC 4734	= 43525	NGC 4838	= 44383
NGC 4457	= 41101	NGC 4555	= 41975	NGC 4648	= 42595	NGC 4735	= 43509	NGC 4839	= 44298
NGC 4458	= 41095	NGC 4556	= 41980	NGC 4649	= 42831	NGC 4736	= 43495	NGC 4840	= 44324
NGC 4459	= 41104	NGC 4558	= 41995	NGC 4650	= 42891	NGC 4738	= 43517	NGC 4841A	= 44323
NGC 4460	= 41069	NGC 4559	= 42002	NGC 4650A	= 42951	NGC 4739	= 43571	NGC 4841B	= 44329
NGC 4461	= 41111	NGC 4561	= 42020	NGC 4650B	= 42983	NGC 4741	= 43504	(NGC 4842)	= 44338
NGC 4462	= 41150	NGC 4562	= 41955	NGC 4651	= 42833	NGC 4742	= 43594	(NGC 4842)	= 44337
NGC 4464	= 41148	NGC 4564	= 42051	NGC 4653	= 42847	NGC 4743	= 43653	NGC 4842A	= 44337
NGC 4466	= 41170	NGC 4565	= 42038	NGC 4654	= 42857	NGC 4744	= 43661	NGC 4842B	= 44338
NGC 4467	= 41169	NGC 4566	= 42007	NGC 4656	= 42863	NGC 4745	= 43539	NGC 4843	= 44388
NGC 4468	= 41171	NGC 4567	= 42064	NGC 4657	= 42863	NGC 4746	= 43601	NGC 4845	= 44392
NGC 4469	= 41164	NGC 4568	= 42069	NGC 4658	= 42929	NGC 4747	= 43586	NGC 4846	= 44362
NGC 4470	= 41189	NGC 4569	= 42089	NGC 4659	= 42913	NGC 4749	= 43527	NGC 4848	= 44405
NGC 4472	= 41220	NGC 4570	= 42096	NGC 4660	= 42917	NGC 4750	= 43426	NGC 4849	= 44424
NGC 4473	= 41228	NGC 4571	= 42100	NGC 4661	= 42983	NGC 4751	= 43723	NGC 4850	= 44449
NGC 4474	= 41241	NGC 4573	= 42167	NGC 4662	= 42904	NGC 4753	= 43671	NGC 4853	= 44481
NGC 4475	= 41225	NGC 4574	= 42166	NGC 4663	= 42946	NGC 4754	= 43656	NGC 4854	= 44502

NGC 4855 = 44572	NGC 4955 = 45340	NGC 5068 = 46400	NGC 5192 = 47503	NGC 5306 = 49039
NGC 4856 = 44582	NGC 4956 = 45236	NGC 5072 = 46432	NGC 5193 = 47582	NGC 5308 = 48860
NGC 4857 = 44284	NGC 4957 = 45253	NGC 5073 = 46441	NGC 5193A = 47568	NGC 5311 = 49011
NGC 4858 = 44535	NGC 4958 = 45313	NGC 5074 = 46354	NGC 5194 = 47404	NGC 5313 = 49069
NGC 4859 = 44534	NGC 4961 = 45311	NGC 5076 = 46453	NGC 5195 = 47413	NGC 5314 = 48810
NGC 4860 = 44539	NGC 4963 = 45315	NGC 5077 = 46456	NGC 5196 = 47540	NGC 5318 = 49139
NGC 4861 = 44536	NGC 4964 = 45278	NGC 5078 = 46490	NGC 5198 = 47441	NGC 5320 = 49112
NGC 4862 = 44610	NGC 4965 = 45437	NGC 5079 = 46473	NGC 5201 = 47324	NGC 5322 = 49044
NGC 4863 = 44650	NGC 4966 = 45358	NGC 5081 = 46427	NGC 5202 = 47589	NGC 5323 = 48785
NGC 4864 = 44566	NGC 4968 = 45426	NGC 5082 = 46566	NGC 5203 = 47610	NGC 5324 = 49236
NGC 4865 = 44578	NGC 4970 = 45466	NGC 5083 = 46413	NGC 5204 = 47368	NGC 5326 = 49157
NGC 4866 = 44600	NGC 4971 = 45406	NGC 5084 = 46525	NGC 5205 = 47425	NGC 5327 = 49234
NGC 4867 = 44568	NGC 4973 = 45321	NGC 5085 = 46531	NGC 5206 = 47762	NGC 5328 = 49307
NGC 4868 = 44557	NGC 4975 = 45492	NGC 5087 = 46541	NGC 5207 = 47612	NGC 5329 = 49248
NGC 4869 = 44587	NGC 4976 = 45562	NGC 5088 = 46535	NGC 5208 = 47637	NGC 5330 = 49316
NGC 4871 = 44606	NGC 4977 = 45339	NGC 5089 = 46477	NGC 5209 = 47654	(NGC 5331) = 49264
NGC 4872 = 44624	NGC 4978 = 45494	NGC 5090 = 46618	NGC 5210 = 47678	NGC 5332 = 49243
NGC 4873 = 44621	NGC 4979 = 45484	NGC 5090A = 46442	NGC 5211 = 47709	NGC 5333 = 49424
NGC 4874 = 44628	NGC 4980 = 45596	NGC 5090B = 46528	NGC 5213 = 47842	NGC 5334 = 49308
NGC 4875 = 44640	NGC 4981 = 45574	NGC 5091 = 46626	NGC 5214 = 47675	NGC 5335 = 49310
NGC 4876 = 44658	NGC 4983 = 45542	NGC 5092 = 46493	NGC 5215A = 47883	NGC 5336 = 49250
NGC 4877 = 44761	NGC 4984 = 45585	NGC 5093 = 46472	NGC 5215B = 47887	NGC 5337 = 49275
NGC 4878 = 44747	NGC 4985 = 45522	NGC 5095 = 46561	NGC 5216 = 47598	NGC 5338 = 49353
NGC 4880 = 44719	NGC 4986 = 45538	NGC 5096 = 46506	NGC 5217 = 47793	NGC 5339 = 49388
NGC 4881 = 44686	NGC 4987 = 45502	(NGC 5098) = 46515	NGC 5218 = 47603	NGC 5341 = 49285
NGC 4882 = 44698	NGC 4988 = 45671	(NGC 5098) = 46529	NGC 5220 = 47972	NGC 5342 = 49192
NGC 4883 = 44682	NGC 4989 = 45606	NGC 5101 = 46661	NGC 5221 = 47869	NGC 5343 = 49412
NGC 4884 = 44715	NGC 4990 = 45608	NGC 5102 = 46674	NGC 5223 = 47822	NGC 5345 = 49415
NGC 4886 = 44698	NGC 4992 = 45593	NGC 5103 = 46552	NGC 5225 = 47731	NGC 5346 = 49322
NGC 4887 = 44796	NGC 4993 = 45657	NGC 5104 = 46633	NGC 5227 = 47915	NGC 5347 = 49342
NGC 4889 = 44715	NGC 4995 = 45643	NGC 5105 = 46664	NGC 5228 = 47837	NGC 5348 = 49411
NGC 4892 = 44697	NGC 4996 = 45629	NGC 5107 = 46636	NGC 5229 = 47788	NGC 5349 = 49336
NGC 4894 = 44732	NGC 4997 = 45667	NGC 5108 = 46774	NGC 5230 = 47932	NGC 5350 = 49347
NGC 4895 = 44737	NGC 4999 = 45632	NGC 5109 = 46589	NGC 5231 = 47953	NGC 5351 = 49359
NGC 4895A = 44717	NGC 5000 = 45658	NGC 5112 = 46671	NGC 5232 = 47998	NGC 5352 = 49370
NGC 4896 = 44768	NGC 5002 = 45728	NGC 5114 = 46828	NGC 5233 = 47895	NGC 5353 = 49356
NGC 4897 = 44829	NGC 5004 = 45756	NGC 5115 = 46754	NGC 5234 = 48129	NGC 5354 = 49354
NGC 4898 = 44736	NGC 5004A = 45757	NGC 5116 = 46744	NGC 5236 = 48082	NGC 5355 = 49380
NGC 4899 = 44841	NGC 5005 = 45749	NGC 5117 = 46746	NGC 5237 = 48139	NGC 5356 = 49468
NGC 4900 = 44797	NGC 5006 = 45806	NGC 5118 = 46782	NGC 5238 = 47853	NGC 5357 = 49534
NGC 4902 = 44847	NGC 5007 = 45605	NGC 5121 = 46896	NGC 5239 = 48023	NGC 5358 = 49389
NGC 4903 = 44894	NGC 5009 = 45739	NGC 5121A = 46960	NGC 5240 = 47971	NGC 5360 = 49513
NGC 4904 = 44846	NGC 5010 = 45868	NGC 5123 = 46767	NGC 5241 = 48043	NGC 5361 = 49441
NGC 4905 = 44902	NGC 5011 = 45898	NGC 5124 = 46902	NGC 5243 = 48011	NGC 5362 = 49464
NGC 4906 = 44799	NGC 5011A = 45847	NGC 5125 = 46827	NGC 5244 = 48236	NGC 5363 = 49547
NGC 4907 = 44819	NGC 5012 = 45795	NGC 5126 = 46910	NGC 5246 = 48128	NGC 5364 = 49555
NGC 4908 = 44828	NGC 5014 = 45787	NGC 5127 = 46809	NGC 5247 = 48171	NGC 5365 = 49673
NGC 4909 = 44949	NGC 5015 = 45862	NGC 5128 = 46957	NGC 5248 = 48130	NGC 5365A = 49586
NGC 4911 = 44840	NGC 5016 = 45836	NGC 5129 = 46836	NGC 5249 = 48134	NGC 5365B = 49750
NGC 4912 = 44807	NGC 5017 = 45900	NGC 5131 = 46819	NGC 5250 = 47997	NGC 5366 = 49569
NGC 4914 = 44807	NGC 5018 = 45908	NGC 5132 = 46868	NGC 5251 = 48119	NGC 5368 = 49431
NGC 4915 = 44891	NGC 5019 = 45885	NGC 5134 = 46938	NGC 5252 = 48189	NGC 5370 = 49408
NGC 4917 = 44838	NGC 5020 = 45883	NGC 5135 = 46974	NGC 5253 = 48334	NGC 5371 = 49514
NGC 4918 = 44934	NGC 5021 = 45834	NGC 5140 = 47031	NGC 5254 = 48307	NGC 5372 = 49451
NGC 4919 = 44885	NGC 5022 = 45953	NGC 5141 = 46906	NGC 5256 = 48192	NGC 5374 = 49650
NGC 4920 = 44958	NGC 5023 = 45849	NGC 5142 = 46919	NGC 5257 = 48330	NGC 5375 = 49604
NGC 4921 = 44899	NGC 5025 = 45887	NGC 5144 = 46742	NGC 5258 = 48338	NGC 5376 = 49489
NGC 4922 = 44896	NGC 5026 = 46023	NGC 5145 = 46934	NGC 5260 = 48371	NGC 5377 = 49563
NGC 4923 = 44903	NGC 5027 = 45936	NGC 5147 = 47027	NGC 5262 = 47923	NGC 5378 = 49598
NGC 4924 = 44977	NGC 5028 = 45976	NGC 5148 = 47060	NGC 5263 = 48333	NGC 5379 = 49508
NGC 4926 = 44938	NGC 5029 = 45880	NGC 5149 = 47011	NGC 5264 = 48467	NGC 5380 = 49605
NGC 4926A = 44968	NGC 5030 = 45991	NGC 5150 = 47169	NGC 5266 = 48593	NGC 5382 = 49711
NGC 4927 = 44945	NGC 5031 = 46006	NGC 5152 = 47187	NGC 5266A = 48390	NGC 5383 = 49618
NGC 4928 = 45052	NGC 5032 = 45947	NGC 5153 = 47194	NGC 5267 = 48393	NGC 5384 = 49707
NGC 4929 = 45027	NGC 5033 = 45948	NGC 5154 = 47041	NGC 5270 = 48527	NGC 5386 = 49719
NGC 4930 = 45155	NGC 5034 = 45859	NGC 5156 = 47283	NGC 5271 = 48477	NGC 5387 = 49724
NGC 4931 = 45055	NGC 5035 = 46068	NGC 5157 = 47131	NGC 5273 = 48521	NGC 5389 = 49548
NGC 4932 = 45015	NGC 5037 = 46078	NGC 5158 = 47180	NGC 5275 = 48544	NGC 5390 = 49514
NGC 4933A = 45146	NGC 5038 = 46081	NGC 5159 = 47235	NGC 5276 = 48542	NGC 5392 = 49792
NGC 4933B = 45142	NGC 5041 = 46046	NGC 5161 = 47321	NGC 5277 = 48563	NGC 5393 = 49863
NGC 4934 = 45082	NGC 5042 = 46126	NGC 5162 = 47318	NGC 5278 = 48473	NGC 5394 = 49739
NGC 4935 = 45093	NGC 5044 = 46115	NGC 5163 = 47096	NGC 5279 = 48482	NGC 5395 = 49747
NGC 4936 = 45174	NGC 5046 = 46141	NGC 5164 = 47124	NGC 5280 = 48580	NGC 5397 = 49908
NGC 4938 = 45044	NGC 5047 = 46150	NGC 5166 = 47234	NGC 5282 = 48614	NGC 5398 = 49923
NGC 4939 = 45170	NGC 5048 = 46179	NGC 5169 = 47231	NGC 5283 = 48425	NGC 5399 = 49799
NGC 4940 = 45235	NGC 5049 = 46166	NGC 5170 = 47396	NGC 5285 = 48688	NGC 5400 = 49869
NGC 4941 = 45165	NGC 5050 = 46138	NGC 5171 = 47339	NGC 5289 = 48749	NGC 5401 = 49810
NGC 4942 = 45177	NGC 5051 = 46194	NGC 5172 = 47330	NGC 5290 = 48767	NGC 5402 = 49712
NGC 4944 = 45133	NGC 5052 = 46131	NGC 5173 = 47257	NGC 5291 = 48893	NGC 5403 = 49820
NGC 4945 = 45279	NGC 5054 = 46247	NGC 5174 = 47346	NGC 5292 = 48909	NGC 5405 = 49906
NGC 4945A = 45380	NGC 5055 = 46153	NGC 5175 = 47346	NGC 5293 = 48854	NGC 5406 = 49847
NGC 4946 = 45283	NGC 5056 = 46180	NGC 5178 = 47358	NGC 5296 = 48811	NGC 5407 = 49890
NGC 4947 = 45269	NGC 5057 = 46202	NGC 5180 = 47352	NGC 5297 = 48815	NGC 5408 = 50073
NGC 4947A = 45180	NGC 5058 = 46241	NGC 5182 = 47489	NGC 5298 = 48985	NGC 5409 = 49952
NGC 4948 = 45224	NGC 5060 = 46278	NGC 5183 = 47432	NGC 5300 = 48959	NGC 5410 = 49893
NGC 4948A = 45242	NGC 5061 = 46330	NGC 5184 = 47438	NGC 5301 = 48816	NGC 5411 = 49967
NGC 4950 = 45294	NGC 5062 = 46351	NGC 5185 = 47422	NGC 5302 = 49007	NGC 5412 = 49644
NGC 4951 = 45246	NGC 5063 = 46357	NGC 5187 = 47393	NGC 5303 = 48917	NGC 5413 = 49677
NGC 4952 = 45233	NGC 5064 = 46409	NGC 5188 = 47549	NGC 5304 = 49090	NGC 5414 = 49976
NGC 4953 = 45349	NGC 5065 = 46293	NGC 5190 = 47482	NGC 5305 = 48930	NGC 5416 = 49991

RC3   678   NGC

NGC	=	NGC	=	NGC	=	NGC	=	NGC	=
5417	49995	5549	51118	5673	51901	5794	53378	5928	55072
5418	49997	5550	51108	5674	52042	5795	53402	5929	55076
5419	50100	5553	51105	5675	51965	5796	53549	5930	55080
5420	50121	5556	51245	5676	51978	5797	53408	5934	55178
5421	49950	5557	51104	5677	52072	5798	53463	5936	55255
5422	49874	5559	51155	5678	51932	5799	53875	5937	55281
5423	50028	5560	51223	5679	52132	5804	53437	5938	55582
5424	50035	5561	51026	5679B	52132	5806	53578	5939	55022
5425	49889	5562	51227	5680	52173	5809	53624	5940	55295
5426	50083	5566	51233	5682	52107	5810	53711	5941	55309
5427	50084	5569	51241	5683	52114	5811	53597	5942	55316
5430	49881	5572	51196	5684	52179	5812	53630	5943	55242
5431	50046	5574	51270	5685	52192	5813	53643	5944	55321
5433	50012	5575	51272	5687	52116	5814	53653	5945	55243
5434	50077	5576	51275	5688	52381	5818	53530	5947	55274
5436	50104	5577	51286	5689	52154	5819	53251	5949	55165
5440	50042	5579	51236	5690	52273	5820	53511	5950	55305
5442	50189	5580	51236	5691	52291	5821	53532	5951	55435
5443	49993	5582	51251	5692	52317	5827	53676	5953	55480
5444	50080	5583	51313	5693	52194	5829	53709	5954	55482
5445	50090	5584	51344	5695	52261	5830	53674	5956	55501
5448	50031	5585	51210	5696	52235	5831	53770	5957	55520
5452	49426	5587	51332	5697	52207	5832	53469	5958	55494
5454	50192	5589	51300	5698	52251	5833	54250	5959	55625
5456	50213	5590	51312	5701	52365	5835	53699	5961	55515
5457	50063	5591	51360	5702	52347	5836	53554	5962	55588
5459	50215	5592	51428	5705	52395	5838	53862	5963	55419
5463	50299	5595	51445	5707	52266	5839	53865	5964	55637
5464	50356	5596	51355	5708	52315	5841	53941	5965	55459
5468	50323	5597	51456	5709	52343	5843	53996	5966	55552
5470	50317	5598	51354	5710	52369	5845	53901	5967	56078
5472	50345	5599	51423	5711	52376	5846	53932	5967A	56024
5473	50191	5600	51422	5713	52412	5846A	53930	5968	55738
5474	50216	5602	51340	5714	52307	5848	53941	5970	55665
5475	50231	5603	51382	5716	52458	5850	53979	5971	55529
5476	50429	5604	51471	5718	52441	5851	53965	5972	55684
5477	50262	5605	51492	5719	52455	5852	53974	5974	55694
5478	50430	5607	51182	5720	52328	5854	54013	5975	55739
5480	50312	5608	51396	5725	52456	5857	53995	5976	55609
5481	50331	5610	51450	5726	52563	5858	54075	5977	55769
5482	50459	5611	51431	5727	52424	5859	54001	5980	55800
5483	50600	5612	52057	5728	52521	5860	53939	5981	55647
5484	50338	5613	51433	5729	52507	5861	54097	5982	55674
5485	50369	5614	51439	5730	52396	5863	54160	5983	55845
5486	50383	5616	51448	5731	52409	5864	54111	5984	55853
5488	50423	5618	51603	5732	52438	(5865)	54118	5985	55725
5489	50701	5619	51610	5733	52550	(5865)	54119	5987	55740
5490	50558	5622	51541	5734	52678	5866	53933	5988	55921
5490C	50584	5623	51598	5735	52535	5866B	54267	5989	55802
5491	50630	5624	51568	5737	52582	5868	54118	5990	55993
5492	50613	5626	51794	5738	52614	5869	54119	5992	55913
5493	50670	5627	51705	5739	52531	5870	53949	5993	55918
5494	50732	5628	51699	5740	52641	5872	54169	5994	56020
5495	50729	5629	51681	5742	52707	5874	54018	5996	56023
5496	50676	5630	51635	5743	52680	5875	54095	6000	56145
5497	50610	5631	51564	5745	52669	5876	54110	6001	56056
5498	50639	5633	51620	5746	52665	5878	54364	6003	56130
5499	50623	5635	51706	5750	52735	5879	54117	6004	56166
5500	50588	5636	51785	5751	52607	5881	54150	6007	56309
5501	50724	5637	51736	5754	52686	5885	54429	6008	56289
5504	50718	5638	51787	5755	52690	5887	54416	6010	56337
5505	50745	5639	51730	5756	52825	5888	54316	6011	56008
5506	50782	5641	51758	5757	52839	5889	54317	6012	56334
5507	50786	5642	51751	5758	52787	5890	54602	6013	56287
5508	50741	5643	51969	5760	52833	5892	54365	6014	56413
5510	50807	5644	51834	5761	52916	5893	54351	6015	56219
5512	50749	5645	51846	5762	52887	5894	54234	6016	56410
5513	50776	5646	51779	5766	53186	5898	54625	6017	56475
5514	50809	5647	51843	5767	52942	5899	54428	6018	56481
5515	50750	5648	51840	5768	53089	5900	54431	6020	56467
5516	50960	5649	51857	5770	53201	5903	54646	6021	56482
5517	50758	5652	51865	5771	53088	5905	54445	6022	56495
5519	50865	5653	51814	5772	53067	5906	54470	6023	56492
5520	50728	5654	51807	5773	53124	5907	54470	6027	56575
5521	50931	5656	51831	5774	53231	5908	54522	6027A	56576
5522	50889	5657	51850	5775	53247	5909	54223	6027B	56584
5523	50895	5658	51957	5777	53043	5910	54689	6027C	56578
5525	50946	5659	51875	5778	53279	5912	54237	6027D	56580
5526	50832	5660	51795	5779	53275	5913	54761	6027E	56579
5529	50942	5661	51921	5781	53417	5915	54816	6028	56716
5530	51106	5663	52049	5783	53217	5916	54825	6030	56750
5532	51006	5665	51953	5784	53265	5916A	54779	6032	56842
5533	50973	5665A	51303	5785	53217	5917	54809	6033	56941
5534	51055	5666	51995	5786	53527	5918	54690	6034	56877
5536	50986	5667	51830	5787	53339	5919	54812	6035	56864
5541	50991	5668	52018	5789	53414	5920	54839	6036	56950
5544	51018	5669	51973	5790	53459	5921	54849	6037	56947
5545	51023	5670	52161	5791	53516	5923	54780	6038	56812
5546	51084	5671	51641	5792	53499	5924	54850	6039	56942
5548	51074	5672	51964	5793	53550	5926	54950	6040	56932

RC3   679   NGC

(NGC 6041)	= 56960	NGC 6190	= 58458	NGC 6381	= 60321	NGC 6623	= 61739	NGC 6810	= 63571
(NGC 6041)	= 56962	NGC 6195	= 58596	NGC 6384	= 60459	NGC 6627	= 61792	NGC 6812	= 63625
NGC 6042	= 56972	NGC 6196	= 58644	NGC 6385	= 60343	NGC 6628	= 61790	NGC 6814	= 63545
NGC 6043	= 57019	NGC 6198	= 58554	NGC 6389	= 60466	NGC 6630	= 62008	NGC 6816	= 63587
NGC 6044	= 57015	NGC 6206	= 58723	NGC 6390	= 60356	NGC 6632	= 61849	NGC 6821	= 63594
NGC 6045	= 57031	NGC 6207	= 58827	NGC 6392	= 60753	NGC 6635	= 61900	NGC 6822	= 63616
NGC 6047	= 57033	NGC 6209	= 59252	NGC 6393	= 60410	NGC 6636	= 61782	NGC 6824	= 63575
NGC 6048	= 56484	NGC 6211	= 58775	NGC 6395	= 60291	NGC 6640	= 61913	NGC 6829	= 63667
NGC 6050	= 57058	NGC 6212	= 58840	NGC 6398	= 60735	NGC 6641	= 61935	NGC 6831	= 63674
NGC 6051	= 57006	NGC 6215	= 59112	NGC 6399	= 60442	NGC 6643	= 61742	NGC 6835	= 63800
NGC 6052	= 57039	NGC 6215A	= 59180	NGC 6403	= 60750	NGC 6646	= 61944	NGC 6836	= 63803
NGC 6053	= 57088	NGC 6217	= 58477	NGC 6407	= 60796	NGC 6651	= 61836	NGC 6841	= 63881
NGC 6054	= 57073	NGC 6220	= 58979	NGC 6408	= 60637	NGC 6653	= 62342	NGC 6844	= 64025
NGC 6055	= 57076	NGC 6221	= 59175	NGC 6411	= 60536	NGC 6654	= 61833	NGC 6845	= 63985
NGC 6056	= 57075	NGC 6223	= 58828	NGC 6412	= 60393	NGC 6654A	= 62207	NGC 6845A	= 63985
NGC 6057	= 57090	NGC 6224	= 59017	NGC 6417	= 60709	NGC 6658	= 62052	NGC 6845B	= 63986
NGC 6060	= 57110	NGC 6225	= 59024	NGC 6419	= 60543	NGC 6661	= 62072	NGC 6845C	= 63979
NGC 6061	= 57137	NGC 6228	= 59007	NGC 6427	= 60758	NGC 6662	= 62059	NGC 6845D	= 63978
NGC 6062	= 57145	NGC 6230	= 59106	NGC 6429	= 60770	NGC 6663	= 62032	NGC 6848	= 64023
NGC 6063	= 57205	NGC 6232	= 58841	NGC 6433	= 60766	NGC 6667	= 61972	NGC 6849	= 64097
NGC 6064	= 57039	NGC 6233	= 59086	NGC 6434	= 60573	NGC 6669	= 62160	NGC 6850	= 64043
NGC 6068	= 56388	NGC 6236	= 58891	NGC 6436	= 60695	NGC 6673	= 62351	NGC 6851	= 64044
NGC 6068A	= 56363	NGC 6239	= 59083	NGC 6438	= 61787	NGC 6674	= 62178	NGC 6851A	= 64082
NGC 6070	= 57345	NGC 6240	= 59186	NGC 6438A	= 61793	NGC 6675	= 62149	NGC 6851B	= 64086
NGC 6071	= 56674	NGC 6243	= 59161	NGC 6442	= 60844	NGC 6676	= 62021	NGC 6854	= 64081
NGC 6073	= 57353	NGC 6244	= 59009	NGC 6443	= 60783	NGC 6684	= 62453	NGC 6855	= 64116
NGC 6077	= 57408	NGC 6246	= 59077	NGC 6447	= 60829	NGC 6684A	= 62517	NGC 6860	= 64166
NGC 6079	= 56946	NGC 6246A	= 59090	NGC 6449	= 60762	NGC 6685	= 62220	NGC 6861	= 64136
NGC 6080	= 57509	NGC 6248	= 58946	NGC 6454	= 60795	NGC 6687	= 62144	NGC 6861B	= 64094
NGC 6081	= 57506	NGC 6251	= 58472	NGC 6457	= 60738	NGC 6688	= 62242	NGC 6861C	= 64107
NGC 6084	= 57575	NGC 6255	= 59244	NGC 6458	= 60911	NGC 6689	= 62077	NGC 6861D	= 64153
NGC 6085	= 57486	NGC 6258	= 59165	NGC 6460	= 60925	NGC 6690	= 62077	NGC 6861E	= 64216
NGC 6086	= 57482	NGC 6261	= 59286	NGC 6462	= 60790	NGC 6691	= 62202	NGC 6861F	= 64219
NGC 6090	= 57437	NGC 6263	= 59292	NGC 6467	= 60972	NGC 6695	= 62296	NGC 6862	= 64168
NGC 6092	= 57500	NGC 6264	= 59306	NGC 6468	= 60972	NGC 6697	= 62354	NGC 6867	= 64203
NGC 6094	= 57167	NGC 6265	= 59315	NGC 6470	= 60773	NGC 6699	= 62512	NGC 6868	= 64192
NGC 6095	= 57411	NGC 6267	= 59340	NGC 6471	= 60773	NGC 6700	= 62376	NGC 6869	= 63972
NGC 6096	= 57598	NGC 6269	= 59332	NGC 6472	= 60778	NGC 6701	= 62314	NGC 6870	= 64197
NGC 6098	= 57634	NGC 6271	= 59365	NGC 6478	= 60896	NGC 6702	= 62395	NGC 6872	= 64413
NGC 6099	= 57640	NGC 6272	= 59367	NGC 6479	= 60890	NGC 6703	= 62409	NGC 6875	= 64296
NGC 6100	= 57706	NGC 6275	= 59262	NGC 6482	= 61009	NGC 6706	= 62596	NGC 6875A	= 64240
NGC 6102	= 57639	NGC 6278	= 59426	NGC 6483	= 61233	NGC 6707	= 62563	NGC 6876	= 64447
NGC 6103	= 57648	NGC 6279	= 59370	NGC 6484	= 61008	NGC 6708	= 62569	NGC 6877	= 64457
NGC 6104	= 57684	NGC 6282	= 59418	NGC 6485	= 61013	NGC 6710	= 62482	NGC 6878	= 64317
NGC 6105	= 57716	NGC 6285	= 59344	NGC 6487	= 61039	NGC 6711	= 62456	NGC 6878A	= 64314
NGC 6106	= 57799	NGC 6286	= 59352	NGC 6490	= 61079	NGC 6718	= 62688	NGC 6880	= 64479
NGC 6107	= 57728	NGC 6290	= 59428	NGC 6491	= 60949	NGC 6719	= 62710	NGC 6887	= 64427
NGC 6108	= 57734	NGC 6292	= 59498	NGC 6492	= 61315	NGC 6721	= 62680	NGC 6889	= 64464
NGC 6109	= 57748	NGC 6296	= 59690	NGC 6493	= 60961	NGC 6722	= 62722	NGC 6890	= 64446
NGC 6112	= 57762	NGC 6297	= 59525	NGC 6495	= 61091	NGC 6725	= 62692	NGC 6893	= 64507
NGC 6114	= 57784	NGC 6300	= 60001	NGC 6497	= 60999	NGC 6730	= 62796	NGC 6898	= 64517
NGC 6116	= 57800	NGC 6301	= 59681	NGC 6500	= 61123	NGC 6732	= 62586	NGC 6899	= 64630
NGC 6117	= 57816	NGC 6303	= 59573	NGC 6501	= 61128	NGC 6733	= 62770	NGC 6901	= 64552
NGC 6118	= 57924	NGC 6305	= 60029	NGC 6502	= 61352	NGC 6734	= 62786	NGC 6902	= 64632
NGC 6120	= 57842	NGC 6306	= 59654	NGC 6503	= 60921	NGC 6736	= 62792	NGC 6902A	= 64575
NGC 6123	= 57729	NGC 6307	= 59655	NGC 6504	= 61129	NGC 6739	= 62799	NGC 6902B	= 64580
NGC 6126	= 57908	NGC 6308	= 59807	NGC 6508	= 60938	NGC 6744	= 62836	NGC 6903	= 64607
NGC 6127	= 57812	NGC 6310	= 59662	NGC 6509	= 61230	NGC 6744A	= 62815	NGC 6906	= 64601
NGC 6128	= 57812	NGC 6311	= 59750	NGC 6512	= 61089	NGC 6745	= 62691	NGC 6907	= 64650
NGC 6130	= 57828	NGC 6313	= 59739	NGC 6513	= 61235	NGC 6746	= 62852	NGC 6908	= 64650
NGC 6131	= 57927	NGC 6314	= 59838	NGC 6515	= 61167	NGC 6753	= 62870	NGC 6909	= 64725
NGC 6132	= 58002	NGC 6315	= 59843	NGC 6521	= 61121	NGC 6754	= 62871	NGC 6911	= 64485
NGC 6137	= 57966	NGC 6320	= 59852	NGC 6524	= 61221	NGC 6757	= 62752	NGC 6912	= 64700
NGC 6140	= 57886	NGC 6321	= 59900	NGC 6527	= 61297	NGC 6758	= 62935	NGC 6915	= 64729
NGC 6142	= 57984	NGC 6323	= 59868	NGC 6532	= 61220	NGC 6761	= 62957	NGC 6916	= 64600
NGC 6143	= 57919	NGC 6324	= 59583	NGC 6534	= 61126	NGC 6762	= 62757	NGC 6918	= 64851
NGC 6146	= 58080	NGC 6328	= 60198	NGC 6536	= 61166	NGC 6763	= 62757	NGC 6919	= 64883
NGC 6149	= 58183	NGC 6329	= 59894	NGC 6542	= 61239	NGC 6764	= 62806	NGC 6920	= 65273
NGC 6150	= 58105	NGC 6330	= 59961	NGC 6545	= 61551	NGC 6768	= 62997	NGC 6921	= 64768
NGC 6154	= 58095	NGC 6332	= 59927	NGC 6547	= 61378	NGC 6769	= 63042	NGC 6922	= 64814
NGC 6155	= 58115	NGC 6336	= 59976	NGC 6548	= 61404	NGC 6770	= 63048	NGC 6923	= 64884
NGC 6156	= 58536	NGC 6338	= 59947	NGC 6549	= 61399	NGC 6771	= 63049	NGC 6924	= 64945
NGC 6158	= 58198	NGC 6339	= 60003	NGC 6550	= 61404	NGC 6776	= 63185	NGC 6925	= 64980
NGC 6159	= 58185	NGC 6340	= 59742	NGC 6552	= 61252	NGC 6776A	= 63181	NGC 6926	= 64939
NGC 6160	= 58199	NGC 6347	= 60086	NGC 6555	= 61432	NGC 6780	= 63151	NGC 6927	= 64925
NGC 6161	= 58235	NGC 6350	= 60046	NGC 6557	= 61770	NGC 6782	= 63168	NGC 6927A	= 64924
NGC 6162	= 58238	NGC 6359	= 60025	NGC 6560	= 61381	NGC 6784A	= 63210	NGC 6928	= 64932
NGC 6163	= 58250	NGC 6361	= 60045	NGC 6570	= 61512	NGC 6786	= 62864	NGC 6929	= 64949
NGC 6166	= 58265	NGC 6363	= 60164	NGC 6574	= 61536	NGC 6787	= 62987	NGC 6930	= 64935
NGC 6168	= 58423	NGC 6364	= 60228	NGC 6575	= 61506	NGC 6788	= 63214	NGC 6931	= 64963
NGC 6172	= 57937	NGC 6365	= 60171	NGC 6577	= 61543	NGC 6789	= 63000	NGC 6932	= 65172
NGC 6173	= 58348	NGC 6365A	= 60174	NGC 6585	= 61553	NGC 6792	= 63096	NGC 6935	= 65112
NGC 6177	= 58390	NGC 6365B	= 60171	NGC 6587	= 61607	NGC 6794	= 63241	NGC 6936	= 65033
NGC 6180	= 58386	NGC 6368	= 60315	NGC 6599	= 61655	NGC 6796	= 63121	NGC 6937	= 65125
NGC 6181	= 58470	NGC 6370	= 60192	NGC 6614	= 61852	NGC 6798	= 63171	NGC 6941	= 65054
NGC 6182	= 58338	NGC 6372	= 60330	NGC 6615	= 61713	NGC 6799	= 63339	NGC 6942	= 65172
NGC 6183	= 58785	NGC 6373	= 60220	NGC 6616	= 61693	NGC 6801	= 63229	NGC 6943	= 65295
NGC 6185	= 58493	NGC 6375	= 60384	NGC 6617	= 61613	NGC 6805	= 63413	NGC 6944	= 65117
NGC 6186	= 58523	NGC 6378	= 60418	NGC 6619	= 61721	NGC 6806	= 63416	NGC 6944A	= 65108
NGC 6189	= 58440	NGC 6379	= 60421	NGC 6621	= 61582	NGC 6808	= 63578	NGC 6945	= 65132

NGC 6946	= 65001	NGC 7096	= 67168	NGC 7219	= 68312	NGC 7319	= 69269	NGC 7442	= 70183
NGC 6947	= 65193	NGC 7097	= 67146	NGC 7220	= 68241	NGC 7320	= 69270	NGC 7443	= 70218
NGC 6948	= 65256	NGC 7097A	= 67160	NGC 7221	= 68235	NGC 7320C	= 69279	NGC 7444	= 70219
NGC 6949	= 65010	NGC 7098	= 67266	NGC 7222	= 68224	NGC 7321	= 69287	NGC 7448	= 70213
NGC 6951	= 65086	NGC 7102	= 67120	NGC 7223	= 68197	NGC 7322	= 69365	NGC 7449	= 70196
NGC 6952	= 65086	NGC 7103	= 67124	NGC 7224	= 68242	NGC 7323	= 69311	NGC 7450	= 70252
NGC 6954	= 65279	NGC 7106	= 67215	NGC 7225	= 68311	NGC 7328	= 69349	NGC 7451	= 70245
NGC 6955	= 65287	NGC 7107	= 67209	NGC 7227	= 68243	NGC 7329	= 69453	NGC 7454	= 70264
NGC 6956	= 65269	NGC 7109	= 67192	NGC 7228	= 68254	NGC 7330	= 69314	NGC 7455	= 70246
NGC 6957	= 65302	NGC 7110	= 67199	NGC 7229	= 68344	NGC 7331	= 69327	NGC 7456	= 70304
NGC 6958	= 65436	NGC 7112	= 67205	NGC 7231	= 68285	NGC 7332	= 69342	NGC 7457	= 70258
NGC 6959	= 65369	NGC 7115	= 67248	NGC 7232	= 68431	NGC 7334	= 69365	NGC 7458	= 70277
NGC 6961	= 65372	NGC 7116	= 67218	NGC 7232A	= 68329	NGC 7335	= 69338	NGC 7460	= 70287
NGC 6962	= 65375	NGC 7117	= 67303	NGC 7232B	= 68443	NGC 7337	= 69344	NGC 7461	= 70290
NGC 6963	= 65376	NGC 7118	= 67318	NGC 7233	= 68441	NGC 7339	= 69364	NGC 7462	= 70324
NGC 6964	= 65379	NGC 7119A	= 67325	NGC 7236	= 68384	NGC 7340	= 69362	NGC 7463	= 70291
NGC 6965	= 65385	NGC 7119B	= 67322	NGC 7237	= 68383	NGC 7341	= 69412	NGC 7464	= 70292
NGC 6967	= 65386	NGC 7121	= 67287	NGC 7239	= 68388	NGC 7342	= 69374	NGC 7465	= 70295
NGC 6968	= 65428	NGC 7123	= 67466	NGC 7240	= 68415	NGC 7343	= 69391	NGC 7466	= 70299
NGC 6969	= 65425	NGC 7124	= 67375	NGC 7241	= 68442	NGC 7344	= 69433	NGC 7468	= 70332
NGC 6970	= 65608	NGC 7125	= 67417	NGC 7242	= 68434	NGC 7345	= 69401	NGC 7469	= 70348
NGC 6971	= 65462	NGC 7126	= 67418	NGC 7244	= 68468	NGC 7347	= 69443	NGC 7470	= 70431
NGC 6972	= 65485	NGC 7130	= 67387	NGC 7246	= 68512	NGC 7348	= 69463	NGC 7472	= 70446
NGC 6975	= 65612	NGC 7131	= 67359	NGC 7247	= 68511	NGC 7349	= 69488	NGC 7473	= 70373
NGC 6976	= 65620	NGC 7135	= 67425	NGC 7248	= 68485	NGC 7351	= 69489	NGC 7476	= 70427
NGC 6977	= 65625	NGC 7137	= 67379	NGC 7249	= 68606	NGC 7353	= 69429	NGC 7479	= 70419
NGC 6978	= 65631	NGC 7138	= 67406	NGC 7250	= 68535	NGC 7356	= 69530	NGC 7480	= 70432
NGC 6982	= 65776	NGC 7140	= 67532	NGC 7251	= 68604	NGC 7357	= 69544	NGC 7482	= 70446
NGC 6983	= 65759	NGC 7141	= 67532	NGC 7252	= 68612	NGC 7358	= 69664	NGC 7483	= 70455
NGC 6984	= 65798	NGC 7144	= 67557	(NGC 7253)	= 68572	NGC 7359	= 69638	NGC 7484	= 70505
NGC 6985A	= 65306	NGC 7145	= 67583	(NGC 7253)	= 68573	NGC 7360	= 69591	NGC 7485	= 70470
NGC 6986	= 65750	NGC 7146	= 67508	NGC 7253A	= 68572	NGC 7361	= 69539	NGC 7488	= 70539
NGC 6987	= 65807	NGC 7147	= 67518	NGC 7253B	= 68573	NGC 7362	= 69602	NGC 7489	= 70532
NGC 6990	= 65862	NGC 7149	= 67524	NGC 7254	= 68686	NGC 7363	= 69580	NGC 7490	= 70526
NGC 6998	= 65925	NGC 7151	= 67634	NGC 7255	= 68721	NGC 7364	= 69630	NGC 7495	= 70566
NGC 6999	= 65940	NGC 7152	= 67601	NGC 7256	= 68686	NGC 7365	= 69651	NGC 7496	= 70588
NGC 7001	= 65905	NGC 7153	= 67624	NGC 7257	= 68691	NGC 7367	= 69633	NGC 7496A	= 70687
NGC 7002	= 66009	NGC 7154	= 67641	NGC 7258	= 68710	NGC 7368	= 69661	NGC 7497	= 70569
NGC 7003	= 65887	NGC 7155	= 67663	NGC 7259	= 68718	NGC 7369	= 69619	NGC 7499	= 70608
NGC 7004	= 66019	NGC 7156	= 67622	NGC 7260	= 68691	NGC 7371	= 69677	NGC 7500	= 70620
NGC 7007	= 66069	NGC 7157	= 67693	NGC 7262	= 68737	NGC 7372	= 69670	NGC 7501	= 70619
NGC 7010	= 66039	NGC 7162	= 67795	NGC 7263	= 68642	NGC 7373	= 69688	NGC 7503	= 70628
NGC 7012	= 66116	NGC 7162A	= 67818	NGC 7264	= 68658	NGC 7374	= 69676	NGC 7506	= 70660
NGC 7013	= 66003	NGC 7163	= 67785	NGC 7265	= 68668	NGC 7376	= 69715	NGC 7507	= 70676
NGC 7014	= 66153	NGC 7164	= 67673	NGC 7267	= 68780	NGC 7377	= 69733	NGC 7511	= 70691
NGC 7015	= 66076	NGC 7166	= 67817	NGC 7268A	= 68839	NGC 7378	= 69734	NGC 7512	= 70683
NGC 7020	= 66291	NGC 7167	= 67816	NGC 7270	= 68748	NGC 7379	= 69724	NGC 7513	= 70714
NGC 7021	= 66291	NGC 7168	= 67882	NGC 7272	= 68786	NGC 7381	= 69828	NGC 7514	= 70689
NGC 7022	= 66224	NGC 7169	= 67913	NGC 7274	= 68770	NGC 7382	= 69840	NGC 7515	= 70699
NGC 7025	= 66151	NGC 7170	= 67848	NGC 7275	= 68774	NGC 7383	= 69809	NGC 7516	= 70703
NGC 7029	= 66318	NGC 7171	= 67839	NGC 7277	= 68861	NGC 7385	= 69824	NGC 7517	= 70715
NGC 7030	= 66283	NGC 7172	= 67874	NGC 7278	= 68940	NGC 7386	= 69825	NGC 7518	= 70712
NGC 7032	= 66427	NGC 7173	= 67878	NGC 7279	= 68896	NGC 7387	= 69834	NGC 7519	= 70713
NGC 7033	= 66228	NGC 7174	= 67881	NGC 7280	= 68870	NGC 7389	= 69836	NGC 7521	= 70725
NGC 7034	= 66227	NGC 7176	= 67883	NGC 7282	= 68843	NGC 7390	= 69837	NGC 7525	= 70731
NGC 7038	= 66414	NGC 7177	= 67823	NGC 7283	= 68946	NGC 7391	= 69847	NGC 7527	= 70728
NGC 7040	= 66366	NGC 7178	= 67898	NGC 7284	= 68950	NGC 7392	= 69887	NGC 7529	= 70755
NGC 7041	= 66463	NGC 7179	= 67995	NGC 7285	= 68953	NGC 7393	= 69874	NGC 7531	= 70800
NGC 7042	= 66378	NGC 7180	= 67890	NGC 7286	= 68922	NGC 7395	= 69861	NGC 7532	= 70779
NGC 7043	= 66385	NGC 7181	= 67859	NGC 7287A	= 68960	NGC 7396	= 69889	NGC 7534	= 70781
NGC 7046	= 66407	NGC 7182	= 67864	NGC 7288	= 68933	NGC 7397	= 69904	NGC 7535	= 70761
NGC 7047	= 66461	NGC 7183	= 67892	NGC 7289	= 68980	NGC 7398	= 69905	NGC 7536	= 70765
NGC 7049	= 66549	NGC 7184	= 67904	NGC 7290	= 68942	NGC 7400	= 69967	NGC 7537	= 70786
NGC 7051	= 66566	NGC 7185	= 67919	NGC 7291	= 68944	NGC 7402	= 69914	NGC 7539	= 70783
NGC 7052	= 66537	NGC 7187	= 67909	NGC 7292	= 68941	NGC 7404	= 69964	NGC 7541	= 70795
NGC 7053	= 66610	NGC 7188	= 67943	NGC 7294	= 69088	NGC 7407	= 69922	NGC 7543	= 70785
NGC 7056	= 66641	NGC 7189	= 67934	NGC 7297	= 69046	NGC 7408	= 70037	NGC 7545	= 70840
NGC 7057	= 66708	NGC 7190	= 67928	NGC 7298	= 69033	NGC 7410	= 69994	NGC 7546	= 70820
NGC 7059	= 66784	NGC 7191	= 68059	NGC 7299	= 69060	NGC 7411	= 69974	NGC 7547	= 70819
NGC 7060	= 66732	NGC 7192	= 68057	NGC 7300	= 69040	NGC 7412	= 70027	NGC 7548	= 70826
NGC 7061	= 66785	NGC 7194	= 67945	NGC 7301	= 69021	NGC 7412A	= 70089	NGC 7549	= 70832
NGC 7064	= 66836	NGC 7196	= 68020	NGC 7302	= 69094	NGC 7413	= 69997	NGC 7550	= 70830
NGC 7065	= 66766	NGC 7197	= 67921	NGC 7303	= 69061	NGC 7415	= 69985	NGC 7552	= 70884
NGC 7065A	= 66774	NGC 7198	= 68006	NGC 7304	= 69061	NGC 7416	= 70025	NGC 7556	= 70855
NGC 7066	= 66747	NGC 7199	= 68124	NGC 7306	= 69132	NGC 7417	= 70113	NGC 7557	= 70854
NGC 7069	= 66807	NGC 7200	= 68068	NGC 7307	= 69161	NGC 7418	= 70069	NGC 7558	= 70844
NGC 7070	= 66869	NGC 7201	= 68040	NGC 7308	= 69194	NGC 7418A	= 70075	(NGC 7559)	= 70864
NGC 7070A	= 66909	NGC 7203	= 68053	NGC 7309	= 69183	NGC 7420	= 70017	NGC 7559B	= 70864
NGC 7072	= 66874	NGC 7204	= 68061	NGC 7310	= 69202	NGC 7421	= 70083	NGC 7562	= 70874
NGC 7072A	= 66870	NGC 7205	= 68128	NGC 7311	= 69172	NGC 7422	= 70048	NGC 7562A	= 70880
NGC 7075	= 66895	NGC 7205A	= 68083	NGC 7312	= 69198	NGC 7424	= 70096	NGC 7563	= 70872
NGC 7077	= 66860	NGC 7206	= 68014	NGC 7313	= 69242	NGC 7426	= 70042	NGC 7564	= 70843
NGC 7079	= 66934	NGC 7208	= 68120	NGC 7314	= 69253	NGC 7428	= 70098	NGC 7566	= 70901
NGC 7080	= 66861	NGC 7212	= 68065	NGC 7315	= 69241	NGC 7432	= 70129	NGC 7567	= 70885
NGC 7081	= 66891	NGC 7213	= 68165	NGC 7316	= 69259	NGC 7435	= 70116	NGC 7568	= 70892
NGC 7083	= 67023	NGC 7214	= 68152	NGC 7317	= 69256	NGC 7436	= 70124	NGC 7570	= 70912
NGC 7087	= 66988	NGC 7215	= 68127	(NGC 7318)	= 69263	NGC 7437	= 70131	NGC 7573	= 70893
NGC 7090	= 67045	NGC 7216	= 68291	(NGC 7318)	= 69260	NGC 7439	= 70134	NGC 7576	= 70948
NGC 7091	= 66972	NGC 7217	= 68096	NGC 7318A	= 69260	NGC 7440	= 70152	(NGC 7578)	= 70933
NGC 7095	= 67075	NGC 7218	= 68199	NGC 7318B	= 69263	NGC 7441	= 70186	(NGC 7578)	= 70934

Name		ID	Name		ID	Name		ID	Name		ID	Name		ID
NGC	7578A	= 70933	NGC	7698	= 71762	NGC	7812	= 195	UGC	2	= 175	UGC	98	= 759
NGC	7578B	= 70934	NGC	7701	= 71777	NGC	7814	= 218	UGC	3	= 186	UGC	99	= 757
NGC	7579	= 70964	NGC	7702	= 71829	NGC	7816	= 263	UGC	4	= 201	UGC	100	= 767
NGC	7580	= 70962	NGC	7703	= 71797	NGC	7817	= 279	UGC	5	= 205	UGC	101	= 772
NGC	7582	= 71001	NGC	7704	= 71810	NGC	7818	= 288	UGC	6	= 207	UGC	102	= 779
NGC	7583	= 70975	NGC	7706	= 71817	NGC	7819	= 303	UGC	7	= 212	UGC	105	= 791
NGC	7584	= 70977	NGC	7707	= 71798	NGC	7820	= 307	UGC	8	= 218	UGC	106	= 798
NGC	7585	= 70986	NGC	7709	= 71828	NGC	7821	= 367	UGC	10	= 226	UGC	107	= 810
NGC	7587	= 70984	NGC	7710	= 71844	NGC	7823	= 328	UGC	11	= 227	UGC	108	= 816
NGC	7589	= 70995	NGC	7711	= 71836	NGC	7824	= 354	UGC	12	= 223	UGC	109	= 825
NGC	7590	= 71031	NGC	7712	= 71850	NGC	7825	= 377	UGC	13	= 240	UGC	110	= 830
NGC	7591	= 70996	NGC	7713	= 71866	NGC	7827	= 378	UGC	14	= 250	UGC	111	= 833
NGC	7592	= 70999	NGC	7713A	= 71912	NGC	7828	= 483	UGC	15	= 258	UGC	112	= 841
NGC	7593	= 70981	NGC	7714	= 71868	NGC	7829	= 488	UGC	16	= 263	UGC	113	= 847
NGC	7594	= 70992	NGC	7715	= 71878	NGC	7831	= 569	UGC	17	= 255	UGC	114	= 852
NGC	7597	= 71006	NGC	7716	= 71883	NGC	7832	= 485	UGC	19	= 279	UGC	116	= 859
NGC	7599	= 71066	NGC	7717	= 71941	NGC	7834	= 504	UGC	21	= 288	UGC	117	= 869
NGC	7600	= 71029	NGC	7718	= 71959	NGC	7836	= 608	UGC	22	= 295	UGC	118	= 867
NGC	7601	= 71022	NGC	7720	= 71985	POX	36	= 37727	UGC	23	= 296	UGC	119	= 878
NGC	7602	= 71019	NGC	7721	= 72001	POX	139	= 45824	UGC	24	= 298	UGC	120	= 875
NGC	7603	= 71035	NGC	7722	= 71993	RB	6	= 44581	UGC	25	= 301	UGC	121	= 874
NGC	7604	= 70974	NGC	7723	= 72009	RB	8	= 44585	UGC	26	= 303	UGC	122	= 889
NGC	7606	= 71047	NGC	7724	= 72015	RB	13	= 44597	UGC	27	= 305	UGC	123	= 897
NGC	7608	= 71055	NGC	7726	= 71991	RB	18	= 44594	UGC	28	= 307	UGC	124	= 896
NGC	7609	= 71076	NGC	7727	= 72060	RB	22	= 44602	UGC	29	= 313	UGC	125	= 910
NGC	7610	= 71087	NGC	7728	= 72064	RB	26	= 44616	UGC	30	= 309	UGC	127	= 912
NGC	7611	= 71083	NGC	7729	= 72083	RB	38	= 44636	UGC	31	= 332	UGC	128	= 913
NGC	7612	= 71089	NGC	7731	= 72128	RB	40	= 44644	UGC	33	= 353	UGC	129	= 917
NGC	7615	= 71097	NGC	7732	= 72131	RB	43	= 44649	UGC	34	= 354	UGC	130	= 921
NGC	7617	= 71113	NGC	7733	= 72177	RB	45	= 44656	UGC	35	= 365	UGC	132	= 924
NGC	7618	= 71090	NGC	7734	= 72183	RB	49	= 44662	UGC	36	= 366	UGC	133	= 929
NGC	7619	= 71121	NGC	7735	= 72165	RB	64	= 44675	UGC	37	= 377	UGC	135	= 937
NGC	7620	= 71106	NGC	7736	= 72173	RB	74	= 44707	UGC	38	= 378	UGC	136	= 952
NGC	7622	= 71187	NGC	7737	= 72182	RB	87	= 44723	UGC	39	= 393	UGC	137	= 962
NGC	7623	= 71132	NGC	7738	= 72247	RB	91	= 44740	UGC	40	= 415	UGC	138	= 974
NGC	7624	= 71126	NGC	7739	= 72272	RB	94	= 44741	UGC	41	= 431	UGC	139	= 963
NGC	7625	= 71133	NGC	7741	= 72237	RB	99	= 44763	UGC	42	= 450	UGC	140	= 978
NGC	7626	= 71140	NGC	7742	= 72260	RB	100	= 44771	UGC	43	= 451	UGC	141	= 970
NGC	7628	= 71153	NGC	7743	= 72263	RB	113	= 44809	UGC	44	= 458	UGC	142	= 986
NGC	7629	= 71175	NGC	7744	= 72300	RB	116	= 44815	UGC	45	= 461	UGC	143	= 1021
NGC	7630	= 71176	NGC	7746	= 72319	RB	124	= 44849	UGC	46	= 477	UGC	145	= 1037
NGC	7631	= 71181	NGC	7747	= 72328	RB	129	= 44878	UGC	47	= 496	UGC	146	= 1044
NGC	7632	= 71213	NGC	7749	= 72338	RB	155	= 44679	UGC	48	= 499	UGC	147	= 1046
NGC	7633	= 71274	NGC	7750	= 72367	RB	167	= 44717	UGC	49	= 504	UGC	148	= 1051
NGC	7634	= 71192	NGC	7751	= 72381	RB	219	= 44541	UGC	50	= 507	UGC	149	= 1056
NGC	7636	= 71245	NGC	7752	= 72382	RB	241	= 44467	UGC	51	= 511	UGC	150	= 1058
NGC	7637	= 71440	NGC	7753	= 72387	RB	252	= 44511	UGC	52	= 515	UGC	151	= 1074
NGC	7640	= 71220	NGC	7755	= 72444	RB	257	= 44522	UGC	53	= 517	UGC	152	= 1089
NGC	7641	= 71241	NGC	7757	= 72491	RB	260	= 44533	UGC	54	= 527	UGC	153	= 1099
NGC	7642	= 71264	NGC	7758	= 72497	SBS	0743+591C	= 21832	UGC	55	= 540	UGC	154	= 1105
NGC	7643	= 71261	NGC	7759	= 72496	SBS	0754+592	= 22376	UGC	56	= 548	UGC	155	= 1106
NGC	7645	= 71314	NGC	7760	= 72512	SBS	0755+604	= 22438	UGC	57	= 564	UGC	156	= 1107
NGC	7647	= 71335	NGC	7761	= 72641	SBS	0806+579A	= 22914	UGC	58	= 565	UGC	157	= 1113
NGC	7648	= 71321	NGC	7764	= 72597	SBS	0807+571	= 22954	UGC	59	= 567	UGC	158	= 1123
NGC	7649	= 71343	NGC	7764A	= 72762	SBS	0808+580	= 23022	UGC	60	= 569	UGC	159	= 1124
NGC	7650	= 71394	NGC	7765	= 72596	SBS	0810+581	= 23119	UGC	61	= 574	UGC	160	= 1128
NGC	7652	= 71402	NGC	7767	= 72601	SBS	0941+559	= 27893	UGC	62	= 595	UGC	161	= 1131
NGC	7653	= 71370	NGC	7768	= 72605	SBS	1001+536A	= 29206	UGC	63	= 598	UGC	163	= 1139
NGC	7655	= 71452	NGC	7769	= 72615	SBS	1001+555	= 29229	UGC	65	= 608	UGC	164	= 1144
NGC	7656	= 71357	NGC	7770	= 72635	SBS	1124+599	= 35236	UGC	66	= 613	UGC	165	= 1158
NGC	7657	= 71456	NGC	7771	= 72638	SBS	1133+584	= 35900	UGC	67	= 616	UGC	166	= 1154
NGC	7658A	= 71433	NGC	7773	= 72681	SBS	1144+605	= 36776	UGC	68	= 617	UGC	167	= 1160
NGC	7658B	= 71432	NGC	7774	= 72679	TOL	2	= 28863	UGC	69	= 619	UGC	168	= 1175
NGC	7659	= 71417	NGC	7775	= 72696	TOL	3	= 29366	UGC	71	= 638	UGC	169	= 1186
NGC	7660	= 71413	NGC	7777	= 72744	TOL	8	= 30984	UGC	72	= 639	UGC	170	= 1187
NGC	7661	= 71473	NGC	7778	= 72756	TOL	9	= 31296	UGC	73	= 642	UGC	171	= 1198
NGC	7664	= 71450	NGC	7779	= 72770	TOL	16	= 35241	UGC	74	= 645	UGC	172	= 1195
NGC	7667	= 71345	NGC	7780	= 72775	TOL	34	= 47078	UGC	75	= 647	UGC	173	= 1197
NGC	7671	= 71478	NGC	7781	= 72785	TOL	35	= 47119	UGC	76	= 644	UGC	174	= 1194
NGC	7672	= 71485	NGC	7782	= 72788	TOL	37	= 48368	UGC	77	= 650	UGC	175	= 1202
NGC	7673	= 71493	(NGC	7783)	= 72808	TOL	43	= 50356	UGC	78	= 652	UGC	176	= 1204
NGC	7674	= 71504	(NGC	7783)	= 72803	TOL	51	= 32542	UGC	79	= 654	UGC	179	= 1231
NGC	7675	= 71518	NGC	7785	= 72867	TOL	55	= 36101	UGC	80	= 660	UGC	180	= 1237
NGC	7676	= 71564	NGC	7786	= 72870	TOL	58	= 36940	UGC	81	= 658	UGC	181	= 1238
NGC	7677	= 71517	NGC	7787	= 72930	TOL	60	= 37921	UGC	82	= 661	UGC	182	= 1255
NGC	7678	= 71534	NGC	7793	= 73049	TOL	62	= 39015	UGC	83	= 670	UGC	183	= 1264
NGC	7679	= 71554	NGC	7794	= 73103	TOL	66	= 40746	UGC	84	= 679	UGC	184	= 1265
NGC	7680	= 71541	NGC	7796	= 73126	TOL	74	= 42504	UGC	85	= 676	UGC	185	= 1267
NGC	7681	= 71542	NGC	7797	= 73125	TOL	75	= 43144	UGC	86	= 690	UGC	186	= 1276
NGC	7682	= 71566	NGC	7798	= 73163	TOL	76	= 43407	UGC	87	= 687	UGC	187	= 1285
NGC	7683	= 71565	NGC	7799	= 73156	TOL	77	= 44861	UGC	88	= 696	UGC	188	= 1286
NGC	7684	= 71625	NGC	7800	= 73177	TOL	86	= 48125	UGC	89	= 698	UGC	189	= 1293
NGC	7685	= 71628	NGC	7802	= 81	TOL	87	= 49187	UGC	90	= 703	UGC	191	= 1292
NGC	7687	= 71635	NGC	7803	= 101	TOL	90	= 50938	UGC	91	= 709	UGC	192	= 1305
NGC	7689	= 71729	NGC	7805	= 109	TOL	95	= 39249	UGC	92	= 707	UGC	193	= 1306
NGC	7690	= 71716	NGC	7806	= 112	TOL	96	= 40649	UGC	93	= 726	UGC	194	= 1309
NGC	7691	= 71699	NGC	7808	= 243	TOL	97	= 41960	UGC	94	= 732	UGC	195	= 1301
NGC	7693	= 71720	NGC	7809	= 158	TOL	98	= 42118	UGC	95	= 731	UGC	196	= 1315
NGC	7694	= 71728	NGC	7810	= 163	TOL	104	= 46697	UGC	96	= 742	UGC	197	= 1330
NGC	7697	= 71812	NGC	7811	= 168	TOL	116	= 50073	UGC	97	= 748	UGC	198	= 1333

RC3 682 UGC

UGC	=	RC3	UGC	=	RC3	UGC	=	RC3	UGC	=	RC3	UGC	=	RC3
UGC	199	= 1336	UGC	302	= 1848	UGC	414	= 2371	UGC	518	= 2960	UGC	623	= 3606
UGC	200	= 1337	UGC	303	= 1861	UGC	415	= 2382	UGC	519	= 2949	UGC	624	= 3611
UGC	201	= 1346	UGC	304	= 1868	UGC	416	= 2384	UGC	521	= 2992	UGC	625	= 3635
UGC	202	= 1349	UGC	305	= 1869	UGC	418	= 2390	UGC	522	= 3011	UGC	626	= 3614
UGC	203	= 1351	UGC	306	= 1885	UGC	419	= 2388	UGC	523	= 3023	UGC	627	= 3636
UGC	204	= 1362	UGC	307	= 1882	UGC	420	= 2387	UGC	524	= 3019	UGC	628	= 3639
UGC	205	= 1372	UGC	308	= 1889	UGC	421	= 2394	UGC	525	= 3020	UGC	629	= 3646
UGC	206	= 1371	UGC	309	= 1888	UGC	422	= 2396	UGC	526	= 3024	UGC	630	= 3644
UGC	207	= 1387	UGC	310	= 1913	UGC	423	= 2397	UGC	527	= 3031	UGC	631	= 3643
UGC	208	= 1405	UGC	311	= 1916	UGC	425	= 2416	UGC	528	= 3051	UGC	632	= 3651
UGC	209	= 1412	UGC	312	= 1921	UGC	426	= 2429	UGC	529	= 3057	UGC	633	= 3664
UGC	210	= 1413	UGC	313	= 1924	UGC	427	= 2427	UGC	530	= 3058	UGC	634	= 3667
UGC	211	= 1422	UGC	314	= 1927	UGC	429	= 2431	UGC	532	= 3055	UGC	636	= 3680
UGC	213	= 1433	UGC	315	= 1934	UGC	430	= 2435	UGC	533	= 3072	UGC	637	= 3688
UGC	214	= 1426	UGC	316	= 1933	UGC	432	= 2440	UGC	534	= 3076	UGC	639	= 3693
UGC	215	= 1439	UGC	317	= 1936	UGC	433	= 2458	UGC	535	= 3075	UGC	640	= 3709
UGC	216	= 1442	UGC	319	= 1957	UGC	434	= 2461	UGC	536	= 3081	UGC	641	= 3714
UGC	217	= 1450	UGC	320	= 1970	UGC	436	= 2469	UGC	537	= 3082	UGC	642	= 3824
UGC	218	= 1464	UGC	321	= 1971	UGC	437	= 2473	UGC	538	= 3087	UGC	643	= 3752
UGC	219	= 1478	UGC	322	= 1973	UGC	438	= 2479	UGC	539	= 3103	UGC	645	= 3763
UGC	220	= 1485	UGC	323	= 1986	UGC	439	= 2472	UGC	540	= 3108	UGC	646	= 3773
UGC	221	= 1491	UGC	325	= 1997	UGC	440	= 2493	UGC	541	= 3120	UGC	649	= 3779
UGC	222	= 1498	UGC	326	= 2004	UGC	441	= 2488	UGC	542	= 3133	UGC	650	= 3780
UGC	223	= 1502	UGC	327	= 2003	UGC	442	= 2504	UGC	543	= 3139	UGC	651	= 3781
UGC	226	= 1511	UGC	328	= 2016	UGC	443	= 2520	UGC	544	= 3147	UGC	652	= 3784
UGC	228	= 1520	UGC	329	= 2022	UGC	444	= 2517	UGC	545	= 3151	UGC	653	= 3787
UGC	229	= 1516	UGC	330	= 2026	UGC	446	= 2540	UGC	546	= 3157	UGC	655	= 3803
UGC	230	= 1523	UGC	331	= 2027	UGC	448	= 2536	UGC	547	= 3171	UGC	656	= 3789
UGC	231	= 1525	UGC	332	= 2028	UGC	449	= 2537	UGC	548	= 3203	UGC	657	= 3798
UGC	232	= 1546	UGC	333	= 2032	UGC	450	= 2527	UGC	549	= 3218	UGC	659	= 3821
UGC	233	= 1550	UGC	334	= 2031	UGC	452	= 2555	UGC	550	= 3219	UGC	660	= 3819
UGC	234	= 1552	UGC	336	= 2039	UGC	453	= 2553	UGC	551	= 3230	UGC	662	= 3817
UGC	235	= 1559	UGC	337	= 2048	UGC	454	= 2557	UGC	552	= 3239	UGC	663	= 3830
UGC	236	= 1567	UGC	339	= 2061	UGC	456	= 2547	UGC	553	= 3217	UGC	666	= 3833
UGC	237	= 1566	UGC	340	= 2062	UGC	457	= 2571	UGC	554	= 3226	UGC	667	= 3838
UGC	238	= 1572	UGC	342	= 2068	UGC	458	= 2563	UGC	555	= 3227	UGC	668	= 3844
UGC	239	= 1576	UGC	343	= 2083	UGC	459	= 2572	UGC	556	= 3235	UGC	669	= 3866
UGC	240	= 1577	UGC	344	= 2088	UGC	460	= 2593	UGC	557	= 3222	UGC	670	= 3941
UGC	241	= 1583	UGC	345	= 2085	UGC	461	= 2597	UGC	558	= 3225	UGC	671	= 3899
UGC	242	= 1591	UGC	346	= 2094	UGC	462	= 2596	UGC	559	= 3229	UGC	672	= 3905
UGC	243	= 1592	UGC	348	= 2118	UGC	463	= 2600	UGC	560	= 3232	UGC	673	= 3903
UGC	244	= 1594	UGC	349	= 2119	UGC	464	= 2604	UGC	561	= 3247	UGC	674	= 3906
UGC	245	= 1611	UGC	350	= 2120	UGC	465	= 2614	UGC	562	= 3260	UGC	675	= 3904
UGC	246	= 1619	UGC	351	= 2134	UGC	466	= 2615	UGC	564	= 3265	UGC	677	= 3914
UGC	247	= 1621	UGC	352	= 2136	UGC	467	= 2622	UGC	565	= 3274	UGC	678	= 3910
UGC	248	= 1627	UGC	353	= 2139	UGC	468	= 2617	UGC	566	= 3269	UGC	679	= 3950
UGC	249	= 1631	UGC	354	= 2148	UGC	469	= 2621	UGC	567	= 3271	UGC	680	= 3952
UGC	250	= 1632	UGC	355	= 2147	UGC	470	= 2627	UGC	568	= 3266	UGC	681	= 3960
UGC	251	= 1633	UGC	356	= 2154	UGC	471	= 2645	UGC	569	= 3268	UGC	682	= 3969
UGC	253	= 1638	UGC	357	= 2159	UGC	472	= 2649	UGC	570	= 3312	UGC	683	= 3966
UGC	255	= 1654	UGC	358	= 2162	UGC	473	= 2653	UGC	571	= 3313	UGC	684	= 3959
UGC	256	= 1658	UGC	360	= 2168	UGC	474	= 2659	UGC	572	= 3314	UGC	685	= 3974
UGC	258	= 1672	UGC	362	= 2183	UGC	475	= 2704	UGC	573	= 3326	UGC	686	= 3983
UGC	259	= 1660	UGC	364	= 2194	UGC	476	= 2691	UGC	574	= 3322	UGC	687	= 3984
UGC	260	= 1665	UGC	365	= 2202	UGC	477	= 2699	UGC	575	= 3336	UGC	688	= 3981
UGC	261	= 1675	UGC	367	= 2210	UGC	478	= 2712	UGC	576	= 3363	UGC	689	= 3982
UGC	262	= 1679	UGC	369	= 2223	UGC	479	= 2717	UGC	577	= 3358	UGC	690	= 3990
UGC	263	= 1681	UGC	370	= 2222	UGC	480	= 2720	UGC	579	= 3342	UGC	691	= 3992
UGC	264	= 1678	UGC	371	= 2231	UGC	482	= 2721	UGC	581	= 3361	UGC	692	= 3998
UGC	265	= 1676	UGC	372	= 2240	UGC	483	= 2739	UGC	582	= 3355	UGC	693	= 3976
UGC	267	= 1693	UGC	374	= 2246	UGC	484	= 2743	UGC	583	= 3365	UGC	695	= 4013
UGC	268	= 1700	UGC	376	= 2261	UGC	485	= 2747	UGC	584	= 3367	UGC	696	= 4019
UGC	270	= 1721	UGC	377	= 2254	UGC	486	= 2781	UGC	588	= 3405	UGC	697	= 4020
UGC	271	= 1715	UGC	379	= 2260	UGC	487	= 2765	UGC	590	= 3409	UGC	698	= 4017
UGC	272	= 1713	UGC	380	= 2268	UGC	488	= 2768	UGC	591	= 3420	UGC	699	= 4029
UGC	273	= 1717	UGC	382	= 2279	UGC	489	= 2766	UGC	592	= 3434	UGC	700	= 4042
UGC	274	= 1720	UGC	384	= 2286	UGC	490	= 2806	UGC	593	= 3442	UGC	703	= 4054
UGC	275	= 1723	UGC	385	= 2290	UGC	491	= 2819	UGC	594	= 3445	UGC	705	= 4045
UGC	276	= 1724	UGC	386	= 2288	UGC	492	= 2822	UGC	595	= 3444	UGC	706	= 4046
UGC	277	= 1737	UGC	387	= 2298	UGC	493	= 2818	UGC	597	= 3455	UGC	707	= 4061
UGC	278	= 1743	UGC	388	= 2302	UGC	494	= 2834	UGC	598	= 3456	UGC	708	= 4058
UGC	279	= 1736	UGC	390	= 2291	UGC	495	= 2833	UGC	599	= 3451	UGC	709	= 4059
UGC	280	= 1747	UGC	393	= 2312	UGC	497	= 2844	UGC	600	= 3487	UGC	710	= 4067
UGC	281	= 1748	UGC	394	= 2314	UGC	499	= 2855	UGC	601	= 3482	UGC	711	= 4063
UGC	282	= 1746	UGC	396	= 2329	UGC	500	= 2857	UGC	602	= 3485	UGC	712	= 4096
UGC	283	= 1741	UGC	397	= 2324	UGC	501	= 2865	UGC	603	= 3490	UGC	713	= 4106
UGC	284	= 1754	UGC	398	= 2327	UGC	502	= 2869	UGC	604	= 3503	UGC	714	= 4110
UGC	285	= 1771	UGC	399	= 2342	UGC	503	= 2867	UGC	607	= 3508	UGC	715	= 4111
UGC	286	= 1772	UGC	400	= 2364	UGC	504	= 2882	UGC	608	= 3528	UGC	717	= 4116
UGC	287	= 1776	UGC	401	= 2352	UGC	505	= 2883	UGC	610	= 3513	UGC	718	= 4126
UGC	288	= 1777	UGC	402	= 2366	UGC	506	= 2894	UGC	611	= 3512	UGC	719	= 4124
UGC	290	= 1781	UGC	404	= 2360	UGC	507	= 2889	UGC	612	= 3527	UGC	722	= 4142
UGC	291	= 1788	UGC	405	= 2357	UGC	508	= 2901	UGC	614	= 3559	UGC	723	= 4148
UGC	292	= 1791	UGC	406	= 2365	UGC	509	= 2899	UGC	615	= 3563	UGC	724	= 4153
UGC	294	= 1797	UGC	407	= 2362	UGC	510	= 2914	UGC	616	= 3558	UGC	725	= 4168
UGC	295	= 1805	UGC	408	= 2359	UGC	511	= 2928	UGC	617	= 3565	UGC	726	= 4151
UGC	297	= 1817	UGC	409	= 2370	UGC	512	= 2922	UGC	618	= 3566	UGC	728	= 4184
UGC	299	= 1828	UGC	410	= 2372	UGC	513	= 2934	UGC	619	= 3569	UGC	729	= 4178
UGC	300	= 1838	UGC	411	= 2377	UGC	515	= 2946	UGC	621	= 3598	UGC	730	= 4190
UGC	301	= 1844	UGC	412	= 2381	UGC	516	= 2951	UGC	622	= 3603	UGC	731	= 4202

RC3　　　　　　　　　683　　　　　　　　　UGC

UGC	732	=	4210	UGC	847	=	4734	UGC	950	=	5165	UGC	1052	=	5481	UGC	1151	=	5971
UGC	733	=	4196	UGC	848	=	4736	UGC	952	=	5161	UGC	1053	=	5492	UGC	1152	=	5986
UGC	734	=	4195	UGC	849	=	4750	UGC	953	=	5174	UGC	1054	=	5518	UGC	1153	=	5983
UGC	735	=	4224	UGC	850	=	4751	UGC	954	=	5172	UGC	1055	=	5506	UGC	1154	=	6006
UGC	736	=	4214	UGC	851	=	4778	UGC	955	=	5181	UGC	1056	=	5516	UGC	1155	=	5998
UGC	738	=	4235	UGC	852	=	4763	UGC	956	=	5201	UGC	1057	=	5527	UGC	1156	=	6005
UGC	741	=	4238	UGC	853	=	4770	UGC	957	=	5208	UGC	1058	=	5545	UGC	1157	=	6007
UGC	742	=	4255	UGC	855	=	4769	UGC	958	=	5194	UGC	1059	=	5550	UGC	1158	=	6032
UGC	743	=	4258	UGC	856	=	4771	UGC	959	=	5217	UGC	1061	=	5539	UGC	1160	=	6045
UGC	745	=	4276	UGC	857	=	4782	UGC	960	=	5214	UGC	1062	=	5540	UGC	1162	=	6056
UGC	746	=	4282	UGC	858	=	4777	UGC	962	=	5190	UGC	1063	=	5548	UGC	1164	=	6059
UGC	748	=	4286	UGC	859	=	4785	UGC	963	=	5192	UGC	1064	=	5568	UGC	1165	=	6074
UGC	749	=	4275	UGC	860	=	4791	UGC	964	=	5198	UGC	1065	=	5555	UGC	1166	=	6077
UGC	750	=	4292	UGC	861	=	4793	UGC	965	=	5210	UGC	1066	=	5563	UGC	1167	=	6061
UGC	752	=	4320	UGC	863	=	4945	UGC	966	=	5193	UGC	1067	=	5582	UGC	1168	=	6124
UGC	754	=	4351	UGC	864	=	4801	UGC	968	=	5222	UGC	1068	=	5579	UGC	1169	=	6090
UGC	755	=	4355	UGC	866	=	4805	UGC	969	=	5213	UGC	1069	=	5587	UGC	1170	=	6145
UGC	756	=	4359	UGC	867	=	4812	UGC	970	=	5218	UGC	1070	=	5589	UGC	1171	=	6150
UGC	758	=	4379	UGC	871	=	4827	UGC	971	=	5220	UGC	1071	=	5577	UGC	1172	=	6147
UGC	760	=	4363	UGC	872	=	4848	UGC	972	=	5232	UGC	1072	=	5574	UGC	1173	=	6173
UGC	761	=	4394	UGC	873	=	4850	UGC	973	=	5231	UGC	1073	=	5600	UGC	1174	=	6153
UGC	762	=	4368	UGC	874	=	4853	UGC	974	=	5228	UGC	1074	=	5594	UGC	1175	=	6159
UGC	763	=	4367	UGC	875	=	4854	UGC	976	=	5238	UGC	1075	=	5596	UGC	1176	=	6174
UGC	764	=	4387	UGC	876	=	4856	UGC	977	=	5245	UGC	1076	=	5611	UGC	1177	=	6172
UGC	765	=	4376	UGC	877	=	4868	UGC	978	=	5250	UGC	1077	=	5621	UGC	1178	=	6189
UGC	766	=	4401	UGC	878	=	4879	UGC	979	=	5268	UGC	1078	=	5638	UGC	1181	=	6193
UGC	768	=	4386	UGC	881	=	4861	UGC	980	=	5251	UGC	1080	=	5628	UGC	1182	=	6220
UGC	769	=	4389	UGC	882	=	4862	UGC	981	=	5252	UGC	1081	=	5634	UGC	1184	=	6208
UGC	771	=	4415	UGC	883	=	4872	UGC	982	=	5264	UGC	1082	=	5643	UGC	1187	=	6235
UGC	772	=	4416	UGC	884	=	4877	UGC	983	=	5261	UGC	1083	=	5645	UGC	1188	=	6265
UGC	773	=	4422	UGC	885	=	4873	UGC	984	=	5258	UGC	1084	=	5664	UGC	1189	=	6263
UGC	774	=	4428	UGC	886	=	4915	UGC	985	=	5270	UGC	1085	=	5661	UGC	1192	=	6275
UGC	776	=	4437	UGC	887	=	4884	UGC	986	=	5271	UGC	1086	=	5676	UGC	1193	=	6290
UGC	777	=	4446	UGC	888	=	4885	UGC	987	=	5284	UGC	1087	=	5673	UGC	1194	=	6293
UGC	778	=	4457	UGC	889	=	4898	UGC	988	=	5290	UGC	1088	=	5681	UGC	1195	=	6292
UGC	779	=	4434	UGC	890	=	4896	UGC	989	=	5273	UGC	1089	=	5691	UGC	1196	=	6288
UGC	780	=	4451	UGC	891	=	4913	UGC	990	=	5276	UGC	1090	=	5692	UGC	1197	=	6294
UGC	782	=	4469	UGC	892	=	4906	UGC	991	=	5275	UGC	1091	=	5680	UGC	1198	=	6676
UGC	783	=	4473	UGC	893	=	4905	UGC	992	=	5283	UGC	1092	=	5688	UGC	1199	=	6302
UGC	784	=	4443	UGC	894	=	4916	UGC	994	=	5294	UGC	1093	=	5693	UGC	1200	=	6309
UGC	785	=	4456	UGC	895	=	4921	UGC	995	=	5299	UGC	1094	=	5702	UGC	1201	=	6318
UGC	788	=	4464	UGC	896	=	4918	UGC	996	=	5289	UGC	1095	=	5715	UGC	1202	=	6316
UGC	789	=	4484	UGC	897	=	4922	UGC	997	=	5282	UGC	1096	=	5716	UGC	1204	=	6329
UGC	790	=	4485	UGC	898	=	4926	UGC	998	=	5291	UGC	1098	=	5725	UGC	1205	=	6332
UGC	791	=	4486	UGC	899	=	4928	UGC	999	=	5298	UGC	1100	=	5746	UGC	1207	=	6552
UGC	792	=	4498	UGC	902	=	4960	UGC	1000	=	5327	UGC	1101	=	5753	UGC	1208	=	6348
UGC	793	=	4490	UGC	903	=	4948	UGC	1003	=	5307	UGC	1102	=	5744	UGC	1209	=	6358
UGC	796	=	4512	UGC	904	=	4947	UGC	1004	=	5305	UGC	1103	=	5757	UGC	1210	=	6359
UGC	797	=	4500	UGC	905	=	4951	UGC	1005	=	5321	UGC	1104	=	5761	UGC	1211	=	6364
UGC	798	=	4520	UGC	906	=	4961	UGC	1006	=	5316	UGC	1105	=	5759	UGC	1212	=	6372
UGC	799	=	4511	UGC	907	=	4946	UGC	1007	=	5323	UGC	1106	=	5771	UGC	1213	=	6373
UGC	800	=	4531	UGC	908	=	4957	UGC	1008	=	5328	UGC	1107	=	5776	UGC	1214	=	6367
UGC	801	=	4524	UGC	909	=	4971	UGC	1009	=	5324	UGC	1109	=	5808	UGC	1215	=	6376
UGC	803	=	4535	UGC	910	=	4965	UGC	1010	=	5326	UGC	1110	=	5792	UGC	1218	=	6377
UGC	804	=	4550	UGC	911	=	4981	UGC	1011	=	5330	UGC	1111	=	5800	UGC	1219	=	6380
UGC	805	=	4539	UGC	913	=	4985	UGC	1012	=	5340	UGC	1112	=	5794	UGC	1220	=	6393
UGC	806	=	4540	UGC	914	=	4979	UGC	1013	=	5344	UGC	1113	=	5797	UGC	1221	=	6397
UGC	808	=	4549	UGC	915	=	4992	UGC	1014	=	5345	UGC	1114	=	5799	UGC	1222	=	6388
UGC	809	=	4563	UGC	916	=	5008	UGC	1015	=	5343	UGC	1115	=	5805	UGC	1223	=	6415
UGC	810	=	4561	UGC	917	=	5012	UGC	1016	=	5351	UGC	1116	=	5803	UGC	1224	=	6434
UGC	811	=	4579	UGC	918	=	5020	UGC	1017	=	5386	UGC	1117	=	5818	UGC	1225	=	6419
UGC	812	=	4584	UGC	919	=	5035	UGC	1018	=	5366	UGC	1118	=	5810	UGC	1226	=	6425
UGC	813	=	4598	UGC	920	=	5037	UGC	1019	=	5370	UGC	1119	=	5822	UGC	1227	=	6440
UGC	815	=	4572	UGC	921	=	5019	UGC	1020	=	5382	UGC	1120	=	5830	UGC	1228	=	6443
UGC	816	=	4600	UGC	922	=	5034	UGC	1021	=	5374	UGC	1122	=	5853	UGC	1229	=	6439
UGC	817	=	4586	UGC	923	=	5024	UGC	1023	=	5392	UGC	1123	=	5838	UGC	1230	=	6451
UGC	818	=	4578	UGC	924	=	5036	UGC	1025	=	5403	UGC	1124	=	5879	UGC	1231	=	6448
UGC	819	=	4585	UGC	926	=	5060	UGC	1026	=	5415	UGC	1126	=	5874	UGC	1232	=	6466
UGC	820	=	4596	UGC	927	=	5061	UGC	1027	=	5411	UGC	1127	=	5889	UGC	1233	=	6459
UGC	822	=	4604	UGC	928	=	5055	UGC	1029	=	5423	UGC	1128	=	5891	UGC	1234	=	6473
UGC	823	=	4608	UGC	929	=	5056	UGC	1030	=	5424	UGC	1129	=	5876	UGC	1235	=	6454
UGC	824	=	4619	UGC	931	=	5067	UGC	1032	=	5435	UGC	1130	=	5884	UGC	1236	=	6483
UGC	825	=	4650	UGC	932	=	5080	UGC	1033	=	5440	UGC	1131	=	5904	UGC	1237	=	6475
UGC	826	=	4654	UGC	933	=	5078	UGC	1034	=	5450	UGC	1132	=	5916	UGC	1238	=	6502
UGC	828	=	4655	UGC	934	=	5085	UGC	1035	=	5457	UGC	1133	=	5892	UGC	1239	=	6485
UGC	829	=	4657	UGC	935	=	5084	UGC	1036	=	5430	UGC	1134	=	5910	UGC	1240	=	6500
UGC	830	=	4659	UGC	936	=	5103	UGC	1037	=	5453	UGC	1135	=	5913	UGC	1241	=	6539
UGC	831	=	4674	UGC	937	=	5095	UGC	1038	=	5460	UGC	1136	=	5921	UGC	1242	=	6516
UGC	832	=	4665	UGC	938	=	5098	UGC	1039	=	5760	UGC	1137	=	5907	UGC	1243	=	6524
UGC	833	=	4672	UGC	939	=	5099	UGC	1040	=	5436	UGC	1138	=	5911	UGC	1244	=	6528
UGC	834	=	4686	UGC	940	=	5088	UGC	1042	=	5476	UGC	1139	=	5922	UGC	1246	=	6545
UGC	835	=	4698	UGC	941	=	5094	UGC	1043	=	5449	UGC	1140	=	5933	UGC	1247	=	6546
UGC	836	=	4715	UGC	942	=	5101	UGC	1044	=	5455	UGC	1141	=	6057	UGC	1248	=	6560
UGC	838	=	4705	UGC	943	=	5105	UGC	1045	=	5473	UGC	1143	=	5939	UGC	1249	=	6574
UGC	839	=	4716	UGC	944	=	5132	UGC	1046	=	5475	UGC	1144	=	5945	UGC	1250	=	6570
UGC	841	=	4735	UGC	945	=	5146	UGC	1047	=	5465	UGC	1145	=	5966	UGC	1251	=	6572
UGC	842	=	4717	UGC	946	=	5148	UGC	1048	=	5489	UGC	1146	=	5954	UGC	1252	=	6569
UGC	843	=	4720	UGC	947	=	5139	UGC	1049	=	5502	UGC	1147	=	5984	UGC	1253	=	6573
UGC	845	=	4738	UGC	948	=	5150	UGC	1050	=	5479	UGC	1148	=	6214	UGC	1255	=	6580
UGC	846	=	4756	UGC	949	=	5147	UGC	1051	=	5488	UGC	1149	=	5974	UGC	1256	=	6595

UGC		RC3	UGC		RC3	UGC		RC3	UGC		RC3	UGC		RC3
UGC 1257	=	6607	UGC 1352	=	6988	UGC 1449	=	7417	UGC 1546	=	7826	UGC 1644	=	8211
UGC 1259	=	6624	UGC 1353	=	7006	UGC 1451	=	7445	UGC 1547	=	7825	UGC 1646	=	8207
UGC 1260	=	6633	UGC 1354	=	6986	UGC 1452	=	7441	UGC 1548	=	7853	UGC 1648	=	8220
UGC 1261	=	6627	UGC 1355	=	7017	UGC 1453	=	7470	UGC 1549	=	7837	UGC 1649	=	8214
UGC 1262	=	6628	UGC 1356	=	6993	UGC 1454	=	7458	UGC 1550	=	7847	UGC 1650	=	8237
UGC 1263	=	6634	UGC 1357	=	7004	UGC 1455	=	7475	UGC 1551	=	7841	UGC 1651	=	8249
UGC 1264	=	6636	UGC 1358	=	7009	UGC 1456	=	7488	UGC 1552	=	7881	UGC 1652	=	8245
UGC 1265	=	6645	UGC 1359	=	7023	UGC 1457	=	7465	UGC 1553	=	7839	UGC 1653	=	8255
UGC 1266	=	6644	UGC 1360	=	7019	UGC 1458	=	7468	UGC 1554	=	7849	UGC 1654	=	8282
UGC 1267	=	6643	UGC 1361	=	7030	UGC 1459	=	7504	UGC 1555	=	7846	UGC 1655	=	8283
UGC 1268	=	6654	UGC 1362	=	7022	UGC 1460	=	7502	UGC 1556	=	7856	UGC 1656	=	8287
UGC 1269	=	6664	UGC 1363	=	7033	UGC 1461	=	7478	UGC 1557	=	7873	UGC 1659	=	8266
UGC 1270	=	6656	UGC 1364	=	7042	UGC 1462	=	7506	UGC 1558	=	7859	UGC 1660	=	8301
UGC 1271	=	6657	UGC 1365	=	7039	UGC 1463	=	7517	UGC 1559	=	7863	UGC 1661	=	8294
UGC 1272	=	6677	UGC 1366	=	7066	UGC 1464	=	7508	UGC 1560	=	7864	UGC 1662	=	8270
UGC 1274	=	6670	UGC 1367	=	7046	UGC 1465	=	7519	UGC 1561	=	7871	UGC 1663	=	8281
UGC 1275	=	6673	UGC 1368	=	7053	UGC 1466	=	7525	UGC 1563	=	7909	UGC 1664	=	8293
UGC 1276	=	6675	UGC 1369	=	7059	UGC 1467	=	7537	UGC 1564	=	7875	UGC 1665	=	8302
UGC 1277	=	6691	UGC 1370	=	7063	UGC 1468	=	7533	UGC 1565	=	7902	UGC 1669	=	8318
UGC 1278	=	6678	UGC 1371	=	7076	UGC 1469	=	7536	UGC 1566	=	7899	UGC 1670	=	8332
UGC 1279	=	6687	UGC 1372	=	7073	UGC 1470	=	7545	UGC 1567	=	7933	UGC 1671	=	8346
UGC 1280	=	6690	UGC 1373	=	7072	UGC 1471	=	7560	UGC 1568	=	7922	UGC 1672	=	8352
UGC 1281	=	6699	UGC 1374	=	7082	UGC 1472	=	7571	UGC 1569	=	7929	UGC 1673	=	8351
UGC 1282	=	6694	UGC 1375	=	7085	UGC 1473	=	7556	UGC 1570	=	7925	UGC 1674	=	8365
UGC 1283	=	6711	UGC 1376	=	7097	UGC 1474	=	7579	UGC 1571	=	7934	UGC 1675	=	8362
UGC 1285	=	7491	UGC 1377	=	7088	UGC 1475	=	7581	UGC 1572	=	7917	UGC 1676	=	8372
UGC 1286	=	6719	UGC 1378	=	7247	UGC 1476	=	7584	UGC 1574	=	7953	UGC 1677	=	8353
UGC 1287	=	6716	UGC 1379	=	7098	UGC 1477	=	7570	UGC 1575	=	7944	UGC 1678	=	8360
UGC 1288	=	6718	UGC 1381	=	7138	UGC 1478	=	7588	UGC 1576	=	7960	UGC 1679	=	8369
UGC 1289	=	6728	UGC 1382	=	7090	UGC 1479	=	7594	UGC 1577	=	7967	UGC 1680	=	8368
UGC 1290	=	6733	UGC 1383	=	7096	UGC 1480	=	7597	UGC 1578	=	7991	UGC 1682	=	8393
UGC 1291	=	6756	UGC 1384	=	7104	UGC 1481	=	7574	UGC 1579	=	7952	UGC 1683	=	8379
UGC 1292	=	6759	UGC 1385	=	7111	UGC 1482	=	7577	UGC 1580	=	7951	UGC 1684	=	8381
UGC 1293	=	6734	UGC 1386	=	7114	UGC 1483	=	7590	UGC 1581	=	7972	UGC 1685	=	8396
UGC 1294	=	6750	UGC 1387	=	7140	UGC 1484	=	7596	UGC 1582	=	7980	UGC 1686	=	8424
UGC 1295	=	6760	UGC 1388	=	7139	UGC 1485	=	7602	UGC 1583	=	7965	UGC 1687	=	8399
UGC 1296	=	6741	UGC 1389	=	7179	UGC 1486	=	7603	UGC 1584	=	7966	UGC 1688	=	8430
UGC 1297	=	6751	UGC 1391	=	7150	UGC 1487	=	7606	UGC 1585	=	8009	UGC 1689	=	8406
UGC 1298	=	6782	UGC 1392	=	7173	UGC 1489	=	7628	UGC 1586	=	8015	UGC 1690	=	8417
UGC 1299	=	6780	UGC 1393	=	7163	UGC 1490	=	7613	UGC 1587	=	7977	UGC 1691	=	8433
UGC 1301	=	6796	UGC 1394	=	7197	UGC 1491	=	7620	UGC 1588	=	7979	UGC 1692	=	8431
UGC 1302	=	6799	UGC 1395	=	7164	UGC 1492	=	7648	UGC 1589	=	8003	UGC 1693	=	8412
UGC 1303	=	6811	UGC 1396	=	7180	UGC 1493	=	7646	UGC 1590	=	8013	UGC 1694	=	8418
UGC 1304	=	6778	UGC 1397	=	7214	UGC 1495	=	7637	UGC 1591	=	8019	UGC 1695	=	8438
UGC 1305	=	6793	UGC 1398	=	7220	UGC 1496	=	7644	UGC 1592	=	8011	UGC 1696	=	8449
UGC 1306	=	6802	UGC 1399	=	7209	UGC 1497	=	7657	UGC 1593	=	8014	UGC 1697	=	8435
UGC 1307	=	6805	UGC 1400	=	7223	UGC 1498	=	7649	UGC 1594	=	8026	UGC 1698	=	8439
UGC 1308	=	6807	UGC 1402	=	7217	UGC 1499	=	7666	UGC 1595	=	8035	UGC 1699	=	8504
UGC 1309	=	6814	UGC 1403	=	7229	UGC 1500	=	7663	UGC 1596	=	8040	UGC 1700	=	8452
UGC 1310	=	6816	UGC 1404	=	7263	UGC 1501	=	7671	UGC 1597	=	8029	UGC 1701	=	8469
UGC 1311	=	6823	UGC 1405	=	7254	UGC 1502	=	7667	UGC 1598	=	8066	UGC 1702	=	8464
UGC 1312	=	6817	UGC 1406	=	7270	UGC 1503	=	7674	UGC 1599	=	8063	UGC 1703	=	8484
UGC 1313	=	6833	UGC 1407	=	7235	UGC 1504	=	7686	UGC 1600	=	8056	UGC 1704	=	8503
UGC 1314	=	6827	UGC 1408	=	7246	UGC 1505	=	7658	UGC 1601	=	8078	UGC 1705	=	8489
UGC 1315	=	6844	UGC 1409	=	7249	UGC 1506	=	7680	UGC 1602	=	8082	UGC 1706	=	8520
UGC 1316	=	6851	UGC 1410	=	7243	UGC 1507	=	7683	UGC 1603	=	8060	UGC 1707	=	8512
UGC 1317	=	6848	UGC 1411	=	7282	(UGC 1509)	=	7694	UGC 1604	=	8087	UGC 1710	=	8522
UGC 1318	=	6856	UGC 1412	=	7266	UGC 1510	=	7706	UGC 1606	=	8079	UGC 1711	=	8535
UGC 1319	=	6865	UGC 1413	=	7252	UGC 1511	=	7702	UGC 1607	=	8120	UGC 1712	=	8540
UGC 1320	=	6867	UGC 1414	=	7289	UGC 1512	=	7709	UGC 1608	=	8090	UGC 1713	=	8526
UGC 1321	=	6835	UGC 1415	=	7295	UGC 1513	=	7713	UGC 1609	=	8127	UGC 1714	=	8530
UGC 1322	=	6855	UGC 1416	=	7300	UGC 1514	=	7726	UGC 1610	=	8101	UGC 1715	=	8574
UGC 1323	=	6863	UGC 1417	=	7281	UGC 1515	=	7725	UGC 1611	=	8109	UGC 1716	=	8537
UGC 1324	=	6872	UGC 1418	=	7320	UGC 1516	=	7767	UGC 1612	=	8132	UGC 1717	=	8543
UGC 1325	=	6874	UGC 1419	=	7285	UGC 1517	=	7744	UGC 1613	=	8098	UGC 1718	=	8557
UGC 1326	=	6876	UGC 1420	=	7292	UGC 1519	=	7750	UGC 1614	=	8112	UGC 1719	=	8556
UGC 1327	=	6892	UGC 1421	=	7316	UGC 1520	=	7760	UGC 1615	=	8139	UGC 1720	=	8562
UGC 1328	=	6893	UGC 1422	=	7333	UGC 1522	=	7751	UGC 1617	=	8110	UGC 1721	=	8587
UGC 1329	=	6889	UGC 1426	=	7306	UGC 1523	=	7756	UGC 1618	=	8114	UGC 1723	=	8571
UGC 1330	=	6919	UGC 1427	=	7325	UGC 1525	=	7748	UGC 1620	=	8117	UGC 1724	=	8575
UGC 1331	=	6921	UGC 1428	=	7341	UGC 1526	=	7740	UGC 1622	=	8131	UGC 1725	=	8582
UGC 1332	=	6929	UGC 1429	=	7328	UGC 1527	=	7741	UGC 1623	=	8135	UGC 1726	=	8599
UGC 1333	=	6888	UGC 1430	=	7369	UGC 1528	=	7763	UGC 1624	=	8128	UGC 1727	=	8586
UGC 1334	=	6897	UGC 1431	=	7370	UGC 1529	=	7765	UGC 1625	=	8146	UGC 1728	=	8621
UGC 1335	=	6902	UGC 1432	=	7359	UGC 1530	=	7768	UGC 1626	=	8161	UGC 1729	=	8609
UGC 1336	=	6924	UGC 1433	=	7362	UGC 1531	=	7770	UGC 1627	=	8148	UGC 1731	=	8617
UGC 1337	=	6905	UGC 1434	=	7381	UGC 1532	=	7801	UGC 1629	=	8165	UGC 1732	=	8618
UGC 1338	=	6934	UGC 1435	=	7355	UGC 1533	=	7789	UGC 1630	=	8163	UGC 1733	=	8624
UGC 1339	=	6938	UGC 1436	=	7371	UGC 1534	=	7808	UGC 1631	=	8160	UGC 1735	=	8636
UGC 1340	=	6955	UGC 1437	=	7387	UGC 1535	=	7817	UGC 1632	=	8174	UGC 1736	=	8631
UGC 1341	=	6944	UGC 1438	=	7399	UGC 1536	=	7800	UGC 1633	=	8185	UGC 1737	=	8652
UGC 1342	=	6940	UGC 1439	=	7395	UGC 1537	=	7833	UGC 1634	=	8199	UGC 1738	=	8654
UGC 1344	=	6948	UGC 1440	=	7397	UGC 1538	=	7819	UGC 1635	=	8167	UGC 1739	=	8642
UGC 1345	=	6958	UGC 1441	=	7396	UGC 1539	=	7823	UGC 1636	=	8173	UGC 1741	=	8635
UGC 1346	=	6957	UGC 1442	=	7368	UGC 1540	=	7824	UGC 1637	=	8212	UGC 1742	=	8641
UGC 1347	=	6961	UGC 1444	=	7406	UGC 1541	=	7832	UGC 1638	=	8198	UGC 1743	=	8674
UGC 1348	=	6962	UGC 1445	=	7421	UGC 1542	=	7812	UGC 1640	=	8196	UGC 1744	=	8676
UGC 1349	=	6972	UGC 1446	=	7411	UGC 1543	=	7821	UGC 1641	=	8215	UGC 1746	=	8653
UGC 1350	=	6977	UGC 1447	=	7456	UGC 1544	=	7844	UGC 1642	=	8217	UGC 1747	=	8678
UGC 1351	=	6982	UGC 1448	=	7420	UGC 1545	=	7820	UGC 1643	=	8188	UGC 1748	=	8659

RC3									685						UGC		
UGC	1749	=	8672	UGC	1853	=	9122	UGC	1955	=	9440	UGC	2052	=	9805	UGC	2150	=	10084
UGC	1750	=	8685	UGC	1855	=	9130	UGC	1956	=	9465	UGC	2053	=	9808	UGC	2151	=	10092
UGC	1752	=	8681	UGC	1856	=	9134	UGC	1957	=	9469	UGC	2054	=	9811	UGC	2152	=	10087
UGC	1753	=	8691	UGC	1857	=	9136	UGC	1958	=	9447	UGC	2055	=	9814	UGC	2153	=	10088
UGC	1754	=	8708	UGC	1859	=	9150	UGC	1959	=	9451	UGC	2056	=	9785	UGC	2154	=	10123
UGC	1755	=	8706	UGC	1860	=	9143	UGC	1961	=	9480	UGC	2057	=	9821	UGC	2155	=	10094
UGC	1756	=	8707	UGC	1861	=	9145	UGC	1962	=	9445	UGC	2058	=	9825	UGC	2156	=	10112
UGC	1757	=	8737	UGC	1862	=	9126	UGC	1963	=	9476	UGC	2059	=	9819	UGC	2157	=	10124
UGC	1759	=	8722	UGC	1863	=	9128	UGC	1964	=	9478	UGC	2060	=	9827	UGC	2158	=	10096
UGC	1760	=	8718	UGC	1864	=	9164	UGC	1965	=	9475	UGC	2062	=	9813	UGC	2159	=	10126
UGC	1761	=	8739	UGC	1865	=	9168	UGC	1966	=	9470	UGC	2063	=	9831	UGC	2160	=	10127
UGC	1762	=	8752	UGC	1866	=	9180	UGC	1967	=	9517	UGC	2064	=	9828	UGC	2161	=	10156
UGC	1763	=	8766	UGC	1867	=	9186	UGC	1968	=	9505	UGC	2065	=	9834	UGC	2162	=	10117
UGC	1764	=	8758	UGC	1868	=	9188	UGC	1969	=	9497	UGC	2066	=	9838	UGC	2163	=	10145
UGC	1765	=	8777	UGC	1870	=	9169	UGC	1970	=	9510	UGC	2067	=	9841	UGC	2164	=	10181
UGC	1766	=	8770	UGC	1871	=	9173	UGC	1971	=	9516	UGC	2068	=	9849	UGC	2166	=	10182
UGC	1767	=	8782	UGC	1872	=	9197	UGC	1972	=	9524	UGC	2069	=	9852	UGC	2167	=	10166
UGC	1768	=	8775	UGC	1874	=	9200	UGC	1974	=	9509	UGC	2070	=	9835	UGC	2168	=	10177
UGC	1769	=	8786	UGC	1875	=	9201	UGC	1975	=	9526	UGC	2071	=	9837	UGC	2170	=	10197
UGC	1771	=	8798	UGC	1876	=	9215	UGC	1976	=	9533	UGC	2073	=	9873	UGC	2171	=	10218
UGC	1772	=	8804	UGC	1878	=	9221	UGC	1977	=	9557	UGC	2075	=	9854	UGC	2173	=	10208
UGC	1773	=	8788	UGC	1879	=	9198	UGC	1978	=	9514	UGC	2076	=	9857	UGC	2174	=	10227
UGC	1775	=	8802	UGC	1880	=	9205	UGC	1979	=	9556	UGC	2077	=	9882	UGC	2175	=	10243
UGC	1776	=	8820	UGC	1881	=	9212	UGC	1980	=	9550	UGC	2079	=	9881	UGC	2176	=	10215
UGC	1777	=	8821	UGC	1882	=	9225	UGC	1981	=	9530	UGC	2080	=	9899	UGC	2178	=	10257
UGC	1778	=	8829	UGC	1883	=	9206	UGC	1982	=	9543	UGC	2081	=	9869	UGC	2179	=	10256
UGC	1779	=	8832	UGC	1884	=	9238	UGC	1983	=	9566	UGC	2082	=	9888	UGC	2180	=	10264
UGC	1780	=	8836	UGC	1885	=	9233	UGC	1984	=	9577	UGC	2083	=	9901	UGC	2181	=	10236
UGC	1782	=	8844	UGC	1886	=	9247	UGC	1986	=	9549	UGC	2085	=	9875	UGC	2182	=	10274
UGC	1783	=	8846	UGC	1887	=	9253	UGC	1987	=	9589	UGC	2086	=	9885	UGC	2183	=	10272
UGC	1784	=	8849	UGC	1888	=	9236	UGC	1988	=	9590	UGC	2087	=	9902	UGC	2184	=	10287
UGC	1785	=	8838	UGC	1889	=	9251	UGC	1990	=	9579	UGC	2088	=	9880	UGC	2185	=	10296
UGC	1786	=	8866	UGC	1890	=	9258	UGC	1991	=	9586	UGC	2089	=	9890	UGC	2186	=	10289
UGC	1787	=	8873	UGC	1891	=	9260	UGC	1992	=	9599	UGC	2090	=	9906	UGC	2187	=	10298
UGC	1788	=	8877	UGC	1892	=	9262	UGC	1993	=	9618	UGC	2091	=	9894	UGC	2188	=	10266
UGC	1789	=	8874	UGC	1893	=	9294	UGC	1994	=	9588	UGC	2092	=	9904	UGC	2189	=	10267
UGC	1791	=	8884	UGC	1894	=	9267	UGC	1995	=	9598	UGC	2093	=	9911	UGC	2190	=	10300
UGC	1792	=	8882	UGC	1895	=	9275	UGC	1996	=	9616	UGC	2094	=	9912	UGC	2191	=	10302
UGC	1793	=	8894	UGC	1896	=	9270	UGC	1997	=	9655	UGC	2095	=	9910	UGC	2192	=	10322
UGC	1794	=	8876	UGC	1897	=	9263	UGC	1998	=	9617	UGC	2096	=	9915	UGC	2193	=	10314
UGC	1795	=	8902	UGC	1898	=	9277	UGC	1999	=	9638	UGC	2097	=	9917	UGC	2194	=	10312
UGC	1796	=	8906	UGC	1899	=	9278	UGC	2000	=	9631	UGC	2098	=	9931	UGC	2195	=	10316
UGC	1797	=	8887	UGC	1900	=	9288	UGC	2001	=	9663	UGC	2099	=	9933	UGC	2197	=	10310
UGC	1799	=	8918	UGC	1901	=	9256	UGC	2002	=	9665	UGC	2100	=	9941	UGC	2198	=	10319
UGC	1801	=	8904	UGC	1902	=	9285	UGC	2004	=	9643	UGC	2101	=	9952	UGC	2199	=	10305
UGC	1802	=	8942	UGC	1903	=	9286	UGC	2005	=	9642	UGC	2103	=	9938	UGC	2200	=	10309
UGC	1803	=	8913	UGC	1904	=	9295	UGC	2006	=	9683	UGC	2104	=	9939	UGC	2201	=	10331
UGC	1804	=	8932	UGC	1905	=	9269	UGC	2007	=	9650	UGC	2105	=	9958	UGC	2202	=	10337
UGC	1806	=	8934	UGC	1906	=	9293	UGC	2008	=	9669	UGC	2108	=	9977	UGC	2203	=	10338
UGC	1807	=	8947	UGC	1907	=	9283	UGC	2010	=	9648	UGC	2109	=	9972	UGC	2204	=	10339
UGC	1808	=	8941	UGC	1908	=	9292	UGC	2011	=	9676	UGC	2110	=	9978	UGC	2205	=	10346
UGC	1809	=	8929	UGC	1909	=	9308	UGC	2012	=	9675	UGC	2111	=	9983	UGC	2206	=	10343
UGC	1810	=	8961	UGC	1910	=	9314	UGC	2013	=	9682	UGC	2112	=	9961	UGC	2208	=	10315
UGC	1811	=	8950	UGC	1912	=	9302	UGC	2014	=	9702	UGC	2113	=	9965	UGC	2210	=	10329
UGC	1812	=	8954	UGC	1913	=	9332	UGC	2015	=	9704	UGC	2114	=	9970	UGC	2211	=	10341
UGC	1813	=	8970	UGC	1914	=	9341	UGC	2016	=	9698	UGC	2115	=	9969	UGC	2212	=	10375
UGC	1814	=	8956	UGC	1915	=	9355	UGC	2017	=	9705	UGC	2116	=	9989	UGC	2213	=	10383
UGC	1815	=	8968	UGC	1916	=	9374	UGC	2018	=	9684	UGC	2117	=	9996	UGC	2214	=	10372
UGC	1816	=	8969	UGC	1917	=	9345	UGC	2019	=	9680	UGC	2118	=	10008	UGC	2216	=	10381
UGC	1817	=	8964	UGC	1918	=	9351	UGC	2020	=	9707	UGC	2119	=	9973	UGC	2217	=	10388
UGC	1819	=	8972	UGC	1919	=	9364	UGC	2021	=	9697	UGC	2120	=	9981	UGC	2219	=	10409
UGC	1820	=	8984	UGC	1920	=	9377	UGC	2022	=	9724	UGC	2121	=	9974	UGC	2220	=	10394
UGC	1821	=	8977	UGC	1921	=	9367	UGC	2023	=	9726	UGC	2122	=	10007	UGC	2221	=	10407
UGC	1822	=	8982	UGC	1922	=	9373	UGC	2024	=	9711	UGC	2123	=	10015	UGC	2222	=	10417
UGC	1823	=	8997	UGC	1923	=	9347	UGC	2025	=	9725	UGC	2124	=	9988	UGC	2223	=	10421
UGC	1824	=	8979	UGC	1924	=	9375	UGC	2026	=	9727	UGC	2125	=	10013	UGC	2225	=	10420
UGC	1825	=	9002	UGC	1926	=	9352	UGC	2027	=	9717	UGC	2126	=	10025	UGC	2226	=	10440
UGC	1826	=	9004	UGC	1927	=	9391	UGC	2028	=	9729	UGC	2127	=	10026	UGC	2227	=	10457
UGC	1827	=	9014	UGC	1929	=	9359	UGC	2029	=	9730	UGC	2128	=	9997	UGC	2228	=	10429
UGC	1828	=	9011	UGC	1930	=	9416	UGC	2030	=	9735	UGC	2129	=	9995	UGC	2231	=	10476
UGC	1830	=	9030	UGC	1931	=	9379	UGC	2031	=	9736	UGC	2130	=	10001	UGC	2233	=	10489
UGC	1831	=	9031	UGC	1934	=	9376	UGC	2032	=	9738	UGC	2131	=	10017	UGC	2234	=	10490
UGC	1832	=	9029	UGC	1935	=	9399	UGC	2033	=	9758	UGC	2132	=	10006	UGC	2235	=	10503
UGC	1833	=	9022	UGC	1936	=	9392	UGC	2034	=	9759	UGC	2133	=	10034	UGC	2236	=	10484
UGC	1834	=	9016	UGC	1937	=	9388	UGC	2035	=	9773	UGC	2134	=	10029	UGC	2238	=	10486
UGC	1835	=	9035	UGC	1938	=	9398	UGC	2037	=	9753	UGC	2135	=	10047	UGC	2239	=	10512
UGC	1836	=	9043	UGC	1939	=	9402	UGC	2038	=	9784	UGC	2136	=	10019	UGC	2240	=	10529
UGC	1837	=	9051	UGC	1940	=	9411	UGC	2039	=	9781	UGC	2137	=	10052	UGC	2241	=	10498
UGC	1838	=	9039	UGC	1943	=	9432	UGC	2040	=	9779	UGC	2138	=	10031	UGC	2242	=	10516
UGC	1839	=	9028	UGC	1944	=	9419	UGC	2041	=	9767	UGC	2140	=	10044	UGC	2243	=	10532
UGC	1840	=	9062	UGC	1945	=	9394	UGC	2042	=	9776	UGC	2140A	=	10046	UGC	2245	=	10496
UGC	1841	=	9067	UGC	1946	=	9413	UGC	2043	=	9799	UGC	2141	=	10051	UGC	2247	=	10507
UGC	1842	=	9073	UGC	1947	=	9423	UGC	2044	=	9765	UGC	2142	=	10048	UGC	2248	=	10528
UGC	1843	=	9079	UGC	1948	=	9434	UGC	2045	=	9788	UGC	2143	=	10080	UGC	2249	=	10548
UGC	1844	=	9086	UGC	1949	=	9406	UGC	2046	=	9790	UGC	2144	=	10069	UGC	2250	=	10553
UGC	1845	=	9115	UGC	1950	=	9430	UGC	2047	=	9794	UGC	2145	=	10055	UGC	2253	=	10536
UGC	1848	=	9102	UGC	1951	=	9439	UGC	2048	=	9795	UGC	2146	=	10091	UGC	2254	=	10550
UGC	1850	=	9106	UGC	1952	=	9450	UGC	2049	=	9802	UGC	2147	=	10060	UGC	2255	=	10538
UGC	1851	=	9127	UGC	1953	=	9453	UGC	2050	=	9818	UGC	2148	=	10072	UGC	2256	=	10568
UGC	1852	=	9112	UGC	1954	=	9414	UGC	2051	=	9778	UGC	2149	=	10078	UGC	2258	=	10587

RC3   686   UGC

UGC 2259	= 10586	UGC 2368	= 10932	UGC 2475	= 11403	UGC 2585	= 11912	UGC 2685	= 12549
UGC 2261	= 10608	UGC 2370	= 10956	UGC 2476	= 11378	UGC 2586	= 11955	UGC 2686	= 12561
UGC 2262	= 10559	UGC 2371	= 10933	UGC 2478	= 11506	UGC 2587	= 11919	UGC 2687	= 12491
UGC 2264	= 10566	UGC 2372	= 10935	UGC 2479	= 11375	UGC 2589	= 11954	UGC 2688	= 12578
UGC 2266	= 10575	UGC 2373	= 10959	UGC 2481	= 11414	UGC 2590	= 11982	UGC 2689	= 12585
UGC 2267	= 10581	UGC 2374	= 10942	UGC 2482	= 11397	UGC 2591	= 11993	UGC 2690	= 12531
UGC 2268	= 10585	UGC 2375	= 10943	UGC 2483	= 11421	UGC 2592	= 11971	UGC 2691	= 12539
UGC 2269	= 10609	UGC 2376	= 10950	UGC 2485	= 11543	UGC 2594	= 11966	UGC 2692	= 12560
UGC 2270	= 10627	UGC 2378	= 10952	UGC 2486	= 11410	UGC 2595	= 11972	UGC 2693	= 12579
UGC 2271	= 10574	UGC 2380	= 11011	UGC 2487	= 11425	UGC 2596	= 12005	UGC 2694	= 12600
UGC 2272	= 10592	UGC 2381	= 10968	UGC 2488	= 11426	UGC 2597	= 12000	UGC 2695	= 12581
UGC 2273	= 10625	UGC 2382	= 10973	UGC 2490	= 11441	UGC 2598	= 12038	UGC 2696	= 12624
UGC 2274	= 10606	UGC 2383	= 11026	UGC 2491	= 11437	UGC 2599	= 12013	UGC 2697	= 12582
UGC 2275	= 10588	UGC 2385	= 11000	UGC 2494	= 11447	UGC 2600	= 12017	UGC 2698	= 12622
UGC 2276	= 10610	UGC 2387	= 11017	UGC 2495	= 11449	UGC 2601	= 12063	UGC 2699	= 12620
UGC 2278	= 10613	UGC 2388	= 11007	UGC 2496	= 11471	UGC 2602	= 12042	UGC 2700	= 12660
UGC 2280	= 10653	UGC 2389	= 11012	UGC 2497	= 11453	UGC 2603	= 12391	UGC 2701	= 12639
UGC 2282	= 10635	UGC 2390	= 11060	UGC 2498	= 11456	UGC 2604	= 12070	UGC 2703	= 12645
UGC 2283	= 10641	UGC 2391	= 11035	UGC 2499	= 11473	UGC 2605	= 12073	UGC 2704	= 12656
UGC 2284	= 10629	UGC 2392	= 11065	UGC 2500	= 11484	UGC 2606	= 12074	UGC 2705	= 12655
UGC 2285	= 10631	UGC 2393	= 11071	UGC 2501	= 11477	UGC 2607	= 12040	UGC 2706	= 12698
UGC 2287	= 10634	UGC 2394	= 11076	UGC 2503	= 11521	UGC 2608	= 12081	UGC 2707	= 12697
UGC 2288	= 10676	UGC 2395	= 11085	UGC 2507	= 11532	UGC 2609	= 12080	UGC 2708	= 12702
UGC 2289	= 10661	UGC 2396	= 11087	UGC 2508	= 11492	UGC 2610	= 12078	UGC 2709	= 12705
UGC 2290	= 10666	UGC 2398	= 11116	UGC 2509	= 11504	UGC 2611	= 12056	UGC 2710	= 12713
UGC 2291	= 10647	UGC 2399	= 11068	UGC 2510	= 11552	UGC 2612	= 12089	UGC 2711	= 12682
UGC 2292	= 10651	UGC 2401	= 11100	UGC 2511	= 11574	UGC 2613	= 12098	UGC 2712	= 12695
UGC 2293	= 10660	UGC 2403	= 11075	UGC 2512	= 11547	UGC 2614	= 12092	UGC 2716	= 12719
UGC 2295	= 10659	UGC 2404	= 11067	UGC 2513	= 11523	UGC 2615	= 12087	UGC 2717	= 12747
UGC 2296	= 10674	UGC 2405	= 11074	UGC 2514	= 11537	UGC 2616	= 12119	UGC 2718	= 12750
UGC 2297	= 10686	UGC 2406	= 11083	UGC 2515	= 11578	UGC 2617	= 12132	UGC 2719	= 12757
UGC 2298	= 10729	UGC 2408	= 11118	UGC 2516	= 11584	UGC 2618	= 12133	UGC 2720	= 12763
UGC 2299	= 10675	UGC 2409	= 11134	UGC 2518	= 11566	UGC 2619	= 12152	UGC 2721	= 12733
UGC 2300	= 10701	UGC 2410	= 11123	UGC 2519	= 11793	UGC 2620	= 12480	UGC 2723	= 12787
UGC 2302	= 10670	UGC 2411	= 11282	UGC 2520	= 11592	UGC 2621	= 12157	UGC 2724	= 12796
UGC 2303	= 10688	UGC 2412	= 11079	UGC 2521	= 11617	UGC 2622	= 12129	UGC 2725	= 12802
UGC 2304	= 10695	UGC 2414	= 11099	UGC 2523	= 11598	UGC 2623	= 12159	UGC 2726	= 12768
UGC 2305	= 10727	UGC 2415	= 11102	UGC 2525	= 11622	UGC 2624	= 12171	UGC 2727	= 12775
UGC 2306	= 10730	UGC 2416	= 11121	UGC 2526	= 11625	UGC 2625	= 12177	UGC 2728	= 12812
UGC 2307	= 10683	UGC 2417	= 11140	UGC 2528	= 11634	UGC 2626	= 12185	UGC 2729	= 12876
UGC 2309	= 10713	UGC 2418	= 11112	UGC 2530	= 11628	UGC 2627	= 12184	UGC 2730	= 12816
UGC 2311	= 10697	UGC 2419	= 11128	UGC 2531	= 11643	UGC 2628	= 12163	UGC 2731	= 12828
UGC 2312	= 10715	UGC 2420	= 11133	UGC 2532	= 11630	UGC 2629	= 12196	UGC 2732	= 12819
UGC 2313	= 10754	UGC 2421	= 11162	UGC 2533	= 11648	UGC 2630	= 12200	UGC 2733	= 12830
UGC 2314	= 10764	UGC 2422	= 11163	UGC 2534	= 11661	UGC 2631	= 12175	UGC 2734	= 12832
UGC 2315	= 10740	UGC 2423	= 11136	UGC 2535	= 11639	UGC 2633	= 12216	UGC 2736	= 12845
UGC 2316	= 10758	UGC 2424	= 11152	UGC 2536	= 11676	UGC 2634	= 12219	UGC 2737	= 12869
UGC 2317	= 10770	UGC 2425	= 11156	UGC 2537	= 11682	UGC 2636	= 12226	UGC 2739	= 12881
UGC 2318	= 10778	UGC 2426	= 11150	UGC 2538	= 11686	UGC 2637	= 12227	UGC 2740	= 12859
UGC 2319	= 10747	UGC 2428	= 11154	UGC 2540	= 11679	UGC 2639	= 12253	UGC 2741	= 12863
UGC 2321	= 10759	UGC 2429	= 11153	UGC 2541	= 11685	UGC 2640	= 12257	UGC 2742	= 12893
UGC 2322	= 10792	UGC 2430	= 11173	UGC 2542	= 11770	UGC 2641	= 12201	UGC 2743	= 12900
UGC 2323	= 10762	UGC 2431	= 11228	UGC 2543	= 11696	UGC 2644	= 12279	UGC 2744	= 12879
UGC 2324	= 10761	UGC 2432	= 11178	UGC 2544	= 11702	UGC 2645	= 12220	UGC 2746	= 12928
UGC 2325	= 10812	UGC 2433	= 11176	UGC 2545	= 11670	UGC 2646	= 12281	UGC 2747	= 12929
UGC 2326	= 10781	UGC 2434	= 11183	UGC 2546	= 11711	UGC 2649	= 12237	UGC 2748	= 12909
UGC 2327	= 10787	UGC 2435	= 11210	UGC 2547	= 11698	UGC 2650	= 12241	UGC 2749	= 12937
UGC 2328	= 10810	UGC 2436	= 11237	UGC 2548	= 11737	UGC 2651	= 12287	UGC 2750	= 12946
UGC 2329	= 10797	UGC 2437	= 11204	UGC 2549	= 11725	UGC 2652	= 12262	UGC 2751	= 12955
UGC 2330	= 10820	UGC 2439	= 11230	UGC 2550	= 11740	UGC 2653	= 12318	UGC 2752	= 12964
UGC 2331	= 10832	UGC 2441	= 11252	UGC 2551	= 11718	UGC 2654	= 12326	UGC 2754	= 12977
UGC 2332	= 10789	UGC 2442	= 11262	UGC 2553	= 11755	UGC 2655	= 12333	UGC 2755	= 12975
UGC 2333	= 10819	UGC 2443	= 11245	UGC 2554	= 11771	UGC 2656	= 12338	UGC 2757	= 12988
UGC 2335	= 10850	UGC 2444	= 11255	UGC 2555	= 11749	UGC 2657	= 12331	UGC 2758	= 13000
UGC 2336	= 10818	UGC 2445	= 11268	UGC 2556	= 11752	UGC 2658	= 12332	UGC 2759	= 13001
UGC 2338	= 10815	UGC 2446	= 11265	UGC 2557	= 11789	UGC 2659	= 12343	UGC 2760	= 13008
UGC 2339	= 10834	UGC 2447	= 11289	UGC 2558	= 11787	UGC 2660	= 12350	UGC 2761	= 13006
UGC 2340	= 10836	UGC 2448	= 11290	UGC 2559	= 11790	UGC 2661	= 12369	UGC 2762	= 13015
UGC 2343	= 10843	UGC 2449	= 11309	UGC 2561	= 11817	UGC 2662	= 12384	UGC 2763	= 13022
UGC 2345	= 10854	UGC 2451	= 11313	UGC 2562	= 11832	UGC 2663	= 12344	UGC 2764	= 13039
UGC 2346	= 10857	UGC 2452	= 11321	UGC 2563	= 11808	UGC 2664	= 12400	UGC 2765	= 13121
UGC 2347	= 10862	UGC 2453	= 11295	UGC 2564	= 11844	UGC 2665	= 12397	UGC 2767	= 13274
UGC 2348	= 10863	UGC 2454	= 11306	UGC 2565	= 11840	UGC 2666	= 12342	UGC 2768	= 13069
UGC 2349	= 10882	UGC 2455	= 11329	UGC 2566	= 11838	UGC 2667	= 12410	UGC 2769	= 13080
UGC 2350	= 10884	UGC 2456	= 11341	UGC 2567	= 11846	UGC 2668	= 12426	UGC 2770	= 13073
UGC 2351	= 10886	UGC 2457	= 11340	UGC 2568	= 11847	UGC 2669	= 12429	UGC 2771	= 13083
UGC 2352	= 10861	UGC 2458	= 11363	UGC 2569	= 11863	UGC 2670	= 12438	UGC 2772	= 13178
UGC 2353	= 10890	UGC 2459	= 11368	UGC 2570	= 11853	UGC 2671	= 12398	UGC 2774	= 13088
UGC 2355	= 10874	UGC 2460	= 11336	UGC 2571	= 11859	UGC 2672	= 12456	UGC 2775	= 13113
UGC 2356	= 10889	UGC 2461	= 11360	UGC 2572	= 11867	UGC 2673	= 12452	UGC 2777	= 13141
UGC 2357	= 10905	UGC 2463	= 11371	UGC 2573	= 11872	UGC 2674	= 12415	UGC 2779	= 13117
UGC 2358	= 11056	UGC 2464	= 11373	UGC 2574	= 11878	UGC 2675	= 12471	UGC 2780	= 13158
UGC 2359	= 10891	UGC 2465	= 11370	UGC 2575	= 11879	UGC 2676	= 12478	UGC 2781	= 13160
UGC 2360	= 10914	UGC 2466	= 11369	UGC 2577	= 11862	UGC 2677	= 12446	UGC 2782	= 13180
UGC 2361	= 10923	UGC 2468	= 11384	UGC 2578	= 11880	UGC 2678	= 12510	UGC 2783	= 13219
UGC 2362	= 10907	UGC 2470	= 11392	UGC 2579	= 11886	UGC 2679	= 12454	UGC 2784	= 13224
UGC 2364	= 10913	UGC 2471	= 11372	UGC 2581	= 11896	UGC 2681	= 12548	UGC 2785	= 13225
UGC 2365	= 10928	UGC 2472	= 11382	UGC 2582	= 11926	UGC 2682	= 12558	UGC 2786	= 13209
UGC 2366	= 10941	UGC 2473	= 11399	UGC 2583	= 12174	UGC 2683	= 12473	UGC 2788	= 13243
UGC 2367	= 10927	UGC 2474	= 11404			UGC 2684	= 12514	UGC 2789	= 13301

RC3 687 UGC

UGC 2791	= 13280	UGC 2895	= 14072	UGC 2997	= 14762	UGC 3100	= 15707	UGC 3201	= 16300
UGC 2792	= 13384	UGC 2896	= 14216	UGC 2998	= 14779	UGC 3101	= 15838	UGC 3202	= 16333
UGC 2794	= 13315	UGC 2898	= 14080	UGC 3000	= 14812	UGC 3102	= 15627	UGC 3203	= 16423
UGC 2795	= 13279	UGC 2899	= 14076	UGC 3001	= 14792	UGC 3103	= 15638	UGC 3204	= 16421
UGC 2796	= 13334	UGC 2900	= 14091	UGC 3002	= 14790	UGC 3104	= 15637	UGC 3205	= 16360
UGC 2798	= 13400	UGC 2901	= 14142	UGC 3003	= 14800	UGC 3105	= 15655	UGC 3206	= 16355
UGC 2800	= 13498	UGC 2902	= 14152	UGC 3004	= 14803	UGC 3106	= 15656	UGC 3207	= 16359
UGC 2801	= 13410	UGC 2903	= 14145	UGC 3005	= 14804	UGC 3107	= 15668	UGC 3208	= 16364
UGC 2802	= 13389	UGC 2904	= 14148	UGC 3006	= 14807	UGC 3108	= 15708	UGC 3209	= 16369
UGC 2803	= 13396	UGC 2905	= 14149	UGC 3007	= 14834	UGC 3109	= 15673	UGC 3211	= 16400
UGC 2804	= 13397	UGC 2906	= 14286	UGC 3008	= 14839	UGC 3110	= 15810	UGC 3212	= 16542
UGC 2805	= 13435	UGC 2907	= 14343	UGC 3009	= 14853	UGC 3111	= 15695	UGC 3213	= 16419
UGC 2806	= 13413	UGC 2908	= 14215	UGC 3010	= 14849	UGC 3113	= 15697	UGC 3214	= 16420
UGC 2807	= 13438	UGC 2909	= 14261	UGC 3011	= 14865	UGC 3114	= 15793	UGC 3215	= 16439
UGC 2808	= 13474	UGC 2910	= 14191	UGC 3012	= 14880	UGC 3115	= 15723	UGC 3216	= 16452
UGC 2809	= 13465	UGC 2911	= 14232	UGC 3013	= 15018	UGC 3117	= 15719	UGC 3217	= 16521
UGC 2810	= 13497	UGC 2912	= 14237	UGC 3014	= 14892	UGC 3118	= 15726	UGC 3218	= 16537
UGC 2811	= 13513	UGC 2913	= 14221	UGC 3015	= 14907	UGC 3119	= 15731	UGC 3219	= 16469
UGC 2813	= 13633	UGC 2914	= 14228	UGC 3016	= 14937	UGC 3120	= 15788	UGC 3220	= 16468
UGC 2815	= 13536	UGC 2915	= 14246	UGC 3017	= 14920	UGC 3121	= 15755	UGC 3221	= 16464
UGC 2816	= 13557	UGC 2916	= 14341	UGC 3020	= 14929	UGC 3122	= 15760	UGC 3222	= 16471
UGC 2817	= 13574	UGC 2917	= 14436	UGC 3021	= 14959	UGC 3124	= 15862	UGC 3223	= 16482
UGC 2820	= 13562	UGC 2918	= 14253	UGC 3023	= 14964	UGC 3125	= 15774	UGC 3224	= 16486
(UGC 2821)	= 13556	UGC 2919	= 14248	UGC 3024	= 14986	UGC 3126	= 15773	UGC 3226	= 16501
(UGC 2821)	= 13553	UGC 2920	= 14276	UGC 3025	= 15009	UGC 3127	= 15789	UGC 3227	= 16677
UGC 2822	= 13591	UGC 2921	= 14252	UGC 3027	= 15031	UGC 3128	= 15795	UGC 3228	= 16723
UGC 2823	= 13572	UGC 2922	= 14274	UGC 3028	= 15047	UGC 3129	= 15799	UGC 3229	= 16602
UGC 2824	= 13759	UGC 2923	= 14453	UGC 3029	= 15027	UGC 3130	= 15917	UGC 3230	= 16750
UGC 2827	= 13712	UGC 2924	= 14301	UGC 3030	= 15103	UGC 3131	= 15919	UGC 3231	= 16613
UGC 2828	= 13613	UGC 2925	= 14288	UGC 3032	= 15042	UGC 3132	= 16105	UGC 3232	= 16642
UGC 2829	= 13580	UGC 2926	= 14293	UGC 3033	= 15044	UGC 3133	= 15824	UGC 3233	= 16631
UGC 2830	= 13587	UGC 2927	= 14314	UGC 3034	= 15049	UGC 3134	= 15833	UGC 3234	= 16644
UGC 2831	= 13598	UGC 2928	= 14315	UGC 3035	= 15054	UGC 3135	= 15846	UGC 3235	= 16722
UGC 2833	= 13639	UGC 2929	= 14331	UGC 3036	= 15157	UGC 3136	= 15836	UGC 3236	= 16650
UGC 2835	= 13683	UGC 2931	= 14333	UGC 3037	= 15057	UGC 3137	= 15967	UGC 3237	= 16646
UGC 2836	= 13707	UGC 2932	= 14348	UGC 3038	= 15059	UGC 3139	= 15892	UGC 3238	= 16654
UGC 2837	= 13704	UGC 2933	= 14432	UGC 3039	= 15062	UGC 3140	= 15867	UGC 3239	= 16666
UGC 2838	= 13696	UGC 2934	= 14353	UGC 3042	= 15212	UGC 3142	= 15897	UGC 3240	= 16668
UGC 2839	= 13698	UGC 2935	= 14618	UGC 3043	= 15225	UGC 3143	= 15986	UGC 3241	= 16816
UGC 2840	= 13706	UGC 2936	= 14345	UGC 3044	= 15112	UGC 3144	= 16030	UGC 3242	= 16687
UGC 2841	= 13723	UGC 2937	= 14386	UGC 3045	= 15109	UGC 3145	= 15910	UGC 3243	= 16706
UGC 2842	= 13702	UGC 2938	= 14355	UGC 3046	= 15254	UGC 3147	= 16027	UGC 3244	= 16721
UGC 2844	= 13746	UGC 2939	= 14395	UGC 3047	= 15134	UGC 3149	= 16001	UGC 3245	= 16813
UGC 2845	= 13732	UGC 2940	= 14482	UGC 3048	= 15263	UGC 3150	= 16052	UGC 3246	= 16734
UGC 2847	= 13826	UGC 2941	= 14384	UGC 3049	= 15113	UGC 3153	= 15942	UGC 3247	= 16752
UGC 2848	= 13857	UGC 2942	= 14398	UGC 3050	= 15147	UGC 3154	= 15943	UGC 3248	= 16764
UGC 2849	= 13774	UGC 2944	= 14418	UGC 3051	= 15137	UGC 3156	= 15958	UGC 3249	= 16912
UGC 2850	= 13754	UGC 2945	= 14420	UGC 3052	= 15197	UGC 3157	= 15975	UGC 3250	= 16858
UGC 2851	= 13783	UGC 2946	= 14415	UGC 3053	= 15179	UGC 3158	= 15973	UGC 3251	= 16814
UGC 2852	= 13744	UGC 2947	= 14409	UGC 3054	= 15181	UGC 3159	= 16110	UGC 3252	= 16897
UGC 2853	= 13811	UGC 2948	= 14427	UGC 3055	= 15203	UGC 3160	= 16608	UGC 3253	= 17104
UGC 2854	= 13817	UGC 2949	= 14431	UGC 3056	= 15345	UGC 3161	= 15982	UGC 3254	= 16907
UGC 2855	= 13880	UGC 2950	= 14435	UGC 3057	= 15509	UGC 3162	= 15992	UGC 3255	= 16843
UGC 2856	= 13813	UGC 2953	= 14508	UGC 3058	= 15283	UGC 3163	= 16096	UGC 3256	= 16853
UGC 2857	= 13833	UGC 2954	= 14449	UGC 3059	= 15294	UGC 3164	= 15998	UGC 3257	= 17170
UGC 2858	= 13850	UGC 2955	= 14531	UGC 3060	= 15488	UGC 3165	= 16009	UGC 3258	= 16861
UGC 2859	= 13846	UGC 2956	= 14468	UGC 3061	= 15319	UGC 3166	= 16000	UGC 3259	= 16955
UGC 2860	= 13965	UGC 2958	= 14478	UGC 3062	= 15331	UGC 3167	= 16092	UGC 3260	= 16918
UGC 2861	= 13859	UGC 2959	= 14483	UGC 3063	= 15332	UGC 3168	= 16012	UGC 3261	= 16887
UGC 2862	= 13858	UGC 2960	= 14493	UGC 3064	= 15340	UGC 3169	= 16022	UGC 3264	= 16889
UGC 2863	= 13875	UGC 2961	= 14494	UGC 3065	= 15342	UGC 3170	= 16017	UGC 3265	= 16899
UGC 2864	= 13957	UGC 2962	= 14504	UGC 3066	= 15355	UGC 3171	= 16021	UGC 3266	= 16905
UGC 2865	= 13949	UGC 2963	= 14502	UGC 3067	= 15358	UGC 3172	= 16033	UGC 3267	= 16997
UGC 2867	= 13885	UGC 2964	= 14554	UGC 3069	= 15548	UGC 3173	= 16055	UGC 3268	= 17011
UGC 2868	= 13884	UGC 2965	= 14537	UGC 3070	= 15356	UGC 3174	= 16059	UGC 3269	= 16951
UGC 2869	= 13891	UGC 2966	= 14551	UGC 3071	= 15368	UGC 3175	= 16216	UGC 3270	= 16984
UGC 2870	= 13896	UGC 2968	= 14563	UGC 3072	= 15369	UGC 3176	= 16178	UGC 3271	= 17013
UGC 2871	= 13888	UGC 2969	= 14559	UGC 3074	= 15386	UGC 3177	= 16111	UGC 3272	= 17014
UGC 2872	= 13903	UGC 2970	= 14564	UGC 3075	= 15389	UGC 3178	= 16095	UGC 3273	= 17057
UGC 2873	= 13933	UGC 2973	= 14587	UGC 3076	= 15414	UGC 3179	= 16109	UGC 3274	= 17025
UGC 2874	= 13938	UGC 2974	= 14621	UGC 3077	= 15570	UGC 3181	= 16141	UGC 3275	= 17031
UGC 2875	= 13948	UGC 2975	= 14619	UGC 3078	= 15461	UGC 3182	= 16280	UGC 3276	= 17159
UGC 2877	= 13969	UGC 2976	= 14627	UGC 3080	= 15429	UGC 3183	= 16164	UGC 3277	= 17084
UGC 2878	= 13994	UGC 2977	= 14637	UGC 3081	= 15436	UGC 3184	= 16186	UGC 3279	= 17044
UGC 2880	= 13987	UGC 2979	= 14634	UGC 3082	= 15447	UGC 3185	= 16271	UGC 3280	= 17062
UGC 2880	= 13992	UGC 2980	= 14653	UGC 3083	= 15458	UGC 3186	= 16191	UGC 3281	= 17140
UGC 2881	= 14008	UGC 2982	= 14651	UGC 3084	= 15481	UGC 3187	= 16189	UGC 3282	= 17053
UGC 2882	= 14017	UGC 2983	= 14665	UGC 3085	= 15604	UGC 3188	= 16193	UGC 3283	= 17058
UGC 2884	= 14007	UGC 2984	= 14678	UGC 3086	= 15491	UGC 3189	= 16301	UGC 3284	= 17162
UGC 2885	= 14030	UGC 2985	= 14687	UGC 3087	= 15504	UGC 3190	= 16402	UGC 3285	= 17079
UGC 2886	= 14031	UGC 2986	= 14688	UGC 3088	= 15512	UGC 3191	= 16227	UGC 3286	= 17095
UGC 2886A	= 15599	UGC 2987	= 14836	UGC 3089	= 15533	UGC 3192	= 16232	UGC 3287	= 17094
UGC 2887	= 14032	UGC 2988	= 14693	UGC 3090	= 15639	UGC 3193	= 16237	UGC 3288	= 17100
UGC 2888	= 14034	UGC 2989	= 14705	UGC 3091	= 15531	UGC 3194	= 16242	UGC 3290	= 17125
UGC 2889	= 14045	UGC 2990	= 14703	UGC 3092	= 15693	UGC 3195	= 16248	UGC 3290	= 17132
UGC 2890	= 14123	UGC 2991	= 14709	UGC 3093	= 15574	UGC 3196	= 16349	UGC 3291	= 17136
UGC 2891	= 14039	UGC 2993	= 14725	UGC 3094	= 15592	UGC 3197	= 16509	UGC 3292	= 17178
UGC 2892	= 14042	UGC 2994	= 14718	UGC 3096	= 15608	UGC 3198	= 16290	UGC 3293	= 17143
UGC 2893	= 14068	UGC 2995	= 14751	UGC 3097	= 15600	UGC 3199	= 16289	UGC 3294	= 17156
UGC 2894	= 14063	UGC 2996	= 14752	UGC 3098	= 15652	UGC 3200	= 16286	UGC 3295	= 17165

RC3   688   UGC

UGC	=	UGC	=	UGC	=	UGC	=	UGC	=
UGC 3296	= 17164	UGC 3407	= 18494	UGC 3511	= 19501	UGC 3610	= 19942	UGC 3723	= 20316
UGC 3298	= 17180	UGC 3409	= 18558	UGC 3512	= 19469	UGC 3611	= 19913	UGC 3724	= 20353
UGC 3299	= 17181	UGC 3410	= 18711	UGC 3513	= 19475	UGC 3612	= 19927	UGC 3725	= 20364
UGC 3300	= 17221	UGC 3411	= 18568	UGC 3514	= 19500	UGC 3613	= 19914	UGC 3726	= 20335
UGC 3301	= 17208	UGC 3412	= 18719	UGC 3515	= 19554	UGC 3614	= 19941	UGC 3727	= 20344
UGC 3302	= 17322	UGC 3413	= 18764	UGC 3516	= 19483	UGC 3615	= 19933	UGC 3728	= 20351
UGC 3303	= 17250	UGC 3414	= 18607	UGC 3518	= 19499	UGC 3616	= 19932	UGC 3729	= 20366
UGC 3304	= 17266	UGC 3415	= 18646	UGC 3519	= 19602	UGC 3617	= 19928	UGC 3730	= 20460
UGC 3306	= 17259	UGC 3416	= 18662	UGC 3520	= 19545	UGC 3618	= 19949	UGC 3731	= 20361
UGC 3307	= 17317	UGC 3417	= 18608	UGC 3521	= 19817	UGC 3619	= 19944	UGC 3732	= 20380
UGC 3308	= 17281	UGC 3418	= 18611	UGC 3522	= 19878	UGC 3620	= 20055	UGC 3733	= 20397
UGC 3309	= 17344	UGC 3420	= 18739	UGC 3523	= 19622	UGC 3621	= 19963	UGC 3734	= 20395
UGC 3311	= 17426	UGC 3422	= 18709	UGC 3524	= 19512	UGC 3622	= 19974	UGC 3735	= 20372
UGC 3313	= 17450	UGC 3423	= 18778	UGC 3525	= 19536	UGC 3623	= 19981	UGC 3737	= 20393
UGC 3314	= 17359	UGC 3424	= 18660	UGC 3526	= 19550	UGC 3624	= 19979	UGC 3739	= 20552
UGC 3316	= 17378	UGC 3425	= 18699	UGC 3528	= 19886	UGC 3626	= 20048	UGC 3740	21039
UGC 3317	= 17445	UGC 3426	= 18722	UGC 3528A	= 20028	UGC 3627	= 20007	UGC 3741	= 20441
UGC 3318	= 17481	UGC 3427	= 18807	UGC 3529	= 19544	UGC 3630	= 20008	UGC 3742	= 20429
UGC 3319	= 17456	UGC 3428	= 18716	UGC 3530	= 19579	UGC 3632	= 20149	UGC 3743	= 20432
UGC 3320	= 17540	UGC 3429	= 18797	UGC 3531	= 19547	UGC 3633	= 20045	UGC 3744	= 20417
UGC 3321	= 17444	UGC 3431	= 18812	UGC 3532	= 19571	UGC 3634	= 20020	UGC 3745	= 20426
UGC 3322	= 17462	UGC 3432	= 18747	UGC 3534	= 19549	UGC 3635	= 20021	UGC 3746	= 20464
UGC 3323	= 17489	UGC 3433	= 18705	UGC 3535	= 19576	UGC 3636	= 20143	UGC 3747	= 20416
UGC 3324	= 17508	UGC 3434	= 18753	UGC 3536	= 19568	UGC 3637	= 20027	UGC 3748	= 20509
UGC 3325	= 17483	UGC 3435	= 18991	UGC 3536A	= 20066	UGC 3638	= 20062	UGC 3749	= 20526
UGC 3326	= 17561	UGC 3436	= 18800	UGC 3537	= 19586	UGC 3639	= 20043	UGC 3750	= 20516
UGC 3328	= 17504	UGC 3437	= 18815	UGC 3538	= 19612	UGC 3640	= 20050	UGC 3751	= 20446
UGC 3329	= 17509	UGC 3438	= 18837	UGC 3539	= 19652	UGC 3641	= 20039	UGC 3752	= 20450
UGC 3330	= 17512	UGC 3439	= 18960	UGC 3540	= 19841	UGC 3642	= 20103	UGC 3753	= 20449
UGC 3331	= 17535	UGC 3440	= 18888	UGC 3541	= 19603	UGC 3644	= 20133	UGC 3754	= 20443
UGC 3332	= 17554	UGC 3441	= 19095	UGC 3542	= 19605	UGC 3646	= 20097	UGC 3755	= 20445
UGC 3334	= 17625	UGC 3442	= 19177	UGC 3544	= 19632	UGC 3647	= 20116	UGC 3756	= 20462
UGC 3335	= 17725	UGC 3443	= 18825	UGC 3545	= 19680	UGC 3648	= 20127	UGC 3757	= 20486
UGC 3336	= 18084	UGC 3444	= 18915	UGC 3546	= 19688	UGC 3649	= 20087	UGC 3759	= 20539
UGC 3338	= 17587	UGC 3445	= 18878	UGC 3547	= 19756	UGC 3652	= 20083	UGC 3761	= 20492
UGC 3339	= 17750	UGC 3446	= 18881	UGC 3548	= 19803	UGC 3653	= 20458	UGC 3763	= 20487
UGC 3340	= 17839	UGC 3447	= 18841	UGC 3549	= 19847	UGC 3655	= 20121	UGC 3764	= 20567
UGC 3341	= 17616	UGC 3448	= 18909	UGC 3550	= 19775	UGC 3656	= 20099	UGC 3765	= 20536
UGC 3342	= 17692	UGC 3449	= 18872	UGC 3551	= 19674	UGC 3657	= 20184	UGC 3766	= 20479
UGC 3343	= 17736	UGC 3450	= 18860	UGC 3552	= 19679	UGC 3658	= 20112	UGC 3767	= 20478
UGC 3344	= 17675	UGC 3452	= 18911	UGC 3553	= 19671	UGC 3659	= 20136	UGC 3769	= 20484
UGC 3346	= 17678	UGC 3453	= 18987	UGC 3554	= 19697	UGC 3660	= 20158	UGC 3770	= 20513
UGC 3347	= 17904	UGC 3454	= 18986	UGC 3555	= 19683	UGC 3662	= 20142	UGC 3771	= 20604
UGC 3348	= 17656	UGC 3455	= 19285	UGC 3556	= 19720	UGC 3663	= 20141	UGC 3772	= 20518
UGC 3349	= 17794	UGC 3456	= 19050	UGC 3557	= 19776	UGC 3664	= 20131	UGC 3773	= 20545
UGC 3351	= 17776	UGC 3457	= 18893	UGC 3558	= 19692	UGC 3665	= 20207	UGC 3774	= 20542
UGC 3352	= 17707	UGC 3458	= 19026	UGC 3559	= 19707	UGC 3666	= 20252	UGC 3775	= 20530
UGC 3353	= 18004	UGC 3459	= 18964	UGC 3560	= 19716	UGC 3668	= 20387	UGC 3776	= 20559
UGC 3354	= 17831	UGC 3460	= 19094	UGC 3561	= 19732	UGC 3672	= 20154	UGC 3777	= 20562
UGC 3355	= 17825	UGC 3461	= 19245	UGC 3562	= 19718	UGC 3673	= 20172	UGC 3778	= 20568
UGC 3356	= 17823	UGC 3462	= 18998	UGC 3564	= 19701	UGC 3674	= 20165	UGC 3779	= 20586
UGC 3357	= 18005	UGC 3463	= 19064	UGC 3565	= 19700	UGC 3675	= 20293	UGC 3780	= 20585
UGC 3359	= 17954	UGC 3464	= 19128	UGC 3567	= 19744	UGC 3676	= 20161	UGC 3782	= 20592
UGC 3360	= 17928	UGC 3465	= 19062	UGC 3568	= 19749	UGC 3677	= 20305	UGC 3783	= 20603
UGC 3361	= 17968	UGC 3466	= 19290	UGC 3569	= 19767	UGC 3679	= 20190	UGC 3784	= 20608
UGC 3364	= 18063	UGC 3467	= 19073	UGC 3570	= 19725	UGC 3680	= 20208	UGC 3785	= 20595
UGC 3365	= 18039	UGC 3468	= 19072	UGC 3571	= 19740	UGC 3681	= 20218	UGC 3786	= 20620
UGC 3366	= 18007	UGC 3469	= 19112	UGC 3572	= 19764	UGC 3682	= 20176	UGC 3787	= 20602
UGC 3368	= 18013	UGC 3470	= 19306	UGC 3573	= 19743	UGC 3683	= 20220	UGC 3789	= 20679
UGC 3369	= 18033	UGC 3471	= 19191	UGC 3574	= 19789	UGC 3684	= 20225	(UGC 3790)	= 20629
UGC 3370	= 18123	UGC 3472	= 19233	UGC 3575	= 19838	UGC 3685	= 20250	UGC 3791	= 20631
UGC 3371	= 18121	UGC 3473	= 19170	UGC 3576	= 19788	UGC 3687	= 20237	UGC 3792	= 20668
UGC 3372	= 18128	UGC 3474	= 19222	UGC 3577	= 19820	UGC 3688	= 20204	UGC 3794	= 20663
UGC 3373	= 18181	UGC 3475	= 19161	UGC 3578	= 19763	UGC 3689	= 20223	UGC 3796	= 20703
UGC 3374	= 18078	UGC 3476	= 19162	UGC 3579	= 19794	UGC 3690	= 20253	UGC 3798	= 21231
UGC 3375	= 18089	UGC 3477	= 19186	UGC 3580	= 19867	UGC 3691	= 20214	UGC 3799	= 20700
UGC 3376	= 18070	UGC 3478	= 19228	UGC 3581	= 19964	UGC 3692	= 20232	UGC 3801	= 20749
UGC 3377	= 18144	UGC 3479	= 19215	UGC 3582	= 19781	UGC 3693	= 20222	UGC 3802	= 20685
UGC 3379	= 18161	UGC 3480	= 19237	UGC 3584	= 19792	UGC 3694	= 20239	UGC 3803	= 20695
UGC 3380	= 18136	UGC 3481	= 19221	UGC 3585	= 19809	UGC 3695	= 20254	UGC 3804	= 20844
UGC 3382	= 18200	UGC 3483	= 19239	UGC 3586	= 19804	UGC 3696	= 20268	UGC 3805	= 20699
UGC 3384	= 18277	UGC 3484	= 19261	UGC 3587	= 19813	UGC 3697	= 20348	UGC 3806	= 20713
UGC 3385	= 18384	UGC 3486	= 19307	UGC 3588	= 19829	UGC 3698	= 20264	UGC 3808	= 20744
UGC 3386	= 18312	UGC 3487	= 19252	UGC 3590	= 19827	UGC 3699	= 20276	UGC 3809	= 21033
UGC 3387	= 18327	UGC 3488	= 19267	UGC 3592	= 19855	UGC 3701	= 20362	UGC 3810	= 20805
UGC 3390	= 18299	UGC 3489	= 19249	UGC 3593	= 19856	UGC 3702	= 20256	UGC 3811	= 20799
UGC 3391	= 18352	UGC 3493	= 19294	UGC 3594	= 19840	UGC 3703	= 20267	UGC 3812	= 20833
UGC 3392	= 18374	UGC 3495	= 19370	UGC 3595	= 19884	UGC 3704	= 20304	UGC 3813	= 20774
UGC 3393	= 18336	UGC 3496	= 19670	UGC 3596	= 19869	UGC 3705	= 20383	UGC 3815	= 21334
UGC 3394	= 18380	UGC 3497	= 19328	UGC 3598	= 19899	UGC 3707	= 20244	UGC 3816	= 20884
UGC 3395	= 18360	UGC 3498	= 19292	UGC 3599	= 19854	UGC 3708	= 20259	UGC 3817	= 20852
UGC 3396	= 18535	UGC 3500	= 19627	UGC 3600	= 19871	UGC 3709	= 20265	UGC 3819	= 20817
UGC 3397	= 18553	UGC 3501	= 19352	UGC 3601	= 19875	UGC 3711	= 20298	UGC 3820	= 20835
UGC 3398	= 18409	UGC 3502	= 19390	UGC 3602	= 19863	UGC 3713	= 20306	UGC 3821	= 20838
UGC 3400	= 18594	UGC 3503	= 19341	UGC 3603	= 19891	UGC 3714	= 20398	UGC 3822	= 20886
UGC 3401	= 18664	UGC 3504	= 19397	UGC 3605	= 19877	UGC 3716	= 20302	UGC 3823	= 20860
UGC 3402	= 18520	UGC 3505	= 19385	UGC 3606	= 19931	UGC 3717	= 20418	UGC 3824	= 20864
UGC 3403	= 18557	UGC 3506	= 19409	UGC 3607	= 19982	UGC 3718	= 20313	UGC 3825	= 20900
UGC 3404	= 18672	UGC 3507	= 19430	UGC 3608	= 19924	UGC 3719	= 20331	UGC 3826	= 20927
UGC 3405	= 18682	UGC 3510	= 19439	UGC 3609	= 19969	UGC 3720	= 20338	UGC 3827	= 20881

RC3　　　　　　　　　　　689　　　　　　　　　　　UGC

UGC 3828 = 20933	UGC 3931 = 21382	UGC 4033 = 21914	UGC 4136 = 22418	UGC 4237 = 22827
UGC 3829 = 20911	UGC 3932 = 21402	UGC 4034 = 21891	UGC 4137 = 22534	UGC 4238 = 22969
UGC 3830 = 20894	UGC 3933 = 21431	UGC 4035 = 21939	UGC 4138 = 22397	UGC 4240 = 22835
UGC 3831 = 20953	UGC 3934 = 21419	UGC 4036 = 22031	UGC 4139 = 22391	UGC 4241 = 22890
UGC 3832 = 20971	UGC 3935 = 21443	UGC 4037 = 22044	UGC 4140 = 22389	UGC 4242 = 22947
UGC 3833 = 20938	UGC 3936 = 21401	UGC 4038 = 21900	UGC 4141 = 22377	UGC 4243 = 22930
UGC 3834 = 21164	UGC 3937 = 21425	UGC 4039 = 21909	UGC 4142 = 22403	UGC 4244 = 22846
UGC 3835 = 20955	UGC 3938 = 21404	UGC 4040 = 21918	UGC 4143 = 22417	UGC 4245 = 22860
UGC 3836 = 21021	UGC 3939 = 21414	UGC 4041 = 22050	UGC 4145 = 22404	UGC 4246 = 22896
UGC 3838 = 21065	UGC 3940 = 21520	UGC 4042 = 21927	UGC 4146 = 22482	UGC 4247 = 22873
UGC 3839 = 20964	UGC 3941 = 21416	UGC 4043 = 21970	UGC 4147 = 22408	UGC 4248 = 22867
UGC 3840 = 20973	UGC 3942 = 21437	UGC 4044 = 21919	UGC 4148 = 22446	UGC 4249 = 22880
UGC 3841 = 20988	UGC 3943 = 21496	UGC 4045 = 21944	UGC 4149 = 22400	UGC 4250 = 22915
UGC 3842 = 20980	UGC 3944 = 21475	UGC 4046 = 21942	UGC 4150 = 22447	UGC 4251 = 22881
UGC 3843 = 20989	UGC 3945 = 21545	UGC 4047 = 21940	UGC 4151 = 22660	UGC 4252 = 22909
UGC 3844 = 21014	UGC 3946 = 21500	UGC 4051 = 21990	UGC 4152 = 22414	UGC 4253 = 22883
UGC 3845 = 21020	UGC 3947 = 21491	UGC 4054 = 21976	UGC 4154 = 22433	UGC 4254 = 22894
UGC 3846 = 21138	UGC 3948 = 21514	UGC 4055 = 21983	UGC 4155 = 22445	UGC 4256 = 22922
UGC 3848 = 21016	UGC 3949 = 21513	UGC 4056 = 22008	UGC 4156 = 22443	UGC 4257 = 22921
UGC 3850 = 21071	UGC 3950 = 21479	UGC 4057 = 22127	UGC 4157 = 22468	UGC 4258 = 22941
UGC 3851 = 21102	UGC 3951 = 21573	UGC 4058 = 21978	UGC 4158 = 22453	UGC 4259 = 23025
UGC 3852 = 21123	UGC 3952 = 21495	UGC 4059 = 22053	UGC 4159 = 22524	UGC 4260 = 22955
UGC 3854 = 21035	UGC 3953 = 21540	UGC 4060 = 22002	UGC 4160 = 22476	UGC 4261 = 22945
UGC 3855 = 21067	UGC 3954 = 21517	UGC 4061 = 22032	UGC 4161 = 22520	UGC 4262 = 23321
UGC 3856 = 21029	UGC 3955 = 21503	UGC 4062 = 22052	UGC 4162 = 22469	UGC 4264 = 22957
UGC 3857 = 21036	UGC 3956 = 21515	UGC 4063 = 22691	UGC 4164 = 22533	UGC 4265 = 22950
UGC 3859 = 21181	UGC 3957 = 21568	UGC 4064 = 22042	UGC 4165 = 22525	UGC 4266 = 22962
UGC 3860 = 21073	UGC 3958 = 21555	UGC 4065 = 22072	UGC 4166 = 22649	UGC 4267 = 23026
UGC 3862 = 21056	UGC 3959 = 21558	UGC 4066 = 22238	UGC 4167 = 22495	UGC 4268 = 23024
UGC 3863 = 21101	UGC 3960 = 21542	UGC 4067 = 22167	UGC 4168 = 22547	UGC 4269 = 22990
UGC 3864 = 21189	UGC 3961 = 21578	UGC 4068 = 22063	UGC 4169 = 22561	UGC 4270 = 23047
UGC 3865 = 21114	UGC 3962 = 21552	UGC 4070 = 22093	UGC 4170 = 22501	UGC 4271 = 23128
UGC 3866 = 21086	UGC 3963 = 21589	UGC 4072 = 22110	UGC 4171 = 22506	UGC 4273 = 23028
UGC 3868 = 21104	UGC 3964 = 21535	UGC 4073 = 22129	UGC 4172 = 22510	UGC 4274 = 23040
UGC 3870 = 21099	UGC 3965 = 21581	UGC 4074 = 22134	UGC 4173 = 22783	UGC 4275 = 23017
UGC 3871 = 21119	UGC 3966 = 21585	UGC 4075 = 22153	UGC 4174 = 22528	UGC 4276 = 23018
UGC 3872 = 21109	UGC 3967 = 21616	UGC 4077 = 22096	UGC 4175 = 22531	UGC 4277 = 23069
UGC 3873 = 21100	UGC 3968 = 21636	UGC 4078 = 22640	UGC 4176 = 22575	UGC 4278 = 23071
UGC 3874 = 21110	UGC 3969 = 21580	UGC 4079 = 22175	UGC 4177 = 22542	UGC 4279 = 23181
UGC 3875 = 21142	UGC 3971 = 21638	UGC 4080 = 22268	UGC 4178 = 22541	UGC 4280 = 23103
UGC 3876 = 21120	UGC 3972 = 21693	UGC 4081 = 22144	UGC 4179 = 22539	UGC 4281 = 23111
UGC 3877 = 21116	UGC 3973 = 21618	UGC 4082 = 22162	UGC 4180 = 22565	UGC 4282 = 23244
UGC 3878 = 21230	UGC 3974 = 21600	UGC 4083 = 22185	UGC 4183 = 22554	UGC 4283 = 23093
UGC 3879 = 21136	UGC 3975 = 21698	UGC 4084 = 22151	UGC 4184 = 22555	UGC 4284 = 23110
UGC 3880 = 21144	UGC 3977 = 21648	UGC 4085 = 22186	UGC 4187 = 22674	UGC 4285 = 23064
UGC 3881 = 21162	UGC 3979 = 21684	UGC 4086 = 22143	UGC 4188 = 22609	UGC 4286 = 23089
UGC 3882 = 21174	UGC 3980 = 21628	UGC 4087 = 22176	UGC 4189 = 22581	UGC 4287 = 23086
UGC 3883 = 21122	UGC 3981 = 21666	UGC 4088 = 22198	UGC 4190 = 22585	UGC 4289 = 23160
UGC 3884 = 21154	UGC 3982 = 21659	UGC 4089 = 22140	UGC 4191 = 22596	UGC 4290 = 23247
UGC 3885 = 21195	UGC 3983 = 21664	UGC 4091 = 22137	UGC 4192 = 22618	UGC 4291 = 23117
UGC 3886 = 21207	UGC 3984 = 21712	UGC 4092 = 22219	UGC 4193 = 22644	UGC 4292 = 23360
UGC 3887 = 21168	UGC 3985 = 21665	UGC 4093 = 22232	UGC 4194 = 22734	UGC 4295 = 23223
UGC 3888 = 21187	UGC 3986 = 21657	UGC 4094 = 22252	UGC 4195 = 22695	UGC 4296 = 23147
UGC 3889 = 21289	UGC 3987 = 21654	UGC 4095 = 22271	UGC 4196 = 22661	UGC 4297 = 23770
UGC 3890 = 21547	UGC 3988 = 21680	UGC 4096 = 22188	UGC 4197 = 22611	UGC 4298 = 23152
UGC 3892 = 21197	UGC 3989 = 21691	UGC 4097 = 22270	UGC 4198 = 22621	UGC 4299 = 23169
UGC 3893 = 21257	UGC 3993 = 22202	UGC 4098 = 22301	UGC 4199 = 22763	UGC 4300 = 23170
UGC 3894 = 21258	UGC 3994 = 22213	UGC 4099 = 22205	UGC 4200 = 22670	UGC 4301 = 23173
UGC 3895 = 21201	UGC 3995 = 21673	UGC 4100 = 22751	UGC 4201 = 22678	UGC 4302 = 23235
UGC 3896 = 21220	UGC 3996 = 21676	UGC 4103 = 22471	UGC 4203 = 22641	UGC 4303 = 23184
UGC 3897 = 21273	UGC 3997 = 21688	UGC 4104 = 22295	UGC 4204 = 22710	UGC 4304 = 23193
UGC 3898 = 21288	UGC 3998 = 21675	UGC 4105 = 22246	UGC 4205 = 22698	UGC 4305 = 23324
UGC 3899 = 21244	UGC 3999 = 21711	UGC 4106 = 22260	UGC 4206 = 22758	UGC 4306 = 23239
UGC 3900 = 21237	UGC 4001 = 21756	UGC 4107 = 22279	UGC 4207 = 22681	UGC 4308 = 23232
UGC 3902 = 21276	UGC 4002 = 21733	UGC 4109 = 22235	UGC 4208 = 22677	UGC 4310 = 23225
UGC 3903 = 21261	UGC 4003 = 21758	UGC 4110 = 22325	UGC 4209 = 22707	UGC 4311 = 23271
UGC 3904 = 21280	UGC 4005 = 21710	UGC 4111 = 22327	UGC 4210 = 22693	UGC 4312 = 23256
UGC 3905 = 21322	UGC 4006 = 21713	UGC 4112 = 22266	UGC 4211 = 22680	UGC 4313 = 23313
UGC 3906 = 21381	UGC 4007 = 21755	UGC 4113 = 22297	UGC 4212 = 22724	UGC 4315 = 23266
UGC 3907 = 21291	UGC 4008 = 21767	(UGC 4114) = 22321	UGC 4213 = 22752	UGC 4316 = 23245
UGC 3908 = 21357	UGC 4010 = 21730	(UGC 4114) = 22322	UGC 4214 = 22762	UGC 4317 = 23255
UGC 3909 = 21398	UGC 4011 = 21782	UGC 4115 = 22280	UGC 4215 = 22717	UGC 4318 = 23257
UGC 3910 = 21300	UGC 4013 = 21810	UGC 4116 = 22289	UGC 4216 = 22733	UGC 4319 = 23259
UGC 3911 = 21296	UGC 4014 = 21896	UGC 4117 = 22305	UGC 4218 = 22749	UGC 4321 = 23285
UGC 3912 = 21303	UGC 4015 = 21821	UGC 4118 = 22292	UGC 4219 = 22766	UGC 4322 = 23371
UGC 3913 = 21324	UGC 4016 = 21774	UGC 4119 = 22314	UGC 4220 = 22747	UGC 4323 = 23393
UGC 3915 = 21328	UGC 4017 = 21776	UGC 4120 = 22340	UGC 4221 = 22800	UGC 4324 = 23289
UGC 3916 = 21321	UGC 4018 = 21786	UGC 4121 = 22369	UGC 4222 = 22753	UGC 4325 = 23340
UGC 3917 = 21336	UGC 4020 = 21832	UGC 4122 = 22373	UGC 4223 = 22834	UGC 4326 = 23405
UGC 3918 = 21396	UGC 4021 = 21853	UGC 4123 = 22317	UGC 4224 = 22755	UGC 4327 = 23453
UGC 3919 = 21397	UGC 4022 = 21819	UGC 4124 = 22376	UGC 4225 = 22772	UGC 4328 = 23530
UGC 3920 = 21341	UGC 4023 = 21864	UGC 4125 = 22350	UGC 4226 = 22802	UGC 4329 = 23319
UGC 3921 = 21451	UGC 4024 = 21854	UGC 4126 = 22343	UGC 4227 = 22805	UGC 4330 = 23329
UGC 3922 = 21380	UGC 4025 = 21779	UGC 4127 = 22359	UGC 4228 = 22767	UGC 4331 = 23337
UGC 3923 = 21388	UGC 4026 = 21802	UGC 4128 = 22438	UGC 4229 = 22816	UGC 4332 = 23355
UGC 3924 = 21356	UGC 4027 = 21860	UGC 4131 = 22378	UGC 4231 = 22778	UGC 4334 = 23362
UGC 3925 = 21358	UGC 4028 = 21971	UGC 4132 = 22381	UGC 4232 = 22803	UGC 4335 = 23412
UGC 3926 = 21372	UGC 4029 = 21847	UGC 4133 = 22428	UGC 4234 = 22838	UGC 4336 = 23351
UGC 3927 = 21417	UGC 4031 = 21849	UGC 4134 = 22440	UGC 4235 = 22866	UGC 4337 = 23367
UGC 3930 = 21399	UGC 4032 = 21857	UGC 4135 = 22383	UGC 4236 = 22830	UGC 4338 = 23422

RC3   690   UGC

UGC 4340	= 23385	UGC 4443	= 23855	UGC 4557	= 24907	UGC 4657	= 24982	UGC 4758	= 25489
UGC 4341	= 23383	UGC 4444	= 23852	UGC 4558	= 24532	UGC 4658	= 24996	UGC 4759	= 25676
UGC 4342	= 23407	UGC 4445	= 23913	UGC 4559	= 24530	UGC 4659	= 25012	UGC 4760	= 25496
UGC 4343	= 23380	UGC 4446	= 23878	UGC 4560	= 24572	UGC 4660	= 25001	UGC 4761	= 25497
UGC 4344	= 23391	UGC 4447	= 23885	UGC 4562	= 24575	UGC 4662	= 25024	UGC 4762	= 25521
UGC 4345	= 23395	UGC 4448	= 24015	UGC 4563	= 24731	UGC 4663	= 24999	UGC 4763	= 25508
UGC 4346	= 23409	UGC 4450	= 23910	UGC 4565	= 24548	UGC 4664	= 25020	UGC 4764	= 25512
UGC 4347	= 23404	UGC 4452	= 23900	UGC 4566	= 24758	UGC 4666	= 25065	UGC 4767	= 25524
UGC 4348	= 24001	UGC 4453	= 23917	UGC 4567	= 24566	UGC 4667	= 25021	UGC 4769	= 25525
UGC 4349	= 23410	UGC 4455	= 23918	UGC 4568	= 24567	UGC 4668	= 25086	UGC 4770	= 25533
UGC 4350	= 23421	UGC 4456	= 23936	UGC 4569	= 24682	UGC 4669	= 25035	UGC 4771	= 25547
UGC 4353	= 23506	UGC 4457	= 23935	UGC 4570	= 24594	UGC 4670	= 25085	UGC 4772	= 25523
UGC 4354	= 23443	UGC 4458	= 23941	UGC 4571	= 24573	UGC 4671	= 25130	UGC 4773	= 25535
UGC 4355	= 23441	UGC 4459	= 24050	UGC 4572	= 24620	UGC 4673	= 25081	UGC 4774	= 25545
UGC 4356	= 23447	UGC 4460	= 23940	UGC 4573	= 24595	UGC 4674	= 25144	UGC 4775	= 25649
UGC 4357	= 23499	UGC 4461	= 23996	UGC 4574	= 24723	UGC 4675	= 25142	UGC 4776	= 25837
UGC 4359	= 23604	UGC 4463	= 24602	UGC 4575	= 24621	UGC 4676	= 25147	UGC 4777	= 25562
UGC 4360	= 23652	UGC 4464	= 23978	UGC 4576	= 24711	UGC 4677	= 25113	UGC 4778	= 25600
UGC 4361	= 23465	UGC 4465	= 23993	UGC 4577	= 24722	UGC 4678	= 25134	UGC 4779	= 25640
UGC 4362	= 23608	UGC 4466	= 24200	UGC 4578	= 24641	UGC 4679	= 25154	UGC 4780	= 25561
UGC 4363	= 23618	UGC 4467	= 23973	UGC 4579	= 24640	UGC 4680	= 25102	UGC 4781	= 25556
UGC 4364	= 23480	UGC 4468	= 24002	UGC 4580	= 24654	UGC 4682	= 25708	UGC 4782	= 25571
UGC 4365	= 23483	UGC 4469	= 23998	UGC 4581	= 24749	UGC 4683	= 25185	UGC 4785	= 25609
UGC 4366	= 23474	UGC 4472	= 24231	UGC 4582	= 24629	UGC 4684	= 25128	UGC 4786	= 25596
UGC 4367	= 23498	UGC 4473	= 24038	UGC 4583	= 24747	UGC 4685	= 25145	UGC 4787	= 25644
UGC 4368	= 23501	UGC 4474	= 24497	UGC 4584	= 24632	UGC 4686	= 25175	UGC 4789	= 25670
UGC 4370	= 23485	UGC 4475	= 24082	UGC 4585	= 24760	UGC 4687	= 25227	UGC 4790	= 25683
UGC 4371	= 23512	UGC 4478	= 24108	UGC 4586	= 24787	UGC 4688	= 25164	UGC 4791	= 25646
UGC 4372	= 23495	UGC 4481	= 24071	UGC 4587	= 24688	UGC 4690	= 25194	UGC 4792	= 25673
UGC 4373	= 23513	UGC 4482	= 24104	UGC 4588	= 24656	UGC 4691	= 25161	UGC 4794	= 25690
UGC 4374	= 23504	UGC 4483	= 24213	UGC 4589	= 24669	UGC 4692	= 25172	UGC 4795	= 25718
UGC 4375	= 23522	UGC 4484	= 24111	UGC 4591	= 24674	UGC 4693	= 25243	UGC 4796	= 25757
UGC 4376	= 23611	UGC 4489	= 24129	UGC 4592	= 24673	UGC 4694	= 25181	UGC 4797	= 25679
UGC 4377	= 23617	UGC 4490	= 24206	UGC 4593	= 24775	UGC 4695	= 25237	UGC 4798	= 25726
UGC 4380	= 23598	UGC 4491	= 24152	UGC 4594	= 24665	UGC 4696	= 25235	UGC 4800	= 25781
UGC 4381	= 23519	UGC 4492	= 24156	UGC 4595	= 24678	UGC 4697	= 25275	UGC 4801	= 25735
(UGC 4383)	= 23546	UGC 4494	= 24166	UGC 4596	= 24680	UGC 4698	= 25210	UGC 4802	= 25698
(UGC 4383)	= 23542	UGC 4495	= 24281	UGC 4597	= 24698	UGC 4699	= 25220	UGC 4803	= 25836
UGC 4384	= 23552	UGC 4498	= 24230	UGC 4599	= 24699	UGC 4700	= 25224	UGC 4804	= 25717
UGC 4385	= 23559	UGC 4499	= 24242	UGC 4600	= 24728	UGC 4701	= 25371	UGC 4806	= 25806
UGC 4386	= 23567	UGC 4500	= 24341	UGC 4602	= 24710	UGC 4702	= 25226	UGC 4807	= 25845
UGC 4387	= 23609	UGC 4501	= 24233	UGC 4603	= 24817	UGC 4703	= 25205	UGC 4808	= 25858
UGC 4388	= 23599	UGC 4502	= 24360	UGC 4604	= 24838	UGC 4704	= 25232	UGC 4809	= 25780
UGC 4390	= 23731	UGC 4503	= 24235	UGC 4605	= 24784	UGC 4705	= 25258	UGC 4810	= 25821
UGC 4391	= 23630	UGC 4504	= 24244	UGC 4606	= 24721	UGC 4706	= 25283	UGC 4811	= 25783
UGC 4392	= 23616	UGC 4507	= 24309	UGC 4607	= 24726	UGC 4707	= 25225	UGC 4813	= 25852
UGC 4393	= 23660	UGC 4508	= 24253	UGC 4608	= 24748	UGC 4708	= 25248	UGC 4814	= 25847
UGC 4394	= 23646	UGC 4509	= 24288	UGC 4610	= 24743	UGC 4709	= 25251	UGC 4815	= 25825
UGC 4395	= 23643	UGC 4510	= 24397	UGC 4611	= 24771	UGC 4710	= 25238	UGC 4816	= 25870
UGC 4397	= 23781	UGC 4511	= 24299	UGC 4612	= 25240	UGC 4713	= 25290	UGC 4817	= 25875
UGC 4398	= 23719	UGC 4512	= 24348	UGC 4613	= 24762	UGC 4714	= 25427	UGC 4818	= 25999
UGC 4399	= 23662	UGC 4514	= 24351	UGC 4614	= 24788	UGC 4716	= 25282	UGC 4819	= 25937
UGC 4400	= 23661	UGC 4515	= 24372	UGC 4616	= 24791	UGC 4717	= 25305	UGC 4820	= 25861
UGC 4401	= 23691	UGC 4516	= 24410	UGC 4617	= 24796	UGC 4718	= 25281	UGC 4821	= 25915
UGC 4402	= 23673	UGC 4519	= 24381	UGC 4619	= 24790	UGC 4719	= 25308	UGC 4822	= 25874
UGC 4403	= 23668	UGC 4521	= 24399	UGC 4620	= 24792	UGC 4720	= 25287	UGC 4823	= 25876
UGC 4404	= 23684	UGC 4522	= 24455	UGC 4621	= 24829	UGC 4721	= 25269	UGC 4824	= 25910
UGC 4405	= 23685	UGC 4523	= 24473	UGC 4622	= 24833	UGC 4722	= 25292	UGC 4825	= 26018
UGC 4406	= 23688	UGC 4524	= 24374	UGC 4623	= 24947	UGC 4723	= 25280	UGC 4827	= 25892
UGC 4408	= 23692	UGC 4525	= 24423	UGC 4624	= 24839	UGC 4724	= 25301	UGC 4828	= 25895
UGC 4409	= 23695	UGC 4526	= 24400	UGC 4625	= 24830	UGC 4725	= 25318	UGC 4829	= 25917
UGC 4411	= 23701	UGC 4527	= 24539	UGC 4626	= 24865	UGC 4726	= 25331	UGC 4830	= 25902
UGC 4413	= 23840	UGC 4528	= 24403	UGC 4627	= 24881	UGC 4727	= 25369	UGC 4831	= 25911
UGC 4414	= 23700	UGC 4529	= 24428	UGC 4628	= 24887	UGC 4728	= 25311	UGC 4834	= 25919
UGC 4415	= 23741	UGC 4530	= 24442	UGC 4629	= 24909	UGC 4729	= 25309	UGC 4836	= 26007
UGC 4416	= 23705	UGC 4531	= 24438	UGC 4630	= 24970	UGC 4730	= 25370	UGC 4837	= 25940
UGC 4417	= 23750	UGC 4532	= 24431	UGC 4631	= 24877	UGC 4731	= 25328	UGC 4838	= 25946
UGC 4418	= 23717	UGC 4533	= 24425	UGC 4632	= 24884	UGC 4732	= 25332	UGC 4839	= 25923
UGC 4419	= 23714	UGC 4534	= 24453	UGC 4633	= 24908	UGC 4733	= 25341	UGC 4840	= 25955
UGC 4420	= 23805	UGC 4535	= 24501	UGC 4634	= 24978	UGC 4736	= 25464	UGC 4841	= 26071
UGC 4421	= 23711	UGC 4536	= 24510	UGC 4636	= 24895	UGC 4737	= 25352	UGC 4842	= 25954
UGC 4422	= 23725	UGC 4537	= 24470	UGC 4637	= 25069	UGC 4738	= 25360	UGC 4843	= 25967
UGC 4423	= 23886	UGC 4538	= 24520	UGC 4638	= 24889	UGC 4740	= 25374	UGC 4844	= 25976
UGC 4424	= 23748	UGC 4539	= 24529	UGC 4639	= 24902	UGC 4741	= 25376	UGC 4845	= 25956
UGC 4425	= 23753	UGC 4540	= 24457	UGC 4640	= 24893	UGC 4742	= 25383	UGC 4846	= 26015
UGC 4426	= 23769	UGC 4541	= 24464	UGC 4641	= 24930	UGC 4743	= 25384	UGC 4847	= 26154
UGC 4427	= 23812	UGC 4542	= 24475	UGC 4642	= 24940	UGC 4744	= 25399	UGC 4849	= 25977
UGC 4428	= 23838	UGC 4543	= 24493	UGC 4643	= 24929	UGC 4745	= 25405	UGC 4850	= 25972
UGC 4429	= 23788	UGC 4544	= 24506	UGC 4644	= 25138	UGC 4746	= 25406	UGC 4851	= 26000
UGC 4430	= 23749	UGC 4545	= 24476	UGC 4645	= 24961	UGC 4747	= 25423	UGC 4852	= 26195
UGC 4431	= 23752	UGC 4546	= 24517	UGC 4646	= 25451	UGC 4748	= 25426	UGC 4853	= 25973
UGC 4432	= 23755	UGC 4548	= 24485	UGC 4647	= 24926	UGC 4749	= 25473	UGC 4854	= 25985
UGC 4433	= 23774	UGC 4549	= 24545	UGC 4648	= 24963	UGC 4750	= 25498	UGC 4855	= 26002
UGC 4434	= 23798	UGC 4550	= 24490	UGC 4650	= 24964	UGC 4751	= 25453	UGC 4856	= 26012
UGC 4436	= 23843	UGC 4551	= 24528	UGC 4651	= 24944	UGC 4752	= 25454	UGC 4857	= 25986
UGC 4437	= 23845	UGC 4552	= 24492	UGC 4652	= 24948	UGC 4753	= 25472	UGC 4858	= 25996
UGC 4438	= 23850	UGC 4553	= 24499	UGC 4653	= 24981	UGC 4754	= 25450	UGC 4859	= 26013
UGC 4439	= 23816	UGC 4554	= 24509	UGC 4654	= 25009	UGC 4755	= 25467	UGC 4861	= 26008
UGC 4441	= 23860	UGC 4555	= 24531	UGC 4655	= 24960	UGC 4756	= 25476	UGC 4862	= 26034
UGC 4442	= 23880	UGC 4556	= 24540	UGC 4656	= 24980	UGC 4757	= 25480	UGC 4863	= 26048

RC3   691   UGC

UGC 4864	= 26037	UGC 4968	= 26471	UGC 5067	= 27079	UGC 5183	= 27777	UGC 5287	= 28390
UGC 4866	= 26058	UGC 4969	= 26482	UGC 5069	= 26998	UGC 5184	= 27789	UGC 5288	= 28378
UGC 4867	= 26068	UGC 4970	= 26495	UGC 5070	= 27023	UGC 5185	= 27780	UGC 5290	= 28420
UGC 4869	= 26055	UGC 4971	= 26501	UGC 5072	= 27047	UGC 5186	= 27785	UGC 5291	= 28414
UGC 4870	= 26082	UGC 4972	= 26504	UGC 5073	= 27111	UGC 5187	= 27792	UGC 5292	= 28424
UGC 4871	= 26083	UGC 4973	= 26543	UGC 5074	= 27064	UGC 5188	= 27879	UGC 5295	= 28470
UGC 4872	= 26086	UGC 4974	= 26520	UGC 5075	= 27049	UGC 5189	= 27784	UGC 5296	= 28489
UGC 4874	= 26104	UGC 4975	= 26541	UGC 5076	= 27091	UGC 5190	= 27800	UGC 5297	= 28452
UGC 4875	= 26089	UGC 4976	= 26538	UGC 5077	= 27108	UGC 5191	= 27813	UGC 5299	= 28463
UGC 4876	= 26100	UGC 4978	= 26517	UGC 5078	= 27059	UGC 5192	= 27796	UGC 5301	= 28495
UGC 4878	= 26108	UGC 4979	= 26540	UGC 5079	= 27077	UGC 5193	= 27830	UGC 5302	= 28563
UGC 4879	= 26142	UGC 4980	= 26528	UGC 5081	= 27074	UGC 5194	= 27826	UGC 5303	= 28485
UGC 4880	= 26101	UGC 4981	= 26639	UGC 5084	= 27114	UGC 5195	= 27803	UGC 5304	= 28487
UGC 4883	= 26284	UGC 4982	= 26563	UGC 5086	= 27115	UGC 5197	= 27843	UGC 5306	= 28542
UGC 4884	= 26127	UGC 4983	= 26553	UGC 5087	= 27121	UGC 5198	= 27860	UGC 5307	= 28498
UGC 4885	= 26140	UGC 4984	= 26599	UGC 5089	= 27154	UGC 5199	= 27859	UGC 5308	= 28502
UGC 4886	= 26139	UGC 4985	= 26542	UGC 5090	= 27169	UGC 5200	= 27838	UGC 5310	= 28703
UGC 4887	= 26143	UGC 4986	= 26571	UGC 5091	= 27166	UGC 5201	= 27893	UGC 5311	= 28517
UGC 4888	= 26295	UGC 4987	= 26580	UGC 5092	= 27159	UGC 5202	= 27939	UGC 5312	= 28520
UGC 4890	= 26150	UGC 4988	= 26575	UGC 5094	= 27190	UGC 5203	= 28098	UGC 5313	= 28533
UGC 4893	= 26178	UGC 4989	= 26556	UGC 5095	= 27184	UGC 5205	= 27875	UGC 5314	= 28531
UGC 4894	= 26189	UGC 4990	= 26642	UGC 5096	= 27185	UGC 5206	= 32032	UGC 5315	= 28551
UGC 4895	= 26197	UGC 4992	= 26625	UGC 5097	= 27192	UGC 5207	= 27944	UGC 5316	= 28636
UGC 4896	= 26289	UGC 4994	= 26606	UGC 5098	= 27207	UGC 5208	= 27925	UGC 5318	= 28630
UGC 4897	= 26177	UGC 4995	= 26631	UGC 5099	= 27216	UGC 5209	= 27935	UGC 5319	= 28670
UGC 4898	= 26181	UGC 4996	= 26576	UGC 5100	= 27219	UGC 5210	= 28018	UGC 5320	= 28557
UGC 4899	= 26183	UGC 4997	= 26648	UGC 5101	= 27292	UGC 5213	= 27926	UGC 5321	= 28581
UGC 4900	= 26173	UGC 4998	= 26705	UGC 5102	= 27232	UGC 5214	= 27954	UGC 5322	= 28655
UGC 4901	= 26196	UGC 4999	= 26607	UGC 5103	= 27244	UGC 5215	= 27946	UGC 5325	= 28590
UGC 4902	= 26218	UGC 5000	= 26666	UGC 5104	= 27254	UGC 5216	= 27959	UGC 5326	= 28623
UGC 4903	= 26224	UGC 5001	= 26649	UGC 5105	= 27261	UGC 5217	= 27987	UGC 5327	= 28672
UGC 4905	= 26232	UGC 5002	= 26650	UGC 5107	= 27248	UGC 5218	= 27968	UGC 5328	= 28617
UGC 4906	= 26246	UGC 5003	= 26643	UGC 5108	= 27266	UGC 5219	= 27993	UGC 5329	= 28631
UGC 4907	= 26209	UGC 5004	= 26663	UGC 5110	= 27386	UGC 5220	= 27981	UGC 5331	= 28645
UGC 4908	= 26225	UGC 5005	= 26659	UGC 5111	= 27358	UGC 5221	= 28120	UGC 5332	= 28641
UGC 4909	= 26238	UGC 5006	= 26669	UGC 5112	= 27282	UGC 5222	= 28155	UGC 5334	= 28662
UGC 4910	= 26220	UGC 5007	= 26685	UGC 5113	= 27362	UGC 5223	= 27998	UGC 5335	= 28682
UGC 4912	= 26235	UGC 5009	= 26673	UGC 5114	= 27597	UGC 5224	= 27997	UGC 5336	= 28757
UGC 4914	= 26341	UGC 5010	= 26690	UGC 5115	= 27473	UGC 5225	= 28045	UGC 5337	= 28674
UGC 4915	= 26234	UGC 5011	= 26714	UGC 5118	= 27361	UGC 5226	= 28009	UGC 5338	= 28680
UGC 4916	= 26252	UGC 5012	= 26711	UGC 5119	= 27383	UGC 5227	= 28054	UGC 5340	= 28714
UGC 4917	= 26283	UGC 5013	= 26766	UGC 5121	= 27371	UGC 5228	= 28010	UGC 5341	= 28700
UGC 4919	= 26282	UGC 5014	= 26727	UGC 5122	= 27385	UGC 5229	= 28026	UGC 5342	= 28707
UGC 4920	= 26302	UGC 5015	= 26741	UGC 5123	= 27379	UGC 5230	= 28033	UGC 5343	= 28716
UGC 4921	= 26294	UGC 5016	= 26759	UGC 5125	= 27400	UGC 5231	= 28099	UGC 5344	= 28736
UGC 4922	= 26304	UGC 5017	= 26721	UGC 5126	= 27398	UGC 5232	= 28069	UGC 5345	= 28764
UGC 4923	= 26258	UGC 5018	= 26733	UGC 5127	= 27416	UGC 5233	= 28079	UGC 5346	= 28770
UGC 4924	= 26274	UGC 5020	= 26752	UGC 5128	= 27832	UGC 5234	= 28081	UGC 5347	= 28741
UGC 4925	= 26287	UGC 5021	= 26740	UGC 5129	= 27437	UGC 5235	= 28088	UGC 5348	= 28789
UGC 4926	= 26300	UGC 5022	= 26739	UGC 5130	= 27422	UGC 5236	= 28095	UGC 5349	= 28795
UGC 4927	= 26323	UGC 5023	= 26750	UGC 5131	= 27423	UGC 5237	= 28126	UGC 5350	= 28796
UGC 4928	= 26329	UGC 5024	= 26841	UGC 5133	= 27472	UGC 5238	= 28087	UGC 5351	= 28805
UGC 4929	= 26381	UGC 5025	= 26753	UGC 5134	= 27451	UGC 5239	= 28122	UGC 5352	= 28800
UGC 4930	= 26338	UGC 5026	= 26785	UGC 5136	= 27482	UGC 5240	= 28128	UGC 5353	= 28815
UGC 4931	= 26310	UGC 5027	= 26762	UGC 5138	= 27477	UGC 5241	= 28166	UGC 5354	= 28830
UGC 4932	= 26351	UGC 5028	= 26849	UGC 5139	= 27605	UGC 5242	= 28101	UGC 5355	= 28809
UGC 4933	= 26330	UGC 5029	= 26864	UGC 5140	= 27527	UGC 5243	= 28182	UGC 5356	= 28846
UGC 4934	= 26363	UGC 5030	= 26781	UGC 5141	= 27518	UGC 5244	= 28197	UGC 5357	= 28818
UGC 4935	= 26340	UGC 5032	= 26787	UGC 5142	= 27504	UGC 5245	= 28136	UGC 5358	= 28821
UGC 4936	= 26410	UGC 5033	= 26871	UGC 5143	= 27521	UGC 5247	= 28225	UGC 5359	= 28828
UGC 4937	= 26489	UGC 5034	= 26856	UGC 5144	= 27533	UGC 5248	= 28159	UGC 5360	= 28833
UGC 4938	= 26335	UGC 5035	= 26803	(UGC 5146)	= 27546	UGC 5249	= 28148	UGC 5364	= 28868
UGC 4939	= 26346	UGC 5036	= 26822	(UGC 5146)	= 27547	UGC 5250	= 28196	UGC 5365	= 28852
UGC 4940	= 26368	UGC 5038	= 26817	UGC 5147	= 27549	UGC 5251	= 28186	UGC 5366	= 28888
UGC 4941	= 26371	UGC 5040	= 26833	UGC 5148	= 27558	UGC 5253	= 28316	(UGC 5367)	= 28904
(UGC 4942)	= 26376	UGC 5040A	= 26826	UGC 5149	= 27570	UGC 5258	= 28248	UGC 5369	= 28928
(UGC 4942)	= 26377	UGC 5042	= 26904	UGC 5151	= 27602	UGC 5259	= 28259	UGC 5371	= 28897
UGC 4943	= 26390	UGC 5043	= 26854	UGC 5153	= 27662	UGC 5260	= 28328	UGC 5372	= 28910
UGC 4944	= 26472	(UGC 5044)	= 26844	UGC 5155	= 27600	UGC 5261	= 28240	UGC 5373	= 28913
UGC 4945	= 26522	(UGC 5044)	= 26842	UGC 5156	= 27615	UGC 5262	= 28270	UGC 5374	= 28974
UGC 4946	= 26357	UGC 5045	= 26873	UGC 5157	= 27641	UGC 5264	= 28303	UGC 5375	= 29046
UGC 4947	= 26382	UGC 5046	= 26869	UGC 5159	= 27619	UGC 5265	= 28258	UGC 5376	= 28939
UGC 4949	= 26397	UGC 5047	= 26899	UGC 5160	= 27620	UGC 5266	= 28269	UGC 5377	= 28947
UGC 4950	= 26403	UGC 5048	= 26895	UGC 5161	= 27637	UGC 5267	= 28274	UGC 5378	= 28949
UGC 4951	= 26492	UGC 5049	= 26903	UGC 5162	= 27636	UGC 5268	= 28353	UGC 5379	= 29059
UGC 4952	= 26469	UGC 5050	= 27026	UGC 5164	= 27630	UGC 5269	= 28272	UGC 5380	= 28946
UGC 4953	= 26412	UGC 5051	= 26939	UGC 5165	= 27643	UGC 5271	= 28296	UGC 5382	= 28984
UGC 4954	= 26514	UGC 5052	= 27027	UGC 5166	= 27666	UGC 5272	= 28317	UGC 5383	= 28964
UGC 4955	= 26409	UGC 5053	= 26959	UGC 5167	= 27635	UGC 5274	= 28310	UGC 5385	= 28989
UGC 4956	= 26398	UGC 5054	= 26909	UGC 5168	= 27645	UGC 5275	= 28324	UGC 5386	= 29092
UGC 4957	= 26407	UGC 5055	= 26929	UGC 5171	= 27665	UGC 5276	= 28341	UGC 5387	= 29050
UGC 4959	= 26418	UGC 5056	= 26932	UGC 5172	= 27709	UGC 5277	= 28401	UGC 5389	= 29030
UGC 4960	= 26445	UGC 5058	= 27029	UGC 5173	= 27681	UGC 5278	= 28343	UGC 5390	= 29009
UGC 4961	= 26498	UGC 5059	= 26966	UGC 5175	= 27845	UGC 5279	= 28351	UGC 5391	= 29034
UGC 4962	= 26431	UGC 5060	= 26979	UGC 5176	= 27765	UGC 5280	= 28357	UGC 5392	= 29028
UGC 4963	= 26433	UGC 5061	= 27041	UGC 5178	= 27716	UGC 5282	= 28370	UGC 5393	= 29036
UGC 4964	= 26443	UGC 5062	= 26982	UGC 5179	= 27788	UGC 5283	= 28383	UGC 5394	= 29043
UGC 4965	= 26461	UGC 5063	= 27000	UGC 5180	= 27723	UGC 5284	= 28352	UGC 5395	= 29024
UGC 4966	= 26512	UGC 5065	= 26974	UGC 5181	= 27734	UGC 5285	= 28368	UGC 5396	= 29032
UGC 4967	= 26579	UGC 5066	= 27016	UGC 5182	= 27753	UGC 5286	= 28366	UGC 5397	= 29067

RC3 692 UGC

UGC	5398	= 29146	UGC	5501	= 29714	UGC	5606	= 30363	UGC	5720	= 31141	UGC	5830	= 31917
UGC	5399	= 29057	UGC	5502	= 29745	UGC	5607	= 30364	UGC	5721	= 31122	UGC	5832	= 31930
UGC	5400	= 29061	UGC	5503	= 29730	UGC	5608	= 30382	UGC	5723	= 31117	UGC	5833	= 31945
UGC	5401	= 29082	UGC	5504	= 29746	UGC	5609	= 30510	UGC	5725	= 31198	UGC	5834	= 31997
UGC	5402	= 29271	UGC	5505	= 29747	UGC	5610	= 30377	UGC	5726	= 31130	UGC	5836	= 31947
UGC	5403	= 29085	UGC	5506	= 29749	UGC	5611	= 30413	UGC	5727	= 31192	UGC	5837	= 32059
UGC	5404	= 29296	UGC	5508	= 29852	UGC	5612	= 30484	UGC	5728	= 31287	UGC	5838	= 31959
UGC	5405	= 29142	UGC	5509	= 29802	UGC	5613	= 30449	UGC	5729	= 31151	UGC	5839	= 31965
UGC	5406	= 29172	UGC	5510	= 29800	UGC	5614	= 30462	UGC	5730	= 31159	UGC	5840	= 31968
UGC	5408	= 29177	UGC	5511	= 29822	UGC	5616	= 30430	UGC	5731	= 31166	UGC	5841	= 32081
UGC	5409	= 29126	UGC	5512	= 29798	UGC	5617	= 30440	UGC	5732	= 31278	UGC	5842	= 31982
UGC	5410	= 29174	UGC	5514	= 29813	UGC	5619	= 30444	UGC	5734	= 31269	UGC	5844	= 31996
UGC	5411	= 29127	UGC	5515	= 29807	UGC	5620	= 30445	UGC	5735	= 31235	UGC	5846	= 32048
UGC	5412	= 29174	UGC	5516	= 29814	UGC	5621	= 30453	UGC	5736	= 31236	UGC	5847	= 31993
UGC	5413	= 29156	UGC	5517	= 29846	UGC	5622	= 30459	UGC	5737	= 31241	UGC	5848	= 32041
UGC	5414	= 29186	UGC	5518	= 29851	UGC	5623	= 30468	UGC	5738	= 31285	UGC	5849	= 31998
UGC	5417	= 29206	UGC	5519	= 29949	UGC	5624	= 30463	UGC	5739	= 31275	UGC	5850	= 32007
UGC	5418	= 29220	UGC	5520	= 29919	UGC	5626	= 30513	UGC	5740	= 31307	UGC	5851	= 32025
UGC	5419	= 29196	UGC	5521	= 29824	UGC	5628	= 30496	UGC	5741	= 31302	UGC	5852	= 32021
UGC	5420	= 29188	UGC	5522	= 29835	UGC	5629	= 30493	UGC	5742	= 31311	UGC	5853	= 32069
UGC	5421	= 29229	UGC	5524	= 29865	UGC	5631	= 30569	UGC	5743	= 31306	UGC	5854	= 32121
UGC	5422	= 29237	UGC	5525	= 29855	UGC	5632	= 30526	UGC	5744	= 31331	UGC	5854A	= 32032
UGC	5423	= 29284	UGC	5527	= 29928	UGC	5633	= 30531	UGC	5745	= 31304	UGC	5855	= 32055
UGC	5424	= 29205	UGC	5528	= 29889	UGC	5634	= 30631	UGC	5746	= 31336	UGC	5856	= 32071
UGC	5425	= 29209	UGC	5529	= 29924	UGC	5635	= 30553	UGC	5747	= 31376	UGC	5857	= 32078
UGC	5426	= 29212	UGC	5532	= 30019	UGC	5636	= 30562	UGC	5749	= 31379	UGC	5858	= 32072
UGC	5427	= 29230	UGC	5533	= 29943	UGC	5637	= 30560	UGC	5750	= 31386	UGC	5859	= 32084
UGC	5428	= 29257	UGC	5534	= 29983	UGC	5638	= 30584	UGC	5751	= 31388	UGC	5860	= 32103
UGC	5429	= 29247	UGC	5535	= 29957	UGC	5639	= 30595	UGC	5752	= 31446	UGC	5861	= 32087
UGC	5430	= 29261	UGC	5536	= 30001	UGC	5640	= 30610	UGC	5753	= 31428	UGC	5863	= 32143
UGC	5431	= 29253	UGC	5537	= 29956	UGC	5641	= 30600	UGC	5756	= 31429	UGC	5865	= 32086
UGC	5432	= 29249	UGC	5538	= 30064	UGC	5642	= 30604	UGC	5757	= 31621	UGC	5866	= 32089
UGC	5433	= 29258	UGC	5539	= 29969	UGC	5643	= 30813	UGC	5758	= 31427	UGC	5867	= 32088
UGC	5434	= 29266	UGC	5540	= 29997	UGC	5644	= 30616	UGC	5759	= 31457	UGC	5868	= 32123
UGC	5436	= 29277	UGC	5541	= 30018	UGC	5645	= 30737	UGC	5760	= 31435	UGC	5869	= 32119
UGC	5437	= 29291	UGC	5542	= 30027	UGC	5646	= 30630	UGC	5761	= 31442	UGC	5870	= 32134
UGC	5438	= 29684	UGC	5543	= 29995	UGC	5649	= 30686	UGC	5763	= 31474	UGC	5872	= 32149
UGC	5440	= 29295	UGC	5544	= 30010	UGC	5650	= 30680	UGC	5764	= 31477	UGC	5873	= 32183
UGC	5441	= 29338	UGC	5545	= 30031	UGC	5651	= 30659	UGC	5765	= 31560	UGC	5875	= 32216
UGC	5442	= 29388	UGC	5546	= 30036	UGC	5652	= 30655	UGC	5766	= 31472	UGC	5876	= 32182
UGC	5445	= 29340	UGC	5547	= 30014	UGC	5653	= 30670	UGC	5767	= 31497	UGC	5878	= 32153
UGC	5446	= 29365	UGC	5548	= 30013	UGC	5654	= 30669	UGC	5771	= 31539	UGC	5879	= 32204
UGC	5448	= 29372	UGC	5549	= 30044	UGC	5656	= 30694	UGC	5772	= 31503	UGC	5880	= 32178
UGC	5449	= 29460	UGC	5551	= 30042	UGC	5659	= 30840	UGC	5773	= 31508	UGC	5881	= 32188
UGC	5450	= 29387	UGC	5552	= 30052	UGC	5661	= 30684	UGC	5774	= 31528	UGC	5882	= 32192
UGC	5451	= 29427	UGC	5553	= 30084	UGC	5662	= 30714	UGC	5775	= 31545	UGC	5883	= 32221
UGC	5452	= 29415	UGC	5554	= 30059	UGC	5663	= 30744	UGC	5776	= 31601	UGC	5884	= 32206
UGC	5453	= 29408	UGC	5555	= 30078	UGC	5666	= 30819	UGC	5777	= 31572	UGC	5885	= 32208
UGC	5454	= 29413	UGC	5556	= 30068	UGC	5668	= 30795	UGC	5779	= 31559	UGC	5886	= 32196
UGC	5455	= 29506	UGC	5557	= 30087	UGC	5669	= 30776	UGC	5780	= 31567	UGC	5887	= 32207
UGC	5456	= 29428	UGC	5558	= 30094	UGC	5670	= 30780	UGC	5781	= 31594	UGC	5888	= 32248
UGC	5458	= 29435	UGC	5559	= 30083	UGC	5671	= 30853	UGC	5783	= 31604	UGC	5889	= 32226
UGC	5459	= 29472	UGC	5561	= 30090	UGC	5672	= 30818	UGC	5784	= 31608	UGC	5890	= 32314
UGC	5460	= 29469	UGC	5562	= 30099	UGC	5674	= 30829	UGC	5785	= 31630	UGC	5891	= 32231
UGC	5461	= 29459	UGC	5563	= 30120	UGC	5675	= 30831	UGC	5786	= 31650	UGC	5892	= 32234
UGC	5462	= 29474	UGC	5564	= 30153	UGC	5676	= 30871	UGC	5787	= 31634	UGC	5893	= 32244
UGC	5464	= 29468	UGC	5565	= 30136	UGC	5677	= 30832	UGC	5788	= 31651	UGC	5894	= 32243
UGC	5465	= 29465	UGC	5567	= 30147	UGC	5678	= 30839	UGC	5789	= 31671	UGC	5895	= 32245
UGC	5466	= 29484	UGC	5568	= 30176	UGC	5679	= 30856	UGC	5791	= 31697	UGC	5896	= 32235
UGC	5467	= 29478	UGC	5569	= 30183	UGC	5680	= 30898	UGC	5792	= 31673	UGC	5897	= 32251
UGC	5468	= 29475	UGC	5570	= 30229	UGC	5681	= 30855	UGC	5794	= 31708	UGC	5898	= 32259
UGC	5469	= 29482	UGC	5571	= 30187	UGC	5682	= 31027	UGC	5795	= 31689	UGC	5899	= 32249
UGC	5470	= 29488	UGC	5572	= 30197	UGC	5684	= 30892	UGC	5796	= 31691	UGC	5901	= 32266
UGC	5471	= 29499	UGC	5573	= 30178	UGC	5685	= 30895	UGC	5797	= 31693	UGC	5902	= 32256
UGC	5472	= 29496	UGC	5574	= 30182	UGC	5686	= 30998	UGC	5798	= 31720	UGC	5903	= 32264
UGC	5474	= 29526	UGC	5575	= 30188	UGC	5687	= 30885	UGC	5799	= 31701	UGC	5904	= 32321
UGC	5475	= 29550	UGC	5576	= 30247	UGC	5688	= 30993	UGC	5800	= 31712	UGC	5905	= 32278
UGC	5476	= 29539	UGC	5577	= 30206	UGC	5689	= 31011	UGC	5802	= 31725	UGC	5906	= 32287
UGC	5477	= 29536	UGC	5578	= 30217	UGC	5690	= 30903	UGC	5803	= 31729	UGC	5907	= 32337
UGC	5478	= 29549	UGC	5579	= 30240	UGC	5692	= 30997	UGC	5804	= 31758	UGC	5908	= 32285
UGC	5479	= 29584	UGC	5580	= 30214	UGC	5695	= 30928	UGC	5805	= 31762	UGC	5909	= 32302
UGC	5480	= 29595	UGC	5581	= 30236	UGC	5696	= 30935	UGC	5806	= 31782	UGC	5910	= 32307
UGC	5481	= 29567	UGC	5582	= 30323	UGC	5698	= 30971	UGC	5807	= 31768	UGC	5911	= 32292
UGC	5482	= 29603	UGC	5584	= 30242	UGC	5700	= 31036	UGC	5808	= 31771	UGC	5912	= 32305
UGC	5483	= 29576	UGC	5585	= 30254	UGC	5701	= 31098	UGC	5809	= 31838	UGC	5913	= 32293
UGC	5484	= 29615	UGC	5587	= 30267	UGC	5703	= 31003	UGC	5810	= 31789	UGC	5914	= 32306
UGC	5486	= 29646	UGC	5588	= 30263	UGC	5704	= 30978	UGC	5812	= 31801	UGC	5915	= 32342
UGC	5487	= 29614	UGC	5589	= 30322	UGC	5705	= 31029	UGC	5813	= 31817	UGC	5916	= 32325
UGC	5488	= 29632	UGC	5590	= 30283	UGC	5706	= 31032	UGC	5817	= 31845	UGC	5917	= 32343
UGC	5489	= 29631	UGC	5592	= 30305	UGC	5707	= 31040	UGC	5818	= 31834	UGC	5918	= 32405
UGC	5490	= 29683	UGC	5593	= 30312	UGC	5708	= 31037	UGC	5819	= 31863	UGC	5920	= 32347
UGC	5491	= 29696	UGC	5594	= 30334	UGC	5709	= 31042	UGC	5820	= 32004	UGC	5921	= 32368
UGC	5492	= 29706	UGC	5595	= 30310	UGC	5711	= 31059	UGC	5821	= 31858	UGC	5922	= 32351
UGC	5493	= 29671	UGC	5596	= 30475	UGC	5712	= 31063	UGC	5822	= 31864	UGC	5923	= 32364
UGC	5494	= 29764	UGC	5597	= 30328	UGC	5713	= 31075	UGC	5823	= 31865	UGC	5924	= 32367
UGC	5495	= 29698	UGC	5599	= 30372	UGC	5714	= 31083	UGC	5825	= 31887	UGC	5925	= 32384
UGC	5496	= 29711	UGC	5600	= 30491	UGC	5715	= 31067	UGC	5826	= 31883	UGC	5927	= 32390
UGC	5498	= 29708	UGC	5601	= 30358	UGC	5716	= 31081	UGC	5827	= 31892	UGC	5928	= 32423
UGC	5499	= 29715	UGC	5603	= 30371	UGC	5717	= 31145	UGC	5828	= 31908	UGC	5929	= 32396
UGC	5500	= 29870	UGC	5604	= 30386	UGC	5719	= 31125	UGC	5829	= 31923	UGC	5931	= 32424

RC3 693 UGC

UGC 5932	= 32484	UGC 6034	= 32822	UGC 6142A	= 33477	UGC 6253	= 34176	UGC 6353	= 34741
UGC 5934	= 32437	UGC 6035	= 32826	UGC 6143	= 33495	UGC 6255	= 34192	UGC 6355	= 34733
UGC 5935	= 32434	UGC 6036	= 32850	UGC 6144	= 33532	UGC 6256	= 34203	UGC 6357	= 34735
UGC 5936	= 32452	UGC 6037	= 32854	UGC 6145	= 33528	UGC 6257	= 34195	UGC 6359	= 34724
UGC 5937	= 32495	UGC 6038	= 32863	UGC 6146	= 33529	UGC 6258	= 34198	UGC 6360	= 34767
UGC 5940	= 32449	UGC 6039	= 32876	UGC 6148	= 33566	UGC 6259	= 34199	UGC 6363	= 34763
UGC 5941	= 32472	UGC 6041	= 32870	UGC 6150	= 33550	UGC 6260	= 34204	UGC 6364	= 34772
UGC 5942	= 32589	UGC 6042	= 32872	UGC 6151	= 33562	UGC 6261	= 34205	UGC 6366	= 34777
UGC 5943	= 32463	UGC 6043	= 32871	UGC 6152	= 33573	UGC 6262	= 34211	UGC 6367	= 34768
UGC 5944	= 32471	UGC 6045	= 32903	UGC 6153	= 33623	UGC 6263	= 34232	UGC 6368	= 34778
UGC 5945	= 32474	UGC 6046	= 32907	UGC 6154	= 33665	UGC 6266	= 34249	UGC 6370	= 34780
UGC 5947	= 32486	UGC 6048	= 32940	UGC 6155	= 33569	UGC 6267	= 34248	UGC 6372	= 34801
UGC 5948	= 32496	UGC 6049	= 32937	UGC 6156	= 33600	UGC 6268	= 34247	UGC 6373	= 34814
UGC 5949	= 32499	UGC 6050	= 32976	UGC 6157	= 33584	UGC 6270	= 34254	UGC 6374	= 34819
UGC 5950	= 32498	UGC 6052	= 32978	UGC 6158	= 33604	UGC 6271	= 34260	UGC 6375	= 34837
UGC 5951	= 32519	UGC 6053	= 32986	UGC 6159	= 33615	UGC 6272	= 34257	UGC 6376	= 34836
UGC 5952	= 32508	UGC 6054	= 32992	UGC 6161	= 33625	UGC 6273	= 34278	UGC 6378	= 34869
UGC 5953	= 32536	UGC 6056	= 33099	UGC 6162	= 33633	UGC 6274	= 34284	UGC 6379	= 34827
UGC 5954	= 32564	UGC 6058	= 33012	UGC 6163	= 33620	UGC 6275	= 34308	UGC 6380	= 34859
UGC 5955	= 32610	UGC 6059	= 33033	UGC 6165	= 33643	UGC 6276	= 34303	UGC 6381	= 34886
UGC 5956	= 32517	UGC 6060	= 33040	UGC 6166	= 33640	UGC 6277	= 34298	UGC 6382	= 34861
UGC 5958	= 32532	UGC 6061	= 33045	UGC 6167	= 33635	UGC 6278	= 34306	UGC 6383	= 34864
UGC 5959	= 32533	UGC 6062	= 33030	UGC 6168	= 33645	UGC 6279	= 34320	UGC 6384	= 34870
UGC 5960	= 32543	UGC 6063	= 33041	UGC 6169	= 33642	UGC 6280	= 34325	UGC 6385	= 34889
UGC 5961	= 32557	UGC 6064	= 33074	UGC 6170	= 33669	UGC 6281	= 34326	UGC 6386	= 34883
UGC 5962	= 32529	UGC 6065	= 33149	UGC 6171	= 33660	UGC 6282	= 34335	UGC 6387	= 34887
UGC 5963	= 32549	UGC 6066	= 33058	UGC 6173	= 33675	UGC 6283	= 34353	UGC 6388	= 34898
UGC 5964	= 32535	UGC 6068	= 33078	UGC 6174	= 33662	UGC 6286	= 34374	UGC 6389	= 34908
UGC 5965	= 32540	UGC 6069	= 33101	(UGC 6175)	= 33670	UGC 6287	= 34369	UGC 6390	= 34929
UGC 5966	= 32559	UGC 6070	= 33118	(UGC 6175)	= 33677	UGC 6288	= 34368	UGC 6391	= 34913
UGC 5967	= 32555	UGC 6071	= 33138	UGC 6176	= 33682	UGC 6289	= 34379	UGC 6392	= 34917
UGC 5968	= 32552	UGC 6072	= 33114	UGC 6178	= 33680	UGC 6290	= 34373	UGC 6393	= 34933
UGC 5969	= 32579	UGC 6074	= 33136	UGC 6180	= 33689	UGC 6292	= 34393	UGC 6394	= 34936
UGC 5971	= 32613	UGC 6075	= 33153	UGC 6181	= 33699	UGC 6293	= 34399	UGC 6395	= 34934
UGC 5972	= 32584	UGC 6076	= 33150	UGC 6182	= 33726	UGC 6294	= 34411	UGC 6396	= 34935
UGC 5973	= 32567	UGC 6077	= 33140	UGC 6183	= 33719	UGC 6295	= 34415	UGC 6397	= 34946
UGC 5974	= 32570	UGC 6078	= 33147	UGC 6184	= 33729	UGC 6296	= 34419	UGC 6399	= 34971
UGC 5975	= 32577	UGC 6079	= 33166	UGC 6185	= 33712	UGC 6297	= 34426	UGC 6400	= 34975
UGC 5976	= 32604	UGC 6080	= 33188	UGC 6187	= 33755	UGC 6298	= 34440	UGC 6401	= 34969
UGC 5977	= 32616	UGC 6081	= 33161	UGC 6188	= 33766	UGC 6299	= 34433	UGC 6402	= 34967
UGC 5978	= 32626	UGC 6082	= 33160	UGC 6189	= 33760	UGC 6300	= 34461	UGC 6403	= 34989
UGC 5979	= 32649	UGC 6083	= 33163	UGC 6190	= 33786	UGC 6301	= 34468	UGC 6405	= 34995
UGC 5980	= 32595	UGC 6084	= 33175	UGC 6191	= 33779	UGC 6303	= 34485	UGC 6406	= 35002
UGC 5981	= 32605	UGC 6088	= 33180	UGC 6193	= 33782	UGC 6304	= 34502	UGC 6407	= 35025
UGC 5982	= 32614	UGC 6089	= 33203	UGC 6194	= 33794	UGC 6305	= 34478	UGC 6408	= 34996
(UGC 5984)	= 32620	UGC 6090	= 33277	UGC 6196	= 33806	UGC 6306	= 34476	UGC 6409	= 35003
UGC 5985	= 32611	UGC 6091	= 33190	UGC 6198	= 33809	UGC 6307	= 34497	UGC 6410	= 35014
UGC 5986	= 32643	UGC 6093	= 33198	UGC 6199	= 33850	UGC 6308	= 34495	UGC 6411	= 35015
UGC 5988	= 32638	UGC 6094	= 33207	UGC 6200	= 33817	UGC 6309	= 34508	UGC 6413	= 35005
UGC 5989	= 32645	UGC 6095	= 33208	UGC 6201	= 33840	UGC 6310	= 34511	UGC 6414	= 35017
UGC 5990	= 32652	UGC 6096	= 33242	UGC 6203	= 33836	UGC 6311	= 34521	UGC 6415	= 35019
UGC 5991	= 32659	UGC 6097	= 33238	UGC 6204	= 33855	UGC 6312	= 34527	UGC 6416	= 35039
UGC 5993	= 32642	UGC 6098	= 33234	UGC 6205	= 33875	UGC 6313	= 34535	UGC 6417	= 35037
UGC 5994	= 32644	UGC 6099	= 33249	UGC 6207	= 33862	UGC 6314	= 34544	UGC 6418	= 35042
UGC 5995	= 32648	UGC 6100	= 33257	UGC 6208	= 33869	UGC 6316	= 34557	UGC 6419	= 35041
UGC 5997	= 32719	UGC 6101	= 33269	UGC 6209	= 33866	UGC 6317	= 34530	UGC 6420	= 35043
UGC 5998	= 32678	UGC 6102	= 33264	UGC 6210	= 33876	UGC 6318	= 34561	UGC 6421	= 35044
UGC 5999	= 32661	UGC 6103	= 33280	UGC 6211	= 33914	UGC 6319	= 34566	UGC 6424	= 35061
UGC 6000	= 32671	UGC 6104	= 33276	UGC 6214	= 33927	UGC 6320	= 34556	UGC 6425	= 35056
UGC 6001	= 32679	UGC 6105	= 33367	UGC 6215	= 33964	UGC 6321	= 34546	UGC 6426	= 35064
UGC 6002	= 32680	UGC 6106	= 33294	UGC 6216	= 33930	UGC 6322	= 34552	UGC 6427	= 35067
UGC 6003	= 32672	UGC 6109	= 33325	UGC 6217	= 33940	UGC 6323	= 34583	UGC 6428	= 35080
UGC 6004	= 32670	UGC 6111	= 33320	UGC 6219	= 33966	UGC 6324	= 34558	UGC 6429	= 35105
UGC 6006	= 32694	UGC 6112	= 33333	UGC 6221	= 33982	UGC 6325	= 34568	UGC 6430	= 35123
UGC 6007	= 32700	UGC 6113	= 33346	UGC 6222	= 33976	UGC 6327	= 34575	UGC 6431	= 35113
UGC 6008	= 32705	UGC 6115	= 33375	UGC 6223	= 34018	UGC 6328	= 34612	UGC 6432	= 35102
UGC 6009	= 32714	UGC 6116	= 33343	(UGC 6224)	= 33991	UGC 6329	= 34613	UGC 6433	= 35124
UGC 6010	= 32718	UGC 6117	= 33370	(UGC 6224)	= 33992	UGC 6330	= 34641	UGC 6435	= 35126
UGC 6011	= 32697	UGC 6118	= 33371	UGC 6225	= 34030	UGC 6331	= 34623	UGC 6436	= 35142
UGC 6012	= 32709	UGC 6119	= 33380	UGC 6227	= 34021	UGC 6332	= 34630	UGC 6437	= 35137
UGC 6013	= 32726	UGC 6120	= 33379	UGC 6228	= 34029	UGC 6333	= 34632	UGC 6438	= 35151
UGC 6014	= 32708	UGC 6121	= 33388	UGC 6229	= 34039	UGC 6334	= 34656	UGC 6439	= 35164
UGC 6015	= 32729	UGC 6122	= 33396	UGC 6230	= 34004	UGC 6335	= 34666	UGC 6440	= 35158
UGC 6016	= 32740	UGC 6123	= 33390	UGC 6232	= 34019	UGC 6336	= 34663	UGC 6441	= 35181
UGC 6017	= 32738	UGC 6125	= 33404	UGC 6233	= 34015	UGC 6337	= 34674	UGC 6442	= 35174
UGC 6018	= 32734	UGC 6126	= 33408	UGC 6234	= 34025	UGC 6338	= 34681	UGC 6443	= 35177
UGC 6019	= 32765	UGC 6127	= 33433	UGC 6235	= 34110	UGC 6339	= 34692	UGC 6444	= 35191
UGC 6020	= 32743	UGC 6128	= 33432	UGC 6238	= 34075	UGC 6340	= 34675	UGC 6445	= 35193
UGC 6021	= 32772	UGC 6129	= 33444	UGC 6239	= 34062	UGC 6341	= 34683	UGC 6446	= 35202
UGC 6022	= 32747	UGC 6130	= 33436	UGC 6240	= 34071	UGC 6342	= 34685	UGC 6447	= 35206
UGC 6023	= 32754	UGC 6131	= 33454	UGC 6241	= 34068	UGC 6343	= 34684	UGC 6448	= 35213
UGC 6024	= 32774	UGC 6132	= 33452	UGC 6242	= 34134	UGC 6344	= 34704	UGC 6449	= 35196
UGC 6025	= 32786	UGC 6133	= 33479	UGC 6245	= 34107	UGC 6345	= 34696	UGC 6452	= 35236
UGC 6026	= 32763	UGC 6134	= 33446	UGC 6246	= 34121	UGC 6346	= 34695	UGC 6453	= 35224
UGC 6027	= 32799	UGC 6135	= 33465	UGC 6247	= 34125	UGC 6347	= 34702	UGC 6454	= 35235
UGC 6028	= 32767	UGC 6137	= 33460	UGC 6248	= 34124	UGC 6348	= 34718	UGC 6456	= 35286
UGC 6029	= 32800	UGC 6138	= 33463	UGC 6249	= 34156	UGC 6349	= 34698	UGC 6457	= 35227
UGC 6030	= 32787	UGC 6139	= 33467	UGC 6250	= 34152	UGC 6350	= 34697	UGC 6458	= 35249
UGC 6032	= 32851	UGC 6141	= 33461	UGC 6251	= 34170	UGC 6351	= 34711	UGC 6459	= 35266
UGC 6033	= 32831	UGC 6142	= 33470	UGC 6252	= 34157	UGC 6352	= 34719	UGC 6460	= 35268

RC3   694   UGC

UGC	RC3	UGC	RC3	UGC	RC3	UGC	RC3	UGC	RC3
UGC 6461	= 35267	UGC 6555	= 35793	UGC 6658	= 36305	UGC 6761	= 36761	UGC 6860	= 37258
UGC 6462	= 35273	UGC 6556	= 35792	UGC 6660	= 36329	UGC 6762	= 36776	UGC 6862	= 37259
UGC 6463	= 35285	UGC 6558	= 35802	UGC 6661	= 36319	UGC 6764	= 36787	UGC 6863	= 37264
UGC 6464	= 35292	UGC 6559	= 35803	UGC 6662	= 36316	UGC 6765	= 36789	UGC 6864	= 37276
UGC 6465	= 35300	UGC 6561	= 35826	UGC 6663	= 36314	UGC 6766	= 36795	UGC 6865	= 37282
UGC 6466	= 35295	UGC 6562	= 35829	UGC 6664	= 36334	UGC 6768	= 36811	UGC 6866	= 37291
UGC 6467	= 35294	UGC 6563	= 35840	UGC 6665	= 36325	UGC 6769	= 36800	UGC 6867	= 37288
UGC 6468	= 35330	UGC 6564	= 35841	UGC 6666	= 36342	UGC 6771	= 36824	UGC 6869	= 37290
UGC 6469	= 35307	UGC 6565	= 35856	UGC 6667	= 36343	UGC 6772	= 36832	UGC 6870	= 37306
UGC 6470	= 35302	UGC 6566	= 35852	UGC 6668	= 36348	UGC 6773	= 36825	UGC 6871	= 37298
UGC 6471	= 35326	UGC 6567	= 35869	UGC 6669	= 36344	UGC 6774	= 36836	UGC 6872	= 37308
UGC 6472	= 35321	UGC 6568	= 35839	UGC 6670	= 36355	UGC 6776	= 36868	UGC 6875	= 37321
UGC 6473	= 35349	UGC 6570	= 35859	UGC 6671	= 36359	UGC 6777	= 36873	UGC 6876	= 37324
UGC 6474	= 35314	UGC 6572	= 35878	UGC 6673	= 36361	UGC 6778	= 36875	UGC 6877	= 37339
UGC 6475	= 35320	UGC 6574	= 35885	UGC 6674	= 36363	UGC 6779	= 36889	UGC 6879	= 37352
UGC 6476	= 35328	UGC 6575	= 35900	UGC 6675	= 36386	UGC 6780	= 36887	UGC 6880	= 37358
UGC 6477	= 35332	UGC 6576	= 35909	UGC 6676	= 36370	UGC 6781	= 36897	UGC 6881	= 37367
UGC 6478	= 35335	UGC 6577	= 35913	UGC 6677	= 36372	UGC 6782	= 36896	UGC 6883	= 37382
UGC 6479	= 35347	UGC 6579	= 35931	UGC 6678	= 36392	UGC 6783	= 36899	UGC 6884	= 37386
UGC 6480	= 35352	UGC 6581	= 35945	UGC 6679	= 36381	UGC 6784	= 36902	UGC 6885	= 37390
UGC 6482	= 35364	UGC 6582	= 35948	UGC 6680	= 36388	UGC 6785	= 36907	UGC 6886	= 37400
UGC 6483	= 35362	UGC 6583	= 35942	UGC 6682	= 36398	UGC 6786	= 36914	UGC 6887	= 37406
UGC 6484	= 35376	UGC 6584	= 35955	UGC 6683	= 36402	UGC 6787	= 36921	UGC 6890	= 37407
UGC 6485	= 35365	UGC 6586	= 35952	UGC 6684	= 36419	UGC 6788	= 36925	UGC 6891	= 37409
UGC 6486	= 35377	UGC 6587	= 35964	UGC 6685	= 36432	UGC 6789	= 36945	UGC 6892	= 37421
UGC 6487	= 35382	UGC 6588	= 35966	UGC 6686	= 36431	UGC 6790	= 36923	UGC 6893	= 37419
UGC 6491	= 35396	UGC 6589	= 35968	UGC 6687	= 36433	UGC 6791	= 36932	UGC 6894	= 37418
UGC 6493	= 35405	UGC 6590	= 35969	UGC 6688	= 36436	UGC 6792	= 36930	UGC 6895	= 37429
UGC 6494	= 35413	UGC 6591	= 35979	UGC 6689	= 36434	UGC 6793	= 36928	UGC 6896	= 37459
UGC 6495	= 35412	UGC 6593	= 35977	UGC 6690	= 36439	UGC 6794	= 36929	UGC 6897	= 37438
UGC 6496	= 35424	UGC 6594	= 35991	UGC 6691	= 36447	UGC 6795	= 36926	UGC 6898	= 37440
UGC 6497	= 35437	UGC 6595	= 35999	UGC 6692	= 36441	UGC 6796	= 36941	UGC 6899	= 37443
UGC 6498	= 35440	UGC 6596	= 36000	UGC 6693	= 36446	UGC 6797	= 36953	UGC 6900	= 37449
UGC 6499	= 35450	UGC 6597	= 35997	UGC 6694	= 36514	UGC 6798	= 37031	UGC 6901	= 37448
UGC 6500	= 35476	UGC 6598	= 36005	UGC 6695	= 36450	UGC 6800	= 36971	UGC 6903	= 37444
UGC 6501	= 35486	UGC 6599	= 36006	UGC 6696	= 36455	UGC 6801	= 36979	UGC 6904	= 37466
UGC 6502	= 35510	UGC 6600	= 36025	UGC 6697	= 36466	UGC 6802	= 36973	UGC 6905	= 37467
UGC 6503	= 35494	UGC 6601	= 36017	UGC 6699	= 36471	UGC 6803	= 36981	UGC 6906	= 37483
UGC 6504	= 35502	UGC 6602	= 36016	UGC 6700	= 36475	UGC 6804	= 36988	UGC 6907	= 37488
UGC 6505	= 35506	UGC 6603	= 36029	UGC 6701	= 36476	UGC 6805	= 36990	UGC 6909	= 37497
UGC 6506	= 35507	UGC 6604	= 36037	UGC 6702	= 36477	UGC 6806	= 36996	UGC 6910	= 37502
UGC 6507	= 35517	UGC 6605	= 36043	UGC 6703	= 36493	UGC 6807	= 37002	UGC 6911	= 37501
UGC 6508	= 35513	UGC 6607	= 36060	UGC 6704	= 36487	UGC 6808	= 37004	UGC 6912	= 37504
UGC 6509	= 35521	UGC 6608	= 36061	UGC 6705	= 36481	UGC 6809	= 37014	UGC 6913	= 37507
UGC 6510	= 35538	UGC 6609	= 36068	UGC 6706	= 36506	UGC 6810	= 37032	UGC 6914	= 37514
UGC 6511	= 35546	UGC 6610	= 36079	UGC 6707	= 36505	UGC 6811	= 37022	UGC 6915	= 37515
UGC 6512	= 35549	UGC 6612	= 36102	UGC 6708	= 36504	UGC 6812	= 37023	UGC 6916	= 37521
UGC 6513	= 35545	UGC 6613	= 36118	UGC 6709	= 36530	UGC 6813	= 37024	UGC 6917	= 37525
(UGC 6514)	= 35576	UGC 6614	= 36122	UGC 6710	= 36539	UGC 6814	= 37029	UGC 6918	= 37520
(UGC 6514)	= 35572	UGC 6615	= 36138	UGC 6711	= 36542	UGC 6815	= 37036	UGC 6919	= 37532
(UGC 6514)	= 35573	UGC 6616	= 36137	UGC 6712	= 36535	UGC 6816	= 37037	UGC 6920	= 37544
(UGC 6514)	= 35574	UGC 6618	= 36136	UGC 6713	= 36528	UGC 6817	= 37050	UGC 6921	= 37542
(UGC 6514)	= 35575	UGC 6619	= 36146	UGC 6714	= 36555	UGC 6818	= 37038	UGC 6922	= 37550
UGC 6515	= 35608	UGC 6620	= 36148	UGC 6715	= 36536	UGC 6819	= 37047	UGC 6923	= 37553
UGC 6516	= 35556	UGC 6621	= 36158	UGC 6716	= 36568	UGC 6820	= 37049	UGC 6924	= 37554
UGC 6517	= 35569	UGC 6622	= 36155	UGC 6717	= 36571	UGC 6821	= 37052	UGC 6925	= 37559
UGC 6519	= 35579	UGC 6623	= 36160	UGC 6718	= 36577	UGC 6822	= 37056	UGC 6926	= 37556
UGC 6520	= 35601	UGC 6624	= 36167	UGC 6719	= 36574	UGC 6823	= 37063	UGC 6927	= 37574
UGC 6521	= 35581	UGC 6625	= 36166	UGC 6720	= 36580	UGC 6824	= 37072	UGC 6928	= 37591
UGC 6522	= 35588	UGC 6626	= 36174	UGC 6721	= 36582	UGC 6825	= 37073	UGC 6929	= 37589
UGC 6523	= 35594	UGC 6627	= 36176	UGC 6722	= 36607	UGC 6826	= 37088	UGC 6930	= 37584
UGC 6524	= 35616	UGC 6628	= 36188	UGC 6723	= 36606	UGC 6827	= 37093	UGC 6931	= 37598
UGC 6525	= 35607	UGC 6629	= 36192	UGC 6724	= 36604	UGC 6828	= 37091	UGC 6932	= 37608
UGC 6526	= 35621	UGC 6630	= 36193	UGC 6725	= 36609	UGC 6830	= 37097	UGC 6933	= 37613
UGC 6527	= 35620	UGC 6631	= 36195	UGC 6726	= 36613	UGC 6831	= 37105	UGC 6934	= 37614
UGC 6528	= 35626	UGC 6632	= 36199	UGC 6727	= 36617	UGC 6832	= 37126	UGC 6935	= 37619
UGC 6529	= 35629	UGC 6633	= 36205	UGC 6728	= 36651	UGC 6833	= 37132	UGC 6936	= 37616
UGC 6531	= 35634	UGC 6634	= 36197	UGC 6729	= 36625	UGC 6834	= 37136	UGC 6937	= 37617
UGC 6532	= 35661	UGC 6635	= 36200	UGC 6730	= 36644	UGC 6836	= 37138	UGC 6938	= 37618
UGC 6533	= 35639	UGC 6636	= 36203	UGC 6731	= 36649	UGC 6837	= 37143	UGC 6940	= 37621
UGC 6534	= 35675	UGC 6637	= 36211	UGC 6732	= 36655	UGC 6838	= 37147	UGC 6941	= 37628
UGC 6535	= 35671	UGC 6638	= 36215	UGC 6733	= 36660	UGC 6839	= 37156	UGC 6942	= 37629
UGC 6536	= 35669	UGC 6640	= 36238	UGC 6734	= 36659	UGC 6840	= 37164	UGC 6943	= 37632
UGC 6537	= 35676	UGC 6641	= 36231	UGC 6735	= 36670	UGC 6841	= 37170	UGC 6944	= 37624
UGC 6539	= 35679	UGC 6642	= 36224	UGC 6736	= 36671	UGC 6843	= 37183	UGC 6945	= 37639
UGC 6540	= 35687	(UGC 6643)	= 36227	UGC 6737	= 36669	UGC 6844	= 37193	UGC 6946	= 37642
UGC 6541	= 35684	(UGC 6643)	= 36228	UGC 6738	= 36678	UGC 6846	= 37206	UGC 6948	= 37646
UGC 6542	= 35698	UGC 6644	= 36243	UGC 6739	= 36675	UGC 6847	= 37214	UGC 6949	= 37643
UGC 6543	= 35708	UGC 6645	= 36241	UGC 6740	= 36666	UGC 6848	= 37208	UGC 6950	= 37654
UGC 6544	= 35694	UGC 6646	= 36242	UGC 6742	= 36686	UGC 6849	= 37217	UGC 6951	= 37655
UGC 6545	= 35707	UGC 6647	= 36250	UGC 6743	= 36684	UGC 6850	= 37213	UGC 6952	= 37661
UGC 6546	= 35701	UGC 6648	= 36256	UGC 6745	= 36699	UGC 6851	= 37219	UGC 6953	= 37666
UGC 6547	= 35711	UGC 6649	= 36263	UGC 6746	= 36706	UGC 6852	= 37224	UGC 6954	= 37687
UGC 6548	= 35710	UGC 6650	= 36265	UGC 6747	= 36713	UGC 6853	= 37218	UGC 6955	= 37689
UGC 6549	= 35720	UGC 6651	= 36266	UGC 6750	= 36726	UGC 6854	= 37222	UGC 6956	= 37682
UGC 6550	= 35732	UGC 6653	= 36294	UGC 6751	= 36727	UGC 6855	= 37226	UGC 6958	= 37678
UGC 6551	= 35725	UGC 6654	= 36288	UGC 6752	= 36743	UGC 6856	= 37229	UGC 6960	= 37686
UGC 6552	= 35767	UGC 6655	= 36295	UGC 6754	= 36740	UGC 6857	= 37235	UGC 6961	= 37695
UGC 6553	= 35731	UGC 6656	= 36292	UGC 6758	= 36759	UGC 6858	= 37236	UGC 6962	= 37692
UGC 6554	= 35797	UGC 6657	= 36299	UGC 6760	= 36756	UGC 6859	= 37244	UGC 6963	= 37691

RC3 695 UGC

UGC 6964	= 37697	UGC 7063	= 38218	UGC 7163	= 38721	UGC 7259	= 39160	UGC 7356	= 39615
(UGC 6965)	= 37702	UGC 7064	= 38227	UGC 7164	= 38724	UGC 7260	= 39183	UGC 7357	= 39640
UGC 6966	= 37699	UGC 7065	= 38237	UGC 7165	= 38742	UGC 7261	= 39179	UGC 7358	= 39635
UGC 6967	= 37705	UGC 7066	= 38238	UGC 7166	= 38739	UGC 7262	= 39181	UGC 7359	= 39657
UGC 6968	= 37704	UGC 7067	= 38240	UGC 7167	= 38741	UGC 7263	= 39194	UGC 7360	= 39659
UGC 6969	= 37700	UGC 7068	= 38244	UGC 7168	= 38730	UGC 7264	= 39184	UGC 7361	= 39656
UGC 6970	= 37710	UGC 7069	= 38254	UGC 7169	= 38749	UGC 7265	= 39154	UGC 7362	= 39651
UGC 6971	= 37723	UGC 7070	= 38250	UGC 7170	= 38748	UGC 7266	= 39198	UGC 7363	= 39663
UGC 6972	= 37721	UGC 7071	= 38271	UGC 7171	= 38755	UGC 7267	= 39191	UGC 7364	= 39687
UGC 6973	= 37719	UGC 7072	= 38268	UGC 7172	= 38761	UGC 7268	= 39206	UGC 7365	= 39676
UGC 6975	= 37729	UGC 7073	= 38285	UGC 7173	= 38773	UGC 7270	= 39214	UGC 7367	= 39680
UGC 6976	= 37731	UGC 7074	= 38287	UGC 7174	= 38777	UGC 7271	= 39211	UGC 7368	= 39699
UGC 6977	= 37732	UGC 7075	= 38283	UGC 7175	= 38778	UGC 7272	= 39203	UGC 7369	= 39690
UGC 6978	= 37737	UGC 7076	= 38290	UGC 7176	= 38781	UGC 7273	= 39232	UGC 7370	= 39697
UGC 6979	= 37745	UGC 7077	= 38288	UGC 7177	= 38794	UGC 7274	= 39215	UGC 7371	= 39712
UGC 6980	= 37740	UGC 7080	= 38297	UGC 7178	= 38793	UGC 7275	= 39224	UGC 7372	= 39719
UGC 6981	= 37744	UGC 7081	= 38302	UGC 7179	= 38788	UGC 7276	= 39223	UGC 7373	= 39710
UGC 6982	= 37738	UGC 7082	= 38295	UGC 7181	= 38803	(UGC 7277)	= 39195	UGC 7374	= 39702
UGC 6983	= 37735	UGC 7085	= 38326	UGC 7182	= 38802	(UGC 7277)	= 39221	UGC 7375	= 39683
UGC 6984	= 37757	(UGC 7085A)	= 38325	UGC 7183	= 38795	UGC 7278	= 39225	UGC 7376	= 39718
UGC 6985	= 37760	(UGC 7085A)	= 38327	UGC 7184	= 38815	UGC 7279	= 39233	UGC 7377	= 39724
UGC 6986	= 37761	UGC 7086	= 38347	UGC 7185	= 38822	UGC 7280	= 39245	UGC 7378	= 39715
UGC 6987	= 37775	UGC 7087	= 38338	UGC 7186	= 38823	UGC 7281	= 39251	UGC 7379	= 39704
UGC 6988	= 37809	UGC 7088	= 38343	UGC 7187	= 38820	UGC 7282	= 39241	UGC 7380	= 39738
UGC 6990	= 37816	UGC 7089	= 38356	UGC 7188	= 38811	UGC 7283	= 39237	UGC 7381	= 39745
UGC 6992	= 37832	UGC 7090	= 38361	UGC 7189	= 38805	UGC 7284	= 39246	UGC 7382	= 39728
UGC 6993	= 37845	(UGC 7091)	= 38365	UGC 7190	= 38832	UGC 7285	= 39256	UGC 7383	= 39753
UGC 6994	= 37861	UGC 7092	= 38363	UGC 7191	= 38834	UGC 7286	= 39261	UGC 7384	= 39749
UGC 6995	= 37860	UGC 7093	= 38373	UGC 7192	= 38848	UGC 7287	= 39281	UGC 7385	= 39765
UGC 6996	= 37864	UGC 7094	= 38375	UGC 7193	= 38851	UGC 7288	= 39266	UGC 7386	= 39764
UGC 6997	= 37883	UGC 7095	= 38370	UGC 7194	= 38858	UGC 7289	= 39289	UGC 7387	= 39794
UGC 6998	= 37889	UGC 7096	= 38392	UGC 7196	= 38862	UGC 7290	= 39285	UGC 7389	= 39801
UGC 6999	= 37893	UGC 7097	= 38393	UGC 7198	= 38882	UGC 7291	= 39308	UGC 7390	= 39800
UGC 7000	= 37914	UGC 7098	= 38399	UGC 7199	= 38881	UGC 7292	= 39328	UGC 7392	= 39785
UGC 7001	= 37912	UGC 7099	= 38407	UGC 7200	= 38888	UGC 7294	= 39322	UGC 7393	= 39775
UGC 7002	= 37928	UGC 7100	= 38410	UGC 7201	= 38885	UGC 7295	= 39321	UGC 7394	= 39819
UGC 7003	= 37927	UGC 7101	= 38423	UGC 7202	= 38892	UGC 7296	= 39329	UGC 7395	= 39818
UGC 7004	= 37933	UGC 7102	= 38441	UGC 7203	= 38890	UGC 7297	= 39312	UGC 7396	= 39832
UGC 7005	= 37930	UGC 7103	= 38440	UGC 7204	= 38897	UGC 7298	= 39316	UGC 7397	= 39791
UGC 7006	= 37935	UGC 7104	= 38456	UGC 7205	= 38887	UGC 7299	= 39341	UGC 7398	= 39846
UGC 7007	= 37940	UGC 7105	= 38471	UGC 7206	= 38906	UGC 7300	= 39343	UGC 7399	= 39840
UGC 7008	= 37949	UGC 7106	= 38461	UGC 7207	= 38905	UGC 7301	= 39344	UGC 7401	= 39864
UGC 7009	= 37951	UGC 7107	= 38476	UGC 7208	= 38908	UGC 7302	= 39352	UGC 7402	= 39859
UGC 7010	= 37968	UGC 7110	= 38482	UGC 7209	= 38916	UGC 7303	= 39353	UGC 7403	= 39886
UGC 7011	= 37971	UGC 7111	= 38492	UGC 7210	= 38914	UGC 7304	= 39354	UGC 7404	= 39922
UGC 7012	= 37976	UGC 7112	= 38503	UGC 7211	= 38912	UGC 7305	= 39362	UGC 7405	= 39907
UGC 7013	= 37993	UGC 7115	= 38523	UGC 7212	= 38933	UGC 7306	= 39346	UGC 7406	= 39892
UGC 7014	= 37999	UGC 7116	= 38531	UGC 7213	= 38935	UGC 7307	= 39380	UGC 7407	= 39925
UGC 7015	= 38010	UGC 7117	= 38527	UGC 7214	= 38950	UGC 7308	= 39366	UGC 7408	= 39918
UGC 7016	= 38012	UGC 7118	= 38524	UGC 7215	= 38943	UGC 7309	= 39388	UGC 7409	= 39943
UGC 7017	= 38009	UGC 7119	= 38562	UGC 7216	= 38945	UGC 7310	= 39389	UGC 7410	= 39937
UGC 7018	= 38018	UGC 7120	= 38555	UGC 7217	= 38961	UGC 7311	= 39384	UGC 7411	= 39951
UGC 7019	= 38014	UGC 7121	= 38553	UGC 7218	= 38951	UGC 7312	= 39381	UGC 7412	= 39950
UGC 7020	= 38024	UGC 7122	= 38550	UGC 7219	= 38964	UGC 7313	= 39390	UGC 7413	= 39972
UGC 7020A	= 38025	UGC 7123	= 38565	UGC 7220	= 38977	UGC 7314	= 39397	UGC 7414	= 39968
UGC 7021	= 38031	UGC 7124	= 38564	UGC 7221	= 38984	UGC 7315	= 39393	UGC 7415	= 39965
UGC 7023	= 38040	UGC 7125	= 38567	UGC 7222	= 38988	UGC 7316	= 39398	UGC 7416	= 39964
UGC 7024	= 38044	UGC 7126	= 38573	UGC 7223	= 39002	UGC 7319	= 39412	UGC 7418	= 39974
UGC 7025	= 38042	UGC 7127	= 38578	UGC 7224	= 38990	UGC 7321	= 39432	UGC 7419	= 39984
UGC 7026	= 38054	UGC 7128	= 38572	UGC 7225	= 38995	UGC 7322	= 39422	UGC 7420	= 40001
UGC 7027	= 38050	UGC 7129	= 38582	UGC 7226	= 38985	UGC 7323	= 39423	UGC 7421	= 40005
UGC 7030	= 38068	UGC 7130	= 38605	UGC 7227	= 39009	UGC 7325	= 39418	UGC 7423	= 40004
UGC 7031	= 38081	UGC 7131	= 38598	UGC 7229	= 39004	UGC 7326	= 39431	UGC 7424	= 40014
UGC 7032	= 38093	UGC 7132	= 38603	UGC 7230	= 39014	UGC 7327	= 39440	UGC 7425	= 40002
UGC 7034	= 38115	UGC 7133	= 38622	UGC 7231	= 39028	UGC 7328	= 39437	UGC 7426	= 40011
UGC 7035	= 38117	UGC 7134	= 38618	UGC 7232	= 39023	UGC 7329	= 39414	UGC 7427	= 39999
UGC 7036	= 38124	UGC 7135	= 38619	UGC 7233	= 39034	UGC 7330	= 39458	UGC 7428	= 40026
UGC 7037	= 38122	UGC 7136	= 38624	UGC 7234	= 39040	UGC 7331	= 39462	UGC 7429	= 39981
UGC 7038	= 38129	UGC 7138	= 38637	UGC 7235	= 39025	UGC 7332	= 39474	UGC 7430	= 40034
UGC 7039	= 38128	UGC 7139	= 38643	UGC 7236	= 39033	UGC 7333	= 39483	UGC 7431	= 40033
UGC 7040	= 38132	UGC 7140	= 38645	UGC 7237	= 39050	UGC 7334	= 39479	UGC 7432	= 40030
UGC 7041	= 38125	UGC 7141	= 38657	UGC 7238	= 39036	UGC 7335	= 39461	UGC 7433	= 40032
UGC 7042	= 38154	UGC 7142	= 38654	UGC 7239	= 39067	UGC 7336	= 39487	UGC 7434	= 40040
UGC 7044	= 38146	UGC 7143	= 38667	UGC 7240	= 39057	UGC 7337	= 39495	UGC 7435	= 40051
UGC 7045	= 38150	UGC 7144	= 38665	UGC 7241	= 39068	UGC 7338	= 39492	UGC 7438	= 40062
UGC 7046	= 38143	UGC 7145	= 38677	UGC 7242	= 39058	UGC 7339	= 39503	UGC 7439	= 40087
UGC 7047	= 38148	UGC 7146	= 38674	UGC 7243	= 39092	UGC 7340	= 39506	UGC 7440	= 40086
UGC 7048	= 38168	UGC 7147	= 38669	UGC 7244	= 39082	UGC 7341	= 39519	UGC 7441	= 40111
UGC 7049	= 38163	UGC 7148	= 38682	UGC 7245	= 39098	UGC 7343	= 39537	UGC 7442	= 40095
UGC 7050	= 38156	UGC 7149	= 38684	UGC 7246	= 39090	UGC 7344	= 39525	UGC 7443	= 40097
UGC 7051	= 38161	UGC 7150	= 38692	UGC 7247	= 39114	UGC 7345	= 39578	UGC 7444	= 40078
UGC 7052	= 38169	UGC 7151	= 38688	UGC 7248	= 39101	UGC 7347	= 39580	UGC 7445	= 40105
UGC 7053	= 38190	UGC 7153	= 38680	UGC 7249	= 39113	UGC 7348	= 39592	UGC 7446	= 40122
UGC 7054	= 38167	UGC 7154	= 38693	UGC 7251	= 39124	UGC 7349	= 39601	UGC 7447	= 40119
UGC 7056	= 38173	UGC 7155	= 38690	UGC 7252	= 39122	UGC 7350	= 39587	UGC 7448	= 40147
UGC 7057	= 38188	UGC 7156	= 38670	UGC 7254	= 39142	UGC 7351	= 39568	UGC 7449	= 40085
UGC 7059	= 38182	UGC 7157	= 38714	UGC 7255	= 39152	UGC 7352	= 39613	UGC 7450	= 40153
UGC 7060	= 38201	UGC 7158	= 38704	UGC 7256	= 39158	UGC 7353	= 39600	UGC 7451	= 40179
UGC 7061	= 38209	UGC 7159	= 38706	UGC 7257	= 39150	UGC 7354	= 39628	UGC 7452	= 40160
UGC 7062	= 38212	UGC 7161	= 38709	UGC 7258	= 39143	(UGC 7355)	= 39619	UGC 7453	= 40133

RC3 696 UGC

UGC 7454	= 40192	UGC 7551	= 40772	UGC 7645	= 41297	UGC 7749	= 41911	UGC 7844	= 42475
UGC 7455	= 40169	UGC 7553	= 40789	UGC 7646	= 41302	UGC 7750	= 41895	UGC 7845	= 42548
UGC 7456	= 40201	UGC 7554	= 40785	UGC 7647	= 41317	UGC 7751	= 41902	UGC 7847	= 42530
UGC 7458	= 40218	UGC 7555	= 40783	UGC 7648	= 41326	UGC 7752	= 41941	UGC 7848	= 42520
UGC 7459	= 40205	UGC 7556	= 40801	UGC 7649	= 41339	UGC 7753	= 41934	UGC 7849	= 42564
UGC 7461	= 40240	UGC 7557	= 40807	UGC 7651	= 41333	UGC 7754	= 41924	UGC 7850	= 42574
UGC 7462	= 40231	UGC 7558	= 40800	UGC 7653	= 41363	UGC 7756	= 41958	UGC 7851	= 42573
UGC 7463	= 40228	UGC 7559	= 40791	UGC 7654	= 41361	UGC 7757	= 41943	UGC 7852	= 42584
UGC 7464	= 40260	UGC 7560	= 40771	UGC 7655	= 41365	UGC 7758	= 41955	UGC 7853	= 42575
UGC 7465	= 40251	UGC 7561	= 40809	UGC 7656	= 41383	UGC 7759	= 41963	UGC 7855	= 42598
UGC 7466	= 40252	UGC 7562	= 40816	UGC 7657	= 41376	UGC 7760	= 41968	UGC 7856	= 42594
UGC 7467	= 40245	UGC 7563	= 40811	UGC 7659	= 41344	UGC 7761	= 41913	UGC 7857	= 42608
UGC 7468	= 40249	UGC 7564	= 40857	UGC 7660	= 41407	UGC 7762	= 41975	UGC 7858	= 42628
UGC 7469	= 40273	UGC 7565	= 40839	UGC 7661	= 41400	UGC 7763	= 41998	UGC 7859	= 42619
UGC 7470	= 40264	UGC 7566	= 40851	UGC 7662	= 41441	UGC 7764	= 41974	UGC 7860	= 42620
UGC 7472	= 40280	UGC 7567	= 40861	UGC 7663	= 41438	UGC 7765	= 41980	UGC 7861	= 42607
UGC 7473	= 40295	UGC 7568	= 40850	UGC 7665	= 41457	UGC 7766	= 42002	UGC 7862	= 42647
UGC 7474	= 40317	UGC 7569	= 40852	UGC 7666	= 41466	UGC 7767	= 41947	UGC 7863	= 42638
UGC 7475	= 40313	UGC 7570	= 40875	UGC 7667	= 41436	UGC 7768	= 42020	UGC 7864	= 42643
UGC 7476	= 40306	UGC 7571	= 40886	UGC 7668	= 41471	UGC 7769	= 42007	UGC 7865	= 42637
UGC 7477	= 40321	UGC 7572	= 40836	UGC 7669	= 41472	UGC 7770	= 42035	UGC 7866	= 42656
UGC 7478	= 40296	UGC 7573	= 40903	UGC 7670	= 41468	UGC 7772	= 42038	UGC 7868	= 42595
UGC 7479	= 40309	UGC 7574	= 40914	UGC 7672	= 41494	UGC 7773	= 42051	UGC 7869	= 42692
UGC 7480	= 40275	UGC 7575	= 40898	UGC 7673	= 41512	UGC 7774	= 42045	UGC 7870	= 42689
UGC 7481	= 40337	UGC 7576	= 40900	UGC 7674	= 41505	UGC 7776	= 42069	UGC 7871	= 42688
UGC 7482	= 40342	UGC 7577	= 40904	UGC 7675	= 41517	UGC 7777	= 42064	UGC 7872	= 42601
UGC 7483	= 40330	UGC 7578	= 40920	UGC 7676	= 41504	UGC 7778	= 42060	UGC 7873	= 42709
UGC 7484	= 40363	UGC 7579	= 40933	UGC 7677	= 41531	UGC 7779	= 42053	UGC 7874	= 42699
UGC 7487	= 40374	UGC 7581	= 40927	UGC 7678	= 41522	UGC 7780	= 42080	UGC 7875	= 42707
UGC 7488	= 40375	UGC 7582	= 40918	UGC 7679	= 41489	UGC 7781	= 42074	UGC 7876	= 42704
UGC 7489	= 40396	UGC 7583	= 40950	UGC 7680	= 41538	UGC 7782	= 42079	UGC 7877	= 42726
UGC 7490	= 40367	UGC 7584	= 40943	UGC 7681	= 41552	UGC 7783	= 42067	UGC 7878	= 42734
UGC 7491	= 40378	UGC 7585	= 40964	UGC 7682	= 41546	UGC 7784	= 42081	UGC 7879	= 42732
UGC 7492	= 40439	UGC 7586	= 40962	UGC 7683	= 41527	UGC 7785	= 42096	UGC 7880	= 42728
UGC 7493	= 40442	UGC 7587	= 40987	UGC 7684	= 41558	UGC 7786	= 42089	UGC 7881	= 42744
UGC 7494	= 40455	UGC 7588	= 40954	UGC 7685	= 41578	UGC 7787	= 42083	UGC 7882	= 42727
UGC 7495	= 40459	UGC 7589	= 40985	UGC 7686	= 41572	UGC 7788	= 42100	UGC 7883	= 42747
UGC 7496	= 40449	UGC 7590	= 40993	UGC 7687	= 41599	UGC 7789	= 42097	UGC 7884	= 42741
UGC 7497	= 40490	UGC 7591	= 40988	UGC 7688	= 41586	UGC 7790	= 42108	UGC 7885	= 42743
UGC 7498	= 40494	UGC 7592	= 40973	UGC 7689	= 41579	UGC 7791	= 42137	UGC 7887	= 42708
UGC 7499	= 40488	(UGC 7593)	= 40986	UGC 7690	= 41576	UGC 7792	= 42152	UGC 7888	= 42753
UGC 7500	= 40485	UGC 7594	= 41024	UGC 7691	= 41564	UGC 7793	= 42149	UGC 7889	= 42769
UGC 7501	= 40477	UGC 7595	= 41013	UGC 7692	= 41606	UGC 7794	= 42174	UGC 7890	= 42765
UGC 7502	= 40484	UGC 7596	= 41036	UGC 7693	= 41610	UGC 7795	= 42169	UGC 7891	= 42760
UGC 7503	= 40507	UGC 7597	= 41014	UGC 7694	= 41618	UGC 7796	= 42168	UGC 7892	= 42740
UGC 7505	= 40495	UGC 7598	= 41031	UGC 7695	= 41608	UGC 7797	= 42139	UGC 7893	= 42791
UGC 7506	= 40475	UGC 7599	= 41020	UGC 7696	= 41614	UGC 7798	= 42195	UGC 7894	= 42703
UGC 7507	= 40516	UGC 7600	= 41050	UGC 7697	= 41639	UGC 7799	= 42189	UGC 7895	= 42705
UGC 7508	= 40515	UGC 7601	= 41060	UGC 7698	= 41636	UGC 7800	= 42202	UGC 7896	= 42816
UGC 7509	= 40501	UGC 7602	= 41061	UGC 7699	= 41620	UGC 7801	= 42199	UGC 7898	= 42831
UGC 7510	= 40530	UGC 7603	= 41066	UGC 7700	= 41601	UGC 7802	= 42230	UGC 7899	= 42836
UGC 7511	= 40500	UGC 7604	= 41051	UGC 7701	= 41652	UGC 7803	= 42223	UGC 7900	= 42847
UGC 7512	= 40563	UGC 7605	= 41048	UGC 7703	= 41661	UGC 7804	= 42241	UGC 7901	= 42833
UGC 7513	= 40566	UGC 7606	= 41083	UGC 7704	= 41660	UGC 7805	= 42253	UGC 7902	= 42857
UGC 7514	= 40537	UGC 7607	= 41088	UGC 7706	= 41621	UGC 7806	= 42255	UGC 7903	= 42832
UGC 7515	= 40564	UGC 7608	= 41063	UGC 7709	= 41719	UGC 7807	= 42268	UGC 7904	= 42858
UGC 7516	= 40579	UGC 7609	= 41101	UGC 7710	= 41737	UGC 7808	= 42264	(UGC 7905)	= 42844
UGC 7517	= 40562	UGC 7610	= 41095	UGC 7711	= 41729	UGC 7809	= 42206	(UGC 7905)	= 42841
UGC 7518	= 40607	UGC 7611	= 41069	UGC 7712	= 41738	UGC 7810	= 42277	UGC 7906	= 42881
UGC 7519	= 40597	UGC 7612	= 41109	UGC 7713	= 41746	UGC 7811	= 42283	UGC 7907	= 42863
UGC 7520	= 40581	UGC 7613	= 41111	UGC 7714	= 41755	UGC 7812	= 42282	UGC 7908	= 42818
UGC 7521	= 40600	UGC 7614	= 41104	UGC 7715	= 41758	UGC 7813	= 42305	UGC 7910	= 42874
UGC 7522	= 40621	UGC 7615	= 41112	UGC 7716	= 41763	UGC 7815	= 42306	UGC 7911	= 42910
UGC 7523	= 40614	UGC 7616	= 41100	UGC 7717	= 41739	UGC 7817	= 42307	UGC 7913	= 42921
UGC 7524	= 40596	UGC 7617	= 41119	UGC 7718	= 41772	UGC 7818	= 42311	UGC 7914	= 42917
UGC 7525	= 40605	UGC 7619	= 41148	UGC 7719	= 41766	UGC 7819	= 42336	UGC 7915	= 42923
UGC 7526	= 40622	UGC 7620	= 41155	UGC 7720	= 41788	UGC 7820	= 42317	UGC 7916	= 42901
UGC 7527	= 40612	UGC 7621	= 41166	UGC 7721	= 41789	UGC 7821	= 42319	UGC 7917	= 42904
UGC 7528	= 40644	UGC 7622	= 41164	UGC 7722	= 41781	UGC 7822	= 42348	UGC 7918	= 42887
UGC 7529	= 40643	UGC 7623	= 41160	UGC 7723	= 41779	UGC 7823	= 42362	UGC 7919	= 42949
UGC 7530	= 40632	UGC 7624	= 41042	UGC 7724	= 41808	UGC 7824	= 42393	UGC 7920	= 42944
UGC 7531	= 40658	UGC 7625	= 41177	UGC 7725	= 41816	UGC 7825	= 42389	UGC 7921	= 42938
UGC 7532	= 40673	UGC 7626	= 41170	UGC 7726	= 41811	UGC 7826	= 42396	UGC 7922	= 42919
UGC 7533	= 40673	UGC 7627	= 41189	UGC 7727	= 41812	UGC 7827	= 42380	UGC 7923	= 42956
UGC 7534	= 40645	UGC 7628	= 41171	UGC 7728	= 41803	UGC 7828	= 42401	UGC 7924	= 42970
(UGC 7535)	= 40694	UGC 7629	= 41220	UGC 7729	= 41806	UGC 7829	= 42427	UGC 7925	= 42942
(UGC 7535)	= 40697	UGC 7630	= 41207	UGC 7730	= 41769	UGC 7830	= 42430	UGC 7926	= 42975
UGC 7536	= 40715	UGC 7631	= 41228	UGC 7732	= 41823	UGC 7831	= 42408	UGC 7927	= 42969
UGC 7537	= 40695	UGC 7632	= 41225	UGC 7733	= 41829	UGC 7832	= 42447	UGC 7928	= 42981
UGC 7538	= 40705	UGC 7633	= 41244	UGC 7734	= 41828	UGC 7833	= 42453	UGC 7930	= 42987
UGC 7539	= 40692	UGC 7634	= 41241	UGC 7735	= 41839	UGC 7834	= 42503	UGC 7931	= 42999
UGC 7540	= 40727	UGC 7635	= 41217	UGC 7736	= 41847	UGC 7835	= 42500	UGC 7932	= 43001
UGC 7541	= 40743	UGC 7636	= 41258	UGC 7737	= 41865	UGC 7836	= 42512	UGC 7933	= 43008
UGC 7542	= 40756	UGC 7637	= 41255	UGC 7738	= 41827	UGC 7837	= 42469	UGC 7935	= 42998
UGC 7545	= 40762	UGC 7638	= 41236	UGC 7739	= 41861	UGC 7838	= 42521	UGC 7936	= 43044
UGC 7546	= 40745	UGC 7639	= 41239	UGC 7741	= 41820	UGC 7839	= 42516	UGC 7937	= 43074
UGC 7547	= 40761	UGC 7640	= 41272	UGC 7742	= 41876	UGC 7840	= 42538	UGC 7938	= 43062
UGC 7548	= 40754	UGC 7641	= 41269	UGC 7745	= 41809	UGC 7841	= 42542	UGC 7939	= 43065
UGC 7549	= 40775	UGC 7642	= 41283	UGC 7747	= 41838	UGC 7842	= 42545	UGC 7940	= 43064
UGC 7550	= 40764	UGC 7644	= 41307	UGC 7748	= 41846	UGC 7843	= 42544	UGC 7941	= 43052

UGC	RC3	UGC	RC3	UGC	RC3	UGC	RC3	UGC	RC3	UGC	RC3
UGC 7942	= 43100	UGC 8042	= 44008	UGC 8150	= 45015	UGC 8264	= 45536	UGC 8364	= 46372		
UGC 7943	= 43106	UGC 8043	= 44017	UGC 8153	= 45071	UGC 8265	= 45794	UGC 8365	= 46386		
UGC 7944	= 43111	UGC 8044	= 44001	UGC 8154	= 45055	UGC 8266	= 45778	UGC 8366	= 46427		
UGC 7945	= 43128	UGC 8045	= 44033	UGC 8155	= 45079	UGC 8268	= 45773	UGC 8367	= 46413		
UGC 7946	= 43101	UGC 8046	= 43996	UGC 8159	= 45093	UGC 8270	= 45795	UGC 8369	= 46260		
UGC 7948	= 43136	UGC 8048	= 44066	UGC 8160	= 45082	UGC 8271	= 45787	UGC 8370	= 46462		
UGC 7949	= 43129	UGC 8049	= 44037	UGC 8161	= 45097	UGC 8272	= 45781	UGC 8371	= 46477		
UGC 7950	= 43124	UGC 8050	= 44032	UGC 8162	= 45085	UGC 8273	= 45821	UGC 8373	= 46472		
UGC 7951	= 43149	UGC 8051	= 44025	UGC 8164	= 45000	UGC 8274	= 45798	UGC 8374	= 46392		
UGC 7952	= 43146	UGC 8052	= 43975	UGC 8166	= 45137	UGC 8275	= 45844	UGC 8375	= 46498		
UGC 7954	= 43143	UGC 8053	= 44089	UGC 8167	= 45133	UGC 8276	= 45840	UGC 8376	= 46493		
UGC 7955	= 43142	UGC 8054	= 44086	UGC 8169	= 45145	UGC 8277	= 45814	UGC 8377	= 46496		
UGC 7957	= 43161	UGC 8055	= 44102	UGC 8170	= 45168	UGC 8278	= 45839	UGC 8378	= 46507		
UGC 7958	= 43157	UGC 8056	= 44125	UGC 8171	= 45212	UGC 8279	= 45836	UGC 8379	= 46534		
UGC 7959	= 43174	UGC 8057	= 44114	UGC 8174	= 45196	UGC 8280	= 45848	UGC 8380	= 46207		
UGC 7960	= 43185	UGC 8058	= 44117	UGC 8175	= 45233	UGC 8281	= 45828	UGC 8381	= 46561		
UGC 7961	= 43189	UGC 8060	= 44144	UGC 8177	= 45236	UGC 8282	= 45807	UGC 8382	= 46556		
UGC 7962	= 43141	UGC 8061	= 44170	UGC 8178	= 45253	UGC 8283	= 45833	UGC 8383	= 46548		
UGC 7963	= 43198	UGC 8062	= 44182	UGC 8179	= 45261	UGC 8284	= 45834	UGC 8385	= 46563		
UGC 7964	= 43202	UGC 8065	= 44178	UGC 8180	= 45264	UGC 8285	= 45875	UGC 8386	= 46530		
UGC 7965	= 43186	UGC 8066	= 44240	UGC 8181	= 45274	UGC 8286	= 45849	UGC 8387	= 46560		
UGC 7966	= 43173	UGC 8067	= 44254	UGC 8183	= 45157	UGC 8287	= 45748	UGC 8388	= 46552		
UGC 7967	= 43200	(UGC 8068)	= 44188	UGC 8184	= 45278	UGC 8288	= 45885	UGC 8390	= 46601		
UGC 7968	= 43197	UGC 8069	= 44263	UGC 8185	= 45311	UGC 8289	= 45883	UGC 8391	= 46633		
UGC 7969	= 43241	UGC 8070	= 44298	UGC 8186	= 45322	UGC 8290	= 45884	UGC 8392	= 46617		
UGC 7970	= 43254	UGC 8071	= 44319	UGC 8187	= 45306	UGC 8291	= 45894	UGC 8393	= 46589		
UGC 7971	= 43255	UGC 8072	= 44323	UGC 8188	= 45314	UGC 8292	= 45887	UGC 8395	= 46644		
UGC 7972	= 43288	UGC 8073	= 44329	UGC 8189	= 45309	UGC 8293	= 45880	UGC 8396	= 46636		
UGC 7973	= 43286	UGC 8074	= 44354	UGC 8190	= 45315	UGC 8294	= 45905	UGC 8397	= 46647		
UGC 7974	= 43303	UGC 8076	= 44370	UGC 8191	= 45336	UGC 8295	= 45859	UGC 8399	= 46657		
UGC 7975	= 43331	UGC 8077	= 44284	UGC 8192	= 45362	UGC 8296	= 45920	UGC 8400	= 46646		
UGC 7976	= 43338	UGC 8078	= 44392	UGC 8194	= 45358	UGC 8297	= 45936	UGC 8401	= 46666		
UGC 7977	= 43368	UGC 8079	= 44362	UGC 8195	= 45366	UGC 8298	= 45931	UGC 8402	= 46678		
UGC 7978	= 43359	UGC 8080	= 44394	UGC 8196	= 45339	UGC 8299	= 45921	UGC 8403	= 46671		
UGC 7979	= 43386	UGC 8081	= 44414	UGC 8198	= 45361	UGC 8300	= 45947	UGC 8404	= 46717		
UGC 7980	= 43375	UGC 8082	= 44405	UGC 8199	= 45397	UGC 8301	= 45938	UGC 8406	= 46726		
UGC 7981	= 43381	UGC 8084	= 44450	UGC 8200	= 45410	UGC 8302	= 45934	UGC 8407	= 46731		
UGC 7982	= 43397	UGC 8085	= 44432	UGC 8201	= 45372	UGC 8303	= 45927	UGC 8408	= 46754		
UGC 7983	= 43400	UGC 8086	= 44424	UGC 8202	= 45480	UGC 8304	= 45915	UGC 8409	= 46753		
UGC 7985	= 43413	UGC 8089	= 44468	UGC 8203	= 45451	UGC 8305	= 45879	UGC 8410	= 46744		
UGC 7986	= 43399	UGC 8090	= 44495	UGC 8204	= 45478	UGC 8306	= 45959	UGC 8411	= 46746		
UGC 7987	= 43428	UGC 8091	= 44491	UGC 8205	= 45435	UGC 8307	= 45948	UGC 8412	= 46739		
UGC 7988	= 43430	UGC 8092	= 44481	UGC 8209	= 45484	UGC 8308	= 45939	UGC 8413	= 46782		
UGC 7989	= 43451	UGC 8093	= 44507	UGC 8210	= 45481	UGC 8310	= 45983	UGC 8414	= 46460		
UGC 7990	= 43450	UGC 8095	= 44411	UGC 8211	= 45457	UGC 8311	= 45986	UGC 8415	= 46767		
UGC 7991	= 43470	UGC 8096	= 44524	UGC 8212	= 45494	UGC 8313	= 45992	UGC 8417	= 46816		
UGC 7993	= 43452	UGC 8097	= 44534	UGC 8213	= 45472	UGC 8314	= 46009	UGC 8418	= 46804		
UGC 7994	= 43426	UGC 8098	= 44536	UGC 8214	= 45476	UGC 8315	= 46017	UGC 8419	= 46809		
UGC 7995	= 43394	UGC 8099	= 44557	UGC 8215	= 45506	UGC 8317	= 46028	UGC 8420	= 46742		
UGC 7996	= 43495	UGC 8100	= 44578	UGC 8216	= 45502	UGC 8318	= 46041	UGC 8421	= 46827		
UGC 7997	= 43516	UGC 8102	= 44600	UGC 8218	= 45522	UGC 8319	= 46046	UGC 8422	= 46819		
UGC 7998	= 43525	UGC 8103	= 44628	UGC 8219	= 45552	UGC 8320	= 46039	UGC 8423	= 46836		
UGC 7999	= 43517	UGC 8104	= 44631	UGC 8220	= 45549	UGC 8321	= 46069	UGC 8425	= 46849		
UGC 8000	= 43504	UGC 8105	= 44685	UGC 8221	= 45538	UGC 8322	= 46077	UGC 8426	= 46851		
UGC 8002	= 43425	UGC 8106	= 44686	UGC 8223	= 45567	UGC 8323	= 46065	UGC 8428	= 46868		
UGC 8003	= 43533	UGC 8107	= 44641	UGC 8224	= 45534	UGC 8324	= 46089	UGC 8429	= 46865		
UGC 8004	= 43575	UGC 8108	= 44697	UGC 8225	= 45528	UGC 8325	= 46076	UGC 8430	= 46844		
UGC 8005	= 43586	UGC 8109	= 44719	UGC 8226	= 45521	UGC 8326	= 46092	UGC 8431	= 46855		
UGC 8006	= 43527	UGC 8110	= 44715	UGC 8229	= 45580	UGC 8328	= 46124	UGC 8433	= 46906		
UGC 8007	= 43601	UGC 8113	= 44737	UGC 8230	= 45560	UGC 8329	= 46138	UGC 8434	= 46846		
UGC 8008	= 43607	UGC 8114	= 44753	UGC 8231	= 45561	UGC 8330	= 46131	UGC 8435	= 46919		
UGC 8009	= 43671	UGC 8115	= 44731	UGC 8232	= 45593	UGC 8331	= 46127	UGC 8436	= 46882		
UGC 8010	= 43656	UGC 8116	= 44797	UGC 8233	= 45614	UGC 8333	= 46159	UGC 8437	= 46940		
UGC 8011	= 43654	UGC 8117	= 44768	UGC 8234	= 45572	UGC 8334	= 46153	UGC 8439	= 46934		
UGC 8012	= 43634	UGC 8118	= 44795	UGC 8235	= 45629	UGC 8335	= 46133	UGC 8441	= 46952		
UGC 8013	= 43686	UGC 8120	= 44672	UGC 8236	= 45632	UGC 8336	= 46186	UGC 8443	= 47027		
UGC 8014	= 43707	UGC 8121	= 44846	UGC 8237	= 45583	UGC 8337	= 46180	UGC 8444	= 47011		
UGC 8015	= 43728	UGC 8122	= 44822	UGC 8238	= 45644	UGC 8338	= 46171	UGC 8446	= 47000		
UGC 8016	= 43733	UGC 8124	= 44806	UGC 8239	= 45610	UGC 8339	= 46152	UGC 8447	= 47041		
UGC 8017	= 43726	UGC 8125	= 44807	UGC 8240	= 45605	UGC 8340	= 46218	UGC 8448	= 47067		
UGC 8018	= 43775	UGC 8127	= 44858	UGC 8241	= 45658	UGC 8342	= 46202	UGC 8449	= 47053		
UGC 8019	= 43750	UGC 8128	= 44840	UGC 8244	= 45668	UGC 8343	= 46229	UGC 8450	= 47101		
UGC 8020	= 43784	UGC 8129	= 44832	UGC 8245	= 45546	UGC 8345	= 46241	UGC 8451	= 47093		
UGC 8021	= 43798	UGC 8130	= 44838	UGC 8246	= 45684	UGC 8346	= 46230	UGC 8452	= 47122		
UGC 8022	= 43837	UGC 8131	= 44867	UGC 8247	= 45655	UGC 8347	= 46206	UGC 8453	= 47096		
UGC 8024	= 43869	UGC 8133	= 44885	UGC 8248	= 45710	UGC 8348	= 46254	UGC 8455	= 47131		
UGC 8025	= 43863	UGC 8134	= 44899	UGC 8249	= 45705	UGC 8349	= 46250	UGC 8456	= 47162		
UGC 8026	= 43875	UGC 8135	= 44896	UGC 8250	= 45700	UGC 8350	= 46262	UGC 8457	= 47153		
UGC 8028	= 43895	UGC 8136	= 44727	UGC 8251	= 45719	UGC 8351	= 46278	UGC 8458	= 47124		
UGC 8029	= 43700	UGC 8137	= 44908	UGC 8253	= 45741	UGC 8352	= 46249	UGC 8459	= 47180		
UGC 8030	= 43907	UGC 8138	= 44932	UGC 8254	= 45728	UGC 8353	= 46283	UGC 8460	= 47235		
UGC 8032	= 43944	UGC 8140	= 44921	UGC 8255	= 45750	UGC 8355	= 46263	UGC 8462	= 47178		
UGC 8033	= 43939	UGC 8141	= 44920	UGC 8256	= 45749	UGC 8356	= 46293	UGC 8463	= 47234		
UGC 8034	= 43971	UGC 8142	= 44938	UGC 8257	= 45737	UGC 8357	= 46319	UGC 8464	= 47238		
UGC 8035	= 43931	UGC 8143	= 44913	UGC 8258	= 45739	UGC 8358	= 46321	UGC 8465	= 47231		
UGC 8036	= 43961	UGC 8144	= 44963	UGC 8259	= 45757	UGC 8359	= 46302	UGC 8466	= 47254		
UGC 8037	= 43998	UGC 8145	= 44986	UGC 8260	= 45756	UGC 8360	= 46336	UGC 8467	= 47189		
UGC 8038	= 43981	UGC 8146	= 44961	UGC 8261	= 45755	UGC 8361	= 46342	UGC 8468	= 47257		
UGC 8040	= 43951	UGC 8148	= 44734	UGC 8262	= 45782	UGC 8362	= 46355	UGC 8469	= 47305		
UGC 8041	= 44014	UGC 8149	= 45039	UGC 8263	= 45779	UGC 8363	= 46387	UGC 8470	= 47270		

RC3 698 UGC

UGC 8472	= 47318	UGC 8580	= 47935	UGC 8691	= 48682	UGC 8794	= 49315	UGC 8895	= 49758
UGC 8473	= 47354	UGC 8583	= 47961	UGC 8692	= 48684	UGC 8795	= 49301	UGC 8896	= 49748
UGC 8474	= 47349	UGC 8585	= 48003	UGC 8693	= 48690	UGC 8796	= 49335	UGC 8897	= 49752
UGC 8475	= 47346	UGC 8586	= 47980	UGC 8695	= 48724	UGC 8797	= 49320	UGC 8898	= 49739
UGC 8476	= 47339	UGC 8587	= 47971	UGC 8696	= 48711	UGC 8798	= 49299	UGC 8899	= 49763
UGC 8477	= 47330	UGC 8588	= 47951	UGC 8697	= 48760	UGC 8799	= 49343	UGC 8900	= 49747
UGC 8478	= 47358	UGC 8589	= 48023	UGC 8698	= 48756	UGC 8800	= 49353	UGC 8901	= 49677
UGC 8479	= 47352	UGC 8590	= 47996	UGC 8699	= 48749	UGC 8801	= 49362	UGC 8902	= 49769
UGC 8480	= 47324	UGC 8592	= 48011	UGC 8700	= 48767	UGC 8802	= 49333	UGC 8903	= 49712
UGC 8483	= 47370	UGC 8593	= 47985	UGC 8701	= 48795	UGC 8803	= 49336	UGC 8905	= 49644
UGC 8484	= 47369	UGC 8594	= 47997	UGC 8702	= 48777	UGC 8804	= 49322	UGC 8906	= 49791
UGC 8485	= 47432	UGC 8597	= 48012	UGC 8703	= 48806	UGC 8805	= 49342	UGC 8909	= 49741
UGC 8486	= 47415	UGC 8598	= 48044	UGC 8704	= 48784	UGC 8806	= 49337	UGC 8910	= 49797
UGC 8487	= 47438	UGC 8600	= 48047	UGC 8705	= 48831	UGC 8808	= 49373	UGC 8911	= 49806
UGC 8488	= 47422	UGC 8602	= 48053	UGC 8707	= 48801	UGC 8809	= 49359	UGC 8912	= 49799
UGC 8489	= 47371	UGC 8604	= 47988	UGC 8708	= 48841	UGC 8810	= 49347	UGC 8913	= 49798
UGC 8490	= 47368	UGC 8605	= 48072	UGC 8709	= 48815	UGC 8811	= 49257	UGC 8915	= 49814
UGC 8492	= 47433	UGC 8606	= 47923	UGC 8710	= 48854	UGC 8812	= 49370	UGC 8916	= 49810
UGC 8493	= 47404	UGC 8607	= 48101	UGC 8711	= 48816	UGC 8813	= 49356	UGC 8917	= 49817
UGC 8494	= 47413	UGC 8608	= 48084	UGC 8713	= 48862	UGC 8814	= 49354	UGC 8918	= 49838
UGC 8496	= 47447	UGC 8609	= 48080	UGC 8714	= 48823	UGC 8815	= 49292	UGC 8919	= 49820
UGC 8497	= 47461	UGC 8610	= 48105	UGC 8715	= 48869	UGC 8816	= 49391	UGC 8920	= 49846
UGC 8498	= 47462	UGC 8611	= 48064	UGC 8716	= 48832	UGC 8818	= 49399	UGC 8922	= 49835
UGC 8499	= 47441	UGC 8612	= 48128	UGC 8717	= 48884	UGC 8819	= 49380	UGC 8923	= 49841
UGC 8500	= 47482	UGC 8614	= 48122	UGC 8718	= 48887	UGC 8820	= 49415	UGC 8924	= 49882
UGC 8501	= 47425	UGC 8615	= 47518	UGC 8719	= 48785	UGC 8821	= 49411	UGC 8925	= 49847
(UGC 8502)	= 47483	UGC 8616	= 48130	UGC 8720	= 48918	UGC 8823	= 49321	UGC 8926	= 49879
UGC 8503	= 47490	UGC 8618	= 48134	UGC 8721	= 48897	UGC 8825	= 49395	UGC 8927	= 49913
UGC 8506	= 47469	UGC 8620	= 48127	UGC 8722	= 48860	UGC 8826	= 49389	UGC 8928	= 49906
UGC 8507	= 47506	UGC 8621	= 48142	UGC 8724	= 48926	UGC 8827	= 49434	UGC 8930	= 49890
UGC 8508	= 47495	UGC 8622	= 48189	UGC 8725	= 48917	UGC 8828	= 49428	UGC 8931	= 49893
UGC 8509	= 47455	UGC 8623	= 48184	UGC 8726	= 48925	UGC 8829	= 49422	UGC 8932	= 49896
UGC 8510	= 47537	UGC 8624	= 48183	UGC 8727	= 48959	UGC 8831	= 49468	UGC 8933	= 49889
UGC 8512	= 47564	UGC 8625	= 48207	UGC 8728	= 48951	UGC 8832	= 49408	UGC 8934	= 49925
UGC 8513	= 47566	UGC 8626	= 48202	UGC 8729	= 48930	UGC 8833	= 49452	UGC 8935	= 49874
UGC 8514	= 47512	UGC 8627	= 48185	UGC 8730	= 48952	UGC 8834	= 49431	UGC 8936	= 49894
UGC 8515	= 47579	UGC 8628	= 48217	UGC 8732	= 48867	UGC 8835	= 49464	UGC 8937	= 49881
UGC 8516	= 47577	UGC 8629	= 48212	UGC 8733	= 48989	UGC 8837	= 49448	UGC 8938	= 49952
UGC 8517	= 47585	UGC 8630	= 48206	UGC 8734	= 48947	UGC 8838	= 49513	UGC 8939	= 49978
UGC 8518	= 47612	UGC 8631	= 48246	UGC 8735	= 49011	UGC 8839	= 49497	UGC 8940	= 49967
UGC 8519	= 47637	UGC 8632	= 48192	UGC 8736	= 49024	UGC 8841	= 49480	UGC 8941	= 49950
UGC 8520	= 47414	UGC 8633	= 48251	UGC 8737	= 48953	(UGC 8842)	= 49505	UGC 8942	= 49976
UGC 8521	= 47641	UGC 8635	= 48273	UGC 8738	= 49049	(UGC 8842)	= 49502	UGC 8943	= 49995
UGC 8522	= 47654	UGC 8636	= 48270	UGC 8739	= 49041	UGC 8843	= 49451	UGC 8944	= 49991
UGC 8523	= 47678	UGC 8637	= 48294	UGC 8740	= 49067	UGC 8844	= 49533	UGC 8945	= 49956
UGC 8524	= 47634	UGC 8638	= 48280	UGC 8742	= 49062	UGC 8845	= 49348	UGC 8946	= 49997
UGC 8525	= 47557	UGC 8639	= 48259	UGC 8743	= 49030	UGC 8846	= 49514	UGC 8948	= 50006
UGC 8526	= 47690	UGC 8640	= 48285	UGC 8744	= 49069	UGC 8847	= 49547	UGC 8949	= 50010
UGC 8527	= 47686	UGC 8641	= 48330	UGC 8745	= 49044	UGC 8848	= 49540	UGC 8950	= 50021
UGC 8528	= 47598	UGC 8642	= 48291	UGC 8746	= 49114	UGC 8850	= 49538	UGC 8951	= 50030
UGC 8529	= 47603	UGC 8643	= 48286	UGC 8747	= 49000	UGC 8851	= 49519	UGC 8952	= 50028
UGC 8530	= 47709	UGC 8644	= 48341	UGC 8748	= 49137	UGC 8852	= 49489	UGC 8953	= 50017
UGC 8531	= 47675	UGC 8645	= 48338	UGC 8749	= 49112	UGC 8853	= 49555	UGC 8954	= 50012
UGC 8534	= 47750	UGC 8646	= 48327	UGC 8751	= 49139	UGC 8854	= 49529	UGC 8956	= 50035
UGC 8535	= 47737	UGC 8647	= 48318	UGC 8753	= 49145	UGC 8855	= 49553	UGC 8957	= 50024
UGC 8538	= 47718	UGC 8648	= 48333	UGC 8754	= 49141	UGC 8857	= 49571	UGC 8958	= 49993
UGC 8539	= 47740	UGC 8649	= 48277	UGC 8755	= 49159	UGC 8858	= 49542	UGC 8959	= 49943
UGC 8540	= 47731	UGC 8650	= 48358	UGC 8756	= 49138	UGC 8859	= 49512	UGC 8961	= 50045
UGC 8543	= 47784	UGC 8651	= 48332	UGC 8758	= 49166	UGC 8860	= 49508	UGC 8963	= 50042
UGC 8544	= 47777	UGC 8652	= 48365	UGC 8759	= 49165	UGC 8861	= 49579	UGC 8964	= 49859
UGC 8545	= 47794	UGC 8653	= 48366	UGC 8760	= 49158	UGC 8862	= 49589	UGC 8965	= 50077
UGC 8546	= 47793	UGC 8654	= 48232	UGC 8761	= 49146	UGC 8863	= 49563	UGC 8966	= 50089
UGC 8548	= 47808	UGC 8655	= 48393	UGC 8762	= 49171	UGC 8864	= 49597	UGC 8967	= 50087
UGC 8549	= 47812	UGC 8657	= 48421	UGC 8764	= 49157	UGC 8865	= 49604	UGC 8969	= 50031
UGC 8550	= 47788	UGC 8658	= 48392	UGC 8765	= 49083	UGC 8866	= 49548	UGC 8970	= 50018
UGC 8551	= 47780	UGC 8659	= 48388	UGC 8766	= 49204	UGC 8867	= 49426	UGC 8971	= 50104
UGC 8552	= 47842	UGC 8660	= 48453	UGC 8768	= 49234	UGC 8868	= 49626	UGC 8972	= 50102
UGC 8553	= 47822	UGC 8661	= 48446	UGC 8769	= 49227	UGC 8869	= 49598	UGC 8973	= 50101
UGC 8554	= 47809	UGC 8662	= 48441	UGC 8770	= 49174	UGC 8870	= 49605	UGC 8974	= 50080
UGC 8555	= 47855	UGC 8663	= 48468	UGC 8771	= 49248	UGC 8872	= 49635	UGC 8975	= 50067
UGC 8556	= 47837	UGC 8664	= 48458	UGC 8772	= 49244	UGC 8873	= 49631	UGC 8976	= 50090
UGC 8557	= 47667	UGC 8667	= 48465	UGC 8773	= 49243	UGC 8874	= 49650	UGC 8977	= 50117
UGC 8559	= 47869	UGC 8668	= 48504	(UGC 8774)	= 49264	UGC 8875	= 49618	UGC 8978	= 50115
UGC 8560	= 47867	UGC 8670	= 48478	UGC 8775	= 49215	UGC 8876	= 49608	UGC 8979	= 50130
UGC 8561	= 47872	UGC 8671	= 48450	UGC 8776	= 49192	UGC 8877	= 49624	UGC 8980	= 50097
UGC 8563	= 47900	UGC 8672	= 48425	UGC 8777	= 49265	UGC 8878	= 49672	UGC 8981	= 50063
UGC 8564	= 47873	UGC 8673	= 48527	UGC 8778	= 49237	UGC 8879	= 49657	UGC 8983	= 50126
UGC 8565	= 47853	UGC 8675	= 48521	UGC 8779	= 49281	UGC 8880	= 49634	UGC 8984	= 50116
UGC 8566	= 47915	UGC 8676	= 48497	UGC 8781	= 49274	UGC 8881	= 49683	UGC 8985	= 50060
UGC 8567	= 47896	UGC 8677	= 48473	UGC 8782	= 49258	UGC 8883	= 49693	UGC 8986	= 50144
UGC 8568	= 47895	UGC 8678	= 48482	UGC 8784	= 49287	UGC 8884	= 49704	UGC 8987	= 50142
UGC 8569	= 47929	UGC 8679	= 48525	UGC 8785	= 49250	UGC 8885	= 49711	UGC 8988	= 50069
UGC 8570	= 47906	UGC 8680	= 48542	UGC 8786	= 49306	UGC 8886	= 49707	UGC 8989	= 50157
UGC 8571	= 47854	UGC 8681	= 48558	UGC 8787	= 49303	UGC 8887	= 49692	UGC 8990	= 50139
UGC 8572	= 47939	UGC 8683	= 48557	UGC 8788	= 49289	UGC 8889	= 49694	UGC 8991	= 50169
UGC 8573	= 47932	UGC 8684	= 48534	UGC 8789	= 49275	UGC 8890	= 49719	UGC 8992	= 50029
UGC 8574	= 47953	UGC 8685	= 48597	UGC 8790	= 49308	UGC 8891	= 49724	UGC 8993	= 50203
UGC 8575	= 47947	UGC 8687	= 48614	UGC 8791	= 49310	UGC 8892	= 49663	UGC 8995	= 50204
UGC 8577	= 47904	UGC 8689	= 48675	UGC 8792	= 49285	UGC 8893	= 49709	UGC 8995	= 50194
UGC 8578	= 47938	UGC 8690	= 48693	UGC 8793	= 49294	UGC 8894	= 49654	UGC 8996	= 50190

UGC	RC3	UGC	RC3	UGC	RC3	UGC	RC3	UGC	RC3
UGC 8997	= 50192	UGC 9093	= 50752	UGC 9191	= 51283	UGC 9287	= 51725	UGC 9392	= 52178
UGC 8998	= 50167	UGC 9094	= 50741	UGC 9192	= 51256	UGC 9288	= 51735	UGC 9394	= 52167
UGC 8999	= 50181	UGC 9096	= 50750	UGC 9193	= 51281	UGC 9289	= 51728	UGC 9395	= 52116
UGC 9000	= 50207	UGC 9097	= 50728	UGC 9195	= 51302	UGC 9290	= 51730	UGC 9396	= 52171
UGC 9001	= 50202	UGC 9099	= 50776	UGC 9196	= 51313	UGC 9291	= 51713	UGC 9397	= 52160
UGC 9002	= 50210	UGC 9100	= 50758	UGC 9197	= 51300	UGC 9292	= 51752	UGC 9399	= 52154
UGC 9003	= 50180	UGC 9101	= 50784	UGC 9199	= 51327	UGC 9293	= 51736	UGC 9400	= 52199
UGC 9004	= 50213	UGC 9102	= 50809	UGC 9200	= 51312	UGC 9294	= 51733	UGC 9401	= 52190
UGC 9005	= 50215	UGC 9103	= 50811	UGC 9201	= 51344	UGC 9295	= 51629	UGC 9402	= 52179
UGC 9006	= 50220	UGC 9104	= 50815	UGC 9202	= 51332	UGC 9296	= 51764	UGC 9403	= 52192
UGC 9007	= 50221	UGC 9106	= 50840	UGC 9203	= 51319	UGC 9297	= 51641	UGC 9405	= 52142
UGC 9008	= 50218	UGC 9107	= 50838	UGC 9204	= 51046	UGC 9298	= 51364	UGC 9406	= 52194
UGC 9009	= 50222	UGC 9108	= 50861	UGC 9206	= 51351	UGC 9299	= 51780	UGC 9407	= 52207
UGC 9010	= 50232	UGC 9110	= 50848	UGC 9207	= 51360	UGC 9300	= 51758	UGC 9410	= 52248
UGC 9011	= 50191	UGC 9111	= 50865	UGC 9208	= 51355	UGC 9301	= 51751	UGC 9411	= 52254
UGC 9012	= 50251	UGC 9113	= 50853	UGC 9209	= 51354	UGC 9302	= 51747	UGC 9412	= 52202
UGC 9013	= 50216	UGC 9114	= 50891	UGC 9210	= 51340	UGC 9303	= 51745	UGC 9413	= 52066
UGC 9014	= 50256	UGC 9115	= 50832	UGC 9211	= 51358	UGC 9304	= 51785	UGC 9414	= 52258
UGC 9015	= 50287	UGC 9116	= 50889	UGC 9212	= 51384	UGC 9305	= 51782	UGC 9415	= 52235
UGC 9016	= 50231	UGC 9117	= 50897	UGC 9213	= 51368	UGC 9306	= 51754	UGC 9416	= 52273
UGC 9017	= 50299	UGC 9118	= 50909	UGC 9214	= 51371	UGC 9307	= 51746	UGC 9418	= 52264
UGC 9018	= 50262	UGC 9119	= 50895	UGC 9215	= 51400	UGC 9308	= 51787	UGC 9419	= 52251
UGC 9019	= 50305	UGC 9120	= 50918	UGC 9216	= 51372	UGC 9309	= 51784	UGC 9420	= 52291
UGC 9020	= 50317	UGC 9121	= 50915	UGC 9217	= 51382	UGC 9310	= 51809	UGC 9421	= 52261
UGC 9021	= 50318	UGC 9122	= 50931	UGC 9218	= 51423	UGC 9311	= 51808	UGC 9422	= 52247
UGC 9022	= 50306	UGC 9123	= 50902	UGC 9219	= 51396	UGC 9312	= 51779	UGC 9424	= 52279
UGC 9023	= 50341	UGC 9124	= 50946	UGC 9220	= 51422	UGC 9313	= 51777	UGC 9425	= 52283
UGC 9024	= 50334	UGC 9126	= 50948	UGC 9221	= 51415	UGC 9316	= 51818	UGC 9426	= 52263
UGC 9025	= 50351	UGC 9127	= 50942	UGC 9222	= 51419	UGC 9317	= 51819	UGC 9427	= 52317
UGC 9026	= 50312	UGC 9128	= 50961	UGC 9223	= 51417	UGC 9318	= 51814	UGC 9428	= 52266
UGC 9027	= 50354	UGC 9129	= 50954	UGC 9224	= 51426	UGC 9319	= 51807	UGC 9430	= 52315
UGC 9029	= 50331	UGC 9131	= 50908	UGC 9225	= 51449	UGC 9320	= 51803	UGC 9431	= 52307
UGC 9030	= 50398	UGC 9132	= 50972	UGC 9226	= 51439	UGC 9321	= 51834	UGC 9432	= 52356
UGC 9031	= 50391	UGC 9133	= 50973	UGC 9227	= 51431	UGC 9322	= 51829	UGC 9433	= 52338
UGC 9032	= 50355	UGC 9134	= 50994	UGC 9228	= 51433	UGC 9324	= 51798	UGC 9434	= 52347
UGC 9033	= 50369	UGC 9135	= 50995	UGC 9229	= 51462	UGC 9325	= 51795	UGC 9435	= 52343
UGC 9034	= 50430	UGC 9136	= 50986	UGC 9230	= 51450	UGC 9328	= 51846	UGC 9436	= 52365
UGC 9035	= 50412	UGC 9137	= 51006	UGC 9231	= 51448	UGC 9329	= 51843	UGC 9437	= 52361
UGC 9036	= 50383	UGC 9138	= 51002	UGC 9232	= 51455	UGC 9330	= 51840	UGC 9438	= 52349
UGC 9037	= 50455	UGC 9139	= 50991	UGC 9234	= 51475	UGC 9332	= 51831	UGC 9439	= 52328
UGC 9038	= 50459	UGC 9140	= 51044	UGC 9235	= 51470	UGC 9333	= 51857	UGC 9440	= 52369
UGC 9039	= 50358	UGC 9141	= 51033	UGC 9236	= 51483	UGC 9334	= 51865	UGC 9441	= 52340
UGC 9040	= 50479	UGC 9142	= 51018	UGC 9238	= 51477	UGC 9335	= 51850	UGC 9443	= 52380
UGC 9041	= 50464	UGC 9143	= 51023	UGC 9239	= 51498	UGC 9336	= 51838	UGC 9444	= 52374
UGC 9042	= 50437	UGC 9144	= 51012	UGC 9240	= 51472	UGC 9338	= 51878	UGC 9445	= 52376
UGC 9043	= 50476	UGC 9145	= 50990	UGC 9241	= 51505	UGC 9339	= 51883	UGC 9446	= 52359
UGC 9044	= 50495	UGC 9146	= 51008	UGC 9242	= 51503	UGC 9340	= 51864	UGC 9447	= 52395
UGC 9046	= 50457	UGC 9147	= 51090	UGC 9243	= 51511	UGC 9341	= 51895	UGC 9448	= 52344
UGC 9047	= 50443	UGC 9148	= 51084	UGC 9244	= 51537	UGC 9342	= 51875	UGC 9449	= 52383
UGC 9048	= 50485	UGC 9149	= 51074	UGC 9245	= 51509	UGC 9344	= 51830	UGC 9450	= 52390
UGC 9049	= 50436	UGC 9150	= 51073	UGC 9246	= 51557	UGC 9345	= 51909	UGC 9451	= 52412
UGC 9050	= 50472	UGC 9151	= 51026	UGC 9247	= 51549	UGC 9346	= 51921	UGC 9452	= 52364
UGC 9052	= 50370	UGC 9152	= 51036	UGC 9248	= 51541	UGC 9347	= 51901	UGC 9453	= 52206
UGC 9053	= 50530	UGC 9153	= 51095	UGC 9249	= 51587	UGC 9348	= 51957	UGC 9454	= 52421
UGC 9054	= 50544	UGC 9154	= 51108	UGC 9250	= 51603	UGC 9349	= 51939	UGC 9455	= 52417
UGC 9055	= 50553	UGC 9155	= 51094	UGC 9251	= 51561	UGC 9351	= 51958	UGC 9456	= 52396
UGC 9056	= 50509	UGC 9156	= 51118	UGC 9252	= 51604	UGC 9352	= 51953	UGC 9457	= 52433
UGC 9057	= 50587	UGC 9157	= 51100	UGC 9253	= 51589	UGC 9353	= 51973	UGC 9458	= 52416
UGC 9058	= 50558	UGC 9158	= 51091	UGC 9254	= 51612	UGC 9354	= 51964	UGC 9459	= 52441
UGC 9059	= 50560	UGC 9159	= 51113	UGC 9255	= 51610	UGC 9355	= 51767	UGC 9460	= 52409
UGC 9061	= 50577	UGC 9160	= 51105	UGC 9256	= 51568	UGC 9356	= 51984	UGC 9461	= 52379
UGC 9062	= 50580	UGC 9161	= 51104	UGC 9257	= 51600	UGC 9357	= 51965	UGC 9462	= 52455
UGC 9063	= 50590	UGC 9162	= 51130	UGC 9258	= 51622	UGC 9358	= 51932	UGC 9463	= 52453
UGC 9064	= 50596	UGC 9163	= 51128	UGC 9259	= 51619	UGC 9359	= 52006	UGC 9464	= 52429
UGC 9065	= 50613	UGC 9164	= 51120	UGC 9260	= 51598	UGC 9360	= 51995	UGC 9465	= 52424
UGC 9066	= 50582	UGC 9165	= 51121	UGC 9261	= 51564	UGC 9361	= 51955	UGC 9466	= 52456
UGC 9067	= 50621	UGC 9166	= 51155	UGC 9262	= 51601	UGC 9362	= 52011	UGC 9467	= 52438
UGC 9068	= 50586	UGC 9167	= 51190	UGC 9263	= 51645	UGC 9363	= 52018	UGC 9468	= 52465
UGC 9069	= 50610	UGC 9168	= 51189	UGC 9264	= 51638	UGC 9364	= 52016	UGC 9469	= 52491
UGC 9070	= 50588	UGC 9169	= 51207	UGC 9265	= 51618	UGC 9365	= 52023	UGC 9470	= 52495
UGC 9071	= 50581	UGC 9170	= 51201	UGC 9266	= 51621	UGC 9366	= 51978	UGC 9471	= 52488
UGC 9072	= 50630	UGC 9172	= 51223	UGC 9267	= 51650	UGC 9367	= 52010	UGC 9472	= 52500
UGC 9073	= 50629	UGC 9173	= 51196	UGC 9268	= 51631	UGC 9369	= 52042	UGC 9473	= 52478
UGC 9074	= 50623	UGC 9174	= 51227	UGC 9269	= 51599	UGC 9372	= 52027	UGC 9474	= 52499
UGC 9075	= 50639	UGC 9175	= 51233	UGC 9270	= 51635	UGC 9374	= 52069	UGC 9475	= 52504
UGC 9077	= 50627	UGC 9176	= 51241	UGC 9271	= 51620	UGC 9375	= 52044	UGC 9476	= 52476
UGC 9078	= 50657	UGC 9177	= 51237	UGC 9273	= 51664	UGC 9376	= 52036	UGC 9477	= 52466
UGC 9079	= 50676	UGC 9178	= 51214	UGC 9274	= 51655	UGC 9378	= 52072	UGC 9479	= 52532
UGC 9080	= 50611	UGC 9179	= 51210	UGC 9275	= 51685	UGC 9379	= 52051	UGC 9480	= 52527
UGC 9081	= 50677	UGC 9180	= 51236	UGC 9276	= 51668	UGC 9380	= 52092	UGC 9481	= 52535
UGC 9082	= 50690	UGC 9181	= 51270	UGC 9277	= 51703	UGC 9381	= 52088	UGC 9482	= 52558
UGC 9083	= 50664	UGC 9182	= 51253	UGC 9278	= 51699	UGC 9382	= 52131	UGC 9483	= 52564
UGC 9084	= 50709	UGC 9183	= 51275	UGC 9279	= 51665	UGC 9383	= 52132	UGC 9485	= 52574
UGC 9085	= 50718	UGC 9184	= 51272	UGC 9280	= 51705	UGC 9385	= 52141	UGC 9486	= 52531
UGC 9086	= 50713	UGC 9185	= 51266	UGC 9281	= 51681	UGC 9386	= 52115	UGC 9487	= 52565
UGC 9087	= 50719	UGC 9186	= 51264	UGC 9282	= 51711	UGC 9387	= 52137	UGC 9488	= 52582
UGC 9088	= 50693	UGC 9187	= 51286	UGC 9283	= 51706	UGC 9388	= 52107	UGC 9490	= 52602
UGC 9090	= 50726	UGC 9188	= 51251	UGC 9284	= 51695	UGC 9389	= 52159	UGC 9491	= 52628
UGC 9091	= 50722	UGC 9189	= 51182	UGC 9285	= 51741	UGC 9390	= 52153	UGC 9492	= 52625
UGC 9092	= 50745	UGC 9190	= 51303	UGC 9286	= 51732	UGC 9391	= 52091	UGC 9493	= 52641

RC3 700 UGC

UGC	=	UGC	=	UGC	=	UGC	=	UGC	=
UGC 9494	= 52632	UGC 9604	= 53350	UGC 9705	= 53908	UGC 9807	= 54612	UGC 9914	= 55459
UGC 9495	= 52608	UGC 9605	= 53335	UGC 9706	= 53932	UGC 9808	= 54623	UGC 9915	= 55520
UGC 9498	= 52607	UGC 9606	= 53376	UGC 9708	= 53935	UGC 9809	= 54614	UGC 9916	= 55507
UGC 9499	= 52665	UGC 9608	= 53411	UGC 9709	= 53896	UGC 9812	= 54674	UGC 9917	= 55518
UGC 9500	= 52689	UGC 9609	= 53251	UGC 9710	= 53951	UGC 9813	= 54664	UGC 9918	= 55515
UGC 9503	= 52698	UGC 9610	= 53378	UGC 9711	= 53942	UGC 9814	= 54691	UGC 9919	= 55532
UGC 9505	= 52686	UGC 9611	= 53418	UGC 9712	= 53959	UGC 9815	= 54683	UGC 9920	= 55517
UGC 9506	= 52702	UGC 9612	= 53387	UGC 9713	= 53943	UGC 9816	= 54648	UGC 9921	= 55533
UGC 9507	= 52690	UGC 9613	= 53421	UGC 9714	= 53965	UGC 9817	= 54690	(UGC 9922)	= 55555
(UGC 9509)	= 52729	UGC 9614	= 53419	UGC 9715	= 53979	UGC 9818	= 54761	(UGC 9922)	= 55554
(UGC 9509)	= 52728	UGC 9615	= 53414	UGC 9717	= 53939	UGC 9820	= 54790	UGC 9923	= 55552
UGC 9510	= 52712	UGC 9616	= 53424	UGC 9718	= 53976	UGC 9821	= 54832	UGC 9924	= 55539
UGC 9512	= 52735	UGC 9617	= 53402	UGC 9721	= 53991	UGC 9822	= 54839	UGC 9925	= 55587
UGC 9514	= 52752	UGC 9619	= 53408	UGC 9722	= 53936	UGC 9823	= 54780	UGC 9926	= 55588
UGC 9515	= 52742	UGC 9620	= 53436	UGC 9723	= 53933	UGC 9824	= 54849	UGC 9927	= 55578
UGC 9516	= 52713	UGC 9621	= 53065	UGC 9724	= 53995	UGC 9825	= 54834	UGC 9928	= 55559
UGC 9517	= 52766	UGC 9622	= 53448	UGC 9725	= 53949	UGC 9826	= 54815	UGC 9929	= 55529
UGC 9518	= 52743	UGC 9623	= 53428	UGC 9726	= 54013	UGC 9828	= 54885	UGC 9930	= 55584
UGC 9519	= 52741	UGC 9624	= 53459	UGC 9727	= 54002	UGC 9829	= 54911	UGC 9932	= 55279
UGC 9520	= 52754	UGC 9625	= 53470	UGC 9728	= 54001	UGC 9830	= 54909	UGC 9933	= 55601
UGC 9521	= 52781	UGC 9626	= 53441	UGC 9729	= 53920	UGC 9831	= 54895	UGC 9934	= 55561
UGC 9522	= 52732	UGC 9627	= 53437	UGC 9730	= 53774	UGC 9832	= 54978	UGC 9935	= 55637
UGC 9523	= 52788	UGC 9628	= 53463	UGC 9731	= 53967	UGC 9833	= 54979	UGC 9936	= 55607
UGC 9524	= 52787	UGC 9629	= 53442	UGC 9732	= 54039	UGC 9834	= 54983	UGC 9937	= 55629
UGC 9526	= 52826	UGC 9630	= 53445	UGC 9734	= 53960	UGC 9835	= 54980	UGC 9938	= 55621
UGC 9527	= 52795	UGC 9631	= 53499	UGC 9735	= 54059	UGC 9837	= 54976	UGC 9939	= 55648
UGC 9529	= 52716	UGC 9632	= 53476	UGC 9736	= 54018	UGC 9838	= 55044	UGC 9940	= 55620
UGC 9530	= 52832	UGC 9634	= 53528	UGC 9738	= 54085	UGC 9841	= 55057	UGC 9941	= 55660
UGC 9531	= 52833	UGC 9635	= 53531	UGC 9739	= 54084	UGC 9842	= 55040	UGC 9943	= 55665
(UGC 9532)	= 52854	UGC 9637	= 53510	UGC 9740	= 54111	UGC 9843	= 55059	UGC 9944	= 55540
(UGC 9532)	= 52851	UGC 9638	= 53486	UGC 9741	= 54061	UGC 9844	= 55069	UGC 9945	= 55687
(UGC 9532)	= 52848	UGC 9639	= 53508	UGC 9742	= 54119	UGC 9845	= 55078	UGC 9946	= 55684
UGC 9533	= 52872	UGC 9640	= 53552	UGC 9743	= 54118	UGC 9846	= 55073	UGC 9947	= 55668
UGC 9534	= 52883	UGC 9642	= 53511	UGC 9744	= 54123	UGC 9847	= 55072	UGC 9948	= 55647
UGC 9535	= 52887	UGC 9643	= 53530	UGC 9745	= 54095	UGC 9849	= 55047	UGC 9949	= 55706
UGC 9536	= 52874	UGC 9644	= 53556	UGC 9746	= 54134	UGC 9850	= 55066	UGC 9950	= 55378
UGC 9537	= 52877	UGC 9645	= 53578	UGC 9747	= 54110	UGC 9851	= 55076	UGC 9951	= 55710
UGC 9539	= 52912	UGC 9646	= 53563	UGC 9748	= 53990	UGC 9852	= 55080	UGC 9952	= 55694
UGC 9541	= 52921	UGC 9647	= 53557	UGC 9749	= 54074	UGC 9853	= 55065	UGC 9953	= 55722
UGC 9542	= 52908	UGC 9648	= 53532	UGC 9750	= 53999	UGC 9854	= 55022	UGC 9954	= 55708
UGC 9543	= 52920	UGC 9649	= 53469	UGC 9751	= 54171	UGC 9855	= 55037	UGC 9956	= 55730
UGC 9544	= 52930	UGC 9650	= 53520	UGC 9752	= 54167	UGC 9856	= 55097	UGC 9958	= 55733
UGC 9545	= 52901	UGC 9651	= 53561	UGC 9753	= 54117	UGC 9857	= 55095	UGC 9959	= 55701
UGC 9546	= 52949	UGC 9652	= 53613	UGC 9754	= 54188	UGC 9858	= 55104	UGC 9960	= 55748
UGC 9547	= 52979	UGC 9654	= 53631	UGC 9755	= 54195	UGC 9859	= 55116	UGC 9961	= 55674
UGC 9548	= 52978	UGC 9655	= 53643	UGC 9757	= 54232	UGC 9860	= 55132	UGC 9962	= 55744
UGC 9549	= 52942	UGC 9656	= 53651	UGC 9758	= 54215	UGC 9862	= 55178	UGC 9963	= 55739
UGC 9550	= 52984	UGC 9657	= 53622	UGC 9759	= 54154	UGC 9864	= 55229	UGC 9964	= 55759
UGC 9551	= 52998	UGC 9659	= 53675	UGC 9760	= 54262	UGC 9865	= 55091	UGC 9965	= 55750
UGC 9552	= 52986	UGC 9660	= 53641	UGC 9761	= 54197	UGC 9866	= 55165	UGC 9967	= 55769
UGC 9553	= 52924	UGC 9661	= 53683	UGC 9762	= 54238	UGC 9867	= 55255	UGC 9968	= 55792
UGC 9556	= 52952	UGC 9662	= 53676	UGC 9763	= 54260	UGC 9869	= 55254	UGC 9969	= 55725
UGC 9557	= 53010	UGC 9663	= 53644	UGC 9764	= 54150	UGC 9870	= 55242	UGC 9970	= 55756
UGC 9558	= 53028	UGC 9664	= 53554	UGC 9765	= 54282	UGC 9871	= 55243	UGC 9971	= 55740
UGC 9559	= 52995	UGC 9665	= 53657	UGC 9766	= 54200	UGC 9872	= 55177	UGC 9972	= 55734
UGC 9560	= 53014	UGC 9667	= 53696	UGC 9768	= 54234	UGC 9873	= 55247	UGC 9973	= 55793
UGC 9561	= 53054	UGC 9668	= 53390	UGC 9769	= 54267	UGC 9874	= 55123	UGC 9974	= 55800
UGC 9562	= 53039	UGC 9670	= 53674	UGC 9770	= 54343	UGC 9875	= 55282	UGC 9975	= 55797
UGC 9563	= 53000	UGC 9671	= 53681	UGC 9771	= 54316	UGC 9876	= 55295	UGC 9976	= 55816
UGC 9564	= 53089	UGC 9672	= 53708	UGC 9772	= 54336	UGC 9877	= 55274	UGC 9977	= 55821
UGC 9565	= 53094	(UGC 9673)	= 53709	UGC 9773	= 54265	UGC 9879	= 55285	UGC 9978	= 55824
UGC 9566	= 53067	UGC 9674	= 53699	UGC 9774	= 54351	UGC 9880	= 55273	UGC 9979	= 55833
UGC 9567	= 53073	UGC 9675	= 53733	UGC 9775	= 54379	UGC 9881	= 55102	UGC 9980	= 55841
UGC 9568	= 53043	UGC 9676	= 53737	UGC 9776	= 54314	UGC 9882	= 55296	UGC 9981	= 55811
UGC 9569	= 53083	UGC 9677	= 53749	UGC 9777	= 54393	UGC 9884	= 55305	UGC 9982	= 55753
UGC 9571	= 53124	UGC 9678	= 53770	UGC 9778	= 54223	UGC 9886	= 55360	UGC 9983	= 55845
UGC 9573	= 53176	UGC 9679	= 53752	UGC 9779	= 54416	UGC 9888	= 55388	UGC 9984	= 55854
UGC 9574	= 53178	UGC 9680	= 53762	UGC 9780	= 54377	UGC 9889	= 55391	UGC 9985	= 55802
UGC 9575	= 53201	UGC 9681	= 53744	UGC 9781	= 54420	UGC 9890	= 55355	UGC 9986	= 55780
UGC 9576	= 53231	UGC 9682	= 53802	UGC 9782	= 54424	UGC 9892	= 55377	UGC 9987	= 55853
UGC 9577	= 53225	UGC 9683	= 53548	UGC 9784	= 54350	UGC 9893	= 55381	UGC 9989	= 55865
UGC 9578	= 53239	UGC 9684	= 53758	UGC 9785	= 54443	UGC 9894	= 55448	UGC 9990	= 55873
UGC 9579	= 53247	UGC 9685	= 53821	UGC 9786	= 54332	UGC 9895	= 55435	UGC 9991	= 55867
UGC 9582	= 53260	UGC 9687	= 53803	UGC 9787	= 54458	UGC 9896	= 55319	UGC 9992	= 55809
UGC 9584	= 53268	UGC 9688	= 53763	UGC 9788	= 54455	UGC 9897	= 55446	UGC 9993	= 55902
UGC 9586	= 53217	UGC 9689	= 53838	UGC 9789	= 54428	UGC 9899	= 55330	UGC 9994	= 55881
UGC 9587	= 53274	UGC 9690	= 53812	UGC 9790	= 54431	UGC 9900	= 55464	UGC 9995	= 55864
UGC 9588	= 53267	UGC 9691	= 53811	UGC 9791	= 54407	UGC 9901	= 55475	UGC 9996	= 55919
UGC 9590	= 53279	UGC 9692	= 53862	UGC 9793	= 54465	UGC 9902	= 55478	UGC 9998	= 55921
UGC 9591	= 53205	UGC 9693	= 53865	UGC 9794	= 54488	UGC 9903	= 55480	UGC 9999	= 55910
UGC 9592	= 53265	UGC 9694	= 53857	UGC 9795	= 54500	UGC 9904	= 55482	UGC 10000	= 55930
UGC 9593	= 53314	UGC 9695	= 53852	UGC 9796	= 54461	UGC 9905	= 55492	UGC 10003	= 55913
UGC 9594	= 53307	UGC 9696	= 53869	UGC 9797	= 54445	UGC 9906	= 55419	UGC 10005	= 55949
UGC 9595	= 53320	UGC 9697	= 53888	UGC 9798	= 54516	UGC 9907	= 55495	UGC 10006	= 55923
UGC 9596	= 53313	UGC 9698	= 53864	UGC 9799	= 54526	UGC 9908	= 55501	UGC 10007	= 55918
UGC 9597	= 53317	UGC 9699	= 53891	UGC 9800	= 54473	UGC 9909	= 55494	UGC 10008	= 55677
UGC 9598	= 53332	UGC 9700	= 53901	UGC 9801	= 54470	UGC 9910	= 55493	UGC 10009	= 55965
UGC 9599	= 53339	UGC 9701	= 53876	UGC 9802	= 54503	UGC 9911	= 55476	UGC 10010	= 55927
UGC 9601	= 53383	UGC 9702	= 53844	UGC 9803	= 54564	UGC 9912	= 55506	UGC 10011	= 55955
UGC 9602	= 53379	UGC 9703	= 53861	UGC 9805	= 54522	UGC 9913	= 55497	UGC 10012	= 55943

RC3   701   UGC

UGC	=	UGC	=	UGC	=	UGC	=	UGC	=
UGC 10013	= 55916	UGC 10109	= 56476	UGC 10204	= 57177	UGC 10312	= 57736	UGC 10420	= 58357
UGC 10014	= 55975	UGC 10112	= 56514	UGC 10205	= 57173	UGC 10313	= 57739	UGC 10421	= 58348
UGC 10015	= 55968	UGC 10113	= 56537	UGC 10206	= 56946	UGC 10314	= 57707	UGC 10423	= 58361
UGC 10017	= 55962	UGC 10114	= 56529	UGC 10207	= 57178	UGC 10315	= 57638	UGC 10424	= 58338
UGC 10018	= 55880	UGC 10115	= 56468	UGC 10209	= 57156	UGC 10316	= 57748	UGC 10425	= 58305
UGC 10019	= 55963	(UGC 10116)	= 56575	UGC 10210	= 57205	UGC 10319	= 57773	UGC 10426	= 58403
UGC 10020	= 55973	(UGC 10116)	= 56578	UGC 10211	= 57199	UGC 10320	= 57766	UGC 10427	= 58376
UGC 10021	= 55967	(UGC 10116)	= 56576	UGC 10212	= 56836	UGC 10323	= 57675	UGC 10428	= 58390
UGC 10022	= 55925	(UGC 10116)	= 56584	UGC 10213	= 57216	UGC 10324	= 57670	UGC 10429	= 58387
UGC 10023	= 55989	(UGC 10116)	= 56580	UGC 10214	= 57129	UGC 10326	= 57664	UGC 10430	= 58385
UGC 10024	= 55993	(UGC 10116)	= 56579	UGC 10215	= 57218	UGC 10327	= 57788	UGC 10432	= 58395
UGC 10025	= 56001	UGC 10117	= 56595	UGC 10216	= 57235	UGC 10328	= 57799	UGC 10434	= 58423
UGC 10026	= 55996	UGC 10118	= 56544	UGC 10217	= 57234	UGC 10329	= 57796	UGC 10435	= 58424
UGC 10027	= 56005	UGC 10120	= 56573	UGC 10218	= 57246	UGC 10330	= 57771	UGC 10436	= 58410
UGC 10029	= 56022	UGC 10121	= 56611	UGC 10219	= 57261	UGC 10331	= 57731	UGC 10437	= 58418
UGC 10030	= 56025	UGC 10122	= 56599	UGC 10221	= 57104	UGC 10333	= 57729	UGC 10439	= 58470
UGC 10031	= 55954	UGC 10123	= 56570	UGC 10224	= 57280	UGC 10334	= 57722	UGC 10440	= 58478
UGC 10032	= 55904	UGC 10124	= 56484	UGC 10225	= 57302	UGC 10335	= 57810	UGC 10441	= 58491
(UGC 10033)	= 56020	UGC 10125	= 56232	UGC 10226	= 57287	UGC 10336	= 57800	UGC 10442	= 58440
(UGC 10033)	= 56023	UGC 10126	= 56388	UGC 10227	= 57284	UGC 10337	= 57827	UGC 10443	= 58458
UGC 10034	= 56014	UGC 10127	= 56636	UGC 10228	= 57167	UGC 10338	= 57816	UGC 10444	= 58493
UGC 10035	= 56050	(UGC 10128)	= 56640	UGC 10229	= 57338	UGC 10339	= 57856	UGC 10445	= 58501
(UGC 10036)	= 56056	UGC 10130	= 56697	UGC 10230	= 57345	UGC 10340	= 57823	UGC 10446	= 58288
UGC 10037	= 56072	UGC 10131	= 56689	UGC 10232	= 57332	UGC 10342	= 57836	UGC 10447	= 58239
UGC 10039	= 56088	UGC 10133	= 56723	UGC 10233	= 57337	UGC 10343	= 57842	UGC 10448	= 58523
UGC 10040	= 56097	UGC 10134	= 56700	UGC 10234	= 57325	UGC 10345	= 57812	UGC 10449	= 58479
UGC 10041	= 56111	UGC 10135	= 56716	UGC 10236	= 57353	UGC 10346	= 57854	UGC 10450	= 58514
UGC 10042	= 56108	UGC 10136	= 56679	UGC 10236	= 57349	UGC 10347	= 57828	UGC 10452	= 58471
UGC 10043	= 56094	UGC 10137	= 56744	UGC 10237	= 56976	UGC 10349	= 57882	UGC 10453	= 58538
UGC 10044	= 56105	UGC 10138	= 56731	UGC 10238	= 57365	UGC 10350	= 57924	UGC 10454	= 58503
UGC 10046	= 56131	UGC 10139	= 56750	UGC 10239	= 57363	UGC 10351	= 57906	UGC 10455	= 58540
UGC 10047	= 56008	UGC 10140	= 56745	UGC 10241	= 57333	UGC 10352	= 57937	UGC 10456	= 58517
UGC 10048	= 56130	UGC 10142	= 56602	UGC 10242	= 57373	UGC 10353	= 57908	UGC 10457	= 58532
UGC 10049	= 56123	UGC 10143	= 56784	UGC 10243	= 57368	UGC 10354	= 57904	UGC 10458	= 58528
UGC 10050	= 56139	UGC 10144	= 56780	UGC 10244	= 57341	UGC 10355	= 57941	UGC 10459	= 58545
UGC 10051	= 56141	UGC 10145	= 56755	UGC 10245	= 57334	UGC 10356	= 57927	UGC 10460	= 58524
UGC 10053	= 56057	UGC 10146	= 56844	UGC 10246	= 57369	UGC 10357	= 57931	UGC 10461	= 58544
UGC 10054	= 55887	UGC 10147	= 56854	UGC 10247	= 57305	UGC 10358	= 57919	UGC 10463	= 58591
UGC 10055	= 56169	UGC 10148	= 56842	UGC 10248	= 57377	UGC 10359	= 57886	UGC 10465	= 58600
UGC 10056	= 56166	UGC 10149	= 56812	UGC 10249	= 57417	UGC 10360	= 57974	UGC 10466	= 58468
UGC 10057	= 56079	UGC 10150	= 56778	UGC 10250	= 57398	UGC 10361	= 57934	UGC 10467	= 58554
UGC 10058	= 56168	UGC 10151	= 56839	UGC 10251	= 57344	UGC 10362	= 57959	UGC 10468	= 58579
UGC 10059	= 56186	UGC 10153	= 56857	UGC 10252	= 57386	UGC 10363	= 58002	UGC 10469	= 58596
UGC 10060	= 56200	UGC 10154	= 56864	UGC 10254	= 57408	UGC 10364	= 57966	UGC 10470	= 58477
UGC 10061	= 56210	UGC 10155	= 56843	UGC 10255	= 57394	UGC 10366	= 57984	UGC 10471	= 58389
UGC 10062	= 56205	UGC 10157	= 56674	UGC 10256	= 57430	UGC 10367	= 57978	UGC 10473	= 58610
UGC 10063	= 56199	UGC 10158	= 56908	UGC 10257	= 57407	UGC 10368	= 57874	UGC 10475	= 58646
UGC 10064	= 56206	UGC 10159	= 56941	UGC 10258	= 57424	UGC 10369	= 57926	UGC 10476	= 58557
UGC 10066	= 56231	UGC 10160	= 56903	UGC 10261	= 57404	UGC 10370	= 57997	UGC 10477	= 58633
UGC 10067	= 56257	UGC 10161	= 56925	UGC 10262	= 57455	UGC 10371	= 58037	UGC 10478	= 58571
UGC 10068	= 56253	UGC 10162	= 56725	UGC 10264	= 57505	UGC 10372	= 58031	UGC 10479	= 58632
UGC 10069	= 56216	UGC 10163	= 56950	UGC 10265	= 57411	UGC 10373	= 58055	UGC 10480	= 58630
UGC 10070	= 56207	UGC 10164	= 56938	UGC 10267	= 57437	UGC 10374	= 57998	UGC 10482	= 58644
UGC 10072	= 56136	UGC 10165	= 56932	UGC 10268	= 57509	UGC 10375	= 58059	UGC 10484	= 58665
UGC 10073	= 56267	UGC 10167	= 56893	UGC 10269	= 57486	UGC 10376	= 57949	UGC 10485	= 58645
UGC 10074	= 56284	UGC 10168	= 56875	UGC 10270	= 57482	UGC 10379	= 58080	UGC 10486	= 58631
UGC 10075	= 56219	UGC 10169	= 56953	UGC 10272	= 57506	UGC 10380	= 58104	UGC 10487	= 58639
UGC 10076	= 56289	(UGC 10170)	= 56962	UGC 10273	= 57494	UGC 10381	= 58092	UGC 10488	= 58662
UGC 10077	= 56300	(UGC 10170)	= 56960	UGC 10274	= 57478	UGC 10382	= 58095	UGC 10490	= 58682
UGC 10078	= 56201	UGC 10171	= 56907	UGC 10275	= 57500	UGC 10383	= 58052	(UGC 10491)	= 58674
UGC 10079	= 56309	UGC 10172	= 56994	UGC 10276	= 57499	UGC 10384	= 58141	(UGC 10491)	= 58664
UGC 10080	= 56287	UGC 10175	= 56959	UGC 10278	= 57471	UGC 10385	= 58115	UGC 10492	= 58702
UGC 10081	= 56337	UGC 10176	= 57018	UGC 10280	= 57195	UGC 10386	= 58178	UGC 10493	= 58649
UGC 10082	= 56336	UGC 10177	= 57031	UGC 10281	= 57522	UGC 10387	= 58170	UGC 10494	= 58607
UGC 10083	= 56334	UGC 10178	= 57006	UGC 10282	= 57508	UGC 10388	= 58161	UGC 10495	= 58704
UGC 10084	= 56338	UGC 10180	= 57037	UGC 10286	= 57529	UGC 10389	= 58132	UGC 10496	= 58592
UGC 10085	= 56345	UGC 10181	= 56562	UGC 10287	= 57562	UGC 10391	= 58183	UGC 10498	= 58700
UGC 10086	= 56352	UGC 10182	= 57039	UGC 10288	= 57582	UGC 10394	= 58207	UGC 10500	= 58684
UGC 10087	= 56323	UGC 10183	= 56623	UGC 10289	= 57521	UGC 10395	= 58071	UGC 10501	= 58472
UGC 10088	= 56273	UGC 10184	= 57083	UGC 10290	= 57590	UGC 10396	= 58150	UGC 10502	= 58634
UGC 10089	= 56366	UGC 10185	= 57059	UGC 10291	= 57575	UGC 10397	= 58185	UGC 10503	= 58640
UGC 10090	= 56322	(UGC 10186)	= 57053	UGC 10293	= 57623	UGC 10398	= 58224	UGC 10504	= 58728
UGC 10091	= 56413	(UGC 10186)	= 57058	UGC 10294	= 57523	UGC 10400	= 58199	UGC 10506	= 58723
UGC 10092	= 56397	(UGC 10187)	= 57068	UGC 10295	= 57608	UGC 10401	= 58154	UGC 10508	= 58716
UGC 10093	= 56409	UGC 10188	= 57062	UGC 10296	= 57601	UGC 10403	= 58238	UGC 10510	= 58731
UGC 10094	= 56400	UGC 10189	= 57063	UGC 10297	= 57627	UGC 10404	= 58227	UGC 10511	= 58765
UGC 10095	= 56386	UGC 10190	= 57061	UGC 10298	= 57547	UGC 10405	= 58300	UGC 10512	= 58788
UGC 10096	= 56410	UGC 10191	= 57076	(UGC 10299)	= 57634	UGC 10406	= 58327	UGC 10513	= 58823
UGC 10097	= 56398	UGC 10192	= 57084	(UGC 10299)	= 57640	UGC 10407	= 58251	UGC 10514	= 58813
UGC 10098	= 56475	UGC 10193	= 57093	UGC 10300	= 57639	UGC 10408	= 58208	UGC 10515	= 58753
UGC 10099	= 56442	UGC 10194	= 56917	UGC 10301	= 57641	UGC 10409	= 58265	UGC 10516	= 58775
UGC 10100	= 56467	UGC 10195	= 57111	UGC 10302	= 57648	UGC 10410	= 58311	UGC 10517	= 58756
UGC 10101	= 56481	UGC 10196	= 57110	UGC 10303	= 57654	UGC 10411	= 58206	UGC 10518	= 58750
UGC 10102	= 56482	UGC 10197	= 57125	UGC 10304	= 57589	UGC 10412	= 58339	UGC 10519	= 58745
UGC 10103	= 56450	UGC 10198	= 57124	UGC 10305	= 57658	UGC 10413	= 58336	UGC 10520	= 58816
UGC 10104	= 56479	UGC 10199	= 57137	UGC 10306	= 57694	UGC 10414	= 58353	UGC 10521	= 58827
UGC 10105	= 56430	UGC 10200	= 57098	UGC 10307	= 57706	UGC 10415	= 58308	UGC 10522	= 58799
UGC 10106	= 56492	(UGC 10201)	= 57147	UGC 10309	= 57684	UGC 10416	= 58374	UGC 10524	= 58804
UGC 10107	= 56462	UGC 10202	= 57145	UGC 10310	= 57678	UGC 10417	= 58344	UGC 10525	= 58863
UGC 10108	= 56511	UGC 10203	= 57182	UGC 10311	= 57728	UGC 10419	= 58370	UGC 10526	= 58878

RC3   702   UGC

UGC 10527	= 58828	UGC 10646	= 59348	UGC 10770	= 59862	UGC 10883	= 60382	UGC 11000	= 60920
UGC 10528	= 58896	UGC 10647	= 59352	UGC 10771	= 59894	UGC 10884	= 60418	UGC 11001	= 60957
UGC 10529	= 58888	UGC 10648	= 59354	UGC 10773	= 59927	UGC 10885	= 60403	UGC 11002	= 60899
UGC 10531	= 58880	UGC 10650	= 59408	UGC 10775	= 59970	UGC 10886	= 60421	UGC 11003	= 60975
UGC 10535	= 58937	UGC 10651	= 59393	UGC 10776	= 59961	UGC 10887	= 60277	UGC 11004	= 60972
UGC 10536	= 58866	UGC 10653	= 59411	UGC 10778	= 59979	UGC 10888	= 60402	UGC 11005	= 60916
UGC 10537	= 58841	UGC 10654	= 59414	UGC 10779	= 59987	UGC 10889	= 60410	UGC 11008	= 60949
UGC 10540	= 58942	UGC 10655	= 59388	UGC 10780	= 59995	UGC 10890	= 60436	UGC 11009	= 61009
UGC 10541	= 58979	UGC 10656	= 59426	UGC 10783	= 59983	UGC 10891	= 60459	UGC 11010	= 61008
UGC 10542	= 58906	UGC 10658	= 59430	UGC 10784	= 59947	UGC 10892	= 60369	UGC 11011	= 60961
UGC 10543	= 58963	UGC 10659	= 59451	UGC 10786	= 59976	UGC 10893	= 60466	UGC 11012	= 60921
UGC 10544	= 58962	UGC 10661	= 59457	UGC 10787	= 60000	UGC 10894	= 60475	UGC 11013	= 61023
UGC 10545	= 58967	UGC 10662	= 59456	UGC 10790	= 60003	UGC 10895	= 60443	UGC 11014	= 61013
UGC 10546	= 58891	UGC 10663	= 59454	UGC 10791	= 59908	UGC 10896	= 60442	UGC 11016	= 61017
UGC 10547	= 58970	UGC 10664	= 59460	UGC 10792	= 59888	UGC 10897	= 60393	UGC 11017	= 61024
UGC 10548	= 58928	UGC 10665	= 59428	UGC 10793	= 60035	UGC 10899	= 60498	UGC 11018	= 61029
UGC 10549	= 58989	UGC 10668	= 59474	UGC 10794	= 60016	UGC 10900	= 60479	UGC 11020	= 60999
UGC 10550	= 58975	UGC 10669	= 59410	UGC 10795	= 60031	UGC 10901	= 60507	UGC 11021	= 61036
UGC 10553	= 58981	UGC 10671	= 59489	UGC 10796	= 59997	UGC 10903	= 60503	UGC 11022	= 61039
UGC 10554	= 59025	UGC 10672	= 59514	UGC 10797	= 60053	UGC 10904	= 60484	UGC 11023	= 60938
UGC 10555	= 59017	UGC 10675	= 59511	UGC 10798	= 60051	UGC 10905	= 60506	UGC 11025	= 61043
UGC 10556	= 59024	UGC 10676	= 59528	UGC 10799	= 60049	UGC 10907	= 60397	UGC 11027	= 61052
UGC 10557	= 59022	UGC 10678	= 59535	UGC 10800	= 60046	UGC 10908	= 60497	UGC 11028	= 61019
UGC 10558	= 59007	UGC 10679	= 59529	UGC 10801	= 60058	UGC 10909	= 60514	UGC 11029	= 61063
UGC 10560	= 58973	UGC 10681	= 59522	UGC 10802	= 60079	UGC 10910	= 60521	UGC 11030	= 61082
UGC 10561	= 58960	UGC 10683	= 59569	UGC 10803	= 59971	UGC 10911	= 60463	UGC 11031	= 61071
UGC 10564	= 58946	UGC 10684	= 59498	UGC 10804	= 60025	UGC 10913	= 60566	UGC 11032	= 61055
UGC 10565	= 59018	UGC 10685	= 59557	UGC 10805	= 60084	UGC 10914	= 60557	UGC 11033	= 61079
UGC 10568	= 59009	UGC 10687	= 59516	UGC 10806	= 60052	UGC 10915	= 60575	UGC 11034	= 61091
UGC 10569	= 59081	UGC 10688	= 59554	UGC 10807	= 60086	UGC 10916	= 60536	UGC 11035	= 61080
UGC 10570	= 59031	UGC 10689	= 59534	UGC 10808	= 60080	UGC 10917	= 60568	UGC 11036	= 61058
UGC 10571	= 59055	UGC 10690	= 59525	UGC 10811	= 60043	UGC 10918	= 60591	UGC 11037	= 61102
UGC 10573	= 59086	UGC 10692	= 59582	UGC 10812	= 60074	UGC 10919	= 60592	UGC 11038	= 61015
UGC 10574	= 59084	UGC 10693	= 59560	UGC 10814	= 60070	UGC 10921	= 60602	UGC 11039	= 61104
UGC 10575	= 59106	UGC 10695	= 59571	UGC 10815	= 60045	UGC 10922	= 60562	UGC 11041	= 61092
UGC 10576	= 59104	UGC 10699	= 59612	UGC 10816	= 60071	(UGC 10923)	= 60075	UGC 11042	= 61105
UGC 10577	= 59083	UGC 10701	= 59576	UGC 10817	= 60044	UGC 10924	= 60543	UGC 11044	= 61116
UGC 10578	= 59125	UGC 10703	= 59610	UGC 10819	= 60089	UGC 10928	= 60627	UGC 11045	= 61107
UGC 10579	= 59079	UGC 10705	= 59640	UGC 10820	= 60113	UGC 10929	= 60614	UGC 11046	= 61113
UGC 10580	= 59077	UGC 10706	= 59616	UGC 10821	= 60105	UGC 10930	= 60637	UGC 11048	= 61123
UGC 10582	= 59118	UGC 10707	= 59614	UGC 10822	= 60095	UGC 10931	= 60584	UGC 11049	= 61128
UGC 10583	= 59089	UGC 10710	= 59634	UGC 10824	= 60143	UGC 10934	= 60573	UGC 11050	= 61120
UGC 10584	= 59090	UGC 10711	= 59573	UGC 10827	= 60164	UGC 10935	= 60628	UGC 11053	= 61129
UGC 10585	= 59128	UGC 10712	= 59647	UGC 10828	= 60191	UGC 10937	= 60635	UGC 11055	= 61161
UGC 10586	= 59102	UGC 10713	= 59551	UGC 10829	= 60203	UGC 10938	= 60649	UGC 11056	= 61150
UGC 10587	= 59043	UGC 10714	= 59650	UGC 10831	= 60224	UGC 10939	= 60681	UGC 11057	= 61165
UGC 10588	= 59132	UGC 10715	= 59648	UGC 10832	= 60174	UGC 10943	= 60722	UGC 11058	= 61155
UGC 10590	= 59109	UGC 10716	= 59657	UGC 10833	= 60171	UGC 10944	= 60713	UGC 11060	= 61164
UGC 10591	= 59161	UGC 10717	= 59666	UGC 10834	= 60232	UGC 10945	= 60709	UGC 11061	= 61121
UGC 10592	= 59186	UGC 10718	= 59688	UGC 10835	= 60228	UGC 10946	= 60696	UGC 11063	= 61171
UGC 10593	= 59159	UGC 10719	= 59690	UGC 10836	= 60192	UGC 10948	= 60730	UGC 11064	= 61173
UGC 10595	= 59165	UGC 10720	= 59687	UGC 10837	= 60238	UGC 10949	= 60636	UGC 11066	= 61096
UGC 10596	= 59228	UGC 10721	= 59676	UGC 10838	= 60207	UGC 10951	= 60695	UGC 11067	= 61196
UGC 10597	= 59222	UGC 10722	= 59671	UGC 10840	= 60240	UGC 10953	= 60693	UGC 11068	= 61182
UGC 10598	= 59223	UGC 10723	= 59681	UGC 10841	= 60252	UGC 10955	= 60723	UGC 11070	= 61190
UGC 10599	= 59214	UGC 10724	= 59654	UGC 10842	= 60239	UGC 10956	= 60763	UGC 11071	= 61167
UGC 10600	= 59237	UGC 10725	= 59583	UGC 10843	= 60214	UGC 10957	= 60758	UGC 11072	= 61181
UGC 10601	= 59205	UGC 10726	= 59545	UGC 10844	= 60261	UGC 10958	= 60708	UGC 11073	= 61210
UGC 10602	= 59238	UGC 10727	= 59655	UGC 10845	= 60226	UGC 10960	= 60770	UGC 11074	= 61214
UGC 10603	= 59250	UGC 10728	= 59707	UGC 10846	= 60225	UGC 10961	= 60739	UGC 11075	= 61230
UGC 10605	= 58950	UGC 10729	= 59706	UGC 10847	= 60259	UGC 10962	= 60766	UGC 11076	= 61207
UGC 10606	= 59244	UGC 10730	= 59662	UGC 10848	= 60124	UGC 10963	= 60724	UGC 11077	= 61166
UGC 10607	= 59257	UGC 10731	= 59669	UGC 10850	= 60220	UGC 10964	= 60738	UGC 11078	= 61235
UGC 10608	= 59236	UGC 10732	= 59716	UGC 10852	= 60286	UGC 10965	= 60762	UGC 11079	= 61221
UGC 10609	= 59185	UGC 10733	= 59727	UGC 10853	= 60153	UGC 10966	= 60805	UGC 11082	= 61251
(UGC 10610)	= 59251	UGC 10735	= 59732	UGC 10854	= 60241	UGC 10967	= 60783	UGC 11084	= 61211
UGC 10614	= 59235	UGC 10736	= 59668	UGC 10856	= 60315	UGC 10970	= 60816	UGC 11085	= 61220
UGC 10615	= 59276	UGC 10737	= 59719	UGC 10857	= 60281	UGC 10971	= 60794	UGC 11087	= 61257
UGC 10616	= 59255	UGC 10738	= 59769	UGC 10859	= 60275	UGC 10972	= 60831	UGC 11088	= 61249
UGC 10617	= 59286	UGC 10740	= 59204	UGC 10860	= 60340	UGC 10973	= 60773	UGC 11089	= 61225
UGC 10618	= 59292	UGC 10741	= 59750	UGC 10861	= 60330	UGC 10974	= 60778	UGC 11090	= 61265
UGC 10619	= 59269	UGC 10742	= 59739	UGC 10862	= 60346	UGC 10975	= 60829	UGC 11091	= 61269
UGC 10620	= 59301	UGC 10743	= 59782	UGC 10864	= 60349	UGC 10977	= 60834	UGC 11092	= 61239
UGC 10621	= 59280	UGC 10746	= 59752	UGC 10865	= 60250	UGC 10978	= 60844	UGC 11093	= 61300
UGC 10622	= 59248	UGC 10747	= 59807	UGC 10866	= 60357	UGC 10979	= 60854	UGC 11094	= 61297
UGC 10623	= 59328	UGC 10749	= 59817	UGC 10867	= 60320	UGC 10981	= 60864	UGC 11095	= 61294
UGC 10624	= 59315	UGC 10750	= 59789	(UGC 10869)	= 60323	UGC 10982	= 60820	UGC 11096	= 61252
UGC 10625	= 59310	UGC 10752	= 59838	(UGC 10869)	= 60325	UGC 10983	= 60845	UGC 11097	= 61310
UGC 10627	= 59305	UGC 10753	= 59834	UGC 10870	= 60316	UGC 10984	= 60838	UGC 11099	= 61276
UGC 10628	= 59340	UGC 10755	= 59835	UGC 10871	= 60321	UGC 10985	= 60879	UGC 11101	= 61326
UGC 10629	= 59332	UGC 10756	= 59791	UGC 10872	= 60317	UGC 10986	= 60843	UGC 11102	= 61319
UGC 10632	= 59188	UGC 10757	= 59735	UGC 10873	= 60383	UGC 10988	= 60841	UGC 11105	= 61361
UGC 10633	= 59350	UGC 10758	= 59815	UGC 10874	= 60370	UGC 10990	= 60886	UGC 11106	= 61303
UGC 10635	= 59336	UGC 10761	= 59852	UGC 10875	= 60384	UGC 10991	= 60832	UGC 11107	= 61377
UGC 10636	= 59278	UGC 10762	= 59742	UGC 10876	= 60291	UGC 10992	= 60856	UGC 11109	= 61347
UGC 10639	= 59376	UGC 10764	= 59868	UGC 10877	= 60343	UGC 10994	= 60911	UGC 11110	= 61378
UGC 10640	= 59394	UGC 10765	= 59873	UGC 10878	= 60398	UGC 10995	= 60860	UGC 11111	= 61386
UGC 10641	= 59333	UGC 10767	= 59753	UGC 10879	= 60401	UGC 10996	= 60890	UGC 11112	= 61368
UGC 10642	= 59400	UGC 10768	= 59900	UGC 10880	= 60353	UGC 10997	= 60925	UGC 11113	= 61390
UGC 10645	= 59370	UGC 10769	= 59783	UGC 10881	= 60356	UGC 10998	= 60896	UGC 11114	= 61399

RC3 703 UGC

UGC 11115	= 61404	UGC 11244	= 61891	UGC 11364	= 62482	UGC 11498	= 63861	UGC 11606	= 65152
UGC 11116	= 61336	UGC 11245	= 61887	UGC 11366	= 62329	UGC 11499	= 63851	UGC 11607	= 65151
UGC 11117	= 61381	UGC 11246	= 61918	UGC 11368	= 62500	UGC 11500	= 63857	UGC 11610	= 65157
UGC 11118	= 61402	UGC 11247	= 61913	UGC 11369	= 62504	UGC 11501	= 63912	UGC 11611	= 65169
UGC 11119	= 61363	UGC 11248	= 61908	UGC 11370	= 62506	UGC 11503	= 63916	UGC 11612	= 65178
UGC 11120	= 61420	UGC 11250	= 61935	UGC 11371	= 62509	UGC 11504	= 64009	UGC 11613	= 65150
UGC 11121	= 61432	UGC 11251	= 61927	UGC 11373	= 62501	UGC 11505	= 64016	UGC 11614	= 65198
UGC 11122	= 61438	UGC 11252	= 61924	UGC 11374	= 62532	UGC 11506	= 63972	UGC 11615	= 65203
UGC 11123	= 61429	UGC 11254	= 61942	UGC 11375	= 62548	UGC 11507	= 64001	UGC 11616	= 65189
UGC 11124	= 61423	UGC 11255	= 61936	UGC 11377	= 62518	UGC 11508	= 64003	UGC 11617	= 65264
UGC 11125	= 61441	UGC 11256	= 61941	UGC 11379	= 62593	UGC 11509	= 63998	UGC 11618	= 65279
UGC 11126	= 61449	UGC 11257	= 61934	UGC 11380	= 62595	UGC 11510	= 64026	UGC 11619	= 65269
UGC 11127	= 61455	UGC 11258	= 61944	UGC 11381	= 62586	UGC 11511	= 64059	UGC 11620	= 65281
UGC 11128	= 61466	UGC 11259	= 61961	UGC 11382	= 62541	UGC 11512	= 64065	UGC 11621	= 65287
UGC 11129	= 61465	UGC 11260	= 61966	UGC 11383	= 62581	UGC 11513	= 64068	UGC 11622	= 65297
UGC 11131	= 61487	UGC 11261	= 61979	UGC 11385	= 62651	UGC 11515	= 64070	UGC 11623	= 65293
UGC 11132	= 61469	UGC 11262	= 61970	UGC 11386	= 62607	UGC 11517	= 64162	UGC 11624	= 65346
UGC 11135	= 61491	UGC 11263	= 61984	UGC 11390	= 62493	UGC 11519	= 64169	UGC 11626	= 65351
UGC 11136	= 61497	UGC 11264	= 61994	UGC 11391	= 62691	UGC 11520	= 64095	UGC 11627	= 65366
UGC 11137	= 61512	UGC 11265	= 61991	UGC 11393	= 62702	UGC 11521	= 64211	UGC 11628	= 65375
UGC 11138	= 61506	UGC 11267	= 61414	UGC 11394	= 62717	UGC 11522	= 64237	UGC 11629	= 65379
UGC 11140	= 61515	UGC 11268	= 61997	UGC 11397	= 62725	UGC 11523	= 64243	UGC 11630	= 65385
UGC 11141	= 61534	UGC 11269	= 61972	UGC 11400	= 62666	UGC 11524	= 64253	UGC 11631	= 65398
UGC 11142	= 61526	UGC 11270	= 61916	UGC 11401	= 62752	UGC 11525	= 64262	UGC 11633	= 65425
UGC 11143	= 61518	UGC 11274	= 62052	UGC 11404	= 62781	UGC 11526	= 64312	UGC 11635	= 65255
UGC 11144	= 61536	UGC 11275	= 62037	UGC 11405	= 62757	UGC 11527	= 64318	UGC 11636	= 65381
UGC 11145	= 61507	UGC 11276	= 62032	UGC 11406	= 62807	UGC 11529	= 64300	UGC 11637	= 65462
UGC 11147	= 61501	UGC 11277	= 62020	UGC 11407	= 62806	UGC 11530	= 64275	UGC 11638	= 65466
UGC 11148	= 61543	UGC 11278	= 62043	UGC 11408	= 62838	UGC 11532	= 64401	UGC 11640	= 65485
UGC 11152	= 61558	UGC 11280	= 62059	UGC 11410	= 62800	UGC 11533	= 64412	UGC 11642	= 65446
UGC 11155	= 61565	UGC 11281	= 62056	UGC 11411A	= 62845	UGC 11534	= 64425	UGC 11643	= 65561
UGC 11156	= 61570	UGC 11282	= 62072	UGC 11412	= 62863	UGC 11535	= 64431	UGC 11644	= 65646
UGC 11157	= 61555	UGC 11283	= 62049	UGC 11413	= 62899	UGC 11536	= 64287	UGC 11645	= 65657
UGC 11159	= 61553	UGC 11285	= 62086	UGC 11414	= 62864	UGC 11537	= 64458	UGC 11646	= 65676
UGC 11165	= 61516	UGC 11286	= 62021	UGC 11415	= 62867	UGC 11539	= 64454	UGC 11647	= 65683
UGC 11166	= 61607	UGC 11287	= 62074	UGC 11416	= 62924	UGC 11540	= 64485	UGC 11648	= 65642
UGC 11167	= 61597	UGC 11289	= 62097	UGC 11417	= 62944	UGC 11541	= 64553	UGC 11649	= 65718
UGC 11168	= 61611	UGC 11290	= 62035	UGC 11418	= 62939	UGC 11542	= 64552	UGC 11650	= 65748
UGC 11169	= 61537	UGC 11291	= 62104	UGC 11419	= 62942	UGC 11543	= 64563	UGC 11651	= 65775
(UGC 11175)	= 61582	UGC 11294	= 62121	UGC 11420	= 62972	UGC 11546	= 64586	UGC 11652	= 65781
UGC 11176	= 61613	UGC 11295	= 62017	UGC 11421	= 62974	UGC 11547	= 64542	UGC 11653	= 65780
UGC 11177	= 61661	UGC 11297	= 62143	UGC 11422	= 62982	UGC 11548	= 64601	UGC 11655	= 65796
UGC 11178	= 61655	UGC 11298	= 62112	UGC 11424	= 62987	UGC 11549	= 64629	UGC 11656	= 65834
UGC 11179	= 61657	UGC 11300	= 62077	UGC 11425	= 63000	UGC 11550	= 64633	UGC 11657	= 65854
UGC 11182	= 61637	UGC 11302	= 62160	UGC 11428	= 63084	UGC 11551	= 64638	UGC 11658	= 65857
UGC 11183	= 61620	UGC 11303	= 62155	UGC 11429	= 63096	UGC 11552	= 64637	UGC 11659	= 65866
UGC 11188	= 61690	UGC 11304	= 62154	UGC 11430	= 63101	UGC 11553	= 64649	UGC 11660	= 65880
UGC 11189	= 61681	UGC 11305	= 62149	UGC 11431	= 63052	UGC 11554	= 64600	UGC 11661	= 65877
UGC 11190	= 61680	UGC 11307	= 62162	UGC 11432	= 63121	UGC 11555	= 64652	UGC 11662	= 65887
UGC 11191	= 61666	UGC 11308	= 62178	UGC 11434	= 63171	UGC 11556	= 64653	UGC 11663	= 65905
UGC 11192	= 61693	UGC 11309	= 62144	UGC 11435	= 63166	UGC 11557	= 64616	UGC 11666	= 65946
UGC 11193	= 61641	UGC 11312	= 62190	UGC 11438	= 63212	UGC 11559	= 64678	UGC 11670	= 66003
UGC 11194	= 61698	UGC 11313	= 62205	UGC 11441	= 63133	UGC 11560	= 64685	UGC 11674	= 66076
UGC 11195	= 61699	UGC 11314	= 62225	UGC 11443	= 63229	UGC 11561	= 64694	UGC 11675	= 66085
UGC 11196	= 61713	UGC 11315	= 62229	UGC 11444	= 63243	UGC 11562	= 64696	UGC 11677	= 66094
UGC 11197	= 61710	UGC 11317	= 62220	UGC 11448	= 63299	UGC 11564	= 64723	UGC 11678	= 66063
UGC 11198	= 61722	UGC 11318	= 62202	UGC 11450	= 63308	UGC 11565	= 64742	UGC 11679	= 65651
UGC 11199	= 61711	UGC 11320	= 62231	UGC 11451	= 63317	UGC 11567	= 64755	UGC 11680	= 66146
UGC 11200	= 61721	UGC 11321	= 62227	UGC 11452	= 63328	UGC 11568	= 64759	UGC 11681	= 66151
UGC 11201	= 61704	UGC 11322	= 62237	UGC 11453	= 63311	UGC 11569	= 64776	UGC 11683	= 66178
UGC 11202	= 61716	UGC 11323	= 62249	UGC 11454	= 63330	UGC 11570	= 64768	UGC 11684	= 66189
UGC 11203	= 61739	UGC 11324	= 62242	UGC 11455	= 63286	UGC 11571	= 64781	UGC 11686	= 66154
UGC 11204	= 61723	UGC 11325	= 62245	UGC 11457	= 63374	UGC 11572	= 64787	UGC 11687	= 66227
UGC 11205	= 61727	UGC 11328	= 62248	UGC 11459	= 63424	UGC 11573	= 64798	UGC 11688	= 66280
UGC 11208	= 61714	UGC 11329	= 62247	UGC 11460	= 63440	UGC 11574	= 64814	UGC 11689	= 66225
UGC 11210	= 61777	UGC 11331	= 62191	UGC 11461	= 63471	UGC 11575	= 64821	UGC 11690	= 66276
UGC 11211	= 61790	UGC 11332	= 62207	UGC 11465	= 63529	UGC 11577	= 64844	UGC 11691	= 66299
UGC 11212	= 61792	UGC 11335	= 62273	UGC 11466	= 63552	UGC 11578	= 64848	UGC 11692	= 66297
UGC 11214	= 61802	UGC 11336	= 62293	UGC 11467	= 63557	UGC 11579	= 64862	UGC 11693	= 66281
UGC 11217	= 61786	UGC 11337	= 62310	UGC 11469	= 63583	UGC 11580	= 64857	UGC 11695	= 66329
UGC 11218	= 61742	UGC 11339	= 61813	UGC 11470	= 63575	UGC 11581	= 64864	UGC 11696	= 66325
UGC 11220	= 61819	UGC 11340	= 62296	UGC 11471	= 63601	UGC 11582	= 64856	UGC 11697	= 66328
(UGC 11221)	= 61782	UGC 11341	= 62301	UGC 11472	= 63543	UGC 11584	= 64891	UGC 11698	= 66333
UGC 11222	= 61776	UGC 11344	= 62338	UGC 11473	= 63629	UGC 11585	= 64910	UGC 11699	= 66338
UGC 11224	= 61832	UGC 11345	= 62302	UGC 11475	= 63655	UGC 11586	= 64904	UGC 11700	= 66343
UGC 11225	= 61816	UGC 11346	= 62336	UGC 11477	= 63664	UGC 11587	= 64916	UGC 11701	= 66366
UGC 11226	= 61849	UGC 11348	= 62314	UGC 11478	= 63667	UGC 11588	= 64939	UGC 11702	= 66378
UGC 11228	= 61841	UGC 11349	= 62354	UGC 11479	= 63591	UGC 11589	= 64932	UGC 11703	= 66389
UGC 11229	= 61863	UGC 11350	= 62380	UGC 11480	= 63680	UGC 11590	= 64935	UGC 11704	= 66385
UGC 11230	= 61824	UGC 11351	= 62376	UGC 11482	= 63704	(UGC 11593)	= 64999	UGC 11705	= 66395
UGC 11231	= 61861	UGC 11352	= 62375	UGC 11483	= 63674	UGC 11595	= 65007	UGC 11706	= 66396
UGC 11232	= 61868	UGC 11353	= 62426	UGC 11485	= 63696	UGC 11596	= 65032	UGC 11707	= 66398
UGC 11233	= 61866	UGC 11354	= 62395	UGC 11488	= 63744	UGC 11597	= 65001	UGC 11708	= 66407
UGC 11236	= 61836	UGC 11355	= 62429	UGC 11489	= 63755	UGC 11598	= 65056	UGC 11709	= 66408
UGC 11237	= 61892	UGC 11356	= 62409	UGC 11490	= 63747	UGC 11599	= 65060	UGC 11710	= 66428
UGC 11238	= 61833	UGC 11357	= 62432	UGC 11491	= 63761	UGC 11600	= 65010	UGC 11711	= 66434
UGC 11239	= 61900	UGC 11360	= 62465	UGC 11492	= 63766	UGC 11602	= 65099	UGC 11712	= 66461
UGC 11241	= 61883	UGC 11361	= 62456	UGC 11493	= 63810	UGC 11603	= 65052	UGC 11713	= 66497
UGC 11242	= 61912	UGC 11362	= 62469	UGC 11496	= 63781	UGC 11604	= 65086	UGC 11714	= 66512
UGC 11243	= 61907	UGC 11363	= 62416	UGC 11497	= 63822	UGC 11605	= 65138	UGC 11715	= 66514

UGC 11716	= 66510	UGC 11828	= 67477	UGC 11940	= 68242	UGC 12043	= 68922	UGC 12143	= 69456
UGC 11718	= 66537	UGC 11829	= 67451	UGC 11941	= 68246	UGC 12044	= 68919	UGC 12144	= 69462
UGC 11719	= 66546	UGC 11830	= 67480	UGC 11942	= 68243	UGC 12045	= 68942	UGC 12145	= 69469
UGC 11720	= 66552	UGC 11832	= 67506	UGC 11943	= 68259	UGC 12046	= 68937	UGC 12146	= 69473
UGC 11721	= 66554	UGC 11834	= 67504	UGC 11944	= 68265	UGC 12047	= 68944	UGC 12147	= 69479
UGC 11722	= 66558	UGC 11835	= 67524	UGC 11945	= 68254	UGC 12048	= 68941	UGC 12148	= 69487
UGC 11723	= 66579	UGC 11836	= 67511	UGC 11946	= 68248	UGC 12049	= 68961	UGC 12149	= 69478
UGC 11724	= 66590	UGC 11837	= 67529	UGC 11947	= 68270	UGC 12050	= 68968	UGC 12150	= 69486
UGC 11725	= 66604	UGC 11838	= 67550	UGC 11948	= 68275	UGC 12051	= 68976	UGC 12151	= 69505
UGC 11726	= 66585	UGC 11839	= 67556	UGC 11949	= 68278	UGC 12052	= 68974	UGC 12152	= 69504
UGC 11727	= 66610	UGC 11840	= 67575	UGC 11950	= 68286	UGC 12053	= 68973	UGC 12153	= 69495
UGC 11728	= 66608	UGC 11841	= 67562	UGC 11951	= 68285	UGC 12054	= 68977	UGC 12154	= 69455
UGC 11729	= 66612	UGC 11842	= 67578	UGC 11952	= 68327	UGC 12056	= 68991	UGC 12155	= 69502
UGC 11730	= 66616	UGC 11843	= 67622	UGC 11953	= 68341	UGC 12057	= 69005	UGC 12156	= 69498
UGC 11731	= 66622	UGC 11844	= 67619	UGC 11955	= 68332	UGC 12059	= 69029	UGC 12158	= 69533
UGC 11732	= 66618	UGC 11845	= 67621	UGC 11956	= 68262	UGC 12060	= 69019	UGC 12159	= 69530
UGC 11733	= 66640	UGC 11846	= 67626	UGC 11957	= 68364	UGC 12061	= 69016	UGC 12160	= 69472
UGC 11734	= 66641	UGC 11847	= 67638	(UGC 11958)	= 68383	UGC 12062	= 69038	UGC 12161	= 69536
UGC 11735	= 66647	UGC 11848	= 67650	(UGC 11958)	= 68384	UGC 12063	= 69047	UGC 12162	= 69544
UGC 11738	= 66478	UGC 11849	= 67648	UGC 11961	= 68381	UGC 12064	= 69055	UGC 12163	= 69553
UGC 11739	= 66702	UGC 11850	= 67660	UGC 11964	= 68420	UGC 12065	= 69061	UGC 12164	= 69559
UGC 11740	= 66752	UGC 11852	= 67658	UGC 11965	= 68438	UGC 12066	= 69079	UGC 12165	= 69561
UGC 11741	= 66747	UGC 11853	= 67672	UGC 11966	= 68439	UGC 12067	= 69077	UGC 12167	= 69591
UGC 11743	= 66746	UGC 11854	= 67678	UGC 11967	= 68429	UGC 12068	= 69089	UGC 12168	= 69597
UGC 11745	= 66771	UGC 11855	= 67675	UGC 11968	= 68442	UGC 12069	= 69031	UGC 12169	= 69594
UGC 11746	= 66646	UGC 11857	= 67694	UGC 11969	= 68434	UGC 12070	= 69017	UGC 12170	= 69520
UGC 11747	= 66807	UGC 11858	= 67712	UGC 11970	= 68474	UGC 12071	= 69095	UGC 12171	= 69602
UGC 11749	= 66826	UGC 11859	= 67737	UGC 11971	= 68467	UGC 12072	= 69108	UGC 12172	= 69608
UGC 11752	= 66829	UGC 11860	= 67733	UGC 11972	= 68485	UGC 12073	= 69101	UGC 12173	= 69605
UGC 11753	= 66831	UGC 11861	= 67671	UGC 11973	= 68482	UGC 12074	= 69126	UGC 12174	= 69630
UGC 11754	= 66849	UGC 11862	= 67727	UGC 11974	= 68497	UGC 12075	= 69110	UGC 12175	= 69633
UGC 11755	= 66860	UGC 11863	= 67756	UGC 11975	= 68500	UGC 12076	= 69123	UGC 12176	= 69626
UGC 11756	= 66861	UGC 11864	= 67728	UGC 11976	= 68508	UGC 12078	= 69148	UGC 12177	= 69637
UGC 11757	= 66867	UGC 11865	= 67761	UGC 11977	= 68507	UGC 12080	= 69172	UGC 12178	= 69650
UGC 11758	= 66880	UGC 11866	= 67759	UGC 11978	= 68510	UGC 12081	= 69169	UGC 12179	= 69647
UGC 11759	= 66891	UGC 11867	= 67766	UGC 11979	= 68527	UGC 12082	= 69173	UGC 12180	= 69659
UGC 11760	= 66904	UGC 11868	= 67774	UGC 11980	= 68535	UGC 12083	= 69198	UGC 12181	= 69681
UGC 11763	= 66930	UGC 11870	= 67814	UGC 11981	= 68543	UGC 12084	= 69191	UGC 12184	= 69706
UGC 11764	= 66949	UGC 11871	= 67822	UGC 11982	= 68552	UGC 12085	= 69188	UGC 12185	= 69718
UGC 11765	= 66958	UGC 11872	= 67823	UGC 11983	= 68557	UGC 12086	= 69182	UGC 12186	= 69712
UGC 11766	= 66969	UGC 11873	= 67831	UGC 11984	= 68572	UGC 12088	= 69184	UGC 12187	= 69724
UGC 11767	= 66965	UGC 11875	= 67865	UGC 11985	= 68573	UGC 12089	= 69180	UGC 12189	= 69738
UGC 11768	= 66986	UGC 11877	= 67891	UGC 11986	= 68571	UGC 12090	= 69212	UGC 12190	= 69739
UGC 11769	= 66983	UGC 11878	= 67897	UGC 11987	= 68589	UGC 12091	= 69187	UGC 12191	= 69765
UGC 11771	= 67015	UGC 11879	= 67903	UGC 11988	= 68588	UGC 12092	= 69220	UGC 12192	= 69762
UGC 11772	= 67017	UGC 11880	= 67900	UGC 11989	= 68602	UGC 12093	= 69215	UGC 12193	= 69768
UGC 11773	= 67034	UGC 11881	= 67918	UGC 11990	= 68605	UGC 12094	= 69213	UGC 12194	= 69771
UGC 11774	= 67035	UGC 11882	= 67934	UGC 11991	= 68596	UGC 12097	= 69241	UGC 12195	= 69764
UGC 11775	= 67025	UGC 11883	= 67931	UGC 11992	= 68613	UGC 12098	= 69259	UGC 12197	= 69774
UGC 11776	= 67040	UGC 11885	= 67928	UGC 11993	= 68611	UGC 12099	= 69263	UGC 12198	= 69787
UGC 11777	= 67029	UGC 11887	= 67921	UGC 11994	= 68617	UGC 12100	= 69260	UGC 12199	= 69783
UGC 11779	= 66993	UGC 11888	= 67945	UGC 11995	= 68623	UGC 12101	= 69270	UGC 12200	= 69794
UGC 11781	= 67049	UGC 11889	= 67948	UGC 11996	= 68640	UGC 12102	= 69269	UGC 12201	= 69786
UGC 11782	= 67076	UGC 11890	= 67947	UGC 11997	= 68632	UGC 12103	= 69287	UGC 12202	= 69803
UGC 11783	= 67071	UGC 11891	= 67946	UGC 11998	= 68664	UGC 12105	= 71864	UGC 12203	= 69799
UGC 11785	= 67109	UGC 11892	= 67957	UGC 12000	= 68666	UGC 12106	= 69290	UGC 12204	= 69797
UGC 11786	= 67120	UGC 11893	= 67966	UGC 12001	= 68658	UGC 12107	= 69305	UGC 12205	= 69816
UGC 11787	= 67141	UGC 11894	= 67965	UGC 12002	= 68653	UGC 12108	= 69311	UGC 12206	= 69807
UGC 11789	= 67163	UGC 11895	= 67977	UGC 12004	= 68668	UGC 12110	= 69316	UGC 12207	= 69824
UGC 11790	= 67173	UGC 11896	= 67994	UGC 12005	= 68675	UGC 12111	= 69314	UGC 12208	= 69829
UGC 11791	= 67182	UGC 11897	= 67985	UGC 12006	= 68670	UGC 12112	= 69336	UGC 12209	= 69825
UGC 11792	= 67201	UGC 11898	= 67987	UGC 12008	= 68692	UGC 12113	= 69327	UGC 12210	= 69831
UGC 11793	= 67196	UGC 11901	= 68009	UGC 12009	= 68689	UGC 12114	= 69347	UGC 12211	= 69793
UGC 11794	= 67205	UGC 11902	= 68011	UGC 12010	= 68727	UGC 12115	= 69342	UGC 12212	= 69844
UGC 11795	= 67211	UGC 11903	= 68007	(UGC 12011)	= 68719	UGC 12116	= 69338	UGC 12213	= 69859
UGC 11796	= 67218	UGC 11904	= 68014	(UGC 12011)	= 68714	UGC 12118	= 69349	UGC 12214	= 69858
UGC 11799	= 67246	UGC 11905	= 68019	UGC 12012	= 68713	UGC 12119	= 69351	UGC 12215	= 69855
UGC 11802	= 67255	UGC 11907	= 68031	UGC 12015	= 68735	UGC 12120	= 69344	UGC 12216	= 69861
UGC 11803	= 67271	UGC 11908	= 68046	UGC 12016	= 68724	UGC 12121	= 69360	UGC 12217	= 69869
UGC 11806	= 67265	UGC 11909	= 68029	UGC 12017	= 68744	UGC 12122	= 69364	UGC 12218	= 69866
UGC 11807	= 67326	UGC 11910	= 68065	UGC 12018	= 68742	UGC 12123	= 69367	UGC 12220	= 69889
UGC 11808	= 67309	UGC 11913	= 68079	UGC 12019	= 68748	UGC 12124	= 69366	UGC 12221	= 69841
UGC 11809	= 67332	UGC 11914	= 68096	UGC 12020	= 68749	UGC 12125	= 69361	UGC 12222	= 69892
UGC 11810	= 67339	UGC 11915	= 68112	UGC 12021	= 68772	UGC 12126	= 69374	UGC 12224	= 69898
UGC 11811	= 67351	UGC 11916	= 68115	UGC 12022	= 68761	UGC 12127	= 69385	UGC 12225	= 69905
UGC 11812	= 67348	UGC 11919	= 68110	UGC 12023	= 68777	UGC 12128	= 69394	UGC 12226	= 69908
UGC 11813	= 67355	UGC 11920	= 68121	UGC 12024	= 68757	UGC 12129	= 69391	UGC 12227	= 69906
UGC 11814	= 67391	UGC 11921	= 68163	UGC 12025	= 68774	UGC 12130	= 69401	UGC 12229	= 69916
UGC 11815	= 67379	UGC 11924	= 68162	UGC 12026	= 68770	UGC 12131	= 69400	UGC 12230	= 69922
UGC 11816	= 67410	UGC 11926	= 68173	UGC 12027	= 68769	UGC 12132	= 69402	UGC 12231	= 69930
UGC 11817	= 67406	UGC 11927	= 68171	UGC 12028	= 68786	UGC 12133	= 69428	UGC 12232	= 69943
UGC 11818	= 67347	UGC 11928	= 68188	UGC 12029	= 68793	UGC 12134	= 69429	UGC 12233	= 69940
UGC 11819	= 67407	UGC 11929	= 68178	UGC 12031	= 68814	UGC 12135	= 69383	UGC 12234	= 69934
UGC 11820	= 67421	UGC 11930	= 68195	UGC 12034	= 68843	UGC 12136	= 69443	UGC 12235	= 69951
UGC 11821	= 67419	UGC 11931	= 68197	UGC 12035	= 68870	UGC 12137	= 69439	UGC 12236	= 69946
UGC 11822	= 67424	UGC 11934	= 68224	UGC 12036	= 68873	UGC 12138	= 69449	UGC 12237	= 69965
UGC 11824	= 67441	UGC 11935	= 68216	UGC 12037	= 68874	UGC 12139	= 69450	UGC 12238	= 69963
UGC 11825	= 67458	UGC 11937	= 68226	UGC 12038	= 68884	UGC 12140	= 69460	UGC 12240	= 69971
UGC 11826	= 67470	UGC 11938	= 68234	UGC 12039	= 68880	UGC 12141	= 69376	UGC 12241	= 69974
UGC 11827	= 67453	UGC 11939	= 68244	UGC 12040	= 68893	UGC 12142	= 69463	UGC 12242	= 69970

RC3 705 UGC

UGC 12243 = 69980	UGC 12343 = 70419	UGC 12447 = 70795	UGC 12543 = 71184	UGC 12644 = 71657	
UGC 12244 = 69985	UGC 12344 = 70420	UGC 12448 = 70794	UGC 12544 = 71200	UGC 12645 = 71659	
UGC 12245 = 69983	UGC 12347 = 70430	UGC 12449 = 70805	UGC 12545 = 71190	UGC 12646 = 71665	
UGC 12246 = 69979	UGC 12347 = 70426	UGC 12450 = 70785	UGC 12546 = 71193	UGC 12650 = 71688	
UGC 12247 = 69941	UGC 12348 = 70435	UGC 12451 = 70803	UGC 12547 = 71204	UGC 12651 = 71689	
UGC 12248 = 69982	UGC 12349 = 70432	UGC 12452 = 70818	UGC 12548 = 71209	UGC 12653 = 71703	
UGC 12249 = 70009	UGC 12350 = 70433	UGC 12453 = 70819	UGC 12549 = 71208	UGC 12654 = 71699	
UGC 12250 = 70020	UGC 12351 = 70447	UGC 12454 = 70821	UGC 12551 = 71223	UGC 12655 = 71701	
UGC 12251 = 70034	UGC 12352 = 70445	UGC 12455 = 70826	UGC 12552 = 71221	UGC 12656 = 71711	
UGC 12252 = 70026	UGC 12353 = 70455	UGC 12456 = 70830	UGC 12553 = 71228	UGC 12657 = 71708	
UGC 12253 = 70040	UGC 12354 = 70467	UGC 12457 = 70832	UGC 12554 = 71220	UGC 12658 = 71709	
UGC 12254 = 70048	UGC 12356 = 70460	UGC 12458 = 70823	UGC 12555 = 71244	UGC 12659 = 71714	
UGC 12255 = 70049	UGC 12357 = 70461	UGC 12459 = 70848	UGC 12556 = 71241	UGC 12660 = 71731	
UGC 12256 = 70042	UGC 12359 = 70477	UGC 12460 = 70847	UGC 12557 = 71234	UGC 12661 = 71737	
UGC 12257 = 70054	UGC 12360 = 70470	UGC 12461 = 70868	UGC 12558 = 71231	UGC 12662 = 71740	
UGC 12258 = 70064	UGC 12361 = 70482	UGC 12462 = 70866	UGC 12559 = 71235	UGC 12663 = 71742	
UGC 12259 = 70063	UGC 12362 = 70481	UGC 12463 = 70864	UGC 12560 = 71264	UGC 12664 = 71746	
UGC 12260 = 70065	UGC 12364 = 70492	UGC 12464 = 70874	UGC 12561 = 71262	UGC 12665 = 71748	
UGC 12262 = 70098	UGC 12365 = 70497	UGC 12465 = 70872	UGC 12562 = 71260	UGC 12666 = 71750	
UGC 12263 = 70067	UGC 12366 = 70502	UGC 12467 = 70881	UGC 12563 = 71261	UGC 12667 = 71753	
UGC 12264 = 70108	UGC 12367 = 70498	UGC 12468 = 70885	UGC 12564 = 71263	UGC 12668 = 71762	
UGC 12266 = 70118	UGC 12369 = 70510	UGC 12469 = 70892	UGC 12565 = 71257	UGC 12669 = 71758	
UGC 12267 = 70116	UGC 12370 = 70507	UGC 12470 = 70888	UGC 12566 = 71258	UGC 12670 = 71770	
UGC 12268 = 70129	UGC 12372 = 70501	UGC 12472 = 70914	UGC 12567 = 71253	UGC 12672 = 71772	
UGC 12269 = 70124	UGC 12373 = 70517	UGC 12473 = 70912	UGC 12569 = 71287	UGC 12673 = 71780	
UGC 12270 = 70131	UGC 12374 = 70516	UGC 12474 = 70909	UGC 12570 = 71281	UGC 12674 = 71783	
UGC 12271 = 70144	UGC 12375 = 70511	UGC 12475 = 70925	UGC 12571 = 71288	UGC 12675 = 71785	
UGC 12272 = 70139	UGC 12378 = 70532	UGC 12476 = 70926	UGC 12573 = 71285	UGC 12676 = 71797	
UGC 12273 = 70134	UGC 12379 = 70526	UGC 12477 = 70933	UGC 12574 = 71310	UGC 12677 = 71796	
UGC 12275 = 70149	UGC 12380 = 70535	UGC 12478 = 70934	UGC 12575 = 71321	UGC 12678 = 71795	
UGC 12276 = 70152	UGC 12381 = 70523	UGC 12479 = 70953	UGC 12576 = 71335	UGC 12679 = 71791	
UGC 12278 = 70159	UGC 12382 = 70541	UGC 12480 = 70952	UGC 12577 = 71333	UGC 12680 = 71802	
UGC 12280 = 70160	UGC 12383 = 70537	UGC 12481 = 70962	UGC 12578 = 71345	UGC 12681 = 71804	
UGC 12281 = 70175	UGC 12384 = 70542	UGC 12482 = 70960	UGC 12579 = 71343	UGC 12682 = 71801	
UGC 12282 = 70163	UGC 12385 = 70538	UGC 12483 = 70981	UGC 12580 = 71360	UGC 12683 = 71798	
UGC 12283 = 70176	UGC 12386 = 70544	UGC 12484 = 70984	UGC 12581 = 71359	UGC 12684 = 71810	
UGC 12285 = 70181	UGC 12387 = 70397	UGC 12485 = 70991	UGC 12582 = 71355	UGC 12685 = 71818	
UGC 12286 = 70183	UGC 12388 = 70558	UGC 12486 = 70996	UGC 12583 = 71354	UGC 12686 = 71817	
UGC 12287 = 70179	UGC 12390 = 70562	UGC 12487 = 71022	UGC 12585 = 71363	UGC 12687 = 71819	
UGC 12288 = 70199	UGC 12391 = 70566	UGC 12488 = 71017	UGC 12586 = 71370	UGC 12688 = 71826	
UGC 12289 = 70197	UGC 12392 = 70569	UGC 12489 = 71018	UGC 12587 = 71372	UGC 12689 = 71831	
UGC 12290 = 70192	UGC 12393 = 70575	UGC 12490 = 71013	UGC 12588 = 71368	UGC 12690 = 71837	
UGC 12291 = 70202	UGC 12394 = 70580	UGC 12491 = 71014	UGC 12589 = 71381	UGC 12691 = 71836	
UGC 12292 = 70196	UGC 12395 = 70585	UGC 12492 = 71039	UGC 12590 = 71386	UGC 12692 = 71838	
UGC 12293 = 70204	UGC 12397 = 70608	UGC 12493 = 71035	UGC 12591 = 71392	UGC 12693 = 71839	
UGC 12294 = 70213	UGC 12398 = 70615	UGC 12494 = 71034	UGC 12592 = 71401	UGC 12694 = 71850	
UGC 12295 = 70237	UGC 12399 = 70620	UGC 12495 = 71030	UGC 12593 = 71396	UGC 12695 = 71858	
UGC 12296 = 70228	UGC 12400 = 70622	UGC 12496 = 71026	UGC 12594 = 71413	UGC 12696 = 71856	
UGC 12297 = 70221	UGC 12401 = 70617	UGC 12497 = 71052	UGC 12595 = 71417	UGC 12697 = 71854	
UGC 12298 = 70226	UGC 12403 = 70637	UGC 12498 = 71051	UGC 12596 = 71420	UGC 12699 = 71868	
UGC 12299 = 70245	UGC 12404 = 70633	UGC 12499 = 71046	UGC 12598 = 71450	UGC 12700 = 71878	
UGC 12300 = 70243	UGC 12405 = 70646	UGC 12500 = 71055	UGC 12599 = 71458	UGC 12701 = 71880	
UGC 12303 = 70250	UGC 12406 = 70660	UGC 12501 = 71049	UGC 12601 = 71471	UGC 12702 = 71883	
UGC 12304 = 70265	UGC 12407 = 70666	UGC 12502 = 71053	UGC 12602 = 71478	UGC 12703 = 71884	
UGC 12305 = 70264	UGC 12409 = 70665	UGC 12503 = 71063	UGC 12603 = 71490	UGC 12705 = 71890	
UGC 12306 = 70258	UGC 12410 = 70664	UGC 12504 = 71003	UGC 12604 = 71488	UGC 12706 = 71864	
UGC 12307 = 70266	UGC 12411 = 70675	UGC 12505 = 71070	UGC 12607 = 71493	UGC 12707 = 71895	
UGC 12308 = 70271	UGC 12412 = 70691	UGC 12506 = 71078	UGC 12608 = 71504	UGC 12709 = 71926	
UGC 12309 = 70277	UGC 12413 = 70681	UGC 12507 = 71065	UGC 12609 = 71511	UGC 12710 = 71932	
UGC 12310 = 70273	UGC 12414 = 70683	UGC 12509 = 71083	UGC 12610 = 71517	UGC 12711 = 71957	
UGC 12311 = 70275	UGC 12415 = 70689	UGC 12510 = 71085	UGC 12611 = 71521	UGC 12712 = 71959	
UGC 12312 = 70287	UGC 12416 = 70695	UGC 12511 = 71087	UGC 12612 = 71524	UGC 12713 = 71973	
UGC 12313 = 70285	UGC 12417 = 70702	UGC 12512 = 71089	UGC 12613 = 71538	UGC 12714 = 71969	
UGC 12314 = 70290	UGC 12418 = 70699	UGC 12514 = 71094	UGC 12614 = 71534	UGC 12715 = 71982	
UGC 12315 = 70292	UGC 12420 = 70703	UGC 12515 = 71092	UGC 12615 = 71535	UGC 12716 = 71985	
UGC 12316 = 70291	UGC 12421 = 70668	UGC 12516 = 71090	UGC 12616 = 71541	UGC 12717 = 71992	
UGC 12317 = 70295	UGC 12422 = 70712	UGC 12517 = 71096	UGC 12618 = 71554	UGC 12718 = 71993	
UGC 12318 = 70297	UGC 12423 = 70708	UGC 12518 = 71110	UGC 12619 = 71546	UGC 12719 = 71995	
UGC 12319 = 70299	UGC 12424 = 70713	UGC 12519 = 71102	UGC 12620 = 71558	UGC 12720 = 72020	
UGC 12320 = 70301	UGC 12425 = 70709	UGC 12520 = 71106	UGC 12622 = 71566	UGC 12721 = 72024	
UGC 12321 = 70307	UGC 12426 = 70723	UGC 12521 = 71118	UGC 12623 = 71565	UGC 12722 = 72030	
UGC 12322 = 70320	UGC 12427 = 70720	UGC 12522 = 71120	UGC 12624 = 71568	UGC 12723 = 72035	
UGC 12323 = 70316	UGC 12428 = 70728	UGC 12523 = 71121	UGC 12625 = 71569	UGC 12724 = 72042	
UGC 12324 = 70325	UGC 12429 = 70735	UGC 12524 = 71115	UGC 12626 = 71573	UGC 12725 = 72044	
UGC 12325 = 70323	UGC 12430 = 70734	UGC 12526 = 71132	UGC 12628 = 71578	UGC 12726 = 72055	
UGC 12326 = 70322	UGC 12431 = 70755	UGC 12527 = 71126	UGC 12629 = 71587	UGC 12727 = 72064	
UGC 12327 = 70321	UGC 12432 = 70746	UGC 12528 = 71124	UGC 12630 = 71594	UGC 12729 = 72073	
UGC 12328 = 70326	UGC 12433 = 70738	UGC 12529 = 71133	UGC 12631 = 71597	UGC 12730 = 72083	
UGC 12329 = 70332	UGC 12434 = 70756	UGC 12530 = 71134	UGC 12632 = 71596	UGC 12731 = 72086	
UGC 12330 = 70338	UGC 12435 = 70757	UGC 12531 = 71140	UGC 12633 = 71607	UGC 12732 = 72087	
UGC 12331 = 70330	UGC 12437 = 70765	UGC 12532 = 71148	UGC 12634 = 71602	UGC 12733 = 72089	
UGC 12332 = 70348	UGC 12438 = 70761	UGC 12533 = 71149	UGC 12635 = 71611	UGC 12734 = 72117	
UGC 12333 = 70349	UGC 12439 = 70749	UGC 12534 = 71153	UGC 12636 = 71612	UGC 12735 = 72118	
UGC 12334 = 70374	UGC 12440 = 70771	UGC 12535 = 71155	UGC 12637 = 71625	UGC 12736 = 72114	
UGC 12335 = 70373	UGC 12441 = 70774	UGC 12537 = 71165	UGC 12638 = 71628	UGC 12737 = 72128	
UGC 12336 = 70381	UGC 12442 = 70786	UGC 12538 = 71166	UGC 12639 = 71619	UGC 12738 = 72131	
UGC 12338 = 70387	UGC 12443 = 70783	UGC 12539 = 71181	UGC 12640 = 71637	UGC 12739 = 72138	
UGC 12340 = 70404	UGC 12444 = 70780	UGC 12540 = 71176	UGC 12641 = 71636	UGC 12740 = 72144	
UGC 12341 = 70401	UGC 12445 = 70772	UGC 12541 = 71174	UGC 12642 = 71652	UGC 12741 = 72148	
UGC 12342 = 70414	UGC 12446 = 70784	UGC 12542 = 71192	UGC 12643 = 71658	UGC 12742 = 72145	

UGC	RC3	UGC	RC3	UGCA	RC3	UGCA	RC3	UGCA	RC3
UGC 12743	= 72161	UGC 12843	= 72882	UGCA 27	= 9005	UGCA 119	= 18377	UGCA 210	= 30108
UGC 12744	= 72165	UGC 12844	= 72888	UGCA 28	= 9054	UGCA 120	= 18583	UGCA 211	= 30715
UGC 12745	= 72182	UGC 12845	= 72892	UGCA 29	= 9057	UGCA 121	= 18602	UGCA 212	= 31359
UGC 12746	= 72188	UGC 12846	= 72900	UGCA 30	= 9172	UGCA 122	= 18715	UGCA 213	= 31551
UGC 12747	= 72193	UGC 12848	= 72922	UGCA 31	= 9246	UGCA 123	= 18736	UGCA 214	= 31653
UGC 12748	= 72205	UGC 12849	= 72930	UGCA 32	= 9273	UGCA 124	= 18749	UGCA 215	= 31840
UGC 12749	= 72209	UGC 12850	= 72926	UGCA 33	= 9559	UGCA 125	= 18751	UGCA 216	= 31888
UGC 12750	= 72204	UGC 12851	= 72928	UGCA 34	= 9892	UGCA 126	= 18765	UGCA 217	= 31979
UGC 12751	= 72220	UGC 12852	= 72927	UGCA 35	= 9843	UGCA 127	= 18855	UGCA 218	= 32270
UGC 12753	= 72217	UGC 12854	= 72973	UGCA 36	= 9923	UGCA 128	= 18858	UGCA 219	= 32356
UGC 12754	= 72237	UGC 12855	= 72972	UGCA 37	= 10041	UGCA 129	= 18978	UGCA 220	= 32385
UGC 12755	= 72233	UGC 12856	= 72977	UGCA 38	= 10128	UGCA 130	= 19459	UGCA 221	= 32550
UGC 12756	= 72240	UGC 12857	= 72983	UGCA 39	= 10217	UGCA 131	= 19531	UGCA 222	= 32778
UGC 12757	= 72247	UGC 12858	= 72980	UGCA 40	= 10172	UGCA 132	= 20948	UGCA 223	= 33385
UGC 12758	= 72258	UGC 12859	= 72995	UGCA 41	= 10488	UGCA 133	= 21302	UGCA 224	= 33410
UGC 12759	= 72263	UGC 12860	= 72996	UGCA 43	= 10673	UGCA 135	= 22721	UGCA 225	= 33486
UGC 12760	= 72260	UGC 12861	= 73008	UGCA 44	= 10682	UGCA 136	= 23222	UGCA 226	= 33788
UGC 12762	= 72274	UGC 12863	= 73021	UGCA 45	= 10965	UGCA 137	= 23246	UGCA 227	= 33860
UGC 12763	= 72289	UGC 12864	= 73023	UGCA 46	= 11202	UGCA 138	= 23303	UGCA 228	= 34006
UGC 12764	= 72288	UGC 12866	= 73053	UGCA 47	= 11248	UGCA 140	= 23834	UGCA 229	= 34094
UGC 12765	= 72296	UGC 12867	= 73082	UGCA 48	= 11480	UGCA 141	= 23997	UGCA 230	= 34466
UGC 12766	= 72301	UGC 12869	= 73096	UGCA 49	= 11479	UGCA 142	= 24039	UGCA 231	= 34513
UGC 12767	= 72309	UGC 12871	= 73102	UGCA 50	= 11538	UGCA 143	= 24131	UGCA 232	= 34554
UGC 12768	= 72319	UGC 12872	= 73103	UGCA 52	= 11677	UGCA 144	= 24634	UGCA 233	= 34670
UGC 12769	= 72325	UGC 12873	= 73100	UGCA 53	= 11734	UGCA 145	= 24685	UGCA 234	= 34980
UGC 12770	= 72330	UGC 12874	= 73104	UGCA 54	= 11735	UGCA 146	= 24949	UGCA 235	= 35088
UGC 12771	= 72329	UGC 12876	= 73117	UGCA 55	= 11750	UGCA 147	= 24870	UGCA 236	= 35097
UGC 12772	= 72328	UGC 12877	= 73125	UGCA 56	= 11851	UGCA 148	= 25827	UGCA 238	= 35539
UGC 12773	= 72345	UGC 12879	= 73127	UGCA 57	= 11893	UGCA 149	= 25842	UGCA 239	= 35678
UGC 12774	= 72347	UGC 12881	= 73154	UGCA 58	= 11931	UGCA 150	= 25886	UGCA 240	= 35813
UGC 12775	= 72354	UGC 12882	= 73156	UGCA 59	= 11924	UGCA 151	= 25926	UGCA 241	= 36217
UGC 12776	= 72352	UGC 12883	= 73150	UGCA 60	= 12007	UGCA 152	= 25950	UGCA 242	= 36274
UGC 12777	= 72367	UGC 12884	= 73163	UGCA 61	= 12011	UGCA 153	= 25983	UGCA 243	= 36304
UGC 12778	= 72381	UGC 12885	= 73177	UGCA 62	= 12041	UGCA 154	= 26188	UGCA 245	= 36643
UGC 12779	= 72382	UGC 12886	= 73171	UGCA 63	= 12145	UGCA 155	= 26151	UGCA 246	= 36754
UGC 12780	= 72387	UGC 12887	= 73185	UGCA 64	= 12309	UGCA 156	= 26157	UGCA 247	= 36882
UGC 12781	= 72397	UGC 12888	= 73195	UGCA 65	= 12327	UGCA 157	= 26259	UGCA 248	= 37178
UGC 12783	= 72431	UGC 12889	= 2	UGCA 66	= 12412	UGCA 158	= 26522	UGCA 249	= 37202
UGC 12784	= 72453	UGC 12892	= 39	UGCA 67	= 12664	UGCA 159	= 26485	UGCA 250	= 37271
UGC 12785	= 72452	UGC 12893	= 38	UGCA 68	= 12701	UGCA 160	= 26404	UGCA 251	= 37325
UGC 12787	= 72460	UGC 12894	= 35	UGCA 69	= 12868	UGCA 161	= 26483	UGCA 252	= 37348
UGC 12788	= 72491	UGC 12895	= 53	UGCA 70	= 12737	UGCA 162	= 26484	UGCA 253	= 37366
UGC 12789	= 72487	UGC 12897	= 54	UGCA 71	= 12798	UGCA 163	= 26561	UGCA 254	= 37373
UGC 12791	= 72494	UGC 12898	= 55	UGCA 72	= 12838	UGCA 164	= 26750	UGCA 255	= 37496
UGC 12792	= 72506	UGC 12899	= 63	UGCA 73	= 12922	UGCA 165	= 26819	UGCA 256	= 37667
UGC 12793	= 72518	UGC 12900	= 70	UGCA 74	= 12979	(UGCA 166)	= 27182	UGCA 257	= 37681
UGC 12794	= 72512	UGC 12901	= 76	UGCA 75	= 12981	(UGCA 166)	= 27183	UGCA 258	= 37680
UGC 12796	= 72523	UGC 12902	= 81	UGCA 76	= 13108	UGCA 167	= 27130	UGCA 259	= 37722
UGC 12798	= 72535	UGC 12903	= 96	UGCA 77	= 13122	UGCA 168	= 27135	UGCA 260	= 37773
UGC 12799	= 72549	UGC 12904	= 91	UGCA 78	= 13184	UGCA 169	= 27351	UGCA 261	= 37857
UGC 12800	= 72572	UGC 12905	= 94	UGCA 79	= 13255	UGCA 170	= 27430	UGCA 263	= 37906
UGC 12801	= 72575	UGC 12906	= 101	UGCA 80	= 13308	UGCA 171	= 27887	UGCA 264	= 37967
UGC 12802	= 72583	UGC 12908	= 109	UGCA 81	= 13501	UGCA 172	= 27762	UGCA 265	= 37969
UGC 12803	= 72584	UGC 12909	= 102	UGCA 82	= 13417	UGCA 173	= 27817	UGCA 266	= 38017
UGC 12804	= 72588	UGC 12910	= 110	UGCA 83	= 13458	UGCA 174	= 27828	UGCA 267	= 38222
UGC 12805	= 72601	UGC 12911	= 112	UGCA 84	= 13602	UGCA 175	= 27833	UGCA 268	= 38330
UGC 12806	= 72605	UGC 12912	= 116	UGCA 85	= 13926	UGCA 176	= 27840	UGCA 269	= 38346
UGC 12807	= 72599	UGC 12913	= 124	UGCA 86	= 14241	UGCA 177	= 27869	UGCA 270	= 38367
UGC 12808	= 72615	UGC 12914	= 120	UGCA 87	= 14458	UGCA 178	= 27885	UGCA 271	= 38481
UGC 12809	= 72613	UGC 12915	= 129	UGCA 88	= 14487	UGCA 179	= 27904	UGCA 272	= 38504
UGC 12810	= 72618	UGC 12916	= 146	UGCA 89	= 14590	UGCA 180	= 27918	UGCA 273	= 38711
UGC 12811	= 72623	UGC 12917	= 148	UGCA 90	= 14936	UGCA 181	= 27978	UGCA 274	= 38952
UGC 12812	= 72631	UGC 12918	= 156	UGCA 91	= 15053	UGCA 182	= 27966	UGCA 276	= 39145
UGC 12813	= 72635	UGC 12919	= 163	UGCA 92	= 15439	UGCA 183	= 28027	UGCA 277	= 39395
UGC 12814	= 72632	UGC 12920	= 165	UGCA 93	= 15821	UGCA 184	= 28251	UGCA 278	= 40191
UGC 12815	= 72638	UGCA 1	= 538	UGCA 94	= 15869	UGCA 185	= 28373	UGCA 279	= 40339
UGC 12816	= 72659	UGCA 2	= 701	UGCA 95	= 16084	UGCA 186	= 28408	UGCA 280	= 40349
UGC 12817	= 72661	UGCA 3	= 721	UGCA 96	= 16120	UGCA 187	= 28571	UGCA 281	= 40665
UGC 12818	= 72680	UGCA 4	= 930	UGCA 97	= 16201	UGCA 188	= 28627	UGCA 282	= 41291
UGC 12819	= 72679	UGCA 5	= 1218	UGCA 98	= 16236	UGCA 189	= 28606	UGCA 283	= 41327
UGC 12820	= 72681	UGCA 6	= 2044	UGCA 99	= 16742	UGCA 190	= 28803	UGCA 284	= 41587
UGC 12821	= 72696	UGCA 7	= 2052	UGCA 100	= 16765	UGCA 191	= 28909	UGCA 285	= 41667
UGC 12822	= 72709	UGCA 8	= 2142	UGCA 101	= 16826	UGCA 192	= 28919	UGCA 286	= 41725
UGC 12823	= 72716	UGCA 9	= 2578	UGCA 102	= 16868	UGCA 193	= 29086	UGCA 287	= 41743
UGC 12827	= 72756	UGCA 10	= 2675	UGCA 103	= 16864	UGCA 194	= 29128	UGCA 288	= 41939
UGC 12828	= 72749	UGCA 11	= 2758	UGCA 104	= 16894	UGCA 195	= 29140	UGCA 289	= 41965
UGC 12829	= 72744	UGCA 12	= 2754	UGCA 105	= 16957	UGCA 196	= 29166	UGCA 291	= 42259
UGC 12831	= 72770	UGCA 13	= 2789	UGCA 106	= 16904	UGCA 197	= 29179	UGCA 292	= 42275
UGC 12832	= 72773	UGCA 14	= 2805	UGCA 107	= 16949	UGCA 198	= 29216	UGCA 293	= 42407
UGC 12833	= 72775	UGCA 15	= 2902	UGCA 108	= 16983	UGCA 199	= 29265	UGCA 294	= 42931
UGC 12834	= 72788	UGCA 16	= 4653	UGCA 109	= 17082	UGCA 200	= 29299	UGCA 295	= 42964
UGC 12835	= 72792	UGCA 17	= 5341	UGCA 110	= 17113	UGCA 201	= 29347	UGCA 296	= 43010
UGC 12836	= 72790	UGCA 18	= 5619	UGCA 111	= 17407	UGCA 202	= 29377	UGCA 297	= 43081
(UGC 12837)	= 72806	UGCA 19	= 5870	UGCA 112	= 17619	UGCA 203	= 29530	UGCA 298	= 43121
(UGC 12837)	= 72803	UGCA 20	= 6337	UGCA 113	= 17668	UGCA 204	= 29623	UGCA 299	= 43238
(UGC 12837)	= 72808	UGCA 21	= 6667	UGCA 114	= 17978	UGCA 205	= 29653	UGCA 300	= 43276
UGC 12838	= 72820	UGCA 22	= 7324	UGCA 115	= 18047	UGCA 206	= 29702	UGCA 301	= 43321
UGC 12840	= 72829	UGCA 23	= 7806	UGCA 116	= 18096	UGCA 207	= 29892	UGCA 302	= 43507
UGC 12841	= 72867	UGCA 24	= 7900	UGCA 117	= 18232	UGCA 208	= 30005	UGCA 303	= 43594
UGC 12842	= 72870	UGCA 26	= 8990	UGCA 118	= 18349	UGCA 209	= 30041	UGCA 304	= 43679

RC3   707   UGCA

UGCA	305	= 43786	UGCA	403	= 54364	UM	462	= 37213	VCC	169	= 39255	VCC	479	= 39947
UGCA	306	= 43826	UGCA	404	= 54625	UM	465	= 37339	VCC	170	= 39256	VCC	482	= 39951
UGCA	307	= 43851	UGCA	405	= 54646	UM	467	= 37434	VCC	172	= 39265	VCC	483	= 39950
UGCA	308	= 44042	UGCA	406	= 54776	UM	476	= 38492	VCC	187	= 39308	VCC	490	= 39965
UGCA	309	= 44121	UGCA	407	= 54816	UM	477	= 38531	VCC	189	= 39306	VCC	491	= 39968
UGCA	310	= 44264	UGCA	408	= 55081	UM	494	= 40128	VCC	199	= 39328	VCC	492	= 39972
UGCA	311	= 44358	UGCA	409	= 55122	UM	499	= 40564	VCC	206	= 39342	VCC	497	= 39974
UGCA	312	= 44549	UGCA	410	= 55616	UM	500	= 40658	VCC	213	= 39362	VCC	508	= 40001
UGCA	313	= 44582	UGCA	411	= 56762	UM	505	= 41618	VCC	217	= 39380	VCC	509	= 40004
UGCA	314	= 44735	UGCA	412	= 58552	UM	506	= 41823	VCC	218	= 39381	VCC	510	= 40002
UGCA	315	= 44847	UGCA	413	= 58586	UM	514	= 42689	VCC	220	= 39384	VCC	512	= 40005
UGCA	316	= 44829	UGCA	414	= 59133	UM	523	= 43969	VCC	221	= 39388	VCC	513	= 40015
UGCA	317	= 44782	UGCA	415	= 63654	UM	525	= 44014	VCC	222	= 39389	VCC	514	= 40014
UGCA	318	= 44891	UGCA	416	= 63682	UM	533	= 44685	VCC	223	= 39392	VCC	522	= 40030
UGCA	319	= 44982	UGCA	417	= 64176	UM	594	= 48174	VCC	224	= 39390	VCC	523	= 40032
UGCA	320	= 45084	UGCA	418	= 64650	UM	598	= 48330	VCC	226	= 39393	VCC	524	= 40033
UGCA	321	= 45165	UGCA	419	= 65960	UM	614	= 49078	VCC	227	= 39397	VCC	526	= 40034
UGCA	322	= 45195	UGCA	420	= 66992	UM	636	= 50430	VCC	228	= 39400	VCC	527	= 40038
UGCA	323	= 45313	UGCA	422	= 67878	UM	639	= 50479	VCC	234	= 39412	VCC	530	= 40045
UGCA	324	= 45405	UGCA	423	= 67883	UM	641	= 50557	VCC	241	= 39431	VCC	534	= 40051
UGCA	325	= 45429	UGCA	424	= 67871	VCC	3	= 38544	VCC	248	= 39448	VCC	544	= 40069
UGCA	326	= 45437	UGCA	425	= 67904	VCC	4	= 38551	VCC	257	= 39458	VCC	545	= 40068
UGCA	327	= 45487	UGCA	426	= 68201	VCC	9	= 38624	VCC	260	= 39468	VCC	550	= 40087
UGCA	328	= 45611	UGCA	427	= 68484	VCC	10	= 38627	VCC	264	= 39479	VCC	552	= 40087
UGCA	329	= 45643	UGCA	428	= 68771	VCC	15	= 38684	VCC	265	= 39480	VCC	559	= 40095
UGCA	330	= 45652	UGCA	429	= 68878	VCC	17	= 38692	VCC	267	= 39483	VCC	562	= 40100
UGCA	331	= 45738	UGCA	430	= 69323	VCC	18	= 38709	VCC	269	= 39487	VCC	565	= 40109
UGCA	332	= 45824	UGCA	431	= 69339	VCC	21	= 38726	VCC	271	= 39493	VCC	566	= 40107
UGCA	333	= 45845	UGCA	432	= 69404	VCC	22	= 38728	VCC	275	= 39503	VCC	567	= 40111
UGCA	334	= 45901	UGCA	433	= 69415	VCC	24	= 38747	VCC	277	= 39504	VCC	570	= 40105
UGCA	335	= 45908	UGCA	434	= 69539	VCC	25	= 38749	VCC	279	= 39511	VCC	575	= 40122
UGCA	337	= 45897	UGCA	436	= 70596	VCC	26	= 38754	VCC	281	= 39513	VCC	576	= 40119
UGCA	338	= 45958	UGCA	437	= 70714	VCC	27	= 38755	VCC	286	= 39532	VCC	584	= 40136
UGCA	339	= 46071	UGCA	438	= 71431	VCC	32	= 38792	VCC	289	= 39537	VCC	593	= 40147
UGCA	340	= 46126	UGCA	439	= 71442	VCC	33	= 38800	VCC	302	= 39562	VCC	596	= 40153
UGCA	341	= 46115	UGCA	440	= 71830	VCC	34	= 38803	VCC	307	= 39578	VCC	599	= 40160
UGCA	342	= 46093	UGCA	441	= 71938	VCC	38	= 38848	VCC	309	= 39584	VCC	608	= 40171
UGCA	343	= 46166	UGCA	442	= 72228	VCC	39	= 38862	VCC	311	= 39587	VCC	613	= 40179
UGCA	344	= 46247	UGCA	443	= 72444	VCC	41	= 38872	VCC	312	= 39592	VCC	616	= 40183
UGCA	345	= 46400	UGCA	444	= 143	VCC	47	= 38885	VCC	314	= 39601	VCC	618	= 40186
UGCA	346	= 46441	UM	1	= 71982	VCC	48	= 38888	VCC	318	= 39613	VCC	620	= 40187
UGCA	347	= 46456	UM	7	= 72491	VCC	49	= 38890	VCC	320	= 39621	VCC	623	= 40192
UGCA	348	= 46491	UM	8	= 72501	VCC	52	= 38899	VCC	322	= 39619	VCC	627	= 40196
UGCA	349	= 46531	UM	25	= 1139	VCC	56	= 38914	VCC	323	= 39624	VCC	628	= 40200
UGCA	350	= 46541	UM	69	= 2834	VCC	58	= 38916	VCC	324	= 39628	VCC	630	= 40201
UGCA	351	= 46661	UM	90	= 4578	VCC	59	= 38919	VCC	328	= 39632	VCC	634	= 40209
UGCA	352	= 46830	UM	93	= 4743	VCC	60	= 38922	VCC	329	= 39639	VCC	636	= 40214
UGCA	353	= 46889	UM	102	= 5208	VCC	66	= 38943	VCC	334	= 39641	VCC	637	= 40217
UGCA	356	= 47054	UM	105	= 5524	VCC	67	= 38945	VCC	340	= 39655	VCC	638	= 40218
UGCA	357	= 47020	UM	111	= 5744	VCC	72	= 38963	VCC	341	= 39656	VCC	641	= 40229
UGCA	358	= 47102	UM	112	= 5759	VCC	73	= 38964	VCC	342	= 39657	VCC	648	= 40240
UGCA	359	= 47321	UM	123	= 6147	VCC	75	= 38974	VCC	343	= 39658	VCC	654	= 40245
UGCA	360	= 47396	UM	128	= 6387	VCC	76	= 38977	VCC	345	= 39659	VCC	655	= 40249
UGCA	361	= 47658	UM	133	= 6402	VCC	81	= 39002	VCC	348	= 39664	VCC	656	= 40251
UGCA	362	= 47710	UM	135	= 6441	VCC	83	= 39009	VCC	350	= 39670	VCC	657	= 40252
UGCA	363	= 47759	UM	137	= 6500	VCC	86	= 39014	VCC	352	= 39673	VCC	662	= 40260
UGCA	364	= 47846	UM	140	= 6668	VCC	87	= 39018	VCC	355	= 39676	VCC	664	= 40264
UGCA	365	= 48029	UM	145	= 7076	VCC	89	= 39025	VCC	358	= 39687	VCC	667	= 40273
UGCA	366	= 48082	UM	146	= 7164	VCC	92	= 39028	VCC	362	= 39699	VCC	672	= 40280
UGCA	367	= 48087	UM	156	= 71035	VCC	94	= 39034	VCC	366	= 39708	VCC	684	= 40298
UGCA	368	= 48171	UM	160	= 71345	VCC	97	= 39040	VCC	367	= 39711	VCC	685	= 40295
UGCA	369	= 48334	UM	163	= 71626	VCC	101	= 39057	VCC	369	= 39710	VCC	688	= 40303
UGCA	370	= 48467	UM	167	= 71868	VCC	105	= 39067	VCC	371	= 39712	VCC	692	= 40306
UGCA	372	= 48501	UM	170	= 72134	VCC	114	= 39107	VCC	373	= 39719	VCC	693	= 40310
UGCA	374	= 49092	UM	191	= 72998	VCC	117	= 39109	VCC	375	= 39718	VCC	697	= 40317
UGCA	375	= 49221	UM	217	= 963	VCC	119	= 39113	VCC	380	= 39731	VCC	698	= 40313
UGCA	376	= 49676	UM	244	= 1678	VCC	120	= 39111	VCC	381	= 39734	VCC	699	= 40321
UGCA	377	= 49648	UM	274	= 2691	VCC	122	= 39124	VCC	382	= 39738	VCC	710	= 40339
UGCA	378	= 49901	UM	286	= 3043	VCC	124	= 39131	VCC	385	= 39753	VCC	712	= 40337
UGCA	379	= 49923	UM	296	= 3530	VCC	126	= 39142	VCC	386	= 39759	VCC	713	= 40342
UGCA	380	= 50083	UM	307	= 4275	VCC	130	= 39153	VCC	393	= 39765	VCC	715	= 40344
UGCA	381	= 50084	UM	308	= 4295	VCC	131	= 39152	VCC	404	= 39794	VCC	722	= 40363
UGCA	382	= 50183	UM	311	= 4540	VCC	132	= 39159	VCC	408	= 39801	VCC	729	= 40372
UGCA	383	= 50195	UM	318	= 4979	VCC	134	= 39156	VCC	410	= 39803	VCC	731	= 40375
UGCA	384	= 50323	UM	319	= 5076	VCC	135	= 39160	VCC	411	= 39809	VCC	737	= 40408
UGCA	386	= 50670	UM	343	= 5939	VCC	140	= 39173	VCC	415	= 39813	VCC	739	= 40411
UGCA	387	= 50782	UM	363	= 6367	VCC	142	= 39176	VCC	424	= 39831	VCC	740	= 40409
UGCA	388	= 50786	UM	372	= 6751	VCC	143	= 39181	VCC	428	= 39845	VCC	741	= 40414
UGCA	389	= 51245	UM	391	= 7834	VCC	144	= 39188	VCC	442	= 39872	VCC	753	= 40434
UGCA	391	= 52144	UM	393	= 8029	VCC	145	= 39183	VCC	446	= 39878	VCC	758	= 40439
UGCA	393	= 52696	UM	394	= 8056	VCC	148	= 39200	VCC	448	= 39883	VCC	759	= 40442
UGCA	394	= 52809	UM	412	= 8586	VCC	152	= 39206	VCC	449	= 39886	VCC	763	= 40455
UGCA	395	= 53035	UM	418	= 8876	VCC	155	= 39215	VCC	453	= 39894	VCC	768	= 40458
UGCA	396	= 53134	UM	420	= 8929	VCC	157	= 39224	VCC	459	= 39904	VCC	772	= 40469
UGCA	397	= 53595	UM	422	= 34696	VCC	159	= 39230	VCC	460	= 39907	VCC	778	= 40477
UGCA	398	= 53630	UM	428	= 35203	VCC	161	= 39232	VCC	462	= 39922	VCC	781	= 40485
UGCA	399	= 53616	UM	448	= 36325	VCC	162	= 39233	VCC	465	= 39925	VCC	784	= 40484
UGCA	400	= 54103	UM	452	= 36750	VCC	166	= 39251	VCC	468	= 39929	VCC	785	= 40490
UGCA	401	= 54324	UM	456	= 37019	VCC	167	= 39246	VCC	475	= 39943	VCC	786	= 40488
UGCA	402	= 54348	UM	460	= 37100	VCC	168	= 39250	VCC	477	= 39942	VCC	787	= 40494

RC3   708   VCC

VCC	792	= 40507	VCC	1091	= 40993	VCC	1450	= 41608	VCC	1811	= 42396	VV	15	= 51725
VCC	793	= 40505	VCC	1101	= 41007	VCC	1453	= 41614	VCC	1813	= 42401	(VV	16)	= 56020
VCC	797	= 40512	VCC	1104	= 41018	VCC	1455	= 41619	VCC	1816	= 42406	(VV	16)	= 56023
VCC	798	= 40515	VCC	1110	= 41024	VCC	1456	= 41625	VCC	1822	= 42422	VV	17	= 69991
VCC	799	= 40517	VCC	1114	= 41036	VCC	1459	= 41631	VCC	1827	= 42427	VV	18	= 47842
VCC	801	= 40516	VCC	1118	= 41050	VCC	1460	= 41635	VCC	1828	= 42430	(VV	19)	= 48473
VCC	806	= 40531	VCC	1122	= 41054	VCC	1462	= 41634	VCC	1834	= 42447	(VV	19)	= 48482
VCC	809	= 40530	VCC	1125	= 41060	VCC	1465	= 41644	VCC	1847	= 42471	VV	20	= 71076
VCC	823	= 40556	VCC	1126	= 41061	VCC	1468	= 41647	VCC	1857	= 42503	(VV	21)	= 50083
VCC	826	= 40563	VCC	1130	= 41072	VCC	1475	= 41652	VCC	1859	= 42516	(VV	21)	= 50084
VCC	827	= 40566	VCC	1138	= 41088	VCC	1479	= 41661	VCC	1861	= 42521	(VV	22)	= 34989
VCC	828	= 40562	VCC	1141	= 41090	VCC	1483	= 41668	VCC	1868	= 42544	VV	23	= 12989
VCC	834	= 40579	VCC	1145	= 41101	VCC	1486	= 41670	VCC	1869	= 42545	VV	26	= 53424
VCC	836	= 40581	VCC	1146	= 41095	VCC	1489	= 41681	VCC	1871	= 42550	VV	29	= 57129
VCC	841	= 40588	VCC	1154	= 41104	VCC	1490	= 41683	VCC	1878	= 42564	(VV	30)	= 41326
VCC	846	= 40598	VCC	1156	= 41109	VCC	1491	= 41682	VCC	1883	= 42574	(VV	30)	= 41333
VCC	848	= 40604	VCC	1158	= 41111	VCC	1499	= 41698	VCC	1889	= 42597	VV	31	= 37063
VCC	849	= 40602	VCC	1173	= 41136	VCC	1507	= 41716	VCC	1890	= 42598	VV	32	= 33423
VCC	851	= 40607	VCC	1178	= 41148	VCC	1508	= 41719	VCC	1897	= 42608	(VV	33)	= 47598
VCC	856	= 40616	VCC	1179	= 41152	VCC	1512	= 41723	VCC	1902	= 42619	(VV	33)	= 47603
VCC	857	= 40614	VCC	1183	= 41155	VCC	1516	= 41729	VCC	1903	= 42628	(VV	34)	= 72139
VCC	859	= 40621	VCC	1185	= 41156	VCC	1521	= 41738	VCC	1910	= 42638	(VV	34)	= 72155
VCC	865	= 40622	VCC	1188	= 41160	VCC	1524	= 41746	VCC	1912	= 42643	(VV	35)	= 36723
VCC	867	= 40631	VCC	1189	= 41166	VCC	1526	= 41751	VCC	1913	= 42647	(VV	35)	= 36733
VCC	870	= 40638	VCC	1190	= 41164	VCC	1529	= 41758	VCC	1916	= 42654	(VV	35)	= 36742
VCC	871	= 40636	VCC	1192	= 41169	VCC	1532	= 41763	VCC	1918	= 42666	VV	36	= 5214
VCC	873	= 40644	VCC	1193	= 41170	VCC	1535	= 41772	VCC	1923	= 42688	(VV	40)	= 25399
VCC	874	= 40643	VCC	1196	= 41171	VCC	1537	= 41781	VCC	1929	= 42699	(VV	40)	= 25402
VCC	881	= 40653	VCC	1200	= 41178	VCC	1540	= 41789	VCC	1931	= 42710	VV	41	= 24889
VCC	888	= 40670	VCC	1203	= 41185	VCC	1549	= 41803	VCC	1932	= 42707	(VV	43)	= 41634
VCC	889	= 40673	VCC	1205	= 41189	VCC	1550	= 41807	VCC	1933	= 42717	(VV	43)	= 41646
VCC	899	= 40688	VCC	1208	= 41196	VCC	1552	= 41806	VCC	1938	= 42728	(VV	43)	= 41670
VCC	904	= 40694	VCC	1213	= 41195	VCC	1554	= 41811	VCC	1939	= 42734	VV	47	= 46069
VCC	905	= 40695	VCC	1217	= 41207	VCC	1555	= 41812	VCC	1940	= 42732	(VV	48)	= 49739
VCC	907	= 40697	VCC	1226	= 41220	VCC	1557	= 41816	VCC	1943	= 42741	(VV	48)	= 49747
VCC	912	= 40705	VCC	1231	= 41228	VCC	1562	= 41823	VCC	1945	= 42744	VV	49	= 38146
VCC	916	= 40707	VCC	1242	= 41241	VCC	1566	= 41829	VCC	1949	= 42753	(VV	50)	= 26232
VCC	917	= 40706	VCC	1243	= 41244	VCC	1567	= 41828	VCC	1952	= 42768	(VV	50)	= 26238
VCC	919	= 40713	VCC	1249	= 41258	VCC	1569	= 41830	VCC	1954	= 42766	(VV	51)	= 71868
VCC	921	= 40715	VCC	1250	= 41255	VCC	1572	= 41840	VCC	1955	= 42769	(VV	51)	= 71878
VCC	928	= 40723	VCC	1253	= 41260	VCC	1575	= 41847	VCC	1961	= 42790	(VV	52)	= 27817
VCC	929	= 40727	VCC	1257	= 41263	VCC	1576	= 41850	VCC	1965	= 42799	(VV	52)	= 27828
VCC	938	= 40743	VCC	1261	= 41272	VCC	1581	= 41861	VCC	1969	= 42810	VV	53	= 6643
VCC	939	= 40745	VCC	1262	= 41278	VCC	1585	= 41865	VCC	1972	= 42816	VV	54	= 6644
VCC	940	= 40744	VCC	1266	= 41283	VCC	1588	= 41876	VCC	1978	= 42831	(VV	55)	= 48330
VCC	944	= 40756	VCC	1279	= 41297	VCC	1593	= 41882	VCC	1979	= 42836	(VV	55)	= 48338
VCC	945	= 40754	VCC	1283	= 41302	VCC	1596	= 41890	VCC	1987	= 42857	VV	56	= 42833
VCC	950	= 40761	VCC	1284	= 41307	VCC	1605	= 41918	VCC	1988	= 42869	VV	57	= 37504
VCC	951	= 40764	VCC	1290	= 41317	VCC	1614	= 41936	VCC	1992	= 42881	VV	58	= 27026
VCC	952	= 40766	VCC	1293	= 41320	VCC	1615	= 41934	VCC	1999	= 42913	VV	59	= 54033
VCC	953	= 40767	VCC	1297	= 41327	VCC	1619	= 41943	VCC	2000	= 42917	VV	61	= 38365
VCC	957	= 40775	VCC	1303	= 41339	VCC	1624	= 41958	VCC	2006	= 42944	VV	65	= 30785
VCC	958	= 40772	VCC	1308	= 41350	VCC	1630	= 41963	VCC	2007	= 42947	(VV	66)	= 37772
VCC	963	= 40779	VCC	1313	= 41360	VCC	1632	= 41968	VCC	2008	= 42949	(VV	66)	= 37773
VCC	965	= 40786	VCC	1316	= 41361	VCC	1633	= 41970	VCC	2012	= 42969	VV	67	= 72060
VCC	966	= 40785	VCC	1318	= 41363	VCC	1644	= 41994	VCC	2019	= 42991	VV	68	= 69874
VCC	971	= 40801	VCC	1321	= 41365	VCC	1654	= 42021	VCC	2023	= 43001	VV	69	= 47447
VCC	973	= 40800	VCC	1326	= 41376	VCC	1664	= 42051	VCC	2033	= 43051	VV	70	= 50809
VCC	975	= 40807	VCC	1330	= 41383	VCC	1673	= 42064	VCC	2034	= 43056	VV	71	= 31508
VCC	979	= 40809	VCC	1348	= 41421	VCC	1675	= 42068	VCC	2036	= 43074	VV	72	= 63932
VCC	980	= 40811	VCC	1353	= 41432	VCC	1676	= 42069	VCC	2037	= 43072	VV	73	= 42575
VCC	984	= 40816	VCC	1355	= 41435	VCC	1678	= 42074	VCC	2042	= 43100	(VV	74)	= 68950
VCC	985	= 40825	VCC	1356	= 41440	VCC	1684	= 42079	VCC	2044	= 43111	(VV	74)	= 68953
VCC	989	= 40831	VCC	1357	= 41442	VCC	1685	= 42080	VCC	2048	= 43146	VV	75	= 33446
VCC	995	= 40839	VCC	1364	= 41450	VCC	1686	= 42081	VCC	2058	= 43186	(VV	76)	= 41471
VCC	1001	= 40844	VCC	1368	= 41457	VCC	1690	= 42089	VCC	2066	= 43241	(VV	76)	= 41473
VCC	1002	= 40851	VCC	1374	= 41466	VCC	1692	= 42096	VCC	2070	= 43254	(VV	77)	= 51433
VCC	1003	= 40850	VCC	1375	= 41471	VCC	1696	= 42100	VCC	2076	= 43275	(VV	77)	= 51439
VCC	1007	= 40857	VCC	1376	= 41473	VCC	1699	= 42108	VCC	2087	= 43516	VV	78	= 14117
VCC	1010	= 40852	VCC	1377	= 41469	VCC	1720	= 42149	VCC	2092	= 43656	VV	79	= 24288
VCC	1011	= 40861	VCC	1379	= 41472	VCC	1721	= 42152	VCC	2095	= 43733	VV	80	= 647
VCC	1013	= 40867	VCC	1386	= 41494	VCC	1725	= 42160	(VV	1)	= 47404	(VV	81)	= 2980
VCC	1018	= 40875	VCC	1389	= 41495	VCC	1726	= 42169	(VV	1)	= 47413	(VV	81)	= 2984
VCC	1021	= 40876	VCC	1392	= 41505	VCC	1727	= 42168	VV	2	= 51214	(VV	82)	= 27533
VCC	1025	= 40886	VCC	1393	= 41504	VCC	1730	= 42174	VV	3	= 35494	(VV	83)	= 27546
VCC	1030	= 40898	VCC	1401	= 41517	VCC	1750	= 42218	VV	4	= 47808	(VV	83)	= 27547
VCC	1036	= 40903	VCC	1407	= 41529	VCC	1753	= 42219	(VV	5)	= 72382	(VV	84)	= 70124
VCC	1043	= 40914	VCC	1410	= 41531	VCC	1757	= 42223	(VV	5)	= 72387	(VV	85)	= 10959
VCC	1047	= 40927	VCC	1411	= 41536	VCC	1758	= 42230	(VV	6)	= 48105	VV	86	= 57039
VCC	1048	= 40933	VCC	1412	= 41538	VCC	1760	= 42241	VV	7	= 53709	VV	87	= 35124
VCC	1060	= 40951	VCC	1419	= 41546	VCC	1763	= 42253	VV	8	= 37496	VV	88	= 47506
VCC	1062	= 40950	VCC	1422	= 41552	VCC	1768	= 42264	(VV	9)	= 22957	VV	89	= 59862
VCC	1064	= 40954	VCC	1426	= 41570	VCC	1772	= 42277	(VV	9)	= 22958	(VV	90)	= 56768
VCC	1068	= 40960	VCC	1427	= 41567	VCC	1778	= 42307	(VV	10)	= 60067	(VV	90)	= 56769
VCC	1069	= 40958	VCC	1429	= 41572	VCC	1780	= 42319	(VV	10)	= 60070	VV	91	= 56765
VCC	1072	= 40962	VCC	1431	= 41573	VCC	1784	= 42325	VV	11	= 32643	VV	92	= 56773
VCC	1073	= 40964	VCC	1435	= 41586	VCC	1789	= 42340	VV	12	= 7359	VV	93	= 6545
VCC	1085	= 40979	VCC	1437	= 41587	VCC	1791	= 42348	(VV	13)	= 38325	VV	95	= 30560
VCC	1086	= 40987	VCC	1442	= 41599	VCC	1804	= 42378	(VV	13)	= 38327	VV	96	= 9852
VCC	1087	= 40985	VCC	1448	= 41606	VCC	1809	= 42389	(VV	14)	= 32772	VV	97	= 30041

RC3   709   VV

VV	98	= 52669	(VV	174)	= 5759	(VV	254)	= 129	(VV	331)	= 11012	VV	448	= 39600
VV	100	= 48189	(VV	175)	= 7264	(VV	255)	= 72977	(VV	332)	= 73036	VV	449	= 9390
(VV	101)	= 60320	(VV	175)	= 7252	(VV	256)	= 49893	(VV	334)	= 11887	VV	451	= 45921
(VV	101)	= 60323	(VV	178)	= 19607	(VV	256)	= 49896	(VV	334)	= 11892	VV	452	= 56693
(VV	101)	= 60325	(VV	178)	= 19617	(VV	258)	= 4377	(VV	337)	= 11734	VV	454	= 38619
VV	104	= 39023	(VV	178)	= 19619	VV	259	= 38014	(VV	337)	= 11735	VV	455	= 36789
VV	105	= 37222	(VV	179)	= 38146	(VV	260)	= 11734	(VV	337)	= 11750	VV	456	= 50063
(VV	106)	= 26849	(VV	179)	= 38156	(VV	260)	= 11735	(VV	338)	= 6574	VV	457	= 37238
(VV	106)	= 26864	(VV	181)	= 70933	(VV	260)	= 11750	(VV	338)	= 6595	(VV	458)	= 52132
VV	108	= 48273	(VV	181)	= 70934	VV	261	= 39068	(VV	339)	= 49839	VV	459	= 35797
(VV	109)	= 52728	(VV	188)	= 40898	VV	264	= 52283	(VV	339)	= 49846	VV	460	= 45658
(VV	109)	= 52729	(VV	188)	= 40914	VV	268	= 60497	VV	341	= 5085	VV	462	= 37954
VV	110	= 28356	(VV	189)	= 7369	VV	270	= 38250	(VV	342)	= 28487	VV	463	= 33319
VV	111	= 28575	(VV	189)	= 7370	(VV	272)	= 488	(VV	342)	= 28502	VV	464	= 27108
VV	112	= 31930	(VV	192)	= 57634	(VV	272)	= 483	(VV	343)	= 71504	VV	465	= 43044
VV	113	= 31865	(VV	192)	= 57640	VV	273	= 37037	(VV	343)	= 71505	VV	466	= 32846
VV	114	= 4008	(VV	193)	= 3981	VV	276	= 38132	(VV	344)	= 50063	VV	467	= 7684
(VV	115)	= 56575	(VV	193)	= 3982	VV	280	= 71133	(VV	344)	= 50216	VV	469	= 53307
(VV	115)	= 56578	(VV	194)	= 57063	(VV	281)	= 49502	(VV	345)	= 38933	VV	470	= 71826
(VV	115)	= 56576	(VV	194)	= 57062	(VV	281)	= 49505	(VV	347)	= 4748	VV	471	= 52698
(VV	115)	= 56584	(VV	199)	= 39195	(VV	282)	= 36001	(VV	347)	= 4750	VV	472	= 58150
(VV	115)	= 56580	(VV	199)	= 39221	(VV	282)	= 36007	(VV	348)	= 4116	VV	473	= 24864
(VV	115)	= 56579	(VV	201)	= 43924	(VV	282)	= 35997	(VV	348)	= 4124	VV	475	= 23222
(VV	116)	= 27508	(VV	201)	= 43926	(VV	282)	= 36018	(VV	349)	= 21693	VV	477	= 36445
(VV	116)	= 27509	(VV	206)	= 42816	(VV	282)	= 36011	(VV	350)	= 36193	VV	478	= 4701
(VV	116)	= 27513	(VV	206)	= 42831	(VV	282)	= 36016	(VV	350)	= 36194	VV	480	= 72156
(VV	116)	= 27515	(VV	207)	= 5098	VV	283	= 44933	(VV	350)	= 36197	VV	481	= 25454
(VV	116)	= 27516	(VV	207)	= 5099	(VV	284)	= 21664	(VV	351)	= 49427	VV	482	= 10966
(VV	117)	= 21774	(VV	208)	= 72806	VV	285	= 9817	(VV	351)	= 49439	VV	484	= 3089
(VV	117)	= 21776	(VV	208)	= 72803	VV	286	= 37282	(VV	352)	= 1224	(VV	485)	= 46926
(VV	118)	= 35326	(VV	208)	= 72808	(VV	288)	= 69256	(VV	352)	= 1221	VV	486	= 3754
(VV	118)	= 35321	(VV	209)	= 30440	(VV	288)	= 69260	(VV	353)	= 36392	VV	488	= 70084
(VV	118)	= 35325	(VV	209)	= 30445	(VV	288)	= 69263	VV	354	= 30600	VV	489	= 57494
VV	119	= 29186	(VV	210)	= 51018	(VV	288)	= 69269	VV	356	= 31650	(VV	490)	= 70607
(VV	120)	= 49950	(VV	210)	= 51023	(VV	288)	= 69270	VV	357	= 38302	VV	491	= 12611
(VV	122)	= 7417	(VV	211)	= 47900	(VV	289)	= 59251	VV	358	= 28636	VV	492	= 71381
VV	123	= 20460	(VV	212)	= 56932	(VV	290)	= 43181	VV	359	= 71534	VV	493	= 42874
VV	124	= 26142	(VV	212)	= 56957	(VV	291)	= 56057	(VV	361)	= 3620	VV	494	= 68484
VV	125	= 50664	VV	213	= 56962	(VV	292)	= 45397	VV	362	= 8802	VV	497	= 38951
VV	126	= 37639	(VV	215)	= 57147	(VV	292)	= 45410	VV	363	= 34767	VV	498	= 35382
VV	127	= 42901	(VV	216)	= 37702	VV	293	= 26747	VV	364	= 58265	VV	499	= 24050
VV	128	= 39014	(VV	217)	= 9458	VV	294	= 30983	VV	365	= 44734	(VV	501)	= 58674
VV	130	= 53035	(VV	217)	= 9457	(VV	295)	= 70127	VV	366	= 43775	(VV	501)	= 58664
VV	131	= 26104	(VV	219)	= 42064	(VV	295)	= 70133	VV	367	= 36981	VV	503	= 71288
VV	132	= 55506	(VV	219)	= 42069	(VV	295)	= 70130	VV	368	= 61782	VV	504	= 45611
VV	133	= 48280	(VV	220)	= 57084	(VV	296)	= 53054	VV	369	= 49258	VV	505	= 42766
(VV	135)	= 49039	(VV	220)	= 57086	(VV	297)	= 64413	VV	371	= 51655	VV	508	= 66381
(VV	135)	= 49040	(VV	224)	= 43062	(VV	297)	= 64415	VV	372	= 69021	VV	510	= 34783
VV	137	= 53336	(VV	224)	= 43065	(VV	300)	= 36227	VV	373	= 28627	VV	511	= 40754
VV	138	= 23040	VV	225	= 17180	(VV	300)	= 36222	VV	376	= 67192	(VV	516)	= 10072
(VV	139)	= 54689	(VV	226)	= 109	(VV	301)	= 5715	VV	383	= 11541	(VV	518)	= 2791
(VV	140)	= 52940	(VV	226)	= 112	(VV	304)	= 63042	VV	384	= 38040	(VV	518)	= 2796
(VV	140)	= 52935	VV	227	= 55059	(VV	304)	= 63048	VV	391	= 9340	VV	519	= 24723
VV	141	= 21189	(VV	228)	= 36158	(VV	305)	= 71310	VV	392	= 48643	VV	520	= 39114
VV	142	= 51236	(VV	228)	= 36160	VV	306	= 48951	VV	400	= 71762	(VV	521)	= 2888
(VV	143)	= 10044	(VV	229)	= 33855	(VV	307)	= 30068	VV	403	= 47404	(VV	521)	= 2886
(VV	143)	= 10046	(VV	229)	= 33862	(VV	307)	= 30083	VV	404	= 60259	(VV	521)	= 2890
VV	144	= 35129	(VV	230)	= 37654	(VV	308)	= 34612	VV	406	= 31650	VV	523	= 37613
VV	146	= 52167	VV	231	= 5193	(VV	308)	= 34695	VV	407	= 72491	VV	524	= 16574
VV	148	= 36000	(VV	232)	= 60171	(VV	308)	= 34697	VV	408	= 51610	VV	525	= 9272
VV	149	= 32907	(VV	232)	= 60174	VV	309	= 7846	VV	409	= 68244	(VV	527)	= 36232
VV	150	= 35620	(VV	233)	= 32620	VV	309	= 7856	VV	410	= 32017	VV	528	= 20911
VV	151	= 42760	(VV	237)	= 33991	VV	310	= 49820	VV	411	= 63416	VV	529	= 32021
VV	152	= 51561	(VV	237)	= 33992	VV	311	= 56314	VV	412	= 51953	VV	530	= 51445
(VV	159)	= 56770	(VV	238)	= 9388	(VV	313)	= 43969	VV	413	= 23935	VV	531	= 11329
(VV	159)	= 56777	(VV	238)	= 9392	(VV	313)	= 43971	(VV	414)	= 62864	VV	532	= 61071
(VV	159)	= 56784	(VV	239)	= 33670	VV	314	= 71748	(VV	414)	= 62867	(VV	533)	= 29584
VV	161	= 17025	(VV	239)	= 33677	(VV	315)	= 47869	(VV	415)	= 40012	VV	535	= 6645
(VV	162)	= 17746	(VV	240)	= 29372	(VV	316)	= 27422	VV	419	= 6112	VV	536	= 56131
VV	163	= 48682	VV	241	= 37598	(VV	316)	= 27423	VV	424	= 37705	VV	537	= 61512
VV	164	= 52696	(VV	242)	= 68572	(VV	317)	= 48862	VV	425	= 7395	VV	538	= 32390
(VV	165)	= 52854	(VV	242)	= 68573	(VV	317)	= 48869	(VV	426)	= 60834	VV	539	= 21381
(VV	165)	= 52851	VV	243	= 24981	(VV	318)	= 56938	VV	427	= 55104	VV	540	= 55497
(VV	165)	= 52848	(VV	244)	= 55480	(VV	318)	= 56953	VV	428	= 7832	VV	541	= 25525
(VV	165)	= 52844	(VV	244)	= 55482	VV	319	= 30813	VV	430	= 4596	VV	543	= 48544
(VV	166)	= 1187	(VV	245)	= 37967	(VV	319)	= 30840	VV	431	= 39483	VV	544	= 36274
(VV	166)	= 1191	(VV	245)	= 37969	(VV	320)	= 36463	VV	432	= 39431	VV	546	= 65306
(VV	166)	= 1194	(VV	246)	= 32424	(VV	320)	= 36506	(VV	433)	= 2360	(VV	547)	= 27784
(VV	166)	= 1197	(VV	246)	= 32434	(VV	321)	= 28904	(VV	433)	= 2357	VV	548	= 2151
(VV	166)	= 1204	(VV	247)	= 61582	(VV	323)	= 8961	VV	434	= 44339	VV	550	= 56123
(VV	169)	= 17176	(VV	248)	= 20028	(VV	323)	= 8970	VV	436	= 12286	(VV	552)	= 20805
(VV	169)	= 17171	(VV	248)	= 20066	(VV	324)	= 53014	VV	438	= 46041	VV	553	= 27131
(VV	172)	= 35576	(VV	249)	= 37616	(VV	324)	= 53039	VV	439	= 21971	VV	554	= 3011
(VV	172)	= 35572	(VV	249)	= 37624	(VV	326)	= 47483	VV	440	= 70884	VV	555	= 15319
(VV	172)	= 35573	(VV	250)	= 46133	(VV	327)	= 57125	VV	441	= 2743	VV	556	= 61116
(VV	172)	= 35574	VV	251	= 35041	(VV	327)	= 57124	VV	442	= 59350	VV	557	= 51120
(VV	172)	= 35575	(VV	252)	= 32694	(VV	328)	= 50210	VV	443	= 6010	VV	558	= 44491
(VV	173)	= 5744	(VV	252)	= 32700	(VV	329)	= 71554	VV	444	= 60393	VV	559	= 45884
(VV	173)	= 5759	(VV	253)	= 49264	(VV	329)	= 71566	(VV	446)	= 51445	VV	561	= 50262
(VV	174)	= 5744	(VV	254)	= 120	(VV	331)	= 11007	(VV	446)	= 51456	VV	563	= 41608

RC3   710   VV

VV	565	= 16574	VV	718	= 61455	(1ZW	18)	= 27183	1ZW	208	= 62010	3ZW	102	= 71133
VV	566	= 3212	VV	720	= 55381	1ZW	19	= 27408	2ZW	2	= 5089	3ZW	107	= 71605
VV	567	= 50918	VV	721	= 1126	1ZW	21	= 28045	2ZW	4	= 9944	3ZW	114	= 72088
VV	568	= 7871	VV	722	= 29614	1ZW	23	= 28858	2ZW	7	= 14819	3ZW	116	= 72134
VV	569	= 61699	VV	723	= 55388	1ZW	24	= 30288	(2ZW	10)	= 15042	(3ZW	125)	= 120
VV	570	= 1953	(VV	724)	= 34717	1ZW	26	= 35129	(2ZW	12)	= 15332	(3ZW	125)	= 129
VV	571	= 42020	VV	727	= 32206	1ZW	27	= 35620	(2ZW	12)	= 15340	3ZW	126	= 158
VV	572	= 67897	VV	728	= 2675	1ZW	28	= 37063	2ZW	13	= 15368	3ZW	127	= 168
VV	574	= 35286	(VV	729)	= 13556	1ZW	29	= 37144	2ZW	14	= 15504	4ZW	1	= 207
VV	578	= 4792	(VV	729)	= 13553	1ZW	31	= 38655	2ZW	15	= 15538	4ZW	2	= 208
VV	579	= 71696	VV	731	= 70999	1ZW	32	= 38908	2ZW	17	= 15579	4ZW	7	= 595
(VV	580)	= 42845	VV	734	= 60001	1ZW	33	= 39068	2ZW	18	= 15715	4ZW	20	= 1679
(VV	580)	= 42852	VV	735	= 39252	1ZW	36	= 40665	2ZW	23	= 16109	4ZW	32	= 2886
VV	582	= 1942	(VV	737)	= 40986	(1ZW	37)	= 40986	2ZW	28	= 16572	4ZW	35	= 3482
VV	583	= 7753	VV	738	= 70414	1ZW	38	= 41327	2ZW	32	= 16852	(4ZW	38)	= 3966
VV	587	= 12053	VV	739	= 51444	1ZW	39	= 41869	2ZW	33	= 16868	(4ZW	38)	= 3969
VV	588	= 10277	VV	741	= 28513	(1ZW	41)	= 42844	(2ZW	36)	= 17059	(4ZW	38)	= 3981
VV	589	= 67759	(VV	742)	= 1083	(1ZW	41)	= 42841	(2ZW	36)	= 17060	(4ZW	38)	= 3982
VV	590	= 5911	(VV	748)	= 66333	1ZW	42	= 42901	2ZW	40	= 18096	(4ZW	38)	= 3983
VV	592	= 28822	VV	751	= 7602	1ZW	43	= 43255	2ZW	42	= 18336	(4ZW	38)	= 3984
VV	594	= 35300	(VV	754)	= 35964	1ZW	45	= 43759	2ZW	44	= 29934	(4ZW	38)	= 3989
VV	598	= 71895	(VV	760)	= 15081	1ZW	46	= 44188	2ZW	47	= 30791	(4ZW	38)	= 4005
VV	599	= 17343	VV	761	= 25071	(1ZW	49)	= 44536	(2ZW	51)	= 34544	4ZW	42	= 4512
VV	600	= 4891	VV	762	= 52171	1ZW	53	= 45993	2ZW	52	= 35930	4ZW	45	= 5268
VV	601	= 18109	VV	766	= 53279	1ZW	56	= 46560	(2ZW	54)	= 37069	(4ZW	51)	= 5715
VV	606	= 10907	(VV	768)	= 26713	1ZW	59	= 47441	(2ZW	54)	= 37070	4ZW	54	= 5984
VV	608	= 27918	(VV	769)	= 4598	1ZW	60	= 47495	2ZW	55	= 37282	4ZW	80	= 67562
VV	609	= 44896	(VV	769)	= 4600	1ZW	64	= 47853	2ZW	57	= 38634	4ZW	93	= 68454
VV	610	= 13601	VV	771	= 70588	1ZW	67	= 48192	2ZW	67	= 44481	4ZW	97	= 68642
VV	611	= 56843	VV	773	= 64723	(1ZW	69)	= 48473	2ZW	70	= 53014	4ZW	99	= 68797
VV	612	= 25480	(VV	777)	= 14398	(1ZW	69)	= 48482	2ZW	71	= 53039	4ZW	105	= 69014
VV	613	= 71345	(VV	779)	= 4711	1ZW	70	= 48700	2ZW	75	= 59336	4ZW	111	= 69573
VV	614	= 39613	(VV	779)	= 4707	1ZW	71	= 48711	2ZW	77	= 60348	4ZW	113	= 69619
VV	615	= 51055	(VV	781)	= 4842	1ZW	75	= 49395	2ZW	82	= 64586	4ZW	118	= 69855
VV	616	= 46065	(VV	781)	= 4843	1ZW	77	= 49747	2ZW	84	= 64723	4ZW	121	= 69896
VV	617	= 59186	VV	782	= 50207	1ZW	78	= 49950	2ZW	96	= 65779	4ZW	122	= 69929
VV	618	= 28830	VV	783	= 5268	1ZW	84	= 51320	2ZW	97	= 65857	4ZW	123A	= 69957
(VV	619)	= 71493	VV	784	= 2248	1ZW	86	= 51382	2ZW	101	= 66146	4ZW	123B	= 69968
(VV	619)	= 71517	VV	787	= 11890	1ZW	87	= 51472	2ZW	103	= 66189	4ZW	128	= 70224
(VV	620)	= 28258	VV	789	= 43759	1ZW	88	= 51503	2ZW	108	= 66381	4ZW	131	= 70460
(VV	620)	= 28272	VV	790A	= 6366	1ZW	89	= 51620	2ZW	124	= 66610	4ZW	134	= 70604
VV	621	= 64939	VV	790B	= 16572	(1ZW	92)	= 52436	2ZW	130	= 66747	4ZW	142	= 71101
VV	622	= 1627	VV	791	= 59007	1ZW	93	= 52468	2ZW	136	= 66930	4ZW	145	= 71165
VV	624	= 57173	VV	791A	= 2232	1ZW	97	= 53299	2ZW	140	= 66978	4ZW	149	= 71493
VV	625	= 58501	VV	792	= 49663	1ZW	98	= 53339	2ZW	158	= 67774	4ZW	150	= 71516
VV	626	= 57437	VV	793	= 14343	1ZW	99	= 53493	2ZW	160	= 67897	4ZW	151	= 71541
(VV	630)	= 17180	VV	794	= 31923	1ZW	101	= 53753	2ZW	163	= 68019	4ZW	153	= 71605
(VV	630)	= 17181	VV	795	= 34696	1ZW	102	= 53939	2ZW	166	= 68115	4ZW	165	= 72382
VV	631	= 47653	VV	796	= 29892	1ZW	107	= 54618	2ZW	168	= 68175	5ZW	6	= 910
VV	632	= 22866	(VV	797)	= 44536	(1ZW	112)	= 55076	(2ZW	172)	= 68383	5ZW	20	= 1655
VV	633	= 46506	VV	800	= 67248	(1ZW	112)	= 55080	(2ZW	172)	= 68384	5ZW	40	= 3212
VV	644	= 21123	VV	801	= 32486	1ZW	113	= 55178	2ZW	174	= 68442	(5ZW	42)	= 3442
VV	645	= 25476	VV	803	= 53267	1ZW	115	= 55381	2ZW	175	= 68493	(5ZW	42)	= 3445
VV	647	= 15292	VV	804	= 31477	(1ZW	117)	= 55555	2ZW	181	= 69126	5ZW	52	= 4061
VV	649	= 71295	VV	805	= 59511	(1ZW	117)	= 55554	2ZW	183	= 69448	5ZW	61	= 4654
VV	655	= 40790	VV	806	= 207	1ZW	118	= 55559	2ZW	185	= 69495	5ZW	68	= 5368
VV	665	= 15973	(VV	809)	= 15042	(1ZW	118)	= 55563	2ZW	187	= 70378	5ZW	77	= 5753
(VV	666)	= 49851	VV	812	= 67822	(1ZW	121)	= 55595	2ZW	188	= 70497	5ZW	98	= 6393
(VV	667)	= 58484	VV	814	= 38778	1ZW	123	= 55616	(3ZW	2)	= 737	5ZW	114	= 6711
(VV	668)	= 65854	VV	815	= 53134	1ZW	126	= 56055	3ZW	9	= 1678	5ZW	120	= 6790
(VV	668)	= 65857	VV	821	= 46560	1ZW	129	= 56442	(3ZW	10)	= 2324	5ZW	122	= 6816
VV	669	= 71357	(VV	823)	= 55076	1ZW	133	= 56716	(3ZW	10)	= 2325	5ZW	123	= 6844
VV	671	= 45349	(VV	823)	= 55080	1ZW	134	= 57299	3ZW	12	= 2813	5ZW	131	= 6916
(VV	672)	= 62035	VV	824	= 5849	1ZW	135	= 57437	3ZW	33	= 6366	5ZW	132	= 6920
(VV	679)	= 61782	VV	825	= 13179	1ZW	139	= 57707	(3ZW	35)	= 6390	5ZW	133	= 6924
VV	685	= 68061	VV	826	= 15941	1ZW	141	= 57842	3ZW	38	= 7252	(5ZW	146)	= 7282
(VV	688)	= 49640	(VV	827)	= 4671	1ZW	142	= 57812	3ZW	42	= 8391	5ZW	149	= 7353
(VV	688)	= 49641	VV	828	= 47853	1ZW	144	= 57908	3ZW	43	= 8537	5ZW	155	= 7394
VV	690	= 12979	VV	830	= 2559	1ZW	146	= 57934	3ZW	48	= 9616	5ZW	157	= 7416
VV	691	= 50189	VV	831	= 47088	1ZW	147	= 57975	3ZW	50	= 9944	5ZW	170	= 7832
(VV	698)	= 67878	VV	832	= 69132	1ZW	148	= 58049	(3ZW	52)	= 11188	5ZW	172	= 7881
(VV	698)	= 67881	VV	833	= 11840	1ZW	152	= 58202	(3ZW	55)	= 13556	5ZW	173	= 7871
(VV	698)	= 67883	VV	835	= 38429	1ZW	156	= 58490	(3ZW	55)	= 13553	(5ZW	191)	= 8249
(VV	699)	= 16484	VV	836	= 53864	1ZW	157	= 58505	3ZW	59	= 23725	5ZW	194	= 8372
(VV	699)	= 16495	(VV	838)	= 56640	1ZW	159	= 58552	(3ZW	60)	= 27546	5ZW	202	= 8541
(VV	700)	= 68155	VV	841	= 45388	(1ZW	162)	= 58674	(3ZW	60)	= 27547	5ZW	212	= 8750
(VV	700)	= 68152	VV	846	= 59007	(1ZW	162)	= 58664	3ZW	61	= 30791	5ZW	223	= 8961
(VV	700)	= 68160	VV	847	= 54911	1ZW	166	= 59028	(3ZW	63)	= 37069	5ZW	227	= 9030
VV	702	= 56854	VV	848	= 17425	1ZW	167	= 59049	(3ZW	63)	= 37070	(5ZW	229)	= 9060
VV	703	= 24707	VV	850	= 781	1ZW	173	= 59627	(3ZW	65)	= 40477	(5ZW	229)	= 9062
(VV	706)	= 60075	VV	851	= 48711	1ZW	178	= 60027	3ZW	68	= 44394	5ZW	230	= 9067
(VV	708)	= 42844	VV	852	= 59257	1ZW	184	= 60268	3ZW	74	= 55148	(5ZW	233)	= 9074
(VV	708)	= 42841	1ZW	1	= 3151	1ZW	187	= 60348	(3ZW	75)	= 56770	(5ZW	233)	= 9071
(VV	710)	= 59061	1ZW	2	= 3715	1ZW	191	= 60671	(3ZW	75)	= 56777	5ZW	242	= 9340
(VV	710)	= 59062	1ZW	4	= 5089	(1ZW	192)	= 60686	3ZW	77	= 58008	5ZW	244	= 9367
(VV	710)	= 59065	1ZW	9	= 10649	1ZW	194	= 60823	3ZW	78	= 58143	5ZW	257	= 9819
VV	712	= 61429	1ZW	11	= 11890	(1ZW	199)	= 60950	3ZW	82	= 58334	5ZW	261	= 9895
VV	713	= 52708	1ZW	14	= 23750	(1ZW	199)	= 60951	3ZW	83	= 58348	5ZW	266	= 10080
VV	714	= 67036	1ZW	15	= 23943	1ZW	206	= 61881	(3ZW	96)	= 70821	5ZW	297	= 11279
VV	715	= 72597	(1ZW	18)	= 27182	1ZW	207	= 61982	3ZW	100	= 70914	5ZW	298	= 11269

RC3   711   5ZW

5ZW	307	= 11344	7ZW	623	= 56057
5ZW	308	= 11370	(7ZW	631)	= 56575
5ZW	372	= 14705	(7ZW	631)	= 56578
5ZW	380	= 67946	(7ZW	631)	= 56576
5ZW	397	= 70523	(7ZW	631)	= 56584
5ZW	414	= 71791	(7ZW	631)	= 56580
5ZW	440	= 72928	(7ZW	631)	= 56579
6ZW	4	= 6032	7ZW	655	= 58775
6ZW	26	= 6483	7ZW	657	= 58828
6ZW	58	= 6796	7ZW	667	= 59262
6ZW	90	= 6958	7ZW	681	= 59669
6ZW	93	= 7006	7ZW	729	= 60075
6ZW	111	= 7289	7ZW	738	= 60724
6ZW	122	= 7353	7ZW	740	= 60790
(6ZW	123)	= 7369	7ZW	741	= 60832
(6ZW	123)	= 7370	7ZW	778	= 61582
6ZW	169	= 8087	(7ZW	790)	= 61782
6ZW	177	= 8283	7ZW	793	= 61833
6ZW	183	= 8433	7ZW	846	= 62476
(6ZW	221)	= 10300	7ZW	848	= 62535
7ZW	3	= 6676	7ZW	880	= 63141
7ZW	8	= 13384	7ZW	915	= 63667
7ZW	10	= 14343	7ZW	929	= 64287
7ZW	12	= 15018	7ZW	931	= 64454
7ZW	14	= 15211	(8ZW	18)	= 1224
7ZW	16	= 15345	(8ZW	18)	= 1221
7ZW	18	= 15570	8ZW	34	= 2349
7ZW	23	= 16651	8ZW	47	= 26753
7ZW	35	= 17146	8ZW	53	= 27630
7ZW	45	= 17757	8ZW	74	= 30448
7ZW	61	= 18607	8ZW	81	= 30852
(7ZW	68)	= 18878	8ZW	116	= 33207
(7ZW	68)	= 18881	8ZW	141	= 34696
7ZW	92	= 19878	8ZW	146	= 35041
7ZW	134	= 21039	8ZW	158	= 37773
7ZW	140	= 20679	8ZW	173	= 38755
7ZW	153	= 21065	(8ZW	180)	= 39562
7ZW	156	= 21123	8ZW	183	= 40100
7ZW	162	= 21254	8ZW	184	= 40160
7ZW	212	= 22866	8ZW	216	= 43654
7ZW	223	= 23324	8ZW	228	= 45159
7ZW	238	= 24050	8ZW	232	= 45260
7ZW	239	= 24047	8ZW	247	= 45598
(7ZW	251)	= 24731	8ZW	254	= 45741
(7ZW	251)	= 24758	8ZW	262	= 45884
7ZW	266	= 26007	8ZW	321	= 47506
7ZW	276	= 26485	8ZW	325	= 47869
7ZW	277	= 26654	8ZW	364	= 50346
7ZW	280	= 26849	8ZW	365	= 50357
7ZW	301	= 28729	8ZW	408	= 51400
7ZW	303	= 29046	8ZW	410	= 51422
7ZW	308	= 29177	(8ZW	427)	= 51865
7ZW	330	= 30819	8ZW	434	= 52042
7ZW	331	= 30983	8ZW	436	= 52092
7ZW	339	= 31601	8ZW	447	= 52412
7ZW	346	= 32321	8ZW	461	= 54488
7ZW	347	= 32405	8ZW	466	= 54623
(7ZW	349)	= 32589	8ZW	467	= 54674
7ZW	352	= 32867	(8ZW	468)	= 54950
7ZW	367	= 33665	1SZ	63	= 37727
7ZW	377	= 33938	1SZ	109	= 37773
7ZW	403	= 35286	1SZ	122	= 37853
(7ZW	407)	= 35576	2SZ	6	= 45585
(7ZW	407)	= 35572	2SZ	8	= 45868
(7ZW	407)	= 35573	WEIN	19	= 9892
(7ZW	407)	= 35574	WEIN	21	= 10217
(7ZW	407)	= 35575	WEIN	28	= 15704
7ZW	421	= 36655	WEIN	35	= 15708
7ZW	426	= 37248	WEIN	91	= 16576
(7ZW	429)	= 37459			
7ZW	430	= 37504			
7ZW	439	= 38461			
7ZW	447	= 39414			
7ZW	451	= 40085			
7ZW	454	= 40500			
7ZW	466	= 41524			
7ZW	467	= 41549			
7ZW	475	= 41901			
7ZW	483	= 43010			
7ZW	490	= 44117			
7ZW	499	= 45372			
7ZW	501	= 45536			
7ZW	506	= 46133			
7ZW	511	= 46742			
7ZW	527	= 49083			
7ZW	528	= 49221			
7ZW	547	= 51182			
7ZW	551	= 51629			
7ZW	556	= 52163			
7ZW	576	= 53554			

Appendix 11. Cumulative frequency functions of isophotal diameters and total magnitudes

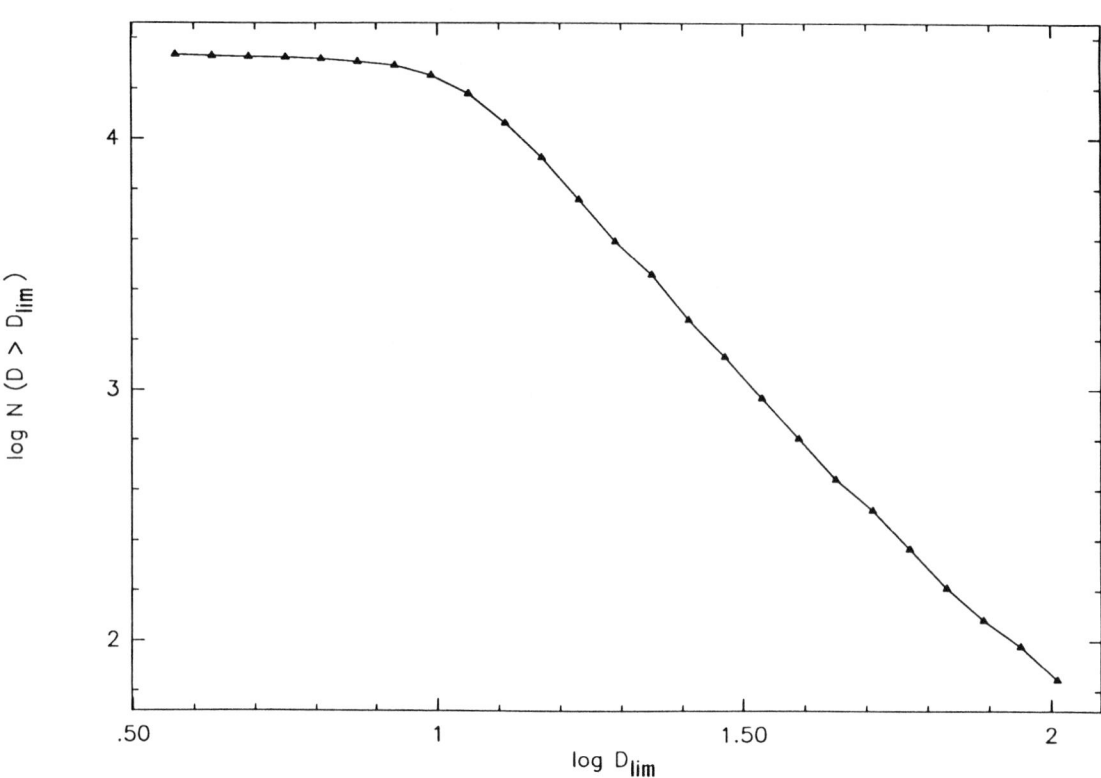

Figure 5. Cumulative frequency function of $\log D_{25}$.

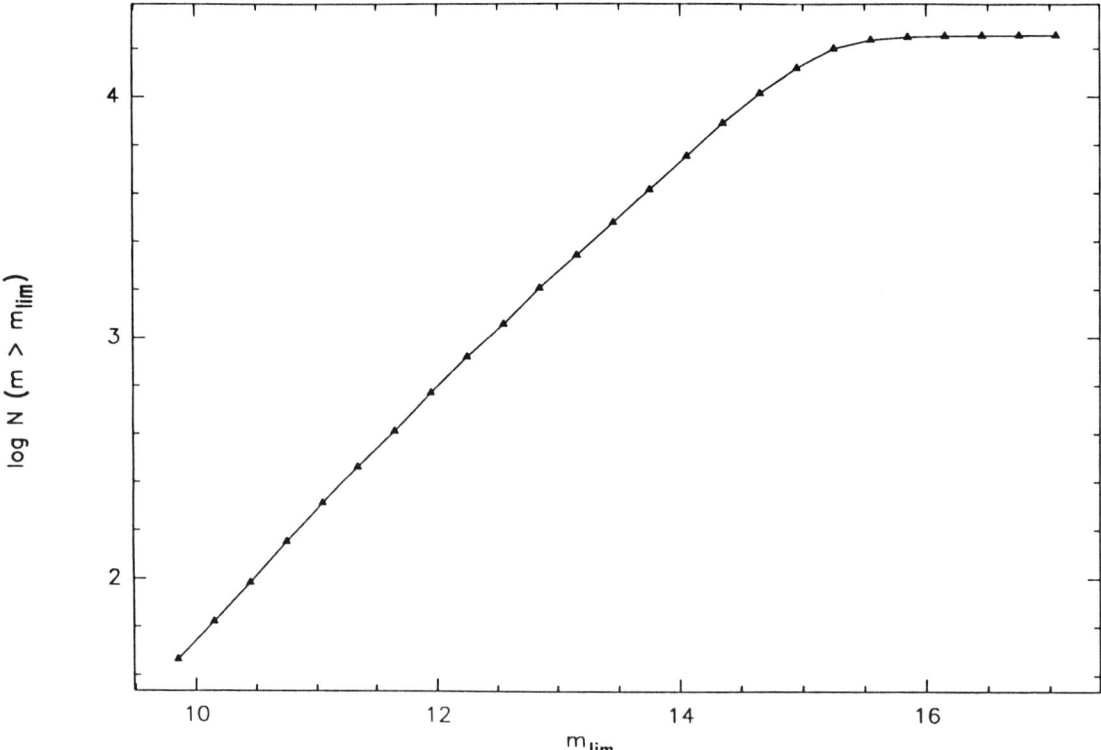

Figure 6. Cumulative frequency function of B_T and m_B.